机械工程材料
实用手册

方昆凡　黄须强　主编

机械工业出版社

本手册是一本关于机械工程常用材料的工具书。本手册以机械工程设计及制造选用材料为出发点，以实用、科学、先进为编写原则，收集了用于装配工业设计制造的各种材料（包括钢铁材料、有色金属材料、粉末冶金材料、工程用塑料及塑料制品、橡胶及橡胶制品陶瓷材料及其他机械工程用材料）的品种、牌号、规格和技术性能，并以实际生产经验为基础，介绍了各种材料的性能特点、使用条件、使用范围和用途，所选用大多数材料的技术资料均符合现行国家标准和行业标准。某些尚未列入国家标准和行业标准的新材料品种，其技术资料均取自企业的产品标准。

本手册可供机械装备、冶金工程、矿山工程、交通、化工、石油、仪器仪表等工业领域的设计、工艺人员以及产品购销人员使用，也可作为高等工科院校和职业技术学校相关专业师生必备的工具书。

图书在版编目（CIP）数据

机械工程材料实用手册 /方昆凡，黄须强主编. —北京：机械工业出版社，2021.3
ISBN 978-7-111-68081-9

Ⅰ.①机… Ⅱ.①方… ②黄… Ⅲ.①机械制造材料—手册
Ⅳ.①TH14-62

中国版本图书馆 CIP 数据核字（2021）第 078218 号

机械工业出版社（北京市百万庄大街 22 号 邮政编码 100037）
策划编辑：曲彩云 责任编辑：曲彩云 王 珑
责任校对：张 征 封面设计：马精明
责任印制：郜 敏
盛通（廊坊）出版物印刷有限公司印刷
2022 年 1 月第 1 版第 1 次印刷
184mm×260mm · 101.5 印张 · 2 插页 · 2655 千字
0001—2500 册
标准书号：ISBN 978-7-111-68081-9
定价：298.00 元

电话服务 网络服务
客服电话：010-88361066 机 工 官 网：www.cmpbook.com
010-88379833 机 工 官 博：weibo.com/cmp1952
010-68326294 金 书 网：www.golden-book.com
封底无防伪标均为盗版 机工教育服务网：www.cmpedu.com

前　言

　　材料科学技术是国民经济各工程技术领域的重要组成部分和基础，对装备工业的发展具有非常重要的推动作用。我国材料科学研究和生产技术发展迅速，推出了大量具有国际水平的高性能工程材料，可供机械工程技术领域应用的工程材料品种、牌号、规格繁多。在装备工业的产品设计、制造中，正确合理地选用材料，是涉及诸多因素的相当复杂的工作，同时也是提高装备工程及产品质量，获取最佳综合经济效益的重要环节。本手册从机械工程材料应用的角度出发，以实用、科学、先进为编写原则，收集了装备工业常用的各种材料的品种、规格和性能数据，并以生产实际经验为基础，介绍了各类材料牌号的性能特点、使用条件、应用范围及应用实例，可用于提高装备工业产品设计、制造中选材的可靠性及经济性，从而进一步提高装备工业的产品质量，不断提高其综合经济效益。

　　本手册为包括钢铁材料、有色金属材料、粉末冶金材料、工程用塑料、工业常用橡胶、陶瓷材料以及玻璃、碳石墨材料、石棉、涂料、木材等装备工业常用的各种材料的实用技术资料。编入本手册的大多数材料的技术资料均符合现行国家标准或行业标准，有些材料虽未列入国家标准或行业标准，但已有成功使用的先例，其技术数据和资料均取自相关行业主体企业产品标准以及有关研究和测试的成果。对于有些材料的常用品种牌号，除编入了相关的国家标准或行业标准规定的规格、性能数据、应用等技术资料外，还介绍了有关牌号材料不同尺寸规格、不同温度、不同热处理的性能数据，同时还辑录了我国和国外主要工业国家有关材料牌号的对照。本手册资料数据可靠、实用性强，是机械工业设计和制造部门、科研设计院所必备的工具书，也可作为高等院校有关专业课程设计和毕业设计的参考书，还可供装备工业设计、制造、科研、生产管理及装备维修等部门的技术人员和高等院校、高等职业技术学院、中等职业学校有关专业的师生使用。

　　本手册由方昆凡、黄须强主编，参加编写工作的有方昆凡、黄须强、吕朝阳、石加联、陈述平、夏永发、黄英、单宝峰、赵新颖、蔡明辉。

　　本手册在编写过程中，得到了一些高等院校和有关科研院所同仁的支持及帮助，在手册付梓之际，谨致诚挚谢意。手册中疏漏之处，敬请指正。

东北大学

方昆凡、黄须强

目　　录

第2章 有色金属材料

第3章 粉末冶金材料

第4章 工程用塑料及塑料制品

第5章　橡胶及橡胶制品

第6章　陶瓷材料

第7章　其他机械工程用材料

1 钢 铁 材 料

1.1 钢铁材料牌号表示方法

1.1.1 钢铁产品牌号表示方法

1）常用化学元素名称及符号见表 1-1。产品牌号中的化学元素含量采用质量分数表示。

2）结构钢的前缀符号见表 1-2。

表 1-1 常用化学元素名称及符号（摘自 GB/T 221—2008）

元素名称	化学元素符号	元素名称	化学元素符号	元素名称	化学元素符号	元素名称	化学元素符号
铁	Fe	锂	Li	钐	Sm	铝	Al
锰	Mn	铍	Be	锕	Ac	铌	Nb
铬	Cr	镁	Mg	硼	B	钽	Ta
镍	Ni	钙	Ca	碳	C	镧	La
钴	Co	锆	Zr	硅	Si	铈	Ce
铜	Cu	锡	Sn	硒	Se	钕	Nd
钨	W	铅	Pb	碲	Te	氮	N
钼	Mo	铋	Bi	砷	As	氧	O
钒	V	铯	Cs	硫	S	氢	H
钛	Ti	钡	Ba	磷	P	—	—

注：混合稀土元素符号用"RE"表示。

表 1-2 结构钢的前缀符号（摘自 GB/T 221—2008）

产品名称	采用的汉字及汉语拼音或英文单词			采用字母	位置
	汉字	汉语拼音	英文单词		
碳素结构钢 低合金结构钢	屈	QU	—	Q	牌号头
热轧光圆钢筋	热轧光圆钢筋	—	Hot Rolled Plain Bars	HPB	牌号头
热轧带肋钢筋	热轧带肋钢筋	—	Hot Rolled Ribbed Bars	HRB	牌号头
细晶粒热轧带肋钢筋	热轧带肋钢筋+细	—	Hot Rolled Ribbed Bars+Fine	HRBF	牌号头
冷轧带肋钢筋	冷轧带肋钢筋	—	Cold Rolled Ribbed Bars	CRB	牌号头
预应力混凝土用螺纹钢筋	预应力、螺纹、钢筋	—	Prestressing、Screw、Bars	PSB	牌号头
焊接气瓶用钢	焊瓶	HAN PING	—	HP	牌号头
管线用钢	管线	—	Line	L	牌号头
船用锚链钢	船锚	CHUAN MAO	—	CM	牌号头
煤机用钢	煤	MEI	—	M	牌号头
锅炉和压力容器用钢	容	RONG	—	R	牌号尾
锅炉用钢（管）	锅	GUO	—	G	牌号尾
低温压力容器用钢	低容	DI RONG	—	DR	牌号尾

（续）

产品名称	采用的汉字及汉语拼音或英文单词			采用字母	位置
	汉字	汉语拼音	英文单词		
桥梁用钢	桥	QIAO	—	Q	牌号尾
耐候钢	耐候	NAI HOU	—	NH	牌号尾
高耐候钢	高耐候	GAO NAI HOU	—	GNH	牌号尾
汽车大梁用钢	梁	LIANG	—	L	牌号尾
高性能建筑结构用钢	高建	GAO JIAN	—	GJ	牌号尾
低焊接裂纹敏感性钢	低焊接裂纹敏感性	—	Crack Free	CF	牌号尾
保证淬透性钢	淬透性	—	Hardenability	H	牌号尾
矿用钢	矿	KUANG	—	K	牌号尾
船用钢	采用国际符号				
沸腾钢	沸	FEI	—	F	牌号尾
半镇静钢	半	BAN	—	b	牌号尾
镇静钢	镇	ZHEN	—	Z	牌号尾
特殊镇静钢	特镇	TE ZHEN	—	TZ	牌号尾
质量等级				A、B、C、D、E	牌号尾

3）各种钢铁产品牌号的表示方法。

① 生铁。生铁的产品牌号通常由两部分组成：

第一部分：表示产品用途、特性及工艺方法的大写汉语拼音字母。

第二部分：表示主要元素平均含量（以千分之几计）的阿拉伯数字，炼钢用生铁、铸造用生铁、球墨铸铁用生铁、耐磨生铁为硅元素的平均含量，脱碳低磷粒铁为碳元素平均含量，含钒生铁为钒元素平均含量。

生铁牌号的组成及示例见表1-3。

表 1-3　生铁牌号的组成及示例（摘自 GB/T 221—2008）

产品名称	第一部分			第二部分	牌号示例
	采用汉字	汉语拼音	采用字母		
炼钢用生铁	炼	LIAN	L	含硅量为 0.85% ~ 1.25% 的炼钢用生铁，阿拉伯数字为 10	L10
铸造用生铁	铸	ZHU	Z	含硅量为 2.80% ~ 3.20% 的铸造用生铁，阿拉伯数字为 30	Z30
球墨铸铁用生铁	球	QIU	Q	含硅量为 1.00% ~ 1.40% 的球墨铸铁用生铁，阿拉伯数字为 12	Q12
耐磨生铁	耐磨	NAI MO	NM	含硅量为 1.60% ~ 2.00% 的耐磨生铁，阿拉伯数字为 18	NM18
脱碳低磷粒铁	脱粒	TUO LI	TL	含碳量为 1.20% ~ 1.60% 的炼钢用脱碳低磷粒铁，阿拉伯数字为 14	TL14
含钒生铁	钒	FAN	F	含钒量不小于 0.40% 的含钒生铁，阿拉伯数字为 04	F04

② 碳素结构钢和低合金结构钢。碳素结构钢和低合金结构钢的牌号通常由四部分组成：

第一部分：前缀符号加强度值（N/mm² 或 MPa），其中通用结构钢前缀符号为代表屈服强度的拼音字母"Q"，其他专用结构钢前缀符号参见表1-2。

第二部分（必要时）：钢的质量等级，用英文字母 A、B、C、D、E、F 表示。

第三部分（必要时）：脱氧方法表示符号（参见表1-2），镇静钢、特殊镇静钢表示符号通常可省略不标。

第四部分(必要时):产品用途、特性及工艺方法表示符号,参见表 1-2。

按需要,低合金高强度结构钢牌号也可以采用二位阿拉伯数字(表示平均含碳量,以万分之几计)加上表 1-1 规定的化学元素符号及必要时加代表产品用途、特性和工艺方法的表示符号(见表 1-2),按顺序表示,如碳含量 0.15% ~ 0.26%、锰含量 1.20% ~ 1.60% 的矿用钢牌号为 20MnK。

碳素结构钢和低合金结构钢牌号的组成及示例见表 1-4。

表 1-4 碳素结构钢和低合金结构钢牌号组成及示例(摘自 GB/T 221—2008)

产品名称	第一部分	第二部分	第三部分	第四部分	牌号示例
碳素结构钢	最小屈服强度 235MPa	A 级	沸腾钢	—	Q235AF
低合金高强度结构钢	最小屈服强度 345MPa	D 级	特殊镇静钢	—	Q345D
热轧光圆钢筋	屈服强度特征值 235MPa	—	—	—	HPB235
热轧带肋钢筋	屈服强度特征值 335MPa	—	—	—	HRB335
细晶粒热轧带肋钢筋	屈服强度特征值 335MPa	—	—	—	HRBF335
冷轧带肋钢筋	最小抗拉强度 550MPa	—	—	—	CRB550
预应力混凝土用螺纹钢筋	最小屈服强度 830MPa	—	—	—	PSB830
焊接气瓶用钢	最小屈服强度 345MPa	—	—	—	HP345
管线用钢	最小规定总延伸强度 415MPa	—	—	—	L415
船用锚链钢	最小抗拉强度 370MPa	—	—	—	CM370
煤机用钢	最小抗拉强度 510MPa	—	—	—	M510
锅炉和压力容器用钢	最小屈服强度 345MPa	—	特殊镇静钢	压力容器"容"的汉语拼音首位字母"R"	Q345R

③ 优质碳素结构钢和优质碳素弹簧钢。优质碳素结构钢和优质碳素弹簧钢的牌号表示方法相同,其牌号通常由五部分组成:

第一部分:以二位阿拉伯数字表示平均碳含量(以万分之几计)。

第二部分(必要时):较高含锰量的优质碳素结构钢,加锰元素符号 Mn。

第三部分(必要时):钢材冶金质量,高级、特级优质钢分别以 A、E 表示,优质钢不用字母表示。

第四部分(必要时):脱氧方式表示符号,沸腾钢、半镇静钢、镇静钢分别以 F、b、Z 表示,但镇静钢符号一般可省略。

第五部分(必要时):产品用途、特性及工艺方法符号(见表 1-2)。

优质碳素结构钢和优质碳素弹簧钢牌号组成及示例见表 1-5。

表 1-5 优质碳素结构钢和优质碳素弹簧钢牌号组成及示例(摘自 GB/T 221—2008)

产品名称	第一部分	第二部分	第三部分	第四部分	第五部分	牌号示例
优质碳素结构钢	碳含量:0.05% ~ 0.11%	锰含量:0.25% ~ 0.50%	优质钢	沸腾钢	—	08F
	碳含量:0.47% ~ 0.55%	锰含量:0.50% ~ 0.80%	高级优质钢	镇静钢	—	50A
	碳含量:0.48% ~ 0.56%	锰含量:0.70% ~ 1.00%	特级优质钢	镇静钢	—	50MnE
保证淬透性用钢	碳含量:0.42% ~ 0.50%	锰含量:0.50% ~ 0.85%	高级优质钢	镇静钢	保证淬透性钢表示符号"H"	45AH
优质碳素弹簧钢	碳含量:0.62% ~ 0.70%	锰含量:0.90% ~ 1.20%	优质钢	镇静钢		65Mn

④ 合金结构钢和合金弹簧钢。合金结构钢和合金弹簧钢牌号的表示方法相同，牌号通常由四部分组成：

第一部分：以二位阿拉伯数字表示平均碳含量（以万分之几计）。

第二部分：合金元素含量，以化学元素符号及阿拉伯数字表示。具体表示方法为：平均含量小于 1.50% 时，牌号中仅标明元素，一般不标明含量；平均含量为 1.50%～2.49%、2.50%～3.49%、3.50%～4.49%、4.50%～5.49%…时，在合金元素后相应写成2、3、4、5…

注：化学元素符号的排列顺序推荐按含量值递减排列。如果两个或多个元素的含量相等，则相应符号位置按英文字母的顺序排列。

第三部分：钢材冶金质量，高级优质钢、特级优质钢分别以 A、E 表示，优质钢不用字母表示。

第四部分（必要时）：产品用途、特性或工艺方法表示符号（见表1-2）。

合金结构钢和合金弹簧钢牌号组成及示例见表1-6。

表1-6　合金结构钢和合金弹簧钢牌号组成及示例（摘自 GB/T 221—2008）

产品名称	第一部分	第二部分	第三部分	第四部分	牌号示例
合金结构钢	碳含量：0.22%～0.29%	铬含量：1.50%～1.80% 钼含量：0.25%～0.35% 钒含量：0.15%～0.30%	高级优质钢	—	25Cr2MoVA
锅炉和压力容器用钢	碳含量：≤0.22%	锰含量：1.20%～1.60% 钼含量：0.45%～0.65% 铌含量：0.025%～0.050%	特级优质钢	锅炉和压力容器用钢	18MnMoNbER
优质弹簧钢	碳含量：0.56%～0.64%	硅含量：1.60%～2.00% 锰含量：0.70%～1.00%	优质钢	—	60Si2Mn

⑤ 轴承钢。

a. 渗碳轴承钢牌号的头部为符号"G"，采用合金结构钢的牌号表示方法。高级优质渗碳轴承钢，在牌号尾部加"A"字母。例如，碳含量为 0.17%～0.23%、铬含量为 0.35%～0.65%、镍含量为 0.40%～0.70%、铜含量为 0.15%～0.30% 的高级优质渗碳轴承钢，其牌号表示为"G20CrNiMoA"。

b. 高碳铬不锈轴承钢和高温轴承钢牌号的头部加符号"G"，采用不锈钢和耐热钢牌号的表示方法。例如，碳含量为 0.90%～1.00%、铬含量为 17.0%～19.0% 的高碳铬不锈轴承钢，其牌号表示为 G95Cr18；碳含量为 0.75%～0.85%、铬含量为 3.75%～4.25%、钼含量为 4.00%～4.50% 的高温轴承钢，其牌号表示为 G80Cr4Mo4V。

c. 高碳铬轴承钢。高碳铬轴承钢牌号通常由两部分组成：

第一部分：（滚动）轴承钢表示符号"G"，但不标明碳含量。

第二部分：合金元素 Cr 符号及其含量（以千分之几计），其他合金元素含量以化学元素符号及阿拉伯数字表示，表示方法同合金结构钢牌号的第二部分。具体表示方法为：平均含量小于 1.50% 时，牌号中仅标明元素，一般不标明含量；平均含量为 1.50%～2.49%、2.50%～3.49%、3.50%～4.49%、4.50%～5.49%…时，在合金元素后相应写成2、3、4、5…

例如，铬含量为 1.40%～1.65%、硅含量为 0.45%～0.75%、锰含量为 0.95%～1.25% 的高碳铬轴承钢，其牌号为 GCr15SiMn。

⑥ 非调质机械结构钢。其牌号通常由四部分组成：

第一部分：非调质机械结构钢表示符号"F"。

第二部分：以二位阿拉伯数字表示平均碳含量(以万分之几计)。

第三部分：合金元素含量，以化学元素符号及阿拉伯数字表示，表示方法同合金结构钢第二部分。

第四部分(必要时)：改善切削性能的非调质机械结构钢加硫元素符号 S。

例如，含碳量为 0.32%~0.39%、钒含量为 0.06%~0.13%、硫含量为 0.035%~0.075%的非调质机械结构钢的牌号为 F35VS。

⑦ 不锈钢、耐热钢及高电阻电热合金。不锈钢和耐热钢的牌号采用表 1-1 规定的化学元素符号和表示各元素含量的阿拉伯数字表示，各元素含量的阿拉伯数字表示应按下列规定：

a. 碳含量。用两位或三位阿拉伯数字表示碳含量最佳控制值(以万分之几或十万分之几计)。

a) 只规定碳含量上限者，当碳含量上限不大于 0.10%时，以其上限的 3/4 表示碳含量；当碳含量上限大于 0.10%时，以其上限的 4/5 表示碳含量。例如，碳含量上限为 0.08%，碳含量以 06 表示；碳含量上限为 0.20%，碳含量以 16 表示；碳含量上限为 0.15%，碳含量以 12 表示。

对超低碳不锈钢(即碳含量不大于 0.030%)，用三位阿拉伯数字表示碳含量最佳控制值(以十万分之几计)。例如，碳含量上限为 0.030%时，其牌号中的碳含量以 022 表示；碳含量上限为 0.020%时，其牌号中的碳含量以 015 表示。

b) 规定上、下限者，以平均碳含量×100 表示。例如，碳含量为 0.16%~0.25%时，其牌号中的碳含量以 20 表示。

b. 合金元素含量。合金元素含量以化学元素符号及阿拉伯数字表示，表示方法同合金结构钢第二部分。钢中有意加入的铌、钛、锆、氮等合金元素，虽然含量很低，也应在牌号中标出。例如，碳含量不大于 0.08%、铬含量为 18.00%~20.00%、镍含量为 8.00%~11.00%的不锈钢，牌号为 06Cr19Ni10；碳含量不大于 0.030%、铬含量为 16.00%~19.00%、钛含量为 0.10%~1.00%的不锈钢，牌号为 022Cr18Ti；碳含量为 0.15%~0.25%、铬含量为 14.00%~16.00%、锰含量为 14.00%~16.00%、镍含量为 1.50%~3.00%、氮含量为 0.15%~0.30%的不锈钢，牌号为 20Cr15Mn15Ni2N；碳含量为不大于 0.25%、铬含量为 24.00%~26.00%、镍含量为 19.00%~22.00%的耐热钢，牌号为 20Cr25Ni20。

高电阻电热合金牌号表示方法和不锈钢、耐热钢相同(镍铬基合金不标出含碳量)，铬含量为 18.00%~21.00%、镍含量为 34.00%~37.00%、含碳量不大于 0.08%的合金(其余为铁)，其牌号表示为 06Cr20Ni35。

⑧ 易切削钢。易切削钢牌号通常由三部分组成：

第一部分：易切削钢表示符号"Y"。

第二部分：以二位阿拉伯数字表示平均碳含量(以万分之几计)。

第三部分：易切削元素符号，如含钙、铅、锡等易切削元素的易切削钢分别以 Ca、Pb、Sn 表示。加硫和加硫磷易切削钢，通常不加易切削元素符号 S、P。较高锰含量的加硫或加硫磷易切削钢，本部分为锰元素符号 Mn。为区分牌号，对较高硫含量的易切削钢，在牌号尾部加硫元素符号 S。

例如，碳含量为 0.42%~0.50%、钙含量为 0.002%~0.006%的易切削钢，其牌号表示为 Y45Ca；碳含量为 0.40%~0.48%、锰含量为 1.35%~1.65%、硫含量为 0.16%~0.24%的易切削钢，其牌号表示为 Y45Mn；碳含量为 0.40%~0.48%、锰含量为 1.35%~1.65%、硫含量为

0.24%~0.32%的易切削钢，其牌号表示为 Y45MnS。

⑨ 冷轧电工钢。冷轧电工钢分为取向电工钢和无取向电工钢，牌号通常由三部分组成：

第一部分：材料公称厚度(mm)100 倍的数字。

第二部分：普通级取向电工钢表示符号"Q"、高磁导率级取向电工钢表示符号"QG"或无取向电工钢表示符号"W"。

第三部分：取向电工钢，磁极化强度在 1.7T 和频率在 50Hz，以 W/kg 为单位及相应厚度产品的最大比总损耗值的 100 倍；无取向电工钢，磁极化强度在 1.5T 和频率在 50Hz，以 W/kg 为单位及相应厚度产品的最大比总损耗值的 100 倍。

例如，公称厚度为 0.30mm、比总损耗 $P1.7/50$ 为 1.30W/kg 的普通级取向电工钢，牌号为 30Q130；公称厚度为 0.30mm、比总损耗 $P1.7/50$ 为 1.10W/kg 的高磁导率级取向电工钢，牌号为 30QG110；公称厚度为 0.50mm、比总损耗 $P1.5/50$ 为 4.0W/kg 的无取向电工钢，牌号为 50W400。

⑩ 其他专用钢。车辆车轴用钢、钢轨钢、工具钢等专用钢的牌号表示方法、组成及示例见表 1-7。

表 1-7　专用钢的牌号表示方法、组成及示例(摘自 GB/T 221—2008)

产品类别	牌号表示方法	牌号组成及示例						
		第一部分			第二部分	第三部分	第四部分	牌号示例
		汉字	汉语拼音	采用字母				
车辆车轴用钢	牌号通常由两部分组成： 第一部分：车辆车轴用钢表示符号"LZ"或机车车辆用钢表示符号"JZ" 第二部分：以二位阿拉伯数字表示平均碳含量(以万分之几计)	辆轴	LiANG ZHOU	LZ	碳含量：0.40%~0.48%	—	—	LZ45
机车车辆用钢		机轴	JI ZHOU	JZ	碳含量：0.40%~0.48%	—	—	JZ45
碳素工具钢	牌号通常由四部分组成： 第一部分：碳素工具钢表示符号"T" 第二部分：阿拉伯数字表示平均含碳量(以千分之几计) 第三部分(必要时)：较高含锰量碳素工具钢，加锰元素符号 Mn 第四部分(必要时)：钢材冶金质量，高级优质钢以 A 表示，优质钢不用表示	碳	TAN	T	碳含量：0.80%~0.90%	锰含量：0.40%~0.60%	高级优质钢	T8MnA
合金工具钢	牌号通常由两部分组成： 第一部分：平均碳含量小于 1.00% 时，采用一位数字表示碳含量(以千分之几计)；平均碳含量不小于 1.00% 时，不标明含碳量数字 第二部分：合金元素含量的表示方法同合金结构钢第二部分；低铬(平均铬含量小于 1%)，在铬含量(以千分之几计)前加数字"0"	碳含量：0.85%~0.95%			硅含量：1.20%~1.60% 铬含量：0.95%~1.25%	—	—	9SiCr

（续）

产品类别	牌号表示方法	牌号组成及示例						
		第一部分			第二部分	第三部分	第四部分	牌号示例
		汉字	汉语拼音	采用字母				
高速工具钢	高速工具钢牌号表示方法与合金结构钢相同，但在牌号头部一般不标明表示碳含量的阿拉伯数字，为了区别牌号，在牌号头部可以加"C"表示高碳高速工具钢				碳含量：0.80%~0.90%	钨含量：5.50%~6.75%　钼含量：4.50%~5.50%　铬含量：3.80%~4.40%　钒含量：1.75%~2.20%	—	—	W6Mo5Cr4V2
					碳含量：0.86%~0.94%	钨含量：5.90%~6.70%　钼含量：4.70%~5.20%　铬含量：3.80%~4.50%　钒含量：1.75%~2.10%	—	—	CW6Mo5Cr4V2
钢轨钢	钢轨钢和冷镦钢的牌号通常由三部分组成：第一部分：钢轨钢表示符号"U"、冷镦钢（铆螺钢）表示符号"ML"第二部分：以阿拉伯数字表示平均碳含量，其方法与优质碳素结构钢第一部分或合金结构钢第一部分相同第三部分：合金元素含量，以化学元素符号及阿拉伯数字表示，方法同合金结构钢的第二部分	轨	GUI	U	碳含量：0.66%~0.74%	硅含量：0.85%~1.15%　锰含量：0.85%~1.15%	—	U70MnSi
冷镦钢		铆螺	MAO LUO	ML	碳含量：0.26%~0.34%	铬含量：0.80%~1.10%　钼含量：0.15%~0.25%	—	ML30CrMo
焊接用钢	焊接用钢包括焊接用碳素钢、焊接用合金钢和焊接用不锈钢等焊接用钢牌号通常由两部分组成：第一部分：焊接用钢表示符号"H"第二部分：各类焊接用钢牌号表示方法。分别与优质碳素结构钢、合金结构钢和不锈钢的牌号表示方法相同	焊	HAN	H	碳含量：≤0.10%的高级优质碳素结构钢	—	—	H08A
					碳含量：≤0.10%　铬含量：0.80%~1.10%　钼含量：0.40%~0.60%的高级优质合金结构钢	—	—	H08CrMoA
电磁纯铁	电磁纯铁牌号由三部分组成，原料纯铁符号由两部分组成：第一部分：电磁纯铁表示符号"DT"，或原料纯铁表示符号"YT"第二部分：以阿拉伯数字表示不同牌号的顺序号第三部分：根据电磁纯铁电磁性能不同，分别采用加质量等级符号A、C、E	电铁	DIAN TIE	DT	顺序号4	磁性能A级	—	DT4A
原料纯铁		原铁	YUAN TIE	YT	顺序号1	—	—	YT1

1.1.2 铸钢牌号表示方法

(1) 铸钢代号 铸钢代号用"铸"和"钢"两字的汉语拼音的大写正体第一个字母"ZG"表示。当要表示铸钢的特殊性能时,将代表铸钢特殊性能的汉语拼音的大写正体第一个字母排列在铸钢代号的后面,如"M"表示"耐磨",耐磨铸钢的代号为"ZGM"。此种代号置于铸钢牌号的前部。

(2) 元素符号、名义含量及力学性能的表示方法 铸钢牌号中的主要合金元素符号用国际化学元素符号表示,混合稀土元素用符号"RE"表示。名义含量及力学性能用阿拉伯数字表示,其含量修约规则执行 GB/T 8170 的规定。上述内容置于铸钢牌号中铸钢代号之后。

(3) 以力学性能表示的铸钢牌号 在牌号中"ZG"后面的两组数字表示力学性能,第一组数字表示该牌号铸钢的屈服强度最低值,第二组数字表示其抗拉强度最低值,单位均为 MPa。两组数字间用"-"隔开。

(4) 以化学成分表示的铸钢牌号 当以化学成分表示铸钢的牌号时,碳含量(质量分数)以及合金元素符号和含量(质量分数)在铸钢代号"ZG"之后。

在牌号中"ZG"后面以一组(两位或三位)阿拉伯数字表示铸钢的名义碳含量(以万分之几计)。

平均碳含量<0.1%的铸钢,其第一位数字为"0",牌号中名义碳含量用上限表示;碳含量≥0.1%的铸钢,牌号中名义碳含量用平均碳含量表示。

在名义碳含量后面排列各主要合金元素符号,在元素符号后用阿拉伯数字表示合金元素名义含量(以百分之几计)。合金元素平均含量<1.50%时,牌号中只标明元素符号,一般不标明含量;合金元素平均含量为 1.50%~2.49%、2.50%~3.49%、3.50%~4.49%、4.50%~5.49%…时,在合金元素符号后面相应写成2、3、4、5…。

当主要合金化元素多于三种时,可以在牌号中只标注前两种或前三种元素的名义含量值,各元素符号的标注顺序按它们的平均含量的递减顺序排列。若两种或多种元素平均含量相同,则按元素符号的英文字母顺序排列。

铸钢中常规的锰、硅、磷、硫等元素一般在牌号中不标明。

在特殊情况下,当同一牌号分几个品种时,可在牌号后面用"-"隔开,用阿拉伯数字标注品种序号。

(5) 各种铸钢名称、代号及牌号表示方法实例(见表 1-8)

表 1-8 铸钢名称、代号及牌号表示方法实例(摘自 GB/T 5613—2014)

铸钢名称	代号	牌号表示方法实例
铸造碳钢	ZG	ZG270-500
焊接结构用铸钢	ZGH	ZGH230-450
耐热铸钢	ZGR	ZGR40Cr25Ni20
耐蚀铸钢	ZGS	ZGS06Cr16Ni5Mo
耐磨铸钢	ZGM	ZGM30CrMnSiMo

(6) 铸钢牌号示例及含义说明

1)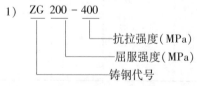

ZG 200 - 400
 └─ 抗拉强度(MPa)
 └─ 屈服强度(MPa)
 └─ 铸钢代号

2)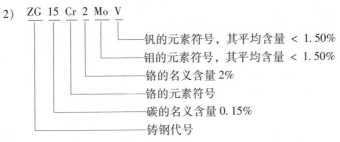

ZG 15 Cr 2 Mo V

钒的元素符号，其平均含量 < 1.50%
钼的元素符号，其平均含量 < 1.50%
铬的名义含量2%
铬的元素符号
碳的名义含量0.15%
铸钢代号

3)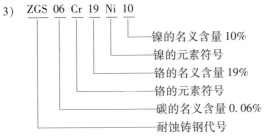

ZGS 06 Cr 19 Ni 10

镍的名义含量10%
镍的元素符号
铬的名义含量19%
铬的元素符号
碳的名义含量0.06%
耐蚀铸钢代号

4)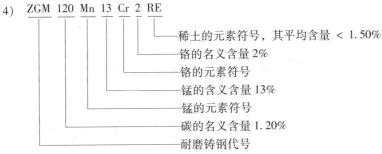

ZGM 120 Mn 13 Cr 2 RE

稀土的元素符号，其平均含量 < 1.50%
铬的名义含量2%
铬的元素符号
锰的含义含量13%
锰的元素符号
碳的名义含量1.20%
耐磨铸钢代号

铸钢牌号表示方法应符合 GB/T 5613—2014 的规定。

1.1.3 铸铁牌号表示方法

1）铸铁基本代号由表示该铸铁特征的汉语拼音的大写正体第一个字母组成，当两种铸铁名称的代号字母相同时，可在该大写正体字母后加小写正体字母来区别。当要表示铸铁的组织特征或特殊性能时，将代表铸铁组织特征或特殊性能的汉语拼音的大写正体第一个字母排列在基本代号的后面。

2）合金元素符号用国际化学元素符号表示，混合稀土元素用符号"RE"表示，名义含量及力学性能数值用阿拉伯数字表示。

3）当以化学元素成分表示铸铁的牌号时，合金元素符号及名义含量(质量分数)排列在铸铁代号之后。在牌号中，碳、硅、锰、硫、磷元素一般不标注，有特殊作用时才标注其元素符号及含量。合金元素含量大于或等于1%时，在牌号中用整数标注，小于1%时，一般不标注，只有对该合金特性有较大影响时，才标注其合金元素符号。合金元素按其含量递减次序排列，含量相等时按元素符号的字母顺序排列。

4）当以力学性能表示铸铁牌号时，力学性能数值排列在铸铁代号之后。当牌号中有合金元素符号时，抗拉强度值排列于元素符号及含量之后，之间用"-"隔开。牌号中代号后有一组数字时，此数字表示抗拉强度值(MPa)，当有两组数字时，第一组表示抗拉强度值(MPa)，第二组表示伸长率值(%)，两组数字间用"-"隔开。

5）牌号示例：

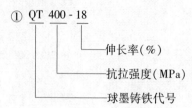

① QT 400 - 18

伸长率(%)

抗拉强度(MPa)

球墨铸铁代号

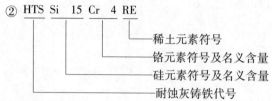

② HTS Si 15 Cr 4 RE

稀土元素符号

铬元素符号及名义含量

硅元素符号及名义含量

耐蚀灰铸铁代号

③ QTM Mn 8-300

抗拉强度(MPa)

锰元素符号及名义含量

抗磨球墨铸铁代号

铸铁牌号表示方法应符合 GB/T 5612—2008 的规定。

各种铸铁名称、代号及牌号示例见表1-9。

表 1-9　各种铸铁名称、代号及牌号示例(摘自 GB/T 5612—2008)

铸铁名称		代　号	示　例
灰铸铁		HT	
	灰铸铁	HT	HT250，HT Cr-300
	奥氏体灰铸铁	HTA	HTA Ni20Cr2
	冷硬灰铸铁	HTL	HTL Cr1Ni1Mo
	耐磨灰铸铁	HTM	HTM Cu1CrMo
	耐热灰铸铁	HTR	HTR Cr
	耐蚀灰铸铁	HTS	HTS Ni2Cr
球墨铸铁		QT	
	球墨铸铁	QT	QT400-18
	奥氏体球墨铸铁	QTA	QTA Ni30Cr3
	冷硬球墨铸铁	QTL	QTL CrMo
	抗磨球墨铸铁	QTM	QTM Mn8-30
	耐热球墨铸铁	QTR	QTR Si5
	耐蚀球墨铸铁	QTS	QTS Ni20Cr2
蠕墨铸铁		RuT	RuT420
可锻铸铁		KT	
	白心可锻铸铁	KTB	KTB350-04
	黑心可锻铸铁	KTH	KTH350-10
	珠光体可锻铸铁	KTZ	KTZ650-02
白口铸铁		BT	
	抗磨白口铸铁	BTM	BTM Cr15Mo
	耐热白口铸铁	BTR	BTR Cr16
	耐蚀白口铸铁	BTS	BTS Cr28

1.1.4 钢铁及合金牌号统一数字体系

GB/T 17616—2013《钢铁及合金牌号统一数字代号体系》规定了以 6 位符号表示的钢铁及合金牌号的统一数字代号体系，简称为"ISC"。牌号的数字代号体系便于计算机的储存、检索及数据处理，便于现代化生产和管理。我国的"ISC"统一数字代号体系，既参考了国外《钢的牌号数字体系》（国际标准和欧洲标准文件）和《金属与合金统一数字代号体系》（美国 UNS 系统）的先进内容，又体现了我国钢铁材料现代化生产管理及应用的经验，因此我国的钢铁及合金牌号统一数字代号体系具有较高的科学性。凡列入国家标准和行业标准的钢铁及合金产品牌号均应同时列入"ISC"统一数字代号体系，并列有效使用。

"ISC"统一数字代号由 6 位符号组成，左边第一位为大写的拉丁字母，后接 5 位含义不同的阿拉伯数字，其形式及含义如下：

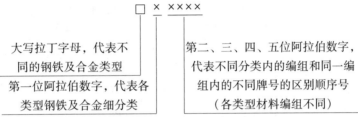

GB/T 17616—2013《钢铁及合金牌号统一数字代号体系》和 GB/T 221—2008《钢铁产品牌号表示方法》作为钢铁及合金产品牌号的两种表示方法并列有效使用。

钢铁及合金的类型与统一数字代号见表 1-10。各类型钢铁及合金的统一数字代号表示方法请参见 GB/T 17616—2013。

表 1-10 钢铁及合金的类型与统一数字代号（摘自 GB/T 17616—2013）

钢铁及合金的类型	英文名称	前缀字母	统一数字代号（ISC）
合金结构钢	Alloy structural steel	A	A××××
轴承钢	Bearing steel	B	B××××
铸铁、铸钢及铸造合金	Cast iron, cast steel and cast alloy	C	C××××
电工用钢和纯铁	Electrical steel and iron	E	E××××
铁合金和生铁	Ferro alloy and pig iron	F	F××××
高温合金和耐蚀合金	Heat resisting and corrosion resisting alloy	H	H××××
金属功能材料	Metallic functional materials	J	J××××
低合金钢	Low alloy steel	L	L××××
杂类材料	Miscellaneous materials	M	M××××
粉末及粉末冶金材料	Powders and powder metallurgy materials	P	P××××
快淬金属及合金	Quick quench matels and alloys	Q	Q××××
不锈钢和耐热钢	Stainless, steel and heat resisting steel	S	S××××
工模具钢	Tool and mould steel	T	T××××
非合金钢	Unalloy steel	U	U××××
焊接用钢及合金	Steel and alloy for welding	W	W××××

1.2 金属材料的主要性能指标名称、符号及含义(见表1-11)

表1-11 金属材料的主要性能指标名称、符号及含义

名称	符号	单位	含义及说明
密度	ρ	kg/m^3 g/cm^3	单位体积的质量称为密度,即密度$\rho=m/V$,式中,m为物质质量(kg或g),V为物质体积(m^3或cm^3)。在机械工业中,一般利用金属材料的密度来计算零件的质量
比热容	c	$J/(kg \cdot K)$	单位质量的某种物质,在温度升高1K(或1℃)时吸收的热量,或者温度降低1K(或1℃)时所放出的热量,称为物质的比热容
热导率	λ	$W/(m \cdot K)$	在单位时间内,当沿着热流方向的单位长度上温度降低1K(或1℃)时,单位面积容许过的热量,称为此种材料的热导率或热导率。实验证明,所导过的热量与温度梯度、热传递的横截面积及持续时间成正比,$q=-\lambda \dfrac{dt}{dn}$,式中,$q$为热流量密度($W/m^2$),$\dfrac{dt}{dn}$为某截面法向方向的温度梯度,负号表示热流方向沿着温度降低的方向,λ为热导率$[W/(m \cdot K)]$
线胀系数	α_l	K^{-1}	金属温度每升高1K(或1℃)所增加的长度与原来长度的比值,称为线胀系数。线胀系数$\alpha_l = \Delta L/[L_1(t_2-t_1)]$,式中,$\Delta L$为增加的长度($mm$),$t_2-t_1$为温度差($K$或℃),$L_1$为原长度($mm$)。线胀系数的数值会随温度变化而变化。钢的线胀系数一般为$(10\sim20)\times10^{-6}K^{-1}$
电阻率	ρ	$\Omega \cdot m$ $\mu\Omega \cdot cm$	截面均匀的金属材料柱状试样的电阻值$R=\rho\dfrac{L}{S}$,式中,L为试样长度;S为试样横截面积;ρ为电阻率,计算式为$\rho=R\dfrac{S}{L}$。其单位在工程上也可用$10^{-6}\Omega \cdot mm$。电阻率是计算和衡量金属在常温下电阻值大小的性能指标,ρ值大,表明材料的电阻也大,其导电性能就差;反之,导电性能就好
电导率	γ	S/m	电阻率的倒数称为电导率。在数值上它等于导体维持单位电位梯度(即电位差)时,流过单位面积的电流。电导率越大,材料的导电性能越好。在工业中,以导电性最好的银为标准材料,把银的电导率规定为100%,其他金属材料与银相比,所得的百分数就是此种材料的电导率
摩擦因数	μ	—	根据摩擦定律,通常将摩擦力与施加在摩擦部位上的垂直载荷的比值称为摩擦因数
磨损量 (磨耗量)	W V	g cm^3	磨损量即在规定的试验条件下,试样经过一定时间或一定的距离摩擦之后被磨去的质量(g)或体积(cm^3)。因此,磨损量分为质量磨损量W和体积磨损量V
相对耐磨系数	ε	—	在模拟耐磨试验机上,采取相同试验条件,采用硬度为52~53HRC的65Mn钢作为标准试样,标准试样的绝对磨损值(质量磨损或体积磨耗)与被测材料的绝对磨损值之比称为被测试材料的相对耐磨系数。相对耐磨系数的数值越大,表示此种材料的耐磨性能越好

（续）

名称	符号	单位	含义及说明
比例极限 弹性极限		MPa	材料能够承受的没有偏离应力和应变比例特性的最大应力，称为比例极限。材料在应力完全释放时能够保持没有永久应变的最大应力，称为弹性极限。比例极限的定义在理论上具有重要意义，它是材料从弹性变形向塑性变形转变之点，但是很难准确测定，因此，GB/T 228.1—2010金属材料室温试验方法中没有列入此项指标，采用规定塑性（非比例）延伸性能代替。弹性极限和比例极限数值很相近，有关内容详见 GB/T 10623《金属材料　力学性能试验术语》和 GB/T 228.1—2010《金属材料　拉伸试验　第1部分：室温试验方法》
弹性模量	E	MPa	低于比例极限的应力与相应应变的比值，称为弹性模量 E。在切应力与切应变成线性比例关系范围内，切应力与切应变之比，称为剪切模量 G。弹性模量可视为衡量材料产生弹性变形难易程度的指标，其值越大，使材料发生一定弹性变形的应力也越大，即材料刚性越大
屈服强度 上屈服强度 下屈服强度	R_{eH} R_{eL}	MPa	当金属材料呈现屈服现象时，在试验期间达到塑性变形发生而力不增加的应力点，称为屈服强度。GB/T 228.1—2010 将屈服强度区分为上屈服强度 R_{eH} 和下屈服强度 R_{eL} 试样发生屈服而力首次下降前的最大应力称为上屈服强度 R_{eH}，在屈服期间不计初始瞬时效应时的最小应力称为下屈服强度 R_{eL}
规定塑性延伸强度	R_p	MPa	塑性延伸率等于规定的引伸计标距百分率时的应力，称为规定塑性延伸强度 R_p，使用的符号应附以下脚注说明所规定的百分率，如 $R_{p0.2}$ 表示规定塑性延伸率为 0.2% 时的应力
规定总延伸强度	R_t	MPa	总伸长率等于规定的引伸计标距百分率时的应力，称为规定总延伸强度 R_t，使用的符号应附以下脚注说明所规定的百分率，如 $R_{t0.5}$ 表示规定总伸长率为 0.5% 时的应力
规定残余延伸强度	R_r	MPa	卸除应力后残余伸长率等于规定的引伸计标距百分率时对应的应力，称为规定残余延伸强度 R_r，使用的符号应附以下脚注说明所规定的百分率，如 $R_{r0.2}$ 表示规定残余伸长率为 0.2% 时的应力
抗拉强度	R_m	MPa	试样在屈服阶段之后所能抵抗的最大力 F_m，相应最大力 F_m 的应力，称为抗拉强度 R_m（旧标准 GB/T 228—1987 规定抗拉强度符号为 σ_b）
抗弯强度	σ_{bb}	MPa	金属材料弯曲断裂前的最大应力称为抗弯强度。对于脆性材料 $\sigma_{bb} = M_b/W$，式中，M_b 为断裂弯曲力矩（N·mm），W 为试样截面系数（mm³）
抗剪强度	τ_b	MPa	材料能经受的最大剪切应力称为抗剪强度。在剪切试验中，抗剪强度是用剪切试验中的最大试验力除以试样的剪切面积所得的应力来表示
抗扭强度	τ_m	MPa	相应最大转矩 T_m 的切应力称为抗扭强度。试样在屈服阶段之后所能抵抗的最大转矩
抗压强度	σ_{bc}	MPa	试样压至破坏前承受的最大标称压应力称为抗压强度。只有在材料发生破裂的情况下才能测出抗压强度
持久强度	$\sigma_{b时间}$	MPa	在规定温度下，试样达到规定时间而不断裂的最大应力称为持久强度
蠕变强度 $\sigma\frac{温度}{应变量/时间}$	$\sigma\frac{温度}{应变量/时间}$	MPa	金属材料在高于一定温度下受到应力作用，即使应力小于屈服强度，试件也会随着时间的增长而缓慢地产生塑性变形，此种现象称为蠕变。在给定温度下和规定的使用时间内，使试样产生一定蠕变变形量的应力称为蠕变强度，如 $\sigma\frac{500}{1/100000} = 100MPa$，表示材料在 500℃ 温度下，$10^5$h 后应变量为 1% 的蠕变强度为 100MPa。蠕变强度是材料在高温长期负荷下对塑性变形抗力的性能指标

（续）

名称	符号	单位	含义及说明
断面收缩率	Z	%	断裂后试样横截面积的最大缩减量与原始横截面积之比的百分率称为断面收缩率 Z
断裂总伸长率	A_t	%	断裂时刻原始标距总伸长（弹性伸长加塑性伸长）与原始标距之比的百分率，称为断裂总伸长率
断后伸长率	A $A_{11.3}$ A_{xmm}	%	断后标距的残余伸长与原始标距之比的百分率，称为断后伸长率 A。对于比例试样，若原始标距不为 $5.65\sqrt{S_0}$（S_0 为平行长度的原始横截面积），符号 A 应附以下脚注说明所使用的比例系数，如 $A_{11.3}$ 表示原始标距为 $11.3\sqrt{S_0}$ 的断后伸长率。对于非比例试样，符号 A 应附以下脚注说明所使用的原始标距，以毫米（mm）表示，如 A_{80mm} 表示原始标距为 80mm 的断后伸长率
最大力总延伸率 最大力塑性 延伸率	A_{gt} A_g	%	最大力时原始标距的伸长率与原始标距之比的百分率称为最大力延伸率，应区分最大力总延伸率 A_{gt} 和最大力塑性延伸率 A_g
屈服点延伸率	A_e	%	呈现明显屈服（不连续屈服）现象的金属材料，从屈服开始至均匀加工硬化开始之间引伸计标距的伸长与引伸计标距之比的百分率称为屈服点延伸率
冲击韧度	a_k	J/cm²	在摆锤式一次试验机上，将一定尺寸和形状的标准试样冲断所消耗的功 A_k 与断口横截面积之比值称为冲击韧度 a_k。按国标规定，a_{kU} 为夏比 U 形缺口试样冲击韧度值，A_{kU} 为夏比 U 形缺口试样冲断时所消耗的冲击吸收功（J）；a_{kV} 为夏比 V 形缺口试样冲断时所消耗的冲击韧性值；A_{kV} 为夏比 V 形缺口试样冲断时所消耗的冲击吸收功（J）
冲击吸收功	A_k	J	
疲劳极限	σ_{-1} σ_{-1n}	MPa	金属材料在交变负荷作用下，经无限次应力循环而不产生断裂的最大循环应力称为疲劳极限。国标规定，对于钢铁材料，应力循环次数采用 10^7 次，对于有色金属材料，采用 10^8 或更多的周次。σ_{-1} 表示光滑试样的对称弯曲疲劳极限，σ_{-1n} 表示缺口试样的对称弯曲疲劳极限
布氏硬度	HBW	一般不注单位	将一定直径的硬质合金球施加试验力压入试样表面，经保持规定时间后，卸除试验力，测量试样表面压痕的直径。布氏硬度与试验力除以压痕表面积的商成正比： $$布氏硬度 = 常数 \times 试验力/压痕面积 = 0.102 \times \frac{2F}{\pi D(D - \sqrt{D^2 - d^2})}$$ 式中，F 为试验力（N）；D 为硬质合金球直径（mm）；d 为压痕平均直径（mm） 布氏硬度用符号 HBW 表示，HBW 前面为数字，此数字表示硬度值，HBW 后面按顺序表示试验条件的指标： a. 球的直径（mm） b. 试验力数值（按标准规定） c. 与规定时间不同的试验力保持时间 标记示例： a. 350HBW5/750 表示用直径 5mm 的硬质合金球在 7.355kN 试验力下保持 10～15s 测定的布氏硬度值为 350 b. 600HBW1/30/20 表示用直径 1mm 的硬质合金球在 294.2N 试验力下保持 20s 测定的布氏硬度为 600 布氏硬度广泛用于各种金属材料的硬度测定，但对于成品件一般不宜采用。按 GB/T 231.1—2018 的规定，布氏硬度试验范围上限为 650HBW

（续）

名称	符号	单位	含义及说明
洛氏硬度	HRA HRB HRC HRD HRE HRF HRG HRH HRK HR15N、 HR30N、 HR45N、 HR15T、 HR30T、 HR45T	无量纲	采用金刚石圆锥体或一定直径的淬火钢球作压头，压入金属材料表面，取其压痕深度计算确定硬度的大小，这种方法测量的硬度为洛氏硬度。GB/T230.1—2018 金属洛氏硬度试验方法中规定了 A、B、C、D、E、F、G、H、K、15N、30N、45N、15T、30T 和 45T 等标尺，规定了相应的硬度符号、压头类型、总试验力等。由于压痕较浅，工件表面损伤小，适于批量、成品件及半成品件的硬度检验，但对于晶粒粗大且组织不均的零件不宜采用。由于可采用不同压头和试验力，故洛氏硬度可以适用较硬或较软的材料，使用范围较广 硬度标尺 A，硬度符号为 HRA，顶角为 120° 的圆锥金刚石压头，总试验力为 588.4N，HRA 主要用于测定硬质材料，如硬质合金、薄而硬的钢材及表面硬化层较薄的材料等 HRB 的压头是 1.5875mm 直径的钢球，总试验力为 980.7N，适用于测定低碳钢、软金属、铜合金、铝合金及可锻铸铁等中、低硬度材料的硬度 HRC 的压头为顶角 120° 的金刚石圆锥体，总试验力为 1471N，适用于测定一般钢材、硬度较高的铸件、珠光体可锻铸铁及淬火回火的合金钢等材料硬度 HR15N、HR30N、HR45N 和 HR15T、HR30T、HR45T 为表面洛氏硬度，HR15N、HR30N、HR45N 压头为金刚石圆锥体，HR15T、HR30T、HR45T 压头为直径 1.5875mm 的淬硬钢球，试验载荷均为 147.1N、294.2N 和 441.3N。表面洛氏硬度只适用于钢材表面渗碳、渗氮等处理的表层硬度，较薄、较小的试件硬度测定（有关内容详见 GB/T 230.1—2018）
维氏硬度	HV	一般不注单位	维氏硬度试验是用一个相对面夹角为 136° 的正四棱锥体金刚石压头，以规定的试验力(49.03~980.7N)压入试样表面，经一定规定时间后，卸除试验力，以其压痕表面积除试验力所得的商即为维氏硬度值 维氏硬度试验法适用于测量面积较小、硬度值较高的试样和零件的硬度、各种表面处理后的渗层或镀层以及薄材的硬度，如 0.3~0.5mm 厚度金属材料、镀铬、渗碳、氮化、碳氮共渗等的硬度测量（详见 GB/T 4340.1—2009）

注：GB/T 228.1—2010《金属材料 拉伸试验 第1部分：室温试验方法》代替 GB/T 228—2002《金属材料 室温拉伸试验方法》。GB/T 228.1—2010 参照 ISO 6892-1:2009 修订，GB/T 228.1—2010 中的术语和符号与 GB/T 228—2002 中的相同。由于被替代的旧标准 GB/T 228—1987《金属拉伸试验方法》、GB/T 3076—1982《金属薄板（带）拉伸试验方法》、GB/T 6397—1986《金属拉伸试验试样》三项标准中的名词术语及符号在某些尚未修订的标准中仍然使用，为积极贯彻执行新标准的规定，下表列出了新标准 GB/T 228.1—2010 和旧标准的性能名称及符号对照。

新标准（GB/T 228.1—2010）		旧标准（GB/T 228—1987）		新标准（GB/T 228.1—2010）		旧标准（GB/T 228—1987）	
性能名称	符号	性能名称	符号	性能名称	符号	性能名称	符号
断面收缩率	Z	断面收缩率	ψ	上屈服强度	R_{eH}	上屈服点	σ_{sU}
断后伸长率	A $A_{11.3}$ A_{xmm}	断后伸长率	δ_5 δ_{10} δ_{xmm}	下屈服强度	R_{eL}	下屈服点	σ_{sL}
				规定塑性延伸强度	R_p 如 $R_{p0.2}$	规定非比例伸长应力	σ_p 如 $\sigma_{p0.2}$
最大力总延伸率	A_{gt}	最大力下的总伸长率	δ_{gt}	规定总延伸强度	R_t 如 $R_{t0.5}$	规定总伸长应力	σ_t 如 $\sigma_{t0.5}$
最大力塑性延伸率	A_g	最大力下的非比例伸长率	δ_g				
屈服点延伸率	A_e	屈服点伸长率	δ_s	规定残余延伸强度	R_r 如 $R_{r0.2}$	规定残余伸长应力	σ_r 如 $\sigma_{r0.2}$
屈服强度	—	屈服点	σ_s	抗拉强度	R_m	抗拉强度	σ_b

1.3 合金元素对钢性能的影响(见表 1-12)

表 1-12 合金元素对钢性能的影响

元素名称	说 明
Al	细化晶粒和脱氧,在渗氮钢中能促成渗氮层;含量高时,能提高钢的高温抗氧化性,耐 H_2S 气体的腐蚀,固溶强化作用大,提高耐热合金的热强性,有促使石墨化倾向。铝减轻钢对缺口的敏感性,减少或消除钢的时效现象,降低其韧脆转变温度,提高钢的低温韧性。高铝钢具有比强度较高的特点。铝对钢的热加工性能、焊接性和切削性能均产生不利作用
B	微量硼能够提高钢的淬透性,提高淬火和低温回火后的力学性能,改善塑性。硼对奥氏体钢的蠕变抗力有所提高,对珠光体耐热钢可提高钢的高温力学性能。300~400℃回火的含硼钢,其冲击韧度有所提高,并且降低钢的韧脆转变温度。硼的含量超过 0.007%(质量分数)时,将产生热脆现象,降低热加工性能。一般硼的含量应控制在 0.005%以下(质量分数)
Co	有固溶强化作用,使钢具有红硬性,提高高温性能,抗氧化性和耐蚀性能,是高温合金及超硬高速钢的重要合金元素,能够显著提高其热强性和高温硬度。Co 降低钢的淬透性,提高马氏体转变开始温度 Ms。钴的价格很高,在一般钢中通常不采用,主要用于特殊性能的钢中
Cr	提高钢的淬透性,并有二次硬化作用,增加高碳钢的耐磨性,含量超过 12%(质量分数)时,使钢具有良好的高温抗氧化性和耐氧化性介质腐蚀作用,提高钢的热强性,是不锈钢、耐蚀钢和耐热钢的主要合金元素,但含量高时易产生脆性
Cu	含量低时、作用和镍相近;含量较高时,对热变形加工不利,如含量超过 0.30%(质量分数)时,在热变形加工时导致高温铜脆现象,含量高于 0.75%(质量分数)时,经固溶处理和时效后可产生时效强化作用。在低碳合金钢中,特别是与磷同存时,铜可提高钢的抗大气腐蚀性,2%~3%(质量分数)的铜在不锈钢中可提高钢对硫酸、磷酸及盐酸等的耐性及对应力腐蚀的稳定性,铜能够提高钢的强度,明显提高屈强比,同时也可以提高钢的疲劳强度铜含量增加时,钢的室温冲击韧度也有适当的提高。铜加入钢中,使钢液的流动性得到改善,从而改善了钢的铸造性,但是含铜量较高时,钢在热加工时易于开裂
Mn	降低钢的下临界点,增加奥氏体冷却时的过冷度,细化珠光体组织以改善力学性能,为低合金钢的重要合金元素,能明显提高钢的淬透性,但有增加晶粒粗化和回火脆性的不利倾向
Mo	提高钢的淬透性,含量为 0.5%(质量分数)时,能降低回火脆性,有二次硬化作用,提高热强性和蠕变强度;含量为 2%~3%(质量分数)时,可提高抗有机酸及还原性介质腐蚀能力
N	有不明显的固溶强化及提高淬透性作用,提高蠕变强度,与钢中其他元素化合有沉淀硬化作用。表面渗氮可提高硬度及耐磨性,增加耐蚀性。在低碳钢中残余氮会导致时效脆性
Nb	固溶强化作用很明显,提高钢的淬透性(熔于奥氏体时),增加回火稳定性,有二次硬化作用,提高钢的强度及冲击韧度,当含量高时(大于碳含量的 8 倍),使钢具有良好的抗氢性能,并提高热强钢的高温性能(蠕变强度等)
Ni	提高塑性及韧性,提高低温韧性更明显,改善耐蚀性,与铬、钼联合使用可提高热强性,是热强钢及不锈耐酸钢的主要合金元素
P	固溶强化及冷作硬化作用好,与铜联合使用可提高低合金高强度钢的耐大气腐蚀性能,但降低其冷冲击性能,与硫、锰联合使用可改善切削性能,增加回火脆性及冷脆敏感性
Pb	改善切削加工性
RE	包括镧系元素、钇和钪等 17 个元素,有脱气、脱硫和消除其他有害杂质的作用,改善钢的铸态组织,0.2%(质量分数)的含量可提高抗氧化性、高温强度及蠕变强度,增加耐蚀性

（续）

元素名称	说　　明
S	改善切削性能，产生热脆现象，恶化钢的质量，硫含量高还将对焊接性产生不良影响
Si	常用的脱氧剂，有固溶强化作用，可提高电阻率，降低磁滞损耗，改善磁导率，提高淬透性、抗回火性，对改善综合力学性能有利，可提高弹性极限，增加在自然条件下的耐蚀性，但含量较高时，降低焊接性，且易导致冷脆，使中碳钢和高碳钢在回火时易于产生石墨化
Ti	固溶强化作用强，但降低固溶体的韧性。固溶于奥氏体中可提高钢的淬透性，但化合钛却降低钢的淬透性。可改善回火稳定性，并有二次硬化作用，提高耐热钢的抗氧化性和热强性，如蠕变和持久强度，且改善钢的焊接性
V	固溶于奥氏体中可提高钢的淬透性，但化合态存在的钒会降低钢的淬透性，增加钢的回火稳定性，并有很强的二次硬化作用；固溶于铁素体中有极强的固溶强化作用，可细化晶粒，从而提高低温冲击韧性。碳化钒是最硬的、耐磨性最好的金属碳化物，可明显提高工具钢的寿命，提高钢的蠕变和持久强度。钒、碳含量比超过5.7时，可大大提高钢抗高温、高压、氢腐蚀的能力，但会稍微降低高温抗氧化性
W	有二次硬化作用，使钢具有热硬性，提高耐磨性，对钢的淬透性、回火稳定性、力学性能及热强性影响均和钼相近，稍微降低抗氧化性
Zr	锆在钢中的作用与铌、钛、钒相似，含量小时，有脱氧、净化和细化晶粒作用，可提高钢的低温韧性，消除时效现象，提高钢的冲压性能

主要合金元素对钢各项性能的影响

元素名称	强度	弹性	冲击韧性	屈服强度	硬度	伸长率	断面收缩率	低温韧性	高温强度	耐磨性	被切削性	锻压性	渗碳性能	渗氮性能	抗氧化性	耐蚀性	冷却速度
Mn[①]	+	+	0	+	+	0	0	+	0	--	-	+	0	0	0	●	-
Mn[②]	+	●	●	-	---	+++	0	+		●	---	---	●	●	--	●	--
Cr	++	+	-	++	++	-		●	+	●	●		++	++	---	+++	---
Ni[①]	+	●	●	+	+	0	0	++	●	-	--	●	●	●	●	●	--
Ni[②]	+	●	+++	-	--	+++	++	++	+++	●	---	---	●	●		++	--
Si	+	+++	●	-	++		●	●		+	●	●		●	●	●	--
Cu	+	●	0	++	+	0	0	●	+	●	0	---	●	●	●	0	●
Mo	+	●	-	+	+	-	●		++	++	●	●	+++	++	●	●	
Co		●		●		-	●		++	+++	0	●	●	+	●		++
V	+	+	●	-	++	0	0	+	++	++	-	●	++ ++	+	●	+	--
W	+	●	0	+	●	-	●		+++	+++	--	●	●	++	●	●	
Al	+	●	-	+	+	●	-		●	●	--	●	●	+++	--	●	
Ti	+							+	+	●		+	+	+	+	+	
S	●	●	●	●	●	●	●	●	●	+++	---	●	●	●	●		●
P	+	●	---	+	+	-	-	●	●		++						●

注："+"表示提高，"-"表示降低，"●"表示影响情况尚不清楚，"0"表示没有影响，多个"+"或多个"-"表示提高或降低的强烈程度。

① 表示在珠光体钢中。

② 表示在奥氏体钢中。

1.4　钢铁材料常用热处理方法及应用（见表 1-13）

表 1-13　钢铁材料常用热处理方法及应用

热处理方法		作　用	应用及说明
退火	完全退火	细化晶粒 消除魏氏组织和带状组织 降低硬度，提高塑性，利于切削加工 消除内应力 对于铸件可消除粗晶，提高冲击韧性、塑性和强度	用于亚共析钢的中小型铸件、锻件和热轧钢材 用于亚共析钢的预先热处理 不能用于过共析钢，否则会使过共析钢形成网状碳化物，降低其韧性 对于大型铸、锻件采用完全退火，由于应力作用，易造成变形、开裂，所以要及时消除应力
	不完全退火	降低硬度，提高塑性，改善切削加工性 消除内应力 得到球状珠光体	用于无网状碳化物组织的过共析钢，很少用于亚共析钢 用于高碳钢和轴承钢的预先热处理 当过共析钢中存在网状碳化物时，必须采用正火消除后，方可采用不完全退火
	球化退火	获得球状珠光体，消除过共析钢中的轻微网状组织 降低硬度，提高塑性和韧性 改善切削加工性 作为淬火前的预备热处理	用于改善 $w(C)$ 大于 0.65% 的碳素工具钢、合金工具钢及轴承钢的组织，从而获得良好的加工性能，并为最后热处理做好组织准备
	等温退火	采用等温退火，由于奥氏体等温分解是在恒温下进行，因而所得到的珠光体组织均匀（特别是对于大截面的零件），从而获得均匀的力学性能 采用等温退火，可以使采用一般退火方法难以得到珠光体组织的钢得到珠光体，以利切削加工，并缩短生产周期	可根据等温退火的目的在生产中广泛采用，特别是亚共析钢和共析钢 可用于合金钢的退火，几乎用等温退火代替历来采用的完全退火 不同等温温度所得到的晶粒度和硬度不同，等温温度高，晶粒较粗、硬度低，反之，晶粒较细、硬度高
	扩散退火	消除铸锭和铸件的枝状偏析，使成分和组织均匀化，提高性能，同时也便于切削加工	主要用于铸锭和大型铸件 对于高合金钢锻件，采用扩散退火是为以后的热处理和机械加工做组织准备 因扩散退火生产周期长，电能或燃料消耗大，因此一般对要求不太严的零件不采用扩散退火
	再结晶退火	冷变形后的金属，经再结晶退火，可以消除加工硬化，从而消除内应力，降低硬度，提高塑性，利于继续进行机械加工 金属经热加工后，由于冷却速度快，再结晶进行得不完全，因而内应力大，硬度高，所以必须进行再结晶退火	用于恢复冷变形前的组织与性能（如冷轧、冷拉和冷冲制件）并消除内应力 用于冷变形的中间工序，以利于进一步加工 当钢件冷变形不均匀或处于临界变形量（5%~15%）时，施以再结晶退火易造成晶粒粗大

（续）

热处理方法		作　用	应用及说明
退火	去除应力退火	可消除内应力，稳定尺寸，减少加工和使用过程中的变形 可降低硬度，便于切削加工	用于铸锻件和焊接件，如床身、发动机缸体、变速箱壳体等 用于高合金钢，主要是降低硬度，改善切削加工性能 对于高精度零件，为消除切削加工后的应力，稳定尺寸，可采用更低温度（200~400℃）长时间保温 对于大工件和装炉量大时，可适当延长保温时间 对于一般铸件，消除应力时，为避免造成第二阶段石墨化而引起强度降低，加热温度不应超过600℃
	高温退火	消除白口及游离渗碳体，并使渗碳体分解，改善切削性，提高塑性和韧性	用于灰铸铁、球墨铸铁件（出现白口时），一般不用于可锻铸铁
	可锻化退火	使渗碳体发生分解，获得团絮状石墨，从而使强度和塑性有明显提高	用于白口铁转变为可锻铸铁 退火冷却时，如果在650℃以上出炉空冷则韧性好，炉冷时存在脆性
	高温石墨化退火	消除铸态组织中的游离渗碳体，改善切削性、降低脆性及提高力学性能	多用于球墨铸铁（出现一定数量的游离渗碳体而造成白口时） 冷却时，如果在600~400℃范围内缓冷，则出现脆性，所以在退火温度保温后，炉冷至600℃左右应立即出炉空冷
	低温石墨化退火	可获得高韧性铁素体基体的球墨铸铁	多用于球墨铸铁（铸态组织中只出现珠光体而无游离渗碳体时） 如果在基体组织中不允许存在珠光体，其加热保温时间应适当延长，反之，则可稍缩短
	低温退火	降低铸件的脆性，改善切削性及提高韧性	多用于灰铸铁和球墨铸铁（不出现渗碳体而只出现珠光体时） 当铸态组织中存在游离渗碳体时，不采用这种退火，而采用高温退火
正火		提高低碳钢的硬度，改善切削加工性 细化晶粒，改善组织（如消除魏氏组织、带状组织、大块状铁素体和网状碳化物），为最后热处理做组织准备 消除内应力，提高低碳钢性能，作为最后热处理	主要用于低碳钢、中碳钢和低合金钢，对于高碳钢和高碳合金钢不常采用（仅当有网状碳化物时采用），因为高碳钢和高碳合金钢正火后会发生马氏体转变 用于淬火返修件消除内应力和细化组织，以防重淬时产生变形和开裂 正火与退火比较，生产周期短，设备利用率高 另外，可提高钢的力学性能，因此，可根据材料和技术要求，在某些情况下用正火代替退火

（续）

热处理方法		作　用	应用及说明
高温正火		提高组织均匀性，改善切削性，提高强度、硬度、耐磨性，或消除白口及游离渗碳体	主要用于要求强度高、耐磨性好的球墨铸铁件 铸态组织中存在游离渗碳体时，正火温度取上限。含硅量较高的铸件应采用较快的冷却速度冷却，以防出现石墨化现象
低温正火		提高强度、韧性和塑性	主要用于强度、韧性要求较高，而对耐磨性要求不很高的球墨铸铁件 利用地方生铁熔铸球墨铸铁时，由于含硫、磷量较高，因而难以保证塑性、韧性指标，采用低温正火恰好可以弥补由此而引起的塑性、韧性的不足
淬火	单液淬火	可获得马氏体组织，提高工件的硬度、强度和耐磨性 淬火与随后的回火工序相结合，可使工件获得良好的综合力学性能 改变某些钢的物理和化学性能	仅适用于形状简单的淬火件 直径超过 12mm 的碳钢工件采用水淬 直径较小的碳钢件或合金钢件采用油淬 单液淬火的优点是操作简单，且易实现淬火机械化和自动化；缺点是水淬容易变形、开裂，油淬容易产生硬度不足或硬度不均匀等现象
	双液淬火	可获得马氏体组织，提高工件的硬度、强度和耐磨性 减少淬火工件的内应力，避免变形和开裂	主要用于形状比较复杂的碳素钢（特别是高碳钢）淬火件 典型的双液淬火操作是先水后油，即水淬油冷 必须严格控制在强冷却介质（如水）中的冷却时间，同时工件从强冷却介质中移入弱冷却介质（如油）中时速度要快
	分级淬火	与单液淬火方法的作用相同 可减少淬火工件的内应力，比双液淬火更有效地避免变形和开裂	适用于形状复杂、直径不大于 12mm 的碳钢淬火件和直径不大于 30mm 的合金钢淬火件，也可用于要求变形小、精度高的滚动轴承和齿轮淬火 这种淬火方法所使用的冷却步骤一般是先在熔盐中冷却，然后再在空气中冷却 工件尺寸过大，会使淬火冷却介质温度升高，难以达到临界淬火速度
	等温淬火	可获得下贝氏体，更有效地减少淬火工件的变形与开裂倾向 在相同硬度下，可使工件比其他淬火方法获得更高的塑性和韧性	适用于形状复杂且要求较高硬度和冲击韧性的淬火工件，如弹簧、齿轮、丝锥等 等温冷却的时间和温度，按各钢种的等温转变图定。尺寸较大的工件可采用复合等温淬火，即将工件先在水或油中快冷一下再放入等温浴槽
回火	低温回火	可获得回火马氏体，使工件具有高硬度和高耐磨性，同时韧性和稳定性得到改善	用于要求高硬度和耐磨工件的处理，如刃具、量具、冲模、渗碳零件及滚动轴承等 钢件经淬火后，为消除淬火应力、稳定组织、获得所要求的性能，必须随即进行回火 回火后的组织视回火温度而定

（续）

热处理方法		作　用	应用及说明
回火	中温回火	可获得回火托氏体，使工件具有足够的硬度、高的弹性极限和一定的韧性	用于处理弹簧、发条和热锻模具等 具有第二类回火脆性倾向的钢，回火后需水冷或油冷 要避免在第一类（不可逆）回火脆性（250~400℃）的温度范围内进行回火
	高温回火	可获得回火索氏体，使工件具有良好的综合力学性能（即高的强度和良好的塑性、韧性相配合）	主要用于处理在复杂受力状态下工作的、用碳素钢或合金调质钢制造的结构零件，也可用正火加高温回火来代替中碳钢和合金钢的退火，以缩短工艺周期 淬火和随后高温回火相结合的工艺统称为调质 具有第二类回火脆性的钢，回火后需水冷或油冷
时效		消除内应力，以减少工件在加工或使用时的变形 稳定尺寸，使工件在长期使用过程中保持几何精度 人工时效是将工件加热至低温（钢加热至100~150℃，铸铁加热至500~600℃），再以较长时间（8~15h）保温，然后缓慢冷却到室温。可达到消除工件内应力和稳定尺寸的目的 自然时效是将工件长时间（半年至一年或更长时间）放置在室温或露天条件下，不需要任何加热，使零件应力得以消除、尺寸稳定	用于精密工具、量具、模具和滚动轴承以及其他要求精度高的机械零件（如丝杆等） 从效果上看，自然时效比人工时效为优，但因自然时效周期太长，故生产上一般多采用人工时效
冷处理		进一步提高淬火工件的硬度和耐磨性 稳定尺寸，防止工件在使用过程中奥氏体发生分解而产生变形 提高钢的铁磁性	主要用于高合金钢、高碳钢和渗碳钢制造的精密零件 冷处理是将淬火后的工件置于0℃以下的低温介质（-150~-30℃）中，继续冷却，使淬火工件的残余奥氏体转变为马氏体的操作
表面淬火	火焰加热表面淬火	获得高硬度和高耐磨性的马氏体表面层，中心保持原来的组织和良好的韧性	适用于中碳钢和中碳合金钢的单件或小批生产的大型耐磨机械零件。如：轴类、大模数齿轮、锤头、锤杆等 设备简单，方法简便，淬硬层深一般可达2~6mm；不受工件形状限制，易实现局部淬火；无氧化脱碳现象；但加热温度不易控制，易过热

（续）

热处理方法		作　用	应用及说明
表面淬火	高频感应（工作电流频率为 10000～500000Hz）淬火	获得高硬度和高耐磨性的马氏体表面层，中心保持原来的组织和良好的韧性。感应淬火有以下特点： 1）加热速度快，效率高，便于实现机械化和自动化 2）变形小，可减少氧化、脱碳倾向和晶粒长大现象，而且力学性能好 3）可选择不同频率以控制硬化层深 4）适合成批生产 5）可取代多工序的化学热处理	多用于模数 3 以下的齿轮以及其他要求淬硬层深<3mm 的耐磨零件，如主轴、凸轮轴、曲轴、活塞等
	中频感应（工作电流频率为 500～10000Hz）淬火		用于模数 6 以上齿轮和要求淬硬层深 3～7mm、承受扭转和压力负荷的耐磨零件，如曲轴、磨床主轴、机床导轨等
	工频感应（工作电流频率为 50Hz）淬火		适用于要求淬硬层深 15～30mm、形状简单且承受较大压力负荷的中、大型耐磨零件，如机车车轮、轧辊等
	超音频感应（一般采用频率为 30000～40000Hz）淬火		适用于模数 3～8 的齿轮、淬硬层深 1～3mm 的其他耐磨零件，如链轮、花键轴、凸轮轴、曲轴等。与其他频率相比，质量显著提高，且可仿形淬火
	盐浴或铅浴快速加热表面淬火	获得高硬度和高耐磨性的马氏体表面层，心部保持原来的组织和良好的韧性	适用于模数 2～8 的齿轮和其他要求表面淬火的耐磨零件 设备造价低廉，适用于一般无高频设备的工厂；但劳动条件差，特别是铅浴毒性大
	接触电阻加热淬火	获得高硬度和高耐磨性的马氏体表面层，心部保持原来的组织和良好的韧性	适用于大型铸件（如机床导轨表面、内燃机气缸套内壁等）的表面淬火，以提高硬度和耐磨性 工件基本无变形，设备简单，操作容易
渗碳	气体渗碳	获得高碳的表面层，提高工件表面的硬度和耐磨性，而心部仍保持原有的高韧性和高塑性，并提高工件的抗疲劳性能	气体渗碳法可利用可控气氛进行，应用较为广泛，用于处理低碳钢或低碳合金钢制作的、在冲击条件下工作的渗碳耐磨零件，如汽车和拖拉机齿轮、活塞销、风动工具、机床主轴等
	液体渗碳	获得高碳的表面层，提高工件表面的硬度和耐磨性，而心部仍保持原有的高韧性和高塑性，并提高工件的抗疲劳性能	优点是：①生产周期短；②渗碳后可直接淬火，防止氧化脱碳；③温度、时间易于控制，加热均匀，工件变形小；④设备简单 缺点是：①劳动条件较差；②仅适用于少量、单件生产，对于大批量生产来说是不经济的
	固体渗碳	获得高碳的表面层，提高工件表面的硬度和耐磨性，而心部仍保持原有的高韧性和高塑性，并提高工件的抗疲劳性能	适用于设备条件较差的中小型工厂，特别是县级以下的农机厂仍广泛采用这种方法来处理要求渗碳的耐磨零件

（续）

热处理方法		作　用	应用及说明
渗氮	强化渗氮	1）提高工件表面硬度和耐磨性 2）提高工件抗疲劳强度，降低缺口敏感性 3）使工件表面具有良好的热硬性和一定的耐蚀性	用于承受冲击载荷，耐磨性和疲劳强度要求高的各种机械零件及工模具，如高速传动齿轮、高精度磨床主轴及镗杆等 用于在变向负荷条件下工作、疲劳强度要求高的零件，如柴油机主轴 用于在工作温度较高和腐蚀性条件下工作，要求变形小、耐磨的零件，如高压阀门、阀杆和某些重要模具等 强化渗氮有如下特点： 1）工件表面具有比渗碳更高的硬度、耐磨性和抗疲劳强度以及较低的缺口敏感性 2）在水、蒸汽和碱性溶液中耐蚀性很强 3）在热状态下（500℃以下）仍保持高硬度 4）处理温度低，变形小 5）渗氮前工件需进行调质处理，以保证零件具有均匀组织和良好的综合力学性能 6）劳动条件好，质量易控制 7）生产周期长，成本高 8）需选用含 Cr、Mo、Al 等合金元素的渗氮专用钢
	抗蚀渗氮	提高工件对水、盐水、蒸汽、潮湿空气以及碱性溶液等介质的抗蚀能力 使工件表面获得美观颜色	适用于钢和铸铁制造的、在腐蚀性条件下工作的零件，如自来水龙头、锅炉气管、水管阀门以及门把手等 可代替镀铬、镀镍、镀锌以及其他表面处理 抗蚀渗氮有以下特点： 1）抗蚀渗氮比强化渗氮时间短、温度高、渗层薄（0.015~0.06mm） 2）对于中碳钢和高碳钢工件，为了弥补渗氮时造成力学性能下降，渗氮后要进行一次淬火 3）欲加速渗氮过程，亦可采用二段渗氮 4）与镀铬、镀镍、镀锌等保护方法相比，抗蚀渗氮方法简单、经济 5）采用任何钢种都能得到良好的抗蚀效果
	氮碳共渗	氮碳共渗分气体氮碳共渗和液体氮碳共渗两种。目前气体氮碳共渗工艺发展较快，它多采用含碳、氮的有机化合物，如尿素、甲酰胺等，将其直接送入渗氮罐内，热分解为氮碳共渗气氛，使活性氮、碳原子渗入工件表面（国外气体氮碳共渗多采用氨气加吸热型气体）。其实质是低温氮、碳共渗过程，只不过是因为加热温度低（不超过570℃），故以渗氮为主 氮碳共渗的作用： 1）提高工件表面硬度和耐磨性 2）提高工件抗疲劳强度，降低缺口敏感性 3）使工件表面具有良好的热硬性和一定的耐蚀性	广泛用于处理高速钢刀具、模具、量具、齿轮、摩擦片、曲轴、凸轮轴和丝杆等，可大幅度提高其使用寿命 氮碳共渗的优、缺点如下： 优点是：与气体强化渗氮相比，气体氮碳共渗的生产周期短（仅 1~3h），不需专用渗氮钢材；氮碳共渗层硬而不脆，并具有一定的韧性，不易脱落；在干摩擦和高温摩擦条件下，具有抗擦伤和抗咬合性能；设备简单，原料低廉 缺点是：氮碳共渗层薄，只有 0.01~0.02mm 液体氮碳共渗因有毒性，影响操作人员身体健康，且溶盐废液也不好处理，故被气体氮碳共渗所取代而逐渐淘汰

（续）

热处理方法		作　用	应用及说明
渗氮	离子渗氮	离子渗氮是一种化学热处理工艺，它是在真空容器中进行的，工件为阴极，另设阳极，在高压直流电场作用下，当容器内通入氨气或分解氨气时即可被电离，氮的正离子快速冲向阴极（工件），轰击需渗氮的工件表面，放出大量热能，伴有辉光放电现象，使工件表面被加热到渗氮温度，此时氮的正离子在阴极获得电子后，变为氮原子而渗入工件表层 离子渗氮有以下作用： 1）提高工件表面硬度和耐磨性 2）提高工件抗疲劳强度，降低缺口敏感性 3）使工件表面具有良好的热硬性和一定的耐蚀性	广泛应用于各种机械零件和工具 可代替其他强化渗氮 采用其他热处理方法强化造成工件变形超差而无法热处理的工件，可采用离子渗氮强化其表面 离子渗氮有下列特点： 1）表面加热快，可大大缩短渗氮周期 2）除渗氮工件表面外，其余部分处于低温，因而比一般渗氮工件变形小，并节省加热能量 3）渗氮层可达 0.4mm，硬度可达 600~800HV，而且渗层韧性好，具有高的抗疲劳性和耐磨性 4）材料应用范围广，不需专用渗氮钢材 5）劳动条件好，无公害，耗气量小
碳氮共渗	气体碳氮共渗	提高工件表面的硬度、耐磨性、耐蚀性和疲劳强度，兼有渗碳和渗氮的共同作用	气体碳氮共渗是应用最广泛的一种碳氮共渗方法 高温气体碳氮共渗主要用于处理一般碳素钢和合金钢制作的结构件，适用于机床零件的大批量生产，可用以代替渗碳 低温气体碳氮共渗主要用于高速钢和高铬钢制作的切削刀具及其他工模具的表面化学热处理 气体碳氮共渗有以下特点： 1）与渗碳相比，温度低，工件变形小，而且降低动力消耗，可延长设备使用寿命（特别是低温碳氮共渗）；此外，工件获得的硬度、耐磨性、耐蚀性和疲劳强度均比渗碳高 2）对于高温碳氮共渗，由于氮的渗入，增加了渗层的淬透性和回火稳定性，从而使普通碳素钢在某些情况下可取代合金钢 3）生产周期短，且可利用一般的气体渗碳炉
	液体碳氮共渗	提高工件表面的硬度、耐磨性、耐蚀性和疲劳强度，兼有渗碳和渗氮的共同作用 液体碳氮共渗主要依靠液体碳氮共渗盐（如氰化钠、氰化钾）在高温下分解，放出碳、氮两种原子渗入金属的表面，使其表面饱和碳、氮原子的一种操作。液体碳氮共渗依据盐浴温度的不同，可分为低温（500~560℃）、中温（800~870℃）或高温（900~950℃）液体碳氮共渗三种方法	高温碳氮共渗是以渗碳为主，常被渗碳所代替，目前很少采用。低温碳氮共渗仅适用于高速钢工具，目前又多被液体氮碳共渗、离子渗氮所代替，只有中温碳氮共渗尚在一些中、小工厂中采用，用于处理结构钢零件 1）与渗碳相比，温度低，工件变形小，而且降低动力消耗，可延长设备使用寿命（特别是低温碳氮共渗）；此外，工件获得的硬度、耐磨性、耐蚀性和疲劳强度均比渗碳高 2）对于高温碳氮共渗，由于氮的渗入，增加了渗层的淬透性和回火稳定性，从而使普通碳素钢在某些情况下可取代合金钢 3）盐介质有剧毒，故逐渐被淘汰

（续）

热处理方法		作　　用	应用及说明
渗铝		使工件获得高温下的抗氧化性	用于高温下使用的零件，如热电偶套管、坩埚、浇注桶等
渗铬		使工件获得高的耐磨性和抗氧化性，可使高碳钢获得高硬度（1300HV）和耐蚀性	1）用于低碳钢，增加耐酸性、耐蚀性和抗氧化性，可制造阀门、蒸汽开关以及化学器械小零件 2）用于高碳钢制作样板和模具等，增加其耐磨性
渗硅		使工件获得高硬度和高耐蚀性以及足够的塑性	用于化工、造纸和石油工业中的酸管及其附件、酸泵的活塞等
渗硼		使工件表面具有高硬度（可达 1200～2000HV）、高耐磨性和好的热硬性（850℃以下），同时，在硫酸、盐酸和碱内具有耐蚀性 渗硼后的工件，表面粗糙度变化很小，故可作为最后一道工序。渗硼几乎适用于所有钢种，但含硅量较高的钢由于存在软带，故不适于作为渗硼用钢 根据渗硼介质不同，可分为固体法、气体法和液体法，国内多采用液体渗硼	1）在浸蚀介质中工作的零件，如石油、采矿工业中用的高压阀门闸板、煤水泵的密封套、泥浆泵和深井泵的缸套、活塞等 2）模具类 3）工艺装备零件，如弹性夹头、十字头固定架等 4）磨料及高温条件下工作的零件
复合渗		向零件表面渗入两种或多种元素，以使渗层获得优良性能的处理方法称为复合渗，如铬铝共渗、铝硅共渗、硼硅共渗、硼铝共渗、渗硼后渗碳或渗氮、碳氮硼三元共渗等 使工件表面具有高硬度和高耐磨性，提高工件使用寿命	铬铝共渗提高钢的耐热性和高温抗氧化能力；铝硅共渗在低碳钢中应用，可使零件比渗铬零件有较高的耐酸、耐蚀能力和高温抗氧化能力；碳氮硼三元共渗可以明显提高零件表面硬度，改善耐磨性，提高抗咬合能力，提高工件寿命，在易损件和模具中应用效果很好
低温形变热处理	低温形变等温淬火	在保持较高韧性的前提下，提高强度至2300～2400MPa	热作模具
	等温形变淬火	提高强度，显著提高珠光体转变产物的冲击韧性	适用于等温淬火的小零件，如小轴、小模数齿轮、垫片、弹簧、链节等
	连续冷却形变处理	可实现强度与韧性的良好配合	适用于小型、精密、耐磨、抗疲劳件
	诱发马氏体的低温形变	在保证韧性的前提下提高强度	18-8 型不锈钢、PH15-7Mo 过渡型不锈钢以及 TRIP 钢
	珠光体低温转变	使珠光体组织细化、晶粒畸变。冷硬化显著提高强度	制造钢琴丝和钢缆丝
	马氏体（回火马氏体、贝氏体）形变时效	使屈服强度提高 3 倍，冷脆温度下降	低碳钢淬成马氏体，室温下形变，最后回火
	预形变热处理	提高强度及韧性，省略预备热处理工序	适用于形状复杂、切削量大的高强钢零件
	晶粒多边化强化	提高高温持久强度和蠕变抗力	用于锅炉紧固件、汽轮机或燃气轮机零件

（续）

热处理方法		作　用	应用及说明
高温形变热处理	高温形变正火	提高钢材韧性，降低脆性转变温度，提高疲劳抗力	适用于改善以微量元素 V、Nb、Ti 强化的建筑结构材料塑性和碳素钢及合金结构钢锻件的预备热处理
	高温形变等温淬火	提高强度及韧性	用于 0.4%C 钢缆绳高碳钢丝及小型紧固件
	亚温形变淬火	明显改善合金结构钢脆性，降低冷脆温度	用于在严寒地区工作的构件和冷冻设备构件
	利用形变强化遗传性的热处理	提高强度和韧性，取消毛坯预备热处理工艺	适用于形状复杂、切削量大的高强钢零件
	表面高温形变淬火	显著提高零件疲劳强度、耐磨性及使用寿命	用于高速传动轴和轴承套圈等圆柱形或环形零件、履带板和机铲等磨损零件
形变化学热处理	利用锻热渗碳淬火或碳氮共渗	节能，提高渗速，提高硬度及耐磨性	用于中等模数齿轮
	锻热淬火渗氮	加速渗氮或碳氮共渗过程，提高耐磨性	用于模具、刀具及要求耐磨的工件
	低温形变淬火渗硫	心部强度高，表面减摩	用于高强度摩擦偶件，如凿岩机活塞、牙轮钻等

1. 零件热处理工艺的选择

零件热处理工艺的选择一般应考虑如下若干问题：

1）对于一般零件可根据设计要求，按零件的工作条件、载荷类型及特点、应力分布、失效因素和主要破损形式，综合分析和确定力学性能项目和指标，包括推算相应的硬度值。对于重要零件，还应在上述分析的基础上，提出材料金相组织的要求。对于在高温、腐蚀等特种条件下工作的零件，还应提出零件抗蠕变性能和耐蚀性等方面的要求。

2）根据设计和实验分析所得的应力分布状况、零件形状的复杂情况及其截面尺寸大小，参照有关材料的淬透性，合理地选择和确定材料的牌号，然后按选定材料的淬透性曲线等资料确定零件截面硬度和应力分布状况。

3）按选定的材料，参照有关热处理工艺方法的特点及应用范围、材料在不同热处理条件下的金相组织变化以及其相应的力学性能和工艺性，综合分析之后，合理选择和确定热处理工艺。

2. 零件图中热处理要求的标注

当零件采用普通热处理时，对于一般零件应注明热处理方法及硬度范围，对于洛氏硬度，其波动范围一般为 5 个单位；对于布氏硬度，其波动范围一般为 30~40 个单位。对于重要零件，除注明热处理方法外，还应提出不同部位的硬度要求，有时还应对不同部位的金相组织注明相应的要求。

当零件采用表面淬火时，对于一般零件应注明热处理方法、硬度及表面淬火区域的要求；对于重要零件应注明热处理方法、淬透层深度、淬火区域、表面淬火硬度及心部硬度等要求。

当零件采用渗碳时，对于一般零件应注明渗碳方法、硬度、渗碳层深度及渗碳区域；对于重要零件，必要时还应提出渗碳层渗碳浓度、心部硬度及金相组织要求。

当零件采用渗氮时，对于一般零件应注明渗氮方法、表面硬度、心部硬度、渗氮层深度及渗氮区域要求；对于重要零件，还应提出心部力学性能指标要求，必要时还应注明金相组织及渗氮层脆性评定级别的要求。

对于特殊重要的零件，除注明上述要求项目外，还应提出力学性能试样的取样部位及其相应的力学性能指标要求；当零件热处理有其他特殊要求时，均应在零件图的技术条件中注明。

1.5 铸铁

1.5.1 灰铸铁

GB/T 9439—2010《灰铸铁件》适用于砂型或导热性与砂型相当的铸型中铸造的灰铸铁件。灰铸铁件的生产方法由供方自行确定。

（1）化学成分 当需方对化学成分无要求时，化学成分由供方自行确定，且化学成分不作为铸件的验收条件，但化学成分的选取必须保证铸件材料满足标准所规定的力学性能和金相组织的要求。

如果需方在合同中规定了铸件化学成分的验收要求，应按需方的规定执行，化学成分按供需双方商定的频次和数量进行检测。

（2）力学性能 铸件单铸试棒、附铸试棒（块）及铸件本体的抗拉强度见表1-14；灰铸铁的硬度等级和铸件硬度见表1-15；在GB/T 9439—2010资料性附录中，列出了ϕ30mm单铸试棒和ϕ30mm附铸试棒的力学性能，见表1-16；ϕ30mm单铸试棒和ϕ30mm附铸试棒的物理性能见表1-17。

标准规定力学性能（抗拉强度或硬度）作为铸件验收的主要指标，并由供需双方商定；检测部位为单铸试棒或附铸试棒或铸件本体。因此，在供需双方协议或需方技术要求中应明确规定在单铸试棒上还是在附铸试棒（块）或铸件本体上测定力学性能，力学性能是以抗拉强度还是以硬度作为验收指标。

表1-14 铸件单铸试棒、附铸试棒（块）及铸件本体的抗拉强度（摘自GB/T 9439—2010）

牌号	铸件壁厚 /mm		最小抗拉强度 R_m（强制性值）（min）			铸件本体预期 抗拉强度 R_m（min） /MPa
			单铸试棒		附铸试棒或试块 /MPa	
	>	≤	R_m（min） /MPa	布氏硬度 HBW		
HT100	5	40	100	≤170	—	—
HT150	5	10	150	125~205	—	155
	10	20			—	130
	20	40			120	110
	40	80			110	95
	80	150			100	80
	150	300			90*	—
HT200	5	10	200	150~230	—	205
	10	20			—	180
	20	40			170	155
	40	80			150	130
	80	150			140	115
	150	300			130*	—

（续）

牌号	铸件壁厚 /mm		最小抗拉强度 R_m（强制性值）（min）			铸件本体预期抗拉强度 R_m（min）/MPa
			单铸试棒		附铸试棒或试块 /MPa	
	>	≤	R_m（min）/MPa	布氏硬度 HBW		
HT225	5	10	225	170~240	—	230
	10	20			—	200
	20	40			190	170
	40	80			170	150
	80	150			155	135
	150	300			145*	—
HT250	5	10	250	180~250	—	250
	10	20			—	225
	20	40			210	195
	40	80			190	170
	80	150			170	155
	150	300			160*	—
HT275	10	20	275	190~260	—	250
	20	40			230	220
	40	80			205	190
	80	150			190	175
	150	300			175*	—
HT300	10	20	300	200~275	—	270
	20	40			250	240
	40	80			220	210
	80	150			210	195
	150	300			190*	—
HT350	10	20	350	220~290	—	315
	20	40			290	280
	40	80			260	250
	80	150			230	225
	150	300			210*	—

注：1. 当铸件壁厚超过 300mm 时，其力学性能由供需双方商定。

2. 当某牌号的铁液浇注壁厚均匀、形状简单的铸件时，壁厚变化引起抗拉强度的变化，可从本表查出参考数据。当铸件壁厚不均匀或有型芯时，此表只能给出不同壁厚处大致的抗拉强度值，铸件的设计应根据关键部位的实测值进行。

3. 表中带 * 号的数值表示指导值，其余抗拉强度值均为强制性值，铸件本体预期抗拉强度值不作为强制性值。

4. 当需方要求以硬度作为验收指标，且规定在单铸试棒加工的试样上测定铸件材料硬度时，其硬度值应符合本表的规定。

表 1-15　灰铸铁的硬度等级和铸件硬度（摘自 GB/T 9439—2010）

硬度等级	铸件主要壁厚/mm		铸件上的硬度范围　HBW	
	>	≤	min	max
H155	5	10	—	185
	10	20	—	170
	20	40	—	160
	40	**80**	—	**155**
H175	5	10	140	225
	10	20	125	205
	20	40	110	185
	40	**80**	**100**	**175**
H195	4	5	190	275
	5	10	170	260
	10	20	150	230
	20	40	125	210
	40	**80**	**120**	**195**
H215	5	10	200	275
	10	20	180	255
	20	40	160	235
	40	**80**	**145**	**215**
H235	10	20	200	275
	20	40	180	255
	40	**80**	**165**	**235**
H255	20	40	200	275
	40	**80**	**185**	**255**

注：1. 如果需方要求将硬度作为验收指标，硬度的检测频次和数量由供需双方商定，并选用如下之一的验收规则：

　　1）铸件本体的硬度值应符合本表的规定。

　　2）在单铸试棒加工的试样上测定材料的硬度时，应符合表 1-14 的规定。若需方对铸件本体的测试部位及硬度值有明确规定，应符合需方图样及技术要求。

　　2. 硬度等级分类适用于以机械加工性能和以抗磨性能为主的铸件。

　　3. 对于主要壁厚 $t>80$mm 的铸件，不按硬度进行分级。

　　4. 黑体数字表示与该硬度等级所对应的主要壁厚的最大和最小硬度值。

　　5. 在供需双方商定的铸件某位置上，铸件硬度差可以控制在 40HBW 硬度值范围内。

表 1-16　ϕ30mm 单铸试棒和 ϕ30mm 附铸试棒的力学性能（摘自 GB/T 9439—2010）

力学性能	材 料 牌 号[①]						
	HT150	HT200	HT225	HT250	HT275	HT300	HT350
	基 体 组 织						
	铁素体+珠光体	珠 光 体					
抗拉强度 R_m/MPa	150~250	200~300	225~325	250~350	275~375	300~400	350~450
屈服强度 $R_{p0.1}$/MPa	98~165	130~195	150~210	165~228	180~245	195~260	228~285
伸长率 A(%)	0.3~0.8	0.3~0.8	0.3~0.8	0.3~0.8	0.3~0.8	0.3~0.8	0.3~0.8

（续）

力学性能	材料牌号[1]						
	HT150	HT200	HT225	HT250	HT275	HT300	HT350
	基 体 组 织						
	铁素体+ 珠光体	珠 光 体					
抗压强度 σ_{db}/MPa	600	720	780	840	900	960	1080
抗压屈服强度 $\sigma_{d0.1}$/MPa	195	260	290	325	360	390	455
抗弯强度 σ_{dB}/MPa	250	290	315	340	365	390	490
抗剪强度 σ_{aB}/MPa	170	230	260	290	320	345	400
扭转强度[2] τ_{tB}/MPa	170	230	260	290	320	345	400
弹性模量[3] E/GPa	78~103	88~113	95~115	103~118	105~128	108~137	123~143
泊松比 ν	0.26	0.26	0.26	0.26	0.26	0.26	0.26
弯曲疲劳强度[4] σ_{bW}/MPa	70	90	105	120	130	140	145
反压应力疲劳极限[5] σ_{zdW}/MPa	40	50	55	60	68	75	85
断裂韧性 K_{IC}/MPa$^{3/4}$	320	400	440	480	520	560	650

[1] 当对材料的机加工性能和抗磁性能有特殊要求时，可以选用HT100。当试图通过热处理的方式改变材料金相组织而获得所要求的性能时，不宜选用HT100。

[2] 扭转疲劳强度（MPa）$\tau_{tw} \approx 0.42R_m$。

[3] 取决于石墨的数量及形态，以及加载量。

[4] $\sigma_{bW} \approx (0.35 \sim 0.50) R_m$。

[5] $\sigma_{zdW} \approx 0.53\sigma_{bW} \approx 0.26R_m$。

表 1-17 ϕ30mm 单铸试棒和 ϕ30mm 附铸试棒的物理性能（摘自 GB/T 9439—2010）

特 性		材 料 牌 号						
		HT150	HT200	HT225	HT250	HT275	HT300	HT350
密度 ρ/（kg/mm³）		7.10	7.15	7.15	7.20	7.20	7.25	7.30
比热容 c/ [J/（kg·K）]	20~200℃	460						
	20~600℃	535						
线胀系数 α/ [μm/（m·K）]	-20~600℃	10.0						
	20~200℃	11.7						
	20~400℃	13.0						
热导率 Λ/ [W/（m·K）]	100℃	52.5	50.0	49.0	48.5	48.0	47.5	45.5
	200℃	51.0	49.0	48.0	47.5	47.0	46.0	44.5
	300℃	50.0	48.0	47.0	46.5	46.0	45.0	43.5
	400℃	49.0	47.0	46.0	45.0	44.5	44.0	42.0
	500℃	48.5	46.0	45.0	44.5	43.5	43.0	41.5
电阻率 ρ/（10⁻⁶Ω·m）		0.80	0.77	0.75	0.73	0.72	0.70	0.67
矫磁性 H_o/（A/m）		560~720						
室温下的最大磁导率 μ/（Mh/m）		220~330						
$B=1T$ 时的磁滞损耗/（J/m³）		2500~3000						

注：当对材料的机加工性能和抗磁性能有特殊要求时，可以选用HT100。当试图通过热处理的方式改变材料金相组织而获得所要求的性能时，不宜选用HT100。

（3）金相组织　灰铸铁件金相组织为验收主要指标，检测项目和检测方法应符合 GB/T 9439—2010 中的规定。

（4）铸件的几何形状、尺寸、尺寸公差、加工余量等技术要求　应按 GB/T 9439—2010 中的规定。

（5）相对硬度

硬度（HBW）和抗拉强度（R_m）之间的经验关系式如下：

$$HBW = RH \times (A + B \times R_m)$$
$$RH = HBW / (A + B \times R_m)$$

式中　$A = 100$；

　　　　$B = 0.44$；

　　　　RH = 0.8 ~ 1.2，相对硬度。

RH 主要受原材料、熔化工艺和冶金方法的影响。对铸造企业而言，这些影响因素几乎可以保持常数，因此可以测定出相对硬度、硬度及与其相对应的抗拉强度。三者之间的关系如图 1-1 所示。

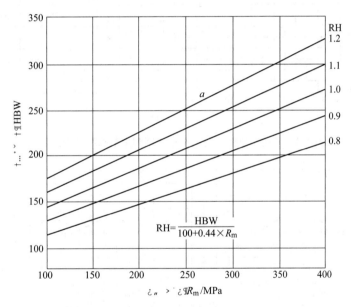

图 1-1　灰铸铁相对硬度与硬度、抗拉强度之间的关系

a—相对硬度

（6）楔压强度　通常在取样尺寸受限制的情况下，采用楔压强度检验作为检测铸件本体强度的方法。楔压强度检测的试样通常为（6×20×32）mm（最低精度 0.05mm），在楔压装置上通过上、下压刀加载而截断楔压试样，楔压力与截断面积的比值即为楔压强度，可以用楔压强度作为灰铸铁件的性能判定依据。经供需双方商定，可以用测定的楔压强度代替抗拉强度。

楔压强度 $R_k = F/S$。式中，F 为楔压力，S 为截断面积。

GB/T 9439—2010 提供了楔压强度 R_k 与抗拉强度 R_m 的换算关系：$R_m = 1.86R_k - 64$ 或 $R_m = 1.80R_k - 55$。试验方法按标准中的规定，试验过程中，加载速度应 ≤10MPa/s。

（7）灰铸铁抗拉强度、硬度和铸件主要壁厚的关系　如图 1-2 和图 1-3 所示。此两个图在

GB/T 9439—2010 资料性附录中列出，为供需双方在商定铸件本体硬度及选定硬度检测部位时参考。灰铸铁的特性及应用见表 1-18。

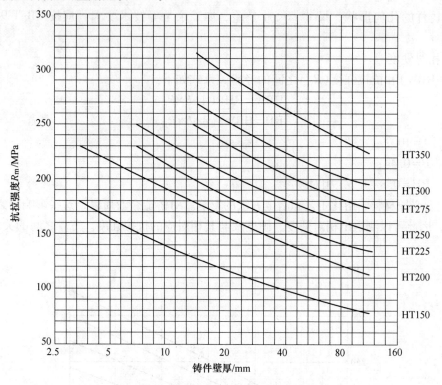

图 1-2　形状简单铸件最小抗拉强度和主要壁厚之间的关系

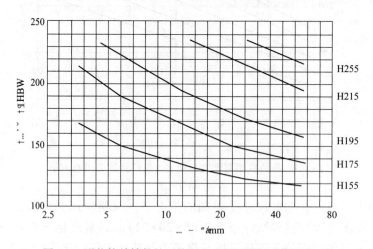

图 1-3　形状简单铸件的平均硬度和主要壁厚之间的关系

表 1-18　灰铸铁的特性及应用

牌号	特 性 及 应 用
HT100	铁素体类型灰铸铁，强度低，具有优良的铸造性能，且工艺简单，铸造应力小，减振性能好，不需采用人工时效处理。适用于生产受力很小、对强度无要求的零件，如形状简单、性能要求不高的托盘、罩、手轮、盖、把手、垂锤、支架、立柱、镶导轨的机床底座、高炉平衡锤、钢锭模等

（续）

牌号	特 性 及 应 用
HT150	铁素体珠光体类型灰铸铁，有一定的强度，铸造性能好，铸造应力小，工艺简单，不需采用人工时效，具有良好的减振性。适用于生产承受中等弯曲应力、摩擦面间压力大于 0.5MPa 及较弱腐蚀介质的铸件，如普通机床的底座、床身、工作台、支柱、齿轮箱、壳体、鼓风机底座、后盖板、高炉冷却壁、流渣槽、渣缸、炼焦炉保护板、轧钢机托辊、内燃机车水泵壳、阀体、轴承座等，也适用于生产有相对运动和磨损的零件，如溜板，还适用于生产在纯碱及染料中工作的化工机械零件，如容器、塔器、泵壳零件、法兰等，也可用于生产圆周速度为 6~12m/s 的带轮及工作压力不太大的管件等
HT200	珠光体类型灰铸铁，具有较高强度，且有较好的耐磨性和耐热性，铸造性能良好，减振性能较好，有一定的耐蚀性，但脆性较大，应进行人工时效处理。用于生产承受较大应力、要求保持良好气密性的铸件，如机床床身、刀架体、齿轮箱体、滑板、油缸、泵体、飞轮、气缸盖、风机座、轴承盖、阀套、活塞、导水套筒，也可用于生产需经表面淬火的零件
HT225	为等同采用 ISO185：2005 的牌号分级，国标新增加的牌号。HT200 和 HT300 两个牌号是生产中应用最广泛、产量最多的品种。但随着牌号的提高，铸造性能也明显恶化，为减缓铸造性能恶化的程度，并保持灰铸件材料的最适宜的力学性能，参照 ISO 细分牌号的方法，在 HT200 之后增加了 HT225 牌号，为用户提供了更佳的选择。此牌号适用于工艺性较敏感的铸件，如形状复杂的零件、薄壁箱体零件、薄壁小零件、盘类零件等
HT250	珠光体类型灰铸铁，具有较好的强度、耐热性及耐磨性，良好的减振性和铸造性，需经人工时效处理。用于生产承受弯曲应力小于 294MPa，并且具有一定的密封性要求，在较弱的腐蚀介质中工作的零件，如要求高强度和具有一定耐腐蚀要求的填料箱体、塔器、容器、法兰、泵体、压盖，可制作机床床身、立柱、气缸、齿轮、活塞、联轴器盘等，也可制作压力在 78.5MPa 以下的液压缸、泵体、阀门，还可用于制造圆周速度为 12~15m/s 的皮带轮以及需要表面淬火的零件
HT275	为等同采用 ISO185：2005 细分级而增加的新牌号，多用于工艺性较敏感的薄壁件、形状较复杂的零件、薄壁箱壳零件、轮盘类铸件等
HT300	基体为珠光体类型的铸铁，具有高强度、良好的耐磨性，但铸造性能差，白口倾向大，需采用人工时效处理。用于生产承受弯曲应力小于 500MPa、摩擦面之间的压力大于 20MPa、密封性要求较高的工作部位的零件，如受力较大的车床和压力机的床身、机座、主轴箱、卡盘、齿轮、高压液压缸、水缸、泵体、阀体、衬套、凸轮、气缸体、气缸盖、大型发动机的曲轴、镦模、冲模，圆周速度为 20~25m/s 的带轮以及需经表面淬火的零件
HT350	基体为珠光体类型铸铁，强度高，耐磨性良好，铸造工艺性差，白口倾向大。可用于车床床身、压力机床身、机座、主轴箱体、卡盘、高压油缸缸体、泵体等

1.5.2 可锻铸铁

　　按化学成分，热处理工艺所导致的性能和金相组织的不同，将可锻铸铁分为两类，一类为黑心可锻铸铁（金相组织主要是铁素体+团絮状石墨）和珠光体可锻铸铁（金相组织主要是珠光体基体+团絮状石墨），另一类为白心可锻铸铁。白心可锻铸铁的金相组织取决于断面尺寸，金相组织包含有铁素体、珠光体和退火石墨，金相组织随铸件壁厚的不同而有所变化。

　　GB/T 9440—2010《可锻铸铁件》适用于砂型或导热性与砂型相当的铸型中铸造的可锻铸铁件。

　　可锻铸铁牌号等级是依据不经机械加工的铸造拉伸试样测出的力学性能而定义的。黑心可锻铸铁和珠光体可锻铸铁的牌号及力学性能见表 1-19。白心可锻铸铁的牌号及力学性能见表 1-20。

可锻铸铁的生产方式和化学成分均由供方选定，且不作为验收依据。可锻铸铁以抗拉强度和伸长率作为验收依据(按表 1-19 和表 1-20 中的规定)。屈服强度、硬度及冲击性能当需方要求，且双方协议后方可按表 1-19 和表 1-20 执行。不同壁厚可锻铸铁件的力学性能参考数值、特性及应用举例见表 1-21 和表 1-22。

表 1-19　黑心可锻铸铁和珠光体可锻铸铁牌号及力学性能(摘自 GB/T 9440—2010)

牌号	试样直径 $d^{①②}$/mm	抗拉强度 R_{m}/MPa （min）	规定塑性延伸强度 $R_{p0.2}$/MPa （min）	伸长率 A(%) min($L_0 = 3d$)	布氏硬度 HBW	冲击吸收能量/J 无缺口、单铸试样尺寸 (10mm×10mm×15mm)
KTH 275-05③	12 或 15	275	—	5	≤150	—
KTH 300-06③	12 或 15	300		6		
KTH 330-08	12 或 15	330		8		
KTH 350-10	12 或 15	350	200	10		90～130
KTH 370-12	12 或 15	370		12		
KTZ 450-06	12 或 15	450	270	6	150～200	80～120⑥
KTZ 500-05	12 或 15	500	300	5	165～215	—
KTZ 550-04	12 或 15	550	340	4	180～230	70～110
KTZ 600-03	12 或 15	600	390	3	195～245	
KTZ 650-02④⑤	12 或 15	650	430	2	210～260	60～100⑥
KTZ 700-02	12 或 15	700	530	2	240～290	50～90⑥
KTZ 800-01④	12 或 15	800	600	1	270～320	30～40⑥

注：本表冲击性能为标准的资料性附录。当需方要求冲击性能检测时，经双方协议方可按本表规定，本表冲击吸收能量为室温下的三次检测平均值。

① 如果需方没有明确要求，供方可以任意选取两种试棒直径中的一种。

② 试样直径代表同样壁厚的铸件，如果铸件为薄壁件时，供需双方可以协商选取直径 6mm 或者 9mm 试样。

③ KTH 275-05 和 KTH300-06 为专门用于保证压力密封性能，而不要求高强度或者高延展性的工作条件的。

④ 油淬加回火。

⑤ 空冷加回火。

⑥ 油淬处理后的试样。

表 1-20　白心可锻铸铁牌号及力学性能(摘自 GB/T 9440—2010)

牌号	试样直径 d/mm	抗拉强度 R_{m}/MPa （min）	规定塑性延伸强度 $R_{p0.2}$/MPa （min）	伸长率 A(%) min（$L_0 = 3d$）	布氏硬度 HBW （max）	冲击吸收能量/J 无缺口、单铸试样尺寸 (10mm×10mm×55mm)
KTB 350-04	6	270	—	10	230	30～80
	9	310	—	5		
	12	350	—	4		
	15	360	—	3		

（续）

牌号	试样直径 d/mm	抗拉强度 R_m/MPa （min）	规定塑性延伸强度 $R_{p0.2}$/MPa （min）	伸长率 A（%） min（$L_0=3d$）	布氏硬度 HBW （max）	冲击吸收能量/J 无缺口、单铸试样尺寸 （10mm×10mm×55mm）
KTB 360-12	6	280	—	16	200	130～180
	9	320	170	15		
	12	360	190	12		
	15	370	200	7		
KTB 400-05	6	300	—	12	220	40～90
	9	360	200	8		
	12	400	220	5		
	15	420	230	4		
KTB 450-07	6	330	—	12	220	80～130
	9	400	230	10		
	12	450	260	7		
	15	480	280	4		
KTB 550-04	6	—	—	—	250	30～80
	9	490	310	5		
	12	550	340	4		
	15	570	350	3		

注：1. 所有级别的白心可锻铸铁均可以焊接。

2. 对于小尺寸的试样，很难判断其屈服强度，屈服强度的检测方法和数值由供需双方在签订订单时商定。

3. 冲击吸收能量检测要求参见表1-19的表注。

表 1-21　不同壁厚可锻铸铁件的力学性能参考数值

牌号	铸件主要壁厚 /mm	试棒直径 /mm	抗拉强度 R_m /MPa	伸长率 A （%）	布氏硬度 HBW
KTH300-06	<8	8	340	10	120～163
	8～12	12	330	9	
	>12	15	300	6	
KTH330-08	<8	8	370	12	120～163
	8～12	12	360	11	
	>12	15	330	8	
KTH350-10	<8	8	390	14	120～163
	8～12	12	380	13	
	>12	15	350	10	
KTH370-12	<8	8	410	16	120～163
	8～12	12	400	15	
	>12	15	370	12	

表 1-22 可锻铸铁的特性及应用

分类	牌号	特性及应用	
黑心可锻铸铁	KTH300-06	黑心可锻铸铁的强度、塑性和韧性均优于灰铸铁；具有良好的耐蚀性，在大气、水及盐水中的耐蚀性均优于碳素钢；切削性良好，车削时优于易切钢；耐热性高于灰铸铁和碳素钢；有良好的减振性，其减振性为铸钢的三倍、铁素体铸铁的两倍。黑心可锻铸铁件一般不宜焊接，适用于制作薄壁零件	可承受较低静载荷，气密性好，有一定的强度和韧性，用于制作管路弯头、三通、管配件、中低压阀门、瓷瓶铁帽
	KTH330-08		可承受中等动载荷和静载荷，强度和韧性均可。适用于制作铁道扣板，输电线路的线夹本体及压板、楔子、碗头挂板，机床勾扳手、螺纹扳手，粗纺机和印花机上的盘头、龙筋、平衡锤、拉幅机轧头，钢丝绳扎头，桥梁零件，脚手架零件，窗铁件，销栓配件等
	KTH350-10		可承受较高的冲击、振动和扭转载荷，强度和韧性都较高，在寒冷条件（-40℃）下工作不产生低温脆断，用于制作汽车和拖拉机中的后桥外壳、转向机构、差速器壳、制动器、弹簧钢板支座，农机中的犁刀、犁柱、护刃器、捆束器，铁道扣板，船用电机壳，以及瓷瓶铁帽等
	KTH370-12		
珠光体可锻铸铁	KTZ450-06	珠光体可锻铸铁的塑性、韧性比黑心可锻铸铁稍差，但其强度高，耐磨性好，低温性能优于球墨铸铁，切削加工性能良好（优于相同硬度的碳素钢），可以替代有色金属合金、低合金钢、中低碳钢制作较高强度和耐磨性的零件，能承受较大的动、静载荷，抗磨损且具有韧性。KTZ450-06 用于制作插销、轴承座；KTZ550-04 用于制作汽车前轮轮毂、发动机支架、传动箱及拖拉机履带板；KTZ650-02 用于制作较高强度的零件，如柴油机活塞、差速器壳、摇臂及农机的犁刀、犁片、齿轮箱；KTZ700-02 用于制作高强度的零件，如曲轴、万向轴吊、传动齿轮、凸轮轴、活塞环等	
	KTZ550-04		
	KTZ650-02		
	KTZ700-02		
白心可锻铸铁	KTB350-04 KTB380-12 KTB400-05 KTB450-07	白心可锻铸铁断口呈白色，表面层大量脱碳形成铁素体，心部为珠光体基体，且有少量残余游离碳，因而心部韧性难以提高，焊接性好，切削性能佳，强度和耐磨性较差，适用于制作薄壁铸件和焊后不需进行热处理的铸件。由于工艺复杂，生产周期长，性能较差，因此在国内的机械工业中应用很少	

1.5.3 球墨铸铁

GB/T 1348—2009《球墨铸铁件》适用于砂型或导热性与砂型相当的铸型中铸造的普通和低合金球墨铸铁件，对于特种铸造方法生产的球墨铸铁件也可参照使用。牌号中的字母"L"表示此牌号有低温（-20℃或-40℃）下的冲击性能要求，牌号中的字母"R"表示此牌号有室温(23℃)下的冲击性能要求。

球墨铸铁的生产方法和化学成分由供方自行决定，但必须保证铸件材料满足 GB/T 1348—2009 中规定的性能指标（见表 1-23 和表 1-24）。化学成分不作为铸件的验收依据，抗拉强度和伸长率为铸件的验收依据。除特殊规定，一般不做屈服强度试验。

球墨铸铁的力学性能、硬度以及常温物理性能见表 1-23～表 1-26，球墨铸铁的特性及应用举例见表 1-27。

球墨铸铁件的几何形状及其尺寸应符合图样的规定，铸件的尺寸公差按 GB/T 6414《铸件尺寸公差、几何公差与机械加工余量》中的规定。

表 1-23　球墨铸铁单铸试样牌号及力学性能（摘自 GB/T 1348—2009）

材料牌号	抗拉强度 R_m/MPa（min）	规定塑性延伸强度 $R_{p0.2}$/MPa（min）	伸长率 A（%）（min）	布氏硬度 HBW	主要基体组织
QT350-22L	350	220	22	≤160	铁素体
QT350-22R	350	220	22	≤160	铁素体
QT350-22	350	220	22	≤160	铁素体
QT400-18L	400	240	18	120~175	铁素体
QT400-18R	400	250	18	120~175	铁素体
QT400-18	400	250	18	120~175	铁素体
QT400-15	400	250	15	120~180	铁素体
QT450-10	450	310	10	160~210	铁素体
QT500-7	500	320	7	170~230	铁素体+珠光体
QT500-5	550	350	5	180~250	铁素体+珠光体
QT600-3	600	370	3	190~270	珠光体+铁素体
QT700-2	700	420	2	225~305	珠光体
QT800-2	800	480	2	245~335	珠光体或索氏体
QT900-2	900	600	2	280~360	回火马氏体或屈氏体+索氏体
QT500-10	500	360	10	185~215	铁素体+珠光体+渗碳体

注：如需方有要求，冲击性能（V形缺口单铸试样冲击吸收能量）按下述指标要求：QT350-22L，低温（-40±2）℃，三个试样平均值12J，个别值9J；QT350-22R，室温（23±5）℃，三个试样平均值为17J，个别值为14J；QT400-18L，低温（-20±2）℃，三个试样平均值为12J，个别值为9J；QT400-18R，室温（23±5）℃，三个试样平均值为14J，个别值为11J。此4个牌号材料可用于压力容器。

表 1-24　球墨铸铁附铸试样牌号及力学性能（摘自 GB/T 1348—2009）

材料牌号	铸件壁厚/mm	抗拉强度 R_m/MPa（min）	规定塑性延伸强度 $R_{p0.2}$/MPa（min）	伸长率 A（%）（min）	布氏硬度 HBW	主要基体组织
QT350-22AL	≤30	350	220	22	≤160	铁素体
	>30~60	330	210	18		
	>60~200	320	200	15		
QT350-22AR	≤30	350	220	22	≤160	铁素体
	>30~60	330	220	18		
	>60~200	320	210	15		
QT350-22A	≤30	350	220	22	≤160	铁素体
	>30~60	330	210	18		
	>60~200	320	200	15		
QT400-18AL	≤30	380	240	18	120~175	铁素体
	>30~60	370	230	15		
	>60~200	360	220	12		

（续）

材料牌号	铸件壁厚 /mm	抗拉强度 R_m/MPa （min）	规定塑性延伸 强度 $R_{p0.2}$/MPa （min）	伸长率 $A(\%)$ （min）	布氏硬度 HBW	主要基体组织
QT400-18AR	≤30	400	250	18	120~175	铁素体
	>30~60	390	250	15		
	>60~200	370	240	12		
QT400-18A	≤30	400	250	18	120~175	铁素体
	>30~60	390	250	15		
	>60~200	370	240	12		
QT400-15A	≤30	400	250	15	120~180	铁素体
	>30~60	390	250	14		
	>60~200	370	240	11		
QT450-10A	≤30	450	310	10	160~210	铁素体
	>30~60	420	280	9		
	>60~200	390	260	8		
QT500-7A	≤30	500	320	7	170~230	铁素体+珠光体
	>30~60	450	300	7		
	>60~200	420	290	5		
QT550-5A	≤30	550	350	5	180~250	铁素体+珠光体
	>30~60	520	330	4		
	>60~200	500	320	3		
QT600-3A	≤30	600	370	3	190~270	珠光体+铁素体
	>30~60	600	360	2		
	>60~200	550	340	1		
QT700-2A	≤30	700	420	2	225~305	珠光体
	>30~60	700	400	2		
	>60~200	650	380	1		
QT800-2A	≤30	800	480	2	245~335	珠光体或索氏体
	>30~60	由供需双方商定				
	>60~200					
QT900-2A	≤30	900	600	2	280~360	回火马氏体或 索氏体+屈氏体
	>30~60	由供需双方商定				
	>60~200					
QT500-10A	≤30	500	360	10	185~215	铁素体+珠光体+ 渗碳体
	>30~60	490	360	9		
	>60~200	470	350	7		

注：1. 从附铸试样测得的力学性能并不能准确地反映铸件本体的力学性能，但与单铸试棒上测得的值相比更接近于铸件的实际性能值。

2. 伸长率在原始标距 $L_0 = 5d$ 上测得，d 是试样上原始标距处的直径。

3. 对于 QT350-22AR、QT350-22AL、QT400-18AR、QT400-18AL 四个牌号，如需方要求，可做冲击试验，其室温和低温下的冲击吸收能量指标应符合 GB/T 1348—2009 的有关规定。

4. 铸件本体试样性能指标由供需双方商定，铸件本体的性能数值由于铸件的复杂程度及壁厚的变化，目前尚无法统一规定，单铸和附铸试样铸件的力学性能可作为指导值，铸件本体性能值也许等于或低于表 1-23 和本表所给定的值。

表 1-25　球墨铸铁材料的硬度（摘自 GB/T 1348—2009）

材料硬度牌号	布氏硬度范围 HBW	其他性能（参考）	
		抗拉强度 R_m/MPa（min）	规定塑性延伸强度 $R_{p0.2}$/MPa（min）
QT-130HBW	<160	350	220
QT-150HBW	130~175	400	250
QT-155HBW	135~180	400	250
QT-185HBW	160~210	450	310
QT-200HBW	170~230	500	320
QT-215HBW	180~250	550	350
QT-230HBW	190~270	600	370
QT-265HBW	225~305	700	420
QT-300HBW	245~335	800	480
QT-330HBW	270~360	900	600

注：1. 球墨铸铁的抗拉强度和硬度是相互关联的，当需方确定硬度性能为重要质量要求时，双方商定可将硬度指标作为检验项目，并按本表规定。

2. 300HBW 和 330HBW 不适用于厚壁铸件。

3. 对于批量生产的铸件，本表的材料牌号按以下程序来确定符合表 1-23 或表 1-24 各抗拉强度性能要求硬度范围。

1）从本表中选择硬度等级。

2）按本表中各硬度牌号所列出的抗拉强度和屈服强度，在表 1-23 或表 1-24 中选择相应的材料牌号。

3）只保留硬度值符合本表规定的硬度范围的试样。

4）围绕相差最接近 10HBW 的硬度值，测定每一个试样的抗拉强度、屈服强度、伸长率和布氏硬度。当供需双方为获得希望的统计置信度时，对应于每个 HBW 值，为得到一个最小抗拉强度，可多次进行试验。

5）绘制抗拉强度性能柱状图，作为硬度的函数之一。

6）对每一个 HBW 值，选取对应的最小抗拉强度值作为过程能力的指标。

7）逐一列出满足表 1-23 和表 1-24 抗拉强度和屈服强度值的各牌号材料的最小硬度值。

8）逐一列出满足表 1-23 和表 1-24 伸长率的各牌号材料的最大硬度值。

材料最大和最小 HBW 值的硬度范围按上述步骤即可确定。硬度取样和测试方法按 GB/T 1348—2009 附录 C 的规定。

表 1-26　球墨铸铁常温物理性能和力学性能（摘自 GB/T 1348—2009）

特性值	单位	材料牌号								
		QT350-22	QT400-18	QT450-10	QT500-7	QT550-5	QT600-3	QT700-2	QT800-2	QT900-2	QT500-10
剪切强度	MPa	315	360	405	450	500	540	630	720	810	—
扭转强度	MPa	315	360	405	450	500	540	630	720	810	—
弹性模量 E（拉伸和压缩）	GPa	169	169	169	169	172	174	176	176	176	170
泊松比 ν	—	0.275	0.275	0.275	0.275	0.275	0.275	0.275	0.275	0.275	0.28~0.29
无缺口疲劳极限[①]（旋转弯曲）（ϕ10.6mm）	MPa	180	195	210	224	236	248	280	304	304	225

（续）

特性值	单位	材料牌号									
		QT350-22	QT400-18	QT450-10	QT500-7	QT550-5	QT600-3	QT700-2	QT800-2	QT900-2	QT500-10
有缺口疲劳极限②（旋转弯曲）(ϕ10.6mm)	MPa	114	122	128	134	142	149	168	182	182	140
抗压强度	MPa	—	700	700	800	840	870	1000	1150	—	—
断裂韧性 K_{IC}	MPa·$\sqrt{m}$	31	30	28	25	22	20	15	14	14	28
300℃时的热导率	W/(K·m)	36.2	36.2	36.2	35.2	34	32.5	31.1	31.1	31.1	—
20~500℃时的比热容	J/(kg·K)	515	515	515	515	515	515	515	515	515	—
20~400℃时的线胀系数	$10^{-6}K^{-1}$	12.5	12.5	12.5	12.5	12.5	12.5	12.5	12.5	12.5	—
密度	kg/dm³	7.1	7.1	7.1	7.1	7.1	7.2	7.2	7.2	7.2	7.1
最大渗透性	μH/m	2136	2136	2136	1596	1200	866	501	501	501	—
磁滞损耗(B=1T)	J/m³	600	600	600	1345	1800	2248	2700	2700	2700	—
电阻率	μΩ·m	0.50	0.50	0.50	0.51	0.52	0.53	0.54	0.54	0.54	—
主要基体组织	—	铁素体	铁素体	铁素体	铁素体-珠光体	铁素体-珠光体	珠光体-铁素体	珠光体	珠光体或索氏体	回火马氏体或索氏体+屈氏体③	铁素体

注：本表为 GB/T 1348—2009 的资料性附录。

① 对抗拉强度是 370MPa 的球墨铸铁件无缺口试样，退火铁素体球墨铸铁件的疲劳极限强度大约是抗拉强度的 0.5 倍。在珠光体球墨铸铁和（淬火+回火）球墨铸铁中这个比率随着抗拉强度的增加而减少，疲劳极限强度大约是抗拉强度的 0.4 倍。当抗拉强度超过 740MPa 时这个比率将进一步减少。

② 对直径 ϕ10.6mm 的 45°圆角 R0.25mm 的 V 形缺口试样，退火球墨铸铁件的疲劳极限强度降低到无缺口球墨铸铁件（抗拉强度是 370MPa）疲劳极限的 0.63 倍。这个比率随着铁素体球墨铸铁件抗拉强度的增加而减少。对中等强度的球墨铸铁件、珠光体球墨铸铁件和（淬火+回火）球墨铸铁件，有缺口试样的疲劳极限大约是无缺口试样疲劳极限强度的 0.6 倍。

③ 对大型铸件，可能是珠光体，也可能是回火马氏体或屈氏体+索氏体。

表 1-27　球墨铸铁的特性及应用举例

材料牌号	特性及应用举例
QT400-18L QT400-18R QT400-18	为铁素体型球墨铸铁，有良好的韧性和塑性，且有一定的抗温度急变性和耐蚀性，焊接性和切削性较好，低温冲击值较高，在低温下的韧性和脆性转变温度较低。适用于制造承受高冲击振动、扭转等静负荷和动负荷的部位之零件，适于制作具有较高韧性和塑性的零件，特别适于制作低温条件下要求一定冲击性能的零件，如汽车、拖拉机中的牵引框、轮毂、驱动桥壳体、离合器壳体、差速器壳体、弹簧吊耳、阀体、阀盖、支架，压缩机中较高温度的高低压气缸、输气管，铁道垫板、农机用铧犁、犁柱、犁托、牵引架、收割机导架、护刃器等
QT400-15	为铁素体型球墨铸铁，具有良好的塑性和韧性，较好的焊接性和切削性，并有一定的抗温度急变性和耐蚀性，在低温下有较低的韧性。适用于制作承受高扭转及冲击振动等静负荷和动负荷、要求塑性及韧性较高的零件，特别适于制作低温条件下要求一定冲击性能的零件，其应用情况与 QT400-18 相近

（续）

材料牌号	特性及应用举例
QT450-10	为铁素体型球墨铸铁，具有较高的韧性和塑性，在低温下的韧性和脆性转变温度较低，低温冲击韧性较高，且有一定的抗温度急变性和耐蚀性，焊接性和切削性能均较好，与QT400-18相比较，其塑性稍低于QT400-18，强度和小能量冲击力优于QT400-18。其应用范围和QT400-18相近
QT500-7	为珠光体加铁素体类型的球墨铸铁，具有一定的强度和韧性，铸造工艺性能较好，切削加工性尚好，耐磨性和减振性能良好，缺口敏感性比钢低，能够采用不同的热处理方法改变其性能。在机械制造中应用广泛，适用于制作内燃机的机油泵齿轮、汽轮机中温气缸隔板及水轮机的阀门体、铁路机车的轴瓦、输电线路用的联板和硫头、机器座架、液压缸体、连杆、传动轴、飞轮、千斤顶座等
QT600-3	为珠光体类型球墨铸铁（珠光体含量大于65%），具有较高的综合性能，中高等强度，中等塑性及韧性，良好的耐磨性、减振性及铸造工艺性，可以采用热处理方法改变其性能。主要用于制造各种动力机械曲轴、凸轮轴、连接轴、连杆、齿轮、离合器片、液压缸体等
QT700-2 QT800-2	为珠光体类型球墨铸铁，有较高强度、良好的耐磨性、较高的疲劳极限，且有一定的塑性和韧性。适用于制作强度要求较高的零件，如柴油机和汽油机的曲轴、汽油机的凸轮、气缸套、进排气门座、连杆，农机用的脚踏脱粒机齿条及轻载荷齿轮，机床用主轴，空压机、冷冻机、制氧机的曲轴、缸体、缸套，球磨机齿轴，矿车轮，桥式起重机大小车滚轮，小型水轮机的主轴等
QT900-2	具有高强度、高耐磨性、一定的韧性、较高的弯曲疲劳强度和接触疲劳强度。用于制作农机用的犁铧、耙片、低速农用轴承套圈，汽车用的传动轴、转向轴及螺旋锥齿轮，内燃机的凸轮轴及曲轴，拖拉机用减速齿轮等
QT500-10	机械加工性能优于QT500-7，基体组织以铁素体为主，珠光体含量不超过5%，渗碳体不超过1%。适用于要求良好切削性能、较高韧性和强度中等的铸件

1.5.4　等温淬火球墨铸铁

GB/T 24733—2009《等温淬火球墨铸铁件》适用于砂型或导热性与砂型相当的铸型铸造的经等温淬火热处理的球墨铸铁件。金属型、金属型覆砂、壳型、熔模精铸及连续铸造等方法生产的等温淬火球墨铸铁件也可以参照使用该标准。

等温淬火球墨铸铁的牌号、单铸或附铸试块（试样原始标距 $L_0 = 5$ 倍试样直径 d）的力学性能见表1-28；如需方有要求时，抗冲击性能应符合表1-29中的规定（标准中规定了QTD800-10R一个牌号的抗冲击性能）。

等温淬火球墨铸铁的无缺口试样的抗冲击吸收能量值见表1-30。当试样原始标距等于4倍试样直径时，等温淬火球墨铸铁单铸或附铸试块的力学性能见表1-31。铸件本体试样抗拉强度和伸长率的指导值见表1-32。等温淬火球墨铸铁国内外牌号对照见表1-33。

GB/T 24733—2009在附录中还提供了有关等温淬火球墨铸铁其他力学性能和物理性能的技术数据以及齿轮设计用的常用性能数据和资料，见表1-34、表1-35和图1-4～图1-8。这些资料参照 ISO17804：2005《铸造—奥氏体球墨铸铁—分类》和引自美国齿轮制造商协会 AGMA939-A075106《齿轮用等温淬火球墨铸铁（ADI）》的ADI的抗点蚀应力循环系数、抗弯曲应力循环系数、许用弯曲应力、许用接触应力数据及有关图表，这些资料在ADI设计选用中具有实用价值。

等温淬火球墨铸铁的特性及应用见表1-36。

表 1-28　等温淬火球墨铸铁牌号、单铸或附铸试块(试样原始标距 $L_0 = 5$ 倍

试样直径 d)力学性能(摘自 GB/T 24733—2009)

牌号	铸件主要壁厚 t /mm	抗拉强度 R_m/MPa (min)	规定塑性延伸强度 $R_{p0.2}$/MPa (min)	伸长率 A (%)(min)	布氏硬[①]度指导值 HBW
QTD 800-10 (QTD 800-10R)	$t \leq 30$	800	500	10	250~310
	$30 < t \leq 60$	750		6	
	$60 < t \leq 100$	720		5	
QTD 900-8	$t \leq 30$	900	600	8	270~340
	$30 < t \leq 60$	850		5	
	$60 < t \leq 100$	820		5	
QTD 1050-6	$t \leq 30$	1050	700	6	310~380
	$30 < t \leq 60$	1000		4	
	$60 < t \leq 100$	970		3	
QTD 1200-3	$t \leq 30$	1200	850	3	340~420
	$30 < t \leq 60$	1170		2	
	$60 < t \leq 100$	1140		1	
QTD 1400-1	$t \leq 30$	1400	1100	1	380~480
	$30 < t \leq 60$	1170	供需双方商定		
	$60 < t \leq 100$	1140			

注：1. 本表 R_m、$R_{p0.2}$、A 为铸件的主要验收指标，化学成分不作为验收依据，化学成分和生产工艺由供方确定。

2. 经过适当的热处理，屈服强度最小值可按本表规定，而随着铸件壁厚增大，抗拉强度和伸长率会降低。

3. 字母 R 表示该牌号有室温(23℃)冲击性能值的要求。

4. 如需规定附铸试块形式，牌号后加标记"A"，如 QTD 900-8A。

5. 材料牌号是按壁厚 $t \leq 30$mm 厚试块测得的力学性能而确定的。

6. GB/T 24733—2009 常用的术语及定义如下：

　　1) 等温淬火球墨铸铁(ADI)：一种由球墨铸铁通过等温淬火热处理得到的以奥铁体为主要基体的强度高、塑韧性好的铸造合金。等温淬火球墨铸铁也称为奥铁体球墨铸铁。

　　2) 球墨铸铁的等温淬火热处理：将球墨铸铁加热到 Ac_1(奥氏体开始形成的温度)以上，保持一定时间，然后以避免产生珠光体的冷速快速冷却至一定温度(马氏体开始转变温度以上)并保温一定时间，使球墨铸铁得到由针状铁素体和富碳奥氏体组成的奥铁体基体的一种热处理工艺。

　　3) 铸件主要壁厚：铸件主要壁厚是代表铸件材料力学性能的铸件断面厚度，由供需双方共同确定。

7. 牌号示例及说明：　QTD 900 - 8

　　　　　　　　　　　└── 最低伸长率(%)

　　　　　　　　　　└──── 最低抗拉强度(MPa)

　　　　　　　　　└────── 等温淬火球墨铸铁代号

① 当需方对加工性能有要求时，供需双方可以商定在铸件特定部位上具有较窄的硬度差范围，如 QTD 800-10 硬度差可为 30~40HBW。随着材料抗拉强度和硬度的提高，硬度差范围会较宽。

表 1-29　单铸和附铸试块 V 型缺口试样的冲击吸收能量(摘自 GB/T 24733—2009)

牌号	铸件主要壁厚 t /mm	室温(23℃±5℃)冲击吸收能量 A_K/J(min)	
		3 个试样的平均值	单个值
QTD800-10R	$t \leq 30$	10	9
	$30 < t \leq 60$	9	8
	$60 < t \leq 100$	8	7

注：1. 当需方有要求时，抗冲击性能按本表规定。

2. 如需规定附铸试块形式，牌号后加标记 "A"，即 QTD800-10RA。

表 1-30 等温淬火球墨铸铁无缺口试样的抗冲击吸收能量值（摘自 GB/T 24733—2009）

材料牌号	(23±5)℃时最小抗冲击吸收能量 A_K/J(min)	材料牌号	(23±5)℃时最小抗冲击吸收能量 A_K/J(min)
QTD 800-10 (QTD 800-10R)	110	QTD 1200-3	60
		QTD 1400-1	35
QTD 900-8	100	QTD HBW400	25
QTD 1050-6	80	QTD HBW450	20

注：1. (23±5)℃时无缺口试样试验值，本表列的值是 4 次单独试验中 3 个较高值的平均值。

2. 如需规定附铸试块形式，牌号后加标记"A"。

3. 无缺口试样的抗冲击吸收能量值间接反映了材料显微组织状况。

表 1-31 等温淬火球墨铸铁单铸或附铸试块（试样 $L_0=4d$）**的力学性能**（摘自 GB/T 24733—2009）

材料牌号	铸件主要壁厚 t/mm	抗拉强度 R_m/MPa (min)	规定塑性延伸强度 $R_{p0.2}$/MPa (min)	伸长率 A(%) (min)($L_0=4d$)
QTD 800-10 (QTD 800-10R)	$t\leqslant30$	800	500	11
	$30<t\leqslant60$	750		7
	$60<t\leqslant100$	720		6
QTD 900-8	$t\leqslant30$	900	600	9
	$30<t\leqslant60$	850		6
	$60<t\leqslant100$	820		5
QTD 1050-6	$t\leqslant30$	1050	700	7
	$30<t\leqslant60$	1000		5
	$60<t\leqslant100$	970		4
QTD 1200-3	$t\leqslant30$	1200	850	4
	$30<t\leqslant60$	1170		3
	$60<t\leqslant100$	1140		2
QTD 1400-1	$t\leqslant30$	1400	1100	1
	$30<t\leqslant60$	1170	供需双方商定	
	$60<t\leqslant100$	1140		

注：1. 因铸件复杂程度和壁厚不同，其性能是不均匀的。

2. 经过合适的热处理，屈服强度最小值可按本表规定，而随着铸件壁厚增大，抗拉强度和伸长率会降低。

3. 如需规定附铸试块形式，牌号后加标记"A"。

4. GB/T 24733 规定按硬度分级的两种抗磨等温淬火球墨铸铁的力学性能见下表。最大布氏硬度可以由供需双方商定，400HBW 和 450HBW 换算成洛氏硬度分别约为 43HRC 和 48HRC。

材料牌号	布氏硬度 HBW (min)	抗拉强度 R_m/MPa (min)	规定塑性延伸强度 $R_{p0.2}$/MPa (min)	伸长率 A(%) (min)
QTD HBW400	400	1400	1100	1
QTD HBW450	450	1600	1300	—

表 1-32　铸件本体试样抗拉强度和伸长率的指导值（摘自 GB/T 24733—2009）

材料牌号	规定塑性延伸强度 $R_{p0.2}$/MPa（min）	抗拉强度 R_m/MPa（min）			伸长率 A(%)（min）		
		铸件主要壁厚 t/mm					
		$t \leqslant 30$	$30 < t \leqslant 60$	$60 < t \leqslant 100$	$t \leqslant 30$	$30 < t \leqslant 60$	$60 < t \leqslant 100$
QTD 800-10 （QTD 800-10R）	500	790	740	710	8	5	4
QTD 900-8	600	880	830	800	7	4	3
QTD 1050-6	700	1020	970	940	5	3	2
QTD 1200-3	850	1170	1140	1110	2	1	1
QTD 1400-1	1100	1360	由供需双方商定				

表 1-33　等温淬火球墨铸铁国内外牌号对照

中国标准 GB/T 24733—2009	国际标准 ISO 17804：2005	欧洲标准 EN 1564+A1：2006	美国标准 ASTM A897M-06	美国标准 SAE J2477：2004	日本标准 JIS G5503-1995
—	—	—	750/500/11	AD750	—
QTD 800-100 （QTD 800-10R）	JS/800-10 （JS/800-10RT）	EN-GJS-800-8	—	—	—
—	—	—	—	—	FCAD 900-4
QTD 900-8	JS/900-8	—	900/650/9	AD900	FCAD 900-8
—	—	EN-GJS-1000-5	—	—	FCAD 1000-5
QTD 1050-6	JS/1050-6	—	1050/750/7	AD1050	—
QTD 1200-3	JS/1200-3	EN-GJS-1200-2	1200/850/4	AD1200	FCAD 1200-2
QTD 1400-1	JS/1400-1	EN-GJS-1400-1	1400/1100/2	AD1400	FCAD 1400-1
			1600/1300/1	AD1600	—
QTD HBW400	JS/HBW400	EN-GJS-1400	1400/1100/2	AD1400	FCAD 1400-1
QTD HBW450	JS/HBW450	—	1600/1300/1	AD1600	—

表 1-34　等温淬火球墨铸铁其他力学性能和物理性能的技术数据（摘自 GB/T 24733—2009）

技术数据		牌　号					
		QTD 800-10 （800-10R）	QTD 900-8	QTD 1050-6	QTD 1200-3	QTD 1400-1/ HBW400	QTD HBW450
性能（特性）	单位	性　能　指　标[①]					
抗压强度 σ_{db}	MPa	1300	1450	1675	1900	2200	2500
规定塑性延伸强度 $R_{p0.2}$	MPa	620	700	840	1040	1220	1350
抗剪强度 σ_{aB}	MPa	720	800	940	1080	1260	1400
规定塑性延伸强度 $R_{p0.2}$	MPa	350	420	510	590	770	850

（续）

技术数据		牌　　号					
		QTD 800-10 （800-10R）	QTD 900-8	QTD 1050-6	QTD 1200-3	QTD 1400-1/ HBW400	QTD HBW450
性能（特性）	单位	性　能　指　标[①]					
断裂韧度 K_{IC}	$MPa \cdot \sqrt{m}$	62	60	59	54	50	—
疲劳极限（弯曲旋转） 无缺口试样 （直径 10.6mm） $N=2 \times 10^6$ 循环次数	MPa	375	400	430	450	375	300
疲劳极限（弯曲旋转） 带缺口试样[②] （直径 10.6mm） $N=2 \times 10^6$ 循环次数	MPa	225	240	265	280	275	270
典型值（标准值）							
弹性模量 E （抗拉和抗压）	GPa	170	169	168	167	165	165
泊松比 υ （横向变形系数）	—	0.27					
抗剪弹性模量	GPa	65	65	64	63	62	62
密度 ρ	g/cm^3	7.1			7.0		
线胀系数 α （20~200℃）	$\mu m/$ $(m \cdot K)$	$18^{③} \sim 14$					
热导率 λ （200℃）	$W/$ $(m \cdot K)$	$23^{④} \sim 20$					

注：除非另有规定，表中所列值均在室温时测定。

① 表中数据为相应铸件 50mm 以下可能达到的最小值，对较大的断面，可由供需双方商定推荐值。

② 热处理后开槽，带有半径为 0.25mm 圆环沟 45°V 型缺口。

③ 对较低强度的牌号，线胀系数 α 较高。

④ 对较低强度的牌号，热导率 λ 较高。

表 1-35　等温淬火球墨铸铁齿轮设计用的常用性能数据（摘自 GB/T 24733—2009）

性　　能		牌　号			
		QTD 800-10 （QTD 800-10R）	QTD 900-8	QTD 1050-6	QTD 1200-3
疲劳强度	单位	强　度　值			
抗压疲劳强度 $\sigma_{H\,lim}$　90% 循环次数　$N=10^7$	MPa	1050	1100	1300	1350
齿根抗弯疲劳强度 $\sigma_{F\,lim}$　90% 循环次数　$N=10^7$	MPa	350	320	300	290

表 1-36　等温淬火球墨铸铁的特性及应用（摘自 GB/T 24733—2009）

牌号	特　性	应用
等温淬火球墨铸铁（ADI）强度高、韧性高、耐磨性高、抗疲劳性好，是一种综合性能优良的材料。国产 ADI（年产）铸件约 10 万 t，约占世界年产品的 1/5。ADI 可以代替铸钢、锻钢、球墨铸铁、灰铸铁以及铝合金，在工程机械、农机、汽车、发动机、船舶、铁路、冶金、矿山、电力、风电、兵器等行业得到了广泛应用。ADI 的密度与抗拉强度之比，比铝合金小，在零件轻量化、节约材料等各方面均有明显优势。GB/T 24733 为国内首次制定的 ADI 标准，对于推动 ADI 的生产和应用均会发挥积极作用		
QTD 800-10 （QTD 800-10R）	布氏硬度 250~310HBW。具有优异的抗弯曲疲劳强度和较好的抗裂纹性能。机加工性能较好。抗拉强度和疲劳强度稍低于 QTD 900-8，但可成为等温淬火处理后需进一步机加工的 QTD 900-8 零件的代替牌号。动载性能超过同硬度的球墨铸铁齿轮	大功率船用发动机（8000kW）支承架、注塑机液压件、大型柴油机（10 缸）托架板、中型货车悬挂件、恒速联轴器和柴油机曲轴（经圆角滚压）等。同硬度球铁齿轮的改进材料
QTD 900-8	布氏硬度 270~340HBW。适用于要求较高韧性和抗弯曲疲劳强度以及机加工性能良好的承受中等应力的零件。具有较好的低温性能。等温淬火处理后进行喷丸、圆弧滚压或磨削，有良好的强化效果	柴油机曲轴（经圆角滚压）、真空泵传动齿轮、风镐缸体、机头、载重货车后钢板弹簧支架、汽车牵引钩支承座、衬套、控制臂、转动轴轴颈支撑、转向节、建筑用夹具、下水道盖板等
QTD 1050-6	布氏硬度 310~380HBW。适用于高强度、高韧性和高弯曲疲劳强度以及机加工性能良好的承受中等应力的零件。低温性能为各牌号 ADI 中最好，等温淬火处理后进行喷丸、圆弧滚压或磨削有很好的强化效果。进行喷丸强化后超过淬火钢齿轮的动载性能，接触疲劳强度优于氮化钢齿轮	大马力柴油机曲轴（经圆角滚压）、柴油机正时齿轮、工程机械齿轮、拖拉机轮轴传动器轮毂、坦克履带板体等
QTD 1200-3	布氏硬度 340~420HBW。适用于要求高抗拉强度、较好疲劳强度、抗冲击强度和高耐磨性的零件	柴油机正时齿轮、链轮、铁路车辆销套等
QTD 1400-1	布氏硬度 380~480HBW。适用于要求高强度、高接触疲劳强度和高耐磨性的零件。该牌号的齿轮接触疲劳强度和弯曲疲劳强度超过经火焰或感应淬火球墨铸铁齿轮的动载性能	凸轮轴、铁路货车斜楔、轻型货车后桥螺旋伞齿轮、托辊、滚轮、冲剪机刀片等
QTD HBW400	布氏硬度大于 400HBW。适用于要求高硬度、抗磨、耐磨的零件	犁铧、斧、锹、铣刀等工具，挖掘机斗齿、杂质泵体、施肥刀片等
QTD HBW450	布氏硬度大于 450HBW。适用于要求高硬度、抗磨、耐磨的零件	磨球、衬板、颚板、锤头、锤片、挖掘机斗齿等

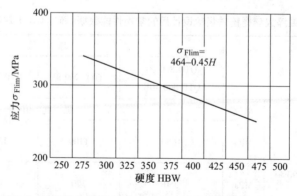

图 1-4　等温淬火球墨铸铁（机加工后）的弯曲疲劳极限应力

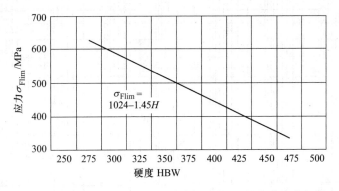

图 1-5 等温淬火球墨铸铁(机加工并喷丸强化后)的弯曲疲劳极限应力

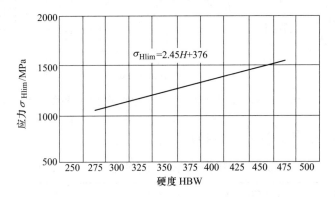

图 1-6 等温淬火球墨铸铁的接触疲劳极限应力

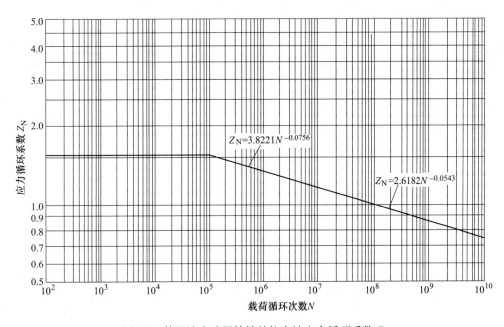

图 1-7 等温淬火球墨铸铁的抗点蚀应力循环系数 Z_N

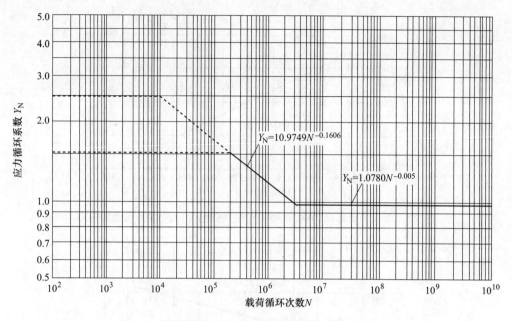

图 1-8　等温淬火球墨铸铁的抗弯曲应力循环系数 Y_N

1.5.5　蠕墨铸铁(见表 1-37~表 1-40)

表 1-37　蠕墨铸铁件牌号及单铸试样的力学性能(摘自 GB/T 26655—2011)

牌号	抗拉强度 R_m/MPa(min)	规定塑性延伸强度 $R_{p0.2}$/MPa(min)	伸长率 A (%)(min)	典型的布氏硬度 HBW 范围	主要基体组织
RuT300	300	210	2.0	140~210	铁素体
RuT350	350	245	1.5	160~220	铁素体+珠光体
RuT400	400	280	1.0	180~240	珠光体+铁素体
RuT450	450	315	1.0	200~250	珠光体
RuT500	500	350	0.5	220~260	珠光体

注：1. 按单铸或附铸试块加工的试样测定的力学性能分级，将蠕墨铸铁分为五个牌号。

　　2. 蠕墨铸铁件的生产方法和化学成分在确保所要求的材料牌号及其性能的条件下，由生产方自行确定；当蠕墨铸铁有特殊用途和要求时，化学成分和热处理由供需双方商定。

　　3. 蠕墨铸铁单铸试样的力学性能应符合本表规定。

　　4. 规定塑性延伸强度 $R_{p0.2}$ 一般不作为验收依据。当需方有特殊要求时，也可以测定。

　　5. 本表布氏硬度为指导值，仅供参考。

表 1-38　蠕墨铸铁件附铸试样的力学性能(摘自 GB/T 26655—2011)

牌号	主要壁厚 t/mm	抗拉强度 R_m/MPa(min)	规定塑性延伸强度 $R_{p0.2}$/MPa(min)	伸长率 A (%)(min)	典型布氏硬度 HBW 范围	主要基体组织
RuT300A	$t \leqslant 12.5$	300	210	2.0	140~210	铁素体
	$12.5 < t \leqslant 30$	300	210	2.0	140~210	
	$30 < t \leqslant 60$	275	195	2.0	140~210	
	$60 < t \leqslant 120$	250	175	2.0	140~210	

（续）

牌号	主要壁厚 $t/$ mm	抗拉强度 $R_m/$ MPa(min)	规定塑性延伸强度 $R_{p0.2}/$MPa(min)	伸长率 A （%）(min)	典型布氏硬度 HBW 范围	主要基体组织
RuT350A	$t \leqslant 12.5$	350	245	1.5	160~220	铁素体+ 珠光体
	$12.5 < t \leqslant 30$	350	245	1.5	160~220	
	$30 < t \leqslant 60$	325	230	1.5	160~220	
	$60 < t \leqslant 120$	300	210	1.5	160~220	
RuT400A	$t \leqslant 12.5$	400	280	1.0	180~240	珠光体+ 铁素体
	$12.5 < t \leqslant 30$	400	280	1.0	180~240	
	$30 < t \leqslant 60$	375	260	1.0	180~240	
	$60 < t \leqslant 120$	325	230	1.0	180~240	
RuT450A	$t \leqslant 12.5$	450	315	1.0	200~250	珠光体
	$12.5 < t \leqslant 30$	450	315	1.0	200~250	
	$30 < t \leqslant 60$	400	280	1.0	200~250	
	$60 < t \leqslant 120$	375	260	1.0	200~250	
RuT500A	$t \leqslant 12.5$	500	350	0.5	220~260	珠光体
	$12.5 < t \leqslant 30$	500	350	0.5	220~260	
	$30 < t \leqslant 60$	450	315	0.5	220~260	
	$60 < t \leqslant 120$	400	280	0.5	220~260	

注：1. 附铸试样的力学性能应符合本表规定。

2. 规定塑性延伸强度 $R_{p0.2}$ 一般不作为验收依据。当需方有特殊要求时，也可以测定。

3. 采用附铸试块时，牌号后加字母"A"。

4. 从附铸试样测得的力学性能并不能准确地反映铸件本体的力学性能，但与单铸试棒上测得的值相比更接近于铸件的实际性能值。

5. 力学性能随铸件结构(形状)和冷却条件而变化，随铸件断面厚度增加而相应降低。

6. 布氏硬度值仅供参考。

7. 铸件本体试样的力学性能数值无法统一规定，因其取决于铸件的复杂程度及铸件壁厚的变化状况。其取样部位及性能指标由供需双方商定，其力学性能数值参考本表及表1-38。铸件本体性能值与表1-38和表1-39相比可能有差异。

表1-39　蠕墨铸铁力学和物理性能补充资料(摘自 GB/T 26655—2011)

性　　能	温度	材　料　牌　号				
		RuT300	RuT350	RuT400	RuT450	RuT500
抗拉强度 $R_m^{①}/$MPa	23℃	300~375	350~425	400~475	450~525	500~575
	100℃	275~350	325~400	375~450	425~500	475~550
	400℃	225~300	275~350	300~375	350~425	400~475
规定塑性延伸强度 $R_{p0.2}/$MPa	23℃	210~260	245~295	280~330	315~365	350~400
	100℃	190~240	220~270	255~305	290~340	325~375
	400℃	170~220	195~245	230~280	265~315	300~350
伸长率 A(%)	23℃	2.0~5.0	1.5~4.0	1.0~3.5	1.0~2.5	0.5~2.0
	100℃	1.5~4.5	1.5~3.5	1.0~3.0	1.0~2.0	0.5~1.5
	400℃	1.0~4.0	1.0~3.0	1.0~2.5	0.5~1.5	0.5~1.5

（续）

性　能	温度	材料牌号				
		RuT300	RuT350	RuT400	RuT450	RuT500
弹性模量②/GPa	23℃	130~145	135~150	140~150	145~155	145~160
	100℃	125~140	130~145	135~145	140~150	140~155
	400℃	120~135	125~140	130~140	135~145	135~150
疲劳系数 （旋转—弯曲、 拉—压、3点弯曲）	23℃	0.50~0.55	0.47~0.52	0.45~0.50	0.45~0.50	0.43~0.48
	23℃	0.30~0.40	0.27~0.37	0.25~0.35	0.25~0.35	0.20~0.30
	23℃	0.65~0.75	0.62~0.72	0.60~0.70	0.60~0.70	0.55~0.65
泊松比		0.26	0.26	0.26	0.26	0.26
密度/(g/cm³)		7.0	7.0	7.0~7.1	7.0~7.2	7.0~7.2
热导率/ [W/(m·K)]	23℃	47	43	39	38	36
	100℃	45	42	39	37	35
	400℃	42	40	38	36	34
热膨胀系数/ [μm/(m·K)]	100℃	11	11	11	11	11
	400℃	12.5	12.5	12.5	12.5	12.5
比热容/[J/(g·K)]	100℃	0.475	0.475	0.475	0.475	0.475
基体组织		铁素体	铁素体+珠光体	珠光体+铁素体	珠光体	珠光体

① 壁厚 15mm，模数 M = 0.75。

② 割线模数（200~300MPa）。

表 1-40　蠕墨铸铁的性能特点和应用（摘自 GB/T 26655—2011）

材料牌号	性能特点	应用
RuT300	强度低，塑韧性高 高的热导率和低的弹性模量 热应力积聚小 铁素体基体为主，长时间置于高温之中引起的生长小	排气歧管 大功率船用、机车、汽车和固定式内燃机缸盖 增压器壳体 纺织机、农机零件
RuT350	与合金灰铸铁比较，有较高强度并有一定的塑韧性 与球铁比较，有较好的铸造、机加工性能和较高工艺出品率	机床底座 托架和联轴器 大功率船用、机车、汽车和固定式内燃机缸盖 钢锭模、铝锭模 焦化炉炉门、门框、保护板、桥管阀体、装煤孔盖座 变速箱体 液压件
RuT400	有综合的强度、刚性和热导率性能 较好的耐磨性	内燃机的缸体和缸盖 机床底座、托架和联轴器 载重货车制动鼓、机车车辆制动盘 泵壳和液压件 钢锭模、铝锭模、玻璃模具

(续)

材料牌号	性 能 特 点	应 用
RuT450	比 RuT400 有更高的强度、刚性和耐磨性，不过切削性稍差	汽车内燃机缸体和缸盖 气缸套 载重货车制动盘 泵壳和液压件 玻璃模具 活塞环
RuT500	强度高，塑韧性低 耐磨性最好，切削性差	高负荷内燃机缸体 气缸套

1.5.6 低温铁素体球墨铸铁(见表 1-41)

表 1-41 低温铁素体球墨铸铁牌号和力学性能(摘自 GB/T 32247—2015)

	材料牌号	抗拉强度 R_m/MPa(min)	规定塑性延伸强度 $R_{p0.2}$/MPa(min)	断后伸长率 A(%)(min)	布氏硬度 HBW
单铸试样的力学性能	QT350-22L (−50℃、−60℃)	350	220	22	≤160
	QT400-18L (−40℃、−50℃、−60℃)	400	240	18	≤170

	材料牌号	最小冲击吸收能量 KV/J					
		−40℃±2℃		−50℃±2℃		−60℃±2℃	
		三个试样平均值	单个试样	三个试样平均值	单个试样	三个试样平均值	单个试样
单铸试样 V 型缺口冲击吸收能量	QT350-22L(−50℃)	—	—	12	9	—	—
	QT350-22L(−60℃)	—	—	—	—	12	9
	QT400-18L(−40℃)	12	9	—	—	—	—
	QT400-18L(−50℃)	—	—	12	9	—	—
	QT400-18L(−60℃)	—	—	—	—	12	9

	材料牌号	铸件厚度 /mm	试块厚度 /mm	抗拉强度 R_m/MPa (min)	规定塑性延伸强度 $R_{p0.2}$/ MPa(min)	断后伸长率 A(%) (min)	布氏硬度 HBW
附铸试样的力学性能	QT350-22AL (−50℃、−60℃)	≤30	25	350	220	22	≤160
		>30~60	40	330	210	18	
		>60~200	70	由供需双方商定			
	QT400-18AL (−40℃、−50℃、−60℃)	≤30	25	390	240	18	≤170
		>30~60	40	370	230	15	
		>60~200	70	由供需双方商定			

(续)

材料牌号	铸件壁厚/mm	试块厚度/mm	最小冲击吸收能量 KV/J					
			-40℃±2℃		-50℃±2℃		-60℃±2℃	
			三个试样平均值	单个试样	三个试样平均值	单个试样	三个试样平均值	单个试样
附铸试样V型缺口冲击吸收能量								
QT350-22AL (-50℃)	≤30	25	—	—	12	9	—	—
	>30~60	40	—	—	12	9	—	—
	>60~200	70	—	—	—	—	—	—
QT350-22AL (-60℃)	≤30	25	—	—	—	—	12	9
	>30~60	40	—	—	—	—	12	9
	>60~200	70	—	—	—	—	—	—
QT400-18AL (-40℃)	≤30	25	12	9	—	—	—	—
	>30~60	40	12	9	—	—	—	—
	>60~200	70	—	—	—	—	—	—
QT400-18AL (-50℃)	≤30	25	—	—	12	9	—	—
	>30~60	40	—	—	12	9	—	—
	>60~200	70	—	—	—	—	—	—
QT400-18AL (-60℃)	≤30	25	—	—	—	—	12	9
	>30~60	40	—	—	—	—	12	9
	>60~200	70	—	—	—	—	—	—

注: 1. GB/T 32247—2015《低温铁素体球墨铸铁件》适用于砂型或异热性与砂型相当的其他铸型铸造的低温铁素体球墨铸铁件, 使用温度为-60~-40℃。低温铁素体球墨铸铁件的生产方法、牌号的化学成分、热处理工艺由供方自行决定, 但力学性能应满足本表的规定。

2. 铸件的化学成分不作为铸件的验收依据。当需方对铸件化学成分, 热处理方法有特殊要求时, 由供需双方商定。

3. 铸件力学性能一般以试样的V型缺口冲击吸收能量、抗拉强度、屈服强度和断后伸长率作为验收依据。

4. 如在铸件的本体上取样, 取样部位及力学性能指标由供需双方商定。本体试样的力学性能指标一般低于单铸试块。

5. 从附铸试样上测得的力学性能并不能准确地反映铸件本体的力学性能, 但与单铸试样上测得的值相比更接近于铸件的实际性能值; 本体性能值也许等于或低于本表所给定的值。

6. 铸件的几何形状及其尺寸公差均应符合铸件图样的规定。

1.5.7 耐热铸铁(见表1-42~表1-44)

表1-42 耐热铸铁牌号及化学成分(摘自 GB/T 9437—2009)

铸铁牌号	化学成分(质量分数,%)						
	C	Si	Mn	P	S	Cr	Al
				≤			
HTRCr	3.0~3.8	1.5~2.5	1.0	0.10	0.08	0.50~1.00	—

（续）

铸铁牌号	化学成分（质量分数,%）						
	C	Si	Mn	P	S	Cr	Al
				≤			
HTRCr2	3.0~3.8	2.0~3.0	1.0	0.10	0.08	1.00~2.00	—
HTRCr16	1.6~2.4	1.5~2.2	1.0	0.10	0.05	15.00~18.00	—
HTRSi5	2.4~3.2	4.5~5.5	0.8	0.10	0.08	0.5~1.00	—
QTRSi4	2.4~3.2	3.5~4.5	0.7	0.07	0.015	—	—
QTRSi4Mo	2.7~3.5	3.5~4.5	0.5	0.07	0.015	Mo0.5~0.9	—
QTRSi4Mo1	2.7~3.5	4.0~4.5	0.3	0.05	0.015	Mo1.0~1.5	Mg0.01~0.05
QTRSi5	2.4~3.2	4.5~5.5	0.7	0.07	0.015	—	—
QTRAl4Si4	2.5~3.0	3.5~4.5	0.5	0.07	0.015	—	4.0~5.0
QTRAl5Si5	2.3~2.8	4.5~5.2	0.5	0.07	0.015	—	5.0~5.8
QTRAl22	1.6~2.2	1.0~2.0	0.7	0.07	0.015	—	20.0~24.0

注：1. GB/T 9437—2009《耐热铸铁件》适用于砂型铸造或导热性与砂型相仿的铸型中浇注而成的耐热铸铁件。耐铁件的工作温度不超过1100℃。

2. GB/T 9437—2009规定的耐热铸铁适用于长时间处于高温条件下工作的各种零件，如炉用构件、水泥焙烧炉零件等，其失效形式主要是氧化和生长。

3. 铸件的几何形状和尺寸应符合图样的要求，其尺寸精度应符合GB/T 6414的相关规定。

4. 铸件表面粗糙度应符合GB/T 6061.1的规定，由供需双方商定标准等级。

5. 铸件应清除粘砂、结疤等缺陷。铸件的允许缺陷由供需双方商定。

6. 硅系、铝系耐热球墨铸铁件一般应进行消除内应力的热处理，其他牌号消除内应力的热处理应按订货合同中的条件执行。

7. 在使用温度下，铸件的平均氧化增重速度不大于0.5g/m²·h，生长率不大于0.2%，其检测方法应符合GB/T 9437的规定。但抗氧化和抗生长性能在标准中规定不作为验收依据。

表1-43　耐热铸铁室温力学性能和高温力学性能（摘自GB/T 9437—2009）

牌号	室温力学性能		高温力学性能				
	抗拉强度 R_m/MPa ≥	硬度 HBW	下列温度时短时抗拉强度 R_m/MPa ≥				
			500℃	600℃	700℃	800℃	900℃
HTRCr	200	189~288	225	144	—	—	—
HTRCr2	150	207~288	243	166	—	—	—
HTRCr16	340	400~450	—	—	—	144	88
HTRSi5	140	160~270	—	—	41	27	
QTRSi4	420	143~187	—	—	75	35	
QTRSi4Mo	520	188~241	—	—	101	46	
QTRSi4Mo1	550	200~240	—	—	101	46	
QTRSi5	370	228~302	—	—	67	30	
QTRAl4Si4	250	285~341	—	—	—	82	32

（续）

牌号	室温力学性能		高温力学性能				
	抗拉强度 R_m/MPa	硬度	下列温度时短时抗拉强度 R_m/MPa ≥				
	≥	HBW	500℃	600℃	700℃	800℃	900℃
QTRAl5Si5	200	302~363	—	—	—	167	75
QTRAl22	300	241~364	—	—	—	130	77

注：1. 室温力学性能允许采用热处理方法达到本表规定的数据。

2. 室温力学性能为 GB/T 9437—2009 资料性附录。

表 1-44　耐热铸铁的使用条件及应用（摘自 GB/T 9437—2009）

铸铁牌号	使 用 条 件	应 用
HTRCr	在空气炉气中耐热温度到 550℃。具有高的抗氧化性和体积稳定性	适用于急冷急热的薄壁、细长件。用于炉条、高炉支梁式水箱、金属型、玻璃模等
HTRCr2	在空气炉气中耐热温度到 600℃。具有高的抗氧化性和体积稳定性	适用于急冷急热的薄壁、细长件。用于煤气炉内灰盆、矿山烧结车挡板等
HTRCr16	在空气炉气中耐热温度到 900℃。具有高的室温及高温强度、高的抗氧化性，但常温脆性较大。耐硝酸的腐蚀	可在室温及高温下作为抗磨件使用。用于退火罐、煤粉烧嘴、炉栅、水泥焙烧炉零件、化工机械等零件
HTRSi5	在空气炉气中耐热温度到 700℃。耐热性较好，承受机械和热冲击能力较差	用于炉条、煤粉烧嘴、锅炉用梳形定位析、换热器针状管、二硫化碳反应瓶等
QTRSi4	在空气炉气中耐热温度到 650℃。力学性能、抗裂性较 RQTSi5 好	用于玻璃窑烟道闸门、玻璃引上机墙板、加热炉两端管架等
QTRSi4Mo	在空气炉气中耐热温度到 680℃。高温力学性能较好	用于内燃机排气歧管、罩式退火炉导向器、烧结机中后热筛板、加热炉吊梁等
QTRSi4Mo1	在空气炉气中耐热温度到 800℃。高温力学性能好	用于内燃机排气歧管、罩式退火炉导向器、烧结机中后热筛板、加热炉吊梁等
QTRSi5	在空气炉气中耐热温度到 800℃。常温及高温性能显著优于 RTSi5	用于煤粉烧嘴、炉条、辐射管、烟道闸门、加热炉中间管架等
QTRAl4Si4	在空气炉气中耐热温度到 900℃。耐热性良好	适用于高温轻载荷下工作的耐热件。用于烧结机箅条、炉用件等
QTRAl5Si5	在空气炉气中耐热温度到 1050℃。耐热性良好	
QTRAl22	在空气炉气中耐热温度到 1100℃。具有优良的抗氧化能力、较高的室温和高温强度，韧性好，抗高温硫蚀性好	适用于高温（1100℃）、载荷较小、温度变化较缓的工件。用于锅炉用侧密封块、链式加热炉炉爪、黄铁矿焙烧炉零件等

注：本表为 GB/T 9437—2009 资料性附录。

1.5.8 抗磨白口铸铁(见表 1-45~表 1-48)

表 1-45 抗磨白口铸铁的牌号及其化学成分(摘自 GB/T 8263—2010)

牌号	化学成分(质量分数,%)								
	C	Si	Mn	Cr	Mo	Ni	Cu	S	P
BTMNi4Cr2-DT	2.4~3.0	≤0.8	≤2.0	1.5~3.0	≤1.0	3.3~5.0	—	≤0.10	≤0.10
BTMNi4Cr2-GT	3.0~3.6	≤0.8	≤2.0	1.5~3.0	≤1.0	3.3~5.0		≤0.10	≤0.10
BTMCr9Ni5	2.5~3.6	1.5~2.2	≤2.0	8.0~10.0	≤1.0	4.5~7.0		≤0.06	≤0.06
BTMCr2	2.1~3.6	≤1.5	≤2.0	1.0~3.0	—	—		≤0.10	≤0.10
BTMCr8	2.1~3.6	1.5~2.2	≤2.0	7.0~10.0	≤3.0	≤1.0	≤1.2	≤0.06	≤0.06
BTMCr12-DT	1.1~2.0	≤1.5	≤2.0	11.0~14.0	≤3.0	≤2.5	≤1.2	≤0.06	≤0.06
BTMCr12-GT	2.0~3.6	≤1.5	≤2.0	11.0~14.0	≤3.0	≤2.5	≤1.2	≤0.06	≤0.06
BTMCr15	2.0~3.6	≤1.2	≤2.0	14.0~18.0	≤3.0	≤2.5	≤1.2	≤0.06	≤0.06
BTMCr20	2.0~3.3	≤1.2	≤2.0	18.0~23.0	≤3.0	≤2.5	≤1.2	≤0.06	≤0.06
BTMCr26	2.0~3.3	≤1.2	≤2.0	23.0~30.0	≤3.0	≤2.5	≤1.2	≤0.06	≤0.06

注：1. GB/T 8263—2010《抗磨白口铸铁件》采用 ASTM A532/A532M-93a(2008)《抗磨铸铁标准规范》,适用于机械、冶金、建材、电力、建筑、船舶、煤炭、化工等行业的抗磨损零部件。抗磨白口铸铁是金相组织为金属基体加碳化物,且具有良好抗磨损性能的白口铸铁。

2. 牌号中"DT"和"GT"分别是"低碳"和"高碳"的汉语拼音大写字母,表示该牌号含碳量的高低。

3. 允许加入微量 V、Ti、Nb、B 和 RE 等元素。

4. 金相组织一般不作为产品验收依据,如果需对金相组织有特殊要求,可由供需双方协商确定。GB/T 8263—2010 以资料性附录列了抗磨白口铸铁件的主要金相组织,可供选择金相组织时参考。

5. 抗磨白口铸铁件的几何形状、尺寸、质量以及精度要求应符合图样或合同的规定。如果无规定,则其尺寸公差应达到 GB/T 6414 中 CT11 级的要求,质量偏差应达到 GB/T 11351 中 MT11 级的要求。

6. 抗磨白口铸铁在生产中获得广泛的应用,适于制造硬度高、抗磨性很好的在干摩擦及磨料磨损条件下工作的各种零件。白口铸铁的使用性能主要取决于硬度和韧性。有资料说明,白口铸铁的硬度超过磨料硬度约 0.8 倍时,耐磨性能可显著提高。

表 1-46 抗磨白口铸铁的硬度(摘自 GB/T 8263—2010)

牌 号	表 面 硬 度					
	铸态或铸态去应力处理		硬化态或硬化态去应力处理		软化退火态	
	HRC	HBW	HRC	HBW	HRC	HBW
BTMNi4Cr2-DT	≥53	≥550	≥56	≥600	—	—
BTMNi4Cr2-GT	≥53	≥550	≥56	≥600	—	—
BTMCr9Ni5	≥50	≥500	≥56	≥600	—	—
BTMCr2	≥45	≥435	—	—	—	—
BTMCr8	≥46	≥450	≥56	≥600	≤41	≤400
BTMCr12-DT	—	—	≥50	≥500	≤41	≤400
BTMCr12-GT	≥46	≥450	≥58	≥650	≤41	≤400
BTMCr15	≥46	≥450	≥58	≥650	≤41	≤400
BTMCr20	≥46	≥450	≥58	≥650	≤41	≤400

（续）

牌　号	表　面　硬　度					
	铸态或铸态去应力处理		硬化态或硬化态去应力处理		软化退火态	
	HRC	HBW	HRC	HBW	HRC	HBW
BTMCr26	≥46	≥450	≥58	≥650	≤41	≤400

注：1. 洛氏硬度值（HRC）和布氏硬度值（HBW）之间没有精确的对应值，因此这两种硬度值应独立使用。

2. 铸件断面深度40%处的硬度应不低于表面硬度值的92%。

3. 抗磨白口铸铁件的硬度作为验收依据，其指标应符合本表规定。其他力学性能在需方要求时，可由供需双方商定性能指标及试验方法。

4. 在清理铸件或处理铸件缺陷过程中，不能采用火焰切割、电弧切割、电焊切割和补焊。

表 1-47　抗磨白口铸铁热处理规范（摘自 GB/T 8263—2010）

牌号	软化退火处理	硬化处理	回火处理
BTMNi4Cr2-DT	—	430~470℃保温 4~6h，出炉空冷或炉冷	在 250~300℃保温8~16h，出炉空冷或炉冷
BTMNi4Cr2-GT	—		
BTMCr9Ni5	—	800~850℃保温 6~16h，出炉空冷或炉冷	
BTMCr8	920~960℃保温，缓冷至 700~750℃保温，缓冷至 600℃以下出炉空冷或炉冷	940~980℃保温，出炉后以合适的方式快速冷却	在 200~550℃保温，出炉空冷或炉冷
BTMCr12-DT		900~980℃保温，出炉后以合适的方式快速冷却	
BTMCr12-GT		900~980℃保温，出炉后以合适的方式快速冷却	
BTMCr15		920~1000℃保温，出炉后以合适的方式快速冷却	
BTMCr20	960~1060℃保温，缓冷至 700~750℃保温，缓冷至 600℃以下出炉空冷或炉冷	950~1050℃保温，出炉后以合适的方式快速冷却	
BTMCr26		960~1060℃保温，出炉后以合适的方式快速冷却	

注：1. 热处理规范中保温时间主要由铸件壁厚决定。

2. BTMCr2 经 200~650℃去应力处理。

3. 热处理规范与铸件的化学成分、铸件的结构、壁厚、装炉量和使用条件等因素有关，在实际生产中，可根据有关情况综合分析，参照本表(标准中资料性附录)制定铸件的热处理规范。

表 1-48　抗磨白口铸铁的特性及应用

牌号	特性及应用	
BTMNi4Cr2-DT	镍硬铸铁用于许多磨损工况，抗腐蚀磨损性能良好、硬度高，通常可与其他白口铸铁、合金钢或高锰钢媲美。当代替钢时，应保证使用条件下不碎裂。在较多情况下不如高铬钼白口铸铁	冲击疲劳载荷中等，抗磨性较好，适用于中等冲击负荷的磨料磨损，用于磨辊、磨道、磨环、衬板及 φ50mm 以下磨球
BTMNi4Cr2-GT		有较高硬度和抗磨性，硬度高于 BTMNi4Cr2-DT，用于较小冲击负荷的磨料磨损，如衬板、磨辊、磨环、输送矿浆或固体物料管道及磨球
BTMCr9Ni5		淬透性好，硬度高，耐磨性良好，抗冲击疲劳性能较高，耐蚀性较好，用于中等冲击负荷磨料磨损，如杂质泵叶轮、护套以及输送弯管

（续）

牌号	特性及应用
BTMCr2	用于较小冲击载荷的磨料磨损工况，广泛用于制造磨球（水泥球磨机、电厂球磨机、冶金业湿态球磨机），也用于制作衬板和破碎机辊套
BTMCr8	有一定耐蚀性，可用于中等冲击载荷的磨料磨损和冲击腐蚀磨损的工况，有良好的综合力学性能，热处理后硬度高、韧度高，用于电力、冶金、水泥行业的球磨机磨球制作及制造衬板

牌号		特性及应用
BTMCr12-GT	高铬铸铁含铬量高，有良好的硬度、耐蚀性及抗氧化性，同时具有高于普通白口铸铁的韧性，应用于各种磨料磨损及各种高温磨损和腐蚀磨损的工况，如冶金矿山磨球、磨煤机和水泥立磨机的磨辊、磨盘、辊道、破碎机小锤头、抛丸机叶片高温环境中的抗磨零部件	有较高韧度，硬度适宜，可用于中等冲击载荷的磨料磨损，如大型水泥球磨机磨损件、磨球、小型破碎机锤头
BTMCr15		可用于中等冲击载荷的磨料磨损，如水泥球磨机磨球和衬板、磨煤机磨球、渣浆泵泵体、叶轮、盖板、冶金轧辊、板锤、叶片、锤头
BTMCr20		有很好的淬透性、较好耐磨性，硬度和韧性较高，耐蚀性良好，用于较大冲击载荷的磨料磨损和厚壁耐磨件，如磨辊、衬瓦、板锤以及腐蚀磨损及高温磨损件（轧管机顶头、穿孔机导板、渣浆泵过流件、矿用磨球）
BTMCr26		淬透性很好，有良好的耐蚀性和抗高温氧化性，适用于较大冲击载荷的磨料磨损，如厚大铸件磨辊和衬瓦、板锤，湿式磨机磨球、腐蚀磨损渣浆泵过流件、高温磨损件（炉用零件、轧机导板）、磨机衬板

注：本表资料非国家标准内容，仅供参考。

1.5.9 铬锰钨系抗磨铸铁（见表1-49）

表1-49 铬锰钨系抗磨铸铁的牌号、化学成分、硬度、耐热温度及应用

（摘自 GB/T 24597—2009）

牌号	化学成分（质量分数，%）							硬度 HRC		耐热温度/℃≤	应用
	C	Si	Cr	Mn	W	P	S	软化退火态≤	硬化态≥		
BTMCr18Mn3W2	2.8~3.5	0.3~1.0	16~22	2.5~3.5	1.5~2.5	≤0.08	≤0.06	45	60	700	大型烧结机刮刀、勾头
BTMCr18Mn3W	2.8~3.5	0.3~1.0	16~22	2.5~3.5	1.0~1.5	≤0.08	≤0.06	45	60	600	8英寸以上渣浆泵叶轮、护套
BTMCr18Mn2W	2.8~3.5	0.3~1.0	16~22	2.0~2.5	0.3~1.0	≤0.08	≤0.06	45	60	500	6英寸及以下渣浆泵叶轮、护套
BTMCr12Mn3W2	2.0~2.8	0.3~1.0	10~16	2.5~3.5	1.5~2.5	≤0.08	≤0.06	40	58	600	焊接钢管轧辊
BTMCr12Mn3W	2.0~2.8	0.3~1.0	10~16	2.5~3.5	1.0~1.5	≤0.08	≤0.06	40	58	500	大型球磨机 φ130mm磨球
BTMCr12Mn2W	2.0~2.8	0.3~1.0	10~16	2.0~2.5	0.3~1.0	≤0.08	≤0.06	40	58	400	大型球磨机 φ100mm磨球

注：1. GB/T 24597—2009《铬锰钨系抗磨铸铁件》适用于冶金、建材、电力等行业在磨料磨损条件下使用的抗磨铸铁件。此标准与GB/T 8263《抗磨白口铸铁件》、GB/T 17445《铸造磨球》、GB/T 5680《奥氏体锰钢铸件》以及GB/T 13925《铸造高锰钢金相》等国家标准构成了我国具有先进水平的耐磨材料的标准体系。

2. 牌号的化学成分、硬度作为验收依据，应符合本表规定。

3. 铬碳比应大于等于5。

1.5.10 耐磨损复合材料铸铁(见表 1-50 和表 1-51)

表 1-50 耐磨损复合材料铸件名称、牌号及组成(摘自 GB/T 26652—2011)

名 称	牌号	复合材料组成	铸件耐磨损增强体材料
镶铸合金复合材料 I 铸件	ZF-1	硬质合金块/铸钢或铸铁	硬质合金
镶铸合金复合材料 II 铸件	ZF-2	抗磨白口铸铁块/铸钢或铸铁	抗磨白口铸铁
双液铸造双金属复合材料铸件	ZF-3	抗磨白口铸铁层/铸钢或铸铁层	抗磨白口铸铁
铸渗合金复合材料铸件	ZF-4	硬质相颗粒/铸钢或铸铁	硬质合金、抗磨白口铸铁、WC 和(或)TiC 等金属陶瓷

注：1. 耐磨损复合材料铸件中的抗磨白口铸铁化学成分应符合 GB/T 8263 的规定，奥氏体锰钢化学成分应符合 GB/T 5680 的规定，其他合金耐磨钢化学成分应符合 GB/T 26651 的规定。耐磨损复合材料铸件中其他种类铸钢和铸铁的化学成分是否作为产品验收依据，由供需双方商定。
2. 采用镶铸工艺铸造成型的镶铸合金复合材料铸件，除供需双方另有规定外，供方可根据铸件的技术要求和使用条件，选择镶铸合金复合材料铸件的硬质合金块或抗磨白口铸铁块牌号、形状、尺寸、数量和镶铸位置，以及复合材料铸件基体铸钢或铸铁牌号。
3. 采用两种液态金属分别浇注成型的双液铸造双金属复合材料铸件，除供需双方另有规定外，供方可根据铸件的技术要求和使用条件，选择双液铸造双金属复合材料铸件耐磨损层(抗磨白口铸铁层)牌号、形状和尺寸，以及复合材料铸件基体铸钢或铸铁牌号。
4. 采用铸渗工艺铸造成型的铸渗合金复合材料铸件，除供需双方另有规定外，供方可根据铸件的技术要求和使用条件，选择铸渗合金复合材料铸件的硬质相颗粒种类、形状、尺寸、数量和铸渗位置，以及复合材料铸件基体铸钢或铸铁牌号。
5. 铸渗合金复合材料铸件的硬质相除了硬质合金、抗磨白口铸铁、WC 和(或)TiC 等金属陶瓷外，供需双方可根据铸件的技术要求和使用条件，选择对使用最有利的其他硬质相颗粒。
6. 可采用适宜的熔炼方法熔炼耐磨损复合材料中的铸钢和铸铁。
7. 如果铸件的某些部位需要局部强化或有其他特殊要求，则需方要预先说明并提供标记明确的图样。
8. 耐磨损复合材料铸件须保证复合材料组成之间为冶金结合。
9. 铸件的几何形状、尺寸、重量及其偏差应符合图样或订货合同规定。如图样和订货合同中无规定，ZF-1、ZF-2 和 ZF-3 铸件尺寸偏差应达到 GB/T 6414 CT11 级的规定，铸件重量偏差应达到 GB/T 11351 MT11 级的规定。ZF-4 铸件尺寸偏差和重量偏差由供需双方商定。
10. 耐磨损复合材料铸件代号用"铸"和"复"二字的汉语拼音的第一个大写正体字母"ZF"表示。
11. 用 ZF 后面附加"-"和"阿拉伯数字"表示耐磨损复合材料铸件牌号。其中 ZF-1 是镶铸合金复合材料 I 铸件的牌号，ZF-2 是镶铸合金复合材料 II 铸件的牌号，ZF-3 是双液铸造双金属复合材料铸件的牌号，ZF-4 铸渗合金复合材料的牌号。

表 1-51 耐磨损复合材料铸件硬度(摘自 GB/T 26652—2011)

名 称	牌号	铸件耐磨损增强体硬度 HRC	铸件耐磨损增强体硬度 HRA
镶铸合金复合材料 I 铸件	ZF-1	≥56(硬质合金)	≥79(硬质合金)
镶铸合金复合材料 II 铸件	ZF-2	≥56(抗磨白口铸铁)	—
双液铸造双金属复合材料铸件	ZF-3	≥56(抗磨白口铸铁)	—
铸渗合金复合材料铸件	ZF-4	≥62(硬质合金)	≥82(硬质合金)
		≥56(抗磨白口铸铁)	—
		≥62[WC 和(或)TiC 等金属陶瓷]	≥82[WC 和(或)TiC 等金属陶瓷]

注：1. 洛氏硬度 HRC 和 HRA 中任选一项。
2. 复合材料铸件的基体铸钢和铸铁的冲击吸收能量是否作为产品验收依据，由供需双方商定。
3. 室温条件下可对产品做无损探伤检验。无损探伤检验是否作为产品验收的必检项目及其检验方法由供需双方商定。
4. 铸件表面粗糙度应按 GB/T 6060.1 选定，并在订货合同或图样中规定。
5. 铸件在清整过程中不允许使用火焰切割等方法对抗磨白口铸铁、硬质合金和陶瓷部位进行处理。
6. 一般情况下金相组织不作为产品验收依据(供需双方另有规定者除外)。

1.5.11 高硅耐蚀铸铁(见表1-52和表1-53)

表1-52 高硅耐蚀铸铁牌号、化学成分及力学性能(摘自 GB/T 8491—2009)

牌 号	化学成分(质量分数,%)									最小抗弯强度 σ_{dB}/MPa	最小挠度 f/mm
	C	Si	Mn	P	S	Cr	Mo	Cu	R残留量		
HTSSi11Cu2CrR	≤1.20	10.00~12.00	≤0.50	≤0.10	≤0.10	0.60~0.80	—	1.80~2.20	≤0.10	190	0.80
HTSSi15R	0.65~1.10	14.20~14.75	≤1.50			≤0.50	≤0.50	≤0.50		118	0.66
HTSSi15Cr4R	0.75~1.15	14.20~14.75	≤1.50			3.25~5.00	0.40~0.60	≤0.50		118	0.66
HTSSi15Cr4MoR	0.70~1.10	14.2~14.75	≤1.50			3.25~5.00	≤0.20	≤0.50		118	0.66

注:1. GB/T 8491—2009《高硅耐蚀铸铁件》采用 ASTM A518/A518M-99(2008)《高硅耐蚀铸铁件标准规范》,适用于含硅 10.00%~15.00%的耐蚀性能良好的铸铁件。

2. 铸铁的生产工艺由供方确定。

3. 高硅耐蚀铸铁各牌号的化学成分应符合本表的规定,化学成分作为产品验收依据。

4. 高硅耐蚀铸铁的力学性能一般不作为验收依据,如果需方有要求,则应进行对试棒的弯曲试验,抗弯强度和挠度应符合本表的规定。

5. 铸件的几何形状及尺寸应符合图样要求。一般情况下,尺寸公差应符合 GB/T 6414 中铸件尺寸公差的规定。

表1-53 高硅耐蚀铸铁性能、适用条件及应用(摘自 GB/T 8491—2009)

牌 号	性能和适用条件	应用
HTSSi11Cu2CrR	具有较好的力学性能,可以用一般的机械加工方法进行生产。在浓度大于或等于10%的硫酸、浓度小于或等于46%的硝酸或由上述两种介质组成的混合酸、浓度大于或等于70%的硫酸加氯、苯、苯磺酸等介质中具有较稳定的耐蚀性,但不允许有急剧的交变载荷、冲击载荷和温度突变	卧式离心机、潜水泵、阀门、旋塞、塔罐、冷却排水管、弯头等化工设备和零部件等
HTSSi15R	在氧化性酸(如各种温度和浓度的硝酸、硫酸、铬酸等)各种有机酸和一系列盐溶液介质中都有良好的耐蚀性,但在卤素的酸、盐溶液(如氢氟酸和氯化物等)和强碱溶液中不耐蚀。不允许有急剧的交变载荷、冲击载荷和温度突变	各种离心泵、阀类、旋塞、管道配件、塔罐、低压容器及各种非标准零部件等
HTSSi15Cr4R	具有优良的耐电化学腐蚀性能,并有改善抗氧化性条件的耐蚀性。高硅铬铸铁中的铬可提高其钝化性和点蚀击穿电位,但不允许有急剧的交变载荷和温度突变	在外加电流的阴极保护系统中大量用作辅助阳极铸件
HTSSi15Cr4MoR	适用于强氯化物的环境	

1.5.12　奥氏体铸铁(见表 1-54~表 1-60)

表 1-54　奥氏体铸铁牌号及化学成分(摘自 GB/T 26648—2011)

分类	材料牌号	化学成分(质量分数,%)							
		C≤	Si	Mn	Cu	Ni	Cr	P≤	S≤
一般工程用途	HTANi15Cu6Cr2	3.0	1.0~2.8	0.5~1.5	5.5~7.5	13.5~17.5	1.0~3.5	0.25	0.12
	QTANi20Cr2	3.0	1.5~3.0	0.5~1.5	≤0.5	18.0~22.0	1.0~3.5	0.05	0.03
	QTANi20Cr2Nb[①]	3.0	1.5~2.4	0.5~1.5	≤0.5	18.0~22.0	1.0~3.5	0.05	0.03
	QTANi22	3.0	1.5~3.0	1.5~2.5	≤0.5	21.0~24.0	≤0.50	0.05	0.03
	QTANi23Mn4	2.6	1.5~2.5	4.0~4.5	≤0.5	22.0~24.0	≤0.2	0.05	0.03
	QTANi35	2.4	1.5~3.0	0.5~1.5	≤0.5	34.0~36.0	≤0.2	0.05	0.03
	QTANi35Si5Cr2	2.3	4.0~6.0	0.5~1.5	≤0.5	34.0~36.0	1.5~2.5	0.05	0.03
特殊用途	HTANi13Mn7	3.0	1.5~3.0	6.0~7.0	≤0.5	12.0~14.0	≤0.2	0.25	0.12
	QTANi13Mn7	3.0	2.0~3.0	6.0~7.0	≤0.5	12.0~14.0	≤0.2	0.05	0.03
	QTANi30Cr3	2.6	1.5~3.0	0.5~1.5	≤0.5	28.0~32.0	2.5~3.5	0.05	0.03
	QTANi30Si5Cr5	2.6	5.0~6.0	0.5~1.5	≤0.5	28.0~32.0	4.5~5.5	0.05	0.03
	QTANi35Cr3	2.4	1.5~3.0	1.5~2.5	≤0.5	34.0~36.0	2.0~3.0	0.05	0.03

注：铸件的化学成分应符合本表的规定。对于特定用途的铸件，其化学成分有特殊要求时由供需双方商定。

① 当 Nb%≤[0.353~0.032(Si%+64×Mg%)]时，该材料具有良好的焊接性。Nb 的正常范围是 0.12%~0.20%。

表 1-55　奥氏体铸铁典型力学性能(摘自 GB/T 26648—2011)

分类	材料牌号	抗拉强度 R_m /MPa ≥	规定塑性延伸强度 $R_{p0.2}$ /MPa ≥	伸长率 A (%) ≥	冲击吸收能量(V 型缺口) /J ≥	布氏硬度 HBW
一般工程用	HTANi15Cu6Cr2	170	—	—	—	120~215
	QTANi20Cr2	370	210	7	13	140~255
	QTANi20Cr2Nb	370	210	7	13	140~200
	QTANi22	370	170	20	20	130~170
	QTANi23Mn4	440	210	25	24	150~180
	QTANi35	370	210	20	—	130~180
	QTANi35Si5Cr2	370	200	10	—	130~170
特殊用途	HTANi13Mn7	140	—	—	—	120~150
	QTANi13Mn7	390	210	15	16	120~150
	QTANi30Cr3	370	210	7	—	140~200
	QTANi30Si5Cr5	390	240	—	—	170~250
	QTANi35Cr3	370	210	7	—	140~190

注：1. 铸件材料的室温力学性能应符合本表规定。

2. 铸件力学性能的验收项目由供需双方商定，一般情况下：

1) 奥氏体灰铸铁和 QTANi30Si5Cr5 以抗拉强度作为验收依据。

2) 奥氏体球墨铸铁以抗拉强度和伸长率作为验收依据。

3. 对屈服强度、冲击性能和硬度有要求时，经供需双方商定，可作为验收依据。

4. 如果要对铸件本体取样测定力学性能，则取样部位、大小、数量以及要达到的性能指标由供需双方商定。

表 1-56～表 1-59 是 GB/T 26648—2011 在资料性附录中提供的力学物理性能补充资料和特性应用的说明,均不作为铸件的验收依据。

表 1-56 QTANi23Mn4 低温力学性能(摘自 GB/T 26648—2011)

温度/℃	抗拉强度 R_m/ MPa ≥	规定塑性延伸强度 $R_{p0.2}$/ MPa ≥	伸长率 A (%) ≥	断面收缩率 (%)	冲击吸收能量/ J
+20	450	220	35	32	29
0	450	240	35	32	31
-50	460	260	38	35	32
-100	490	300	40	37	34
-150	530	350	38	35	33
-183	580	430	33	27	29
-196	620	450	27	25	27

表 1-57 奥氏体铸铁补充力学性能(摘自 GB/T 26648—2011)

牌号	抗拉强度 R_m/ MPa	抗压强度/ MPa	规定塑性延伸强度 $R_{p0.2}$/ MPa	伸长率 A (%)	冲击吸收能量/J	弹性模量/ GPa	布氏硬度 HBW
HTANi13Mn7	140～220	630～840	—	—	—	70～90	120～150
HTANi15Cu6Cr2	170～210	700～840	—	2	—	85～105	120～215
QTANi13Mn7	390～470	—	210～260	15～18	15～25	140～150	120～150
QTANi20Cr2	370～480	—	210～250	7～20	11～24	112～130	140～255
QTANi20Cr2Nb	370～480	—	210～250	8～20	11～24	112～130	140～200
QTANi22	370～450	—	170～250	20～40	17～29	85～112	130～170
QTANi23Mn4	440～480	—	210～240	25～45	20～30	120～140	150～180
QTANi30Cr3	370～480	—	210～260	7～18	5	92～105	140～200
QTANi30Si5Cr5	390～500	—	240～310	1～4	1～3	90	170～250
QTANi35	370～420	—	210～240	20～40	18	112～140	130～180
QTANi35Cr3	370～450	—	210～290	7～10	4	112～123	140～190
QTANi35Si5Cr2	380～500	—	210～270	10～20	7～12	130～150	130～170

注:本表为 GB/T 26648 资料性附录补充力学性能,不作为铸件的验收依据。

表 1-58 奥氏体铸铁的物理性能(摘自 GB/T 26648—2011)

牌号	密度/ (kg/dm³)	线胀系数 (20～200℃)/ [μm/(m·K)]	热导率/ [W/(m·K)]	比热容/ [J/(g·K)]	比电阻/ μΩ·m	相对磁导率 (H=79.58A/cm)
HTANi13Mn7	7.40	17.70	39.00	46～50	1.2	1.02
HTANi15Cu6Cr2	7.30	18.7	39.00	46～50	1.6	1.03
QTANi13Mn7	7.30	18.20	12.60	46～50	1.0	1.02
QTANi20Cr2	7.4～7.45	18.70	12.60	46～50	1.0	1.05
QTANi20Cr2Nb	7.40	18.70	12.60	46～50	1.0	1.04
QTANi22	7.40	18.40	12.60	46～50	1.0	1.02

（续）

牌号	密度/ （kg/dm³）	线胀系数 （20~200℃）/ [μm/(m·K)]	热导率/ [W/(m·K)]	比热容/ [J/(g·K)]	比电阻/ μΩ·m	相对磁导率 （H=79.58A/cm）
QTANi23Mn4	7.45	14.70	12.6	46~50	—	1.02
QTANi30Cr3	7.45	12.60	12.60	46~50	—	①
QTANi30Si5Cr5	7.45	14.40	12.60	46~50	—	1.10
QTANi35	7.60	5.0	12.60	46~50	—	①
QTANi35Cr3	7.70	5.0	12.60	46~50	—	①
QTANi35Si5Cr2	7.45	15.10	12.6	46~50	—	①

① 铁磁体。

表 1-59　奥氏体球墨铸铁在不同温度下的力学性能（摘自 GB/T 26648—2011）

特性	温度/ ℃	牌　　号				
		QTANi20Cr2、 QTANi20Cr2Nb	QTANi22	QTANi30Cr3	QTANi30Si5Cr5	QTANi35Cr3
抗拉强度 R_m/MPa ≥	20	417	437	410	450	427
	430	380	368	—	—	—
	540	335	295	337	426	332
	650	250	197	293	337	286
	760	155	121	186	153	175
规定塑性延伸 强度 $R_{p0.2}$/MPa ≥	20	246	240	276	312	288
	430	197	184	—	—	—
	540	197	165	199	291	181
	650	176	170	193	139	170
	760	119	117	107	130	131
伸长率 A(%) ≥	20	10.5	35	7.5	3.5	7
	430	12	23	—	—	—
	540	10.5	19	7.5	4	9
	650	10.5	10	7	11	6.5
	760	15	13	18	30	24.5
抗蠕变强度/MPa （1000h）	540	197	148	—	—	—
	595	(127)	(95)	165	120	176
	650	84	63	(105)	(67)	105
	705	(60)	(42)	68	44	70
	760	(39)	(28)	(42)	(21)	(39)
最小蠕变速率 时的应力/MPa （1%/1000h）	540	162	91	—	—	(190)
	595	(92)	(63)	—	—	(112)
	650	56	40	—	—	(67)
	705	(34)	(24)	—	—	56
最小蠕变速率 时的应力/MPa （1%/10 000h）	540	63	—	—	—	—
	595	(39)	—	—	—	70
	650	24	—	—	—	—
	705	(15)	—	—	—	39

（续）

特性	温度/℃	牌　　号				
		QTANi20Cr2、QTANi20Cr2Nb	QTANi22	QTANi30Cr3	QTANi30Si5Cr5	QTANi35Cr3
蠕变断裂伸长率/（%）（min）（1000h）	540	6	14	—	—	—
	595	—	—	7	10.5	6.5
	650	13	13	—	—	—
	705	—	—	12.5	25	13.5

注：括号内的数值是内外插值计算的。

表 1-60　奥氏体铸铁特性和主要用途（摘自 GB/T 26648—2011）

牌号	特　　性	主要用途
一般工程用牌号		
HTANi15Cu6Cr2	良好的耐蚀性（尤其是在碱、稀酸、海水和盐溶液内），良好的耐热性、承载性，热膨胀系数高，含低铬时无磁性	泵、阀、炉子构件、衬套、活塞环托架、无磁性铸件
QTANi20Cr2	良好的耐蚀性和耐热性，较强的承载性，较高的热膨胀系数，含低铬时无磁性。若增加 1%Mo（质量分数）可提高高温力学性能	泵、阀、压缩机、衬套、涡轮增压器外壳、排气歧管、无磁性铸件
QTANi20Cr2Nb	适用于焊接产品，其他性能同 QTANi20Cr2	同 QTANi20Cr2
QTANi22	伸长率较高，比 QTANi20Cr2 的耐蚀性和耐热性低，高的热膨胀系数，-100℃ 仍具韧性，无磁性	泵、阀、压缩机、衬套、涡轮增压器外壳、排气歧管、无磁性铸件
QTANi23Mn4	伸长率特别高，-196℃ 仍具韧性，无磁性	适用于 -196℃ 的制冷工程用铸件
QTANi35	热膨胀系数最低，耐热冲击	要求尺寸稳定性好的机床零件、科研仪器、玻璃模具
QTANi35Si5Cr2	抗热性好，其伸长率和抗蠕变能力高于 QTANi35Cr3。若增加 1%Mo（质量分数）则抗蠕变能力会更强	燃气涡轮壳体铸件、排气歧管、涡轮增压器外壳
特殊用途牌号		
HTANi13Mn7	无磁性	无磁性铸件，如涡轮发电机端盖、开关设备外壳、绝缘体法兰、终端设备、管道
QTANi13Mn7	无磁性，与 HTANi13Mn7 性能相似，力学性能有所改善	无磁性铸件，如涡轮发电机端盖、开关设备外壳、绝缘体法兰、终端设备、管道
QTANi30Cr3	力学性能与 QTANi20Cr2Nb 相似，但耐蚀性和耐热性较好，热膨胀系数中等，耐热冲击性优良。若增加 1%Mo（质量分数）则具有良好的耐高温性	泵、锅炉、阀门、过滤器零件、排气歧管、涡轮增压器外壳
QTANi30Si5Cr5	优良的耐蚀性和耐热性，热膨胀系数中等	泵、排气歧管、涡轮增压器外壳、工业熔炉铸件
QTANi35Cr3	与 QTANi35 相似。若增加 1%Mo（质量分数）则具有良好的耐高温性	燃气轮机外壳、玻璃模具

1.6 铸钢

1.6.1 一般工程用铸造碳钢(见表 1-61 ~ 表 1-63)

表 1-61 一般工程用铸造碳钢件牌号和化学成分(摘自 GB/T 11352—2009)

牌号	化学成分(质量分数,%) ≤										
	C	Si	Mn	S	P	残 余 元 素					
						Ni	Cr	Cu	Mo	V	残余元素总量
ZG200-400	0.20		0.80								
ZG230-450	0.30										
ZG270-500	0.40	0.60		0.035	0.035	0.40	0.35	0.40	0.20	0.05	1.00
ZG310-570	0.50		0.90								
ZG340-640	0.60										

注:1. 对上限减少 0.01% 的碳,允许增加 0.04% 的锰,对 ZG200-400 的锰最高至 1.00%,其余四个牌号锰最高至 1.20%。

2. 除另有规定外,残余元素不作为验收依据。

表 1-62 一般工程用铸造碳钢的力学性能(摘自 GB/T 11352—2009)

牌号	屈服强度 $R_{eH}(R_{p0.2})$/MPa	抗拉强度 R_m/MPa	伸长率 A_5(%)	根据合同选择		
				断面收缩率 Z(%)	冲击吸收能量 /J	冲击吸收能量 /J
ZG200-400	200	400	25	40	30	47
ZG230-450	230	450	22	32	25	35
ZG270-500	270	500	18	25	22	27
ZG310-570	310	570	15	21	15	24
ZG340-640	340	640	10	18	10	16

注:1. 各牌号化学成分应按表 1-61 规定,力学性能按本表规定,其中断面收缩率和冲击韧性如需方无要求,可由供方选择其中之一。

2. 除另有规定外,热处理工艺由供方自定,铸钢件的热处理按 GB/T 16923《钢件的正火与退火》和 GB/T 16924《钢件的淬火与回火》的规定执行。

3. 本表力学性能适用于厚度 100mm 以下的铸件,当铸件厚度超过 100mm 时,表中 R_{eH} 屈服强度仅供设计使用。

4. 铸件的几何形状、尺寸、尺寸公差和加工余量应符合图样或订货协议,如无图样或订货协议,铸件的上述要求应符合 GB/T 6414 的规定。

表 1-63 一般工程用铸造碳钢件的特性及应用举例

牌号	特性及应用举例	
ZG200-400	低碳铸钢,韧性及塑性均好,强度和硬度较低,低温冲击韧性大,脆性转变温度低,导磁、导电性能良好,焊接性好,切削性尚可,但铸造性较差	适于制作受力不大,但要求韧性良好的零件,如机座、变速箱体、电气吸盘等
ZG230-450		适于制作负荷不大、韧性较好的零件,如轴承盖、底板、阀体、机座、轧钢机架、铁道车辆摇枕、箱体、砧座、犁柱、底板等

（续）

牌号	特性及应用举例	
ZG270-500	中碳铸钢，有一定的韧性和塑性，强度和硬度较高，焊接性尚可，切削性良好，铸造性能高于低碳铸钢	应用广泛，可制作各种零件，如飞轮、车钩、水压机工作缸、机架、蒸汽锤、气缸、轴承座、连杆、箱体、曲轴等
ZG310-570		适于制作重载荷零件，如联轴器、大齿轮、缸体、气缸、机架、制动轮、轴、辊子等
ZG340-640	高碳铸钢，强度、硬度和耐磨性均高，塑性及韧性低，切削加工性尚可，焊接性较差，铸造时流动性较好，但裂纹敏感性较大	适于制作起重运输机齿轮、联轴器、齿轮、车轮、棘轮、叉头等

1.6.2 焊接结构用铸钢件（见表1-64和表1-65）

表1-64 焊接结构用铸钢件牌号和化学成分（摘自GB/T 7659—2010）

牌号	主要化学元素（质量分数，%）					残余化学元素（质量分数，%）						碳当量（CE）
	C	Si	Mn	P	S	Ni	Cr	Cu	Mo	V	总和	（%）≤
ZG200-400H	≤0.20	≤0.60	≤0.80	≤0.025	≤0.025	≤0.40	≤0.35	≤0.40	≤0.15	≤0.05	≤1.0	0.38
ZG230-450H	≤0.20	≤0.60	≤1.20	≤0.025	≤0.025							0.42
ZG270-480H	0.17~0.25	≤0.60	0.80~1.20	≤0.025	≤0.025							0.46
ZG300-500H	0.17~0.25	≤0.60	1.00~1.60	≤0.025	≤0.025							0.46
ZG340-550H	0.17~0.25	≤0.80	1.00~1.60	≤0.025	≤0.025							0.48

注：1. 实际碳含量比表中碳上限每减少0.01%，允许实际锰含量超出表中锰上限0.04%，但总超出量不得大于0.2%。

2. 各牌号主要元素应保证符合本表要求，残余元素一般不做分析，当需方有要求时，可做残余元素的分析。

3. 当需方有碳当量（CE）要求时，碳当量应按本表规定。碳当量的计算式：

$$CE(\%)=C+\frac{Mn}{6}+\frac{Cr+Mo+V}{5}+\frac{Ni+Cu}{15}$$

式中，C、Mn、Cr、Mo、V、Ni、Cu均为各元素的质量分数（%）。

表1-65 焊接结构用铸钢件力学性能及应用（摘自GB/T 7659—2010）

牌号	拉伸性能			根据合同选择		应用
	上屈服强度 R_{eH} /MPa(min)	抗拉强度 R_m /MPa(min)	断后伸长率 A (%)(min)	断面收缩率 Z (%)≥(min)	冲击吸收能量 KV_2/J(min)	
ZG200-400H	200	400	25	40	45	一般工程结构用、要求焊接性好的各种铸钢件
ZG230-450H	230	450	22	35	45	
ZG270-480H	270	480	20	35	40	
ZG300-500H	300	500	20	21	40	
ZG340-550H	340	550	15	21	35	

注：1. 当无明显屈服时，测定规定塑性延伸强度 $R_{p0.2}$。

2. 各牌号铸钢的单铸试块室温力学性能必须符合本表规定。

3. 铸钢的生产方法由供方确定；铸件应进行热处理，热处理工艺由供方决定。

4. 铸件几何形状、尺寸、表面粗糙度、加工余量等应符合图样或合同的规定。

1.6.3 熔模铸造碳钢件(见表 1-66 和表 1-67)

表 1-66　熔模铸造碳钢件分类、牌号、化学成分及力学性能(摘自 GB/T 31204—2014)

	类别	定　义	检验项目
分类	I	承受重载荷或工作条件复杂,用于重要部位,铸件损坏将危及整机正常工作	化学成分、力学性能、尺寸公差、表面粗糙度、表面及内部缺陷、其他特殊要求
	II	承受中等载荷,用于重要部位,铸件损坏影响部件正常工作	化学成分、力学性能、尺寸公差、表面粗糙度、表面及内部缺陷
	III	承受轻载荷,用于一般部位	力学性能、尺寸公差、表面粗糙度、表面缺陷

	牌号	化学成分(质量分数,%)≤										
牌号及化学成分		C	Si	Mn[①]	S	P	残余元素[②]					
							Cr	Ni	Cu	Mo	V	Ti
	ZG200-400	0.20	0.60	0.80	0.035	0.035	0.35	0.40	0.40	0.20	0.05	0.05
	ZG230-450	0.30		0.90								
	ZG270-500	0.40										
	ZG310-570	0.50										
	ZG340-640	0.60										

	牌号	屈服强度 $R_{eL}(R_{p0.2})$/MPa ≥	抗拉强度 R_m/MPa ≥	伸长率 $A(\%)$ ≥	主要基体组织	供需双方商定		
						断面收缩率 $Z(\%)$ ≥	冲击吸收能量/J	
力学性能							KV	KU
	ZG200-400	200	400	25	铁素体+珠光体	40	30	47
	ZG230-450	230	450	22		32	25	35
	ZG270-500	270	500	18		25	22	27
	ZG310-570	310	570	15		21	15	24
	ZG340-640	340	640	10		18	10	16

注: 1. 熔模铸造碳钢件类别应在图样或有关文件中注明,如未注明者,视为 III 类。

2. 当铸件厚度超过 100mm 时,屈服强度仅供设计使用。

3. 冲击吸收能量 U 型试样缺口为 2mm。

4. 熔模铸造碳钢件牌号表示方法按 GB/T 11352 进行,示例如下:

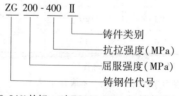

① 对上限每减少 0.01%的碳,允许增加 0.04%的锰;对 ZG200-400,锰最高至 1.00%,其余 4 个牌号锰最高至 1.20%。

② 残余元素总量不超过 1.00%,如无特殊要求,残余元素不作为验收依据。

表 1-67 熔模铸造碳钢件尺寸公差和几何公差（摘自 GB/T 31204—2014）

不同工艺执行的尺寸公差等级	熔模铸造工艺	尺寸公差等级	铸钢件最大轮廓尺寸对应的几何公差等级	最大轮廓尺寸/mm	几何公差等级
	水玻璃工艺	CT7~CT9		≤100	GCTG4~GCTG6
	硅溶胶工艺	CT3~CT6		>100	GCTG4~GCTG8
	复合型壳工艺	CT5~CT7			

几何公差项目名称	相关公称尺寸	铸件几何公差等级（GCTG）						
		GCTG2	GCTG3	GCTG4	GCTG5	GCTG6	GCTG7	GCTG8
铸件直线度公差/mm	≤10	0.08	0.12	0.18	0.27	0.4	0.6	0.9
	>10~30	0.12	0.18	0.27	0.4	0.6	0.9	1.4
	>30~100	0.18	0.27	0.4	0.6	0.9	1.4	2
	>100~300	0.27	0.4	0.6	0.9	1.4	2	3
	>300~1000	0.4	0.6	0.9	1.4	2	3	4.5
	>1000~3000	—	—	—	3	4	6	9
	>3000~6000	—	—	—	6	8	12	18
	>6000~10000	—	—	—	12	16	24	36
铸件平面度公差/mm	≤10	0.12	0.18	0.27	0.4	0.6	0.9	1.4
	>10~30	0.18	0.27	0.4	0.6	0.9	1.4	2
	>30~100	0.27	0.4	0.6	0.9	1.4	2	3
	>100~300	0.4	0.6	0.9	1.4	2	3	4.5
	>300~1000	0.6	0.9	1.6	2	3	4.5	7
	>1000~3000	—	—	—	4	6	9	14
	>3000~6000	—	—	—	8	12	18	28
	>6000~10000	—	—	—	16	24	36	56
铸件圆度、平行度、垂直度和对称度公差/mm	≤10	0.18	0.27	0.4	0.6	0.9	1.4	2
	>10~30	0.27	0.4	0.6	0.9	1.4	2	3
	>30~100	0.4	0.6	0.9	1.4	2	3	4.5
	>100~300	0.6	0.9	1.4	2	3	4.5	7
	>300~1000	0.9	1.4	2	3	4.5	7	10
	>1000~3000	—	—	—	6	9	14	20
	>3000~6000	—	—	—	12	18	28	40
	>6000~10000	—	—	—	24	36	56	80
铸件同轴度公差/mm	≤10	0.27	0.4	0.6	0.9	1.4	2	3
	>10~30	0.4	0.6	0.9	1.4	2	3	4.5
	>30~100	0.6	0.9	1.4	2	3	4.5	7
	>100~300	0.9	1.4	2	3	4.5	7	10
	>300~1000	1.4	2	3	4.5	7	10	15
	>1000~3000	—	—	—	9	14	20	30
	>3000~6000	—	—	—	18	28	40	60
	>6000~10000	—	—	—	36	56	80	120

注：GB/T 31204—2014《熔模铸造碳钢件》适用于一般工程中的各种铸件。

1.6.4 一般工程与结构用低合金钢铸件（见表 1-68 和表 1-69）

表 1-68　一般工程与结构用低合金钢铸件牌号及力学性能（摘自 GB/T 14408—2014）

材料牌号	力 学 性 能					化学成分要求（质量分数,%）	
	规定塑性延伸强度 $R_{p0.2}$/MPa ≥	抗拉强度 R_m/MPa ≥	断后伸长率 A_5（%）≥	断面收缩率 Z（%）≥	冲击吸收能量 KV/J ≥	S ≤	P ≤
ZGD270-480	270	480	18	38	25	0.040	0.040
ZGD290-510	290	510	16	35	25		
ZGD345-570	345	570	14	35	20		
ZGD410-620	410	620	13	35	20		
ZGD535-720	535	720	12	30	18		
ZGD650-830	650	830	10	25	18		
ZGD730-910	730	910	8	22	15	0.035	0.035
ZGD840-1030	840	1030	6	20	15		
ZGD1030-1240	1030	1240	5	20	22	0.020	0.020
ZGD1240-1450	1240	1450	4	15	18		

注：1. 除另有规定外，各材料牌号化学成分由供方确定，但硫、磷的含量应符合本表规定。

2. 除硫、磷外，其他元素不作为验收依据，但需方有要求时，可以进行成品化学成分分析。

3. 各牌号的力学性能应符合本表规定。如需方无要求，则断面收缩率和冲击吸收能量由供方选择其一。

表 1-69　一般工程与结构用低合金钢铸件牌号常用的化学成分和可达到的力学性能

	序号	牌号	化学成分（质量分数,%）								
			C	Si	Mn	P	S	Cr	Ni	Mo	其他
化学成分	1	ZGD270-480	0.20	0.60	0.50~0.80	0.040	0.045	1.00~1.50	0.50[1]	0.45~0.65	Cu0.50[1]
	2		0.20	0.60	0.30~0.80	0.040	0.045	1.00~1.50	—	0.45~0.65	W0.10[1] V0.15~0.25
	3	ZGD290-510	0.23	0.60	1.00~1.50	0.025	0.025	0.30	0.40	0.15	—
	4		0.15~0.20	0.30~0.60	0.50~0.80	0.040	0.040	1.20~1.50	—	0.45~0.55	
	5	ZGD345-570	0.30~0.40	0.50~0.75	0.60~1.20	0.030	0.030	0.50~0.80	—	—	—
	6		0.25~0.35	0.60~0.80	1.10~1.40	0.040	0.040	—	—	—	Cu0.33 Al0.01
	7	ZGD410-620	0.20	0.75	0.40~0.70	0.040	0.040	4.00~6.00	0.40	0.45~0.65	Cu0.30 Cu0.30
	8		0.22~0.30	0.50~0.80	1.30~1.60	0.035	0.035	—	—	—	Ti0.02~0.05 V0.07~0.15

（续）

序号	牌号	化学成分（质量分数，%）								
		C	Si	Mn	P	S	Cr	Ni	Mo	其他
9 10	ZGD535-720	0.25~0.35 0.22	0.30~0.60 0.50	1.20~1.60 0.55~0.75	0.040 0.040	0.040 0.040	0.30~0.70 2.50~3.50	— 1.35~1.85	0.15~0.35 0.30~0.60	— —
11 12	ZGD650-830	0.35~0.45 0.33	0.20~0.40 0.60	1.60~1.80 1.00	0.030 0.040	0.030 0.040	0.30① 0.80~1.20	0.30① 1.70~2.30	0.15① 0.30~0.60	Cu0.25① V0.05① —
13 14	ZGD730-910	0.25~0.35 0.10~0.18	0.30~0.60 0.20~0.40	0.90~1.50 0.30~0.55	0.040 0.030	0.040 0.030	0.30~0.90 1.20~1.70	1.60~2.00 1.40~1.80	0.15~0.35 0.20~0.30	— Cu0.30 V0.30~0.15
15 16	ZGD840-1030	0.30~0.38 0.22~0.34	— 0.30~0.60	0.70~0.90 0.30~0.80	0.040 0.025	0.040 0.025	0.40~0.60 0.5~1.30	0.60~0.80 0.5~3.0	0.17~0.25 0.2~0.7	— Cu0.4

序号	牌号	热处理	力 学 性 能 ≥					
			R_m/MPa	$R_{eL}(R_{p0.2})$/MPa	A_5(%)	Z(%)	KV/J	布氏硬度 HBW
1 2	ZGD270-480	正火+675℃ 正火+回火	485 483	275 276	20 18	35 35	— —	— —
3 4	ZGD290-510	正火+回火 正火+回火	510 540	295 295	14 15	30 35	39 39	156 —
5 6	ZGD345-570	二次正火+回火 正火+回火	590 590	345 345	14 14	30 25	— —	217 —
7 8	ZGD410-620	调质 正火+回火	620 622	420 416	13 22	25 45	— 44.1	179~225 179~241
9 10	ZGD535-720	正火+回火 正火+回火	736 725	539 550	13 18	30 30	— 41	212 —
11 12	ZGD650-830	调质 调质	835 850	685 680	13 12	45 25	35 22	269~302 260
13 14	ZGD730-910	淬火+回火 淬火+回火	981 1000	784 750	9 10	20 20	— —	— —
15 16	ZGD840-1030	淬火+回火 退火+淬火+回火	1050 1060	875 880	9 8	22 30	— —	262~321

注：GB/T 14408 只规定了各牌号 S、P 的最高含量，对其他的化学成分没有具体规定，生产企业为保证各牌号的力学性能，对于各牌号亦有常用的化学成分组方。本表为国内企业实用性生产资料，可以保证铸件的质量要求。

① 残余元素。

1.6.5 奥氏体锰钢铸件(见表 1-70 和表 1-71)

表 1-70 奥氏体锰钢铸件牌号、化学成分及应用(摘自 GB/T 5680—2010)

牌号	化学成分(质量分数,%)									应 用
	C	Si	Mn	P	S	Cr	Mo	Ni	W	
ZG120Mn7Mo1	1.05~1.35	0.3~0.9	6~8	≤0.060	≤0.040	—	0.9~1.2	—	—	适于制作机械、冶金、建材、电力、建筑、铁路、国防、煤炭化工等行业的承受不同程度冲击负荷的磨损工况的各种耐磨损铸钢件,是应用最多的耐磨铸钢件,广泛用于制造圆锥破碎机轧臼壁和破碎壁、颚式破碎机颚板、大型锤式破碎机锤头、球磨机衬板、铁路辙叉、履带板等耐磨件
ZG110Mn13Mo1	0.75~1.35	0.3~0.9	11~14	≤0.060	≤0.040	—	0.9~1.2	—	—	
ZG100Mn13	0.90~1.05	0.3~0.9	11~14	≤0.060	≤0.040	—	—	—	—	
ZG120Mn13	1.05~1.35	0.3~0.9	11~14	≤0.060	≤0.040	—	—	—	—	
ZG120Mn13Cr2	1.05~1.35	0.3~0.9	11~14	≤0.060	≤0.040	1.5~2.5	—	—	—	
ZG120Mn13W1	1.05~1.35	0.3~0.9	11~14	≤0.060	≤0.040	—	—	—	0.9~1.2	
ZG120Mn13Ni3	1.05~1.35	0.3~0.9	11~14	≤0.060	≤0.040	—	—	3~4	—	
ZG90Mn14Mo1	0.70~1.00	0.3~0.6	13~15	≤0.070	≤0.040	—	1.0~1.8	—	—	
ZG120Mn17	1.05~1.35	0.3~0.9	16~19	≤0.060	≤0.040	—	—	—	—	
ZG120Mn17Cr2	1.05~1.35	0.3~0.9	16~19	≤0.060	≤0.040	1.5~2.5	—	—	—	

注: 1. GB/T 5680—2010《奥氏体锰钢铸件》修改采用 ISO13521:1999《奥氏体锰钢铸件》。

2. 奥氏体锰钢铸件的炼钢方法和铸造工艺由供方决定(除另有规定外)。

3. 各牌号化学成分必须符合本表规定,允许加入微量 V、Ti、Nb、B 和 RE 等元素。

4. 当铸件厚度小于 45mm 且含碳量少于 0.8%时,ZG90Mn14Mo1 可以不经过热处理而直接供货。厚度大于或等于 45mm 且含碳量高于或等于 0.8%的 ZG90Mn14Mo1 以及其他所有牌号的铸件必须进行水韧处理(水淬固溶处理),铸件应均匀地加热和保温,水韧处理温度不低于 1040℃,且须快速入水处理,铸件入水后水温不得超过 50℃。

5. 除非供需双方另有约定,室温条件下铸件硬度应不高于 300HBW。

6. 经供需双方商定,室温条件下可对锰钢铸件、试块和试样做金相组织、力学性能(下屈服强度、抗拉强度、断后伸长率、冲击吸收能量)、弯曲性能和无损探伤检验,可选择其中一项或多项作为产品验收的必检项目,具体要求见标准 GB/T 5680—2010 的规范性附录 A。

7. 铸件的几何形状、尺寸、几何精度、重量偏差按图样或合同规定。如图样和合同中无规定,尺寸偏差按 GB/T 6414—2017 中的 CT11 级、重量偏差按 GB/T 11351 中的 MT11 级规定。几何精度要求参见 GB/T 5680—2010 的规定。

表 1-71 奥氏体锰钢铸件的力学性能(摘自 GB/T 5680—2010)

牌 号	力 学 性 能			
	下屈服强度 R_{eL}/MPa	抗拉强度 R_m/MPa	断后伸长率 A(%)	冲击吸收能量 KV_2/J
ZG120Mn13	—	≥685	≥25	≥118
ZG120Mn13Cr2	≥390	≥735	≥20	—

注:1. GB/T 5680—2010 只要求 ZG120Mn13 和 ZG120Mn13Cr2 两个牌号经水韧处理后试样的力学性能应符合本表规定。其他牌号的力学性能试验数据尚待继续实践,获得行业公认后方可最终确定。本表规定的两个牌号是常用的牌号,其力学性能在控制高锰铸钢及其铸件质量方面具有一定的指导意义。

2. 力学性能试样取自浇铸铸件时单独铸出的试块,也可以在铸件或铸件附铸试块上切取。

1.6.6 耐磨钢铸件（见表1-72和表1-73）

表1-72 耐磨钢铸件牌号、化学成分及力学性能（摘自 GB/T 26651—2011）

| 牌号 | 化学成分（质量分数,%） | | | | | | | | 力 学 性 能 | | |
	C	Si	Mn	Cr	Mo	Ni	S	P	表面硬度 HRC	冲击吸收能量 KV_2/J	冲击吸收能量 KN_2/J
ZG30Mn2Si	0.25~0.35	0.5~1.2	1.2~2.2	—	—	—	≤0.04	≤0.04	≥45	≥12	—
ZG30Mn2SiCr	0.25~0.35	0.5~1.2	1.2~2.2	0.5~1.2	—	—	≤0.04	≤0.04	≥45	≥12	—
ZG30CrMnSiMo	0.25~0.35	0.5~1.8	0.6~1.6	0.5~1.8	0.2~0.8	—	≤0.04	≤0.04	≥45	≥12	—
ZG30CrNiMo	0.25~0.35	0.4~0.8	0.4~1.0	0.5~2.0	0.2~0.8	0.3~2.0	≤0.04	≤0.04	≥45	≥12	—
ZG40CrNiMo	0.35~0.45	0.4~0.8	0.4~1.0	0.5~2.0	0.2~0.8	0.3~2.0	≤0.04	≤0.04	≥50	—	≥25
ZG42Cr2Si2MnMo	0.38~0.48	1.5~1.8	0.5~1.2	1.8~2.2	0.2~0.6	—	≤0.04	≤0.04	≥50	—	≥25
ZG45Cr2Mo	0.40~0.48	0.8~1.2	0.4~1.0	1.7~2.0	0.8~1.2	≤0.5	≤0.04	≤0.04	≥50	—	≥25
ZG30Cr5Mo	0.25~0.35	0.4~1.0	0.5~1.2	4.0~6.0	0.2~0.8	≤0.5	≤0.04	≤0.04	≥42	≥12	—
ZG40Cr5Mo	0.35~0.45	0.4~1.0	0.5~1.2	4.0~6.0	0.2~0.8	≤0.5	≤0.04	≤0.04	≥44	—	≥25
ZG50Cr5Mo	0.45~0.55	0.4~1.0	0.5~1.2	4.0~6.0	0.2~0.8	≤0.5	≤0.04	≤0.04	≥46	—	≥15
ZG60Cr5Mo	0.55~0.65	0.4~1.0	0.5~1.2	4.0~6.0	0.2~0.8	≤0.5	≤0.04	≤0.04	≥48	—	≥10

注：1. 允许加入微量 V、Ti、Nb、B 和 RE 等元素。

2. GB/T 26651—2011规定了奥氏体锰钢之外的合金耐磨钢铸件的牌号。该标准规定的耐磨钢铸件广泛用于冶金、建材、电力、建筑、铁路、船舶、煤炭、化工和机械等行业中的耐磨零件。

表1-73 耐磨钢铸件的尺寸公差和几何公差（摘自 GB/T 26651—2011）   （单位：mm）

铸孔和槽尺寸极限偏差	孔径和槽尺寸	≤25		>25~40		>40~63		>63~100
	极限偏差值	+3.0 -0		+3.5 -0		+4.0 -0		+4.5 -0
装配孔距尺寸极限偏差	装配尺寸孔距	≤160	>160~250	>250~400	>400~630	>630~1000		>1000~1600
	极限偏差值	±2.5	±3.0	±3.5	±4.0	±4.5		±5
直线度和平面度	铸件公称尺寸	≤250	>250~400	>400~630	>630~1000	>1000~1600		>1600~2500
	公差值	2	3	4	5	6		7
圆度	铸件公称尺寸	≤400		>400~630	>630~1000		>1000~1600	>1600~2500
	公差值	4.5		5	6		7	8

注：铸件的几何结构形状、尺寸及几何公差、重量偏差应符合订货合同及图样规定。如果订货合同或图样中无相关规定，GB/T 26651 规定，铸件尺寸精度应达到 GB/T 6414 中 CT11 级的规定，有关几何公差按本表参照选用，铸件重量偏差应达到 GB/T 11351 中 MT11 级的规定。GB/T 26651—2011 在附录中提示，由于耐磨钢铸件机械加工较困难，通常为铸件不经机加工直接使用，因此要重视铸件毛坯生产时制造精度的相应要求。

1.6.7 通用耐蚀钢铸件(见表 1-74~表 1-80)

表 1-74 通用耐蚀钢铸件的牌号及化学成分(摘自 GB/T 2100—2017)

序号	牌 号	化学成分(质量分数,%)								
		C	Si	Mn	P	S	Cr	Mo	Ni	其他
1	ZG15Cr13	0.15	0.80	0.80	0.035	0.025	11.50~13.50	0.50	1.00	
2	ZG20Cr13	0.16~0.24	1.00	0.60	0.035	0.025	11.50~14.00	—	—	
3	ZG10Cr13Ni2Mo	0.10	1.00	1.00	0.035	0.025	12.00~13.50	0.20~0.50	1.00~2.00	
4	ZG06Cr13Ni4Mo	0.06	1.00	1.00	0.035	0.025	12.00~13.50	0.70	3.50~5.00	Cu0.50、V0.05、W0.10
5	ZG06Cr13Ni4	0.06	1.00	1.00	0.035	0.025	12.00~13.00	0.70	3.50~5.00	
6	ZG06Cr16Ni5Mo	0.06	0.80	1.00	0.035	0.025	15.00~17.00	0.70~1.50	4.00~6.00	
7	ZG10Cr12Ni1	0.10	0.40	0.50~0.80	0.030	0.025	11.50~12.50	0.50	0.80~1.50	Cu0.30、V0.30
8	ZG03Cr19Ni11	0.03	1.50	2.00	0.035	0.025	18.00~20.00	—	9.00~12.00	N0.20
9	ZG03Cr19Ni11N	0.03	1.50	2.00	0.040	0.030	18.00~20.00	—	9.00~12.00	N0.12~0.20
10	ZG07Cr19Ni10	0.07	1.50	1.50	0.040	0.030	18.00~20.00		8.00~11.00	
11	ZG07Cr19Ni11Nb	0.07	1.50	1.50	0.040	0.030	18.00~20.00		9.00~12.00	Nb8C~1.00
12	ZG03Cr19Ni11Mo2	0.03	1.50	2.00	0.035	0.025	18.00~20.00	2.00~2.50	9.00~12.00	N0.20
13	ZG03Cr19Ni11Mo2N	0.03	1.50	2.00	0.035	0.030	18.00~20.00	2.00~2.50	9.00~12.00	N0.10~0.20
14	ZG05Cr26Ni6Mo2N	0.05	1.00	2.00	0.035	0.025	25.00~27.00	1.30~2.00	4.50~6.50	N0.12~0.20
15	ZG07Cr19Ni11Mo2	0.07	1.50	1.50	0.040	0.030	18.00~20.00	2.00~2.50	9.00~12.00	
16	ZG07Cr19Ni11Mo2Nb	0.07	1.50	1.50	0.040	0.030	18.00~20.00	2.00~2.50	9.00~12.00	Nb8C~1.00
17	ZG03Cr19Ni11Mo3	0.03	1.50	1.50	0.040	0.030	18.00~20.00	3.00~3.50	9.00~12.00	
18	ZG03Cr19Ni11Mo3N	0.03	1.50	1.50	0.040	0.030	18.00~20.00	3.00~3.50	9.00~12.00	N0.10~0.20
19	ZG03Cr22Ni6Mo3N	0.03	1.00	2.00	0.035	0.025	21.00~23.00	2.50~3.50	4.50~6.50	N0.12~0.20

（续）

序号	牌 号	化学成分（质量分数，%）								
		C	Si	Mn	P	S	Cr	Mo	Ni	其他
20	ZG03Cr25Ni7Mo4WCuN	0.03	1.00	1.50	0.030	0.020	24.00~26.00	3.00~4.00	6.00~8.50	Cu1.00、N0.15~0.25、W1.00
21	ZG03Cr26Ni7Mo4CuN	0.03	1.00	1.00	0.035	0.025	25.00~27.00	3.00~5.00	6.00~8.00	N0.12~0.22、Cu1.30
22	ZG07Cr19Ni12Mo3	0.07	1.50	1.50	0.040	0.030	18.0~20.00	3.00~3.50	10.00~13.00	
23	ZG025Cr20Ni25Mo7Cu1N	0.025	1.00	2.00	0.035	0.020	19.00~21.00	6.00~7.00	24.00~26.00	N0.15~0.25、Cu0.50~1.50
24	ZG025Cr20Ni19Mo7CuN	0.025	1.00	1.20	0.030	0.010	19.50~20.50	6.00~7.00	17.50~19.50	N0.18~0.24、Cu0.50~1.00
25	ZG03Cr26Ni6Mo3Cu3N	0.03	1.00	1.50	0.035	0.025	24.50~26.50	2.50~3.50	5.00~7.00	N0.12~0.22、Cu2.75~3.50
26	ZG03Cr26Ni6Mo3Cu1N	0.03	1.00	2.00	0.030	0.020	24.50~26.50	2.50~3.50	5.50~7.00	N0.12~0.25、Cu0.80~1.30
27	ZG03Cr26Ni6Mo3N	0.03	1.00	2.00	0.035	0.025	24.50~26.50	2.50~3.50	5.50~7.00	N0.12~0.25

注：本表适用于各种腐蚀工况的通用耐蚀钢铸件。

表 1-75　通用耐蚀钢铸件的室温力学性能（摘自 GB/T 2100—2017）

序号	牌号	厚度 t/mm ≤	规定塑性延伸强度 $R_{p0.2}$/MPa ≥	抗拉强度 R_m/MPa ≥	伸长率 A(%) ≥	冲击吸收能量 KV_2/J ≥
1	ZG15Cr13	150	450	620	15	20
2	ZG20Cr13	150	390	590	15	20
3	ZG10Cr13Ni2Mo	300	440	590	15	27
4	ZG06Cr13Ni4Mo	300	550	760	15	50
5	ZG06Cr13Ni4	300	550	750	15	50
6	ZG06Cr16Ni5Mo	300	540	760	15	60
7	ZG10Cr12Ni1	150	355	540	18	45
8	ZG03Cr19Ni11	150	185	440	30	80
9	ZG03Cr19Ni11N	150	230	510	30	80
10	ZG07Cr19Ni10	150	175	440	30	60
11	ZG07Cr19Ni11Nb	150	175	440	25	40
12	ZG03Cr19Ni11Mo2	150	195	440	30	80
13	ZG03Cr19Ni11Mo2N	150	230	510	30	80
14	ZG05Cr26Ni6Mo2N	150	420	600	20	30
15	ZG07Cr19Ni11Mo2	150	185	440	30	60
16	ZG07Cr19Ni11Mo2Nb	150	185	440	25	40

（续）

序号	牌号	厚度 t/mm $\leqslant$	规定塑性延伸强度 $R_{p0.2}$/MPa$\geqslant$	抗拉强度 R_m/MPa$\geqslant$	伸长率 A(%) $\geqslant$	冲击吸收能量 KV_2/J$\geqslant$
17	ZG03Cr19Ni11Mo3	150	180	440	30	80
18	ZG03Cr19Ni11Mo3N	150	230	510	30	80
19	ZG03Cr22Ni6Mo3N	150	420	600	20	30
20	ZG03Cr25Ni7Mo4WCuN	150	480	650	22	50
21	ZG03Cr26Ni7Mo4CuN	150	480	650	22	50
22	ZG07Cr19Ni12Mo3	150	205	440	30	60
23	ZG025Cr20Ni25Mo7Cu1N	50	210	480	30	60
24	ZG025Cr20Ni19Mo7CuN	50	260	500	35	60
25	ZG03Cr26Ni6Mo3Cu3N	150	480	650	22	50
26	ZG03Cr26Ni6Mo3Cu1N	200	480	650	22	60
27	ZG03Cr26Ni6Mo3N	150	480	650	22	50

注：1. 铸件的几何公差、尺寸公差应符合图样或订货合同规定，如无规定，则按 GB/T 6414 选定。
   2. 在订货合同中没有注明不准焊补者，均应可以进行焊补，但铸件需进行重大焊补时其重大焊补的要求、工艺、焊材及质量要求均应按 GB/T 2100—2017 的规定执行。
   3. 除另有规定外，铸造工艺由供方自定。

表 1-76　通用耐蚀钢铸件的热处理工艺（摘自 GB/T 2100—2017）

序号	牌　号	热处理工艺
1	ZG15Cr13	加热到 950~1050℃，保温，空冷，并在 650~750℃，回火，空冷
2	ZG20Cr13	加热到 950~1050℃，保温，空冷或油冷，并在 680~740℃，回火，空冷
3	ZG10Cr13Ni2Mo	加热到 1000~1050℃，保温，空冷，并在 620~720℃，回火，空冷或炉冷
4	ZG06Cr13Ni4Mo	加热到 1000~1050℃，保温，空冷，并在 570~620℃，回火，空冷或炉冷
5	ZG06Cr13Ni4	加热到 1000~1050℃，保温，空冷，并在 570~620℃，回火，空冷或炉冷
6	ZG06Cr16Ni5Mo	加热到 1020~1070℃，保温，空冷，并在 580~630℃，回火，空冷或炉冷
7	ZG10Cr12Ni1	加热到 1020~1060℃，保温，空冷，并在 680~730℃，回火，空冷或炉冷
8	ZG03Cr19Ni11	加热到 1050~1150℃，保温，固溶处理，水淬。也可根据铸件厚度采用空冷或其他快冷方法
9	ZG03Cr19Ni11N	加热到 1050~1150℃，保温，固溶处理，水淬。也可根据铸件厚度采用空冷或其他快冷方法
10	ZG07Cr19Ni10	加热到 1050~1150℃，保温，固溶处理，水淬。也可根据铸件厚度采用空冷或其他快冷方法
11	ZG07Cr19Ni11Nb	加热到 1050~1150℃，保温，固溶处理，水淬。也可根据铸件厚度采用空冷或其他快冷方法

（续）

序号	牌　号	热处理工艺
12	ZG03Cr19Ni11Mo2	加热到1080~1150℃，保温，固溶处理，水淬。也可根据铸件厚度采用空冷或其他快冷方法
13	ZG03Cr19Ni11Mo2N	加热到1080~1150℃，保温，固溶处理，水淬。也可根据铸件厚度采用空冷或其他快冷方法
14	ZG05Cr26Ni6Mo2N	加热到1120~1150℃，保温，固溶处理，水淬。也可为防止形状复杂的铸件开裂，随炉冷却至1010~1040℃时再固溶处理，水淬
15	ZG07Cr19Ni11Mo2	加热到1080~1150℃，保温，固溶处理，水淬。也可根据铸件厚度采用空冷或其他快冷方法
16	ZG07Cr19Ni11Mo2Nb	加热到1080~1150℃，保温，固溶处理，水淬。也可根据铸件厚度采用空冷或其他快冷方法
17	ZG03Cr19Ni11Mo3	加热到≥1120℃，保温，固溶处理，水淬。也可根据铸件厚度采用空冷或其他快冷方法
18	ZG03Cr19Ni11Mo3N	加热到≥1120℃，保温，固溶处理，水淬。也可根据铸件厚度采用空冷或其他快冷方法
19	ZG03Cr22Ni6Mo3N	加热到1120~1150℃，保温，固溶处理，水淬。也可为防止形状复杂的铸件开裂，随炉冷却至1010~1040℃时再固溶处理，水淬
20	ZG03Cr25Ni7Mo4WCuN	加热到1120~1150℃，保温，固溶处理，水淬。也可为防止形状复杂的铸件开裂，随炉冷却至1010~1040℃时再固溶处理，水淬
21	ZG03Cr26Ni7Mo4CuN	加热到1120~1150℃，保温，固溶处理，水淬。也可为防止形状复杂的铸件开裂，随炉冷却至1010~1040℃时再固溶处理，水淬
22	ZG07Cr19Ni12Mo3	加热到1120~1180℃，保温，固溶处理，水淬。也可根据铸件厚度采用空冷或其他快冷方法
23	ZG025Cr20Ni25Mo7Cu1N	加热到1200~1240℃，保温，固溶处理，水淬
24	ZG025Cr20Ni19Mo7CuN	加热到1080~1150℃，保温，固溶处理，水淬。也可根据铸件厚度采用空冷或其他快冷方法
25	ZG03Cr26Ni6Mo3Cu3N	加热到1120~1150℃，保温，固溶处理，水淬。为防止形状复杂的铸件开裂，也可随炉冷却至1010~1040℃时再固溶处理，水淬
26	ZG03Cr26Ni6Mo3Cu1N	加热到1120~1150℃，保温，固溶处理，水淬。为防止形状复杂的铸件开裂，也可随炉冷却至1010~1040℃时再固溶处理，水淬
27	ZG03Cr26Ni6Mo3N	加热到1120~1150℃，保温，固溶处理，水淬。为防止形状复杂的铸件开裂，也可随炉冷却至1010~1040℃时再固溶处理，水淬

注：铸件均应进行热处理，本表为GB/T 2100—2017在资料性附录中提供的热处理工艺，为参考性资料。

表 1-77 通用耐蚀钢铸件的特性及应用

牌号	特 性 及 应 用
ZG15Cr13	铸造性能较好，具有良好的力学性能，在大气、水和弱腐蚀介质(如盐水溶液、稀硝酸及某些体积分数不高的有机酸)和温度不高的情况下均有良好的耐蚀性。可用于承受冲击负荷、要求韧性高的铸件，如泵壳、阀、叶轮、水轮机转轮或叶片、螺旋桨等
ZG20Cr13	基本性能与 ZG15Cr12 相似，含碳量高于 ZG15Cr12，因而具有较高的硬度，焊接性较差。应用与 ZG15Cr12 相似，可用作较高硬度的铸件，如热油液压泵、阀门等
ZG03Cr19Ni11	为超低碳不锈钢，冶炼要求高，在氧化性介质(如硝酸)中具有良好的耐蚀性及良好的抗晶间腐蚀性能，焊后不出现刀口腐蚀。主要用于化学、化肥、化纤及国防工业上重要的耐蚀铸件和铸焊结构件等
ZG07Cr19Ni10	铸造性能较好，在硝酸、有机酸等介质中具有良好的耐蚀性，在固溶处理后具有良好的抗晶间腐蚀性能，但在敏化状态下抗晶间腐蚀性能会显著下降，低温冲击性能好。主要用于硝酸、有机酸、化工石油等工业用泵、阀等铸件
ZG06Cr13Ni4 ZG06Cr16Ni5Mo	为马氏体型铸造耐蚀钢，在高温下有较高的耐空气氧化能力，有良好的抗氧化性介质腐蚀性能，具有很高的综合力学性能，冲击韧性尤高。适用于在大气、水和弱腐蚀介质中承受冲击负荷，又要求较高韧性的铸造零件，如各种阀、泵体、叶轮、转轮等
ZG03Cr19Ni11N	铬、镍为主要合金元素，为奥氏体组织，对硝酸耐蚀性良好，强度不很高，塑性和冲击性能优良，抗晶间腐蚀性良好，焊后不出现刀口腐蚀。和 ZG03Cr19Ni11 用途相同，主要用于化纤、化学、化肥以及国防工业上重要的耐蚀铸件和铸焊结构件
ZG07Cr19Ni11Nb	在硝酸、有机酸等介质中耐蚀性良好，低温冲击性能良好，铸造性较好。适用于硝酸、有机酸、化工、石油、原子能等工业用泵、阀等铸件
ZG03Cr26Ni6Mo3Cu3N ZG03Cr26Ni6Mo3N	适于制作 60℃ 以下在各种浓度硫酸介质和某些有机酸、磷酸、硝酸混合酸介质中工作的各种铸件
ZG03Cr19Ni11Mo2 ZG03Cr19Ni11Mo2N ZG07Cr19Ni11Mo2 ZG03Cr19Ni11Mo3 ZG03Cr19Ni11Mo3N ZG07Cr19Ni11Mo3	塑性和冲击韧性优良，强度不高。适用于常温硫酸、较低浓度的沸腾磷酸、蚁酸、醋酸介质中工作，强度要求不高的各种泵、阀等设备的铸件

表 1-78 通用耐蚀铸钢 ZG20Cr13 的耐蚀性能

介 质 条 件			试验延续时间/h	腐蚀速度/(mm/a)	介 质 条 件			试验延续时间/h	腐蚀速度/(mm/a)
介质	体积分数(%)	温度/℃			介质	体积分数(%)	温度/℃		
硝酸	5	20	—	<0.1	硝酸	50	20	—	<0.1
硝酸	5	沸腾	—	3.0~10.0	硝酸	50	沸腾	—	<3.0
硝酸	20	20	—	<0.1	硝酸	65	20	—	<0.1
硝酸	20	沸腾	—	1.0~3.0	硝酸	65	沸腾	—	3~10
硝酸	30	沸腾	—	<3.0	硝酸	90	20	—	<0.1

（续）

介 质 条 件			试验延续时间/h	腐蚀速度/(mm/a)	介 质 条 件			试验延续时间/h	腐蚀速度/(mm/a)
介质	体积分数(%)	温度/℃			介质	体积分数(%)	温度/℃		
硝酸	90	沸腾	—	<10.0	氢氧化钠	30	100	—	<1.0
硼酸	50~饱和溶液	100	—	<0.1	氢氧化钠	40	100	—	<1.0
醋酸	1	90	—	<0.1	氢氧化钠	50	100	—	1.0~3.0
醋酸	5	20	—	<1.0	氢氧化钠	60	90	—	<1.0
醋酸	5	沸腾	—	>10.0	氢氧化钠	90	300	—	>10.0
醋酸	10	20	—	<1.0	氢氧化钠	熔体	318	—	>10.0
醋酸	10	沸腾	—	>10.0	氢氧化钾	25	沸腾	—	<0.1
酒石酸	10~50	20	—	<0.1	氢氧化钾	50	20	—	<0.1
酒石酸	10~50	沸腾	—	<1.0	氢氧化钾	50	沸腾	—	<1.0
酒石酸	饱和溶液	沸腾	—	<10.0	氢氧化钾	68	120	—	<1.0
柠檬酸	1	20	—	<0.1	氢氧化钾	熔体	300	—	>10.0
柠檬酸	1	沸腾	—	<10.0	氨	溶液与气体	20~100	—	<0.1
柠檬酸	5	140	—	<10.0	硝酸铵	约65	20	1269	0.0011
柠檬酸	10	沸腾	—	>10.0	硝酸铵	约65	125	110	1.43
乳酸	密度	沸腾	72	>10.0	氯化铵	饱和溶液	沸腾	—	<10.0
	1.01~1.04g/cm³				过氧化氢	20	20	—	0
乳酸	密度1.04g/cm³	20	600	0.27	碘	干燥	20	—	<0.1
蚁酸	10~50	20	—	<0.1	碘	溶液	20	—	>10.0
蚁酸	10~50	沸腾	—	>10.0	碘仿	蒸汽	60	—	<0.1
水杨酸	—	20	—	<0.1	硝酸钾	25~50	20	—	<0.1
硬脂酸	—	>100	—	<0.1	硝酸钾	25~50	沸腾	—	<10.0
焦性五倍子酸	稀~浓的溶液	20	—	<0.1	硫酸钾	10	20	720	0.07
二氧化碳和碳酸	干燥	<100	—	<0.1	硫酸钾	10	沸腾	96	1.18
二氧化碳和碳酸	潮湿	<100	—	<0.1	硝酸银	10	沸腾	—	<0.1
纤维素	蒸煮时	—	190	2.59	硝酸银	熔化	250	—	>10.0
纤维素	在泄料池中	—	240	0.369	过氧化钠	10	20	—	<10.0
纤维素	同再生酸一起在槽中	—	240	22.85	过氧化钠	10	沸腾	—	>10.0
纤维素	在气相中	—	240	8.0	铝钾明矾	10	20	—	0.1~1.0
	SO₂7%				铝钾明矾	10	100	—	<10.0
	SO₂0.7%				重铬酸钾	25	20	—	<0.1
氢氧化钠	20	50	—	<0.1	重铬酸钾	25	沸腾	—	>10.0
氢氧化钠	20	沸腾	—	<1.0	氯酸钾	饱和溶液	100	—	<0.1

注：本表资料供参考。

表1-79 非标准耐蚀铸钢件的牌号、化学成分和力学性能

1. 非标准耐蚀铸钢件的牌号及化学成分

组织类型	序号	牌号	代号	化学成分(质量分数,%)										
				C	Si	Mn	Cr	Ni	Mo	Cu	Ti	S	P	N
马氏体型	1	ZG1Cr13(ZG15Cr13)	101	0.08~0.15	≤1.0	≤0.6	12.0~14.0	—	—	—	—	≤0.030	≤0.040	—
马氏体型	2	ZG2Cr13(ZG20Cr13)	102	0.16~0.24	≤1.0	≤0.6	12.0~14.0	—	—	—	—	≤0.030	≤0.040	—
铁素体型	3	ZG1Cr17	201	≤0.12	≤1.2	≤0.7	16.0~18.0	—	—	—	—	≤0.030	≤0.040	—
铁素体型	4	ZG1Cr19Mo2	202	≤0.15	≤0.8	0.5~0.8	18.5~20.5	—	1.5~2.5	—	—	≤0.030	≤0.045	—
铁素体型	5	ZGCr28	203	0.50~1.00	0.50~1.30	0.50~0.8	26.0~30.0	—	—	—	—	≤0.035	≤0.10	—
奥氏体型	6A	ZG00Cr14Ni14Si4	300	≤0.03	3.5~4.5	≤1	13~15	13~15	—	—	—	≤0.030	≤0.04	—
奥氏体型	6	ZG00Cr18Ni10	301	≤0.03	≤1.5	0.8~2.0	17.0~20.0	8.0~12.0	—	—	—	≤0.030	≤0.040	—
奥氏体型	7	ZG0Cr18Ni9	302	≤0.08	≤1.5	0.8~2.0	17.0~20.0	8.0~11.0	—	—	—	≤0.030	≤0.040	—
奥氏体型	8	ZG1Cr18Ni9	303	≤0.12	≤1.5	0.8~2.0	17.0~20.0	8.0~11.0	—	—	—	≤0.030	≤0.045	—
奥氏体型	9	ZG0Cr18Ni9Ti	304	≤0.08	≤1.5	0.8~2.0	17.0~20.0	8.0~11.0	—	—	$5\times[w(C)-0.02\%]$~0.7%	≤0.030	≤0.040	—
奥氏体型	10	ZG1Cr18Ni9Ti(ZG12Cr18Ni9Ti)	305	≤0.12	≤1.5	0.8~2.0	17.0~20.0	8.0~11.0	—	—	$5\times[w(C)-0.02\%]$~0.7%	≤0.030	≤0.045	—
奥氏体型	11	ZG0Cr18Ni12Mo2Ti	306	≤0.08	≤1.5	0.8~2.0	16.0~19.0	11.0~13.0	2.0~3.0	—	$5\times[w(C)-0.02\%]$~0.7%	≤0.030	≤0.040	—
奥氏体型	12	ZG1Cr18Ni12Mo2Ti	307	≤0.12	≤1.5	0.8~2.0	16.0~19.0	11.0~13.0	2.0~3.0	—	$5\times[w(C)-0.02\%]$~0.7%	≤0.030	≤0.045	—
奥氏体型	13	ZG1Cr24Ni20Mo2Cu3	308	≤0.12	≤1.5	0.8~2.0	23.0~25.0	19.0~21.0	2.0~3.0	3.0~4.0	—	≤0.030	≤0.045	—
奥氏体型	14	ZG1Cr18Mn8Ni4N	309	≤0.10	≤1.5	7.5~10.0	17.0~19.0	3.5~5.5	—	—	—	≤0.030	≤0.060	0.15~0.25

（续）

组织类型	序号	牌号	代号	C	Si	Mn	Cr	Ni	Mo	Cu	Ti	S	P	N
奥氏体-铁素体型	15	ZG1Cr17Mn9Ni4Mo3Cu2N（ZG12Cr17Mn9Ni4Mo35Cu2N）	401	≤0.12	≤1.5	8.0~10.0	16.0~19.0	3.0~5.0	2.9~3.5	2.0~2.5	—	≤0.035	≤0.060	0.16~0.26
铁素体型	16	ZG1Cr18Mn13Mo2CuN（ZG12Cr18Mn13Mo2CuN）	402	≤0.12	≤1.5	12.0~14.0	17.0~20.0	—	1.5~2.0	1.0~1.5	—	≤0.035	≤0.060	0.19~0.26
沉淀硬化型	17	ZG0Cr17Ni4Cu4Nb	501	≤0.07	≤1.0	≤1.0	15.5~17.5	3.0~5.0	—	2.6~4.6	Nb=0.15~0.45	≤0.030	≤0.035	—

化学成分（质量分数，%）

2. 非标准耐蚀铸钢件的力学性能

组织类型	序号	牌号	代号	类型	加热温度/℃	冷却介质	抗拉强度 R_m/MPa	屈服强度 R_eL/MPa	断后伸长率 A(%)	断面收缩率 Z(%)	冲击韧度 a_K/(kJ/m²)	硬度 HBW
马氏体型	1	ZG1Cr13（ZG15Cr13）	101	退火	950	—	549	392	20	50	785	—
				淬火	1050	水						
				回火	750	空气						
	2	ZG2Cr13（ZG20Cr13）	102	退火	950	—	618	441	16	40	588	—
				淬火	1050	油						
				回火	750~800	空气						
铁素体型	3	ZG1Cr17	201	退火	750~800	—	392	245	20	30	—	—
	4	ZG1Cr19Mo2	202	退火	800	—	392	—	—	—	—	—
	5	ZGCr28	203	退火	850	—	343	—	—	—	—	—

热处理规范 / 力学性能 ≥

（续）

组织类型	序号	牌号	代号	热处理规范 类型	热处理规范 加热温度/℃	热处理规范 冷却介质	力学性能 ≥ 抗拉强度 R_m/MPa	屈服强度 R_{eL}/MPa	断后伸长率 A(%)	断面收缩率 Z(%)	冲击韧度 a_K/(kJ/m²)	硬度 HBW
奥氏体型	6A	ZG00Cr14Ni14Si4	300	淬火	1050~1100	水	490	245	δ_5=60	—	274	—
	6	ZG00Cr18Ni10	301	淬火	1050~1100	水	392	177	25	32	980	—
	7	ZG0Cr18Ni9	302	淬火	1080~1130	水	441	196	25	32	980	—
	8	ZG1Cr18Ni9	303	淬火	1050~1100	水	441	196	25	32	980	—
	9	ZG00Cr18Ni9Ti	304	淬火	950~1050	水	441	196	25	32	980	—
	10	ZG1Cr18Ni9Ti (ZG12Cr18Ni9Ti)	305	淬火	950~1050	水	441	196	25	32	980	—
	11	ZG0Cr18Ni12Mo2Ti	306	淬火	1100~1150	水	490	216	30	30	980	—
	12	ZG1Cr18Ni12Mo2Ti	307	淬火	1100~1150	水	490	216	30	30	980	—
	13	ZG1Cr24Ni20Mo2Cu3	308	淬火	1100~1150	水	441	245	20	32	980	—
	14	ZG1Cr18Mn8Ni4N	309	淬火	1100~1150	水	588	245	40	50	147	—
奥氏体-铁素体型	15	ZG1Cr17Mn9Ni4Mo3Cu2N (ZG12Cr17Mn9Ni4Mo3Cu2N)	401	淬火	1100~1180	水	588	392	25	35	980	—
	16	ZG1Cr18Mn13Mo2CuN (ZG12Cr18Mn13Mo2CuN)	402	淬火	1100~1150	水	588	392	30	40	980	—
沉淀硬化型	17	ZG0Cr17Ni4Cu4Nb	501	淬火 / 时效	1000~1100 / 485~570	水 / 空气	981	785	5	10	—	≥337

注：1. 需要做拼焊焊件的铬镍奥氏体不锈钢铸件中磷的质量分数应≤0.040%，硅的质量分数应≤1.2%。

2. 在不能确切地测出屈服强度 R_{eL} 时，允许用屈服强度 $R_{p0.2}$ 代替，但需注明为屈服强度。

3. 本表所列耐蚀铸钢牌号为生产中常用非国家标准牌号，括号中的牌号为 JB/T 6405 中的对应牌号。

表 1-80　非标准耐蚀铸钢件的特性和用途

类型	牌　号	代号	特　性　和　用　途
马氏体型	ZG1Cr13(ZG15Cr13)	101	铸造性能较好，具有良好的力学性能，在大气、水、弱腐蚀介质(加盐水溶液、稀硝酸及某些含量不高的有机酸)和温度不高的情况下均有良好的耐蚀性。可用于制造承受冲击负荷、要求韧性高的铸件，如泵壳、阀、叶轮、水轮机转轮或叶片、螺旋桨等
	ZG2Cr13(ZG20Cr13)	102	基本性能与 ZG1Cr13 相似，由于含碳量比 ZG1Cr13 高，故具有更高的硬度，但耐蚀性较低，焊接性能较差。用途也与 ZG1Cr13 相似，可用于制作较高硬度的铸件，如热油油泵、阀门等
铁素体型	ZG1Cr17	201	铸造性能较差，晶粒易粗大，韧性较低，但在氧化性酸中具有良好的耐蚀性，如在温度不太高的工业用稀硝酸、大部分有机酸(乙酸、甲酸、乳酸)及有机酸盐水溶液中有良好的耐蚀性，在草酸中不耐蚀。主要用于制造硝酸生产上的化工设备，也可制造食品和人造纤维工业用的设备，但一般在退火后使用，不宜用于 $3×10^5$Pa(3 个大气压)以上或受冲击的零件
	ZG1Cr19Mo2	202	铸造工艺性能与 ZG1Cr17 相似，晶粒易粗大，韧性较低，在磷酸与沸腾的乙酸等还原性介质中具有良好的耐蚀性。主要用于在沸腾温度下各种含量的乙酸介质中不受冲击的维尼纶、电影胶片以及造纸漂液工段用的铸件，可代替部分 ZG1Cr18Ni12Mo2Ti(非标准牌号)和 ZGCr28
	ZGCr28	203	铸造性能差，热裂倾向大，韧性低，但在浓硝酸介质中具有很好的耐蚀性，在 1100℃的高温下仍有很好的抗氧化性。主要用于制造不受冲击负荷的高温硝酸浓缩设备和铸件，如泵、阀等，也可用于制造次氯酸钠及磷酸设备的高温抗氧化耐热零件
奥氏体型	ZG00Cr14Ni14Si4	300	为超低碳高硅不锈钢，在浓硝酸中的耐蚀性优于高纯铝，且具有普通不锈钢的力学性能，在各种配比的浓硝酸、浓硫酸混合酸中耐蚀性好，焊后不出现刀口腐蚀。主要用于国防、化工、纺织、轻工、医药等行业，制造泵、阀、管接头等铸件
	ZG00Cr18Ni10	301	为超低碳不锈钢，冶炼要求高，在氧化性介质(如硝酸)中具有良好的耐蚀性及良好的抗晶间腐蚀性能，焊后不出现刀口腐蚀。主要用于制造化工、国防工业上重要的耐蚀铸件和铸焊结构件等
	ZG0Cr18Ni9	302	是典型的不锈耐酸钢，铸造性能比含钛的同类型不锈耐酸钢好，在硝酸、有机酸等介质中具有良好的耐蚀性，在固溶处理后具有良好的抗晶间腐蚀性能，但在敏化状态下抗晶间腐蚀性能会显著下降，低温冲击性能好。主要用于制造硝酸、有机酸、化工石油等工业用泵、阀等铸件
	ZG1Cr18Ni9	303	是典型的不锈耐酸钢，与 ZG0Cr18Ni9 相似，由于含碳量比 ZG0Cr18Ni9 高，故其耐蚀性和抗晶间腐蚀性能较低。用途与 ZG0Cr18Ni9 相同
	ZG0Cr18Ni9Ti	304	由于含有稳定化元素钛，所以提高了抗晶间腐蚀的能力，但铸造性能比 ZG0Cr18Ni9 差，易使铸件产生夹杂、缩松、冷隔等铸造缺陷。主要用于制造硝酸、有机酸等化工、石油、原子能工业的泵、阀、离心机铸件
	ZG1Cr18Ni9Ti (ZG12Cr18Ni9Ti)	305	与 ZG0Cr18Ni9Ti 相似，由于含碳量较高，故抗晶间腐蚀性能比 ZG0Cr18Ni9Ti 稍低，基本性能和用途同 ZG0Cr18Ni9Ti

（续）

类型	牌　号	代号	特　性　和　用　途
奥氏体型	ZG0Cr18Ni12MoTi	306	铸造性能与 ZG1Cr18Ni9Ti 相似，由于含钼，所以明显提高了对还原性介质和各种有机酸、碱、盐类的耐蚀性，抗晶间腐蚀好。主要用于制造在常温硫酸、较低含量的沸腾磷酸、甲酸、乙酸介质中用的铸件
	ZG1Cr18Ni12Mo2Ti	307	同 ZG0Cr18Ni12MoTi，但由于含碳量较高，故其耐蚀性较差一些
	ZG1Cr24Ni20Mo2Cu3	308	具有良好的铸造性能、力学性能和加工性能，在 60℃ 以下各种含量的硫酸介质和某些有机酸、磷酸、硝酸混合酸中均具有很好的耐蚀性。主要用于硫酸、磷酸、硝酸混合酸等工业制作泵、叶轮等铸件
	ZG1Cr18Mn8Ni4N	309	是节镍的铬锰氮不锈耐酸铸钢，铸造工艺稳定，力学性能好，在硝酸及若干有机酸中具有良好的耐蚀性，可部分代替 ZG1Cr18Ni9 及 ZG1Cr18Ni9Ti
奥氏体-铁素体型	ZG1Cr17Mn9Ni4Mo3Cu2N（ZG12Cr17Mn9Ni4Mo3Cu2N）	401	是节镍的铬锰氮不锈耐酸铸钢，其耐蚀性与 ZG1Cr18Ni12MoTi 基本相同，而在硫酸和含氯离子的介质中具有比 ZG1Cr18Ni12MoTi 更好的耐蚀性和耐点蚀性能，抗晶间腐蚀较好，有良好的冶炼和铸造、焊接性能。主要用于代替 ZG1Cr18Ni12MoTi 在硫酸、漂白粉、维尼纶等介质中工作的泵、阀、离心机铸件
	ZG1Cr18Mn13Mo2CuN（ZG12Cr18Mn13Mo2CuN）	402	是无镍的不锈耐酸铸钢，在大多数化工介质中的耐蚀性相当或优于 ZG1Cr18Ni9Ti，尤其是在腐蚀与磨损兼存的条件下比 G1Cr18Ni9Ti 更优，力学性能和铸造性能好，但气孔敏感性比 ZG1Cr18Ni9Ti 大。主要用于代替 ZG1Cr18Ni9Ti 制造在硝酸、硝酸铵、有机酸等化工工业中的泵、阀、离心机等铸件
沉淀硬化型	ZG0Cr17Ni4CuNb	501	在体积分数为 40% 以下的硝酸、体积分数为 10% 的盐酸（30℃）和浓缩乙酸介质中具有良好的耐蚀性，是强度高、韧性好、较耐磨的沉淀型马氏体不锈铸钢。主要用于化工、造船、航空等行业中要求具有一定耐蚀性的耐磨和高强度的铸件

注：本表所列耐蚀铸钢牌号为生产中常用非国家标准牌号，括号中的牌号为 JB/T 6405 中的对应牌号。

1.6.8 耐磨耐蚀钢铸件（见表 1-81）

表 1-81　耐磨耐蚀钢铸件牌号、化学成分及力学性能（摘自 GB/T 31205—2014）

牌号	化学成分（质量分数，%）									表面硬度		冲击吸收能量/J		
	C	Si	Mn	Cr	Mo	Ni	Cu	S	P	HRC	HBW	KV_2	KU_2	KN_2
ZGMS30Mn2SiCr	0.22~0.35	0.5~1.2	1.2~2.2	0.5~1.2	—	—	—	≤0.04	≤0.04	≥45	—	≥12	—	—
ZGMS30CrMnSiMo	0.22~0.35	0.5~1.8	0.6~1.6	0.5~1.8	0.2~0.8	—	—	≤0.04	≤0.04	≥45	—	≥12	—	—
ZGMS30CrNiMo	0.22~0.35	0.4~0.8	0.4~1.0	0.5~2.5	0.2~0.8	0.3~2.5	—	≤0.04	≤0.04	≥45	—	≥12	—	—
ZGMS40CrNiMo	0.35~0.45	0.4~0.8	0.4~1.0	0.5~2.5	0.2~0.8	0.3~2.5	—	≤0.04	≤0.04	≥50	—	—	—	≥25
ZGMS30Cr5Mo	0.25~0.35	0.4~1.0	0.5~1.2	4.0~6.0	0.2~0.5	—	—	≤0.04	≤0.04	≥42	—	≥12	—	—

（续）

牌号	化学成分(质量分数,%)									表面硬度		冲击吸收能量/J		
	C	Si	Mn	Cr	Mo	Ni	Cu	S	P	HRC	HBW	KV_2	KU_2	KN_2
ZGMS50Cr5Mo	0.45~0.55	0.4~1.0	0.5~1.2	4.0~6.0	0.2~0.8	≤0.5	—	≤0.04	≤0.04	≥46	—	—	—	≥15
ZGMS60Cr2MnMo	0.45~0.70	0.4~1.0	0.5~1.5	1.5~2.5	0.2~0.8	≤1.0	—	≤0.04	≤0.04	≥30	—	—	—	≥25
ZGMS85Cr2MnMo	0.70~0.95	0.4~1.0	0.5~1.5	1.5~2.5	0.2~0.8	≤1.0	—	≤0.04	≤0.04	≥32	—	—	—	≥15
ZGMS25Cr10MnSiMoNi	0.15~0.35	0.5~2.0	0.5~2.0	7.0~13.0	0.2~0.8	0.3~2.0	≤1.0	≤0.04	≤0.04	≥40	—	—	—	≥50
ZGMS110Mn13Mo1	0.75~1.35	0.3~0.9	11~14	—	0.9~1.2	—	—	≤0.04	≤0.06	—	≤300	—	≥118	—
ZGMS120Mn13	1.05~1.35	0.3~0.9	11~14	—	—	—	—	≤0.04	≤0.06	—	≤300	—	≥118	—
ZGMS120Mn13Cr2	1.05~1.35	0.3~0.9	11~14	1.5~2.5	—	—	—	≤0.04	≤0.06	—	≤300	—	≥90	—
ZGMS120Mn13Ni3	1.05~1.35	0.3~0.9	11~14	—	—	3.0~4.0	—	≤0.04	≤0.06	—	≤300	—	≥118	—
ZGMS120Mn18	1.05~1.35	0.3~0.9	16~19	—	—	—	—	≤0.04	≤0.06	—	≤300	—	≥118	—
ZGMS120Mn18Cr2	1.05~1.35	0.3~0.9	16~19	1.5~2.5	—	—	—	≤0.04	≤0.06	—	≤300	—	≥90	—

注：1. GB/T 31205—2014 规定的耐磨耐蚀钢铸件牌号适用于冶金、建材、电力、建筑、化工和机械等行业的磨料磨损为主的湿态腐蚀磨料磨损工况，易磨蚀零部件。其他类型的耐磨耐蚀钢铸件，工况条件类型相近者也可采用本表的有关牌号。

2. 各牌号的化学成分应符合本表规定，允许加入适量 W、V、Ti、Nb、B 和 RE 等元素。

3. 耐磨耐蚀钢铸件的硬度和冲击吸收能量应符合本表规定。V、U、N 分别代表 V 型缺口、U 型缺口和无缺口试样。奥氏体锰钢铸件之外的铸件断面深度 40% 处的硬度应不低于表面硬度值的 92%。

4. 经供需双方商定，室温条件下可对耐磨耐蚀奥氏体锰钢铸件、试块和试样做金相组织、拉伸性能（下屈服强度、抗拉强度、断后伸长率）、弯曲性能和无损检验，可选择其中一项或多项作为产品验收的必检项目，具体要求参见 GB/T 31205—2014 的规定。在该标准的附录中规定了 ZGMS120Mn13 牌号的 R_m ≥685MPa，A ≥25%；ZGMS120Mn13Cr2 牌号的 R_{eL}≥390MPa，R_m≥735MPa，A≥20%。

5. 本表中其他牌号耐磨耐蚀钢铸件的检验项目及检验方法由供需双方协商确定。

6. 铸件的尺寸公差和形状公差应符合 GB/T 31205—2014 的规定。

7. 耐磨耐蚀钢铸件牌号的表示方法如下：

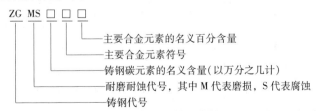

示例：ZGMS25Cr10MnSiMoNi 表示名义碳含量为 0.25%，铬含量为 10%，且含有锰、硅、钼和镍元素的耐磨耐蚀钢铸件。

1.6.9 一般用途耐热钢和合金铸件(见表 1-82 和表 1-83)

表 1-82 一般用途耐热钢和合金铸件的牌号及化学成分(摘自 GB/T 8492—2014)

材料牌号	主要元素含量(质量分数,%)								
	C	Si	Mn	P	S	Cr	Mo	Ni	其他
ZG30Cr7Si2	0.20~0.35	1.0~2.5	0.5~1.0	0.04	0.04	6~8	0.5	0.5	
ZG40Cr13Si2	0.30~0.50	1.0~2.5	0.5~1.0	0.04	0.03	12~14	0.5	1	
ZG40Cr17Si2	0.30~0.50	1.0~2.5	0.5~1.0	0.04	0.03	16~19	0.5	1	
ZG40Cr24Si2	0.30~0.50	1.0~2.5	0.5~1.0	0.04	0.03	23~26	0.5	1	
ZG40Cr28Si2	0.30~0.50	1.0~2.5	0.5~1.0	0.04	0.03	27~30	0.5	1	
ZGCr29Si2	1.20~1.40	1.0~2.5	0.5~1.0	0.04	0.03	27~30	0.5	1	
ZG25Cr18Ni9Si2	0.15~0.35	1.0~2.5	2.0	0.04	0.03	17~19	0.5	8~10	
ZG25Cr20Ni14Si2	0.15~0.35	1.0~2.5	2.0	0.04	0.03	19~21	0.5	13~15	
ZG40Cr22Ni10Si2	0.30~0.50	1.0~2.5	2.0	0.04	0.03	21~23	0.5	9~11	
ZG40Cr24Ni24Si2Nb	0.25~0.5	1.0~2.5	2.0	0.04	0.03	23~25	0.5	23~25	Nb1.2~1.8
ZG40Cr25Ni12Si2	0.30~0.50	1.0~2.5	2.0	0.04	0.03	24~27	0.5	11~14	
ZG40Cr25Ni20Si2	0.30~0.50	1.0~2.5	2.0	0.04	0.03	24~27	0.5	19~22	
ZG40Cr27Ni4Si2	0.30~0.50	1.0~2.5	1.5	0.04	0.03	25~28	0.5	3~6	
ZG45Cr20Co20Ni20 Mo3W3	0.35~0.60	1.0	2.0	0.04	0.03	19~22	2.5~3.0	18~22	Co18~22 W2~3
ZG10Ni31Cr20Nb1	0.05~0.12	1.2	1.2	0.04	0.03	19~23	0.5	30~34	Nb0.8~1.5
ZG40Ni35Cr17Si2	0.30~0.50	1.0~2.5	2.0	0.04	0.03	16~18	0.5	34~36	
ZG40Ni35Cr26Si2	0.30~0.50	1.0~2.5	2.0	0.04	0.03	24~27	0.5	33~36	
ZG40Ni35Cr26Si2Nb1	0.30~0.50	1.0~2.5	2.0	0.04	0.03	24~27	0.5	33~36	Nb0.8~1.8
ZG40Ni38Cr19Si2	0.30~0.50	1.0~2.5	2.0	0.04	0.03	18~21	0.5	36~39	
ZG40Ni38Cr19Si2Nb1	0.30~0.50	1.0~2.5	2.0	0.04	0.03	18~21	0.5	36~39	Nb1.2~1.8
ZNiCr28Fe17W5Si2C0.4	0.35~0.55	1.0~2.5	1.5	0.04	0.03	27~30		47~50	W4~6
ZNiCr50Nb1C0.1	0.10	0.5	0.5	0.02	0.02	47~52	0.5	a	N0.16 N+C0.2 Nb1.4~1.7
ZNiCr19Fe18Si1C0.5	0.40~0.60	0.5~2.0	1.5	0.04	0.03	16~21	0.5	50~55	
ZNiFe18Cr15Si1C0.5	0.35~0.65	2.0	1.3	0.04	0.03	13~19		64~69	
ZNiCr25Fe20Co15 W5Si1C0.46	0.44~0.48	1.0~2.0	2.0	0.04	0.03	24~26		33~37	W4~6 Co14~16
ZCoCr28Fe18C0.3	0.50	1.0	1.0	0.04	0.03	25~30	0.5	1	Co48~52 Fe20 最大值

注:1. 表中的单个值表示最大值。

2. a 为余量。

表 1-83　一般用途耐热钢和合金铸件室温力学性能和最高使用温度（摘自 GB/T 8492—2014）

牌　　号	规定塑性延伸强度 $R_{p0.2}$/MPa 大于或等于	抗拉强度 R_m/MPa 大于或等于	断后伸长率 A(%) 大于或等于	布氏硬度 HBW	最高使用温度[1]/℃
ZG30Cr7Si2					750
ZG40Cr13Si2				300[2]	850
ZG40Cr17Si2				300[2]	900
ZG40Cr24Si2				300[2]	1050
ZG40Cr28Si2				320[2]	1100
ZGCr29Si2				400[2]	1100
ZG25Cr18Ni9Si2	230	450	15		900
ZG25Cr20Ni14Si2	230	450	10		900
ZG40Cr22Ni10Si2	230	450	8		950
ZG40Cr24Ni24Si2Nb1	220	400	4		1050
ZG40Cr25Ni12Si2	220	450	6		1050
ZG40Cr25Ni20Si2	220	450	6		1100
ZG45Cr27Ni4Si2	250	400	3	400[3]	1100
ZG45Cr20Co20Ni20Mo3W3	320	400	6		1150
ZG10Ni31Cr20Nb1	170	440	20		1000
ZG40Ni35Cr17Si2	220	420	6		980
ZG40Ni35Cr26Si2	220	440	6		1050
ZG40Ni35Cr26Si2Nb1	220	440	4		1050
ZG40Ni38Cr19Si2	220	420	6		1050
ZG40Ni38Cr19Si2Nb1	220	420	4		1100
ZNiCr28Fe17W5Si2C0.4	220	400	3		1200
ZNiCr50Nb1C0.1	230	540	8		1050
ZNiCr19Fe18Si1C0.5	220	440	5		1100
ZNiFe18Cr15Si1C0.5	200	400	3		1100
ZNiCr25Fe20Co15W5Si1C0.46	270	480	5		1200
ZCoCr28Fe18C0.3	—[4]	—[4]	—[4]	—[4]	1200

注：1. 当供需双方商定要求提供室温力学性能时，其力学性能应按本表规定。

2. ZG30Cr7Si2、ZG40Cr13Si2、ZG40Cr17Si2、ZG40Cr24Si2、ZG40Cr28Si2、ZGCr29Si2 可以在 800~850℃ 进行退火处理。若需要，ZG30Cr7Si2 也可铸态下供货。其他牌号的耐热钢和合金铸件不需要热处理。若需热处理，则热处理工艺由供需双方商定，并在订货合同中注明。

3. 本表列出的最高使用温度为参考数据，这些数据仅适用于牌号间的比较，在实际应用时还应考虑环境、载荷等实际使用条件。

[1] 最高使用温度取决于实际使用条件，所列数据仅供用户参考。这些数据适用于氧化气氛，实际的合金成分对其也有影响。

[2] 退火态最大布氏硬度值。铸件也可以铸态提供，此时硬度限制不适用。

[3] 最大布氏硬度值。

[4] 由供需双方协商确定。

1.6.10 工程结构用中、高强度不锈钢铸件（见表1-84和表1-85）

表1-84 工程结构用中、高强度不锈钢铸件的牌号及化学成分（摘自 GB/T 6967—2009）

铸钢牌号	化学成分（质量分数，%）											
	C	Si	Mn	P	S	Cr	Ni	Mo	残余元素 ≤			
		≤							Cu	V	W	总量
ZG20Cr13	0.16~0.24	0.80	0.80	0.035	0.025	11.5~13.5	—	—	0.50	0.05	0.10	0.50
ZG15Cr13	≤0.15	0.80	0.80	0.035	0.025	11.5~13.5	—	—	0.50	0.05	0.10	0.50
ZG15Cr13Ni1	≤0.15	0.80	0.80	0.035	0.025	11.5~13.5	≤1.00	≤0.50	0.50	0.05	0.10	0.50
ZG10Cr13Ni1Mo	≤0.10	0.80	0.80	0.035	0.025	11.5~13.5	0.8~1.80	0.20~0.50	0.50	0.05	0.10	0.50
ZG06Cr13Ni4Mo	≤0.06	0.80	1.00	0.035	0.025	11.5~13.5	3.5~5.0	0.40~1.00	0.50	0.05	0.10	0.50
ZG06Cr13Ni5Mo	≤0.06	0.80	1.00	0.035	0.025	11.5~13.5	4.5~6.0	0.40~1.00	0.50	0.05	0.10	0.50
ZG06Cr16Ni5Mo	≤0.06	0.80	1.00	0.035	0.025	15.5~17.0	4.5~6.0	0.40~1.00	0.50	0.05	0.10	0.50
ZG04Cr13Ni4Mo	≤0.04	0.80	1.50	0.030	0.010	11.5~13.5	3.5~5.0	0.40~1.00	0.50	0.05	0.10	0.50
ZG04Cr13Ni5Mo	≤0.04	0.80	1.50	0.030	0.010	11.5~13.5	4.5~6.0	0.40~1.00	0.50	0.05	0.10	0.50

注：1. GB/T 6967—2009 参照了国外多种相关的不锈钢铸件标准，牌号均为马氏体不锈钢。该标准具有世界先进水平，如提出了钢液纯净度的技术要求以及控制钢中 O、N 和 H 的含量，这在国际上同类标准中首次出现。

2. 铸件以化学成分和力学性能作为验收条件。

3. 对于 ZG04Cr13Ni4Mo 和 ZG04Cr13Ni5Mo，其精炼钢液气体含量应控制为：$[H] \leq 3 \times 10^{-6}$，$[N] \leq 200 \times 10^{-6}$，$[O] \leq 100 \times 10^{-6}$。除另有规定外，气体含量不作为验收依据。

表1-85 工程结构用中、高强度不锈钢铸件的力学性能、特性及应用举例（摘自 GB/T 6967—2009）

铸钢牌号		室温力学性能						特性及应用举例
		规定塑性延伸强度 $R_{p0.2}$ /MPa ≥	抗拉强度 R_m /MPa ≥	伸长率 A_5(%) ≥	断面收缩率 Z(%) ≥	冲击吸收能量 KV/J ≥	布氏硬度 HBW	
ZG15Cr13		345	540	18	40	—	163~229	标准中的牌号均为马氏体不锈钢，具有高强度，高强韧性，良好的低温韧性、抗冷弯性能和断裂韧性，良好的铸造、焊接和切削性能，良好的大断面力学性能和高的淬透性。但其存在化学成分和微观组织的偏差敏感性、热处理温度和力学性能偏差敏感性等问题，因而要求制订先进的制造工艺，以保证铸件具有高质量
ZG20Cr13		390	590	16	35	—	170~235	耐大气腐蚀好，力学性能较好，可用于承受冲击负荷且韧性较高的零件，可耐有机酸水液、聚乙烯醇、碳酸氢钠、橡胶液，还可做水轮机转轮叶片、水压机阀
ZG15Cr13Ni1		450	590	16	35	20	170~241	
ZG10Cr13Ni1Mo		450	620	16	35	27	170~241	
ZG06Cr13Ni4Mo		550	750	15	35	50	221~294	综合力学性能高，抗大气腐蚀，水中抗疲劳性能均好，钢的焊接性良好，焊后不必热处理，铸造性能尚好，耐泥沙磨损，可用于制作大型水轮机转轮（叶片）。ZG04Cr13Ni4Mo 和 ZG04Cr13Ni5Mo 低温回火处理具有高强度，高硬度，且保持较高的韧性，是纯净超低碳马氏体不锈钢的新牌号，在许多重要工程领域已得到广泛应用
ZG06Cr13Ni5Mo		560	750	15	35	50	221~294	
ZG06Cr16Ni5Mo		550	750	15	35	50	221~294	
ZG04Cr13Ni4Mo	HT1[1]	580	780	18	50	80	221~294	
	HT2[2]	830	900	12	35	35	294~350	
ZG04Cr13Ni5Mo	HT1[1]	580	780	18	50	80	221~294	
	HT2[2]	830	900	12	35	35	294~350	

注：1. 本表中牌号为 ZG15Cr13、ZG20Cr13、ZG15Cr13Ni1 铸钢的力学性能适用于壁厚小于或等于 150mm 的铸件。牌号为 ZG10Cr13Ni1Mo、ZG06Cr13Ni4Mo、ZG06Cr13Ni5Mo、ZG06Cr16Ni5Mo、ZG04Cr13Ni4Mo、ZG04Cr13Ni5Mo 的铸钢适用于壁厚小于或等于 300mm 的铸件。

2. ZG04Cr13Ni4Mo(HT2)、ZG04Cr13Ni5Mo(HT2) 用于大中型铸焊结构铸件时，供需双方另行商定。

3. 需方要求做低温冲击试验时，其技术要求由供需双方商定。其中 ZG06Cr16Ni5Mo、ZG06Cr13Ni4Mo、ZG04Cr13Ni4Mo、ZG06Cr13Ni5Mo 和 ZG04Cr13Ni5Mo 在温度为 0℃ 时的冲击吸收能量应符合本表规定。

① 回火温度应在 600~650℃。

② 回火温度应在 500~550℃。

1.6.11 大型低合金钢铸件(见表1-86和表1-87)

表1-86 大型低合金钢铸件的牌号及化学成分(摘自JB/T 6402—2018)

材料牌号	化学成分(质量分数,%)									
	C	Si	Mn	P	S	Cr	Ni	Mo	V	Cu
ZG20Mn	0.17~0.23	≤0.80	1.00~1.30	≤0.030	≤0.030	—	≤0.80	—	—	—
ZG25Mn	0.20~0.30	0.30~0.45	1.10~1.30	≤0.030	≤0.030	—	—	—	—	≤0.30
ZG30Mn	0.27~0.34	0.30~0.50	1.20~1.50	≤0.030	≤0.030	—	—	—	—	—
ZG35Mn	0.30~0.40	≤0.80	1.10~1.40	≤0.030	≤0.030	—	—	—	—	—
ZG40Mn	0.35~0.45	0.30~0.45	1.20~1.50	≤0.030	≤0.030	—	—	—	—	—
ZG65Mn	0.60~0.70	0.17~0.37	0.90~1.20	≤0.030	≤0.030	—	—	—	—	—
ZG40Mn2	0.35~0.45	0.20~0.40	1.60~1.80	≤0.030	≤0.030	—	—	—	—	—
ZG45Mn2	0.42~0.49	0.20~0.40	1.60~1.80	≤0.030	≤0.030	—	—	—	—	—
ZG50Mn2	0.45~0.55	0.20~0.40	1.50~1.80	≤0.030	≤0.030	—	—	—	—	—
ZG35SiMnMo	0.32~0.40	1.10~1.40	1.10~1.40	≤0.030	≤0.030	—	—	0.20~0.30	—	≤0.30
ZG35CrMnSi	0.30~0.40	0.50~0.75	0.90~1.20	≤0.030	≤0.030	0.50~0.80	—	—	—	—
ZG20MnMo	0.17~0.23	0.20~0.40	1.10~1.40	≤0.030	≤0.030	—	—	0.20~0.35	—	≤0.30
ZG30Cr1MnMo	0.25~0.35	0.17~0.45	0.90~1.20	≤0.030	≤0.030	0.90~1.20	—	0.20~0.30	—	—
ZG55CrMnMo	0.50~0.60	0.25~0.60	1.20~1.60	≤0.030	≤0.030	0.60~0.90	—	0.20~0.30	—	≤0.30
ZG40Cr1	0.35~0.45	0.20~0.40	0.50~0.80	≤0.030	≤0.030	0.80~1.10	—	—	—	—
ZG34Cr2Ni2Mo	0.30~0.37	0.30~0.60	0.60~1.00	≤0.030	≤0.030	1.40~1.70	1.40~1.70	0.15~0.35	—	—
ZG15Cr1Mo	0.12~0.20	≤0.60	0.50~0.80	≤0.030	≤0.030	1.00~1.50	—	0.45~0.65	—	—
ZG15Cr1Mo1V	0.12~0.20	0.20~0.60	0.40~0.70	≤0.030	≤0.030	1.20~1.70	≤0.30	0.90~1.20	0.25~0.40	≤0.30
ZG20CrMo	0.17~0.25	0.20~0.45	0.50~0.80	≤0.030	≤0.030	0.50~0.80	—	0.45~0.65	—	—
ZG20CrMoV	0.18~0.25	0.20~0.60	0.40~0.70	≤0.030	≤0.030	0.90~1.20	≤0.30	0.50~0.70	0.20~0.30	≤0.30
ZG35Cr1Mo	0.30~0.37	0.30~0.50	0.50~0.80	≤0.030	≤0.030	0.80~1.20	—	0.20~0.30	—	—
ZG42Cr1Mo	0.38~0.45	0.30~0.60	0.60~1.00	≤0.030	≤0.030	0.80~1.20	—	0.20~0.30	—	—
ZG50Cr1Mo	0.46~0.54	0.25~0.50	0.50~0.80	≤0.030	≤0.030	0.90~1.20	—	0.15~0.25	—	—
ZG28NiCrMo	0.25~0.30	0.30~0.80	0.60~0.90	≤0.030	≤0.030	0.35~0.85	0.40~0.80	0.35~0.55	—	—
ZG30NiCrMo	0.25~0.35	0.30~0.60	0.70~1.00	≤0.030	≤0.030	0.60~0.90	0.60~1.00	0.35~0.50	—	—
ZG35NiCrMo	0.30~0.37	0.60~0.90	0.70~1.00	≤0.030	≤0.030	0.40~0.90	0.60~0.90	0.40~0.50	—	—

注:1. 残余元素含量(质量分数):Ni≤0.30%,Cr≤0.30%,Cu≤0.25%,Mo≤0.15%,V≤0.05%,残余元素总含量≤1.0%。当需方无要求时,残余元素不作为验收依据。

2. 当需方有要求时,可进行成品化学成分分析,化学成分允许偏差应符合GB/T 222的规定。

表 1-87　大型低合金钢铸件的力学性能（摘自 JB/T 6402—2018）

材料牌号	热处理状态	R_{eH}/MPa ≥	R_m/MPa ≥	A(%) ≥	Z(%) ≥	KU_2 或 KU_8/J ≥	KV_2 或 KV_8/J ≥	A_{kDVM}/J ≥	硬度 HBW	备注
ZG20Mn	正火+回火	285	≥495	18	30	39	—	—	≥145	焊接及流动性良好，用于水压机缸、叶片、喷嘴体、阀、弯头等
	调质	300	500~650	22	—	—	45	—	150~190	
ZG25Mn	正火+回火	295	≥490	20	35	47	—	—	156~197	
ZG30Mn	正火+回火	300	≥550	18	30				≥163	
ZG35Mn	正火+回火	345	≥570	12	20	24	—	—		用于承受摩擦的零件
	调质	415	≥640	12	25	27	—	27	200~260	
ZG40Mn	正火+回火	350	≥640	12	30	—	—	—	≥163	用于承受摩擦和冲击的零件，如齿轮等
ZG65Mn	正火+回火	—	—					—	187~241	用于球磨机衬板等
ZG40Mn2	正火+回火	395	≥590	20	35	30	—	—	≥179	用于承受摩擦的零件，如齿轮等
	调质	635	≥790	13	40	35	—	35	220~270	
ZG45Mn2	正火+回火	392	≥637	15	30				≥179	用于模块、齿轮等
ZG50Mn2	正火+回火	445	≥785	18	37					用于高强度零件，如齿轮、齿轮缘等
ZG35SiMnMo	正火+回火	395	≥640	12	20	24	—	—		用于承受负荷较大的零件
	调质	490	≥690	12	25	27	—	27		
ZG35CrMnSi	正火+回火	345	≥690	14	30				≥217	用于承受冲击、摩擦的零件，如齿轮、滚轮等
ZG20MnMo	正火+回火	295	≥490	16	—	39	—	—	≥156	用于受压容器，如泵壳等
ZG30Cr1MnMo	正火+回火	392	≥686	15	30				—	用于拉坯和立柱
ZG55CrMnMo	正火+回火	—	—					—	197~241	用于热模具钢，如锻模等
ZG40Cr1	正火+回火	345	≥630	18	26				≥212	用于高强度齿轮
ZG34Cr2Ni2Mo	调质	700	950~1000	12	—	32	—	240~290		用于特别要求的零件，如锥齿轮、小齿轮、吊车行走轮、轴等
ZG15Cr1Mo	正火+回火	275	≥490	20	35	24	—	—	140~220	用于汽轮机
ZG15Cr1Mo1V	正火+回火	345	≥590	17	30	24	—	—	140~220	用于汽轮机蒸汽室、汽缸等
ZG20CrMo	正火+回火	245	≥460	18	30	30	—	—	135~180	用于齿轮、锥齿轮及高压缸零件等
	调质	245	≥460	18	30	24	—	—	—	
ZG20CrMoV	正火+回火	315	≥590	17	30	24	—	—	140~220	用于 570℃ 下工作的高压阀门

(续)

材料牌号	热处理状态	R_{eH}/MPa ≥	R_m/MPa ≥	A(%) ≥	Z(%) ≥	KU_2 或 KU_8/J ≥	KV_2 或 KV_8/J ≥	A_{kDVM}/J ≥	硬度 HBW	备注
ZG35Cr1Mo	正火+回火	392	≥588	12	20	23.5	—	—		用于齿轮、电炉支承轮轴套、齿圈等
	调质	490	≥686	12	25	31	—	27	≥201	
ZG42Cr1Mo	正火+回火	410	≥569	12	20	—	12	—		用于承受高负荷零件、齿轮、锥齿轮等
	调质	510	690~830	11	—	—	15	—	200~250	
ZG50Cr1Mo	调质	520	740~880	11	—	—	—	34	200~260	用于减速器零件、齿轮、小齿轮等
ZG28NiCrMo	—	420	≥630	20	40	—	—	—		适用于直径大于300mm的齿轮铸件
ZG30NiCrMo	—	590	≥730	17	35	—	—	—		适用于直径大于300mm的齿轮铸件
ZG35NiCrMo	—	660	≥830	14	30	—	—	—		适用于直径大于300mm的齿轮铸件

注：需方无特殊要求时，KU_2 或 KU_8、KV_2 或 KV_8、A_{kDVM} 由供方任选一种。

硬度一般不作为验收依据，仅供设计参考。

1.6.12 承压钢铸件(见表1-88~表1-91)

表1-88 承压钢铸件的牌号及化学成分(摘自 GB/T 16253—2019)

序号	牌号	化学成分[1][2](质量分数,%)										
		C	Si	Mn	P	S	Cr	Mo	Ni	V	Cu	其他
1	ZGR240-420	0.18~0.23[1]	0.60	0.50~1.20[3]	0.030	0.020	0.30	0.12	0.40	0.03	0.30	(Cr+Mo+Ni+V+Cu)≤1.00
2	ZGR280-480	0.18~0.25[3]	0.60	0.80~1.20[3]	0.030	0.020	0.30	0.12	0.40	0.03	0.30	(Cr+Mo+Ni+V+Cu)≤1.00
3	ZG18	0.15~0.20	0.60	1.00~1.60	0.020	0.025	0.30	0.12	0.40	0.03	0.30	(Cr+Mo+Ni+V+Cu)≤1.00
4	ZG20	0.17~0.23	0.60	0.50~1.00	0.020	0.020	0.30	0.12	0.80	0.03	0.30	—
5	ZG18Mo	0.15~0.20	0.60	0.80~1.20	0.020	0.020	0.30	0.45~0.65	0.40	0.050	0.30	—
6	ZG19Mo	0.15~0.23	0.60	0.50~1.00	0.025	0.020	0.30	0.40~0.60	0.40	0.050	0.30	—
7	ZG18CrMo	0.15~0.20	0.60	0.50~1.00	0.020	0.020	1.00~1.50	0.45~0.65	0.40	0.050	0.30	—
8	ZG17Cr2Mo	0.13~0.20	0.60	0.50~0.90	0.020	0.020	2.00~2.50	0.90~1.20	0.40	0.050	0.30	—
9	ZG13MoCrV	0.10~0.15	0.45	0.40~0.70	0.030	0.020	0.30~0.50	0.40~0.60	0.40	0.22~0.30	0.30	—

（续）

序号	牌号	化学成分[①②]（质量分数,%）										
		C	Si	Mn	P	S	Cr	Mo	Ni	V	Cu	其他
10	ZG18CrMoV	0.15~0.20	0.60	0.50~0.90	0.020	0.015	1.20~1.50	0.90~1.10	0.40	0.20~0.30	0.30	—
11	ZG26CrNiMo	0.23~0.28	0.80	0.60~1.00	0.030	0.025	0.40~0.80	0.15~0.30	0.40~0.80	0.03	0.30	—
12	ZG26Ni2CrMo	0.23~0.28	0.60	0.60~0.90	0.030	0.025	0.70~0.90	0.20~0.30	1.00~2.00	0.03	0.30	—
13	ZG17Ni3Cr2Mo	0.15~0.19	0.50	0.55~0.80	0.015	0.015	1.30~1.80	0.45~0.60	3.00~3.50	0.050	0.30	—
14	ZG012Ni3	0.06~0.12	0.60	0.50~0.80	0.020	0.015	0.30	0.20	2.00~3.00	0.050	0.30	—
15	ZG012Ni4	0.06~0.12	0.60	0.50~0.80	0.020	0.015	0.30	0.20	3.00~4.00	0.050	0.30	—
16	ZG16Cr5Mo	0.12~0.19	0.80	0.50~0.80	0.025	0.025	4.00~6.00	0.45~0.65	—	0.05	0.30	—
17	ZG10Cr9MoV	0.08~0.12	0.20~0.50	0.30~0.60	0.030	0.010	8.0~9.5	0.85~1.05	0.40	0.18~0.25	—	$0.060 \leqslant Nb \leqslant 0.10$ $0.030 \leqslant N \leqslant 0.070$ $Al \leqslant 0.02$ $Ti \leqslant 0.01$ $Zr \leqslant 0.01$
18	ZG16Cr9Mo	0.12~0.19	1.00	0.35~0.65	0.030	0.030	8.0~10.0	0.90~1.20	0.40	0.05	0.30	—
19	ZG12Cr9Mo2CoNiVNbNB[④]	0.10~0.14	0.20~0.30	0.80~1.00	0.02	0.01	9.00~9.60	1.40~1.60	0.10~0.20	0.18~0.23	—	$0.90 \leqslant Co \leqslant 1.10$ $0.05 \leqslant Nb \leqslant 0.08$ $0.015 \leqslant N \leqslant 0.022$ $0.008 \leqslant B \leqslant 0.011$ $Alt \leqslant 0.02$ $Ti \leqslant 0.01$
20	ZG010Cr12Ni	0.10	0.40	0.50~0.80	0.030	0.020	11.50~12.50	0.50	0.80~1.50	0.08	0.30	—
21	ZG23Cr12MoV	0.20~0.26	0.40	0.50~0.80	0.030	0.020	11.30~12.20	1.00~1.20	1.00	0.25~0.35	0.30	$W \leqslant 0.50$
22	ZG05Cr13Ni4	0.05	1.00	1.00	0.035	0.015	12.00~13.50	0.70	3.50~5.00	0.08	0.30	—
23	ZG06Cr13Ni4	0.06	1.00	1.00	0.035	0.025	12.00~13.50	0.70	3.50~5.00	0.08	0.30	—
24	ZG06Cr16Ni5Mo	0.06	0.80	1.00	0.035	0.025	15.00~17.00	0.70~1.50	4.00~6.00	0.08	0.30	—
25	ZG03Cr19Ni11N	0.03	1.50	2.00	0.035	0.030	18.00~20.00	—	9.00~12.00	—	0.50	$0.12 \leqslant N \leqslant 0.20$
26	ZG07Cr19Ni10	0.07	1.50	1.50	0.040	0.030	18.00~20.00	—	8.00~11.00	—	0.50	—
27	ZG07Cr19Ni11Nb	0.07	1.50	1.50	0.040	0.030	18.00~20.00	—	9.00~12.00	—	0.50	$8 \times C \leqslant Nb \leqslant 1.0$

（续）

序号	牌号	化学成分①②（质量分数，%）										
		C	Si	Mn	P	S	Cr	Mo	Ni	V	Cu	其他
28	ZG03Cr19Ni11Mo2N	0.030	1.50	2.00	0.035	0.030	18.00~20.00	2.00~2.50	9.00~12.00	—	0.50	0.12≤N≤0.20
29	ZG07Cr19Ni11Mo2	0.07	1.50	1.50	0.040	0.030	18.00~20.00	2.00~2.50	9.00~12.00	—	0.50	—
30	ZG07Cr19Ni11Mo2Nb	0.07	1.50	1.50	0.040	0.030	18.00~20.00	2.00~2.50	9.00~12.00	—	0.50	8×C≤Nb≤1.0
31	ZG03Cr22Ni5Mo3N	0.03	1.00	2.00	0.035	0.025	21.00~23.00	2.50~3.50	4.50~6.50	—	0.50	0.12≤N≤0.20
32	ZG03Cr26Ni6Mo3Cu3N	0.03	1.00	1.50	0.035	0.025	25.00~27.00	2.50~3.50	5.00~7.00	—	2.75~3.50	0.12≤N≤0.22
33	ZG03Cr26Ni7Mo4N⑤	0.03	1.00	1.00	0.035	0.025	25.00~27.00	3.00~5.00	6.00~8.00	—	1.30	0.12≤N≤0.22
34	ZG03Ni28Cr21Mo2	0.03	1.00	2.00	0.035	0.025	19.00~22.00	2.00~2.50	26.00~30.00	—	2.00	N≤0.20

① 除规定的化学成分范围外，各元素化学成分数值均为最大值。各元素化学分析的允许偏差参见 GB/T 16253—2019 附录 E。
② 表中未列入的元素，未经需方同意不得有意加入。
③ 对上限每减少 0.01% 的碳，允许增加 0.04% 的锰，最高至 1.40%。
④ 应记录 Cu 和 Sn 的含量。
⑤ 可规定（Cr+3.3×Mo+16×N）≥40%。

表 1-89　承压钢铸件室温力学性能（摘自 GB/T 16253—2019）

序号	牌号	热处理方式①	室温拉伸性能				室温冲击性能
			规定塑性延伸强度 $R_{p0.2}$/MPa ≥	规定塑性延伸强度 $R_{p1.0}$/MPa ≥	抗拉强度 R_m/MPa	断后伸长率 A(%) ≥	冲击吸收能量 KV_2/J ≥
1	ZGR240-420	+N②	240	—	420~600	22	27
		+QT	240	—	420~600	22	40
2	ZGR280-480	+N②	280	—	480~640	22	27
		+QT	280	—	480~640	22	40
3	ZG18	+QT	240	—	450~600	24	—
4	ZG20	+N②	300	—	480~620	20	—
		+QT	300	—	500~650	22	
5	ZG18Mo	+QT	240	—	440~590	23	—
6	ZG19Mo	+QT	245	—	440~690	22	27
7	ZG18CrMo	+QT	315	—	490~690	20	27
8	ZG17Cr2Mo	+QT	400	—	590~740	18	40
9	ZG13MoCrV	+QT	295	—	510~660	17	27
10	ZG18CrMoV	+QT	440	—	590~780	15	27
11	ZG26CrNiMo	+QT1	415	—	620~795	18	27
		+QT2	585	—	725~865	17	27

（续）

序号	牌号	热处理方式①	室温拉伸性能				室温冲击性能
			规定塑性延伸强度 $R_{p0.2}$/MPa ≥	规定塑性延伸强度 $R_{p1.0}$/MPa ≥	抗拉强度 R_m/MPa	断后伸长率 A(%) ≥	冲击吸收能量 KV_2/J ≥
12	ZG26Ni2CrMo	+QT1	485	—	690～860	18	27
		+QT2	690	—	860～1000	15	40
13	ZG17Ni3Cr2Mo	+QT	600	—	750～900	15	
14	ZG012Ni3	+QT	280	—	480～630	24	
15	ZG012Ni4	+QT	360	—	500～650	20	
16	ZG16Cr5Mo	+QT	420	—	630～760	16	27
17	ZG10Cr9MoV	+NT	415	—	585～760	16	—
18	ZG16Cr9Mo	+QT	415	—	620～795	18	27
19	ZG12Cr9Mo2CoNiVNbNB	+QT	500	—	630～750	15	30
20	ZG010Cr12Ni	+QT1	355	—	540～690	18	45
		+QT2	500	—	600～800	16	40
21	ZG23Cr12MoV	+QT	540	—	740～880	15	27
22	ZG05Cr13Ni4	+QT	500	—	700～900	15	50
23	ZG06Cr13Ni4	+QT	550	—	760～960	15	50
24	ZG06Cr16Ni5Mo	+QT	540	—	760～960	15	60
25	ZG03Cr19Ni11N	+AT	—	230	440～640	30	
26	ZG07Cr19Ni10	+AT	—	200	440～640	30	
27	ZG07Cr19Ni11Nb	+AT	—	200	440～640	25	
28	ZG03Cr19Ni11Mo2N	+AT	—	230	440～640	30	
29	ZG07Cr19Ni11Mo2	+AT	—	210	440～640	30	—
30	ZG07Cr19Ni11Mo2Nb	+AT	—	210	440～640	25	
31	ZG03Cr22Ni5Mo3N	+AT	420	—	600～800	20	
32	ZG03Cr26Ni6Mo3Cu3N	+AT	480	—	650～850	22	
33	ZG03Cr26Ni17Mo4N	+AT	480	—	650～850	22	
34	ZG03Ni28Cr21Mo2	+AT	—	190	430～630	30	

注：1. 铸件及试块经热处理后的室温拉伸性能应符合本表的规定。

2. 需方如对室温冲击性能有要求，则铸件及试块的室温冲击性能应符合本表的规定。

3. 试块的力学性能代表同批次铸件的力学性能。试块按浇注方式可分为单铸试块和附铸试块。当铸件采用一个以上钢包的钢液浇注时，应采用附铸试块。

4. 单铸试块应使用与其代表的铸件同炉钢液浇注并使用相同热处理炉按同一工艺进行热处理，应在完成全部热处理后方可从试块切取试样，取样宜采用冷加工方法，且取样过程不应影响铸件及试样性能。

5. 附铸试块的附铸部位、附铸方法和切割方法由供需双方商定。附铸试块应在完成全部热处理后方可从铸件上分离。

6. 订货时供需双方应确认试块的尺寸、形状、铸造工艺条件及取样的位置。试块可从以下三种尺寸类型中选择：

　　a）A 型试块：试块厚度为 28mm，试块图应符合 GB/T 6967—2009《工程结构用中、高强度不锈钢铸件》中图 1 中Ⅱ或Ⅲ的要求。

　　b）B 型试块：$T×T$ 试块，其中 T 为主要截面的最大厚度（mm）。当 28mm<T≤56mm 时可采用 B 型试块，试块图由供需双方商定。

　　c）C 型试块：$T×3T×3T$ 试块。当 T>56mm 时采用 C 型试块，试块图由供需双方商定，试块最大尺寸不超过 500mm。

① 热处理方式为强制性，热处理方式代号的含义：+N：正火；+QT：淬火加回火；+AT：固溶处理。

② 允许回火处理。

表 1-90　承压钢铸件热处理方式（摘自 GB/T 16253—2019）

序号	牌号	热处理方式[①]	热处理温度[②]	
			正火温度或淬火温度或固溶温度/℃	回火温度/℃
1	ZGR240-420[③]	+N[④]	900~980	—
		+QT	900~980	600~700
2	ZGR280-480[③]	+N[④]	900~980	—
		+QT	900~980	600~700
3	ZG18	+QT	890~980	600~700
4	ZG20[③]	+N[④]	900~980	—
		+QT	900~980	610~660
5	ZG18Mo	+QT	900~980	600~700
6	ZG19Mo	+QT	920~980	650~730
7	ZG18CrMo	+QT	920~960	680~730
8	ZG17Cr2Mo	+QT	930~970	680~740
9	ZG13MoCrV	+QT	950~1000	680~720
10	ZG18CrMoV	+QT	920~960	680~740
11	ZG26CrNiMo[③]	+QT1	970~960	600~700
		+QT2	870~960	600~680
12	ZG26Ni2CrMo[③]	+QT1	850~920	600~650
		+QT2	850~920	600~650
13	ZG17Ni3Cr2Mo	+QT	890~930	600~640
14	ZG012Ni3	+QT	830~890	600~650
15	ZG012Ni4	+QT	820~900	590~640
16	ZG16Cr5Mo	+QT	930~990	680~730
17	ZG10Cr9MoV	+NT	1040~1080	730~800
18	ZG16Cr9Mo	+QT	960~1020	680~730
19	ZG12Cr9Mo2CoNiVNbNB[⑤]	+QT	1040~1130	700~750+700~750
20	ZG010Cr12Ni[⑤]	+QT1	1000~1060	680~730
		+QT2	1000~1060	600~680
21	ZG23Cr12MoV	+QT	1030~1080	700~750
22	ZG05Cr13Ni4[⑤]	+QT	1000~1050	670~690+590~620
23	ZG06Cr13Ni4	+QT	1000~1050	590~620
24	ZG06Cr16Ni5Mo	+QT	1020~1070	580~630
25	ZG03Cr19Ni11N	+AT	1050~1150	—
26	ZG07Cr19Ni10	+AT	1050~1150	—
27	ZG07Cr19Ni11Nb[⑥]	+AT	1050~1150	—
28	ZG03Cr19Ni11Mo2N	+AT	1080~1150	—

（续）

序号	牌号	热处理方式^①	热处理温度^②	
			正火温度或淬火温度或固溶温度/℃	回火温度/℃
29	ZG07Cr19Ni11Mo2	+AT	1080~1150	—
30	ZG07Cr19Ni11Mo2Nb^⑥	+AT	1080~1150	—
31	ZG03Cr22Ni5Mo3N^⑦	+AT	1120~1150	—
32	ZG03Cr26Ni6Mo3Cu3N^⑦	+AT	1120~1150	—
33	ZG03Cr26Ni7Mo4N^⑦	+AT	1140~1180	—
34	ZG03Ni28Cr21Mo2	+AT	1100~1180	—

注：铸件及试块的热处理方式应符合本表规定。当某牌号有一种以上热处理方式时、除需方另有规定外，供方可从中任选一种。

① 热处理方式为强制性，热处理方式代号的含义：+N：正火；+QT：淬火加回火；+AT：固溶处理。
② 热处理温度为推荐值，仅供参考。
③ 应根据拉伸性能要求在钢牌号中增加热处理方式的代号。
④ 允许回火处理。
⑤ 铸件应进行二次回火，且第二次回火温度不得高于第一次回火。
⑥ 为提高材料的抗腐蚀能力，ZG07Cr19Ni11Nb 可在 600~650℃下进行稳定化处理，而 ZG07Cr19Ni11Mo2Nb 可在 550~600℃下进行稳定化处理。
⑦ 铸件固溶处理时可降温至 1010~1040℃后再进行快速冷却。

表 1-91　承压钢铸件低温和高温力学性能（摘自 GB/T 16253—2019）

	序号	牌号	热处理方式	冲击性能	
				温度/℃	冲击吸收能量 KV_2/J≥
低温冲击性能	1	ZG18	+QT	−40	27
	2	ZG20	+N	−30	27
			+QT	−40	27
	3	ZG18Mo	+QT	−45	27
	4	ZG17Ni3Cr2Mo	+QT	−80	27
	5	ZG012Ni3	+QT	−70	27
	6	ZG012Ni4	+QT	−90	27
	7	ZG05Cr13Ni4	+QT	−120	27
	8	ZG03Cr19Ni11N	+AT	−196	70
	9	ZG07Cr19Ni10	+AT	−196	60
	10	ZG03Cr19Ni11Mo2N	+AT	−196	70
	11	ZG07Cr19Ni11Mo2	+AT	−196	60
	12	ZG03Cr22Ni5Mo3N	+AT	−40	40
	13	ZG03Cr26Ni6Mo3Cu3N	+AT	−70	35
	14	ZG03Cr26Ni7Mo4N	+AT	−70	35
	15	ZG03Ni28Cr21Mo2	+AT	−966	60

（续）

| 序号 | 牌号 | 热处理方式 | \multicolumn{9}{c}{高温下规定塑性延伸强度 R_p/MPa} |
			R_p	100℃	200℃	300℃	350℃	400℃	450℃	500℃	550℃
1	ZGR240-420	+N	0.2%	≥210	≥175	≥145	≥135	≥130	≥125	—	—
		+QT	0.2%	≥210	≥175	≥145	≥135	≥130	≥125	—	—
2	ZGR280-480	+N	0.2%	≥250	≥220	≥190	≥170	≥160	≥150	—	—
		+QT	0.2%	≥250	≥220	≥190	≥160	≥160	≥150	—	—
3	ZG19Mo	+QT	0.2%	—	≥190	≥165	≥155	≥150	≥145	≥135	—
4	ZG18CrMo	+QT	0.2%	—	≥250	≥230	≥215	≥200	≥190	≥175	≥160
5	ZG13MoCrV	+QT	0.2%	≥264	≥244	≥230	—	≥214	—	≥194	≥144
6	ZG18CrMoV	+QT	0.2%	—	≥385	≥365	≥350	≥335	≥320	≥300	≥260
7	ZG17Cr2Mo	+QT	0.2%	—	≥355	≥345	≥330	≥315	≥305	≥280	≥240
8	ZG16Cr5Mo	+QT	0.2%		≥390	≥380	—	≥370	—	≥305	≥250
9	ZG12Cr9Mo2CoNiVNbNB[①]	+QT	0.2%	—	—	—	—	—	—	—	≥325
10	ZG16Cr9Mo	+QT	0.2%		≥375	≥355	≥345	≥320	≥295	≥265	—
11	ZG23Cr12MoV	+QT	0.2%		≥450	≥430	≥410	≥390	≥370	≥340	≥290
12	ZG06Cr13Ni4	+QT	0.2%	≥515	≥485	≥455	≥440	—	—	—	—
13	ZG06Cr16Ni5Mo	+QT	0.2%	≥515	≥485	≥455	—	—	—	—	—
14	ZG03Cr19Ni11N	+AT	1%	≥165	≥130	≥110	≥100	—	—	—	—
15	ZG07Cr19Ni10	+AT	1%	≥160	≥125	≥110	—	—	—	—	—
16	ZG07Cr19Ni11Nb	+AT	1%	≥165	≥145	≥130		≥120		≥110	≥100
17	ZG03Cr19Ni11Mo2N	+AT	1%	≥175	≥145	≥115		≥105		—	—
18	ZG07Cr19Ni11Mo2	+AT	1%	≥170	≥135	≥115		≥105		—	—
19	ZG07Cr19Ni11Mo2Nb	+AT	1%	≥185	≥160	≥145		≥130		≥120	≥115
20	ZG03Cr22Ni5Mo3N[②]	+AT	0.2%	≥330	≥280	—	—	—	—	—	—
21	ZG03Cr26Ni6Mo3Cu3N[②]	+AT	0.2%	≥390	≥330	—	—	—	—	—	—
22	ZG03Cr26Ni7Mo4N[②]	+AT	0.2%	≥390	≥330	—	—	—	—	—	—
23	ZG03Ni28Cr21Mo2	+AT	1%	≥165	≥135	≥120	—	≥110	—	—	—

（左侧纵向标注：高温拉伸性能）

注：当需方对低温冲击性能和高温拉伸性能有要求时，铸件及试块的低温冲击性能或高温拉伸性能应按本表规定的要求。
① 应在600℃、620℃、650℃测定高温下规定非比例延伸强度 $R_{p0.2}$，允许的最小值分别为275MPa、245MPa、200MPa。
② 奥氏体-铁素体双相钢不宜在250℃以上使用。

1.6.13 低温承压通用铸钢件(见表 1-92 和表 1-93)

表 1-92 低温承压通用铸钢件牌号及化学成分(摘自 GB/T 32238—2015)

牌号	化学成分(质量分数,%)										
	C	Si	Mn	P	S	Cr	Mo	Ni	V	Cu	其他
ZG240-450	0.15~0.20	0.60	1.00~1.60	0.030	0.025[①]	0.30[②]	0.12[②]	0.40[②]	0.03[②]	0.30[②]	—
ZG300-500	0.17~0.23	0.60	1.00~1.60	0.030	0.025[①]	0.30[②]	0.12[②]	0.40[②]	0.03[②]	0.30[②]	—
ZG18Mo	0.15~0.20	0.60	0.60~1.00	0.030	0.025	0.30	0.45~0.65	0.40	0.05	0.30	—
ZG17Ni3Cr2Mo	0.15~0.19	0.50	0.55~0.80	0.030	0.025	1.30~1.80	0.45~0.60	3.00~3.50	0.05	0.30	—
ZG09Ni3	0.06~0.12	0.60	0.50~0.80	0.030	0.025	0.30	0.20	2.00~3.00	0.05	0.30	—
ZG09Ni4	0.06~0.12	0.60	0.50~0.80	0.030	0.025	0.30	0.20	3.50~5.00	0.08	0.30	—
ZG09Ni5	0.06~0.12	0.60	0.50~0.80	0.030	0.025	0.30	0.20	4.00~5.00	0.05	0.30	—
ZG07Ni9	0.03~0.11	0.60	0.50~0.80	0.030	0.025	0.30	0.20	8.50~10.0	0.05	0.30	—
ZG05Cr13Ni4Mo	0.05	1.00		0.035	0.025	12.0~13.5	0.70	3.50~5.00	0.08	0.30	—

注:表中化学成分各元素的规定值除给出范围值外,其余均为最大值。
① 对于测量壁厚<28mm 的铸件,允许 S 含量为 0.030%。
② $w(Cr)+w(Mo)+w(Ni)+w(V)+w(Cu) \leqslant 1.00\%$。

表 1-93 低温承压通用铸钢件力学性能(摘自 GB/T 32238—2015)

牌号	热处理状态		厚度 t /mm ≤	室温拉伸试验			冲击试验	
	正火或淬火温度/℃	回火温度/℃		规定塑性延伸强度 $R_{p0.2}$/MPa ≥	抗拉强度 R_m/MPa ≥	断后伸长率 A(%) ≥	试验温度/℃	冲击吸收能量 KV_2/J ≥
ZG240-450	890~980	600~700	50	240	450~600	24	-40	27
ZG300-500	900~980		30	300	480~620	20	-40	27
	900~940	610~660	100	300	500~650	22	-30	27
ZG18Mo	920~980	650~730	200	240	440~790	23	-45	27
ZG17Ni3Cr2Mo	890~930	600~640	35	600	750~900	15	-80	27
ZG09Ni3	830~890	600~650	35	280	480~630	24	-70	27
ZG09Ni4	820~900	590~640	35	360	500~650	20	-90	27
ZG09Ni5	800~880	580~660	35	390	510~710	24	-110	27
ZG07Ni9	770~850	540~620	35	510	690~840	20	-196	27
ZG05Cr13Ni4Mo	1000~1050	670~690 +590~620	300	500	700~900	15	-120	27

注:1. GB/T 32238—2015《低温承压通用铸钢件》中的铸钢牌号适用于-196~-30℃条件下使用的铸造阀门、法兰、管件等承压钢铸件以及其他低温承压通用铸钢件。
2. 铸件均应进行热处理,本表中的热处理温度仅供参考。
3. 铸件以正火+回火或淬火+回火状态供货。
4. 铸件的几何形状、尺寸和公差应符合图样或订货合同规定。如果图样和订货合同中无规定,则铸件尺寸偏差按 GB/T 6414 选择。

1.6.14 高温承压马氏体不锈钢和合金钢通用铸件（见表1-94～表1-97）

表1-94 高温承压马氏体不锈钢和合金钢通用铸件的牌号及化学成分（摘自 GB/T 32255—2015）

牌号	化学成分（质量分数，%）										
	C	Si	Mn	P	S	Cr	Mo	Ni	V	Cu	其他
ZG19Mo	0.15～0.23	0.60	0.50～1.00	0.025	0.020①	0.30	0.40～0.60	0.40	0.05	0.30	—
ZG17Cr1Mo	0.15～0.20	0.60	0.50～1.00	0.025	0.020①	1.00～1.50	0.45～0.65	0.40	0.05	0.30	—
ZG17Cr2Mo1	0.13～0.20	0.60	0.50～0.90	0.025	0.020①	2.00～2.50	0.90～1.20	0.40	0.05	0.30	—
ZG13MoCrV	0.10～0.15	0.45	0.40～0.70	0.030	0.020①	0.30～0.50	0.40～0.60	0.40	0.22～0.30	0.30	Sn0.025
ZG17Cr1Mo1V	0.15～0.20	0.60	0.50～0.90	0.020	0.015	1.20～1.50	0.90～1.10	0.40	0.20～0.30	0.30	Sn0.025
ZG16Cr5Mo	0.12～0.19	0.80	0.50～0.80	0.025	0.025	4.00～6.00	0.45～0.65	0.40	0.05	0.30	—
ZG16Cr9Mo1	0.12～0.19	1.00	0.35～0.65	0.030	0.030	8.00～10.00	0.90～1.20	0.40	0.05	0.30	—
ZG10Cr9Mo1VNbN	0.08～0.12	0.20～0.50	0.30～0.60	0.030	0.010	8.00～9.50	0.85～1.05	0.40	0.18～0.25	—	Nb0.06～0.10 N0.03～0.07 Al0.02，Ti0.01 Zr0.01
ZG12Cr9Mo1VNbN	0.11～0.14	0.20～0.50	0.40～0.80	0.020	0.010	8.00～9.50	0.85～1.05	0.40	0.18～0.25	—	Nb0.05～0.08 N0.04～0.06 Al0.02
ZG08Cr12Ni1Mo	0.05～0.10	0.40	0.50～0.80	0.030	0.020	11.50～12.50	0.50	0.80～1.50	0.08	0.30	—
ZG06Cr13Ni4Mo	0.06	1.00	1.00	0.035	0.025	12.00～13.50	0.70	3.50～5.00	0.08	0.30	—
ZG23Cr12Mo1NiV	0.20～0.26	0.40	0.50～0.80	0.030	0.020	11.30～12.20	1.00～1.20	1.00	0.25～0.35	0.30	W0.50

① 对于测量壁厚<28mm 的铸件，允许 S 含量为 0.030%。

表1-95 高温承压马氏体不锈钢和合金钢通用铸件室温力学性能（摘自 GB/T 32255—2015）

牌号	热处理状态		厚度 t /mm ≤	规定塑性延伸强度 $R_{p0.2}$/MPa ≥	抗拉强度 R_m/MPa ≥	断后伸长率 $A(\%)$ ≥	冲击吸收能量 KV_2/J ≥
	正火或淬火温度/℃	回火温度/℃					
ZG19Mo	920～980	650～730	100	245	440～590	22	27
ZG17Cr1Mo	920～960	680～730	100	315	490～690	20	27

（续）

牌号	热处理状态		厚度 t /mm ≤	规定塑性延伸强度 $R_{p0.2}$/MPa ≥	抗拉强度 R_m/MPa	断后伸长率 A(%) ≥	冲击吸收能量 KV_2/J ≥
	正火或淬火温度/℃	回火温度/℃					
ZG17Cr2Mo1	930~970	680~740	150	400	590~740	18	40
ZG13MoCrV	950~1000	680~720	100	295	510~660	17	27
ZG17Cr1Mo1V	1020~1070	680~740	150	440	590~780	15	27
ZG16Cr5Mo	930~990	680~730	150	420	630~760	16	27
ZG16Cr9Mo1	960~1020	680~730	150	415	620~795	18	27
ZG10Cr9Mo1VNbN	1040~1080	730~800	100	415	585~760	16	27
ZG12Cr9Mo1VNbN	1040~1090	730~780	100	450	630~750	16	35
ZG08Cr12Ni1Mo	1000~1060	680~730	300	355	540~690	18	45
	1000~1060	600~680	300	500	600~800	16	40
ZG06Cr13Ni4Mo	1000~1060	630~680 +590~620	300	550	760~960	15	27
ZG23Cr12Mo1NiV	1030~1080	700~750	150	540	740~880	15	27

注：1. GB/T 32255—2015《高温承压马氏体不锈钢和合金钢铸件》中的铸钢牌号适用于工作温度不高于600℃条件下的各种阀门、法兰、管件以及其他高温承压铸件。

2. 铸件均应进行热处理，本表热处理温度仅供参考。

3. 铸件应以正火+回火或淬火+回火状态供货。

4. 铸件的几何形状、尺寸和公差应符合图样或订货合同规定。如果图样和订货合同中无规定，则铸件尺寸偏差按GB/T 6414选择。

表1-96 高温承压马氏体不锈钢和合金钢通用铸件不同热处理温度下的最小条件屈服强度
（摘自 GB/T 32255—2015）

牌号	热处理状态	下列温度（℃）的规定塑性延伸强度 $R_{p0.2}$/MPa ≥								
		100	200	300	350	400	450	500	550	600
ZG19Mo	正火+回火，淬火+回火	—	190	165	155	150	145	135	—	—
ZG17Cr1Mo	正火+回火，淬火+回火	—	250	230	215	200	190	175	160	—
ZG17Cr2Mo1	正火+回火，淬火+回火	264	244	230	—	214	—	194	144	
ZG13MoCrV	淬火+回火	—	385	365	350	335	320	300	260	—
ZG17Cr1Mo1V	淬火+回火	—	355	345	330	315	305	280	240	—
ZG16Cr5Mo	正火+回火	—	390	380	—	370	—	305	250	—
ZG16Cr9Mo1	正火+回火	—	375	355	345	320	295	265		
ZG10Cr9Mo1VNbN	正火+回火	410	380	360	350	340	320	300	270	215
ZG12Cr9Mo1VNbN	正火+回火-1	—	275	265	—	255				
ZG08Cr12Ni1Mo	正火+回火-2	—	410	390	—	370				
ZG06Cr13Ni4Mo	正火+回火	—	450	430	410	390	370	340	290	
ZG23Cr12Mo1NiV	淬火+回火	515	485	465	440	—				

表 1-97　GB/T 32255—2015 铸钢牌号与 BS EN 10213：2007、ASTM A217—2012
牌号的近似对照表（摘自 GB/T 32255—2015）

GB/T 32255—2015 铸钢牌号	BS EN 10213：2007 铸钢牌号	ASTM A217—2012 铸钢牌号
ZG19Mo	G20Mo5	WC1
ZG17Cr1Mo	G17CrMo5-5	WC6
ZG17Cr2Mo1	G17CrMo9-10	WC9
ZG13MoCrV	G12MoCrV5-2	—
ZG17Cr1Mo1V	G17CrMoV5-10	—
ZG16Cr5Mo	GX15CrMo5	C5
ZG16Cr9Mo1	GX15CrMo9-1	C12
ZG10Cr9Mo1VNbN	GX10CrMoV9-1	C12A
ZG12Cr9Mo1VNbN	—	—
ZG08Cr12Ni1Mo	GX8CrNi12-1	CA15
ZG06Cr13Ni4Mo	GX4CrNi13-4	—
ZG23Cr12Mo1NiV	GX23CrMoV12-1	—

1.7　常用钢

1.7.1　碳素结构钢（见表 1-98 和表 1-99）

表 1-98　碳素结构钢牌号、化学成分及应用（摘自 GB/T 700—2006）

牌号	统一数字代号[1]	等级	厚度（或直径）/mm	脱氧方法	化学成分（质量分数，%）不大于 C	Si	Mn	P	S	应　用
Q195	U11952	—	—	F、Z	0.12	0.30	0.50	0.035	0.040	具有良好的韧性，伸长率较大，焊接性良好。Q195 载荷能力低于 Q215。适用于制作地脚螺栓、开口销、低碳钢丝、薄板、拉杆、短轴、支架、冲压件、焊接件，Q215 也可作为渗碳钢制作一般要求的渗碳零件等
Q215	U12152	A		F、Z	0.15	0.35	1.20	0.045	0.050	
	U12155	B							0.045	
Q235	U12352	A		F、Z	0.22	0.35	1.40	0.045	0.050	韧性良好，具有一定的强度和伸长率，铸造性、焊接性及冲压性均较好，是一般机械零件常用的材料，如轴、销、拉杆、螺栓、支架、齿轮、各种焊接件、建筑构件、桥梁等用的型钢、垫板、钢筋等
	U12355	B			0.20[2]				0.045	
	U12358	C		Z	0.17			0.040	0.040	
	U12359	D		TZ				0.035	0.035	
Q275	U12752	A		F、Z	0.24	0.35	1.50	0.045	0.050	具有较高的强度、一定的焊接性和切削性，塑性良好。用于制作较高强度的零件，如齿轮、心轴、销轴、转轴、链、刹车板、农机用各种机架、输送链、链节等
	U12755	B	≤40	Z	0.21			0.045	0.045	
			>40		0.22					
	U12758	C	—	Z	0.20			0.040	0.040	
	U12759	D		TZ				0.035	0.035	

①　表中为镇静钢、特殊镇静钢牌号的统一数字，沸腾钢牌号的统一数字代号如下：

　　Q195F——U11950；

　　Q215AF——U12150，Q215BF——U12153；

　　Q235AF——U12350，Q235BF——U12353；

　　Q275AF——U12750。

②　经需方同意，Q235B 的碳含量可不大于 0.22%。

表 1-99　碳素结构钢的力学性能（摘自 GB/T 700—2006）

牌号	统一数字代号	等级	屈服强度 R_{eH}/MPa ≥　厚度（或直径）/mm ≤16	>16~40	>40~60	>60~100	>100~150	>150~200	抗拉强度 R_m/MPa	断后伸长率 A(%) ≥ ≤40	>40~60	>60~100	>100~150	>150~200	冲击试验（V型缺口）温度/℃	冲击吸收能量（纵向）/J ≥	试样方向	冷弯试验180° B=2a 弯心直径 d 钢材厚度（或直径）/mm ≤60	>60~100
Q195	U11952	—	195	185	—	—	—	—	315~430	33	—	—	—	—	—	—	纵	0	—
															—	—	横	0.5a	—
Q215	U12152	A	215	205	195	185	175	165	335~450	31	30	29	27	26	—	—	纵	0.5a	1.5a
	U12155	B													+20	27	横	a	2a
Q235	U12352	A	235	225	215	215	195	185	370~500	26	25	24	22	21	—	—	纵	a	2a
	U12355	B													+20	27	纵		
	U12358	C													0	27	横	1.5a	2.5a
	U12359	D													-20		横		
Q275	U12752	A	275	265	255	245	225	215	410~540	22	21	20	18	17	—	—	纵	1.5a	2.5a
	U12755	B													+20	27	纵		
	U12758	C													0	27	横	2a	3a
	U12759	D													-20		横		

注：1. 钢材一般以热轧、控轧或正火状态交货。
2. 碳素结构钢钢板、钢带、型钢、钢棒的尺寸规格应符合相应标准的规定。
3. Q195 的屈服强度值仅供参考，不作交货条件。
4. 厚度大于 100mm 的钢材，抗拉强度下限允许降低 20MPa。宽带钢（包括剪切钢板）抗拉强度上限不作交货条件。
5. 厚度小于 25mm 的 Q235B 级钢材，如供方能保证冲击吸收能量值合格，经需方同意，可不做检验。
6. 弯曲试验中的 B 为试样宽度，a 为试样厚度（或直径）。
7. 厚度不小于 12mm 或直径不小于 16mm 的钢材应做冲击试验，试样尺寸为 10mm×10mm×55mm，并符合本表规定。

1.7.2 优质碳素结构钢（见表 1-100～表 1-103）

表 1-100　优质碳素结构钢牌号及化学成分（摘自 GB/T 699—2015）

统一数字代号	牌号	化学成分（质量分数，%）							
		C	Si	Mn	P	S	Cr	Ni	Cu[①]
					≤				
U20082	08[②]	0.05～0.11	0.17～0.37	0.35～0.65	0.035	0.035	0.10	0.30	0.25
U20102	10	0.07～0.13	0.17～0.37	0.35～0.65	0.035	0.035	0.15	0.30	0.25
U20152	15	0.12～0.18	0.17～0.37	0.35～0.65	0.035	0.035	0.25	0.30	0.25
U20202	20	0.17～0.23	0.17～0.37	0.35～0.65	0.035	0.035	0.25	0.30	0.25
U20252	25	0.22～0.29	0.17～0.37	0.50～0.80	0.035	0.035	0.25	0.30	0.25
U20302	30	0.27～0.34	0.17～0.37	0.50～0.80	0.035	0.035	0.25	0.30	0.25
U20352	35	0.32～0.39	0.17～0.37	0.50～0.80	0.035	0.035	0.25	0.30	0.25
U20402	40	0.37～0.44	0.17～0.37	0.50～0.80	0.035	0.035	0.25	0.30	0.25
U20452	45	0.42～0.50	0.17～0.37	0.50～0.80	0.035	0.035	0.25	0.30	0.25
U20502	50	0.47～0.55	0.17～0.37	0.50～0.80	0.035	0.035	0.25	0.30	0.25
U20552	55	0.52～0.60	0.17～0.37	0.50～0.80	0.035	0.035	0.25	0.30	0.25
U20602	60	0.57～0.65	0.17～0.37	0.50～0.80	0.035	0.035	0.25	0.30	0.25
U20652	65	0.62～0.70	0.17～0.37	0.50～0.80	0.035	0.035	0.25	0.30	0.25
U20702	70	0.67～0.75	0.17～0.37	0.50～0.80	0.035	0.035	0.25	0.30	0.25
U20702	75	0.72～0.80	0.17～0.37	0.50～0.80	0.035	0.035	0.25	0.30	0.25
U20802	80	0.77～0.85	0.17～0.37	0.50～0.80	0.035	0.035	0.25	0.30	0.25
U20852	85	0.82～0.90	0.17～0.37	0.50～0.80	0.035	0.035	0.25	0.30	0.25
U21152	15Mn	0.12～0.18	0.17～0.37	0.70～1.00	0.035	0.035	0.25	0.30	0.25
U21202	20Mn	0.17～0.23	0.17～0.37	0.70～1.00	0.035	0.035	0.25	0.30	0.25
U21252	25Mn	0.22～0.29	0.17～0.37	0.70～1.00	0.035	0.035	0.25	0.30	0.25
U21302	30Mn	0.27～0.34	0.17～0.37	0.70～1.00	0.035	0.035	0.25	0.30	0.25
U21352	35Mn	0.32～0.39	0.17～0.37	0.70～1.00	0.035	0.035	0.25	0.30	0.25
U21402	40Mn	0.37～0.44	0.17～0.37	0.70～1.00	0.035	0.035	0.25	0.30	0.25
U21452	45Mn	0.42～0.50	0.17～0.37	0.70～1.00	0.035	0.035	0.25	0.30	0.25
U21502	50Mn	0.48～0.56	0.17～0.37	0.70～1.00	0.035	0.035	0.25	0.30	0.25
U21602	60Mn	0.57～0.65	0.17～0.37	0.70～1.00	0.035	0.035	0.25	0.30	0.25

（续）

统一数字代号	牌号	化学成分（质量分数,%）							
		C	Si	Mn	P	S	Cr	Ni	Cu[①]
					≤				
U21652	65Mn	0.62~0.70	0.17~0.37	0.90~1.20	0.035	0.035	0.25	0.30	0.25
U21702	70Mn	0.67~0.75	0.17~0.37	0.90~1.20	0.035	0.035	0.25	0.30	0.25

注：1. 氧气转炉冶炼的钢的氮含量应不大于0.008%。供方能保证合格时，可不做分析。
　　2. 铅浴淬火（派登脱）钢丝用的35~85钢的锰含量为0.30%~0.60%，65Mn及70Mn的锰含量为0.70%~1.00%，铬含量不大于0.10%，镍含量不大于0.15%，铜含量不大于0.20%，磷、硫含量也应符合钢丝标准要求，但不大于本表规定的指标。
　　3. 钢棒（或坯）的成品化学成分允许偏差应符合GB/T 222的规定。
　　4. 除非在合同中另有规定，优质碳素结构钢的冶炼方法由生产方自行确定。
　　5. 未经用户同意不得有意加入本表未规定的元素。应采取措施防止从废钢或其他原料中带入影响钢性能的元素。
① 热压力加工用钢铜含量应不大于0.20%。
② 用铝脱氧的镇静钢，碳、锰含量下限不限，锰含量上限为0.45%，硅含量不大于0.03%，全铝含量为0.020%~0.070%，此时牌号为08Al。

表 1-101　优质碳素结构钢的力学性能（摘自 GB/T 699—2015）

统一数字代号	牌号	试样毛坯尺寸[③]/mm	推荐的热处理制度[③]			力　学　性　能					交货硬度 HBW	
			正火	淬火	回火	抗拉强度 R_m /MPa	下屈服强度 R_{eL}[④] /MPa	断后伸长率 A （%）	断面收缩率 Z （%）	冲击吸收能量 KU_2/J	未热处理钢	退火钢
			加热温度/℃			≥					≤	
U20082	08	25	930	—	—	325	195	33	60	—	131	
U20102	10	25	930	—	—	335	205	31	55	—	137	
U20152	15	25	920	—	—	375	225	27	55	—	143	
U20202	20	25	910	—	—	410	245	25	55	—	156	
U20252	25	25	900	870	600	450	275	23	50	71	170	
U20302	30	25	880	860	600	490	295	21	50	63	179	
U20352	35	25	870	850	600	530	315	20	45	55	197	
U20402	40	25	860	840	600	570	335	19	45	47	217	187
U20452	45	25	850	840	600	600	355	16	40	39	229	197
U20502	50	25	830	830	600	630	375	14	40	31	241	207
U20552	55	25	820	—	—	645	380	13	35	—	255	217
U20602	60	25	810	—	—	675	400	12	35	—	255	229
U20652	65	25	810	—	—	695	410	10	30	—	255	229
U20702	70	25	790	—	—	715	420	9	30	—	269	229
U20702	75	试样[②]	—	820	480	1080	880	7	30	—	285	241

（续）

统一数字代号	牌号	试样毛坯尺寸①/mm	推荐的热处理制度③			力 学 性 能					交货硬度 HBW	
			正火	淬火	回火	抗拉强度 R_m/MPa	下屈服强度 R_{eL}④/MPa	断后伸长率 A（%）	断面收缩率 Z（%）	冲击吸收能量 KU_2/J	未热处理钢	退火钢
			加热温度/℃			≥					≤	
U20802	80	试样②	—	820	480	1080	930	6	30		285	241
U20852	85	试样②	—	820	480	1130	980	6	30		302	255
U21152	15Mn	25	920	—	—	410	245	26	55		163	—
U21202	20Mn	25	910	—	—	450	275	24	50		197	—
U21252	25Mn	25	900	870	600	490	295	22	50	71	207	—
U21302	30Mn	25	880	860	600	540	315	20	45	63	217	187
U21352	35Mn	25	870	850	600	560	335	18	45	55	229	197
U21402	40Mn	25	860	840	600	590	355	17	45	47	229	207
U21452	45Mn	25	850	840	600	620	375	15	40	39	241	217
U21502	50Mn	25	830	830	600	645	390	13	40	31	255	217
U21602	60Mn	25	810	—	—	690	410	11	35		269	229
U21652	65Mn	25	830	—	—	735	430	9	30		285	229
U21702	70Mn	25	790	—	—	785	450	8	30		285	229

注：1. 本表中的牌号适用于钢棒，也适用于钢锭、钢坯、其他截面的钢材及其制品。

2. GB/T 699—2015《优质碳素结构钢》适用于公称直径或厚度不大于250mm热轧和锻制的棒材。经供需双方商定，也可供应公称直径或厚度大于250mm的热轧和锻制钢棒。热轧钢棒尺寸规格应符合GB/T 702的规定，锻制钢棒尺寸规格应符合GB/T 908的规定。

3. 交货状态通常为热轧或热锻状态。按需方要求，钢棒可以按热处理（退火、正火、高温回火）状态交货；按需方要求，钢棒可以按特殊表面状态（酸洗 SA、喷丸 SS、剥皮 SF、磨光 SP）交货。需方的要求均需在合同中注明。

4. 本表中的力学性能适用于公称直径或厚度不大于80mm的钢棒。

5. 试样毛坯经正火后制成试样测定钢棒的纵向拉伸性能应符合本表的规定。如供方能保证拉伸性能合格时，可不进行试验。

6. 根据需方要求，用热处理（淬火+回火）毛坯制成试样测定 25～50、25Mn～50Mn 钢棒的纵向冲击吸收能量应符合本表的规定。公称直径小于16mm的圆钢和公称厚度不大于12mm的方钢、扁钢不做冲击试验。

7. 切削加工用钢棒或冷拔坯料用钢棒的交货硬度应符合本表的规定。未热处理钢材的硬度，供方若能保证合格，可不做检验。高温回火或正火后钢棒的硬度值由供需双方协商确定。

8. 根据需方要求，25～60 钢棒的抗拉强度允许比本表规定值降低 20MPa，但其断后伸长率同时提高 2%（绝对值）。

9. 公称直径或厚度大于80～250mm的钢棒，允许其断后伸长率、断面收缩率比本表的规定分别降低 2%（绝对值）和 5%（绝对值）。

10. 公称直径或厚度大于120～250mm的钢棒允许改锻（轧）成 70～80mm 的试料取样检验，其结果应符合本表的规定。

11. 按使用要求，钢棒分为压力加工用钢 UP（热加工用钢 UHP、顶锻用钢 UF、冷拔坯料用钢 UCD）和切削加工用钢两类。在合同中应注明，未注明者，按切削加工用钢供货。

① 钢棒尺寸小于试样毛坯尺寸时，用原尺寸钢棒进行热处理。

② 留有加工余量的试样，其性能为淬火+回火状态下的性能。

③ 热处理温度允许调整范围：正火±30℃，淬火±20℃，回火±50℃。推荐保温时间：正火不少于30min，空冷；淬火不少于30min，75、80和85钢油冷，其他钢棒水冷；600℃回火不少于1h。

④ 当屈服现象不明显时，可用规定塑性延伸强度 $R_{p0.2}$ 代替。

表 1-102　优质碳素结构钢在不同热处理状态下各种截面尺寸钢材力学性能参考数据

牌号	截面尺寸 φ/mm	试样状态 取样部位	材料状态	热　处　理	R_m /MPa	R_{eL} /MPa	A_5 (%)	Z (%)	a_K /(kJ/m²)	HBW
10	<80	纵向、$\frac{1}{3}$半径	退火	650~680℃,炉冷	≤450	≤250	≥30	≥60	—	110~131
	25	纵向、中心	正火	900~960℃,空冷	≥340	≥210	≥31	≥55	—	≤137
	≤15	纵向、中心	淬火	900~920℃淬火	500~700	≥300	≥16	≥50	—	140~195
	15~40	纵向、中心	淬火		420~520	≥250	≥19	≥50	—	115~145
	40~100	纵向、$\frac{1}{3}$半径	淬火	900~920℃淬火	350~500	≥230	≥22	≥50	—	97~140
	6	纵向、中心	淬火+低温回火	1000℃淬10%NaCl水溶液,200℃回火	≥810	$R_{p0.2}$≥680	≥12	≥52	—	35HRC
	10	纵向、中心	淬火+低温回火		≥950	$R_{p0.2}$≥670	≥13	≥52	≥900	35HRC
	<20	纵向、中心	渗碳+淬火+回火	930~950℃渗碳,840℃淬火,180~200℃回火	≥400	≥250	≥25	≥55	—	表面58~62HRC,心部≤137HBW
15	45	纵向、中心	退火	880~900℃,炉冷	445	220	30	60	1500	—
	6	纵向、中心	正火	900℃,空冷	520	410	20	53	—	170
	25	纵向、中心	正火	910℃,空冷	≥380	≥230	≥28	≥55	—	—
	25	纵向、中心	正火	880~920℃,空冷	≥410	≥260	≥30	≥57	—	—
	45	纵向、中心	正火	900~920℃,空冷	465	250	32.5	69	1800	—
	<100	纵向、$\frac{1}{3}$半径	正火	900~920℃,空冷	≥350	≥200	≥27	≥50	≥650	≤143
	100~300	纵向、$\frac{1}{3}$半径	正火		≥340	≥170	≥25	≥50	≥600	≤143
	45	纵向、中心	正火+高温回火	900~920℃,空冷,650~660℃回火	430	220	33	69.5	2150	—
	300~500	纵向、$\frac{1}{3}$半径	正火+高温回火	900~920℃正火,空冷,600~680℃回火,空冷或炉冷	≥330	≥150	≥24	≥45	≥550	≤143

（续）

牌号	试样状态				热　处　理	力　学　性　能					
	截面尺寸 ϕ/mm	取样部位	材料状态			R_m /MPa	R_{eL} /MPa	A_5 (%)	Z (%)	a_K /(kJ/m²)	HBW
	6	纵向，中心			900~920℃淬水，$\left\{\begin{array}{l}500℃回火\\600℃回火\\700℃回火\end{array}\right.$	800	720	15	70	—	200
						700	600	18	72	—	180
						600	500	23	80	—	175
	16	纵向，中心			900℃淬水，650℃回火	535	370	32.7	64.0	940	149
	20	纵向，中心			900℃淬水，650℃回火	480	342	30.0	67.5	1060	140
	20	纵向，中心			900~920℃淬水，$\left\{\begin{array}{l}500℃回火\\600℃回火\\700℃回火\end{array}\right.$	620	500	25	75	2500	190
			调质			600	450	30	76	2000	175
						500	400	34	80	3500	155
15	35	纵向，中心			900℃淬水，650℃回火	485	345	36	63.5	2260	170
	36	纵向，中心			900~920℃，空冷，$\left\{\begin{array}{l}500℃回火\\600℃回火\\700℃回火\end{array}\right.$	540	400	30	74	2300	170
						520	400	32	76	2700	160
						500	350	35	80	2900	150
	55	纵向，中心			900~920℃淬水，$\left\{\begin{array}{l}500℃回火\\600℃回火\\700℃回火\end{array}\right.$	540	390	32	74	2300	160
						550	400	30	72	2500	140
						490	320	35	78	3100	140
	55	纵向，$\frac{1}{3}$半径			900~920℃淬水，$\left\{\begin{array}{l}500℃回火\\600℃回火\\700℃回火\end{array}\right.$	580	400	30	72	2400	175
						550	400	30	72	2600	160
						500	320	35	75	3100	150
	70	纵向，中心			900℃淬水，650℃回火	445	340	32.0	57.0	1250	163

（续）

牌号	截面尺寸 φ/mm	取样部位	材料状态	热处理	R_m/MPa	R_{eL}/MPa	A_5(%)	Z(%)	a_K/(kJ/m²)	HBW
15	6	纵向，中心	淬火	900~920℃淬水	1500	1300	9	35	—	300
	10	纵向，中心		940℃淬10%NaOH水溶液	1170	$R_{p0.2}$=890	9.2	37	660	38HRC
	<15	纵向，中心		890~920℃淬水	600~800	≥350	≥15	≥50	—	165~220
	15~40	纵向，中心			500~650	≥300	≥18	≥50	—	140~180
	20	纵向，中心		900~920℃淬水	700	520	22.5	65	1700	225
	36	纵向，中心			590	420	27	74	2300	175
	36	纵向，$\frac{1}{2}$半径			620	500	26	75	2400	180
	40~100	纵向，$\frac{1}{3}$半径		890~920℃淬水	450~600	≥250	≥20	≥55	—	125~165
	55	纵向，中心		900~920℃淬水	590	420	28	70	2000	170
	55	纵向，$\frac{1}{3}$半径			590	420	28	73	2300	175
	6	纵向，中心	淬火+低、中温回火	900~920℃淬火，{200℃回火/300℃回火/400℃回火}	1350 1220 1020	1280 1200 980	9 10 14	42 60 68	— — —	330 260 225
	10	纵向，中心		940℃ 淬10%NaOH水溶液/淬10%NaCl水溶液/淬自来水 {200℃回火}	1040 1040 965	$R_{p0.2}$={790 790 750}	13.2 15 14	61.5 61 59	670 710 910	37HRC 38HRC 34HRC
	20	纵向，中心		900~920℃淬火，{200℃回火/300℃回火/400℃回火}	700 700 700	530 530 600	23 23 24	67 70 74	1800 2000 2400	215 210 205

（续）

牌号	试样状态			热 处 理	力 学 性 能					
	截面尺寸 φ/mm	取样部位	材料状态		R_m /MPa	R_{eL} /MPa	A_5 (%)	Z (%)	a_K /(kJ/m²)	HBW
15	36	纵向，中心		900~920℃淬水，{200℃回火	590	430	28	74	2300	175
				300℃回火	570	440	28	76	2500	170
				400℃回火	530	430	30	75	2400	173
	36	纵向，$\frac{1}{2}$半径	淬火+低、中温回火	900~920℃淬水，{200℃回火	590	460	28	75	2300	175
				300℃回火	580	450	29	75	2400	175
				400℃回火	630	500	25	75	2600	175
	55	纵向，中心		900~920℃淬水，{200℃回火	590	420	28	73	2400	170
				300℃回火	550	400	30	75	2500	170
				400℃回火	550	410	30	72	2100	170
	55	纵向，$\frac{1}{3}$半径		900~920℃淬水，{200℃回火	590	450	28	74	2500	175
				300℃回火	610	450	28	76	2500	175
				400℃回火	590	420	28	75	2500	175
	25~50	纵向，中心	渗碳、正火、淬火、回火	900~920℃渗碳，880~900℃正火，750~780℃淬水，180~200℃回火	500~550	300~550	25~30	55~60	—	表面56~62HRC，心部143~163HBW
	30	纵向，中心	渗碳、淬火、回火	880~900℃渗碳，750~780℃淬水，180~200℃回火	≥500	≥300	≥15	≥55	—	—
	<100	纵向，中心	渗碳、高频淬火、回火	900~950℃渗碳，820~840℃高频感应淬火（淬水），180~200℃回火	450~550	250~300	≥20	≥50	—	表面56~62HRC，心部≤143HBW

（续）

牌号	截面尺寸 φ/mm	试样状态 取样部位	材料状态	热处理	R_m /MPa	R_{eL} /MPa	A_5 (%)	Z (%)	a_K /(kJ/m²)	HBW
20	20	纵向、中心		880~900℃，空冷	≥420	≥250	≥25	≥55	—	≥156
	25	纵向、中心	正火	900~930℃，空冷	≥410	≥250	≥24	—	≥500	—
	25	横向、中心			≥410	≥220	≥22	—	≥400	—
	25	纵向、中心		900℃，空冷	≥400	≥240	≥25	≥55	—	—
	≤100	纵向、$\frac{1}{3}$半径		880~900℃，空冷	≥400	≥220	≥24	≥53	≥550	103~156
	100~300	纵向、$\frac{1}{3}$半径			≥380	≥200	≥23	≥50	≥500	103~156
	300~500	纵向、$\frac{1}{3}$半径	正火+高温回火	880~900℃正火，600~650℃回火，炉冷或空冷	≥370	≥190	≥22	≥45	≥500	103~156
	500~700	纵向、$\frac{1}{3}$半径			≥360	≥180	≥20	≥40	≥450	103~156
	10	纵向、中心	调质	900℃淬火，500℃回火	860	800	15	65	900	240
				600℃回火	680	580	19.5	67	1400	200
				650℃回火	620	500	21	68	1500	170
				700℃回火	600	480	24	73	1700	140
	≤16	纵向、中心		860~890℃淬水，530~670℃回火	550~650	≥360	≥20	≥40	700	—
	16~40	纵向、中心			500~600	≥300	≥22	≥50	800	—
	38	纵向、中心		870~900℃淬水，500℃回火	≥510	≥300	≥28	≥66	—	≥150
				600℃回火	≥500	≥280	≥30	≥68	—	≥143
	6	纵向、中心	淬火+低温回火	910℃淬10%NaCl水溶液，200℃回火	1530	$R_{p0.2}$ 1310	11.1	45	—	41~46HRC
	10	纵向、中心			1450	$R_{p0.2}$ 1140	9.5	34.3	410	

（续）

牌号	试样状态 截面尺寸 φ/mm	取样部位	材料状态	热 处 理	R_m/MPa	R_{eL}/MPa	A_5(%)	Z(%)	a_K/(kJ/m²)	HBW
20	10	纵向，中心		920℃淬水，450℃回火	980	920	13	62	800	250
	10	纵向，中心		920℃淬水，200℃回火	1380	1300	10	45	450	380
				920℃淬水，300℃回火	1250	1200	11	50	500	350
				920℃淬水，400℃回火	1150	1100	11.5	53	600	290
	15	纵向，中心	淬火+低、中温回火	910℃淬10%NaCl水溶液，200℃回火	1290	$R_{p0.2}$=1090	11.3	37.1	—	—
	38	纵向，中心		870~900℃淬水，200℃回火	≥580	≥370	≥22	≥60	—	165
				870~900℃淬水，300℃回火	≥540	≥350	≥23	≥62	—	159
				870~900℃淬水，400℃回火	≥530	≥320	≥26	≥64	—	152
	50	纵向，中心		830~850℃淬水，200℃回火	630~770	420~530	12~17	15~30	—	—
	25	纵向，中心	正火+渗碳+淬火+回火	940℃正火，930℃伪渗碳3h，880℃淬水，230℃回火	609	442	39.0	64	—	—
	25	纵向，中心		940℃正火，930℃伪渗碳3h，炉冷至830℃淬水，230℃回火	572	430	30.0	67.7	—	—
	≤50	纵向，中心	渗碳+淬火+回火	930℃渗碳，800℃淬水，180~200℃回火	500~600	280~350	≥18	≥45	—	表面56~62HRC，心部145~160HBW
25	25	纵向，中心	正火	870~890℃，空冷	≥460	≥280	≥24	≥50	≥1000	—
	≤100	纵向，$\frac{1}{3}$半径		870~890℃，空冷	≥430	≥240	≥22	≥50	≥500	111~170
	100~300	纵向，$\frac{1}{3}$半径	正火+高温回火	870~890℃正火，炉冷或空冷，600~650℃回火	≥400	≥220	≥20	≥48	≥500	111~170
	300~500	纵向，$\frac{1}{3}$半径		870~890℃正火，炉冷或空冷，600~650℃回火	≥390	≥210	≥18	≥40	≥400	111~170

（续）

牌号	截面尺寸 φ/mm	试样状态 取样部位	材料状态	热处理	R_m /MPa	R_{eL} /MPa	A_5 (%)	Z (%)	a_K /(kJ/m²)	HBW
25	10	纵向，中心	调质	860℃淬水，{500℃回火	800	660	19	70	1300	240
				600℃回火}	710	600	20	72	2000	230
	<16	纵向，中心		850~880℃淬水，530~650℃回火	600~700	≥390	≥18	—	≥600	—
	16~40				550~650	≥330	≥20	—	≥700	—
	38	纵向，$\frac{1}{2}$半径		860~890℃淬水，600℃回火	≥500	≥350	δ_4≥34	≥70	—	≥170
	6	纵向，中心	淬火+中、低温回火	880℃淬10% NaOH 水溶液，200℃回火	≥550	$R_{p0.2}$>1350	12	49	—	表面50HRC
	10	纵向，中心		880℃淬10% NaCl 水溶液，200℃回火	≥550	$R_{p0.2}$>1250	8	30	450	表面47HRC
	10	纵向，中心		860℃淬水，{200℃回火	1380	960	10	35	400	380
				300℃回火	1100	900	12	51	800	310
				400℃回火}	920	800	15	6.2	1200	250
	38	纵向，$\frac{1}{2}$半径		860~890℃淬水，200℃回火	≥640	≥450	A_4≥23	≥60	—	197
30	<15	纵向，中心	退火	850~900℃，炉冷	≥500	290	≥18	—	—	—
	<60	纵向，中心			≥450	—	≥17	≥45	—	≤179
	25	纵向，中心	正火	860~880℃，空冷	≥500	≥300	≥21	≥50	—	137~197
	≤100	纵向，$\frac{1}{3}$半径			≥480	≥250	≥19	≥48	≥40	126~179
	100~300	纵向，$\frac{1}{3}$半径	正火+高温回火	860~880℃，正火，600~650℃回火，空冷或炉冷	≥470	≥240	A_4≥19	≥45	≥350	126~179
	300~500	纵向，$\frac{1}{3}$半径			≥460	≥230	≥18	≥40	≥350	126~179
	500~700				≥450	≥220	≥17	≥35	≥300	126~179

（续）

牌号	截面尺寸 φ/mm	取样部位	材料状态	热 处 理	R_m/MPa	R_{eL}/MPa	A_5(%)	Z(%)	a_K/(kJ/m²)	HBW
30	10	纵向，中心	调质	860℃淬水，{500℃回火；600℃回火；650℃回火}	≥790 / ≥630 / ≥580	≥630 / ≥590 / ≥480	≥15 / 20 / 20	≥69 / 70 / 73	≥2100 / ≥2400 / ≥2600	≤210 / ≤210 / ≤180
	20	纵向，中心		860℃淬水，{500℃回火；600℃回火}	640~760 / 595~662	495~595 / 402~465	16.0~23.5 / 19.0~25.5	63.5~71.5 / 71.0~78.0	1600~2400 / 2070~2750	175~203 / 165~184
	25	纵向，中心		850~900℃淬水，550~650℃回火	≥550	≥340	≥23	≥57	夏氏≥11	152~212
	40	纵向，中心		860℃淬水，{500℃回火；600℃回火}	550~665 / 565~628	430~485 / 390~420	18.0~25.0 / 20.5~28.0	63.5~71.0 / 69.5~75.0	1390~2230 / 1750~2400	155~184 / 140~165
	60	纵向，中心		860℃淬水，{500℃回火；600℃回火}	540~635 / 490~573	390~445 / 355~395	18.5~27.0 / 21.5~28.5	61.0~68.0 / 66.0~72.7	1200~2170 / 1500~2360	150~175 / 138~158
	10	纵向，中心	淬火+低、中温回火	860℃淬水，{200℃回火；300℃回火；400℃回火}	≥1520 / ≥1200 / ≥1100	≥1350 / ≥1140 / ≥1000	≥9 / ≥9 / ≥10	≥52 / ≥64 / ≥65	≥500 / ≥600 / ≥1200	≥400 / ≥350 / ≥280
	20	纵向，中心		860℃淬水，400℃回火	690~860	555~660	12.5~21.5	58.5~66.5	1005~2205	190~239
	40	纵向，中心			575~720	450~530	16.0~22.0	57.0~66.0	1005~2000	161~200
	60	纵向，中心			565~680	426~495	16.0~24.0	63.0~64.0	905~1905	153~189
35	<15	纵向，中心	退火		≥520	≥310	≥17	—	—	—
	25	纵向，中心		840~860℃，炉冷	500	280	15	25	350	—

（续）

牌号	试样状态				力学性能					
	截面尺寸 φ/mm	取样部位	材料状态	热处理	R_m /MPa	R_{eL} /MPa	A_5 (%)	Z (%)	a_K /(kJ/m²)	HBW
35	<40	纵向，中心	退火	860~880℃，炉冷	520~650	≥280	≥15	≥45	—	143~187
	<60	纵向，中心		840~860℃，炉冷	≥480	—	≥15	≥45	—	≤187
	25	纵向，中心	正火	860~880℃，空冷	≥540	≥320	≥20	≥45	≥350	≤187
	≤100	纵向，$\frac{1}{3}$半径			≥520	≥270	≥18	≥43	≥350	149~187
	≤100	横向，$\frac{1}{3}$半径			≥490	≥260	≥14	≥34	350	—
	100~300	纵向，$\frac{1}{3}$半径			≥500	≥260	≥18	≥40	≥300	—
	100~300	横向，$\frac{1}{3}$半径			≥480	≥250	≥14	≥32	300	—
	300~500	纵向，$\frac{1}{3}$半径	正火+高温回火	860~880℃正火，空冷，600~650℃回火，炉冷或空冷	≥480	≥240	≥17	≥37	≥300	137~187
	300~500	横向，$\frac{1}{3}$半径			≥460	≥230	≥13	≥30	≥300	—
	500~750	纵向，$\frac{1}{3}$半径			≥460	≥230	≥16	≥32	≥250	137~187
	500~750	横向，$\frac{1}{3}$半径			≥440	≥220	≥12	≥26	≥250	—
	750~1000	纵向，$\frac{1}{3}$半径			≥440	≥220	≥15	≥28	≥250	137~187
	750~1000	横向，$\frac{1}{3}$半径			≥420	≥210	≥11	≥24	≥250	—
	10	纵向，中心	调质	860℃淬水，{500℃回火	≥820	≥790	≥11	≥62	≥1600	≥270
				600℃回火	≥700	≥610	≥20	≥65	≥1800	≥210
	15	纵向，中心		840~880℃淬水，540~600℃回火，水冷	700	550	14	50	1000	—
	<16	纵向，中心		840~870淬水或850~880℃淬油，530~670℃回火	650~800	≥420	≥16	≥40	500	—
	16~40	纵向，中心			600~720	≥370	≥18	≥45	600	—

（续）

牌号	截面尺寸 φ/mm	试样状态 取样部位	材料状态	热 处 理	R_{m}/MPa	R_{eL}/MPa	A_5（%）	Z（%）	a_{K}/（kJ/m²）	HBW
	25	纵向，中心		860~880℃淬水或淬油，600~680℃回火	≥580	≥400	≥22	≥55	≥700	167~235
	40~60	纵向，中心		850℃淬水，560~620℃回火	550~650	350~450	18~22	45~55	500~700	156~187
	40~100	纵向，$\frac{1}{3}$半径		840~870℃淬水，或850~880℃淬油，530~670℃回火	550~650	≥330	≥20	≥50	—	—
	≤100	纵向，$\frac{1}{3}$半径	调质	860~880℃淬水或淬油，600~680℃回火，炉冷或空冷	≥560	≥300	≥19	≥48	≥600	156~207
	100~300	纵向，$\frac{1}{3}$半径		860~880℃淬水或淬油，600~650℃回火，炉冷或空冷	≥540	≥280	≥18	≥40	≥500	≤207
	≤150	纵向，$\frac{1}{3}$半径		840~870℃淬水，或850~880℃淬油，530~670℃回火	550~650	≥320	≥20	—	~600	—
	150~250				500~600	≥300	≥22	—	~600	—
	250~500				500~600	≥270	≥20	—	~600	—
35	12.5	纵向，中心	正火+调质	930℃正火，870℃淬水，540℃回火	640	525	28	58	—	187
				590℃回火	620	450	29	70	—	179
				650℃回火	600	435	30	70.5	—	174
	25	纵向，中心		930℃正火，870℃淬水，540℃回火	615	480	28	68.5	—	179
				590℃回火	595	—	29	71	—	170
				650℃回火	595	430	28.5	71.5	—	170
	50	纵向，$\frac{1}{2}$半径		930℃正火，870℃淬水，540℃回火	605	450	28	66	—	170
				590℃回火	585	405	29	69	—	167
				650℃回火	560	400	30	71	—	156

（续）

牌号	截面尺寸 φ/mm	取样部位	材料状态	热处理	R_m/MPa	R_{eL}/MPa	A_5(%)	Z(%)	α_K/(kJ/m²)	HBW
35	100	纵向，$\frac{1}{2}$半径	正火+调质	930℃正火，870℃淬火，540℃回火	565	385	32	68	—	163
				590℃回火	560	380	32	68.5	—	163
				650℃回火	520	345	34	71	—	149
	10	纵向，中心	淬火+低、中温回火	860℃淬水，200℃回火	≥1600	≥1420	10	≥41	—	≥450
				300℃回火	≥1350	≥1250	10	≥41	≥1500	≥400
				400℃回火	≥1050	≥1000	~10	≥52	≥800	≥320
	16	纵向，中心		840~860℃淬水，380~420℃回火	≥1000	≥650	≥8	≥30	≥600	表面30~40HRC
	≤20	纵向，中心		840~860℃淬水，200~300℃回火	≥1000	≥650	≥8	≥30	~300	表面30~40HRC
	40~60	纵向，中心		830℃淬水，400℃回火	800	—	—	50	—	210
40	25	纵向，中心	正火	840~860℃，空冷	≥570	≥340	≥19	≥45	≥900	—
	≤100	纵向，$\frac{1}{3}$半径		840~860℃，空冷	≥560	≥280	≥17	≥40	≥300	≤207
	100~300				≥540	≥270	≥17	≥36	≥300	≤207
	300~500	纵向，$\frac{1}{3}$半径	正火+高温回火	840~860℃正火，600~650℃回火，炉冷或空冷	≥520	≥260	≥16	≥32	≥2500	≤207
	500~750				≥500	≥250	≥15	≥30	≥2500	≤207
	6	纵向，中心	调质	830℃淬油，500℃回火	1050	915	12.6	56	1470	—
	15	纵向，中心		830~870℃淬水，540~600℃回火，水冷	750	600	13	48	900	—
	25	纵向，中心		830~880℃淬水，550~650℃回火，水冷	≥620	≥450	≥20	≥50	夏氏≥900	179~355

（续）

牌号	截面尺寸 φ/mm	取样部位	材料状态	热处理	R_m/MPa	R_{eL}/MPa	A_5(%)	Z(%)	a_K/(kJ/m²)	HBW
40	<30	纵向，中心	调质	830~850℃淬水，500~570℃回火	≥800	≥550	≥13	≥45	≥600	241~321
	30	纵向，中心		830~850℃淬水，560~600℃回火，空冷	≥800	≥600	≥17	≥55	≥800	—
	<60	纵向，中心		830~850℃淬水，500~570℃回火	≥750	≥500	≥15	≥40	≥400	241~321
	≤100	纵向，$\frac{1}{3}$半径		830~850℃淬水，580~640℃回火，炉冷或空冷	≥630	≥350	≥18	≥40	≥500	170~217
	100~300				≥600	≥300	≥17	≥35	≥400	170~217
	10	纵向，中心	正火+调质	870℃正火，840℃淬水，500℃回火	≥900	≥800	≥21	≥63	≥1500	≥260
				870℃正火，840℃淬水，600℃回火	≥750	≥600	≥28	≥67	≥1800	≥200
	25	纵向，中心		870℃正火，870℃淬水，550℃回火	870	630	22	62	—	229
				870℃正火，870℃淬水，650℃回火	730	480	25	68	—	200
	30	纵向，中心	正火+回火+调质	850℃正火，空冷，660℃回火，空冷 / 860℃淬水，560~580℃回火，空冷	≥800	≥580	≥19	≥57	≥1050	≥320
	40	纵向，中心			≥780	≥540	≥19	≥57	≥1000	≥320
	50	纵向，中心			≥720	≥500	≥17	≥55	≥700	197
		纵向，$\frac{1}{2}$半径			≥740	≥520	—	—	—	—
	60	纵向，中心			≥720	≥480	≥19	≥56	≥750	≥280
		纵向，$\frac{1}{2}$半径			≥760	≥500	—	—	—	—
	80	纵向，中心			≥700	≥450	≥18.5	≥53	≥700	≥270
		纵向，$\frac{1}{2}$半径			≥750	≥480	—	—	—	—
	100	纵向，中心			≥700	≥440	≥18	≥52	≥700	≥270
		纵向，$\frac{1}{2}$半径			≥730	≥480	—	—	—	—

（续）

牌号	截面尺寸 φ/mm	试样状态 取样部位	材料状态	热处理	R_m /MPa	R_{eL} /MPa	A_5 (%)	Z (%)	a_K /(kJ/m²)	HBW
40	120	纵向，中心	正火+回火+调质	850℃正火，空冷，660℃回火，空冷，860℃淬水，600~620℃回火，空冷	≥690	≥430	≥18	≥51	≥600	≥260
		纵向，$\frac{1}{2}$半径			≥720	≥470	—	—	—	—
		纵向，表面			≥770	≥510	—	—	—	—
	140	纵向，中心			≥690	≥420	≥18	≥50	≥600	≥260
		纵向，$\frac{1}{2}$半径			≥710	≥460	—	—	—	—
		纵向，表面			≥760	≥500	—	—	—	≥290
	160	纵向，中心			≥680	≥410	≥18	≥49	≥550	≥260
		纵向，$\frac{1}{2}$半径			≥710	≥460	—	—	—	—
		纵向，表面			≥740	≥490	—	—	—	≥290
	180	纵向，中心			≥610	≥380	≥22	≥58	≥850	≥250
		纵向，$\frac{1}{2}$半径			≥630	≥400	—	—	—	—
		纵向，表面			≥680	≥450	—	—	—	≥280
	200	纵向，中心			≥600	≥380	≥22	≥57	≥800	≥250
		纵向，$\frac{1}{2}$半径			≥620	≥400	—	—	—	—
		纵向，表面			≥680	≥450	—	—	—	≥280
	6	纵向，中心	淬火+中温回火	830℃淬水，300℃回火	1250	—	11	55	1060	—
	10	纵向，中心	正火+淬火+低、中温回火	870℃正火，840℃淬水，{200℃回火 300℃回火 400℃回火}	≥1500	≥1420	≥4	≥17	≥400	≥490
		纵向，中心			≥1400	≥1300	≥8	≥38	≥500	≥400
		纵向，中心			≥1100	≥1000	≥15	≥61	≥1200	≥320
	25	纵向，中心		870℃正火，870℃淬火，450℃回火	920	670	19	58	—	255

（续）

牌号	截面尺寸 φ/mm	取样部位	材料状态	热　处　理	R_m /MPa	R_{eL} /MPa	A_5 (%)	Z (%)	a_K /(kJ/m²)	HBW
45	<15	纵向，中心	退火	820~840℃，炉冷	≥600	≥340	≥14	—	—	—
	<60				≥550	—	≥13	≥40	—	≤207
	25	纵向，中心	正火	830~880℃，空冷	≥610	≥360	≥16	≥40	≥800	170~229
	50	纵向，中心			600~700	290	18	—	—	180~210
	≤100	纵向，$\frac{1}{3}$半径	正火	830~860℃，空冷	≥600	≥300	≥15	≥38	≥300	170~217
		横向，$\frac{1}{3}$半径			≥570	≥290	≥12	≥31	≥300	—
	100~300	纵向，$\frac{1}{3}$半径			≥580	≥290	≥15	≥35	≥250	162~217
		横向，$\frac{1}{3}$半径			≥550	≥280	≥12	≥28	≥250	—
	300~500	纵向，$\frac{1}{3}$半径			≥560	≥280	≥14	≥32	≥250	162~217
		横向，$\frac{1}{3}$半径			≥540	≥270	≥11	≥26	≥250	—
	500~750	纵向，$\frac{1}{3}$半径	正火+高温回火	830~860℃正火，空冷，580~630℃回火，炉冷或空冷	≥540	≥270	≥13	≥30	≥200	156~217
		横向，$\frac{1}{3}$半径			≥520	≥260	≥10	≥24	≥200	—
	750~1000	纵向，$\frac{1}{3}$半径			≥520	≥260	≥13	≥28	≥200	—
		横向，$\frac{1}{3}$半径			≥500	≥250	≥10	≥22	≥200	—
	12.5	纵向，中心	调质	840℃淬盐水，{500℃回火 575℃回火 650℃回火	1080	1010	14.5	59	—	308
					880	790	21	63	—	259
					760	670	25.5	67	—	227
	15	纵向，中心		850℃淬水，{500℃回火 550℃回火 600℃回火	850	750	12	45	800	—
					800	650	16	50	1000	—
					750	600	25	55	1200	—

（续）

牌号	截面尺寸 φ/mm	试样状态 取样部位	材料状态	热处理	R_m/MPa	R_{eL}/MPa	A_5(%)	Z(%)	α_K/(kJ/m²)	HBW
45	≤16	纵向，中心		820~850℃淬水，或830~860℃淬油，530~670℃回火	750~900	≥480	≥14	≥35	~300	—
	16~40				650~800	≥400	≥16	≥40	~400	—
	20	纵向，中心		815℃淬水或淬油，650℃回火，空冷	720~770	490~500	20~23	51~59	—	≥200
	20~40	纵向，中心		820~840℃淬火，560~620℃回火	700~850	450~550	15~17	40~45	500~600	196~241
			调质	840℃淬盐水，500℃回火	960	745	18.5	61	1590	274
				840℃淬盐水，575℃回火	840	620	23.5	65	1740	241
				840℃淬盐水，650℃回火	755	555	26.5	68	1620	220
	25	纵向，中心		820~870℃淬水，550~650℃回火	≥700	≥500	≥17	≥45	夏氏≥800	201~269
	30	纵向，中心		830℃淬水，500~520℃回火，空冷	≥720	≥520	≥17	≥40	≥500	241~285
	40	纵向，$\frac{1}{2}$半径		850℃淬水，550℃回火	≥750	≥550	≥15	≥45	≥800	—
		纵向，$\frac{1}{3}$半径		815℃淬水或淬油，650℃回火，空冷	700~710	440~480	21~28	50~56	—	≥200
	40~100	纵向，中心		820~850℃淬水，或830~860℃淬油，530~670℃回火	600~720	≥360	≥18	≥45	—	—
	50	纵向，中心		840℃淬盐水，500℃回火	920	615	21.5	57.5	1100	255
				840℃淬盐水，575℃回火	835	525	23.5	61	1670	229
				840℃淬盐水，650℃回火	755	470	27	63.5	1780	208
		纵向，中心		850℃淬水，550℃回火	≥700	≥500	≥15	≥45	≥700	—

（续）

牌号	截面尺寸 φ/mm	试样状态 取样部位	材料状态	热 处 理	R_m/MPa	R_{eL}/MPa	A_5(%)	Z(%)	a_K/(kJ/m²)	HBW
45	60	纵向，中心	调质	830℃淬水，500~520℃回火，空冷	≥650	≥450	≥17	≥40	≥500	241~285
		纵向，$\frac{1}{2}$半径		840℃淬水，580~650℃回火	≥700	≥450	≥12	—	≥500	196~229
		纵向，$\frac{1}{2}$半径		815℃淬水或淬油，650℃回火，空冷	≥680	420~460	22~30	50~53	—	≥195
	75	纵向，$\frac{1}{2}$半径		850℃淬水，550℃回火	≥700	≥450	≥14	≥40	≥600	—
	80	纵向，$\frac{1}{2}$半径		815℃淬水或淬油，650℃回火，空冷	≥670	400~450	22~30	49~52	—	≥190
	≤100	纵向，$\frac{1}{2}$半径		820~840℃淬水，580~640℃回火	≥650	≥350	≥17	≥38	≥450	192~228
		纵向，$\frac{1}{3}$半径		840℃淬水或淬油，550~580℃回火，空冷	≥610	≥360	≥17	≥40	≥500	172~223
		纵向，$\frac{1}{2}$半径		850℃淬水，550℃回火	≥700	≥450	≥13	≥40	≥500	—
	100	纵向，$\frac{1}{2}$半径		815℃淬水或淬油，650℃回火，空冷	640~670	400~440	24~30	49~50	1020	≥175
		纵向，中心		840℃淬盐水，{500℃回火	820	505	20	57	1020	230
				575℃回火	745	425	25	62.5	1220	218
				650℃回火}	645	375	31	65.5	1230	188
		纵向，$\frac{1}{2}$半径		840℃淬盐水，{500℃回火	845	525	23.5	57.5	1050	241
				575℃回火	815	485	26	63.5	1150	229
				650℃回火}	670	420	30	66	1020	191
	120	纵向，$\frac{1}{2}$半径		815℃淬水或淬油，650℃回火，空冷	620~670	390~420	25~30	48~50	—	≥170

（续）

牌号	截面尺寸 φ/mm	试样状态 取样部位	材料状态	热 处 理	R_m /MPa	R_{eL} /MPa	力 学 性 能 A_5 (%)	Z (%)	a_K /(kJ/m²)	HBW
45	≤150	纵向，$\frac{1}{3}$半径		820~850℃淬水，或830~860℃淬油，530~670℃回火	600~720	≥360	≥17	—	~500	—
		横向，$\frac{1}{3}$半径			600~720	≥360	≥13	—	~300	—
	≤200	纵向，$\frac{1}{3}$半径	调质	840℃淬水或淬油，550~580℃回火，空冷	≥570	≥320	≥17	≥40	≥500	172~223
		纵向，$\frac{1}{3}$半径		820~850℃淬水或淬油，600~640℃回火	≥650	≥360	≥17	≥35	≥400	187~229
	≤300	纵向，$\frac{1}{2}$半径		850℃淬水，550℃回火	≥650	≥400	≥12	≥40	≥300	—
		纵向，$\frac{1}{3}$半径		840~860℃淬水或淬油，550~580℃回火，空冷	≥550	≥300	≥17	≥40	≥400	172~223
		纵向，$\frac{1}{3}$半径		840~860℃淬水或淬油，600~640℃回火	≥570	≥320	≥17	≥35	≥400	170~227
	300~500	纵向，$\frac{1}{3}$半径		820~850℃淬水或淬油，600~640℃回火	≥560	≥280	≥14	≥32	≥250	153~217
	500~750				≥540	≥270	≥13	≥30	≥200	149~217
	10	纵向，中心		840℃淬水，{ 200℃回火	≥1540	≥1470	≥6	≥18	≥300	≥490
				300℃回火	≥1400	≥1300	≥8	≥38	≥500	≥420
				400℃回火 }	≥1100	≥1000	≥15	≥62	≥1200	≥340
	15	纵向，中心	淬火+低、中温回火	850℃淬水，450℃回火	1000	850	10	40	600	—
	20~40	纵向，中心		820~840℃淬水，180~200℃回火	≥1300	≥1150	≥6	≥22	≥150	表面 51~55HRC
	≤50	纵向，中心		820~840℃淬水，260~280℃回火	≥1200	≥950	≥6	≥22	—	表面 45~50HRC

（续）

牌号	截面尺寸 φ/mm	试样状态 取样部位	材料状态	热处理	R_m/MPa	R_{eL}/MPa	A_5(%)	Z(%)	a_K/(kJ/m²)	HBW
45	≤80	纵向，中心	淬火+低温、中温回火	830~850℃淬油，160~180℃回火	≥900	≥650	≥15	≥40	~400	表面30~40HRC
	≤80			820~840℃淬水，350~370℃回火	≥1200	≥1000	≥10	≥40	400	表面40~45HRC
	25	纵向，中心	正火+高频感应淬火，低温回火	850℃正火，860~890℃高频感应淬火，160~200℃回火	≥610	≥360	≥16	≥40	—	表面52~62HRC，心部170~228HBW
	25	纵向，中心	调质+高频感应淬火，回火	820~840℃淬水，{180~200℃回火 / 220~240℃回火 / 320~340℃回火}，860~890℃高频感应淬水	≥750	≥450	≥17	≥35	—	表面52~58HRC，心部220~250HBW
	≤60	纵向，中心			≥750	≥450	≥17	≥35	—	表面45~50HRC，心部220~250HBW
	≤60				≥750	≥450	≥17	≥35	—	表面40~45HRC，心部220~250HBW
50	<15	纵向，中心	退火	810~830℃，炉冷	≥630	≥360	≥12	—	—	—
	≤60	纵向，中心			≥570	—	≥12	≥40	—	≥217
	≤100	纵向，1/2半径		820℃，炉冷	≤600	≤300	≥15	≥38	≥300	≤170
	100~300	纵向，1/2半径			≤560	≤280	≥14	≥31	≥250	≤170
	25	纵向，中心	正火	820~870℃，空冷	≥660	≥370	≥15	≥40	≥700	—
	≤80	纵向，中心			≥640	≥380	≥14	≥40	≥400	—
	<100	纵向，1/2半径	正火	820℃，空冷	630~720	340~430	13~18	40~50	300~400	187~229
	≤100	纵向，1/2半径	正火	830~860℃，空冷	≥620	≥320	≥13	≥35	≥300	≤229
	100~300	纵向，1/3半径			≥600	≥300	≥12	≥35	≥250	≤229
	120	纵向，中心	正火+高温回火	850℃正火，660℃回火，空冷	≥600	≥300	≥20	≥40	≥300	≥170
	400~500	纵向，1/3半径		830~860℃正火，空冷，600~650℃回火，炉冷或空冷	≥580	≥290	≥12	≥30	≥250	≤229
	500~700	纵向，1/3半径			≥560	≥270	≥12	≥28	≥200	≤229

（续）

牌号	试样状态 截面尺寸 φ/mm	取样部位	材料状态	热处理	力学性能 R_m/MPa	R_{eL}/MPa	A_5(%)	Z(%)	a_K/(kJ/m²)	HBW
50	10	纵向，中心		840℃淬水，{500℃回火	≥950	≥850	≥15	≥55	≥1200	≥240
				600℃回火}	≥750	≥600	≥20	≥62	≥1500	≥200
	15	纵向，中心		810~850℃淬水，540~600℃回火，水冷	850	700	12	44	700	—
	<16	纵向，中心		820~840℃淬水，530~650℃回火	850~950	≥530	≥12	—	≥200	—
	16~40				750~850	≥450	≥14	—	≥300	—
	25	纵向，中心		810~860℃淬水，550~650℃回火	≥750	≥550	≥15	≥40	夏氏≥700	212~277
	30	纵向，中心		820~840℃淬水，{580~600℃回火，空冷	≥800	≥600	≥15	≥50	≥800	—
				500~550℃回火}	≥800	≥550	≥9	≥35	≥400	241~302
	50	纵向，中心	调质	850℃淬水，590~600℃回火	≥780	≥560	≥15	≥50	$\left(\frac{1}{3}半径处\right)$≥800	≥223
	<60	纵向，$\frac{1}{2}$半径			≥780	≥540	≥13	≥50	$\left(\frac{1}{3}半径处\right)$≥800	≥217
	60~80	纵向，中心		800℃淬水，450~530℃回火	≥800	≥560	—	≥50	≥600	229
		纵向，$\frac{1}{2}$半径		820℃淬水，560~600℃回火	≥850	≥600	≥10	≥35	—	241~302
					700~800	370~420	15~17	40~45	400~500	197~229
	80	纵向，中心		850℃淬水，590~600℃回火	≥780	≥520	≥15	≥45	$\left(\frac{1}{2}半径处\right)$≥600	≥212
		纵向，$\frac{1}{2}$半径			≥800	≥540	—	—	≥300	≥223
	≤100	纵向，$\frac{1}{3}$半径		820℃淬水，560~620℃回火，空冷	700~800	~530	15~17	≥40	~500	220~250
	100~300	纵向，$\frac{1}{3}$半径		810~860℃淬水，550~650℃回火	≥700	≥400	≥13	≥34	≥250	≤241
		纵向，$\frac{1}{3}$半径			≥660	≥360	≥12	≥32	≥200	≤241

（续）

牌号	截面尺寸 ϕ/mm	取样部位	材料状态	热处理	R_m /MPa	R_{eL} /MPa	A_5 (%)	Z (%)	a_K /(kJ/m²)	HBW
50	120	纵向，中心		820~840℃淬水，580~600℃回火，空冷	≥750	≥500	≥13	≥40	≥400	—
	120	纵向，中心	调质	850℃淬水，590~600℃回火	≥760	≥480	≥13	≥40	$\left(\frac{1}{3}$半径处$\right)$ ≥400	≥212
	120	纵向，$\frac{1}{2}$半径			≥780	≥520	—	—	—	≥229
	120	纵向，表面			≥800	≥560	—	—	—	—
	≤160	纵向，$\frac{1}{2}$半径		820℃淬水，560~620℃回火，空冷	600~700	350~400	15~17	40	300~400	170~196
	200	纵向，中心		820~840℃淬水，580~600℃回火，空冷	≥750	≥450	≥13	≥35	≥200	—
	30	纵向，中心	正火+高温回火+调质	850℃正火，560℃回火，空冷，850℃淬水，580~600℃回火，空冷	≥780	≥570	≥22	≥59	≥900	≥210
	40	纵向，中心			≥780	≥560	≥22	≥59	≥800	≥210
	60	纵向，中心			≥770	≥540	≥21	≥59	≥550	≥205
	60	纵向，$\frac{1}{2}$半径			≥800	≥580	—	—	—	≥210
	80	纵向，中心			≥760	≥530	≥20	≥58	≥550	≥200
	80	纵向，$\frac{1}{2}$半径			≥790	≥570	—	—	—	≥210
	100	纵向，中心			≥760	≥510	≥20	≥56	≥550	≥200
	100	纵向，$\frac{1}{2}$半径			≥790	≥550	—	—	—	≥200
	120	纵向，中心			≥750	≥500	≥20	≥52	≥550	≥200
	120	纵向，$\frac{1}{2}$半径			≥790	≥530	—	—	—	≥200
	120	纵向，表面			≥810	≥580	—	—	—	≥220

（续）

牌号	试样状态			热处理	力学性能					
	截面尺寸 φ/mm	取样部位	材料状态		R_m/MPa	R_{eL}/MPa	A_5（%）	Z（%）	a_K/（kJ/m²）	HBW
50	140	纵向，中心	正火+高温回火+调质	850℃正火，空冷，560℃回火，空冷，850℃淬水，580~600℃回火，空冷	≥730	≥490	≥19	≥50	≥550	≥195
		纵向，1/2半径			≥780	≥520	—	—	—	≥200
		纵向，表面			≥800	≥570	—	—	—	≥210
	160	纵向，中心			≥720	≥580	≥19	≥48	≥500	≥195
		纵向，1/2半径			≥780	≥510	—	—	—	≥200
		纵向，表面			≥800	≥570	—	—	—	≥210
	180	纵向，中心			≥720	≥570	≥19	≥46	≥450	≥190
		纵向，1/2半径			≥770	≥500	—	—	—	≥195
		纵向，表面			≥800	≥550	—	—	—	≥210
	200	纵向，中心			≥710	≥540	≥18	≥40	≥150	≥190
		纵向，1/2半径			≥760	≥500	—	—	—	≥195
		纵向，表面			≥800	≥550	—	—	—	≥200
	10	纵向，中心	淬火+低、中温回火	840℃淬水，{250℃回火	≥1700	≥1500	≥10	≥35	≥300	≥390
		纵向，中心		300℃回火	≥1500	≥1380	≥12	≥40	≥400	≥380
		纵向，中心		400℃回火}	≥1200	≥1100	≥12	≥43	≥1000	≥280
	25~30	纵向，中心		820~840℃淬水，180~200℃回火	900	700	13.5	—	400	30~40HRC
55	25	纵向，中心	正火	800~850℃，空冷	≥660	≥400	≥15	—	—	183~255
		纵向，中心		800~840℃，空冷	640~815	360~475	15~24	35~46	—	—
		纵向，1/2半径			700~815	360~475	15~24	33~41	—	—

（续）

牌号	截面尺寸 φ/mm	取样部位	材料状态	热处理	R_m /MPa	R_{eL} /MPa	A_5 (%)	Z (%)	a_K /(kJ/m²)	HBW
55	≤100	纵向，1/3半径	正火	810~860℃正火，空冷	≥660	≥320	≥12	≥35	≥300	187~229
	100~300	纵向，1/3半径	正火		≥640	≥320	≥11	≥28	≥250	187~229
	300~500	纵向，1/3半径		810~860℃正火，空冷，600~650℃回火，炉冷	≥620	≥310	≥10	≥25	≥250	179~229
	335	纵向，1/3半径	正火+高温回火	830~840℃正火，空冷，540~560℃回火	740	350	20	35	—	—
	520	纵向，1/3半径		815~825℃正火，空冷，605~615℃回火	670	370	—	53	570	—
	5	纵向，中心		850℃淬10%NaCl水溶液，500℃回火	997	966	—	—	—	30~31HRC
	15	纵向，中心		800~840℃淬水，540~600℃回火，水冷	890	740	12	42	700	—
	<16	纵向，中心		800~830℃淬水，或810~840℃淬油，530~670℃回火	800~850	≥530	≥13	≥30	≥200	—
	16~40	纵向，中心			700~850	≥450	≥15	≥35	≥300	—
	20	纵向，中心	调质	840℃淬水，{500℃回火	920~1030	$R_{p0.2}$ 735~827	10.2~12	53~59	650~1050	255~285
				{600℃回火	750~810	$R_{p0.2}$ 522~570	15~15.5	58.5~65.3	1100~1450	209~255
	25	纵向，中心		800~850℃淬水，550~650℃回火，水冷	≥800	≥600	≥14	≥35	（夏氏）≥600	229~285
	<28	纵向，中心		850℃淬水，600℃回火	≥860	$R_{p0.2}$≥470	≥15	—	—	—
	40	纵向，中心		840℃淬水，{500℃回火	840~920	$R_{p0.2}$ 567~620	12.5~14	45~52.8	550~720	228~264
				{600℃回火	730~805	$R_{p0.2}$ 470~510	15.5~16.5	56~62	800~1280	203~225

（续）

牌号	截面尺寸 φ/mm	试样状态 取样部位	材料状态	热处理	R_m /MPa	R_{eL} /MPa	A_5 (%)	Z (%)	α_K /(kJ/m²)	HBW
55	40~100	纵向，$\frac{1}{3}$半径		800~830℃淬水，或810~840℃淬油，530~670℃回火	650~800	≥400	≥16	≥40	—	—
	60	纵向，中心	调质	840℃淬水，{500℃回火	770~870	$R_{p0.2}$ 524~580	13.5~14.1	43~52	400~600	210~239
				600℃回火}	681~760	$R_{p0.2}$ 445~490	16~18	56~61	620~940	190~210
	100~250	纵向，$\frac{1}{3}$半径		800~830℃淬水，或810~840℃淬油，530~670℃回火	650~800	≥370	≥16	≥45	—	—
	5	纵向，中心	淬火+低、中温回火	850℃淬10%NaCl水溶液，{350℃回火	1564	$R_{p0.2}$1435	—	41.6	—	44HRC
				400℃回火}	1373	$R_{p0.2}$1300	—	51.2	—	39~40HRC
	20	纵向，中心		840℃淬水，400℃回火	1085~1240	$R_{p0.2}$ 890~1015	7.5~8	43.5~52.5	550~700	302~341
	40	纵向，中心			925~1023	$R_{p0.2}$ 647~765	10~11.5	43.5~47.6	400~540	260~290
	60	纵向，中心			845~950	$R_{p0.2}$ 595~660	10.5~12.5	42.7~46.5	330~500	234~266
60	25	纵向，中心	正火	810~850℃，空冷	≥690	≥410	≥12	≥35	—	183~255
	45~60	纵向，中心		780~820℃，空冷	750~890	370~485	≥16	—	—	—
	≤50	纵向，中心		—	700~800	350	15	—	—	200~240
	60~85	纵向，$\frac{1}{2}$半径		780~820℃，空冷	≥690	400~515	≥12	≥33	—	—
	≤100	纵向，$\frac{1}{3}$半径		810~850℃，空冷	≥650	≥350	≥10	≥28	—	≤229
	≤16	纵向，中心	调质	800~830℃淬水，或810~840℃淬油，530~670℃回火	850~1050	≥570	≥12	≥25	~200	—
	16~40				750~900	≥490	≥14	≥30	~300	—

（续）

牌号	截面尺寸 φ/mm	取样部位	材料状态	热处理	R_m/MPa	R_{eL}/MPa	A_5(%)	Z(%)	a_K/(kJ/m²)	HBW
60	25	纵向、中心	调质	800~850℃淬水，550~650℃回火	≥800	≥600	≥14	≥35	≥600（夏氏）	229~285
	40~100	纵向、1/3半径		800~830℃淬水，或810~840℃淬油，530~670℃回火	700~850	≥440	≥15	≥35	—	—
	25	纵向、中心	淬火+中温回火	810℃淬水，油冷，400℃回火	≥1300	$R_{p0.2}$≥1180	≥12	≥42	≥600	≥40HRC
				450℃回火	≥1180	$R_{p0.2}$≥1050	≥13	≥50	≥700	≥36HRC
65	25	纵向、中心	正火	820~860℃，空冷	≥710	≥420	≥10	≥30	—	—
	12	纵向、中心	调质	800℃淬油，500℃回火	1150	780	12	40	—	—
				550℃回火	1050	750	17	44	—	—
				600℃回火	950	650	18	52	—	—
	<12	纵向、中心		800℃淬油，650℃回火	900	610	19	56	—	—
	12	纵向、中心	淬火+中温回火	830℃淬油，380℃回火	≥1000	≥800	A_{10}=9	35	—	—
70	25	纵向、中心	正火	820~860℃，空冷	≥730	≥430	≥9	35	—	—
	<16	纵向、中心	调质	780~810℃淬水，或810~840℃淬油，530~670℃回火	800~1000	≥570	≥11	≥25	~200	—
	16~40				750~900	≥400	≥13	≥30	—	—
	<12	纵向、中心	淬火+中温回火	830℃淬油或淬水，380℃回火，空冷	≥1050	≥850	A_{10}≥8	≥30	—	—

（续）

牌号	截面尺寸 ϕ/mm	试样状态 取样部位	材料状态	热 处 理	R_m /MPa	R_{eL} /MPa	力学性能 A_5 (%)	Z (%)	a_K /(kJ/m²)	HBW
75	<12	纵向，中心	软化退火	600~650℃淬油，空冷	≤650	≤300	≥25	—	—	≤215
	25	纵向，中心	调质	820℃淬油，480℃回火空冷	≥1100	≥900	≥7	≥30	—	—
	<32	纵向，中心	淬火+中温回火	820℃淬油，480℃回火，空冷	≥1100	≥900	$A_{10}≥7$	≥30	—	—
	<12	纵向，中心		780~810℃淬油，420~500℃回火	1200~1600	≥1100	≥6	—	—	36~47HRC
85	<12	纵向，中心	软化退火	600~650℃淬油，空冷	≤650	≤300	≥25	—	—	≤215
	25	纵向，中心	调质	820℃淬油，480℃回火，空冷	≥1150	≥1000	≥6	≥30	—	—
	6~32	纵向，中心	淬火+中温回火	800~820℃淬油，380~440℃回火，空冷	1200~1600	≥1000	≥6	≥30		36~40HRC
15Mn	<60	纵向，中心	退火	900~950℃，空冷	≥400	—	≥21	≥50	—	≤163
	>4~60	纵向，中心	正火	920℃，空冷	≥420	—	≥26	≥55	—	—
	25	纵向，中心	正火	920℃，空冷	≥420	≥250	≥26	—	—	—
	23	纵向，中心	正火+调质	900℃正火，890℃淬水，580℃回火，油冷	≥970	≥710	$A_{10}≥10$	≥74	≥1300	—
	23	纵向，中心	正火+淬火+中温回火	900℃正火，890℃淬水，600℃回火，油冷	≥640	≥570	$A_{10}≥12$	≥78	≥1300	—
	23	纵向，中心	正火+淬火+中温回火	900℃正火，890℃淬水，400℃回火，油冷	≥1000	≥950	$A_{10}≥5$	≥66	≥550	—
	19	纵向，中心	淬火+中温回火	890℃淬水，425℃回火，水冷	957	893	$A_{10}=6.4$	67.4	675	—
	19			890℃淬水，450℃回火，水冷	888	804	$A_{10}=7.8$	67.1	1140	—
	60	纵向，中心	淬火+中温回火	890℃淬水，425℃回火，水冷	577	446	$A_{10}=17$	78	≥1200	—
	60			890℃淬水，450℃回火，水冷	571	425	$A_{10}=16.7$	72.1	≥1200	—

（续）

牌号	截面尺寸 φ/mm	取样部位	材料状态	热 处 理	R_m /MPa	R_{eL} /MPa	A_5 (%)	Z (%)	a_K /(kJ/m²)	HBW
15Mn	<30	纵向，中心	渗碳+淬火+低温回火	900~920℃渗碳，780~800℃淬水或淬油，180~200℃回火	≥500	≥300	≥17	≥45	—	心部140~160 表面56~62HRC
20Mn	>4~60	纵向，中心	正火	900~950℃，空冷	≥460	—	≥24	—	—	—
	25	纵向，中心	正火	900~950℃，空冷	≥460	≥280	≥24	≥50	—	—
	20	纵向，中心	调质	890℃淬水，500℃回火，油冷	≥790	≥700	A_{10} ≥11	≥73	≥1250	—
	20	纵向，中心	调质	890℃淬水，600℃回火，油冷	≥620	≥520	A_{10} ≥14	≥78	≥1250	—
	19	纵向，中心		890℃淬水，425℃回火，油冷	≥957	≥893	A_{10} ≥6.4	≥67.4	675	—
	19	纵向，中心	淬火+中温回火	890℃淬水，450℃回火，油冷	≥888	≥804	A_{10} ≥7.8	≥67.1	≥1140	—
	20	纵向，中心			900	800	A_{10} ≥9	69	1100	—
	40	纵向，中心			720	600	A_{10} ≥12	73	1150	—
	60	纵向，中心			580	450	A_{10} ≥17	77	1250	—
	60	纵向，中心	淬火+低温回火	890℃淬水，425℃回火，油冷	≥577	≥446	A_{10} ≥17	≥78	≥1200	—
	10	纵向，中心	渗碳+淬火+低温回火	880℃淬 10% NaCl 水溶液，200℃回火	1500	$R_{p0.2}$ 1260	10.8	42.5	940~980	44HRC
	<30	纵向，中心	渗碳+淬火+低温回火	900~920℃渗碳，850℃淬水，200℃回火	1250~1300	—	6.5	57~60	800~900	364
30Mn	>4~60	纵向，中心	正火	900~950℃，空冷	≥550	—	≥20	—	—	—
	25	纵向，中心	正火	900~950℃，空冷	≥550	≥320	≥20	≥45	—	—
	20	纵向，中心	调质	840℃淬水，550℃回火，空冷	≥750	≥600	≥20	≥64	≥1800	—
	20	纵向，中心	调质		≥720	≥560	≥22	≥64	≥1350	—
	40	纵向，中心，表面	调质		≥750	≥580	≥20	≥64	≥1600	—

（续）

牌号	截面尺寸 φ/mm	试样状态		热 处 理	力 学 性 能					
		材料状态	取样部位		R_m /MPa	R_{eL} /MPa	A_5 (%)	Z (%)	a_K /(kJ/m²)	HBW
30Mn	50	调质	纵向，中心	840℃淬水，550℃回火，空冷	≥680	≥560	≥23	≥64	≥1300	—
			纵向，表面		≥700	≥580	≥24	≥64	≥1400	—
	60		纵向，中心		≥690	≥510	≥24	≥64	≥1200	—
			纵向，表面		≥750	≥550	≥20	≥64	≥1600	—
	80		纵向，中心		≥650	≥510	≥22	≥63	≥1100	—
			纵向，表面		≥750	≥550	≥22	≥62	≥1600	—
	100		纵向，中心		≥610	≥510	≥21	≥62	≥1000	—
			纵向，表面		≥750	≥560	≥20	≥62	≥1600	—
	120		纵向，中心		≥600	≥500	≥22	≥62	≥1000	—
			纵向，表面		≥740	≥540	≥20	≥61	≥1500	—
	140		纵向，中心		≥600	≥500	≥24	≥64	≥1000	—
			纵向，表面		≥730	≥540	≥20	≥62	≥1450	—
	160		纵向，中心		≥600	≥500	≥25	≥65	≥950	—
			纵向，表面		≥720	≥540	≥21	≥66	≥1400	—
	180		纵向，中心		≥595	≥500	≥27	≥62	≥1050	—
			纵向，表面		≥710	≥530	≥21	≥67	≥1350	—
	200		纵向，中心		≥595	≥500	≥28	≥67	≥1100	—
			纵向，表面		≥700	≥530	≥22	≥67	≥1300	—

（续）

牌号	截面尺寸 φ/mm	取样部位	材料状态	热处理	R_m/MPa	R_{eL}/MPa	A_5/%	Z/%	a_K/(kJ/m²)	HBW
40Mn	δ>4~40 热轧钢板		正火	850~900℃，空冷	≥600	—	≥17	—	—	—
	25	纵向，中心			≥600	≥360	≥17	≥45	—	—
	≤50	纵向，$\frac{1}{3}$半径			≥600	≥330	≥14	≥45	—	≤229
	≤16	纵向，中心	调质	850~880℃淬油，600~680℃回火	900~1050	>650	>12	>40	—	—
	>16~40				800~960	>550	>14	>45	—	—
	20	纵向，中心		840℃淬水，550℃回火，空冷	≥860	≥740	≥16	≥58	≥1400	—
	25	纵向，中心		790℃淬火，600℃回火	≥877	≥776	A_6≥17.4	≥58.3	≥800	≥250
	35	纵向，中心		850℃淬油，500℃回火	870	600	≥14	50	夏氏700	—
	35	纵向，中心		850℃淬油，600℃回火	770	500	≥16	62	夏氏800	—
	35	纵向，中心		800℃淬水，500℃回火	970	670	>14	53	夏氏1000	—
	35	纵向，中心		800℃淬水，600℃回火	780	570	>19	65	夏氏2000	—
	40	纵向，中心		840℃淬水，550℃回火，空冷	≥850	≥630	≥19	≥52	≥1000	—
	>40~100	纵向，$\frac{1}{3}$半径		850~880℃淬油，600~680℃回火	700~850	>450	>15	≥50	—	—
	≤50	纵向，$\frac{1}{3}$半径		820~860℃淬水或淬油，600~700℃回火，空冷	≥800	≥520	≥18	≥45	—	196~241
	50	纵向，中心		840℃淬水，550℃回火，空冷	≥840	≥590	≥20	≥49	夏氏900	—
	50	纵向，表面		840℃淬水，550℃回火，空冷	≥850	≥610	≥20	≥51	夏氏900	—
	>50~100	纵向，$\frac{1}{3}$半径		820~860℃淬水或淬油，600~700℃回火，空冷	≥750	≥480	≥14	≥40	—	196~241

（续）

牌号	截面尺寸 φ/mm	取样部位	材料状态	热 处 理	R_m/MPa	R_{eL}/MPa	A_5(%)	Z(%)	a_K/(kJ/m²)	HBW
40Mn	60	纵向，中心	调质	840℃淬水，550℃回火，空冷	≥830	≥580	≥20	≥49	≥750	—
		纵向，表面			≥860	≥600	≥19	≥51	≥750	—
	70	纵向，中心		850℃淬油，500℃回火	890	580	>15	49	夏氏9	—
	70	纵向，中心		850℃淬油，600℃回火	780	480	>18	60	夏氏900	—
	70	纵向，中心		800℃淬水，{500℃回火	900	620	>12	46	夏氏800	—
				{600℃回火	820	520	>15	60	夏氏1000	—
	75	纵向，中心		790℃淬水，600℃回火	≥815	≥556	A_6≥20.0	≥55.6	≥630	≥225
		纵向，表面			≥838	≥677	A_6≥17.7	≥53.1	≥810	≥255
	80	纵向，中心			≥820	≥530	≥20	≥50	≥700	—
		纵向，表面			≥850	≥580	≥18	≥50	≥700	—
	100	纵向，中心		840℃淬水，550℃回火，空冷	≥810	≥500	≥21	≥51	≥650	—
		纵向，表面			≥840	≥570	≥17	≥53	≥650	—
	120	纵向，中心			≥800	≥500	≥22	≥51	≥600	—
		纵向，表面			≥840	≥570	≥17	≥54	≥600	—
	140	纵向，中心			≥790	≥500	≥23	≥52	≥550	—
		纵向，表面			≥830	≥570	≥17	≥53	≥550	—
	160	纵向，中心			≥780	≥500	≥24	≥52	≥500	—
		纵向，表面			≥820	≥570	≥17	≥53	≥500	—
	180	纵向，中心			≥770	≥500	≥25	≥51	≥500	—
		纵向，表面			≥810	≥570	≥16	≥53	≥500	—

（续）

牌号	截面尺寸 φ/mm	取样部位	材料状态	热处理	R_m /MPa	R_{eL} /MPa	A_5 (%)	Z (%)	a_K /(kJ/m²)	HBW
40Mn	200	纵向,中心	调质	840℃淬水,550℃回火,空冷	≥750	≥500	≥26	≥51	≥450	—
	200	纵向,表面	调质	840℃淬水,550℃回火,空冷	≥810	≥570	≥14	≥51	≥500	—
	δ>4~60 热轧钢板	纵向,中心	正火	840~870℃,空冷	≥660	—	≥13	—	—	—
	25	纵向,中心	正火	840~870℃,空冷	≥660	≥400	≥13	≥40	—	—
	≤100	纵向,1/3半径	正火	820~840℃,空冷	≥650	≥340	≥13	≥35	—	187~229
	>100~300	纵向,1/3半径	正火	820~840℃,空冷	≥620	≥320	≥12	≥33	—	187~229
	>20~50	纵向,中心	调质	820~840℃淬油,550~620℃回火 / 560~580℃回火,空冷	700~850	450~650	12~16	40~50	500~600	207~241
	30	纵向,中心	调质	850℃淬油 / 800℃淬水,500~600℃回火	≥800	≥600	≥18	≥55	≥800	—
	35	纵向,中心	调质	850℃淬油 / 800℃淬水,500~600℃回火	760~880	500~600	12~17	50~61	600~700	—
	35	纵向,中心	调质	850℃淬油 / 800℃淬水,500~600℃回火	780~960	580~660	20~24	52~63	1000~1400	—
50Mn	<60	纵向,中心	调质	820~840℃淬水,560~600℃回火	≥850	≥600	≥8	≥35	≥350	246~295
	≤60	纵向,1/3半径	调质	820~840℃淬油,600~650℃回火,空冷	≥800	≥550	≥8	≥40	≥350	196~229
	>60~100	纵向,1/3半径	调质	820~840℃淬油,600~650℃回火,空冷	≥780	≥500	≥7	≥35	≥300	196~229
	>80~250	纵向,中心	调质	840℃淬水,550~620℃回火	650~750	400~500	12~14	40~45	400~500	187~217
	120	纵向,中心	调质	820~840℃淬油,560~580℃回火,空冷	≥750	≥500	≥16	≥50	≥600	—
	240	纵向,中心	调质	820~840℃淬油,560~580℃回火,空冷	≥750	≥450	≥16	≥45	≥600	—
	30	纵向,中心	正火+回火	860℃正火,660℃回火,空冷	≥820	≥560	≥18	≥55	≥800	≥229
	40	纵向,中心	调质	840℃淬水,560~580℃回火,空冷	≥790	≥530	≥25	≥59	≥950	≥220

（续）

牌号	截面尺寸 φ/mm	试样状态 取样部位	材料状态	热处理	力学性能 R_m/MPa	R_{eL}/MPa	A_5(%)	Z(%)	a_K/(kJ/m²)	HBW
50Mn	50	纵向，中心	正火+回火+调质	860℃正火，660℃回火，空冷，840℃淬水，560~580℃回火，空冷	≥780	≥500	≥18	≥55	≥700	≥217
		纵向，$\frac{1}{2}$半径			≥800	≥520	—	—	—	—
	60	纵向，中心			≥770	≥500	≥25	≥58	≥850	≥210
		纵向，$\frac{1}{2}$半径			≥800	≥530	—	—	—	≥210
	80	纵向，中心			≥760	≥480	≥25	≥57	≥700	≥210
		纵向，$\frac{1}{2}$半径			≥800	≥510	—	—	—	≥210
	100	纵向，中心			≥760	≥470	≥24	≥57	≥700	≥205
		纵向，$\frac{1}{2}$半径			≥800	≥500	—	—	—	≥210
	120	纵向，中心			≥750	≥460	≥24	≥57	≥700	≥205
		纵向，$\frac{1}{2}$半径			≥800	≥500	—	—	—	≥210
	140	纵向，表面			≥850	≥540	—	—	—	≥220
		纵向，中心			≥750	≥460	≥24	≥57	≥700	≥205
		纵向，$\frac{1}{2}$半径			≥790	≥500	—	—	—	≥210
	160	纵向，表面			≥850	≥540	—	—	—	≥220
		纵向，中心			≥750	≥450	≥23	≥57	≥650	≥205
		纵向，$\frac{1}{2}$半径			≥790	≥490	—	—	—	≥210
	180	纵向，表面			≥840	≥540	—	—	—	≥220
		纵向，中心			≥750	≥450	≥23	≥57	≥650	≥200
		纵向，$\frac{1}{2}$半径			≥780	≥480	—	—	—	≥210
		纵向，表面			≥830	≥530	—	—	—	≥220

（续）

牌号	截面尺寸 φ/mm	取样部位	材料状态	热处理	R_m/MPa	R_{eL}/MPa	A_5(%)	Z(%)	a_K/(kJ/m²)	HBW
50Mn	200	纵向，中心	正火+回火+调质	860℃正火，600℃回火，空冷，840℃淬水，560~580℃回火，空冷	≥750	≥450	≥22	≥56	≥600	≥200
	200	纵向，$\frac{1}{2}$半径			≥780	≥480	—	—	—	≥205
	200	纵向，表面			≥830	≥530	—	—	—	≥215
	240	纵向，中心	调质		≥760	≥440	≥16	≥45	≥600	≥197
	240	纵向，$\frac{1}{2}$半径			≥780	≥460	—	—	—	—
	240	纵向，表面			≥800	≥500	—	—	—	≥217
60Mn	25	纵向，中心	正火	820~860℃，空冷	≥710	≥420	≥11	≥35	—	—
	75	纵向，中心	调质	950℃淬油，500℃回火	1450	1300	3.5	10	—	420
	75			950℃淬油，600℃回火	1250	1140	7	17	—	380
	75			950℃淬油，650℃回火	1200	1060	6	19	—	360
	75			950℃淬油，700℃回火	1150	1000	5	21	—	350
	75	纵向，中心	淬火+中温回火	950℃淬油，400℃回火	1750	1450	1	3	—	440
65Mn	25	纵向，中心	正火	820~860℃，空冷	≥750	≥440	≥9	≥30	—	—
	6	纵向，中心	调质	820℃淬油，500℃回火	1170	—	10.5	44	800	37HRC
	6			820℃淬油，600℃回火	940	—	14.7	55	1200	28HRC
	<60	纵向，中心		790~810℃淬油，530~600℃回火	900~1050	≥700	≥8	≥34	—	269~302
	6	纵向，中心		820℃淬油，300℃回火	1710	—	6.2	27	—	52HRC
	6			820℃淬油，400℃回火	1420	—	7.9	40	450	45HRC
	≤25	纵向，中心	淬火+中温回火	830℃淬油，480℃回火	≥1000	≥800	A_{10}≥8	≥30	—	≥302
	≤35	纵向，中心		790~810℃淬油，370~400℃回火	≥1500	≥1250	≥5	≥10	—	42~48HRC

表 1-103　优质碳素结构钢的特性及应用举例

牌号	特　性	应用举例	牌号	特　性	应用举例
08F、10F①	冷变形塑性很好，深冲压等冷加工性和焊接性很高，但成分偏析倾向较大，钢经时效处理后韧性下降较多（时效敏感性较明显），所以冷作件常经水韧处理及消除应力处理来消除时效敏感性，强度和硬度均很低，但生产成本低	常用于生产钢带、薄板及冷拉钢丝，适用于制作深冲击、深拉伸的制品，如汽车车身、驾驶室、发动机罩、翼子板等不受负载的各种盖罩件，各种贮存器，搪瓷设备，仪表板，管子，垫片，还可制作心部强度要求不高的渗碳、碳氮共渗零件，如套筒、支架、靠模和挡块等	15	低碳渗碳钢，塑性、韧性高，有良好的焊接性及冲压性，无回火脆性，切削性低，但经水韧处理或正火后能提高切削性，强度较低，且淬硬性和淬透性较低	用于制作受载不大、韧性要求较高的零件、渗碳件、冲模锻件、紧固件，不需热处理的低负载零件，焊接性能较好的中、小结构件，如螺栓、螺钉、法兰盘、拉条、化工容器、蒸汽锅炉、小轴、挡铁、小模数齿轮、滚子、仿形板、摩擦片、销子、套筒、球轴承（轻载，H级）的套圈和滚珠，起重钩，农机用链轮、链条、轴套等
08	强度和硬度都很低，是一种极软的低碳钢，韧性和塑性极高，深冲压、深拉延、弯曲、镦粗等冷加工性均良好，并有良好的焊接性，淬硬性及淬透性极低，且存在一定的时效敏感性，通常在热轧状态下或正火后使用。经冷拉或正火处理后，能提高其切削性能，是一种塑性很好的冲压钢	这种钢常轧制成高精度的厚度小于4mm的薄钢板或冷轧钢带，广泛用于制造无强度要求，易加工成形的深冲压、深拉延的盖罩件及焊接件，可制作心部强度不高而表面需要硬化的渗碳和碳氮共渗零件，如离合器盘、齿轮等。经退火处理后，这种钢还可制作具有良好导磁性能、剩磁较少的磁性零件，如电磁吸盘、软性电磁铁等	15F①	特性和15钢相近，但是沸腾钢成分偏析倾向较大，热轧或冷轧成低碳薄钢板	用于制作心部强度不高的渗碳或碳氮共渗零件，如套筒、挡块、支架、短轴、齿轮、靠模、离合器盘，制作塑性良好的零件，如管子、垫片、垫圈，还可用于制作摇杆、吊钩、衬套、螺栓、车钩以及农机中的低负载零件，也可用于制作钣金件及各种冲压件（最深冲压、深冲压等）
10	渗碳钢，塑性和韧性均高，无回火脆性倾向，在冷拉状态下或经正火处理之后的切削性明显提高，焊接性能高，在冷状态下易于挤压成形和压模成形，但强度低，且淬透性及淬硬性很差	可采用镦锻、弯曲、冲压、热压、拉延及焊接等多种加工方法，制作各种韧性高、负荷小的零件，如卡头、钢管垫片、垫圈、摩擦片、汽车车身、防尘罩、容器、深冲器皿、搪瓷制品、轴承砂架、冷镦螺栓螺母及各种受载较小的焊接件，也可制作渗碳件，如链轮、齿轮、链的滚子和套筒、犁壁等，还可退火后制作电磁吸铁零件	20	低碳渗碳钢，特性与15钢相近，但强度比15钢稍高	在热轧或正火状态下，用于制作负载不大、但韧性要求高的零件，如重型及通用机械中的锻、压的拉杆、杠杆、钩环、套筒、夹具及衬垫。在一般机械及汽车、拖拉机中，用于制作不甚重要的中、小型渗碳、碳氮共渗零件，如手制动蹄片、杠杆轴、变速叉、被动齿轮、气阀挺杆、拖拉机上的凸轮轴、悬挂平衡器轴、内外衬套、机车车辆上的十字头、活塞、气缸盖等零件，还可制作压力低于6MPa、温度低于450℃的无腐蚀介质中使用的管子、导管等锅炉零件

（续）

牌号	特性	应用举例	牌号	特性	应用举例
25	和20钢的性能相近，其强度略高于20钢，塑性和韧性较好，且具有一定的强度，冲压性和焊接性较好，有较好的切削性能，无回火脆性，但淬透性及淬硬性不高，一般在热轧及正火后使用	用于制作焊接构件，以及经锻造、热冲压和切削加工且负载较小的零件，如辊子、轴、垫圈、螺栓、螺母、螺钉、连接器，还用于制造压力小于600MPa、温度低于450℃的应力不大的锅炉零件，如螺栓、螺母等，在汽车拖拉机中，常用作冲击钢板，如厚度4～11mm的钢板可制作横梁、车架、大梁、脚踏板等具有相当载荷的零件，经淬火处理（获得低马氏体）可制造强度和韧性良好的零件，如汽车轮胎螺钉等，还可制作心部强度不高、表面要求良好耐磨性的渗碳和碳氮共渗零件	40	强度较高，切削性能良好，是一种高强度的中碳钢，焊接性差（但可焊接，需在焊前采用预热处理到150℃），冷变形塑性中等，适用于水淬和油淬，但淬透性低。形状复杂的零件水淬易发生裂纹，多在正火或调质或高频感应淬火热处理后使用	用于制造机器中的运动件，心部强度要求不高、表面耐磨性好的淬火零件，截面尺寸较小、负载较大的调质零件，应力不大的大型正火件，如传动轴、心轴、曲轴、曲柄销、辊子、拉杆、连杆、活塞杆、齿轮、圆盘、链轮等，一般不适用做焊接件
30	具有一定的强度和硬度，塑性和焊接性较好，通常在正火状态下使用，也可调质，截面尺寸不大的钢材调质处理后能得到较好的综合力学性能，并且具有良好的切削性能	用于制造受载不大、工作温度低于150℃的截面尺寸小的零件，如化工机械中的螺钉、拉杆、套筒、丝杠、轴、吊环、键等，在自动机床上加工的螺栓、螺母，也可制作心部强度较高、表面耐磨的渗碳及碳氮共渗零件、焊接构件及冷镦锻零件	45	高强度中碳调质钢，具有一定的塑性和韧性、较高的强度，切削性能良好，采用调质处理可获得很好的综合力学性能，淬透性较差，水淬易产生裂纹，中、小型零件调质后可得到较好的韧性及较高的强度，大型零件（截面尺寸超过80mm）以采用正火处理为宜。45钢的焊接性能较差，但仍可焊接，焊前应将焊件进行预热，且焊后应进行退火处理，以消除焊接应力	适用于制造较高强度的运动零件，如空压机、泵的活塞、汽轮机的叶轮、重型及通用机械中的轧制轴、连杆、蜗杆、齿条、齿轮、销子等，通常在调质或正火状态下使用，可代替渗碳钢，用以制造表面耐磨的零件（此时不须经高频感应淬火或火焰淬火），如曲轴、齿轮、机床主轴、活塞销、传动轴等，还可用于制造农机中等负荷的轴、脱粒滚筒、凹板钉齿、链轮、齿轮，以及钳工工具等
35	中碳钢，性能与30钢相似，具有一定的强度及良好的塑性，冷变形塑性高，可进行冷拉和冷镦及冲压，并具有良好的切削加工性能。其含碳量为规定含碳量的下限时，焊接性能良好；其含碳量为规定含碳量的上限时，焊接性能不好。淬透性差，通常在正火或调质状态下使用，综合力学性能要求不高时，也可在热轧供货状态下使用	广泛地用于制造负载较大，但截面尺寸较小的各种机械零件和热压件，如轴销、轴、曲轴、横梁、连杆、杠杆、星轮、轮圈、垫圈、圆盘、钩环、螺栓、螺钉、螺母等，还可不经热处理制作负载不大的锅炉（温度低于450℃）用螺栓、螺母等紧固件。这种钢通常不用于制作焊接件	50	高强度中碳钢，弹性性能较高，切削加工性能尚好，退火后切削加工性为冷拉低易切钢Y12（将其切削加工性为100%）的50%，焊接性差，冷应变塑性差，淬透性较差，水中淬火易产生裂纹，但无回火脆性，一般在正火或淬火、回火以及高频感应淬火后使用	主要用于制造动负载、冲击载荷不大以及要求耐磨性好的机械零件，如锻造齿轮、轴摩擦盘、机床主轴、发动机曲轴、轧辊、拉杆、弹簧垫圈、不重要的弹簧、农机中掘土犁铧、翻土板、铲子、重载心轴及轴类零件等

（续）

牌号	特　性	应用举例	牌号	特　性	应用举例
55	高强度中碳钢，弹性性能较高，塑性及韧性低，热处理后可获得高强度、高硬度，切削加工性中等，淬透性低，水中淬火有产生裂纹的倾向，焊接性以及冷变形性能均低，一般在正火或淬火＋回火后使用	主要用于制造耐磨、强度较高的机械零件以及弹性零件，也可用于制作铸钢件，如连杆、齿轮、机车轮箍、轮缘、轮圈、轧辊、扁形弹簧	70	性能和65钢相近，但其强度和弹性均比65钢稍高。由于淬透性低，直径大于12mm不能淬透	仅适用于制造强度不高、截面尺寸较小的钢带、钢丝、车轮圈、电车车轮、犁铧，以及扁形、圆形、方形的弹簧等
60	高强度中碳钢，具有相当高的强度、硬度及弹性，切削加工性不高，冷变形塑性低，淬透性低，水中淬火产生裂纹倾向，因此大型零件不适宜淬火，多在正火状态下使用，只有小型零件才适于淬火，焊接性差，回火脆性不敏感	主要用于制造耐磨、强度较高、受力较大、承受摩擦以及要求具有相当弹性的弹性零件，如轴、偏心轴、轧辊、轮箍、离合器、钢丝绳、弹簧垫圈、弹簧圈、减振弹簧、凸轮及各种垫圈	75、80	75钢和80钢的性能与65钢相近，其弹性比65钢稍差，淬透性较低，但强度较高。一般在淬火＋回火状态下使用	用于制造强度不高、截面尺寸较小的螺旋弹簧、板弹簧，也可用于制造承受摩擦的机械零件
65	高强度中碳钢，是一种广泛应用的碳素弹簧钢。经适当的热处理，其疲劳强度与合金弹簧钢相近，并能得到良好的弹性和较高的强度。切削加工性差，淬透性低，截面尺寸大于7mm时在油中不能淬透，水淬易产生裂纹，小型零件多采用淬火，大型尺寸零件多采用正火或水淬油冷，回火脆性不敏感，通常在淬火＋中温回火状态下使用，也可在正火状态下使用	主要用于制造弹簧垫圈、弹簧环、U形卡、气门弹簧、受力不大的扁形弹簧、螺旋弹簧等，在正火状态下可制造轧辊、凸轮、轴、钢丝绳等耐磨零件	85	高耐磨性的高碳钢，其性能与65钢相近，强度和硬度均比65、70钢要高，但弹性稍低，淬透性也不好	主要用于制造截面尺寸不大、强度不高的振动弹簧，如普通机械中的扁形弹簧和圆形螺旋弹簧、铁道车辆和汽车拖拉机中的板弹簧及螺旋弹簧、农机中的清棉机锯片和摩擦盘，以及其他用途的钢丝和钢带等
			15Mn、20Mn	高锰低碳渗碳钢，其性能和15钢相近，但其淬透性、强度和塑性均比15钢有所提高，切削性能也有所提高，低温冲击韧度及焊接性能良好，通常在渗碳或正火或在热轧供货状态下使用。20Mn的含碳量略高于15Mn，因而其强度和淬透性比15Mn略高	主要用于制造要求力学性能较高的渗碳或碳氮共渗零件，如凸轮轴、曲柄轴、活塞销、齿轮、滚动轴承（H级、轻载）的套圈，以及圆柱、圆锥轴承中的滚动体等。在正火或热轧状态下用于制造韧性高而应力较小的零件，如螺钉、螺母、支架、铰链及铆焊结构件，还可轧制成板材（厚度4～10mm），制作低温条件下工作的油罐等容器
			25Mn	强度比25钢和20Mn都高，其他性能与25钢、20Mn相近	一般用于制造渗碳件和焊接件，如连杆、销、凸轮轴、齿轮、联轴器、铰链等

（续）

牌号	特 性	应用举例	牌号	特 性	应用举例
30Mn	强度和淬透性都比30钢高，冷变形时塑性尚好，切削加工性良好，焊接性中等，但有回火脆性倾向，因而锻后要立即回火。通常在正火或调质状态下使用	一般用于制造低负荷的各种零件，如杠杆、拉杆、小轴、制动踏板、螺栓、螺钉及螺母，还可用于制造高应力负载的细小零件（采用冷拉钢制作），如农机中的钩环链的链环、刀片、横向刹车机齿轮等	50Mn	性能与50钢相近，但淬透性较高，因而热处理后的强度、硬度及弹性均比50钢好，但有过热敏感性及回火脆性倾向，焊接性差。一般在淬火+回火后使用，某些个别情况下也允许正火后使用	一般用于制造高耐磨性、高应力的零件，如直径小于80mm的心轴、齿轮轴、齿轮、摩擦盘、板弹簧等，高频感应淬火后还可制造火车轴、蜗杆、连杆及汽车曲轴等
35Mn	强度和淬透性均比30Mn高，切削加工性好，冷变形时塑性中等，焊接性较差。常用作调质钢	一般用于制造载荷中等的零件，如啮合杆、传动轴、螺栓、螺钉、螺母等，还可用于制造受磨损的零件（采用淬火+回火），如齿轮、心轴、叉等	60Mn	强度较高，淬透性较好，脱脆倾向小，但有过热敏感性及回火脆性倾向，水淬易产生淬火裂纹。通常在淬火+回火后使用，退火后的切削加工性良好	用于制造尺寸较大的螺旋弹簧、各种扁形或圆形弹簧、板弹簧、弹簧片、弹簧环、发条和冷拉钢丝（直径小于7mm）
40Mn	淬透性比40钢稍高，经热处理后的强度、硬度及韧性都较40钢高，切削加工性好，冷变形时塑性中等，存在回火脆性及过热敏感性，水淬时易形成裂纹，并且焊接性差。40Mn既可在正火状态下使用，也可在淬火+回火状态下使用	经调质处理后可代替40Cr使用，用于制造在疲劳负载下工作的零件，如曲轴、连杆、辊子、轴，以及高应力的螺栓、螺钉、螺母等	65Mn	高锰弹簧钢，具有高的强度和硬度，弹性良好，淬透性较好，适于油淬，水淬易产生裂纹，直径大于80mm的零件常采用水淬油冷，但热处理后有过热敏感性及回火脆性，退火后的切削性尚好，冷作变形塑性较差，焊接性能不好，一般不适于用作焊接构件。通常在淬火+中温回火状态下使用	经淬火+低温回火或调质、表面淬火处理，用于制造受摩擦、要求高弹性和高强度的机械零件，如收割机铲、犁、切碎机切刀、翻土板、整地机械圆盘、机床主轴、机床丝杠、弹簧卡头、钢轨、螺旋滚子轴承的套圈。经淬火+中温回火处理后，用于制造中等负载的板弹簧（厚度5～15mm）、螺旋弹簧（直径7～20mm）、弹簧垫圈、弹簧卡环、弹簧发条，以及轻型汽车的离合器弹簧、制动弹簧、气门弹簧
45Mn	中碳调质钢，强度、韧性及淬透性均比45钢高，调质处理可获得较好的综合力学性能，切削加工性还可，但焊接性差，冷变形时塑性低，并且有回火脆性倾向。一般在调质状态下使用，也可在淬火+回火或在正火状态下使用	一般用于较大负载及承受磨损的零件，如曲轴、花键轴、连杆、万向节轴、啮合杆、齿轮、离合器盘、螺栓、螺母等	70Mn	淬透性比70钢好，经热处理可获得比70钢更好的强度、硬度及弹性，但冷变形塑性差，焊接性能低，热处理时易产生过热敏感性以及回火脆性，易于脱碳，水淬时易形成裂纹。主要在淬火+回火状态下使用	用于制造耐磨、承受较大载荷的机械零件，如止推环、离合器盘、弹簧圈、弹簧垫圈、锁紧圈、盘簧等

① 08F、10F、15F 在 GB/T 699—2015 中被取消，本书中将其保留作为参考。

1.7.3 低合金高强度结构钢和低合金超高强度钢

1. 低合金高强度结构钢（见表1-104～表1-110）

表1-104 低合金高强度结构钢的牌号及化学成分（摘自 GB/T 1591—2018）

热轧钢的牌号及化学成分

牌号		C①		化学成分（质量分数，%）不大于												备注
钢级	质量等级	公称厚度或直径/mm ≤40②	>40	Si	Mn	P③	S③	Nb④	V③	Ti⑤	Cr	Ni	Cu	Mo	N⑥	B	
Q355	B	0.24	0.24	0.55	1.60	0.035	0.035	—	—	—	0.30	0.30	0.40	—	0.012	—	① 公称厚度大于100mm的型钢，碳当量可由供需双方协商确定 ② 公称厚度大于30mm的钢材，碳含量不大于0.22% ③ 对于型钢和棒材，其磷和硫含量上限值可提高0.005% ④ Q390、Q420最高可到0.07%，Q460最高可到0.11% ⑤ 最高可到0.20% ⑥ 如果钢中酸溶铝Als含量不小于0.015%或全铝Alt含量不小于0.020%，或添加了其他固氮元素，氮元素可不做限制，固氮元素应在质量证明书中注明 ⑦ 仅适用于型钢和棒材 ⑧ 当需对硅含量进行控制（如热浸镀锌涂层），为达到抗拉强度要求而增加其他元素（如碳和锰）的含量时，符合下列规定：对于Si≤0.030%，碳当量可提高0.02%对于0.030%<Si≤0.25%，碳当量可提高0.01%
	C	0.20	0.22			0.030	0.030										
	D	0.20	0.22			0.025	0.025										
Q390	B	0.20	0.20	0.55	1.70	0.035	0.035	0.05	0.13	0.05	0.30	0.50	0.40	0.10	0.015	—	
	C					0.030	0.030										
	D					0.025	0.025										
Q420⑦	B	0.20	0.20	0.55	1.70	0.035	0.035	0.05	0.13	0.05	0.30	0.80	0.40	0.20	0.015	—	
	C					0.030	0.030										
Q460⑦	C	0.20	0.20	0.55	1.80	0.030	0.030	0.05	0.13	0.05	0.30	0.80	0.40	0.20	0.015	0.004	

交货状态 热轧
钢材的碳当量（基于熔炼分析）

牌号		碳当量 CEV（质量分数，%）公称厚度或直径/mm 不大于				
钢级	质量等级	≤30	>30~63	>63~150	>150~250	>250~400
Q355⑧	B	0.45	0.47	0.47	0.49⑨	—
	C					—
	D					0.49⑩

（续）

热轧状态交货钢材的碳当量（基于熔炼分析）

牌号		碳当量 CEV（质量分数，%） 不大于				
钢级	质量等级	\多\ 公称厚度或直径/mm				
		≤30	>30~63	>63~150	>150~250	>250~400
Q390	B	0.45	0.47	0.48	—	—
	C					
	D					
Q420⑪	B	0.45	0.47	0.48	0.49⑨	—
	C					
Q460⑪	C	0.47	0.49	0.49	—	—

备注：
⑨ 对于型钢和棒材，其最大碳当量可到 0.54%
⑩ 只适用于质量等级为 D 的钢板
⑪ 只适用于型钢和棒材

正火、正火轧制钢的牌号及化学成分

牌号		化学成分（质量分数，%）													
钢级	质量等级	C	Si	Mn	P⑫	S⑫	Nb	V	Ti	Cr	Ni	Cu	Mo	N	Als⑭
		不大于	不大于		不大于	不大于				不大于	不大于	不大于	不大于		不小于
Q355N	B	0.20	0.50	0.90~1.65	0.035	0.035	0.005~0.05	0.01~0.12	0.006~0.05（最高允许达到0.20%）	0.30	0.50	0.40	0.10	0.015	0.015
	C	0.20			0.030	0.030									
	D	0.18			0.030	0.025									
	E	0.18			0.025	0.020									
	F	0.16			0.020	0.010									
Q390N	B	0.20	0.50	0.90~1.70	0.035	0.035	0.01~0.05	0.01~0.20	0.05	0.30	0.50	0.40	0.10	0.015	0.015
	C				0.030	0.030									
	D				0.030	0.025									
	E				0.025	0.020									
Q420N	B	0.20	0.60	1.00~1.70	0.035	0.035	0.01~0.05	0.01~0.20	0.05	0.30	0.80	0.40	0.10	0.015	0.015
	C				0.030	0.030								0.025	
	D				0.030	0.025									
	E				0.025	0.020									
Q460N⑬	C	0.20	0.60	1.00~1.70	0.030	0.030	0.01~0.05	0.01~0.20	0.05	0.30	0.80	0.40	0.10	0.015	0.015
	D				0.030	0.025								0.025	
	E				0.025	0.020									

备注：
钢中应至少含有铝、铌、钒、钛等细化晶粒元素中的一种，当至少单独或组合加入时，应保证含量不小于表中至少一种合金元素含量的下限
⑫ 对于型钢和棒材，碳和硫含量上限值可提高 0.005%
⑬ V+Nb+Ti≤0.22%，Mo+Cr≤0.30%
⑭ 可用全铝 Alt 替代，此时全铝最小含量为 0.020%。钢中添加了铌、钒、钛等细化晶粒元素且含量不小于规定含量的下限时，铝含量下限值不限

（续）

正火、正火轧制状态交货钢材的碳当量（基于熔炼分析）

牌号		碳当量 CEV（质量分数，%）不大于			
钢级	质量等级	公称厚度或直径/mm			
		≤63	>63~100	>100~250	>250~400
Q355N	B、C、D、E、F	0.43	0.45	0.45	协议
Q390N	B、C、D、E	0.46	0.48	0.49	协议
Q420N	B、C、D、E	0.48	0.50	0.52	协议
Q460N	C、D、E	0.53	0.54	0.55	协议

热机械轧制钢牌号及化学成分

牌号		化学成分（质量分数，%）不大于													
钢级	质量等级	C	Si	Mn	P⑮	S⑮	Nb	V	Ti⑯	Cr	Ni	Cu	Mo	N	B	Als⑰ 不小于
Q355M	B	0.14⑱	0.50	1.60	0.035	0.035	0.01~0.05	0.01~0.10	0.006~0.05	0.30	0.50	0.40	0.10	0.015	—	0.015
	C				0.030	0.030										
	D				0.030	0.025										
	E				0.025	0.020										
	F				0.020	0.010										
Q390M	B	0.15⑱	0.50	1.70	0.035	0.035	0.01~0.05	0.01~0.12	0.006~0.05	0.30	0.50	0.40	0.10	0.015	—	0.015
	C				0.030	0.030										
	D				0.030	0.025										
	E				0.025	0.020										
Q420M	B	0.16⑱	0.50	1.70	0.035	0.035	0.01~0.05	0.01~0.12	0.006~0.05	0.30	0.80	0.40	0.20	0.015	—	0.015
	C				0.030	0.030										
	D				0.030	0.025									0.025		
	E				0.025	0.020										
Q460M	C	0.16⑱	0.60	1.70	0.030	0.030	0.01~0.05	0.01~0.12	0.006~0.05	0.30	0.80	0.40	0.20	0.015	—	0.015
	D				0.030	0.025								0.025		
	E				0.025	0.020										
Q500M	C	0.18	0.60	1.80	0.030	0.030	0.01~0.11	0.01~0.12	0.006~0.05	0.60	0.80	0.55	0.20	0.015	0.004	0.015
	D				0.030	0.025								0.025		
	E				0.025	0.020										

备注：

钢中应至少含有铝、铌、钒、钛等细化晶粒元素中的一种，单独或组合加入时，应保证其中至少一种合金元素含量不小于表中规定含量的下限

⑮ 对于型钢和棒材，磷和硫含量可以提高 0.005%

⑯ 最高可到 0.20%

⑰ 可用全铝 Alt 替代，此时全铝最小含量为 0.020%。当钢中添加了铌、钒、钛等细化晶粒元素且含量为铝等细化晶粒元素规定含量的下限时，铝含量下限值不限

⑱ 对于型钢和棒材，Q355M、Q390M、Q420M 和 Q460M 的最大碳含量可提高 0.02%

（续）

热机械轧制钢牌号及化学成分

牌号钢级	质量等级	C	Si	Mn	P⑮	S⑮	Nb	V	Ti⑯	Cr	Ni	Cu	Mo	N	B	Als⑰	备注
					不大于		不大于									不小于	
Q550M	C	0.18	0.60	2.00	0.030	0.030	0.01~0.11	0.01~0.12	0.006~0.05	0.80	0.80	0.80	0.30	0.015 / 0.025	0.004	0.015	
	D				0.030	0.025											
	E				0.025	0.020											
Q620M	C	0.18	0.60	2.60	0.030	0.030	0.01~0.11	0.01~0.12	0.006~0.05	1.00	0.80	0.80	0.30	0.015 / 0.025	0.004	0.015	
	D				0.030	0.025											
	E				0.025	0.020											
Q690M	C	0.18	0.60	2.00	0.030	0.030	0.01~0.11	0.01~0.12	0.006~0.05	1.00	0.80	0.80	0.30	0.015 / 0.025	0.004	0.015	⑩ 仅适用于棒材
	D				0.030	0.025											
	E				0.025	0.020											

热机械轧制的钢材的碳当量、裂纹敏感性指数（基于熔炼分析）

牌号钢级	质量等级	碳当量 CEV（质量分数，%）公称厚度或直径/mm 不大于					焊接裂纹敏感性指数 Pcm（质量分数，%）不大于
		≤16	>16~40	>40~63	>63~120	>120~150⑩	
Q355M	B、C、D、E、F	0.39	0.39	0.40	0.45	0.45	0.20
Q390M	B、C、D、E	0.41	0.43	0.44	0.46	0.46	0.20
Q420M	B、C、D、E	0.43	0.45	0.46	0.47	0.47	0.20
Q460M	C、D、E	0.45	0.46	0.47	0.48	0.48	0.22
Q500M	C、D、E	0.47	0.47	0.47	0.48	0.48	0.25
Q550M	C、D、E	0.47	0.47	0.47	0.48	0.48	0.25
Q620M	C、D、E	0.48	0.48	0.48	0.49	0.49	0.25
Q690M	C、D、E	0.49	0.49	0.49	0.49	0.49	0.25

注：1. GB/T 1591—2018 对于有关术语和定义的资料如下：热轧（AR 或 WAR）—钢材未经任何特殊轧制和/或热处理工艺的状态；正火（N）—钢材加热到高于相变点温度以上的一个合适的温度，然后在空气中冷却至某相变点温度以下的状态；正火轧制（+N）—正火轧制也称"控制轧制"，使钢材达到一种正火后的状态，以便即使正火后也可达到规定的力学性能数值的轧制工艺；热机械轧制（M）—钢材的最终变形在一定温度范围内进行的轧制工艺；热机械轧制（M）—钢材的最终变形在一定温度范围内进行的控制轧制工艺，从而保证钢材获得仅通过热处理无法获得的性能，也称 TMCP（热机械控制过程），一些出版物中也称"控制轧制"。

2. 钢材以热轧（AR 或 WAR）、正火（N）、正火轧制（+N）或热机械轧制（TMCP）状态交货。

3. 牌号表示方法及示例：钢的牌号由代表屈服强度"屈"字的汉语拼音首字母 Q、规定的最小上屈服强度数值、交货状态代号、质量等级符号（B、C、D、E、F）四个部分组成。其中：
Q—钢的屈服强度的"屈"字汉语拼音的首字母；
355—规定的最小上屈服强度数值，单位为兆帕（MPa）；
N—交货状态为正火或正火轧制；
D—交货状态为 D 级。
交货状态为热轧时，交货状态代号 AR 或 WAR 可省略；交货状态为正火或正火轧制状态时，交货状态代号均用 N 表示。Q+规定的最小上屈服强度数值+交货状态代号+质量等级符号，如 Q355ND。
示例：Q355ND。
如果需方要求钢板具有厚度方向（Z 向）性能时，则在上述规定牌号后加上厚度方向（Z 向）性能级别符号，如 Q355NDZ25。

表 1-105　低合金高强度结构钢钢材的力学性能（摘自 GB/T 1591—2018）

热轧钢材力学性能

上屈服强度 R_{eH}①/MPa　不小于（公称厚度或直径/mm）

钢级	质量等级	≤16	>16~40	>40~63	>63~80	>80~100	>100~150	>150~200	>200~250	>250~400
Q355	B、C	355	345	335	325	315	295	285	275	—
Q355	D	355	345	335	325	315	295	285	275	265②
Q390	B、C、D	390	380	360	340	340	320	—	—	—
Q420③	B、C	420	410	390	370	370	350	—	—	—
Q460③	C	460	450	430	410	410	390	—	—	—

抗拉强度 R_m/MPa（公称厚度或直径/mm）

钢级	质量等级	≤100	>100~150	>150~250	>250~400
Q355	B、C	470~630	450~600	450~600	—
Q355	D	470~630	450~600	450~600	450~600②
Q390	B、C、D	490~650	470~620	—	—
Q420③	B、C	520~680	500~650	—	—
Q460③	C	550~720	530~700	—	—

断后伸长率 A(%)　不小于

钢级	试样方向	≤40	>40~63	>63~100	>100~150	>150~250	>250~400
Q355	纵向	22	21	20	18	17	17②
Q355	横向	20	19	18	18	17	17②
Q390	纵向	21	20	20	19	—	—
Q390	横向	20	19	19	18	—	—
Q420③	纵向③	20	19	19	19	—	—
Q460③	纵向③	18	17	17	17	—	—

备注：
① 当屈服不明显时，可用规定塑性延伸强度 $R_{p0.2}$ 强度
② 只适用于质量等级为 D 的钢板
③ 只适用于型钢和棒材

正火、正火轧制钢材力学性能

上屈服强度 R_{eH}④/MPa　不小于（公称厚度或直径/mm）

钢级	质量等级	≤16	>16~40	>40~63	>63~80	>80~100	>100~150	>150~200	>200~250
Q355N	B、C、D、E、F	355	345	335	325	315	295	285	275
Q390N	B、C、D、E	390	380	360	340	340	320	310	300
Q420N	B、C、D、E	420	400	390	370	360	340	330	320
Q460N	C、D、E	460	440	430	410	400	380	370	370

抗拉强度 R_m/MPa（公称厚度或直径/mm）

钢级	≤100	>100~200	>200~250
Q355N	470~630	450~600	450~600
Q390N	490~650	470~620	470~620
Q420N	520~680	500~650	500~650
Q460N	540~720	530~710	510~690

断后伸长率 A(%)　不小于

钢级	≤16	>16~40	>40~63	>63~80	>80~200	>200~250
Q355N	22	22	22	21	21	21
Q390N	20	20	20	19	19	19
Q420N	19	19	20	19	18	18
Q460N	17	17	17	17	17	16

备注：
注：正火状态包含正火加回火状态
④ 当屈服不明显时，可用规定塑性延伸强度 $R_{p0.2}$ 代替上屈服强度 R_{eH}

（续）

牌号		上屈服强度 R_{eH}⑤/MPa 不小于						抗拉强度 R_m/MPa					断后伸长率 A(%) 不小于	备注
		公称厚度或直径/mm												
钢级	质量等级	≤16	>16~40	>40~63	>63~80	>80~100	>100~120⑥	≤40	>40~63	>63~80	>80~100	>100~120⑥		
Q355M	B、C、D、E、F	355	345	335	325	325	320	470~630	450~610	440~600	440~600	430~590	22	热机械轧制（TMCP）状态包含热机械轧制（TMCP）加回火状态
Q390M	B、C、D、E	390	380	360	340	340	335	490~650	480~640	470~630	460~620	450~610	20	
Q420M	B、C、D、E	420	400	390	380	370	365	520~680	500~660	480~640	470~630	460~620	19	⑤当屈服现象不明显时，可用规定塑性延伸强度$R_{p0.2}$代替上屈服强度R_{eH}
Q460M	C、D、E	460	440	430	410	400	385	540~720	530~710	510~690	500~680	490~660	17	
Q500M	C、D、E	500	490	480	460	450	—	610~770	600~760	590~750	540~730	—	17	⑥对于型钢和棒材，厚度或直径不大于150mm
Q550M	C、D、E	550	540	530	510	500	—	670~830	620~810	600~790	590~780	—	16	
Q620M	C、D、E	620	610	600	580	—	—	710~880	690~880	670~860	—	—	15	
Q690M	C、D、E	690	680	670	650	—	—	770~940	750~920	730~900	—	—	14	

牌号		以下试验温度的冲击吸收能量最小值 KV_2/J										备注
		20℃		0℃		-20℃		-40℃		-60℃		
钢级	质量等级	纵向	横向	纵向	横向	纵向	横向	纵向	横向	纵向	横向	
Q355、Q390、Q420	B	34	27	—	—	—	—	—	—	—	—	1. 当需方未指定试验温度时，正火、正火轧制和热机械轧制的C、D、E、F级钢材分别做0℃、-20℃、-40℃、-60℃冲击试验
Q355、Q390、Q420、Q460	C	—	—	34	27	—	—	—	—	—	—	2. 冲击试验取纵向试样。经供需双方协商，也可取横向试样
Q355、Q390	D	—	—	—	—	34⑦	27⑦	—	—	—	—	3. 公称厚度不于150mm

145

（续）

各种钢材夏比（V型缺口）冲击性能

牌号 钢级	质量等级	以下试验温度的冲击吸收能量最小值 KV_2/J										备注
		20℃		0℃		-20℃		-40℃		-60℃		
		纵向	横向	纵向	横向	纵向	横向	纵向	横向	纵向	横向	
Q355N、Q390N、Q420N	B	34	27	—	—	—	—	—	—	—	—	小于6mm或公称直径不小于12mm的钢材应做冲击试验，冲击试样应取10mm×55mm的标准试样；当取标准试样不足以制取标准试样时，应采用10mm×7.5mm×55mm或10mm×5mm×55mm小尺寸试样，冲击吸收能量应分别为不小于本表规定值的75%或50%。应优先采用较大尺寸试样 ⑦ 仅适用于厚度大于250mm的Q355D钢板 ⑧ 当需方指定时，D级钢可做-30℃冲击试验，冲击吸收能量纵向不小于27J ⑨ 当需方指定时，E级钢可做-50℃冲击试验，冲击吸收能量纵向不小于27J，横向不小于16J
Q355N	C	—	—	34	27	—	—	—	—	—	—	
Q390N、Q420N	D	55	31	47	27	40⑧	20	—	—	—	—	
Q460N	E	63	40	55	34	47	27	31⑨	20⑨	—	—	
Q355N	F	63	40	55	34	47	27	31	20	27	16	
Q355M、Q390M、Q420M	B	34	27	—	—	—	—	—	—	—	—	
Q355M	C	—	—	34	27	—	—	—	—	—	—	
Q390M、Q420M	D	55	31	47	27	40⑧	20	—	—	—	—	
Q460M	E	63	40	55	34	47	27	31⑨	20⑨	—	—	
Q355M	F	63	40	55	34	47	27	31	20	27	16	
Q500M	C	—	—	55	34	—	—	—	—	—	—	
Q550M、Q620M	D	—	—	—	—	47⑧	27	—	—	—	—	
Q690M	E	—	—	—	—	—	—	31⑨	20⑨	—	—	

钢材尺寸规格的规定

1. 热轧钢棒的尺寸、外形、重量及允许偏差应符合 GB/T 702 的规定，具体组别应在合同中注明
2. 热轧型钢的尺寸、外形、重量及允许偏差应符合 GB/T 706 的规定，具体组别应在合同中注明
3. 热轧钢板和钢带的尺寸、外形、重量及允许偏差应符合 GB/T 709 的规定
4. 热轧 H 型钢和剖分 T 型钢的尺寸、外形、重量及允许偏差应符合 GB/T 11263 的规定
钢材尺寸规格精度类别应在合同中注明

表 1-106 低合金高强度结构钢国内外标准牌号对照（摘自 GB/T 1591—2018）

GB/T1591—2018	GB/T 1591—2008	ISO 630-2：2011	ISO 630-3：2012	EN 10025-2：2004	EN 10025-3：2004	EN 10025-4：2004
Q355B(AR)	Q345B(热轧)	S355B	—	S355JR	—	—
Q355C(AR)	Q345C(热轧)	S355C	—	S355J0	—	—
Q355D(AR)	Q345D(热轧)	S355D	—	S355J2	—	—
Q355NB	Q345B(正火/正火轧制)	—	—	—	—	—
Q355NC	Q345C(正火/正火轧制)	—	—	—	—	—
Q355ND	Q345D(正火/正火轧制)	—	S355ND	—	S355N	—
Q355NE	Q345E(正火/正火轧制)	—	S355NE	—	S355NL	—
Q355NF	—	—	—	—	—	—
Q355MB	Q345B(TMCP)	—	—	—	—	—
Q355MC	Q345C(TMCP)	—	—	—	—	—
Q355MD	Q345D(TMCP)	—	S355MD	—	—	S355M
Q355ME	Q345E(TMCP)	—	S355ME	—	—	S355ML
Q355MF	—	—	—	—	—	—
Q390B(AR)	Q390B(热轧)	—	—	—	—	—
Q390C(AR)	Q390C(热轧)	—	—	—	—	—
Q390D(AR)	Q390D(热轧)	—	—	—	—	—
Q390NB	Q390B(正火/正火轧制)	—	—	—	—	—
Q390NC	Q390C(正火/正火轧制)	—	—	—	—	—
Q390ND	Q390D(正火/正火轧制)	—	—	—	—	—
Q390NE	Q390E(正火/正火轧制)	—	—	—	—	—
Q390MB	Q390B(TMCP)	—	—	—	—	—
Q390MC	Q390C(TMCP)	—	—	—	—	—
Q390MD	Q390D(TMCP)	—	—	—	—	—
Q390ME	Q390E(TMCP)	—	—	—	—	—
Q420B(AR)	Q420B(热轧)	—	—	—	—	—
Q420C(AR)	Q420C(热轧)	—	—	—	—	—
Q420NB	Q420B(正火/正火轧制)	—	—	—	—	—
Q420NC	Q420C(正火/正火轧制)	—	—	—	—	—
Q420ND	Q420D(正火/正火轧制)	—	S420ND	—	S420N	—
Q420NE	Q420E(正火/正火轧制)	—	S420NE	—	S420NL	—
Q420MB	Q420B(TMCP)	—	—	—	—	—
Q420MC	Q420C(TMCP)	—	—	—	—	—
Q420MD	Q420D(TMCP)	—	S420MD	—	—	S420M
Q420ME	Q420E(TMCP)	—	S420ME	—	—	S420ML
Q460C(AR)	Q460C(热轧)	S450C	—	S450J0	—	—
Q460NC	Q460C(正火/正火轧制)	—	—	—	—	—

（续）

GB/T1591—2018	GB/T 1591—2008	ISO 630-2：2011	ISO 630-3：2012	EN 10025-2：2004	EN 10025-3：2004	EN 10025-4：2004
Q460ND	Q460D（正火/正火轧制）	—	S460ND	—	S460N	—
Q460NE	Q460E（正火/正火轧制）		S460NE		S460NL	
Q460MC	Q460C（TMCP）	—	—			—
Q460MD	Q460D（TMCP）		S460MD			S460M
Q460ME	Q460E（TMCP）	—	S460ME	—	—	S460ML
Q500MC	Q500C（TMCP）	—	—			
Q500MD	Q500D（TMCP）					
Q500ME	Q500E（TMCP）					
Q550MC	Q550C（TMCP）					
Q550MD	Q550D（TMCP）					
Q550ME	Q550E（TMCP）					
Q620MC	Q620C（TMCP）					
Q620MD	Q620D（TMCP）					
Q620ME	Q620E（TMCP）					
Q690MC	Q690C（TMCP）					
Q690MD	Q690D（TMCP）					
Q690ME	Q690E（TMCP）	—	—	—		—

表 1-107　低合金高强度结构钢的应用

GB/T 1591—2018	GB/T 1591—2008 牌号	GB/T 1591—1988 旧牌号对照	特性及应用举例
Q355	Q345	12MnV、14MnNb、16Mn、16MnRE、09MnCuPTi、18Nb、10MnSiCu、10MnPNiRE	具有良好的综合力学性能，塑性和焊接性良好，冲击韧度较好，一般在热轧或正火状态下使用。适于制作桥梁、船舶、车辆、管道、锅炉、各种容器、油罐、电站、厂房结构、低温压力容器等结构件
Q390	Q390	15MnV、15MnTi、10MnPNbRE、16MnNb	具有良好的综合力学性能，焊接性及冲击韧度较好，一般在热轧状态下使用。适于制作锅炉，中、高压石油化工容器，桥梁、船舶，起重机，较高负荷的焊接件、连接构件等
Q420	Q420	15MnVN、14MnVTiRE	具有良好的综合力学性能，低温韧性优良，焊接性好，冷热加工性良好，一般在热轧或正火状态下使用。适于制作高压容器、重型机械、桥梁、船舶、机车车辆、锅炉及其他大型焊接结构件
Q460	Q460	—	强度高，在正火加回火或淬火加回火处理后具有很高的综合力学性能，C、D、E 级钢可保证良好的韧性。备用钢种。主要用于各种大型工程结构及要求高强度、重负荷的轻型结构

注：本表"GB/T 1591—2018"中所列的 Q355、Q390、Q420、Q460 系指牌号中的"钢级"代号，有关 GB/T 1591—2018 中牌号的表示方法参见表 1-104，相对应的 GB/T 1591—2008 的牌号参见表 1-106。本表只提供四个牌号的应用举例，仅供参考。

表 1-108　低合金耐磨钢的牌号、化学成分、特性及用途

牌号	化学成分（质量分数，%）							主要特性	热处理	用途
	C	Si	Mn	Cr	P	S	其他			
40Mn2①	0.37~0.44	0.17~0.37	1.40~1.80	—	≤0.035	≤0.035	—	具有较好的综合力学性能，淬透性较高，有过热倾向及回火脆性	淬火、回火	主要制造轴类、齿轮零件、拖拉机和推土机的支重轮、导向轮，钻探机械的岩心管、钻接头等
45Mn2①	0.42~0.49	0.17~0.37	1.40~1.80	—	≤0.035	≤0.035	—			
50Mn2①	0.47~0.55	0.17~0.37	1.40~1.80	—	≤0.035	≤0.035	—			
42SiMn①	0.39~0.45	1.10~1.40	1.10~1.40	—	≤0.035	≤0.035	—	具有良好的综合力学性能，淬透性较好，耐磨性较好，有回火脆性及过热倾向	淬火、回火	制造截面较大的齿轮、轴、工程机械、拖拉机的驱动轮、导向轮，支重轮等耐磨零件，矿山机械中的齿轮
50SiMn	0.46~0.54	0.80~1.10	0.80~1.10	—	≤0.035	≤0.035	—			
40SiMn2	0.37~0.44	0.60~1.00	1.40~1.80	—	≤0.040	≤0.040	—	淬透性较高，耐磨性能较高，综合力学性能好，有回火脆性	调质	拖拉机、推土机履带板
55SiMnRE	0.50~0.60	0.80~1.10	0.90~1.25	—	≤0.045	≤0.045	RE（加入量）0.1~0.15	有较高的强度、耐磨性，氧化脱碳性良好，抗回火稳定性好，回火制后热稳定性良好	淬火、回火	犁铧
65SiMnRE	0.62~0.70	0.90~1.20	0.90~1.20	—	≤0.040	≤0.040	RE（加入量）≤0.20			制造大型履带式拖拉机履带板
41Mn2SiRE	0.37~0.44	0.60~1.0	1.40~1.80	—	≤0.040	≤0.040	RE（加入量）0.15	耐磨性良好，韧性良好，热处理工艺性良好	淬火、回火	制造水轮机叶片以及大型泥浆泵水泥搅拌机的易损件
20Cr5Cu	0.16~0.24	0.17~0.37	0.7~0.9	4.5~5.5	≤0.035	≤0.03	Cu：0.37~0.52	有良好的耐磨、耐蚀性，薄板轧制后退火、中板轧制后热处理	—	制造水轮机叶片以及大型泥浆泵水泥搅拌机的易损件
31Si2CrMoB	0.27~0.35	1.50~1.90	0.30~0.70	0.50~0.80	≤0.035	≤0.035	Mo：0.05~0.20　B：0.0005~0.005	推土机刀刃用钢，有很好的强韧性，使用寿命较长	淬火、回火	推土机刀刃
36CuPCr	0.31~0.42	0.50~0.80	0.60~1.00	0.80~1.20	0.02~0.06	≤0.040	Cu：0.10~0.30	具有良好的耐磨、耐蚀性，使用寿命比碳素钢轻轨约提高0.5倍	—	用于煤矿矿井下、冶金矿山和森林开发的运输铁道线路的轻轨
55PV	0.50~0.60	0.30~0.60	0.45~0.75	—	0.02~0.06	≤0.040	V：0.05~0.13			

注：本表牌号为生产中常用的非国家标准牌号，仅供参考。

① 为 GB/T 3077—2015《合金结构钢》中的牌号。

表 1-109　耐低温普通合金结构钢的化学成分及力学性能

使用温度等级 /℃	序号	牌号	化学成分（质量分数，%）								S	P
			C	Si	Mn	Al	Cu	Ti	Nb	其他	≤	
−40	1	16Mn（Q345）	≤0.20	0.20~0.60	1.20~1.60					—	0.035	0.035
	2	16MnRE（Q345）								RE≤0.20	0.035	0.035
−60	3	09MnTiCuRE	≤0.12	≤0.40	1.40~1.70	—	0.20~0.40	0.03~0.08		RE0.15	0.035	0.035
−70	4	09Mn2V	≤0.12	0.20~0.50	1.40~1.80					V0.04~0.10	0.035	0.035
−90	5	06MnNb	≤0.07	0.17~0.37	1.20~1.60				0.02~0.05		0.030	0.030
−120	6	06AlCu	≤0.06	≤0.25	0.80~1.10	0.09~0.26	0.35~0.45				0.025	0.015
	7	06AlNbCuN	≤0.08	≤0.35	0.80~1.20	0.04~0.15	0.30~0.40		0.04~0.08	N0.015~0.01	0.035	0.020

（左侧合并单元格：牌号及化学成分）

牌号	钢板厚度 /mm	热处理状态	常温性能				低温冲击试验				冲击韧度 a_K/（J/cm²）
			抗拉强度 /R_m	屈服强度 /R_{eL}	伸长率 A（%）	冷弯试验 $b=2a$（180°）	最低冲击温度 /℃	V 型冲击吸收能量 KV/J			
			MPa					试样方向	试样尺寸/mm		
									10×10×55	5×10×55	
16Mn（Q345）	6~20	热轧	490~620	≥315	≥21	$d=2a$	−40	纵向	≥20.6	≥13.7	—
16MnRE（Q345）	21~38		470~600	≥295	≥19	$d=3a$	−30				
09MnTiCuRE	6~26	正火	440~570	≥315	≥21	$d=2a$	−60 −50	纵向	≥20.6	≥13.7	
	27~40		420~550	≥295	≥21	$d=2a$	−40				
09Mn2V	6~20	热轧	460~590	≥325	≥21	$d=2a$	−70	纵向	≥20.6	≥13.7	
06MnNb	6~16	热轧	390~520	≥295	≥21	$d=2a$	−90	纵向	≥20.6	≥13.7	
06AlCu	16	正火	395~400	≥285	34~37.5	$d=2a$					
06AlNbCuN	3~14	正火	≥390	≥295	≥21	$d=2a$	−120	—	—	—	≥59
	>14	水淬+回火									

（左侧合并单元格：力学性能）

注：1. −60℃适用于厚度为 6~20mm 的钢材，−50℃适用于厚度为 21~30mm 的钢材，−40℃适用于厚度为 32~40mm 的钢材。

2. 本表牌号为生产中常用的非国家标准牌号。

表 1-110 耐低温普通合金结构钢的特性和用途

牌号	主 要 特 性	用 途
16Mn(Q345)	经过各种低温性能试验和低温爆破试验,证明作为-40℃级低温用钢是安全可靠的	用于-40℃以下寒冷地区的车辆、桥梁,中、低压力容器,管道及其他结构件
16MnRE(Q345)	冲击韧度及冷弯性能比16Mn稍高	
09MnTiCuRE	正火或热轧态的钢有良好的容器制造工艺性能和焊接性。采用一般普通碳素钢焊条—41Mn、H10MnMoVTi焊丝和焊剂250,母材及其接头基本上能满足低温设备的要求	用于工作温度在-60℃左右的冷冻设备、大型压力容器、管道
09Mn2V	有良好的焊接、热压及冷卷等工艺性能,其耐低温性能可与18-8系铬镍不锈钢媲美 一般在正火态使用	用于制造在-70℃左右工作的冷冻设备及低温压力容器、管道
06MnNb	化学成分简单,冶炼、轧制方便,成材率高,冷热加工性能优良,焊接性好 一般在正火态使用	用于制造在-90℃左右工作的压力容器、管道
06AlCu	化学成分简单,工艺性能良好,在-120℃时的实际爆破压力超过按常温抗拉强度计算的爆破压力	用于制造在-120℃左右使用的压力容器、管道、冷冻设备及低温零部件
06AlNbCuN	晶粒细小,强韧性好,在室温和低温下均具有良好的综合力学性能 一般在正火或水淬+回火后使用	

2. 低合金超高强度钢(见表 1-111)

表 1-111 低合金超高强度钢的牌号、化学成分、尺寸规格及力学性能(摘自 GB/T 38809—2020)

	序号	牌号	代号	最大尺寸/mm	备注
牌号、代号及尺寸规格	1	40CrNi2MoA	4340	≤300	轧制钢棒的尺寸、外形及允许偏差应符合GB/T 702的规定,具体要求应在合同中注明 锻制钢棒的尺寸、外形及允许偏差应符合GB/T 908的规定,具体要求应在合同中注明 钢棒以实际重量交货
	2	40CrNi2Si2MoVA	300M	≤400	
	3	42CrNi2Si2MoVA	300M	≤400	
	4	30CrMnSiNi2A	N31	≤300	
	5	30Si2MnCrMoVE	D406A	≤450	
	6	31Si2MnCrMoVE	D406A	≤450	
	7	45CrNiMo1VA	D6AC	≤300	

（续）

序号	牌号	化学成分（质量分数,%）											备注
		C	Si	Mn	P	S	Cr	Ni	Mo	V	Cu	其他元素	
1	40CrNi2MoA	0.38~0.43	0.20~0.35	0.65~0.90	<0.010	<0.010	0.70~0.90	1.65~2.00	0.20~0.30	—	≤0.20	—	
2	40CrNi2Si2MoVA	0.38~0.43	1.45~1.80	0.60~0.90	≤0.010	≤0.010	0.70~0.95	1.65~2.00	0.30~0.50	0.05~0.10	≤0.20	—	
3	42CrNi2Si2MoVA	0.40~0.45	1.45~1.80	0.60~0.90	≤0.010	≤0.010	0.70~0.95	1.65~2.00	0.30~0.50	0.05~0.10	≤0.20	—	① S+P ≤0.021% ② 按计算量加入并报实测值,不作为判定依据
4	30CrMnSiNi2A①	0.27~0.33	1.00~1.20	1.00~1.20	≤0.015	≤0.010	0.90~1.20	1.40~1.80	≤0.20	0.10②	≤0.20	W≤0.20、Ti≤0.03	
5	30Si2MnCrMoVE	0.27~0.32	1.40~1.70	0.70~1.00	≤0.010	≤0.008	1.00~1.30	0.25②	0.40~0.55	0.08~0.15	≤0.25	—	
6	31Si2MnCrMoVE	0.28~0.33	1.40~1.70	0.70~1.00	≤0.010	≤0.008	1.00~1.30	0.25②	0.40~0.55	0.08~0.15	≤0.25	—	
7	45CrNiMo1VA	0.44~0.49	0.15~0.35	0.60~0.90	≤0.015	≤0.010	0.90~1.20	0.40~0.70	0.90~1.10	0.05~0.15	≤0.20	—	

（左侧栏目：化学成分）

序号	牌号	化学成分极限偏差（质量分数,%）								
		C	Si	Mn	P	S	Cr	Ni	Mo	V
1	40CrNi2MoA	±0.02	±0.05	±0.04	+0.0050	+0.0050	±0.05	±0.05	±0.03	—
2	40CrNi2Si2MoVA	0 -0.02	±0.05	±0.04	+0.0020	—	±0.05	±0.05	±0.03	±0.003
3	42CrNi2Si2MoVA	+0.010	±0.05	±0.04	+0.0020	—	±0.05	±0.05	±0.03	±0.003
4	30CrMnSiNi2A	+0.010	±0.02	+0.10 -0.20	+0.0020	—	±0.05	±0.05	—	—
5	30Si2MnCrMoVE	+0.010	±0.05	±0.05	—	—	±0.05	—	±0.02	±0.02
6	31Si2MnCrMoVE	+0.010	±0.05	±0.05	—	—	±0.03	—	±0.02	±0.02
7	45CrNiMo1VA	+0.010	±0.05	±0.10	—	—	±0.10	±0.10	±0.03	±0.01

（左侧栏目：成品化学成分极限偏差）

（续）

	序号	牌号	冶炼方法	交货状态	交货硬度 HBW	备注
冶炼方法、交货状态及交货硬度	1	40CrNi2MoA	电渣量熔或真空电弧重熔	正火+高温回火，退火	≤269	按需方要求，并在合同中注明，钢棒可以车光、削皮或磨光表面状态交货
	2	40CrNi2Si2MoVA	真空感应加真空电弧重熔	正火+高温回火、退火	≤241	
	3	42CrNi2Si2MoVA	真空电弧重熔	正火+高温回火，退火	≤311	
	4	30CrMnSiNi2A	真空感应加真空电弧重熔	正火+高温回火，退火	≤269	
	5	30Si2MnCrMoVE	真空感应加真空电弧重熔	退火	≤285	
	6	31Si2MnCrMoVE	真空感应加真空电弧重熔	退火	≤285	
	7	45CrNiMo1VA	真空感应加电渣重熔或真空感应加真空电弧重熔	退火、高温回火	≤285	

	序号	牌号	推荐热处理制度	取样方向	公称尺寸 /mm	抗拉强度 R_m/MPa	规定塑性延伸强度 $R_{p0.2}$/MPa	断后伸长率 A(%)	断面收缩率 Z(%)	冲击吸收能量 KU_2/J	备注
						不小于					
钢棒的力学性能	1	40CrNi2MoA	I组 900℃±10℃保温1h±0.1h，空冷 850℃±20℃保温1h±0.1h，油冷 560℃±10℃保温2h±0.2h，空冷	纵向	≤300	1080	930	12	45	47	
			II组 900℃±10℃保温1h±0.1h，空冷 840℃±10℃保温1h±0.1h，油冷 一次220℃±20℃保温2h±0.2h，空冷 二次220℃±20℃保温2h±0.2h，空冷	横向	80~300	1794	1497	6	25		
	2	40CrNi2Si2MoVA	预备热处理 925℃±15℃保温1h±0.1h，空冷 650℃~700℃保温1h~4h，空冷 最终热处理 870℃±15℃保温1h±0.1h，油冷 一次300℃±5℃保温2h±0.2h，空冷 二次300℃±5℃保温2h±0.2h，空冷	纵向	≤400	1860	1515	8	30	39	
				横向	≤285	1860	1515	—	平均30 单个25	23	
					<285~400	1860	1515	—	平均25 单个20	23	

（续）

序号	牌号	推荐热处理制度	取样方向	公称尺寸/mm	抗拉强度 R_m/MPa	规定塑性延伸强度 $R_{p0.2}$/MPa	断后伸长率 $A(\%)$	断面收缩率 $Z(\%)$	冲击吸收能量 KU_2/J	备注
							不小于			
3	42CrNi2Si2MoVA	预备热处理 925℃±15℃保温 1h±0.1h，空冷 650℃~700℃保温 1~4h，空冷 最终热处理 870℃±15℃保温 1h±0.1h，油冷 一次 300℃±5℃保温 2h±0.2h，空冷 二次 300℃±5℃保温 2h±0.2h，空冷	纵向	≤400	1930	1585	6	25	—	钢棒上切取试样毛坯，按表中推荐的热处理后的力学性能应符合本表规定 其中40CrNi2Si2MoVA、30CrMnSiNi2A 钢棒的横向力学性能合格时，可不检测纵向力学性能 30Si2MnCrMoVE、31Si2MnCrMoVE 钢棒的平面应变断裂韧度 K_{IC} 应不小于80MPa·m$^{1/2}$，公称尺寸大于300mm 时，在本体锻造的 90mm 方熔检样上取样
			横向	≤280	1930	1585	—	平均30 单个25		
				<280~340	1930	1585	—	平均25 单个20		
				<340~400	1930	1585	—	平均20 单个15	—	
4	30CrMnSiNi2A	900℃±10℃保温 1h±0.1h，油冷 200℃~300℃保温 2~2.5h，空冷	纵向	≤200	1620	1375	9	45	47	
			横向		1620	1375	5	25	27	
			纵向	<200~300	1620	1375	8	40	39	
			横向		1620	1375	5	25	24	
5	30Si2MnCrMoVE	910℃~930℃保温 1h±0.1h，空冷 920℃~940℃保温 1h±0.1h，油冷 290℃~310℃保温 3h±0.2h，空冷	纵向	≤450	1620	1320	9	40	40	
6	31Si2MnCrMoVE	910℃~930℃保温 1h±0.1h，空冷 920℃~940℃保温 1h±0.1h，油冷 290℃~310℃保温 3h±0.2h，空冷	纵向	≤450	1620	1320	9	40	40	
7	45CrNiMo1VA	890℃~920℃保温 1h±0.1h，空冷 880℃~900℃保温 1h±0.1h，油冷 510℃~550℃保温 2h±0.2h，空冷	纵向	≤300	1520	1420	9	35	35	

注：1. 公称尺寸不大于 80mm 的 30CrMnSiNi2A 钢棒应进行顶锻试验。热顶锻后试样高度为原试样高度的三分之一，冷顶锻后试样高度为原试样高度的二分之一，顶锻后试样上不应有裂口和裂纹。根据需方要求，经供需双方协商，并在合同中注明，公称尺寸大于 80mm 的 30CrMnSiNi2A 钢棒可进行顶锻试验。

2. 根据需方要求，并在合同中注明，其余牌号可进行顶锻试验。

3. 钢棒应进行酸浸低倍检验，其横向酸浸试样上不应有缩孔、空洞、针孔、翻皮、裂纹、白点、分层、异金属夹杂和非金属夹杂等缺陷。低倍缺陷的合格级别、脱碳层、钢棒的非金属夹杂物、钢棒试样晶粒度、超声检测等检测要求应符合标准的规定。

1.7.4 非调质机械结构钢(见表 1-112~表 1-114)

表 1-112 非调质机械结构钢的牌号和化学成分(摘自 GB/T 15712—2016)

分类	统一数字代号	牌号[①]	化学成分(质量分数,%)									
			C	Si	Mn	S	P	V[②]	Cr	Ni	Cu[③]	其他[④]
铁素体—珠光体	L22358	F35VS	0.32~0.39	0.15~0.35	0.60~1.00	0.035~0.075	≤0.035	0.06~0.13	≤0.30	≤0.30	≤0.30	Mo≤0.05
	L22408	F40VS	0.37~0.44	0.15~0.35	0.60~1.00	0.035~0.075	≤0.035	0.06~0.13	≤0.30	≤0.30	≤0.30	Mo≤0.05
	L22458	F45VS	0.42~0.49	0.15~0.35	0.60~1.00	0.035~0.075	≤0.035	0.06~0.13	≤0.30	≤0.30	≤0.30	Mo≤0.05
	L22708	F70VS	0.67~0.73	0.15~0.35	0.40~0.70	0.035~0.075	≤0.045	0.03~0.08	≤0.30	≤0.30	≤0.30	Mo≤0.05
	L22308	F30MnVS	0.26~0.33	0.30~0.80	1.20~1.60	0.035~0.075	≤0.035	0.08~0.15	≤0.30	≤0.30	≤0.30	Mo≤0.05
	L22358	F35MnVS	0.32~0.39	0.30~0.60	1.00~1.50	0.035~0.075	≤0.035	0.06~0.13	≤0.30	≤0.30	≤0.30	Mo≤0.05
	L22388	F38MnVS	0.35~0.42	0.30~0.80	1.20~1.60	0.035~0.075	≤0.035	0.08~0.15	≤0.30	≤0.30	≤0.30	Mo≤0.05
	L22408	F40MnVS	0.37~0.44	0.30~0.60	1.00~1.50	0.035~0.075	≤0.035	0.06~0.13	≤0.30	≤0.30	≤0.30	Mo≤0.05
	L22458	F45MnVS	0.42~0.49	0.30~0.60	1.00~1.50	0.035~0.075	≤0.035	0.06~0.13	≤0.30	≤0.30	≤0.30	Mo≤0.05
	L22498	F49MnVS	0.44~0.52	0.15~0.60	0.70~1.00	0.035~0.075	≤0.035	0.08~0.15	≤0.30	≤0.30	≤0.30	Mo≤0.05
	L22488	F48MnV	0.45~0.51	0.15~0.35	1.00~1.30	≤0.035	≤0.035	0.06~0.13	≤0.30	≤0.30	≤0.30	Mo≤0.05
	L22378	F37MnSiVS	0.34~0.41	0.50~0.80	0.90~1.10	0.035~0.075	≤0.045	0.25~0.35	≤0.30	≤0.30	≤0.30	Mo≤0.05
	L22418	F41MnSiV	0.38~0.45	0.50~0.80	1.20~1.60	≤0.035	≤0.035	0.08~0.15	≤0.30	≤0.30	≤0.30	Mo≤0.05
	L26388	F38MnSiNS	0.35~0.42	0.50~0.80	1.20~1.60	0.035~0.075	≤0.035	≤0.06	≤0.30	≤0.30	≤0.30	Mo≤0.05 N: 0.010~0.020

（续）

分类	统一数字代号	牌号①	化学成分（质量分数，%）									
			C	Si	Mn	S	P	V②	Cr	Ni	Cu③	其他④
贝氏体	L27128	F12Mn2VBS	0.09~0.16	0.30~0.60	2.20~2.65	0.035~0.075	≤0.035	0.06~0.12	≤0.30	≤0.30	≤0.30	B0.001~0.004
	L28258	F25Mn2CrVS	0.22~0.28	0.20~0.40	1.80~2.10	0.035~0.065	≤0.030	0.10~0.15	0.40~0.60	≤0.30	≤0.30	—

注：通过微合金化、控制轧制（锻制）和控制冷却等强韧化方法，取消了调质热处理，达到或接近调质钢力学性能的一种优质或特殊质量的结构钢称为非调质机械结构钢。

① 当硫含量只有上限要求时，牌号尾部不加"S"。

② 经供需双方协商，可以用铌或钛代替部分或全部钒含量，在部分代替情况下，钒的下限含量应由双方协商。

③ 热压力加工用钢的铜含量应不大于0.20%。

④ 为了保证钢材的力学性能，允许添加氮，推荐氮含量为0.0080%~0.0200%。

表 1-113　直接切削加工用非调质机械结构钢的力学性能（摘自 GB/T 15712—2016）

牌号	公称直径或边长/mm	抗拉强度 R_m/MPa	下屈服强度 R_{eL}/MPa	断后伸长率 A(%)	断面收缩率 Z(%)	冲击吸收能量 KU_2/J
		不 小 于				
F35VS	≤40	590	390	18	40	47
F40VS	≤40	640	420	16	35	37
F45VS	≤40	685	440	15	30	35
F30MnVS	≤60	700	450	14	30	实测值
F35MnVS	≤40	735	460	17	35	37
	>40~60	710	440	15	33	35
F38MnVS	≤60	800	520	12	25	实测值
F40MnVS	≤40	785	490	15	33	32
	>40~60	760	470	13	30	28
F45MnVS	≤40	835	510	13	28	28
	>40~60	810	490	12	28	25
F49MnVS	≤60	780	450	8	20	实测值

注：1. 非调质机械结构热轧钢材的尺寸、外形及其允许偏差应符合 GB/T 702 的规定，尺寸精度要求应在合同中注明，未注明时按 2 组精度执行。

2. 银亮钢材的尺寸、外形及其允许偏差应符合 GB/T 3207 的规定，尺寸精度要求应在合同中注明，未注明时按 11 级精度执行。

3. 钢材按使用加工方法分为直接切削加工用钢（UC）和热压力加工用钢（UHP）两类，本表为直接切削加工用钢（公称直径或边长不大于 60mm）的力学性能。

4. 热压力加工用钢材可按需方要求检验力学性能及硬度，具体试验方法和验收指标由供需双方协商。本表数值供参考。

5. 公称直径不大于 16mm 圆钢或边长不大于 12mm 方钢不做冲击试验；F30MnVS、F38MnVS、F49MnVS 钢提供实测值，不作判定依据。

6. 根据需方要求，并在合同中注明，可提供表中未列牌号钢材、公称直径或边长大于 60mm 钢材的力学性能，具体指标由供需双方协商确定。

表 1-114 非调质机械结构钢的特性及应用

钢号	性 能 特 点 及 应 用
F35VS F40VS	热轧空冷后具有良好的综合力学性能，加工性能优于调质态的 40 钢，用于制造 CA15 发动机和空气压缩机的连杆及其他零件，可代替 40 钢
F45VS	属于 685MPa 级易切削非调质钢，比 F35VS 钢有更高的强度，用于制造汽车发动机曲轴、凸轮轴、连杆，以及机械行业的轴类、蜗杆等零件，可代替 45 钢
F35MnVS	与 F35VS 钢相比，有更好的综合力学性能，用于制造 CA6102 发动机的连杆及其他零件，可代替 55 钢
F40MnVS	比 F35MnVS 钢有更高的强度，其塑性和疲劳性能均优于调质态的 45 钢，加工性能优于 45、40Cr、40MnB 钢，可代替 45、40Cr 和 40MnB 钢制造汽车、拖拉机和机床的零部件
F45MnVS	属于 785MPa 级易切削非调质钢，与 F40MnVS 钢相比，耐磨性较高，韧性稍低，加工性能优于调质态的 45 钢，疲劳性能和耐磨性亦佳，主要用来取代调质态的 45 钢制造拖拉机、机床等的轴类零件

1.7.5 耐候结构钢(见表 1-115 ~ 表 1-117)

表 1-115 耐候结构钢的牌号及化学成分(摘自 GB/T 4171—2008)

牌号	化学成分(质量分数,%)								
	C	Si	Mn	P	S	Cu	Cr	Ni	其他元素
Q265GNH	≤0.12	0.10~0.40	0.20~0.50	0.07~0.12	≤0.020	0.20~0.45	0.30~0.65	0.25~0.50[5]	①、②
Q295GNH	≤0.12	0.10~0.40	0.20~0.50	0.07~0.12	≤0.020	0.25~0.45	0.30~0.65	0.25~0.50[5]	①、②
Q310GNH	≤0.12	0.25~0.75	0.20~0.50	0.07~0.12	≤0.020	0.20~0.50	0.30~1.25	≤0.65	①、②
Q355GNH	≤0.12	0.20~0.75	≤1.00	0.07~0.15	≤0.020	0.25~0.55	0.30~1.25	≤0.65	①、②
Q235NH	≤0.13[6]	0.10~0.40	0.20~0.60	≤0.030	≤0.030	0.25~0.55	0.40~0.80	≤0.65	①、②
Q295NH	≤0.15	0.10~0.50	0.30~1.00	≤0.030	≤0.030	0.25~0.55	0.40~0.80	≤0.65	①、②
Q355NH	≤0.16	≤0.50	0.50~1.50	≤0.030	≤0.030	0.25~0.55	0.40~0.80	≤0.65	①、②
Q415NH	≤0.12	≤0.65	≤1.10	≤0.025	≤0.030[4]	0.20~0.55	0.30~1.25	0.12~0.65[5]	①、②、③
Q460NH	≤0.12	≤0.65	≤1.50	≤0.025	≤0.030[4]	0.20~0.55	0.30~1.25	0.12~0.65[5]	①、②、③
Q500NH	≤0.12	≤0.65	≤2.0	≤0.025	≤0.030[4]	0.20~0.55	0.30~1.25	0.12~0.65[5]	①、②、③
Q550NH	≤0.16	≤0.65	≤2.0	≤0.025	≤0.030	0.20~0.55	0.30~1.25	0.12~0.65[5]	①、②、③

① 为了改善钢的性能，可以添加一种或一种以上的微量合金元素：Nb0.015%~0.060%，V0.02%~0.12%，Ti0.02%~0.10%，Alt≥0.020%。若上述元素组合使用，应至少保证其中一种元素含量达到上述化学成分的下限规定。

② 可以添加下列合金元素：Mo≤0.30%，Zr≤0.15%。

③ Nb、V、Ti 等三种合金元素的添加总量不应超过 0.22%。

④ 经供需双方协商，S 的含量可以不大于 0.008%。

⑤ 经供需双方协商，Ni 含量的下限可不做要求。

⑥ 经供需双方协商，C 的含量可以不大于 0.15%。

表1-116 耐候结构钢的力学性能、尺寸规格及应用(摘自GB/T 4171—2008)

分类	牌号	下屈服强度 R_{eL}/MPa ≥ ≤16	>16~40	>40~60	>60	抗拉强度 R_m/MPa	断后伸长率 A(%) ≥ ≤16	>16~40	>40~60	>60	180°弯曲试验 弯心直径/mm (a为钢板厚度) ≤6	>6~16	>16	钢板和钢带厚度范围/mm≤	型钢尺寸范围/mm≤	产品标准规定	应用举例
焊接耐候钢	Q235NH	235	225	215	215	360~510	25	25	24	23	a	a	2a	100	100	热轧钢板和钢带尺寸规格按GB/T 709中的规定；冷轧钢板和钢带尺寸规格按GB/T 708中的规定；型钢尺寸规格按相关产品标准中的规定	耐候钢是通过添加少量合金元素(如Cu、P、Cr、Ni等),使其在金属基体表面上形成保护层,以提高耐大气腐蚀性能的钢。焊接耐候钢适用于制作车辆、桥梁、集装箱及其他结构件、与高耐候钢相比,具有较好的焊接性能。以热轧方式生产
	Q295NH	295	285	275	255	430~560	24	24	23	22	a	2a	3a	100	100		
	Q355NH	355	345	335	325	490~630	22	22	21	20	a	2a	3a	100	100		
	Q415NH	415	405	395	—	520~680	22	22	20	20	a	2a	3a	60	—		
	Q460NH	460	450	440	—	570~730	20	20	19	15	a	2a	3a	60	—		
	Q500NH	500	490	480	—	600~760	18	16	16	15	a	2a	3a	60	—		
	Q550NH	550	540	530	—	620~780	16	16	15	—	a	2a	3a	60	—		
高耐候钢	Q295GNH	295	285	—	—	430~560	24	24	—	—	a	2a	3a	20	40		适用于制作车辆、集装箱、建筑、塔架或其他结构件,其耐大气腐蚀性能优于焊接耐候钢。以热轧或冷轧方式生产
	Q355GNH	355	345	—	—	490~630	22	22	—	—	a	2a	3a	20	40		
	Q265GNH	265	—	—	—	≥410	27	—	—	—	a	—	—	3.5	—		
	Q310GNH	310	—	—	—	≥450	26	—	—	—	a	—	—	3.5	—		

注:
1. 各牌号的化学成分应符合GB/T 4171—2008的规定(见表1-115)。
2. 钢的牌号说明:Q355GNHC,Q—屈服强度中"屈"字汉语拼音首位字母;355—下屈服强度下限值(MPa);G、N、H—"高""耐"和"候"字汉语拼音首位字母;C—钢的质量等级,分为A、B、C、D、E五个等级。
3. 钢材的冲击试验应符合GB/T 4171—2008的规定。
4. 热轧钢材以热轧、控轧或正火状态交货,牌号为Q460NH、Q500NH、Q550NH的钢材可以淬火加回火状态交货;冷轧钢材一般以退火状态交货。

表 1-117 耐候结构钢新旧牌号对照(摘自 GB/T 4171—2008)

GB/T 4171—2008	GB/T 4171—2000	GB/T 4172—2000	GB/T 18982—2003	TB/T 1979—2003
Q235NH	—	Q235NH	—	—
Q295NH	—	Q295NH	—	—
Q295GNH	Q295GNHL	—	—	09CuPCrNi-B
Q355NH	—	Q355NH	—	—
Q355GNH	Q345GNHL	—	—	09CuPCrNi-A
Q415NH	—	—	—	—
Q460NH	—	—	—	—
Q500NH	—	—	—	—
Q550NH	—	—	—	—
Q265GNH	Q295GNHL	—	—	09CuPCrNi-B
Q310GNH	—	—	Q310GNHLJ	09CuPCrNi-A

注: GB/T 4171—2008《耐候结构钢》代替 GB/T 4171—2000《高耐候结构钢》、GB/T 4172—2000《焊接结构用耐候钢》、GB/T 18982—2003《集装箱用耐腐蚀钢板及钢带》。

1.7.6 易切削结构钢(见表 1-118~表 1-122)

表 1-118 易切削结构钢的牌号和化学成分(摘自 GB/T 8731—2008)

钢种系列	牌号(统一数字代号)	化学成分(质量分数,%)					
		C	Si	Mn	P	S	Pb、Sn、Ca
硫系易切削钢	Y08 (U1082)	≤0.09	≤0.15	0.75~1.05	0.04~0.09	0.26~0.35	
	Y12 (U71122)	0.08~0.16	0.15~0.35	0.70~1.00	0.08~0.15	0.10~0.20	
	Y15 (U71152)	0.10~0.18	≤0.15	0.80~1.20	0.05~0.10	0.23~0.33	
	Y20 (U70202)	0.17~0.25	0.15~0.35	0.70~1.00	≤0.06	0.08~0.15	
	Y30 (U70302)	0.27~0.35	0.15~0.35	0.70~1.00	≤0.06	0.08~0.15	
	Y35 (U70352)	0.32~0.40	0.15~0.35	0.70~1.00	≤0.06	0.08~0.15	
	Y45 (U70452)	0.42~0.50	≤0.40	0.70~1.10	≤0.06	0.15~0.25	
	Y08MnS (L20089)	≤0.09	≤0.07	1.00~1.50	0.04~0.09	0.32~0.48	
	Y15Mn (L20159)	0.14~0.20	≤0.15	1.00~1.50	0.04~0.09	0.08~0.13	
	Y35Mn (L20359)	0.32~0.40	≤0.10	0.90~1.35	≤0.04	0.18~0.30	

（续）

钢种系列	牌号 （统一数字代号）	化学成分（质量分数,%）					
		C	Si	Mn	P	S	Pb、Sn、Ca
硫系易 切削钢	Y40Mn （L20409）	0.37~0.45	0.15~0.35	1.20~1.55	≤0.05	0.20~0.30	—
	Y45Mn （L20459）	0.40~0.48	≤0.40	1.35~1.65	≤0.04	0.16~0.24	
	Y45MnS （L20449）	0.40~0.48	≤0.40	1.35~1.65	≤0.04	0.24~0.33	
铅系易 切削钢	Y08Pb （U72082）	≤0.09	≤0.15	0.75~1.05	0.04~0.09	0.26~0.35	Pb：0.15~0.35
	Y12Pb （U72122）	≤0.15	≤0.15	0.85~1.15	0.04~0.09	0.26~0.35	Pb：0.15~0.35
	Y15Pb （U72152）	0.10~0.18	≤0.15	0.80~1.20	0.05~0.10	0.23~0.33	Pb：0.15~0.35
	Y45MnSPb （L20469）	0.40~0.48	≤0.40	1.35~1.65	≤0.04	0.24~0.33	Pb：0.15~0.35
锡系易 切削钢	Y08Sn （U74082）	≤0.09	≤0.15	0.75~1.20	0.04~0.09	0.26~0.40	Sn：0.09~0.25
	Y15Sn （U74152）	0.13~0.18	≤0.15	0.40~0.70	0.03~0.07	≤0.05	Sn：0.09~0.25
	Y45Sn （U74452）	0.40~0.48	≤0.40	0.60~1.00	0.03~0.07	≤0.05	Sn：0.09~0.25
	Y45MnSn （L20439）	0.40~0.48	≤0.40	1.20~1.70	≤0.06	0.20~0.35	Sn：0.09~0.25
钙系易 切削钢	Y45Ca （U73452）	0.42~0.50	0.20~0.40	0.60~0.90	≤0.04	0.04~0.08	Ca：0.002~0.006

注：1. GB/T 8731—2008《易切削结构钢》在原标准的基础上新增加了国外常用的牌号 Y08、Y45、Y15Mn、Y45MnS、
　　 Y08Pb，并添加了国内有关工厂已生产应用的牌号 Y08MnS、Y35Mn、Y45Mn、Y45MnSPb 以及首钢总公司生产的
　　 牌号 Y08Sn、Y15Sn、Y45Sn 和 Y45MnSn 共 13 个牌号，加上原标准中的 9 个牌号，新标准中有总计 22 个牌号。
　 2. 易切削结构钢是添加了较高含量的硫、铅、锡、钙及其他易切削元素，具有良好的切削加工性能的结构钢。我
　　 国生产的易切削钢有结构钢、非调质结构钢、不锈钢和模具钢等多个品种。其中，易切削不锈钢有 Y12Cr18Ni9、
　　 Y12Cr18Ni9Se、Y10Cr17、Y12Cr13、Y30Cr13 和 Y108Cr17 6 个牌号（可参见 GB/T 1220—2007《不锈钢棒》），易
　　 切削耐热钢有 53Cr21Mn9Ni4N 1 个牌号（可参见 GB/T 1221—2007《耐热钢棒》）。我国目前在生产中已有可靠应
　　 用经验的非标准易切削钢有 Y13、Y45CaS、Y40CrCaS、YF35V、YF35MnV、YF45V、YF40MnV、YF45SiMnVS、
　　 Y1Cr14S、Y2Cr13Ni2、Y1Cr13Se、Y0Cr18Ni10、1Cr18Ni9MoAl、Y0Cr16Ni10MoCuCaS、Y0Cr16Ni10Mo2CuCaS、
　　 Y75 和 YT10Pb17 个牌号（有关资料可参考相关易切削钢生产企业标准或参见《中国材料工程大典》钢铁材料卷）。
　 3. GB/T 8731—2008 中列入了锡系易切削钢 4 个牌号。含锡易切削结构钢是首钢总公司的专利（专利号为
　　 ZL03122768.6）。专利持有人已向国家标准发布机构保证，愿意同任何申请人在合理合法条件下，就使用授权许
　　 可证进行谈判。

表 1-119　易切削结构钢的力学性能（摘自 GB/T 8731—2008）

牌号	冷拉条钢和盘条					热轧条钢和盘条			
	抗拉强度 R_m/MPa			断后伸长率 A(%) ≥	布氏硬度 HBW	抗拉强度 R_m/MPa	断后伸长率 A(%) ≥	断面收缩率 Z(%) ≥	布氏硬度 HBW ≤
	钢材公称尺寸/mm								
	8~20	>20~30	>30						
Y08	480~810	460~710	360~710	7.0	140~217	360~570	25	40	163
Y12	530~755	510~735	490~685	7.0	152~217	390~540	22	36	170
Y15	530~755	510~735	490~685	7.0	152~217	390~540	22	36	170
Y20	570~785	530~745	510~705	7.0	167~217	450~600	20	30	175
Y30	600~825	560~765	540~735	6.0	174~223	510~655	15	25	187
Y35	625~845	590~785	570~765	6.0	176~229	510~655	14	22	187
Y45	695~980	655~880	580~880	6.0	196~255	560~800	12	20	229
Y08MnS	480~810	460~710	360~710	7.0	140~217	350~500	25	40	165
Y15Mn	530~755	510~735	490~685	7.0	152~217	390~540	22	36	170
Y45Mn	695~980	655~880	580~880	6.0	196~255	610~900	12	20	241
Y45MnS	695~980	655~880	580~880	6.0	196~255	610~900	12	20	241
Y08Pb	480~810	460~710	360~710	7.0	140~217	360~570	25	40	165
Y12Pb	480~810	460~710	360~710	7.0	140~217	360~570	22	36	170
Y15Pb	530~755	510~735	490~685	7.0	152~217	390~540	22	36	170
Y45MnSPb	695~980	655~880	580~880	6.0	196~255	610~900	12	20	241
Y08Sn	480~705	460~685	440~635	7.5	140~200	350~500	25	40	165
Y15Sn	530~755	510~735	490~685	7.0	152~217	390~540	22	36	165
Y45Sn	695~920	655~855	635~835	6.0	196~255	600~745	12	26	241
Y45MnSn	695~920	655~855	635~835	6.0	196~255	610~850	12	26	241
Y45Ca	695~920	655~855	635~835	6.0	196~255	600~745	12	26	241

注：1. 钢材以热轧、热锻或冷拉、冷拉、银亮等状态交货，交货状态应在合同中注明。

2. 热轧条钢和盘条的布氏硬度应符合本表的规定。本表所列的其他力学性能数值参考 GB/T 8731—2008 的资料性附录，热轧、调质、冷拉及冷拉高温回火状态的条钢和盘条的力学性能，经供需双方协商，参考执行。其他产品的力学性能及硬度由供需双方协商确定。

表 1-120　易切削结构钢各钢种系列的性能对比及主要用途

钢种系列	加入钢中主要元素及含量（质量分数，%）	力学性能	加工性能	被切削性能	主要用途
硫易切削钢	S0.07~0.35 当 C≤0.16 时，可加入 P0.07~0.12	与基础钢相比，不同方位及纵、横的性能差别较大；横向韧、塑性较差，疲劳及耐蚀性均有所降低	与基础钢相比有高温脆性，低温冷加工时有冷脆倾向	比基础钢好，用高速钢刀具切削，一般切削速度为 40~60m/min	自动车床切削的小型零件（如汽车、拖拉机上的紧固件）和标准件（如螺钉、螺母、销、辊等）
铅及硫铅复合易切削钢	Pb0.10~0.35 在低碳硫铅复合易切削结构钢中，Pb0.10~0.35，S0.10~0.30	室温力学性能与基础钢相似，但温度超过300℃时性能恶化。低碳硫铅复合易切削钢的力学性能与同类硫易切削钢相似	与基础钢相似	优于基础钢。低碳硫铅复合易切削钢更优于同类硫易切削钢。用高速钢刀具切削时，切削速度可大于80m/min	精密仪器仪表、钟表、缝纫机等的零件，轴、销、连接件、螺钉、螺母以及机电产品零件等
钙易切削钢	Ca0.001~0.003 S≤0.07	同基础钢	优于基础钢	比基础钢好。用硬质合金刀具切削，走刀量为0.08~0.5mm/r 时，切削速度可达150m/min；用高速钢刀具切削时效果稍差	机电产品的齿轮、轴、销、接合器等零件以及机动车上的紧固件等

表 1-121　易切削结构钢部分牌号的特性和应用

牌号	特　性	应　用
Y12	钢中磷含量高，切削加工性能比 15 钢有明显提高。其强度接近 15Mn 钢，塑性略低，焊接性较好	用于自动机床加工标准件，切削速度可达 60m/min，常用于制作对力学性能要求不高的零件，如双头螺栓、螺杆、螺母、销钉，以及手表零件、仪表的精密小件等
Y12Pb	钢中添加铅，改善了其可加工性，故切削加工性比 Y12 钢好。其强度和塑性同 Y12 钢	
Y15	该钢与 Y12 钢相比，硫含量较高，切削加工性好，塑性相同，而强度略高	用于自动切削机床加工紧固件和标准件，如双头螺栓、螺钉、螺母、管接头、弹簧座等
Y15Pb	切削加工性比 Y15 钢好，加工表面光洁。其强度和塑性同 Y15 钢	
Y20	切削加工性能比 20 钢可提高 30%~40%，但略低于 Y15 钢。其强度比 Y15 钢高，而塑性稍低	用于小型机器上不易加工的复杂断面零件，如纺织机的零件、内燃机的凸轮轴，以及表面要求耐磨的仪器、仪表零件。制作件可渗碳
Y30	切削加工性能较 Y20 略好。其强度高于 Y20 钢，与 35 钢接近，而塑性稍低	用于制作要求抗拉强度较高的部件，一般以冷拉状态使用

（续）

牌号	特 性	应 用
Y35	切削加工性能与Y30钢相近。其强度略高于Y30钢，而塑性稍低	用于制作要求抗拉强度较高的部件，一般以冷拉状态使用
Y40Mn	切削加工性能优于45钢，并有较高的强度和硬度	用于制造对性能要求高的部件，如机床丝杠、花键轴、齿条等，一般以冷拉状态使用
Y45Ca	适于高速切削加工，切削速度可比45钢提高1倍以上。热处理后具有良好的力学性能，强度和面缩率略高于Y40Mn钢，而伸长率略低	用于制作要求抗拉强度高的重要部件，如机床的齿轮轴、花键轴等

表 1-122　易切削结构钢中国牌号和国外牌号对照（摘自 GB/T 8731—2008）

中国	日本	美国	苏联	国际
GB/T 8731	JIS G 4804	ASTM A 29/A 29M	ГОСТ 1414	ISO 683-9
Y08	SUM23	1215	—	9S20
Y12	SUM12	1211 1212	A12	10S20
Y15	SUM22	1213	—	11SMn28
Y20	SUM32	—	A20	—
Y30	—	—	A30	35S20
Y35	—	—	—	—
Y45	—	—	—	46S20
Y08MnS	—	—	—	—
Y15Mn	SUM31	1117	—	—
Y35Mn	SUM41			
Y40Mn	—	1139	A40Г	35MnS20
Y45Mn	—	—	—	—
Y45MnS	SUM43	1144	—	44SMn28
Y08Pb	SUM23L	12L15	—	—
Y12Pb	SUM24L	12L14	—	10SPb20
Y15Pb	—	—	AC14	11SMnPb28
Y45MnSPb	—	—	—	—
Y45Ca	—	—	—	—

1.7.7 合金结构钢（见表 1-123~表 1-131）

表 1-123 合金结构钢的牌号及化学成分（摘自 GB/T 3077—2015）

钢组	统一数字代号	牌号	化学成分（质量分数，%）										
			C	Si	Mn	Cr	Mo	Ni	W	B	Al	Ti	V
Mn	A00202	20Mn2	0.17~0.24	0.17~0.37	1.40~1.80	—	—	—	—	—	—	—	—
	A00302	30Mn2	0.27~0.34	0.17~0.37	1.40~1.80	—	—	—	—	—	—	—	—
	A00352	35Mn2	0.32~0.39	0.17~0.37	1.40~1.80	—	—	—	—	—	—	—	—
	A00402	40Mn2	0.37~0.44	0.17~0.37	1.40~1.80	—	—	—	—	—	—	—	—
	A00452	45Mn2	0.42~0.49	0.17~0.37	1.40~1.80	—	—	—	—	—	—	—	—
	A00502	50Mn2	0.47~0.55	0.17~0.37	1.40~1.80	—	—	—	—	—	—	—	—
MnV	A01202	20MnV	0.17~0.24	0.17~0.37	1.30~1.60	—	—	—	—	—	—	—	0.07~0.12
SiMn	A10272	27SiMn	0.24~0.32	1.10~1.40	1.10~1.40	—	—	—	—	—	—	—	—
	A10352	35SiMn	0.32~0.40	1.10~1.40	1.10~1.40	—	—	—	—	—	—	—	—
	A10422	42SiMn	0.39~0.45	1.10~1.40	1.10~1.40	—	—	—	—	—	—	—	—
SiMnMoV	A14202	20SiMn2MoV	0.17~0.23	0.90~1.20	2.20~2.60	—	0.30~0.40	—	—	—	—	—	0.05~0.12
	A14262	25SiMn2MoV	0.22~0.28	0.90~1.20	2.20~2.60	—	0.30~0.40	—	—	—	—	—	0.05~0.12
	A14372	37SiMn2MoV	0.33~0.39	0.60~0.90	1.60~1.90	—	0.40~0.50	—	—	—	—	—	0.05~0.12
B	A70402	40B	0.37~0.44	0.17~0.37	0.60~0.90	—	—	—	—	0.0008~0.0035	—	—	—
	A70452	45B	0.42~0.49	0.17~0.37	0.60~0.90	—	—	—	—	0.0008~0.0035	—	—	—
	A70502	50B	0.47~0.55	0.17~0.37	0.60~0.90	—	—	—	—	0.0008~0.0035	—	—	—
MnB	A712502	25MnB	0.23~0.28	0.17~0.37	1.00~1.40	—	—	—	—	0.0008~0.0035	—	—	—
	A713502	35MnB	0.32~0.38	0.17~0.37	1.10~1.40	—	—	—	—	0.0008~0.0035	—	—	—

（续）

钢组	统一数字代号	牌号	化学成分（质量分数，%）										
			C	Si	Mn	Cr	Mo	Ni	W	B	Al	Ti	V
MnB	A71402	40MnB	0.37~0.44	0.17~0.37	1.10~1.40	—	—	—	—	0.0008~0.0035	—	—	—
	A71452	45MnB	0.42~0.49	0.17~0.37	1.10~1.40	—	—	—	—	0.0008~0.0035	—	—	—
MnMoB	A72202	20MnMoB	0.16~0.22	0.17~0.37	0.90~1.20	—	0.20~0.30	—	—	0.0008~0.0035	—	—	—
MnVB	A73152	15MnVB	0.12~0.18	0.17~0.37	1.20~1.60	—	—	—	—	0.0008~0.0035	—	—	0.07~0.12
	A73202	20MnVB	0.17~0.23	0.17~0.37	1.20~1.60	—	—	—	—	0.0008~0.0035	—	—	0.07~0.12
	A73402	40MnVB	0.37~0.44	0.17~0.37	1.10~1.40	—	—	—	—	0.0008~0.0035	—	—	0.05~0.10
MnTiB	A74202	20MnTiB	0.17~0.24	0.17~0.37	1.30~1.60	—	—	—	—	0.0008~0.0035	—	0.04~0.10	—
	A74252	25MnTiBRE	0.22~0.28	0.20~0.45	1.30~1.60	—	—	—	—	0.0008~0.0035	—	0.04~0.10	—
Cr	A20152	15Cr	0.12~0.17	0.17~0.37	0.40~0.70	0.70~1.00	—	—	—	—	—	—	—
	A20202	20Cr	0.18~0.24	0.17~0.37	0.50~0.80	0.70~1.00	—	—	—	—	—	—	—
	A20302	30Cr	0.27~0.34	0.17~0.37	0.50~0.80	0.80~1.10	—	—	—	—	—	—	—
	A20352	35Cr	0.32~0.39	0.17~0.37	0.50~0.80	0.80~1.10	—	—	—	—	—	—	—
	A20402	40Cr	0.37~0.44	0.17~0.37	0.50~0.80	0.80~1.10	—	—	—	—	—	—	—
	A20452	45Cr	0.42~0.49	0.17~0.37	0.50~0.80	0.80~1.10	—	—	—	—	—	—	—
	A20502	50Cr	0.47~0.54	0.17~0.37	0.50~0.80	0.80~1.10	—	—	—	—	—	—	—
CrSi	A21382	38CrSi	0.35~0.43	1.00~1.30	0.30~0.60	1.30~1.60	—	—	—	—	—	—	—

（续）

钢组	统一数字代号	牌号	化学成分（质量分数，%）										
			C	Si	Mn	Cr	Mo	Ni	W	B	Al	Ti	V
CrMo	A30122	12CrMo	0.08~0.15	0.17~0.37	0.40~0.70	0.40~0.70	0.40~0.55	—	—	—	—	—	—
	A30152	15CrMo	0.12~0.18	0.17~0.37	0.40~0.70	0.80~1.10	0.40~0.55	—	—	—	—	—	—
	A30202	20CrMo	0.17~0.24	0.17~0.37	0.40~0.70	0.80~1.10	0.15~0.25	—	—	—	—	—	—
	A30252	25CrMo	0.22~0.29	0.17~0.37	0.60~0.90	0.90~1.20	0.15~0.30	—	—	—	—	—	—
	A30302	30CrMo	0.26~0.33	0.17~0.37	0.40~0.70	0.80~1.10	0.15~0.25	—	—	—	—	—	—
	A30352	35CrMo	0.32~0.40	0.17~0.37	0.40~0.70	0.80~1.10	0.15~0.25	—	—	—	—	—	—
	A30422	42CrMo	0.38~0.45	0.17~0.37	0.50~0.80	0.90~1.20	0.15~0.25	—	—	—	—	—	—
	A30502	50CrMo	0.46~0.54	0.17~0.37	0.50~0.80	0.90~1.20	0.15~0.30	—	—	—	—	—	—
CrMoV	A31122	12CrMoV	0.08~0.15	0.17~0.37	0.40~0.70	0.30~0.60	0.25~0.35	—	—	—	—	—	0.15~0.30
	A31352	35CrMoV	0.30~0.38	0.17~0.37	0.40~0.70	1.00~1.30	0.20~0.30	—	—	—	—	—	0.10~0.20
	A31132	12Cr1MoV	0.08~0.15	0.17~0.37	0.40~0.70	0.90~1.20	0.25~0.35	—	—	—	—	—	0.15~0.30
	A31252	25Cr2MoV	0.22~0.29	0.17~0.37	0.40~0.70	1.50~1.80	0.25~0.35	—	—	—	—	—	0.15~0.30
	A31262	25Cr2Mo1V	0.22~0.29	0.17~0.37	0.50~0.80	2.10~2.50	0.90~1.10	—	—	—	—	—	0.30~0.50
CrMoAl	A33382	38CrMoAl	0.35~0.42	0.20~0.45	0.30~0.60	1.35~1.65	0.15~0.25	—	—	—	0.70~1.10	—	—
CrV	A23402	40CrV	0.37~0.44	0.17~0.37	0.50~0.80	0.80~1.10	—	—	—	—	—	—	0.10~0.20
	A23502	50CrV	0.47~0.54	0.17~0.37	0.50~0.80	0.80~1.10	—	—	—	—	—	—	0.10~0.20
CrMn	A22152	15CrMn	0.12~0.18	0.17~0.37	1.10~1.40	0.40~0.70	—	—	—	—	—	—	—
	A22202	20CrMn	0.17~0.23	0.17~0.37	0.90~1.20	0.90~1.20	—	—	—	—	—	—	—
	A22402	40CrMn	0.37~0.45	0.17~0.37	0.90~1.20	0.90~1.20	—	—	—	—	—	—	—
CrMnSi	A24202	20CrMnSi	0.17~0.23	0.90~1.20	0.80~1.10	0.80~1.10	—	—	—	—	—	—	—
	A24252	25CrMnSi	0.22~0.28	0.90~1.20	0.80~1.10	0.80~1.10	—	—	—	—	—	—	—
	A24302	30CrMnSi	0.28~0.34	0.90~1.20	0.80~1.10	0.80~1.10	—	—	—	—	—	—	—
	A24352	35CrMnSi	0.32~0.39	1.10~1.40	0.80~1.10	1.10~1.40	—	—	—	—	—	—	—
CrMnMo	A34202	20CrMnMo	0.17~0.23	0.17~0.37	0.90~1.20	1.10~1.40	0.20~0.30	—	—	—	—	—	—

（续）

钢组	统一数字代号	牌号	化学成分（质量分数，%）										
			C	Si	Mn	Cr	Mo	Ni	W	B	Al	Ti	V
CrMnMo	A34402	40CrMnMo	0.37~0.45	0.17~0.37	0.90~1.20	0.90~1.20	0.20~0.30	—	—	—	—	—	—
CrMnTi	A26202	20CrMnTi	0.17~0.23	0.17~0.37	0.80~1.10	1.00~1.30	—	—	—	—	—	0.04~0.10	—
	A26302	30CrMnTi	0.24~0.32	0.17~0.37	0.80~1.10	1.00~1.30	—	—	—	—	—	0.04~0.10	—
CrNi	A40202	20CrNi	0.17~0.23	0.17~0.37	0.40~0.70	0.45~0.75	—	1.00~1.40	—	—	—	—	—
	A40402	40CrNi	0.37~0.44	0.17~0.37	0.50~0.80	0.45~0.75	—	1.00~1.40	—	—	—	—	—
	A40452	45CrNi	0.42~0.49	0.17~0.37	0.50~0.80	0.45~0.75	—	1.00~1.40	—	—	—	—	—
	A40502	50CrNi	0.47~0.54	0.17~0.37	0.50~0.80	0.45~0.75	—	1.00~1.40	—	—	—	—	—
	A41122	12CrNi2	0.10~0.17	0.17~0.37	0.30~0.60	0.60~0.90	—	1.50~1.90	—	—	—	—	—
	A41342	34CrNi2	0.30~0.37	0.17~0.37	0.60~0.90	0.80~1.10	—	1.20~1.60	—	—	—	—	—
	A42122	12CrNi3	0.10~0.17	0.17~0.37	0.30~0.60	0.60~0.90	—	2.75~3.15	—	—	—	—	—
	A42202	20CrNi3	0.17~0.24	0.17~0.37	0.30~0.60	0.60~0.90	—	2.75~3.15	—	—	—	—	—
	A42302	30CrNi3	0.27~0.33	0.17~0.37	0.30~0.60	0.60~0.90	—	2.75~3.15	—	—	—	—	—
	A42372	37CrNi3	0.34~0.41	0.17~0.37	0.30~0.60	1.20~1.60	—	3.00~3.50	—	—	—	—	—
	A43122	12Cr2Ni4	0.10~0.16	0.17~0.37	0.30~0.60	1.25~1.65	—	3.25~3.65	—	—	—	—	—
	A43202	20Cr2Ni4	0.17~0.23	0.17~0.37	0.30~0.60	1.25~1.65	—	3.25~3.65	—	—	—	—	—
CrNiMo	A50152	15CrNiMo	0.13~0.18	0.17~0.37	0.70~0.90	0.45~0.65	0.45~0.60	0.70~1.00	—	—	—	—	—
	A50202	20CrNiMo	0.17~0.23	0.17~0.37	0.60~0.95	0.40~0.70	0.20~0.30	0.35~0.75	—	—	—	—	—
	A50302	30CrNiMo	0.28~0.33	0.17~0.37	0.70~0.90	0.70~1.00	0.25~0.45	0.60~0.80	—	—	—	—	—
	A50300	30Cr2Ni2Mo	0.26~0.34	0.17~0.37	0.50~0.80	1.80~2.20	0.30~0.50	1.80~2.20	—	—	—	—	—
	A50300	30Cr2Ni4Mo	0.26~0.33	0.17~0.37	0.50~0.80	1.20~1.50	0.30~0.60	3.30~4.30	—	—	—	—	—
	A50342	34Cr2Ni2Mo	0.30~0.38	0.17~0.37	0.50~0.80	1.30~1.70	0.15~0.30	1.30~1.70	—	—	—	—	—
	A50352	35Cr2Ni4Mo	0.32~0.39	0.17~0.37	0.50~0.80	1.60~2.00	0.25~0.45	3.60~4.10	—	—	—	—	—
	A50402	40CrNiMo	0.37~0.44	0.17~0.37	0.50~0.80	0.60~0.90	0.15~0.25	1.25~1.65	—	—	—	—	—
	A50400	40CrNi2Mo	0.38~0.43	0.17~0.37	0.60~0.80	0.70~0.90	0.20~0.30	1.65~2.00	—	—	—	—	—

（续）

钢组	统一数字代号	牌号	化学成分（质量分数，%）										
			C	Si	Mn	Cr	Mo	Ni	W	B	Al	Ti	V
CrMnNiMo	A50182	18CrMnNiMo	0.15~0.21	0.17~0.37	1.10~1.40	1.00~1.30	0.20~0.30	1.00~1.30	—	—	—	—	—
CrNiMoV	A51452	45CrNiMoV	0.42~0.49	0.17~0.37	0.50~0.80	0.80~1.10	0.20~0.30	1.30~1.80	—	—	—	—	0.10~0.20
CrNiW	A52182	18Cr2Ni4W	0.13~0.19	0.17~0.37	0.30~0.60	1.35~1.65	—	4.00~4.50	0.80~1.20	—	—	—	—
	A52252	25Cr2Ni4W	0.21~0.28	0.17~0.37	0.30~0.60	1.35~1.65	—	4.00~4.50	0.80~1.20	—	—	—	—

注：1. 除非合同中另有规定，冶炼方法由生产厂自行选择。
2. 未经用户同意不得有意加入本表中未规定的元素。应采取措施防止从废钢或其他原料中带入影响钢性能的元素。
3. 表中各牌号可按高级优质钢或特级优质钢订货，但应在牌号后加字母"A"或"E"。
4. 牌号25MnTiBRE中的稀土按0.05%计算量加入，成品分析结果供参考。

表1-124　合金结构钢中磷、硫含量及残余元素含量的规定（摘自GB/T 3077—2015）

钢的质量等级	化学成分（质量分数，%）不大于					
	P	S	Cu	Ni	Cr	Mo
优 质 钢	0.030	0.030	0.30	0.30	0.30	0.10
高级优质钢	0.020	0.020	0.25	0.30	0.30	0.10
特级优质钢	0.020	0.010	0.25	0.30	0.30	0.10

注：1. 钢中残余铜、钒、钛含量应做分析，结果记入质量证明书中。根据需方要求，可对残余铜、钒、钛含量加以限制。
2. 热压力加工用钢的铜含量不大于0.20%。
3. 合金结构钢按质量等级要求，其P、S及残余元素含量应符合本表规定。

表1-125 合金结构钢的力学性能（摘自 GB/T 3077—2015）

钢组	统一数字代号	牌号	试样毛坯尺寸①/mm	推荐的热处理制度 淬火 加热温度/℃ 第1次淬火	推荐的热处理制度 淬火 加热温度/℃ 第2次淬火	淬火 冷却剂	回火 加热温度/℃	回火 冷却剂	力学性能 抗拉强度 R_m/MPa	下屈服强度 R_{eL}②/MPa	断后伸长率 A②/% 不小于	断面收缩率 Z/%	冲击吸收能量 $KU_2$③/J	供货状态为退火或高温回火钢棒布氏硬度 HBW 不大于
Mn	A00202	20Mn2	15	850	—	水、油	200	水、空气	785	590	10	40	47	187
				880	—	水、油	440	水、空气						
	A00302	30Mn2	25	840	—	水	500	水、空气	785	635	12	45	63	207
	A00352	35Mn2	25	840	—	水	500	水	835	685	12	45	55	207
	A00402	40Mn2	25	840	—	水、油	540	水	885	735	12	45	55	217
	A00452	45Mn2	25	840	—	油	550	水、油	885	735	10	45	47	217
	A00502	50Mn2	25	820	—	油	550	水、油	930	785	9	40	39	229
MnV	A01202	20MnV	15	880	—	水、油	200	油	785	590	10	40	55	187
SiMn	A10272	27SiMn	25	920	—	水	450	水、油	980	835	12	40	39	217
	A10352	35SiMn	25	900	—	水	570	水、油	885	735	15	45	47	229
	A10422	42SiMn	25	880	—	水	590	水	885	735	15	40	47	229
SiMnMoV	A14202	20SiMn2MoV	试样	900	—	油	200	水、空气	1380	—	10	45	55	269
	A14262	25SiMn2MoV	试样	900	—	油	200	水、空气	1470	—	10	40	47	269
	A14372	37SiMn2MoV	25	870	—	水、油	650	水、空气	980	835	12	50	63	269
B	A70402	40B	25	840	—	水	550	水	785	635	12	45	55	207
	A70452	45B	25	840	—	水	550	水	835	685	12	45	47	217
	A70502	50B	20	840	—	油	600	空气	785	540	10	45	39	207
MnB	A712502	25MnB	25	850	—	油	500	水、油	835	635	10	45	47	207
	A713502	35MnB	25	850	—	油	500	水、油	930	735	10	45	47	207
	A71402	40MnB	25	850	—	油	500	水、油	980	785	10	45	47	207
	A71452	45MnB	25	840	—	油	500	水、油	1030	835	9	40	39	217
MnMoB	A72202	20MnMoB	15	880	—	油	200	油、空气	1080	885	10	50	55	207

（续）

钢组	统一数字代号	牌号	试样毛坯尺寸①/mm	推荐的热处理制度					力学性能					供货状态为退火或高温回火钢棒布氏硬度 HBW
				淬火			回火		抗拉强度 R_m/MPa	下屈服强度 R_{eL}②/MPa	断后伸长率 A (%)	断面收缩率 Z (%)	冲击吸收能量 $KU_2$③/J	不大于
				加热温度/°C 第1次淬火	第2次淬火	冷却剂	加热温度/°C	冷却剂			不小于			
MnVB	A73152	15MnVB	15	860	—	油	200	水、空气	885	635	10	45	55	207
	A73202	20MnVB	15	860	—	油	200	水、空气	1080	885	10	45	55	207
	A73402	40MnVB	25	850	—	油	520	水、油	980	785	10	45	47	207
MnTiB	A74202	20MnTiB	15	860	—	油	200	水、空气	1130	930	10	45	55	187
	A74252	25MnTiBRE	试样	860	—	油	200	水、空气	1380	—	10	40	47	229
Cr	A20152	15Cr	15	880	770~820	水、空气	180	油、空气	685	490	12	45	55	179
	A20202	20Cr	15	880	780~820	水、油	200	水、油	835	540	10	40	47	179
	A20302	30Cr	25	860	—	油	500	水、油	885	685	11	45	47	187
	A20352	35Cr	25	860	—	油	500	水、油	930	735	11	45	47	207
	A20402	40Cr	25	850	—	油	520	水、油	980	785	9	45	47	207
	A20452	45Cr	25	840	—	油	520	水、油	1030	835	9	40	39	217
	A20502	50Cr	25	830	—	油	520	水、油	1080	930	9	40	39	229
CrSi	A21382	38CrSi	25	900	—	油	600	水、油	980	835	12	50	55	255
CrMo	A30122	12CrMo	30	900	—	空气	650	空气	410	265	24	60	110	179
	A30152	15CrMo	30	900	—	空气	650	空气	440	295	22	60	94	179
	A30202	20CrMo	15	880	—	水、油	500	水、油	885	685	12	50	78	197
	A30252	25CrMo	25	870	—	水、油	600	水、油	900	600	14	55	68	229
	A30302	30CrMo	15	880	—	油	540	水、油	930	735	12	50	71	229
	A30352	35CrMo	25	850	—	油	550	水、油	980	835	12	45	63	229
	A30422	42CrMo	25	850	—	油	560	水、油	1080	930	12	45	63	229
	A30502	50CrMo	25	840	—	油	560	水、油	1130	930	11	45	48	248

（续）

钢组	统一数字代号	牌号	试样毛坯尺寸①/mm	淬火 加热温度/℃ 第1次淬火	淬火 加热温度/℃ 第2次淬火	淬火 冷却剂	回火 加热温度/℃	回火 冷却剂	抗拉强度 R_m/MPa	下屈服强度 R_{eL}②/MPa	断后伸长率 A (%)	断面收缩率 Z (%)	冲击吸收能量 $KU_2$③/J	供货状态为退火或高温回火钢棒布氏硬度 HBW
											不小于	不小于	不小于	不大于
CrMoV	A31122	12CrMoV	30	970	—	空气	750	空气	440	225	22	50	78	241
	A31352	35CrMoV	25	900	—	油	630	水、油	1080	930	10	50	71	241
	A31132	12Cr1MoV	30	970	—	空气	750	空气	490	245	22	50	71	179
	A31252	25Cr2MoV	25	900	—	油	640	油	930	785	14	55	63	241
	A31262	25Cr2Mo1V	25	1040	—	空气	700	空气	735	590	16	50	47	241
CrMoAl	A33382	38CrMoAl	30	940	—	水、油	640	水、油	980	835	14	50	71	229
CrV	A23402	40CrV	25	880	—	油	650	水、油	885	735	10	50	71	241
	A23502	50CrV	25	850	—	油	500	水、油	1280	1130	10	40	—	255
CrMn	A22152	15CrMn	15	880	—	油	200	水、空气	785	590	12	50	47	179
	A22202	20CrMn	15	850	—	油	200	水、空气	930	735	10	45	47	187
	A22402	40CrMn	25	840	—	油	550	水、油	980	835	9	45	47	229
CrMnSi	A24202	20CrMnSi	25	880	—	油	480	水、油	785	635	12	45	55	207
	A24252	25CrMnSi	25	880	—	油	480	水、油	1080	885	10	40	39	217
	A24302	30CrMnSi	25	880	—	油	540	水、油	1080	835	10	45	39	229
	A24352	35CrMnSi	试样	加热到880℃,于280～310℃等温淬火					1620	1280	9	40	31	241
CrMnMo	A34202	20CrMnMo	15	850	—	油	200	油	1180	885	10	45	55	217
	A34402	40CrMnMo	25	850	—	油	600	水、油	980	785	10	45	63	217
CrMnTi	A26202	20CrMnTi	15	880	870	油	200	水、油	1080	850	10	45	55	217
	A26302	30CrMnTi	试样	880	850	油	200	水、油	1470	—	9	40	47	229

（续）

钢组	统一数字代号	牌号	试样毛坯尺寸①/mm	推荐的热处理制度						力学性能					供货状态为退火或高温回火钢棒布氏硬度 HBW
				淬火			回火			抗拉强度 R_m/MPa	下屈服强度 R_{eL}②/MPa	断后伸长率 A(%)	断面收缩率 Z(%)	冲击吸收能量 $KU_2$③/J	
				加热温度/℃		冷却剂	加热温度/℃	冷却剂							不大于
				第1次淬火	第2次淬火					不小于					
CrNi	A40202	20CrNi	25	850	—	水、油	460	水、油		785	590	10	50	63	197
	A40402	40CrNi	25	820	—	油	500	水、油		980	785	10	45	55	241
	A40452	45CrNi	25	820	—	油	530	水、油		980	785	10	45	55	255
	A40502	50CrNi	25	820	—	油	500	水、油		1080	835	8	40	39	255
	A41122	12CrNi2	15	860	780	水、油	200	水、空气		785	590	12	50	63	207
	A41342	34CrNi2	25	840	—	水、油	530	水、油		930	735	11	45	71	241
	A42122	12CrNi3	15	860	780	油	200	水、空气		930	685	11	50	71	217
	A42202	20CrNi3	25	830	—	水、油	480	水、油		930	735	11	55	78	241
	A42302	30CrNi3	25	820	—	油	500	水、油		980	785	9	45	63	241
	A42372	37CrNi3	25	820	—	油	500	水、油		1130	980	10	50	47	269
	A43122	12Cr2Ni4	15	860	780	油	200	水、空气		1080	835	10	50	71	269
	A43202	20Cr2Ni4	15	880	780	油	200	水、空气		1180	1080	10	45	63	269
CrNiMo	A50152	15CrNiMo	15	850	—	油	200	空气		930	750	10	40	46	197
	A50202	20CrNiMo	15	850	—	油	200	空气		980	785	9	40	47	197
	A50302	30CrNiMo	25	850	—	油	500	水、油		980	785	10	50	63	269
	A50402	40CrNiMo	25	850	—	油	600	水、油		980	835	12	55	78	269
	A50400	40CrNi2Mo	25	正火 890	850	油	560~580	空气		1050	980	12	45	48	269
			试样	正火 890	850	油	220两次回火	油		1790	1500	6	25	—	
	A50300	30Cr2Ni2Mo	25	850	—	油	520	水、油		980	835	10	50	71	269

（续）

钢组	统一数字代号	牌号	试样毛坯尺寸①/mm	推荐的热处理制度						力学性能					供货状态为退火或高温回火钢棒布氏硬度 HBW
				淬火			回火		抗拉强度 R_m/MPa	下屈服强度 R_{eL}②/MPa	断后伸长率 A(%)	断面收缩率 Z(%)	冲击吸收能量 $KU_2$③/J	
				加热温度/℃		冷却剂	加热温度/℃	冷却剂						
				第1次淬火	第2次淬火						不小于			不大于
CrNiMo	A50342	34Cr2Ni2Mo	25	850	—	油	540	水、油	1080	930	10	50	71	269
	A50300	30Cr2Ni4Mo	25	850	—	油	560	水、油	1080	930	10	50	71	269
	A50352	35Cr2Ni4Mo	25	850	—	油	560	水、油	1130	980	10	50	71	269
CrMnNiMo	A50182	18CrMnNiMo	15	830	—	油	200	空气	1180	885	10	45	71	269
CrNiMoV	A51452	45CrNiMoV	试样	860	—	油	460	油	1470	1330	7	35	31	269
CrNiW	A52182	18Cr2Ni4W	15	950	850	空气	200	水、空气	1180	835	10	45	78	269
	A52252	25Cr2Ni4W	25	850	—	油	550	水、油	1080	930	11	45	71	269

注：1. GB/T 3077—2015《合金结构钢》适用于公称直径或厚度不大于250mm的热轧和锻制合金结构钢棒材。经供需双方协定，也可供应公称直径或厚度大于250mm的热轧和锻制合金结构钢棒。热轧钢棒尺寸按合金GB/T 702的规定，热锻钢棒尺寸按合金GB/T 908的规定，其他尺寸钢棒的尺寸规格应符合相应标准或由供需双方商定。

2. 钢棒通常以热轧或热锻状态交货，按需方要求，并在合同中注明，也可以按热处理状态交货（正火、退火或高温回火）状态交货，钢棒表面可经抛光SP、剥皮SF或其他精整方法交货。

3. 本表为试样毛坯按推荐热处理制度处理后，测定的钢棒纵向力学性能。

4. 本表所列的热处理温度允许调整范围为：淬火±15℃，低温回火±20℃，高温回火±50℃。

5. 硼钢在淬火前可先正火，正火温度不高于其淬火温度；铬锰钛钢第一次淬火可用正火替。

6. 本表列出的力学性能适用于公称直径或厚度不大于80mm的钢棒；当公称直径或厚度大于80mm时钢棒的力学性能应符合下列规定：
1) 公称尺寸大于80~100mm的钢棒，允许其断后伸长率、断面收缩率及冲击吸收能量较本表的规定分别降低1%（绝对值），5%（绝对值）及5%。
2) 公称尺寸大于100~150mm的钢棒，允许其断后伸长率、断面收缩率及冲击吸收能量较本表的规定分别降低2%（绝对值），10%（绝对值）及10%。
3) 公称尺寸大于150~250mm的钢棒，允许其断后伸长率、断面收缩率及冲击吸收能量较本表的规定分别降低3%（绝对值），15%（绝对值）及15%。
4) 允许将取样用坯切段锻（轧）成截面70~80mm后联样，其检验结果应符合本表的规定。

7. 钢棒按合金质量分为三类：优质钢，高级优质钢（牌号后加"A"），特殊优质钢（牌号后加"E"）。

8. 钢棒按使用加工方法分为两类：压力加工用钢UP（热压力加工用钢UHP，顶锻用钢UF，冷拔坯料UCD）；切削加工用钢UC。在合同中应注明，未注明时按切削加工用钢确定。

① 钢棒尺寸小于试样毛坯尺寸时，用原尺寸钢棒进行热处理。

② 当屈服现象不明显时，可用规定塑性延伸强度 $R_{p0.2}$ 代替。

③ 直径小于16mm的圆钢和厚度小于12mm的方钢、扁钢不做冲击试验。

表1-126 合金结构钢不同热处理状态下各种截面尺寸钢材的力学性能参考数值

牌号	截面尺寸 φ/mm	取样部位	材料状态	热处理方法	R_m/MPa	R_{eL}/MPa	A_5(%)	Z(%)	α_K/(kJ/m²)	硬度 HBW
20Mn2	25	纵向，中心	正火	870~900℃空冷	≥570	≥340	≥21	≥50	—	—
	<150	纵向，1/3半径	调质	860~880℃淬水，600~680℃回火	550~650	≥350	纵20 切18 横14	—	纵600 切500 横400	—
	<250	纵向，1/3半径	调质	860~880℃淬水，600~680℃回火	500~600	≥300	纵21 切19 横15	—	纵700 切500 横400	—
	15	纵向，中心	淬火+低温回火	850℃淬水或淬油，200℃回火，水冷或空冷	≥800	≥600	≥10	≥40	≥600	—
	18	纵向，中心		800~900℃淬水，250℃回火	1500	$\sigma_{0.2}$ 1126.5	12.4	52.4	810~850	—
	25	纵向，中心		970℃伪渗碳8h，直接淬油，150℃回火	890	703	20	50.5	50	321
	25	纵向，中心		970℃伪渗碳8h，第一次774℃淬油，150℃回火，第二次	820	600	26	47.0	30	229
	25	纵向，中心	伪渗碳+淬火+低温回火	970℃伪渗碳8h，第一次直接淬油，第二次800℃淬油150℃回火	705	515	28	65.0	80	217
	25	纵向，中心		970℃伪渗碳8h，第一次直接淬油，第二次830℃淬油150℃回火	685	$R_{p0.2}$ 495	A_4 31	68.0	艾氏 79	229
	50	纵向，中心		970℃伪渗碳8h，直接淬油，150℃回火	735	50.0	27	63.5	51	255
	50	纵向，中心		970℃伪渗碳8h，第一次774℃淬油，第二次{800℃淬油150℃回火 830℃淬油}	720	445	29	55.0	26	207
					680	445	31.5	66.0	80	187
					690	440	31.5	60.0	80	187
30Mn2	25	纵向，中心	正火	870℃，空冷	≥600	≥350	≥15	≥45	≥900	—
	<100	纵向，1/3半径	正火	840~860℃，空冷	≥600	≥300	≥20	≥50	≥800	≤241
	100~300	纵向，1/3半径	正火	840~860℃，空冷	≥560	≥280	≥18	≥48	≥600	≤241
	38	纵向，1/3半径	正火+调质	900~955℃正火，830~855℃淬水，540℃回火	≥770	≥630	$A_4=19$	≥52	—	≥248
	38	纵向，1/3半径	正火+调质	900~955℃正火，830~855℃淬水，650℃回火	≥630	≥450	$A_4=23$	≥60	—	≥201

（续）

牌号	试样状态		材料状态	热处理方法	力学性能					
	截面尺寸 φ/mm	取样部位			R_m/MPa	R_{eL}/MPa	A_5(%)	Z(%)	a_K/(kJ/m²)	硬度 HBW
30Mn2	10	纵向，中心		850℃淬油，500℃回火	≥900	≥830	≥13	≥47	≥1800	≥250
	10	纵向，中心		850℃淬油，600℃回火	≥690	≥620	≥17	≥58	≥2300	≥200
	>16~40	纵向，中心	调质	820~840℃淬水或830~850℃淬油，530~670℃回火	800~950	>550	>14	>45	—	—
	25	纵向，中心		840℃淬水，500℃回火，水冷	≥800	≥650	≥12	≥45	≥800	—
	>40~100	纵向，$\frac{1}{3}$半径		820~840℃淬水或830~850℃淬油，530~670℃回火	700~850	>450	>15	>50	—	—
	>100~250	纵向，$\frac{1}{3}$半径		820~840℃淬水或830~850℃淬油，530~670℃回火	650~800	>420	>16	>55	—	—
	38	纵向，$\frac{1}{3}$半径	正火+淬火+中温回火	900~955℃正火，830~855℃淬水，425℃回火	≥1000	≥870	A_4≥13	≥42	—	≥321
	10	纵向，中心	淬火+中温回火	850℃淬油，450℃回火	≥1000	≥940	≥10	≥42	≥1700	≥250
	25	纵向，中心	退火	775℃，炉冷	689	390	23.1	57.4	485	179
	25	纵向，中心		860℃，空冷	≥630	≥370	≥13	≥40	≥800	≤241
	≤100	纵向，$\frac{1}{3}$半径	正火	840~860℃，空冷	≥630	≥320	≥18	≥45	≥600	≤241
	>100~300	纵向，$\frac{1}{3}$半径		840~860℃，空冷	≥590	≥300	≥18	≥43	≥300	≤241
35Mn2	25	纵向，中心		820℃淬水，600℃回火	≥830	≥650	≥17	≥62	≥800	—
	30	纵向，中心		800~820℃淬水，620~640℃回火，水冷	≥850	≥650	≥16	≥50	≥700	—
	50	纵向，中心		820℃淬水，600℃回火	≥780	≥570	≥17	≥57	≥700	—
	≤60	纵向，$\frac{1}{3}$半径	调质	800~820℃淬水，620~640℃回火，水冷	≥800	≥650	≥16	≥50	≥600	229~269
	75	纵向，中心		820℃淬水，600℃回火	≥760	≥560	≥17	≥53	≥550	—
	60~100	纵向，$\frac{1}{3}$半径		800~820℃淬水，620~640℃回火，水冷	≥760	≥600	≥16	≥50	≥600	229~269

（续）

牌号	试样状态 截面尺寸 φ/mm	取样部位	材料状态	热处理方法	力学性能 R_m/MPa	R_{eL}/MPa	A_5(%)	Z(%)	a_K/(kJ/m²)	硬度 HBW
35Mn2	100	纵向，中心	调质	820℃淬水，600℃回火	≥730	≥500	≥117	≥56	≥250	—
	100~300	纵向，$\frac{1}{3}$半径		800~820℃淬水，620~640℃回火，水冷	≥700	≥500	≥16	≥45	≥600	229~269
	120	纵向，中心		800~820℃淬水，620~640℃回火，水冷	≥750	≥600	≥16	≥50	≥600	—
	240	纵向，中心		800~820℃淬水，620~640℃回火，水冷	≥700	≥500	≥16	≥45	≥600	—
	25	纵向，中心	正火	850℃，空冷	≥670	≥390	≥12	≥40	—	—
40Mn2	25	纵向，中心		840℃淬水，520℃回火，水冷	≥1000	≥800	≥10	≥45	≥600	—
	25	纵向，中心		820℃淬水，600℃回火，水冷	850	620	19	61	800	≤230
	50	纵向，中心	调质	820℃淬水，600℃回火，水冷	≥810	≥600	≥17	≥59	≥650	—
	50	纵向，表面		820℃淬水，600℃回火，水冷	≥840	≥630	≥17	≥62	≥750	—
	75	纵向，中心		820℃淬水，600℃回火，水冷	>770	≥560	≥16	≥54	≥500	—
	75	纵向，表面		820℃淬水，600℃回火，水冷	≥840	≥620	≥16	≥60	≥600	—
	100	纵向，中心		820℃淬水，600℃回火，水冷	≥760	≥520	≥15.5	—	≥200	—
	100	纵向，表面		820℃淬水，600℃回火，水冷	≥820	≥600	≥16.5	—	≥300	—
	38	纵向，$\frac{1}{2}$半径	正火+调质	870~925℃正火，800~830℃淬油，540℃回火	≥950	≥750	A_4≥16	≥50	—	≥277
	38	纵向，$\frac{1}{2}$半径		870~925℃正火，800~830℃淬油，650℃回火	≥720	≥510	A_4≥20	≥59	—	≥223
	38	纵向，$\frac{1}{2}$半径	正火+淬火+中温回火	870~925℃正火，800~830℃淬油，425℃回火	≥1120	≥950	A_4≥10	≥40	—	≥331
50Mn2	20	纵向，中心		830℃，空冷	780	460	22	56	700	206
	20	纵向，中心	正火	850℃，空冷	810	520	32	53	700	218
	20	纵向，中心		870℃，空冷	830	560	21	55	900	223
	25	纵向，中心		820~840℃空冷	≥750	≥430	≥10	≥35	≥600	≤241
	≤40	纵向，中心		810~840℃空冷	≥800	≥430	≥10	≥35	—	≤229

（续）

牌号	试样状态 截面尺寸 φ/mm	试样状态 取样部位	材料状态	热处理方法	力学性能 R_m/MPa	力学性能 R_{eL}/MPa	力学性能 A_5(%)	力学性能 Z(%)	力学性能 α_K/(kJ/m²)	硬度 HBW
50Mn2	≤100	纵向，1/3半径		810~830℃正火，400~500℃回火，空冷	≥750	≥400	≥14	≥35	—	187~241
	100~300	纵向，1/3半径	正火+高温回火	820~840℃正火，590~650℃回火	≥730	≥380	≥13	≥33	—	187~241
	300~500	纵向，1/3半径		820~840℃正火，590~650℃回火	≥700	≥360	≥12	≥30	—	187~241
	25	纵向，中心		820℃淬油，550℃回火，水冷或油冷	≥950	≥800	≥9	≥40	≥500	—
	≤60	纵向，中心	调质	810~840℃淬油，500~600℃回火	≥960	≥700	≥9	≥40	—	269~321
	≤80	纵向，中心		810~840℃淬油，500~600℃回火	≥950	≥700	≥9	≥40	—	255~302
	≤30	纵向，中心	正火	930℃，空冷	≥650	≥400	≥25	≥60	≥1000	187~229
27SiMn	25	纵向，中心		920℃淬水，580℃回火，水冷或油冷	≥800	≥600	≥7	≥40	≥500	—
	<40	纵向，1/3半径	调质	910~930℃淬水，580~620℃回火，水冷或油冷	≥800	≥600	≥10	≥40	(中心)≥500	≥228
	40	纵向，中心			≥800	≥600	≥25	≥62	≥1300	≥235
	40	纵向，1/2半径			≥720	≥520	≥25	≥62	≥1000	≥210
	60	纵向，中心			≥770	≥570	—	—	—	≥220
	60	纵向，1/2半径	正火+高温回火+调质	920℃正火，空冷，660℃回火，空冷，910℃淬水，580~600℃回火，水冷	≥690	≥480	≥25	≥62	≥1000	≥200
	80	纵向，中心			≥720	≥520	—	—	—	≥210
	80	纵向，1/2半径			≥660	≥460	≥25	≥61	≥1000	≥190
	100	纵向，中心			≥700	≥490	—	—	—	≥200
	100	纵向，1/2半径			≥650	≥450	≥25	≥61	≥1000	≥190
	120	纵向，中心			≥680	≥480	—	—	—	≥190
	120	纵向，表面			≥710	≥510	—	—	—	≥200

（续）

牌号	试样状态 截面尺寸 φ/mm	取样部位	材料状态	热处理方法	R_m/MPa	R_{eL}/MPa	A_5(%)	Z(%)	a_K/(kJ/m²)	硬度 HBW
27SiMn	140	纵向，中心	正火+高温回火+调质	920℃正火，空冷，660℃回火，空冷，910℃淬水，580~600℃回火，水冷	≥630	≥420	≥25	≥61	≥950	≥180
	140	纵向，1/2半径			≥670	≥470	—	—	—	≥190
	140	表面			≥700	≥500	—	—	—	≥200
	160	纵向，中心			≥630	≥420	≥26	≥61	≥950	≥180
	160	纵向，1/2半径			≥660	≥460	—	—	—	≥190
	160	表面			≥690	≥480	—	—	—	≥200
	180	纵向，中心			≥620	≥420	≥26	≥61	≥950	≥175
	180	纵向，1/2半径			≥650	≥450	—	—	—	≥190
	180	表面			≥690	≥470	—	—	—	≥200
	200	纵向，中心			≥620	≥420	≥26	≥60	≥950	≥170
	200	纵向，1/2半径			≥640	≥440	—	—	—	≥180
	200	表面			≥690	≥470	—	—	—	≥200
	25	纵向，中心	淬火+低、中温回火	920℃淬水，450℃回火，水冷或油冷	≥1000	≥850	≥12	≥40	≥500(中心)	—
	<30	纵向，中心		920℃淬水，230℃回火，空冷	≥1500	≥1000	≥8	≥40	≥400(中心)	388~479
	<30	纵向，中心		940℃淬水，475℃回火，水冷	≥1000	≥800	≥12	≥40	≥500(中心)	302~362
	240	纵向，中心	正火+高温回火	900℃空冷，660℃回火，空冷	≥550	≥300	≥20	≥45	≥400	≥163
35SiMn	≤300	纵向，1/3	退火	800~820℃炉冷	≥700	≥380	≥16	≥35	≥450	196~262
	≤16	纵向，中心	调质	830~850℃淬水或840~860℃淬油，550~670℃回火，空冷或水冷	1000~1200	≥800	≥11	≥35	—	—
	16~40	纵向，中心	调质		900~1050	≥650	≥12	≥40	—	—

（续）

牌号	试样状态 截面尺寸 φ/mm	取样部位	材料状态	热处理方法	力学性能 R_m/MPa	R_{eL}/MPa	A_5(%)	Z(%)	a_K/(kJ/m²)	硬度 HBW
35SiMn	22	纵向、中心		870℃淬油，650℃回火	≥950	—	≥20	≥55	≥900	—
	25	纵向、中心		900℃淬水，590℃回火，水冷或油冷	≥900	≥750	≥15	≥45	≥600	—
	25	纵向、中心		600℃回火，水冷	970	790	18	54	930	—
	25	纵向、中心		600℃回火，水冷	≥800	≥600	≥7	≥40	≥500	—
	30	纵向、中心		890~910℃淬水，580~600℃回火，水冷	≥850	≥650	≥18	≥50	≥1000	—
	≤40	纵向、中心		850~900℃淬油，560~620℃回火，风冷或空冷	≥800	≥600	≥17	≥50	≥600	241~285
	40~100	纵向、$\frac{1}{3}$半径		830~850℃淬水，或840~860℃淬油，550~670℃回火，至400℃再在保温罩中缓冷，空冷或水冷	800~950	≥550	≥14	≥45	—	—
	<60	纵向、$\frac{1}{3}$半径		810~910℃淬水，580~620℃回火，水冷	≥850	≥650	≥15	≥40	≥600	≥262
	<100	纵向、$\frac{1}{2}$半径		890~910℃淬水，560~600℃回火，水冷	≥750	≥500	≥15	45	≥600	≥222
	≤100	纵向、$\frac{1}{3}$半径	调质	870~890℃淬油，590~620℃回火	≥800	≥520	≥15	≥45	≥600	229~296
	120	纵向、中心		810~910℃淬水，580~600℃回火，水冷	≥650	≥450	≥16	≥45	≥700	241~285
	100~300	纵向、$\frac{1}{3}$半径		870~890℃淬油，590~620℃回火	≥750	≥450	≥14	≥35	≥500	217~269
	150	纵向、中心		870~890℃淬油，590~620℃回火，油冷或炉冷	≥790	≥500	≥19	≥46	≥800	229~296
		纵向、$\frac{1}{2}$半径			≥880	≥530				
	200	纵向、中心		870~890℃淬油，590~620℃回火，油冷或水冷	≥790	≥500	≥17	≥48	≥750	—
		纵向、$\frac{1}{2}$半径			≥830	≥510				
	250	纵向、中心			≥790	≥490	≥16	≥41	≥750	—
		纵向、$\frac{1}{2}$半径			≥820	≥500				

（续）

牌号	试样状态			材料状态	热处理方法	力学性能					硬度 HBW
	截面尺寸 ϕ/mm	取样部位				R_m/MPa	R_{eL}/MPa	A_5(%)	Z(%)	a_K /(kJ/m²)	
35SiMn	300	纵向，中心			870~880℃淬油，590~600℃回火，油冷或炉冷	797	488	19	36.2	750	238
		纵向，$\frac{1}{2}$半径				830	505	15.4	36.2	630~720	249
		纵向，表面				895	572	17.6	47.7	730~610	255
	300~400	纵向，$\frac{1}{3}$半径			870~890℃淬油，590~620℃回火	≥700	≥400	≥13	≥30	≥450	217~225
	350	纵向，中心			870~890℃淬油，590~620℃回火，油冷或水冷	≥780	≥480	≥16	≥36	≥700	—
		纵向，$\frac{1}{2}$半径				≥820	≥500	—	—	—	—
		纵向，表面				≥890	≥570	—	—	—	—
	400	纵向，中心		调质	870~890℃淬油，590~620℃回火，油冷或水冷	≥780	≥480	≥15	≥33	≥650	—
		纵向，$\frac{1}{2}$半径				≥810	≥490	—	—	—	—
		纵向，表面				≥880	≥560	—	—	—	—
	400~500	纵向，$\frac{1}{3}$半径			870~890℃淬油，590~620℃回火	≥650	≥380	≥11	≥28	≥400	196~255
	450	纵向，中心			870~890℃淬油，590~620℃回火，油冷或水冷	≥770	≥470	≥14	≥31	≥600	—
		纵向，$\frac{1}{2}$半径				≥800	≥480	—	—	—	—
		纵向，表面				≥870	≥550	—	—	—	—
	500	纵向，中心				≥760	≥460	≥13	≥28	≥600	—
		纵向，$\frac{1}{2}$半径				≥800	≥470	—	—	—	—
		纵向，表面				≥860	≥540	—	—	—	—
	540	纵向，中心			870~900℃淬油，590~600℃回火	846	490	11.3	22.5	550~600	252
		纵向，$\frac{1}{2}$半径				851	521	13.2	27.9	570~650	261
		纵向，表面				875	539	15.8	33.2	690~570	261

（续）

牌号	截面尺寸 ϕ/mm	取样部位	材料状态	热处理方法	R_m/MPa	R_{eL}/MPa	A_5(%)	Z(%)	a_K/(kJ/m²)	硬度 HBW
35SiMn	12	纵向，中心	正火+调质	890℃正火，850℃淬油，{500℃回火 / 600℃回火}；900℃正火，900℃淬水，590℃回火，油冷；900~920℃正火，{560~580℃回火 / 600~620℃回火}，890~910℃淬水	≥1190	≥1110	≥14	≥49	≥700	≥300
	25	纵向，中心			≥980	≥880	≥18	≥50	≥1300	≥250
	<30	纵向，中心			900~1100	750~950	12~20	50~60	—	240~275
	<60	纵向，中心			900~950	700~850	15~20	45~55	600~900	248~341
	30	纵向，中心			≥850	≥650	≥18	≥50	≥700	255~285
	30	纵向，中心	正火+高温回火+调质	920℃正火，660℃回火，空冷，900℃淬水，580~600℃回火，空冷	≥860	≥660	≥18	≥50	≥1000	≥248
	50	纵向，中心			≥760	≥560	≥18	≥50	≥800	≥217
	50	纵向，$\frac{1}{2}$半径			≥800	≥600	—	—	—	—
	80	纵向，中心			≥700	≥500	≥18	≥50	≥700	≥197
	80	纵向，$\frac{1}{2}$半径			≥740	≥540	—	—	—	—
	120	纵向，中心			≥660	≥460	≥18	≥50	≥700	≥187
	120	纵向，$\frac{1}{2}$半径			≥680	≥480	—	—	—	—
	120	纵向，表面			≥720	≥520	—	—	—	≥207
	160	纵向，中心			≥640	≥440	≥18	≥50	≥600	≥183
	160	纵向，$\frac{1}{2}$半径			≥660	≥460	—	—	—	—
	160	纵向，表面			≥700	≥500	—	—	—	≥201
	200	纵向，中心			≥620	≥400	≥18	≥50	≥600	≥170
	200	纵向，$\frac{1}{2}$半径			≥640	≥420	—	—	—	—
	200	纵向，表面			≥680	≥480	—	—	—	≥197
	240	纵向，中心			≥600	≥380	≥18	≥50	≥600	≥167
	240	纵向，$\frac{1}{2}$半径			≥620	≥400	—	—	—	—
	240	纵向，表面			≥660	≥460	—	—	—	≥192

力学性能 试样状态

（续）

牌号	截面尺寸 φ/mm	取样部位	材料状态	热处理方法	R_m/MPa	R_eL/MPa	A_5(%)	Z(%)	a_K/(kJ/m²)	硬度 HBW
35SiMn	12	纵向，中心	正火+淬火+低、中温回火	890℃正火，850℃淬油，200℃回火	≥1860	≥1650	≥7	≥45	—	≥510
				300℃回火	≥1680	≥1590	≥10	≥50	≥200	≥460
				400℃回火	≥1450	≥1380	≥12	≥50	≥500	≥400
	25	—	—	900℃淬水，550℃回火，水冷	1045	972	16.2	51.7	840	—
				900℃淬水，600℃回火，水冷	921	801	22.4	59.6	1330	—
	25			880℃×40min，淬水，590℃回火40min，水冷	$\dfrac{931\sim1078}{989}$	$\dfrac{779\sim951}{845}$	$\dfrac{16\sim19.5}{18}$	$\dfrac{48\sim56.5}{52.3}$	$\dfrac{80\sim118}{99}$	—
				870℃淬水，630℃回火，水冷	$\dfrac{911\sim1009}{975}$	$\dfrac{821\sim901}{821}$	$\dfrac{16\sim20}{17.7}$	$\dfrac{52.5\sim58}{55.1}$	$\dfrac{78\sim158}{108}$	—
42SiMn	60	纵向，中心	正火	850℃正火	818	500	22.0	49.6	530	244
	60	纵向，中心	正火+高温回火	880℃正火，600℃回火，空冷	803	497	21.2	51.8	520	229
	25	纵向，中心	—	880~900℃淬水，600℃回火，空冷	858	564	22.8	55.9	630	252
				850℃，空冷	835	$R_{\mathrm{p}0.2}$510	22.0	49.6	540	244
				880℃，空冷，600℃回火，空冷	817	$R_{\mathrm{p}0.2}$507	21.2	51.8	530	229
				880℃，淬水，590℃回火，水冷	≥900	$R_{\mathrm{p}0.2}$≥750	≥15	≥40	≥600	—
	60	纵向，中心	调质	880~900℃淬油，500℃回火	≥900	≥620	≥18	≥48	≥650	—
				550℃回火	≥880	≥580	≥18	≥52	≥650	—
				600℃回火	≥875	576	22.8	55.9	690	252

（续）

牌号	试样状态		材料状态	热处理方法	力学性能					
	截面尺寸 φ/mm	取样部位			R_m/MPa	R_{eL}/MPa	A_5(%)	Z(%)	a_K/(kJ/m²)	硬度 HBW
42SiMn	≤100	纵向，$\frac{1}{3}$半径	调质	850~870℃淬油，580~600℃回火，空冷或油冷	≥800	≥520	≥15	≥45	≥400	229~286
	100~200				≥750	≥470	≥14	≥42	≥300	217~269
	200~300				≥700	≥450	≥13	≥40	≥300	217~255
	300~500				≥650	≥380	≥10	≥40	≥250	196~255
	≤30	纵向，中心	淬火+低、中温回火	850~860℃淬油，180~200℃回火	2060	—	—	33	350	表面 50~55HRC
	≤40	纵向，中心		840~860℃淬油，280~320℃回火	1990	—	—	34.7	400	表面 45~50HRC
	≤50	纵向，中心		840~860℃淬油，370~390℃回火	1414	1137	13.6	48.6	820	表面 40~45HRC
	≤60	纵向，中心		880~900℃淬油，400℃回火	≥1000	≥680	≥13	≥41	—	—
				450℃回火	≥940	≥650	≥16	≥45	≥700	—
20MnV	15	纵向，中心	调质	860℃淬油，650℃回火，油冷	780	660	21	72	2500	—
	18	纵向，中心		880℃淬水，500℃回火	≥1150	≥1055	≥15	≥62	≥1700	≥330
				600℃回火	≥940	≥850	≥17	≥67	≥2100	≥300
				650℃回火	≥800	≥680	≥20	≥70	≥2300	≥260
	25	纵向，中心		860℃淬油，650℃回火，油冷	750	670	23	74	2700	—
	15	纵向，中心	淬火+中温回火	880℃淬水或淬油，200℃回火，水或油冷	≥800	≥600	≥10	≥40	≥700	—
	18	纵向，中心		200℃回火	≥1470	≥1230	≥10	≥50	≥800	≥410
				300℃回火	≥1420	≥1220	≥11	≥54	≥650	≥400
				400℃回火	≥1310	≥1170	≥11	≥59	≥1200	≥370
20SiMn2MoV	15	纵向，中心	淬火+低、中温回火	900℃淬油，200℃回火	1519	1225	13.2	58.1	1540	—
				250℃回火	1511	1238	13.4	58.9	1600	—
				300℃回火	1487	1242	12.8	58.5	1390	—
				400℃回火	1318	1155	14.4	62.8	930	—

（续）

牌号	试样状态		材料状态	热处理方法	力学性能					
	截面尺寸 φ/mm	取样部位			R_m/MPa	R_{eL}/MPa	A_5(%)	Z(%)	a_K/(kJ/m²)	硬度 HBW
25SiMn2MoV	15	纵向、中心	淬火+低、中温回火	900℃淬油，200℃回火	1720	1367	12.8	49.2	695	—
				250℃回火	1676	1378	11.3	51	680	—
				300℃回火	1653	1373	10.8	50	630	—
				400℃回火	1440	1251	13.5	53.4	458	—
	25	纵向、中心		870℃淬水或淬油，650℃回火，水冷或空冷	≥1000	≥850	≥12	≥50	≥800	—
	<200	纵向、$\frac{1}{3}$半径		850~870℃淬油，610~660℃回火，炉冷或空冷	≥880	≥700	≥14	≥40	≥400	269~302
	200~400	纵向、$\frac{1}{3}$半径			≥830	≥650	≥14	≥40	≥400	241~286
	400~600	纵向、$\frac{1}{3}$半径			≥780	≥600	≥14	≥40	≥400	241~269
375SiMn2MoV	435	纵向、中心	调质	870℃淬油，640~650℃回火	913	761	6.6	13.5	110~250	269
		纵向、$\frac{2}{3}$半径			952	791	13.6	34.4	360~380	285
		纵向、$\frac{1}{2}$半径			968	800	15.0	37.6	440~500	302
		纵向、$\frac{1}{3}$半径			975	810	15.2	49.5	480~540	302
		切向、表面			985	856	17.8	55.5	460~550	295
		切向、$\frac{2}{3}$半径			967	820	13.4	56.5	520	269
		切向、$\frac{1}{3}$半径			980	826	15.2	45.2	430~450	282
		切向、表面			995	841	17.2	29.4	250	288
	580	纵向、$\frac{1}{3}$半径		860℃淬油，620℃回火	890~895	685~695	16.5~18.0	52.5~54.0	450~470	293
	600~800	纵向、$\frac{1}{3}$半径		850~870℃淬油，610~660℃回火，炉冷或空冷	≥730	≥550	≥12	≥35	≥350	229~241

（续）

牌号	试样状态 截面尺寸 φ/mm	试样状态 取样部位	材料状态	热处理方法	R_m/MPa	R_{eL}/MPa	A_5(%)	Z(%)	a_K/(kJ/m²)	硬度 HBW
37SiMn2MoV	725	纵向，$\frac{1}{3}$半径	调质	860℃淬油，630℃回火	935~1055	770~890	15.0~17.0	44.0~50.5	320~450	248~285
	810	纵向，$\frac{1}{3}$半径	调质	860~870℃淬油，650℃回火	783~786	609~613	20.0~20.7	55.0~55.6	640~660	229
	1270	纵向，$\frac{1}{3}$半径	调质	860℃淬油，650℃回火	850~895	690~740	18.0~19.0	40.0~45.0	230~290	241~248
	19	纵向，中心	淬火+中温回火	840℃淬火，450℃回火，水冷	1120	1035	11.5	53.0	1050	33HRC
	19	纵向，中心	调质	840℃淬水，500℃回火，水冷	1030	930	11.0	57.0	1080	30HRC
				840℃淬水，550℃回火，水冷	940	825	18.0	60.0	1280	27HRC
				840℃淬水，600℃回火，水冷	830	700	20.0	60.5	1400	24HRC
				840℃淬水，650℃回火，水冷	740	600	22.5	59.5	1750	23HRC
40B	25	纵向，中心		840℃淬水，550℃回火，水冷	≥800	≥650	≥12	≥42	≥700	—
	20			860℃，正火	≥568	≥333	≥19	≥45	≥590	—
	25	—		850~860℃淬水，500℃回火，水冷	$\frac{872~1060}{965}$	$\frac{686~980}{853}$	$\frac{14~19.4}{16.3}$	$\frac{51.5~69.5}{62.5}$	$\frac{1020~1630}{1310}$	—
	20			860℃，空冷	$\frac{593~764}{645}$	$\frac{333~470}{370}$	$\frac{23~28}{25.8}$	$\frac{47.5~66.5}{53.1}$	$\frac{920~1780}{1360}$	—
	25			860℃×40min，空冷	614	338	28.2	55.2		
	19（钢材φ19）			（840±10）℃淬水，550℃回火，水冷	902	830	$R_{p0.2}$17.2	55.7	1090	
	25（钢材φ55）			（840±10）℃淬水，550℃回火，水冷	899	776	$R_{p0.2}$17.2	54.2	1230	
	25（钢材φ100）			（840±10）℃淬水，550℃回火，水冷	899	776	$R_{p0.2}$17.7	58.2	1040	
	25（钢材φ150）			（840±10）℃淬水，550℃回火，水冷	892	796	$R_{p0.2}$16.5	53.2	890	
45B	20	纵向，中心	正火	850℃，空冷	610	360	16	40	500	—
	25	纵向，中心	调质	840℃淬火，550℃回火，水冷	≥850	≥700	≥12	≥45	≥600	—
50BA	20	—	—	860℃×40min，油淬，580℃回火40min，空冷	$\frac{784~1115}{930}$	$\frac{539~921}{796}$	$\frac{10~23}{17.5}$	$\frac{45~63}{59.8}$	$\frac{640~1570}{1190}$	—
	20	—	—	860℃×40min，油淬，600℃回火40min，空冷	$\frac{804~951}{843}$	$\frac{549~843}{694}$	$\frac{17~25}{19}$	$\frac{52~66}{57.2}$	$\frac{490~1350}{1000}$	—

（续）

牌号	截面尺寸 φ/mm	取样部位	材料状态	热处理方法	R_m/MPa	R_{eL}/MPa	A_5(%)	Z(%)	a_K/(kJ/m²)	硬度 HBW
	25	纵向，中心	调质	850℃淬油，500℃回火，水冷或油冷	≥1000	≥800	≥10	≥45	≥600	—
	12.5	纵向，中心		870℃空冷、850℃淬油，500℃回火	1065	995	16.0	58.5	—	309
				575℃回火	880	790	18.5	61.0	—	260
				650℃回火	740	640	25.0	67.0	—	216
	25	纵向，中心		870℃空冷、850℃淬油，500℃回火	985	855	15.0	61.0	1280	272
				575℃回火	840	690	18.5	63.5	1600	242
				650℃回火	730	595	24.5	69.5	1790	221
40MnB	50	纵向，中心	正火+调质	870℃空冷、850℃淬油，500℃回火	785	510	22.5	65.5	1300	234
				575℃回火	710	450	26.0	67.0	1570	204
				650℃回火	660	400	28.5	70.0	>1860	186
	25	心部		860℃×60min，淬油 500℃×60min 回火，水冷	1105	1035	15.5	60.5	1060	35.5HRC
	60	心部		860℃×120min，淬油 500℃回火，水冷	799	510	22.5	68.5	360	18.5HRC
	90	接近表面		850℃×150min，淬油 500℃回火，水冷	804	515	22.0	67.0	980	18.5HRC
		心部			789	505	22.0	67.5	490	18.5HRC
	120	近表面		860℃×210min，淬油 500℃回火，水冷	760	490	21.5	64.0	1110	18.5HRC
		$\frac{1}{2}$ 半径处			794	500	22.0	64.0		
	150	心部		860℃×270min，淬油 500℃回火，水冷	720	451	20.0	64.5	610	18.5HRC
		近表面			764	475	21.0	62.0	1070	19.0HRC
		$\frac{1}{2}$ 半径处							650	17.0HRC

（续）

牌号	试样状态 截面尺寸 φ/mm	取样部位	材料状态	热处理方法	R_m/MPa	R_{eL}/MPa	A_5(%)	Z(%)	a_K/(kJ/m²)	硬度 HBW
45MnB	25	—	—	860℃正火，840℃淬油，200℃回火，水冷	1920	1530	6.7	43	560	54HRC
				860℃正火，840℃淬油，300℃回火，水冷	1685	1490	6.1	49	390	49HRC
				860℃正火，840℃淬油，400℃回火，水冷	1325	1255	6.8	57	480	43HRC
				860℃正火，840℃淬油，500℃回火，水冷	1010	941	10.3	60	880	33HRC
				860℃正火，840℃淬油，600℃回火，水冷	794	706	14.0	65	1230	27.5HRC
				860℃正火，840℃淬油，700℃回火，水冷	637	539	15.4	70	1790	14HRC
	35	纵向，中心	调质	870℃淬油，580℃回火	860	620	16	58	925	表面255 心部239
	45	纵向，中心		840℃淬水，580℃回火	880	660	13	57	1000	表面285 心部269
				850℃淬油 } 580℃回火	840	610	14	60	1050	表面241
				850℃淬水 }	840	570	16	59	—	表面277
20Mn TiB	25	纵向，中心	调质	860~880℃淬油，{500℃回火 600℃回火} 空冷	≥1150	—	A_{10}≥9	≥62	≥1500	40HRC
					≥1000	—	A_{10}≥10	≥65	≥1700	≥38HRC
	15	纵向，中心	正火+淬火 +低温回火	900℃空冷，860℃淬油，200℃回火，水冷或空冷	≥1150	$R_{p0.2}$≥950	≥10	≥50	≥800	—
				950℃空冷，890℃淬油，200℃回火	1230	1112	12.5	60.5	1150	38HRC

（续）

牌号	截面尺寸 ϕ/mm	取样部位	材料状态	热处理方法 第一次淬火	第二次淬火	回火	R_m/MPa	R_{eL}/MPa	A_5(%)	Z(%)	a_K/(kJ/m²)	硬度 HBW
20MnMoB	19	—	—	880℃×60min, 油冷	780℃×60min, 油冷	(210±10)℃ 150min, 空冷	895	640	20.0	59.0	KU105.1J	28HRC
					800℃×60min, 油冷		1130	880	10.5	51.5	KU90.2J	35HRC
					830℃×60min, 油冷		1560	1190	12.0	52.0	KU75.3J	45HRC
	15 和 15×15（方）	—	—	930℃×8h 伪渗碳，降温至淬火温度保温 10min	930℃淬火, 油冷	200℃×60min 回火, 空冷	1320	1130	14.0	59.5	KU73.7J	383
					900℃淬火, 油冷		1300	1100	13.5	59.0	KU81.5J	378
					875℃淬火, 油冷		1310	1130	14.0	59.5	KU75.3J	381
					850℃淬火, 油冷		1360	1170	14.0	59.0	KU78.4J	387
					825℃淬火, 油冷		1290	1080	14.3	60.0	KU68.2J	375
					800℃淬火, 油冷		1320	1110	14.3	58.3	KU72.1J	382
					775℃淬火, 油冷		1190	955	12.0	37.0	KU27.4J	350
	20	—	—	900℃正火			620	450	24	66	KU145J	179~187
	15	—	—	920℃正火			665	495	21	64	KU58.8J	—
	15	纵向, 中心	正火	870℃空冷			580	$R_{p0.2}$370	29	73	1600	183
	15	纵向, 中心	正火+淬火+低温回火	900℃空冷，880℃淬油，200℃回火，油或空冷			≥1000	$R_{p0.2}$≥800	≥9	≥45	≥700	—
	40	纵向, 中心	渗碳+淬火+低温回火	900~950℃渗碳，820~840℃淬油，180~200℃回火			1370	—	12	58.5	1100	表面 56~62HRC
20Mn2B	15	—	—	920℃×60min 正火			605	415	29	72	1435	—
				920℃正火，920℃淬油，200℃回火			1390		5($A_{11.3}$)	56.5	456	—
				920℃正火，860℃淬油，200℃回火			1440		7.3($A_{11.3}$)	47.7	878	—
				840℃淬油，200℃回火			1430		6.6($A_{11.3}$)	57.2	847	—

（续）

牌号	截面尺寸 φ/mm	取样部位	材料状态	热处理方法	R_m/MPa	R_{eL}/MPa	A_5(%)	Z(%)	a_K/(kJ/m²)	硬度 HBW
20Mn2B	15	—	—	920℃×60min 正火，860℃×60min 淬油，760℃×60min 淬油，180℃×180min 回火	1000	685	19	42.5	855	—
				920℃×60min 正火，860℃×60min 淬油，780℃×60min 淬油，180℃×180min 回火	1160	705	10.5	43.6	839	—
				920℃×60min 正火，860℃×60min 淬油，800℃×60min 淬油，180℃×180min 回火	1510	1130	13.0	53.0	604	—
				920℃×60min 正火，820℃×60min 淬油，210℃×150min 回火	1490	1100	12.5	51.0	627	—
				925℃伪渗碳8h，直接淬油，200℃回火	1290	1240	10.5	52.8	745	—
				930℃伪渗碳6h，850℃淬油，180℃回火	1340		12	58.5	862	—
	30	纵向，中心	正火	860~900℃，空冷	841	542~550	20	59.2~60	800~880	217~241
	25	纵向，中心	调质	850℃淬油，500℃回火，水或空冷	≥1000	≥800	≥10	≥45	≥600	—
	30	纵向，中心	调质	850℃淬油，650℃回火	864~860	764~768	19.4~22.9	63.4~64	1520~1650	241~255
	15	—	—	(860±10)℃，空冷	715~735	421~431	14~17	62	690~980	—
40MnVB	25	—	—	820℃×60min 淬油，600℃×60min 回火，水冷	906	837	19.0	60.3	1480	—
				840℃×60min 淬油，600℃×60min 回火，水冷	934	858	16.7	60.2	1460	—
				860℃×60min 淬油，600℃×60min 回火，水冷	932	838	17.0	57.4	1360	—
				880℃×60min 淬油，600℃×60min 回火，水冷	972	866	17.6	62.1	1440	—
				890℃×60min 淬油，600℃×60min 回火，水冷	965	858	17.0	57.0	1480	—
				1300℃×60min，空冷，860℃×60min 淬油，600℃×120min 回火，空冷	1020	908	18.9	59.3	1130	—
				1250℃×60min，空冷，860℃×60min 淬油，600℃×120min 回火，空冷	999	921	17.5	60.6	1060	—

（续）

牌号	试样状态		材料状态	热处理方法	力学性能					
	截面尺寸 ϕ/mm	取样部位			R_m/MPa	R_{eL}/MPa	A_5(%)	Z(%)	a_K/(kJ/m^2)	硬度 HBW
40MnVB	25	—	—	1200℃×60min,空冷,860℃×60min 淬油,600℃×120min 回火,空冷	990	909	18.4	61.2	1120	—
				1150℃×60min,空冷,860℃×60min 淬油,600℃×120min 回火,空冷	1010	929	18.2	52.2	1180	—
				1100℃×60min,空冷,860℃×60min 淬油,600℃×120min 回火,空冷	988	901	19.1	59.8	1150	—
				1050℃×60min,空冷,860℃×60min 淬油,600℃×120min 回火,空冷	970	903	17.1	59.5	1100	—
				1000℃×60min,空冷,860℃×60min 淬油,600℃×120min 回火,空冷	1030	948	18.1	58.6	1140	—
15Cr	15	纵向,中心	退火	860~890℃炉冷	≥400	≥200	≥25	≥70	≥1500	—
	5	纵向,中心	淬火	870℃淬水	≥1170	≥990	—	≥42	—	—
	15	纵向,中心		第一次 850~880℃淬水或淬油,第二次 770~800℃淬水或淬油	700~1000	≥450	≥11	≥40	—	195~280
	15~40				600~850	≥400	≥13	≥45	—	165~235
	20	纵向,中心		870℃淬水	≥1050	≥820	≥3	≥32	—	—
	35				≥700	≥480	≥10	≥45	—	—
	40~100	纵向,$\frac{1}{3}$半径		第一次 850~880℃淬水或淬油,第二次 750~800℃淬水或淬油	500~750	≥350	≥15	≥50	—	140~210
	5	纵向,中心	调质	870℃淬水,600℃回火,水冷	≥670	≥580	—	≥77	—	—
	20				≥620	≥430	≥15	≥68	—	—
	35				≥570	≥430	≥20	≥79	—	—

（续）

牌号	截面尺寸 ϕ/mm	取样部位	材料状态	热处理方法	R_m/MPa	R_{eL}/MPa	A_5(%)	Z(%)	a_K/(kJ/m²)	硬度 HBW
15Cr	5	纵向, 中心	淬火 + 低、中温回火	870℃淬水, 200℃回火, 水冷	≥1060	≥890	—	≥42	—	—
	5			870℃淬水, 400℃回火, 水冷	≥940	≥920	—	≥65	—	—
	15	纵向, 中心		第一次880℃淬水或淬油, 第二次800℃淬水, 200℃回火, 水冷或空冷	750	500	11	45	700	—
	15	纵向, 中心		第一次860℃淬水, 第二次760℃淬水, 200℃回火	≥700	≥500	≥8	≥40	—	—
	20	纵向, 中心		870℃淬水, 200℃回火, 水冷	≥920	≥770	—	≥40	—	—
	20			870℃淬水, 400℃回火, 水冷	≥790	≥760	—	≥72	—	—
	35	纵向, 中心		870℃淬水, 200℃回火, 水冷	≥700	≥470	—	≥52	—	—
	35			870℃淬水, 400℃回火, 水冷	≥640	≥450	—	≥79	—	—
	15	纵向, 中心	渗碳+淬火+低温回火	950℃渗碳, 降温至875℃淬水, 200℃回火	945	795	15	43	940	表面54~62HRC 心部≤300
	30	纵向, 中心		900~920℃渗碳, 第一次900~920℃空冷, 第二次780~800℃淬水, 180~200℃回火	≥700	≥500	≥10	≥45	≥700	表面56~62HRC 心部≤30HRC
	<60	纵向, $\frac{1}{3}$半径		900~920℃渗碳, 780~800℃淬水, 180~200℃回火, 空冷	≥620	≥380	≥15	≥45	≥600	表面56~62HRC 心部179~300
	15	纵向, 中心	正火	—	580	360	30.8	74	—	—
	15	纵向, 中心	退火	—	431	230	31.2	70.8	1250	127
20Cr	10	纵向, 中心	调质	880℃淬10%NaCl水溶液, 500℃回火	≥1000	$R_{p0.2}$≥950	≥14	—	≥1600	≥32HRC
	10			880℃淬10%NaCl水溶液, 600℃回火	≥820	$R_{p0.2}$≥780	≥20	—	≥2400	≥23HRC
	15	纵向, 中心		860℃淬油, 500℃回火	≥800	≥600	≥12	≥50	—	—

（续）

牌号	试样状态 截面尺寸 φ/mm	试样状态 取样部位	材料状态	热处理方法	力学性能 R_m/MPa	R_{eL}/MPa	A_5(%)	Z(%)	a_K /(kJ/m²)	硬度 HBW
20Cr	25	纵向、中心	调质	900℃淬油，500℃回火	≥810	≥650	≥20	≥70	≥2000	—
				900℃淬油，550℃回火	≥790	≥640	≥20	≥70	≥2100	—
				900℃淬油，600℃回火	≥750	≥610	≥20	≥70	≥2200	—
				900℃淬油，650℃回火	≥700	≥600	≥20	≥70	≥2300	—
	6	纵向、中心		860℃淬水，580℃回火	750	550	12	45	—	217
				860℃淬油，250℃回火	1130	920	9.6	56	—	—
	8			880℃淬10%NaOH水溶液，200℃回火	1520	$R_{p0.2}$≥1270	8.4	—	780	—
	10	纵向、中心	淬火+低、中温回火	880℃淬10%NaOH水溶液，100℃回火	≥1600	$R_{p0.2}$≥1200	≥8	—	≥650	≥46HRC
				880℃淬10%NaOH水溶液，200℃回火	≥1500	$R_{p0.2}$≥1250	≥8	—	≥650	≥45HRC
				880℃淬10%NaOH水溶液，300℃回火	≥1400	$R_{p0.2}$≥1250	≥8	—	≥600	≥42HRC
				880℃淬10%NaOH水溶液，400℃回火	≥1240	$R_{p0.2}$≥1150	—	—	≥1000	≥38HRC
	15	纵向、中心		880℃淬变压器油，200℃回火	1180	$R_{p0.2}$890	10.8	37	670	34.5HRC
				800℃淬自来水，200℃回火	1490	$R_{p0.2}$1280	9.5	45	740	43HRC
				880℃淬10%NaCl水溶液，200℃回火	1450	$R_{p0.2}$≥1200	10.5	49	730	—
				第一次880℃淬水或淬油，第二次770~820℃淬水或淬油，180℃回火，空冷或油冷	≥800	≥600	≥10	≥40	≥600	—
				860℃淬水，180℃回火，油冷	800~1030	620~820	10~18	36~51	600~1100	—
				880℃淬10%NaCl水溶液，200℃回火	1450	$R_{p0.2}$≥1200	10.5	49	≥700	45HRC
				860℃淬水或淬油，200℃回火	≥800	≥600	≥1	≥40	≥600	—
				第一次880℃淬水或淬油，200℃回火，第二次800℃淬水冷或空冷，水冷或水冷空冷	≥850	≥550	≥10	≥40	≥600	—

（续）

牌号	试样状态		材料状态	热处理方法	力学性能					
	截面尺寸 φ/mm	取样部位			R_m/MPa	R_{eL}/MPa	A_5(%)	Z(%)	a_K/(kJ/m²)	硬度 HBW
20Cr	20	纵向、中心		870℃淬水，200℃回火	≥850	≥650	—	≥40	—	—
				880℃淬10%NaOH水溶液，200℃回火	1470	$R_{p0.2}$≥1240	11.5	46	760	46HRC
	25	纵向、中心	淬火+低、中温回火	880℃淬10%NaCl水溶液，200℃回火	≥1400	—	≥10	—	—	—
				880℃淬10%NaCl水溶液，200℃回火	≥1300	—	≥11	—	—	—
				900℃淬油，200℃回火	≥900	≥650	≥18	≥58	≥1200	—
				900℃淬油，300℃回火	≥880	≥700	≥17	≥65	≥1450	—
				900℃淬油，400℃回火	≥850	≥680	≥18	≥70	≥1800	—
	30	纵向、中心		880℃淬10%NaCl水溶液，200℃回火	≥1240	—	≥17	—	—	—
	40	纵向、中心		870℃淬水，200℃回火	≥750	≥580	—	≥47	—	—
				870℃淬水，200℃回火	≥650	≥450	—	≥55	—	—
	15	纵向、中心	渗碳+淬水+低温回火	890~910℃渗碳，第一次880℃淬水或淬油，第二次800℃淬水或淬油，200℃回火，水冷或空冷	≥850	≥550	≥10	≥40	≥600	表面56~62HRC 心部≤300
	25	纵向、中心		925℃渗碳，降温至870℃淬水，200℃回火	1240	1060	9.5	32	550	—
	30	纵向、中心		920℃渗碳，820℃淬油，180~200℃回火，空冷	≥650	≥400	≥12	≥40	≥600	表面53~60HRC
	60	纵向、$\frac{1}{3}$半径		900~920℃渗碳，780~800℃淬水或淬油，180~200℃回火，空冷	≥650	≥400	≥13	≥40	500	≥178
				900~920℃渗碳，930℃正火，780~800℃淬水或淬油，180~200℃回火	650~950	400~700	13~20	45~55	500~300	$\frac{1}{3}$半径处 ≥182 心部 217~255

（续）

牌号	截面尺寸 φ/mm	取样部位	材料状态	热处理方法	R_m/MPa	R_{eL}/MPa	A_5(%)	Z(%)	a_K/(kJ/m²)	硬度 HBW
20Cr	15	—	—	950℃空冷，860℃×40min淬油，200℃×90min回火，200℃×	990	615	17	58.0	902	—
	25	—	—	925℃伪渗碳6h，降温至875℃淬火，200℃回火	1215	1040	9.5	32	539	—
	25	纵向，中心	退火	830~850℃，炉冷	550	280	32	47	—	≤187
	≤100	纵向，$\frac{1}{2}$半径	正火	860~880℃，空冷	550~630	350~400	18~22	50~55	—	170~187
	10	纵向，中心		800~850℃淬火，540~580℃回火	≥934	≥835	≥18.4	≥65	—	—
	≤16	纵向，中心		820~840℃淬火或830~850℃淬油，500~670℃回火	1000~1200	≥800	≥11	≥40	—	—
	16~40	纵向，中心			900~1050	≥650	≥12	≥45	700	—
	20	纵向，中心		850℃淬水，550℃回火，空冷	≥780	≥540	≥20	≥65	≥2400	—
30Cr	25	纵向，中心	调质	860℃淬水，{500℃回火，水冷或油冷 / 510℃回火，油冷}	≥900	≥700	≥11	≥45	≥600	262
					880~940	760~880	10.5~19	54~61	700~800	—
	30	纵向，中心		830~880℃淬水或淬油，580~680℃回火，急冷	≥800	≥650	≥18	≥55	≥900	229~285
	30	纵向，中心		820~850℃淬水，540~580℃回火	≥817	≥801	≥18.0	≥64	≥890	—
	30	纵向，表面			≥927	≥811	≥17.7	≥64	≥1000	—
	40	纵向，中心		850℃淬水，550℃回火，空冷	≥700	≥500	≥27	≥64	≥2000	—
	40	纵向，表面			≥730	≥530	≥22	≥65	≥2200	—
	40~100	纵向，$\frac{1}{3}$半径		820~840℃淬水或830~850℃淬油，500~670℃回火	800~950	≥540	≥14	50	850	—
	40~100	纵向，$\frac{1}{2}$半径		860℃淬油，540~580℃回火	750~850	500~600	14~18	45~55	500~600	207~229

（续）

牌号	试样状态		材料状态	热处理方法	力学性能					硬度 HBW
	截面尺寸 ϕ/mm	取样部位			R_m/MPa	R_{eL}/MPa	A_5（%）	Z（%）	a_K/（kJ/m²）	
30Cr	60	纵向，中心		850℃淬水，500℃回火，空冷	≥670	≥470	≥27	≥63	≥1900	—
		纵向，表面			≥710	≥520	≥22	≥65	≥2100	—
	60	纵向，$\frac{1}{3}$半径		820~840℃淬水 或 830~850℃淬油，500℃回火	950	≥720	14	50	—	—
				550℃回火	880	≥660	17	55	—	—
				600℃回火	810	≥590	19	61	—	—
				650℃回火	740	≥520	20	66	—	—
	80	纵向，中心		820~850℃淬水，540~580℃回火	≥892	≥737	≥16.8	≥55	≥540	—
		纵向，表面			≥958	≥831	≥16.3	≥59	≥640	—
		纵向，中心		850℃淬水，550℃回火，空冷	≥670	≥450	≥27	≥61	≥1900	—
		纵向，表面			≥730	≥520	≥52	≥64	≥2100	—
	<100	纵向，$\frac{1}{3}$半径	调质	850~870℃淬水，550~570℃回火，水冷或油冷	≥730	≥500	≥14	≥45	≥500	212
	100	纵向，中心		850℃淬水，550℃回火，空冷	≥680	≥430	≥28	≥59	≥1800	—
		纵向，表面			≥750	≥520	≥22	≥64	≥2400	—
		纵向，$\frac{1}{3}$半径		870℃淬水，540℃回火，空冷	650	500	16	45	700	203
	100~300	纵向，$\frac{1}{2}$半径		860℃淬油，540~580℃回火	700~750	450~600	13~16	40~45	400~500	196~214
		纵向，$\frac{1}{3}$半径		850~870℃淬水，550~590℃回火，水冷或油冷	≥700	≥450	≥13	≥40	≥450	212
	120	纵向，中心		850℃淬水，550℃回火，空冷	≥680	≥430	≥28	≥60	≥1600	—
		纵向，表面			≥740	≥520	≥20	≥64	≥2000	—
	140	纵向，中心			≥680	≥420	≥28	≥60	≥1600	—
		纵向，表面			≥740	≥510	≥19	≥63	≥1800	—
	160	纵向，中心			≥680	≥420	≥27	≥61	≥1500	—
		纵向，表面			≥730	≥510	≥18	≥63	≥1700	—

（续）

| 牌号 | 试样状态 | | 材料状态 | 热处理方法 | 力学性能 | | | | | |
	截面尺寸 ϕ/mm	取样部位			R_m/MPa	R_{eL}/MPa	A_5(%)	Z(%)	a_K/(kJ/m²)	硬度 HBW
30Cr	180	纵向、中心	调质	850℃淬水、550℃回火、空冷	≥670	≥430	≥27	≥62	≥1400	—
	180	纵向、表面	调质	850℃淬水、550℃回火、空冷	≥730	≥500	≥16	≥63	≥1500	—
	200	纵向、中心	调质	850℃淬水、550℃回火、空冷	≥670	≥420	≥27	≥63	≥1300	—
	200	纵向、表面	调质	850℃淬水、550℃回火、空冷	≥720	≥500	≥14	≥63	≥1400	—
	300~500	纵向、$\frac{1}{2}$半径		860℃淬油、540~580℃回火	650~700	400~450	12~14	40~45	400~500	187~207
35Cr	120	纵向、中心	正火+高温回火	850℃正火、660℃回火、空冷	≥550	≥300	≥22	≥45	≥400	≥156
	200	纵向、中心	正火+高温回火	850℃正火、660℃回火、空冷	≥500	≥250	≥22	≥45	≥400	≥149
	25	纵向、中心	调质	860℃淬油、500℃回火、水冷或油冷	≥950	≥750	≥11	≥45	≥600	—
	25	纵向、中心	调质	830~880℃淬水或淬油、580~680℃回火	≥900	≥750	≥15	≥50	≥700	255~311
	<100	纵向、$\frac{1}{3}$半径		840~860℃淬油、620~660℃回火、水冷或油冷	≥650	≥450	≥14	≥45	≥500	≥187
	30	纵向、中心		850℃正火、660℃回火、空冷，850℃淬水、560~580℃回火、空冷	≥900	≥780	≥15	≥50	≥800	≥262
	50	纵向、中心			≥840	≥660	≥15	≥50	≥800	≥248
	50	纵向、$\frac{1}{2}$半径			≥900	≥740	—	—	—	—
	80	纵向、中心	正火+高温回火+调质	850℃正火、660℃回火、空冷，850℃淬水、600~620℃回火、空冷	≥760	≥560	≥15	≥50	≥800	≥217
	80	纵向、$\frac{1}{2}$半径			≥840	≥660	—	—	—	—
	120	纵向、中心		850℃正火、660℃回火、空冷，850℃淬水、600~620℃回火、空冷	≥720	≥500	≥15	≥50	≥600	≥207
	120	纵向、$\frac{1}{2}$半径			≥780	≥580	—	—	—	—
	160	纵向、表面			≥840	≥640	—	—	—	≥235
	160	纵向、中心		850℃正火、660℃回火、空冷，850℃淬水、600~620℃回火、空冷	≥680	≥460	≥15	≥50	≥600	≥197
	160	纵向、$\frac{1}{3}$半径			≥740	≥520	—	—	—	—
	160	纵向、表面			≥800	≥600	—	—	—	≥229

（续）

牌号	截面尺寸 φ/mm	取样部位	材料状态	热处理方法	R_m/MPa	R_{eL}/MPa	A_5(%)	Z(%)	α_K/(kJ/m²)	硬度HBW
35Cr	240	纵向，中心	正火+高温回火+调质	850℃正火，660℃回火，空冷，850℃淬火，600~620℃回火，空冷	≥640	≥400	≥15	≥50	≥600	≥187
		纵向，1/3半径			≥680	≥460	—	—	—	—
		纵向，表面			≥760	≥560	—	—	—	≥212
	<60	纵向，中心	正火	870~900℃，空冷	700~800	500	13~16	46~54	600~700	179~229
	60	纵向，1/3半径		850℃，空冷	740	447	21.6	57.0	900	—
	<100	纵向，1/2半径			630~720	350~450	16~20	40~50	400~500	170~267
	<200	表面			550~650	350~400	16~18	40~50	400~500	156~187
40Cr	6	纵向，中心	调质	860℃淬油，{500℃回火	1240	1180	9.6	52	950	33HRC
				600℃回火	900	830	15.4	58	1670	27HRC
	12	纵向，中心		850℃淬油，{500℃回火	≥1250	≥1200	≥12	≥57	≥800	350
				600℃回火	900	820	≥13	≥62	≥1300	250
	12.5	纵向，中心		850℃淬油，{500℃回火	1245	1145	13.0	54.0	790	341
				575℃回火	1015	940	16.5	57.5	1190	302
				650℃回火	910	795	19.5	63.5	1500	255
	≤16	纵向，中心		830~850℃淬油或820~840℃淬水，500~670℃回火	1000~1200	≥800	≥11	≥40	—	—
	16~40				900~1050	≥650	≥12	≥45	≥700	—
	25	纵向，中心		850℃淬油，{500℃回火	1085	860	14.0	55.5	750	311
				575℃回火	930	795	17.0	60.0	1340	255
				650℃回火	840	665	22.5	66.5	1690	235
	30	纵向，中心		800~830℃淬油或淬水，580~680℃回火，急冷	≥950	≥800	≥13	≥45	≥600	269~321
	<40	纵向，中心		840~860℃淬火，560~600℃回火，水冷	≥900	≥700	≥15	≥50	≥800	—
	<40	纵向，中心		850℃淬油，500~550℃回火	950~1150	850~1050	14~16	55~65	<700	286~302
	40~100	纵向，1/3半径		830~850℃淬油或820~840℃淬水，500~670℃回火	900~1050	≥550	≥14	≥50	≥850	—

（续）

牌号	试样状态 截面尺寸 φ/mm	取样部位	材料状态	热处理方法	力学性能 R_m/MPa	R_{eL}/MPa	A_5(%)	Z(%)	α_K/(kJ/m^2)	硬度 HBW
40Cr	50	纵向，中心	调质	850℃淬油，500℃回火	940	830	15.5	55.0	750	255
	50	纵向，中心		850℃淬油，575℃回火	815	—	20.5	61.0	1250	229
	50	纵向，中心		850℃淬油，650℃回火	750	550	24.0	66.0	1650	207
	60	纵向，中心		820~840℃淬水，500℃回火	950	≥720	14	50	—	—
	60	纵向，中心		820~840℃淬水，550℃回火	880	≥660	17	55	—	—
	60	纵向，中心		820~840℃淬水，600℃回火	810	≥590	19	61	—	—
	60	纵向，中心		820~840℃淬水，650℃回火	740	≥520	20	66	—	—
	60~100	纵向，$\frac{1}{2}$半径		840℃淬油，500℃回火，空冷	823	634	16.3	57.1	930	—
	60~100	纵向，$\frac{1}{2}$半径		850℃淬油，500~600℃回火	800~950	660~750	12~14	40~50	600~800	229~269
	≤80	纵向，中心		840~860℃淬油，600~650℃回火	>850	>650	>10	≥40	≥600	200~250
	≤100	纵向，$\frac{1}{3}$半径		840~860℃淬水或淬油，540~580℃回火，空冷或油冷	≥750	≥550	≥15	≥45	≥500	241~286
	100	纵向，$\frac{1}{2}$半径		850℃淬油，500℃回火	955	810	17.0	50.5	580	269
	100	纵向，$\frac{1}{2}$半径		850℃淬油，575℃回火	875	670	18.5	57.0	700	235
	100	纵向，$\frac{1}{2}$半径		850℃淬油，650℃回火	785	—	21.5	61.5	950	207
	100~300	纵向，$\frac{1}{3}$半径		840~860℃淬水或淬油，540~580℃回火，空冷或油冷	≥700	≥500	≥14	≥45	≥400	241~286
	120	纵向，中心		820~840℃淬水，550℃回火	820	635	18.2	59.0	810	—
	120	纵向，表面		820~840℃淬水，550℃回火	930	810	18.0	58.5	800	—
	120	纵向，中心		820~840℃淬水，600℃回火	850	620	19.6	60.0	1000	—
	120	纵向，表面		820~840℃淬水，600℃回火	833	704	18.0	61.1	970	—
	120	纵向，中心		820~840℃淬水，650℃回火	763	575	22.0	61.6	1100	—
	120	纵向，表面		820~840℃淬水，650℃回火	816	675	20.5	62.0	1100	—

（续）

牌号	试样状态		材料状态	热处理方法	力学性能					
	截面尺寸 φ/mm	取样部位			R_m/MPa	R_eL/MPa	A_5(%)	Z(%)	a_K/(kJ/m²)	硬度 HBW
40Cr	120	纵向，中心		840~860℃淬油，550℃回火	830	620	18.0	52.1	540	—
		纵向，表面		840~860℃淬油，550℃回火	920	780	17.0	48.4	500	—
		纵向，中心		840~860℃淬油，600℃回火	750	540	19.0	58.0	950	—
		纵向，表面		840~860℃淬油，600℃回火	790	620	20.0	56.7	1080	—
		纵向，中心		840~860℃淬油，650℃回火	740	500	22.0	60.4	1050	—
		纵向，表面		840~860℃淬油，650℃回火	760	540	21.0	62.0	1230	—
	140	纵向，中心		840~860℃淬水，560~600℃回火，水冷	≥750	≥550	≥14	≥45	≥600	—
		纵向，$\frac{1}{3}$半径		860℃淬油，600℃回火	885~915	650~670	17.0~19.0	60.0~60.5	990~1110	—
		纵向，$\frac{1}{2}$半径		860℃淬油，600℃回火	708	475	25.8	60.3	700~1200	—
	≤200	纵向，$\frac{1}{3}$半径	调质	850℃淬油，550~600℃回火	650~850	500~650	12~14	40~50	600~800	187~241
		纵向，$\frac{1}{3}$半径		850℃淬水，600℃回火，水冷或油冷	≥750	≥500	≥14	≥42	≥500	—
	240	纵向，中心		820~840℃淬水，650℃回火	740	510	22	63	980	—
		纵向，表面		820~840℃淬水，650℃回火	830	650	20.2	61	960	—
	300	纵向，中心		840~860℃淬油，650℃回火	720	440	23	56	770	—
		纵向，表面		840~860℃淬油，650℃回火	750	510	21	58.5	860	—
		纵向，中心		840~860℃淬水，560~600℃回火，水冷	≥650	≥400	≥14	≥45	≥600	—
		纵向，$\frac{1}{3}$半径		850~860℃淬油，580~590℃回火	835	548	17.2	56.2	1000	—
		纵向，表面		850~860℃淬油，580~590℃回火	853	564	17.2	54.0	850~880	—
	300~500	纵向，$\frac{1}{3}$半径		840~860℃淬水或淬油，540~580℃回火，空冷或油冷	≥650	≥450	≥10	≥35	≥300	229~269
	340	纵向，$\frac{1}{3}$半径		850℃淬油，510℃回火	905~935	700	15.0~16.0	53.5~55.0	830~900	—

（续）

牌号	试样状态		材料状态	热处理方法	力学性能					
	截面尺寸 φ/mm	取样部位			R_m/MPa	R_{eL}/MPa	A_5(%)	Z(%)	a_K/(kJ/m²)	硬度 HBW
40Cr	490	纵向，$\frac{1}{3}$半径	调质	850℃淬油，570℃回火	816~863	498~544	14.4~16.6	47.5~49.5	590	—
	500~800	纵向，中心	调质	840~860℃淬水或淬油，540~580℃回火，空冷或油冷	719	543	16.9	43.5	580~630	—
		纵向，$\frac{1}{3}$半径			≥600	≥350	≥8	≥30	≥200	217~255
	540	纵向，$\frac{1}{2}$半径		850~860℃淬油，580~590℃回火	718	502	20.2	50.9	690	—
		纵向，表面			746	521	22.8	59.0	930~1050	—
	40	纵向，中心	正火+高温回火+调质	850℃正火，660℃回火，850℃淬水，600℃回火，空冷	≥860	≥720	≥17	≥57	≥1000	≥350
		纵向，$\frac{1}{2}$半径			≥930	≥780	—	—	—	—
	50	纵向，中心		850℃正火，660℃回火，850℃淬水，560~580℃回火，水冷	≥850	≥670	≥16	≥58	≥1000	≥248
		纵向，表面			≥900	≥730	—	—	—	≥262
	60	纵向，中心		850℃正火，660℃回火，850℃淬水，600℃回火，空冷	≥820	≥640	≥15	≥57	≥1000	≥330
		纵向，$\frac{1}{2}$半径			≥880	≥700	—	—	—	—
	80	纵向，中心		850℃正火，660℃回火，850℃淬水，560~580℃回火，水冷	≥840	≥620	≥14	≥58	≥800	235
		纵向，表面			≥880	≥680	—	—	—	—
	100	纵向，中心		850℃正火，660℃回火，850℃淬水，600℃回火，空冷	≥740	≥530	≥17	≥57	≥1000	≥300
		纵向，$\frac{1}{2}$半径			≥800	≥600	—	—	—	—
	120	纵向，中心		850℃正火，660℃回火，850℃淬水，600~620℃回火	≥720	≥500	≥18	≥58	≥900	≥212
		纵向，表面			≥770	≥570	—	—	—	—
	140	纵向，中心		850℃正火，660℃回火，850℃淬水，600℃回火，空冷	≥830	≥630	—	—	—	≥229
		纵向，$\frac{1}{2}$半径			≥690	≥480	≥18	≥55	≥800	≥286
		纵向，表面			≥750	≥340	—	—	—	—
					≥800	≥600	—	—	—	≥320

（续）

牌号	试样状态		材料状态	热处理方法	力学性能					
	截面尺寸 φ/mm	取样部位			R_m/MPa	R_{eL}/MPa	A_5(%)	Z(%)	a_K/(kJ/m²)	硬度 HBW
40Cr	160	纵向，中心		850℃正火，660℃回火，850℃淬水，600~620℃回火	≥700	≥470	≥17	≥56	≥800	≥196
		纵向，$\frac{1}{2}$半径			≥740	≥530	—	—	—	—
		表面			≥800	≥600	—	—	—	≥223
	180	纵向，中心	正火+高温回火+调质	850℃正火，660℃回火，空冷	≥670	≥430	≥17	≥55	≥700	≥270
		纵向，$\frac{1}{2}$半径			≥710	≥500	—	—	—	—
		表面			≥750	≥560	—	—	—	≥310
	200	纵向，中心		850℃正火，660℃回火，空冷	≥650	≥500	≥17	≥57	≥650	≥270
		纵向，$\frac{1}{2}$半径			≥700	≥480	—	—	—	—
		表面			≥730	≥550	—	—	—	≥310
	240	纵向，中心		850℃正火，660℃回火，850℃淬水，600~620℃回火	≥640	≥400	≥15	≥50	≥600	≥184
		纵向，$\frac{1}{2}$半径			≥680	≥460	—	—	—	—
		表面			≥760	≥560	—	—	—	—
	38	纵向，中心	正火+调质	885~940℃正火，815~870℃淬火，{540℃回火，650℃回火}	≥900	≥760	A_4≥15	≥52	—	≥293
	38	纵向，中心			≥710	≥550	A_4≥18	≥59	—	≥223
	38	纵向，$\frac{1}{2}$半径	正火+淬火+中温回火	885~940℃正火，815~870℃淬油，425℃回火	≥1140	$R_{p0.2}$≥1000	A_4≥13	≥42	—	≥363
	6	纵向，中心	淬火+低、中温回火	860℃淬油，{300℃回火，400℃回火}	1780	—	6.4	40	580	44HRC
	6	纵向，中心			1540	—	7.7	44	640	40HRC
	12	纵向，中心		850℃淬油，{200℃回火，300℃回火，400℃回火}	≥1880	$R_{p0.2}$≥1650	≥8	≥33	≥200	≥510
	12	纵向，中心			≥1700	$R_{p0.2}$≥1520	≥8	≥36	≥150	≥470
	12	纵向，中心			≥1550	$R_{p0.2}$≥1420	≥7	≥37	≥300	≥435

（续）

牌号	截面尺寸 ϕ/mm	取样部位	材料状态	热处理方法	R_m/MPa	R_{eL}/MPa	A_5(%)	Z(%)	a_K/(kJ/m²)	硬度 HBW
40Cr	25	纵向，中心	淬火+低、中温回火	830~850℃淬油，350~370℃回火	1210	1140	—	38	570	40~45HRC
	25			840℃淬油，400℃回火，空冷	≥980	≥780	≥12	≥52	≥600	≥300
				450℃回火，空冷	≥900	≥600	≥13	≥57	≥900	≥270
	30	纵向，中心		840~860℃淬油，280~320℃回火	1500~1600	1300~1400	~7	~25	~300	40~45HRC
	<40	纵向，中心		820~840℃淬油，180~200℃回火	1500~1600	1300~1400	7	25	—	45~50HRC
	<40	纵向，中心	碳氮共渗、淬火、回火	815~830℃碳氮共渗，淬油，180~200℃回火	1400~1600	1200~1400	7	25	—	43~53HRC
45Cr	25	—	—	860℃正火	725	451	17	62	106	209
				920℃×60min，正火	766	500	21.5	62.6	117	201
				910℃退火	647	402	16	66	123	—
	25	纵向，中心	调质	840℃淬油，500℃回火	≥1050	≥850	≥8	≥40	≥500	—
				520℃回火，水冷或油冷	≥1050	≥850	≥9	≥40	400	—
				530℃回火，水冷或油冷	≥1000	≥800	≥6	≥40	≥500	—
	<60	纵向，$\frac{1}{3}$半径	调质	830~880℃淬油或淬水，580~680℃回火	≥1000	≥850	≥9	≥40	≥500	285~341
	60	纵向，$\frac{1}{3}$半径		820~840℃淬油，600~660℃回火，水冷或油冷	≥850	≥650	≥10	≥45	≥500	≥241
	<100	纵向，$\frac{1}{2}$半径		825℃淬油，485℃回火，空冷	≥1050	≥850	≥8	≥40	—	302~341
	100~300	纵向，$\frac{1}{3}$半径		850~870℃淬油，550~570℃回火，水冷或油冷	≥730	≥500	≥14	≥45	≥500	≥212
					≥700	≥450	≥13	≥40	≥450	≥212
	250	纵向，表面	正火+调质	850~870℃正火，850~870℃淬油，600~620℃回火，空冷	879	482	17.4	56.7	700~800	267
	250	纵向，$\frac{1}{2}$半径			930~935	580~655	16.0~17.6	52.4~53.6	700~720	296
	510	纵向，表面			858~861	480~531	16.0~17.2	51.2	550~560	241
	510	纵向，$\frac{1}{3}$半径			903~919	547~558	16.2~19.0	56	460~700	296
	≤40	纵向，中心	淬火+低温回火	820~840℃淬油，200~220℃回火	≥1500	≥1300	≥6	≥22	—	45~50HRC

（续）

牌号	截面尺寸 φ/mm	取样部位	材料状态	热处理方法	R_m/MPa	R_{eL}/MPa	A_5(%)	Z(%)	a_K/(kJ/m²)	硬度 HBW
50Cr	25	纵向、中心	调质	830℃淬油,500℃回火,水冷或油冷	≥1100	$R_{p0.2}$≥950	≥9	≥40	≥500	—
	25			830℃淬油,540℃回火,水冷或油冷	1090~1270	$R_{p0.2}$ 980~1120	10~16	38~53	500~800	—
	50	纵向、中心		820℃淬油,500℃回火	≥1230	≥1150	≥10	≥50	—	—
	50			820℃淬油,550℃回火	≥980	≥830	≥15	≥57	—	—
	50			820℃淬油,600℃回火	≥670	≥560	≥20	≥65	—	—
	80	纵向、中心		820℃淬油,650℃回火	≥1000	≥790	10.6（A_{10}）	≥45	≥670	—
	80	纵向、$\frac{1}{2}$半径			≥1000	≥790	10.5（A_{10}）	≥49	≥640	—
	80	纵向、$\frac{1}{3}$半径			≥980	≥780	11.2（A_{10}）	≥46	≥600	—
	80	纵向、表面			≥980	≥780	11.6（A_{10}）	≥47	≥560	—
	<100	纵向、$\frac{1}{2}$半径		810~840℃淬油,540~580℃回火,水冷或油冷	≥840	≥650	9	≥35	—	≥248
	100~300	纵向、$\frac{1}{2}$半径		810~830℃淬油,610~650℃回火,油冷	≥800	≥550	7	≥30	—	≥229
38CrSi	50	纵向、中心	淬火+中温回火	820℃淬油,400℃回火	≥1600	≥1530	≥4	≥40	≥400	—
	50			820℃淬油,450℃回火	≥1500	≥1350	≥7	≥43	≥700	—
	15	纵向、中心	正火+高温回火	920℃空冷,600℃回火	≥800	≥600	≥15	≥45	≥600	≥229
	25	纵向、中心		900℃淬油,600℃回火,水冷或油冷	≥1000	≥850	≥12	≥50	≥600	—
	30	纵向、中心	调质	910~930℃淬水,600~620℃回火,水冷	≥950	≥800	≥12	≥50	≥600	—
	120				≥850	≥650	≥16	≥50	≥600	—
	240				≥700	≥400	≥16	≥50	≥600	—
	20	纵向、中心	退火+调质	880℃炉冷,900℃淬油,640℃回火,水冷	≥960	≥800	≥18	≥59	≥1200	≥270
	40				≥930	≥750	≥18	≥57	≥1100	≥260
	60				≥870	≥700	≥18	≥53	≥900	≥245
	80				≥860	≥680	≥18	≥50	≥800	≥230
	<40	纵向、中心	淬火+低温回火	920℃淬油,250~280℃回火	1750~1900	1600~1750	7~10	30~35	400~600	52~55HRC

（续）

牌号	截面尺寸 φ/mm	取样部位	材料状态	热处理方法	R_m/MPa	R_{eL}/MPa	A_5(%)	Z(%)	α_K/(kJ/m²)	硬度 HBW
20CrMn	100	纵向, $\frac{1}{3}$半径	调质	880℃淬油, 550~660℃回火, 空冷	≥700	≥500	≥15	≥40	>500	228~269
	15	纵向, 中心	淬火+低温回火	850℃淬油, 200℃回火, 水或空冷	≥950	≥750	≥10	≥45	>600	—
	15	纵向, 中心	渗碳+淬火+高温回火+淬火+低温回火	同15CrMn	1100~1400	≥750	≥7	≥30	≥400	表面59~65HRC, 心部315~400
	15~40	纵向, 中心			1000~1300	≥700	≥8	≥35	>400	表面59~65HRC, 心部285~370
	40~100	纵向, 中心			900~1200	≥700	≥9	≥35	>400	表面59~65HRC, 心部255~345
	40~100	纵向, 中心	渗碳+淬火+低温回火	900℃渗碳, 810℃淬水, 200℃回火, 空冷	≥900	≥700	≥9	≥35	>400	表面59~65HRC, 心部255~345
20CrMnSi	5	纵向, 中心	调质	900℃淬水, 520℃回火, 空冷	≥1030	—	≥11	≥50	—	≥295
				640℃回火, 空冷	≥830	≥730	≥17	≥54	—	≥235
	25	纵向, 中心		880℃淬油, 480℃回火, 水或油冷	≥800	≥650	≥12	≥45	≥700	—
				500℃回火, 水或油冷	≥800	≥600	≥10	≥40	≥600	—
	<40	纵向, $\frac{1}{3}$半径		880~890℃淬油, 500~520℃回火, 水冷	≥800	≥600	≥10	≥40	≥600	≥228
	5	纵向, 中心	淬火+低温回火	900℃淬水, 400℃回火, 空冷	≥1380	—	≥8	≥50	≥600	≥370
	10	纵向, 中心	淬火+中温回火	880℃淬水, 200℃回火	1575	$R_{p0.2}$1315	13.0	53.5	930~1070	47HRC

（续）

牌号	截面尺寸 φ/mm	取样部位	材料状态	热处理方法	R_m/MPa	R_{eL}/MPa	A_5(%)	Z(%)	a_K/(kJ/m²)	硬度 HBW
30CrMnSi	<4	纵向、中心	退火或正火	900℃炉冷或880℃空冷	550~750	—	A_{10}>16	—	—	152~221
	4~18	纵向、中心			500~750	—	>17	—	—	152~221
	45	纵向、中心	正火	880℃空冷	680	—	27	—	—	—
	25	纵向、中心	正火+高温回火	880℃空冷，650℃回火，空冷	≥650	≥400	≥16	≥40	—	≥187
	80	纵向、中心			≥650	400	≥16	≥40	≥300	≥187
	200	纵向、中心			≥600	350	≥16	≥40	≥300	≥170
	30	纵向、中心	正火+高温回火+调质	880℃空冷，650℃回火，空冷，880℃淬油，580~600℃回火，水冷	≥1020	≥900	≥12	≥50	≥700	≥293
	50	纵向、$\frac{1}{2}$半径			≥900	≥780	≥12	≥50	≥700	≥262
	50	纵向、$\frac{1}{3}$半径			≥940	≥820	—	—	—	—
	<70	纵向、中心		880℃空冷，860~880℃淬油，500~530℃回火，油冷	≥1100	≥750	≥7	≥45	≥600	≥285
	80	纵向、中心		880℃空冷，650℃回火，空冷，880℃淬水，600~620℃回火，水冷	≥870	≥750	≥13	≥50	≥800	≥255
	100	纵向、$\frac{1}{2}$半径			≥940	≥810	—	—	—	—
	110	纵向、中心			≥860	≥720	≥13	≥50	≥800	≥250
	120	纵向、$\frac{1}{2}$半径			≥900	≥770	—	—	—	—
	120	纵向、中心			≥840	≥680	≥13	≥50	≥800	≥235
	140	纵向、表面			≥880	≥740	—	—	—	255
	140	纵向、中心			≥800	≥620	≥13	≥50	≥800	≥220
	140	纵向、$\frac{1}{2}$半径			≥820	≥670	—	—	—	—
	140	纵向、表面			≥840	≥700	—	—	—	≥240

（续）

牌号	截面尺寸 φ/mm	取样部位	材料状态	热处理方法	R_m/MPa	R_{eL}/MPa	A_5(%)	Z(%)	α_K/(kJ/m²)	硬度 HBW
	160	纵向，中心			≥770	≥590	≥13	≥50	≥800	≥220
	160	纵向，$\frac{1}{2}$半径			≥790	≥630	—	—	—	—
	160	表面			≥810	≥670	—	—	—	≥250
	180	纵向，中心	正火+高温回火+调质	880℃空冷，650℃回火，空冷，880℃淬水，600~620℃回火，水冷	≥740	≥560	≥13	≥48	≥700	≥205
	180	纵向，$\frac{1}{2}$半径			≥770	≥600	—	—	—	—
	180	表面			≥800	≥640	—	—	—	≥220
	200	纵向，中心			≥730	≥530	≥13	≥45	≥600	≥200
	200	纵向，$\frac{1}{2}$半径			≥760	≥580	—	—	—	—
	200	表面			≥800	≥630	—	—	—	≥220
30CrMnSi	10	纵向，中心		870℃淬油，540~560℃回火，水冷或油冷	≥900	≥750	≥15	≥45	—	—
	12.5	纵向，中心		880℃淬油，{ 500℃回火 / 575℃回火 / 650℃回火 }	1200 / 980 / 860	$R_{p0.2}${ 1145 / 875 / 720 }	16.5 / 17.5 / 20.5	57.5 / 63.0 / 69.0	800 / 960 / >1850	345 / 282 / 242
	25	纵向，中心	调质	880℃淬油，500℃回火	1150	$R_{p0.2}$1045	12.5	51.5	910	341
				520℃回火	≥1000	≥800	≥10	≥45	≥500	—
				520℃回火，水冷或油冷	≥1100	≥900	≥10	≥45	≥500	—
				520℃回火，油冷	1170~1110	1090~990	16~12	56~51	700~600	—
				575℃回火	960	$R_{p0.2}$815	17.5	56.0	1520	280
				650℃回火	845	$R_{p0.2}$690	20.5	63.5	1880	245
	30	纵向，中心		870~890℃淬油或淬水，580~620℃回火，水冷	≥1000	≥900	≥12	≥50	≥700	—
	45	纵向，中心		880℃淬油，500℃回火	916	—	18.6	—	—	32HRC

（续）

牌号	试样状态 截面尺寸 φ/mm	试样状态 取样部位	材料状态	热处理方法	力学性能 R_m/MPa	力学性能 R_{eL}/MPa	力学性能 A_5(%)	力学性能 Z(%)	力学性能 a_K/(kJ/m²)	硬度 HBW
30CrMnSi	50	纵向、中心	调质	880℃淬油，500℃回火	985	$R_{p0.2}$ 805	15.5	51.5	840	280
	50	纵向、中心	调质	880℃淬油，575℃回火	865	$R_{p0.2}$ 645	19.0	60.0	1160	244
	50	纵向、中心	调质	880℃淬油，650℃回火	800	$R_{p0.2}$ 595	19.5	55.5	≥1850	229
	<60	纵向、$\frac{1}{3}$半径	调质	860~880℃淬油，540~560℃回火，水冷或油冷	≥900	≥700	≥9	≥45	≥600	≥255
	<60	纵向、$\frac{1}{3}$半径	调质	860~880℃淬油，640~660℃回火，水冷或油冷	≥750	≥550	≥12	≥45	≥600	≥241
	<100	纵向、$\frac{1}{2}$半径	调质	860~880℃淬油，620~640℃回火，水冷	≥850	≥600	≥12	≥35	≥600	240~293
	100	纵向、中心	调质	880℃淬油，500℃回火	815	$R_{p0.2}$ 515	21.5	56	750	280
	100	纵向、中心	调质	880℃淬油，570℃回火	795	485	22.0	60.0	880	232
	100	纵向、中心	调质	880℃淬油，650℃回火	735	425	25.5	66.5	1040	210
	100	纵向、$\frac{1}{2}$半径	调质	880℃淬油，550℃回火	940	680	19.0	66.5	1040	211
	100	纵向、$\frac{1}{2}$半径	调质	880℃淬油，575℃回火	850	575	20.0	60.5	730	241
	100	纵向、$\frac{1}{2}$半径	调质	880℃淬油，650℃回火	790	530	22.0	63.5	1230	223
	100~200	纵向、$\frac{1}{3}$半径	调质	860~880℃淬油，620~640℃回火，水冷	≥720	≥470	≥16	≥35	≥500	207~229
	120	纵向、中心	调质	870~890℃淬油或淬水，580~620℃回火，水冷	≥850	≥700	≥14	≥50	≥800	—
	240	纵向、中心	调质	870~890℃淬油或淬水，580~620℃回火，水冷	≥700	≥500	≥13	≥45	≥700	—
	<4	纵向、中心	退火或正火	840~860℃炉冷或860~880℃空冷	600~800	—	A_{10}>14	—	—	—
	4~18		退火或正火	840~860℃炉冷或860~880℃空冷	600~800	—	>15	—	—	—
	45	纵向、中心	正火	860~880℃空冷	750	—	24	—	—	96HRB
35CrMnSiA	25	纵向、中心	调质	880℃淬油，550℃回火，水冷或油冷	≥1000	≥800	≥9	≥40	≥500	—
	45	纵向、中心	调质	880℃淬油，500℃回火	1030	—	16	—	—	32HRC
	<70	纵向、$\frac{1}{3}$半径	正火+调质	880℃空冷，860~880℃淬油，500℃回火	≥1000	≥750	≥7	≥45	≥600	≥285
	25	纵向、中心	淬火+低温回火	880℃淬油，140~180℃回火，油冷	≥1650	≥1300	≥6	≥40	≥300	—
	25	纵向、中心	淬火+低温回火	880℃淬油，290℃回火，水冷或油冷	1600~1900	1450~1700	8~12	41~52	500~1000	—

（续）

牌号	截面尺寸 φ/mm	取样部位	材料状态	热处理方法	R_m/MPa	R_{eL}/MPa	A_5(%)	Z(%)	a_K/(kJ/m²)	硬度 HBW
20CrV	15	纵向，中心	正火	870~900℃空冷	600	440	28.8	60	—	表面≤300
	25	纵向，中心	调质	880℃淬油，500℃回火，水冷或油冷	≥800	≥600	≥10	≥45	—	—
				850℃淬水，500℃回火	≥980	≥850	—	—	≥970	≥32HRC
				850℃淬水，600℃回火	≥920	≥820	—	—	≥1150	≥30HRC
				850℃淬水，700℃回火	≥750	≥650	—	—	≥140	≥20HRC
	25	纵向，中心	正火+调质	900℃空冷，850℃淬水，540℃回火	≥940	≥840	A_4=14	≥48	≥400	≥295
				900℃空冷，850℃淬水，650℃回火	≥900	≥800	A_4=16	≥51	≥600	≥270
	25	纵向，中心	正火+中温回火	900℃空冷，850℃淬水，430℃回火	≥1050	≥900	A_4=12	≥48	≥250	≥320
	15	纵向，中心	淬火+低温回火	第一次880℃淬水或淬油，第二次800℃淬油或淬水，200℃回火，水冷或空冷	≥850	≥600	≥12	≥45	≥700	—
	13	纵向，中心	伪渗碳+淬火+低温回火	920℃伪渗碳，150℃回火，直接淬油	1090	$R_{p0.2}$ 893	16	≥45	—	331
				箱冷至774℃淬油	893	675	15.5	46	—	269
				箱冷至800℃淬油	942	760	15	44	—	283
				箱冷至843℃淬油	1055	872	17	55.5	—	321
	10	纵向，中心		880℃淬油，500℃回火	≥1350	≥1200	≥13	≥56	≥800	—
				880℃淬油，550℃回火	≥1200	≥1100	≥14	≥54	≥900	—
				880℃淬油，600℃回火	≥1120	≥980	≥15	≥52	≥950	—
				880℃淬油，650℃回火	≥970	≥800	≥17	≥60	≥1100	—
40CrV	≤16	纵向，中心	调质	820~840℃淬水或830~860℃淬油，530~670℃回火	1100~1300	≥900	≥10	≥40	—	—
	16~40				1000~1200	≥800	≥11	≥45	—	—
	25	纵向，中心		880℃淬油，650℃回火，水冷或油冷	≥900	≥750	≥10	≥50	≥900	—
	25	纵向，中心		850℃淬油，590℃回火	1080	$R_{p0.2}$ 990	16	55	900	—
	30	纵向，$\frac{1}{3}$半径		880℃淬油，630~660℃回火，水冷或油冷	≥900	$R_{p0.2}$ 750	≥10	≥50	≥900	≥269

（续）

牌号	试样状态		材料状态	热处理方法	力学性能					
	截面尺寸 φ/mm	取样部位			R_m/MPa	R_{eL}/MPa	A_5(%)	Z(%)	a_K/(kJ/m²)	硬度 HBW
40CrV	40~100	纵向，$\frac{1}{3}$半径	调质	820~840℃淬水或830~860℃淬油，530~670℃回火	900~1050	≥700	≥12	≥50	—	—
	100~250				750~900	≥550	≥14	≥55	—	—
	120	纵向，中心	调质	880℃淬油，650℃回火	≥770	450~540	≥23	≥58	—	—
	160				≥770	420~500	≥22	≥57	—	—
	200				≥760	420~500	≥21	≥56	—	—
	50	纵向，$\frac{1}{2}$半径	正火+退火+调质	900℃空冷，840℃炉冷，850℃淬水，650℃回火	≥820	≥700	≥20	≥60	—	—
	38	纵向，$\frac{1}{2}$半径	正火+调质	900~950℃空冷，845~900℃淬油，650℃回火	≥730	≥520	$A_4=9$	≥59	—	≥229
	50	纵向，$\frac{1}{2}$半径	正火+退火+淬火+中温回火	900℃空冷，840℃炉冷，850℃淬水，425℃回火	≥1230	≥1030	≥13	≥52	—	—
	38	纵向，$\frac{1}{2}$半径	正火+淬火+中温回火	900~950℃空冷，845~900℃淬油，425℃回火	≥1140	≥1000	$A_4=13$	≥42	—	≥363
	10	纵向，中心	淬火+低、中温回火	880℃淬油，200℃回火	≥1980	≥1700	≥3	≥23	≥450	—
				880℃淬油，300℃回火	≥1730	≥1560	≥8	≥42	≥300	—
				880℃淬油，400℃回火	≥1600	≥1400	≥9	≥50	≥500	—
	≤30	纵向，中心	调质+氮化	860~880℃淬油，350~400℃回火，油冷	≥1400	≥1100	≥5	≥25	—	≥415
	≤30	纵向，中心		880~900℃淬油，630~660℃回火，水冷	≥900	≥750	≥10	≥50	≥900	表面>700HV 心部≤320
50CrVA	16~40	纵向，中心	调质	820~840℃淬水或830~860℃淬油，670℃回火	1100~1300	—	≥10	≥40	—	—
	20	纵向，中心		880℃淬油，500℃回火	≥1350	≥1200	≥12	≥42	—	≥385
	25	纵向，中心		860℃淬油，500℃回火，水冷或油冷	≥1300	≥1150	≥10	≥40	—	—
	40	纵向，中心		880℃淬油，500℃回火	≥1200	≥1040	≥15	≥47	—	≥350
	40~100	纵向，$\frac{1}{3}$半径	调质	820~840℃淬水或830~860℃淬油，530~670℃回火	1000~1200	≥800	≥11	≥45	—	—
	60	纵向，中心		880℃淬油，500℃回火	≥1100	≥870	≥17	≥50	—	≥300
	100~250	纵向，$\frac{1}{3}$半径		820~840℃淬水或830~860℃淬油，530~670℃回火	800~1000	≥600	≥13	≥50	—	—

（续）

牌号	截面尺寸 φ/mm	取样部位	材料状态	热处理方法	R_m/MPa	R_{eL}/MPa	A_5(%)	Z(%)	a_K/(kJ/m²)	硬度 HBW
50CrVA	25	纵向，中心	淬火+中温回火	840~860℃淬油，370~420℃回火	≥1500	≥1300	≥12	≥40	—	42~48HRC
	35	纵向，中心		850~870℃淬油，460~480℃回火	≥1300	≥1100	≥10	≥45	≈300	40~45HRC
	10	纵向，中心	淬火+低温回火	850℃淬10%NaCl水溶液，200℃回火	1510	$R_{p0.2}$1310	12.2	57	≥1000	45HRC
	15	纵向，中心		第一次 880℃淬油，第二次 870℃淬油，200℃回火，水或空冷	≥1000	≥850	≥10	≥45	≥700	—
	70	纵向，中心		860~880℃淬油，200~220℃回火	1540~1610	1255~1330	12.7~15	58.5~59.8	840~925	401~440
	80				1560~1580	1310~1349	11.7~13.3	60.0~61.4	940~1090	415
	85				1390~1450	1180~1208	16.0~16.7	61.6~62.7	925~1110	375~388
	100				1280~1285		11.6~13.0	54.8~56.3	1100~1210	363
20CrMnTi	15	纵向，中心	渗碳+淬火+低温回火	930℃内渗碳，200℃回火，降温至 900℃淬油	1080	875	16.0	62.5	1410	329
				降温至 875℃淬油	1130	900	17.0	58.0	1330	338
				降温至 850℃淬油	1145	885	18.5	59.5	1550	337
				降温至 825℃淬油	1215	953 $R_{p0.2}$	14.5	58.0	1300	347
				降温至 800℃淬油	1150	890	14.0	47.0	1160	321
				降温至 775℃淬油	1030	755	12.0	36.0	740	283
	30	纵向，中心	渗碳+淬火+低温回火	900~920℃渗碳，第一次 900~920℃淬油，第二次 880~890℃淬油，200~220℃回火	≥1100	≥900	≥8	≥50	≥800	—
	≤80	纵向，中心		900~950℃渗碳，820~840℃淬油，180~200℃回火	≥1000	≥800	≥9	≥50	≥800	表面56~62HRC，心部240~300
	100	纵向，中心		900~950℃渗碳，820~840℃淬油，180~200℃回火	≥900	≥700	≥10	≥40	≥500	表面56~62HRC，心部30~45HRC

（续）

牌号	试样状态		材料状态	热处理方法		力学性能					
	截面尺寸 φ/mm	取样部位				R_m/MPa	R_eL/MPa	A_5(%)	Z(%)	a_K/(kJ/m²)	硬度 HBW
20CrMnTi	15	—	—	910℃伪渗碳 8h	840℃淬油，200℃回火	1270	1040	11	50	KU125.4J	—
					850℃淬油，200℃回火	1270	1040	12.4	52	KU117.6J	—
					870℃淬油，200℃回火	1290	1130	12	45	KU99.6J	—
				930℃伪渗碳 8h	840℃淬油，200℃回火	1240	1070	10	55	KU107.4J	—
					850℃淬油，200℃回火	1200	1010	11.2	55	KU98J	—
					870℃淬油，200℃回火	1350	1160	12	61	KU106.6J	—
				950℃伪渗碳 8h	840℃淬油，200℃回火	1310	1160	13	56	KU105.8J	—
					850℃淬油，200℃回火	1270	1060	11.6	59	KU80.8J	—
					870℃淬油，200℃回火	1420	1160	12.6	54	KU108.2J	—
				930℃伪渗碳 8h	930℃淬油，200℃回火	1120	875	15.3	54	KU87.8J	—
					900℃淬油，200℃回火	1060	860	16.0	62.5	KU110.5J	—
					875℃淬油，200℃回火	1110	880	17.0	58.0	KU104.3J	—
					850℃淬油，200℃回火	1120	865	17.0	59.3	KU121.5J	—
					825℃淬油，200℃回火	1190	935	14.3	58.0	KU101.9J	—
					800℃淬油，200℃回火	1130	870	14.0	46.8	KU90.9J	—
					775℃淬油，200℃回火	1010	740	11.8	35.8	KU58J	—

（续）

| 牌号 | 试样状态 | | 材料状态 | 热处理方法 | 力学性能 | | | | | |
	截面尺寸 d/mm	取样部位			R_{m}/MPa	R_{eL}/MPa	A_5(%)	Z(%)	α_{K}/(kJ/m²)	硬度 HBW
15CrMo	<25	纵向，中心	正火+高温回火	930~960℃空冷，680~730℃回火	≥450	≥240	≥21	≥50	≥600	—
	30	纵向，中心			≥450	≥230	≥20	≥45	≥500	—
	130	纵向，中心		900℃空冷，650℃回火，空冷	≥450	$R_{\mathrm{p0.2}}$≥300	≥22	≥60	≥1200	—
	30	纵向，中心		900℃空冷，700℃回火，空冷	500	$R_{\mathrm{p0.2}}$390	30	74	2080	154
	10	纵向，中心	淬火+低温回火	950℃淬10%NaOH水溶液，150℃回火	1420	1140	13	53	1360	43HRC
	22	纵向，中心	正火	890℃空冷	580~590	400~420	15	51	—	167~174
	50	纵向，$\frac{1}{2}$半径		870℃空冷	≥520	≥350	≥18	≥50	≥800	151~215
	15	纵向，中心	调质	880℃淬水或淬油，500℃回火，水或油冷	≥900	≥700	≥12	≥50	≥1000	—
	25	纵向，中心		860~900℃淬水或淬油，480~520℃回火	≥800	≥600	≥12	≥50	≥900	—
	≤32	纵向，中心		880℃淬水或淬油，600℃回火，空冷	≥700	≥550	≥16	≥50	≥800	200~240
	≤50	纵向，$\frac{1}{3}$半径			≥650	≥500	≥14	≥40	≥700	197~229
20CrMo	5	纵向，中心	淬火+低、中温回火	840℃淬油，160℃回火	≥1220	≥889	—	≥46	—	336
	10	纵向，中心		910℃淬10%NaOH水溶液，200℃回火	≥1085	≥765	≥12.8	≥48	≥900	308
	10	纵向，中心		840℃淬油，160℃回火	1500	1270	12.5	54	900	47HRC
	20	纵向，中心			≥875	≥521	≥19.6	≥51	≥940	≥241
	30	纵向，中心			≥790	≥442	≥21.2	≥55	≥940	≥217
	30	纵向，中心		870℃淬水或830℃淬油 {200℃回火	700~900	480~750	19~26	48~68	—	200~300
				300℃回火	700~900	480~750	18~26	50~69	—	200~270
				400℃回火	690~880	480~750	19~26	56~72	—	200~255

（续）

牌号	试样状态 截面尺寸 φ/mm	试样状态 取样部位	材料状态	热处理方法	淬火冷却介质	力学性能 R_m/MPa	R_{eL}/MPa	A_5(%)	Z(%)	a_K/(kJ/m²)	硬度 HBW
30CrMo	10	纵向，中心		880℃淬油，{500℃回火		1000~1180	830~950	≥23	60~63	1000~1350	—
	10			600℃回火}		820~950	650~750	≥30	68~74	1600~2100	—
	20	纵向，中心		850℃淬水，500℃回火，空冷		≥960	≥870	≥15	≥56	≥1800	—
	25	纵向，中心		880℃淬油，560℃回火		≥950	≥750	≥12	≥50	≥900	—
	25	纵向，中心		880℃淬水或淬油，540℃回火，水冷或油冷		≥950	≥800	≥12	≥50	≥800	—
	40	纵向，中心	调质	850℃淬水，500℃回火，空冷		900	800	19	60	1700	—
	40	纵向，表面				940	840	17	—	1750	—
	60	纵向，中心				870	770	20	63	1600	—
	60	纵向，表面				920	810	18	—	1700	—
	80	纵向，中心		850℃淬水，500℃回火，空冷		850	730	20	63	1450	—
	80	纵向，表面				910	800	18	—	1600	—
	100	纵向，中心				820	700	20	63	1350	—
	100	纵向，表面				900	790	17.5	—	1500	—
	100	纵向，$\frac{1}{3}$半径		860~880℃淬水或淬油，600~640℃回火，水冷或油冷		≥630	≥420	≥16	≥40	≥500	≥196
	100~300					≥600	≥400	≥15	≥45	≥450	≥196
30CrMoA	40	中心	—	880℃淬火，500℃回火	水	931	794	13	61	117.6	28HRC
	40				油	823	647	17	71	147	25HRC
	60				水	872	745	16	64	127.4	29HRC
	60				油	804	725	17	69	156.8	25HRC
	80	$\frac{1}{2}$半径			水	892	764	14	64	107.8	28HRC
	80				油	794	657	17	67	137.2	23HRC
	100				水	833	696	17	65	137.2	25HRC
	100				油	784	608	18	64	147	23HRC
	120				水	843	686	18	63	117.6	23HRC
	120				油	755	617	19	63	137.2	18HRC
	25	—	—	880℃淬油，560℃回火		990	862	13	57	107.8	—

（续）

牌号	试样状态 截面尺寸 φ/mm	取样部位	材料状态	热处理方法	力学性能 R_m/MPa	R_{eL}/MPa	A_5(%)	Z(%)	α_K /(kJ/m²)	硬度 HBW
30CrMo	120	纵向，中心	调质	850℃淬水，500℃回火，空冷	≥810	≥690	≥20	≥61	≥1300	—
	120	表面			≥900	≥780	≥17	≥63	≥1430	—
	140	纵向，中心			≥800	≥660	≥20	≥60	≥1300	—
	140	表面			≥900	≥770	≥17	≥63	≥1400	—
	160	纵向，中心			≥900	≥640	≥20	≥58	≥1250	—
	160	表面			≥890	≥750	≥17	≥63	≥1400	—
	180	纵向，中心			≥790	≥620	≥20	≥56	≥1600	—
	180	表面			≥880	≥730	≥16.5	≥63	≥1400	—
	200	纵向，中心			≥780	≥600	≥20	≥53	≥1200	—
	200	表面			≥880	≥620	≥16	≥63	≥1350	—
	500	纵向，中心	调质	880~900℃淬油，640℃回火	650	363	21.3	45	710	—
	500	横向，中心			619	336	19.3	44	720	—
	500	纵向，表面			600	504	24	63	900 ($\frac{1}{3}$半径)	—
	500	横向，表面			658	477	21.7	52	730 ($\frac{1}{3}$半径)	—
	10	纵向，中心	淬火＋低、中温回火	880℃淬油，{200℃回火 300℃回火 400℃回火}	1560~1780	1280~1400	≥10	43~47	600~1250	—
					1460~1640	1200~1300	≥7	45~56	500~650	—
					1280~1480	1030~1170	≥9	50~58	600~900	—
35CrMo	≤100	—	退火	860~880℃炉冷	550~650	300~350	18~22	45~55	—	156~187
	100~150	—	正火	860℃空冷	600~700	350~400	16~20	45~55	400~600	170~207

（续）

牌号	截面尺寸 φ/mm	试样状态 取样部位	材料状态	热处理方法	R_m/MPa	R_{eL}/MPa	A_5(%)	Z(%)	a_K/(kJ/m²)	硬度 HBW
35CrMo	25	纵向，中心	退火+调质	820℃炉冷，850℃淬油，500℃回火	1280	1160	11.5	43.5	670	397
	25	纵向，中心		820℃炉冷，850℃淬油，575℃回火	1095	975	18.5	55.0	1350	338
	25	纵向，中心		820℃炉冷，850℃淬油，650℃回火	835	685	23.0	67.0	2220	257
	50	纵向，中心		820℃炉冷，850℃淬油，500℃回火	1085	885	15.5	49.5	680	335
	50	纵向，中心		820℃炉冷，850℃淬油，575℃回火	980	790	17.5	54.0	1020	304
	50	纵向，中心		820℃炉冷，850℃淬油，650℃回火	800	620	26.0	63.5	1790	244
	100	纵向，中心		820℃炉冷，850℃淬油，500℃回火	925	705	18.5	52.0	620	289
	100	纵向，中心		820℃炉冷，850℃淬油，575℃回火	825	625	23.0	58.5	940	268
	100	纵向，中心		820℃炉冷，850℃淬油，650℃回火	750	575	23.0	64.5	1460	229
	100	纵向，$\frac{1}{2}$半径		820℃炉冷，850℃淬油，500℃回火	905	705	19.0	55.0	700	305
	100	纵向，$\frac{1}{2}$半径		820℃炉冷，850℃淬油，575℃回火	845	655	21.5	58.5	—	275
	100	纵向，$\frac{1}{2}$半径		820℃炉冷，850℃淬油，650℃回火	745	570	25.0	63.5	1580	232
	30	纵向，中心	正火+调质	880℃空冷，880℃淬水，550~560℃回火，空冷	≥980	≥900	≥12	≥50	≥800	≥285
	40	纵向，中心			≥970	≥870	≥12	≥59	≥1200	—
	50	纵向，中心			≥920	≥800	≥12	≥50	≥800	≥277
	60	纵向，中心			≥900	≥780	≥9	≥56	≥1100	—
	80	纵向，中心			≥840	≥690	≥12	≥54	≥1050	—
	120	纵向，中心		880℃空冷，880℃淬水，600~610℃回火，空冷	≥810	≥620	≥21	≥57	≥1100	—
	120	纵向，表面			≥880	≥680	—	—	—	—
	140	纵向，中心			≥770	≥560	≥19	≥58	≥1100	—
	140	纵向，表面			≥830	≥630	—	—	—	—
	160	纵向，中心			≥730	≥520	≥18	≥56	≥1050	—
	160	纵向，表面			≥790	≥590	—	—	—	—

（续）

牌号	截面尺寸 φ/mm	取样部位	材料状态	热处理方法	R_m/MPa	R_{eL}/MPa	A_5(%)	Z(%)	a_K/(kJ/m²)	硬度 HBW
35CrMo	180	纵向，中心	正火+调质	880℃空冷，880℃淬水，600~610℃回火，空冷	≥720	≥510	≥18	≥53	≥1000	—
	180	纵向，表面			≥770	≥570	—	—	—	—
	200	纵向，中心			≥710	≥500	≥18	≥52	≥900	—
	200	纵向，表面			≥750	≥550	—	—	—	—
	≤16	纵向，中心	调质	820~840℃淬水或830~850℃淬油，530~670℃回火	1000~1200	>800	>11	>45	—	—
	16~40	纵向，中心			900~1050	≥650	>12	>50	—	—
	25	纵向，中心		850℃淬油，{550℃回火，水冷或油冷 / 560℃回火，油冷}	≥1000	≥850	≥12	≥45	≥800	—
	25				940~1120	790~1030	11~18	45~65	~900	—
	30	纵向，中心		860℃淬油，620℃回火，水冷或油冷	≥950	≥750	≥10	≥40	≥600	—
	40	纵向，中心		840~860℃淬油，580~620℃回火，空冷	≥1000	≥850	≥12	≥50	≥800	—
	40~100	纵向，$\frac{1}{3}$半径		880℃淬油，570~620℃回火，空冷	800~950	≥550	≥14	>55	800~1000	286~321
	50~100	纵向，$\frac{1}{3}$半径		820~840℃淬水或830~850℃淬油，530~670℃回火	750~900	550~700	14~16	45~50	700~900	217~255
	80	纵向，中心		850~870℃淬油，600~640℃回火，水冷	≥880	≥700	≥12	≥45	≥600	269~302
	100	纵向，$\frac{1}{3}$半径		880℃淬油，570~620℃回火，空冷	≥800	≥600	≥14	≥45	≥600	241~277
	<100	纵向，$\frac{1}{3}$半径		850~870℃淬水或淬油，600~640℃回火，水冷或油冷	≥700	≥500	≥15	≥40	≥600	≥217
	100~240	纵向，$\frac{1}{3}$半径		850~870℃淬油，580~650℃回火，炉冷或空冷	≥750	≥550	≥15	≥45	≥600	207~269
	100~300	纵向，$\frac{1}{3}$半径		820~840℃淬水或830~850℃淬油，530~670℃回火	700~850	>450	>15	>60	—	—
	120	纵向，中心		850~870℃淬油，580~650℃回火，炉冷或空冷	≥800	≥650	≥15	≥45	≥500	207~269
	240	纵向，中心		840~860℃淬油，580~620℃回火，空冷	≥700	≥500	≥15	≥45	≥600	—

（续）

牌号	试样状态 截面尺寸 φ/mm	取样部位	材料状态	热处理方法	R_m/MPa	R_{eL}/MPa	A_5(%)	Z(%)	a_K/(kJ/m²)	硬度 HBW
35CrMo	275	纵向，中心	调质	850~860℃淬油，580~590℃回火	850	670	20.0	55.0	700	—
		横向，中心			900	800	10.0	35.0	380	—
		纵向，$\frac{1}{3}$半径			850	660	19.0	60.0	900	—
		横向，$\frac{1}{3}$半径			890	750	11.0	45.0	400	—
		纵向，表面			850	650	19.0	60.0	1000	—
		横向，表面			890	750	12.0	48.0	500	—
	300~500	纵向，$\frac{1}{3}$半径		850~870℃淬油，580~650℃回火，炉冷或空冷	≥650	≥450	≥15	≥35	≥400	207~269
	475	纵向，$\frac{1}{3}$半径		850~860℃淬油，580~590℃回火	820	650	19.0	57.0	800	—
		横向，$\frac{1}{3}$半径			850	700	11.0	42.0	380	—
	500	纵向，中心		850~860℃淬油，{580~600℃回火, 580~600℃回火, 650~660℃回火}	—	≥700	≥12	≥40	≥500	—
		横向，中心			—	≥700	≥10	≥30	≥350	—
		纵向，中心			—	≥600	≥15	≥40	≥600	—
	500~800	纵向，$\frac{1}{3}$半径		850~870℃淬油，580~650℃回火，炉冷或空冷	≥600	≥400	≥12	≥30	≥300	207~269
	700	纵向，中心		850~860℃淬油，{580~600℃回火, 580~600℃回火, 650~660℃回火}	—	≥650	≥12	≥30	≥300	207~269
		横向，中心			—	≥650	≥10	≥30	≥300	—
		纵向，中心			—	≥600	≥14	≥40	≥500	—
42CrMo	≤50	纵向，中心	淬火+低温回火	860℃淬油，200~220℃回火	≥1400	≥1180	≥9	≥40	—	45~53HRC
	25.4	—	退火		670	420	26	57	—	197
	12.7	—	正火	850~880℃空冷	1040	690	18	48	—	302
	25.4	—			1040	670	18	47	—	302
	50.8	—			990	650	16	48	—	285
	101.6	—			820	490	22	57	—	241

（续）

牌号	截面尺寸 φ/mm	取样部位	材料状态	热处理方法	R_m/MPa	R_{eL}/MPa	A_5(%)	Z(%)	a_K/(kJ/m²)	硬度 HBW
42CrMo	12.7	纵向，中心	调质	833℃淬油，530℃回火	1200	1130	15	56	—	341
	12.7	纵向，中心	调质	833℃淬油，593℃回火	1100	1050	18	59	—	321
	12.7	纵向，中心	调质	833℃淬油，649℃回火	960	910	20	62	—	277
	≤6	纵向，中心	调质	830~850℃淬油，530~670℃回火	1100~1300	>900	≥10	≥40	500~700	—
	16~40	纵向，中心	调质	830~850℃淬油，530~670℃回火	1000~1200	>800	≥11	≥45	500~700	—
	25	纵向，中心	—	850℃淬油，580℃回火，水冷或油冷	≥1100	≥950	≥12	≥45	≥800	—
	25.4	纵向，中心	—	850℃淬油，538℃回火	1100	1010	15	57	—	311
	25.4	纵向，中心	—	850℃淬油，593℃回火	980	950	19	62	—	285
	25.4	纵向，中心	—	850℃淬油，649℃回火	940	860	21	65	—	269
	25	—	—	850℃淬油，560℃回火，水冷或油冷	≥1078	≥931	≥12	≥45	≥784	—
	54	$\frac{1}{2}$半径	—	850℃×22min 淬油，540℃×90min 回火，水冷	747	563	23.3	68.8	1871.8	—
	54	中心	—		772	545	21.1	67.0	1852.2	—
	55	$\frac{1}{2}$半径	—	860℃×60min 淬油，540℃×90min 回火，水冷	790	625	20.7	62.8	1313.2	—
	55	中心	—		750	587	19.4	62.8	1372.0	—
	60	中心	—	900℃淬油，600℃回火，油冷	887	—	24	62.0	1058.4（横向冲击值637）	—
	25		宝钢集团上海五钢有限公司 热轧棒材	850℃淬油，580℃回火	1047	1134	16	62.0	1280	341
	120									

（续）

牌号	试样状态		材料状态	热处理方法	力学性能					
	截面尺寸 ϕ/mm	取样部位			R_m/MPa	R_{eL}/MPa	A_5(%)	Z(%)	a_K/(kJ/m²)	硬度 HBW
42CrMo	40~100	纵向，$\frac{1}{3}$半径		830~850℃淬油，530~670℃回火	900~1050	>700	≥12	≥50	500~700	—
	50.8	纵向，中心	调质	833℃淬油，538℃回火	980	820	17	60	—	285
	50.8			833℃淬油，593℃回火	890	720	22	65	—	262
	50.8			833℃淬油，649℃回火	850	690	23	66	—	241
	65	—		840~860℃淬油，600℃回火	≥950	≥700	≥15	≥56	—	225~259
	101.6	—		830℃淬油，538℃回火	900	700	19	60	—	277
	101.6			830℃淬油，593℃回火	820	610	21	62	—	235
	101.6			830℃淬油，649℃回火	790	580	23	65	—	229
	100~250	纵向，$\frac{1}{3}$半径		830~850℃淬油，530~670℃回火	750~900	>550	≥14	≥55	500~800	—
	250~300	纵向，$\frac{1}{3}$半径		850~860℃淬油，580~600℃回火，炉冷空冷	750	570	11	40	500	207~269
	300~500	纵向，$\frac{1}{3}$半径		850~860℃淬油，580~600℃回火，炉冷空冷	650	500	11	35	400	207~269
	300~500	纵向，$\frac{1}{3}$半径		850~860℃淬油，580~600℃回火，炉冷空冷	600	450	10	30	400	207~269
	≤80	纵向，$\frac{1}{3}$半径	调质	840~860℃淬油，550~650℃回火，空冷	≥700	≥550	≥15	≥55	≥1000	223~269
20CrMnMo	15	纵向，中心	淬火+低温回火	850℃淬油，200℃回火，水冷或空冷	≥1200	≥900	≥10	≥45	≥700	—
	30	纵向，中心	渗碳+淬火+低温回火	880~900℃渗碳，第一次830~850℃淬油，第二次780~800℃淬油，180~200℃回火，空冷	≥1100	≥800	≥7	≥40	≥400	表面56~62HRC，心部28~33HRC
	≤100				≥850	≥500	≥15	≥40	≥400	表面56~62HRC，心部28~33HRC

（续）

牌号	截面尺寸 φ/mm	取样部位	材料状态	热处理方法	R_m/MPa	R_{eL}/MPa	A_5(%)	Z(%)	α_K/(kJ/m²)	硬度 HBW
20CrMnMo	15	—	—	850℃淬油，200℃回火，空冷或水冷	≥1180	≥880	≥10	≥45	≥549	≤217
				900℃×20min 正火，600℃×60min 回火，空冷	615	—	17	72.5	855	285
				860℃淬油，190℃回火，空冷	1340	1080	13.0	59.0	980	—
				940℃伪渗碳 8h，降温到 860℃淬油，200℃×120min 回火，空冷	1080	795	8.8	26.5	690	—
	65		贵阳钢厂生产的热轧棒材	860℃碳氮共渗，油冷，190℃回火，空冷	968	—	0.33	—	458	60HRC
		—		860℃×15min，淬柴油，200℃×3h 回火，空冷	1448	1268	12	57	780	—
40CrMnMo	≤16	纵向，中心	渗碳+高温回火	880~900℃渗碳，650℃回火，空冷	≥1100	≥900	≥10	≥45	≥800	表面58HRC
	≤150	纵向，$\frac{1}{3}$半径	淬火+低温回火	850℃淬油，200℃回火，空冷	≥900	≥700	≥10	≥40	≥500	表面56HRC
	60	纵向，中心	正火	850℃空冷	1115	935	12	36.0	310	329
	60	纵向，中心	正火+高温回火	850℃空冷，600℃回火	875	695	17.5	54.0	780	255
	25	纵向，中心	调质	850℃淬油，600℃回火，水冷或油冷	≥1000	≥800	≥10	≥45	≥800	—
	60	纵向，中心	调质	860~880℃淬油，500℃回火，空冷	≥1220	≥1100 ($R_{p0.2}$)	≥12	≥47	—	≥320
				860~880℃淬油，550℃回火，空冷	≥1100	≥980 ($R_{p0.2}$)	≥13	≥52	≥1100	≥292
				860~880℃淬油，600℃回火，空冷	≥1100	≥870 ($R_{p0.2}$)	≥15	≥58	≥1400	≥284
				860~880℃淬油，650℃回火，空冷	≥930	≥800 ($R_{p0.2}$)	≥18	≥62	≥1700	
	150	纵向，$\frac{1}{3}$半径		850~870℃淬油，580~590℃炉冷	973	≥773	≥14.8	≥56.4	≥850	288
	300				827	≥668	≥16.8	≥52.2	—	255
	400				801	≥542	≥16.8	≥43.7	≥500	249
	500				763	≥494	≥14.0	≥46.2	≥430	213

（续）

牌号	截面尺寸 ϕ/mm	取样部位	材料状态	热处理方法	R_m/MPa	R_{eL}/MPa	A_5(%)	Z(%)	a_K/(kJ/m²)	硬度 HBW
40CrMnMo	T 300	纵向，中心	正火+调质	870~880℃空冷，860~880℃淬油，580~590℃回火，炉冷	≥790	≥530	≥15	≥60	≥700	210
		纵向，$\frac{1}{2}$半径			≥820	≥670	≥16	≥52	≥650	265
		纵向，$\frac{1}{3}$半径			≥870	≥690	≥15	≥51	≥650	275
		纵向，表面			≥900	≥700	≥15	≥52	≥650	280
	400	纵向，中心		870~880℃空冷，860~880℃淬油，580~590℃回火，炉冷	≥700	≥450	≥19	≥45	≥650	≥220
		纵向，$\frac{1}{2}$半径			≥780	≥550	≥15	≥42	≥550	≥245
		纵向，$\frac{1}{3}$半径			≥830	≥620	≥14.5	≥45	≥500	≥270
		纵向，表面			≥1000	≥800	≥13	≥40	≥500	≥280
	540	纵向，中心		870~880℃空冷，860~880℃淬油，580~590℃回火，炉冷	≥610	≥500	≥14.5	≥43	≥800	≥210
		纵向，$\frac{1}{2}$半径			≥670	≥570	≥14.5	≥47	≥500	≥230
		纵向，$\frac{1}{3}$半径			≥830	≥680	≥15	≥47	≥600	≥255
		纵向，表面			≥900	≥700	≥17	≥50	≥650	≥270
	60	纵向，中心	淬火+中温回火	860~880℃淬油，{400℃回火，空冷 ; 450℃回火，空冷}	≥1470 / ≥1370	$R_{p0.2}$≥1200	≥11	≥35	—	—
	25	—	—	850℃淬油，600℃回火，水冷或油冷	≥980	≥784	≥10	≥45	≥784	—
	60	—	—	850℃正火	1095	916	12	36.0	304	—
	60	—	—	850℃正火，600℃回火	857	681	17.5	54.0	764	—
25Cr2MoVA	15	纵向，中心	调质	900℃淬油，620℃回火，空冷	1100	$R_{p0.2}$ 1170	10	61	920	—
	25	纵向，中心		930~950℃淬油，620~650℃回火，空冷	≥950	≥800	≥14	≥55	≥800	≤247
	25	纵向，中心			700~850	650~800	≥16	≥55	≥1500	223~255

（续）

牌号	截面尺寸 ϕ/mm	取样部位	材料状态	热处理方法	R_m/MPa	R_{eL}/MPa	A_5(%)	Z(%)	a_K/(kJ/m²)	硬度 HBW
25Cr2MoVA	150	纵向，$\frac{1}{3}$半径	调质	930~950℃淬油，620~680℃回火，空冷	≥850	≥750	≥15	≥50	≥600	269~321
	150	切向			≥800	≥700	≥11	≥40	≥450	—
	≤200	径向			≥760	≥670	≥9.7	≥32	≥360	—
	≤200	纵向，$\frac{1}{3}$半径			≥750	≥600	≥16	≥50	≥600	241~277
	≤200	切向			≥710	≥570	≥12	≥40	≥450	—
	≤200	径向			≥670	≥540	≥7.8	≥26	≥360	—
38CrMoAl	100	纵向，中心	退火	930~950℃炉冷	980	870	19	—	—	≤229
	20	纵向，中心	调质	940℃淬水，650℃回火	≥980	≥820	≥18	≥59	—	—
	30	纵向，中心		930~950℃淬油，620~670℃回火，水冷	≥1000	≥850	≥15	≥50	≥900	—
	40	纵向，中心		940℃淬水，650℃回火	≥960	≥800	≥18	≥58	—	—
	<60	纵向，中心		940℃淬油，600~610℃回火	1030~1140	910~1010	15~18	56~64	1000~1300	—
	>60	纵向，$\frac{1}{3}$半径			950~1140	830~1040	12~18	51~64	~900	—
	60~100	纵向，$\frac{1}{3}$半径		940℃淬油，640℃回火，水冷或油冷	≥850	≥650	≥13	≥40	≥600	248~277
	80	纵向，中心		940℃淬水，650℃回火	≥940	≥750	≥16	≥56	—	—
	100	纵向，中心			≥940	≥720	≥16	≥54	—	—
	120	纵向，中心			≥930	≥700	≥15	≥52	—	—
	160	纵向，$\frac{1}{3}$半径		930~950℃淬油，580~640℃回火，空冷	≥780	≥600	≥14	≥45	≥600	241~285
20CrNi	<15	纵向，中心	调质	840~870℃淬水或淬油，630~650℃回火，炉冷或空冷	1300~1550	≥900	≥6	≥30	—	380~455
	15~40				1200~1450	≥800	≥7	≥35	≥500	355~425
	25	纵向，中心		850℃淬水或淬油，460℃回火，水冷或油冷	≥800	≥600	≥10	≥50	≥800	—
	25	纵向，中心		840℃淬水或淬油，500℃回火，水冷或油冷	≥800	≥600	≥10	≥45	≥800	126~197

（续）

牌号	截面尺寸 φ/mm	取样部位	材料状态	热处理方法	R_m/MPa	R_{eL}/MPa	A_5(%)	Z(%)	a_K /(kJ/m²)	硬度 HBW
20CrNi	38	纵向，$\frac{1}{2}$半径	调质	855~885℃淬水，540℃回火	≥760	≥580	A_4≥12	≥70	—	≥212
				855~885℃淬水，650℃回火	≥640	≥480	A_4≥24	≥78	—	≥174
				855~885℃淬油，540℃回火	≥690	≥480	A_4≥24	≥71	—	≥201
				855~885℃淬油，650℃回火	≥570	≥370	A_4≥30	≥75	—	≥170
	40~100	纵向，$\frac{1}{3}$半径	调质	840~870℃淬水或淬油，630~650℃回火，炉冷或空冷	1100~1350	≥750	≥8	≥40	—	325~395
	38	纵向，$\frac{1}{2}$半径	淬火+中温回火	855~885℃淬水，425℃回火	≥1000	≥820	A_4≥6	≥60	—	≥269
				855~885℃淬油，425℃回火	≥860	≥660	A_4≥17	≥64	—	≥241
	15	纵向，中心	渗碳+淬火、回火	900~930℃渗碳，第二次760~810℃淬水或淬油，180℃回火	≥800	≥650	≥14	≥55	≥1000	表面58~62HRC，心部23~32HRC
	30	纵向，中心		900~920℃渗碳，第二次840~860℃淬水或淬油，490~510℃回火	≥800	≥600	≥10	≥50	≥800	—
40CrNi	25	纵向，中心	正火	880℃空冷	758	513	22.4	66.0	1290	—
	<100	纵向，$\frac{1}{3}$半径	退火	820~850℃炉冷	≥680	≥360	≥20	≥40	≥450	≤207
	100~300				≥650	≥340	≥18	≥40	≥400	≤207
	500~700				≥620	≥320	≥16	≥35	≥350	≤187
	25	纵向，中心	调质	820℃淬油，500℃回火，水冷或油冷	≥1000	≥800	≥10	≥45	≥700	—
	25	纵向，中心	调质	830℃淬油，500℃回火，水冷或油冷	≥1180	≥1020	≥40	≥65	≥1000	—
				830℃淬油，550℃回火，油冷	≥1040	≥860	≥43	≥66	≥1100	—
				830℃淬油，600℃回火，油冷	≥950	≥750	≥47	≥66	≥1300	—
				830℃淬油，650℃回火，油冷	≥800	≥620	≥50	≥74	≥1800	—
				880℃淬油，650℃回火	800	700	21	68	1900	—

（续）

牌号	试样状态 截面尺寸 φ/mm	取样部位	材料状态	热处理方法	力学性能 R_m/MPa	R_{eL}/MPa	A_5(%)	Z(%)	a_K/(kJ/m²)	硬度 HBW
40CrNi	30	纵向，中心		820~840℃淬油，560~600℃回火，油冷	≥900	≥750	≥12	≥45	≥800	—
	≤40	纵向，中心			800~900	>600	>15	>50	—	—
	40~100	纵向，$\frac{1}{3}$半径		820~840℃淬油，580~630℃回火	750~850	>520	>16	>55	≈1000	—
	<100	纵向，$\frac{1}{3}$半径	调质	820~840℃淬油，550~600℃ 回火，水冷或油冷	≥850	≥600	≥10	≥40	≥600	表面 255
	100~300	纵向，$\frac{1}{3}$半径			≥800	≥580	≥9	≥38	≥500	表面 255
	120	纵向，中心		820~840℃淬油，550~600℃ 回火，油冷	≥850	≥650	≥10	≥40	≥600	—
	240				≥880	≥550	≥10	≥40	≥500	—
	300~500	纵向，$\frac{1}{3}$半径		820~840℃淬油，550~600℃ 回火，水冷或油冷	≥750	≥560	≥8	≥36	≥450	表面 255
	500~700				≥700	≥540	≥8	≥35	≥400	表面 255
	40	纵向，中心	正火+调质	870~925℃正火，790℃淬油，540~650℃回火	780~980	570~800	≥18	≥58	—	≥240
	60				780~950	530~770	≥20	≥56	—	≥220
	80				780~930	530~740	≥20	≥53	—	≥210
	100				780~920	530~720	≥19	≥51	—	≥200
	120				780~920	530~710	≥19	≥50	—	≥200
	25	纵向，中心	淬火+中，低温回火	830℃淬油，400℃回火	≥1440	≥1300	≥20	≥50	≥700	—
				450℃回火	≥1310	≥1100	≥30	≥58	≥800	—
	40	纵向，中心		820~840℃淬油，180~200℃回火	≥1500	≥1300	≥8	≥30	≥400	45~50HRC
	25	中心	调质前钢坯均经880℃	870℃保温2h，淬油，500℃保温4h，水冷	997	943	15.0	60.2	1264	—
	50	中心			980	951	16.4	60.5	1343	—
	70	中心			848	657	20.8	62.2	1401	—
	100	接近表面			838	605	22.2	63.0	1264	—
	100	中心			858	634	21.1	60.7	1372	—
	130	接近表面	正火	870℃保温4h，淬油，500℃保温4h，水冷	867	605	19.5	58.0	1205	—
	130	中心			853	593	19.6	60.0	1088	—
	130	横向			843	598	17.5	54.0	1029	—

（续）

牌号	试样状态 截面尺寸 φ/mm	试样状态 取样部位	材料状态	热处理方法	力学性能 R_m/MPa	R_{eL}/MPa	A_5(%)	Z(%)	a_K/(kJ/m²)	硬度 HBW
40CrNi	25	中心	调质前钢环均经880℃	870℃保温2h、淬水、500℃保温4h、水冷	1058	1024	15.8	61.0	1225	—
	50	中心			1009	951	14.8	59.0	1225	—
	70	中心	正火	870℃保温4h、淬水、500℃保温4h、水冷	98.0	81.0	18.2	57.5	119	—
	100	中心			95.0	75.0	17.6	55.0	108	—
	130	中心			91.0	74.0	16.0	37.0	95	—
		—		850℃淬油、600℃回火、水冷或油冷	≥980	≥833	≥12	≥55	≥980	≤269（退火态）
40CrNiMoA	25	心部	—	860℃淬油（φ25mm保温60min，φ60mm保温120min，φ90mm保温150min，φ120mm保温210min）、600℃回火、水冷	1140	1090	15.0	55.0	1128	—
	60	心部			848	686	19.0	60.5	1393	—
	90	接近表面			829	667	18.0	59.5	1520	—
	90	心部			839	706	18.0	59.0	1373	—
	120	接近表面			824	657	19.5	59.5	1471	—
	120	(1/2)R			814	662	19.0	60.5	1579	—
	120	心部			829	647	20.5	61.0	1461	—
45CrNiMoVA	22	—	φ22mm试样经过880℃正火和690℃高温回火，加工成试样（留有余量），再正式热处理	860℃淬油、250℃×180min回火、油冷	1985	1740	9.0	37.7	323	53HRC
				860℃淬油、300℃×180min回火、油冷	1855	1655	9.0	40.0	323	51.7HRC
				860℃淬油、350℃×120min回火、油冷	1855	1660	8.7	39.0	343	51.3HRC
				860℃淬油、380℃×120min回火、油冷	1815	1610	10.0	44.5	333	49.5HRC
				860℃淬油、410℃×120min回火、油冷	1635	1535	9.7	43.0	377	47.2HRC
				860℃淬油、430℃×120min回火、油冷	1590	1500	11.0	47.7	422	46.6HRC
				860℃淬油、460℃×120min回火、油冷	1535	1460	11.7	48.2	432	44.7HRC
				860℃淬油、490℃×120min回火、油冷	1475	1410	11.5	48.2	490	43.8HRC
				860℃淬油、520℃×120min回火、油冷	1425	1365	12.5	46.5	530	43.2HRC
				860℃淬油、550℃×120min回火、油冷	1390	1330	13.2	47.5	539	42.5HRC
				860℃淬油、580℃×120min回火、油冷	1355	1290	13.7	49.5	608	41.0HRC
	55	—	热处理毛坯尺寸 φ55mm×2190mm	大头 870℃×120min淬油、430℃×240min回火、空冷	1473	1380	12.0	47.6	490	45HRC
				中部	1450	1350	11.9	51.0	490	445HRC
				小头	1440	1350	12.4	47.9	520	44.0HRC

（续）

牌号	截面尺寸 φ/mm	取样部位	材料状态	热处理方法	R_m/MPa	R_{eL}/MPa	A_5(%)	Z(%)	a_K/(kJ/m²)	硬度 HBW
12CrNi2	38	纵向，$\frac{1}{2}$半径	正火+调质	880~940℃正火，815~870℃淬油，{540℃回火 700℃回火}	≥830	≥670	A_4≥26	≥62	—	≥248
					≥560	≥370	A_4≥30	≥70	—	≥174
	15	纵向，中心	淬火+低温回火	第一次 860℃ 淬油，第二次 780℃ 淬油，200℃回火	≥800	≥600	≥12	≥50	≥800	—
	25	纵向，中心		第一次 850~900℃淬油，第二次 740~790℃淬水或 780~830℃淬油，150~200℃回火，空冷	>800	>600	>17	>45	>900	235~341
	38	纵向，$\frac{1}{2}$半径	正火+淬火+中温回火	880~940℃正火，815~870℃淬油，425℃回火	≥1060	≥900	A_4≥20	≥54	—	≥341
	20	纵向，中心	渗碳+淬火+低温回火	900℃渗碳，800℃淬油，180℃回火，空冷	≥700	≥550	≥12	≥50	≥900	表面≥58HRC
	30	纵向，中心		900~920℃渗碳，第一次 860~870℃淬油，第二次 780~790℃淬油，180~200℃回火	≥800	≥600	≥12	≥50	≥800	表面≥58HRC
	60	纵向，$\frac{1}{3}$半径		900~920℃渗碳，760~780℃淬油，180~200℃回火	≥800	≥600	≥12	≥50	≥900	表面≥58HRC
	25		淬火	第一次 830℃淬油，第二次 770℃淬油	≥1060	≥880	$A_{3.5}$≥17	—	—	—
	50				≥1000	≥840	$A_{3.5}$≥19	—	—	—
	75	纵向，中心			≥950	≥670	$A_{3.5}$≥21	—	—	—
	100				≥920	≥620	$A_{3.5}$≥21	—	—	—
12CrNi3	15	纵向，中心	淬火+低温回火	第一次 860℃ 淬油，第二次 780℃淬油，200℃回火，水冷或油冷	≥590	≥700	≥11	≥50	≥900	—
	16	纵向，中心	淬火+低温回火	750℃淬油，150℃回火	≥800	—	≥16	≥60	≥1700	—
				850℃淬油，150℃回火	≥1150	—	≥10	≥64	≥1500	—
				950℃淬油，150℃回火	≥1100	—	≥13	≥64	≥1600	—
	25	纵向，中心	淬火+低温回火	第一次 830~880℃淬油，第二次 750~800℃淬油，150~200℃回火，空冷	>1000	>800	>12	>45	>800	285~388
	30	纵向，$\frac{1}{3}$半径	渗碳+淬火+低温回火	900℃渗碳，780℃淬油，180℃回火，空冷	≥950	≥700	≥10	≥50	≥1000	表面≥58HRC，心部255~302

（续）

牌号	截面尺寸 ϕ/mm	取样部位	材料状态	热处理方法	R_m/MPa	R_{eL}/MPa	A_5(%)	Z(%)	a_K /(kJ/m²)	硬度 HBW
	15	—		860℃、780℃两次淬油、200℃回火、水冷或空冷	≥931	≥686	≥11	≥50	KU ≥70.6J	—
	16	—		830℃、800℃两次淬油、180℃回火、空冷	1180 / 1200	790 / 830	13.0 / 15.5	63.0 / 61.5	KU 131.7J / 149J	—
				860℃、800℃两次淬油、180℃回火、空冷	1210 / 1190	870 / 860	14.5 / 14.0	61.5 / 63.5	KU 147.4J / 132.5J	—
				890℃、800℃两次淬油、180℃回火、空冷	1170 / 1200	805 / 880	17.0 / 16.0	65.5 / 62.0	KU 145J / 143.5J	—
12CrNi3	15		—	900℃正火、660℃回火、空冷，800℃淬油、200℃回火、空冷	1370	1260	12.0	60.0	KU82.3J	—
				800℃淬油、300℃回火、空冷	1260	1130	12.5	67.0	KU62.7J	—
				800℃淬油、400℃回火、空冷	1200	1070	13.5	68.0	KU70.6J	—
				800℃淬油、500℃回火、空冷	1010	920	18.0	70.0	KU94.1J	—
				800℃淬油、600℃回火、空冷	735	645	23.5	74.0	KU133.3J	—
	16		—	900℃正火、660℃回火、空冷，860℃、780℃淬油、180℃回火、空冷	1130 / 1190	770 / 825	15.0 / 15.0	64.0 / 63.0	KU124.7J / 139.6J	—
				200℃回火、空冷	1170 / 1200	820 / 865	15.0 / 15.0	65.5 / 65.5	KU154.4J / 138.8J	—
				230℃回火、空冷	1170 / 1200	815 / 870	14.0 / 15.0	61.5 / 66.0	KU145J / 152.9J	—
				260℃回火、空冷	1190 / 1210	855 / 885	16.0 / 14.0	66.0 / 65.5	KU137.2J / 139.6J	—

（续）

牌号	试样状态 截面尺寸 φ/mm	试样状态 取样部位	材料状态	热处理方法	力学性能 R_m/MPa	力学性能 R_{eL}/MPa	力学性能 A_5(%)	力学性能 Z(%)	力学性能 a_K/(kJ/m²)	硬度 HBW
12CrNi3	<40	纵向，$\frac{1}{3}$半径	渗碳+淬火+低温回火	900~920℃渗碳，780~800℃淬油，200℃回火，空冷	≥850	≥700	≥10	≥50	≥800	表面≥58HRC，心部≥241
	≥60	纵向，$\frac{1}{3}$半径	退火	880~900℃炉冷	≥650	≥350	≥20	≥65	≥1300	179~241
	25	纵向，中心	调质	830℃淬水或淬油，480℃回火，油冷或水冷	≥950	≥750	≥11	≥55	≥1000	—
				820℃淬水或淬油，480℃回火，水冷或油冷	≥1000	≥800	≥9	≥45	≥800	—
				820℃淬水或淬油，500℃回火，水冷或油冷	≥950	≥750	≥11	≥55	≥1000	—
	<60	纵向，$\frac{1}{3}$半径		820~840℃淬油，400~550℃回火，油冷	≥1000	≥800	≥9	≥55	≥900	293~387
	<60	纵向，$\frac{1}{3}$半径		820~840℃淬油，520~550℃回火，油冷	≥900	≥700	≥8	≥45	≥600	≥285
20CrNi3	60	纵向，$\frac{1}{3}$半径		820~850℃淬油，450℃回火	1240	1100	14	50	—	—
				820~850℃淬油，500℃回火	1050	940	18	58	—	—
				820~850℃淬油，550℃回火	920	800	20	63	—	—
				820~850℃淬油，600℃回火	830	670	22	67	—	—
				820~850℃淬油，650℃回火	770	530	24	67	—	—
	30	纵向，中心	正火+高温回火+调质	850℃正火，650℃回火，空冷，820℃淬油，500℃回火，空冷	≥1000	≥950	≥17	≥60	≥1150	≥380
	40				≥980	≥920	≥18	≥60	≥1150	≥375
	60				≥960	≥880	≥18.5	≥58	≥1000	≥360
	80				≥920	≥820	≥19	≥57	≥900	≥340
	20	—	—	900℃正火，820℃淬油，200℃回火，空冷	1220	1030	9.8	55.6	KU54.1J	—
				900℃正火，820℃淬油，500℃回火，空冷	920		17.5	65.6	KU76.8J	—
	25			800℃淬油，560℃回火，油冷	940	855	9.9	60.6	KU113.7J	—

（续）

牌号	截面尺寸 φ/mm	取样部位	材料状态	热处理方法	R_m/MPa	R_{eL}/MPa	A_5(%)	Z(%)	a_K/(kJ/m²)	硬度 HBW
20CrNi3	20	—	—	940℃伪渗碳 8h, 810℃淬油, 220℃回火	1520	1220	12.5	51.4	KU58.8J	—
				930℃渗碳 6h, 810℃淬油, 220℃回火	1810	1370	3.7		KU96J（无缺口）	渗层1.5mm, 表面58.3HRC
				930℃渗碳 8h, 810℃淬油, 220℃回火	1890	1520	4.5		KU55.9J（无缺口）	渗层1.74mm, 表面58HRC
	20		—	900℃正火, 820℃淬油, 200℃回火	1124	1030	9.8	56	680	—
				900℃正火, 820℃淬油, 500℃回火, 空冷	922	—	18	66	960	—
				940℃伪渗碳 8h, 810℃淬油, 220℃回火	1526	1226	13	52	740	—
20CrNi3A	20	—	棒材	820~840℃淬油或温水淬火, 400~500℃回火, 油冷或水冷	980	835	10	55	98	341~292
	锻件		锻件 477~502HBW	820~840℃淬水, 或 840~860℃淬油, 400~500℃回火, 油冷或水冷	980	835	10	55	98	341~292
20CrNi3	120	纵向, 中心	正火+高温回火+调质	850℃正火, 650℃回火, 空冷, 820℃淬水, 500℃回火, 空冷	≥880	≥780	≥17	≥61	≥1000	≥360
		纵向, $\frac{1}{2}$半径			≥940	≥810	—	—	—	≥370
		纵向, 表面			≥980	≥850	—	—	—	—
	140	纵向, 中心			≥850	≥730	≥14	≥58	≥800	≥360
		纵向, $\frac{1}{2}$半径			≥900	≥780	—	—	—	≥370
		纵向, 表面			≥960	≥810	—	—	—	—

（续）

牌号	试样状态 截面尺寸 φ/mm	试样状态 取样部位	材料状态	热处理方法	力学性能 R_m/MPa	R_{eL}/MPa	A_5(%)	Z(%)	a_K/(kJ/m²)	硬度 HBW
20CrNi3	160	纵向，中心	正火+高温回火+调质	850℃正火，650℃回火，空冷，820℃淬水，500℃回火，空冷	≥840	≥690	≥13	≥56	≥600	≥360
	160	纵向，$\frac{1}{2}$半径			≥890	≥750	—	—	—	≥370
		纵向，表面			≥940	≥800	—	—	—	—
	30	纵向，中心	渗碳+淬火+回火	900~920℃渗碳，第一次 860~870℃淬油，第二次 780~790℃淬油，490~510℃回火	≥950	≥750	≥11	≥55	≥1000	表面≥58HRC
				900~920℃渗碳，860~870℃淬油，190~210℃回火	≥1100	≥900	≥7	≥50	≥900	表面≥58HRC 心部 284~415
	15	纵向，$\frac{1}{2}$半径	正火+高温回火	860℃正火，600℃回火，空冷	≥650	≥500	≥18	≥55	≥800	≥197
30CrNi3	25	纵向，中心	调质	820℃淬油，$\begin{cases}500℃回火，水冷或油冷\\530℃回火，水冷或油冷\end{cases}$	≥1000	≥800	≥9	≥45	≥800	—
	25	纵向，中心		820~880℃淬油，550~650℃回火，急冷	≥850	≥700	≥18	≥50	≥1200	—
	30	纵向，中心		820~880℃淬油，560~580℃回火，油冷	≥950	≥850	≥15	≥50	≥1000	—
	25	—	—	820℃淬油，500℃回火，水冷或油冷	≥980	≥784	≥9	≥45	≥780	—
				840℃淬油，600℃×30min回火，油冷	897.3	814	20.0	68.0	1471	—
				840℃淬油，600℃×120min回火，油冷	882.6	784.6	22.5	66.0	1520	—
				840℃淬油，625℃×30min回火，油冷	882.6	794.4	21.0	67.5	1618	—
				840℃淬油，625℃×120min回火，油冷	872.8	725.7	24.0	65.0	1716	—
				840℃淬油，650℃×30min回火，油冷	843.4	686.5	22.5	65.0	1961	—
				840℃淬油，650℃×120min回火，油冷	823.8	706.1	23.0	65.0	1765	—
				840℃淬油，675℃×30min回火，油冷	853.2		24.0	66.0	1863	—
				840℃淬油，675℃×120min回火，油冷	804.2	598.2	24.0	67.5	1814	—

（续）

牌号	截面尺寸 φ/mm	取样部位	材料状态	热处理方法	R_m/MPa	R_{eL}/MPa	A_5(%)	Z(%)	a_K/(kJ/m²)	硬度 HBW
	25	试样取自 φ50 棒材		840℃淬油，650℃×120min 回火，油冷	808.1	673.7	23.8	67.2	1991	—
	25	试样取自 φ50 棒材		840℃淬油，675℃×120min 回火，油冷	802.2	619.8	25.9	68.0	1814	—
	<60	纵向，$\frac{1}{2}$半径	调质	820~840℃淬油，450~550℃回火，油冷	≥1000	≥900	≥10	≥55	≥1000	295~340
	<60	纵向，$\frac{1}{2}$半径	调质	820~840℃淬油，520~550℃淬火，油冷	≥900	≥700	≥8	≥45	≥600	≥255
	60	纵向，$\frac{1}{3}$半径	调质	820~850℃淬油，450℃回火	≥1100	≥960	≥13	≥50	—	325
	60	纵向，$\frac{1}{3}$半径	调质	820~850℃淬油，500℃回火	≥990	≥800	≥15	≥57	—	290
	60	纵向，$\frac{1}{3}$半径	调质	820~850℃淬油，550℃回火	≥880	≥680	≥17	≥62	—	260
	60	纵向，$\frac{1}{3}$半径	调质	820~850℃淬油，600℃回火	≥800	≥590	≥20	≥67	—	230
	60	纵向，$\frac{1}{3}$半径	调质	820~850℃淬油，650℃回火	≥720	≥520	≥22	≥70	—	210
	<100	纵向，$\frac{1}{3}$半径	调质	820~840℃淬油，620~650℃回火，油冷	≥800	≥570	≥16	≥50	≥700	≥241
	100~300	纵向，$\frac{1}{3}$半径	调质	820~840℃淬油，620~650℃回火，油冷	≥750	≥550	≥15	≥45	≥600	≥241
	120	纵向，中心		820~840℃淬油，560~580℃回火，油冷	≥950	≥850	≥15	≥50	≥1000	—
	240	纵向，中心		820~840℃淬油，560~580℃回火，油冷	≥800	≥650	≥14	≥45	≥800	—
30CrNi3	20	纵向，中心	退火+调质	840℃退火，炉冷，820℃淬油，空冷，580~600℃回火，油冷	≥850	≥750	≥20	≥66	≥1500	≥380
	20	纵向，中心			≥930	≥830	≥20	≥64	≥1500	≥370
	80	纵向，$\frac{1}{2}$半径			≥960	≥860	≥15	≥50	—	≥385
	40	纵向，中心			≥920	≥820	≥20	≥64	≥1500	≥370
	40	纵向，中心			≥910	≥810	≥20	≥63	≥1450	≥370
	50	纵向，$\frac{1}{2}$半径			≥940	≥820	≥15	≥50	≥1000	≥269
	60	纵向，中心			≥900	≥800	≥20	≥62	≥1400	≥365
	60	纵向，中心			≥890	≥770	≥20	≥61	≥1400	≥360
	70	纵向，中心			≥870	≥750	≥20	≥60	≥1300	≥360
	80	纵向，$\frac{1}{2}$半径			≥800	≥760	≥15	≥50	≥1000	≥255

（续）

牌号	截面尺寸 φ/mm	取样部位	材料状态	热处理方法	R_m/MPa	R_{eL}/MPa	A_5(%)	Z(%)	a_K/(kJ/m²)	硬度 HBW
37CrNi3	25	纵向，中心	调质	820℃淬油，500℃回火，水冷或油冷	≥1150	≥1000	≥10	≥5	≥600	351~418
	30	纵向，中心	调质	800~820℃淬油，580~600℃回火，油冷或空冷	≥1000	≥900	≥12	≥50	≥800	—
	120	纵向，中心			≥950	≥850	≥12	≥50	≥700	—
	240	纵向，中心			≥900	≥750	≥10	≥45	≥600	—
	40	纵向，中心	正火+调质	890~900℃空冷，790℃淬水或淬油，540℃回火	≥1020	≥950	≥18	52~58	—	270~300
	60				≥1000	≥880~910	≥17	50~56	—	265~290
	80				980~1000	820~870	≥17	50~55	—	260~280
	100				970~1000	800~840	≥17	50~54	—	255~280
	120				970~1000	780~840	≥17	51~54	—	250~280
	40	纵向，中心	退火	880~900℃炉冷	≥500	≥300	≥20	≥60	≥1400	187~255
	38	纵向，$\frac{1}{2}$半径	调质	815~845℃淬油，{500℃回火 / 650℃回火}	≥850	≥700	心部A_4=20	心部≥68	—	心部≥250
					≥730	≥650	心部A_4=30	心部≥70	—	心部≥175
	10	纵向，中心	淬火+低温回火	780℃淬油，180℃回火	≥1300	≥1050	≥10	≥61	≥1000	≥380
	20	纵向，中心			≥1250	≥1000	≥10	≥63	≥1100	≥375
	25	纵向，中心		第一次 880℃淬油，第二次 780℃淬油，200℃回火	≥1000	≥800	≥10	≥55	≥1000	—
12Cr2Ni4	30	纵向，中心	调质	780℃淬油，180℃回火	≥1220	≥950	≥10	≥65	≥1250	≥360
	38	纵向，$\frac{1}{2}$半径		815~845℃淬油，200℃回火	≥1300	≥1050	心部A_4=15	心部≥50	—	心部≥335
	40	纵向，中心		780℃淬油，180℃回火	≥1200	≥870	≥10	≥63	≥1300	≥350
	50				≥1150	≥800	≥11	≥62	≥1450	≥340
	60				≥1100	≥700	≥12	≥60	≥1600	≥325
	15	纵向，中心	渗碳+淬火+低温回火	900~920℃渗碳，第一次 860℃淬油，第二次 780℃淬油，200℃回火	≥1100	≥850	≥10	≥50	≥900	表面 ≥60HRC

（续）

牌号	试样状态		材料状态	热处理方法	力学性能					硬度 HBW
	截面尺寸 φ/mm	取样部位			R_m/MPa	R_{eL}/MPa	A_5(%)	Z(%)	α_K/(kJ/m²)	
12Cr2Ni4	30	纵向、中心	渗碳+高温回火+淬火+低温回火	900℃渗碳，650℃回火，空冷，780℃淬油，180℃回火，空冷	≥1200	≥1150	≥10	≥55	≥800	表面≥60HRC，心部302~388
	15	—	—	860℃、780℃两次淬油，200℃回火，水冷或空冷	≥1080	≥835	≥10	≥50	≥70.6	—
				880℃、780℃×40min淬油，200℃×60min回火，空冷	1040	820	11.5	57.7	117.6	—
				880℃、780℃×40min淬油，200℃×120min回火，空冷	1320	1100	12.8	61.7	91.7	—
	25	纵向、中心	渗碳+淬火+低温回火	900~920℃渗碳，第一次880℃淬油，780℃淬油，200℃回火，水冷或油冷	≥1200	≥1100	≥10	≥45	≥800	表面≥60HRC
	30	纵向、中心		900~920℃渗碳，第一次870~890℃淬油，第二次760~780℃淬油，180~200℃回火	≥1200	≥1100	≥9	≥45	≥800	表面≥60HRC，心部35~45HRC
20Cr2Ni4	15	—	—	880℃、780℃两次淬油，200℃回火，水冷或空冷	≥1180	≥1080	≥10	≥45	≥627	—
				退火后	645	410	26(A_{10})	71.3		—
				795℃淬油，150℃回火	1430	1005	9.2	54.1	564	39~40HRC
				940℃×10h伪渗碳，油冷，600℃回火6h，2次，800℃淬油，150℃回火	1340		14.7	44.3	925	—

（续）

牌号	试样状态 截面尺寸 φ/mm	取样部位	材料状态	热处理方法	力学性能 R_m/MPa	R_{eL}/MPa	A_5(%)	Z(%)	a_K/(kJ/m²)	硬度 HBW
20Cr2Ni4	80	—	—	950℃正火，650℃回火，空冷；800℃×165min淬油，150℃×3h回火，空冷	1260	1060	14.2	56.0	KU99.6J	—
				950℃正火，650℃回火，空冷；820~830℃×165min淬油，150℃回火3h，空冷	1330	1200	12.1	52.5	KU72.1J	—
20Cr2Ni4A	22	—	宝钢集团上海五钢有限公司 φ22棒材	880℃、780℃两次淬油，200℃回火	1483	1292	13	57	750	434
30CrMnSi	12.5	—	—	880℃淬油，500℃回火	1200	1145	16	57	800	345
	25				1150	1045	12	51	910	341
	50				985	805	15	51	840	280
	100				815	515	21	56	750	280
	100	—			940	680	19	66	1040	211
	12.5		—	880℃淬油，575℃回火	980	875	17	63	960	282
	25				960	815	17	56	1520	280
	50				865	645	19	60	1160	244
	100				795	485	22	60	880	232
	100	—			850	575	20	60	730	241
	12.5		—	880℃淬油，650℃回火	860	720	20	69	>1850	242
	25				845	690	20	63	>1880	245
	50				800	595	19	55	>1850	229
	100				735	425	25	66	1040	210

注：R_{eL} 栏括号内数值为 $R_{p0.2}$。

（续）

牌号	截面尺寸 φ/mm	取样部位	材料状态	热处理方法		R_m/MPa	R_{eL}/MPa	A_5(%)	Z(%)	α_K/(kJ/m²)	硬度 HBW
									力学性能		
30CrMnSiA	60	中心	材料成分(质量分数,%)：C0.29，Si1.0，Mn0.85，Cr0.90，Ni0.15，P0.016，S0.023		淬水	980.7	814	16	49	883	28HRC
					淬油	961.1	804.2	17	55	981	27HRC
	80	$\frac{1}{2}$半径			淬水	961.1	725.7	15	47	785	27HRC
					淬油	912.1	676.7	18	51	883	25HRC
	100	$\frac{1}{2}$半径			淬水	882.6	706.1	18	48	490	—
					淬油	843.4	559	21	58	785	27HRC
	120	$\frac{1}{2}$半径			淬水	872.8	608	17	54	588	27HRC
					淬油						
	40	中心	材料成分(质量分数,%)：C0.36，Si1.10，Mn0.90，Cr0.96，Ni0.16，P0.018，S0.016	870℃淬油或淬水，540℃回火	淬水	1088.6	961	14	46	490	33HRC
					淬油	1029.7	882.6	16	51	686	32HRC
	60	中心			淬水	1059.2	921.9	16	52	490	32HRC
					淬油	961.1	804.2	16	49	490	29HRC
	80	$\frac{1}{2}$半径			淬水	1029.7	872.8	15	45	490	31HRC
					淬油	980.7	823.8	16	47	588	30HRC
	100	$\frac{1}{2}$半径			淬水	1069	961.1	11	31	392	23HRC
					淬油	970.9	814	12	46	686	27HRC
	120	$\frac{1}{2}$半径			淬水	1029.7	902.2	13	36	392	32HRC
					淬油	970.9	755.1	15	47	392	27HRC

（续）

牌号	截面尺寸 ϕ/mm	取样部位	材料状态	热处理方法	R_m/MPa	R_{eL}/MPa	A_5(%)	Z(%)	a_K/(kJ/m²)	硬度 HBW
20MnTiB	25	纵向、中心	淬火+中、低温回火	860~880℃淬油，200℃回火	≥1480	—	A_{10}≥7.5	≥56	≥1000	≥47HRC
				860~880℃淬油，300℃回火	≥1430	—	A_{10}≥7	≥53	≥1000	≥47HRC
				860~880℃淬油，400℃回火	≥1300	—	A_{10}≥8	≥59	≥1000	≥42HRC
	25	纵向、中心	正火	880~900℃空冷	590	$R_{p0.2}$367	30	69	1600	—
	15	纵向、中心	正火+淬火+低温回火	900℃空冷，880℃淬油，200℃回火，水冷或油冷	≥1100	$R_{p0.2}$≥900	≥9	≥45	≥700	—
				925℃空冷，920℃淬油，200℃回火，空冷	1490	$R_{p0.2}$1120	10	50	900	—
				950℃空冷，890℃淬油，200℃回火	1510	$R_{p0.2}$1260	13.5	54	750	44HRC
20MnVB	15	纵向、中心	淬火+低温回火	860℃淬油，200℃回火，水冷或空冷	≥1100	≥900	≥10	≥45	≥700	—
	19	纵向、中心	低温回火	920℃淬油，210℃回火	1540	$R_{p0.2}$1380	10.5	46.5	—	—
	≤120	纵向、中心	渗碳+淬火+低温回火	900~950℃渗碳，810~830℃淬油，180~200℃回火	1530	—	11.5	45	1300	心部389
40MnB	100	纵向、中心 / 纵向、$\frac{1}{2}$半径	正火+调质	870℃空冷，850℃淬油，500℃回火	880	585	20.0	63.0	1320	254
				870℃空冷，850℃淬油，575℃回火	800	485	22.5	63.5	880	217
				870℃空冷，850℃淬油，650℃回火	700	410	26.5	65.5	1370	192
45MnB	19	纵向、中心	正火	870℃空冷	800	510	15	59	880	表面225
	25	纵向、中心	调质	840℃淬油，500℃回火，水冷或油冷	≥1050	≥850	≥9	≥40	≥500	—

注：本表数据系生产中积累的实验性资料，仅供参考。

表1-127 合金结构钢的高温力学性能

牌号	材料状态	项目	高温短时力学性能/MPa	蠕变强度/MPa	持久强度/MPa
12Cr1MoV	1000~1020℃正火，740℃回火	R_m	20℃ 535；480℃ 480；520℃ 455；560℃ 380；500℃ —	$\sigma_{1/10^5}$：480℃ 185；520℃ 125；560℃ 80；580℃ 60	$\sigma_{1/10^5}$：480℃ 195；560℃ 100；580℃ 80；600℃ 60
		$R_{p0.2}$	20℃ 370；480℃ 335；520℃ 325；560℃ 280；500℃ —		
38CrMoAl	900~934℃淬火，油冷，600℃回火，空冷	R_m	20℃ 815；200℃ 795；300℃ 825；400℃ 725；500℃ 460	$\sigma_{1/10^5}$：450℃ 195；500℃ 85；550℃ 15	$\sigma_{1/200}$：400℃ 590；450℃ 450；500℃ 255；550℃ 120
		$R_{p0.2}$	20℃ 655；200℃ 590；300℃ 565；400℃ 545；500℃ 420		
20CrMn	—	—	—	DVM蠕变强度：20℃ 735；400℃ 215；450℃ 80；500℃ 40	—
30CrMnSiA	880℃淬火，油冷，560℃回火	R_m	20℃ 1055；250℃ 1005；350℃ 975；400℃ 900；450℃ 775	$\sigma_{0.2/200}$：400℃ 160；450℃ 110；500℃ 55；550℃ 22	—
		$R_{p0.2}$	20℃ 945；250℃ 840；350℃ 815；400℃ 785；450℃ 700		
40Mn2	—	R_{eL}	20℃ 540；300℃ 410；350℃ 375；400℃ 325	$\sigma_{1/10^4}$：400℃ 165；450℃ 100；500℃ 6 $\sigma_{1/10^5}$：120；70；35 DVM蠕变强度：205；110；60	—
20MnV	退火状态（R_m 50~65MPa）	$R_{p0.02}$	20℃ 315；200℃ 265；250℃ 245；300℃ 225；350℃ 215	—	—
40MnB	—	R_m	250℃ 835；350℃ 750；450℃ 545；550℃ 400	—	—
		$R_{p0.02}$	250℃ 640；350℃ 560；450℃ 430；550℃ 175		
40Cr	820~840℃淬油，550℃回火（φ28~φ55mm）	R_m	20℃ 935；200℃ 890；300℃ 880；400℃ 685；500℃ 490	$\sigma_{1/10^4}$：425℃ 125	—
		$R_{p0.2}$	20℃ 790；200℃ 710；300℃ 680；400℃ 615；500℃ 390		
40Cr	820~840℃淬油，680℃回火（φ28~φ55mm）	R_m	20℃ 695；200℃ 640；400℃ 595；500℃ 420；600℃ 245	—	—
		$R_{p0.2}$	20℃ 570；200℃ 475；400℃ 425；500℃ 365；600℃ 210		

（续）

牌号	材料状态	项目	高温短时力学性能 / 蠕变强度 / 持久强度（温度℃ / MPa）
12CrMo	920℃正火，680~690℃回火，空冷（φ273mm×26mm管）	高温短时力学性能 R_m	20℃/445, 200℃/445, 400℃/450, 500℃/395, 600℃/305
		高温短时力学性能 $R_{p0.2}$	20℃/280, 200℃/250, 400℃/250, 500℃/235, 600℃/220
		蠕变强度 $\sigma_{1/10^4}$	480℃/215, 500℃/—, 540℃/—, 560℃/—
		蠕变强度 $\sigma_{1/10^5}$	480℃/145, 500℃/70, 540℃/35, 560℃/—
		持久强度 $\sigma_{tv/10^4}$	480℃/245, 510℃/155, 540℃/110, 550℃/—
		持久强度 $\sigma_{tv/10^5}$	480℃/200, 510℃/120, 540℃/70, 550℃/—
15CrMo	900~920℃正火，630~650℃回火	高温短时力学性能 R_m	20℃/530, 350℃/500, 400℃/495, 500℃/440, 600℃/305
		高温短时力学性能 $R_{p0.2}$	20℃/345, 350℃/250, 400℃/245, 500℃/265, 600℃/240
	钢管	高温短时力学性能 $R_{p0.2}$（计算用）	250℃/225, 300℃/215, 400℃/195, 450℃/190
		蠕变强度 $\sigma_{1/10^4}$	450℃/195, 475℃/165, 520℃/135, 560℃/—
		蠕变强度 $\sigma_{1/10^5}$	450℃/145, 475℃/100, 520℃/55, 560℃/35
		持久强度 $\sigma_{tv/10^4}$	475℃/235, 500℃/175~195, 525℃/135, 550℃/80~100
		持久强度 $\sigma_{tv/10^5}$	475℃/185, 500℃/150, 525℃/110, 550℃/75
20CrMo	860~870℃淬火，油冷，690~700℃回火，炉冷（切向试样）	高温短时力学性能 R_m	20℃/565, 320℃/535, 420℃/530, 520℃/440, 570℃/400
		高温短时力学性能 $R_{p0.2}$	20℃/435, 320℃/425, 420℃/420, 520℃/365, 570℃/350
		蠕变强度 $\sigma_{1/10^4}$	420℃/—, 475℃/—, 520℃/130
		蠕变强度 $\sigma_{1/10^5}$	420℃/285, 475℃/135, 520℃/60
		持久强度 $\sigma_{tv/10^4}$	420℃/390, 470℃/295, 520℃/165
		持久强度 $\sigma_{tv/10^5}$	420℃/375, 470℃/255, 520℃/120~135
30CrMo	880℃淬油，600℃回火	高温短时力学性能 R_m	20℃/825, 200℃/800, 300℃/845, 400℃/745, 500℃/690
		高温短时力学性能 $R_{p0.2}$	20℃/735, 200℃/685, 300℃/690, 400℃/610, 500℃/580
	880℃正火	高温短时力学性能 R_m	20℃/750, 400℃/750, 450℃/660, 500℃/540
		高温短时力学性能 $R_{p0.2}$	20℃/465, 400℃/525, 450℃/505, 500℃/380
		蠕变强度 $\sigma_{1/10^4}$	425℃/—, 450℃/—, 500℃/140, 550℃/60
		蠕变强度 $\sigma_{1/10^5}$	425℃/135, 450℃/110, 500℃/70, 550℃/35
		持久强度 $\sigma_{tv/10^4}$	450℃/295, 500℃/185, 525℃/145, 550℃/110
		持久强度 $\sigma_{tv/10^5}$	450℃/225, 500℃/130, 525℃/105, 550℃/77
35CrMo	880℃淬火，油冷，650℃回火	高温短时力学性能 R_m	20℃/880, 200℃/880, 400℃/670, 450℃/545, 500℃/485
		高温短时力学性能 $R_{p0.2}$	20℃/770, 200℃/735, 400℃/575, 450℃/555, 500℃/485
		蠕变强度 $\sigma_{1/10^4}$	450℃/155, 500℃/85, 550℃/50
		蠕变强度 $\sigma_{1/10^5}$	450℃/105, 500℃/50, 550℃/25
		持久强度	—
12CrMoV	980~1000℃正火，740~760℃回火（φ275mm×29mm钢管）纵向	高温短时力学性能 R_m	20℃/490, 200℃/450, 400℃/430, 500℃/345, 600℃/215
		高温短时力学性能 $R_{p0.2}$	20℃/305, 200℃/255, 400℃/215, 500℃/205, 600℃/155
		蠕变强度 $\sigma_{1/10^4}$	480℃/225, 510℃/165, 540℃/120, 565℃/100
		蠕变强度 $\sigma_{1/10^5}$	480℃/175, 510℃/135, 540℃/90, 565℃/50
		持久强度 $\sigma_{tv/10^4}$	480℃/245, 510℃/185, 540℃/145, 565℃/110
		持久强度 $\sigma_{tv/10^5}$	480℃/195, 510℃/155, 540℃/120, 565℃/70
12Cr1MoV	1000~1020℃套筒正火，740~760℃回火（钢管）	高温短时力学性能 R_m	20℃/—, 480℃/415, 520℃/360~375, 560℃/300~310, 580℃/270~280
		蠕变强度 $\sigma_{1/10^5}$	480℃/—, 520℃/—, 560℃/—, 580℃/50~55
		持久强度 $\sigma_{tv/10^4}$	560℃/—, 580℃/85~100, 600℃/—
		持久强度 $\sigma_{tv/10^5}$	560℃/100, 580℃/70, 600℃/60~70

表 1-128　合金结构钢的物理性能

牌号	密度 ρ/ (g/cm^3)	弹性模量 E/GPa				切变模量 G/GPa				比热容 c/[J/(g·℃)]			
		20℃	100℃	300℃	500℃	20℃	100℃	300℃	500℃	20℃	200℃	400℃	600℃
20Mn2	7.85	210	—	185	175 (400℃)	—	—	—	—	0.586 (900℃)	0.620 (1100℃)	—	—
30Mn2	7.80	211	—	—	—	—	—	—	—	—	—	—	—
35Mn2	7.85	208	—	—	—	—	—	—	—	—	—	—	—
40Mn2	7.80	—	—	—	—	—	—	—	—	—	—	—	—
45Mn2	7.80	208	—	—	—	84.4	—	—	—	—	—	—	—
50Mn2	7.85	210	195 (200℃)	185	171	80	—	81.5	83.1	0.461	—	—	—
20MnV	7.85	210	185 (200℃)	175 (400℃)	165	81	—	—	—	—	—	—	—
35SiMn	7.85	214	211.5	205	189	84	83	81	73.5	0.461	—	—	—
15Cr	7.83	210	195 (200℃)	—	—	81	75 (200℃)	—	—	0.641	0.523	—	—
20Cr	7.83	207	—	—	—	—	—	—	—	—	—	—	—
30Cr	7.83	218.5	215	201 (200℃)	179.5	85	83	76	66	—	—	—	—
35Cr	7.85	210	195 (200℃)	185	175 (400℃)	81	75 (200℃)	71	67 (400℃)	0.461	—	—	—
40Cr	7.85	210	205	185	175 (400℃)	81	79	71	67 (400℃)	0.461	—	—	—
45Cr	7.82	210	—	210.2 (350℃)	210.9	81	—	79.45 (350℃)	80.15	0.461	—	—	—
50Cr	7.82	—	—	210.2 (350℃)	210.9	—	—	—	—	—	—	—	—
38CrSi	7.85	223	220	211	192.5	87	84	80	75	0.461	—	—	—
12CrMo	7.85	210.5	—	—	173.7 (450℃)	—	—	—	—	—	—	—	—
15CrMo	7.85	210	200	185	165	—	—	—	—	0.486	—	—	—
20CrMo	7.85	205	200	188 (200℃)	—	79	74	72 (200℃)	—	0.461	—	—	—
30CrMo	7.82	219.5	216	205	186	84	83	75.5	66	—	—	—	—
35CrMo	7.82	210	205	185	—	81	79	71	—	0.461	—	—	—
42CrMo	7.85	210	205	185	165	81	79	71	—	0.461	—	—	—
12CrMoV	7.80	210	—	—	—	—	—	—	—	—	—	—	—
35CrMoV	7.84	217	213	203.5	183.5	85.5	83.5	76	68	—	—	—	—
12Cr1MoV	7.80	—	—	—	—	—	—	—	—	—	—	—	—

（续）

热导率 λ /[W/(m·℃)]					线胀系数 α/10⁶℃⁻¹					20℃时的电阻率/(10⁻⁶Ω·m)
20℃	100℃	300℃	500℃	700℃	20~100℃	20~200℃	20~400℃	20~600℃	20~800℃	
—	46.06	42.29	37.26	30.98	—	12.1	13.5	14.1	—	
—	39.78	36.01	—	—	—	—	—	—	—	—
—	39.78	36.01	—	—	—	12.1	13.5	14.1	—	—
—	37.68 (200℃)	37.26	36.01 (400℃)	—	—	11.5 (≈100℃)	—	—	—	
—	44.38	41.03	35.17	—	11.3	12.7 (≈300℃)	14.7	—	—	
—	40.61	37.68	35.17	—	11.3	12.2	14.2 (~300℃)	15.4	—	
41.87	—	—	—	—	11.1	12.1	13.5 (~450℃)	14.1	—	
—	45.22 (200℃)	42.71	41.03 (400℃)	36.43 (600℃)	11.5	12.6	14.1	14.6	—	
43.96	41.87	39.78 (200℃)	—	—	11.3	11.6	13.2	14.2	—	0.16
—	—	—	—	—	11.3	11.6	13.2	14.2	—	
—	46.06	38.94	35.59 (400℃)	—	—	11.8~12.1	13.7	14.1	—	
43.12	—	—	—	—	11.0	12.5	13.5	—	—	0.19
41.87	40.19	33.49	31.82 (400℃)	—	11.0	12.5	13.5	—	—	0.19
—	—	—	—	—	12.8	13.0	13.8 (~300℃)	—	—	
—	—	—	—	—	12.8	—	13.8 (~300℃)	—	—	
—	36.84 (200℃)	35.59	34.75 (400℃)	33.49 (600℃)	11.7	12.7	14.0	14.8	—	
—	50.24	48.57 (400℃)	46.89	43.96	11.2	12.5	12.9	13.5	13.8 (≈700℃)	—
53.59	51.08	44.38	34.75	—	11.1	12.1	13.5	14.1	—	
43.96	41.87	39.78 (200℃)	—	—	11.0	12.0	—	—	—	0.16
—	35.59	32.66	30.98	—	12.3	12.5	13.9	14.6	—	
—	40.61	38.52	37.26 (400℃)	—	12.3	12.6	13.9	14.6	—	0.18
41.87	—	—	—	—	11.1	12.1	13.5	14.1	—	0.19
45.64	—	—	—	—	10.8	11.8	12.8	13.6	13.8 (≈700℃)	
—	41.87	41.03	40.61 (400℃)	—	11.8	12.5	13.0	13.7	14.0 (≈700℃)	
35.59	35.59	35.17	32.24	30.56 (600℃)	10.8	11.8	12.8	13.6	13.8 (≈700℃)	

（续）

牌号	密度 ρ/ (g/cm^3)	弹性模量 E/GPa				切变模量 G/GPa				比热容 c/[J/(g·℃)]			
		20℃	100℃	300℃	500℃	20℃	100℃	300℃	500℃	20℃	200℃	400℃	600℃
25Cr2MoVA	7.84	210	—	—	—	—	—	—	—	—	—	—	—
25Cr2Mo1VA	7.85	221	215	204	190	—	—	—	—	—	—	—	—
20Cr3MoWVA	7.85	210	—	185	165	—	—	—	—	0.628	—	—	—
38CrMoAl	7.72	203	—	—	—	—	—	—	—	—	—	—	—
20CrV	7.8	210	—	185	175	—	—	—	—	—	—	—	—
40CrV	7.85	210	195 (200℃)	185	175 (400℃)	81	75 (200℃)	71	67 (400℃)	—	—	—	—
50CrVA	7.85	210	195 (200℃)	185	175 (400℃)	83	—	—	—	0.461	—	—	—
15CrMn	7.85	210	188 (200℃)	—	—	81	72 (200℃)	—	—	0.461	—	—	—
20CrMn	7.85	210	188 (200℃)	—	—	81	72 (200℃)	—	—	0.461	—	—	—
30CrMnSi	7.75	215.8	212	203	—	—	—	—	—	0.473	0.582	0.699	0.841
20CrMnTi	7.8	—	—	—	—	—	—	—	—	—	—	—	—
40CrNi	7.82	—	—	—	—	—	—	—	—	—	—	—	—
45CrNi	7.82	—	—	—	—	—	—	—	—	—	—	—	—
50CrNi	7.82	—	—	—	—	—	—	—	—	—	—	—	—
12CrNi2	7.88	—	—	—	—	—	—	—	—	0.452 (58℃)	—	0.691 (490℃)	0.720 (920℃)
12CrNi3	7.88	204	—	—	—	—	—	—	—	—	—	0.657 (380℃)	0.645 (425℃)
30CrNi3	7.83	212	210	202	184	83	—	—	—	0.465 (34℃)	0.544 (204℃)	0.641 (512℃)	—
37CrNi	7.8	199	—	—	—	—	—	—	—	—	—	—	—
12Cr2Ni4	7.84	204	—	—	—	—	—	—	—	—	—	0.657 (380℃)	0.645 (425℃)
40CrNiMoA	7.85	204	—	—	—	—	—	—	—	0.419	—	—	—
18Cr2Ni4WA	7.94	204	—	168	142	86.36	—	—	—	0.486 (70℃)	0.515 (230℃)	0.775 (530℃)	0.721 (900℃)
25Cr2Ni4WA	7.9	200	—	—	—	—	—	—	—	0.465 (70℃)	—	0.754 (535℃)	0.825 (900℃)
20CrNi3	7.88	204	—	—	—	81.5	—	—	—	—	—	0.657 (380℃)	0.645 (425℃)

（续）

热导率 λ/[W/(m·℃)]					线胀系数 α/10⁶℃⁻¹					20℃时的电阻率/(10⁻⁶Ω·m)
20℃	100℃	300℃	500℃	700℃	20~100℃	20~200℃	20~400℃	20~600℃	20~800℃	
—	41.87	41.03	41.03	—	11.3	11.4~12.7	13.9	14~14.6	—	—
—	27.21	21.77	19.26	17.17(600℃)	12.5	12.9	13.7	14.7	—	—
38.52	35.59	31.40	29.73	28.89	—	—	12.3	13.8	—	0.34
—	—	—	—	—	12.3	13.1	13.5	13.8	—	—
39.78	—	—	—	—	12	12.5	13	13.7	—	—
—	52.34	45.22	41.87(400℃)	—	11	—	12.9(300℃)	14.5	—	—
46.06	—	—	—	—	11.3	12.4	12.9	17.35	—	0.19
41.87	39.78	37.68(200℃)	—	—	11	12	—	—	—	0.16
41.87	39.78	37.68(200℃)	—	—	11	12	—	—	—	0.16
27.63	29.31	30.56	29.52	27.21	11	11.72	13.62	14.22	13.43	0.21
—	—	—	—	—	—	11.7	13.7	14.4	14.5(≈700℃)	—
46.06	44.80	41.03	39.36(400℃)	—	11.9	13.4	14.1	14.9	15.1(≈700℃)	—
—	44.80	41.03	39.36(400℃)	—	11.8	12.3	13.4	14.0	—	—
—	—	—	—	—	11.8	12.3	13.4	14.0	—	—
21.77(35℃)	23.87(125℃)	30.15(230℃)	30.98(480℃)	25.54(760℃)	12.6	13.8	14.8	14.3	—	—
30.98(60℃)	—	—	25.54(500℃)	21.35(750℃)	11.8	13.0	14.7	15.6	—	—
—	37.68(200℃)	36.01(300℃)	34.75(400℃)	32.66(600℃)	11.6	13.2	13.4	13.5	—	—
34.33	—	—	—	—	11.8	—	12.8(≈300℃)	—	—	—
30.98(60℃)	—	—	25.54	20.93(750℃)	11.8	13.0	14.7	15.6	—	—
—	46.06	41.87	37.68	—	—	11.4	14.0	14.7	15.0(≈700℃)	—
23.86(70℃)	25.12(230℃)	—	28.05(530℃)	24.28(900℃)	14.5	14.5	14.3	14.2	—	—
27.21(40℃)	—	25.96(200℃)	25.54	23.03(950℃)	10.7	13.1	14.6	13.2	—	—
30.98(60℃)	—	—	25.54	21.35(750℃)	11.8	13.0	14.7	15.6	—	—

表1-129 合金结构钢的热处理规范

牌号	Ac1/Ar1 (临界温度/℃)	Ac3/Ar3	Ms	Mf	加热 (热加工温度/℃)	始锻	终锻	退火温度/℃	退火冷却方式	退火硬度HBW	正火温度/℃	正火冷却方式	正火硬度HBW	高温回火温度/℃	高温回火硬度HBW	渗碳温度/℃	一次淬火温度/℃	二次淬火温度/℃	降温淬火温度/℃	渗碳冷却介质	渗碳回火温度/℃	渗碳硬度HRC	淬火温度/℃	淬火冷却介质	淬火硬度HRC	150℃	200℃	300℃	400℃	500℃	550℃	600℃	650℃
20Mn2	725/610	840/740	400	—	1200~1240	1180~1200	≥850	850~880	炉冷	≤187	870~900	空冷	—	670~700	≤187	910~930	850~870	770~800	770~800	水或油	150~175	54~59	860~880	水	>40	—	—	—	—	—	—	—	—
30Mn2	718/627	804/727	—	—	1200~1220	1160~1200	>800	830~860	炉冷	≤207	840~880	空冷	—	680~720	≤207	—	—	—	—	—	—	—	820~850	油	≥49	48	47	45	36	26	24	18	11
35Mn2	713/630	793/710	—	—	≤1200	1160	>800	830~880	炉冷	≤207	840~880	空冷	≤241	680~720	≤207	—	—	—	—	—	—	—	820~850	油	≥57	57	56	48	38	34	23	17	15
40Mn2	713/627	766/704	340	—	1200~1220	1180~1200	≥800	820~850	炉冷	≤217	830~870	空冷	—	670~700	≤217	—	—	—	—	—	—	—	810~850	油	≥58	58	56	48	41	33	29	25	23
45Mn2	715/640	770/704	320	—	1200~1220	1180~1200	≥800	810~840	炉冷	≤217	820~860	空冷	187~241	680~720	≤217	—	—	—	—	—	—	—	810~840	油	≥58	58	56	48	43	35	31	27	19
50Mn2	710/596	720/680	—	—	1200	1180~1200	>800	810~840	炉冷	≤229	820~860	空冷	206~241	670~710	≤229	—	—	—	—	—	—	—	810~840	油	≥58	58	56	49	44	35	31	27	20
20MnV	715/630	825/750	—	—	1200	1100~1200	≥850	800~830	炉冷	≤187	880~900	空冷	≤207	650~700	≤187	930	880	—	—	油	180~200	56~60	880	油	—	—	—	—	—	—	—	—	—
27SiMn	750/—	880/750	355	—	—	1200	800	850~870	炉冷	≤217	930~950	空冷	≤229	680~710	≤217	—	—	—	—	—	—	—	900~920	油	≥52	52	50	45	42	33	28	24	20

（续）

牌号	临界温度/℃ Ac1	Ac3	Ar1	Ar3	Ms	Mf	热加工温度/℃ 加热	始锻	终锻	退火 温度/℃	冷却方式	硬度HBW	正火 温度/℃	冷却方式	硬度HBW	高温回火 温度/℃	硬度HBW	渗碳热处理 渗碳温度/℃	一次淬火温度/℃	二次淬火温度/℃	降温淬火温度/℃	冷却介质	回火温度/℃	硬度HRC	淬火 温度/℃	淬火冷却介质	硬度HRC	回火 各种不同温度回火后的硬度值HRC 150℃	200℃	300℃	400℃	500℃	550℃	600℃	650℃
35SiMn	750	830	645	—	330	—	1220	1200	>850	850~870	炉冷	≤229	880~920	空冷	—	680~720	≤229	—	—	—	—	—	—	—	880~900	油	≥55	55	53	49	40	31	27	23	20
42SiMn	765	820	645	—	—	—	1180	1150	≥800	850~870	炉冷	≤229	860~890	空冷	≤244	680~720	≤229	—	—	—	—	—	—	—	840~860	油	≥55	55	50	47	45	35	30	27	22
20SiMn2MoV	816	877	740	830	312	—	1200~1240	1100~1200	≥850	710±20	炉冷	≤269	920~930	空冷	—	690~730	≤269	—	—	—	—	—	—	—	890~920	油或水	≥45	—	—	—	—	—	—	—	—
25SiMn2MoV	830	877	740	816	312	—	1200~1240	1100~1200	≥850	680~700	堆冷	≤255	920~950	空冷	≤255	680~700	≤255	—	—	—	—	—	—	—	880~910	油或水	≥46	—	200~250℃ ≥45	—	—	—	—	—	—
37SiMn2MoV	729	823	—	—	314	—	—	1180~1200 850		870~900	炉冷	269	880~900	空冷	—	650	—	—	—	—	—	—	—	—	850~870	油或水	56	—	—	—	—	44	40	33	24
40B	730	790	690	727	—	—	—	1150	≥850	840~870	炉冷	≤207	850~900	空冷	—	680~720	≤207	—	—	—	—	—	—	—	840~860	盐水或油	—	—	—	48	40	30	28	25	22
45B	725	770	690	720	—	—	—	1150	800	780~800	炉冷	≤217	840~890	空冷	—	680~720	≤217	—	—	—	—	—	—	—	840~870	盐水或油	—	—	—	50	42	37	34	31	29
50B	740	790	670	719	280	—	—	1020~1120	>800	800~820	炉冷	≤207	850~890	空冷	≥20HRC	680~720	≤207	—	—	—	—	—	—	—	840~860	油	52~58	56	55	48	41	31	28	25	20

（续）

牌号	Ac_1	Ac_3	Ar_1	Ar_3	Ms	Mf	加热	始锻	终锻	退火温度/℃	退火冷却方式	退火硬度HBW	正火温度/℃	正火冷却方式	正火硬度HBW	高温回火温度/℃	高温回火硬度HBW	渗碳温度/℃	一次淬火温度/℃	二次淬火温度/℃	降温淬火温度/℃	渗碳冷却介质	渗碳回火温度/℃	渗碳硬度HRC	淬火温度/℃	淬火冷却介质	淬火硬度HRC	150℃	200℃	300℃	400℃	500℃	550℃	600℃	650℃
40MnB	730	780	650	700	—	—	1200	1150	850	820~860	炉冷	≤207	860~900	空冷	≤229	680~720	≤229	—	—	—	—	—	—	—	820~860	油	≥55	55	54	48	38	31	29	28	27
45MnB	727	780	635	—	—	—	1140~1200	1050~1120	≥850	820~860	炉冷	≤217	840~900	空冷	≤217	680~700	≤217	—	—	—	—	—	—	—	840~860	油	≥55	54	52	44	38	34	31	26	23
20MnMoB	740	850	690	750	—	—	1150~1200	1130~1180	≥900	680	炉冷	≤207	900~950	空冷	≤207	690±10	≤207	920~950	860~890	800~840	830~850	油	180~200	表面≥58	—	—	—	—	—	—	—	—	—	—	—
15MnVB	730	850	645	765	430	—	1160~1200	1130~1180	>850	780	空冷	≤207	920~970	空冷	149~179	—	—	920~940	—	—	840~860	油	200	表面≥58	860~880	油	38~42	38	36	34	30	27	25	24	—
20MnVB	720	840	635	770	—	—	<1200	1150	>850	700±10，＜600	炉冷	≤207	880~900	空冷	≤207	680±20	≤207	900~930	860~880	780~800	800~830	油	180~200	表面56~62 心35~40	860~880	油	—	—	—	—	—	—	—	—	—
40MnVB	740	786	645	720	300	—	1180~1200	1160~1200	>850	830~900	炉冷	≤229	860~900	空冷	≤229	660~700	≤229	—	—	—	—	—	—	—	840~880	油或水	>55	54	52	45	35	31	30	27	22
20MnTiB	720	843	648	789	—	—	1200	1200	800	—	—	—	900~920	空冷	143~149	—	—	930~970	860~890	—	830~840	油	200	52~62	860~890	油	≥47	47	47	46	42	40	39	38	—
25MnTiBRE	708	810	605	705	391	—	1130~1220	1100~1200	≥850	670~690	炉冷	≤229	920~960	空冷	≤217	—	—	920~940	790~850	—	800~830	油	180~200	≥58	840~870	油	≥43	—	—	—	—	—	—	—	—

（续）

牌号	Ac1	Ac3	Ms	Ar1	Ar3	Mf	加热	始锻	终锻	退火温度/℃	退火冷却方式	退火硬度HBW	正火温度/℃	正火冷却方式	正火硬度HBW	高温回火温度/℃	高温回火硬度HBW	渗碳温度/℃	一次淬火温度/℃	二次淬火温度/℃	降温淬火温度/℃	冷却介质	回火温度/℃	渗碳硬度HRC(表面)	淬火温度/℃	淬火冷却介质	淬火硬度HRC	回火150℃	200℃	300℃	400℃	500℃	550℃	600℃	650℃
15Cr 15CrA	735	870	—	720	—	—	1240~1260	1220	>800	860~890	炉冷	≤179	870~900	空冷	≤270	700~720	≤179	900~920	860~890	780~820	870	油、水	180~200	表面56~62	870	水	>35	35	34	32	28	24	19	14	—
20Cr	766	838	—	702	799	—	1220	1200	≥800	860~890	炉冷	≤179	870~900	空冷	≤270	700~720	≤179	890~910	860~890	780~820	—	油、水	170~190	表面56~62	860~880	油、水	>28	28	26	25	24	22	20	18	15
30Cr	740	815	355	670	—	—	—	1200	800	830~850	炉冷	≤187	850~870	空冷	≤300	700~720	≤187	—	—	—	—	—	—	—	840~860	油	>50	50	48	45	35	25	21	14	—
35Cr	740	815	365	670	—	—	—	1200	800	—	—	—	—	—	—	—	—	—	—	—	—	—	—	—	860	油	48~56	—	—	—	—	—	—	—	—
40Cr	743	782	355	693	730	—	<1200	1100~1150	>800	825~845	炉冷	≤207	850~870	空冷	≤250	680~700	≤207	—	—	—	—	—	—	—	830~860	油	>55	55	53	51	43	34	32	28	24
45Cr	721	771	250	660	693	—	1170~1220	1150~1200	800	840~850	炉冷	≤217	830~850	空冷	≤320	680~700	≤217	—	—	—	—	—	—	—	820~850	油	>55	55	53	49	45	33	31	29	21
50Cr	721	771	250	660	692	—	—	1200	800	840~850	炉冷	≤217	830~850	空冷	≤320	680~700	≤217	—	—	—	—	—	—	—	820~840	油	>56	56	55	54	52	40	37	28	18
38CrSi	763	810	330	680	755	—	1180~1220	1150	850	860~880	炉冷	≤255	900~920	空冷	≤350	650~680	≤288	—	—	—	—	—	—	—	880~920	油或水	57~60	57	56	54	48	40	37	35	29

（续）

牌号	Ac_1	Ac_3	M_s	Ar_1	Ar_3	M_f	加热	始锻	终锻	退火温度/℃	退火冷却方式	退火硬度HBW	正火温度/℃	正火冷却方式	正火硬度HBW	高温回火温度/℃	高温回火硬度HBW	渗碳温度/℃	一次淬火温度/℃	二次淬火温度/℃	降温淬火温度/℃	渗碳冷却介质	渗碳回火温度/℃	渗碳硬度HRC	淬火温度/℃	淬火冷却介质	淬火硬度HRC	150℃	200℃	300℃	400℃	500℃	550℃	600℃	650℃
12CrMo	720	880	—	695	790	—	—	1200	800	—	—	—	900~930	空冷	—	720~740	≤156	—	—	—	—	—	—	—	900~940	油	—	—	—	—	—	—	—	—	—
15CrMo	745	845	435	—	763	—	—	1100	850	—	—	—	910~940	空冷	—	650~700	≤156	—	—	—	—	—	—	—	910~940	油	—	—	—	—	—	—	—	—	—
20CrMo	743	818	400	504	746	—	—	1200	800	850~860	炉冷	≤197	880~920	空冷	—	720~740	—	—	—	—	—	—	—	—	860~880	水或油	≥33	33	32	28	28	23	20	18	16
30CrMo	757	807	345	693	763	—	—	1180	800	830~850	炉冷	≤229	870~900	空冷	≤400	700~720	≤250	—	—	—	—	—	—	—	850~880	水或油	>52	52	51	49	44	36	32	27	25
30CrMoA							—	—	—	820~840	炉冷	≤229	830~880	空冷	241~286	680~720	≤250	—	—	—	—	—	—	—	—	—	—	—	—	—	—	—	—	—	—
35CrMo	755	800	371	695	750	—	—	1150~1220	850	820~840	炉冷	≤241	850~880	空冷	—	680~720	≤217	—	—	—	—	—	—	—	850	油	>55	55	53	51	43	34	32	28	24
42CrMo	730	780	360	—	—	—	—	1150	850	820~840	炉冷	≤241	850~880	空冷	—	680~720	—	—	—	—	—	—	—	—	840	油	>55	55	54	53	46	40	38	35	31
12CrMoV	820	945	—	—	—	—	—	1100	850	960~980	炉冷	≤156	960~980	空冷	—	700~760	≤156	—	—	—	—	—	—	—	—	—	—	—	—	—	—	—	—	—	—
35CrMoV	755	835	—	600	—	—	—	1180	850	870~900	炉冷	≤229	880~920	空冷	—	650~670	≤241	—	—	—	—	—	—	—	880	油	>50	50	49	47	43	39	37	33	25

（续）

牌号	Ac_1	Ac_3	M_s	M_f	Ar_1	Ar_3	加热	始锻	终锻	退火温度/℃	退火冷却方式	退火硬度HBW	正火温度/℃	正火冷却方式	正火硬度HBW	高温回火温度/℃	高温回火硬度HBW	渗碳温度/℃	一次淬火温度/℃	二次淬火温度/℃	降温淬火温度/℃	渗碳冷却介质	渗碳回火温度/℃	渗碳硬度HRC	淬火温度/℃	淬火冷却介质	淬火硬度HRC	150℃	200℃	300℃	400℃	500℃	550℃	600℃	650℃
12Cr1MoV	774~803	882~914	—	—	—	—	—	1150	850	960~980	炉冷	≤156	910~960	空冷	≤156	650~700	—	—	—	—	—	—	—	—	910~960	空气或油	—	—	—	—	—	—	—	—	—
25Cr2MoVA	761~787	830~895	—	—	—	—	—	1100	850	—	—	—	980~1000	空冷	≤229	650~680	—	—	—	—	—	—	—	—	910~930	油	—	56	55	51	45	41	40	37	32
25Cr2Mo1VA	760~780	840~870	—	—	—	—	—	1100	850	—	—	—	1030~1050	空冷	179~207	680~720	—	—	—	—	—	—	—	—	1040	空气	—	—	—	—	—	—	—	—	—
38CrMoAl	760	885	360	—	675	740	1130~1180	1050~1150	>900	840~870	炉冷	≤229	930~970	空冷	—	700~720	—	—	—	—	—	—	—	—	940	油	>56	56	55	51	45	39	35	31	28
40CrV	755	790	281	—	700	745	—	1200	800	830~850	炉冷	≤241	850~880	空冷	≤255	700~720	—	—	—	—	—	—	—	—	850~880	油	≥56	56	54	50	45	35	30	28	25
50CrVA	752	788	270	—	688	746	1180~1220	1100~1160	<900	810~870	炉冷	≤254	850~880	空冷	≈288	640~680	—	—	—	—	—	—	—	—	830~860	油	>58	57	56	54	46	40	35	33	29
15CrMn	750	845	400	—	—	—	—	1180	800	850~870	炉冷	≤179	870~900	空冷	—	650~680	—	900~930	840~870	810~840	—	油	175~200	58~62	—	—	—	—	—	—	—	—	—	—	—

（续）

牌号	Ac₁ (Ac_1)	Ac₃ (Ac_3)	Ar₁ (Ar_1)	Ar₃ (Ar_3)	Ms	Mf	加热/℃	始锻/℃	终锻/℃	退火温度/℃	退火冷却方式	退火硬度HBW	正火温度/℃	正火冷却方式	正火硬度HBW	高温回火温度/℃	高温回火硬度HBW	渗碳温度/℃	一次淬火温度/℃	二次淬火温度/℃	降温淬火温度/℃	冷却介质	回火温度/℃	硬度HRC	淬火温度/℃	淬火冷却介质	淬火硬度HRC	150℃	200℃	300℃	400℃	500℃	550℃	600℃	650℃
20CrMn	765	838	700	798	360	—	—	1180	800	850~870	炉冷	≤187	870~900	空冷	≤350	680~700	≤200	900~930	820~840	—	—	油	180~200	56~62	850~920	油或水	≥45	—	—	—	—	—	—	—	—
40CrMn	740	775	—	—	350	170	1200	1150	800	820~840	炉冷	≤229	850~870	空冷	—	670~690	—	—	—	—	—	—	—	—	820~840	油	52~60	—	—	—	—	—	34	28	—
20CrMnSi	755	840	690	—	—	—	1200	1200	800	860~870	炉冷	≤207	880~920	空冷	—	680~720	≤207	—	—	—	—	—	—	—	880~910	油或水	≥44	44	43	44	40	35	31	27	20
25CrMnSi	760	880	680	—	305	—	1200	1180	≥800	840~860	炉冷	≤217	860~880	空冷	—	630~710	≤217	—	—	—	—	—	—	—	850~870	油	—	—	—	—	—	—	—	—	—
30CrMnSi 30CrMnSiA	760	830	670	705	—	—	1200	1180	850	840~860	炉冷	≤217	880~900	空冷	—	680~710	≤229	—	—	—	—	—	—	—	860~880	油	≥55	55	54	49	44	38	34	30	27
35CrMnSiA	775	830	700	755	330	—	1200	1180	≥850	840~860	炉冷	≤229	890~910	空冷	≤218	680~716	≤229	等温淬火：870~900℃，230~350℃盐浴，硬度≤500HBW							860~890	油	≥55	54	53	45	42	40	35	32	28
20CrMnMo	710	830	620	740	—	—	1200~1240	1150~1200	≥900	850~870	炉冷	≤241	880~930	空冷	190~228	660~710	≤229	880~950	830~860	—	—	油或碱浴	180~220	表面≥58	850	油	>46	45	44	43	35	—	—	—	—
40CrMnMo	735	780	680	—	—	—	1150~1200	1130~1170	≥850	820~850	炉冷	≤241	850~880	空冷	≤321	660~680	≤241	—	—	—	—	—	—	—	840~860	油	>57	57	55	50	45	41	37	33	30
20CrMnTi	715	843	625	795	—	—	1200~1240	1160~1200	≥900	680~720	炉冷至600℃空冷	≤217	950~970	空冷	156~207	—	—	930~950	870~890	860~880	830~850	油	180~200	表面56~62	880	油	42~46	43	41	40	39	35	30	25	17

注：临界温度/℃（Ac₁、Ac₃、Ar₁、Ar₃、Ms、Mf）；热加工温度/℃（加热、始锻、终锻）；回火—各种不同温度回火后的硬度值HRC。

（续）

牌号	临界温度/℃						热加工温度/℃			退火			正火			高温回火		渗碳热处理							淬火			回火 各种不同温度回火后的硬度值HRC							
	Ac_1	Ac_3	Ar_1	Ar_3	M_s	M_f	加热	始锻	终锻	温度/℃	冷却方式	硬度HBW	温度/℃	冷却方式	硬度HBW	温度/℃	硬度HBW	渗碳温度/℃	一次淬火温度/℃	二次淬火温度/℃	降温淬火温度/℃	冷却介质	回火温度/℃	硬度HRC	温度/℃	冷却介质	硬度HRC	150℃	200℃	300℃	400℃	500℃	550℃	600℃	650℃
30CrMnTi	765	790	660	740	—	—	1160~1220	1140~1200	>850	—	—	—	950~970	空冷	150~216	—	—	900~960	870~890	800~820	800	油	180~200	表面≥56	880	油	>50	49	48	46	44	37	32	26	23
20CrNi	733	804	666	790	410	—	1180	1200	800	860~890	炉冷	≤197	880~930	空冷	≤197	690~710	≤197	900~930	860	760~810	810~830	油或水	180~200	56~63	855~885	油	>43	43	42	40	26	16	13	10	8
40CrNi	731	769	660	702	—	—	1180	1150	850	820~850	炉冷	≤207	840~860	空冷	≤250	670~690	≤241	—	—	—	—	—	—	—	820~840	油	>53	53	50	47	42	33	29	26	23
45CrNi	725	775	680	—	—	—	—	1150	850	840~850	炉冷	≤217	850~880	空冷	≤229	—	—	—	—	—	—	—	—	—	820	油	>55	55	52	48	38	35	30	25	—
50CrNi	735	750	657	690	—	—	1200	1150	850	820~850	炉冷至600℃空冷	≤207	870~900	空冷	—	—	—	—	—	—	—	—	—	—	820~840	油	57~59	—	—	—	—	—	—	—	—
12CrNi2	732	794	671	763	—	—	1200	1180	≥850	840~880	炉冷	≤207	880~940	空冷	≤207	650~680	≤207	900~930	860	760~810	760~800	油或水	180~200	表面≥58	850~870	油	>33	33	32	30	28	23	20	18	12
12CrNi3	720	810	600	715	409	—	1200	1180	850	870~900	炉冷	<217	885~940	空冷	≤217	650~680	≤229	900~930	860	780~810	—	油	150~200	表面≥58 心≥26	860	油	>43	43	42	41	39	31	28	24	20
20CrNi3	700	760	500	630	—	—	1200	1180	850	840~860	炉冷	≤217	860~890	空冷	≤229	670~690	≤241	900~940	860	780~830	—	油	180~200	表面≥58 心≥26	820~860	油	>48	48	47	42	38	34	30	25	—
30CrNi3	699	749	621	649	—	—	1200	1150	850~900	810~830	炉冷	≤241	840~860	空冷	≤241	650~680	≤241	—	—	—	—	—	—	—	820~840	油	>52	52	50	45	42	35	29	26	22

（续）

牌号	Ac₁	Ac₃	Ms	Ar₁	Ar₃	Mf	加热	始锻	终锻	退火温度/℃	退火冷却方式	退火硬度HBW	正火温度/℃	正火冷却方式	正火硬度HBW	高温回火温度/℃	高温回火硬度HBW	渗碳温度/℃	一次淬火温度/℃	二次淬火温度/℃	降温淬火温度/℃	冷却介质	回火温度/℃	渗碳硬度HRC	淬火温度/℃	淬火冷却介质	淬火硬质HRC	150℃	200℃	300℃	400℃	500℃	550℃	600℃	650℃
37CrNi3	710	770	310	640	—	—	—	1180	850	790~820	炉冷	≤241	840~860	空冷	179~241	640~660	≤241	—	—	—	—	—	—	—	830~860	油	>53	53	51	47	42	36	33	30	25
12Cr2Ni4	720	800	390	605	660	245	1200	1180	850	650~680	炉冷	≤269	890~940	空冷	187~255	650~680	≤229	900~930	840~860	770~790	—	油	150~200	表面≥58 心≥26	760~800	油	>46	46	45	41	38	35	33	30	30
20Cr2Ni4	705	765	395	580	640	—	1150~1200	1120~1180	≥850	650~670	炉冷	≤229	860~900	空冷	—	630~650	≤229	900~950	880	780	—	—	180~200	表面≥58 心≥26	840~860	油	—	—	—	—	—	—	—	—	—
20CrNiMo	725	810	396	—	—	—	1200	1180	850	660	炉冷	≤197	900	空冷	—	670	—	930	820~840	—	—	油	150~180	表面≥56	—	—	—	—	—	—	—	—	—	—	—
40CrNiMoA	760	790	308	—	680	—	1200	1150	850	840~880	炉冷	≤269	860~920	空冷	(HRC)23~33	670~700	≤269	—	—	—	—	—	—	—	840~880	油	>55	55	54	49	44	38	34	30	27
18CrMnNiMoA	—	—	—	—	—	—	—	—	—	840~860	炉冷	(HRC)20~23	870~890	空冷	—	—	—	—	—	—	—	—	—	—	860~880	油	55~58	—	—	—	—	—	—	—	—
45CrNiMoVA	740	770	250	650	—	—	1180	1150	850	840~860	炉冷	≤269	900~980	空冷	—	650~700	≤415	—	—	—	—	—	—	—	850	油	>46	—	55	53	51	45	43	38	32
18Cr2Ni4W	700	810	310	350	400	—	1200	1180	850	—	—	—	900~980	空冷	—	650~700	≤415	900~920	—	—	840~860	空气或油	180~200	表面56~62	850	油	>49	42	41	40	39	37	28	24	22
25Cr2Ni4W	700	720	180~200	300	—	—	—	—	—	—	—	—	900~950	空冷	—	640~700	≤415	900~920	—	—	840~860	空气或油	180~200	表面56~62	850	油	>49	48	47	42	39	34	31	27	25

表 1-130　合金结构钢的特性及应用举例

牌　号	特　性	应用举例
20Mn2	具有中等强度、较小截面尺寸的20Mn2和20Cr性能相似，低温冲击韧度、焊接性能较20Cr好，冷变形时塑性高，切削加工性良好，淬透性比相应的碳钢要高，热处理时有过热、脱碳敏感性及回火脆性倾向	用于制造截面尺寸小于50mm的渗碳零件，如渗碳的小齿轮、小轴、力学性能要求不高的十字头销、活塞销、柴油机套筒、变速齿轮操纵杆、钢套，热轧及正火状态下用于制造螺栓、螺钉、螺母及铆焊件等
30Mn2	30Mn2通常经调质处理后使用，其强度高，韧性好，并具有优良的耐磨性能，当制造截面尺寸小的零件时，具有良好的静强度和疲劳强度，拉丝、冷镦、热处理工艺性都良好，切削加工性中等，焊接性尚可，一般不做焊接件（需焊接时，应将零件预热到200℃以上），具有较高的淬透性，淬火变形小，但有过热、脱碳敏感性及回火脆性	用于制造汽车和拖拉机中的车架、纵横梁、变速器齿轮、轴、冷镦螺栓、较大截面的调质件，也可制造心部强度较高的渗碳件，如起重机的后车轴等
35Mn2	比30Mn2的含碳量高，因而具有更高的强度和更好的耐磨性，淬透性也有所提高，但塑性略有下降，冷变形时塑性中等，切削加工性能中等，焊接性低，且有白点敏感性、过热倾向及回火脆性倾向，水淬易产生裂纹，一般在调质或正火状态下使用	制造小于直径20mm的较小零件时可代替40Cr，用于制造直径小于15mm的各种冷镦螺栓、力学性能要求较高的小轴、轴套、小连杆、操纵杆、曲轴、风机配件、农机中的锄铲柄和锄铲
40Mn2	中碳调质锰钢，其强度、塑性及耐磨性均优于40钢，并具有良好的热处理工艺性及切削加工性，焊接性差，当含碳量在下限时，需要预热至100~425℃才能焊接，存在回火脆性、过热敏感性，水淬易产生裂纹，通常在调质状态下使用	用于制造重载工作的各种机械零件，如曲轴、车轴、轴、半轴、杠杆、连杆、操纵杆、蜗杆、活塞杆、承载的螺栓、螺钉、加固环、弹簧，当制造直径小于40mm的零件时，其静强度及疲劳性能与40Cr相近，因而可代替40Cr制作小直径的重要零件
45Mn2	中碳调质钢，具有较高的强度、耐磨性及淬透性，调制后能获得良好的综合力学性能，适宜于油淬再高温回火，常在调质状态下使用，需要时也可在正火状态下使用，切削加工性尚可，但焊接性能差，冷变形时塑性低，热处理有过热敏感性和回火脆性倾向，水淬易产生裂纹	用于制造承受高应力和耐磨损的零件，如果制作直径小于60mm的零件可代替40Cr使用，在汽车、拖拉机及通用机械中，常用于制造轴、车轴、万向接头轴、蜗杆、齿轮轴、齿轮、连杆盖、摩擦盘、车厢轴、电车和蒸汽机车轴、重负载机架、冷拉状态中的螺栓和螺母等
50Mn2	中碳调质高强度锰钢，具有高强度、高弹性及优良的耐磨性，并且淬透性较高，切削加工性尚好，冷变形塑性低，焊接性能差，具有过热敏感性、白点敏感性及回火脆性，水淬易产生裂纹，采用适当的调质处理，可获得良好的综合力学性能，一般在调质后使用，也可在正火及回火后使用	用于制造高应力、高磨损工作的大型零件，如通用机械中的齿轮轴、曲轴、连杆、蜗杆、万向接头轴、齿轮等，汽车的传动轴、花键轴，承受强烈冲击负荷的心轴，重型机械中的滚动轴承支撑的主轴、轴及大型齿轮，以及用于制造手卷簧、扳弹簧等，如果用于制作直径小于80mm的零件可代替45Cr使用
27SiMn	27SiMn的性能高于30Mn2，具有较高的强度和耐磨性，淬透性较高，冷变形塑性中等，切削加工性良好，焊接性能尚可。热处理时，钢的韧性降低较少，水淬时仍能保持较高的韧性，但有过热敏感性、白点敏感性及回火脆性倾向，大多在调质后使用，也可在正火或热轧供货状态下使用	用于制造高韧性、高耐磨的热冲压件，不需热处理或正火状态下使用的零件，如拖拉机履带销

（续）

牌　号	特　性	应用举例
35SiMn	合金调质钢，性能良好，可以代替 40Cr 使用，还可部分代替 40CrNi 使用，调质处理后具有高的静强度、疲劳强度和耐磨性以及良好的韧性，淬透性良好，冷变形时塑性中等，切削加工性良好，但焊接性能差，焊前应预热，且有过热敏感性、白点敏感性及回火脆性，并且稍易脱碳	在调质状态下用于制造中速、中负载的零件，在淬火并回火状态下用于制造承受高负载、小冲击振动的零件以及制作截面较大、表面淬火的零件，如汽轮机的主轴和轮毂（直径小于 250mm、工作温度小于 400℃）、叶轮（厚度小于 170mm）以及各种重要紧固件，通用机械中的传动轴、主轴、心轴、连杆、齿轮、蜗杆、电车轴、发电机轴、曲轴、飞轮及各种锻件，农机中的锄铲柄、犁辕等耐磨件，另外还可制作薄壁无缝钢管
42SiMn	性能与 35SiMn 相近，其强度、耐磨性及淬透性均略高于 35SiMn，在一定条件下，此钢的强度、耐磨性及热加工性能优于 40Cr，还可代替 40CrNi 使用	在高频感应淬火并中温回火状态下，用于制造中速、中载的齿轮传动件，在调质后高频感应淬火并低温回火状态下，用于制造较大截面的表面高硬度、较高耐磨的零件，如齿轮、主轴、轴等；在淬火并低、中温回火状态下，用于制造中速、重载的零件，如主轴、齿轮、液压泵转子、滑块等
20MnV	20MnV 性能好，可以代替 20Cr、20CrNi 使用，其强度、韧性及塑性均优于 15Cr 和 20Mn2，淬透性也好，切削加工性尚可，渗碳后，可以直接淬火，不需要第二次淬火来改善心部组织，焊接性较好，但热处理时，在 300～360℃ 有回火脆性	用于制造高压容器、锅炉、大型高压管道等的焊接构件（工作温度不超过 450℃），还用于制造冷轧、冷拉、冷中压加工的零件，如齿轮、自行车链条、活塞销等，还广泛用于制造直径小于 20mm 的矿用链环
20SiMn2MoV	高强度、高韧性低碳淬火新型结构钢，有较高的淬透性，油淬变形及裂纹倾向很小，脱碳倾向低，锻造工艺性能良好，焊接性较好（复杂形状零件焊前应预热至 300℃，焊后缓冷），但切削性差，一般在淬火后低温回火状态下使用	在低温回火状态下可代替调质状态下使用的 35CrMo、35CrNi3MoA、40CrNiMoA 等中碳合金结构钢，用于制造承受较重载荷、应力状态复杂或低温下长期工作的零件，如石油机械中的吊卡、吊环、射孔器以及其他较大截面的连接件
25SiMn2MoV	性能与 25SiMn2MoV 基本相同，但强度和淬硬性稍高于 20SiMn2MoV，而塑性及韧性又略有降低	用途和 20SiMn2MoV 基本相同，用该钢制成的石油钻机吊环等零件使用性能良好，较 35CrNi3Mo 和 40CrNiMo 制作的同类零件更安全可靠，且重量轻，节省材料
37SiMn2MoV	高级调制钢，具有优良的综合力学性能，热处理工艺性良好，淬透性好，淬裂敏感性小，回火稳定性高，回火脆性倾向很小，高温强度较佳，低温韧性也好，调质处理后能得到高强度和高韧性，一般在调质状态下使用	调质处理后，用于制造承受重载、大截面的重要零件（如重型机器中的齿轮、轴、连杆、转子、高压无缝钢管等）、石油化工用的高压容器及大螺栓，以及高温条件下的大螺栓紧固件（工作温度低于 450℃）。淬火并低温回火后可作为超高强度钢使用，可代替 35CrMo、40CrNiMo 使用
20MnTiB	具有良好的力学性能和工艺性能，正火后切削加工性良好，热处理后的疲劳强度较高	较多地用于制造汽车、拖拉机中尺寸较小、中载的各种齿轮及渗碳零件，可代替 20CrMnTi 使用
25MnTiBRE	综合力学性能比 20CrMnTi 好，且具有很好的工艺性能及较好的淬透性，冷、热加工性良好，锻造温度范围大，正火后切削加工性较好。加入 RE 后，可提高低温冲击韧度，降低缺口敏感性。热处理变形比铬钢稍大，但可以控制工艺条件予以调整	常用以代替 20CrMnTi 和 20CrMo，用于制造中载的拖拉机齿轮（渗碳），推土机和中、小汽车的变速箱齿轮和轴等渗碳、碳氮共渗零件

（续）

牌　　号	特　　性	应 用 举 例
15MnVB	低碳马氏体淬火钢，可完全代替 40Cr 钢，经淬火并低温回火后，具有较高的强度、良好的塑性及低温冲击韧性，以及较低的缺口敏感性，淬透性好，焊接性能亦佳	采用淬火并低温回火后，用以制造高强度的重要螺栓零件，如汽车上的气缸盖螺栓、半轴螺栓、连杆螺栓，亦可用于制造中负载的渗碳零件
20MnVB	渗碳钢，其性能与 20CrMnTi 及 20CrNi 相近，具有高强度、高耐磨性及良好的淬透性，切削加工性、渗碳及热处理工艺性能均较好，渗碳后可直接降温淬火，但淬火变形、脱碳较 20CrMnTi 稍大，可代替 20CrMnTi、20Cr、20CrNi 使用	常用于制造较大载荷的中、小渗碳零件，如重型机床上的轴、大模数齿轮，以及汽车后桥的主、从动齿轮
40B	硬度、韧性、淬透性都比 40 钢高，调质后的综合力学性能良好，可代替 40Cr 使用，一般在调质状态下使用	用于制造比 40 钢截面大、性能要求高的零件，如轴、拉杆、齿轮、凸轮、拖拉机曲轴柄等，以及小截面尺寸零件，可代替 40Cr 使用
45B	强度、耐磨性、淬透性都比 45 钢好，多在调质状态下使用，可代替 40Cr 使用	用于制造截面较大、强度要求较高的零件，如拖拉机的连杆、曲轴及其他零件，以及小尺寸且性能不高的零件，可代替 40Cr 使用
50B	调质后，综合力学性能比 50 钢的要高，淬透性好，正火时硬度偏低，切削性尚可，一般在调质状态下使用，因抗回火性能较差，调质时应降低回火温度50℃左右	用于代替 50、50Mn、50Mn2，制造强度较高、淬透性较高、截面尺寸不大的各种零件，如凸轮、轴、齿轮、转向拉杆等
40MnB	具有高强度、高硬度，良好的塑性及韧性，高温回火后低温冲击韧性良好，调质或淬火低温回火后承受动载荷能力有所提高，淬透性和 40Cr 相近，回火稳定性比 40Cr 低，有回火脆性倾向，冷热加工性良好，工作温度范围为−20~425℃，一般在调质状态下使用	用于制造拖拉机、汽车及其他通用机器设备中的中、小重要调质零件，如汽车半轴、转向轴、花键轴、蜗杆和机床主轴、齿轮等，可代替 40Cr 制造较大截面的零件，如卷扬机中轴，制造小尺寸零件时可代替 40CrNi 使用
45MnB	强度、淬透性均高于 40Cr，塑性和韧性略低，热加工和切削加工性良好，加热时晶粒长大、氧化脱碳、热处理变形都小，在调质状态下使用	用于代替 40Cr、45Cr 和 45Mn2，制造中、小截面的耐磨的调质件及高频淬火件，如钻床主轴、拖拉机拐轴、机床齿轮、凸轮、花键轴、曲轴、惰轮、左右分离叉、轴套等
40MnVB	综合性能优于 40Cr，具有高强度、高韧性和塑性，淬透性良好，热处理的过热敏感性较小，冷拔、切削加工性均好，调质状态下使用	常用于代替 40Cr、45Cr 及 38CrSi，制造低温回火、中温回火及高温回火状态的零件，还可代替 42CrMo、40CrNi制作重要调质件，如机床和汽车上的齿轮、轴等
38CrSi	具有高强度、较高的耐磨性及韧性，淬透性好，低温冲击韧性较高，回火稳定性好，切削加工性尚可，焊接性差，一般在淬火并回火后使用	一般用于制造直径 30~40mm、强度和耐磨性要求较高的各种零件，如拖拉机、汽车及机器设备中的小模数齿轮、拨叉轴、履带轴、小轴、起重钩、螺栓、进气阀、铆钉机压头等
15CrMn	渗碳钢，淬透性好，表面硬度高，耐磨性好，可用于代替 15CrMo	用于制造齿轮、蜗轮、塑料模子、汽轮机油封和轴套等
20CrMn	渗碳钢，强度、韧性均高，淬透性良好，热处理所得到的性能优于 20Cr，淬火变形小，低温韧性良好，切削加工性较好，但焊接性能低，一般在渗碳淬火或调质后使用	用于制造重载大截面的调质零件及小截面的渗碳零件，还可制造中等负载、冲击较小的中小零件，代替 20CrNi 使用，如齿轮、轴、摩擦轮、蜗杆调速器的套筒等

（续）

牌　号	特　性	应用举例
40CrMn	强度高，具有好的淬透性，切削性良好，调质状态下使用可代替 42CrMo 和 40CrNi	用于制造高速重载荷但冲击较小的零件（如齿轮泵的齿轮和轴、水泵转子、离合器等）和高速及弯曲负荷的零件（如连杆、轴等）
20CrMnSi	具有较高的强度和韧性，冷变形加工塑性高，冲压性能较好，适于冷拔、冷轧等冷作工艺，焊接性能较好，淬透性较低，回火脆性较大，一般不用于渗碳或其他热处理，需要时，也可在淬火+回火后使用	用于制造强度较高的焊接件、韧性较好的受拉力的零件以及厚度小于 16mm 的薄板冲压件、冷拉零件、冲压零件，如矿山设备中的较大截面的链条、链环、螺栓等
25CrMnSi	强度高于 20CrMnSi，韧性稍差，经热处理后强度、塑性、韧性均良好	用于制造拉杆、重要的焊接件、冲压零件，以及高强度的焊接构件
30CrMnSi	高强度调质结构钢，具有很高的强度和韧性，淬透性较高，冷变形塑性中等，切削加工性能良好，有回火脆性倾向，横向的冲击韧度差，焊接性能较好，但厚度大于 3mm 时需先预热到 150℃，焊后需热处理，一般调质后使用	多用于制造高负载、高速的各种重要零件，如齿轮、轴、离合器、链轮、砂轮轴、轴套、螺栓、螺母等，也用于制造耐磨及工作温度不高的零件、变载荷的焊接构件，如高压鼓风机的叶片、阀板以及非腐蚀管道用管
35CrMnSi	低合金超高强度钢，热处理后具有良好的综合性能、高强度、足够的韧性、淬透性、焊接性（需焊前预热）、加工成形性均较好，但耐蚀性和抗氧化性能低，使用温度通常不高于 200℃，一般是低温回火或等温淬火后使用	用于制造中速、重载、高强度的零件及高强度构件，如飞机起落架等高强度零件、高压鼓风机叶片，在制造中小截面零件时，可以部分替代相应的铬镍钼合金钢使用
40CrV	调质钢，具有高强度和高屈服强度，综合性能比 40Cr 好，冷变形塑性和切削性均属中等，过热敏感性小，但有回火脆性倾向及白点敏感性，一般在调质状态下使用	用于制造变载、高负荷的各种重要零件，如机车连杆、曲轴、推杆、螺旋桨、横梁、轴套支架、双头螺柱、螺钉、不渗碳齿轮、经渗氮化处理的各种齿轮和销子、高压锅炉水泵轴（直径小于 30mm）、高压气缸、钢管以及螺栓（工作温度小于 420℃、300 大气压）等
50CrV	合金弹簧钢，具有良好的综合力学性能和工艺性，淬透性较好，回火稳定性良好，疲劳强度高，工作温度最高可达 500℃，低温冲击韧度良好，焊接性差，通常在淬火并中温回火后使用	用于制造工作温度低于 210℃ 的各种弹簧以及其他机械零件，如内燃机气门弹簧、喷油嘴弹簧、锅炉安全阀弹簧、轿车缓冲弹簧
20CrMnTi	渗碳钢，也可作为调质钢使用，淬火并低温回火后，综合力学性能和低温冲击韧度良好，渗碳后具有良好的耐磨性和抗弯强度，热处理工艺简单，热加工和冷加工性较好，但高温回火时有回火脆性倾向	是应用广泛、用量很大的一种合金结构钢，用于制造汽车和拖拉机中的截面尺寸小于 30mm 的中载或重载、冲击耐磨且高速的各种重要零件，如齿轮轴、齿圈、齿轮、十字轴、滑动轴承支承的主轴、蜗杆、爪牙离合器，有时还可以代替 20SiMnVB、20MnTiB 使用
30CrMnTi	主要用作渗碳钢，有时也可作为调质钢使用，渗碳及淬火后具有耐磨性好、静度高的特点，热处理工艺性好，渗碳后可直接降温淬火，且淬火变形很小，高温回火时有回火脆性	用于制造心部强度特高的渗碳零件，如齿轮轴、齿轮、蜗杆等，也可做调质零件，如汽车、拖拉机上较大截面的主动齿轮等
12CrMo	耐热钢，具有高的热强性，且无热脆性，冷变形塑性及切削性良好，焊接性能尚可，一般在正火及高温回火后使用	正火并回火后用于制造蒸汽温度为 510℃ 的锅炉及汽轮机的主汽管，管壁温度不超过 540℃ 的各种导管、过热器管，淬火并回火后还可制造各种高温弹性零件

（续）

牌　　号	特　　性	应用举例
15CrMo	耐热钢，强度优于12CrMo，韧性稍低，在500~550℃温度以下持久强度较高，切削性及冷应变塑性良好，焊接性尚可（需焊前预热至300℃，焊后处理），一般在正火及高温回火状态下使用	正火及高温回火后用于制造蒸汽温度至510℃的锅炉过热器、中高压蒸汽导管及联箱，蒸汽温度至510℃的主汽管，淬火并回火后可用于制造常温工作的各种重要零件
20CrMo	热强性较高，在500~520℃时热强度仍高，淬透性较好，无回火脆性，冷应变塑性、切削性及焊接均良好，一般在调质或渗碳淬火状态下使用	用于制造化工设备中在非腐蚀介质中及工作温度250℃以下、在氮氢介质中的高压管和各种紧固件，汽轮机、锅炉中的叶片、隔板、锻件、轧制型材，一般机器中的齿轮、轴等重要渗碳零件，还可以替代12Cr13钢使用，制造中压、低压汽轮机处在过热蒸汽区压力级的工作叶片
30CrMo	具有高强度、高韧性，在低于500℃温度时具有良好的高温强度，切削性良好，冷弯形塑性中等，淬透性较高，焊接性能良好，一般在调质状态下使用	用于制造在300大气压、工作温度400℃以下的导管，锅炉、汽轮机中工作温度低于450℃的紧固件，工作温度低于500℃、高压用的螺母及法兰，通用机械中受载荷大的主轴、轴、齿轮、螺栓、螺柱、操纵轮，化工设备中低于250℃、在氮氢介质中工作的高压导管以及焊接件
35CrMo	高温下具有高的持久强度和蠕变强度，低温韧性较好，工作温度高温可达500℃，低温可至-110℃，并具有高的静挠度、冲击韧度及较高的疲劳强度，淬透性良好，无过热倾向，淬火变形小，冷变形时塑性尚可，切削性能中等，但有第一类回火脆性，焊接性不好（如果焊接，需焊前预热至150~400℃，焊后处理以消除应力），一般在调质处理后使用，也可在高、中频感应淬火或淬火及低、中温回火后使用	用于制造承受冲击、弯扭、高载荷的各种机器中的重要零件，如轧钢机人字齿轮、曲轴、锤杆、连杆、紧固件，汽轮发动机主轴、车轴，发动机传动零件，大型电动机轴，石油机械中的穿孔器，工作温度低于400℃的锅炉用螺栓，低于510℃的螺母，化工机械中高压无缝壁厚的导管（温度450~500℃、无腐蚀性介质）等，还可代替40CrNi用于制造高载荷传动轴、汽轮发电机转子，以及大截面齿轮、支撑轴（直径小于500mm）等
42CrMo	和35CrMo的性能相近，由于碳和铬含量增高，因而其强度和淬透性均优于35CrMo，调质后有较高的疲劳强度和抗多次冲击能力，低温冲击韧度良好，且无明显的回火脆性，一般在调质后使用	一般用于制造比35CrMo强度要求更高、断面尺寸较大的重要零件，如轴、齿轮、连杆、变速箱齿轮、增压器齿轮、发动机气缸、弹簧、弹簧夹、1200~2000mm石油钻杆接头、打捞工具，还可代替含镍较高的调质钢使用
15CrMnMo	具有高强度、高韧性的高级渗碳钢，比20CrMnMo的强度略低，塑性及韧性略高，淬透性、切削性及焊接性均良好，无回火脆性	适于制造心部韧性好、表面硬度高、耐磨性高的渗碳件，如凸轮轴、曲轴、连杆、传动齿轮、石油钻机的牙轮及牙轮钻头、活塞销、球头销，有时还可代替含镍较高的渗碳钢使用
20CrMnMo	高强度的高级渗碳钢，强度高于15CrMnMo，塑性及韧性稍低，淬透性及力学性能比20CrMnTi高，淬火并低温回火后具有良好的综合力学性能和低温冲击韧度，渗碳并淬火后具有较高的抗弯强度和耐磨性能，但磨削时易产生裂纹，焊接性不好（适于电阻焊接，需焊前预热，焊后回火处理），切削加工性和热加工性良好	常用于制造高硬度、高强度、高韧性的较大的重要渗碳件（其要求均高于15CrMnMo），如曲轴、凸轮轴、连杆、齿轮轴、齿轮、销轴，还可代替12Cr2Ni4使用

（续）

牌　号	特　性	应 用 举 例
40CrMnMo	调质处理后具有良好的综合力学性能，淬透性较好，回火稳定性较高，大多在调质状态下使用	用于制造重载、截面较大的齿轮轴、齿轮、大货车的后桥半轴、轴、偏心轴、连杆，汽轮机的类似零件，还可代替40CrNiMo使用
12CrMoV	耐热钢，具有较高的高温力学性能，冷变形时塑性高，无回火脆性倾向，切削加工性较好，焊接性尚可（壁厚零件应焊前预热，焊后处理消除应力），使用温度范围较大，高温达560℃，低温可至-40℃，一般在正火及高温回火状态下使用	用于制造汽轮机温度540℃的主汽管道、转向导叶环、汽轮机隔板，以及温度≤570℃的各种过热器管、导管
12Cr1MoV	具有蠕变极限与持久强度数值相近的特点，在持久拉伸时具有高的塑性，其抗氧化性及热强性均比12CrMoV高，且工艺性与焊接性良好（应焊前预热，焊后处理消除应力），一般在正火及高温回火后使用	用于制造工作温度不超过585℃的高压设备中的过热钢管、导管、散热器管及有关的锻件
25Cr2MoV	中碳耐热钢，强度和韧性均高，低于500℃时高温性能良好，无热脆倾向，淬透性较好，切削性尚可，冷变形塑性中等，焊接性差，一般在调质状态下使用，也可在正火及高温回火后使用	用于制造高温条件下的螺母（≤550℃）、螺栓、螺柱（<530℃），长期工作温度至510℃左右的紧固件，以及汽轮机整体转子、套筒、主汽阀、调节阀，还可作为渗氮钢，用以制作阀杆、齿轮等
38CrMoAl	高级渗氮钢，具有很高的渗氮性能和力学性能，良好的耐热性和耐蚀性，经渗氮处理后能得到高的表面硬度、高的疲劳强度及良好的抗过热性，无回火脆性，切削性尚可，高温工作温度可达500℃，但冷弯时塑性低，焊接性差，淬透性低，一般在调质及渗氮后使用	用于制造高疲劳强度、高耐磨性、热处理后尺寸精确、强度较高的各种尺寸不大的渗氮零件，如气缸套、座套、底盖、活塞螺栓、检验规、精密磨床主轴、车床主轴、搪杆、精密丝杠、齿轮、蜗杆、高压阀门、阀杆、仿模、滚子、样板、汽轮机的调速器、转动套、固定套、塑料挤压机上的一些耐磨零件
15Cr	低碳合金渗碳钢，较15钢强度和淬透性均有提高，冷变形塑性高，焊接性良好，退火后切削性较好，对性能要求不高且形状简单的零件渗碳后可直接淬火，但热处理变形较大，有回火脆性，一般均作为渗碳钢使用	用于制造表面耐磨、心部强度和韧性较高、较高工作速度但断面尺寸在30mm以下的各种渗碳零件，如曲柄销、活塞销、活塞环、联轴器、小凸轮轴、小齿轮、滑阀、活塞、衬套、轴承圈、螺钉、铆钉等，还可以用作淬火钢，制造要求一定强度和韧性，但变形要求较宽的小型零件
20Cr	比15Cr和20钢的强度和淬透性均有提高，经淬火加低温回火后能得到良好的综合力学性能和低温冲击性能，无回火脆性，渗碳时钢的晶粒仍有长大的倾向，因而应当二次淬火以提高心部韧性，不宜降温淬火，冷变形时塑性较高，可进行冷拉丝，高温正火或调质后切削性良好，焊接性较好（焊前一般应预热至100~150℃），一般作为渗碳钢使用	用于制造小截面（<30mm）、形状简单、较高转速、载荷较小、表面耐磨、心部强度较高的各种渗碳或碳氮共渗零件，如小齿轮、小轴、阀、活塞销、衬套棘轮、托盘、凸轮、蜗杆、爪形离合器等，对热处理变形小、耐磨性高的零件，渗碳后应高频感应淬火，如小模数（<3）齿轮、花键轴、轴等，也可作为调质钢用于制造低速、中载（冲击）的零件
30Cr	强度和淬透性均高于30钢，冷变形塑性尚好，退火或高温回火后的切削加工性良好，焊接性中等，一般在调质后使用，也可在正火后使用	用于制造耐磨或受冲击的各种零件，如齿轮、滚子、轴、杠杆、摇杆、连杆、螺栓、螺母等，还可用作高频感应淬火用钢，制造耐磨、表面高硬度的零件

(续)

牌 号	特 性	应用举例
35Cr	中碳合金调质钢，强度和韧性较高，其强度比35钢高，淬透性比30Cr略高，性能基本上与30Cr相近	用于制造齿轮、轴、滚子、螺栓以及其他重要调质件，用途和30Cr基本相同
40Cr	经调质处理后具有良好的综合力学性能、低温冲击性及低的缺口敏感性，淬透韧性良好，油淬时可得到较高的疲劳强度，水淬时复杂形状的零件易产生裂纹，冷变形塑性中等，正火或调质后切削加工性好，但焊接性不佳，易产生裂纹，焊前应预热到100~150℃，一般在调质状态下使用，还可以碳氮共渗和高频感应淬火处理	使用最广泛的钢种之一，调质处理后用于制造中速、中载的零件，如机床齿轮、轴、蜗杆、花键轴、顶针套等，调质并高频感应淬火后用于制造表面高硬度、耐磨的零件，如齿轮、轴、主轴、曲轴、心轴、套筒、销子、连杆、螺钉、螺母、进气阀等，经淬火及中温回火后用于制造重载、中速冲击的零件，如液压泵转子、滑块、齿轮、主轴、套环等，经淬火及低温回火后用于制造重载、低冲击、耐磨的零件，如蜗杆、主轴、轴、套环等，碳氮共渗处理后制造尺寸较大、低温韧性较高的传动零件，如轴、齿轮等。40Cr的代用钢有40MnB、45MnB、35SiMn、42SiMn、40MnVB、42MnV、40MnMoB、40MnWB等
45Cr	强度、耐磨性及淬透性均优于40Cr，但韧性稍低，性能与40Cr相近	与40Cr的用途相似，主要用于制造高频感应淬火的轴、齿轮、套筒、销子等
50Cr	淬透性好，在油淬及回火后具有高强度、高硬度，水淬易产生裂纹，切削性良好，但冷变形时塑性低，且焊接性不好，有裂纹倾向，需焊前预热到200℃，焊后处理消除应力，一般在淬火及回火或调质状态下使用	用于制造重载、耐磨的零件，如600mm以下的热轧辊、传动轴、齿轮、止推环、支承辊的心轴、柴油机连杆、挺杆、拖拉机离合器、螺栓、重型矿山机械中耐磨及高强度的油膜轴承套、齿轮，也可制作高频感应淬火零件、中等弹性的弹簧等
20CrNi	具有高强度、高韧性、良好的淬透性，经渗碳及淬火后心部具有韧性，表面硬度很高，切削性尚好，冷变形时塑性中等，焊接性差，焊前应预热到100~150℃，一般经渗碳及淬火加回火后使用	用于制造重载大型重要的渗碳零件，如花键轴、对轴、键、齿轮、活塞销，也可用于制造高冲击韧度的调质零件
40CrNi	中碳合金调质钢，具有高强度、高韧性以及高淬透性，调质状态下，综合力学性能良好，低温冲击韧度良好，有回火脆性倾向，水淬易产生裂纹，切削加工性良好，但焊接性差，在调质状态下使用	用于制造锻造和冲压且截面尺寸较大的重要调质件，如连杆、圆盘、曲轴、齿轮、轴、螺钉等
45CrNi	性能和40CrNi相近，由于含碳量高，因而其强度和淬透性均稍有提高	用于制造各种重要的调质件，和40CrNi用途相近，如制造变速箱曲轴、内燃机曲轴，以及汽车和拖拉机的主轴、连杆、气门及螺栓等
50CrNi	性能优于45CrNi	用于制造重要的轴、曲轴、传动轴等
12CrNi2	低碳合金渗碳结构钢，具有高强度、高韧性及高淬透性，冷加工时塑性中等，低温冲击韧度较好，切削性和焊接性较好，热加工时有形成白点的倾向，回火脆性倾向小	适于制造心部韧性较高、强度要求不高的受力复杂的中、小渗碳或碳氮共渗零件，如活塞销、轴套、推杆、小轴、小齿轮、齿套等

（续）

牌 号	特 性	应 用 举 例
12CrNi3	高级渗碳钢，淬火并低温回火或高温回火后均具有良好的综合力学性能，低温冲击韧度好，缺口敏感性小，切削加工性及焊接性尚好，但有回火脆性，白点敏感性较高，渗碳后均采用二次淬火，特殊情况还需做冷处理	用于制造表面硬度高、心部力学性能良好、重负荷、受冲击、磨损等要求的各种渗碳或碳氮共渗零件，如传动轴、主轴、凸轮轴、心轴、连杆、齿轮、轴套、滑轮、气阀托盘、液压泵转子、活塞涨圈、活塞销、万向联轴器十字头、重要螺杆、调节螺钉
20CrNi3	经调质或淬火并低温回火后均具有良好的综合力学性能，低温冲击韧度较好，但有白点敏感倾向，高温回火有回火脆性倾向，切削性良好，焊接性能中等，通常在调质后使用，也可以作为渗碳钢使用	用于制作高负荷工作的各种重要零件，如凸轮、齿轮、蜗杆、机床主轴、螺栓、螺柱、销钉等
30CrNi3	具有极佳的淬透性，强度和韧性较高，经淬火并低温回火或高温回火后均具有良好的综合力学性能，切削加工性良好，但冷变形时塑性低，焊接性差，有白点敏感性及回火脆性倾向，一般在调质状态下使用	用于制造大型、载荷较高的重要零件或热锻、热冲压的负荷高的零件，如轴、蜗杆、连杆、曲轴、传动轴、方向轴、前轴、齿轮、键、螺栓、螺母等
37CrNi3	具有高韧性，淬透性很高，油淬可把 $\phi150mm$ 的零件完全淬透，在450℃时抗蠕变性稳定，低温冲击韧度良好，在450~550℃范围内回火时有第二类回火脆性，热加工时易形成白点，由于淬透性很好，必须采用正火及高温回火来降低硬度，改善切削性，一般在调质状态下使用	用于制造重载、受冲击、截面较大的零件或低温、受冲击的零件或热锻、热冲压的零件，如转子轴、叶轮、重要的紧固件等
12Cr2Ni4	合金渗碳钢，具有高强度、高韧性，且淬透性良好，渗碳淬火后表面硬度和耐磨性很高，切削加工性尚好，冷变形时塑性中等，但有白点敏感性及回火脆性，焊接性差（焊前需预热），一般在渗碳及二次淬火并低温回火后使用	采用渗碳及二次淬火并低温回火后，用于制造高载荷的大型渗碳件，如各种齿轮、蜗轮、蜗杆、轴等，也可经淬火并低温回火后使用，制造高强度、高韧性的机械构件
20Cr2Ni4	强度、韧性及淬透性均高于12Cr2Ni4，渗碳后不能直接淬火，而在淬火前需进行一次高温回火，以减少表层大量残留奥氏体，冷变形塑性中等，切削性尚可，焊接性差（焊前应预热到150℃），白点敏感性大，有回火脆性倾向	用于制造要求性能高于12Cr2Ni4的大型渗碳件，如大型齿轴、轴等，也可用作强度、韧性均高的调质件
35CrMoV	强度较高，淬透性良好，焊接性差，冷变形时塑性低，经调质后使用	用于制造高应力下的重要零件，如520℃以下工作的汽轮机叶轮、高级涡轮鼓风机和压缩机的转子、盖盘、轴盘、发电机轴、强力发动机的零件
20CrNiMo	20CrNiMo 钢原系美国 AISI、SAE 标准中的牌号8720。淬透性与20CrNi钢相近。虽然钢中 Ni 含量为20CrNi钢的一半，但由于加入了少量的 Mo 元素，使奥氏体等温转变图的上部右移；又因适当提高了 Mn 含量，致使此钢的淬透性仍然很好，强度也比20CrNi钢高	常用于制造中小型汽车、拖拉机的发动机和传动系统中的齿轮，也可代替12CrNi3钢制造要求心部性能较高的渗碳件、碳氮共渗件，如石油钻探和冶金露天矿用的牙轮钻头的牙爪和牙轮体

（续）

牌　号	特　性	应用举例
40CrNiMo	具有高的强度、高的韧性和良好的淬透性。当淬硬到半马氏体硬度（45HRC）时，水淬临界淬透直径≥100mm，油淬临界淬透直径≥75mm；当淬硬到90%马氏体时，水淬临界直径为 $\phi80\sim\phi90mm$，油淬临界直径为 $\phi55\sim\phi66mm$。此钢又具有抗过热的稳定性，但白点敏感性高，有回火脆性，钢的焊接性很差，焊前需经高温预热，焊后要进行消除应力处理	经调质后使用，用于制作要求塑性好、强度高及大尺寸的重要零件，如重型机械中高载荷的轴类、直径大于250mm的汽轮机轴、叶片、高载荷的传动件、紧固件、曲轴、齿轮等，也可用于制作温度超过400℃的转子轴和叶片等。此外，这种钢还可以经渗氮处理后用来制作要求特殊性能的重要零件
45CrNiMoV	低合金超高强度钢，钢的淬透性高，油中临界淬透直径为60mm（96%马氏体），钢在淬火并回火后可获得很高的强度，并具有一定的韧性，且可加工成型，但冷变形塑性与焊接性较低。抗腐蚀性能较差，受回火温度的影响，使用温度不宜过高，通常均在淬火并低温（或中温）回火后使用	主要用于制作飞机发动机曲轴、大梁、起落架、压力容器和中小型火箭壳体等高强度结构零部件。在重型机器制造中，用于制作重载荷的扭力轴、变速箱轴、摩擦离合器轴等
18Cr2Ni4W	高强度，高韧性，淬透性良好，性能优于12Cr2Ni4钢，是一种含镍量较高的高级合金钢。经渗碳及二次淬火并低温回火后，表面硬度和耐磨性均较高，心部强度和韧性高。工艺性能较差，锻造时变形抗力较大，锻件正火后硬度较高，经长时间高温回火才能软化，切削性较差。通常在渗碳后淬火并回火后使用，也可以在调质状态下使用	适用于制造强度高、韧性良好及缺口敏感性低的大截面渗碳零件，如传动轴、曲轴、花键轴、活塞销、大型齿轮、精密机床控制进刀的蜗轮等，或承受重负荷与振动的高强度的调质零件，如重型或中型机械的连杆、曲轴、减速器轴等；调质后再渗氮，可用于制作大功率高速发动机的曲轴
25Cr2Ni4W	能耐较高的工作温度，综合力学性能良好。可用于渗氮或碳氮共渗处理。其性能和用途与18Cr2Ni4WA相近	用于制作在动负荷下工作的大截面零件，如汽轮机主轴、叶轮、挖掘机轴、齿轮等

表 1-131　GB/T 3077—2015 合金结构钢牌号与国外标准相似牌号的对照（摘自 GB/T 3077—2015）

GB/T 3077—2015 牌号	EN 10083-3：2006	ASTM A29/A29M-2012	JIS G 4053—2008
20Mn2	—	1524	SMn420
30Mn2	—	1330	SMn433
35Mn2	—	1335	SMn438
40Mn2	—	1340	SMn443
45Mn2	—	1345	SMn443
50Mn2	—	1552	—
20MnV	—	—	—
27SiMn	—	—	—
35SiMn	—	—	—
42SiMn	—	—	—
20SiMn2MoV	—	—	—
25SiMn2MoV	—	—	—

（续）

GB/T 3077—2015 牌号	EN 10083-3：2006	ASTM A29/A29M-2012	JIS G 4053—2008
37SiMn2MoV	—	—	—
40B	—	—	—
45B	—	—	—
50B	—	—	—
25MnB	20MnB5	—	—
35MnB	30MnB5	—	—
40MnB	38MnB5	—	—
45MnB	—	—	—
20MnMoB	—	—	—
15MnVB	—	—	—
20MnVB	—	—	—
40MnVB	—	—	—
20MnTiB	—	—	—
25MnTiBRE	—	—	—
15Cr	—	5115	SCr415
20Cr	—	5120	SCr420
30Cr	—	5130	SCr430
35Cr	34Cr4	5135	SCr435
40Cr	41Cr4	5140	SCr440
45Cr	41Cr4	5145	SCr445
50Cr	—	5150	SCr445
38CrSi	—	—	—
12CrMo	—	—	—
15CrMo	—	—	SCM415
20CrMo	—	4120	SCM420
25CrMo	25CrMo4	4130	SCM430
30CrMo	34CrMo4	4130	SCM430
35CrMo	34CrMo4	4135	SCM435
42CrMo	42CrMo4	4140、4142	SCM440
50CrMo	50CrMo4	4150	SCM445
12CrMoV	—	—	—
35CrMoV	—	—	—
12Cr1MoV	—	—	—
25Cr2MoV	—	—	—
25Cr2Mo1V	—	—	—
38CrMoAl	—	—	SACM645
40CrV	—	—	—

（续）

GB/T 3077—2015 牌号	EN 10083-3：2006	ASTM A29/A29M-2012	JIS G 4053—2008
50CrV	51CrV4	6150	—
15CrMn	—	—	—
20CrMn	—	—	—
40CrMn	—	—	—
20CrMnSi	—	—	—
25CrMnSi	—	—	—
30CrMnSi	—	—	—
35CrMnSi	—	—	—
20CrMnMo	—	—	—
40CrMnMo	42CrMo4	4140、4142	SCM440
20CrMnTi	—	—	—
30CrMnTi	—	—	—
20CrNi	—	—	—
40CrNi	—	—	SNC236
45CrNi	—	—	—
50CrNi	—	—	—
12CrNi2	—	—	SNC415
34CrNi2	35NiCr6	—	—
12CrNi3	—	—	SNC815
20CrNi3	—	—	—
30CrNi3	—	—	SNC631
37CrNi3	—	—	SNC836
12Cr2Ni4	—	—	—
20Cr2Ni4	—	—	—
15CrNiMo	—	—	—
20CrNiMo	—	8620	SNCM220
30CrNiMo	—	—	—
30Cr2Ni2Mo	30CrNiMo8	—	SNCM431
30Cr2Ni4Mo	30NiCrMo16-6	—	—
34Cr2Ni2Mo	34CrNiMo6	—	—
35Cr2Ni4Mo	36NiCrMo16	—	—
40CrNiMo	39NiCrMo3	—	—
40CrNi2Mo	—	4340	SNCM439
18CrMnNiMo	—	—	—
45CrNiMoV	—	—	—
18Cr2Ni4W	—	—	—
25Cr2Ni4W	—	—	—

1.7.8 弹 簧 钢（见表 1-132～表 1-135）

表 1-132 弹簧钢牌号及化学成分（摘自 GB/T 1222—2016）

化学成分（质量分数，%）

统一数字代号	牌号	C	Si	Mn	Cr	V	W	Mo	B	Ni	Cu	P	S
U20652	65	0.62~0.70	0.17~0.37	0.50~0.80	≤0.25	—	—	—	—	≤0.35	≤0.25	≤0.030	≤0.030
U20702	70	0.67~0.75	0.17~0.37	0.50~0.80	≤0.25	—	—	—	—	≤0.35	≤0.25	≤0.030	≤0.030
U20802	80	0.77~0.85	0.17~0.37	0.50~0.80	≤0.25	—	—	—	—	≤0.35	≤0.25	≤0.030	≤0.030
U20852	85	0.82~0.90	0.17~0.37	0.50~0.80	≤0.25	—	—	—	—	≤0.35	≤0.25	≤0.030	≤0.030
U21653	65Mn	0.62~0.70	0.17~0.37	0.90~1.20	≤0.25	—	—	—	—	≤0.35	≤0.25	≤0.030	≤0.030
U21702	70Mn	0.67~0.75	0.17~0.37	0.90~1.20	≤0.25	—	—	—	—	≤0.35	≤0.25	≤0.030	≤0.030
A76282	28SiMnB	0.24~0.32	0.60~1.00	1.20~1.60	≤0.25	—	—	—	0.0008~0.0035	≤0.35	≤0.25	≤0.025	≤0.020
A77406	40SiMnVBE	0.39~0.42	0.90~1.35	1.20~1.55	—	0.09~0.12	—	—	0.0008~0.0025	≤0.35	≤0.25	≤0.020	≤0.012
A77552	55SiMnVB	0.52~0.60	0.70~1.00	1.00~1.30	≤0.35	0.08~0.16	—	—	0.0008~0.0035	≤0.35	≤0.25	≤0.025	≤0.020
A11383	38Si2	0.35~0.42	1.50~1.80	0.50~0.80	≤0.25	—	—	—	—	≤0.35	≤0.25	≤0.025	≤0.020
A11603	60Si2Mn	0.56~0.64	1.50~2.00	0.70~1.00	≤0.35	—	—	—	—	≤0.35	≤0.25	≤0.025	≤0.020
A22553	55CrMn	0.52~0.60	0.17~0.37	0.65~0.95	0.65~0.95	—	—	—	—	≤0.35	≤0.25	≤0.025	≤0.020
A22603	60CrMn	0.56~0.64	0.17~0.37	0.70~1.00	0.70~1.00	—	—	—	—	≤0.35	≤0.25	≤0.025	≤0.020

（续）

统一数字代号	牌号	化学成分（质量分数，%）											
		C	Si	Mn	Cr	V	W	Mo	B	Ni	Cu	P	S
A22609	60CrMnB	0.56~0.64	0.17~0.37	0.70~1.00	0.70~1.00	—	—	—	0.0008~0.0035	≤0.35	≤0.25	≤0.025	≤0.020
A34603	60CrMnMo	0.56~0.64	0.17~0.37	0.70~1.00	0.70~1.00	—	—	0.25~0.35	—	≤0.35	≤0.25	≤0.025	≤0.020
A21553	55SiCr	0.51~0.59	1.20~1.60	0.50~0.80	0.50~0.80	—	—	—	—	≤0.35	≤0.25	≤0.025	≤0.020
A21603	60Si2Cr	0.56~0.64	1.40~1.80	0.40~0.70	0.70~1.00	—	—	—	—	≤0.35	≤0.25	≤0.025	≤0.020
A24563	56Si2MnCr	0.52~0.60	1.60~2.00	0.70~1.00	0.20~0.45	—	—	—	—	≤0.35	≤0.25	≤0.025	≤0.020
A45523	52SiCrMnNi	0.49~0.56	1.20~1.50	0.70~1.00	0.70~1.00	—	—	—	—	0.50~0.70	≤0.25	≤0.025	≤0.020
A28553	55SiCrV	0.51~0.59	1.20~1.60	0.50~0.80	0.50~0.80	0.10~0.20	—	—	—	≤0.35	≤0.25	≤0.025	≤0.020
A28603	60Si2CrV	0.56~0.64	1.40~1.80	0.40~0.70	0.90~1.20	0.10~0.20	—	—	—	≤0.35	≤0.25	≤0.025	≤0.020
A28600	60Si2MnCrV	0.56~0.64	1.50~2.00	0.70~1.00	0.20~0.40	0.10~0.20	—	—	—	≤0.35	≤0.25	≤0.025	≤0.020
A23503	50CrV	0.46~0.54	0.17~0.37	0.50~0.80	0.80~1.10	0.10~0.20	—	—	—	≤0.35	≤0.25	≤0.025	≤0.020
A25513	51CrMnV	0.47~0.55	0.17~0.37	0.70~1.10	0.90~1.20	0.10~0.25	—	—	—	≤0.35	≤0.25	≤0.025	≤0.020
A36523	52CrMnMoV	0.48~0.56	0.17~0.37	0.70~1.10	0.90~1.20	0.10~0.20	—	0.15~0.30	—	≤0.35	≤0.25	≤0.025	≤0.020
A27303	30W4Cr2V	0.26~0.34	0.17~0.37	≤0.40	2.00~2.50	0.50~0.80	4.00~4.50	—	—	≤0.35	≤0.25	≤0.025	≤0.020

注：1. 按需方要求，并在合同中注明，钢中残余铜含量可不大于 0.20%。

2. 40SiMnVBE 为一种专利钢牌号，此牌号的有关技术参数资料在 GB/T 1222—2016 附录中列出，专利钢的使用在标准中有相应的提示，在应用此类钢牌号之前要注意这些提示。

表 1-133 弹簧钢的力学性能及末端淬透性(摘自 GB/T 1222—2016)

1. 室温力学性能

牌号	热处理制度①			力学性能				≥
	淬火温度 /℃	淬火介质	回火温度 /℃	抗拉强度 R_m/MPa	下屈服强度 $R_{eL}^{②}$/MPa	断后伸长率		断面收缩率
						A（%）	$A_{11.3}$（%）	Z（%）
65	840	油	500	980	785	—	9.0	35
70	830	油	480	1030	835	—	8.0	30
80	820	油	480	1080	930	—	6.0	30
85	820	油	480	1130	980	—	6.0	30
65Mn	830	油	540	980	785	—	8.0	30
70Mn	③	—	—	785	450	8.0	—	30
28SiMnB④	900	水或油	320	1275	1180	—	5.0	25
40SiMnVBE④	880	油	320	1800	1680	9.0	—	40
55SiMnVB	860	油	460	1375	1225	—	5.0	30
38Si2	880	水	450	1300	1150	8.0	—	35
60Si2Mn	870	油	440	1570	1375	—	5.0	20
55CrMn	840	油	485	1225	1080	9.0	—	20
60CrMn	840	油	490	1225	1080	9.0	—	20
60CrMnB	840	油	490	1225	1080	9.0	—	20
60CrMnMo	860	油	450	1450	1300	6.0	—	30
55SiCr	860	油	450	1450	1300	6.0	—	25
60Si2Cr	870	油	420	1765	1570	6.0	—	20
56Si2MnCr	860	油	450	1500	1350	6.0	—	25
52SiCrMnNi	860	油	450	1450	1300	6.0	—	35
55SiCrV	860	油	400	1650	1600	5.0	—	35
60Si2CrV	850	油	410	1860	1665	6.0	—	20
60Si2MnCrV	860	油	400	1700	1650	5.0	—	30
50CrV	850	油	500	1275	1130	10.0	—	40
51CrMnV	850	油	450	1350	1200	6.0	—	30
52CrMnMoV	860	油	450	1450	1300	6.0	—	35
30W4Cr2V⑤	1075	油	600	1470	1325	7.0	—	40

注：1. 力学性能试验采用直径 10mm 的比例试样，推荐取留有少许加工余量的试样毛坯（一般尺寸为 11~12mm）

　　2. 对于直径或边长小于 11mm 的棒材，用原尺寸钢材进行热处理

　　3. 对于厚度小于 11mm 的扁钢，允许采用矩形试样。当采用矩形试样时，断面收缩率不作为验收条件

① 表中热处理温度允许调整范围为：淬火，±20℃；回火，±50℃（28MnSiB 钢为±30℃）。根据需方要求，其他钢回火可按±30℃进行

② 当检测钢材屈服现象不明显时，可用 $R_{p0.2}$ 代替 R_{eL}

③ 70Mn 的推荐热处理制度为：正火 790℃，允许调整范围为±30℃

④ 典型力学性能参数参见 GB/T 1222—2016 附录 D

⑤ 30W4Cr2V 除抗拉强度外，其他力学性能检验结果供参考，不作为交货依据

(续)

2. 淬透性试验

1）对 55SiMnVB 和 28SiMnB 钢，标准规定应进行末端淬透性试验，距淬火端 9mm 处的最小洛氏硬度值应符合以下规定。如果供方能保证淬透性合格，可不做该项试验

牌号	正火温度/℃	端淬温度/℃	距淬火端 9mm 处的最小硬度值
55SiMnVB	900~930	860±5	52HRC
28SiMnB	880~920	900±20	40HRC

2）根据需方要求，并在合同中注明，其他弹簧钢（55SiMnVB 和 28SiMnB 除外）也可按末端淬火试验方法或 GB/T 5216—2014 附录 A 中规定的 D_I 值计算方法确定末端淬透性。淬透性带的订货方法按 GB/T 5216—2014 中的有关规定执行，具体要求应在合同中注明

3）部分牌号的末端淬透性带如下：

分类	钢牌号	符号	端淬温度/℃	淬透性带范围	\multicolumn{15}{离开淬火端下列距离（mm）处的硬度（HRC）值}
					1.5	3	5	7	9	11	13	15	20	25	30	35	40	45	50
末端淬透性（H 带）	38Si2	+H	880±5	最大	61	58	51	44	40	37	34	32	29	27	26	25	25	25	24
				最小	54	48	38	31	27	24	21	19	—	—	—	—	—	—	—
	56Si2MnCr	+H	850±5	最大	65	65	64	63	62	60	57	54	47	42	39	37	36	36	35
				最小	60	58	55	50	44	40	37	35	32	30	28	26	25	24	24
	51CrMnV	+H	850±5	最大	65	65	64	64	63	63	63	62	62	62	61	60	60	59	58
				最小	57	56	55	54	53	51	50	48	44	41	37	35	34	33	32
	55SiCrV	+H	860±5	最大	67	66	65	63	62	60	57	55	47	43	40	38	37	36	35
				最小	57	56	55	50	44	40	37	35	32	30	26	25	24	24	24
	60Si2MnCrV	+H	860±5	最大	66	65	65	64	63	61	59	57	51	46	42	40	38	38	37
				最小	60	59	57	54	49	45	42	39	35	32	31	30	29	28	28
	52Si2CrMnNi	+H	860±5	最大	63	63	63	62	62	62	61	61	60	59	57	56	54	52	49
				最小	56	56	55	55	54	53	52	51	47	42	38	35	33	31	30
	52CrMnMoV	+H	850±5	最大	67	67	67	67	67	67	67	67	66	66	66	65	65	65	64
				最小	57	56	56	55	53	52	51	50	48	47	46	45	44	44	44
	60CrMnMo	+H	850±5	最大	66	66	66	66	66	65	65	65	64	64	64	64	64	64	64
				最小	57	57	57	57	57	56	56	56	56	55	55	53	53	52	50
末端淬透性（HH 带）	38Si2	+HH	880±5	最大	61	58	51	44	40	37	34	32	29	27	26	25	25	25	24
				最小	56	51	42	35	31	28	25	23	—	—	—	—	—	—	—
	56Si2MnCr	+HH	850±5	最大	65	65	64	63	62	60	57	54	47	42	39	37	36	36	35
				最小	62	60	58	54	50	47	44	41	37	34	32	30	29	28	28
	51CrMnV	+HH	850±5	最大	65	65	64	64	63	63	63	62	62	62	61	60	60	59	58
				最小	60	59	58	57	56	55	54	53	50	48	45	43	43	42	41
	55SiCrV	+HH	860±5	最大	67	66	65	63	62	60	57	55	47	43	40	38	37	36	35
				最小	60	59	58	54	50	47	44	42	37	34	32	30	29	28	28
	60Si2MnCrV	+HH	860±5	最大	66	65	65	64	63	61	59	57	51	46	42	40	38	38	37
				最小	62	61	60	57	54	50	48	45	40	37	35	33	32	31	31
	52Si2CrMnNi	+HH	860±5	最大	63	63	63	62	62	62	61	61	60	59	57	56	54	52	49
				最小	58	58	58	57	57	56	55	54	51	48	44	42	40	38	36
	52CrMnMoV	+HH	850±5	最大	67	67	67	67	67	67	67	67	66	66	66	65	65	65	64
				最小	60	60	60	59	58	57	56	56	54	53	53	52	52	51	51
	60CrMnMo	+HH	850±5	最大	66	66	66	66	66	65	65	65	64	64	64	64	64	64	64
				最小	60	60	60	60	60	59	59	59	58	58	57	57	56	55

（续）

3. 弹簧钢各牌号的用途

牌号	主要用途
65、70、80、85	应用非常广泛，但多用于制造工作温度不高的小型弹簧或不太重要的较大尺寸弹簧及一般机械用的弹簧
65Mn、70Mn	制造各种小截面扁簧、圆簧、发条等，也可制作弹簧环、气门簧、减振器和离合器簧片、刹车簧等
28SiMnB	用于制造汽车钢板弹簧
40SiMnVBE	制作重、中、小型汽车的板簧，也可制作其他中型断面的板簧和螺旋弹簧
55SiMnVB	
38Si2	主要用于制造轨道扣件用弹条
60Si2Mn	应用广泛，主要用于制造各种弹簧，如汽车、机车、拖拉机的板簧、螺旋弹簧，或一般要求的汽车稳定杆、低应力的货车转向架弹簧、轨道扣件用弹条
55CrMn	用于制作汽车稳定杆，也可制作较大规格的板簧、螺旋弹簧
60CrMn	
60CrMnB	适用于制造较厚的钢板弹簧、汽车导向臂等产品
60CrMnMo	制造大型土木建筑、重型车辆、机械等使用的超大型弹簧
60Si2Cr	多用于制造载荷大的重要弹簧、工程机械弹簧等
55SiCr	用于制作汽车悬挂用螺旋弹簧、气门弹簧
56Si2MnCr	一般用于制作冷拉钢丝或淬火并回火钢丝，然后将其制成悬架弹簧，或制作板厚为10~15mm的大型板簧等
52Si2CrMnNi	铬硅锰镍钢，欧洲用于制作载重货车用的大规格稳定杆
55SiCrV	用于制作汽车悬挂用螺旋弹簧、气门弹簧
60Si2CrV	用于制造高强度级别的变截面板簧和货车转向架用螺旋弹簧，也可制造载荷大的重要大型弹簧和工程机械弹簧等
50CrV、51CrMnV	适宜制造工作应力高、疲劳性能要求严格的螺旋弹簧、汽车板簧等，也可制作较大截面的高负荷重要弹簧及工作温度小于300℃的阀门弹簧、活塞弹簧、安全阀弹簧
52CrMnMoV	制作汽车板簧、高速客车的转向架弹簧、汽车导向臂等
60Si2MnCrV	可用于制作大载荷的汽车板簧
30W4Cr2V	主要用于制造工作温度在500℃以下的耐热弹簧，如汽轮机主蒸汽阀弹簧、锅炉安全阀弹簧等

表 1-134　弹簧钢产品的尺寸规格（摘自 GB/T 1222—2016）

1. 热轧棒材尺寸、外形及极限偏差应符合 GB/T 702 中的规定，要求应在合同中注明（公称尺寸不大于 120mm）

2. 锻制棒材尺寸、外形及极限偏差应符合 GB/T 908 中的规定，要求应在合同中注明（公称直径或边长不大于 120mm）

3. 冷拉棒材尺寸、外形及极限偏差应符合 GB/T 905 中的规定，要求应在合同中注明（公称尺寸不大于 120mm）

4. 盘条尺寸及极限偏差应符合 GB/T 14981 中的规定，要求应在合同中注明（公称直径不大于 40mm）

5. 银亮钢尺寸、外形及极限偏差应符合 GB/T 3207 中的规定，要求应在合同中注明

6. 热轧扁钢通常长度为 3000~6000mm，经供需商定，可供应长度大于 6000mm 的扁钢

7. 热轧扁钢尺寸、外形及其极限偏差

（1）热轧扁钢的截面形状分为 3 种：平面半圆弧扁钢（截面形状见图 A）、平面大圆弧扁钢（见图 B）和平面矩形扁钢（见图 C）。具体截面形状应在合同中注明，未注明时则按图 A 供货

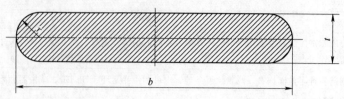

说明：b—扁钢的宽度　t—扁钢的厚度　r—扁钢的侧面圆弧半径（r只在孔型上控制，不作为验收条件。$r \approx 1/2t$）

图 A　平面半圆弧扁钢

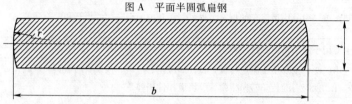

说明：b—扁钢的宽度　t—扁钢的厚度　r—扁钢的侧面圆弧半径（r只在孔型上控制，不作为验收条件。$r \approx 30mm$）

图 B　平面大圆弧扁钢

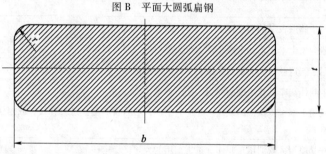

说明：b—扁钢的宽度　t—扁钢的厚度　r—扁钢的圆角半径（r只在孔型上控制，不作为验收条件。$t \leqslant 40mm$，$r \approx 8mm$；$t > 40mm$，$r \approx 12mm$）

图 C　平面矩形扁钢

（2）扁钢截面公称尺寸（宽度 b、厚度 t，单位为 mm）：

平面半圆	b	45	50	55	60	70	75	80	90	100	110	120	130	140	150	160	
弧扁钢	t	5~10	5~20	5~12	5~24	6~30	6~20	5~35	6~40	7~40	7~40	8~40	8~40	9~40	9~40	9~40	
平面大圆	b	60		70		80		90		100		110		120		130	140	150
弧扁钢	t	5~150		5~21		5~24		5~30		6~30		6~30		7~30		8~30	9~30	10~30
平面矩形	b	60		70		80		90		100		110		120		130	140	150
扁钢	t	20~40		20~50		25~60		25~60		25~60		27~60		27~60		30~60	30~60	30~60

厚度 t 尺寸系列：5~60（按 1 进位，为自然整数分级）

（3）热轧扁钢公称尺寸、极限偏差：

类别	公称尺寸/mm	极限偏差/mm		
		宽度 $b \leqslant 50$	宽度 $50 < b \leqslant 100$	宽度 $100 < b \leqslant 160$
厚度 t	$t \leqslant 7$	±0.15	±0.18	±0.30
	$7 < t \leqslant 12$	±0.20	±0.25	±0.35
	$12 < t \leqslant 20$	±0.25	+0.25 −0.30	±0.40
	$20 < t \leqslant 30$	—	±0.35	±0.40
	$30 < t \leqslant 40$	—	±0.40	±0.45
	$t > 40$	—	±0.45	±0.50
宽度 b	$b \leqslant 50$	±0.55		
	$50 < b \leqslant 100$	±0.70		
	$100 < b \leqslant 120$	±0.80		
	$120 < b \leqslant 160$	±1.00		

表1-135 弹簧钢（GB/T 1222—2016）牌号与国内外标准牌号对照（摘自 GB/T 1222—2016）

GB/T 1222—2016	GB/T 33164.1	GB/T 33164.2	YB/T 5365	GB/T 3279	ISO 683-14	EN 10089	JISG 4801
65	—	—	—	—	—	—	(SUP2)
70	—	—	—	—	—	—	—
80	—	—	—	—	—	—	—
85	—	—	—	85	—	—	(SUP3)
65Mn	—	—	65Mn	65Mn	—	—	—
70Mn	—	—	70Mn	—	—	—	—
28SiMnB	28SiMnB	—	—	—	—	—	—
40SiMnVBE	—	—	—	—	—	—	—
55SiMnVB	55SiMnVB	—	—	—	—	—	—
38Si2	—	—	—	—	38Si7	38Si7	—
60Si2Mn	60Si2Mn	60Si2Mn	60Si2MnA	60Si2Mn/60Si2MnA	—	—	SUP6
55CrMn	55CrMn	55CrMn	—	—	55Cr3	55Cr3	SUP9
60CrMn	60CrMn	60CrMn	—	—	60Cr3	60Cr3	SUP9A
60CrMnB	60CrMnB	—	—	—	—	—	SUP11A
60CrMnMo	60CrMnMo	—	—	—	60CrMo3-3	60CrMo3-3	SUP13
55SiCr	—	55SiCr	55SiCrA	—	55SiCr6-3	54SiCr6	—
60Si2Cr	—	60Si2Cr	60Si2CrA	—	—	—	—
56Si2MnCr	—	—	—	—	—	56SiCr7	—
52Si2CrMnNi	—	—	—	—	—	52SiCrNi5	—
55SiCrV	55SiCrV	55SiCrV	—	—	—	54SiCrV6	—
60Si2CrV	60Si2CrV	—	60Si2CrVA	60Si2CrV/60Si2CrVA	—	60SiCrV7	—
60Si2MnCrV	—	—	—	—	—	—	—
50CrV	50CrV	50CrV	50CrVA	50CrVA	—	—	—
51CrMnV	51CrMnV	51CrMnV	—	—	—	51CrV4	SUP10
52CrMnMoV	52CrMnMoV	52CrMnMoV	—	—	52CrMoV4	52CrMoV4	—
30W4Cr2V	—	—	—	—	—	—	—

1.7.9 冷镦和冷挤压用钢（见表 1-136～表 1-144）

表 1-136 冷镦和冷挤压用钢的分类、牌号表示方法及尺寸规格的规定（摘自 GB/T 6478—2015）

分类和牌号 表示方法	1. 非热处理型 2. 表面硬化型 3. 调质型（包括含硼钢） 上述三类钢的牌号由代表"铆螺"的汉语拼音字母"ML"、平均碳含量与合金元素含量三部分组成，如 ML20MnTiB，其中： ML——"铆螺"汉语拼音首字母； 20——平均碳含量（以万分之几计）； Mn、Ti、B——合金元素 4. 非调质型 钢的牌号由代表"铆"汉语拼音第一个首字母"M"、"非调质"汉语拼音前两个首字母"FT"、紧固件强度级别数字三部分组成，如 MFT8，其中： M——"铆"汉语拼音第一个首字母 FT——"非调质"汉语拼音前两个首字母 8——紧固件强度级别数字
尺寸规格 的规定	热轧圆钢公称直径为 12～100mm，其尺寸、外形、质量及极限偏差应符合 GB/T 702 的规定 热轧盘条的公称直径为 5.0～60mm，其尺寸、外形、质量及极限偏差应符合 GB/T 14981—2009 的规定，尺寸和外形极限偏差应按 B 级精度的规定

表 1-137 冷镦和冷挤压用钢牌号及化学成分（摘自 GB/T 6478—2015）

分类	序号	统一数字代号	牌号	化学成分（质量分数，%）										
				C	Si	Mn	P	S	Al_t	B	Cr	Mo	Nb	V
非热处理型	1	U40048	ML04Al	≤0.06	≤0.10	0.20～0.40	≤0.035	≤0.035	≥0.020	—	—	—	—	—
	2	U40068	ML06Al	≤0.08	≤0.10	0.30～0.60	≤0.035	≤0.035	≥0.020	—	—	—	—	—
	3	U40088	ML08Al	0.05～0.10	≤0.10	0.30～0.60	≤0.035	≤0.035	≥0.020	—	—	—	—	—
	4	U40108	ML10Al	0.08～0.13	≤0.10	0.30～0.60	≤0.035	≤0.035	≥0.020	—	—	—	—	—
	5	U40102	ML10	0.08～0.13	0.10～0.30	0.30～0.60	≤0.035	≤0.035		—	—	—	—	—
	6	U40128	ML12Al	0.10～0.15	≤0.10	0.30～0.60	≤0.035	≤0.035	≥0.020	—	—	—	—	—
	7	U40122	ML12	0.10～0.15	0.10～0.30	0.30～0.60	≤0.035	≤0.035		—	—	—	—	—
	8	U40158	ML15Al	0.13～0.18	≤0.10	0.30～0.60	≤0.035	≤0.035	≥0.020	—	—	—	—	—
	9	U40152	ML15	0.13～0.18	0.10～0.30	0.30～0.60	≤0.035	≤0.035		—	—	—	—	—
	10	U40208	ML20Al	0.18～0.23	≤0.10	0.30～0.60	≤0.035	≤0.035	≥0.020	—	—	—	—	—
	11	U40202	ML20	0.18～0.23	0.10～0.30	0.30～0.60	≤0.035	≤0.035		—	—	—	—	—

（续）

分类	序号	统一数字代号	牌号	化学成分（质量分数,%）										
				C	Si	Mn	P	S	Al$_t$	B	Cr	Mo	Nb	V
表面硬化型	1	U41188	ML18Mn	0.15~0.20	≤0.10	0.60~0.90	≤0.030	≤0.035	≥0.020	—	—	—	—	—
	2	U41208	ML20Mn	0.18~0.23	≤0.10	0.70~1.00	≤0.030	≤0.035	≥0.020	—	—	—	—	—
	3	A20154	ML15Cr	0.13~0.18	0.10~0.30	0.60~0.90	≤0.035	≤0.035	≥0.020	—	0.90~1.20	—	—	—
	4	A20204	ML20Cr	0.18~0.23	0.10~0.30	0.60~0.90	≤0.035	≤0.035	≥0.020	—	0.90~1.20	—	—	—
非调质型	1	L27208	MFT8	0.16~0.26	≤0.30	1.20~1.60	≤0.025	≤0.015	—	—	—	—	≤0.10	≤0.08
	2	L27228	MFT9	0.18~0.26	≤0.30	1.20~1.60	≤0.025	≤0.015	—	—	—	—	≤0.10	≤0.08
	3	L27128	MFT10	0.08~0.14	0.20~0.35	1.90~2.30	≤0.025	≤0.015	—	—	—	—	≤0.20	≤0.10
调质型	1	U40252	ML25	0.23~0.28	0.10~0.30	0.30~0.60	≤0.025	≤0.025	—	—	—	—	—	—
	2	U40302	ML30	0.28~0.33	0.10~0.30	0.60~0.90	≤0.025	≤0.025	—	—	—	—	—	—
	3	U40352	ML35	0.33~0.38	0.10~0.30	0.60~0.90	≤0.025	≤0.025	—	—	—	—	—	—
	4	U40402	ML40	0.38~0.43	0.10~0.30	0.60~0.90	≤0.025	≤0.025	—	—	—	—	—	—
	5	U40452	ML45	0.43~0.48	0.10~0.30	0.60~0.90	≤0.025	≤0.025	—	—	—	—	—	—
	6	L20151	ML15Mn	0.14~0.20	0.10~0.30	1.20~1.60	≤0.025	≤0.025	—	—	—	—	—	—
	7	U41252	ML25Mn	0.23~0.28	0.10~0.30	0.60~0.90	≤0.025	≤0.025	—	—	—	—	—	—
	8	A20304	ML30Cr	0.28~0.33	0.10~0.30	0.60~0.90	≤0.025	≤0.025	—	—	0.90~1.20	—	—	—
	9	A20354	ML35Cr	0.33~0.38	0.10~0.30	0.60~0.90	≤0.025	≤0.025	—	—	0.90~1.20	—	—	—
	10	A20404	ML40Cr	0.38~0.43	0.10~0.30	0.60~0.90	≤0.025	≤0.025	—	—	0.90~1.20	—	—	—
	11	A20454	ML45Cr	0.43~0.48	0.10~0.30	0.60~0.90	≤0.025	≤0.025	—	—	0.90~1.20	—	—	—
	12	A30204	ML20CrMo	0.18~0.23	0.10~0.30	0.60~0.90	≤0.025	≤0.025	—	—	0.90~1.20	0.15~0.30	—	—

（续）

分类	序号	统一数字代号	牌号	化学成分（质量分数，%）										
				C	Si	Mn	P	S	Al_t	B	Cr	Mo	Nb	V
调质型	13	A30254	ML 25CrMo	0.23~0.28	0.10~0.30	0.60~0.90	≤0.025	≤0.025	—	—	0.90~1.20	0.15~0.30	—	—
	14	A30304	ML 30CrMo	0.28~0.33	0.10~0.30	0.60~0.90	≤0.025	≤0.025	—	—	0.90~1.20	0.15~0.30	—	—
	15	A30354	ML 35CrMo	0.33~0.38	0.10~0.30	0.60~0.90	≤0.025	≤0.025	—	—	0.90~1.20	0.15~0.30	—	—
	16	A30404	ML 40CrMo	0.38~0.43	0.10~0.30	0.60~0.90	≤0.025	≤0.025	—	—	0.90~1.20	0.15~0.30	—	—
	17	A30454	ML 45CrMo	0.43~0.48	0.10~0.30	0.60~0.90	≤0.025	≤0.025	—	—	0.90~1.20	0.15~0.30	—	—
含硼调质型	1	A70204	ML20B	0.18~0.23	0.10~0.30	0.60~0.90	≤0.025	≤0.025	·	·	·	·		
	2	A70254	ML25B	0.23~0.28	0.10~0.30	0.60~0.90	≤0.025	≤0.025	·	·	·	·		
	3	A70304	ML30B	0.28~0.33	0.10~0.30	0.60~0.90	≤0.025	≤0.025	≥0.020	·	·	·		
	4	A70354	ML35B	0.33~0.38	0.10~0.30	0.60~0.90	≤0.025	≤0.025	·	·	·	·		
	5	A71154	ML 15MnB	0.14~0.20	0.10~0.30	1.20~1.60	≤0.025	≤0.025	—	0.0008~0.0035	·	·		
	6	A71204	ML 20MnB	0.18~0.23	0.10~0.30	0.80~1.10	≤0.025	≤0.025	—	0.0008~0.0035	·	·		
	7	A71254	ML 25MnB	0.23~0.28	0.10~0.30	0.90~1.20	≤0.025	≤0.025	—	—	—	—		
	8	A71304	ML 30MnB	0.28~0.33	0.10~0.30	0.90~1.20	≤0.025	≤0.025	—	—	—	—		
	9	A71354	ML 35MnB	0.33~0.38	0.10~0.30	1.10~1.40	≤0.025	≤0.025	—	—	—	—		
	10	A71404	ML 40MnB	0.38~0.43	0.10~0.30	1.10~1.40	≤0.025	≤0.025	—	—	—	—		
	11	A20374	ML 37CrB	0.34~0.41	0.10~0.30	0.50~0.80	≤0.025	≤0.025	—	—	0.20~0.40	—		
	12	A73154	ML 15MnVB	0.13~0.18	0.10~0.30	1.20~1.60	≤0.025	≤0.025	—	—	—	—	Nb	0.07~0.12
	13	A73204	ML 20MnVB	0.18~0.23	0.10~0.30	1.20~1.60	≤0.025	≤0.025	—	—	—	—	—	0.07~0.12
	14	A74204	ML 20MnTiB	0.18~0.23	0.10~0.30	1.30~1.60	≤0.025	≤0.025	—	—	—	Ti0.04~0.10	—	—

注：1. "非热处理型"中序号4~11八个牌号也适于表面硬化型钢。

2. "非调质型"根据不同强度级别和不同规格的要求，可添加 Cr、B 等其他元素。

3. "非热处理型""表面硬化型""含硼调质型"当测定酸溶铝 Al_s 时，$Al_s ≥ 0.015\%$。

4. 经供需双方协商，"含硼调质型"的硅含量下限可低于 0.10%。

5. 如果淬透性和力学性能能满足要求，"含硼调质型"的硼含量下限可放宽到 0.0005%。

表 1-138 非热处理型冷镦和冷挤压用钢热轧状态钢材的力学性能(摘自 GB/T 6478—2015)

统一数字代号	牌号	抗拉强度 R_m/MPa ≤	断面收缩率 Z（%）≥
U40048	ML04Al	440	60
U40088	ML08Al	470	60
U40108	ML10Al	490	55
U40158	ML15Al	530	50
U40152	ML15	530	50
U40208	ML20Al	580	45
U40202	ML20	580	45

注：表中未列牌号钢材的力学性能按供需双方协议。未规定时，供方报实测值，并在质量证明书中注明。

表 1-139 退火状态交货的表面硬化型和调质型钢材的力学性能(摘自 GB/T 6478—2015)

类型	统一数字代号	牌号	抗拉强度 R_m/MPa ≤	断面收缩率 Z（%）≥
表面硬化型	U40108	ML10Al	450	65
	U40158	ML15Al	470	64
	U40152	ML15	470	64
	U40208	ML20Al	490	63
	U40202	ML20	490	63
	A20204	ML20Cr	560	60
调质型	U40302	ML30	550	59
	U40352	ML35	560	58
	U41252	ML25Mn	540	60
	A20354	ML35Cr	600	60
	A20404	ML40Cr	620	58
含硼调质型	A70204	ML20B	500	64
	A70304	ML30B	530	62
	A70354	ML35B	570	62
	A71204	ML20MnB	520	62
	A71354	ML35MnB	600	60
	A20374	ML37CrB	600	60

注：表中未列牌号钢材的力学性能按供需双方协议。未规定时，供方报实测值，并在质量证明书中注明。

　　钢材直径大于 12mm 时，断面收缩率可降低 2%（绝对值）。

表 1-140　热轧状态交货的非调质型钢材的力学性能（摘自 GB/T 6478—2015）

统一数字代号	牌号	抗拉强度 R_m/MPa	断后伸长率 A（%）≥	断面收缩率 Z（%）≥
L27208	MFT8	630~700	20	52
L27228	MFT9	680~750	18	50
L27128	MFT10	≥800	16	48

表 1-141　表面硬化型和调质型（包括含硼钢）钢材的末端淬透性（摘自 GB/T 6478—2015）

统一数字代号	牌号	推荐的淬火温度 /℃	距淬火端部 9mm 处的洛氏硬度 HRC
A20204	ML20Cr	900±5	23~38
A20354	ML35Cr	850±5	35~52
A20404	ML40Cr	850±5	41~58
U40352	ML35	870±5	≥28
A70204	ML20B	880±5	≤37
A70304	ML30B	850±5	22~44
A70354	ML35B	850±5	24~52
A71154	ML15MnB	880±5	≥28
A71204	ML20MnB	880±5	20~41
A71354	ML35MnB	850±5	36~55
A73154	ML15MnVB	880±5	≥30
A73204	ML20MnVB	880±5	≥32
A20374	ML37CrB	850±5	30~54

注：1. 根据需方要求，并在合同中注明，表面硬化型和调质型（包括含硼钢）冷镦和冷挤压用钢可进行末端淬透性试验，并应符合本表规定。

2. 本表未列牌号，供方报实测值，并在质量证明书中注明。

3. 淬透性指数以距离 d 处的洛氏硬度值表示，即为 J_{xx}-d。

4. 公称直径小于 30mm 钢材允许在中间坯上取样进行实测。

表 1-142　冷镦和冷挤压用钢热处理试样的力学性能（摘自 GB/T 6478—2015）

分类	统一数字代号	牌号	规定塑性延伸强度 $R_{p0.2}$/MPa	抗拉强度 R_m/MPa	断后伸长率 A（%）	断面收缩率 Z（%）	热轧状态布氏硬度 HBW
			不小于				不大于
调质型钢材（包括含硼钢）热轧状态硬度及试样的力学性能	U40252	ML25	275	450	23	50	170
	U40302	ML30	295	490	21	50	179
	U40352	ML35	430	630	17	—	187
	U40402	ML40	335	570	19	45	217
	U40452	ML45	355	600	16	40	229
	L20151	ML15Mn	705	880	9	40	—

（续）

分类	统一数字代号	牌号	规定塑性延伸强度 $R_{p0.2}$/MPa	抗拉强度 R_m/MPa	断后伸长率 A（%）	断面收缩率 Z（%）	热轧状态布氏硬度 HBW
			不小于				不大于
调质型钢材（包括含硼钢）热轧状态硬度及试样的力学性能	U41252	ML25Mn	275	450	23	50	170
	A20354	ML35Cr	630	850	14	—	—
	A20404	ML40Cr	660	900	11	—	—
	A30304	ML30CrMo	785	930	12	50	—
	A30354	ML35CrMo	835	980	12	45	—
	A30404	ML40CrMo	930	1080	12	45	—
	A70204	ML20B	400	550	16	—	—
	A70304	ML30B	480	630	14	—	—
	A70354	ML35B	500	650	14	—	—
	A71154	ML15MnB	930	1130	9	45	—
	A71204	ML20MnB	500	650	14	—	—
	A71354	ML35MnB	650	800	12	—	—
	A73154	ML15MnVB	720	900	10	45	207
	A73204	ML20MnVB	940	1040	9	45	—
	A74204	ML20MnTiB	930	1130	10	45	—
	A20374	ML37CrB	600	750	12	—	—
表面硬化型钢材热轧状态的硬度及试样的力学性能	U40108	ML10Al	250	400~700	15		137
	U40158	ML15Al	260	450~750	14		143
	U40152	ML15	260	450~750	14	—	—
	U40208	ML20Al	320	520~820	11		156
	U40202	ML20	320	520~820	11		—
	A20204	ML20Cr	490	750~1100	9		—

注：1. 试样毛坯直径为 25mm；公称直径小于 25mm 的钢材，按钢材实际尺寸。

2. 表中未列牌号，供方报实测值，并在质量证明书中注明。

3. 本表所列的力学性能属于 GB/T 6478—2015 资料性附录，是钢材产品试样经处理后的力学性能，不是交货条件，仅作为 GB/T 6478 标准所列牌号有关力学性能的参考，不作为采购、设计、开发、生产或其他用途的依据，只提供使用者掌握和了解实际所能达到的力学性能。本表各牌号试样推荐的热处理制度参见原标准附录的规定。

表 1-143　冷镦和冷挤压用钢的主要特性及应用举例

牌号	主 要 特 性	应 用 举 例
ML04Al	含碳量很低，具有很高的塑性，冷镦和冷挤压成形性极好	制作铆钉、强度要求不高的螺钉、螺母及自行车用零件等
ML08Al	具有很高的塑性，冷镦和冷挤压性能好	制作铆钉、螺母、螺栓及汽车和自行车用零件
ML10Al	塑性和韧性高，冷镦和冷挤压成形性好，需通过热处理改善可加工性	制作铆钉、螺母、半圆头螺钉、开口销等

（续）

牌号	主 要 特 性	应 用 举 例
ML15Al	具有很好的塑性和韧性,冷镦和冷挤压性能良好	制作铆钉、开口销、弹簧插销、螺钉、法兰盘、摩擦片、农机用链条等
ML15	与 ML15Al 钢基本相同	与 ML15Al 钢基本相同
ML20Al	塑性、韧性好,强度较 ML15 钢稍高,可加工性低,无回火脆性	制作六角螺钉、铆钉、螺栓、弹簧座、固定销等
ML20	与 ML20Al 钢基本相同	与 ML20Al 钢基本相同
ML18Mn	特性与 ML15 钢相似,但淬透性、强度、塑性均较之有所提高	制作螺钉、螺母、铰链、销、套圈等
ML22Mn	与 ML18Mn 钢基本相近	与 ML18Mn 钢基本相近
ML20Cr	冷变形塑性好,无回火脆性,可加工性尚好	制作螺栓、活塞销等
ML25	冷变形塑性高,无回火脆性倾向	制作螺栓、螺母、螺钉、垫圈等
ML30	具有一定的强度和硬度,塑性较好,在调质处理后可得到较好的综合力学性能	制作螺钉、丝杠、拉杆、键等
ML35	具有一定的强度和良好的塑性,冷变形塑性高,冷镦和冷挤压性较好,淬透性差,在调质状态下使用	制作螺钉、螺母、轴销、垫圈、钩环等
ML40	强度较高,冷变形塑性中等,加工性好,淬透性低,多在正火或调质或高频感应淬火热处理状态下使用	制作螺栓、轴销、链轮等
ML45	具有较高的强度、一定的塑性和韧性,进行球化退火热处理后具有较好的冷变形塑性,在调质处理后可获得很好的综合力学性能	制作螺栓、活塞销等
ML15Mn	高锰低碳调质型冷镦和冷挤压用钢,强度较高,冷变形塑性尚好	制作螺栓、螺母、螺钉等
ML25Mn	与 ML25 钢相近	与 ML25 钢相近
ML35Cr	具有较高的强度和韧性,淬透性良好,冷变形塑性中等	制作螺栓、螺母、螺钉等
ML40Cr	调质处理后具有良好的综合力学性能,缺口敏感性低,淬透性良好,冷变形塑性中等,经球化热处理后具有好的冷镦性能	制作螺栓、螺母、连杆螺钉等
ML30CrMo	具有高的强度和韧性,在温度低于 500℃时具有良好的高温强度,淬透性较高,冷变形塑性中等,在调质状态下使用	用于制造锅炉和汽轮机中工作温度低于 450℃ 的紧固件,工作温度低于 500℃ 高压用的螺母及法兰,通用机械中受载荷大的螺栓、螺柱等
ML35CrMo	具有高的强度和韧性,在高温下有高的蠕变强度和持久强度,冷变形塑性中等	用于制造锅炉中工作温度低于 480℃ 的螺栓,工作温度低于 510℃ 的螺母,轧钢机的连杆、紧固件等
ML40CrMo	具有高的强度和韧性,淬透性较高,有较高的疲劳极限和较强的抗多次冲击能力	用于制造比 ML35CrMo 钢的强度要求更高、断面尺寸较大的螺栓、螺母等零件

（续）

牌号	主要特性	应用举例
ML20B	调质型低碳硼钢，塑性、韧性好，冷变形塑性高	制作螺钉、铆钉、销子等
ML28B	淬透性好，具有良好的塑性、韧性和冷变形成形性能，在调质状态下使用	制作螺钉、螺母、垫片等
ML35B	比 ML35 钢具有更好的淬透性和力学性能，冷变形塑性好，在调质状态下使用	制作螺钉、螺母、轴销等
ML15MnB	调质处理后强度高，塑性好	制作较为重要的螺栓、螺母等零件
ML20MnB	具有一定的强度和良好的塑性，冷变形塑性好	制作螺钉、螺母等
ML35MnB	调质处理后强度较 ML35Mn 钢高，塑性稍低，淬透性好，冷变形塑性尚好	制作螺钉、螺母、螺栓等
ML37CrB	具有良好的淬透性，调质处理后综合性能好，冷塑性变形中等	制作螺钉、螺母、螺栓等
ML20MnTiB	调质后具有高的强度、良好的韧性和低温冲击韧度，晶粒长大倾向小	用于制造汽车、拖拉机的重要螺栓
ML15MnVB	经淬火加低温回火后具有较高的强度、良好的塑性及低温冲击韧度、较低的缺口敏感性，淬透性较好	用于制造高强度的重要螺栓，如汽车用气缸盖螺栓、半轴螺栓、连杆螺栓等
ML20MnVB	具有高强度、高耐磨性及较高的淬透性	用于制造汽车、拖拉机上的螺栓、螺母等

表 1-144　GB/T 6478—2015 标准牌号与国内外牌号对照（摘自 GB/T 6478—2015）

分类	统一数字代号	GB/T 6478—2015	GB/T 6478—2001	ISO 4954：1993	EN 10263-2：2001	JIS G3507-1：2010	ASTM A29/A29M-12
非热处理型	U40048	ML04Al	ML04Al	CC4A	C4C	—	1005
	U40068	ML06Al	—	—	—	SWRCH6A	1006
	U40088	ML08Al	ML08Al	CC8A	C8C	SWRCH8A	1008
	U40108	ML10Al	ML10Al	CC11A	C10C	SWRCH10A	1010
	U40102	ML10	—	CC11A	C10C	SWRCH10K	1010
	U40128	ML12Al	—	—	—	SWRCH12A	1012
	U40122	ML12	—	—	—	SWRCH12K	1012
	U40158	ML15Al	ML15Al	CC15A	C15C	SWRCH15A	1015
	U40152	ML15	ML15	CC15K	C15C	SWRCH15K	1015
	U40208	ML20Al	ML20Al	CC21A	C20C	SWRCH20A	1020
	U40202	ML20	ML20	CC21K	C20C	SWRCH20K	1020
表面硬化型	U41188	ML18Mn	ML18Mn	CE16E4	C17E2C	SWRCH18A	1018
	U41208	ML20Mn	ML22Mn	CE20E4	C17E2C	SWRCH22A	1022
	A20154	ML15Cr	—	—	—	SCr415	5115
	A20204	ML20Cr	ML20Cr	20Cr4E	17Cr3	SCr420	5120

（续）

分类	统一数字代号	GB/T 6478—2015	GB/T 6478—2001	ISO 4954：1993	EN 10263-2：2001	JIS G3507-1：2010	ASTM A29/A29M-12
调质型	U40252	ML25	ML25	—	—	SWRCH25K	1025
	U40302	ML30	ML30Mn	CE28E4	—	SWRCH30K	1030
	U40352	ML35	ML35Mn	CE35E4	C35EC	SWRCH35K	1035
	U40402	ML40	ML40	CE40E4	—	SWRCH40K	1040
	U40452	ML45	ML45	CE45E4	C45EC	SWRCH45K	1045
	U41252	ML25Mn	ML25Mn	CE28E4	—	SWRCH25K	1026
	A20304	ML30Cr	—	—	—	SCr430	5130
	A20354	ML35Cr	ML37Cr	34Cr4E	34Cr4	SCr435	5135
	A20404	ML40Cr	ML40Cr	41Cr4E	41Cr4	SCr440	5140
	A20454	ML45Cr	—	—	—	SCr445	5145
	A30204	ML20CrMo	—	—	—	SCM420	4120
	A30254	ML25CrMo	—	25CrMo4E	25CrMo4	SCM425	—
	A30304	ML30CrMo	ML30CrMo	—	—	SCM430	4130
	A30354	ML35CrMo	ML35CrMo	34CrMo4E	34CrMo4	SCM435	4135
	A30404	ML40CrMo	ML42CrMo	42CrMo4E	42CrMo4	SCM440	4140
	A30454	ML45CrMo	—	—	—	SCM445	4145

分类	统一数字代号	GB/T 6478—2015	GB/T 6478—2001	ISO 4954：1993	EN 10263-4：2001	JIS G3508-1：2010	ASTM A29/A29M-12、ASTM A510/A510M-13
含硼调质型	A70204	ML20B	ML20B	CE20BG1	17B2	SWRCHB223	10B21
	A70254	ML25B	—	—	25B2	SWRCHB526	10B26
	A70304	ML30B	ML28B	CE28B	28B2	SWRCHB331	10B30
	A70354	ML35B	ML35B	CE35B	38B2	SWRCHB234	10B35
	A71154	ML15MnB	ML15MnB	—	17MnB4	SWRCHB620	—
	A71204	ML20MnB	ML20MnB	CE20BG2	20MnB4	SWRCHB320	10B22
	A71254	ML25MnB	—	—	27MnB4、23MnB4	SWRCHB526	—
	A71304	ML30MnB	—	—	30MnB4	SWRCHB331	—
	A71354	ML35MnB	ML35MnB	35MnB5E	37MnB5	SWRCHB734	—
	A71404	ML40MnB	—	—	—	—	—
	A20374	ML37CrB	—	37CrB1E	—	—	—
	A74204	ML20MnTiB	ML20MnTiB	—	—	—	—
	A73154	ML15MnVB	ML15MnVB	—	—	—	—
	A73204	ML20MnVB	ML20MnVB	—	—	—	—

1.7.10 桥梁用结构钢（见表 1-145~表 1-147）

表 1-145 桥梁用结构钢的牌号和钢产品的规格（摘自 GB/T 714—2015）

项目	有 关 说 明
牌号及其化学成分的规定	桥梁用结构钢按交货状态分为： 1. 热轧或正火钢，包括 Q345q、Q370q 2. 热机械轧制钢，包括 Q345q、Q370q、Q420q、Q460q、Q500q 3. 调质钢，包括 Q500q、Q550q、Q620q、Q690q 4. 耐大气腐蚀钢，包括 Q345qNH、Q370qNH、Q420qNH、Q460qNH、Q500qNH、Q550qNH 按交货状态不同，对于各种交货状态牌号的化学成分规定了不同的化学成分，应符合 GB/T 714—2015 的相关规定。质量等级分为 C、D、E、F 级
钢材产品的规格	1. 钢板的尺寸、外形、质量及极限偏差应符合 GB/T 709 的规定（厚度不大于 150mm） 2. 钢带及其剪切钢板的尺寸、外形、质量及极限偏差应符合 GB/T 709 的规定（厚度不大于 25.4mm） 3. 型钢的尺寸、外形、质量及极限偏差应符合 GB/T 706、GB/T 11263 的规定（厚度不大于 40mm） 4. 经供需双方协议，可供应其他尺寸、外形及极限偏差的钢材
特性及应用	桥梁用结构钢采用转炉或电炉冶炼，并应进行炉外精炼，钢质纯净，质量等级高，具有优良的综合性能、较高的强度、良好的韧性，耐疲劳，抗冲击性优良，且有良好的耐大气腐蚀性能和一定的低温韧性，焊接性和加工工艺性均好，是桥梁结构件的专用钢种

表 1-146 桥梁用结构钢钢材的力学性能（摘自 GB/T 714—2015）

牌号	质量等级	拉伸试验[①②]					冲击试验[③]	
		下屈服强度 R_{eL}/MPa			抗拉强度 R_m/MPa	断后伸长率 A（%）	温度 /℃	冲击吸收能量 KV_2/J
		厚度 ≤50mm	50mm<厚度 ≤100mm	100mm<厚度 ≤150mm				
		不小于						不小于
Q345q	C	345	335	305	490	20	0	120
	D						−20	
	E						−40	
Q370q	C	370	360	—	510	20	0	120
	D						−20	
	E						−40	
Q420q	D	420	410	—	540	19	−20	120
	E						−40	
	F						−60	47
Q460q	D	460	450	—	570	18	−20	120
	E						−40	
	F						−60	47
Q500q	D	500	480	—	630	18	−20	120
	E						−40	
	F						−60	47

（续）

牌号	质量等级	拉伸试验[1][2]			抗拉强度 R_m/MPa	断后伸长率 A（%）	冲击试验[3]	
		下屈服强度 R_{eL}/MPa					温度/℃	冲击吸收能量 KV_2/J
		厚度 ≤50mm	50mm<厚度 ≤100mm	100mm<厚度 ≤150mm				
		不小于						不小于
Q550q	D	550	530	—	660	16	−20	120
	E						−40	
	F						−60	47
Q620q	D	620	580	—	720	15	−20	120
	E						−40	
	F						−60	47
Q690q	D	690	650	—	770	14	−20	120
	E						−40	
	F						−60	47

注：牌号示例说明

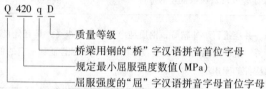

Q 420 q D
　质量等级
　桥梁用钢的"桥"字汉语拼音首位字母
　规定最小屈服强度数值（MPa）
　屈服强度的"屈"字汉语拼音字母首位字母

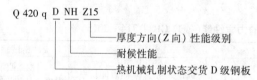

Q 420 q D NH Z15
　厚度方向（Z 向）性能级别
　耐候性能
　热机械轧制状态交货 D 级钢板

① 当屈服不明显时，可测量 $R_{p0.2}$ 代替下屈服强度。

② 拉伸试验取横向试样。

③ 冲击试验取纵向试样。

表 1-147　桥梁结构用钢国内外标准牌号对照（摘自 GB/T 714—2015）

GB/T 714—2015	ASTM A709：2011	EN 10025-3：2004	EN 10025-4：2004	EN 10025-6：2004（2009）
Q345q	50［345］ 50W［345W］ HPS 50W［HPS 345W］	S355N、S355NL	S355M、S355ML	—
Q370q	—	—	—	—
—	—	—	—	—
Q420q	—	S420N、S420NL	S420M、S420ML	—
Q460q	HPS 70W［HPS 485W］	S460N、S460NL	S460M、S460ML	S460Q、S460QL、S460QL1
Q500q	—	—	—	S500Q、S500QL、S500QL1
Q550q	—	—	—	S550Q、S550QL、S550QL1
Q620q	—	—	—	S620Q、S620QL、S620QL1
Q690q	HPS 100W［HPS 690W］	—	—	S690Q、S690QL、S690QL1

1.7.11 锻件用结构钢（见表1-148）

表1-148 锻件用结构钢的牌号、化学成分和力学性能（摘自 GB/T 32289—2015 和 GB/T 17107—1997）

(1) 锻件用碳素结构钢、优质碳素结构钢牌号、化学成分和试样力学性能（摘自 GB/T 17107—1997）

牌号	化学成分（质量分数，%）											热处理状态	截面尺寸（直径或厚度）/mm	试样方向	力学性能					
	C	Si	Mn	Cr	Ni	Mo	V	S	P	Cu				R_m/MPa	R_{eL}/MPa	A_5(%)	Z(%)	KU/J	硬度 HBW
														不小于					
Q235	0.14~0.22	≤0.30	0.30~0.65	≤0.30	≤0.30	—	—	≤0.050	≤0.045	≤0.30	—	≤100	纵向	330	210	23	—	—	—
												100~300	纵向	320	195	22	43	—	—
												300~500	纵向	310	185	21	38	—	—
												500~700	纵向	300	175	20	38	—	—
15	0.12~0.19	0.17~0.37	0.35~0.65	≤0.25	≤0.25	—	—	≤0.035	≤0.035	≤0.25	正火+回火	≤100	纵向	320	195	27	55	47	97~143
												100~300	纵向	310	165	25	50	47	97~143
												300~500	纵向	300	145	24	45	43	97~143
20	0.17~0.24	0.17~0.37	0.35~0.65	≤0.25	≤0.25	—	—	≤0.035	≤0.035	≤0.25	正火或正火+回火	≤100	纵向	340	215	24	50	43	103~156
												100~250	纵向	330	195	23	45	39	103~156
												250~500	纵向	320	185	22	40	39	103~156
												500~1000	纵向	300	175	20	35	35	103~156
25	0.22~0.30	0.17~0.37	0.50~0.80	≤0.25	≤0.25	—	—	≤0.035	≤0.035	≤0.25	正火或正火+回火	≤100	纵向	420	235	22	50	39	112~170
												100~250	纵向	390	215	20	48	31	112~170
												250~500	纵向	380	205	18	40	31	112~170
30	0.27~0.35	0.17~0.37	0.50~0.80	≤0.25	≤0.25	—	—	≤0.035	≤0.035	≤0.25	正火或正火+回火	≤100	纵向	470	245	19	48	31	126~179
												100~300	纵向	460	235	19	46	27	126~179
												300~500	纵向	450	225	18	40	27	126~179
												500~800	纵向	440	215	17	35	28	126~179

（续）

牌号	化学成分（质量分数，%）										热处理状态	截面尺寸（直径或厚度）/mm	试样方向	力学性能（不小于）					硬度 HBW
	C	Si	Mn	Cr	Ni	Mo	V	S	P	Cu				R_m/MPa	R_{eL}/MPa	A_5（%）	Z（%）	KU/J	
35	0.32~0.40	0.17~0.37	0.50~0.80	≤0.25	≤0.25	—	—	≤0.035	≤0.035	≤0.25	正火或正火+回火	≤100	纵向	510	265	18	43	28	149~187
												100~300	纵向	490	255	18	40	24	149~187
												300~500	纵向	470	235	17	37	24	143~187
												500~750	纵向	450	225	16	32	20	137~187
												750~1000	纵向	430	215	15	28	20	137~187
											调质	≤100	纵向	550	295	19	48	47	156~207
												100~300	纵向	530	275	18	40	39	156~207
											正火+回火	100~300	切向	470	245	13	30	20	—
												300~500	切向	450	225	12	28	20	—
												500~750	切向	430	215	11	24	16	—
												750~1000	切向	410	205	10	22	16	—
40	0.37~0.45	0.17~0.37	0.50~0.80	≤0.25	≤0.25	—	—	≤0.035	≤0.035	≤0.25	正火+回火	≤100	纵向	550	275	17	40	24	143~207
												100~250	纵向	530	265	17	36	24	143~207
												250~500	纵向	510	255	16	32	20	143~207
												500~1000	纵向	490	245	15	30	20	143~207
											调质	≤100	纵向	615	340	18	40	39	196~241
												100~250	纵向	590	295	17	35	31	189~229
												250~500	纵向	560	275	17	—	—	163~219

（续）

牌号	化学成分（质量分数,%）										热处理状态	截面尺寸（直径或厚度）/mm	试样方向	力学性能（不小于）					硬度 HBW
	C	Si	Mn	Cr	Ni	Mo	V	S	P	Cu				R_m/MPa	R_{eL}/MPa	A_5/(%)	Z/(%)	KU/J	
45	0.42~0.50	0.17~0.37	0.50~0.80	≤0.25	≤0.25	—	—	≤0.035	≤0.035	≤0.25	正火或正火+回火	≤100	纵向	590	295	15	38	23	170~217
												100~300	纵向	570	285	15	35	19	163~217
												300~500	纵向	550	275	14	32	19	163~217
												500~1000	纵向	580	265	13	30	15	156~217
											调质	≤100	纵向	630	370	17	40	31	207~302
												100~250	纵向	590	345	18	35	31	197~286
												250~500	纵向	590	345	17	—	—	187~255
											正火+回火	100~300	切向	540	275	10	25	16	—
												300~500	切向	520	265	10	23	16	—
												500~750	切向	500	255	9	21	12	—
												750~1000	切向	480	245	8	20	12	—
50	0.47~0.55	0.17~0.37	0.50~0.80	≤0.25	≤0.25	—	—	≤0.035	≤0.035	≤0.25	正火+回火	≤100	纵向	610	310	13	35	23	—
												100~300	纵向	590	295	12	33	19	—
												300~500	纵向	570	285	12	30	19	—
												500~750	纵向	550	265	12	28	15	—
											调质	≤16	纵向	700	500	14	30	31	—
												16~40	纵向	650	430	16	35	31	—
												40~100	纵向	630	370	17	40	31	—
												100~250	纵向	590	345	17	35	31	—
												250~500	纵向	590	345	17	—	—	—
55	0.52~0.60	0.17~0.37	0.50~0.80	≤0.25	≤0.25	—	—	≤0.035	≤0.035	≤0.25	正火+回火	≤100	纵向	645	320	12	35	23	187~229
												100~300	纵向	625	310	11	28	19	187~229
												300~500	纵向	610	305	10	22	19	187~229

（续）

（2）锻件用合金结构钢牌号、化学成分和力学性能（摘自 GB/T 17107—1997）

牌号	化学成分（质量分数，%）								热处理状态	截面尺寸（直径或厚度）/mm	试样方向	力学性能					硬度 HBW
	C	Si	Mn	Cr	Ni	Mo	V	其他				R_m/MPa	R_{eL}/MPa	A_5/(%)	Z/(%)	KU/J	
												不小于					
30Mn2	0.27~0.34	0.17~0.37	1.40~1.80	—	—	—	—	—	调质	≤100	纵向	685	440	15	50	—	—
										100~300	纵向	635	410	16	45	—	—
35Mn2	0.32~0.39	0.17~0.37	1.40~1.80	—	—	—	—	—	正火+回火	≤100	纵向	620	315	18	45	—	207~241
										100~300	纵向	580	295	18	43	23	207~241
									调质	≤100	纵向	745	590	16	50	47	229~269
										100~300	纵向	690	490	16	45	47	229~269
45Mn2	0.42~0.49	0.17~0.37	1.40~1.80	—	—	—	—	—	正火+回火	≤100	纵向	690	355	16	38	—	187~241
										100~300	纵向	670	335	15	35	—	187~241
35SiMn	0.32~0.40	1.10~1.40	1.10~1.40	—	—	—	—	—	调质	≤100	纵向	785	510	15	45	47	229~286
										100~300	纵向	735	440	14	35	39	265~271
										300~400	纵向	685	390	13	30	35	215~255
										400~500	纵向	635	375	11	28	31	196~255
42SiMn	0.39~0.45	1.10~1.40	1.10~1.40	—	—	—	—	—	调质	≤100	纵向	785	510	15	45	31	229~286
										100~200	纵向	735	460	14	35	23	217~269
										200~300	纵向	685	440	13	30	23	217~255
										300~500	纵向	635	375	10	28	20	196~255
15Cr	0.12~0.18	0.17~0.37	0.40~0.70	0.70~1.00	—	—	—	—	正火+回火	≤100	纵向	390	195	26	50	39	111~156
										100~300	纵向	390	195	23	45	35	111~156
20Cr	0.18~0.24	0.17~0.37	0.50~0.80	0.70~1.00	—	—	—	—	正火+回火	≤100	纵向	430	215	19	40	31	123~179
										100~300	纵向	430	215	18	35	31	123~167
									调质	≤100	纵向	470	275	20	40	35	137~179
										100~300	纵向	470	245	19	40	31	137~197

（续）

牌号	化学成分（质量分数，%）C	Si	Mn	Cr	Ni	Mo	V	其他	热处理状态	截面尺寸（直径或厚度）/mm	试样方向	R_m/MPa	R_{eL}/MPa	A_5(%)	Z(%)	KU/J	硬度 HBW
												力学性能（不小于）					
30Cr	0.27~0.34	0.17~0.37	0.50~0.80	0.80~1.10	—	—	—	—	调质	≤100	纵向	615	395	17	40	43	187~229
35Cr	0.32~0.39	0.17~0.37	0.50~0.80	0.80~1.10	—	—	—	—	调质	100~300	纵向	615	395	15	35	39	187~229
40Cr	0.37~0.44	0.17~0.37	0.50~0.80	0.80~1.10	—	—	—	—	调质	≤100	纵向	735	540	15	45	39	241~286
										100~300	纵向	685	490	14	45	31	241~286
										300~500	纵向	685	440	10	35	23	229~269
										500~800	纵向	590	345	8	30	16	217~255
50Cr	0.47~0.54	0.17~0.37	0.50~0.80	0.80~1.10	—	—	—	—	调质	≤100	纵向	835	540	10	40	—	241~286
										100~300	纵向	785	490	10	40	—	241~286
12CrMo	0.08~0.15	0.17~0.37	0.40~0.70	0.40~0.70	—	0.40~0.55	—	—	正火+回火	≤100	纵向	440	275	20	50	55	≤159
										100~300	纵向	440	275	20	45	55	≤159
15CrMo	0.12~0.18	0.17~0.37	0.40~0.70	0.80~1.10	—	0.40~0.55	—	—	淬火+回火	≤100	切向	440	275	20	—	55	116~179
										100~300	纵向	440	275	20	—	55	116~179
										300~500	切向	430	255	19	—	47	116~179
25CrMo	0.22~0.29	0.17~0.37	0.50~0.80	0.90~1.20	—	0.15~0.30	—	—	调质	17~40	纵向	780	600	14	55	—	—
										40~100	纵向	690	450	15	60	—	—
										100~160	纵向	640	400	16	60	—	—
30CrMo	0.26~0.34	0.17~0.37	0.40~0.70	0.80~1.10	—	0.15~0.25	—	—	调质	≤100	纵向	620	410	16	40	49	196~240
										100~300	纵向	590	390	15	40	44	196~240

(续)

牌号	化学成分（质量分数，%）								热处理状态	截面尺寸（直径或厚度）/mm	试样方向	力学性能（不小于）					硬度 HBW
	C	Si	Mn	Cr	Ni	Mo	V	其他				R_m/MPa	R_{eL}/MPa	A_5/(%)	Z/(%)	KU/J	
35CrMo	0.32~0.40	0.17~0.37	0.40~0.70	0.80~1.10	—	0.15~0.25	—	—	调质	≤100	纵向	735	540	15	45	47	207~269
										100~300	纵向	685	490	15	40	39	207~269
										300~500	纵向	635	440	15	35	31	207~269
										500~800	纵向	590	390	12	30	23	—
										100~300	切向	635	440	11	30	27	—
										300~500	切向	590	390	10	24	24	—
										500~800	切向	540	345	9	20	20	—
42CrMo	0.38~0.45	0.17~0.37	0.50~0.80	0.90~1.20	—	0.15~0.25	—	—	调质	≤100	纵向	900	650	12	50	—	—
										100~160	纵向	800	550	13	50	—	—
										160~250	纵向	750	500	14	55	—	—
										250~500	纵向	690	460	15	—	—	—
										500~750	纵向	590	390	16	—	—	—
50CrMo	0.46~0.54	0.17~0.37	0.50~0.80	0.90~1.20	—	0.15~0.30	—	—	调质	≤100	纵向	900	700	12	50	—	—
										100~160	纵向	850	650	13	50	—	—
										160~250	纵向	800	550	14	50	—	—
										250~500	纵向	740	540	14	—	—	—
										500~750	纵向	690	490	15	—	—	—
20CrMn	0.17~0.22	0.17~0.37	1.10~1.40	1.00~1.30	—	—	—	—	渗碳+淬火+回火	≤30	纵向	980	680	8	35	—	—
										30~63	纵向	790	540	10	35	—	—

（续）

牌号	化学成分（质量分数，%）								热处理状态	截面尺寸（直径或厚度）/mm	力学性能						硬度 HBW
	C	Si	Mn	Cr	Ni	Mo	V	其他			试样方向	R_m/MPa	R_{eL}/MPa	A_5（%）	Z（%）	KU/J	
												不小于					
20CrMnTi	0.17~0.23	0.17~0.37	0.80~1.10	1.00~1.30	—	—	—	Ti 0.04~0.10	调质	≤100	纵向	615	395	17	45	47	—
20CrMnMo	0.17~0.23	0.17~0.37	0.90~1.20	1.10~1.40	—	0.20~0.30	—	—	渗碳+淬火+回火	≤30	纵向	1080	785	7	40	—	—
										30~100	纵向	835	490	15	40	31	—
40CrMnMo	0.37~0.45	0.17~0.37	0.90~1.20	0.90~1.20	—	0.20~0.30	—	—	调质	≤100	纵向	885	735	12	40	39	—
										100~250	纵向	835	640	12	30	39	—
										250~400	纵向	785	530	12	40	31	—
										400~500	纵向	735	480	12	35	23	—
30CrMnSi	0.27~0.34	0.90~1.20	0.80~1.10	0.80~1.10	—	—	—	—	调质	≤100	纵向	735	590	12	35	35	235~293
										100~300	纵向	685	460	13	35	35	228~269
35CrMnSi	0.32~0.39	1.10~1.40	0.80~1.10	1.10~1.40	—	—	—	—	调质	≤100	纵向	785	640	12	35	31	241~293
										100~300	纵向	685	540	12	35	31	223~269
12CrMoV	0.08~0.15	0.17~0.37	0.40~0.70	0.30~0.60	—	0.25~0.35	0.15~0.30	—	正火+回火	≤100	纵向	470	245	22	48	39	143~179
										100~300	纵向	430	215	20	40	39	123~167
12Cr1MoV	0.08~0.15	0.17~0.37	0.40~0.70	0.90~1.20	—	0.25~0.35	0.15~0.30	—	正火+回火	≤100	纵向	440	245	19	50	39	123~167
										100~300	纵向	430	215	19	48	39	123~167
										300~500	纵向	430	215	18	40	35	123~167
										500~800	纵向	430	215	16	35	31	123~167
35CrMoV	0.30~0.38	0.17~0.37	0.40~0.70	1.00~1.30	—	0.20~0.30	0.10~0.20	—	调质	100~200	切向	880	745	12	40	47	—
										200~240	切向	860	705	12	35	47	—

（续）

牌号	化学成分（质量分数,%）								热处理状态	截面尺寸（直径或厚度）/mm	试样方向	力学性能					硬度HBW
	C	Si	Mn	Cr	Ni	Mo	V	其他				R_m/MPa	R_{eL}/MPa	A_5(%)	Z(%)	KU/J	
												不小于					
40CrNi	0.37~0.44	0.17~0.37	0.50~0.80	0.45~0.75	1.00~1.40	—	—	—	调质	≤100	纵向	735	590	14	45	47	223~277
										100~300	纵向	685	540	13	40	39	207~262
										300~500	纵向	635	440	13	35	39	197~235
										500~800	纵向	615	395	11	30	31	187~229
40CrNiMo	0.37~0.44	0.17~0.37	0.50~0.80	0.60~0.90	1.25~1.65	0.15~0.25	—	—	淬火+回火	≤80	纵向	980	835	12	55	78	—
										80~100	纵向	980	835	11	50	74	—
										100~150	纵向	980	835	10	45	70	—
										150~250	纵向	980	835	9	40	66	—
									调质	100~300	纵向	785	640	12	38	39	241~293
										300~500	纵向	685	540	12	33	35	207~262
30Cr2Ni2Mo	0.26~0.34	0.17~0.37	0.30~0.60	1.80~2.20	1.80~2.20	0.30~0.50	—	—	调质	<100	纵向	1100	900	10	45	—	—
										100~160	纵向	1000	800	11	50	—	—
										160~250	纵向	900	700	12	50	—	—
										250~500	纵向	830	635	12		—	—
										500~1000	纵向	780	590	12		—	—
34Cr2Ni2Mo	0.30~0.38	0.17~0.37	0.40~0.70	1.40~1.70	1.40~1.70	0.15~0.30	—	—	调质	≤100	纵向	1000	800	11	50	—	—
										100~160	纵向	900	700	12	55	—	—
										160~250	纵向	800	600	13	55	—	—
										250~500	纵向	740	540	14		—	—
										500~1000	纵向	690	490	15		—	—

（续）

（3）大型锻件用优质碳素结构钢和合金结构钢牌号、化学成分和力学性能（摘自 GB/T 32289—2015）

牌号及化学成分要求和规定	锻件用钢的牌号及化学成分（熔炼分析）应符合 GB/T 699—2015、GB/T 3077—2015 的规定，经供需双方协商，并在合同中注明，也可生产其他牌号的锻材。GB/T 32289—2015 规定的大型一般用途用锻件用钢应经真空脱气处理优质碳素结构钢和合金结构钢成品化学成分的允许偏差应符合 GB/T 32289—2015 的规定
力学性能要求和规定	锻材的交货硬度应符合 GB/T 699、GB/T 3077 的规定，未规定时，提供实测硬度值 按需方要求，经供需双方协商，并在合同中注明，公称尺寸不大于 400mm 的锻材力学性能应符合 GB/T 699—2015、GB/T 3077—2015的规定。公称尺寸大于 400mm 的锻材力学性能允许在改锻成 90～100mm 的试料上取样检验，其结果应符合 GB/T 32289—2015 的规定
尺寸规定	GB/T 32289—2015《大型锻件用优质碳素结构钢和合金结构钢》关于锻材的尺寸及允许偏差引用文件为 GB/T 908《锻制钢棒尺寸、外形、重量及允许偏差》；GB/T 32289 规定的公称直径大于 250mm 且小于等于 1500mm 锻制圆钢，以及厚度大于 250mm 且小于等于 1300mm 锻制方钢，边长大于 250mm 且小于或等于 1700mm 锻制扁钢。剥皮锻材尺寸极限偏差为$^{+3.0}_{0}$mm；公称尺寸不大于 400mm 锻造及磨光锻材尺寸极限偏差应符合 GB/T 908 的规定，公称尺寸大于 400mm 锻造及磨光锻材尺寸极限偏差应符合 GB/T 32289 的规定；锻材交货长度应合同中注明，定尺寸或倍尺交货锻件（端面锯切），其长度极限偏差为$^{+50}_{0}$mm，其他切断方式为$^{+150}_{0}$mm
交货状态	锻材通常以退火状态（A）交货；按需方要求，并在合同中注明，也可以高温回火（T）、正火（N）、正火+回火（N+T）状态交货 按需方要求，并在合同中注明，也可以特殊表面（磨光 SP、剥皮 SF）状态交货 锻材分为热压力加工用钢（UHP）和切削加工用钢（UC）两种，如果在合同中没有注明使用何加工方法，则按切削加工用钢规定的要求处理

注：GB/T 17107《锻件用结构钢牌号和力学性能》适用于冶金、矿山、船舶、工程机械等设备中经整体热处理后取样测定力学性能的一般锻件，不适用于电站设备中高温高速转动的主轴、转子、叶轮和压力容器等锻件。锻件必须在性能热处理后、表面处理前检验力学性能，标准中规定的截面尺寸（直径或厚度）为锻件的截面尺寸、非试样截面尺寸。性能主要检验锻件材料的拉伸、冲击性能和硬度，同时做拉伸、冲击和硬度试验时，也可做拉伸、冲击和硬度试验中的某一项。标准中规定的各牌号化学成分的允许偏差应应符合 GB/T 17107 的规定。

1.7.12　超高强度合金钢锻件（见表 1-149～表 1-152）

表 1-149　超高强度合金钢锻件的牌号及化学成分（摘自 GB/T 32248—2015）

化学成分（质量分数，%）

钢号	C	Mn	P	S	Si	Ni	Cr	Mo	Cu	Ti	V	Co	Al	W	Sn	Nb	N
11	0.23~0.28	≤0.20	≤0.010	≤0.01	≤0.10	2.75~3.25	1.40~1.65	0.80~1.00			0.05~0.10					0.03~0.07	
12	≤0.12	0.60~0.90	≤0.010	≤0.01	0.20~0.35	4.75~5.25	0.40~0.70	0.30~0.65									
12a	≤0.2	0.60~0.90	≤0.015	≤0.015	0.20~0.35	4.75~5.25	0.40~0.70	0.30~0.65			0.05~0.10						
13	0.27~0.33	0.40~0.60	≤0.025	≤0.025	0.20~0.35		0.80~1.10	0.15~0.25			0.05~0.10						
21	0.31~0.38	0.60~0.90	≤0.025	≤0.025	0.20~0.35	1.65~2.00	0.65~0.90	0.30~0.60			0.17~0.23						
22	0.38~0.43	0.60~0.90	≤0.025	≤0.025	0.20~0.35	1.65~2.00	0.70~0.90	0.30~0.60			0.05~0.10						
23	0.45~0.50	0.60~0.90	≤0.015	≤0.015	0.15~0.30	0.40~0.70	0.90~1.20	0.90~1.10			0.08~0.15						
31	0.23~0.28	1.20~1.50	≤0.025	≤0.025	1.30~1.70	1.65~2.00	0.20~0.40	0.35~0.45									
32	0.40~0.45	0.65~0.90	≤0.025	≤0.025	1.45~1.80	1.65~2.00	0.65~0.90	0.35~0.45									
33	0.41~0.46	0.75~1.00	≤0.025	≤0.025	1.40~1.75	1.90~2.25	1.90~2.25	0.45~0.60	≤0.50		0.03~0.08		≤0.05				
41	0.38~0.43	0.20~0.40	≤0.015	≤0.015	0.80~1.00		4.75~5.25	1.20~1.40			0.40~0.60						
51	≤0.15	≤1.00	≤0.025	≤0.025	≤1.00	≤0.75	11.50~13.50	≤0.50	≤0.50				≤0.05	0.90~1.25	≤0.05		
52	0.20~0.25	0.50~1.00	≤0.025	≤0.025	≤0.50	0.50~1.00	11.00~12.50	0.90~1.25		≤0.05	0.20~0.30	≤0.25	≤0.05		≤0.04	

（续）

化学成分（质量分数，%）

钢号	C	Mn	P	S	Si	Ni	Cr	Mo	Cu	Ti	V	Co	Al	W	Sn	Nb	N
53①	≤0.20	≤1.00	≤0.025	≤0.025	≤1.00	1.25~2.50	15.00~17.00										
61①、②	≤0.07	≤1.00	≤0.025	≤0.025	≤1.00	3.00~5.00	15.50~17.50		3.0~5.0								
62①、②	≤0.09	≤1.00	≤0.025	≤0.025	≤1.00	6.50~7.75	16.00~18.00						0.75~1.50				
63①、②	≤0.09	≤1.00	≤0.025	≤0.025	≤0.50	6.50~7.75	14.00~15.25	2.00~2.75					0.75~1.25				
64①、②	0.10~0.15	0.50~1.25	≤0.025	≤0.025	≤0.50	4.00~5.00	15.00~16.00	2.50~3.25								0.15~0.45	0.07~0.13
71①、②	≤0.03	≤0.10	≤0.010	≤0.010	≤0.10	17.00~19.00		3.00~3.50		0.15~0.25		8.00~9.00	0.05~0.15				
72①、②	≤0.03	≤0.10	≤0.010	≤0.010	≤0.10	17.00~19.00		4.60~5.20		0.30~0.50		7.00~8.50	0.05~0.15				
73①、②	≤0.03	≤0.10	≤0.010	≤0.010	≤0.10	18.00~19.00		4.60~5.20		0.50~0.80		8.50~9.50	0.05~0.15				
74①、②	≤0.03	≤0.10	≤0.010	≤0.010	≤0.12	11.50~12.50	4.75~5.25	2.75~3.25		0.05~0.15			0.25~0.40				
75①、②	≤0.03	≤0.10	≤0.010	≤0.010	≤0.12	11.50~12.50	4.75~5.25	2.75~3.25		0.10~0.25			0.35~0.50				
81①、②	0.24~0.30	0.10~0.35	≤0.010	≤0.010	≤0.10	7.00~9.00	0.35~0.60	0.35~0.60			0.06~0.12	3.50~4.50					
82①、②	0.28~0.34	0.10~0.35	≤0.010	≤0.010	≤0.10	7.00~8.50	0.90~1.10	0.90~1.10			0.06~0.12	4.00~5.00					
83①、②	0.42~0.47	0.10~0.35	≤0.010	≤0.010	≤0.10	7.00~8.50	0.20~0.35	0.20~0.35			0.06~0.12	3.50~4.50					
84①、②	0.16~0.23	0.20~0.40	≤0.010	≤0.005	≤0.20	8.50~9.50	0.65~0.85	0.95~1.10			0.06~0.15	4.25~4.75	≤0.02				

①硫和磷的成品分析要求符合本表的要求。
②另加0.06%的钙、0.003%的硼和0.02%的锆。

表 1-150　超高强度合金钢锻件最低力学性能的要求指标（摘自 GB/T 32248—2015）

类别	钢号	规定塑性延伸强度 $R_{p0.2}$ /MPa	抗拉强度（R_m）/MPa	伸长率（A）[1] （%）	断面收缩率（Z）[1] （%）
调质	13, 21, 22, 23, 12, 12a	965	1035	13	40
	13, 21, 22, 23, 11	1100	1210	12	36
	13, 21, 22, 23, 31	1240[2]	1310	10	32
	13, 21, 22, 23	1380[2]	1450	9	28
	22[3], 23, 32, 33	1550[2]	1720	6	25
空气淬火	41	1380[2]	1790	9	30
	41	1550[2]	1930	8	25
马氏体不锈钢	51, 52, 53	965	1210	12	45
	52	1100	1520	10	40
1 号沉淀硬化不锈钢	61	965	1140	12	50
	61	1100	1240	10	45
	61	1240[2]	1380	8	40
2 号沉淀硬化不锈钢	64	965	1140	12	25
	64	1100	1275	10	25
	64	1240[2]	1450	10	25
3 号沉淀硬化不锈钢	62	965	1140	6	25
	62, 63	1100	1240	6	25
	63	1240[2]	1380	6	25
	63	1380[2]	1550	5	25
马氏体时效钢	74	1100	1170	15	65
	75	1240[2]	1310	14	60
	71	1380[2]	1450	12	55
	72	1720[2]	1760	10	45
	73	1895[2]	1930	9	40
其他	81	1240[4]	1310	13	45
	82	1380[4]	1450	10	30
	83[4]	1550[4]	1790	7	20
	83[5]	1720[4]	1930	4	15
	84	1240[4]	1275	14	45

注：供方将锻件固溶热处理并时效处理或调质热处理，其力学性能应符合本表中的规定。如果由需方在机械加工或制造以后进行最终热处理，则应由供方按照需方最终热处理的条件，对样品进行一次热处理并检测性能，以检验锻件是否合格。上述检测的结果应符合本表、表 1-151 和表 1-152 的规定。其他力学性能检测、无损检测、晶粒度、脱碳、断裂韧性、低温性能、高温性能等的各种检测方法及要求参见 GB/T 32248—2015 的相关规定。

[1] 见表 1-152 的注。

[2] 通常要求真空熔炼以达到表中性能。

[3] 需经协商。

[4] 贝氏体。

[5] 马氏体。

表 1-151 室温下不同屈服强度级别钢的夏比 V 型缺口冲击吸收能量值[1]

（摘自 GB/T 32248—2015）　　　　　　　　　　（单位：J）

钢号	屈服强度						
	965MPa	1100MPa	1240[2]MPa	1380[2]MPa	1550[2]MPa	1720[2]MPa	1900[2]MPa
11	—	≥60	—	—	—	—	—
12，12a	≥70	—	—	—	—	—	—
13	≥25	≥15	[3]	—	—	—	—
21	≥45	≥40	≥25	≥20	—	—	—
22	≥40	≥35	≥25	≥20	—	—	—
23	≥45	≥35	≥25	≥20	≥15	—	—
31	—	—	≥35	—	—	—	—
32	—	—	—	—	≥17	—	—
33	—	—	—	—	≥20	—	—
41	—	—	—	≥20	[3]	—	—
51	≥20	—	—	—	—	—	—
52	[3]	[3]	—	—	—	—	—
53	[3]	—	—	—	—	—	—
61	≥35	—	[3]	—	—	—	—
62	[3]	[3]	—	—	—	—	—
63	[3]	[3]	[3]	—	—	—	—
64	≥35	≥20	≥20	—	—	—	—
71	—	—	—	≥45	—	—	—
72	—	—	—	—	—	≥25	—
73	—	—	—	—	—	—	≥20
74	—	≥80	≥70	—	—	—	—
81	—	—	≥35	—	—	—	—
82	—	—	—	≥25	—	—	—
83	—	—	—	—	≥20	≥15	—
84	—	—	≥35	—	—	—	—

① 见表 1-152 注。

② 通常要求真空熔炼以达到表中性能。

③ 需经协商。

表 1-152　不同屈服强度级别钢的最大退火硬度（HBW）和截面尺寸

（摘自 GB/T 32248—2015）

钢号	最大退火硬度 HBW	屈服强度						
		965MPa	1100MPa	1240MPa	1380MPa	1550MPa	1720MPa	1900MPa
		截面尺寸/mm						
11	321	—	165	—	—	—	—	—
12，12a	—	100	—	—	—	—	—	—
13	229	25	25	25	—	—	—	—
21	285	115	115	100	100	—	—	—
22	302	115	115	100	100	90	—	—
23	302	200	200	200	200	200	—	—
31	262	—	—	75	—	—	—	—
32	302	—	—	—	—	140	—	—
33	302	—	—	—	—	50	—	—
41	235	—	—	—	150	150	—	—
51	197	50	—	—	—	—	—	—
52	255	50	50	—	—	—	—	—
53	285	100	—	—	—	—	—	—
61	375	200	200	25	—	—	—	—
62	207	150	150	—	—	—	—	—
63	241	—	150	150	150	—	—	—
64	321	150	150	150	—	—	—	—
71	321	—	—	—	300	—	—	—
72	321	—	—	—	—	—	300	—
73	321	—	—	—	—	—	—	300
74	321	—	300	—	—	—	—	—
75	321	—	—	300	—	—	—	—
81	341	—	—	150	—	—	—	—
82	341	—	—	—	125	—	—	—
83	341	—	—	—	—	75	75	—
84	341	—	—	150	—	—	—	—

注：表 1-150、表 1-151 和本表列出了各种钢号和最大截面尺寸，在此条件下，在最大工作方向上深度为厚度的 1/4 处，屈服强度通常能够达到规定水平。由于锻件外形偏差和加工原因，表 1-150 和表 1-151 中所列延展性能和冲击强度总能在这种深度下获得。除非另有规定，表中所列数据为最小值。

1.7.13 渗氮钢（见表 1-153～表 1～157）

表 1-153 渗氮钢的牌号、统一数字代号及化学成分（摘自 GB/T 37618—2019）

序号	统一数字代号	牌号	化学成分（质量分数，%）								
			C	Si	Mn	Cr	Mo	Ni	Al	V
1	A30241	24Cr3Mo	0.20～0.27	0.17～0.37	0.40～0.70	3.00～3.5	0.50～0.70	≤0.30	—	—
2	A30321	32Cr3Mo	0.28～0.35	0.17～0.37	0.40～0.70	2.80～3.3	0.30～0.50	≤0.30	—	—
3	A30081	08Cr4Mo	0.04～0.12	0.17～0.37	0.85～1.20	3.7～4.3	0.40～0.60	≤0.30	—	—
4	A34401	40CrMnMo	0.37～0.45	0.17～0.37	0.90～1.20	0.90～1.20	0.20～0.30	≤0.30	—	—
5	A31151	15Cr1MoV[①] （15Cr1Mo1V）	0.13～0.18	0.17～0.37	0.80～1.10	1.20～1.50	0.80～1.10	≤0.30	—	0.20～0.30
6	A31201	20Cr1MoV	0.16～0.24	0.17～0.37	0.40～0.80	1.20～1.50	0.65～0.80	≤0.30	≤0.30	0.25～0.35
7	A31311	31Cr3MoV	0.27～0.34	0.17～0.37	0.40～0.70	2.30～2.70	0.15～0.25	≤0.30	—	0.10～0.20
8	A31331	33Cr3MoV	0.29～0.36	0.17～0.37	0.40～0.70	2.80～3.3	0.70～1.00	≤0.30	—	0.15～0.25
9	A31401	40Cr3MoV	0.36～0.43	0.17～0.37	0.40～0.70	3.00～3.5	0.80～1.10	≤0.30	—	0.15～0.25
10	A33321	32Cr2MoAl	0.28～0.35	0.17～0.37	0.40～0.70	1.50～1.80	0.20～0.40	≤0.30	0.80～1.20	—
11	A33341	34CrMoAl	0.30～0.37	0.17～0.37	0.40～0.70	1.00～1.30	0.15～0.25	≤0.30	0.80～1.20	—
12	A33381	38CrMoAl	0.35～0.42	0.20～0.45	0.30～0.60	1.35～1.65	0.15～0.25	≤0.30	0.70～1.10	—
13	A33411	41Cr2MoAl	0.38～0.45	0.17～0.37	0.40～0.70	1.50～1.80	0.20～0.35	≤0.30	0.80～1.20	—
14	A33451	45Cr1MoAl	0.40～0.50	0.17～0.37	0.30～0.60	1.30～1.70	0.15～0.30	≤0.30	0.70～1.20	—
15	A57241	24CrNi3MoAl	0.22～0.27	0.17～0.37	0.50～0.70	1.00～1.35	0.20～0.30	3.25～3.75	0.95～1.30	—
16	A57341	34Cr2NiMoAl	0.30～0.37	0.17～0.37	0.40～0.70	1.50～1.80	0.15～0.25	0.85～1.15	0.80～1.20	—

① 此牌号用两种形式表示均可。

表1-154 渗氮钢的力学性能（摘自 GB/T 37618—2019）

序号	统一数字代号	牌号	试样毛坯尺寸/mm	推荐热处理制度				抗拉强度 R_m/MPa	规定塑性延伸强度 $R_{p0.2}$/MPa	断后伸长率 A(%)	冲击吸收能量 KV_2/J	正火+回火、退火或高温回火状态交货钢棒布氏硬度 HBW
				淬火温度/℃	冷却介质	回火温度/℃	冷却介质					
1	A30241	24Cr3Mo	25	870~970	油、水	580~700	水、油	≥1000	≥800	≥10	≥25	≤248
2	A30321	32Cr3Mo	25	870~930	油、水	580~700	水、油	≥1030	≥835	≥10	≥25	≤248
3	A30081	08Cr4Mo	25	940~960	水	620~660	水、油	≥800	≥700	≥14	≥35	≤220
4	A34401	40CrMnMo	25	850±15	油	600±50	水、油	≥980	≥785	≥10	≥63(KU_2)	≤217
5	A31151	15Cr1MoV (15Cr1Mo1V)	25	940~980	油、水	600~700	水、油	≥900	≥750	≥10	≥30	≤248
6	A31201	20Cr1MoV	25	900~960	水	690~710	水、油	≥900	≥800	≥14	≥35	≤240
7	A31311	31Cr3MoV	25	870~930	油、水	580~700	水、油	≥1100	≥900	≥9	≥25	≤248
8	A31331	33Cr3MoV	25	870~930	油、水	580~700	水、油	≥1150	≥950	≥11	≥30	≤248
9	A31401	40Cr3MoV	25	870~970	油、水	580~700	水、油	≥950	≥750	≥11	≥25	≤248
10	A33321	32Cr2MoAl	25	870~930	油、水	580~700	水、油	≥950	≥750	≥11	≥25	≤248
11	A33341	34CrMoAl	25	870~930	油、水	580~700	水、油	≥800	≥600	≥14	≥35	≤248
12	A33381	38CrMoAl	25	940±15	水、油	640±50	水、油	≥980	≥835	≥14	≥71(KU_2)	≤229
13	A33411	41Cr2MoAl	25	870~930	油、水	580~700	水、油	≥1030	≥835	≥10	≥25	≤248
14	A33451	45Cr1MoAl	25	880~930	油	580~720	油	≥835	≥685	≥15	≥79(KU_2)	≤235
15	A57241	24Cr2Ni3MoAl	25	双方协商								≤269
16	A57341	34Cr2NiMoAl	25	870~930	油、水	580~700	水、油	≥900	≥680	≥10	≥30	≤248

注：1. 正火状态交货钢棒的硬度值由供需双方商定。

2. 冷拉、冷拉磨光状态交货的40CrMnMo或38CrMoAl钢棒的硬度值应不大于269HBW，其他牌号冷拉、冷拉磨光钢棒的硬度值由供需双方商定。

3. 钢棒尺寸小于试样毛坯尺寸时，采用原尺寸钢棒进行热处理。

4. 公称直径小于16mm的圆钢和公称厚度小于12mm的方钢，扁钢棒可不进行冲击试验。

表 1-155 渗氮钢调质状态交货钢棒纵向力学性能（摘自 GB/T 37618—2019）

序号	牌号	16mm≤d≤40mm 8mm≤t≤20mm				40mm<d≤100mm 20mm<t≤60mm				100mm<d≤160mm 60mm<t≤100mm				160mm<d≤250mm 100mm≤t≤160mm			
		规定塑性延伸强度 $R_{p0.2}$/MPa	抗拉强度 R_m/MPa	断后伸长率 A(%)	冲击吸收能量 KV_2[③]/J	规定塑性延伸强度 $R_{p0.2}$/MPa	抗拉强度 R_m/MPa	断后伸长率 A(%)	冲击吸收能量 KV_2[③]/J	规定塑性延伸强度 $R_{p0.2}$/MPa	抗拉强度 R_m/MPa	断后伸长率 A(%)	冲击吸收能量 KV_2[③]/J	规定塑性延伸强度 $R_{p0.2}$/MPa	抗拉强度 R_m/MPa	断后伸长率 A(%)	冲击吸收能量 KV_2[③]/J
1	24Cr3Mo	≥800	1000~1200	≥10	≥25	≥750	950~1150	≥11	≥25	≥700	900~1100	≥12	≥30	≥650	850~1050	≥13	≥30
2	32Cr3Mo	≥835	1030~1230	≥10	≥25	≥785	980~1180	≥11	≥25	≥735	930~1130	≥12	≥30	≥675	880~1080	≥12	≥30
3	08Cr4Mo①	≥700	800~1000	≥14	≥35	≥700	800~1000	≥14	≥35	≥700	800~1000	≥14	≥35	—	—	—	—
6	20Cr1MoV	≥800	900~1100	≥14	≥35	≥800	900~1100	≥14	≥35	≥800	900~1100	≥14	≥35	—	—	—	—
7	31Cr3MoV	≥900	1100~1300	≥9	≥25	≥800	1000~1200	≥10	≥30	≥700	900~1100	≥11	≥35	≥650	850~1050	≥12	≥40
8	33Cr3MoV	≥950	1150~1350	≥11	≥30	≥850	1050~1250	≥12	≥35	≥750	950~1150	≥12	≥40	≥700	900~1100	≥13	≥45
9	40Cr3MoV②	≥750	950~1150	≥11	≥25	≥720	900~1100	≥13	≥25	≥700	870~1070	≥14	≥30	≥625	800~1000	≥15	≥30
10	32Cr2MoAl	≥750	950~1150	≥11	≥25	≥720	900~1100	≥13	≥25	≥670	850~1050	≥14	≥30	≥625	800~1000	≥15	≥30
11	34CrMoAl	≥600	800~1000	≥14	≥35	≥600	800~1000	≥14	≥35	—	—	—	≥35	—	—	—	—
13	41Cr2MoAl	≥835	1030~1230	≥10	≥25	≥835	980~1190	≥12	≥25	≥735	930~1130	≥12	≥30	≥675	880~1080	≥12	≥30
16	34Cr2NiMoAl	≥680	900~1100	≥10	≥30	≥650	850~1050	≥12	≥30	≥600	800~1000	≥13	≥35	≥600	800~1000	≥13	≥35

注：1. 按需方要求，并在合同中注明，调质状态交货钢棒纵向力学性能应符合本表规定。未列入牌号的力学性能指标由供需双方商定。

2. d 为等效直径，分别等于圆钢的公称直径、六角钢和八角钢的横截面两个对边之间的公称距离。

3. t 为扁钢的公称厚度。

① 仅适用于 t≤120mm 的扁钢。

② 仅适用于 t≤70mm 的扁钢。

③ 为一组 3 个试样的平均测定值，允许有一个试样的测定值低于规定值，但不应低于规定值的 70%。

表 1-156　渗氮钢钢棒的尺寸规格及交货状态（摘自 GB/T 37618—2019）

<table>
<tr><td rowspan="8">钢棒的种类、尺寸规格及极限偏差的规定</td><td>种类</td><td colspan="2">圆钢</td><td>方钢</td><td>六角钢</td><td>八角钢</td><td colspan="2">扁钢</td></tr>
<tr><td>轧制钢棒</td><td colspan="7">GB/T 702—2017 中 2 组</td></tr>
<tr><td>轧制磨光钢棒</td><td colspan="2">GB/T 702—2017 中 2 组</td><td>—</td><td>—</td><td>—</td><td colspan="2">—</td></tr>
<tr><td>锻制钢棒</td><td colspan="2">GB/T 908—2019 表 1 中 2 组</td><td>—</td><td>—</td><td colspan="3">GB/T 908—2019
表 2 中 2 组</td></tr>
<tr><td>锻制磨光钢棒</td><td colspan="2">GB/T 908—2019 表 1 或表 3 中 2 组</td><td>—</td><td>—</td><td>—</td><td colspan="2"></td></tr>
<tr><td>冷拉钢棒</td><td colspan="7">GB/T 905—1994 中 11 级</td></tr>
<tr><td>冷拉磨光钢棒</td><td colspan="7">GB/T 905—1994 中 11 级</td></tr>
<tr><td>银亮钢棒</td><td colspan="7">GB/T 3207—2008 中 11 级</td></tr>
<tr><td rowspan="13">钢棒的交货状态（"△"表示适用，"—"表示不适用）</td><td colspan="2">加工方法及截面形状</td><td colspan="7">表面状态</td></tr>
<tr><td colspan="2"></td><td>轧制（或锻制）</td><td>磨光</td><td>酸洗</td><td>喷丸（砂）</td><td>冷拉</td><td>冷拉磨光</td><td>银亮</td><td>机加工</td></tr>
<tr><td rowspan="5">轧制</td><td>圆钢</td><td>△</td><td>△</td><td>△</td><td>△</td><td>—</td><td>—</td><td>△</td><td>△</td></tr>
<tr><td>方钢</td><td>△</td><td>—</td><td>△</td><td>△</td><td>—</td><td>—</td><td>—</td><td>△</td></tr>
<tr><td>六角钢</td><td>△</td><td>—</td><td>△</td><td>△</td><td>—</td><td>—</td><td>—</td><td>△</td></tr>
<tr><td>八角钢</td><td>△</td><td>—</td><td>△</td><td>△</td><td>—</td><td>—</td><td>—</td><td>△</td></tr>
<tr><td>扁钢</td><td>△</td><td>—</td><td>△</td><td>△</td><td>—</td><td>—</td><td>—</td><td>△</td></tr>
<tr><td rowspan="3">锻制</td><td>圆钢</td><td>△</td><td>△</td><td>△</td><td>△</td><td>—</td><td>—</td><td>△</td><td>△</td></tr>
<tr><td>方钢</td><td>△</td><td>—</td><td>△</td><td>△</td><td>—</td><td>—</td><td>—</td><td>△</td></tr>
<tr><td>扁钢</td><td>△</td><td>—</td><td>△</td><td>△</td><td>—</td><td>—</td><td>—</td><td>△</td></tr>
<tr><td rowspan="3">冷拉</td><td>圆钢</td><td>—</td><td>—</td><td>—</td><td>—</td><td>△</td><td>△</td><td>—</td><td>—</td></tr>
<tr><td>方钢</td><td>—</td><td>—</td><td>—</td><td>—</td><td>△</td><td>—</td><td>—</td><td>—</td></tr>
<tr><td>六角钢</td><td>—</td><td>—</td><td>—</td><td>—</td><td>△</td><td>—</td><td>—</td><td>—</td></tr>
</table>

注：1. 渗氮钢棒按冶金质量分为优质钢、高级优质钢（牌号后加"A"）、特级优质钢（牌号后加"E"）三类。

　　2. 钢棒按使用加工用途分为下列两类：

　　　1) 压力加工用钢　UP：

　　　　a) 热压力加工用钢　UHP；

　　　　b) 冷压力加工用钢　UCP；

　　　　c) 冷顶锻或热顶锻用钢　UCF 或 UHF；

　　　　d) 冷拔坯料用钢　UCD。

　　　2) 切削加工用钢　UC。

　　3. 机加工交货的钢棒尺寸外形应符合 GB/T 908—2019 的规定，其弯曲度应每米不大于 2.00mm，总弯曲度应不大于总长度的 0.20%，其他钢棒总弯曲度应不大于总长度的 0.40%。

表 1-157　GB/T 37618—2019 渗氮钢牌号与国外标准相似牌号的对照（摘自 GB/T 37618—2019）

序号	GB/T 37618—2019	ISO 683-5：2017	EN 10085：2001		DIN 17211：1987		JIS G 4053：2016	JIS G 7502：2000	BS 970-1：1996	GB/T 3077—2015	ASTM A355-89：2017
1	24Cr3Mo	24CrMo13-6	24CrMo13-6	1.8516	—	—	—	—	733M24	—	—
2	32Cr3Mo	31CrMo12	31CrMo12	1.8515	31CrMo12	1.8519	—	31CrMo12	720M32	—	—
3	08Cr4Mo	8CrMo16-5	—	—	—	—	—	—	—	—	—

（续）

序号	GB/T 37618—2019	ISO 683-5：2017	EN 10085：2001		DIN 17211：1987		JIS G 4053：2016	JIS G 7502：2000	BS 970-1：1996	GB/T 3077：2015	ASTM A355-89：2017
4	40CrMnMo	—	—	—	—	—	—	—	708M40/709M40	40CrMnMo	—
5	15Cr1MoV（15Cr1Mo1V）	—	—	—	15CrMoV59	1.8521	—	—	—	—	—
6	20Cr1MoV	20CrMoV5-7	—	—	—	—	—	—	—	—	—
7	31Cr3MoV	31CrMoV9	31CrMoV9	1.8519	31CrMoV9	1.8519	—	—	—	—	—
8	33Cr3MoV	33CrMoV12-9	33CrMoV12-9	1.8522	—	—	—	—	—	—	—
9	40Cr3MoV	40CrMoV13-9	40CrMoV13-9	1.8523	—	—	—	—	897M39	—	—
10	32Cr2MoAl	32CrAlMo7-10	32CrAlMo7-10	1.8505	—	—	—	—	41CrAlMo74	—	—
11	34CrMoAl	34CrAlMo5-10	—	—	34CrAlMo5	1.8507		—	34CrAlMo54	—	Class D
12	38CrMoAl	—	—	—	—	—	—	—	—	38CrMoAl	—
13	41Cr2MoAl	41CrAlMo7-10	41CrAlMo7-10	1.8509	—	—	—	—	905M39	—	Class A
14	45Cr1MoAl	—	—	—	—	—	SACM645	—	—	—	—
15	24CrNi3MoAl	—	—	—	—	—	—	—	—	—	Class C
16	34Cr2NiMoAl	34CrAlNi7-10	34CrAlNi7-10	1.8550	34CrAlNi7	1.8550	—	—	—	—	—

1.7.14 工模具钢

1. 工模具钢分类及尺寸规格（见表1-158）

表1-158 工模具钢的分类及尺寸规格（摘自 GB/T 1299—2014）

分类	1. 按用途分类
	1）刃具模具用非合金钢
	2）量具刃具用钢
	3）耐冲击工具用钢
	4）轧辊用钢
	5）冷作模具用钢
	6）热作模具用钢
	7）塑料模具用钢
	8）特殊用途模具用钢
	2. 按使用加工方法分类
	1）压力加工用钢（UP）
	热压力加工（UHP）
	冷压力加工（UCP）
	2）切削加工用钢（UC）：钢材的使用加工方法应在合同中注明

（续）

分类	3. 按化学成分分类 非合金工具钢（牌号头带"T"） 合金工具钢 非合金模具钢（牌号头带"SM"） 合金模具钢			

公称宽度 10~310mm 热轧扁钢尺寸及其极限偏差	公称宽度/mm	极限偏差/mm　不大于	公称厚度/mm	极限偏差/mm　不大于
	10	+0.70	≥4~6	+0.40
	>10~18	+0.80	>6~10	+0.50
	>18~30	+1.20	>10~14	+0.60
	>30~50	+1.60	>14~25	+0.80
	>50~80	+2.30	>25~30	+1.20
	>80~160	+2.50	>30~60	+1.40
	>160~200	+2.80	>60~100	+1.60
	>200~250	+3.00	—	—
	>250~310	+3.20	—	—

公称宽度大于310mm且小于或等于850mm 热轧扁钢尺寸及其极限偏差

公称厚度/mm	尺寸极限偏差/mm							
	1组				2组		3组	
	公称宽度>300~455mm		公称宽度>455~850mm		公称宽度>300~850mm		公称宽度510~850mm	
	厚度极限偏差	宽度极限偏差	厚度极限偏差	宽度极限偏差	厚度极限偏差	宽度极限偏差	厚度极限偏差	宽度极限偏差
6~12	+1.2 0	+5.0 0	+1.5 0	+7.0 0	+1.5 0			
>12~20	+1.2 0	+6.0 -2.0	+1.5 0	+7.0 -3.0	+1.6 0		协议	协议
>20~70	+1.4 0	+6.0 -2.0	+1.7 0	+7.0 -3.0	+1.8 0	+15.0 0		
>70~90								
>90~100	+2.0 0	+7.0 -3.0	+2.0 0	+10.0 -3.0	+3.0 0		+6.0 0	+15.0 0
>100~200								

锻制圆钢和方钢	1. 公称直径或边长 90~400mm 的锻制圆钢和方钢的尺寸及其允许偏差应符合 GB/T 908—2008 表3 中 2 组的规定，需方如要求其他组别尺寸允许偏差应在合同中注明 2. 公称直径或边长>400~500mm、>500~800mm 的锻制圆钢和方钢的尺寸极限偏差分别为 $^{+12.0}_{-3.0}$mm、$^{+13.0}_{-3.0}$mm 3. 锻制圆钢和方钢的交货长度应不小于 1000mm，允许搭交不超过总重 10%、长度不小于 500mm 的短尺料。定尺或倍尺交货时，长度应在合同中注明，长度允许偏差为 $^{+80}_{0}$mm 4. 锻制圆钢的弯曲度应每米不大于 5.0mm，总弯曲度应不大于总长度的 0.50%；圆钢的圆度公差应不大于公称直径公差的 0.7 倍

（续）

锻制圆钢和方钢	5. 锻制方钢的弯曲度应每米不大于 5.0mm，总弯曲度应不大于总长度的 0.5%；方钢在同一截面的对角线长度之差应不大于公称边长公差的 0.7 倍；边长不大于 300mm 的方钢，棱角处圆角半径 R 应不大于 5.0mm，边长大于 300mm 的方钢，棱角处圆角半径应不大于 10.0mm，但其相对圆角之间的距离（对角线）应不小于公称边长的 1.3 倍。方钢不允许有显著的扭转 6. 锻制圆钢和方钢的两端应锯切平直

锻制扁钢

1. 公称宽度 40~300mm 锻制扁钢的尺寸及其允许偏差应符合 GB/T 908—2008 表 4 中 2 组的规定。需方如要求其他组别尺寸允许偏差应在合同中注明

2. 公称宽度>300~1500mm 锻制扁钢的尺寸及其允许偏差应符合如下规定

公称厚度/mm	厚度极限偏差/mm	公称宽度/mm	宽度极限偏差/mm
>160~200	+8.0 0	>300~400	+15.0 0
>200~400	+10.0 0	>400~600	+20.0 0
>400~1000	+15.0 0	>600~1500	+25.0 0

3. 锻制扁钢的截面积≤1200000mm^2，宽：厚≤6：1

4. 锻制扁钢的交货长度应不小于 1000mm，允许搭交不超过总重 10%、长度不小于 500mm 的短尺料。定尺或倍尺交货时，长度应在合同中注明，长度允许偏差为 $^{+80}_{0}$mm

5. 锻制扁钢的平面弯曲度应每米不大于 5.0mm，总平面弯曲度应不大于总长度的 0.50%；扁钢的侧面弯曲度（镰刀弯）应每米不大于 5.0mm，总侧面弯曲度（镰刀弯）应不大于总长度的 0.50%

6. 公称厚度或宽度不大于 300mm 的扁钢，棱角处圆角半径 R 应不大于 5.0mm；公称厚度或宽度大于 300mm 的扁钢，棱角处圆角半径 R 应不大于 10.0mm，但扁钢在同一截面上两对角线的长度差应不大于其公称宽度公差。扁钢不允许有显著的扭转

热轧扁钢通常交货长度

公称宽度/mm	通常长度/mm	短尺长度/mm	短尺搭交率
10~310	2000~6000	≥1000	短尺长度的交货量应不超过该批钢材总质量的 10%
>310~850	1000~6000	≥500	

热轧扁钢的弯曲度

公称宽度/mm	尺寸极限偏差组别	弯曲度（平面、侧面）	
		每米弯曲度/mm	总弯曲度
		不大于	
10~310	—	4.0	钢材长度的 0.40%
>310~850	1 组	3.0	钢材长度的 0.30%
	2 组、3 组	4.0	钢材长度的 0.40%

热轧圆钢和方钢

1. 热轧圆钢和方钢的尺寸、外形及其极限偏差应符合 GB/T 702—2017 中 2 组的规定。需方如要求其他组别尺寸允许偏差应在合同中注明

2. 热轧圆钢和方钢的通常长度应为 2000~12000mm，允许搭交不超过总质量的 10%、长度不小于 1000mm 的短尺料。定尺或倍尺交货时，长度应在合同中注明，长度极限偏差为 $^{+60}_{0}$mm

冷拉钢棒

冷拉钢棒尺寸、外形及其极限偏差应符合 GB/T 905 的 h11 级规定。需方如要求其他级别的尺寸极限偏差应在合同中注明

（续）

银亮钢棒	银亮钢棒尺寸、外形及其极限尺寸偏差应符合 GB/T 3207—2008 的 h11 级规定，需方如要求其他级别的尺寸极限偏差应在合同中注明
机加工钢材	机加工交货钢材的尺寸极限偏差，当钢材公称尺寸（直径、边长或宽度、厚度）分别为 ≤200mm、>200~400mm、>400mm 时，其公称尺寸的极限偏差分别为 $^{+1.5}_{0}$ mm、$^{+2.0}_{0}$ mm、$^{+3.0}_{0}$ mm。如果需方对极限偏差另有要求，则应在合同中注明 机加工钢材的弯曲度应每米不大于 2.5mm
热轧盘条	热轧盘条的尺寸、外形及极限偏差应符合 GB/T 14981 中的规定

注：1. 工模具钢应采用电弧炉、电弧炉+真空脱气、电弧炉+电渣重熔、真空电弧重熔等方法冶炼，具体冶炼方法应在合同中注明。各种牌号的化学成分应符合 GB/T 1299—2014 的规定，并由供方质检部门按 GB/T 1299—2014 的规定检验验收。需方有权进行检查和验收。
2. 工具钢材一般以退火状态交货，但 SM45、SM50、SM55、2Cr25Ni20Si2 及 7Mn15Cr2Al3V2Mo 钢一般以热轧或热锻状态交货，非合金工具钢可退火后冷拉交货。
3. 根据需方要求，并在合同中注明，塑料模具钢材、热作模具钢材、冷作模具钢材及特殊用途模具钢材可以预硬化状态交货。
4. 交货状态钢材的硬度值和试样的淬火硬度值应符合表 1-159～表 1-163、表 1-165、表 1-167 和表 1-169 的规定。供方若能保证试样淬火硬度值分别符合上述各表的规定时可不做检验。
5. 截面尺寸小于 5mm 的退火钢材不做硬度试验。根据需方要求，可做拉伸或其他试验，技术指标由供需双方协商规定。

2. 刃具模具用非合金钢（见表 1-159）

表 1-159　刃具模具用非合金钢牌号及交货状态的硬度值、试样的淬火硬度值及特点和应用

（摘自 GB/T 1299—2014）

	统一数字代号	牌号	退火交货状态的钢材硬度 HBW　不大于	试样淬火硬度			备注
				淬火温度 /℃	淬火冷却介质	洛氏硬度 HRC　不小于	
硬度值	T00070	T7	187	800~820	水	62	非合金工具钢材退火后冷拉交货的布氏硬度应不大于 241HBW
	T00080	T8	187	780~800	水	62	
	T01080	T8Mn	187	780~800	水	62	
	T00090	T9	192	760~780	水	62	
	T00100	T10	197	760~780	水	62	
	T00110	T11	207	760~780	水	62	
	T00120	T12	207	760~780	水	62	
	T00130	T13	217	760~780	水	62	
	统一数字代号	牌号	主要特点及用途				
特点和应用	T00070	T7	亚共析钢，具有较好的塑性、韧性和强度，以及一定的硬度，能承受振动和冲击负荷，但切削性能力差。用于制造承受冲击负荷不大，且要求具有适当硬度和耐磨性及较好韧性的工具				
	T00080	T8	具有较好的淬透性和韧性，耐磨性较高，但淬火加热容易过热，变形也大，塑性和强度比较低，大、中截面模具易残存网状碳化物。适用于制作小型拉拔、拉伸、挤压模具				

（续）

统一数字代号	牌号	主要特点及用途
特点和应用	T01080	T8Mn	共析钢，具有较高的淬透性和硬度，但塑性和强度较低。用于制造断面较大的木工工具、手锯锯条、刻印工具、铆钉冲模、煤矿用凿等
	T00090	T9	过共析钢，具有较高的强度。用于制造要求较高硬度且有一定韧性的各种工具，如刻印工具、铆钉冲模、冲头、木工工具、凿岩工具等
	T00100	T10	性能较好的非合金工具钢，耐磨性也较高，淬火时过热敏感性小，经适当热处理可得到较高强度和一定韧性。适合制作要求耐磨性较高且受冲击载荷较小的模具
	T00110	T11	过共析钢，具有较好的综合力学性能（如硬度、耐磨性和韧性等），在加热时对晶粒长大和形成碳化物网的敏感性小。用于制造锯、丝锥、锉刀、刮刀、扩孔钻、板牙，以及尺寸不大和断面无急剧变化的冲模及木工刀具等
	T00120	T12	过共析钢，由于含碳量高，淬火后仍有较多的过剩碳化物，所以硬度和耐磨性高，但韧性低，且淬火变形大。不适于制造切削速度高和受冲击负荷的工具。用于制造不受冲击负荷、切削速度不高的工具，如车刀、铣刀、钻头、丝锥、锉刀、刮刀、板牙及断面尺寸小的冷切边模和冲孔模等
	T00130	T13	过共析钢，由于含碳量高，淬火后有更多的过剩碳化物，所以硬度更高，韧性更差，又由于碳化物数量增加且分布不均匀，故力学性能较差，不适于制造切削速度较高和受冲击负荷的工具。用于制造不受冲击负荷，但要求极高硬度的金属切削工具，如剃刀、刮刀、拉丝工具、锉刀、刻纹用工具，以及加工坚硬岩石用工具和雕刻用工具等

3. 量具刃具用钢（见表1-160）

表1-160 量具刃具用钢牌号及交货状态的硬度值、试样的淬火硬度值及特点和用途

（摘自 GB/T 1299—2014）

	统一数字代号	牌号	退火交货状态的钢材硬度 HBW	试样淬火硬度		
				淬火温度 /℃	淬火冷却介质	洛氏硬度 HRC 不小于
硬度值	T31219	9SiCr	197~241[①]	820~860	油	62
	T30108	8MnSi	≤229	800~820	油	60
	T30200	Cr06	187~241	780~810	水	64
	T31200	Cr2	179~229	830~860	油	62
	T31209	9Cr2	179~217	820~850	油	62
	T30800	W	187~229	800~830	水	62

	统一数字代号	牌号	主要特点及用途
特点和用途	T31219	9SiCr	比铬钢具有更高的淬透性和淬硬性，且回火稳定性好。适宜制造形状复杂、变形小、耐磨性要求高的低速切削刃具，如钻头、螺纹工具、手动铰刀、搓丝板及滚丝轮等，也可以制作冷作模具（如冲模、打印模等）、冷轧辊、矫正辊以及细长杆件
	T30108	8MnSi	在T8钢基础上同时加入Si、Mn元素形成的低合金工具钢，具有较高的回火稳定性、较高的淬透性和耐磨性，热处理变形也较非合金工具钢小。适宜制造木工工具、冲模及冲头，也可制造冷加工用的模具

（续）

统一数字代号	牌号	主要特点及用途
特点和用途		
T30200	Cr06	在非合金工具钢基础上添加一定量的 Cr，淬透性和耐磨性较非合金工具钢高，冷加工塑性变形和切削加工性能较好。适宜制造木工工具，也可制造简单冷加工模具，如冲孔模、冷压模等
T31200	Cr2	在 T10 的基础上添加一定量的 Cr，提高了淬透性，硬度、耐磨性也比非合金工具钢高，接触疲劳强度也高，淬火变形小。适宜制造木工工具、冲模及冲头，也可用于制作中、小尺寸冷作模具
T31209	9Cr2	与 Cr2 钢性能基本相似，但韧性好于 Cr2 钢。适宜制造木工工具、冷轧辊、冲模及冲头、钢印冲孔模等
T30800	W	在非合金工具钢基础上添加一定量的 W，热处理后具有硬度和耐磨性更高、过热敏感性小、热处理变形小、回火稳定性好等特点。适宜制造小型麻花钻头，也可用于制造丝锥、锉刀、板牙，以及温度不高、切削速度不快的工具

① 根据需方要求，并在合同中注明，制造螺纹刃具用钢的硬度为 187~229HBW

4. 耐冲击工具用钢（见表 1-161）

表 1-161　耐冲击工具用钢牌号及交货状态的硬度值、试样的淬火硬度值及特点和用途

（摘自 GB/T 1299—2014）

	统一数字代号	牌号	退火交货状态的钢材硬度 HBW	试样淬火硬度			备注
				淬火温度 /℃	淬火冷却介质	洛氏硬度 HRC 不小于	
硬度值	T40294	4CrW2Si	179~217	860~900	油	53	
	T40295	5CrW2Si	207~255	860~900	油	55	
	T40296	6CrW2Si	229~285	860~900	油	57	
	T40356	6CrMnSi2Mo1V①	≤229	667℃±15℃ 预热，885℃（盐浴）或 900℃（炉控气氛）±6℃ 加热，保温 5~15min 油冷，58~204℃ 回火		58	保温时间指试样达到加热温度后保持的时间
	T40355	5Cr3MnSiMo1V①	≤235	667℃±15℃ 预热，941℃（盐浴）或 955℃（炉控气氛）±6℃ 加热，保温 5~15min 油冷，56~204℃ 回火		56	
	T40376	6CrW2SiV	≤225	870~910	油	58	

	统一数字代号	牌号	主要特点及用途
特点和用途	T40294	4CrW2Si	在铬硅钢的基础上添加一定量的钨，具有一定的淬透性和高温强度。适宜制造在高冲击载荷下操作的工具，如风动工具、冲裁切边复合模、冲模、冷切用的剪刀等冲剪工具，以及部分小型热作模具
	T40295	5CrW2Si	在铬硅钢的基础上添加一定量的钨，具有一定的淬透性和高温强度。适宜制造冷剪金属的刀片、铲搓丝板的铲刀、冲裁和切边的凹模，以及长期工作的木工工具等
	T40296	6CrW2Si	在铬硅钢的基础上添加一定量的钨，淬火后硬度较高，有一定的高温强度。适宜制造承受冲击载荷且要求耐磨性高的工具，如风动工具、凿子、模具、冷剪机刀片、冲裁切边用凹槽、空气锤用工具等

（续）

	统一数字代号	牌　号	主要特点及用途
特点和用途	T40356	6CrMnSi2Mo1V	相当于 ASTM A681 中的 S5 钢。具有较高的淬透性、耐磨性和回火稳定性，淬火温度较低，模具使用过程中很少发生崩刃和断裂。适宜制造在高冲击载荷下工作的工具、冲模、冲裁切边用凹模等
	T40355	5Cr3MnSiMo1	相当于 ASTM A681 中的 S7 钢。淬透性较好，有较高的强度和回火稳定性，综合性能良好。适宜制造在较高温度、高冲击载荷下工作的工具、冲模，也可用于制造锤锻模具
	T40376	6CrW2SiV	中碳油淬型耐冲击冷作工具钢，具有良好的耐冲击和耐磨损性能，同时具有良好的抗疲劳性能和高的尺寸稳定性。适宜制作刀片、冷成型工具和精密冲裁模以及热冲孔工具等

① 试样在盐浴中保持时间为 5min，在炉控气氛中保持时间为 5～15min

5. 轧辊用钢（见表 1-162）

表 1-162　轧辊用钢牌号及交货状态的硬度值、试样的淬火硬度值及特点和用途

（摘自 GB/T 1299—2014）

	统一数字代号	牌　号	退火交货状态的钢材硬度 HBW	试样淬火硬度		
				淬火温度 /℃	淬火冷却介质	洛氏硬度 HRC 不小于
硬度值	T42239	9Cr2V	≤229	830～900	空气	64
	T42309	9Cr2Mo	≤229	830～900	空气	64
	T42319	9Cr2MoV	≤229	880～900	空气	64
	T42518	8Cr3NiMoV	≤269	900～920	空气	64
	T42519	9Cr5NiMoV	≤269	930～950	空气	64

	统一数字代号	牌　号	主要特点及用途
特点和用途	T42239	9Cr2V	2%Cr 系列，高碳含量保证轧辊有高硬度，加铬可增加钢的淬透性，加钒可提高钢的耐磨性和细化钢的晶粒。适宜制作冷轧工作辊、支承辊等
	T42309	9Cr2Mo	2%Cr 系列，高碳含量保证轧辊有高硬度，加铬、钼可增加钢的淬透性和耐磨性。该类钢锻造性能良好，控制较低的终锻温度与合适的变形量可细化晶粒，消除沿晶界分布的网状碳化物，并使其均匀分布。适宜制作冷轧工作辊、支承辊和矫正辊
	T42319	9Cr2MoV	2%Cr 系列，但综合性能优于 9Cr2 系列其他钢。若采用电渣重熔工艺生产，其辊坯的性能更优良。适宜制造冷轧工作辊、支承辊和矫正辊
	T42518	8Cr3NiMoV	3%Cr 系列，经淬火及冷处理后的淬硬层深度可达 30mm 左右。用于制作冷轧工作辊，使用寿命高于含 2%Cr 钢
	T42519	9Cr5NiMoV	即 MC5 钢，淬透性高，其成品轧辊单边的淬硬层可达 35～40mm（≥85HSD），耐磨性好。适宜制造要求淬硬层深、轧制条件恶劣、抗事故性高的冷轧辊

6. 冷作模具用钢（见表 1-163 和表 1-164）

表 1-163　冷作模具用钢牌号及交货状态的硬度值和试样的淬火硬度值
（摘自 GB/T 1299—2014）

统一数字代号	牌　号	退火交货状态的钢材硬度 HBW	试样淬火硬度		
			淬火温度 /℃	淬火冷却介质	洛氏硬度 HRC　不小于
T20019	9Mn2V	≤229	780~810	油	62
T20299	9CrWMn	197~241	800~830	油	62
T21290	CrWMn	207~255	800~830	油	62
T20250	MnCrWV	≤255	790~820	油	62
T21347	7CrMn2Mo	≤235	820~870	空气	61
T21355	5Cr8MoVSi	≤229	1000~1050	油	59
T21357	7CrSiMnMoV	≤235	870~900℃油冷或空冷，150℃±10℃回火，空冷		60
T21350	Cr8Mo2SiV	≤255	1020~1040	油或空气	62
T21320	Cr4W2MoV	≤269	960~980 或 1020~1040	油	60
T21386	6Cr4W3Mo2VN[2]	≤255	1100~1160	油	60
T21836	6W6Mo5Cr4V	≤269	1180~1200	油	60
T21830	W6Mo5Cr4V2[1]	≤255	730~840℃预热，1210~1230℃（盐浴或控制气氛）加热，保温 5~15min 油冷，540~560℃回火两次（盐浴或控制气氛），每次 2h		64（盐浴）63（炉控气氛）
T21209	Cr8	≤255	920~980	油	63
T21200	Cr12	217~269	950~1000	油	60
T21290	Cr12W	≤255	950~980	油	60
T21317	7Cr7Mo2V2Si	≤255	1100~1150	油或空气	60
T21318	Cr5Mo1V[1]	≤255	790℃±15℃预热，940℃（盐浴）或950℃（炉控气氛）±6℃加热，保温 5~15min 油冷，200℃±6℃回火一次，2h		60
T21319	Cr12MoV	207~255	950~1000	油	58
T21310	Cr12Mo1V1[2]	≤255	820℃±15℃预热，1000℃（盐浴）±6℃或1010℃（炉控气氛）±6℃加热，保温10~20min 空冷，200℃±6℃回火一次，2h		59

注：保温时间指试样达到加热温度后保持的时间。
① 试样在盐浴中保持时间为 5min，在炉控气氛中保持时间为 5~15min。
② 试样在盐浴中保持时间为 10min，在炉控气氛中保持时间为 10~20min。

表 1-164　冷作模具用钢的主要特点及用途（摘自 GB/T 1299—2014）

统一数字代号	牌　号	主要特点及用途
T20019	9Mn2V	具有较高的硬度和耐磨性，淬火时变形较小，淬透性好。适宜制造各种精密量具、样板，也可用于制造尺寸较小的冲模及冷压模、雕刻模、落料模等，以及机床的丝杆等结构件
T20299	9CrWMn	具有一定的淬透性和耐磨性，淬火变形较小，碳化物分布均匀且颗粒细小。适宜制作截面不大且形状复杂的冲模

（续）

统一数字代号	牌　号	主要特点及用途
T21290	CrWMn	油淬钢。由于钨形成碳化物，在淬火和低温回火后比9SiCr钢具有更多的过剩碳化物、更高的硬度和耐磨性以及较好的韧性。但该钢对形成碳化物网较敏感，若有网状碳化物的存在，工模具的刃部有剥落的危险，从而降低工模具的使用寿命。有碳化物网的钢必须根据其严重程度进行锻造或正火。适宜制作丝锥、板牙、铰刀、小型冲模等
T20250	MnCrWV	国际广泛采用的高碳低合金油淬钢，具有较高的淬透性，热处理变形小，硬度高，耐磨性较好。适宜制作钢板冲裁模、剪切刀、落料模、量具和热固性塑料成型模等
T21347	7CrMn2Mo	空淬钢，热处理变形小，适宜制作需要接近尺寸公差的制品，如修边模、塑料模、压弯工具、冲切模和精压模等
T21355	5Cr8MoVSi	ASTM A681中A8钢的改良钢种，具有良好的淬透性、韧性、热处理尺寸稳定性。适宜制作硬度在55~60HRC的冲头和冷锻模具，也可用于制作非金属刀具
T21357	7CrSiMnMoV	火焰淬火钢，淬火温度范围宽，淬透性良好，空冷即可淬硬，硬度达到62~64HRC，具有淬火操作方便、成本低、过热敏感性小、空冷变形小等优点。适宜制作汽车冷弯模具
T21350	Cr8Mo2SiV	高韧性、高耐磨性钢，具有淬透性和耐磨性高、淬火时尺寸变化小等特点。适宜制作冷剪切模、切边模、滚边模、量规、拉丝模、搓丝板、冲模等
T21320	Cr4W2MoV	具有较高的淬透性、淬硬性、耐磨性和尺寸稳定性。适宜制作各种冲模、冷镦模、落料模、冷挤凹模及搓丝板等工模具
T21386	6Cr4W3Mo2VNb	即65Nb钢。加入铌可以提高钢的强韧性和改善工艺性。适宜制作冷挤压、厚板冷冲、冷镦等承受较大载荷的冷作模具，也可用于制作温热挤压模具
T21836	6W6Mo5Cr4V	低碳型高速钢，较W6Mo5Cr4V2的碳、钒含量均低，具有较高的韧性。用于冷作模具钢，主要用于制作钢铁材料冷挤压模具
T21830	W6Mo5Cr4V2	钨钼系高速钢的代表牌号，具有韧性高，热塑好，耐磨性、红硬性高等特点。用于冷作模具钢，适宜制作各种类型的工具和大型热塑成型的刀具，还可以制作高负荷下耐磨性模具零件，如冷挤压模具、温挤压模具等
T21209	Cr8	具有较好的淬透性和高的耐磨性。适宜制作要求耐磨性较高的各类冷作模具，与Cr12相比具有较好的韧性
T21200	Cr12	相当于ASTM A681中的D3钢，具有良好的耐磨性。适宜制作受冲击负荷较小的要求较高耐磨性的冲模及冲头、冷剪切刀、钻套、量规、拉丝模等
T21290	Cr12W	莱氏体钢。具有较高的耐磨性和淬透性，但塑性、韧性较低。适宜制作高强度、高耐磨性且受热不大于400℃的工模具，如钢板深拉深模、拉丝模、螺纹搓丝板、冲模、剪切刀、锯条等
T21317	7Cr7Mo2V2Si	比Cr12钢和W6Mo5Cr4V2钢具有更高的强度和韧性、更好的耐磨性，且冷热加工的工艺性能优良，热处理变形小，通用性强。适宜制作承受高负荷的冷挤压模具、冷镦模具、冲模等
T21318	Cr5Mo1V	空淬钢，具有良好的空淬特性，耐磨性介于高碳油淬模具钢和高碳高铬耐磨型模具钢之间，但其韧性较好，通用性强。特别适宜制作既要求好的耐磨性又要求好的韧性的工模具，如下料模、成型模、轧辊、冲头、压延模和滚丝模等
T21319	Cr12MoV	莱氏体钢。具有高的淬透性和耐磨性，淬火时尺寸变化小，比Cr12钢的碳化物分布均匀且韧性更高。适宜制作形状复杂的冲孔模、冷剪切刀、拉深模、拉丝模、搓丝板、冷挤压模、量具等
T21310	Cr12Mo1V1	莱氏体钢。具有高的淬透性、淬硬性和高的耐磨性，高温抗氧化性能好，热处理变形小。适宜制作各种高精度、长寿命的冷作模具、刃具及量具，如形状复杂的冲孔凹模、冷挤压模、滚丝轮、搓丝板、冷剪切刀和精密量具等

7. 热作模具用钢(见表 1-165 和表 1-166)

表 1-165　热作模具用钢牌号及交货状态的硬度值和试样的淬火硬度值
(摘自 GB/T 1299—2014)

统一数字代号	牌　号	退火交货状态的钢材硬度HBW	试样淬火硬度		洛氏硬度HRC
			淬火温度/℃	淬火冷却介质	
T22345	5CrMnMo	197~241	820~850	油	
T22505	5CrNiMo	197~241	830~860	油	
T23504	4CrNi4Mo	≤285	840~870	油或空气	
T23514	4Cr2NiMoV	≤220	910~960	油	
T23515	5CrNi2MoV	≤255	850~880	油	
T23535	5Cr2NiMoVSi	≤255	960~1010	油	
T23208	8Cr3	207~255	850~880	油	
T23274	4Cr5W2VSi	≤229	1030~1050	油或空气	
T23273	3Cr2W8V	≤255	1075~1125	油	
T23352	4Cr5MoSiV[①]	≤229	790℃±15℃预热,1010℃（盐浴）或1020℃（炉控气氛）±6℃加热,保温5~15min油冷,550℃±6℃回火两次,每次2h		
T23353	4Cr5MoSiV1[①]	≤229	790℃±15℃预热,1000℃（盐浴）或1010℃（炉控气氛）±6℃加热,保温5~15min油冷,550℃±6℃回火两次,每次2h		
T23354	4Cr3Mo3SiV[①]	≤229	790℃±15℃预热,1010℃（盐浴）或1020℃（炉控气氛）±6℃加热,保温5~15min油冷,550℃±6℃回火两次,每次2h		
T23355	5Cr4Mo3SiMnVAl	≤255	1090~1120	[②]	
T23364	4CrMnSiMoV	≤255	870~930	油	
T23375	5Cr5WMoSi	≤248	990~1020	油	
T23324	4Cr5MoWVSi	≤235	1000~1030	油或空气	
T23323	3Cr3Mo3W2V	≤255	1060~1130	油	
T23325	5Cr4W5Mo2V	≤269	1100~1150	油	
T23314	4Cr5Mo2V	≤220	1000~1030	油	
T23313	3Cr3Mo3V	≤229	1010~1050	油	
T23314	4Cr5Mo3V	≤229	1000~1030	油或空气	
T23393	3Cr3Mo3VCo3	≤229	1000~1050	油	

注: 保温时间指试样达到加热温度后保持的时间。
① 试样在盐浴中保持时间为5min,在炉控气氛中保持时间为5~15min。
② 根据需方要求,并在合同中注明,可以提供实测数值。

表 1-166　热作模具用钢的主要特点及用途(摘自 GB/T 1299—2014)

统一数字代号	牌号	主要特点及用途
T22345	5CrMnMo	具有与 5CrNiMo 相似的性能,淬透性较 5CrNiMo 略差,在高温下工作时耐热疲劳性逊于 5CrNiMo。适宜制作要求具有较高强度和高耐磨性的各种类型的锻模
T22505	5CrNiMo	具有良好的韧性、强度和较高的耐磨性,在加热到 500℃时仍能保持硬度在 300HBW 左右。由于含有 Mo 元素,故该钢对回火脆性不敏感。适宜制作各种大、中型锻模
T23504	4CrNi4Mo	具有良好的淬透性、韧性和抛光性能,可空冷硬化。适宜制作热作模具和塑料模具,也可用于制作部分冷作模具
T23514	4Cr2NiMoV	5CrMnMo 钢的改进型,具有较高的室温强度及韧性,较好的回火稳定性、淬透性及抗热疲劳性能。适宜制作热锻模具
T23515	5CrNi2MoV	与 5CrNiMo 钢类似,具有良好的淬透性和热稳定性。适宜制作大型锻压模具和热剪刀片
T23535	5Cr2NiMoVSi	具有良好的淬透性和热稳定性。适宜制作各种大型热锻模
T23208	8Cr3	具有一定的室温、高温力学性能。适宜制作热冲孔模的冲头、热切边模的凹模镶块、热顶锻模、热弯曲模,以及工作温度低于 500℃、受冲击较小且要求耐磨的工作零件,如热剪刀片等,也可用于制作冷轧工作辊
T23274	4Cr5W2VSi	压铸模用钢,在中温下具有较高的热强度、硬度、耐磨性、韧性和较好的热疲劳性能,可空冷硬化。适宜制作热挤压用的模具和芯棒,铝、锌等轻金属的压铸模,热顶锻结构钢和耐热钢用的工具,以及成型某些零件用的高速锤锻模
T23273	3Cr2W8V	在高温下具有高的强度和硬度(650℃时硬度在 300HBW 左右),抗冷热交变疲劳性能较好,但韧性较差。适宜制作高温下高应力但不受冲击载荷的凸模、凹模,如平锻机上的凸凹模、镶块、铜合金挤压模、压铸用模具,也可用来制作同时承受大的压应力、弯应力、拉应力的模具,如反挤压模具等,还可以制作高温下受力的热金属切刀等
T23352	4Cr5MoSiV	具有良好的韧性、热强性和热疲劳性能,可空冷硬化。在较低的奥氏体化温度下空淬,热处理变形小,空淬时产生的氧化皮倾向较小,且可以抵抗熔融铝的冲蚀作用。适宜制作铝压铸模、热挤压模、穿孔芯棒、塑料模等
T23353	4Cr5MoSiV1	压铸模用钢,相当于 ASTM A681 中的 H13 钢,具有良好的韧性和较好的热强性、热疲劳性能和一定的耐磨性,可空冷淬硬,热处理变形小。适宜制作生产铝、铜及其合金铸件用的压铸模、热挤压模、穿孔用的工具、芯棒、压机锻模、塑料模等
T22354	4Cr3Mo3SiV	相当于 ASTM A681 中的 H10 钢,具有非常好的淬透性、很高的韧性和高温强度。适宜制作热挤压模、热冲模、热锻模、压铸模等
T23355	5Cr4Mo3SiMnVA1	热作、冷作兼用的模具钢。具有较高的热强性、高温硬度、抗回火稳定性,并具有较好的耐磨性、抗热疲劳性、韧性和热加工塑性。模具工作温度可达 700℃,抗氧化性好。用于热作模具钢时,其高温强度和热疲劳性能优于 3Cr2W8V 钢;用于冷作模具钢时,比 Cr12 型和低合金模具钢的韧性高。主要用于轴承行业的热挤压模和标准件行业的冷镦模
T23364	4CrMnSiMoV	低合金大截面热锻模用钢,具有良好的淬透性,较高的热强性、耐热疲劳性能、耐磨性和韧性,较好的抗回火性能和冷热加工性能等特点。主要用于制作 5CrNiMo 钢不能满足要求的大型锤锻模和机锻模
T23375	5Cr5WMoSi	具有良好的淬透性、韧性和中等的耐磨性,热处理尺寸稳定性好。适宜制作硬度为 55～60HRC 的冲头,也适宜制作冷作模具、非金属刀具
T23324	4Cr5MoWVSi	具有良好的韧性和热强性。可空冷硬化,热处理变形小,空淬时产生氧化皮的倾向较小,而且可以抵抗熔融铝的冲蚀作用。适宜制作铝压铸模、锻压模、热挤压模和穿孔芯棒等
T23323	3Cr3Mo3W2V	ASTM A681 中的 H10 改进型钢种,具有高的强韧性和抗冷热疲劳性能,热稳定性好。适宜制作热挤压模、热冲模、热锻模、压铸模等

（续）

统一数字代号	牌号	主要特点及用途
T23325	5Cr4W5Mo2V	具有较高的回火抗力和热稳定性，高的热强性、高温硬度和耐磨性，但其韧性和抗热疲劳性能低于4Cr5MoSiV1 钢。适宜制作对高温强度和抗磨损性能有较高要求的热作模具，可替代 3Cr2W8V
T23314	4Cr5Mo2V	4Cr5MoSiV1 改进型钢，具有良好的淬透性、韧性、热强性、耐热疲劳性及热处理变形小等特点。适宜制作铝、铜及其合金的压铸模具、热挤压模、穿孔用的工具、芯棒
T23313	3Cr3Mo3V	具有较高的热强性和韧性、良好的抗回火稳定性和疲劳性能。适宜制作镦锻模、热挤压模和压铸模等
T23314	4Cr5Mo3V	具有良好的高温强度、良好的抗回火稳定性和高抗热疲劳性。适宜制作热挤压模、温锻模、压铸模具和其他的热成型模具
T23393	3Cr3Mo3VCo3	具有高的热强性、良好的回火稳定性和耐抗热疲劳性等特点。适宜制作热挤压模、温锻模和压铸模具

8. 塑料模具用钢（见表 1-167 和表 1-168）

表 1-167 塑料模具用钢牌号及交货状态的硬度值和试样的淬火硬度值
（摘自 GB/T 1299—2014）

统一数字代号	牌号	交货状态的钢材硬度		试样淬火硬度		
		退火硬度 HBW ≤	预硬化硬度 HRC	淬火温度 /℃	淬火冷却介质	洛氏硬度 HRC ≥
T10450	SM45	热轧交货状态硬度 155~215HBW		—	—	—
T10500	SM50	热轧交货状态硬度 165~225HBW		—	—	—
T10550	SM55	热轧交货状态硬度 170~230HBW		—	—	—
T25303	3Cr2Mo	235	28~36	850~880	油	52
T25553	3Cr2MnNiMo	235	30~36	830~870	油或空气	48
T25344	4Cr2Mn1MoS	235	28~36	830~870	油	51
T25378	8Cr2MnWMoVS	235	40~48	860~900	空气	62
T25515	5CrNiMnMoVSCa	255	35~45	860~920	油	62
T25512	2CrNiMoMnV	235	30~38	850~930	油或空气	48
T25572	2CrNi3MoAl	—	38~43	—	—	—
T25611	1Ni3MnCuMoAl	—	38~42	—	—	—
A64060	06Ni6CrMoVTiAl	255	43~48	850~880℃固溶，油或空冷，500~540℃时效，空冷		实测
A64000	00Ni18Co8Mo5TiAl	协议	协议	805~825℃固溶，空冷，460~530℃时效，空冷		协议
S42023	2Cr13	220	30~36	1000~1050	油	45
S42043	4Cr13	235	30~36	1050~1100	油	50
T25444	4Cr13NiVSi	235	30~36	1000~1030	油	50
T25402	2Cr17Ni2	285	28~32	1000~1050	油	49
T25303	3Cr17Mo	285	33~38	1000~1040	油	46
T25513	3Cr17NiMoV	285	33~38	1030~1070	油	50
S44093	9Cr18	255	协议	1000~1050	油	55
S46993	9Cr18MoV	269	协议	1050~1075	油	55

表 1-168　塑料模具用钢的主要特点及用途（摘自 GB/T 1299—2014）

统一数字代号	牌　号	主要特点及用途
T10450	SM45	非合金塑料模具钢，切削加工性能好，淬火后具有较高的硬度，调质处理后具有良好的强韧性和一定的耐磨性。适宜制作中、小型的中、低档塑料模具
T10500	SM50	非合金塑料模具钢，切削加工性能好。适宜制作形状简单的小型塑料模具或精度要求不高、使用寿命不需要很长的塑料模具等，但焊接性能、冷变形性能差
T10550	SM55	非合金塑料模具钢，切削加工性能中等。适宜制作形状简单的小型塑料模具或精度要求不高、使用寿命较短的塑料模具
T25303	3Cr2Mo	预硬型钢，相当于 ASTM A681 中的 P20 钢。其综合性能好，淬透性高，较大的截面钢材也可获得均匀的硬度，并且同时具有很好的抛光性能，模具表面粗糙度低
T25553	3Cr2MnNiMo	预硬型钢，相当于瑞典 ASSAB 公司的 718 钢。其综合力学性能好，淬透性高，大截面钢材在调质处理后具有较均匀的硬度分布，有很好的抛光性能
T25344	4Cr2Mn1MoS	易切削预硬化型钢。其使用性能与 3Cr2MnNiMo 相似，但具有更优良的机械加工性能
T25378	8Cr2MnWMoVS	预硬化型易切削钢。适宜制作各种类型的塑料模、胶木模、陶土瓷料模以及印制板的冲孔模。由于淬火硬度高，耐磨性好，综合力学性能好，热处理变形小，也可用于制作精密的冲模等
T25515	5CrNiMnMoVSCa	预硬化型易切削钢。钢中加入 S 元素可改善钢的切削加工工艺性能，加入 Ca 元素主要是改善硫化物的组织形态和钢的力学性能，降低钢的各向异性。适宜制作各种类型的精密注塑模具、压塑模具和橡胶模具
T25512	2CrNiMoMnV	预硬化型镜面塑料模具钢，是 3Cr2MnNiMo 钢的改进型。其淬透性高，硬度均匀，并具有良好的抛光性能、电火花加工性能和蚀花（皮纹加工）性能，适用于渗氮处理。适宜制作大、中型镜面塑料模具
T25572	2CrNi3MoAl	时效硬化钢。由于固溶处理工序是在切削加工制成模具之前进行的，从而避免了模具的淬火变形，因而模具的热处理变形小，综合力学性能好。适宜制作复杂、精密的塑料模具
T25611	1Ni3MnCuMoAl	即 10Ni3MnCuAl，一种镍铜铝系时效硬化型钢。其淬透性好，热处理变形小，镜面加工性能好。适宜制作高镜面的塑料模具、高外观质量的家用电器塑料模具
A64060	06Ni6CrMoVTiAl	低合金马氏体时效钢，简称 06Ni 钢，经固溶处理（也可在粗加工后进行）后，硬度为 25~28HRC。该钢在机械加工成所需的模具形状和经钳工修整及抛光后再进行时效处理，不仅可使硬度明显增加，而且模具变形小，可直接使用，从而保证了模具有高的精度和使用寿命
A64000	00Ni18Co8Mo5TiAl	沉淀硬化型超高强度钢，简称 18Ni（250）钢，具有高强韧性、低硬化指数、良好成形性和焊接性。适宜制作铝合金挤压模和铸件模、精密模具及冲模等工模具等
S42023	2Cr13	耐腐蚀型钢，属于 Cr13 型不锈钢，机械加工性能较好，经热处理后具有优良的耐蚀性、较好的强韧性。适宜制作承受高负荷并在腐蚀介质作用下的塑料模具和透明塑料制品模具等
S42043	4Cr13	耐腐蚀型钢，属于 Cr13 型不锈钢，力学性能较好，经热处理（淬火及回火）后具有优良的耐蚀性、抛光性能、较高的强度和耐磨性。适宜制作承受高负荷并在腐蚀介质作用下的塑料模具和透明塑料制品模具等
T25444	4Cr13NiVSi	耐腐蚀预硬化型钢，属于 Cr13 型不锈钢，淬火及回火后硬度高，有超镜面加工性，可预硬至 31~35HRC，镜面加工性好。适宜制作要求高精度、高耐磨、高耐蚀塑料模具，也可用于制作透明塑料制品模具
T25402	2Cr17Ni2	耐腐蚀预硬化型钢，具有好的抛光性能，在玻璃模具的应用中具有好的抗氧化性。适宜制作耐腐蚀塑料模具，并且不用采用 Cr、Ni 涂层
T25303	3Cr17Mo	耐腐蚀预硬化型钢，属于 Cr17 型不锈钢，具有优良的强韧性和较高的耐蚀性。适宜制作各种类型的要求高精度、高耐磨，且要求耐蚀性的塑料模具和透明塑料制品模具

（续）

统一数字代号	牌 号	主要特点及用途
T25513	3Cr17NiMoV	耐腐蚀预硬化型钢，属于 Cr17 型不锈钢，具有优良的强韧性和较高的耐蚀性。适宜制作各种要求高精度、高耐磨，且要求耐蚀的塑料模具和压制透明的塑料制品模具
S44093	9Cr18	耐腐蚀、耐磨型钢，属于高碳马氏体钢，淬火后具有很高的硬度和耐磨性，较 Cr17 型马氏体钢的耐蚀性有所改善，在大气、水及某些酸类和盐类的水溶液中有优良的不锈耐蚀性。适宜制作要求耐蚀、高强度和耐磨损的零部件，如轴、杆类、弹簧、紧固件等
S46993	9Cr18MoV	耐腐蚀、耐磨型钢，属于高碳铬不锈钢，基本性能和用途与 9Cr18 钢相近，但热强性和抗回火性能更好。适宜制作承受摩擦并在腐蚀介质中工作的零件，如量具、不锈切片机械刃具及剪切工具、手术刀片、高耐磨设备零件等

9. 特殊用途模具用钢（见表 1-169 和表 1-170）

表 1-169　特殊用途模具用钢牌号及交货状态的硬度值和试样的淬火硬度值（摘自 GB/T 1299—2014）

统一数字代号	牌 号	交货状态的钢材硬度 退火硬度 HBW	试样淬火硬度 热处理制度	洛氏硬度 HRC 不小于
T26377	7Mn15Cr2Al3V2WMo	—	1170~1190℃固溶，水冷，650~700℃时效，空冷	45
S31049	2Cr25Ni20Si2	—	1040~1150℃固溶，水冷或空冷	①
S51740	0Cr17Ni4Cu4Nb	协议	1020~1060℃固溶，空冷，470~630℃时效，空冷	①
H21231	Ni25Cr15Ti2MoMn	≤300	950~980℃固溶，水冷或空冷，720℃+620℃时效，空冷	①
H07718	Ni53Cr19Mo3TiNb	≤300	980~1000℃固溶，水冷、油冷或空冷，710~730℃时效，空冷	①

① 根据需方要求，并在合同中注明，可提供实测值。

表 1-170　特殊用途模具用钢的主要特点及用途（摘自 GB/T 1299—2014）

统一数字代号	牌 号	主要特点及用途
T26377	7Mn15Cr2Al3V2WMo	一种高 Mn-V 系无磁钢。在各种状态下都能保持稳定的奥氏体，具有非常低的磁导率，高的硬度、强度，较好的耐磨性。适宜制作无磁模具、无磁轴承及其他要求在强磁场中不产生磁感应的结构零件，也可以用来制造在 800℃ 下使用的热作模具
S31049	2Cr25Ni20Si2	奥氏体型耐热钢，具有较好的抗一般腐蚀性能，最高使用温度可达 1200℃，连续使用最高温度为 1150℃，间歇使用最高温度为 1100℃。适宜制作加热炉的各种构件，也可用于制造玻璃模具等
S51740	0Cr17Ni4Cu4Nb	马氏体沉淀硬化型不锈钢。含碳量低，其抗腐蚀性和可焊性比一般马氏体不锈钢好。此钢耐酸性能好，切削性好，热处理工艺简单，在 400℃ 以上长期使用时有脆化倾向。适宜制作工作温度在 400℃ 以下，要求耐酸蚀、高强度的部件，也适宜制作在腐蚀介质作用下要求高性能、高精密的塑料模具等
H21231	Ni25Cr15Ti2MoMn	即 GH2132B，Fe-25Ni-15Cr 基时效强化型高温合金。加入钼、钛、铝、钒和微量硼使该钢得到综合强化，特点是高温耐磨性好，高温抗变形能力强，高温抗氧化性能优良，无缺口敏感性，热疲劳性能优良。适宜制作在 650℃ 以下长期工作的高温承力部件和热作模具，如铜排模、热挤压模和内筒等
H07718	Ni53Cr19Mo3TiNb	即 In718 合金，以体心四方的 γ″ 相和面心立方的 γ′ 相沉淀强化的镍基高温合金。在合金中加入铝、钛可以形成的金属间化合物进行 γ′（Ni3AlTi）相沉淀强化，具有高温强度高、高温稳定性好、抗氧化性好、冷热疲劳性能及冲击韧度优异等特点。适宜制作 600℃ 以上使用的热锻模、冲头、热挤压模、压铸模等

10. 工模具钢国内外牌号对照（见表 1-171）

表 1-171　工模具钢国内外牌号对照（摘自 GB/T 1299—2014）

钢类	GB/T 1299—2014	ASTM A 686/ASTM A 681	JIS G4401/JIS G4404	ISO 4957
刃具模具用非合金钢	T7	—	SK70	C70U
	T8	—	SK80	C80U
	T8Mn	W1-8	SK85	—
	T9	W1-8 1/2	SK90	C90U
	T10	W1-10	SK105	C105U
	T11	W1-11	—	—
	T12	W1-11 1/2	SK120	C120U
	T13	—	—	—
量具刃具用钢	9SiCr	—	—	—
	8MnSi	—	—	—
	Cr06	—	SKS8	—
	Cr2	L3	—	—
	9Cr2	—	—	—
	W	F1	SKS2	—
耐冲击工具用钢	4CrW2Si	—	SKS41	—
	5CrW2Si	S1	—	—
	6CrW2Si	—	—	—
	6CrMnSi2Mo1V	S5	—	—
	5Cr3MnSiMo1V	S7	—	—
	6CrW2SiV	—	—	60WCrV8
轧辊用钢	9Cr2V	—	—	—
	9Cr2Mo	—	—	—
	9Cr2MoV	—	—	—
	8Cr3NiMoV	—	—	—
	9Cr5NiMoV	—	—	—
冷作模具用钢	9Mn2V	O2	—	—
	9CrWMn	O1	SKS3	95MnCr5
	CrWMn	—	SKS31	—
	MnCrWV	—	—	95MnWCr5
热作模具用钢	5Cr4W5Mo2V	—	—	—
	4Cr5Mo2V	—	—	—
	3Cr3Mo3V	—	SKD7	32CrMoV12-28
	4Cr5Mo3V	—	—	—
	3Cr3Mo3VCo3	—	—	—
塑料模具钢	SM45	—	—	C45U
	SM50	—	—	—

（续）

钢类	GB/T 1299—2014	ASTM A 686/ASTM A 681	JIS G4401/JIS G4404	ISO 4957
	SM55	—	—	—
	3Cr2Mo	P20	—	35CrMo7
	3Cr2MnNiMo	—	—	40CrMnNiMo8-6-4
	4Cr2Mn1MoS	—	—	—
	8Cr2MnWMoVS	—	—	—
	5CrNiMnMoVSCa	—	—	—
	2CrNiMoMnV	—	—	—
塑料模具钢	2CrNi3MoAl	—	—	—
	1Ni3MnCuAl	—	—	—
	06Ni6CrMoVTiAl	—	—	—
	00Ni18Co8Mo5TiAl	—	—	—
	2Cr13	—	—	—
	4Cr13	—	—	—
	4Cr13NiVSi	—	—	—
	2Cr17Ni2	—	—	—
	3Cr17Mo	—	—	X38CrMo16
	3Cr17NiMoV	—	—	—
	9Cr18	—	—	—
	9Cr18MoV	—	—	—
	7Mn15Cr2Al3V2Mo	—	—	—
特殊用途模具钢	2Cr25Ni20Si2	—	—	—
	0Cr17Ni4Cu4Nb	—	—	—
	Ni25Cr15Ti2MoMn	—	—	—
	Ni53Cr19Mo3TiNb	—	—	—
	7CrMn2Mo	—	—	70MnMoCr8
	5Cr8MoVSi	—	—	—
	7CrSiMnMoV	—	—	—
	Cr8Mo2VSi	—	—	—
	Cr4W2MoV	—	—	—
	6Cr4W3Mo2VNb	—	—	—
冷作模具用钢	6W6Mo5Cr4V	—	—	—
	W6Mo5Cr4V2	—	—	—
	Cr8	—	—	—
	Cr12	D3	SKD1	X210Cr12
	Cr12W	—	SKD2	X210CrW12
	7Cr7Mo2V2Si	—	—	—
	Cr5Mo1V	A2	SKD12	X100CrMoV5

（续）

钢类	GB/T 1299—2014	ASTM A 686/ASTM A 681	JIS G4401/JIS G4404	ISO 4957
冷作模具用钢	Cr12MoV	—	—	—
	Cr12Mo1V1	D2	SKD10	X153CrMoV12
热作模具用钢	5CrMnMo	—	—	—
	5CrNiMo	L6	—	—
	4CrNi4Mo	—	SKT6	45CrNiMo16
	4Cr2NiMoV	—	—	—
	5CrNi2MoV	—	SKT4	55NiCrMoV7
	5Cr2NiMoVSi	—	—	—
	8Cr3	—	—	—
	4Cr5W2VSi	—	—	—
	3Cr2W8V	H21	SKD5	X30WCrV9-3
	4Cr5MoSiV	H11	SKD6	X37CrMoV5-1
	4Cr5MoSiV1	H13	SKD61	X40CrMoV5-1
	4Cr3Mo3SiV	H10	—	—
	5Cr4Mo3SiMnVA1	—	—	—
	4CrMnSiMoV	—	—	—
	5Cr5WMoSi	A8	—	—
	4Cr5MoWVSi	H12	—	X35CrWMoV5
	3Cr3Mo3W2V	—	—	—

1.7.15 高速工具钢（见表1-172~表1-178）

表1-172 高速工具钢的牌号及化学成分（摘自 GB/T 9943—2008）

统一数字代号	牌号[1]	化学成分（质量分数,%）									
		C	Mn	Si[2]	S[3]	P	Cr	V	W	Mo	Co
T63342	W3Mo3Cr4V2	0.95~1.03	≤0.40	≤0.45	≤0.030	≤0.030	3.80~4.50	2.20~2.50	2.70~3.00	2.50~2.90	—
T64340	W4Mo3Cr4VSi	0.83~0.93	0.20~0.40	0.70~1.00	≤0.030	≤0.030	3.80~4.40	1.20~1.80	3.50~4.50	2.50~3.50	—
T51841	W18Cr4V	0.73~0.83	0.10~0.40	0.20~0.40	≤0.030	≤0.030	3.80~4.50	1.00~1.20	17.20~18.70	—	—
T62841	W2Mo8Cr4V	0.77~0.87	≤0.40	≤0.70	≤0.030	≤0.030	3.50~4.50	1.00~1.40	1.40~2.00	8.00~9.00	—
T62942	W2Mo9Cr4V2	0.95~1.05	0.15~0.40	≤0.70	≤0.030	≤0.030	3.50~4.50	1.75~2.20	1.50~2.10	8.20~9.20	—
T66541	W6Mo5Cr4V2	0.80~0.90	0.15~0.40	0.20~0.45	≤0.030	≤0.030	3.80~4.40	1.75~2.20	5.50~6.75	4.50~5.50	—

（续）

统一数字代号	牌号①	化学成分（质量分数,%）									
		C	Mn	Si②	S③	P	Cr	V	W	Mo	Co
T66542	CW6Mo5Cr4V2	0.86~0.94	0.15~0.40	0.20~0.45	≤0.030	≤0.030	3.80~4.50	1.75~2.10	5.90~6.70	4.70~5.20	—
T66642	W6Mo6Cr4V2	1.00~1.10	≤0.40	≤0.45	≤0.030	≤0.030	3.80~4.50	2.30~2.60	5.90~6.70	5.50~6.50	—
T69341	W9Mo3Cr4V	0.77~0.87	0.20~0.40	0.20~0.40	≤0.030	≤0.030	3.80~4.40	1.30~1.70	8.50~9.50	2.70~3.30	—
T66543	W6Mo5Cr4V3	1.15~1.25	0.15~0.40	0.20~0.45	≤0.030	≤0.030	3.80~4.50	2.70~3.20	5.90~6.70	4.70~5.20	—
T66545	CW6Mo5Cr4V3	1.25~1.32	0.15~0.40	≤0.70	≤0.030	≤0.030	3.75~4.50	2.70~3.20	5.90~6.70	4.70~5.20	—
T66544	W6Mo5Cr4V4	1.25~1.40	≤0.40	≤0.45	≤0.030	≤0.030	3.80~4.50	3.70~4.20	5.20~6.00	4.20~5.00	—
T66546	W6Mo5Cr4V2Al	1.05~1.15	0.15~0.40	0.20~0.60	≤0.030	≤0.030	3.80~4.40	1.75~2.20	5.50~6.75	4.50~5.50	Al:0.80~1.20
T71245	W12Cr4V5Co5	1.50~1.60	0.15~0.40	0.15~0.40	≤0.030	≤0.030	3.75~5.00	4.50~5.25	11.75~13.00	—	4.75~5.25
T76545	W6Mo5Cr4V2Co5	0.87~0.95	0.15~0.40	0.20~0.45	≤0.030	≤0.030	3.80~4.50	1.70~2.10	5.90~6.70	4.70~5.20	4.50~5.00
T76438	W6Mo5Cr4V3Co8	1.23~1.33	≤0.40	≤0.70	≤0.030	≤0.030	3.80~4.50	2.70~3.20	5.90~6.70	4.70~5.30	8.00~8.80
T77445	W7Mo4Cr4V2Co5	1.05~1.15	0.20~0.60	0.15~0.50	≤0.030	≤0.030	3.75~4.50	1.75~2.25	6.25~7.00	3.25~4.25	4.75~5.75
T72948	W2Mo9Cr4VCo8	1.05~1.15	0.15~0.40	0.15~0.65	≤0.030	≤0.030	3.50~4.25	0.95~1.35	1.15~1.85	9.00~10.00	7.75~8.75
T71010	W10Mo4Cr4V3Co10	1.20~1.35	≤0.40	≤0.45	≤0.030	≤0.030	3.80~4.50	3.00~3.50	9.00~10.00	3.20~3.90	9.50~10.50

① 本表中牌号 W18Cr4V、W12Cr4V5Co5 为钨系高速工具钢，其他牌号为钨钼系高速工具钢。

② 电渣钢的硅含量下限不限。

③ 根据需方要求，为改善钢的切削加工性能，其硫含量可规定为 0.06%~0.15%。

表 1-173　高速工具钢棒的化学成分允许偏差（摘自 GB/T 9943—2008）

元素名称	化学成分允许偏差（质量分数,%）	
	规定化学成分上限值	允许偏差
C	—	±0.01
Cr	—	±0.05
W	≤10	±0.10
	>10	±0.20

（续）

元素名称	化学成分允许偏差（质量分数，%）	
	规定化学成分上限值	允许偏差
V	≤2.5	±0.05
	>2.5	±0.10
Mo	≤6	±0.05
	>6	±0.10
Co	—	±0.15
Si	—	±0.05
Mn	—	+0.04

注：1. 钢中残余铜含量应不大于 0.25%，残余镍含量应不大于 0.30%。

2. 在钨系高速钢中，钼含量允许到 1.0%。钨钼二者关系，当钼含量超过 0.30% 时，钨含量应减少，在钼含量超过 0.30% 的部分，每 1% 的钼代替 1.8% 的钨，在这种情况下，在牌号的后面加上"Mo"。

表 1-174　高速工具钢棒的尺寸规格、分类和热处理制度（摘自 GB/T 9943—2008）

尺寸规格	钢材截面尺寸（直径、边长、厚度或对边距离）不大于 250mm，钢棒尺寸、外形及允许偏差组别在合同中应注明
	热轧钢棒尺寸规格应符合 GB/T 702 中的规定
	盘条尺寸规格应符合 GB/T 14981 中的规定
	锻制圆钢、方钢、扁钢尺寸规格应符合 GB/T 908 中的规定
	冷拉圆钢、方钢、六角钢尺寸规格应符合 GB/T 905 中的规定
	银亮钢尺寸规格应符合 GB/T 3207 中的规定

分类及代号	统一数字代号	牌号	交货硬度[①]（退火态）HBW ≤	试样热处理制度及淬火、回火硬度					
				预热温度/℃	淬火温度/℃		淬火冷却介质	回火温度[②]/℃	硬度[③]HRC ≥
					盐浴炉	箱式炉			
低合金高速工具钢 HSS-L	T63342	W3Mo3Cr4V2	255		1180~1120	1180~1120		540~560	63
	T64340	W4Mo3Cr4VSi	255		1170~1190	1170~1190		540~560	63
分类和热处理制度	T51841	W18Cr4V	255	800~900	1250~1270	1260~1280	油或盐浴	550~570	63
	T62841	W2Mo8Cr4V	255		1180~1120	1180~1120		550~570	63
普通高速工具钢 HSS	T62942	W2Mo9Cr4V2	255		1190~1210	1200~1220		540~560	64
	T66541	W6Mo5Cr4V2	255		1200~1220	1210~1230		540~560	64
	T66542	CW6Mo5Cr4V2	255		1190~1210	1200~1220		540~560	64
	T66642	W6Mo6Cr4V2	262		1190~1210	1190~1210		550~570	64
	T69341	W9Mo3Cr4V	255		1200~1220	1220~1240		540~560	64
高性能高速工具钢 HSS-E	T66543	W6Mo5Cr4V3	262		1190~1210	1200~1220		540~560	64
	T66545	CW6Mo5Cr4V3	262		1180~1200	1190~1210		540~560	64
	T66544	W6Mo5Cr4V4	269		1200~1220	1200~1220		550~570	64
	T66546	W6Mo5Cr4V2Al	269		1200~1220	1230~1240		550~570	65
	T71245	W12Cr4V5Co5	277		1220~1240	1230~1250		540~560	65
	T76545	W6Mo5Cr4V2Co5	269		1190~1210	1200~1220		540~560	64

（续）

分类和热处理制度	分类及代号	统一数字代号	牌　号	交货硬度[1]（退火态）HBW ≤	试样热处理制度及淬火、回火硬度					
					预热温度/℃	淬火温度/℃		淬火冷却介质	回火温度[2]/℃	硬度[3]HRC ≥
						盐浴炉	箱式炉			
高性能高速工具钢HSS-E	T76438	W6Mo5Cr4V3Co8		285	800~900	1170~1190	1170~1190	油或盐浴	550~570	65
	T77445	W7Mo4Cr4V2Co5		269		1180~1200	1190~1210		540~560	66
	T72948	W2Mo9Cr4VCo8		269		1170~1190	1180~1200		540~560	66
	T71010	W10Mo4Cr4V3Co10		285		1220~1240	1220~1240		550~570	66

注：高速工具钢大块碳化物评级图参见 GB/T 9943—2008 规范性附录。

[1] 退火+冷拉态的硬度允许比退火态指标增加 50HBW。

[2] 回火温度为 550~570℃时，回火 2 次，每次 1h；回火温度为 540~560℃时，回火 2 次，每次 2h。

[3] 试样淬、回火硬度供方若能保证可不检验。

表 1-175　高速工具钢的特性及应用举例

钢　号	性　能　特　点	应　用　举　例
W18Cr4V	钨系通用性高速钢，具有较高的硬度、热硬性及高温硬度，淬火不易过热，易于磨削加工；缺点是热塑性低、韧性稍差。该钢种曾经用量最大，但20世纪70年代后使用减少	主要用于制作高速切削的车刀、钻头、铣刀、铰刀等刀具，还用于制作板牙、丝锥、扩孔钻、拉丝模、锯片等
W12Cr4V5Co5	钨系高钒含钴高速钢，引自美国的 T15，曾称为"王牌钢"，具有较高的硬度，尤其是具有超高耐磨性，但可磨削性能差，强度与韧性较差，不宜制作用于高速切削的复杂刀具	适于制作要求特殊耐磨的切削刀具，如螺纹梳刀、车刀、铣刀、刮刀、滚刀及成形刀具、齿轮刀具等；还可用于冷作模具
W6Mo5Cr4V2	W-Mo 系通用型高速钢，是当今各国用量最大的高速钢钢号（即 M2），具有较高的硬度、热硬性及高温硬度，热塑性好，强度和韧性优良；缺点是钢的过热与脱碳敏感性较大	用于制作要求耐磨性和韧性配合良好的并承受冲击力较大的刀具和一般刀具，如插齿刀、锥齿轮刨刀、铣刀、车刀、丝锥、钻头等，还用于制作高载荷下耐磨性好的工具，如冷作模具等
CW6Mo5Cr4V2	高碳 W-Mo 系通用型高速钢，由于碳含量高，故淬火后的表面硬度也高，而且高温硬度、耐磨性和耐热性都比 W6Mo5Cr4V2 高，但强度和韧性有所降低	适于制作要求切削性能优良的刀具
W6Mo5Cr4V3、CW6Mo5Cr4V3	高碳高钒型高速钢，其耐磨性优于 W6Mo5Cr4V2，但可磨削性能变差，脱碳敏感性较大	用于制作要求特别耐磨的工具和一般刀具，如拉刀、滚刀、螺纹梳刀、车刀、刨刀、丝锥、钻头等。由于钢的磨削性差，制作复杂刀具时需用特殊砂轮加工
W2Mo9Cr4V2	低钨高钼型钢种，相当于美国的 M7，具有较高的热硬性和韧性，耐磨性好，但脱碳敏感性较大	主要用于制作螺纹工具，如丝锥、板牙等，还用于制作钻头、铣刀及各种车削刀具，以及制作各种冲模等
W6Mo5Cr4V2Co5	W-Mo 系含钴高速钢，其热硬性、耐磨性均比 W6Mo5Cr4V2 高，故切削性能好，但钢的韧性和强度较差，脱碳敏感性较大	用于制作高速切削机床的刀具和要求耐高温并有一定振动载荷的刀具

（续）

钢 号	性 能 特 点	应 用 举 例
W2Mo9Cr4VCo8	W-Mo系高碳含钴超硬型钢种，相当于美国的M42，是一种用量最大的超硬型高速钢，其硬度可达66~70HRC，具有高的热硬性和高温硬度，易磨削加工，但韧性较差	用于制作各种复杂的高精度刀具，如精密拉刀、成形铣刀、专用车刀、钻头以及各种高硬度刀具，可用于难加工材料（如钛合金、高温合金、超高强度钢等）的切削加工
W9Mo3Cr4V	我国研制的新型W-Mo系通用型高速钢，使用性能与W18Cr4V（T1）和W6Mo5Cr4V2（M2）相当，但综合工艺性能优于T1和M2，合金成本也较低	可代替W18Cr4V和W6Mo5Cr4V2制作各种工具
W6Mo5Cr4V2Al	我国研制的W-Mo系无钴超硬型高速钢（简称M2Al或501），具有高的硬度、热硬性及高温硬度，切削性能优良，耐磨性和热塑性较好，其韧性优于含钴高速钢，但可磨削性能稍差，钢的过热和脱碳敏感性较大	用于制作各种拉刀、插齿刀、齿轮滚刀、铣刀、刨刀、镗刀、车刀、钻头等切削刀具，刀具使用寿命长，切削一般材料时其使用寿命为W18Cr4V的两倍，切削难加工材料时接近含钴高速钢的使用寿命

表 1-176 高速工具钢的选用

刀具类型		被加工工件材料		
		轻合金、碳素钢、合金钢	不锈钢、耐热钢、高温合金（锻材）	超高强度钢、钛合金、铸造高温合金
		高速工具钢牌号		
车刀		W18Cr4V 9W18Cr4V W12Cr4V4Mo W6Mo5Cr4V2Al W10Mo4Cr4V3Al	W12Mo3Cr4V3Co5Si W6Mo5Cr4V2Al W10Mo4CrV3Al	W12Mo3Cr4V3Co5Si W6Mo5CrV2Al W10Mo4Cr4V3Al
铣刀		W18Cr4V 9W18Cr4V W6Mo5Cr4V2 W6Mo5Cr4V2Al W10Mo4Cr4V3Al W6Mo5Cr4V5SiNbAl	W12Cr4V4Mo W6Mo5Cr4V2Al W10Mo4Cr4V3Al W6Mo5Cr4V5SiNbAl	W12Mo3Cr4V3Co5Si W6Mo5Cr4V2Al W10Mo4Cr4V3Al W6Mo5Cr4V5SiNbAl
成形铣刀		W18Cr4V 9W18Cr4V W6Mo5Cr4V2 W6Mo5Cr4V2Al	W12Mo3Cr4V3Co5Si W10Mo4Cr4V3Al W6Mo5Cr4V2Al	W12Mo3Cr4V3Co5Si W10Mo4Cr4V3Al W6Mo5Cr4V2Al
拉刀	粗拉刀	W6Mo5Cr4V2 W18Cr4V 9W18Cr4V W12Cr4Mo	W12Cr4V4Mo W6Mo5Cr4V5SiNbAl W10Mo4Cr4V3Al W6Mo5Cr4V2Al	W6Mo5Cr4V2Al W12Mo3Cr4V3Co5Si W10Mo4Cr4V3Al W6Mo5Cr4V5SiNbAl
	精拉刀	W6Mo5Cr4V2Al W10Mo4Cr4V3Al W6Mo5Cr4V5SiNbAl	W6Mo5Cr4V2 W6Mo5Cr4V2Al W12Mo3Cr4V3Co5Si	
螺纹刀具		W18Cr4V 9W18Cr4V W6Mo5Cr4V2 W6Mo5Cr4V2Al	W6Mo5Cr4V2 W6Mo5Cr4V2Al	W6Mo5Cr4V2Al W12Mo3Cr4V3Co5Si
齿轮刀具		W6Mo5Cr4V2 W18Cr4V 9W18Cr4V W12Cr4V4Mo W6Mo5Cr4V2Al	W6Mo5Cr4V2 W12Cr4V4Mo W6Mo5Cr4V2Al	W12Mo3Cr4V3Co5Si W6Mo5Cr4V2Al
钻头、铰刀		W18Cr4V 9W18Cr4V W6Mo5Cr4V2 W6Mo5Cr4V2Al W6Mo5Cr4V5SiNbAl W10Mo4Cr4V3Al	W12Cr4V4Mo W6Mo5Cr4V2Al W6Mo5Cr4V5SiNbAl W10Mo4Cr4V3Al	W12Mo3Cr4V3Co5Si W6Mo5Cr4V2Al W6Mo5Cr4V5SiNbAl W10Mo4Cr4V3Al

表 1-177　按加工条件选用的刀具材料牌号

切削速度/(m/min)	刀具类型	被加工材料	性能要求	其他要求	类别	牌号	硬度值 HRC
一般切削刀具　≤8	木材加工刀具（如锯条、刨刀、锯片等）	木材			碳素工具钢	T8、T10、T12	42~54
8~10	手用丝锥、板牙、锯条、锉刀、梳刀等	一般金属材料			碳素工具钢	T10、T12A　T10A、T12A	60~65
	手用或机用钻头、丝锥、板牙等		(1) 坚韧性　(2) 耐磨性	要求变形小	合金工具钢	9SiCr	60~65
	车刀、绞刀、插刀等	一般金属材料，如铸铁和一般结构钢				Cr2	62~65
	不刨烈发热的刀具（如拉刀、长丝锥、长绞刀、专用铣刀等）	金属材料和一般结构钢		要求变形较小		CrWMn	60~65
	专用细长拉刀			要求变形很小		Cr12、Cr12MoV	60~65
	搓丝板、滚丝轮					9SiCr、Cr12MoV	60~65
25~55	车刀、镗刀、刨刀、插刀、铣刀、滚刀、拉刀、丝锥、板牙等	300~320HBW 的结构钢、铸铁、轻合金	(1) 坚韧性　(2) 耐热性		通用型高速工具钢	W18Cr4V　W14Cr4VMnXt　W6Mo5Cr4V2	63~66　64~66　63~66
		不锈钢、耐热钢、高强度钢等较难加工材料			高碳高速钢	9W18Cr4V	67~68
30~90					高钒高速钢	W12Cr4V4Mo①	65~67
		高温合金、马氏体不锈钢、超高强度钢、钛合金等难加工材料		承受较大冲击，形状为复杂的刀具	超硬型高速工具钢	W6Mo5Cr4V2Al①　W6Mo5Cr4VSiNbAl①　W10Mo4Cr4V3Al①　W12Mo3Cr4V3CoSi①	67~69　66~68　67~69　67~70
高速切削刀具　100~300	车刀、镗刀、刨刀的刀头（镶片使用，亦可用作铣刀、钻头、丝锥、绞刀、拉刀、齿轮滚刀的刀头）	(1) 铸铁、有色金属及非金属材料	(1) 耐热性	重载切削	钨钴类硬质合金	YG8C	88HRA
				粗加工		YG8	89HRA
		(2) 高温合金、钛合金、超强度钢等难加工材料		粗加工及半精加工		YG6	89.5HRA
				精加工		YG6X	91HRA
				负载均匀的精加工		YG3X	91.5HRA
		(1) 钢件	(2) 坚韧性	粗加工	钨钛钴类硬质合金	YT5	89HRA
		(2) 淬火钢等难加工材料		粗加工及半精加工		YT14	90.5HRA
				精加工		YT30	92HRA
		(1) 铸铁或铸铁		粗加工及半精加工	通用硬质合金	YW1、YA6	91.5HRA
		(2) 各种难加工材料		粗加工及半精加工		YW2	90.5HRA
		碳钢、合金钢、工具钢及淬火钢等		精加工（可代 YT30 效果较好）	TiC 基硬质合金	YN10	92HRA

① 含钒量大于或等于 3% 的高钒高速钢，因磨削困难，不宜制作形状复杂的刀具。

表1-178 高速工具钢的热处理规范

牌号	临界温度/℃				锻造加工温度/℃		钢锭、钢坯、钢材的退火工艺								淬火和回火工艺							
							软化退火				等温退火				淬火预热		淬火加热			淬火冷却介质	回火制度	淬火、回火后的硬度HRC
	Ac_1	Ac_3(Ac_{cm})	Ar_1	Ms	始锻温度	终锻温度	加热温度/℃	保温时间/h	冷却	硬度HBW	加热温度/℃	保温时间/h	冷却	硬度HBW	温度/℃	时间/(s/mm)	介质	温度/℃	时间/(s/mm)			
W18Cr4V	820	860	760	210	1150~1180	900~950	860~880	2	以20~30℃/h的速度冷却到500~600℃，然后炉冷或堆冷	≤277	860~880	2	炉冷至740~760℃，保温2~4h，再炉冷至500~600℃，出炉空冷	≤255	850	24	中性盐浴	1260~1300	12~15	油	560℃回火3次，每次1h，空冷	≥62
W2Mo9Cr4V2	835~860	—	—	140	1040~1150	950	800~820	2		≤277	850~880	2		≤255	800~850	4		1180~1210② 1210① 1230③	12~15 15~20	油	550~580℃回火3次，每次1h，空冷	≥65
W6Mo5Cr4V2	835	885	770	225	1040~1150	900~950	840~860	2		≤285	840~860	2		≤255	850	24		1200~1220① 1230② 1240③ 1150~1200④	12~15 20	油	560℃回火3次，每次1h，空冷	≥62 ≥63 ≥64 ≥60
W6Mo5Cr4V3	835~860	—	—	140	1040~1150	950	850~870	2		≤277	850~870	2		≤255	850	24		1200~1230	12~15	油	550~570℃回火3次，每次1h，空冷	≥64
W6Mo5Cr4V2-Al	835	885	770	—	1040~1150	980	850~970	2		≤285	850~970	2		≤269	850	24		1220~1240	12~15	油	550~570℃回火4次，每次1h，空冷	≥65
W12Cr4V5Co5	841~873	—	740	—	1180	980	850~870	2		≤285	850~870	2		≤277	800~850	24		1220~1245	12~15	油	530~550℃回火3次，每次1h，空冷	≥65
W6Mo5Cr4V2-Co5	825~851	—	—	220	1040~1150	900	840~860	2		≤285	840~860	2		≤269	800~850	24		1210~1230	12~15	油	550℃回火3次，每次1h，空冷	≥64
W2Mo9Cr4V-Co8	841~873	—	740	—	1180	980	860~880	2		≤285	860~880	2	炉冷至740~750℃，保温2~4h，再炉冷至500~600℃，出炉空冷	≤269	850	24		1180~1200② 1200① 1220③	12~15	油	550~570℃回火4次，每次1h，空冷	≥66
W10Mo4Cr4V3Co10	830	870	765	175	1180	950	850~870	2		≤311	850~870	2		≤302	800~850	24		1200~1230② 1230③ 1250③	12~15	油	550~570℃回火3次，每次1h，空冷	≥66

注：本表为参考资料。
① 高强薄刃刀具淬火温度。
② 复杂刀具淬火温度。
③ 简单刀具淬火温度。
④ 冷作模具淬火温度。

1.7.16　不锈钢、超级奥氏体不锈钢和耐热钢

1.　不锈钢棒（见表 1-179~表 1-192）

表 1-179　不锈钢棒的分类和产品规格（摘自 GB/T 1220—2007）

按组织特征分类	按使用加工方法分类及代号		产品形状	尺寸规格标准及要求
奥氏体型	压力加工用钢 UP	使用加工方法应在合同中注明，未注明者按切削加工用钢供货	热轧圆钢、方钢	GB/T 702，具体要求在合同中注明，未注明者按 GB/T 702 的 2 组执行
奥氏体-铁素体型	热压力加工 UHP		热轧扁钢	GB/T 702，具体要求在合同中注明，未注明者按 GB/T 702 普通级执行
铁素体型	热顶锻用钢 UHF		热轧六角钢、八角钢	GB/T 702，具体要求在合同中注明，未注明者按 GB/T 702 的 2 组执行
马氏体型	冷拔坯料 UCD		锻制圆钢、方钢	GB/T 908，具体要求在合同中注明，未注明者按 GB/T 908 的 2 组执行
沉淀硬化型	切削加工用钢 UC		锻制扁钢	GB/T 908，具体要求在合同中注明，未注明者按 GB/T 908 的 2 组执行

注：1. GB/T 1220—2007 规定的热轧和锻制不锈钢棒的尺寸（直径、边长、厚度或对边距离）不大于 250mm，产品的尺寸规格应按本表规定，符合相关标准的要求。经供需双方协商，也可以供应尺寸大于 250mm 的热轧和锻制不锈钢棒，并在合同中注明。

    2. 钢棒可按订货要求的交货状态（热处理状态或不热处理）交货，并应在合同中注明交货状态，如在合同中未注明交货要求，则按不热处理交货。切削加工用奥氏体型、奥氏体-铁素体型钢棒应进行固溶处理，经供需双方商定，也可不进行热处理；热压力加工用钢棒不进行固溶处理；铁素体型钢棒应进行退火处理，经供需双方商定，可不进行处理；马氏体型钢棒应进行退火处理。

表 1-180　奥氏体型不锈钢棒的牌号和化学成分（摘自 GB/T 1220—2007）

GB/T 20878 中序号	统一数字代号	新牌号	旧牌号	化学成分（质量分数，%）										
				C	Si	Mn	P	S	Ni	Cr	Mo	Cu	N	其他元素
1	S35350	12Cr17Mn6Ni5N	1Cr17Mn6Ni5N	0.15	1.00	5.50~7.50	0.050	0.030	3.50~5.50	16.00~18.00	—	—	0.05~0.25	—
3	S35450	12Cr18Mn9Ni5N	1Cr18Mn8Ni5N	0.15	1.00	7.50~10.00	0.050	0.030	4.00~6.00	17.00~19.00	—	—	0.05~0.25	—
9	S30110	12Cr17Ni7	1Cr17Ni7	0.15	1.00	2.00	0.045	0.030	6.00~8.00	16.00~18.00	—	—	0.10	—
13	S30210	12Cr18Ni9	1Cr18Ni9	0.15	1.00	2.00	0.045	0.030	8.00~10.00	17.00~19.00	—	—	0.10	—
15	S30317	Y12Cr18Ni9	Y1Cr18Ni9	0.15	1.00	2.00	0.20	≥0.15	8.00~10.00	17.00~19.00	(0.60)	—	—	—

（续）

GB/T 20878中序号	统一数字代号	新牌号	旧牌号	化学成分（质量分数,%）										
				C	Si	Mn	P	S	Ni	Cr	Mo	Cu	N	其他元素
16	S30327	Y12Cr18Ni9Se	Y1Cr18Ni9Se	0.15	1.00	2.00	0.20	0.060	8.00~10.00	17.00~19.00	—	—	—	Se≥0.15
17	S30408	06Cr19Ni10	0Cr18Ni9	0.08	1.00	2.00	0.045	0.030	8.00~11.00	18.00~20.00	—	—	—	—
18	S30403	022Cr19Ni10	00Cr19Ni10	0.030	1.00	2.00	0.045	0.030	8.00~12.00	18.00~20.00	—	—	—	—
22	S30488	06Cr18Ni9Cu3	0Cr18Ni9Cu3	0.08	1.00	2.00	0.045	0.030	8.50~10.50	17.00~19.00	—	3.00~4.00	—	—
23	S30458	06Cr19Ni10N	0Cr19Ni9N	0.08	1.00	2.00	0.045	0.030	8.00~11.00	18.00~20.00	—	—	0.10~0.16	—
24	S30478	06Cr19Ni9NbN	0Cr19Ni10NbN	0.08	1.00	2.00	0.045	0.030	7.50~10.50	18.00~20.00	—	—	0.15~0.30	Nb 0.15
25	S30453	022Cr19Ni10N	00Cr18Ni10N	0.030	1.00	2.00	0.045	0.030	8.00~11.00	18.00~20.00	—	—	0.10~0.16	—
26	S30510	10Cr18Ni12	1Cr18Ni12	0.12	1.00	2.00	0.045	0.030	10.50~13.00	17.00~19.00	—	—	—	—
32	S30908	06Cr23Ni13	0Cr23Ni13	0.08	1.00	2.00	0.045	0.030	12.00~15.00	22.00~24.00	—	—	—	—
35	S31008	06Cr25Ni20	0Cr25Ni20	0.08	1.50	2.00	0.045	0.030	19.00~22.00	24.00~26.00	—	—	—	—
38	S31608	06Cr17Ni12Mo2	0Cr17Ni12Mo2	0.08	1.00	2.00	0.045	0.030	10.00~14.00	16.00~18.00	2.00~3.00	—	—	—
39	S31603	022Cr17Ni12Mo2	00Cr17Ni14Mo2	0.030	1.00	2.00	0.045	0.030	10.00~14.00	16.00~18.00	2.00~3.00	—	—	—
41	S31668	06Cr17Ni12Mo2Ti	0Cr18Ni12Mo3Ti	0.08	1.00	2.00	0.045	0.030	10.00~14.00	16.00~18.00	2.00~3.00	—	—	Ti≥5C
43	S31658	06Cr17Ni12Mo2N	0Cr17Ni12Mo2N	0.08	1.00	2.00	0.045	0.030	10.00~13.00	16.00~18.00	2.00~3.00	—	0.10~0.16	—

（续）

GB/T 20878 中序号	统一数字代号	新牌号	旧牌号	化学成分（质量分数，%）										
				C	Si	Mn	P	S	Ni	Cr	Mo	Cu	N	其他元素
44	S31653	022Cr17Ni12Mo2N	00Cr17Ni13Mo2N	0.030	1.00	2.00	0.045	0.030	10.00 ~ 13.00	16.00 ~ 18.00	2.00 ~ 3.00	—	0.10 ~ 0.16	—
45	S31688	06Cr18Ni12Mo2Cu2	0Cr18Ni12Mo2Cu2	0.08	1.00	2.00	0.045	0.030	10.00 ~ 14.00	17.00 ~ 19.00	1.20 ~ 2.75	1.00 ~ 2.50	—	—
46	S31683	022Cr18Ni14Mo2Cu2	00Cr18Ni14Mo2Cu2	0.030	1.00	2.00	0.045	0.030	12.00 ~ 16.00	17.00 ~ 19.00	1.20 ~ 2.75	1.00 ~ 2.50	—	—
49	S31708	06Cr19Ni13Mo3	0Cr19Ni13Mo3	0.08	1.00	2.00	0.045	0.030	11.00 ~ 15.00	18.00 ~ 20.00	3.00 ~ 4.00	—	—	—
50	S31703	022Cr19Ni13Mo3	00Cr19Ni13Mo3	0.030	1.00	2.00	0.045	0.030	11.00 ~ 15.00	18.00 ~ 20.00	3.00 ~ 4.00	—	—	—
52	S31794	03Cr18Ni16Mo5	0Cr18Ni16Mo5	0.04	1.00	2.50	0.045	0.030	15.00 ~ 17.00	16.00 ~ 19.00	4.00 ~ 6.00	—	—	—
55	S32168	06Cr18Ni11Ti	0Cr18Ni10Ti	0.08	1.00	2.00	0.045	0.030	9.00 ~ 12.00	17.00 ~ 19.00	—	—	—	Ti5 C ~ 0.70
62	S34778	06Cr18Ni11Nb	0Cr18Ni11Nb	0.08	1.00	2.00	0.045	0.030	9.00 ~ 12.00	17.00 ~ 19.00	—	—	—	Nb 10C ~ 1.10
64	S38148	06Cr18Ni13Si4①	0Cr18Ni13Si4①	0.08	3.00 ~ 5.00	2.00	0.045	0.030	11.50 ~ 15.00	15.00 ~ 20.00	—	—	—	—

注：1. 本表中所列成分除标明范围或最小值外，其余均为最大值。括号内数值为可加入或允许含有的最大值。

2. 不锈钢棒所采用的牌号（表1-180~表1-184）及化学成分均应符合 GB/T 20878—2007《不锈钢和耐热钢　牌号及化学成分》的规定。

① 必要时，可添加本表以外的合金元素。

表1-181　奥氏体-铁素体型不锈钢棒的牌号和化学成分（摘自 GB/T 1220—2007）

GB/T 20878 中序号	统一数字代号	新牌号	旧牌号	化学成分（质量分数，%）										
				C	Si	Mn	P	S	Ni	Cr	Mo	Cu	N	其他元素
67	S21860	14Cr18Ni11Si4AlTi	1Cr18Ni11Si4AlTi	0.10 ~ 0.18	3.40 ~ 4.00	0.80	0.035	0.030	10.00 ~ 12.00	17.50 ~ 19.50	—	—	—	Ti 0.40 ~0.70 Al 0.10 ~0.30
68	S21953	022Cr19Ni5Mo3Si2N	00Cr18Ni5Mo3Si2	0.030	1.30 ~ 2.00	1.00 ~ 2.00	0.035	0.030	4.50 ~ 5.50	18.00 ~ 19.50	2.50 ~ 3.00	—	0.05 ~ 0.12	

（续）

GB/T 20878 中序号	统一数字代号	新牌号	旧牌号	化学成分（质量分数,%）										
				C	Si	Mn	P	S	Ni	Cr	Mo	Cu	N	其他元素
70	S22253	022Cr22Ni5Mo3N		0.030	1.00	2.00	0.030	0.020	4.50 ~ 6.50	21.00 ~ 23.00	2.50 ~ 3.50	—	0.08 ~ 0.20	—
71	S22053	022Cr23Ni5Mo3N		0.030	1.00	2.00	0.030	0.020	4.50 ~ 6.50	22.00 ~ 23.00	3.00 ~ 3.50	—	0.14 ~ 0.20	—
73	S22553	022Cr25Ni6Mo2N		0.030	1.00	2.00	0.035	0.030	5.50 ~ 6.50	24.00 ~ 26.00	1.20 ~ 2.50	—	0.10 ~ 0.20	—
75	S25554	03Cr25Ni6Mo3Cu2N		0.04	1.00	1.50	0.035	0.030	4.50 ~ 6.50	24.00 ~ 27.00	2.90 ~ 3.90	1.50 ~ 2.50	0.10 ~ 0.25	—

注：表中所列成分除标明范围或最小值外，其余均为最大值。

表 1-182　铁素体型不锈钢棒的牌号和化学成分（摘自 GB/T 1220—2007）

GB/T 20878 中序号	统一数字代号	新牌号	旧牌号	化学成分（质量分数,%）										
				C	Si	Mn	P	S	Ni	Cr	Mo	Cu	N	其他元素
78	S11348	06Cr13Al	0Cr13Al	0.08	1.00	1.00	0.040	0.030	(0.60)	11.50 ~ 14.50	—	—	—	Al 0.10 ~0.30
83	S11203	022Cr12	00Cr12	0.030	1.00	1.00	0.040	0.030	(0.60)	11.00 ~ 13.50	—	—	—	—
85	S11710	10Cr17	1Cr17	0.12	1.00	1.00	0.040	0.030	(0.60)	16.00 ~ 18.00	—	—	—	—
86	S11717	Y10Cr17	Y1Cr17	0.12	1.00	1.25	0.060	≥0.15	(0.60)	16.00 ~ 18.00	(0.60)	—	—	—
88	S11790	10Cr17Mo	1Cr17Mo	0.12	1.00	1.00	0.040	0.030	(0.60)	16.00 ~ 18.00	0.75 ~ 1.25	—	—	—
94	S12791	008Cr27Mo[①]	00Cr27Mo[①]	0.010	0.40	0.40	0.030	0.020	—	25.00 ~ 27.50	0.75 ~ 1.50	—	0.015	—
95	S13091	008Cr30Mo2[①]	00Cr30Mo2[①]	0.010	0.40	0.40	0.030	0.020	—	28.50 ~ 32.00	1.50 ~ 2.50	—	0.015	—

注：本表所列成分除标明范围或最小值外，其余均为最大值。括号内数值为可加入或允许含有的最大值。

① 允许含有≤0.50%Ni、≤0.20%Cu，Ni+Cu≤0.50%。必要时，可添加本表以外的合金元素。

表 1-183 马氏体型不锈钢棒的牌号和化学成分(摘自 GB/T 1220—2007)

GB/T 20878 中序号	统一数字代号	新牌号	旧牌号	化学成分(质量分数,%)										其他元素
				C	Si	Mn	P	S	Ni	Cr	Mo	Cu	N	
96	S40310	12Cr12	1Cr12	0.15	0.50	1.00	0.040	0.030	(0.60)	11.50 ~ 13.00	—	—	—	—
97	S41008	06Cr13	0Cr13	0.08	1.00	1.00	0.040	0.030	(0.60)	11.50 ~ 13.50	—	—	—	—
98	S41010	12Cr13	1Cr13	0.08 ~ 0.15	1.00	1.00	0.040	0.030	(0.60)	11.50 ~ 13.50	—	—	—	—
100	S41617	Y12Cr13	Y1Cr13	0.15	1.00	1.25	0.060	≥0.15	(0.60)	12.00 ~ 14.00	(0.60)			
101	S42020	20Cr13	2Cr13	0.16 ~ 0.25	1.00	1.00	0.040	0.030	(0.60)	12.00 ~ 14.00	—			
102	S42030	30Cr13	3Cr13	0.26 ~ 0.35	1.00	1.00	0.040	0.030	(0.60)	12.00 ~ 14.00	—			
103	S42037	Y30Cr13	Y3Cr13	0.26 ~ 0.35	1.00	1.25	0.060	≥0.15	(0.60)	12.00 ~ 14.00	(0.60)	—	—	—
104	S42040	40Cr13	4Cr13	0.36 ~ 0.45	0.60	0.80	0.040	0.030	(0.60)	12.00 ~ 14.00	—	—	—	—
106	S43110	14Cr17Ni2	1Cr17Ni2	0.11 ~ 0.17	0.80	0.80	0.040	0.030	1.50 ~ 2.50	16.00 ~ 18.00	—	—	—	—
107	S43120	17Cr16Ni2		0.12 ~ 0.22	1.00	1.50	0.040	0.030	1.50 ~ 2.50	15.00 ~ 17.00	—	—	—	—
108	S44070	68Cr17	7Cr17	0.60 ~ 0.75	1.00	1.00	0.040	0.030	(0.60)	16.00 ~ 18.00	(0.75)	—	—	—
109	S44080	85Cr17	8Cr17	0.75 ~ 0.95	1.00	1.00	0.040	0.030	(0.60)	16.00 ~ 18.00	(0.75)	—	—	—
110	S44096	108Cr17	11Cr17	0.95 ~ 1.20	1.00	1.00	0.040	0.030	(0.60)	16.00 ~ 18.00	(0.75)	—	—	—

（续）

GB/T 20878中序号	统一数字代号	新牌号	旧牌号	化学成分(质量分数,%)										
				C	Si	Mn	P	S	Ni	Cr	Mo	Cu	N	其他元素
111	S44097	Y108Cr17	Y11Cr17	0.95~1.20	1.00	1.25	0.060	≥0.15	(0.60)	16.00~18.00	(0.75)	—	—	—
112	S44090	95Cr18	9Cr18	0.90~1.00	0.80	0.80	0.040	0.030	(0.60)	17.00~19.00		—	—	—
115	S45710	13Cr13Mo	1Cr13Mo	0.08~0.18	0.60	1.00	0.040	0.030	(0.60)	11.50~14.00	0.30~0.60	—	—	—
116	S45830	32Cr13Mo	3Cr13Mo	0.28~0.35	0.80	1.00	0.040	0.030	(0.60)	12.00~14.00	0.50~1.00	—	—	—
117	S45990	102Cr17Mo	9Cr18Mo	0.95~1.10	0.80	0.80	0.040	0.030	(0.60)	16.00~18.00	0.40~0.70	—	—	—
118	S46990	90Cr18MoV	9Cr18MoV	0.85~0.95	0.80	0.80	0.040	0.030	(0.60)	17.00~19.00	1.00~1.30	—	—	V 0.07~0.12

注：表中所列成分除标明范围或最小值外，其余均为最大值。括号内数值为可加入或允许含有的最大值。

表 1-184　沉淀硬化型不锈钢棒的牌号和化学成分（摘自 GB/T 1220—2007）

GB/T 20878中序号	统一数字代号	新牌号	旧牌号	化学成分(质量分数,%)										
				C	Si	Mn	P	S	Ni	Cr	Mo	Cu	N	其他元素
136	S51550	05Cr15Ni5Cu4Nb		0.07	1.00	1.00	0.040	0.030	3.50~5.50	14.00~15.50		2.50~4.50	—	Nb 0.15~0.45
137	S51740	05Cr17Ni4Cu4Nb	0Cr17Ni4Cu4Nb	0.07	1.00	1.00	0.040	0.030	3.00~5.00	15.00~17.50		3.00~5.00	—	Nb 0.15~0.45
138	S51770	07Cr17Ni7Al	0Cr17Ni7Al	0.09	1.00	1.00	0.040	0.030	6.50~7.75	16.00~18.00	—	—	—	Al 0.75~1.50
139	S51570	07Cr15Ni7Mo2Al	0Cr15Ni7Mo2Al	0.09	1.00	1.00	0.040	0.030	6.50~7.75	14.00~16.00	2.00~3.00	—	—	Al 0.75~1.50

注：表中所列成分除标明范围或最小值外，其余均为最大值。

表1-185 不锈钢棒(奥氏体型、奥氏体-铁素体型、铁素体型)的力学性能(摘自 GB/T 1220—2007)

类型	序号	统一数字代号	新牌号	旧牌号	热处理/℃	规定塑性延伸强度 $R_{p0.2}$[①]/MPa	抗拉强度 R_m/MPa	断后伸长率 A (%) ≥	断面收缩率 Z[②] (%)	冲击吸收能量 KU_2[③]/J	硬度[①] HBW	硬度[①] HRB ≤	硬度[①] HV
奥氏体型	1	S35350	12Cr17Mn6Ni5N	1Cr17Mn6Ni5N	1010~1120,快冷	275	520	40	45		241	100	253
	2	S35450	12Cr18Mn9Ni5N	1Cr18Mn8Ni5N	1010~1120,快冷	275	520	40	45		207	95	218
	3	S30110	12Cr17Ni7	1Cr17Ni7	1010~1150,快冷	205	520	40	60		187	90	200
	4	S30210	12Cr18Ni9	1Cr18Ni9	1010~1150,快冷	205	520	40	60		187	90	200
	5	S30317	Y12Cr18Ni9	Y1Cr18Ni9	1010~1150,快冷	205	520	40	50		187	90	200
	6	S30327	Y12Cr18Ni9Se	Y1Cr18Ni9Se	1010~1150,快冷	205	520	40	50		187	90	200
	7	S30408	06Cr19Ni10	0Cr18Ni9	1010~1150,快冷	205	520	40	60		187	90	200
	8	S30403	022Cr19Ni10	00Cr19Ni10	1010~1150,快冷	175	480	40	60		187	90	200
	9	S30488	06Cr18Ni9Cu3	0Cr18Ni9Cu3	1010~1150,快冷	175	480	40	60		187	90	200
	10	S30458	06Cr19Ni10N	0Cr19Ni9N	1010~1150,快冷	275	550	35	50		217	95	220
	11	S30478	06Cr19Ni9NbN	0Cr19Ni10NbN	1010~1150,快冷	345	685	35	50	—	250	100	260
	12	S30453	022Cr19Ni10N	00Cr18Ni10N	1010~1150,快冷	245	550	40	50		217	95	220
	13	S30510	10Cr18Ni12	1Cr18Ni12	1010~1150,快冷	175	480	40	60		187	90	200
	14	S30908	06Cr23Ni13	0Cr23Ni13	1030~1150,快冷	205	520	40	60		187	90	200
	15	S31008	06Cr25Ni20	0Cr25Ni20	1030~1180,快冷	205	520	40	50		187	90	200
	16	S31608	06Cr17Ni12Mo2	0Cr17Ni12Mo2	1010~1150,快冷	205	520	40	60		187	90	200
	17	S31603	022Cr17Ni12Mo2	00Cr17Ni14Mo2	1010~1150,快冷	175	480	40	60		187	90	200
	18	S31668	06Cr17Ni12Mo2Ti	0Cr18Ni12Mo3Ti	1000~1100,快冷	205	530	40	55		187	90	200
	19	S31658	06Cr17Ni12Mo2N	0Cr17Ni12Mo2N	1010~1150,快冷	275	550	35	50		217	95	220
	20	S31653	022Cr17Ni12Mo2N	00Cr17Ni13Mo2N	1010~1150,快冷	245	550	40	50		217	95	220
	21	S31688	06Cr18Ni12Mo2Cu2	0Cr18Ni12Mo2Cu2	1010~1150,快冷	205	520	40	60		187	90	200
	22	S31683	022Cr18Ni14Mo2Cu2	00Cr18Ni14Mo2Cu2	1010~1150,快冷	175	480	40	60		187	90	200

（续）

类型	序号	统一数字代号	新牌号	旧牌号	热处理/℃	规定塑性延伸强度 $R_{p0.2}$[①]/MPa	抗拉强度 R_m/MPa	断后伸长率 A(%) ≥	断面收缩率 Z[②](%) ≥	冲击吸收能量 KU_2[③]/J	硬度[①] HBW	HRB ≤	HV ≤
奥氏体型	23	S31708	06Cr19Ni13Mo3	0Cr19Ni13Mo3	1010~1150，快冷	205	520	40	60		187	90	200
	24	S31703	022Cr19Ni13Mo3	00Cr19Ni13Mo3	1010~1150，快冷	175	480	40	60		187	90	200
	25	S31794	03Cr18Ni16Mo5	0Cr18Ni16Mo5	1030~1180，快冷	175	480	40	45	—	187	90	200
	26	S32168	06Cr18Ni11Ti	0Cr18Ni10Ti	920~1150，快冷	205	520	40	50		187	90	200
	27	S34778	06Cr18Ni11Nb	0Cr18Ni11Nb	980~1150，快冷	205	520	40	50		187	90	200
	28	S38148	06Cr18Ni13Si4	0Cr18Ni13Si4	1010~1150，快冷	205	520	40	60		207	95	218
奥氏体-铁素体型	29	S21860	14Cr18Ni11Si4AlTi	1Cr18Ni11Si4AlTi	930~1050，快冷	440	715	25	40	63	—	—	—
	30	S21953	022Cr19Ni5Mo3Si2N	00Cr18Ni5Mo3Si2	920~1150，快冷	390	590	20	40	—	290	30	300
	31	S22253	022Cr22Ni5Mo3N		950~1200，快冷	450	620	25	—	—	290	—	—
	32	S22053	022Cr23Ni5Mo3N		950~1200，快冷	450	655	25	—	—	290	—	—
	33	S22553	022Cr25Ni6Mo2N		950~1200，快冷	450	620	20	—	—	260	—	—
	34	S25554	03Cr25Ni6Mo3Cu2N		1000~1200，快冷	550	750	25	—	—	290	—	—
铁素体型	35	S11348	06Cr13Al	0Cr13Al	780~830，空冷或缓冷	175	410	20	60	78	183	90	—
	36	S11203	022Cr12	00Cr12	700~820，空冷或缓冷	195	360	22	60	—	183	90	—
	37	S11710	10Cr17	1Cr17	780~850，空冷或缓冷	205	450	22	50	—	183	90	—
	38	S11717	Y10Cr17	Y1Cr17	680~820，空冷或缓冷	205	450	22	50	—	183	90	—
	39	S11790	10Cr17Mo	1Cr17Mo	780~850，空冷或缓冷	205	450	22	60	—	183	90	—
	40	S12791	008Cr27Mo	00Cr27Mo	900~1050，快冷	245	410	20	45	—	219	—	—
	41	S13091	008Cr30Mo2	00Cr30Mo2	900~1050，快冷	295	450	20	45	—	228	—	—

注：本表适用于序号 1~28 边长、直径、厚度、对边距离≤180mm 钢棒，序号 29~41 边长、直径、厚度、对边距离≤75mm 的钢棒。超过上述尺寸时，可分别改锻成 180mm 或 75mm 样坯检验，或由供需双方商定，规定降低其力学性能数值。

① $R_{p0.2}$ 和硬度仅当需方要求并在合同中注明时才进行测定。扁钢和硬度不适用，当需方要求时，由供需双方商定。

② 扁钢不适用。

③ 直径或对边距离≤16mm 的圆钢、六角钢，八角钢边长或厚度≤12mm 的方钢，扁钢不做冲击试验。

表 1-186　马氏体型不锈钢钢棒的力学性能（摘自 GB/T 1220—2007）

GB/T 20878 中序号	统一数字代号	新牌号	旧牌号	组别	规定塑性延伸强度 $R_{p0.2}$/MPa	抗拉强度 R_m/MPa	断后伸长率 A（%）	断面收缩率 Z（%）	冲击吸收能量 KU_2/J	HBW	HRC	退火后钢棒的硬度 HBW
						经淬火、回火后试样的力学性能和硬度						
					不小于							不大于
96	S40310	12Cr12	1Cr12		390	590	25	55	118	170	—	200
97	S41008	06Cr13	0Cr13		345	490	24	60	—	—	—	183
98	S41010	12Cr13	1Cr13		345	540	22	55	78	159	—	200
100	S41617	Y12Cr13	Y1Cr13		345	540	17	45	55	159	—	200
101	S42020	20Cr13	2Cr13		440	640	20	50	63	192	—	223
102	S42030	30Cr13	3Cr13		540	735	12	40	24	217	—	235
103	S42037	Y30Cr13	Y3Cr13		540	735	8	35	24	217	—	235
104	S42040	40Cr13	4Cr13							—	50	235
106	S43110	14Cr17Ni2	1Cr17Ni2			1080	10		39	—		285
107	S43120	17Cr16Ni2		1	700	900~1050	12	45	25 （A_{KV}）	—		295
				2	600	800~950	14					
108	S44070	68Cr17	7Cr17		—	—	—	—	—	—	54	255
109	S44080	85Cr17	8Cr17		—	—	—	—	—	—	56	255
110	S44096	108Cr17	11Cr17		—	—	—	—	—	—	58	269
111	S44097	Y108Cr17	Y11Cr17		—	—	—	—	—	—	58	269
112	S44090	95Cr18	9Cr18		—	—	—	—	—	—	55	255
115	S45710	13Cr13Mo	1Cr13Mo		490	690	20	60	78	192	—	200
116	S45830	32Cr13Mo	3Cr13Mo							—	50	207
117	S45990	102Cr17Mo	9Cr18Mo							—	55	269
118	S46990	90Cr18MoV	9Cr18MoV							—	55	269

注：1. 本表仅适用于直径、边长、厚度或对边距离小于或等于 75mm 的钢棒。大于 75mm 的钢棒可改锻成 75mm 的样坯检验，或由供需双方协商，规定允许降低其力学性能的数值。

2. 断面收缩率对于扁钢不适用，当需要要求时，由供需双方协商确定。

3. 采用 750℃ 退火时，其硬度由供需双方协商。

4. 直径或对边距离小于或等于 16mm 的圆钢、六角钢、八角钢和边长或厚度小于或等于 12mm 的方钢、扁钢不做冲击试验。

5. 17Cr16Ni2 钢的性能组别应在合同中注明，未注明时，由供方自行选择。

表 1-187　沉淀硬化型不锈钢钢棒的力学性能(摘自 GB/T 1220—2007)

GB/T 20878 中序号	统一数字代号	新牌号	旧牌号	热处理		规定塑性延伸强度 $R_{p0.2}$/MPa	抗拉强度 R_m/MPa	断后伸长率 A (%)	断面收缩率 Z (%)	硬度	
				类型	组别	不小于				HBW	HRC
136	S51550	05Cr15Ni5Cu4Nb		固溶处理	0	—	—	—	—	≤363	≤38
				沉淀硬化 480℃时效	1	1180	1310	10	35	≥375	≥40
				550℃时效	2	1000	1070	12	45	≥331	≥35
				580℃时效	3	865	1000	13	45	≥302	≥31
				620℃时效	4	725	930	16	50	≥277	≥28
137	S51740	05Cr17Ni4Cu4Nb	0Cr17Ni4Cu4Nb	固溶处理	0	—	—	—	—	≤363	≤38
				沉淀硬化 480℃时效	1	1180	1310	10	40	≥375	≥40
				550℃时效	2	1000	1070	12	45	≥331	≥35
				580℃时效	3	865	1000	13	45	≥302	≥31
				620℃时效	4	725	930	16	50	≥277	≥28
138	S51770	07Cr17Ni7Al	0Cr17Ni7Al	固溶处理	0	≤380	≤1030	20	—	≤229	—
				沉淀硬化 510℃时效	1	1030	1230	4	10	≥388	—
				565℃时效	2	960	1140	5	25	≥363	—
139	S51570	07Cr15Ni7Mo2Al	0Cr15Ni7Mo2Al	固溶处理	0	—	—	—	—	≤269	—
				沉淀硬化 510℃时效	1	1210	1320	6	20	≥388	—
				565℃时效	2	1100	1210	7	25	≥375	—

注：1. 本表仅适用于直径、边长、厚度或对边距离小于或等于 75mm 的钢棒。大于 75mm 的钢棒可改锻成 75mm 的样坯检验，或由供需双方协商，规定允许降低其力学性能的数值。
　　2. 断面收缩率对于扁钢不适用，当需方要求时，由供需双方协商确定。
　　3. 供方可根据钢棒的尺寸或状态任选一种方法测定硬度。
　　4. 热处理组别应在合同中注明，未注明时按 1 组执行。

表 1-188　马氏体型不锈钢棒或试样的典型热处理制度(摘自 GB/T 1220—2007)

统一数字代号	牌号		钢棒的热处理制度	试样的热处理制度	
			退火/℃	淬火/℃	回火/℃
S40310	12Cr12		800~900 缓冷或约 750 快冷	950~1000，油冷	700~750，快冷
S41008	06Cr13		800~900 缓冷或约 750 快冷	950~1000，油冷	700~750，快冷
S41010	12Cr13		800~900 缓冷或约 750 快冷	950~1000，油冷	700~750，快冷
S41617	Y12Cr13		800~900 缓冷或约 750 快冷	950~1000，油冷	700~750，快冷
S42020	20Cr13		800~900 缓冷或约 750 快冷	920~980，油冷	600~750，快冷
S42030	30Cr13		800~900 缓冷或约 750 快冷	920~980，油冷	600~750，快冷
S42037	Y30Cr13		800~900 缓冷或约 750 快冷	920~980，油冷	600~750，快冷
S42040	40Cr13		800~900 缓冷或约 750 快冷	1050~1100，油冷	200~300，空冷
S43110	14Cr17Ni2		680~700 高温回火，空冷	950~1050，油冷	275~350，空冷
S43120	17Cr16Ni2	1	680~800，炉冷或空冷	950~1050，油冷或空冷	600~650，空冷
		2			750~800+650~700[①]，空冷

（续）

统一数字代号	牌号	钢棒的热处理制度	试样的热处理制度	
		退火/℃	淬火/℃	回火/℃
S44070	68Cr17	800~920 缓冷	1010~1070，油冷	100~180，快冷
S44080	85Cr17	800~920 缓冷	1010~1070，油冷	100~180，快冷
S44096	108Cr17	800~920 缓冷	1010~1070，油冷	100~180，快冷
S44097	Y108Cr17	800~920 缓冷	1010~1070，油冷	100~180，快冷
S44090	95Cr18	800~920 缓冷	1000~1050，油冷	200~300，油冷、空冷
S45710	13Cr13Mo	830~900 缓冷或约 750 快冷	970~1020，油冷	650~750，快冷
S45830	32Cr13Mo	800~900 缓冷或约 750 快冷	1025~1075，油冷	200~300，油冷、水冷、空冷
S45990	102Cr17Mo	800~900 缓冷	1000~1050，油冷	200~300，空冷
S46990	90Cr18MoV	800~920 缓冷	1050~1075，油冷	100~200，空冷

① 当 Ni 含量在该牌号中为下限 1.5%时，允许采用 620~720℃单回火制度。

表 1-189　沉淀硬化型不锈钢棒或试样的典型热处理制度（摘自 GB/T 1220—2007）

统一数字代号	牌号	热处理		
		种类	组别	条件
S51550	05Cr15Ni5Cu4Nb	固溶处理	0	1020~1060℃，快冷
		沉淀硬化 480℃时效	1	经固溶处理后，470~490℃，空冷
		沉淀硬化 550℃时效	2	经固溶处理后，540~560℃，空冷
		沉淀硬化 580℃时效	3	经固溶处理后，570~590℃，空冷
		沉淀硬化 620℃时效	4	经固溶处理后，610~630℃，空冷
S51740	05Cr17Ni4Cu4Nb	固溶处理	0	1020~1060℃，快冷
		沉淀硬化 480℃时效	1	经固溶处理后，470~490℃，空冷
		沉淀硬化 550℃时效	2	经固溶处理后，540~560℃，空冷
		沉淀硬化 580℃时效	3	经固溶处理后，570~590℃，空冷
		沉淀硬化 620℃时效	4	经固溶处理后，610~630℃，空冷
S51770	07Cr17Ni7Al	固溶处理	0	1000~1100℃，快冷
		沉淀硬化 510℃时效	1	经固溶处理后，955℃±10℃ 保持 10min，空冷到室温，在 24h 内冷却到-73℃±6℃，保持 8h，再加热到 510℃±10℃，保持 1h，空冷
		沉淀硬化 565℃时效	2	经固溶处理后，于 760℃±15℃ 保持 90min，在 1h 冷却到 15℃以下，保持 30min，再加热到 565℃±10℃ 保持 90min，空冷
S51570	07Cr15Ni7Mo2Al	固溶处理	0	1000~1100℃，快冷
		沉淀硬化 510℃时效	1	经固溶处理后，955℃±10℃ 保持 10min，空冷到室温，在 24h 内冷却到-73℃±6℃，保持 8h，再加热到 510℃±10℃，保持 1h，空冷
		沉淀硬化 565℃时效	2	经固溶处理后，于 760℃±15℃ 保持 90min，在 1h 内冷却到 15℃以下，保持 30min，再加热到 565℃±10℃ 保持 90min，空冷

表 1-190　不锈钢棒腐蚀试验(摘自 GB/T 1220—2007)

	统一数字代号	牌号	试验状态	GB/T 4334.2 硫酸-硫酸铁腐蚀试验	GB/T 4334.3 65%硝酸腐蚀试验	GB/T 4334.5 硫酸-硫酸铜腐蚀试验	备注
不锈钢棒 GB/T 4334.1 中 10% 草酸浸蚀试验的判别	S30408	06Cr19Ni10	固溶处理	沟状组织	沟状组织 凹坑组织Ⅱ	沟状组织	1. 按需方要求，并由供需双方协商采用合适的试验方法，且在合同中注明，奥氏体型和奥氏体-铁素体型不锈钢棒可进行晶间腐蚀试验，其耐腐蚀性能应符合本表的规定 2. 本表以外牌号不锈钢棒的耐蚀性由供需双方协商确定 ① 可进行敏化处理，但试验前应由供需双方协商确定
	S31608	06Cr17Ni12Mo2		沟状组织	—	沟状组织	
	S31688	06Cr18Ni12Mo2Cu2					
	S31708	06Cr19Ni13Mo3①					
	S30403	022Cr19Ni10	敏化处理	沟状组织	沟状组织 凹坑组织Ⅱ	沟状组织	
	S31603	022Cr17Ni12Mo2					
	S31683	022Cr18Ni14Mo2Cu2			—		
	S31703	022Cr19Ni13Mo3		—			
	S32168	06Cr18Ni11Ti					
	S34778	06Cr18Ni11Nb					

	统一数字代号	牌号	GB/T 4334.2		GB/T 4334.3		GB/T 4334.5		备注
			试验状态	腐蚀减重/ $[g/(m^2 \cdot h)]$	试验状态	腐蚀减重/ $[g/(m^2 \cdot h)]$	试验状态	试验弯曲面的状态	
不锈钢棒晶间腐蚀试验	S30408	06Cr19Ni10	固溶处理	协议	固溶处理	协议	固溶处理	不允许有晶间腐蚀裂纹	1. 按需方要求，并由供需双方协商采用合适的试验方法，且在合同中注明，奥氏体型和奥氏体-铁素体型不锈钢棒可进行晶间腐蚀试验，其耐腐蚀性能应符合本表规定 2. 本表以外牌号不锈钢棒的耐蚀性由供需双方协商确定 ② 可进行敏化处理，但试验前应由供需双方协商确定。
	S31608	06Cr17Ni12Mo2				—			
	S31688	06Cr18Ni12Mo2Cu2							
	S31708	06Cr19Ni13Mo3②	敏化处理	协议	敏化处理	协议			
	S30403	022Cr19Ni10							
	S31603	022Cr17Ni12Mo2					敏化处理		
	S31683	022Cr18Ni14Mo2Cu2							
	S31703	022Cr19Ni13Mo3				—			
	S31668	06Cr17Ni12Mo2Ti		—					
	S32168	06Cr18Ni11Ti							
	S34778	06Cr18Ni11Nb							

表 1-191　不锈钢的耐蚀性参数

介质条件			腐蚀速度/	介质条件			腐蚀速度/
介质	质量分数(%)	温度/℃	(mm/a)	介质	质量分数(%)	温度/℃	(mm/a)
06Cr19Ni10 (0Cr18Ni9)				12Cr18Ni9 (1Cr18Ni9)			
硝酸	1~5	20	<0.1	硝酸	0.5~99	20	<0.1
	1~5	80	<0.1		7~37	沸	0.1~1.0
	5	沸	<0.1		65	沸	<1.0
	20	20~80	<0.1		93	37	0.01
	50	20~50	<0.1		93	55	0.21
	50	80	<0.1		97	55	0.76
	50	沸	<0.1		99	55	1.25
	60	20~60	<0.1		99	沸	<10.00
	60	沸	0.1~1.0	醋酸	10	沸	<0.1
	65	20	<0.1		50	沸	<1.0
	65	85	<0.1		80	沸	<3.0
	65	沸	0.1~1.0	硫酸	0.5	190	0.06~0.14(100h)
	90	20	<0.1		1	20~90	0.002(360h)
	90	70	0.1~1.0		5	20	0.6(384h)
	90	沸	1.0~3.0		5	40	<3.0
	99	20	0.1~1.0		5	50	3.0~4.5
	99	沸	3.0~10		5	100~105	3.3~15.0(16~43h)
硫酸	0.4	36~40	0.0001		10~50	20	2.0~5.0
	2	20	0~0.014		80	20	0.46(120h)
	2	100	3.0~6.5		90~95	20	0.0006~0.008 (360~1032h)
	5	50	3.0~4.5	柠檬酸	1~50	20	<0.1
	10~50	20	2.0~5.0		5	140	<1.0
	10~65	50~100	不可用		50	沸	<10.0
	90~95	20	0.006~0.008		95	20~140	<0.1
亚硫酸	2	20	<1.0	盐酸	2	35	2.86
	20	20	<0.1	06Cr17Ni12Mo2 (0Cr17Ni12Mo2)			
磷酸	1	20	<0.1	HNO₃	65	沸腾	0.51
	1	沸	<0.1		65	沸腾	13.7
	10	20	<0.1		发烟	121~149	63.5
	10	沸	<0.1	H₃PO₄	90.4	室温	0
	40	100	0.1~1.0		5	93	0.0025
	65	80	<0.1		20	93	0.05
	65	110	>10		60	93	0.127
	80	60	<0.1		85	98	0.711
盐酸	0.5	20	0.1~1.0		85	113	1.32
	0.5	沸	>10	HCl	稀盐酸汽相	25	0.03 点蚀 1.27mm
	3	20	0.1~1.0		10	102	60.9
	5	20	0.1~1.0		50	110	1066.8
	10	20	0.1~1.0	醋酸	0 至冷醋酸	室温	<0.00025（157d)
	30	20	>10		2.2a	沸腾	0.196
氢氟酸	10	20	0.1~1.0		10	沸腾	0.022（4d)
	10	100	3.0~10		20	沸腾	0.018（110d)
氢氧 化钠	10	90	<0.1		88~100	沸腾	0.058（80h)
	50	90	<0.1		99	沸腾	0.064（82d)
	50	100	0.1~1.0		冰醋酸	沸腾	0.0020（21d)
高锰 酸钾	90	300	1.0~3.0				
	熔盐	318	3.0~10				
氟化钠	5~10	20	<0.1				
	10	沸	<0.1				
苯	5	20	0.1~1.0				
	纯苯	20~沸	<0.1				

（续）

介质条件			腐蚀速度/(mm/a)
介质	质量分数(%)	温度/℃	
醋酸+甲酸	99.7+0	120	0.01
	50+2	99~118	0.018(介质中含23%醋酸和5%低沸点物质)
	50+2	99~118	0.213
	25+4	93	0.084
	30+8	135	0.114
	0+90	100	0.097(气相)
真空乳酸蒸发器	30~60	49~102	<0.002(液) 点蚀最大深度0(液相) 0.002(气相) 0.05(气相)

022Cr19Ni13Mo3（00Cr19Ni13Mo3）

介质	质量分数/条件		腐蚀速度/(mm/a)
HAC	30%，沸腾温度		0.00
	99%，沸腾温度		0.00
HAC（挂片）	98%，51~66℃，试验624h（维尼纶生产中，醋酸蒸发器挂片）		0.002
HAC65%~70%+醋酸乙烯25%~30%	50℃试验624h（醋酸合成液第一冷凝器挂片）		0.01
HAC30%~35%+醋酸乙烯60%~65%	-15℃~8℃，试验624h（第二冷凝器挂片）		0.001
HAC91%~97%+醋酸乙烯2%~8%	124~141℃，试验221h（醋酸回收蒸发釜挂片）		1.25
含(5~10)×10^{-6}卤素离子的HAC	10%，温度106℃		7.6μm/a
	24%，温度110℃		69μm/a
	83%，温度116℃		102μm/a
	87%，温度122℃		25μm/a
	98%，温度128℃		25μm/a
	99.5%，温度130℃		10μm/a
甲酸+HAC 30%~50%+2%~10%	温度106℃		50~280μm/a
25%+1.25%	温度104℃		<25μm/a
25%+4%	温度104℃		50μm/a

1Cr18Ni9Ti（GB/T 1220—1992 中的旧牌号，GB/T 1220—2007 无此牌号）

介质	质量分数(%)	温度/℃	腐蚀速度/(mm/a)
硝酸	30	20	0.007
	50~66	20	0
	93	43	0.05
	95	37~55	0.03 （720h）
	97	55	0.76
	99	55	1.25
	99.67	55	<10.0

介质条件			腐蚀速度/(mm/a)
介质	质量分数(%)	温度/℃	
硫酸	2	50	0.016（68 h）
	2	100	30~65（42h）
	5	50	3.0~4.5（20h）
	5	100~105	3.3~15（16~43h）
	80	20	0.46（120h）
醋酸	1~浓	20~40	<0.1
	10		<0.1
	50		<0.1
	80		<3.0
磷酸	10		0.01
	28	80	0.67（20h）
	45		0.1~1.0
	60	60	1.7（72h）
	80	110	腐蚀深度过大
柠檬酸	1~50	20	<0.1
	5	140	<1.0
	50		<10.0
	95	20~140	<0.1
混合酸	H_2SO_4 78 HNO_3 0.5	20	0.003（360h）
	H_2SO_4 78 HNO_3 0.5	90	0.05（360h）
混合酸	H_2SO_4 78 HNO_3 1.0	20	0.0018（360h）
	H_2SO_4 78 HNO_3 1.0	90	0.0251（360h）
氢氧化钾	20	20~沸	<0.1
	50	20	<0.1
	50	沸	<0.1
	熔化的		>10.0
氢氧化钠	~12	100	0.0044
	~35	100	0.008
重铬酸钾	25	20~沸	<0.1
氯化锰	10~50	100	<0.1
过氧化钠	10	20~沸	<0.1
亚硫酸钠	25~50	沸	<0.1
硫酸钠	5~饱和	100	<0.1
	熔化的	900	<0.3
硫	熔化的	130	<0.1
	熔化的	445	<0.3
硝酸银	10	沸	<0.1
氯	干燥的	20	<0.1
	干燥的	100	>10.0
漂白粉	潮湿的	40	0.48
氯化氢	干燥的	20~100	<0.1
	干燥的	100~500	<10.0

（续）

介质	质量分数(%)	温度/℃	腐蚀速度/(mm/a)
06Cr19Ni10（0Cr18Ni9）			
硝酸	0.5~99	20	<0.1
	7~37	沸	0.1~1.0
	65	沸	<1.0
	93	37	0.01
	93	55	0.21
	97	55	0.76
	99	55	1.25
	99	沸	<10.0
醋酸	10	沸	<0.1
	50	沸	<1.0
	80	沸	<3.0
硫酸	0.5	190	0.06~0.14(100h)
	1	20~90	0.002(360h)
	5	20	0.6(384h)
	5	40	<3.0
	5	100~105	3.3~15.0(16~43h)
	10~50	20	2.0~5.0
	90~95	20	0.0006~0.0008(360~1032h)
柠檬酸	1~50	20	<0.1
	5	140	<1.0
	50	沸	<10.0
	95	20~140	<0.1
32Cr13Mo（3Cr13Mo）			
食盐 / 过氧化氢	0.9 / 30	室温	0.02260(480h)
食盐 / 过氧化氢	0.9 / 30	室温	0.0790(72h)
06Cr18Ni11Nb（0Cr18Ni11Nb）			
硝酸	0.5~99	20	<0.1
	7~37	沸腾	0.1~0.9
	65	沸腾	<0.1
	93	37	0.01
	93	55	0.21
	97	37	0.22
	97	55	0.76 }（720h）
	99	37	0.58
	99	55	1.25
	99.67	沸腾	<10.0
硫酸	1	20	<0.1
	1	85	3.0~0.0
	5	20	<1.0
	5	50	<3.0
	5	80	— }（1~3h）
	10	20	<3.0
	10	80	>10.0
	20	20	<3.0
	20	60	>10.0

介质	质量分数(%)	温度/℃	腐蚀速度/(mm/a)
磷酸	1~90	20	<0.1
	10	沸腾	<0.1
	25	85	<0.1
	40	100	<0.1
	65	110	>10.0
	80	60	<0.1
	80	110	>10.0
	90	80	<0.1
	90	110	>10.0
盐酸	0.2~10	20	<0.1
	1	50	<3.0
	3	60	3~10
	10	60	>10.0
	20	20	<3.0
	20	60	>10.0
	30	20	>10.0
醋酸	10~100	20~90	<0.1
	10	沸腾	<1.0
	25	沸腾	1~3
	50	沸腾	<3.0
	80	沸腾	1~3
柠檬酸	1~50	20	<0.1
	5	140（3个大气压）	<1.0
	50	沸腾	<10.0
蚁酸	50~100	20	<0.1
	50	沸腾	>10.0
	80	沸腾	>3.0
	100	沸腾	>1.0
氢氧化钠	10~50	90	<0.1
	20	沸腾	<0.1
	30	沸腾	0.1~1.0
	40	100	<1.0
氢氧化钠	60	120	<1.0
	70	沸腾(181)	<3.0
	90	300	<3.0
	熔体	318	3~10
氢氧化钠	25	沸腾	<0.1
	50	沸腾	<1.0
	68	120	<0.1
	熔体	300	3~10

介质	质量分数(%)	温度/℃	腐蚀率/[g/(m²·h)]（试验时间为6h）
022Cr18Ni14Mo2Cu2（00Cr18Ni14Mo2Cu2）			
H_2SO_4（工业纯）	3	20	0.0170
		40	0.0165
		60	0.0508
		80	0.0862
		沸腾	4.580

（续）

介质条件			腐蚀率/[g/(m²/h)]（试验时间为6h）
介质	质量分数(%)	温度/℃	
H_2SO_4（工业纯）	5	20	0.0251
		40	0.0259
		60	0.0425
		80	2.075
		沸腾	6.60
H_2SO_4（工业纯）	10	20	0.0
		40	0.0259
		60	0.0676
		80	3.60
H_2SO_4（工业纯）	20	20	0.0170
		40	0.0226
		60	0.737
		80	6.125
H_2SO_4（工业纯）	40	20	0.0427
		40	0.253
		60	3.135
H_2SO_4（工业纯）	60	20	0.621
		40	2.105
		60	5.105
H_2SO_4（工业纯）	80	20	0.0169
		40	0.265
		60	2.340
		80	6.030

介质条件			腐蚀速度/（mm/a）
介质	质量分数(%)	温度/℃	
95Cr18(9Cr18)			
硝酸	5~20	20	<0.1
	5	60~沸腾	<1.0
	20	60	<0.1
	20	80	<1.0
	20	沸腾	2.0~3.0
	40	60~80	<1.0
	40	沸腾	3.0~10.0
	50	20	<0.1
	50	80	<1.0
	60	20	<0.1
	60	60~80	<1.0
	60	沸腾	1.0~3.0
	90	20	<1.0
	90	沸腾	3.0~10.0
醋酸	5	20	<1.0
	5	50~75	3.0~10.0
	5	沸腾	>10.0
	25	50~75	3.0~10.0
	25	沸腾	>10.0
	50	20	<0.1
	50	50	3.0~10.0
	50	75	>10.0
磷酸	1	20	<0.1
	10	20	<3.0
	25	20	3.0~10.0

介质条件			腐蚀速度/（mm/a）
介质	质量分数(%)	温度/℃	
硫酸	5	20	>10.0
	5	50	>10.0
	5	80	>10.0
盐酸	0.5	20	<1.0
	0.5	50	<3.0
	0.5	沸腾	>10.0
	1	20	<3.0
	1	50	3.0~10.0
10Cr17(1Cr17)			
硝酸	5	20	<0.1
	5	沸	<0.1
	20	20	<0.1
	20	沸	<0.1
	30	80	0.03
	50	80	0.02
	65	85	<0.1
	65	沸	2.20
	90	70	1.0~3.0
	90	沸	1.0~3.0
硝醋中和器挂片,6920h 硝铵一段后储槽挂片,2448h 磷酸			0.367
	10	20	<0.1
	10	沸	<0.1
	45	20~沸	<0.1~3.0
	80	20	<0.1
	80	110~120	>10.0
醋酸	10	20	<0.1
	10	100	1.0~3.0
硫酸	5	20	>10.0
	50	20	>10.0
	80	20	1.0~3.0
12Cr13(1Cr13)			
硝酸	5	20	<0.1
	7	20	0.004(720h)
	5	沸腾	1.0~3.0
	20	20	<0.1
	20	沸腾	<0.1
	50	20	<0.1
	50	沸腾	1.21(24h)
	65	20	<0.1
	65	沸腾	2.2(24h)
	90	20	<0.1
	90	沸腾	<10.1
醋酸	10~50	20~40	0.15~1.0
	10	沸腾	不可用
硫酸	5	20	>10
氢氧化钾	25	沸腾	<0.1
	50	20	<0.1
	50	沸腾	<1.0
柠檬酸	1	20	<0.1
	1	沸腾	<10.0
	25	20	0.58(720h)

（续）

介质条件			腐蚀速度/	介质条件			腐蚀速度/
介质	质量分数(%)	温度/℃	(mm/a)	介质	质量分数(%)	温度/℃	(mm/a)
蚁酸	10~50	20	<0.1	10Cr17(1Cr17)			
	10~50	沸腾	>10.0	硝酸	5	20	<0.1
氨	溶液或气体	20~100	<0.1		5	沸	<0.1
氢氧化钠	20	50	<0.1		20	20	<0.1
	20	沸腾	<1.0		20	沸	<1.9
	50	100	1.0~3.0		30	80	0.03
20Cr13(2Cr13)					65	85	<1.0
硝酸	5	20	<0.1		65	沸	2.20
	5	沸腾	3.0~10.0		90	70	1.0~3.0
	20	20	<0.1		90	沸	1.0~3.0
	20	沸腾	1.0~3.0	磷酸	10	20	<1.0
	50	20	<0.1		10	沸	<1.0
	50	沸腾	<3.0		45	20~沸	0.1~3.0
	65	20	<0.1		80	20	<1.0
	65	沸腾	3.0~10.0		80	110~120	>10.0
	90	20	<0.1	醋酸	10	20	<0.1
	90	沸腾	<10.0		10	100	1.0~3.0
硼酸	50~饱和溶液	100	<0.1	硫酸	5	20	>10.0
醋酸	1	90	<0.1		50	20	>10.0
	5	20	<0.1		80	20	1.0~3.0
	5	沸腾	>10.0	14Cr17Ni2(1Cr17Ni2)			
	10	20	<0.1	硝酸	10	50	<0.1
	10	沸腾	<10.0		10	85	<0.1
二氧化碳、碳酸	干或湿	<100	<0.1		30	60	<0.1
					30	沸	<0.1
酒石酸	10~50	20	<0.1		50	50	<0.1
	10~50	沸腾	<0.1		50	80	0.1~1.0
柠檬酸	1	20	<0.1		50	沸	<3.0
	20	沸腾	<10.0		60	60	<0.1
蚁酸	10~50	20	<0.1	硫酸	1	20	3.0~10.0
	10~50	沸腾	>10.0		5	20	>10.0
氨	溶液与气体	20~100	<0.1		10	20	>10.0
硝酸铵	约65	20	0.001	硫酸铝	10	50	<0.1
	约65	125	1.4		10	沸	1.0~3.0
氯化氨	饱和溶液	沸腾	<10.0	醋酸	10	75	<3.0
氢氧化钠	20	50	<0.1		10	90	3.0~10.0
	20	沸腾	<1.0		15	20	<0.1
	30	100	<1.0		15	40	>3.0
	50	100	1.0~3.0		25	50	<1.0
	熔融	318	>10.0		25	90	<3.0
硝酸钾	25~50	20	<1.0		25	沸	3.0~10.0
	25~50	沸腾	<10.0	磷酸	5	20	<0.1
硫酸钾	10	20	0.07		5	85	<0.1
	10	沸腾	1.2		10	20	<3.0
重铬酸钾	25	20	<1.0		25	20	3.0~10.0
	25	沸腾	>10.0	盐酸	1	20	<3.0
氯酸钾	饱和溶液	100	<0.1		2	20	3.0~10.0
					5	20	>10.0

（续）

介质条件			腐蚀速度/	介质条件			腐蚀速度/
介质	质量分数(%)	温度/℃	（mm/a）	介质	质量分数(%)	温度/℃	（mm/a）
氢氧化钠	10	90	<0.1	氢氧化钾	25	沸	<0.1
	20	50			50	20	<0.1
	20	沸			50	沸	<1.0
	30	沸			68	120	<1.0
	30	100	<0.1		熔体	300	>10.0
	40	90					
	50	100					
	60	90					

注：金属产生的均匀腐蚀，通常用材料表面一年的腐蚀深度评定。分为

四级标准：1级，耐蚀性优良，腐蚀速度<0.05mm/a；

2级，耐蚀性良好，腐蚀速度为0.05~0.5mm/a；

3级，腐蚀较重，可用，腐蚀速度为0.5~1.5mm/a；

4级，腐蚀严重，不适用，腐蚀速度>1.5mm/a。

表1-192 不锈钢的特性与用途（摘自 GB/T 1220-2007）

统一数字代号	牌 号	特性与用途
奥 氏 体 型		
S35350	12Cr17Mn6Ni5N	节镍钢，性能与12Cr17Ni7（1Cr17Ni7）相近，可代替12Cr17Ni7（1Cr17Ni7）使用。在固溶态无磁，冷加工后具有轻微磁性。主要用于制造旅馆装备、厨房用具、水池、交通工具等
S35450	12Cr18Mn9Ni5N	节镍钢，是Cr-Mn-Ni-N型最典型且发展比较完善的钢。在800℃以下具有很好的抗氧化性，且保持较高的强度，可代替12Cr18Ni9（1Cr18Ni9）使用。主要用于制作800℃以下经受弱介质腐蚀和承受负荷的零件，如炊具、餐具等
S30110	12Cr17Ni7	亚稳定奥氏体不锈钢，是最易冷变形强化的钢。经冷加工有高的强度和硬度，并仍保留足够的塑、韧性，在大气条件下具有较好的耐蚀性。主要用于以冷加工状态承受较高负荷，又希望减轻装备重量且不生锈的设备和部件，如铁道车辆、装饰板、传送带、紧固件等
S30210	12Cr18Ni9	历史最悠久的奥氏体不锈钢，在固溶态具有良好的塑性、韧性和冷加工性，在氧化性酸和大气、水、蒸汽等介质中耐蚀性也好。经冷加工有高的强度，但伸长率比12Cr17Ni7（1Cr17Ni7）稍差。主要用于对耐蚀性和强度要求不高的结构件和焊接件，如建筑物外表装饰材料，也可用于无磁部件和低温装置的部件。但在敏化态或焊后有晶间腐蚀倾向，不宜用作焊接结构材料
S30317	Y12Cr18Ni9	12Cr18Ni9（1Cr18Ni9）改进切削性能钢。特别适用于快速切削机床（如自动车床）制作辊、轴、螺栓、螺母等
S30327	Y12Cr18Ni9Se	除调整了12Cr18Ni9（1Cr18Ni9）钢的磷、硫含量外，还加入了硒，提高了12Cr18Ni9（1Cr18Ni9）钢的切削性能，用于制作切削量小的零件，也适用于热加工或冷顶锻，如制作螺钉、铆钉等
S30408	06Cr19Ni10	在12Cr18Ni9（1Cr18Ni9）钢基础上发展起来的不锈钢，性能类似于12Cr18Ni9（1Cr18Ni9）钢，但耐蚀性优于12Cr18Ni9（1Cr18Ni9）钢，可用于薄截面尺寸的焊接件，是应用量最大、使用范围最广的不锈钢。适用于制造深冲成形部件和输酸管道、容器、结构件等，也可以制造无磁、低温设备和部件

（续）

统一数字代号	牌 号	特性与用途
奥 氏 体 型		
S30403	022Cr19Ni10	为解决因 $Cr_{23}C_6$ 析出致使 06Cr19Ni10（0Cr18Ni9）钢在一些条件下存在严重的晶间腐蚀倾向而发展的超低碳奥氏体不锈钢，其敏化态耐晶间腐蚀能力显著优于 06Cr18Ni9（0Cr18Ni9）钢。除强度稍低外，其他性能同 06Cr18Ni9Ti（0Cr18Ni9Ti）钢。主要用于需焊接且焊接后又不能进行固溶处理的耐蚀设备和部件
S30488	06Cr18Ni9Cu3	在 06Cr19Ni10（0Cr18Ni9）基础上为改进其冷成形性能而发展出来的不锈钢。铜的加入，使钢的冷作硬化倾向小，冷作硬化率降低，可以在较小的成形力下获得最大的冷变形。主要用于制作冷镦紧固件、深拉等冷成形的部件
S30458	06Cr19Ni10N	在 06Cr19Ni10（0Cr18Ni9）钢基础上添加氮，不仅可防止塑性降低，而且可提高钢的强度和加工硬化倾向，改善钢的耐点蚀、晶间腐蚀性，使材料的厚度减少。用于有一定耐蚀性要求，并要求较高强度和减轻重量的设备或结构部件
S30478	06Cr19Ni9NbN	在 06Cr19Ni10（0Cr18Ni9）钢基础上添加氮和铌，提高了钢的耐点蚀和晶间腐蚀性能，具有与 06Cr19Ni10N（0Cr19Ni9N）钢相同的特性和用途
S30453	022Cr19Ni10N	06Cr19Ni10N（0Cr19Ni9N）的超低碳钢。因 06Cr19Ni10N（0Cr19Ni9N）钢在 450~900℃ 加热后耐晶间腐蚀性能明显下降，因此对于焊接设备构件推荐用 022Cr19Ni10N（00Cr18Ni10N）钢
S30510	10Cr18Ni12	在 12Cr18Ni9（1Cr18Ni9）钢的基础上，通过提高钢中镍含量而发展起来的不锈钢。加工硬化性比 12Cr18Ni9（1Cr18Ni9）钢低。适宜用于旋压加工、特殊拉拔，如作冷墩钢用等
S30908	06Cr23Ni13	高铬镍奥氏体不锈钢，耐蚀性比 06Cr19Ni10（0Cr18Ni9）钢好，但实际上多作为耐热钢使用
S31008	06Cr25Ni20	高铬镍奥氏体不锈钢，在氧化性介质中具有优良的耐蚀性，同时具有良好的高温力学性能，抗氧化性比 06Cr23Ni13（0Cr23Ni13）钢好，耐点蚀和耐应力腐蚀能力优于 18-8 型不锈钢，即可用于制作耐蚀部件又可作为耐热钢使用
S31608	06Cr17Ni12Mo2	在 10Cr18Ni12（1Cr18Ni12）钢基础上加入钼，可使钢具有良好的耐还原性介质和耐点腐蚀能力。在海水和其他各种介质中，其耐蚀性优于 06Cr19Ni10（0Cr18Ni9）钢。主要用作耐点蚀材料
S31603	022Cr17Ni12Mo2	06Cr17Ni12Mo2（0Cr17Ni12Mo2）的超低碳钢，具有良好的耐敏化态晶间腐蚀的性能。适用于制造厚截面尺寸的焊接部件和设备，如制作要求耐蚀的石油化工、化肥、造纸、印染及原子能工业用设备
S31668	06Cr17Ni12Mo2Ti	为解决 06Cr17Ni12Mo2（0Cr17Ni12Mo2）钢的晶间腐蚀而发展起来的钢种，有良好的耐晶间腐蚀性，其他性能与 06Cr17Ni12Mo2（0Cr17Ni12Mo2）钢相近。适用于制造焊接部件
S31658	06Cr17Ni12Mo2N	在 06Cr17Ni12Mo2（0Cr17Ni12Mo2）钢中加入氮，可提高强度，同时又不降低塑性，使材料的使用厚度减薄。用于制造耐蚀性好的高强度部件

（续）

统一数字代号	牌 号	特性与用途
奥 氏 体 型		
S31653	022Cr17Ni12Mo2N	在 022Cr17Ni12Mo2（00Cr17Ni14Mo2）钢中加入氮后，具有与 022Cr17Ni12Mo2（00Cr17Ni14Mo2）钢同样的特性，用途与 06Cr17Ni12Mo2N（0Cr17Ni12Mo2N）相同，但耐晶间腐蚀性能更好。主要用于化肥、造纸、制药、高压设备等领域
S31688	06Cr18Ni12Mo2Cu2	在 06Cr18Ni12Mo2（0Cr17Ni12Mo2）钢基础上加入约2%Cu后具有好的耐蚀性、耐点蚀性。主要用作耐硫酸材料，也可用于制作焊接结构件和管道、容器等
S31683	022Cr18Ni14Mo2Cu2	06Cr18Ni12Mo2Cu2（0Cr18Ni12Mo2Cu2）的超低碳钢。比 06Cr18Ni12Mo2Cu2（0Cr18Ni12Mo2Cu2）钢的耐晶间腐蚀性能好。用途同 06Cr18Ni12Mo2Cu2（0Cr18Ni12Mo2Cu2）钢
S31708	06Cr19Ni13Mo3	耐点蚀和抗蠕变能力优于 06Cr17Ni12Mo2（0Cr17Ni12Mo2）。用于制作造纸及印染设备、石油化工及耐有机酸腐蚀的装备等
S31703	022Cr19Ni13Mo3	06Cr19Ni13Mo3（0Cr19Ni13Mo3）的超低碳钢，比 06Cr19Ni13Mo3（0Cr19Ni13Mo3）钢耐晶间腐蚀性能好，在焊接整体件时可抑制析出碳。用途与 06Cr19Ni13Mo3（0Cr19Ni13Mo3）钢相同
S31794	03Cr18Ni16Mo5	耐点蚀性能优于 022Cr17Ni12Mo2（00Cr17Ni14Mo2）和 06Cr17Ni12Mo2Ti（0Cr18Ni12Mo3Ti）的一种高钼不锈钢，在硫酸、甲酸、醋酸等介质中的耐蚀性要比一般含2%~4%Mo的常用Cr-Ni钢更好。主要用于处理含氯离子溶液的热交换器、醋酸设备、磷酸设备、漂白装置等，以及在 022Cr17Ni12Mo2（00Cr17Ni14Mo2）和 06Cr17Ni12Mo2Ti（0Cr18Ni12Mo3Ti）钢不适用的环境中使用
S32168	06Cr18Ni11Ti	钛稳定化的奥氏体不锈钢。添加钛可提高耐晶间腐蚀性能，并具有良好的高温力学性能。可用超低碳奥氏体不锈钢代替。除专用（高温或抗氢腐蚀）外，一般情况下不推荐使用
S34778	06Cr18Ni11Nb	铌稳定化的奥氏体不锈钢。添加铌可提高耐晶间腐蚀性能，在酸、碱、盐等腐蚀介质中的耐蚀性同 06Cr18Ni11Ti（0Cr18Ni10Ti），焊接性能良好。既可作耐蚀材料又可作耐热钢使用。主要用于火电厂、石油化工等领域，如制作容器、管道、热交换器、轴类等，也可作为焊接材料使用
S38148	06Cr18Ni13Si4	在 06Cr19Ni10（0Cr18Ni9）中增加镍并添加硅，可提高耐应力腐蚀断裂性能。用于含氯离子环境，如汽车排气净化装置等
奥氏体-铁素体型		
S21860	14Cr18Ni11Si4AlTi	含硅使钢的强度和耐浓硝酸腐蚀性能提高。可用于制作抗高温、浓硝酸介质的零件和设备，如排酸阀门等
S21953	022Cr19Ni5Mo3Si2N	在瑞典 3RE60 钢基础上加入 0.05%~0.10%的N形成的一种耐氯化物应力腐蚀的专用不锈钢。耐点蚀性能与 022Cr17Ni12Mo2（00Cr17Ni14Mo2）相当。适用于含氯离子的环境，用于炼油、化肥、造纸、石油、化工等工业制造热交换器、冷凝器等，也可代替 022Cr19Ni10（00Cr19Ni10）和 022Cr17Ni12Mo2（00Cr17Ni14Mo2）钢在易发生应力腐蚀破坏的环境下使用

（续）

统一数字代号	牌号	特性与用途
		奥氏体-铁素体型
S22253	022Cr22Ni5Mo3N	在瑞典 SAF2205 钢基础上研制的不锈钢，是目前世界上双相不锈钢中应用最普遍的钢。对含硫化氢、二氧化碳、氯化物的环境具有阻抗性，可进行冷、热加工及成形，焊接性良好，适用于作为结构材料，用来代替 022Cr19Ni10（00Cr19Ni10）和 022Cr17Ni12Mo2（00Cr17Ni14Mo2）奥氏体不锈钢，制作油井管、化工储罐、热交换器、冷凝冷却器等易产生点蚀和应力腐蚀的受压设备
S22053	022Cr23Ni5Mo3N	在 022Cr22Ni5Mo3N 基础上派生出来的不锈钢，抗拉强度稍有提高。特性和用途同 022Cr22Ni5Mo3N
S22553	022Cr25Ni6Mo2N	在 0Cr26Ni5Mo2 钢基础上调高钼含量，调低碳含量，添加氮研制的不锈钢，具有高强度、耐氯化物应力腐蚀、可焊接等特点，是耐点蚀最好的钢。代替 0Cr26Ni5Mo2 钢使用。主要应用于化工、化肥、石油化工等工业领域，用于制作热交换器、蒸发器等
S25554	03Cr25Ni6Mo3Cu2N	在英国 Ferralium alloy 255 合金基础上研制的、具有良好的力学性能和耐局部腐蚀性能，尤其是耐磨损性能优于一般不锈钢的奥氏体不锈钢，是海水环境中的理想材料。适用于制作舰船用的螺旋推进器、轴、潜艇密封件等，也适用于化工、石油化工、天然气、纸浆、造纸等领域
		铁素体型
S11348	06Cr13Al	低铬纯铁素体不锈钢，是非淬硬性钢，具有相当于低铬钢的不锈性和抗氧化性，塑性、韧性和冷成形性优于铬含量更高的其他铁素体不锈钢。主要用于 12Cr13（1Cr13）或 10Cr17（1Cr17）由于空气可淬硬而不适用的地方，如石油精制装置、压力容器衬里、汽轮机叶片以及制作复合钢板等
S11203	022Cr12	比 022Cr13（0Cr13）含碳量低，焊接部位弯曲性能、加工性能、耐高温氧化性能好。可用于制作汽车排气处理装置、锅炉燃烧室、喷嘴等
S11710	10Cr17	具有耐蚀性、力学性能和热导率高的特点，在大气、水蒸气等介质中具有不锈性，但当介质中含有较高氯离子时不锈性则不足。主要用于生产硝酸、硝铵的化工设备，如吸收塔、热交换器、贮槽等；薄板主要用于建筑内装饰、日用办公设备、厨房器具、汽车装饰、气体燃烧器等。由于它的脆性转变温度在室温以上，且对缺口敏感，故不适用于制作室温以下的承受载荷的设备和部件，且通常使用的钢材的截面尺寸一般不允许超过 4mm
S11717	Y10Cr17	在 10Cr17（1Cr17）基础上改进的切削钢。主要用于大切削量自动车床机加零件，如螺栓、螺母等
S11790	10Cr17Mo	在 10Cr17（1Cr17）钢中加入钼，可提高钢的耐点蚀、耐缝隙腐蚀性及强度等，比 10Cr17（1Cr17）钢抗盐溶液性强。主要用于制作汽车轮毂、紧固件，以及作为汽车外装饰材料使用
S12791	008Cr27Mo	是高纯铁素体不锈钢中发展最早的钢，性能类似于 008Cr30Mo2（00Cr30Mo2）。适用于既要求耐蚀性又要求软磁性的用途

（续）

统一数字代号	牌　号	特性与用途
		铁素体型
S13091	008Cr30Mo2	高纯铁素体不锈钢，脆性转变温度低，耐卤离子应力腐蚀破坏性好，耐蚀性与纯镍相当，并具有良好的韧性、加工成形性和焊接性。主要用于化学加工工业（醋酸、乳酸等有机酸，苛性钠浓缩工程）成套设备、食品工业、石油精炼工业、电力工业、水处理和污染控制等行业的热交换器、压力容器、罐和其他设备等
		马氏体型
S40310	12Cr12	制作汽轮机叶片及高应力部件的良好的不锈耐热钢
S41008	06Cr13	用于制作具有较高韧性及受冲击负载的零件，如汽轮机叶片、结构架、衬里、螺栓、螺母等
S41010	12Cr13	半马氏体型不锈钢，经淬火及回火处理后具有较高的强度、韧性，良好的耐蚀性和机加工性能。主要用于韧性要求较高且具有不锈性的受冲击载荷的部件，如刃具、叶片、紧固件、水压机阀、热裂解抗硫腐蚀设备等，也可制作在常温条件下耐弱腐蚀介质的设备和部件
S41617	Y12Cr13	不锈钢中切削性能最好的钢。自动车床用
S42020	20Cr13	马氏体型不锈钢，其主要性能类似于12Cr13（1Cr13）。由于碳含量较高，其强度、硬度高于12Cr13（1Cr13），而韧性和耐蚀性略低。主要用于制造承受高应力负荷的零件，如汽轮机叶片、热油泵、轴和轴套、叶轮、水压机阀片等，也可用于造纸工业、医疗器械以及日用消费领域的刀具、餐具等
S42030	30Cr13	马氏体型不锈钢，较12Cr13（1Cr13）和20Cr13（2Cr13）钢具有更高的强度、硬度和更好的淬透性，在室温的稀硝酸和弱有机酸中具有一定的耐蚀性，但不及12Cr13（1Cr13）和20Cr13（2Cr13）钢。主要用于制造高强度部件以及在承受高应力载荷并在一定腐蚀介质条件下工作的磨损件，如300℃以下工作的刀具、弹簧，400℃以下工作的轴、螺栓、阀门、轴承等
S42037	Y30Cr13	改善了30Cr13（3Cr13）切削性能的钢。用途与30Cr13（3Cr13）相似，具有更好的切削性能
S42040	40Cr13	特性与用途类似于30Cr13（3Cr13）钢，其强度、硬度高于30Cr13（3Cr13）钢，而韧性和耐蚀性略低。主要用于制造外科医疗用具、轴承、阀门、弹簧等。40Cr13（4Cr13）钢焊接性差，通常不用来制造焊接部件
S43110	14Cr17Ni2	热处理后具有较高的力学性能，耐蚀性优于12Cr13（1Cr13）和10Cr17（1Cr17）。一般用于既要求高的力学性能和淬硬性，又要求耐硝酸和有机酸腐蚀的轴类、活塞杆、泵、阀等零部件以及弹簧和紧固件
S43120	17Cr16Ni2	加工性能跟14Cr17Ni2（1Cr17Ni2）相比有明显改善。适用于制作要求较高强度、韧性、塑性和良好耐蚀性的零部件以及在潮湿介质中工作的承力件
S44070	68Cr17	高铬马氏体型不锈钢，淬火硬度比20Cr13（2Cr13）高，在淬火及回火状态下具有高强度和硬度，并兼有不锈和耐蚀性。一般用于制造要求具有不锈性或耐稀氧化性酸、有机酸和盐类腐蚀的刀具、量具、轴类、杆件、阀门、钩件等

（续）

统一数字代号	牌 号	特性与用途
马 氏 体 型			
S44080	85Cr17	可淬硬性不锈钢，性能与用途类似于 68Cr17（7Cr17），但硬化状态下比 68Cr17（7Cr17）硬，并且比 108Cr17（11Cr17）韧性高。用于制作刃具、阀座等
S44096	108Cr17	在可淬硬性不锈钢中硬度最高。性能与用途类似于 68Cr17（7Cr17）。主要用于制作喷嘴、轴承等
S44097	Y108Cr17	在 108Cr17（11Cr17）基础上改进的易切削钢种。自动车床用
S44090	95Cr18	高碳马氏体型不锈钢，较 Cr17 型马氏体型不锈钢耐蚀性有所改善，其他性能与 Cr17 型马氏体型不锈钢相似。主要用于制造耐蚀、高强度、耐磨损部件，如轴、泵、阀件、杆类、弹簧、紧固件等。由于钢中极易形成不均匀的碳化物而影响钢的质量和性能，故需在生产时予以注意
S45710	13Cr13Mo	比 12Cr13（1Cr13）钢耐蚀性高的高强度钢。用于制作汽轮机叶片、高温部件等
S45830	32Cr13Mo	在 30Cr13（3Cr13）钢的基础上加入钼，改善了钢的强度和硬度，并增强了二次硬化效应，且耐蚀性优于 30Cr13（3Cr13）钢。主要用途同 30Cr13（3Cr13）钢
S45990	102Cr17Mo	性能与用途类似于 95Cr18（9Cr18）钢。由于钢中加入了钼和钒，故热强性和抗回火能力均优于 95Cr18（9Cr18）钢。主要用来制造承受摩擦并在腐蚀介质中工作的零件，如量具、刃具等
S46990	90Cr18MoV	
沉 淀 硬 化 型			
S51550	05Cr15Ni5Cu4Nb	在 05Cr17Ni4Cu4Nb（0Cr17Ni4Cu4Nb）钢基础上发展的马氏体沉淀硬化型不锈钢，除高强度外，还具有高的横向韧性和良好的可锻性，耐蚀性与 05Cr17Ni4Cu4Nb（0Cr17Ni4Cu4Nb）钢相当。主要应用于要求具有高强度、良好韧性，又要求有优良耐蚀性的服役环境，如制作高强度锻件、高压系统阀门部件、飞机部件等
S51740	05Cr17Ni4Cu4Nb	添加铜和铌的马氏体沉淀硬化型不锈钢，强度可通过改变热处理工艺予以调整，耐蚀性优于 Cr13 型及 95Cr18（9Cr18）和 14Cr17Ni2（1Cr17Ni2）钢，抗腐蚀疲劳及抗水滴冲蚀能力优于 12%Cr 马氏体型不锈钢，焊接工艺简便，易于加工制造，但较难进行深度冷成形。主要用于既要求具有不锈性又要求耐弱酸、碱、盐腐蚀的高强度部件，如制作汽轮机末级动叶片以及在腐蚀环境下工作温度低于 300℃ 的结构件
S51770	07Cr17Ni7Al	添加铝的半奥氏体沉淀硬化型不锈钢，成分接近 18-8 型奥氏体型不锈钢，具有良好的冶金和制造加工工艺性能。可用于 350℃ 以下长期工作的结构件、容器、管道、弹簧、垫圈、计器部件。该钢热处理工艺复杂，在全世界范围内有被马氏体时效钢取代的趋势，但目前仍具有广泛应用的领域
S51570	07Cr15Ni7Mo2Al	半奥氏体沉淀硬化型不锈钢，以 2%Mo 取代 07Cr17Ni7Al（0Cr17Ni7Al）钢中的 2%Cr，使之耐还原性介质腐蚀能力有所改善，综合性能优于 07Cr17Ni7Al（0Cr17Ni7Al）。用于制造宇航、石油化工和能源等领域有一定耐蚀要求的高强度容器、零件及结构件

2. 超级奥氏体不锈钢通用技术条件（见表 1-193）

表 1-193　超级奥氏体不锈钢钢棒的尺寸规格、牌号、化学成分及力学性能（摘自 GB/T 38807—2020）

钢棒的尺寸规格规定	1）热轧圆钢和方钢的尺寸、外形及极限偏差应符合 GB/T 702—2017 的规定，具体要求应在合同中注明。未注明时按 GB/T 702—2017 表 1 中 2 组执行
	2）锻制圆钢和方钢的尺寸、外形及极限偏差应符合 GB/T 908—2019 的规定，具体要求应在合同中注明。未注明时按 GB/T 908—2019 表 1 中 2 组执行
	3）经供需双方协议并在合同中注明，可供应其他尺寸、外形及极限偏差的钢棒
	4）钢棒按实际重量交货

钢棒分类	1. 钢棒按使用加工方法分为下列两类： 　1）压力加工用钢 UP： 　　a）热压力加工 UHP 　　b）冷拔坯料 UCD 　2）切削加工用钢 UC 2. 钢棒的使用加工方法应在合同中注明，未注明者按切削加工用钢供货

	序号	统一数字代号	牌号	化学成分（质量分数,%）										
				C≤	Si≤	Mn≤	P≤	S≤	Ni	Cr	Mo	Cu	N	其他
牌号及化学成分	1	S31254	015Cr20Ni18Mo6CuN	0.020	0.80	1.00	0.030	0.010	17.50 ~ 18.50	19.50 ~ 20.50	6.00 ~ 6.50	0.50 ~ 1.00	0.18 ~ 0.25	—
	2	S38925	015Cr20Ni25Mo6CuN	0.020	0.50	1.00	0.045	0.030	24.00 ~ 26.00	19.00 ~ 21.00	6.00 ~ 7.00	0.80 ~ 1.50	0.10 ~ 0.20	—
	3	S38926	015Cr20Ni25Mo6CuN1	0.020	0.50	2.00	0.030	0.010	24.00 ~ 26.00	19.00 ~ 21.00	6.00 ~ 7.00	0.50 ~ 1.50	0.15 ~ 0.25	—
	4	S38367	022Cr21Ni24Mo6N	0.030	1.00	2.00	0.040	0.030	23.50 ~ 25.50	20.00 ~ 22.00	6.00 ~ 7.00	≤0.75	0.18 ~ 0.25	—
	5	S32050	022Cr23Ni21Mo6N	0.030	1.00	1.50	0.035	0.020	20.00 ~ 23.00	22.00 ~ 24.00	6.00 ~ 6.80	≤0.40	0.21 ~ 0.32	—
	6	S32053	022Cr23Ni25Mo5N	0.030	1.00	1.00	0.030	0.010	24.00 ~ 26.00	22.00 ~ 24.00	5.00 ~ 6.00	—	0.17 ~ 0.22	—
	7	S31052	015Cr25Ni26Mo5CuN	0.020	0.70	2.00	0.030	0.010	24.00 ~ 27.00	24.00 ~ 26.00	4.70 ~ 5.70	1.00 ~ 2.00	0.17 ~ 0.25	—
	8	S34565	022Cr24Ni17Mo5Mn6NbN	0.030	1.00	5.00 ~ 7.00	0.030	0.010	16.00 ~ 18.00	23.00 ~ 25.00	4.00 ~ 5.00	—	0.40 ~ 0.60	Nb ≤0.10
	9	S31277	015Cr22Ni27Mo8CuN	0.020	0.50	≤3.00	0.030	0.010	26.00 ~ 28.00	20.50 ~ 23.00	6.50 ~ 8.00	0.50 ~ 1.50	0.30 ~ 0.40	—
	10	S32652	015Cr24Ni22Mo8Mn3CuN	0.020	0.50	2.00 ~ 4.00	0.030	0.005	21.00 ~ 23.00	24.00 ~ 25.00	7.00 ~ 8.00	0.50 ~ 0.60	0.45 ~ 0.55	—
	11	S31266	022Cr24Ni22Mo6Mn3W2CuN	0.030	1.00	2.00 ~ 4.00	0.035	0.020	21.00 ~ 24.00	23.00 ~ 25.00	5.20 ~ 6.20	1.00 ~ 2.50	0.35 ~ 0.60	W1.50 ~ 2.50

（续）

序号	统一数字代号	牌号	推荐的热处理制度	规定塑性延伸强度 $R_{p0.2}$/MPa	抗拉强度 R_m/MPa	断后伸长率 A(%)	硬度[1]	
							HBW	HRB
				不小于			不大于	
1	S31254	015Cr20Ni18Mo6CuN	1100~1200℃，水冷或其他方式快冷	300	650	35	241	100
2	S38925	015Cr20Ni25Mo6CuN1	1050~1200℃，水冷或其他方式快冷	295	600	40	217	100
3	S38926	015Cr20Ni25Mo6CuN2	1050~1200℃，水冷或其他方式快冷	295	650	35	256	100
4	S38367	022Cr21Ni24Mo6N	1050~1200℃，水冷或其他方式快冷	310	655	30	241	100
5	S32050	022Cr23Ni21Mo6N	1120~1200℃，水冷或其他方式快冷	330	675	40	250	100
6	S32053	022Cr23Ni25Mo5N	1100~1200℃，水冷或其他方式快冷	295	640	40	217	100
7	S31052	015Cr25Ni26Mo5CuN	1100~1200℃，水冷或其他方式快冷	295	600	40	217	100
8	S34565	022Cr24Ni17Mo5Mn6NbN	1120~1170℃，水冷或其他方式快冷	415	795	35	230	100
9	S31277	015Cr22Ni27Mo8CuN	1120~1200℃，水冷或其他方式快冷	345	620	35	241	100
10	S32652	015Cr24Ni22Mo8Mn3CuN	1150~1200℃，水冷或其他方式快冷	430	750	40	250	100
11	S31266	022Cr24Ni22Mo6Mn3W2CuN	1150~1200℃，水冷或其他方式快冷	420	750	35	250	100

经固溶处理钢棒的力学性能

序号	统一数字代号	GB/T 38807—2020	EN 10088-3：2014	ASTM A276/A276M-17	JIS G4303—2012
1	S31254	015Cr20Ni18Mo6CuN	1.4547	S31254	SUS312L
2	S38925	015Cr20Ni25Mo6CuN	—	N08925	—
3	S38926	015Cr20Ni25Mo6CuN1	1.4529	N08926	—
4	S38367	022Cr21Ni24Mo6N	—	N08367	SUS836L
5	S32050	022Cr23Ni21Mo6N	—	S32050[2]	—
6	S32053	022Cr23Ni25Mo5N	—	S32053	—
7	S31052	015Cr25Ni26Mo5CuN	1.4537	—	—
8	S34565	022Cr24Ni17Mo5Mn6NbN	1.4565	S34565	—
9	S31277	015Cr22Ni27Mo8CuN	—	S31277	—
10	S32652	015Cr24Ni22Mo8Mn3CuN	1.4652	S32654	—
11	S31266	022Cr24Ni22Mo6Mn3W2CuN	1.4659	S31266	—

国内外牌号对照

[1] 仅在需方要求并在合同中注明时才选其一进行检验。

[2] ASTM A959-16 中牌号。

3. 耐热钢棒（见表 1-194～表 1-200）

表 1-194　耐热钢棒的分类和产品规格（摘自 GB/T 1221—2007）

分类及符号	压力加工用钢 UP 热压力加工 UHP 热顶锻用钢 UHF			冷拔坯料 UCD 切削加工用钢 UC			
热轧圆钢、方钢	尺寸规格按 GB/T 702 中的规定，具体要求应在合同中注明，未注明时按该标准 2 组执行						
热轧扁钢	尺寸规格按 GB/T 702 中的规定，具体要求应在合同中注明，未注明时按该标准普通级执行						
热轧六角钢	尺寸规格按 GB/T 702 中的规定，具体要求应在合同中注明，未注明时按该标准 2 组执行						
锻制圆钢、方钢	尺寸规格按 GB/T 908 中的规定，具体要求应在合同中注明，未注明时按该标准 2 组执行						
锻制扁钢	尺寸规格按 GB/T 908 中的规定，具体要求应在合同中注明，未注明时按该标准 2 组执行						

冷加工钢棒	尺寸极限偏差 /mm	公称尺寸	极限偏差级别				
			h10	h11		h12	
		≥6～10	0 -0.058	0 -0.09		0 -0.15	
		>10～18	0 -0.070	0 -0.11		0 -0.18	
		>18～30	0 -0.084	0 -0.13		0 -0.21	
		>30～50	0 -0.100	0 -0.16		0 -0.25	
		>50～80	0 -0.12	0 -0.19		0 -0.30	
		>80～120	0 -0.14	0 -0.22		0 -0.35	

极限偏差级别适用范围	形状及加工方法	圆钢			方钢	六角钢	扁钢
		冷拉	磨光	切削			
	适用级别	h11 h12	h10 h11	h11 h12	h11 h12	h11 h12	h11 h12

弯曲度、圆度、不方度、边长差	级别	不同截面尺寸的弯曲度/(mm/m¹)　≤					总弯曲度 /mm　≤	圆度、不方度、边长差 /mm　≤
		≤7	>7～25	>25～50	>50～80	>80		
		mm						
	h10～h11	3	2	1				
	h12	4	3	2	协议		总长度与每米允许弯曲度的乘积	公称尺寸公差的 50%
	自动切削圆钢	2	2	1				
	自动切削六角钢	2	1	1				

注：1. GB/T 1221—2007 规定热轧、锻制钢棒尺寸（直径、边长或对边距离）不大于 250mm，冷加工钢棒尺寸不大于 120mm。经供需双方协商确定，亦可供应尺寸大于 250mm 的热轧、锻制钢棒以及尺寸大于 120mm 的冷加工钢棒。

2. 冷加工钢棒的极限偏差级别应在合同中注明，未注明时按 h11 级执行。

3. 冷加工后进行热处理、酸洗的钢棒，其极限偏差应为本表所列的较松偏差的 2 倍。

4. 冷加工钢棒经供需双方协商，可以规定本表以外的极限偏差级别，且应在合同中注明。

5. 边长差为同一截面上直径、边长或对边距离的最大数值与最小数值之差。

6. 钢棒可以热处理或不热处理状态交货，未在合同中注明时按不热处理交货。切削加工用奥氏体型钢棒应进行固溶处理或退火处理，经供需双方协商，也可不处理。热压力加工用钢棒不进行固溶处理或退火处理。铁素体钢棒应进行退火处理，经供需双方协商也可不热处理。马氏体钢棒应进行退火处理。沉淀硬化钢棒可选择固溶处理或退火处理，退火制度由供需双方协商，若未协商，退火温度一般为 650～680℃。经供需双方协商，沉淀硬化钢棒（除 05Cr17Ni4Cu4Nb 外）可不进行热处理。冷拉、磨光、切削或由这些方法组合制成的冷加工钢棒，可按需方要求进行热处理、酸洗后交货。

表 1-195 耐热钢棒的牌号和化学成分（摘自 GB/T 1221—2007）

类型	序号	统一数字代号	新牌号	旧牌号	化学成分（质量分数，%）										
					C	Si	Mn	P	S	Ni	Cr	Mo	Cu	N	其他元素
奥氏体型	1	S35650	53Cr21Mn9Ni4N	5Cr21Mn9Ni4N	0.48~0.58	0.35	8.00~10.00	0.040	0.030	3.25~4.50	20.00~22.00	—	—	0.35~0.50	—
	2	S35750	26Cr18Mn12Si2N	3Cr18Mn12Si2N	0.22~0.30	1.40~2.20	10.50~12.50	0.050	0.030	—	17.00~19.00	—	—	0.22~0.33	—
	3	S35850	22Cr20Mn10Ni2Si2N	2Cr20Mn9Ni2Si2N	0.17~0.26	1.80~2.70	8.50~11.00	0.050	0.030	2.00~3.00	18.00~21.00	—	—	0.20~0.30	—
	4	S30408	06Cr19Ni10	0Cr18Ni9	0.08	1.00	2.00	0.045	0.030	8.00~11.00	18.00~20.00	—	—	—	—
	5	S30850	22Cr21Ni12N	2Cr21Ni12N	0.15~0.28	0.75~1.25	1.00~1.60	0.040	0.030	10.50~12.50	20.00~22.00	—	—	0.15~0.30	—
	6	S30920	16Cr23Ni13	2Cr23Ni13	0.20	1.00	2.00	0.040	0.030	12.00~15.00	22.00~24.00	—	—	—	—
	7	S30908	06Cr23Ni13	0Cr23Ni13	0.08	1.00	2.00	0.045	0.030	12.00~15.00	22.00~24.00	—	—	—	—
	8	S31020	20Cr25Ni20	2Cr25Ni20	0.25	1.50	2.00	0.040	0.030	19.00~22.00	24.00~26.00	—	—	—	—
	9	S31008	06Cr25Ni20	0Cr25Ni20	0.08	1.50	2.00	0.040	0.030	19.00~22.00	24.00~26.00	—	—	—	—
	10	S31608	06Cr17Ni12Mo2	0Cr17Ni12Mo2	0.08	1.00	2.00	0.045	0.030	10.00~14.00	16.00~18.00	2.00~3.00	—	—	—

类型	序号	统一数字代号	新牌号	旧牌号	化学成分（质量分数,%）										
					C	Si	Mn	P	S	Ni	Cr	Mo	Cu	N	其他元素
奥氏体型	11	S31708	06Cr19Ni13Mo3	0Cr19Ni13Mo3	0.08	1.00	2.00	0.045	0.030	11.00~15.00	18.00~20.00	3.00~4.00	—	—	—
	12	S32168	06Cr18Ni11Ti	0Cr18Ni10Ti	0.08	1.00	2.00	0.045	0.030	9.00~12.00	17.00~19.00	—	—	—	Ti 5C~0.70
	13	S32590	45Cr14Ni14W2Mo	4Cr14Ni14W2Mo	0.40~0.50	0.80	0.70	0.040	0.030	13.00~15.00	13.00~15.00	0.25~0.40	—	—	W 2.00~2.75
	14	S33010	12Cr16Ni35	1Cr16Ni35	0.15	1.50	2.00	0.040	0.030	33.00~37.00	14.00~17.00	—	—	—	—
	15	S34778	06Cr18Ni11Nb	0Cr18Ni11Nb	0.08	1.00	2.00	0.045	0.030	9.00~12.00	17.00~19.00	—	—	—	Nb 10C~1.10
	16	S38148	06Cr18Ni13Si4①	0Cr18Ni13Si4①	0.08	3.00~5.00	2.00	0.045	0.030	11.50~15.00	15.00~20.00	—	—	—	—
	17	S38240	16Cr20Ni14Si2	1Cr20Ni14Si2	0.20	1.50~2.50	1.50	0.040	0.030	12.00~15.00	19.00~22.00	—	—	—	—
	18	S38340	16Cr25Ni20Si2	1Cr25Ni20Si2	0.20	1.50~2.50	1.50	0.040	0.030	18.00~21.00	24.00~27.00	—	—	—	—
铁素体型	19	S11348	06Cr13Al	0Cr13Al	0.08	1.00	1.00	0.040	0.030	—	11.50~14.50	—	—	—	Al 0.10~0.30
	20	S11203	022Cr12	00Cr12	0.030	1.00	1.00	0.040	0.030	—	11.00~13.50	—	—	—	—
	21	S11710	10Cr17	1Cr17	0.12	1.00	1.00	0.040	0.030	—	16.00~18.00	—	—	—	—
	22	S12550	16Cr25N	2Cr25N	0.20	1.00	1.50	0.040	0.030	—	23.00~27.00	—	(0.30)	0.25	—

（续）

类型	序号	统一数字代号	新牌号	旧牌号	化学成分（质量分数，%）										
					C	Si	Mn	P	S	Ni	Cr	Mo	Cu	N	其他元素
马氏体型	23	S41010	12Cr13①	1Cr13①	0.08~0.15	1.00	1.00	0.040	0.030	(0.60)	11.50~13.50	—	—	—	—
	24	S42020	20Cr13	2Cr13	0.16~0.25	1.00	1.00	0.040	0.030	(0.60)	12.00~14.00	—	—	—	—
	25	S43110	14Cr17Ni2	1Cr17Ni2	0.11~0.17	0.80	0.80	0.040	0.030	1.50~2.50	16.00~18.00	—	—	—	—
	26	S43120	17Cr16Ni2		0.12~0.22	1.00	1.50	0.040	0.030	1.50~2.50	15.00~17.00	—	—	—	—
	27	S45110	12Cr5Mo	1Cr5Mo	0.15	0.50	0.60	0.040	0.030	0.60	4.00~6.00	0.40~0.60	—	—	—
	28	S45610	12Cr12Mo	1Cr12Mo	0.10~0.15	0.50	0.30~0.50	0.035	0.030	0.30~0.60	11.50~13.00	0.30~0.60	0.30	—	—
	29	S45710	13Cr13Mo	1Cr13Mo	0.08~0.18	0.60	1.00	0.040	0.030	(0.60)	11.50~14.00	0.30~0.60	—	—	—
	30	S46010	14Cr11MoV	1Cr11MoV	0.11~0.18	0.50	0.60	0.035	0.030	0.60	10.00~11.50	0.50~0.70	—	—	V 0.25~0.40
	31	S46250	18Cr12MoVNbN	2Cr12MoVNbN	0.15~0.20	0.50	0.50~1.00	0.035	0.030	(0.60)	10.00~13.00	0.30~0.90	—	0.05~0.10	V 0.10~0.40 Nb 0.20~0.60
	32	S47010	15Cr12WMoV	1Cr12WMoV	0.12~0.18	0.50	0.50~0.90	0.035	0.030	0.40~0.80	11.00~13.00	0.50~0.70	—	—	W 0.70~1.10 V 0.15~0.30
	33	S47220	22Cr12NiWMoV	2Cr12NiMoWV	0.20~0.25	0.50	0.50~1.00	0.040	0.030	0.50~1.00	11.00~13.00	0.75~1.25	—	—	W 0.75~1.25 V 0.20~0.40

（续）

类型	序号	统一数字代号	新牌号	旧牌号	化学成分（质量分数，%）										
					C	Si	Mn	P	S	Ni	Cr	Mo	Cu	N	其他元素
马氏体型	34	S47310	13Cr11Ni2W2MoV	1Cr11Ni2W2MoV	0.10~0.16	0.60	0.60	0.035	0.030	1.40~1.80	10.50~12.00	0.35~0.50	—	—	W 1.50~2.00 V 0.18~0.30
	35	S47450	18Cr11NiMoNbVN①	(2Cr11NiMoNbVN)①	0.15~0.20	0.50	0.50~0.80	0.030	0.025	0.30~0.60	10.00~12.00	0.60~0.90	—	0.04~0.09	V 0.20~0.30 Nb 0.20~0.60
	36	S48040	42Cr9Si2	4Cr9Si2	0.35~0.50	2.00~3.00	0.70	0.035	0.030	0.60	8.00~10.00	—	—	—	—
	37	S48045	45Cr9Si3		0.40~0.50	3.00~3.50	0.60	0.030	0.030	0.60	7.50~9.50	—	—	—	—
	38	S48140	40Cr10Si2Mo	4Cr10Si2Mo	0.35~0.45	1.90~2.60	0.70	0.035	0.030	0.60	9.00~10.50	0.70~0.90	—	—	—
	39	S48380	80Cr20Si2Ni	8Cr20Si2Ni	0.75~0.85	1.75~2.25	0.20~0.60	0.030	0.030	1.15~1.65	19.00~20.50	—	—	—	—
沉淀硬化型	40	S51740	05Cr17Ni4Cu4Nb	0Cr17Ni4Cu4Nb	0.07	1.00	1.00	0.040	0.030	3.00~5.00	15.00~17.50	—	3.00~5.00	—	Nb 0.15~0.45
	41	S51770	07Cr17Ni7Al	0Cr17Ni7Al	0.09	1.00	1.00	0.040	0.030	6.50~7.75	16.00~18.00	—	—	—	Al 0.75~1.50
	42	S51525	06Cr15Ni25Ti2MoAlVB	0Cr15Ni25Ti2MoAlVB	0.08	1.00	2.00	0.040	0.030	24.00~27.00	13.50~16.00	1.00~1.50	—	—	Al 0.35 Ti 1.90~2.35 B 0.001~0.010 V 0.10~0.50

注：1. 本表所列成分除注明范围或最小值外，其余均为最大值。括号内数值为允许含有的最大值。

2. 耐热钢棒所采用的牌号及化学成分均应符合 GB/T 20878—2007《不锈钢和耐热钢 牌号及化学成分》中的规定。

① 必要时，可添加本表以外的合金元素。

表 1-196　耐热钢棒的力学性能（摘自 GB/T 1221—2007）

类型	序号	统一数字代号	新牌号	旧牌号	热处理/℃	规定塑性延伸强度 $R_{p0.2}^{2}$/MPa	抗拉强度 R_m/MPa	断后伸长率 A (%)	断面收缩率 Z^{3} (%)	布氏硬度 HBW[2]
								≥		
奥氏体型	1	S35650	53Cr21Mn9Ni4N	5Cr21Mn9Ni4N	固溶 1100~1200，快冷 时效 730~780，空冷	560	885	8	—	≥302
	2	S35750	26Cr18Mn12Si2N	3Cr18Mn12Si2N	固溶 1100~1150，快冷	390	685	35	45	≤248
	3	S35850	22Cr20Mn10Ni2Si2N	2Cr20Mn9Ni2Si2N	固溶 1100~1150，快冷	390	635	35	45	≤248
	4	S30408	06Cr19Ni10	0Cr18Ni9	固溶 1010~1150，快冷	205	520	40	60	≤187
	5	S30850	22Cr21Ni12N	2Cr21Ni12N	固溶 1050~1150，快冷 时效 750~800，空冷	430	820	26	20	≤269
	6	S30920	16Cr23Ni13	2Cr23Ni13	固溶 1030~1150，快冷	205	560	45	50	≤201
	7	S30908	06Cr23Ni13	0Cr23Ni13	固溶 1030~1150，快冷	205	520	40	60	≤187
	8	S31020	20Cr25Ni20	2Cr25Ni20	固溶 1030~1180，快冷	205	590	40	50	≤201
	9	S31008	06Cr25Ni20	0Cr25Ni20	固溶 1030~1180，快冷	205	520	40	50	≤187
	10	S31608	06Cr17Ni12Mo2	0Cr17Ni12Mo2	固溶 1010~1150，快冷	205	520	40	60	≤187
	11	S31708	06Cr19Ni13Mo3	0Cr19Ni13Mo3	固溶 1010~1150，快冷	205	520	40	60	≤187
	12	S32168	06Cr18Ni11Ti[1]	0Cr18Ni10Ti[1]	固溶 920~1150，快冷	205	520	40	50	≤187
	13	S32590	45Cr14Ni14W2Mo	4Cr14Ni14W2Mo	退火 820~850，快冷	315	705	20	35	≤248
	14	S33010	12Cr16Ni35	1Cr16Ni35	固溶 1030~1180，快冷	205	560	40	50	≤201
	15	S34778	06Cr18Ni11Nb[1]	0Cr18Ni11Nb[1]	固溶 980~1150，快冷	205	520	40	50	≤187
	16	S38148	06Cr18Ni13Si4	0Cr18Ni13Si4	固溶 1010~1150，快冷	205	520	40	60	≤207
	17	S38240	16Cr20Ni14Si2	1Cr20Ni14Si2	固溶 1080~1130，快冷	295	590	35	50	≤187
	18	S38340	16Cr25Ni20Si2	1Cr25Ni20Si2	固溶 1080~1130，快冷	295	590	35	50	≤187

（续）

类型	序号	统一数字代号	新牌号	旧牌号	热处理/℃	规定塑性延伸强度 $R_{p0.2}$/MPa	抗拉强度 R_m/MPa	断后伸长率 A (%)	断面收缩率 Z (%)	布氏硬度 HBW[2]
④ 铁素体型	19	S11348	06Cr13Al	0Cr13Al	780~830, 空冷或缓冷	175	410	20	60	≤183
	20	S11203	022Cr12	00Cr12	700~820, 空冷或缓冷	195	360	22	60	≤183
	21	S11710	10Cr17	1Cr17	780~850, 空冷或缓冷	205	450	22	50	≤183
	22	S12550	16Cr25N	2Cr25N	780~880, 快冷	275	510	20	40	≤201
马氏体型	23	S41010	12Cr13	1Cr13	淬火+回火	345	540	22	55	159
	24	S42020	20Cr13	2Cr13		440	640	20	50	192
	25	S43110	14Cr17Ni2	1Cr17Ni2		—	1080	10	—	—
	26	S43120	17Cr16Ni2[5]	1 —		700	900~1050	12	45	—
				2 —		600	800~950	14		—
	27	S45110	12Cr5Mo	1Cr5Mo		390	590	18	60	217~248
	28	S45610	12Cr12Mo	1Cr12Mo		550	685	18	60	192
	29	S45710	13Cr13Mo	1Cr13Mo		490	690	20	60	—
	30	S46010	14Cr11MoV	1Cr11MoV		490	685	16	55	—
	31	S46250	18Cr12MoVNbN	2Cr12MoVNbN		685	835	15	30	≤321
	32	S47010	15Cr12WMoV	1Cr12WMoV		585	735	15	45	—
	33	S47220	22Cr12NiWMoV	2Cr12NiMoWV		735	885	10	25	≤341
	34	S47310	13Cr11Ni2W2MoV[5]	1 1Cr11Ni2W2MoV[5]		735	885	15	55	269~321
				2		885	1080	12	50	311~388
	35	S47450	18Cr11NiMoNbVN	(2Cr11NiMoNbVN)		760	930	12	32	277~331
	36	S48040	42Cr9Si2	4Cr9Si2		590	885	19	50	—
	37	S48045	45Cr9Si3	4Cr9Si3		685	930	15	35	≥269
	38	S48140	40Cr10Si2Mo	4Cr10Si2Mo		685	885	10	35	—
	39	S48380	80Cr20Si2Ni	8Cr20Si2Ni		685	885	10	15	≥262

（续）

类型	序号	统一数字代号	新牌号	旧牌号	热处理/℃		规定塑性延伸强度 $R_{p0.2}$/MPa ②	抗拉强度 R_m/MPa	断后伸长率 A (%)	断面收缩率 Z ③ (%)	布氏硬度 HBW ②
								≥			
沉淀硬化型	40	S51740	05Cr17Ni4Cu4Nb	0Cr17Ni4Cu4Nb	固溶处理	0组	—	—	—	—	≤363
					沉淀硬化 480，时效	1组	1180	1310	10	40	≥375
					550，时效	2组	1000	1070	12	45	≥331
					580，时效	3组	865	1000	13	45	≥302
					620，时效	4组	725	930	16	50	≥277
	41	S51770	07Cr17Ni7Al	0Cr17Ni7Al	固溶处理	0组	≤380	≤1030	20	—	≤229
					沉淀硬化 510，时效	1组	1030	1230	4	10	≥388
					565，时效	2组	960	1140	5	25	≥363
	42	S51525	06Cr15Ni25Ti2MoAlVB	0Cr15Ni25Ti2MoAlVB	固溶+时效		590	900	15	18	≥248

注：1. 马氏体型钢的硬度为淬火+回火后的硬度（序号23~39）。

2. 本表为热处理型钢棒或试样的力学性能。沉淀硬化和马氏体型钢各牌号的典型热处理制度参见 GB/T 1221—2007 中附录的规定（见表1-197 和表1-198）。

3. 沉淀硬化型钢硬度也可根据钢棒尺寸或状态选择布氏硬度测定其数值（参见 GB/T 1221—2007 中的相关规定）。

① 53Cr21Mn9Ni4N 和 22Cr21Ni12N 仅适用于或状态及对边距离25mm 仅适用于直径、边长及对边距离小于或等于25mm 的钢棒，大于25mm 的钢棒可改锻成25mm 的钢棒，大于25mm 或厚度小于或等于180mm 的钢棒，大于180mm 或厚度小于或等于180mm 的钢棒，大于180mm 的钢棒可改锻成180mm 的样坯检验或由供需双方协商确定，允许降低其力学性能数值。

② 规定塑性延伸强度和硬度仅当需方要求时（合同中注明）才进行测量。

③ 扁钢不适用，但需方要求时，可由供需双方协商确定。

④ 仅适用于直径、边长及对边距离或厚度小于或等于75mm 的钢棒，大于75mm 的钢棒可改锻成75mm 的样坯检验或由供需双方协商确定，未注明时由供方自行选择。

⑤ 17Cr16Ni2 和 13Cr11Ni2W2MoV 钢的性能组别应在合同中注明（序号19~42）。

表 1-197 沉淀硬化型耐热钢棒或试样的典型热处理制度（摘自 GB/T 1221—2007）

GB/T 20878 中序号	统一数字代号	牌号	热处理			
			种类		组别	条件
137	S51740	05Cr17Ni4Cu4Nb	固溶处理		0	1020~1060℃，快冷
			沉淀硬化	480℃时效	1	经固溶处理后，470~490℃，空冷
				550℃时效	2	经固溶处理后，540~560℃，空冷
				580℃时效	3	经固溶处理后，570~590℃，空冷
				620℃时效	4	经固溶处理后，610~630℃，空冷
138	S51770	07Cr17Ni7Al	固溶处理		0	1000~1100℃，快冷
			沉淀硬化	510℃时效	1	经固溶处理后，955℃±10℃保持10min，空冷到室温，在24h内冷却到-73℃±6℃，保持8h，再加热到510℃±10℃，保持1h，空冷
				565℃时效	2	经固溶处理后，于760℃±15℃保持90min，在1h内冷却到15℃以下，保持30min，再加热到565℃±10℃保持90min，空冷
143	S51525	06Cr15Ni25Ti2MoAlVB	固溶+时效			固溶885~915或965~995℃，快冷，时效700~760℃，16h，空冷或缓冷

表 1-198 马氏体型耐热钢棒或试样的典型热处理制度（摘自 GB/T 1221—2007）

统一数字代号	牌号	钢棒的热处理制度		试样的热处理制度	
		退火/℃		淬火/℃	回火/℃
S41010	12Cr13	800~900，缓冷，或约750，快冷		950~1000，油冷	700~750，快冷
S42020	20Cr13	800~900缓冷，或约750，快冷		920~980，油冷	600~750，快冷
S43110	14Cr17Ni2	680~700高温回火，空冷		950~1050，油冷	275~350，空冷
S43120	17Cr16Ni2	1	680~800，炉冷或空冷	950~1050，油冷或空冷	600~650，空冷
		2			750~800+650~700[1]，空冷
S45110	12Cr5Mo	—		900~950，油冷	600~700，空冷
S45610	12Cr12Mo	800~900，缓冷，或约750，快冷		950~1000，油冷	700~750，快冷
S45710	13Cr13Mo	830~900，缓冷，或约750，快冷		970~1020，油冷	650~750，快冷
S46010	14Cr11MoV	—		1050~1100，空冷	720~740，空冷
S46250	18Cr12MoVNbN	850~950，缓冷		1100~1170，油冷或空冷	≥600，空冷
S47010	15Cr12WMoV	—		1000~1050，油冷	680~700，空冷
S47220	22Cr12NiWMoV	830~900，缓冷		1020~1070，油冷或空冷	≥600，空冷
S47310	13Cr11Ni2W2MoV	1	—	1000~1020正火，1000~1020，油冷或空冷	660~710，油冷或空冷
		2			540~600，油冷或空冷
S47450	18Cr11NiMoNbVN	800~900，缓冷，或700~770，快冷		≥1090，油冷	≥640，空冷
S48040	42Cr9Si2	—		1020~1040，油冷	700~780，油冷
S48045	45Cr9Si3	800~900，缓冷		900~1080，油冷	700~850，快冷
S48140	40Cr10Si2Mo	—		1010~1040，油冷	720~760，空冷
S48380	80Cr20Si2Ni	800~900，缓冷，或约720，空冷		1030~1080，油冷	700~800，快冷

① 当镍含量在表 1-195 规定的下限时，允许采用 620~720℃单回火制度。

表 1-199 耐热钢的高温力学性能

牌号	材料状态	试验温度/℃	热 处 理	高温短时间力学性能						高温长时间力学性能					
										蠕变强度/MPa			持久强度/MPa		
				R_m/MPa	R_{eL}/MPa	A_5/%	Z/%	a_K/(kJ/m²)	HBW	$\sigma_l/10^3$	$\sigma_l/10^4$	$\sigma_l/10^5$	$\sigma_b/10^3$	$\sigma_b/10^4$	$\sigma_b/10^5$
12Cr13 (1Cr13)	调质	20	1030~1050℃淬油, 750℃回火	610	410	22	60	1100	—	—	—	—	—	—	—
		20	1030~1050℃淬油, 680~700℃回火, 空冷	711	583	21.7	67.9	1530	—	—	—	—	—	—	—
		100	—	680	520	14	—	—	—	—	—	—	—	—	—
		200	—	640	490	12	—	—	—	—	—	—	—	—	—
		200	1030~1050℃淬油, 750℃回火	540	370	16	60	—	—	—	—	—	—	—	—
		300	—	600	480	12	—	—	—	—	—	—	—	—	—
		300	1030~1050℃淬油, 680~700℃回火, 空冷	657	564	14.1	66	1890	—	—	—	—	—	—	—
		400	—	560	430	14	—	—	—	—	—	—	—	—	—
		400	1030~1050℃淬油, 750℃回火	500	370	16.5	58	2000	—	—	—	—	—	—	—
		430	1030~1050℃淬油, 750℃回火	—	—	—	—	—	—	—	123	—	—	—	—
		450	1030~1050℃淬油, 750℃回火	—	—	—	—	—	—	—	—	105	300	210	220
		470	1030~1050℃淬油, 750℃回火	370	280	18	64	—	—	—	—	—	—	—	—
		500	1030~1050℃淬油, 750℃回火	534	453	17.3	69.5	2400	—	—	—	—	—	—	—
		500	1030~1050℃淬油, 680~700℃回火, 空冷	420	300	18	—	1930	—	—	—	—	—	—	—
		500	—	—	—	—	—	—	—	—	95	57	300	260	190
		530	1030~1050℃淬油, 750℃回火	—	—	—	—	—	—	—	—	—	270	220	160
		550	1030~1050℃淬油, 680~700℃回火, 空冷	455	428	19.8	73.3	—	—	—	—	—	230	190	—
		600	1030~1050℃淬油, 750℃回火	230	180	18	70	2250	—	—	—	—	—	—	—
		600	1030~1050℃淬油, 680~700℃回火, 空冷	330	320	27.3	85.2	1950	—	—	—	—	—	—	—
		700	—	100	70	63	—	—	—	—	—	—	—	—	—
		800	—	40	10	66	—	—	—	—	—	—	—	—	—
12Cr5Mo (1Cr5Mo)	退火	30	860℃炉冷	470	180	39	80	—	≤163	—	—	—	—	—	—
		400	860℃炉冷	365	145	3	77	—	≤163	—	120	—	—	—	—
		450	860℃炉冷	—	—	—	—	—	—	—	106	81	—	—	—
		480	860℃炉冷	335	140	28	77	—	≤163	—	90~100	80	—	—	—
		500	860℃炉冷	—	—	—	—	—	—	—	71	—	—	140	—
		540	860℃炉冷	310	120	28	74	—	≤163	—	—	53	—	—	114

（续）

牌号	材料状态	试验温度/℃	热　处　理	高温短时间力学性能						高温长时间力学性能					
										蠕变强度/MPa			持久强度/MPa		
				R_m/MPa	R_{eL}/MPa	A_5/(%)	Z/(%)	a_K/(kJ·m²)	HBW	$\sigma_1/10^3$	$\sigma_1/10^4$	$\sigma_1/10^5$	$\sigma_b/10^3$	$\sigma_b/10^4$	$\sigma_b/10^5$
12Cr5Mo (1Cr5Mo)	退火	550	860℃炉冷	—	—	—	—	—	—	—	—	45	—	92	71
		550	860℃炉冷	—	—	—	—	—	—	—	—	—	—	60	50~40
		575	860℃炉冷	—	—	—	—	—	—	—	—	—	—	74	57
		590	860℃炉冷	240	105	38	87	—	≤163	—	—	—	—	—	—
		600	860℃炉冷	180	75	46	91	—	≤163	—	40	20	—	50	45
		650	860℃炉冷	135	70	65	95	—	≤163	—	21	12	—	—	20
		705	860℃炉冷	90	50	65	96	—	≤163	—	13	6	—	—	10
		760	860℃炉冷	—	—	—	—	—	—	—	—	—	—	—	—
	正火、回火	25	900℃空冷，540℃回火，6h	1270	1205	17	61	—	353	—	—	—	—	—	—
		315	900℃空冷，540℃回火，6h	1345	1045	13	51.5	—	—	—	—	—	—	—	—
		425	900℃空冷，540℃回火，6h	1250	990	14	55.4	—	—	—	—	—	—	—	—
		500	1000℃空冷，700℃回火	—	—	—	—	—	—	—	—	—	—	228	190
		525	1000℃空冷，700℃回火	—	—	—	—	—	—	—	—	—	—	168	128
		540	900℃空冷，540℃回火，6h	905	790	13.5	52.5	—	—	—	—	—	—	—	—
		550	1000℃空冷，700℃回火	—	—	—	—	—	—	—	—	—	—	120	88
		575	1000℃空冷，700℃回火	—	—	—	—	—	—	—	—	—	—	92	68
		600	1000℃空冷，700℃回火	—	—	—	—	—	—	—	—	—	—	70	53
	调质	25	900℃淬油，540℃回火，6h	1235	1190	17	64.5	—	341	—	—	—	—	—	—
		315	900℃淬油，540℃回火，6h	1170	935	15	55.5	—	—	—	—	—	—	—	—
		425	900℃淬油，540℃回火，6h	1090	900	16.5	60	—	—	—	—	—	—	—	—
		540	900℃淬油，540℃回火，6h	820	690	16.5	62	—	—	—	—	—	—	—	—
14Cr11MoV (1Cr11MoV)	调质	20	1050℃空冷，680℃回火，空冷	856	739	17.4	67.7	580	—	—	—	—	—	—	—
		20	1050℃空冷，740℃回火	745	580	19	66	1500	—	—	—	—	—	—	—
		20	1050℃淬油或淬空气，720~740℃回火，空冷	700	500	15	—	600	—	—	—	—	—	—	—
		400	1050℃淬油或淬空气，720~740℃回火，空冷	560	420	15	—	800	—	—	—	—	—	—	—

（续）

牌号	材料状态	试验温度/℃	热　处　理	高温短时间力学性能						高温长时间力学性能					
				R_m/MPa	R_{eL}/MPa	A_5(%)	Z(%)	a_K/(kJ/m²)	HBW	蠕变强度/MPa			持久强度/MPa		
										$\sigma_l/10^3$	$\sigma_l/10^4$	$\sigma_l/10^5$	$\sigma_b/10^3$	$\sigma_b/10^4$	$\sigma_b/10^5$
14Cr11MoV (1Cr11MoV)	调质	500	1050℃淬油或淬空气，720～740℃回火，空冷	480	400	15	—	800	—	—	—	—	—	—	—
		500	1050℃空冷，680℃回火，空冷	494	366	14.2	79.4	1840	—	—	—	—	260	196 208	152 170
		550	1050℃空冷，740℃回火	540	450	16.5	66	—	—	—	—	90	240	200	130 150
15Cr12WMoV (1Cr12WMoV)	调质	580	1100℃淬油，680～700℃回火，空冷或油冷	—	—	—	—	—	—	—	—	5.5	—	—	120
42Cr9Si2 (4Cr9Si2)	调质	20	1100℃淬油，800℃回火，油冷	900	650	20	58	—	—	—	—	—	—	—	—
		200	1100℃淬油，800℃回火，油冷	840	560	18	64	—	—	—	—	—	—	—	—
		300	1100℃淬油，800°C回火，油冷	800	530	17.6	63	—	—	—	—	—	—	—	—
		400	1100℃淬油，800℃回火，油冷	800	460	18	62	—	—	—	—	—	—	—	—
		475	1100℃淬油，800℃回火，油冷	—	—	—	—	—	—	—	130	116	—	—	—
		500	1100℃淬油，800℃回火，油冷	600	420	17.5	65	—	—	—	110	95	—	—	—
		550	1100℃淬油，800℃回火，油冷	—	—	—	—	—	—	—	58	60	—	—	—
		600	1100℃淬油，800℃回火，油冷	530	400	17.5	80	—	—	—	27	20	—	—	—
		700	1100℃淬油，800℃回火，油冷	220	170	18.5	92	—	—	—	—	—	—	—	—
		800	1100℃淬油，800℃回火，油冷	80	50	22	92	—	—	—	—	—	—	—	—
		1000	1100℃淬油，800℃回火，油冷	60	30	26	87	—	—	—	—	—	—	—	—
40Cr10Si2Mo (4Cr10Si2Mo)	调质	20	1100℃淬油，800℃回火，水冷	960	680	19	40.5	300	—	—	—	—	—	—	—
		100	1100℃淬油，800℃回火，水冷	861	580	13.5	25.5	—	—	—	—	—	—	—	—
		200	1100℃淬油，800℃回火，水冷	83.5	520	17.5	39	700	—	—	—	—	—	—	—
		300	1100℃淬油，800℃回火，水冷	850	530	14.5	35.5	830	—	—	—	—	—	—	—
		400	1100℃淬油，800℃回火，水冷	780	490	13	24	870	—	—	—	—	—	—	—
		500	1100℃淬油，800℃回火，水冷	680	465	21	41	890	—	—	200	130	300	220	160
		550	—	—	—	—	—	—	—	110	100	40	170	130	90
		600	1100℃淬油，800℃回火，水冷	440	375	30	70.5	—	—	—	50	20	—	—	—
		700	1100℃淬油，800℃回火，水冷	225	205	41	91.5	1150	—	—	—	—	—	—	—

（续）

牌号	材料状态	试验温度/℃	热　处　理	高温短时间力学性能						高温长时间力学性能					
				R_m/MPa	R_{eL}/MPa	A_5/(%)	Z/(%)	a_K/(kJ/m²)	HBW	蠕变强度/MPa			持久强度/MPa		
										$\sigma_l/10^3$	$\sigma_l/10^4$	$\sigma_l/10^5$	$\sigma_b/10^3$	$\sigma_b/10^4$	$\sigma_b/10^5$
（1Cr18Ni9Ti）	固溶，或固溶、时效	20	1050℃淬水或淬空气	620	280	41	63	—	—	—	—	—	—	—	—
		20	1050~1100℃空冷①	577	244	69.7	79.6	2800	—	—	—	—	—	—	—
		20	1130~1160℃淬水，800℃时效10h或700℃时效20h	655	310	55	75.5	2500	—	—	—	—	—	—	—
		200	1130~1160℃淬水，800℃时效10h或700℃时效20h	465	205	38	70	3700	—	—	—	—	—	—	—
		300	1130~1160℃淬水，800℃时效10h或700℃时效20h	460	220	29	66	3350	—	—	—	—	—	—	—
		300	1050℃淬水或淬空气	460	200	31	65	—	—	—	—	—	—	—	—
		400	1050℃淬水或淬空气	450	180	31	65	—	—	—	—	—	—	—	—
		400	1130~1160℃淬水，800℃时效10h或700℃时效20h	445	220	26.5	64	3170	—	—	—	—	—	—	—
		500	1130~1160℃淬水，800℃时效10h或700℃时效20h	430	210	30	64.5	3650	—	—	—	—	—	—	—
		500	1050℃淬水或淬空气	450	180	29	65	—	—	—	—	—	—	—	—
		550	1050~1100℃空冷①	436	144	37.3	66.2	2880	—	—	—	—	—	—	—
		550	1130~1160℃淬水，800℃时效10h或700℃时效20h	455	180	40.5	61	3650	—	—	—	—	240~290	190~240	140~200
		600	1130~1160℃淬水，800℃时效10h或700℃时效20h	360	210	28.5	64.5	3600	—	—	150	75~80	180~220	130~170	90~130
		600	1050℃淬水或淬空气	400	180	25	61	—	—	—	—	—	—	—	—
		600	1050~1100℃空冷①	378	183	31	62.5	3030	—	—	200	76	—	—	—
		650	1050~1100℃空冷①	408	132	34.6	65.6	2920	—	—	—	—	—	—	—
		650	1050~1100℃空冷①	366	133	20	58.8	3200	—	—	—	—	—	—	—
		650	1130~1160℃淬水，800℃时效10h或700℃时效20h	355	195	30	68.3	3550	—	—	—	—	110~140	60~100	40~70
		700	1130~1160℃淬水，800℃时效10h或700℃时效20h	275	210	29.5	57.5	3400	—	—	—	—	70~120	50~70	30~50
		700	1050℃淬水或淬空气	280	160	26	59	—	—	—	—	—	—	—	—
		800	1050℃淬水或淬空气	180	100	35	59	—	—	—	—	—	—	—	—

（续）

牌号	材料状态	试验温度/℃	热 处 理	高温短时间力学性能						高温长时间力学性能					
				R_m/MPa	R_{eL}/MPa	A_5(%)	Z(%)	a_K/(kJ/m²)	HBW	蠕变强度/MPa			持久强度/MPa		
										$\sigma_1/10^3$	$\sigma_1/10^4$	$\sigma_1/10^5$	$\sigma_b/10^3$	$\sigma_b/10^4$	$\sigma_b/10^5$
45Cr14Ni14 W2Mo (4Cr14Ni14 W2Mo)	固溶 并时 效	550	1175℃淬水，750℃时效5h，700℃时效1000h	550	275	18	43	—	—	—	—	—	—	—	—
		600	1175℃淬水，750℃时效5h	501	256	15.6	26.3	670	—	—	180	80	220	180	150
		600	1175℃淬水，750℃时效5h 550℃时效1000h	570	270	20	—	—	—	—	—	—	—	—	—
		600	600℃时效1000h	570	315	21	19	—	—	—	—	—	—	—	—
		600	700℃时效1000h	490	260	20	46	—	—	—	—	—	—	—	—
		650	1175℃淬水，750℃时效5h	448	241	12.6	24.9	750	—	175	80	40	170	130	100
		650	1175℃淬水，750℃时效5h 550℃时效1000h	550	270	17	—	—	—	—	—	—	—	—	—
		650	600℃时效1000h	485	300	18.5	24	—	—	—	—	—	—	—	—
		650	700℃时效1000h	480	275	20	43	—	—	—	—	—	—	—	—
		700	1175℃淬水，750℃时效5h	345	223	10.5	22	790	—	90	37	16	78	23	—
		700	1175℃淬水，750℃时效5h 550℃时效1000h	410	250	26.5	—	—	—	—	—	—	—	—	—
		700	600℃时效1000h	410	285	25	30	—	—	—	—	—	—	—	—
		700	700℃时效1000h	400	260	17	39	—	—	—	—	—	—	—	—
		750	1175℃淬水，750℃时效5h	288	201	8.8	17.5	830	—	—	—	—	—	—	—

注：1. 本表数据仅供参考。

2. 括号内牌号为旧牌号；1Cr18Ni9Ti在GB/T 1221—2007中被删掉，暂保留此资料作为参考。

① 管材 φ219mm×12mm。

表 1-200　耐热钢的特性和应用举例(摘自 GB/T 1221—2007)

统一数字代号	牌号	特性和应用举例
S35650	53Cr21Mn9Ni4N	Cr-Mn-Ni-N 型奥氏体阀门钢。用于制作以经受高温强度为主的汽油及柴油机用排气阀
S35750	26Cr18Mn12Si2N	有较高的高温强度和一定的抗氧化性,并且有较好的抗硫及抗增碳性。用于制作吊挂支架、渗碳炉构件、加热炉传送带、料盘、炉爪
S35850	22Cr20Mn10Ni2Si2N	特性和用途同 26Cr18Mn12Ni2N(3Cr18Mn12Si2N),还可用作盐浴坩埚和制作加热炉管道等
S30408	06Cr19Ni10	通用耐氧化钢,可承受 870℃以下反复加热
S30850	22Cr21Ni12N	Cr-Ni-N 型耐热钢。用以制造以抗氧化为主的汽油及柴油机用排气阀
S30920	16Cr23Ni13	可承受 980℃以下反复加热的抗氧化钢。用于制作加热炉部件、重油燃烧器
S30908	06Cr23Ni13	耐蚀性比 06Cr19Ni10(0Cr18Ni9)钢好,可承受 980℃以下反复加热。可用作炉用材料
S31020	20Cr25Ni20	可承受 1035℃以下反复加热的抗氧化钢。主要用于制作炉用部件、喷嘴、燃烧室
S31008	06Cr25Ni20	抗氧化性比 06Cr23Ni13(0Cr23Ni13)钢好,可承受 1035℃以下反复加热。可用作炉用材料和制作汽车排气净化装置等
S31608	06Cr17Ni12Mo2	高温具有优良的蠕变强度。用于制作热交换用部件、高温耐蚀螺栓
S31708	06Cr19Ni13Mo3	耐点蚀和抗蠕变能力优于 06Cr17Ni12Mo2(0Cr17Ni12Mo2)。用于制作造纸、印染设备,石油化工及耐有机酸腐蚀的装备、热交换用部件等
S32168	06Cr18Ni11Ti	可制作在 400~900℃腐蚀条件下使用的部件和高温用焊接结构部件
S32590	45Cr14Ni14W2Mo	中碳奥氏体型阀门钢。在 700℃以下有较高的热强度,在 800℃以下有良好的抗氧化性能。用于制造 700℃以下工作的内燃机、柴油机重负荷进、排气阀和紧固件,500℃以下工作的航空发动机及其他产品零件。也可作为渗氮钢使用
S33010	12Cr16Ni35	抗渗碳,易渗氮,可在 1035℃以下反复加热。可用作炉用钢料和制造石油裂解装置
S34778	06Cr18Ni11Nb	可制作在 400~900℃腐蚀条件下使用的部件和高温用焊接结构部件
S38148	06Cr18Ni13Si4	具有与 06Cr25Ni20(0Cr25Ni20)相当的抗氧化性。用于含氯离子环境,如汽车排气净化装置等
S38240	16Cr20Ni14Si2	具有较高的高温强度及抗氧化性,对含硫气氛较敏感,在 600~800℃有析出相的脆化倾向。适用于制作承受应力的各种炉用构件
S38340	16Cr25Ni20Si2	
S11348	06Cr13Al	冷加工硬化的倾向小。主要用于制作燃气涡轮压缩机叶片、退火箱、淬火台架等
S11203	022Cr12	比 022Cr13(0Cr13)碳含量低,焊接部位弯曲性能、加工性能、耐高温氧化性能好。用于制作汽车排气处理装置、锅炉燃烧室、喷嘴等
S11710	10Cr17	用于制作 900℃以下耐氧化用部件、散热器、炉用部件、油喷嘴等
S12550	16Cr25N	耐高温腐蚀性强,1082℃以下不产生易剥落的氧化皮。常用于抗硫气氛,如燃烧室、退火箱、玻璃模具、阀、搅拌杆等

（续）

统一数字代号	牌号	特性和应用举例
S41010	12Cr13	用于制作 800℃ 以下耐氧化用部件
S42020	20Cr13	淬火状态下硬度高，耐蚀性良好。用于制作汽轮机叶片
S43110	14Cr17Ni2	用于制作具有较高程度的耐硝酸、有机酸腐蚀的轴类、活塞杆、泵、阀等零部件以及弹簧、紧固件、容器和设备
S43120	17Cr16Ni2	改善 14Cr17Ni2（1Cr17Ni2）钢的加工性能，可代替 14Cr17Ni2（1Cr17Ni2）钢使用
S45110	12Cr5Mo	在中高温下有好的力学性能。能抗石油裂化过程中产生的腐蚀。用于制作再热蒸汽管、石油裂解管、锅炉吊架、蒸汽轮机汽缸衬套、泵的零件、阀、活塞杆、高压加氢设备部件、紧固件
S45610	12Cr12Mo	铬钼马氏体型耐热钢。用于制作汽轮机叶片
S45710	13Cr13Mo	比 12Cr13（1Cr13）耐蚀性高的高强度钢。用于制作汽轮机叶片，高温、高压蒸汽用机械部件等
S46010	14Cr11MoV	铬钼钒马氏体型耐热钢，有较高的热强性，良好的减振性及组织稳定性。用于制作涡轮机叶片及导向叶片
S46250	18Cr12MoVNbN	铬钼钒铌氮马氏体型耐热钢。用于制作高温结构部件，如汽轮机叶片、盘、叶轮轴、螺栓等
S47010	15Cr12WMoV	铬钼钨钒马氏体型耐热钢，有较高的热强性，良好的减振性及组织稳定性。用于制作涡轮机叶片、紧固件、转子及轮盘
S47220	22Cr12NiWMoV	性能与用途类似于 13Cr11Ni2W2MoV（1Cr11Ni2W2MoV）。用于制作汽轮机叶片
S47310	13Cr11Ni2W2MoV	铬镍钨钼钒马氏体型耐热钢，具有良好的韧性和抗氧化性能，在淡水和湿空气中有较好的耐蚀性
S47450	18Cr11NiMoNbVN	具有良好的强韧性、抗蠕变性能和抗松弛性能。主要用于制作汽轮机高温紧固件和动叶片
S48040	42Cr9Si2	铬硅马氏体阀门钢，750℃ 以下耐氧化。用于制作内燃机进气阀、轻负荷发动机的排气阀
S48045	45Cr9Si3	
S48140	40Cr10Si2Mo	铬硅钼马氏体阀门钢，经淬火及回火后使用。因含有钼和硅，高温强度抗蠕变性能及抗氧化性能比 40Cr13（4Cr13）高。用于制作进气和排气阀门、鱼雷、火箭部件、预燃烧室等
S48380	80Cr20Si2Ni	铬硅镍马氏体阀门钢。用于制作以耐磨性为主的进气阀、排气阀、阀座等
S51740	05Cr17Ni4Cu4Nb	添加铜和铌的马氏体沉淀硬化型钢。用于制作燃气涡轮压缩机叶片、燃气涡轮发动机周围材料
S51770	07Cr17Ni7Al	添加铝的半奥氏体沉淀硬化型钢。用于制作高温弹簧、膜片、固定器、波纹管
S51525	06Cr15Ni25Ti 2MoAlVB	奥氏体沉淀硬化型钢，具有高的缺口强度，在温度低于 980℃ 时抗氧化性能与 06Cr25Ni20（0Cr25Ni20）相当。主要用于 700℃ 以下的工作环境，制作要求具有高强度和优良耐蚀性的部件或设备，如汽轮机转子、叶片、骨架、燃烧室部件和螺栓等

4. 不锈钢和耐热钢的物理性能（见表 1-201）

表 1-201 不锈钢和耐热钢的物理性能参数值(摘自 GB/T 20878—2007)

统一数字代号	牌　　号	密度(20℃)/(kg/dm³)	熔点/℃	比热容(0~100℃)/[kg/(kg·K)]	热导率/[W/(m·K)]		线胀系数/10⁻⁶K⁻¹		电阻率(20℃)/(10⁻⁶Ω·m)	纵向弹性模量(20℃)/GPa	磁性
					100℃	500℃	0~100℃	0~500℃			
奥氏体型											
S35350	12Cr17Mn6Ni5N	7.93	1398~1453	0.50	16.3		15.7		0.69	197	
S35450	12Cr18Mn9Ni5N	7.93		0.50	16.3	19.0	14.8	18.7	0.69	197	
S35020	20Cr13Mn9Ni4	7.85		0.49					0.90	202	
S30110	12Cr17Ni7	7.93	1398~1420	0.50	16.3	21.5	16.9	18.7	0.73	193	
S30103	022Cr17Ni7	7.93		0.50	16.3	21.5	16.9	18.7	0.73	193	
S30153	022Cr17Ni7N	7.93		0.50	16.3		16.0	18.0	0.73	200	
S30220	17Cr18Ni9	7.85	1398~1453	0.50	18.8	23.5	16.0	18.0	0.73	196	
S30210	12Cr18Ni9	7.93	1398~1420	0.50	16.3	21.5	17.3	18.7	0.73	193	
S30240	12Cr18Ni9Si3	7.93	1370~1398	0.50	15.9	21.6	16.2	20.2	0.73	193	
S30317	Y12Cr18Ni9	7.98	1398~1420	0.50	16.3	21.5	17.3	18.4	0.73	193	
S30317	Y12Cr18Ni9Se	7.93	1398~1420	0.50	16.3	21.5	17.3	18.7	0.73	193	
S30408	06Cr19Ni10	7.93	1398~1454	0.50	16.3	21.5	17.2	18.4	0.73	193	
S30403	022Cr19Ni10	7.90		0.50	16.3	21.5	16.8	18.3			
S30409	07Cr19Ni10	7.90		0.50	16.3	21.5	16.8	18.3	0.73		
S30480	06Cr18Ni9Cu2	8.00		0.50	16.3	21.5	17.3	18.7	0.72	200	无①
S30458	06Cr19Ni10N	7.93	1398~1454	0.50	16.3	21.5	16.5	18.5	0.72	196	
S30453	022Cr19Ni10N	7.93		0.50	16.3	21.5	16.5	18.5	0.72	200	
S30510	10Cr18Ni12	7.93	1398~1453	0.50	16.3	21.5	17.3	18.7	0.73	193	
S38408	06Cr16Ni18	8.03	1430	0.50	16.2		17.3		0.75	193	
S30808	06Cr20Ni11	8.00	1398~1453	0.50	15.5	21.6	17.3	18.7	0.72	193	
S30850	22Cr21Ni12N	7.73			20.9(24℃)		16.5				
S30920	16Cr23Ni13	7.98	1398~1453	0.50	13.8	18.7	14.9	18.0	0.78	200	
S30908	06Cr23Ni13	7.98	1397~1453	0.50	15.5	18.6	14.9	18.0	0.78	193	
S31010	14Cr23Ni18	7.90	1400~1454	0.50	15.9	18.8	15.4	19.2	1.0	196	
S31020	20Cr25Ni20	7.98	1398~1453	0.50	14.2	18.6	15.8	17.5	0.78	200	
S31008	06Cr25Ni20	7.98	1397~1453	0.50	16.3	21.5	14.4	17.5	0.78	200	
S31053	022Cr25Ni22Mo2N	8.02		0.45	12.0		15.8		1.0	200	
S31252	015Cr20Ni18Mo6CuN	8.00	1325~1400	0.50	13.5(20℃)		16.5		0.85	200	
S31608	06Cr17Ni12Mo2	8.00	1370~1397	0.50	16.3	21.5	16.0	18.5	0.74	193	

（续）

统一数字代号	牌　　号	密度(20℃)/(kg/dm³)	熔点/℃	比热容(0~100℃)/[kg/(kg·K)]	热导率/[W/(m·K)]		线胀系数/10⁻⁶K⁻¹		电阻率(20℃)/(10⁻⁶Ω·m)	纵向弹性模量(20℃)/GPa	磁性
					100℃	500℃	0~100℃	0~500℃			
奥氏体型											
S31603	022Cr17Ni12Mo2	8.00		0.50	16.3	21.5	16.0	18.5	0.74	193	
S31668	06Cr17Ni12Mo2Ti	7.90		0.50	16.0	24.0	15.7	17.6	0.75	199	
S31658	06Cr17Ni12Mo2N	8.00		0.50	16.3	21.5	16.5	18.0	0.73	200	
S31653	022Cr17Ni12Mo2N	8.04		0.47	16.5		15.0			200	
S31688	06Cr18Ni12Mo2Cu2	7.96		0.50	16.1	21.7	16.6		0.74	186	
S31683	022Cr18Ni14Mo2Cu2	7.96		0.50	16.1	21.7	16.0	18.6	0.74	191	
S31782	015Cr21Ni26Mo5Cu2	8.00		0.50	13.7		15.0			188	
S31708	06Cr19Ni13Mo3	8.00	1370~1397	0.50	16.3	21.5	16.0	18.5	0.74	193	无①
S31703	022Cr19Ni13Mo3	7.98	1375~1400	0.50	14.4	21.5	16.5		0.79	200	
S31723	022Cr19Ni16Mo5N	8.00		0.50	12.8		15.2				
S32168	06Cr18Ni11Ti	8.03	1398~1427	0.50	16.3	22.2	16.6	18.6	0.72	193	
S32590	45Cr14Ni14W2Mo	8.00		0.51	15.9	22.2	16.6	18.0	0.81	177	
S32720	24Cr18Ni8W2	7.98		0.50	15.9	23.0	19.5	25.1			
S33010	12Cr16Ni35	8.00	1318~1427	0.46	12.6	19.7	16.6		1.02	196	
S34778	06Cr18Ni11Nb	8.03	1398~1427	0.50	16.3	22.2	16.6	18.6	0.73	193	
S38148	06Cr18Ni13Si4	7.75	1400~1430	0.50	16.3		13.8				
S38240	16Cr20Ni14Si2	7.90		0.50	15.0		16.5		0.85		
奥氏体-铁素体型											
S21860	14Cr18Ni11Si4AlTi	7.51		0.48	13.0	19.0	16.3	19.7	1.04	180	
S21953	022Cr19Ni5Mo3Si2N	7.70		0.46	20.0	24.0(300℃)	12.2	13.5(300℃)		196	
S22160	12Cr21Ni5Ti	7.80			17.6	23.0	10.0	17.4	0.79	187	
S22253	022Cr22Ni5Mo3N	7.80	1420~1462	0.46	19.0	23.0(300℃)	13.7	14.7(300℃)	0.88	186	
S23043	022Cr23Ni4MoCuN	7.80		0.50	16.0		13.0			200	有
S22553	022Cr25Ni6Mo2N	7.80		0.50	21.0	25.0	13.4(200℃)	24.0(300℃)		196	
S22583	022Cr25Ni7Mo3-WCuN	7.80		0.50		25.0	11.5(200℃)	12.7(400℃)	0.75	228	
S25554	03Cr25Ni6Mo3Cu2N	7.80		0.46	13.5		12.3			210	
S25073	022Cr25Ni7Mo4N	7.80			14		12.0			185(200℃)	

（续）

统一数字代号	牌　号	密度(20℃)/(kg/dm³)	熔点/℃	比热容(0~100℃)/[kg/(kg·K)]	热导率/[W/(m·K)]		线胀系数/10⁻⁶K⁻¹		电阻率(20℃)/(10⁻⁶Ω·m)	纵向弹性模量(20℃)/GPa	磁性
					100℃	500℃	0~100℃	0~500℃			
铁素体型											
S11348	06Cr13Al	7.75	1480~1530	0.46	24.2		10.8		0.60	200	
S11168	06Cr11Ti	7.75		0.46	25.0		10.6	12.0	0.60		
S11163	022Cr11Ti	7.75		0.46	24.9	28.5	10.6	12.0	0.57	201	
S11203	022Cr12	7.75		0.46	24.9	28.5	10.6	12.0	0.57	201	
S11510	10Cr15	7.70		0.46	26.0		10.3	11.9	0.59	200	
S11710	10Cr17	7.70	1480~1508	0.46	26.0		10.5	11.9	0.60	200	
S11717	Y10Cr17	7.78	1427~1510	0.46	26.0		10.4	11.4	0.60	200	
S11863	022Cr18Ti	7.70		0.46	35.1(20℃)		10.4		0.60	200	有
S11790	10Cr17Mo	7.70		0.46	26.0		11.9		0.60	200	
S11770	10Cr17MoNb	7.70		0.44	30.0		11.7		0.70	220	
S11862	019Cr18MoTi	7.70		0.46	35.1		10.4		0.60	200	
S11972	019Cr19Mo2NbTi	7.75		0.46	36.9		10.6(200℃)		0.60	200	
S12791	008Cr27Mo	7.67		0.46	26.0		11.0		0.64	206	
S13091	008Cr30Mo2	7.64		0.50	26.0		11.0		0.64	210	
马氏体型											
S40310	12Cr12	7.80	1480~1530	0.46	24.2		9.9	11.7	0.57	200	
S41008	06Cr13	7.75		0.46	25.0		10.6	12.0	0.60	220	
S41010	12Cr13	7.70	1480~1530	0.46	24.2	28.9	11.0	11.7	0.57	200	
S41595	04Cr13Ni5Mo	7.79		0.47	16.30		10.7			201	
S41617	Y12Cr13	7.78	1482~1532	0.46	25.0		9.9	11.5	0.57	200	
S42020	20Cr13	7.75	1470~1510	0.46	22.2	26.4	10.3	12.2	0.55	200	
S42030	30Cr13	7.76	1365	0.47	25.1	25.5	10.5	12.0	0.52	219	
S42037	Y30Cr13	7.78	1454~1510		25.1		10.5	11.7	0.57	219	
S42040	40Cr13	7.75		0.46	28.1	28.9	10.5	12.0	0.59	215	有
S43110	14Cr17Ni2	7.75		0.46	20.2	25.1	10.3	12.4	0.72	193	
S43120	17Cr16Ni2	7.71		0.46	27.8	31.8	10.0	11.0	0.70	212	
S44070	68Cr17	7.78	1371~1508	0.46	24.2		10.2	11.7	0.60	200	
S44080	85Cr17	7.78	1371~1508	0.46	24.2		10.2	11.9	0.60	200	
S44096	108Cr17	7.78	1371~1482	0.46	24.0		10.2	11.7	0.60	200	
S44097	Y108Cr17	7.78	1371~1482	0.46	24.2		10.1		0.60	200	
S44090	95Cr18	7.70	1377~1510	0.48	29.3		10.5	12.0	0.60	200	
S45990	102Cr17Mo	7.70		0.43	16.0		10.4	11.6	0.80	215	

（续）

统一数字代号	牌 号	密度(20℃)/(kg/dm³)	熔点/℃	比热容(0~100℃)/[kg/(kg·K)]	热导率/[W/(m·K)]		线胀系数/10⁻⁶K⁻¹		电阻率(20℃)/(10⁻⁶Ω·m)	纵向弹性模量(20℃)/GPa	磁性
					100℃	500℃	0~100℃	0~500℃			
马氏体型											
S46990	90Cr18MoV	7.70		0.46	29.3		10.5	12.0	0.65	211	
S46110	158Cr12MoV	7.70					10.9	12.2(600℃)			
S46250	18Cr12MoVNbN	7.75			27.2		9.3			218	
S47220	22Cr12NiWMoV	7.78		0.46	25.1		10.6(260℃)	11.5		206	
S47310	13Cr11Ni2W2MoV	7.80		0.48	22.2	28.1	9.3	11.7		196	有
S47410	14Cr12Ni2WMoVNb	7.80		0.47	23.0	25.1	9.9	11.4			
S48040	42Cr9Si2				16.7(20℃)			12.0	0.79		
S48140	40Cr10Si2Mo	7.62			15.9	25.1	10.4	12.1	0.84	206	
S48380	80Cr20Si2Ni	7.60						12.3(600℃)	0.95		
沉淀硬化型											
S51380	04Cr13Ni8Mo2Al	7.76			14.0		10.4		1.00	195	
S51290	022Cr12Ni9Cu2NbTi	7.7	1400~1440	0.46	17.2		10.6		0.90	199	
S51550	05Cr15Ni5Cu4Nb	7.78	1397~1435	0.46	17.9	23.0	10.8	12.0	0.98	195	
S51740	05Cr17Ni4Cu4Nb	7.78	1397~1435	0.46	17.2	23.0	10.8	12.0	0.98	196	有
S51770	07Cr17Ni7Al	7.93	1390~1430	0.50	16.3	20.9	15.3	17.1	0.80	200	
S51570	07Cr15Ni7Mo2Al	7.80	1415~1450	0.46	18.0	22.2	10.5	11.8	0.80	185	
S51240	07Cr12Ni4Mn5Mo3Al	7.80			17.6	23.9	16.2	18.9	0.80	195	
S51750	09Cr17Ni5Mo3N				15.4		17.3		0.79	203	
S51525	06Cr15Ni25Ti2-MoAlVB	7.94	1371~1427	0.46	15.1	23.8(600℃)	16.9	17.6	0.91	198	无①

注：1. GB/T 20878—2007《不锈钢和耐热钢 牌号及化学成分》规定了143个不锈钢和耐热钢牌号及其化学成分，在制定和修订不锈钢和耐热钢(包括钢锭和半成品)产品标准时必须采用 GB/T 20878规定的牌号及其化学成分。

2. 本表为 GB/T 20878—2008 在资料性附录中列出的104个牌号的物理性能参数值。

① 冷变形后稍有磁性。

1.7.17 碳素轴承钢（见表 1-202）

表 1-202 碳素轴承钢牌号、化学成分及钢材尺寸规格（摘自 GB/T 28417—2012）

牌号	化学成分（质量分数,%）																	与 ISO683-17：1999 ASTMA 866-01 对照
	C	Si	Mn	S	P	Cr	Ni	Mo	Cu	Al	O	Ti	Ca	Pb	Sn	Sb	As	
				≤														
G55	0.52~0.60	0.15~0.35	0.60~0.90															C56E2
G55Mn	0.52~0.60	0.15~0.35	0.90~1.20	0.015	0.025	0.020	0.020	0.010	0.030	0.050	0.0012	0.0030	0.0010	0.002	0.030	0.005	0.040	56Mn4
G70Mn	0.65~0.75	0.15~0.35	0.80~1.10															70Mn4

注：1. 碳素轴承钢热轧棒材直径为 $\phi20 \sim \phi150$mm，主要用于制造汽车轮毂轴承单元。

2. 棒材尺寸及极限偏差应符合 GB/T 702 中第 2 组的规定。

3. 钢材长度为 3000~9000mm，定尺或倍尺长度应在合同中注明，长度极限偏差为 $^{+50}_{0}$mm。

4. 圆度应符合 GB/T 702 中的规定。

5. 弯曲度应符合 GB/T 702 中第 2 组的规定。

6. 低倍组织检查应按 GB/T 28417 中的规定。

7. 碳素轴承钢的非金属夹杂物、脱碳层、奥氏体晶粒度等质量要求均应符合 GB/T 28417—2012 的规定。

8. G70Mn 与 ISO 683-17：1999 对照牌号为 70Mn4，与 ASTMA 866-01 无牌号对照。

1.7.18 高温渗碳轴承钢（见表 1-203）

表 1-203 高温渗碳轴承钢的牌号、化学成分、性能及棒材尺寸规格（摘自 GB/T 38936—2020）

	统一数字代号	牌号	化学成分（质量分数,%）											旧牌号对照
			C	Si	Mn	Cr	Ni	Mo	V	W	P	S	Cu	Co	
牌号及化学成分	B24041	G13Cr4Mo4Ni4V	0.11~0.15	0.10~0.25	0.15~0.35	4.00~4.25	3.20~3.60	4.00~4.50	1.13~1.33	≤0.15	≤0.015	≤0.010	≤0.10	≤0.25	G13Cr4Mo4Ni4V
	B23000	G20W10Cr3NiV	0.17~0.22	≤0.35	0.20~0.40	2.75~3.25	0.50~0.90	≤0.15	0.35~0.50	9.50~10.50	≤0.015	≤0.010	≤0.10	≤0.25	2W10Cr3NiV

	统一数字代号	牌号	试样热处理制度			洛氏硬度 HRC	用途
			淬火	冷处理	回火		
淬硬性的要求	B24041	G13Cr4Mo4Ni4V	1110℃±10℃，每毫米保温 1.5min，油冷	—	550℃±10℃，保温 2h，空冷	≥35	进行工作温度为 300~400℃的耐冲击轴承套等零件
	B23000	G20W10Cr3NiV	1110℃±10℃，每毫米保温 1.5min，油冷	-70~80℃，保温 15min，空冷	560℃±10℃，保温 2h，空冷	≥40	

		钢材种类	直径/mm	直径允许偏差
棒材尺寸规格	直径	热轧圆钢	30~140	GB/T 702—2017 中第 2 组
		锻制圆钢	55~150	GB/T 908—2019 表 1 中第 1 组
		冷拉圆钢	20~40	GB/T 905—1991 中 h11 级
		银亮圆钢	20~120	GB/T 3207—2008 中 h11 级

（续）

棒材尺寸规格	长度	1）钢材的通常长度应符合下列规定： 　a）热轧圆钢的长度为 2 000～7000mm 　b）锻制圆钢的长度为 2 000～6000mm 　c）冷拉圆钢的长度为 2 000～6000mm 　d）银亮圆钢的长度为 2 000～7000mm 2）钢材允许有不超过总重 10% 的短尺料交货，锻制圆钢短尺料长度应不小于 1000mm，其余钢材的短尺料长度应不小于 1500mm 3）按定尺或倍尺交货的钢材，其长度允许偏差应为 $^{+80}_{0}$mm

	圆度弯曲度	钢材种类		弯曲度　不大于		圆度要求
				每米弯曲度/mm	总弯曲度	
		热轧圆钢		4	0.4%×长度	符合 GB/T 702—2017 的规定
		锻制圆钢		5	0.5%×长度	符合 GB/T 908—2019 的规定
		冷拉圆钢	直径≤25mm	3	0.4%×长度	符合 GB/T 905—1994 的规定
			直径>25mm	2	0.3%×长度	
		银亮圆钢		2	0.3%×长度	符合 GB/T 3207—2008 的规定

1.7.19　高碳铬轴承钢（见表 1-204 和表 1-205）

表 1-204　高碳铬轴承钢牌号及化学成分（摘自 GB/T 18254—2016）

	统一数字代号	牌号	化学成分（质量分数,%）				
			C	Si	Mn	Cr	Mo
牌号及化学成分	B00151	G8Cr15	0.75～0.85	0.15～0.35	0.20～0.40	1.30～1.65	≤0.10
	B00150	GCr15	0.95～1.05	0.15～0.35	0.25～0.45	1.40～1.65	≤0.10
	B01150	GCr15SiMn	0.95～1.05	0.45～0.75	0.95～1.25	1.40～1.65	≤0.10
	B03150	GCr15SiMo	0.95～1.05	0.65～0.85	0.20～0.40	1.40～1.70	0.30～0.40
	B02180	GCr18Mo	0.95～1.05	0.20～0.40	0.25～0.40	1.65～1.95	0.15～0.25

	冶金质量	化学成分（质量分数,%）										
		Ni	Cu	P	S	Ca	O[1]	Ti[2]	Al	As	As+Sn+Sb	Pb
钢中残余元素含量		不大于										
	优质钢	0.25	0.25	0.025	0.020	—	0.0012	0.0050	0.050	0.04	0.075	0.002
	高级优质钢	0.25	0.25	0.020	0.020	0.0010	0.0009	0.0030	0.050	0.04	0.075	0.002
	特级优质钢	0.25	0.25	0.015	0.015	0.0010	0.0006	0.0015	0.050	0.04	0.075	0.002

	元素	化学成分（质量分数,%）										
		C	Si	Mn	Cr	P	S	Ni	Cu	Ti	Al	Mo
成品钢材化学成分极限偏差	极限偏差	±0.03	±0.02	±0.03	±0.05	+0.0050	+0.0050	+0.030	+0.020	+0.0005	+0.010	≤0.10 时，+0.01 >0.10 时，±0.02

注：GB/T 18254—2016《高碳铬轴承钢》按冶金质量品级分为三类，即优质钢、高级优质钢（牌号后加注"A"）、特级优质钢（牌号后加注"E"）。按使用加工方法分为压力加工用钢（UP）和切削加工用钢（UC）。

① 氧含量在钢坯或钢材上测定。

② 牌号 GCr15SiMn、GCr15SiMo、GCr18Mo 允许在三个等级基础上增加 0.0005%。

表 1-205 高碳铬轴承钢钢材的硬度值、尺寸规格、特性及应用(摘自 GB/T 18254—2016)

	钢材种类	交货状态	代号
钢材交货状态及代号	热轧圆钢	热轧不退火	WHR(或 AR)
		热轧软化退火	WHR+SA
		热轧软化退火剥皮	WHR+SA+SF
		热轧球化退火	WHR+G
		热轧球化退火剥皮	WHR+G+SF
	锻制圆钢	热锻不退火	WHF
		热锻软化退火	WHF+SA
		热锻软化退火剥皮	WHF+SA+SF
	冷拉圆钢	冷拉	WCD
		冷拉磨光	WCD+SP
	圆盘条	热轧不退火	WHR(或 AR)
		热轧球化退火	WHR+G

	钢材种类	冶金质量	直径及其极限偏差
钢材尺寸规格	热轧圆钢	优质钢和高级优质钢	GB/T 702 表 1 中第 2 组
		特级优质钢	GB/T 702 表 1 中第 1 组
	锻制圆钢	—	GB/T 908—2008 中第 1 组
	冷拉圆钢	—	GB/T 905—1994 中 h11 级[①]
	圆盘条	优质钢和高级优质钢	GB/T 14981—2009 中 B 级精度
		特级优质钢	GB/T 14981—2009 中 C 级精度
	钢材种类	钢材长度/mm	圆度要求
	热轧圆钢	3000~8000	符合 GB/T 702 的规定
	锻制圆钢	2000~6000	符合 GB/T 908—2008 的规定
	冷拉圆钢	3000~6000	符合 GB/T 905—1994 的规定

	牌号(统一数字代号)	球化退火硬度 HBW	性能特点	应用举例
钢材硬度、特性及应用(各牌号软化退火硬度均为245HBW)	G8Cr15(B00151)	179~207		
	GCr15(B00150)	179~207	高碳铬轴承钢的代表钢种,综合性能良好,淬火与回火后具有高而均匀的硬度,良好的耐磨性和高的接触疲劳寿命,热加工变形性能和切削加工性能均好,但焊接性差,对白点形成较敏感,有回火脆性倾向	用于制造壁厚≤12mm、外径≤250mm的各种轴承套圈,也用作尺寸范围较宽的滚动体,如钢球、圆锥滚子、圆柱滚子、球面滚子、滚针等;还用于制造模具、精密量具以及其他要求高耐磨性、高弹性极限和高接触疲劳强度的机械零件
	GCr15SiMn(B01150)	179~217	在 GCr15 钢的基础上适当增加硅、锰含量,其淬透性、弹性极限、耐磨性均有明显提高,冷加工塑性中等,切削加工性能稍好,焊接性能不好,对白点形成较敏感,有回火脆性倾向	用于制造大尺寸的轴承套圈、钢球、圆锥滚子、圆柱滚子、球面滚子等,轴承零件的工作温度小于180℃;还用于制造模具、量具、丝锥及其他要求硬度高且耐磨的零部件
	GCr15SiMo(B03150)	179~217	在 GCr15 钢的基础上提高硅含量,并添加钼而开发的新型轴承钢。综合性能良好,淬透性高,耐磨性好,接触疲劳寿命高,其他性能与 GCr15SiMn 相近	用于制造大尺寸的轴承套圈、滚珠、滚柱,还用于制造模具、精密量具以及其他要求硬度高且耐磨的零部件
	GCr18Mo(B02180)	179~207	相当于瑞典 SKF24 轴承钢。是在 GCr15 钢的基础上加入钼,并适当提高铬含量,从而提高了钢的淬透性。其他性能与 GCr15 钢相近	用于制造各种轴承套圈,壁厚从≤16mm增加到≤20mm,扩大了使用范围;其他用途和 GCr15 钢基本相同

① 经供需双方协商并在合同中注明,也可按其他级别规定交货。

1.7.20 高碳铬不锈轴承钢（见表1-206）

表1-206 高碳铬不锈轴承钢的牌号、化学成分、力学性能、钢材品种及尺寸规格
（摘自 GB/T 3086—2019）

牌号及化学成分	统一数字代号	牌号	化学成分（质量分数,%）									
			C	Si	Mn	P	S	Cr	Mo	Ni	Cu	Ni+Cu
				≤						≤		
	B21890	G95Cr18	0.90~1.00	0.80	0.80	0.035	0.030	17.00~19.00	—	0.30	0.25	0.50
	B21810	G102Cr18Mo	0.95~1.10	0.80	0.80	0.35	0.30	16.00~18.00	0.40~0.70	0.30	0.25	0.50
	B21410	G65Cr14Mo	0.60~0.70	0.80	0.80	0.035	0.030	13.00~15.00	0.50~0.80	0.30	0.25	0.50

钢材的力学性能及应用	力学性能			特性	应用举例
	抗拉强度 R_m	布氏硬度	交货状态		
	直径不大于16mm 钢材退火状态 R_m 为590~835MPa	直径大于16mm钢材退火状态布氏硬度为197~255HBW	钢材交货状态为热轧（锻造）退火、退火剥皮、磨光和冷拉退火，应在合同中注明。磨光状态钢材的力学性能比退火状态的波动+10%	具有高的硬度和抗回火稳定性，淬火冷处理和低温回火后有更高的耐磨性、弹性、硬度和接触疲劳强度，优良的耐蚀性和低温性能，切削性及冲压性良好，磨削和导热性差	用于制造耐腐蚀的轴承套圈及滚动体，如海水、河水、蒸馏水、硝酸、化工石油、原子反应堆中的轴承，还可作耐蚀高温轴承钢使用（温度不高于250℃），也可制造高质量的刀具（如医用手术刀）及耐磨、耐蚀但动载荷较小的其他零件

钢材品种及尺寸规格的规定	钢材品种		尺寸规格的规定					公称直径范围/mm
	热轧圆钢		尺寸极限偏差及弯曲度按 GB/T 702—2017 中第2组					5~160
	锻制圆钢		GB/T 908—2019 中第1组					5~160
	热轧圆盘条		GB/T 14981—2009 中 B 级					5~40
	冷拉圆钢		GB/T 905—1994 中 h11 级					5~160
	剥皮和磨光圆钢		极限偏差按 GB/T 3207—2008 中 h11 级					5~160
	钢丝尺寸/mm	公称直径	0.3~<0.60	0.60~<1.00	1.00~<3.00	3.00~<6.00	6.00~<10.0	10.0~<16.0	0.3~16
		极限偏差	0 −0.036	0 −0.046	0 −0.060	0 −0.074	0 −0.090	0 −0.110	

1.8 型钢

1.8.1 冷拉圆钢、方钢和六角钢（见表 1-207）

表 1-207　冷拉圆钢、方钢和六角钢尺寸规格（摘自 GB/T 905—1994）

尺寸 d、a、s /mm	圆钢		方钢		六角钢	
	截面面积 /mm²	理论质量 /(kg/m)	截面面积 /mm²	理论质量 /(kg/m)	截面面积 /mm²	理论质量 /(kg/m)
3.0	7.069	0.0555	9.000	0.0706	7.794	0.0612
3.2	8.042	0.0631	10.24	0.0804	8.868	0.0696
3.5	9.621	0.0755	12.25	0.0962	10.61	0.0833
4.0	12.57	0.0986	16.00	0.126	13.86	0.109
4.5	15.90	0.125	20.25	0.159	17.54	0.138
5.0	19.63	0.154	25.00	0.196	21.65	0.170
5.5	23.76	0.187	30.25	0.237	26.20	0.206
6.0	28.27	0.222	36.00	0.283	31.18	0.245
6.3	31.17	0.245	39.69	0.312	34.37	0.270
7.0	38.48	0.302	49.00	0.385	42.44	0.333
7.5	44.18	0.347	56.25	0.442	—	—
8.0	50.27	0.395	64.00	0.502	55.43	0.435
8.5	56.75	0.445	72.25	0.567	—	—
9.0	63.62	0.499	81.00	0.636	70.15	0.551
9.5	70.88	0.556	90.25	0.708	—	—
10.0	78.54	0.617	100.0	0.785	86.60	0.680
10.5	86.59	0.680	110.2	0.865	—	—
11.0	95.03	0.746	121.0	0.950	104.8	0.823
11.5	103.9	0.815	132.2	1.04	—	—
12.0	113.1	0.888	144.0	1.13	124.7	0.979
13.0	132.7	1.04	169.0	1.33	146.4	1.15
14.0	153.9	1.21	196.0	1.54	169.7	1.33
15.0	176.7	1.39	225.0	1.77	194.9	1.53
16.0	201.1	1.58	256.0	2.01	221.7	1.74
17.0	227.0	1.78	289.0	2.27	250.3	1.96
18.0	254.5	2.00	324.0	2.54	280.6	2.20
19.0	283.5	2.23	361.0	2.83	312.6	2.45
20.0	314.2	2.47	400.0	3.14	346.4	2.72
21.0	346.4	2.72	441.0	3.46	381.9	3.00
22.0	380.1	2.98	484.0	3.80	419.2	3.29

（续）

尺寸 d、a、s /mm	圆钢		方钢		六角钢	
	截面面积 /mm²	理论质量 /(kg/m)	截面面积 /mm²	理论质量 /(kg/m)	截面面积 /mm²	理论质量 /(kg/m)
24.0	452.4	3.55	576.0	4.52	498.8	3.92
25.0	490.9	3.85	625.0	4.91	541.3	4.25
26.0	530.9	4.17	676.0	5.31	585.4	4.60
28.0	615.8	4.83	784.0	6.15	679.0	5.33
30.0	706.9	5.55	900.0	7.06	779.4	6.12
32.0	804.2	6.31	1024	8.04	886.8	6.96
34.0	907.9	7.13	1156	9.07	1001	7.86
35.0	962.1	7.55	1225	9.62	—	—
36.0	—	—	—	—	1122	8.81
38.0	1134	8.90	1444	11.3	1251	9.82
40.0	1257	9.86	1600	12.6	1386	10.9
42.0	1385	10.9	1764	13.8	1528	12.0
45.0	1590	12.5	2025	15.9	1754	13.8
48.0	1810	14.2	2304	18.1	1995	15.7
50.0	1968	15.4	2500	19.6	2165	17.0
52.0	2206	17.3	2809	22.0	2433	19.1
55.0	—	—	—	—	2620	20.5
56.0	2463	19.3	3136	24.6	—	—
60.0	2827	22.2	3600	28.3	3118	24.5
63.0	3117	24.5	3969	31.2	—	—
65.0	—	—	—	—	3654	28.7
67.0	3526	27.7	4489	35.2	—	—
70.0	3848	30.2	4900	38.5	4244	33.3
75.0	4418	34.7	5625	44.2	4871	38.2
80.0	5027	39.5	6400	50.2	5543	43.5

注：1. 本表理论质量按密度 7.85kg/dm³ 计算，对高合金钢应按相应牌号的密度计算理论质量。d—圆钢直径，a—方钢边长，s—六角钢对边距离。

2. 按需方要求，经供需双方协议，可以供应中间尺寸的钢材。

3. 钢材通常长度为 2000~6000mm，允许交付长度不小于 1500mm 的钢材，其质量不超过批总重的 10%。高合金钢钢材允许交付不小于 1000mm 的钢材，质量不超过批总重的 10%。按需方要求，可供应长度大于 6000mm 的钢材。

4. 按定尺、倍尺长度交货，应在合同中注明，其长度极限偏差不大于 $^{+50}_{0}$ mm。

5. 钢材以直条交货。经双方协议，钢材可成盘交货，盘径和盘重由双方商定。

6. 圆钢极限偏差为 h8、h9、h10、h11、h12；方钢为 h10、h11、h12、h13；六角钢为 h10、h11、h12、h13；其尺寸的分段及尺寸的极限偏差和 GB/T 1800.2—2009 中公称尺寸小于 80mm 轴的极限偏差数值相同，其极限偏差值参见 GB/T 1800.2—2009 轴的极限偏差表。

7. 按需方要求，可供应圆度偏差不大于直径公差 50% 的圆钢。

8. 钢材不应有显著扭转，方钢不得有显著脱方。对于方钢、六角钢的顶角圆弧半径和对角线有特殊要求时，由供需双方协议。钢材端头不应有切弯和影响使用的剪切变形。

9. 直条交货钢材的弯曲度应按下表的规定，经供需双方商定，供自动切削用直条交货的六角钢，尺寸为 7~25mm 时，每米弯曲度不大于 2mm，尺寸大于 25mm 时，每米弯曲度不大于 1mm。尺寸小于 7mm 直条交货钢材，每米弯曲度不大于 4mm。自动切削用圆钢应在合同中注明。

级别	弯曲度/(mm/m) ≤			总弯曲度/mm ≤
	尺寸(d、a、s)/mm			
	7~25	>25~50	>50~80	7~80
8、9 级(h8、h9)	1	0.75	0.50	总长度与每米允许弯曲度的乘积
10、11 级(h10、h11)	3	2	1	
12、13 级(h12、h13)	4	3	2	
供自动切削用圆钢	2	2	1	

10. 标记示例:

用 40Cr 钢制、尺寸精度(尺寸极限偏差)为 h11 级、直径 d(或边长 a 或对边距离 s)为 20mm 的冷拉钢材标记为:

$$×××× \quad \frac{11\text{-}20\text{-}GB/T\ 905\text{—}1994}{40Cr\text{-}GB/T\ 3078\text{—}2008}$$

冷拉圆钢或冷拉方钢或冷拉六角钢

1.8.2 优质结构钢冷拉钢材(见表 1-208 和表 1-209)

表 1-208　优质结构钢冷拉钢材的牌号及交货状态硬度(摘自 GB/T 3078—2019)

牌号	交货状态硬度 HBW ≤		牌号	交货状态硬度 HBW ≤	
	冷拉、冷拉磨光	退火、光亮退火、高温回火或正火后回火		冷拉、冷拉磨光	退火、光亮退火、高温回火或正火后回火
10	229	179	60Mn	(285)	225
15	229	179	65Mn	(285)	269
20	229	179	20Mn2	241	197
25	229	179	35Mn2	255	207
30	229	179	40Mn2	269	217
35	241	187	45Mn2	269	229
40	241	207	50Mn2	285	229
45	255	229	27SiMn	255	217
50	255	229	35SiMn	269	229
55	269	241	42SiMn	(285)	241
60	269	241	20MnV	229	187
65	(285)	255	40B	241	207
15Mn	207	163	45B	255	229
20Mn	229	187	50B	255	229
25Mn	241	197	40MnB	269	217
30Mn	241	197	45MnB	269	229
35Mn	255	207	40MnVB	269	217
40Mn	269	217	40CrV	269	229
45Mn	269	229	38CrSi	269	255
50Mn	269	229	20CrMnSi	255	217

（续）

牌号	交货状态硬度 HBW ≤		牌号	交货状态硬度 HBW ≤	
	冷拉、冷拉磨光	退火、光亮退火、高温回火或正火后回火		冷拉、冷拉磨光	退火、光亮退火、高温回火或正火后回火
25CrMnSi	269	229	40Cr	269	217
30CrMnSi	269	229	45Cr	269	229
35CrMnSi	285	241	20CrNi	255	207
20CrMnTi	255	207	40CrNi	(285)	255
15CrMo	229	187	45CrNi	(285)	269
20CrMo	241	197	12CrNi2	269	217
30CrMo	269	229	12CrNi3	269	229
35CrMo	269	241	20CrNi3	269	241
42CrMo	285	255	30CrNi3	(285)	255
20CrMnMo	269	229	37CrNi3	(285)	269
40CrMnMo	269	241	12Cr2Ni4	(285)	255
35CrMoV	285	255	20Cr2Ni4	(285)	269
38CrMoAl	269	229	40CrNiMo	(285)	269
15CrA	229	179	45CrNiMoV	(285)	269
20Cr	229	179	18Cr2Ni4W	(285)	269
30Cr	241	187	25Cr2Ni4W	(285)	269
35Cr	269	217			

注：1. 优质结构钢冷拉钢材分为：压力加工用钢（UP）、热压力加工用钢（UHP）、冷顶锻用钢（UCF）、热顶锻用钢（UHF）、切削加工用钢（UC）。钢材分类应在合同中注明。

2. 优质结构钢冷拉钢材适用于采用优质碳素结构钢和合金结构钢冷拉而成的圆钢、方钢和六角钢，其化学成分应符合 GB/T 699 和 GB/T 3077 相应牌号的规定。冷拉钢材的尺寸规格应符合 GB/T 905 的规定。磨光钢材尺寸规格应符合 GB/T 3207 的规定。

3. 钢材以冷拉、冷拉磨光、退火、光亮退火、高温回火或正火后回火交货，其硬度应符合本表规定。正火交货钢材硬度值由供需双方商定。截面尺寸小于 5mm 的钢材不进行硬度试验或由双方商定。

4. 括号内的数字为参考值，不作为判定依据。

5. 标记示例：

用 40Cr 钢制造、尺寸偏差为 11 级、直径 d（或边长 a 或对边距离 s）为 20mm 的冷拉钢材标记为：

冷拉圆钢 $\dfrac{11-20-\text{GB/T } 905—1994}{40\text{Cr}-\text{GB/T } 3078—2019}$

表 1-209　优质结构钢冷拉钢材交货状态的力学性能（摘自 GB/T 3078—2019）

牌号	冷 拉			退 火		
	抗拉强度 R_m/MPa	断后伸长率 A(%)	断面收缩率 Z(%)	抗拉强度 R_m/MPa	断后伸长率 A(%)	断面收缩率 Z(%)
	≥			≥		
10	440	8	50	295	26	55
15	470	8	45	345	28	55
20	510	7.5	40	390	21	50

（续）

牌号	冷 拉			退 火		
	抗拉强度 R_m/MPa	断后伸长率 $A(\%)$	断面收缩率 $Z(\%)$	抗拉强度 R_m/MPa	断后伸长率 $A(\%)$	断面收缩率 $Z(\%)$
	≥			≥		
25	540	7	40	410	19	50
30	560	7	35	440	17	45
35	590	6.5	35	470	15	45
40	610	6	35	510	14	40
45	635	6	30	540	13	40
50	655	6	30	560	12	40
15Mn	490	7.5	40	390	21	50
50Mn	685	5.5	30	590	10	35
50Mn2	735	5	25	635	9	30

注：1. 按需方要求，并在合同中注明，钢材可以进行力学性能测试，交货状态的力学性能按本表规定。

2. 本表中未列入的牌号，用热处理毛坯制成试样测定力学性能，优质碳素结构钢应符合 GB/T 699 的规定，合金结构钢应符合 GB/T 3077 的规定。

1.8.3 银亮钢（见表 1-210~表 1-212）

表 1-210　银亮钢的分类、材料牌号及用途（摘自 GB/T 3207—2008）

分类及代号	剥皮材，代号 SF，通过车削剥去表皮去除轧制缺陷和脱碳层后，经矫直，表面粗糙度 $Ra \le 3.0\mu m$	
	磨光材，代号 SP，拉拔或剥皮后，经磨光处理，表面粗糙度 $Ra \le 5.0\mu m$	
	抛光材，代号 SB，经拉拔、车削剥皮或磨光后，再进行抛光处理，表面粗糙度 $Ra \le 0.6\mu m$	
材料要求	牌号	可以采用相关技术标准规定的牌号
	化学成分	化学成分符合相应技术标准的规定
	力学性能	银亮钢的力学性能（不含试样热处理的性能）和工艺性能允许比相应技术标准的规定波动±10%。试样经热处理的力学性能应符合相应技术标准的规定
用途	银亮钢是经加工处理、表面无轧制缺陷和脱碳层、具有一定表面质量和尺寸精度的圆钢，适用于制作对表面质量有较高要求的，可简化钢材使用后加工要求的机械及相关各行业的零件	

表 1-211　银亮钢的尺寸规格（摘自 GB/T 3207—2008）

公称直径 d/mm	参考截面面积/mm^2	参考质量/（kg/m）	公称直径 d/mm	参考截面面积/mm^2	参考质量/（kg/m）	公称直径 d/mm	参考截面面积/mm^2	参考质量/（kg/m）
1.00	0.7854	0.006	2.00	3.142	0.025	4.00	12.57	0.099
1.10	0.9503	0.007	2.20	3.801	0.030	4.50	15.90	0.125
1.20	1.131	0.009	2.50	4.909	0.039	5.00	19.63	0.154
1.40	1.539	0.012	2.80	6.158	0.049	5.50	23.76	0.187
1.50	1.767	0.014	3.00	7.069	0.056	6.00	28.27	0.222
1.60	2.001	0.016	3.20	8.042	0.063	6.30	31.17	0.244
1.80	2.545	0.020	3.50	9.621	0.076	7.0	38.48	0.302

（续）

公称直径 d/mm	参考截面 面积/mm²	参考质量 /(kg/m)	公称直径 d/mm	参考截面 面积/mm²	参考质量 /(kg/m)	公称直径 d/mm	参考截面 面积/mm²	参考质量 /(kg/m)
7.5	44.18	0.347	28.0	615.8	4.83	80.0	5027	39.5
8.0	50.27	0.395	30.0	706.9	5.55	85.0	5675	44.5
8.5	56.75	0.445	32.0	804.2	6.31	90.0	6362	49.9
9.0	63.62	0.499	33.0	855.3	6.71	95.0	7088	55.6
9.5	70.88	0.556	34.0	907.9	7.13	100.0	7854	61.7
10.0	78.54	0.617	35.0	962.1	7.55	105.0	8659	68.0
10.5	86.59	0.680	36.0	1018	7.99	110.0	9503	74.6
11.0	95.03	0.746	38.0	1134	8.90	115.0	10390	81.5
11.5	103.9	0.815	40.0	1257	9.90	120.0	11310	88.8
12.0	113.1	0.888	42.0	1385	10.9	125.0	12270	96.3
13.0	132.7	1.04	45.0	1590	12.5	130.0	13270	104
14.0	153.9	1.21	48.0	1810	14.2	135.0	14310	112
15.0	176.7	1.39	50.0	1963	15.4	140.0	15390	121
16.0	201.1	1.58	53.0	2.206	17.3	145.0	16510	130
17.0	227.0	1.78	55.0	2376	18.6	150.0	17670	139
18.0	254.5	2.00	56.0	2463	19.3	155.0	18870	148
19.0	283.5	2.23	58.0	2642	20.7	160.0	20110	158
20.0	314.2	2.47	60.0	2827	22.2	165.0	21380	168
21.0	346.4	2.72	63.0	3117	24.5	170.0	22700	178
22.0	380.1	2.98	65.0	3318	26.0	175.0	24050	189
24.0	452.4	3.55	68.0	3632	28.5	180.0	25450	200
25.0	490.9	3.85	70.0	3848	30.2			
26.0	530.9	4.17	75.0	4418	34.7			

注：1. 银亮钢是一种表面无轧制缺陷和脱碳层，并具有光亮表面的圆钢。

2. 银亮钢一般以直条交货，公称直径≤30mm时，通常长度为2~6m；公称直径>30mm时，通常长度为2~7m。

3. 银亮钢交货状态按冷加工方法分为剥皮、磨光和抛光三类。按需方要求并在合同中注明，银亮钢成品可以热处理状态交货。

4. 本表中的质量按密度为7.85g/cm³计算所得。

表 1-212　银亮钢直径极限偏差（摘自 GB/T 3207—2008）

公称直径/mm	极 限 偏 差/mm							
	6(h6)	7(h7)	8(h8)	9(h9)	10(h10)	11(h11)	12(h12)	13(h13)
1.0~3.0	0 -0.006	0 -0.010	0 -0.014	0 -0.025	0 -0.040	0 -0.060	0 -0.10	0 -0.14
>3.0~6.0	0 -0.008	0 -0.012	0 -0.018	0 -0.030	0 -0.048	0 -0.075	0 -0.12	0 -0.18
>6.0~10.0	0 -0.009	0 -0.015	0 -0.022	0 -0.036	0 -0.058	0 -0.090	0 -0.150	0 -0.22

（续）

公称直径/mm	极 限 偏 差/mm							
	6(h6)	7(h7)	8(h8)	9(h9)	10(h10)	11(h11)	12(h12)	13(h13)
>10.0~18.0	0 -0.011	0 -0.018	0 -0.027	0 -0.043	0 -0.070	0 -0.11	0 -0.18	0 -0.27
>18.0~30.0	0 -0.013	0 -0.021	0 -0.033	0 -0.052	0 -0.084	0 -0.13	0 -0.21	0 -0.33
>30.0~50.0	0 -0.016	0 -0.025	0 -0.039	0 -0.062	0 -0.100	0 -0.16	0 -0.25	0 -0.39
>50.0~80.0	0 -0.019	0 -0.030	0 -0.046	0 -0.074	0 -0.12	0 -0.19	0 -0.30	0 -0.46
>80.0~120.0	0 -0.022	0 -0.035	0 -0.054	0 -0.087	0 -0.14	0 -0.22	0 -0.35	0 -0.54
>120.0~180.0	0 -0.025	0 -0.040	0 -0.063	0 -0.100	0 -0.16	0 -0.25	0 -0.40	0 -0.63

注：1. 银亮钢直径极限偏差级别应在合同中注明或按相应产品标准的规定。未注明时，直径不大于80mm的按11级
（h11）供货，直径大于80mm的按12级（h12）供货。

2. 剥皮材（SF）和抛光材（SB）平直度≤1mm/m，磨光材（SP）平直度≤2mm/m。

1.8.4 热轧钢棒

1. 热轧圆钢和方钢（见表1-213）

表1-213 热轧圆钢和方钢尺寸及理论质量（摘自 GB/T 702—2017）

圆钢公称直径 d/mm 方钢公称边长 a/mm	理论质量/(kg/m)		圆钢公称直径 d/mm 方钢公称边长 a/mm	理论质量/(kg/m)	
	圆钢	方钢		圆钢	方钢
5.5	0.187	0.237	19	2.23	2.83
6	0.222	0.283	20	2.47	3.14
6.5	0.260	0.332	21	2.72	3.46
7	0.302	0.385	22	2.98	3.80
8	0.395	0.502	23	3.26	4.15
9	0.499	0.636	24	3.55	4.52
10	0.617	0.785	25	3.85	4.91
11	0.746	0.950	26	4.17	5.31
12	0.888	1.13	27	4.49	5.72
13	1.04	1.33	28	4.83	6.15
14	1.21	1.54	29	5.19	6.60
15	1.39	1.77	30	5.55	7.07
16	1.58	2.01	31	5.92	7.54
17	1.78	2.27	32	6.31	8.04
18	2.00	2.54	33	6.71	8.55

（续）

圆钢公称直径 d/mm	理论质量/（kg/m）		圆钢公称直径 d/mm	理论质量/（kg/m）	
方钢公称边长 a/mm	圆钢	方钢	方钢公称边长 a/mm	圆钢	方钢
34	7.13	9.07	135	112	143
35	7.55	9.62	140	121	154
36	7.99	10.2	145	130	165
38	8.90	11.3	150	139	177
40	9.86	12.6	155	148	189
42	10.9	13.8	160	158	201
45	12.5	15.9	165	168	214
48	14.2	18.1	170	178	227
50	15.4	19.6	180	200	254
53	17.3	22.1	190	223	283
55	18.7	23.7	200	247	314
56	19.3	24.6	210	272	323
58	20.7	26.4	220	298	344
60	22.2	28.3	230	326	364
63	24.5	31.2	240	355	385
65	26.0	33.2	250	385	406
68	28.5	36.3	260	417	426
70	30.2	38.5	270	449	447
75	34.7	44.2	280	483	468
80	39.5	50.2	290	519	488
85	44.5	56.7	300	555	509
90	49.9	63.6	310	592	
95	55.6	70.8	320	631	
100	61.7	78.5	330	671	
105	68.0	86.5	340	713	
110	74.6	95.0	350	755	
115	81.5	104	360	799	
120	88.8	113	370	844	
125	96.3	123	380	890	
130	104	133			

注：1. 表中钢的理论质量按密度为 7.85g/cm³ 计算。

2. 圆钢截面为圆形，方钢截面为正方形。

3. 热轧圆钢和方钢通常长度为 2000～12000mm。

4. 热轧圆钢和方钢的尺寸极限偏差应符合 GB/T 702—2017 的规定。

2. 热轧六角钢和八角钢(见表1-214)

表1-214 热轧六角钢和八角钢的尺寸规格及理论质量(摘自GB/T 702—2017)

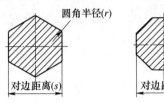

六角钢　　　　　　　八角钢

对边距离 S/mm	截面面积 A/cm²		理论质量/(kg/m)		对边距离 S/mm	截面面积 A/cm²		理论质量/(kg/m)	
	六角钢	八角钢	六角钢	八角钢		六角钢	八角钢	六角钢	八角钢
8	0.5543	—	0.435	—	28	6.790	6.492	5.33	5.10
9	0.7015	—	0.551	—	30	7.794	7.452	6.12	5.85
10	0.866	—	0.68	—	32	8.868	8.479	6.96	6.66
11	1.048	—	0.823	—	34	10.011	9.572	7.86	7.51
12	1.247	—	0.979	—	36	11.223	10.73	8.81	8.42
13	1.464	—	1.05	—	38	12.505	11.96	9.82	9.39
14	1.697	—	1.33	—	40	13.86	13.25	10.88	10.40
15	1.949	—	1.53	—	42	15.28	—	11.99	—
16	2.217	2.120	1.74	1.66	45	17.54	—	13.77	—
17	2.503	—	1.96	—	48	19.95	—	15.66	—
18	2.806	2.683	2.20	2.16	50	21.65	—	17.00	—
19	3.126	—	2.45	—	53	24.33	—	19.10	—
20	3.464	3.312	2.72	2.60	56	27.16	—	21.32	—
21	3.819	—	3.00	—	58	29.13	—	22.87	—
22	4.192	4.008	3.29	3.15	60	31.18	—	24.50	—
23	4.581	—	3.60	—	63	34.37	—	26.98	—
24	4.988	—	3.92	—	65	36.59	—	28.72	—
25	5.413	5.175	4.25	4.06	68	40.04	—	31.43	—
26	5.854	—	4.60	—	70	42.43	—	33.30	—
27	6.314	—	4.96	—					

注:1. 表中的理论质量按密度7.85g/m³计算。表中截面面积(A)计算公式 $A = \dfrac{1}{4} n S^2 \mathrm{tg}\dfrac{\phi}{2} \times \dfrac{1}{100}$

六角形 $A = \dfrac{3}{2} S^2 \mathrm{tg}30° \times \dfrac{1}{100} \approx 0.866 S^2 \times \dfrac{1}{100}$

八角形 $A = 2 S^2 \mathrm{tg}22°30' \times \dfrac{1}{100} \approx 0.828 S^2 \times \dfrac{1}{100}$

式中:

n——正 n 边形边数;

ϕ——正 n 边形圆内角, $\phi = 360/n$。

2. 热轧六角钢和八角钢的通常长度为2000~6000mm。

3. 热轧六角钢和八角钢的尺寸极限偏差应符合GB/T 702—2017的规定。

1.8.5　一般用途热轧扁钢（见表 1-215）

表 1-215　一般用途热轧扁钢的尺寸及理论质量（摘自 GB/T 702—2017）

公称宽度 /mm	厚度/mm 理论质量/(kg/m)																								
	3	4	5	6	7	8	9	10	11	12	14	16	18	20	22	25	28	30	32	36	40	45	50	56	60
10	0.24	0.31	0.39	0.47	0.55	0.63																			
12	0.28	0.38	0.47	0.57	0.66	0.75																			
14	0.33	0.44	0.55	0.66	0.77	0.88																			
16	0.38	0.50	0.63	0.75	0.88	1.00	1.15	1.26																	
18	0.42	0.57	0.71	0.85	0.99	1.13	1.27	1.41																	
20	0.47	0.63	0.78	0.94	1.10	1.26	1.41	1.57	1.73	1.88															
22	0.52	0.69	0.86	1.04	1.21	1.38	1.55	1.73	1.90	2.07															
25	0.59	0.78	0.98	1.18	1.37	1.57	1.77	1.96	2.16	2.36	2.75	3.14													
28	0.66	0.88	1.10	1.32	1.54	1.76	1.98	2.20	2.42	2.64	3.08	3.53													
30	0.71	0.94	1.18	1.41	1.65	1.88	2.12	2.36	2.59	2.83	3.30	3.77	4.24	4.71											
32	0.75	1.00	1.26	1.51	1.76	2.01	2.26	2.55	2.76	3.01	3.52	4.02	4.52	5.02											
35	0.82	1.10	1.37	1.65	1.92	2.20	2.47	2.75	3.02	3.30	3.85	4.40	4.95	5.50	6.04	6.87	7.69								
40	0.94	1.26	1.57	1.88	2.20	2.51	2.83	3.14	3.45	3.77	4.40	5.02	5.65	6.28	6.91	7.85	8.79								
45	1.06	1.41	1.77	2.12	2.47	2.83	3.18	3.53	3.89	4.24	4.95	5.65	6.36	7.07	7.77	8.83	9.89	10.60	11.30	12.72					
50	1.18	1.57	1.96	2.36	2.75	3.14	3.53	3.93	4.32	4.71	5.50	6.28	7.06	7.85	8.64	9.81	10.99	11.78	12.56	14.13					
55		1.73	2.16	2.59	3.02	3.45	3.89	4.32	4.75	5.18	6.04	6.91	7.77	8.64	9.50	10.79	12.09	12.95	13.82	15.54					
60		1.88	2.36	2.83	3.30	3.77	4.24	4.71	5.18	5.65	6.59	7.54	8.48	9.42	10.36	11.78	13.19	14.13	15.07	16.96	18.84	21.20			
65		2.04	2.55	3.06	3.57	4.08	4.59	5.10	5.61	6.12	7.14	8.16	9.18	10.20	11.23	12.76	14.29	15.31	16.33	18.37	20.41	22.96			
70		2.20	2.75	3.30	3.85	4.40	4.95	5.50	6.04	6.59	7.69	8.79	9.89	10.99	12.09	13.74	15.39	16.49	17.58	19.78	21.98	24.73			

（续）

公称宽度/mm	厚度/mm — 理论质量/(kg/m)																								
	3	4	5	6	7	8	9	10	11	12	14	16	18	20	22	25	28	30	32	36	40	45	50	56	60
75	2.36		2.94	3.53	4.12	4.71	5.30	5.89	6.48	7.07	8.24	9.42	10.60	11.78	12.95	14.72	16.48	17.66	18.84	21.20	23.55	26.49			
80		2.51	3.14	3.77	4.40	5.02	5.65	6.28	6.91	7.54	8.79	10.05	11.30	12.56	13.82	15.70	17.58	18.84	20.10	22.61	25.12	28.26	31.40	35.17	
85			3.34	4.00	4.67	5.34	6.01	6.67	7.34	8.01	9.34	10.68	12.01	13.34	14.68	16.68	18.68	20.02	21.35	24.02	26.69	30.03	33.36	37.37	40.04
90			3.53	4.24	4.95	5.65	6.36	7.07	7.77	8.48	9.89	11.30	12.72	14.13	15.54	17.66	19.78	21.20	22.61	25.43	28.26	31.79	35.32	39.56	42.39
95			3.73	4.47	5.22	5.97	6.71	7.46	8.20	8.95	10.44	11.93	13.42	14.92	16.41	18.64	20.88	22.37	23.86	26.85	29.83	33.56	37.29	41.76	44.74
100			3.92	4.71	5.50	6.28	7.06	7.85	8.64	9.42	10.99	12.56	14.13	15.70	17.27	19.62	21.98	23.55	25.12	28.26	31.40	35.32	39.25	43.96	47.10
105			4.12	4.95	5.77	6.59	7.42	8.24	9.07	9.89	11.54	13.19	14.84	16.48	18.13	20.61	23.08	24.73	26.38	29.67	32.97	37.09	41.21	46.16	49.46
110			4.32	5.18	6.04	6.91	7.77	8.64	9.50	10.36	12.09	13.82	15.54	17.27	19.00	21.59	24.18	25.90	27.63	31.09	34.54	38.86	43.18	48.36	51.81
120			4.71	5.65	6.59	7.54	8.48	9.42	10.36	11.30	13.19	15.07	16.96	18.84	20.72	23.55	26.38	28.26	30.14	33.91	37.68	42.39	47.10	52.75	56.52
125				5.89	6.87	7.85	8.83	9.81	10.79	11.78	13.74	15.70	17.66	19.62	21.58	24.53	27.48	29.44	31.40	35.32	39.25	44.16	49.06	54.95	58.88
130				6.12	7.14	8.16	9.18	10.20	11.23	12.25	14.29	16.33	18.37	20.41	22.45	25.51	28.57	30.62	32.66	36.74	40.82	45.92	51.02	57.15	61.23
140					7.69	8.79	9.89	10.99	12.09	13.19	15.39	17.58	19.78	21.98	24.18	27.48	30.77	32.97	35.17	39.56	43.96	49.46	54.95	61.54	65.94
150					8.24	9.42	10.60	11.78	12.95	14.13	16.48	18.84	21.20	23.55	25.90	29.44	32.97	35.32	37.68	42.39	47.10	52.99	58.88	65.94	70.65
160					8.79	10.05	11.30	12.56	13.82	15.07	17.58	20.10	22.61	25.12	27.63	31.40	35.17	37.68	40.19	45.22	50.24	56.52	62.80	70.34	75.36
180					9.89	11.30	12.72	14.13	15.54	16.96	19.78	22.61	25.43	28.26	31.09	35.32	39.56	42.39	45.22	50.87	56.52	63.58	70.65	79.13	84.78
200					10.99	12.56	14.13	15.70	17.27	18.84	21.98	25.12	28.26	31.40	34.54	39.25	43.96	47.10	50.24	56.52	62.80	70.65	78.50	87.92	94.20

注:
1. 表中的理论质量按密度 7.85g/cm³ 计算。
2. 经供需双方协商并在合同中注明，也可提供除本表以外的尺寸及理论质量。
3. 热轧扁钢截面为矩形。
4. 本表中产品的通常长度为 2000~12000mm。
5. 热轧扁钢的尺寸极限偏差应符合 GB/T 702—2017 的规定。

1.8.6 热轧工具钢扁钢（见表 1-216）

表 1-216 热轧工具钢扁钢的尺寸及理论质量（摘自 GB/T 702—2017）

公称宽度/mm	扁钢公称厚度/mm 理论质量/(kg/m)																					
	4	6	8	10	13	16	18	20	23	25	28	32	36	40	45	50	56	63	71	80	90	100
10	0.31	0.47	0.63																			
13	0.41	0.61	0.82	1.02																		
16	0.50	0.75	1.00	1.26	1.63																	
20	0.63	0.94	1.26	1.57	2.04	2.51	2.83															
25	0.79	1.18	1.57	1.96	2.55	3.14	3.53	3.93	4.51													
32	1.00	1.51	2.01	2.51	3.27	4.02	4.52	5.02	5.78	6.28	7.03											
40	1.26	1.88	2.51	3.14	4.08	5.02	5.65	6.28	7.22	7.85	8.79	10.05	11.30									
50	1.57	2.36	3.14	3.93	5.10	6.28	7.07	7.85	9.03	9.81	10.99	12.56	14.13	15.70	17.66							
63	1.98	2.97	3.96	4.95	6.43	7.91	8.90	9.89	11.37	12.36	13.85	15.83	17.80	19.78	22.25	24.73	27.69					
71	2.23	3.34	4.46	5.57	7.25	8.92	10.03	11.15	12.82	13.93	15.61	17.84	20.06	22.29	25.08	27.87	31.21	35.11				
80	2.51	3.77	5.02	6.28	8.16	10.05	11.30	12.56	14.44	15.70	17.58	20.10	22.61	25.12	28.26	31.40	35.17	39.56	44.59			
90	2.83	4.24	5.65	7.07	9.18	11.30	12.72	14.13	16.25	17.66	19.78	22.61	25.43	28.26	31.79	35.33	39.56	44.51	50.16	56.52		
100	3.14	4.71	6.28	7.85	10.21	12.56	14.13	15.70	18.06	19.63	21.98	25.12	28.26	31.40	35.33	39.25	43.96	49.46	55.74	62.80	70.65	
112	3.52	5.28	7.03	8.79	11.43	14.07	15.83	17.58	20.22	21.98	24.62	28.13	31.65	35.17	39.56	43.96	49.24	55.39	62.42	70.34	79.13	87.92
125	3.93	5.89	7.85	9.81	12.76	15.70	17.66	19.63	22.57	24.53	27.48	31.40	35.33	39.25	44.16	49.06	54.95	61.82	69.67	78.50	88.31	98.13
140	4.40	6.59	8.79	10.99	14.29	17.58	19.78	21.98	25.28	27.48	30.77	35.17	39.56	43.96	49.46	54.95	61.54	69.24	78.03	87.92	98.91	109.90
160	5.02	7.54	10.05	12.56	16.33	20.10	22.61	25.12	28.89	31.40	35.17	40.19	45.22	50.24	56.52	62.80	70.34	79.13	89.18	100.48	113.04	125.60
180	5.65	8.48	11.30	14.13	18.37	22.61	25.43	28.26	32.50	35.33	39.56	45.22	50.87	56.52	63.59	70.65	79.13	89.02	100.32	113.04	127.17	141.30
200	6.28	9.42	12.56	15.70	20.41	25.12	28.26	31.40	36.11	39.25	43.96	50.24	56.52	62.80	70.65	78.50	87.92	98.91	111.47	125.60	141.30	157.00
224	7.03	10.55	14.07	17.58	22.86	28.13	31.65	35.17	40.44	43.96	49.24	56.27	63.30	70.34	79.13	87.92	98.47	110.78	124.85	140.67	158.26	175.84
250	7.85	11.78	15.70	19.63	25.51	31.40	35.33	39.25	45.14	49.06	54.95	62.80	70.65	78.50	88.31	98.13	109.90	123.64	139.34	157.00	176.63	196.25
280	8.79	13.19	17.58	21.98	28.57	35.17	39.56	43.96	50.55	54.95	61.54	70.34	79.13	87.92	98.91	109.90	123.09	138.47	156.06	175.84	197.82	219.80
310	9.73	14.60	19.47	24.34	31.64	38.94	43.80	48.67	55.97	60.84	68.14	77.87	87.61	97.34	109.51	121.68	136.28	153.31	172.78	194.68	219.02	243.35

注：1. 表中的理论质量按密度 7.85g/cm³ 计算，对于高合金钢计算理论质量时，应采用相应牌号的密度进行计算。
2. 本表中产品的通常长度≥2000mm。
3. 热轧扁钢的尺寸极限偏差应符合 GB/T 702—2017 的规定。

1.8.7 锻制钢棒（见表 1-217 和表 1-218）

表 1-217 公称直径或边长为 40~400mm 圆钢、方钢尺寸及理论质量（摘自 GB/T 908—2019）

圆钢公称直径 d/mm 或方钢公称边长 a/mm	理论质量/（kg/m）		圆钢公称直径 d/mm 或方钢公称边长 a/mm	理论质量/（kg/m）	
	圆钢	方钢		圆钢	方钢
40	9.9	12.6	180	200	254
50	15.4	19.6	190	223	283
55	18.6	23.7	200	247	314
60	22.2	28.3	210	272	346
65	26.0	33.2	220	298	380
70	30.2	38.5	230	326	415
75	34.7	44.2	240	355	452
80	39.5	50.2	250	385	491
85	44.5	56.7	260	417	531
90	49.9	63.6	270	449	572
95	55.6	70.8	280	483	615
100	61.7	78.5	290	518	660
105	68.0	86.5	300	555	707
110	74.6	95.0	310	592	754
115	81.5	104	320	631	804
120	88.8	113	330	671	855
125	96.3	123	340	712	908
130	104	133	350	755	962
135	112	143	360	799	1017
140	121	154	370	844	1075
145	130	165	380	890	1134
150	139	177	390	937	1194
160	158	201	400	986	1256
170	178	227	—	—	—

注：1. 表中的理论质量是按密度 7.85g/cm³ 计算的。高合金钢计算理论质量时，应采用相应牌号的密度。

2. 锻制钢棒通常交货长度应不小于 1500mm。

3. 长度不小于 1000mm 的短尺锻制钢棒允许交货，但其质量不得超过该批交货总质量的 10%。

4. 按定尺、倍尺长度交货时，其长度允许偏差为 $^{+80}_{0}$mm。

表 1-218 公称厚度为 20~160mm、公称宽度为 40~300mm 的扁钢尺寸及理论质量

（摘自 GB/T 908—2019）

公称宽度 b/mm	公称厚度 t/mm 理论质量/(kg/m)																					
	20	25	30	35	40	45	50	55	60	65	70	75	80	85	90	100	110	120	130	140	150	160
40	6.28	7.85	9.42																			
45	7.06	8.83	10.6																			
50	7.85	9.81	11.8	13.7	15.7																	
55	8.64	10.8	13.0	15.1	17.3																	
60	9.42	11.8	14.1	16.5	18.8	21.1	23.6															
65	10.2	12.8	15.3	17.8	20.4	23.0	25.5															
70	11.0	13.7	16.5	19.2	22.0	24.7	27.5	30.2	33.0													
75	11.8	14.7	17.7	20.6	23.6	26.5	29.4	32.4	35.3													
80	12.6	15.7	18.8	22.0	25.1	28.3	31.4	34.5	37.7	40.8	44.0											
90	14.1	17.7	21.2	24.7	28.3	31.8	35.3	38.8	42.4	45.9	49.4											
100	15.7	19.6	23.6	27.5	31.4	35.3	39.2	43.2	47.1	51.0	55.0	58.9	62.8	66.7								
110	17.3	21.6	25.9	30.2	34.5	38.8	43.2	47.5	51.8	56.1	60.4	64.8	69.1	73.4								
120	18.8	23.6	28.3	33.0	37.7	42.4	47.1	51.8	56.5	61.2	65.9	70.6	75.4	80.1								
130	20.4	25.5	30.6	35.7	40.8	45.9	51.0	56.1	61.2	66.3	71.4	76.5	81.6	86.7								
140	22.0	27.5	33.0	38.5	44.0	49.4	55.0	60.4	65.9	71.4	76.9	82.4	87.9	93.4	98.9							
150	23.6	29.4	35.3	41.2	47.1	53.0	58.9	64.8	70.7	76.5	82.4	88.3	94.2	100	106							
160	25.1	31.4	37.7	44.0	50.2	56.5	62.8	69.1	75.4	81.6	87.9	94.2	100	107	113	126	138	151				
170	26.7	33.4	40.0	46.7	53.4	60.0	66.7	73.4	80.1	86.7	93.4	100	107	113	120	133	147	160				
180	28.3	35.3	42.4	49.4	56.5	63.6	70.6	77.7	84.8	91.8	98.9	106	113	120	127	141	155	170	184	198		
190						67.1	74.6	82.0	89.5	96.9	104	112	119	127	134	149	164	179	194	209		
200						70.6	78.5	86.4	94.2	102	110	118	127	133	141	157	173	188	204	220		
210						74.2	82.4	90.7	98.9	107	115	124	132	140	148	165	181	198	214	231	247	264
220						77.7	86.4	95.0	103.6	112	121	130	138	147	155	173	190	207	224	242	259	276
230												135	144	153	162	180	199	217	235	253	271	289
240												141	151	160	170	188	207	226	245	264	283	301
250												147	157	167	177	196	216	235	255	275	294	314
260												153	163	173	184	204	224	245	265	286	306	326
280												165	176	187	198	220	242	264	286	308	330	352
300												177	188	200	212	236	259	283	306	330	353	377

注: 见表 1-217。

1.8.8 热轧工字钢(见表 1-219)

表 1-219 热轧工字钢的截面尺寸、截面面积、理论质量及截面特性(摘自 GB/T 706—2016)

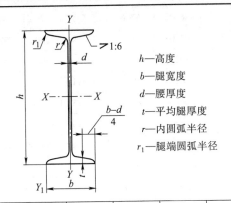

h—高度
b—腿宽度
d—腰厚度
t—平均腿厚度
r—内圆弧半径
r_1—腿端圆弧半径

型号	截面尺寸/mm						截面面积/cm²	理论质量/(kg/m)	外表面积/(m²/m)	惯性矩/cm⁴		惯性半径/cm		截面模数/cm³	
	h	b	d	t	r	r_1				I_x	I_y	i_x	i_y	W_x	W_y
10	100	68	4.5	7.6	6.5	3.3	14.33	11.3	0.432	245	33.0	4.14	1.52	49.0	9.72
12	120	74	5.0	8.4	7.0	3.5	17.80	14.0	0.493	436	46.9	4.95	1.62	72.7	12.7
12.6	126	74	5.0	8.4	7.0	3.5	18.10	14.2	0.505	488	46.9	5.20	1.61	77.5	12.7
14	140	80	5.5	9.1	7.5	3.8	21.50	16.9	0.553	712	64.4	5.76	1.73	102	16.1
16	160	88	6.0	9.9	8.0	4.0	26.11	20.5	0.621	1130	93.1	6.58	1.89	141	21.2
18	180	94	6.5	10.7	8.5	4.3	30.74	24.1	0.681	1660	122	7.36	2.00	185	26.0
20a	200	100	7.0	11.4	9.0	4.5	35.55	27.9	0.742	2370	158	8.15	2.12	237	31.5
20b	200	102	9.0	11.4	9.0	4.5	39.55	31.1	0.746	2500	169	7.96	2.06	250	33.1
22a	220	110	7.5	12.3	9.5	4.8	42.10	33.1	0.817	3400	225	8.99	2.31	309	40.9
22b	220	112	9.5	12.3	9.5	4.8	46.50	36.5	0.821	3570	239	8.78	2.27	325	42.7
24a	240	116	8.0	13.0	10.0	5.0	47.71	37.5	0.878	4570	280	9.77	2.42	381	48.4
24b	240	118	10.0	13.0	10.0	5.0	52.51	41.2	0.882	4800	297	9.57	2.38	400	50.4
25a	250	116	8.0	13.0	10.0	5.0	48.51	38.1	0.898	5020	280	10.2	2.40	402	48.3
25b	250	118	10.0	13.0	10.0	5.0	53.51	42.0	0.902	5280	309	9.94	2.40	423	52.4
27a	270	122	8.5	13.7	10.5	5.3	54.52	42.8	0.958	6550	345	10.9	2.51	485	56.6
27b	270	124	10.5	13.7	10.5	5.3	59.92	47.0	0.962	6870	366	10.7	2.47	509	58.9
28a	280	122	8.5	13.7	10.5	5.3	55.37	43.5	0.978	7110	345	11.3	2.50	508	56.6
28b	280	124	10.5	13.7	10.5	5.3	60.97	47.9	0.982	7480	379	11.1	2.49	534	61.2
30a	300	126	9.0	14.4	11.0	5.5	61.22	48.1	1.031	8950	400	12.1	2.55	597	63.5
30b	300	128	11.0	14.4	11.0	5.5	67.22	52.8	1.035	9400	422	11.8	2.50	627	65.9
30c	300	130	13.0	14.4	11.0	5.5	73.22	57.5	1.039	9850	445	11.6	2.46	657	68.5
32a	320	130	9.5	15.0	11.5	5.8	67.12	52.7	1.084	11100	460	12.8	2.62	692	70.8
32b	320	132	11.5	15.0	11.5	5.8	73.52	57.7	1.088	11600	502	12.6	2.61	726	76.0
32c	320	134	13.5	15.0	11.5	5.8	79.92	62.7	1.092	12200	544	12.3	2.61	760	81.2
36a	360	136	10.0	15.8	12.0	6.0	76.44	60.0	1.185	15800	552	14.4	2.69	875	81.2
36b	360	138	12.0	15.8	12.0	6.0	83.64	65.7	1.189	16500	582	14.1	2.64	919	84.3
36c	360	140	14.0	15.8	12.0	6.0	90.84	71.3	1.193	17300	612	13.8	2.60	962	87.4

（续）

型号	截面尺寸/mm						截面面积 /cm²	理论质量 /(kg/m)	外表面积 /(m²/m)	惯性矩/cm⁴		惯性半径/cm		截面模数/cm³	
	h	b	d	t	r	r_1				I_x	I_y	i_x	i_y	W_x	W_y
40a		142	10.5				86.07	67.6	1.285	21700	660	15.9	2.77	1090	93.2
40b	400	144	12.5	16.5	12.5	6.3	94.07	73.8	1.289	22800	692	15.6	2.71	1140	96.2
40c		146	14.5				102.1	80.1	1.293	23900	727	15.2	2.65	1190	99.6
45a		150	11.5				102.4	80.4	1.411	32200	855	17.7	2.89	1430	114
45b	450	152	13.5	18.0	13.5	6.8	111.4	87.4	1.415	33800	894	17.4	2.84	1500	118
45c		154	15.5				120.4	94.5	1.419	35300	938	17.1	2.79	1570	122
50a		158	12.0				119.2	93.6	1.539	46500	1120	19.7	3.07	1860	142
50b	500	160	14.0	20.0	14.0	7.0	129.2	101	1.543	48600	1170	19.4	3.01	1940	146
50c		162	16.0				139.2	109	1.547	50600	1220	19.0	2.96	2080	151
55a		166	12.5				134.1	105	1.667	62900	1370	21.6	3.19	2290	164
55b	550	168	14.5				145.1	114	1.671	65600	1420	21.2	3.14	2390	170
55c		170	16.5	21.0	14.5	7.3	156.1	123	1.675	68400	1480	20.9	3.08	2490	175
56a		166	12.5				135.4	106	1.687	65600	1370	22.0	3.18	2340	165
56b	560	168	14.5				146.6	115	1.691	68500	1490	21.6	3.16	2450	174
56c		170	16.5				157.8	124	1.695	71400	1560	21.3	3.16	2550	183
63a		176	13.0				154.6	121	1.862	93900	1700	24.5	3.31	2980	193
63b	630	178	15.0	22.0	15.0	7.5	167.2	131	1.866	98100	1810	24.2	3.29	3160	204
63c		180	17.0				179.8	141	1.870	102000	1920	23.8	3.27	3300	214

注：1. GB/T 706—2016《热轧型钢》规定的工字钢、槽钢、等边角钢和不等边角钢的截面图示及尺寸、截面面积、理论质量及截面特性见表 1-219～表 1-222。表中的 r、r_1 的数据用于孔型设计，不作为交货条件。

2. 型钢尺寸、外形及极限偏差参见 GB/T 706—2016 中的规定。

3. 钢材的牌号及化学成分应符合 GB/T 700 或 GB/T 1591 中的规定。

4. 型钢的力学性能应符合 GB/T 700 或 GB/T 1591 中的有关规定。型钢以热轧状态交货。

5. 型钢的长度极限偏差：长度≤8000mm 和长度>8000mm 的极限偏差分别为 $^{+50}_{0}$mm 和 $^{+80}_{0}$mm。

6. 型钢应按理论质量交货。理论质量按密度为 7.85g/cm³ 计算。经供需双方协商并在合同中注明，也可按实际质量交货。

7. 型钢质量允许偏差应不超过±5%。质量偏差（%）按下式计算。质量允许偏差适用于同一尺寸且质量超过 1t 的一批，当一批同一尺寸的质量不大于 1t 但根数大于 10 根时也适用。

$$质量偏差 = \frac{实际重量 - 理论质量}{理论质量} \times 100\%$$

8. 型钢的截面面积计算公式见下表：

型钢种类	计 算 公 式
工字钢	$hd + 2t(b-d) + 0.577(r^2 - r_1^2)$
槽钢	$hd + 2t(b-d) + 0.339(r^2 - r_1^2)$
等边角钢	$d(2b-d) + 0.215(r^2 - 2r_1^2)$
不等边角钢	$d(B+b-d) + 0.215(r^2 - 2r_1^2)$

9. 型钢规格的表示方法：

工字钢："I"与高度值×腿宽度值×腰厚度值，如 I450×150×11.5（简记为 I45a）。

槽钢："["与高度值×腿宽度值×腰厚度值，如 [200×75×9（简记为 [20b）。

等边角钢："∠"与边宽度值×边宽度值×边厚度值，如 ∠200×200×24（简记为 ∠200×24）。

不等边角钢："∠"与长边宽度值×短边宽度值×边厚度值，如 ∠160×100×16。

10. 本表的注 1～注 9 适用于表 1-220～表 1-222。

1.8.9 热轧槽钢(见表 1-220)

表 1-220 热轧槽钢的截面尺寸、截面面积、理论质量及截面特性(摘自 GB/T 706—2016)

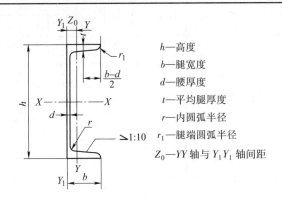

h—高度
b—腿宽度
d—腰厚度
t—平均腿厚度
r—内圆弧半径
r_1—腿端圆弧半径
Z_0—YY 轴与 Y_1Y_1 轴间距

型号	截面尺寸/mm						截面面积/cm²	理论质量/(kg/m)	外表面积/(m²/m)	惯性矩/cm⁴			惯性半径/cm		截面模数/cm³		重心距离/cm
	h	b	d	t	r	r_1				I_x	I_y	I_{y1}	i_x	i_y	W_x	W_y	Z_0
5	50	37	4.5	7.0	7.0	3.5	6.925	5.44	0.226	26.0	8.30	20.9	1.94	1.10	10.4	3.55	1.35
6.3	63	40	4.8	7.5	7.5	3.8	8.446	6.63	0.262	50.8	11.9	28.4	2.45	1.19	16.1	4.50	1.36
6.5	65	40	4.3	7.5	7.5	3.8	8.292	6.51	0.267	55.2	12.0	28.3	2.54	1.19	17.0	4.59	1.38
8	80	43	5.0	8.0	8.0	4.0	10.24	8.04	0.307	101	16.6	37.4	3.15	1.27	25.3	5.79	1.43
10	100	48	5.3	8.5	8.5	4.2	12.74	10.0	0.365	198	25.6	54.9	3.95	1.41	39.7	7.80	1.52
12	120	53	5.5	9.0	9.0	4.5	15.36	12.1	0.423	346	37.4	77.7	4.75	1.56	57.7	10.2	1.62
12.6	126	53	5.5	9.0	9.0	4.5	15.69	12.3	0.435	391	38.0	77.1	4.95	1.57	62.1	10.2	1.59
14a	140	58	6.0	9.5	9.5	4.8	18.51	14.5	0.480	564	53.2	107	5.52	1.70	80.5	13.0	1.71
14b	140	60	8.0	9.5	9.5	4.8	21.31	16.7	0.484	609	61.1	121	5.35	1.69	87.1	14.1	1.67
16a	160	63	6.5	10.0	10.0	5.0	21.95	17.2	0.538	866	73.3	144	6.28	1.83	108	16.3	1.80
16b	160	65	8.5	10.0	10.0	5.0	25.15	19.8	0.542	935	83.4	161	6.10	1.82	117	17.6	1.75
18a	180	68	7.0	10.5	10.5	5.2	25.69	20.2	0.596	1270	98.6	190	7.04	1.96	141	20.0	1.88
18b	180	70	9.0	10.5	10.5	5.2	29.29	23.0	0.600	1370	111	210	6.84	1.95	152	21.5	1.84
20a	200	73	7.0	11.0	11.0	5.5	28.83	22.6	0.654	1780	128	244	7.86	2.11	178	24.2	2.01
20b	200	75	9.0	11.0	11.0	5.5	32.83	25.8	0.658	1910	144	268	7.64	2.09	191	25.9	1.95
22a	220	77	7.0	11.5	11.5	5.8	31.83	25.0	0.709	2390	158	298	8.67	2.23	218	28.2	2.10
22b	220	79	9.0	11.5	11.5	5.8	36.23	28.5	0.713	2570	176	326	8.42	2.21	234	30.1	2.03
24a	240	78	7.0	12.0	12.0	6.0	34.21	26.9	0.752	3050	174	325	9.45	2.25	254	30.5	2.10
24b	240	80	9.0	12.0	12.0	6.0	39.01	30.6	0.756	3280	194	355	9.17	2.23	274	32.5	2.03
24c	240	82	11.0	12.0	12.0	6.0	43.81	34.4	0.760	3510	213	388	8.96	2.21	293	34.4	2.00
25a	250	78	7.0	12.0	12.0	6.0	34.91	27.4	0.722	3370	176	322	9.82	2.24	270	30.6	2.07
25b	250	80	9.0	12.0	12.0	6.0	39.91	31.3	0.776	3530	196	353	9.41	2.22	282	32.7	1.98
25c	250	82	11.0	12.0	12.0	6.0	44.91	35.3	0.780	3690	218	384	9.07	2.21	295	35.9	1.92

(续)

型号	截面尺寸/mm						截面面积/cm²	理论质量/(kg/m)	外表面积/(m²/m)	惯性矩/cm⁴			惯性半径/cm		截面模数/cm³		重心距离/cm
	h	b	d	t	r	r_1				I_x	I_y	I_{y1}	i_x	i_y	W_x	W_y	Z_0
27a		82	7.5				39.27	30.8	0.826	4360	216	393	10.5	2.34	323	35.5	2.13
27b	270	84	9.5				44.67	35.1	0.830	4690	239	428	10.3	2.31	347	37.7	2.06
27c		86	11.5	12.5	12.5	6.2	50.07	39.3	0.834	5020	261	467	10.1	2.28	372	39.8	2.03
28a		82	7.5				40.02	31.4	0.846	4760	218	388	10.9	2.33	340	35.7	2.10
28b	280	84	9.5				45.62	35.8	0.850	5130	242	428	10.6	2.30	366	37.9	2.02
28c		86	11.5				51.22	40.2	0.854	5500	268	463	10.4	2.29	393	40.3	1.95
30a		85	7.5				43.89	34.5	0.897	6050	260	467	11.7	2.43	403	41.1	2.17
30b	300	87	9.5	13.5	13.5	6.8	49.89	39.2	0.901	6500	289	515	11.4	2.41	433	44.0	2.13
30c		89	11.5				55.89	43.9	0.905	6950	316	560	11.2	2.38	463	46.4	2.09
32a		88	8.0				48.50	38.1	0.947	7600	305	552	12.5	2.50	475	46.5	2.24
32b	320	90	10.0	14.0	14.0	7.0	54.90	43.1	0.951	8140	336	593	12.2	2.47	509	49.2	2.16
32c		92	12.0				61.30	48.1	0.955	8690	374	643	11.9	2.47	543	52.6	2.09
36a		96	9.0				60.89	47.8	1.053	11900	455	818	14.0	2.73	660	63.5	2.44
36b	360	98	11.0	16.0	16.0	8.0	68.09	53.4	1.057	12700	497	880	13.6	2.70	703	66.9	2.37
36c		100	13.0				75.29	59.1	1.061	13400	536	948	13.4	2.67	746	70.0	2.34
40a		100	10.5				75.04	58.9	1.144	17600	592	1070	15.3	2.81	879	78.8	2.49
40b	400	102	12.5	18.0	18.0	9.0	83.04	65.2	1.148	18600	640	1140	15.0	2.78	932	82.5	2.44
40c		104	14.5				91.04	71.5	1.152	19700	688	1220	14.7	2.75	986	86.2	2.42

注：表中 r、r_1 的数据用于孔型设计，不作为交货条件。

1.8.10　热轧等边角钢(见表1-221)

表 1-221　热轧等边角钢的截面尺寸、截面面积、理论质量及截面特性(摘自 GB/T 706—2016)

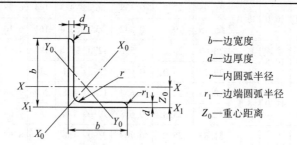

b—边宽度

d—边厚度

r—内圆弧半径

r_1—边端圆弧半径

Z_0—重心距离

型号	截面尺寸/mm			截面面积/cm²	理论质量/(kg/m)	外表面积/(m²/m)	惯性矩/cm⁴				惯性半径/cm			截面模数/cm³			重心距离/cm
	b	d	r				I_x	I_{x1}	I_{x0}	I_{y0}	i_x	i_{x0}	i_{y0}	W_x	W_{x0}	W_{y0}	Z_0
2	20	3		1.132	0.89	0.078	0.40	0.81	0.63	0.17	0.59	0.75	0.39	0.29	0.45	0.20	0.60
		4	3.5	1.459	1.15	0.077	0.50	1.09	0.78	0.22	0.58	0.73	0.38	0.36	0.55	0.24	0.64
2.5	25	3		1.432	1.12	0.098	0.82	1.57	1.29	0.34	0.76	0.95	0.49	0.46	0.73	0.33	0.73
		4		1.859	1.46	0.097	1.03	2.11	1.62	0.43	0.74	0.93	0.48	0.59	0.92	0.40	0.76

（续）

型号	截面尺寸/mm			截面面积/cm²	理论质量/(kg/m)	外表面积/(m²/m)	惯性矩/cm⁴				惯性半径/cm			截面模数/cm³			重心距离/cm
	b	d	r				I_x	I_{x1}	I_{x0}	I_{y0}	i_x	i_{x0}	i_{y0}	W_x	W_{x0}	W_{y0}	Z_0
3.0	30	3		1.749	1.37	0.117	1.46	2.71	2.31	0.61	0.91	1.15	0.59	0.68	1.09	0.51	0.85
		4		2.276	1.79	0.117	1.84	3.63	2.92	0.77	0.90	1.13	0.58	0.87	1.37	0.62	0.89
3.6	36	3	4.5	2.109	1.66	0.141	2.58	4.68	4.09	1.07	1.11	1.39	0.71	0.99	1.61	0.76	1.00
		4		2.756	2.16	0.141	3.29	6.25	5.22	1.37	1.09	1.38	0.70	1.28	2.05	0.93	1.04
		5		3.382	2.65	0.141	3.95	7.84	6.24	1.65	1.08	1.36	0.7	1.56	2.45	1.00	1.07
4	40	3		2.359	1.85	0.157	3.59	6.41	5.69	1.49	1.23	1.55	0.79	1.23	2.01	0.96	1.09
		4		3.086	2.42	0.157	4.60	8.56	7.29	1.91	1.22	1.54	0.79	1.60	2.58	1.19	1.13
		5	5	3.792	2.98	0.156	5.53	10.7	8.76	2.30	1.21	1.52	0.78	1.96	3.10	1.39	1.17
4.5	45	3		2.659	2.09	0.177	5.17	9.12	8.20	2.14	1.40	1.76	0.89	1.58	2.58	1.24	1.22
		4		3.486	2.74	0.177	6.65	12.2	10.6	2.75	1.38	1.74	0.89	2.05	3.32	1.54	1.26
		5		4.292	3.37	0.176	8.04	15.2	12.7	3.33	1.37	1.72	0.88	2.51	4.00	1.81	1.30
		6		5.077	3.99	0.176	9.33	18.4	14.8	3.89	1.36	1.70	0.80	2.95	4.64	2.06	1.33
5	50	3		2.971	2.33	0.197	7.18	12.5	11.4	2.98	1.55	1.96	1.00	1.96	3.22	1.57	1.34
		4		3.897	3.06	0.197	9.26	16.7	14.7	3.82	1.54	1.94	0.99	2.56	4.16	1.96	1.38
		5	5.5	4.803	3.77	0.196	11.2	20.9	17.8	4.64	1.53	1.92	0.98	3.13	5.03	2.31	1.42
		6		5.688	4.46	0.196	13.1	25.1	20.7	5.42	1.52	1.91	0.98	3.68	5.85	2.63	1.46
5.6	56	3		3.343	2.62	0.221	10.2	17.6	16.1	4.24	1.75	2.20	1.13	2.48	4.08	2.02	1.48
		4		4.39	3.45	0.220	13.2	23.4	20.9	5.46	1.73	2.18	1.11	3.24	5.28	2.52	1.53
		5		5.415	4.25	0.220	16.0	29.3	25.4	6.61	1.72	2.17	1.10	3.97	6.42	2.98	1.57
		6	6	6.42	5.04	0.220	18.7	35.3	29.7	7.73	1.71	2.15	1.10	4.68	7.49	3.40	1.61
		7		7.404	5.81	0.219	21.2	41.2	33.6	8.82	1.69	2.13	1.09	5.36	8.49	3.80	1.64
		8		8.367	6.57	0.219	23.6	47.2	37.4	9.89	1.68	2.11	1.09	6.03	9.44	4.16	1.68
6	60	5		5.829	4.58	0.236	19.9	36.1	31.6	8.21	1.85	2.33	1.19	4.59	7.44	3.48	1.67
		6		6.914	5.43	0.235	23.4	43.3	36.9	9.60	1.83	2.31	1.18	5.41	8.70	3.98	1.70
		7	6.5	7.977	6.26	0.235	26.4	50.7	41.9	11.0	1.82	2.29	1.17	6.21	9.88	4.45	1.74
		8		9.02	7.08	0.235	29.5	58.0	46.7	12.3	1.81	2.27	1.17	6.98	11.0	4.88	1.78
6.3	63	4		4.978	3.91	0.248	19.0	33.4	30.2	7.89	1.96	2.46	1.26	4.13	6.78	3.29	1.70
		5		6.143	4.82	0.248	23.2	41.7	36.8	9.57	1.94	2.45	1.25	5.08	8.25	3.90	1.74
		6	7	7.288	5.72	0.247	27.1	50.1	43.0	11.2	1.93	2.43	1.24	6.00	9.66	4.46	1.78
		7		8.412	6.60	0.247	30.9	58.6	49.0	12.8	1.92	2.41	1.23	6.88	11.0	4.98	1.82
		8		9.515	7.47	0.247	34.5	67.1	54.6	14.3	1.90	2.40	1.23	7.75	12.3	5.47	1.85
		10		11.66	9.15	0.246	41.1	84.3	64.9	17.3	1.88	2.36	1.22	9.39	14.6	6.36	1.93
7	70	4		5.570	4.37	0.275	26.4	45.7	41.8	11.0	2.18	2.74	1.40	5.14	8.44	4.17	1.86
		5		6.876	5.40	0.275	32.2	57.2	51.1	13.3	2.16	2.73	1.39	6.32	10.3	4.95	1.91
		6	8	8.160	6.41	0.275	37.8	68.7	59.9	15.6	2.15	2.71	1.38	7.48	12.1	5.67	1.95
		7		9.424	7.40	0.275	43.1	80.3	68.4	17.8	2.14	2.69	1.38	8.59	13.8	6.34	1.99
		8		10.67	8.37	0.274	48.2	91.9	76.4	20.0	2.12	2.68	1.37	9.68	15.4	6.98	2.03

（续）

型号	截面尺寸/mm			截面面积/cm²	理论质量/(kg/m)	外表面积/(m²/m)	惯性矩/cm⁴				惯性半径/cm			截面模数/cm³			重心距离/cm
	b	d	r				I_x	I_{x1}	I_{x0}	I_{y0}	i_x	i_{x0}	i_{y0}	W_x	W_{x0}	W_{y0}	Z_0
7.5	75	5	9	7.412	5.82	0.295	40.0	70.6	63.3	16.6	2.33	2.92	1.50	7.32	11.9	5.77	2.04
		6		8.797	6.91	0.294	47.0	84.6	74.4	19.5	2.31	2.90	1.49	8.64	14.0	6.67	2.07
		7		10.16	7.98	0.294	53.6	98.7	85.0	22.2	2.30	2.89	1.48	9.93	16.0	7.44	2.11
		8		11.50	9.03	0.294	60.0	113	95.1	24.9	2.28	2.88	1.47	11.2	17.9	8.19	2.15
		9		12.83	10.1	0.294	66.1	127	105	27.5	2.27	2.86	1.46	12.4	19.8	8.89	2.18
		10		14.13	11.1	0.293	72.0	142	114	30.1	2.26	2.84	1.46	13.6	21.5	9.56	2.22
8	80	5	9	7.912	6.21	0.315	48.8	85.4	77.3	20.3	2.48	3.13	1.60	8.34	13.7	6.66	2.15
		6		9.397	7.38	0.314	57.4	103	91.0	23.7	2.47	3.11	1.59	9.87	16.1	7.65	2.19
		7		10.86	8.53	0.314	65.6	120	104	27.1	2.46	3.10	1.58	11.4	18.4	8.58	2.23
		8		12.30	9.66	0.314	73.5	137	117	30.4	2.44	3.08	1.57	12.8	20.6	9.46	2.27
		9		13.73	10.8	0.314	81.1	154	129	33.6	2.43	3.06	1.56	14.3	22.7	10.3	2.31
		10		15.13	11.9	0.313	88.4	172	140	36.8	2.42	3.04	1.56	15.6	24.8	11.1	2.35
9	90	6	10	10.64	8.35	0.354	82.8	146	131	34.3	2.79	3.51	1.80	12.6	20.6	9.95	2.44
		7		12.30	9.66	0.354	94.8	170	150	39.2	2.78	3.50	1.78	14.5	23.6	11.2	2.48
		8		13.94	10.9	0.353	106	195	169	44.0	2.76	3.48	1.78	16.4	26.6	12.4	2.52
		9		15.57	12.2	0.353	118	219	187	48.7	2.75	3.46	1.77	18.3	29.4	13.5	2.56
		10		17.17	13.5	0.353	129	244	204	53.3	2.74	3.45	1.76	20.1	32.0	14.5	2.59
		12		20.31	15.9	0.352	149	294	236	62.2	2.71	3.41	1.75	23.6	37.1	16.5	2.67
10	100	6	12	11.93	9.37	0.393	115	200	182	47.9	3.10	3.90	2.00	15.7	25.7	12.7	2.67
		7		13.80	10.8	0.393	132	234	209	54.7	3.09	3.89	1.99	18.1	29.6	14.3	2.71
		8		15.64	12.3	0.393	148	267	235	61.4	3.08	3.88	1.98	20.5	33.2	15.8	2.76
		9		17.46	13.7	0.392	164	300	260	68.0	3.07	3.86	1.97	22.8	36.8	17.2	2.80
		10		19.26	15.1	0.392	180	334	285	74.4	3.05	3.84	1.96	25.1	40.3	18.5	2.84
		12		22.80	17.9	0.391	209	402	331	86.8	3.03	3.81	1.95	29.5	46.8	21.1	2.91
		14		26.26	20.6	0.391	237	471	374	99.0	3.00	3.77	1.94	33.7	52.9	23.4	2.99
		16		29.63	23.3	0.390	263	540	414	111	2.98	3.74	1.94	37.8	58.6	25.6	3.06
11	110	7	12	15.20	11.9	0.433	177	311	281	73.4	3.41	4.30	2.20	22.1	36.1	17.5	2.96
		8		17.24	13.5	0.433	199	355	316	82.4	3.40	4.28	2.19	25.0	40.7	19.4	3.01
		10		21.26	16.7	0.432	242	445	384	100	3.38	4.25	2.17	30.6	49.4	22.9	3.09
		12		25.20	19.8	0.431	283	535	448	117	3.35	4.22	2.15	36.1	57.6	26.2	3.16
		14		29.06	22.8	0.431	321	625	508	133	3.32	4.18	2.14	41.3	65.3	29.1	3.24
12.5	125	8	14	19.75	15.5	0.492	297	521	471	123	3.88	4.88	2.50	32.5	53.3	25.9	3.37
		10		24.37	19.1	0.491	362	652	574	149	3.85	4.85	2.48	40.0	64.9	30.6	3.45
		12		28.91	22.7	0.491	423	783	671	175	3.83	4.82	2.46	41.2	76.0	35.0	3.53
		14		33.37	26.2	0.490	482	916	764	200	3.80	4.78	2.45	54.2	86.4	39.1	3.61
		16		37.74	29.6	0.489	537	1050	851	224	3.77	4.75	2.43	60.9	96.3	43.0	3.68
14	140	10	14	27.37	21.5	0.551	515	915	817	212	4.34	5.46	2.78	50.6	82.6	39.2	3.82
		12		32.51	25.5	0.551	604	1100	959	249	4.31	5.43	2.76	59.8	96.9	45.0	3.90
		14		37.57	29.5	0.550	689	1280	1090	284	4.28	5.40	2.75	68.8	110	50.5	3.98
		16		42.54	33.4	0.549	770	1470	1220	319	4.26	5.36	2.74	77.5	123	55.6	4.06

（续）

型号	截面尺寸/mm			截面面积/cm²	理论质量/(kg/m)	外表面积/(m²/m)	惯性矩/cm⁴				惯性半径/cm			截面模数/cm³			重心距离/cm
	b	d	r				I_x	I_{x1}	I_{x0}	I_{y0}	i_x	i_{x0}	i_{y0}	W_x	W_{x0}	W_{y0}	Z_0
15	150	8	14	23.75	18.6	0.592	521	900	827	215	4.69	5.90	3.01	47.4	78.0	38.1	3.99
		10		29.37	23.1	0.591	638	1130	1010	262	4.66	5.87	2.99	58.4	95.5	45.5	4.08
		12		34.91	27.4	0.591	749	1350	1190	308	4.63	5.84	2.97	69.0	112	52.4	4.15
		14		40.37	31.7	0.590	856	1580	1360	352	4.60	5.80	2.95	79.5	128	58.8	4.23
		15		43.06	33.8	0.590	907	1690	1440	374	4.59	5.78	2.95	84.6	136	61.9	4.27
		16		45.74	35.9	0.589	958	1810	1520	395	4.58	5.77	2.94	89.6	143	64.9	4.31
16	160	10	16	31.50	24.7	0.630	780	1370	1240	322	4.98	6.27	3.20	66.7	109	52.8	4.31
		12		37.44	29.4	0.630	917	1640	1460	377	4.95	6.24	3.18	79.0	129	60.7	4.39
		14		43.30	34.0	0.629	1050	1910	1670	432	4.92	6.20	3.16	91.0	147	68.2	4.47
		16		49.07	38.5	0.629	1180	2190	1870	485	4.89	6.17	3.14	103	165	75.3	4.55
18	180	12	16	42.24	33.2	0.710	1320	2330	2100	543	5.59	7.05	3.58	101	165	78.4	4.89
		14		48.90	38.4	0.709	1510	2720	2410	622	5.56	7.02	3.56	116	189	88.4	4.97
		16		55.47	43.5	0.709	1700	3120	2700	699	5.54	6.98	3.55	131	212	97.8	5.05
		18		61.96	48.6	0.708	1880	3500	2990	762	5.50	6.94	3.51	146	235	105	5.13
20	200	14	18	54.64	42.9	0.788	2100	3730	3340	864	6.20	7.82	3.98	145	236	112	5.46
		16		62.01	48.7	0.788	2370	4270	3760	971	6.18	7.79	3.96	164	266	124	5.54
		18		69.30	54.4	0.787	2620	4810	4160	1080	6.15	7.75	3.94	182	294	136	5.62
		20		76.51	60.1	0.787	2870	5350	4550	1180	6.12	7.72	3.93	200	322	147	5.69
		24		90.66	71.2	0.785	3340	6460	5290	1380	6.07	7.64	3.90	236	374	167	5.87
22	220	16	21	68.67	53.9	0.866	3190	5680	5060	1310	6.81	8.59	4.37	200	326	154	6.03
		18		76.75	60.3	0.866	3540	6400	5620	1450	6.79	8.55	4.35	223	361	168	6.11
		20		84.76	66.5	0.865	3870	7110	6150	1590	6.76	8.52	4.34	245	395	182	6.18
		22		92.68	72.8	0.865	4200	7830	6670	1730	6.73	8.48	4.32	267	429	195	6.26
		24		100.5	78.9	0.864	4520	8550	7170	1870	6.71	8.45	4.31	289	461	208	6.33
		26		108.3	85.0	0.864	4830	9280	7690	2000	6.68	8.41	4.30	310	492	221	6.41
25	250	18	24	87.84	69.0	0.985	5270	9380	8370	2170	7.75	9.76	4.97	290	473	224	6.84
		20		97.05	76.2	0.984	5780	10400	9180	2380	7.72	9.73	4.95	320	519	243	6.92
		22		106.2	83.3	0.983	6280	11500	9970	2580	7.69	9.69	4.93	349	564	261	7.00
		24		115.2	90.4	0.983	6770	12500	10700	2790	7.67	9.66	4.92	378	608	278	7.07
		26		124.2	97.5	0.982	7240	13600	11500	2980	7.64	9.62	4.90	406	650	295	7.15
		28		133.0	104	0.982	7700	14600	12200	3180	7.61	9.58	4.89	433	691	311	7.22
		30		141.8	111	0.981	8160	15700	12900	3380	7.58	9.55	4.88	461	731	327	7.30
		32		150.5	118	0.981	8600	16800	13600	3570	7.56	9.51	4.87	488	770	342	7.37
		35		163.4	128	0.980	9240	18400	14600	3850	7.52	9.46	4.86	527	827	364	7.48

注：截面图中的 $r_1 = 1/3d$ 及表中 r 的数据用于孔型设计，不作为交货条件。

1.8.11 热轧不等边角钢（见表1-222）

表1-222 热轧不等边角钢的截面尺寸、截面面积、理论质量及截面特性（摘自 GB/T 706—2016）

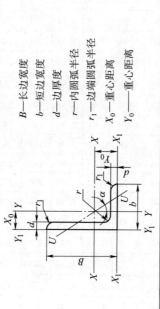

B—长边宽度
b—短边宽度
d—边厚度
r—内圆弧半径
r₁—边端圆弧半径
X₀—重心距离
Y₀—重心距离

型号	截面尺寸/mm B	b	d	r	截面面积/cm²	理论质量/(kg/m)	外表面积/(m²/m)	惯性矩/cm⁴ I_x	I_{x1}	I_y	I_{y1}	I_u	惯性半径/cm i_x	i_y	i_u	截面模数/cm³ W_x	W_y	W_u	$\tan\alpha$	重心距离/cm X_0	Y_0
2.5/1.6	25	16	3	3.5	1.162	0.91	0.080	0.70	1.56	0.22	0.43	0.14	0.78	0.44	0.34	0.43	0.19	0.16	0.392	0.42	0.86
			4	3.5	1.499	1.18	0.079	0.88	2.09	0.27	0.59	0.17	0.77	0.43	0.34	0.55	0.24	0.20	0.381	0.46	0.90
3.2/2	32	20	3	3.5	1.492	1.17	0.102	1.53	3.27	0.46	0.82	0.28	1.01	0.55	0.43	0.72	0.30	0.25	0.382	0.49	1.08
			4	3.5	1.939	1.52	0.101	1.93	4.37	0.57	1.12	0.35	1.00	0.54	0.42	0.93	0.39	0.32	0.374	0.53	1.12
4/2.5	40	25	3	4	1.890	1.48	0.127	3.08	5.39	0.93	1.59	0.56	1.28	0.70	0.54	1.15	0.49	0.40	0.385	0.59	1.32
			4	4	2.467	1.94	0.127	3.93	8.53	1.18	2.14	0.71	1.36	0.69	0.54	1.49	0.63	0.52	0.381	0.63	1.37
4.5/2.8	45	28	3	5	2.149	1.69	0.143	4.45	9.10	1.34	2.23	0.80	1.44	0.79	0.61	1.47	0.62	0.51	0.383	0.64	1.47
			4	5	2.806	2.20	0.143	5.69	12.1	1.70	3.00	1.02	1.42	0.78	0.60	1.91	0.80	0.66	0.380	0.68	1.51
5/3.2	50	32	3	5.5	2.431	1.91	0.161	6.24	12.5	2.02	3.31	1.20	1.60	0.91	0.70	1.84	0.82	0.68	0.404	0.73	1.60
			4	5.5	3.177	2.49	0.160	8.02	16.7	2.58	4.45	1.53	1.59	0.90	0.69	2.39	1.06	0.87	0.402	0.77	1.65
5.6/3.6	56	36	3	6	2.743	2.15	0.181	8.88	17.5	2.92	4.7	1.73	1.80	1.03	0.79	2.32	1.05	0.87	0.408	0.80	1.78
			4	6	3.590	2.82	0.180	11.5	23.4	3.76	6.33	2.23	1.79	1.02	0.79	3.03	1.37	1.13	0.408	0.85	1.82
			5	6	4.415	3.47	0.180	13.9	29.3	4.49	7.94	2.67	1.77	1.01	0.78	3.71	1.65	1.36	0.404	0.88	1.87

（续）

型号	截面尺寸/mm				截面面积/cm²	理论质量/(kg/m)	外表面积/(m²/m)	惯性矩/cm⁴					惯性半径/cm			截面模数/cm³			tanα	重心距离/cm	
	B	b	d	r				I_x	I_{x1}	I_y	I_{y1}	I_u	i_x	i_y	i_u	W_x	W_y	W_u		X_0	Y_0
6.3/4	63	40	4	7	4.058	3.19	0.202	16.5	33.3	5.23	8.63	3.12	2.02	1.14	0.88	3.87	1.70	1.40	0.398	0.92	2.04
			5		4.993	3.92	0.202	20.0	41.6	6.31	10.9	3.76	2.00	1.12	0.87	4.74	2.07	1.71	0.396	0.95	2.08
			6		5.908	4.64	0.201	23.4	50.0	7.29	13.1	4.34	1.96	1.11	0.86	5.59	2.43	1.99	0.393	0.99	2.12
			7		6.802	5.34	0.201	26.5	58.1	8.24	15.5	4.97	1.98	1.10	0.86	6.40	2.78	2.29	0.389	1.03	2.15
7/4.5	70	45	4	7.5	4.553	3.57	0.226	23.2	45.9	7.55	12.3	4.40	2.26	1.29	0.98	4.86	2.17	1.77	0.410	1.02	2.24
			5		5.609	4.40	0.225	28.0	57.1	9.13	15.4	5.40	2.23	1.28	0.98	5.92	2.65	2.19	0.407	1.06	2.28
			6		6.644	5.22	0.225	32.5	68.4	10.6	18.6	6.35	2.21	1.26	0.98	6.95	3.12	2.59	0.404	1.09	2.32
			7		7.658	6.01	0.225	37.2	80.0	12.0	21.8	7.16	2.20	1.25	0.97	8.03	3.57	2.94	0.402	1.13	2.36
7.5/5	75	50	5	8	6.126	4.81	0.245	34.9	70.0	12.6	21.0	7.41	2.39	1.44	1.10	6.83	3.3	2.74	0.435	1.17	2.40
			6		7.260	5.70	0.245	41.1	84.3	14.7	25.4	8.54	2.38	1.42	1.08	8.12	3.88	3.19	0.435	1.21	2.44
			8		9.467	7.43	0.244	52.4	113	18.5	34.2	10.9	2.35	1.40	1.07	10.5	4.99	4.10	0.429	1.29	2.52
			10		11.59	9.10	0.244	62.7	141	22.0	43.4	13.1	2.33	1.38	1.06	12.8	6.04	4.99	0.423	1.36	2.60
8/5	80	50	5	8	6.376	5.00	0.255	42.0	85.2	12.8	21.1	7.66	2.56	1.42	1.10	7.78	3.32	2.74	0.388	1.14	2.60
			6		7.560	5.93	0.255	49.5	103	15.0	25.4	8.85	2.56	1.41	1.08	9.25	3.91	3.20	0.387	1.18	2.65
			7		8.724	6.85	0.255	56.2	119	17.0	29.8	10.2	2.54	1.39	1.08	10.6	4.48	3.70	0.384	1.21	2.69
			8		9.867	7.75	0.254	62.8	136	18.9	34.3	11.4	2.52	1.38	1.07	11.9	5.03	4.16	0.381	1.25	2.73
9/5.6	90	56	5	9	7.212	5.66	0.287	60.5	121	18.3	29.5	11.0	2.90	1.59	1.23	9.92	4.21	3.49	0.385	1.25	2.91
			6		8.557	6.72	0.286	71.0	146	21.4	35.6	12.9	2.88	1.58	1.23	11.7	4.96	4.13	0.384	1.29	2.95
			7		9.881	7.76	0.286	81.0	170	24.4	41.7	14.7	2.86	1.57	1.22	13.5	5.70	4.72	0.382	1.33	3.00
			8		11.18	8.78	0.286	91.0	194	27.2	47.9	16.3	2.85	1.56	1.21	15.3	6.41	5.29	0.380	1.36	3.04
10/6.3	100	63	6	10	9.618	7.55	0.320	99.1	200	30.9	50.5	18.4	3.21	1.79	1.38	14.6	6.35	5.25	0.394	1.43	3.24

（续）

型号	截面尺寸/mm				截面面积/cm²	理论质量/(kg/m)	外表面积/(m²/m)	惯性矩/cm⁴					惯性半径/cm			截面模数/cm³			tanα	重心距离/cm	
	B	b	d	r				I_x	I_{x1}	I_y	I_{y1}	I_u	i_x	i_y	i_u	W_x	W_y	W_u		X_0	Y_0
10/6.3	100	63	7	10	11.11	8.72	0.320	113	233	35.3	59.1	21.0	3.20	1.78	1.38	16.9	7.29	6.02	0.394	1.47	3.28
			8		12.58	9.88	0.319	127	266	39.4	67.9	23.5	3.18	1.77	1.37	19.1	8.21	6.78	0.391	1.50	3.32
			10		15.47	12.1	0.319	154	333	47.1	85.7	28.3	3.15	1.74	1.35	23.3	9.98	8.24	0.387	1.58	3.40
10/8	100	80	6	10	10.64	8.35	0.354	107	200	61.2	103	31.7	3.17	2.40	1.72	15.2	10.2	8.37	0.627	1.97	2.95
			7		12.30	9.66	0.354	123	233	70.1	120	36.2	3.16	2.39	1.72	17.5	11.7	9.60	0.626	2.01	3.00
			8		13.94	10.9	0.353	138	267	78.6	137	40.6	3.14	2.37	1.71	19.8	13.2	10.8	0.625	2.05	3.04
			10		17.17	13.5	0.353	167	334	94.7	172	49.1	3.12	2.35	1.69	24.2	16.1	13.1	0.622	2.13	3.12
11/7	110	70	6	10	10.64	8.35	0.354	133	266	42.9	69.1	25.4	3.54	2.01	1.54	17.9	7.90	6.53	0.403	1.57	3.53
			7		12.30	9.66	0.354	153	310	49.0	80.8	29.0	3.53	2.00	1.53	20.6	9.09	7.50	0.402	1.61	3.57
			8		13.94	10.9	0.353	172	354	54.9	92.7	32.5	3.51	1.98	1.53	23.3	10.3	8.45	0.401	1.65	3.62
			10		17.17	13.5	0.353	208	443	65.9	117	39.2	3.48	1.96	1.51	28.5	12.5	10.3	0.397	1.72	3.70
12.5/8	125	80	7	11	14.10	11.1	0.403	228	455	74.4	120	43.8	4.02	2.30	1.76	26.9	12.0	9.92	0.408	1.80	4.01
			8		15.99	12.6	0.403	257	520	83.5	138	49.2	4.01	2.28	1.75	30.4	13.6	11.2	0.407	1.84	4.06
			10		19.71	15.5	0.402	312	650	101	173	59.5	3.98	2.26	1.74	37.3	16.6	13.6	0.404	1.92	4.14
			12		23.35	18.3	0.402	364	780	117	210	69.4	3.95	2.24	1.72	44.0	19.4	16.0	0.400	2.00	4.22
14/9	140	90	8	12	18.04	14.2	0.453	366	731	121	196	70.8	4.50	2.59	1.98	38.5	17.3	14.3	0.411	2.04	4.50
			10		22.26	17.5	0.452	446	913	140	246	85.8	4.47	2.56	1.96	47.3	21.2	17.5	0.409	2.12	4.58
			12		26.40	20.7	0.451	522	1100	170	297	100	4.44	2.54	1.95	55.9	25.0	20.5	0.406	2.19	4.66
			14		30.46	23.9	0.451	594	1280	192	349	114	4.42	2.51	1.94	64.2	28.5	23.5	0.403	2.27	4.74
15/9	150	90	8	12	18.84	14.8	0.473	442	898	123	196	74.1	4.84	2.55	1.98	43.9	17.5	14.5	0.364	1.97	4.92

（续）

型号	截面尺寸/mm				截面面积/cm²	理论质量/(kg/m)	外表面积/(m²/m)	惯性矩/cm⁴					惯性半径/cm			截面模数/cm³			tanα	重心距离/cm	
	B	b	d	r				I_x	I_{x1}	I_y	I_{y1}	I_u	i_x	i_y	i_u	W_x	W_y	W_u		X_0	Y_0
15/9	150	90	10	12	23.26	18.3	0.472	539	1120	149	246	89.9	4.81	2.53	1.97	54.0	21.4	17.7	0.362	2.05	5.01
			12		27.60	21.7	0.471	632	1350	173	297	105	4.79	2.50	1.95	63.8	25.1	20.8	0.359	2.12	5.09
			14		31.86	25.0	0.471	721	1570	196	350	120	4.76	2.48	1.94	73.3	28.8	23.8	0.356	2.20	5.17
			15		33.95	26.7	0.471	764	1680	207	376	127	4.74	2.47	1.93	78.0	30.5	25.3	0.354	2.24	5.21
			16		36.03	28.3	0.470	806	1800	217	403	134	4.73	2.45	1.93	82.6	32.3	26.8	0.352	2.27	5.25
16/10	160	100	10	13	25.32	19.9	0.512	669	1360	205	337	122	5.14	2.85	2.19	62.1	26.6	21.9	0.390	2.28	5.24
			12		30.05	23.6	0.511	785	1640	239	406	142	5.11	2.82	2.17	73.5	31.3	25.8	0.388	2.36	5.32
			14		34.71	27.2	0.510	896	1910	271	476	162	5.08	2.80	2.16	84.6	35.8	29.6	0.385	2.43	5.40
			16		39.28	30.8	0.510	1000	2180	302	548	183	5.05	2.77	2.16	95.3	40.2	33.4	0.382	2.51	5.48
18/11	180	110	10	14	28.37	22.3	0.571	956	1940	278	447	167	5.80	3.13	2.42	79.0	32.5	26.9	0.376	2.44	5.89
			12		33.71	26.5	0.571	1120	2330	325	539	195	5.78	3.10	2.40	93.5	38.3	31.7	0.374	2.52	5.98
			14		38.97	30.6	0.570	1290	2720	370	632	222	5.75	3.08	2.39	108	44.0	36.3	0.372	2.59	6.06
			16		44.14	34.6	0.569	1440	3110	412	726	249	5.72	3.06	2.38	122	49.4	40.9	0.369	2.67	6.14
20/12.5	200	125	12	14	37.91	29.8	0.641	1570	3190	483	788	286	6.44	3.57	2.74	117	50.0	41.2	0.392	2.83	6.54
			14		43.87	34.4	0.640	1800	3730	551	922	327	6.41	3.54	2.73	135	57.4	47.3	0.390	2.91	6.62
			16		49.74	39.0	0.639	2020	4260	615	1060	366	6.38	3.52	2.71	152	64.9	53.3	0.388	2.99	6.70
			18		55.53	43.6	0.639	2240	4790	677	1200	405	6.35	3.49	2.70	169	71.7	59.2	0.385	3.06	6.78

注：截面图中的 $r_1 = 1/3d$ 及表中 r 的数据用于孔型设计，不作为交货条件。

1.8.12 热轧 H 型钢(见表 1-223~表 1-225)

表 1-223 热轧 H 型钢尺寸规格(摘自 GB/T 11263—2017)

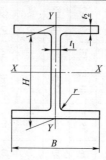

H—高度
B—宽度
t_1—腹板厚度
t_2—翼缘厚度
r—圆角半径

类别	型号(高度×宽度)/(mm×mm)	截面尺寸/mm					截面面积/cm²	理论质量/(kg/m)	表面积/(m²/m)	惯性矩/cm⁴		惯性半径/cm		截面模数/cm³	
		H	B	t_1	t_2	r				I_x	I_y	i_x	i_y	W_x	W_y
HW(宽翼缘)	100×100	100	100	6	8	8	21.58	16.9	0.574	378	134	4.18	2.48	75.6	26.7
	125×125	125	125	6.5	9	8	30.00	23.6	0.723	839	293	5.28	3.12	134	46.9
	150×150	150	150	7	10	8	39.64	31.1	0.872	1620	563	6.39	3.76	216	75.1
	175×175	175	175	7.5	11	13	51.42	40.4	1.01	2900	984	7.50	4.37	331	112
	200×200	200	200	8	12	13	63.53	49.9	1.16	4720	1600	8.61	5.02	472	160
		*200	204	12	12	13	71.53	56.2	1.17	4980	1700	8.34	4.87	498	167
	250×250	*244	252	11	11	13	81.31	63.8	1.45	8700	2940	10.3	6.01	713	233
		250	250	9	14	13	91.43	71.8	1.46	10700	3650	10.8	6.31	860	292
		*250	255	14	14	13	103.9	81.6	1.47	11400	3880	10.5	6.10	912	304
	300×300	*294	302	12	12	13	106.3	83.5	1.75	16600	5510	12.5	7.20	1130	365
		300	300	10	15	13	118.5	93.0	1.76	20200	6750	13.1	7.55	1350	450
		*300	305	15	15	13	133.5	105	1.77	21300	7100	12.6	7.29	1420	466
	350×350	*338	351	13	13	13	133.3	105	2.03	27700	9380	14.4	8.38	1640	534
		*344	348	10	16	13	144.0	113	2.04	32800	11200	15.1	8.83	1910	646
		*344	354	16	16	13	164.7	129	2.05	34900	11800	14.6	8.48	2030	669
		350	350	12	19	13	171.9	135	2.05	39800	13600	15.2	8.88	2280	776
		*350	357	19	19	13	196.4	154	2.07	42300	14400	14.7	8.57	2420	808
	400×400	*388	402	15	15	22	178.5	140	2.32	49000	16300	16.6	9.54	2520	809
		*394	398	11	18	22	186.8	147	2.32	56100	18900	17.3	10.1	2850	951
		*394	405	18	18	22	214.4	168	2.33	59700	20000	16.7	9.64	3030	985
		400	400	13	21	22	218.7	172	2.34	66600	22400	17.5	10.1	3330	1120
		*400	408	21	21	22	250.7	197	2.35	70900	23800	16.8	9.74	3540	1170
		*414	405	18	28	22	295.4	232	2.37	92800	31000	17.7	10.2	4480	1530
		*428	407	20	35	22	360.7	283	2.41	119000	39400	18.2	10.4	5570	1930
		*458	417	30	50	22	528.6	415	2.49	187000	60500	18.8	10.7	8170	2900
		*498	432	45	70	22	770.1	604	2.60	298000	94400	19.7	11.1	12000	4370
	500×500	*492	465	15	20	22	258.0	202	2.78	117000	33500	21.3	11.4	4770	1440
		*502	465	15	25	22	304.5	239	2.80	146000	41900	21.9	11.7	5810	1800
		*502	470	20	25	22	329.6	259	2.81	151000	43300	21.4	11.5	6020	1840

（续）

类别	型号（高度×宽度）/(mm×mm)	截面尺寸/mm					截面面积/cm²	理论质量/(kg/m)	表面积/(m²/m)	惯性矩/cm⁴		惯性半径/cm		截面模数/cm³	
		H	B	t_1	t_2	r				I_x	I_y	i_x	i_y	W_x	W_y
HM（中翼缘）	150×100	148	100	6	9	8	26.34	20.7	0.670	1000	150	6.16	2.38	135	30.1
	200×150	194	150	6	9	8	38.10	29.9	0.962	2630	507	8.30	3.64	271	67.6
	250×175	244	175	7	11	13	55.49	43.6	1.15	6040	984	10.4	4.21	495	112
	300×200	294	200	8	12	13	71.05	55.8	1.35	11100	1600	12.5	4.74	756	160
		*298	201	9	14	13	82.03	64.4	1.36	13100	1900	12.6	4.80	878	189
	350×250	340	250	9	14	13	99.53	78.1	1.64	21200	3650	14.6	6.05	1250	292
	400×300	390	300	10	16	13	133.3	105	1.94	37900	7200	16.9	7.35	1940	480
	450×300	440	300	11	18	13	153.9	121	2.04	54700	8110	18.9	7.25	2490	540
	500×300	*482	300	11	15	13	141.2	111	2.12	58300	6760	20.3	6.91	2420	450
		488	300	11	18	13	159.2	125	2.13	68900	8110	20.8	7.13	2820	540
	550×300	*544	300	11	15	13	148.0	116	2.24	76400	6760	22.7	6.75	2810	450
		*550	300	11	18	13	166.0	130	2.26	89800	8110	23.3	6.98	3270	540
	600×300	*582	300	12	17	13	169.2	133	2.32	98900	7660	24.2	6.72	3400	511
		588	300	12	20	13	187.2	147	2.33	114000	9010	24.7	6.93	3890	601
		*594	302	14	23	13	217.1	170	2.35	134000	10600	24.8	6.97	4500	700
HN（窄翼缘）	*100×50	100	50	5	7	8	11.84	9.30	0.376	187	14.8	3.97	1.11	37.5	5.91
	*125×60	125	60	6	8	8	16.68	13.1	0.464	409	29.1	4.95	1.32	65.4	9.71
	150×75	150	75	5	7	8	17.84	14.0	0.576	666	49.5	6.10	1.66	88.8	13.2
	175×90	175	90	5	8	8	22.89	18.0	0.686	1210	97.5	7.25	2.06	138	21.7
	200×100	*198	99	4.5	7	8	22.68	17.8	0.769	1540	113	8.24	2.23	156	22.9
		200	100	5.5	8	8	26.66	20.9	0.775	1810	134	8.22	2.23	181	26.7
	250×125	*248	124	5	8	8	31.98	25.1	0.968	3450	255	10.4	2.82	278	41.1
		250	125	6	9	8	36.96	29.0	0.974	3960	294	10.4	2.81	317	47.0
	300×150	*298	149	5.5	8	13	40.80	32.0	1.16	6320	442	12.4	3.29	424	59.3
		300	150	6.5	9	13	46.78	36.7	1.16	7210	508	12.4	3.29	481	67.7
	350×175	*346	174	6	9	13	52.45	41.2	1.35	11000	791	14.5	3.88	638	91.0
		350	175	7	11	13	62.91	49.4	1.36	13500	984	14.6	3.95	771	112
	400×150	400	150	8	13	13	70.37	55.2	1.36	18600	734	16.3	3.22	929	97.8
	400×200	*396	199	7	11	13	71.41	56.1	1.55	19800	1450	16.6	4.50	999	145
		400	200	8	13	13	83.37	65.4	1.56	23500	1740	16.8	4.56	1170	174
	450×150	*446	150	7	12	13	66.99	52.6	1.46	22000	677	18.1	3.17	985	90.3
		450	151	8	14	13	77.49	60.8	1.47	25700	806	18.2	3.22	1140	107
	450×200	*446	199	8	12	13	82.97	65.1	1.65	28100	1580	18.4	4.36	1260	159
		450	200	9	14	13	95.43	74.9	1.66	32900	1870	18.6	4.42	1460	187
	475×150	*470	150	7	13	13	71.53	56.2	1.50	26200	733	19.1	3.20	1110	97.8
		*475	151.5	8.5	15.5	13	86.15	67.6	1.52	31700	901	19.2	3.23	1330	119
		482	153.5	10.5	19	13	106.4	83.5	1.53	39600	1150	19.3	3.28	1640	150
	500×150	*492	150	7	12	13	70.21	55.1	1.55	27500	677	19.8	3.10	1120	90.3
		*500	152	9	16	13	92.21	72.4	1.57	37000	940	20.0	3.19	1480	124
		504	153	10	18	13	103.3	81.1	1.58	41900	1080	20.1	3.23	1660	141

（续）

类别	型号 （高度×宽度） /（mm×mm）	截面尺寸/mm					截面 面积 /cm²	理论 质量/ （kg/m）	表面 积/ （m²/m）	惯性矩/cm⁴		惯性半径/cm		截面模数/cm³	
		H	B	t_1	t_2	r				I_x	I_y	i_x	i_y	W_x	W_y
HN （窄翼 缘）	500×200	＊496	199	9	14	13	99.29	77.9	1.75	40800	1840	20.3	4.30	1650	185
		500	200	10	16	13	112.3	88.1	1.76	46800	2140	20.4	4.36	1870	214
		＊506	201	11	19	13	129.3	102	1.77	55500	2580	20.7	4.46	2190	257
	550×200	＊546	199	9	14	13	103.8	81.5	1.85	50800	1840	22.1	4.21	1860	185
		550	200	10	16	13	117.3	92.0	1.86	58200	2140	22.3	4.27	2120	214
	600×200	＊596	199	10	15	13	117.8	92.4	1.95	66600	1980	23.8	4.09	2240	199
		600	200	11	17	13	131.7	103	1.96	75600	2270	24.0	4.15	2520	227
		＊606	201	12	20	13	149.8	118	1.97	88300	2720	24.3	4.25	2910	270
	625×200	＊625	198.5	13.5	17.5	13	150.6	118	1.99	88500	2300	24.2	3.90	2830	231
		630	200	15	20	13	170.0	133	2.01	101000	2690	24.4	3.97	3220	268
		＊638	202	17	24	13	198.7	156	2.03	122000	3320	24.8	4.09	3820	329
	650×300	＊646	299	12	18	18	183.6	144	2.43	131000	8030	26.7	6.61	4080	537
		＊650	300	13	20	18	202.1	159	2.44	146000	9010	26.9	6.67	4500	601
		＊654	301	14	22	18	220.6	173	2.45	161000	10000	27.4	6.81	4930	666
	700×300	＊692	300	13	20	18	207.5	163	2.53	168000	9020	28.5	6.59	4870	601
		700	300	13	24	18	231.5	182	2.54	197000	10800	29.2	6.83	5640	721
	750×300	＊734	299	12	16	18	182.7	143	2.61	161000	7140	29.7	6.25	4390	478
		＊742	300	13	20	18	214.0	168	2.63	197000	9020	30.4	6.49	5320	601
		＊750	300	13	24	18	238.0	187	2.64	231000	10800	31.1	6.74	6150	721
		＊758	303	16	28	18	284.8	224	2.67	276000	13000	31.1	6.75	7270	859
	800×300	＊792	300	14	22	18	239.5	188	2.73	248000	9920	32.2	6.43	6270	661
		800	300	14	26	18	263.5	207	2.74	286000	11700	33.0	6.66	7160	781
	850×300	＊834	298	14	19	18	227.5	179	2.80	251000	8400	33.2	6.07	6020	564
		＊842	299	15	23	18	259.7	204	2.82	298000	10300	33.9	6.28	7080	687
		＊850	300	16	27	18	292.1	229	2.84	346000	12200	34.4	6.45	8140	812
		＊858	301	17	31	18	324.7	255	2.86	395000	14100	34.9	6.59	9210	939
	900×300	＊890	299	15	23	18	266.9	210	2.92	339000	10300	35.6	6.20	7610	687
		900	300	16	28	18	305.8	240	2.94	404000	12600	36.4	6.42	8990	842
		＊912	302	18	34	18	360.1	283	2.97	491000	15700	36.9	6.59	10800	1040
	1000×300	＊970	297	16	21	18	276.0	217	3.07	393000	9210	37.8	5.77	8110	620
		＊980	298	17	26	18	315.5	248	3.09	472000	11500	38.7	6.04	9630	772
		＊990	298	17	31	18	345.3	271	3.11	544000	13700	39.7	6.30	11000	921
		＊1000	300	19	36	18	395.1	310	3.13	634000	16300	40.1	6.41	12700	1080
		＊1008	302	21	40	18	439.3	345	3.15	712000	18400	40.3	6.47	14100	1220

（续）

类别	型号 （高度×宽度） /（mm×mm）	截面尺寸/mm					截面 面积/ /cm²	理论 质量/ （kg/m）	表面 积/ （m²/m）	惯性矩/cm⁴		惯性半径/cm		截面模数/cm³	
		H	B	t_1	t_2	r				I_x	I_y	i_x	i_y	W_x	W_y
HT （薄翼缘）	100×50	95	48	3.2	4.5	8	7.620	5.98	0.362	115	8.39	3.88	1.04	24.2	3.49
		97	49	4	5.5	8	9.370	7.36	0.368	143	10.9	3.91	1.07	29.6	4.45
	100×100	96	99	4.5	6	8	16.20	12.7	0.565	272	97.2	4.09	2.44	56.7	19.6
	125×60	118	58	3.2	4.5	8	9.250	7.26	0.448	218	14.7	4.85	1.26	37.0	5.08
		120	59	4	5.5	8	11.39	8.94	0.454	271	19.0	4.87	1.29	45.2	6.43
	125×125	119	123	4.5	6	8	20.12	15.8	0.707	532	186	5.14	3.04	89.5	30.3
	150×75	145	73	3.2	4.5	8	11.47	9.00	0.562	416	29.3	6.01	1.59	57.3	8.02
		147	74	4	5.5	8	14.12	11.1	0.568	516	37.3	6.04	1.62	70.2	10.1
	150×100	139	97	3.2	4.5	8	13.43	10.6	0.646	476	68.6	5.94	2.25	68.4	14.1
		142	99	4.5	6	8	18.27	14.3	0.657	654	97.2	5.98	2.30	92.1	19.6
	150×150	144	148	5	7	8	27.76	21.8	0.856	1090	378	6.25	3.69	151	51.1
		147	149	6	8.5	8	33.67	26.4	0.864	1350	469	6.32	3.73	183	63.0
	175×90	168	88	3.2	4.5	8	13.55	10.6	0.668	670	51.2	7.02	1.94	79.7	11.6
		171	89	4	6	8	17.58	13.8	0.676	894	70.7	7.13	2.00	105	15.9
	175×175	167	173	5	7	13	33.32	26.2	0.994	1780	605	7.30	4.26	213	69.9
		172	175	6.5	9.5	13	44.64	35.0	1.01	2470	850	7.43	4.36	287	97.1
	200×100	193	98	3.2	4.5	8	15.25	12.0	0.758	994	70.7	8.07	2.15	103	14.4
		196	99	4	6	8	19.78	15.5	0.766	1320	97.2	8.18	2.21	135	19.6
	200×150	188	149	4.5	6	8	26.34	20.7	0.949	1730	331	8.09	3.54	184	44.4
	200×200	192	198	6	8	13	43.69	34.3	1.14	3060	1040	8.37	4.86	319	105
	250×125	244	124	4.5	6	8	25.86	20.3	0.961	2650	191	10.1	2.71	217	30.8
	250×175	238	173	4.5	6	13	39.12	30.7	1.14	4240	691	10.4	4.20	356	79.9
	300×150	294	148	4.5	6	13	31.90	25.0	1.15	4800	325	12.3	3.19	327	43.9
	300×200	286	198	6	8	13	49.33	38.7	1.33	7360	1040	12.2	4.58	515	105
	350×175	340	173	4.5	6	13	36.97	29.0	1.34	7490	518	14.2	3.74	441	59.9
	400×150	390	148	6	8	13	47.57	37.3	1.34	11700	434	15.7	3.01	602	58.6
	400×200	390	198	6	8	13	55.57	43.6	1.54	14700	1040	16.2	4.31	752	105

注：1. 热轧 H 型钢交货长度应在合同中注明，通常定尺长度为 12000mm。

2. 本表中截面面积计算公式为：$t_1(H-2t_2)+2Bt_2+0.858r^2$。

3. 本表中带"＊"的规格为市场非常用规格。

4. H 型钢是一种性能良好的宽腿工字钢，抗弯能力高，用来代替普通工字钢可减轻结构构件质量约 35%，降低焊接、铆接工艺成本约 25%，因此国内已大力推广和发展 H 型钢。目前，H 型钢在机械、石油化工、电力、建筑和造船等工业中获得了广泛的应用。

5. H 型钢的牌号、化学成分及力学性能应符合 GB/T 700、GB/T 712、GB/T 714、GB/T 1591、GB/T 4171、GB/T 19879 等标准的相关规定，产品应按理论质量交货，经供需双方协商并在合同中注明，亦可按实际质量交货。

6. 本表列出的是国标规定的产品规格。按需方要求，由供需双方协商可以供应表 1-225 规定的产品。

7. 规格表示方法：H 型钢用 H 与高度 H 值×宽度 B 值×腹板厚度 t_1 值×翼缘厚度 t_2 值表示。例如，H596×199× 10 ×15。

表 1-224　热轧工字钢与热轧 H 型钢型号及截面特性参数对比(摘自 GB/T 11263—2017)

工字钢规格	H型钢规格	横截面积	W_x	W_y	I_x	i_x	i_y	工字钢规格	H型钢规格	横截面积	W_x	W_y	I_x	i_x	i_y
I10	H125×60	1.16	1.34	1.00	1.67	1.20	0.87		H350×175	0.86	1.06	1.49	1.16	1.17	1.52
I12	H125×60	0.94	0.90	0.76	0.94	1.00	0.81	I32b	H400×150	0.96	1.28	1.29	1.60	1.29	1.24
	H150×75	1.00	1.22	1.04	1.53	1.23	1.02		H396×199	0.97	1.38	1.91	1.71	1.32	1.72
I12.6	H150×75	0.99	1.15	1.04	1.36	1.18	1.03		H350×175	0.79	1.01	1.39	1.11	1.20	1.52
I14	H175×90	1.06	1.35	1.35	1.70	1.26	1.19	I32c	H400×150	0.88	1.22	1.20	1.52	1.33	1.24
	H175×90	0.88	0.98	1.02	1.07	1.10	1.09		H396×199	0.89	1.31	1.79	1.62	1.35	1.72
I16	H198×99	0.87	1.11	1.08	1.36	1.25	1.19	I36a	H400×150	0.92	1.06	1.20	1.18	1.13	1.20
	H200×100	1.02	1.28	1.26	1.60	1.25	1.19		H396×199	0.93	1.14	1.79	1.25	1.15	1.67
I18	H200×100	0.87	0.98	1.03	1.09	1.12	1.12		H400×150	0.84	1.01	1.16	1.13	1.16	1.22
	H248×124	1.04	1.50	1.58	2.08	1.41	1.41	I36b	H396×199	0.85	1.09	1.72	1.20	1.18	1.70
I20a	H248×124	0.90	1.17	1.30	1.46	1.28	1.33		H400×200	1.00	1.27	2.06	1.42	1.19	1.73
	H250×125	1.04	1.34	1.49	1.68	1.28	1.33		H446×199	0.99	1.37	1.89	1.70	1.30	1.65
I20b	H248×124	0.81	1.11	1.24	1.38	1.31	1.37		H396×199	0.79	1.04	1.66	1.14	1.20	1.73
	H250×125	0.93	1.27	1.42	1.59	1.31	1.37	I36c	H400×200	0.92	1.22	1.99	1.36	1.22	1.75
I22a	H250×125	0.88	1.03	1.15	1.17	1.16	1.22		H446×199	0.91	1.31	1.82	1.62	1.33	1.68
	H298×149	0.97	1.37	1.45	1.86	1.38	1.42	I40a	H400×200	0.97	1.07	1.87	1.08	1.06	1.65
I22b	H250×125	0.79	0.98	1.10	1.11	1.18	1.24		H446×199	0.96	1.16	1.71	1.29	1.16	1.57
	H298×149	0.88	1.30	1.39	1.77	1.41	1.45	I40b	H400×200	0.89	1.03	1.81	1.03	1.08	1.68
	H300×150	1.01	1.48	1.59	2.02	1.41	1.45		H446×199	0.88	1.11	1.65	1.23	1.18	1.61
I24a	H298×149	0.85	1.11	1.23	1.38	1.27	1.36		H450×200	1.01	1.28	1.94	1.44	1.19	1.63
I24b	H298×149	0.78	1.06	1.18	1.32	1.30	1.38		H400×200	0.82	0.98	1.75	0.98	1.11	1.72
I25a	H298×149	0.84	1.05	1.23	1.26	1.22	1.37	I40c	H446×199	0.81	1.06	1.60	1.18	1.21	1.65
	H300×150	0.96	1.20	1.40	1.44	1.22	1.37		H450×200	0.93	1.23	1.88	1.38	1.22	1.67
I25b	H298×149	0.76	1.00	1.13	1.21	1.20	1.37		H450×200	0.93	1.02	1.64	1.02	1.05	1.53
	H300×150	0.87	1.14	1.29	1.37	1.25	1.37	I45a	H496×199	0.97	1.15	1.62	1.27	1.15	1.49
	H346×174	0.98	1.51	1.74	2.08	1.46	1.62		H450×200	0.86	0.97	1.58	0.97	1.07	1.56
I27a	H346×174	0.96	1.32	1.61	1.68	1.33	1.55	I45b	H496×199	0.89	1.10	1.57	1.21	1.17	1.52
I27b	H346×174	0.87	1.25	1.54	1.60	1.36	1.57		H500×200	1.01	1.25	1.81	1.38	1.17	1.54
I28a	H346×174	0.95	1.26	1.61	1.55	1.28	1.55		H450×200	0.79	0.93	1.53	0.93	1.09	1.59
I28b	H346×174	0.86	1.19	1.49	1.47	1.31	1.56	I45c	H496×199	0.82	1.05	1.52	1.16	1.19	1.54
	H350×175	1.03	1.44	1.85	1.80	1.32	1.59		H500×200	0.93	1.19	1.75	1.33	1.19	1.56
I30a	H350×175	1.03	1.29	1.78	1.51	1.21	1.55		H596×199	0.98	1.43	1.63	1.89	1.39	1.47
I30b	H350×175	0.94	1.23	1.71	1.44	1.25	1.58	I50a	H500×200	0.94	1.01	1.51	1.01	1.04	1.42
I30c	H350×175	0.86	1.17	1.65	1.37	1.27	1.61		H596×199	0.99	1.20	1.40	1.43	1.21	1.34
I32a	H350×175	0.94	1.11	1.60	1.22	1.15	1.51	I50b	H506×201	1.00	1.13	1.76	1.14	1.07	1.48

（续）

工字钢规格	H型钢规格	横截面积	W_x	W_y	I_x	i_x	i_y	工字钢规格	H型钢规格	横截面积	W_x	W_y	I_x	i_x	i_y
						惯性半径								惯性半径	
I50b	H596×199	0.91	1.15	1.36	1.37	1.23	1.36	I56a	H596×199	0.87	0.96	1.21	1.02	1.08	1.29
	H600×200	1.02	1.30	1.55	1.56	1.24	1.38		H600×200	0.97	1.08	1.38	1.15	1.09	1.31
I50c	H500×200	0.81	0.90	1.42	0.92	1.07	1.47	I56b	H606×201	1.02	1.19	1.55	1.29	1.13	1.35
	H506×201	0.93	1.05	1.70	1.10	1.09	1.51	I56c	H600×200	0.83	0.99	1.24	1.06	1.13	1.32
	H596×199	0.85	1.08	1.32	1.32	1.25	1.39		H606×201	0.95	1.15	1.48	1.24	1.14	1.35
I55a	H600×200	0.98	1.10	1.38	1.20	1.11	1.30	I63a	H582×300	1.09	1.14	2.65	1.05	0.99	2.03
I55b	H600×200	0.91	1.05	1.34	1.15	1.13	1.32	I63b	H582×300	1.01	1.08	2.50	1.01	1.00	2.05
I55c	H600×200	0.84	1.01	1.30	1.11	1.15	1.35	I63c	H582×300	0.94	1.03	2.39	0.97	1.02	2.06

注：1. 表中"H型钢与工字钢性能参数对比"的数值为"H型钢参数值/工字钢参数值"。

2. 本表按照截面积大体相近，并且绕 X 轴的抗弯强度不低于相应热轧工字钢的原则，计算了热轧工字钢与热轧H型钢相关规格的性能参数对比，资料来源于 GB/T 11263—2017 的附录，供有关人员使用热轧H型钢时参考。

表 1-225　热轧H型钢不同系列及型号的尺寸规格（摘自 GB/T 11263—2017）

系列	型号	截面尺寸 /mm					截面面积 /cm²	理论质量/ (kg/m)	表面积/ (m²/m)	惯性矩 /cm⁴		惯性半径 /cm		截面模数 /cm³	
		H	B	t_1	t_2	r				I_x	I_y	i_x	i_y	W_x	W_y
（1）热轧H型钢(英制)尺寸规格															
W4	W4×13	106	103	7.1	8.8	6	24.70	19.3	0.599	476	161	4.39	2.55	89.8	31.2
W5	W5×16	127	127	6.1	9.1	8	30.40	23.8	0.736	886	311	5.41	3.20	139	49.0
	W5×19	131	128	6.9	10.9	8	35.90	28.1	0.746	1100	381	5.53	3.26	168	59.6
W6	W6×8.5	148	100	4.3	4.9	6	16.30	13.0	0.677	611	81.8	6.17	2.26	82.5	16.4
	W6×9	150	100	4.3	5.5	9	17.30	13.5	0.681	685	91.8	6.3	2.30	91.3	18.4
	W6×12	153	102	5.8	7.1	6	22.90	18.0	0.692	915	126	6.33	2.35	120	24.7
	W6×15	152	152	5.8	6.6	6	28.60	22.5	0.890	1200	387	6.51	3.69	159	50.9
	W6×16	160	102	6.6	10.3	6	30.60	24.0	0.704	1340	183	6.63	2.45	168	35.8
	W6×20	157	153	6.6	9.3	6	37.90	29.8	0.902	1710	556	6.73	3.83	218	72.6
	W6×25	162	154	8.1	11.6	6	47.40	37.1	0.913	2220	707	6.85	3.87	274	91.8
W8	W8×10	200	100	4.3	5.2	8	19.10	15.0	0.778	1280	86.9	8.18	2.13	128	17.4
	W8×13	203	102	5.8	6.5	8	24.80	19.3	0.789	1660	115	8.18	2.16	164	22.6
	W8×15	206	102	6.2	8.0	8	28.60	22.5	0.794	2000	142	8.36	2.23	194	27.8
	W8×18	207	133	5.8	8.4	8	33.90	26.6	0.921	2580	330	8.73	3.12	250	49.6
	W8×21	210	134	6.4	10.2	8	39.70	31.3	0.929	3140	410	8.86	3.20	299	61.1
	W8×24	201	166	6.2	10.2	10	45.70	35.9	1.04	3460	778	8.68	4.12	344	93.8
	W8×28	206	166	7.2	11.8	10	53.20	41.7	1.04	4130	901	8.81	4.12	401	108
	W8×31	203	203	7.2	11.0	10	58.90	46.1	1.19	4.540	1530	8.81	5.12	448	151

（续）

系列	型号	截面尺寸 /mm					截面面积 /cm²	理论质量/ (kg/m)	表面积/ (m²/m)	惯性矩 /cm⁴		惯性半径 /cm		截面模数 /cm³	
		H	B	t_1	t_2	r				I_x	I_y	i_x	i_y	W_x	W_y
W8	W8×35	206	204	7.9	12.6	10	66.50	52.0	1.20	5270	1780	8.90	5.18	512	175
	W8×40	210	205	9.1	14.2	10	75.50	59.0	1.20	6110	2040	8.99	5.20	582	199
	W8×48	216	206	10.2	17.4	10	91.00	71.0	1.22	7660	2540	9.17	5.28	709	246
	W8×58	222	209	13.0	20.6	10	110.0	86.0	1.24	9470	3140	9.26	5.33	853	300
	W8×67	229	210	14.5	23.7	10	127.0	100	1.25	11300	3660	9.45	5.38	989	349
W10	W10×12	251	101	4.8	5.3	8	22.80	17.9	0.883	2250	91.3	9.93	2.00	179	18.1
	W10×15	254	102	5.8	6.9	8	28.50	22.3	0.891	2900	123	10.1	2.07	228	24.0
	W10×17	257	102	6.1	8.4	8	32.20	25.3	0.896	3430	149	10.3	2.15	267	29.2
	W10×19	260	102	6.4	10.0	8	36.30	28.4	0.901	4000	178	10.5	2.21	308	34.8
	W10×22	258	146	6.1	9.1	8	41.90	32.7	1.07	4890	473	10.8	3.36	379	64.7
	W10×26	262	147	6.6	11.2	8	49.10	38.5	1.09	6010	594	11.0	3.47	459	80.8
	W10×30	266	148	7.6	13.0	8	57.00	44.8	1.10	7120	703	11.1	3.5	535	95.1
	W10×33	247	202	7.4	11.0	13	62.60	49.1	1.26	7070	1510	10.6	4.92	572	150
	W10×39	252	203	8.0	13.5	13	74.20	58.0	1.28	8740	1880	10.8	5.04	693	186
	W10×45	257	204	8.9	15.7	13	85.80	67.0	1.29	10400	2220	11.0	5.10	807	218
	W10×49	253	254	8.6	14.2	13	92.90	73.0	1.48	11300	3880	11.0	6.46	892	306
	W10×54	256	255	9.4	15.6	13	102.0	80.0	1.49	12600	4310	11.1	6.50	982	338
	W10×60	260	256	10.7	17.3	13	114.0	89.0	1.50	14300	4840	11.2	6.51	1100	378
	W10×68	264	257	11.9	19.6	13	129.0	101	1.51	16400	5550	11.3	6.56	1240	432
	W10×77	269	259	13.5	22.1	13	146.0	115	1.52	18900	6410	11.4	6.62	1410	495
	W10×88	275	261	15.4	25.1	13	167.0	131	1.54	22200	7450	11.5	6.68	1610	571
	W10×100	282	263	17.3	28.4	13	190.0	149	1.56	25900	8620	11.7	6.74	1840	656
	W10×112	289	265	19.2	31.8	13	212.0	167	1.58	30000	9880	11.9	6.81	2080	746
W12	W12×14	303	101	5.1	5.7	8	26.80	21.0	0.986	3710	98.3	11.7	1.91	245	19.5
	W12×16	305	101	5.6	6.7	8	30.40	23.8	0.989	4280	116	11.9	1.95	281	22.9
	W12×19	309	102	6.0	8.9	8	35.90	28.3	1.00	5440	158	12.3	2.09	352	31
	W12×22	313	102	6.6	10.8	8	41.80	32.7	1.01	6510	192	12.5	2.14	416	37.6
	W12×26	310	165	5.8	9.7	8	49.40	38.7	1.25	8520	727	13.1	3.84	550	88.1
	W12×30	313	166	6.6	11.2	8	56.70	44.5	1.26	9930	855	13.2	3.88	635	103
	W12×35	317	167	7.6	13.2	8	66.50	52.0	1.27	11800	1030	13.3	3.92	747	123
	W12×40	303	203	7.5	13.1	15	76.10	60.0	1.38	12900	1830	13	4.91	849	180
	W12×45	306	204	8.5	14.6	15	85.20	67.0	1.39	14500	2070	13.1	4.93	948	203
	W12×50	310	205	9.4	16.3	15	94.80	74.0	1.40	16500	2340	13.2	4.97	1060	229
	W12×65	308	305	9.9	15.4	15	123.0	97.0	1.79	22200	7290	13.4	7.69	1440	478
	W12×72	311	306	10.9	17.0	15	136.0	107	1.80	24800	8120	13.5	7.72	1590	531

（续）

系列	型号	截面尺寸 /mm					截面面积 /cm²	理论质量/ (kg/m)	表面积/ (m²/m)	惯性矩 /cm⁴		惯性半径 /cm		截面模数 /cm³	
		H	B	t_1	t_2	r				I_x	I_y	i_x	i_y	W_x	W_y
W12	W12×79	314	307	11.9	18.7	15	150.0	117	1.81	27500	9020	13.6	7.76	1750	588
	W12×87	318	308	13.1	20.6	15	165.0	129	1.82	30800	10000	13.7	7.8	1940	652
	W12×96	323	309	14.0	22.9	15	182.0	143	1.83	34800	11300	13.8	7.86	2150	729
	W12×106	327	310	15.5	25.1	15	201.0	158	1.84	38600	12500	13.9	7.89	2360	805
	W12×120	333	313	18.0	28.1	15	228.0	179	1.86	44500	14400	14.0	7.95	2670	919
	W12×136	341	315	20.0	31.8	15	257.0	202	1.88	52.000	16600	14.2	8.02	3050	1050
	W12×152	348	317	22.1	35.6	15	288.0	226	1.89	59600	18900	14.4	8.10	3420	1190
	W12×170	356	319	24.4	39.6	15	323.0	253	1.91	68200	21500	14.6	8.16	3830	1350
	W12×190	365	322	26.9	44.1	15	360.0	283	1.94	78700	24600	14.8	8.26	4310	1530
	W12×210	374	325	30.0	48.3	15	399.2	313	1.96	89600	27700	15.0	8.33	4790	1700
W14	W14×30	352	171	6.9	9.8	10	57.10	44.6	1.36	12200	818	14.6	3.78	691	95.7
	W14×34	355	171	7.2	11.6	10	64.50	51.0	1.36	14100	968	14.8	3.88	796	113
	W14×38	358	172	7.9	13.1	10	72.30	58.0	1.37	16000	1110	14.9	3.93	896	129
	W14×43	347	203	7.7	13.5	15	81.30	64.0	1.46	17800	1.880	14.8	4.81	1030	186
	W14×48	350	204	8.6	15.1	15	91.00	72.0	1.47	20100	2140	14.9	4.85	1150	210
	W14×53	354	205	9.4	16.8	15	101.0	79.0	1.48	22600	2420	15.0	4.89	1280	236
	W14×61	353	254	9.5	16.4	15	115.0	91.0	1.68	26700	4480	15.2	6.23	1510	353
	W14×68	357	255	10.5	18.3	15	129.0	101	1.69	30100	5060	15.3	6.27	1690	397
	W14×74	360	256	11.4	19.9	15	141.0	110	1.70	33100	5570	15.4	6.30	1840	435
	W14×82	363	257	13.0	21.7	15	155.0	122	1.70	36500	6150	15.4	6.30	2010	478
	W14×90	356	369	11.2	18.0	15	171.0	134	2.14	41500	15100	15.6	9.40	2330	817
	W14×99	360	370	12.3	19.8	15	188.0	147	2.15	46300	16700	15.7	9.43	2570	904
	W14×109	364	371	13.3	21.8	15	206.0	162	2.16	51500	18600	15.8	9.49	2830	1000
	W14×120	368	373	15.0	23.9	15	228.0	179	2.17	57400	20700	15.9	9.52	3120	1110
	W14×132	372	374	16.4	26.2	15	250.0	196	2.18	63600	22900	15.9	9.56	3420	1220
W16	W16×26	399	140	6.4	8.8	10	49.50	38.8	1.33	12600	404	15.9	2.84	634	57.7
	W16×31	403	140	7	11.2	10	58.80	46.1	1.33	15600	514	16.3	2.95	772	73.4
	W16×67	415	260	10.0	16.9	10	127.0	100	1.83	39800	4950	17.7	6.25	1920	381
	W16×77	420	261	11.6	19.3	10	146.0	114	1.84	46100	5720	17.8	6.27	2200	439
	W16×89	425	263	13.3	22.2	10	169.0	132	1.86	53800	6740	17.9	6.33	2530	512
	W16×100	431	265	14.9	25.0	10	190.0	149	1.88	61800	7770	18.0	6.39	2870	586
W18	W18×50	457	190	9.0	14.5	10	94.80	74.0	1.64	33200	1660	18.8	4.19	1460	175
	W18×55	460	191	9.9	16.0	10	105.0	82.0	1.65	37000	1860	18.8	4.22	1610	195
	W18×60	463	192	10.5	17.7	10	114.0	89.0	1.66	40900	2090	19.0	4.29	1770	218
	W18×65	466	193	11.4	19.0	10	123.0	97.0	1.66	44500	2280	19.0	4.31	1910	237

（续）

系列	型号	截面尺寸 /mm					截面面积 /cm²	理论质量/ (kg/m)	表面积/ (m²/m)	惯性矩 /cm⁴		惯性半径 /cm		截面模数 /cm³	
		H	B	t_1	t_2	r				I_x	I_y	i_x	i_y	W_x	W_y
W18	W18×71	469	194	12.6	20.6	10	134.0	106	1.67	48800	2510	19	4.32	2080	259
	W18×76	463	280	10.8	17.3	10	144.0	113	2.01	55600	6330	19.6	6.63	2400	452
	W18×86	467	282	12.2	19.6	10	163.0	128	2.02	63700	7330	19.7	6.7	2730	520
	W18×97	472	283	13.6	22.1	10	184.0	144	2.03	72600	8360	19.9	6.74	3080	591
	W18×106	476	284	15.0	23.9	10	201.0	158	2.04	79600	9140	19.9	6.74	3350	643
	W18×119	482	286	16.6	26.9	10	226.0	177	2.06	91000	10500	20.1	6.82	3780	735
	W18×130	489	283	17.0	30.5	10	247.0	193	2.06	102000	11500	20.4	6.85	4190	816
	W18×143	495	285	18.5	33.5	10	271.0	213	2.08	114000	12900	20.5	6.91	4620	909
	W18×158	501	287	20.6	36.6	10	299.0	235	2.09	127000	14500	20.6	6.95	5080	1010
	W18×175	509	289	22.6	40.4	10	331.0	260	2.11	144000	16300	20.8	7.01	5650	1130
	W18×192	517	291	24.4	44.4	10	365.0	286	2.13	161000	18300	21.0	7.09	6230	1260
	W18×211	525	293	26.9	48.5	10	401.0	315	2.15	180000	20400	21.2	7.14	6850	1390
W21	W21×44	525	165	8.9	11.4	13	83.90	66.0	1.67	35100	857	20.5	3.20	1340	104
	W21×50	529	166	9.7	13.6	13	94.80	74.0	1.68	41100	1040	20.8	3.31	1550	125
	W21×57	535	166	10.3	16.5	13	108.0	85.0	1.69	48600	1260	21.2	3.42	1820	152
	W21×48	524	207	9.0	10.9	13	91.80	72.0	1.84	40100	1620	20.9	4.20	1530	156
	W21×55	528	209	9.5	13.3	13	105.0	82.0	1.85	47700	2030	21.3	4.40	1810	194
	W21×62	533	209	10.2	15.6	13	118.0	92.0	1.86	55300	2380	21.7	4.49	2070	228
	W21×68	537	210	10.9	17.4	13	129.0	101	1.87	61700	2690	21.9	4.56	2300	256
	W21×73	539	211	11.6	18.8	13	139.0	109	1.88	66800	2950	21.9	4.61	2480	280
	W21×83	544	212	13.1	21.2	13	157.0	123	1.89	76100	3380	22.0	4.64	2800	319
	W21×93	549	214	14.7	23.6	13	176.0	138	1.90	86100	3870	22.1	4.69	3140	362
	W21×101	543	312	12.7	20.3	13	192.0	150	2.29	101000	10300	22.9	7.32	3720	659
	W21×111	546	313	14.0	22.2	13	211.0	165	2.29	111000	11400	23.0	7.34	4070	726
	W21×122	551	315	15.2	24.4	13	232.0	182	2.31	124000	12700	23.1	7.41	4490	808
	W21×132	554	316	16.5	26.3	13	250.0	196	2.32	134000	13900	23.1	7.44	4840	877
	W21×147	560	318	18.3	29.2	13	279.0	219	2.33	151000	15700	23.3	7.50	5400	986
	W21×166	571	315	19.0	34.5	13	315.0	248	2.34	178000	18000	23.8	7.57	6220	1140
	W21×182	577	317	21.1	37.6	13	346.0	272	2.36	197000	20000	23.9	7.61	6820	1260
	W21×201	585	319	23.1	41.4	13	382.0	300	2.38	221000	22500	24.1	7.67	7550	1410
W24	W24×55	599	178	10.0	12.8	13	105.0	82.0	1.87	56000	1210	23.2	3.40	1870	136
	W24×62	603	179	10.9	15.0	13	117.0	92.0	1.88	64700	1440	23.5	3.50	2150	161
	W24×68	603	228	10.5	14.9	13	130.0	101	2.07	76400	2950	24.3	4.77	2530	259
	W24×76	608	228	11.2	17.3	13	145.0	113	2.08	87600	3430	24.6	4.87	2880	300
	W24×84	612	229	11.9	19.6	13	159.0	125	2.09	98600	3930	24.9	4.97	3220	343

（续）

系列	型号	截面尺寸 /mm					截面面积 /cm²	理论质量/ (kg/m)	表面积/ (m²/m)	惯性矩 /cm⁴		惯性半径 /cm		截面模数 /cm³	
		H	B	t_1	t_2	r				I_x	I_y	i_x	i_y	W_x	W_y
W24	W24×94	617	230	13.1	22.2	13	179.0	140	2.11	112000	4510	25.0	5.03	3630	393
	W24×103	623	229	14.0	24.9	13	196.0	153	2.11	125000	5000	25.3	5.05	4020	437
	W24×104	611	324	12.7	19.0	13	197.0	155	2.47	129000	10800	25.6	7.39	4220	666
	W24×117	616	325	14.0	21.6	13	222.0	174	2.48	147000	12400	25.7	7.46	4780	761
	W24×131	622	327	15.4	24.4	13	248.0	195	2.50	168000	14200	26.0	7.56	5400	871
	W24×146	628	328	16.5	27.7	13	277.0	217	2.51	191000	16300	26.2	7.67	6080	995
	W24×162	635	329	17.9	31.0	13	308.0	241	2.53	215000	18400	26.4	7.74	6790	1120
	W24×176	641	327	19.0	34.0	13	333.0	262	2.53	236000	19800	26.6	7.72	7360	1210
	W24×192	647	329	20.6	37.1	13	361.0	285	2.55	261000	22100	26.8	7.79	8060	1340
	W24×207	653	330	22.1	39.9	13	391.0	307	2.56	284000	24000	26.9	7.82	8690	1450
	W24×229	661	333	24.4	43.9	13	434.0	341	2.58	318000	27100	27.1	7.90	9630	1630
	W24×250	669	335	26.4	48.0	13	474.0	372	2.60	353000	30200	27.3	7.98	10600	1800
W27	W27×84	678	253	11.7	16.3	15	160.0	125	2.32	118000	4410	27.2	5.25	3500	349
	W27×94	684	254	12.4	18.9	15	179.0	140	2.33	136000	5170	27.6	5.39	3980	407
	W27×102	688	254	13.1	21.1	15	194.0	152	2.34	151000	5780	27.9	5.46	4380	455
	W27×114	693	256	14.5	23.6	15	216.0	170	2.36	170000	6620	28.0	5.53	4900	517
	W27×129	702	254	15.5	27.9	15	244.0	192	2.36	198000	7640	28.5	5.60	5640	602
	W27×146	695	355	15.4	24.8	13	277.0	217	2.74	234000	18500	29.1	8.18	6730	1040
	W27×161	701	356	16.8	27.4	16	306.0	240	2.74	261000	20600	29.2	8.21	7460	1160
	W27×178	706	358	18.4	30.2	16	337.0	265	2.76	291000	23100	29.4	8.28	8230	1290
	W27×217	722	359	21.1	38.1	13.4	411.0	323	2.78	369000	29400	30.0	8.46	10200	1640
W30	W30×90	750	264	11.9	15.5	18.7	170.4	134	2.50	151000	4770	29.8	5.29	4030	361
	W30×99	753	265	13.2	17	17	188.0	147	2.51	166000	5290	29.8	5.31	4410	399
	W30×108	758	266	13.8	19.3	17	205.0	161	2.52	186000	6070	30.2	5.45	4910	457
	W30×116	762	267	14.4	21.6	17	221.0	173	2.53	206000	6870	30.5	5.57	5400	515
	W30×124	766	267	14.9	23.6	17	235.0	185	2.54	223000	7510	30.8	5.65	5820	563
	W30×132	770	268	15.6	25.4	17	251.0	196	2.55	240000	8180	31.0	5.71	6240	610

（2）热轧 H 型钢（UB、UC 系列）尺寸规格

系列	型号	H	B	t_1	t_2	r	截面面积/cm²	理论质量/(kg/m)	表面积/(m²/m)	I_x	I_y	i_x	i_y	W_x	W_y
UC152× 152	152×152×23	152.4	152.2	5.8	6.8	7.6	29.25	23.0	0.889	1250	400	6.54	3.7	164	52.6
	152×152×30	157.6	152.9	6.5	9.4	7.6	38.26	30.0	0.901	1750	560	6.76	3.83	222	73.3
	152×152×37	161.8	154.4	8	11.5	7.6	47.11	37.0	0.912	2210	706	6.85	3.87	273	91.5

（续）

系列	型号	截面尺寸 /mm					截面面积 /cm²	理论质量/ (kg/m)	表面积/ (m²/m)	惯性矩 /cm⁴		惯性半径 /cm		截面模数 /cm³	
		H	B	t_1	t_2	r				I_x	I_y	i_x	i_y	W_x	W_y
UB203× 133	203×133×25	203.2	133.2	5.7	7.8	7.6	31.97	25.1	0.915	2340	308	8.56	3.1	230	46.2
	203×133×30	257.2	101.9	6	8.4	7.6	38.21	30.0	0.897	3410	149	10.3	2.15	266	29.2
UC203× 203	203×203×46	203.2	203.6	7.2	11	10.2	58.73	46.1	1.19	4570	1550	8.82	5.13	450	152
	203×203×52	206.2	204.3	7.9	12.5	10.2	66.28	52.0	1.20	5260	1780	8.91	5.18	510	174
	203×203×60	209.6	205.8	9.4	14.2	10.2	76.37	60.0	1.21	6120	2060	8.96	5.20	584	201
	203×203×71	215.8	206.4	10	17.3	10.2	90.43	71.0	1.22	7620	2540	9.18	5.30	706	246
	203×203×86	222.2	209.1	12.7	20.5	10.2	109.6	86.1	1.24	9450	3130	9.28	5.34	850	299
UB254× 102	254×102×22	254	101.6	5.7	6.8	7.6	28.02	22.0	0.890	2840	119	10.1	2.06	224	23.5
	254×102×25	257.2	101.9	6	6.8	7.6	32.04	25.2	0.897	2970	120	10.1	2.04	231	23.6
	254×102×28	28.3	260.4	102.2	6.3	10	36.08	28.3	0.877	44.4	2020	0.945	6.37	31.4	155
UC254× 254	254×254×73	254.1	254.6	8.6	14.2	12.7	93.10	73.1	1.49	11400	3910	11.1	6.48	898	307
	254×254×89	260.3	256.3	10.3	17.3	12.7	113.3	88.9	1.50	14300	4860	11.2	6.55	1100	379
	254×254×107	266.7	258.8	12.8	20.5	12.7	136.4	107	1.52	17500	5930	11.3	6.59	1310	458
	254×254×132	276.3	261.3	15.3	25.3	12.7	168.1	132	1.55	22500	7530	11.6	6.69	1630	576
	254×254×167	289.1	265.2	19.2	31.7	12.7	212.9	167	1.58	30000	9870	11.9	6.81	2080	744
UB305× 165	305×165×40	303.4	165	6	10.2	8.9	51.32	40.3	1.24	8500	764	12.9	3.86	560	92.6
	305×165×46	306.6	165.7	6.7	11.8	8.9	58.75	46.1	1.25	9900	896	13.0	3.90	646	108
	305×165×54	310.4	166.9	7.9	13.7	8.9	68.77	54.0	1.26	11700	1060	13.0	3.93	754	127
UBP305× 305	305×305×79	299.3	306.4	11	11.1	15.2	100.5	78.9	1.78	16400	5330	12.8	7.28	1100	348
	305×305×88	301.7	307.8	12.4	12.3	15.2	112.1	88.0	1.78	18400	5980	12.8	7.31	1220	389
	305×305×95	303.7	308.7	13.3	13.3	15.2	120.9	94.9	1.79	20000	6530	12.9	7.35	1320	423
	305×305×110	307.9	310.7	15.3	15.4	15.2	140.1	110	1.80	23600	7710	13.0	7.42	1530	496
	305×305×126	312.3	312.9	17.5	17.6	15.2	160.6	126	1.82	27400	9000	13.1	7.49	1760	575
	305×305×149	318.5	316	20.6	20.7	15.2	189.9	149	1.83	33100	10900	13.2	7.58	2080	691
	305×305×186	328.3	320.9	25.5	25.6	15.2	236.9	186	1.86	42600	14100	13.4	7.73	2600	881
	305×305×223	337.9	325.7	30.3	30.4	15.2	284.0	223	1.89	52700	17600	13.6	7.87	3120	1080
UC305× 305	305×305×97	307.9	305.3	9.9	15.4	15.2	123.4	96.9	1.79	22200	7310	13.4	7.69	1450	479
	305×305×118	314.5	307.4	12	18.7	15.2	150.2	118	1.81	27700	9060	13.6	7.77	1760	589
	305×305×137	320.5	309.2	13.8	21.7	15.2	174.4	137	1.82	32800	10700	13.7	7.83	2050	692
	305×305×158	327.1	311.2	15.8	25	15.2	201.4	158	1.84	38700	12600	13.9	7.90	2370	808
	305×305×180	326.7	319.7	24.8	24.8	15.2	229.3	180	1.86	41000	13500	13.4	7.69	2510	847
	305×305×198	339.9	314.5	19.1	31.4	15.2	252.4	198	1.87	50900	16300	14.2	8.04	3000	1040

（续）

系列	型号	截面尺寸 /cm					截面面积 /cm²	理论质量/ (kg/m)	表面积/ (m²/m)	惯性矩 /cm⁴		惯性半径 /cm		截面模数 /cm³	
		H	B	t_1	t_2	r				I_x	I_y	i_x	i_y	W_x	W_y
UC305× 305	305×305×240	352.5	318.4	23	37.7	15.2	305.8	240	1.91	64200	20300	14.5	8.15	3640	1280
	305×305×283	365.3	322.2	26.8	44.1	15.2	360.4	283	1.94	78900	24600	14.8	8.27	4320	1530
UC356× 368	356×368×129	355.6	368.6	10.4	17.5	15.2	164.3	129	2.14	40200	14600	15.6	9.43	2260	793
	356×368×158	362	370.5	12.3	20.7	15.2	194.8	153	2.16	48600	17600	15.8	9.49	2680	948
	356×368×177	368.2	372.6	14.4	23.8	15.2	225.5	177	2.17	57100	20500	15.9	9.54	3100	1100
	356×368×202	374.6	374.7	16.5	27	15.2	257.2	202	2.19	66300	23700	16.1	9.6	3540	1260
UB406× 140	406×140×39	398	141.8	6.4	8.6	10.2	49.65	39.0	1.33	12500	410	15.9	2.87	629	57.8
	406×140×46	403.2	142.2	6.8	11.2	10.2	58.64	46.0	1.34	15700	538	16.4	3.03	778	75.7
UB457× 191	457×191×67	453.4	189.9	8.5	12.7	10.2	85.51	67.1	1.63	29400	1450	18.5	4.12	1300	153
	457×191×74	457	190.4	9	14.5	10.2	94.63	74.3	1.64	33300	1670	18.8	4.20	1460	176
	457×191×82	460	191.3	9.9	16	10.2	104.5	82.0	1.65	37100	1870	18.8	4.23	1610	196
	457×191×89	463.4	191.9	10.5	17.7	10.2	113.8	89.3	1.66	41000	2090	19.0	4.29	1770	218
	457×191×98	467.2	192.8	11.4	19.6	10.2	125.3	98.3	1.67	45700	2350	19.1	4.33	1960	243
UB533× 210	533×210×82	528.3	208.8	9.6	13.2	12.7	104.7	82.2	1.85	47500	2010	21.3	4.38	1800	192
	533×210×92	533.1	209.3	10.1	15.6	12.7	117.4	92.1	1.86	55200	2390	21.7	4.51	2070	228
	533×210×101	536.7	210	10.8	17.4	12.7	128.7	101	1.87	61500	2690	21.9	4.57	2290	256
	533×210×109	539.5	210.8	11.6	18.8	12.7	138.9	109	1.88	66800	2940	21.9	4.60	2480	279
	533×210×122	544.5	211.9	12.7	21.3	12.7	155.4	122	1.89	76000	3390	22.1	4.67	2790	320
UB610× 229	610×229×101	602.6	227.6	10.5	14.8	12.7	128.9	101	2.07	75800	2910	24.2	4.75	2520	256
	610×229×113	607.6	228.2	11.1	17.3	12.7	143.9	113	2.08	87300	3430	24.6	4.88	2870	301
	610×229×125	612.2	229	119	19.6	12.7	159.3	125	2.09	98600	3930	24.9	4.97	3220	343
	610×229×140	617.2	230.2	13.1	22.1	12.7	178.2	140	2.11	112000	4510	25.0	5.03	3620	391
UB610× 305	610×305×149	612.4	304.8	11.8	19.7	16.5	190.0	149	2.39	126000	9310	25.7	7.00	4110	611
	610×305×179	620.2	307.1	14.1	23.6	16.5	228.1	179	2.41	153000	11400	25.9	7.07	4930	743
	610×305×238	635.8	311.4	18.4	31.4	16.5	303.3	238	2.45	209000	15800	26.3	7.23	6590	1020
UB686× 254	686×254×125	677.9	253	11.7	16.2	15.2	159.5	125	2.32	118000	4380	27.2	5.24	3480	346
	686×254×140	683.5	253.7	12.4	19	15.2	178.4	140	2.33	136000	5180	27.6	5.39	3900	409
	686×254×152	687.5	254.5	13.2	21	15.2	194.1	152	2.34	150000	5780	27.8	5.46	4370	455
	686×254×170	692.9	255.8	14.5	23.7	15.2	216.8	170	2.35	170000	6630	28.0	5.53	4920	518
UB762× 267	762×267×147	754	265.2	12.8	17.5	16.5	187.2	147	2.51	169000	5460	30.0	5.40	4470	411
	762×267×173	762.2	266.7	14.3	21.6	16.5	220.4	173	2.53	205000	6850	30.5	5.58	5390	514
	762×267×197	769.8	268	15.6	25.4	16.5	250.6	197	2.55	240000	8170	30.9	5.71	6230	610

（续）

型号	截面尺寸 /mm					截面面积 /cm²	理论质量/ (kg/m)	表面积/ (m²/m)	惯性矩 /cm⁴		惯性半径 /cm		截面模数 /cm³	
	H	B	t_1	t_2	r				I_x	I_y	i_x	i_y	W_x	W_y
(3) 热轧 H 型钢（B 型、SH 型、K 型翼缘）尺寸规格														
12B2	120	64	4.4	6.3	7	13.21	10.4	0.475	318	27.7	4.90	1.45	53	8.65
14B1	137.4	73	3.8	5.6	7	13.39	10.5	0.547	435	36.4	5.70	1.65	63.3	9.98
14B2	140	73	4.7	6.9	7	16.43	12.9	0.551	541	44.9	5.74	1.65	77.3	12.3
16B1	157	82	4	5.9	9	16.18	12.7	0.619	689	54.4	6.53	1.83	87.8	13.3
16B2	160	82	5	7.4	9	20.09	15.8	0.623	869	68.3	6.58	1.84	109	16.7
18B1	177	91	4.3	6.5	9	19.58	15.4	0.694	1060	81.9	7.37	2.05	120	18
18B2	180	91	5.3	8	9	23.95	18.8	0.698	1320	101	7.42	2.05	146	22.2
20B1	200	100	5.5	8	11	27.16	21.3	0.770	1840	134	8.24	2.22	184	26.8
23B1	230	110	5.6	9	12	32.91	25.8	0.868	3000	200	9.54	2.47	260	36.4
25B1	248	124	5	8	12	32.68	25.7	0.961	3540	255	10.4	2.79	285	41.1
25B2	250	125	6	9	12	37.66	29.6	0.967	4050	294	10.4	2.79	324	47
26B1	258	120	5.8	8.5	12	35.62	28.0	0.964	4020	246	10.6	2.63	312	40.9
26B2	261	120	6	10	12	39.70	31.2	0.969	4650	289	10.8	2.70	357	48.1
30B1	298	149	5.5	8	13	40.80	32.0	1.16	6320	442	12.4	3.29	424	59.3
30B2	300	150	6.5	9	13	46.78	36.7	1.16	7210	508	12.4	3.29	481	67.7
35B1	346	174	6	9	14	52.68	41.4	1.35	11100	792	14.5	3.88	641	91
35B2	350	175	7	11	14	63.14	49.6	1.36	13600	984	14.7	3.95	775	112
40B1	396	199	7	11	16	72.16	56.6	1.55	20000	1450	16.7	4.48	1010	145
40B2	400	200	8	13	16	84.12	66.0	1.56	23700	1740	16.8	4.54	1190	174
45B1	446	199	8	12	18	84.30	66.2	1.64	28700	15800	18.5	4.33	1290	159
45B2	450	200	9	14	18	96.76	76.0	1.65	33500	1870	18.6	4.4	1490	187
50B1	492	199	8.8	12	20	92.38	72.5	1.73	36800	1580	20.0	4.14	1500	159
50B2	496	199	9	14	20	101.3	79.5	1.74	41900	1840	20.3	4.27	1690	185
50B3	500	200	10	16	20	114.2	89.7	1.75	47800	2140	20.5	4.33	1910	214
55B1	543	220	9.5	13.5	24	113.4	89.0	1.91	55700	2410	22.2	4.61	2050	219
55B2	547	220	10	15.5	24	124.8	97.9	1.91	62800	2760	22.4	4.7	2300	251
60B1	596	199	10	15	22	120.5	94.6	1.93	68700	1980	23.9	4.05	2310	199
60B2	600	200	11	17	22	134.4	106	1.94	77600	2280	24.0	4.12	2590	228
70B0	693	230	11.8	15.2	24	153.1	120	2.24	114000	3100	27.3	4.50	3300	269
70B1	691	260	12	15.5	24	164.7	129	2.36	126000	4560	27.6	5.26	3640	351
70B2	697	260	12.5	18.5	24	183.6	144	2.37	146000	5440	28.2	5.44	4190	418

（续）

型号	截面尺寸 /mm					截面面积 /cm²	理论质量/ (kg/m)	表面积/ (m²/m)	惯性矩 /cm⁴		惯性半径 /cm		截面模数 /cm³	
	H	B	t_1	t_2	r				I_x	I_y	i_x	i_y	W_x	W_y
20SH1	194	150	6	9	13	39.01	30.6	0.954	2690	507	8.30	3.61	277	67.6
23SH1	226	155	6.5	10	14	46.08	36.2	1.03	4260	622	9.62	3.67	377	80.2
25SH1	244	175	7	11	16	56.24	44.1	1.15	6120	984	10.4	4.18	502	113
26SH1	251	180	7	10	16	54.37	42.7	1.18	6220	974	10.7	4.23	496	108
26SH2	255	180	7.5	12	16	62.73	49.2	1.19	7430	1170	10.9	4.32	583	130
30SH1	294	200	8	12	18	72.38	56.8	1.34	11300	1600	12.5	4.71	771	160
30SH2	300	201	9	15	18	87.38	68.6	1.36	14200	2030	12.8	4.82	947	202
30SH3	299	200	9	15	18	87.00	68.3	1.35	14000	2000	12.7	4.8	939	200
35SH1	334	249	8	11	20	83.17	65.3	1.61	17100	2830	14.3	5.84	1020	228
35SH2	340	250	9	14	20	101.5	79.7	1.63	21700	3650	14.6	6.00	1280	292
35SH3	345	250	10.5	16	20	116.3	91.3	1.63	25100	4170	14.7	5.99	1460	334
40SH1	383	299	9.5	12.5	22	112.9	88.6	1.91	30600	5580	16.4	7.03	1600	373
40SH2	390	300	10	16	22	136.0	107	1.92	38700	7210	16.9	7.28	1980	481
40SH3	396	300	12.5	18	22	157.2	123	1.93	44700	8110	16.9	7.18	2260	541
45SH1	440	300	11	18	24	157.4	124	2.02	56100	8110	18.9	7.18	2550	541
50SH1	482	300	11	15	26	145.5	114	2.1	60400	6760	20.4	6.82	2500	451
50SH2	487	300	14.5	17.5	26	176.3	138	2.1	71900	7900	20.2	6.69	2950	527
50SH3	493	300	15.5	20.5	26	198.9	156	2.11	83400	9250	20.5	6.82	3380	617
50SH4	499	300	16.5	23.5	26	221.4	174	2.12	95300	10600	20.7	6.92	3820	707
60SH1	582	300	12	17	28	174.5	137	2.29	103000	7670	24.3	6.63	3530	511
60SH2	589	300	16	20.5	28	217.4	171	2.3	126000	9260	24.1	6.53	4290	617
60SH3	597	300	18	24.5	28	252.4	198	2.31	150000	11100	24.4	6.62	5030	738
60SH4	605	300	20	28.5	28	298.3	226	2.32	174000	12900	24.6	6.7	5770	859
70SH1	692	300	13	20	28	211.5	166	2.51	172000	9020	28.6	6.53	4980	602
70SH2	698	300	15	23	28	242.5	190	2.52	199000	10400	28.6	6.54	5700	692
70SH3	707	300	18	27.5	28	289.1	227	2.53	239000	12400	28.8	6.56	6760	828
70SH4	715	300	20.5	31.5	28	329.4	259	2.54	275000	14200	28.9	6.58	7700	949
70SH5	725	300	23	36.5	28	375.7	295	2.56	320000	16500	29.2	6.63	8820	1100
80SH1	782	300	13.5	17	28	209.7	165	2.69	205000	7680	31.3	6.05	5250	512
80SH2	792	300	14	22	28	243.5	191	2.71	254000	9930	32.3	6.39	6410	662
20K1	196	199	6.5	10	13	52.69	41.4	1.15	3850	1310	8.54	4.99	392	132
20K2	200	200	8	12	13	63.53	49.9	1.16	4720	1600	8.62	5.02	472	160
23K1	227	240	7	10.5	14	66.51	52.2	1.38	6590	2420	9.95	6.03	580	202
23K2	230	240	8	12	14	75.77	59.5	1.38	7600	2770	10.0	6.04	661	231
25K1	246	249	8	12	16	79.72	62.6	1.44	9170	3090	10.7	6.23	746	248

（续）

型号	截面尺寸 /mm					截面面积 /cm²	理论质量/ (kg/m)	表面积/ (m²/m)	惯性矩 /cm⁴		惯性半径 /cm		截面模数 /cm³	
	H	B	t_1	t_2	r				I_x	I_y	i_x	i_y	W_x	W_y
25K2	250	250	9	14	16	92.18	72.4	1.45	10800	3650	10.8	6.29	867	292
25K3	253	251	10	15.5	16	102.2	80.2	1.46	12200	4090	10.9	6.32	961	326
26K1	255	260	8	12	16	83.08	65.2	1.51	10300	3520	11.1	6.51	809	271
26K2	258	260	9	13.5	16	93.19	73.2	1.51	11700	3960	11.2	6.52	907	304
26K3	262	260	10	15.5	16	105.9	83.1	1.52	13600	4540	11.3	6.55	1040	350
30K1	298	299	9	14	18	110.8	87.0	1.74	18800	6240	13.0	7.51	1270	417
30K2	300	300	10	15	18	119.8	94.0	1.75	20400	6750	13.1	7.51	1360	450
30K3	300	305	15	15	18	134.8	106	1.76	21500	7100	12.6	7.26	1440	466
30K4	304	301	11	17	18	134.8	106	1.76	23400	7730	13.2	7.57	1540	514
35K1	342	348	10	15	20	139.0	109	2.02	31200	10500	15.0	8.71	1830	606
35K2	350	350	12	19	20	173.8	137	2.04	40300	13600	15.2	8.84	2300	776
35K3	353	350	13	20	20	184.1	145	2.05	43000	14300	15.3	8.81	2430	817
40K1	394	398	11	18	22	186.8	147	2.32	56100	18900	17.3	10.1	2850	951
40K2	400	400	13	21	22	218.7	172	2.34	66600	22400	17.5	10.1	3330	1120
40K3	406	403	16	24	22	254.9	200	2.35	78000	26200	17.5	10.1	3840	1300
40K4	414	405	18	28	22	295.4	232	2.37	92800	31000	17.7	10.2	4480	1530
40K5	429	400	23	35.5	22	370.5	291	2.37	120000	37900	18.0	10.1	5610	1900

（4）热轧 H 型钢（HE、IPE 系列）尺寸规格

型号	截面尺寸 /mm					截面面积 /cm²	理论质量/ (kg/m)	表面积/ (m²/m)	惯性矩 /cm⁴		惯性半径 /cm		截面模数 /cm³	
	H	B	t_1	t_2	r				I_x	I_y	i_x	i_y	W_x	W_y
HEA120	114	120	5	8	12	25.30	19.9	0.677	606	231	4.89	3.02	106	38.5
HEB120	120	120	6.5	11	12	34.00	26.7	0.686	864	318	5.04	3.06	144	52.9
HEM120	140	126	12.5	21	12	66.40	52.1	0.738	2020	703	5.51	3.25	288	112
HEA140	133	140	5.5	8.5	12	31.40	24.7	0.794	1030	389	5.73	3.52	155	55.6
HEA140	140	140	7	12	12	43.00	33.7	0.805	1510	550	5.93	3.58	216	78.5
HEM140	160	146	13	22	12	80.60	63.2	0.857	3290	1140	6.39	3.77	411	157
HEA160	152	160	6	9	15	38.80	30.4	0.906	1670	616	6.57	3.98	220	76.9
HEB160	160	160	8	13	15	54.30	42.6	0.918	2490	889	6.78	4.05	312	111
HEM160	180	166	14	23	15	97.10	76.2	0.970	5100	1760	7.25	4.26	566	212
HEA180	171	180	6	9.5	15	45.30	35.5	1.02	2510	925	7.45	4.52	294	103
HEB180	180	180	8.5	14	15	65.30	51.2	1.04	3830	1360	7.66	4.57	426	151
HEM180	200	186	14.5	24	15	113.3	88.9	1.09	7480	2580	8.13	4.77	748	277
HEA200	190	200	6.5	10	18	53.80	42.3	1.14	3690	1340	8.28	4.98	389	134

（续）

型号	截面尺寸 /mm					截面面积 /cm²	理论质量/ (kg/m)	表面积/ (m²/m)	惯性矩 /cm⁴		惯性半径 /cm		截面模数 /cm³	
	H	B	t_1	t_2	r				I_x	I_y	i_x	i_y	W_x	W_y
HEB200	200	200	9	15	18	78.10	61.3	1.15	5700	2000	8.54	5.07	570	200
HEM200	220	206	15	25	18	131.3	103	1.20	10600	3650	9.00	5.27	967	354
HEA220	210	220	7	11	18	64.30	50.5	1.26	5410	1950	9.17	5.51	515	178
HEB220	220	220	9.5	16	18	91.00	71.5	1.27	8090	2840	9.43	5.59	736	258
HEM220	240	226	15.5	26	18	149.4	117	1.32	14600	5010	9.89	5.79	1220	444
HEA240	230	240	7.5	12	21	76.80	60.3	1.37	7760	2770	10.1	6.00	675	231
HEB240	240	240	10	17	21	106.0	83.2	1.38	11300	3920	10.3	6.08	938	327
HEM240	270	248	18	32	21	199.6	157	1.46	24300	8150	11.0	6.39	1800	657
HEA260	250	260	7.5	12.5	24	86.80	68.2	1.48	10500	3670	11.0	6.50	836	282
HEB260	260	260	10	17.5	24	118.4	93.0	1.50	14900	5130	11.2	6.58	1150	395
HEM260	290	268	18	32.5	24	219.6	172	1.57	31300	10400	11.9	6.90	2160	780
HEA280	270	280	8	13	24	97.30	76.4	1.60	13700	4760	11.9	7.00	1010	340
HEB280	280	280	10.5	18	24	131.4	103	1.62	19300	6590	12.1	7.09	1380	471
HEM280	310	288	18.5	33	24	240.2	189	1.69	39500	13200	12.8	7.40	2550	914
HEA300	290	300	8.5	14	27	112.5	88.3	1.72	18300	6310	12.7	7.49	1260	421
HEB300	300	300	11	19	27	149.1	117	1.73	25200	8560	13.0	7.58	1680	571
HEM300	340	310	21	39	27	303.1	238	1.83	59200	19400	14.0	8.00	3480	1250
HEA320	310	300	9	15.5	27	124.4	97.6	1.76	22900	6990	13.6	7.49	1480	466
HEB320	320	300	11.5	20.5	27	161.3	127	1.77	30800	9240	13.8	7.57	1930	616
HEM320	359	309	21	40	27	312.0	245	1.87	68100	19700	14.8	7.95	3800	1280
HEA340	330	300	9.5	16.5	27	133.5	105	1.79	27700	7440	14.4	7.46	1680	496
HEB340	340	300	12	21.5	27	170.9	134	1.81	36700	9690	14.6	7.53	2160	646
HEM340	377	309	21	40	27	315.8	248	1.90	76400	19700	15.6	7.90	4050	1280
HEA360	350	300	10	17.5	27	142.8	112	1.83	33100	7890	15.2	7.43	1890	526
HEB360	360	300	12.5	22.5	27	180.6	142	1.85	43200	10100	15.5	7.49	2400	676
HEM360	395	308	21	40	27	318.8	250	1.93	84.900	19500	16.3	7.83	4300	1270
HEA400	390	300	11	19	27	159.0	125	1.91	45100	8560	16.8	7.34	2310	571
HEB400	400	300	13.5	24	27	197.8	155	1.93	57700	10800	17.1	7.4	2880	721
HEM400	432	307	21	40	27	325.8	256	2.00	104000	19300	17.9	7.7	4820	1260
HEA450	440	300	11.5	21	27	178.0	140	2.01	63700	9470	18.9	7.29	2900	631
HEB450	450	300	14	26	27	218.0	171	2.03	79900	11700	19.1	7.33	3550	781
HEM450	478	307	21	40	27	335.4	263	2.10	131000	19300	19.8	7.59	5500	1260
HEA500	490	300	12	23	27	197.5	155	2.11	87000	10400	21.0	7.24	3550	691
HEB500	500	300	14.5	28	27	238.6	187	2.12	107000	12600	21.2	7.27	4290	842

（续）

型号	截面尺寸/mm					截面面积/cm²	理论质量/(kg/m)	表面积/(m²/m)	惯性矩/cm⁴		惯性半径/cm		截面模数/cm³	
	H	B	t_1	t_2	r				I_x	I_y	i_x	i_y	W_x	W_y
HEM500	524	306	21	40	27	344.3	270	2.18	162000	19200	21.7	7.46	6180	1250
HEA550	540	300	12.5	24	27	211.8	166	2.21	112000	10800	23.0	7.15	4150	721
HEB550	550	300	15	29	27	254.1	199	2.22	137000	13100	23.2	7.17	4970	872
HEM550	572	306	21	40	27	354.4	278	2.28	198000	19200	23.6	7.35	6920	1250
HEA600	590	300	13	25	27	226.5	178	2.31	141000	11300	25.0	7.05	4790	751
HEB600	600	300	15.5	30	27	270.0	212	2.32	171000	13500	25.2	7.08	5700	902
HEM600	620	305	21	40	27	363.7	285	2.37	237000	19000	25.6	7.22	7660	1240
HEA650	640	300	13.5	26	27	241.6	190	2.41	175000	11700	26.9	6.97	5470	782
HEB650	650	300	16	31	27	286.3	225	2.42	211000	14000	27.1	6.99	6480	932
HEM650	668	305	21	40	27	373.7	293	2.47	282000	19000	27.5	7.13	8430	1240
HEA700	690	300	14.5	27	27	260.5	204	2.50	215000	12200	28.8	6.84	6240	812
HEB700	700	300	17	32	27	306.4	241	2.52	257000	14400	29.0	6.87	7340	963
HEM700	716	304	21	40	27	383.0	301	2.56	329000	18800	29.3	7.01	9200	1240
HEA800	790	300	15	28	30	285.8	224	2.70	303000	12600	32.6	6.65	7680	843
HEB800	800	300	17.5	33	30	334.2	262	2.71	359000	14900	32.8	6.68	8980	994
HEM800	814	303	21	40	30	404.3	317	2.75	443000	18600	33.1	6.79	10900	1230
IPE120	120	64	4.4	6.3	7	13.20	10.4	0.475	318	27.7	4.90	1.45	53	8.65
IPE140	140	73	4.7	6.9	7	16.40	12.9	0.551	541	44.9	5.74	1.65	77.3	12.3
IPE160	160	82	5	7.4	9	20.10	15.8	0.623	869	68.3	6.58	1.84	109	16.7
IPE180	180	91	5.3	8	9	23.90	18.8	0.698	1320	101	7.42	2.05	146	22.2
IPE200	200	100	5.6	8.5	12	28.50	22.4	0.768	1940	142	8.26	2.24	194	28.5
IPE220	220	110	5.9	9.2	12	33.40	26.2	0.848	2770	205	9.11	2.48	252	37.3
IPE240	240	120	6.2	9.8	13	39.10	30.7	0.922	3890	284	9.97	2.69	324	47.3
IPE270	270	135	6.6	10.2	15	45.90	36.1	1.04	5790	420	11.2	3.02	429	62.2
IPE300	300	150	7.1	10.7	15	53.80	42.2	1.16	8360	604	12.5	3.35	557	80.5
IPE330	330	160	7.5	11.5	18	62.60	49.1	1.25	11800	788	13.7	3.55	713	98.5
IPE360	360	170	8	12.7	18	72.70	57.1	1.35	16300	1040	15.0	3.79	904	123
IPE400	400	180	8.6	13.5	21	84.50	66.3	1.47	23100	1320	16.5	3.95	1160	146
IPE450	450	190	9.4	14.6	21	98.80	77.6	1.61	33700	1680	18.5	4.12	1500	176
IPE500	500	200	10.2	19	21	116.0	90.7	1.74	48200	2140	20.4	4.31	1930	214
IPE550	550	210	11.1	17.2	24	134.0	106	1.88	67100	2670	22.3	4.45	2440	254
IPE600	600	220	12	19	24	156.0	122	2.01	92100	3390	24.3	4.66	3070	308

（续）

类别	型号(高度×宽度)/ （in×in）	截面尺寸 /mm					截面 面积 /cm²	理论 质量/ (kg/m)	表面 积/ (m²/m)	惯性矩 /cm⁴		惯性半径 /cm		截面模数 /cm³	
		H	B	t_1	t_2	r				I_x	I_y	i_x	i_y	W_x	W_y
(5) 超厚超重 H 型钢尺寸规格															
W14	W14×16	375	394	17.3	27.7	15	275.5	216	2.27	71100	28300	16.1	10.1	3790	1430
		380	395	18.9	30.2	15	300.9	237	2.28	78800	31000	16.2	10.2	4150	1570
		387	398	21.1	33.3	15	334.6	262	2.30	89400	35000	16.3	10.2	4620	1760
		393	399	22.6	36.6	15	366.3	287	2.31	99700	38800	16.5	10.3	5070	1940
		399	401	24.9	39.5	15	399.2	314	2.33	110000	42600	16.6	10.3	5530	2120
		407	404	27.2	43.7	15	442.0	347	2.35	125000	48100	16.8	10.4	6140	2380
		416	406	29.8	48.0	15	487.1	382	2.37	141000	53600	17.0	10.5	6790	2640
		425	409	32.8	52.6	15	537.1	421	2.39	160000	60100	17.2	10.6	7510	2940
		435	412	35.8	57.4	15	589.5	463	2.42	180000	67000	17.5	10.7	8280	3250
		446	416	39.1	62.7	15	649.0	509	2.45	205000	75400	17.8	10.8	9170	3630
		455	418	42.0	67.6	15	701.4	551	2.47	226000	82500	18.0	10.8	9940	3950
		465	421	45.0	72.3	15	754.9	592	2.50	250000	90200	18.2	10.9	10800	4280
		474	424	47.6	77.1	15	808.0	634	2.52	274000	98300	18.4	11.0	11600	4630
		483	428	51.2	81.5	15	863.4	677	2.55	299000	107000	18.6	11.1	12400	4990
		498	432	55.6	88.9	15	948.1	744	2.59	342000	120000	19.0	11.2	13700	5550
		514	437	60.5	97.0	15	1043	818	2.63	392000	136000	19.4	11.4	15300	6200
		531	442	65.9	106.0	15	1149	900	2.67	450000	153000	19.8	11.6	17000	6940
		550	448	71.9	115.0	15	1262	990	2.72	519000	173000	20.3	11.7	18900	7740
		569	454	78.0	125.0	15	1386	1090	2.77	596000	196000	20.7	11.9	20900	8650
W24	W24×12.75	679	338	29.5	53.1	13	529.4	415	2.63	400000	34300	27.5	8.05	11800	2030
		689	340	32.0	57.9	13	578.6	455	2.65	445000	38100	27.7	8.11	12900	2240
		699	343	35.1	63.0	13	634.8	498	2.68	495000	42600	27.9	8.19	14200	2480
		711	347	38.6	69.1	13	702.1	551	2.71	558000	48400	28.2	8.30	15700	2790
W36	W36×12	903	304	15.2	20.1	19	256.5	201	2.96	325000	9440	35.6	6.07	7200	621
		911	304	15.9	23.9	19	285.7	223	2.97	377000	11200	36.3	6.27	8270	738
		915	305	16.5	25.9	19	303.5	238	2.98	406000	12300	36.6	6.36	8880	806
		919	306	17.3	27.9	19	323.2	253	2.99	437000	13400	36.8	6.43	9520	874
		923	307	18.4	30.0	19	346.1	271	3.00	472000	14500	36.9	6.48	10200	946
		927	308	19.4	32.0	19	367.6	289	3.01	504000	15600	37.0	6.52	10900	1020
		932	309	21.1	34.5	19	398.4	313	3.03	548000	17000	37.1	6.54	11800	1100
W36	W36×16.5	912	418	19.3	32.0	24	436.1	342	3.42	625000	39000	37.9	9.46	13700	1870
		916	419	20.3	34.3	24	464.4	365	3.41	670000	42100	38.0	9.52	14600	2010
		921	420	21.3	36.6	24	493.0	387	3.44	718000	45300	38.2	9.58	15600	2160
		928	422	22.5	39.9	24	532.5	417	3.46	788000	50100	38.5	9.70	17000	2370
		933	423	24.0	47.7	24	569.6	446	3.47	847000	54000	38.6	9.73	18200	2550
		942	422	25.9	47.0	24	621.3	488	3.48	935000	59000	38.8	9.75	19900	2800
		950	425	28.4	51.1	24	680.1	534	3.50	103100	65600	38.9	9.82	21700	3090
		960	427	31.0	55.9	24	745.3	585	3.52	1143000	72800	39.2	9.88	23800	3410

（续）

类别	型号(高度×宽度)/(in×in)	截面尺寸/mm					截面面积/cm²	理论质量/(kg/m)	表面积/(m²/m)	惯性矩/cm⁴		惯性半径/cm		截面模数/cm³	
		H	B	t_1	t_2	r				I_x	I_y	i_x	i_y	W_x	W_y
W36	W36×16.5	972	431	34.5	62.0	24	831.9	653	3.56	1292000	83000	39.4	9.99	26600	3850
		996	437	40.9	73.9	24	997.7	784	3.62	1593000	103000	40.0	10.2	32000	4730
		1028	446	50.0	89.9	24	1231	967	3.70	2033000	134000	40.6	10.4	39500	6000
W40	W40×12	970	300	16.0	21.1	30	282.8	222	3.06	408000	9550	38.0	5.81	8410	636
		980	300	16.5	26.0	30	316.8	249	3.08	481000	11800	39.0	6.09	9820	784
		990	300	16.5	31.0	30	346.8	272	3.10	554000	14000	40.0	6.35	11200	934
		1000	300	19.1	35.9	30	400.4	314	3.11	644000	16200	40.1	6.37	12900	1080
		1008	302	21.1	40.0	30	445.1	350	3.13	723000	18500	40.3	6.44	14300	1220
		1016	303	24.4	43.9	30	500.2	393	3.14	808000	20500	40.2	6.40	15900	1350
		1020	304	26.0	46.0	30	528.7	415	3.15	853000	21700	40.2	6.41	16700	1430
		1036	309	31.0	54.0	30	629.1	494	3.19	1028000	26800	40.4	6.53	19800	1740
		1056	314	36.0	64.0	30	743.7	584	3.24	1246000	33400	40.9	6.70	23600	2130
	W40×16	982	400	16.5	27.1	30	376.8	296	3.48	620000	29000	40.5	8.76	12600	1450
		990	400	16.5	31.0	30	408.8	321	3.50	696000	33100	41.3	9.00	14100	1660
		1000	400	19.0	36.1	30	472.0	371	3.51	814000	38600	41.5	9.03	16300	1930
		1008	402	21.1	40.0	30	524.2	412	3.53	910000	43400	41.6	9.09	18100	2160
		1012	402	23.6	41.9	30	563.7	443	3.53	967000	45500	41.4	8.98	19100	2260
		1020	404	25.4	46.0	30	615.1	483	3.55	1067000	50700	41.7	9.08	20900	2510
		1030	407	28.4	51.1	30	687.2	539	3.58	1203000	57600	41.8	9.16	23400	2830
		1040	409	31.0	55.9	30	752.7	591	3.60	1331000	64000	42.1	9.22	25600	3130
		1048	412	34.0	60.0	30	817.6	642	3.62	1451000	703000	42.1	9.27	27700	3410
		1068	417	39.0	70.0	30	953.4	748	3.67	1732000	85100	42.6	9.45	32400	4080
		1092	424	45.5	82.0	30	1125.3	883	3.74	2096000	105000	43.2	9.66	38400	4950
W44	W44×16	1090	400	18.0	31.0	20	436.5	343	3.71	867000	33100	44.6	8.71	15900	1660
		1100	400	20.0	36.0	20	497.0	390	3.73	1005000	38500	45.0	8.80	18300	1920
		1108	402	22.0	40.0	20	551.2	433	3.75	1126000	43400	45.2	8.87	20300	2160
		1118	405	26.0	45.0	20	635.2	499	3.77	1294000	50000	45.1	8.87	23100	2470

1.8.13　热轧剖分 T 型钢（见表 1-226）

表 1-226　热轧剖分 T 型钢尺寸规格（摘自 GB/T 11263—2017）

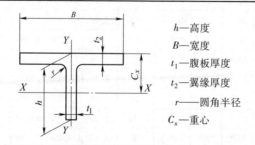

h—高度
B—宽度
t_1—腹板厚度
t_2—翼缘厚度
r——圆角半径
C_x—重心

（续）

类别	型号(高度×宽度)/(mm×mm)	截面尺寸/mm					截面面积/cm²	理论质量/(kg/m)	表面积/(m²/m)	惯性矩/cm⁴		惯性半径/cm		截面模数/cm³		重心 C_x/cm	对应H型钢系列型号
		h	B	t_1	t_2	r				I_x	I_y	i_x	i_y	W_x	W_y		
TW（宽翼缘）	50×100	50	100	6	8	8	10.79	8.47	0.293	16.1	66.8	1.22	2.48	4.02	13.4	1.00	100×100
	62.5×125	62.5	125	6.5	9	8	15.00	11.8	0.368	35.0	147	1.52	3.12	6.91	23.5	1.19	125×125
	75×150	75	150	7	10	8	19.82	15.6	0.443	66.4	282	1.82	3.76	10.8	37.5	1.37	150×150
	87.5×175	87.5	175	7.5	11	13	25.71	20.2	0.514	115	492	2.11	4.37	15.9	56.2	1.55	175×175
	100×200	100	200	8	12	13	31.76	24.9	0.589	184	801	2.40	5.02	22.3	80.1	1.73	200×200
		100	204	12	12	13	35.76	28.1	0.597	256	851	2.67	4.87	32.4	83.4	2.09	
	125×250	125	250	9	14	13	45.71	35.9	0.739	412	1820	3.00	6.31	39.5	146	2.08	250×250
		125	255	14	14	13	51.96	40.8	0.749	589	1940	3.36	6.10	59.4	152	2.58	
	150×300	147	302	12	12	13	53.16	41.7	0.887	857	2760	4.01	7.20	72.3	183	2.85	300×300
		150	300	10	15	13	59.22	46.5	0.889	798	3380	3.67	7.55	63.7	225	2.47	
		150	305	15	15	13	66.72	52.4	0.899	1110	3550	4.07	7.29	92.5	233	3.04	
	175×350	172	348	10	16	13	72.00	56.5	1.03	1230	5620	4.13	8.83	84.7	323	2.67	350×350
		175	350	12	19	13	85.94	67.5	1.04	1520	6790	4.20	8.88	104	388	2.87	
	200×400	194	402	15	15	22	89.22	70.0	1.17	2480	8130	5.27	9.54	158	404	3.70	400×400
		197	398	11	18	22	93.40	73.3	1.17	2050	9460	4.67	10.1	123	475	3.01	
		200	400	13	21	22	109.3	85.8	1.18	2480	11200	4.75	10.1	147	560	3.21	
		200	408	21	21	22	125.3	98.4	1.2	3650	11900	5.39	9.74	229	584	4.07	
		207	405	18	28	22	147.7	116	1.21	3620	15500	4.95	10.2	213	766	3.68	
		214	407	20	35	22	180.3	142	1.22	4380	19700	4.92	10.4	250	967	3.90	
TM（中翼缘）	75×100	74	100	6	9	8	13.17	10.3	0.341	51.7	75.2	1.98	2.38	8.84	15.0	1.56	150×100
	100×150	97	150	6	9	8	19.05	15.0	0.487	124	253	2.55	3.64	15.8	33.8	1.80	200×150
	125×175	122	175	7	11	13	27.74	21.8	0.583	288	492	3.22	4.21	29.1	56.2	2.28	250×175
	150×200	147	200	8	12	13	35.52	27.9	0.683	571	801	4.00	4.74	48.2	80.1	2.85	300×200
		149	201	9	14	13	41.01	32.2	0.689	661	949	4.01	4.80	55.2	94.4	2.92	
	175×250	170	250	9	14	13	49.76	39.1	0.829	1020	1820	4.51	6.05	73.2	146	3.11	350×250
	200×300	195	300	10	16	13	66.62	52.3	0.979	1730	3600	5.09	7.35	108	240	3.43	400×300
	225×300	220	300	11	18	13	76.94	60.4	1.03	2680	4050	5.89	7.25	150	270	4.09	450×300
	250×300	241	300	11	15	13	70.58	55.4	1.07	3400	3380	6.93	6.91	178	225	5.00	500×300
		244	300	11	18	13	79.58	62.5	1.08	3610	4050	6.73	7.13	184	270	4.72	
	275×300	272	300	11	15	13	73.99	58.1	1.13	4790	3380	8.04	6.75	225	225	5.96	550×300
		275	300	11	18	13	82.99	65.2	1.14	5090	4050	7.82	6.98	232	270	5.59	
	300×300	291	300	12	17	13	84.60	66.4	1.17	6320	3830	8.64	6.72	280	255	6.51	600×300
		294	300	12	20	13	93.60	73.5	1.18	6680	4500	8.44	6.93	288	300	6.17	
		297	302	14	23	13	108.5	85.2	1.19	7890	5290	8.52	6.97	339	350	6.41	

（续）

类别	型号（高度×宽度）/（mm×mm）	截面尺寸/mm					截面面积/cm²	理论质量/（kg/m）	表面积/（m²/m）	惯性矩/cm⁴		惯性半径/cm		截面模数/cm³		重心C_x/cm	对应H型钢系列型号
		h	B	t_1	t_2	r				I_x	I_y	i_x	i_y	W_x	W_y		
TN（窄翼缘）	50×50	50	50	5	7	8	5.920	4.65	0.193	11.8	7.39	1.41	1.11	3.18	2.950	1.28	100×50
	62.5×60	62.5	60	6	8	8	8.340	6.55	0.238	27.5	14.6	1.81	1.32	5.96	4.85	1.64	125×60
	75×75	75	75	5	7	8	8.920	7.00	0.293	42.6	24.7	2.18	1.66	7.46	6.59	1.79	150×75
	87.5×90	85.5	89	4	6	8	8.790	6.90	0.342	53.7	35.3	2.47	2.00	8.02	7.94	1.86	175×90
		87.5	90	5	8	8	11.44	8.98	0.348	70.6	48.7	2.48	2.06	10.4	10.8	1.93	
	100×100	99	99	4.5	7	8	11.34	8.90	0.389	93.5	56.7	2.87	2.23	12.1	11.5	2.17	200×100
		100	100	5.5	8	8	13.33	10.5	0.393	114	66.9	2.92	2.23	14.8	13.4	2.31	
	125×125	124	124	5	8	8	15.99	12.6	0.489	207	127	3.59	2.82	21.3	20.5	2.66	250×125
		125	125	6	9	8	18.48	14.5	0.493	248	147	3.66	2.81	25.6	23.5	2.81	
	150×150	149	149	5.5	8	13	20.40	16.0	0.585	393	221	4.39	3.29	33.8	29.7	3.26	300×150
		150	150	6.5	9	13	23.39	18.4	0.589	464	254	4.45	3.29	40.0	33.8	3.41	
	175×175	173	174	6	9	13	26.22	20.6	0.683	679	396	5.08	3.88	50.0	45.5	3.72	350×175
		175	175	7	11	13	31.45	24.7	0.689	814	492	5.08	3.95	59.3	56.2	3.76	
	200×200	198	199	7	11	13	35.70	28.0	0.783	1190	723	5.77	4.50	76.4	72.7	4.20	400×200
		200	200	8	13	13	41.68	32.7	0.789	1390	868	5.78	4.56	88.6	86.8	4.26	
	225×150	223	150	7	12	13	33.49	26.3	0.735	1570	338	6.84	3.17	93.7	45.1	5.54	450×150
		225	151	8	14	13	38.74	30.4	0.741	1830	403	6.87	3.22	108	53.4	5.62	
	225×200	223	199	8	12	13	41.48	32.6	0.833	1870	789	6.71	4.36	109	79.3	5.15	450×200
		225	200	9	14	13	47.71	37.5	0.839	2150	935	6.71	4.42	124	93.5	5.19	
	237.5×150	235	150	7	13	13	35.76	28.1	0.759	1850	367	7.18	3.20	104	48.9	7.50	475×150
		237.5	151.5	8.5	15.5	13	43.07	33.8	0.767	2270	451	7.25	3.23	128	59.5	7.57	
		241	153.5	10.5	19	13	53.20	41.8	0.778	2860	575	7.33	3.28	160	75.0	7.67	
	250×150	246	150	7	12	13	35.10	27.6	0.781	2060	339	7.66	3.10	113	45.1	6.36	500×150
		250	152	9	16	13	46.10	36.2	0.793	2750	470	7.71	3.19	149	61.9	6.53	
		252	153	10	18	13	51.66	40.6	0.799	3100	540	7.74	3.23	167	70.5	6.62	
	250×200	248	199	9	14	13	49.64	39.0	0.883	2820	921	7.54	4.30	150	92.6	5.97	500×200
		250	200	10	16	13	56.12	44.1	0.889	3200	1070	7.54	4.36	169	107	6.03	
		253	201	11	19	13	64.65	50.8	0.897	3660	1290	7.52	4.46	189	128	6.00	
	275×200	273	199	9	14	13	51.89	40.7	0.933	3690	921	8.43	4.21	180	92.6	6.85	550×200
		275	200	10	16	13	58.62	46.0	0.939	4180	1070	8.44	4.27	203	107	6.89	
	300×200	298	199	10	15	13	58.87	46.2	0.983	5150	988	9.35	4.09	235	99.3	7.92	600×200
		300	200	11	17	13	65.85	51.7	0.989	5770	1140	9.35	4.15	262	114	7.95	
		303	201	12	20	13	74.88	58.8	0.997	6530	1360	9.33	4.25	291	135	7.88	

（续）

类别	型号 （高度× 宽度）/ （mm×mm）	截面尺寸 /mm					截面 面积 /cm²	理论 质量/ （kg/m）	表面 积/ （m²/m）	惯性矩 /cm⁴		惯性半径 /cm		截面模数 /cm³		重心 C_x /cm	对应H型 钢系列 型号
		h	B	t_1	t_2	r				I_x	I_y	i_x	i_y	W_x	W_y		
TN （窄翼 缘）	312.5×200	312.5	198.5	13.5	17.5	13	75.28	59.1	1.01	7460	1150	9.95	3.90	338	116	9.15	625×200
		315	200	15	20	13	84.97	66.7	1.02	8470	1340	9.98	3.97	380	134	9.21	
		319	202	17	24	13	99.35	78.0	1.03	9960	1160	10.0	4.08	440	165	9.26	
	325×300	323	299	12	18	18	91.81	72.1	1.23	8570	4020	9.66	6.61	344	269	7.36	650×300
		325	300	13	20	18	101.0	79.3	1.23	9430	4510	9.66	6.67	376	300	7.40	
		327	301	14	22	18	110.3	86.59	1.24	10300	5010	9.66	6.73	408	333	7.45	
	350×300	346	300	13	20	18	103.8	81.5	1.28	11300	4510	10.4	6.59	424	301	8.09	700×300
		350	300	13	24	18	115.8	90.9	1.28	12000	5410	10.2	6.83	438	361	7.63	
	400×300	396	300	14	20	18	119.8	94.0	1.38	17600	4960	12.1	6.43	592	331	9.78	800×300
		400	300	14	26	18	131.8	103	1.38	18700	5860	11.9	6.66	610	391	9.27	
	450×300	445	299	15	23	18	133.5	105	1.47	25900	5140	13.9	6.20	789	344	11.7	900×300
		450	300	16	28	18	152.9	120	1.48	29100	6320	13.8	6.42	865	421	11.4	
		456	302	18	34	18	180.0	141	1.50	34100	7830	13.8	6.59	997	518	11.3	

注：1. 剖分T型钢由热轧H型钢剖分而成。

2. 剖分T型钢规格用T与高度 h 值×宽度 B 值×腹板厚度 t_1 值×翼缘厚度 t_2 值表示。例如，T207×405×18×28。

1.8.14 改善耐蚀性能热轧型钢（见表 1-227）

表 1-227 改善耐蚀性能热轧型钢的尺寸规格、牌号及化学成分（摘自 GB/T 32977—2016）

| 钢尺寸
规格及
耐蚀性 | GB/T 32977—2016《改善耐蚀性能热轧型钢》规定了改善耐蚀性能热轧型钢（工字钢、槽钢、热轧等边角钢、热轧不等边角钢、热轧H型钢）的牌号、化学成分、尺寸规格。改善耐蚀性能热轧型钢具有良好的耐蚀性，型钢的耐蚀性评价方法参见 GB/T 32977—2016 中的规定。与 GB/T 700 中 Q235 牌号比照，其相对腐蚀率低于60%，计算公式如下：

$$相对腐蚀率=\frac{耐腐蚀型钢的平均腐蚀率}{Q235\ 的平均腐蚀率}\times100\%$$

型钢的尺寸、外形、质量及极限偏差应符合 GB/T 706《热轧型钢》和 GB/T 11263《热轧H型钢和部分T型钢》中的规定 | | | | | | | |

牌号及化 学成分	牌号	质量 等级	化学成分（质量分数，%）						
			C	Si	Mn	P	S	Cr	Ni
	Q235NS	A	≤0.22	≤0.35	≤1.40	≤0.045	≤0.045	0.30~1.60	0.30~0.65
		B	≤0.20	≤0.35	≤1.40	≤0.045	≤0.040		0.30~0.65
		C	≤0.17	≤0.35	≤1.40	≤0.040	≤0.035		0.30~0.65
		D	≤0.17	≤0.35	≤1.40	≤0.035	≤0.030		0.30~0.65

（续）

	牌号	质量等级	化学成分(质量分数,%)						
			C	Si	Mn	P	S	Cr	Ni
牌号及化学成分	Q345NS	A	≤0.20	≤0.50	≤1.70	≤0.035	≤0.035	0.30~1.65	0.30~0.80
		B	≤0.20	≤0.50	≤1.70	≤0.035	≤0.035		0.30~0.80
		C	≤0.20	≤0.50	≤1.70	≤0.030	≤0.030		0.30~0.80
		D	≤0.18	≤0.50	≤1.70	≤0.030	≤0.025		0.30~0.80
		E	≤0.18	≤0.50	≤1.70	≤0.025	≤0.020		0.30~0.80
	Q390NS	A	≤0.20	≤0.50	≤1.70	≤0.035	≤0.035		0.30~0.80
		B	≤0.20	≤0.50	≤1.70	≤0.035	≤0.035		0.30~0.80
		C	≤0.20	≤0.50	≤1.70	≤0.030	≤0.030		0.30~0.80
		D	≤0.20	≤0.50	≤1.70	≤0.030	≤0.025		0.30~0.80
		E	≤0.20	≤0.50	≤1.70	≤0.025	≤0.020		0.30~0.80
	Q420NS	A	≤0.20	≤0.50	≤1.70	≤0.035	≤0.035		0.30~1.00
		B	≤0.20	≤0.50	≤1.70	≤0.035	≤0.035		0.30~1.00
		C	≤0.20	≤0.50	≤1.70	≤0.030	≤0.030		0.30~1.00
		D	≤0.20	≤0.50	≤1.70	≤0.030	≤0.025		0.30~1.00
		E	≤0.20	≤0.50	≤1.70	≤0.025	≤0.020		0.30~1.00
	Q460NS	C	≤0.20	≤0.60	≤1.80	≤0.030	≤0.030		0.30~1.00
		D	≤0.20	≤0.60	≤1.80	≤0.030	≤0.025		0.30~1.00
		E	≤0.20	≤0.60	≤1.80	≤0.025	≤0.020		0.30~1.00
力学性能	改善耐蚀性能热轧型钢以热轧或控轧状态交货，其力学性能和工艺性能应符合 GB/T 700 和 GB/T 1591 中相应强度级别的规定								

注：1. 为改善力学性能，可以添加一种或几种微合金元素，如 Nb、V、Ti、Al。
2. 为了改善型钢的耐蚀性，还可加入下列一种或多种合金元素：Mo≤0.30%，RE≤0.05%等。
3. 钢中残余元素 Cu 含量不应大于 0.30%。
4. 型钢的成品化学成分允许偏差应符合 GB/T 222 的规定。
5. 耐蚀性为型式检验项目，只有在成分、生产工艺、设备有重大变化及新产品生产时进行检验。
6. 牌号示例：钢的牌号由代表屈服强度、屈服强度数值、耐蚀的汉语拼音首字母、质量等级(A、B、C、D、E)四个部分组成。例如 Q345NSE，其中：
Q—钢的屈服强度的“屈”字汉语拼音的首字母；
345—屈服强度数值，单位为兆帕(MPa)；
NS—“耐蚀”汉语拼音的首字母；
E—质量等级为 E。

1.8.15 结构用冷弯空心型钢(见表 1-228~表 1-231)

表 1-228 方形冷弯空心型钢尺寸规格(摘自 GB/T 6728—2017)

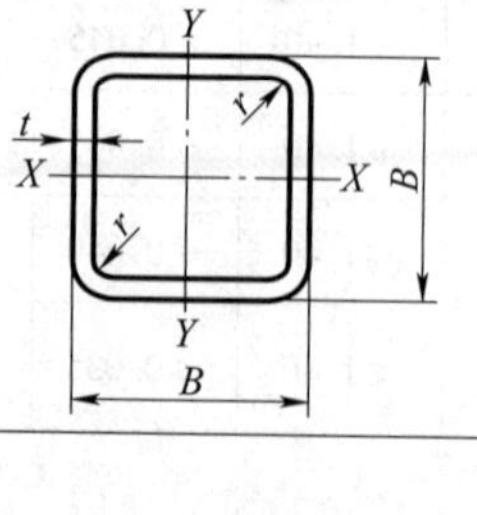

方形空心型、代号 F
B—边长
t—壁厚
r—外圆弧半径

（续）

边长 B/mm	尺寸允许 偏差/mm	壁厚 t/mm	理论质量 M/（kg/m）	截面面积 A/cm²	惯性矩 $I_x = I_y$/cm⁴	惯性半径 $r_x = r_y$/cm	截面模数 $W_x = W_y$/cm³	扭转常数	
								I_t/cm⁴	C_t/cm³
20	±0.50	1.2	0.679	0.865	0.498	0.759	0.498	0.823	0.75
		1.5	0.826	1.052	0.583	0.744	0.583	0.985	0.88
		1.75	0.941	1.199	0.642	0.732	0.642	1.106	0.98
		2.0	1.050	1.340	0.692	0.720	0.692	1.215	1.06
25	±0.50	1.2	0.867	1.105	1.025	0.963	0.820	1.655	1.24
		1.5	1.061	1.352	1.216	0.948	0.973	1.998	1.47
		1.75	1.215	1.548	1.357	0.936	1.086	2.261	1.65
		2.0	1.363	1.736	1.482	0.923	1.186	2.502	1.80
30	±0.50	1.5	1.296	1.652	2.195	1.152	1.463	3.555	2.21
		1.75	1.490	1.898	2.470	1.140	1.646	4.048	2.49
		2.0	1.677	2.136	2.721	1.128	1.814	4.511	2.75
		2.5	2.032	2.589	3.154	1.103	2.102	5.347	3.20
		3.0	2.361	3.008	3.500	1.078	2.333	6.060	3.58
40	±0.50	1.5	1.767	2.525	5.489	1.561	2.744	8.728	4.13
		1.75	2.039	2.598	6.237	1.549	3.118	10.009	4.69
		2.0	2.305	2.936	6.939	1.537	3.469	11.238	5.23
		2.5	2.817	3.589	8.213	1.512	4.106	13.539	6.21
		3.0	3.303	4.208	9.320	1.488	4.660	15.628	7.07
		4.0	4.198	5.347	11.064	1.438	5.532	19.152	8.48
50	±0.50	1.5	2.238	2.852	11.065	1.969	4.426	17.395	6.65
		1.75	2.589	3.298	12.641	1.957	5.056	20.025	7.60
		2.0	2.933	3.736	14.146	1.945	5.658	22.578	8.51
		2.5	3.602	4.589	16.941	1.921	6.776	27.436	10.22
		3.0	4.245	5.408	19.463	1.897	7.785	31.972	11.77
		4.0	5.454	6.947	23.725	1.847	9.490	40.047	14.43
60	±0.60	2.0	3.560	4.540	25.120	2.350	8.380	39.810	12.60
		2.5	4.387	5.589	30.340	2.329	10.113	48.539	15.22
		3.0	5.187	6.608	35.130	2.305	11.710	56.892	17.65
		4.0	6.710	8.547	43.539	2.266	14.513	72.188	21.97
		5.0	8.129	10.356	50.468	2.207	16.822	85.560	25.61
70	±0.65	2.5	5.170	6.590	49.400	2.740	14.100	78.500	21.20
		3.0	6.129	7.808	57.522	2.714	16.434	92.188	24.74
		4.0	7.966	10.147	72.108	2.665	20.602	117.975	31.11
		5.0	9.699	12.356	84.602	2.616	24.172	141.183	36.65
80	±0.70	2.5	5.957	7.589	75.147	3.147	18.787	118.52	28.22
		3.0	7.071	9.008	87.838	3.122	21.959	139.660	33.02
		4.0	9.222	11.747	111.031	3.074	27.757	179.808	41.84
		5.0	11.269	14.356	131.414	3.025	32.853	216.628	49.68
90	±0.75	3.0	8.013	10.208	127.277	3.531	28.283	201.108	42.51
		4.0	10.478	13.347	161.907	3.482	35.979	260.088	54.17
		5.0	12.839	16.356	192.903	3.434	42.867	314.896	64.71
		6.0	15.097	19.232	220.420	3.385	48.982	365.452	74.16

（续）

边长 B/mm	尺寸允许偏差/mm	壁厚 t/mm	理论质量 M/(kg/m)	截面面积 A/cm²	惯性矩 $I_x = I_y$/cm⁴	惯性半径 $r_x = r_y$/cm	截面模数 $W_x = W_y$/cm³	扭转常数	
								I_t/cm⁴	C_t/cm³
100	±0.80	4.0	11.734	11.947	226.337	3.891	45.267	361.213	68.10
		5.0	14.409	18.356	271.071	3.842	54.214	438.986	81.72
		6.0	16.981	21.632	311.415	3.794	62.283	511.558	94.12
110	±0.90	4.0	12.99	16.548	305.94	4.300	55.625	486.47	83.63
		5.0	15.98	20.356	367.95	4.252	66.900	593.60	100.74
		6.0	18.866	24.033	424.57	4.203	77.194	694.85	116.47
120	±0.90	4.0	14.246	18.147	402.260	4.708	67.043	635.603	100.75
		5.0	17.549	22.356	485.441	4.659	80.906	776.632	121.75
		6.0	20.749	26.432	562.094	4.611	93.683	910.281	141.22
		8.0	26.840	34.191	696.639	4.513	116.106	1155.010	174.58
130	±1.00	4.0	15.502	19.748	516.97	5.117	79.534	814.72	119.48
		5.0	19.120	24.356	625.68	5.068	96.258	998.22	144.77
		6.0	22.634	28.833	726.64	5.020	111.79	1173.6	168.36
		8.0	28.921	36.842	882.86	4.895	135.82	1502.1	209.54
140	±1.10	4.0	16.758	21.347	651.598	5.524	53.085	1022.176	139.8
		5.0	20.689	26.356	790.523	5.476	112.931	1253.565	169.78
		6.0	24.517	31.232	920.359	5.428	131.479	1475.020	197.9
		8.0	31.864	40.591	1153.735	5.331	164.819	1887.605	247.69
150	±1.20	4.0	18.014	22.948	807.82	5.933	107.71	1264.8	161.73
		5.0	22.26	28.356	982.12	5.885	130.95	1554.1	196.79
		6.0	26.402	33.633	1145.9	5.837	152.79	1832.7	229.84
		8.0	33.945	43.242	1411.8	5.714	188.25	2364.1	289.03
160	±1.20	4.0	19.270	24.547	987.152	6.341	123.394	1540.134	185.25
		5.0	23.829	30.356	1202.317	6.293	150.289	1893.787	225.79
		6.0	28.285	36.032	1405.408	6.245	175.676	2234.573	264.18
		8.0	36.888	46.991	1776.496	6.148	222.062	2876.940	333.56
170	±1.30	4.0	20.526	26.148	1191.3	6.750	140.15	1855.8	210.37
		5.0	25.400	32.356	1453.3	6.702	170.97	2285.3	256.80
		6.0	30.170	38.433	1701.6	6.654	200.18	2701.0	300.91
		8.0	38.969	49.642	2118.2	6.532	249.2	3503.1	381.28
180	±1.40	4.0	21.800	27.70	1422	7.16	158	2210	237
		5.0	27.000	34.40	1737	7.11	193	2724	290
		6.0	32.100	40.80	2037	7.06	226	3223	340
		8.0	41.500	52.80	2546	6.94	283	4189	432
190	±1.50	4.0	23.00	29.30	1680	7.57	176	2607	265
		5.0	28.50	36.40	2055	7.52	216	3216	325
		6.0	33.90	43.20	2413	7.47	254	3807	381
		8.0	44.00	56.00	3208	7.35	319	4958	486

（续）

边长 B/mm	尺寸允许 偏差/mm	壁厚 t/mm	理论质量 M/(kg/m)	截面面积 A/cm²	惯性矩 $I_x = I_y$/cm⁴	惯性半径 $r_x = r_y$/cm	截面模数 $W_x = W_y$/cm³	扭转常数	
								I_t/cm⁴	C_t/cm³
200	±1.60	4.0	24.30	30.90	1968	7.97	197	3049	295
		5.0	30.10	38.40	2410	7.93	241	3763	362
		6.0	35.80	45.60	2833	7.88	283	4459	426
		8.0	46.50	59.20	3566	7.76	357	5815	544
		10	57.00	72.60	4251	7.65	425	7072	651
220	±1.80	5.0	33.2	42.4	3238	8.74	294	5038	442
		6.0	39.6	50.4	3813	8.70	347	5976	521
		8.0	51.5	65.6	4828	8.58	439	7815	668
		10	63.2	80.6	5782	8.47	526	9533	804
		12	73.5	93.7	6487	8.32	590	11149	922
250	±2.00	5.0	38.0	48.4	4805	9.97	384	7443	577
		6.0	45.2	57.6	5672	9.92	454	8843	681
		8.0	59.1	75.2	7299	9.80	578	11598	878
		10	72.7	92.6	8707	9.70	697	14197	1062
		12	84.8	108	9859	9.55	789	16691	1226
280	±2.20	5.0	42.7	54.4	6810	11.2	486	10513	730
		6.0	50.9	64.8	8054	11.1	575	12504	863
		8.0	66.6	84.8	10317	11.0	737	16436	1117
		10	82.1	104.6	12479	10.9	891	20173	1356
		12	96.1	122.5	14232	10.8	1017	23804	1574
300	±2.40	6.0	54.7	69.6	9964	12.0	664	15434	997
		8.0	71.6	91.2	12801	11.8	853	20312	1293
		10	88.4	113	15519	11.7	1035	24966	1572
		12	104	132	17767	11.6	1184	29514	1829
350	±2.80	6.0	64.1	81.6	16008	14.0	915	24683	1372
		8.0	84.2	107	20618	13.9	1182	32557	1787
		10	104	133	25189	13.8	1439	40127	2182
		12	123	156	29054	13.6	1660	47598	2552
400	±3.20	8.0	96.7	123	31269	15.9	1564	48934	2362
		10	120	153	38216	15.8	1911	60431	2892
		12	141	180	44319	15.7	2216	71843	3395
		14	163	208	50414	15.6	2521	82735	3877
450	±3.60	8.0	109	139	44966	18.0	1999	70043	3016
		10	135	173	55100	17.9	2449	86629	3702
		12	160	204	64164	17.7	2851	103150	4357
		14	185	236	73210	17.6	3254	119000	4989
500	±4.00	8.0	122	155	62172	20.0	2487	96483	3750
		10	151	193	76341	19.9	3054	119470	4612
		12	179	228	89187	19.8	3568	142420	5440
		14	207	264	102010	19.7	4080	164530	6241
		16	235	299	114260	19.6	4570	186140	7013

注:参见表1-230的注。

表 1-229　矩形冷弯空心型钢尺寸规格(摘自 GB/T 6728—2017)

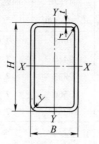

矩形空心型，代号 J

H—长边

B—短边

t—壁厚

r—外圆弧半径

边长/mm		尺寸允许偏差/mm	壁厚 t/mm	理论质量 M/(kg/m)	截面面积 A/cm²	惯性矩/cm⁴		惯性半径/cm		截面模数/cm³		扭转常数	
H	B					I_x	I_y	r_x	r_y	W_x	W_y	I_t/cm⁴	C_t/cm³
30	20	±0.50	1.5	1.06	1.35	1.59	0.84	1.08	0.788	1.06	0.84	1.83	1.40
			1.75	1.22	1.55	1.77	0.93	1.07	0.777	1.18	0.93	2.07	1.56
			2.0	1.36	1.74	1.94	1.02	1.06	0.765	1.29	1.02	2.29	1.71
			2.5	1.64	2.09	2.21	1.15	1.03	0.742	1.47	1.15	2.68	1.95
	20	±0.50	1.5	1.30	1.65	3.27	1.10	1.41	0.815	1.63	1.10	2.74	1.91
			1.75	1.49	1.90	3.68	1.23	1.39	0.804	1.84	1.23	3.11	2.14
			2.0	1.68	2.14	4.05	1.34	1.38	0.793	2.02	1.34	3.45	2.36
			2.5	2.03	2.59	4.69	1.54	1.35	0.770	2.35	1.54	4.06	2.72
			3.0	2.36	3.01	5.21	1.68	1.32	0.748	2.60	1.68	4.57	3.00
40	25	±0.50	1.5	1.41	1.80	3.82	1.84	1.46	1.010	1.91	1.47	4.06	2.46
			1.75	1.63	2.07	4.32	2.07	1.44	0.999	2.16	1.66	4.63	2.78
			2.0	1.83	2.34	4.77	2.28	1.43	0.988	2.39	1.82	5.17	3.07
			2.5	2.23	2.84	5.57	2.64	1.40	0.965	2.79	2.11	6.15	3.59
			3.0	2.60	3.31	6.24	2.94	1.37	0.942	3.12	2.35	7.00	4.01
	30	±0.50	1.5	1.53	1.95	4.38	2.81	1.50	1.199	2.19	1.87	5.52	3.02
			1.75	1.77	2.25	4.96	3.17	1.48	1.187	2.48	2.11	6.31	3.42
			2.0	1.99	2.54	5.49	3.51	1.47	1.176	2.75	2.34	7.07	3.79
			2.5	2.42	3.09	6.45	4.10	1.45	1.153	3.23	2.74	8.47	4.46
			3.0	2.83	3.61	7.27	4.60	1.42	1.129	3.63	3.07	9.72	5.03
50	25	±0.50	1.5	1.65	2.10	6.65	2.25	1.78	1.04	2.66	1.80	5.52	3.41
			1.75	1.90	2.42	7.55	2.54	1.76	1.024	3.02	2.03	6.32	3.54
			2.0	2.15	2.74	8.38	2.81	1.75	1.013	3.35	2.25	7.06	3.92
			2.5	2.62	2.34	9.89	3.28	1.72	0.991	3.95	2.62	8.43	4.60
			3.0	3.07	3.91	11.17	3.67	1.69	0.969	4.47	2.93	9.64	5.18
	30	±0.50	1.5	1.767	2.252	7.535	3.415	1.829	1.231	3.014	2.276	7.587	3.83
			1.75	2.039	2.598	8.566	3.868	1.815	1.220	3.426	2.579	8.682	4.35

（续）

边长/mm		尺寸允许偏差/mm	壁厚 t/mm	理论质量 M/(kg/m)	截面面积 A/cm²	惯性矩/cm⁴		惯性半径/cm		截面模数/cm³		扭转常数	
H	B					I_x	I_y	r_x	r_y	W_x	W_y	I_t/cm⁴	C_t/cm³
50	30	±0.50	2.0	2.305	2.936	9.535	4.291	1.801	1.208	3.814	2.861	9.727	4.84
			2.5	2.817	3.589	11.296	5.050	1.774	1.186	4.518	3.366	11.666	5.72
			3.0	3.303	4.206	12.827	5.696	1.745	1.163	5.130	3.797	13.401	6.49
			4.0	4.198	5.347	15.239	6.682	1.688	1.117	6.095	4.455	16.244	7.77
	40	±0.50	1.5	2.003	2.552	9.300	6.602	1.908	1.608	3.720	3.301	12.238	5.24
			1.75	2.314	2.948	10.603	7.518	1.896	1.596	4.241	3.759	14.059	5.97
			2.0	2.619	3.336	11.840	8.348	1.883	1.585	4.736	4.192	15.817	6.673
			2.5	3.210	4.089	14.121	9.976	1.858	1.562	5.648	4.988	19.222	7.965
			3.0	3.775	4.808	16.149	11.382	1.833	1.539	6.460	5.691	22.336	9.123
			4.0	4.826	6.148	19.493	13.677	1.781	1.492	7.797	6.839	27.82	11.06
55	25	±0.50	1.5	1.767	2.252	8.453	2.460	1.937	1.045	3.074	1.968	6.273	3.458
			1.75	2.039	2.598	9.606	2.779	1.922	1.034	3.493	2.223	7.156	3.916
			2.0	2.305	2.936	10.689	3.073	1.907	1.023	3.886	2.459	7.992	4.342
	40	±0.50	1.5	2.121	2.702	11.674	7.158	2.078	1.627	4.245	3.579	14.017	5.794
			1.75	2.452	3.123	13.329	8.158	2.065	1.616	4.847	4.079	16.175	6.614
			2.0	2.776	3.536	14.904	9.107	2.052	1.604	5.419	4.553	18.208	7.394
	50	±0.60	1.75	2.726	3.473	15.811	13.660	2.133	1.983	5.749	5.464	23.173	8.415
			2.0	3.090	3.936	17.714	15.298	2.121	1.971	6.441	6.119	26.142	9.433
60	30	±0.60	2.0	2.620	3.337	15.046	5.078	2.123	1.234	5.015	3.385	12.57	5.881
			2.5	3.209	4.089	17.933	5.998	2.094	1.211	5.977	3.998	15.054	6.981
			3.0	3.774	4.808	20.496	6.794	2.064	1.188	6.832	4.529	17.335	7.950
			4.0	4.826	6.147	24.691	8.045	2.004	1.143	8.230	5.363	21.141	9.523
	40	±0.60	2.0	2.934	3.737	18.412	9.831	2.220	1.622	6.137	4.915	20.702	8.116
			2.5	3.602	4.589	22.069	11.734	2.192	1.595	7.356	5.867	25.045	9.722
			3.0	4.245	5.408	25.374	13.436	2.166	1.576	8.458	6.718	29.121	11.175
			4.0	5.451	6.947	30.974	16.269	2.111	1.530	10.324	8.134	36.298	13.653
70	50	±0.60	2.0	3.562	4.537	31.475	18.758	2.634	2.033	8.993	7.503	37.454	12.196
			3.0	5.187	6.608	44.046	26.099	2.581	1.987	12.584	10.439	53.426	17.06
			4.0	6.710	8.547	54.663	32.210	2.528	1.941	15.618	12.884	67.613	21.189
			5.0	8.129	10.356	63.435	37.179	2.171	1.894	18.121	14.871	79.908	24.642

（续）

边长/mm		尺寸允许偏差/mm	壁厚 t/mm	理论质量 M/（kg/m）	截面面积 A/cm²	惯性矩/cm⁴		惯性半径/cm		截面模数/cm³		扭转常数	
H	B					I_x	I_y	r_x	r_y	W_x	W_y	I_t/cm⁴	C_t/cm³
80	40	±0.70	2.0	3.561	4.536	37.355	12.720	2.869	1.674	9.339	6.361	30.881	11.004
			2.5	4.387	5.589	45.103	15.255	2.840	1.652	11.275	7.627	37.467	13.283
			3.0	5.187	6.608	52.246	17.552	2.811	1.629	13.061	8.776	43.680	15.283
			4.0	6.710	8.547	64.780	21.474	2.752	1.585	16.195	10.737	54.787	18.844
			5.0	8.129	10.356	75.080	24.567	2.692	1.540	18.770	12.283	64.110	21.744
	60	±0.70	3.0	6.129	7.808	70.042	44.886	2.995	2.397	17.510	14.962	88.111	24.143
			4.0	7.966	10.147	87.945	56.105	2.943	2.351	21.976	18.701	112.583	30.332
			5.0	9.699	12.356	103.247	65.634	2.890	2.304	25.811	21.878	134.503	35.673
90	40	±0.75	3.0	5.658	7.208	70.487	19.610	3.127	1.649	15.663	9.805	51.193	17.339
			4.0	7.338	9.347	87.894	24.077	3.066	1.604	19.532	12.038	64.320	21.441
			5.0	8.914	11.356	102.487	27.651	3.004	1.560	22.774	13.825	75.426	24.819
	50	±0.75	2.0	4.190	5.337	57.878	23.368	3.293	2.093	12.862	9.347	53.366	15.882
			2.5	5.172	6.589	70.263	28.236	3.266	2.070	15.614	11.294	65.299	19.235
			3.0	6.129	7.808	81.845	32.735	3.237	2.047	18.187	13.094	76.433	22.316
			4.0	7.966	10.147	102.696	40.695	3.181	2.002	22.821	16.278	97.162	27.961
			5.0	9.699	12.356	120.570	47.345	3.123	1.957	26.793	18.938	115.436	36.774
	55	±0.75	2.0	4.346	5.536	61.75	28.957	3.340	2.287	13.733	10.53	62.724	17.601
			2.5	5.368	6.839	75.049	33.065	3.313	2.264	16.678	12.751	76.877	21.357
	60	±0.75	3.0	6.600	8.408	93.203	49.764	3.329	2.432	20.711	16.588	104.552	27.391
			4.0	8.594	10.947	117.499	62.387	3.276	2.387	26.111	20.795	133.852	34.501
			5.0	10.484	13.356	138.653	73.218	3.222	2.311	30.811	24.406	160.273	40.712
95	50	±0.75	2.0	4.347	5.537	66.084	24.521	3.455	2.104	13.912	9.808	57.458	16.804
			2.5	5.369	6.839	80.306	29.647	3.247	2.082	16.906	11.895	70.324	20.364
100	50	±0.80	3.0	6.690	8.408	106.451	36.053	3.558	2.070	21.290	14.421	88.311	25.012
			4.0	8.594	10.947	134.124	44.938	3.500	2.026	26.824	17.975	112.409	31.35
			5.0	10.484	13.356	158.155	52.429	3.441	1.981	31.631	20.971	133.758	36.804
120	50	±0.90	2.5	6.350	8.089	143.97	36.704	4.219	2.130	23.995	14.682	96.026	26.006
			3.0	7.543	9.608	168.58	42.693	4.189	2.108	28.097	17.077	112.87	30.317
	60	±0.90	3.0	8.013	10.208	189.113	64.398	4.304	2.511	31.581	21.466	156.029	37.138
			4.0	10.478	13.347	240.724	81.235	4.246	2.466	40.120	27.078	200.407	47.048
			5.0	12.839	16.356	286.941	95.968	4.188	2.422	47.823	31.989	240.869	55.846
			6.0	15.097	19.232	327.950	108.716	4.129	2.377	54.658	36.238	277.361	63.597

（续）

边长/mm		尺寸允许偏差/mm	壁厚 t/mm	理论质量 M/(kg/m)	截面面积 A/cm²	惯性矩/cm⁴		惯性半径/cm		截面模数/cm³		扭转常数	
H	B					I_x	I_y	r_x	r_y	W_x	W_y	I_t/cm⁴	C_t/cm³
120	80	±0.90	3.0	8.955	11.408	230.189	123.430	4.491	3.289	38.364	30.857	255.128	50.799
			4.0	11.734	11.947	294.569	157.281	4.439	3.243	49.094	39.320	330.438	64.927
			5.0	14.409	18.356	353.108	187.747	4.385	3.198	58.850	46.936	400.735	77.772
			6.0	16.981	21.632	105.998	214.977	4.332	3.152	67.666	53.744	165.940	83.399
140	80	±1.00	4.0	12.990	16.547	429.582	180.407	5.095	3.301	61.368	45.101	410.713	76.478
			5.0	15.979	20.356	517.023	215.914	5.039	3.256	73.860	53.978	498.815	91.834
			6.0	18.865	24.032	569.935	247.905	4.983	3.211	85.276	61.976	580.919	105.83
150	100	±1.20	4.0	14.874	18.947	594.585	318.551	5.601	4.110	79.278	63.710	660.613	104.94
			5.0	18.334	23.356	719.164	383.988	5.549	4.054	95.888	79.797	806.733	126.81
			6.0	21.691	27.632	834.615	444.135	5.495	4.009	111.282	88.827	915.022	147.07
			8.0	28.096	35.791	1039.101	519.308	5.388	3.917	138.546	109.861	1147.710	181.85
160	60	±1.20	3	9.898	12.608	389.86	83.915	5.561	2.580	48.732	27.972	228.15	50.14
			4.5	14.498	18.469	552.08	116.66	5.468	2.513	69.01	38.886	324.96	70.085
	80	±1.20	4.0	14.216	18.117	597.691	203.532	5.738	3.348	71.711	50.883	493.129	88.031
			5.0	17.519	22.356	721.650	214.089	5.681	3.304	90.206	61.020	599.175	105.9
			6.0	20.749	26.433	835.936	286.832	5.623	3.259	104.192	76.208	698.881	122.27
			8.0	26.810	33.644	1036.485	343.599	5.505	3.170	129.560	85.899	876.599	149.54
180	65	±1.20	3.0	11.075	14.108	550.35	111.78	6.246	2.815	61.15	34.393	306.75	61.849
			4.5	16.264	20.719	784.13	156.47	6.152	2.748	87.125	48.144	438.91	86.993
	100	±1.30	4.0	16.758	21.317	926.020	373.879	6.586	4.184	102.891	74.755	852.708	127.06
			5.0	20.689	26.356	1124.156	451.738	6.530	4.140	124.906	90.347	1012.589	153.88
			6.0	24.517	31.232	1309.527	523.767	6.475	4.095	145.503	104.753	1222.933	178.88
			8.0	31.861	40.391	1643.149	651.132	6.362	4.002	182.572	130.226	1554.606	222.49
			4.0	18.014	22.941	1199.680	410.261	7.230	4.230	119.968	82.152	984.151	141.81
			5.0	22.259	28.356	1459.270	496.905	7.173	4.186	145.920	99.381	1203.878	171.94
			6.0	26.101	33.632	1703.224	576.855	7.116	4.141	170.332	115.371	1412.986	200.1
			8.0	34.376	43.791	2145.993	719.014	7.000	4.052	214.599	143.802	1798.551	249.6
200	120	±1.40	4.0	19.3	24.5	1353	618	7.43	5.02	135	103	1345	172
			5.0	23.8	30.4	1649	750	7.37	4.97	165	125	1652	210
			6.0	28.3	36.0	1929	874	7.32	4.93	193	146	1947	245
			8.0	36.5	46.4	2386	1079	7.17	4.82	239	180	2507	308
	150	±1.50	4.0	21.2	26.9	1584	1021	7.67	6.16	158	136	1942	219
			5.0	26.2	33.4	1935	1245	7.62	6.11	193	166	2391	267
			6.0	31.1	39.6	2268	1457	7.56	6.06	227	194	2826	312
			8.0	40.2	51.2	2892	1815	7.43	5.95	283	242	3664	396

（续）

边长/mm		尺寸允许偏差/mm	壁厚 t/mm	理论质量 M/(kg/m)	截面面积 A/cm²	惯性矩/cm⁴		惯性半径/cm		截面模数/cm³		扭转常数	
H	B					I_x	I_y	r_x	r_y	W_x	W_y	I_t/cm⁴	C_t/cm³
220	140	±1.50	4.0	21.8	27.7	1892	948	8.26	5.84	172	135	1987	224
			5.0	27.0	34.4	2313	1155	8.21	5.80	210	165	2447	274
			6.0	32.1	40.8	2714	1352	8.15	5.75	247	193	2891	321
			8.0	41.5	52.8	3389	1685	8.01	5.65	308	241	3746	407
250	150	±1.60	4.0	24.3	30.9	2697	1234	9.34	6.32	216	165	2665	275
			5.0	30.1	38.4	3304	1508	9.28	6.27	264	201	3285	337
			6.0	35.8	45.6	3886	1768	9.23	6.23	311	236	3886	396
			8.0	46.5	59.2	4886	2219	9.08	6.12	391	296	5050	504
260	180	±1.80	5.0	33.2	42.4	4121	2350	9.86	7.45	317	261	4695	426
			6.0	39.6	50.4	4856	2763	9.81	7.40	374	307	5566	501
			8.0	51.5	65.6	6145	3493	9.68	7.29	473	388	7267	642
			10	63.2	80.6	7363	4174	9.56	7.20	566	646	8850	772
300	200	±2.00	5.0	38.0	48.4	6241	3361	11.4	8.34	416	336	6836	552
			6.0	45.2	57.6	7370	3962	11.3	8.29	491	396	8115	651
			8.0	59.1	75.2	9389	5042	11.2	8.19	626	504	10627	838
			10	72.7	92.6	11313	6058	11.1	8.09	754	606	12987	1012
350	250	±2.20	5.0	45.8	58.4	10520	6306	13.4	10.4	601	504	12234	817
			6.0	54.7	69.6	12457	7458	13.4	10.3	712	594	14554	967
			8.0	71.6	91.2	16001	9573	13.2	10.2	914	766	19136	1253
			10	88.4	113	19407	11588	13.1	10.1	1109	927	23500	1522
400	200	±2.40	5.0	45.8	58.4	12490	4311	14.6	8.60	624	431	10519	742
			6.0	54.7	69.6	14789	5092	14.5	8.55	739	509	12069	877
			8.0	71.6	91.2	18974	6517	14.4	8.45	949	652	15820	1133
			10	88.4	113	23003	7864	14.3	8.36	1150	786	19368	1373
			12	104	132	26248	8977	14.1	8.24	1312	898	22782	1591
	250	±2.60	5.0	49.7	63.4	14440	7056	15.1	10.6	722	565	14773	937
			6.0	59.4	75.6	17118	8352	15.0	10.5	856	668	17580	1110
			8.0	77.9	99.2	22048	10744	14.9	10.4	1102	860	23127	1440
			10	96.2	122	26806	13029	14.8	10.3	1340	1042	28423	1753
			12	113	144	30766	14926	14.6	10.2	1538	1197	33597	2042
450	250	±2.80	6.0	64.1	81.6	22724	9245	16.7	10.6	1010	740	20687	1253
			8.0	84.2	107	29336	11916	16.5	10.5	1304	953	27222	1628
			10	104	133	35737	14470	16.4	10.4	1588	1158	33473	1983
			12	123	156	41137	16663	16.2	10.3	1828	1333	39591	2314

（续）

边长 /mm		尺寸允 许偏差 /mm	壁厚 t/mm	理论质量 M/ (kg/m)	截面 面积 A/cm²	惯性矩/cm⁴		惯性半径/cm		截面模数/cm³		扭转常数	
H	B					I_x	I_y	r_x	r_y	W_x	W_y	I_t/cm⁴	C_t/cm³
500	300	±3.20	6.0	73.5	93.6	33012	15151	18.8	12.7	1321	1010	32420	1688
			8.0	96.7	123	42805	19624	18.6	12.6	1712	1308	42767	2202
			10	120	153	52328	23933	18.5	12.5	2093	1596	52736	2693
			12	141	180	60604	27726	18.3	12.4	2424	1848	62581	3156
550	350	±3.60	8.0	109	139	59783	30040	20.7	14.7	2174	1717	63051	2856
			10	135	173	73276	36752	20.6	14.6	2665	2100	77901	3503
			12	160	204	85249	42769	20.4	14.5	3100	2444	92646	4118
			14	185	236	97269	48731	20.3	14.4	3537	2784	106760	4710
600	400	±4.00	8.0	122	155	80670	43564	22.8	16.8	2689	2178	88672	3591
			10	151	193	99081	53429	22.7	16.7	3303	2672	109720	4413
			12	179	228	115670	62391	22.5	16.5	3856	3120	130680	5201
			14	207	264	132310	71282	22.4	16.4	4410	3564	150850	5962
			16	235	299	148210	79760	22.3	16.3	4940	3988	170510	6694

注：参见表 1-230 的注。

表 1-230 圆形冷弯空心型钢尺寸规格（摘自 GB/T 6728—2017）

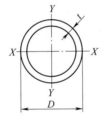

圆形空心型，代号 Y

D—外径

t—壁厚

外径 D /mm	尺寸允 许偏差/ mm	壁厚 t/mm	理论质量 M/ (kg/m)	截面面积 A/cm²	惯性矩 I/cm⁴	惯性半径 R/cm	弹性模数 Z/cm³	塑性模数 S/cm³	扭转常数		每米长度 表面积 A_s/m²
									J/cm⁴	C/cm³	
21.3 (21.3)	±0.5	1.2	0.59	0.76	0.38	0.712	0.36	0.49	0.77	0.72	0.067
		1.5	0.73	0.93	0.46	0.702	0.43	0.59	0.92	0.86	0.067
		1.75	0.84	1.07	0.52	0.694	0.49	0.67	1.04	0.97	0.067
		2.0	0.95	1.21	0.57	0.686	0.54	0.75	1.14	1.07	0.067
		2.5	1.16	1.48	0.66	0.671	0.62	0.89	1.33	1.25	0.067
		3.0	1.35	1.72	0.74	0.655	0.70	1.01	1.48	1.39	0.067
26.8 (26.9)	±0.5	1.2	0.76	0.97	0.79	0.906	0.59	0.79	1.58	1.18	0.084
		1.5	0.94	1.19	0.96	0.896	0.71	0.96	1.91	1.43	0.084
		1.75	1.08	1.38	1.09	0.888	0.81	1.1	2.17	1.62	0.084
		2.0	1.22	1.56	1.21	0.879	0.90	1.23	2.41	1.80	0.084
		2.5	1.50	1.91	1.42	0.864	1.06	1.48	2.85	2.12	0.084
		3.0	1.76	2.24	1.61	0.848	1.20	1.71	3.23	2.41	0.084

（续）

外径 D /mm	尺寸允许偏差/ mm	壁厚 t/mm	理论质量 M/ (kg/m)	截面面积 A/cm²	惯性矩 I/cm⁴	惯性半径 R/cm	弹性模数 Z/cm³	塑性模数 S/cm³	扭转常数 J/cm⁴	扭转常数 C/cm³	每米长度表面积 A_s/m²
33.5 (33.7)	±0.5	1.5	1.18	1.51	1.93	1.132	1.15	1.54	3.87	2.31	0.105
		2.0	1.55	1.98	2.46	1.116	1.47	1.99	4.93	2.94	0.105
		2.5	1.91	2.43	2.94	1.099	1.76	2.41	5.89	3.51	0.105
		3.0	2.26	2.87	3.37	1.084	2.01	2.80	6.75	4.03	0.105
		3.5	2.59	3.29	3.76	1.068	2.24	3.16	7.52	4.49	0.105
		4.0	2.91	3.71	4.11	1.053	2.45	3.50	8.21	4.90	0.105
42.3 (42.4)	±0.5	1.5	1.51	1.92	4.01	1.443	1.89	2.50	8.01	3.79	0.133
		2.0	1.99	2.53	5.15	1.427	2.44	3.25	10.31	4.87	0.133
		2.5	2.45	3.13	6.21	1.410	2.94	3.97	12.43	5.88	0.133
		3.0	2.91	3.70	7.19	1.394	3.40	4.64	14.39	6.80	0.133
		4.0	3.78	4.81	8.92	1.361	4.22	5.89	17.84	8.44	0.133
48 (48.3)	±0.5	1.5	1.72	2.19	5.93	1.645	2.47	3.24	11.86	4.94	0.151
		2.0	2.27	2.89	7.66	1.628	3.19	4.23	15.32	6.38	0.151
		2.5	2.81	3.57	9.28	1.611	3.86	5.18	18.55	7.73	0.151
		3.0	3.33	4.24	10.78	1.594	4.49	6.08	21.57	9.89	0.151
		4.0	4.34	5.53	13.49	1.562	5.62	7.77	26.98	11.24	0.151
		5.0	5.30	6.75	15.82	1.530	6.59	9.29	31.65	13.18	0.151
60 (60.3)	±0.6	2.0	2.86	3.64	15.34	2.052	5.11	6.73	30.68	10.23	0.188
		2.5	3.55	4.52	18.70	2.035	6.23	8.27	37.40	12.47	0.188
		3.0	4.22	5.37	21.88	2.018	7.29	9.76	43.76	14.58	0.188
		4.0	5.52	7.04	27.73	1.985	9.24	12.56	55.45	18.48	0.188
		5.0	6.78	8.64	32.94	1.953	10.98	15.17	65.88	21.96	0.188
75.5 (76.1)	±0.76	2.5	4.50	5.73	38.24	2.582	10.13	13.33	76.47	20.26	0.237
		3.0	5.36	6.83	44.97	2.565	11.91	15.78	89.94	23.82	0.237
		4.0	7.05	8.98	57.59	2.531	15.26	20.47	115.19	30.51	0.237
		5.0	8.69	11.07	69.15	2.499	18.32	24.89	138.29	36.63	0.237
88.5 (88.9)	±0.90	3.0	6.33	8.06	73.73	3.025	16.66	21.94	147.45	33.32	0.278
		4.0	8.34	10.62	94.99	2.991	21.46	28.58	189.97	42.93	0.278
		5.0	10.30	13.12	114.72	2.957	25.93	34.90	229.44	51.85	0.278
		6.0	12.21	15.55	133.00	2.925	30.06	40.91	266.01	60.11	0.278
114 (114.3)	±1.15	4.0	10.85	13.82	209.35	3.892	36.73	48.42	418.70	73.46	0.358
		5.0	13.44	17.12	254.81	3.858	44.70	59.45	509.61	89.41	0.358
		6.0	15.98	20.36	297.73	3.824	52.23	70.06	595.46	104.47	0.358
140 (139.7)	±1.40	4.0	13.42	17.09	395.47	4.810	56.50	74.01	790.94	112.99	0.440
		5.0	16.65	21.21	483.76	4.776	69.11	91.17	967.52	138.22	0.440
		6.0	19.83	25.26	568.03	4.742	85.15	107.81	1136.13	162.30	0.440
165 (168.3)	±1.65	4	15.88	20.23	655.94	5.69	79.51	103.71	1311.89	159.02	0.518
		5	19.73	25.13	805.04	5.66	97.58	128.04	1610.07	195.16	0.518
		6	23.53	29.97	948.47	5.63	114.97	151.76	1896.93	229.93	0.518
		8	30.97	39.46	1218.92	5.56	147.75	197.36	2437.84	295.50	0.518

（续）

外径 D /mm	尺寸允许偏差/ mm	壁厚 t/mm	理论质量 M/ (kg/m)	截面面积 A/cm²	惯性矩 I/cm⁴	惯性半径 R/cm	弹性模数 Z/cm³	塑性模数 S/cm³	扭转常数 J/cm⁴	扭转常数 C/cm³	每米长度表面积 As/m²
219.1 (219.1)	±2.20	5	26.4	33.60	1928	7.57	176	229	3856	352	0.688
		6	31.53	40.17	2282	7.54	208	273	4564	417	0.688
		8	41.6	53.10	2960	7.47	270	357	5919	540	0.688
		10	51.6	65.70	3598	7.40	328	438	7197	657	0.688
273 (273)	±2.75	5	33.0	42.1	3781	9.48	277	359	7562	554	0.858
		6	39.5	50.3	4487	9.44	329	428	8974	657	0.858
		8	52.3	66.6	5852	9.37	429	562	11700	857	0.858
		10	64.9	82.6	7154	9.31	524	692	14310	1048	0.858
325 (323.9)	±3.25	5	39.5	50.3	6436	11.32	396	512	12871	792	1.20
		6	47.2	60.1	7651	11.28	471	611	15303	942	1.20
		8	62.5	79.7	10014	11.21	616	804	20028	1232	1.20
		10	77.7	99.0	12287	11.14	756	993	24573	1512	1.20
		12	92.6	118.0	14472	11.07	891	1176	28943	1781	1.20
355.6 (355.6)	±3.55	6	51.7	65.9	10071	12.4	566	733	20141	1133	1.12
		8	68.6	87.4	13200	12.3	742	967	26400	1485	1.12
		10	85.2	109.0	16220	12.2	912	1195	32450	1825	1.12
		12	101.7	130.0	19140	12.2	1076	1417	38279	2153	1.12
406.4 (406.4)	±4.10	8	78.6	100	19870	14.1	978	1270	39750	1956	1.28
		10	97.8	125	24480	14.0	1205	1572	48950	2409	1.28
		12	116.7	149	28937	14.0	1424	1867	57874	2848	1.28
457 (457)	±4.6	8	88.6	113	28450	15.9	1245	1613	56890	2490	1.44
		10	110.0	140	35090	15.8	1536	1998	70180	3071	1.44
		12	131.7	168	41556	15.7	1819	2377	83113	3637	1.44
508 (508)	±5.10	8	98.6	126	39280	17.7	1546	2000	78560	3093	1.60
		10	123.0	156	48520	17.6	1910	2480	97040	3621	1.60
		12	146.8	187	57536	17.5	2265	2953	115072	4530	1.60
610	±6.10	8	118.8	151	68552	21.3	2248	2899	137103	4495	1.92
		10	148.0	189	84847	21.2	2781	3600	169694	5564	1.92
		12.5	184.2	235	104755	21.1	3435	4463	209510	6869	1.92
		16	234.4	299	131782	21.0	4321	5647	263563	8641	1.92

注：1. 括号内为 ISO 4019 所列规格。
2. GB/T 6728—2017 规定的结构用冷弯空心型钢主要用于制造各种钢结构，受力部件要求承受拉力、弯曲力、扭转力、剪切力等各种应力，具有良好的塑性、焊接性、一定的抗拉强度和屈服强度，具有良好的综合性能，主要用于农业机械、轻工机械、房屋构件、家具以及各种机械结构件。
3. 冷弯型钢按截面形状分为正方形、长方形和圆形三种。GB/T 6728—2017 取消了旧标准 GB/T 6728—2002 中关于异型钢的规定。新标准规定冷弯薄壁型钢的尺寸规格及技术要求应符合 GB/T 50018 的规定。
4. GB/T 6728—2017 规定的结构用冷弯空心型钢的牌号、化学成分、力学性能等技术要求应符合 GB/T 6725—2017《冷弯型钢通用技术要求》的规定。
5. 本表冷弯型钢交货长度一般为 4000~12000mm。
6. 型钢弯曲度每米不大于 2mm，总弯曲度不大于总长度的 0.15%。
7. 本表理论质量按密度 7.85g/cm³ 计算。
8. 标记示例：用 Q235 钢制造，尺寸为 150mm×100mm×6mm 冷弯矩形空心型钢标记为：

冷弯空心型钢（矩形管）$\dfrac{\text{J}150\times100\times6\text{-GB/T 6728—2017}}{\text{Q235-GB/T 700}}$

表 1-231 冷弯型钢产品的力学性能(摘自 GB/T 6725—2017)

产品屈服强度等级	壁厚 t/ mm	下屈服强度 R_{eL}/MPa	抗拉强度 R_m/ MPa	断后伸长率 A (%)
195	—	≥195	315~490	30
215	—	≥215	335~510	28
235		≥235	370~560	≥24
345		≥345	470~680	≥20
390		≥390	490~700	≥17
420		≥420	520~730	协议
460		≥460	550~770	协议
500	≤19	≥500	610~820	协议
550		≥550	670~880	协议
620		≥620	710~940	协议
690		≥690	770~1000	协议
750		≥750	750~1010	协议

注: 1. GB/T 6725—2017《冷弯型钢通用技术要求》的牌号和化学成分应符合 GB/T 699、GB/T 700、GB/T 714、GB/T 1591、GB/T 2518、GB/T 3280、GB/T 3524、GB/T 4171、GB/T 12754、GB/T 33162 等标准的规定。

2. 冷弯型钢的力学性能按本表规定,其他牌号、钢级或特殊要求由供需双方商定。

3. 经供需双方协商,并在合同中注明,可对厚度不小于 6mm 的冷弯型钢进行冲击试验。冲击试验结果及其复验应符合 GB/T 699、GB/T 700、GB/T 714、GB/T 1591、GB/T 4171 等相关标准的规定。

4. 对于断面尺寸不大于 60mm×60mm(包括等周长尺寸的圆及矩形冷弯型钢)的冷弯型钢产品或边(短边)厚比不大于 14mm 的冷弯型钢产品,平板部分断后伸长率允许比表中规定降低 3%(绝对值),采用的拉伸试样宽度为 12.5mm。

5. 冷弯型钢的表面不得有裂纹、结疤、折叠、夹渣和端面分层,允许有深度(高度)不超过厚度公差之半的局部麻点、划痕及其他轻微缺陷,但应保证型钢缺陷处的最小厚度。

6. 冷弯型钢的表面缺陷允许用修磨方法清理,但清理后的冷弯型钢厚度应不小于最小允许厚度。

1.8.16 通用冷弯开口型钢

冷弯型钢具有一定的抗拉强度和屈服强度、良好的塑性和焊接性,综合性能较佳,适于制作各种钢结构和受力部件。GB/T 6723—2017《通用冷弯开口型钢》规定的产品主要用于制造各种机械结构件、农机具构架、车辆、船舶、工程机械、集装箱以及建筑业的梁、柱、屋面檩条及墙骨架等。型钢按截面形状分为 8 种,其截面形状及代号为:冷弯等边角钢(JD),如图 1-9 所示;冷弯不等边角钢(JB),如图 1-10 所示;冷弯等边槽钢(CD),如图 1-11 所示;冷弯不等边槽钢(CB),如图 1-12 所示;冷弯内卷边槽钢(CN),如图 1-13 所示;冷弯外卷边槽钢(CW),如图 1-14 所示;冷弯 Z 形钢(Z),如图 1-15 所示;冷弯卷边 Z 形钢(ZJ),如图 1-16 所示;冷弯卷边等边角钢(JJ),如图 1-17 所示。型钢的公称尺寸及主要参数见表 1-232 ~ 表 1-240。通用冷弯开口型钢的有关技术要求应符合 GB/T 6725—2017《冷弯型钢通用技术要求》的规定,有关力学性能的要求参见表 1-231 的规定。

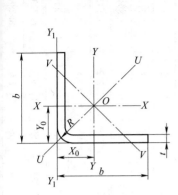

图 1-9　冷弯等边角钢(JD)

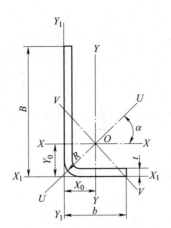

图 1-10　冷弯不等边角钢(JB)

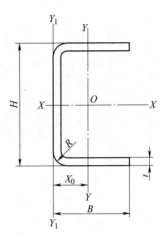

图 1-11　冷弯等边槽钢(CD)

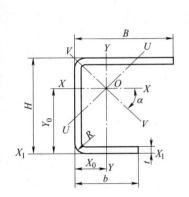

图 1-12　冷弯不等边槽钢(CB)

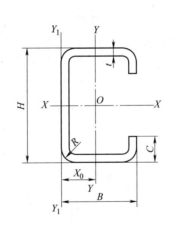

图 1-13　冷弯内卷边槽钢(CN)

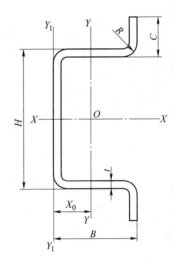

图 1-14　冷弯外卷边槽钢(CW)

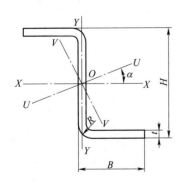

图 1-15　冷弯 Z 形钢(Z)

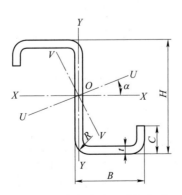

图 1-16　冷弯卷边 Z 形钢(ZJ)

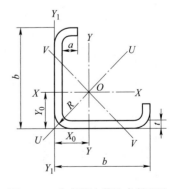

图 1-17　冷弯卷边等边角钢(JJ)

表 1-232 冷弯等边角钢公称尺寸与主要参数（摘自 GB/T 6723—2017）

| 规格 | 尺寸/mm | | 理论质量 | 截面面积 | 重心 | 惯性矩/cm⁴ | | | 回转半径/cm | | | 截面模数/cm³ | |
$b \times b \times t$	b	t	$/(kg/m)$	$/cm^2$	Y_0/cm	$I_x=I_y$	I_u	I_v	$r_x=r_y$	r_u	r_v	$W_{ymax}=W_{xmax}$	$W_{ymin}=W_{xmin}$
20×20×1.2	20	1.2	0.354	0.451	0.559	0.179	0.292	0.066	0.630	0.804	0.385	0.321	0.124
20×20×2.0		2.0	0.566	0.721	0.599	0.278	0.457	0.099	0.621	0.796	0.371	0.464	0.198
30×30×1.6	30	1.6	0.714	0.909	0.829	0.817	1.328	0.307	0.948	1.208	0.581	0.986	0.376
30×30×2.0		2.0	0.880	1.121	0.849	0.998	1.626	0.369	0.943	1.204	0.573	1.175	0.464
30×30×3.0		3.0	1.274	1.623	0.898	1.409	2.316	0.503	0.931	1.194	0.556	1.568	0.671
40×40×1.6	40	1.6	0.965	1.229	1.079	1.985	3.213	0.758	1.270	1.616	0.785	1.839	0.679
40×40×2.0		2.0	1.194	1.521	1.099	2.438	3.956	0.919	1.265	1.612	0.777	2.218	0.840
40×40×2.5		2.5	1.47	1.87	1.132	2.96	4.85	1.07	1.26	1.61	0.76	2.62	1.03
40×40×3.0		3.0	1.745	2.223	1.148	3.496	5.710	1.282	1.253	1.602	0.759	3.043	1.226
50×50×2.0	50	2.0	1.508	1.921	1.349	4.848	7.845	1.850	1.588	2.020	0.981	3.593	1.327
50×50×2.5		2.5	1.86	2.37	1.381	5.93	9.65	2.20	1.58	2.02	0.96	4.29	1.64
50×50×3.0		3.0	2.216	2.823	1.398	7.015	11.414	2.616	1.576	2.010	0.962	5.015	1.948
50×50×4.0		4.0	2.894	3.686	1.448	9.022	14.755	3.290	1.564	2.000	0.944	6.229	2.540
60×60×2.0	60	2.0	1.822	2.321	1.599	8.478	13.694	3.262	1.910	2.428	1.185	5.302	1.926
60×60×2.5		2.5	2.25	2.87	1.630	10.41	16.90	3.91	1.90	2.43	1.17	6.38	2.38
60×60×3.0		3.0	2.687	3.423	1.648	12.342	20.028	4.657	1.898	2.418	1.166	7.486	2.836
60×60×4.0		4.0	3.522	4.486	1.698	15.970	26.030	5.911	1.886	2.408	1.147	9.403	3.712
70×70×3.0	70	3.0	3.158	4.023	1.898	19.853	32.152	7.553	2.221	2.826	1.370	10.456	3.891
70×70×4.0		4.0	4.150	5.286	1.948	25.799	41.944	9.654	2.209	2.816	1.351	13.242	5.107
75×75×2.5	75	2.5	2.84	3.62	2.005	20.65	33.43	7.87	2.39	3.04	1.48	10.30	3.76
75×75×3.0		3.0	3.39	4.31	2.031	24.47	39.70	9.23	2.38	3.03	1.46	12.05	4.47
80×80×4.0	80	4.0	4.778	6.086	2.198	39.009	63.299	14.719	2.531	3.224	1.555	17.745	6.723
80×80×5.0		5.0	5.895	7.510	2.247	47.677	77.622	17.731	2.519	3.214	1.536	21.209	8.288

（续）

规格	尺寸/mm		理论质量	截面面积	重心	惯性矩/cm⁴			回转半径/cm			截面模数/cm³	
$b×b×t$	b	t	$/(kg/m)$	$/cm^2$	Y_0/cm	$I_x=I_y$	I_u	I_v	$r_x=r_y$	r_u	r_v	$W_{ymax}=W_{xmax}$	$W_{ymin}=W_{xmin}$
100×100×4.0	100	4.0	6.034	7.686	2.698	77.571	125.528	29.613	3.176	4.041	1.962	28.749	10.623
100×100×5.0		5.0	7.465	9.510	2.747	95.237	154.539	35.335	3.164	4.031	1.943	34.659	13.132
150×150×6.0	150	6.0	13.458	17.254	4.062	391.442	635.468	147.415	4.763	6.069	2.923	96.367	35.787
150×150×8.0		8.0	17.685	22.673	4.169	508.593	830.207	186.979	4.736	6.051	2.872	121.994	46.957
150×150×10		10	21.783	27.927	4.277	619.211	1016.638	221.785	4.709	6.034	2.818	144.777	57.746
200×200×6.0	200	6.0	18.138	23.254	5.310	945.753	1529.328	362.177	6.377	8.110	3.947	178.108	64.381
200×200×8.0		8.0	23.925	30.673	5.416	1237.149	2008.393	465.905	6.351	8.091	3.897	228.425	84.829
200×200×10		10	29.583	37.927	5.522	1516.787	2472.471	561.104	6.324	8.074	3.846	274.681	104.765
250×250×8.0	250	8.0	30.164	38.672	6.664	2453.559	3970.580	936.538	7.965	10.133	4.921	368.181	133.811
250×250×10		10	37.383	47.927	6.770	3020.384	4903.304	1137.464	7.939	10.114	4.872	446.142	165.682
250×250×12		12	44.472	57.015	6.876	3568.836	5812.612	1325.061	7.912	10.097	4.821	519.028	196.912
300×300×10	300	10	45.183	57.927	8.018	5286.252	8559.138	2013.367	9.553	12.155	5.896	659.298	240.481
300×300×12		12	53.832	69.015	8.124	6263.069	10167.49	2358.645	9.526	12.138	5.846	770.934	286.299
300×300×14		14	62.022	79.516	8.277	7182.256	11740.00	2624.502	9.504	12.150	5.745	867.737	330.629
300×300×16		16	70.312	90.144	8.392	8095.516	13279.70	2911.336	9.477	12.137	5.683	964.671	374.654

表 1-233　冷弯不等边角钢公称尺寸与主要参数（摘自 GB/T 6723—2017）

规格	尺寸/mm			理论质量	截面面积	重心/cm		惯性矩/cm⁴				回转半径/cm				截面模数/cm³			
$B×b×t$	B	b	t	$/(kg/m)$	$/cm^2$	Y_0	X_0	I_x	I_y	I_u	I_v	r_x	r_y	r_u	r_v	W_{xmax}	W_{xmin}	W_{ymax}	W_{ymin}
30×20×2.0	30	20	2.0	0.723	0.921	1.011	0.490	0.860	0.318	1.014	0.164	0.966	0.587	1.049	0.421	0.850	0.432	0.648	0.210
30×20×3.0			3.0	1.039	1.323	1.068	0.536	1.201	0.441	1.421	0.220	0.952	0.577	1.036	0.408	1.123	0.621	0.823	0.301
50×30×2.5	50	30	2.5	1.473	1.877	1.706	0.674	4.962	1.419	5.597	0.783	1.625	0.869	1.726	0.645	2.907	1.506	2.103	0.610
50×30×4.0			4.0	2.266	2.886	1.794	0.741	7.419	2.104	8.395	1.128	1.603	0.853	1.705	0.625	4.134	2.314	2.838	0.931

（续）

规格	尺寸/mm			理论质量	截面面积	重心/cm		惯性矩/cm⁴				回转半径/cm				截面模数/cm³			
$B×b×t$	B	b	t	$/(kg/m)$	$/cm^2$	Y_0	X_0	I_X	I_Y	I_U	I_V	r_X	r_Y	r_U	r_V	W_{Xmax}	W_{Xmin}	W_{Ymax}	W_{Ymin}
60×40×2.5	60	40	2.5	1.866	2.377	1.939	0.913	9.078	3.376	10.665	1.790	1.954	1.191	2.117	0.867	4.682	2.235	3.694	1.094
60×40×4.0	60	40	4.0	2.894	3.686	2.023	0.981	13.774	5.091	16.239	2.625	1.932	1.175	2.098	0.843	6.807	3.463	5.184	1.686
70×40×3.0	70	40	3.0	2.452	3.123	2.402	0.861	16.301	4.142	18.092	2.351	2.284	1.151	2.406	0.867	6.785	3.545	4.810	1.319
70×40×4.0	70	40	4.0	3.208	4.086	2.461	0.905	21.038	5.317	23.381	2.973	2.268	1.140	2.391	0.853	8.546	4.635	5.872	1.718
80×50×3.0	80	50	3.0	2.923	3.723	2.631	1.096	25.450	8.086	29.092	4.444	2.614	1.473	2.795	1.092	9.670	4.740	7.371	2.071
80×50×4.0	80	50	4.0	3.836	4.886	2.688	1.141	33.025	10.449	37.810	5.664	2.599	1.462	2.781	1.076	12.281	6.218	9.151	2.708
100×60×3.0	100	60	3.0	3.629	4.623	3.297	1.259	49.787	14.347	56.038	8.096	3.281	1.761	3.481	1.323	15.100	7.427	11.389	3.026
100×60×4.0	100	60	4.0	4.778	6.086	3.354	1.304	64.939	18.640	73.177	10.402	3.266	1.749	3.467	1.307	19.356	9.772	14.289	3.969
100×60×5.0	100	60	5.0	5.895	7.510	3.412	1.349	79.395	22.707	89.566	12.536	3.251	1.738	3.453	1.291	23.263	12.053	16.830	4.882
150×120×6.0	150	120	6.0	12.054	15.454	4.500	2.962	362.949	211.071	475.645	98.375	4.846	3.696	5.548	2.532	80.655	34.567	71.260	23.354
150×120×8.0	150	120	8.0	15.813	20.273	4.615	3.064	470.343	273.077	619.416	124.003	4.817	3.670	5.528	2.473	101.916	45.291	89.124	30.559
150×120×10	150	120	10	19.443	24.927	4.732	3.167	571.010	331.066	755.971	146.105	4.786	3.644	5.507	2.421	120.670	55.611	104.536	37.481
200×160×8.0	200	160	8.0	21.429	27.473	6.000	3.950	1147.099	667.089	1503.275	310.914	6.462	4.928	7.397	3.364	191.183	81.936	168.883	55.360
200×160×10	200	160	10	24.463	33.927	6.115	4.051	1403.661	815.267	1846.212	372.716	6.432	4.902	7.377	3.314	229.544	101.092	201.251	68.229
200×160×12	200	160	12	31.368	40.215	6.231	4.154	1648.244	956.261	2176.288	428.217	6.402	4.876	7.356	3.263	264.523	119.707	230.202	80.724
250×220×10	250	220	10	35.043	44.927	7.188	5.652	2894.335	2122.346	4102.990	913.691	8.026	6.873	9.556	4.510	402.662	162.494	375.504	129.823
250×220×12	250	220	12	41.664	53.415	7.299	5.756	3417.040	2504.222	4859.116	1062.097	7.998	6.847	9.538	4.459	468.151	193.042	435.063	154.163
250×220×14	250	220	14	47.826	61.316	7.466	5.904	3895.841	2856.311	5590.119	1162.033	7.971	6.825	9.548	4.353	521.811	222.188	483.793	177.455
300×260×12	300	260	12	50.088	64.215	8.686	6.638	5970.485	4218.566	8347.648	1841.403	9.642	8.105	11.402	5.355	687.369	280.120	635.517	217.879
300×260×14	300	260	14	57.654	73.916	8.851	6.782	6835.520	4831.275	9625.709	2041.085	9.616	8.085	11.412	5.255	772.288	323.208	712.367	251.393
300×260×16	300	260	16	65.320	83.744	8.972	6.894	7697.062	5438.329	10876.951	2258.440	9.587	8.059	11.397	5.193	857.898	366.039	788.850	284.640

表 1-234 冷弯等边槽钢公称尺寸与主要参数（摘自 GB/T 6723—2017）

规格	尺寸/mm			理论质量	截面面积	重心	惯性矩/cm⁴		回转半径/cm		截面模数/cm³		
$H×B×t$	H	B	t	$/$ (kg/m)	$/cm^2$	X_0/cm	I_x	I_y	r_x	r_y	W_x	W_{ymax}	W_{ymin}
20×10×1.5	20	10	1.5	0.401	0.511	0.324	0.281	0.047	0.741	0.305	0.281	0.146	0.070
20×10×2.0	20	10	2.0	0.505	0.643	0.349	0.330	0.058	0.716	0.300	0.330	0.165	0.089
50×30×2.0	50	30	2.0	1.604	2.043	0.922	8.093	1.872	1.990	0.957	3.237	2.029	0.901
50×30×3.0	50	30	3.0	2.314	2.947	0.975	11.119	2.632	1.942	0.994	4.447	2.699	1.299
50×50×3.0	50	50	3.0	3.256	4.147	1.850	17.755	10.834	2.069	1.616	7.102	5.855	3.440
60×30×2.5	60	30	2.5	2.15	2.74	0.883	14.38	2.40	2.31	0.94	4.89	2.71	1.13
80×40×2.5	80	40	2.5	2.94	3.74	1.132	36.70	5.92	3.13	1.26	9.18	5.23	2.06
80×40×3.0	80	40	3.0	3.48	4.34	1.159	42.66	6.93	3.10	1.25	10.67	5.98	2.44
100×40×2.5	100	40	2.5	3.33	4.24	1.013	62.07	6.37	3.83	1.23	12.41	6.29	2.13
100×40×3.0	100	40	3.0	3.95	5.03	1.039	72.44	7.47	3.80	1.22	14.49	7.19	2.52
100×50×3.0	100	50	3.0	4.433	5.647	1.398	87.275	140.030	3.931	1.576	17.455	10.031	3.896
100×50×4.0	100	50	4.0	5.788	7.373	1.448	111.051	18.045	3.880	1.564	22.210	12.458	5.081
120×40×2.5	120	40	2.5	3.72	4.74	0.919	95.92	6.72	4.50	1.19	15.99	7.32	2.18
120×40×3.0	120	40	3.0	4.42	5.63	0.944	112.28	7.90	4.47	1.19	18.71	8.37	2.58
140×50×3.0	140	50	3.0	5.36	6.83	1.187	191.53	15.52	5.30	1.51	27.36	13.08	4.07
140×50×3.5	140	50	3.5	6.20	7.89	1.211	218.88	17.79	5.27	1.50	31.27	14.69	4.70
140×60×3.0	140	60	3.0	5.846	7.447	1.527	220.977	25.929	5.447	1.865	31.568	16.970	5.798
140×60×4.0	140	60	4.0	7.672	9.773	1.575	284.429	33.601	5.394	1.854	40.632	21.324	7.594
140×60×5.0	140	60	5.0	9.436	12.021	1.623	343.066	40.823	5.342	1.842	49.009	25.145	9.327
160×60×3.0	160	60	3.0	6.30	8.03	1.432	300.87	26.90	6.12	1.83	37.61	18.79	5.89
160×60×3.5	160	60	3.5	7.20	9.29	1.456	344.94	30.92	6.09	1.82	43.12	21.23	6.81

（续）

规格 H×B×t	尺寸/mm H	尺寸/mm B	尺寸/mm t	理论质量/(kg/m)	截面面积/cm²	重心 X₀/cm	惯性矩 I_x/cm⁴	惯性矩 I_y/cm⁴	回转半径 r_x/cm	回转半径 r_y/cm	截面模数 W_x/cm³	截面模数 W_ymax/cm³	截面模数 W_ymin/cm³
200×80×4.0	200	80	4.0	10.812	13.773	1.966	821.120	83.686	7.721	2.464	82.112	42.564	13.869
200×80×5.0	200	80	5.0	13.361	17.021	2.013	1000.710	102.441	7.667	2.453	100.071	50.886	17.111
200×80×6.0	200	80	6.0	15.849	20.190	2.060	1170.516	120.388	7.614	2.441	117.051	58.436	20.267
250×130×6.0	250	130	6.0	22.703	29.107	3.630	2876.401	497.071	9.941	4.132	230.112	136.934	53.049
250×130×8.0	250	130	8.0	29.755	38.147	3.739	3687.729	642.760	9.832	4.105	295.018	171.907	69.405
300×150×6.0	300	150	6.0	26.915	34.507	4.062	4911.518	782.884	11.930	4.763	327.435	192.734	71.575
300×150×8.0	300	150	8.0	35.371	45.347	4.169	6337.148	1017.186	11.822	4.736	422.477	243.988	93.914
300×150×10	300	150	10	43.566	55.854	4.277	7660.498	1238.423	11.711	4.708	510.700	289.554	115.492
350×180×8.0	350	180	8.0	42.235	54.147	4.983	10488.540	1771.765	13.918	5.721	599.345	355.562	136.112
350×180×10	350	180	10	52.146	66.854	5.092	12749.074	2166.713	13.809	5.693	728.519	425.513	167.858
350×180×12	350	180	12	61.799	79.230	5.501	14869.892	2542.823	13.700	5.665	849.708	462.247	203.442
400×200×10	400	200	10	59.166	75.854	5.522	18932.658	3033.575	15.799	6.324	946.633	549.362	209.530
400×200×12	400	200	12	70.223	90.030	5.630	22159.727	3569.548	15.689	6.297	1107.986	634.022	248.403
400×200×14	400	200	14	80.366	103.033	5.791	24854.034	4051.828	15.531	6.271	1242.702	699.677	285.159
450×220×10	450	220	10	66.186	84.854	5.956	26844.416	4103.714	17.787	6.954	1193.085	689.005	255.779
450×220×12	450	220	12	78.647	100.830	6.063	31506.135	4838.741	17.676	6.927	1400.273	798.077	303.617
450×220×14	450	220	14	90.194	115.633	6.219	35494.843	5510.415	17.520	6.903	1577.549	886.061	349.180
500×250×12	500	250	12	88.943	114.030	6.876	44593.265	7137.673	19.775	7.912	1783.731	1038.056	393.824
500×250×14	500	250	14	102.206	131.033	7.032	50455.689	8152.938	19.623	7.888	2018.228	1159.405	453.748
550×280×12	550	280	12	99.239	127.230	7.691	60862.568	10068.396	21.872	8.896	2213.184	1309.114	495.760
550×280×14	550	280	14	114.218	146.433	7.846	69095.642	11527.579	21.722	8.873	2512.569	1469.230	571.975
600×300×14	600	300	14	124.046	159.033	8.276	89412.972	14364.512	23.711	9.504	2980.432	1735.683	661.228
600×300×16	600	300	16	140.624	180.287	8.392	100367.430	16191.032	23.595	9.477	3345.581	1929.341	749.307

表1-235 冷弯不等边槽钢公称尺寸与主要参数（摘自 GB/T 6723—2017）

规格 H×B×b×t	尺寸/mm H	B	b	t	理论质量 /(kg/m)	截面面积 /cm²	重心/cm X₀	Y₀	惯性矩/cm⁴ I_x	I_y	I_u	I_v	回转半径/cm r_x	r_y	r_u	r_v	截面模数/cm³ W_{xmax}	W_{xmin}	W_{ymax}	W_{ymin}
50×32×20×2.5	50	32	20	2.5	1.840	2.344	0.817	2.803	8.536	1.853	8.769	1.619	1.908	0.889	1.934	0.831	3.887	3.044	2.266	0.777
50×32×20×3.0	50	32	20	3.0	2.169	2.764	0.842	2.806	9.804	2.155	10.083	1.876	1.883	0.883	1.909	0.823	4.468	3.494	2.559	0.914
80×40×20×2.5	80	40	20	2.5	2.586	3.294	0.828	4.588	28.922	3.775	29.607	3.090	2.962	1.070	2.997	0.968	8.476	6.303	4.555	1.190
80×40×20×3.0	80	40	20	3.0	3.064	3.904	0.852	4.591	33.654	4.431	34.473	3.611	2.936	1.065	2.971	0.961	9.874	7.329	5.200	1.407
100×60×30×3.0	100	60	30	3.0	4.242	5.404	1.326	5.807	77.936	14.880	80.845	11.970	3.797	1.659	3.867	1.488	18.590	13.419	11.220	3.183
150×60×50×3.0	150	60	50	3.0	5.890	7.504	1.304	7.793	245.876	21.452	246.257	21.071	5.724	1.690	5.728	1.675	34.120	31.547	16.440	4.569
200×70×60×4.0	200	70	60	4.0	9.832	12.605	1.469	10.311	706.995	47.735	707.582	47.149	7.489	1.946	7.492	1.934	72.969	68.567	32.495	8.630
200×70×60×5.0	200	70	60	5.0	12.061	15.463	1.527	10.315	848.963	57.959	849.689	57.233	7.410	1.936	7.413	1.924	87.658	82.304	37.956	10.590
250×80×70×5.0	250	80	70	5.0	14.791	18.963	1.647	12.823	1616.200	92.101	1617.030	91.271	9.232	2.204	9.234	2.194	132.726	126.039	55.920	14.497
250×80×70×6.0	250	80	70	6.0	17.555	22.507	1.696	12.825	1891.478	108.125	1892.465	107.139	9.167	2.192	9.170	2.182	155.358	147.484	63.753	17.152
300×90×80×6.0	300	90	80	6.0	20.831	26.707	1.822	15.330	3222.869	161.726	3223.981	160.613	10.985	2.461	10.987	2.452	219.691	210.233	88.763	22.531
300×90×80×8.0	300	90	80	8.0	27.259	34.947	1.918	15.334	4115.825	207.555	4117.270	206.110	10.852	2.437	10.854	2.429	280.637	268.412	108.214	29.307
350×100×90×6.0	350	100	90	6.0	24.107	30.907	1.953	17.834	5064.502	230.463	5065.739	229.226	12.801	2.731	12.802	2.723	295.031	283.980	118.005	28.640
350×100×90×8.0	350	100	90	8.0	31.627	40.547	2.048	17.837	6506.423	297.082	6508.041	295.464	12.668	2.707	12.669	2.699	379.096	364.771	145.060	37.359
400×150×100×8.0	400	150	100	8.0	38.491	49.347	2.882	21.589	10787.704	763.610	10843.850	707.463	14.786	3.934	14.824	3.786	585.938	499.685	264.958	63.015
400×150×100×10	400	150	100	10	47.466	60.854	2.981	21.602	13071.444	931.170	13141.358	861.255	14.656	3.912	14.695	3.762	710.482	605.103	312.368	77.475
450×200×150×10	450	200	150	10	59.166	75.854	4.402	23.950	22328.149	2337.132	22430.862	2234.420	17.157	5.551	17.196	5.427	1060.720	932.282	530.925	149.835
450×200×150×12	450	200	150	12	70.223	90.030	4.504	23.960	26133.270	2750.039	26256.075	2627.235	17.037	5.527	17.077	5.402	1242.076	1090.704	610.577	177.468
500×250×200×12	500	250	200	12	84.263	108.030	6.008	26.355	40821.990	5579.208	40985.443	5415.752	19.439	7.186	19.478	7.080	1726.453	1548.928	928.630	293.766
500×250×200×14	500	250	200	14	96.746	124.033	6.159	26.371	46087.838	6369.068	46277.561	6179.346	19.276	7.166	19.306	7.058	1950.478	1747.671	1034.107	338.043
550×300×250×14	550	300	250	14	113.126	145.033	7.714	28.794	67847.216	11314.348	68086.256	11075.308	21.629	8.832	21.667	8.739	2588.995	2356.297	1466.729	507.689
550×300×250×16	550	300	250	16	128.144	164.287	7.831	28.800	76016.861	12738.861	76288.341	12467.503	21.511	8.806	21.549	8.711	2901.407	2639.474	1626.738	574.631

表 1-236　冷弯内卷边槽钢公称尺寸与主要参数（摘自 GB/T 6723—2017）

规格	尺寸/mm				理论质量	截面面积	重心/cm	惯性矩/cm⁴		回转半径/cm		截面模数/cm³		
$H×B×C×t$	H	B	C	t	/(kg/m)	/cm²	X_0	I_x	I_y	r_x	r_y	W_x	W_{ymax}	W_{ymin}
60×30×10×2.5	60	30	10	2.5	2.363	3.010	1.043	16.009	3.353	2.306	1.055	5.336	3.214	1.713
60×30×10×3.0	60	30	10	3.0	2.743	3.495	1.036	18.077	3.688	2.274	1.027	6.025	3.559	1.878
80×40×15×2.0	80	40	15	2.0	2.72	3.47	1.452	34.16	7.79	3.14	1.50	8.54	5.36	3.06
100×50×15×2.5	100	50	15	2.5	4.11	5.23	1.706	81.34	17.19	3.94	1.81	16.27	10.08	5.22
100×50×20×2.5	100	50	20	2.5	4.325	5.510	1.853	84.932	19.889	3.925	1.899	16.986	10.730	6.321
100×50×20×3.0	100	50	20	3.0	5.098	6.495	1.848	98.560	22.802	3.895	1.873	19.712	12.333	7.235
120×50×20×2.5	120	50	20	2.5	4.70	5.98	1.706	129.40	20.96	4.56	1.87	21.57	12.28	6.36
120×60×20×3.0	120	60	20	3.0	6.01	7.65	2.106	170.68	37.36	4.72	2.21	28.45	17.74	9.59
140×50×20×2.0	140	50	20	2.0	4.14	5.27	1.590	154.03	18.56	5.41	1.88	22.00	11.68	5.44
140×50×20×2.5	140	50	20	2.5	5.09	6.48	1.580	186.78	22.11	5.39	1.85	26.68	13.96	6.47
140×60×20×2.5	140	60	20	2.5	5.503	7.010	1.974	212.137	34.786	5.500	2.227	30.305	17.615	8.642
140×60×20×3.0	140	60	20	3.0	6.511	8.295	1.969	248.006	40.132	5.467	2.199	35.429	20.379	9.956
160×60×20×2.0	160	60	20	2.0	4.76	6.07	1.850	236.59	29.99	6.24	2.22	29.57	16.19	7.23
160×60×20×2.5	160	60	20	2.5	5.87	7.48	1.850	288.13	35.96	6.21	2.19	36.02	19.47	8.66
160×70×20×3.0	160	70	20	3.0	7.42	9.45	2.224	373.64	60.42	6.29	2.53	46.71	27.17	12.65
180×60×20×3.0	180	60	20	3.0	7.453	9.495	1.739	449.695	43.611	6.881	2.143	49.966	25.073	10.235
180×70×20×3.0	180	70	20	3.0	7.924	10.095	2.106	496.693	63.712	7.014	2.512	55.188	30.248	13.019
180×70×20×2.0	180	70	20	2.0	5.39	6.87	2.110	343.93	45.18	7.08	2.57	38.21	21.37	9.25
180×70×20×2.5	180	70	20	2.5	6.66	9.48	2.110	420.20	54.42	7.04	2.53	46.69	25.82	11.12
200×60×20×3.0	200	60	20	3.0	7.924	10.095	1.644	578.425	45.041	7.569	2.112	57.842	27.382	10.342
200×70×20×2.0	200	70	20	2.0	5.71	7.27	2.000	440.04	46.71	7.78	2.54	44.00	23.32	9.35
200×70×20×2.5	200	70	20	2.5	7.05	8.98	2.000	538.21	56.27	7.74	2.50	53.82	28.18	11.25
200×70×20×3.0	200	70	20	3.0	8.695	10.695	1.966	636.643	65.883	7.715	2.481	63.664	32.999	13.167
220×75×20×2.0	220	75	20	2.0	6.18	7.87	2.080	574.45	56.88	8.54	2.69	52.22	27.35	10.50
220×75×20×2.5	220	75	20	2.5	7.64	9.73	2.070	703.76	68.66	8.50	2.66	63.98	33.11	12.65

（续）

规格 H×B×C×t	尺寸/mm H	B	C	t	理论质量/(kg/m)	截面面积/cm²	重心/cm X₀	惯性矩/cm⁴ Iₓ	Iy	回转半径/cm rₓ	ry	截面模数/cm³ Wₓ	Wymax	Wymin
250×40×15×3.0	250	40	15	3.0	7.924	10.095	0.790	773.495	14.809	8.753	1.211	61.879	18.734	4.614
300×40×15×3.0	300	40	15	3.0	9.102	11.595	0.707	1231.616	15.356	10.306	1.150	82.107	21.700	4.664
400×50×15×3.0	400	50	15	3.0	11.928	15.195	0.783	2837.843	28.888	13.666	1.378	141.892	36.879	6.851
450×70×30×6.0	450	70	30	6.0	28.092	36.015	1.421	8796.963	159.703	15.629	2.106	390.976	112.388	28.626
450×70×30×8.0	450	70	30	8.0	36.421	46.693	1.429	11030.645	182.734	15.370	1.978	490.251	127.875	32.801
500×100×40×6.0	500	100	40	6.0	34.176	43.815	2.297	14275.246	479.809	18.050	3.309	571.010	208.885	62.289
500×100×40×8.0	500	100	40	8.0	44.533	57.093	2.293	18150.796	578.026	17.830	3.182	726.032	252.083	75.000
500×100×40×10	500	100	40	10	54.372	69.708	2.289	21594.366	648.778	17.601	3.051	863.775	283.433	84.137
550×120×50×8.0	550	120	50	8.0	51.397	65.893	2.940	26259.069	1069.797	19.963	4.029	954.875	363.877	118.079
550×120×50×10	550	120	50	10	62.952	80.708	2.933	31484.498	1229.103	19.751	3.902	1144.891	419.060	135.558
550×120×50×12	550	120	50	12	73.990	94.859	2.926	36186.756	1349.879	19.531	3.772	1315.882	461.339	148.763
600×150×60×12	600	150	60	12	86.158	110.459	3.902	54745.539	2755.348	21.852	4.994	1824.851	706.137	248.274
600×150×60×14	600	150	60	14	97.395	124.865	3.840	57733.224	2867.742	21.503	4.792	1924.441	746.808	256.966
600×150×60×16	600	150	60	16	109.025	139.775	3.819	63178.379	3010.816	21.260	4.641	2105.946	788.378	269.280

表 1-237　冷弯外卷边槽钢公称尺寸与主要参数（摘自 GB/T 6723—2017）

规格 H×B×C×t	尺寸/mm H	B	C	t	理论质量/(kg/m)	截面面积/cm²	重心/cm X₀	惯性矩/cm⁴ Iₓ	Iy	回转半径/cm rₓ	ry	截面模数/cm³ Wₓ	Wymax	Wymin
30×30×16×2.5	30	30	16	2.5	2.009	2.560	1.526	6.010	3.126	1.532	1.105	2.109	2.047	2.122
50×20×15×3.0	50	20	15	3.0	2.272	2.895	0.823	13.863	1.539	2.188	0.729	3.746	1.869	1.309
60×25×32×2.5	60	25	32	2.5	3.030	3.860	1.279	42.431	3.959	3.315	1.012	7.131	3.095	3.243
60×25×32×3.0	60	25	32	3.0	3.544	4.515	1.279	49.003	4.438	3.294	0.991	8.305	3.469	3.635
80×40×20×4.0	80	40	20	4.0	5.296	6.746	1.573	79.594	14.537	3.434	1.467	14.213	9.241	5.900

（续）

规格 H×B×C×t	尺寸/mm				理论质量/(kg/m)	截面面积/cm²	重心/cm X_0	惯性矩/cm⁴		回转半径/cm		截面模数/cm³		
	H	B	C	t				I_x	I_y	r_x	r_y	W_x	W_{ymax}	W_{ymin}
100×30×15×3.0	100	30	15	3.0	3.921	4.995	0.932	77.669	5.575	3.943	1.056	12.527	5.979	2.696
150×40×20×4.0	150	40	20	4.0	7.497	9.611	1.176	325.197	18.311	5.817	1.380	35.736	15.571	6.484
150×40×20×5.0		40	20	5.0	8.913	11.427	1.158	370.697	19.357	5.696	1.302	41.189	16.716	6.811
200×50×30×4.0	200	50	30	4.0	10.305	13.211	1.525	834.155	44.255	7.946	1.830	66.203	29.020	12.735
200×50×30×5.0		50	30	5.0	12.423	15.927	1.511	976.969	49.376	7.832	1.761	78.158	32.678	10.999
250×60×40×5.0	250	60	40	5.0	15.933	20.427	1.856	2029.828	99.403	9.968	2.206	126.864	53.558	23.987
250×60×40×6.0		60	40	6.0	18.732	24.015	1.853	2342.687	111.005	9.877	2.150	147.339	59.906	26.768
300×70×50×6.0	300	70	50	6.0	22.944	29.415	2.195	4246.582	197.478	12.015	2.591	218.896	89.967	41.098
300×70×50×8.0		70	50	8.0	29.557	37.893	2.191	5304.784	233.118	11.832	2.480	276.291	106.398	48.475
350×80×60×6.0	350	80	60	6.0	27.156	34.815	2.533	6973.923	319.329	14.153	3.029	304.538	126.068	58.410
350×80×60×8.0		80	60	8.0	35.173	45.093	2.475	8804.763	365.038	13.973	2.845	387.875	147.490	66.070
400×90×70×8.0	400	90	70	8.0	40.789	52.293	2.773	13577.846	548.603	16.114	3.239	518.238	197.837	88.101
400×90×70×10		90	70	10	49.692	63.708	2.868	16171.507	672.619	15.932	3.249	621.981	234.525	109.690
450×100×80×8.0	450	100	80	8.0	46.405	59.493	3.206	19821.232	855.920	18.253	3.793	667.382	266.974	125.982
450×100×80×10		100	80	10	56.712	72.708	3.205	23751.957	987.987	18.074	3.686	805.151	308.264	145.399
500×150×90×10	500	150	90	10	69.972	89.708	5.003	38191.923	2907.975	20.633	5.694	1157.331	581.246	290.885
500×150×90×12		150	90	12	82.414	105.659	4.992	44274.544	3291.816	20.470	5.582	1349.834	659.418	328.918
550×200×100×12	550	200	100	12	98.326	126.059	6.564	66449.957	6427.780	22.959	7.141	1830.577	979.247	478.400
550×200×100×14		200	100	14	111.591	143.065	6.815	74080.384	7829.699	22.755	7.398	2052.088	1148.892	593.834
600×250×150×14	600	250	150	14	138.891	178.065	9.717	125436.851	17163.911	26.541	9.818	2876.992	1766.380	1123.072
600×250×150×16		250	150	16	156.449	200.575	9.700	139827.681	18879.946	26.403	9.702	3221.836	1946.386	1233.983

表 1-238 冷弯 Z 形钢公称尺寸与主要参数（摘自 GB/T 6723—2017）

规格	尺寸/mm			理论质量	截面面积	惯性矩/cm⁴				回转半径/cm	惯性积矩/cm⁴	截面模数/cm³		角度
H×B×t	H	B	t	/(kg/m)	/cm²	I_x	I_y	I_u	I_v	r_v	I_{xy}	W_x	W_y	tanα
80×40×2.5	80	40	2.5	2.947	3.755	37.021	9.707	43.307	3.421	0.954	14.532	9.255	2.505	0.432
80×40×3.0			3.0	3.491	4.447	43.148	11.429	50.606	3.970	0.944	17.094	10.787	2.968	0.436
100×50×2.5	100	50	2.5	2.732	4.755	74.429	19.321	86.840	6.910	1.205	28.947	14.885	3.963	0.428
100×50×3.0			3.0	4.433	5.647	87.275	22.837	102.038	8.073	1.195	34.194	17.455	4.708	0.431
140×70×3.0	140	70	3.0	6.291	8.065	249.769	64.316	290.867	23.218	1.697	96.492	35.681	9.389	0.426
140×70×4.0			4.0	8.272	10.605	322.421	83.925	376.599	29.747	1.675	125.922	46.061	12.342	0.430
200×100×3.0	200	100	3.0	9.099	11.665	749.379	191.180	870.468	70.091	2.451	286.800	74.938	19.409	0.422
200×100×4.0			4.0	12.016	15.405	977.164	251.093	1137.292	90.965	2.430	376.703	97.716	25.622	0.425
300×120×4.0	300	120	4.0	16.384	21.005	2871.420	438.304	3124.579	185.144	2.969	824.655	191.428	37.144	0.307
300×120×5.0			5.0	20.251	25.963	3506.942	541.080	3823.534	224.489	2.940	1019.410	233.796	46.049	0.311
400×150×6.0	400	150	6.0	31.595	40.507	9598.705	1271.376	10321.169	548.912	3.681	2556.980	479.935	86.488	0.283
400×150×8.0			8.0	41.611	53.347	12449.116	1661.661	13404.115	706.662	3.640	3348.736	622.456	113.812	0.285

表 1-239 冷弯卷边 Z 形钢公称尺寸与主要参数（摘自 GB/T 6723—2017）

规格	尺寸/mm				理论质量	截面面积	惯性矩/cm⁴				回转半径/cm	惯性积矩/cm⁴	截面模数/cm³		角度
H×B×C×t	H	B	C	t	/(kg/m)	/cm²	I_x	I_y	I_u	I_v	r_v	I_{xy}	W_x	W_y	tanα
100×40×20×2.0	100	40	20	2.0	3.208	4.086	60.618	17.202	71.373	6.448	1.256	24.136	12.123	4.410	0.445
100×40×20×2.5				2.5	3.933	5.010	73.047	20.324	85.730	7.641	1.234	28.802	14.609	5.245	0.440
120×50×20×2.0	120	50	20	2.0	3.82	4.87	106.97	30.23	126.06	11.14	1.51	42.77	17.83	6.17	0.446
120×50×20×2.5				2.5	4.70	5.98	129.39	35.91	152.05	13.25	1.49	51.30	21.57	7.37	0.442
120×50×20×3.0				3.0	5.54	7.05	150.14	40.88	175.92	15.11	1.46	58.99	25.02	8.43	0.437
140×50×20×2.5	140	50	20	2.5	5.110	6.510	188.502	36.358	210.140	14.720	1.503	61.321	26.928	7.458	0.352
140×50×20×3.0				3.0	6.040	7.695	219.848	41.554	244.527	16.875	1.480	70.775	31.406	8.567	0.348

（续）

规格	尺寸/mm				理论质量 /(kg/m)	截面面积 /cm²	惯性矩/cm⁴				回转半径 /cm	惯性积矩 /cm⁴	截面模数/cm³		角度
$H×B×C×t$	H	B	C	t			I_x	I_y	I_u	I_v	r_v	I_{xy}	W_x	W_y	$\tan\alpha$
160×60×20×2.5	160	60	20	2.5	5.87	7.48	288.12	58.15	323.13	23.14	1.76	96.32	36.01	9.90	0.364
160×60×20×3.0	160	60	20	3.0	6.95	8.85	336.66	66.66	376.76	26.56	1.73	111.51	42.08	11.39	0.360
160×70×20×2.5	160	70	20	2.5	6.27	7.98	319.13	87.74	374.76	32.11	2.01	126.37	39.89	12.76	0.440
160×70×20×3.0	160	70	20	3.0	7.42	9.45	373.64	101.10	437.72	37.03	1.98	146.86	46.71	14.76	0.436
180×70×20×2.5	180	70	20	2.5	6.680	8.510	422.926	88.578	476.503	35.002	2.028	144.165	46.991	12.884	0.371
180×70×20×3.0	180	70	20	3.0	7.924	10.095	496.693	102.345	558.511	40.527	2.003	167.926	55.188	14.940	0.368
230×75×25×3.0	230	75	25	3.0	9.573	12.195	951.373	138.928	1030.579	59.722	2.212	265.752	82.728	18.901	0.298
230×75×25×4.0	230	75	25	4.0	12.518	15.946	1222.685	173.031	1320.991	74.725	2.164	335.933	106.320	23.703	0.292
250×75×25×3.0	250	75	25	3.0	10.044	12.795	1160.008	138.933	1236.730	62.211	2.205	290.214	92.800	18.902	0.264
250×75×25×4.0	250	75	25	4.0	13.146	16.746	1492.957	173.042	1588.130	77.869	2.156	366.984	119.436	23.704	0.259
300×100×30×4.0	300	100	30	4.0	16.545	21.211	2828.642	416.757	3066.877	178.522	2.901	794.575	188.576	42.526	0.300
300×100×30×6.0	300	100	30	6.0	23.880	30.615	3944.956	548.081	4258.604	234.434	2.767	1078.794	262.997	56.503	0.291
400×120×40×8.0	400	120	40	8.0	40.789	52.293	11648.355	1293.651	12363.204	578.802	3.327	2813.016	582.418	111.522	0.254
400×120×40×10	400	120	40	10	49.692	63.708	13835.982	1463.588	14645.376	654.194	3.204	3266.384	691.799	127.269	0.248

表 1-240 卷边等边角钢公称尺寸与主要参数（摘自 GB/T 6723—2017）

规格	尺寸/mm			理论质量 /(kg/m)	截面面积 /cm²	重心 Y_0 /cm	惯性矩/cm⁴④			回转半径/cm			截面模数/cm³③	
$b×a×t$	b	a	t				$I_x=I_y$	I_u	I_v	$r_x=r_y$	r_u	r_v	$W_{ymin}=W_{xmin}$	$W_{ymin}=W_{ymin}$
40×15×2.0	40	15	2.0	1.53	1.95	1.404	3.93	5.74	2.12	1.42	1.72	1.04	2.80	1.51
60×20×2.0	60	20	2.0	2.32	2.95	2.026	13.83	20.56	7.11	2.17	2.64	1.55	6.83	3.48
75×20×2.0	75	20	2.0	2.79	3.55	2.396	25.60	39.01	12.19	2.69	3.31	1.81	10.68	5.02
75×20×2.5	75	20	2.5	3.42	4.36	2.401	30.76	46.91	14.60	2.66	3.28	1.83	12.81	6.03

1.8.17 热轧轻轨(见表 1-241)

表 1-241 热轧轻轨型号、规格及力学性能(摘自 GB/T 11264—2012)

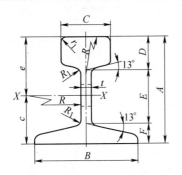 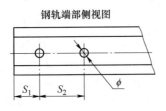

钢轨端部侧视图

轻轨型号和截面	轻轨型号(kg/m)分为 9、12、15、18、22、24、30 共 7 种。这 7 种型号的截面型号尺寸在原标准附录中规定了详细的图样,设计需要时可参见 GB/T 11264—2012 附录 A

型号/ (kg/m)	截面尺寸/mm												
	轨高	底宽	头宽	头高	腰高	底高	腰厚	S_1	S_2	ϕ	R	R_1	r_1
	A	B	C	D	E	F	t						
9	63.50	63.50	32.10	17.48	35.72	10.30	5.90	50.8	101.6	16.00	304.8	4.76	6.35
12	69.85	69.85	38.10	19.85	37.70	12.30	7.54	50.8	101.6	16.00	304.8	6.35	6.35
15	79.37	79.37	42.86	22.22	43.65	13.50	8.33	50.8	101.6	20.00	304.8	6.35	7.94
22	93.66	93.66	50.80	26.99	50.00	16.67	10.72	63.5	127.0	24.00	304.8	6.35	7.94
30	107.95	107.95	60.33	30.95	57.55	19.45	12.30	60.5	127.0	24.00	304.8	6.35	7.94
18	90.00	80.00	40.00	32.00	42.30	15.70	10.00	40.60	100.0	19.00	90.00 (头部 R)	4.50	7.00
24	107.00	92.00	51.00	32.00	58.00	17.00	10.90	60.00	100.00	22.00	300.00	(头部) 5.00 (底部) 8.00	13.00

型号/ (kg/m)	截面面积	理论质量	截面特性参数				
	A/cm^2	$W/$ (kg/m)	重心位置		惯性矩	截面系数	回转半径
			c/cm	e/cm	I/cm^4	W/cm^3	i/cm
9	11.39	8.94	3.09	3.26	62.41	19.10	2.33
12	15.54	12.20	3.40	3.59	98.82	27.60	2.51
15	19.33	15.20	3.89	4.05	156.10	38.60	2.83
22	28.39	22.30	4.52	4.85	339.00	69.60	3.45
30	38.32	30.10	5.21	5.59	606.00	108.00	3.98
18	23.07	18.06	4.29	4.71	I_x: 240.00 I_y: 41.10	$W1 \frac{I_x}{c}$: 56.10 $W2 \frac{I_x}{e}$: 51.00 $W3 \frac{I_y}{0.5B}$: 10.30	
24	31.24	24.46	5.31	5.40	I_x: 486.00 I_y: 80.46	$W1 \frac{I_x}{c}$: 91.64 $W2 \frac{I_x}{e}$: 90.12 $W3 \frac{I_y}{0.5B}$: 17.49	

（续）

	牌号	型号/（kg/m）	抗拉强度 R_m/MPa	布氏硬度 HBW
力学性能	50Q	≤12	≥569	—
	55Q	≤12	≥685	—
		15~30	≥685	≥197
	45SiMnP	≤12	≥569	—
	50SiMnP	≤12	≥685	—
		15~30	≥685	≥197
化学成分及用途	1. 牌号化学成分应符合 GB/T 11264—2012 的规定 2. 全部型号轻轨长度为 5.0~12.0m（0.5m 进位） 3. 弯曲度不大于 3mm/m，总弯曲度不大于总长度的 0.3% 4. 热轧轻轨适用于矿业、林业、建筑等的运输线路轨道或轻型机车、中小型起重机轨道			

1.8.18 起重机用钢轨（见表 1-242）

表 1-242 起重机用钢轨的截面尺寸、理论质量及拉伸性能（摘自 YB/T 5055—2014）

截面尺寸/mm

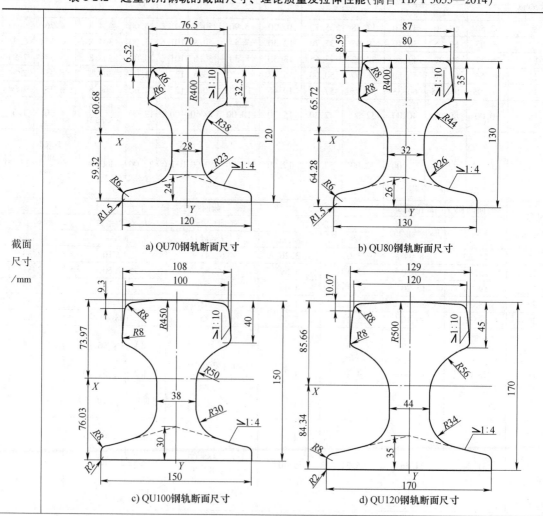

a) QU70钢轨断面尺寸　　b) QU80钢轨断面尺寸

c) QU100钢轨断面尺寸　　d) QU120钢轨断面尺寸

（续）

理论质量及计算数据	型号	横断面积 /cm²	理论质量/ (kg/m)	重心距轨底距离 /cm	重心距轨头距离 /cm	对水平轴线的惯性力矩 /cm⁴	对垂直轴线的惯性力矩 /cm⁴	下部断面系数 /cm³	上部断面系数 /cm³	底侧边断面系数 /cm³
	QU70	67.22	52.77	5.93	6.07	1083.25	319.67	182.80	178.34	53.28
	QU80	82.05	64.41	6.49	6.51	1530.12	472.14	235.95	234.86	72.64
	QU100	113.44	89.05	7.63	7.37	2806.11	919.70	367.87	380.64	122.63
	QU120	150.95	118.50	8.70	8.30	4796.71	1677.34	551.41	577.85	197.33

	牌号	抗拉强度 R_m/MPa	断后伸长率 A(%)	备注
拉伸性能	U71Mn	≥880	≥9	热锯取样检验时，允许断后伸长率比规定值降低1%（绝对值）
	U75V	≥980	≥9	
	U78CrV	≥1080	≥8	
	U77MnCr	≥980	≥9	
	U76CrRE	≥1080	≥9	

注：1. 本表适用于起重机大车及小车轨道用 QU70~QU120 钢轨。

2. 钢轨的定尺长度为9m、9.5m、10m、10.5m、11m、11.5m、12m、12.5m，短尺轨长度为6m~8.9m（按100mm进级）。

3. 短尺轨的搭配数量由供需双方协商并在合同中注明，但不应大于一批订货总重量的10%。

4. 钢轨尺寸允许偏差应符合 YB/T 5055—2014 中表1规定。

5. 钢轨平直度和扭转允许偏差应符合 YB/T 5055—2014 中表2规定。

6. 钢轨以热轧状态交货。

7. 钢轨一般按理论质量交货。经供需双方协商，并在合同中注明，也可按实际质量交货。钢的密度按7.85g/cm³ 计算。钢轨的理论质量及计算数据见本表。

1.8.19 铁路用热轧钢轨（见表1-243）

表1-243 铁路用热轧钢轨的断面尺寸及计算数据（摘自 GB 2585—2007）

断面尺寸/mm

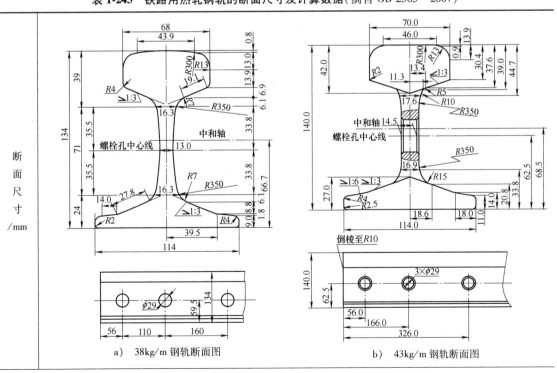

a）38kg/m 钢轨断面图　　　　b）43kg/m 钢轨断面图

断面尺寸/mm

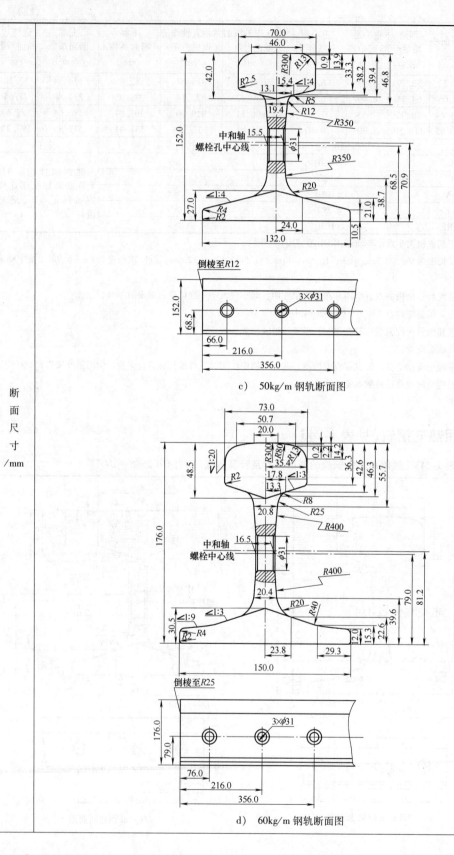

c) 50kg/m 钢轨断面图

d) 60kg/m 钢轨断面图

（续）

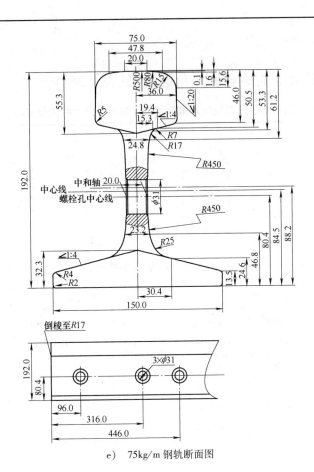

e) 75kg/m 钢轨断面图

断面尺寸/mm									

计算数据	轨型/(kg/m)	横断面积/cm²	重心距轨底距离/cm	重心距轨头距离/cm	对水平轴线的惯性力距/cm⁴	对垂直轴线的惯性力距/cm⁴	下部断面系数/cm³	上部断面系数/cm³	底侧边断面系数/cm³
	38	49.5	6.67	6.73	1204.4	209.3	180.6	178.9	36.7
	43	57.0	6.90	7.10	1489.0	260.0	217.3	208.3	45.0
	50	65.8	7.10	8.10	2037.0	377.0	287.2	251.3	57.1
	60	77.45	8.12	9.48	3217	524	369.0	339.4	69.9
	75	95.037	8.82	10.38	4489	665	509	432	89

注：1. 重轨钢号有 U74（抗拉强度 R_m 不小于 780MPa），U71Mn、U70MnSi、U71MnSiCu（三者抗拉强度 R_m 不小于 880MPa），U75V、U76N6RE（两者抗拉强度 R_m 不小于 980MPa），U70Mn（抗拉强度 R_m 不小于 880MPa），其化学成分应符合 GB 2585 的规定。

2. 钢轨以热轧状态交货。

1.9 钢丝

1.9.1 冷拉圆钢丝、方钢丝和六角钢丝(见表1-244)

表1-244 冷拉圆钢丝、方钢丝和六角钢丝尺寸规格及尺寸极限偏差(摘自GB/T 342—2017)

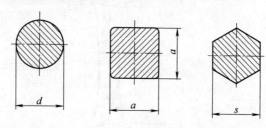

d—圆钢丝直径 *a*—方钢丝的边长 *s*—六角钢丝的对边距离

公称尺寸 /mm	圆钢丝(R)		方钢丝(S)		六角钢丝(H)	
	截面面积 /mm²	理论质量/ (kg/1000m)	截面面积 /mm²	理论质量/ (kg/1000m)	截面面积 /mm²	理论质量/ (kg/1000m)
0.050	0.0020	0.016	—	—	—	—
0.053	0.0024	0.019	—	—	—	—
0.063	0.0031	0.024	—	—	—	—
0.070	0.0038	0.030	—	—	—	—
0.080	0.0050	0.039	—	—	—	—
0.090	0.0064	0.050	—	—	—	—
0.10	0.0079	0.062	—	—	—	—
0.11	0.0095	0.075	—	—	—	—
0.12	0.0113	0.089	—	—	—	—
0.14	0.0154	0.121	—	—	—	—
0.16	0.0201	0.158	—	—	—	—
0.18	0.0254	0.199	—	—	—	—
0.20	0.0314	0.246	—	—	—	—
0.22	0.0380	0.298	—	—	—	—
0.25	0.0491	0.385	—	—	—	—
0.28	0.0616	0.484	—	—	—	—
0.32	0.0804	0.631	—	—	—	—
0.35	0.096	0.754	—	—	—	—
0.40	0.126	0.989	—	—	—	—
0.45	0.159	1.248	—	—	—	—
0.50	0.196	1.539	0.250	1.962	—	—
0.55	0.238	1.868	0.302	2.371	—	—

尺寸规格

（续）

公称尺寸 /mm	圆钢丝（R）		方钢丝（S）		六角钢丝（H）	
	截面面积 /mm²	理论质量/ (kg/1000m)	截面面积 /mm²	理论质量/ (kg/1000m)	截面面积 /mm²	理论质量/ (kg/1000m)
0.63	0.312	2.447	0.397	3.116	—	—
0.70	0.385	3.021	0.490	3.846	—	—
0.80	0.503	3.948	0.640	5.024	—	—
0.90	0.636	4.993	0.810	6.358	—	—
1.00	0.785	6.162	1.000	7.850	—	—
1.12	0.985	7.733	1.254	9.847	—	—
1.25	1.227	9.633	1.563	12.27	—	—
1.40	1.539	12.08	1.960	15.39	—	—
1.60	2.011	15.79	2.560	20.10	2.217	17.40
1.80	2.545	19.98	3.240	25.43	2.806	22.03
2.00	3.142	24.66	4.000	31.40	3.464	27.20
2.24	3.941	30.94	5.018	39.39	4.345	34.11
2.50	4.909	38.54	6.250	49.06	5.413	42.49
2.80	6.158	48.34	7.840	61.54	6.790	53.30
3.15	7.793	61.18	9.923	77.89	8.593	67.46
3.55	9.898	77.70	12.60	98.93	10.91	85.68
4.00	12.57	98.67	16.00	125.6	13.86	108.8
4.50	15.90	124.8	20.25	159.0	17.54	137.7
5.00	19.64	154.2	15.00	196.2	21.65	170.0
5.60	24.63	193.3	31.36	246.2	27.16	213.2
6.30	31.17	244.7	39.69	311.6	34.38	269.9
7.10	39.59	310.8	50.41	395.7	43.66	342.7
8.00	50.27	394.6	64.00	502.4	55.43	435.1
9.00	63.62	499.4	81.00	635.8	70.15	550.7
10.0	78.54	616.5	100.00	785.0	86.61	679.9
11.0	95.03	746.0	—	—	—	—
12.0	113.1	887.8	—	—	—	—
14.0	153.9	1208.1	—	—	—	—
16.0	201.1	1578.6	—	—	—	—
18.0	254.5	1997.8	—	—	—	—
20.0	314.2	2466.5	—	—	—	—

尺寸规格

（续）

公称尺寸 D/ mm	极限偏差级别				
	8	9	10	11	12
	极限偏差/mm				
0.05≤D<0.10	±0.002	±0.005	±0.006	±0.010	±0.015
0.10≤D<0.30	±0.003	±0.006	±0.009	±0.010	±0.022
0.30≤D<0.60	±0.004	±0.009	±0.013	±0.018	±0.030
0.60≤D<1.00	±0.005	±0.011	±0.018	±0.023	±0.035
1.00≤D<3.00	±0.007	±0.012	±0.020	±0.030	±0.050
3.00≤D<6.00	±0.009	±0.015	±0.024	±0.037	±0.060
6.00≤D<10.0	±0.011	±0.018	±0.029	±0.045	±0.075
10.0≤D<16.0	±0.013	±0.021	±0.035	±0.055	±0.090
16.0≤D≤20.0	±0.016	±0.026	±0.042	±0.065	±0.105

尺寸极限偏差（左侧列标注）

注：1. 圆钢丝的圆度应不大于直径公差之半。

2. 公称尺寸极限偏差级别8~11级用于圆钢丝，9~12级用于方钢丝和六角钢丝。

1.9.2　一般用途低碳钢丝（见表1-245）

表1-245　一般用途低碳钢丝的分类、力学性能及尺寸规格（摘自 YB/T 5294—2009）

分类和代号	按交货状态分为： 冷拉钢丝 WCD 退火钢丝 TA 镀锌钢丝 SZ		按用途分为： 普通用 制钉用 建筑用	

公称直径 /mm	抗拉强度/MPa					180°弯曲试验/次		伸长率（标距100mm）/(%)	
	冷拉普通用钢丝	冷拉制钉用钢丝	冷拉建筑用钢丝	退火钢丝	镀锌钢丝	冷拉普通用钢丝	冷拉建筑用钢丝	冷拉建筑用钢丝	镀锌钢丝
≤0.30	≤980	—	—				—	—	≥10
>0.30~0.80	≤980	—	—			—	—	—	
>0.80~1.20	≤980	880~1320	—				—	—	
>1.20~1.80	≤1060	785~1220	—			≥6	—	—	
>1.80~2.50	≤1010	735~1170	—	295~540	295~540		—	—	≥12
>2.50~3.50	≤960	685~1120	≥550				—	—	
>3.50~5.00	≤890	590~1030	≥550			≥4	≥4	≥2	
>5.00~6.00	≤790	540~930	≥550				—	—	
>6.00	≤690	—	—				—	—	

注：1. 本表产品适用于一般的捆绑、制钉、编织及建筑等用途的圆截面低碳钢丝。冷拉钢丝主要用于轻工业和建筑行业，如制钉、钢筋、焊接骨架、焊接网、小五金等；退火钢丝主要用于一般捆绑、牵拉、编织等；镀锌钢丝用于需要耐蚀的捆绑、牵拉、编织等。

2. 钢丝可按英制线规或其他线规号交货。

3. 钢丝的圆度不超出直径公差之半。

4. 标记示例：直径为2.00mm的冷拉钢丝，标记为：低碳钢丝　WCD-2.00-YB/T 5294—2009。

1.9.3 优质碳素结构钢丝（见表 1-246）

表 1-246 优质碳素结构钢丝的分类、尺寸规格及用途（摘自 YB/T 5303—2010）

	分　类			尺　寸　规　格				用途
	按力学性能分	按截面分	按表面状态分	冷拉圆钢丝	冷拉方钢丝	冷拉六角钢丝	银亮钢丝	
分类及尺寸规格	硬状态：代号为 I 软状态：代号为 R	圆形钢丝：代号为 d 方形钢丝：代号为 a 六角钢丝：代号为 s	冷拉：代号为 WCD 银亮：代号为 ZY	应符合 GB/T 342《冷拉圆钢丝、方钢丝、六角钢丝尺寸、外形、质量及极限偏差》中的规定，合同未注明时，偏差按 11 级交货			应符合 GB/T 3207《银亮钢》中的规定，合同注明时，偏差按 11 级交货	适于各种机器结构零件、标准件、零件表面喷镀

	钢丝公称直径/mm	抗拉强度 R_m/MPa ≥					反复弯曲/次 不少于					备注
		牌　号										
		08、10	15、20	25、30、35	40、45、50	55、60	8~10	15~20	25~35	40~50	55~60	
硬状态钢丝的牌号及力学性能	0.3~0.8	750	800	1000	1100	1200	—	—	—	—	—	1. 直径小于 0.7mm 的钢丝用打结拉伸试验代替弯曲试验，其打结破断力应不小于不打结破断力的 50% 2. 方钢丝和六角钢丝不做反复弯曲性能检验 3. 牌号的化学成分应符合 GB/T 699 的规定。经供需双方商定，可以选用本表规定之外的牌号
	>0.8~1.0	700	750	900	1000	1100	6	6	6	5	5	
	>1.0~3.0	650	700	800	900	1000	6	6	5	4	4	
	>3.0~6.0	600	650	700	800	900	5	5	5	4	4	
	>6.0~10.0	550	600	650	750	800	5	4	3	2	2	

	牌号	抗拉强度 R_m/MPa	断后伸长率 A(%) ≥	断面收缩率 Z(%) ≥
软状态钢丝的牌号及力学性能	10	450~700	8	50
	15	500~750	8	45
	20	500~750	7.5	40
	25	550~800	7	40
	30	550~800	7	35
	35	600~850	6.5	35
	40	600~850	6	35
	45	650~900	6	30
	50	650~900	6	30

1.9.4 冷拉碳素弹簧钢丝(见表 1-247~表 1-249)

表 1-247 冷拉碳素弹簧钢丝等级牌号、化学成分及尺寸规格(摘自 GB/T 4357—2009)

冷拉碳素弹簧钢丝用钢的抗拉强度等级及化学成分							冷拉碳素弹簧钢丝的直条定尺钢丝直径及极限偏差		
等级	化学成分(质量分数,%)						钢丝公称直径 d/mm	直径极限偏差/mm	
	$C^{①}$	Si	$Mn^{②}$	P≤	S≤	Cu≤			
SL、SM、SH	0.35~1.00	0.10~0.30	0.30~1.20	0.030	0.030	0.20	0.26≤d<0.37	-0.010	+0.015
							0.37≤d<0.50	-0.012	+0.018
							0.50≤d<0.65	-0.012	+0.020
DH、DM	0.45~1.00	0.10~0.30	0.50~1.20	0.020	0.025	0.12	0.65≤d<0.70	-0.015	+0.025
							0.70≤d<0.80	-0.015	+0.030
冷拉碳素弹簧钢丝直径及极限偏差							0.80≤d<1.01	-0.020	+0.035
钢丝公称直径 d/mm	极限偏差/mm						1.01≤d<1.35	-0.025	+0.045
	SH 型、DM 型和 DH 型	SL 型和 SM 型					1.35≤d<1.78	-0.025	+0.050
0.05≤d<0.09	±0.003	—					1.78≤d<2.60	-0.030	+0.060
0.09≤d<0.17	±0.004	—					2.60≤d<2.78	-0.030	+0.070
0.17≤d<0.26	±0.005	—					2.78≤d<3.01	-0.030	+0.075
0.26≤d<0.37	±0.006	±0.010					3.01≤d<3.35	-0.030	+0.080
0.37≤d<0.65	±0.008	±0.012					3.35≤d<4.01	-0.030	+0.090
0.65≤d<0.80	±0.010	±0.015					4.01≤d<4.35	-0.035	+0.100
0.80≤d<1.01	±0.015	±0.020					4.35≤d<5.00	-0.035	+0.110
1.01≤d<1.78	±0.020	±0.025					5.00≤d<5.45	-0.035	+0.120
1.78≤d<2.78	±0.025	±0.030					5.45≤d<6.01	-0.040	+0.130
2.78≤d<4.00	±0.030	±0.030					6.01≤d<7.10	-0.040	+0.150
4.00≤d<5.45	±0.035	±0.035					7.10≤d<7.65	-0.045	+0.160
5.45≤d<7.10	±0.040	±0.040					7.65≤d<9.00	-0.045	+0.180
7.10≤d<9.00	±0.045	±0.045					9.00≤d<10.00	-0.050	+0.200
9.00≤d<10.00	±0.050	±0.050					10.00≤d<11.10	-0.070	+0.240
10.00≤d<11.00	±0.060	±0.060					11.10≤d<12.00	-0.080	+0.260
11.10≤d<13.00	±0.060	±0.070					12.00≤d≤13.00	-0.080	+0.300

注:1. 钢丝适于制作静载荷和动载荷条件下的机械弹簧,不适于制作高疲劳强度的弹簧(如阀门用弹簧)。

2. 钢丝按抗拉强度分为 SL 型、SM 型、DM 型、SH 型和 DH 型。

3. 圆度由同一横截面上测得的最大直径与最小直径之差求得,圆度误差应不大于该直径公差之半。

4. 定尺直条钢丝的直线度:

  1) 对于 500mm 检验长度,钢丝偏离直线不应超过 0.5mm;对于 1000mm 检验长度,钢丝偏离直线不应超过 2mm。

  2) 直径大于 6mm 的钢丝推荐用 1000mm 的检验长度,直径小于或等于 6mm 的钢丝推荐用 500mm 的检验长度。

① 规定较宽的碳范围是为了适应不同需要和不同工艺,具体应用时碳范围应更窄。

② 规定较宽的锰范围是为了适应不同需要和不同工艺,具体应用时锰范围应更窄。

表 1-248　冷拉碳素弹簧钢丝的力学性能（摘自 GB/T 4357—2009）

钢丝公称直径[①]/mm	抗拉强度[②]/MPa				
	SL 型	SM 型	DM 型	SH 型	DH[③] 型
0.05、0.06、0.07			—		2800~3520
0.08			2780~3100		2800~3480
0.09			2740~3060		2800~3430
0.10			2710~3020		2800~3380
0.11			2690~3000		2800~3350
0.12			2660~2960		2800~3320
0.14		—	2620~2910	—	2800~3250
0.16			2570~2860		2800~3200
0.18			2530~2820		2800~3160
0.20			2500~2790		2800~3110
0.22			2470~2760		2770~3080
0.25			2420~2710		2720~3010
0.28			2390~2670		2680~2970
0.30		2370~2650	2370~2650	2660~2940	2660~2940
0.32		2350~2630	2350~2630	2640~2920	2640~2920
0.34		2330~2600	2330~2600	2610~2890	2610~2890
0.36		2310~2580	2310~2580	2590~2890	2590~2890
0.38		2290~2560	2290~2560	2570~2850	2570~2850
0.40		2270~2550	2270~2550	2560~2830	2570~2830
0.43		2250~2520	2250~2520	2530~2800	2570~2800
0.45		2240~2500	2240~2500	2510~2780	2570~2780
0.48		2220~2480	2240~2500	2490~2760	2570~2760
0.50		2200~2470	2200~2470	2480~2740	2480~2740
0.53		2180~2450	2180~2450	2460~2720	2460~2720
0.56		2170~2430	2170~2430	2440~2700	2440~2700
0.60		2140~2400	2140~2400	2410~2670	2410~2670
0.63		2130~2380	2130~2380	2390~2650	2390~2650
0.65		2120~2370	2120~2370	2380~2640	2380~2640
0.70		2090~2350	2090~2350	2360~2610	2360~2610
0.80		2050~2300	2050~2300	2310~2560	2310~2560
0.85		2030~2280	2030~2280	2290~2530	2290~2530
0.90		2010~2260	2010~2260	2270~2510	2270~2510
0.95		2000~2240	2000~2240	2250~2490	2250~2490
1.00	1720~1970	1980~2220	1980~2220	2230~2470	2230~2470
1.05	1710~1950	1960~2220	1960~2220	2210~2450	2210~2450
1.10	1690~1940	1950~2190	1950~2190	2200~2430	2200~2430

（SL 型栏 0.30 以上为 —）

（续）

钢丝公称	抗拉强度[2]/MPa				
直径[1]/mm	SL 型	SM 型	DM 型	SH 型	DH[3] 型
1.20	1670~1910	1920~2160	1920~2160	2170~2400	2170~2400
1.25	1660~1900	1910~2130	1910~2130	2140~2380	2140~2380
1.30	1640~1890	1900~2130	1900~2130	2140~2370	2140~2370
1.40	1620~1860	1870~2100	1870~2100	2110~2340	2110~2340
1.50	1600~1840	1850~2080	1850~2080	2090~2310	2090~2310
1.60	1590~1820	1830~2050	1830~2050	2060~2290	2060~2290
1.70	1570~1800	1810~2030	1810~2030	2040~2260	2040~2260
1.80	1550~1780	1790~2010	1790~2010	2020~2240	2020~2240
1.90	1540~1760	1770~1990	1770~1990	2000~2220	2000~2220
2.00	1520~1750	1760~1970	1760~1970	1980~2200	1980~2200
2.10	1510~1730	1740~1960	1740~1960	1970~2180	1970~2180
2.25	1490~1710	1720~1930	1720~1930	1940~2150	1940~2150
2.40	1470~1690	1700~1910	1700~1910	1920~2130	1920~2130
2.50	1460~1680	1690~1890	1690~1890	1900~2110	1900~2110
2.60	1450~1660	1670~1880	1670~1880	1890~2100	1890~2100
2.80	1420~1640	1650~1850	1650~1850	1860~2070	1860~2070
3.00	1410~1620	1630~1830	1630~1830	1840~2040	1840~2040
3.20	1390~1600	1610~1810	1610~1810	1820~2020	1820~2020
3.40	1370~1580	1590~1780	1590~1780	1790~1990	1790~1990
3.60	1350~1560	1570~1760	1570~1760	1770~1970	1770~1970
3.80	1340~1540	1550~1740	1550~1740	1750~1950	1750~1950
4.00	1320~1520	1530~1730	1530~1730	1740~1930	1740~1930
4.25	1310~1500	1510~1700	1510~1700	1710~1900	1710~1900
4.50	1290~1490	1500~1680	1500~1680	1690~1880	1690~1880
4.75	1270~1470	1480~1670	1480~1670	1680~1840	1680~1840
5.00	1260~1450	1460~1650	1460~1650	1660~1830	1660~1830
5.30	1240~1430	1440~1630	1440~1630	1640~1820	1640~1820
5.60	1230~1420	1430~1610	1430~1610	1620~1800	1620~1800
6.00	1210~1390	1400~1580	1400~1580	1590~1770	1590~1770
6.30	1190~1380	1390~1560	1390~1560	1570~1750	1570~1750
6.50	1180~1370	1380~1550	1380~1550	1560~1740	1560~1740
7.00	1160~1340	1350~1530	1350~1530	1540~1710	1540~1710
7.50	1140~1320	1330~1500	1330~1500	1510~1680	1510~1680
8.00	1120~1300	1310~1480	1310~1480	1490~1660	1490~1660
8.50	1110~1280	1290~1460	1290~1460	1470~1630	1470~1630
9.00	1090~1260	1270~1440	1270~1440	1450~1610	1450~1610

（续）

钢丝公称直径[①]/mm	抗拉强度[②]/MPa				
	SL 型	SM 型	DM 型	SH 型	DH[③] 型
9.50	1070~1250	1260~1420	1260~1420	1430~1590	1430~1590
10.00	1060~1230	1240~1400	1240~1400	1410~1570	1410~1570
10.50		1220~1380	1220~1380	1390~1550	1390~1550
11.00		1210~1370	1210~1370	1380~1530	1380~1530
12.00	—	1180~1340	1180~1340	1350~1500	1350~1500
12.50		1170~1320	1170~1320	1330~1480	1330~1480
13.00		1160~1310	1160~1310	1320~1470	1320~1470

注：直条定尺钢丝的极限强度最多可能低 10%。矫直和切断作业也会降低扭转值。

① 中间尺寸钢丝抗拉强度值按表中相邻较大钢丝的规定执行。

② 对特殊用途的钢丝，可商定其他抗拉强度。

③ 对直径为 0.08~0.18mm 的 DH 型钢丝，经供需双方协商，其抗拉强度波动值范围可规定为 300MPa。

表 1-249　冷拉碳素弹簧钢丝的扭转试验（摘自 GB/T 4357—2009）

钢丝公称直径 d/mm	最少扭转次数		钢丝公称直径 d/mm	最少扭转次数	
	静载荷	动载荷		静载荷	动载荷
0.70≤d≤0.99	40	50	3.50<d≤4.99	14	18
0.99<d≤1.40	20	25	4.99<d≤6.00	7	9
1.40<d≤2.00	18	22	6.00<d≤8.00	4[①]	5[①]
2.00<d≤3.50	16	20	8.00<d≤10.00	3[①]	4[①]

① 该值仅作为双方协商时的参考。

1.9.5　不锈钢丝（见表 1-250~表 1-253）

表 1-250　不锈钢丝用钢的牌号、化学成分及钢丝尺寸规格（摘自 GB/T 4240—2019）

序号	统一数字代号	牌号	化学成分（质量分数,%）										
			C	Si	Mn	P	S	Cr	Ni	Mo	Cu	N	其他
（1）奥氏体钢牌号及化学成分													
1	S35350	12Cr17Mn6Ni5N	0.15	1.00	5.50~7.50	0.050	0.030	16.00~18.00	3.50~5.50	—	—	0.05~0.25	—
2	S35450	12Cr18Mn9Ni5N	0.15	1.00	7.50~10.0	0.050	0.030	17.00~19.00	4.00~6.00	—	—	0.05~0.25	—
3	S36987	Y06Cr17Mn6Ni6Cu2	0.08	1.00	5.00~6.50	0.045	0.18~0.35	16.00~18.00	5.00~6.50	—	1.75~2.25	—	—
4	S30210	12Cr18Ni9	0.15	1.00	2.00	0.045	0.030	17.00~19.00	8.00~10.00	—	—	0.10	—

（续）

序号	统一数字代号	牌号	化学成分（质量分数,%）										
			C	Si	Mn	P	S	Cr	Ni	Mo	Cu	N	其他

（1）奥氏体钢牌号及化学成分

序号	统一数字代号	牌号	C	Si	Mn	P	S	Cr	Ni	Mo	Cu	N	其他
5	S30317	Y12Cr18Ni9	0.15	1.00	2.00	0.20	≥0.15	17.00 ~ 19.00	8.00 ~ 10.00	0.60	—	—	—
6	S30387	Y12Cr18Ni9Cu3	0.15	1.00	3.00	0.20	≥0.15	17.00 ~ 19.00	8.00 ~ 10.00	—	1.50 ~ 3.50	—	—
7	S30408	06Cr19Ni10	0.08	1.00	2.00	0.045	0.030	18.00 ~ 20.00	8.00 ~ 11.00	—	—	—	—
8	S30403	022Cr19Ni10	0.030	1.00	2.00	0.045	0.030	18.00 ~ 20.00	8.00 ~ 12.00	—	—	—	—
9	S30409	07Cr19Ni10	0.04 ~ 0.10	1.00	2.00	0.045	0.030	18.00 ~ 20.00	8.00 ~ 11.00	—	—	—	—
10	S30510	10Cr18Ni12	0.12	1.00	2.00	0.045	0.030	17.00 ~ 19.00	10.50 ~ 13.00	—	—	—	—
11	S30808	06Cr20Ni11	0.08	1.00	2.00	0.045	0.030	19.00 ~ 21.00	10.00 ~ 12.00	—	—	—	—
12	S30920	16Cr23Ni13	0.20	1.00	2.00	0.040	0.030	22.00 24.00	12.00 15.00	—	—	—	—
13	S30908	06Cr23Ni13	0.08	1.00	2.00	0.045	0.030	22.00 ~ 24.00	12.00 ~ 15.00	—	—	—	—
14	S31008	06Cr25Ni20	0.08	1.50	2.00	0.045	0.030	24.00 ~ 26.00	19.00 ~ 22.00	—	—	—	—
15	S31449	20Cr25Ni20Si2	0.25	1.50 ~ 3.00	2.00	0.045	0.030	23.00 ~ 26.00	19.00 ~ 22.00	—	—	—	—
16	S31608	06Cr17Ni12Mo2	0.08	1.00	2.00	0.045	0.030	16.00 ~ 18.00	10.00 ~ 14.00	2.00 ~ 3.00	—	—	—
17	S31603	022Cr17Ni12Mo2	0.030	1.00	2.00	0.045	0.030	16.00 ~ 18.00	10.00 ~ 14.00	2.00 ~ 3.00	—	—	—
18	S31668	06Cr17Ni12Mo2Ti	0.08	1.00	2.00	0.045	0.030	16.00 ~ 18.00	10.00 ~ 14.00	2.00 ~ 3.00	—	—	Ti: ≥5×C
19	S31708	06Cr19Ni13Mo3	0.08	1.00	2.00	0.045	0.030	18.00 ~ 20.00	11.00 ~ 15.00	3.00 ~ 4.00	—	—	—
20	S32168	06Cr18Ni11Ti	0.08	1.00	2.00	0.045	0.030	17.00 ~ 19.00	9.00 ~ 12.00	—	—	—	Ti: 5× C~0.70

（续）

序号	统一数字代号	牌号	化学成分（质量分数,%）										
			C	Si	Mn	P	S	Cr	Ni	Mo	Cu	N	其他
（2）奥氏体-铁素体钢牌号及化学成分													
21	S22053	022Cr23Ni5Mo3N	0.030	1.00	2.00	0.030	0.020	22.00~23.00	4.50~6.50	3.00~3.50	—	0.14~0.20	
（3）铁素体钢牌号及化学成分													
22	S11348	06Cr13Al	0.08	1.00	1.00	0.040	0.030	11.50~14.50	0.60	—			Al 0.10~0.30
23	S11168	06Cr11Ti	0.08	1.00	1.00	0.040	0.030	10.50~11.70	0.60	—			Ti 6×C~0.75
24	S11178	04Cr11Nb	0.06	1.00	1.00	0.040	0.030	10.50~11.70	0.50	—			Nb 10×C~0.75
25	S11710	10Cr17	0.12	1.00	1.00	0.040	0.030	16.00~18.00	0.60	—			
26	S11717	Y10Cr17	0.12	1.00	1.25	0.060	≥0.15	16.00~18.00	0.60	0.60			
27	S11790	10Cr17Mo	0.12	1.00	1.00	0.040	0.030	16.00~18.00	0.60	0.75~1.25			
28	S11770	10Cr17MoNb	0.12	1.00	1.00	0.040	0.030	16.00~18.00	—	0.75~1.25			Nb 5×C~0.80
29	S12404	026Cr24	0.035	0.80	0.80	0.035	0.030	23.00~25.00	0.60	0.50	0.50	0.05	—
（4）马氏体钢牌号及化学成分													
30	S41008	06Cr13	0.08	1.00	1.00	0.040	0.030	11.50~13.50	0.60	—	—	—	—
31	S41010	12Cr13[a]	0.08~0.15	1.00	1.00	0.040	0.030	11.50~13.50	0.60	—			
32	S41617	Y12Cr13	0.15	1.00	1.25	0.060	≥0.15	12.00~14.00	0.60	0.60			
33	S42020	20Cr13	0.16~0.25	1.00	1.00	0.040	0.030	12.00~14.00	0.60				
34	S42030	30Cr13	0.26~0.35	1.00	1.00	0.040	0.030	12.00~14.00	0.60				
35	S45830	32Cr13Mo	0.28~0.35	0.80	1.00	0.040	0.030	12.00~14.00	0.60	0.50~1.00			
36	S42037	Y30Cr13	0.26~0.35	1.00	1.25	0.060	≥0.15	12.00~14.00	0.60	0.60	—	—	

（续）

序号	统一数字代号	牌号	化学成分（质量分数,%）										
			C	Si	Mn	P	S	Cr	Ni	Mo	Cu	N	其他
（4）马氏体钢牌号及化学成分													
37	S42040	40Cr13	0.36~0.45	0.60	0.80	0.040	0.030	12.00~14.00	0.60	—	—	—	—
38	S41410	12Cr12Ni2	0.15	1.00	1.00	0.040	0.030	11.50~13.50	1.25~2.50				
39	S41717	Y16Cr17Ni2	0.12~0.20	1.00	1.50	0.040	0.15~0.30	15.00~18.00	2.00~3.00	0.60	—	—	—
40	S43110	14Cr17Ni2	0.11~0.17	0.80	0.80	0.040	0.030	16.00~18.00	1.50~2.50				

（5）钢丝尺寸规格

1. 软态钢丝的公称尺寸范围为 0.05~16.0mm，轻拉钢丝的公称尺寸范围为 0.30~16.0mm，冷拉钢丝的公称尺寸范围为 0.10~12.0mm

2. 钢丝尺寸极限偏差应符合 GB/T 342—2017 表 2 中 11 级的规定。经双方协商，并在合同注明，可提供其他极限偏差的钢丝

3. 圆钢丝的不圆度应不大于直径公差之半

4. 钢丝以盘卷、缠线轴、带芯轴或不带芯轴密排层绕和容器包装交货。盘卷和密排层绕应规整，打开盘卷时钢丝应不散乱、扭曲、缠绕或打结等。缠线轴和容器包装应保证放线顺畅，端头有明显标识。需方不做说明时，交货方式由供方决定。

5. 直条钢丝的长度及极限偏差应符合 GB/T 342—2017 中表 6 的 II 级规定。磨光钢丝的尺寸、外形及极限偏差应符合 GB/T 3207—2008 的规定，需方无特殊要求时，直径极限偏差执行 GB/T 3207—2008 中 h11 级的规定

表 1-251 不锈钢丝的力学性能（摘自 GB/T 4240—2019）

（1）软态钢丝的力学性能

牌号	公称直径/mm	抗拉强度 R_m/MPa	断后伸长率[①]A(%)
12Cr17Mn6Ni5N 12Cr18Mn9Ni5N 12Cr18Ni9 Y12Cr18Ni9 07Cr19Ni10 16Cr23Ni13 20Cr25Ni20Si2	0.05~0.10 >0.10~0.30 >0.30~0.60 >0.60~1.00 >1.00~3.00 >3.00~6.00 >6.00~10.0 >10.0~16.0	700~1000 660~950 640~920 620~900 620~880 600~850 580~830 550~800	≥15 ≥20 ≥20 ≥25 ≥30 ≥30 ≥30 ≥30
Y06Cr17Mn6Ni6Cu2 Y12Cr18Ni9Cu3 06Cr19Ni10 022Cr19Ni10 10Cr18Ni12 06Cr20Ni11 06Cr23Ni13 06Cr25Ni20 06Cr17Ni12Mo2 022Cr17Ni12Mo2 06Cr17Ni12Mo2Ti 06Cr19Ni13Mo3 06Cr18Ni11Ti 022Cr23Ni5Mo3N	0.05~0.10 >0.10~0.30 >0.30~0.60 >0.60~1.00 >1.00~3.00 >3.00~6.00 >6.00~10.0 >10.0~16.0 1.00~3.00 >3.00~16.0	650~930 620~900 600~870 580~850 570~830 550~800 520~770 500~750 700~1000 650~950	≥15 ≥20 ≥20 ≥25 ≥30 ≥30 ≥30 ≥30 ≥20 ≥30
06Cr13Al 06Cr11Ti 04Cr11Nb	1.00~3.00 >3.00~16.0	480~700 460~680	≥20 ≥20

（续）

（1）软态钢丝的力学性能

牌号	公称直径/mm	抗拉强度 R_m/MPa	断后伸长率[①]A（%）
10Cr17 Y10Cr17 10Cr17Mo 10Cr17MoNb	1.00~3.00 >3.00~16.0	480~650 450~650	≥15 ≥15
026Cr24	1.00~3.00 >3.00~16.0	480~680 450~650	≥20 ≥30
06Cr13 12Cr13 Y12Cr13	1.00~3.00 >3.00~16.0	470~650 450~650	≥20 ≥20
20Cr13	1.00~3.00 >3.00~16.0	500~750 480~700	≥15 ≥15
30Cr13 32Cr13Mo Y30Cr13 40Cr13 12Cr12Ni2 Y16Cr17Ni2 14Cr17Ni2	1.00~2.00 >2.00~16.0	600~850 600~850	≥10 ≥15

（2）轻拉钢丝的力学性能

牌号	公称直径/mm	抗拉强度 R_m/MPa
12Cr17Mn6Ni5N 12Cr18Mn9Ni5N Y06Cr17Mn6Ni6Cu2 12Cr18Ni9 Y12Cr18Ni9 Y12Cr18Ni9Cu3 06Cr19Ni10 022Cr19Ni10 07Cr19Ni10 10Cr18Ni12 06Cr20Ni11 16Cr23Ni13 06Cr23Ni13 06Cr25Ni20 20Cr25Ni20Si2 06Cr17Ni12Mo2 022Cr17Ni12Mo2 06Cr17Ni12Mo2Ti 06Cr19Ni13Mo3 06Cr18Ni11Ti	0.30~1.00 >1.00~3.00 >3.00~6.00 >6.00~10.0 >10.0~16.0	850~1200 830~1150 800~1100 770~1050 750~1030
06Cr13Al 06Cr11Ti 04Cr11Nb 10Cr17 Y10Cr17 10Cr17Mo 10Cr17MoNb	0.30~3.00 >3.00~6.00 >6.00~16.0	530~780 500~750 480~730
06Cr13 12Cr13 Y12Cr13 20Cr13	1.00~3.00 >3.00~6.00 >6.00~16.0	600~850 580~820 550~800
30Cr13 32Cr13Mo Y30Cr13 Y16Cr17Ni2	1.00~3.00 >3.00~6.00 >6.00~16.0	650~950 600~900 600~850

（续）

（3）冷拉钢丝的力学性能

牌号	公称直径/mm	抗拉强度 R_m/MPa
12Cr17Mn6Ni5N 12Cr18Mn9Ni5N 12Cr18Ni9 06Cr19Ni10 07Cr19Ni10 10Cr18Ni12 06Cr17Ni12Mo2 06Cr18Ni11Ti	0.10~1.00 >1.00~3.00 >3.00~6.00 >6.00~12.0	1200~1500 1150~1450 1100~1400 950~1250

注：1. GB/T 4240—2019 适用于不锈钢丝，但不包括冷顶锻用和焊接用不锈钢丝，不包括奥氏体型和沉淀硬化型的不锈弹簧钢丝。

2. 钢丝表面状态分为雾面、亮面、清洁面和涂（镀）层表面 4 种，需方无要求时，由供方确定表面状态。

3. 钢丝表面不应有结疤、折叠、裂纹、毛刺、麻坑、划伤和氧化皮等对使用有害的缺陷，但允许有个别深度不超过尺寸公差之半的麻点和划痕存在。直条钢丝表面允许有螺旋纹和润滑剂残迹存在。软态交货的马氏体型钢丝表面允许有氧化膜。

4. 按需方要求，可提供直条或磨光状态的钢丝。

5. 根据需方要求，经供需双方协商，可提供其他力学性能范围的钢丝。

6. 根据需方要求，公称尺寸大于 1.0mm 的奥氏体型不锈钢丝可进行晶间腐蚀试验，试验方法由供需双方商定，并在合同中注明。

① 易切削钢丝和公称直径小于 1.00mm 的钢丝，断后伸长率供参考，不作为判定依据。

表 1-252　GB/T 4240 标准不同版次牌号对照（摘自 GB/T 4240—2019）

GB/T 4240—2019 序号	GB/T 4240—2019	GB/T 4240—2009	GB/T 4240—1993
1	12Cr17Mn6Ni5N	12Cr17Mn6Ni5N	—
2	12Cr18Mn9Ni5N	12Cr18Mn9Ni5N	—
3	Y06Cr17Mn6Ni6Cu2	Y06Cr17Mn6Ni6Cu2	—
4	12Cr18Ni9	12Cr18Ni9	1Cr18Ni9
5	Y12Cr18Ni9	Y12Cr18Ni9	Y1Cr18Ni9
—	—	—	Y1Cr18Ni9Se
6	Y12Cr18Ni9Cu3	Y12Cr18Ni9Cu3	—
7	06Cr19Ni10	06Cr19Ni10	0Cr18Ni9
—	—	—	0Cr19Ni9N
8	022Cr19Ni10	022Cr19Ni10	00Cr19Ni11
9	07Cr19Ni10	—	—
10	10Cr18Ni12	10Cr18Ni12	1Cr18Ni12
11	06Cr20Ni11	06Cr20Ni11	—
12	16Cr23Ni13	16Cr23Ni13	—
13	06Cr23Ni13	06Cr23Ni13	0Cr23Ni13
14	06Cr25Ni20	06Cr25Ni20	0Cr25Ni20
15	20Cr25Ni20Si2	20Cr25Ni20Si2	—
16	06Cr17Ni12Mo2	06Cr17Ni12Mo2	0Cr17Ni12Mo2
17	022Cr17Ni12Mo2	022Cr17Ni12Mo2	00Cr17Ni14Mo2
18	06Cr17Ni12Mo2Ti	06Cr17Ni12Mo2Ti	—
19	06Cr19Ni13Mo3	06Cr19Ni13Mo3	—
—	—	—	1Cr18Ni9Ti[①]
20	06Cr18Ni11Ti[①]	—	0Cr18Ni11Ti

（续）

GB/T 4240—2019 序号	GB/T 4240—2019	GB/T 4240—2009	GB/T 4240—1993
—	—	—	0Cr18Ni11Nb
21	022Cr23Ni5Mo3N	—	—
22	06Cr13Al	06Cr13Al	—
23	06Cr11Ti	06Cr11Ti	—
24	04Cr11Nb	04Cr11Nb	—
25	10Cr17	10Cr17	1Cr17
26	Y10Cr17	Y10Cr17	Y1Cr17
27	10Cr17Mo	10Cr17Mo	—
28	10Cr17MoNb	10Cr17MoNb	—
29	026Cr24	—	—
30	06Cr13	—	—
31	12Cr13	12Cr13	1Cr13
32	Y12Cr13	Y12Cr13	Y1Cr13
33	20Cr13	20Cr13	2Cr13
34	30Cr13	30Cr13	3Cr13
35	32Cr13Mo	32Cr13Mo	—
36	Y30Cr13	Y30Cr13	—
37	40Cr13	40Cr13	4Cr13
38	12Cr12Ni2	12Cr12Ni2	—
39	Y16Cr17Ni2	Y16Cr17Ni2Mo	—
40	14Cr17Ni2	—	1Cr17Ni2
—	—	21Cr17Ni2	—

① 06Cr18Ni11Ti 与 1Cr18Ni9Ti 性能相近。

表1-253　GB/T 4240—2019 牌号与国外类似牌号对照（摘自 GB/T 4240—2019）

GB/T 4240—2019 序号	GB/T 4240—2019	ASTM A959—16	JIS G4303：2005 等	ISO 15510：2012，ISO 4955：2016	EN 10088-1：2014
1	12Cr17Mn6Ni5N	S20100，201	SUS201	X12CrMnNiN17-7-5	X12CrMnNiN17-7-5，1.4372
2	12Cr18Mn9Ni5N	S20200，202	SUS202	X12CrMnNiN18-9-5	X12CrMnNiN18-9-5，1.4373
3	Y06Cr17Mn6Ni6Cu2	S20300，XM-1	—	—	—
4	12Cr18Ni9	S30200，302	SUS302	X9CrNi18-9	X10CrNi18-8，1.4310
5	Y12Cr18Ni9	S30300，303	SUS303	X10CrNiS18-9	X8CrNiS18-9，1.4305
6	Y12Cr18Ni9Cu3	—	SUS303Cu	X6CrNiCuS18-9-2	X6CrNiCuS18-9-2，1.4570
7	06Cr19Ni10	S30400，304	SUS304	X5CrNi18-10	X5CrNi18-10，1.4301
8	022Cr19Ni10	S30403，304L	SUS304L	X2CrNi19-11	X2CrNi19-11，1.4306
9	07Cr19Ni10	S30409，304H	—	X7CrNi18-9	X6CrNi18-10，1.4948
10	10Cr18Ni12	S30500，305	SUS305	X6CrNi18-12	X4CrNi18-12，1.4303
11	06Cr20Ni11	S30800，308	—	—	—
12	16Cr23Ni13	S30900，309	—	X18CrNi23-13	—
13	06Cr23Ni13	S30908，309S	SUS309S	X6CrNi23-13	X12CrNi23-13，1.4833
14	06Cr25Ni20	S31008，310S	SUS310S	X6CrNi25-20	—

（续）

GB/T 4240—2019 序号	GB/T 4240—2019	ASTM A959—16	JIS G4303：2005 等	ISO 15510：2012，ISO 4955：2016	EN 10088-1：2014
15	20Cr25Ni20Si2	S31400，314	—	X15CrNiSi25-21	—
16	06Cr17Ni12Mo2	S31600，316	SUS316	X5CrNiMo17-12-2	X5CrNiMo17-12-2，1.4401
17	022Cr17Ni12Mo2	S31603，316L	SUS316L	X2CrNiMo17-12-2	X2CrNiMo17-12-2，1.4404
18	06Cr17Ni12Mo2Ti	S31635，316Ti	SUS316Ti	X6CrNiMoTi17-12-2	X6CrNiMoTi17-12-2，1.4571
19	06Cr19Ni13Mo3	S31700，317	SUS317	X6CrNiMo19-13-4	—
20	06Cr18Ni11Ti	S32100，321	SUS321	X6CrNiTi18-10	X6CrNiTi18-10，1.4541
21	022Cr23Ni5Mo3N	S32205，2205	—	X2CrNiMoN22-5-3	X2CrNiMoN22-5-3
22	06Cr13Al	S40500，405	SUS405	X6CrAl13	X6CrAl13，1.4002
23	06Cr11Ti	S40900，409	—	X2CrTi12	X2CrTi12，1.4516
24	04Cr11Nb	S40940，409Nb	—	—	—
25	10Cr17	S43000，430	SUS430	X6Cr17	X6Cr17，1.4016
26	Y10Cr17	S43020，430F	SUS430F	X7CrS17	X14CrMoS17，1.4104
27	10Cr17Mo	S43400，434	SUS434	X6CrMo17-1	X6CrMo17-1，1.4113
28	10Cr17MoNb	S43600，436	—	X6CrMoNb17-1	X6CrMoNb17-1，1.4526
29	026Cr24	—	—	—	—
30	06Cr13	S41008，410S	—	—	X6Cr13，1.4000
31	12Cr13	S41000，410	SUS410	X12Cr13	X12Cr13，1.4006
32	Y12Cr13	S41600，416	SUS416	X12CrS13	X12CrS13，1.4005
33	20Cr13	S42000，420	SUS420J1	X20Cr13	X20Cr13，1.4021
34	30Cr13	—	SUS420J2	X30Cr13	X30Cr13，1.4028
35	32Cr13Mo	—	—	—	—
36	Y30Cr13	S42020，420F	SUS420F	X33CrS13	X29CrS13，1.4029
37	40Cr13	—	—	X39Cr13	X39Cr13，1.4031
38	12Cr12Ni2	S41400，414	—	—	—
39	Y16Cr17Ni2	—	—	—	—
40	14Cr17Ni2	—	—	X17CrNi16-2	X17CrNi16-2，1.4057

1.9.6　淬火-回火弹簧钢丝（见表 1-254～表 1-257）

表 1-254　淬火-回火弹簧钢丝的分类、代号、尺寸规格及化学成分（摘自 GB/T 18983—2017）

分　类			静态级	中疲劳级[①]	高疲劳级	备注
钢丝的分类、代号及直径范围	抗拉强度	低强度	FDC	TDC	VDC	1. 静态级钢丝适用于一般用途弹簧，以 FD 表示 2. 中疲劳级钢丝适用于一般强度离合器弹簧、悬架弹簧等，以 TD 表示 3. 高疲劳级钢丝适用于剧烈运动的场合，如用于阀门弹簧，以 VD 表示
		中强度	FDCrV、FDSiMn	TDSiMn	VDCrV	
		高强度	FDSiCr	TDSiCr-A	VDSiCr	
		超高强度	—	TDSiCr-B、TDSiCr-C	VDSiCrV	
	直径范围		0.50～18.00mm	0.50～18.00mm[①]	0.50～10.00mm	

（续）

	公称直径	极限偏差（±）		公称直径	极限偏差（±）	
		TD、VD	FD		TD、VD	FD
钢丝直径及极限偏差/mm	0.50~0.80	0.010	0.015	>5.50~7.00	0.040	
	>0.80~1.00	0.015	0.020	>7.00~9.00	0.045	
	>1.00~1.80	0.020	0.025	>9.00~10.00	0.050	
	>1.80~2.80	0.025	0.030	>10.00~11.00	0.070	—
	>2.80~4.00	0.030		>11.00~14.50	0.080	
	>4.00~5.50	0.035		>14.50~18.00	0.090	—

	代号	化学元素（质量分数，%）									对应的钢牌号
		C	Si	Mn	P	S	Cr	V	Ni	Cu②	
钢丝代号与对应的钢牌号及化学成分	FDC TDC VDC	0.60~0.75	0.17~0.37	0.90~1.20	≤0.030	≤0.030	≤0.25	—	≤0.35	≤0.25	65、70、65Mn
	FDCrV TDCrV VDCrV	0.46~0.54	0.17~0.37	0.50~0.80	≤0.025	≤0.020	0.80~1.10	0.10~0.20	≤0.35	≤0.25	50CrV
	FDSiMn TDSiMn	0.56~0.64	1.50~2.00	0.70~1.00	≤0.025	≤0.020	—	—	≤0.35	≤0.25	60Si2Mn
	FDSiCr TDSiCr VDSiCr	0.51~0.59	1.20~1.60	0.50~0.80	≤0.025	≤0.020	0.50~0.80	—	≤0.35	≤0.25	55SiCr
	VDSiCrV	0.62~0.70	1.20~1.60	0.50~0.80	≤0.025	≤0.020	0.50~0.80	0.10~0.20	≤0.035	≤0.12	65Si2V

注：1. GB/T 18983—2017《淬火-回火弹簧钢丝》适用于制造各种机械弹簧用碳素钢和低合金淬火-回火圆形截面的钢丝。

2. 公称直径大于1.00mm的钢丝应测量断面收缩率。

3. 经协议，钢丝也可采用其他抗拉强度控制范围。

4. 一盘或一轴内钢丝抗拉强度允许的波动范围为：

　　1）VD级钢丝不应超过50MPa；2）TD级钢丝不应超过60MPa；3）FD级钢丝不应超过70MPa。

5. 弯曲试验要求如下：

　　1）公称直径大于6.00mm的钢丝应进行弯曲试验；

　　2）钢丝绕直径等于钢丝直径2倍的芯棒弯曲90°，试验后钢丝表面不得出现裂纹、断裂。

6. 根据需方要求，公称直径不大于0.70mm的钢丝可进行卷绕试验。

　　卷绕试验试样长约500mm，均匀地紧密缠绕在芯棒上。芯棒直径为钢丝公称直径的3~3.5倍。将绕好的线圈从芯棒上取下后拉长，使其在松开后的长度达到线圈原始长度的约3倍。在此状态下线圈螺距和圈径应均匀。

7. 钢丝表面应光滑，不应有裂纹、折叠、结疤、连续麻面等缺陷；允许局部有轻微划伤、麻坑等类型缺陷，但其最大深度应符合以下规定：

钢丝直径 d/mm	FD	TD	VD
0.50~2.00	0.02mm	0.015mm	0.01mm
>2.00~6.00	1.0%d	0.8%d	0.5%d
>6.00~8.00	1.2%d	1.0%d	0.6%d
>8.00	0.10mm	0.08mm	0.06mm

8. 采用酸浸法检查钢丝的表面质量，用于酸浸检查的试样不得存在加工应力。采用酸浸法，将消除应力的冷样浸入煮沸的、工业浓盐酸与水体积比为1:1的溶液中约200mm，在直径减少大约1%而未发生点蚀的程度后终止酸浸，检查有无缺陷，必要时可使用10倍的放大镜检查。

9. 钢丝标记示例：

　　直径为3.0mm的VDSiCr级钢丝标记为：VDSiCr-3.0-GB/T 18983

① TDSiCr-B和TDSiCr-C直径范围为8.0~18.0mm。

② TD级和VD级钢丝铜含量应小于0.12%。

表 1-255　静态级和中疲劳级弹簧钢丝的力学性能（摘自 GB/T 18983—2017）

直径范围 /mm	抗拉强度 R_m/MPa						断面收缩率 $Z^{[1]}$(%) ≥	
	FDC TDC	FDCrV-A TDCrV-A	FDSiMn TDSiMn	FDSiCr TDSiCr-A	TDSiCr-B	TDSiCr-C	FD	TD
0.50~0.80	1800~2100	1800~2100	1850~2100	2000~2250	—	—	—	
>0.80~1.00	1800~2060	1780~2080	1850~2100	2000~2250	—	—	—	
>1.00~1.30	1800~2010	1750~2010	1850~2100	2000~2250	—	—	45	45
>1.30~1.40	1750~1950	1750~1990	1850~2100	2000~2250	—	—	45	45
>1.40~1.60	1740~1890	1710~1950	1850~2100	2000~2250	—	—	45	45
>1.60~2.00	1720~1890	1710~1890	1820~2000	2000~2250	—	—	45	45
>2.00~2.50	1670~1820	1670~1830	1800~1950	1970~2140	—	—	45	45
>2.50~2.70	1640~1790	1660~1820	1780~1930	1950~2120	—	—	45	45
>2.70~3.00	1620~1770	1630~1780	1760~1910	1930~2100	—	—	45	45
>3.00~3.20	1600~1750	1610~1760	1740~1890	1910~2080	—	—	40	45
>3.20~3.50	1580~1730	1600~1750	1720~1870	1900~2060	—	—	40	45
>3.50~4.00	1550~1700	1560~1710	1710~1860	1870~2030	—	—	40	45
>4.00~4.20	1540~1690	1540~1690	1700~1850	1860~2020	—	—	40	45
>4.20~4.50	1520~1670	1520~1670	1690~1840	1850~2000	—	—	40	45
>4.50~4.70	1510~1660	1510~1660	1680~1830	1840~1990	—	—	40	45
>4.70~5.00	1500~1650	1500~1650	1670~1820	1830~1980	—	—	40	45
>5.00~5.60	1470~1620	1460~1610	1660~1810	1800~1950	—	—	35	40
>5.60~6.00	1460~1610	1440~1590	1650~1800	1780~1930	—	—	35	40
>6.00~6.50	1440~1590	1420~1570	1640~1790	1760~1910	—	—	35	40
>6.50~7.00	1430~1580	1400~1550	1630~1780	1740~1890	—	—	35	40
>7.00~8.00	1400~1550	1380~1530	1620~1770	1710~1860	—	—	35	40
>8.00~9.00	1380~1530	1370~1520	1610~1760	1700~1850	1750~1850	1850~1950	30	35
>9.00~10.00	1360~1510	1350~1500	1600~1750	1660~1810	1750~1850	1850~1950	30	35
>10.00~12.00	1320~1470	1320~1470	1580~1730	1660~1810	1750~1850	1850~1950	30	35
>12.00~14.00	1280~1430	1300~1450	1560~1710	1620~1770	1750~1850	1850~1950	30	35
>14.00~15.00	1270~1420	1290~1440	1550~1700	1620~1770	1750~1850	1850~1950	30	35
>15.00~17.00	1250~1400	1270~1420	1540~1690	1580~1730	1750~1850	1850~1950	30	35

[1] FDSiMn 和 TDSiMn 直径不大于 5.00mm 时，$Z \geqslant 35\%$；直径大于 5.00~14.00mm 时，$Z \geqslant 30\%$。

表 1-256 高疲劳级弹簧钢丝的力学性能(摘自 GB/T 18983—2017)

直径范围 /mm	抗拉强度 R_m/MPa				断面收缩率 Z(%) ≥
	VDC	VDCrV-A	VDSiCr	VDSiCrV	
0.50~0.80	1700~2000	1750~1950	2080~2230	2230~2380	—
>0.80~1.00	1700~1950	1730~1930	2080~2230	2230~2380	—
>1.00~1.30	1700~1900	1700~1900	2080~2230	2230~2380	45
>1.30~1.40	1700~1850	1680~1860	2080~2230	2210~2360	45
>1.40~1.60	1670~1820	1660~1860	2050~2180	2210~2360	45
>1.60~2.00	1650~1800	1640~1800	2010~2110	2160~2310	45
>2.00~2.50	1630~1780	1620~1770	1960~2060	2100~2250	45
>2.50~2.70	1610~1760	1610~1760	1940~2040	2060~2210	45
>2.70~3.00	1590~1740	1600~1750	1930~2030	2060~2210	45
>3.00~3.20	1570~1720	1580~1730	1920~2020	2060~2210	45
>3.20~3.50	1550~1700	1560~1710	1910~2010	2010~2160	45
>3.50~4.00	1530~1680	1540~1690	1890~1990	2010~2160	45
>4.00~4.20	1510~1660	1520~1670	1860~1960	1960~2110	45
>4.20~4.50	1510~1660	1520~1670	1860~1960	1960~2110	45
>4.50~4.70	1490~1640	1500~1650	1830~1930	1960~2110	45
>4.70~5.00	1490~1640	1500~1650	1830~1930	1960~2110	45
>5.00~5.60	1470~1620	1480~1630	1800~1900	1910~2060	40
>5.60~6.00	1450~1600	1470~1620	1790~1890	1910~2060	40
>6.00~6.50	1420~1570	1440~1590	1760~1860	1910~2060	40
>6.50~7.00	1400~1550	1420~1570	1740~1840	1860~2010	40
>7.00~8.00	1370~1520	1410~1560	1710~1810	1860~2010	40
>8.00~9.00	1350~1500	1390~1540	1690~1790	1810~1960	35
>9.00~10.00	1340~1490	1370~1520	1670~1770	1810~1960	35

表 1-257 钢丝双向扭转试验要求(摘自 GB/T 18983—2017)

公称直径/mm	TDC　VDC		TDCrV　VDCrV		TDSiCr　VDSiCr　VDSiCrV	
	右转圈数	左转圈数	右转圈数	左转圈数	右转圈数	左转圈数
>0.70~1.00		24		12	6	
>1.00~1.60		16		8	5	
>1.60~2.50		14				
>2.50~3.00	6	12	6		4	0
>3.00~3.50		10		4		
>3.50~4.50		8				
>4.50~5.60		6			3	
>5.60~6.00		4				

1.9.7 不锈弹簧钢丝(见表1-258和表1-259)

表1-258 不锈弹簧钢丝的牌号、组别、尺寸规格及力学性能(摘自 GB/T 24588—2019)

	牌号	组别	公称直径范围/mm	有关规定
牌号、组别及尺寸规格	06Cr19Ni10 07Cr19Ni10 12Cr18Ni9 06Cr17Ni12Mo2 12Cr18Mn9Ni5N 06Cr18Ni11Ti 12Cr18Mn12Ni2N 04Cr12Ni8Cu2TiNb	A	0.20~10.0	1. 牌号的化学成分应符合 GB/T 24588—2019 的规定 2. 钢丝直径极限偏差应符合 GB/T 342—2017 表2 中 11 级的规定 3. 钢丝的圆度不大于直径公差之半 4. 钢丝以冷拉状态交货 5. 钢丝适于制作不锈弹簧元件，不宜制作不锈用途的元件或结构件
	07Cr19Ni10 12Cr18Ni9 06Cr19Ni10N 12Cr18Mn9Ni5N	B	0.20~12.0	
	07Cr17Ni7Al	C	0.20~10.0	
	12Cr16Mn8Ni3Cu3N	D	0.20~6.00	

	组别			
	A 组	B 组	C 组	D 组
钢丝常规牌号的抗拉强度	06Cr19Ni10 07Cr19Ni10 12Cr18Ni9 06Cr17Ni12Mo2 12Cr18Mn9Ni5N 06Cr18Ni11Ti	07Cr19Ni10 12Cr18Ni9 06Cr19Ni10N 12Cr18Mn9Ni5N	07Cr17Ni7Al	12Cr16Mn8Ni3Cu3N

公称直径 d/mm	冷拉钢丝抗拉强度 /MPa		公称直径 d/mm	冷拉钢丝抗拉强度 R_m/MPa	试样时效抗拉强度[①] R_m/MPa	公称直径 d/mm	冷拉钢丝抗拉强度 R_m/MPa
0.20~0.25	1700~2050	2050~2400	0.20	≥1970	2270~2610	0.20~0.25	1750~2050
			>0.20~0.30	≥1950	2250~2580	>0.25~0.30	1720~2000
>0.25~0.40	1650~1950	1950~2300	>0.30~0.40	≥1920	2220~2550	>0.30~0.45	1680~1950
>0.40~0.60	1600~1900	1900~2200	>0.40~0.50	≥1900	2200~2530	>0.45~0.70	1650~1900
			>0.50~0.63	≥1850	2150~2470		
>0.60~1.0	1550~1850	1850~2150	>0.63~0.80	≥1820	2120~2440		
			>0.80~1.0	≥1800	2100~2410	>0.70~1.1	1620~1870
>1.0~1.4	1450~1750	1750~2050	>1.0~1.2	≥1750	2050~2350	>1.1~1.4	1580~1830
			>1.2~1.5	≥1700	2000~2300		
>1.4~2.0	1400~1650	1650~1900	>1.5~1.6	≥1650	1950~2240	>1.4~2.2	1550~1800
			>1.6~2.0	≥1600	1900~2180		

（续）

组别			
A 组	B 组	C 组	D 组
06Cr19Ni10 07Cr19Ni10 12Cr18Ni9 06Cr17Ni12Mo2 12Cr18Mn9Ni5N 06Cr18Ni11Ti	07Cr19Ni10 12Cr18Ni9 06Cr19Ni10N 12Cr18Mn9Ni5N	07Cr17Ni7Al	12Cr16Mn8Ni3Cu3N

钢丝常规牌号的抗拉强度

公称直径 d/mm	冷拉钢丝 抗拉强度 /MPa		公称直径 d/mm	冷拉钢丝 抗拉强度 R_m/MPa	试样时效 抗拉强度[1] R_m/MPa	公称直径 d/mm	冷拉钢丝 抗拉强度 R_m/MPa
>2.0~2.5	1320~1570	1550~1800	>2.0~2.5	≥1550	1850~2140	>2.2~3.0	1510~1760
>2.5~4.0	1230~1480	1450~1700	>2.5~3.0	≥1500	1790~2060		
			>3.0~3.5	≥1450	1740~2000	>3.0~4.0	1480~1730
			>3.5~4.0	≥1400	1680~1930		
>4.0~6.0	1100~1350	1350~1600	>4.0~5.0	≥1350	1620~1870	>4.0~4.5	1400~1650
						>4.5~5.5	1330~1580
			>5.0~6.0	≥1300	1550~1800	>5.5~6.0	1230~1480
>6.0~8.0	1020~1270	1270~1520	>6.0~7.0	≥1250	1500~1750	—	—
			>7.0~8.0	≥1200	1450~1700		
>8.0~9.0	1000~1250	1150~1400	>8.0~10.0	≥1150	1400~1650	—	—
>9.0~10.0	980~1200	1000~1250					
>10.0~12.0	—	1000~1250	—	—	—		

04Cr12Ni8Cu2TiNb 钢丝的抗拉强度[2]

公称直径 d/mm	冷拉状态 R_m/MPa 不小于	试样时效处理[3] R_m/MPa
0.20~1.0	1690	2205~2415
>1.0~1.30	1620	2135~2345
>1.30~1.50	1550	2100~2310
>1.50~1.90	1515	2035~2240
>1.90~2.20	1480	2000~2205
>2.20~2.40	1450	1965~2170
>2.40~2.80	1380	1915~2125
>2.80~3.20	1345	1875~2080
>3.20~3.80	1310	1825~2035
>3.80~12.0	1240	1795~2000

12Cr18Mn12Ni2N 钢丝冷拉状态的抗拉强度[4]

公称直径 d/mm	抗拉强度 R_m/MPa	公称直径 d/mm	抗拉强度 R_m/MPa
0.2~0.23	2240~2450	>0.25~0.28	2195~2400
>0.23~0.25	2205~2415	>0.28~0.30	2180~2385

（续）

公称直径 d/mm	抗拉强度 R_m/MPa	公称直径 d/mm	抗拉强度 R_m/MPa
>0.30~0.33	2165~2370	>0.94~1.04	1880~2090
>0.33~0.36	2150~2360	>1.04~1.19	1860~2070
>0.36~0.38	2135~2345	>1.19~1.37	1825~2035
>0.38~0.41	2125~2330	>1.37~2.21	1795~2000
>0.41~0.43	2110~2315	>2.21~3.05	1760~1965
>0.43~0.46	2095~2305	>3.05~4.22	1725~1930
>0.46~0.51	2070~2275	>4.22~4.88	1655~1860
>0.51~0.56	2040~2250	>4.88~5.72	1585~1795
>0.56~0.61	2015~2220	>5.72~7.06	1480~1690
>0.61~0.66	1995~2200	>7.06~8.41	1380~1585
>0.66~0.71	1970~2180	>8.41~10.00	1275~1480
>0.71~0.81	1945~2150	>10.00~12.00	1105~1310
>0.81~0.94	1910~2120	—	—

（表左侧标注：12Cr18Mn12Ni2N 钢丝冷拉状态的抗拉强度④）

钢丝工艺性能要求

经供需双方协商确定并在合同中注明，公称直径 0.50~6.00mm 钢丝可进行扭转试验。扭转后钢丝表面不应有裂纹、折叠和毛刺。扭转断口应垂直或近似垂直于轴线，扭断后的试样表面不应有开裂或分层

经供需双方协商确定并在合同中注明，公称直径不大于 4.00mm 的钢丝可进行缠绕试验。沿钢丝直径的芯棒缠绕 8 圈，钢丝不应有断裂；公称直径大于 4.00~6.00mm 的钢丝，沿 2 倍直径的芯棒缠绕 5 圈，钢丝不应有断裂

经供需双方协商确定，公称直径大于 6.00mm 的钢丝可进行弯曲试验，沿 r 为 10mm 的圆弧反复弯曲一次，表面不应有裂纹或开裂

① 推荐试样时效处理工艺制度为：400~500℃，保温 0.5~1.5h，空冷。
② 钢丝以直条或定尺长度交货时，最小抗拉强度为表中规定值的 90%。
③ 时效温度 454℃，保温 0.5h，然后空冷。
④ 钢丝以直条或定尺长度交货时，最小抗拉强度为表中规定值的 85%。

表 1-259　GB/T 24588—2019 标准牌号与国外类似牌号对照（摘自 GB/T 24588—2019）

GB/T 24588-2019	ASTM A313—2017	JIS G4314：2013	ISO 6931-1：2016 ISO 15510：2014	EN 10088-1：2014
06Cr19Ni10	S30400, 304	SUS304	X5CrNi18-10	X5CrNi18-10, 1.4301
07Cr19Ni10	S30409, 304H（ASTMA959-16）	—	X7CrNi18-9	X6CrNi18-10, 1.4948
12Cr18Ni9	S30200, 302	SUS302	X9CrNi18-9	X9CrNi18-9, 1.4325
06Cr19Ni10N	S30451, 304N（ASTM A959-16）	SUS304N1	X5CrNiN19-9	X5CrNiN19-9, 1.4315
06Cr17Ni12Mo2	S31600, 316	SUS316	X5CrNiMo17-12-2	X5CrNiMo17-12-2, 1.4401
12Cr18Mn9Ni5N	—	—	X12CrMnNiN18-9-5	X12CrMnNiN18-9-5 1.4373
12Cr16Mn8Ni3Cu3N	S20430	—	—	—
06Cr18Ni11Ti	S32100, 321	—	X6CrNiTi18-10	X6CrNiTi18-10, 1.4541
12Cr18Mn12Ni2N	S24100、XM-28	—	X13CrMnNiN18-13-2	X13CrMnNiN18-13-2, 1.4020
04Cr12Ni8Cu2TiNb	S45500、XM-16	—	—	—
07Cr17Ni7Al	S17700, 631	SUS631J1	X7CrNiAl17-7	X7CrNiAl17-7, 1.4568

1.9.8 高速工具钢丝(见表 1-260)

表 1-260 高速工具钢丝分类、尺寸规格及力学性能(摘自 YB/T 5302—2010)

分类及代号	按交货状态分为:退火—A;磨光—SP					
尺寸规格	规格	1. 钢丝的直径范围为 1.00~16.0mm 2. 退火钢丝的直径及其极限偏差应符合 GB/T 342 中的 9~11 级规定 3. 磨光钢丝的直径及其极限偏差应符合 GB/T 3207 中的 9~11 级规定				
	外形	1. 退火直条钢丝的每米直线度不得大于 2mm,磨光直条钢丝每米直线度不得大于 1mm。端部变形由公称尺寸算起,端头直径增加量不得超过直径公差 2. 钢丝的圆度误差不得大于钢丝公称直径公差之半				

钢丝公称直径/mm	通常长度/mm	短尺长度/mm ≥
1.00~3.00	1000~2000	800
>3.00	2000~4000	1200

牌号	交货硬度 (退火态) HBW	预热温度 /℃	淬火温度 /℃	淬火冷却介质	回火温度 /℃	硬度 HRC 不小于
W3Mo3Cr4V2	≤255	800~900	1180~1200	油	540~550	63
W4Mo3Cr4VSi	207~255		1170~1190		540~560	63
W18Cr4V	207~255		1250~1270		550~570	63
W2Mo9Cr4V2	≤255		1190~1210		540~560	64
W6Mo5Cr4V2	207~255		1200~1220		550~570	63
CW6Mo5Cr4V2	≤255		1190~1210		540~560	64
W9Mo3Cr4V	207~255		1200~1220		540~560	63
W6Mo5Cr4V3	≤262		1180~1210		540~560	64
CW6Mo5Cr4V3	≤262		1180~1200		540~560	64
W6Mo5Cr4V2Al	≤269		1200~1220		550~570	65
W6Mo5Cr4V2Co5	≤269		1190~1210		540~560	64
W2Mo9Cr4VCo8	≤269		1170~1190		540~560	66

牌号化学成分规定	牌号的化学成分应符合 GB/T 9943《高速工具钢》的规定
用途	适于作为制造各类工具的钢丝,也适于制造偶件针阀等其他用途

1.9.9 合金结构钢丝(见表 1-261)

表 1-261 合金结构钢丝的分类、尺寸规格及力学性能(摘自 YB/T 5301—2010)

分类及代号	钢丝按交货状态分为两种: 冷拉—WCD 退火—A

（续）

尺寸规格	尺寸不大于 10mm 的合金结构钢冷拉圆钢丝以及 2.00~8.00 的冷拉方钢丝和六角钢丝应符合 GB/T 342 的规定，尺寸极限偏差按 GB/T 342 的 11 级规定，要求其他级别时应在合同中注明		
钢丝牌号	钢丝用的牌号及化学成分应符合 GB/T 3077 的规定		
力学性能	交货状态	公称尺寸小于 5.00mm	公称尺寸不小于 5.00mm
		抗拉强度 R_m/MPa	硬度 HBW
		≤	≤
	冷拉	1080	302
	退火	930	296

1.9.10　碳素工具钢丝（见表 1-262）

表 1-262　碳素工具钢丝的分类、尺寸规格、牌号和力学性能（摘自 YB/T 5322—2010）

	分类及代号		冷拉、热处理钢丝	磨光钢丝	
分类、直径及极限偏差规定	冷拉钢丝：WCD 磨光钢丝：SP 退火钢丝：A		直径及极限偏差按 GB/T 342 中 h9~h11 级的规定	直径及极限偏差按 GB/T 3207 中 h9~h11 级的规定	
分类及尺寸规格	钢丝长度	直径/mm	通常长度/m	短尺	
				长度/m≥	数量
		1~3	1~2	0.8	不超过每批质量的 1.5%
		>3~6	2~3.5	1.2	
		>6~16	2~4	1.5	
	钢丝盘重	公称尺寸/mm	每盘质量/kg　≥	备　注	
		<0.25	0.30	钢丝成盘交货时，每盘由同一根钢丝组成，其质量应符合本表规定 允许供应质量不少于表内规定盘重的 50% 的钢丝，其数量不得超过交货质量的 10% 钢丝采用 GB/T 1299 工模具钢牌号制成，牌号由需方指定，适用于制作工具及耐磨机械零件	
		>0.25~0.80	0.50		
		>0.80~1.50	1.50		
		>1.50~3.00	5.00		
		>3.00~4.50	8.00		
		>4.50	10.00		

	牌号	试样淬火		退火状态	热处理状态	冷拉状态
牌号及力学性能		淬火温度和冷却介质	硬度值（HRC）	硬度值（HBW）	抗拉强度 R_m/MPa	
	T7(A)	800~820℃，水		≤187	490~685	≤1080
	T8(A)、T8Mn(A)	780~800℃		≤187		
	T9(A)		≥62	≤192		
	T10(A)			≤197		
	T11(A)、T12(A)	760~780℃，水		≤207	540~735	
	T13(A)			≤217		

注：1. 直径小于 5mm 的钢丝不做试样淬火硬度和退火硬度检验。

　　2. 检验退火硬度时，不检验抗拉强度。

　　3. 各牌号的化学成分应符合 GB/T 1299 的规定。

1.10 钢管

1.10.1 无缝钢管尺寸规格（见表1-263～表1-265）

表1-263 普通无缝钢管的尺寸规格（摘自 GB/T 17395—2008）

外径/mm 系列1	系列2	系列3	壁厚/mm 单位长度理论质量/(kg/m)														
			0.25	0.30	0.40	0.50	0.60	0.80	1.0	1.2	1.4	1.5	1.6	1.8	2.0	2.2(2.3)	2.5(2.6)	2.8
	6		0.035	0.042	0.055	0.068	0.080	0.103	0.123	0.142	0.159	0.166	0.174	0.186	0.197			
	7		0.042	0.050	0.065	0.080	0.095	0.122	0.148	0.172	0.193	0.203	0.213	0.231	0.247	0.260	0.277	
	8		0.048	0.057	0.075	0.092	0.109	0.142	0.173	0.201	0.228	0.240	0.253	0.275	0.296	0.315	0.339	
	9		0.054	0.064	0.085	0.105	0.124	0.162	0.197	0.231	0.262	0.277	0.292	0.320	0.345	0.369	0.401	0.428
10(10.2)			0.060	0.072	0.095	0.117	0.139	0.182	0.222	0.260	0.297	0.314	0.331	0.364	0.395	0.423	0.462	0.497
	11		0.066	0.079	0.105	0.129	0.154	0.201	0.247	0.290	0.331	0.351	0.371	0.408	0.444	0.477	0.524	0.566
	12		0.072	0.087	0.114	0.142	0.169	0.221	0.271	0.320	0.366	0.388	0.410	0.453	0.493	0.532	0.586	0.635
	13(12.7)		0.079	0.094	0.124	0.154	0.183	0.241	0.296	0.349	0.401	0.425	0.450	0.497	0.543	0.586	0.647	0.704
13.5			0.082	0.098	0.129	0.160	0.191	0.251	0.308	0.364	0.418	0.444	0.470	0.519	0.567	0.613	0.678	0.739
		14	0.085	0.101	0.134	0.166	0.198	0.260	0.321	0.379	0.435	0.462	0.489	0.542	0.592	0.640	0.709	0.773
	16		0.097	0.116	0.154	0.191	0.228	0.300	0.370	0.438	0.504	0.536	0.568	0.630	0.691	0.749	0.832	0.911
17(17.2)			0.103	0.124	0.164	0.203	0.243	0.320	0.395	0.468	0.539	0.573	0.608	0.675	0.740	0.803	0.894	0.981
		18	0.109	0.131	0.174	0.216	0.257	0.339	0.419	0.497	0.573	0.610	0.647	0.719	0.789	0.857	0.956	1.05
	19		0.116	0.138	0.183	0.228	0.272	0.359	0.444	0.527	0.608	0.647	0.687	0.764	0.838	0.911	1.02	1.12
	20		0.122	0.146	0.193	0.240	0.287	0.379	0.469	0.556	0.642	0.684	0.726	0.808	0.888	0.966	1.08	1.19
21(21.3)					0.203	0.253	0.302	0.399	0.493	0.586	0.677	0.721	0.765	0.852	0.937	1.02	1.14	1.26
		22			0.213	0.265	0.317	0.418	0.518	0.616	0.711	0.758	0.805	0.897	0.986	1.07	1.20	1.33
	25				0.243	0.302	0.361	0.477	0.592	0.704	0.815	0.869	0.923	1.03	1.13	1.24	1.39	1.53
		25.4			0.247	0.307	0.367	0.485	0.602	0.716	0.829	0.884	0.939	1.05	1.15	1.26	1.41	1.56
27(26.9)					0.262	0.327	0.391	0.517	0.641	0.764	0.884	0.943	1.00	1.12	1.23	1.35	1.51	1.67
	28				0.272	0.339	0.405	0.537	0.666	0.793	0.918	0.980	1.04	1.16	1.28	1.40	1.57	1.74

（续）

外径/mm			壁厚/mm 单位长度理论质量/(kg/m)															
系列1	系列2	系列3	(2.9)3.0	3.2	3.5(3.6)	4.0	4.5	5.0	(5.4)5.5	6.0	(6.3)6.5	7.0(7.1)	7.5	8.0	8.5	(8.8)9.0	9.5	10
	6																	
	7																	
	8																	
	9																	
10(10.2)			0.518	0.537	0.561													
	11		0.592	0.616	0.647													
	12		0.666	0.694	0.734	0.789												
	13(12.7)		0.740	0.773	0.820	0.888												
13.5			0.777	0.813	0.863	0.937												
		14	0.814	0.852	0.906	0.986												
	16		0.962	1.01	1.08	1.18	1.28	1.36										
17(17.2)			1.04	1.09	1.17	1.28	1.39	1.48										
		18	1.11	1.17	1.25	1.38	1.50	1.60										
	19		1.18	1.25	1.34	1.48	1.61	1.73	1.83	1.92								
	20		1.26	1.33	1.42	1.58	1.72	1.85	1.97	2.07								
21(21.3)			1.33	1.40	1.51	1.68	1.83	1.97	2.10	2.22								
		22	1.41	1.48	1.60	1.78	1.94	2.10	2.24	2.37								
	25		1.63	1.72	1.86	2.07	2.28	2.47	2.64	2.81	2.97	3.11						
		25.4	1.66	1.75	1.89	2.11	2.32	2.52	2.70	2.87	3.03	3.18						
27(26.9)			1.78	1.88	2.03	2.27	2.50	2.71	2.92	3.11	3.29	3.45						
	28		1.85	1.96	2.11	2.37	2.61	2.84	3.05	3.26	3.45	3.63						

（续）

单位长度理论质量/(kg/m)

外径/mm 系列1	外径/mm 系列2	外径/mm 系列3	壁厚/mm 0.25	0.30	0.40	0.50	0.60	0.80	1.0	1.2	1.4	1.5	1.6	1.8	2.0	2.2(2.3)	2.5(2.6)	2.8
		30			0.292	0.364	0.435	0.576	0.715	0.852	0.987	1.05	1.12	1.25	1.38	1.51	1.70	1.88
	32(31.8)				0.312	0.388	0.465	0.616	0.765	0.911	1.06	1.13	1.20	1.34	1.48	1.62	1.82	2.02
34(33.7)					0.331	0.413	0.494	0.655	0.814	0.971	1.13	1.20	1.28	1.43	1.58	1.73	1.94	2.15
		35			0.341	0.425	0.509	0.675	0.838	1.00	1.16	1.24	1.32	1.47	1.63	1.78	2.00	2.22
	38				0.371	0.462	0.553	0.734	0.912	1.09	1.26	1.35	1.44	1.61	1.78	1.94	2.19	2.43
	40				0.391	0.487	0.583	0.773	0.962	1.15	1.33	1.42	1.52	1.70	1.87	2.05	2.31	2.57
42(42.4)									1.01	1.21	1.40	1.50	1.59	1.78	1.97	2.16	2.44	2.71
		45(44.5)							1.09	1.30	1.51	1.61	1.71	1.92	2.12	2.32	2.62	2.91
48(48.3)									1.16	1.38	1.61	1.72	1.83	2.05	2.27	2.48	2.81	3.12
	51								1.23	1.47	1.71	1.83	1.95	2.18	2.42	2.65	2.99	3.33
		54							1.31	1.56	1.82	1.94	2.07	2.32	2.56	2.81	3.18	3.54
	57								1.38	1.65	1.92	2.05	2.19	2.45	2.71	2.97	3.36	3.74
60(60.3)									1.46	1.74	2.02	2.16	2.30	2.58	2.86	3.14	3.55	3.95
	63(63.5)								1.53	1.83	2.13	2.28	2.42	2.72	3.01	3.30	3.73	4.16
	65								1.58	1.89	2.20	2.35	2.50	2.81	3.11	3.41	3.85	4.30
	68								1.65	1.98	2.30	2.46	2.62	2.94	3.26	3.57	4.04	4.50
	70								1.70	2.04	2.37	2.53	2.70	3.03	3.35	3.68	4.16	4.64
		73							1.78	2.12	2.47	2.64	2.82	3.16	3.50	3.84	4.35	4.85
76(76.1)									1.85	2.21	2.58	2.76	2.94	3.29	3.65	4.00	4.53	5.05
	77										2.61	2.79	2.98	3.34	3.70	4.06	4.59	5.12
	80										2.71	2.90	3.09	3.47	3.85	4.22	4.78	5.33

（续）

外径/mm			壁厚/mm 单位长度理论质量（kg/m）															
系列1	系列2	系列3	(2.9)3.0	3.2	3.5(3.6)	4.0	4.5	5.0	(5.4)5.5	6.0	(6.3)6.5	7.0(7.1)	7.5	8.0	8.5	(8.8)9.0	9.5	10
		30	2.00	2.11	2.29	2.56	2.83	3.08	3.32	3.55	3.77	3.97	4.16	4.34				
	32(31.8)		2.15	2.27	2.46	2.76	3.05	3.33	3.59	3.85	4.09	4.32	4.53	4.74				
34(33.7)			2.29	2.43	2.63	2.96	3.27	3.58	3.87	4.14	4.41	4.66	4.90	5.13				
		35	2.37	2.51	2.72	3.06	3.38	3.70	4.00	4.29	4.57	4.83	5.09	5.33	5.56	5.77		
	38		2.59	2.75	2.98	3.35	3.72	4.07	4.41	4.74	5.05	5.35	5.64	5.92	6.18	6.44	6.68	6.91
	40		2.74	2.90	3.15	3.55	3.94	4.32	4.68	5.03	5.37	5.70	6.01	6.31	6.60	6.88	7.15	7.40
42(42.4)			2.89	3.06	3.32	3.75	4.16	4.56	4.95	5.33	5.69	6.04	6.38	6.71	7.02	7.32	7.61	7.89
		45(44.5)	3.11	3.30	3.58	4.04	4.49	4.93	5.36	5.77	6.17	6.56	6.94	7.30	7.65	7.99	8.32	8.63
48(48.3)			3.33	3.54	3.84	4.34	4.83	5.30	5.76	6.21	6.65	7.08	7.49	7.89	8.28	8.66	9.02	9.37
	51		3.55	3.77	4.10	4.64	5.16	5.67	6.17	6.66	7.13	7.60	8.05	8.48	8.91	9.32	9.72	10.11
		54	3.77	4.01	4.36	4.93	5.49	6.04	6.58	7.10	7.61	8.11	8.60	9.08	9.54	9.99	10.43	10.85
	57		4.00	4.25	4.62	5.23	5.83	6.41	6.99	7.55	8.10	8.63	9.16	9.67	10.17	10.65	11.13	11.59
60(60.3)			4.22	4.48	4.88	5.52	6.16	6.78	7.39	7.99	8.58	9.15	9.71	10.26	10.80	11.32	11.83	12.33
	63(63.5)		4.44	4.72	5.14	5.82	6.49	7.15	7.80	8.43	9.06	9.67	10.27	10.85	11.42	11.99	12.53	13.07
	65		4.59	4.88	5.31	6.02	6.71	7.40	8.07	8.73	9.38	10.01	10.64	11.25	11.84	12.43	13.00	13.56
	68		4.81	5.11	5.57	6.31	7.05	7.77	8.48	9.17	9.86	10.53	11.19	11.84	12.47	13.10	13.71	14.30
	70		4.96	5.27	5.74	6.51	7.27	8.02	8.75	9.47	10.18	10.88	11.56	12.23	12.89	13.54	14.17	14.80
		73	5.18	5.51	6.00	6.81	7.60	8.38	9.16	9.91	10.66	11.39	12.11	12.82	13.52	14.21	14.88	15.54
76(76.1)			5.40	5.75	6.26	7.10	7.93	8.75	9.56	10.36	11.14	11.91	12.67	13.42	14.15	14.87	15.58	16.28
	77		5.47	5.82	6.34	7.20	8.05	8.88	9.70	10.51	11.30	12.08	12.85	13.61	14.36	15.09	15.81	16.52
	80		5.70	6.06	6.60	7.50	8.38	9.25	10.11	10.95	11.78	12.60	13.41	14.21	14.99	15.76	16.52	17.26

（续）

外径/mm，壁厚/mm，单位长度理论质量/（kg/m）

系列1	系列2	系列3	11	12（12.5）	13	14（14.2）	15	16	17（17.5）	18	19	20	22（22.2）	24	25	26	28	30
		30																
	32（31.8）																	
34（33.7）																		
		35																
	38																	
	40																	
42（42.4）			9.22	9.77														
		45（44.5）	10.04	10.65														
48（48.3）			10.85	11.54														
	51		11.66	12.43	13.14	13.81												
		54	12.48	13.32	14.11	14.85												
	57		13.29	14.21	15.07	15.88	16.65	17.36										
60（60.3）			14.11	15.09	16.03	16.92	17.76	18.55										
	63（63.5）		14.65	15.68	16.67	17.61	18.50	19.33										
	65		15.46	16.57	17.63	18.64	19.61	20.52										
	68		16.01	17.16	18.27	19.33	20.35	21.31	22.22									
	70		16.82	18.05	19.24	20.37	21.46	22.49	23.48	24.41	25.30							
		73	17.63	18.94	20.20	21.41	22.57	23.68	24.74	25.75	26.71	27.62						
76（76.1）			17.90	19.24	20.52	21.75	22.94	24.07	25.15	26.19	27.18	28.11						
	77		18.72	20.12	21.48	22.79	24.05	25.25	26.41	27.52	28.58	29.59						
	80																	

（续）

外径/mm 系列1	系列2	系列3	\(\leftarrow\) 壁厚/mm，单位长度理论质量/(kg/m) 0.25	0.30	0.40	0.50	0.60	0.80	1.0	1.2	1.4	1.5	1.6	1.8	2.0	2.2(2.3)	2.5(2.6)	2.8
		83(82.5)									2.82	3.01	3.21	3.60	4.00	4.38	4.96	5.54
	85										2.89	3.09	3.29	3.69	4.09	4.49	5.09	5.68
89(88.9)											3.02	3.24	3.45	3.87	4.29	4.71	5.33	5.95
	95										3.23	3.46	3.69	4.14	4.59	5.03	5.70	6.37
	102(101.6)										3.47	3.72	3.96	4.45	4.93	5.41	6.13	6.85
		108									3.68	3.94	4.20	4.71	5.23	5.74	6.50	7.26
114(114.3)												4.16	4.44	4.98	5.52	6.07	6.87	7.68
	121											4.42	4.71	5.29	5.87	6.45	7.31	8.16
	127													5.56	6.17	6.77	7.68	8.58
	133																8.05	8.99
140(139.7)																		
		142(141.3)																
	146																	
		152(152.4)																
		159																
168(168.3)																		
		180(177.8)																
		194(193.7)																
	203																	
219(219.1)																		
		232																
		245(244.5)																
		267(267.4)																

（续）

| 外径/mm | | | 壁厚/mm 单位长度理论质量/（kg/m） | | | | | | | | | | | | | | | |
系列1	系列2	系列3	(2.9)3.0	3.2	3.5(3.6)	4.0	4.5	5.0	(5.4)5.5	6.0	(6.3)6.5	7.0(7.1)	7.5	8.0	8.5	(8.8)9.0	9.5	10
		83(82.5)	5.92	6.30	6.86	7.79	8.71	9.62	10.51	11.39	12.26	13.12	13.96	14.80	15.62	16.42	17.22	18.00
	85		6.07	6.46	7.03	7.99	8.93	9.86	10.78	11.69	12.58	13.47	14.33	15.19	16.04	16.87	17.69	18.50
89(88.9)			6.36	6.77	7.38	8.38	9.38	10.36	11.33	12.28	13.22	14.16	15.07	15.98	16.87	17.76	18.63	19.48
	95		6.81	7.24	7.90	8.98	10.04	11.10	12.14	13.17	14.19	15.19	16.18	17.16	18.13	19.09	20.03	20.96
102(101.6)			7.32	7.80	8.50	9.67	10.82	11.96	13.09	14.21	15.31	16.40	17.48	18.55	19.60	20.64	21.67	22.69
		108	7.77	8.27	9.02	10.26	11.49	12.70	13.90	15.09	16.27	17.44	18.59	19.73	20.86	21.97	23.08	24.17
114(114.3)			8.21	8.74	9.54	10.85	12.15	13.44	14.72	15.98	17.23	18.47	19.70	20.91	22.12	23.31	24.48	25.65
	121		8.73	9.30	10.14	11.54	12.93	14.30	15.67	17.02	18.35	19.68	20.99	22.29	23.58	24.86	26.12	27.37
	127		9.17	9.77	10.66	12.13	13.59	15.04	16.48	17.90	19.32	20.72	22.10	23.48	24.84	26.19	27.53	28.85
	133		9.62	10.24	11.18	12.73	14.26	15.78	17.29	18.79	20.28	21.75	23.21	24.66	26.10	27.52	28.93	30.33
140(139.7)			10.14	10.80	11.78	13.42	15.04	16.65	18.24	19.83	21.40	22.96	24.51	26.04	27.57	29.08	30.57	32.06
		142(141.3)	10.28	10.95	11.95	13.61	15.26	16.89	18.51	20.12	21.72	23.31	24.88	26.44	27.98	29.52	31.04	32.55
	146		10.58	11.27	12.30	14.01	15.70	17.39	19.06	20.72	22.36	24.00	25.62	27.23	28.82	30.41	31.98	33.54
		152(152.4)	11.02	11.74	12.82	14.60	16.37	18.13	19.87	21.60	23.32	25.03	26.73	28.41	30.08	31.74	33.39	35.02
	159				13.42	15.29	17.15	18.99	20.82	22.64	24.45	26.24	28.02	29.79	31.55	33.29	35.03	36.75
168(168.3)					14.20	16.18	18.14	20.10	22.04	23.97	25.89	27.79	29.69	31.57	33.43	35.29	37.13	38.97
		180(177.8)			15.23	17.36	19.48	21.58	23.67	25.75	27.81	29.87	31.91	33.93	35.95	37.95	39.95	41.92
		194(193.7)			16.44	18.74	21.03	23.31	25.57	27.82	30.06	32.28	34.50	36.70	38.89	41.06	43.23	45.38
	203				17.22	19.63	22.03	24.41	26.79	29.15	31.50	33.84	36.16	38.47	40.77	43.06	45.33	47.60
219(219.1)										31.52	34.06	36.60	39.12	41.63	44.13	46.61	49.08	51.54
		232								33.44	36.15	38.84	41.52	44.19	46.85	49.50	52.13	54.75
		245(244.5)								35.36	38.23	41.09	43.93	46.76	49.58	52.38	55.17	57.95
		267(267.4)								38.62	41.76	44.88	48.00	51.10	54.19	57.26	60.33	63.38

（续）

外径/mm			壁厚/mm 单位长度理论质量/(kg/m)															
系列1	系列2	系列3	11	12(12.5)	13	14(14.2)	15	16	17(17.5)	18	19	20	22(22.2)	24	25	26	28	30
		83(82.5)	19.53	21.01	22.44	23.82	25.15	26.44	27.67	28.85	29.99	31.07	33.10					
	85		20.07	21.60	23.08	24.51	25.89	27.23	28.51	29.74	30.93	32.06	34.18					
89(88.9)			21.16	22.79	24.37	25.89	27.37	28.80	30.19	31.52	32.80	34.03	36.35	38.47				
	95		22.79	24.56	26.29	27.97	29.59	31.17	32.70	34.18	35.61	36.99	39.61	42.02				
	102(101.6)		24.69	26.63	28.53	30.38	32.18	33.93	35.64	37.29	38.89	40.44	43.40	46.17	47.47	48.73	51.10	
		108	26.31	28.41	30.46	32.45	34.40	36.30	38.15	39.95	41.70	43.40	46.66	49.71	51.17	52.58	55.24	57.71
114(114.3)			27.94	30.19	32.38	34.53	36.62	38.67	40.67	42.62	44.51	46.36	49.91	53.27	54.87	56.43	59.39	62.15
	121		29.84	32.26	34.62	36.94	39.21	41.43	43.60	45.72	47.79	49.82	53.71	57.41	59.19	60.91	64.22	67.33
	127		31.47	34.03	36.55	39.01	41.43	43.80	46.12	48.39	50.61	52.78	56.97	60.96	62.89	64.76	68.36	71.77
	133		33.10	35.81	38.47	41.09	43.65	46.17	48.63	51.05	53.42	55.74	60.22	64.51	66.59	68.61	72.50	76.20
140(139.7)			34.99	37.88	40.72	43.50	46.24	48.93	51.57	54.16	56.70	59.19	64.02	68.66	70.90	73.10	77.34	81.38
		142(141.3)	35.54	38.47	41.36	44.19	46.98	49.72	52.41	55.04	57.63	60.17	65.11	69.84	72.14	74.38	78.72	82.86
	146		36.62	39.66	42.64	45.57	48.46	51.30	54.08	56.82	59.51	62.15	67.28	72.21	74.60	76.94	81.48	85.82
		152(152.4)	38.25	41.43	44.56	47.65	50.68	53.66	56.60	59.48	62.32	65.11	70.53	75.76	78.30	80.79	85.62	90.26
		159	40.15	43.50	46.81	50.06	53.27	56.43	59.53	62.59	65.60	68.56	74.33	79.90	82.62	85.28	90.46	95.44
168(168.3)			42.59	46.17	49.69	53.17	56.60	59.98	63.31	66.59	69.82	73.00	79.21	85.23	88.17	91.05	96.67	102.10
		180(177.8)	45.85	49.72	53.54	57.31	61.04	64.71	68.34	71.91	75.44	78.92	85.72	92.33	95.56	98.74	104.96	110.98
		194(193.7)	49.64	53.86	58.03	62.15	66.22	70.24	74.21	78.13	82.00	85.82	93.32	100.62	104.20	107.72	114.63	121.33
	203		52.09	56.52	60.91	65.25	69.55	73.79	77.98	82.13	86.22	90.26	98.20	105.95	109.74	113.49	120.84	127.99
219(219.1)			56.43	61.26	66.04	70.78	75.46	80.10	84.69	89.23	93.71	98.15	106.88	115.42	119.61	123.75	131.89	139.83
		232	59.95	65.11	70.21	75.27	80.27	85.23	90.14	95.00	99.81	104.57	113.94	123.11	127.62	132.09	140.87	149.45
		245(244.5)	63.48	68.95	74.38	79.76	85.08	90.36	95.59	100.77	105.90	110.98	120.99	130.80	135.64	140.42	149.84	159.07
		267(267.4)	69.45	75.46	81.43	87.35	93.22	99.04	104.81	110.53	116.21	121.83	132.93	143.83	149.20	154.53	165.04	175.34

（续）

外径/mm			壁厚/mm 单位长度理论质量/（kg/m）											
系列1	系列2	系列3	32	34	36	38	40	42	45	48	50	55	60	65
	85	83（82.5）												
89（88.9）														
	95													
102（101.6）		108												
114（114.3）														
	121		70.24											
	127		74.97											
	133		79.71	83.01	86.12									
140（139.7）			85.23	88.88	92.33									
		142（141.3）	86.81	90.56	94.11									
	146		89.97	93.91	97.66	101.21	104.57							
	152（152.4）		94.70	98.94	102.99	106.83	110.48							
	159		100.22	104.81	109.20	113.39	117.39	121.19	126.51					
168（168.3）			107.33	112.36	117.19	121.83	126.27	130.51	136.50					
		180（177.8）	116.80	122.42	127.85	133.07	138.10	142.94	149.82	156.26	160.30			
		194（193.7）	127.85	134.16	140.27	146.19	151.92	157.44	165.36	172.83	177.56			
	203		134.95	141.71	148.27	154.63	160.79	166.76	175.34	183.48	188.66	200.75		
219（219.1）			147.57	155.12	162.47	169.62	176.58	183.33	193.10	202.42	208.39	222.45		
		232	157.83	166.02	174.01	181.81	189.40	196.80	207.53	217.81	224.42	240.08	254.51	267.70
		245（244.5）	168.09	176.92	185.55	193.99	202.22	210.26	221.95	233.20	240.45	257.71	273.74	288.54
		267（267.4）	185.45	195.37	205.09	214.60	223.93	233.05	246.37	259.24	267.58	287.55	306.30	323.81

（续）

壁厚/mm 单位长度理论质量/(kg/m)

外径/mm 系列1	系列2	系列3	(6.3) 6.5	7.0 (7.1)	7.5	8.0	8.5	(8.8) 9.0	9.5	10	11	12 (12.5)	13	14 (14.2)	15	16
273			42.72	45.92	49.11	52.28	55.45	58.60	61.73	64.86	71.07	77.24	83.36	89.42	95.44	101.41
	299(298.5)				53.92	57.41	60.90	64.37	67.83	71.27	78.13	84.93	91.69	98.40	105.06	111.67
		302			54.47	58.00	61.52	65.03	68.53	72.01	78.94	85.82	92.65	99.44	106.17	112.85
		318.5			57.52	61.26	64.98	68.69	72.39	76.08	83.42	90.71	97.94	105.13	112.27	119.36
325(323.9)					58.73	62.54	66.35	70.14	73.92	77.68	85.18	92.63	100.03	107.38	114.68	121.93
	340(339.7)					65.50	69.49	73.47	77.43	81.38	89.25	97.07	104.84	112.56	120.23	127.85
	351					67.67	71.80	75.91	80.01	84.10	92.23	100.32	108.36	116.35	124.29	132.19
356(355.6)								77.02	81.18	85.33	93.59	101.80	109.97	118.08	126.14	134.16
		368						79.68	83.99	88.29	96.85	105.35	113.81	122.22	130.58	138.89
	377							81.68	86.10	90.51	99.29	108.02	116.70	125.33	133.91	142.45
	402							87.23	91.96	96.67	106.07	115.42	124.71	133.96	143.16	152.31
406(406.4)								88.12	92.89	97.66	107.15	116.60	126.00	135.34	144.64	153.89
		419						91.00	95.94	100.87	110.68	120.45	130.16	139.83	149.45	159.02
	426							92.55	97.58	102.59	112.58	122.52	132.41	142.25	152.04	161.78
	450							97.88	103.20	108.51	119.09	129.62	140.10	150.53	160.92	171.25
457								99.44	104.84	110.24	120.99	131.69	142.35	152.95	163.51	174.01
	473							102.99	108.59	114.18	125.33	136.43	147.48	158.48	169.42	180.33
	480							104.54	110.23	115.91	127.23	138.50	149.72	160.89	172.01	183.09
	500							108.98	114.92	120.84	132.65	144.42	156.13	167.80	179.41	190.98
508								110.76	116.79	122.81	134.82	146.79	158.70	170.56	182.37	194.14
	530							115.64	121.95	128.24	140.79	153.30	165.75	178.16	190.51	202.82
		560(559)						122.30	128.97	135.64	148.93	162.17	175.37	188.51	201.61	214.65
610								133.39	140.69	147.97	162.50	176.97	191.40	205.78	220.10	234.38

（续）

外径/mm			壁厚/mm																
系列1	系列2	系列3	17 (17.5)	18	19	20	22 (22.2)	24	25	26	28	30	32	34	36	38	40	42
			单位长度理论质量（kg/m）																
273			107.33	113.20	119.02	124.79	136.18	147.38	152.90	158.38	169.18	179.78	190.19	200.40	210.41	220.23	229.85	239.27
	299 (298.5)		118.23	124.74	131.20	137.61	150.29	162.77	168.93	175.05	187.13	199.02	210.71	222.20	233.50	244.59	255.49	266.20
		302	119.49	126.07	132.61	139.09	151.92	164.54	170.78	176.97	189.20	201.24	213.08	224.72	236.16	247.40	258.45	269.30
		318.5	126.40	133.39	140.34	147.23	160.87	174.31	180.95	187.55	200.60	213.45	226.10	238.55	250.81	262.87	274.73	286.39
325 (323.9)			129.13	136.28	143.38	150.44	164.39	178.16	184.96	191.72	205.09	218.25	231.23	244.00	256.58	268.96	281.14	293.13
	340 (339.7)		135.42	142.94	150.41	157.83	172.53	187.03	194.21	201.34	215.44	229.35	243.06	256.58	269.90	283.02	295.94	308.66
	351		140.03	147.82	155.57	163.26	178.50	193.54	200.99	208.39	223.04	237.49	251.75	265.80	279.66	293.32	306.79	320.06
356 (355.6)			142.12	150.04	157.91	165.73	181.21	196.50	204.07	211.60	226.49	241.19	255.69	269.99	284.10	298.01	311.72	325.24
		368	147.16	155.37	163.53	171.64	187.72	203.61	211.47	219.29	234.78	250.07	265.16	280.06	294.75	309.26	323.56	337.67
	377		150.93	159.36	167.75	176.08	192.61	208.93	217.02	225.06	240.99	256.73	272.26	287.60	302.75	317.69	332.44	346.99
	402		161.41	170.46	179.46	188.41	206.17	223.73	232.44	241.09	258.26	275.22	291.99	308.57	324.94	341.12	357.10	372.88
406 (406.4)			163.09	172.24	181.34	190.39	208.34	226.10	234.90	243.66	261.02	278.18	295.15	311.92	328.49	344.87	361.05	377.03
		419	168.54	178.01	187.43	196.80	215.39	233.79	242.92	251.99	269.99	287.80	305.41	322.82	340.03	357.05	373.87	390.49
	426		171.47	181.11	190.71	200.25	219.19	237.93	247.23	256.48	274.83	292.98	310.93	328.69	346.25	363.61	380.77	397.74
	450		181.53	191.77	201.95	212.09	232.21	252.14	262.03	271.87	291.40	310.74	329.87	348.81	367.56	386.10	404.45	422.60
457			184.47	194.88	205.23	215.54	236.01	256.28	266.34	276.36	296.23	315.91	335.40	354.68	373.77	392.66	411.35	429.85
	473		191.18	201.98	212.73	223.43	244.69	265.75	276.21	286.62	307.28	327.75	348.02	368.10	387.98	407.66	427.14	446.42
	480		194.11	205.09	216.01	226.89	248.49	269.90	280.53	291.11	312.12	332.12	353.55	373.97	394.19	414.22	434.04	453.67
	500		202.50	213.96	225.38	236.75	259.34	281.73	292.86	303.93	325.93	347.93	369.33	390.74	411.95	432.96	453.77	474.39
508			205.85	217.51	229.13	240.70	263.68	286.47	297.79	309.06	331.45	353.65	375.64	397.45	419.05	440.46	461.66	482.68
	530		215.07	227.28	239.44	251.55	275.62	299.49	311.35	323.17	346.64	369.92	393.01	415.89	438.58	461.07	483.37	505.46
		560 (559)	227.65	240.60	253.50	266.34	291.89	317.25	329.85	342.40	367.36	392.12	416.68	441.06	465.22	489.19	512.96	536.54
610			248.61	262.79	276.92	291.01	319.02	346.84	360.68	374.46	401.88	429.11	456.14	482.97	509.61	536.04	562.28	588.33

（续）

外径/mm			壁厚/mm														
系列1	系列2	系列3	45	48	50	55	60	65	70	75	80	85	90	95	100	110	120
			单位长度理论质量/(kg/m)														
273			253.03	266.34	274.98	295.69	315.17	333.42	350.44	366.22	380.77	394.09					
	299(298.5)		281.88	297.12	307.04	330.96	353.65	375.10	395.32	414.31	432.07	448.59	463.88	477.94	490.77		
		302	285.21	300.67	310.74	335.03	358.09	379.91	400.50	419.86	437.99	454.88	470.54	484.97	498.16		
		318.5	303.52	320.21	331.08	357.41	382.50	406.36	428.99	450.38	470.54	489.47	507.16	523.63	538.86		
325(323.9)			310.74	327.90	339.10	366.22	392.12	416.78	440.21	462.40	483.37	503.10	521.59	538.86	554.89		
	340(339.7)		327.38	345.66	357.59	386.57	414.31	440.83	466.10	490.15	512.96	534.54	554.89	574.00	591.88		
	351		339.59	358.68	371.16	401.49	430.59	458.46	485.09	510.49	534.66	557.60	579.30	599.77	619.01		
356(355.6)			345.14	364.60	377.32	408.27	437.99	466.47	493.72	519.74	544.53	568.08	590.40	611.48	631.34		
		368	358.46	378.80	392.12	424.55	455.75	485.71	514.44	541.94	568.20	593.23	617.03	639.60	660.93		
	377		368.44	389.46	403.22	436.76	469.06	500.14	529.98	558.58	585.96	612.10	637.01	660.68	683.13		
	402		396.19	419.05	434.04	470.67	506.06	540.21	573.13	604.82	635.28	664.51	692.50	719.25	744.78		
406(406.4)			400.63	423.78	438.98	476.09	511.97	546.62	580.04	612.22	643.17	672.89	701.37	728.63	754.64		
		419	415.05	439.17	455.01	493.72	531.21	567.46	602.48	636.27	668.82	700.14	730.23	759.08	786.70		
	426		422.82	447.46	463.64	503.22	541.57	578.68	614.57	649.22	682.63	714.82	745.77	775.48	803.97		
	450		449.46	475.87	493.23	535.77	577.08	617.16	656.00	693.61	729.98	765.12	799.03	831.71	863.15		
457			457.23	484.16	501.86	545.27	587.44	628.38	668.08	706.55	743.79	779.80	814.57	848.11	880.42		
	473		474.98	503.10	521.59	566.97	611.11	654.02	695.70	736.15	775.36	813.34	850.08	885.60	919.88		
	480		482.75	511.38	530.22	576.46	621.47	665.25	707.79	749.09	789.17	828.01	865.62	902.00	937.14		
	500		504.95	535.06	554.89	603.59	651.07	697.31	742.31	786.09	828.63	869.94	910.01	948.85	986.46	1057.98	
508			513.82	544.53	564.75	614.44	662.90	710.13	756.12	800.88	844.41	886.71	927.77	967.60	1006.19	1079.68	
	530		538.24	570.57	591.88	644.28	695.46	745.40	794.10	841.58	887.82	932.82	976.60	1019.14	1060.45	1139.36	1213.35
		560(559)	571.53	606.08	628.87	684.97	739.85	793.49	845.89	897.06	947.00	995.71	1043.18	1089.42	1134.43	1220.75	1302.13
610			627.02	665.27	690.52	752.79	813.83	873.64	932.21	989.55	1045.65	1100.52	1154.16	1206.57	1257.74	1356.39	1450.10

（续）

外径/mm · 壁厚/mm · 单位长度理论质量/(kg/m)

系列1	系列2	系列3	9	9.5	10	11	12(12.5)	13	14(14.2)	15	16	17(17.5)	18	19	20	22(22.2)
	630		137.83	145.37	152.90	167.92	182.89	197.81	212.68	227.50	242.28	257.00	271.67	286.30	300.87	329.87
		660	144.49	152.40	160.30	176.06	191.77	207.43	223.04	238.60	254.11	269.58	284.99	300.35	315.67	346.15
		699					203.31	219.93	236.50	253.03	269.50	285.93	302.30	318.63	334.90	367.31
711							206.86	223.78	240.65	257.47	274.24	290.96	307.63	324.25	340.82	373.82
	720						209.52	226.66	243.75	260.80	277.79	294.73	311.62	328.47	345.26	378.70
	762														365.98	401.49
		788.5													379.05	415.87
813															391.13	429.16
		864													416.29	456.83
914																
		965														
1016																

外径/mm · 壁厚/mm · 单位长度理论质量/(kg/m)

系列1	系列2	系列3	24	25	26	28	30	32	34	36	38	40	42	45	48
	630		358.68	373.01	387.29	415.70	443.91	471.92	499.74	527.36	554.79	582.01	609.04	649.22	688.95
		660	376.43	391.50	406.52	436.41	466.10	495.60	524.90	554.00	582.90	611.61	640.12	682.51	724.46
		699	399.52	415.55	431.53	463.34	494.96	526.38	557.60	588.62	619.45	650.08	680.51	725.79	770.62
711			406.62	422.95	439.22	471.63	503.84	535.85	567.66	599.28	630.69	661.92	692.94	739.11	784.83
	720		411.95	428.49	444.99	477.84	510.49	542.95	575.21	607.27	639.13	670.79	702.26	749.09	795.48
	762		436.81	454.39	471.92	506.84	541.57	576.09	610.42	644.55	678.49	712.23	745.77	795.71	845.20
		788.5	452.49	470.73	488.92	525.14	561.17	597.01	632.64	668.08	703.32	738.37	773.21	825.11	876.57
813			466.99	485.83	504.62	542.06	579.30	616.34	653.18	689.83	726.28	762.54	798.59	852.30	905.57
		864	497.18	517.28	537.33	577.28	617.03	656.59	695.95	735.11	774.08	812.85	851.42	908.90	965.94

（续）

单位长度理论质量/(kg/m)

外径/mm 系列1	系列2	系列3	壁厚/mm 24	25	26	28	30	32	34	36	38	40	42	45	48
914				548.10	569.39	611.80	654.02	696.05	737.87	779.50	820.93	862.17	903.20	964.39	1025.13
		965		579.55	602.09	647.02	691.76	736.30	780.64	824.78	868.73	912.48	956.03	1020.99	1085.50
1016				610.99	634.79	682.24	729.49	776.54	823.40	870.06	916.52	962.79	1008.86	1077.59	1145.87

单位长度理论质量/(kg/m)

外径/mm 系列1	系列2	系列3	壁厚/mm 50	55	60	65	70	75	80	85	90	95	100	110	120
	630		715.19	779.92	843.43	905.70	966.73	1026.54	1085.11	1142.45	1198.55	1253.42	1307.06	1410.64	1509.29
	660		752.18	820.61	887.82	953.79	1018.52	1082.03	1144.30	1205.33	1265.14	1323.71	1381.05	1492.02	1598.07
	699		800.27	873.51	945.52	1016.30	1085.85	1154.16	1221.24	1287.09	1351.70	1415.08	1477.23	1597.82	1713.49
711			815.06	889.79	963.28	1035.54	1106.56	1176.36	1244.92	1312.24	1378.33	1443.19	1506.82	1630.38	1749.00
	720		826.16	902.00	976.60	1049.97	1122.10	1193.00	1262.67	1331.11	1398.31	1464.28	1529.02	1654.79	1775.63
	762		877.95	958.96	1038.74	1117.29	1194.61	1270.69	1345.53	1419.15	1491.53	1562.68	1632.60	1768.73	1899.93
	788.5		910.63	994.91	1077.96	1159.77	1240.35	1319.70	1397.82	1474.70	1550.35	1624.77	1697.95	1840.62	1978.35
813			940.84	1028.14	1114.21	1199.05	1282.65	1365.02	1446.15	1526.06	1604.73	1682.17	1758.37	1907.08	2050.86
	864		1003.73	1097.32	1189.67	1280.80	1370.69	1459.35	1546.77	1632.97	1717.92	1801.65	1884.14	2045.43	2201.78
914			1065.38	1165.14	1263.66	1360.95	1457.00	1551.83	1645.42	1737.78	1828.90	1918.79	2007.45	2181.07	2349.75
	965		1128.27	1234.31	1339.12	1442.70	1545.05	1646.16	1746.04	1844.68	1942.10	2038.28	2133.22	2319.42	2500.68
1016			1191.15	1303.49	1414.59	1524.45	1633.09	1740.49	1846.66	1951.59	2055.29	2157.76	2259.00	2457.77	2651.61

注：1. GB/T 17395—2008《无缝钢管尺寸、外形、重量及允许偏差》将无缝钢管分为普通钢管、精密钢管和不锈钢管三类。钢管外径分为三个系列：系列1是通用系列，是推荐选用的系列；系列2是非通用系列；系列3是少数特殊专用系列。

2. 无缝钢管通常长度为3000~12500mm，定尺长度和倍尺长度均应在通常长度范围内。

3. 无缝钢管外径极限偏差限偏差分为偏差等级D1、D2、D3、D4（标准化外径偏差等级）和ND1、ND2、ND3、ND4（非标准化外径偏差等级）。壁厚极限偏差分为S1、S2、S3、S4、S5（标准化壁厚偏差等级）和NS1、NS2、NS3、NS4（非标准化壁厚偏差等级）。其偏差值参见原标准。

4. 括号内尺寸为相应的ISO 4200的规格。

5. 本表理论质量按钢密度为7.85kg/dm³计算所得。计算式：$W=\pi\rho(D-S)S/1000$。式中，W为理论质量(kg/m)；$\pi=3.1416$；ρ为钢密度(kg/dm³)；D和S分别为公称外径和公称壁厚(mm)。

表 1-264　精密无缝钢管的尺寸规格（摘自 GB/T 17395—2008）

外径/mm 系列2	外径/mm 系列3	壁厚/mm 单位长度理论质量/(kg/m)																				
		0.5	(0.8)	1.0	(1.2)	1.5	(1.8)	2.0	(2.2)	2.5	(2.8)	3.0	(3.5)	4	(4.5)	5	(5.5)	6	(7)	8	(9)	10
4		0.043	0.063	0.074	0.083																	
5		0.055	0.083	0.099	0.112																	
6		0.068	0.103	0.123	0.142	0.166	0.186															
8		0.092	0.142	0.173	0.201	0.240	0.275	0.296	0.315	0.339												
10		0.117	0.182	0.222	0.260	0.314	0.364	0.395	0.423	0.462												
12		0.142	0.221	0.271	0.320	0.388	0.453	0.493	0.532	0.586	0.635	0.666										
12.7		0.150	0.235	0.289	0.340	0.414	0.484	0.528	0.570	0.629	0.684	0.718										
	14	0.166	0.260	0.321	0.379	0.462	0.542	0.592	0.640	0.709	0.773	0.814	0.906									
16		0.191	0.300	0.370	0.438	0.536	0.630	0.691	0.749	0.832	0.911	0.962	1.08	1.18								
	18	0.216	0.339	0.419	0.497	0.610	0.719	0.789	0.857	0.956	1.05	1.11	1.25	1.38	1.50							
20		0.240	0.379	0.469	0.556	0.684	0.808	0.888	0.966	1.08	1.19	1.26	1.42	1.58	1.72	1.85						
	22	0.265	0.418	0.518	0.616	0.758	0.897	0.986	1.07	1.20	1.33	1.41	1.60	1.78	1.94	2.10						
25		0.302	0.477	0.592	0.704	0.869	1.03	1.13	1.24	1.39	1.53	1.63	1.86	2.07	2.28	2.47	2.64	2.81				
	28	0.339	0.537	0.666	0.793	0.980	1.16	1.28	1.40	1.57	1.74	1.85	2.11	2.37	2.61	2.84	3.05	3.26	3.63			
	30	0.364	0.576	0.715	0.852	1.05	1.25	1.38	1.51	1.70	1.88	2.00	2.29	2.56	2.83	3.08	3.32	3.55	3.97	4.34		
32		0.388	0.616	0.765	0.911	1.13	1.34	1.48	1.62	1.82	2.02	2.15	2.46	2.76	3.05	3.33	3.59	3.85	4.32	4.74		
	35	0.425	0.675	0.838	1.00	1.24	1.47	1.63	1.78	2.00	2.22	2.37	2.72	3.06	3.38	3.70	4.00	4.29	4.83	5.33		
38		0.462	0.734	0.912	1.09	1.35	1.61	1.78	1.94	2.19	2.43	2.59	2.98	3.35	3.72	4.07	4.41	4.74	5.35	5.92	6.44	6.91
40		0.487	0.773	0.962	1.15	1.42	1.70	1.87	2.05	2.31	2.57	2.74	3.15	3.55	3.94	4.32	4.68	5.03	5.70	6.31	6.88	7.40
42			0.813	1.01	1.21	1.50	1.78	1.97	2.16	2.44	2.71	2.89	3.32	3.75	4.16	4.56	4.95	5.33	6.04	6.71	7.32	7.89

（续）

外径/mm		壁厚/mm 单位长度理论质量（kg/m）														
系列2	系列3	(0.8)	1.0	(1.2)	1.5	(1.8)	2.0	(2.2)	2.5	(2.8)	3.0	(3.5)	4	(4.5)	5	(5.5)
	45	0.872	1.09	1.30	1.61	1.92	2.12	2.32	2.62	2.91	3.11	3.58	4.04	4.49	4.93	5.36
48		0.931	1.16	1.38	1.72	2.05	2.27	2.48	2.81	3.12	3.33	3.84	4.34	4.83	5.30	5.76
50		0.971	1.21	1.44	1.79	2.14	2.37	2.59	2.93	3.26	3.48	4.01	4.54	5.05	5.55	6.04
	55	1.07	1.33	1.59	1.98	2.36	2.61	2.86	3.24	3.60	3.85	4.45	5.03	5.60	6.17	6.71
60		1.17	1.46	1.74	2.16	2.58	2.86	3.14	3.55	3.95	4.22	4.88	5.52	6.16	6.78	7.39
63		1.23	1.53	1.83	2.28	2.72	3.01	3.30	3.73	4.16	4.44	5.14	5.82	6.49	7.15	7.80
70		1.37	1.70	2.04	2.53	3.03	3.35	3.68	4.16	4.64	4.96	5.74	6.51	7.27	8.02	8.75
76		1.48	1.85	2.21	2.76	3.29	3.65	4.00	4.53	5.05	5.40	6.26	7.10	7.93	8.75	9.56
80		1.56	1.95	2.33	2.90	3.47	3.85	4.22	4.78	5.33	5.70	6.60	7.50	8.38	9.25	10.11
	90			2.63	3.27	3.92	4.34	4.76	5.39	6.02	6.44	7.47	8.48	9.49	10.48	11.46
100					3.64	4.36	4.83	5.31	6.01	6.71	7.18	8.33	9.47	10.60	11.71	12.82
	110			2.92	4.01	4.80	5.33	5.85	6.63	7.40	7.92	9.19	10.46	11.71	12.95	14.17
120				3.22		5.25	5.82	6.39	7.24	8.09	8.66	10.06	11.44	12.82	14.18	15.53
130						5.69	6.31	6.93	7.86	8.78	9.40	10.92	12.43	13.93	15.41	16.89
	140					6.13	6.81	7.48	8.48	9.47	10.14	11.78	13.42	15.04	16.65	18.24
150						6.58	7.30	8.02	9.09	10.16	10.88	12.65	14.40	16.15	17.88	19.60
160						7.02	7.79	8.56	9.71	10.86	11.62	13.51	15.39	17.26	19.11	20.96
170												14.37	16.38	18.37	20.35	22.31
	180														21.58	23.67
190																25.03
200																
	220															
	240															
	260															

（续）

外径/mm		壁厚/mm 单位长度理论质量/(kg/m)												
系列 2	系列 3	6	(7)	8	(9)	10	(11)	12.5	(14)	16	(18)	20	(22)	25
	45	5.77	6.56	7.30	7.99	8.63	9.22	10.02						
48		6.21	7.08	7.89	8.66	9.37	10.04	10.94						
50		6.51	7.42	8.29	9.10	9.86	10.58	11.56						
	55	7.25	8.29	9.27	10.21	11.10	11.94	13.10	14.16					
60		7.99	9.15	10.26	11.32	12.33	13.29	14.64	15.88	17.36				
63		8.43	9.67	10.85	11.99	13.07	14.11	15.57	16.92	18.55				
70		9.47	10.88	12.23	13.54	14.80	16.01	17.73	19.33	21.31				
76		10.36	11.91	13.42	14.87	16.28	17.63	19.58	21.41	23.68				
80		10.95	12.60	14.21	15.76	17.26	18.72	20.81	22.79	25.25	27.52			
	90	12.43	14.33	16.18	17.98	19.73	21.43	23.89	26.24	29.20	31.96	34.53	36.89	46.24
100		13.91	16.05	18.15	20.20	22.20	24.14	26.97	29.69	33.15	36.40	39.46	42.32	52.41
	110	15.39	17.78	20.12	22.42	24.66	26.86	30.06	33.15	37.09	40.84	44.39	47.74	58.57
120		16.87	19.51	22.10	24.64	27.13	29.57	33.14	36.60	41.04	45.28	49.32	53.17	64.74
130		18.35	21.23	24.07	26.86	29.59	32.28	36.22	40.05	44.98	49.72	54.26	58.60	70.90
	140	19.83	22.96	26.04	29.08	32.06	34.99	39.30	43.50	48.93	54.16	59.19	64.02	77.07
150		21.31	24.69	28.02	31.30	34.53	37.71	42.39	46.96	52.87	58.60	64.12	69.45	83.23
160		22.79	26.41	29.99	33.52	36.99	40.42	45.47	50.41	56.82	63.03	69.05	74.87	89.40
170		24.27	28.14	31.96	35.73	39.46	43.13	48.55	53.86	60.77	67.47	73.98	80.30	95.56
	180	25.75	29.87	33.93	37.95	41.92	45.85	51.64	57.31	64.71	71.91	78.92	85.72	101.73
190		27.23	31.59	35.91	40.17	44.39	48.56	54.72	60.77	68.66	76.35	83.85	91.15	107.89
200		28.71	33.32	37.88	42.39	46.86	51.27	57.80	64.22	72.60	80.79	88.78	96.57	120.23
	220		36.77	41.83	46.83	51.79	56.70	63.97	71.12	80.50	89.67	98.65	107.43	132.56
	240		40.22	45.77	51.27	56.72	62.12	70.13	78.03	88.39	98.55	108.51	118.28	144.89
	260		43.68	49.72	55.71	61.65	67.55	76.30	84.93	96.28	107.43	118.38	129.13	

注: 1. 括号内尺寸不推荐使用。
2. 参见表 1-263 的注 1~注 3 和注 5。
3. 外径系列没有规定系列 1。

表 1-265　不锈钢无缝钢管的尺寸规格（摘自 GB/T 17395—2008）

外径/mm			壁厚/mm	外径/mm			壁厚/mm
系列1	系列2	系列3	规格	系列1	系列2	系列3	规格
	6		0.5~1.2	60 (60.3)			1.6~10
	7		0.5~1.2				
	8		0.5~1.2		64 (63.5)		1.6~10
	9		0.5~1.2				
10 (10.2)			0.5~2.0		68		1.6~12
					70		1.6~12
	12		0.5~2.0		73		1.6~12
	12.7		0.5~3.2	76 (76.1)			1.6~12
13 (13.5)			0.5~3.2				
		14	0.5~3.5			83 (82.5)	1.6~14
	16		0.5~4.0	89 (88.9)			1.6~14
17 (17.2)			0.5~4.0		95		1.6~14
		18	0.5~4.5		102 (101.6)		1.6~14
	19		0.5~4.5		108		1.6~14
	20		0.5~4.5	114 (114.3)			1.6~14
21 (21.3)			0.5~5.0		127		1.6~14
		22	0.5~5.0		133		1.6~14
	24		0.5~5.0	140 (139.7)			1.6~16
	25		0.5~6.0		146		1.6~16
		25.4	1.0~6.0		152		1.6~16
27 (26.9)			1.0~6.0		159		1.6~16
		30	1.0~6.5	168 (168.3)			1.6~18
	32 (31.8)		1.0~6.5		180		2.0~18
34 (33.7)			1.0~6.5		194		2.0~18
		35	1.0~6.5	219 (219.1)			2.0~28
	38		1.0~6.5		245		2.0~28
	40		1.0~6.5	273			2.0~28
42 (42.4)			1.0~7.5	325 (323.9)			2.5~28
		45 (44.5)	1.0~8.5		351		2.5~28
48 (48.3)			1.0~8.5	356 (355.6)			2.5~28
	51		1.0~9.0		377		2.5~28
		54	1.6~10	406 (406.4)			2.5~28
	57		1.6~10		426		3.2~20

壁厚尺寸 系列/mm	0.5、0.6、0.7、0.8、0.9、1.0、1.2、1.4、1.5、1.6、2.0、2.2(2.3)、2.5(2.6)、2.8(2.9)、3.0、3.2、3.5(3.6)、4.0、4.5、5.0、5.5(5.6)、6.0、6.5(6.3)、7.0(7.1)、7.5、8.0、8.5、9.0(8.8)、9.5、10、11、12(12.5)、14(14.2)、15、16、17(17.5)、18、20、22(22.2)、24、25、26、28

注：1. 括号内尺寸表示相应英制规格。

　　2. 直径 194mm、219mm、245mm、273mm、325mm、351mm、356mm、377mm 的钢管无 6.0mm 的壁厚。

　　3. 不锈钢无缝钢管在国标中没有列出单位长度理论质量，可参照表 1-263 的注 5 计算。

1.10.2 冷拔或冷轧精密无缝钢管(见表1-266和表1-267)

表1-266 冷拔或冷轧精密无缝钢管的牌号、力学性能及用途

(摘自 GB/T 3639—2009)

牌号及化学成分的规定	1. 钢管用 10、20、35、45、Q345B 钢制造，10、20、35、45 钢的化学成分(熔炼分析)应符合 GB/T 699 的规定；Q345B 的化学成分(熔炼分析)应符合 GB/T 1591 的规定，其中 P、S 含量均不大于 0.030% 2. 当需方要求做成品分析时应在合同中注明。成品钢管的化学成分允许偏差应符合 GB/T 222 的规定 3. 根据需方要求，经供需双方协商，可供应其他牌号的钢管

交货状态及代号	交货状态	代号	说 明	GB/T 3639—2000 中的代号
	冷加工/硬状态	+C	最后冷加工后钢管不进行热处理	BK
	冷加工/软状态	+LC	最后热处理后进行适当的冷加工	BKW
	冷加工后消除应力退火状态	+SR	最后冷加工后，钢管在控制气氛中进行去应力退火	BKS
	退火状态	+A	最后冷加工后，钢管在控制气氛中进行完全退火	GBK
	正火状态	+N	最后冷加工后，钢管在控制气氛中进行正火	NBK

室温纵向力学性能	牌号	交 货 状 态											EN10305-1 标准中的牌号
		+C[①]		+LC[①]		+SR			+A[②]		+N			
		R_m/MPa	A(%)	R_m/MPa	A(%)	R_m/MPa	R_{eH}/MPa	A(%)	R_m/MPa	A(%)	R_m/MPa	$R_{eH}^{③}$/MPa	A(%)	
		不小于												
	10	430	8	380	10	400	300	16	335	24	320~450	215	27	E215
	20	550	5	520	8	520	375	12	390	21	440~570	255	21	E255
	35	590	5	550	7	—	—	—	510	17	≥460	280	21	C35E
	45	645	4	630	6	—	—	—	590	14	≥540	340	18	C45E
	Q345B	640	4	580	7	580	450	10	450	22	490~630	355	22	E355

用途	用于制造机械结构、液压设备、汽车等具有特殊尺寸精度和高质量表面要求的管件和零件

① 受冷加工变形程度的影响，屈服强度非常接近抗拉强度，因此推荐下列关系式计算：

+C 状态：$R_{eH} \geqslant 0.8 R_m$；+LC 状态：$R_{eH} \geqslant 0.7 R_m$。

② 推荐下列关系式计算：$R_{eH} \geqslant 0.5 R_m$。

③ 外径不大于 30mm 且壁厚不大于 3mm 的钢管，其最小上屈服强度可降低 10MPa。

表 1-267　冷拔或冷轧精密无缝钢管的尺寸规格（摘自 GB/T 3639—2009）

（单位：mm）

外径和允许偏差		壁厚（内径和极限偏差）													
外径	允许偏差	0.5	0.8	1	1.2	1.5	1.8	2	2.2	2.5	2.8	3	3.5	4	4.5
4	±0.08	3±0.15	2.4±0.15	2±0.15	1.6±0.15										
5	±0.08	4±0.15	3.4±0.15	3±0.15	2.6±0.15										
6	±0.08	5±0.15	4.4±0.15	4±0.15	3.6±0.15	3±0.15	2.4±0.15	2±0.15							
7	±0.08	6±0.15	5.4±0.15	5±0.15	4.6±0.15	4±0.15	3.4±0.15	3±0.15							
8	±0.08	7±0.15	6.4±0.15	6±0.15	5.6±0.15	5±0.15	4.4±0.15	4±0.15		3±0.25					
9	±0.08	8±0.15	7.4±0.15	7±0.15	6.6±0.15	6±0.15	5.4±0.15	5±0.15	4.6±0.15	4±0.25					
10	±0.08	9±0.15	8.4±0.15	8±0.15	7.6±0.15	7±0.15	6.4±0.15	6±0.15	5.6±0.15	5±0.15	4.4±0.25	4±0.25			
12	±0.08	11±0.15	10.4±0.15	10±0.15	9.6±0.15	9±0.15	8.4±0.15	8±0.15	7.6±0.15	7±0.15	6.4±0.15	6±0.25	5±0.25	4±0.25	
14	±0.08	13±0.08	12.4±0.08	12±0.08	11.6±0.15	11±0.15	10.4±0.15	10±0.15	9.6±0.15	9±0.15	8.4±0.15	8±0.15	7±0.15	6±0.25	5±0.25
15	±0.08	14±0.08	13.4±0.08	13±0.08	12.6±0.08	12±0.15	11.4±0.15	11±0.15	10.6±0.15	10±0.15	9.4±0.15	9±0.15	8±0.15	7±0.15	6±0.25
16	±0.08	15±0.08	14.4±0.08	14±0.08	13.6±0.08	13±0.08	12.4±0.15	12±0.15	11.6±0.15	11±0.15	10.4±0.15	10±0.15	9±0.15	8±0.15	7±0.15
18	±0.08	17±0.08	16.4±0.08	16±0.08	15.6±0.08	15±0.08	14.4±0.08	14±0.08	13.6±0.15	13±0.15	12.4±0.15	12±0.15	11±0.15	10±0.15	9±0.15
20	±0.08	19±0.08	18.4±0.08	18±0.08	17.6±0.08	17±0.08	16.4±0.08	16±0.08	15.6±0.15	15±0.15	14.4±0.15	14±0.15	13±0.15	12±0.15	11±0.15
22	±0.08	21±0.08	20.4±0.08	20±0.08	19.6±0.08	19±0.08	18.4±0.08	18±0.08	17.6±0.08	17±0.15	16.4±0.15	16±0.15	15±0.15	14±0.15	13±0.15
25	±0.08	24±0.08	23.4±0.08	23±0.08	22.6±0.08	22±0.08	21.4±0.08	21±0.08	20.6±0.08	20±0.08	19.4±0.15	19±0.15	18±0.15	17±0.15	16±0.15
26	±0.08	25±0.08	24.4±0.08	24±0.08	23.6±0.08	23±0.08	22.4±0.08	22±0.08	21.6±0.08	21±0.08	20.4±0.15	20±0.15	19±0.15	18±0.15	17±0.15
28	±0.08	27±0.08	26.4±0.08	26±0.08	25.6±0.08	25±0.08	24.4±0.08	24±0.08	23.6±0.08	23±0.08	22.4±0.08	22±0.15	21±0.15	20±0.15	19±0.15
30	±0.08	29±0.08	28.4±0.08	28±0.08	27.6±0.08	27±0.08	26.4±0.08	26±0.08	25.6±0.08	25±0.08	24.4±0.08	24±0.15	23±0.15	22±0.15	21±0.15
32	±0.15	31±0.15	30.4±0.15	30±0.15	29.6±0.15	29±0.15	28.4±0.15	28±0.15	27.6±0.15	27±0.15	26.4±0.15	26±0.15	25±0.15	24±0.15	23±0.15
35	±0.15	34±0.15	33.4±0.15	33±0.15	32.6±0.15	32±0.15	31.4±0.15	31±0.15	30.6±0.15	30±0.15	29.4±0.15	29±0.15	28±0.15	27±0.15	26±0.15
38	±0.15	37±0.15	36.4±0.15	36±0.15	35.6±0.15	35±0.15	34.4±0.15	34±0.15	33.6±0.15	33±0.15	32.4±0.15	32±0.15	31±0.15	30±0.15	29±0.15
40	±0.15	39±0.15	38.4±0.15	38±0.15	37.6±0.15	37±0.15	36.4±0.15	36±0.15	35.6±0.15	35±0.15	34.4±0.15	34±0.15	33±0.15	32±0.15	31±0.15

尺寸													公差
42	33±0.20	34±0.20	35±0.20	36±0.20	36.4±0.20	37±0.20	37.6±0.20	38±0.20	38.4±0.20	39±0.20	39.6±0.20	40±0.20	
45	36±0.20	37±0.20	38±0.20	39±0.20	39.4±0.20	40±0.20	40.6±0.20	41±0.20	41.4±0.20	42±0.20	42.6±0.20	43±0.20	±0.20
48	39±0.20	40±0.20	41±0.20	42±0.20	42.4±0.20	43±0.20	43.6±0.20	44±0.20	44.4±0.20	45±0.20	45.6±0.20	46±0.20	
50	41±0.20	42±0.20	43±0.20	44±0.20	44.4±0.20	45±0.20	45.6±0.20	46±0.20	46.4±0.20	47±0.20	47.6±0.20	48±0.20	
55	46±0.25	47±0.25	48±0.25	49±0.25	49.4±0.25	50±0.25	50.6±0.25	51±0.25	51.4±0.25	52±0.25	52.6±0.25	53±0.25	±0.25
60	51±0.25	52±0.25	53±0.25	54±0.25	54.4±0.25	55±0.25	55.6±0.25	56±0.25	56.4±0.25	57±0.25	57.6±0.25	58±0.25	
65	56±0.30	57±0.30	58±0.30	59±0.30	59.4±0.30	60±0.30	60.6±0.30	61±0.30	61.4±0.30	62±0.30	62.6±0.30	63±0.30	±0.30
70	61±0.30	62±0.30	63±0.30	64±0.30	64.4±0.30	65±0.30	65.6±0.30	66±0.30	66.4±0.30	67±0.30	67.6±0.30	68±0.30	
75	66±0.35	67±0.35	68±0.35	69±0.35	69.4±0.35	70±0.35	70.6±0.35	71±0.35	71.4±0.35	72±0.35	72.6±0.35	73±0.35	±0.35
80	71±0.35	72±0.35	73±0.35	74±0.35	74.4±0.35	75±0.35	75.6±0.35	76±0.35	76.4±0.35	77±0.35	77.6±0.35	78±0.35	
85	76±0.40	77±0.40	78±0.40	79±0.40	79.4±0.40	80±0.40	80.6±0.40	81±0.40	81.4±0.40	82.4±0.40			±0.40
90	81±0.40	82±0.40	83±0.40	84±0.40	84.4±0.40	85±0.40	85.6±0.40	86±0.40	86.4±0.40	87±0.40			
95	86±0.45	87±0.45	88±0.45	89±0.45	89.4±0.45	90±0.45	90.6±0.45	91±0.45					±0.45
100	91±0.45	92±0.45	93±0.45	94±0.45	94.4±0.45	95±0.45	95.6±0.45	96±0.45					
110	101±0.50	102±0.50	103±0.50	104±0.50	104.4±0.50	105±0.50	105.6±0.50	106±0.50					±0.50
120	111±0.50	112±0.50	113±0.50	114±0.50	114.4±0.50	115±0.50	115.6±0.50	116±0.50					
130	121±0.70	122±0.70	123±0.70	124±0.70	124.4±0.70	125±0.70							±0.70
140	131±0.70	132±0.70	133±0.70	134±0.70	134.4±0.70	135±0.70							
150	141±0.80	142±0.80	143±0.80	144±0.80									±0.80
160	151±0.80	152±0.80	153±0.80	154±0.80									
170	161±0.90	162±0.90	163±0.90	164±0.90									±0.90
180	171±0.90	172±0.90	173±0.90										
190	181±1.00	182±1.00	183±1.00										±1.00
200	191±1.00	192±1.00	193±1.00										

（续）

外径和允许偏差		壁厚 内径和极限偏差												
外径	允许偏差	5	5.5	6	7	8	9	10	12	14	16	18	20	22
4	±0.08													
5														
6														
7														
8														
9														
10														
12														
14														
15		5±0.25												
16		6±0.25	5±0.25	4±0.25										
18		8±0.15	7±0.25	6±0.25										
20		10±0.15	9±0.15	8±0.25	6±0.25									
22		12±0.15	11±0.15	10±0.15	8±0.25									
25		15±0.15	14±0.15	13±0.15	11±0.15	9±0.25								
26		16±0.15	15±0.15	14±0.15	12±0.15	10±0.25								
28		18±0.15	17±0.15	16±0.15	14±0.15	12±0.15								
30		20±0.15	19±0.15	18±0.15	16±0.15	14±0.15	12±0.15	10±0.25						
32	±0.15	22±0.15	21±0.15	20±0.15	18±0.15	16±0.15	14±0.15	12±0.25						
35		25±0.15	24±0.15	23±0.15	21±0.15	19±0.15	17±0.15	15±0.15						
38		28±0.15	27±0.15	26±0.15	24±0.15	22±0.15	20±0.15	18±0.15						
40		30±0.15	29±0.15	28±0.15	26±0.15	24±0.15	22±0.15	20±0.15						
42		32±0.20	31±0.20	30±0.20	28±0.20	26±0.20	24±0.20	22±0.20						
45		35±0.20	34±0.20	33±0.20	31±0.20	29±0.20	27±0.20	25±0.20						

外径	极限偏差	内径及极限偏差/mm																	
48	±0.20	38±0.20	36±0.20	34±0.20	32±0.20	30±0.20	28±0.20	26±0.20	24±0.20	22±0.20									
50	±0.20	40±0.20	38±0.20	36±0.20	34±0.20	32±0.20	30±0.20	28±0.20	26±0.20	24±0.20									
55	±0.25	45±0.25	43±0.25	41±0.25	39±0.25	37±0.25	35±0.25	33±0.25	31±0.25										
60	±0.25	50±0.25	48±0.25	46±0.25	44±0.25	42±0.25	40±0.25	38±0.25	36±0.25										
65	±0.30	55±0.30	53±0.30	51±0.30	49±0.30	47±0.30	45±0.30	43±0.30	41±0.30	39±0.30	37±0.30								
70	±0.30	60±0.30	58±0.30	56±0.30	54±0.30	52±0.30	50±0.30	48±0.30	46±0.30	44±0.30	42±0.30								
75	±0.35	65±0.35	63±0.35	61±0.35	59±0.35	57±0.35	55±0.35	53±0.35	51±0.35	49±0.35	47±0.35	45±0.35	43±0.35						
80	±0.35	70±0.35	68±0.35	66±0.35	64±0.35	62±0.35	60±0.35	58±0.35	56±0.35	54±0.35	52±0.35	50±0.35	48±0.35						
85	±0.40	75±0.40	73±0.40	71±0.40	69±0.40	67±0.40	65±0.40	63±0.40	61±0.40	59±0.40	57±0.40	55±0.40	53±0.40						
90	±0.40	80±0.40	78±0.40	76±0.40	74±0.40	72±0.40	70±0.40	68±0.40	66±0.40	64±0.40	62±0.40	60±0.40	58±0.40						
95	±0.45	85±0.45	83±0.45	81±0.45	79±0.45	77±0.45	75±0.45	73±0.45	71±0.45	69±0.45	67±0.45	65±0.45	63±0.45	61±0.45	59±0.45				
100	±0.45	90±0.45	88±0.45	86±0.45	84±0.45	82±0.45	80±0.45	78±0.45	76±0.45	74±0.45	72±0.45	70±0.45	68±0.45	66±0.45	64±0.45				
110	±0.50	100±0.50	98±0.50	96±0.50	94±0.50	92±0.50	90±0.50	88±0.50	86±0.50	84±0.50	82±0.50	80±0.50	78±0.50	76±0.50	74±0.50				
120	±0.50	110±0.50	108±0.50	106±0.50	104±0.50	102±0.50	100±0.50	98±0.50	96±0.50	94±0.50	92±0.50	90±0.50	88±0.50	86±0.50	84±0.50				
130	±0.70	120±0.70	118±0.70	116±0.70	114±0.70	112±0.70	110±0.70	108±0.70	106±0.70	104±0.70	102±0.70	100±0.70	98±0.70	96±0.70	94±0.70				
140	±0.70	130±0.70	128±0.70	126±0.70	124±0.70	122±0.70	120±0.70	118±0.70	116±0.70	114±0.70	112±0.70	110±0.70	108±0.70	106±0.70	104±0.70				
150	±0.80	140±0.80	138±0.80	136±0.80	134±0.80	132±0.80	130±0.80	128±0.80	126±0.80	124±0.80	122±0.80	120±0.80	118±0.80	116±0.80	114±0.80	112±0.80	110±0.80		
160	±0.80	150±0.80	148±0.80	146±0.80	144±0.80	142±0.80	140±0.80	138±0.80	136±0.80	134±0.80	132±0.80	130±0.80	128±0.80	126±0.80	124±0.80	122±0.80	120±0.80		
170	±0.90	160±0.90	158±0.90	156±0.90	154±0.90	152±0.90	150±0.90	148±0.90	146±0.90	144±0.90	142±0.90	140±0.90	138±0.90	136±0.90	134±0.90	132±0.90	130±0.90		
180	±0.90	170±0.90	168±0.90	166±0.90	164±0.90	162±0.90	160±0.90	158±0.90	156±0.90	154±0.90	152±0.90	150±0.90	148±0.90	146±0.90	144±0.90	142±0.90	140±0.90		
190	±1.00	180±1.00	178±1.00	176±1.00	174±1.00	172±1.00	170±1.00	168±1.00	166±1.00	164±1.00	162±1.00	160±1.00	158±1.00	156±1.00	154±1.00	152±1.00	150±1.00	148±1.00	146±1.00
200	±1.00	190±1.00	188±1.00	186±1.00	184±1.00	182±1.00	180±1.00	178±1.00	176±1.00	174±1.00	172±1.00	170±1.00	168±1.00	166±1.00	164±1.00	162±1.00	160±1.00	158±1.00	156±1.00

注：
1. 冷加工（+C，+LC）状态的钢管，其外径和内径及其极限偏差按本表规定。热处理（+SR，+A，+N）状态的钢管，其内、外径极限偏差按本表规定值的1.5倍；$S/D<1/40$ 时，极限偏差按本表规定值的1.5倍，极限偏差按本表规定值的2.0倍。当壁厚 S/外径 $D \geqslant 1/20$ 时，极限偏差以外径和壁厚或内径和壁厚规定值的2.0倍。

2. 钢管通常以外径和壁厚交货。当需方要求以外径和内径或内径和壁厚交货时，应在合同中注明。

3. 壁厚的极限偏差为 ±10% 壁厚或 0.10mm（取其较大者）。

4. 钢管通常长度为 2000～12000mm。可按定尺长度或倍尺长度交货，但定尺或倍尺长度均应在通常长度范围内。

5. 钢管的定尺或倍尺长度应不大于外径公差的80%，钢管弯曲度误差不大于 3.0mm/m。外径大于 16mm 的钢管全长 L 弯曲度：$R_{eH} \leqslant 500$MPa，$\leqslant 0.15\%L$；$R_{eH} > 500$MPa，$\leqslant 0.20\%L$。

6. 钢管的交货重量应按 GB/T 17395 的规定。

1.10.3 结构用无缝钢管和输送流体用无缝钢管(见表 1-268)

表 1-268 结构用无缝钢管和输送流体用无缝钢管规格、牌号及力学性能(摘自 GB/T 8162、8163—2018)

钢管尺寸规格的规定	结构用无缝钢管和输送流体用无缝钢管的尺寸规格应按下述规定: 1. 钢管的公称外径(D)和公称壁厚(S)应符合 GB/T 17395 无缝钢管相关的规定 2. 热轧(扩)钢管外径允许偏差为 ±1%D 或 ±0.5mm,取其中较大者 3. 冷拔(轧)钢管外径允许偏差为 ±0.75%D 或 ±0.3mm,取其中较大者 4. 钢管通常长度为 3000~12000mm 5. 钢管壁厚允许偏差应符合 GB/T 8162、GB/T 8163 的规定
钢牌号化学成分	钢管用钢牌号的化学成分应符合 GB/T 8162 和 GB/T 8163 的规定

	牌号	质量等级	抗拉强度 R_m/MPa	下屈服强度 R_{eL}[1]/MPa 公称壁厚 S			断后伸长率[2] A(%)	冲击试验 温度/℃	吸收能量 KV_2/J	备注
				≤16mm	>16~30mm	>30mm				
				不小于			不小于		不小于	
优质碳素结构钢和低合金高强度结构钢钢管牌号及力学性能(GB/T 8162)	10	—	≥335	205	195	185	24	—	—	① 拉伸试验时,如不能测定 R_{eL},可测定 $R_{p0.2}$ 代替 R_{eL} ② 如合同中无特殊规定,拉伸试验试样可沿钢管纵向或横向截取。如有分歧时,拉伸试验应以沿钢管纵向截取的试样作为仲裁试样
	15	—	≥375	225	215	205	22	—	—	
	20	—	≥410	245	235	225	20	—	—	
	25	—	≥450	275	265	255	18	—	—	
	35	—	≥510	305	295	285	17	—	—	
	45	—	≥590	335	325	315	14	—	—	
	20Mn	—	≥450	275	265	255	20	—	—	
	25Mn	—	≥490	295	285	275	18	—	—	
	Q345	A	470~630	345	325	295	20	—	—	
		B						+20		
		C						0	34	
		D					21	−20		
		E						−40	27	
	Q390	A	490~650	390	370	350	18	—	—	
		B						+20		
		C						0	34	
		D					19	−20		
		E						−40	27	
	Q420	A	520~680	420	400	380	18	—	—	
		B						+20		
		C						0	34	
		D					19	−20		
		E						−40	27	
	Q460	C	550~720	460	440	420	17	0	34	
		D						−20		
		E						−40	27	

（续）

牌号	质量等级	抗拉强度 R_m/MPa	下屈服强度 R_{eL}①/MPa 公称壁厚 S ≤16mm	>16~30mm	>30mm	断后伸长率② A(%)	冲击试验 温度/℃	吸收能量 KV_2/J	备注
			不小于					不小于	
Q500	C	610~770	500	480	440	17	0	55	
	D						−20	47	
	E						−40	31	
Q550	C	670~830	550	530	490	16	0	55	
	D						−20	47	
	E						−40	31	
Q620	C	710~880	620	590	550	15	0	55	
	D						−20	47	
	E						−40	31	
Q690	C	770~940	690	660	620	14	0	55	
	D						−20	47	
	E						−40	31	

优质碳素结构钢和低合金高强度结构钢钢管牌号及力学性能（GB/T 8162）

合金结构钢钢管牌号及力学性能（GB/T 8162）

牌号	推荐的热处理制度③ 淬火（正火） 温度/℃ 第一次	第二次	冷却剂	回火 温度/℃	冷却剂	拉伸性能④ 抗拉强度 R_m/MPa	下屈服强度⑨ R_{eL}/MPa	断后伸长率 A(%)	钢管退火或高温回火交货状态布氏硬度 HBW⑩	备注
						不小于			不大于	
40Mn2	840	—	水、油	540	水、油	885	735	12	217	③ 表中所列热处理温度允许调整范围：淬火±15℃，低温回火±20℃，高温回火±50℃ ④ 拉伸试验时，可截取横向或纵向试样，有异议时，以纵向试样为仲裁依据 ⑤ 含硼钢在淬火前可先正火，正火温度应不高于其淬火温度 ⑥ 按需方指定的一组数据交货，当需方未指定时，可按其中任一组数据交货
45Mn2	840	—	水、油	550	水、油	885	735	10	217	
27SiMn	920	—	水	450	水、油	980	835	12	217	
40MnB⑤	850	—	油	500	水、油	980	785	10	207	
45MnB⑤	840	—	油	500	水、油	1030	835	9	217	
20Mn2B⑤⑧	880	—	油	200	水、空	980	785	10	187	
20Cr⑥⑧	880	800	水、油	200	水、空	835	540	10	179	
						785	490	10	179	
30Cr	860	—	油	500	水、油	885	685	11	187	
35Cr	860	—	油	500	水、油	930	735	11	207	
40Cr	850	—	油	520	水、油	980	785	9	207	
45Cr	840	—	油	520	水、油	1030	835	9	217	
50Cr	830	—	油	520	水、油	1080	930	9	229	
38CrSi	900	—	油	600	水、油	980	835	12	255	
20CrMo⑥⑧	880	—	水、油	500	水、油	885	685	11	197	
						845	635	12	197	
35CrMo	850	—	油	550	水、油	980	835	12	229	

（续）

牌号	推荐的热处理制度③					拉伸性能④			钢管退火或高温回火交货状态布氏硬度 HBW⑩	备注
	淬火（正火）			回火		抗拉强度 R_m/MPa	下屈服强度⑨ R_{eL}/MPa	断后伸长率 $A(\%)$		
	温度/℃		冷却剂	温度/℃	冷却剂					
	第一次	第二次				不小于			不大于	
42CrMo	850	—	油	560	水、油	1080	930	12	217	⑦ 含铬锰钛钢第一次淬火可用正火代替
38CrMoAl⑥	940	—	水、油	640	水、油	980	835	12	229	
						930	785	14	229	⑧ 于 280~320℃ 等温淬火
50CrVA	860	—	油	500	水、油	1275	1130	10	255	
20CrMn	850	—	油	200	水、空	930	735	10	187	⑨ 拉伸试验时，如不能测定 R_{eL}，可测定 $R_{p0.2}$ 代替 R_{eL}
20CrMnSi⑧	880	—	油	480	水、油	785	635	12	207	
30CrMnSi⑧	880	—	油	520	水、油	1080	885	8	229	⑩ 退火或高温回火状态交货，且壁厚不小于 5mm 的合金结构钢管，硬度应符合本表规定
						980	835	10	229	
35CrMnSiA⑧	880	—	油	230	水、空	1620	—	9	229	
20CrMnTi⑦⑧	880	870	油	200	水、空	1080	835	10	217	
30CrMnTi⑦⑧	880	850	油	200	水、空	1470	—	9	229	
12CrNi2	860	780	水、油	200	水、空	785	590	12	207	
12CrNi3	860	780	油	200	水、空	930	685	11	217	
12Cr2Ni4	860	780	油	200	水、空	1080	835	10	269	
40CrNiMoA	850	—	油	600	水、空	980	835	12	269	
45CrNiMoVA	860	—	油	460	油	1470	1325	7	269	

（合金结构钢钢管牌号及力学性能（GB/T 8162））

牌号	质量等级	拉伸性能			冲击试验		备注
		抗拉强度 R_m/MPa	下屈服强度⑪ R_{eL}/MPa 不小于	断后伸长率 $A(\%)$ 不小于	试验温度/℃	吸收能量 KV_2/J 不小于	
10	—	335~475	205	24	—	—	⑪ 拉伸试验时，如不能测定 R_{eL}，可测定 $R_{p0.2}$ 代替 R_{eL}
20	—	410~530	245	20	—	—	
Q345	A	470~630	345	20	20	—	
	B				+20	34	
	C				0		
	D			21	−20		
	E				−40	27	
Q390	A	490~650	390	18	—	—	
	B				+20	34	
	C				0		
	D			19	−20		
	E				−40	27	

（钢管的牌号及交货状态的纵向拉伸力学性能（GB/T 8163））

(续)

| 牌号 | 质量等级 | 拉伸性能 | | | 冲击试验 | | 备注 |
		抗拉强度 R_m/MPa	下屈服强度[①] R_{eL}/MPa 不小于	断后伸长率 A(%) 不小于	试验温度 /℃	吸收能量 KV_2/J 不小于	
Q420	A	520~680	420	18	—	—	
	B				+20	34	
	C				0		
	D			19	−20		
	E				−40	27	
Q460	C	550~720	460	17	0	34	
	D				−20		
	E				−40	27	

左侧表头：钢管的牌号及交货状态的纵向拉伸力学性能（GB/T 8163）

注：1. GB/T 8162—2018 和 GB/T 8163—2018 规定的热轧（扩）钢管以热轧（扩）状态或热处理状态交货，冷拔（轧）钢管应以退火或高温回火状态交货。本表为交货状态钢管的力学性能。

2. 低合金结构钢，牌号为 Q345、Q390、Q420、Q460 质量等级为 B、C、D、E 的钢管，外径不小于 70mm，且壁厚不小于 6.5mm 时，应进行纵向冲击试验，其夏比 V 型缺口冲击试验的试验温度和冲击吸收能量应符合本表规定。

3. 流体输送用钢管应逐根进行液压试验，试验压力 $p = 2SR/D$。其中，S 为钢管公称壁厚，D 为钢管公称外径，单位均为 mm；R 为允许应力，规定取下屈服强度的 60%，单位为 MPa，最大试验压力不超过 19.0MPa。在试验压力下，稳压时间不少于 5s，钢管不出现渗漏现象。

4. 根据需方要求，经供需双方协商，本表所列钢管可以镀锌交货，镀锌钢管镀锌层的有关要求应符合 GB/T 8162、8163—2018 的规定。

1.10.4　极薄壁、小直径和奥氏体-铁素体型双相不锈钢无缝钢管

1. 不锈钢极薄壁无缝钢管（见表 1-269）

表 1-269　不锈钢极薄壁无缝钢管的尺寸规格、牌号及力学性能（摘自 GB/T 3089—2020）

	外径×壁厚	外径×壁厚	外径×壁厚	外径×壁厚	外径×壁厚
外径和壁厚 /mm	7×0.15	35×0.5	60×0.25	75.5×0.25	95.6×0.3
	10.3×0.15	40.4×0.2	60×0.35	75.6×0.3	101×0.5
	10.4×0.2	40.6×0.3	60×0.5	82.4×0.4	101.2×0.6
	12.4×0.2	41×0.5	61×0.35	83.8×0.4	110.9×0.45
	15.4×0.2	41.2×0.6	61×0.5	89.6×0.3	125.7×0.35
	18.4×0.2	18×0.25	61.2×0.6	89.8×0.4	150.8×0.4
	20.4×0.2	50.5×0.25	67.6×0.3	90.2×0.4	250.8×0.4
	24.4×0.2	53.2×0.25	67.8×0.4	90.5×0.25	
	26.4×0.2	55×0.5	70.2×0.6	90.6×0.3	
	32.4×0.2	59.6×0.3	74×0.5	90.8×0.4	

（续）

	钢管公称外径 D	极限偏差		备注
		普通级	高级	
公称外径 极限偏差 /mm	≤12.4	±0.10	±0.08	未注明极限偏差等级时按普通级供货
	>12.4~32.4	±0.15	±0.10	
	>32.4~60	±0.35	±0.25	
	>60	±1%D	±0.75%D	

	钢管尺寸/mm		允许偏差/mm		钢管长度及弯曲度
	公称外径 D	公称壁厚 S	普通级	高级	
公称壁厚 极限偏差	≤60	≤0.20	±0.03	+0.03 -0.01	钢管通常长度为 800~6000mm，定尺长度和倍尺长度应在通常长度范围内，定尺长度极限偏差为 $^{+10}_{0}$mm 每个倍尺长度应留 1~5mm 切口余量 热处理交货且外径不大于 32.4mm 钢管，每米弯曲度不大于 5mm，其余钢管弯曲度不做要求
		0.25	+0.04 -0.03	+0.03 -0.02	
		0.30	±0.04	±0.03	
		0.35	+0.05 -0.04	+0.04 -0.03	
		0.40	±0.05	±0.04	
		0.50	±0.06	+0.05 -0.04	
		0.60	±0.08	±0.05	
	>60	≤0.25	±0.04	±0.03	
		0.30	±0.04	+0.04 -0.03	
		0.35	±0.05	±0.04	
		0.40	±0.05	+0.05 -0.04	
		0.45	±0.06	±0.05	
		0.50	±0.06	±0.05	
		0.60	±0.08	±0.05	
		>0.60~0.80	±0.10	±0.06	
		>0.80~1.0	±0.12	±0.08	
		>1.0	±0.15	±0.10	

	统一数字代号	牌号	抗拉强度 R_m/MPa	断后伸长率 A （%）	牌号化学成分的规定
			不小于		
牌号化学成分 和力学性能	S30108	06Cr19Ni10	520	35	牌号的化学成分应符合 GB/T 3089—2020 的规定
	S30403	022Cr19Ni10	480	40	
	S31603	022Cr17Ni12Mo2	480	40	
	S31608	06Cr17Ni12Mo2	520	35	
	S31668	06Cr17Ni12Mo2Ti	540	35	
	S32168	06Cr18Ni11Ti	520	40	

2. 不锈钢小直径无缝钢管(见表 1-270)

表 1-270　不锈钢小直径无缝钢管的分类、尺寸规格、牌号及力学性能(摘自 GB/T 3090—2020)

| 分类 | 钢管按加工状态分类如下：
1. 软态：钢管经固溶处理后的状态
2. 硬态：钢管经相当程度冷变形加工的状态，抗拉强度不小于 850MPa
3. 半硬态：钢管变形程度小于硬态加工变形的状态，其力学性能介于软态和硬态之间 |

公称外径 D	0.10	0.15	0.20	0.25	0.30	0.35	0.40	0.45	0.50	0.55	0.60	0.70	0.80	0.90	1.00	备注
0.30	×															
0.35	×															
0.40	×	×														
0.45	×	×														
0.50	×															
0.55	×	×														
0.60	×	×	×													
0.70	×	×	×	×												
0.80	×	×	×													
0.90	×	×	×	×	×											
1.00	×	×	×	×	×	×										
1.20	×	×	×	×	×	×	×	×								
1.60	×	×	×	×	×	×	×	×	×	×						
2.00	×	×	×	×	×	×	×	×	×	×	×	×				
2.20	×	×	×	×	×	×	×	×	×	×	×	×	×			"×"表示可供应的品种规格
2.50	×	×	×	×	×	×	×	×	×	×	×	×	×	×	×	
2.80	×	×	×	×	×	×	×	×	×	×	×	×	×	×	×	
3.00	×	×	×	×	×	×	×	×	×	×	×	×	×	×	×	
3.20	×	×	×	×	×	×	×	×	×	×	×	×	×	×	×	
3.40	×	×	×	×	×	×	×	×	×	×	×	×	×	×	×	
3.60	×	×	×	×	×	×	×	×	×	×	×	×	×	×	×	
3.80	×	×	×	×	×	×	×	×	×	×	×	×	×	×	×	
4.00	×	×	×	×	×	×	×	×	×	×	×	×	×	×	×	
4.20	×	×	×	×	×	×	×	×	×	×	×	×	×	×	×	
4.50	×	×	×	×	×	×	×	×	×	×	×	×	×	×	×	
4.80	×	×	×	×	×	×	×	×	×	×	×	×	×	×	×	
5.00		×	×	×	×	×	×	×	×	×	×	×	×	×	×	
5.50		×	×	×	×	×	×	×	×	×	×	×	×	×	×	
6.00		×	×	×	×	×	×	×	×	×	×	×	×	×	×	

公称外径极限偏差/mm

（续）

钢管尺寸/mm		极限偏差/mm		钢管长度	备注
		普通级	高级		
公称外径和公称壁厚的极限偏差	公称外径 D　≤1.00	±0.03	±0.02	钢管通常长度为300~4000mm，通常以直管交货，外径不大于2.00mm，可盘卷交货	1. 钢管按公称外径和公称壁厚交货时，其公称外径和公称壁厚的极限偏差应符合本表的规定 2. 钢管按公称内径和公称壁厚或公称外径和公称内径交货，其公称外径、公称壁厚的极限偏差应分别符合本表的规定，公称内径的极限偏差由供需双方协商确定 3. 当需方未在合同中未注明钢管尺寸精度等级时，按普通级供货
	>1.00~2.00	±0.04	±0.02		
	>2.00	±0.05	±0.03		
	公称壁厚 S　<0.20	+0.03 −0.02	+0.02 −0.01		
	0.20~0.50	±0.04	±0.03		
	>0.50	±10%S	±7.5%S		

钢管的力学性能	统一数字代号	牌号	推荐热处理制度	抗拉强度 R_m/MPa	断后伸长率 A(%)	密度 ρ/(kg/dm³)	备注
				不小于			
	S30408	06Cr19Ni10	1010~1150℃，急冷	520	35	7.93	牌号化学成分按GB/T 3090—2020的规定 对于外径小于3.20mm或壁厚小于0.30mm的较小直径和较薄壁厚的钢管，其断后伸长率应不小于25%
	S30403	022Cr19Ni10	1010~1150℃，急冷	480	40	7.90	
	S31608	06Cr17Ni12Mo2	1010~1150℃，急冷	520	35	8.00	
	S31603	022Cr17Ni12Mo2	1010~1150℃，急冷	480	40	8.00	
	S32168	06Cr18Ni11Ti	920~1150℃，急冷	520	35	8.03	

3. 奥氏体-铁素体型双相不锈钢无缝钢管（见表 1-271）

表 1-271　奥氏体-铁素体型双相不锈钢无缝钢管尺寸规格、牌号及力学性能（摘自 GB/T 21833—2008）

（1）奥氏体-铁素体型双相不锈钢无缝钢管的尺寸规格

制造方法	钢管尺寸规格的规定	钢管的尺寸/mm			极限偏差	
					普通级	高级
热轧（热挤压）钢管	公称外径 D 和公称壁厚 S 尺寸应符合 GB/T 17395—2008 的规定 钢管一般以通常长度交货，通常长度为 3000~12000mm，定尺和倍尺总长度应在通常长度范围内	公称外径 D	≤51		±0.40mm	±0.30mm
			>51~≤219	S≤35	±0.75%D	±0.5%D
				S>35	±1%D	±0.75%D
			>219		±1%D	±0.75%D
		公称壁厚 S	≤4.0		±0.45mm	±0.35mm
			>4.0~20		+12.5%S −10	±10%S
			>20	D<219	±10%S	±7.5%S
				D≥219	+12.5%S −10	±10%S

（续）

制造方法	钢管尺寸规格的规定	钢管的尺寸/mm		极限偏差	
				普通级	高级
冷拔（轧）钢管	公称外径 D 和公称壁厚 S 尺寸应符合 GB/T 17395—2008 的规定 钢管一般以通常长度交货，通常长度为 3000～12000mm，定尺和倍尺总长度应在通常长度范围内	公称外径 D	12～30	±0.20mm	±0.15mm
			>30～50	±0.30mm	±0.25mm
			>50～89	±0.50mm	±0.40mm
			>89～140	±0.8%D	±0.7%D
			>140	±1%D	±0.9%D
		公称壁厚 S	≤3	±14%S	$^{+12}_{-10}$%S
			>3	$^{+12}_{-10}$%S	±10%S

（2）奥氏体-铁素体型双相不锈钢无缝钢管的牌号、室温纵向力学性能和高温力学性能

牌号	推荐热处理制度	拉伸性能			硬度		高温力学性能				
		抗拉强度 R_m /MPa	规定塑性延伸强度 $R_{p0.2}$ /MPa	断后伸长率 A （%）	HBW	HRC	$R_{p0.2}$/MPa（钢管固溶状态下，壁厚不大于30mm，下列温度下的 $R_{p0.2}$）				
							50℃	100℃	150℃	200℃	250℃
		≥			≤		≥				
022Cr19Ni5Mo3Si2N	980～1040℃ 急冷	630	440	30	290	30	430	370	350	330	325
022Cr22Ni5Mo3N	1020～1100℃ 急冷	620	450	25	290	30	415	360	335	310	295
022Cr23Ni4MoCuN	925～1050℃	急冷 D≤25mm	690	450	25			370	330	310	290	280
		急冷 D>25mm	600	400	25	290	30					
022Cr23Ni5Mo3N	1020～1100℃ 急冷	655	485	25	290	30					
022Cr24Ni7Mo4CuN	1080～1120℃ 急冷	770	550	25	310		485	450	420	400	380
022Cr25Ni6Mo2N	1050～1100℃ 急冷	690	450	25	280		—	—	—	—	—
022Cr25Ni7Mo3WCuN	1020～1100℃ 急冷	690	450	25	290	30					
022Cr25Ni7Mo4N	1025～1125℃ 急冷	800	550	15	300	32	530	480	445	420	405
03Cr25Ni6Mo3Cu2N	≥1040℃ 急冷	760	550	15	297	31	—	—	—	—	—
022Cr25Ni7Mo4WCuN	1100～1140℃ 急冷	750	550	25	300		502	450	420	400	380
06Cr26Ni4Mo2	925～955℃ 急冷	620	485	20	271	28	—	—	—	—	—
12Cr21Ni5Ti	950～1100℃ 急冷	590	345	20			—	—	—	—	—

（3）奥氏体-铁素体型双相不锈钢无缝钢管与国外钢管标准的牌号对照

中国（GB/T 21833—2008）		美国	欧洲	国际	日本	中国原用旧牌号
统一数字代号	牌号	ASTM A789M-05b	EN 10216-5：2004	ISO 15156-3：2003	JIS G3459—2004	
S21953	022Cr19Ni5Mo3Si2N	S31500	X2CrNi3MoSi18-5-3 1.4424			00Cr18Ni5Mo3Si2N
S22253	022Cr22Ni5Mo3N	S31803	X2CrNiMo22-5-3 1.4462	S31803/2205	SUS329J3LTP	00Cr22Ni5Mo3N
S23043	022Cr23Ni4MoCuN	S32304	X2CrNiN23-4 1.4362			00Cr23Ni4N
S22053	022Cr23Ni5Mo3N	S32205				00Cr22Ni5Mo3N
S25203	022Cr24Ni7Mo4CuN	S32520	X2CrNiMoCuN25-6-3 1.4507	S32520/52N+		00Cr25Ni7Mo4CuN

（续）

中国（GB/T 21833—2008）		美国	欧洲	国际	日本	中国原用旧牌号
统一数字代号	牌 号	ASTM A789M-05b	EN 10216-5：2004	ISO 15156-3：2003	JIS G3459—2004	中国原用旧牌号
S22553	022Cr25Ni6Mo2N	S31200		S31200/44LN		00Cr25Ni6Mo2N
S22583	022Cr25Ni7Mo3WCuN	S31260			SUS329J4LTP	00Cr25Ni7Mo3WCuN
S25073	022Cr25Ni7Mo4N	S32750	X2CrNiMoN25-7-4 1.4410	S32750/2507		00Cr25Ni7Mo4N
S25554	03Cr25Ni6Mo3Cu2N	S32550		S32550/255		0Cr25Ni6Mo3Cu2N
S27603	022Cr25Ni7Mo4WCuN	S32760	X2CrNiMoCuWN25-7-4 1.4501	S32760a/Z100		0Cr25Ni7Mo4WCuN
S22693	06Cr26Ni4Mo2	S32900			SUS329J1LTP	0Cr26Ni5Mo2
S22160	12Cr21Ni5Ti					1Cr21Ni5Ti

注：1. 本表各牌号的化学成分应符合 GB/T 21833—2008 的规定。

2. 壁厚大于或等于 1.7mm 的钢管应进行布氏或洛氏硬度试验，指标值按本表规定。

3. 钢管应逐根进行液压试验，最大试验压力为 20MPa，液压试验按 GB/T 21833—2008 的规定进行。

4. 钢管的压扁试验、金相检验等应符合 GB/T 21833—2008 的规定。

5. 钢管适于在有腐蚀工况下使用，如承压设备、流体输送及热交换器等。

6. 钢管应经热处理并酸洗交货，经保护气氛热处理的钢管可不经酸洗交货。按需方要求，并在合同中注明，钢管也可以冷加工状态交货，其弯曲度、力学性能、工艺性能和金相组织等由供需双方协商确定。

7. 钢管按理论质量交货，亦可按实际质量交货。钢管每米的理论质量按下式计算：

$$W = \pi\rho(D-S)S/1000$$

式中　W—钢管的理论质量（kg/m）；

π—3.1416；

ρ—钢的密度（kg/dm³），0.22Cr19Ni5Mo3Si2N 的密度取 7.70kg/dm³，其他牌号的密度取 7.80kg/dm³；

D—钢管的公称外径（mm）；

S—钢管的公称壁厚（mm）。

1.10.5　结构用不锈钢无缝钢管和流体输送用不锈钢无缝钢管（见表 1-272～表 1-275）

表 1-272　结构用不锈钢无缝钢管和流体输送用不锈钢无缝钢管的尺寸规格

（摘自 GB/T 14975—2012 和 GB/T 14976—2012）

尺寸规格	钢管的外径和壁厚应符合 GB/T 17395 的相关规定 热轧(挤、扩)钢管(W-H) 通常长度为 2000～12000mm 冷拔(轧)钢管(W-C) 通常长度为 1000～12000mm 按需方要求，并在合同中注明，可按定尺或倍尺长度交货，但定尺或倍尺长度均应在通常长度范围内						

		热轧(挤、扩)钢管(W-H)			冷拔(轧)钢管(W-C)		
		尺寸/mm		极限偏差/mm	尺寸/mm		极限偏差/mm
				普通级 PA	高级 PC			普通级 PA	高级 PC

结构用不锈钢无缝钢管	钢管按公称外径 D 和公称壁厚 S 交货时，D 和 S 的极限偏差	公称外径 D	<76.1	±1.25%D	±0.60	公称外径 D	<12.7	±0.30	±0.10
			≥76.1～139.7		±0.80		≥12.7～38.1	±0.30	±0.15
			≥139.7～273.1	±1.5%D	±1.20		≥38.1～88.9	±0.40	±0.30
							≥88.9～139.7		±0.40
			≥273.1～323.9		±1.60		≥139.7～203.2	±0.9%D	±0.80
							≥203.2～219.1		±1.10
			≥323.9		±0.6%D		≥219.1～323.9		±1.60
							≥323.9		±0.5%D
		公称壁厚 S	所有壁厚	+15%S −12.5%S	±12.5%S	公称壁厚 S	所有壁厚	+12.5%S −10%S	±10%S

（续）

结构用不锈钢无缝钢管	钢管按 D 和最小壁厚 S_{min} 交货时，S_{min} 的极限偏差（D 极限偏差按上栏规定）	制造方式	尺寸/mm	S_{min}极限偏差/mm	
				普通级 PA	高级 PC
		热轧（挤、扩）钢管 W-H	$S_{min} < 15$	$+27.5\% S_{min}$ 0	$+25\% S_{min}$ 0
			$S_{min} \geqslant 15$	$+35\% S_{min}$ 0	
		冷拔（轧）钢管 W-C	所有壁厚	$+22\% S$ 0	$+20\% S$ 0

流体输送用不锈钢无缝钢管	钢管按公称外径 D 和公称壁厚 S 交货时，D 和 S 的极限偏差	热轧（挤、扩）钢管（W-H）			冷拔（轧）钢管（W-C）		
		尺寸/mm		极限偏差/mm	尺寸/mm		极限偏差/mm
				普通级 PA / 高级 PC			普通级 PA / 高级 PC

公称外径 D：

	尺寸/mm	极限偏差/mm (普通级 PA)	极限偏差/mm (高级 PC)
公称外径 D	$68 \sim 159$	$\pm 1.25\% D$	$\pm 1\% D$
	>159	$\pm 1.5\% D$	
公称壁厚 S	<15	$+15\% S$ / $-12.5\% S$	$\pm 12.5\% S$
	$\geqslant 15$	$+20\% S$ / $-15\% S$	

冷拔（轧）钢管（W-C）：

	尺寸/mm	极限偏差/mm (普通级 PA)	极限偏差/mm (高级 PC)
公称外径 D	$6 \sim 10$	± 0.20	± 0.15
	$>10 \sim 30$	± 0.30	± 0.20
	$>30 \sim 50$	± 0.40	± 0.30
	$>50 \sim 219$	$\pm 0.85\% D$	$\pm 0.75\% D$
	>219	$\pm 0.9\% D$	$\pm 0.8\% D$
公称壁厚 S	$\leqslant 3$	$\pm 12\% S$	$\pm 10\% S$
	>3	$+12.5\% S$ / $-10\% S$	$\pm 10\% S$

	钢管按 D 和最小壁厚 S_{min} 交货时，S_{min} 的极限偏差（D 极限偏差按上栏规定）	制造方式	尺寸/mm	S_{min}极限偏差/mm	
				普通级 PA	高级 PC
		热轧（挤、扩）钢管 W-H	$S_{min} < 15$	$+25\% S_{min}$ 0	$+22.5\% S_{min}$ 0
			$S_{min} \geqslant 15$	$+32.5\% S_{min}$ 0	
		冷拔（轧）钢管 W-C	所有壁厚	$+22\% S$ 0	$+20\% S$ 0

注：1. GB/T 14975——2012《结构用不锈钢无缝钢管》适用于一般结构或机械结构件，GB/T 14976—2012《流体输送用不锈钢无缝钢管》适用于流体输送。

2. 按用户要求，可供标准规定之外的特殊规格的产品，但应在合同中注明。

3. 钢管的全长弯曲度应不大于总长的 0.15% 且不超过 12mm。每米弯曲度规定如下：壁厚≤15mm，1.5mm/m；壁厚>15mm，2.0mm/m；热扩管，3.0mm/m。

4. 按用户要求，并在合同中注明，钢管的圆度和壁厚不均应分别不大于外径公差和壁厚公差的 80%。

表1-273　结构用和流体输送用不锈钢无缝钢管的牌号及化学成分（摘自 GB/T 14975—2012 和 GB/T 14976—2012）

组织类型	序号	GB/T 20878 序号	统一数字代号	牌号	化学成分（质量分数，%）										
					C	Si	Mn	P	S	Ni	Cr	Mo	Cu	N	其他
奥氏	1	13	S30210	12Cr18Ni9	0.15	1.00	2.00	0.040	0.030	8.00~10.00	17.00~19.00	—	—	0.10	—
	2	17	S30408	06Cr19Ni10	0.08	1.00	2.00	0.040	0.030	8.00~11.00	18.00~20.00	—	—	—	—
	3	18	S30403	022Cr19Ni10	0.030	1.00	2.00	0.040	0.030	8.00~12.00	18.00~20.00	—	—	—	—
	4	23	S30458	06Cr19Ni10N	0.08	1.00	2.00	0.040	0.030	8.00~11.00	18.00~20.00	—	—	0.10~0.16	—
	5	24	S30478	06Cr19Ni9NbN	0.08	1.00	2.50	0.040	0.030	7.50~10.50	18.00~20.00	—	—	0.15~0.30	Nb: 0.15
	6	25	S30453	022Cr19Ni10N	0.030	1.00	2.00	0.040	0.030	8.00~11.00	18.00~20.00	—	—	0.10~0.16	—
	7	32	S30908	06Cr23Ni13	0.08	1.00	2.00	0.040	0.030	12.00~15.00	22.00~24.00	—	—	—	—
	8	35	S31008	06Cr25Ni20	0.08	1.50	2.00	0.040	0.030	19.00~22.00	24.00~26.00	—	—	—	—
	9①	37	S31252	015Cr20Ni18Mo6CuN	0.02	0.80	1.00	0.030	0.010	17.50~18.50	19.50~20.50	6.00~6.50	0.50~1.00	0.18~0.22	—
	10	38	S31608	06Cr17Ni12Mo2	0.08	1.00	2.00	0.040	0.030	10.00~14.00	16.00~18.00	2.00~3.00	—	—	—
	11	39	S31603	022Cr17Ni12Mo2	0.030	1.00	2.00	0.040	0.030	10.00~14.00	16.00~18.00	2.00~3.00	—	—	—

类型	序号	序号	统一数字代号	牌号	C	Si	Mn	P	S	Ni	Cr	Mo	Cu	N	其他
奥氏体型	12	40	S31609	07Cr17Ni12Mo2	0.04~0.10	1.00	2.00	0.040	0.030	10.00~14.00	16.00~18.00	2.00~3.00	—	—	—
	13	41	S31668	06Cr17Ni12Mo2Ti	0.08	1.00	2.00	0.040	0.030	10.00~14.00	16.00~18.00	2.00~3.00	—	—	Ti: 5C~0.70
	14	43	S31658	06Cr17Ni12Mo2N	0.08	1.00	2.00	0.040	0.030	10.00~13.00	16.00~18.00	2.00~3.00	—	0.10~0.16	—
	15	44	S31653	022Cr17Ni12Mo2N	0.030	1.00	2.00	0.040	0.030	10.00~13.00	16.00~18.00	2.00~3.00	—	0.10~0.16	—
	16	45	S31688	06Cr18Ni12Mo2Cu2	0.08	1.00	2.00	0.040	0.030	10.00~14.00	17.00~19.00	1.20~2.75	1.00~2.50	—	—
	17	46	S31683	022Cr18Ni14Mo2Cu2	0.030	1.00	2.00	0.040	0.030	12.00~16.00	17.00~19.00	1.20~2.75	1.00~2.50	—	—
	18①	48	S39042	015Cr21Ni26Mo5Cu2	0.020	1.00	2.00	0.045	0.030	23.00~28.00	19.00~23.00	4.00~5.00	1.00~2.00	0.10	—
	19	49	S31708	06Cr19Ni13Mo3	0.08	1.00	2.00	0.040	0.030	11.00~15.00	18.00~20.00	3.00~4.00	—	—	—
	20	50	S31703	022Cr19Ni13Mo3	0.030	1.00	2.00	0.040	0.030	11.00~15.00	18.00~20.00	3.00~4.00	—	—	—
	21	55	S32168	06Cr18Ni11Ti	0.08	1.00	2.00	0.040	0.030	9.00~12.00	17.00~19.00	—	—	—	Ti: 5C~0.70
	22	56	S32169	07Cr19Ni11Ti	0.04~0.10	0.75	2.00	0.030	0.030	9.00~13.00	17.00~19.00	—	—	—	Ti: 4C~0.60
	23	62	S34778	06Cr18Ni11Nb	0.08	1.00	2.00	0.040	0.030	9.00~12.00	17.00~19.00	—	—	—	Nb: 10C~1.10

（续）

组织类型	序号	GB/T 20878 序号	GB/T 20878 统一数字代号	牌号	化学成分（质量分数，%） C	Si	Mn	P	S	Ni	Cr	Mo	Cu	N	其他
奥氏体型	24	63	S34779	07Cr18Ni11Nb	0.04~0.10	1.00	2.00	0.040	0.030	9.00~12.00	17.00~19.00	—	—	—	Nb: 8C~1.10
	25①	66	S38340	16Cr25Ni20Si2	0.20	1.50~2.50	1.50	0.040	0.030	18.00~21.00	24.00~27.00	—	—	—	—
铁素体型	26	78	S11348	06Cr13Al	0.08	1.00	1.00	0.040	0.030	(0.60)	11.50~14.50	—	—	—	Al: 0.10~0.30
	27	84	S11510	10Cr15	0.12	1.00	1.00	0.040	0.030	(0.60)	14.00~16.00	—	—	—	—
	28	85	S11710	10Cr17	0.12	1.00	1.00	0.040	0.030	(0.60)	16.00~18.00	—	—	—	—
	29	87	S11863	022Cr18Ti	0.030	0.75	1.00	0.040	0.030	(0.60)	16.00~19.00	—	—	—	Ti或Nb: 0.10~1.00
	30	92	S11972	019Cr19Mo2NbTi	0.025	1.00	1.00	0.040	0.030	1.00	17.50~19.50	1.75~2.50	—	0.035	(Ti+Nb)：[0.20+4(C+N)]~0.80
马氏体型	31	97	S41008	06Cr13	0.08	1.00	1.00	0.040	0.030	(0.60)	11.50~13.50	—	—	—	—
	32	98	S41010	12Cr13	0.15	1.00	1.00	0.040	0.030	(0.60)	11.50~13.50	—	—	—	—
	33①	101	S42020	20Cr13	0.16~0.25	1.00	1.00	0.040	0.030	(0.60)	12.00~14.00	—	—	—	—

注：
1. 表中所列成分除明确范围或最小值外，其余均为最大值。括号内值为允许添加的最大值。
2. 奥氏体型中，除015Cr20Ni18Mo6CuN、015Cr21Ni26Mo5Cu2、07Cr19Ni11Ti、16Cr25Ni20Si2外，其他牌号的P含量比GB/T 20878中对应牌号的P含量加严了要求；015Cr21Ni26Mo5Cu2比GB/T 20878中对应牌号的S含量加严了要求；06Cr17Ni12Mo2Ti比GB/T 20878中对应牌号的Ti含量增加了上限要求。
3. 按篇方要求，经双方协商，可供应本表规定以外牌号或化学成分的钢管。
① GB/T 14975—2012规定了33个牌号，GB/T 14976—2012规定了29个牌号，不包括标注①的序号9、18、25、33四个牌号。

表1-274 结构用和流体输送用不锈钢无缝钢管的纵向力学性能(摘自 GB/T 14975—2012、GB/T 14976—2012)

组织类型	序号	GB/T 20878 序号	统一数字代号	牌号	推荐热处理制度	抗拉强度 R_m/MPa 不小于	规定塑性延伸强度 $R_{p0.2}$/MPa 不小于	断后伸长率 A(%)	硬度 HBW/HV/HRB 不大于	密度 ρ/(kg/dm³)
奥氏体型	1	13	S30210	12Cr18Ni9	1010~1150℃，水冷或其他方式快冷	520	205	35	192HBW/200HV/90HRB	7.93
	2	17	S30438	06Cr19Ni10	1010~1150℃，水冷或其他方式快冷	520	205	35	192HBW/200HV/90HRB	7.93
	3	18	S30403	022Cr19Ni10	1010~1150℃，水冷或其他方式快冷	480	175	35	192HBW/200HV/90HRB	7.90
	4	23	S30458	06Cr19Ni10N	1010~1150℃，水冷或其他方式快冷	550	275	35	192HBW/200HV/90HRB	7.93
	5	24	S30478	06Cr19Ni9NbN	1010~1150℃，水冷或其他方式快冷	685	345	35	—	7.98
	6	25	S30453	022Cr19Ni10N	1010~1150℃，水冷或其他方式快冷	550	245	40	192HBW/200HV/90HRB	7.93
	7	32	S30908	06Cr23Ni13	1030~1150℃，水冷或其他方式快冷	520	205	40	192HBW/200HV/90HRB	7.98
	8	35	S31008	06Cr25Ni20	1030~1180℃，水冷或其他方式快冷	520	205	40	192HBW/200HV/90HRB	7.98
	9①	37	S31252	015Cr20Ni18Mo6CuN	≥1150℃，水冷或其他方式快冷	655	310	35	220HBW/230HV/96HRB	8.00
	10	38	S31608	06Cr17Ni12Mo2	1010~1150℃，水冷或其他方式快冷	520	205	35	192HBW/200HV/90HRB	8.00
	11	39	S31603	022Cr17Ni12Mo2	1010~1150℃，水冷或其他方式快冷	480	175	35	192HBW/200HV/90HRB	8.00
	12	40	S31609	07Cr17Ni12Mo2	≥1040℃，水冷或其他方式快冷	515	205	35	192HBW/200HV/90HRB	7.98
	13	41	S31668	06Cr17Ni12Mo2Ti	1000~1100℃，水冷或其他方式快冷	530	205	35	192HBW/200HV/90HRB	7.90
	14	44	S31653	022Cr17Ni12Mo2N	1010~1150℃，水冷或其他方式快冷	550	245	40	192HBW/200HV/90HRB	8.04
	15	43	S31658	06Cr17Ni12Mo2N	1010~1150℃，水冷或其他方式快冷	550	275	35	192HBW/200HV/90HRB	8.00
	16	45	S31688	06Cr18Ni12Mo2Cu2	1010~1150℃，水冷或其他方式快冷	520	205	35	—	7.96
	17	46	S31683	022Cr18Ni14Mo2Cu2	1010~1150℃，水冷或其他方式快冷	480	180	35	—	7.96
	18①	48	S31782	015Cr21Ni26Mo5Cu2	≥1100℃，水冷或其他方式快冷	490	215	35	192HBW/200HV/90HRB	8.00

（续）

组织类型	GB/T 20878 序号	GB/T 20878 统一数字代号	牌号	推荐热处理制度	抗拉强度 R_m/MPa 不小于	规定塑性延伸强度 $R_{p0.2}$/MPa 不小于	断后伸长率 A (%) 不小于	硬度 HBW/HV/HRB 不大于	密度 ρ/(kg/dm³)
奥氏体型	19	49	S31708	06Cr19Ni13Mo3	1010~1150℃，水冷或其他方式快冷	520	205	35	192HBW/200HV/90HRB	8.00
	20	50	S31703	022Cr19Ni13Mo3	1010~1150℃，水冷或其他方式快冷	480	175	35	192HBW/200HV/90HRB	7.98
	21	55	S32168	06Cr18Ni11Ti	920~1150℃，水冷或其他方式快冷	520	205	35	192HBW/200HV/90HRB	8.03
	22	56	S32169	07Cr19Ni11Ti	冷拔（轧）≥1100℃，热轧（挤、扩）≥1050℃，水冷或其他方式快冷	520	205	35	192HBW/200HV/90HRB	7.93
	23	62	S34778	06Cr18Ni11Nb	980~1150℃，水冷或其他方式快冷	520	205	35	192HBW/200HV/90HRB	8.03
	24	63	S34779	07Cr18Ni11Nb	冷拔（轧）≥1100℃，热轧（挤、扩）≥1050℃，水冷或其他方式快冷	520	205	35	192HBW/200HV/90HRB	8.00
	25①	66	S38340	16Cr25Ni20Si2	1030~1180℃，水冷或其他方式快冷	520	205	40	192HBW/200HV/90HRB	7.98
铁素体型	26	78	S11348	06Cr13Al	780~830℃，空冷或缓冷	415	205	20	207HBW/95HRB	7.75
	27	84	S11510	10Cr15	780~850℃，空冷或缓冷	415	240	20	190HBW/90HRB	7.70
	28	85	S11710	10Cr17	780~850℃，空冷或缓冷	410	245	20	190HBW/90HRB	7.70
	29	87	S11863	022Cr18Ti	780~950℃，空冷或缓冷	415	205	20	190HBW/90HRB	7.70
	30	92	S11972	019Cr19Mo2NbTi	800~1050℃，空冷	415	275	20	217HBW/230HV/96HRB	7.75
马氏体型	31	97	S41008	06Cr13	800~900℃，缓冷或750℃空冷	370	180	22	—	7.75
	32	98	S41010	12Cr13	800~900℃，缓冷或750℃空冷	410	205	20	207HBW/95HRB	7.75
	33①	101	S42020	20Cr13	800~900℃，缓冷或750℃空冷	470	215	19	—	7.75

注：1. 热处理状态钢管纵向力学性能（抗拉强度 R_m 和断后伸长率 A）应符合本表规定。

2. 按需方要求，经双方协商并在合同中注明，可以检验钢管的 $R_{p0.2}$，其检验结果应符合本表规定。

3. GB/T 14975—2012 中规定，壁厚不小于 1.7mm 的钢管，按需方要求，经供需双方协商并在合同中注明，可进行布氏硬度、维氏硬度或洛氏硬度试验，其硬度值应符合本表规定。

① 见表1-273 表注中①。

表 1-275 结构用和流体输送用不锈钢无缝钢管国内外不锈钢牌号对照（摘自 GB/T 14975—2012，GB/T 14976—2012）

序号	序号	GB/T 20878—2007 统一数字代号	GB/T 20878—2007 新牌号	旧牌号	美国 ASTM A959-09	日本 JIS G 4303-2005 JIS G 4311-1991	国际 ISO/TS 15510：2003 ISO 4955：2005	欧洲 EN 10088：1-2005	苏联 ГОСТ 5632-1972
1	13	S30210	12Cr18Ni9	1Cr18Ni9	S30200，302	SUS302	X10CrNi18-8	X10CrNi18-8，1.4310	12X18H9
2	17	S30408	06Cr19Ni10	0Cr18Ni9	S30400，304	SUS304	X5CrNi18-9	X5CrNi18-10，1.4301	—
3	18	S30403	022Cr19Ni10	00Cr19Ni10	S30403，304L	SUS304L	X2CrNi19-11	X2CrNi19-11，1.4306	03X18H11
4	23	S30458	06Cr19Ni10N	0Cr19Ni9N	S30451，304N	SUS304N1	X5CrNiN18-8	X5CrNiN19-9，1.4315	—
5	24	S30478	06Cr19Ni9NbN	0Cr19Ni10NbN	S30452，XM-21	SUS304N2	—	—	—
6	25	S30453	022Cr19Ni10N	00Cr18Ni10N	S30453，304LN	SUS304LN	X2CrNi18-9	X2CrNi18-10，1.4311	—
7	32	S30908	06Cr23Ni13	0Cr23Ni13	S30908，309S	SUS309S	X12CrNi23-13	X12CrNi23-13，1.4833	—
8	35	S31008	06Cr25Ni20	0Cr25Ni20	S31008，310S	SUS310S	X8CrNi25-21	X8CrNi25-21，1.4845	10X23H18
9	37	S31252	015Cr20Ni18Mo6CuN	—	S31254	—	X1CrNiMoN20-18-7	X1CrNiMoN20-18-7，1.4547	—
10	38	S31608	06Cr17Ni12Mo2	0Cr17Ni12Mo2	S31600，316	SUS316	X5CrNiMo17-12-2	X5CrNiMo17-12-2，1.4401	03X17H14M2
11	39	S31603	022Cr17Ni12Mo2	00Cr17Ni14Mo2	S31603，316L	SUS316L	X2CrNiMo17-12-2	X2CrNiMo17-12-2，1.4404	—
12	40	S31609	07Cr17Ni12Mo2	1Cr17Ni12Mo2	S31609，316H	—	—	X3CrNiMo17-13-3，1.4436	—
13	41	S31668	06Cr17Ni12Mo2Ti	0Cr18Ni12Mo3Ti	S31635，316Ti	SUS316Ti	X6CrNiMoTi17-12-2	X6CrNiMoTi17-12-2，1.4571	08X17H13M3T
14	43	S31658	06Cr17Ni12Mo2N	0Cr17Ni12Mo2N	S31651，316N	SUS316N	—	—	—
15	44	S31653	022Cr17Ni12Mo2N	00Cr17Ni13Mo2N	S31653，316LN	SU316LN	X2CrNiMoN17-12-3	X2CrNiMoN17-13-3，1.4429	—
16	45	S31688	06Cr18Ni12Mo2Cu2	0Cr18Ni12Mo2Cu2	—	SUS316J1	—	—	—
17	46	S31683	022Cr18Ni14Mo2Cu2	00Cr18Ni14Mo2Cu2	—	SUS316J1L	—	—	—

（续）

序号	GB/T 20878—2007 序号	统一数字代号	新牌号	旧牌号	美国 ASTM A959-09	日本 JIS G 4303-2005 JIS G 4311-1991	国际 ISO/TS 15510: 2003 ISO 4955: 2005	欧洲 EN 10088: 1-2005	苏联 ГОСТ 5632-1972
18	48	S31782	015Cr21Ni26Mo5Cu2	—	N08904, 904L	—	—	—	—
19	49	S31708	06Cr19Ni13Mo3	0Cr19Ni13Mo3	S31700, 317	—	—	—	—
20	50	S31703	022Cr19Ni13Mo3	00Cr19Ni13Mo3	S31703, 317L	SUS317L	X2CrNiMo19-14-4	X2CrNiMo18-15-4, 1.4438	03X16H15M3
21	55	S32168	06Cr18Ni11Ti	0Cr18Ni10Ti	S32100, 321	SUS321	X6CrNiTi18-10	X6CrNiTi18-10, 1.4541	08X18H10T
22	56	S32169	07Cr19Ni11Ti	1Cr18Ni11Ti	S32109, 321H	(SUS321H)	X7CrNiTi18-10	X7CrNiTi18-10, 1.4550	12X18H10T
23	62	S34778	06Cr18Ni11Nb	0Cr18Ni11Nb	S34700, 347	SUS347	X6CrNiNb18-10	X6CrNiNb18-10, 1.4550	08X18H12B
24	63	S34779	07Cr18Ni11Nb	1Cr19Ni11Nb	S34709, 347H	(SUS347H)	X7CrNiNb18-10	X7CrNiNb18-10, 1.4912	—
25	66	S38340	16Cr25Ni20Si2	1Cr25Ni20Si2	—	—	(X15CrNiSi25-21)	(X15CrNiSi25-21, 1.4841)	20X25H20C2
26	78	S11348	06Cr13Al	0Cr13Al	S40500, 405	SUS405	X6CrAl13	X6CrAl13, 1.4002	—
27	84	S11510	10Cr15	1Cr15	S42900, 429	(SUS429)	—	—	—
28	85	S11710	10Cr17	1Cr17	S43000	SUS430	X6Cr17	X6Cr17, 1.4016	12X17
29	87	S11863	022Cr18Ti	00Cr17	S43035, 439	(SUS430LX)	X3CrTi17	X3CrTi17, 1.4510	08X17T
30	92	S11972	019Cr19Mo2NbTi	00Cr18Mo2	S44400, 444	(SUS444)	X2CrMoTi18-2	X2CrMoTi18-2, 1.4521	—
31	97	S41008	06Cr13	0Cr13	S41008, 410S	(SUS410S)	X6Cr13	X6Cr13, 1.4000	08X13
32	98	S41010	12Cr13	1Cr13	S41000, 410	SUS410	X12Cr13	X12Cr13, 1.4006	12X13
33	101	S42020	20Cr13	2Cr13	S42000, 420	SUS420J1	X20Cr13	X20Cr13, 1.4021	20X13

注：括号内牌号是在表头所列标准之外的牌号。

1.10.6 低温管道用无缝钢管(见表1-276)

表1-276 低温管道用无缝钢管的分类和尺寸规格、牌号、力学性能
(摘自 GB/T 18984—2016)

分类代号	制造方式	钢管公称尺寸/mm		极限偏差/mm	
				普通级	高级
W-H	热轧钢管	外径(D)	≤54	±0.40	±0.30
			>54~325	±1%D	±0.75%D
			>325	±1%D	—
		壁厚(S)	≤20	+15%S −10%S	±10%S
			>20	+12.5%S −10%S	±10%S
	热扩钢管	外径(D)	全部	±1%D	
		壁厚(S)	全部	±15%S	
W-C	冷拔(轧) 钢管	外径(D)	≤25.4	±0.15	
			>25.4~40	±0.20	
			>40~50	±0.25	
			>50~60	±0.30	
			>60	±0.75%D	±0.5%D
		壁厚(S)	≤3.0	±0.3	±0.2
			>3.0	±10%S	±7.5%S

钢管分类和尺寸规格

1) 钢管的公称外径 D 和公称壁厚 S 应符合 GB/T 17395 的规定(见表1-263)。按需方要求,经供需双方协商,可供应 GB/T 17395 规定之外尺寸的钢管

2) 钢管通常长度为 4000~12000mm。经供需双方协商,并在合同中注明,可交付长度短于 4000mm 但不短于 3000mm 的短尺钢管,但其数量应不超过该批钢管交货总数量的 5%

3) 根据需方要求,经供需双方协商,并在合同中注明,钢管可按定尺或倍尺长度交货。钢管的定尺长度和倍尺总长度应在通常长度范围内

钢管定尺长度允许偏差应符合如下规定:

a) 长度≤6000mm,0~10mm

b) 长度>6000mm,0~15mm

每个倍尺长度应按如下规定留出切口余量:

a) D≤159mm 时,切口余量为 5~10mm

b) D>159mm 时,切口余量为 10~15mm

4) 钢管的弯曲度应不大于如下规定:

a) S≤15mm 时,弯曲度不大于 1.5mm/m

b) S>15~30mm 时,弯曲度不大于 2.0mm/m

c) S>30mm 或 D≥351mm 时,弯曲度不大于 3.0mm/m

钢管材料牌号及化学成分

牌号	化学成分(质量分数,%)							
	C	Si	Mn	P	S	Ni	Mo	V
16MnDG	0.12~0.20	0.20~0.55	1.20~1.60	≤0.020	≤0.010	—	—	—
10MnDG	≤0.13	0.17~0.37	≤1.35	≤0.020	≤0.010	—	—	≤0.07
09DG	≤0.12	0.17~0.37	≤0.95	≤0.020	≤0.010	—	—	≤0.07
09Mn2VDG	≤0.12	0.17~0.37	≤1.85	≤0.020	≤0.010	—	—	≤0.12
06Ni3MoDG	≤0.08	0.17~0.37	≤0.85	≤0.015	≤0.008	2.50~3.70	0.15~0.30	≤0.05
06Ni9DG	≤0.10	0.10~0.35	≤0.90	≤0.015	≤0.008	8.50~9.50	—	—

1)16MnDG、10MnDG 和 09DG 可加入 0.01%~0.05%的 Ti

2)09Mn2VDG 可加入 0.01%~0.10%Ti 或 0.015%~0.060%的 Nb

3)10MnDG 和 06Ni3MoDG 的酸溶铝分别不小于 0.015%和 0.020%,但不作为交货条件

（续）

	牌号	抗拉强度 R_m /MPa	下屈服强度或规定塑性延伸强度 $(R_{eL}$ 或 $R_{p0.2})$/MPa		断后伸长率 $A(\%)$		
			$S \leqslant 16mm$	$S > 16mm$	1号试样	2号试样	3号试样
钢管纵向力学性能	16MnDG	490~665	≥325	≥315	≥30		≥23
	10MnDG	≥400	≥240		≥35		≥29
	09DG	≥385	≥210		≥35		≥29
	09Mn2VDG	≥450	≥300		≥30		≥23
	06Ni3MoDG	≥455	≥250		≥30		≥23
	06Ni9DG	≥690	≥520		≥22		≥18

1) 外径小于 20mm 的钢管，本表规定的断后伸长率值不适用，其断后伸长率值由供需双方协商确定

2) 壁厚小于 8mm 的钢管，用 2 号试样进行拉伸试验时，壁厚每减少 1mm，其断后伸长率的最小值应从本表规定最小断后伸长率中减去 1.5%，并按数字修约规则修约为整数

	试样尺寸(高度×宽度)/ (mm×mm)	冲击吸收能量 KV_2/J		
		一组(3个)的平均值	至少2个的单个值	1个的最低值
钢管纵向低温冲击吸收能量	10×10	≥21(40)	≥21(40)	≥15(28)
	10×7.5	≥18(35)	≥18(35)	≥13(25)
	10×5	≥14(26)	≥14(26)	≥10(18)
	10×2.5	≥7(13)	≥7(13)	≥5(9)

1) 对不能采用 10mm×2.5mm 冲击试样尺寸的钢管，冲击吸收能量由供需双方协商确定

2) 括号中的数值为 06Ni9DG 钢管的冲击吸收能量

3) 钢管各牌号冲击试验温度应符合如下规定：16MnDG、10MnDG 和 09DG 冲击试验温度为 -45℃，09Mn2VDG 为 -70℃，06Ni3MoDG 为 -100℃，06Ni9DG 为 -196℃

注：1. 06Ni9DG 钢管应以淬火加回火或二次正火加回火状态交货。其他牌号的钢管应以正火、正火加回火或淬火加回火状态交货。当终轧温度不低于相变临界温度(Ar_3)且钢管是经过空冷时，则应认为钢管是经过正火的。

2. 钢管应逐根进行液压试验，试验压力按下式计算，最大试验压力为 10MPa。在试验压力下，稳压时间应不少于 5s，钢管不允许出现渗漏现象。

$$p = 2SR/D$$

式中　p—试验压力，单位为兆帕(MPa)；

　　　S—钢管的公称壁厚，单位为毫米(mm)；

　　　D—钢管的公称外径，单位为毫米(mm)；

　　　R—允许应力，为表中规定下屈服强度的 60%，单位为兆帕(MPa)。

供方可用漏磁探伤或涡流探伤代替液压试验。用漏磁探伤时，对比样管外表面纵向缺口槽应符合 GB/T 12606—2016 中验收等级 F4 的规定；用涡流探伤时，对比样管人工缺陷应符合 GB/T 7735—2016 中验收等级 E4H 或 E4 的规定。

3. 外径大于 22mm 的钢管应做压扁试验。试样压扁后的平板间距离 H 按下式计算。试样压至两平板间距离为 H 时，试样上不允许出现裂缝或裂口。

$$H = \frac{(1+\alpha)/S}{\alpha + S/D}$$

式中　H—平板间距离，单位为毫米(mm)；

　　　S—钢管的公称壁厚，单位为毫米(mm)；

　　　D—钢管的公称外径，单位为毫米(mm)；

　　　α—单位长度变形系数，为 0.08。

4. GB/T 18984—2016 适用于 -45℃级~-196℃级低温压力容器管道及低温热交换器管道。

5. 在需方要求时，经供需双方协商，对钢管可进行弯曲、扩口试验，并应符合 GB/T 18984—2016 的规定。

6. 对于钢管，应按 GB/T 18984—2016 的规定进行低倍检验、非金属夹杂物、无损检测等试验，并应符合该标准规定的要求。

1.10.7 冷拔异型钢管(见表1-277~表1-283)

表1-277 冷拔异型钢管的牌号和力学性能(摘自GB/T 3094—2012)

牌号	质量等级	抗拉强度 R_m/MPa	下屈服强度 R_{eL}/MPa	断后伸长率 A(%)	冲击试验 温度/℃	冲击试验 吸收能量 KV_2/J
		不小于				不小于
10	—	335	205	24	—	—
20	—	410	245	20	—	—
35	—	510	305	17	—	—
45	—	590	335	14	—	—
Q195	—	315~430	195	33	—	—
Q215	A	335~450	215	30	—	—
	B				+20	27
Q235	A	370~500	235	25	—	—
	B				+20	27
	C				0	
	D				-20	
Q345	A	470~630	345	20	—	—
	B				+20	34
	C			21	0	
	D				-20	
	E				-40	27
Q390	A	490~650	390	18	—	—
	B				+20	34
	C			19	0	
	D				-20	
	E				-40	27

注:1. 牌号的化学成分应符合GB/T 699、GB/T 700、GB/T 1591的相关规定。

2. 经供需双方协商,可供应合金结构钢钢管,其牌号和化学成分应符合GB/T 3077规定。

3. 钢管按截面形状分为方形、矩形、椭圆形、平椭圆形、内外六角形和直角梯形共6种,外形和尺寸见表1-278~表1-283;管长度为2~9m,可按定尺和倍尺供货,钢管的扭转值等精度要求应符合GB/T 3094—2012的相关规定。

4. 冷拔状态交货的钢管不做力学性能试验。当钢管以热处理状态交货时,钢管的纵向力学性能应符合本表的规定;合金结构钢钢管的纵向力学性能应符合GB/T 3077的规定。

5. 以热处理状态交货的Q195、Q215、Q235、Q345和Q390钢管,当周长不小于240mm且壁厚不小于10mm时,应进行冲击试验,其夏比V型缺口冲击吸收能量(KV_2)应符合本表的规定。冲击试样宽度应为10mm、7.5mm或5mm中尽可能较大的尺寸,当无法截取宽度为5mm的试样时,可不进行冲击试验。本表中的冲击吸收能量为标准尺寸试样夏比V型缺口冲击吸收能量要求值,当采用小尺寸冲击试样时,小尺寸试样的夏比V型缺口冲击吸收能量要求值应为标准尺寸试样冲击吸收能量要求值乘以标准规定的递减系数(小试样10mm×7.5mm、10mm×5mm,递减系数分别为0.75、0.50)。

6. 周长不小于240mm且壁厚不小于10mm的合金结构钢钢管,其标准试样冲击吸收能量应符合GB/T 3077的规定。

7. 冷拔焊接钢管的力学性能试验取样位置应位于母材区域。

8. 冷拔异型钢管适用于各种结构件、工具和机械零件部件的制造。

表 1-278　方形钢管的尺寸规格（摘自 GB/T 3094—2012）

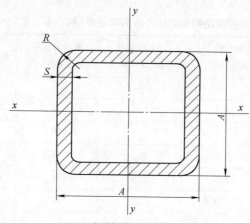

方形钢管（D-1）

公称尺寸		截面面积	理论质量	惯性矩	截面模数	公称尺寸		截面面积	理论质量	惯性矩	截面模数
A	S	F	G	$J_x = J_y$	$W_x = W_y$	A	S	F	G	$J_x = J_y$	$W_x = W_y$
mm		cm²	kg/m	cm⁴	cm³	mm		cm²	kg/m	cm⁴	cm³
12	0.8	0.347	0.273	0.072	0.119	25	2	1.771	1.390	1.535	1.228
	1	0.423	0.332	0.084	0.140		2.5	2.143	1.682	1.770	1.416
14	1	0.503	0.395	0.139	0.199		3	2.485	1.951	1.955	1.564
	1.5	0.711	0.558	0.181	0.259	30	2	2.171	1.704	2.797	1.865
16	1	0.583	0.458	0.216	0.270		3	3.085	2.422	3.670	2.447
	1.5	0.831	0.653	0.286	0.357		3.5	3.500	2.747	3.996	2.664
18	1	0.663	0.520	0.315	0.351		4	3.885	3.050	4.256	2.837
	1.5	0.951	0.747	0.424	0.471	32	2	2.331	1.830	3.450	2.157
	2	1.211	0.951	0.505	0.561		3	3.325	2.611	4.569	2.856
20	1	0.743	0.583	0.442	0.442		3.5	3.780	2.967	4.999	3.124
	1.5	1.071	0.841	0.601	0.601		4	4.205	3.301	5.351	3.344
	2	1.371	1.076	0.725	0.725	35	2	2.571	2.018	4.610	2.634
	2.5	1.643	1.290	0.817	0.817		3	3.685	2.893	6.176	3.529
22	1	0.823	0.646	0.599	0.544		3.5	4.200	3.297	6.799	3.885
	1.5	1.191	0.935	0.822	0.748		4	4.685	3.678	7.324	4.185
	2	1.531	1.202	1.001	0.910	36	2	2.651	2.081	5.048	2.804
	2.5	1.843	1.447	1.140	1.036		3	3.805	2.987	6.785	3.769
25	1.5	1.371	1.077	1.246	0.997		4	4.845	3.804	8.076	4.487

（续）

公称尺寸		截面面积	理论质量	惯性矩	截面模数	公称尺寸		截面面积	理论质量	惯性矩	截面模数
A	S	F	G	$J_x = J_y$	$W_x = W_y$	A	S	F	G	$J_x = J_y$	$W_x = W_y$
mm		cm²	kg/m	cm⁴	cm³	mm		cm²	kg/m	cm⁴	cm³
36	5	5.771	4.530	8.975	4.986	75	6	15.94	12.51	124.4	33.16
40	2	2.971	2.332	7.075	3.537		8	19.79	15.54	141.4	37.72
	3	4.285	3.364	9.622	4.811	80	4	11.89	9.330	113.2	28.30
	4	5.485	4.306	11.60	5.799		5	14.57	11.44	134.8	33.70
	5	6.571	5.158	13.06	6.532		6	17.14	13.46	154.0	38.49
42	2	3.131	2.458	8.265	3.936		8	21.39	16.79	177.2	44.30
	3	4.525	3.553	11.30	5.380	90	4	13.49	10.59	164.7	36.59
	4	5.805	4.557	13.69	6.519		5	16.57	13.01	197.2	43.82
	5	6.971	5.472	15.51	7.385		6	19.54	15.34	226.6	50.35
45	2	3.371	2.646	10.29	4.574		8	24.59	19.30	265.8	59.06
	3	4.885	3.835	14.16	6.293	100	5	18.57	14.58	276.4	55.27
	4	6.285	4.934	17.28	7.679		6	21.94	17.22	319.0	63.80
	5	7.571	5.943	19.72	8.763		8	27.79	21.82	379.8	75.95
50	2	3.771	2.960	14.36	5.743		10	33.42	26.24	432.6	86.52
	3	5.485	4.306	19.94	7.975	108	5	20.17	15.83	353.1	65.39
	4	7.085	5.562	24.56	9.826		6	23.86	18.73	408.9	75.72
	5	8.571	6.728	28.32	11.33		8	30.35	23.83	491.4	91.00
55	2	4.171	3.274	19.38	7.046		10	36.62	28.75	564.3	104.5
	3	6.085	4.777	27.11	9.857	120	6	26.74	20.99	573.1	95.51
	4	7.885	6.190	33.66	12.24		8	34.19	26.84	696.8	116.1
	5	9.571	7.513	39.11	14.22		10	41.42	32.52	807.9	134.7
60	3	6.685	5.248	35.82	11.94		12	48.13	37.78	897.0	149.5
	4	8.685	6.818	44.75	14.92	125	6	27.94	21.93	652.7	104.4
	5	10.57	8.298	52.35	17.45		8	35.79	28.10	797.0	127.5
	6	12.34	9.688	58.72	19.57		10	43.42	34.09	927.2	148.3
65	3	7.285	5.719	46.22	14.22		12	50.53	39.67	1033.2	165.3
	4	9.485	7.446	58.05	17.86	130	6	29.14	22.88	739.5	113.8
	5	11.57	9.083	68.29	21.01		8	37.39	29.35	906.3	139.4
	6	13.54	10.63	77.03	23.70		10	45.42	35.66	1057.6	162.7
70	3	7.885	6.190	58.46	16.70		12	52.93	41.55	1182.5	181.9
	4	10.29	8.074	73.76	21.08	140	6	31.54	24.76	935.3	133.6
	5	12.57	9.868	87.18	24.91		8	40.59	31.86	1153.9	164.8
	6	14.74	11.57	98.81	28.23		10	49.42	38.80	1354.1	193.4
75	4	11.09	8.702	92.08	24.55		12	57.73	45.32	1522.8	217.5
	5	13.57	10.65	109.3	29.14						

（续）

公称尺寸		截面面积	理论质量	惯性矩	截面模数	公称尺寸		截面面积	理论质量	惯性矩	截面模数
A	S	F	G	$J_x = J_y$	$W_x = W_y$	A	S	F	G	$J_x = J_y$	$W_x = W_y$
mm		cm²	kg/m	cm⁴	cm³	mm		cm²	kg/m	cm⁴	cm³
150	8	43.79	34.38	1443.0	192.4	200	10	73.42	57.64	4337.6	433.8
	10	53.42	41.94	1701.2	226.8		12	86.53	67.93	4983.6	498.4
	12	62.53	49.09	1922.6	256.3		14	99.11	77.80	5562.3	556.2
	14	71.11	55.82	2109.2	281.2		16	111.2	87.27	6076.4	607.6
160	8	46.99	36.89	1776.7	222.1	250	10	93.42	73.34	8841.9	707.3
	10	57.42	45.08	2103.1	262.9		12	110.5	86.77	10254.2	820.3
	12	67.33	52.86	2386.8	298.4		14	127.1	99.78	11556.2	924.5
	14	76.71	60.22	2630.1	328.8		16	143.2	112.4	12751.4	1020.1
180	8	53.39	41.91	2590.7	287.9	280	10	105.4	82.76	12648.9	903.5
	10	65.42	51.36	3086.9	343.0		12	124.9	98.07	14726.8	1051.9
	12	76.93	60.39	3527.6	392.0		14	143.9	113.0	16663.5	1190.2
	14	87.91	69.01	3915.3	435.0		16	162.4	127.5	18462.8	1318.8

注：当 $S \leqslant 6mm$ 时，$R = 1.5S$，方形钢管理论质量推荐计算公式见式（1）；当 $S > 6mm$ 时，$R = 2S$，方形钢管理论质量推荐计算公式见式（2）。

$$G = 0.0157S(2A - 2.8584S) \tag{1}$$

$$G = 0.0157S(2A - 3.2876S) \tag{2}$$

式中　G—方形钢管的理论质量（钢的密度按 $7.85kg/dm^3$），单位为千克每米（kg/m）；

　　　A—方形钢管的边长，单位为毫米（mm）；

　　　S—方形钢管的公称壁厚，单位为毫米（mm）。

表 1-279　矩形钢管的尺寸规格（摘自 GB/T 3094—2012）

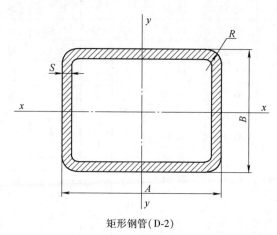

矩形钢管（D-2）

（续）

公称尺寸			截面面积	理论质量	惯性矩		截面模数	
A	B	S	F	G	J_x	J_y	W_x	W_y
mm			cm²	kg/m	cm⁴		cm³	
10	5	0.8	0.203	0.160	0.007	0.022	0.028	0.045
		1	0.243	0.191	0.008	0.025	0.031	0.050
12	6	0.8	0.251	0.197	0.013	0.041	0.044	0.069
		1	0.303	0.238	0.015	0.047	0.050	0.079
14	7	1	0.362	0.285	0.026	0.080	0.073	0.115
		1.5	0.501	0.394	0.080	0.099	0.229	0.141
		2	0.611	0.480	0.031	0.106	0.090	0.151
	10	1	0.423	0.332	0.062	0.106	0.123	0.151
		1.5	0.591	0.464	0.077	0.134	0.154	0.191
		2	0.731	0.574	0.085	0.149	0.169	0.213
16	8	1	0.423	0.332	0.041	0.126	0.102	0.157
		1.5	0.591	0.464	0.050	0.159	0.124	0.199
		2	0.731	0.574	0.053	0.177	0.133	0.221
	12	1	0.502	0.395	0.108	0.171	0.180	0.213
		1.5	0.711	0.558	0.139	0.222	0.232	0.278
		2	0.891	0.700	0.158	0.256	0.264	0.319
18	9	1	0.483	0.379	0.060	0.185	0.134	0.206
		1.5	0.681	0.535	0.076	0.240	0.168	0.266
		2	0.851	0.668	0.084	0.273	0.186	0.304
	14	1	0.583	0.458	0.173	0.258	0.248	0.286
		1.5	0.831	0.653	0.228	0.342	0.326	0.380
		2	1.051	0.825	0.266	0.402	0.380	0.446
20	10	1	0.543	0.426	0.086	0.262	0.172	0.262
		1.5	0.771	0.606	0.110	0.110	0.219	0.110
		2	0.971	0.762	0.124	0.400	0.248	0.400
	12	1	0.583	0.458	0.132	0.298	0.220	0.298
		1.5	0.831	0.653	0.172	0.396	0.287	0.396
		2	1.051	0.825	0.199	0.465	0.331	0.465
25	10	1	0.643	0.505	0.106	0.465	0.213	0.372
		1.5	0.921	0.723	0.137	0.624	0.274	0.499
		2	1.171	0.919	0.156	0.740	0.313	0.592
	18	1	0.803	0.630	0.417	0.696	0.463	0.557
		1.5	1.161	0.912	0.567	0.956	0.630	0.765
		2	1.491	1.171	0.685	1.164	0.761	0.931

（续）

公称尺寸			截面面积	理论质量	惯性矩		截面模数	
A	B	S	F	G	J_x	J_y	W_x	W_y
mm			cm^2	kg/m	cm^4		cm^3	
30	15	1.5	1.221	0.959	0.435	1.324	0.580	0.883
		2	1.571	1.233	0.521	1.619	0.695	1.079
		2.5	1.893	1.486	0.584	1.850	0.779	1.233
	20	1.5	1.371	1.007	0.859	1.629	0.859	1.086
		2	1.771	1.390	1.050	2.012	1.050	1.341
		2.5	2.143	1.682	1.202	2.324	1.202	1.549
35	15	1.5	1.371	1.077	0.504	1.969	0.672	1.125
		2	1.771	1.390	0.607	2.429	0.809	1.388
		2.5	2.143	1.682	0.683	2.803	0.911	1.602
	25	1.5	1.671	1.312	1.661	2.811	1.329	1.606
		2	2.171	1.704	2.066	3.520	1.652	2.011
		2.5	2.642	2.075	2.405	4.126	1.924	2.358
40	11	1.5	1.401	1.100	0.276	2.341	0.501	1.170
	20	2	2.171	1.704	1.376	4.184	1.376	2.092
		2.5	2.642	2.075	1.587	4.903	1.587	2.452
		3	3.085	2.422	1.756	5.506	1.756	2.753
	30	2	2.571	2.018	3.582	5.629	2.388	2.815
		2.5	3.143	2.467	4.220	6.664	2.813	3.332
		3	3.685	2.893	4.768	7.564	3.179	3.782
50	25	2	2.771	2.175	2.861	8.595	2.289	3.438
		3	3.985	3.129	3.781	11.64	3.025	4.657
		4	5.085	3.992	4.424	13.96	3.540	5.583
	40	2	3.371	2.646	8.520	12.05	4.260	4.821
		3	4.885	3.835	11.68	16.62	5.840	6.648
		4	6.285	4.934	14.20	20.32	7.101	8.128
60	30	2	3.371	2.646	5.153	15.35	3.435	5.117
		3	4.885	3.835	6.964	21.18	4.643	7.061
		4	6.285	4.934	8.344	25.90	5.562	8.635
	40	2	3.771	2.960	9.965	18.72	4.983	6.239
		3	5.485	4.306	13.74	26.06	6.869	8.687
		4	7.085	5.562	16.80	32.19	8.402	10.729
70	35	2	3.971	3.117	8.426	24.95	4.815	7.130
		3	5.785	4.542	11.57	34.87	6.610	9.964
		4	7.485	5.876	14.09	43.23	8.051	12.35
	50	3	6.685	5.248	26.57	44.98	10.63	12.85
		4	8.685	6.818	33.05	56.32	13.22	16.09
		5	10.57	8.298	38.48	66.01	15.39	18.86

（续）

公称尺寸			截面面积	理论质量	惯性矩		截面模数	
A	B	S	F	G	J_x	J_y	W_x	W_y
mm			cm²	kg/m	cm⁴		cm³	
80	40	3	6.685	5.248	17.85	53.47	8.927	13.37
		4	8.685	6.818	22.01	66.95	11.00	16.74
		5	10.57	8.298	25.40	78.45	12.70	19.61
	60	4	10.29	8.074	57.32	90.07	19.11	22.52
		5	12.57	9.868	67.52	106.6	22.51	26.65
		6	14.74	11.57	76.28	121.0	25.43	30.26
90	50	3	7.885	6.190	33.21	83.39	13.28	18.53
		4	10.29	8.074	41.53	105.4	16.61	23.43
		5	12.57	9.868	48.65	124.8	19.46	27.74
	70	4	11.89	9.330	91.21	135.0	26.06	30.01
		5	14.57	11.44	108.3	161.0	30.96	35.78
		6	15.94	12.51	123.5	184.1	35.27	40.92
100	50	3	8.485	6.661	36.53	108.4	14.61	21.67
		4	11.09	8.702	45.78	137.5	18.31	27.50
		5	13.57	10.65	53.73	163.4	21.49	32.69
	80	4	13.49	10.59	136.3	192.8	34.08	38.57
		5	16.57	13.01	163.0	231.2	40.74	46.24
		6	19.54	15.34	186.9	265.9	46.72	53.18
120	60	4	13.49	10.59	82.45	245.6	27.48	40.94
		5	16.57	13.01	97.85	294.6	32.62	49.10
		6	19.54	15.34	111.4	338.9	37.14	56.49
	80	4	15.09	11.84	159.4	299.5	39.86	49.91
		6	21.94	17.22	219.8	417.0	54.95	69.49
		8	27.79	21.82	260.5	495.8	65.12	82.63
140	70	6	23.14	18.17	185.1	558.0	52.88	79.71
		8	29.39	23.07	219.1	665.5	62.59	95.06
		10	35.43	27.81	247.2	761.4	70.62	108.8
	120	6	29.14	22.88	651.1	827.5	108.5	118.2
		8	37.39	29.35	797.3	1014.4	132.9	144.9
		10	45.43	35.66	929.2	1184.7	154.9	169.2
150	75	6	24.94	19.58	231.7	696.2	61.80	92.82
		8	31.79	24.96	276.7	837.4	73.80	111.7
		10	38.43	30.16	314.7	965.0	83.91	128.7
	100	6	27.94	21.93	451.7	851.8	90.35	113.6
		8	35.79	28.10	549.5	1039.3	109.9	138.6
		10	43.43	34.09	635.9	1210.4	127.2	161.4

（续）

公称尺寸			截面面积	理论质量	惯性矩		截面模数	
A	B	S	F	G	J_x	J_y	W_x	W_y
mm			cm^2	kg/m	cm^4		cm^3	
160	60	6	24.34	19.11	146.6	713.1	48.85	89.14
		8	30.99	24.33	172.5	851.7	57.50	106.5
		10	37.43	29.38	193.2	976.4	64.40	122.1
	80	6	26.74	20.99	285.7	855.5	71.42	106.9
		8	34.19	26.84	343.8	1036.7	85.94	129.6
		10	41.43	32.52	393.5	1201.7	98.37	150.2
180	80	6	29.14	22.88	318.6	1152.6	79.65	128.1
		8	37.39	29.35	385.4	1406.5	96.35	156.3
		10	45.43	35.66	442.8	1640.3	110.7	182.3
	100	8	40.59	31.87	651.3	1643.4	130.3	182.6
		10	49.43	38.80	757.9	1929.6	151.6	214.4
		12	57.73	45.32	845.3	2170.6	169.1	241.2
200	80	8	40.59	31.87	427.1	1851.1	106.8	185.1
		12	57.73	45.32	543.4	2435.4	135.9	243.5
		14	65.51	51.43	582.2	2650.7	145.6	265.1
	120	8	46.99	36.89	1098.9	2441.3	183.2	244.1
		12	67.33	52.86	1459.2	3284.8	243.2	328.5
		14	76.71	60.22	1598.7	3621.2	266.4	362.1
220	110	8	48.59	38.15	981.1	2916.5	178.4	265.1
		12	69.73	54.74	1298.6	3934.5	236.1	357.7
		14	79.51	62.42	1420.5	4343.1	258.3	394.8
	200	10	77.43	60.78	4699.0	5445.9	469.9	495.1
		12	91.33	71.70	5408.3	6273.3	540.8	570.3
		14	104.7	82.20	6047.5	7020.7	604.8	638.2
240	180	12	91.33	71.70	4545.4	7121.4	505.0	593.4
250	150	10	73.43	57.64	2682.9	5960.2	357.7	476.8
		12	86.53	67.93	3068.1	6852.7	409.1	548.2
		14	99.11	77.80	3408.5	7652.9	454.5	612.2
	200	10	83.43	65.49	5241.0	7401.0	524.1	592.1
		12	98.53	77.35	6045.3	8553.5	604.5	684.3
		14	113.1	88.79	6775.4	9604.6	677.5	768.4
300	150	10	83.43	65.49	3173.7	9403.9	423.2	626.9
		14	113.1	88.79	4058.1	12195.7	541.1	813.0
		16	127.2	99.83	4427.9	13399.1	590.4	893.3

（续）

公称尺寸			截面面积	理论质量	惯性矩		截面模数	
A	B	S	F	G	J_x	J_y	W_x	W_y
mm			cm^2	kg/m	cm^4		cm^3	
300	200	10	93.43	73.34	6144.3	11507.2	614.4	767.1
		14	127.1	99.78	7988.6	15060.8	798.9	1004.1
		16	143.2	112.39	8791.7	16628.7	879.2	1108.6
400	200	10	113.4	89.04	7951.0	23348.1	795.1	1167.4
		14	155.1	121.76	10414.8	30915.0	1041.5	1545.8
		16	175.2	137.51	11507.0	34339.4	1150.7	1717.0

注：当 $S \leqslant 6$mm 时，$R=1.5S$，矩形钢管理论质量推荐计算公式见式（1）；当 $S>6$mm 时，$R=2S$，矩形钢管理论质量推荐计算公式见式（2）。

$$G = 0.0157S(A+B-2.8584S) \qquad (1)$$
$$G = 0.0157S(A+B-3.2876S) \qquad (2)$$

式中　G—矩形钢管的理论质量（钢的密度按 7.85kg/dm^3），单位为千克每米（kg/m）；

　　　A、B—矩形钢管的长、宽，单位为毫米（mm）；

　　　S—矩形钢管的公称壁厚，单位为毫米（mm）。

表 1-280　椭圆形钢管的尺寸规格（摘自 GB/T 3094—2012）

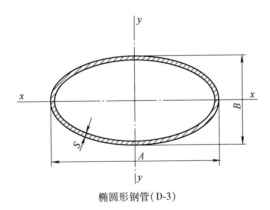

椭圆形钢管（D-3）

公称尺寸			截面面积	理论质量	惯性矩		截面模数	
A	B	S	F	G	J_x	J_y	W_x	W_y
mm			cm^2	kg/m	cm^4		cm^3	
10	5	0.5	0.110	0.086	0.003	0.011	0.013	0.021
		0.8	0.168	0.132	0.005	0.015	0.018	0.030
		1	0.204	0.160	0.005	0.018	0.021	0.035

（续）

公称尺寸			截面面积	理论质量	惯性矩		截面模数	
A	B	S	F	G	J_x	J_y	W_x	W_y
mm			cm^2	kg/m	cm^4		cm^3	
10	7	0.5	0.126	0.099	0.007	0.013	0.021	0.026
		0.8	0.195	0.152	0.010	0.019	0.030	0.038
		1	0.236	0.185	0.012	0.022	0.034	0.044
12	6	0.5	0.134	0.105	0.006	0.019	0.020	0.031
		0.8	0.206	0.162	0.009	0.028	0.028	0.046
		1.2	0.294	0.231	0.011	0.036	0.036	0.061
	8	0.5	0.149	0.117	0.012	0.022	0.029	0.037
		0.8	0.231	0.182	0.017	0.033	0.042	0.055
		1.2	0.332	0.260	0.022	0.044	0.055	0.073
18	9	0.8	0.319	0.251	0.032	0.101	0.072	0.112
		1.2	0.464	0.364	0.043	0.139	0.096	0.155
		1.5	0.565	0.444	0.049	0.164	0.109	0.182
	12	0.8	0.357	0.280	0.063	0.120	0.104	0.133
		1.2	0.520	0.408	0.086	0.166	0.143	0.185
		1.5	0.636	0.499	0.100	0.197	0.166	0.218
24	8	0.8	0.382	0.300	0.033	0.208	0.081	0.174
		1.2	0.558	0.438	0.043	0.292	0.107	0.243
		1.5	0.683	0.536	0.049	0.346	0.121	0.289
	12	0.8	0.432	0.339	0.081	0.249	0.136	0.208
		1.2	0.633	0.497	0.112	0.352	0.186	0.293
		1.5	0.778	0.610	0.131	0.420	0.218	0.350
30	18	1	0.723	0.567	0.299	0.674	0.333	0.449
		1.5	1.060	0.832	0.416	0.954	0.462	0.636
		2	1.382	1.085	0.514	1.199	0.571	0.800
34	17	1.5	1.131	0.888	0.410	1.277	0.482	0.751
		2	1.477	1.159	0.505	1.613	0.594	0.949
		2.5	1.806	1.418	0.583	1.909	0.685	1.123
43	32	1.5	1.696	1.332	2.138	3.398	1.336	1.581
		2	2.231	1.751	2.726	4.361	1.704	2.028
		2.5	2.749	2.158	3.259	5.247	2.037	2.440
50	25	1.5	1.696	1.332	1.405	4.278	1.124	1.711
		2	2.231	1.751	1.776	5.498	1.421	2.199
		2.5	2.749	2.158	2.104	6.624	1.683	2.650
55	35	1.5	2.050	1.609	3.243	6.592	1.853	2.397
		2	2.702	2.121	4.157	8.520	2.375	3.098
		2.5	3.338	2.620	4.995	10.32	2.854	3.754
60	30	1.5	2.050	1.609	2.494	7.528	1.663	2.509
		2	2.702	2.121	3.181	9.736	2.120	3.245
		2.5	3.338	2.620	3.802	11.80	2.535	3.934

（续）

公称尺寸			截面面积	理论质量	惯性矩		截面模数	
A	B	S	F	G	J_x	J_y	W_x	W_y
mm			cm²	kg/m	cm⁴		cm³	
65	35	1.5	2.286	1.794	3.770	10.02	2.154	3.084
		2	3.016	2.368	4.838	13.00	2.764	4.001
		2.5	3.731	2.929	5.818	15.81	3.325	4.865
70	35	1.5	2.403	1.887	4.036	12.11	2.306	3.460
		2	3.173	2.491	5.181	15.73	2.960	4.495
		2.5	3.927	3.083	6.234	19.16	3.562	5.474
76	38	1.5	2.615	2.053	5.212	15.60	2.743	4.104
		2	3.456	2.713	6.710	20.30	3.532	5.342
		2.5	4.280	3.360	8.099	24.77	4.263	6.519
80	40	1.5	2.757	2.164	6.110	18.25	3.055	4.564
		2	3.644	2.861	7.881	23.79	3.941	5.948
		2.5	4.516	3.545	9.529	29.07	4.765	7.267
84	56	1.5	3.228	2.534	13.33	24.95	4.760	5.942
		2	4.273	3.354	17.34	32.61	6.192	7.765
		2.5	5.301	4.162	21.14	39.95	7.550	9.513
90	40	1.5	2.992	2.349	6.817	24.74	3.409	5.497
		2	3.958	3.107	8.797	32.30	4.399	7.178
		2.5	4.909	3.853	10.64	39.54	5.321	8.787

注：椭圆形钢管理论质量推荐计算公式见下式：

$$G = 0.0123S(A+B-2S)$$

式中　G——椭圆形钢管的理论质量（钢的密度按 7.85kg/dm³），单位为千克每米（kg/m）；

　　　A、B——椭圆形钢管的长轴、短轴，单位为毫米（mm）；

　　　S——椭圆形钢管的公称壁厚，单位为毫米（mm）。

表 1-281　平椭圆形钢管的尺寸规格（摘自 GB/T 3094—2012）

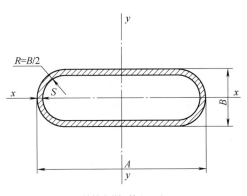

平椭圆形钢管（D-4）

（续）

公称尺寸			截面面积	理论质量	惯性矩		截面模数	
A	B	S	F	G	J_x	J_y	W_x	W_y
mm			cm^2	kg/m	cm^4		cm^3	
10	5	0.8	0.186	0.146	0.006	0.007	0.024	0.014
		1	0.226	0.177	0.018	0.021	0.071	0.042
14	7	0.8	0.268	0.210	0.018	0.053	0.053	0.076
		1	0.328	0.258	0.021	0.063	0.061	0.090
18	12	1	0.466	0.365	0.089	0.160	0.149	0.178
		1.5	0.675	0.530	0.120	0.219	0.199	0.244
		2	0.868	0.682	0.142	0.267	0.237	0.297
24	12	1	0.586	0.460	0.126	0.352	0.209	0.293
		1.5	0.855	0.671	0.169	0.491	0.282	0.409
		2	1.108	0.870	0.203	0.609	0.339	0.507
30	15	1	0.740	0.581	0.256	0.706	0.341	0.471
		1.5	1.086	0.853	0.353	1.001	0.470	0.667
		2	1.417	1.112	0.432	1.260	0.576	0.840
35	25	1	0.954	0.749	0.832	1.325	0.666	0.757
		1.5	1.407	1.105	1.182	1.899	0.946	1.085
		2	1.845	1.448	1.493	2.418	1.195	1.382
40	25	1	1.054	0.827	0.976	1.889	0.781	0.944
		1.5	1.557	1.223	1.390	2.719	1.112	1.360
		2	2.045	1.605	1.758	3.479	1.407	1.740
45	15	1	1.040	0.816	0.403	2.137	0.537	0.950
		1.5	1.536	1.206	0.558	3.077	0.745	1.367
		2	2.017	1.583	0.688	3.936	0.917	1.750
50	25	1	1.254	0.984	1.264	3.423	1.011	1.369
		1.5	1.857	1.458	1.804	4.962	1.444	1.985
		2	2.445	1.919	2.289	6.393	1.831	2.557
55	25	1	1.354	1.063	1.408	4.419	1.127	1.607
		1.5	2.007	1.576	2.012	6.423	1.609	2.336
		2	2.645	2.076	2.554	8.296	2.043	3.017
60	30	1	1.511	1.186	2.221	5.983	1.481	1.994
		1.5	2.243	1.761	3.197	8.723	2.131	2.908
		2	2.959	2.323	4.089	11.30	2.726	3.768
63	10	1	1.343	1.054	0.245	4.927	0.489	1.564
		1.5	1.991	1.563	0.327	7.152	0.655	2.271
		2	2.623	2.059	0.389	9.228	0.778	2.929

（续）

公称尺寸			截面面积	理论质量	惯性矩		截面模数	
A	B	S	F	G	J_x	J_y	W_x	W_y
mm			cm²	kg/m	cm⁴		cm³	
70	35	1.5	2.629	2.063	5.167	14.02	2.952	4.006
		2	3.473	2.727	6.649	18.24	3.799	5.213
		2.5	4.303	3.378	8.020	22.25	4.583	6.358
75	35	1.5	2.779	2.181	5.588	16.87	3.193	4.499
		2	3.673	2.884	7.194	21.98	4.111	5.862
		2.5	4.553	3.574	8.682	26.85	4.961	7.160
80	30	1.5	2.843	2.232	4.416	18.98	2.944	4.746
		2	3.759	2.951	5.660	24.75	3.773	6.187
		2.5	4.660	3.658	6.798	30.25	4.532	7.561
85	25	1.5	2.907	2.282	3.256	21.11	2.605	4.967
		2	3.845	3.018	4.145	27.53	3.316	6.478
		2.5	4.767	3.742	4.945	33.66	3.956	7.920
90	30	1.5	3.143	2.467	5.026	26.17	3.351	5.816
		2	4.159	3.265	6.445	34.19	4.297	7.598
		2.5	5.160	4.050	7.746	41.87	5.164	9.305

注：平椭圆形钢管理论质量推荐计算公式见下式：

$$G = 0.0157S(A + 0.5708B - 1.5708S)$$

式中　G—椭圆形钢管的理论质量（钢的密度按 7.85kg/dm³），单位为千克每米（kg/m）；

　　A、B—平椭圆形钢管的长、宽，单位为毫米（mm）；

　　S—平椭圆形钢管的公称壁厚，单位为毫米（mm）。

表1-282　内外六角形钢管的尺寸规格（摘自 GB/T 3094—2012）

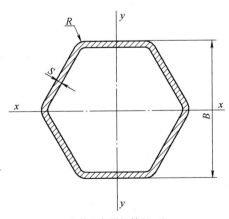

内外六角形钢管（D-5）

（续）

公称尺寸		截面面积	理论质量	惯性矩	截面模数		公称尺寸		截面面积	理论质量	惯性矩	截面模数	
B	S	F	G	$J_x = J_y$	W_x	W_y	B	S	F	G	$J_x = J_y$	W_x	W_y
mm		cm^2	kg/m	cm^4	cm^3		mm		cm^2	kg/m	cm^4	cm^3	
10	1	0.305	0.240	0.034	0.069	0.060	41	3	3.891	3.054	7.809	3.809	3.299
	1.5	0.427	0.335	0.043	0.087	0.075		4	5.024	3.944	9.579	4.673	4.046
	2	0.528	0.415	0.048	0.096	0.084		5	6.074	4.768	11.00	5.366	4.647
12	1	0.375	0.294	0.063	0.105	0.091	46	3	4.411	3.462	11.33	4.926	4.266
	1.5	0.531	0.417	0.082	0.136	0.118		4	5.716	4.487	14.03	6.100	5.283
	2	0.667	0.524	0.094	0.157	0.136		5	6.940	5.448	16.27	7.074	6.126
14	1	0.444	0.348	0.104	0.149	0.129	57	3	5.554	4.360	22.49	7.890	6.833
	1.5	0.635	0.498	0.138	0.198	0.171		4	7.241	5.684	28.26	9.917	8.588
	2	0.806	0.632	0.163	0.232	0.201		5	8.845	6.944	33.28	11.68	10.11
19	1	0.617	0.484	0.278	0.292	0.253	65	3	6.385	5.012	34.08	10.48	9.080
	1.5	0.895	0.702	0.381	0.401	0.347		4	8.349	6.554	43.15	13.28	11.50
	2	1.152	0.904	0.464	0.489	0.423		5	10.23	8.031	51.20	15.76	13.64
21	1	0.686	0.539	0.381	0.363	0.314	70	3	6.904	5.420	43.03	12.29	10.65
	2	1.291	1.013	0.649	0.618	0.535		4	9.042	7.098	54.70	15.63	13.53
	3	1.813	1.423	0.824	0.785	0.679		5	11.10	8.711	65.16	18.62	16.12
27	1	0.894	0.702	0.839	0.622	0.538	85	4	11.12	8.730	101.3	23.83	20.64
	2	1.706	1.339	1.482	1.098	0.951		5	13.70	10.75	121.7	28.64	24.80
	3	2.436	1.912	1.958	1.450	1.256		6	16.19	12.71	140.4	33.03	28.61
32	2	2.053	1.611	2.566	1.604	1.389	95	4	12.51	9.817	143.8	30.27	26.21
	3	2.956	2.320	3.461	2.163	1.873		5	15.43	12.11	173.5	36.53	31.63
	4	3.777	2.965	4.139	2.587	2.240		6	18.27	14.34	201.0	42.31	36.64
36	2	2.330	1.829	3.740	2.078	1.799	105	4	13.89	10.91	196.7	37.47	32.45
	3	3.371	2.647	5.107	2.837	2.457		5	17.16	13.47	238.2	45.38	39.30
	4	4.331	3.400	6.187	3.437	2.977		6	20.35	15.97	276.9	52.74	45.68

注：内外六角形钢管理论质量推荐计算公式见下式：

$$G = 0.02719S(B - 1.1862S)$$

式中　G——内外六角形钢管的理论质量（按 $R = 1.5S$，钢的密度按 7.85kg/dm^3），单位为千克每米（kg/m）；

　　　B——内外六角形钢管的对边距离，单位为毫米（mm）；

　　　S——内外六角形钢管的公称壁厚，单位为毫米（mm）。

表 1-283 直角梯形钢管的尺寸规格(摘自 GB/T 3094—2012)

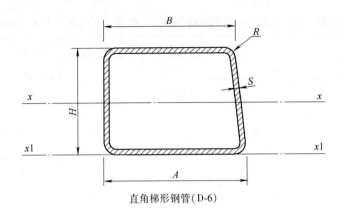

直角梯形钢管(D-6)

公称尺寸				截面面积	理论质量	惯性矩	截面模数	
A	B	H	S	F	G	J_x	W_{xa}	W_{xb}
mm				cm²	kg/m	cm⁴	cm³	
35	20	35	2	2.312	1.815	3.728	2.344	1.953
	25	30	2	2.191	1.720	2.775	1.959	1.753
	30	25	2	2.076	1.630	1.929	1.584	1.504
45	32	50	2	3.337	2.619	11.64	4.935	4.409
	40	30	1.5	2.051	1.610	2.998	2.039	1.960
50	35	60	2.2	4.265	3.348	21.09	7.469	6.639
	40	30	1.5	2.138	1.679	3.143	2.176	2.021
		35	1.5	2.287	1.795	4.484	2.661	2.471
	45	30	1.5	2.201	1.728	3.303	2.242	2.164
			2	2.876	2.258	4.167	2.828	2.730
		40	2	3.276	2.572	8.153	4.149	4.006
55	50	40	2	3.476	2.729	8.876	4.510	4.369
60	55	50	1.5	3.099	2.433	12.50	5.075	4.930

注：直角梯形钢管理论质量推荐计算公式见下式：

$$G=\left\{S\left[A+B+H+0.283185S+\frac{H}{\sin\alpha}-\frac{2S}{\sin\alpha}-2S\left(\mathrm{tg}\,\frac{180°-\alpha}{2}+\mathrm{tg}\,\frac{\alpha}{2}\right)\right]\right\}0.00785$$

$$\alpha=\mathrm{arctg}\,\frac{H}{A-B}$$

式中　G—直角梯形钢管的理论质量(按 $R=1.5S$，钢的密度按 7.85kg/dm³)，单位为千克每米(kg/m)；

　　　A—直角梯形钢管的下底，单位为毫米(mm)；

　　　B—直角梯形钢管的上底，单位为毫米(mm)；

　　　H—直角梯形钢管的高，单位为毫米(mm)；

　　　S—直角梯形钢管的公称壁厚，单位为毫米(mm)。

1.10.8 低压流体输送用焊接钢管(见表1~284~表1-286)

表1-284 低压流体输送用焊接钢管的尺寸规格(摘自 GB/T 3091—2015)

	公称口径 (DN)	外径(D)			最小公称壁厚 (t)	圆度不大于
		系列1	系列2	系列3		
钢管尺寸 规格/mm	6	10.2	10.0	—	2.0	0.20
	8	13.5	12.7	—	2.0	0.20
	10	17.2	16.0	—	2.2	0.20
	15	21.3	20.8	—	2.2	0.30
	20	26.9	26.0	—	2.2	0.35
	25	33.7	33.0	32.5	2.5	0.40
	32	42.4	42.0	41.5	2.5	0.40
	40	48.3	48.0	47.5	2.75	0.50
	50	60.3	59.5	59.0	3.0	0.60
	65	76.1	75.5	75.0	3.0	0.60
	80	88.9	88.5	88.0	3.25	0.70
	100	114.3	114.0	—	3.25	0.80
	125	139.7	141.3	140.0	3.5	1.00
	150	165.1	168.3	159.0	3.5	1.20
	200	219.1	219.0		4.0	1.60

	外径(D)	外径极限偏差		壁厚(t)极限偏差
		管体	管端(距管端100mm 范围内)	
钢管外径和 壁厚的极限 偏差/mm	D≤48.3	±0.5	—	±10%t
	48.3<D≤273.1	±1%D	—	
	273.1<D≤508	±0.75%D	+2.4 -0.8	
	D>508	±1%D 或±10.0, 两者取较小值	+3.2 -0.8	

注：1. GB/T 3091—2015《低压流体输送用焊接钢管》适于输送水、空气、采暖蒸汽和燃气等低压流体,产品包括直缝电焊钢管、直缝埋弧焊(SAWL)钢管和螺旋埋弧焊(SAWH)钢管。

2. 表中的公称口径系近似内径的名义尺寸,不表示外径减去两倍壁厚所得的内径。

3. 系列1是通用系列,属推荐选用系列;系列2是非通用系列;系列3是少数特殊、专用系列。

4. 外径(D)不大于219.1mm 的钢管按公称口径(DN)和公称壁厚(t)交货,其公称口径和公称壁厚应符合本表的规定。外径大于219.1mm 的钢管按公称外径和公称壁厚交货,其公称外径和公称壁厚应符合 GB/T 21835 的规定。

表 1-285　低压流体输送用焊接钢管管端用螺纹或沟槽连接的钢管

尺寸（摘自 GB/T 3091—2015）　　　　　（单位：mm）

公称口径 （DN）	外径 （D）	壁厚（t）		公称口径 （DN）	外径 （D）	壁厚（t）	
		普通钢管	加厚钢管			普通钢管	加厚钢管
6	10.2	2.0	2.5	50	60.3	3.8	4.5
8	13.5	2.5	2.8	65	76.1	4.0	4.5
10	17.2	2.5	2.8	80	88.9	4.0	5.0
15	21.3	2.8	3.5	100	114.3	4.0	5.0
20	26.9	2.8	3.5	125	139.7	4.0	5.5
25	33.7	3.2	4.0	150	165.1	4.5	6.0
32	42.4	3.5	4.0	200	219.1	6.0	7.0
40	48.3	3.5	4.5				

注：表中的公称口径系近似内径的名义尺寸，不表示外径减去两倍壁厚所得的内径。

表 1-286　低压流体输送用焊接钢管的牌号和力学性能（摘自 GB/T 3091—2015）

牌号	下屈服强度 R_{eL}/MPa 不小于		抗拉强度 R_m/MPa 不小于	断后伸长率 A(%) 不小于	
	$t \leqslant 16mm$	$t > 16mm$		$D \leqslant 168.3mm$	$D > 168.3mm$
Q195	195	185	315	15	20
Q215A、Q215B	215	205	335	15	20
Q235A、Q235B	235	225	370	15	20
Q275A、Q275B	275	265	410	13	18
Q345A、Q345B	345	325	470	13	18

注：1. Q195 的屈服强度值仅供参考，不作交货条件。

2. 钢牌号的化学成分应符合 GB/T 700 的相关规定。

3. 钢管按焊接状态交货。根据需方要求，经供需双方协商，并在合同中注明，钢管可按焊缝热处理状态交货，也可按整体热处理状态交货。

4. 根据需方要求，经供需双方协商，并在合同中注明，外径不大于 508mm 的钢管可镀锌交货，也可按其他保护涂层交货。镀锌钢管单位理论质量的计算方法参见 GB/T 3091—2015 的规定。

5. 外径小于 219.1mm 的钢管，拉伸试验应截取母材纵向试样。直缝钢管拉伸试样应在钢管上平行于轴线方向距焊缝约 90°的位置截取，也可在制管用钢板或钢带上平行于轧制方向约位于钢板或钢带边缘与钢板或钢带中心线之间的中间位置截取；螺旋缝钢管拉伸试样应在钢管上平行于轴线距焊缝约 1/4 螺距的位置截取。其中，外径不大于 60.3mm 的钢管可截取全截面拉伸试样。

6. 外径不小于 219.1mm 的钢管拉伸试验应截取母材横向试样。直缝钢管母材拉伸试样应在钢管上垂直于轴线距焊缝约 180°的位置截取，螺旋缝钢管母材拉伸试样应在钢管上垂直于轴线距焊缝约 1/2 螺距的位置截取。

7. 外径不大于 60.3mm 的钢管全截面拉伸时，断后伸长率仅供参考，不作为交货条件。

8. 钢管的压扁试验、弯曲试验、液压试验、超声波检验等的试验方法及要求参见 GB/T 3091—2015 的规定。

1.10.9　结构用不锈钢复合管（见表 1-287）

表 1-287　结构用不锈钢复合管的分类、代号、力学性能、尺寸规格及用途（摘自 GB/T 18704—2008）

分类及代号	按截面形状分为三种：圆管—R，方管—S，矩形管—Q
	按交货状态分为四种：表面未抛光状态—SNB，表面抛光状态—SB，表面磨光状态—SP，表面喷砂状态—SS

（续）

覆材和基材材料要求	覆材牌号：06Cr19Ni10、12Cr18Ni9、12Cr18Mn9Ni5N、12Cr17MnNi5N。化学成分应符合 GB/T 18704—2008 的规定
	基材牌号：Q195、Q215、Q235。化学成分应符合 GB/T 700 的规定，力学性能应按 GB/T 18704 的相关规定

	统一数字代号	新牌号	旧牌号	屈服强度 $R_{p0.2}$ /MPa	抗拉强度 R_m /MPa	断后伸长率 A （%）
覆材力学性能				不小于		
	S35350	12Cr17MnNi5N	1Cr17Mn6Ni5N	245	520	25
	S35450	12Cr18Mn9Ni5N	1Cr18Mn8Ni5N	245	520	
	S30210	12Cr18Ni9	1Cr18Ni9	210	520	30
	S30408	06Cr19Ni10	0Cr18Ni9	210	520	

	圆管（R）		矩形管（Q）		方管（S）	
	外径/mm	总壁厚/mm	边长/mm	总壁厚/mm	边长/mm	总壁厚/mm
	12.7	0.8~2.0	20×10	0.8~2.0	15×15	0.8~2.0
	15.9	0.8~2.0	25×15	0.8~2.0	20×20	0.8~2.0
	19.1	0.8~2.0	40×20	1.0~2.5	25×25	0.8~2.5
	22.2	0.8~2.0	50×30	1.0~2.5	30×30	1.0~2.5
	25.4	0.8~2.5	70×30	1.2~2.5	40×40	1.0~2.5
	31.8	0.8~2.5	80×40	1.2~3.0	50×50	1.2~3.0
	38.1	1.2~2.5	90×30	1.2~3.0	60×60	1.4~3.5
	42.4	1.2~2.5	100×40	3.0~4.0	70×70	3.0~4.0
	48.3	1.2~2.5	110×50	3.0~4.0	80×80	3.0~4.0
	50.8	1.21~2.5	120×40	3.0~4.0	85×85	3.0~4.0
	57.0	1.0~2.5	120×60	3.5~4.5	90×90	3.0~4.0
尺寸规格	63.5	1.2~3.0	130×50	3.5~4.5	100×100	3.0~4.0
	76.3	1.2~3.0	130×70	3.5~4.5	110×110	3.0~4.0
	80.0	1.4~3.5	140×60	3.5~4.5	125×125	3.5~5.0
	87.0	2.2~3.5	140×80	3.5~4.5	130×130	3.5~5.0
	89.0	2.5~4.0	150×50	3.5~4.5	140×140	4.0~6.0
	102	3.0~4.0	150×70	3.5~5.0	170×170	5.0~8.0
	108	3.5~4.5	160×40	3.5~4.5		
	112	3.0~4.0	160×60	3.5~5.0		
	114	3.0~4.5	160×90	4.0~5.0		
	127	3.5~4.5	170×50	3.5~5.0		
	133	3.5~4.5	170×80	4.0~5.0		
	140	3.5~5.0	180×70	4.0~5.0		
	159	4.0~5.0	180×80	4.0~5.0		
	165	4.0~5.0	180×100	4.0~6.0		
	180	4.5~6.0	190×60	4.0~5.0		

（续）

尺寸规格	圆管（R）		矩形管（Q）		方管（S）	
	外径/mm	总壁厚/mm	边长/mm	总壁厚/mm	边长/mm	总壁厚/mm
	217	4.5~10	190×70	4.0~5.0		
	219	4.5~11	190×90	4.0~6.0		
	273	6.0~12	200×60	4.0~5.0		
	299	6.0~12	200×80	4.0~6.0		
	325	7.0~12	200×140	4.5~8.0		

总壁厚尺寸系列/mm	0.8、1.0、1.2、1.4、1.5、1.6、1.8、2.0、2.2、2.5、3.0、3.5、4.0、4.5、5.0~12.0（1 进级）
管长度/mm	1000~8000
用途	结构用不锈钢复合管一般用于制造通用机械结构零部件、医疗器械、车船制造、钢结构网架、市政设施、建筑装饰、道桥铁路各种护栏等

注：1. 复合管基材和覆材可在供需双方协商之后，采用其他牌号材料制造。

2. 管材工艺性能：将管材试样外径压扁至管径的 1/3 时，试样不得有裂纹或裂口；用顶心锥度为 60°将管材试样外径扩至管径的 6%时，不得有裂纹或裂口；将管材弯曲角度为 90°，弯心半径为管材外径 3.5 倍，试样弯曲处内侧面不得有皱褶。

3. 圆管材外径≤63.5mm 时，管材表面粗糙度不低于 $Ra0.8\mu m$（即光亮度 400 号）；圆管外径大于 63.5mm 及方形管和矩形管的管材表面粗糙度不低于 $Ra1.6\mu m$（即光亮度 320 号）。

4. 按理论质量交货时，管材每米理论质量 W 的计算式为

$$W = \frac{\pi}{1000}\left[S_1(D-S_1)\rho_1 + S_2(D-2S_1-S_2)\rho_2\right]$$

式中　W—复合管的质量（kg/m）；

　　　D—复合管的外径（mm）；

　　　S_1—复合管覆材的壁厚（mm）；

　　　S_2—复合管基材的壁厚（mm）；

　　　ρ_1—复合管覆材的钢密度（kg/dm³），不锈钢的密度为 7.93kg/dm³；

　　　ρ_2—复合管基材钢的密度（kg/dm³），碳素钢的密度为 7.85kg/dm³。

5. 标记示例：

1) 用 06Cr19Ni10 钢为覆材，Q195 钢为基材，圆形截面，抛光状态，外径 25.4mm，壁厚 1.2mm，长度为 6000mm 定尺的复合管，其标记为：06Cr19Ni10/Q195-25.4×1.2×6000-GB/T 18704—2008

　　［复合管以圆截面形状、抛（磨）光状态交货的，可不标注其代号］。

2) 用 12Cr18Ni9 钢为覆材，Q235B 钢为基材，方形截面，喷砂状态，边长 30mm，壁厚 1.4mm，长度为 6000mm 定尺的方形复合管，其标记为：12Cr18Ni9/Q235B-S. SA30×30×1.4×6000-GB/T 18704—2008。

1.10.10　氟塑料衬里钢管及管件（见表 1-288~表 1-293）

表 1-288　氟塑料衬里钢管和管件材料及标记方法（摘自 GB/T 26500—2011）

结构及材料	产品由金属外壳与氟塑料衬里的直管及管件制品组成
	金属外壳材料：采用碳钢无缝钢管（GB/T 8163）、不锈钢钢管（GB/T 14976）、无缝管件（GB/T 12459）、钢板制有焊缝焊管（GB/T 13401）和铸造管件（GB/T 12229）
	衬里材料：聚四氟乙烯 PTFE（HG/T 2902）、聚全氟乙丙烯 FEP（HG/T 2904）、聚偏氟乙烯 PVDF（ASTM D 3222—2005）、乙烯和四氟乙烯共聚物 ETFE（ASTM D 3159—2006）和可熔性聚四氟乙烯 PFA（ASTM D 3307—2006）

（续）

	产品类型		代号	标 记 方 法
产品类型 及代号	直管	二端固定法兰的直管	FP	PTFE/CS-（V）-FP-公称尺寸 DN×L-法兰标准号
		一端固定法兰、一端活 动法兰的直管	RP	PTFE/CS-（V）-RP-公称尺寸 DN×L-法兰标准号
	弯头	90°弯头	NL	PTFE/CS-（V）-NL-公称尺寸 DN×90°-法兰标准号
		45°弯头	FL	PTFE/CS-（V）-FL-公称尺寸 DN×45°-法兰标准号
	三通	等径三通	ET	PTFE/CS-（V）-ET-公称尺寸 DN-法兰标准号
		异径三通	RT	PTFE/CS-（V）-RT-公称尺寸 DN×小端公称尺寸 DN$_1$-法兰标准号
	四通	等径四通	EC	PTFE/CS-（V）-EC-公称尺寸 DN-法兰标准号
		异径四通	RC	PTFE/CS-（V）-RC-公称尺寸 DN×小端公称尺寸 DN$_1$-法兰标准号
	异径管	同心异径管	CR	PTFE/CS-（V）-CR-公称尺寸 DN×小端公称尺寸 DN$_1$-法兰标准号
		偏心异径管	ER	PTFE/CS-（V）-ER-公称尺寸 DN×小端公称尺寸 DN$_1$-法兰标准号
	法兰盖		BL	PTFE/CS-（V）-BL-公称尺寸 DN-法兰标准号

标记方法
及示例
	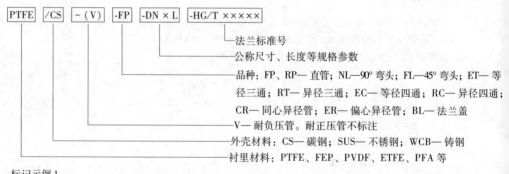
	标记示例1：
	碳钢外壳的聚四氟乙烯衬里、两端固定法兰的耐正压直管，公称尺寸为 DN 50，长度为 2000mm，采用 HG/T 20592—2009 标准法兰，标记为：
	
	                     PTFE/CS-FP-DN 50×2000-HG/T 20592
	
	标记示例2：
	铸钢外壳的聚四氟乙烯耐负压衬里 90°弯头，公称尺寸为 DN100，采用 HG/T 20615—2009 标准法兰，标记为：
	
	                  PTFE/WCB-V-NL-DN100×90°-HG/T 20615			

注：GB/T 26500—2011《氟塑料衬里钢管、管件通用技术要求》非等效采用 ASTM F 1545—1997（2003 重新确认）《塑料衬里钢管、管件及法兰的要求规范》。此项标准为我国首次发布，其产品为金属外壳与氟塑料衬里组成的直管和管件制品，设计压力不大于 2.5MPa，使用介质为气体、液化气体、蒸汽或可燃、易爆、有毒、有腐蚀性、最高工作温度高于或等于标准沸点的液体，且公称尺寸为 DN25～DN600 的管道，也可用于负压管道。产品的品种、金属外壳与氟塑料的材料、产品标记代号按本表规定；管和管件的结构及主要尺寸见表 1-289～表 1-293；连接法兰应采用 HG/T 20592—2009 和 HG/T 20615—2009 规定的法兰。管件及管材的公差、衬里材料的设计以及水压试验、负压试验、耐温试验、轴间相对伸长率、电火花试验等技术试验及要求应符合 GB/T 26500—2011 的规定。

表 1-289　氟塑料衬里直管的结构及尺寸(摘自 GB/T 26500—2011)　　(单位：mm)

示　意　图	公称尺寸 DN	常用碳钢钢管 $D×T$ [1]	衬里壁厚 t	优选定尺长度 L
	25	38×3 [2]		
	32	38×3 [2]		
	40	48×4		
	50	57×3.5		
	65	76×4		1000、1500、2000、2500、3000、4000
	80	89×4		
	100	108×4		
	125	133×4		
	150	159×4.5	见表 1-293	
	200	219×6		
	250	273×6		
	300	325×7		
	350	377×8		1000、1500、2000、2500、3000
	400	426×9		
	450	480×9		
	500	530×9 [3]		1000、1500、2000
	600	630×10 [3]		

a) 两端固定法兰的衬里直管

b) 一端固定、一端活动法兰的衬里直管

① 本表常用碳钢钢管的外径 D 和壁厚 T 的耐压等级为 1.6MPa，其他压力等级的外径 D 和壁厚 T 可由购买方与制造商协商确定。

② 衬里后管道实际截面积少于公称尺寸截面积 2/3 以下或影响介质的流量，往上取高一档的钢管直径。

③ DN 500 以上的钢外壳也可选用钢板焊接卷制。

表 1-290　氟塑料衬里 90°弯头、45°弯头的结构及尺寸(摘自 GB/T 26500—2011)

（单位：mm）

示意图	公称尺寸 DN	衬里壁厚 t	90°弯头 R	45°弯头 L	45°弯头 R
	25		98	44	109
	32		108	51	123
	40		115	57	138
	50		125	64	155
	65		137	76	183
	80		144	76	183
	100		156	102	246
	125		173	114	275
	150	见表 1-293	191	127	307
	200		220	140	338
	250		257	165	398
	300		285	190	459
	350		350		
	400		400		
	450		450		
	500		500		
	600		600		

a) 衬里90°弯头

b) 衬里45°弯头

表 1-291 氟塑料衬里等径三通、异径三通的结构及尺寸(摘自 GB/T 26500—2011)

（单位：mm）

示 意 图	公称尺寸 DN	衬里壁厚 t	等径三通		异径三通		
			L	H	L	H	小端公称尺寸 DN$_1$
	25		196	98	196	98	20
	32		216	108	216	108	25
	40		230	115	230	115	25、32
	50		250	125	250	125	25、32、40
	65		274	137	274	137	25、32、40、50
	80		288	144	288	144	25、32、40、50、65
a) 衬里等径三通	100		312	156	312	156	25、32、40、50、65、80
	125		346	173	346	173	25、32、40、50、65、80、100
	150		382	191	382	191	25、32、40、50、65、80、100、125
	200	见表 1-293	440	220	440	220	32、40、50、65、80、100、125、150
	250		514	257	514	257	40、50、65、80、100、125、150、200
b) 衬里异径三通	300		570	285	570	285	50、65、80、100、125、150、200、250
	350		600	300			
	400		650	325			
	450		700	350			
	500		760	380			
	600		870	435			

表 1-292　氟塑料衬里等径四通、异径四通的结构及尺寸(摘自 GB/T 26500—2011)

（单位：mm）

示　意　图	公称尺寸 DN	衬里壁厚 t	等径四通		异径四通		
			L	H	L	H	小端公称尺寸 DN₁
	25		196	98	196	98	20
	32		216	108	216	108	25
	40		230	115	230	115	25、32
	50		250	125	250	125	25、32、40
	65		274	137	274	137	25、32、40、50
	80		288	144	288	144	25、32、40、50、65
	100		312	156	312	156	25、32、40、50、65、80
	125		346	173	346	173	25、32、40、50、65、80、100
	150		382	191	382	191	25、32、40、50、65、80、100、125
	200	见表 1-293	440	220	440	220	32、40、50、65、80、100、125、150
	250		514	257	514	257	40、50、65、80、100、125、150、200
	300		570	285	570	285	50、65、80、100、125、150、200、250
	350		600	300			
	400		650	325			
	450		700	350			
	500		760	380			
	600		870	435			

示意图部分：

a) 衬里等径四通

b) 衬里异径四通

表 1-293　氟塑料衬里同心异径管、偏心异径管结构尺寸和衬里管件结构尺寸

以及氟塑料的耐温性能(摘自 GB/T 26500—2011)

示　意　图	公称尺寸 DN	小端公称尺寸 DN$_1$	衬里壁厚 t	同心异径管 L	偏心异径管 L	偏心异径管 a
	25	20		150		
	32	25		150	150	3.5
	40	25		150	150	7.5
	40	32		150	150	4
	50	25		150	150	12.5
	50	32		150	150	9
	50	40		150	150	5
a) 衬里同心异径管	65	32	≥2.0	150	150	16.5
	65	40		150	150	12.5
	65	50		150	150	7.5
	80	40		150	150	20
	80	50		150	150	15
	80	65		150	150	7.5
衬里同心异径管和偏心异径管结构尺寸/mm	100	50		150	150	25
	100	65		150	150	17.5
	100	80		150	150	10
	125	65		300	300	30
	125	80		150	150	22.5
	125	100		150	150	12.5
	150	80		300	300	35
	150	100	≥2.5	150	150	25
	150	125		150	150	12.5
	200	100		300	300	50
	200	125		150	150	37.5
	200	150		150	150	25
	250	125		300	300	62.5
b) 衬里偏心异径管	250	150		150	150	50
	250	200		150	150	25
	300	150		300	300	75
	300	200		150	150	50
	300	250		150	150	25
	350	200	≥3.0	350		
	350	250		250		
	350	300		150		
	400	250		350		
	400	300		250		
	400	350		200		
	450	300		350		
	450	350		250		
	450	400		200		
	500	350	≥3.5	350		
	500	400		300		
	500	450		200		
	600	400		350		
	600	450		300		
	600	500		200		

（续）

示　意　图	公称尺寸 DN		衬里壁厚 t	连接尺寸

		公称尺寸 DN	衬里壁厚 t	连接尺寸
法兰盖结构及尺寸 /mm		25、32、40、50、65 80、100、125、150、200、250、300、350、400、450、500、600	见本表	见相应标准

示　意　图	公称尺寸 DN	缠绕法、松衬法			滚塑法、等压法		
		t	t_1	D_1	t、t_1	D_1（滚塑法）	D_1（等压法）
钢管及管件的衬里壁厚、翻边面厚度、翻边面外圆最小直径/mm	25			≥50	≥2.5	≥50	≥46
	32			≥60		≥60	≥56
	40	≥2.0	≥1.6	≥70		≥70	≥66
	50			≥85		≥85	≥73
	65			≥110	≥3.0	≥105	≥97
	80			≥120		≥120	≥114
	100			≥145		≥145	≥134
	125			≥175		≥175	≥164
	150	≥2.5	≥2.0	≥200		≥200	≥186
	200			≥255	≥3.5	≥255	≥239
	250			≥310		≥310	≥299
	300			≥370		≥360	≥360
	350	≥3.0	≥2.4	≥420			
	400			≥480	≥4.0		
	450			≥540			
	500	≥3.5	≥2.8	≥600			
	600			≥715			

氟塑料耐温性能	氟塑料种类	PTFE	FEP	PVDF	ETFE	PFA
	高温/℃	260±3	149±3	135±3	149±3	260±3
	低温/℃	≤−18				

注：1. 表中各种温度是每种氟塑料推荐的通常温度，制造商可以根据材料、制品和工艺情况（如将塑料进行改性），规定不同于表中的温度值。

2. 表中各种温度是基于非腐蚀条件和无压力情况下测试的，在具体工况中该氟塑料的耐温性可能有变动。具体工况中的温度限制应由用户与制造商互相商定，或制造商根据实际经验来修正该试验值。如果是采用塑料通过胶黏剂衬里工艺，还要同时考虑胶黏剂的耐高、低温能力。

1.10.11 陶瓷内衬复合钢管(见表1-294)

表1-294 陶瓷内衬复合钢管的尺寸规格、结构、性能及应用(摘自 YB/T 176—2017)

陶瓷内衬复合钢管的结构						

基体管　过渡层　陶瓷层(壁厚S_1)

外径D　壁厚S

直管代号 TG

尺寸规格 /mm	外径D	$63\sim83$	$84\sim127$	$128\sim219$	$220\sim351$	$352\sim500$	$501\sim630$
	壁厚S(陶瓷层、过渡层和基体管的总厚度)	$5\sim8$	$9\sim13$	$10\sim14$	$12\sim17$	$15\sim20$	$17\sim22$
	长度	按需方要求，供需双方确定，并在合同中注明					
	极限偏差	为外径D的$\pm1.5\%$或±0.75mm，取其中较大者					

力学和物理性能	硬度(HV)	压溃强度/MPa	陶瓷层密度/(g/cm^3)	工况温度高于400℃管加热淬水三次陶瓷层出现崩裂温度/℃
	$\geqslant1000$	$\geqslant280$	$\geqslant3.4$	$\geqslant800$

耐蚀性能 /$[g/(m^2\cdot h)]$	10%HCl	10%H_2SO_4	30%CH_3COOH	30%NaOH
	$\leqslant0.1$	$\leqslant0.15$	$\leqslant0.03$	$\leqslant0.1$

应用	陶瓷内衬复合钢管适用于耐蚀和耐磨工作条件的管道，作为耐磨管道的陶瓷层厚度不得低于2mm。在电厂、化工、矿山及水泥行业中用于输送干粉、浆料的管路，管道内壁承受冲蚀磨损、料浆的腐蚀和气蚀作用，钢管内衬的陶瓷具有提高工作寿命的作用，如电厂的输送煤粉弯管和灰粉弯管采用陶瓷内衬复合钢管，其工作寿命为耐磨合金铸钢管的5倍，为20碳钢管的20倍以上，生产中广泛应用，效果很好

注：1. 用于耐磨管道时，内衬陶瓷层厚度S_1不小于2.0mm，其他用途管材的S_1由供需双方确定。

2. 内衬陶瓷层的耐酸度应符合 YS/T 176—2017 的规定。

3. 外径不大于ϕ325mm的管材，其弯曲度不大于管长度的0.3%，大于ϕ325mm时，其弯曲度不大于管长度的0.4%。

4. 标记：按陶瓷钢管代号TG、外径D、壁厚S和长度表示，如陶瓷内衬复合钢管外径为159mm、壁厚为12mm、长度为2000mm，标记为：

TG 159—12—2000

1.10.12 焊接钢管尺寸规格 (见表 1-295~表 1-297)

表 1-295 普通焊接钢管的尺寸规格 (摘自 GB/T 21835—2008)

单位长度理论质量 / (kg/m)

外径/mm 系列1	系列2	系列3	壁厚/mm 0.5	0.6	0.8	1.0	1.2	1.4	1.5	1.6	1.7	1.8	1.9	2.0	2.2	2.3	2.4	2.6	2.8	2.9	3.1
10.2			0.120	0.142	0.185	0.227	0.266	0.304	0.322	0.339	0.356	0.373	0.389	0.404	0.434	0.448	0.462	0.487	0.511	0.522	
	12		0.142	0.169	0.221	0.271	0.320	0.366	0.388	0.410	0.432	0.453	0.473	0.493	0.532	0.550	0.568	0.603	0.635	0.651	0.680
		12.7	0.150	0.179	0.235	0.289	0.340	0.390	0.414	0.438	0.461	0.484	0.506	0.528	0.570	0.590	0.610	0.648	0.684	0.701	0.734
13.5			0.160	0.191	0.251	0.308	0.364	0.418	0.444	0.470	0.495	0.519	0.544	0.567	0.613	0.635	0.657	0.699	0.739	0.758	0.795
	14		0.166	0.198	0.260	0.321	0.379	0.435	0.462	0.489	0.516	0.542	0.567	0.592	0.640	0.664	0.687	0.731	0.773	0.794	0.833
	16		0.191	0.228	0.300	0.370	0.438	0.504	0.536	0.568	0.600	0.630	0.661	0.691	0.749	0.777	0.805	0.859	0.911	0.937	0.986
17.2			0.206	0.246	0.324	0.400	0.474	0.546	0.581	0.616	0.650	0.684	0.717	0.750	0.814	0.845	0.876	0.936	0.994	1.02	1.08
	18		0.216	0.257	0.339	0.419	0.497	0.573	0.610	0.647	0.683	0.719	0.754	0.789	0.857	0.891	0.923	0.987	1.05	1.08	1.14
	19		0.228	0.272	0.359	0.444	0.527	0.608	0.647	0.687	0.725	0.764	0.801	0.838	0.911	0.947	0.983	1.05	1.12	1.15	1.22
	20		0.240	0.287	0.379	0.469	0.556	0.642	0.684	0.726	0.767	0.808	0.848	0.888	0.966	1.00	1.04	1.12	1.19	1.22	1.29
21.3			0.256	0.306	0.404	0.501	0.595	0.687	0.732	0.777	0.822	0.866	0.909	0.952	1.04	1.08	1.12	1.20	1.28	1.32	1.39
	22		0.265	0.317	0.418	0.518	0.616	0.711	0.758	0.805	0.851	0.897	0.942	0.986	1.07	1.12	1.16	1.24	1.33	1.37	1.44
	25		0.302	0.361	0.477	0.592	0.704	0.815	0.869	0.923	0.977	1.03	1.082	1.13	1.24	1.29	1.34	1.44	1.53	1.58	1.67
		25.4	0.307	0.367	0.485	0.602	0.716	0.829	0.884	0.939	0.994	1.05	1.10	1.15	1.26	1.31	1.36	1.46	1.56	1.61	1.70
26.9			0.326	0.389	0.515	0.639	0.761	0.880	0.940	0.998	1.06	1.11	1.17	1.23	1.34	1.40	1.45	1.56	1.66	1.72	1.82
	30		0.364	0.435	0.576	0.715	0.852	0.987	1.05	1.12	1.19	1.25	1.32	1.38	1.51	1.57	1.63	1.76	1.88	1.94	2.06
		31.8	0.386	0.462	0.612	0.760	0.906	1.05	1.12	1.19	1.26	1.33	1.40	1.47	1.61	1.67	1.74	1.87	2.00	2.07	2.19
	32		0.388	0.465	0.616	0.765	0.911	1.06	1.13	1.20	1.27	1.34	1.41	1.48	1.62	1.68	1.75	1.89	2.02	2.08	2.21
33.7			0.409	0.490	0.649	0.806	0.962	1.12	1.19	1.27	1.34	1.42	1.49	1.56	1.71	1.78	1.85	1.99	2.13	2.20	2.34
	35		0.425	0.509	0.675	0.838	1.00	1.16	1.24	1.32	1.40	1.47	1.55	1.63	1.78	1.85	1.93	2.08	2.22	2.30	2.44
	38		0.462	0.553	0.734	0.912	1.09	1.26	1.35	1.44	1.52	1.61	1.69	1.78	1.94	2.02	2.11	2.27	2.43	2.51	2.67
	40		0.487	0.583	0.773	0.962	1.15	1.33	1.42	1.52	1.61	1.70	1.79	1.87	2.05	2.14	2.23	2.40	2.57	2.65	2.82

(续)

外径/mm 系列1	系列2	系列3	3.2	3.4	3.6	3.8	4.0	4.37	4.5	4.78	5.0	5.16	5.4	5.56	5.6	6.02	6.3	6.35	7.1	7.92
										壁厚/mm 单位长度理论质量/(kg/m)										
10.2																				
	12																			
	12.7																			
13.5																				
		14																		
	16		1.01	1.06	1.10	1.14														
17.2			1.10	1.16	1.21	1.26														
		18	1.17	1.22	1.28	1.33														
	19		1.25	1.31	1.37	1.42														
	20		1.33	1.39	1.46	1.52	1.58	1.68												
21.3			1.43	1.50	1.57	1.64	1.71	1.82	1.86	1.95										
		22	1.48	1.56	1.63	1.71	1.78	1.90	1.94	2.03										
	25		1.72	1.81	1.90	1.99	2.07	2.22	2.28	2.38	2.47									
		25.4	1.75	1.84	1.94	2.02	2.11	2.27	2.32	2.43	2.52									
26.9			1.87	1.97	2.07	2.16	2.26	2.43	2.49	2.61	2.70	2.77								
		30	2.11	2.23	2.34	2.46	2.56	2.76	2.83	2.97	3.08	3.16								
	31.8		2.26	2.38	2.50	2.62	2.74	2.96	3.03	3.19	3.30	3.39								
	32		2.27	2.40	2.52	2.64	2.76	2.98	3.05	3.21	3.33	3.42								
33.7			2.41	2.54	2.67	2.80	2.93	3.16	3.24	3.41	3.54	3.63								
		35	2.51	2.65	2.79	2.92	3.06	3.30	3.38	3.56	3.70	3.80								
	38		2.75	2.90	3.05	3.21	3.35	3.62	3.72	3.92	4.07	4.18								
	40		2.90	3.07	3.23	3.39	3.55	3.84	3.94	4.15	4.32	4.43								

（续）

外径/mm，单位长度理论质量/(kg/m)，壁厚/mm

外径 系列1	外径 系列2	外径 系列3	0.5	0.6	0.8	1.0	1.2	1.4	1.5	1.6	1.7	1.8	1.9	2.0	2.2	2.3	2.4	2.6	2.8	2.9	3.1
42.4			0.517	0.619	0.821	1.02	1.22	1.42	1.51	1.61	1.71	1.80	1.90	1.99	2.18	2.27	2.37	2.55	2.73	2.82	3.00
	44.5		0.543	0.650	0.862	1.07	1.28	1.49	1.59	1.69	1.79	1.90	2.00	2.10	2.29	2.39	2.49	2.69	2.88	2.98	3.17
48.3				0.706	0.937	1.17	1.39	1.62	1.73	1.84	1.95	2.06	2.17	2.28	2.50	2.61	2.72	2.93	3.14	3.25	3.46
	51			0.746	0.990	1.23	1.47	1.71	1.83	1.95	2.07	2.18	2.30	2.42	2.65	2.76	2.88	3.10	3.33	3.44	3.66
		54		0.79	1.05	1.31	1.56	1.82	1.94	2.07	2.19	2.32	2.44	2.56	2.81	2.93	3.05	3.30	3.54	3.65	3.89
	57			0.835	1.11	1.38	1.65	1.92	2.05	2.19	2.32	2.45	2.58	2.71	2.97	3.10	3.23	3.49	3.74	3.87	4.12
60.3				0.883	1.17	1.46	1.75	2.03	2.18	2.32	2.46	2.60	2.74	2.88	3.15	3.29	3.43	3.70	3.97	4.11	4.37
	63.5			0.931	1.24	1.54	1.84	2.14	2.29	2.44	2.59	2.74	2.89	3.03	3.33	3.47	3.62	3.90	4.19	4.33	4.62
	70				1.37	1.70	2.04	2.37	2.53	2.70	2.86	3.03	3.19	3.35	3.68	3.84	4.00	4.32	4.64	4.80	5.11
		73			1.42	1.78	2.12	2.47	2.64	2.82	2.99	3.16	3.33	3.50	3.84	4.01	4.18	4.51	4.85	5.01	5.34
76.1					1.49	1.85	2.22	2.58	2.76	2.94	3.12	3.30	3.48	3.65	4.01	4.19	4.36	4.71	5.06	5.24	5.58
		82.5			1.61	2.01	2.41	2.80	3.00	3.19	3.39	3.58	3.78	3.97	4.36	4.55	4.74	5.12	5.50	5.69	6.07
88.9					1.74	2.17	2.60	3.02	3.23	3.44	3.66	3.87	4.08	4.29	4.70	4.91	5.12	5.53	5.95	6.15	6.56
	101.6						2.97	3.46	3.70	3.95	4.19	4.43	4.67	4.91	5.39	5.63	5.87	6.35	6.82	7.06	7.53
		108					3.16	3.68	3.94	4.20	4.46	4.71	4.97	5.23	5.74	6.00	6.25	6.76	7.26	7.52	8.02
114.3							3.35	3.90	4.17	4.45	4.72	4.99	5.27	5.54	6.08	6.35	6.62	7.16	7.70	7.97	8.50
	127									4.95	5.25	5.56	5.86	6.17	6.77	7.07	7.37	7.98	8.58	8.88	9.47
	133									5.18	5.50	5.82	6.14	6.46	7.10	7.41	7.73	8.36	8.99	9.30	9.93
139.7										5.45	5.79	6.12	6.46	6.79	7.46	7.79	8.13	8.79	9.45	9.78	10.44
		141.3								5.51	5.85	6.19	6.53	6.87	7.55	7.88	8.22	8.89	9.56	9.90	10.57
		152.4								5.95	6.32	6.69	7.05	7.42	8.15	8.51	8.88	9.61	10.33	10.69	11.41
		159								6.21	6.59	6.98	7.36	7.74	8.51	8.89	9.27	10.03	10.79	11.16	11.92

（续）

壁厚/mm

单位长度理论质量/（kg/m）

| 外径/mm | | | 3.2 | 3.4 | 3.6 | 3.8 | 4.0 | 4.37 | 4.5 | 4.78 | 5.0 | 5.16 | 5.4 | 5.56 | 5.6 | 6.02 | 6.3 | 6.35 | 7.1 | 7.92 | 8.0 | 8.74 |
系列1	系列2	系列3																				
42.4			3.09	3.27	3.44	3.62	3.79	4.10	4.21	4.43	4.61	4.74	4.93	5.05	5.08	5.40						
	44.5		3.26	3.45	3.63	3.81	4.00	4.32	4.44	4.68	4.87	5.01	5.21	5.34	5.37	5.71						
48.3			3.56	3.76	3.97	4.17	4.37	4.73	4.86	5.13	5.34	5.49	5.71	5.86	5.90	6.28						
	51		3.77	3.99	4.21	4.42	4.64	5.03	5.16	5.45	5.67	5.83	6.07	6.23	6.27	6.68						
		54	4.01	4.24	4.47	4.70	4.93	5.35	5.49	5.80	6.04	6.22	6.47	6.64	6.68	7.12						
	57		4.25	4.49	4.74	4.99	5.23	5.67	5.83	6.16	6.41	6.60	6.87	7.05	7.10	7.57						
60.3			4.51	4.77	5.03	5.29	5.55	6.03	6.19	6.54	6.82	7.02	7.31	7.51	7.55	8.06						
	63.5		4.76	5.04	5.32	5.59	5.87	6.37	6.55	6.92	7.21	7.42	7.74	7.94	8.00	8.53						
		70	5.27	5.58	5.90	6.20	6.51	7.07	7.27	7.69	8.01	8.25	8.60	8.84	8.89	9.50	9.90	9.97				
	73		5.51	5.84	6.16	6.48	6.81	7.40	7.60	8.04	8.38	8.63	9.00	9.25	9.31	9.94	10.36	10.44				
76.1			5.75	6.10	6.44	6.78	7.11	7.73	7.95	8.41	8.77	9.03	9.42	9.67	9.74	10.40	10.84	10.92				
	82.5		6.26	6.63	7.00	7.38	7.74	8.42	8.66	9.16	9.56	9.84	10.27	10.55	10.62	11.35	11.84	11.93				
88.9			6.76	7.17	7.57	7.98	8.38	9.11	9.37	9.92	10.35	10.66	11.12	11.43	11.50	12.30	12.83	12.93				
	101.6		7.77	8.23	8.70	9.17	9.63	10.48	10.78	11.41	11.91	12.27	12.81	13.17	13.26	14.19	14.81	14.92				
	108		8.27	8.77	9.27	9.76	10.26	11.17	11.49	12.17	12.70	13.09	13.66	14.05	14.14	15.14	15.80	15.92				
114.3			8.77	9.30	9.83	10.36	10.88	11.85	12.19	12.91	13.48	13.89	14.50	14.91	15.01	16.08	16.78	16.91	18.77	20.78	20.97	
	127		9.77	10.36	10.96	11.55	12.13	13.22	13.59	14.41	15.04	15.50	16.19	16.65	16.77	17.96	18.75	18.89	20.99	23.26	23.48	
	133		10.24	10.87	11.49	12.11	12.73	13.86	14.26	15.11	15.78	16.27	16.99	17.47	17.59	18.85	19.69	19.83	22.04	24.43	24.66	
139.7			10.77	11.43	12.08	12.74	13.39	14.58	15.00	15.90	16.61	17.12	17.89	18.39	18.52	19.85	20.73	20.88	23.22	25.74	25.98	
	141.3		10.90	11.56	12.23	12.89	13.54	14.76	15.18	16.09	16.81	17.32	18.10	18.61	18.74	20.08	20.97	21.13	23.50	26.05	26.30	
	152.4		11.77	12.49	13.21	13.93	14.64	15.95	16.41	17.40	18.18	18.74	19.58	20.13	20.27	21.73	22.70	22.87	25.44	28.22	28.49	
	159		12.30	13.05	13.80	14.54	15.29	16.66	17.15	18.18	18.99	19.58	20.46	21.04	21.19	22.71	23.72	23.91	26.60	29.51	29.79	32.39

（续）

外径/mm、壁厚/mm　单位长度理论质量/（kg/m）

系列1	系列2	系列3	0.5	0.6	0.8	1.0	1.2	1.4	1.5	1.6	1.7	1.8	1.9	2.0	2.2	2.3	2.4	2.6	2.8	2.9	3.1
		165								6.45	6.85	7.24	7.64	8.04	8.83	9.23	9.62	10.41	11.20	11.59	12.38
168.3										6.58	6.98	7.39	7.80	8.20	9.01	9.42	9.82	10.62	11.43	11.83	12.63
		177.8										7.81	8.24	8.67	9.53	9.95	10.38	11.23	12.08	12.51	13.36
		190.7										8.39	8.85	9.31	10.23	10.69	11.15	12.06	12.97	13.43	14.34
		193.7										8.52	8.99	9.46	10.39	10.86	11.32	12.25	13.18	13.65	14.57
219.1												9.65	10.18	10.71	11.77	12.30	12.83	13.88	14.94	15.46	16.51
	244.5													11.96	13.15	13.73	14.33	15.51	16.69	17.28	18.46
273.1														13.37	14.70	15.36	16.02	17.34	18.66	19.32	20.64
323.9																		20.60	22.17	22.96	24.53
355.6																		22.63	24.36	25.22	26.95
406.4																		25.89	27.87	28.86	30.83
457																					
508																					
	559																				
610																					
		660																			
711																					
	762																				
813																					
		864																			
914																					
		965																			

（续）

单位长度理论质量/（kg/m）

外径/mm 系列1	外径/mm 系列2	外径/mm 系列3	壁厚/mm 3.2	3.4	3.6	3.8	4.0	4.37	4.5	4.78	5.0	5.16	5.4	5.56	5.6	6.02	6.3	6.35	7.1	7.92
		165	12.77	13.55	14.33	15.11	15.88	17.31	17.81	18.89	19.73	20.34	21.25	21.86	22.01	23.60	24.66	24.84	27.65	30.68
168.3			13.03	13.83	14.62	15.42	16.21	17.67	18.18	19.28	20.14	20.76	21.69	22.31	22.47	24.09	25.17	25.36	28.23	31.33
		177.8	13.78	14.62	15.47	16.31	17.14	18.69	19.23	20.40	21.31	21.97	22.96	23.62	23.78	25.50	26.65	26.85	29.88	33.18
		190.7	14.80	15.70	16.61	17.52	18.42	20.08	20.66	21.92	22.90	23.61	24.68	25.39	25.56	27.42	28.65	28.87	32.15	35.70
		193.7	15.03	15.96	16.88	17.80	18.71	20.40	21.00	22.27	23.27	23.99	25.08	25.80	25.98	27.86	29.12	29.34	32.67	36.29
219.1			17.04	18.09	19.13	20.18	21.22	23.14	23.82	25.26	26.40	27.22	28.46	29.28	29.49	31.63	33.06	33.32	37.12	41.25
		244.5	19.04	20.22	21.39	22.56	23.72	25.88	26.63	28.26	29.53	30.46	31.84	32.76	32.99	35.41	37.01	37.29	41.57	46.21
273.1			21.30	22.61	23.93	25.24	26.55	28.96	29.81	31.63	33.06	34.10	35.65	36.68	36.94	39.65	41.45	41.77	46.58	51.79
323.9			25.31	26.87	28.44	30.00	31.56	34.44	35.45	37.62	39.32	40.56	42.42	43.65	43.96	47.19	49.34	49.73	55.47	61.72
355.6			27.81	29.53	31.25	32.97	34.68	37.85	38.96	41.36	43.23	44.59	46.64	48.00	48.34	51.90	54.27	54.69	61.02	67.91
406.4			31.82	33.79	35.76	37.73	39.70	43.33	44.60	47.34	49.50	51.06	53.40	54.96	55.35	59.44	62.16	62.65	69.92	77.83
457			35.81	38.03	40.25	42.47	44.69	48.78	50.23	53.31	55.73	57.50	60.14	61.90	62.34	66.95	70.02	70.57	78.78	87.71
508			39.84	42.31	44.78	47.25	49.72	54.28	55.88	59.32	62.02	63.99	66.93	68.89	69.38	74.53	77.95	78.56	87.71	97.68
		559	43.86	46.59	49.31	52.03	54.75	59.77	61.54	65.33	68.31	70.48	73.72	75.89	76.43	82.10	85.87	86.55	96.64	107.64
610			47.89	50.86	53.84	56.81	59.78	65.27	67.20	71.34	74.60	76.97	80.52	82.88	83.47	89.67	93.80	94.53	105.57	117.60
	660						64.71	70.66	72.75	77.24	80.77	83.33	87.17	89.74	90.38	97.09	101.56	102.36	114.32	127.36
711							69.74	76.15	78.41	83.25	87.06	89.82	93.97	96.73	97.42	104.66	109.49	110.35	123.25	137.32
	762						74.77	81.65	84.06	89.26	93.34	96.31	100.76	103.72	104.46	112.23	117.41	118.34	132.18	147.29
813							79.80	87.15	89.72	95.27	99.63	102.80	107.55	110.71	111.51	119.81	125.33	126.32	141.11	157.25
		864					84.84	92.64	95.38	101.29	105.92	109.29	114.34	117.71	118.55	127.38	133.26	134.31	150.04	167.21
914							89.76	98.03	100.93	107.18	112.09	115.65	121.00	124.56	125.45	134.80	141.03	142.14	158.80	176.97
		965					94.80	103.53	106.59	113.19	118.38	122.14	127.79	131.56	132.50	142.37	148.95	150.13	167.73	186.94

（续）

外径/mm 系列1	外径/mm 系列2	外径/mm 系列3	壁厚/mm 单位长度理论质量/(kg/m) 8.0	8.74	8.8	9.53	10	10.31	11	11.91	12.5	12.70	14.2	15.09	16	16.66	17.5	19.05	20	20.62
		165	30.97	33.68																
168.3			31.63	34.39	34.61	37.31	39.04	40.17	42.67	45.93	48.03	48.73								
	177.8		33.50	36.44	36.68	39.55	41.38	42.59	45.25	48.72	50.96	51.71								
	190.7		36.05	39.22	39.48	42.58	44.56	45.87	48.75	52.51	54.98	55.75								
		193.7	36.64	39.87	40.13	43.28	45.30	46.63	49.56	53.40	55.86	56.69								
219.1			41.65	45.34	45.64	49.25	51.57	53.09	56.45	60.86	63.69	64.64	71.75							
	244.5		46.66	50.82	51.15	55.22	57.83	59.55	63.34	68.32	71.52	72.60	80.65							
273.1			52.30	56.98	57.36	61.95	64.88	66.82	71.10	76.72	80.33	81.56	90.67							
323.9			62.34	67.93	68.38	73.88	77.41	79.73	84.88	91.64	95.99	97.47	108.45	114.92	121.49	126.23	132.23			
355.6			68.58	74.76	75.26	81.33	85.23	87.79	93.48	100.95	105.77	107.40	119.56	126.72	134.00	139.26	145.92			
406.4			78.60	85.71	86.29	93.27	97.76	100.71	107.26	115.87	121.43	123.31	137.35	145.62	154.05	160.13	167.84	181.98	190.58	196.18
	457		88.58	96.62	97.27	105.17	110.24	113.58	120.99	130.73	137.03	139.16	155.07	164.45	174.01	180.92	189.68	205.75	215.54	221.91
508			98.65	107.61	108.34	117.15	122.81	126.54	134.82	145.71	152.75	155.13	172.93	183.43	194.14	201.87	211.69	229.71	240.70	247.84
		559	108.71	118.60	119.41	129.14	135.39	139.51	148.66	160.69	168.47	171.10	190.79	202.41	214.26	222.83	233.70	253.67	265.85	273.78
610			118.77	129.60	130.47	141.12	147.97	152.48	162.49	175.67	184.19	187.07	208.65	221.39	234.38	243.78	255.71	277.63	291.01	299.71
		660	128.63	140.37	141.32	152.88	160.30	165.19	176.06	190.36	199.60	202.74	226.15	240.00	254.11	264.32	277.29	301.12	315.67	325.14
711			138.70	151.37	152.39	164.86	172.88	178.16	189.89	205.34	215.33	218.71	244.01	258.98	274.24	285.28	299.30	325.08	340.82	351.07
	762		148.76	162.36	163.46	176.85	185.45	191.12	203.73	220.32	231.05	234.68	261.87	277.96	294.36	306.23	321.31	349.04	365.98	377.01
813			158.82	173.35	174.53	188.83	198.03	204.09	217.56	235.29	246.77	250.65	279.73	296.94	314.48	327.18	343.32	373.00	391.13	402.94
		864	168.88	184.34	185.60	200.82	210.61	217.06	231.40	250.27	262.49	266.63	297.59	315.92	334.61	348.14	365.33	396.96	416.29	428.88
914			178.75	195.12	196.45	212.57	222.94	229.77	244.96	264.96	277.90	282.29	315.10	334.52	354.34	368.68	386.91	420.45	440.95	454.30
		965	188.81	206.11	207.52	224.56	235.52	242.74	258.80	279.94	293.63	298.26	332.96	353.50	374.46	389.64	408.92	444.41	466.10	480.24

（续）

单位长度理论质量/(kg/m)

系列1	系列2	系列3	22.2	23.83	25	26.19	28	28.58	30	30.96	32	34.93	36	38.1	40	45	50	55	60	65
		165																		
168.3																				
		177.8																		
		190.7																		
		193.7																		
219.1																				
		244.5																		
273.1																				
323.9																				
355.6																				
406.4			210.34	224.83	235.15	245.57	261.29	266.30	278.48											
457			238.05	254.57	266.34	278.25	296.23	301.96	315.91											
508			265.97	283.54	297.79	311.19	331.45	337.91	353.65	364.23	375.64	407.51	419.05	441.52	461.66	513.82	564.75	614.44	662.90	710.12
		559	293.89	314.51	329.23	344.13	366.67	373.85	391.37	403.17	415.89	451.45	464.33	489.44	511.97	570.42	627.64	683.62	738.37	791.88
610			321.81	344.48	360.67	377.07	401.88	409.80	429.11	442.11	456.14	495.38	509.61	537.36	562.28	627.02	690.52	752.79	813.83	873.63
		660	349.19	373.87	391.50	409.37	436.41	445.04	466.10	480.28	495.60	538.45	554.00	584.34	611.61	682.51	752.18	820.61	887.81	953.78
711			377.11	403.84	422.94	442.31	471.63	480.99	503.83	519.22	535.85	582.38	599.27	632.26	661.91	739.11	815.06	889.79	963.28	1035.54
	762		405.03	433.81	454.39	475.25	506.84	516.93	541.57	558.16	576.09	626.32	644.55	680.18	712.22	795.70	877.95	958.96	1038.74	1117.29
813			432.95	463.78	485.83	508.19	542.06	552.88	579.30	597.10	616.34	670.25	689.83	728.10	762.53	852.30	940.84	1028.14	1114.21	1199.04
		864	460.87	493.75	517.27	541.13	577.28	588.83	617.03	636.04	656.59	714.18	735.11	776.02	812.84	908.90	1003.72	1097.31	1189.67	1280.22
914			488.25	523.14	548.10	573.42	611.80	624.07	654.02	674.22	696.05	757.25	779.50	823.00	862.17	964.39	1065.38	1165.13	1263.66	1360.94
		965	516.17	553.11	579.55	606.36	647.02	660.01	691.76	713.16	736.29	801.19	824.78	870.92	912.48	1020.99	1128.26	1234.31	1339.12	1442.70

系列 / 外径/mm / 壁厚/mm

（续）

单位长度理论质量/（kg/m）

外径/mm 系列1	系列2	系列3	3.2	3.4	3.6	3.8	4.0	4.37	4.5	4.78	5.0	5.16	5.4	5.56	5.6	6.02	6.3	6.35	7.1	7.92
1016							99.83	109.02	112.25	119.20	124.66	128.63	134.58	138.55	139.54	149.94	156.87	158.11	176.66	196.90
1067											130.95	135.12	141.38	145.54	146.58	157.52	164.80	166.10	185.58	206.86
1118											137.24	141.61	148.17	152.54	153.63	165.09	172.72	174.08	194.51	216.82
	1168										143.41	147.98	154.83	159.39	160.53	172.51	180.49	181.91	203.27	226.59
1219											149.70	154.47	161.62	166.38	167.58	180.08	188.41	189.90	212.20	236.55
	1321														181.66	195.22	204.26	205.87	230.06	256.47
1422															195.61	210.22	219.95	221.69	247.74	276.20
	1524																235.80	237.66	265.60	296.12
1626																	251.65	253.64	283.46	316.04
	1727																		301.15	335.77
1829																		319.01		355.69
	1930																			
2032																				
	2134																			
2235																				
		2337																		
	2438																			
2540																				

（续）

单位长度理论质量/（kg/m）

外径/mm			壁厚/mm																		
系列1	系列2	系列3	8.0	8.74	8.8	9.53	10	10.31	11	11.91	12.5	12.70	14.2	15.09	16	16.66	17.5	19.05	20	20.62
1016			198.87	217.11	218.58	236.54	248.09	255.71	272.63	294.92	309.35	314.23	350.82	372.48	394.58	410.59	430.93	468.37	491.26	506.17
1067			208.93	228.10	229.65	248.53	260.67	268.67	286.47	309.90	325.07	330.21	368.68	391.46	414.71	431.54	452.94	492.33	516.41	532.11
1118			218.99	239.09	240.72	260.52	273.25	281.64	300.30	324.88	340.79	346.18	386.54	410.44	434.83	452.50	474.95	516.29	541.57	558.04
	1168		228.86	249.87	251.57	272.27	285.58	294.35	313.87	339.56	356.20	361.84	404.05	429.05	454.56	473.04	496.53	539.78	566.23	583.47
1219			238.92	260.86	262.64	284.25	298.16	307.32	327.70	354.54	371.93	377.81	421.91	448.03	474.68	493.99	518.54	563.74	591.38	609.40
	1321		259.04	282.85	284.78	308.23	323.31	333.26	355.37	384.50	403.37	409.76	457.63	485.98	514.93	535.90	562.56	611.66	641.69	661.27
1422			278.97	304.62	306.69	331.96	348.22	358.94	382.77	414.17	434.50	441.39	493.00	523.57	554.79	577.40	606.15	659.11	691.51	712.63
	1524		299.09	326.60	328.83	355.94	373.38	384.87	410.44	444.13	465.95	473.34	528.72	561.53	595.03	619.31	650.17	707.03	741.82	764.50
1626			319.22	348.59	350.97	379.91	398.53	410.81	438.11	474.09	497.39	505.29	564.44	599.49	635.28	661.21	694.19	754.95		
	1727		339.14	370.36	372.89	403.65	423.44	436.49	465.51	503.75	528.53	536.92	599.81	637.07	675.13	702.71	737.78	802.40		
1829			359.27	392.34	395.02	427.62	448.59	462.42	493.18	533.71	559.97	568.87	635.53	675.03	715.38	744.62	781.80	850.32		
	1930		379.20	414.11	416.94	451.36	473.50	488.10	520.58	563.38	591.11	600.50	670.90	712.62	755.23	786.12	825.39	897.77		
2032			399.32	436.10	439.08	475.33	498.66	514.04	548.25	593.34	622.55	632.45	706.62	750.58	795.48	828.02	869.41	945.69	992.38	1022.83
	2134				461.21	499.30	523.81	539.97	575.92	623.30	653.99	664.39	742.34	788.54	835.73	869.93	913.43	993.61	1042.69	1074.70
2235					483.13	523.04	548.72	565.65	603.32	652.96	685.13	696.03	777.71	826.12	875.58	911.43	957.02	1041.06	1092.50	1126.06
		2337					573.87	591.58	630.99	682.92	716.57	727.97	813.43	864.08	915.93	953.34	1001.04	1088.98	1142.81	1177.93
	2438						598.78	617.26	658.39	712.59	747.71	759.61	848.80	901.67	955.68	994.83	1044.63	1136.43	1192.63	1229.29
2540							623.94	643.20	686.06	742.55	779.15	791.55	884.52	939.63	995.93	1036.74	1088.65	1184.35	1242.94	1821.16

（续）

单位长度理论质量/（kg/m）

外径/mm 系列1	系列2	系列3	22.2	23.83	25	26.19	28	28.58	30	30.96	32	34.93	36	38.1	40	45	50	55	60	65
1016			544.09	583.08	610.99	639.30	682.24	695.96	729.49	752.10	776.54	845.12	870.06	918.84	962.78	1077.58	1191.15	1303.48	1414.58	1524.45
1067			572.01	613.05	642.43	672.24	717.45	731.91	767.22	791.04	816.79	889.05	915.34	966.76	1013.09	1134.18	1254.04	1372.66	1490.05	1606.20
1118			599.93	643.03	673.88	705.18	752.67	767.85	804.95	829.98	857.04	932.98	960.61	1014.68	1063.40	1190.78	1316.92	1441.83	1565.51	1687.96
	1168		627.31	672.41	704.70	737.48	787.20	803.09	841.94	868.15	896.49	976.06	1005.01	1061.66	1112.73	1246.27	1378.58	1509.65	1639.50	1768.11
1219			655.23	702.38	736.15	770.42	822.41	839.04	879.68	907.09	936.49	1019.99	1050.28	1109.58	1163.04	1302.87	1441.46	1578.83	1714.96	1849.86
	1321		711.07	762.33	799.03	836.30	892.84	910.93	955.14	984.97	1017.24	1107.85	1140.84	1205.42	1263.66	1416.06	1567.24	1717.18	1865.89	2013.36
1422			766.37	821.68	861.30	901.53	962.59	982.12	1029.86	1062.09	1096.94	1194.86	1230.51	1300.32	1363.29	1528.15	1691.78	1854.17	2015.34	2175.27
	1524		822.21	881.63	924.19	967.41	1033.02	1054.01	1105.33	1139.97	1177.44	1282.72	1321.07	1396.16	1463.91	1641.35	1817.55	1992.53	2166.27	2338.77
1626			878.06	941.57	987.08	1033.29	1103.45	1125.90	1180.79	1217.85	1257.93	1370.59	1411.62	1492.00	1564.53	1754.54	1943.33	2130.88	2317.19	2502.28
	1727		933.35	1000.92	1049.35	1098.53	1173.20	1197.09	1255.52	1294.96	1337.64	1457.59	1501.29	1586.90	1664.16	1866.63	2067.87	2267.87	2466.64	2664.18
1829			989.20	1060.87	1112.23	1164.41	1243.63	1268.98	1330.98	1372.84	1418.13	1545.46	1591.85	1682.74	1764.78	1979.83	2193.64	2406.22	2617.57	2827.69
	1930		1044.49	1120.22	1174.50	1229.64	1313.37	1340.17	1405.71	1449.96	1497.84	1632.46	1681.52	1777.64	1864.41	2091.91	2318.18	2543.22	2767.02	2989.59
2032			1100.34	1180.17	1237.39	1295.52	1383.81	1412.06	1481.17	1527.83	1578.34	1720.33	1772.08	1873.47	1965.03	2205.11	2443.95	2681.57	2917.95	3153.10
	2134		1156.18	1240.11	1300.28	1361.40	1454.24	1483.95	1556.63	1605.71	1658.83	1808.19	1862.63	1969.31	2065.65	2318.30	2569.72	2819.92	3068.88	3316.60
2235			1211.48	1299.47	1362.55	1426.64	1523.98	1555.14	1631.36	1682.83	1738.54	1895.20	1952.30	2064.21	2165.28	2430.39	2694.27	2956.91	3218.33	3478.50
	2337		1267.32	1359.41	1425.43	1492.52	1594.42	1627.03	1706.82	1760.71	1819.03	1983.06	2042.86	2160.05	2265.90	2543.59	2820.04	3095.26	3369.25	3642.01
2438			1322.61	1418.77	1487.70	1557.75	1664.16	1698.22	1781.55	1837.82	1898.74	2070.07	2132.53	2254.95	2365.53	2656.17	2944.58	3232.26	3518.70	3803.91
2540			1378.46	1478.71	1550.59	1623.63	1734.59	1770.11	1857.01	1915.70	1979.23	2157.93	2223.09	2350.79	2466.15	2768.87	3070.36	3370.61	3669.63	3967.42

注：1. 外径尺寸分为：通用系列1，推荐选用；非通用系列2；少数特殊专用系列3。

2. 壁厚尺寸分为：系列1为优先选用系列，系列2为非优先选用系列。

3. 单位长度理论质量系按钢密度为7.85kg/dm³计算所得。

表1-296 精密焊接钢管的尺寸规格（摘自 GB/T 21835—2008）

壁厚/mm；单位长度理论质量/（kg/m）

外径/mm	0.5	(0.8)	1.0	(1.2)	1.5	(1.8)	2.0	(2.2)	2.5	(2.8)	3.0	(3.5)	4.0	(4.5)	5.0	(5.5)	6.0	(7.0)	8.0	(9.0)	10.0	(11.0)	12.5	(14)
8	0.092	0.142	0.173	0.201	0.240	0.275	0.296	0.315																
10	0.117	0.182	0.222	0.260	0.314	0.364	0.395	0.423	0.462															
12	0.142	0.221	0.271	0.320	0.388	0.453	0.493	0.532	0.586	0.635	0.666													
14	0.166	0.260	0.321	0.379	0.462	0.542	0.592	0.640	0.709	0.773	0.814	0.906												
16	0.191	0.300	0.370	0.438	0.536	0.630	0.691	0.749	0.832	0.911	0.962	1.08	1.18											
18	0.216	0.339	0.419	0.497	0.610	0.719	0.789	0.857	0.956	1.05	1.11	1.25	1.38	1.50										
20	0.240	0.379	0.469	0.556	0.684	0.808	0.888	0.966	1.08	1.19	1.26	1.42	1.58	1.72										
22	0.265	0.418	0.518	0.616	0.758	0.897	0.988	1.07	1.20	1.33	1.41	1.60	1.78	1.94	2.10									
25	0.302	0.477	0.592	0.704	0.869	1.03	1.13	1.24	1.39	1.53	1.63	1.86	2.07	2.28	2.47	2.64								
28	0.339	0.517	0.666	0.793	0.980	1.16	1.28	1.40	1.57	1.74	1.85	2.11	2.37	2.61	2.84	3.05								
30	0.364	0.576	0.715	0.852	1.05	1.25	1.38	1.51	1.70	1.88	2.00	2.29	2.56	2.83	3.08	3.32	3.55							
32	0.388	0.616	0.765	0.911	1.13	1.34	1.48	1.62	1.82	2.02	2.15	2.46	2.76	3.05	3.33	3.59	3.85	4.32						
35	0.425	0.675	0.838	1.00	1.24	1.47	1.63	1.78	2.00	2.22	2.37	2.72	3.06	3.38	3.70	4.00	4.29	4.83	5.33					
38	0.462	0.734	0.912	1.09	1.35	1.61	1.78	1.94	2.19	2.43	2.59	2.98	3.35	3.72	4.07	4.41	4.74	5.35	5.92	6.44	6.91			
40	0.487	0.773	0.962	1.15	1.42	1.70	1.87	2.05	2.31	2.57	2.74	3.15	3.55	3.94	4.32	4.68	5.03	5.70	6.31	6.88	7.40			
45		0.872	1.09	1.30	1.61	1.92	2.12	2.32	2.62	2.91	3.11	3.58	4.04	4.49	4.93	5.36	5.77	6.56	7.30	7.99	8.63			
50		0.971	1.21	1.44	1.79	2.14	2.37	2.59	2.93	3.26	3.48	4.01	4.54	5.05	5.55	6.04	6.51	7.42	8.29	9.10	9.86			
55		1.07	1.33	1.59	1.98	2.36	2.61	2.86	3.24	3.60	3.85	4.45	5.03	5.60	6.17	6.71	7.25	8.29	9.27	10.21	11.10	11.94		
60			1.46	1.74	2.16	2.58	2.86	3.14	3.55	3.95	4.22	4.88	5.52	6.16	6.78	7.39	7.99	9.15	10.26	11.32	12.33	13.29		
70			1.70	2.04	2.53	3.03	3.35	3.68	4.16	4.64	4.96	5.74	6.51	7.27	8.01	8.75	9.47	10.88	12.23	13.54	14.80	16.01		
80			1.95	2.33	2.90	3.47	3.85	4.22	4.78	5.33	5.70	6.60	7.50	8.38	9.25	10.11	10.95	12.60	14.21	15.76	17.26	18.72		
90				2.63	3.27	3.92	4.34	4.76	5.39	6.02	6.44	7.47	8.48	9.49	10.48	11.46	12.43	14.33	16.18	17.98	19.73	21.43		
100				2.92	3.64	4.36	4.83	5.31	6.01	6.71	7.18	8.33	9.47	10.60	11.71	12.82	13.91	16.05	18.15	20.20	22.20	24.14		
110				3.22	4.01	4.80	5.33	5.85	6.63	7.40	7.92	9.19	10.46	11.71	12.95	14.17	15.39	17.78	20.12	22.42	24.66	26.86	30.06	
120						5.25	5.82	6.39	7.24	8.09	8.66	10.06	11.44	12.82	14.18	15.53	16.87	19.51	22.10	24.64	27.13	29.57	33.14	
140						6.13	6.81	7.48	8.48	9.47	10.14	11.78	13.42	15.04	16.65	18.24	19.83	22.96	26.04	29.08	32.06	34.99	39.30	
160						7.02	7.79	8.56	9.71	10.86	11.61	13.51	15.39	17.26	19.11	20.96	22.79	26.41	29.99	33.51	36.99	40.42	45.47	
180															21.58	23.67	25.75	29.87	33.93	37.95	41.92	45.85	51.64	
200																	28.71	33.32	37.88	42.39	46.86	51.27	57.80	
220																		36.77	41.83	46.83	51.79	56.70	63.97	71.12
240																		40.22	45.77	51.27	56.72	62.12	70.13	78.03
260																		43.68	49.72	55.71	61.65	67.55	76.30	84.93

注：1. 带括号的壁厚尺寸不推荐使用。

2. 精密焊接钢管外径尺寸未规定系列1，只规定非通用系列2和少数特殊、专用的系列3。

3. 本表单位长度理论质量按钢密度为7.85kg/dm³计算所得。

表1-297 不锈钢焊接钢管的尺寸规格（摘自 GB/T 21835—2008） （单位：mm）

系列1	系列2	系列3	壁厚	系列1	系列2	系列3	壁厚	系列1	系列2	系列3	壁厚	系列1	系列2	系列3	壁厚
	8		0.3~1.2	26.9			0.5~4.5（4.6）	70			0.8~6.0	273.1			2.0~14（14.2）
		9.5	0.3~1.2			28	0.5~4.5（4.6）	76.1			0.8~6.0	323.9			2.5（2.6）~16
	10		0.3~1.4			30	0.5~4.5（4.6）			80	1.2~8.0	355.6			2.5（2.6）~16
10.2			0.3~2.0			31.8	0.5~4.5（4.6）			82.5	1.2~8.0			377	2.5（2.6）~16
	12		0.3~2.0			32	0.5~4.5（4.6）	88.9			1.2~8.0			400	2.5（2.6）~20
		12.7	0.3~2.0	33.7			0.8~5.0		101.6		1.2~8.0	406.4			2.5（2.6）~20
13.5			0.5~3.0			35	0.8~5.0			102	1.2~8.0			426	2.8（2.9）~25
		14	0.5~3.5（3.6）			36	0.8~5.0			108	1.6~8.0			450	2.8（2.9）~25
		15	0.5~3.5（3.6）			38	0.8~5.0	114.3			1.6~8.0	457			2.8（2.9）~28
	16		0.5~3.5（3.6）			40	0.8~5.5（5.6）			125	1.6~10			500	2.8（2.9）~28
17.2			0.5~3.5（3.6）	42.4			0.8~5.5（5.6）			133	1.6~10	508			2.8（2.9）~28
	18		0.5~3.5（3.6）			44.5	0.8~5.5（5.6）	139.7			1.6~11			530	2.8（2.9）~28
	19		0.5~3.5（3.6）	48.3			0.8~5.5（5.6）			141.3	1.6~12（12.5）			550	2.8（2.9）~28
		19.5	0.5~3.5（3.6）			50.8	0.8~6.0			154	1.6~12（12.5）			558.8	2.8（2.9）~28
	20		0.5~3.5（3.6）			54	0.8~6.0			159	1.6~12（12.5）			600	3.2~28
21.3			0.5~4.2		57		0.8~6.0	168.3			1.6~12（12.5）	610			3.2~28
	22		0.5~4.2	60.3			0.8~6.0			193.7	1.6~12（12.5）			630	3.2~28
	25		0.5~4.2			63	0.8~6.0	219.1			1.6~14（14.2）			660	3.2~28
		25.4	0.5~4.2			63.5	0.8~6.0			250	1.6~14（14.2）	711			3.2~28

壁厚尺寸系列	0.3~1.0（0.1进级）、1.2、1.4、1.5、1.6、1.8、2.0、2.2（2.3）、2.5（2.6）、2.8（2.9）、3.0、3.2、3.5（3.6）、4.0、4.2、4.5（4.6）、4.8、5.0、5.5（5.6）、6.0、6.5（6.3）、7.0（7.1）、7.5、8.0、8.5、9.0（8.8）、9.5、10、11、12（12.5）、14（14.2）、15、16、17（17.5）、18、20、22（22.2）、24、25、26、28

注：1. 括号内尺寸表示由相应英制规格换算成的公制规格。

2. 本表未编入 GB/T 21835 规定的 762~1829mm 共16个大尺寸规格，需用时请参见原标准。

3. 外径尺寸系列1为通用系列，推荐使用；系列2为非通用系列；系列3为少数特殊、专用系列。

4. 不锈钢焊接钢管单位长度理论质量计算公式如下：

$$W = \frac{\pi}{1000} S (D-S) \rho$$

式中　W—钢管理论质量（kg/m）；

　　　π—圆周率，取 3.1416；

　　　S—钢管公称壁厚（mm）；

　　　D—钢管公称外径（mm）；

　　　ρ—钢密度（kg/dm³），不锈钢各牌号的密度按 GB/T 20878 中的给定值。

1.10.13 直缝电焊钢管（见表 1-298）

表 1-298 直缝电焊钢管的尺寸规格、牌号及力学性能（摘自 GB/T 13793—2016）

尺寸规格	1）钢管公称外径（D）和公称壁厚（t）应符合 GB/T 21835《焊接钢管尺寸及单位长度重量》的规定。按需方要求，经供需双方协商，可以供应 GB/T 21835 规定以外的尺寸钢管 2）钢管外径精度等级分为：普通精度（PD. A）、较高精度（PD. B）、高精度（PD. C） 3）钢管壁厚精度等级分为：普通精度（PT. A）、较高精度（PT. B）、高精度（PT. C） 4）GB/T 13793—2016《直缝电焊钢管》适用于机械、建筑等结构用途且外径不大于 711mm 的直缝电焊钢管，也适用于一般流体输送用焊接钢管

外径及其极限偏差/mm	外径（D）	普通精度（PD. A）[1]	较高精度（PD. B）	高精度（PD. C）
	5~20	±0.30	±0.15	±0.05
	>20~35	±0.40	±0.20	±0.10
	>35~50	±0.50	±0.25	±0.15
	>50~80	±1%D	±0.35	±0.25
	>80~114.3		±0.60	±0.40
	>114.3~168.3		±0.70	±0.50
	>168.3~219.1		±0.80	±0.60
	>219.1~711		±0.75%D	±0.5%D

壁厚及其极限偏差/mm	壁厚（t）	普通精度（PT. A）[1]	较高精度（PT. B）	高精度（PT. C）	壁厚不均[2]
	0.50~0.70	±0.10	±0.04	±0.03	≤7.5%t
	>0.70~1.0		±0.05	±0.04	
	>1.0~1.5		±0.06	±0.05	
	>1.5~2.5	±10%t	±0.12	±0.06	
	>2.5~3.5		±0.16	±0.10	
	>3.5~4.5		±0.22	±0.18	
	>4.5~5.5		±0.26	±0.21	
	>5.5		±7.5%t	±5.0%t	

钢管的牌号及管材的力学性能	牌号[3]	下屈服强度[4] R_{eL}/MPa	抗拉强度 R_m/MPa	断后伸长率 A（%）	
				$D \leq 168.3mm$	$D > 168.3mm$
		不小于			
	08、10	195	315	22	
	15	215	355	20	
	20	235	390	19	
	Q195[5]	195	315		
	Q215A，Q215B	215	335	15	20
	Q235A，Q235B，Q235C	235	370		

（续）

钢管的牌号及管材的力学性能	牌号③	下屈服强度④ R_{eL}/MPa	抗拉强度 R_m/MPa	断后伸长率 A（%）	
				$D \leqslant 168.3$mm	$D > 168.3$mm
				不小于	
	Q275A、Q275B、Q275C	275	410	13	18
	Q345A、Q345B、Q345C	345	470		
	Q390A、Q390B、Q390C	390	490	19	
	Q420A、Q420B、Q420C	420	520	19	
	Q460C、Q460D	460	550	17	

注：1. 钢管以焊接状态或热处理状态交货。

2. 外径不大于 60.3mm 的钢管全截面拉伸时，断后伸长率仅供参考，不作为交货检验条件。

3. 外径不小于 219mm 的钢管应进行焊缝横向拉伸试验，只测定抗拉强度，其值应符合本表规定。

4. 钢管按理论质量或实际质量交货均可。镀锌钢管和非镀锌钢管交货质量的计量方法应符合 GB/T 13793—2016 的相关规定。

① 不适用于带式输送机托辊用钢管。

② 不适用普通精度钢管。壁厚不均指同一截面上实测壁厚的最大值与最小值之差。

③ 钢管用材料的牌号及化学成分（熔炼分析）应符合 GB/T 699、GB/T 1591 相应牌号的规定。

④ 当屈服不明显时，可测量 $R_{p0.2}$ 或 $R_{t0.5}$ 代替下屈服强度。

⑤ Q195 的屈服强度值仅作为参考，不作交货条件。

1.10.14 高温高压管道用直缝埋弧焊接钢管（见表 1-299）

表 1-299 高温高压管道用直缝埋弧焊接钢管的尺寸规格、牌号和力学性能（摘自 GB/T 32970—2016）

钢管外径和壁厚尺寸规格①	钢管公称外径 D/mm	
	第一系列	406.4、457、508、610、711、813、914、1016、1067、1118、1219、1422、1626、1829、2032、2235、2540
	第二系列	762、1168、1321、1524、1727、1930、2134、2337、2438
	第三系列	559、660、864、965
	钢管公称壁厚 t/mm	
	第一系列	2.6、2.9、3.2、3.6、4.0、4.5、5.0、5.4、5.6、6.3、7.1、8.0、8.8、10、11、12.5、14.2、16、17.5、20、22.2、25、28、30、32、36、40、45、50、55、60、65
	第二系列	2.8、3.1、3.4、3.8、4.37、4.78、5.16、5.56、6.02、6.35、7.92、8.74、9.53、10.31、11.91、12.70、15.09、16.66、19.05、20.62、23.83、26.19、28.58、30.96、34.93、38.1

钢管尺寸精度	公称外径 D/mm	外径极限偏差/mm	
		除管端外	管端
	≤610	±0.75%D，但最大为±3.2	±1.6
	>610~1422	±0.5%D，但最大为±4.0	±1.6
	>1422	供需双方协商确定	供需双方协商确定

1）钢管壁厚下极限偏差为-0.3mm

2）钢管通常长度为 3000~12000mm，定尺长度应在通常长度范围内，

3）定尺长度极限偏差为 $^{+50}_{0}$ mm

（续）

<table>
<tr><td rowspan="2">牌号</td><td colspan="10">熔炼分析和成品分析（质量分数，%）</td></tr>
<tr><td>C</td><td>Si</td><td>Mn</td><td>Cr</td><td>Mo</td><td>V</td><td>Ni</td><td>Cu</td><td>P</td><td>S</td></tr>
<tr><td>Q245②</td><td>≤0.20</td><td>≤0.35</td><td>0.50~1.10</td><td>≤0.30</td><td>≤0.08</td><td>≤0.05</td><td>≤0.25</td><td>≤0.30</td><td>≤0.025</td><td>≤0.010</td></tr>
<tr><td>Q345②</td><td>≤0.20</td><td>≤0.55</td><td>1.20~1.70</td><td>≤0.30</td><td>≤0.08</td><td>≤0.05</td><td>≤0.30</td><td>≤0.30</td><td>≤0.025</td><td>≤0.010</td></tr>
<tr><td>15Mo</td><td>0.12~0.20</td><td>0.17~0.37</td><td>0.40~0.80</td><td>≤0.30</td><td>0.25~0.35</td><td>≤0.08</td><td>≤0.30</td><td>≤0.20</td><td>≤0.025</td><td>≤0.015</td></tr>
<tr><td>20Mo</td><td>0.15~0.25</td><td>0.17~0.37</td><td>0.40~0.80</td><td>≤0.30</td><td>0.44~0.65</td><td>≤0.08</td><td>≤0.30</td><td>≤0.20</td><td>≤0.025</td><td>≤0.015</td></tr>
<tr><td>12CrMo</td><td>0.08~0.15</td><td>0.17~0.37</td><td>0.40~0.70</td><td>0.40~0.70</td><td>0.40~0.55</td><td>—</td><td>≤0.30</td><td>≤0.30</td><td>≤0.025</td><td>≤0.015</td></tr>
<tr><td>15CrMo</td><td>0.08~0.18</td><td>0.15~0.40</td><td>0.40~0.70</td><td>0.80~1.20</td><td>0.45~0.60</td><td>—</td><td>≤0.30</td><td>≤0.30</td><td>≤0.025</td><td>≤0.010</td></tr>
<tr><td>14Cr1Mo</td><td>≤0.17</td><td>0.50~0.80</td><td>0.40~0.65</td><td>1.15~1.50</td><td>0.45~0.65</td><td>—</td><td>≤0.30</td><td>≤0.30</td><td>≤0.020</td><td>≤0.010</td></tr>
<tr><td>12Cr1MoV</td><td>0.08~0.15</td><td>0.15~0.40</td><td>0.40~0.70</td><td>0.90~1.20</td><td>0.25~0.35</td><td>0.15~0.30</td><td>≤0.30</td><td>≤0.30</td><td>≤0.025</td><td>≤0.010</td></tr>
<tr><td>12Cr2Mo1</td><td>0.08~0.15</td><td>≤0.50</td><td>0.30~0.60</td><td>2.00~2.50</td><td>0.90~1.10</td><td>—</td><td>≤0.30</td><td>≤0.20</td><td>≤0.020</td><td>≤0.010</td></tr>
<tr><td>12Cr5Mo</td><td>≤0.15</td><td>≤0.50</td><td>0.30~0.60</td><td>4.00~6.00</td><td>0.45~0.60</td><td>—</td><td>≤0.60</td><td>≤0.20</td><td>≤0.025</td><td>≤0.015</td></tr>
</table>

钢材的牌号及化学成分

钢管的力学性能

<table>
<tr><td rowspan="3">牌号</td><td colspan="4">抗拉强度 R_m/MPa</td><td colspan="4">下屈服强度或规定塑性延伸强度 R_{eL} 或 $R_{p0.2}$/MPa</td><td rowspan="3">断后伸长率 A（%）</td><td colspan="2">冲击吸收能量 KV_2</td><td rowspan="3">硬度值 HBW 不大于</td></tr>
<tr><td colspan="4">壁厚/mm</td><td colspan="4">壁厚/mm</td><td rowspan="2">试验温度/℃</td><td rowspan="2">3个试样平均值/J</td></tr>
<tr><td>≤16</td><td>>16~≤36</td><td>>36~≤60</td><td>>60~≤75</td><td>≤16</td><td>>16~≤36</td><td>>36~≤60</td><td>>60~≤75</td></tr>
<tr><td>Q245</td><td colspan="3">400~520</td><td>390~510</td><td>≥245</td><td>≥235</td><td>≥225</td><td>≥205</td><td>≥25</td><td>0</td><td>≥34</td><td>—</td></tr>
<tr><td>Q345</td><td>510~640</td><td>500~630</td><td colspan="2">490~620</td><td>≥345</td><td>≥325</td><td>≥315</td><td>≥305</td><td>≥20</td><td>0</td><td>≥41</td><td>—</td></tr>
<tr><td>15Mo</td><td colspan="4">450~600</td><td colspan="4">≥270</td><td>≥22</td><td>室温</td><td>≥40</td><td>201</td></tr>
<tr><td>20Mo</td><td colspan="4">415~665</td><td colspan="4">≥220</td><td>≥22</td><td>室温</td><td>≥40</td><td>201</td></tr>
<tr><td>12CrMo</td><td colspan="4">410~560</td><td colspan="4">≥205</td><td>≥21</td><td>室温</td><td>≥40</td><td>201</td></tr>
<tr><td>15CrMo</td><td colspan="4">450~590</td><td colspan="2">≥295</td><td colspan="2">≥275</td><td>≥19</td><td>室温</td><td>≥47</td><td>201</td></tr>
<tr><td>14Cr1Mo</td><td colspan="4">520~680</td><td colspan="4">≥310</td><td>≥19</td><td>室温</td><td>≥47</td><td>201</td></tr>
<tr><td>12Cr1MoV</td><td colspan="2">440~590</td><td colspan="2">430~580</td><td colspan="2">≥245</td><td colspan="2">≥235</td><td>≥19</td><td>室温</td><td>≥47</td><td>201</td></tr>
<tr><td>12Cr2Mo1</td><td colspan="4">520~680</td><td colspan="4">≥310</td><td>≥19</td><td>室温</td><td>≥47</td><td>201</td></tr>
<tr><td>12Cr5Mo</td><td colspan="4">480~640</td><td colspan="4">≥280</td><td>≥20</td><td>室温</td><td>≥40</td><td>225</td></tr>
</table>

钢管的高温力学性能

<table>
<tr><td rowspan="2">牌号</td><td rowspan="2">壁厚/mm</td><td colspan="7">试验温度/℃</td></tr>
<tr><td>200</td><td>250</td><td>300</td><td>350</td><td>400</td><td>450</td><td>500</td></tr>
<tr><td colspan="9">规定塑性延伸强度最小值 $R_{p0.2}$/MPa</td></tr>
<tr><td rowspan="3">Q245</td><td>>20~36</td><td>186</td><td>167</td><td>153</td><td>139</td><td>129</td><td>121</td><td>—</td></tr>
<tr><td>>36~60</td><td>178</td><td>161</td><td>147</td><td>133</td><td>123</td><td>116</td><td>—</td></tr>
<tr><td>>60~75</td><td>164</td><td>147</td><td>135</td><td>126</td><td>113</td><td>106</td><td>—</td></tr>
<tr><td rowspan="3">Q345</td><td>>20~36</td><td>255</td><td>235</td><td>215</td><td>200</td><td>190</td><td>180</td><td>—</td></tr>
<tr><td>>36~60</td><td>240</td><td>220</td><td>200</td><td>185</td><td>175</td><td>165</td><td>—</td></tr>
<tr><td>>60~75</td><td>225</td><td>205</td><td>185</td><td>175</td><td>165</td><td>155</td><td>—</td></tr>
</table>

（续）

	牌号	壁厚/mm	试验温度/℃						
			200	250	300	350	400	450	500
			规定塑性延伸强度最小值 $R_{p0.2}$/MPa						
钢管的高温力学性能	15Mo	—	225	205	180	170	160	155	150
	20Mo	—	199	187	182	177	169	160	150
	12CrMo	—	181	175	170	165	159	150	140
	15CrMo	>20~60	240	225	210	200	189	179	174
		>60~75	220	210	196	186	176	167	162
	14Cr1Mo	>20~75	255	245	230	220	210	195	176
	12Cr1MoV	>20~75	200	190	176	167	157	150	142
	12Cr2Mo1	>20~75	260	255	250	245	240	230	215
	12Cr5Mo		供需双方协商确定						

	牌号	消除应力热处理温度范围/℃	整管热处理制度
钢管热处理制度	Q245	590~650	正火：880~940℃
	Q345	590~650	正火：880~940℃
	15Mo	590~730	正火：890~950℃
	20Mo	590~730	正火：890~950℃
	12CrMo	590~705	正火加回火：正火温度900~960℃，回火温度670~730℃
	15CrMo	590~730	正火加回火：正火温度900~960℃，回火温度670~730℃
	14Cr1Mo	590~745	正火加回火：正火温度900~960℃，回火温度680~730℃
	12Cr1MoV	590~730	t≤30mm的钢管正火加回火：正火温度980~1020℃，回火温度720~760℃ t>30mm的钢管淬火加回火或正火加回火：淬火温度950~990℃，回火温度720~760℃；正火温度980~1020℃，回火温度720~760℃，但正火后应进行急冷
	12Cr2Mo1	650~760	t≤30mm的钢管正火加回火：正火温度900~960℃，回火温度700~750℃ t>30mm的钢管淬火加回火或正火加回火：淬火温度不低于900℃，回火温度700~750℃；正火温度900~960℃，回火温度700~750℃，但正火后应进行急冷
	12Cr5Mo	650~760	1）完全退火或等温退火 2）正火加回火：正火温度930~980℃，回火温度730~770℃

① 钢管外径和壁厚尺寸系列及单位长度质量参见GB/T 21835—2008。

② Nb≤0.050，Ti≤0.030，Alt≥0.020，Cu+Ni+Cr+Mo≤0.70。

1.10.15 冷拔精密单层焊接钢管（见表1-300）

表1-300 冷拔精密单层焊接钢管分类代号、尺寸规格、力学性能及应用（摘自GB/T 24187—2009）

尺寸精度及代号	力学性能及代号	表面状态代号	种类	状态	代号
			光亮表面	钢管内外表面无镀层	SL
普通精度：PA	普通钢管：MA		镀铜表面	钢管的外表面镀铜	Cu
			镀锌表面①	钢管的外表面镀锌或锌合金	Zn
高级精度：PC	软管钢管：MB		双面镀铜表面②	钢管的内外表面均镀铜	Cu/Cu
			外镀锌内镀铜表面③	钢管的外表面镀锌或锌合金，内表面镀铜	Zn/Cu

（续）

外径/mm	壁厚/mm										外径极限偏差/mm	
	0.30	0.40	0.50	0.60	0.65	0.70	0.80	0.90	1.00	1.30	普通精度 PA	高级精度 PC
	理论质量④/（kg/m）											
3.18	0.0213	0.0274	0.0330								±0.08	±0.05
4.00	0.0274	0.0355	0.0432	0.0503							±0.08	±0.05
4.76	0.0330	0.0430	0.0525	0.0616	0.0659	0.0701						
5.00	0.0348	0.0454	0.0555	0.0651	0.0697	0.0742						
6.00	0.0422	0.0552	0.0678	0.0799	0.0858	0.0915	0.1026	0.1132	0.1233		±0.12	±0.07
6.35	0.0448	0.0587	0.0721	0.0851	0.0914	0.0975	0.1095	0.1210	0.1319			
7.94	0.0565	0.0744	0.0917	0.1086	0.1169	0.1250	0.1409	0.1563	0.1712	0.2129		
8.00	0.0570	0.0750	0.0925	0.1095	0.1178	0.1260	0.1421	0.1576	0.1726	0.2148		
9.53	0.0683	0.0901	0.1113	0.1321	0.1423	0.1524	0.1722	0.1915	0.2104	0.2639	±0.16	±0.10
10.00	0.0718	0.0947	0.1171	0.1391	0.1499	0.1605	0.1815	0.2020	0.2220	0.2789		
12.00	0.0866	0.1144	0.1418	0.1687	0.1819	0.1951	0.2210	0.2464	0.2713	0.3430		
12.70	0.0917	0.1213	0.1504	0.1790	0.1932	0.2072	0.2348	0.2619	0.2885	0.3655	±0.20	±0.12
14.00	0.1014	0.1342	0.1665	0.1983	0.2140	0.2296	0.2604	0.2908	0.3206	0.4072		
15.88	0.1153	0.1527	0.1896	0.2261	0.2441	0.2621	0.2975	0.3325	0.3670	0.4674		
16.00	0.1162	0.1539	0.1911	0.2279	0.2461	0.2641	0.3000	0.3352	0.3699	0.4713		
18.00	0.1310	0.1736	0.2158	0.2575	0.2781	0.2987	0.3393	0.3795	0.4192	0.5354		

壁厚极限偏差/mm	±0.05	±0.07

长度/m	1.5~4000，长度>8m 者以盘状交货，长度<8m 者以条状交货	弯曲度	不大于 5mm/m

外镀层标记
镀铜管—Cu，镀锌管—Zn（制冷用管）
钢管转化膜类型：光亮（A）、漂白（B）、彩虹（C）、深色（D）、复合型（E）（汽车用管）

力学性能
钢管用冷却钢带采用冷轧低碳钢带或冷轧超低碳钢带，其化学成分及力学性能应符合 GB/T 24187—2009 的规定

分类	抗拉强度 R_m/MPa	屈服强度⑤ R_{eL}/MPa	断后伸长率 A（%）
普通钢管　MA	≥270	≥180	≥14
软态钢管　MB	≥230	150~220	≥35

应用
GB/T 24187—2009《冷拔精密单层焊接钢管》参照 EN10305-2：2002《精密钢管》和 ISO 3305：1985《平端精密焊接钢管》制定和首次发布。产品适用于各种一般配管，以及在汽车、制冷、电热电器等工业中制作冷凝器、蒸发器、燃料管、润滑油管、电热管、冷却器管等

注：标记示例
标记顺序：尺寸精度-规格尺寸-力学性能-表面种类及镀层后处理-标准编号
示例1：高级精度、外径8.00mm、壁厚0.70mm、长度6000mm，外表面镀锌层厚度8μm 钝化成深色的条状定尺汽车用普通冷轧精密单层焊接钢管，标记为：PC8.00×0.70×6000-MA-Zn8D-GB/T 24187。
示例2：普通精度、外径4.76mm、壁厚0.50mm、外表面镀铜的盘状制冷用软态冷轧精密单层焊接钢管，标记为：PA-4.76×0.50-MB-Cu-GB/T 24187。
① 采用电镀、化学镀或热浸镀方法。
② 采用双面镀铜的钢带制造。焊缝处的镀层质量要求由供需双方协商确定。
③ 采用双面镀铜的钢带制造。
④ 未增添外镀层时的理论质量。钢密度取 7.85kg/dm³。
⑤ 当屈服现象不明显时采用 $R_{p0.2}$ 代替。

1.10.16 流体输送用不锈钢焊接钢管（见表1-301）

表1-301 流体输送用不锈钢焊接钢管的牌号、力学性能及尺寸

规格（摘自 GB/T 12771—2019）

	新牌号	旧牌号	规定塑性延伸强度 $R_{p0.2}$/MPa	抗拉强度 R_m/MPa	热处理状态断后伸长率 A（%）	备注
			≥			
牌号及力学性能	12Cr18Ni9	1Cr18Ni9	210	520	35（非热处理状态为25）	钢管在交货前，应采用连续式或周期式炉全长热处理，推荐的热处理制度参见原标准
	06Cr19Ni10	0Cr18Ni9	210	520		
	022Cr19Ni10	00Cr19Ni10	180	480		
	06Cr25Ni20	0Cr25Ni20	210	520		
	06Cr17Ni12Mo2	0Cr17Ni12Mo2	210	520		
	022Cr17Ni12Mo2	00Cr17Ni14Mo2	180	480		
	06Cr18Ni11Ti	0Cr18Ni10Ti	210	520		
	06Cr18Ni11Nb	0Cr18Ni11Nb	210	520		
	022Cr18Ti	00Cr17	180	360		
	019Cr19Mo2NbTi	00Cr18Mo2	240	410	20	
	06Cr13Al	0Cr13Al	177	410		
	022Cr11Ti	—	275	400	18	
	022Cr12Ni	—	275	400	18	
交货状态	钢管采用单面或双面自动焊接方法制造，以热处理并酸洗状态交货					
液压试验	钢管应逐根进行液压试验，最大试验压力不大于10MPa。试验压力 $p=2SR/D$，式中，R 为允许应力，取 R_{eL} 的50%（MPa）；S 和 D 为公称壁厚和外径（mm）。p（MPa）的稳压时间不少于5s，不出现渗漏现象					
尺寸规格	钢管外径 D 和壁厚 S 应符合 GB/T 21835 焊接钢管尺寸的规定，D 和 S 的极限偏差按 GB/T 12771—2008 的规定 钢管通常长度为3000~9000mm，定尺长度或倍尺长度应在通常长度范围内					
用 途	适于腐蚀性流体的输送及在腐蚀条件下工作的中、低压流体管道					

注：1. 管材牌号的化学成分应符合 GB/T 12771—2019 的规定。

2. $R_{p0.2}$ 仅在需方要求，并在合同中注明时才按本表规定。

1.10.17 奥氏体-铁素体型双相不锈钢焊接钢管（见表1-302~表1-304）

表1-302 奥氏体-铁素体型双相不锈钢焊接钢管的分类及尺寸规格

（摘自 GB/T 21832.1—2018 和 GB/T 21832.2—2018）

分类	奥氏体-铁素体双相不锈钢焊接钢管分为热交换器用管（GB/T 21832.1—2018）和流体输送用管（GB/T 21832.2—2018）

（续）

热交换器用管尺寸规格（GB/T 21832.1—2018）	1. 钢管的外径 D 不大于 203mm，壁厚 S 不大于 8.0mm，其尺寸规格应符合 GB/T 21835 的规定。根据需方要求，经供需双方协商，可供应其他外径和壁厚的钢管 2. 钢管外径和壁厚的允许偏差应符合下表的规定。根据需方要求，经供需双方协商，并在合同中注明，可供应下表规定以外尺寸允许偏差的钢管			

外径和壁厚允许偏差/mm	外径 D	外径允许偏差	壁厚允许偏差
	≤25	±0.10	±10%S
	>25~40	±0.15	
	>40~65	±0.25	
	>65~89	±0.30	
	>89~140	±0.38	
	>140~203	±0.76	

流体输送用管尺寸规格（GB/T 21832.2—2018）	1. 钢管的公称外径 D 和公称壁厚 S 应符合 GB/T 21835 的规定。根据需方要求，经供需双方协商，可供应 GB/T 21835 规定以外尺寸的钢管 2. 钢管公称外径和公称壁厚的允许偏差符合下表的规定。根据需方要求，经供需双方协商，并在合同中注明，可供应下表规定以外尺寸允许偏差的钢管

公称外径和壁厚允许偏差/mm	公称外径 D	外径允许偏差	壁厚允许偏差
	≤38	±0.3	±12.5%S
	>38~89	±0.5	
	>89~140	±0.8	±10%S 或±0.2，两者取较大值
	>140~168.3	±1	
	>168.3	±0.75%D	

钢管长度	1. 钢管的通常长度为 3000~12000mm。经供需双方协商，并在合同中注明，可供应其他长度的钢管 2. 根据需方要求，经供需双方协商，并在合同中注明，钢管可按定尺长度或倍尺长度交货。定尺钢管的长度允许偏差为 $^{+10}_{\ \ 0}$mm。倍尺钢管的每个倍尺长度应留切口余量 5~10mm

表 1-303 奥氏体-铁素体型双相不锈钢焊接钢管的牌号及力学性能
（摘自 GB/T 21832.1—2018 和 GB/T 21832.2—2018）

统一数字代号	牌 号	推荐热处理制度	拉伸性能			硬度	
			抗拉强度 R_m/MPa	规定塑性延伸强度 $R_{p0.2}$/MPa	断后伸长率 A（%）	HBW	HRC
			不小于			不大于	
S21953	022Cr19Ni5Mo3Si2N	980~1040℃ 急冷	630	440	30	290	30
S22253	022Cr22Ni5Mo3N	1020~1100℃ 急冷	620	450	25	290	30
S22053	022Cr23Ni5Mo3N	1020~1100℃ 急冷	655	485	25	290	30

（续）

统一数字代号	牌 号	推荐热处理制度		拉伸性能			硬度	
				抗拉强度 R_m/MPa	规定塑性延伸强度 $R_{p0.2}$/MPa	断后伸长率 A（%）	HBW	HRC
				不小于			不大于	
S23043[①]	022Cr23Ni4MoCuN	925~1050℃	急冷 $D>25mm$	600	400	25	290	30
			急冷 $D \leqslant 25mm$	690	450	25	—	—
S22553	022Cr25Ni6Mo2N	1050~1100℃	急冷	690	450	25	280	—
S22583	022Cr25Ni7Mo3WCuN	1020~1100℃	急冷	690	450	25	290	30
S25554	03Cr25Ni6Mo3Cu2N	≥1040℃	急冷	760	550	15	297	31
S25073	022Cr25Ni7Mo4N	1025~1125℃	急冷	800	550	15	300	32
S27603	022Cr25Ni7Mo4WCuN	1100~1140℃	急冷	750	550	25	300	—

注：1. 钢管应以热处理并酸洗状态交货，经保护气氛热处理的钢管可不经酸洗交货。钢管牌号的化学成分应符合 GB/T 21832.1~2—2018 的规定。

2. 热交换器用管的室温纵向力学性能按本表规定。

3. 流体输送用管应进行母材拉伸试验，母材的室温纵向拉伸力学性能应符合本表规定。钢管拉伸试验时，可用母材的横向拉伸试验代替纵向拉伸试验，横向拉伸性能应符合本表规定，但仲裁时应以纵向拉伸性能为准。

4. 按需方要求，并在合同中注明，对于壁厚不小于 1.7mm 的钢管可做母材硬度试验，其硬度值应符合本表规定。

5. 钢管应逐根进行液压试验，要求应符合 GB/T 21832.1~2—2018 的规定。热交换器用管最大试验压力为 10MPa，流体输送用管最大试验压力为 20MPa。

① S23043 牌号热交换器用管的力学性能按公称外径分为两档。S23043 牌号流体输送用管的力学性能按 $D>25mm$ 的规定。

表 1-304　奥氏体-铁素体型双相不锈钢焊接钢管的牌号与国外钢管标准的牌号对照

中国（GB/T 21832—2008）		美国	日本	欧洲	中国原用旧牌号
统一数字代号	牌 号	ASTM A790-05a	JIS G3463：2006	EN 10217-7：2005	
S21953	022Cr19Ni5Mo3Si2N	S31500	—	—	00Cr18Ni5Mo3Si2N
S22253	022Cr22Ni5Mo3N	S31803	SUS329J3LTB	X2CrNiMoN22-5-3 1.4462	00Cr22Ni5Mo3N
S22053	022Cr23Ni5Mo3N	S32205	—	—	00Cr22Ni5Mo3N
S23043	022Cr23Ni4MoCuN	S32304	—	X2CrNiN23-4 1.4362	00Cr23Ni4N
S22553	022Cr25Ni6Mo2N	S31200	—	—	00Cr25Ni6Mo2N
S22583	022Cr25Ni7Mo3WCuN	S31260	SUS329J4LTB	—	00Cr25Ni7Mo3WCuN
S25554	03Cr25Ni6Mo3Cu2N	S32550	—	—	0Cr25Ni6Mo3Cu2N
S25073	022Cr25Ni7Mo4N	S32750	—	X2CrNiMoN25-7-4 1.4410	00Cr25Ni7Mo4N
S27603	022Cr25Ni7Mo4WCuN	S32760	—	X2CrNiMoCuWN25-7-4 1.4501	0Cr25Ni7Mo4WCuN

注：本表为旧标准 GB/T 21832—2008 中的资料性附录。该资料性附录在新标准 GB/T 21832.1~2—2018 中被删除，但考虑到其仍具有实用价值，故将其保留。

1.10.18　流体输送用不锈钢复合钢管（见表1-305～表1-307）

表1-305　流体输送用不锈钢复合钢管的用途及尺寸规格（摘自GB/T 32958—2016）

钢管结构及用途	GB/T 32958—2016《流体输送用不锈钢复合钢管》适用于一般流体和化工弱腐蚀环境流体输送用的以不锈钢为复层、碳钢或低合金钢为基层的内覆或衬里复合钢管				
各种制造工艺复合钢管外径、壁厚规格	制造工艺		外径范围 (D)/mm	总壁厚(t)/mm 不小于	复层壁厚(t_1)/mm 不小于
	总要求		21.3～1626	2.8	复层厚度不小于复合管总壁厚的8%，且不小于0.25mm（焊接连接时不小于0.5mm）
	衬里复合钢管		21.3～1422	2.8	0.25
	内覆复合钢管	螺旋缝埋弧焊（SAWH）	219.1～1626	3.0	0.50
		直缝埋弧焊（SAWL）	406.4～1626	6.4	1.00
		直缝高频焊（HFW）	219.1～711	2.8	0.50
		热压熔合、堆焊、离心铸造等	21.3～1422	2.8	0.25

钢管外径和壁厚的极限偏差	公称外径(D)/mm	外径极限偏差/mm		壁厚极限偏差[①]/mm	
		管体	管端[②]	总壁厚[③](t)	复层厚度(t_1)
	21.3～<60.3	+0.4 −0.8		±9%t	−10%t_1，上极限偏差不限
	>60.3～168.3	±0.75%D	+1.6 −0.4		
	>168.3～610	±0.75%D，但最大为±3.2	±0.5%D，但最大为±1.6		
	>610～1422	±0.5%D，但最大为±4.0	±1.6		
	>1422	协议	协议		

圆度的规度	管端圆度不大于公称外径的1%，且最大不超过5mm；管体圆度不大于公称外径的1.5%，且最大不超过10mm。D/t>75或外径不小于1016mm，其管端和管体圆度由供需双方协商确定。内径圆度不大于外径的0.5%，且不超过2mm

注：钢管的外径(D)和壁厚(t)的具体尺寸应符合GB/T 17395或GB/T 21835的规定。按需方要求，可供应GB/T 21835或GB/T 17395规定之外规格的复合钢管。

① 壁厚正偏差不适用于焊缝。

② 管端包括钢管每个端头100mm长度范围内的钢管。

③ 无缝钢管作为基管时，总壁厚极限偏差为±12.5%t。

基层材料：基层材料和化学成分应符合 GB/T 699—2015 的 10、20 或 GB/T 700—2006 中 Q195、Q215A、Q215B、Q235A、Q235B、Q235C、Q275A、Q275B 的规定。经供需双方协商，并在合同中注明，可采用其他牌号作为基层材料。

表 1-306　流体输送用不锈钢复合钢管基层和复层材料牌号及化学成分（摘自 GB/T 32958—2016）

类型	统一数字代号	牌号	C 最大	Si 最大	Mn 最大	P 最大	S 最大	Ni 最小	Ni 最大	Cr 最小	Cr 最大	Mo 最小	Mo 最大	N 最小	N 最大	其他
奥氏体型	S30210	12Cr18Ni9	0.15	0.75	2.00	0.040	0.030	8.00	10.00	17.00	19.00	—	—	—	0.10	—
	S30408	06Cr19Ni10	0.08	0.75	2.00	0.040	0.030	8.00	11.00	18.00	20.00	—	—	—	—	—
	S30403	022Cr19Ni10	0.030	0.75	2.00	0.040	0.030	8.00	12.00	18.00	20.00	—	—	—	—	—
	S31008	06Cr25Ni20	0.08	1.50	2.00	0.040	0.030	19.00	22.00	24.00	26.00	—	—	—	—	—
	S31608	06Cr17Ni12Mo2	0.08	0.75	2.00	0.040	0.030	10.00	14.00	16.00	18.00	2.00	3.00	—	—	—
	S31603	022Cr17Ni12Mo2	0.030	0.75	2.00	0.040	0.030	10.00	14.00	16.00	18.00	2.00	3.00	—	—	—
	S32168	06Cr18Ni11Ti	0.08	0.75	2.00	0.040	0.030	9.00	12.00	17.00	19.00	—	—	—	—	Ti: 5×C~0.70
	S34778	06Cr18Ni11Nb	0.08	0.75	2.00	0.040	0.030	9.00	12.00	17.00	19.00	—	—	—	—	Nb: 10×C~1.10
马氏体型	S41008	06Cr13	0.08	0.75	1.00	0.040	0.030	(0.60)		11.50	13.50	—	—	—	—	—
铁素体型	S11863	022Cr18Ti	0.030	0.75	1.00	0.040	0.030	(0.60)		16.00	19.00	—	—	—	—	Ti 或 Nb: 0.10~1.00
	S11972	019Cr19Mo2NbTi	0.025	0.75	1.00	0.040	0.030	1.00		17.50	19.50	1.75	2.50	—	0.035	(Ti+Nb)[0.20+4(C+N)]~0.80
	S11348	06Cr13Al	0.08	0.75	1.00	0.040	0.030	(0.60)		11.50	14.50	—	—	—	—	Al: 0.10~0.30
	S11163	022Cr11Ti	0.030	0.75	1.00	0.040	0.020	(0.60)		10.50	11.70	—	—	—	0.030	Ti≥8(C+N), Ti: 0.15~0.50, Nb: 0.10
	S11213	022Cr12Ni	0.030	0.75	1.50	0.040	0.015	0.30	1.00	10.50	12.50	—	—	—	0.030	—
双相型	S22253	022Cr22Ni5Mo3N	0.030	1.00	2.00	0.030	0.020	4.50	6.50	21.00	23.00	2.50	3.50	0.08	0.20	—
	S25073	022Cr25Ni7Mo4N	0.030	1.00	2.00	0.035	0.020	6.00	8.00	24.00	26.00	3.00	5.00	0.24	0.32	—

不锈钢复层的牌号和化学成分 化学成分（质量分数，%）

表 1-307　流体输送用不锈钢复合钢管基层材料的力学性能（摘自 GB/T 32958—2016）

基层材料	下屈服强度 R_{eL}/MPa	抗拉强度 R_m/MPa	断后伸长率 A（%）	
			$D \le 168.3$mm	$D > 168.3$mm
			不小于	
10	195	315	22	
20	235	390	19	
Q195	195	315	15	20
Q215A、Q215B	215	335	15	20
Q235A、Q235B	235	370	15	20
Q275A、Q275B	275	410	13	18

注：1. 采用复合板成形焊接的复合钢管，按焊接或热处理状态交货，其他类型钢管可在复合前分别对基层和复层材料进行热处理，复合后不要求进行热处理。

2. 屈服现象不明显时，按 $R_{p0.2}$ 测定。Q195 屈服强度值只供参考，不作为交货条件。

3. 复合钢管按理论质量或实际质量交货。在 GB/T 32958—2016 中列出了复合钢管理论质量的计算方法。复合钢管理论质量按下列公式计算：

$$W = \frac{\pi}{1000} \left[t_1 (D - 2t_2 - t_1) \rho_1 + t_2 (D - t_2) \rho_2 \right]$$

式中　W—复合钢管的质量，单位为千克每米（kg/m）；

　　　π—3.1416；

　　　D—复合钢管的外径，单位为毫米（mm）；

　　　t_1—复合钢管复层的壁厚，单位为毫米（mm）；

　　　ρ_1—复合钢管复层的密度，单位为千克每立方分米（kg/dm³），复层不锈钢的密度按附表规定；

　　　t_2—复合钢管基层的壁厚，单位为毫米（mm）；

　　　ρ_2—复合钢管基层的密度，单位为千克每立方分米（kg/dm³），基层碳素钢或低合金钢的密度按7.85kg/dm³。

典型复层不锈钢牌号的密度

统一数字代号	牌　号	密度（20℃）/（kg/dm³）	统一数字代号	牌　号	密度（20℃）/（kg/dm³）
S30210	12Cr18Ni9	7.93	S41008	06Cr13	7.75
S30408	06Cr19Ni10		S11863	022Cr18Ti	7.70
S30403	022Cr19Ni10	7.90	S11972	019Cr19Mo2NbTi	7.75
S31008	06Cr25Ni20	7.98	S11348	06Cr13Al	
S31608	06Cr17Ni12Mo2	8.00	S11163	022Cr11Ti	
S31603	022Cr17Ni12Mo2		S11213	022Cr12Ni	
S32168	06Cr18Ni11Ti	8.03	S25073	022Cr25Ni7Mo4N	7.80
S34778	06Cr18Ni11Nb		S22253	022Cr22Ni5Mo3N	

4. 复合钢管屈服强度和抗拉强度的计算。

1）复合钢管的屈服强度下限值可按下式计算：

$$R_p = \frac{t_1 R_{p1} + t_2 R_{p2}}{t_1 + t_2}$$

式中　R_p—复合钢管的屈服下限值，单位为兆帕（MPa）；

　　　R_{p1}—复合钢管复层材料的屈服强度下限值，单位为兆帕（MPa）；

　　　R_{p2}—复合钢管基层材料的屈服强度下限值，单位为兆帕（MPa）；

　　　t_1—复合钢管复层材料的厚度，单位为毫米（mm）；

　　　t_2—复合钢管基层材料的厚度，单位为毫米（mm）。

2）复合钢管的抗拉强度可按下式计算：

$$R_m = \frac{t_1 R_{m1} + t_2 R_{m2}}{t_1 + t_2}$$

式中　R_m—复合钢管的抗拉强度下限值，单位为兆帕（MPa）；

　　　R_{m1}—复合钢管复层材料的抗拉强度下限值，单位为兆帕（MPa）；

　　　R_{m2}—复合钢管基层材料的抗拉强度下限值，单位为兆帕（MPa）；

　　　t_1—复合钢管复层材料的厚度，单位为毫米（mm）；

　　　t_2—复合钢管基层材料的厚度，单位为毫米（mm）。

1.10.19　P3型镀锌金属软管（见表1-308）

表 1-308　P3 型镀锌金属软管的尺寸规格（摘自 YB/T 5306—2006）

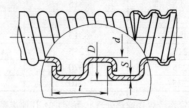

D—软管外径　t—节距　d—软管内径　S—钢带厚度

公称内径 d/mm	最小内径 d_{min}/mm	外径及极限偏差 D/mm	节距及极限偏差 t/mm	钢带厚度 S/mm	自然弯曲直径 R/mm	轴向拉力 /N≥	理论质量 /（g/m）
(4)	3.75	6.20±0.25	2.65±0.40	0.25	30	235	49.6
(6)	5.75	8.2±0.25	2.70±0.4	0.25	40	350	68.6
8	7.70	11.00±0.30	4.00±0.4	0.30	45	470	111.7
10	9.70	13.50±0.30	4.70±0.45	0.30	55	590	139.0
12	11.65	15.50±0.35	4.70±0.45	0.30	60	705	162.3
(13)	12.65	16.50±0.35	4.70±0.45	0.30	65	765	174.0
(15)	14.65	19.00±0.35	5.70±0.45	0.35	80	885	233.8
(16)	15.65	20.00±0.35	5.70±0.45	0.35	85	940	247.4
(19)	18.60	23.30±0.40	6.40±0.50	0.40	95	1120	326.7
20	19.60	24.30±0.40	6.40±0.50	0.40	100	1175	342.0
(22)	21.55	27.30±0.45	8.70±0.50	0.40	105	1295	375.1
25	24.55	30.30±0.45	8.70±0.50	0.40	115	1470	420.2
(32)	31.50	38.00±0.50	10.50±0.60	0.45	140	1880	585.8
38	37.40	45.00±0.60	11.40±0.60	0.50	160	2235	804.3
51	50.00	58.00±1.00	11.40±0.60	0.50	190	3000	1054.6
64	62.50	72.50±1.50	14.80±0.60	0.60	280	3765	1522.5
75	73.00	83.50±2.00	14.20±0.60	0.60	320	4410	1841.2
(80)	78.00	88.50±2.00	14.20±0.60	0.60	330	4705	1957.0
100	97.00	108.50±3.00	14.20±0.60	0.60	380	5880	2420.4

注：1. 钢带厚度 S 及理论质量仅供参考。

　　2. 括号中的规格不推荐使用。

　　3. 本产品用作电线保护管。

　　4. 软管长度不小于 3mm。

　　5. 标记示例：公称内径 15mm 的 P3 型镀锌金属软管，标记为：金属软管 P3 d15-YB/T 5306—2006。

1.10.20　S型钎焊不锈钢金属软管（见表1-309）

表1-309　S型钎焊不锈钢金属软管尺寸规格（摘自 YB/T 5307—2006）

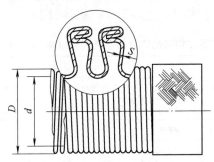

D—软管外径　d—软管内径　S—钢带厚度

公称内径 d/mm	最小内径 d_{min}/mm	软管外径 D/mm	钢带厚度 S/mm	编织钢丝直径 d_1/mm	软管性能参数		理论质量 /（kg/m）
					20℃时工作压力 /MPa	20℃时爆破压力 /MPa	
6	5.9	$10.8_{-0.3}$	0.13	0.3	14.70	44.10	0.209
8	7.9	$12.8_{-0.3}$	0.13	0.3	11.75	35.30	0.238
10	9.85	$15.6_{-0.3}$	0.16	0.3	9.80	29.40	0.367
12	11.85	$18.2_{-0.3}$	0.16	0.3	9.30	27.95	0.434
14	13.85	$20.2_{-0.3}$	0.16	0.3	8.80	26.45	0.494
(15)	14.85	$21.2_{-0.3}$	0.16	0.3	8.35	25.00	0.533
16	15.85	$22.2_{-0.3}$	0.16	0.3	7.85	23.55	0.553
(18)	17.85	$24.3_{-0.3}$	0.16	0.3	7.35	22.06	0.630
20	19.85	$29.3_{-0.3}$	0.20	0.3	6.85	20.60	0.866
(22)	21.85	$31.3_{-0.3}$	0.20	0.3	6.35	19.10	0.946
25	24.80	$35.3_{-0.3}$	0.25	0.3	5.90	17.65	1.347
30	29.80	$40.3_{-0.3}$	0.25	0.3	4.90	14.70	1.555
32	31.80	$44_{-0.3}$	0.30	0.3	4.40	13.25	1.864
38	37.75	$50_{-0.3}$	0.30	0.3	3.90	11.75	2.142
40	39.75	$52_{-0.3}$	0.30	0.3	3.45	10.29	2.207
42	41.75	$54_{-0.3}$	0.30	0.3	3.45	10.29	2.342
48	47.75	$60_{-0.3}$	0.30	0.3	2.95	8.80	2.634
50	49.75	$62_{-0.3}$	0.30	0.3	2.45	7.35	2.714
52	51.75	$64_{-0.3}$	0.30	0.3	2.45	7.35	2.795

注：1. 软管理论质量不包括接头的质量。理论质量和钢带厚度仅供参考。

2. 表中带括号的规格不推荐使用。

3. 本产品采用1Cr18Ni9Ti不锈钢带和不锈钢丝制成，适用于电缆的护套管及非腐蚀性的液压油、燃油、润滑油和蒸汽系统的输送管道，使用温度范围为0～400℃（输送管道）和-200～400℃（电缆套管）。

4. 软管长度不短于500mm。

5. 标记示例：公称内径为10mm的钎焊不锈钢金属软管，标记为：金属软管 S d10-YB/T 5307—2006。

1.11 钢板和钢带

1.11.1 冷轧钢板和钢带尺寸(见表 1-310~表 1-312)

表 1-310 冷轧钢板和钢带的产品形态及尺寸规格(摘自 GB/T 708—2019)

产品形态		分类及代号								
产品形态	边缘状态	厚度精度		宽度精度		长度精度		不平度精度	
		普通	较高	普通	较高	普通	较高	普通	较高
宽钢带	不切边 EM	PT. A	PT. B	—		—		—	
	切边 EC	PT. A	PT. B	PW. A	PW. B	—		—	
钢板	不切边 EM	PT. A	PT. B			PL. A	PL. B	PF. A	PF. B
	切边 EC	PT. A	PT. B	PW. A	PW. B	PL. A	PL. B	PF. A	PF. B
纵切钢带	切边 EC	PT. A	PT. B	PW. A	PW. B	—		—	

产品形态、分类及其尺寸精度要求

1. 钢板和钢带的公称厚度不大于4.00mm,公称厚度小于1.00mm 的钢板和钢带推荐的公称厚度按 0.05mm 倍数的任何尺寸;公称厚度不小于1.00mm 的钢板和钢带推荐的公称厚度按 0.10mm 倍数的任何尺寸

2. 钢板和钢带公称宽度不大于2150mm,推荐的公称宽度按10mm 倍数的任何尺寸

3. 钢板的公称长度1000~6000mm,推荐的公称长度按50mm 倍数的任何尺寸

4. 根据需方要求,经供需双方协商,可以供应其他尺寸的钢板和钢带

切边的钢板、宽钢带的宽度极限偏差

公称宽度/mm	宽度极限偏差/mm	
	普通精度 PW. A	较高精度 PW. B
≤1200	+4 0	+2 0
>1200~1500	+5 0	+2 0
>1500	+6 0	+3 0

纵切钢带宽度极限偏差

公称宽度/mm	宽度极限偏差/mm							
	普通精度 PW. A				较高精度 PW. B			
	公称厚度/mm							
	<0.60	0.60~<1.00	1.00~<2.00	2.00~4.00	<0.60	0.60~<1.00	1.00~<2.00	2.00~4.00
<125	+0.4 0	+0.5 0	+0.6 0	+0.7 0	+0.2 0	+0.2 0	+0.3 0	+0.4 0
125~<250	+0.5 0	+0.6 0	+0.8 0	+1.0 0	+0.2 0	+0.3 0	+0.4 0	+0.5 0
250~<400	+0.7 0	+0.9 0	+1.1 0	+1.3 0	+0.3 0	+0.4 0	+0.5 0	+0.6 0
400~<600	+1.0 0	+1.2 0	+1.4 0	+1.6 0	+0.5 0	+0.6 0	+0.7 0	+0.8 0

（续）

<table>
<tr><td rowspan="3">钢板长度极限偏差</td><td rowspan="3">公称长度/mm</td><td colspan="2">长度极限偏差/mm</td></tr>
<tr><td>普通精度 PL. A</td><td>较高精度 PL. B</td></tr>
<tr><td></td><td></td></tr>
<tr><td></td><td>≤2000</td><td>+6
0</td><td>+3
0</td></tr>
<tr><td></td><td>>2000</td><td>+0.3%×公称长度
0</td><td>+0.15%×公称长度
0</td></tr>
</table>

<table>
<tr><td rowspan="8">钢板的不平度</td><td rowspan="4" colspan="2"></td><td colspan="6">不平度/mm
不大于</td></tr>
<tr><td colspan="3">普通精度 PFA</td><td colspan="3">较高精度 PFB</td></tr>
<tr><td colspan="6">公称厚度/mm</td></tr>
</table>

规定的最小屈服强度 R_e/MPa	公称宽度/mm	<0.70	0.70~<1.20	≥1.20	<0.70	0.70~<1.20	≥1.20
<260	<600	7	6	5	4	3	2
	600~<1200	10	8	7	5	4	3
	1200~<1500	12	10	8	6	5	4
	≥1500	17	15	13	8	7	6
260~<340	<600	协议					
	600~<1200	13	10	8	8	6	5
	1200~<1500	15	13	11	9	8	6
	≥1500	20	19	17	12	10	9

1. 钢板的不平度应符合本表的规定。需方要求按较高不平度精度（PF. B）供货时应在合同中注明，未注明的按普通不平度精度（PF. A）供货

2. 规定最小屈服强度 R_e 不小于 340MPa 钢板的不平度由供需双方协议确定

3. 对规定最小屈服强度 R_e 小于 260MPa 的钢板，按较高不平度精度（PF. B）供货时，仲裁情况下另需检验边浪，边浪应符合下列规定：

　　1）当波浪长度不小于 200mm 时，对于公称宽度小于 1500mm 的钢板，波浪高度应小于波浪长度的 1.0%，对于公称宽度不小于 1500mm 的钢板，波浪高度应小于波浪长度的 1.5%

　　2）当波浪长度小于 200mm 时，波浪高度应小于 2mm

4. 当用户对钢带的不平度有要求时，在用户对钢带进行充分平整矫直后，本表规定值也适用于用户从钢带切成的钢板

5. 当产品标准中未规定屈服强度且未规定不平度时，钢板和钢带的不平度由供需双方协商确定，并在合同中注明

镰刀弯	钢板和钢带的镰刀弯在任意 2000mm 长度上应不大于 5mm 钢板的长度不大于 2000mm 时，其镰刀弯应不大于钢板实际长度的 0.25% 纵切钢带的镰刀弯在任意 2000mm 长度上应不大于 2mm

注：1. 钢板按实际质量或理论质量交货，理论质量的计算方法参见 GB/T 708—2019。

　　2. 钢带按实际质量交货。

表 1-311　冷轧钢板和钢带的厚度极限偏差(摘自 GB/T 708—2019)

公称厚度/mm	厚度极限偏差/mm					
	普通精度　PT. A			较高精度　PT. B		
	公称宽度/mm			公称宽度/mm		
	≤1200	>1200~1500	>1500	≤1200	>1200~1500	>1500
≤0.40	±0.03	±0.04	±0.05	±0.020	±0.025	±0.030
>0.40~0.60	±0.03	±0.04	±0.05	±0.025	±0.030	±0.035
>0.60~0.80	±0.04	±0.05	±0.06	±0.030	±0.035	±0.040
>0.80~1.00	±0.05	±0.06	±0.07	±0.035	±0.040	±0.050
>1.00~1.20	±0.06	±0.07	±0.08	±0.040	±0.050	±0.060
>1.20~1.60	±0.08	±0.09	±0.10	±0.050	±0.060	±0.070
>1.60~2.00	±0.10	±0.11	±0.12	±0.060	±0.070	±0.080
>2.00~2.50	±0.12	±0.13	±0.14	±0.080	±0.090	±0.100
>2.50~3.00	±0.15	±0.15	±0.16	±0.100	±0.110	±0.120
>3.00~4.00	±0.16	±0.17	±0.19	±0.120	±0.130	±0.140

最小屈服强度 R_e 小于 260MPa 钢板和钢带厚度极限偏差

公称厚度/mm	厚度极限偏差/mm					
	普通精度　PT. A			较高精度　PT. B		
	公称宽度/mm			公称宽度/mm		
	≤1200	>1200~1500	>1500	≤1200	>1200~1500	>1500
≤0.40	±0.04	±0.05	±0.06	±0.025	±0.030	±0.035
>0.40~0.60	±0.04	±0.05	±0.06	±0.030	±0.035	±0.040
>0.60~0.80	±0.05	±0.06	±0.07	±0.035	±0.040	±0.050
>0.80~1.00	±0.06	±0.07	±0.08	±0.040	±0.050	±0.060
>1.00~1.20	±0.07	±0.08	±0.10	±0.050	±0.060	±0.070
>1.20~1.60	±0.09	±0.11	±0.12	±0.060	±0.070	±0.080
>1.60~2.00	±0.12	±0.13	±0.11	±0.070	±0.080	±0.100
>2.00~2.50	±0.14	±0.15	±0.16	±0.100	±0.110	±0.120
>2.50~3.00	±0.17	±0.18	±0.18	±0.120	±0.130	±0.140
>3.00~4.00	±0.18	±0.19	±0.20	±0.140	±0.150	±0.160

最小屈服强度 R_e 为 260MPa~<340MPa 钢板和钢带厚度极限偏差

公称厚度/mm	厚度极限偏差/mm					
	普通精度　PT. A			较高精度　PT. B		
	公称宽度/mm			公称宽度/mm		
	≤1200	>1200~1500	>1500	≤1200	>1200~1500	>1500
≤0.40	±0.04	±0.05	±0.06	±0.030	±0.035	±0.040
>0.40~0.60	±0.05	±0.06	±0.07	±0.035	±0.040	±0.050
>0.60~0.80	±0.06	±0.07	±0.08	±0.040	±0.050	±0.060
>0.80~1.00	±0.07	±0.08	±0.10	±0.050	±0.060	±0.070
>1.00~1.20	±0.09	±0.10	±0.11	±0.060	±0.070	±0.080
>1.20~1.60	±0.11	±0.12	±0.14	±0.070	±0.080	±0.100
>1.60~2.00	±0.14	±0.15	±0.17	±0.080	±0.100	±0.110
>2.00~2.50	±0.16	±0.18	±0.19	±0.110	±0.120	±0.130
>2.50~3.00	±0.20	±0.20	±0.21	±0.130	±0.140	±0.150
>3.00~4.00	±0.22	±0.22	±0.23	±0.150	±0.160	±0.170

最小屈服强度 R_e 为 340~420MPa 钢板和钢带的厚度极限偏差

（续）

公称厚度/mm	厚度极限偏差/mm					
	普通精度 PT. A			较高精度 PT. B		
	公称宽度/mm			公称宽度/mm		
	≤1200	>1200~1500	>1500	≤1200	>1200~1500	>1500
最小屈服强度 R_e 大于 420MPa 钢板和钢带的厚度极限偏差 ≤0.40	±0.05	±0.06	±0.07	±0.035	±0.040	±0.050
>0.40~0.60	±0.05	±0.07	±0.08	±0.040	±0.050	±0.060
>0.60~0.80	±0.06	±0.08	±0.10	±0.050	±0.060	±0.070
>0.80~1.00	±0.08	±0.10	±0.11	±0.060	±0.070	±0.080
>1.00~1.20	±0.10	±0.11	±0.13	±0.070	±0.080	±0.100
>1.20~1.60	±0.13	±0.14	±0.16	±0.080	±0.100	±0.110
>1.60~2.00	±0.16	±0.17	±0.19	±0.100	±0.110	±0.130
>2.00~2.50	±0.19	±0.20	±0.22	±0.130	±0.140	±0.160
>2.50~3.00	±0.22	±0.23	±0.24	±0.160	±0.170	±0.180
>3.00~4.00	±0.25	±0.26	±0.27	±0.190	±0.200	±0.210

注：1. 当产品标准中未规定屈服强度且未规定厚度极限偏差时，钢板和钢带的厚度极限偏差由供需双方协商，并在合同中注明。

2. 需方要求按较高厚度精度（PT. B）供货时应在合同中注明，未注明的按普通厚度精度（PT. A）供货。

表 1-312　钢板理论质量

厚度/mm	理论质量/（kg/m²）	厚度/mm	理论质量/（kg/m²）	厚度/mm	理论质量/（kg/m²）	厚度/mm	理论质量/（kg/m²）
0.20	1.570	1.5	11.78	10.0	78.50	29	227.70
0.25	1.963	1.6	12.56	11	86.35	30	235.50
0.27	2.120	1.8	14.13	12	94.20	32	251.20
0.30	2.355	2.0	15.70	13	102.10	34	266.90
0.35	2.748	2.2	17.27	14	109.20	36	282.60
0.40	3.140	2.5	19.63	15	117.80	38	298.30
0.45	3.533	2.8	21.98	16	125.60	40	314.00
0.50	3.925	3.0	23.55	17	133.50	42	329.70
0.55	4.318	3.2	25.12	18	141.30	44	345.40
0.60	4.710	3.5	27.48	19	149.20	46	361.10
0.70	5.495	3.8	29.83	20	157.00	48	376.80
0.75	5.888	4.0	31.40	21	164.90	50	392.50
0.80	6.280	4.5	35.33	22	172.70	52	408.20
0.90	7.065	5.0	39.25	23	180.60	54	423.90
1.00	7.850	5.5	43.18	24	188.40	56	439.60
1.10	8.635	6.0	47.10	25	196.30	58	455.30
1.20	9.420	7.0	54.95	26	204.10	60	471.00
1.25	9.813	8.0	62.80	27	212.00		
1.40	10.990	9.0	70.65	28	219.80		

注：密度为 7.85g/cm³。

1.11.2 冷轧低碳钢板及钢带(见表 1-313)

表 1-313 冷轧低碳钢板及钢带的牌号、化学成分、尺寸规格及力学性能
（摘自 GB/T 5213—2019）

	牌号	化学成分（质量分数，%）						用途	尺寸规格的规定
		C	Mn	P	S	Al$_t$①	Ti②		
牌号、化学成分及尺寸规格	DC01	≤0.12	≤0.60	≤0.030	≤0.030	≤0.020	—	一般用	钢板和钢带的尺寸、外形、质量及极限偏差应符合 GB/T 708—2019 的规定
	DC03	≤0.10	≤0.45	≤0.025	≤0.025	≤0.020	—	冲压用	
	DC04	≤0.08	≤0.40	≤0.025	≤0.025	≤0.020	—	深冲用	
	DC05	≤0.06	≤0.35	≤0.020	≤0.020	≤0.015	—	特深冲用	
	DC06	≤0.02	≤0.30	≤0.020	≤0.020	≤0.015	≤0.20③	超深冲用	
	DC07	≤0.01	≤0.25	≤0.020	≤0.020	≤0.015	≤0.20③	特超深冲用	

牌号表示方法和示例	钢板及钢带的牌号由三部分组成：第一部分为字母"D"，代表冷成形用钢板及钢带；第二部分为字母"C"，代表轧制条件为冷轧；第三部分为两位数字序列号，即 01、03、04 等 示例：DC01 D—冷成形用钢板及钢带 C—轧制条件为冷轧 01—数字序列号

	级别	代号	特征
表面质量级别及特征	较高级表面	FB	表面允许有少量不影响成形性及涂、镀附着力的缺陷，如轻微的划伤、压痕、麻点、辊印及氧化色等
	高级表面	FC	钢板及钢带两面中较好的一面无目视可见的明显缺陷，另一面应至少达到 FB 的要求
	超高级表面	FD	钢板及钢带两面中较好的一面不应有影响涂漆后的外观质量或电镀后的外观质量的缺陷，另一面应至少达到 FB 的要求
	产品表面不应有结疤、裂纹、夹杂等对使用有害的缺陷，不应有分层 钢带由于没有机会切除缺陷部分，因此允许有缺陷交货，但有缺陷部分不得超过每卷总长度的 6%		

表面结构要求	表面结构为麻面（D）时，平均表面粗糙度 Ra 目标值为大于 0.6μm 且不大于 1.9μm；表面结构为光亮表面（B）时，平均表面粗糙度 Ra 目标值为不大于 0.9μm。如需方对表面粗糙度有特殊要求，应在订货时协商

	牌号	屈服强度④R_{eL} 或 $R_{p0.2}$ /MPa 不大于	抗拉强度 R_m/MPa	断后伸长率⑦ A_{80mm}（%）不小于			塑性应变比 r_{90}⑤ 不小于	应变硬化指数 n_{90}⑤ 不大于
				公称厚度/mm				
				0.30~0.50	>0.50~0.70	>0.70		
钢板和钢带的力学性能	DC01	280⑥	270~410	21	26	28	—	—
	DC03	240	270~370	30	32	34	1.3	—
	DC04	210	270~350	34	36	38	1.6	0.18
	DC05	180	270~330	35	38	40	1.9	0.20
	DC06	170	260~330	37	39	41	2.1	0.22
	DC07	150	250~310	40	42	44	2.5	0.23
	试样为 GB/T 228.1—2010 中的 P6 试样（L_0=80mm，b_0=20mm），试样方向为横向							

（续）

牌号	拉伸应变痕	备注
DC01	室温储存条件下，表面质量为 FC 和 FD 的钢板及钢带自制造完成之日起 3 个月内使用时不应出现拉伸应变痕	产品退火后，为了避免在后续成形过程中出现拉伸应变痕，供方通常要进行适度平整。但随着存储时间的延长，由于受时效的影响，形成拉伸应变痕的趋势会重新出现，因此建议需方应该尽快使用
DC03	室温储存条件下，钢板及钢带自制造完成之日起 6 个月内使用时不应出现拉伸应变痕	
DC04	室温储存条件下，钢板及钢带自制造完成之日起 6 个月内使用时不应出现拉伸应变痕	
DC05	室温储存条件下，钢板及钢带自制造完成之日起 6 个月内使用时不应出现拉伸应变痕	
DC06	室温储存条件下，钢板及钢带使用时不应出现拉伸应变痕	
DC07	室温储存条件下，钢板及钢带使用时不应出现拉伸应变痕	

拉伸应变痕的要求

国内外牌号对照

GB/T 5213—2019	EN 10130-2006	JISG 3141-2017	VDA 239-100	ASTM A1008M-16
DC01	DC01	SPCC	CR1	CS TypeC
DC03	DC03	SPCD	CR2	CS Type A. B
DC04	DC04	SPCE	CR3	CS Type A. B
DC05	DC05	SPCF	CR4	DDS
DC06	DC06	SPCG	CR5	EDDS
DC07	DC07	—	—	—

① 对于牌号 DC01、DC03 和 DC04，当 C≤0.01% 时 Al_t≥0.015%。
② DC01、DC03、DC04 和 DC05 也可以添加 Nb、Ti 或其他的合金元素。
③ 可以用 Nb 代替部分 Ti，此时 Nb 和 Ti 的总含量应不大于 0.20%。
④ 屈服现象不明显时，采用规定塑性延伸强度 $R_{p0.2}$，当厚度大于 0.50mm 且不大于 0.70mm 时，屈服强度上限值可以增加 20MPa；当厚度不大于 0.50mm 时，屈服强度上限值可以增加 40MPa。
⑤ r_{90} 值和 n_{90} 值的要求仅适用于厚度不小于 0.50mm 的产品。当厚度大于 2.0mm 时，r_{90} 值可以降低 0.2。
⑥ DC01 的屈服强度上限值的有效期仅为从制造完成之日起 8 天内。
⑦ 公称厚度小于 0.3mm 的钢板及钢带的断后伸长率由供需双方协商确定。

1.11.3 碳素结构钢冷轧薄钢板及钢带（见表 1-314）

表 1-314 碳素结构钢冷轧薄钢板及钢带的尺寸规格、牌号及力学性能（摘自 GB/T 11253—2007）

尺寸规格的规定	钢板和钢带厚度不大于 3mm，宽度不小于 600mm，其尺寸、外形、质量及极限偏差应符合 GB/T 708—2006 的规定					
牌号及化学成分的规定	钢板和钢带的牌号采用碳素结构钢的牌号 Q195、Q215、Q235 和 Q275。其化学成分应符合 GB/T 11253—2007 的规定					
交货状态	钢板和钢带以退火后平整状态交货。经供需双方协商，也可以其他热处理状态交货，此时，其力学性能由供需双方另行协商					
力学性能和工艺性能	钢板和钢带的横向拉伸试验和弯曲试验应符合下述要求：					

牌号	下屈服强度 R_{eL}/MPa ≥	抗拉强度 R_m/MPa	断后伸长率（%）A_{50mm} ≥	断后伸长率（%）A_{80mm} ≥	180°弯曲试验 试样方向	180°弯曲试验 弯心直径 d（a 试样厚度）
Q195	195	315~430	26	24	横	0.5a
Q215	215	335~450	24	22	横	0.5a
Q235	235	370~500	22	20	横	1a
Q275	275	410~540	20	18	横	1a

表面质量分级	表面质量分为较高级表面（FB）和高级表面（FC）两种，表面质量均优，FC 表面明显优于 FB 表面
应用	钢板和钢带尺寸精度高，表面质量优，其力学性能和工艺性能比热轧钢板和钢带高，在生产中得到广泛应用。优先采用冷轧碳素结构钢钢板和钢带，其在轻工、机械、电工、电子、建筑及民用等行业中应用广泛

1.11.4　低碳钢冷轧钢带(见表 1-315)

表 1-315　低碳钢冷轧钢带的分类、牌号、尺寸规格及力学性能(摘自 YB/T 5059—2013)

分类及代号	1、按边缘状态分： 切边　EC 不切边　EM 2、按尺寸精度分： 普通厚度精度　PT·A 较高厚度精度　PT·B 普通宽度精度　PW·A 较高宽度精度　PW·B	3、按表面等级分： 较高级　FB 高级　FC 超高级　FD 4、按表面状态分： 麻面　D 光亮　B	5、按交货状态分： 特软钢带　S2 软钢带　S 半软钢带　S1/2 低冷硬钢带　H1/4 冷硬钢带　H

牌号及尺寸规格	1. 08、10、08Al 钢轧制而成，化学成分应符合 GB/T 699 的规定 2. 尺寸规格应符合 GB/T 15391《宽度小于 600mm 的冷轧钢带尺寸，外形及允许偏差》的规定 3. 经供需双方协商，并在合同中注明，可以供应其他牌号的钢带

表面特征	级别	代号	表面特征
	较高级	FB	表面允许有少量不影响成形性及涂镀附着力的缺陷，如轻微的划伤、压痕、麻点、辊印及氧化色等
	高级	FC	产品两面中较好的一面无目视可见的明显缺陷，另一面至少应达到 FB 的要求
	超高级	FD	产品两面中较好的一面不应有影响喷涂后的外观质量或者电镀后的外观质量的缺陷，另一面应至少达到 FB 的要求

力学性能	钢带交货状态	抗拉强度 R_m/MPa	断后伸长率 A（%） 不小于	维氏硬度 HV
	特软　S2	275~390	30	≤105
	软　S	325~440	20	≤130
	半软　S1	370~490	10	105~155
	低冷硬　H1/4	410~540	4	125~172
	冷硬　H	490~785	不测定	140~230
	厚度小于 0.2mm 的钢带，不测定断后伸长率 根据供需双方协议，特软（S2）、软（S）钢带可经平整后交货			

钢带的最小杯突深度/mm	钢带厚度	杯突深度			
		钢带宽度>70		30≤钢带宽度≤70	
		特软（S2）	软（S）	特软（S2）	软（S）
	0.20	7.5	6.8	5.1	4.0
	0.25	7.8	7.1	5.3	4.2
	0.30	8.1	7.3	5.5	4.4
	0.35	8.3	7.5	5.7	4.6
	0.40	8.5	7.7	5.9	4.8
	0.45	8.7	7.9	6.3	5.0
	0.50	8.9	8.1	6.5	5.2
	0.60	9.2	8.4	6.7	5.5
	0.70	9.5	8.6	6.9	5.7
	0.80	9.7	8.8	6.9	5.9
	0.90	9.9	9.0	7.1	6.1
	1.00	10.1	9.2	7.3	6.3
	1.20	10.5	9.6	7.7	6.7
	1.40	10.9	10.0	8.1	7.1
	1.60	11.2	10.4	8.5	7.5
	1.80	11.5	10.7	8.9	7.8
	2.00	11.7	10.9	9.2	8.1

（续）

钢带的最小杯突深度/mm	1. 其他厚度钢带的杯突深度参照表中与其厚度最相近的杯突深度，中间厚度钢带最小杯突值按相邻较小厚度钢带的规定 2. 宽度小于30mm的钢带以及半软（S1/2）、低硬（H1/4）和硬（H）钢带不做杯突试验 3. 根据供需双方协议，厚度为0.10~0.20mm及大于2.00mm的特软（S2）或软（S）钢带，也可进行杯突试验，最小杯突值由供需双方协商 4. 宽度为30~70mm的钢带做杯突试验时，取宽度为30mm的试样，冲头直径为14mm，钢带厚度不大于1.3mm者，采用17mm的冲模，钢带厚度大于1.3mm者，采用21mm冲模
应用	用于制作各种受冲压、零件、钢管套件和其他金属制品

1.11.5 优质碳素结构钢冷轧钢板和钢带（见表1-316）

表1-316 优质碳素结构钢冷轧钢板和钢带的牌号及力学性能（GB/T 13237—2013）

牌号	抗拉强度[①②] R_m N/mm²	以下公称厚度（mm）的断后伸长率[③] A_{80mm} （$L_0=80mm$，$b=20mm$） （%）						180°弯曲试验 以下公称厚度（mm） 弯曲压头直径 d	
		≤0.6	>0.6~1.0	>1.0~1.5	>1.5~2.0	>2.0~2.5	>2.5	≤2	>2
08Al	275~410	≥21	≥24	≥26	≥27	≥28	≥30	$d=0$	$d=1a$ （a为试样厚度）
08	275~410	≥21	≥24	≥26	≥27	≥28	≥30		
10	295~430	≥21	≥24	≥26	≥27	≥28	≥30		
15	335~470	≥19	≥21	≥23	≥24	≥25	≥26		
20	355~500	≥18	≥20	≥22	≥23	≥24	≥25		
25	375~490	≥18	≥20	≥21	≥22	≥23	≥24		
30	390~510	≥16	≥18	≥19	≥21	≥21	≥22		
35	410~530	≥15	≥16	≥18	≥19	≥19	≥20		
40	430~550	≥14	≥15	≥17	≥18	≥18	≥19		
45	450~570	—	≥14	≥15	≥16	≥16	≥17		—
50	470~590	—	—	≥13	≥14	≥14	≥15		
55	490~610	—	—	≥11	≥12	≥12	≥13		
60	510~630	—	—	≥10	≥10	≥10	≥11		
65	530~650	—	—	≥8	≥8	≥8	≥9		
70	550~670	—	—	≥6	≥6	≥6	≥7		

注：1. 厚度不大于4mm、宽度不小于600mm的钢板和钢带尺寸规格应符合GB/T 708的规定。

2. 当需方要求时，可进行弯曲试验，并应符合本表要求。试样弯曲外表面不得有可见的裂纹、断层或起层。

3. 以退火状态交货。经供需双方商定，可以其他热处理状态交货，此时力学性能由双方商定。

① 拉伸试验取横向试样。

② 在需方同意的情况下，25、30、35、40、45、50、55、60、65和70钢钢板和钢带的抗拉强度上限值允许比规定值提高50MPa。

③ 经供需双方协商，可采用其他标距。

1.11.6 不锈钢冷轧钢板和钢带(见表 1-317~表 1-330)

表 1-317 不锈钢冷轧钢板和钢带的尺寸范围和厚度极限偏差(摘自 GB/T 3280—2015)

(单位：mm)

尺寸范围	形态	公称厚度	公称宽度	推荐的公称尺寸应符合 GB/T 708 的规定
	宽钢带、卷切钢板	0.10~8.00	600~2100	
	纵剪宽钢带①、卷切钢带Ⅰ①	0.10~8.00	<600	
	窄钢带、卷切钢带Ⅱ	0.01~3.00	<600	

	公称厚度	厚度较高精度(PT.A)		厚度普通精度(PT.B)		
		公称宽度		公称宽度		
		<1250	1250~2100	600~<1000	1000~<1250	1250~2100
宽钢带、卷切钢板、纵剪宽钢带、卷切钢带Ⅰ厚度极限偏差	0.10~<0.25	±0.03	—	—	—	—
	0.25~<0.30	±0.04	—	±0.038	±0.038	—
	0.30~<0.60	±0.05	±0.08	±0.040	±0.040	±0.05
	0.60~<0.80	±0.07	±0.09	±0.05	±0.05	±0.06
	0.80~<1.00	±0.09	±0.10	±0.05	±0.06	±0.07
	1.00~<1.25	±0.10	±0.12	±0.06	±0.07	±0.08
	1.25~<1.60	±0.12	±0.15	±0.07	±0.08	±0.10
	1.60~<2.00	±0.15	±0.17	±0.09	±0.10	±0.12
	2.00~<2.50	±0.17	±0.20	±0.10	±0.11	±0.13
	2.50~<3.15	±0.22	±0.25	±0.11	±0.12	±0.14
	3.15~<4.00	±0.25	±0.30	±0.12	±0.13	±0.16
	4.00~<5.00	±0.35	±0.40	—	—	—
	5.00~<6.50	±0.40	±0.45	—	—	—
	6.50~8.00	±0.50	±0.50	—	—	—

	公称厚度 t	厚度较高精度(PT.A)			厚度普通精度(PT.B)		
		公称宽度			公称宽度		
		<125	125~<250	250~<600	<125	125~<250	250~<600
窄钢带、卷切钢带Ⅱ厚度极限偏差②	0.05~<0.10	±0.10t	±0.12t	±0.15t	±0.06t	±0.10t	±0.10t
	0.10~<0.20	±0.010	±0.015	±0.020	±0.008	±0.012	±0.015
	0.20~<0.30	±0.015	±0.020	±0.025	±0.012	±0.015	±0.020
	0.30~<0.40	±0.020	±0.025	±0.030	±0.015	±0.020	±0.025
	0.40~<0.60	±0.025	±0.030	±0.035	±0.020	±0.025	±0.030
	0.60~<1.00	±0.030	±0.035	±0.040	±0.025	±0.030	±0.035
	1.00~<1.50	±0.035	±0.040	±0.045	±0.030	±0.035	±0.040
	1.50~<2.00	±0.040	±0.050	±0.060	±0.035	±0.040	±0.050
	2.00~<2.50	±0.050	±0.060	±0.070	±0.040	±0.050	±0.060
	2.50~3.00	±0.060	±0.070	±0.080	±0.050	±0.060	±0.070

① 由宽度大于 600mm 的宽钢带纵剪（包括纵剪加横切）成宽度小于 600mm 的钢带或钢板。

② 供需双方商定，极限偏差值可全为正值、负值或正负值不对称分布，但公差值应在表列范围内。

表 1-318 不锈钢冷轧钢板和钢带的牌号及化学成分（摘自 GB/T 3280—2015）

类型	统一数字代号	牌号	化学成分（质量分数，%）										
---	---	---	C	Si	Mn	P	S	Ni	Cr	Mo	Cu	N	其他元素
奥氏体型钢	S30103	022Cr17Ni7①	0.030	1.00	2.00	0.045	0.030	6.00~8.00	16.00~18.00	—	—	0.02	—
	S30110	12Cr17Ni7	0.15	1.00	2.00	0.045	0.030	6.00~8.00	16.00~18.00	—	—	0.10	—
	S30153	022Cr17Ni7N①	0.030	1.00	2.00	0.045	0.030	6.00~8.00	16.00~18.00	—	—	0.07~0.20	—
	S30210	12Cr18Ni9①	0.15	0.75	2.00	0.045	0.030	8.00~10.00	17.00~19.00	—	—	0.10	—
	S30240	12Cr18Ni9Si3	0.15	2.00~3.00	2.00	0.045	0.030	8.00~10.00	17.00~19.00	—	—	0.10	—
	S30403	022Cr19Ni10①	0.030	0.7	2.00	0.045	0.030	8.00~12.00	17.50~19.50	—	—	0.10	—
	S30408	06Cr19Ni10①	0.07	0.75	2.00	0.045	0.030	8.00~10.50	17.50~19.50	—	—	0.10	—
	S30409	07Cr19Ni10①	0.04~0.10	0.75	2.00	0.045	0.030	8.00~10.50	18.00~20.00	—	—	—	—
	S30450	05Cr19Ni10Si2CeN①	0.04~0.06	1.00~2.00	0.80	0.045	0.030	9.00~10.00	18.00~19.00	—	—	0.12~0.18	Ce: 0.03~0.08
	S30453	022Cr19Ni10N①	0.030	0.75	2.00	0.045	0.030	8.00~12.00	18.00~20.00	—	—	0.10~0.16	—
	S30458	06Cr19Ni10N①	0.08	0.75	2.00	0.045	0.030	8.00~10.50	18.00~20.00	—	—	0.10~0.16	—
	S30478	06Cr19Ni9NbN	0.08	1.00	2.50	0.045	0.030	7.50~10.50	18.00~20.00	—	—	0.15~0.30	Nb: 0.15
	S30510	10Cr18Ni12①	0.12	0.75	2.00	0.045	0.030	10.50~13.00	17.00~19.00	—	—	—	—
	S30859	08Cr21Ni11Si2CeN	0.05~0.10	1.40~2.00	0.80	0.040	0.030	10.00~12.00	20.00~22.00	—	—	0.14~0.20	Ce: 0.03~0.08
	S30908	06Cr23Ni13①	0.08	0.75	2.00	0.045	0.030	12.00~15.00	22.00~24.00	—	—	—	—
	S31008	06Cr25Ni20	0.08	1.50	2.00	0.045	0.030	19.00~22.00	24.00~26.00	—	—	—	—
	S31053	022Cr25Ni22Mo2N①	0.020	0.50	2.00	0.030	0.010	20.50~23.50	24.00~26.00	1.60~2.60	—	0.09~0.15	—
	S31252	015Cr20Ni18Mo6CuN	0.020	0.80	1.00	0.030	0.010	17.50~18.50	19.50~20.50	6.00~6.50	0.50~1.00	0.18~0.25	—
	S31603	022Cr17Ni12Mo2①	0.030	0.75	2.00	0.045	0.030	10.00~14.00	16.00~18.00	2.00~3.00	—	0.10	—
	S31608	06Cr17Ni12Mo2①	0.08	0.75	2.00	0.045	0.030	10.00~14.00	16.00~18.00	2.00~3.00	—	0.10	—
	S31609	07Cr17Ni12Mo2①	0.04~0.10	0.75	2.00	0.045	0.030	10.00~14.00	16.00~18.00	2.00~3.00	—	—	—
	S31653	022Cr17Ni12Mo2N①	0.030	0.75	2.00	0.045	0.030	10.00~14.00	16.00~18.00	2.00~3.00	—	0.10~0.16	—
	S31658	06Cr17Ni12Mo2N①	0.08	0.75	1.00	0.045	0.030	10.00~14.00	16.00~18.00	2.00~3.00	—	0.10~0.16	—
	S31668	06Cr17Ni12Mo2Ti①	0.08	0.75	2.00	0.045	0.030	10.00~14.00	16.00~18.00	2.00~3.00	—	—	Ti≥5×C

（续）

类型	统一数字代号	牌号	化学成分(质量分数,%)										
			C	Si	Mn	P	S	Ni	Cr	Mo	Cu	N	其他元素
奥氏体型钢	S31678	06Cr17Ni12Mo2Nb①	0.08	0.75	2.00	0.045	0.030	10.00~14.00	16.00~18.00	2.00~3.00	—	0.10	Nb: 10×C~1.10
	S31688	06Cr18Ni12Mo2Cu2	0.08	1.00	1.00	0.045	0.030	10.00~14.00	17.00~19.00	1.20~2.75	1.00~2.50	—	—
	S31703	022Cr19Ni13Mo3①	0.030	0.75	2.00	0.045	0.030	11.00~15.00	18.00~20.00	3.00~4.00	—	0.10	—
	S31708	06Cr19Ni13Mo3①	0.08	0.57	2.00	0.045	0.030	11.00~15.00	18.00~20.00	3.00~4.00	—	0.10	—
	S31723	022Cr19Ni16Mo5N①	0.030	0.75	2.00	0.045	0.030	13.50~17.50	17.00~20.00	4.00~5.00	—	0.10~0.20	—
	S31753	022Cr19Ni13Mo4N①	0.030	0.75	2.00	0.045	0.030	11.00~15.00	18.00~20.00	3.00~4.00	—	0.10~0.22	—
	S31782	015Cr21Ni26Mo5Cu2	0.020	1.00	2.00	0.045	0.035	23.00~28.00	19.00~23.00	4.00~5.00	1.00~2.00	0.10	Ti≥5×C
	S32168	06Cr18Ni11Ti①	0.08	0.75	2.00	0.045	0.030	9.00~12.00	17.00~19.00	—	—	0.10	
	S32169	07Cr19Ni11Ti①	0.04~0.10	0.75	2.00	0.045	0.030	9.00~12.00	17.00~19.00	—	—	—	Ti4×(C+N)~0.70
	S32652	015Cr24Ni22Mo8Mn3CuN	0.020	0.50	2.00~4.00	0.030	0.005	21.00~23.00	24.00~25.00	7.00~8.00	0.30~0.60	0.45~0.55	—
	S34553	022Cr24Ni17Mo5Mn6NbN	0.030	1.00	5.00~7.00	0.030	0.010	16.00~18.00	23.00~25.00	4.00~5.00	—	0.40~0.60	Nb: 0.10
	S34778	06Cr18Ni11Nb①	0.08	0.75	2.00	0.045	0.030	9.00~13.00	17.00~19.00	—	—	—	Nb: 10×C~1.00
	S34779	07Cr18Ni11Nb①	0.04~0.10	0.75	2.00	0.045	0.030	9.00~13.00	17.00~19.00	—	—	—	Nb: 8×C~1.00
	S38367	022Cr21Ni25Mo7N	0.030	1.00	0.10	0.040	0.030	23.50~25.50	20.00~22.00	6.00~7.00	0.75	0.18~0.25	—
	S38926	015Cr20Ni25Mo7CuN	0.020	0.50	0.20	0.030	0.010	24.00~26.00	19.00~21.00	6.00~7.00	0.50~1.50	0.15~0.25	—
	S21860	14Cr18Ni11Si4AlTi	0.10~0.18	3.40~4.00	0.80	0.035	0.030	10.00~12.00	17.50~19.50	—	—	—	Ti: 0.40~0.70 Al: 0.10~0.30
奥氏体型	S21953	022Cr19Ni5Mo3Si2N	0.030	1.30~2.00	1.00~2.00	0.030	0.030	4.50~5.50	18.00~19.50	2.50~3.00	—	0.05~0.10	—
	S22053	022Cr23Ni5Mo3N	0.030	1.00	2.00	0.030	0.020	4.50~6.50	22.00~23.00	3.00~3.50	—	0.14~0.20	—
	S22152	022Cr21Mn5Ni2N	0.030	1.00	4.00~6.00	0.040	0.030	1.00~3.00	19.50~21.50	0.60	1.00	0.05~0.17	—
	S22153	022Cr21Ni3Mo2N	0.030	1.00	2.00	0.030	0.020	3.00~4.00	19.50~22.50	1.50~2.00	—	0.14~0.20	—
	S22160	12Cr21Ni5Ti	0.09~0.14	0.80	0.80	0.035	0.030	4.80~5.80	20.00~22.00	—	—	—	Ti:5×(C-0.02)~0.80
	S22193	022Cr21Mn3Ni3Mo2N	0.030	1.00	2.00~4.00	0.040	0.030	2.00~4.00	19.00~22.00	1.00~2.00	—	0.14~0.20	—

类别	统一数字代号	牌号	C	Si	Mn	P	S	Ni	Cr	Mo	Cu	N	其他
铁素体型钢	S22253	022Cr22Mn3Ni2MoN	0.030	1.00	2.00~3.00	0.040	0.020	1.00~2.00	20.50~23.50	0.10~1.00	0.50	0.15~0.27	—
	S22293	022Cr22Ni5Mo3N	0.030	1.00	2.00	0.030	0.020	4.50~6.50	21.00~23.00	2.50~3.50	—	0.08~0.20	—
	S22294	03Cr22Mn5Ni3MoCuN	0.04	1.00	4.00~6.00	0.040	0.030	1.35~1.70	21.00~22.00	0.10~0.80	0.10~0.80	0.20~0.25	—
	S22353	022Cr23Ni2N	0.030	1.00	2.00	0.040	0.010	1.00~2.80	21.50~24.00	0.45	—	0.18~0.26	—
	S24493	022Cr24Ni4Mn3Mo2CuN	0.030	0.70	2.50~4.00	0.035	0.005	3.00~4.50	23.00~25.00	1.00~2.00	0.10~0.80	0.20~0.30	—
	S22553	022Cr25Ni6Mo2N	0.030	1.00	2.00	0.030	0.030	5.50~6.50	24.00~26.00	1.50~2.50	—	0.10~0.20	—
	S23043	022Cr23Ni4MoCuN[1]	0.030	1.00	2.50	0.040	0.030	3.00~5.50	21.50~24.50	0.05~0.60	0.05~0.60	0.05~0.20	—
	S25073	022Cr25Ni7Mo4N	0.030	0.80	1.20	0.035	0.020	6.00~8.00	24.00~26.00	3.00~5.00	0.50	0.24~0.32	—
	S25554	03Cr25Ni6Mo3Cu2N	0.04	1.00	1.50	0.040	0.030	4.50~6.50	24.00~27.00	2.90~3.90	1.50~2.50	0.10~0.25	—
	S27603	022Cr25Ni7Mo4WCuN[1]	0.030	1.00	1.00	0.030	0.010	6.00~8.00	24.00~26.00	3.00~4.00	0.50~1.00	0.20~0.30	W: 0.50~1.00
马氏体型钢	S40310	12Cr12	0.15	0.50	0.60	0.040	0.030	0.60	11.50~13.00				—
	S41008	06Cr13	0.08	1.00	1.00	0.040	0.030	0.60	11.50~13.50	—			—
	S41010	12Cr13	0.15	1.00	1.00	0.040	0.030	0.60	11.50~13.50	—			—
	S41595	04Cr13Ni5Mo	0.05	0.60	0.50~1.00	0.030	0.030	3.50~5.50	11.50~14.00	0.50~1.00			—
	S42020	20Cr13	0.16~0.25	1.00	1.00	0.040	0.030	0.60	12.00~14.00	—			—
	S42030	30Cr13	0.26~0.35	1.00	1.00	0.040	0.030	0.60	12.00~14.00	—			—
	S42040	40Cr13[1]	0.36~0.45	0.80	0.80	0.040	0.030	0.60	12.00~14.00	—			—
	S43120	17Cr16Ni12[1]	0.12~0.20	1.00	1.00	0.025	0.015	2.00~3.00	15.00~18.00	—			—
	S44070	68Cr17	0.60~0.75	1.00	1.00	0.040	0.030	0.60	16.00~18.00	0.75			V: 0.10~0.20
	S46050	50Cr15MoV	0.45~0.55	1.00	0.20	0.040	0.015	—	14.00~15.00	0.50~0.80			Al: 0.90~1.35
	S51380	04Cr13Ni8Mo2Al[1]	0.05	0.10	0.20	0.010	0.008	7.50~8.50	12.30~13.25	2.00~2.50		0.01	Ti: 0.80~1.40 (Nb+Ta): 0.10~0.50
沉淀硬化型钢	S51290	022Cr12Ni9Cu2NbTi[1]	0.05	0.50	0.50	0.040	0.030	7.50~9.50	11.00~12.50	0.50	1.50~2.50	—	—
	S51770	07Cr17Ni7Al	0.09	1.00	1.00	0.040	0.030	6.50~7.75	16.00~18.00	—	—	—	Al: 0.75~1.50
	S51570	07Cr15Ni7Mo2Al	0.09	1.00	1.00	0.040	0.030	6.50~7.75	14.00~16.00	2.00~3.00	—	—	Al: 0.75~1.50
	S51750	09Cr17Ni5Mo3N[1]	0.07~0.11	0.50	0.50~1.25	0.040	0.040	4.00~5.00	16.00~17.00	2.50~3.20	—	0.07~0.13	Al: 0.40
	S51778	06Cr17Ni7AlTi	0.08	1.00	1.00	0.040	0.030	6.00~7.50	16.00~17.50	—	—	—	Ti: 0.40~1.20

注: 表中所列成分除标明范围或最小值, 其余均为最大值。

① 为相对于 GB/T 20878—2007 调整化学成分的牌号。

表 1-319 不锈钢冷轧钢板和钢带铁素体型钢牌号的化学成分(摘自 GB/T 3280—2015)

统一数字代号	牌号	化学成分(质量分数,%)										
		C	Si	Mn	P	S	Ni	Cr	Mo	Cu	N	其他元素
S11163	022Cr11Ti	0.030	1.00	1.00	0.040	0.020	0.60	10.50~11.75	—	—	0.030	Ti: 0.15~0.50 且 Ti≥8×(C+N), Nb: 0.10
S11173	022Cr11NbTi	0.030	1.00	1.00	0.040	0.020	0.60	10.50~11.70	—	—	0.030	Ti+Nb: 8×(C+N)+0.08~0.75
S11203	022Cr12	0.030	1.00	1.00	0.040	0.030	0.60	11.00~13.50	—	—	—	Ti≥0.05
S11213	022Cr12Ni	0.030	1.00	1.50	0.040	0.015	0.30~1.00	10.50~12.50	—	—	0.030	—
S11348	06Cr13Al	0.08	1.00	1.00	0.040	0.030	0.60	11.50~14.50	—	—	—	Al: 0.10~0.30
S11510	10Cr15	0.12	1.00	1.00	0.040	0.030	0.60	14.00~16.00	—	—	—	—
S11573	022Cr15NbTi	0.030	1.20	1.20	0.040	0.030	0.60	14.00~16.00	0.50	—	0.030	Ti+Nb: 0.30~0.80
S11710	10Cr17①	0.12	1.00	1.00	0.040	0.030	0.75	16.00~18.00	—	—	—	—
S11763	022Cr17NbTi①	0.030	0.75	1.00	0.035	0.030	—	16.00~19.00	—	—	—	Ti+Nb: 0.10~1.00
S11790	10Cr17Mo	0.12	1.00	1.00	0.040	0.030	—	16.00~18.00	0.75~1.25	—	—	—
S11862	019Cr18MoTi①	0.025	1.00	1.00	0.040	0.030	—	16.00~19.00	0.75~1.50	—	0.025	Ti, Nb, Zr 或其组合: 8×(C+N)~0.80
S11863	022Cr18Ti	0.030	1.00	1.00	0.040	0.030	0.50	17.00~19.00	—	—	0.030	Ti: [0.20+4×(C+N)]~1.10; Al: 0.15
S11873	022Cr18Nb	0.030	1.00	1.00	0.040	0.015	—	17.50~18.50	—	—	—	Nb: 8×(C+N)~0.8
S11882	019Cr18CuNb	0.025	1.00	1.00	0.040	0.030	0.60	16.00~20.00	—	0.30~0.80	0.025	Ti: 0.10~0.60, Nb: 0.30~3×C
S11972	019Cr19Mo2NbTi	0.025	1.00	1.00	0.040	0.030	1.00	17.50~19.50	1.75~2.50	—	0.035	Ti+Nb: [0.20+4×(C+N)]~0.80
S11973	022Cr18NbTi	0.030	1.00	1.00	0.040	0.030	0.50	17.00~19.00	—	—	0.030	Ti+Nb: [0.20+4×(C+N)]~0.80
S12182	019Cr21CuTi	0.025	1.00	1.00	0.030	0.030	—	20.50~23.00	—	0.30~0.80	0.025	Ti+Nb: [0.20+4×(C+N)]~0.75
S12361	019Cr23Mo2Ti	0.025	1.00	1.00	0.040	0.030	—	21.00~24.00	1.50~2.50	0.60	0.025	Ti, Nb, Zr 或其组合: 8×(C+N)~0.80
S12362	019Cr23MoTi	0.025	1.00	1.00	0.040	0.030	—	21.00~24.00	0.70~1.50	0.60	0.025	Ti, Nb, Zr 或其组合: 8×(C+N)~0.80
S12763	022Cr27Ni2Mo4NbTi	0.030	1.00	1.00	0.040	0.030	1.00~3.50	25.00~28.00	3.00~4.00	—	0.040	Ti, Nb, Zr 或其组合: 8×(C+N)~0.80
S12791	008Cr27Mo①	0.010	0.40	0.40	0.030	0.020	—	25.00~27.50	0.75~1.50	—	0.015	Ti+Nb: 0.20~1.00 且 Ti+Nb≥6×(C+N); Ni+Cu≤0.50
S12963	022Cr29Mo4NbTi	0.030	0.40	0.10	0.040	0.030	1.00	28.00~30.00	3.60~4.20	—	0.045	Ti+Nb: 0.20~1.00 且 Ti+Nb≥6×(C+N)
S13901	008Cr30Mo2②	0.010	0.40	0.40	0.030	0.020	0.50	28.50~32.00	1.50~2.50	0.20	0.015	Ni+Cu≤0.50

注:表中所列成分除标明范围或最小值,其余均为最大值。
① 为相对于 GB/T 20878—2007 调整化学成分的牌号。
② 可含有 V、Ti、Nb 中的一种或几种化学元素。

表 1-320 经固溶处理的奥氏体型钢板和钢带的力学性能（摘自 GB/T 3280—2015）

统一数字代号	牌号	规定塑性延伸强度 $R_{p0.2}$/MPa	抗拉强度 R_m/MPa	断后伸长率[①] $A(\%)$	硬 度 值		
					HBW	HRB	HV
		不小于			不大于		
S30103	022Cr17Ni7	220	550	45	241	100	242
S30110	12Cr17Ni7	205	515	40	217	95	220
S30153	022Cr17Ni7N	240	550	45	241	100	242
S30210	12Cr18Ni9	205	515	40	201	92	210
S30240	12Cr18Ni9Si3	205	515	40	217	95	220
S30403	022Cr19Ni10	180	485	40	201	92	210
S30408	06Cr19Ni10	205	515	40	201	92	210
S30409	07Cr19Ni10	205	515	40	201	92	210
S30450	05Cr19Ni10Si2CeN	290	600	40	217	95	220
S30453	022Cr19Ni10N	205	515	40	217	95	220
S30458	06Cr19Ni10N	240	550	30	217	95	220
S30478	06Cr19Ni9NbN	345	620	30	241	100	242
S30510	10Cr18Ni12	170	485	40	183	88	200
S30859	08Cr21Ni11Si2CeN	310	600	40	217	95	220
S30908	06Cr23Ni13	205	515	40	217	95	220
S31008	06Cr25Ni20	205	515	40	217	95	220
S31053	022Cr25Ni22Mo2N	270	580	25	217	95	220
S31252	015Cr20Ni18Mo6CuN	310	690	35	223	96	225
S31603	022Cr17Ni12Mo2	180	485	40	217	95	220
S31608	06Cr17Ni12Mo2	205	515	40	217	95	220
S31609	07Cr17Ni12Mo2	205	515	40	217	95	220
S31653	022Cr17Ni12Mo2N	205	515	40	217	95	220
S31658	06Cr17Ni12Mo2N	240	550	35	217	95	220
S31668	06Cr17Ni12Mo2Ti	205	515	40	217	95	220
S31678	06Cr17Ni12Mo2Nb	205	515	30	217	95	220
S31688	06Cr18Ni12Mo2Cu2	205	520	40	187	90	200
S31703	022Cr19Ni13Mo3	205	515	40	217	95	220
S31708	06Cr19Ni13Mo3	205	515	35	217	95	220
S31723	022Cr19Ni16Mo5N	240	550	40	223	96	225
S31753	022Cr19Ni13Mo4N	240	550	40	217	95	220
S31782	015Cr21Ni26Mo5Cu2	220	490	35	—	90	200
S32168	06Cr18Ni11Ti	205	515	40	217	95	220
S32169	07Cr19Ni11Ti	205	515	40	217	95	220
S32652	015Cr24Ni22Mo8Mn3CuN	430	750	40	250	—	252

统一数字代号	牌号	规定塑性延伸强度 $R_{p0.2}$/MPa	抗拉强度 R_m/MPa	断后伸长率[①] $A(\%)$	硬 度 值		
					HBW	HRB	HV
		不小于			不大于		
S34553	022Cr24Ni17Mo5Mn6NbN	415	795	35	241	100	242
S34778	06Cr18Ni11Nb	205	515	40	201	92	210
S34779	07Cr18Ni11Nb	205	515	40	201	92	210
S38367	022Cr21Ni25Mo7N	310	690	30	—	100	258
S38926	015Cr20Ni25Mo7CuN	295	650	35	—	—	—

注：1. 经热处理的各类型钢板和钢带的力学性能应符合表 1-320~表 1-327 的规定。

    2. 对于几种硬度试验，可根据钢板和钢带的不同尺寸和状态选择其中一种方法试验。

    3. 厚度小于 0.3mm 的钢板和钢带的断后伸长率和硬度值仅供参考。

    4. 钢板和钢带经冷轧后，可经热处理及酸洗或类似处理后交货，有关热处理制度参见 GB/T 3280—2015 的资料性附录。

    5. 根据需方要求，钢板和钢带可按不同冷作硬化状态交货。

① 厚度不大于 3mm 时使用 A_{50mm} 试样。

表 1-321　不同冷作硬化状态钢板和钢带的力学性能（摘自 GB/T 3280—2015）

冷作硬化状态	统一数字代号	牌号	规定塑性延伸强度 $R_{p0.2}$/MPa	抗拉强度 R_m/MPa	断后伸长率[①]A（%）		
					厚度<0.4mm	厚度 0.4mm~<0.8mm	厚度≥0.8mm
					不小于		
H1/4	S30103	022Cr17Ni7	515	825	25	25	25
	S30110	12Cr17Ni7	515	860	25	25	25
	S30153	022Cr17Ni7N	515	825	25	25	25
	S30210	12Cr18Ni9	515	860	10	10	12
	S30403	022Cr19Ni10	515	860	8	8	10
	S30408	06Cr19Ni10	515	860	10	10	10
	S30453	022Cr19Ni10N	515	860	10	10	12
	S30458	06Cr19Ni10N	515	860	12	12	12
	S31603	022Cr17Ni12Mo2	515	860	8	8	8
	S31608	06Cr17Ni12Mo2	515	860	10	10	10
	S31658	06Cr17Ni12Mo2N	515	860	12	12	12
H1/2	S30103	022Cr17Ni7	690	930	20	20	20
	S30110	12Cr17Ni7	760	1035	15	18	18
	S30153	022Cr17Ni7N	690	930	20	20	20
	S30210	12Cr18Ni9	760	1035	9	10	10
	S30403	022Cr19Ni10	760	1035	5	6	6

（续）

冷作硬化状态	统一数字代号	牌号	规定塑性延伸强度 $R_{p0.2}$/MPa	抗拉强度 R_m/MPa	断后伸长率[1]A（%）		
					厚度 <0.4mm	厚度 0.4mm~<0.8mm	厚度 ≥0.8mm
			不小于				
H1/2	S30408	06Cr19Ni10	760	1035	6	7	7
	S30453	022Cr19Ni10N	760	1035	6	7	7
	S30458	06Cr19Ni10N	760	1035	6	8	8
	S31603	022Cr17Ni12Mo2	760	1035	5	6	6
	S31608	06Cr17Ni12Mo2	760	1035	6	7	7
	S31658	06Cr17Ni12Mo2N	760	1035	6	8	8
H3/4	S30110	12Cr17Ni7	930	1205	10	12	12
	S30210	12Cr18Ni9	930	1205	5	6	6
H	S30110	12Cr17Ni7	965	1275	8	9	9
	S30210	12Cr18Ni9	965	1275	3	4	4
H2	S30110	12Cr17Ni7	1790	1860	—	—	—

[1] 厚度不大于 3mm 时使用 A_{50mm} 试样。

表 1-322　经固溶处理的奥氏体-铁素体型钢板和钢带的力学性能（摘自 GB/T 3280—2015）

统一数字代号	牌号	规定塑性延伸强度 $R_{p0.2}$/MPa	抗拉强度 R_m/MPa	断后伸长率[1]A（%）	硬度值	
					HBW	HRC
		不小于			不大于	
S21860	14Cr18Ni11Si4AlTi	—	715	25	—	—
S21953	022Cr19Ni5Mo3Si2N	440	630	25	290	31
S22053	022Cr23Ni5Mo3N	450	655	25	293	31
S22152	022Cr21Mn5Ni2N	450	620	25		25
S22153	022Cr21Ni3Mo2N	450	655	25	293	31
S22160	12Cr21Ni5Ti	—	635	20	—	—
S22193	022Cr21Mn3Ni3Mo2N	450	620	25	293	31
S22253	022Cr22Mn3Ni2MoN	450	655	30	293	31
S22293	022Cr22Ni5Mo3N	450	620	25	293	31
S22294	03Cr22Mn5Ni2MoCuN	450	650	30	290	—
S22353	022Cr23Ni2N	450	650	30	290	—
S22493	022Cr24Ni4Mn3Mo2CuN	540	740	25	290	—
S22553	022Cr25Ni6Mo2N	450	640	25	295	31
S23043	022Cr23Ni4MoCuN	400	600	25	290	31
S25073	022Cr25Ni7Mo4N	550	795	15	310	32
S25554	03Cr25Ni6Mo3Cu2N	550	760	15	302	32
S27603	022Cr25Ni7Mo4WCuN	550	750	25	270	—

[1] 厚度不大于 3mm 时使用 A_{50mm} 试样。

表 1-323　经退火处理的铁素体型钢板和钢带的力学性能(摘自 GB/T 3280—2015)

统一数字代号	牌号	规定塑性延伸强度 $R_{p0.2}$/MPa	抗拉强度 R_m/MPa	断后伸长率[1] A(%)	180°弯曲试验弯曲压头直径 D	硬度值		
						HBW	HRB	HV
		不小于				不大于		
S11163	022Cr11Ti	·170	380	20	$D=2a$	179	88	200
S11173	022Cr11NbTi	170	380	20	$D=2a$	179	88	200
S11203	022Cr12	195	360	22	$D=2a$	183	88	200
S11213	022Cr12Ni	280	450	18	—	180	88	200
S11348	06Cr13Al	170	415	20	$D=2a$	179	88	200
S11510	10Cr15	205	450	22	$D=2a$	183	89	200
S11573	022Cr15NbTi	205	450	22	$D=2a$	183	89	200
S11710	10Cr17	205	420	22	$D=2a$	183	89	200
S11763	022Cr17Ti	175	360	22	$D=2a$	183	88	200
S11790	10Cr17Mo	240	450	22	$D=2a$	183	89	200
S11862	019Cr18MoTi	245	410	20	$D=2a$	217	96	230
S11863	022Cr18Ti	205	415	22	$D=2a$	183	89	200
S11873	022Cr18Nb	250	430	18	—	180	88	200
S11882	019Cr18CuNb	205	390	22	$D=2a$	192	90	200
S11972	019Cr19Mo2NbTi	275	415	20	$D=2a$	217	96	230
S11973	022Cr18NbTi	205	415	22	$D=2a$	183	89	200
S12182	019Cr21CuTi	205	390	22	$D=2a$	192	90	200
S12361	019Cr23Mo2Ti	245	410	20	$D=2a$	217	96	230
S12362	019Cr23MoTi	245	410	20	$D=2a$	217	96	230
S12763	022Cr27Ni2Mo4NbTi	450	585	18	$D=2a$	241	100	242
S12791	008Cr27Mo	275	450	22	$D=2a$	187	90	200
S12963	022Cr29Mo4NbTi	415	550	18	$D=2a$	255	25[2]	257
S13091	008Cr30Mo2	295	450	22	$D=2a$	207	95	220

注：a 为弯曲试样厚度。

[1] 厚度不大于 3mm 时使用 A_{50mm} 试样。

[2] 为 HRC 硬度值。

表 1-324　经退火处理的马氏体型钢板和钢带(17Cr16Ni2 除外)的力学性能
(摘自 GB/T 3280—2015)

统一数字代号	牌号	规定塑性延伸强度 $R_{p0.2}$/MPa	抗拉强度 R_m/MPa	断后伸长率[1] A(%)	180°弯曲试验弯曲压头直径 D	硬度值		
						HBW	HRB	HV
		不小于				不大于		
S40310	12Cr12	205	485	20	$D=2a$	217	96	210
S41008	06Cr13	205	415	22	$D=2a$	183	89	200

（续）

统一数字代号	牌号	规定塑性延伸强度 $R_{p0.2}$/MPa	抗拉强度 R_m/MPa	断后伸长率[1] A（%）	180°弯曲试验弯曲压头直径 D	硬度值		
						HBW	HRB	HV
		不小于				不大于		
S41010	12Cr13	205	450	20	$D=2a$	217	96	210
S41595	04Cr13Ni5Mo	620	795	15	—	302	32[2]	308
S42020	20Cr13	225	520	18	—	223	97	234
S42030	30Cr13	225	540	18	—	235	99	247
S42040	40Cr13	225	590	15	—	—	—	—
S43120	17Cr16Ni2[3]	690	880～1080	12	—	262～326	—	—
		1050	1350	10	—	388	—	—
S44070	68Cr17	245	590	15	—	255	25[2]	269
S46050	50Cr15MoV	—	≤850	12	—	280	100	280

注：a 为弯曲试样厚度。

[1] 厚度不大于 3mm 时使用 A_{50mm} 试样。

[2] 为 HRC 硬度值。

[3] 表列为淬火加回火后的力学性能。

表 1-325 经固溶处理的沉淀硬化型钢板和钢带试样的力学性能

（摘自 GB/T 3280—2015）

统一数字代号	牌号	钢材厚度/mm	规定塑性延伸强度 $R_{p0.2}$/MPa	抗拉强度 R_m/MPa	断后伸长率[1] A（%）	硬度值	
						HRC	HBW
			不大于		不小于	不大于	
S51380	04Cr13Ni8Mo2Al	0.10～<8.0	—	—	—	38	363
S51290	022Cr12Ni9Cu2NbTi	0.30～8.0	1105	1205	3	36	331
S51770	07Cr17Ni7Al	0.10～<0.30	450	1035	—	—	—
		0.30～8.0	380	1035	20	92[2]	—
S51570	07Cr15Ni7Mo2Al	0.10～<8.0	450	1035	25	100[2]	—
S51750	09Cr17Ni5Mo3N	0.10～<0.30	585	1380	8	30	—
		0.30～8.0	585	1380	12	30	—
S51778	06Cr17Ni7AlTi	0.10～<1.50	515	825	4	32	—
		1.50～8.0	515	825	5	32	—

[1] 厚度不大于 3mm 时使用 A_{50mm} 试样。

[2] 为 HRB 硬度值。

表 1-326 经时效处理后的沉淀硬化型钢板和钢带试样的力学性能（摘自 GB/T 3280—2015）

统一数字代号	牌号	钢材厚度/mm	处理温度[1]/℃	规定塑性延伸强度 $R_{p0.2}$/MPa	抗拉强度 R_m/MPa	断后伸长率[2][3] A（%）	硬度值 HRC	硬度值 HBW
				不小于			不小于	
S51380	04Cr13Ni8Mo2Al	0.10~<0.50	510±6	1410	1515	6	45	—
		0.50~5.0		1410	1515	8	45	—
		5.0~8.0		1410	1515	10	45	—
		0.10~<0.50	538±6	1310	1380	6	43	—
		0.50~5.0		1310	1380	8	43	—
		5.0~8.0		1310	1380	10	43	—
S51290	022Cr12Ni9Cu2NbTi	0.10~<0.50	510±6 或 482±6	1410	1525	—	44	—
		0.50~<1.50		1410	1525	3	44	—
		1.50~8.0		1410	1525	4	44	—
S51770	07Cr17Ni7Al	0.10~<0.30	760±15	1035	1240	3	38	—
		0.30~<5.0	15±3	1035	1240	5	38	—
		5.0~8.0	566±6	965	1170	7	38	352
		0.10~<0.30	954±8	1310	1450	1	44	—
		0.30~<5.0	−73±6	1310	1450	3	44	—
		5.0~8.0	510±6	1240	1380	6	43	401
S51570	07Cr15Ni7Mo2Al	0.10~<0.30	760±15	1170	1310	3	40	—
		0.30~<5.0	15±3	1170	1310	5	40	—
		5.0~8.0	566±6	1170	1310	4	40	375
		0.10~<0.30	954±8	1380	1550	2	46	—
		0.30~<5.0	−73±6	1380	1550	4	46	—
		5.0~8.0	510±6	1380	1550	4	45	429
		0.10~1.2	冷轧	1205	1380	1	41	—
		0.10~1.2	冷轧+482	1580	1655	1	46	—
S51750	09Cr17Ni5Mo3N	0.10~<0.30	455±8	1035	1275	6	42	—
		0.30~5.0		1035	1275	8	42	—
		0.10~<0.30	540±8	1000	1140	6	36	—
		0.30~5.0		1000	1140	8	36	—
S51778	06Cr17Ni7AlTi	0.10~<0.80	510±8	1170	1310	3	39	—
		0.80~1.50		1170	1310	4	39	—
		1.50~8.0		1170	1310	5	39	—
		0.10~<0.80	538±8	1105	1240	3	37	—
		0.80~<1.50		1105	1240	4	37	—
		1.50~8.0		1105	1240	5	37	—
		0.10~<0.80	566±8	1035	1170	3	35	—
		0.80~<1.50		1035	1170	4	35	—
		1.50~8.0		1035	1170	5	35	—

① 为推荐性热处理温度，供方应向需方提供推荐性热处理制度。
② 适用于沿宽度方向的试验，垂直于轧制方向且平行于钢板表面。
③ 厚度不大于 3mm 时使用 A_{50mm} 试样。

表 1-327　不锈钢冷轧钢板和钢带耐晶间腐蚀试验（摘自 GB/T 3280—2015）

	统一数字代号	牌号	试验状态	腐蚀减量/[g/(m²·h)]
硫酸-硫酸铁腐蚀试验的腐蚀减量	S30408 S30409 S31608 S31688 S31708	06Cr19Ni10 07Cr19Ni10 06Cr17Ni12Mo2 06Cr18Ni12Mo2Cu2 06Cr19Ni13Mo3	固溶处理 （交货状态）	按供需双方协议
	S30403 S31603 S31703	022Cr19Ni10 022Cr17Ni12Mo2 022Cr19Ni13Mo3	敏化处理	按供需双方协议
65%硝酸腐蚀试验的腐蚀减量	S30408 S30409	06Cr19Ni10 07Cr19Ni10	固溶处理 （交货状态）	按供需双方协议
	S30403	022Cr19Ni10	敏化处理	按供需双方协议
硫酸-硫酸铜腐蚀试验后弯曲面状态	S30408 S30409 S31608 S31688 S31708	06Cr19Ni10 07Cr19Ni10 06Cr17Ni12Mo2 06Cr18Ni12Mo2Cu2 06Cr19Ni13Mo3	固溶处理 （交货状态）	试验后弯曲面状态 不允许有晶间腐蚀裂纹
	S30403 S31603 S31668 S31703 S32168 S34778	022Cr19Ni10 022Cr17Ni12Mo2 06Cr17Ni12Mo2Ti 022Cr19Ni13Mo3 06Cr18Ni11Ti 06Cr18Ni11Nb	敏化处理	试验后弯曲面状态 不允许有晶间腐蚀裂纹

	统一数字代号	牌号	试验状态	硫酸-硫酸铁腐蚀试验	65%硝酸腐蚀试验	硫酸-硫酸铜腐蚀试验
10%草酸浸蚀试验的判别	S30408 S30409	06Cr19Ni10 07Cr19Ni10	固溶处理 （交货状态）	沟状组织	沟状组织 凹状组织Ⅱ	沟状组织
	S31608 S31688 S31708	06Cr17Ni12Mo2 06Cr18Ni12Mo2Cu2 06Cr19Ni13Mo3			—	
	S30403	022Cr19Ni10	敏化处理	沟状组织	沟状组织 凹状组织Ⅱ	沟状组织
	S31603 S31703	022Cr17Ni12Mo2 022Cr19Ni13Mo3			—	
	S31668 S32168 S34778	06Cr17Ni12Mo2Ti 06Cr18Ni11Ti 06Cr18Ni11Nb		—		

注：1. 钢板和钢带按本表进行耐晶间腐蚀试验，试验方法由供需双方协商，并在合同中注明。合同中未注明时，可不做试验。对于含钼量不小于3%的低碳不锈钢，试验前的敏化处理应由供需双方协商确定。

2. 本表中未列入的牌号需进行耐晶间腐蚀试验时，其试验方法和要求由供需双方协商，并在合同中注明。

表 1-328　不锈钢的特性和用途（摘自 GB/T 3280—2015）

类型	统一数字代号	牌号	特性和用途
	S30110	12Cr17Ni7	经冷加工有高的强度。用于制作铁道车辆及传送带螺栓、螺母等
	S30103	022Cr17Ni7	12Cr17Ni7 的超低碳钢，具有良好的耐晶间腐蚀性和焊接性。用于铁道车辆
	S30153	022Cr17Ni7N	12Cr17Ni7 的超低碳含氮钢，强度高，具有良好的耐晶间腐蚀性和焊接性。用于制作结构件
	S30210	12Cr18Ni9	经冷加工有高的强度，但伸长率比 12Cr17Ni7 稍差。用于制作建筑装饰部件
	S30240	12Cr18Ni9Si3	耐氧化性比 12Cr18Ni9 好，900℃以下具有与 06Cr25Ni20 相同的耐氧化性和强度。用于汽车排气净化装置及制作工业炉等高温装置部件
	S30408	06Cr19Ni10	作为不锈耐热钢使用最广泛。用于食品设备、一般化工设备、原子能工业设备等
	S30403	022Cr19Ni10	比 06Cr19Ni10 碳含量更低的钢，耐晶间腐蚀性优越，焊接后不进行热处理
	S30409	07Cr19Ni10	在固溶态钢的塑性、韧性、冷加工性良好，在氧化性酸和大气、水等介质中耐蚀性好，但在敏化态或焊接后有晶间腐蚀倾向。耐蚀性优于 12Cr18Ni9。适于制造深冲成型部件和输酸管道、容器等
奥氏体型	S30450	05Cr19Ni10Si2CeN	加 N 提高了钢的强度和加工硬化倾向，且塑性不降低，并改善了钢的耐点蚀、晶间腐蚀性，可承受更重的负荷，使材料的厚度减小。用于制作结构用强度部件
	S30458	06Cr19Ni10N	在 06Cr19Ni10 的基础上加 N 提高了钢的强度和加工硬化倾向，且塑性不降低，并改善了钢的耐点蚀、晶间腐蚀性，使材料的厚度减小。用于制作有一定耐蚀性要求，并要求较高强度和减轻重量的设备、结构部件
	S30478	06Cr19Ni9NbN	在 06Cr19Ni10 的基础上加 N 和 Nb 提高了钢的耐点蚀、晶间腐蚀性能，该钢具有与 06Cr19Ni10N 相同的特性和用途
	S30453	022Cr19Ni10N	06Cr19Ni10N 的超低碳钢，因 06Cr19Ni10N 在 450~900℃ 加热后耐晶间腐蚀性将明显下降，因此对于焊接设备构件，推荐用 022Cr19Ni10N
	S30510	10Cr18Ni12	与 06Cr19Ni10 相比，加工硬化性低。用于制作手机配件、电器元件、发电机组配件等
	S30908	06Cr23Ni13	耐蚀性比 06Cr19Ni10 好，但实际上多作为耐热钢使用
	S31008	06Cr25Ni20	抗氧化性比 06Cr23Ni13 好，但实际上多作为耐热钢使用
	S31053	022Cr25Ni22Mo2N	钢中加 N 提高了钢的耐孔蚀性，且使钢具有更高的强度和稳定的奥氏体组织。适用于作为尿素生产中汽提塔的结构材料，性能远优于 022Cr17Ni12Mo2
	S31252	015Cr20Ni18Mo6CuN	一种高性价比超级奥氏体不锈钢，较低的 C 含量和高 Mo、高 N 含量使其有较好的耐晶间腐蚀、耐点腐蚀和耐缝隙腐蚀性能。主要用于海洋开发、海水淡化、纸浆生产等领域，以及制作热交换器、烟气脱硫装置等
	S31608	06Cr17Ni12Mo2	在海水和其他各种介质中的耐蚀性比 06Cr19Ni10 好。主要用作耐点蚀材料

（续）

类型	统一数字代号	牌号	特性和用途
奥氏体型	S31603	022Cr17Ni12Mo2	为06Cr17Ni12Mo2的超低碳钢。超低碳奥氏体不锈钢对各种无机酸、碱类、盐类（如亚硫酸、硫酸、磷酸、醋酸、甲酸、氯盐、卤素、亚硫酸盐等）均有良好的耐蚀性。由于含碳量低，因此焊接性能良好，适用于多层焊接，焊后一般不需热处理，且焊后无刀口腐蚀倾向。可用于制造合成纤维以及石油化工、纺织、化肥、印染、原子能等工业设备，如塔、槽、容器、管道等
	S31609	07Cr17Ni12Mo2	与06Cr17Ni12Mo2相比，该钢种的C含量由不大于0.08%调整至0.04%~0.10%，增强了耐高温性能。该钢种广泛应用于加热釜、锅炉、硬质合金传送带等
	S31668	06Cr17Ni12Mo2Ti	有良好的耐晶间腐蚀性。用于抗硫酸、磷酸、甲酸、乙酸的设备
	S31678	06Cr17Ni12Mo2Nb	比06Cr17Ni12Mo2具有更好的耐晶间腐蚀性
	S31658	06Cr17Ni12Mo2N	在06Cr17Ni12Mo2中加入N，可提高强度，不降低塑性，使材料的使用厚度减小。用于制造要求耐蚀性较好、强度较高的部件
	S31653	022Cr17Ni12Mo2N	用途与06Cr17Ni12Mo2N相同，但耐晶间腐蚀性更好
	S31688	06Cr18Ni12Mo2Cu2	耐腐蚀性、耐点蚀性比06Cr17Ni12Mo2好。用作耐硫酸材料
	S31782	015Cr21Ni26Mo5Cu2	高Mo不锈钢，全面耐硫酸、磷酸、醋酸等腐蚀，又可解决氯化物孔蚀、缝隙腐蚀和应力腐蚀问题。主要用于石化、化工、化肥、海洋开发等行业的塔、槽、管、换热器等
	S31708	06Cr19Ni13Mo3	耐点蚀性比06Cr17Ni12Mo2好。用作染色设备材料等
	S31703	022Cr19Ni13Mo3	为06Cr19Ni13Mo3的超低碳钢，比06Cr19Ni13Mo3耐晶间腐蚀性好。主要用于制作电站冷凝管等
	S31723	022Cr19Ni16Mo5N	高Mo不锈钢，钢中含Mo0.10%~0.20%，使其耐孔蚀性能进一步提高。此钢种在硫酸、甲酸、醋酸等介质中的耐蚀性要比一般含Mo2%~4%的常用Cr-Ni钢好
	S31753	022Cr19Ni13Mo4N	在022Cr19Ni13Mo3中添加N，具有高强度、高耐蚀性。用于制作罐箱、容器等
	S32168	06Cr18Ni11Ti	添加Ti提高了耐晶间腐蚀性，不推荐用于制作装饰部件
	S32169	07Cr19Ni11Ti	与06Cr18Ni11Ti相比，该钢的C含量由不大于0.08%调整至0.04%~0.10%，增强了耐高温性能。可用于锅炉行业
	S32652	015Cr24Ni22Mo8Mn3CuN	属于超级奥氏体不锈钢，高Mo、高N、高Cr使其具有优异的耐点蚀、耐缝隙腐蚀性能。主要用于海洋开发、海水淡化、纸浆生产等领域以及制作烟气脱硫装置
	S34553	022Cr24Ni17Mo5Mn6NbN	一种高强度且耐腐蚀的超级奥氏体不锈钢，在氯化物环境中具有优良的耐点蚀和耐缝隙腐蚀性能。此钢被推荐用于海水淡化、电厂烟气脱硫等装置以及海上采油平台
	S34778	06Cr18Ni11Nb	添加Nb提高了奥氏体不锈钢的稳定性。由于其具有良好的耐蚀性和焊接性能，因此被广泛应用于石油化工、合成纤维、食品、造纸等行业，以及在热电厂和核动力工业中，用于制造大型锅炉过热器、再热器、蒸汽管道、轴类和各类焊接结构件

（续）

类型	统一数字代号	牌号	特性和用途
奥氏体型	S34779	07Cr18Ni11Nb	与 06Cr18Ni11Nb 相比，该钢种的 C 含量由不大于 0.08% 调整至 0.04% ~ 0.10%，增强了耐高温性能。可用于锅炉行业
	S30859	08Cr21Ni11Si2CeN	在 21Cr-11Ni 不锈钢的基础上，通过稀土铈和氮元素的合金化，提高了耐高温性能。与 06Cr25Ni20 相比，在优化使用性能的同时，还节约了贵重的 Ni 资源。该钢种主要用于锅炉行业
	S38926	015Cr20Ni25Mo7CuN	与 015Cr20Ni18Mo6CuN 相比，Ni 含量由 17.5% ~ 18.5% 提高至 24.0% ~ 26.0%，使其具有更好的耐应力腐蚀能力。被推荐用于海洋开发、核电等领域
	S38367	022Cr21Ni25Mo7N	与 015Cr20Ni25Mo7CuN 相比，Cr 含量更高，耐点腐蚀性能更好。用于海洋开发、核电等领域以及制作热交换器
奥氏体·铁素体型	S21860	14Cr18Ni11Si4AlTi	由于 Si 的存在，既通过 α+β 两相强化提高了强度，又可使此钢在浓硝酸和发烟硝酸中形成表面氧化硅膜，从而提高耐浓硝酸腐蚀性能。用于制作抗高温浓硝酸介质的零件和设备
	S21953	022Cr19Ni5Mo3Si2N	耐应力腐蚀破裂性能良好，耐点蚀性能与 022Cr17Ni14Mo2 相当，具有较高强度。适用于含氯离子的环境，用于炼油、化肥、造纸、石油、化工等工业制造热交换器、冷凝器等
	S22160	12Cr21Ni5Ti	可代替 06Cr18Ni11Ti，有更好的力学性能，特别是强度较高。用于制造航天设备等
	S22293	022Cr22Ni5Mo3N	具有高强度，良好的耐应力腐蚀、耐点蚀性能和良好的焊接性能，在石化、造船、造纸、海水淡化、核电等领域具有广泛的用途
	S22053	022Cr23Ni5Mo3N	属于低合金双相不锈钢，强度高，能代替 S30403 和 S31603。可用于锅炉和压力容器，以及化工厂和炼油厂的管道
	S23043	022Cr23Ni4MoCuN	具有双相组织、优异的耐应力腐蚀断裂和其他形式耐蚀的性能以及良好的焊接性。主要用于石油、石化、造纸、海水淡化等行业
	S22553	022Cr25Ni6Mo2N	耐腐蚀疲劳性能远比 S31603（尿素级）好，对低应力、低频率交变载荷条件下工作的尿素甲胺泵泵体选材有重要参考价值。主要应用于化工、化肥、石油化工等领域，多用于制造热交换器、蒸发器等，国内主要用在尿素装置，也可用于耐海水腐蚀部件等
	S25554	03Cr25Ni6Mo3Cu2N	该钢具有良好的力学性能和耐局部腐蚀性能，尤其是耐磨损腐蚀性能优于一般的不锈钢，是海水环境中的理想材料。适用于制作舰船用的螺旋推进器、轴、潜艇密封件等，以及应用在化工、石油化工、天然气、纸浆、造纸等行业
	S25073	022Cr25Ni7Mo4N	是双相不锈钢中耐局部腐蚀最好的钢，特别是耐点蚀性最好，并具有高强度、耐氯化物应力腐蚀、可焊接的特点。非常适用于化工、石油、石化和动力工业中以河水、地下水和海水等为冷却介质的换热设备
	S27603	022Cr25Ni7Mo4WCuN	在 022Cr25Ni7Mo3N 钢中加入 W、Cu，提高了 Cr25 型双相钢的性能，特别是耐氯化物点蚀和缝隙腐蚀性能更佳。主要用于以水（含海水、卤水）为介质的热交换设备

（续）

类型	统一数字代号	牌号	特性和用途
奥氏体·铁素体型	S22153	022Cr21Ni3MoN	含有 1.5% 的 Mo，与 Cr、N 配合提高了钢的耐蚀性。其耐蚀性优于 022Cr17Ni12Mo2，与 022Cr19Ni13Mo3 接近，是 022Cr17Ni12Mo2 的理想替代品。同时该钢还具有较高的强度。可用于化学储罐、纸浆造纸、建筑屋顶、桥梁等
	S22294	03Cr22Mn5Ni2MoCuN	低 Ni、高 N，使钢在具有高强度、良好的耐蚀性和焊接性能的同时，制造成本大幅度降低。该钢具有比 022Cr19Ni10 更好、与 022Cr17Ni12Mo2 相当的耐蚀性，是 06Cr19Ni10、022Cr19Ni10 理想的替代品。用于石化、造船、造纸、核电、海水淡化、建筑等领域
	S22152	022Cr21Mn5Ni2N	合金 Ni、Mo 的含量大幅降低，并含有较高的 N，具有高强度，良好的耐蚀性、焊接性能以及较低的成本。该钢具有与 022Cr19Ni10 相当的耐蚀性，在一定范围内可替代 06Cr19Ni10、022Cr19Ni10。用于建筑、交通、石化等领域
	S22193	022Cr21Mn3Ni3Mo2N	含有 1%~2% 的 Mo 以及较高的 N，具有良好的耐蚀性、焊接性能，同时由于以 Mn、N 代替 Ni，降低了成本。该钢具有与 022Cr17Ni12Mo2 相当甚至更好的耐点蚀及耐均匀腐蚀性能，耐应力腐蚀性能也显著提高，是 022Cr17Ni12Mo2 的理想替代品。用于建筑、储罐、造纸、石化等领域
	S22253	022Cr22Mn3Ni2MoN	含有较高的 Cr 和 N，材料耐点蚀和抗均匀腐蚀性高于 022Cr19Ni10，与 022Cr17Ni12Mo2 相当，耐应力腐蚀性能显著提高，并具有良好的焊接性能，可替代 022Cr19Ni10、022Cr17Ni12Mo2。用于建筑、储罐、石化、能源等领域
	S22353	022Cr23Ni2N	以较高的 N 代替 Ni，Mo 含量较低，从而使成本得到显著降低。由于含有约 23% 的 Cr 以及约 0.2% 的 N，材料的耐点蚀和抗均匀腐蚀性与 022Cr17Ni12Mo2 相当甚至更高，耐应力腐蚀性显著提高，焊接性能优良。可替代 022Cr17Ni12Mo2。用于建筑、储罐、石化等领域
	S22493	022Cr24Ni4Mn3Mo2CuN	以较高的 N 及一定含量的 Mn 代替 Ni，Cr 含量较低，从而使成本得到降低。由于含有约 24% 的 Cr 以及约 0.25% 的 N，材料的耐点蚀和抗均匀腐蚀性高于 022Cr17Ni12Mo2，接近 022Cr19Ni13Mo3，耐应力腐蚀性显著提高，焊接性能优良。可替代 022Cr17Ni12Mo2 以及 22Cr19Ni13Mo3。用于石化、造纸、建筑、储罐等领域
铁素体型	S11348	06Cr13Al	从高温下冷却不产生显著硬化。主要用于制作石油化工、锅炉等行业在高温中工作的零件
	S11163	022Cr11Ti	超低碳钢，焊接性能好。用于汽车排气处理装置
	S11173	022Cr11NbTi	在钢中加入 Nb 和 Ti，细化了晶粒，提高了铁素体钢的耐晶间腐蚀性，改善了焊后塑性，性能比 022Cr11Ti 更好。用于汽车排气处理装置
	S11213	022Cr12Ni	具有中等的耐蚀性、良好的强度、良好的可焊性、较好的耐湿磨性和滑动性。主要应用于运输、交通、结构、石化和采矿等行业
	S11203	022Cr12	焊接部位弯曲性能、加工性能好。多用于集装箱行业
	S11510	10Cr15	作为 10Cr17 改善焊接性的钢种。用于建筑内装饰、家用电器中的部件
	S11710	10Cr17	耐蚀性良好的通用钢种。用于建筑内装饰、家庭用具、家用电器中的部件。脆性转变温度均在室温以上，而且对缺口敏感，不适于制作室温以下的承载备件

（续）

类型	统一数字代号	牌号	特性和用途
铁素体型	S11763	022Cr17NbTi	降低 10Cr17Mo 中的 C 和 N，单独或复合加入 Ti、Nb 或 Zr，使加工性和焊接性得到改善。用于建筑内外装饰、车辆部件
	S11790	10Cr17Mo	在钢中加入 Mo，提高了钢的耐点蚀、耐缝隙腐蚀性及强度等。主要用于汽车排气系统、建筑内外装饰等
	S11862	019Cr18MoTi	在钢中加入 Mo，提高了钢的耐点蚀、耐缝隙腐蚀性及强度等
	S11873	022Cr18Nb	加入不少于 0.3% 的 Nb 和 0.1%~0.6% 的 Ti，降低了碳含量，改善了加工性和焊接性能，且提高了耐高温性能。用于烤箱炉管、汽车排气系统、燃气罩等
	S11972	019Cr19Mo2NbTi	含 Mo 比 022Cr18MoTi 多，提高了耐蚀性，耐应力腐蚀破裂性好。用于贮水槽太阳能温水器、热交换器、食品机器、染色机械等
	S12791	008Cr27Mo	性能、用途、耐蚀性和软磁性与 008Cr30Mo2 类似
	S13091	008Cr30Mo2	高 Cr-Mo 系，C、N 降至极低，耐蚀性很好，耐卤离子应力腐蚀破裂、耐点蚀性好。用于制作与醋酸、乳酸等有机酸有关的设备及苛性碱设备
	S12182	019Cr21CuTi	抗腐蚀性、成形性、焊接性与 06Cr19Ni10 相当。适用于建筑内外装饰材料、电梯、家电、车辆部件、不锈钢制品、太阳能热水器等
	S11973	022Cr18NbTi	降低 10Cr17 中的 C，复合加入 Nb、Ti，高温性能优于 022Cr11Ti。用于车辆部件、厨房设备、建筑内外装饰等
	S11863	022Cr18Ti	降低 10Cr17 中的 C，单独加入 Ti，使钢的耐蚀性、加工性和焊接性得到改善。用于车辆部件、电梯面板、管式换热器、家电等
	S12362	019Cr23MoTi	高 Cr 系超纯铁素体不锈钢，耐蚀性优于 019Cr21CuTi。可用于太阳能热水器内胆、水箱、洗碗机、油烟机等
	S12361	019Cr23Mo2Ti	Mo 含量高于 019Cr23Mo，进一步提高了耐蚀性。可作为 022Cr17Ni12Mo2 的替代钢种用于管式换热器、建筑屋顶、外墙等
	S12763	022Cr27Ni2Mo4NbTi	属于超级铁素体不锈钢，具有高 Cr、高 Mo 的特点，是一种耐海水腐蚀的材料。主要用于电站凝汽器、海水淡化热交换器等
	S12963	022Cr29Mo4NbTi	属于超级铁素体不锈钢，通过提高了 Cr 含量提高了耐蚀性。用途与 022Cr27Ni2Mo3 相同
	S11573	022Cr15NbTi	超低 C、N 控制，复合加入 Nb、Ti，高温性能优于 022Cr18Ti。用于车辆部件等
	S11882	019Cr18CuNb	超低 C、N 控制，添加了 Nb、Cu，属中 Cr 超纯铁素体不锈钢，具有优良的表面质量和冷加工成形性能。用于汽车及建筑的外装饰部件、家电等
马氏体型	S40310	12Cr12	具有较好的耐热性。用于制造汽轮机叶片及高应力部件
	S41008	06Cr13	比 12Cr13 的耐蚀性、加工成形性更优良的钢种
	S41010	12Cr13	具有良好的耐蚀性、机械加工性。一般用于制作刃具类
	S41595	04Cr13Ni5Mo	以具有高韧性的低碳马氏体通过 Ni、Mo 等合金元素进行补充强化的钢，具有高强度和良好的韧性、焊接性及耐腐蚀性能。适用于制造厚截面尺寸并且要求焊接性能良好的零部件，如大型的水电站转轮和转轮下环等

（续）

类型	统一数字代号	牌号	特性和用途
马氏体型	S42020	20Cr13	淬火状态下硬度高，耐蚀性良好。用于汽轮机叶片
	S42030	30Cr13	比 20Cr13 淬火后的硬度高。用于制作刀具、喷嘴、阀座、阀门等
	S42040	40Cr13	比 30Cr13 淬火后的硬度高。用来制作刀具、喷嘴、阀座、阀门等
	S43120	17Cr16Ni2	马氏体不锈钢中强度和韧性匹配较好的钢种之一，对氧化酸、大多数有机酸及有机盐类的水溶液有良好的耐蚀性。用于制造耐一定程度的硝酸、有机酸腐蚀的零件、容器和设备
	S44070	68Cr17	硬化状态下，坚硬，韧性高。用于制作刀具、量具、轴承
	S46050	50Cr15MoV	C 含量提高至 0.5%，Cr 含量提高至 15%，并且添加了 Mo 和 V 元素，淬火后硬度可达 HRC56 左右，具有良好的耐蚀性、加工性和打磨性。用于刀具行业
沉淀硬化型	S51380	04Cr13Ni8Mo2Al	强度高，具有优良的断裂韧度、良好的横向力学性能和在海洋环境中的耐应力腐蚀性能。用于宇航、核反应堆和石油化工等领域
	S51290	022Cr12Ni9Cu2NbTi	具有良好的工艺性能，易于生产棒、丝、板、带和铸件。主要应用于要求耐蚀不锈的承力部件
	S51770	07Cr17Ni7Al	添加 Al 的沉淀硬化钢种。用于制作弹簧、垫圈、机器部件
	S51570	07Cr15Ni7Mo2Al	在固溶状态下加工成形性能良好，易于加工，加工后经调整处理、冷处理及时效处理，所析出的镍-铝强化相使钢的室温强度可达 1400MPa 以上，并具有满足使用要求的塑韧性。由于钢中含有钼，使耐还原性介质腐蚀能力有所改善。广泛应用于宇航、石油化工及能源工业中的耐腐蚀及 400℃ 以下工作的承力构件、容器以及弹性元件
	S51750	09Cr17Ni5Mo3N	半奥氏体沉淀硬化不锈钢，具有较高的强度和良好的韧性。适宜制作中温高强度部件
	S51778	06Cr17Ni7AlTi	具有良好的冶金和制造加工工艺性能。可用于 350℃ 以下长期服役的不锈钢结构件、容器、弹簧、膜片等

表 1-329　不锈钢冷轧钢板和钢带的表面加工类型（摘自 GB/T 3280—2015）

简称	加工类型	表面状态	备注
2E 表面	带氧化皮冷轧、热处理、除鳞	粗糙且无光泽	该表面类型为带氧化皮冷轧，除鳞方式为酸洗除鳞或机械除鳞加酸洗除鳞。这种表面适用于厚度精度较高、表面粗糙度要求较高的结构件或冷轧替代产品
2D 表面	冷轧、热处理、酸洗或除鳞	表面均匀，呈亚光状	冷轧后热处理、酸洗或除鳞。亚光表面经酸洗产生。可用毛面辊进行平整。毛面加工便于在深冲时将润滑剂保留在钢板表面。这种表面适用于加工深冲件，但这些部件成形后还需进行抛光处理

（续）

简称	加工类型	表面状态	备　注
2B 表面	冷轧、热处理、酸洗或除鳞、光亮加工	较 2D 表面光滑平直	在 2D 表面的基础上，对经热处理、除鳞后的钢板用抛光辊进行小压下量的平整。属于最常用的表面加工。除极为复杂的深冲外，可用于任何用途
BA 表面	冷轧、光亮退火	平滑、光亮、反光	冷轧后在可控气氛炉内进行光亮退火。通常采用干氢或干氢与干氮混合气氛，以防止退火过程中的氧化现象。也是后工序再加工常用的表面加工
3# 表面	对单面或双面进行刷磨或亚光抛光	无方向纹理、不反光	需方可指定抛光带的等级或表面粗糙度。由于抛光带的等级或表面粗糙度的不同，表面所呈现的状态不同。这种表面适用于延伸产品还需进一步加工的场合。若钢板或钢带做成的产品不进行另外的加工或抛光处理时，建议用 4# 表面
4# 表面	对单面或双面进行通用抛光	无方向纹理、反光	经粗磨料粗磨后，再用粒度为 120# ~ 150# 或更细的研磨料进行精磨。这种材料被广泛用于餐馆设备、厨房设备、店铺门面、乳制品设备等
6# 表面	单面或双面亚光缎面抛光，坦皮科研磨	呈亚光状，无方向纹理	表面反光率较 4# 表面差。用 4# 表面加工的钢板在中粒度研磨料和油的介质中经坦皮科刷磨而成。适用于不要求光泽度的建筑物和装饰。研磨粒度可由需方指定
7# 表面	高光泽度表面加工	光滑、高反光度	由优良的基础表面进行擦磨而成，但表面磨痕无法消除。该表面主要适用于要求高光泽度的建筑物外墙装饰
8# 表面	镜面加工	无方向纹理，高反光度，影像清晰	该表面采用逐步细化的磨料抛光和用极细的铁丹大量擦磨而成。表面不留任何擦磨痕迹。该表面被广泛用于模压板和镜面板
TR 表面	冷作硬化处理	因材质及冷作量的大小而变化	对退火除鳞或光亮退火的钢板进行足够的冷作硬化处理。大大提高强度水平
HL 表面	冷轧、酸洗、平整、研磨	呈连续性磨纹状	用适当粒度的研磨材料进行抛光，使表面呈连续性磨纹

注：1. 单面抛光的钢板，另一面需进行粗磨，以保证必要的平直度。

　　2. 标准的抛光工艺在不同的钢种上所产生的效果不同。对于一些关键性的应用，订单中需要附"典型标样"作为参照，以便于取得一致的看法。

表1-330 各国不锈钢牌号对照（摘自 GB/T 3280—2015）

统一数字代号	GB/T 3280—2015 牌号	旧牌号	美国 ASTM A959	日本 JIS G4303, JIS G4311, JIS G4305 等	国际 ISO 15510, ISO 4955	欧洲 EN 10088-1, EN 10095
S30110	12Cr17Ni7	1Cr17Ni7	S30100, 301	SUS301	X5CrNi17-7	X5CrNi17-7, 1.4319
S30103	022Cr17Ni7	—	S30103, 301L	SUS301L	—	—
S30153	022Cr17Ni7N	—	S30153, 301LN	—	X2CrNiN18-7	X2CrNiN18-7, 1.4318
S30210	12Cr18Ni9	1Cr18Ni9	S30200, 302	SUS302	X10CrNi18-8	X10CrNi18-8, 1.4310
S30240	12Cr18Ni9Si3	1Cr18Ni9Si3	S30215, 302B	SUS302B	X12CrNiSi18-9-3	
S30408	06Cr19Ni10	0Cr18Ni9	S30400, 304	SUS304	X5CrNi18-10	X5CrNi18-10, 1.4301
S30403	022Cr19Ni10	00Cr19Ni10	S30403, 304L	SUS304L	X2CrNi18-9	X2CrNi18-9, 1.4307
S30409	07Cr19Ni10	—	S30409, 304H	SUH304H	X7CrNi18-9	X6CrNi18-10, 1.4948
S30450	05Cr19Ni10Si2CeN	—	S30415	—	X6CrNiSiNCe19-10	X6CrNiSiNCe19-10, 1.4818
S30458	06Cr19Ni10N	0Cr19Ni9N	S30451, 304N	SUS304N1	X5CrNiN19-9	X5CrNiN19-9, 1.4315
S30478	06Cr19Ni9NbN	0Cr19Ni9NbN	S30452, XM-21	SUS304N2	—	
S30453	022Cr19Ni10N	00Cr18Ni10N	S30453, 304LN	SUS304LN	X2CrNiN18-9	X2CrNiN18-10, 1.4311
S30510	10Cr18Ni12	1Cr18Ni12	S30500, 305	SUS305	X6CrNi18-12	X4CrNi18-12, 1.4303
S30908	06Cr23Ni13	0Cr23Ni13	S30908, 309S	SUS309S	X12CrNi23-13	X12CrNi23-13, 1.4833
S31008	06Cr25Ni20	0Cr25Ni20	S31008, 310S	SUS310S	X8CrNi25-21	X8CrNi25-21, 1.4845
S31053	022Cr25Ni22Mo2N	—	S31050, 310MoLN	—	X1CrNiMoN25-22-2	X1CrNiMoN25-22-2, 1.4466
S31252	015Cr20Ni18Mo6CuN	—	S31254	SUS312L	X1CrNiMoN20-18-7	X1CrNiMoN20-18-7, 1.4547
S31608	06Cr17Ni12Mo2	0Cr17Ni12Mo2	S31600, 316	SUS316	X5CrNiMo17-12-2	X5CrNiMo17-12-2, 1.4401
S31603	022Cr17Ni12Mo2	00Cr17Ni14Mo2	S31603, 316L	SUS316L	X2CrNiMo17-12-2	X2CrNiMo17-12-2, 1.4404
S31609	07Cr17Ni12Mo2	1Cr17Ni12Mo2	S31609, 316H	—	—	X6CrNiMoTi17-13-2, 1.4918
S31668	06Cr17Ni12Mo2Ti	0Cr18Ni12Mo2Ti	S31635, 316Ti	SUS316Ti	X6CrNiMoTi17-12-2	X6CrNiMoTi17-12-2, 1.4571
S31678	06Cr17Ni12Mo2Nb	—	S31640, 316Nb	—	X6CrNiMoNb17-12-2	X6CrNiMoNb17-12-2, 1.4580
S31658	06Cr17Ni12Mo2N	0Cr17Ni12Mo2N	S31651, 316N	SUS316N	—	
S31653	022Cr17Ni12Mo2N	00Cr17Ni13Mo2N	S31653, 316LN	SUS316LN	X2CrNiMoN17-12-3	X2CrNiMoN17-11-2, 1.4406

（续）

统一数字代号	GB/T 3280—2015 牌号	旧牌号	美国 ASTM A959	日本 JIS G4303, JIS G4311, JIS G4305 等	国际 ISO 15510 ISO 4955	欧洲 EN 10088-1 EN 10095
S31688	06Cr18Ni12Mo2Cu2	0Cr18Ni12Mo2Cu2	—	SUS316J1	—	—
S31782	015Cr21Ni26Mo5Cu2	—	N08904, 904L	SUS890L	X1NiCrMoCu25-20-5	X1NiCrMoCu25-20-5, 1.4539
S31708	06Cr19Ni13Mo3	0Cr19Ni13Mo3	S31700, 317	SUS317	—	—
S31703	022Cr19Ni13Mo3	00Cr19Ni13Mo3	S31703, 317L	SUS317L	X2CrNiMo19-14-4	X2CrNiMo18-15-4, 1.4438
S31723	022Cr19Ni16Mo5N	—	S31726, 317LMN	—	X2CrNiMoN18-15-5	X2CrNiMoN17-13-5, 1.4439
S31753	022Cr19Ni13Mo4N	—	S31753, 317LN	SUS317LN	X2CrNiMoN18-12-4	X2CrNiMoN18-12-4, 1.4434
S32168	06Cr18Ni11Ti	0Cr18Ni10Ti	S32100, 321	SUS321	X6CrNiTi18-10	X6CrNiTi18-10, 1.4541
S32169	07Cr19Ni11Ti	1Cr18Ni11Ti	S32109, 321H	SUH321H	X7CrNiTi18-10	X7CrNiTi18-10, 1.4940
S32652	015Cr24Ni22Mo8Mn3CuN	—	S32654	—	X1CrNiMoCuN24-22-8	X1CrNiMoCuN24-22-8, 1.4652
S34553	022Cr24Ni17Mo5Mn6NbN	—	S34565	—	X2CrNiMnMoN25-18-6-5	X2CrNiMnMoN25-18-6-5, 1.4565
S34778	06Cr18Ni11Nb	0Cr18Ni11Nb	S34700, 347	SUS347	X6CrNiNb18-10	X6CrNiNb18-10, 1.4550
S34779	07Cr18Ni11Nb	1Cr19Ni11Nb	S34709, 347H	SUS347H	X7CrNiNb18-10	X7CrNiNb18-10, 1.4912
S30859	08Cr21Ni11Si2CeN	—	S30815	—	—	—
S38926	015Cr20Ni25Mo7CuN	—	N08926	—	—	—
S38367	022Cr21Ni25Mo7N	—	N08367	—	—	—
S21860	14Cr18Ni11Si4AlTi	1Cr18Ni11Si4AlTi	—	—	—	—
S21953	022Cr19Ni5Mo3Si2N	00Cr18Ni5Mo3Si2	S31500	—	—	—
S22160	12Cr21Ni5Ti	1Cr21Ni5Ti	—	—	—	—
S22293	022Cr22Ni5Mo3N	—	S31803	SUS329J3L	X2CrNiMoN22-5-3	X2CrNiMoN22-5-3, 1.4462
S22053	022Cr23Ni5Mo3N	—	S32205, 2205	—	—	—
S23043	022Cr23Ni4MoCuN	—	S32304, 2304	—	X2CrNiN23-4	X2CrNiN23-4, 1.4362
S22553	022Cr25Ni6Mo2N	—	S31200	—	X3CrNiMoN27-5-2	X3CrNiMoN27-5-2, 1.4460

S25554	03Cr25Ni6Mo3Cu2N	—	S32550, 255	SUS329J4L	X2CrNiMoCuN25-6-3	X2CrNiMoCuN25-6-3, 1.4507
S25073	022Cr25Ni7Mo4N	—	S32750, 2507	—	X2CrNiMoN25-7-4	X2CrNiMoN25-7-4, 1.4410
S27603	022Cr25Ni7Mo4WCuN	—	S32760	—	X2CrNiMoWN25-7-4	X2CrNiMoWN25-7-4, 1.4501
S22153	022Cr21Ni3Mo2N	—	S32003	—	—	—
S22294	03Cr22Mn5Ni2MoCuN	—	S32101	—	X2CrMnNiN21-5-1	X2CrMnNiN21-5-1, 1.4162
S22152	022Cr21Mn5Ni2N	—	S32001	—	—	—
S22193	022Cr21Mn3Ni3Mo2N	—	S81921	—	—	—
S22253	022Cr22Mn3Ni2MoN	—	S82011	—	X2CrMnNiN21-5-1	—
S22353	022Cr23Ni2N	—	S32202	—	X2CrNi12	X2CrNi12, 1.4003
S22493	022Cr24Ni4Mn3Mo2CuN	—	S82441	—	—	—
S11348	06Cr13Al	0Cr13Al	S40500, 405	SUS405	X6CrAl13	X6CrAl13, 1.4002
S11163	022Cr11Ti	—	S40920	SUH409L	X2CrTi12	X2CrTi12, 1.4512
S11173	022Cr11NbTi	—	S40930	—	—	—
S11213	022Cr12Ni	—	S40977	SUS410L	X2CrNi12	X2CrNi12, 1.4003
S11203	022Cr12	00Cr12	—	—	—	—
S11510	10Cr15	1Cr15	S42900, 429	SUS429	—	—
S11710	10Cr17	1Cr17	S43000, 430	SUS430	X6Cr17	X6Cr17, 1.4016
S11763	022Cr17NbTi	00Cr17	S43035, 439	SUS430LX	X3CrTi17	X3CrTi17, 1.4510
S11790	10Cr17Mo	1Cr17Mo	S43400, 434	SUS434	X6CrMo17-1	X6CrMo17-1, 1.4113
S11862	019Cr18MoTi	—	—	SUS436L	—	—
S11873	022Cr18Nb	—	S43940	—	X2CrTiNb18	X2CrTiNb18, 1.4509
S11972	019Cr19Mo2NbTi	00Cr18Mo2	S44400, 444	SUS444	X2CrMoTi18-2	X2CrMoTi18-2, 1.4521
S12791	008Cr27Mo	00Cr27Mo	S44627, XM-27	SUSXM27	—	—
S13091	008Cr30Mo2	00Cr30Mo2	—	SUS447J1	—	—
S12182	019Cr21CuTi	—	—	SUS443J1	—	—
S11973	022Cr18NbTi	—	S43932	—	—	—

（续）

统一数字代号	GB/T 3280—2015 牌号	旧牌号	美国 ASTM A959	日本 JIS G4303、JIS G4311、JIS G4305 等	国际 ISO 15510 ISO 4955	欧洲 EN 10088-1 EN 10095
S11863	022Cr18Ti	—	S43035, 439	SUS430LX	X3CrTi17	X3CrTi17, 1.4510
S12362	019Cr23MoTi	—	—	SUS445J1	—	—
S12361	019Cr23Mo2Ti	—	—	SUS445J2	—	—
S12763	022Cr27Ni2Mo4NbTi	—	S44660	—	—	—
S12963	022Cr29Mo4NbTi	—	S44735	—	—	—
S11573	022Cr15NbTi	—	S42900	SUS429	—	X1CrNb15, 1.4595
S11882	019Cr18CuNb	—	—	SUS430J1L	—	—
S40310	12Cr12	1Cr12	S40300, 403	SUS403	—	—
S41008	06Cr13	0Cr13	S41008, 410S	SUS410S	X6Cr13	X6Cr13, 1.4000
S41010	12Cr13	1Cr13	S41000, 410	SUS410	X12Cr13	X12Cr13, 1.4006
S41595	04Cr13Ni5Mo	—	S41500	SUSF6NM	X3CrNiMo13-4	X3CrNiMo13-4, 1.4313
S42020	20Cr13	2Cr13	S42000, 420	SUS420J1	X20Cr13	X20Cr13, 1.4021
S42030	30Cr13	3Cr13	S42000, 420	SUS420J2	X30Cr13	X30Cr13, 1.4028
S42040	40Cr13	4Cr13	—	—	X39Cr13	X39Cr13, 1.4031
S43120	17Cr16Ni2	—	S43100, 431	SUS431	X17CrNi16-2	X17CrNi16-2, 1.4057
S44070	68Cr17	7Cr17	S44002, 440A	SUS440A	—	—
S46050	50Cr15MoV	—	—	—	X50CrMoV15	X50CrMoV15, 1, 4116
S51380	04Cr13Ni8Mo2Al	—	S13800, XM-13	—	—	—
S51290	022Cr12Ni9Cu2NbTi	—	S45500, XM-16	—	—	—
S51770	07Cr17Ni7Al	0Cr17Ni7Al	S17700, 631	SUS631	X7CrNiAl17-7	X7CrNiAl17-7, 1.4568
S51570	07Cr15Ni7Mo2Al	0Cr15Ni7Mo2Al	S15700, 632	—	X8CrNiMoAl15-7-2	X8CrNiMoAl15-7-2, 1.4532
S51750	09Cr17Ni5Mo3N	—	S35000, 633	—	—	—
S51778	06Cr17Ni7AlTi	—	S17600, 635	—	—	—

1.11.7 不锈钢复合钢板和钢带(见表 1-331)

表 1-331 不锈钢复合钢板和钢带的分级、尺寸规格、性能及用途(摘自 GB/T 8165—2008)

分级、代号、用途及界面结合率	级别	代号			界面结合率(%)		用 途
		爆炸法	轧制法	爆炸轧制法	复合中厚板	轧制复合带及其剪切钢板	
	Ⅰ级	BⅠ	RⅠ	BRⅠ	100	≥99	适用于不允许有未结合区存在的、加工时要求严格的结构件上
	Ⅱ级	BⅡ	RⅡ	BRⅡ	≥99		适用于可允许有少量未结合区存在的结构件上
	Ⅲ级	BⅢ	RⅢ	BRⅢ	≥95		适用于复层材料只作为抗腐蚀层来使用的一般结构件上

尺寸规格及材料牌号	复合钢板和钢带材料典型钢牌号		复合中厚板尺寸规定	轧制复合带及其剪切钢板尺寸规定				
	复层材料 GB/T 3280、 GB/T 4237	基层材料 GB/T 3274、 GB/T 713、 GB/T 3531、 GB/T 711		轧制复合板(带)总公称厚度 /mm	复层厚度/mm ≥			公称宽度为 900～1200mm,剪切钢板公称长度为 2000mm,轧制带成卷交货
					对称型	非对称型		
					AB面	A面	B面	
	06Cr13 06Cr13Al 022Cr17Ti 06Cr19Ni10 06Cr18Ni11Ti 06Cr17Ni12Mo2 022Cr17Ni12Mo2 022Cr25Ni7Mo4N 022Cr22Ni5Mo3N 022Cr19Ni5Mo3Si2N 06Cr25Ni20 06Cr23Ni13	Q235A、B、C Q345A、B、C Q245R、 Q345R、 15CrMoR 09MnNiDR 08Al	公称厚度不小于 6mm 公称宽度 1450～4000mm 公称长度 4000～10000mm 单面复合中厚板复层公称厚度 1.0～18mm,通常为 2～4mm,基层最小厚度为 5mm	0.8	0.09	0.09	0.06	
				1.0	0.12	0.12	0.06	
				1.2	0.14	0.14	0.06	
				1.5	0.16	0.16	0.08	
				2.0	0.18	0.18	0.10	
				2.5	0.22	0.22	0.12	
				3.0	0.25	0.25	0.15	
				3.5～6.0	0.30	0.30	0.15	

复合中厚板力学性能	级别	界面抗剪强度 τ/MPa	上屈服强度[1] R_{eH}/MPa	抗拉强度 R_m/MPa	断后伸长率 A(%)	冲击吸收能量 KV_2/J
	Ⅰ级 Ⅱ级	≥210	不小于基层对应厚度钢板标准值[2]	不小于基层对应厚度钢板标准下限值,且不大于上限值 35MPa[2]	不小于基层对应厚度钢板标准值	应符合基层对应厚度钢板的规定
	Ⅲ级	≥200				

（续）

轧制复合带及其剪切钢板力学性能	等于基层材料相应牌号标准规定的力学性能。当基层材料选用深冲钢时，其力学性能按下表规定；当复层材料为06Cr13钢时，其力学性能按复层材料为铁素体不锈钢的规定			
	基层钢牌号	上屈服强度① R_{eH}/MPa	抗拉强度 R_m/MPa	断后伸长率 A(%)
				复层为奥氏体不锈钢 ｜ 复层为铁素体不锈钢
	08Al	≤350	345~490	≥28 ｜ ≥18

注：1. 产品的弯曲性能、杯突试验、表面质量等均应符合 GB/T 8165—2008 的规定。

2. 产品用于制造石油、化工、轻工、机械、海水淡化、核工业的各类压力容器、储罐等结构件（复层厚度≥1mm的中厚板），以及用于轻工机械、食品、炊具、建筑、装饰、焊管、铁路客车、医药、环保等行业的设备（复层厚度≤0.8mm的单面、双面对称和非对称复合带及其剪切钢板）。

3. 产品的尺寸极限偏差应符合 GB/T 8165—2008 的规定。按用户要求，可生产用户要求的尺寸规格产品。

① 屈服现象不明显时，按 $R_{p0.2}$。

② 复合钢板和钢带的屈服下限值 R_p、抗拉强度下限值 R_m 可按下列公式计算：

$$R_p = \frac{t_1 R_{p1} + t_2 R_{p2}}{t_1 + t_2} \qquad R_m = \frac{t_1 R_{m1} + t_2 R_{m2}}{t_1 + t_2}$$

式中　R_{p1}、R_{p2}—复层、基层钢板屈服强度下限值（MPa）；

R_{m1}、R_{m2}—复层、基层钢板抗拉强度下限值（MPa）；

t_1、t_2—复层、基层钢板厚度（mm）。

1.11.8　弹簧钢、工具钢冷轧钢带（见表 1-332）

表 1-332　弹簧钢、工具钢冷轧钢带的分类、尺寸规格及力学性能（摘自 YB/T 5058—2005）

分类及代号	按尺寸精度分	代号	按软硬程度分	代号	按边缘状态分	代号	按表面质量分	代号
	普通厚度精度	PT.A	冷硬钢带	H	切边	EC	普通级	FA
	较高厚度精度	PT.B	退火钢带	TA	不切边	EM	较高级	FB
	普通宽度精度	PW.A	球化退火钢带	TG				
	较高宽度精度	PW.B						

尺寸规格	钢带尺寸规格及极限偏差应符合 GB/T 15391—2010《宽度小于 600mm 冷轧钢带》的规定				

牌号及力学性能	牌号	钢带厚度/mm	退火钢带		冷硬钢带
			抗拉强度 R_m/MPa ≤	断后伸长率 $A_{xmm}^①$(%) ≥	抗拉强度 R_m/MPa
	65Mn	≤1.5	635	20	
	T7、T7A、T9、T8A	>1.5	735	15	
	T8Mn、T8MnA、T9、T9A、T10、T10A、T11、T11A、T12、T12A、85		735	10	735~1175
	T13、T13A	0.10~3.00	880	—	—
	Cr06		930	—	—
	60Si2Mn、60Si2MnA、50CrVA		880	10	785~1175
	70Si2CrA		830	8	

应用	冷轧钢带适于制造各种弹簧、刀具及带尺等制品

注：1. 牌号的化学成分应符合 GB/T 1298 碳素工具钢、GB/T 1299 合金工具钢、GB/T 1222 弹簧钢相应牌号的规定。

2. 按需方要求，可检验钢带硬度，硬度值及试验方法由双方商定。

3. 较高级钢带的表面应光滑，不得有裂纹、结疤、外来夹杂物、氧化皮、铁锈、分层。允许有深度或高度不大于钢带厚度允许偏差之半的个别微小的凹面、凸块、划痕、压痕和麻点。

4. 普通级钢带的表面可呈氧化色，不得有裂纹、结疤、外来夹杂物、氧化皮、铁锈、分层。允许有深度或高度不大于钢带厚度允许偏差的个别微小凹面、凸块、划痕、压痕、麻点以及不显著的波纹和槽形。

5. 在切边钢带的边缘上允许有深度不大于宽度允许偏差之半的切割不齐和尺寸不大于厚度允许偏差的毛刺。

6. 在不切边钢带的边缘上允许有深度不大于钢带宽度允许偏差的裂边。

7. 对于特殊用途钢带的特殊要求（显微组织、脱碳层深度、力学性能、平面度、表面粗糙度等）由双方协议。

① x 为试样标距长度值。

1.11.9 包装用钢带(见表 1-333)

表 1-333 包装用钢带的分类、牌号、力学性能及用途(摘自 GB/T 25820—2018)

分类及代号	按强度分为:普通捆带,牌号有 830KD、880KD 高强度带,牌号有 930KD、980KD 超高强捆带,牌号有 1150KD、1250KD、1350KD
	按表面状态分为:发蓝;涂漆;镀锌
	按缠绕方式分为:单式缠绕、复式缠绕

尺寸规格	公称厚度/mm	公称宽度/mm					
		12.7	16	19	25.4(25)	31.75(32)	40
	0.4	·	·				
	0.5	·	·	·			
	0.6	·	·	·			
	0.7						
	0.8			·	·	·	
	0.9			·	·	·	·
	1.0			·	·	·	
	1.2					·	·

力学性能	牌号	抗拉强度 R_m/MPa 不小于	断后伸长率 A_{30mm}(%)	
			公称厚度/mm	不小于
	830KD	830	0.4~0.6	2
			0.7	4
			0.8~1.2	10
	880KD	880	0.4~0.6	2
			0.7	4
			0.8~1.2	10
	930KD	930	0.4~0.6	2
			0.7	4
			0.8~1.2	10
	980KD	980	0.7	9
			0.8~1.2	12
	1150KD[①]	1150	0.7~1.2	8
	1250KD[①]	1250	0.7~1.2	6
	1350KD[①]	1350	0.7~1.2	6

用途	产品适于金属材料、纸箱、木箱、轻纺和化工产品等包装捆扎

注:"·"表示常规生产供应的捆带。

① 对于牌号 1150KD、1250KD、1350KD 断后伸长率采用比例试样,比例系数 k 为 5.65。

1.11.10 热轧钢板和钢带(见表1-334~表1-337)

表1-334 热轧钢板和钢带的分类及尺寸规格(摘自 GB/T 709—2019)

分类及代号	按边缘状态分为：切边(EC)、不切边(EM) 按厚度偏差种类分为： N类偏差：上极限偏差和下极限偏差相等 A类偏差：按公称厚度规定下极限偏差 B类偏差：固定下极限偏差为-0.30mm C类偏差：固定下极限偏差为-0.00mm 按厚度精度分为： 普通厚度精度，PT.A 较高厚度精度，PT.B 按不平度精度分为： 普通不平度精度，PF.A 较高不平度精度，PF.B

钢板和钢带公称尺寸的范围：

产品名称	公称厚度/mm	公称宽度/mm	公称长度/mm
单轧钢板	3.00~450	600~5300	2000~25000
宽钢带	≤25.40	600~2200	—
连轧钢板	≤25.40	600~2200	2000~25000
纵切钢带	≤25.40	120~900	—

公称尺寸规定

推荐的公称尺寸：

1) 单轧钢板的公称厚度在本表所规定范围内，厚度小于30mm的钢板按0.5mm倍数的任何尺寸；厚度不小于30mm的钢板按1mm倍数的任何尺寸

2) 单轧钢板的公称宽度在本表所规定范围内，按10mm或50mm倍数的任何尺寸

3) 钢带(包括连轧钢板)的公称厚度在本表所规定范围内，按0.1mm倍数的任何尺寸

4) 钢带(包括连轧钢板)的公称宽度在本表所规定范围内，按10mm倍数的任何尺寸

5) 钢板的长度在本表规定范围内，按50mm或100mm倍数的任何尺寸

6) 根据需方要求，经供需双方协议，可供应推荐公称尺寸以外的其他尺寸的钢板和钢带

表1-335 单轧钢板厚度极限偏差(N类、A类、B类、C类)(摘自 GB/T 709—2019)

公称厚度 /mm	下列公称宽度的厚度极限偏差/mm															
	≤1500				>1500~2500				>2500~4000				>4000~5300			
	N类	A类	B类	C类	N类	A类	B类	C类	N类	A类	B类	C类	N类	A类	B类	C类
3.00~5.00	±0.45	+0.55 -0.35	+0.60	+0.90	±0.55	+0.70 -0.40	+0.80	+1.10	±0.65	+0.85 -0.45	+1.00	+1.30	—	—	—	—
>5.00~8.00	±0.50	+0.65 -0.35	+0.70	+1.00	±0.60	+0.75 -0.45	+0.90	+1.20	±0.75	+0.95 -0.55	+1.20	+1.50	—	—	—	—
>8.00~15.0	±0.55	+0.70 -0.40	+0.80	+1.10	±0.65	+0.85 -0.45	+1.00	+1.30	±0.80	+1.05 -0.55	+1.30	+1.60	±0.90	+1.20 -0.60	+1.50	+1.80

（续）

公称厚度 /mm	下列公称宽度的厚度极限偏差/mm															
	≤1500				>1500~2500				>2500~4000				>4000~5300			
	N 类	A 类	B 类	C 类	N 类	A 类	B 类	C 类	N 类	A 类	B 类	C 类	N 类	A 类	B 类	C 类
>15.0~25.0	±0.65	+0.85 -0.45	+1.00	+1.30	±0.75	+1.00 -0.50	+1.20	+1.50	±0.90	+1.15 -0.65	+1.50	+1.80	±1.10	+1.50 -0.70	+1.90	+2.20
>25.0~40.0	±0.70	+0.90 -0.50	+1.10	+1.40	±0.80	+1.05 -0.55	+1.30	+1.60	±1.00	+1.30 -0.70	+1.70	+2.00	±1.20	+1.60 -0.80	+2.10	+2.40
>40.0~60.0	±0.80	+1.05 -0.55	+1.30	+1.60	±0.90	+1.20 +0.60	+1.50	+1.80	±1.10	+1.90 -0.75	+1.90	+2.20	±1.30	+1.70 -0.90	+2.30	+2.60
>60.0~100	±0.90	+1.20 -0.60	+1.50	+1.80	±1.10	+1.50 -0.70	+1.90	+2.20	±1.30	+1.75 -0.85	+2.30	+2.60	±1.50	+2.00 +1.00	+2.70	+3.00
>100~150	±1.20	+1.60 -0.80	+2.10	+2.40	±1.40	+1.90 -0.90	+2.50	+2.80	±1.60	+2.15 -1.05	+2.90	+3.20	±1.80	+2.40 -1.20	+3.30	+3.60
>150~200	±1.40	+1.90 -0.90	+2.50	+2.80	±1.60	+2.20 -1.00	+2.90	+3.20	±1.80	+2.45 -1.15	+3.30	+3.60	±1.90	+2.50 -1.30	+3.50	+3.80
>200~250	±1.60	+2.20 -1.00	+2.90	+3.20	±1.80	+2.40 -1.20	+3.30	+3.60	±2.00	+2.70 -1.30	+3.70	+4.00	±2.20	+3.00 -1.40	+4.10	+4.40
>250~300	±1.80	+2.40 -1.20	+3.30	+3.60	±2.00	+2.70 -1.30	+3.70	+4.00	±2.20	+2.95 -1.45	+4.10	+4.40	±2.40	+3.20 -1.60	+4.50	+4.80
>300~400	±2.00	+2.70 -1.30	+3.70	+4.00	±2.20	+3.00 -1.40	+4.10	+4.40	±2.40	+3.25 -1.55	+4.50	+4.80	±2.60	+3.50 -1.70	+4.90	+5.20
>400~450	协议															

B 类厚度允许下极限偏差统一为-0.30mm。C 类厚度允许下极限偏差统一为 0.00mm。

单轧钢板厚度极限偏差(经供需双方协商并在合同中注明，可以按本表要求供货)	公称宽度/mm	厚度极限偏差/mm							
		N 类偏差		A 类偏差		B 类偏差		C 类偏差	
		下极限偏差	上极限偏差	下极限偏差	上极限偏差	下极限偏差	上极限偏差	下极限偏差	上极限偏差
	3.00~<5.00	-0.5	+0.5	-0.3	+0.7	-0.3	+0.7	0	+1.0
	5.00~<8.00	-0.6	+0.6	-0.4	+0.8	-0.3	+0.9	0	+1.2
	8.00~<15.0	-0.7	+0.7	-0.5	+0.9	-0.3	+1.1	0	+1.4
	15.0~<25.0	-0.8	+0.8	-0.6	+1.0	-0.3	+1.3	0	+1.6
	25.0~<40.0	-1.0	+1.0	-0.7	+1.3	-0.3	+1.7	0	+2.0
	40.0~<80.0	-1.3	+1.3	-0.9	+1.7	-0.3	+2.3	0	+2.6
	80.0~<150	-1.6	+1.6	-1.1	+2.1	-0.3	+2.9	0	+3.2
	150~<250	-1.8	+1.8	-1.2	+2.4	-0.3	+3.3	0	+3.6
	250~400	-2.4	+2.4	-1.3	+3.5	-0.3	+4.5	0	+4.8

注：1. 单轧钢板厚度允许偏差应符合本表(N 类)的规定。

2. 根据需方要求，并在合同中注明偏差类别，可供应公差值与本表规定公差值相等的其他偏差类别的单轧钢板，如 A 类、B 类和 C 类偏差；也可供应公差值与本表规定公差值相等的限制上极限偏差的单轧钢板，上、下极限偏差由供需双方协商规定。

3. 对于厚度大于 200mm 的钢板，厚度公差也可由供需双方协商确定，并在合同中注明。

表 1-336 钢带（包括连轧钢板）厚度极限偏差（摘自 GB/T 709—2019）

公称厚度/mm	钢带厚度极限偏差							
	普通精度 PT. A				较高精度 PT. B			
	公称宽度/mm				公称宽度/mm			
	600~1200	>1200~1500	>1500~1800	>1800	600~1200	>1200~1500	>1500~1800	>1800
≤1.50	±0.17	±0.19	—	—	±0.11	±0.13	—	—
>1.50~2.00	±0.19	±0.21	±0.23	—	±0.14	±0.15	±0.15	—
>2.00~2.50	±0.20	±0.23	±0.25	±0.28	±0.15	±0.17	±0.19	±0.22
>2.50~3.00	±0.22	±0.24	±0.26	±0.29	±0.17	±0.19	±0.21	±0.23
>3.00~4.00	±0.24	±0.26	±0.29	±0.30	±0.19	±0.20	±0.23	±0.24
>4.00~5.00	±0.26	±0.29	±0.31	±0.32	±0.21	±0.23	±0.24	±0.25
>5.00~6.00	±0.29	±0.31	±0.32	±0.34	±0.23	±0.24	±0.25	±0.28
>6.00~8.00	±0.32	±0.33	±0.34	±0.39	±0.25	±0.26	±0.28	±0.31
>8.00~10.00	±0.35	±0.36	±0.37	±0.44	±0.29	±0.29	±0.30	±0.35
>10.00~12.50	±0.39	±0.40	±0.41	±0.47	±0.31	±0.32	±0.33	±0.40
>12.50~15.00	±0.41	±0.42	±0.44	±0.51	±0.33	±0.34	±0.36	±0.43
>15.00~25.40	±0.44	±0.46	±0.50	±0.55	±0.35	±0.37	±0.41	±0.46
≤1.50	±0.15	±0.17	—	—	±0.10	±0.12	—	—
>1.50~2.00	±0.17	±0.19	±0.21	—	±0.13	±0.14	±0.14	—
>2.00~2.50	±0.18	±0.21	±0.23	±0.25	±0.14	±0.15	±0.17	±0.20
>2.50~3.00	±0.20	±0.22	±0.24	±0.26	±0.15	±0.17	±0.19	±0.21
>3.00~4.00	±0.22	±0.24	±0.26	±0.27	±0.17	±0.18	±0.21	±0.22
>4.00~5.00	±0.24	±0.26	±0.28	±0.29	±0.19	±0.21	±0.22	±0.23
>5.00~6.00	±0.26	±0.28	±0.29	±0.31	±0.21	±0.22	±0.23	±0.25
>6.00~8.00	±0.29	±0.30	±0.31	+0.35	±0.23	±0.24	±0.25	±0.28
>8.00~10.00	±0.32	±0.33	±0.34	±0.40	±0.26	±0.26	±0.27	±0.32
>10.00~12.50	±0.35	±0.36	±0.37	±0.43	±0.28	±0.29	±0.30	±0.36
>12.50~15.00	±0.37	±0.38	±0.40	±0.46	±0.30	±0.31	±0.33	±0.39
>15.00~25.40	±0.40	±0.42	±0.45	±0.50	±0.32	±0.34	±0.37	±0.42

注：左侧纵向说明文字：规定最小屈服强度 R_e 不小于 360MPa 钢带（包括连轧钢板）厚度极限偏差

注：1. 需方要求按较高厚度精度（PT. B）供货时应在合同中注明，未注明的按 PT. A 供货。

　　2. 当产品标准中未规定屈服强度且未规定厚度极限偏差时，钢带（包括连轧钢板）厚度极限偏差由供需双方商定，并在合同中注明。

表 1-337 热轧钢板和钢带宽度、长度尺寸精度及不平度要求(摘自 GB/T 709—2019)

	公称厚度	公称宽度	极限偏差		备注
			下极限偏差	上极限偏差	
切边单轧钢板宽度极限偏差/mm	3.00~16.0	≤1500	0	+10	不切边单轧钢板的宽度允许偏差由供需双方协商确定,并在合同中注明
		>1500	0	+15	
	>16.0~400	≤2000	0	+20	
		>2000~3000	0	+25	
		>3000	0	+30	
	>400~450		协议		

	公称宽度	极限偏差	
		不切边	切边
宽钢带(包括连轧钢板)宽度极限偏差/mm	≤1200	+20 0	+3 0
	>1200~1500	+20 0	+5 0
	>1500	+25 0	+6 0

	公称宽度	公称厚度		
		≤4.00	>4.00~8.00	>8.00
纵切钢带宽度极限偏差/mm	120~160	+1 0	+2 0	+2.5 0
	>160~250	+1 0	+2 0	+2.5 0
	>250~600	+2 0	+2.5 0	+3 0
	>600~900	+2 0	+2.5 0	+3 0

	公称长度	极限偏差
单轧钢板长度极限偏差/mm	2000~4000[①]	+20 0
	>4000~6000[①]	+30 0
	>6000~8000[①]	+40 0
	>8000~10000	+50 0
	>10000~15000	+75 0
	>15000~20000	+100 0
	>20000	+0.005×公称长度 0

	公称长度	极限偏差
连轧钢板长度极限偏差/mm	≤2000	+10 0
	>2000~8000	+0.005×公称长度 0
	>8000	+40 0

（续）

公称厚度	不平度							
	钢类 L				钢类 H			
	测量长度							
	1000		2000		1000		2000	
	PF. A	PF. B	PF. A	PF. B	PF. A	PF. B	PF. A	PF. B
单轧钢板的不平度/mm								
3.00~5.00	9	5	14	10	12	7	17	14
>5.00~8.00	8	5	12	10	11	7	15	13
>8.00~15.0	7	3	11	6	10	7	14	12
>15.0~25.0	7	3	10	6	10	7	13	11
>25.0~40.0	6	3	9	6	9	7	12	11
>40.0~250	5	3	8	6	8	6	12	10
>250~450	协议							

钢类 L：规定的最小屈服强度值不大于 460MPa，未经淬火或淬火加回火处理的钢板
钢类 H：规定的最小屈服强度值大于 460MPa，以及所有淬火或淬火加回火的钢板
单轧钢板的不平度应符合本表的规定。需方要求按较高不平度精度（PF. B）供货时应在合同中注明，未注明的按普通不平度精度（PF. A）供货

公称厚度	公称宽度	不平度 不大于				
		规定的最小屈服强度 R_e/MPa				
		≤300		>300		
		PF. A	PF. B	>300~360	>360~420	>420
连轧钢板的不平度/mm						
≤2.00	≤1200	18	9	18	23	
	>1200~1500	20	10	23	30	协议
	>1500	25	13	28	38	
>2.00~25.4	≤1200	15	8	18	23	
	>1200~1500	18	9	23	30	协议
	>1500	23	12	28	38	

连轧钢板的不平度应符合本表的规定
对于规定最小屈服强度不大于 300MPa 的连轧钢板，需方要求按较高不平度精度（PF. B）供货时应在合同中注明，未注明的按普通不平度精度（PF. A）供货

产品类型	公称长度/mm	公称宽度/mm	镰刀弯不大于		测量长度
			切边	不切边	
宽钢带（包括纵切钢带）和连轧钢板的镰刀弯					
连轧钢板	<5000	≥600	实际长度×0.3%	实际长度×0.4%	实际长度
	≥5000	≥600	15	20	任意 5000mm 长度
钢带	—	≥600	15	20	任意 5000mm 长度
	—	<600	15	20	—

① 公称厚度大于 60.0mm 的钢板，长度极限偏差为 $^{+50}_{0}$ mm

1.11.11 碳素结构钢和低合金结构钢热轧钢板和钢带(见表 1-338)

表 1-338 碳素结构钢和低合金结构钢热轧钢板和钢带尺寸和力学性能
（GB/T 3274—2017）

尺寸、外形、重量	碳素结构钢和低合金结构热轧钢板和钢带的厚度不大于 400mm 钢板和钢带的尺寸、外形、重量应符合 GB/T 709 的规定
牌号和化学成分	牌号和化学成分(熔炼分析)应符合 GB/T 700 和 GB/T 1591 的规定，成品钢板和钢带的化学成分极限偏差应符合 GB/T 222 的规定
交货状态	以热轧、控轧或热处理状态交货
力学性能和工艺性能	钢板和钢带的力学性能和工艺性能应符合 GB/T 700、GB/T 1591 的规定
用途	碳素结构钢沸腾钢板大量用于制造各种冲压件、建筑及工程结构、性能要求不高的不重要的机器结构零件；镇静钢板主要用于低温承受冲击的构件、焊接结构件及其他对性能要求较高的构件 低合金结构钢板均为镇静钢和半镇静钢板，具有较高的强度，综合性能好，能够减轻结构重量，在各工业部门应用较广泛

1.11.12 优质碳素结构钢热轧钢板和钢带(见表 1-339 和表 1-340)

表 1-339 优质碳素结构钢热轧钢板和钢带的牌号及化学成分(GB/T 711—2017)

牌号	化学成分(质量分数,%)							
	C	Si	Mn	P	S	Cr	Ni	Cu
				不大于				
08	0.05~0.11	0.17~0.37	0.35~0.65	0.035	0.030	0.10	0.30	0.25
08Al[①]	≤0.11	≤0.03	≤0.45	0.035	0.030	0.10	0.30	0.25
10	0.07~0.13	0.17~0.37	0.35~0.65	0.035	0.030	0.15	0.30	0.25
15	0.12~0.18	0.17~0.37	0.35~0.65	0.035	0.030	0.20	0.30	0.25
20	0.17~0.23	0.17~0.37	0.35~0.65	0.035	0.030	0.20	0.30	0.25
25	0.22~0.29	0.17~0.37	0.50~0.80	0.035	0.030	0.20	0.30	0.25
30	0.27~0.34	0.17~0.37	0.50~0.80	0.035	0.030	0.20	0.30	0.25
35	0.32~0.39	0.17~0.37	0.50~0.80	0.035	0.030	0.20	0.30	0.25
40	0.37~0.44	0.17~0.37	0.50~0.80	0.035	0.030	0.20	0.30	0.25
45	0.42~0.50	0.17~0.37	0.50~0.80	0.035	0.030	0.20	0.30	0.25
50	0.47~0.55	0.17~0.37	0.50~0.80	0.035	0.030	0.20	0.30	0.25
55	0.52~0.60	0.17~0.37	0.50~0.80	0.035	0.030	0.20	0.30	0.25
60	0.57~0.65	0.17~0.37	0.50~0.80	0.035	0.030	0.20	0.30	0.25
65	0.62~0.70	0.17~0.37	0.50~0.80	0.035	0.030	0.20	0.30	0.25
70	0.67~0.75	0.17~0.37	0.50~0.80	0.035	0.030	0.20	0.30	0.25
20Mn	0.17~0.23	0.17~0.37	0.70~1.00	0.035	0.030	0.20	0.30	0.25

（续）

牌号	化学成分(质量分数,%)							
	C	Si	Mn	P	S	Cr	Ni	Cu
				不大于				
25Mn	0.22~0.29	0.17~0.37	0.70~1.00	0.035	0.030	0.20	0.30	0.25
30Mn	0.27~0.34	0.17~0.37	0.70~1.00	0.035	0.030	0.20	0.30	0.25
35Mn	0.32~0.39	0.17~0.37	0.70~1.00	0.035	0.035	0.25	0.30	0.25
40Mn	0.37~0.44	0.17~0.37	0.70~1.00	0.035	0.030	0.20	0.30	0.25
45Mn	0.42~0.50	0.17~0.37	0.70~1.00	0.035	0.035	0.20	0.30	0.25
50Mn	0.47~0.55	0.17~0.37	0.70~1.00	0.035	0.030	0.20	0.30	0.25
55Mn	0.52~0.60	0.17~0.37	0.70~1.00	0.035	0.035	0.25	0.30	0.25
60Mn	0.57~0.65	0.17~0.37	0.70~1.00	0.035	0.030	0.20	0.30	0.25
65Mn	0.62~0.70	0.17~0.37	0.90~1.20	0.035	0.030	0.20	0.30	0.25
70Mn	0.67~0.75	0.17~0.37	0.90~1.20	0.035	0.035	0.25	0.30	0.25

① 钢中酸溶铝(Als)含量为0.015%~0.065%或全铝(Alt)含量为0.020%~0.070%。

表 1-340　优质碳素结构钢热轧钢板和钢带的力学性能(GB/T 711—2008)

牌号	抗拉强度 R_m/MPa	断后伸长率 $A(\%)$	牌号	抗拉强度 R_m/MPa	断后伸长率 $A(\%)$
	不小于			不小于	
08	325	33	65[①]	695	10
08Al	325	33	70[①]	715	9
10	335	32	20Mn	450	24
15	370	30	25Mn	490	22
20	410	28	30Mn	540	20
25	450	24	35Mn	560	18
30	490	22	40Mn	590	17
35	530	20	45Mn	620	15
40	570	19	50Mn	650	13
45	600	17	55Mn	675	12
50	625	16	60Mn[①]	695	11
55[①]	645	13	65Mn[①]	735	9
60[①]	675	12	70Mn[①]	785	8

注：热处理指正火、退火或高温回火。

① 经供需双方协议，单张轧制钢板也可以热轧状态交货，以热处理样坯测定力学性能。

1.11.13　热连轧低碳钢板及钢带(见表1-341和表1-342)

表 1-341　热连轧低碳钢板及钢带的牌号、尺寸规格及力学性能(摘自 GB/T 25053—2010)

牌号、化学成分、压延级别和尺寸规格	牌号	化学成分②(质量分数,%)				公称厚度/mm	压延级别	尺寸规格
		C	Mn	P	S			
	HR1	≤0.15	≤0.60	≤0.035	≤0.035	1.2~16.0	一般用	尺寸、外形、质量及极限偏差应符合 GB/T 709 中的规定
	HR2①	≤0.10	≤0.50	≤0.035	≤0.035	1.2~16.0	冲压用	
	HR3①	≤0.10	≤0.50	≤0.030	≤0.030	1.2~11.0	深冲用	
	HR4①	≤0.08	≤0.50	≤0.025	≤0.025	1.2~11.0	特深冲用	

力学性能	牌号	抗拉强度 R_m/MPa	拉伸试验③ 断后伸长率 A_{50mm}(%) ($L_0=50mm$、$b=25mm$) 厚度/mm						180°弯曲试验④⑤ d—弯心直径 a—试样厚度 厚度/mm	
			≥1.2~1.6	≥1.6~2.0	≥2.0~2.5	≥2.5~3.2	≥3.2~4.0	≥4.0	<3.2	≥3.2
	HR1	270~440	≥27	≥29	≥29	≥29	≥31	≥31	$d=0$	$d=a$
	HR2	270~420	≥30	≥32	≥33	≥35	≥37	≥39	—	—
	HR3	270~400	≥31	≥33	≥35	≥37	≥39	≥41	—	—
	HR4	270~380	≥37	≥38	≥39	≥39	≥40	≥42	—	—

注：1. 钢板和钢带以热轧状态交货。

2. 酸洗钢板及钢带通常涂油供货,所涂油膜应能用碱水溶液去除,在通常的包装、运输、装卸和储存条件下,供方应保证自生产完成之日起3个月内不生锈。如需方要求不涂油供货,应在订货时协商。

3. 对于需方要求的不涂油产品,供方不承担产品锈蚀的风险。订货时,需方被告知,在运输、装卸、储存和使用过程中,不涂油产品表面易产生轻微划伤。

4. 钢板和钢带表面不应有裂纹、气泡、折叠、夹杂、结疤和压入氧化铁皮,钢板不允许有分层。

5. 钢板和钢带不允许有妨碍检查表面缺陷的薄层氧化铁皮或铁锈及凹凸度不大于钢板和钢带厚度公差之半的麻点、凹面、划痕及其他局部缺陷,且应保证钢板和钢带允许最小厚度。以酸洗表面交货的钢板和钢带的表面允许有不影响成型性的缺陷,如轻微划伤、轻微麻点、轻微压痕、轻微辊印和色差。

① 为特殊镇静钢。

② 钢中可添加微量合金元素 Ti、Nb、V、B 等,并在质量证明书中注明。

③、④ 拉伸、弯曲试验取纵向试样。

⑤ 供方如能保证,可不进行弯曲试验。

表 1-342　热连轧低碳钢板及钢带国内外牌号对照(摘自 GB/T 25053—2010)

GB/T 25053—2010	GB/T 710—2008 GB/T 711—2008	EN 10111—2008	JIS G 3131—2005	ISO 3573：2008
HR1	08	DD11	SPHC	HR1
HR2	08、08Al	DD12	SPHD	HR2
HR3	08Al	DD13	SPHE	HR3
HR4	—	DD14	SPHF	HR4

1.11.14 热轧花纹钢板及钢带(见表 1-343)

表 1-343 热轧花纹钢板及钢带的尺寸规格(摘自 GB/T 33974—2017)

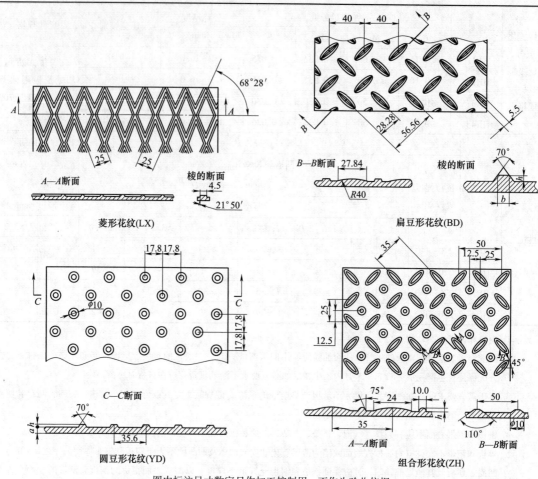

图中标注尺寸数字只作加工控制用，不作为验收依据

	基本厚度	极限偏差	纹高不小于	基本厚度	极限偏差	纹高不小于	长度和宽度
尺寸规格 /mm	1.4	±0.25	0.18	5.5	+0.40 −0.50	0.70	钢板和钢带的宽度为 600~2000，钢板长度为2000~16000 钢板和钢带的其他尺寸和外形应符合 GB/T 709 的规定
	1.5	±0.25	0.18	6.0	+0.40 −0.50	0.70	
	1.6	±0.25	0.20	7.0	+0.40 −0.50	0.70	
	1.8	±0.25	0.25	8.0	+0.50 −0.70	0.90	
	2.0	±0.25	0.28	10.0	+0.50 −0.70	1.00	
	2.5	±0.25	0.30	11.0	+0.50 −0.70	1.00	
	3.0	±0.30	0.40	12.0	+0.50 −0.70	1.00	
	3.5	±0.30	0.50	13.0	+0.50 −0.70	1.00	
	4.0	±0.40	0.60	14.0	+0.50 −0.70	1.00	
	4.5	±0.40	0.60	15.0	+0.50 −0.70	1.00	
	5.0	+0.40 −0.50	0.60	16.0	+0.50 −0.70	1.00	

（续）

牌号及化学成分的规定	钢板的牌号及其化学成分应符合下述标准的规定： GB/T 700 碳素结构钢 GB/T 712 船舶与海洋工程用结构钢 GB/T 1591 低合金高强度结构钢 GB/T 4171 耐候结构钢			

基本厚度/mm	钢板理论质量/（kg/m²)			
	菱形花纹(LX)	圆豆形花纹(YD)	扁豆形花纹(BD)	组合形花纹(ZH)
1.4	11.9	11.2	11.1	11.1
1.5	12.7	11.9	11.9	11.9
1.6	13.6	12.7	12.8	12.8
1.8	15.4	14.4	14.4	14.4
2.0	17.1	16.0	16.2	16.1
2.5	21.1	19.9	20.1	20.0
3.0	25.6	23.9	24.6	24.3
3.5	30.0	27.9	28.8	28.4
4.0	34.4	31.9	32.8	32.4
4.5	38.3	35.9	36.7	36.4
5.0	42.2	39.8	40.7	40.3
5.5	46.6	43.8	44.9	44.4
6.0	50.5	47.7	48.8	48.4
7.0	58.4	55.6	56.7	56.2
8.0	67.1	63.6	64.9	64.4
10.0	83.2	79.3	80.8	80.2
11.0	91.1	87.2	88.7	88.0
12.0	98.9	95.0	96.5	95.9
13.0	106.8	102.9	104.4	103.7
14.0	114.6	110.7	112.2	111.6
15.0	122.5	118.6	120.1	119.4
16.0	130.3	126.4	127.9	127.3

（表左侧："热轧花纹钢板理论质量/（kg/m²)"）

注：1. 钢板适于制作厂房地板、扶梯、工作架踏板、船舶甲板等。

2. 按需方要求，并在合同中注明，可进行拉伸、弯曲试验，其指标应符合相应钢牌号国标的规定或按双方协议。

3. 产品按实际质量交货，也可按理论质量交货。本表理论质量按纹高最小值计算。

4. 钢板边缘状态分类：切边(EC)，不切边(EM)。

5. 标记示例：

按 GB/T 33974 标准交货的、牌号为 Q235B、尺寸为 3.0mm×1250mm×2500mm、不切边扁豆形花纹钢板，其标记为：

扁豆形(BD)花纹钢板 Q235B-3.0×1250(EM)×2500—GB/T 33974—2017

1.11.15 高强度结构用调质钢板(见表1-344~表1-346)

表1-344 高强度结构用调质钢板的牌号及化学成分(摘自 GB/T 16270—2009)

牌号	化学成分[1][2](质量分数,%)不大于													碳当量 CEV[3]		
														产品厚度/mm		
	C	Si	Mn	P	S	Cu	Cr	Ni	Mo	B	V	Nb	Ti	≤50	>50~100	>100~150
Q460C Q460D				0.025	0.015											
Q460E Q460F	0.20	0.80	1.70	0.020	0.010	0.50	1.50	2.00	0.70	0.0050	0.12	0.06	0.05	0.47	0.48	0.50
Q500C Q500D				0.025	0.015											
Q500E Q500F	0.20	0.80	1.70	0.020	0.010	0.50	1.50	2.00	0.70	0.0050	0.12	0.06	0.05	0.47	0.70	0.70
Q550C Q550D				0.025	0.015											
Q550E Q550F	0.20	0.80	1.70	0.020	0.010	0.50	1.50	2.00	0.70	0.0050	0.12	0.06	0.05	0.65	0.77	0.83
Q620C Q620D				0.025	0.015											
Q620E Q620F	0.20	0.80	1.70	0.020	0.010	0.50	1.50	2.00	0.70	0.0050	0.12	0.06	0.05	0.65	0.77	0.83
Q690C Q690D				0.025	0.015											
Q690E Q690F	0.20	0.80	1.80	0.020	0.010	0.50	1.50	2.00	0.70	0.0050	0.12	0.06	0.05	0.65	0.77	0.83
Q800C Q800D				0.025	0.015											
Q800E Q800F	0.20	0.80	2.00	0.020	0.010	0.50	1.50	2.00	0.70	0.0050	0.12	0.06	0.05	0.72	0.82	—
Q890C Q890D				0.025	0.015											
Q890E Q890F	0.20	0.80	2.00	0.020	0.010	0.50	1.50	2.00	0.70	0.0050	0.12	0.06	0.05	0.72	0.82	—
Q960C Q960D				0.025	0.015											
Q960E Q960F	0.20	0.80	2.00	0.020	0.010	0.50	1.50	2.00	0.70	0.0050	0.12	0.06	0.05	0.82	—	—

① 根据需要,生产厂可添加其中一种或几种合金元素,最大值应符合表中规定,其含量应在质量证明书中报告。

② 钢中至少应添加 Nb、Ti、V、Al 中的一种细化晶粒元素,其中至少一种元素的最小量为 0.015%(对于 Al 为 Als)。也可用 Alt 替代 Als,此时最小量为 0.018%。

③ CEV = C+Mn/6+(Cr+Mo+V)/5+(Ni+Cu)/15。

表 1-345　高强度结构用调质钢板的尺寸规格、牌号及力学性能（摘自 GB/T 16270—2009）

尺寸规格的规定	钢板的尺寸、外形、重量及允许偏差按 GB/T 709 的规定（GB/T 16270—2009 规定板厚不大于 150mm）。经供需双方商定，可供应其他尺寸规格的钢板										
	牌号	拉伸试验[①]						断后伸长率 A(%)	冲击试验[①]		
		屈服强度[②] R_{eH}/MPa ≥			抗拉强度 R_m/MPa				冲击吸收能量（纵向）KV_2/J		
		厚度/mm			厚度/mm				试验温度/℃		
		≤50	>50~100	>100~150	≤50	>50~100	>100~150		0	−20	−40	−60
牌号及力学性能	Q460C Q460D Q460E Q460F	460	440	400	550~720		500~670	17	47	47	34	34
	Q500C Q500D Q500E Q500F	500	480	400	590~770		540~720	17	47	47	34	34
	Q550C Q550D Q550E Q550F	550	530	490	640~820		590~770	16	47	47	34	34
	Q620C Q620D Q620E Q620F	620	580	560	700~890		650~730	15	47	47	34	34
	Q690C Q690D Q690E Q690F	690	650	630	770~940	760~960	710~900	14	47	47	34	34
	Q800C Q800D Q800E Q800F	800	740	—	840~1000	800~1000	—	13	34	34	27	27
	Q890C Q890D Q890E Q890F	890	830	—	940~1100	880~1100	—	11	34	34	27	27
	Q960C Q960D Q960E Q960F	960	—	—	980~1150	—	—	10	34	34	27	27

注：1. 牌号由代表屈服强度汉语拼音首位字母"Q"、规定最小屈服强度数值、质量等级符号（C、D、E、F）组成，如 Q460E。各牌号的化学成分应符合 GB/T 16270—2009 的规定。

　　2. 钢板按调质（淬火+回火）状态交货。

① 拉伸试验适用于横向试样，冲击试验适用于纵向试样。

② 当屈服现象不明显时，采用 $R_{p0.2}$。

表 1-346 高强度结构用调质钢板牌号与旧标准、国际标准牌号近似对照

（摘自 GB/T 16270—2009）

GB/T 16270—2009	GB/T 16270—1996	EN 10025-6：2004（E）	ISO 4950.3—2003
Q460QC Q460QD Q460QE Q460QF	Q460C Q460D Q460E —	— S460Q S460QL Q460QL1	— E460DD E460E —
Q500QC Q500QD Q500QE Q500QF	— Q500D Q500E —	— S500Q S500QL S500QL1	
Q550QC Q550QD Q550QE Q550QF	— Q550D Q550E —	— S550Q S550QL S550QL1	— E550DD E550E
Q620QC Q620QD Q620QE Q620QF	— Q620D Q620E 	— S620Q S620QL S620QL1	
Q690QC Q690QD Q690QE Q690F	— Q690D Q690E —	— S690Q S690QL S690QL1	— E690DD E690E
Q800QC Q800QE Q800QD Q800QF			
Q890QC Q890QD Q890QE Q890QF		— S890Q S890QL S890QL1	
Q960QC Q960QD Q960QE Q960QF		— S960Q S960QL 	

注：GB/T 16270—2009 参照 EN 10025-6：2004（E）《热轧结构钢 第 6 部分：高屈服强度结构用调质扁平钢交货技术条件》和 ISO 4950.3—2003《高屈服强度扁平钢 第 3 部分：调质钢》，结合国内生产情况，对 GB/T 16270—1996《高强度结构钢热处理和控轧钢板、钢带》修订而成。

1.11.16 工程机械用高强度耐磨钢板(见表 1-347 和表 1-348)

表 1-347 工程机械用高强度耐磨钢板的尺寸规格、牌号、化学成分及力学性能

(摘自 GB/T 24186—2009)

尺寸规格的规定	钢板的尺寸、外形、重量及允许偏差应符合 GB/T 709《热轧钢板和钢带的尺寸、外形、重量及允许偏差》的规定(GB/T 24186 规定钢板最大厚度不大于 80mm)。经供需双方协议,可供应其他尺寸规格的钢板

牌号	化学成分(质量分数,%)										
	C	Si	Mn	P	S	Cr	Ni	Mo	Ti	B	Als
	≤									范围	≥
NM300	0.23	0.70	1.60	0.025	0.015	0.70	0.50	0.40	0.050	0.0005～0.006	0.010
NM360	0.25	0.70	1.60	0.025	0.015	0.80	0.50	0.50	0.050	0.0005～0.006	0.010
NM400	0.30	0.70	1.60	0.025	0.010	1.00	0.70	0.50	0.050	0.0005～0.006	0.010
NM450	0.35	0.70	1.70	0.025	0.010	1.10	0.80	0.55	0.050	0.0005～0.006	0.010
NM500	0.38	0.70	1.70	0.020	0.010	1.20	1.00	0.65	0.050	0.0005～0.006	0.010
NM550	0.38	0.70	1.70	0.020	0.010	1.20	1.00	0.70	0.050	0.0005～0.006	0.010
NM600	0.45	0.70	1.90	0.020	0.010	1.50	1.00	0.80	0.050	0.0005～0.006	0.010

力学性能

牌号	厚度/mm	抗拉强度 R_m/MPa	断后伸长率 A_{50mm}(%)	-20℃冲击吸收能量(纵向)KV_2/J	表面布氏硬度 HBW
NM300	≤80	≥1000	≥14	≥24	270～330
NM360	≤80	≥1100	≥12	≥24	330～390
NM400	≤80	≥1200	≥10	≥24	370～430
NM450	≤80	≥1250	≥7	≥24	420～480
NM500	≤70	—	—	—	≥470
NM550	≤70	—	—	—	≥530
NM600	≤60	—	—	—	≥570

用途	产品适用于矿山、建筑、农业等工程机械耐磨损结构部件的制作,也适用于其他工业技术领域耐磨零部件的制作

注:1. 抗拉强度、断后伸长率、冲击吸收能量是性能的特殊要求项目,如用户未在合同中注明,则只保证布氏硬度。

    2. 钢的牌号由"耐磨"汉语拼音首位字母"NM"及规定的布氏硬度数值组成,如 NM500。

    3. 钢板交货状态:淬火、淬火+回火、TMCP+回火、回火或热轧状态。

表 1-348 工程机械用高强度耐磨钢板的碳当量参考值(摘自 GB/T 24186—2009)

牌号	厚度/mm	CEV 不大于	牌号	厚度/mm	CEV 不大于
NM300	≤80	0.45	NM450	≤50	0.59
				>50～80	0.72
NM360	≤80	0.48	NM500	≤50	0.64
NM400	≤50	0.57		>50～80	0.74
	>50～80	0.65	NM550	≤50	0.72
			NM600	≤50	0.84

注:本表摘自 GB/T 24186—2009 资料性附录。

1.11.17　合金结构钢热连轧钢板和钢带（见表 1-349）

表 1-349　合金结构钢热连轧钢板和钢带的牌号、化学成分、尺寸规格和力学性能

（摘自 GB/T 37601—2019）

<table>
<tr>
<td rowspan="2">分类代号
及尺寸规
格要求</td>
<td colspan="4">GB/T 37601—2019 适用于厚度不大于 25.4mm 的热连轧钢板及钢带，包括宽度不小于 600mm 的宽钢带及剪切
钢板、纵切钢带和宽度小于 600mm 的热连轧窄钢带及剪切钢板
1. 分类及代号：
　　按边缘状态分为：切边（EC）、不切边（EM）
　　按厚度精度分为：普通厚度精度（PT. A）、较高厚度精度（PT. B）
　　按表面处理方式分为：轧制表面（SR）、酸洗表面（SA）
　　按表面质量等级分为：普通级表面（FA）、较高级表面（FB）
2. 钢板和钢带的尺寸、外形、质量及极限偏差应符合 GB/T 709 的规定
3. 厚度允许偏差按 GB/T 709 中的规定最小屈服强度 R_e 大于 360MPa 钢带（包括连轧钢板）的厚度允许偏差执行
4. 不平度由供需双方协商，并在合同中注明
5. 经供需双方协商，可供应其他尺寸、外形及允许偏差的钢材
6. 交货状态要求：
　　钢板和钢带通常以热轧状态交货。根据需方要求，经供需双方协商，可按热处理状态交货，热处理方式
　　应在合同中注明
　　钢板和钢带表面处理方式可采用轧制表面或酸洗表面两种方式
　　酸洗表面交货的钢板和钢带通常应进行涂油，所涂油膜应能用碱水或通常的溶液去除。在通常的包装、
　　运输、装卸和储存条件下，供方应保证自制造完成之日起 3 个月内钢板和钢带表面不生锈。如需方要求酸
　　洗表面的钢板和钢带不涂油供货，应在订货时协商</td>
</tr>
<tr><td></td><td></td><td></td><td></td></tr>
</table>

<table>
<tr>
<td rowspan="3">表面
质量
特征</td>
<td>级别及代号</td>
<td>适用的表面处理方式</td>
<td>特征</td>
</tr>
<tr>
<td>普通级表面（FA）</td>
<td>轧制表面
酸洗表面</td>
<td>表面允许有深度（或高度）不超过钢带厚度公差之半的麻点、凹面、
划痕等轻微、局部缺陷，但应保证钢板及钢带允许的最小厚度；允许
有轻微的锯齿边、部分未切边、欠酸洗、过酸洗、停车斑等局部缺陷</td>
</tr>
<tr>
<td>较高级表面（FB）</td>
<td>酸洗表面</td>
<td>表面允许有不影响成形性的局部缺陷，如轻微划伤、轻微压痕、
轻微麻点、轻微辊印及色差等；表面允许有涂油后不明显的轻微停
车斑，不允许有欠酸洗、过酸洗等缺陷</td>
</tr>
</table>

<table>
<tr>
<td rowspan="5">钢板和钢
带极限偏
差/mm</td>
<td rowspan="4">公称厚度</td>
<td colspan="4">厚度极限偏差</td>
</tr>
<tr>
<td colspan="2">普通厚度精度 RT. A</td>
<td colspan="2">较高厚度精度 RT. B</td>
</tr>
<tr>
<td colspan="2">公称宽度</td>
<td colspan="2">公称宽度</td>
</tr>
<tr>
<td>≤350</td>
<td>>350</td>
<td>≤350</td>
<td>>350</td>
</tr>
<tr>
<td>≤1.5</td>
<td>±0.12</td>
<td>±0.14</td>
<td>±0.10</td>
<td>±0.11</td>
</tr>
<tr>
<td></td>
<td>>1.5~2.0</td>
<td>±0.14</td>
<td>±0.16</td>
<td>±0.12</td>
<td>±0.13</td>
</tr>
<tr>
<td></td>
<td>>2.0~2.5</td>
<td>±0.16</td>
<td>±0.16</td>
<td>±0.14</td>
<td>±0.14</td>
</tr>
<tr>
<td></td>
<td>>2.5~3.0</td>
<td>±0.16</td>
<td>±0.18</td>
<td>±0.14</td>
<td>±0.15</td>
</tr>
<tr>
<td></td>
<td>>3.0~4.0</td>
<td>±0.18</td>
<td>±0.21</td>
<td>±0.16</td>
<td>±0.17</td>
</tr>
<tr>
<td></td>
<td>>4.0~5.0</td>
<td>±0.19</td>
<td>±0.23</td>
<td>±0.17</td>
<td>±0.19</td>
</tr>
<tr>
<td></td>
<td>>5.0~6.0</td>
<td>±0.20</td>
<td>±0.25</td>
<td>±0.18</td>
<td>±0.21</td>
</tr>
<tr>
<td></td>
<td>>6.0~8.0</td>
<td>±0.22</td>
<td>±0.29</td>
<td>±0.20</td>
<td>±0.23</td>
</tr>
<tr>
<td></td>
<td>>8.0~10.0</td>
<td>±0.25</td>
<td>±0.33</td>
<td>±0.22</td>
<td>±0.26</td>
</tr>
<tr>
<td></td>
<td>>10.0~12.0</td>
<td>±0.30</td>
<td>±0.35</td>
<td>±0.25</td>
<td>±0.28</td>
</tr>
</table>

（续）

牌号	化学成分（质量分数，%)									球化退火态布氏硬度 HBW≤
	C	Si	Mn	Cr	Mo	Ni	Ti	V	B	
20Mn2	0.17~0.24	0.17~0.37	1.40~1.80	—	—	—	—	—	—	187
30Mn2	0.27~0.34	0.17~0.37	1.40~1.80	—	—	—	—	—	—	207
35Mn2	0.32~0.39	0.17~0.37	1.40~1.80	—	—	—	—	—	—	207
40Mn2	0.37~0.44	0.17~0.37	1.40~1.80	—	—	—	—	—	—	217
45Mn2	0.42~0.49	0.17~0.37	1.40~1.80	—	—	—	—	—	—	217
50Mn2	0.47~0.55	0.17~0.37	1.40~1.80	—	—	—	—	—	—	229
20MnV	0.17~0.24	0.17~0.37	1.30~1.60	—	—	—	—	0.07~0.12	—	187
50Mn2V	0.47~0.55	0.17~0.37	1.40~1.80	—	—	—	—	0.08~0.16	—	255
20MnB	0.17~0.23	0.17~0.37	1.10~1.40	—	—	—	—	—	0.0008~0.0035	197
25MnB	0.23~0.28	0.17~0.37	1.10~1.40	—	—	—	—	—	0.0008~0.0035	207
35MnB	0.32~0.38	0.17~0.37	1.10~1.40	—	—	—	—	—	0.0008~0.0035	207
40MnB	0.37~0.44	0.17~0.37	1.10~1.40	—	—	—	—	—	0.0008~0.0035	207
45MnB	0.42~0.49	0.17~0.37	1.10~1.40	—	—	—	—	—	0.0008~0.0035	217
27MnCrB	0.24~0.30	≤0.40	1.10~1.40	0.30~0.60	—	—	—	—	0.0008~0.0050	207
15Cr	0.12~0.17	0.17~0.37	0.40~0.70	0.70~1.00	—	—	—	—	—	179
20Cr	0.18~0.24	0.17~0.37	0.50~0.80	0.70~1.00	—	—	—	—	—	179
30Cr	0.27~0.34	0.17~0.37	0.50~0.80	0.80~1.10	—	—	—	—	—	187
35Cr	0.32~0.39	0.17~0.37	0.50~0.80	0.80~1.10	—	—	—	—	—	207
40Cr	0.37~0.44	0.17~0.37	0.50~0.80	0.80~1.10	—	—	—	—	—	207
45Cr	0.42~0.49	0.17~0.37	0.50~0.80	0.80~1.10	—	—	—	—	—	217

钢板和钢带的牌号、化学成分及硬度

（续）

牌号	化学成分（质量分数，%）									球化退火态布氏硬度 HBW≤
	C	Si	Mn	Cr	Mo	Ni	Ti	V	B	
50Cr	0.47~0.54	0.17~0.37	0.50~0.80	0.80~1.10	—	—	—	—	—	229
15CrMn	0.12~0.18	0.17~0.37	1.10~1.40	0.40~0.70		—	—	—	—	179
20CrMn	0.17~0.23	0.17~0.37	0.90~1.20	0.90~1.20		—	—	—	—	187
40CrMn	0.37~0.45	0.17~0.37	0.90~1.20	0.90~1.20		—	—	—	—	229
40CrV	0.37~0.44	0.17~0.37	0.50~0.80	0.80~1.10	—	—	—	0.10~0.20	—	241
50CrV	0.47~0.54	0.17~0.37	0.50~0.80	0.80~1.10		—	—	0.10~0.20	—	255
12CrMo	0.08~0.15	0.17~0.37	0.40~0.70	0.40~0.70	0.40~0.55	—	—	—	—	179
15CrMo	0.12~0.18	0.17~0.37	0.40~0.70	0.80~1.10	0.40~0.55	—	—	—	—	179
20CrMo	0.17~0.24	0.17~0.37	0.40~0.70	0.80~1.10	0.15~0.25	—	—	—	—	197
25CrMo	0.22~0.29	0.17~0.37	0.60~0.90	0.90~1.20	0.15~0.30	—	—	—	—	229
30CrMo	0.26~0.33	0.17~0.37	0.40~0.70	0.80~1.10	0.15~0.25	—	—	—	—	229
35CrMo	0.32~0.40	0.17~0.37	0.40~0.70	0.80~1.10	0.15~0.25	—	—	—	—	229
42CrMo	0.38~0.45	0.17~0.37	0.50~0.80	0.90~1.20	0.15~0.25	—	—	—	—	229
50CrMo	0.46~0.54	0.17~0.37	0.50~0.80	0.90~1.20	0.15~0.30	—	—	—	—	248
20CrMnTi	0.17~0.23	0.17~0.37	0.80~1.10	1.00~1.30	—	—	0.04~0.10	—	—	217
30CrMnTi	0.24~0.32	0.17~0.37	0.80~1.10	1.00~1.30	—	—	0.04~0.10	—	—	229
20CrNiMo	0.17~0.23	0.17~0.37	0.60~0.95	0.40~0.70	0.20~0.30	0.35~0.75	—	—	—	197
12CrMoV	0.08~0.15	0.17~0.37	0.40~0.70	0.30~0.60	0.25~0.35	—	—	0.15~0.30	—	241
35CrMoV	0.30~0.38	0.17~0.37	0.40~0.70	1.00~1.30	0.20~0.30	—	—	0.10~0.20	—	241
12Cr1MoV	0.08~0.15	0.17~0.37	0.40~0.70	0.90~1.20	0.25~0.35	—	—	0.15~0.30	—	179
25Cr2MoV	0.22~0.29	0.17~0.37	0.40~0.70	1.50~1.80	0.25~0.35	—	—	0.15~0.30	—	241
25Cr2Mo1V	0.22~0.29	0.17~0.37	0.50~0.80	2.10~2.50	0.90~1.10	—	—	0.30~0.50	—	241

钢板和钢带的牌号、化学成分及硬度

1.11.18 合金结构钢钢板及钢带(见表1-350)

表1-350 合金结构钢钢板及钢带的尺寸规格、牌号和力学性能(摘自 GB/T 11251—2020)

钢板尺寸规格	厚度为 4~200mm 的热轧钢板,其尺寸、外形及极限偏差应符合 GB/T 709—2019 的规定,其厚度极限偏差应按 A 类偏差的规定				

钢带尺寸规格

厚度不大于 12mm、宽度小于 600mm 的热轧钢带的尺寸、外形及极限偏差应符合 GB/T 11251—2020 钢带尺寸规格的规定

钢带厚度及极限偏差/mm

公称厚度	厚度极限偏差			
	普通厚度精度 PT. A		较高厚度精度 PT. B[①]	
	公称宽度		公称宽度	
	≤350	>350	≤350	>350
≤1.50	±0.12	±0.14	±0.10	±0.11
>1.5~2.0	±0.14	±0.16	±0.12	±0.13
>2.0~2.5	±0.16	±0.16	±0.14	±0.14
>2.5~3.0		±0.18		±0.15
>3.0~4.0	±0.18	±0.21	±0.16	±0.17
>4.0~5.0	±0.19	±0.23	±0.17	±0.19
>5.0~6.0	±0.20	±0.25	±0.18	±0.21
>6.0~8.0	±0.22	±0.29	±0.20	±0.23
>8.0~10.0	±0.25	±0.33	±0.22	±0.26
>10.0~12.0	±0.30	±0.35	±0.25	±0.28

钢带宽度及极限偏差/mm

公称宽度	宽度极限偏差	
	不切边 EM	切边 EC
≤200	+2.50 −1.00	±1.0
>200~300	+3.00 −1.00	±1.0
>300~350	+4.00 −1.00	±1.0
>350~450	+10.0 0	±1.5
>450	±15.0 0	±1.5

钢板力学性能

牌号	力学性能		备注
	抗拉强度 R_m/MPa	断后伸长率 $A(\%)$ 不小于	
45Mn2	600~850	13	钢牌号及化学成分应符合 GB/T 3077 的规定,以高温回火状态交货的钢板,其表面布氏硬度应符合 GB/T 3077 的规定
27SiMn	550~800	18	
40B	500~700	20	

（续）

牌号	力学性能		备注
	抗拉强度 R_m/MPa	断后伸长率 $A(\%)$ 不小于	
45B	550~750	18	
50B	550~750	16	
15Cr	400~600	21	
20Cr	400~650	20	
30Cr	500~700	19	钢牌号及化学成分应符合 GB/T 3077 的规定，以高温回火状态交货的钢板，其表面布氏硬度应符合 GB/T 3077 的规定
35Cr	550~750	18	
40Cr	550~800	16	
20CrMnSi	450~700	21	
25CrMnSi	500~700	20	
30CrMnSi	550~750	19	
35CrMnSi	600~800	16	

（表左侧纵向标注：钢板力学性能）

1. 力学性能适用于厚度不大于 100mm 以退火状态交货的钢板，厚度大于 100mm 的钢板，其力学性能由供需双方协商

2. 厚度>20~100mm 的钢板，厚度每增加 1mm，断后伸长率允许较规定降低 0.25%（绝对值），但不应超过 5%（绝对值）

3. 以正火状态交货的钢板，在断后伸长率符合本表规定的情况下，抗拉强度上限允许较本表提高 50MPa

4. 以正火+回火状态交货的钢板，力学性能由供需双方协商确定

5. 经供需双方协商，并在合同中注明，25CrMnSi、30CrMnSi 钢板可测定试样淬火+回火状态的力学性能。厚度不大于 30mm 的钢板，试样热处理制度和试验结果应符合下表的规定。厚度不大于 12mm 的钢板可在板坯上取样检验，厚度大于 30mm 的钢板可由供需双方协商确定

牌号	试样热处理制度				试样力学性能		
	淬火		回火		抗拉强度 R_m/MPa	断后伸长率 $A(\%)$	冲击吸收能量 KU_2/J
	温度/℃	冷却剂	温度/℃	冷却剂	不小于		
25CrMnSi	850~890	油	450~550	水、油	980	10	39
30CrMnSi	860~900	油	470~570	水、油	1080	10	39

注：GB/T 11251—2020 对于钢带的力学性能和工艺性能是作为特殊要求规定的，根据需方要求，经供需双方协商，可以检测钢带的力学性能和工艺性能，具体要求应在合同中注明。

① 需方要求按较高厚度精度供货时，应在合同中注明。

1.11.19　不锈钢热轧钢板和钢带(见表1-351)

表1-351　不锈钢热轧钢板和钢带的尺寸规格(摘自 GB/T 4237—2015)　(单位:mm)

尺寸范围	产品名称	公称厚度	公称宽度	推荐的公称尺寸应符合 GB/T 709 的相关规定
	厚钢板	3.0~200	600~4800	
	宽钢带、卷切钢板、纵剪宽钢带	2.0~25.4	600~2500	
	窄钢带、卷切钢带	2.0~13.0	<600	

	公称厚度	厚度极限偏差 公称宽度							
		≤1000		>1000~1500		>1500~2000		>2000~2500		>2500~4800
		PT. A	PT. B	PT. A	PT. B	PT. A	PT. B	PT. A	PT. B	
厚钢板厚度极限偏差	3.0~4.0	±0.28	±0.25	±0.31	±0.28	±0.33	±0.31	±0.36	±0.32	±0.65
	>4.0~5.0	±0.31	±0.28	±0.33	±0.30	±0.36	±0.34	±0.41	±0.36	±0.65
	>5.0~6.0	±0.34	±0.31	±0.36	±0.33	±0.40	±0.37	±0.45	±0.40	±0.75
	>6.0~8.0	±0.38	±0.35	±0.40	±0.36	±0.44	±0.40	±0.50	±0.45	±0.75
	>8.0~10.0	±0.42	±0.39	±0.44	±0.40	±0.48	±0.43	±0.55	±0.50	±0.90
	>10.0~13.0	±0.45	±0.42	±0.48	±0.44	±0.52	±0.47	±0.60	±0.55	±0.90
	>13.0~25.0	±0.50	±0.45	±0.53	±0.48	±0.57	±0.52	±0.65	±0.60	±1.10
	>25.0~30.0	±0.53	±0.48	±0.56	±0.51	±0.60	±0.55	±0.70	±0.65	±1.20
	>30.0~34.0	±0.55	±0.50	±0.60	±0.55	±0.65	±0.60	±0.75	±0.70	±1.20
	>34.0~40.0	±0.65	±0.60	±0.70	±0.65	±0.70	±0.65	±0.85	±0.80	±1.20
	>40.0~50.0	±0.75	±0.70	±0.80	±0.75	±0.85	±0.80	±1.00	±0.95	±1.30
	>50.0~60.0	±0.90	±0.85	±0.95	±0.90	±1.00	±0.95	±1.10	±1.05	±1.30
	>60.0~80.0	±0.90	±0.85	±0.95	±0.90	±1.30	±1.25	±1.40	±1.35	±1.50
	>80.0~100.0	±1.00	±0.95	±1.00	±0.95	±1.50	±1.45	±1.60	±1.55	±1.60
	>100.0~150.0	±1.10	±1.05	±1.10	±1.05	±1.70	±1.65	±1.80	±1.75	±1.80
	>150.0~200.0	±1.20	±1.15	±1.20	±1.15	±2.00	±1.95	±2.10	±2.05	±2.10

	公称厚度	厚度极限偏差 公称宽度							
		≤1200		>1200~1500		>1500~1800		>1800~2500	
		PT. A	PT. B	PT. A	PT. B	PT. A	PT. B	PT. A	PT. B
钢带(窄、宽及纵剪宽钢带)、卷切钢带和卷切钢板的厚度极限偏差	2.0~2.5	±0.22	±0.20	±0.25	±0.23	±0.29	±0.27	—	—
	>2.5~3.0	±0.25	±0.23	±0.28	±0.26	±0.31	±0.28	±0.33	±0.31
	>3.0~4.0	±0.28	±0.26	±0.31	±0.28	±0.33	±0.31	±0.35	±0.32
	>4.0~5.0	±0.31	±0.28	±0.33	±0.30	±0.36	±0.33	±0.38	±0.35
	>5.0~6.0	±0.33	±0.31	±0.36	±0.33	±0.38	±0.35	±0.40	±0.37
	>6.0~8.0	±0.38	±0.35	±0.40	±0.36	±0.40	±0.37	±0.46	±0.43
	>8.0~10.0	±0.42	±0.39	±0.43	±0.40	±0.45	±0.41	±0.53	±0.49
	>10.0~25.4	±0.45	±0.42	±0.47	±0.44	±0.49	±0.45	±0.57	±0.53

	公称厚度	厚度极限偏差[①]	公称厚度	厚度极限偏差[①]
窄钢带及其卷切钢带厚度极限偏差	2.0~4.0	±0.17	>6.0~8.0	±0.21
	>4.0~5.0	±0.18	>8.0~10.0	±0.23
	>5.0~6.0	±0.20	>10.0~13.0	±0.25

注:1. PT. A 表示厚度普通精度,PT. B 表示厚度较高精度。产品一般按普通精度(PT. A)规定供货,如需方有要求并在合同中注明,可按较高精度(PT. B)规定供货。

2. 不锈钢热轧钢板和钢带的牌号、化学成分、钢板和钢带的力学性能以及各种牌号的特性和应用均应符合 GB/T 4237—2015 的相关规定。(可参见表1-318~表1-328 和表1-330)。

3. 对于带头尾交货的宽钢带及其纵剪宽钢带,厚度偏差不适用于头尾不正常部分,其长度按下列公式计算:长度(m)= 90/公称厚度(mm),但每卷总长度应不超过20m。

① 仅适用于同一牌号、同一尺寸规格且数量大于2个钢卷的情况,其他情况由供需双方协商确定。

1.11.20 耐热钢钢板和钢带(见表1-352～表1-358)

表1-352 耐热钢钢板和钢带的尺寸规格、牌号及化学成分(摘自 GB/T 4238—2015)

| 尺寸规格 | 冷轧耐热钢钢板和钢带的尺寸规格应符合 GB/T 3280—2015《不锈钢冷轧钢板和钢带》的规定(参见表1-317) |
| | 热轧耐热钢钢板和钢带的尺寸规格应符合 GB/T 4237—2015《不锈钢热轧钢板和钢带》的规定(参见表1-351) |

	统一数字代号	牌号	化学成分(质量分数,%)										
			C	Si	Mn	P	S	Ni	Cr	Mo	N	V	其他
奥氏体型耐热钢	S30210	12Cr18Ni9①	0.15	0.75	2.00	0.045	0.030	8.00~11.00	17.00~19.00	—	0.10	—	—
	S30240	12Cr18Ni9Si3	0.15	2.00~3.00	2.00	0.045	0.030	8.00~10.00	17.00~19.00	—	0.10	—	—
	S30408	06Cr19Ni10①	0.07	0.75	2.00	0.045	0.030	8.00~10.50	17.50~19.50	—	0.10	—	—
	S30409	07Cr19Ni10	0.04~0.10	0.75	2.00	0.045	0.030	8.00~10.50	18.00~20.00	—	—	—	—
	S30450	05Cr19Ni10Si2CeN	0.04~0.06	1.00~2.00	0.80	0.045	0.030	9.00~10.00	18.00~19.00	—	0.12~0.18	—	Ce: 0.03~0.08
	S30808	06Cr20Ni11①	0.08	0.75	2.00	0.045	0.040	10.00~12.00	19.00~21.00	—	—	—	—
	S30859	08Cr21Ni11Si2CeN	0.05~0.10	1.40~2.00	0.80	0.040	0.030	10.00~12.00	20.00~22.00	—	0.14~0.20	—	Ce: 0.03~0.08
	S30920	16Cr23Ni13①	0.20	0.75	2.00	0.045	0.030	12.00~15.00	22.00~24.00	—	—	—	—
	S30908	06Cr23Ni13①	0.08	0.75	2.00	0.045	0.030	12.00~15.00	22.00~24.00	—	—	—	—
	S31020	20Cr25Ni20①	0.25	1.50	2.00	0.045	0.030	19.00~22.00	24.00~26.00	—	—	—	—
	S31008	06Cr25Ni20	0.08	1.50	2.00	0.045	0.030	19.00~22.00	24.00~26.00	—	—	—	—
	S31608	06Cr17Ni12Mo2①	0.08	0.75	2.00	0.045	0.030	10.00~14.00	16.00~18.00	2.00~3.00	0.10	—	—
	S31609	07Cr17Ni12Mo2①	0.04~0.10	0.75	2.00	0.045	0.030	10.00~14.00	16.00~18.00	2.00~3.00	—	—	—
	S31708	06Cr19Ni13Mo3①	0.08	0.75	2.00	0.045	0.030	11.00~15.00	18.00~20.00	3.00~4.00	0.10	—	—
	S32168	06Cr18Ni11Ti①	0.08	0.75	2.00	0.045	0.030	9.00~12.00	17.00~19.00	—	—	—	Ti: 5×C~0.70
	S32169	07Cr19Ni11Ti①	0.04~0.10	0.75	2.00	0.045	0.030	9.00~12.00	17.00~19.00	—	—	—	Ti: 4×(C+N)~0.70
	S33010	12Cr16Ni35	0.15	1.50	2.00	0.045	0.030	33.00~37.00	14.00~17.00	—	—	—	—
	S34778	06Cr18Ni11Nb①	0.08	0.75	2.00	0.045	0.030	9.00~13.00	17.00~19.00	—	—	—	Nb: 10×C~1.00
	S34779	07Cr18Ni11Nb①	0.04~0.10	0.75	2.00	0.040	0.030	9.00~13.00	17.00~19.00	—	—	—	Nb: 8×C~1.00
	S38240	16Cr20Ni14Si2	0.20	1.50~2.50	1.50	0.045	0.030	12.00~15.00	19.00~22.00	—	—	—	—
	S38340	16Cr25Ni20Si2	0.20	1.50~2.50	1.50	0.045	0.030	18.00~21.00	24.00~27.00	—	—	—	—

（续）

化学成分（质量分数，%）

类型	统一数字代号	牌号	C	Si	Mn	P	S	Cr	Ni	N	其他
铁素体型耐热钢	S11348	06Cr13Al	0.08	1.00	1.00	0.040	0.030	11.50~14.50	0.60	—	Al: 0.10~0.30
	S11163	022Cr11Ti①	0.030	1.00	1.00	0.040	0.020	10.50~11.70	0.60	0.030	Ti: 0.15~0.50 且 Ti≥8×（C+N）; Nb: 0.10
	S11173	022Cr11NbTi	0.030	1.00	1.00	0.040	0.020	10.50~11.70	0.60	0.030	(Ti+Nb)：[0.08+8×（C+N）]~0.75, Ti≥0.05
	S11710	10Cr17	0.12	1.00	1.00	0.040	0.030	16.00~18.00	0.75	—	—
	S12550	16Cr25N①	0.20	1.00	1.50	0.040	0.030	23.00~27.00	0.75	0.25	—

化学成分（质量分数，%）

类型	统一数字代号	牌号	C	Si	Mn	P	S	Cr	Ni	Mo	N	其他
马氏体型耐热钢	S40310	12Cr12	0.15	0.50	1.00	0.040	0.030	11.50~13.00	0.60	—	—	—
	S41010	12Cr13①	0.15	1.00	1.00	0.040	0.030	11.50~13.50	0.75	0.50	—	—
	S47220	22Cr12NiMoWV①	0.20~0.25	0.50	0.50~1.00	0.025	0.025	11.00~12.50	0.50~1.00	0.90~1.25	—	V: 0.20~0.30, W: 0.90~1.25

化学成分（质量分数，%）

类型	统一数字代号	牌号	C	Si	Mn	P	S	Cr	Ni	Cu	Al	Mo	其他
沉淀硬化型耐热钢	S51290	022Cr12Ni9Cu2NbTi①	0.05	0.50	0.50	0.040	0.030	11.00~12.50	7.50~9.50	1.50~2.50	—	0.50	Ti: 0.80~1.40, (Nb+Ta): 0.10~0.50
	S51740	05Cr17Ni4Cu4Nb	0.07	1.00	1.00	0.040	0.030	15.00~17.50	3.00~5.00	3.00~5.00	—	—	Nb: 0.15~0.45
	S51770	07Cr17Ni7Al	0.09	1.00	1.00	0.040	0.030	16.00~18.00	6.50~7.75	—	0.75~1.50	—	—
	S51570	07Cr15Ni7Mo2Al	0.09	1.00	1.00	0.040	0.030	14.00~16.00	6.50~7.75	—	0.75~1.50	2.00~3.00	—
	S51778	06Cr17Ni7AlTi	0.08	1.00	1.00	0.040	0.030	16.00~17.50	6.00~7.50	—	0.40	—	Ti: 0.40~1.20
	S51525	06Cr15Ni25Ti2MoAlVB	0.08	1.00	2.00	0.040	0.030	13.50~16.00	24.00~27.00	—	0.35	1.00~1.50	Ti: 1.90~2.35, V: 0.10~0.50, B: 0.001~0.010

注：表中所列成分除标明范围或最小值外，其余均为最大值。

① 为相对于 GB/T 20878 调整化学成分的牌号。

表 1-353　经固溶处理的奥氏体型耐热钢钢板和钢带的力学性能（摘自 GB/T 4238—2015）

统一数字代号	牌号	拉伸试验			硬度试验[②]		
		规定塑性延伸强度 $R_{p0.2}$/MPa	抗拉强度 R_m/MPa	断后伸长率[①] A(%)	HBW	HRB	HV
		不小于			不大于		
S30210	12Cr18Ni9	205	515	40	201	92	210
S30240	12Cr18Ni9Si3	205	515	40	217	95	220
S30408	06Cr19Ni10	205	515	40	201	92	210
S30409	07Cr19Ni10	205	515	40	201	92	210
S30450	05Cr19Ni10Si2CeN	290	600	40	217	95	220
S30808	06Cr20Ni11	205	515	40	183	88	200
S30859	08Cr21Ni11Si2CeN	310	600	40	217	95	220
S30920	16Cr23Ni13	205	515	40	217	95	220
S30908	06Cr23Ni13	205	515	40	217	95	220
S31020	20Cr25Ni20	205	515	40	217	95	220
S31008	06Cr25Ni20	205	515	40	217	95	220
S31608	06Cr17Ni12Mo2	205	515	40	217	95	220
S31609	07Cr17Ni12Mo2	205	515	40	217	95	220
S31708	06Cr19Ni13Mo3	205	515	35	217	95	220
S32168	06Cr18Ni11Ti	205	515	40	217	95	220
S32169	07Cr19Ni11Ti	205	515	40	217	95	220
S33010	12Cr16Ni35	205	560	—	201	92	210
S34778	06Cr18Ni11Nb	205	515	40	201	92	210
S34779	07Cr18Ni11Nb	205	515	40	201	92	210
S38240	16Cr20Ni14Si2	220	540	40	217	95	220
S38340	16Cr25Ni20Si2	220	540	35	217	95	220

① 厚度不大于 3mm 时使用 A_{50mm} 试样。

② 按钢板和钢带的不同尺寸和状态，可以选择硬度试验中的一种进行。

表 1-354　经退火处理的铁素体型和马氏体型耐热钢钢板和钢带力学性能
（摘自 GB/T 4238—2015）

类型	统一数字代号	牌号	拉伸试验			硬度试验			弯曲试验	
			规定塑性延伸强度 $R_{p0.2}$/MPa	抗拉强度 R_m/MPa	断后伸长率[①] A(%)	HBW	HRB	HV	弯曲角度	弯曲压头直径 D
			不小于			不大于				
铁素体型	S11348	06Cr13Al	170	415	20	179	88	200	180°	$D=2a$
	S11163	022Cr11Ti	170	380	20	179	88	200	180°	$D=2a$
	S11173	022Cr11NbTi	170	380	20	179	88	200	180°	$D=2a$
	S11710	10Cr17	205	420	22	183	89	200	180°	$D=2a$
	S12550	16Cr25N	275	510	20	201	95	210	135°	—
马氏体型	S40310	12Cr12	205	485	25	217	88	210	180°	$D=2a$
	S41010	12Cr13	205	450	20	217	96	210	180°	$D=2a$
	S47220	22Cr12NiMoWV	275	510	20	200	95	210	—	$a \geqslant 3mm$, $D=a$

注：a 为钢板和钢带的厚度。

① 厚度不大于 3mm 时使用 A_{50mm} 试样。

表 1-355　经固溶处理的沉淀硬化型耐热钢钢板和钢带的试样的力学性能
（摘自 GB/T 4238—2015）

统一数字代号	牌号	钢材厚度/mm	规定塑性延伸强度 $R_{p0.2}$/MPa	抗拉强度 R_m/MPa	断后伸长率[1] A(%)	硬度值 HRC	HBW
S51290	022Cr12Ni9Cu2NbTi	0.30~100	≤1105	≤1205	≥3	≤36	≤331
S51740	05Cr17Ni4Cu4Nb	0.4~100	≤1105	≤1255	≥3	≤38	≤363
S51770	07Cr17Ni7Al	0.1~<0.3	≤450	≤1035	—	—	—
		0.3~100	≤380	≤1035	≥20	≤92[2]	—
S51570	07Cr15Ni7Mo2Al	0.10~100	≤450	≤1035	≥25	≤100[2]	—
S51778	06Cr17Ni7AlTi	0.10~<0.80	≤515	≤825	≥3	≤32	—
		0.80~<1.50	≤515	≤825	≥4	≤32	—
		1.50~100	≤515	≤825	≥5	≤32	—
S51525	06Cr15Ni25Ti2MoAlVB[3]	<2	—	≥725	≥25	≤91[2]	≤192
		≥2	≥590	≥900	≥15	≤101[2]	≤248

[1]　厚度不大于 3mm 时使用 A_{50mm} 试样。

[2]　HRB 硬度值。

[3]　时效处理后的力学性能。

表 1-356　经时效处理后的耐热钢钢板和钢带的试样的力学性能（摘自 GB/T 4238—2015）

统一数字代号	牌号	钢材厚度/mm	处理温度[1]	规定塑性延伸强度 $R_{p0.2}$/MPa	抗拉强度 R_m/MPa	断后伸长率[2][3] A(%)	硬度值 HRC	HBW
				不小于			HRC	HBW
S51290	022Cr12Ni9Cu2NbTi	0.10~<0.75	510℃±10℃ 或 480℃±6℃	1410	1525	—	≥44	—
		0.75~<1.50		1410	1525	3	≥44	—
		1.50~16		1410	1525	4	≥44	—
S51740	05Cr17Ni4Cu4Nb	0.1~<5.0	482℃±10℃	1170	1310	5	40~48	—
		5.0~<16		1170	1310	8	40~48	388~477
		16~100		1170	1310	10	40~48	388~477
		0.1~<5.0	496℃±10℃	1070	1170	5	38~46	—
		5.0~<16		1070	1170	8	38~47	375~477
		16~100		1070	1170	10	38~47	375~477
		0.1~<5.0	552℃±10℃	1000	1070	5	35~43	—
		5.0~<16		1000	1070	8	33~42	321~415
		16~100		1000	1070	12	33~42	321~415
		0.1~<5.0	579℃±10℃	860	1000	5	31~40	—
		5.0~<16		860	1000	9	29~38	293~375
		16~100		860	1000	13	29~38	293~375
		0.1~<5.0	593℃±10℃	790	965	5	31~40	—
		5.0~<16		790	965	10	29~38	293~375
		16~100		790	965	14	29~38	293~375

（续）

统一数字代号	牌号	钢材厚度 /mm	处理温度①	规定塑性延伸强度 $R_{p0.2}$/MPa	抗拉强度 R_m/MPa	断后伸长率②③ A(%)	硬度值	
				不小于			HRC	HBW
S51740	05Cr17Ni4Cu4Nb	0.1~<5.0	621℃±10℃	725	930	8	28~38	—
		5.0~<16		725	930	10	26~36	269~352
		16~100		725	930	16	26~36	269~352
		0.1~<5.0	760℃±10℃	515	790	9	26~36	255~331
		5.0~<16	621℃±10℃	515	790	11	24~34	248~321
		16~100		515	790	18	24~34	248~321
S51770	07Cr17Ni7Al	0.05~<0.30	760℃±15℃	1035	1240	3	≥38	—
		0.30~5.0	15℃±3℃	1035	1240	5	≥38	—
		5.0~16	566℃±6℃	965	1170	7	≥38	≥352
		0.05~<0.30	954℃±8℃	1310	1450	1	≥44	—
		0.30~5.0	−73℃±6℃	1310	1450	3	≥44	—
		5.0~16	510℃±6℃	1240	1380	6	≥43	≥401
S51570	07Cr15Ni7Mo2Al	0.05~<0.30	760℃±15℃	1170	1310	3	≥40	—
		0.30~<5.0	15℃±3℃	1170	1310	5	≥40	—
		5.0~16	566℃±10℃	1170	1310	4	≥40	≥375
		0.05~<0.30	954℃±8℃	1380	1550	2	≥46	—
		0.30~<5.0	−73℃±6℃	1380	1550	4	≥46	—
		5.0~16	510℃±6℃	1380	1550	4	≥45	≥429
S51778	06Cr17Ni7AlTi	0.10~<0.80	510℃±8℃	1170	1310	3	≥39	—
		0.80~<1.50		1170	1310	4	≥39	—
		1.50~16		1170	1310	5	≥39	—
		0.10~<0.75	538℃±8℃	1105	1240	3	≥37	—
		0.75~<1.50		1105	1240	4	≥37	—
		1.50~16		1105	1240	5	≥37	—
		0.10~<0.75	566℃±8℃	1035	1170	3	≥35	—
		0.75~<1.50		1035	1170	4	≥35	—
		1.50~16		1035	1170	5	≥35	—
S51525	06Cr15Ni25Ti2MoAlVB	2.0~<8.0	700~760℃	590	900	15	≥101	≥248

注：本表为按需方指定的时效处理后的试样的力学性能指标。

① 表中所列为推荐性热处理温度。供方应向需方提供推荐性热处理制度。

② 适用于沿宽度方向的试验，垂直于轧制方向且平行于钢板表面。

③ 厚度不大于3mm时使用 A_{50mm} 试样。

表1-357 各国耐热钢牌号对照表(摘自GB/T 4238—2015)

统一数字代号	GB/T 4238—2015	旧牌号(GB/T 4238—2007)	美国 ASTM A959	日本 JIS G4303 JIS G4311 JIS G4312 等	国际 ISO 15510 ISO 4955	欧洲 EN 10088-1 EN 10095
S30210	12Cr18Ni9	1Cr18Ni9	S30200, 302	SUS302	X10CrNi18-8	X10CrNi18-8, 1.4310
S30240	12Cr18Ni9Si3	1Cr18Ni9Si3	S30215, 302B	SUS302B	X12CrNiSi18-9-3	—
S30408	06Cr19Ni10	0Cr18Ni9	S30400, 304	SUS304	X5CrNi18-10	X5CrNi18-10, 1.4301
S30409	07Cr19Ni10	—	S30409, 304H	SUS304H	X7CrNi18-9	X6CrNi18-10, 1.4948
S30450	05Cr19Ni10Si2CeN	—	S30415	—	X6CrNiSiNCe19-10	X6CrNiSiNCe19-10, 1.4818
S30808	06Cr20Ni11	—	S30800, 308	SUS308	—	—
S30920	16Cr23Ni13	2Cr23Ni13	S30900, 309	SUH309	—	X15CrNiSi20-12, 1.4828
S30908	06Cr23Ni13	0Cr23Ni13	S30908, 309S	SUS309S	X12CrNi23-13	X12CrNi23-13, 1.4833
S31020	20Cr25Ni20	2Cr25Ni20	S31000, 310	SUH310	X15CrNi25-21	X15CrNi25-21, 1.4821
S31008	06Cr25Ni20	0Cr25Ni20	S31008, 310S	SUS310S	X8CrNi25-21	X8CrNi25-21, 1.4845
S31608	06Cr17Ni12Mo2	0Cr17Ni12Mo2	S31600, 316	SUS316	X5CrNiMo17-12-2	X5CrNiMo17-12-2, 1.4401
S31609	07Cr17Ni12Mo2	1Cr17Ni12Mo2	S31609, 316H	—	—	X6CrNiMo17-13-2, 1.4918
S31708	06Cr19Ni13Mo3	0Cr19Ni13Mo3	S31700, 317	SUS317	—	—
S32168	06Cr18Ni11Ti	0Cr18Ni10Ti	S32100, 321	SUS321	X6CrNiTi18-10	X6CrNiTi18-10, 1.4541
S32169	07Cr19Ni11Ti	1Cr18Ni11Ti	S32109, 321H	SUH321H	X7CrNiTi18-10	X7CrNiTi18-10, 1.4940
S33010	12Cr16Ni35	1Cr16Ni35	N08330, 330	SUH330-	X12CrNiSi35-16	X12CrNiSi35-16, 1.4864
S34778	06Cr18Ni11Nb	0Cr18Ni11Nb	S34700, 347	SUS347	X6CrNiNb18-10	X6CrNiNb18-10, 1.4550
S34779	07Cr18Ni11Nb	1Cr19Ni11Nb	S34709, 347H	SUS347H	X7CrNiNb18-10	X7CrNiNb18-10, 1.4912

（续）

统一数字代号	旧牌号（GB/T 4238—2007）	GB/T 4238—2015	美国 ASTM A959	日本 JIS G4303 JIS G4311 JIS G4312 等	国际 ISO 15510 ISO 4955	欧洲 EN 10088-1 EN 10095
S38240	1Cr20Ni14Si2	16Cr20Ni14Si2	—	—	X15CrNiSi20-12	X15CrNiSi20-12, 1.4828
S38340	1Cr25Ni20Si2	16Cr25 Ni20Si2	—	—	X15CrNiSi25-12	X15CrNiSi25-12, 1.4841
S30859	—	08Cr21Ni11Si2CeN	S30815	—	—	—
S11348	0Cr13Al	06Cr13Al	S40500, 405	SUS405	X6CrAl13	X6CrAl13, 1.4002
S11163	—	022Cr11Ti	S40920	SUH409L	X2CrTi12	X2CrTi12, 1.4512
S11173	—	022Cr11NbTi	S40930	—	—	—
S11710	1Cr17	10Cr17	S43000, 430	SUS430	X6Cr17	X6Cr17, 1.4016
S12550	2Cr25N	16Cr25N	S44600, 446	SUH446	—	—
S40310	1Cr12	12Cr12	S40300, 403	SUS403	—	—
S41010	1Cr13	12Cr13	S41000, 410	SUS410	X12Cr13	X12Cr13, 1.4006
S47220	2Cr12NiMoWV	22Cr12NiMoWV	616	SUH616	—	—
S51290	—	022Cr12Ni9Cu2NbTi	S45500, XM-16	—	—	—
S51740	07Cr17Ni4Cu4Nb	05Cr17Ni4Cu4Nb	S17400, 630	SUS630	X5CrNi CuNb16-4	X5CrNi CuNb16-4, 1.4542
S51770	0Cr17Ni7Al	07Cr17Ni7Al	S17700, 631	SUS631	X7CrNiAl17-7	X7CrNiAl17-7, 1.4568
S51570	0Cr15Ni7Mo2Al	07Cr15Ni7Mo2Al	S15700, 632	—	X8CrNiMoAl15-7-2	X8CrNiMoAl15-7-2, 1.4532
S51778	—	06Cr17Ni7AlTi	S17600, 635	—	—	—
S51525	0Cr15Ni25Ti2MoAlVB	06Cr15Ni25Ti2MoAlVB	S66286, 660	SUH660	X6CrNiTiMoVB25-15-2	—

表 1-358　耐热钢的特性和用途（摘自 GB/T 4238—2015）

类型	统一数字代号	牌号	特性和用途
奥氏体型	S30210	12Cr18Ni9	有良好的耐热性及抗腐蚀性。用于焊芯、抗磁仪表、医疗器械、耐酸容器及设备衬里输送管道等设备和零件
	S30240	12Cr18Ni9Si3	耐氧化性优于 12Cr18Ni9，在 900℃ 以下具有较好的抗氧化性及强度。用于汽车排气净化装置和工业炉等高温装置部件
	S30408	06Cr19Ni10	作为不锈钢、耐热钢被广泛应用于一般化工设备及原子能工业设备
	S30409	07Cr19Ni10	与 06Cr19Ni10 相比，增加了碳含量。适当控制奥氏体晶粒（一般为 7 级或更粗），有利于改善抗高温蠕变、高温持久性能
	S30450	05Cr19Ni10Si2CeN	在 600~950℃ 具有较好的高温使用性能，抗氧化温度可达 1050℃
	S30808	06Cr20Ni11	常用于制造锅炉、汽轮机、动力机械、工业炉和航空、石油化工等行业在高温下服役的零部件
	S30920	16Cr23Ni13	用于制作炉内支架、传送带、退火炉罩、电站锅炉防磨瓦等
	S30908	06Cr23Ni13	碳含量比 16Cr23Ni13 低，焊接性能较好。用途与 16Cr23Ni13 基本相同
	S31020	20Cr25Ni20	可承受 1035℃ 以下反复加热的抗氧化钢。用于电热管、坩埚、炉用部件、喷嘴、燃烧室
	S31008	06Cr25Ni20	碳含量比 20Cr25Ni20 低，焊接性能较好。用途与 20Cr25Ni20 基本相同
	S31608	06Cr17Ni12Mo2	高温具有优良的蠕变强度。用于制作热交换部件、高温耐蚀螺栓
	S31609	07Cr17Ni12Mo2	与 06Cr17Ni12Mo2 相比，增加了碳含量。适当控制奥氏体晶粒（一般为 7 级或更粗），有利于改善抗高温蠕变、高温持久性能
	S31708	06Cr19Ni13Mo3	高温具有良好的蠕变强度。用于制作热交换用部件
	S32168	06Cr18Ni11Ti	用于制作在 400~900℃ 腐蚀条件下使用的部件、高温用焊接结构部件
	S32169	07Cr18Ni11Ti	与 06Cr18Ni11Ti 相比，增加了碳含量。适当控制奥氏体晶粒（一般为 7 级或更粗），有利于改善抗高温蠕变、高温持久性能
	S33010	12Cr16Ni35	抗渗碳、氮化性大的钢种，1035℃ 以下可反复加热。可作为炉用钢料或用于石油裂解装置
	S34778	06Cr18Ni11Nb	用于制作在 400~900℃ 腐蚀条件下使用的部件、高温用焊接结构部件
	S34779	07Cr18Ni11Nb	与 06Cr18Ni11Nb 相比，增加了碳含量。适当控制奥氏体晶粒（一般为 7 级或更粗），有利于改善抗高温蠕变、高温持久性能
	S38240	16Cr20Ni14Si2	具有高的抗氧化性。用于制作高温（1050℃）下的冶金电炉部件、锅炉挂件和加热炉构件
	S38340	16Cr25Ni20Si2	在 600~800℃ 有析出相的脆化倾向。适用于承受应力的各种炉用构件
	S30859	08Cr21Ni11Si2CeN	在 850~1100℃ 具有较好的高温使用性能，抗氧化温度可达 1150℃
铁素体型	S11348	06Cr13Al	用于燃气涡轮压缩机叶片、退火箱、淬火台架
	S11163	022Cr11Ti	添加了钛，焊接性及加工性优异。适用于汽车排气管、集装箱、热交换器等焊接后不需要热处理的情况
	S11173	022Cr11NbTi	比 022Cr11Ti 具有更好的焊接性能。可作为汽车排气阀净化装置用材料
	S11710	10Cr17	适用于 900℃ 以下耐氧化部件、散热器、炉用部件、喷油嘴
	S12550	16Cr25N	耐高温腐蚀性强，1082℃ 以下不产生易剥落的氧化皮。用于燃烧室
马氏体型	S40310	12Cr12	用于制作汽轮机叶片以及高应力部件
	S41010	12Cr13	适用于 800℃ 以下耐氧化用部件
	S47220	22Cr12NiMoWV	通常用来制作汽轮机叶片、轴、紧固件等
沉淀硬化型	S51290	022Cr12Ni9Cu2NbTi	适用于生产棒、丝、板、带和铸件，主要应用于要求耐蚀不锈的承力部件
	S51740	05Cr17Ni14Cu4Nb	添加铜的沉淀硬化型钢种。适合轴类、汽轮机部件、胶合压板、钢带输送机用
	S51770	07Cr17Ni7Al	添加铝的沉淀硬化型钢种。适用于高温弹簧、膜片、固定器、波纹管
	S51570	07Cr15Ni7Mo2Al	适用于有一定耐蚀要求的高强度容器、零件及结构件
	S51778	06Cr17Ni7AlTi	具有良好的冶金和制造加工工艺性能。可用于 350℃ 以下长期服役的不锈钢结构件、容器、弹簧、膜片等
	S51525	06Cr15Ni25Ti2MoAlVB	适用于耐 700℃ 高温的汽轮机转子、螺栓、叶片、轴

1.11.21 结构用热轧翼板钢（见表 1-359）

表 1-359　结构用热轧翼板钢截面尺寸及理论质量（摘自 GB/T 28299—2012）

宽度 /mm	理论质量/kg 厚度/mm																	
	6	8	10	12	14	16	18	20	22	24	26	28	30	32	34	36	38	40
140	6.59	8.79	10.99	13.19	15.39	17.58	19.78	21.98	24.18	26.38	28.57	30.77	32.97	35.17	37.37	39.56	41.76	43.96
150	7.07	9.42	11.78	14.13	16.49	18.84	21.2	23.55	25.91	28.26	30.62	32.97	35.33	37.68	40.04	42.39	44.75	47.1
160	7.54	10.05	12.56	15.07	17.58	20.1	22.61	25.12	27.63	30.14	32.66	35.17	37.68	40.19	42.7	45.22	47.73	50.24
170	8.01	10.68	13.35	16.01	18.68	21.35	24.02	26.69	29.36	32.03	34.7	37.37	40.04	42.7	45.37	48.04	50.71	53.38
180	8.48	11.3	14.13	16.96	19.78	22.61	25.43	28.26	31.09	33.91	36.74	39.56	42.39	45.22	48.04	50.87	53.69	56.52
190	8.95	11.93	14.92	17.9	20.88	23.86	26.85	29.83	32.81	35.8	38.78	41.76	44.75	47.73	50.71	53.69	56.68	59.66
200	9.42	12.56	15.7	18.84	21.98	25.12	28.26	31.4	34.54	37.68	40.82	43.96	47.1	50.24	53.38	56.52	59.66	62.8
210	9.89	13.19	16.49	19.78	23.08	26.38	29.67	32.97	36.27	39.56	42.86	46.16	49.46	52.75	56.05	59.35	62.64	65.94
220	10.36	13.82	17.27	20.72	24.18	27.63	31.09	34.54	37.99	41.45	44.9	48.36	51.81	55.26	58.72	62.17	65.63	69.08
230	10.83	14.44	18.06	21.67	25.28	28.89	32.5	36.11	39.72	43.33	46.94	50.55	54.17	57.78	61.39	65	68.61	72.22
240	11.3	15.07	18.84	22.61	26.38	30.14	33.91	37.68	41.45	45.22	48.98	52.75	56.52	60.29	64.06	67.82	71.59	75.36
250	11.78	15.7	19.63	23.55	27.48	31.4	35.33	39.25	43.18	47.1	51.03	54.95	58.88	62.8	66.73	70.65	74.58	78.5
260	12.25	16.33	20.41	24.49	28.57	32.66	36.74	40.82	44.9	48.98	53.07	57.15	61.23	65.31	69.39	73.48	77.56	81.64
270	12.72	16.96	21.2	25.43	29.67	33.91	38.15	42.39	46.63	50.87	55.11	59.35	63.59	67.82	72.06	76.3	80.54	84.78
280	13.19	17.58	21.98	26.38	30.77	35.17	39.56	43.96	48.36	52.75	57.15	61.54	65.94	70.34	74.73	79.13	83.52	87.92
290	13.66	18.21	22.77	27.32	31.87	36.42	40.98	45.53	50.08	54.64	59.19	63.74	68.3	72.85	77.4	81.95	86.51	91.06
300	14.13	18.84	23.55	28.26	32.97	37.68	42.39	47.1	51.81	56.52	61.23	65.94	70.65	75.36	80.07	84.78	89.49	94.2
310	14.6	19.47	24.34	29.2	34.07	38.94	43.8	48.67	53.54	58.4	63.27	68.14	73.01	77.87	82.74	87.61	92.47	97.34
320	15.07	20.1	25.12	30.14	35.17	40.19	45.22	50.24	55.26	60.29	65.31	70.34	75.36	80.38	85.41	90.43	95.46	100.48
330	15.54	20.72	25.91	31.09	36.27	41.45	46.63	51.81	56.99	62.17	67.35	72.53	77.72	82.9	88.08	93.26	98.44	103.62
340	16.01	21.35	26.69	32.03	37.37	42.7	48.04	53.38	58.72	64.06	69.39	74.73	80.07	85.41	90.75	96.08	101.42	106.76
350	16.49	21.98	27.48	32.97	38.47	43.96	49.46	54.95	60.45	65.94	71.44	76.93	82.43	87.92	93.42	98.91	104.41	109.9
360	16.96	22.61	28.26	33.91	39.56	45.22	50.87	56.52	62.17	67.82	73.48	79.13	84.78	90.43	96.08	101.74	107.39	113.04

370	17.43	23.24	29.05	34.85	40.66	46.47	52.28	58.09	63.9	69.71	75.52	81.33	87.14	92.94	98.75	104.56	110.37	116.18
380	17.9	23.86	29.83	35.8	41.76	47.73	53.69	59.66	65.63	71.59	77.56	83.52	89.49	95.46	101.42	107.39	113.35	119.32
390	18.37	24.49	30.62	36.74	42.86	48.98	55.11	61.23	67.35	73.48	79.6	85.72	91.85	97.97	104.09	110.21	116.34	122.46
400	18.84	25.12	31.4	37.68	43.96	50.24	56.52	62.8	69.08	75.36	81.64	87.92	94.2	100.48	106.76	113.04	119.32	125.6
410	19.31	25.75	32.19	38.62	45.06	51.5	57.93	64.37	70.81	77.24	83.68	90.12	96.56	102.99	109.43	115.87	122.3	128.74
420	19.78	26.38	32.97	39.56	46.16	52.75	59.35	65.94	72.53	79.13	85.72	92.32	98.91	105.5	112.1	118.69	125.29	131.88
430	20.25	27	33.76	40.51	47.26	54.01	60.76	67.51	74.26	81.01	87.76	94.51	101.27	108.02	114.77	121.52	128.27	135.02
440	20.72	27.63	34.54	41.45	48.36	55.26	62.17	69.08	75.99	82.9	89.8	96.71	103.62	110.53	117.44	124.34	131.25	138.16
450	21.2	28.26	35.33	42.39	49.46	56.52	63.59	70.65	77.72	84.78	91.85	98.91	105.98	113.04	120.11	127.17	134.24	141.3
460	21.67	28.89	36.11	43.33	50.55	57.78	65	72.22	79.44	86.66	93.89	101.11	108.33	115.55	122.77	130	137.22	144.44
470	22.14	29.52	36.9	44.27	51.65	59.03	66.41	73.79	81.17	88.55	95.93	103.31	110.69	118.06	125.44	132.82	140.2	147.58
480	22.61	30.14	37.68	45.22	52.75	60.29	67.82	75.36	82.9	90.43	97.97	105.5	113.04	120.58	128.11	135.65	143.18	150.72
490	23.08	30.77	38.47	46.16	53.85	61.54	69.24	76.93	84.62	92.32	100.01	107.7	115.4	123.09	130.78	138.47	146.17	153.86
500	23.55	31.4	39.25	47.1	54.95	62.8	70.65	78.5	86.35	94.2	102.05	109.9	117.75	125.6	133.45	141.3	149.15	157
510	24.02	32.03	40.04	48.04	56.05	64.06	72.06	80.07	88.08	96.08	104.09	112.1	120.11	128.11	136.12	144.13	152.13	160.14
520	24.49	32.66	40.82	48.98	57.15	65.31	73.48	81.64	89.8	97.97	106.13	114.3	122.46	130.62	138.79	146.95	155.12	163.28
530	24.96	33.28	41.61	49.93	58.25	66.57	74.89	83.21	91.53	99.85	108.17	116.49	124.82	133.14	141.46	149.78	158.1	166.42
540	25.43	33.91	42.39	50.87	59.35	67.82	76.3	84.78	93.26	101.74	110.21	118.68	127.17	135.65	144.13	152.6	161.08	169.56
550	25.91	34.54	43.18	51.81	60.45	69.08	77.72	86.35	94.99	103.62	112.26	120.89	129.53	138.16	146.8	155.43	164.07	172.7
560	26.38	35.17	43.96	52.75	61.54	70.34	79.13	87.92	96.71	105.5	114.3	123.09	131.88	140.67	149.46	158.26	167.05	175.84
570	26.85	35.8	44.75	53.69	62.64	71.59	80.54	89.49	98.44	107.39	116.34	125.29	134.24	143.18	152.13	161.08	170.03	178.98
580	27.32	36.42	45.53	54.64	63.74	72.85	81.95	91.06	100.17	109.27	118.38	127.48	136.59	145.7	154.8	163.91	173.01	182.12
590	27.79	37.05	46.32	55.58	64.84	74.1	83.37	92.63	101.89	111.16	120.42	129.68	138.95	148.21	157.47	166.73	176	185.26
600	28.26	37.68	47.1	56.52	65.94	75.36	84.78	94.2	103.62	113.04	122.46	131.88	141.3	150.72	160.14	169.56	178.98	188.4

注：
1. 翼板钢是指焊接工字形或箱形型材上下翼缘所用的扁平钢材，其截面为矩形。公称宽度为140~300mm时，长度为6~12m；公称宽度>300~600mm时，长度为6~16m。定尺长度的极限偏差为$^{+50}_{0}$mm。
2. 翼板钢的牌号、化学成分和力学性能应符合 GB/T 700、GB/T 1591 的规定。
3. 翼板钢截面形状不正、厚度、宽度及弯曲度应符合 GB/T 28299—2012 的规定。
4. 本表的理论质量按密度为 7.85g/cm³ 计算所得。

1.11.22 耐硫酸露点腐蚀钢板和钢带(见表 1-360)

表 1-360 耐硫酸露点腐蚀钢板和钢带的尺寸规格、用途、化学成分和性能(摘自 GB/T 28907—2012)

定义、尺寸规格及用途	在钢中加入一定含量的合金元素,使钢在接触含硫酸性气体时(如排放含硫废气的钢烟囱),增加对露点以下由 SO_2、SO_3 和 H_2O 结合生成的硫酸的耐腐蚀性能,称为耐硫酸露点腐蚀
	钢板厚度不大于 40mm,钢带厚度不大于 25.4mm。钢板和钢带的尺寸及极限偏差应符合 GB/T 709 的规定
	这种钢板和钢带材适用于电厂烟囱、空气预热器、脱硫装置以及烟草行业烤房

牌号及化学成分	牌号	化学成分(质量分数,%)							
		C	Si	Mn	P	S	Cr	Cu	Sb
	Q315NS	≤0.15	≤0.55	≤1.20	≤0.035	≤0.035	0.30~1.20	0.20~0.50	≤0.15
	Q345NS	≤0.15	≤0.55	≤1.50	≤0.035	≤0.035	0.30~1.20	0.20~0.50	≤0.15

力学性能	牌号	拉伸试验(横向)			弯曲试验(横向)
		屈服强度 R_{eL} /MPa	抗拉强度 R_m /MPa	断后伸长率 A (%)	$b=2a(b\geqslant20mm)$,180° (a 为试样厚度)
	Q315NS	≥315	≥440	≥22	$d=3a$
	Q345NS	≥345	≥470	≥20	$d=3a$

耐蚀性	按照 JB/T 7901 规定的试验方法,在温度 20℃、20%硫酸、全浸 24h 条件下,腐蚀速率为不大于 10mm/a(0.89 mg/cm²·h,相对于 Q235B 腐蚀速率为 30%);在温度 70℃、50%硫酸、全浸 24h 条件下,平均腐蚀速率为不大于 250mm/a(22.4mg/cm²·h,相对于 Q235B 腐蚀速率为 50%)

注:牌号示例 Q315NS

Q—屈服强度"屈"字汉语拼音首位字母;

315—钢下屈服强度的下限值(MPa);

NS—"耐""酸"汉语拼音首位字母。

1.11.23 锅炉和压力容器用钢板(见表 1-361~表 1-363)

表 1-361 锅炉和压力容器用钢板的牌号及化学成分(摘自 GB 713—2014)

牌号	化学成分(质量分数,%)													
	C[①]	Si	Mn	Cu	Ni	Cr	Mo	Nb	V	Ti	Alt	P	S	其他
Q245R	≤0.20	≤0.35	0.50~1.10	≤0.30	≤0.30	≤0.30	≤0.08	≤0.050	≤0.050	≤0.030	≥0.020	≤0.025	≤0.010	
Q345R	≤0.20	≤0.55	1.20~1.70	≤0.30	≤0.30	≤0.30	≤0.08	≤0.050	≤0.050	≤0.030	≥0.020	≤0.025	≤0.010	Cu+Ni+Cr+Mo ≤0.70
Q370R	≤0.18	≤0.55	1.20~1.70	≤0.30	≤0.30	≤0.30	≤0.08	0.015~0.050	≤0.050	≤0.030	—	≤0.020	≤0.010	
Q420R	≤0.20	≤0.55	1.30~1.70	≤0.30	0.20~0.50	≤0.30	≤0.08	0.015~0.050	≤0.100	≤0.030	—	≤0.020	≤0.010	—
18MnMoNbR	≤0.21	0.15~0.50	1.20~1.60	≤0.30	≤0.30	≤0.30	0.45~0.65	0.025~0.050	—	—	—	≤0.020	≤0.010	—

（续）

牌号	化学成分（质量分数，%）													
	C①	Si	Mn	Cu	Ni	Cr	Mo	Nb	V	Ti	Alt	P	S	其他
13MnNiMoR	≤0.15	0.15~0.50	1.20~1.60	≤0.30	0.60~1.00	0.20~0.40	0.20~0.40	0.005~0.020	—	—	—	≤0.020	≤0.010	—
15CrMoR	0.08~0.18	0.15~0.40	0.40~0.70	≤0.30	≤0.30	0.80~1.20	0.45~0.60	—	—	—	—	≤0.025	≤0.010	—
14Cr1MoR	≤0.17	0.50~0.80	0.40~0.65	≤0.30	≤0.30	1.15~1.50	0.45~0.65	—	—	—	—	≤0.020	≤0.010	—
12Cr2Mo1R	0.08~0.15	≤0.50	0.30~0.60	≤0.20	≤0.30	2.00~2.50	0.90~1.10	—	—	—	—	≤0.020	≤0.010	—
12Cr1MoVR	0.08~0.15	0.15~0.40	0.40~0.70	≤0.30	≤0.30	0.90~1.20	0.25~0.35	—	0.15~0.30	—	—	≤0.025	≤0.010	—
12Cr2Mo1VR	0.11~0.15	≤0.10	0.30~0.60	≤0.20	≤0.25	2.00~2.50	0.90~1.10	≤0.07	0.25~0.35	≤0.030	—	≤0.010	≤0.005	B≤0.0020 Ca≤0.015
07Cr2AlMoR	≤0.09	0.20~0.50	0.40~0.90	≤0.30	≤0.30	2.00~2.40	0.30~0.50	—	—	—	0.30~0.50	≤0.020	≤0.010	—

注：1. 各牌号钢由氧气转炉或电炉冶炼，并应经炉外精炼。

2. 连铸坯、钢锭坯压缩比不小于3，电渣重熔坯压缩比不小于2。

3. 厚度大于60mm的Q345R和Q370R钢板，碳含量上限可分别提高至0.22%和0.20%；厚度大于60mm的Q245R钢板，锰含量上限可提高至1.20%。

4. 根据需方要求，07Cr2AlMoR钢可添加适量稀土元素。

5. Q245R和Q345R钢中可添加微量铌、钒、钛元素，其含量应填写在质量证明书中，上述3个元素含量总和应分别不大于0.050%、0.12%。

6. 作为残余元素的铬、镍、铜含量应各不大于0.30%，钼含量应不大于0.080%，这些元素的总含量应不大于0.70%。供方若能保证可不做分析。

7. 根据需方要求，Q245R、Q345R、Q370R、Q420R等牌号可以规定碳当量，其数值由双方商定。碳当量按下式计算：

$$CEV(\%) = C + Mn/6 + (Cr + Mo + V)/5 + (Ni + Cu)/15$$

8. 成品钢板的化学成分允许偏差应符合GB/T 222的规定，其中12Cr2Mo1VR钢成品化学分析允许偏差：P+0.003%，S+0.002%。

9. GB 713—2014与GB 713—2008、GB 713—1997、GB 6654—1996等压力容器用钢板和锅炉用钢板牌号的对照如下：

GB 713—2014	GB 713—2008	GB 713—1997	GB 6654—1996
Q245R	Q245R	20g	20R
Q345R	Q345R	16Mng、19Mng	16MnR
Q370R	Q370R	—	15MnNbR
18MnMoNbR	18MnMoNbR	—	18MnMoNbR
13MnNiMoR	13MnNiMoR	13MnNiCrMoNbg	13MnNiMoNbR
15CrMoR	15CrMoR	15CrMog	15CrMoR
12Cr1MoVR	12Cr1MoVR	12Cr1MoVg	—
14Cr1MoR	14Cr1MoR	—	—
12Cr2Mo1R	12Cr2Mo1R	—	—
Q420R	—	—	—
07Cr2AlMoR	—	—	—
12Cr2Mo1VR	—	—	—

① 经供需双方协议，并在合同中注明，C含量下限可不作要求。

表 1-362　锅炉和压力容器用钢板的力学性能（摘自 GB 713—2014）

牌号	交货状态	钢板厚度 /mm	拉伸试验			冲击试验		弯曲试验
			R_m /MPa	R_{eL} /MPa	断后伸长率 A（%）	温度 /℃	冲击吸收能量 KV_2 /J	180° $b = 2a$
				不小于			不小于	
Q245R	热轧、控轧或正火	3~16	400~520	245	25	0	34	$D = 1.5a$
		>16~36		335				
		>36~60		225				
		>60~100	390~510	205				$D = 2a$
		>100~150	380~500	185	24			
		>150~250	370~490	175				
Q345R		3~16	510~640	345	21	0	41	$D = 2a$
		>16~36	500~630	325				
		>36~60	490~620	315				$D = 3a$
		>60~100	490~620	305				
		>100~150	480~610	285	20			
		>150~250	470~600	265				
Q370R	正火	10~16	530~630	370	20	-20	47	$D = 2a$
		>16~36		360				
		>36~60	520~620	340				$D = 3a$
		>60~100	510~610	330				
Q420R		10~20	590~720	420	18	-20	60	$D = 3a$
		>20~30	570~700	400				
18MnMoNbR		30~60	570~720	400	18	0	47	$D = 3a$
		>60~100		390				
13MnNiMoR		30~100	570~720	390	18	0	47	$D = 3a$
		>100~150		380				
15CrMoR	正火加回火	6~60	450~590	295	19	20	47	$D = 3a$
		>60~100		275				
		>100~200	440~580	255				
14Cr1MoR		6~100	520~680	310	19	20	47	$D = 3a$
		>100~200	510~570	300				
12Cr2Mo1R		6~200	520~680	310	19	20	47	$D = 3a$
12Cr1MoVR		6~60	440~590	245	19	20	47	$D = 3a$
		>60~100	430~580	235				
12Cr2Mo1VR		6~200	590~760	415	17	-20	60	$D = 3a$

（续）

牌号	交货状态	钢板厚度/mm	拉伸试验			冲击试验		弯曲试验
			R_m/MPa	R_{eL}/MPa	断后伸长率 A（%）	温度/℃	冲击吸收能量 KV_2/J	180° $b=2a$
					不小于		不小于	
07Cr2AlMoR	正火加回火	6~36	420~580	260	21	20	47	D=3a
		>36~60	410~570	250				

注：1. 如果屈服现象不明显，可以 $R_{p0.2}$ 代替 R_{eL}。

2. 弯曲试验中，a 为试样厚度，D 为弯曲压头直径。

3. 18MnMoNbR、13MnNiMoR 钢板的回火温度应不低于 620℃，15CrMoR、14Cr1MoR 钢板的回火温度应不低于 650℃，12Cr2Mo1R、12Cr1MoVR、12Cr2Mo1VR 和 07Cr2AlMoR 钢板的回火温度应不低于 680℃。

4. 经需方同意，厚度大于 60mm 的 18MnMoNbR、13MnNiMoR、15CrMoR、14Cr1MoR、12Cr2Mo1R、12Cr1MoVR、12Cr2Mo1VR 钢板可以退火或回火状态交货。此时，这些牌号的试验用样坯应按表中交货状态进行热处理，性能按表中规定。样坯尺寸（宽度×厚度×长度）应不小于 3t×t×3t（t 为钢板厚度）。

5. 经需方同意，厚度大于 60mm 的铬钼钢板可以正火后加速冷却加回火状态交货。

6. 钢板应以剪切或用火焰切割状态交货。受设备能力限制时，经需方同意，并在合同中注明，允许以毛边状态交货。

7. 钢板的拉伸试验、夏比（V 型缺口）冲击试验和弯曲试验结果应符合表中的规定。

8. 厚度大于 60mm 的钢板，经供需双方协议，并在合同中注明，可不做弯曲试验。

9. 根据需方要求，Q245R、Q345R 和 13MnNiMoR 钢板可以 -20℃ 冲击试验代替表中的 0℃ 冲击试验，其冲击吸收能量值应符合表中的规定。

10. 夏比（V 型缺口）冲击吸收能量按 3 个试样的算术平均值计算，允许其中 1 个试样的单个值比表中规定值低，但不得低于规定值的 70%。

11. 对厚度小于 12mm 钢板的夏比（V 型缺口）冲击试验应采用辅助试样。>8mm 并 <12mm 钢板辅助试样尺寸为 10mm×7.5mm×55mm，其试验结果应不小于表中规定值的 75%；6~8mm 钢板辅助试样尺寸为 10mm×5mm×55mm，其试验结果应不小于表中规定值的 50%；厚度小于 6mm 的钢板不做冲击试验。

12. 按需方要求，并在合同中注明，可进行厚度方向的拉伸试验、落锤试验、抗氢致开裂试验、超声检测等，试验检测要求应符合 GB 713—2014 的规定。

表 1-363 锅炉和压力容器用钢板的高温力学性能（摘自 GB 713—2014）

牌号	厚度/mm	试验温度/℃						
		200	250	300	350	400	450	500
		R_{eL}（或 $R_{p0.2}$）/MPa 不小于						
Q245R	>20~36	186	167	153	139	129	121	—
	>36~60	178	161	147	133	123	116	—
	>60~100	164	147	135	123	113	106	—
	>100~150	150	135	120	110	105	95	—
	>150~250	145	130	115	105	100	90	—
Q345R	>20~36	255	235	215	200	190	180	
	>36~60	240	220	200	185	175	165	
	>60~100	225	205	185	175	165	155	
	>100~150	220	200	180	170	160	150	
	>150~250	215	195	175	165	155	145	

（续）

牌号	厚度/mm	试验温度/℃						
		200	250	300	350	400	450	500
		R_{eL}(或 $R_{p0.2}$)/MPa　不小于						
Q370R	>20~36	290	275	260	245	230	—	—
	>36~60	275	260	250	235	220	—	—
	>60~100	265	250	245	230	215		
18MnMoNbR	30~60	360	355	350	340	310	275	
	>60~100	355	350	345	335	305	270	
13MnNiMoR	30~100	355	350	345	335	305		
	>100~150	345	340	335	325	300	—	—
15CrMoR	>20~60	240	225	210	200	189	179	174
	>60~100	220	210	196	186	176	167	162
	>100~200	210	199	185	175	165	156	150
14Cr1MoR	>20~200	255	245	230	220	210	195	176
12Cr2Mo1R	>20~200	260	255	250	245	240	230	215
12Cr1MoVR	>20~100	200	190	176	167	157	150	142
12Cr2Mo1VR	>20~200	370	365	360	355	350	340	325
07Cr2AlMoR	>20~60	195	185	175	—	—	—	—

注：1. 按需方要求，在合同中注明，对于厚度大于20mm 的钢板可进行高温拉伸试验，并应符合本表规定。

2. 如屈服现象不明显，屈服强度取 $R_{p0.2}$。

1.11.24　压力容器用调质高强度钢板（见表1-364）

表1-364　压力容器用调质高强度钢板的牌号、化学成分和尺寸规格（摘自 GB/T 19189—2011）

	牌号	化学成分（质量分数，%）										
		C	Si	Mn	P	S	Cu	Ni	Cr	Mo	V	B	P_{cm}①
牌号及化学成分	07MnMoVR	≤0.09	0.15~0.40	1.20~1.60	≤0.020	≤0.010	≤0.25	≤0.40	≤0.30	0.10~0.30	0.02~0.06	≤0.0020	≤0.20
	07MnNiVDR	≤0.09	0.15~0.40	1.20~1.60	≤0.018	≤0.008	≤0.25	0.20~0.50	≤0.30	≤0.30		0.02~0.06	≤0.0020	≤0.21
	07MnNiMoDR②	≤0.09	0.15~0.40	1.20~1.60	≤0.015	≤0.005	≤0.25	0.30~0.60	≤0.30	0.10~0.30	≤0.06	≤0.0020	≤0.21
	12MnNiVR	≤0.15	0.15~0.40	1.20~1.60	≤0.020	≤0.010	≤0.25	0.15~0.40	≤0.30	≤0.30	0.02~0.06	≤0.0020	≤0.25

	牌号	钢板厚度/mm	拉伸试验			冲击试验		弯曲试验
			屈服强度③ R_{eL}/MPa	抗拉强度 R_m/MPa	断后伸长率 A（%）	温度/℃	冲击功吸收能量/KV_2/J	180° b=2a
力学性能	07MnMoVR	10~60	≥490	610~730	≥17	-20	≥80	d=3a
	07MnNiVDR	10~60	≥490	610~730	≥17	-40	≥80	d=3a
	07MnNiMoDR	10~50	≥490	610~730	≥17	-50	≥80	d=3a
	12MnNiVR	10~60	≥490	610~730	≥17	-20	≥80	d=3a

尺寸规格	钢板厚度为10~60mm，其尺寸、外形和极限偏差应符合 GB/T 709 的规定，厚度极限偏差按 GB/T 709B 类要求。经供需双方商定，也可按 GB/T 709C 类偏差交货

注：1. 厚度不大于36mm 的07MnMoVR 钢板、厚度不大于30mm 的07MnNiMoDR 钢板，Mo 含量下限可不要求。

2. 钢板应以淬火加回火的调质热处理状态交货，其中回火温度不低于600℃。

3. 钢板的检验和其他性能要求应符合 GB/T 19189—2011 和相关标准的规定。

① P_{cm} 为焊接裂纹敏感性指数，按如下公式计算：

$$P_{cm} = C + Si/30 + (Mn + Cu + Cr)/20 + Ni/60 + Mo/15 + V/10 + 5B（\%）。$$

② 此牌号为 GB 19189—2011 在 GB 19189—2003 基础上新增加的牌号，牌号中的"R"和"D"分别为容器"容"字和低温"低"字的汉语拼音第一个字母。

③ 当屈服现象不明显时，采用 $R_{p0.2}$。

1.11.25 耐火结构用钢板及钢带（见表 1-365 和表 1-366）

表 1-365 耐火结构用钢板及钢带的牌号、化学成分（摘自 GB/T 28415—2012）

| 尺寸规格 | 钢板和钢带厚度不大于100mm，适用于建筑结构用具有耐火性能的工作条件，也可用于其他有耐火要求的条件，其尺寸规格应符合 GB/T 709 的规定，其中厚度负偏差不超过-0.3mm | | | | | | | | | | | |

牌号及化学成分	牌号	质量等级	化学成分（质量分数,%）										
			C	Si	Mn	P	S	Mo	Nb	Cr	V	Ti	Als
			不大于										不小于
	Q235FR	B、C	0.20	0.36	1.30	0.025	0.015	0.50	0.04	0.75	—	0.05	0.015
		D、E	0.18			0.020							
	Q345FR	B、C	0.20	0.55	1.60	0.025	0.015	0.90	0.10	0.75	0.1	0.05	0.015
		D、E	0.18			0.020							
	Q390FR	C	0.20	0.5	1.60	0.025	0.015	0.90	0.10	0.75	0.20	0.05	0.015
		D、E	0.20			0.020							
	Q420FR	C	0.20	0.55	1.60	0.025	0.015	0.90	0.10	0.75	0.20	0.05	0.015
		D、E	0.18			0.020							
	Q460FR	C	0.20	0.55	1.60	0.025	0.015	0.90	0.10	0.75	0.20	0.05	0.015
		D、E	0.18			0.020							

碳当量（CEV）	牌号	交货状态	规定厚度下的碳当量 CEV（质量分数,%）		规定厚度下的焊接裂纹敏感性指数 P_{cm}（质量分数,%）	
			≤63mm	>63~100mm	≤63mm	>63~100mm
	Q235FR	AR、CR、N、NR	≤0.36	≤0.36	—	
		TMCP	≤0.32	≤0.32	≤0.20	
	Q345FR	AR、CR	≤0.44	≤0.47	—	
		N、NR	≤0.45	≤0.48		
		TMCP、TMCP+T	≤0.44	≤0.45	≤0.20	
	Q390FR	AR、CR	≤0.45	≤0.48	—	
		N、NR	≤0.46	≤0.48		
		TMCP、TMCP+T	≤0.46	≤0.47	≤0.20	
	Q420FR	AR、CR	≤0.45	≤0.48	—	
		N、NR	≤0.48	≤0.50		
		TMCP、TMCP+T	≤0.46	≤0.47	≤0.20	
	Q460FR	N、Q+T	协议			
		TMCP、TMCP+T				

注：1. AR—热轧；CR—控轧；N—正火；NR—正火轧制；Q+T—淬火+回火（调质）；TMCP—热机械轧制；TMCP+T—热机械轧制+回火。

2. 碳当量计算公式：CEV=C+Mn/6+(Cr+Mo+V)/5+(Ni+Cu)/15。

3. 焊接裂纹敏感性指数计算公式：P_{cm}=C+Si/30+Mn/20+Cu/20+Ni/60+Cr/20+Mo/15+V/10+5B。

4. 经供需双方协商，可用焊接裂纹敏感性指数（P_{cm}）代替碳当量。

5. 可用全铝含量代替酸溶铝含量，全铝含量应不小于 0.020%。

6. 为改善钢板的性能，可添加本表之外的其他微量合金元素。

7. Z向性能钢的化学成分应符合本表规定，同时还应符合 GB/T 5313 厚度方向性能的规定。

8. 牌号示例：

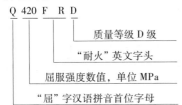

如果钢板具有厚度方向性能，则在上述牌号后加上代表厚度方向（Z向）性能级别的符号，如 Q420FRDZ25。

表 1-366　耐火结构用钢板和钢带的室温力学性能及高温力学性能(摘自 GB/T 28415—2012)

牌号	质量等级	拉伸试验						V 型冲击试验[2]		600℃规定塑性延伸强度 $R_{p0.2}$/MPa	
		以下厚度(mm)上屈服强度[1] R_{eH}/MPa			抗拉强度[2] R_m/MPa	断后伸长率 A (%)	屈强比[3] R_{eH}/R_m	试验温度 /℃	吸收能量 KV_2/J	厚度 ≤63mm	厚度 >63～100mm
		≤16	>16～63	>63～100							
Q235FR	B	≥235	235～355	225～345	≥400	≥23	≤0.80	20	≥34	≥157	≥150
	C							0			
	D							−20			
	E							−40			
Q345FR	B	≥345	345～465	335～455	≥490	≥22	≤0.83	20	≥34	≥230	≥223
	C							0			
	D							−20			
	E							−40			
Q390FR	C	≥390	390～510	380～500	≥490	≥20	≤0.85	0	≥34	≥260	≥253
	D							−20			
	E							−40			
Q420FR	C	≥420	420～550	410～540	≥520	≥19	≤0.85	0	≥34	≥280	≥273
	D							−20			
	E							−40			
Q460FR	C	≥460	460～600	450～590	≥550	≥17	≤0.85	0	≥34	≥307	≥300
	D							−20			
	E							−40			

注：1. 钢板和钢带 180°弯曲试验要求(d 为弯心直径，a 为试样厚度)：钢板厚度≤16mm，$d=2a$；钢板厚度>16mm，$d=3a$。
　　2. 钢板和钢带的表面质量要求、超声波检查等均应符合 GB/T 28415—2012 的规定。
① 当屈服不明显时，可以 $R_{p0.2}$ 代替上屈服强度。
② 拉伸试验取横向试样，冲击试验取纵向试样。
③ 厚度不大于 12mm 的钢材，可不计算屈强比。

1.12　钢丝绳

1.12.1　钢丝绳通用技术条件(见表 1-367～表 1-399)

表 1-367　钢丝绳的分类(摘自 GB/T 20118—2017)

类别 (不含绳芯)		钢丝绳			外层股				备注
		股数	外层股数	股层数	钢丝数	外层钢丝数	钢丝层数	股捻制类型	
单层股钢丝绳	4×19	4	4	1	15～26	7～12	2～3	平行捻	1. 对于 6×V8 和 6×V25 三角股钢丝绳，其股芯是独立三角形芯，所有股芯钢丝记为一根。当用 1×7-3、3×2-3 或 6/等股芯时，其股芯钢丝根数计算到钢丝绳结构中 2. 6×29F 结构钢丝绳归为 6×36 类
	4×36	4	4	1	29～57	12～18	3～4	平行捻	
	6×7	6	6	1	5～9	4～8	1	单捻	
	6×12	6	6	1	12	12	1	单捻	
	6×15	6	6	1	15	15	1	单捻	
	6×19	6	6	1	15～26	7～12	2～3	平行捻	
	6×24	6	6	1	24	12～16	2～3	平行捻	
	6×36	6	6	1	29～57	12～18	3～4	平行捻	
	6×19M	6	6	1	12～19	9～12	2	多工序点接触	
	6×24M	6	6	1	24	12～16	2	多工序点接触	
	6×37M	6	6	1	27～37	16～18	3	多工序点接触	

（续）

类别（不含绳芯）	钢丝绳			外层股				备注
	股数	外层股数	股层数	钢丝数	外层钢丝数	钢丝层数	股捻制类型	
单层股钢丝绳 6×61M	6	6	1	45~61	18~24	4	多工序点接触	1. 对于6×V8和6×V25三角股钢丝绳，其股芯是独立三角形股芯，所有股芯钢丝记为一根。当用1×7-3、3×2-3或6/等股芯时，其股芯钢丝根数计算到钢丝绳股结构中 2. 6×29F结构钢丝绳归为6×36类
8×19M	8	8	1	12~19	9~12	2	多工序点接触	
8×37M	8	8	1	27~37	16~18	3	多工序点接触	
8×7	8	8	1	5~9	1~8	1	单捻	
8×19	8	8	1	15~26	7~12	2~3	平行捻	
8×36	8	8	1	29~57	12~18	3~4	平行捻	
异形股钢丝绳 6×V7	6	6	1	7~9	7~9	1	单捻	
6×V19	6	6	1	21~24	10~14	2	多工序点接触/平行捻	
6×V37	6	6	1	27~33	15~18	2	多工序点接触/平行捻	
6×V8	6	6	1	8~9	8~9	1	单捻	
6×V25	6	6	1	15~31	9~18	2	平行捻	
4×V39	4	4	1	39~48	15~18	3	多工序复合捻	

类别	钢丝绳			外层股				备注
	股数（芯除外）	外层股数	股的层数	钢丝数	外层钢丝数	钢丝层数	股捻制类型	
阻旋转圆股钢丝绳 2次捻制 23×7	21~27	15~18	2	5~9	4~8	1	单捻	4股钢丝绳也可设计为阻旋转钢丝绳
18×7	17~18	10~12	2	5~9	4~8	1	单捻	
18×19	17~18	10~12	2	15~26	7~12	2~3	平行捻	
18×19M	17~18	10~12	2	12~19	9~12	2	多工序点接触	
35（W）×7	27~40	15~18	3	5~9	4~8	1	单捻	
35（W）×19	27~40	15~18	3	15~26	7~12	2~3	平行捻	
3次捻制 34(M)×7	31~36	17~18	3	5~9	4~8	4	单捻	

类别	钢丝数	外层钢丝数	钢丝层数
单股钢丝绳 1×7	5~9	4~8	1
1×19	17~37	11~16	2~3
1×37	34~59	17~22	3~4
1×61	57~85	23~28	4~5

注：1. GB/T 20118 规定的钢丝绳，适用于机械、建筑、船舶、渔业、林业、矿业、货运索道等行业使用。

2. 钢丝绳的捻法及代号：右交互捻(sZ)、左交互捻(zS)、右同向捻(zZ)、左同向捻(sS)、右捻(Z)、左捻(S)。

3. 钢丝绳级：钢丝绳级是用数值表示的钢丝绳破断拉力水平，如钢丝绳级 1570、1770、1960 和 2160。钢丝绳抗拉强度级对应的制绳前用钢丝的抗拉强度范围应符合 GB/T 20118 的规定，如钢丝绳级 1570、1770、1960、2160 对应的钢丝公称抗拉强度范围(N/mm²) 为 1370~1770、1570~1960、1770~2160、1960~2160。国标规定钢丝绳最小破断拉力值是根据钢丝绳级而不是根据单根钢丝的抗拉强度计算。

4. 钢丝的表面状态(外层钢丝)应用下列字母代号标记：

光面或无镀层(U)、B级镀锌(B)、A级镀锌(A)、B级锌合金镀层[B(Zn/Al)]、A级锌合金镀层[A(Zn/Al)]。

5. 钢丝绳标记示例：

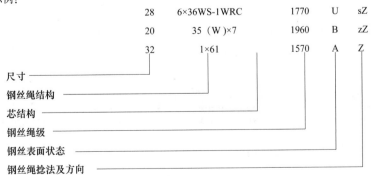

表 1-368　6×7 类钢丝绳公称直径和级的最小破断拉力（摘自 GB/T 20118—2017）

典型结构图		典型结构				钢丝绳直径范围/mm
6×7–FC　　6×7–WSC		钢丝绳结构	股结构	外层钢丝数		
				总数	每股	
		6×7	1~6	36	6	2~41

钢丝绳公称直径/mm	参考重量/(kg/100m)		钢丝绳级					
			1570		1770		1960	
			钢丝绳最小破断拉力/kN					
	纤维芯	钢芯	纤维芯	钢芯	纤维芯	钢芯	纤维芯	钢芯
2	1.40	1.55	2.08	2.25	2.35	2.54	2.60	2.81
3	3.16	3.48	4.69	5.07	5.29	5.72	5.86	6.33
4	5.62	6.19	8.34	9.02	9.40	10.2	10.4	11.3
5	8.78	9.68	13.0	14.1	14.7	15.9	16.3	17.6
6	12.6	13.9	18.8	20.3	21.2	22.9	23.1	25.3
7	17.2	19.0	25.5	27.6	28.8	31.1	31.9	34.5
8	22.5	24.8	33.4	36.1	37.6	40.7	41.6	45.0
9	28.4	31.3	42.2	45.7	47.6	51.5	52.7	57.0
10	35.1	38.7	52.1	56.4	58.8	63.5	65.1	70.4
11	42.5	46.8	63.1	68.2	71.1	76.9	78.7	85.1
12	50.5	55.7	75.1	81.2	84.6	91.5	93.7	101
13	59.3	65.4	88.1	95.3	99.3	107	110	119
14	68.8	75.9	102	110	115	125	128	138
16	89.9	99.1	133	144	150	163	167	180
18	114	125	169	183	190	206	211	228
20	140	155	208	225	235	254	260	281
22	170	187	252	273	284	308	315	341
24	202	223	300	325	338	366	375	405
26	237	262	352	381	397	430	440	476
28	275	303	409	442	461	498	510	552
32	359	396	534	577	602	651	666	721
36	455	502	676	730	762	824	843	912
40	562	619	831	902	940	1020	1041	1130
44	680	749	1010	1090	1140	1230	1260	1360

注：1. 直径为 2~7mm 的钢丝绳采用钢丝股芯（WSC），破断拉力用 K_3 来计算。表中给出的钢芯是独立的钢丝绳芯（IWRC）的数据。

2. 钢丝最小破断拉力总和=钢丝绳最小破断拉力×1.134(纤维芯)或 1.214(钢芯)。

表 1-369　6×19M 类钢丝绳公称直径和级的最小破断拉力（摘自 GB/T 20118—2017）

6×19M-FC　　6×19M-IWRC

典型结构图

		典型结构				钢丝绳直径范围/mm
	钢丝绳结构	股结构	外层钢丝数			
			总数	每股		
	6×19M	1~6/12	72	12		3~52

钢丝绳公称直径/mm	参考重量/（kg/100m）		钢丝绳级							
			1570		1770		1960		
			钢丝绳最小破断拉力/kN						
	纤维芯	钢芯	纤维芯	钢芯	纤维芯	钢芯	纤维芯	钢芯	
3	3.16	3.60	4.34	4.69	4.89	5.29	5.42	5.86	
4	5.62	6.40	7.71	8.34	8.69	9.40	9.63	10.4	
5	8.78	10.0	12.0	13.0	13.6	14.7	15.0	16.3	
6	12.6	14.4	17.4	18.8	19.6	21.2	21.7	23.4	
7	17.2	19.6	23.6	25.5	26.6	28.8	29.5	31.9	
8	22.5	25.6	30.8	33.4	34.8	37.6	38.5	41.6	
9	28.4	32.4	39.0	42.2	44.0	47.6	48.7	52.7	
10	35.1	40.0	48.2	52.1	54.3	58.8	60.2	65.1	
11	42.5	48.4	58.3	63.1	65.8	71.1	72.8	78.7	
12	50.5	57.6	69.4	75.1	78.2	84.6	86.6	93.7	
13	59.3	67.6	81.5	88.1	91.8	99.3	102	110	
14	68.8	78.4	94.5	102	107	115	118	128	
16	89.9	102	123	133	139	150	154	167	
18	114	130	156	169	176	190	195	211	
20	140	160	193	208	217	235	241	260	
22	170	194	233	252	263	284	291	315	
24	202	230	278	300	313	338	347	375	
26	237	270	326	352	367	397	407	440	
28	275	314	378	409	426	461	472	510	
32	359	410	494	534	556	602	616	666	
36	455	518	625	676	704	762	780	843	
40	562	640	771	834	869	940	963	1041	
44	680	774	933	1010	1050	1140	1160	1260	
48	809	922	1110	1200	1250	1350	1390	1500	
52	949	1080	1300	1410	1470	1590	1630	1760	

注：1. 直径为 3~7mm 的钢丝绳采用钢丝股芯（WSC），破断拉力用 K_3 来计算。表中给出的钢芯是独立的钢丝绳芯（IWRC）的数据。

2. 钢丝最小破断拉力总和=钢丝绳最小破断拉力×1.226（纤维芯）或 1.321（钢芯）。

表 1-370　6×12 类钢丝绳公称直径和级的最小破断拉力（摘自 GB/T 20118—2017）

6×12FC–FC
典型结构图

钢丝绳结构	股结构	外层钢丝数		钢丝绳直径范围/mm
		总数	每股	
6×12FC–FC	FC12	72	12	6~52

典型结构

钢丝绳公称直径/mm	参考重量/(kg/100m)	钢丝绳级	
		1570	1770
		钢丝绳最小破断拉力/kN	
6	9.04	11.8	13.3
7	12.3	16.1	18.1
8	16.1	21.0	23.7
9	20.3	26.6	30.0
10	25.1	32.8	37.0
11	30.4	39.7	44.8
12	36.1	47.3	53.3
13	42.4	55.5	62.5
14	49.2	64.3	72.5
16	64.3	84.0	94.7
18	81.3	106	120
20	100	131	148
22	121	159	179
24	145	189	213
26	170	222	250
28	197	257	290
32	257	336	379

注：钢丝最小破断拉力总和=钢丝绳最小破断拉力×1.136。

表 1-371　6×15 类钢丝绳公称直径和级的最小破断拉力（摘自 GB/T 20118—2017）

6×15FC–FC
典型结构图

钢丝绳结构	股结构	外层钢丝数		钢丝绳直径范围/mm
		总数	每股	
6×15FC–FC	FC–15	90	15	6~52

典型结构

钢丝绳公称直径/mm	参考重量/(kg/100m)	钢丝绳级	
		1570	1770
		钢丝绳最小破断拉力/kN	
8	12.8	18.1	20.4
9	16.2	22.9	25.8
10	20.0	28.3	31.9
11	24.2	34.2	38.6

（续）

钢丝绳公称	参考重量/	钢丝绳级	
		1570	1770
直径/mm	（kg/100m）	钢丝绳最小破断拉力/kN	
12	28.8	40.7	45.9
13	33.8	47.8	53.8
14	39.2	55.4	62.4
15	45.0	63.6	71.7
16	51.2	72.3	81.6
18	64.8	91.6	103
20	80.0	113	127
22	96.8	137	154
24	115	163	184
26	135	191	215
28	157	222	250
30	180	254	287
32	205	289	326

注：钢丝最小破断拉力总和=钢丝绳最小破断拉力×1.136。

表 1-372　6×24M 类钢丝绳公称直径和级的最小破断拉力（摘自 GB/T 20118—2017）

6×24MFC-FC
典型结构图

典型结构				钢丝绳直径范围/mm
钢丝绳结构	股结构	外层钢丝数		
		总数	每股	
6×24MFC-FC	FC-9/15	90	15	8~44

钢丝绳公称	参考重量/	钢丝绳级	
		1570	1770
直径/mm	（kg/100m）	钢丝绳最小破断拉力/kN	
8	20.4	28.1	31.7
9	25.8	35.6	40.1
10	31.8	44.0	49.6
11	38.5	53.2	60.0
12	45.8	63.3	71.4
13	53.7	74.3	83.8
14	62.3	86.2	97.1
15	71.6	98.9	112
16	81.4	113	127
18	103	142	161
20	127	176	198
22	154	213	240
24	183	253	285
26	215	297	335
28	249	345	389
30	286	396	446
32	326	450	507
36	412	570	642
40	509	703	793
44	616	851	959

注：钢丝最小破断拉力总和=钢丝绳最小破断拉力×1.150。

表 1-373　6×37M 类钢丝绳公称直径和级的最小破断拉力(摘自 GB/T 20118—2017)

典型结构图 6×37M–FC　6×37M–IWRC		典型结构				钢丝绳直径范围/mm
		钢丝绳结构	股结构	外层钢丝数		
				总数	每股	
		6×37M	1-6/12/18	108	18	5~60

钢丝绳公称直径/mm	参考重量/(kg/100m)		钢丝绳级					
			1570		1770		1960	
			钢丝绳最小破断拉力/kN					
	纤维芯	钢芯	纤维芯	钢芯	纤维芯	钢芯	纤维芯	钢芯
5	8.65	10.0	11.6	12.5	13.1	14.1	14.5	15.6
6	12.5	14.4	16.7	18.0	18.8	20.3	20.8	22.5
7	17.0	19.6	22.7	24.5	25.6	27.7	28.3	30.6
8	22.1	25.6	29.6	32.1	33.4	36.1	37.0	40.0
9	28.0	32.4	37.5	40.6	42.3	45.7	46.8	50.6
10	34.6	40.0	46.3	50.0	52.2	56.5	57.8	62.5
11	41.9	48.4	56.0	60.6	63.2	68.3	70.0	75.7
12	49.8	57.6	66.7	72.1	75.2	81.3	83.3	90.0
13	58.5	67.6	78.3	84.6	88.2	95.4	97.7	106
14	67.8	78.4	90.8	98.2	102	111	113	123
16	88.6	102	119	128	134	145	148	160
18	112	130	150	162	169	183	187	203
20	138	160	185	200	209	226	231	250
22	167	194	224	242	253	273	280	303
24	199	230	267	288	301	325	333	360
26	234	270	313	339	353	382	391	423
28	271	314	363	393	409	443	453	490
32	354	410	474	513	535	578	592	640
36	448	518	600	649	677	732	749	810
40	554	640	741	801	835	903	925	1000
44	670	774	897	970	1010	1090	1120	1210
48	797	922	1070	1150	1200	1300	1330	1440
52	936	1082	1250	1350	1410	1530	1560	1690
56	1090	1254	1450	1570	1640	1770	1810	1960
60	1250	1440	1670	1800	1880	2030	2080	2250

注：1. 直径为 5~7mm 的钢丝绳采用钢丝股芯(WSC)，破断拉力用 K_3 来计算。表中给出的钢芯是独立的钢丝绳芯(IWRC)的数据。

2. 钢丝最小破断拉力总和=钢丝绳最小破断拉力×1.249(纤维芯)或 1.336(钢芯)。

表 1-374 6×61M 类钢丝绳公称直径和级的最小破断拉力（摘自 GB/T 20118—2017）

典型结构图		典型结构				钢丝绳直径范围/mm
		钢丝绳结构	股结构	外层钢丝数		
				总数	每股	
6×61M–FC 6×61M–IWRC		6×61M	1-6/12/18/24	144	24	18~60

钢丝绳公称直径/mm	参考重量/(kg/100m)		钢丝绳级					
			1570		1770		1960	
			钢丝绳最小破断拉力/kN					
	纤维芯	钢芯	纤维芯	钢芯	纤维芯	钢芯	纤维芯	钢芯
18	117	129	144	156	162	175	180	194
20	144	159	178	192	200	217	222	240
22	175	193	215	232	242	262	268	290
24	208	229	256	277	288	312	319	345
26	244	269	300	325	339	366	375	405
28	283	312	348	377	393	425	435	470
32	370	408	455	492	513	555	568	614
36	468	516	576	623	649	702	719	777
40	578	637	711	769	801	867	887	960
44	699	771	860	930	970	1050	1070	1160
48	832	917	1020	1110	1150	1250	1280	1380
52	976	1080	1200	1300	1350	1460	1500	1620
56	1130	1250	1390	1510	1570	1700	1740	1880
60	1300	1430	1600	1730	1800	1950	2000	2160

注：钢丝最小破断拉力总和＝钢丝绳最小破断拉力×1.301(纤维芯)或 1.392(钢芯)。

表 1-375 6×19 类钢丝绳公称直径和级的最小破断拉力（摘自 GB/T 20118—2017）

典型结构图		典型结构				钢丝绳直径范围/mm
		钢丝绳结构	股结构	外层钢丝数		
				总数	每股	
6×19S–FC 6×19S–IWRC		6×17S	1-8-8	48	8	6~36
		6×19S	1-9-9	54	9	6~48
		6×21S	1-10-10	60	10	8~52
		6×21F	1-5-5F-10	60	10	8~52
		6×26WS	1-5-5+5-10	60	10	8~52
		6×19W	1-6-6+6	72	12	8~52
		6×25F	1-6-6F-12	72	12	10~56

（续）

钢丝绳公称直径/mm	参考重量/(kg/100m)		钢丝绳级							
			1570		1770		1960		2160	
			钢丝绳最小破断拉力/kN							
	纤维芯	钢芯	纤维芯	钢芯	纤维芯	钢芯	纤维芯	钢芯	纤维芯	钢芯
6	13.7	15.0	18.7	20.1	21.0	22.7	23.3	25.1	25.7	27.7
7	18.6	20.5	25.4	27.4	28.6	30.9	31.7	34.2	34.9	37.7
8	24.3	26.8	33.2	35.8	37.4	40.3	41.4	44.7	45.6	49.2
9	30.8	33.9	42.0	45.3	47.3	51.0	52.4	56.5	57.7	62.3
10	38.0	41.8	51.8	55.9	58.4	63.0	64.7	69.8	71.3	76.9
11	46.0	50.6	62.7	67.6	70.7	76.2	78.3	84.4	86.2	93.0
12	54.7	60.2	74.6	80.5	84.1	90.7	93.1	100	103	111
13	64.2	70.6	87.6	94.5	98.7	106	109	118	120	130
14	74.5	81.9	102	110	114	124	127	137	140	151
16	97.3	107	133	143	150	161	166	179	182	197
18	123	135	168	181	189	204	210	226	231	249
20	152	167	207	224	234	252	259	279	285	308
22	184	202	251	271	283	305	313	338	345	372
24	219	241	298	322	336	363	373	402	411	443
26	257	283	350	378	395	426	437	472	482	520
28	298	328	406	438	458	494	507	547	559	603
32	389	428	531	572	598	645	662	715	730	787
36	492	542	671	724	757	817	838	904	924	997
40	608	669	829	894	935	1010	1030	1120	1140	1230
44	736	809	1000	1080	1130	1220	1250	1350	1380	1490
48	876	963	1190	1290	1350	1450	1490	1610	1640	1770
52	1030	1130	1400	1510	1580	1700	1750	1890	1930	2080
56	1190	1310	1620	1750	1830	1980	2030	2190	2240	2410

注：钢丝最小破断拉力总和=钢丝绳最小破断拉力×1.214(纤维芯) 或 1.308(钢芯)。

表 1-376　6×24 类钢丝绳公称直径和级的最小破断拉力（摘自 GB/T 20118—2017）

	典型结构				钢丝绳直径范围/mm
钢丝绳结构	股结构	外层钢丝数			
		总数	每股		
6×24SFC	FC-12-12	72	12		8~40
6×24WFC	FC-8-8+8	96	16		10~40

6×24SFC-FC
典型结构图

钢丝绳公称直径/mm	参考重量/(kg/100m)	钢丝绳级	
		1570	1770
		钢丝绳最小破断拉力/kN	
8	21.2	29.2	33.0
9	26.8	37.0	41.7
10	33.1	45.7	51.5
11	40.1	55.3	62.3
12	47.7	65.8	74.2
13	55.9	77.2	87.0
14	61.9	89.5	101

（续）

钢丝绳公称	参考重量/	钢丝绳级	
		1570	1770
直径/mm	（kg/100m）	钢丝绳最小破断拉力/kN	
15	74.5	103	116
16	84.7	117	132
18	107	148	167
20	132	183	206
22	160	221	249
24	191	263	297
26	224	309	348
28	260	358	404
30	298	411	464
32	339	468	527
36	429	592	668
40	530	731	824

注：钢丝最小破断拉力总和=钢丝绳最小破断拉力×1.150。

表 1-377　6×36 类钢丝绳公称直径和级的最小破断拉力（摘自 GB/T 20118—2017）

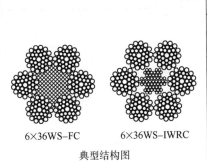

6×36WS–FC　　6×36WS–IWRC

典型结构图

典型结构				钢丝绳直径
钢丝绳结构	股结构	外层钢丝数		范围/mm
		总数	每股	
6×31WS	1-6-6+6-12	72	12	8~60
6×29F	1-7-7F-14	84	14	8~60
6×36WS	1-7-7+7-14	84	14	8~60
6×37FS	1-6-6F-12-12	72	12	10~60
6×41WS	1-8-8+8-16	96	16	34~60
6×46WS	1-9-9+9-18	108	18	40~60
6×49SWS	1-8-8-8+8-16	96	16	42~60
6×55SWS	1-9-9-9+9-18	108	18	44~60

钢丝绳公称直径/mm	参考重量/（kg/100m）		钢丝绳级							
			1570		1770		1960		2160	
			钢丝绳最小破断拉力/kN							
	纤维芯	钢芯	纤维芯	钢芯	纤维芯	钢芯	纤维芯	钢芯	纤维芯	钢芯
8	24.3	26.8	33.2	35.8	37.4	40.3	41.4	44.7	45.6	49.2
9	30.8	33.9	42.0	45.3	47.3	51.0	52.4	56.5	57.7	62.3
10	38.0	41.8	51.8	55.9	58.4	63.0	64.7	69.8	71.3	76.9
11	46.0	50.6	62.7	67.6	70.7	76.2	78.3	81.4	86.2	93.0
12	54.7	60.2	74.6	80.5	84.1	90.7	93.1	100	103	111
13	64.2	70.6	87.6	94.5	98.7	106	109	118	120	130
14	74.5	81.9	102	110	114	124	127	137	140	151
16	97.3	107	133	143	150	161	166	179	182	197
18	123	135	168	181	189	204	210	226	231	249
20	152	167	207	224	234	252	259	279	285	308
22	184	202	251	271	283	305	313	338	345	372
24	219	241	298	322	336	363	373	402	411	443
26	257	283	350	378	395	426	437	472	482	520

（续）

钢丝绳公称直径/mm	参考重量/(kg/100m)		钢丝绳级							
			1570		1770		1960		2160	
			钢丝绳最小破断拉力/kN							
	纤维芯	钢芯	纤维芯	钢芯	纤维芯	钢芯	纤维芯	钢芯	纤维芯	钢芯
28	298	328	406	438	458	494	507	547	559	603
32	389	428	531	572	598	645	662	715	730	787
36	492	542	671	724	757	817	838	904	924	997
40	608	669	829	894	935	1010	1030	1120	1140	1230
44	736	809	1000	1080	1130	1220	1250	1350	1380	1490
48	876	963	1200	1290	1350	1450	1490	1610	1640	1770
52	1030	1130	1400	1510	1580	1700	1750	1890	1930	2080
56	1190	1310	1620	1750	1830	1980	2030	2190	2230	2410
60	1370	1500	1870	2010	2100	2270	2330	2510	2570	2770

注：钢丝最小破断拉力总和＝钢丝绳最小破断拉力×1.214（纤维芯）或1.308（钢芯）。

表1-378 6×V7类钢丝绳公称直径和级的最小破断拉力（摘自GB/T 20118—2017）

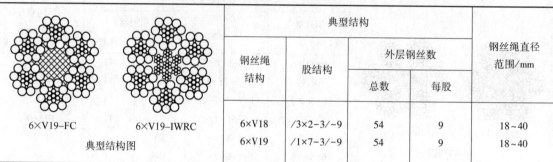

6×V19-FC　　6×V19-IWRC

典型结构图

	典型结构				钢丝绳直径范围/mm
	钢丝绳结构	股结构	外层钢丝数		
			总数	每股	
	6×V18	/3×2-3/-9	54	9	18~40
	6×V19	/1×7-3/-9	54	9	18~40

钢丝绳公称直径/mm	参考重量/(kg/100m)		钢丝绳级					
			1570		1770		1960	
			钢丝绳最小破断拉力/kN					
	纤维芯	钢芯	纤维芯	钢芯	纤维芯	钢芯	纤维芯	钢芯
18	133	142	191	202	215	228	238	253
20	165	175	236	250	266	282	294	312
22	199	212	285	302	321	341	356	378
24	237	252	339	360	382	406	423	449
26	279	295	398	422	449	476	497	527
28	323	343	462	490	520	552	576	612
30	371	393	530	562	597	634	662	702
32	422	447	603	640	680	721	753	799
36	534	566	763	810	860	913	953	1010
40	659	699	942	1000	1060	1130	1180	1250

注：钢丝最小破断拉力总和＝钢丝绳最小破断拉力×1.156（纤维芯）或1.191（钢芯）。

表1-379　6×V19类钢丝绳公称直径和级的最小破断拉力（1）（摘自 GB/T 20118—2017）

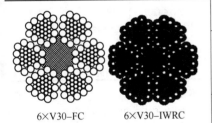

6×V21FC–FC　　6×V24FC–FC

典型结构图

钢丝绳结构	股结构	外层钢丝数		钢丝绳直径范围/mm
		总数	每股	
6×V21FC-FC	FC-9/12	72	12	14~40
6×V24FC-FC	FC-12-12	72	12	14~40

典型结构

钢丝绳公称直径/mm	参考重量/（kg/100m）	钢丝绳级		
		1570	1770	1960
		钢丝绳最小破断拉力/kN		
14	73.0	102	115	127
16	95.4	133	150	166
18	121	168	190	210
20	149	208	234	260
22	180	252	284	314
24	215	300	338	374
26	252	352	396	439
28	292	408	460	509
30	335	468	528	584
32	382	532	600	665
36	483	674	760	841
40	596	832	938	1040

注：钢丝最小破断拉力总和=钢丝绳最小破断拉力×1.177。

表1-380　6×V19类钢丝绳公称直径和级的最小破断拉力（2）（摘自 GB/T 20118—2017）

6×V30–FC　　6×V30–IWRC

典型结构图

钢丝绳结构	股结构	外层钢丝数		钢丝绳直径范围/mm
		总数	每股	
6×V30	/6/-12-12	72	12	18~44

典型结构

钢丝绳公称直径/mm	参考重量/（kg/100m）		钢丝绳级					
			1570		1770		1960	
			钢丝绳最小破断拉力/kN					
	纤维芯	钢芯	纤维芯	钢芯	纤维芯	钢芯	纤维芯	钢芯
18	131	139	165	175	186	197	206	218
20	162	172	203	216	229	243	254	270
22	196	208	246	261	278	295	307	326
24	233	247	293	311	330	351	366	388
26	274	290	344	365	388	411	429	456
28	318	336	399	423	450	477	498	528
30	365	386	458	486	516	548	572	606
32	415	439	521	553	587	623	650	690

（续）

钢丝绳公称	参考重量/		钢丝绳级					
	（kg/100m）		1570		1770		1960	
直径/mm			钢丝绳最小破断拉力/kN					
	纤维芯	钢芯	纤维芯	钢芯	纤维芯	钢芯	纤维芯	钢芯
36	525	556	659	700	743	789	823	873
40	648	686	814	864	918	974	1020	1080
44	784	831	985	1040	1110	1180	1230	1300

注：钢丝最小破断拉力总和＝钢丝绳最小破断拉力×1.177（纤维芯）或1.213（钢芯）。

表 1-381　6×V19 类钢丝绳公称直径和级的最小破断拉力（3）（摘自 GB/T 20118—2017）

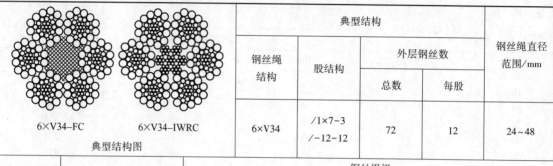

	典型结构				钢丝绳直径
钢丝绳结构	股结构	外层钢丝数			范围/mm
		总数	每股		
6×V34	/1×7-3 /-12-12	72	12		24~48

6×V34-FC　　6×V34-IWRC

典型结构图

钢丝绳公称	参考重量/		钢丝绳级					
	（kg/100m）		1570		1770		1960	
直径/mm			钢丝绳最小破断拉力/kN					
	纤维芯	钢芯	纤维芯	钢芯	纤维芯	钢芯	纤维芯	钢芯
24	233	247	326	345	367	389	406	431
26	274	290	382	405	431	457	477	506
28	318	336	443	470	500	530	553	587
30	365	386	509	540	573	609	635	674
32	415	439	579	614	652	692	723	767
36	525	556	732	777	826	876	914	970
40	648	686	904	960	1020	1080	1130	1200
44	784	831	1090	1160	1230	1310	1370	1450
48	933	988	1300	1380	1470	1560	1630	1720

注：钢丝最小破断拉力总和＝钢丝绳最小破断拉力×1.177（纤维芯）或1.213（钢芯）。

表 1-382　6×V37 类钢丝绳公称直径和级的最小破断拉力（1）（摘自 GB/T 20118—2017）

	典型结构				钢丝绳直径
钢丝绳结构	股结构	外层钢丝数			范围/mm
		总数	每股		
6×V37	/1×7-3/-12-15	90	15		24~56
6×V43	/1×7-3/-15-18	108	18		28~60

6×V37-FC　　6×V37-IWRC

典型结构图

钢丝绳公称	参考重量/		钢丝绳级					
	（kg/100m）		1570		1770		1960	
直径/mm			钢丝绳最小破断拉力/kN					
	纤维芯	钢芯	纤维芯	钢芯	纤维芯	钢芯	纤维芯	钢芯
24	233	247	326	345	367	389	406	431

（续）

钢丝绳公称直径/mm	参考重量/ (kg/100m)		钢丝绳级					
			1570		1770		1960	
			钢丝绳最小破断拉力/kN					
	纤维芯	钢芯	纤维芯	钢芯	纤维芯	钢芯	纤维芯	钢芯
26	274	290	382	405	431	457	477	506
28	318	336	443	470	500	530	553	587
30	365	386	509	540	573	609	635	674
32	415	439	579	614	652	692	723	767
36	525	556	732	777	826	876	914	970
40	648	686	904	960	1020	1080	1130	1200
44	784	831	1090	1160	1230	1310	1370	1450
48	933	988	1300	1380	1470	1560	1630	1720
52	1090	1160	1530	1620	1720	1830	1910	2020
56	1270	1340	1770	1880	2000	2120	2210	2350
60	1460	1540	2030	2160	2290	2430	2540	2700

注：钢丝最小破断拉力总和=钢丝绳最小破断拉力×1.177（纤维芯）或1.213（钢芯）。

表1-383　6×V37类钢丝绳公称直径和级的最小破断拉力（2）（摘自 GB/T 20118—2017）

			典型结构			钢丝绳直径范围/mm
		钢丝绳结构	股结构	外层钢丝数		
				总数	每股	
6×V37S-FC　　6×V37S-IWRC 典型结构图		6×V37S	/1×7-3/-12-15	90	15	24~56

钢丝绳公称直径/mm	参考重量/ (kg/100m)		钢丝绳级					
			1570		1770		1960	
			钢丝绳最小破断拉力/kN					
	纤维芯	钢芯	纤维芯	钢芯	纤维芯	钢芯	纤维芯	钢芯
24	240	255	335	356	378	401	419	444
26	282	299	394	418	444	471	491	521
28	327	346	456	484	515	546	570	605
30	375	398	524	556	591	627	654	694
32	427	452	596	633	672	713	744	790
36	541	573	754	801	851	903	942	999
40	667	707	931	988	1050	1114	1160	1230
44	808	855	1130	1200	1270	1348	1410	1490
48	961	1020	1340	1420	1510	1600	1670	1780
52	1130	1190	1570	1670	1770	1880	1970	2090
56	1310	1390	1830	1940	2060	2180	2280	2420

注：钢丝最小破断拉力总和=钢丝绳最小破断拉力×1.177（纤维芯）或1.213（钢芯）。

表 1-384　6×V8 类钢丝绳公称直径和级的最小破断拉力（摘自 GB/T 20118—2017）

典型结构图	钢丝绳结构	股结构	外层钢丝数 总数	外层钢丝数 每股	钢丝绳直径范围/mm
6×V10–FC	6×V10	V–9	54	9	20~32

钢丝绳公称直径/mm	参考重量/(kg/100m)	钢丝绳级 1570	钢丝绳级 1770	钢丝绳级 1960
		钢丝绳最小破断拉力/kN		
20	170	227	256	284
22	206	275	310	343
24	245	327	369	409
26	287	384	433	480
28	333	446	502	556
30	383	512	577	639
32	435	582	656	727

注：钢丝最小破断拉力总和＝钢丝绳最小破断拉力×1.156(纤维芯)。

表 1-385　6×V25 类钢丝绳公称直径和级的最小破断拉力（摘自 GB/T 20118—2017）

典型结构图	钢丝绳结构	股结构	外层钢丝数 总数	外层钢丝数 每股	钢丝绳直径范围/mm
6×V28B–FC	6×V25B	V–12–12	72	12	24~44
	6×V28B	V–12–15	90	15	24~56
	6×V31B	V–12–18	108	18	26~60

钢丝绳公称直径/mm	参考重量/(kg/100m)	钢丝绳级 1570	钢丝绳级 1770	钢丝绳级 1960
		钢丝绳最小破断拉力/kN		
24	245	317	358	396
26	287	373	420	465
28	333	432	487	539
30	383	496	559	619
32	435	564	636	704
36	551	714	805	892
40	680	882	994	1100
44	823	1070	1200	1330
48	979	1270	1430	1580
52	1150	1490	1680	1860
56	1330	1730	1950	2160
60	1530	1980	2240	2480

注：钢丝最小破断拉力总和＝最小破断拉力×1.176。

表 1-386 8×7 类钢丝绳公称直径和级的最小破断拉力（摘自 GB/T 20118—2017）

典型结构图		典型结构				钢丝绳直径范围/mm
		钢丝绳结构	股结构	外层钢丝数		
				总数	每股	
8×7-FC　8×7-IWRC		8×7	1-6	48	6	6~36

钢丝绳公称直径/mm	参考重量/(kg/100m)		钢丝绳级					
			1570		1770		1960	
			钢丝绳最小破断拉力/kN					
	纤维芯	钢芯	纤维芯	钢芯	纤维芯	钢芯	纤维芯	钢芯
6	11.8	14.1	16.4	20.3	18.5	22.9	20.5	25.3
7	16.0	19.2	22.4	27.6	25.2	31.1	27.9	34.5
8	20.9	25.0	29.2	36.1	33.0	40.7	36.5	45.0
9	26.5	31.7	37.0	45.7	41.7	51.5	46.2	57.0
10	32.7	39.1	45.7	56.4	51.5	63.5	57.0	70.4
11	39.6	47.3	55.3	68.2	62.3	76.9	69.0	85.1
12	47.1	56.3	65.8	81.2	74.2	91.5	82.1	101
13	55.3	66.1	77.2	95.3	87.0	107	96.4	119
14	64.1	76.6	89.5	110	101	125	112	138
16	83.7	100	117	144	132	163	146	180
18	106	127	148	183	167	206	185	228
20	131	156	183	225	206	254	228	281
22	158	189	221	273	249	308	276	341
24	188	225	263	325	297	366	329	405
26	221	264	309	381	348	430	386	476
28	256	307	358	412	404	498	447	552
32	335	400	468	577	527	651	584	721
36	424	507	592	730	668	824	739	912

注：1. 直径为 6~7mm 的钢丝绳采用钢丝股芯（WSC），破断拉力用 K_3 来计算。表中给出的钢芯是独立的钢丝绳芯（IWRC）的数据。

　　2. 钢丝最小破断拉力总和=钢丝绳最小破断拉力×1.214（纤维芯）或 1.360（钢芯）。

表 1-387　8×19 类钢丝绳公称直径和级的最小破断拉力（摘自 GB/T 20118—2017）

8×19S–FC　　　8×19S–IWRC

典型结构图

典型结构				钢丝绳直径范围/mm
钢丝绳结构	股结构	外层钢丝数		
		总数	每股	
8×17S	1-8-8	64	8	8~36
8×19S	1-9-9	72	9	8~52
8×21F	1-5-5F-10	80	10	8~52
8×26WS	1-5-5+5-10	80	10	12~52
8×19W	1-6-6+6	96	12	12~52
8×25F	1-6-6F-12	96	12	12~60

钢丝绳公称直径/mm	参考重量/(kg/100m)		钢丝绳级							
			1570		1770		1960		2160	
			钢丝绳最小破断拉力/kN							
	纤维芯	钢芯	纤维芯	钢芯	纤维芯	钢芯	纤维芯	钢芯	纤维芯	钢芯
8	22.8	27.8	29.4	34.8	33.2	39.2	36.8	43.4	40.5	47.8
9	28.9	35.2	37.3	44.0	42.0	49.6	46.5	54.9	51.3	60.5
10	35.7	43.5	46.0	54.3	51.9	61.2	57.4	67.8	63.3	74.7
11	43.2	52.6	55.7	65.7	62.8	74.1	69.5	82.1	76.6	90.4
12	51.4	62.6	66.2	78.2	74.7	88.2	82.7	97.7	91.1	108
13	60.3	73.5	77.7	91.8	87.6	103	97.1	115	107	126
14	70.0	85.3	90.2	106	102	120	113	133	124	146
16	91.54	111	118	139	133	157	147	174	162	191
18	116	141	149	176	168	198	186	220	205	242
20	143	174	184	217	207	245	230	271	253	299
22	173	211	223	263	251	296	278	328	306	362
24	206	251	265	313	299	353	331	391	365	430
26	241	294	311	367	351	414	388	458	428	505
28	280	341	361	426	407	480	450	532	496	586
32	366	445	471	556	531	627	588	694	648	765
36	463	564	596	704	672	794	744	879	820	969
40	571	696	736	869	830	980	919	1090	1010	1200
44	691	842	891	1050	1000	1190	1140	1310	1230	1450
48	823	1000	1060	1250	1190	1410	1320	1560	1460	1720
52	965	1180	1240	1470	1400	1660	1550	1830	1710	2020
56	1120	1360	1440	1700	1630	1920	1800	2130	1980	2340
60	1290	1570	1660	1960	1870	2200	2070	2440	2280	2690

注：钢丝最小破断拉力总和＝钢丝绳最小破断拉力×1.214(纤维芯)或 1.360(钢芯)。

表 1-388 8×36 类钢丝绳公称直径和级的最小破断拉力（摘自 GB/T 20118—2017）

典型结构					钢丝绳直径范围/mm
钢丝绳结构	股结构	外层钢丝数			
		总数	每股		
8×31WS	1-6-6+6-12	72	12		10～60
8×29F	1-7-7F-14	84	14		10～60
8×36WS	1-7-7+7-14	84	14		12～60
8×37FS	1-6-6F-12-12	72	12		12～60
8×41WS	1-8-8+8-16	96	16		34～60
8×46WS	1-9-9+9-18	108	18		40～60
8×49SWS	1-8-8-8+8-16	96	16		42～60
8×55SWS	1-9-9-9+9-18	108	18		44～60

8×36WS-FC　　8×36WS-IWRC

典型结构图

钢丝绳公称直径/mm	参考重量/(kg/100m)		钢丝绳级							
			1570		1770		1960		2160	
			钢丝绳最小破断拉力/kN							
	纤维芯	钢芯	纤维芯	钢芯	纤维芯	钢芯	纤维芯	钢芯	纤维芯	钢芯
12	51.4	62.6	66.2	78.2	74.7	88.2	82.7	97.7	91.1	108
13	60.3	73.5	77.7	91.8	87.6	103	97.1	115	107	126
14	70.0	85.3	90.2	106	102	120	113	133	124	146
16	91.4	111	118	139	133	157	147	174	162	191
18	116	141	149	176	168	198	186	220	205	242
20	143	174	184	217	207	245	230	271	253	299
22	173	211	223	263	251	296	278	328	306	362
24	206	251	265	313	299	353	331	391	365	430
26	241	294	311	367	351	414	388	458	428	505
28	280	341	361	426	407	480	450	532	496	586
32	366	445	471	556	531	627	588	694	648	765
36	463	564	596	704	672	794	744	879	820	969
40	571	696	736	869	830	980	919	1090	1010	1200
44	691	842	891	1050	1000	1190	1110	1310	1230	1450
48	823	1000	1060	1250	1190	1410	1320	1560	1460	1720
52	965	1180	1240	1470	1400	1660	1550	1830	1710	2020
56	1120	1360	1440	1700	1630	1920	1800	2130	1980	2340
60	1290	1570	1660	1960	1870	2200	2070	2440	2280	2690

注：钢丝最小破断拉力总和=钢丝绳最小破断拉力×1.226（纤维芯）或1.374（钢芯）。

表 1-389　8×19M 和 8×37M 类钢丝绳公称直径和级的最小破断拉力（摘自 GB/T 20118—2017）

	典型结构				钢丝绳直径范围/mm
	钢丝绳结构	股结构	外层钢丝数		
			总数	每股	
8×37M-FC　　8×37M-IWRC	8×19M	1-6/12	96	12	10~52
典型结构图	8×37M	1-6/12/18	144	18	16~60

钢丝绳公称直径/mm	参考重量/(kg/100m)		钢丝绳级					
			1570		1770		1960	
			钢丝绳最小破断拉力/kN					
	纤维芯	钢芯	纤维芯	钢芯	纤维芯	钢芯	纤维芯	钢芯
10	35.6	42.0	41.0	48.7	46.2	54.9	51.2	60.8
11	43.1	50.8	49.6	58.9	55.9	66.4	61.9	73.5
12	51.3	60.5	59.0	70.1	66.5	79.0	73.7	87.5
13	60.2	71.0	69.3	82.3	78.1	92.7	86.5	103
14	69.8	82.3	80.3	95.4	90.5	108	100	119
16	91.1	108	105	125	118	140	131	156
18	115	136	133	158	150	178	166	197
20	142	168	164	195	185	219	205	243
22	172	203	198	236	224	266	248	294
24	205	242	236	280	266	316	295	350
26	241	284	277	329	312	371	346	411
28	279	329	321	382	362	430	401	476
32	365	430	420	498	473	562	524	622
36	461	544	531	631	599	711	663	787
40	570	672	656	779	739	878	818	972
44	689	813	793	942	894	1060	990	1180
48	820	968	944	1120	1060	1260	1180	1400
52	963	1140	1110	1320	1250	1480	1380	1640
56	1120	1320	1280	1530	1450	1720	1600	1900
60	1280	1510	1470	1750	1660	1970	1840	2190

注：钢丝最小破断拉力总和=钢丝绳最小破断拉力×1.360(纤维芯)或 1.390(钢芯)。

表 1-390　23×7 类钢丝绳公称直径和级的最小破断拉力（摘自 GB/T 20118—2017）

15×7：IWRC　　　16×7：IWRC

典型结构图

典型结构				钢丝绳直径范围/mm
钢丝绳结构	股结构	外层钢丝数		
		总数	每股	
15×7	1-6	90	6	14~52
16×7	1-6	96	6	18~56

钢丝绳公称直径/mm	参考重量/（kg/100m）	钢丝绳级			
		1570	1770	1960	2160
		钢丝绳最小破断拉力/kN			
14	92	111	125	138	152
16	120	145	163	181	199
18	152	183	206	229	252
20	188	226	255	282	311
22	227	274	308	342	376
24	271	326	367	406	448
26	318	382	431	477	526
28	368	443	500	553	610
32	423	509	573	635	700
36	481	579	652	723	796
40	609	732	826	914	1010
44	752	904	1020	1130	1240
48	910	1090	1230	1370	—
52	1080	1300	1470	1630	—
56	1270	1530	1720	1910	—
	1470	1770	2000	2210	—

注：钢丝最小破断拉力总和=最小破断拉力×1.316。

表 1-391 18×7 类和 18×19 类钢丝绳公称直径和级的最小破断拉力(摘自 GB/T 20118—2017)

18×7-FC　　18×7-WSC

典型结构图

钢丝绳结构	股结构	外层钢丝数		钢丝绳直径范围/mm
		总数	每股	
17×7	1—6	66	6	6~52
18×7	1—6	72	6	6~60
18×19S	1—9—9	108	9	14~60
				14~60
18×19W	1—6—6+6	144	12	14~60
18×19M	1—6/12	144	12	14~60

典型结构

钢丝绳公称直径/mm	参考重量/(kg/100m)		钢丝绳级							
			1570		1770		1960		2160	
			钢丝绳最小破断拉力/kN							
	纤维芯	钢芯	纤维芯	钢芯	纤维芯	钢芯	纤维芯	钢芯	纤维芯	钢芯
6	14.0	15.5	17.5	18.5	19.8	20.9	21.9	23.1	24.1	25.5
7	19.1	21.1	23.8	25.2	26.9	28.4	29.8	31.5	32.8	34.7
8	25.0	27.5	31.1	33.0	35.1	37.2	38.9	41.1	42.9	45.3
9	31.6	34.8	39.4	41.7	44.4	47.0	49.2	52.1	54.2	57.4
10	39.0	43.0	48.7	51.5	54.9	58.1	60.8	64.3	67.0	70.8
11	47.2	52.0	58.9	62.3	66.4	70.2	73.5	77.8	81.0	85.7
12	56.2	61.9	70.1	74.2	79.0	83.6	87.5	92.6	96.4	102
13	65.9	72.7	82.3	87.0	92.7	98.1	103	109	113	120
14	76.4	84.3	95.4	101	108	114	119	126	131	139
16	100	110	125	132	140	149	156	165	171	181
18	126	139	158	167	178	188	197	208	217	230
20	156	172	195	206	219	232	243	257	268	283
22	189	208	236	249	266	281	294	311	324	343
24	225	248	280	297	316	334	350	370	386	408
26	264	291	329	348	371	392	411	435	453	479
28	306	337	382	404	430	455	476	504	525	555
30	351	387	438	463	494	523	547	579	603	638
32	399	440	498	527	562	594	622	658	686	725
36	505	557	631	667	711	752	787	833	868	918
40	624	688	779	824	878	929	972	1030	1070	1130
44	755	832	942	997	1060	1120	1180	1240	1300	1370
48	899	991	1120	1190	1260	1340	1400	1480	1540	1630
52	1050	1160	1320	1390	1480	1570	1640	1740	1810	1920
56	1220	1350	1530	1610	1720	1820	1910	2020	2100	2220
60	1400	1550	1750	1850	1980	2090	2190	2310	2410	2550

注:钢丝最小破断拉力总和=最小破断拉力×1.283。

表 1-392　34(M)×7 类钢丝绳公称直径和级的最小破断拉力（摘自 GB/T 20118—2017）

	典型结构					钢丝绳直径范围/mm
34(M)×7–FC　34(M)×7–WSC　典型结构图	钢丝绳结构	股结构	外层钢丝数			
			总数	每股		
	34(M)×7	1–6	102	6		10~60
	36(M)×7	1–6	108	6		16~60

钢丝绳公称直径/mm	参考重量/(kg/100m)		钢丝绳级							
			1570		1770		1960			
			钢丝绳最小破断拉力/kN							
	纤维芯	钢芯	纤维芯	钢芯	纤维芯	钢芯	纤维芯	钢芯		
10	40.0	43.0	48.4	49.9	54.5	56.3	60.4	62.3		
11	48.4	52.0	58.5	60.4	66.0	68.1	73.0	75.4		
12	57.6	61.9	69.6	71.9	78.5	81.1	86.9	89.8		
13	67.6	72.7	81.7	84.4	92.1	95.1	102	105		
14	78.4	84.3	94.8	97.9	107	110	118	122		
16	102	110	124	128	140	144	155	160		
18	130	139	157	162	177	182	196	202		
20	160	172	193	200	218	225	241	249		
22	194	208	234	242	264	272	292	302		
24	230	248	279	288	314	324	348	359		
26	270	291	327	337	369	380	408	421		
28	314	337	379	391	427	441	473	489		
30	360	387	435	449	491	507	543	561		
32	410	440	495	511	558	576	618	638		
36	518	557	627	647	707	729	782	808		
40	640	688	774	799	872	901	966	997		
44	774	832	936	967	1060	1090	1170	1210		
48	922	991	1110	1150	1260	1300	1390	1440		
52	1080	1160	1310	1350	1470	1520	1630	1690		
56	1250	1350	1520	1570	1710	1770	1890	1950		
60	1440	1550	1740	1800	1960	2030	2170	2240		

注：钢丝最小破断拉力总和=最小破断拉力×1.334。

表 1-393　35(W)×7 和 35(W)×19 类钢丝绳公称直径和级的最小破断拉力（摘自 GB/T 20118—2017）

35(W)×7
典型结构图

	典型结构				钢丝绳直径范围/mm
	钢丝绳结构	股结构	外层钢丝数		
			总数	每股	
	35(W)×7	1—6	96	6	10~56
	40(W)×7	1—6	108	6	28~60
	35(W)×19S	1—9—9	144	9	36~60
	35(W)×19W	1—6—6/6	192	12	36~60

钢丝绳公称直径/mm	参考重量/(kg/100m)	钢丝绳级			
		1570	1770	1960	2160
		钢丝绳最小破断拉力/kN			
10	46.0	56.5	63.7	70.6	75.6
11	55.7	68.4	77.1	85.4	91.5
12	66.2	81.4	91.8	102	109
13	77.7	95.5	108	119	128
14	90.2	111	125	138	148
16	118	145	163	181	194
18	149	183	206	229	245
20	184	226	255	282	302
22	223	274	308	342	366
24	265	326	367	406	435
26	311	382	431	477	511
28	361	443	500	553	593
30	414	509	573	635	680
32	471	579	652	723	774
36	596	732	826	914	980
40	736	904	1020	1130	1210
44	891	1090	1230	1370	1460
48	1060	1300	1470	1630	1740
52	1240	1530	1720	1910	2040
56	1440	1770	2000	2210	2370
60	1660	2030	2290	2540	2720

注：钢丝最小破断拉力总和＝最小破断拉力×1.287。

表 1-394　4×19 和 4×36 类钢丝绳公称直径和级的最小破断拉力（摘自 GB/T 20118—2017）

	典型结构				钢丝绳直径范围/mm
	钢丝绳结构	股结构	外层钢丝数		
			总数	每股	
	4×19S	1—9—9	36	9	8~26
	4×25F	1—6—6F—12	48	12	8~32
	4×26WS	1—5—5+5—10	40	10	8~32
	4×31WS	1—6—6+6—12	48	12	8~32
	4×36WS	1—7—7+7F—14	56	14	10~36

4×19S–FC
典型结构图

钢丝绳公称直径/mm	参考重量/(kg/100m)	钢丝绳级		
		1570	1770	1960
		钢丝绳最小破断拉力/kN		
8	26.2	36.2	40.8	45.2
9	33.2	45.8	51.6	57.2
10	41.0	56.5	63.7	70.6
11	49.6	68.4	77.1	85.4
12	59.0	81.4	91.8	102
13	69.3	95.5	108	119
14	80.4	111	125	138
16	105	145	163	181
18	133	183	206	229
20	164	226	255	282
22	198	274	308	342
24	236	326	367	406
26	277	382	431	477
28	321	443	500	553
30	369	509	573	635
32	420	579	652	723
36	531	732	826	914

注：钢丝最小破断拉力总和＝最小破断拉力×1.191。

表 1-395　4×V39 类钢丝绳公称直径和级的最小破断拉力（摘自 GB/T 20118—2017）

4×V39FC–FC
典型结构图

钢丝绳结构	股结构	外层钢丝数		钢丝绳直径范围/mm
		总数	每股	
4×V39FC	FC-9/15-15	60	15	10~44
4×V48SFC	FC-12/18-18	72	18	16~48

钢丝绳公称直径/mm	参考重量/(kg/100m)	钢丝绳级		
		1570	1770	1960
		钢丝绳最小破断拉力/kN		
10	41.0	56.5	63.7	70.6
11	49.6	68.4	77.1	85.4
12	59.0	81.4	91.8	102
13	69.3	95.5	108	119
14	80.4	111	125	138
16	105	145	163	181
18	133	183	206	229
20	164	226	255	282
22	198	274	308	342
24	236	326	367	406
26	277	382	431	477
28	321	443	500	553
30	369	509	573	635
32	420	579	652	723
36	531	732	826	914
40	656	904	1020	1130
44	794	1090	1230	1370
48	945	1300	1470	1630

注：钢丝最小破断拉力总和=最小破断拉力×1.191。

表 1-396 1×7 单股钢丝绳公称直径和级的最小破断拉力(摘自 GB/T 20118—2017)

钢丝绳公称 直径/mm	参考重量/ (kg/100m)	公称金属横截 面积/mm²	钢丝绳级		
			1570	1770	1960
			钢丝绳最小破断拉力/kN		
0.6	0.19	0.22	0.31	0.34	0.38
1.2	0.75	0.86	1.22	1.38	1.52
1.5	1.17	1.35	1.91	2.15	2.38
1.8	1.69	1.94	2.75	3.10	3.43
2	2.09	2.40	3.39	3.82	4.23
3	4.70	5.40	7.63	8.60	9.53
4	8.35	9.60	13.6	15.3	16.9
5	13.1	15.0	21.2	23.9	26.5
6	18.8	21.6	30.5	34.4	38.1
7	25.6	29.4	41.5	46.8	51.9
8	33.4	38.4	54.3	61.2	67.7
9	42.3	48.6	68.7	77.4	85.7
10	52.2	60.0	84.8	95.6	106
11	63.2	72.6	103	116	128
12	75.2	86.4	122	138	152

注:钢丝最小破断拉力总和=最小破断拉力×1.111。

表 1-397 1×19 单股钢丝绳公称直径和级的最小破断拉力(摘自 GB/T 20118—2017)

钢丝绳公称 直径/mm	参考重量/ (kg/100m)	公称金属横截 面积/mm²	钢丝绳级		
			1570	1770	1960
			钢丝绳最小破断拉力/kN		
1	0.51	0.59	0.83	0.94	1.04
2	2.03	2.35	3.33	3.75	4.16
3	4.56	5.29	7.49	8.44	9.35
4	8.11	9.41	13.3	15.0	16.6
5	12.7	14.7	20.8	23.5	26.0
6	18.3	21.2	30.0	33.8	37.4
7	24.8	28.8	40.8	46.0	50.9
8	32.4	37.6	53.3	60.0	66.5
9	41.1	47.6	67.4	76.0	84.1
10	50.7	58.8	83.2	93.8	104
11	61.3	71.1	101	114	126
12	73.0	84.7	120	135	150
13	85.7	99.4	141	159	176
14	99.4	115	163	184	204
15	114	132	187	211	234
16	130	151	213	240	266
18	164	191	270	304	337
20	203	236	333	375	416

注:钢丝最小破断拉力总和=最小破断拉力×1.111。

表 1-398　1×37 单股钢丝绳公称直径和级的最小破断拉力（摘自 GB/T 20118—2017）

钢丝绳公称直径/mm	参考重量/(kg/100m)	公称金属横截面积/mm²	钢丝绳级		
			1570	1770	1960
			钢丝绳最小破断拉力/kN		
1.4	0.98	1.14	1.51	1.70	1.97
2.1	2.21	2.56	3.39	3.82	4.43
3	4.51	5.23	7.23	8.16	9.03
4	8.02	9.31	12.9	14.5	16.1
5	12.5	14.5	20.1	22.7	25.1
6	18.0	20.9	28.9	32.6	36.1
7	24.5	28.5	39.4	44.4	49.2
8	32.1	37.2	51.4	58.0	64.2
9	40.6	47.1	65.1	73.4	81.3
10	50.1	58.2	80.4	90.6	100
11	60.6	70.4	97.3	110	121
12	72.1	83.8	116	130	145
13	84.7	98.3	136	153	170
14	98.2	114	158	178	197
15	113	131	181	204	226
16	128	149	206	232	257
18	162	188	260	294	325
20	200	233	322	362	401
22	242	282	389	439	484
24	289	335	463	522	576
26	339	393	543	613	676
28	393	456	630	710	784

注：钢丝最小破断拉力总和 = 最小破断拉力 × 1.136。

表 1-399　1×61 单股钢丝绳公称直径和级的最小破断拉力（摘自 GB/T 20118—2017）

钢丝绳公称直径/mm	参考重量/(kg/100m)	公称金属横截面积/mm²	钢丝绳级		
			1570	1770	1960
			钢丝绳最小破断拉力/kN		
16	125	154	205	231	256
17	141	173	231	261	289
18	158	194	259	292	324
19	176	217	289	326	361
20	195	240	320	361	400
22	236	290	388	437	484
24	281	345	461	520	576
26	329	405	541	610	676
29	382	470	673	759	841
30	438	540	721	812	900
32	499	614	820	924	1020
34	563	693	926	1040	1160
36	631	777	1040	1170	1290

注：钢丝最小破断拉力总和 = 最小破断拉力 × 1.176。

1.12.2 操纵用钢丝绳（见表 1-400~表 1-402）

表 1-400 操纵用钢丝绳的结构及用途（摘自 GB/T 14451—2008）

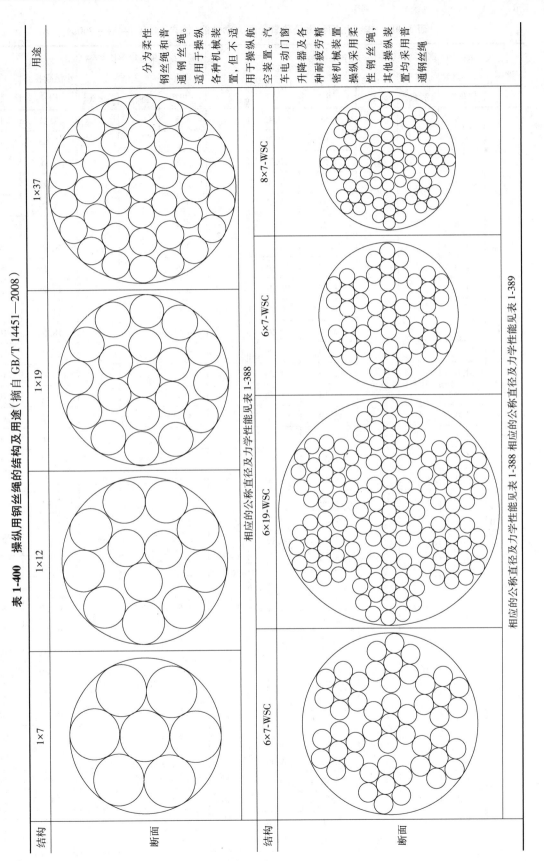

结构	1×7	1×12	1×19	1×37	用途
断面					分为柔性钢丝绳和普通钢丝绳。适用于操纵各种机械装置，但不适用于操纵航空装置。汽车电动门窗升降器及各种耐疲劳精密机械装置操纵采用柔性钢丝绳，其他操纵装置均采用普通钢丝绳

相应的公称直径及力学性能见表 1-388

结构	6×7-WSC	6×19-WSC	6×7-WSC	8×7-WSC	
断面					

相应的公称直径及力学性能见表 1-388 相应的公称直径及力学性能见表 1-389

表 1-401　操纵用钢丝绳公称直径及力学性能(摘自 GB/T 14451—2008)

结构	钢丝绳公称直径/mm	钢丝绳伸长率(%)≤		钢丝绳最小破断拉力/kN	参考质量/(kg/100m)	结构	钢丝绳公称直径/mm	钢丝绳伸长率(%)≤		钢丝绳最小破断拉力/kN	参考质量/(kg/100m)
		弹性	永久					弹性	永久		
1×7	0.9	0.8	0.2	0.90	0.41	1×37	1.5	0.8	0.2	2.41	1.16
	1.0			1.03	0.50		1.6			2.65	1.30
	1.2			1.52	0.74		1.8			3.38	1.61
	1.4			2.08	1.01		2.0			3.92	1.96
	1.5			2.25	1.15		2.5			6.20	3.10
	1.6			2.77	1.42		2.8			7.60	3.86
	1.8			3.19	1.63					8.80	4.50
	2.0			4.02	2.05		3.5			11.80	6.00
1×12	1.0	0.8	0.2	1.05	0.49		3.8			13.20	7.30
	1.2			1.50	0.70		4.0			14.70	7.90
	1.4			2.00	0.95		4.5			18.50	10.00
	1.5			2.30	1.09		5.0			23.00	12.30
	1.6			2.50	1.24	6×7-WSC	1.0	0.9	0.2	1.00	0.50
	1.8			3.10	1.56		1.1			1.17	0.58
	2.0			3.90	1.95		1.2			1.35	0.67
	2.5			5.60	3.05		1.4			1.76	0.87
	2.8			7.35	3.80		1.5			1.99	0.98
	3.0			8.40	4.40		1.6			2.29	1.13
1×19	1.0	0.8	0.2	1.06	0.49		1.8			2.81	1.39
	1.2			1.52	0.70		2.0			3.38	1.67
	1.4			2.08	0.96		2.5			5.45	2.37
	1.5			2.39	1.10		2.8			6.45	3.34
	1.6			2.59	1.25		3.0			7.28	3.77
	1.8			3.29	1.59		3.5			10.37	5.37
	2.0			4.06	1.96		3.6			10.68	5.68
	2.5			6.01	3.07		4.0			12.92	6.70
	2.8			7.53	3.84		4.5	1.1	0.2	15.89	8.69
	3.0			8.63	4.41		4.8			17.79	9.73
	3.2			10.10	5.10		5.0			19.79	10.83
	3.5			11.74	5.99		5.5			23.19	12.68
	3.8			13.72	7.23		6.0			28.11	15.37
	4.0			15.37	8.00	6×19-WSC	1.8	0.9	0.2	2.59	1.32
	4.5			19.46	10.1		2.0			3.03	1.55
	4.8			22.1	11.6		2.5			5.15	2.63
	5.0			24.00	12.6		2.8			6.56	3.35
	5.3			27.0	14.2						

（续）

结构	钢丝绳公称直径/mm	钢丝绳伸长率(%) ≤		钢丝绳最小破断拉力/kN	参考质量/(kg/100m)	结构	钢丝绳公称直径/mm	钢丝绳伸长率(%) ≤		钢丝绳最小破断拉力/kN	参考质量/(kg/100m)
		弹性	永久					弹性	永久		
6×19-WSC	3.0	0.9	0.2	7.25	3.70	6×19-WSC	4.8	1.1	0.2	16.58	8.89
	3.5			9.53	4.87		5.0			18.74	10.04
	4.0	1.1		12.13	6.20		5.5			23.23	12.45
	4.5			16.13	8.33		6.0			27.66	14.82

注:1. 普通钢丝绳公称直径、力学性能及参考质量应符合本表规定,其极限偏差为:公称直径 $D \geqslant 0.9 \sim 1.5\text{mm}$,$>1.5 \sim$

2.0mm,$>2.0 \sim 6.0\text{mm}$,其直径极限偏差分别为 $^{+10\%}_{0}D$、$^{+8\%}_{0}D$、$^{+7\%}_{0}D$。

　2. 普通钢丝绳的材料选用应符合 GB/T 14451—2008 的有关规定。

表 1-402　操纵用钢丝绳(6×7-WSC、8×7-WSC)公称直径及力学性能

(摘自 GB/T 14451—2008)

结构	公称直径	极限偏差	最小破断拉力	伸长率		切断处直径允许增大值	参考质量
				弹性	永久		
	mm		kN	%		mm	kg/100m
6×7-WSC	1.50	$^{+0.15}_{0}$	1.80			0.22	0.96
	1.80	$^{+0.08}_{-0.08}$	3.00	≤0.9	≤0.1	0.25	1.34
8×7-WSC	1.50	$^{+0.08}_{-0.08}$	1.90			0.22	0.99
	1.80	$^{+0.08}_{-0.08}$	3.00			0.25	1.36

注:柔性钢丝绳公称直径、极限偏差及力学性能应符合本表规定。柔性钢丝绳的材料选用、盐雾试验、弯曲疲劳试验等技术要求及试验均应符合 GB/T 14451—2008 的有关规定。

1.13　常用机械零件钢铁材料选用(见表 1-403)

表 1-403　常用机械零件钢铁材料选用

分类	要求	零件实例	推荐材料
机床齿轮	低速低载荷,以耐磨性要求为主,强度要求不高	普通机床变速器齿轮、挂轮架齿轮、溜板箱齿轮	45、50、55(调质、感应淬火)
	中速、高速及中载荷,要求较高的耐磨性和较高的强度	车床变速器齿轮、钻床变速器齿轮、磨床砂轮变速器齿轮、高速机床进给箱变速器齿轮	40Cr、42CrMo、42SiMn(感应淬火),38CrMoAl、25Cr2MoV(渗氮)
	高速,中、重载荷,承受冲击载荷,高强度,耐磨性能好,具有良好的韧性	大型机床变速器齿轮、龙门铣电动机齿轮、立车齿轮	20Cr、20CrMo、20CrMnTi、12CrNi3、20SiMnVB(渗碳)

（续）

分类	要求	零件实例	推 荐 材 料
机床齿轮	截面尺寸大的齿轮，高的淬透性	—	35CrMo、50Mn2、60Mn2（调质）
汽车、拖拉机齿轮	—	汽车变速器和差速器齿轮	20CrMo、20CrMnTi（渗碳），40Cr（碳氮共渗）
		汽车驱动桥主动及从动圆柱齿轮、锥齿轮、差速器行星和半轴齿轮	20CrMo、20CrMnTi、20CrMnMo、20SiMnVB（渗碳）
		汽车起动电动机齿轮	20Cr、20CrMo、20CrMnTi（渗碳）
		汽车曲轴正时齿轮	40、45、40Cr（调质）
		汽车发动机凸轮轴齿轮	HT200
		汽车里程表齿轮	20（碳氮共渗）
		拖拉机传动齿轮、动力传动装置中的圆柱齿轮及轴齿轮	20Cr、20CrMo、20CrMnTi、20CrMnMo、20SiMnVB（渗碳）
		拖拉机曲轴正时齿轮、凸轮轴齿轮、液压泵驱动齿轮	45（调质），HT200
		汽车、拖拉机液压泵齿轮	40、45（调质）
各种低速重载及高速齿轮	耐磨、承载能力较强	起重、运输、冶金、采矿、化工等设备的普通减速器小齿轮	20CrMo、20CrMnTi、20CrMnMo（渗碳）
	运行速度高，周期长，安全可靠性高	冶金、化工、电站设备及铁路机车、宇航、船舶等的汽轮发动机、工业汽轮机、燃气轮机、高速鼓风机及涡轮压缩机等的齿轮	12CrNi2、12CrNi3、12Cr2Ni4、20CrNi3（渗碳）
	传递功率大，齿轮表面载荷高，耐冲击，齿轮尺寸大，要求淬透性高	大型轧钢机减速器齿轮、人字齿轮、机座齿轮、大型带式输送机传动轴齿轮、大型锥齿轮、大型挖掘机传动器主动齿轮、井下采煤机传动器齿轮、坦克用齿轮	20CrNi2Mo、20Cr2Ni4、18Cr2Ni4W、20Cr2Mn2Mo（渗碳）
各种设备中常用渗氮齿轮	表面耐磨	一般齿轮	20Cr、20CrMnTi、40Cr
	表面耐磨，心部韧性高	在冲击载荷下工作的齿轮	18CrNiWA、18Cr2Ni4WA、30CrNi3、35CrMo
	表面耐磨，心部强度高	在重载荷下工作的齿轮	30CrMnSi、35CrMoV、25Cr2MoV、42CrMo
	表面耐磨，心部强度高、韧性高	在重载荷及冲击下工作的齿轮	30CrNiMoA、40CrNiMoA、30CrNi2Mo
	表面高硬度、变形小	精密耐磨齿轮	38CrMoAlA、30CrMoA

（续）

分类	要求	零件实例	推 荐 材 料		
各种设备的低速重载大齿轮	一般载荷不大、截面尺寸也不大、要求不太高的齿轮	起重机械、运输机械、建筑机械、水泥机械、冶金机械、矿山机械、工程机械、石油机械等设备中的低速重载大齿轮	40Mn、50Mn2、40Cr、34SiMn、42SiMn（调质）		
	截面尺寸较大、承受较大载荷、要求比较高的齿轮		35CrMo、42CrMo、40CrMnMo、35CrMnSi、40CrNi、35CrNiMo、45CrNiMoV（调质）		
	截面尺寸很大、承受载荷大、并要求有足够韧性的重要齿轮		35CrNi2Mo、40CrNi2Mo、30CrNi3、34CrNi3Mo、37SiMn2MoV（调质+表面淬火）		

分类	要求	零件实例	推 荐 材 料		
			牌号	热处理工艺	硬度要求
典型齿轮	低负荷、耐磨性良好的机床齿轮		15、20	900~950℃渗碳，直接淬火，或780~800℃淬火（水淬），180~200℃回火	58~63HRC
	低速（小于0.1m/s）、低负荷、不重要的机床变速箱齿轮和挂轮架齿轮		45	840~860℃正火	156~217HRB
	低速（小于1m/s）、低负荷齿轮，如车床溜板上的齿轮		45	820~840℃淬水，500~550℃回火	200~250HBW
	中速、中负荷或重负荷齿轮，如车床变速箱中的次要齿轮		45	860~900℃高频加热，淬水，350~370℃回火	40~45HRC
	较高速度或中等负荷的齿轮，齿面硬度要求较高，如钻床变速箱的次要齿轮		45	860~900℃高频加热，淬水，280~320℃回火	45~50HRC
	高速中负荷、齿面硬度高的齿轮，如磨床砂轮箱齿轮		45	860~900℃高频加热，淬水，180~200℃回火	52~58HRC
	低速、中负荷、断面较大的齿轮，如铣床工作面变速箱齿轮、立车齿轮		40Cr、42SiMn、45MnB	840~860℃淬油，600~650℃回火	200~230HBW
	中速（2~4m/s）、中负荷、承受一定冲击的齿轮，如高速机床进给箱、变速箱齿轮		40Cr、42SiMn	调质后860~880℃高频加热，乳化液淬火，280~320℃回火	45~50HRC
	齿部高硬度、高速及高负荷的齿轮		40Cr、42SiMn	调质后860~880℃高频加热，乳化液淬火，180~200℃回火	50~55HRC
	高速、中负荷、受冲击、模数小于5mm的齿轮，如机床变速箱齿轮、龙门铣床的电动机齿轮		20Cr	900~950℃渗碳，直接淬火，或800~820℃淬油，180~200℃回火（或渗碳再高频感应淬火）	58~63HRC
	高速、重负荷、受冲击、模数大于6mm的齿轮，如立车上的重要弧齿锥齿轮		20CrMnTi	900~950℃渗碳，降至820~850℃淬火，180~200℃回火	58~63HRC

（续）

分类	要求	零件实例	推荐材料		
			牌号	热处理工艺	硬度要求
典型齿轮	高速、重负荷、形状复杂、热处理变形要求小的齿轮		38CrMoAl	正火或调质后 510~550℃渗氮	>850HV
	负荷不大的大型齿轮		50Mn2、65Mn	820~840℃空淬	<241HBW
	传动精度高、具有一定耐磨性的大齿轮		35CrMo	850~870℃空淬，600~650℃回火（热处理后精加工齿形）	255~302HBW
	汽车变速器和分动箱齿轮		20CrMnTi、20CrMo	渗碳，渗碳层深度 t：m_n<3mm 时，t=0.6~1.0mm；m_n>5mm 时，t=1.1~1.5mm；3mm≤m_n≤5mm 时，t=0.9~1.3mm	齿面 58~64HRC。心部：m_n≤5mm 时为 32~45HRC，m_n>5mm 时为 29~45HRC
			40Cr	碳氮共渗（浅层、深度大于 0.2mm）	表面 51~61HRC
	汽车驱动桥主动齿轮及从动齿轮（圆柱齿轮）		20CrMnTi、20CrMo	渗碳	齿面 58~64HRC。心部：m_n≤5mm 时为 32~45HRC，m_n>5mm 时为 29~45HRC
	汽车驱动桥主动齿轮、从动锥齿轮		20CrMnTi、20CrMnMo	渗碳，渗碳层深度 t：m_s≤5mm 时，t=0.9~1.3mm；5mm<m_s<8mm 时，t=1.0~1.4mm；m_s≥8mm 时，t=1.2~1.6mm	齿面 58~64HRC。心部：m_s≤8mm 时为 32~45HRC，m_s>8mm 时为 29~45HRC
	汽车驱动桥差速器行星齿轮及半轴齿轮		20CrMo、20CrMnTi、20CrMnMo	渗碳，渗碳层深度 t：m_n≤3mm 时，t=0.6~1.0mm；3mm<m_n<5mm 时，t=0.9~1.3mm；m_n≥5mm 时，t=1.1~1.5mm	齿面 58~64HRC。心部：m_n≤5mm 时为 32~45HRC，m_n>5mm 时为 29~45HRC
	拖拉机曲轴正时齿轮、凸轮轴齿轮、喷油泵驱动齿轮		45	正火	156~217HBW
			45	调质	217~255HBW
	汽车、拖拉机油泵齿轮		40、45	调质	28~35HRC
	高速、重负荷、有冲击、形状复杂的重要齿轮，如高速柴油机、重型汽车、航空发动机等的齿轮		12Cr2Ni4、20Cr2Ni4、18Cr2Ni4WA	锻造→退火→粗加工→去应力→半精加工→渗碳→退火软化→淬火→冷处理→低温回火→精加工渗碳深度为 1.2~1.5mm	59~62HRC
	要求高耐磨性的齿轮，如鼓风机齿轮		45	调质，尿素盐浴软氮化	—

分类	要求	零件实例	推荐材料					
			小齿轮			大齿轮		
			牌号	热处理工艺	硬度	牌号	热处理工艺	硬度
开式传动齿轮	低速、轻载、无冲击、不重要的开式传动齿轮		35、40	正火	150~180HBW	HT200	—	170~230HBW
						HT250		170~240HBW

（续）

分类	要求	零件实例	推 荐 材 料					
			小 齿 轮			大 齿 轮		
			牌号	热处理工艺	硬度	牌号	热处理工艺	硬度
开式传动齿轮	低速、轻载、小冲击、一般要求的开式传动齿轮		45	正火	170~200HBW	QT500-7	正火	170~207HBW
						QT600-3		197~269HBW
闭式传动齿轮	低速、中载		45	正火	170~200HBW	35	正火	150~180HBW
			ZG310-570	调质	200~250HBW	ZG270-500	调质	190~230HBW
	低速、重载		45	整体淬火	38~48HRC	35、ZG270-500	整体淬火	35~40HRC
	中速、中载		45	调质	220~250HBW	35、ZG270-500	调质	190~230HBW
				整体淬火	38~48HRC	35	整体淬火	35~40HRC
			40Cr、40MnB、40MnVB	调质	230~280HBW	45、50	调质	220~250HBW
						ZG270-500	正火	180~230HBW
						35、40	调质	190~230HBW
	中速、重载		45	整体淬火	88~48HRC	35	整体淬火	35~40HRC
				表面淬火	45~50HRC	45	调质	220~250HBW
			40Cr、40MnB、40MnVB	整体淬火	35~42HRC	35、40	整体淬火	35~40HRC
				表面淬火	52~56HRC	45、50	表面淬火	45~50HRC
	高速、中载、有一定的冲击		40Cr、40MnB、40MnVB	整体淬火	35~42HRC	35、40	整体淬火	35~40HRC
				表面淬火	56~56HRC	45、50	表面淬火	45~50HRC
	高速、中载、有冲击		20Cr、20MnVB、20CrMnTi	渗碳后淬火	56~62HRC	ZG310-570	正火	160~210HBW
						35	调质	190~230HBW
						20Cr、20MnVB	渗碳后淬火	56~62HRC

分类	要求	零件实例	推 荐 材 料		
			牌号	热处理工艺	硬度要求
机床主轴	(1) 在滚动轴承内运转 (2) 中等载荷、转速略高 (3) 精度要求较高 (4) 交变载荷和冲击载荷较小	用于滚齿机、铣齿机、组合机床的主轴	40Cr、40MnB、40MnVB	整体淬硬： 830~850℃淬油，360~400℃回火	40~45HRC
				调质后局部淬硬： (1) 调质：840~860℃淬油，600~650℃回火	220~250HBW
				(2) 局部淬硬：830~850℃淬油，280~320℃回火	46~51HRC
	(1) 在滑动轴承内运转 (2) 中载荷或重载荷、转速略高 (3) 精度要求较高 (4) 有较高的交变载荷和冲击载荷	用于铣床、C616型车床主轴及M7475B型磨床砂轮主轴	40Cr、40MnB、40MnVB	调质后轴颈表面淬火： (1) 调质：840~860℃淬油，540~620℃回火	220~280HBW
				(2) 轴颈淬火：860~880℃高频感应淬火（乳化液淬火），160~280℃回火	46~55HRC

（续）

分类	要求	零件实例	推荐材料		
			牌号	热处理工艺	硬度要求
机床主轴	(1) 在滚动或滑动轴承内运转 (2) 轻载荷、中载荷、转速较低	用于重型机床主轴	50Mn2	正火： 820～840℃空冷	≤241HBW
	(1) 在滑动轴承内运转 (2) 中等载荷或重载荷 (3) 要求轴颈部分有更高的耐磨性 (4) 精度很高 (5) 有较高的交变应力，冲击载荷较小	用于 M1450 型磨床主轴	65Mn	调质后轴颈和方头处局部淬火： (1) 调质：790～820℃淬油，580～620℃回火	250～280HBW
				(2) 轴颈淬火：820～840℃高频感应淬火，200～220℃回火	56～61HRC （表面硬度）
				(3) 头部淬火：790～820℃淬油，260～300℃回火	50～55HRC （表面硬度）
	工作条件同上，但表面硬度要求更高	用于 MQ1420、MB1432A 型磨床砂轮主轴	GCr15、9Mn2V	调质后轴颈和方头处局部淬火： (1) 调质：840～860℃淬油，650～680℃回火	250～280HBW
				(2) 局部淬火：840～860℃淬油，160～200℃回火	≥59HRC
	(1) 在滑动轴承内运转 (2) 重载荷、转速很高 (3) 精度要求极高 (4) 有很高的交变载荷和冲击载荷	用于 MEG1432 型高精度磨床砂轮主轴、T4240A 型坐标镗床主轴、T68 型镗床的镗杆、C2150.6 型多轴自动车床中心轴	38CrMoAl	调质后渗氮： (1) 调质：930～950℃淬油，630～650℃回火	≤260HBW
				(2) 渗氮：510～560℃渗氮	≥850HV （表面）
	(1) 在滚动轴承内运转 (2) 低速、轻载荷或中等载荷 (3) 精度要求不高 (4) 稍有冲击载荷	用于一般简易机床主轴	45	调质： 820～840℃淬水，550～580℃回火	220～250HBW
	(1) 在滚动轴承内运转 (2) 转速稍高，轻载荷或中载荷 (3) 精度要求不太高 (4) 冲击载荷、交变载荷不大	用于龙门铣床、立式铣床、小型立式车床的主轴	45	整体淬硬： 820～840℃淬水，350～400℃回火	40～45HRC
				正火或调质后局部淬火： (1) 正火：840～860℃空冷，	≤229HBW
				(2) 调质：820～840 淬水，550～580℃回火	220～250HBW
				(3) 局部淬火：820～840℃淬水，240～280℃回火	46～51HRC

（续）

分类	要求	零件实例	推 荐 材 料		
			牌号	热处理工艺	硬度要求
机床主轴	（1）在滚动或滑动轴承内运转 （2）低速、轻载荷或中载荷 （3）精度要求不很高 （4）有一定的冲击载荷和交变载荷	用于 CW61100 型、CB3463 型、CA6140 型、C61200 型等重型车床主轴	45	正火或调质后轴颈部分表面淬火： （1）正火：840~860℃空冷	≤229HBW
				（2）调质：820~840℃淬水，550~580℃回火	220~250HBW
				（3）轴颈表面淬火：860~900℃高频感应淬火（淬水），160~250℃回火	46~57HRC（表面）
	（1）在滑动轴承内运转 （2）中等载荷，转速很高 （3）精度要求不很高 （4）冲击载荷不大，但交变应力较高	用于 Y236 型刨齿机和 Y58 型插齿机主轴、外圆磨床头架主轴、内圆磨床主轴	20Cr、20MnVB	渗碳淬火： 910~940℃渗碳，790~820℃淬油，160~200℃回火	≥59HRC（表面）
	（1）在滑动轴承内运转 （2）重载荷，转速很高 （3）高的冲击载荷 （4）很高的交变应力	用于 Y7163 型齿轮磨床、CG1107 型车床、SG8030 型精密车床主轴	20CrMnTi、12CrNi3	渗碳淬火： 910~940℃渗碳，820~840℃淬油，160~200℃回火	≥59HRC（表面）
农业机械轴类零件	联合收割机变速箱长轴		35	（850±10）℃淬火，（580±10）℃回火	207~241HBW
	联合收割机液压轴		40	（850±10）℃淬火，（550±10）℃回火 凸台处：（850±10）℃高频感应淬火，（350±10）℃回火	凸台处：37~40HRC 其余部分：26~32HRC
	联合收割机转向节主轴		45	（850±10）℃淬火，（540±10）℃回火	269~321HBW
	灌水-铧犁沟轮轴		45	（830±10）℃淬火，（300±10）℃回火	30~47HRC
	悬挂犁轮轴		45	（830±10）℃淬火，（750±10）℃回火	51~57HRC
	联合收割机变速箱主轴		40Cr	（830±10）℃淬油，（560±10）℃回火	28~35HRC
	联合收割机变速箱第二轴		40Cr	（860±10）℃淬油，（550±10）℃回火	31~35HRC
	联合收割机导架行星齿轮轴		40Cr	（860±10）℃淬油，（400±10）℃回火	35~41HRC
	联合收割机差速器十字轴		40Cr	（870±10）℃高频感应淬火，（180±10）℃回火	≥50HRC

（续）

分类	要求	零件实例	推荐材料		
			牌号	热处理工艺	硬度要求
农业机械轴类零件		联合收割机带齿轮半轴	20CrMnTi	（900±10）℃正火，（920±10）℃渗碳，（840±10）℃淬油，（180±10）℃回火，齿键分段盐炉加热	渗碳层深度：0.7~1.2mm 齿部：58~64HRC 心部：33~48HRC 键部：≤43HRC
机床花键轴和心轴	在磨损条件下工作、载荷不高的中、小尺寸的轴和杆	—	15 或 20	910~930℃渗碳，780~800℃淬水，160~200℃回火	≥59HRC（表面）
	在载荷不大条件下工作的光杆、轴	用于车床交换变速箱中的杠杆	35	860~880℃空淬	≤187HBW
	装有滑动轴承、在低载荷下工作的轴、花键轴	—	45	840~860℃空淬	≤229HBW
	速度小于 1m/s、载荷低、在滚动轴承内运转的轴及不重要的花键轴	用于铣床变速箱中的花键轴、T618 型镗床操纵机构中的轴及前主轴箱内的花键轴	45	820~840℃淬水，550~580℃回火	220~250HBW
	要求表面硬度较高、速度在 2m/s 以下、在滑动轴承内旋转的小轴、心轴	用于铣床主轴箱中的小轴	45	820~840℃淬水，350~400℃回火	40~45HRC
	要求热处理变形小、表面硬度高的花键轴、心轴和轴	用于立钻变速箱中的花键轴	45	860~900℃高频感应加热，淬水，160~200℃回火	52~57HRC（表面）
	速度大于 3m/s、承受大的弯曲载荷、在摩擦条件下工作的轴	用于钻床进给箱中的水平轴	20Cr	910~940℃渗碳，790~820℃淬油，160~200℃回火	≥59HRC（表面）
	在中等载荷和不高的速度下、在滚动轴承内运转、要求强度较高的小轴及中载荷的花键轴	用于 Y225 型铣齿机驱动箱中的轴	40Cr	840~860℃淬油，600~630℃回火	220~250HBW
	在滑动轴承内运转，速度在 3m/s 以下，要求硬度高、变形小，在磨损条件下工作的小轴及心轴	用于车床变速箱中的离合器轴、铣床变速箱中的花键轴	40Cr	830~850℃淬油，280~320℃回火	46~51HRC
	在低、中载荷及低速条件下工作的大轴	用于重型机床的大轴	50Mn2	810~840℃淬油，550~600℃回火	250~280HBW
	承受冲击载荷、要求心部韧性高、表面耐磨和热处理变形小的轴、杆	—	12CrNi3	910~940℃渗碳，780~880℃淬油，160~200℃回火	≥59HRC（表面）

（续）

分类	要求	零件实例	推荐材料		
			牌号	热处理工艺	硬度要求
机床花键轴和心轴	要求强度高、载荷大的大型轴和要求热处理变形小、表面耐磨、形状复杂的轴	—	35CrMnSi	880~900℃淬油，180~200℃回火	46~51HRC

分类	要求				推荐材料			
	内燃机类型	功率/hp（1hp=745.7W）	转速/（r/min）	零件实例	牌号	热处理工艺	硬度	
							表面硬度 HRC	硬化层深度/mm
内燃机曲轴	轻型和中型载货汽车、小轿车、拖拉机及农用小型内燃机	3~135（柴油机） 50~200（汽油机）	1500~4500	用于CA10B型解放牌4t载货汽车发动机曲轴	45	正火：（860±10）℃ 轴颈中频感应淬火	55~63	3~4.5
				用于东方红54/75型履带式拖拉机柴油机曲轴	45	调质：（840±10）℃淬水，（600±10）℃回火 轴颈中频感应淬火	55~63	≥3.5
				用于新195型农用柴油机曲轴	QT600-3	正火：（910±10）℃ 轴颈中频感应淬火	46~50	3~4
	重型载货汽车柴油机	120~350	1500~3000	6~8t越野车及20t自卸矿用车用6140型柴油机曲轴	35CrMo	调质：（870±10）℃淬油，（560±10）℃回火 轴颈中频感应淬火	53~58	3~5
				—	铜钼稀土球墨铸铁	正火：900~980℃，回火：550~620℃ 轴颈高频感应淬火	55~60	1.8~2.0
	内燃机车柴油机	1000~3600（最高可达6300）	850~1100	用于中速大功率柴油机曲轴	35CrMo	调质：850℃淬油，550℃回火，油冷 渗氮：510℃	560~600HV	0.6~0.7（渗氮层深度）
					铜铬钼球墨铸铁	860~880℃喷雾冷却至300℃，350℃炉内余热等温淬火	—	—
			1500~1600	用于高速柴油机曲轴	铜铬钼球墨铸铁	830~840℃淬油，520~560℃回火，油冷，250℃时效，空冷	—	—
				用于高速大功率柴油机曲轴	42CrMo	调质：860℃淬油，540℃回火，油冷 渗氮：510℃	56~62	渗氮层深度≥0.7
					50CrMo①	调质：850℃淬油，590℃回火，油冷，中频感应淬火	56~63	4~5

（续）

分类	要求	零件实例	推荐材料		
			牌号	热处理工艺	硬度要求
典型轴类零件	机床主轴承受不同大小和形式的负荷，轴颈等表面应有较高的耐磨性，如 CA6140 型车床主轴		45	下料→粗加工→正火→机加工→高频感应淬火→回火→磨 正火：840~860℃，保温 1~1.5h 后空冷，硬度小于或等于 229HBW 高频感应淬火：在淬火前进行 220~250℃、1~1.5h 预热回火	轴颈表面高频感应淬火，回火，45~50HRC
	承受扭转和一定的冲击负荷，应具有较高的强度、韧性、耐疲劳性能，如跃进 130 型汽车半轴		40Cr、35CrMo、42CrMo、40CrMnMo	40Cr 钢调质后进行中频感应淬火，淬硬深度为 4~6mm，金相组织为索氏体+托氏体	表面硬度为 52HRC，静力矩为 6900N·m，疲劳极限≥30 万次
	承受扭转负荷、腐蚀条件中工作的水泵轴		30Cr13	1000~1050℃淬油	42HRC
			40Cr13		48HRC
	高负荷、高强度、耐磨性好、变形小的花键轴		45	高频加热，水冷，低温回火	52~58HRC
	低速、中小负荷、冲击较小、精度不高的普通简易机床主轴或不重要的花键轴		45	调质	225~255HBW
	中小负荷、转速较高、有冲击、疲劳负荷较小、精度较高、用于滚动轴承或滑动轴承中的轴		45	正火或调质，轴颈或装配部位进行表面淬火	45~50HRC
	中等或重负荷、转速较高、有冲击、疲劳负荷较大、精度较高、用于滑动轴承的轴		40Cr	调质	228~255HBW
				轴颈进行表面淬火	≥54HRC
				装配部位进行表面淬火	≥45HRC
	中等负荷、高速、冲击较小、心部强度要求不高、疲劳负荷较大、精度要求不很高、用于滑动轴承或滚动轴承的轴，如重型齿轮铣床、磨床主轴		20Cr	渗碳，淬火，低温回火	58~62HRC
	重负荷、高速、冲击大、疲劳应力高，要求心部有较高的力学性能、表面高硬度、高耐磨性，用于滑动轴承及滚动轴承的轴		20CrMnTi	渗碳，淬火，低温回火	≥59HRC
	重负荷、高速、心部强度要求很高、表面硬度很高、耐磨、精度很高、在滑动轴承中工作的轴，如高精度磨床、镗床主轴		38CrMoAl	调质	248~286HBW
				轴颈渗氮	≥900HV

（续）

分类	要求	零件实例	推 荐 材 料
机床主轴	在滑动轴承内运转，高速，重载，有很高的交变载荷和冲击载荷	MEG1432 型磨床砂轮主轴、T4240A 型镗床主轴、T68 型镗床的镗杆、C2150.6 型自动车床中心轴	38CrMoAlA（调质后渗氮）
	在滑动轴承内运转，高速，中载，冲击载荷不大，但有较高的交变应力	Y236 型刨齿机主轴、Y58 型插齿机主轴、外圆磨床头架主轴、内圆磨床主轴	20Cr、20Mn2B、20MnVB（渗碳淬火）
	在滑动轴承内运转，高速，重载，冲击载荷高，交变应力高	Y163 型齿轮磨床、CG1107 型车床、SG8030 型车床	20CrMnTi、12CrNi3（渗碳淬火）
	在滚动轴承内运转，低速，轻或中载，稍有冲击载荷	一般简易机床主轴	45（淬水，回火）
	在滚动轴承内运转，转速稍高，轻或中载，冲击载荷和交变载荷不大	龙门铣床、立式铣床、小型立式车床的主轴	45（正火或调质后局部淬火）
	在滚动轴承或滑动轴承内运转，低速，轻或中载，有一定的冲击载荷和交变载荷	CW61100 型、CB3463 型、C6140A 型、C61200 型等重型车床的主轴	45（正火或调质后轴颈部分表面淬火）
	在滚动轴承或滑动轴承内运转，低速，轻或中载	重型机床主轴	50Mn2（正火）
	在滚动轴承内运转，中速稍高载荷，冲击载荷和交变载荷小	滚齿机、洗齿机、组合机床的主轴	40Cr、40MnB、40MnVB（整体淬火或调质后局部淬火）
	在滑动轴承内运转，中或重载荷，转速稍高，有较高的冲击载荷，交变载荷小	铣床、C616 型车床、M7475B 型磨床砂轮主轴	40Cr、40MnB、40MnVB（调质后轴颈部分表面淬火）
	在滑动轴承内运转，中载或重载，轴颈部分耐磨性要求高，冲击载荷较小，但有较高的交变应力	M145 型磨床主轴	65Mn（调质后轴颈和方头处局部淬火）
	在滑动轴承内运转，中载或重载，轴颈部分耐磨性要求高，冲击载荷较小，但有较高的交变应力	MQ1420 型、MB1432 型磨床砂轮主轴	GCr15、9Mn2V（调质后轴颈和方头处局部淬火）

（续）

分类	要求	零件实例	推 荐 材 料
轴、杠杆	承受载荷不大的光杆和轴	车床交换齿轮箱中的杠杆	35（淬水）
	装有滑动轴承、承受低载荷、速度<1m/s 的轴和不重要的花键轴	铣床变速箱中花键轴、T618 型镗床操纵机构中的轴及前主轴箱内的花键轴	45（820~840℃空冷）
	表面要求耐磨、速度<2m/s、在滑动轴承内旋转的小轴、心轴	铣床主轴箱中的小轴	45（820~840℃淬水，350~400℃回火）
	表面耐磨的花键轴、心轴和轴	立式钻床变速箱中的花键轴	45（860~900℃高频感应淬水，160~200℃回火）
	承受大弯曲载荷，速度>3m/s，摩擦条件下工作的轴	钻床进刀箱中的水平轴	20Cr（910~940℃渗碳，790~820℃淬油，160~200℃回火）
	中载和不高速度下，滚动轴承内运转的要求强度较高的小轴及中载的花键轴	Y225 型铣齿机驱动箱中的轴	40Cr（840~860℃淬油，600~630℃回火）
	磨损条件下，要求硬度高、速度<3m/s、在滑动轴承内运转的小轴及心轴	车床变速箱中的离合器轴、铣床变速箱中的花键轴	40Cr（830~850℃淬油，280~320℃回火）
	低速、低载荷或中载荷下工作的大轴	重型机床大轴	50Mn2（810~840℃淬油，550~600℃回火）
	一般工作要求的普通轴类		优质碳素结构钢，如 35、40、45、50
	载荷较小且不重要的一般轴类		普通碳素结构钢，如 Q235、Q255
	载荷大、直径尺寸受限制的轴类	—	合金结构钢，如 35SiMn、35MnB
	结构复杂的轴类		铬钢，如 40Cr、35CrMo
	大截面且重要的轴类		铬镍钢，如 40CrNi
	高温条件或有耐腐蚀要求的轴类		耐热钢或不锈钢，如 12Cr13、20Cr13、1Cr18Ni9Ti[②]
	外形复杂的轴类		球墨铸铁
机架	机架应具有足够的刚度、强度和稳定性，精密机器还应考虑热变形对机架精度的影响。机架通常形状复杂，一般采用铸造工艺生产	机床底座、立柱、工作台、滑板，水泵壳体，鼓风机底座，汽轮机机架，气压机机身，锻压机机身	HT100、HT150、HT200、HT250
		汽车驱动桥壳体、离合器壳体	QT400-18
		拖拉机驱动桥壳体、离合器壳体	QT400-15

（续）

分类	要求	零件实例	推荐材料
机架	机架应具有足够的刚度、强度和稳定性，精密机器还应考虑热变形对机架精度的影响。机架通常形状复杂，一般采用铸造工艺生产	曲柄压力机机身	QT450-10、QT500-7
		冷冻机缸体和缸套	QT700-2、QT800-2
		空压机缸体和缸套	QT900-2
		轧钢机机架	ZG200-400
		模锻锤砧座、外壳、机座	ZG230-450
		轧钢设备机架，如轧钢机机架、连轧机轨座、辊道架、动轧机立辊机架、板坯轧机机体 锻压设备机架，如水压机横梁和中间底座、曲柄压力机机身、锤锻立柱、热模锻底座 矿山设备及其他大型设备机架，如破碎机机架	ZG270-500、 ZG310-570
		汽车车身用钢板和钢带、汽车大梁用热轧钢板	08F、08、10、15、20、25、15Al、Q195、Q215、Q235、Q275（板材或带材） 16MnREL、09MnREL、06TiL、08TiL、10TiL、09SiVL、16MnL、碳素铸钢、低合金铸钢等
滑动螺旋传动螺母	高精度传导螺旋的螺母	机床进给和分度机构传导螺母、摩擦压力机传力螺母、千斤顶传力螺母	ZCuSn10P1、ZCuSn5Pb5Zn5
	低速重载传力螺旋的螺母		ZCuAl10Fe3、ZCuZn25Al6Fe3Mn3
	重载调整螺旋的螺母		35、球墨铸铁
	低速轻载螺旋的螺母		耐磨铸铁
	大尺寸螺母 外套		20、45、40Cr、灰铸铁
	大尺寸螺母 内部（浇注）		青铜、巴氏合金
滚动螺旋传动螺杆	低精度轻载	各种数控机床、加工中心、PMS柔性制造系统、各种仪器仪表（如万能材料拉伸试验机、液压脉冲马达、扫描电镜等）、汽车转向器、船舰转向器、起重机提升装置、客运索道、冶金设备、化工机械、轻工机械、印刷机械、医疗机械等的滚珠螺杆和螺母	60（冷轧）
	高精度重载		GCr15、GCr15SiMn、CrWMn、9Mn2V、50CrMo（表面淬火或整体淬火）
	小尺寸规格		20CrMnTi（渗碳淬火）
	高温下工作且要求耐蚀性良好		1Cr15Co14Mo5VN、05Cr17Ni4Cu4Nb（固溶+时效）
滚动螺旋传动螺母	各种精度要求和不同的载荷均可适应		GCr15、CrWMn（整体淬火）
传动链条	工作环境不完全封闭，承受滑动磨损和磨料磨损，链板要求较高的拉伸强度，销轴要求表面耐磨但心部具有较好的韧性	链板	20CrMnSi、45、40Mn、20Mn（淬火+低温回火，45钢调质）
		销轴	Q215B、20CrMo、20CrMnMo、20CrMnTi（碳氮共渗+淬火+回火）
		滚子	Q215BF、08、10、15（碳氮共渗+淬火+回火）
		套筒	08F、Q215BF（碳氮共渗+淬火+回火）
		簧卡	45（淬火+中温回火）

（续）

分类	要求	零件实例	推 荐 材 料	
履带	工作条件差，要求承受压力和冲击载荷，应具有较高的抗表面磨料磨损、抗弯和抗断裂的韧性	小型拖拉机履带	ZG31Mn2Si（淬火+低温回火）	
		大、中型拖拉机履带 坦克履带 推土机履带 起重机履带	40SiMn2（调质+表面淬火）	
机床导轨（滑动导轨、滚动导轨、静压导轨）	机床导轨要求具有优良的耐磨性能，摩擦因数和动摩擦因数小，尺寸精度稳定性优良，具有足够的承载能力和工作寿命	CA6140 型车床床身导轨，C620-3 型车床床身导轨、C3163 型六角车床床身导轨、M6025-C 型磨床镶钢导轨、SI-220 型数控车床床身镶钢导轨、JCS-013C 型加工中心导轨	**牌 号**	**配合副材料**
			HT150、HT200、HT250、HT300、HT350（表面淬火）	HT200、HT250
			QT500-7、QT600-3、QT700-2（表面淬火）	HT200、HT250
			RuT340（表面淬火）	HT200、HT250
			MTPCuTi15、MTPCuTi20、MTPCuTi25、MTPCuTi30、MTP15、MTP25、MTP30、MTVTi20、MTVTi25、MTVTi30、MTCrMoCu25、MTCrMoCu30、MTCrMoCu35、MTCrCu25、MTCrCu30、MTCrCu35（高温时效）	与主导轨相同的耐磨铸铁、ZCuSn10Pb1、ZZnAl10-5
			GCr15、GCr15SiMn（淬火或表面淬火）	HT200、HT250、HT300、GCr15（滚动体）
			T7、T8、9Mn2V、CrWMn、9SiCr（淬火或表面淬火）	
			45、40Cr、42CrMo、55、50CrV（淬火或表面淬火）	HT200、HT250、HT300
			20Cr、20CrMnTi、20CrMnMo、15CrMn（渗碳）	HT200、HT250、HT300、GCr15（滚动体）
			38CrMoAlA（渗氮）	HT200、HT250、HT300
链轮	$z \leqslant 25$、受冲击载荷的链轮	农业、采矿、冶金、起重、运输、石油、化工、纺织等行业的各种机械动力传动中的各种链轮	15、20（渗碳+淬火+回火）	
	$z < 25$、承受动载荷且传递功率较大的链轮		15Cr、20Cr、12CrNi3（渗碳+淬火+回火）	
	$z > 25$、正常工作条件的链轮		35（正火）	
	中速、传递中等功率的链轮		Q235（焊后退火）	
	重要的、要求强度较高、轮齿耐磨的链轮		40Cr、35SiMn、35CrMo、35CrMnSi（淬火+回火）	

（续）

分类	要求		零件实例	推 荐 材 料
链轮	$z \leqslant 40$、无强烈冲击振动、有磨损条件下的链轮		农业、采矿、冶金、起重、运输、石油、化工、纺织等行业的各种机械动力传动中的各种链轮	45、50、ZG310-570（淬火+回火）
	$z > 50$、外形复杂、精度要求不高的从动链轮			HT150、HT200、HT250、HT300、HT350（淬火+回火）
带轮	按带轮线速度选材	$v < 20m/s$	农业、采矿、选矿、冶金、建材、石油、化工等工业中各种传动中的带轮	HT150（自然时效或人工时效）
		$v < 25 \sim 30m/s$		HT200、HT250（自然时效或人工时效）
		$v > 35m/s$		35、40、ZG200-400、ZG230-450、ZG270-500、ZG310-570（自然时效或人工时效）
滑动螺旋传动螺杆	轻载荷、精度要求不高的螺杆		金属切削机床进给机构和分度机构传导螺杆、摩擦压力机传力螺杆、千斤顶传力螺杆	Q235、45、50、Y40、Y40Mn、YF45MnV（正火、调质）
	中载荷、精度要求不高的螺杆			40Cr、45、Y40Mn（碳氮共渗、淬油）
	高精度、轻载或中载螺杆			T10A、T12A、45、40Cr、65Mn、40WMn（调质或球化退火）
	高精度、重载螺杆			20CrMnTi、18CrMnAlA、T12A、9Mn2V、CrWMn、38CrMoAl、35CrMo（渗碳、淬火）
	高温、高精度螺杆			0Cr17Ni4Cu4Nb（固溶、时效）
灰铸铁制阀门主要零件	公称压力≤PN1.0、温度范围为-10~200℃的介质（水、蒸汽、空气、煤气、油类等）的阀门		阀体、阀盖、支架	HT200、HT250、HT300、HT350
			阀杆、轴	1Cr13、2Cr13、3Cr13
			摇杆	20、25、35
			弹簧	50CrVA、60Si2Mn、60Si2MnA
			浮子	12Cr18Ni9、1Cr18Ni9Ti[②]、06Cr18Ni11Ti
			过滤网	12Cr18Ni9、1Cr18Ni9Ti[②]
			手轮	KTH330-08、KTH350-10、QT400-15、QT450-10
可锻铸铁制阀门主要零件	公称压力≤PN2.5、温度范围为-30~300℃的介质（水、蒸汽、空气、油类等）的阀门		阀体、阀盖、启闭件	KTH300-06、KTH330-08、KTH350-10
			阀杆、轴	12Cr13、20Cr13、30Cr13
			摇杆	20、25、35
			气缸	12Cr13、20Cr13
			活塞	20Cr13、30Cr13
			膜片	12Cr18Ni9、1Cr18Ni9Ti[②]
			弹簧	50CrVA、60Si2Mn、60Si2MnA
			浮子	12Cr18Ni9、1Cr18Ni9Ti[②]、06Cr18Ni11Ti
			过滤网	12Cr18Ni9、1Cr18Ni9Ti[②]
			手轮	KTH330-08、KTH350-10、QT400-15、QT450-10

（续）

分类	要求	零件实例	推 荐 材 料
球墨铸铁制阀门主要零件	公称压力≤PN4.0、温度范围为－30～350℃的介质（水、蒸汽、空气、油类等）的阀门	阀体、阀盖、启闭件、支架（其他零件的选材可参照可锻铸铁制阀门的相关零件）	QT400-15、QT450-10、QT500-7
碳素钢制阀门主要零件	公称压力≤PN32、温度为－30～450℃的介质（水、蒸汽、空气、氢气、氨、氮及石油产品等）的阀门	阀体、阀盖、阀座、启闭件、支架、法兰、摇杆、压紧螺母	20、25、30、35、Q345
		阀杆、气缸、活塞	12Cr13、20Cr13、30Cr13
		销轴	35、45
		膜片、过滤网	12Cr18Ni9、1Cr18Ni9Ti[②]
		弹簧	50CrVA、30W4Cr2A、60Si2Mn、60Si2MnA、12Cr18Ni9、1Cr18Ni9Ti[②]
		浮子	12Cr18Ni9、1Cr18Ni9Ti[②]、06Cr18Ni11Ti
		手轮	KTH330-8、KTH350-10、QT400-15、QT450-10、Q275
高温钢制阀门主要零件	公称压力≤PN16、温度≤550℃的蒸汽、石油产品的高温钢制阀门	阀体、阀盖、摇杆	ZGCr5Mo、ZG20CrMoV、ZG15Cr1Mo1V、12Cr5Mo、12CrMoV、12Cr1MoVA
		启闭件、阀座	ZG12Cr18Ni9Ti、1Cr18Ni9Ti[②]
		销轴	12Cr13、20Cr13
		阀杆	42Cr9Si2、40Cr10Si2Mo、25Cr2MoV、25Cr2Mo1V
		弹簧	30W4Cr2VA
		浮子	12Cr18Ni9、1Cr18Ni9Ti[②]、06Cr18Ni11Ti
		过滤网	12Cr18Ni9、1Cr18Ni9Ti[②]
		双头螺柱	25Cr2MoV、25Cr2Mo1V
		螺母	30CrMo、35CrMo
		手轮	KTH330-08、KTH350-10、QT400-15、QT450-10、Q275
低温钢制阀门主要零件	公称压力≤PN6.4、温度不低于－196℃的乙烯、丙烯、液态天然气及液氮等介质的低温用阀门	阀体、阀盖、阀座、启闭件、摇杆	ZG0Cr18Ni9、ZG12Cr18Ni9、ZG0Cr18Ni9Ti、ZG12Cr18Ni9Ti、06Cr19Ni10、12Cr18Ni9、06Cr18Ni11Ti、1Cr18Ni9Ti[②]
		阀杆	14Cr17Ni2、12Cr18Ni9、1Cr18Ni9Ti[②]
		销轴	12Cr13、20Cr13、30Cr13
		双头螺柱	14Cr17Ni2、12Cr18Ni9、1Cr18Ni9Ti[②]
		螺母	06Cr13、12Cr13、20Cr13、1Cr18Ni9Ti[②]
		手轮	KTH330-08、KTH350-10、QT400-15、QT450-10、Q275A

（续）

分类	要求	零件实例	推 荐 材 料		
不锈耐酸钢制阀门主要零件	公称压力≤PN6.4、温度不高于200℃的硝酸、醋酸等介质的不锈耐酸用阀门	阀体、阀盖、阀座、摇杆、销轴、启闭件	耐硝酸	ZG0Cr18Ni9Ti、ZG12Cr18Ni9Ti	
				ZG00Cr18Ni10	
				06Cr18Ni11Ti、1Cr18Ni9Ti[2]	
				14Cr17Ni2、022Cr19Ni10	
				14Cr18Ni11Si4AlTi	
			耐醋酸和尿素	ZG0Cr18Ni12Mo2Ti	
				ZG1Cr18Ni12Mo2Ti	
				06Cr17Ni12Mo2Ti、07Cr17Ni12Mo2	
				06Cr17Ni12Mo2Ti、07Cr17Ni12Mo2	
				06Cr17Ni12Mo2N	
				1Cr18Mn10Ni5Mo3N	
		阀杆	07Cr17Ni12Mo2、1Cr18Ni9Ti[2]		
			07Cr17Ni12Mo2、06Cr17Ni12Mo2Ti		
			06Cr17Ni12Mo2N		
		双头螺栓	14Cr17Ni2、12Cr18Ni9		
		螺母	06Cr13、12Cr13、20Cr13、12Cr18Ni9		
		垫片（手轮材料同低温阀门手轮材料）	06Cr18Ni11Ti、1Cr18Ni9Ti[2]		
			06Cr17Ni12Mo2Ti、07Cr17Ni12Mo2		
内燃机零件	气缸是汽车、拖拉机、内燃机车等重要的动力部件，承受反复冲击、磨损、高温气体腐蚀，要求主要零件耐冲击、耐磨损、抗疲劳，有较好的高温性能。活塞一般选用铸造铝合金，活塞环和气缸套选用铸铁及钢		HT150、HT200、HT250、HT300、HT350。活塞环用耐磨铸铁（钨系、铜铬系、镍铬系等）、QT600-3、QT700-2、QT800-2、QT900-2、KTZ450-06、KTZ550-04、KTZ650-02、KTZ700-02、RuT420、RuT380、T8A、65Mn、65、70、85、50CrVA		
	活塞销		15、20、15Cr、20Cr、20Mn2、15CrNi3A、18Cr2Ni4WA、20CrMnTi		
	连杆		调质钢： 40、45、45Mn、40Cr、40MnB、45Mn2、35CrMo、42CrMo、18Cr2Ni4W、42SiMn 非调质钢： 35MnV、35MnVS、40MnV、43MnS		
	曲轴		45、55、40Cr、45Mn2、35CrMo、42CrMo、35CrNiMo、35CrNi3MoV、18Cr2Ni4WA、35CrMnMo、40CrMnMo、QT600-3、QT700-2、QT800-2、QT900-2、KTZ650-02、KTZ700-02、ZG270-500		
	气缸体和气缸盖		HT200、HT250、HT300、HT350		

（续）

分类	要求		零件实例	推 荐 材 料
汽轮机和汽轮机发电机零件	汽轮机和发电机转子高速旋转，承受离心力、扭转力矩和高温条件下负荷。按工作条件分为		亚临界、高中压转子	30Cr2MoV、30Cr1Mo1V
			低压转子与发电机转子	34CrNi3Mo、30Cr2Ni4MoV
			高中压一体化转子	1CrMoV、35NiCrMoV、28CrMoNiV、30CrMoNiV、2.5Cr1.2Mo1.5NiV、9CrMoVNiNbN
			超临界高中压转子	1CrMoV、12CrMoV、TYPE22、12CrMoWV、11CrMoVNbN、11CrMoVTaN、10CrWMoVNbB
	叶轮是关键的大型锻件，受载大且服役条件复杂			24CrMoV、35CrMoV、34CrMo1、34CrNi3Mo、35CrMoV、34CrNi3Mo、30Cr2Ni4MoV
	动叶片			12Cr13、12Cr12、20Cr13、1Cr11MoV、15Cr12WMoV、21Cr12MoV、2Cr11NiMo1V、1Cr12Ni2W1Mo1V、1Cr12Ni3Mo2VN
	静叶片			12Cr13、ZG15Cr13、ZG20Cr13、1Cr11MoV、ZG1Cr11MoV
	汽轮机气缸与法兰用螺栓紧固，在高温、高压条件下工作，要求有较好的高温持久强度和高温蠕变强度等			35CrMo、25Cr2MoV、2Cr12NiMo1W1V、20Cr1Mo1V-NbTiB
	气缸和隔板在选材时主要应考虑工作温度		气缸	HT250(工作温度$t_工$为250℃) QT450-10($t_工$ 320℃) ZG230-450($t_工$ 400~450℃) ZG20CrMo($t_工$ 400~535℃) ZG15Cr1Mo1V($t_工$ 为580℃)
			隔板	$t_工$ 为250℃，可用 HT150、HT200、HT250 $t_工$ 为320℃，可用 QT450-10 $t_工$ 为350~360℃，可用碳钢、ZG230-450 焊接隔板 $t_工$ > 400℃，可用合金钢，如 15Cr12WMoV、35CrMoA $t_工$ 为500℃，可用 ZG15CrMo、ZG20CrMo $t_工$ 为565℃，可用 ZG15Cr1Mo1V $t_工$ 为580℃，可用 Cr12WMoV $t_工$ > 580℃，可用奥氏体钢，Cr16Ni13Mo2Nb(600℃)、Cr15Ni35W3Ti(650℃)
量具	在冲击负荷下工作的量具			YG6、YG8
	要求尺寸稳定性和耐用度很高的量具，如卡板、量块、环规、千分尺测量头等			YG15
	要求精密和耐蚀性高的量具			30Cr13、40Cr13、95Cr18、90Cr18MoV
	形状复杂且工作条件繁重的量具			38CrMoAlA(渗氮，硬度 850≥HV)
	中、小型高精度量规及量具零件			GCr9
	各种量规、量块及其他高精度量具零件，如千分尺螺纹量杆、正弦规工作台及滚柱等			GCr15 (Cr2)

（续）

分类	要求	零件实例	推 荐 材 料
量具	尺寸较大或厚实的高硬度、高精度的量具零件和量规，如石油量规、正弦规工作台等		GCr15SiMn
	要求高硬度、高耐磨性的量规和量具零件		CrWMn
	要求淬火畸变小的量规、卡板及其他一般量具		9Mn2V
	耐磨及耐锈蚀的量具零件（如百分表量杆等）		90Cr18MoV
	耐磨、抗锈蚀的量规及量具零件（如卡尺尺身、尺框等，也可用于渗氮量块）		30Cr13 40Cr13
	尺寸不大、具有一定韧性和耐磨性的量具零件（如卡尺尺身、尺框，宽座角尺长边，百分表销子等）		T8A T10A
	尺寸不大、耐磨性高的量具零件（如百分表齿轮、下轴套等）		T12A
	卡尺平弹簧、卡尺深度尺及其他量具用弹性零件		65Mn
	中硬度量具零件（如千分尺微分筒体、螺纹轴套、百分表上轴套等）		45
	低精度、尺寸不大且形状简单的量块、样板、样套等		T10A、T12A
	使用频繁、要求韧性较好、不易碰撞折断的板形量具，如卡规、样板、钢直尺、角度尺、塞尺、卡尺等		T8A、15、20
	尺寸长、形状较复杂的量具		15Cr、20Cr
	要求一定硬度及强度、韧性的量具结构件，如卡尺的尺身、尺框和千分尺刻度套管		45、50、55、60、65
	精度要求较高的一般量块、量规、环规、测头样柱等		Cr2、CrMn、GCr15
	高精度、形状复杂、要求淬火变形小的量块、量规卡规等		CrWMn、9CrWMn、9Mn2V、Cr2Mn2SiWMoV
	尺寸较大、使用频繁、要求耐磨性高的量块、量规、卡板等		Cr12、Cr12MoV、W6Mo5Cr4V2
耐腐蚀零件	在大气腐蚀条件下，特别是在潮湿大气、海洋大气和工业大气环境中工作的零部件均承受一定的腐蚀作用，如在中等腐蚀环境中服役的各种海水、石油、化工、能源等设备零部件，管道、车辆、船舶、桥梁、化工容器、井架等，一般采用耐腐蚀低合金钢即可满足耐蚀性要求		GB/T 4171—2008《耐候结构钢》规定的牌号；生产中可用的非标准钢牌号，如耐大气腐蚀钢：16MnCo、09MnCuPTi、15MnVCo、10MnPNbRE、12MnPV 等，耐海水腐蚀低合金钢：10MnPNbRE、10NiCuP、08PVRE、10CrPV、09CuWSn、12NiCuWSn
	医药工业和食品工业用器械腐蚀轻，但卫生条件要求很高，如加工生产饮料、酒类、乳品、调味品、食品的各种设备，制药工业的干燥器、结晶器、反应器、医疗、生物化工设备中的阀门、换热器、管道、反应釜等，以及某些要求高的整套生产线的各种设备及零部件等		奥氏体不锈钢（GB/T 3280—2015）中的钢牌号，如022Cr17Ni12Mo2（旧牌号 00Cr17Ni14Mo2，美国牌号 316L），06Cr17Ni12Mo2N（旧牌号 0Cr17Ni12Mo2N，美国牌号 316N），06Cr19Ni10（旧牌号 0Cr18Ni9，美国牌号 304），06Cr17Ni12Mo2（旧牌号 0Cr17Ni12Mo2，美国牌号 316）

（续）

分类	要求	零件实例	推荐材料
耐腐蚀零件	均匀腐蚀，零部件工作在大气、淡水、过热蒸汽、稀硝酸及其他腐蚀性不严重的介质中，如汽轮机的零部件、汽车排气装置零部件		含 Cr 量 13% ~ 14% 的低 Cr 铁素体不锈钢，如 06Cr13Al（旧牌号 0Cr13Al，美国牌号 405），022Cr12（旧牌号 00Cr12）
	均匀腐蚀，零部件在氧化性介质中能稳定钝化，如硝酸工业中的吸收塔、换热器、管道、储槽等		含 Cr 量 14% ~ 19% 的低 Cr 铁素体不锈钢，如 10Cr15、10Cr17、022Cr18Ti、10Cr17Mo（旧牌号相应为 1Cr15、1Cr17、00Cr17、1Cr17Mo）
	要求有较高的耐氧化性介质腐蚀的能力，有一定的耐还原性介质腐蚀能力，冲击韧度良好，且有一定的耐 Cl⁻ 离子腐蚀和耐应力腐蚀能力，如有机酸和碱处理设备中的零部件		含 Cr 量为 19% ~ 30% 的高 Cr 铁素体不锈钢，如 008Cr27Mo、008Cr30Mo2（相应的旧牌号为 00Cr27Mo、00Cr30Mo2）
	铁路客车车厢、地铁车厢、城市轻轨车厢等以及为减轻重量、提高安全性能的铁路车辆、车厢内卫生间的防腐装饰		12Cr17Ni7（旧牌号 1Cr17Ni7）、022Cr19Ni10（旧牌号 00Cr19Ni10）、06Cr17Ni12Mo2（旧牌号 0Cr17Ni12Mo2）
	运输食品、化学品等的船舶、船体及冷藏库结构		06Cr18Ni11Ti（旧牌号 0Cr18Ni10Ti）
	船舶中厨房的各种设备		06Cr19Ni10（旧牌号 0Cr18Ni9）、022Cr18Ti（旧牌号 00Cr17）
	汽车车架、高速客运汽车车身外壳、地铁车辆		06Cr11Ti（旧牌号 0Cr11Ti）、00Cr12TiNbAl[①]、0Cr11Ni4Ti[①]
	汽车密封圈		12Cr17Ni7
	油冷却器板式换热器		022Cr18Ti、06Cr19Ni10
	汽车紧固件		12Cr13、06Cr19Ni10、06Cr17Ni12Mo2
	汽车轮罩、刮水器、后视镜、窗框、扶手、吊手杆等各种零件		022Cr18Ti、06Cr19Ni10、12Cr17Ni7
海洋开发装备	传热管在海水淡化中具有十分重要的作用。在多段冲洗装置中，10% 的传热管用于放热，87% 的传热管用于热回收，3% 的传热管用于盐水加热。为了增加传热效果，制成薄壁管；为提高强度，制成波纹管	海水淡化装置：13400m³/天（苏联）蒸发罐隔离器及脱气装置	06Cr18Ni11Ti
		防雾装置（环境：脱气盐水烟雾）	蒙乃尔合金
		螺旋冷凝器传热管（水蒸气）	06Cr17Ni12Mo2、06Cr19Ni10
		泵壳、泵轴、泵叶轮、杆件（海水、脱气盐水）	蒙乃尔合金-400
		传热管（厚度为 0.25mm 的薄壁管、波纹管）	00Cr22Ni17Mo3NNb[①]、00Cr22Ni13Mo5NNbV[①]

（续）

分类	要求	零件实例	推荐材料
海洋开发装备	海洋开发机械以及与海水相接触的结构已广泛使用不锈钢 20世纪70年代，日本开始使用329J1和NT-KR-4（00Cr25Ni5Mo1.5～2.5，含N或不含N）制造海水热交换器或海水冷却器管束，目前使用SAF2507钢制造海水热交换器及用于高强度钢丝绳	海水泵	022Cr19Ni10、17-4PH[①]，06Cr17Ni12Mo2，0Cr18Ni12Mo2[①]（铸件），0Cr26Ni5Mo2[①]
		海水阀门（内装件和阀体）	06Cr17Ni12Mo2
		热交换器	06Cr17Ni12Mo2、00Cr25Ni7Mo3WCuN[①]、00Cr22Ni17Mo3NNb[①]、0Cr26Ni5Mo2[①]
		海洋开发（可解决氯化物孔蚀及缝隙腐蚀）	00Cr20Ni25Mo4.5Cu[①]
		连接螺栓	0Cr18Ni12Mo2[①]（铸件）
		海面使用的金属件	06Cr19Ni10（滑车钢丝绳）、06Cr17Ni12Mo2（螺栓）、00Cr22Ni17Mo3NNb[①]
	海水中使用的金属件		06Cr19Ni10、10Cr18Ni12、00Cr22Ni13Mo2VNNb[b]、00Cr22Ni17Mo3NNb[①]
	海水介质设备（在氯化物环境中具有优异耐蚀性）		00Cr20Ni18Mo6CuN[①]
汽车工业	水冷管		022Cr19Ni10
	活塞环		30Cr13
	量油计		022Cr19Ni10、12Cr17Ni7
	锻件		10Cr17
	气囊室		022Cr19Ni10
	安全带紧线器		12Cr17Ni7
	ABS感应环		10Cr17Mo、019Cr19Mo2NbTi
	气缸密封圈		12Cr17Ni7
	油冷却器板式换热器		022Cr18Ti、06Cr19Ni10
	汽车紧固件		12Cr13、06Cr19Ni10、06Cr17Ni12Mo2
	窗框装饰条		022Cr18Ti、06Cr19Ni10
	刮水器		12Cr17Ni7
	轮罩		019Cr19Mo2NbTi
	后视镜		1Cr18Ni6Mo4[①]
	头灯护圈、大型客车扶手、安全栏杆、吊手杆、天线		022Cr18Ti、06Cr19Ni10
	安全带卷曲装置		12Cr17Ni7
	安全气囊传感器、增压泵		06Cr19Ni10

（续）

分类	要求	零件实例	推荐材料
汽车工业		汽车零部件	00Cr18Mo1Ti[①]
		汽车钣金冲压件	10Cr18Ni12、06Cr18Ni9Cu3
铁路车辆		铁道客车车厢、地铁车厢、城市轻轨车厢、城市电车、交通工具装饰、铁道客车座椅架（中国香港近海、湿热地区火车保证使用30年）	16Cr20Ni14Si2 022Cr19Ni10 0Cr18Ni5Mn9N[①] SAF2304（美国牌号）（双相不锈钢）
舰船	舰船声呐导流罩、潜水艇驾驶室和舰船厨房相关设备 船用柴油机、汽轮机排气系统、涡轮叶片 小型船推进器、轴 大型船推进器、轴 化学品船储罐		12Cr17Ni7、1Cr18Ni9Ti[②] 06Cr19Ni10、022Cr18Ti 06Cr17Ni12Mo2 12CrMo、17-4PH[①] 20Cr13 06Cr19Ni10N 0Cr22Ni5Mo3N[①] 07Cr17Ni7Al
	船用轴、热交换器（无磁性、冷变形大）		00Cr22Ni13Mn15MoN[①]
医疗器械、医药设备		隧道灭菌烘箱（罐体、储罐、灭菌烘箱）	0Cr19Ni9[①]、00Cr19Ni11[①]
		发酵罐（管件、阀门、罐体）	12Cr18Ni9
		细胞生化反应器（支架、螺栓）	06Cr17Ni12Mo2
		蒸馏水储罐（罐体、筒体）	022Cr17Ni12Mo2
		高速溶化罐（胶塞清洗机容器及门）	07Cr19Ni11Ti
		洁净卫生管件及阀门（罐体零件、支架、螺栓）	卫生级不锈钢
		制药设备（干燥机）	06Cr17Ni12Mo2
		酒精回收浓缩器、塔	0Cr19Ni9[①]
		制药蒸馏塔（工况：Cl⁻的质量分数为0.5%，温度为100℃，为避免出现SCC（应力腐蚀开裂），1972年即用3RE60钢，效果很好）	3RE60钢
		浓、稀配罐	06Cr17Ni12Mo2或0Cr19Ni9[①]，内表面抛光
		双锥回转真空干燥机	06Cr17Ni12Mo2或0Cr19Ni9[①]
		高速混合制粒机	06Cr17Ni12Mo2或0Cr19Ni9[①]
		外科植入物不锈钢	0Cr18Ni13Mo3[①]
		医疗手术器械，如外科手术刀、剪	30Cr13、40Cr13、32Cr13Mo、95Cr18、90Cr18MoV
火力发电	德国电厂FGD（烟气脱硫装置）在蒸发工序的设备中采用德国的1.4462（00Cr22Ni5Mo3N）双相不锈钢，使用3年情况良好 火力发电锅炉过热器钢管 发电机护环 整流器起动装置真空槽 变压器托架（支撑托架横梁）		06Cr18Ni11Ti 06Cr17Ni12Mo2 0Cr18Mo18[①] 06Cr19Ni10 04Cr13Ni5Mo

（续）

分类	要求	零件实例	推 荐 材 料	
水力发电	水轮机叶轮 电站使用的耐蚀、耐磨部件 葛洲坝水电站机件		04Cr13Ni5Mo 0Cr18Ni9N[①] 00Cr22Ni5Mo3N[①] 04Cr13Ni5Mo 0Cr13Ni5Mo[①]	
冶炼业	炼钢电炉炉壳 30000A 真空电炉（垂熔炉）炉壳（真空系统，极限真空为 5×10⁻⁷MPa，冶炼钨材用）		1Cr18Ni9Ti[②]	
除尘装置	旋风集尘装置	接粉装置及接触腐蚀气体部位	06Cr19Ni10	
	文丘里式洗涤装置	风道、风机外壳、洗涤器、鼓风机叶片	06Cr19Ni10（在温度大于 600℃ 的条件下使用）、06Cr17Ni12Mo2、022Cr17Ni12Mo2	
	电除尘	洗涤器外壳、集尘器、鼓风机外壳及放电板	06Cr17Ni12Mo2、022Cr17Ni12Mo2	
水处理	200×10⁻⁶ 氯化物含量的水设备、装置		06Cr19Ni10	
	1000×10⁻⁶ 氯化物含量的水设备、装置		06Cr17Ni12Mo2	
	苛刻腐蚀环境中的水处理设备		00Cr25Ni5Ti[①]、00Cr22Ni5Mo3N[①]	
	喷射化学药品的喷嘴		254SMo、654SMo	
	水池衬板、过滤器、滑动门、拦河堰、滤网、刮板、紧固件、管道、通风管、化学药品处理管、平台、过桥、活性类塔、臭氧发生器、管道、轨道、泵阀		06Cr19Ni10	
石化工业装备	聚氯乙烯（PVC）生产装置	汽提塔和热交换器代替 06Cr17Ni12Mo2 和 00Cr22Ni5Mo3N	超级双相不锈钢 00Cr25Ni6、5Mo3、5CuN[①]	石油化学工业腐蚀环境的特征是反应温度较高，介质中常含有高含量或中等含量氯化物，容易诱发不锈钢的应力腐蚀破裂。材料应选用双相不锈钢，更多地还要使用超级双相不锈钢
	氯乙烯生产装置	氧氯化反应器、HCl 冷却器、氯乙烯塔氧氯化反应器，代替 06Cr18Ni11Ti 钢，5 年未见 SCC；氯乙烯再沸器	00Cr25Ni7Mo3.5WCuN[①]、022Cr19Ni5Mo3Si2	
	聚乙烯醇装置	乙酸精馏塔管道	00Cr20Ni18Mo6CuN[①]	
	甲醇合成反应器	大型反应器及小型反应器物料/流出物热交换器管路系统中压闪蒸罐顶冷凝器	022Cr19Ni5Mo3Si2、00Cr22Ni5Mo3N[①]	
	羰基合成醇反应器、炼油厂加氢裂化塔的空气冷却器	代替原用奥氏体不锈钢制反应器（热疲劳损坏），预计寿命为 15 年	00Cr22Ni5Mo3N[①]	
	乙酸生产装置，耐 MnCl₂、CH₃COOMn（乙酸锰）触媒乙酸的腐蚀		00Cr25Ni7Mo4N[①]	
	对二甲酸生产装置	第 1 冷却器触媒再生设备	00Cr25Ni7Mo3.5WCuN[①]、00Cr25Ni7Mo4N[①]	

（续）

分类	要求	零件实例	推荐材料
耐高温、耐高压水设备（耐SCC）	耐应力腐蚀、耐高温、耐高压水、耐SCC	原油脱盐的给水加热器，加氢脱硫水介质热交换器、冷凝器、冷却器	双相不锈钢：022Cr19Ni5Mo3Si2、00Cr18Ni5Mo3Si2No
炼油厂设备	管程：水，28~45℃。壳程：二氯甲烷、二氯乙烷，在120℃馏出，入口温度为200℃，出口温度为100℃	炼油厂馏分	00Cr22Ni5Mo3N[1]
	管程：聚乙烯气体混合物100℃，2MPa。壳程：含Cl⁻质量分数约为100×10⁻⁶的淡水，材料温度小于或等于100℃	聚乙烯产品冷却器	00Cr22Ni5Mo3N[1]
	管程：导热油，325℃，1.53MPa。壳程：苯甲酸+重残渣油，285℃	苯甲酸再蒸馏器	00Cr22Ni5Mo3N[1]
	管程：淡水，入口温度为常温，Cl⁻的质量分数为5×10⁻⁶。壳程：含Cl⁻的PPG，入口温度小于或等于130℃	生产聚丙二醇（PPG）的冷却盘管	00Cr22Ni5Mo3N[1]
化工硝酸设备	体积分数为50%的HNO₃，温度为40~50℃，压力为0.55MPa	卧式硝酸分离器 φ670mm×6800mm 6mm 板	0Cr21Ni5Ti[1] 0Cr18Ni9Ti[1]
	体积分数为30%的HNO₃，温度为80℃，压力为0.55MPa	立式硝酸分离器 φ670mm×6800mm 6mm 板	
	体积分数为60%的HNO₃，温度为50~60℃，压力为0.55MPa	硝酸吸收塔蛇形管 φ32mm×3mm	
	体积分数为98%的HNO₃，温度为0~40℃，压力为0.55MPa	硝酸冷却塔塔体 φ600mm×5000mm 6mm 板	
	质量浓度为300g/L的HNO₃，质量浓度小于或等于120g/L的P₂O₃，温度为80~90℃，周期性溶液	硝铵罐 φ3200mm×3000mm 6mm 板	
	己二酸	蒸发器衬里 φ1800mm×4000mm 6mm 板	
	硝酸铵	造粒塔锥体 6mm	

注：化工硝酸设备列推荐材料栏右侧说明：0Cr21Ni5Ti[1]钢可代替0Cr18Ni9Ti[1]钢作为焊件使用，主要用在化工、食品及其他工业领域中，在不超过350℃条件下使用时具有很好的耐晶间腐蚀和耐应力腐蚀性能

（续）

分类	要求	零件实例	推荐材料	
氯碱工业装备	纯碱三效蒸发器	氯酸钾蒸发器、蒸发器、虾节弯、加热室管	00Cr20Ni18Mo6CuN①、0Cr18Ni18Si2RE①、1Cr18Ni9Ti②	有优异的耐氯化物环境，比 1Cr18Ni9Ti② 钢优
	碳化塔，要求此材料既耐氯化铵又耐海水腐蚀	纯碱氯化铵装置	00Cr18Ni18Mo5①	使用寿命在 20 年以上
		—	00Cr18Ni18Mo5（N）①	
化纤和合成化纤工业装备	尼龙66生产装置	尼龙盐浴液调整槽、蒸发罐、蒸压浓缩罐等	06Cr18Ni11Nb、022Cr18Ni14Mo3、022Cr17Ni12Mo2、0Cr17Mn14Mo2N①	
		用于制造卡普隆及涤纶等合成纤维设备		
	反染机 00Cr17Ni14Mo①（SUS316）用于纺织化纤印染	染色机械	022Cr18Ti、06Cr19Ni10、06Cr17Ni12Mo2	—
合成氨化肥工业装备	合成氨生产装置、硝酸铵生产装置、尿素生产装置	氨合成塔内筒	06Cr19Ni10	00Cr14Ni14Si4① 钢用于制造浓硝酸设备 N_2O_4 冷凝器、槽罐等，00Cr17Ni15Si4Nb① 钢用于制造发烟硝酸吸收塔、槽车罐等
		硝酸预热器、低压中和塔、浓缩器	06Cr19Ni10	
		合成塔、高压冷凝器、洗涤器	022Cr17Ni12Mo2	
		汽提塔分布管	00Cr25Ni22Mo2N①	
		造粒塔	06Cr19Ni10、06Cr17Ni12Mo2	
		甲铵泵泵体	022Cr19Ni5Mo3Si2、00Cr25Ni7Mo3N①	
		阀门	0Cr25Ni6Mo3CuN①	
		尿素合成塔内件、蒸发器、硝酸地下储槽、硝铵真空蒸发器	1Cr18Mn10Ni5Mo3N①、12Cr18Mn9Ni5N	
油田、油井、气田、气井装备	水与油的体积比为 90：10，H_2S 的体积分数为 2%，NaCl 的质量分数为 9%，CO_2 的体积分数为 2%~3%，pH = 4.5~6，温度为 115~140℃，压力为 7MPa	油田、油井口的输送管道	00Cr22Ni5Mo3N①（SAF2205）	碳素钢使用 3~9 个月，SUS304 短时使用产生 SCC，1980 年开始使用 SAF2205
	水与油的体积比为 90：10，H_2S 的体积分数为 2%，NaCl 的质量分数为 9%，CO_2 的体积分数为 2%~3%，pH = 4.6~6，温度为 80~110℃	油田用空气冷却器	00Cr22Ni5Mo3N①（SAF2205）	1980 年开始使用 SAF2205

（续）

分类	要求	零件实例	推荐材料	
油田、油井、气田、气井装备	管程：CO_2 的体积分数为 25%，饱和 Cl^- 湿天然气，温度为 90℃，压力为 13MPa	近海气田用空气冷却器	00Cr22Ni5Mo3N[①] （SAF2205）	1980 年开始使用 SAF2205
	CO_2 的体积分数为 9%，H_2S 的体积分数为 $20×10^{-6}$，Cl^- 的质量分数为（200～300）$×10^{-6}$，井深 6100m	酸性气井摇臂支杆		碳素钢管仅使用 1 年 1980 年开始使用 SAF2205
精炼油装备	通常使用 5CrMo[①] 钢，当处理含环烷酸常压残渣油时，精炼塔上方 250～300℃部位使用 022Cr17Ni12Mo2 钢	减压蒸馏装置（350～450℃，1.3～2kPa）	5CrMo[①]、06Cr17Ni12Mo2	炼油工业是双相不锈钢使用较多的领域之一，主要用于常减压蒸馏、催化裂化和加氢脱硫等装置。在炼制含硫、含盐高的原油时，Cl^- 质量浓度可达 2000～4000 g/L。在此环境中，06Cr13 表现出点蚀，1Cr18Ni9Ti[①] 不锈钢常顶空冷器管出现应力腐蚀破裂，有些厂采用双相不锈钢
	触媒改质装置反应塔（420～580℃）	反应塔出口处	06Cr19Ni10	
	常压原油蒸馏装置蒸馏塔	塔顶及托盘	06Cr13Al、Cr-Ni 奥氏体不锈钢	
	氢化脱硫装置（200～500℃，3.4～196MPa）	加热管、配管、热交换管。塔体管板采用不锈钢堆焊 处理湿硫化氢的下游加工装置 在含较少硫化氢的汽油灯油的装置中使用 06Cr13Al	06Cr18Ni11Ti、06Cr18Ni11Nb、022Cr17Ni12Mo2、06Cr13Al、06Cr19Ni10	
	触媒分解装置（500℃，常压）	分解塔	06Cr13Al、06Cr19Ni10	
	制氢装置，吸收再生塔	耐碳酸腐蚀的管线	022Cr19Ni10	
	溶剂提取润滑油装置（耐呋喃醛）	耐呋喃醛腐蚀的热交换器管	06Cr19Ni10	
	废水处理装置	蒸馏塔顶装置	06Cr19Ni10、022Cr17Ni12Mo2	
	硫回收装置（250℃）	塔和冷凝器	06Cr13Al、06Cr19Ni10	
	常减压装置	塔顶衬里、塔内构件、常顶空冷器、减顶增湿空冷器、减顶后冷水冷器管芯、油水分离器衬里（用于解决应力腐蚀开裂问题）	装置原来用 1Cr18Ni9Ti[②]、06Cr13、022Cr18Ti，但抵抗不了 SCC（应力腐蚀开裂），用下述材料代替 022Cr19Ni5Mo3Si2 （双相不锈钢）催化裂化装置上的汽油再热器，国外使用 3RE60 钢 加氢裂化装置，国外采用 3RE60 钢，近年趋向用 SAF2205 双相不锈钢，耐蚀性良好	20 世纪 70 年代，南京炼油厂和济南炼油厂采用了 022Cr19Ni5Mo3Si2 双相不锈钢，取得了良好的使用效果，最长已使用 20 年 20 世纪 80 年代以后，天津炼油厂和镇海炼油厂各自陆续使用了 4 台 022Cr19Ni5Mo3Si2 钢制设备
	催化裂化装置	催化吸收塔衬里、塔盘板、浮阀、汽油再热器（用于解决碳钢氢致裂纹和 1Cr18Ni9Ti[②] 钢的均匀腐蚀问题）		

（续）

分类	要求	零件实例	推 荐 材 料	
精炼油装备	加氢裂化装置	空冷器（解决 06Cr13、022Cr18Ti 不锈钢应力腐蚀开裂问题）	装置原来用 1Cr18Ni9Ti[2]、06Cr13、022Cr18Ti，但抵抗不了 SCC（应力腐蚀开裂），用下述材料代替 022Cr19Ni5Mo3Si2（双相不锈钢）催化裂化装置上的汽油再热器，国外使用 3RE60 钢，加氢裂化装置，国外采用 3RE60 钢，近年趋向用 SAF2205 双相不锈钢，耐蚀性良好	20 世纪 70 年代，南京炼油厂和济南炼油厂采用了 022Cr19Ni5Mo3Si2 双相不锈钢，取得了好的使用效果，最长已使用 20 年 20 世纪 80 年代以后，天津炼油厂和镇海炼油厂各自陆续使用了 4 台 022Cr19Ni5Mo3Si2 钢制设备
	加氢脱硫装置	热交换器和水冷却器（解决应力腐蚀开裂问题）		
	污水处理装置	热交换器和 DEA（二乙醇胺）洗涤装置的罐顶冷凝器（解决 10Cr17 型铁素体钢的点蚀和 06Cr17Ni12Mn2 钢的应力腐蚀开裂问题）		
日用机械、通信器材	洗衣机内筒	用于洗衣机内筒冲压件	06Cr19Ni10、022Cr19Ni5Mo3Si2N、06Cr13	奥氏体不锈钢、双相不锈钢、马氏体不锈钢
	机械零件	一般机械零部件、紧固件（泵杆、刀刃等）	12Cr18Ni9、06Cr19Ni10、06Cr17Ni12Mo2、12Cr12、12Cr13、10Cr17	奥氏体不锈钢、马氏体不锈钢、铁素体不锈钢
	精密弹簧	—	12Cr17Ni7、06Cr19Ni10、30Cr13、10Cr17、06Cr17Ni12Mo2	
	照相、食品机械	沿海地区设施、CD 杆紧固件	06Cr17Ni12Mo2	奥氏体不锈钢
	微型轴	微型轴（要求耐磨、抗损伤、抗弯）	30Cr13、Y30Cr13、108Cr17、13Cr13Mo	马氏体不锈钢
		微型轴（要求耐蚀、高强度、无磁性）	Y12Cr18Ni9、Y1Cr18Ni9N[1]、06Cr19Ni10、06Cr19Ni10N、06Cr17Ni12Mo2、0Cr18Ni12N[1]、0Cr18Mn8Ni5N[1]、0Cr17Mn15Ni2N[1]	奥氏体不锈钢
	复印机	送纸导板	10Cr17	不锈
		定影导板	10Cr17、06Cr19Ni10	不锈、耐蚀
		磁刷	06Cr17Ni10	无磁
		板簧	12Cr17Ni7	弹性
		定影、显像滚筒轴颈	06Cr19Ni10	无磁、耐蚀
	彩色显像管	电子枪（接线器引板、阴极支架、固定楔、屏蔽器、摆动支架、极片、吸气器支架、吸气器环弹簧）	10Cr18Ni12、0Cr16Ni14[1]	具有无磁性和耐放电性
		阴罩支持弹簧	06Cr19Ni10	
		防爆带	06Cr19Ni10	

（续）

分类	要求	零件实例	推 荐 材 料	
日用机械、通信器材	电子计算机	磁盘用浮动磁头、输出/输入元件滑触头导轨	06Cr19Ni10、12Cr17Ni7	无磁并耐蚀
	半导体制造装置	真空槽、单晶硅生产用外延炉	06Cr19Ni10、06Cr17Ni12Mo2、00Cr18Ni18Mo5[①]、00Cr20Ni25Mo4.5Cu[①]	无磁、放气量低、耐氯化物腐蚀
	硅切片机	ID 刀片基体金属	06Cr19Ni10、12Cr17Ni7	冷轧，R_m = 1176 ~ 1372MPa 冷轧，σ_b = 1764MPa
	电子元器件		06Cr18Ni11Ti	奥氏体不锈钢，无磁
	家用电器部件		06Cr13Al	
	通信光缆	保护管（焊管）	06Cr19Ni10、06Cr17Ni12Mo2	板厚 0.15~0.33mm
	小型十字开关	弹簧、端板、复位杆、底座、夹紧件	06Cr19Ni10	板厚 0.12~0.20mm
	小型继电器	弹簧（板状）	06Cr19Ni10	板厚 0.12~0.23mm
	钢丝回弹继电器	弹簧（板状）	06Cr19Ni10	板厚 0.13~0.85mm
	电话机	弹簧（板状、线状）	06Cr19Ni10	
	高速打印机	环形带（板状）	17-7PH[①]	板厚 0.18mm
	小型继电器	合页弹簧（板状）	17-7PH[①]	板厚 0.08mm
车轮	车轮承受重载，车轮和轨道之间有线性接触，且有一定的滑动、疲劳损伤和磨损，如货车、拖拉机和矿山车车轮等。对于载重车车轮，还可采用球墨铸铁（QT600-3、QT700-2、QT800-2、QT900-2）和可锻铸铁（KTH330-08、KTH350-10、KTH370-12、KTZ450-06、KTZ550-04）。汽车车轮以采用压铸镁合金和压铸铝合金为主		ZG30SiMn、ZG45Mn、ZG50Mn2、ZG650Mn、ZG35CrMnSi、ZG35CrMo、ZG35SiMnMo、ZG50MnMo、ZG30CrMnSi、ZG40Cr、ZG50SiMn、ZG42MnMoV、ZG340-640、ZGD410-620、ZGD535-720、ZGD650-830、ZGD730-910、ZGD840-1030、60、65、70、75、60Mn、65Mn、70Mn	
弹簧	弹簧承载负荷比较复杂，在各种机械装置中都有弹簧的应用，如气门弹簧受交变应力；气阀弹簧和各种压缩机弹簧承受压力，并有转动和振动；汽车和火车板簧承受冲击和振动、高弯曲应力；碟形弹簧承受高应力，并有接触磨损等 在腐蚀条件下或较高温度下工作的弹性元件要求性能高的弹性元件		弹簧用钢材、钢丝，其牌号可参照 GB/T 1222《弹簧钢》选用，60Si2Mn 是最常用的弹簧材料。弹簧钢丝，如碳素弹簧钢丝、65Mn 弹簧钢丝、琴钢丝有相关的标准可供选用。油淬火+回火弹簧钢丝及退火低合金弹簧钢丝有硅锰弹簧钢丝、铬硅弹簧钢丝、铬钒弹簧钢丝。弹簧用钢板和钢带可参照 GB/T 1299、GB/T 1222 选用。不锈耐蚀弹簧钢有 30Cr13、40Cr13、14Cr17Ni2、12Cr18Ni9、1Cr18Ni9Ti[②]、06Cr17Ni12Mo2Ti、07Cr17Ni7Al、07Cr12Ni4Mn5Mo3Al、00Cr12Co12Ni4Mo4TiAl。恒弹性合金有 3J21、3J1、3J53、3J58、3J60、3J01、3J09、3J22、3J40、3J9	

（续）

分类	要求	零件实例	推荐材料		
			材料名称	牌号	规格/mm
弹簧	强度高，性能好，适用温度为-40~130℃，价格低	A组用于一般用途弹簧，B组用于较低应力弹簧，C组用于较高应力	碳素弹簧钢丝	25、30、35、40、45、50、55、60、65、70、75、80、40Mn、45Mn、50Mn、60Mn、65Mn、70Mn（GB/T 4357—2009）	A组：φ0.08~φ10 B、C组：φ0.08~φ13
	强度高，韧性好，适用温度为-40~130℃	用于重要的小型弹簧，F组用于阀门弹簧	重要用途碳素弹簧钢丝	60、65、70、75、80、T8Mn、T9、T9A、60Mn、65Mn、70Mn（YB/T 5311—2010）	G1、G2组：φ0.08~φ6 F组：φ2~φ6
	较高的强度和耐疲劳性能，成形性好	用于家具、汽车座椅靠垫、室内装饰	非机械弹簧用碳素弹簧钢丝	优质碳素结构钢或碳素工具钢（YB/T 5220—2014）	φ0.2~φ7
	—	用于承受中、高应力的机械弹簧	合金弹簧钢丝	50CrVA、55SiCrA、60Si2MnA（YB/T 5318—2010）	φ0.5~φ14
	强度高，弹性好	静态钢丝适用于一般用途钢丝 中疲劳强度钢丝用于离合器弹簧、悬架弹簧 高疲劳强度钢丝用于剧烈运动场合，如阀门弹簧等	油淬火+回火弹簧钢丝	65、70、65Mn、50CrVA、60Cr2MnA、55SiCrA（GB/T 18983—2017）	φ0.5~φ17
	较高的综合力学性能	适用于在中温、中应力条件下使用的弹簧	闸门用铬钒弹簧钢丝	50CrVA	φ0.5~φ12
	耐腐蚀，耐高温，耐低温，适用温度为-200~300℃	用于有腐蚀介质、高温或低温环境中的小型弹簧	弹簧用不锈钢丝	A组：12Cr18Ni9、022Cr19Ni10、06Cr17Ni12Mo2 B组：12Cr18Ni9、022Cr19Ni10 C组：0Cr17Ni18Al	φ0.08~φ12
	弹性好，工艺性好，价格低，淬油时可淬透φ12mm	用于普通机械弹簧、坐垫弹簧、发条弹簧	热轧弹簧钢	65Mn（GB/T 1222—2016）	圆钢：φ5~φ80 薄板：0.7~4 钢板厚度：4.5~60
	强度高，弹性好，适用温度为-40~200℃	用于汽车、拖拉机、铁道车辆的板簧、螺旋弹簧、碟形弹簧等		60Si2Mn、60Si2MnA（GB/T 1222—2016）	

（续）

分类	要求	零件实例	推荐材料		
			材料名称	牌号	规格/mm
弹簧	具有较高强度、塑性、韧性，淬油时可淬透 φ30mm，适用温度为-40~250℃	用于承受较重负荷、应力较大的板簧和直径较大的螺旋弹簧	热轧弹簧钢	55CrMnA、60CrMnA（GB/T 1222—2016）	圆钢：φ5~φ80 薄板：0.7~4 钢板厚度：4.5~60
	有良好的综合力学性能，静强度、疲劳强度都高，淬透直径为 φ45mm	用于较高温度下工作的较大弹簧		50CrVA（GB/T 1222—2016）	
	硬度高，成形后不再进行热处理	用于制造片弹簧、平面蜗卷弹簧和小型碟形弹簧	弹簧钢、工具钢冷轧钢带	70Si2CrA、60Si2Mn、T7~T13A、50CrVA（YB/T 5058—2005）	厚度：0.1~3.0
	分Ⅰ、Ⅱ、Ⅲ级，Ⅲ级强度最高	用于制造片弹簧、平面蜗卷弹簧和小型碟形弹簧	热处理弹簧钢带	65Mn、T7A~T10A、60Si2MnA、70Si2CrA（YB/T 5063—2007）	厚度<1.5
	耐腐蚀，耐高温和低温	用于在高温、低温或腐蚀介质中工作的片弹簧、平面蜗卷弹簧	弹簧用不锈冷轧钢带	12Cr17Ni7、07Cr19Ni10、30Cr13、07Cr17Ni7Al（YB/T 5310—2010）	厚度：0.1~1.6
	有较高的耐腐蚀和防磁性能，适用温度为-40~120℃	用于机械或仪表中的弹性元件	硅青铜线	QSi3-1（GB/T 21652—2017）	φ0.1~φ6.0 丝带板厚度：0.05~1.2、0.4~12
	有较高的耐腐蚀、耐磨损和防磁性能，适用温度为-250~120℃	用于机械或仪表中的弹性元件	锡青铜线	QSn4-3、QSn6.5-0.1、QSn6.6-0.4、QSn7-0.2（GB/T 27652—2017）	φ0.1~φ6.0 带板厚度：0.05~1.50、0.2~10
	有较高的耐腐蚀、耐磨损、防磁和导电性能，适用温度为-200~120℃	用于电气或仪表的精密弹性元件	铍青铜线	QBe2（YS/T 571—2009）	φ0.03~φ6.0

（续）

分类	要 求				零件实例	推 荐 材 料						
	载荷性质及工作特点	负荷大小	工作介质	工作温度		线径/mm	旋绕比	材 料		成形方法	热处理工艺	硬度要求HRC
								类别	牌号			
螺旋弹簧	承受静载荷及有限次数的交变载荷，但不受太大冲击的弹簧	高	非腐蚀性介质	-40~120℃	中小功率柴油机气阀弹簧、拖拉机柴油泵止回阀弹簧及调速器弹簧、一般农机具闸把弹簧和小拉簧等	≤13	≥4	铅浴等温淬火碳素弹簧钢丝	65或85 C组	冷卷	250~320℃去应力低温回火	—
		较高			拖拉机转向离合器弹簧和压紧弹簧、变速杆弹簧、分离杆弹簧、推杆大小弹簧等	≤13			B组			
		中			拖拉机密封弹簧、一般要求不高的小拉簧	≤12			A组		250~360℃去应力低温回火	—
					CA-10B等轻型、中型载重汽车和中、小功率农用柴油机的气阀弹簧	≤5			F组琴钢丝（65Mn）			
		低			汽车、拖拉机、机车车辆及一般机械制造工业中截面较小、受力不大、不太重要的圆、方螺旋弹簧，如调速调压弹簧、柱塞弹簧等	≤12	—	—	65	热卷	780~830℃淬水或淬油，400~600℃回火	—
									85		780~800℃淬水或淬油，380~440℃回火	36~40
					同上，但截面尺寸较大，如轻型或中型载重汽车上的坐垫弹簧、机床上的各种拉簧和压力弹簧	≤15	—	热轧弹簧钢材	65Mn		370~400℃回火	42~50

（续）

分类	要　　求				零件实例	推　荐　材　料						
	载荷性质及工作特点	负荷大小	工作介质	工作温度		线径/mm	旋绕比	材　料		成形方法	热处理工艺	硬度要求HRC
								类别	牌号			
螺旋弹簧	承受静载荷及有限次数的交变载荷，但承受较大冲击负荷	中	非腐蚀性介质	-40~200℃	机车、汽车、拖拉机及农业机械上各种承重、拖曳及缓冲弹簧，锅炉、蒸汽机车、汽轮机上在250℃下工作的安全阀弹簧和汽封弹簧等	≤25		热轧弹簧钢材	60Si2Mn	热卷	860~880℃淬油，370~440℃回火	45~50
									60Si2MnA		860~880℃淬油，410~460℃回火	45~50
	承受动载荷（即作用次数超过10^5的交变载荷）和冲击负荷，并可在较高温度下工作的重要弹簧	较高	非腐蚀性介质	-40~300℃	承受高应力及冲击载荷的大截面重要弹簧，如破碎机用弹簧；在300~350℃工作的耐热弹簧，如汽轮机、燃气轮机上的调速弹簧、汽封弹簧等	≤45	—		60Si2CrA		830~860℃淬油，430~500℃回火	47~52
				-40~350℃		≤50			60Si2CrVA		850~870℃淬油，430~480℃回火	47~52
				-40~300℃	大截面、高负荷的各种重要弹簧；在300℃以下工作的耐热弹簧，如锅炉安全阀弹簧、汽轮机及燃气轮机上的调速器拉力弹簧等	≤45			50CrVA		850~870℃淬油，370~520℃回火	40~46
				-40~300℃	在300~400℃温度工作的各种高速内燃机、压缩机上的阀门弹簧	≤12	≥4	退火铬钒钢丝（在淬油铬钒钢丝供应困难时才采用）	50CrVA	冷卷	850~870℃淬油，370~420℃回火	45~50
				-40~400℃		≤10		淬油铬钒钢丝			230~190℃去应力低温回火	

（续）

分类	要求					推荐材料					
	载荷性质及工作特点	负荷大小	工作介质	工作温度	零件实例	线径/mm	旋绕比	材料		成形方法	热处理工艺	硬度要求HRC
								类别	牌号			
螺旋弹簧	承受动载荷（即作用次数超过 10^5 的交变载荷）和冲击负荷，但工作温度更高	较高	高温气体	−40~500℃	在500℃以下工作的锅炉安全阀弹簧、汽轮机及燃气轮机上的调速器拉力弹簧	≤50	—	热轧钢材	30W4Cr2VA	热卷	1050~1100℃淬油，600~670℃回火	43~47
				−40~600℃	在600℃以下工作的汽轮机及燃气轮机上的高温弹簧	≤50			W18Cr4V、W6Mo5Cr4V2		1200~1260℃淬油，660~700℃回火	48~55
	承受动载荷（即作用次数超过 10^5 的交变载荷）和冲击负荷，在腐蚀介质中工作的弹簧	较高	大气、淡水、海水、蒸汽或弱酸	−40~400℃	在弱腐蚀性介质中工作的弹簧，也可用于在400℃以下工作的耐热弹簧	≤6		不锈耐酸钢丝	30Cr13	冷卷	980~1050℃淬油，450~480℃回火	48~53
									40Cr13		980~1050℃淬油，480~520℃回火	48~53
		中	氧化性酸，如硝酸、浓硫酸等	−253~400℃	在氧化性腐蚀介质（如硝酸、浓硫酸、冷磷酸）或低温下工作的弹簧	≤6	—		12Cr18Ni9		400℃去应力低温回火	—
		中	还原性酸，如盐酸、稀硫酸等	−253~400℃	在还原性腐蚀介质（如盐酸、稀硫酸、热磷酸）或低温下工作的弹簧	≤6			06Cr17Ni12Mo2Ti			
	承受静载荷或交变载荷并要求一定的导电性或抗磁性、耐蚀性的弹簧	低	大气、淡水及海水	—	电器、仪表工业中要求高导电性或抗磁性、耐腐蚀的弹簧，以及在低温下工作的弹簧	—		铜合金丝	QSi3-1、QSn4-3、QSn6.5-0.1、QBe2		290℃去应力退火 150℃去应力退火 260℃去应力退火	90~100HBW
		中			电器、仪表工业中要求导电、抗磁性的重要精密弹簧						310~330℃时效	37~40

注:本表资料为生产实践积累，由于材料标准的不断更新，推荐材料的牌号有些已不属于现行标准牌号，本表仅供参考。

① 为非国家标准牌号。

② 该牌号在 GB/T 20878—2007 中已取消。

1.14 国内外钢铁材料牌号对照

1.14.1 国内外常用钢牌号对照（见表1-404~表1-419）

表1-404 国内外碳素结构钢牌号对照

中国 GB/T	ISO	欧洲 EN	德国 DIN EN	英国 BS EN	法国 NF EN	俄罗斯 ГОСТ	美国 ASTM	日本 JIS
Q195	E185 （Fe 310）		S185 （1.0035）			Ст1КП Ст1ПС Ст1СП	Grade B	SS330 SPHC
Q215A Q215B	—					Ст2КП Ст2ПС Ст2СП	Grade C, CS Type B	SS330 SPHC
Q235A	E235A		S235JR （1.0038）			Ст3КП	Grade D	SS400
Q235B	E235B		S235JO （1.0114）			Ст3КП	Grade D	SS400
Q235C	E235C		S235J2 （1.0117）			Ст3СП	Grade D	SS400
Q235D	E235D		S235JR （1.0038）			Ст3СП	—	SS400
Q275A	E275A		—					
Q275B	E275B		S275JR （1.0044）			Ст5ПС Ст5СП	SS Grade 40 ［275］	SS490
Q275C	E275C		S275JO （1.0143）					
Q275D	E275D		S275J2 （1.0145）					

注：1. 钢铁材料和有色金属材料牌号主要以化学成分（质量分数）为参照进行对照，有些牌号同时参照力学性能，在综合分析之后进行对照。因为涉及的因素复杂，材料牌号的对照均为近似的，供使用时参考。

2. 欧洲标准 EN 是欧盟所属欧洲标准化委员会（CEN）所发布的统一标准。欧盟成员国目前有 27 个，包括德国、英国、法国、瑞典、瑞士、捷克、比利时、芬兰、荷兰等国家。按着欧洲一体化的要求，欧洲标准 EN 将替代各欧盟成员国的标准。欧洲标准发布之后，要求各成员国于半年之内将其采用为成员国标准，并且规定将欧洲标准采用为本国标准时，其标准内容、结构及标准编号均不得改动，只将成员国标准代号加注在欧洲标准之前，将欧洲标准发布年代号改为采用欧洲标准年代号即可。例如，欧洲标准调质用非合金结构钢 EN10083-2：2006，于 2006 年转换成德国标准为 DIN EN10083-2：2006，转换成法国标准为 NF EN10083-2：2006，转换成英国标准为 BS EN10083-2：2006。由于某些原因，尚有较少 EN 没有及时转换成为成员国标准，未转换的仍按成员国原标准执行。

3. 欧洲 EN 标准钢铁产品牌号有两个体系，一个是以化学元素符号，标记字母和阿拉伯数字组成牌号，另一个为数字编号体系，两者均有效使用。本节各对照表中，EN、DIN EN、BS EN、NF EN 栏目中，带括号者为数字编号体系的数字牌号。

表1-405 国内外优质碳素结构钢牌号对照

中国 GB/T、YB/T	ISO	欧洲 EN	德国 DIN EN	英国 BS EN	法国 NF EN	俄罗斯 ГОСТ	美国 ASTM	日本 JIS
05F	—		DC05 （1.0312）			05КП	1005	—
08F	C10		DC01 （1.0330）			08КП	1008	SPHD, SPHE
10F	C10		DC01 （1.0330）			10КП	1010	SPHD, SPHE

（续）

中国 GB/T、YB/T	ISO	欧洲 EN	德国 DIN EN	英国 BS EN	法国 NF EN	俄罗斯 ГОСТ	美国 ASTM	日本 JIS
15F	C15E4	C15E（1.1141）				15КП	1015	S15C
08	C10	DC01（1.0330），DC03（1.0347）				08	1008	SPHE，S10C
08Al	参照 08 与国外钢号对照							
10	C10	DC01（1.0330），C10E（1.1121）				10	1010	S10C
15	C15E4，C15M2	C15E（1.1141）				15	1015	S15C
20	C20E4	C22E（1.1151），C20C（1.0411）				20	1020	S20C
25	C25E4	—				25	1025	S25C
30	C30E4	—				30	1030	S30C
35	C35E4	C35（1.0501）				35	1035	S35C
40	C40E4	C40（1.0511）				40	1040	S40C
45	C45E4	C45（1.0503）				45	1045	S45C
50	C50E4	C50E（1.1206）				50	1050	S50C
55	C55E4	C55（1.0535）				55	1055	S55C
60	C60E4	C60（1.0601）				60	1060	S58C
65	FDC	C66D（1.0612）				65	1065	SWRH67B
70	FDC	C70D（1.0615）				70	1070	SWRH72A SWRH72B
75	—	C76D（1.0614）				75	1075	SWRH77A SWRH77B
80	—	C80D（1.0622）				80	1080	SWRH82A SWRH82B
85	SH，DH，DM	C86D（1.0616）				85	1084	SWRH82A SWRH82B
15Mn	CC15K	C16E（1.1148）				15Г	1016	SWRCH16K
15MnA						15ГА		
15MnE						15ГШ		
20Mn	C20E4	C22E（1.1151）				20Г	1022	SWRCH22K
20MnA	—					20ГА		
20MnE	—					20ГШ		
25Mn	C25E4	C26D（1.0415）				25Г	1026	SWRCH22K
25MnA	—					25ГА		
25MnE	—					25ГШ		
30Mn	C30E4	—				30Г	1030	SWRCH30K
30MnA	—					30ГА		
30MnE	—					30ГШ		

（续）

中国 GB/T、YB/T	ISO	欧洲 EN	德国 DIN EN	英国 BS EN	法国 NF EN	俄罗斯 ГОСТ	美国 ASTM	日本 JIS
35Mn	C35E4					35Г		
35MnA	—		C35（1.0501）			35ГА	1037	SWRCH35K
35MnE	—					35ГШ		
40Mn	C40E4					40Г		
40MnA	—		C40（1.0511）			40ГА	1039	SWRCH40K
40MnE	—					40ГШ		
45Mn	C45E4					45Г		
45MnA	—		C45（1.0503）			45ГА	1046	SWRCH45K
45MnE	—					45ГШ		
50Mn	C50E4					50Г		
50MnA	—		C50E（1.1206）			50ГА	1053	SWRCH50K
50MnE	—					50ГШ		
60Mn	C60E4					60Г		
60MnA	—		C60（1.0601）			60ГА	1060	SWRH62B
60MnE	—					—		
65Mn	FDC					65Г		
65MnA	—		—			65ГА	1566	SWRH67B
65MnE	—					—		
70Mn						70Г		
70MnA	FDC		—			70ГА	1572	SWRH72B
70MnE	—							
C3D2	C3D2		—			—	1005	—
C5D2	C5D2		C4D（1.0300）			—	1005，1006	SWRM6
C8D2	C8D2		C9D（1.0304）			—	1008	SWRM8
C10D2	C10D2		C10D（1.0310）			—	1010	SWRM10
C12D2	C12D2		C12D（1.0311）			—	1012	SWRM12
C15D2	C15D2		C15D（1.0413）			—	1015	SWRM15
C18D2	C18D2		C18D（1.0416）			—	1017	SWRM17
C20D2	C20D2		C20D（1.0414）			—	1020	SWRM20
C26D2	C26D2		C26D（1.0415）			—	1025，1026	SWRH27
C32D2，30E	C32D2		C32D（1.0530）			—	1030	SWRH32
C36D2，35E	C36D2		C38D（1.0516）			—	1034	SWRH37
C38D2，35E	C38D2		C38D（1.0516）			—	1038	SWRH37
C40D2，40E	C40D2		C42D（1.0541）			—	1040	SWRH37
C42D2A	—		—			—	—	SWRH42A
C42D2，42E	C42D2		C42D（1.0541）			—	1042	—

（续）

中国 GB/T、YB/T	ISO	欧洲 EN	德国 DIN EN	英国 BS EN	法国 NF EN	俄罗斯 ГОСТ	美国 ASTM	日本 JIS
C42D2B	—		—			—	1042	SWRH42B
C46D2A	—		—			—	—	SWRH47A
C46D2	C46D2		C48D（1.0517）			—	1045	—
C46D2B	—		—			—	1045	SWRH47B
C48D2A	—		—			—	—	SWRH47A
C48D2	C48D2		C48D（1.0517）			—	1049	—
C48D2B	—		—			—	1049	SWRH47B
C50D2A	—		—			—	—	SWRH47A
C50D2	C50D2		C50D（1.0586）			—	1050	—
C50D2B	—		—			—	1050，1053	SWRH47B
C52D2A	—		—			—	—	SWRH52A
C52D2	C52D2		C52D（1.0588）			—	1050	—
C52D2B	—		—			—	1050，1053	SWRH52B
C56D2A	—		—			—	—	SWRH52A SWRH57A
C56D2	C56D2		C56D（1.0518）			—	1055	—
C56D2B	—		—			—	1055	SWRH52B SWRH57B
C58D2A	—		—			—	—	SWRH57A
C58D2	C58D2		C58D（1.0609）			—	1059	—
C58D2B	—		—			—	1059，1060	SWRH57B
C60D2A	—		—			—	—	SWRH57A
C60D2	C60D2		C60D（1.0610）			—	1059	—
C60D2B	—		—			—	1059，1060	SWRH57B SWRH62B
C62D2A	—		—			—	—	SWRS62A
C62D2	C62D2		C62D（1.0611）			—	1064	—
C62D2B	—		—			—	1064，1065	SWRS62B
C66D2A	—		—			—	—	SWRS67A
C66D2	C66D2		C66D（1.0612）			—	1064	—
C66D2B	—		C66D（1.0612）			—	1065	SWRS67B
C68D2A	—		—			—	—	SWRS67A
C68D2	C68D2		C68D（1.0613）			—	1069	—
C68D2B	—		—			—	1070	SWRS67B
C72D2A	—		—			—	—	SWRS72A
C70D2	C70D2		C70D（1.0615）			—	1069	—

（续）

中国 GB/T、YB/T	ISO	欧洲 EN	德国 DIN EN	英国 BS EN	法国 NF EN	俄罗斯 ГОСТ	美国 ASTM	日本 JIS
C70D2B	—			—			1070	SWRS72B
C72D2A	—			—			—	SWRS72A
C72D2	C72D2		C72D （1.0617）			—	1069	—
C72D2B	—			—			1070	SWRS72B
C76D2A	—			—			1078	SWRS75A
C76D2	C76D2		C76D （1.0614）				1075	—
C76D2B	—			—			1080	SWRS75B
C78D2A	—			—			1078	SWRS77A
C78D2	C78D2		C78D （1.0620）				1075	—
C78D2B	—			—			1080	SWRS77B
C80D2A	—			—			1078	SWRS80A
C80D2	C80D2		C80D （1.0622）				1075	—
C80D2B	—			—			1080	SWRS80B
C82D2A	—			—			1078	SWRS82A
C82D2	C82D2		C82D （1.0626）				1075	—
C82D2B	—			—			1080	SWRS82B
C86D2A	—			—			1086	SWRS87A
C86D2	C86D2		C86D （1.0616）				1085，1084	—
C86D2B	—			—			1085，1084	SWRS87B
C88D2A	—			—			1086	SWRS87A
C88D2	C88D2		C88D （1.0628）				—	—
C88D2B	—			—			1090	SWRS87B
C92D2A	—			—			1095	SWRS92A
C92D2	C92D2		C92D （1.0618）				—	—
C92D2B	—			—			1090	SWRS92B
C98D2A	—			—			1095	—
C98D2	C98D2			—			—	—
D98D2B	—			—			—	—

表 1-406　国内外低合金高强度结构钢牌号对照

中国 GB/T	ISO	欧洲 EN	德国 DIN EN	英国 BS EN	法国 NF EN	俄罗斯 ГОСТ	美国 ASTM	日本 JIS
Q345A			E335 （1.0060）					
Q345B			S355JR （1.0045）					
Q345C	E355		S355JO （1.0553）			15ХСНД，C345	Grade 50 ［345］	SPFC590
Q345D			S355J2 （1.0577）					
Q345E			S355NL （1.0546）					

（续）

中国 GB/T	ISO	欧洲 EN	德国 DIN EN	英国 BS EN	法国 NF EN	俄罗斯 ГОСТ	美国 ASTM	日本 JIS
Q390A								STKT540
Q390B								
Q390C	HS390D		—			15Г2СФ，C390	Grade 55 [380]	
Q390D								—
Q390E								
Q420A								
Q420B			S420NL（1.8912）					
Q420C	HS420D		S420ML（1.8836）			16Г2АФЛ，C440	Grade 60 [415]	SEV295
Q420D								
Q420E								
Q460C			S460NL（1.8903）					SM570
Q460D	E460		S460ML（1.8838）			C440	Grade 65 [450]	SMA570W
Q460E								SMA570P
Q500C			S500Q（1.8924）					
Q500D	HS490D		S500QL（1.8909）			—	—	SPFC980Y
Q500E			S500QL1（1.8984）					
Q550C			S550Q（1.8904）				Type 8	
Q550D	E550		S550QL（1.8926）			C590	Grade 80 [550]	—
Q550E			S550QL1（1.8986）					
Q620C			S620Q（1.8914）				100 [690]	
Q620D	—		S620QL（1.8927）			—	Type F	SNCM616
Q620E			S620QL1（1.8987）					
Q690C			S690Q（1.8931）				100 [690] Type Q	
Q690D	E690		S690QL（1.8928）			—	100 [690W]	SHY685
Q690E			S690QL1（1.8988）				TypeQ	

表 1-407　国内外耐候结构钢牌号对照

中国 GB/T	ISO	欧洲 EN	德国 DIN EN	英国 BS EN	法国 NF EN	俄罗斯 ГОСТ	美国 ASTM	日本 JIS
Q265GNH	HR275D		P265GH（1.0425）			C275	—	
Q295GNH	—		P295GH（1.0481）			C285	42 [290]	SYW295
Q310GNH	—		S355J2WP（1.8946）			12ГС	种类 4	SPA-C
Q355GNH	S355WP		S355J2WP（1.8946）			17Г1С	50 [345]	SPA-C
Q235NH	S235W （A、B、C、D）		S235JO（1.0114）			C235	SS Grade33 [230]	SMA400AW SMA 400 BW
Q295NH	—		P295GH（1.0481）			C285	Grade C	SYW295

（续）

中国 GB/T	ISO	欧洲 EN	德国 DIN EN	英国 BS EN	法国 NF EN	俄罗斯 ГОСТ	美国 ASTM	日本 JIS
Q355NH	E355DD		S355N（1.0545）			17ГС	Grade K	SMA490AW SMA490BW SMA490CW
Q415NH	S415W （A、B、C、D）		S420N（1.8902）			—	Type Ⅲ Grade 60	—
Q460NH	E460DD E460E		S460N（1.8901） S460NL（1.8903）			16Г2АФД	Type Ⅲ Grade 65	SMA570W SMA570P
Q500NH	HS490D		S500Q（1.8924） S500QL（1.8909） S500QL1（1.8984）			—	Grade D	SPFC 980Y
Q550NH	E550DD E550E		S550Q（1.8904） S550QL（1.8926） S550QL1（1.8986）			C590	Type8 Grade 80［550］	—

表 1-408　国内外合金结构钢牌号对照

中国 GB/T、YB/T	ISO	欧洲 EN	德国 DIN EN	英国 BS EN	法国 NF EN	俄罗斯 ГОСТ	美国 ASTM	日本 JIS
20Mn2	22Mn6		—				1524	SMn420
20Mn2A						—		
20Mn2E			P355GH（1.0473）					
30Mn2	28Mn6		28Mn6（1.1170）			30Г2	1330	SMn433
30Mn2A						30Г2А		
30Mn2E						30Г2Ш		
35Mn2	36Mn6		38MnB 5（1.5532）			35Г2	1335	SMn438
35Mn2A						35Г2А		
35Mn2E						35Г2Ш		
40Mn2	42Mn6		38MnB 5（1.5532）			40Г2	1340	SMn438
40Mn2A						40Г2А		
40Mn2E						40Г2Ш		
45Mn2	—		—			45Г2	1345	SMnC443
45Mn2A						45Г2А		
45Mn2E						45Г2Ш		
50Mn2	—		—			50Г2	1345	
50Mn2A						50Г2А		
50Mn2E						50Г2Ш		
20MnV	—		—			—	50［345］Type2	—
27SiMn	—		—			27ГС	—	—

（续）

中国 GB/T、YB/T	ISO	欧洲 EN	德国 DIN EN	英国 BS EN	法国 NF EN	俄罗斯 ГОСТ	美国 ASTM	日本 JIS
35SiMn	—		—			35ГС	—	—
42SiMn	—		—			—	—	—
20SiMo2MoV	—		—			—	—	—
25SiMo2MoV	—		—			—	—	—
37SiMo2MoV	—		—			—	—	—
40B								
40BA	—		38B2（1.5515）			—	50B44	—
40BE								
45B								
45BA	—		—			—	50B46	—
45BE								
50B								
50BA	—		—			—	50B50	—
50BE								
40MnB								
40MnBA	—		37MnB5（1.5538）			—	1541	—
40MnBE								
45MnB								
45MnBA	—		—			—	1547	—
45MnBE								
20MnMoB								
20MnMoBA	—		—			—	94B17	—
20MnMoBE								
15MnVB								
15MnVBA	—		—			—	—	—
15MnVBE								
20MnVB								
20MnVBA	—		—			—	—	—
20MnVBE								
40MnVB								
40MnVBA	—		—			—	—	—
40MnVBE								
20MnTiB								
20MnTiBA	—		—			20ХГНТР	—	—
20MnTiBE								

（续）

中国 GB/T、YB/T	ISO	欧洲 EN	德国 DIN EN	英国 BS EN	法国 NF EN	俄罗斯 ГOCT	美国 ASTM	日本 JIS
25MnTiBRE								
25MnTiBREA	—		—			—	—	—
25MnTiBREE								
15Cr						15X		
15CrE	—		17Cr3（1.7016）			15XⅢ	5115	SCr415
15CrA	—		17Cr3（1.7016）			15XA		
20Cr						20X		
20CrA	20Cr4		17Cr3（1.7016）			20XA	5120	SCr420
20CrE						20XⅢ		
30Cr						30X		
30CrA	34Cr4		28Cr4（1.7030）			30XA	5130	SCr430
30CrE						30XⅢ		
35Cr						35X		
35CrA	34Cr4		34Cr4（1.7033）			35XA	5135	SCr435
35CrE						35XⅢ		
40Cr						40X		
40CrA	41Cr4		41Cr4（1.7035）			40XA	5140	SCr440
40CrE						40XⅢ		
45Cr						45X		
45CrA	41Cr4		—			45XA	5145	SCr445
45CrE						45XⅢ		
50Cr						50X		
50CrA	—		—			50XA	5150	—
50CrE						50XⅢ		
38CrSi						38XC		
38CrSiA	—		—			38XCA	—	—
38CrSiE						38XCⅢ		
12CrMo								
12CrMoA	—		13CrMo 4-5（1.7335）			—	—	—
12CrMoE								
15CrMo						15XM		
15CrMoA	—		18CrMo4（1.7243）			15XMA	—	SCM415
15CrMoE						15XMⅢ		
20CrMo						20XM		
20CrMoA	18CrMo4， 18CrMoS4		18CrMo4（1.7243）			20XMA	4118	SCM420
20CrMoE						20XMⅢ		

（续）

中国 GB/T、YB/T	ISO	欧洲 EN	德国 DIN EN	英国 BS EN	法国 NF EN	俄罗斯 ГОСТ	美国 ASTM	日本 JIS
30CrMo	25CrMo4		25CrMo4（1.7218）			30ХМ	4130	SCM430
30CrMoE						30ХМША		
30CrMoA	25CrMoS4		25CrMo4（1.7218）			30ХМА	4130	SCM430
35CrMo	34CrMo4， 34CrMoS4		34CrMo4（1.7220）			35ХМ	4135	SCM435
35CrMoA						35ХМА		
35CrMoE						35ХМШ		
42CrMo	42CrMo4， 42CrMoS4		42CrMo4（1.7225）			38ХМ	4142	SCM440
42CrMoA								
42CrMoE								
12CrMoV	—		—			12Х1МФ	—	—
12CrMoVA								
12CrMoVE								
35CrMoV	—		—			—	—	—
35CrMoVA						40ХМФА		
35CrMoVE						—		
12Cr1MoV	—		—			12Х1МФ	—	—
12Cr1MoVA								
12Cr1MoVE								
25Cr2MoVA	—		—			25Х1МФ	—	—
25Cr2MoV								
25Cr2MoVE								
25Cr2Mo1VA	—		—			25Х2М1Ф	—	—
25Cr2Mo1V								
25Cr2Mo1VE								
38CrMoAl	41CrAlMo 7 4		41CrAlMo 7-10（1.8509）			—	A 级	SACM645
38CrMoAlA						38Х2МЮА		
38CrMoAlE						—		
40CrV	—		—			—	6140	—
40CrVA						40ХФА		
40CrVE						—		
50CrVA	51CrV4		51CrV4（1.8159）			50ХФА	6150	SUP10
50CrV						—		
50CrVE								
15CrMn	16MnCr5， 16MnCrS5		16MnCr5（1.7131）			18ХГ	5115	SMnC420
15CrMnA						18ХГА		
15CrMnE						18ХГШ		

（续）

中国 GB/T、YB/T	ISO	欧洲 EN	德国 DIN EN	英国 BS EN	法国 NF EN	俄罗斯 ГОСТ	美国 ASTM	日本 JIS
20CrMn	20MnCr5, 20MnCrS5		20MnCr5（1.7147）			18ХГ	5120	SMnC420
20CrMnA						18ХГА		
20CrMnE						18ХГШ		
40CrMn	41Cr4, 41CrS4		41Cr4（1.7035）			—	5140	—
40CrMnA								
40CrMnE								
20CrMnSi	—		—			—		
20CrMnSiA						20ХГСА		
20CrMnSiE						—		
25CrMnSi	—		—			—		
25CrMnSiA						25ХГСА		
25CrMnSiE						—		
30CrMnSi	—		—			30ХГС		
30CrMnSiE						30ХГСШ		
30CrMnSiA						30ХГСА		
35CrMnSiA	—		—			35ХГСА	—	
20CrMnMo	—		—			25ХГМ	4121	SCM421
20CrMnMoA								
20CrMnMoE								
40CrMnMo	42CrMo4, 42CrMoS4		42CrMo4（1.7225）			—	4140	SCM440
40CrMnMoA								
40CrMnMoE								
20CrMnTi	—		—			18ХГТ	—	—
20CrMnTiA						18ХГТА		
20CrMnTiE						18ХГТШ		
30CrMnTi	—		—			30ХГТ	—	—
30CrMnTiA						30ХГТА		
30CrMnTiE						30ХГТШ		
20CrNi	—		18NiCr5-4（1.5810）			20ХН	4720	—
20CrNiA						20ХНА		
20CrNiE						20ХНШ		
40CrNi	—		—			40ХН	3140	SNC236
40CrNiA						40ХНА		
40CrNiE						40ХНШ		
45CrNi	—		—			45ХН	3145	—
45CrNiA						45ХНА		
45CrNiE						45ХНШ		

（续）

中国 GB/T、YB/T	ISO	欧洲 EN	德国 DIN EN	英国 BS EN	法国 NF EN	俄罗斯 ГОСТ	美国 ASTM	日本 JIS
50CrNi						50ХН		
50CrNiA	—		—			50ХНА	3150	—
50CrNiE						50ХНШ		
12CrNi2						12ХН2		
12CrNi2A	—		10NiCr5-4（1.5805）			12ХН2А	3215	SNC415
12CrNi2E						12ХН2Ш		
12CrNi3						—		
12CrNi3A	—		15NiCr13（1.5752）			12ХН3А	3415	SNC815
12CrNi3E						—		
20CrNi3						—		
20CrNi3A	—		15NiCr13（1.5752）			20ХН3А	3415	—
20CrNi3E						—		
30CrNi3						—		
30CrNi3A	—		—			30ХН3А	3435	SNC631
30CrNi3E						—		
37CrNi3								
37CrNi3A	—		—			—	3335	SNC836
37CrNi3E								
12Cr2Ni4						—		
12Cr2Ni4A	—		—			12Х2Н4А	3312	—
12Cr2Ni4E						—		
20Cr2Ni4						—		
20Cr2Ni4A	—		15NiCr13（1.5752）			20Х2Н4А	3316	SNC815
20Cr2Ni4E						—		
20CrNiMo						20ХН2М		
20CrNiMoA	20NiCrMo2, 20NiCrMoS2		20NiCrMo2-2（1.6523）			20ХН2МА	8620	SNCM220
20CrNiMoE						20ХН2МШ		
40CrNiMoA	36CrNiMo4		41CrNiMo4（1.6563）			40ХН2МА	4340, E4340	SNCM439
18CrNiMnMoA	—		—			—	—	—
45CrNiMoVA	—		39NiCrMo3（1.6510）			45ХН2МФА	B24V	SNCM439 SNCM447
18Cr2Ni4WA	—		—			18Х2Н4МА	—	—
25Cr2Ni4WA	—		—			25Х2Н4МА	—	—
Q800	—		—			—	—	—
Q890	—		S890Q, S890QL, S890QL1			—	—	—
Q960	—		S690Q, S960QL			—	—	—

（续）

中国 GB/T、YB/T	ISO	欧洲 EN	德国 DIN EN	英国 BS EN	法国 NF EN	俄罗斯 ГОСТ	美国 ASTM	日本 JIS
NM300	—		—			—	—	—
NM360	—		—			—	—	—
NM400	—		—			—	—	—
NM450	—		—			—	—	—
NM500	—		—			—	—	—
NM550	—		—			—	—	—
NM600	—		—			—	—	—

表 1-409　国内外保证淬透性结构钢牌号对照

中国 GB/T	ISO	欧洲 EN	德国 DIN EN	英国 BS EN	法国 NF EN	俄罗斯 ГОСТ	美国 ASTM	日本 JIS
45H	C45E4H	C45E（1.1191），C45R（1.1201）				45	1045H	S45C
15CrH	—	17Cr3H（1.7016）				15X	5115H	SCr415H
15CrAH	—					15XA		
20CrH	20Cr4H	17Cr3（1.7016）				20X	5120H	SCr420H
20CrAH	—					20XA		
20Cr1H	20Cr4H	17Cr3（1.7016）				20X	5120H	SCr420H
20Cr1AH	—					20XA		
40CrH	41Cr4H	41Cr4（1.7035）				40X	5140H	SCr440H
40CrAH	—					40XA		
45CrH	41Cr4H	41Cr4（1.7035）				45X	5145H	SCM445H
45CrAH	—					45XA		
16CrMnH	16MnCr5H	16MnCr5（1.7131）				18ХГ	5115H	—
20CrMnH	20MnCr5H	20MnCr5（1.7147）				18ХГ	5120H	SMnC420H
20CrMnAH	—					18ХГА		
15CrMnBH	—	16MnCrB5（1.7160）				—	—	—
15CrMnBAH	—					—		
17CrMnBH	—	16MnCrB5（1.7160）				18ХГ	—	—
17CrMnBAH	—					18ХГА		
40MnBH	—	38MnB5（1.5532）				40ГР	15B41H	—
40MnBAH	—					40ГРА		
45MnBH	—					—	15B48H	—
45MnBAH								
20MnVBH	—					—	—	—
20MnVBAH								
20MnTiBH							—	
20MnTiBAH								

（续）

中国 GB/T	ISO	欧洲 EN	德国 DIN EN	英国 BS EN	法国 NF EN	俄罗斯 ГОСТ	美国 ASTM	日本 JIS
15CrMoH	18CrMo4H		18CrMo4（1.7243）			15XM	—	SCM415H
15CrMoAH	—					15XMA		
20CrMoH	18CrMo4H		20MoCr3（1.7320）			20XM	—	SCM420H
20CrMoAH	—					20XMA		
22CrMoH	25CrMo4H		22CrMoS3-5（1.7333）			20XM	—	SCM822H
22CrMoAH	—					20XMA		
42CrMoH	42CrMo4H		42CrMo4（1.7225）			38XM	4140H	SCM440H
42CrMoAH	—					38XMA		
20CrMnMoH	18CrMo4H		18CrMo4，（1.7243）			—	—	SCM420H
20CrMnMoAH								
20CrMnTiH	—					18XГТ		
20CrMnTiAH						18XГТА		
20CrNi3H	—		15NiCr13，（1.5752）			—	—	
20CrNi3AH	—					20XH3A		
12Cr2Ni4H	—					—	—	
12Cr2Ni4AH	—					12X2H4A		
20CrNiMoH	20NiCrMo2H		20NiCrMo2-2（1.6523）			—	8620H	SNCM220H
20CrNiMoAH								
20CrNi2MoH	—		20NiCrMoS6-4（1.6571）			20XH2M	4320H	SNCM420H
20CrNi2MoAH						20XH2MA		

表 1-410　国内外冷镦和冷挤压用钢牌号对照

中国 GB/T	ISO	欧洲 EN	德国 DIN EN	英国 BS EN	法国 NF EN	俄罗斯 ГОСТ	美国 ASTM	日本 JIS
ML04Al	CC4A		C4C（1.0303）			05КП	1005	SWRCH6A
ML08Al	CC8A		C8C（1.0213）			08ПС	1010	SWRCH8A
ML10Al	CC11A		C10C（1.0214）			10ПС	1010	SWRCH10A
ML15Al	CC15A		C15C（1.0234）			15ПС	1015	SWRCH15A
ML10	CC11A		C10C（1.0214）			10ПС	1010	SWRCH10K
ML15	CC15K		C15C（1.0234）			15	1015	SWRCH15K
ML18	—		C17C（1.0434）			18КП	1017	SWRCH18K
ML20Al	CC21A		C20C（1.0411）			20ПС	1020	SWRCH20A
ML20	CC21K		C20C（1.0411）			20	1020	SWRCH20K
ML18Mn	CE16E4		C17E2C（1.1147）			15Г，20Г	1018	SWRCH18A
ML20Cr	20Cr4E		17Cr3（1.7016）			20X	5120	SCr420H
ML22Mn	C20E4		C17E2C（1.1147）			20Г	1022	SWRCH22A
ML25	C25E4		C20E2C（1.1152）			25	1025	SWRCH25K

（续）

中国 GB/T	ISO	欧洲 EN	德国 DIN EN	英国 BS EN	法国 NF EN	俄罗斯 ГОСТ	美国 ASTM	日本 JIS
ML30	C30E4	—				30	1030	SWRCH30K
ML35	CE35E4	C35EC（1.1172）				35	1035	SWRCH35K
ML40	CE40E4	C40E（1.1186）				40	1040	SWRCH40K
ML45	CE45E4	C45EC（1.1192）				45	1045	SWRCH45K
ML15Mn	—	—				—	1518	
ML20MnA	—	—				—	1524	SWRCH24K
ML25Mn	CE28E4	—				25Г	1026	SWRCH25K
ML30Mn	CE28E4	—				30Г	1030	SWRCH30K
ML35Mn	CE35E4	C35EC（1.1172）				35Г	1035	SWRCH35K
ML37Cr	37Cr4E	37Cr4（1.7034）				38XA	5135	SCr435H
ML38CrA	37Cr4E	37Cr4（1.7034）				38XA	5135	SCr440
ML40Cr	41Cr4E	41Cr4（1.7035）				40X	5140	SCr440
ML20CrMoA	18CrMo4E	18CrMo4（1.7243）				20XMA	4118	SCM420
ML30CrMo	—	25CrMo4（1.7218）				30XM	4130	SCM430
ML35CrMo	34CrMo4E	34CrMo4（1.7220）				35XM	4135	SCM435
ML42CrMo	42CrMo4E	42CrMo4（1.7225）				—	4142	SCM440
ML20B	CE20BG1	17B2（1.5502）				—	15B21H	SWRCHB220
ML28B	CE28B	28B2（1.5510）				—	15B28H	SWRCHB226
ML35B	CE35B	33B2（1.5514）				—	15B35H	SWRCHB234
ML15MnB	CE20BG2	17MnB4（1.5520）				—	1518	SWRCHB620
ML20MnB	CE20BG2	20MnB4（1.5525）				—	15B21H	SWRCHB220
ML35MnB	35MnB5E	37MnB5（1.5538）				—	15B35H	—
ML37CrB	37CrB1E	36CrB4（1.7077）				—	50B40H	—
ML20MnTiB	—	—				—	—	—
ML15MnVB	—	—				—	—	—
ML20MnVB	—	—				—	—	—
ML30CrMnSiA		—				30XГCA		
ML16CrSiNi		—						
ML40CrNiMoA	—	41NiCrMo7-3-2（1.6563）				40XH2MA	—	—

表 1-411　国内外易切削结构钢牌号对照（摘自 GB/T 8731—2008）

中国 GB/T 8731	日本 JIS G 4804	美国 ASTM A 29/A 29M	俄罗斯 ГОСТ 1414	国际标准化组织 ISO 683-9	欧洲 EN	德国 DIN EN	英国 BS EN	法国 NF EN
Y08	SUM23	1215		9S20	10S20（1.0721）			
Y12	SUM12	1211 1212	A12	10S20	10S20（1.0721）			
Y15	SUM22	1213	—	11SMn28	11SMn30（1.0715）			

（续）

中国 GB/T 8731	日本 JIS G 4804	美国 ASTM A 29/A 29M	俄罗斯 ГОСТ 1414	国际标准化组织 ISO 683-9	欧洲 EN	德国 DIN EN	英国 BS EN	法国 NF EN
Y20	SUM32	—	A20	—		15SMn13（1.0725）		
Y30	—	—	A30	35S20		35S20（1.0726）		
Y35	—	—	—			35S20（1.0726）		
Y45	—	—	—	46S20		46S20（1.0727）		
Y08MnS	—	—	—			11SMn37（1.0736）		
Y15Mn	SUM31	1117	—			15SMn13（1.0725）		
Y35Mn	Sum41					36SMn14（1.0764）		
Y40Mn	—	1139	A40Г	35MnS20		38SMn28（1.0760）		
Y45Mn	—	—	—			C45R（1.1201）		
Y45MnS	Sum43	1144	—	44SMn28		44SMn28（1.0762）		
Y08Pb	SUM23L	12L15	—	—		11SMnPb30（1.0718）		
Y12Pb	SUM24L	12L14	—	10SPb20		11SMnPb30（1.0718）		
Y15Pb	—	—	AC14	11SMnPb28		11SMnPb30（1.0718）		
Y45MnSPb	—	—	—			44SMnPb28（1.0763）		

注：本表中的 EN、DIN EN、BS EN、NF EN 对照牌号不是 GB/T 8731—2008 中的资料，系编者提供的参考资料。

表 1-412 国内外非调质机械结构钢牌号对照

中国 GB/T 15712	ISO	欧洲 EN	德国 DIN EN	英国 BS EN	法国 NF EN	俄罗斯 ГОСТ	美国 ASTM	日本 JIS
F35VS（旧牌号 YF35V）（L22358）	—		—			—	—	—
F40VS（旧牌号 YF40V）（L22408）	—		—			—	—	—
F45VS（旧牌号 YF45V，F45V）（L22468）	—		—			—	—	—
F30MnVS（L22308）	30MnVS6		—			—	—	—
F35MnVS（旧牌号 YF35MnV，F35MnVN）（L22378）	—		—			—	—	—
F38MnVS（L22388）	38MnVS6		—			—	—	—
F40MnVS（旧牌号 YF40MnV，F40MnV）（L22428）	—		—			—	—	—
F45MnVS（旧牌号 YF45MnV）（L22478）	46MnVS6		—			—	—	—
F49MnVS（L22498）	—		49MnVS3（德国 THYSSEN 公司牌号）			—	—	—
F12Mn2VBS（L27128）	—		—			—	—	—

表 1-413 国内外不锈钢和耐热钢牌号对照（摘自 GB/T 20878—2007）

序号	中国 GB/T 20878—2007 统一数字代号	新牌号	旧牌号	美国 ASTM A959-04	日本 JIS G 4303—1998 JIS G 4311—1991	国标 ISO/TS 15510: 2003 ISO 4955: 2005	欧洲 EN 10088: 1—1995 EN 10095—1999 等	苏联 ГОСТ 5632—1972
1	S35350	12Cr17Mn6Ni5N	1Cr17Mn6Ni5N	S20100, 201	SUS201	X12CrMnNiN17-7-5	X12CrMnNiN17-7-5, 1.4372	—
2	S35950	10Cr17Mn9Ni4N	10Cr17Mn9Ni4N	—	—	—	—	12Х17Г9АН4
3	S35450	12Cr18Mn9Ni5N	1Cr18Mn8Ni5N	S20200, 202	SUS202	—	X12CrMnNiN18-9-5, 1.4373	12Х17Г9АН4
4	S35020	20Cr13Mn9Ni4	2Cr13Mn9Ni4	—	—	—	—	20Х13Н4Г9
5	S35550	20Cr15Mn15Ni2N	2Cr15Mn15Ni2N	—	—	—	—	—
6	S35650	53Cr21Mn9Ni4N	5Cr21Mn9Ni4N	(S63008)	SUH35	(X53CrMnNiN21-9)	X53CrMnNiN21-9-4, 1.4871	55Х20Г9АН4
7	S35750	26Cr18Mn12Si2N	3Cr18Mn12Si2N	—	—	—	—	—
8	S35850	22Cr20Mn10Ni3Si2N	2Cr20Mn9Ni3Si2N	—	—	—	—	—
9	S30110	12Cr17Ni7	1Cr17Ni7	S30100, 301	SUS301	X5CrNi17-7	(X3CrNi17-8, 1.4319)	17Х18Н9
10	S30103	022Cr17Ni7	—	S30103, 301L	(SUS301L)	—	—	—
11	S30153	022Cr17Ni7N	—	S30153, 301LN	SUS301LN	X2CrNiN18-7	X2CrNiN18-7, 1.4318	—
12	S30220	17Cr18Ni9	2Cr18Ni9	—	—	—	—	12Х18Н9
13	S30210	12Cr18Ni9	1Cr18Ni9	S30200, 302	SUS302	X10CrNi18-8	X10CrNi18-8, 1.4310	—
14	S30240	12Cr18Ni9Si3	1Cr18Ni9Si3	S30215, 302B	(SUS302B)	X12CrNiSi18-9-3	—	—
15	S30317	Y12Cr18Ni9	Y1Cr18Ni9	S30300, 303	SUS303	X10CrNiS18-9	X8CrNiS18-9, 1.4305	—
16	S30327	Y12Cr18Ni9Se	Y1Cr18Ni9Se	Se30323, 303Se	SUS303Se	—	—	12Х18Н10Е
17	S30408	06Cr19Ni10	0Cr18Ni9	S30400, 304	SUS304	X5CrNi18-10	X5CrNi18-10, 1.4301	—
18	S30403	022Cr19Ni10	00Cr19Ni10	S30403, 304L	SUS304L	X2CrNi19-11	X2CrNi19-11, 1.4306	03Х18Н11
19	S30409	07Cr19Ni10	—	S30409, 304H	SUH304H	X7CrNi18-9	X6CrNi18-10, 1.4948	—
20	S30450	05Cr19Ni10Si2CeN	—	S30415	—	X6CrNiSiNCe19-10	X6CrNiSiNCe19-10, 1.4818	—
21	S30480	06Cr18Ni9Cu2	0Cr18Ni9Cu2	—	SUS304J3	—	—	—

22	S30488	06Cr18Ni9Cu3	0Cr18Ni9Cu3	—	SUSXM7	X3CrNiCu18-9-4	X3CrNiCu18-9-4, 1.4567	—
23	S30458	06Cr19Ni10N	0Cr19Ni9N	S30451, 304N	SUS304N1	X5CrNiN19-9	X5CrNiN19-9, 1.4315	—
24	S30478	06Cr19Ni9NbN	0Cr19Ni10NbN	S30452, XM-21	SUS304N2	—	—	—
25	S30453	022Cr19Ni10N	00Cr18Ni10N	S30453, 304LN	SUS304LN	X2CrNiN18-9	X2CrNiN18-10, 1.4311	—
26	S30510	10Cr18Ni12	1Cr18Ni12	S30500, 305	SUS305	X6CrNi18-12	X4CrNi18-12, 1.4303	12X18H12T
27	S30508	06Cr18Ni12	0Cr18Ni12	—	SUS305J1	—	—	—
28	S38408	06Cr16Ni18	0Cr16Ni18	S38400	(SUS384)	(X6CrNi18-16E)	—	—
29	S30808	06Cr20Ni11	—	S30800, 308	SUS308	—	—	—
30	S30850	22Cr21Ni12N	2Cr21Ni12N	(S63017)	SUH37	—	—	—
31	S30920	16Cr23Ni13	2Cr23Ni13	S30900, 309	SUH309	—	(X15CrNiSi20-12, 1.4828)	20X23H12
32	S30908	06Cr23Ni13	0Cr23Ni13	S30908, 309S	SUS309S	X12CrNi23-13	X12CrNi23-13, 1.4833	10X23H13
33	S31010	14Cr23Ni18	1Cr23Ni18	—	—	—	—	20X23H18
34	S31020	20Cr25Ni20	2Cr25Ni20	S31000, 310	SUH310	X15CrNi25-21	X15CrNi25-21, 1.4821	20X25H20C2
35	S31008	06Cr25Ni20	0Cr25Ni20	S31008, 310S	SUS310S	X12CrNi23-12	X12CrNi23-12, 1.4845	10X23H18
36	S31053	022Cr25Ni22Mo2N		S31050, 310MoLN	—	X1CrNiMoN25-22-2	X1CrNiMoN25-22-2, 1.4466	—
37	S31252	015Cr20Ni18Mo6CuN		S31254	—	X1CrNiMoN20-18-7	X1CrNiMoN20-18-7, 1.4547	—
38	S31608	06Cr17Ni12Mo2	0Cr17Ni12Mo2	S31600, 316	SUS316	X5CrNiMo17-12-2	X5CrNiMo17-12-2, 1.4401	—
39	S31603	022Cr17Ni12Mo2	00Cr17Ni14Mo2	S31603, 316L	SUS316L	X2CrNiMo17-12-2	X2CrNiMo17-12-2, 1.4404	03X17H14M2
40	S31609	07Cr17Ni12Mo2	1Cr17Ni12Mo2	S31609, 316H	—	—	X3CrNiMo17-13-3, 1.4436	—
41	S31668	06Cr17Ni12Mo3Ti	0Cr18Ni12Mo3Ti	S31635, 316Ti	SUS316Ti	X6CrNiMoTi17-12-2	X6CrNiMoTi17-12-2, 1.4571	08X17H13M3T
42	S31678	06Cr17Ni12Mo2Nb	0Cr17Ni12Mo2Nb	S31640, 316Nb	—	X6CrNiMoNb17-12-2	X6CrNiMoNb17-12-2, 1.4580	03X16H13M3Б
43	S31658	06Cr17Ni12Mo2N	0Cr17Ni12Mo2N	S31651, 316N	SUS316N	X2CrNiMoN17-12-3	X2CrNiMoN17-13-3, 1.4429	—
44	S31653	022Cr17Ni12Mo2N	00Cr17Ni13Mo2N	S31653, 316LN	SUS316LN	—	—	—
45	S31688	06Cr18Ni12Mo2Cu2	0Cr18Ni12Mo2Cu2	—	SUS316J1	—	—	—

（续）

序号	统一数字代号	中国 GB/T 20878—2007 新牌号	旧牌号	美国 ASTM A959-04	日本 JIS G 4303—1998 JIS G 4311—1991	国际 ISO/TS 15510：2003 ISO 4955：2005	欧洲 EN 10088：1—1995 EN 10095—1999 等	苏联 ГОСТ 5632—1972
46	S31683	022Cr18Ni14Mo2Cu2	00Cr18Ni14Mo2Cu2	—	SUS316J1L	—	—	—
47	S31693	022Cr18Ni15Mo3N	00Cr18Ni15Mo3N	—	—	—	—	—
48	S31782	015Cr21Ni26Mo5Cu2		N08904, 904L	—	—	—	—
49	S31708	06Cr19Ni13Mo3	0Cr19Ni13Mo3	S31700, 317	SUS317	—	—	—
50	S31703	022Cr19Ni13Mo3	00Cr19Ni13Mo3	S31703, 317L	SUS317L	X2CrNiMo19-14-4	X2CrNiMo18-15-4, 1.4438	03X16H15M3
51	S31793	022Cr18Ni14Mo3	00Cr18Ni14Mo3	—	—	—	—	—
52	S31794	03Cr18Ni16Mo5	0Cr18Ni16Mo5	—	SUS317J1	—	—	—
53	S31723	022Cr19Ni16Mo5N		S31726, 317LMN	—	X2CrNiMoN18-15-5	X2CrNiMoN17-13-5, 1.4439	—
54	S31753	022Cr19Ni13Mo4N		S31753, 317LN	SUS317LN	X2CrNiMoN18-12-4	X2CrNiMoN18-12-4, 1.4434	—
55	S32168	06Cr18Ni11Ti	0Cr18Ni10Ti	S32100, 321	SUS321	X6CrNiTi18-10	X6CrNiTi18-10, 1.4541	08X18H10T
56	S32169	07Cr19Ni11Ti	1Cr18Ni11Ti	S32109, 321H	(SUS321H)	X7CrNiTi18-10	X6CrNiTi18-10, 1.4541	12X18H11T
57	S32590	45Cr14Ni14W2Mo	4Cr14Ni14W2Mo	—	—	—	—	45X14H14B2M
58	S32652	015Cr24Ni22Mo8Mn3CuN	—	S32654	—	X1CrNiMoCuN24-22-8	(X1CrNiMoCuN24-22-8, 1.4652)	—
59	S32720	24Cr18Ni8W2	2Cr18Ni8W2	—	—	—	—	25X18H8B2
60	S33010	12Cr16Ni35	1Cr16Ni35	N08330, 330	SUH330	(X12CrNiSi35-16)	X12CrNiSi35-16, 1.4864	—
61	S34553	022Cr24Ni17Mo5Mn6NbN		S34565	—	X2CrNiMnMoN25-18-6-5	(X2CrNiMnMoN25-18-6-5, 1.4565)	—
62	S34778	06Cr18Ni11Nb	0Cr18Ni11Nb	S34700, 347	SUS347	X6CrNiNb18-10	X6CrNiNb18-10, 1.4550	08X18H12Б
63	S34779	07Cr18Ni11Nb	1Cr19Ni11Nb	S34709, 347H	(SUS347H)	X7CrNiNb18-10	X7CrNiNb18-10, 1.4912	—
64	S38148	06Cr18Ni13Si4	0Cr18Ni13Si4	—	SUSXM15J1	S38100, XM-15	—	—
65	S38240	16Cr20Ni14Si2	1Cr20Ni14Si2	—	—	X15CrNiSi20-12	X15CrNiSi20-12, 1.4828	20X20H14C2
66	S38340	16Cr25Ni20Si2	1Cr25Ni20Si2	—	—	(X15CrNiSi25-21)	(X15CrNiSi25-21, 1.4841)	20X25H20C2

67	S21860	14Cr18Ni11Si4AlTi	1Cr18Ni11Si4AlTi	—	—	—	15X18H12C4TKO
68	S21953	022Cr19Ni5Mo3Si2N	00Cr18Ni5Mo3Si2	S31500	—	—	—
69	S22160	12Cr21Ni5Ti	1Cr21Ni5Ti	—	—	—	10X21H5T
70	S22253	022Cr22Ni5Mo3N		S31803	SUS329J3L	X2CrNiMoN22-5-3	X2CrNiMoN22-5-3, 1.4462	—
71	S22053	022Cr23Ni5Mo3N		S32205, 2205			—
72	S23043	022Cr23Ni4MoCuN		S32304, 2304	—	X2CrNiN23-4	X2CrNiN23-4, 1.4362	—
73	S22553	022Cr25Ni6Mo2N		S31200	—	X3CrNiMoN27-5-2	X3CrNiMoN27-5-2, 1.4460	—
74	S22583	022Cr25Ni7Mo3WCuN		S31260	(SUS329J2L)	—	—	—
75	S25554	03Cr25Ni6Mo3Cu2N		S32550, 255	SUS329J4L	X2CrNiMoCuN25-6-3	X2CrNiMoCuN25-6-3, 1.4507	—
76	S25073	022Cr25Ni7Mo4N		S32750, 2507	—	X2CrNiMoN25-7-4	X2CrNiMoN25-7-4, 1.4410	—
77	S27603	022Cr25Ni7Mo4WCuN		S32760	—	X2CrNiMoWN25-7-4	X2CrNiMoWN25-7-4, 1.4501	—
78	S11348	06Cr13Al	0Cr13Al	S40500, 405	SUS405	X6CrAl13	X6CrAl13, 1.4002	—
79	S11168	06Cr11Ti	0Cr11Ti	S40900	(SUH409)	X6CrTi12	—	—
80	S11163	022Cr11Ti		S40900	(SUH409L)	X2CrTi12	X2CrTi12, 1.4512	—
81	S11173	022Cr11NbTi		S40930	—		—
82	S11213	022Cr12Ni		S40977	—	X2CrNi12	X2CrNi12, 1.4003	—
83	S11203	022Cr12	00Cr12	—	SUS410L	—	—	—
84	S11510	10Cr15	1Cr15	S42900, 429	(SUS429)	—	—	—
85	S11710	10Cr17	1Cr17	S43000	SUS430	X6Cr17	X6Cr17, 1.4016	12X17
86	S11717	Y10Cr17	Y1Cr17	S43020, 430F	SUS430F	X7CrS17	X14CrMoS17, 1.4104	—
87	S11863	022Cr18Ti	00Cr17	S43035, 439	(SUS430LX)	X3CrTi17	X3CrTi17, 1.4510	08X17T
88	S11790	10Cr17Mo	1Cr17Mo	S43400, 434	SUS434	X6CrMo17-1	X6CrMo17-1, 1.4113	—
89	S11770	10Cr17MoNb		S43600, 436	—	X6CrMoNb17-1	X6CrMoNb17-1, 1.4526	—
90	S11862	019Cr18MoTi		—	(SUS436L)	—	—	—
91	S11873	022Cr18NbTi		S43940	—	X2CrTiNb18	X2CrTiNb18, 1.4509	—
92	S11972	019Cr19Mo2NbTi	00Cr18Mo2	S44400, 444	(SUS444)	X2CrMoTi18-2	X2CrMoTi18-2, 1.4521	—
93	S12550	16Cr25N	2Cr25N	S44600, 446	(SUH446)	—	—	—

（续）

序号	统一数字代号	中国 GB/T 20878—2007		美国 ASTM A959-04	日本 JIS G 4303—1998 JIS G 4311—1991	国标 ISO/TS 15510: 2003 ISO 4955: 2005	欧洲 EN 10088: 1—1995 EN 10095—1999 等	苏联 ГОСТ 5632—1972
		新牌号	旧牌号					
94	S12791	008Cr27Mo	00Cr27Mo	S44627, XM-27	SUSXM27	—	—	—
95	S13091	008Cr30Mo2	00Cr30Mo2	—	SUS447J1	—	—	—
96	S40310	12Cr12	1Cr12	S40300, 403	SUS403	—	—	—
97	S41008	06Cr13	0Cr13	S41008, 410S	(SUS410S)	X6Cr13	X6Cr13, 1.4000	08X13
98	S41010	12Cr13	1Cr13	S41000, 410	SUS410	X12Cr13	X12Cr13, 1.4006	12X13
99	S41595	04Cr13Ni5Mo		S41500	(SUSF6NM)	X3CrNiMo13-4	X3CrNiMo13-4, 1.4313	—
100	S41617	Y12Cr13	Y1Cr13	S41600, 416	SUS416	X12CrS13	X12CrS13, 1.4005	—
101	S42020	20Cr13	2Cr13	S42000, 420	SUS420J1	X20Cr13	X20Cr13, 1.4021	20X13
102	S42030	30Cr13	3Cr13	S42000, 420	SUS420J2	X30Cr13	X30Cr13, 1.4028	30X13
103	S42037	Y30Cr13	Y3Cr13	S42020, 420F	SUS420F	X29CrS13	X29CrS13, 1.4029	—
104	S42040	40Cr13	4Cr13	—	—	X39Cr13	X39Cr13, 1.4031	40X13
105	S41427	Y25Cr13Ni2	Y2Cr13Ni2					25X13H2
106	S43110	14Cr17Ni2	1Cr17Ni2					14X17H2
107	S43120	17Cr16Ni2	17Cr16Ni2	S43100, 431	SUS431	X17CrNi16-2	X17CrNi16-2, 1.4057	—
108	S44070	68Cr17	7Cr17	S44002, 440A	SUS440A			—
109	S44080	85Cr17	8Cr17	S44003, 440B	SUS440B			—
110	S44096	108Cr17	11Cr17	S44004, 440C	SUS440C	X105CrMo17	X105CrMo17, 1.4125	—
111	S44097	Y108Cr17	Y11Cr17	S44020, 440F	SUS440F			—
112	S44090	95Cr18	9Cr18	—				95X18
113	S45110	12Cr5Mo	1Cr5Mo	(S50200, 502)	(STBA25)	(TS37)		15X5M
114	S45610	12Cr12Mo	1Cr12Mo	—				—
115	S45710	13Cr13Mo	1Cr13Mo	—	SUS410J1			—
116	S45830	32Cr13Mo	3Cr13Mo	—				—

117	S45990	102Cr17Mo	9Cr18Mo	S44004，440C	SUS440C	X105CrMo17	X105CrMo17，1.4125	—
118	S46990	90Cr18MoV	9Cr18MoV	S44003，440B	SUS440B	—	X90CrMoV18，1.4112	—
119	S46010	14Cr11MoV	1Cr11MoV	—	—	—	—	15Х11Мф
120	S46110	158Cr12MoV	1Cr12MoV	—	—	—	—	—
121	S46020	21Cr12MoV	2Cr12MoV	—	—	—	—	—
122	S46250	18Cr12MoVNbN	2Cr12MoVNbN	—	SUH600	—	—	15Х12ВНМф
123	S47010	15Cr12WMoV	1Cr12WMoV	—	—	—	—	—
124	S47220	22Cr12NiWMoV	2Cr12NiMoWV	（616）	SUH616	—	—	13Х11Н2В2Мф
125	S47310	13Cr11Ni2W2MoV	1Cr11Ni2W2MoV	—	—	—	—	13Х14Н3В2ф
126	S47410	14Cr12Ni2WMoVNb	1Cr12Ni2WMoVNb	—	—	—	—	—
127	S47250	10Cr12Ni3Mo2VN	—	—	—	—	—	—
128	S47450	18Cr11NiMoNbVN	2Cr11NiMoNbVN	—	—	—	—	—
129	S47710	13Cr14Ni3W2VB	1Cr14Ni3W2VB	—	—	—	—	15Х12Н2МВфАБ
130	S48040	42Cr9Si2	4Cr9Si2	—	—	—	—	40Х9С2
131	S48045	45Cr9Si3	—	—	SUH1	—	（X45CrSi3，1.4718）	—
132	S48140	40Cr10Si2Mo	4Cr10Si2Mo	—	SUH3	—	（X40CrSiMo10，1.4731）	40Х10С2М
133	S48380	80Cr20Si2Ni	8Cr20Si2Ni	—	SUH4	—	（X80CrSiNi20，1.4747）	—
134	S51380	04Cr13Ni8Mo2Al	—	S13800，XM-13	—	—	—	08Х15Н5Д2Т
135	S51290	022Cr12Ni9Cu2NbTi	—	S45500，XM-16	—	—	—	—
136	S51550	05Cr15Ni5Cu4Nb	—	S15500，XM-12	—	—	—	—
137	S51740	05Cr17Ni4Cu4Nb	0Cr17Ni4Cu4Nb	S17400，630	SUS630	X5CrNiCuNb16-4	X5CrNiCuNb16-4，1.4542	09Х17Н7Ю
138	S51770	07Cr17Ni7Al	0Cr17Ni7Al	S17700，631	SUS631	X7CrNi17-7	X7CrNi17-7，1.4568	—
139	S51570	07Cr15Ni7Mo2Al	0Cr15Ni7Mo2Al	S15700，632	—	X8CrNiMoAl15-7-2	X8CrNiMoAl15-7-2，1.4532	—
140	S51240	07Cr12Ni4Mn5Mo3Al	0Cr12Ni4Mn5Mo3Al	—	—	—	—	—
141	S51750	09Cr17Ni5Mo3N	—	S35000，633	—	—	—	—
142	S51778	06Cr17Ni7AlTi	—	S17600，635	—	—	—	—
143	S51525	06Cr15Ni25Ti2MoAlVB	0Cr15Ni25Ti2MoAlVB	S66286，660	SUH660	（X6NiCrTiMoVB25-15-2）	—	—

注：1. 括号内的牌号是在相应表头所列的标准之外的牌号。

2. 本表为 GB/T 20878—2007《不锈钢和耐热钢 牌号及化学成分》的资料性附录。

表 1-414 国内外弹簧钢牌号对照

中国 GB/T	ISO	欧洲 EN	德国 DIN EN	英国 BS EN	法国 NF EN	俄罗斯 ΓOCT	美国 ASTM	日本 JIS
65	FDC		C66D (1.0612)			65	1065	SWRH 67B
70	FDC		C170D (1.0615)			70	1070	SWRH 72B
85	SH, DH, DM		C86D (1.0616)			85	1084	SWRH 82B
65Mn	FDC		—			65Γ	1566	SWRH 67B
55SiMnVB	—		—			—	—	—
60Si2Mn	60Si8		61SiCr7 (1.7108)			60C2	9260	SUP 6 SUP 7
60Si2MnA	60Si8		61SiCr7 (1.7108)			60C2A	9260	SUP 6 SUP 7
60Si2CrA	61SiCr7		54SiCr6 (1.7102)			60C2XA	—	—
60Si2CrVA	—		54SiCrV6 (1.8152)			60C2XФА	—	—
55SiCrA	—		54SiCr6 (1.7102)			60C2XA	—	—
55CrMnA	55Cr3		55Cr3 (1.7176)			—	5155	SUP 9, SUP 9A
60CrMnA	60Cr3		60Cr3 (1.7177)			—	5160	SUP 9A
50CrVA	51CrV4		51CrV4 (1.8159)			50XГФА	6150	SUP 10
60CrMnBA	—		—			50XГР	51B60H	SUP 11A
30W4Cr2VA	—		—			—	—	—
1Cr18Ni9	X10CrNi 18-8		—			12X18H9	302 (S30200)	SUS 302
0Cr19Ni10	X5CrNi 18-9		X5CrNi 18-10 (1.4301)			08X18H10	304 (S30400)	SUS 304
0Cr17Ni12Mo2	X5CrNiMo17-12-2		X5CrNiMo 17-12-2 (1.4401)			—	316 (S31600)	SUS 316
0Cr17Ni8Al	X7CrNiAl17-7		X7CrNiAl 17-7 (1.4568)			09X17H7Ю	631 (S17700)	SUS 631J1
1Cr17Ni7	—		—			—	—	—

表 1-415 国内外轴承钢牌号对照

中国 GB/T、YB/T	ISO	欧洲 EN	德国 DIN EN	英国 BS EN	法国 NF EN	俄罗斯 ΓOCT	美国 ASTM	日本 JIS
GCr4	—		—			ШX4	5090M	SK4-CSP
GCr15	100Cr6		100Cr6			ШX15	52100	SUJ2
GCr15SiMn	100CrMnSi6-4		100CrMnSi6-4			ШX15СГ	100CrMnSi6-4 (B3)	SUJ3
GCr15SiMo	100CrMn7		100CrMo7			—	100CrMo7 (B5)	SUJ4
GCr18Mo	100CrMn7		100CrMo7			—	100CrMo7 (B5)	SUJ4
G20CrMo	20MnCr4-2		20MnCr4-2			—	4118H	SCM421
G20CrNiMo	20NiCrMo2		20NiCrMo2			—	8620H	SNCM220
G20CrNi2Mo	20NiCrMo7		20NiCrMo7			20XH2M	4320H	SNCM420
G20Cr2Ni4	18NiCrMo14-6		18NiCrMo14-6			20X2H4A	—	—
G10CrNi3Mo	18NiCrMo14-6		18NiCrMo14-6			12XH3A	9310H	—
G20Cr2Mn2Mo	—		—			—	—	—
G95Cr18	—		—			95X18	440C	SUS440C
G102Cr18Mo	X108CrMo17		X108CrMo17			—	440C	SUS440C
G65Cr14Mo	X65Cr14 (B51)		X65Cr14					

表 1-416　国内外碳素工具钢牌号对照

中国 GB/T	ISO	欧洲 EN	德国 DIN EN	英国 BS EN	法国 NF EN	俄罗斯 ГОСТ	美国 ASTM	日本 JIS
T7 （A）	C70U		C70U			У7-1	—	SK70
T8 （A）	C80U		C80U			У8-1	W1A-8	SK80
T8Mn （A）	—		—			У8Г-1	W1C-8	SK85
T9 （A）	C90U		C90U			У9-1	W1A-8½	SK90
T10 （A）	C105U		C105U			У10-1	W1A-9½	SK105
T11 （A）	C105U		C105U			У11-1	W1A-10½	SK105
T12 （A）	C120U		C120U			У12-1	W1A-11½	SK120
T13 （A）	CU120U		C120U			У13-1	W2C-13	SK140

表 1-417　国内外合金工具钢牌号对照

中国 GB/T、YB/T	ISO	欧洲 EN	德国 DIN EN	英国 BS EN	法国 NF EN	俄罗斯 ГОСТ	美国 ASTM	日本 JIS
9SiCr	—		—			9ХС	—	—
8MnSi	—		—					SKS95
Cr03	—		—					—
Cr06	—		—			13Х	—	SKS8
Cr2	102Cr6		102Cr6			Х	L3	SUJ2
9Cr2	—		—			9Х1	L3	—
W	—		—			—	F1	SKS21
4CrW2Si	—		—			4ХВ2С	—	SKS41
5CrW2Si	50WCrV8		50WCrV8			5ХВ2С	S1	—
6CrW2Si	60WCrV8		60WCrV8			6ХВ2С	—	—
6CrMnSi2Mo1V	—		—			—	S5	—
5Cr3Mn1SiMo1V	—		—			—	S7	—
Cr12	X210Cr12		X210Cr12			Х12	D3	SKD1
Cr12Mo1V1	X153CrMoV12		X153CrMoV12			—	D2	SKD11
Cr12MoV	—		—			Х12МФ	—	SKD11
Cr5Mo1V	X100CrMoV5		X100CrMoV5			—	A2	SKD12
9Mn2V			90MnCrV8			—	O2	—
CrWMn	95MnWCr5					ХВГ	—	SKS31
9CrWMn	95MnWCr5		95MnWCr5			9ХВГ	O1	SKS3
Cr4W2MoV	—		—			—	—	—
6Cr4W3Mo2VNb	—		—			—	—	—
6W6Mo5Cr4V	—		—			—	—	—
7CrSiMnMoV	—		—			—	—	—
5CrMnMo			—			5ХГМ	—	—
5CrNiMo	55NiCrMoV7		55NiCrMoV7			5ХНМ	L6	SKT4

（续）

中国 GB/T、YB/T	ISO	欧洲 EN	德国 DIN EN	英国 BS EN	法国 NF EN	俄罗斯 ГOCT	美国 ASTM	日本 JIS
3Cr2W8V	X30WCrV9-3		X30WCrV9-3			3X2B8Φ	H21	SKD5
5Cr4Mo3SiMnVAl	—		—			—	—	—
3Cr3Mo3W2V	—		—			—	—	—
5Cr4W5Mo2V	—		—			—	—	—
8Cr3	—		—			8X3	—	—
4CrMnSiMoV	—		—			—	—	—
4Cr3Mo3SiV	32CrMoV12-28		32CrMoV12-28			3X3M3Φ	H10	—
4Cr5MoSiV	32CrMoV12-28		X37CrMoV5-1			4X5MΦC	H11	3KD6
4Cr5MoSiV1	X40CrMoV5-1		X40CrMoV5-1			4X5MΦ1C	H13	3KD61
4Cr5W2VSi	X35CrWMoV5		X35CrWMoV5			4X5B2ΦC	—	—
7Mn15Cr2Al3V2WMo	—		—			—	—	—
3Cr2Mo	35CrMo7		35CrMo7			—	P20	—
3Cr2NiMo	40CrMnNiMo8-6-4		40CrMnNiMo8-6-4			—	P20	—

表 1-418　国内外高速工具钢牌号对照

中国 GB/T	ISO	欧洲 EN	德国 DIN EN	英国 BS EN	法国 NF EN	俄罗斯 ГOCT	美国 ASTM	日本 JIS
W3Mo2Cr4V2	HS 3-3-2		HS 3-3-2			—	—	—
W4Mo3Cr4VSi	—		—			—	—	—
W18Cr4V	HS 18-0-1		HS 18-0-1			P18	T1	SKH2
W2Mo8Cr4V	HS 1-8-1		HS 1-8-1			—	M1	SKH50
W2Mo9Cr4V2	HS 2-9-2		HS 2-9-2			—	M7	SKH58
W6Mo5Cr4V2	HS 6-5-2		HS 6-5-2			P6M5	M2，标准 C	SKH51
CW6Mo5Cr4V2	HS 6-5-2C		HS 6-5-2C			—	M2，高 C	SKH51
W6Mo6Cr4V2	HS 6-6-2		HS 6-6-2			—	M3（1 级）	SKH52
W9Mo3Cr4V	—		—			—	—	—
W6Mo5Cr4V3	HS 6-5-3		HS 6-5-3			P6M5Φ3	M3（2 级）	5KH53
CW6Mo5Cr4V3	HS 6-5-3C		HS 6-5-3C			—	—	—
W6Mo5Cr4V4	HS 6-5-4		HS 6-5-4			—	M4（T11304）	SKH54
W6Mo5Cr4V2Al	—		—			—	—	—
W12Cr4V5Co5	—		—			—	T15	SKH10
W6Mo5Cr4V2Co5	HS 6-5-2-5		HS 6-5-2-5			P6M5K5	—	SKH55
W6Mo5Cr4V3Co8	HS 6-5-3-8		HS 6-5-3-8			—	—	SKH40
W7Mo4Cr4VV2Co5	—		—			—	M41	—
W2Mo9Cr4VCo8	HS 2-9-1-8		HS 2-9-1-8			—	M42	SKH59
W10Mo4Cr4V3Co10	HS 10-4-3-10		HS 10-4-3-10			—	—	SKH57

表 1-419　国内外模具钢牌号对照

中国 GB/T	ISO	欧洲 EN	德国 DIN EN	英国 BS EN	法国 NF EN	俄罗斯 ГOCT	美国 ASTM	日本 JIS
3Cr2W8V	X30WCrV9-3	X30WCrV9-3				3Х2В8Ф	H22	SKD4
4Cr5MoSiV1	X40CrMoV5-1	X40CrMoV5-1				4Х5МФ1С	H13	SKD61
4Cr5MoSiV1A	参考 4Cr5MoSiV1							
5Cr06NiMo	55NiCrMoV7	55NiCrMoV7				5ХНМ	L6	SKT4
5Cr08MnMo	—	—						
9Cr06WMn	95MnWCr5	95MnWCr5				9ХВГ	O1	SKS3
CrWMn		—						SKS31
Cr12Mo1V1	X153CrMoV12	X153CrMoV12				Х12МФ	D2	SKD11
Cr12MoV	参考 Cr12Mo1V1							
Cr12	X210Cr12	X210Cr12				Х12	D3	SKD1
1Ni3Mn2CuAl	—	—						
20Cr13	X20Cr13	X20Cr13, 1.4021				20Х13	420, S42000	SUS 420J1
30Cr17Mo	X38CrMo16	X38CrMo16				—		
40Cr13	X39Cr13	X39Cr13, 1.4031				40Х13		
3Cr2MnMo	35CrMo7	35CrMo7				—	P20	—
3Cr2MnNiMo	40CrMnNiMo8-6-4	40CrMnNiMo 8-6-4				—		
SM45	C45U	C45U				—	—	S45C
SM48	—	C45U				—	—	S48C
SM50	—	C45U				—	—	S50C
SM53	—	—				—	—	S53C
SM55	—	—				—	—	S55C
SM3Cr2Mo	35CrMo7	35CrMo7				—	P20	—
SM3Cr2Ni1Mo	40CrMnNiMo8-6-4	40CrMnNiMo 8-6-4				—	P20	—

1.14.2　国内外常用铸铁牌号对照(见表 1-420~表 1-422)

表 1-420　国内外灰铸铁牌号对照

中国 GB/T	ISO	欧洲 EN	德国 DIN EN	英国 BS EN	法国 NF EN	俄罗斯 ГOCT	美国 AWS (UNS)	美国 ASTM	日本 JIS
HT100	ISO 185/JL/100		EN-GJL-100 (EN-JL 1010)			СЧ10	No. 20 (F11401)	—	FC100
HT150	ISO 185/JL/150		EN-GJL-150 (EN-JL 1020)			СЧ15	No. 25 (F11701)	No. 150A No. 150B No. 150C No. 150S	FC150
HT200	ISO 185/JL/200		EN-GJL-200 (EN-JL 1030)			СЧ20	No. 30 (F12101)	No. 200A No. 200B No. 200C No. 200S	FC200

（续）

中国 GB/T	ISO	欧洲 EN	德国 DIN EN	英国 BS EN	法国 NF EN	俄罗斯 ГОСТ	美国		日本 JIS
							AWS（UNS）	ASTM	
HT250	ISO 185/JL/250	EN-GJL-250 （EN-JL 1040）				СЧ24 СЧ25	No. 35 No. 40 （F12801）	No. 250A No. 250B No. 250C No. 250S	FC250
HT300	ISO 185/JL/300	EN-GJL-300 （EN-JL 1050）				СЧ30	No. 45 （F13101）	No. 300A No. 300B No. 300C No. 300S	FC300
HT350	ISO 185/JL/350	EN-GJL-350 （EN-JL 1060）				СЧ35	No. 50 （F13501）	No. 350A No. 350B No. 350C No. 350S	FC350

表 1-421 国内外可锻铸铁牌号对照

中国 GB/T	ISO	欧洲 EN	德国 DIN EN	英国 BS EN	法国 NF EN	俄罗斯 ГОСТ	美国		日本 JIS
							AWS （UNS）	ASTM	
KTH300-06	ISO 5922/JMB/300-6	EN-GJMB-300-6（EN-JM1110）				КЧ30-6	—	—	FCMB27-05 FCMB30-06
KTH330-08	—	EN-GJMB-350-10（EN-JM1130）				КЧ33-8	—	—	FCMB31-08
KTH350-10	ISO 5922/JMB/350-10	EN-GJMB-350-10（EN-JM1130）				КЧ35-10	32510 （F22200）	32510	FCMB35-10
KTH370-12	—	—				КЧ37-12	35018 （F22400）	—	
KTZ450-06	ISO 5922/JMB/450-6	EN-GJMB-450-6（EN-JM1140）				КЧ45-7	45006 （F23131） 45008 （F23130）	—	FCMP45-06 FCMP44-06
KTZ550-04	ISO 5922/JMB/550-4	EN-GJMB-550-4（EN-JM1160）				КЧ55-4	60004 （F24130）		FCMP55-04
KTZ650-02	ISO 5922/JMB/650-2	EN-GJMB-650-2（EN-JM1180）				КЧ65-3	80002 （F25530）		FCMP65-02
KTZ700-02	ISO 5922/JMB/700-2	EN-GJMB-700-2（EN-JM1190）				КЧ70-2	90001 （F26230）		FCMP70-02
—	ISO 5922/JMB/600-3	EN-GJMB-600-3（EN-JM1170）				КЧ60-3	70003 （F24830）		FCMP60-03
—	ISO 5922/JMB/800-1	EN-GJMB-800-1（EN-JM1200）				КЧ80-1. 5			FCMP80-01
KTB350-04	ISO 5922/JMW/350-4	EN-GJMW-350-4（EN-JM1010）				—			FCMW35-04

（续）

中国 GB/T	ISO	欧洲 EN	德国 DIN EN	英国 BS EN	法国 NF EN	俄罗斯 ГOCT	美国		日本 JIS
							AWS （UNS）	ASTM	
KTB380-12	ISO 5922/JMW/360-12	EN-GJMW-360-12（EN-JM1020）				—			FCMW38-07
KTB400-05	ISO 5922/JMW/400-5	EN-GJMW-400-5（EN-JM1030）							FCMW40-05
KTB450-07	ISO 5922/JMW/450-7	EN-GJMW-450-7（EN-JM1040）							FCMW45-07
—	ISO 5922/JMW/550-4	EN-GJMW-550-4							—

表 1-422　国内外球墨铸铁牌号对照

中国 GB/T	ISO	欧洲 EN	德国 DIN EN	英国 BS EN	法国 NF EN	俄罗斯 ГOCT	美国		日本 JIS
							AWS （UNS）	ASTM	
—	ISO 1083/JS/350-22LT/S ISO 1083/JS/350-22-RT/S	EN-GJS-350-22-LT EN-GJS-350-22-RT				ВЧ35	—	—	FCD350-22 FCD350-22T
QT400-15	ISO 1083/JS/400-15/S	EN-GJS-400-15（EN-JS1030）				ВЧ40	—	—	FCD400-15
QT400-18	ISO 1083/JS/400-18-LT/S ISO 1083/JS/400-18-RT/S ISO 1083/JS/400-18/S	EN-GJS-400-18-LT（EN-JS1025） EN-GJS-400-18-RT（EN-JS1024） EN-GJS-400-18（EN-JS1020）				—	60-40-18 （F32800）	60-40-18	FCD400-18 FCD400-18L
QT450-10	ISO 1083/JS/450-10/S	EN-GJS-450-10（EN-JS1040）				ВЧ45	65-45-12 （F33100）	65-45-12	FCD450-10
QT500-7	ISO 1083/JS/500-7/S	EN-GJS-500-7（EN-JS1050）				ВЧ50	65-55-06 （F33800）	80-55-06	FCD500-7
QT600-3	ISO 1083/JS/600-3/S	EN-GJS-600-3（EN-JS1060）				ВЧ60	80-55-06 （F33800） 100-70-03 （F34800）	80-55-06 100-70-03	FCD600-3
QT700-2	ISO 1083/JS/700-2/S	EN-GJS-700-2（EN-JS1070）				ВЧ70	100-70-03 （F34800）	100-70-03	FCD700-2
QT800-2	ISO 1083/JS/800-2/S	EN-GJS-800-2（EN-JS1080）				ВЧ80	120-90-02 （F36200）	120-90-02	FCD800-2
QT900-2	ISO 1083/JS/900-2/S	EN-GJS-900-2（EN-JS1090）				ВЧ100	—	—	

1.14.3　国内外常用铸钢牌号对照（见表 1-423~表 1-428）

表 1-423　国内外一般工程用铸造碳钢牌号对照

中国 GB/T 11352—2009	国际 ISO 3755：1999	欧洲 EN 10213—2：1995	日本 JIS G7821：2001	美国 ASTM A27/A27M：2005
ZG200-400	200-400W	GP240GH	200-400W	Grade60-30（415-205） J03000

（续）

中国 GB/T 11352—2009	国际 ISO 3755：1999	欧洲 EN 10213—2：1995	日本 JIS G7821：2001	美国 ASTM A27/A27M：2005
ZG230-450	230-450W	GP240GR	230-450W	Grade65-35（450-240） J03001
ZG270-500	270-480W	GP280GH	270-480W	Grade70-40（485-275） J03501
ZG310-570	340-550W	—	340-550W	—
ZG340-640	340-550W	—	340-550W	—

表 1-424　国内外焊接结构用碳素铸钢牌号对照

中国 GB/T 7659—2010	国际 ISO 3755：1999	欧洲 EN 10213—2：1995	日本 JIS G5102：1991	美国 ASTM A216/A216M：2004
ZG200-400H	200-400W	GP240GH	SCW410	GradeWCA
ZG230-450H	230-450W	GP240GR	SCW450	GradeWCB
ZG270-480H	270-480W	GP280GH	SCW480	GradeWCC

表 1-425　国内外工程结构用中、高强度铸钢牌号对照

中国 GB/T 6967—2009	国际 ISO 11972：1998 （ISO 4491：1994）	欧洲 EN 10283：1999 （EN 10213—2：1995）	日本 JIS G5121：2003	美国 ASTM A743/A743M：2003
ZG20Cr13	（C39CH）	—	SCS2	CA-40
ZG10Cr13Ni1Mo	（C39CNiH）	—	SCS3	CA-15M
ZG06Cr13Ni4Mo	（C39NiH）	（GX4CrNi13-4）	SCS6	CA-6NM
ZG06Cr16Ni5Mo	GX4CrNiMo16-5-1	GX4CrNiMo16-5-1	SCS31	CA-6NM

表 1-426　国内外一般工程结构用低合金铸钢牌号对照

中国 GB/T 14408—2014	国际 ISO 9477：1997	日本 JIS G5111：1991	美国 ASTM A148/A148M：2005
ZGD270-480	—	SCMn1A	Grade80-40（550-275）
ZGD290-510	—	SCMn1B	Grade80-40（550-275）
ZGD345-570	—	SCMn2A	Grade80-50（550-345）
ZGD410-620	410-620	SCMnCr4A	Grade90-60（620-415）
ZGD535-720	540-720	SCMnCrM3A	Grade105-85（725-585）
ZGD650-830	620-820	SCNCrM2B	Grade115-95（795-655）
ZGD840-1030	840-1030	—	Grade135-125（930-860）

表 1-427　国内外通用耐蚀铸钢牌号对照

中国 GB/T 2100—2017	国际 ISO 11972：1998（E）	欧洲 EN 10283—1998E	日本 JIS G5121：2003	美国 ASTM A743/A743M：2003
ZG15Cr13	GX12Cr12	GX12Cr12 1.4011	SCS1X	CA-15 J91150

（续）

中国 GB/T 2100—2017	国际 ISO 11972：1998（E）	欧洲 EN 10283—1998E	日本 JIS G5121：2003	美国 ASTM A743/A743M：2003
ZG20Cr13	C39CH（ISO 4991-1994）	—	SCS2	CA-40 J92253
ZG10Cr13Ni2Mo	GX8CrNiMo12-1	GX7CrNiMo12-1 1.4008	SCS3	CA-15M J91151
ZG06Cr13Ni4	GX4CrNi12-4（QT1）	GX4CrNi13-4 1.4317	SCS6X	CA-6NM J91540
ZG06Cr13Ni4	GX4CrNi12-4（QT2）	GX4CrNi13-4 1.4317	SCS6X	CA-6NM J91540
ZG06Cr16Ni5Mo	GX4CrNiMo16-5-1	GX4CrNiMo16-5-1 1.4405	SCS31	CA-6NM J91540
ZG03Cr19Ni11	GX2CrNi18-10	GX2CrNi19-11 1.4309	SCS36	CF-3 J92500
ZG03Cr19Ni11N	GX2CrNiN18-10	GX2CrNi19-11 1.4309	SCS36N	CF-3A J92500
ZG07Cr19Ni10	GX5CrNi19-9	GX5CrNi19-9 1.4308	SCS13X	CF-8 J92600
ZG07Cr19Ni11Nb	GX6CrNiNb19-10	GX5CrNiNb19-11 1.4552	SCS21X	CF-8C J92710
ZG03Cr19Ni11Mo2	GX2CrNiMo19-11-2	GX2CrNiMo19-11-2 1.4409	SCS16AX	CF-3M J92800
ZG03Cr19Ni11Mo2N	GX2CrNiMoN19-11-2	GX2CrNiMo19-11-2 1.4409	SCS16AXN	CF-3MN J92804
ZG07Cr19Ni11Mo2	GX5CrNiMo19-11-2	GX5CrNiMo19-11-2 1.4408	SCS14X	CF-8M J93000
ZG08Cr19Ni11Mo2Nb	GX6CrNiNb19-11-2	GX5CrNiNb19-11-2 1.4581	SCS14XNb	—
ZG03Cr19Ni11Mo3	GX2CrNiMo19-11-3	—	SCS35	CF-3M J92800
ZG03Cr19Ni11Mo3N	GX2CrNiMoN19-11-3	GX2CrNiMoN17-13-4 1.4446	SCS35N	CF-3MN J92804
ZG07Cr19Ni12Mo3	GX5CrNiMo19-11-3	GX5CrNiMo19-11-3 1.4412	SCS34	CG-8M J93000
ZG03Cr26Ni6Mo3Cu3N	GX2CrNiCuMoN26-5-3-3	GX2CrNiCuMoN26-5-3 1.4517	SCS32	—
ZG03Cr26Ni6Mo3N	GX2CrNiMoN26-5-3	GX2CrNiMoN25-6-3 1.4468	SCS33	—

表 1-428　国内外一般用途耐热钢和合金铸钢牌号对照

中国 GB/T 8492—2014	国际 ISO 11973：1999（E）	欧洲 EN 10295：2002E	日本 JIS G5122：2003	美国 ASTM A297/A297M—1997
ZG40Cr28Si2	GX40CrSi28	GX40CrSi28 1.4776	SCH2X2	HC（28Cr） J92605
ZGCr29Si2	GX130CrSi29	GX130CrSi29 1.4777	SCH6	HC（28Cr） J92605
ZG25Cr18Ni9Si2	GX25CrNiSi18-9	GX25CrNiSi18-9 1.4825	SCH31	HF（19Cr-9Ni） J92603
ZG25Cr20Ni14Si2	GX25CrNiSi20-14	GX25CrNiSi20-14 1.4832	SCH32	—
ZG40Cr22Ni10Si2	GX40CrNiSi22-10	GX40CrNiSi22-10 1.4826	SCH12X	HF（19Cr9Ni） J96203
ZG40Cr24Ni24Si2Nb	GX40CrNiSiNb24-24	GX40CrNiSiNb24-24 1.4855	SCH33	HN（20Cr-25Ni） J94213
ZG40Cr25Ni12Si2	GX40CrNiSi25-12	GX40CrNiSi25-12 1.4837	SCH13X	HH（25Cr-12Ni） J93503
ZG40Cr25Ni20Si2	GX40CrNiSi25-20	GX40CrNiSi25-20 1.4848	SCH22X	HK（25Cr-20Ni） J94224
ZG40Cr27Ni4Si2	GX40CrNiSi27-4	GX40CrNiSi27-4 1.4823	SCH11X	HD（28Cr-5Ni） J93005
ZG45Cr20Co20Ni20Mo3W3	GX40NiCrCo20-20-20	GX40NiCrCo20-20-20 1.4874	SCH41	—
ZG10Ni31Cr20Nb1	GX10NiCrNb31-20	GX10NiCrNb31-20 1.4859	SCH34	—
ZG40Ni35Cr17Si2	GX40NiCrSi35-17	GX40NiCrSi35-17 1.4806	SCH15X	HT（17Cr-35Ni） J94605
ZG40Ni35Cr26Si2	GX40NiCrSi35-26	GX40NiCrSi35-26 1.4857	SCH24X	HP（26Cr-35Ni） J95705
ZG30Cr7Si2	GX30CrSi7	GX30CrSi7 1.4710	SCH4	—
ZG40Cr13Si2	GX40CrSi13	GX40CrSi13 1.4729	SCH1X	—
ZG40Cr17Si2	GX40CrSi17	GX40CrSi17 1.4740	SCH5	—
ZG40Cr24Si2	GX40CrSi24	GX40CrSi24 1.4745	SCH2X1	HC（28Cr） J92605
ZG40Ni35Cr26Si2Nb1	GX40NiCrSiNb35-26	GX40NiCrSiNb35-26 1.4852	SCH24XNb	HP（26Cr-35Ni） J95705

（续）

中国 GB/T 8492—2014	国际 ISO 11973：1999（E）	欧洲 EN 10295：2002E	日本 JIS G5122：2003	美国 ASTM A297/A297M—1997
ZG40Ni38Cr19Si2	GX40NiCrSi38-19	GX40NiCrSi38-19 1.4885	SCH20X	HU（19Cr-38Ni） J95405
ZG40Ni38Cr19Si2Nb1	GX40NiCrSiNb38-19	GX40NiCrSiNb38-19 1.4849	SCH20XNb	HU（19Cr-38Ni） J95405
ZNiCr28Fe17W5Si2C0.4	GX45NiCrWSi48-28-5	C-NiCr28W 2.4879	SCH42	—
ZNiCr50Nb1C0.1	GX10NiCrNb50-50	G-NiCr50Nb 2.4680	SCH43	50Cr-50Ni
ZGiCr19Fe18Si1C0.5	GX50NiCr52-19	—	SCH44	—
ZNiFe18Cr15Si1C0.5	GX50NiCr65-15	C-NiCr15 2.4815	SCH45	—
ZNiCr25Fe20Co15W5Si1C0.46	GX45NiCrCoW 32-25-15-10	—	SCH46	—
ZCoCr28Fe18C0.3	GX30CoCr50-28	G-CoCr28 2.4778	SCH47	—

有色金属材料

2.1 有色金属及合金牌号表示方法

2.1.1 铸造有色金属及其合金牌号表示方法(见表 2-1)

表 2-1 铸造有色金属及其合金牌号表示方法、示例说明(摘自 GB/T 8063—2017、GB/T 29091—2012)

分类	牌号表示方法	牌号示例及说明

铸造有色纯金属	铸造有色纯金属牌号由"Z"和相应纯金属的元素符号及表明产品纯度名义含量的数字或用表明产品级别的数字组成	铸造纯铝 Z Al 99.5 铸造纯钛 Z Ti 1
		    铝的名义含量 纯钛产品级别
		    铝的元素符号 钛的元素符号
		    铸造代号 铸造代号
		铸造纯锆 Z Zr 3
		    纯锆产品级别
		    锆的元素符号
		    铸造代号

铸造有色合金	铸造有色合金牌号由"Z"和基体金属的元素符号、主要合金元素符号以及表明合金元素名义含量的数字组成。对具有相同主成分、杂质含量有不同要求的合金,在牌号结尾加注"A、B、C…"表示等级	以合金元素符号及其名义含量表示
		以名义含量递减的次序排列
		名义含量相等时以元素符号字母顺序排列
		名义含量小于1%(质量分数)时,一般不标注
		铸造铜合金(锡青铜)
		Z Cu Sn 3 Zn 8 Pb 6 Ni 1
		    镍的名义含量
		    镍的元素符号
		    铅的名义含量
		    铅的元素符号
		    锌的名义含量
		    锌的元素符号
		    锡的名义含量
		    表征合金类别的锡的元素符号
		    基体铜的元素符号
		    铸造代号
		铸造铝合金 Z Al Si 7 Mg A
		    表示等级
		    镁的元素符号
		    硅的名义含量
		    硅的元素符号
		    基体铝的元素符号
		    铸造代号

（续）

分类	牌号表示方法	牌号示例及说明
铸造有色合金	铸造有色合金牌号由"Z"和基体金属的元素符号、主要合金元素符号以及表明合金元素名义含量的数字组成。对具有相同主成分、杂质含量有不同要求的合金，在牌号结尾加注"A、B、C…"表示等级	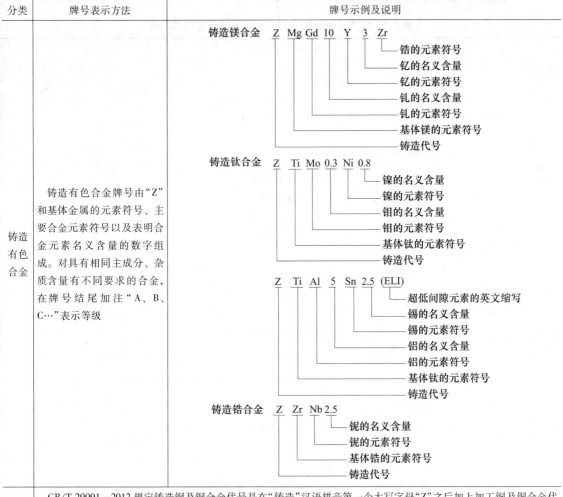

GB/T 29091—2012 规定铸造铜及铜合金代号是在"铸造"汉语拼音第一个大写字母"Z"之后加上加工铜及铜合金代号"T"或"C"（即"ZT"或"ZC"），再加上铸造铜及铜合金代号数字系列。在同一分类中，按铜含量由高到低排序；铜含量相同时，按第一主添加元素含量由高到低排序

分类	代号数字系列
铜	80000~81399
高铜合金	81400~83299
铜-锡-锌和铜-锡-锌-铅合金（红黄铜、铅红黄铜）	83300~83999
铜-锡-锌和铜-锡-锌-铅合金（半红黄铜、含铅半红黄铜）	84000~84900
铜-锌合金（普通黄铜）	85000~85999
锰青铜和含铅锰青铜合金	86000~86999
铜-硅合金（硅青铜和硅黄铜）	87000~87999
铜-铋合金和铜-铋-硒合金	88800~89999
铜-锡合金（锡青铜）	90000~91999
铜-锡-铅合金（含铅锡青铜）	92000~92900
铜-锡-铅合金（高铅锡青铜）	93000~94500
铜-锡-镍合金（镍锡青铜）	94600~94999
铜-铝-铁合金和铜-铝-铁-镍合金（铝青铜）	95000~95999
铜-镍-铁合金（铜镍）	96000~96999
铜-镍-锌合金（镍银）	97000~97999
铜-铅合金	98000~98999
特殊合金	99000~99999

The left label for the lower section reads: 铸造铜及铜合金代号数字系列

2.1.2　加工有色金属及其合金牌号表示方法(见表 2-2)

表 2-2　加工有色金属及其合金牌号表示方法及示例

分类	牌　号　表　示　方　法		牌号示例	
	牌号表示方法说明		材料名称	牌号
钛及钛合金	钛及钛合金用"T"加表示金属或合金组织类型的字母及顺序号表示 TA　1 　└ 顺序号　金属或合金的顺序号 └ 分类代号　表示金属或合金组织类型 { TA — α 型钛及合金 TB — β 型钛合金 TC — α+β 型钛合金		一号 α 型钛合金	TA1
			四号 α+β 型钛合金	TC4
			二号 β 型钛合金	TB2
镍及镍合金	N　Cu　28 - 2.5 - 1.5　M 　　　　　　　　　└ 状态　符号含义同铝合金状态符号含义 　　　　└ 添加元素含量(质量分数)　以百分之几表示 　└ 序号或主添加元素含量(质量分数) { 纯镍中为顺序号 以百分之几表示主添加元素含量 └ 主添加元素　用国际化学符号表示 └ 分类代号 { N — 纯镍或镍合金 NY — 阳极镍		五号镍	N5 (NW2201) (NO2201)
			二号阳极镍	NY2
			4-1 镍锰合金	NMn4-1
			28-2.5-1.5 镍铜合金	NCu28-2.5-1.5
			10 镍铬合金	NCr10
铜及铜合金	GB/T 29091—2012《铜及铜合金牌号和代号表示方法》参考美国 ASTM E527：2007《金属及合金编号规定(UNS)》制定。该标准适用于铜及铜合金加工、铸造和再生产品。该标准规定加工高铜合金,是指以铜为基体金属,在铜中加入一种或几种微量元素以获得某些预定特性的合金,一般铜含量在 96.0%~99.3% 的范围内,用于冷、热压力加工。该标准规定了各种铜及铜合金牌号和代号表示方法及示例 1. 铜和高铜合金 铜和高铜合金牌号中不体现铜的含量 1)铜以"T+顺序号"或"T+第一主添加元素化学符号+各添加元素含量(数字间以-隔开)"命名 铜含量(含银)≥99.90% 的二号纯铜,示例为: 　　　　　　T2 　　　　　　└ 顺序号 银含量为 0.06%~0.12% 的银铜,示例为: 　　　　　　TAg　0.1 　　　　　　　　└ 添加元素(银)的名义含量(%) 　　　　　　└ 添加元素(银)的化学符号 银含量为 0.08%~0.12%、磷含量为 0.004%~0.012% 的银铜,示例为: 　　　　　TAg　0.1 - 0.01 　　　　　　　　└ 第二主添加元素(磷)的名义含量(%) 　　　　　　└ 第一主添加元素(银)的名义含量(%) 　　　　　└ 第一主添加元素(银)的化学符号 2)无氧铜以"TU+顺序号"或"TU+添加元素的化学符号+各添加元素含量"命名			

（续）

分类	牌 号 表 示 方 法		
	牌号表示方法说明	牌号示例	
		材料名称	牌号

氧含量≤0.002%的一号无氧铜，示例为：

TU1

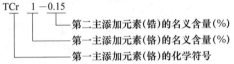

└──顺序号

银含量为0.15%～0.25%、氧含量≤0.003%的无氧银铜，示例为：

TUAg 0.2

└──添加元素（银）的名义含量（%）

└──添加元素（银）的化学符号

3）磷脱氧铜以"TP+顺序号"命名

磷含量为0.015%～0.040%的二号磷脱氧铜，示例为：

TP2

└──顺序号

4）高铜合金以"T+第一主添加元素化学符号+各添加元素含量（数字间以-隔开）"命名

铬含量为0.50%～1.5%、锆含量为0.05%～0.25%的高铜，示例为：

TCr 1－0.15

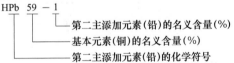

└──第二主添加元素（锆）的名义含量（%）

└──第一主添加元素（铬）的名义含量（%）

└──第一主添加元素（铬）的化学符号

2. 黄铜

黄铜中锌为第一主添加元素，但牌号中不体现锌的含量

1）普通黄铜以"H+铜含量"命名

含铜量为63.5%～68.0%的普通黄铜，示例为：

H65

└──铜的含义含量（%）

2）复杂黄铜以"H+第二主添加元素化学符号+铜含量+除锌以外的各添加元素含量（数字间以-隔开）"命名

铅含量为0.8%～1.9%、铜含量为57.0%～60.0%的铅黄铜，示例为：

HPb 59－1

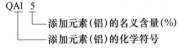

└──第二主添加元素（铅）的名义含量（%）

└──基本元素（铜）的名义含量（%）

└──第二主添加元素（铅）的化学符号

3. 青铜

青铜以"Q+第一主添加元素化学符号+各添加元素含量（数字间以-隔开）"命名

铝含量为4.0%～6.0%的铝青铜，示例为：

QAl 5

└──添加元素（铝）的名义含量（%）

└──添加元素（铝）的化学符号

含锡6.0%～7.0%、磷0.10%～0.25%的锡磷青铜，示例为：

QSn 6.5－0.1

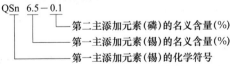

└──第二主添加元素（磷）的名义含量（%）

└──第一主添加元素（锡）的名义含量（%）

└──第一主添加元素（锡）的化学符号

4. 白铜

1）普通白铜

分类：铜及铜合金

（续）

牌　号　表　示　方　法		
分类	牌号表示方法说明	牌号示例
		材料名称 ｜ 牌号

铜及铜合金

普通白铜以"B+镍含量"命名

镍（含钴）含量为 29%～33% 的白铜，示例为：

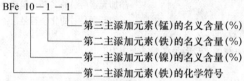

2) 复杂白铜

铜为余量的复杂白铜以"B+第二主添加元素化学符号+镍含量+各添加元素含量（数字间以-隔开）"命名

镍含量为 9.0%～11.0%、铁含量为 1.0%～1.5%、锰含量为 0.5%～1.0% 的铁白铜，示例为：

BFe 10−1−1

　　　第三主添加元素（锰）的名义含量（%）
　　　第二主添加元素（铁）的名义含量（%）
　　　第一主添加元素（镍）的名义含量（%）
　　　第二主添加元素（铁）的化学符号

锌为余量的锌白铜以"B+Zn 元素化学符号+第一主添加元素（镍）含量+第二主添加元素（锌）含量+第三主添加元素含量（数字间以-隔开）"命名

铜含量为 60.0%～63.0%、镍含量为 14.0%～16.0%、铅含量为 1.5%～2.0%、锌为余量的含铅锌白铜，示例为：

BZn 15−21−1.8

　　　第三主添加元素（铅）含量（%）
　　　第二主添加元素（锌）含量（%）
　　　第一主添加元素（镍）含量（%）
　　　Zn 元素化学符号

铜及铜合金代号数字系列

GB/T 29091—2012《铜及铜合金牌号和代号表示方法》规定铜及铜合金代号由"T"或"C"和五位阿拉伯数字组成。在同一分类中，按铜含量由高到低排序，铜含量相同时，按第一主添加元素含量由高到低排序，如无氧铜 T10150（TU1）、C10200（TU3）

分　类	代号数字系列
铜	10000～15999
高铜合金	16000～19999
铜-锌合金（普通黄铜）	20000～29999
铜-锌-铅合金（铅黄铜）	30000～39999
铜-锌-锡合金和铜-锌-铋合金（锡黄铜和铋黄铜）	40000～49999
铜-锡-磷合金（磷青铜）	50000～52999
铜-锡-铅-磷合金（含铅磷青铜）	53000～54999
铜-磷合金、铜-银-磷合金和铜-银-锌合金（铜焊合金）	55000～59999
铜-铬合金（铬青铜）	60000～60299
铜-锰合金（锰青铜）	60300～60799
铜-铝合金（铝青铜）	60800～64699
铜-硅合金（硅青铜和硅黄铜）	64700～66199
其他铜-锌合金（其他复杂黄铜）	66200～69999
铜-镍合金（白铜）	70000～73499
铜-镍-锌合金（锌白铜）	73500～79999

（续）

分类	牌号表示方法		
		牌号示例	
	牌号表示方法说明	材料名称	牌号

<table>
<tr><td rowspan="10">变形铝及铝合金</td><td colspan="3">GB/T 16474—2011《变形铝及铝合金牌号表示方法》内容包括四位字符体系牌号的命名方法、纯铝的牌号命名方法及铝合金牌号命名方法</td></tr>
<tr><td rowspan="9">四位字符体系牌号的第一、三、四位为阿拉伯数字，第二位为英文大写字母(C、I、L、N、O、P、Q、Z字母除外)。牌号的第一位数字表示铝及铝合金的组别，牌号的第二位字母表示原始纯铝或铝合金的改型情况，最后两位数字用以标识同一组中不同的铝合金或表示铝的纯度。除改型合金外，铝合金组别按主要合金元素(6×××系按 Mg₂Si)来确定，主要合金元素指极限含量算术平均值为最大的合金元素。当有一个以上的合金元素极限含量算术平均值同为最大时，应按 Cu、Mn、Si、Mg、Mg₂Si、Zn、其他元素的顺序来确定合金组别</td><td>组别名称</td><td>牌号系列</td></tr>
<tr><td>纯铝[Al 含量(质量分数)不小于 99.00%]</td><td>1×××</td></tr>
<tr><td>以铜为主要合金元素的铝合金</td><td>2×××</td></tr>
<tr><td>以锰为主要合金元素的铝合金</td><td>3×××</td></tr>
<tr><td>以硅为主要合金元素的铝合金</td><td>4×××</td></tr>
<tr><td>以镁为主要合金元素的铝合金</td><td>5×××</td></tr>
<tr><td>以镁、硅为主要合金元素，并以 Mg₂Si 相为强化相的铝合金</td><td>6×××</td></tr>
<tr><td>以锌为主要合金元素的铝合金</td><td>7×××</td></tr>
<tr><td>以其他合金元素为主要合金元素的铝合金</td><td>8×××</td></tr>
</table>

		备用合金组	9×××

铝的质量分数不低于 99.00% 时为纯铝，其牌号用 1×××系列表示。牌号的最后两位数字表示最低铝百分含量(质量分数)。当最低铝的质量分数精确到 0.01% 时，牌号的最后两位数字就是最低铝百分含量中小数点后面的两位。牌号第二位的字母表示原始纯铝的改型情况。如果第二位的字母为 A，则表示为原始纯铝；如果是 B~T 的其他字母(按国际规定用字母表的次序选用)，则表示为原始纯铝的改型。改型纯铝与原始纯铝相比，其元素含量略有改变

铝合金的牌号用 2×××~8×××系列表示。牌号的最后两位数字没有特殊意义，仅用来区分同一组中不同的铝合金。牌号第二位的字母表示原始合金的改型情况。如果牌号第二位的字母是 A，则表示为原始合金；如果是 B~Y 的其他字母(按国际规定用字母表的次序选用)，则表示为原始合金的改型合金。改型合金与原始合金相比，化学成分的变化仅限于下列任何一种或几种情况：

1) 一个合金元素或一组组合元素形式的合金元素，极限含量算术平均值的变化量符合以下规定：

牌号系列	典型牌号举例
1×××	1050A、1060、1100、1200、1350
2×××	2A11、2A12、2017、2017A、2014、2014A、2024
3×××	3A21、3003、3103
4×××	4A01、4A11
5×××	5A02、5005、5051、5754、5083、5086
6×××	6A02、6101A、6101B、6063、6463、6082
7×××	7A04、7003、7075

原始合金中的极限含量(质量分数)算术平均值范围	极限含量(质量分数)算术平均值的变化量≤
≤1.0%	0.15%
>1.0%~2.0%	0.20%
>2.0%~3.0%	0.25%
>3.0%~4.0%	0.30%
>4.0%~5.0%	0.35%
>5.0%~6.0%	0.40%
>6.0%	0.50%

分类	牌 号 表 示 方 法		
	牌号表示方法说明	牌号示例	
		材料名称	牌号
变形铝及铝合金	2）增加或删除了极限含量算术平均值不超过 0.30%（质量分数）的一个合金元素，增加或删除了极限含量算术平均值不超过 0.40%（质量分数）的一组组合元素形式的合金元素 3）为了同一目的，用一个合金元素代替了另一个合金元素 4）改变了杂质的极限含量 5）细化晶粒的元素含量有变化 改型合金中组合元素极限含量的算术平均值，应与原始合金中相同组合元素的算术平均值或相同元素（构成该组合元素的各单个元素）的算术平均值之和相比较		
镁及镁合金	纯镁牌号以 Mg 后加表示镁质量分数的数字表示（百分数含量） 镁合金牌号以英文字母加数字再在最后面加上表示标识代号的英文字母所组成，前面的英文字母是其最主要的合金组成元素代号，此元素代号符合下表的规定，其后的数字表示其合金组成元素的大致含量，最后的英文字母为标识代号，用以标识各具体组成元素相异或元素含量有微小差别的不同合金 | 元素代号	元素名称	元素代号	元素名称	元素代号	元素名称	元素代号	元素名称 | |---|---|---|---|---|---|---|---| | A | 铝 | F | 铁 | M | 锰 | S | 硅 | | B | 铋 | G | 钙 | N | 镍 | T | 锡 | | C | 铜 | H | 钍 | P | 铅 | W | 镱 | | D | 镉 | K | 锆 | Q | 银 | Y | 锑 | | E | 稀土 | L | 锂 | R | 铬 | Z | 锌 |	纯镁	Mg99.00
	 A Z 9 1 D 标识代号 表示Zn的含量<1% 表示Al的含量大致为9% 代表名义含量次高的合金元素Zn 代表名义含量最高的合金元素Al	镁合金	AZ91D、 AZ31B、 M2S、 ZK61M

2.2 铸造有色金属及其合金

2.2.1 铸造铜及铜合金(见表 2-3~表 2-8)

表 2-3 铸造铜及铜合金的牌号和主要元素化学成分(摘自 GB/T 1176—2013)

合金牌号	合金名称	主要元素含量(质量分数,%)										
		Sn	Zn	Pb	P	Ni	Al	Fe	Mn	Si	其他	Cu
ZCu99	99 铸造纯铜											≥99.0
ZCuSn3Zn8Pb6Ni1	3-8-6-1 锡青铜	2.0~4.0	6.0~9.0	4.0~7.0		0.5~1.5						其余
ZCuSn3Zn11Pb4	3-11-4 锡青铜	2.0~4.0	9.0~13.0	3.0~6.0								其余
ZCuSn5Pb5Zn5	5-5-5 锡青铜	4.0~6.0	4.0~6.0	4.0~6.0								其余
ZCuSn10P1	10-1 锡青铜	9.0~11.5			0.8~1.1							其余
ZCuSn10Pb5	10-5 锡青铜	9.0~11.0		4.0~6.0								其余
ZCuSn10Zn2	10-2 锡青铜	9.0~11.0	1.0~3.0									其余
ZCuPb9Sn5	9-5 铅青铜	4.0~6.0		8.0~10.0								其余
ZCuPb10Sn10	10-10 铅青铜	9.0~11.0		8.0~11.0								其余
ZCuPb15Sn8	15-8 铅青铜	7.0~9.0		13.0~17.0								其余
ZCuPb17Sn4Zn4	17-4-4 铅青铜	3.5~5.0	2.0~6.0	14.0~20.0								其余
ZCuPb20Sn5	20-5 铅青铜	4.0~6.0		18.0~23.0								其余
ZCuPb30	30 铅青铜			27.0~33.0								其余
ZCuAl8Mn13Fe3	8-13-3 铝青铜						7.0~9.0	2.0~4.0	12.0~14.5			其余
ZCuAl8Mn13Fe3Ni2	8-13-3-2 铝青铜					1.8~2.5	7.0~8.5	2.5~4.0	11.5~14.0			其余
ZCuAl8Mn14Fe3Ni2	8-14-3-2 铝青铜		<0.5			1.9~2.3	7.4~8.1	2.6~3.5	12.4~13.2			其余
ZCuAl9Mn2	9-2 铝青铜						8.0~10.0		1.5~2.5			其余

（续）

合金牌号	合金名称	主要元素含量（质量分数,%）										
		Sn	Zn	Pb	P	Ni	Al	Fe	Mn	Si	其他	Cu
ZCuAl8Be1Co1	8-1-1 铝青铜						7.0~8.5	<0.4			Be 0.7~1.0 Co 0.7~1.0	其余
ZCuAl9Fe4Ni4Mn2	9-4-4-2 铝青铜					4.0~5.0	8.5~10.0	4.0~5.0	0.8~2.5			其余
ZCuAl10Fe4Ni4	10-4-4 铝青铜					3.5~5.5	9.5~11.0	3.5~5.5				其余
ZCuAl10Fe3	10-3 铝青铜						8.5~11.0	2.0~4.0				其余
ZCuAl10Fe3Mn2	10-3-2 铝青铜						9.0~11.0	2.0~4.0	1.0~2.0			其余
ZCuZn38	38 黄铜		其余									60.0~63.0
ZCuZn21Al5Fe2Mn2	21-5-2-2 铝黄铜	<0.5	其余				4.5~6.0	2.0~3.0	2.0~3.0			67.0~70.0
ZCuZn25Al6Fe3Mn3	25-6-3-3 铝黄铜		其余				4.5~7.0	2.0~4.0	2.0~4.0			60.0~66.0
ZCuZn26Al4Fe3Mn3	26-4-3-3 铝黄铜		其余				2.5~5.0	2.0~4.0	2.0~4.0			60.0~66.0
ZCuZn31Al2	31-2 铝黄铜		其余				2.0~3.0					66.0~68.0
ZCuZn35Al2Mn2Fe1	35-2-2-1 铝黄铜		其余				0.5~2.5	0.5~2.0	0.1~3.0			57.0~65.0
ZCuZn38Mn2Pb2	38-2-2 锰黄铜		其余	1.5~2.5					1.5~2.5			57.0~60.0
ZCuZn40Mn2	40-2 锰黄铜		其余						1.0~2.0			57.0~60.0
ZCuZn40Mn3Fe1	40-3-1 锰黄铜		其余					0.5~1.5	3.0~4.0			53.0~58.0
ZCuZn33Pb2	33-2 铅黄铜		其余	1.0~3.0								63.0~67.0
ZCuZn40Pb2	40-2 铅黄铜		其余	0.5~2.5			0.2~0.8					58.0~63.0
ZCuZn16Si4	16-4 硅黄铜		其余							2.5~4.5		79.0~81.0
ZCuNi10Fe1Mn1	10-1-1 镍白铜					9.0~11.0		1.0~1.8	0.8~1.5			84.5~87.0

（续）

合金牌号	合金名称	主要元素含量(质量分数,%)										
		Sn	Zn	Pb	P	Ni	Al	Fe	Mn	Si	其他	Cu
ZCuNi30Fe1Mn1	30-1-1 镍白铜					29.5~31.5		0.25~1.5	0.8~1.5			65.0~67.0

注: 1. 各牌号的主要元素含量在检验分析时应符合本表规定。

2. ZCuAl10Fe3 合金用于焊接件,铝含量不得超过 0.02%。

3. ZCuZn40Mn3Fe1 合金用于船舶螺旋桨,铜含量为 55.0%~59.0%。

4. ZCuSn5Pb5Zn5、ZCuSn10Zn2、ZCuPb10Sn10、ZCuPb15Sn8 和 ZCuPb20Sn5 合金用于离心铸造和连续铸造,磷含量由供需双方商定。

5. ZCuAl8Mn13Fe3Ni2 合金用于金属型铸造和离心铸造,铝含量为 6.8%~8.5%。

6. ZCuAl9Fe4Ni4Mn2 合金铁的含量不能超过镍的含量。

表 2-4 铸造铜及铜合金的杂质元素化学成分(摘自 GB/T 1176—2013)

合金牌号	杂质元素含量(质量分数,%) ≤															
	Fe	Al	Sb	Si	P	S	As	C	Bi	Ni	Sn	Zn	Pb	Mn	其他	总和
ZCu99					0.07						0.4					1.0
ZCuSn3Zn8Pb6Ni1	0.4	0.02	0.3	0.02	0.05											1.0
ZCuSn3Zn11Pb4	0.5	0.02	0.3	0.02	0.05											1.0
ZCuSn5Pb5Zn5	0.3	0.01	0.25	0.01	0.05	0.10				2.5*						1.0
ZCuSn10P1	0.1	0.01	0.05	0.02		0.05				0.10		0.05	0.25	0.05		0.75
ZCuSn10Pb5	0.3	0.02	0.3		0.05							1.0*				1.0
ZCuSn10Zn2	0.25	0.01	0.3	0.01	0.05	0.10				2.0*			1.5*	0.2		1.5
ZCuPb9Sn5			0.5		0.10					2.0*		2.0*				1.0
ZCuPb10Sn10	0.25	0.01	0.5	0.01	0.05	0.10				2.0*		2.0*		0.2		1.0
ZCuPb15Sn8	0.25	0.01	0.5	0.01	0.10	0.10				2.0*		2.0*		0.2		1.0
ZCuPb17Sn4Zn4	0.4	0.05	0.3	0.02	0.05											0.75
ZCuPb20Sn5	0.25	0.01	0.75	0.01	0.10	0.10				2.5*		2.0*		0.2		1.0
ZCuPb30	0.5	0.01	0.2	0.02	0.08		0.10		0.005	1.0*				0.3		1.0
ZCuAl8Mn13Fe3				0.15				0.10			0.3*		0.02			1.0
ZCuAl8Mn13Fe3Ni2				0.15				0.10			0.3*		0.02			1.0
ZCuAl8Mn14Fe3Ni2				0.15				0.10					0.02			1.0
ZCuAl9Mn2			0.05	0.20	0.10		0.05				0.2	1.5*	0.1			1.0
ZCuAl8Be1Co1			0.05	0.10									0.02			1.0
ZCuAl9Fe4Ni4Mn2				0.15				0.10					0.02			1.0
ZCuAl10Fe4Ni			0.05	0.20	0.1		0.05				0.2	0.5	0.05	0.5		1.5
ZCuAl10Fe3				0.20						3.0*	0.3	0.4	0.2	1.0*		1.0
ZCuAl10Fe3Mn2			0.05	0.10	0.01		0.01				0.1	0.5*	0.3			0.75
ZCuZn38	0.8	0.5	0.1		0.01			0.002		2.0*						1.5
ZCuZn21Al5Fe2Mn2			0.1										0.1			1.0

（续）

合金牌号	杂质元素含量(质量分数,%) ≤															
	Fe	Al	Sb	Si	P	S	As	C	Bi	Ni	Sn	Zn	Pb	Mn	其他	总和
ZCuZn25Al6Fe3Mn3				0.10						3.0*	0.2		0.2			2.0
ZCuZn26Al4Fe3Mn3				0.10						3.0*	0.2		0.2			2.0
ZCuZn31Al2	0.8										1.0*		1.0*	0.5		1.5
ZCuZn35Al2Mn2Fe1				0.10						3.0*	1.0*		0.5		Sb+P+As 0.40	2.0
ZCuZn38Mn2Pb2	0.8	1.0*	0.1								2.0*					2.0
ZCuZn40Mn2	0.8	1.0*	0.1								1.0					2.0
ZCuZn40Mn3Fe1		1.0*	0.1								0.5		0.5			1.5
ZCuZn33Pb2	0.8	0.1		0.05	0.05				1.0*		1.5*			0.2		1.5
ZCuZn40Pb2	0.8		0.05						1.0*		1.0*			0.5		1.5
ZCuZn16Si4	0.6	0.1	0.1								0.3		0.5	0.5		2.0
ZCuNi10Fe1Mn1				0.25	0.02	0.02		0.1					0.01			1.0
ZCuNi30Fe1Mn1				0.5	0.02	0.02		0.15					0.01			1.0

注：1. 有"＊"符号的元素不计入杂质总和。

2. 按供需双方的商定，可以列出本表未规定的杂质元素，并计入杂质总和。

3. 按 GB/T 1176—2013 中的检验规定，只分析合金成分的主要元素，杂质元素的分析由供需双方商定。

表 2-5　铸造铜及铜合金的室温力学性能（摘自 GB/T 1176—2013）

合金牌号	铸造方法	室温力学性能 ≥			
		抗拉强度 R_m/MPa	规定塑性延伸强度 $R_{p0.2}$/MPa	伸长率 $A(\%)$	布氏硬度 HBW
ZCu99	S	150	40	40	40
ZCuSn3Zn8Pb6Ni1	S	175		8	60
	J	215		10	70
ZCuSn3Zn11Pb4	S、R	175		8	60
	J	215		10	60
ZCuSn5Pb5Zn5	S、J、R	200	90	13	60*
	Li、La	250	100	13	65*
ZCuSn10P1	S、R	220	130	3	80*
	J	310	170	2	90*
	Li	330	170	4	90*
	La	360	170	6	90*
ZCuSn10Pb5	S	195		10	70
	J	245		10	70
ZCuSn10Zn2	S	240	120	12	70*
	J	245	140	6	80*
	Li、La	270	140	7	80*

（续）

合金牌号	铸造方法	室温力学性能 ≥			
		抗拉强度 R_m/MPa	规定塑性延伸强度 $R_{p0.2}$/MPa	伸长率 A(%)	布氏硬度 HBW
ZCuPb9Sn5	La	230	110	11	60
ZCuPb10Sn10	S	180	80	7	65*
	J	220	140	5	70*
	Li、La	220	110	6	70*
ZCuPb15Sn8	S	170	80	5	60*
	J	200	100	6	65*
	Li、La	220	100	8	65*
ZCuPb17Sn4Zn4	S	150		5	55
	J	175		7	60
ZCuPb20Sn5	S	150	60	5	45*
	J	150	70	6	55*
	La	180	80	7	55*
ZCuPb30	J				25
ZCuAl8Mn13Fe3	S	600	270	15	160
	J	650	280	10	170
ZCuAl8Mn13Fe3Ni2	S	645	280	20	160
	J	670	310	18	170
ZCuAl8Mn14Fe3Ni2	S	735	280	15	170
ZCuAl9Mn2	S、R	390	150	20	85
	J	440	160	20	95
ZCuAl8Be1Co1	S	647	280	15	160
ZCuAl9Fe4Ni4Mn2	S	630	250	16	160
ZCuAl10Fe4Ni4	S	539	200	5	155
	J	588	235	5	166
ZCuAl10Fe3	S	490	180	13	100*
	J	540	200	15	110*
	Li、La	540	200	15	110*
ZCuAl10Fe3Mn2	S、R	490		15	110
	J	540		20	120
ZCuZn38	S	295	95	30	60
	J	295	95	30	70
ZCuZn21Al5Fe2Mn2	S	608	275	15	160
ZCuZn25Al6Fe3Mn3	S	725	380	10	160*
	J	740	400	7	170*
	Li、La	740	400	7	170*

（续）

合金牌号	铸造方法	室温力学性能 ≥			
		抗拉强度 R_m/MPa	规定塑性延伸强度 $R_{p0.2}$/MPa	伸长率 A(%)	布氏硬度 HBW
ZCuZn26Al4Fe3Mn3	S	600	300	18	120*
	J	600	300	18	130*
	Li、La	600	300	18	130*
ZCuZn31Al2	S、R	295		12	80
	J	390		15	90
ZCuZn35Al2Mn2Fe1	S	450	170	20	100*
	J	475	200	18	110*
	Li、La	475	200	18	110*
ZCuZn38Mn2Pb2	S	245		10	70
	J	345		18	80
ZCuZn40Mn2	S、R	345		20	80
	J	390		25	90
ZCuZn40Mn3Fe1	S、R	440		18	100
	J	490		15	110
ZCuZn33Pb2	S	180	70	12	50*
ZCuZn40Pb2	S、R	220	95	15	80*
	J	280	120	20	90*
ZCuZn16Si4	S、R	345	180	15	90
	J	390		20	100
ZCuNi10Fe1Mn1	S、J、Li、La	310	170	20	100
ZCuNi30Fe1Mn1	S、J、Li、La	415	220	20	140

注：1. 有"*"符号的数据为参考值。

2. 采用单铸试棒、试块或附铸试块加工成的试样，在铸态室温下测定的力学性能应符合本表规定，试棒或试块形状、尺寸应符合 GB/T 1176—2013 中附录 A 的规定。

3. 力学性能试样允许取自铸件本体，取样部位需经需方认可。

4. 拉伸试样采用工作部分直径为 14mm、标距为 70mm 的短比例试样。经需方认可，允许使用工作部分直径为其他尺寸的短比例试样。砂型铸件本体试样的抗拉强度不应低于本表中规定值的 80%，伸长率不应低于本表中规定值的 50%。

5. 铸造方法符号说明：S—砂型铸造；J—金属型铸造；La—连续铸造；Li—离心铸造；R—熔模铸造。

表 2-6　铸造铜合金的热处理规范

合金牌号	应用的种类	规　范
ZCuSi0.5Ni1Mg0.02	强化	固溶：940~960℃，每 10mm 厚保温 1h，水淬 时效：480~520℃，保温 1~2h，空冷
ZCuBe0.5Co2.5	强化	固溶：900~925℃，每 10mm 厚保温 1h，水淬 时效：460~480℃，保温 3~5h，空冷
ZCuBe0.5Ni1.5	强化	固溶：915~930℃，每 10mm 厚保温 1h，水淬 时效：460~480℃，保温 3~5h，空冷

（续）

合金牌号	应用的种类	规 范
ZCuBe2Co0. 5Si0. 25 ZCuBe2. 4Co0. 5	强化	固溶：700~790℃，每25mm厚保温1h，水淬 时效：310~330℃，保温2~4h，空冷
ZCuCr1	强化	固溶：980~1000℃，每25mm厚保温1h，水淬 时效：450~520℃，保温2~4h，空冷
ZCuAl10Fe4Ni4	强化	淬火：870~925℃，每10mm厚保温1h，水淬 回火：565~645℃，每25mm厚保温1h，空冷
ZCuAl10Fe3	强化	淬火：870~925℃，每10mm厚保温1h，水淬 回火：700~740℃，保温2~4h，空冷
ZCuAl8Mn13Fe3Ni2	改善耐蚀性	淬火：870~925℃，每10mm厚保温1h，水淬 回火：535~545℃，保温2h，空冷
铝青铜	焊后热处理 （消除内应力）	炉内退火：以不大于100℃/h的升温速率升至450~550℃，保温4~8h，然后以不大于50℃/h的降温速率冷却至200℃以下，打开炉门冷却
		局部退火：将焊补区加热至退火温度450~550℃，保温时间的分钟数应大于该处厚度的毫米数，然后用石棉布覆盖缓冷
ZCuZn24Al5Mn2Fe2	焊后热处理 （消除内应力）	以不大于100℃/h的加热速率升温至500~550℃，保温4~8h，然后以不大于50℃/h的降温速率随炉降至200℃以下，打开炉门冷却
ZCuZn40Mn3Fe1	焊后热处理 （消除内应力）	以不大于100℃/h的加热速率升温至300~400℃，保温4~8h，然后以不大于50℃/h的降温速率随炉降至200℃以下，打开炉门冷却
ZCuAl10Fe3	回火 （消除缓冷脆性）	850~870℃保温2h，空冷
ZCuSn10P1	退火 （消除内应力）	500~550℃保温2~3h，空冷或随炉冷
锡青铜	退火 （消除内应力）	650℃保温3h，随炉冷或空冷
特殊黄铜	退火 （消除内应力）	250~350℃保温2~3h，空冷

表 2-7 铸造铜合金的物理性能

合金代号	密度 ρ /(g/cm³)	线胀系数 α /10⁻⁶K⁻¹	热导率 λ /[W/(m·K)]	电阻率 ρ /10⁻⁶Ω·m	比热容 c /[J/(kg·K)]	摩擦因数		耐蚀性（重量损失）/[g/(m²·昼夜)]	
						有润滑剂	无润滑剂	在10%硫酸中	在海水中
ZQSn3-12-5	8. 6	17. 1	56. 5	0. 075	360. 1	0. 01	0. 158		
ZQSn3-7-5-1	8. 8	20. 7	62. 8	0. 0923	365. 1	0. 013	0. 16		
ZQSn5-5-5	8. 7	19. 1	93. 84	0. 080	376. 8	0. 185~0. 190	0. 16	4. 9	0. 67
ZQSn6-6-3	8. 8	17. 1	93. 8	0. 090	376. 4	0. 009	0. 16	4. 9	0. 67
ZQSn7-0. 2	8. 8	17. 5	75. 4	0. 123					

（续）

合金代号	密度 ρ /(g/cm³)	线胀系数 α /10⁻⁶K⁻¹	热导率 λ /[W/(m·K)]	电阻率 ρ /10⁻⁶Ω·m	比热容 c /[J/(kg·K)]	摩擦因数 有润滑剂	摩擦因数 无润滑剂	耐蚀性(重量损失)/[g/(m²·昼夜)] 在10%硫酸中	在海水中
ZQSn10-1	8.76	18.5	36.4~49.0	0.213	396.1	0.008	0.10		
ZQSn10-2-1									
ZQSn10-2	8.6	18.2	49.4	0.160	373.5	0.006~0.008	0.16~0.20	0.14	0.92
ZQSn10-5									
ZQPb10-10	8.9					0.0045	0.1		
ZQPb12-8	8.1	17.1	41.9			0.005	0.1		
ZQPb17-4-4	9.2		60.7			0.01	0.16		
ZQPb24-2									
ZQPb25-5	9.4	18.0	58.6			0.004	0.14		
ZQPb30	9.4	18.4	58.6	0.1		0.008	0.18		
ZQPb19-2	7.6	17.0~20.1	71.2	0.11	435.4	0.006	0.18		0.25
ZQAl9-4	7.5	18.1	58.6	0.124~0.152	418.7	0.004	0.16	0.4	0.25
ZQAl10-3-1.5	7.5	16	41.9	0.125	418.7	0.012	0.21	0.7	0.20~0.25
ZH62	8.43	20.6	108.9	0.071	387.3	0.012	0.39	1.46	0.61
ZHSi80-3-3	8.5	17.0	83.7	0.20		0.006	0.173	0.009	0.15
ZHSi80-3	8.2	18.8~20.8	83.7	0.28	404.4	0.01	0.19	0.01	0.19
ZHPb48-3-2-1	8.2								
ZHPb59-1	8.5	20.1	108.9	0.068	502.4	0.013	0.17	1.42	0.35
ZHAl66-6-3-2	8.5	19.8	49.8						
ZHAl67-2.5	8.5		71.2						
ZHFe59-1-1	8.5	22.0	100.9	0.093		0.012	0.39	1.77	0.22
ZHMn55-3-1	8.5	19.1	51.1		372.6	0.036	0.36	0.32	0.047 g/(m²·h)
ZHMn58-2-2	8.5	20.6	71.2	0.118	418.7	0.016	0.24		0.05 g/(m²·h)
ZHMn58-2	8.5	21.2	70.3	0.108	376.8	0.012	0.32	1.59	0.40

注：本表资料为参考用，合金代号为 GB/T 1176—1974 中的代号。

表 2-8　铸造铜及铜合金的特性及应用（摘自 GB/T 1176—2013）

合金牌号	主要特征	应用举例
ZCu99	有很高的导电、传热和延伸性能，在大气、淡水和流动不大的海水中具有良好的耐蚀性；凝固温度范围窄，流动性好，适用于砂型、金属型、连续铸造，也适用于氩弧焊接	在黑色金属冶炼中用作高炉风、渣口小套，高炉风、渣中小套、冷却板、冷却壁；电炉炼钢用氧枪喷头、电极夹持器、熔沟；在有色金属冶炼中用作闪速炉冷却用件；大型电机用屏蔽罩、导电连接件；另外还可用于饮用水管道、铜坩埚等

（续）

合金牌号	主要特征	应用举例
ZCuSn3Zn8Pb6Ni1	耐磨性能好，易加工，铸造性能好，气密性能较好，耐腐蚀，可在流动海水下工作	在各种液体燃料以及海水、淡水和蒸汽（温度≤225℃）中工作的零件，压力不大于2.5MPa的阀门和管配件
ZCuSn3Zn11Pb4	铸造性能好，易加工，耐腐蚀	海水、淡水、蒸汽中压力不大于2.5MPa的管配件
ZCuSn5Pb5Zn5	耐磨性和耐蚀性好，易加工，铸造性能和气密性较好	在较高负荷、中等滑动速度下工作的耐磨、耐腐蚀零件，如轴瓦、衬套、缸套、活塞离合器、泵件压盖以及蜗轮等
ZCuSn10P1	硬度高，耐磨性较好，不易产生咬死现象，有较好的铸造性能和切削性能，在大气和淡水中有良好的耐蚀性	可用于高负荷（20MPa以下）和高滑动速度（8m/s）下工作的耐磨零件，如连杆、衬套、轴瓦、齿轮、蜗轮等
ZCuSn10Pb5	耐腐蚀，特别是对稀硫酸、盐酸和脂肪酸具有耐腐蚀作用	结构材料，耐蚀、耐酸的配件以及破碎机衬套、轴瓦
ZCuSn10Zn2	耐蚀性、耐磨性和切削加工性能好，铸造性能好，铸件致密性较高，气密性较好	在中等及较高负荷和小滑动速度下工作的重要管配件，以及阀、旋塞、泵体、齿轮、叶轮和蜗轮等
ZCuPb10Sn5	润滑性、耐磨性能良好，易切削，可焊性良好，软钎焊性、硬钎焊性均良好，不推荐氧燃烧气焊和各种形式的电弧焊	轴承和轴套、汽车用衬管轴承
ZCuPb10Sn10	润滑性能、耐磨性能和耐蚀性能好，适合用作双金属铸造材料	表面压力高同时存在侧压的滑动轴承，如轧辊、车辆用轴承、负荷峰值60MPa的受冲击零件、最高峰值达100MPa的内燃机双金属轴瓦，及活塞销套、摩擦片等
ZCuPb15Sn8	在缺乏润滑剂和用水质润滑剂条件下，滑动性和自润滑性能好，易切削，铸造性能差，对稀硫酸耐蚀性能好	表面压力高同时有侧压力的轴承、冷轧机的铜冷却管、耐冲击负荷达50MPa的零件、内燃机的双金属轴瓦，主要用于最大负荷达70MPa的活塞销套、耐酸配件
ZCuPb17Sn4Zn4	耐磨性和自润滑性能好，易切削，铸造性能差	一般耐磨件、高滑动速度的轴承等
ZCuPb20Sn5	有较高滑动性能，在缺乏润滑介质和以水为介质时有特别好的自润滑性能，适用于双金属铸造材料，耐硫酸腐蚀，易切削，铸造性能差	高滑动速度的轴承，以及破碎机、水泵、冷轧机轴承，负荷达40MPa的零件，抗腐蚀零件，双金属轴承，负荷达70MPa的活塞销套
ZCuPb30	有良好的自润滑性，易切削，铸造性能差，易产生比重偏析	要求高滑动速度的双金属轴承、减磨零件等
ZCuAl8Mn13Fe3	具有很高的强度和硬度、良好的耐磨性能和铸造性能，合金致密性能高，耐蚀性好，作为耐磨件工作温度不大于400℃，可以焊接，不易钎焊	适用于制造重型机械用轴套，以及要求强度高、耐磨、耐压零件，如衬套、法兰、阀体、泵体等
ZCuAl8Mn13Fe3Ni2	有很高的力学性能，在大气、淡水和海水中均有良好的耐蚀性，腐蚀疲劳强度高，铸造性能好，合金组织致密，气密性好，可以焊接，不易钎焊	要求强度、高耐腐蚀的重要铸件，如船舶螺旋桨、高压阀体、泵体，以及耐压、耐磨零件，如蜗轮、齿轮、法兰、衬套等

（续）

合金牌号	主要特征	应用举例
ZCuAl8Mn14Fe3Ni2	有很高的力学性能，在大气、淡水和海水中具有良好的耐蚀性，腐蚀疲劳强度高，铸造性能好，合金组织致密，气密性好，可以焊接，不易钎焊	要求强度高、耐蚀性好的重要铸件，是制造各类船舶螺旋桨的主要材料之一
ZCuAl9Mn2	有高的力学性能，在大气、淡水和海水中耐蚀性好，铸造性能好，组织致密，气密性高，耐磨性好，可以焊接，不易钎焊	耐蚀、耐磨零件和形状简单的大型铸件，如衬套、齿轮、蜗轮，以及在250℃以下工作的管配件和要求气密性高的铸件，如增压器内气封
ZCuAl8Be1Co1	有很高的力学性能，在大气、淡水和海水中具有良好的耐蚀性，腐蚀疲劳强度高，耐空泡腐蚀性能优异，铸造性能好，合金组织致密，可以焊接	要求强度高、耐腐蚀、耐空蚀的重要铸件，主要用于制造小型快艇螺旋桨
ZCuAl9Fe4Ni4Mn2	有很高的力学性能，在大气、淡水和海水中耐蚀性好，铸造性能好，在400℃以下具有耐热性，可以热处理，焊接性能好，不易钎焊，铸造性能尚好	要求强度高、耐蚀性好的重要铸件，是制造船舶螺旋桨的主要材料之一，也可用作耐磨和400℃以下工作的零件，如轴承、齿轮、蜗轮、螺母、法兰、阀体、导向套筒
ZCuAl10Fe4Ni4	具有很高的力学性能、良好的耐蚀性、高的腐蚀疲劳强度，可以热处理强化，在400℃以下有高的耐热性	高温耐蚀零件，如齿轮、球形座、法兰、阀导管、航空发动机的阀座、抗腐蚀零件，如轴瓦、蜗杆、酸洗吊钩及酸洗筐、搅拌器等
ZCuAl10Fe3	具有高的力学性能，耐磨性和耐蚀性能好，可以焊接，不易钎焊，大型铸件700℃空冷可以防止变脆	要求强度高、耐磨、耐蚀的重型铸件，如轴套、螺母、蜗轮以及250℃以下工作的管配件
ZCuAl10Fe3Mn2	具有高的力学性能和耐磨性，可热处理，高温下耐蚀性和抗氧化性能好，在大气、淡水和海水中耐蚀性好，可以焊接，不易钎焊，大型铸件700℃空冷可以防止变脆	要求强度高、耐磨、耐蚀的零件，如齿轮、轴承、衬套、管嘴，以及耐热管配件等
ZCuZn38	具有优良的铸造性能和较高的力学性能，切削加工性能好，可以焊接，耐蚀性较好，有应力腐蚀开裂倾向	一般结构件和耐蚀零件，如法兰、阀座、支架、手柄和螺母等
ZCuZn21Al5Fe2Mn2	有很高的力学性能，铸造性能良好，耐蚀性较好，有应力腐蚀开裂倾向	适用于高强、耐磨零件，小型船舶及军辅船螺旋桨
ZCuZn25Al6Fe3Mn3	有很高的力学性能，铸造性能良好，耐蚀性较好，有应力腐蚀开裂倾向，可以焊接	适用于高强、耐磨零件，如桥梁支撑板、螺母、螺杆、耐磨板、滑块和蜗轮等
ZCuZn26Al4Fe3Mn3	有很高的力学性能，铸造性能良好，在空气、淡水和海水中耐蚀性较好，可以焊接	要求强度高、耐蚀零件
ZCuZn31Al2	铸造性能良好，在空气、淡水、海水中耐蚀性较好，易切屑，可以焊接	适用于压力铸造，如电机、仪表等压力铸件，以及造船和机械制造业的耐蚀零件

（续）

合金牌号	主要特征	应用举例
ZCuZn35Al2Mn2Fe1	具有高的力学性能和良好的铸造性能，在大气、淡水、海水中有较好的耐蚀性，切削性能好，可以焊接	管路配件和要求不高的耐磨件
ZCuZn38Mn2Pb2	具有较高的力学性能和耐蚀性，耐磨性较好，切削性能良好	一般用途的结构件，船舶、仪表等使用的外形简单的铸件，如套筒、衬套、轴瓦、滑块等
ZCuZn40Mn2	有较高的力学性能和耐蚀性，铸造性能好，受热时组织稳定	在空气、淡水、海水、蒸汽（温度<300℃）和各种液体燃料中工作的零件和阀体、阀杆、泵、管接头，以及需要浇注巴氏合金和镀锡零件等
ZCuZn40Mn3Fe1	有高的力学性能、良好的铸造性能和切削加工性能，在空气、淡水、海水中耐蚀性能好，有应力腐蚀开裂倾向	耐海水腐蚀的零件、300℃以下工作的管配件、船舶螺旋桨等大型铸件
ZCuZn33Pb2	结构材料，给水温度为90℃时抗氧化性能好，电导率约为10~14MS/m	煤气和给水设备的壳体，机器制造业、电子技术行业、精密仪器和光学仪器的部分构件和配件
ZCuZn40Pb2	有好的铸造性能和耐磨性，切削加工性能好，耐蚀性较好，在海水中有应力倾向	一般用途的耐磨、耐蚀零件，如轴套、齿轮等
ZCuZn16Si4	具有较高的力学性能和良好的耐蚀性，铸造性能好；流动性高，铸件组织致密，气密性好	接触海水工作的管配件以及水泵、叶轮、旋塞和在空气、淡水、油、燃料以及工作压力4.5MPa、250℃以下蒸汽中工作的铸件
ZCuNi10Fe1Mn1	具有高的力学性能和良好的耐海水腐蚀性能，铸造性能好，可以焊接	耐海水腐蚀的结构件和压力设备，如海水泵、阀和配件
ZCuNi30Fe1Mn1	具有高的力学性能和良好的耐海水腐蚀性能，铸造性能好，铸件致密，可以焊接	用于需要抗海水腐蚀的阀、泵体、凸轮和弯管等

2.2.2 压铸铜合金（见表2-9和表2-10）

表2-9 压铸铜合金的牌号及化学成分（摘自 GB/T 15116—1994）

合金牌号	合金代号	化学成分（质量分数，%）													
		主要成分						杂质含量 ≤							
		Cu	Pb	Al	Si	Mn	Fe	Zn	Fe	Si	Ni	Sn	Mn	Al	Pb	Sb	总和
YZCuZn40Pb	YT40-1 铅黄铜	58.0~63.0	0.5~1.5	0.2~0.5	—			余量	0.8	0.05	—		—	—	1.0	1.5
YZCuZn16Si4	YT16-4 硅黄铜	79.0~81.0			2.5~4.5		—		0.6	—	0.3	0.5	0.1	0.5	0.1	2.0
YZCuZn30Al3	YT30-3 铝黄铜	66.0~68.0	—	2.0~3.0					0.8		1.0		1.0	—	3.0
YZCuZn35Al2-Mn2Fe	YT35-2-2-1 铝锰铁黄铜	57.0~65.0		0.5~2.5		0.1~0.3	0.5~2.0		—	0.1	3.0	1.0		0.5	Sb+Pb+As0.4	5.0

表 2-10　压铸铜合金的力学性能及应用（摘自 GB/T 15116—1994）

合金牌号	力学性能　≥			特性及应用
	抗拉强度 R_m/MPa	伸长率 A_5(%)	布氏硬度 HBW 5/250/30	
YZCuZn40Pb	300	6	85	塑性好，耐磨性高，具有优良的切削性及耐蚀性，但强度不高。适于制作一般用途的耐磨耐蚀零件，如轴套、齿轮等
YZCuZn16Si4	345	25	85	塑性和耐蚀性均好，强度高，铸造性能优良，切削性和耐磨性能一般。适于制造普通腐蚀介质中工作的管配件、阀体、盖以及各种形状较复杂的铸件
YZCuZn30Al3	400	15	110	强度高，耐磨性高，铸造性能好，耐大气腐蚀好，耐其他介质一般，切削性能不好。适于制造在空气中工作的各种耐蚀性铸件
YZCuZn35Al2Mn2Fe	475	3	130	力学性能好，铸造性好，在大气、海水、淡水中有较好的耐蚀性。适于制作管路配件和一般要求的耐磨件

注：1. 本表力学性能是在规定的工艺参数下，采用单铸拉力试棒所测得的铸态性能。

　　2. GB/T 15117—1994 中的铜合金压铸件采用本表中的压铸铜合金压铸而成，其尺寸及加工技术要求应符合 GB/T 15117—1994 的规定。

2.2.3　铸造铝合金（见表 2-11～表 2-21）

表 2-11　铸造铝合金的牌号及化学成分（摘自 GB/T 1173—2013）

合金种类	合金牌号	合金代号	主要元素（质量分数，%）							
			Si	Cu	Mg	Zn	Mn	Ti	其他	Al
Al-Si 合金	ZAlSi7Mg	ZL101	6.5~7.5		0.25~0.45					余量
	ZAlSi7MgA	ZL101A	6.5~7.5		0.25~0.45			0.08~0.20		余量
	ZAlSi12	ZL102	10.0~13.0							余量
	ZAlSi9Mg	ZL104	8.0~10.5		0.17~0.35		0.2~0.5			余量
	ZAlSi5Cu1Mg	ZL105	4.5~5.5	1.0~1.5	0.4~0.6					余量
	ZAlSi5Cu1MgA	ZL105A	4.5~5.5	1.0~1.5	0.4~0.55					余量
	ZAlSi8Cu1Mg	ZL106	7.5~8.5	1.0~1.5	0.3~0.5		0.3~0.5	0.10~0.25		余量
	ZAlSi7Cu4	ZL107	6.5~7.5	3.5~4.5						余量
	ZAlSi12Cu2Mg1	ZL108	11.0~13.0	1.0~2.0	0.4~1.0		0.3~0.9			余量
	ZAlSi12Cu1Mg1Ni1	ZL109	11.0~13.0	0.5~1.5	0.8~1.3				Ni 0.8~1.5	余量
	ZAlSi5Cu6Mg	ZL110	4.0~6.0	5.0~8.0	0.2~0.5					余量
	ZAlSi9Cu2Mg	ZL111	8.0~10.0	1.3~1.8	0.4~0.6		0.10~0.35	0.10~0.35		余量
	ZAlSi7Mg1A	ZL114A	6.5~7.5		0.45~0.75			0.10~0.20	Be 0~0.07	余量
	ZAlSi5Zn1Mg	ZL115	4.8~6.2		0.4~0.65	1.2~1.8			Sb 0.1~0.25	余量
	ZAlSi8MgBe	ZL116	6.5~8.5		0.35~0.55			0.10~0.30	Be 0.15~0.40	余量
	ZAlSi7Cu2Mg	ZL118	6.0~8.0	1.3~1.8	0.2~0.6		0.1~0.3	0.10~0.25		余量
Al-Cu 合金	ZAlCu5Mn	ZL201		4.5~5.3			0.6~1.0	0.15~0.35		余量
	ZAlCu5MnA	ZL201A		4.8~5.3			0.6~1.0	0.15~0.35		余量
	ZAlCu10	ZL202		9.0~11.0						余量
	ZAlCu4	ZL203		4.0~5.0						余量
	ZAlCu5MnCdA	ZL204A		4.6~5.3			0.6~0.9	0.15~0.35	Cd 0.15~0.25	余量

（续）

合金种类	合金牌号	合金代号	主要元素（质量分数,%）Si	Cu	Mg	Zn	Mn	Ti	其他	Al
Al-Cu合金	ZAlCu5MnCdVA	ZL205A		4.6~5.3			0.3~0.5	0.15~0.35	Cd 0.15~0.25、V 0.05~0.3、Zr 0.15~0.25、B 0.005~0.6	余量
	ZAlR5Cu3Si2	ZL207	1.6~2.0	3.0~3.4	0.15~0.25		0.9~1.2		Zr 0.15~0.2、Ni 0.2~0.3、RE 4.4~5.0	余量
Al-Mg合金	ZAlMg10	ZL301			9.5~11.0					余量
	ZAlMg5Si	ZL303	0.8~1.3		4.5~5.5		0.1~0.4			余量
	ZAlMg8Zn1	ZL305			7.5~9.0	1.0~1.5		0.1~0.20	Be 0.03~0.10	余量
Al-Zn合金	ZAlZn11Si7	ZL401	6.0~8.0		0.1~0.3	9.0~13.0				余量
	ZAlZn6Mg	ZL402			0.5~0.65	5.0~6.5	0.2~0.5	0.15~0.25	Cr 0.4~0.6	余量

注：1. 采用砂型、金属型、熔模及壳型铸造的铸造铝合金的化学成分应按本表规定，合金成分中的主要元素和主要杂质元素（由需方确定）为必检元素。

2. 铝硅系需要变质的合金用钠或锶（含钠盐和铝锶中间合金）进行变质处理，在不降低合金使用性能的前提下，允许采用其他变质剂或变质方法进行变质处理。

3. 在海洋环境中使用时，ZL101合金中铜含量不大于0.1%。

4. 用金属型铸造时，ZL203合金中硅含量允许最高为3.0%。

5. ZL105合金中铁含量大于0.4%时，锰含量应大于铁含量的一半。

6. 当ZL201、ZL201A合金用于制作在高温条件下工作的零件时，应加入锆0.05%~0.20%。

7. 为提高力学性能，在ZL101、ZL102合金中允许含钇0.08%~0.20%，在ZL203合金中允许含钛0.08%~0.20%。此时它们的铁含量应不大于0.3%。

8. 与食品接触的铝合金制品不允许含有铍，砷含量不大于0.015%，锌含量不大于0.3%，铅含量不大于0.05%。

9. 当用杂质总和来表示杂质含量时，如无特殊规定，其中每一种未列出的元素含量不大于0.05%。

表2-12　铸造铝合金杂质元素的允许含量（摘自GB/T 1173—2013）

合金种类	合金牌号	合金代号	Fe S	Fe J	Si	Cu	Mg	Zn	Mn	Ti	Zr	Ti+Zr	Be	Ni	Sn	Pb	其他杂质总和 S	其他杂质总和 J
Al-Si合金	ZAlSi7Mg	ZL101	0.5	0.9	0.2			0.3	0.35			0.25	0.1		0.05	0.05	1.1	1.5
	ZAlSi7MgA	ZL101A	0.2	0.2	0.1			0.1	0.10						0.05	0.03	0.7	0.7
	ZAlSi12	ZL102	0.7	1.0		0.30	0.10	0.1	0.5	0.2							2.0	2.2
	ZAlSi9Mg	ZL104	0.6	0.9		0.1		0.25				0.15			0.05	0.05	1.1	1.4
	ZAlSi5Cu1Mg	ZL105	0.6	1.0				0.3	0.5			0.15	0.1		0.05	0.05	1.1	1.4
	ZAlSi5Cu1MgA	ZL105A	0.2	0.2				0.1	0.1						0.05	0.05	0.5	0.5
	ZAlSi8Cu1Mg	ZL106	0.6	0.8											0.05	0.05	0.9	1.0
	ZAlSi7Cu4	ZL107	0.5	0.6			0.1	0.3	0.5						0.05	0.05	1.0	1.2
	ZAlSi12Cu2Mg1	ZL108		0.7				0.2		0.20				0.3	0.05	0.05		1.2
	ZAlSi12Cu1Mg1Ni1	ZL109		0.7				0.2	0.2	0.20					0.05	0.05		1.2
	ZAlSi5Cu6Mg	ZL110		0.8				0.6	0.5						0.05	0.05		2.7
	ZAlSi9Cu2Mg	ZL111	0.4	0.4				0.1							0.05	0.05		1.2

(续)

合金种类	合金牌号	合金代号	Fe S	Fe J	Si	Cu	Mg	Zn	Mn	Ti	Zr	Ti+Zr	Be	Ni	Sn	Pb	其他杂质总和 S	其他杂质总和 J
Al-Si合金	ZAlSi7Mg1A	ZL114A	0.2	0.2	0.2			0.1	0.1								0.75	0.75
	ZAlSi5Zn1Mg	ZL115	0.3	0.3		0.1			0.1						0.05	0.05	1.0	1.0
	ZAlSi8MgBe	ZL116	0.60	0.60		0.3		0.3	0.1			0.20			0.05	0.05	1.0	1.0
	ZAlSi7Cu2Mg	ZL118	0.3	0.3					0.1						0.05	0.05	1.0	1.5
Al-Cu合金	ZAlCu5Mn	ZL201	0.25	0.3	0.3		0.05	0.2				0.2		0.1			1.0	1.0
	ZAlCu5MnA	ZL201A	0.15		0.1		0.05	0.1				0.15		0.05			0.4	
	ZAlCu10	ZL202	1.0	1.2	1.2		0.3	0.8	0.5					0.5			2.8	3.0
	ZAlCu4	ZL203	0.8	0.8	1.2		0.05	0.25	0.1	0.2		0.1			0.05	0.05	2.1	2.1
	ZAlCu5MnCdA	ZL204A	0.12	0.12	0.06		0.05	0.1				0.15		0.05			0.4	
	ZAlCu5MnCdVA	ZL205A	0.15	0.16	0.06		0.05										0.3	0.3
	ZAlR5Cu3Si2	ZL207	0.6	0.6					0.2								0.8	0.8
Al-Mg合金	ZAlMg10	ZL301	0.3	0.3	0.3	0.1		0.15	0.15	0.15		0.20	0.07	0.05	0.05	0.05	1.0	1.0
	ZAlMg5Si	ZL303	0.5	0.5		0.1		0.2		0.2							0.7	0.7
	ZAlMg8Zn1	ZL305	0.3		0.2	0.1			0.1								0.9	
Al-Zn合金	ZAlZn11Si7	ZL401	0.7	1.2		0.6			0.5								1.8	2.0
	ZAlZn6Mg	ZL402	0.5	0.8	0.3	0.25			0.1								1.35	1.65

注：1. 合金铸造方法、变质处理代号：S—砂型铸造；J—金属型铸造；R—熔模铸造；K—壳型铸造；B—变质处理。

2. 合金热处理状态代号：F—铸态；T1—人工时效；T2—退火；T4—固溶处理加自然时效；T5—固溶处理加不完全人工时效；T6—固溶处理加完全人工时效；T7—固溶处理加稳定化处理；T8—固溶处理加软化处理。

3. 合金成分的主要杂质元素(由需方确定)为必检元素，其余杂质元素一般不进行检测。

表 2-13　铸造铝合金的力学性能(摘自 GB/T 1173—2013)

合金种类	合金牌号	合金代号	铸造方法	合金状态	抗拉强度 R_m/MPa ≥	伸长率 A(%) ≥	布氏硬度 HBW ≥
Al-Si合金	ZAlSi7Mg	ZL101	S、J、R、K	F	155	2	50
			S、J、R、K	T2	135	2	45
			JB	T4	185	4	50
			S、R、K	T4	175	4	50
			J、JB	T5	205	2	60
			S、R、K	T5	195	2	60
			SB、RB、KB	T5	195	2	60
			SB、RB、KB	T6	225	1	70
			SB、RB、KB	T7	195	2	60
			SB、RB、KB	T8	155	3	55
	ZAlSi7MgA	ZL101A	S、R、K	T4	195	5	60
			J、JB	T4	225	5	60
			S、R、K	T5	235	4	70
			SB、RB、KB	T5	235	4	70
			J、JB	T5	265	4	70
			SB、RB、KB	T6	275	2	80
			J、JB	T6	295	3	80

（续）

合金种类	合金牌号	合金代号	铸造方法	合金状态	力学性能 ≥		
					抗拉强度 R_m/MPa	伸长率 A(%)	布氏硬度 HBW
Al-Si 合金	ZAlSi12	ZL102	SB、JB、RB、KB	F	145	4	50
			J	F	155	2	50
			SB、JB、RB、KB	T2	135	4	50
			J	T2	145	3	50
	ZAlSi9Mg	ZL104	S、R、J、K	F	150	2	50
			J	T1	200	1.5	65
			SB、RB、KB	T6	230	2	70
			J、JB	T6	240	2	70
	ZAlSi5Cu1Mg	ZL105	S、J、R、K	T1	155	0.5	65
			S、R、K	T5	215	1	70
			J	T5	235	0.5	70
			S、R、K	T6	225	0.4	70
			S、J、R、K	T7	175	1	65
	ZAlSi5Cu1MgA	ZL105A	SB、R、K	T5	275	1	80
			J、JB	T5	295	2	80
	ZAlSi8Cu1Mg	ZL106	SB	F	175	1	70
			JB	T1	195	1.5	70
			SB	T5	235	2	60
			JB	T5	255	2	70
			SB	T6	245	1	80
			JB	T6	265	2	70
			SB	T7	225	2	60
			JB	T7	245	2	60
	ZAlSi7Cu4	ZL107	SB	F	165	2	65
			SB	T6	245	2	90
			J	F	195	2	70
			J	T6	275	2.5	100
	ZAlSi12Cu2Mg1	ZL108	J	T1	195	—	85
			J	T6	255	—	90
	ZAlSi12Cu1Mg1Ni1	ZL109	J	T1	195	0.5	90
			J	T6	245	—	100
	ZAlSi5Cu6Mg	ZL110	S	F	125	—	80
			J	F	155	—	80
			S	T1	145	—	80
			J	T1	165	—	90

（续）

合金种类	合金牌号	合金代号	铸造方法	合金状态	力学性能 ≥		
					抗拉强度 R_m/MPa	伸长率 $A(\%)$	布氏硬度 HBW
Al-Si 合金	ZAlSi9Cu2Mg	ZL111	J	F	205	1.5	80
			SB	T6	255	1.5	90
			J、JB	T6	315	2	100
	ZAlSi7Mg1A	ZL114A	SB	T5	290	2	85
			J、JB	T5	310	3	95
	ZAlSi5Zn1Mg	ZL115	S	T4	225	4	70
			J	T4	275	6	80
			S	T5	275	3.5	90
			J	T5	315	5	100
	ZAlSi8MgBe	ZL116	S	T4	255	4	70
			J	T4	275	6	80
			S	T5	295	2	85
			J	T5	335	4	90
	ZAlSi7Cu2Mg	ZL118	SB、RB	T6	290	1	90
			JB	T6	305	2.5	105
Al-Cu 合金	ZAlCu5Mg	ZL201	S、J、R、K	T4	295	8	70
			S、J、R、K	T5	335	4	90
			S	T7	315	2	80
	ZAlCu5MgA	ZL201A	S、J、R、K	T5	390	8	100
	ZAlCu10	ZL202	S、J	F	104	—	50
			S、J	T6	163	—	100
	ZAlCu4	ZL203	S、R、K	T4	195	6	60
			J	T4	205	6	60
			S、R、K	T5	215	3	70
			J	T5	225	3	70
	ZAlCu5MnCdA	ZL204A	S	T5	440	4	100
	ZAlCu5MnCdVA	ZL205A	S	T5	440	7	100
			S	T6	470	3	120
			S	T7	460	2	110
	ZAlR5Cu3Si2	ZL207	S	T1	165	—	75
			J	T1	175	—	75
Al-Mg 合金	ZAlMg10	ZL301	S、J、R	T4	280	9	60
	ZAlMg5Si	ZL303	S、J、R、K	F	143	1	55
	ZAlMg8Zn1	ZL305	S	T4	290	8	90

（续）

合金种类	合金牌号	合金代号	铸造方法	合金状态	力学性能 ≥		
					抗拉强度 R_m/MPa	伸长率 A(%)	布氏硬度 HBW
Al-Zn 合金	ZAlZn11Si7	ZL401	S、R、K	T1	195	2	80
			J	T1	245	1.5	90
	ZAlZn6Mg	ZL402	J	T1	235	4	70
			S	T1	220	4	65

表 2-14　铸造铝合金推荐的热处理工艺规范（摘自 GB/T 1173—2013）

合金牌号	合金代号	合金状态	固溶处理			时效处理		
			温度 /℃	时间 /h	冷却介质及温度 /℃	温度 /℃	时间 /h	冷却介质
ZAlSi7MgA	ZL101A	T4	535±5	6~12	水，60~100	室温	≥24	—
		T5	535±5	6~12	水，60~100	室温	≥8	空气
						再 155±5	2~12	空气
		T6	535±5	6~12	水，60~100	室温	≥8	空气
						再 180±5	3~8	空气
ZAlSi5Cu1MgA	ZL105A	T5	525±5	4~6	水，60~100	160±5	3~5	空气
		T7	525±5	4~6	水，60~100	225±5	3~5	空气
ZAlSi7Mg1A	ZL114A	T5	535±5	10~14	水，60~100	室温	≥8	空气
						再 160±5	4~8	空气
ZAlSi5Zn1Mg	ZL115	T4	540±5	10~12	水，60~100	150±5	3~5	空气
		T5	540±5	10~12	水，60~100			
ZAlSi8MgBe	ZL116	T4	535±5	10~14	水，60~100	室温	≥24	—
		T5	535±5	10~14	水，60~100	175±5	6	空气
ZAlSi7Cu2Mg	ZL118	T6	490±5	4~6	水，60~100	室温	≥8	空气
			再 510±5	6~8		160±5	7~9	空气
			再 520±5	8~10				
ZAlCu5MnA	ZL201A	T5	535±5	7~9	水，60~100	室温	≥24	—
			再 545±5	7~9	水，60~100	160±5	6~9	
ZAlCu5MnCdA	ZL204A	T5	530±5	9				
			再 540±5	9	水，20~60	175±5	3~5	
ZAlCu5MnCdVA	ZL205A	T5	538±5	10~18		155±5	8~10	
		T6	538±5	10~18	水，20~60	175±5	4~5	
		T7	538±5	10~18		190±5	2~4	
ZAlRE5Cu3Si2	ZL207	T1				200±5	5~10	
ZAlMg8Zn1	ZL305	T4	435±5	8~10	水，80~100	室温	≥24	—
			再 490±5	6~8				

表 2-15　铸造铝合金(Al-Cu、Al-Mg、Al-Zn 系列)的高温力学性能

合金代号	铸造方法	热处理状态	性能	温度/℃							
				24	100	150	175	200	250	300	350
ZL201	S	T4	抗拉强度 R_m/MPa	335	320	305	285	275	215	150	—
			断后伸长率 A_5(%)	12.0	12.2	8.0	9.5	7.5	6.5	10.0	
ZL201A	S	T5	抗拉强度 R_m/MPa	—	—	365~375	—	295~315	—	—	—
			断后伸长率 A_5(%)	—	—	9~14		7~10	—	—	
ZL202	S	F	抗拉强度 R_m/MPa	165	—	150	—	145	105	45	
			规定塑性延伸强度 $R_{p0.2}$/MPa	105		90		85	70	30	
			断后伸长率 A_5(%)	1.5	—	1.5	—	1.5	3.5	20.0	
		T2	抗拉强度 R_m/MPa	185	—	170		150	115	55	
			规定塑性延伸强度 $R_{p0.2}$/MPa	140	—	115		95	75	30	
			断后伸长率 A_5(%)	1.0		1.0		1.5	3.0	14.0	
		T6	抗拉强度 R_m/MPa	285	270	250		165	115	60	
			规定塑性延伸强度 $R_{p0.2}$/MPa	275	260	240		115	75	35	
			断后伸长率 A_5(%)	0.5	0.5	1.0		2.0	6.0	14.0	
ZL203	S	T4	抗拉强度 R_m/MPa	220	205	195		105	60	30	
			规定塑性延伸强度 $R_{p0.2}$/MPa	110	105	140		60	40	20	
			断后伸长率 A_5(%)	8.5	5.0	5.0		15.0	25.0	75.0	
		T6	抗拉强度 R_m/MPa	250	235	195		105	60	30	
			规定塑性延伸强度 $R_{p0.2}$/MPa	165	160	140		60	40	20	
			断后伸长率 A_5(%)	5.0	5.0	5.0		15.0	25.0	75.0	
ZL204A	S	T5	抗拉强度 R_m/MPa	480	—	395		325	230	155	
			规定塑性延伸强度 $R_{p0.2}$/MPa	395	—	340		290	205	130	
			断后伸长率 A_5(%)	5.2	—	3.8		2.6	2.5	3.1	
ZL205A	S	T5	抗拉强度 R_m/MPa	480	—	380		345	255	165	—
			断后伸长率 A_5(%)	13	—	10.5		4	3	3.5	
		T6	抗拉强度 R_m/MPa	510	—	415		355	240	175	—
			断后伸长率 A_5(%)	7	—	10.5		4	3	3.5	
		T7	抗拉强度 R_m/MPa	495	—	400	—	345	—	—	—
			断后伸长率 A_5(%)	3.4		5.5		4.5			
ZL206	S	T6	抗拉强度 R_m/MPa	365	—	—	—	315	225	160	125
			规定塑性延伸强度 $R_{p0.2}$/MPa	310	—	—		270	185	120	95
			断后伸长率 A_5(%)	1.8				1.9	3.2	6.2	9.3
ZL208	S	T7	抗拉强度 R_m/MPa	—	—	—	—	—	135	85	50
ZL209	S	T6	抗拉强度 R_m/MPa	—	—	—		340	275	—	—
			断后伸长率 A_5(%)	—	—	—		2.4	2.4	—	—
ZL301	S	T4	抗拉强度 R_m/MPa	330		240		150[1]	105[2]	75[3]	
			规定塑性延伸强度 $R_{p0.2}$/MPa	180		130		85[1]	55[2]	30[3]	
			断后伸长率 A_5(%)	16.0		16.0		40[1]	55[2]	70[3]	

（续）

合金代号	铸造方法	热处理状态	性能	温度/℃							
				24	100	150	175	200	250	300	350
ZL402	S	F	抗拉强度 R_m/MPa	345	235[④]	135	135	205[⑤]			
			规定塑性延伸强度 $R_{p0.2}$/MPa	245	210[④]	115	115	175[⑤]			
			断后伸长率 A_5(%)	9.0	3.0[④]	6.0	6.0	2.0[⑤]			

注：本表为参考资料。

① 温度为205℃。

② 温度为260℃。

③ 温度为315℃。

④ 温度为79℃。

⑤ 温度为120℃。

表 2-16　铸造铝合金（Al-Si 系列）的低温和高温力学性能

合金代号	铸造方法	热处理状态	性能	温度/℃								
				−178	−80	−28	24	100	150	205	260	315
ZL101	S	T6	抗拉强度 R_m/MPa	275	240	225	225	220	160	85	55	30
			规定塑性延伸强度 $R_{p0.2}$/MPa	195	170	165	165	165	140	60	35	20
			断后伸长率 A_5(%)	3.5	3.5	3.5	3.5	4.0	6.0	18.0	35.0	60.0
		T7	抗拉强度 R_m/MPa	275	240	225	235	205	160	85	55	30
			规定塑性延伸强度 $R_{p0.2}$/MPa	220	200	195	205	195	140	60	35	20
			断后伸长率 A_5(%)	3.0	3.0	3.0	2.0	2.0	6.0	18.0	35.0	60.0
	J	T6	抗拉强度 R_m/MPa	330	275	270	275	205	145	85	55	35
			规定塑性延伸强度 $R_{p0.2}$/MPa	220	195	185	185	170	115	65	35	30
			断后伸长率 A_5(%)	5.0	5.0	5.0	5.0	6.0	10.0	30.0	55.0	50.0
		T7	抗拉强度 R_m/MPa	275	240	235	225	185	145	85	50	30
			规定塑性延伸强度 $R_{p0.2}$/MPa	205	180	170	165	160	115	60	35	20
			断后伸长率 A_5(%)	6.0	6.0	6.0	5.0	10.0	20.0	40.0	55.0	70.0
ZL101A	J	T6	抗拉强度 R_m/MPa	—	—	—	285	—	145	85	55	30
			规定塑性延伸强度 $R_{p0.2}$/MPa	—	—	—	205	—	115	60	35	20
			断后伸长率 A_5(%)				10.0		20.0	40.0	55.0	70.0
YL102	Y	F	抗拉强度 R_m/MPa	360	210	305	295	255	220	165	90	50
			规定塑性延伸强度 $R_{p0.2}$/MPa	160	145	145	145	140	130	105	60	35
			断后伸长率 A_5(%)	1.5	2.0	2.0	2.0	5.0	8.0	15.0	29.0	35.0
YL104	Y	F	抗拉强度 R_m/MPa	—	—	—	315	295	235	145	75	45
			规定塑性延伸强度 $R_{p0.2}$/MPa	—	—	—	165	165	160	90	45	30
			断后伸长率 A_5(%)				5.0	3.0	5.0	14.0	30.0	45.0
ZL105	S	T1	抗拉强度 R_m/MPa	225	200	200	195	195	165	95	70	40
			规定塑性延伸强度 $R_{p0.2}$/MPa	195	180	170	160	150	130	70	35	20
			断后伸长率 A_5(%)	1.0	1.5	1.5	1.5	2.0	3.0	8.0	16.0	36.0

合金代号	铸造方法	热处理状态	性能	温度/℃								
				−178	−80	−28	24	100	150	205	260	315
ZL105	S	T6	抗拉强度 R_m/MPa	405	360	—	240	240	225	115	70	40
			规定塑性延伸强度 $R_{p0.2}$/MPa	325	285	—	170	170	170	90	35	20
			断后伸长率 A_5(%)	2.0	4.0	—	3.0	2.0	1.5	8.0	16.0	36.0
		T7	抗拉强度 R_m/MPa	305	285	270	260	—	—	—	—	—
			规定塑性延伸强度 $R_{p0.2}$/MPa	260	250	240	250	—	—	—	—	—
			断后伸长率 A_5(%)	2.0	2.0	2.0	0.5	—	—	—	—	—
	J	T1	抗拉强度 R_m/MPa	255	240	215	205	195	160	105	70	40
			规定塑性延伸强度 $R_{p0.2}$/MPa	185	170	165	165	165	140	70	35	20
			断后伸长率 A_5(%)	1.0	1.5	1.5	2.0	3.0	40	19.0	33.0	38.0
		T6	抗拉强度 R_m/MPa	410	350	—	295	275	220	130	70	40
			规定塑性延伸强度 $R_{p0.2}$/MPa	365	310	—	185	185	170	90	35	20
			断后伸长率 A_5(%)	3.0	4.0	—	4.0	5.0	10.0	20.0	40.0	50.0
		T7	抗拉强度 R_m/MPa	315	270	260	250	225	200	130	70	40
			规定塑性延伸强度 $R_{p0.2}$/MPa	260	235	225	215	200	180	90	35	20
			断后伸长率 A_5(%)	1.5	2.0	2.5	3.0	4.0	8.0	20.0	40.0	50.0
ZL105A	J	T6	抗拉强度 R_m/MPa	385	345	330	315	295	260	95	50	30
			规定塑性延伸强度 $R_{p0.2}$/MPa	255	235	235	235	235	240	70	40	20
			断后伸长率 A_5(%)	7.0	7.0	7.0	6.0	6.0	10.0	40.0	60.0	70.0
ZL107	S	F	抗拉强度 R_m/MPa	235	205	200	185	—	—	—	—	—
			规定塑性延伸强度 $R_{p0.2}$/MPa	220	180	170	125	—	—	—	—	—
			断后伸长率 A_5(%)	1.0	1.0	1.0	2.0	—	—	—	—	—
		T5	抗拉强度 R_m/MPa	255	235	225	205	—	—	—	—	—
			规定塑性延伸强度 $R_{p0.2}$/MPa	240	205	205	180	—	—	—	—	—
			断后伸长率 A_5(%)	0.5	1.0	1.0	1.5	—	—	—	—	—
ZL109	J	T1	抗拉强度 R_m/MPa	295	275	260	250	240	215	180	125	70
			规定塑性延伸强度 $R_{p0.2}$/MPa	270	235	215	195	170	150	105	70	30
			断后伸长率 A_5(%)	1.0	1.0	1.0	0.5	1.0	1.0	2.0	5.0	10.0
ZL111	J	T6	抗拉强度 R_m/MPa	470	405	395	380	345	325	290	195	90
			规定塑性延伸强度 $R_{p0.2}$/MPa	390	295	290	285	285	275	270	170	85
			断后伸长率 A_5(%)	6.0	6.0	6.0	6.0	6.0	6.0	6.0	16.0	29.0
YL112	Y	F	抗拉强度 R_m/MPa	405	340	340	330	310	235	165	90	50
			规定塑性延伸强度 $R_{p0.2}$/MPa	205	165	165	165	165	150	110	55	30
			断后伸长率 A_5(%)	2.5	2.5	3.0	3.0	4.0	5.0	8.0	20.0	30.0
YL113	Y	F	抗拉强度 R_m/MPa	—	—	—	325	315	260	180	95	50
			规定塑性延伸强度 $R_{p0.2}$/MPa	—	—	—	170	170	165	125	60	30
			断后伸长率 A_5(%)	—	—	—	1.0	1.0	2.0	6.0	25.0	45.0

（续）

合金代号	铸造方法	热处理状态	性能	温度/℃								
				−178	−80	−28	24	100	150	205	260	315
ZL114A	S	T6	抗拉强度 R_m/MPa	—	—	—	315	—	205	90	50	—
			规定塑性延伸强度 $R_{p0.2}$/MPa	—	—	—	250	—	195	70	40	—
			断后伸长率 A_5(%)	—	—	—	3.0	—	3.0	24.0	30.0	—
	J	T6	抗拉强度 R_m/MPa	—	—	—	345	—	215	85	50	—
			规定塑性延伸强度 $R_{p0.2}$/MPa	—	—	—	275	—	200	60	40	—
			断后伸长率 A_5(%)	—	—	—	10.0	—	11.0	29.0	—	—
ZL116	S	T5	抗拉强度 R_m/MPa	—	—	—	330	280	260	230	180	110
			规定塑性延伸强度 $R_{p0.2}$/MPa				270					
			断后伸长率 A_5(%)	—	—	—	2	4	4.5	5	5	5.5
	J	T5	抗拉强度 R_m/MPa	—	—	—	360	—	280	250	200	
			规定塑性延伸强度 $R_{p0.2}$/MPa	—	—	—	315	—	215	150	125	
			断后伸长率 A_5(%)	—	—	—	7.0	—	8.0	13.0	—	
ZL117	J	T7	抗拉强度 R_m/MPa				235~285			185~235		110~130
			断后伸长率 A_5(%)				0.5~0.6			0.6~1.0		1.1~2.5

注：本表为参考资料。

表 2-17 铸造铝合金（Al-Cu、Al-Mg、Al-Zn 系列）的低温力学性能

合金代号	铸造方法	热处理状态	性能	温度/℃						
				−269	−253	−196	−80	−70	−40	−28
ZL201	S	T4	抗拉强度 R_m/MPa	—	—	—	—	300	280	—
			断后伸长率 A_5(%)					10.0	6.5	
ZL204A	S	T5	抗拉强度 R_m/MPa	—	—	—	—	490	485	—
			断后伸长率 A_5(%)					6.5	4.7	
ZL205A	S	T5	抗拉强度 R_m/MPa	—	—	—	—	500	480	—
			断后伸长率 A_5(%)					8	8	
		T6	抗拉强度 R_m/MPa	—	—	—	—	520	510	—
			断后伸长率 A_5(%)					3	3	
ZL209	S	T6	抗拉强度 R_m/MPa					—	460	
			断后伸长率 A_5(%)						1.5	
ZL301	S	T4	抗拉强度 R_m/MPa	—	—	—	—	240	295	—
			规定塑性延伸强度 $R_{p0.2}$/MPa					225	205	
			断后伸长率 A_5(%)					1.2	7.7	
ZL402	S	F	抗拉强度 R_m/MPa	—	—	—	—	265	—	
			规定塑性延伸强度 $R_{p0.2}$/MPa							
			断后伸长率 A_5(%)	—	—	—	—	5	—	

注：本表资料供参考。

表 2-18 铸造铝合金的物理性能

合金代号	密度 ρ /(g/cm^3)	熔化温度 范围/℃	20~100℃时平均 线胀系数 α /$10^{-6}K^{-1}$	100℃时 比热容 c /$[J/(kg \cdot K)]$	25℃时 热导率 λ /$[W/(m \cdot K)]$	20℃时 电导率 κ /$(\%IACS)$	20℃时 电阻率 ρ /$n\Omega \cdot m$
ZL101	2.66	577~620	23.0	879	151	36	45.7
ZL101A	2.68	557~613	21.4	963	150	36	44.2
ZL102	2.65	577~600	21.1	837	155	40	54.8
ZL104	2.65	569~601	21.7	753	147	37	46.8
ZL105	2.68	570~627	23.1	837	159	36	46.2
ZL106	2.73	—	21.4	963	100.5	—	—
ZL108	2.68	—	—	—	117.2	—	—
ZL109	2.68	—	19	963	117.2	29	59.4
ZL111	2.69	—	18.9				
ZL201	2.78	547.5~650	19.5	837	113		59.5
ZL201A	2.83	547.5~650	22.6	833	105		52.2
ZL202	2.91	—	22.0	963	134	34	52.2
ZL203	2.80		23.0	837	154	35	43.3
ZL204A	2.81	544~650	22.03		—	—	—
ZL205A	2.82	544~633	21.9	888	113		
ZL206	2.90	542~631	20.6	—	155		64.5
ZL207	2.83	603~637	23.6		96.3		53
ZL208	2.77	545~642	22.5	—	155		46.5
ZL301	2.55		24.5	1047	92.1	21	91.2
ZL303	2.60	550~650	20.0	962	125	29	64.3
ZL401	2.95	545~575	24.0	879			
ZL402	2.81	—	24.7	963	138.2	35	

注: 本表资料供参考。

表 2-19 铸造铝合金的热处理及应用

热处理名称	代号	应用要求	适用牌号	备注
未经淬火的 人工时效	T1	改善切削性能, 以提高其表面质量; 提高力学性能(如对于 ZL103、ZL105、ZL106 等)。适于处理承受载荷不大的 硬模铸件	ZL104、ZL105、 ZL401	在潮型和金属型铸造时, 已获得某种程度淬火效果的铸件, 采用这种热处理方法可以得到较好的效果
退火	T2	消除铸造应力和机械加工过程中引起的加工硬化, 提高塑性。用于尺寸要求稳定的零件	ZL101、ZL102	退火温度一般为 280~300℃, 保温 2~4h
淬火	T3	使合金得到过饱和固溶体, 以提高强度, 改善耐蚀性	ZL101、ZL201、 ZL203、ZL301	因铸件从淬火、机械加工到使用, 实际已经过一段时间的时效, 故 T3 与 T4 无大的区别

（续）

热处理名称	代号	应用要求	适用牌号	备注
淬火+自然时效	T4	提高强度，并保持较高的塑性，提高在100℃以下工作的零件的耐蚀性。用于受动载荷冲击作用的零件	ZL101、ZL201、ZL203、ZL301	当零件（特别是由ZL201、ZL203制成的零件）要求获得最大强度时，零件从淬火后到机械加工前至少需要保存4昼夜
淬火+不完全人工时效	T5	获得足够高的强度并保持高的塑性。用于受高静载荷及工作温度不高的零件	ZL101、ZL105、ZL201、ZL203	人工时效是在较低的温度（150~180℃）和只经短时间（3~5h）保温后完成的
淬火+完全人工时效	T6	获得最大的强度和硬度，但塑性有所下降。用于受高静载荷而不受冲击的零件	ZL101、ZL104、ZL204A	人工时效是在较高的温度（175~190℃）和在较长时间的保温（5~15h）后完成的
淬火+稳定化回火	T7	预防零件在高温下工作时其力学性能的下降和尺寸的变化，目的在于稳定零件的组织和尺寸，与T5、T6相比，处理后强度较低而塑性较高。用于高温工作的零件	ZL101、ZL105、ZL207	用于高温下工作的零件。铸件在超过一般人工时效温度（接近或略高于零件工作温度）的情况下进行回火，回火温度为200~250℃
淬火+软化回火	T8	获得高塑性（但强度降低）并稳定尺寸。用于高塑性要求的零件	ZL101	回火在比T7更高的温度（250~330℃）下进行
冷处理或循环处理	T9	使零件获得高的尺寸稳定性。用于仪表壳体等精密零件	ZL101 ZL102	机加工后冷处理温度为-50℃、-70℃或-195℃（保持3~6h），经机械加工后的零件承受循环热处理（冷却到-70℃，有时到-196℃，然后再加热到350℃）。根据零件的用途可进行数次这样的处理，所选用的温度取决于零件的工作条件和所要求的合金性质

表2-20 铸造铝合金的热处理规范及应用要求

合金代号	合金状态	淬 火			退火、时效或回火			应用要求
		温度/℃	时间/h	冷却介质	温度/℃	时间/h	冷却介质	
ZL101	T1	—	—	—	230±5	7~9	空气	改善可切削加工性
	T2	—	—	—	300±10	2~4	空气	要求尺寸稳定和消除内应力的零件
	T4	535±5	2~6	水（60~100℃）	—	—	—	要求高塑性的零件
	T5	535±5	2~6	水（60~100℃）	155±5	2~4	空气	要求屈服强度及硬度较高的零件
	T6	535±5	2~6	水（60~100℃）	255±5	7~9	空气	要求高强度、高硬度的零件
	T7	535±5	2~6	水（60~100℃）	250±10	3~5	空气	要求较高强度和尺寸稳定的零件
	T8	535±5	2~6	水（60~100℃）	250±10	3~5	空气	要求高塑性和尺寸稳定的零件
ZL101A	T4	535±5	6~12	水[2]	—	—	—	要求高塑性的零件
	T5	535±5	6~12	水[2]	室温再155±5	≥8，2~12	空气	要求屈服强度及硬度较高的零件
	T6	535±5	6~12	水[2]	室温再155±5	≥8，3~18	空气	要求高强度、高硬度的零件

（续）

合金代号	合金状态	淬火			退火、时效或回火			应用要求
		温度/℃	时间/h	冷却介质	温度/℃	时间/h	冷却介质	
ZL102	T2	—	—	—	290±10	2~4	空气	小负荷和需要消除内应力的零件
ZL103	T1	—	—	—	180±5	3~5	空气	小负荷零件采用
	T2	—	—	—	290±10	2~4	空气或随炉冷却	要求尺寸稳定、消除残余内应力的零件
	T5	分级加热：515±5 525±5	2~4 2~4	水（60~100℃）	175±5	3~5	空气	在175℃下工作，要求中等负荷的大型零件
	T7	515±5	3~6	水（60~100℃）	230±5	3~5	空气	在175~250℃高温下工作的零件
	T8	510±5	5~6	水（60~100℃）	330±5	3~5	空气	要求高塑性的零件
ZL104	T1	—	—	—	175±5	10~15	空气	承受中等负荷的大型零件
	T6	535±5	2~6	水（60~100℃）	175±5	10~15	空气	承受高负荷的大型零件
ZL105	T1	—	—	—	180±5	5~10	空气	承受中等负荷的零件
	T5	525±5	3~5	水（60~100℃）	175±5	5~10	空气	承受高负荷的零件
	T6	525±5	3~5	水（60~100℃）	200±5	3~5	空气	在≤220℃高温下工作的零件
	T7	525±5	3~5	水（60~100℃）	230±10	3~5	空气	在≤230℃高温下要求高塑性和尺寸稳定的零件
ZL105A	T5	525±5	4~12	水[2]	160±5	3~5	空气	承受高负荷的零件
ZL106	T1	—	—	—	230±5	8	空气	承受低负荷但需消除内应力的零件
	T5	515±5	5~12	水（80~100℃）	150±5	8	空气	承受高负荷的零件
	T7	515±5	5~12	水（80~100℃）	230±5	8	空气	要求尺寸稳定的零件
ZL107	T5	515±5	6~8	水（60~100℃）	175±5	6~8	空气	承受较高负荷的零件
ZL108	T1	—	—	—	190±5	8~12	空气	承受负荷较低的零件
	T6	515±5	6~8	水（60~80℃）	175±5	14~18	空气	高温下承受高负荷的零件，如大功率柴油机活塞
	T7	515±5	6~8	水（60~80℃）	240±10	6~10	空气	要求尺寸稳定和在高温下工作的零件
ZL109	T1	—	—	—	205±5	8~12	空气	强度要求不高的零件
	T6	515±5	6~8	水（60~80℃）	170±5	14~18	空气	强度要求较高的零件，如高温高速大功率活塞
ZL111	T6	分级加热：490±5 500±5 510±5	4 4 8	水（60~100℃）	175±5	6	空气	要求高强度的砂型铸件
	T6	分级加热：515±5 525±5	4 8	水（60~100℃）	175±5	6	空气	要求高强度的金属型铸件

（续）

合金代号	合金状态	淬火			退火、时效或回火			应用要求
		温度/℃	时间/h	冷却介质	温度/℃	时间/h	冷却介质	
ZL114A	T5	535±5	10	水②	室温 再 160±5	≥8 4~8	空气	要求较高屈服强度和高塑性的零件
ZL115	T4	540±5	10~12	水②	—	—	—	要求提高强度、塑性的零件
	T5	540±5	10~12	水②	150	3~5	空气	要求较高屈服强度和高塑性的零件
ZL116	T4	535±5	10	水②	—	—	—	要求提高强度和塑性的零件
	T5	535±5	10	水②	175	6	空气	要求提高强度和高塑性的零件
ZL201	T4	分级加热： 530±5 545±5	5~9 5~9	水（60~100℃）	—	—	—	要求高塑性的零件
		545±5	10~12	水（60~100℃）	—	—	—	
	T5	分级加热： 530±5 545±5	5~9 5~9	水（60~100℃）	175±5	3~5	空气	要求高屈服强度的零件
		545±5	10~12	水（60~100℃）	175±5	3~5	空气	
	T7	545±5	5~9	水（60~100℃）	250±10	3~10	空气	要求消除内应力的零件
ZL201A	T5	分级加热： 535±5 545±5	7~9 7~9	水②	160±5	6~9	空气	要求高屈服强度的零件
ZL202	T2	—	—	—	290±10	3	空气	要求尺寸稳定、消除内应力的零件
	T6	510±5	12	水（80~100℃）	155±5（S） 175±5（J）	10~14 7~14	空气	要求高强度、高硬度的零件
	T7	510±5	3~5	水（80~100℃）	200~250	3	空气	高温下工作的零件，如活塞
ZL203	T4	515±5	10~15	水（80~100℃）	—	—	—	要求提高强度和塑性的零件
	T5	515±5	10~15	水（80~100℃）	150±5	2~4	空气	要求提高屈服强度和硬度的零件
ZL204A	T5	分级加热： 530±5 540±5	9 9	水②	175±5	3~5	空气	要求较高屈服强度和高塑性的零件
ZL205A	T5	538±5	10~18	水②	155±5	8~10	空气	要求提高屈服强度和硬度的零件
	T6	538±5	10~18	水②	175±5	4~5	空气	要求高强度、高硬度的零件
	T7	538±5	10~18	水②	190±5	2~4	空气	要求尺寸稳定、在高温下工作的零件
ZL207	T1	—	—	—	200±5	5±10	空气	要求提高强度、消除内应力的零件
ZL301	T4	435±5	8~12	水（80~100℃） 或 60℃油	—	—	—	要求高强度和高耐蚀性的零件
ZL303	T1	—	—	—	170±5	4~6	空气	强度要求不高但需消除内应力的零件

（续）

合金代号	合金状态	淬 火			退火、时效或回火			应用要求
		温度/℃	时间/h	冷却介质	温度/℃	时间/h	冷却介质	
ZL305	T4	分级加热： 435±5 490±5	8~10 6~8	水②	—			要求高强度和高耐蚀性的零件
ZL401①	T2	—	—	—	300±10	2~4	空气	要求消除应力、提高尺寸稳定性的零件
ZL402①	T1	—	—	—	180±5 或室温	10 21天	空气 空气	要求提高强度的零件

注：本表为参考资料。
① 一般在自然时效后使用，时效时间在 21 天以上。
② 水温由生产厂根据合金及零件种类自定。

表 2-21　铸造铝合金的特性及用途举例

组别	合金代号	铸造方法	主要特性	用途举例
铝硅合金	ZL101	砂型、金属型、壳型和熔模铸造	系铝硅镁系列三元合金，特性是：铸造性能良好，其流动性高，无热裂倾向，线收缩率小，气密性高，但稍有产生集中缩孔和气孔的倾向；有相当高的耐蚀性，在这方面与 ZL102 相近；可经热处理强化，同时合金淬火后有自然时效能力，因而具有较高的强度和塑性；易于焊接，可切削加工性中等；耐热性不高；铸件可经变质处理或不经变质处理	适于铸造形状复杂、承受中等负荷的零件，也可用于要求高的气密性、耐蚀性和焊接性能良好的零件，但工作温度不得超过 200℃，如水泵及传动装置壳体、水冷发动机气缸体、抽水机壳体、仪表外壳、汽化器等
	ZL101A		成分、性能和 ZL101 基本相同，但其杂质含量低，且加入少量 Ti 细化了晶粒，故其力学性能比 ZL101 有较大程度的提高	同 ZL101，主要用于铸造高强度铝合金铸件
	ZL102	砂型、金属型、壳型和熔模铸造	系典型的铝硅二元合金，是应用最早的一种普通硅铝明合金，其特性是：铸造性能和 ZL101 一样好，但在铸件的断面厚大处容易产生集中缩孔，吸气倾向也较大；耐蚀性高，能经受得住湿的大气、海水、二氧化碳、浓硝酸、氨、硫、过氧化氢的腐蚀作用；不能热处理强化，力学性能不高，但随铸件壁厚增加，强度降低的程度小；焊接性能良好，但可切削性差，耐热性不高；需经变质处理	常在铸态或退火状态下使用，适于铸造形状复杂、承受较低载荷的薄壁铸件，以及要求耐腐蚀和气密性高、工作温度≤200℃的零件，如仪表壳体、机器罩、盖子、船舶零件等
	ZL104	砂型、金属型、壳型和熔模铸造	系铝硅镁锰系列四元合金，特性是：铸造性能良好，流动性高，无热裂倾向，气密性良好，线收缩率小，但吸气倾向大，易于形成针孔；可经热处理强化，室温力学性能良好，但高温性能较差（只能在≤200℃下使用）；耐蚀性能好（类似于 ZL102，但较 ZL102 低）；可切削加工性和焊接性一般；铸件需经变质处理	适于铸造形状复杂、薄壁、耐腐蚀和承受较高静载荷和冲击载荷的大型铸件，如水冷式发动机的曲轴箱、滑块和气缸体、气缸盖以及其他重要零件，但不宜用于工作温度超过 200℃ 的场合

（续）

组别	合金代号	铸造方法	主要特性	用途举例
铝硅合金	ZL105	砂型、金属型、壳型和熔模铸造	系铝硅铜镁系列四元合金，特性是：铸造性能良好，流动性高，收缩率较低，吸气倾向小，气密性良好，热裂倾向小；熔炼工艺简单，不需采用变质处理和在压力下结晶等工艺措施；可热处理强化，室温强度较高，但塑性、韧性较低；高温力学性能良好；焊接性和可切削加工性良好；耐蚀性尚可	适于铸造形状复杂、承受较高静载荷的零件，以及要求焊接性能良好、气密性高或工作温度在225℃以下的零件，如水冷发动机的气缸体、气缸头、气缸盖、空冷发动机头和发动机曲轴箱等 ZL105合金在航空工业中应用相当广泛
	ZL105A		特性和ZL105合金基本相同，但其杂质Fe的含量较少，且加入少量Ti细化了晶粒，属于优质合金，故其强度高于ZL105合金	同ZL105，主要用于铸造高强度铝合金铸件
	ZL106	砂型、金属型铸造	系铝硅铜镁锰多元合金，特性是：铸造性能良好，流动性大，气密性高，无热裂倾向，线收缩率小，产生缩孔及气孔的倾向也较小；可经热处理强化，室温下具有较高的力学性能，高温性能也较好；焊接性和可切削加工性良好；耐蚀性能接近于ZL101合金	适于铸造形状复杂、承受高静载荷的零件，也可用于要求气密性高或工作温度在225℃以下的零件，如泵体、水冷发动机气缸头等
	ZL107	砂型、金属型铸造	系铝硅铜三元合金，铸造流动性和抗热裂倾向均较ZL101、ZL102、ZL104差，但比铝-铜、铝-镁合金要好得多；吸气倾向较ZL101及ZL102小，可热处理强化，在20~250℃的温度范围内力学性能较ZL104高；可切削加工性良好，耐蚀性不高；铸件需要进行变质处理（砂型）	用于铸造形状复杂、壁厚不均、承受较高负荷的零件，如机架、柴油发动机的附件、化油器零件、电气设备外壳等
	ZL108	金属型铸造	系铝硅铜镁锰多元合金，是我国目前常用的一种活塞铝合金，其特性是：密度小，线胀系数小，热导率高，耐热性能好，但可切削加工性较差；铸造性能良好，流动性高，无热裂倾向，气密性高，线收缩率小，但易于形成集中缩孔，且有较大的吸气倾向；可经热处理强化，室温和高温力学性能都较好；在熔炼中需要进行变质处理，一般在硬模中（金属型）铸造可以得到尺寸精确的零件，节省了加工时间，这也是其一大优点	主要用于铸造汽车、拖拉机的发动机活塞和其他在250℃以下高温中工作的零件，当要求热胀系数小、强度高、耐磨性高时，也可以采用这种合金
	ZL109	金属型铸造	系加有部分镍的铝硅铜镁多元合金，和ZL108一样，也是一种常用的活塞铝合金，其性能和ZL108相似。加镍的目的在于提高其高温性能，但实际上效果并不显著，故在这种合金中的含镍量有降低和取消的倾向	同ZL108合金
	ZL111	砂型、金属型铸造	系铝硅铜镁锰钛多元合金，其特性是：铸造性能良好，流动性好，充型能力优良，一般无热裂倾向，线收缩率小，气密性高，可经受住高压气体和液体的作用；在熔炼中需进行变质处理，可经热处理强化，在铸态或热处理后的力学性能是铝-硅系合金中最好的，可和高强铸铝合金ZL201相媲美，且高温性能也较好；可切削加工性和焊接性良好；耐蚀性较差	适于铸造形状复杂、承受高负荷、气密性要求高的大型铸件，以及在高压气体或液体下长期工作的大型铸件，如转子发动机的缸体、缸盖、水泵叶轮和军事工业中的大型壳体等重要机件

（续）

组别	合金代号	铸造方法	主要特性	用途举例
铝硅合金	ZL114A	砂型、金属型铸造	是成分、性能和 ZL101A 优质合金相似的铝硅镁系铝合金，由于杂质含量少、含镁较 ZL101A 高，且加入少量的铍消除了杂质 Fe 的有害作用，故在保持 ZL101A 优良的铸造性能和耐蚀性的同时显著地提高了合金的强度	这种合金是铝-硅系合金中强度最高的品种之一，主要用于铸造形状复杂、高强度铝合金铸件，由于铍较稀贵，同时合金的热处理温度要求控制较严、热处理时间较长等原因，应用受到一定限制
	ZL115	砂型、金属型铸造	系加有少量锑的铝硅镁锌多元合金。在合金中添加少量的锑，目的是用其作为共晶硅的长效变质剂，以提高合金在热处理后的力学性能；成分中的锌也可起到辅助强化作用。因而，这种合金的特性是：在具有铝硅镁系合金优良的铸造性能和耐蚀性的同时，兼有高的强度和塑性，是铝-硅合金中高强度品种之一	主要用于铸造形状复杂、高强度铝合金铸件以及耐腐蚀的零件 这种合金在熔炼中不需再经变质处理
	ZL116	砂型、金属型铸造	系铝硅镁铍多元合金，这种合金的特点是：杂质中允许含有较多的 Fe 和含有少量的 Be；Be 的作用是与 Fe 形成化合物，使粗大针状的含 Fe 相变成团状，同时 Be 还有促进时效强化的作用，故加铍后显著提高了合金的力学性能，使其成为铝-硅合金中高强度品种之一。加 Be 还可提高耐蚀性。由于合金的含硅量较高，故有利于获得致密的铸件	适用于制造承受高液压的油壳泵体等发动机附件，以及其他外形复杂、要求高强度、高耐蚀性的机件 因 Be 的价格甚贵，且有毒，所以这种合金在使用上受到一定限制
铝铜合金	ZL201	砂型、金属型、壳型和熔模铸造	系加有少量锰、钛元素的铝-铜合金，其特性是：铸造性能不好，流动性差，形成热裂和缩孔的倾向大，线收缩率大，气密性低，但吸气倾向小；可热处理强化，经热处理后，合金具有很高的强度和良好的塑性、韧性，同时耐热性高（在高强度和耐热性两方面，ZL201 是铸造铝合金中最好的合金）；焊接性能和可切削加工性能良好；耐蚀性能差	适于铸造工作温度为 175～300℃ 或室温下承受高负荷、形状不太复杂的零件，也可用于低温下（-70℃）承受高负荷的零件，是用途较广的一种铝合金
	ZL201A		成分、性能和 ZL201 基本相同，但其杂质含量控制较严，属于优质合金，力学性能高于 ZL210 合金	同 ZL201，主要用于要求高强度铝合金铸件的场合
	ZL202	砂型、金属型铸造	这是一种典型的铝-铜二元合金，特性是：铸造性能不好，流动性、收缩和气密性等均为一般，但较 ZL203 要好，热裂倾向大，吸气倾向小；热处理强化效果差，合金的强度低，塑性及韧性差，并随铸件壁厚的增加而明显降低；熔炼工艺简单，不需要进行变质处理；有优良的可切削加工性和焊接性，耐蚀性差，密度大；耐热性较好	用于铸造小型、低载荷的零件，也可用来铸造在较高工作温度（≤250℃）下工作的零件，如小型内燃发动机的活塞和气缸头等。此合金由于密度大、强度低、脆性高，已被其他合金所取代，现在用得很少了
	ZL203	砂型、金属型、壳型和熔模铸造	这也是一种典型的铝-铜二元合金（含铜量比 ZL202 低），其特性是：铸造性能差，流动性低，形成热裂和缩松倾向大，线收缩率大，气密性一般，但吸气倾向小；经淬火处理后，有较高的强度和好的塑性，铸件经淬火后有自然时效倾向；熔炼工艺简单，不需要进行变质处理；可切削加工性和焊接性良好；耐蚀性差（特别是在人工时效状态下的铸件）；耐热性不高	适于铸造形状简单、承受中等静负荷或冲击载荷、工作温度不超过 200℃ 并要求可切削加工性能良好的小型零件，如曲轴箱、支架、飞轮盖等

（续）

组别	合金代号	铸造方法	主要特性	用途举例
铝铜合金	ZL204A	砂型铸造	这是加入少量 Cd、Ti 元素的铝-铜合金，通过添加少量 Cd 以加速合金的人工时效，加少量 Ti 以细化晶粒，并降低合金中有害杂质的含量。选择合适的热处理工艺而获得 R_m 达 437MPa 的高强度耐热铸铝合金。这种合金属于固溶体型合金，结晶间隔较宽，铸造工艺较差，一般用于砂型铸造，不适于金属型铸造	这类高强度、耐热铸铝合金的力学性能达到了常用锻铝合金的力学性能水平，它们的优质铸件可以代替一般的铝合金锻件。作为受力构件，在航空和航天工业中获得了广泛的应用
	ZL205A	砂型铸造	性能同 ZL204A。这是在 ZL201 的基础上加入了 Cd、V、Zr、B 等微量元素而发展起来的、R_m 达 437MPa 以上的高强度耐热铸铝合金。微量 V、B、Zr 等元素能进一步提高合金的热强性，Cd 能改善合金的人工时效效果，显著提高合金的力学性能。合金的耐热性高于 ZL204A	同 ZL204A 合金
铝稀土金属合金	ZL207A	砂型及金属型铸造	系 Al-RE（富铈混合稀土金属）为基的铸造铝合金。这种合金除含有较高的 RE 以外，还含有 Cu、Si、Mn、Ni、Mg、Zr 等元素，其特性是：耐热性好，可在高温下长期使用，工作温度可达 400℃；铸造性能良好，结晶温度范围只有 30℃ 左右，充型能力良好，且形成针孔的倾向较小，铸件的气密性高，不易产生热裂和疏松；缺点是室温力学性能较低，成分复杂	可用于铸造形状复杂、受力不大、在高温下长期工作的铸件
铝镁合金	ZL301	砂型、金属型和熔模铸造	系典型的铝-镁二元合金，其特性是：在海水、大气等介质中有很高的耐蚀性，在这方面是铸造铝合金中最好的；铸造性能差，流动性和产生气孔、形成热裂的倾向一般，易于产生显微疏松，气密性低，收缩率低，吸气倾向大；可热处理强化，铸件在淬火状态下使用具有高的强度和良好的塑性、韧性，但具有自然时效倾向，在长期使用过程中塑性明显下降、变脆，并出现应力腐蚀倾向；耐热性不高；可切削加工性良好，可以达到很高的表面质量，表面经抛光后，能长期保持原来的光泽；焊接性较差；熔炼中容易氧化，且熔铸工艺较复杂，废品率高	适于铸造承受高静载荷和冲击载荷、暴露在大气或海水等腐蚀介质中、工作温度不超过 200℃、形状简单的大、中、小型零件，如雷达底座、水上飞机和船舶配件（发动机机匣、起落架零件、船用舷窗等）以及其他装饰用零部件等
	ZL303	砂型、金属型、壳型和熔模铸造	这是添加 1% 左右 Si 和少量 Mn、含 Mg 量为 5% 左右的铝-镁-硅系合金，其特性是：耐蚀性高，并类似、接近 ZL301 合金；铸造性能尚可，流动性一般，有氧化、吸气、形成缩孔的倾向（但比 ZL301 好），收缩率大，气密性一般，形成热裂的倾向比 ZL301 小；在铸态下具有一定的力学性能，但不能经热处理明显强化；高温性能较 ZL301 高；可切削性和抛光性与 ZL301 一样好，而焊接性则较 ZL301 有明显改善；生产工艺简单，但熔炼中容易氧化和吸气	适于铸造同腐蚀介质接触和在较高温度（≤220℃）下工作、承受中等负荷的船舶、航空器及内燃机车零件，如海轮配件、各种壳件、气冷发动机气缸头，以及其他装饰性零部件等

(续)

组别	合金代号	铸造方法	主要特性	用途举例
铝镁合金	ZL305	砂型铸造	这是加有少量 Be、Ti 元素的铝-镁-锌系合金,它是 ZL301 的改型合金。由于 ZL301 有自然时效倾向、力学性能稳定性差和有应力腐蚀倾向,故应用受到很大限制。针对 ZL301 合金的这一缺点,降低其 Mg 含量,并加入 Zn 及少量 Ti,从而提高了合金的自然时效稳定性和抗应力腐蚀能力。合金中加入微量 Be,可防止在熔炼和铸造过程中的氧化现象。合金的其他性能均与 ZL301 相近	用途和 ZL301 基本相同,但工作温度不宜超过 100℃,因为这种合金在人工时效温度超过 150℃ 时会有大量强化相析出,抗拉强度虽有提高,但塑性大幅下降,应力腐蚀现象也同时加剧
铝锌合金	ZL401	砂型、金属型、壳型和熔模铸造	系铝锌硅镁四元合金,俗称锌硅铝明,其特性是:铸造性能良好,流动性好,产生缩孔和形成热裂的倾向小,线收缩率小,但有较大的吸气倾向;在熔炼中需进行变质处理;主要优点在于铸态下具有自然时效能力,因而可获得高的强度,不必进行热处理;耐热性低,耐蚀性一般,密度大;焊接和可切削加工性能良好;价格便宜	适于铸造大型、复杂和承受高的静载荷而又不便进行热处理的零件,但工作温度不得超过 200℃,如汽车零件、医疗器械、仪器零件、日用品等。因为密度大,它的应用在某些场合受到了限制
	ZL402	砂型和金属型铸造	这是含有少量 Cr 和 Ti 的铝-锌-镁系合金,其特性是:铸造性能尚好,流动性和气密性良好,缩松和热裂倾向都不大;在铸态经时效后即可获得较高的力学性能,在-70℃ 的低温下仍能保持良好的力学性能,但高温性能低(工作温度≤150℃);有良好的耐蚀性和抗应力腐蚀性能,在这方面超过了铝铜合金而接近于铝硅合金;可切削加工性良好,焊接性一般;铸件经人工时效后尺寸稳定;密度较大	适于铸造承受高的静载荷和冲击载荷而又不便于进行热处理的零件,也可用于要求同腐蚀介质接触且尺寸稳定性高的零件,如高速旋转的整铸叶轮、飞机起落架、空气压缩机活塞、精密仪表零件等。因为密度大,它的应用也受到了限制

2.2.4 压铸铝合金(见表 2-22~表 2-24)

表 2-22 压铸铝合金的牌号及化学成分(摘自 GB/T 15115—2009)

牌号	代号	化学成分(质量分数,%)										
		Si	Cu	Mn	Mg	Fe	Ni	Ti	Zn	Pb	Sn	Al
YZAlSi12	YL102	10.0~13.0	≤1.0	≤0.35	≤0.10	≤1.0	≤0.50	—	≤0.40	≤0.10	≤0.15	余量
YZAlSi10Mg	YL101	9.0~10.0	≤0.6	≤0.35	0.45~0.65	≤1.0	≤0.50		≤0.40	≤0.10	≤0.15	余量
YZAlSi10	YL104	8.0~10.5	≤0.3	0.2~0.5	0.30~0.50	0.5~0.8	≤0.10		≤0.30	≤0.05	≤0.01	余量
YZAlSi9Cu4	YL112	7.5~9.5	3.0~4.0	≤0.50	≤0.10	≤1.0	≤0.50		≤2.90	≤0.10	≤0.15	余量
YZAlSi11Cu3	YL113	9.5~11.5	2.0~3.0	≤0.50	≤0.10	≤1.0	≤0.30	—	≤2.90	≤0.10	—	余量
YZAlSi17Cu5Mg	YL117	16.0~18.0	4.0~5.0	≤0.50	0.50~0.70	≤1.0	≤0.10	≤0.20	≤1.40	≤0.10	—	余量

（续）

牌号	代号	化学成分（质量分数，%）										
		Si	Cu	Mn	Mg	Fe	Ni	Ti	Zn	Pb	Sn	Al
YZAlMg5Si1	YL302	≤0.35	≤0.25	≤0.35	7.60~8.60	≤1.1	≤0.15	—	≤0.15	≤0.10	≤0.15	余量

注：1. GB/T 15115—2009 没有规定各牌号的力学性能。

2. 铁和含量有范围的元素为必检项目，其他元素只在需方有要求时才抽检。

3. 压铸铝合金牌号前面冠以字母"YZ"，之后为铝及主要合金元素的化学符号及名义含量质量分数的数字，"Y"和"Z"分别为"压"和"铸"两个汉字拼音的第一个字母。

4. 压铸铝合金的合金代号中，"YL"表示压铸铝合金，YL后的第一个数字1、2、3、4分别表示 Al-Si、Al-Cu、Al-Mg、Al-Sn 系列合金的代号，YL后的第二、三两个数字为合金的顺序号。

表 2-23　压铸铝合金的特性及应用

牌号	代号	特性	应用
YZAlSi12	YL102	共晶铝硅合金。具有较好的抗热裂性能和很好的气密性，以及很好的流动性，不能热处理强化，抗拉强度低	用于承受低负荷、形状复杂的薄壁铸件，如各种仪器壳体、牙科设备、活塞等
YZAlSi10Mg	YL101	亚共晶铝硅合金。具有较好的耐蚀性，较高的冲击韧性和屈服强度，但铸造性能稍差	汽车车轮罩、摩托车曲轴箱、自行车车轮、船外机螺旋桨等
YZAlSi10	YL104		
YZAlSi9Cu4	YL112	具有好的铸造性能和力学性能，很好的流动性、气密性和抗热裂性，较好的力学性能、切削加工性、抛光性和铸造性能	常用作齿轮箱、空冷气缸头、发报机机座、割草机罩子、气动制动器、汽车发动机零件、摩托车缓冲器、发动机零件及箱体、农机具用箱体、缸盖和缸体、3C产品壳体、电动工具、缝纫机零件、渔具、煤气用具、电梯零件等。YL112的典型用途为带轮、活塞和气缸头等
YZAlSi11Cu3	YL113	过共晶铝硅合金。具有特别好的流动性、中等的气密性和好的抗热裂性，特别是具有高的耐磨性和低的线胀系数	主要用于发动机机体、刹车块、带轮、泵和其他要求耐磨的零件
YZAlSi17Cu5Mg	YL117		
YZAlMg5Si1	YL302	耐蚀性能好，冲击韧性高，伸长率差，铸造性能差	汽车变速器的油泵壳体、摩托车的衬垫和车架的联结器、农机具的连杆、船外机螺旋桨、钓鱼等及其卷线筒等零件

表 2-24　压铸铝合金的特性评价（摘自 GB/T 15115—2009）

合金牌号	YZAlSi10Mg	YZAlSi12	YZAlSi10	YZAlSi9Cu4	YZAlSi11Cu3	YZAlSi17Cu5Mg	YZAlMg5Si1
合金代号	YL101	YL102	YL104	YL112	YL113	YL117	YL302
抗热裂性	1	1	1	2	1	4	5
致密性	2	1	2	2	2	4	5
充型能力	3	1	3	2	1	1	5
不粘型性	2	1	1	1	2	2	5
耐蚀性	2	2	1	4	3	3	1

（续）

合金牌号	YZAlSi10Mg	YZAlSi12	YZAlSi10	YZAlSi9Cu4	YZAlSi11Cu3	YZAlSi17Cu5Mg	YZAlMg5Si1
合金代号	YL101	YL102	YL104	YL112	YL113	YL117	YL302
加工性	3	4	3	3	2	5	1
抛光性	3	5	3	3	3	5	1
电镀性	2	3	2	1	1	3	5
阳极处理	3	5	3	3	3	5	1
氧化保护层	3	3	3	4	4	5	1
高温强度	1	3	1	3	2	3	4

注：本表为 GB/T 15115—2009 附录中提供的资料。压铸铝合金各牌号的性能及其他特性分为 5 个等级，"1"表示最佳，依次降低，"5"表示最差。

2.2.5 铸造铝合金锭（见表 2-25）

表 2-25　铸造铝合金锭的牌号及化学成分（摘自 GB/T 8733—2016）

合金牌号	化学成分（质量分数，%）													Al[②]	原合金代号
	Si	Fe	Cu	Mn	Mg	Ni	Zn	Sn	Ti	Zr	Pb	其他杂质[①]			
												单个	合计		
201Z.1	0.30	0.20	4.5~5.3	0.6~1.0	0.05	0.10	0.20	—	0.15~0.35	0.20	—	0.05	0.15	余量	ZLD201
201Z.2	0.05	0.10	4.8~5.3	0.6~1.0	0.05	0.05	0.10	—	0.15~0.35	0.15	—	0.05	0.15		ZLD201A
201Z.3	0.20	0.15	4.5~5.1	0.35~0.8	0.05	—	—	Cd:0.07~0.25	0.15~0.35	0.15	—	0.05	0.15		ZLD210A
201Z.4	0.05	0.13	4.6~5.3	0.6~0.9	0.05	—	0.10	Cd:0.15~0.25	0.15~0.35	0.15	—	0.05	0.15		ZLD204A
201Z.5	0.05	0.10	4.6~5.3	0.30~0.50	0.05	B:0.01~0.06	0.10	Cd:0.15~0.25	0.15~0.35	0.50~0.20	V:0.05~0.30	0.05	0.15		ZLD205A
210Z.1	4.0~6.0	0.50	5.0~8.0	0.50	0.30~0.50	0.30	0.50	0.01	—	—	0.05	0.05	0.20		ZLD110
295Z.1	1.2	0.6	4.0~5.0	0.10	0.03	—	0.20	0.01	0.20	0.10	0.05	0.05	0.15		ZLD203
304Z.1	1.6~2.4	0.50	0.08	0.30~0.50	0.50~0.65	0.05	0.10	0.05	0.07~0.15	—	0.05	0.05	0.15		
312Z.1	11.0~13.0	0.40	1.0~2.0	0.30~0.9	0.50~1.0	0.30	0.20	0.01	0.20	—	0.05	0.05	0.20		ZLD108
315Z.1	4.8~6.2	0.25	0.10	0.10	0.45~0.7	Sb:0.10~0.25	1.2~1.8	0.01	—	—	0.05	0.05	0.20		ZLD115

（续）

合金牌号	化学成分（质量分数,%）											其他杂质[①]		Al[②]	原合金代号
	Si	Fe	Cu	Mn	Mg	Ni	Zn	Sn	Ti	Zr	Pb	单个	合计		
319Z. 1	4.0~6.0	0.7	3.0~4.5	0.55	0.25	0.30	0.55	0.05	0.20	Cr:0.15	0.15	0.05	0.20		—
319Z. 2	5.0~7.0	0.8	2.0~4.0	0.50	0.50	0.35	1.0	0.10	0.20	Cr:0.20	0.20	0.10	0.30		—
319Z. 3	6.5~7.5	0.40	3.5~4.5	0.30	0.10	—	0.20	0.01	—	—	0.05	0.05	0.20		ZLD107
328Z. 1	7.5~8.5	0.50	1.0~1.5	0.30~0.50	0.35~0.55	—	0.20	0.01	0.10~0.25	—	0.05	0.05	0.20		ZLD106
333Z. 1	7.0~10.0	0.8	2.0~4.0	0.50	0.50	0.35	1.0	0.10	0.20	Cr:0.20	0.20	0.10	0.30		—
336Z. 1	11.0~13.0	0.40	0.50~1.5	0.20	0.9~1.5	0.8~1.5	0.20	0.01	0.20	—	0.05	0.05	0.20		ZLD109
336Z. 2	11.0~13.0	0.7	0.8~1.3	0.15	0.8~1.3	0.8~1.5	0.15	0.05	0.20	Cr:0.10	0.05	0.05	0.20		—
354Z. 1	8.0~10.0	0.35	1.3~1.8	0.10~0.35	0.45~0.65	—	0.10	0.01	0.10~0.35	—	0.05	0.05	0.20		ZLD111
355Z. 1	4.5~5.5	0.45	1.0~1.5	0.50	0.45~0.65	Be:0.10	0.20	0.01	Ti+Zr:0.15	—	0.05	0.05	0.15	余量	ZLD105
355Z. 2	4.5~5.5	0.15	1.0~1.5	0.10	0.50~0.65	—	0.10	0.01	—	—	0.05	0.05	0.15		ZLD105A
356Z. 1	6.5~7.5	0.45	0.20	0.35	0.30~0.50	Be:0.10	0.20	0.01	Ti+Zr:0.15	—	0.05	0.05	0.15		ZLD101
356Z. 2	6.5~7.5	0.12	0.10	0.05	0.30~0.50	0.05	0.05	0.01	0.08~0.20	—	0.05	0.05	0.15		ZLD101A
356Z. 3	6.5~7.5	0.12	0.05	0.05	0.30~0.40	—	0.05	—	0.10~0.20	—		0.05	0.15		—
356Z. 4	6.8~7.3	0.10	0.02	0.02	0.30~0.40	Sr:0.020~0.035	0.10	—	0.10~0.15	Ca:0.003	—	0.05	0.15		—
356Z. 5	6.5~7.5	0.15	0.20	0.05	0.30~0.45	—	0.10	—	0.10~0.20	—		0.05	0.15		—
356Z. 6	6.5~7.5	0.40	0.20	0.6	0.25~0.40	0.05	0.30	0.05	0.20	—	0.05	0.05	0.15		—
356Z. 7	6.5~7.5	0.15	0.10	0.10	0.50~0.65	—	—	—	0.10~0.20	—	—	0.05	0.15		ZLD114A

（续）

| 合金牌号 | 化学成分(质量分数,%) | | | | | | | | | | | | | Al② | 原合金代号 |
	Si	Fe	Cu	Mn	Mg	Ni	Zn	Sn	Ti	Zr	Pb	其他杂质① 单个	合计		
356Z. 8	6.5~8.5	0.50	0.30	0.10	0.40~0.60	Be: 0.15~0.40	0.30	0.01	0.10~0.30	Zr: 0.20 B: 0.10	0.05	0.05	0.20		ZLD116
A356. 2	6.5~7.5	0.12	0.10	0.05	0.30~0.45	—	0.05		0.20	—	—	0.05	0.15		—
360Z. 1	9.0~11.0	0.40	0.03	0.45	0.25~0.45	0.05	0.10	0.05	0.15	—	0.05	0.05	0.15		—
360Z. 2	9.0~11.0	0.45	0.08	0.45	0.25~0.45	0.05	0.10	0.05	0.15	—	0.05	0.05	0.15		—
360Z. 3	9.0~11.0	0.55	0.30	0.55	0.25~0.45	0.15	0.35		0.15	—	0.10	0.05	0.15		—
360Z. 4	9.0~11.0	0.45~0.9	0.08	0.55	0.25~0.50	0.15	0.15	0.05	0.15	—	0.15	0.05	0.15		—
360Z. 5	9.0~10.0	0.15	0.03	0.10	0.30~0.45	—	0.07		0.15	—	—	0.03	0.10		—
360Z. 6	8.0~10.5	0.45	0.10	0.20~0.50	0.20~0.35	—	0.25	0.01	Ti+Zr: 0.15		—	0.05	0.05	0.20	余量	ZLD104
360Y. 6	8.0~10.5	0.8	0.30	0.20~0.50	0.20~0.35	—	0.10	0.01	Ti+Zr: 0.15		—	0.05	0.05	0.20		YLD104
A360. 1	9.0~10.0	1.0	0.6	0.35	0.45~0.6	0.50	0.40	0.15	—	—	—	—	0.25		—
A380. 1	7.5~9.5	1.0	3.0~4.0	0.50	0.10	0.50	2.9	0.35	—	—	—	—	0.50		—
A380. 2	7.5~9.5	0.6	3.0~4.0	0.10	0.10	0.10	0.10	—	—	—	—	0.05	0.15		—
380Y. 1	7.5~9.5	0.9	2.5~4.0	0.6	0.30	0.50	1.0	0.20	0.20	—	0.30	0.05	0.20		YLD112
380Y. 2	7.5~9.5	0.9	2.0~4.0	0.50	0.30	0.50	1.0	0.20	—	—	—	—	0.20		—
383. 1	9.5~11.5	0.6~1.0	2.0~3.0	0.50	0.10	0.30	2.9	0.15	—	—	—	—	0.50		—
383. 2	9.5~11.5	0.6~1.0	2.0~3.0	0.10	0.10	0.10	0.10	0.10	—	—	—	—	0.20		—
383Y. 1	9.6~12.0	0.9	1.5~3.5	0.50	0.30	0.50	3.0	0.20	—	—	—	—	0.20		—

（续）

合金牌号	化学成分(质量分数,%)											其他杂质①		Al②	原合金代号
	Si	Fe	Cu	Mn	Mg	Ni	Zn	Sn	Ti	Zr	Pb	单个	合计		
383Y.2	9.6~12.0	0.9	2.0~3.5	0.50	0.30	0.50	0.8	0.20	—	—	—	0.05	0.30	余量	YLD113
383Y.3	9.6~12.0	0.9	1.5~3.5	0.50	0.30	0.50	1.0	0.20	—	—	—	—	0.20		—
390Y.1	16.0~18.0	0.9	4.0~5.0	0.50	0.50~0.65	0.30	1.5	0.30	—	—	—	0.05	0.20		YLD117
398Z.1	19~22	0.50	1.0~2.0	0.30~0.50	0.50~0.8	RE: 0.6~1.5	0.10	0.01	0.20	0.10	0.05	0.05	0.20		ZLD118
411Z.1	10.0~11.8	0.15	0.03	0.10	0.45	—	0.07	—	0.15	—	—	0.03	0.10		—
411Z.2	8.0~11.0	0.55	0.08	0.50	0.10	0.05	0.15	0.05	0.15	—	0.05	0.05	0.15		—
413Z.1	10.0~13.0	0.6	0.30	0.50	0.10	—	0.10	—	0.20	—	—	0.05	0.20		ZLD102
413Z.2	10.5~13.5	0.55	0.10	0.55	0.10	0.10	0.15	—	0.15	—	0.10	0.05	0.15		—
413Z.3	10.5~13.5	0.40	0.03	0.35	—	—	0.10	—	0.15	—	—	0.05	0.15		—
413Z.4	10.5~13.5	0.45~0.9	0.08	0.55	—	—	0.15	—	0.15	—	—	0.05	0.25		—
413Y.1	10.0~13.0	0.9	0.30	0.40	0.25	—	0.10	—	—	0.10	—	0.05	0.20		YLD102
413Y.2	11.0~13.0	0.9	1.0	0.30	0.30	0.50	0.50	0.10	—	—	—	0.05	0.30		—
A413.1	11.0~13.0	1.0	1.0	0.35	0.10	0.50	0.40	0.15	—	—	—	—	0.25		—
A413.2	11.0~13.0	0.6	0.10	0.05	0.05	0.05	0.05	0.05	—	—	—	—	0.10		—
443.1	4.5~6.0	0.6	0.6	0.50	0.05	Cr: 0.25	0.50	—	0.25	—	—	—	0.35		—
443.2	4.5~6.0	0.6	0.10	0.10	0.05	—	0.10	—	0.20	—	—	0.05	0.15		—
502Z.1	0.8~1.3	0.45	0.10	0.10~0.40	4.6~5.6	—	0.20	—	0.20	—	—	0.05	0.15		ZLD303

（续）

合金牌号	化学成分(质量分数,%)													Al②	原合金代号
	Si	Fe	Cu	Mn	Mg	Ni	Zn	Sn	Ti	Zr	Pb	其他杂质①			
												单个	合计		
502Y.1	0.8~1.3	0.9	0.10	0.10~0.40	4.6~5.5	—	0.20	—	—	0.15	—	0.05	0.25	余量	YLD302
508Z.1	0.20	0.25	0.10	0.10	7.6~9.0	Be:0.03~0.10	1.0~1.5	—	0.10~0.20	—	—	0.05	0.15		ZLD305
515Y.1	1.0	0.6	0.10	0.40~0.6	2.6~4.0	0.10	0.40	0.10	—	—	—	0.05	0.25		YLD306
520Z.1	0.30	0.25	0.10	0.15	9.8~11.0	0.05	0.15	0.01	0.15	0.20	0.05	0.05	0.15		ZLD301
701Z.1	6.0~8.0	0.6	0.6	0.50	0.15~0.35	—	9.2~13.0	—	—	—	—	0.05	0.20		ZLD401
712Z.1	0.30	0.40	0.25	0.10	0.55~0.70	Cr:0.40~0.6	5.2~6.5	—	0.15~0.25	—	—	0.05	0.20		ZLD402
901Z.1	0.20	0.30	—	1.50~1.70	—	RE:0.03	—	—	0.15	—	—	0.05	0.15		ZLD501
907Z.1	1.6~2.0	0.50	3.0~3.4	0.9~1.2	0.20~0.30	0.20~0.30	0.20	RE:4.4~5.0	—	0.15~0.25	—	0.05	0.20		ZLD207

注：1. 本表中的铸造铝合金锭适用于铝合金铸件。

2. 表中含量的上下限为合金元素含量的极限范围，单个数值为最高限，"—"表示未规定具体数值，铝为余量。

① 指表中未列出或未规定具体数值的金属元素。

② 指铝的质量分数为100%与质量分数等于或大于0.010%的所有元素含量总和的差值。

2.2.6 铸造钛及钛合金(见表2-26~表2-29)

表2-26 铸造钛及钛合金的牌号、化学成分(摘自 GB/T 15073—2014)

铸造钛及钛合金		化学成分(质量分数,%)																
		主要成分									杂质 ≤							
牌号	代号	Ti	Al	Sn	Mo	V	Zr	Nb	Ni	Pd	Fe	Si	C	N	H	O	其他元素	
																	单个	总和
ZTi1	ZTA1	余量	—	—	—	—	—	—	—	—	0.25	0.10	0.10	0.03	0.015	0.25	0.10	0.40
ZTi2	ZTA2	余量	—	—	—	—	—	—	—	—	0.30	0.15	0.10	0.05	0.015	0.35	0.10	0.40
ZTi3	ZTA3	余量	—	—	—	—	—	—	—	—	0.40	0.15	0.10	0.05	0.015	0.40	0.10	0.40
ZTiAl4	ZTA5	余量	3.3~4.7	—	—	—	—	—	—	—	0.30	0.15	0.10	0.04	0.015	0.20	0.10	0.40

（续）

铸造钛及钛合金		化学成分(质量分数,%)																
		主要成分								杂质 ≤							其他元素	
牌号	代号	Ti	Al	Sn	Mo	V	Zr	Nb	Ni	Pd	Fe	Si	C	N	H	O	单个	总和
ZTiAl5Sn2.5	ZTA7	余量	4.0~6.0	2.0~3.0	—	—	—	—	—	—	0.50	0.15	0.10	0.05	0.015	0.20	0.10	0.40
ZTiPd0.2	ZTA9	余量	—	—	—	—	—	—	—	0.12~0.25	0.25	0.10	0.10	0.05	0.015	0.40	0.10	0.40
ZTiMo0.3Ni0.8	ZTA10	余量	—	—	0.2~0.4	—	—	—	0.6~0.9	—	0.30	0.10	0.10	0.05	0.015	0.25	0.10	0.40
ZTiAl6Zr2Mo1V1	ZTA15	余量	5.5~7.0	—	0.5~2.0	0.8~2.5	1.5~2.5	—	—	—	0.30	0.15	0.10	0.05	0.015	0.20	0.10	0.40
ZTiAl4V2	ZTA17	余量	3.5~4.5	—	—	1.5~3.0	—	—	—	—	0.25	0.15	0.10	0.05	0.015	0.20	0.10	0.40
ZTiMo32	ZTB32	余量	—	—	30.0~34.0	—	—	—	—	—	0.30	0.15	0.10	0.05	0.015	0.15	0.10	0.40
ZTiAl6V4	ZTC4	余量	5.50~6.75	—	—	3.5~4.5	—	—	—	—	0.40	0.15	0.10	0.05	0.015	0.25	0.10	0.40
ZTiAl6Sn4.5-Nb2Mo1.5	ZTC21	余量	5.5~6.5	4.0~5.0	1.0~2.0	—	—	1.5~2.0	—	—	0.30	0.15	0.10	0.05	0.015	0.20	0.10	0.40

注：1. 其他元素是指钛及钛合金铸件生产过程中固有存在的微量元素，一般包括 Al、V、Sn、Mo、Cr、Mn、Zr、Ni、Cu、Si、Nb、Y 等（该牌号中含有的合金元素应除去）。

2. 其他元素单个含量和总量只有在需方有要求时才考虑分析。

3. 铸造钛及钛合金代号由 ZT 加 A、B 或 C（A、B 和 C 分别表示 α 型、β 型和 α+β 型合金）及顺序号组成，顺序号参照同类型变形钛及钛合金的表示方法。

4. 需方要求对杂质含量有特殊限制时，由经双方商定，并在合同中注明。

5. GB/T 15073—2014《铸造钛及钛合金》适用于机械加工石墨型、捣实型和熔模精铸型的铸件。

表 2-27　钛及钛合金铸件牌号和附铸试样室温力学性能（摘自 GB/T 6614—2014）

代号	牌号	抗拉强度 R_m/MPa ≥	规定塑性延伸强度 $R_{p0.2}$/MPa ≥	伸长率 A(%) ≥	硬度 HBW ≤	特性及用途举例
ZTA1	ZTi1	345	275	20	210	适用于石墨加工型、石墨捣实型、金属型和熔模精铸型生产的钛及钛合金铸件。铸造钛及钛合金的冲击性比变形钛合金高，可加工为复杂形状的零件，且省材料，应用于化工设备，如球形阀、泵、叶轮等，精密铸件也可用于航空工业。ZTB32 是耐还原性介质腐蚀最强的一种钛合金，但耐氧化性介质很差，有脆性，用于制造受还原性介质腐蚀的容器和结构件
ZTA2	ZTi2	440	370	13	235	
ZTA3	ZTi3	540	470	12	245	
ZTA5	ZTiAl4	590	490	10	270	
ZTA7	ZTiAl5Sn2.5	795	725	8	335	
ZTA9	ZTiPd0.2	450	380	12	235	

（续）

代号	牌号	抗拉强度 R_m/MPa ≥	规定塑性延伸强度 $R_{p0.2}$/MPa ≥	伸长率 A(%) ≥	硬度 HBW ≤	特性及用途举例
ZTA10	ZTiMo0.3Ni0.8	483	345	8	235	适用于石墨加工型、石墨捣实型、金属型和熔模精铸型生产的钛及钛合金铸件。铸造钛及钛合金的冲击性比变形钛合金高，可加工为复杂形状的零件，且省材料，应用于化工设备，如球形阀、泵、叶轮等，精密铸件也可用于航空工业。ZTB32是耐还原性介质腐蚀最强的一种钛合金，但耐氧化性介质很差，有脆性，用于制造受还原性介质腐蚀的容器和结构件
ZTA15	ZTiAl6Zr2Mo1V1	885	785	5	—	
ZTA17	ZTiAl4V2	740	660	5	—	
ZTB32	ZTiMo32	795	—	2	260	
ZTC4	ZTiAl6V4	835(895)	765(825)	5(6)	365	
ZTC21	ZTiAl6Sn4.5Nb2Mo1.5	980	850	5	350	

注：1. 各牌号的化学成分应符合 GB/T 15073—2014 的规定（见表 2-26）。
2. 括号内的性能指标为氧含量控制较高时所测得。
3. 铸件可选择以下状态供应：铸态（C）、退火态（M）、热等静压状态（HIP）或热等静压（HIP）+退火态（M）等。
4. 当需方对铸件供应状态有特殊要求时，应由供需双方商定，并在合同或技术协议中注明。
5. 允许从铸件本体上取样，其取样位置及室温力学性能指标由供需双方商定。
6. 当需方有特殊要求时，其力学性能指标应由供需双方商定，并在合同或技术协议中注明。
7. 铸件几何形状和尺寸应符合铸件图样或订货协议的规定。若铸型、模具或蜡模由需方提供，则铸件尺寸由供需双方商定。
8. 铸件尺寸公差应符合 GB/T 6414 的规定，图纸或合同中未注明时，应不低于 DCTG9 的要求（捣实型铸件应不低于 DCTG11）。如有特殊要求，由供需双方商定，并在合同或技术协议中注明。
9. 铸件适于石墨加工型、捣实型、金属型和熔模精铸型生产工艺。

表 2-28　钛及钛合金铸件的退火制度（摘自 GB/T 6614—2014）

合金代号	温度/℃	保温时间/min	冷却方式	说明
ZTA1、ZTA2、ZTA3	500~600	30~60	炉冷或空冷	普通退火可使合金组织稳定，且性能较均匀；消除应力退火能消除由于铸造、焊接、机加工等造成的铸件残余内应力，退火保温时间与铸件截面厚度有关。表面质量要求高的铸件应当采用真空退火消除应力。钛合金铸件在电加工、化学铣切、酸洗、焊接及热处理中，由于和各种介质接触而吸氢，必要时可采用真空除氢退火处理。对于铸件内部质量有特别要求时，可采用热等静压处理，使铸件致密度和力学性能均有提高。有关处理工艺可按铸件设计要求确定
ZTA5	550~650	30~90		
ZTA7	550~650	30~120		
ZTA9、ZTA10	500~600	30~120		
ZTA15	550~750	30~240		
ZTA17	550~650	30~240		
ZTC4	550~650	30~240		

表 2-29　铸造钛合金的物理性能

物理性能	温度/℃	α合金				近α合金	α+β合金			β合金
		ZTA1	ZTA2	ZTA3	ZTA7	ZTC6	ZTC3	ZTC4	ZTC5	ZTB32
密度 ρ/(g/m³)	20	4.505	4.505	4.505	4.42	4.54	4.60	4.40	4.43	5.69
熔化温度/℃	—	1640~1671	1640~1671	1640~1671	1540~1650	1588~1698	约1700	1560~1620	1540~1580	—

（续）

物理性能	温度/℃	α合金				近α合金	α+β合金			β合金
		ZTA1	ZTA2	ZTA3	ZTA7	ZTC6	ZTC3	ZTC4	ZTC5	ZTB32
电阻率 $\rho/10^{-6}\Omega\cdot m$	20	0.47	0.47	0.47	1.38	—	1.61	1.60	1.71	1.00
比热容 $c/[J/(kg\cdot K)]$	20	527	527	527	503	—	—	—	699	—
	100	544	544	544	545	—	507	—	733	
	200	621	621	621	566	—		557	766	
	300	669	669	669	587	—		540	574	796	
	400	711	711	711	628	—		590	816	
	500	753	753	753	670	—		586	607	841	
	600	837	837	837	—	—		628	862	
线胀系数 $\alpha/10^{-6}K^{-1}$	20~100	8.00	8.00	8.00	8.50	—	9.10	8.90	7.38	11.20
	20~200	8.60	8.60	8.60	8.80	—	9.40	9.30	8.50	13.30
	20~300	9.10	9.10	9.10	9.10	—	9.40	9.50	8.70	14.30
	20~400	9.30	9.30	9.30	9.30	—	9.50	9.50	9.20	15.30
	20~500	9.40	9.40	9.40	9.50	—	9.60	—	—	15.20
	20~600	9.80	9.80	9.80	9.60	—	9.70	—	—	15.30
	20~700	10.20	10.20	10.20	—	—	9.90	—	—	15.70
	20~800	—	—	—	—	—	10.10	—	—	16.20
	20~900	—	—	—	—	—	10.50	—	—	16.70
	20~1000	—	—	—	—	—	10.80	—	—	17.30
热导率 $\lambda/[W/(m\cdot K)]$	20	16.3	16.3	16.3	8.8	—	—	—	8.37	—
	100	16.3	16.3	16.3	16.3	—	8.4	8.8	9.46	
	200	16.3	16.3	16.3	10.9	—	9.6	10.5	11.4	
	300	16.7	16.7	16.7	12.2	—	10.9	11.3	12.73	
	400	17.1	17.1	17.1	13.4	—	12.6	12.1	14.19	
	500	18	18	18	14.7	—	14.2	13.4	15.53	
	600	—	—	—	15.9	—	15.9	14.7	17.38	
	700	—	—	—	17.2	—		15.5		

2.2.7 铸造镁合金（见表2-30~表2-33）

表 2-30 铸造镁合金的牌号及化学成分（摘自 GB/T 1177—2018）

合金牌号	合金代号	Mg	化学成分[1]（质量分数,%）											其他元素[4]	
			Al	Zn	Mn	RE	Zr	Ag	Nd	Si	Fe	Cu	Ni	单个	总量
ZMgZn5Zr	ZM1	余量	0.02	3.5~5.5	—	—	0.5~1.0	—	—	—	—	0.10	0.01	0.05	0.30
ZMgZn4RE1Zr	ZM2	余量	—	3.5~5.0	0.15	0.75[2]~1.75	0.4~1.0	—	—	—	—	0.10	0.01	0.05	0.30

（续）

合金牌号	合金代号	Mg	化学成分[1]（质量分数,%）											其他元素[4]	
			Al	Zn	Mn	RE	Zr	Ag	Nd	Si	Fe	Cu	Ni	单个	总量
ZMgRE3ZnZr	ZM3	余量	—	0.2~0.7		2.5[2]~4.0	0.4~1.0	—	—			0.10	0.01	0.05	0.30
ZMgRE3Zn3Zr	ZM4	余量		2.0~3.1		2.5[2]~4.0	0.5~1.0					0.10	0.01	0.05	0.30
ZMgAl8Zn	ZM5	余量	7.5~9.0	0.2~0.8	0.15~0.5	—				0.30	0.05	0.10	0.01	0.10	0.50
ZMgAl8ZnA	ZM5A	余量	7.5~9.0	0.2~0.8	0.15~0.5	—				0.10	0.005	0.015	0.001	0.01	0.20
ZMgNd2ZnZr	ZM6	余量	—	0.1~0.7			0.4~1.0		2.0[3]~2.8			0.10	0.01	0.05	0.30
ZMgZn8AgZr	ZM7	余量		7.5~9.0			0.5~1.0	0.6~1.2				0.10	0.01	0.05	0.30
ZMgAl10Zn	ZM10	余量	9.0~10.7	0.6~1.2	0.1~0.5					0.30	0.05	0.10	0.01	0.05	0.50
ZMgNd2Zr	ZM11	余量	0.02				0.4~1.0		2.0[3]~3.0	0.01	0.01	0.03	0.005	0.05	0.20

注：含量有上下限者为合金主元素，含量为单个数值者为最高限，"—"为未规定具体数值。

① 合金可加入铍，其含量不大于 0.002%。

② 稀土为富铈混合稀土或稀土中间合金。当稀土为富铈混合稀土时，稀土金属总量不小于 98%，铈含量不小于 45%。

③ 稀土为富钕混合稀土，含钕量不小于 85%，其中 Nd、Pr 含量之和不小于 95%。

④ 其他元素是指在本表头列出了元素符号，但在本表中却未规定极限数值含量的元素。

表 2-31　铸造镁合金的室温力学性能（摘自 GB/T 1177—2018）

合金牌号	合金代号	热处理状态	力学性能≥		
			抗拉强度 R_m/MPa	规定塑性延伸强度 $R_{p0.2}$/MPa	断后伸长率 A(%)
ZMgZn5Zr	ZM1	T1	235	140	5.0
ZMgZn4RE1Zr	ZM2	T1	200	135	2.5
ZMgRE3ZnZr	ZM3	F	120	85	1.5
		T2	120	85	1.5
ZMgRE3Zn3Zr	ZM4	T1	140	95	2.0
ZMgAl8Zn、 ZMgAl8ZnA	ZM5、 ZM5A	F	145	75	2.0
		T1	155	80	2.0
		T4	230	75	6.0
		T6	230	100	2.0
ZMgNd2ZnZr	ZM6	T6	230	135	3.0
ZMgZn8AgZr	ZM7	T4	265	110	6.0
		T6	275	150	4.0
ZMgAl10Zn	ZM10	F	145	85	1.0
		T4	230	85	4.0
		T6	230	130	1.0
ZMgNd2Zr	ZM11	T6	225	135	3.0

表 2-32　铸造镁合金的高温力学性能

代号	热处理状态	力学性能	试验温度/℃				
			100	150	200	250	300
ZM1	T1	R_m/MPa	215	170	125	88	—
		$R_{p0.2}$/MPa	160	140	110	85	—
		A_5(%)	13	16	—	—	—
	T6	R_m/MPa	235	205	160	125	85
		$R_{p0.2}$/MPa	—	—	—	—	—
		A_5(%)	20	21	23	27	28
ZM2	T1	R_m/MPa	215	175	165	135	—
		$R_{p0.2}$/MPa	—	130	120	105	—
		A_5(%)	8	26	33	35	—
ZM3	T2	R_m/MPa	130	130	130	130	110
		$R_{p0.2}$/MPa	85	69	69	69	59
		A_{10}(%)	—	—	14.3	—	—
ZM4	T1	R_m/MPa	148	156	141	132	94
		$R_{p0.2}$/MPa	85	73	67	63	53
		A_{10}(%)	4	20	23.9	31.4	25
ZM5	T4	R_m/MPa	225	180	150	120	—
		$R_{p0.2}$/MPa	79	59	49	39	—
		A_{10}(%)	10	12	15	15	—
	T6	R_m/MPa	225	180	150	120	—
		$R_{p0.2}$/MPa	—	—	—	—	—
		A_{10}(%)	6	10	15	15	—
ZM6	T6	R_m/MPa	203	196	193	162	109
		$R_{p0.2}$/MPa	130	129	126	121	79
		A_{10}(%)	10.9	9.4	16.7	13.3	22.2
ZM7	T6	R_m/MPa	230	183	—	—	—
		$R_{p0.2}$/MPa	162	144	—	—	—
		A_{10}(%)	23.9	23.2	—	—	—

注：本表为参考性资料。

表 2-33　铸造镁合金的特性及用途举例

合金代号	主要特性	用途举例
ZM1	铸造流动性好，抗拉强度和屈服强度较高，力学性能壁厚效应较小，耐蚀性良好，但热裂倾向大故不宜焊接	适于形状简单的受力零件，如飞机轮毂
ZM2	耐蚀性与高温力学性能良好，但常温时力学性能比 ZM1 低，铸造性能良好，缩松和热裂倾向小，可焊接	可用于 200℃ 以下工作且要求强度高的零件，如发动机各类机匣、整流舱、电机壳体等
ZM3	属耐热镁合金，在 200~250℃ 下高温持久和抗蠕变性能良好，有较好的耐蚀性和焊接性，铸造性能一般，形状复杂零件有热裂倾向	航空工业中应用历史较久，可用于 250℃ 下工作且气密性要求高的零件，如压气机机匣、离心机匣、附件机匣、燃烧室罩等
ZM4	铸件致密性高，热裂倾向小，无显微疏松倾向，焊接性好，但室温强度低于其他各系合金	适于制造室温下要求气密或在 150~250℃ 下工作的发动机附件和仪表壳体、机匣等
ZM5	属于高强铸镁合金，强度高，塑性好，易于铸造，可焊接，也能抗蚀，但有显微缩松和壁厚效应倾向	广泛用于飞机上的翼肋、发动机和附件上各种机匣等零件，以及导弹上副油箱挂架、支臂、支座等
ZM6	具有良好铸造性能，显微疏松和热裂倾向低，气密性好，在 250℃ 以下综合性能优于 ZM3、ZM4，铸件不同壁厚力学性能均匀	可用于飞机受力构件、发动机各种机匣与壳体，已在直升机上用于减速机匣、机翼翼肋等处
ZM7	室温下抗拉强度、屈服极限和疲劳极限均很高，塑性好，铸造充型性良好，但有较大疏松倾向，不宜作耐压零件。此外，焊接性能也差	可用于飞机轮毂及形状简单的各种受力构件
ZM10	铝含量高，耐蚀性好，对显微疏松敏感，宜压铸	一般要求的铸件

2.2.8　镁合金铸件（见表 2-34 和表 2-35）

表 2-34　镁合金铸件分类、铸件本体及附铸试样的力学性能（摘自 GB/T 13820—2018）

铸件分类		Ⅰ类　承受重载荷，工作条件复杂，用于关键部位的重要铸件，如果该铸件损坏将危及整机安全运行										
		Ⅱ类　承受中等载荷，用于重要部位的铸件，该铸件损坏将影响部件的正常工作，引起事故										
		Ⅲ类　承受轻载荷或不承受载荷，用于一般部位的铸件										

铸件本体或附铸试样的力学性能	合金牌号	合金代号	取样部位	铸造方法[①]	取样部位厚度/mm	热处理状态	抗拉强度[②] R_m/MPa		规定塑性延伸强度[②] $R_{p0.2}$/MPa		断后伸长率[②] $A(\%)$	
							平均值	最小值	平均值	最小值	平均值	最小值
	ZMgZn5Zr	ZM1	无规定	S、J	无规定	T1	205	175	120	100	2.5	—
	ZMgZn4RE1Zr	ZM2		S		T1	165	145	100	—	1.5	—
	ZMgRE3ZnZr	ZM3		S、J		T2	105	90	—	—	1.5	1.0
	ZMgRE3Zn3Zr	ZM4		S		T1	120	100	90	80	2.0	1.0

（续）

合金牌号	合金代号	取样部位	铸造方法[1]	取样部位厚度/mm	热处理状态	抗拉强度[2] R_m/MPa		规定塑性延伸强度[2] $R_{p0.2}$/MPa		断后伸长率[2] A(%)	
						平均值	最小值	平均值	最小值	平均值	最小值
ZMgAl8Zn ZMgAl8ZnA	ZM5 ZM5A	I类铸件指定部位	S	≤20	T4	175	145	70	60	3.0	1.5
					T6	175	145	90	80	1.5	1.0
				>20	T4	160	125	70	60	2.0	1.0
					T6	160	125	90	80	1.0	—
			J	无规定	T4	180	145	70	60	3.5	2.0
					T6	180	145	90	80	2.0	1.0
		I类铸件非指定部位；II类铸件	S	≤20	T4	165	130	—	—	2.5	—
					T6	165	130	—	—	1.0	—
				>20	T4	150	120	—	—	1.5	—
					T6	150	120	—	—	1.0	—
			J		T4	170	135	—	—	2.5	1.5
					T6	170	135	—	—	1.0	—
ZMgNd2ZnZr	ZM6	无规定	S、J		T6	180	150	120	100	2.0	1.0
ZMgZn8AgZr	ZM7	I类铸件指定部位	S	无规定	T4	220	190	110	—	4.0	3.0
					T6	235	205	135	—	2.5	1.5
		I类铸件非指定部位；II类铸件			T4	205	180	—	—	3.0	2.0
					T6	230	190	—	—	2.0	—
ZMgAl10Zn	ZM10	无规定	S、J		T4	180	150	70	60	2.0	—
					T6	180	150	110	90	0.5	—
ZMgNd2Zr	ZM11	无规定	S、J		T6	175	145	120	100	2.0	1.0

（表头最左列纵向合并："铸件本体或附铸试样的力学性能"）

注：1. 镁合金铸件牌号的化学成分应符合 GB/T 1177—2018 铸造镁合金的规定（见表 2-30）。

2. I类铸件本体或附铸试样的力学性能应符合本表的规定，II类铸件本体或附铸试样的力学性能由供需双方商定，III类铸件可不检验力学性能。I类、II类铸件单铸试样的力学性能应符合 GB/T 1177—2018 的规定。

3. 当铸件有高温力学性能要求时，其具体检验项目和指标可参照表 2-31，由供需双方商定。

[1] "S"表示砂型铸件，"J"表示金属型铸件；当铸件某一部分的两个主要散热面在砂芯中成形时，按砂型铸件的性能指标。

[2] 平均值系指铸件上三根试样的平均值，最小值系指三根试样中允许有一根低于平均值，但不低于最小值。

表 2-35 镁合金铸件的热处理

热处理		符号	应 用
热处理种类及应用	铸态	F	不经热处理。适用于 ZM3、ZM5、ZM10 合金铸件
	无固溶处理的人工时效处理或稳定化	T1	提高铸态铸件的屈服强度和硬度，消除内应力和生长倾向。适用于 ZM1、ZM2、ZM4 合金铸件
	退火	T2	消除内应力。适用于 ZM3、ZM5、ZM10 合金铸件
	固溶处理	T4	将铸件加热至 340~565℃ 范围保温后适当地冷却。能提高抗拉强度、伸长率或塑性和冲击韧性，但会稍微降低屈服强度和硬度。适用于 ZM5、ZM6 和 ZM10 合金铸件
	固溶处理后接人工时效	T6	固溶处理(T4)后加热到 120~260℃ 范围保温一定时间。能显著提高屈服强度和硬度，对抗拉强度略有影响，并会降低塑性和冲击韧性 在时效温度选择适当时，也会达到部分消除及降低某些合金在高温条件下工作时的生长倾向。适用于 ZM5、ZM6 和 ZM10 合金铸件

	合金代号	热处理状态	固溶处理			时效处理			退火		
			加热温度/℃	保温时间/h	冷却介质	加热温度/℃	保温时间/h	冷却介质	加热温度/℃	保温时间/h	冷却介质
热处理规范	ZM1	T1	—	—	—	175±5	12	空气	—	—	—
						218±5	8				
	ZM2	T1	—	—	—	325±5	5~8	空气	—	—	—
	ZM3	F	—	—	—	—	—	—	—	—	—
		T2	—	—	—	—	—	—	325±5	3~5	空气
	ZM4	T1	—	—	—	200~250	5~12	空气	—	—	—
	ZM6	T6	530±5	12~16	空气	200±5	12~16	空气	—	—	—

2.2.9 铸造镁合金锭（见表 2-36～表 2-38）

表 2-36 铸造镁合金锭的牌号及化学成分（摘自 GB/T 19078—2016）

化学成分（质量分数，%）

合金组别	牌号	对应ISO 16220的牌号	Mg	Al	Zn	Mn	RE	Gd	Y	Zr	Ag	Li	Sr	Ca	Be	Si	Fe	Cu	Ni	其他元素[①] 单个	其他元素[①] 总计
MgAl	AZ81A	—	余量	7.2~8.0	0.50~0.9	0.15~0.35	—	—	—	—	—	—	—	—	0.0005~0.002	0.20	—	0.08	0.01	—	0.30
	AZ81S	—	余量	7.2~8.5	0.45~0.9	0.17~0.40	—	—	—	—	—	—	—	—	—	0.05	0.004	0.02	0.001	0.01	—
	AZ91A	—	余量	8.5~9.5	0.45~0.9	0.15~0.40	—	—	—	—	—	—	—	—	—	0.20	—	0.08	0.01	—	0.30
	AZ91B	—	余量	8.5~9.5	0.45~0.9	0.15~0.40	—	—	—	—	—	—	—	—	—	0.20	—	0.25	0.01	—	0.30
	AZ91C	—	余量	8.3~9.2	0.45~0.9	0.15~0.35	—	—	—	—	—	—	—	—	—	0.20	—	0.08	0.01	—	0.30
	AZ91D	ISO-MB21120	余量	8.5~9.5	0.45~0.9	0.17~0.40	—	—	—	—	—	—	—	—	0.0005~0.003	0.08	0.004	0.02	0.001	0.01	—
	AZ91E	—	余量	8.3~9.2	0.45~0.9	0.17~0.50	—	—	—	—	—	—	—	—	—	0.20	0.005	0.02	0.001	0.01	0.30
	AZ91S	ISO-MB21121	余量	8.0~10.0	0.30~1.0	0.10~0.50	—	—	—	—	—	—	—	—	—	0.30	0.03	0.20	0.01	0.05	—
	AZ92A	—	余量	8.5~9.5	1.7~2.3	0.13~0.35	—	—	—	—	—	—	—	—	—	0.20	—	0.20	0.01	—	0.30
	AZ33M	—	余量	2.6~4.2	2.2~3.8	—	—	—	—	—	—	—	—	—	—	0.20	0.05	0.05	—	0.01	0.30
	AZ63A	—	余量	5.5~6.5	2.7~3.3	0.15~0.35	—	—	—	—	—	—	—	—	0.0005~0.002	0.05	0.005	0.02	0.001	—	0.30
	AM20S	ISO-MB21210	余量	1.7~2.5	0.20	0.35~0.6	—	—	—	—	—	—	—	—	—	0.05	0.004	0.008	0.001	0.01	—

781

（续）

合金组别	牌号	对应ISO 16220的牌号	化学成分（质量分数，%）																		其他元素[③]	
			Mg	Al	Zn	Mn	RE	Gd	Y	Zr	Ag	Li	Sr	Ca	Be	Si	Fe	Cu	Ni	单个	总计
MgAl	AM50A	ISO-MB21220	余量	4.5~5.3	0.30	0.28~0.50	—	—	—	—	—	—	—	—	0.0005~0.003	0.08	0.004	0.008	0.001	0.01	—
	AM60A	—	余量	5.6~6.4	0.20	0.15~0.50	—	—	—	—	—	—	—	—	—	0.20	—	0.25	0.01	—	0.30
	AM60B	ISO-MB21230	余量	5.6~6.4	0.30	0.26~0.50	—	—	—	—	—	—	—	—	0.0005~0.003	0.08	0.004	0.008	0.001	0.01	—
	AM100A	—	余量	9.4~10.6	0.20	0.13~0.35	—	—	—	—	—	—	—	—	—	0.20	—	0.08	0.01	—	0.30
	AS21B	—	余量	1.9~2.5	0.25	0.05~0.15	0.06~0.25	—	—	—	—	—	—	—	0.0005~0.002	0.7~1.2	0.004	0.008	0.001	0.01	—
	AS21S	ISO-MB21310	余量	1.9~2.5	0.20	0.20~0.6	—	—	—	—	—	—	—	—	0.0005~0.002	0.7~1.2	0.004	0.008	0.001	0.01	—
	AS41A	—	余量	3.7~4.8	0.10	0.22~0.48	—	—	—	—	—	—	—	—	—	0.6~1.4	—	0.04	0.01	—	0.30
	AS41B	—	余量	3.7~4.8	0.10	0.35~0.6	—	—	—	—	—	—	—	—	0.0005~0.002	0.6~1.4	0.004	0.02	0.001	0.01	—
	AS41S	ISO-MB21320	余量	3.7~4.8	0.20	0.20~0.6	—	—	—	—	—	—	—	—	—	0.7~1.2	0.004	0.008	0.001	0.01	—
	AE44S[①]	ISO-MB21410	余量	3.6~4.4	0.20	0.15~0.50	3.6~4.6	—	—	—	—	—	—	—	—	0.08	0.004	0.008	0.001	0.01	—
	AE81M[②]	—	余量	7.2~8.4	0.6~0.8	0.30~0.40	1.2~1.8	—	—	—	—	—	0.05~0.10	—	—	0.01	0.006	—	—	0.05	0.15
	AJ52A	—	余量	4.6~5.5	0.20	0.26~0.50	—	—	—	—	—	—	1.8~2.3	—	0.0005~0.002	0.08	0.004	0.008	0.001	0.01	—
	AJ62A	—	余量	5.6~6.6	0.20	0.26~0.50	—	—	—	—	—	—	2.1~2.8	—	0.0005~0.002	0.08	0.004	0.008	0.001	0.01	—

（续）

合金组别	牌号	对应ISO 16220的牌号	化学成分（质量分数，%）																	其他元素②	
			Mg	Al	Zn	Mn	RE	Gd	Y	Zr	Ag	Li	Sr	Ca	Be	Si	Fe	Cu	Ni	单个	总计
	ZA81M	—	余量	0.8~1.2	7.5~8.2	0.50~0.7	—	—	—	—	—	—	—	—	—	0.05	0.005	0.40~0.6	0.005	—	0.10
	ZA84M③	—	余量	3.6~4.4	7.4~8.4	0.25~0.35	—	—	—	—	—	—	0.05~0.10	—	—	—	0.008	—	—	0.01	0.10
MgZn	ZE41A①	ISO-MB35110	余量	—	3.5~5.0	0.15	1.0~1.8	—	—	0.10~1.0	—	—	—	—	—	0.01	0.01	0.03	0.005	0.01	0.30
	ZK51A	—	余量	—	3.8~5.3	—	—	—	—	0.30~1.0	—	—	—	—	—	0.01	—	0.03	0.01	—	0.30
	ZK61A	—	余量	—	5.7~6.3	—	—	—	—	0.30~1.0	—	—	—	—	—	0.01	—	0.03	0.01	—	0.30
	ZQ81M	—	余量	—	7.5~9.0	—	—	—	—	0.30~1.0	—	—	—	—	—	—	—	0.10	0.01	—	0.30
	ZC63A	ISO-MB32110	余量	0.20	5.5~6.5	0.25~0.8	—	—	—	—	—	—	—	—	—	0.20	0.05	2.4~3.0	0.01	0.01	—
	EZ30M①	—	余量	—	0.20~0.7	—	2.5~4.0	—	—	0.30~1.0	—	—	—	—	—	—	—	0.10	0.01	0.01	0.30
	EZ30Z④	—	余量	—	0.14~0.7	0.05	2.0~3.5	—	—	0.30~1.0	—	—	—	0.50	—	0.01	0.01	0.03	0.005	0.01	0.30
MgRE	EZ33A①	ISO-MB65120	余量	—	2.0~3.0	0.15	2.4~4.0	—	—	0.10~1.0	—	—	—	—	—	0.01	0.01	0.03	0.005	0.01	0.30
	EV31A⑤	ISO-MB65410	余量	—	0.20~0.50	0.03	2.6~3.1	1.0~1.7	—	0.10~1.0	0.05	—	—	—	—	—	0.01	0.01	0.002	0.01	—
	EQ21A⑥	—	余量	—	—	—	1.5~3.0	—	—	0.30~1.0	1.3~1.7	—	—	—	—	0.01	0.01	0.05~0.10	0.01	—	0.30
	EQ21S	ISO-MB65220	余量	—	0.20	0.15	1.5~3.0	—	—	0.10~1.0	1.3~1.7	—	—	—	—	0.01	0.01	0.03	0.005	0.01	—

（续）

合金组别	牌号	对应 ISO 16220 的牌号	化学成分（质量分数，%）																		其他元素[5]	
			Mg	Al	Zn	Mn	RE	Gd	Y	Zr	Ag	Li	Sr	Ca	Be	Si	Fe	Cu	Ni	单个	总计
MgGd	VW76S	—	余量	—	—	0.03	—	6.5~7.5	5.5~6.5	0.20~1.0	—	0.20	—	—	—	0.01	0.01	0.03	0.005	0.01	—
	VW103Z	—	余量	—	0.20	0.05	—	8.5~10.5	2.5~3.5	0.30~1.0	—	—	—	—	—	0.01	0.01	0.03	0.005	0.01	0.30
	VQ132Z	—	余量	0.02	0.50	0.05	—	12.5~14.5	—	0.30~1.0	1.0~2.5	—	—	0.50	—	0.05	0.01	0.02	0.005	0.01	0.30
MgY	WE43A[7]	ISO-MB95320	余量	—	0.2	0.15	2.4~4.4	—	3.7~4.3	0.10~1.0	—	0.20	—	—	—	0.01	0.01	0.03	0.005	0.01	0.30
	WE43B[8]	ISO-MB95310	余量	—	—	0.03	2.4~4.4	—	3.7~4.3	0.30~1.0	—	0.18	—	—	—	—	—	0.02	0.004	0.01	—
	WE54A[7]	—	余量	—	0.20	0.15	1.5~4.0	—	4.8~5.5	0.10~1.0	—	0.20	—	—	—	0.01	0.01	0.03	0.005	0.01	0.30
	WV115Z	—	余量	—	1.5~2.5	0.05	—	4.5~5.5	10.5~11.5	0.30~1.0	—	—	—	—	—	0.05	—	0.02	0.005	0.01	0.30
MgZr	K1A	—	余量	0.02	—	—	—	—	—	0.30~1.0	—	—	—	—	—	0.01	0.01	0.03	0.01	—	0.30
MgAg	QE22A[6]	—	余量	—	0.20	0.15	1.9~2.4	—	—	0.30~1.0	2.0~3.0	—	—	—	—	0.01	0.01	0.03	0.01	—	0.30
	QE22S[6]	ISO-MB65210	余量	—	0.20	0.15	2.0~3.0	—	—	0.10~1.0	2.0~3.0	—	—	—	—	0.01	0.01	0.03	0.005	0.01	—

注：1. GB/T 19078—2016《铸造镁合金锭》规定的铸造镁合金锭适用于镁合金铸件。镁合金铸件的化学成分及典型力学性能以资料性附录列入 GB/T 19078—2016 附录中，见表 2-32 和表 2-33。

2. 铸造镁合金锭牌号表示方法及示例：

1）合金牌号以两个英文字母加两个数字再加一个英文字母的形式表示。示例如下：

A Z 9 1 D

- 标识代号
- 表示 Zn 的质量分数大致为 1%
- 表示 Al 的质量分数大致为 9%
- 代表名义质量分数次高的合金元素 "Zn"
- 代表名义质量分数最高的合金元素 "Al"

A M 2 1 0 S

- 标识代号
- 表示 Mn 的质量分数小于 1%
- 表示 Al 的质量分数大致为 2%
- 代表名义质量分数次高的合金元素 "Mn"
- 代表名义质量分数最高的合金元素 "Al"

2) 合金牌号的第一位英文字母表示镁合金中名义质量分数最高的合金元素代号（元素代符合附表 1 的规定）。合金牌号的第一位数字表示镁合金中名义质量分数最高的合金元素的大致含量。

3) 合金牌号的第二位英文字母表示镁合金中名义质量分数次高的合金元素代号（元素代符合附表 1 的规定）。合金牌号的第二位数字表示镁合金中名义质量分数次高的合金元素的大致含量。

4) 合金牌号最后面的英文字母为标识代号，用以标识各具体牌号或元素组成相异但元素质量组成有微小差别的不同合金。

附表 1 英文字母代表的合金元素

元素代号	元素名称（元素符号）	元素代号	元素名称（元素符号）	元素代号	元素名称（元素符号）	元素代号	元素名称（元素符号）	旧代号
A	铝（Al）	G	钙（Ca）	N	镍（Ni）	V	钆（Gd）	—
B	铋（Bi）	H	钍（Th）	P	铅（Pb）	W	钇（Y）	—
C	铜（Cu）	J	锶（Sr）	Q	银（Ag）	Y	锑（Sb）	—
D	镉（Cd）	K	锆（Zr）	R	铬（Cr）	Z	锌（Zn）	—
E	稀土（RE）	L	锂（Li）	S	硅（Si）			
F	铁（Fe）	M	锰（Mn）	T	锡（Sn）			

3. 本表中"对应的 ISO 16220 牌号"为 ISO 牌号。

4. GB/T 19078—2016 附录中列入了铸造镁合金的新牌号、旧牌号和代号的对照资料，参见附表 2。

附表 2 新牌号、旧牌号和代号对照表

新牌号	旧代号	旧牌号	新牌号	旧牌号	旧代号
ZK51A	ZM1	ZMgZn5Zr	VW103Z		EW103Z
ZE41A	ZM2	ZMgZn4RE1Zr	VQ132Z		EQ132Z
EZ30M	ZM3	ZMgRE3ZnZr	WV115Z		WE115Z
EZ33A	ZM4	ZMgRE3Zn2Zr			
AZ91B	ZM5	ZMgAl8Zn			
EZ30Z	ZM6	ZMgRE2ZnZr			
ZQ81M	ZM7	ZMgZn8AgZr			
AZ91S	ZM10	ZMgAl10Zn			

5. 表中含量有上下限者，含量为单个数值者为最高限，"—"为未规定具体数值。

6. AS21B、AJ52A、AJ62A、ZA81M、EZ30Z、WV115Z、EV31A、VW76S、VW103Z 和 VQ132Z 合金为专利合金，受专利权保护，在使用前，请确定合金的专利有效性，并承担相关的责任。

① 稀土为富铈混合稀土。

② 稀土为纯铈稀土，其中还含有 Sb（质量分数）0.20%~0.30%。

③ 合金中还含有 Sn（质量分数）0.8%~1.4%。

④ 稀土为富铈混合稀土或纯钕稀土。当稀土为富铈混合稀土时，Nd 含量（质量分数）不小于 85%。

⑤ 稀土元素钕含量为 2.6%~3.1%，其他稀土元素的最大含量为 0.4%，主要可以是 Ce、La 和 Pr。

⑥ 稀土为富钕混合稀土，Nd 含量（质量分数）不小于 70%。

⑦ 稀土中富钕和中重稀土，WE54A、WE43A 和 WE43B 合金中含 Nd（质量分数）分别为 1.5%~2.0%、2.0%~2.5% 和 2.0%~2.5%，余量为中重稀土。中重稀土主要包括 Gd、Dy、Er 和 Yb。

⑧ 其中（Zn+Ag）（质量分数）不大于 0.20%。

⑨ 其他元素是指在本表表头中列出了元素符号，但在本表中却未规定限定数值含量的元素。

表 2-37 铸造镁合金铸件的牌号及化学成分(摘自 GB/T 19078—2016)

化学成分(质量分数,%)

合金组别	牌号	对应ISO 16220的牌号	铸造工艺	Mg	Al	Zn	Mn	RE	Gd	Y	Zr	Ag	Li	Sr	Ca	Si	Fe	Cu	Ni	其他元素② 单个	其他元素② 总计	Fe/Mn①
MgAl	AZ81A	—	S、K、L	余量	7.0~8.1	0.40~1.0	0.13~0.35	—	—	—	—	—	—	—	—	0.30	—	0.10	0.01	—	0.30	—
	AZ81S		D	余量	7.0~8.7	0.35~1.0	0.10~0.50	—	—	—	—	—	—	—	—	0.10	0.005	0.02	0.002	0.01	—	—
	AZ81S		S、K、L	余量	7.0~8.7	0.40~1.0	0.10~0.35	—	—	—	—	—	—	—	—	0.20	0.005	0.02	0.001	0.01	—	—
	AZ91A	—	D	余量	8.3~9.7	0.35~1.0	0.13~0.50	—	—	—	—	—	—	—	—	0.50	—	0.10	0.03	—	—	—
	AZ91B	—	D	余量	8.3~9.7	0.35~1.0	0.13~0.50	—	—	—	—	—	—	—	—	0.50	—	0.35	0.03	—	0.30	—
	AZ91C	—	S、K、L	余量	8.1~9.3	0.40~1.0	0.13~0.35	—	—	—	—	—	—	—	—	0.30	—	0.10	0.01	—	0.30	—
	AZ91D	ISO-MC21120	D	余量	8.3~9.7	0.35~1.0	0.15~0.50	—	—	—	—	—	—	—	—	0.10	0.005	0.02	0.002	0.02	—	0.032
	AZ91E	—	S、K、L	余量	8.3~9.7	0.40~1.0	0.17~0.35	—	—	—	—	—	—	—	—	0.20	—	0.02	0.001	0.01	—	—
	AZ91S	ISO-MC21121	D	余量	8.1~9.3	0.40~1.0	0.17~0.35	—	—	—	—	—	—	—	—	0.20	0.005	0.02	0.001	0.01	0.30	0.032
	AZ91S		S、K、L	余量	8.0~10.0	0.30~1.0	0.10~0.6	—	—	—	—	—	—	—	—	0.30	0.005	0.20	0.01	0.05	—	—
	AZ92A	—	S、K、L	余量	8.3~9.7	1.6~2.4	0.10~0.35	—	—	—	—	—	—	—	—	0.30	0.03	0.25	0.01	—	0.30	—
	AZ33M	—	S、K、D	余量	2.4~4.4	2.0~4.0	—	—	—	—	—	—	—	—	—	0.20	0.05	0.05	—	0.01	0.30	—
	AZ63A	—	S	余量	5.3~6.7	2.5~3.5	0.15~0.35	—	—	—	—	—	—	—	—	0.30	0.005	0.25	0.01	0.01	0.30	—
	AM20S	ISO-MC21210	D	余量	1.6~2.5	0.20	0.33~0.7	—	—	—	—	—	—	—	—	0.08	0.004	0.008	0.001	0.01	—	0.012
	AM50A	ISO-MC21220	D	余量	4.4~5.3	0.30	0.26~0.6	—	—	—	—	—	—	—	—	0.08	0.004	0.008	0.001	0.01	—	0.015

（续）

合金组别	牌号	对应ISO 16220的牌号	铸造工艺	Mg	Al	Zn	Mn	RE	Gd	Y	Zr	Ag	Li	Sr	Ca	Si	Fe	Cu	Ni	其他元素 单个	其他元素 总计	Fe/Mn
MgAl	AM60A	—	D	余量	5.5~6.5	0.22	0.13~0.6	—	—	—	—	—	—	—	—	0.50	—	0.35	0.03	—	—	—
	AM60B	ISO-MC21230	D	余量	5.5~6.4	0.30	0.24~0.6	—	—	—	—	—	—	—	—	0.08	0.005	0.008	0.001	0.01	—	0.021
	AM100A	—	S、K、L	余量	9.3~10.7	0.30	0.10~0.35	—	—	—	—	—	—	—	—	0.30	—	0.10	0.01	0.01	0.30	—
	AS21B	—	D	余量	1.8~2.5	0.25	0.05~0.15	0.06~0.25	—	—	—	—	—	—	—	0.7~1.2	0.004	0.008	0.001	0.01	—	—
	AS21S	ISO-MC21310	D	余量	1.8~2.5	0.20	0.18~0.7	—	—	—	—	—	—	—	—	0.7~1.2	0.004	0.008	0.001	0.01	—	0.022
	AS41A	—	D	余量	3.5~5.0	0.12	0.20~0.50	—	—	—	—	—	—	—	—	0.50~1.5	—	0.06	0.03	—	0.30	—
	AS41B	—	D	余量	3.5~4.7	0.12	0.35~0.7	—	—	—	—	—	—	—	—	0.50~1.5	0.004	0.02	0.002	0.02	—	0.010
	AS41S	ISO-MC21320	D	余量	3.5~4.8	0.20	0.18~0.7	—	—	—	—	—	—	—	—	0.5~1.5	0.004	0.008	0.001	0.01	—	0.022
	AE44S[1]	ISO-MD21410	D	余量	3.5~4.5	0.20	0.15~0.50	3.5~4.5	—	—	—	—	—	—	—	0.08	0.005	0.008	0.001	0.01	—	—
	AE81M[2]	—	D	余量	7.0~8.6	0.40~1.0	0.30~0.50	1.0~1.9	—	—	—	—	—	0.05~0.12	—	0.02	0.008	—	—	0.05	0.30	—
	AJ52A	—	D	余量	4.5~5.5	0.22	0.24~0.6	—	—	—	—	—	—	1.7~2.3	—	0.10	0.004	0.01	0.001	0.01	—	—
	AJ62A	—	D	余量	5.5~6.6	0.22	0.24~0.6	—	—	—	—	—	—	2.0~2.8	—	0.10	0.004	0.01	0.001	0.01	—	—
MgZn	ZA81M	—	K、D	余量	0.6~1.4	7.3~8.5	0.50~0.8	—	—	—	0.40~1.0	—	—	—	—	0.30	0.005	0.40~0.7	0.05	—	0.30	—
	ZA84M[3]	—	S、K	余量	3.4~4.6	7.2~8.6	0.25~0.50	—	—	—	—	—	—	0.05~0.10	—	0.10	0.008	—	—	0.01	0.30	—
	ZE41A[1]	ISO-MC35110	S、K、L	余量	—	3.5~5.0	0.15	0.8~1.8	—	—	0.40~1.0	—	—	—	—	0.01	0.01	0.03	0.005	0.01	—	—

（续）

合金组别	牌号	对应ISO 16220的牌号	铸造工艺	化学成分（质量分数，%）																其他元素[20]		Fe/Mn[20]
				Mg	Al	Zn	Mn	RE	Gd	Y	Zr	Ag	Li	Sr	Ca	Si	Fe	Cu	Ni	单个	总计	
MgZn	ZK51A	—	S	余量	—	3.6~5.5	—	—	—	—	0.50~1.0	—	—	—	—	—	—	0.10	0.01	—	0.30	—
	ZK61A	—	S、L	余量	—	5.5~6.5	—	—	—	—	0.6~1.0	—	—	—	—	—	—	0.10	0.01	—	0.30	—
	ZQ81M	—	S、K、L	余量	—	7.3~9.2	—	—	—	—	0.40~1.0	0.6~1.4	—	—	—	—	—	0.10	0.01	—	0.30	—
	ZC63A	ISO-MC32110	S、K、L	余量	0.20	5.5~6.5	0.25~0.8	—	—	—	—	—	—	—	—	0.20	0.05	2.4~3.0	0.01	0.01	—	—
MgRE	EZ30M[1]	—	S、K、L	余量	—	0.20~0.8	—	2.3~4.0	—	—	0.40~1.0	—	—	—	—	0.01	0.01	0.10	0.01	0.01	—	—
	EZ30Z[4]	—	S、K、L	余量	—	0.10~0.8	0.10	2.0~3.7	—	—	0.40~1.0	—	—	—	0.50	0.01	0.01	0.03	0.005	0.01	0.30	—
	EZ33A[1]	ISO-MC65120	S、K、L	余量	—	2.0~3.1	0.15	2.5~4.0	—	—	0.50~1.0	—	—	—	—	0.01	0.01	0.03	0.005	0.01	0.30	—
	EV31A[5]	ISO-MC65410	S、K、L	余量	—	0.20~0.50	0.03	2.6~3.1	1.0~1.7	—	0.40~1.0	0.05	—	—	—	—	0.01	0.01	0.002	0.01	—	—
	EQ21A[6]	—	S、K、L	余量	—	—	—	1.5~3.0	—	—	0.40~1.0	1.3~1.7	—	—	—	—	—	0.05~0.10	0.01	0.01	0.30	—
	EQ21S[6]	ISO-MC65220	S、K、L	余量	—	0.20	0.15	1.5~3.0	—	—	0.40~1.0	1.3~1.7	—	—	—	0.01	0.01	0.05~0.10	0.005	0.01	—	—
MgGd	VW76S	—	K	余量	—	—	0.03	—	6.5~7.5	5.5~6.5	0.40~1.0	—	0.20	—	—	0.01	0.01	0.03	0.005	0.01	—	—
	VW103Z	—	S、K、L	余量	—	0.20	—	—	8.3~10.7	2.3~3.7	0.40~1.0	—	—	—	—	0.01	0.01	0.03	0.005	0.01	0.30	—
	VQ132Z	—	S、K、L	余量	—	0.50	—	—	12.3~14.7	—	0.40~1.0	1.0~2.5	0.20	—	0.50	0.05	0.01	0.03	0.005	0.01	0.30	—
MgY	WE43A[7]	ISO-MC95320	S、K、L	余量	—	0.20	0.15	2.4~4.4	—	3.7~4.3	0.40~1.0	—	0.20	—	—	0.01	0.01	0.03	0.005	0.01	—	—
	WE43B[8]	—	S、K、L	余量	—	—	0.03	2.4~4.4	—	3.7~4.3	0.40~1.0	—	0.20	—	—	—	0.01	0.02	0.005	0.01	0.30	—

（续）

合金组别	牌号	对应ISO 16220的牌号	铸造工艺	化学成分（质量分数，%）																	其他元素⑨		Fe/Mn⑩
				Mg	Al	Zn	Mn	RE	Gd	Y	Zr	Ag	Li	Sr	Ca	Si	Fe	Cu	Ni	单个	总计	
MgY	WE54A⑦	ISO-MC95310	S、K、L	余量	—	0.20	0.15	1.5~4.0	—	4.8~5.5	0.40~1.0	—	0.20	—	—	0.01	0.01	0.03	0.005	0.01	0.30	—
MgY	WV115Z	—	S、K、L	余量	—	1.3~2.7	—	—	4.3~5.7	10.3~11.7	0.40~1.0	—	—	—	—	0.05	0.01	0.03	0.005	0.01	0.30	—
MgZr	K1A	—	S、L	余量	—	—	—	—	—	—	0.40~1.0	—	—	—	—	—	—	—	—	—	0.30	—
MgAg	QE22A⑥	—	S、K、L	余量	—	—	—	1.8~2.5	—	—	0.40~1.0	2.0~3.0	—	—	—	—	—	0.10	0.01	0.01	0.30	—
MgAg	QE22S⑥	ISO-MC65210	S、K、L	余量	—	0.20	0.15	2.0~3.0	—	—	0.40~1.0	2.0~3.0	—	—	—	0.01	0.01	0.03	0.005	0.01	—	—

注：1. 本表为GB/T 19078—2016在附录中列入的镁合金铸件各种牌号的化学成分，镁合金铸件用的铸锭应符合GB/T 19078—2016规定的铸造镁合金锭，其牌号和化学成分见表2-36。

2. 镁合金铸件的铸造工艺代号：砂型铸造—S；永久型铸造—K；高压压铸造—D；熔模铸造—L。

3. 表中含量有上下限者为合金元素，含量为单个数值者为最高限，"—"为未规定具体数值。

4. AS21B、AJ52A、AJ62A、ZA81M、EZ30Z、WV115Z、EV31A、VW76S、VW103Z和VQ132Z合金为专利合金，受专利权保护，在使用前，请确定合金的专利有效性，并承担相关的责任。

① 稀土为铸镁合稀土。

② 稀土为纯铈稀土，其中还含有Sb（质量分数）0.20%~0.30%。

③ 合金中还含有Sn（质量分数）0.8%~1.4%。

④ 稀土为富钕混合稀土或纯钕稀土。当稀土元素为富钕混合稀土时，Nd含量（质量分数）不小于85%。

⑤ 稀土元素钕含量为2.6%~3.1%，其他稀土元素的最大含量为0.4%，主要可以是Ce、La和Pr。

⑥ 稀土为富钕混合稀土，Nd含量（质量分数）不小于70%。

⑦ 稀土中富钕和中重稀土，WE54A、WE43A和WE43B合金中含Nd（质量分数）分别为1.5%~2.0%、2.0%~2.5%和2.0%~2.5%，余量为中重稀土。中重稀土主要包括Gd、Dy、Er和Yb。

⑧ 其中（Zn+Ag）（质量分数）不大于0.20%。

⑨ 其他元素是指在本表头中列出了元素符号，但在本表中却未规定极限数值含量的元素。

⑩ 如果Mn含量达不到本表中规定的最小极限，或Fe含量超出本表中规定的最大极限，则Fe/Mn值应符合表中规定。

表 2-38　铸造镁合金铸件的典型力学性能（摘自 GB/T 19078—2016）

铸造工艺	合金组别	牌号	对应 ISO 16220 的牌号	状态代号	拉伸试验结果			布氏硬度 HBW（A5mm 球径）
					抗拉强度 R_m/MPa	规定塑性延伸强度 $R_{0.2}$/MPa	延伸率 A(%)	
					不小于			
砂型铸造（S）	MgAl	AZ81A、AZ81S	ISO-MC21110	F	160	90	2.0	50~65
				T4	240	90	8.0	50~65
		AZ91C、AZ91D、AZ91E、AZ91S	ISO-MC21120	F	160	90	2.0	55~65
				T4	240	90	6.0	55~70
				T6	240	150	2.0	60~90
		AZ92A	—	F	170	95	2.0	—
				T4	250	95	6.0	—
				T5	170	115	1.0	—
				T6	250	150	2.0	—
		AZ33M	—	F	180	100	4.0	—
		AZ63A	—	F	180	80	4.0	45~55
				T4	235	80	7.0	50~60
				T5	180	85	2.0	50~60
				T6	235	110	3.0	65~80
		AM100A	—	T6	240	120	2.0	60~80
	MgZn	ZE41A	ISO-MC35110	T5	200	135	2.5	55~70
		ZK51A	—	T5	235	140	5.0	—
		ZK61A	—	T6	275	180	5.0	—
		ZQ81M	—	T4	265	130	6.0	—
				T6	275	190	4.0	—
		ZC63A	ISO-MC32110	T6	195	125	2.0	55~65
	MgRE	EZ30M	—	F	120	85	1.5	—
				T2	120	85	1.5	—
		EZ30Z	—	T6	240	140	4.0	65~80
		EZ33A	ISO-MC65120	T5	140	95	2.5	50~60
		EV31A	ISO-MC65410	T6	250	145	2.0	70~90
		EQ21A、EQ21S	ISO-MC65220	T6	240	175	2.0	70~90
	MgGd	VW103Z	—	T6	300	200	2.0	100~125
		VQ132Z	—	T6	350	240	1.0	110~140
	MgY	WE43A、WE43B	ISO-MC95320	T6	220	170	2.0	75~90
		WE54A	ISO-MC95310	T6	250	170	2.0	80~90
		WV115Z	—	T6	280	220	1.0	100~125
	MgZr	K1A	—	F	165	40	14.0	—
	MgAg	QE22A、QE22S	ISO-MC65210	T6	240	175	2.0	70~90

（续）

铸造工艺	合金组别	牌号	对应 ISO 16220 的牌号	状态代号	拉伸试验结果			布氏硬度 HBW （A5mm 球径）
					抗拉强度 R_m/MPa	规定塑性延伸强度 $R_{0.2}$/MPa	延伸率 A（%）	
					不小于			
永久型铸造（K）	MgAl	AZ81A、AZ81S	ISO-MC21110	F	160	90	2.0	50~65
				T4	240	90	8.0	50~65
		AZ91C、AZ91D、AZ91E、AZ91S	ISO-MC21120	F	160	90	2.0	55~70
				T4	240	90	6.0	55~70
				T6	240	150	2.0	60~90
		AZ92A	—	F	170	95	2.0	—
				T4	250	95	6.0	—
				T5	170	115	1.0	—
				T6	250	150	2.0	—
		AZ33M	—	F	180	100	4.0	—
		AM100A	—	F	140	70	2.0	50~60
				T4	235	70	6.0	50~60
				T6	240	105	2.0	60~80
	MgZn	ZA81M	—	T6	300	200	7.0	
		ZA84M	—	T6	195	150	4.0	
		ZE41A	ISO-MC35110	T5	210	135	3.0	55~70
		ZQ81M		T4	265	130	6.0	
				T6	275	190	4.0	
		ZC63A	ISO-MC32110	T6	195	125	2.0	55~65
	MgRE	EZ30M	—	F	120	85	1.5	
				T2	120	85	1.5	
		EZ30Z	—	T6	240	140	4.0	65~80
		EZ33A	ISO-MC65120	T5	140	100	3.0	50~60
		EV31A	ISO-MC65410	T6	250	145	2.0	70~90
		EQ21A、EQ21S	ISO-MC65220	T6	240	175	2.0	70~90
	MgGd	VW76S	—	T6	300	200	1.0	110~118
		VW103Z	—	T6	340	220	2.0	100~125
		VQ132Z	—	T6	380	280	2.0	110~140
	MgY	WE43A、WE43B	ISO-MC95320	T6	220	170	2.0	75~90
		WE54A	ISO-MC95310	T6	250	170	2.0	80~90
		WV115Z	—	T6	280	260	1.0	100~125
	MgAg	QE22A、QE22S	ISO-MC65210	T6	240	175	2.0	70~90

（续）

铸造工艺	合金组别	牌号	对应 ISO 16220 的牌号	状态代号	拉伸试验结果			布氏硬度 HBW（A5mm 球径）
					抗拉强度 R_m/MPa	规定塑性延伸强度 $R_{0.2}$/MPa	延伸率 $A(\%)$	
					不小于			
高压压铸型（D）	MgAl	AZ81S	ISO-MC21110	F	200~250	140~160	1.0~7.0	60~85
		AZ91A、AZ91B、AZ91D、AZ91S	ISO-MC21120	F	200~260	140~170	1.0~6.0	65~85
		AZ33M	—	F	200~280	130~180	5.0~20.0	
		AM20S	ISO-MC21210	F	150~220	80~100	8.0~18.0	40~55
		AM50A	ISO-MC21220	F	180~230	110~130	5.0~15.0	50~65
		AM60A、AM60B	ISO-MC21230	F	190~250	120~150	4.0~14.0	55~70
		AS21B、AS21S	ISO-MC21310	F	170~230	110~130	4.0~14.0	50~70
		AS41A、AS41B、AS41S	ISO-MC21320	F	180~230	120~150	3.0~12.0	55~80
		AE44S	ISO-MC21410	F	220~260	130~160	6.0~15.0	60~80
		AE81M	—	F	265~275	150~163	8.0~10.5	—
		AJ52A	—	F	190~235	110~150	3.0~9.0	50~70
		AJ62A	—	F	200~260	120~160	3.0~10.0	55~80
	MgZn	ZA81M	—	F	220~280	140~180	2.0~6.0	—

注：1. 本表为 GB/T 19078—2016 在附录中列入的镁合金铸件的典型力学性能，镁合金铸件采用的铸锭应符合 GB/T 19078—2016 的规定。本表中的镁合金铸件的化学成分应符合表 2-36 的规定。

2. 镁合金铸件状态代号及定义说明：

F 态：铸态。适用于没有经过应变强化或热处理而直接通过铸造过程获得的产品。

T2 态：为铸造后冷却退火状态。适用于由铸造冷却后进行消除内应力或稳定尺寸的产品。

T4 态：为固溶热处理后自然时效状态。适用于经固溶热处理后不再进行处理的产品。

T5 态：为铸造冷却后人工时效状态。适用于由铸造冷却后进行人工时效以改善力学性能或稳定尺寸的产品。

T6 态：为固熔热处理后人工时效状态。适用于经固溶热处理后进行人工时效的产品。

3. 本表中典型力学性能的说明如下：

1）熔模铸造产品的力学性能与永久型铸造产品的力学性能相近。

2）拉伸试样不在铸件上切取，而是另外铸造，其试样尺寸和形状应符合 GB/T 228.1 的规定。砂型铸造和永久型铸造产品的拉伸试样直径不小于 12mm，熔模铸造产品的拉伸试样直径不小于 5mm。高压压铸铸造产品的拉伸试样横截面积为 20mm²，最小厚度为 2mm。

3）高压压铸铸造产品的拉伸试验结果仅供参考。

4）供需双方可商定在铸件某部位上切取拉伸试样，但其试验结果可能与本表中数值有差异。

5）本表中砂型铸造和永久型铸造产品的布氏硬度仅供参考。

2.2.10 压铸镁合金（见表 2-39 和表 2-40）

表 2-39 压铸镁合金牌号及化学成分（摘自 GB/T 25748—2010）

合金牌号	合金代号	化学成分（质量分数，%）									
		Al	Zn	Mn	Si	Cu	Ni	Fe	RE	其他杂质	Mg
YZMgAl2Si	YM102	1.9~2.5	≤0.20	0.20~0.60	0.70~1.20	≤0.008	≤0.001	≤0.004	—	≤0.01	余量

（续）

合金牌号	合金代号	化学成分(质量分数,%)									
		Al	Zn	Mn	Si	Cu	Ni	Fe	RE	其他杂质	Mg
YZMgAl2Si(B)	YM103	1.9~2.5	≤0.25	0.05~0.15	0.70~1.20	≤0.008	≤0.001	≤0.004	0.06~0.25	≤0.01	余量
YZMgAl4Si(A)	YM104	3.7~4.8	≤0.10	0.22~0.48	0.60~1.40	≤0.040	≤0.010	—	—	—	余量
YZMgAl4Si(B)	YM105	3.7~4.8	≤0.10	0.35~0.60	0.60~1.40	≤0.015	≤0.001	≤0.004		≤0.01	余量
YZMgAl4Si(S)	YM106	3.5~5.0	≤0.20	0.18~0.70	0.5~1.5	≤0.01	≤0.002	≤0.004		≤0.02	余量
YZMgAl2Mn	YM202	1.6~2.5	≤0.20	0.33~0.70	≤0.08	≤0.008	≤0.001	≤0.004		≤0.01	余量
YZMgAl5Mn	YM203	4.5~5.3	≤0.20	0.28~0.50	≤0.08	≤0.008	≤0.001	≤0.004		≤0.01	余量
YZMgAl6Mn(A)	YM204	5.6~6.4	≤0.20	0.15~0.50	≤0.20	≤0.250	≤0.010	—	—	—	余量
YZMgAl6Mn	YM205	5.6~6.4	≤0.20	0.26~0.50	≤0.08	≤0.008	≤0.001	≤0.004		≤0.01	余量
YZMgAl8Zn1	YM302	7.0~8.1	0.40~1.00	0.13~0.35	≤0.30	≤0.10	≤0.010	—	—	≤0.30	余量
YZMgAl9Zn1(A)	YM303	8.5~9.5	0.45~0.90	0.15~0.40	≤0.20	≤0.080	≤0.010	—	—	—	余量
YZMgAl9Zn1(B)	YM304	8.5~9.5	0.45~0.90	0.15~0.40	≤0.20	≤0.250	≤0.010	—	—	—	余量
YZMgAl9Zn1(D)	YM305	8.5~9.5	0.45~0.90	0.17~0.40	≤0.08	≤0.025	≤0.001	≤0.004	—	≤0.01	余量

注: 1. 除有范围的元素和铁为必检元素外，其余元素有要求时抽检。

2. GB/T 25748—2010《压铸镁合金》引用 ASTM B93/B93M-07《砂型铸造、金属型铸造和压铸用镁合金铸锭标准规范》。

3. 压铸镁合金的化学成分应符合本表规定。

4. 压铸镁合金牌号最前面为字母"YZ"("Y"和"Z"分别为"压"和"铸"两字汉语拼音的第 1 个字母)，后面为镁及主要合金元素的化学符号，主要合金元素后面跟有表示其名义质量分数的数字。

5. 合金代号中，"YM"表示压铸镁合金，YM 后第 1 个数字 1、2、3 分别表示 MgAlSi、MgAlMn、MgAlZn 系列合金。YM 后的第 2、第 3 位数字为顺序号。

6. GB/T 25748—2010《压铸镁合金》适用于压铸镁合金材料。

表 2-40　国内外主要压铸镁合金代号对照(摘自 GB/T 25748—2010)

合金系列	GB/T 25748—2010	ISO 16220：2006	ASTM B93/B93M-07	JIS H 5303：2006	EN 1753—1997
MgAlSi	YM102	MgAl2Si	AS21A	MDC6	MB21310
	YM103	MgAl2Si(B)	AS21B	—	—
	YM104	MgAl4Si(A)	AS41A	—	—
	YM105	MgAl4Si	AS41B	MDC3B	MB21320
	YM106	MgAl4Si(S)	—	—	—

(续)

合金系列	GB/T 25748—2010	ISO 16220:2006	ASTM B93/B93M-07	JIS H 5303:2006	EN 1753—1997
MgAlMn	YM202	MgAl2Mn	—	MDC5	MB21210
	YM203	MgAl5Mn	AM50A	MDC4	MB21220
	YM204	MgAl6Mn(A)	AM60A		
	YM205	MgAl6Mn	AM60B	MDC2B	MB21230
MgAlZn	YM302	MgAl8Zn1	—		MB21110
	YM303	MgAl9Zn1(A)	AZ91A	—	MB21120
	YM304	MgAl9Zn1(B)	AZ91B	MDC1B	MB21121
	YM305	MgAl9Zn1(D)	AZ91D	MDC1D	—

2.2.11 镁合金压铸件(见表 2-41 和表 2-42)

表 2-41 镁合金压铸件牌号及化学成分(摘自 GB/T 25747—2010)

合金牌号	合金代号	元素含量(质量分数,%)									
		Al	Zn	Mn	Si	Cu	Ni	Fe	RE	其他元素	Mg
YZMgAl2Si	YM102	1.8~2.5	≤0.20	0.18~0.70	0.70~1.20	≤0.01	≤0.001	≤0.005	—	≤0.01	余量
YZMgAl2Si(B)	YM103	1.8~2.5	≤0.25	0.05~0.15	0.70~1.20	≤0.008	≤0.001	≤0.0035	0.06~0.25	≤0.01	余量
YZMgAl4Si(A)	YM104	3.5~5.0	≤0.12	0.20~0.50	0.50~1.50	≤0.06	≤0.030	—	—	—	余量
YZMgAl4Si(B)	YM105	3.5~5.0	≤0.12	0.35~0.70	0.50~1.50	≤0.02	≤0.002	≤0.0035	—	≤0.02	余量
YZMgAl4Si(S)	YM106	3.5~5.0	≤0.20	0.18~0.70	0.50~1.50	≤0.01	≤0.002	≤0.004	—	≤0.02	余量
YZMgAl2Mn	YM202	1.6~2.5	≤0.20	0.33~0.70	≤0.08	≤0.008	≤0.001	≤0.004	—	≤0.01	余量
YZMgAl5Mn	YM203	4.4~5.4	≤0.22	0.26~0.60	≤0.10	≤0.01	≤0.002	≤0.004	—	≤0.02	余量
YZMgAl6Mn(A)	YM204	5.5~6.5	≤0.22	0.13~0.60	≤0.50	≤0.35	≤0.030	—	—	—	余量
YZMgAl6Mn	YM205	5.5~6.5	≤0.22	0.24~0.60	≤0.10	≤0.01	≤0.002	≤0.005	—	≤0.02	余量
YZMgAl8Zn1	YM302	7.0~8.1	0.4~1.0	0.13~0.35	≤0.30	≤0.10	≤0.010	—	—	≤0.30	余量
YZMgAl9Zn1(A)	YM303	8.3~9.7	0.35~1.00	0.13~0.50	≤0.50	≤0.10	≤0.030	—	—	—	余量
YZMgAl9Zn1(B)	YM304	8.3~9.7	0.35~1.00	0.13~0.50	≤0.50	≤0.35	≤0.030	—	—	—	余量
YZMgAl9Zn1(D)	YM305	8.3~9.7	0.35~1.00	0.15~0.50	≤0.10	≤0.03	≤0.002	≤0.005	—	≤0.02	余量

注:1. 镁合金压铸件牌号的化学成分应符合本表规定。

2. 除有范围的元素和铁为必检元素外,其余元素当有要求时抽检。

表 2-42　压铸镁合金试样的力学性能(摘自 GB/T 25747—2010)

合金牌号	合金代号	拉伸性能			布氏硬度 HBW
		抗拉强度 R_m /MPa	规定塑性延伸强度 $R_{p0.2}$/MPa	伸长率 $A(\%)$ ($L_0 = 50$)	
YZMgAl2Si	YM102	230	120	12	55
YZMgAl2Si(B)	YM103	231	122	13	55
YZMgAl4Si(A)	YM104	210	140	6	55
YZMgAl4Si(B)	YM105	210	140	6	55
YZMgAl4Si(S)	YM106	210	140	6	55
YZMgAl2Mn	YM202	200	110	10	58
YZMgAl5Mn	YM203	220	130	8	62
YZMgAl6Mn(A)	YM204	220	130	8	62
YZMgAl6Mn	YM205	220	130	8	62
YZMgAl8Zn1	YM302	230	160	3	63
YZMgAl9Zn1(A)	YM303	230	160	3	63
YZMgAl9Zn1(B)	YM304	230	160	3	63
YZMgAl9Zn1(D)	YM305	230	160	3	63

注：1. 本表为 GB/T 25747—2010 资料性附录，列出的力学性能是采用 GB/T 13822《压铸有色合金试样》压铸单铸试棒确定的典型力学性能，其数值供参考。如果没有特殊规定，力学性能不作为验收依据。

2. 表中未特殊说明的数值均为最小值。

3. 当采用压铸件本体检验时，由供需双方商定技术要求。

4. 压铸件的几何形状、尺寸、表面粗糙度及其他技术要求均应符合铸件图样的规定。

5. 压铸件的尺寸公差、几何公差应参照 GB/T 25747—2010 资料性附录的要求。

6. 国内外主要镁合金压铸件材料代号对照见原标准(参见表 2-40)。

2.2.12　铸造锌合金(见表 2-43)

表 2-43　铸造锌合金牌号、化学成分及力学性能(摘自 GB/T 1175—2018)

	合金牌号	合金代号	合金元素 (质量分数,%)			杂质元素(质量分数,%) ≤					
			Al	Cu	Mg	Zn	Fe	Pb	Cd	Sn	其他
铸造锌合金化学成分	ZZnAl4Cu1Mg	ZA4-1	3.9~4.3	0.7~1.1	0.03~0.06	余量	0.02	0.003	0.003	0.0015	Ni0.001
	ZZnAl4Cu3Mg	ZA4-3	3.9~4.3	2.7~3.3	0.03~0.06	余量	0.02	0.003	0.003	0.0015	Ni0.001
	ZZnAl6Cu1	ZA6-1	5.6~6.0	1.2~1.6	—	余量	0.02	0.003	0.003	0.001	Mg0.005 Si0.02 Ni0.001
	ZZnAl8Cu1Mg	ZA8-1	8.2~8.8	0.9~1.3	0.002~0.03	余量	0.035	0.005	0.005	0.002	Si0.02 Ni0.001

（续）

	合金牌号	合金代号	合金元素（质量分数,%）			杂质元素（质量分数,%）≤					
			Al	Cu	Mg	Zn	Fe	Pb	Cd	Sn	其他
铸造锌合金化学成分	ZZnAl9Cu2Mg	ZA9-2	8.0~10.0	1.0~2.0	0.03~0.06	余量	0.05	0.005	0.005	0.002	Si0.05
	ZZnAl11Cu1Mg	ZA11-1	10.8~11.5	0.5~1.2	0.02~0.03	余量	0.05	0.005	0.005	0.002	—
	ZZnAl11Cu5Mg	ZA11-5	10.0~12.0	4.0~5.5	0.03~0.06	余量	0.05	0.005	0.005	0.002	Si0.05
	ZZnAl27Cu2Mg	ZA27-2	25.5~28.0	2.0~2.5	0.012~0.02	余量	0.07	0.005	0.005	0.002	—

	合金牌号	合金代号	铸造方法及状态	抗拉强度 $/R_m/\text{MPa}$ ≥	伸长率（%）≥	布氏硬度 HBW ≥
铸造锌合金力学性能	ZZnAl4Cu1Mg	ZA4-1	JF	175	0.5	80
	ZZnAl4Cu3Mg	ZA4-3	SF	220	0.5	90
			JF	240	1	100
	ZZnAl6Cu1	ZA6-1	SF	180	1	80
			JF	220	1.5	80
	ZZnAl8Cu1Mg	ZA8-1	SF	250	1	80
			JF	225	1	85
	ZZnAl9Cu2Mg	ZA9-2	SF	275	0.7	90
			JF	315	1.5	105
	ZZnAl11Cu1Mg	ZA11-1	SF	280	1	90
			JF	310	1	90
	ZZnAl11Cu5Mg	ZA11-5	SF	275	0.5	80
			JF	295	1	100
	ZZnAl27Cu2Mg	ZA27-2	SF	400	3	110
			ST3[1]	310	8	90
			JF	420	1	110

注：合金材料的工艺代号如下：

　　S—砂型铸造；

　　J—金属型铸造；

　　F—铸态；

　　T3—均匀化处理；

　　JF—金属型铸造铸态；

　　SF—砂型铸造铸态；

　　ST3—砂型铸造 T3 热处理状态。

① ST3 工艺为加热到 320℃后保温 3h，然后随炉冷却。

2.2.13 压铸锌合金(见表2-44)

表2-44 压铸锌合金牌号、化学成分及用途(摘自 GB/T 13818—2009)

	合金牌号	合金代号	主要成分(质量分数,%)				杂质含量(质量分数,%)≤			
			Al	Cu	Mg	Zn	Fe	Pb	Sn	Cd
牌号及化学成分	YZZnAl4A	YX040A	3.9~4.3	≤0.1	0.030~0.060	余量	0.035	0.004	0.0015	0.003
	YZZnAl4B	YX040B	3.9~4.3	≤0.1	0.010~0.020	余量	0.075	0.003	0.0010	0.002
	YZZnAl4Cu1	YX041	3.9~4.3	0.7~1.1	0.030~0.060	余量	0.035	0.004	0.0015	0.003
	YZZnAl4Cu3	YX043	3.9~4.3	2.7~3.3	0.025~0.050	余量	0.035	0.004	0.0015	0.003
	YZZnAl8Cu1	YX081	8.2~8.8	0.9~1.3	0.020~0.030	余量	0.035	0.005	0.0050	0.002
	YZZnAl11Cu1	YX111	10.8~11.5	0.5~1.2	0.020~0.030	余量	0.050	0.005	0.0050	0.002
	YZZnAl27Cu2	YX272	25.5~28.0	2.0~2.5	0.012~0.020	余量	0.070	0.005	0.0050	0.002
用途	压铸锌合金具有良好的性能,在工业上的应用相当广泛。可用于承受一定载荷、较高相对速度的各种零件,如YX040A合金可用于压铸较大尺寸的铸件,较多用于制作汽车、仪表外壳等零件;YX041合金广泛用于各种压铸零件及复杂形状铸件;YX043合金适于压铸各种零件									

注: 1. GB/T 13818—2009 没有规定压铸锌合金各牌号的力学性能,规定合金牌号的化学成分作为验收依据。

2. 牌号 YZZnAl4B 的 Ni 含量为 0.005%~0.020%(质量分数)。

3. 牌号的表示方法:

压铸锌合金牌号由锌及主要合金元素的化学符号组成。主要合金元素后面跟有表示其名义百分含量的数字(名义百分含量为该元素的平均百分含量的修约化整值)。

在合金牌号前面以字母"YZ"("压""铸"两字汉语拼音的第一字母)表示用于压力铸造。

4. 代号的表示方法:

标准中合金代号由字母"YX"("压""锌"两字汉语拼音的第一字母)表示压铸锌合金。合金代号后面由三位阿拉伯数字以及一位字母组成。YX后面前两位数字表示合金中化学元素铝的名义百分含量,第三个数字表示合金中化学元素铜的名义百分含量,末位字母用以区别成分略有不同的合金。

2.2.14 锌合金压铸件(见表2-45)

表2-45 锌合金压铸件的分类、牌号、化学成分及质量要求(摘自 GB/T 13821—2009)

	类别	使用要求	检验项目
分类	1	具有结构和功能性要求的零件	尺寸公差、表面质量、化学成分、其他特殊要求
	2	无特殊要求的零件	表面质量、化学成分、尺寸公差

	级别	符号	使用范围	表面粗糙度 $Ra/\mu m$
表面分级	1	Y1	镀、抛光、研磨的表面,相对运动的配合面,危险应力区表面	不大于1.6
	2	Y2	要求密封的表面、装配接触面等	不大于3.2
	3	Y3	保护性的涂覆表面及紧固接触面,油漆打腻表面,其他表面	不大于6.3

(续)

	合金牌号	合金代号	主要成分(质量分数,%)				杂质含量(质量分数,%)			
			Al	C	Mg	Zn	Fe	Pb	Sn	Cd
牌号及化学成分	YZZnAl4A	YX040A	3.5~4.3	≤0.25	0.02~0.06	余量	0.10	0.005	0.003	0.004
	YZZnAl4B	YX040B	3.5~4.3	≤0.25	0.005~0.02	余量	0.075	0.003	0.001	0.002
	YZZnAl4Cu1	YX041	3.5~4.3	0.75~1.25	0.03~0.08	余量	0.10	0.005	≤0.003	0.004
	YZZnAl4Cu3	YX043	3.5~4.3	2.5~3.0	0.02~0.05	余量	0.10	0.005	≤0.003	0.004
	YZZnAl8Cu1	YX081	8.0~8.8	0.8~1.3	0.015~0.03	余量	0.075	0.006	0.003	0.006
	YZZnAl11Cu1	YX111	10.5~11.5	0.5~1.2	0.015~0.03	余量	0.075	0.006	0.003	0.006
	YZZnAl27Cu2	YX272	25.0~28.0	2.0~2.5	0.010~0.02	余量	0.075	0.006	0.003	0.006

	缺陷名称		检验范围	表面质量级别			说明
				1级	2级	3级	
表面质量要求	花纹麻面有色斑点		三者面积不超过总面积的百分数(%)	5	25	40	
	流痕		深度/mm	≤0.05	≤0.07	≤0.15	
			面积不大于总面积百分数(%)	5	15	30	
	冷隔		深度/mm		≤1/5 壁厚	≤1/4 壁厚	在同一部位对应处不允许同时存在 长度是指缺陷流向的展开长度
			长度不大于铸件最大轮廓尺寸		1/10	1/5	
			所在面上不允许超过的数量	不允许	2处	2处	
			离铸件边缘距离/mm		≥4	≥4	
			两冷隔间距/mm		≥10	≥10	
	擦伤		深度/mm≤	0.05	0.01	0.25	除1级表面外,浇口部位允许增加一倍
			面积不大于总面积百分数(%)	3	5	10	
	凹陷		凹入深度/mm	≤0.10	≤0.30	≤0.50	
	黏附物痕迹		整个铸件不允许超过	不允许	1处	2处	
			占带缺陷表面积百分数(%)		5	10	
	边角残缺深度		铸件边长≤100mm 时	0.3	0.5	1.0	不超过边长的5%
			铸件边长>100mm 时	0.5	0.8	1.2	
	气泡	平均直径≤3mm	每100cm² 缺陷个数不超过	不允许	1	2	允许两种气泡同时存在,但大气泡≤3 个,总数 ≤ 10 个,且边距 ≥10mm
			整个铸件不超过个数		3	7	
			离铸件边缘距离/mm		≥3	≥3	
			气泡凸起高度/mm		≤0.2	≤0.3	
		平均直径3~6mm	每100cm² 缺陷个数不超过	不允许	1	1	
			整个铸件气泡不超过		1	3	
			离铸件边缘距离/mm		≥5	≥5	
			气泡凸起高度/mm		≤0.3	≤0.5	

（续）

	缺陷名称	检验范围	表面质量级别			说明
			1级	2级	3级	
表面质量要求	顶杆痕迹	凹入铸件深度不超过该处壁厚的	不允许	1/10	1/10	
		最大凹入量/mm		0.4	0.4	
		凸起高度/mm		≥0.2	≥0.2	
	网状痕迹	凸起或凹下/mm	不允许	≤0.2	≤0.2	
	各类缺陷总和	面积不超过总面积的百分数（%）	5	30	50	

		YX040A	YX040B	YX041	YX043	YX081	YX111	YX272
牌号及与国外牌号对照	中国合金代号	YX040A	YX040B	YX041	YX043	YX081	YX111	YX272
	北美商业标准（NADCA）	No. 3	No. 7	No. 5	No. 2	ZA-8	ZA-12	ZA-27
	美国材料试验学会（ASTM）	AG-40A	AG-40B	AG-41A	—	—	—	—
单铸试样物理、力学性能	极限抗拉强度/MPa	283	283	328	359	372	400	426
	屈服强度/MPa	221	221	269	283	283~296	310~331	359~370
	抗压屈服强度/MPa	414	414	600	641	252	269	358
	伸长率（%）	10	13	7	7	6~10	4~7	2.0~3.5
	布氏硬度 HBW	82	80	91	100	100~106	95~105	116~122
	抗剪强度/MPa	214	214	262	317	275	296	325
	冲击强度/J	58	58	65	47.5	32~48	20~37	9~16
	疲劳强度/MPa	47.6	47.6	56.6	58.6	103	—	145
	弹性模量/GPa	—	—	—	—	85.5	83	77.9
	密度/（g·cm³）	6.6	6.6	6.7	6.6	6.3	6.03	5.00
	熔化温度范围/℃	381~387	381~387	380~386	379~390	375~404	377~432	372~484
	比热容/[J/（kg·℃）]	419	419	419	419	435	450	525
	线胀系数/$10^{-6}K^{-1}$	27.4	27.4	27.4	27.8	23.2	24.1	26.0
	热导率/[W/（m·K）]	113	113	109	104.7	115	116	122.5
	泊松比	0.30	0.30	0.30	0.30	0.30	0.30	0.30

注：1. 检测化学成分的试样可按炉次或班次取样，也可取自铸件。化学成分应符合本表规定，且规定化学成分作为验收依据。

2. 锌合金压铸件的物理、力学性能指标是采用试样模具获得的单铸试样进行试验得到的结果，GB/T 13821—2009 作为资料性附录收入该标准附录，供参考用。该标准规定，此物理、力学性能不作为验收依据。

2.2.15 铸造轴承合金（见表2-46~表2-50）

表2-46 铸造轴承合金牌号、化学成分及力学性能（摘自GB/T 1174—1992）

种类	合金牌号	化学成分（质量分数，%）														铸造方法	力学性能≥		
		Sn	Pb	Cu	Zn	Al	Sb	Ni	Mn	Si	Fe	Bi	As	P、S、Ti	其他元素总和		R_m/MPa	A_5（%）	布氏硬度 HBW
锡基	ZSnSb12Pb10Cu4	其余	9.0~11.0	2.5~5.0	0.01	0.01	11.0~13.0	—	—	—	0.1	0.08	0.1		0.55	J	—	—	29
	ZSnSb12Cu6Cd11		0.15	4.5~6.3	0.05	0.05	10.0~13.0	0.3~0.6	—	—	0.1	—	0.4~0.7	Cd1.1~1.6 Fe+Al+Zn ≤0.15	—	J			34
	ZSnSb11Cu6		0.35	5.5~6.5	0.01	0.01	10.0~12.0	—	—	—	0.1	0.03	0.1		0.55	J			27
	ZSnSb8Cu4		0.35	3.0~4.0	0.005	0.005	7.0~8.0	—	—	—	0.1	0.03	0.1		0.55	J			24
	ZSnSb4Cu4		0.35	4.0~5.0	0.01	0.01	4.0~5.0	—	—	—	—	0.08	0.1		0.50	J			20
铅基	ZPbSb16Sn16Cu2	15.0~17.0	其余	1.5~2.0	0.15	0.005	15.0~17.0	—	—	—	0.1	0.1	0.3		0.6	J	—	—	30
	ZPbSb15Sn5Cu3Cd2	5.0~6.0		2.5~3.0	0.15	0.01	14.0~16.0	—	—	—	0.1	0.1	0.6~1.0	Cd1.75~2.25	0.4	J			32
	ZPbSb15Sn10	9.0~11.0		0.7	0.005	0.005	14.0~16.0	—	—	—	0.1	0.1	0.6	Cd0.05	0.45	J			24
	ZPbSb15Sn5	4.0~5.5		0.5~1.0	0.15	0.01	14.0~15.5	—	—	—	0.1	0.1	0.2		0.75	J			20
	ZPbSb10Sn6	5.0~7.0		0.7	0.005	0.005	9.0~11.0	—	—	—	0.1	0.1	0.25	Cd0.05	0.7	J			18

（续）

种类	合金牌号	化学成分（质量分数，%）														铸造方法	力学性能≥		
		Sn	Pb	Cu	Zn	Al	Sb	Ni	Mn	Si	Fe	Bi	As	P、S、Ti	其他元素总和		R_m /MPa	A_5 （%）	布氏硬度 HBW
铜基	ZCuSn5Pb5Zn5	4.0~6.0	4.0~6.0	其余	4.0~6.0	0.01	0.25	2.5△	—	0.01	0.30	—	—	P0.05 S0.10	0.7	S / J / Li	200 / 250	13 / 13	60* / 65* / 65*
	ZCuSn10P1	9.0~11.5	0.25		0.05	0.01	0.05	0.10	0.05	0.02	0.10	0.005	—	P0.05~1.0 S0.05	0.7	S / J / Li	200 / 310 / 330	3	80* / 90* / 90*
	ZCuPb10Sn10	9.0~11.0	8.0~11.0		2.0△	0.01	0.5	2.0△	0.2	0.01	0.25	0.005	—	P0.05 S0.10	1.0	S / J / Li	180 / 220 / 220	7	65* / 70* / 70*
	ZCuPb15Sn8	7.0~9.0	13.0~17.0		2.0△	0.01	0.5	2.0△	0.2	0.01	0.25	—	—	P0.10 S0.10	1.0	S / J / Li	170 / 200 / 220	5	60* / 65* / 65*
	ZCuPb20Sn5	4.0~6.0	18.0~23.0		2.0△	0.01	0.75	2.5△	0.2	0.01	0.25	—	—	P0.10 S0.10	1.0	S / J	150 / 150	5	45* / 55*
	ZCuPb30	1.0	27.0~33.0		—	0.01	0.2	2.0△	0.3	0.02	0.5	0.005	0.10	P0.08	1.0	J	—	—	25*
	ZCuAl10Fe3	0.3	0.2		0.4	8.5~11.0	—	3.0△	1.0△	0.20	2.0~4.0	—	—	—	1.0	S / J,Li	490 / 540	13 / 15	100* / 110*
铝基	ZAlSn6Cu1Ni1	5.5~7.0	—	0.7~1.3	—	其余	—	0.7~1.3	0.1	0.7	0.7	—	—	Ti0.2 Fe+Si+Mn ≤1.0	1.5	S / J	110 / 130	10 / 15	35* / 40*

注：1. 表格中所列单一数值系指允许的其他元素最高含量。
2. 表中有"△"号的数值不计入其他元素总和，带"*"者为参考硬度值。

表 2-47　锡基轴承合金和铅基轴承合金力学性能

	性　　能		ZSnSb12Pb10Cu4	ZSnSb11Cu6	ZSnSb8Cu4	ZSnSb4Cu4
锡基轴承合金力学性能	抗拉强度 R_m/MPa		83	88	78	63
	规定塑性延伸强度 $R_{p0.2}$/MPa		38	66	61	29
	断后伸长率 A_5(%)		—	6.0	18.6	7.0
	断面收缩率 Z(%)		—	38	25	—
	抗压强度 σ_{bc}/MPa		112	113	112	88
	抗压屈服强度 $\sigma_{-0.2}$/MPa		37	80	42	29
	疲劳极限 σ_D/MPa		30	24	27	26
	弹性模量 E/GPa		53	48	57	51
	冲击韧度 a_K/(kJ/m²)	有缺口 a_{KV}	—	58.8	114.7	—
		无缺口 a_K	—	104.9	294.2	539.4
	不同温度下的硬度 HBW	17~20℃	24.5	30.0	24.3	22.0
		25℃	—	29.0	22.3	—
		50℃	—	22.8	18.2	16.4
		75℃	—	18.5	14.8	12.7
		100℃	12	14.5	11.3	9.2
		125℃	—	10.9	—	6.9
		150℃	—	8.2	6.4	6.4

	性　　能		ZPbSb16Sn16Cu2	ZPbSb15Sn5Cu3Cd2	ZPbSb15Sn10	ZPbSb15Sn5	ZPbSb10Sn6
铅基轴承合金力学性能	抗拉强度 R_m/MPa		76.5	67	59	—	78.5
	规定塑性延伸强度 $R_{p0.2}$/MPa		—	—	57		—
	断后伸长率 A_5/%		0.2	0.2	1.8	0.2	5.5
	抗压强度 σ_{bc}/MPa		121	133	125.5	108	
	抗压屈服强度 $\sigma_{-0.2}$/MPa		84	81	61	78.5	—
	疲劳极限 σ_D/MPa		22.5		27.5	17	25.5
	弹性模量 E/GPa		—	—	29.4	9.4	29.0
	冲击韧度 a_K/(kJ/m²)		13.70	14.70	43.15	—	46.10
	硬度 HBW	17~20℃	34.0	32.0	26.0	20.0	23.7
		50℃	29.5	24.9	24.8	—	18.0
		70℃	22.8	21.3	22.1	—	—
		100℃	15.0	14.0	14.3	9.5	11.0
		125℃	6.9	12.1	—	—	—
		150℃	6.4	8.1	—	—	8.1

表 2-48　铸造轴承合金的特性及应用

组别	合金代号	主 要 特 征	用 途 举 例
锡基轴承合金	ZSnSb12Pb10Cu4	为含锡量最低的锡基轴承合金，其特点是：性软而韧，耐压，硬度较高，因含铅，浇注性能较其他锡基轴承合金差，热强性也较低，但价格比其他锡基轴承合金低	适于浇注一般中速、中等载荷发动机的主轴承，但不适用于高温部分
	ZSnSb11Cu6	这是机械工业中应用较广的一种锡基轴承合金。其组成成分的特点是：锡含量较低，铜、锑含量较高。其性能特点是：有一定的韧性，硬度适中（27HB），抗压强度较高，可塑性好，所以它的减摩性能和抗磨性能均较好，其冲击韧性虽比 ZSnSb8Cu4、ZSnSb4Cu4 锡基轴承合金差，但比铅基轴承合金高。此外，还有优良的导热性和耐蚀性，流动性能好，膨胀系数比其他巴氏合金都小。缺点是：疲劳强度较低，故不能用于浇铸层很薄和承受较大振动载荷的轴承。此外，工作温度不能高于 110℃，使用寿命较短	适于浇注重载、高速、工作温度低于 110℃的重要轴承，如 2000 马力（1 马力 = 735.5W）以上的高速蒸汽机、500 马力的涡轮压缩机和涡轮泵、1200 马力以上的快速行程柴油机、750kW 以上的电动机、500kW 以上的发电机、高转速机床主轴的轴承和轴瓦
	ZSnSb8Cu4	除韧性比 ZSnSb11Cu6 好、强度及硬度比 ZSnSb11Cu6 低之外，其他性能与 ZSnSb11Cu6 近似，但因含锡量高，价格较 ZSnSb11Cu6 更贵	适于浇注工作温度在 100℃ 以下的一般负荷压力大的大型机器轴承及轴衬、高速高载荷的汽车发动机薄壁双金属轴承
	ZSnSb4Cu4	这种合金的韧性是巴氏合金中最高的，强度及硬度比 ZSnSb11Cu6 略低，其他性能与 ZSnSb11Cu6 近似，但价格也最贵	用于要求韧性较大和浇注层厚度较薄的重载高速轴承，如内燃机、涡轮机，特别是航空和汽车发动机的高速轴承及轴衬
铅基轴承合金	ZPbSb16Sn16Cu2	这种合金和 ZSnSb11Cu6 相比，它的摩擦因数较大，硬度相同，抗压强度较高，在耐磨性和使用寿命方面也不低，尤其是价格便宜得多；其缺点是冲击韧性低，在室温下比较脆。当轴承经受冲击负荷的作用时，易形成裂纹和剥落；当轴承经受静载荷的作用时，工作情况比较好	适用于工作温度<120℃的条件下承受无显著冲击载荷、重载高速的轴承，如汽车拖拉机的曲柄轴承和 1200 马力以内的蒸汽或水力涡轮机、750kW 以内的电动机、500kW 以内的发电机、500 马力以内的压缩机以及轧钢机等轴承
	ZPbSb15Sn5Cu3Cd2	这种合金的含锡量比 ZPbSb16Sn16Cu2 约低 2/3，但因加有 Cd（镉）和 As（砷），它们之间的性能却无多大差别。它是 ZPbSb16Sn16Cu2 很好的代用材料	用以代替 ZPbSb16Sn16Cu2 浇注汽车和拖拉机发动机的轴承，以及船舶机械、100～250kW 电动机、抽水机、球磨机和金属切削机床齿轮箱轴承
	ZPbSb15Sn10	这种合金的冲击韧性比 ZPbSb16Sn16Cu2 高，它的摩擦因数虽然较大，但因其具有良好的磨合性和可塑性，所以仍然得到广泛的应用。合金经热处理（退火）后，塑性、韧性、强度和减摩性能均大大提高，但硬度有所下降，故一般在浇注后均进行热处理，以改善其性能	用于浇注承受中等压力、中速和冲击负荷机械的轴承，如汽车、拖拉机发动机的曲轴轴承和连杆轴承。此外，也适用于高温轴承

（续）

组别	合金代号	主 要 特 征	用 途 举 例
铅基轴承合金	ZPbSb15Sn5	这是一种性能较好的铅基低锡轴承合金，和锡基轴承合金 ZSnSb11Cu6 相比，耐压强度相同，塑性和热导率较差，在高温高压和中等冲击负荷的情况下，它的使用性能比锡基轴承合金差，但在温度不超过100℃和冲击载荷较低的条件下，这种合金完全可以适用，其使用寿命并不低于锡基轴承合金 ZSnSb11Cu6	可用于低速、轻压力条件下工作的机械轴承，一般多用于浇注矿山水泵轴承，也可用于汽轮机、中等功率电动机、拖拉机发动机、空压机等轴承和轴衬
	ZPbSb10Sn6	这种合金是锡基轴承合金 ZSnSb4Cu4 理想的代用材料，其主要特点是：强度与弹性模量的比值 R_m/E 较大，抗疲劳剥落的能力较强；由于铅的弹性模量较小，硬度较低，因而具有较好的顺应性和嵌藏性；铅有自然润滑性能，并有较好的油膜吸附能力，故有较好的抗咬合性能；铅和钢的摩擦因数较小，硬度低，对轴颈的磨损小；软硬适中，韧性好，装配时容易刮削加工，使用中容易磨合；原材料成本低廉，制造工艺简单，浇注质量容易保证。缺点是耐蚀性和合金本身的耐磨性不如锡基轴承合金	可代替 ZSnSb4Cu4 用于浇注工作层厚度不大于 0.5mm、工作温度不超过120℃、承受中等负荷或高速低负荷的机械轴承，如汽车汽油发动机、高速转子发动机、空压机、制冷机、高压油泵等主机轴承，也可用于金属切削机床、通风机、真空泵、离心泵、燃气泵、水力涡轮机和一般农机上的轴承
铜基轴承合金	ZCuSn5Pb5Zn5	耐磨性和耐蚀性好，易切削加工，铸造性能和气密性较好	在较高负荷、中等滑动速度下工作的耐磨、耐蚀零件，如轴瓦、衬套、缸套、活塞、离合器、泵件压盖、涡轮等
	ZCuSn10P1	硬度高，耐磨性极好，不易产生咬死现象，有较好的铸造性能和可切削加工性，在大气和淡水中有良好的耐蚀性	可用于高负荷（20MPa 以下）和高滑动速度（8m/s）下工作的耐磨零件，如连杆、衬套、轴瓦、齿轮、涡轮等
	ZCuPb10Sn10	润滑性能、耐磨性和耐蚀性好，适合用作双金属铸造材料	表面压力高且存在侧压力的滑动轴承，如轧辊、车辆轴承、负荷峰值为 60MPa 的受冲击零件、最高峰值达100MPa 的内燃机双金属轴瓦，以及活塞销套、摩擦片等
	ZCuPb15Sn8	在缺乏润滑剂和用水质润滑剂的条件下，滑动性和润滑性能好，易切削加工，对稀硫酸耐蚀性能好，但铸造性能差	制造表面压力高且有侧压力的轴承，还可用来制造冷轧机的铜冷却管、耐冲击负荷达 50MPa 的零件、内燃机的双金属轴承，主要用于最大荷达 70MPa 的活塞销套和耐酸配件
	ZCuPb20Sn5	有较高的滑动性，在缺乏润滑介质和以水为介质时有特别好的润滑性能，适用于双金属铸造材料，耐硫酸腐蚀，易切削加工，但铸造性能差	高滑动速度的轴承及破碎机、水泵、冷轧机轴承，以及负荷达 40MPa 的零件、耐蚀零件、双金属轴承、负荷达 70MPa 的活塞销套
	ZCuPb30	有良好的润滑性，易切削，铸造性能差，易产生密度偏析	要求高滑动速度的双金属轴瓦、减摩零件等

(续)

组别	合金代号	主　要　特　征	用　途　举　例
铜基轴承合金	ZCuAl10Fe3	具有高的力学性能，耐磨性和耐蚀性能好，可以焊接，不易钎焊，大型铸件经700℃空冷可以防止变脆	要求强度高、耐磨、耐蚀的重型铸件，如轴套、螺母、涡轮以及在250℃以下温度工作的管配件
铝基轴承合金	ZAlSn6Cu1Ni1	密度小，导热良好，承载能力大，疲劳强度高，抗咬合性好，耐蚀性和耐磨性优良，摩擦因数较大，轴颈要求有较高硬度	用于高速、高载荷的机械设备轴承

表 2-49　铸造轴承合金锭牌号及化学成分(摘自 GB/T 8740—2013)

类别	牌号	化学成分(质量分数,%)										与 ASTM B 23：2000(R2005) 牌号对照
		Sn	Pb	Sb	Cu	Fe	As	Bi	Zn	Al	Cd	
锡基合金	SnSb4Cu4	余量	0.35	4.00~5.00	4.00~5.00	0.060	0.10	0.080	0.0050	0.0050	0.050	UNS-L13910
	SnSb8Cu4	余量	0.35	7.00~8.00	3.00~4.00	0.060	0.10	0.080	0.0050	0.0050	0.050	UNS-L13890
	SnSb8Cu8	余量	0.35	7.50~8.50	7.50~8.50	0.080	0.10	0.080	0.0050	0.0050	0.050	UNS-L13840
	SnSb9Cu7	余量	0.35	7.50~9.50	7.50~8.50	0.080	0.10	0.080	0.0050	0.0050	0.050	无
	SnSb11Cu6	余量	0.35	10.00~12.00	5.50~6.50	0.080	0.10	0.080	0.0050	0.0050	0.050	无
	SnSb12Pb10Cu4	余量	9.00~11.00	11.00~13.00	2.50~5.00	0.080	0.10	0.080	0.0050	0.0050	0.050	无
铅基合金	PbSb16Sn1As1	0.80~1.20	余量	14.50~17.50	0.6	0.10	0.80~1.40	0.10	0.0050	0.0050	0.050	UNS-L53620
	PbSb16Sn16Cu2	15.00~17.00	余量	15.00~17.00	1.50~2.00	0.10	0.25	0.10	0.0050	0.0050	0.050	无
	PbSb15Sn10	9.30~10.70	余量	14.00~16.00	0.50	0.10	0.30~0.60	0.10	0.0050	0.0050	0.050	UNS-L53585
	PbSb15Sn5	4.50~5.50	余量	14.00~16.00	0.50	0.10	0.30~0.60	0.10	0.0050	0.0050	0.050	UNS-L53565
	PbSb10Sn6	5.50~6.50	余量	9.50~10.50	0.50	0.10	0.25	0.10	0.0050	0.0050	0.050	UNS-53346

注：表内没有标明范围的值都是最大值。

表 2-50 锡基、铅基轴承合金的主要成分和力学性能（摘自 GB/T 8740—2013）

类别	牌号	浇注温度/℃	主要成分(质量分数,%)				验证测试			
			Sn	Pb	Sb	Cu	布氏硬度	抗压强度/MPa	屈服强度/MPa	抗拉强度/MPa
锡基	SnSb4Cu4	440	90.83		4.62	4.46	19.3	107.8	32.2	64.3
	SnSb8Cu4	420	89.39		7.42	3.12	23.7	101.5	42.0	77.0
	SnSb8Cu8	490	83.36		8.26	7.96	27.6	141.8	52.0	94.0
	SnSb9Cu7	450	83.04		8.74	7.77	24.9	140.3	54.3	88.6
	SnSb11Cu6	420	82.58		10.81	6.05	28.0	145.2	54.5	87.0
	SnSb12Pb10Cu4	480	74.11	10.48	11.55	3.78	29.2	142.0	54.5	94.2
铅基	PbSb16Sn1As1	350	1.22	81.16	15.96		23.7	96.4	30.3	54.3
	PbSb15Sn10	340	10.11	74.12	15.07		26.8	138.9	29.2	66.4
	PbSb15Sn5	340	4.93	79.14	15.24		23.7	118.5	25.6	42.0
	PbSb10Sn6	450	6.10	83.55	10.24		18.8	110.0	25.8	71.9
	PbSb16Sn16Cu2	570	16.06	余量	15.85	2.00	23.8	134.5	42.7	58.0

注：1. GB/T 8740—2013《铸造轴承合金锭》规定的铸造锡基、铅基轴承合金主要用于制造涡轮、压缩机、电气机械和齿轮等中的普通轴承。在 GB/T 8740—2013 标准正文中，并没有规定其力学性能，只规定了各牌号的化学成分（见表 2-49）。本表的力学性能资料是以 ASTM B23：2000 标准附录中的方法作为参考进行验证性的试验数据。经验证测试，各牌号的合金锭的布氏硬度、抗压强度、屈服强度、抗拉强度等力学性能测试值与 ASTM B23：2000《巴氏轴承合金》标准附录中所列的试验结果基本相符。这些力学性能的结果因成分的变化、浇注温度和浇注方法的不同而存在一定的差值，个别情况甚至出现较大的偏差。本表所列的力学性能为一组按标准配制、在一定的温度下浇注的样品的力学性能验证测试数据。所有数据均根据试验，验证数据进行过修正。但是，国标没有规定各牌号的产品应按本表力学性能验收。本表列于国标（GB/T 8740—2013）的附录中，并在附录中说明，本表的数据不是标准中的内容，只作为参考资料，供购买者选择使用轴承合金时参考。

2. 布氏硬度的试验方法参照 GB/T 231《金属材料 布氏硬度试验》，抗压强度的试验方法参照 GB/T 7314《金属材料 室温压缩试验方法》，屈服强度、抗拉强度试验方法参照 GB/T 228.1《金属材料 室温拉伸试验方法》。

3. 布氏硬度、抗压强度、屈服强度、抗拉强度试验的室内温度为 10～25℃。

4. 供布氏硬度试验的试样是用生产铸锭的横截面切制为 15mm 厚的试块。供抗压强度试验的试样是用铸造件加工为直径 13mm、长 38mm 的试块。供屈服强度和抗拉强度试验的试样是用铸造件机械加工为直径 10mm、有效长度 100mm 的条形试样。

5. 布氏硬度值是使用一个直径 10mm 的钢球和 500kg 的负荷对试样施加 30s 形成的 3 个压痕的平均值。

6. 抗压强度值是形成试样长度 25% 的变形所需的单位负荷。

7. 屈服强度值是形成试样的一个确定测量长度的 0.125% 变形时所需的单位负荷。

8. 抗拉强度值是将试样拉断时所需的单位负荷。

2.3 加工铜及铜合金

2.3.1 加工铜及铜合金牌号、特性、应用

1. 加工铜及铜合金牌号和化学成分

GB/T 5231—2012《加工铜及铜合金牌号和化学成分》适用于以压力加工方法生产的铜及

铜合金加工产品及其所用的铸锭和坯料。该标准中部分牌号等同采用了美国铜及铜合金的牌号和化学成分，对原国家标准中部分牌号的化学成分做出新的规定，保留了 GB/T 5231—2001 标准中的 111 个牌号，新增加 102 个牌号，总计包括了 213 个牌号。该标准与 GB/T 5231—2001 相比，主要变化如下：

1）该标准对无氧铜氧含量做出调整，将原标准中的 TU0 改为 TU00，等同采用美国牌号 C10100；新增加 TU0 牌号，氧含量为 0.001%，原标准中的 TU1、TU2 不变，其氧含量分别为 0.002%、0.003%；新增加无氧铜 TU3，等同采用美国牌号 C10200。

2）将原国标中的牌号 QTe0.5、QZr0.2、QZr0.4 编入纯铜系列，牌号表示修改为：TTe0.5、TZr0.2、TZr0.4。

3）将原国标中的牌号 QCd1、QBe0.3-1.5、QBe0.6-2.5、QBe0.4-1.8、QBe1.7、QBe1.9、QBe1.9-0.1、QBe2、QCr0.5、QCr0.5-0.2-0.1、QCr0.6-0.4-0.05、QCr1、QMg0.8、QFe2.5 编入高铜系列，牌号表示修改为：TCd1、TBe0.3-1.5、TBe0.6-2.5、TBe0.4-1.8、TBe1.7、TBe1.9、TBe1.9-0.1、TBe2、TCr0.5、TCr0.5-0.2-0.1、TCr0.6-0.4-0.05、TCr1、TMg0.8、TFe2.5。

4）将原国标中的牌号 H96 等同美国 ASTM 合金牌号 C21000，铜含量由 95.0%~97.0% 调整到 94.0%~96.0%，牌号改为 H95。

5）新增纯铜 19 个牌号：TU0、TU3、TU00Ag0.06、TUAg0.03、TUAg0.05、TUAg0.1、TUAg0.2、TUAg0.3、TUZr0.15、TAg0.1-0.01、TAg0.15、TP3、TP4、TTe0.3、TTe0.5-0.008、TTe0.5-0.02、TS0.4、TZr0.15、TUAl0.12。

6）新增高铜合金 15 个牌号：TBe1.9-0.4、TNi2.4-0.6-0.5、TCr0.3-0.3、TCr0.5-0.1、TCr0.7、TCr0.8、TCr1-0.15、TCr1-0.18、TMg0.2、TMg0.4、TMg0.5、TPb1、TFe1.0、TFe0.1、TTi3.0-0.2。

7）新增黄铜 35 个牌号：H66、HB90-0.1、HPb62-2-0.1、HPb61-2-1、HPb61-2-0.1、HPb60-3、HPb59-2、HPb58-2、HPb58-3、HPb57-4、HSn72-1、HSn70-1-0.01、HSn70-1-0.01-0.04、HSn65-0.03、HBi60-2、HBi60-1.3、HBi60-1.0-0.05、HBi60-0.5-0.01、HBi60-0.8-0.01、HBi60-1.1-0.01、HBi59-1、HBi62-1、HMn64-8-5-1.5、HMn62-3-3-1、HMn62-13、HMn59-2-1.5-0.5、HMn57-2-2-0.5、HSb61-0.8-0.5、HSb60-0.9、HSi75-3、HSi62-0.6、HSi61-0.6、HAl64-5-4-2、HAl61-4-3-1.5、HMg60-1。

8）新增青铜 14 个牌号：QSn0.4、QSn0.6、QSn0.9、QSn0.5-0.025、QSn1-0.5-0.5、QSn1.8、QSn5-0.2、QSn5-0.3、QSn6-0.05、QSn15-1-1、QCr4.5-2.5-0.6、QAl6、QAl10-4-4-1、QSi0.6-2。

9）新增白铜 19 个牌号：B23、BFe7-0.4-0.4、BFe10-1.5-1、BFe10-1.6-1、BFe16-1-1-0.5、BFe30-0.7、BFe30-2-2、BZn18-10、BZn18-17、BZn9-29、BZn12-24、BZn12-26、BZn12-29、BZn18-20、BZn22-16、BZn25-18、BZn40-20、BZn10-41-2、BZn12-37-1.5。

10）新增铜及铜合金代号，表示方法为以 T 为首字母加 5 位数字。等同采用美国合金牌号的合金，仍采用美国牌号的数字编号（以 C 为首字母后加 5 位数字）。

GB/T 5231—2012 规定的加工铜及铜合金牌号及化学成分见表 2-51~表 2-55。

表2-51 加工铜牌号及化学成分（摘自 GB/T 5231—2012）

化学成分（质量分数，%）

分类	代号	牌号	Cu+Ag（最小值）	P	Ag	Bi①	Sb①	As①	Fe	Ni	Pb	Sn	S	Zn	O
无氧铜	C10100	TU00	99.99②	0.0003	0.0025	0.0001	0.0004	0.0005	0.0010	0.0010	0.0005	0.0002	0.0015	0.0001	0.0005
	T10130	TU0	99.97	0.002	—	0.001	0.002	0.002	0.004	0.002	0.003	0.002	0.004	0.003	0.001
	T10150	TU1	99.97	0.002	—	0.001	0.002	0.002	0.004	0.002	0.003	0.002	0.004	0.003	0.002
	T10180	TU2③	99.95	0.002	—	0.001	0.002	0.002	0.004	0.002	0.004	0.002	0.004	0.003	0.003
	C10200	TU3	99.95	—	—	0.001	0.002	0.002	0.004	0.002	0.004	0.002	0.004	—	0.0010
银无氧铜	T10350	TU00Ag0.06	99.99	0.002	0.05~0.08	0.0003	0.0005	0.0004	0.0025	0.0006	0.0006	0.0007	—	0.0005	0.0005
	C10500	TUAg0.03	99.95	—	≥0.034	—	—	—	—	—	—	—	—	—	0.0010
	T10510	TUAg0.05	99.96	0.002	0.02~0.06	0.001	0.002	0.002	0.004	0.002	0.004	0.002	0.004	0.003	0.003
	10530	TUAg0.1	99.96	0.002	0.06~0.12	0.001	0.002	0.002	0.004	0.002	0.004	0.002	0.004	0.003	0.003
	T10540	TUAg0.2	99.96	0.002	0.15~0.25	0.001	0.002	0.002	0.004	0.002	0.004	0.002	0.004	0.003	0.003
	T10550	TUAg0.3	99.96	0.002	0.25~0.35	0.001	0.002	0.002	0.004	0.002	0.004	0.002	0.004	0.003	0.003
锆无氧铜	T10600	TUZr0.15	99.97④	0.002	Zr: 0.11~0.21	0.001	0.002	0.002	0.004	0.002	0.003	0.002	0.004	0.003	0.002
纯铜	T10900	T1	99.95	0.001	—	0.001	0.002	0.002	0.005	0.002	0.003	0.002	0.005	0.005	0.02
	T11050	T2⑤⑥	99.90	—	—	0.001	0.002	0.002	0.005	—	0.005	—	0.005	—	—
	T11090	T3	99.70	—	—	0.002	—	—	—	—	0.01	—	—	—	—
银铜	T11200	TAg0.1-0.01	99.9⑦	0.004~0.012	0.08~0.12	—	—	—	0.05	0.05	—	—	—	—	0.05
	T11210	TAg0.1	99.5⑧	—	0.06~0.12	0.002	0.005	0.01	0.05	0.2	0.01	0.05	0.01	—	0.1
	T11220	TAg0.15	99.5	—	0.10~0.20	0.002	0.005	0.01	0.05	0.2	0.01	0.05	0.01	—	0.1
磷脱氧铜	C12000	TP1	99.90	0.004~0.012	—	—	—	—	—	—	—	—	—	—	—
	C12200	TP2	99.9	0.015~0.040	—	—	—	—	—	—	—	—	—	—	—
	T12210	TP3	99.9	0.01~0.025	—	—	—	—	—	—	—	—	—	—	0.01
	T12400	TP4	99.90	0.040~0.065	—	—	—	—	—	—	—	—	—	—	0.002

注（无氧铜 TU00）：Te≤0.0002，Se≤0.0003，Mn≤0.00005，Cd≤0.0001

（续）

分类	代号	牌号	化学成分（质量分数,%）													
			Cu+Ag（最小值）	P	Ag	Bi①	Sb①	As①	Fe	Ni	Pb	Sn	S	Zn	O	Cd
碲铜	T14440	TTe0.3	99.9⑨	0.001	Te: 0.20~0.35	0.001	0.0015	0.002	0.008	0.002	0.01	0.001	0.0025	0.005	—	0.01
	T14450	TTe0.5-0.008	99.8⑩	0.004~0.012	Te: 0.4~0.6	0.001	0.003	0.002	0.008	0.005	0.01	0.01	0.003	0.008	—	0.01
	C14500	TTe0.5	99.90⑩	0.004~0.012	Te: 0.40~0.7	—	—	—	—	—	—	—	—	—	—	—
	C14510	TTe0.5-0.02	99.85⑩	0.010~0.030	Te: 0.30~0.7	—	—	—	—	—	0.05	—	—	—	—	—
硫铜	C14700	TS0.4	99.90⑪	0.002~0.005	—	—	—	—	—	—	—	—	0.20~0.50	—	—	—
锆铜	C15000	TZr0.15⑫	99.80	—	Zr: 0.10~0.20	0.002	0.005	—	0.05	0.2	0.01	0.05	0.01	—	—	—
	T15200	TZr0.2	99.5④	—	Zr: 0.15~0.30	0.002	0.005	—	0.05	0.2	0.01	0.05	0.01	—	—	—
	T15400	TZr0.4	99.5④	—	Zr: 0.30~0.50											
弥散无氧铜	T15700	TUAl0.12	余量	0.002	Al₂O₃: 0.16~0.26	0.001	0.002	0.002	0.004	0.002	0.003	0.002	0.004	0.003	—	—

① 砷、铋、锑可不分析，但供方必须保证不大于极限值。
② 此值为铜量，铜含量（质量分数）不小于99.99%时，其值应由差减法求得。
③ 电工用无氧铜TU2氧含量不大于0.002%。
④ 此值为Cu+Ag+Zr。
⑤ 经双方协商，可供应P不大于0.001%的导电TU2铜。
⑥ 电力机车接触材料用纯铜线坯：Bi≤0.0005%，Pb≤0.0050%，P≤0.0005%，O≤0.035%，P≤0.001%，其他杂质总和≤0.03%。
⑦ 此值为Cu+Ag+P。
⑧ 此值为铜量。
⑨ 此值为Cu+Ag+Te。
⑩ 此值为Cu+Ag+Te+P。
⑪ 此值为Cu+Ag+S+P。
⑫ 此牌号Cu+Ag+Zr不小于99.9%。

表 2-52 加工高铜合金① 牌号及化学成分（摘自 GB/T 5231—2012）

化学成分（质量分数，%）

分类	代号	牌号	Cu	Be	Ni	Cr	Si	Fe	Al	Pb	Ti	Zn	Sn	S	P	Mn	Co	杂质总和
镉铜	C16200	TCd1	余量	—	—	—	—	0.02	—	—	—	—	—	—	—	Cd: 0.7~1.2	—	0.5
铍铜	C17300	TBe1.9-0.4②	余量	1.80~2.00	—	—	0.20	—	0.20	0.20~0.6	—	—	—	—	—	—	—	0.9
铍铜	T17490	TBe0.3-1.5	余量	0.25~0.50	—	—	0.20	0.10	0.20	—	—	—	—	—	—	Ag: 0.90~1.10	1.40~1.70	0.5
铍铜	C17500	TBe0.6-2.5	余量	0.4~0.7	—	—	0.20	0.10	0.20	—	—	—	—	—	—	—	2.4~2.7	1.0
铍铜	C17510	TBe0.4-1.8	余量	0.2~0.6	1.4~2.2	—	0.20	0.10	0.20	—	—	—	—	—	—	—	0.3	1.3
铍铜	T17700	TBe1.7	余量	1.6~1.85	0.2~0.4	—	0.15	0.15	0.15	0.005	0.10~0.25	—	—	—	—	Mg: 0.07~0.13	—	0.5
铍铜	T17710	TBe1.9	余量	1.85~2.1	0.2~0.4	—	0.15	0.15	0.15	0.005	0.10~0.25	—	—	—	—	—	—	0.5
铍铜	T17715	TBe1.9-0.1	余量	1.85~2.1	0.2~0.4	—	0.15	0.15	0.15	0.005	0.10~0.25	—	—	—	—	—	—	0.5
铍铜	T17720	TBe2	余量	1.80~2.1	0.2~0.5	—	0.15	0.15	0.15	0.005	—	—	—	—	—	—	—	0.5
镍铬铜	C18000	TNi2.4-0.6-0.5	余量	—	1.8~3.0③	0.10~0.8	0.40~0.8	0.15	—	—	—	—	—	—	—	—	—	0.65
铬铜	C18135	TCr0.3-0.3	余量	—	—	0.20~0.6	—	—	—	—	—	—	—	—	—	Cd: 0.20~0.6	—	0.5
铬铜	T18140	TCr0.5	余量	—	0.05	0.4~1.1	—	0.1	—	—	—	—	—	—	—	—	—	0.5
铬铜	T18142	TCr0.5-0.2-0.1	余量	—	—	0.4~1.0	0.05	—	0.1~0.25	—	—	—	—	—	—	Mg: 0.1~0.25	—	0.5
铬铜	T18144	TCr0.5-0.1	余量	—	0.05	0.40~0.70	—	0.05	—	0.005	—	0.05~0.25	0.01	0.005	—	Ag: 0.08~0.13	—	0.25
铬铜	T18146	TCr0.7	余量	—	0.05	0.55~0.85	—	0.1	—	—	—	—	—	—	—	—	—	0.5

（续）

分类	代号	牌号	化学成分（质量分数，%）																
			Cu	Zr	Cr	Ni	Si	Fe	Al	Pb	Mg	Zn	Sn	S	P	B	Sb	Bi	杂质总和
铬铜	T18148	TCr0.8	余量	—	0.6~0.9	0.05	0.03	0.03	0.005	—	—	—	—	0.005	—	—	—	—	0.2
	C18150	TCr1-0.15	余量	0.05~0.25	0.50~1.5	—	—	—	—	—	—	—	—	—	—	—	—	—	0.3
	T18160	TCr1-0.18	余量	0.05~0.30	0.5~1.5	—	0.10	0.10	0.05	0.05	0.05	—	—	—	0.10	0.02	0.01	0.01	0.3④
	T18170	TCr0.6-0.4-0.05	余量	0.3~0.6	0.4~0.8	—	0.05	0.05	—	—	0.04~0.08	—	—	—	0.01	—	—	—	0.5
	C18200	TCr1	余量	—	0.6~1.2	—	0.10	0.10	—	0.05	—	—	—	—	—	—	—	—	0.75
镁铜	T18658	TMg0.2	余量	—		—	—	—	—	—	0.1~0.3	—	—	—	0.01	—	—	—	0.1
	C18661	TMg0.4	余量	—		—	—	0.10	—	—	0.10~0.7	—	0.20	—	0.001~0.02	—	—	—	0.8
	T18664	TMg0.5	余量	—		—	—	—	—	—	0.4~0.7	—	—	—	0.01	—	—	—	0.1
	T18667	TMg0.8	余量	—		0.006	—	0.005	—	0.005	0.70~0.85	0.005	0.002	0.005	—	—	0.005	0.002	0.3
铅铜	C18700	TPb1	余量	—		—	—	—	—	0.8~1.5	—	—	—	—	—	—	—	—	0.5
铁铜	C19200	TFe1.0	98.5	—		—	—	0.8~1.2	—	—	—	0.20	—	—	0.01~0.04	—	—	—	0.4
	C19210	TFe0.1	余量	—		—	—	0.05~0.15	—	—	—	—	—	—	0.025~0.04	—	—	—	0.2
	C19400	TFe2.5	97.0	—		—	—	2.1~2.6	—	0.03	—	0.05~0.20	—	—	0.015~0.15	—	—	—	—
钛铜	C19910	TTi3.0-0.2	余量	—		—	—	0.17~0.23	—	—	—	—	—	—	—	Ti: 2.9~3.4	—	—	0.5

① 高铜合金指铜含量在96.0%~99.3%之间的合金。

② 该牌号 Ni+Co≥0.20%，Ni+Co+Fe≤0.6%。

③ 此值为 Ni+Co。

④ 此值为表中所列杂质元素实测值总和。

表 2-53　加工黄铜牌号及化学成分（摘自 GB/T 5231—2012）

化学成分（质量分数，%）

分类	代号	牌号	Cu	Fe[①]	Pb	Si	Ni	B	As	Zn	杂质总和
铜锌合金 普通黄铜	C21000	H95	94.0~96.0	0.05	0.05	—	—	—	—	余量	0.3
	C22000	H90	89.0~91.0	0.05	0.05	—	—	—	—	余量	0.3
	C23000	H85	84.0~86.0	0.05	0.05	—	—	—	—	余量	0.3
	C24000	H80[②]	78.5~81.5	0.05	0.05	—	—	—	—	余量	0.3
	T26100	H70[②]	68.5~71.5	0.10	0.03	—	—	—	—	余量	0.3
	T26300	H68	67.0~70.0	0.10	0.03	—	—	—	—	余量	0.3
	C26800	H66	64.0~68.5	0.05	0.09	—	—	—	—	余量	0.45
	C27000	H65	63.0~68.5	0.07	0.09	—	—	—	—	余量	0.45
	T27300	H63	62.0~65.0	0.15	0.08	—	—	—	—	余量	0.5
	T27600	H62	60.5~63.5	0.15	0.08	—	—	—	—	余量	0.5
	T28200	H59	57.0~60.0	0.3	0.5	—	—	—	—	余量	1.0
铜锌合金 硼砷黄铜	T22130	HB90-0.1	89.0~91.0	0.02	0.02	0.5	—	0.05~0.3	—	余量	0.5[③]
	T23030	HAs85-0.05	84.0~86.0	0.10	0.03	—	—	—	0.02~0.08	余量	0.3
	C26130	HAs70-0.05	68.5~71.5	0.05	0.05	—	—	—	0.02~0.08	余量	0.4
	T26330	HAs68-0.04	67.0~70.0	0.10	0.03	—	—	—	0.03~0.06	余量	0.3

（续）

分类	代号	牌号	化学成分（质量分数，%）								
			Cu	Fe①	Pb	Al	Mn	Sn	As	Zn	杂质总和
铅黄铜／铜锌铅合金	C31400	HPb89-2	87.5~90.5	0.10	1.3~2.5	—	Ni: 0.7	—	—	余量	1.2
	C33000	HPb66-0.5	65.0~68.0	0.07	0.25~0.7	—	—	—	—	余量	0.5
	T34700	HPb63-3	62.0~65.0	0.10	2.4~3.0	—	—	—	—	余量	0.75
	T34900	HPb63-0.1	61.5~63.5	0.15	0.05~0.3	—	—	—	—	余量	0.5
	T35100	HPb62-0.8	60.0~63.0	0.2	0.5~1.2	—	—	—	—	余量	0.75
	C35300	HPb62-2	60.0~63.0	0.15	1.5~2.5	—	—	—	—	余量	0.65
	C36000	HPb62-3	60.0~63.0	0.35	2.5~3.7	—	—	—	—	余量	0.85
	T36210	HPb62-2-0.1	61.0~63.0	0.1	1.7~2.8	0.05	0.1	0.1	0.02~0.15	余量	0.55
	T36220	HPb61-2-1	59.0~62.0	—	1.0~2.5	—	—	0.30~1.5	0.02~0.25	余量	0.4
	T36230	HPb61-2-0.1	59.2~62.3	0.2	1.7~2.8	—	—	0.2	0.08~0.15	余量	0.5
	T37100	HPb61-1	58.0~62.0	0.15	0.6~1.2	—	—	—	—	余量	0.55
	C37700	HPb60-2	58.0~61.0	0.30	1.5~2.5	—	—	—	—	余量	0.8
	T37900	HPb60-3	58.0~61.0	0.3	2.5~3.5	—	—	0.3	—	余量	0.8③
	T38100	HPb59-1	57.0~60.0	0.5	0.8~1.9	—	—	—	—	余量	1.0
	T38200	HPb59-2	57.0~60.0	0.5	1.5~2.5	—	—	0.5	—	余量	1.0③
	T38210	HPb58-2	57.0~59.0	0.5	1.5~2.5	—	—	0.5	—	余量	1.0③
	T38300	HPb59-3	57.5~59.5	0.50	2.0~3.0	—	—	0.5	—	余量	1.2
	T38310	HPb58-3	57.0~59.0	0.5	2.5~3.5	—	—	0.5	—	余量	1.0③
	T38400	HPb57-4	56.0~58.0	0.5	3.5~4.5	—	—	0.5	—	余量	1.2③

（续）

分类	代号	牌号	化学成分（质量分数，%）														
			Cu	Te	B	Si	As	Bi	Cd	Sn	P	Ni	Mn	Fe①	Pb	Zn	杂质总和
锡黄铜	T41900	HSn90-1	88.0~91.0	—	—	—	—	—	—	0.25~0.75	—	—	—	0.10	0.03	余量	0.2
锡黄铜	C44300	HSn72-1	70.0~73.0	—	—	—	0.02~0.06	—	—	0.8~1.2④	—	—	—	0.06	0.07	余量	0.4
锡黄铜	T45000	HSn70-1	69.0~71.0	—	—	—	0.03~0.06	—	—	0.8~1.3	—	—	—	0.10	0.05	余量	0.3
锡黄铜	T45010	HSn70-1-0.01	69.0~71.0	—	0.0015~0.02	—	0.03~0.06	—	—	0.8~1.3	—	—	—	0.10	0.05	余量	0.3
锡黄铜	T45020	HSn70-1-0.01-0.04	69.0~71.0	—	0.0015~0.02	—	0.03~0.06	—	—	0.8~1.3	—	0.05~1.00	0.02~2.00	0.10	0.05	余量	0.3
锡黄铜	T46100	HSn65-0.03	63.5~68.0	—	—	—	—	—	—	0.01~0.2	0.01~0.07	—	—	0.05	0.03	余量	0.3
锡黄铜	T46300	HSn62-1	61.0~63.0	—	—	—	—	—	—	0.7~1.1	—	—	—	0.10	0.10	余量	0.3
锡黄铜	T46410	HSn60-1	59.0~61.0	—	—	—	—	—	—	1.0~1.5	—	—	—	0.10	0.30	余量	1.0
铋黄铜	T49230	HBi60-2	59.0~62.0	—	—	—	—	2.0~3.5	0.01	0.3	—	—	—	0.2	0.1	余量	0.5③
铋黄铜	T49240	HBi60-1.3	58.0~62.0	—	—	—	—	0.3~2.3	0.01	0.05~1.2⑤	—	—	—	0.1	0.2	余量	0.3③
铋黄铜	C49260	HBi60-1.0-0.05	58.0~63.0	—	—	0.10	—	0.50~1.8	0.001	0.50	0.05~0.15	—	—	0.50	0.09	余量	1.5

铜锌锡合金，复杂黄铜

（续）

化学成分（质量分数,%）

分类	代号	牌号	Cu	Te	Al	Si	As	Bi	Cd	Sn	P	Ni	Mn	Fe①	Pb	Zn	杂质总和
铋黄铜	T49310	HBi60-0.5-0.01	58.5~61.5	0.010~0.015	—	—	0.01	0.45~0.65	0.01	—	—	—	—	—	0.1	余量	0.5③
铋黄铜	T49320	HBi60-0.8-0.01	58.5~61.5	0.010~0.015	—	—	0.01	0.70~0.95	0.01	—	—	—	—	—	0.1	余量	0.5③
铋黄铜	T49330	HBi60-1.1-0.01	58.5~61.5	0.010~0.015	—	—	0.01	1.00~1.25	0.01	—	—	—	—	—	0.1	余量	0.5③
铋黄铜	T49360	HBi59-1	58.0~60.0	—	—	—	—	0.8~2.0	0.01	0.2	—	—	—	0.2	0.1	余量	0.5③
复杂黄铜	C49350	HBi62-1	61.0~63.0	Sb: 0.02~0.10	—	0.30	—	0.50~2.5	—	1.5~3.0	0.04~0.15	—	—	—	0.09	余量	0.9
锰黄铜	T67100	HMn64-8-5-1.5	63.0~66.0	—	4.5~6.0	1.0~2.0	—	—	—	0.5	—	0.5	7.0~8.0	0.5~1.5	0.3~0.8	余量	1.0
锰黄铜	T67200	HMn62-3-3-0.7	60.0~63.0	—	2.4~3.4	0.5~1.5	—	—	—	0.1	—	—	2.7~3.7	0.1	0.05	余量	1.2
锰黄铜	T67300	HMn62-3-3-1	59.0~65.0	—	1.7~3.7	0.5~1.3	—	Cr: 0.07~0.27	—	—	—	0.2~0.6	2.2~3.8	0.6	0.18	余量	0.8
锰黄铜	T67310	HMn62-13⑥	59.0~65.0	—	0.5~2.5⑦	0.05	—	—	—	—	—	0.05~0.5⑧	10~15	0.05	0.03	余量	0.15③
锰黄铜	T67320	HMn55-3-1⑨	53.0~58.0	—	—	—	—	—	—	—	—	—	3.0~4.0	0.5~1.5	0.5	余量	1.5

（续）

分类	代号	牌号	化学成分（质量分数，%）													
			Cu	Fe①	Pb	Al	Mn	P	Sb	Ni	Si	Cd	Sn	Zn	杂质总和
复杂黄铜 锰黄铜	T67330	HMn59-2-1.5-0.5	58.0~59.0	0.35~0.65	0.3~0.6	1.4~1.7	1.8~2.2	—	—	—	0.6~0.9	—	—	余量	0.3
	T67400	HMn58-2②	57.0~60.0	1.0	0.1	—	1.0~2.0	—	—	—	—	—	—	余量	1.2
	T67410	HMn57-3-1⑨	55.0~58.5	1.0	0.2	0.5~1.5	2.5~3.5		—	—	—	—	—	余量	1.3
	T67420	HMn57-2-2-0.5	56.5~58.5	0.3~0.8	0.3~0.8	1.3~2.1	1.5~2.3		—	0.5	0.5~0.7	—	0.5	余量	1.0
铁黄铜	T67600	HFe59-1-1	57.0~60.0	0.6~1.2	0.20	0.1~0.5	0.5~0.8		—	—	—	—	0.3~0.7	余量	0.3
	T67610	HFe58-1-1	56.0~58.0	0.7~1.3	0.7~1.3	—	—		—	—	—	—	—	余量	0.5
锑黄铜	T68200	HSb61-0.8-0.5	59.0~63.0	0.2	0.2	—	—	—	0.4~1.2	0.05~1.2②⑩	0.3~1.0	0.01	—	余量	0.5③
	T68210	HSb60-0.9	58.0~62.0	—	0.2	—	—		0.3~1.5	0.05~0.9⑪	—	0.01	—	余量	0.3③
硅黄铜	T68310	HSi80-3	79.0~81.0	0.6	0.1	—	—	—	—	—	2.5~4.0	—	—	余量	1.5
	T68320	HSi75-3	73.0~77.0	0.1	0.1	—	0.1	0.04~0.15	—	0.1	2.7~3.4	0.01	0.2	余量	0.6③
	C68350	HSi62-0.6	59.0~64.0	0.15	0.09	0.30	—	0.05~0.40	—	0.20	0.3~1.0	—	0.6	余量	2.0
	T68360	HSi61-0.6	59.0~63.0	0.15	0.2	—	—	0.03~0.12	—	0.05~1.0⑤	0.4~1.0	0.01	—	余量	0.3
铝黄铜	C68700	HAl77-2	76.0~79.0	0.06	0.07	1.8~2.5	As：0.02~0.06	—	—	—	—	—	—	余量	0.6
	T68900	HAl67-2.5	66.0~68.0	0.6	0.5	2.0~3.0	—	—	—	—	—	—	—	余量	1.5
	T69200	HAl66-6-3-2	64.0~68.0	2.0~4.0	0.5	6.0~7.0	1.5~2.5	—	—	—	—	—	—	余量	1.5
	T69210	HAl64-5-4-2	63.0~66.0	1.8~3.0	0.2~1.0	4.0~6.0	3.0~5.0	—	—	—	0.5	—	0.3	余量	1.3

（续）

分类	代号	牌号	化学成分（质量分数，%）														
			Cu	Fe①	Pb	Al	As	Bi	Mg	Cd	Mn	Ni	Si	Co	Sn	Zn	杂质总和
铝黄铜	T69220	HAl61-4-3-1.5	59.0~62.0	0.5~1.3	—	3.5~4.5	—	—	—	—	—	2.5~4.0	0.5~1.5	1.0~2.0	0.2~1.0	余量	1.3
铝黄铜	T69230	HAl61-4-3-1	59.0~62.0	0.3~1.3	—	3.5~4.5	—	—	—	—	—	2.5~4.0	0.5~1.5	0.5~1.0	—	余量	0.7
复杂黄铜 铝黄铜	T69240	HAl60-1-1	58.0~61.0	0.70~1.50	0.40	0.70~1.50	—	—	—	—	0.1~0.6	—	—	—	—	余量	0.7
铝黄铜	T69250	HAl59-3-2	57.0~60.0	0.50	0.10	2.5~3.5	—	—	—	—	—	2.0~3.0	—	—	—	余量	0.9
镁黄铜	T69800	HMg60-1	59.0~61.0	0.2	0.1	—	—	0.3~0.8	0.5~2.0	0.01	—	—	—	—	0.3	余量	0.5③
镍黄铜	T69900	HNi65-5	64.0~67.0	0.15	0.03	—	—	—	—	—	—	5.0~6.5	—	—	—	余量	0.3
镍黄铜	T69910	HNi56-3	54.0~58.0	0.15~0.5	0.2	0.3~0.5	—	—	—	—	—	2.0~3.0	—	—	—	余量	0.6

① 抗磁用黄铜的质量分数不大于0.030%。

② 特殊用途的H70、H80的杂质最大值为Fe0.07%，Sb0.002%，P0.005%，As0.005%，S0.002%，杂质总和为0.20%。

③ 此值为表中所列杂质元素实测值总和。

④ 此牌号为管材产品时，Sn含量最小值为0.9%。

⑤ 此值为Sb+B+Ni+Sn。

⑥ 此牌号P≤0.005%，B≤0.01%，Bi≤0.005%，Sb≤0.005%。

⑦ 此值为Ti+Al。

⑧ 此值为Ni+Co。

⑨ 供异型铸造和热锻用的HMn57-3-1、HMn58-2的磷的质量分数不大于0.03%。供特殊使用用的HMn55-3-1的铝的质量分数不大于0.1%。

⑩ 此值为Ni+Sn+B。

⑪ 此值为Ni+Fe+B。

表2-54　加工青铜牌号及化学成分（摘自GB/T 5231—2012）

化学成分（质量分数，%）

分类	代号	牌号	Cu	Sn	P	Fe	Pb	Al	B	Ti	Mn	Si	Ni	Zn	杂质总和
锡青铜②（铜锡、铜锡磷、铜锡铅、铜锡锌铝合金）	T50110	QSn0.4	余量	0.15~0.55	0.001	—	—	—	—	—	—	—	0≤0.035	—	0.1
	T50120	QSn0.6	余量	0.4~0.8	0.01	0.020	—	—	—	—	—	—	—	—	0.1
	T50130	QSn0.9	余量	0.85~1.05	0.03	0.05	—	—	—	—	—	—	—	—	0.1
	T50300	QSn0.5-0.025	余量	0.25~0.6	0.015~0.035	0.010	—	—	—	—	—	—	—	—	0.1
	T50400	QSn1-0.5-0.5	余量	0.9~1.2	0.09	—	0.01	0.01	S≤0.005	—	0.3~0.6	0.3~0.6	—	—	0.1
	C50500	QSn1.5-0.2	余量	1.0~1.7	0.03~0.35	0.10	0.05	—	—	—	—	—	—	0.30	0.95
	C50700	QSn1.8	余量	1.5~2.0	0.30	0.10	0.05	—	—	—	—	—	—	—	0.95
	T50800	QSn4-3	余量	3.5~4.5	0.03	0.05	0.02	0.002	—	—	—	—	—	2.7~3.3	0.2
	C51000	QSn5-0.2	余量	4.2~5.8	0.03~0.35	0.10	0.05	—	—	—	—	—	—	0.30	0.95
	T51010	QSn5-0.3	余量	4.5~5.5	0.01~0.40	0.1	0.02	—	—	—	—	—	0.2	0.2	0.75
	C51100	QSn4-0.3	余量	3.5~4.9	0.03~0.35	0.10	0.05	—	—	—	—	—	—	0.30	0.95
	T51500	QSn6-0.05	余量	6.0~7.0	0.05	0.10	—	—	Ag: 0.05~0.12	—	—	—	—	0.05	0.2
	T51510	QSn6.5-0.1	余量	6.0~7.0	0.10~0.25	0.05	0.02	0.002	—	—	—	—	—	0.3	0.4
	T51520	QSn6.5-0.4	余量	6.0~7.0	0.26~0.40	0.02	0.02	0.002	—	—	—	—	—	0.3	0.4
	T51530	QSn7-0.2	余量	6.0~8.0	0.10~0.25	0.05	0.02	0.01	—	—	—	—	—	0.3	0.45
	C52100	QSn8-0.3	余量	7.0~9.0	0.03~0.35	0.10	0.05	—	—	—	—	—	—	0.20	0.85
	T52500	QSn15-1-1	余量	12~18	0.5	0.1~1.0	—	—	0.002~1.2	0.002	0.6	—	—	0.5~2.0	1.0⑤
	T53300	QSn4-4-2.5	余量	3.0~5.0	0.03	0.05	1.5~3.5	0.002	—	—	—	—	—	3.0~5.0	0.2
	T53500	QSn4-4-4	余量	3.0~5.0	0.03	0.05	3.5~4.5	0.002	—	—	—	—	—	3.0~5.0	0.2

化学成分（质量分数，%）

分类	代号	牌号	Cu	Al	Fe	Mn	Ni	P	Zn	Sn	Si	Pb	As①	Mg	Sb①	Bi①	S	杂质总和
铜铬（铬青铜）合金	T55600	QCr4.5-2.5-0.6	余量	Cr: 3.5~5.5	0.05	0.5~2.0	0.2~1.0	0.005	0.05	0.05	0.1	0.01	Ti: 1.5~3.5	—	0.005	0.002	—	0.1⑤
铜锰（锰青铜）铜铝合金	T56100	QMn1.5	余量	0.07	0.1	1.20~1.80	0.1	—	—	0.05	0.1	0.01	Cr≤0.1	—	0.005	0.002	0.01	0.3
	T56200	QMn2	余量	0.07	0.1	1.5~2.5	—	—	—	0.05	0.1	0.01	0.01	—	0.05	0.002	—	0.5
	T56300	QMn5	余量	—	0.35	4.5~5.5	—	0.01	0.4	0.1	0.1	0.03	—	—	0.002	—	—	0.9

(续)

化学成分(质量分数,%)

分类	代号	牌号	Cu	Al	Fe	Ni	Mn	P	Zn	Sn	Si	Pb	As①	Mg	Sb①	Bi①	S	杂质总和
铝青铜(铜铝合金)	T60700	QAl5	余量	4.0~6.0	0.5	—	0.5	0.01	0.5	0.1	0.1	0.03	—	—	—	—	—	1.6
	C60800	QAl6	余量	5.0~6.5	0.10	—	—	—	—	—	—	0.10	0.02~0.35	—	—	—	—	0.7
	C61000	QAl7	余量	6.0~8.5	0.50	—	—	—	0.20	—	0.10	0.02	—	—	—	—	—	1.3
	T61700	QAl9-2	余量	8.0~10.0	0.5	—	1.5~2.5	0.01	1.0	0.1	0.1	0.03	—	—	—	—	—	1.7
	T61720	QAl9-4	余量	8.0~10.0	2.0~4.0	—	0.5	0.01	1.0	0.1	0.1	0.01	—	—	—	—	—	1.7
	T61740	QAl9-5-1-1	余量	8.0~10.0	0.5~1.5	4.0~6.0	0.5~1.5	0.01	0.3	0.1	0.1	0.01	0.01	—	—	—	—	0.6
	T61760	QAl10-3-1.5③	余量	8.5~10.0	2.0~4.0	—	1.0~2.0	0.01	0.5	0.1	0.1	0.03	—	—	—	—	—	0.75
	T61780	QAl10-4-4④	余量	9.5~11.0	3.5~5.5	3.5~5.5	0.3	0.01	0.5	0.1	0.1	0.02	—	—	—	—	—	1.0
	T61790	QAl10-4-1	余量	8.5~11.0	3.0~5.0	3.0~5.0	0.5~2.0	—	—	0.1	—	—	—	—	—	—	—	0.8
	T62100	QAl10-5-5	余量	8.0~11.0	4.0~6.0	4.0~6.0	0.5~2.5	—	0.5	0.2	0.25	0.05	—	0.10	—	—	—	1.2
	T62200	QAl11-6-6	余量	10.0~11.5	5.0~6.5	5.0~6.5	0.5	—	0.6	0.2	0.2	0.05	—	—	—	—	—	1.5

化学成分(质量分数,%)

分类	代号	牌号	Cu	Si	Fe	Ni	Mn	Zn	Pb	Sn	P	As①	Sb①	Al	杂质总和
硅青铜(铜硅合金)	C64700	QSi0.6-2	余量	0.40~0.8	0.10	1.6~2.2⑥	—	0.50	0.09	—	—	—	—	—	1.2
	T64720	QSi1-3	余量	0.6~1.1	0.1	2.4~3.4	0.1~0.4	0.2	0.15	0.1	—	—	—	0.02	0.5
	T64730	QSi3-1②	余量	2.7~3.5	0.3	0.2	1.0~1.5	0.5	0.03	0.25	—	—	—	—	1.1
	T64740	QSi3.5-3-1.5	余量	3.0~4.0	1.2~1.8	0.2	0.5~0.9	2.5~3.5	0.03	0.25	0.03	0.002	0.002	—	1.1

① 砷、锑和铋可不分析，但供方必须保证不大于界限值。
② 抗磁用锡青铜铁的质量分数不大于0.020%，QSi3-1铁的质量分数不大于0.030%。
③ 非耐磨材料用QAl10-3-1.5，其锌的质量分数可达1%，但杂质总和应不大于1.25%。
④ 经双方协商，焊接或特殊要求的QAl10-4-4，其锌的质量分数不大于0.2%。
⑤ 此值为表中所列杂质元素实测值总和。
⑥ 此值为Ni+Co。

表2-55 加工白铜牌号及化学成分（摘自 GB/T 5231—2012）

分类		代号	牌号	化学成分（质量分数，%）													
				Cu	Ni+Co	Al	Fe	Mn	Pb	P	S	C	Mg	Si	Zn	Sn	杂质总和
铜镍合金	普通白铜	T70110	B0.6	余量	0.57~0.63	—	0.005	—	0.005	0.002	0.005	0.002	—	0.002	—	—	0.1
		T70380	B5	余量	4.4~5.0	—	0.20	—	0.01	0.01	0.01	0.03	—	—	—	—	0.5
		T71050	B19②	余量	18.0~20.0	—	0.5	0.5	0.005	0.01	0.01	0.05	0.05	0.15	0.3	—	1.8
		T71100	B23	余量	22.0~24.0	—	0.10	0.15	0.05	0.01	—	—	—	—	0.20	—	1.0
		T71200	B25	余量	24.0~26.0	—	0.5	0.5	0.005	0.01	0.01	0.05	0.05	0.15	0.3	0.03	1.8
		T71400	B30	余量	29.0~33.0	—	0.9	1.2	0.05	0.006	0.01	0.05	—	0.15	—	—	2.3
	铁白铜	C70400	BFe5-1.5-0.5	余量	4.8~6.2	—	1.3~1.7	0.30~0.8	0.05	0.01	—	—	—	—	1.0	—	1.55
		T70510	BFe7-0.4-0.4	余量	6.0~7.0	—	0.1~0.7	0.1~0.7	0.01	0.01	0.01	0.03	—	0.02	0.05	—	0.7
		T70590	BFe10-1-1	余量	9.0~11.0	—	1.0~1.5	0.5~1.0	0.02	0.006	0.01	0.05	—	0.15	0.3	0.03	0.7
		C70610	BFe10-1.5-1	余量	10.0~11.0	—	1.0~2.0	0.50~1.0	0.01	—	0.05	0.05	—	—	—	—	0.6
		T70620	BFe10-1.6-1	余量	9.0~11.0	—	1.5~1.8	0.5~1.0	0.03	0.02	0.01	0.05	—	—	0.20	—	0.4
		T70900	BFe16-1-1-0.5	余量	15.0~18.0	Ti≤0.03	0.50~1.00	0.2~1.0	0.05			Cr: 0.30~0.70	—	0.03	1.0	—	1.1
		C71500	BFe30-0.7	余量	29.0~33.0	—	0.40~1.0	1.0	0.05	—	—	—	—	—	1.0	—	2.5
		T71510	BFe30-1-1	余量	29.0~32.0	—	0.5~1.0	0.5~1.2	0.02	0.006	0.01	0.05	—	0.15	0.3	0.03	0.7
		T71520	BFe30-2-2	余量	29.0~32.0	—	1.7~2.3	1.5~2.5	0.01	—	0.03	0.06	—	—	—	—	0.6
	锰白铜	T71620	BMn3-12③	余量	2.0~3.5	0.2	0.20~0.50	11.5~13.5	0.020	0.005	0.020	0.05	0.03	0.1~0.3	—	—	0.5
		T71660	BMn40-1.5③	余量	39.0~41.0	—	0.50	1.0~2.0	0.005	0.005	0.02	0.10	0.05	0.10	—	—	0.9
		T71670	BMn43-0.5③	余量	42.0~44.0	—	0.15	0.10~1.0	0.002	0.002	0.01	0.10	0.05	0.10	—	—	0.6
	铝白铜	T72400	BAl6-1.5	余量	5.5~6.5	1.2~1.8	0.50	0.20	0.003	0.003	—	—	—	—	1.1	—	1.1
		T72600	BAl13-3	余量	12.0~15.0	2.3~3.0	1.0	0.50	0.003	0.01	—	—	—	—	—	—	1.9

（续）

分类	代号	牌号	化学成分（质量分数，%）															
			Cu	Ni+Co	Fe	Mn	Pb	Al	Si	P	S	C	Sn	Bi①	Ti	Sb①	Zn①	杂质总和
铜镍锌合金	C73500	BZn18-10	70.5~73.5	16.5~19.5	0.25	0.50	0.09	—	—	—	—	—	—	—	—	—	余量	1.35
	T74600	BZn15-20	62.0~65.0	13.5~16.5	0.5	0.3	0.02	Mg≤0.05	0.15	0.005	0.01	0.03	—	0.002	As①≤0.010	0.002	余量	0.9
	C75200	BZn18-18	63.0~66.5	16.5~19.5	0.25	0.50	0.05	—	—	—	—	—	—	—	—	—	余量	1.3
	T75210	BZn18-17	62.0~66.0	16.5~19.5	0.25	0.50	0.03	—	—	—	—	—	—	—	—	—	余量	0.9
	T76100	BZn9-29	60.0~63.0	7.2~10.4	0.3	0.5	0.03	0.005	0.15	0.005	0.005	0.03	0.08	0.002	0.005	0.002	余量	0.8④
	T76200	BZn12-24	63.0~66.0	11.0~13.0	0.3	0.5	0.03	—	—	—	—	—	0.03	—	—	—	余量	0.8④
	T76210	BZn12-26	60.0~63.0	10.5~13.0	0.3	0.5	0.03	0.005	0.15	0.005	0.005	0.03	0.08	0.002	0.005	0.002	余量	0.8④
	T76220	BZn12-29	57.0~60.0	11.0~13.5	0.3	0.5	0.03	—	—	—	—	—	0.03	—	—	—	余量	0.8④
	T76300	BZn18-20	60.0~63.0	16.5~19.5	0.3	0.5	0.03	0.005	0.15	0.005	0.005	0.03	0.08	0.002	0.005	0.002	余量	0.8④
	T76400	BZn22-16	60.0~63.0	20.5~23.5	0.3	0.5	0.03	0.005	0.15	0.005	0.005	0.03	0.08	0.002	0.005	0.002	余量	0.8④
	T76500	BZn25-18	56.0~59.0	23.5~26.5	0.3	0.5	0.03	0.005	0.15	0.005	0.005	0.03	0.08	0.002	0.005	0.002	余量	0.8④
	T77000	BZn18-26	53.5~56.5	16.5~19.5	0.25	0.50	0.05	—	—	—	—	—	—	—	—	—	余量	0.8
	T77500	BZn40-20	38.0~42.0	38.0~41.5	0.3	0.5	0.03	0.005	0.15	0.005	0.005	0.10	0.08	0.002	0.005	0.002	余量	0.8④
锌白铜	T78300	BZn15-21-1.8	60.0~63.0	14.0~16.0	0.3	0.5	1.5~2.0	—	0.15	—	—	—	—	—	—	—	余量	0.9
	T79500	BZn15-24-1.5	58.0~60.0	12.5~15.5	0.25	0.05~0.5	1.4~1.7	—	—	0.02	0.005	—	—	—	—	—	余量	0.75
	C79800	BZn10-41-2	45.5~48.5	9.0~11.0	0.25	1.5~2.5	1.5~2.5	—	—	—	—	—	—	—	—	—	余量	0.75
	C79860	BZn12-37-1.5	42.3~43.7	11.8~12.7	0.20	5.6~6.4	1.3~1.8	—	0.06	0.005	—	—	0.10	0.005	—	—	余量	0.56

① 铋、锑和砷可不分析，但供方必须保证不大于界限值。
② 特殊用途的B19白铜带，可供应硅的质量分数不大于0.05%的材料。
③ 为保证电气性能，对BMn3-12合金，作热电偶用的BMn40-1.5和BMn43-0.5合金，其规定有最大值和最小值的成分，允许略微超出表中的规定。
④ 此值为表中所列杂质元素实测值总和。

2. 加工铜及铜合金力学性能（见表2-56～表2-62）

表2-56 加工黄铜的一般力学性能

代号	弹性模量 E/10⁴MPa	抗拉强度 R_m/MPa 软态	硬态	屈服强度 R_{el}/MPa 软态	硬态	弹性极限 σ_e/MPa 软态	硬态	疲劳强度 σ_N/MPa 软态	硬态	断后伸长率 A(%) 软态	硬态	断面收缩率 Z(%) 软态	冲击韧度 a_K/(J/cm²) 软态	布氏硬度 HBW 软态	硬态	洛氏硬度 HRB 软态	硬态	摩擦因数 有润滑剂	无润滑剂
H96	11.4	240	450	—	390	35	360	—	—	50	2	—	220	—	—	50①	95①	—	—
H90	11	260	480	120	400	40	380	85	126	45	4	80	180	53	130	55①	102①	0.074	0.44
H85	10.6	280	550	100	450	40	450	106	140	45	4	85	—	54	126	57①	106①	—	—
H80	10.6	320	640	120	520	80	420	105	154	52	5	70	160	53	145	60①	108①	0.015	0.71
H70	10.6	320	660	90	520	70	500	90	140	53	3	70	170	—	150	62①	107①	—	—
H68	10.6	320	660	90	520	70	500	120	150	55	3	70	170	—	150	62①	107①	—	—
H65	10.5	320	700	—	—	70	450	120	135	48	4	—	—	—	—	—	—	—	—
H63	10	300	633	91	450	70	420	—	—	49	3～4	66	140	56	140	—	104①	0.012	0.39
H62	10	330	600	110	500	80	420	120	154	49	3	66	140	56	164	63①	106①	0.012	0.45
H59	9.8	390	500	150	200	80	—	120	182	44	10	62	140	163	—	—	—	0.012	0.20
HNi65-5	11.2	400	700	200	630	100～150	500	—	—	65	4	—	—	—	—	35	90	0.008	0.20
HNi56-3	—	—	—	—	—	—	—	—	—	—	—	—	—	—	—	—	—	—	—
HFe59-1-1	106	450	600	170	—	—	—	—	—	35～50	6	45	120	80	160	—	—	0.012	0.39
HFe58-1-1	—	—	—	—	—	—	—	—	—	—	—	—	—	—	—	—	—	—	—
HPb63-3	10.5	350	580	120	500	80	420	—	—	55	5	—	—	—	—	17	86	—	—
HPb63-0.1	—	—	—	—	—	—	—	—	—	—	—	—	—	—	—	—	—	—	—
HPb62-0.8	—	—	—	—	—	—	—	—	—	—	—	—	—	—	—	—	—	—	—

（续）

代号	弹性模量 E/10⁴ MPa	抗拉强度 R_m/MPa 软态	硬态	屈服强度 R_{eL}/MPa 软态	硬态	弹性极限 σ_e/MPa 软态	硬态	疲劳强度 σ_N/MPa 软态	硬态	断后伸长率 A(%) 软态	硬态	断面收缩率 Z(%)（软态）	冲击韧度 a_K/(J/cm²)（软态）	布氏硬度 HBW 软态	硬态	洛氏硬度 HRB 软态	硬态	摩擦因数 有润滑剂	无润滑剂
HPb61-1	10.5	350	650	120	500	110	450	—	—	45	5	—	—	—	—	28	88	—	—
HPb59-1	10.5	420	550	140	400	100	350	—	—	45	5	44	50	75	149	44	80	0.0135	0.17
HAl77-2	102	350~400	600	—	—	75	540	—	—	50	10	58	—	65	170	65	—	—	—
HAl67-2.5	—	—	—	—	—	—	—	—	—	—	—	—	—	—	—	—	—	—	—
HAl66-6-3-2	—	—	650	—	—	—	—	—	—	—	7	—	—	—	—	—	—	—	—
HAl60-1-1	105	450	760	—	—	—	—	—	—	45	9	—	—	80	170	—	—	—	—
HAl59-3-2	100	380	650	—	—	70	380	—	—	42~50	10~15	—	—	75	150	—	—	0.01	0.32
HMn58-2	100	400	700	—	—	—	—	—	—	40	10	52.5	—	90	178	—	—	0.012	0.32
HMn57-3-1	—	550	700	—	—	—	—	—	—	25	5	—	—	115	178	—	—	—	—
HMn55-3-1	—	—	—	—	—	—	—	—	—	—	—	—	—	—	—	—	—	—	—
HSn90-1	105	280	520	85	450	70	380	—	—	40	4	55	—	58	148	13	82	0.013	0.45
HSn70-1	106	350	580	110	500	85	450	—	—	62	10	70	—	48	142	16	95	0.008	0.30
HSn62-1	105	380	700	150	550	110	480	—	—	40	4	52	—	85	146	50	95	—	—
HSn60-1	105	380	560	130	420	100	360	—	—	40	12	46	—	—	—	50	80	—	—
HSi80-3	98	300	600	—	—	—	—	—	—	58	4	—	—	—	—	60②	180②	—	—

注：1. 本表为参考资料。
　　2. 硬态的一般变形程度为50%。
　　3. 软态一般为600℃退火状态。
① 洛氏硬度 HRF。
② 维氏硬度 HV。

表 2-57 加工青铜的一般室温力学性能

代号	材料状态	弹性模量 E/GPa	抗拉强度 R_m/MPa	比例极限 σ_p/MPa	弹性极限 σ_e/MPa	屈服强度 R_{eL}/MPa	断后伸长率 A(%)	断面收缩率 Z(%)	冲击韧度 a_K/(J/cm²)	疲劳强度 σ_N/MPa	布氏硬度 HBW	摩擦因数 有润滑剂	摩擦因数 无润滑剂
QSn4-0.3	软态	100	340	—	—	—	52	—	—	—	55~70	—	—
	硬态	—	600	350	—	540①	8	—	—	—	160~180	—	—
QSn4-3	软态	—	350	—	—	—	40	—	40	—	60	—	—
	硬态	124	550	—	—	—	4	—	—	—	160	—	—
QSn4-4-2.5	软态	—	300~350	56	—	130①	35~45	34	20	—	60	0.016	0.26
	硬态	—	550~650	—	—	280①	2~4	—	—	—	160~180	0.016	0.26
QSn4-4-4	软态	—	300~350	56	—	130①	46	34	36.5	—	62	0.016	0.26
	硬态	—	550~650	—	—	280①	2~4	—	—	—	160~180	0.016	0.26
QSn6.5-0.1	软态	—	350~450	—	—	200~250①	60~70	—	—	—	70~90	0.01	0.12
	硬态	124	700~800	450	—	590~650①	7.5~12	—	—	—	160~200	0.01	0.12
QSn6.5-0.4	软态	—	350~450	—	—	200~250①	60~70	—	—	—	70~90	0.01	0.12
	硬态	112	700~800	450	—	590~650①	7.5~12	—	—	—	160~200	0.01	0.12
QSn7-0.2	软态	108	360	85	—	230①	64	50	178	—	75	—	—
	硬态	—	500	—	—	—	15	20	70	—	180	0.0125	0.20
QAl5	挤压	—	—	—	130	—	—	—	—	—	—	0.007	0.30
	软态	100	380	—	130	160	65	70	110	—	60	0.007	0.30
	硬态	120	800	480	500	540	5	—	—	134②	200	0.007	0.30
QAl7	挤压	—	—	—	—	—	—	—	—	—	—	—	—
	软态	115	420	—	100	250	70	75	150	—	70	0.012	0.012
	硬态	120	1000	600	700	—	3~10	40	—	156③	154	0.012	—

（续）

代号	材料状态	弹性模量 E/GPa	抗拉强度 R_m/MPa	比例极限 σ_p/MPa	弹性极限 σ_e/MPa	屈服强度 R_{eL}/MPa	断后伸长率 $A(\%)$	断面收缩率 $Z(\%)$	冲击韧度 a_K/(J/cm²)	疲劳强度 σ_N/MPa	布氏硬度 HBW	摩擦因数 有润滑剂	摩擦因数 无润滑剂
QAl9-2	挤压	—	400	—	—	300	25	—	—	—	160	0.006	0.18
	软态	—	450	—	—	—	20~40	35	90	—	80~100	0.006	0.18
	硬态	—	600~800	—	—	300~500	4~5	—	—	210③	160~180	0.006	0.18
QAl9-4	挤压	116	550	—	110	300	12	—	—	210④	140	0.012	0.18
	软态	112	500~600	127	110	200	40	30	60~70	—	110	0.004	0.18
	硬态	116	800~1000	—	—	350	5	—	—	—	160~200	0.004	0.18
QAl10-3-1.5	挤压	105	650	—	—	—	—	—	—	—	160	0.01	0.20
	软态	—	500~600	—	—	210	20~30	55	60~80	—	125~140	0.012	0.21
	硬态	100	700~900	—	—	—	9~12	—	—	280⑤	160~200	0.012	0.21
QAl10-4-4	挤压及热处理	120	700	—	—	—	6	—	—	—	200	0.013	0.20
	软态	115	600~700	120	—	330	35~45	45	30~40	350④	140~160	0.013	0.20
	硬态	130	900~1100	300	—	550~600	9~15	11	—	—	180~225	0.013	0.20
QAl11-6-6	挤压	—	—	—	—	—	—	—	—	—	—	—	—
	软态	—	—	—	—	—	30	—	—	—	—	—	—
	硬态	—	—	—	—	—	7	—	—	—	—	—	—
QBe2 带材及线材	软态（淬火的）	117	450~500	—	160~180	250~300	40	—	143	—	90HV	—	—
	硬态（淬火后冷加工）	121	950	—	700	750	3	—	12.5	—	250HV	—	—
	时效态	133	1250	—	—	1150	2.5	—	—	200④	375HV	—	—
	时效态（冷加工后）	135	1350	—	—	—	2	—	—	250④	400HV	—	—

（续）

代号	材料状态	弹性模量 E/GPa	抗拉强度 R_m/MPa	比例极限 σ_p/MPa	弹性极限 σ_e/MPa	屈服强度 R_{eL}/MPa	断后伸长率 A(%)	断面收缩率 Z(%)	冲击韧度 a_K/(J/cm²)	疲劳强度 σ_N/MPa	布氏硬度 HBW	摩擦因数 有润滑剂	摩擦因数 无润滑剂
QBe1.9	带材及线材 软态（淬火的）	110	450	—	—	—	40	—	—	—	90HV	—	—
	硬态（淬火后冷加工）	—	750	—	—	—	3	—	—	—	240HV	—	—
	时效态	131.5	1250	—	—	1000	2.5	—	—	—	380HV	—	—
	时效态（冷加工后）	134	1400	—	—	—	2	—	—	—	400HV	—	—
QBe1.7	带材及线材 软态（淬火的）	107	440	—	—	—	50	—	—	—	85HV	—	—
	硬态（淬火后冷加工）	—	700	—	—	—	3.5	—	—	—	220HV	—	—
	时效态	124.5	1150	—	—	—	3.5	—	—	—	360HV	—	—
	时效态（冷加工后）	131.5	1350	—	—	—	3	—	—	—	375HV	—	—
QSi3-1	棒材 冷拉态	120	550	—	—	—	12	—	150	210[2]	—	0.015	0.40
	线材 软态	105	350~400	—	120	140	50~60	75	130~170	125[2]	80	0.013	0.40
	线材 硬态	120	650~700	—	640	650	1~5	—	—	210[2]	180	0.013	0.40
QSi1-3	棒材 挤压,热处理后	—	550	—	—	520	15	28	40	230[2]	130~180	0.015	0.35
	软态	—	—	—	450	520	8	28	40~100	—	—	0.017	0.45
	硬态	—	600	—	—	—	—	—	—	—	—	0.017	0.45
QMn1.5	软态	—	≥210	—	—	—	≥30	—	—	—	150~200	—	—
	硬态	—	—	—	—	—	—	—	—	—	—	—	—
QMn5	软态	105	300	—	50	80	40	50	200	—	80	0.13	0.70
	硬态	—	500~600	—	350	450	2	—	—	—	160	0.13	0.70

（续）

代号	材料状态	弹性模量 E/GPa	抗拉强度 R_m/MPa	比例极限 σ_p/MPa	弹性极限 σ_e/MPa	屈服强度 R_{eL}/MPa	断后伸长率 A(%)	断面收缩率 Z(%)	冲击韧度 a_K/(J/cm²)	疲劳强度 σ_N/MPa	布氏硬度 HBW	摩擦因数 有润滑剂	摩擦因数 无润滑剂
	980℃淬火，500℃时效1h	—	260	—	—	134⑥	19	—	—	—	83HV	—	—
	900℃淬火，500℃时效1h	—	230	—	—	160⑥	40	—	—	—	—	—	—
QZr0.2	900℃加热30min，淬火，冷加工率90%	—	450	—	—	385⑥	3	—	—	—	137HV	—	—
	980℃加热1h，冷加工率90%，400℃时效1h	136	492	—	—	428⑥	10	—	—	—	150HV	—	—
	900℃淬火，冷加工率90%，400℃时效1h	133	470	—	—	430⑥	10	—	—	—	140HV	—	—
QCr0.5	软态	119	230	—	—	—	30	40	—	—	50~70	—	—
	硬态	138	480	—	—	400	11	—	—	—	130~150	—	—
QCr0.5-0.2-0.1	淬火后于470~490℃时效4h	—	400~450	—	—	—	18	—	—	—	110~130	—	—
QCd1	软态	—	250~280	—	—	80	40~55	—	—	—	60	—	—
	硬态	126	400~600	—	—	350	1.5~6	—	—	—	95~115	—	—

注：1. 本表为参考资料。
2. 表中软态为退火状态，硬态切削性加工率为50%。
① 屈服强度 $R_{p0.2}$。
② 循环周次为10^8次。
③ 循环周次为10^6次。
④ 循环周次为10^7次。
⑤ 循环周次为15×10^6次。
⑥ 屈服强度 $R_{p0.1}$。

表 2-58 加工白铜的一般力学性能

代号	弹性模量 E/GPa	抗拉强度 R_m/MPa		规定塑性延伸强度 $R_{p0.2}$/MPa		断后伸长率 A(%)		布氏硬度 HBW		弹性极限 σ_e/MPa	
		软态	硬态	软态	硬态	软态	硬态	软态	硬态	软态	硬态
B0.6	120	250~300	450①	—	—	<50	2①	50~60	—	—	—
B5	—	270	470	—	—	50	4	38	—	—	—
B19	140	400	800	100	600	35	5②	70	120	—	—
B25	—	—	—	—	—	—	—	—	—	—	—
BFe10-1-1	—	—	—	—	—	—	—	—	—	—	—
BFe30-1-1	154	380	600	140	540	23~26	4~9	60~70	100~190	86	—
BMn3-12	126.5	400~550	900②	200		30	2	120			
BMn40-1.5	166	400~500	700~850①	—	—	30	2~4①	75~90	155	87③	—
BMn43-0.5	120	400	700①	220（铸态）		35	2①	85~90	185①		100④
BZn15-20	126~140	380~450	800①	140	600	35~45	2~4	70	160~175	100	
BZn15-21-1.8	—	—	—	—	—	—	—	—	—	—	—
BZn15-24-1.5	—	—	—	—	—	—	—	—	—	—	—
BAl13-3	—	380	900~950			13	5				
BAl6-1.5		360	650~750	80		28	7				

注：本表为参考资料。

① 加工率为80%。

② 加工率为60%。

③ 规定塑性延伸强度 R_p。

④ 加工率为50%。

表 2-59 加工铜及铜合金的低温力学性能

牌号	试样状态	试验温度 /℃	抗拉强度 R_m/MPa	屈服强度 R_{eL}/MPa	断后伸长率 A(%)	断面收缩率 Z(%)	冲击韧度 a_K/(J/mm²)
T2		+15	273		13.3	71.5	77.13
		-80	360	—	22.9	65.3	85.16
		-180	405		30.7	67.9	89.18
T3	600℃退火	+20	215	58	48	76	
		-10	220	60	40	78	
		-40	232	63	47	77	—
		-80	267	68	47	74	
		-120	284	73	45	70	
		-180	400	78	38	77	
T4		+20	225	87	30	70	175.4
		-183	245	186	31	—	—
		-196	372	—	41	72	207.8
		-253	392	—	48	74	211.7

（续）

牌号	试样状态	试验温度 /℃	抗拉强度 R_m/MPa	屈服强度 R_{eL}/MPa	断后伸长率 $A(\%)$	断面收缩率 $Z(\%)$	冲击韧度 a_K/(J/mm²)
T62	软	+20	397	137	51.3	75.5	—
		−78	421	154	53	74.6	
		−183	522	196	55.3	71	
H68	550℃ 退火2h	+20	392	269	50.4	72	—
		−78	420	300	49.8	76.6	
		−183	523	397	50.8	70.7	
HFe59-1-1	软	+20	431	170	34.2	42.3	118.6
		−78	476	199	33.2	42	118.6
		−183	561	245	36	40.3	103.9
		−196	575	252	34.7	38	101.9
	拉制	温室	605	557	12	36	—
		−40	649	560	14	38	
QAl9-4	锻制	温室	612	329	45	47	—
		−183	774	583	38	42	
QSn6.5-0.4		+17	618		12	61	
		−196	824	—	29	54	
		−253	931		29	51	
QAl5		+17	412		61	74	
		−196	568	—	84	76	—
		−253	637		83	72	
QAl7	退火	+20	529	182	26	29	
		−10	529	184	33	30	
		−40	539	185	35	36	
		−80	567	186	31	30	
H70	加工和退火	20	350	195[①]	49	77	—
		−10	365	197[①]	49	77	
		−40	375	185[①]	58	77	
		−80	390	188[①]	60	79	
		−120	420	192[①]	55	78	
		−180	505	185[①]	75	73	
		18	285	66[①]	82.6	76.4	—
		0	295	68[①]	79.7	78.7	
		−30	297	72[①]	75.9	79.7	
		−80	334	84[①]	74.5	80.0	
H68	冷加工率40%	20	589	580[①]	6.3	66.5	142HV
		−78	635	630[①]	7.8	71.5	149HV
		−183	705	698[①]	10.1	66.5	172HV

（续）

牌号	试样状态	试验温度 /℃	抗拉强度 R_m/MPa	屈服强度 R_{eL}/MPa	断后伸长率 A(%)	断面收缩率 Z(%)	冲击韧度 a_K/(J/mm²)
H59	冷加工率25%	20	547	390[1]	19.8	65.5	160HV
		−78	570	410[1]	21.0	67.7	160HV
		−183	675	550[1]	24.4	64.1	181HV
	550℃退火2h	20	377	135[1]	51.3	75.5	95HV
		−78	420	155[1]	53.0	74.6	104HV
		−183	520	195[1]	55.3	71.0	142HV
BPb59-1	550℃退火2h	20	362	140	50.2	62.5	—
		−78	375	169	49.8	64.0	—
		−183	475	198	50.6	62	—
	冷轧12%	22	437	315	28.2	57	—
		−78	483	372	27.0	59	—
		−183	594	480	30.8	57	—
B19		20	354	190[1]	26	78	
		−10	386	197[1]	28	77	
		−40	410	199[1]	29	77	
		−80	424	200[1]	29	76	
		−120	455	201[1]	28	75	
		−180	506	224[1]	36	72	
BMn43-0.5		20	414	135[1]	40	77	—
		−10	454	126[1]	47	78	
		−40	465	144[1]	43	78	
		−80	496	152[1]	48	75	
		−120	530	166[1]	48	74	
		−180	616	181[1]	57	76	
BZn15-20	冷轧	20	507	477	21.5	54.3	
		−183	642	553	35.5	62.6	
	退火	20	446	203	46.8	62.3	
		−183	573	263	56.8	69.5	
BAl6-1.5	淬火+时效	20	626	—	24	50	
		−10	688	378	22	48	
		−40	712	424	25	57	
		−80	692	354	23	57	
		−120	740	435	26	63	
		−180	736	378	26	67	

注：本表为参考资料。

[1] 屈服强度 $R_{p0.2}$。

表 2-60 加工铜的高温力学性能

代号、成分及状态	温度/℃	抗拉强度 R_m/MPa	断后伸长率 A(%)	断面收缩率 Z(%)	代号、成分及状态	温度/℃	抗拉强度 R_m/MPa	断后伸长率 A(%)	断面收缩率 Z(%)
T1，w（Cu）=99.7%，冷加工	20	330	18	58	T2，w（Cu）=99.95%，w（O）=0.03%，轧制和退火	800	34	17	33
	150	290	15	60		900	20	16	34
	250	220	14	47	TP，w（Cu）=99.9%，w（P）=0.02%，退火	20	230	53	—
	375	105	54	72		100	200	53	—
	500	61	58	94		200	173	54	—
	625	35	56	96		300	148	54	—
	750	22	52	98	TP，w（Cu）=99.93%，w（P）=0.05%，退火	20	240	53.6	70
	875	14	79	95		300	185	41.8	73.8
	1000	8	77	100		400	165	41.3	78.5
T2，w（Cu）=99.95%，w（O）=0.03%，轧制和退火	20	210	52.2	70.5		500	125	41.6	83
	300	180	50	76.2		600	103	39.5	92
	450	150	40	56		700	46	41.6	95.6
	500	120	28	38		800	37	41.4	99.3
	600	74	17.5	37.3		900	15	38.6	99.7
	700	49	21	38					

表 2-61 加工青铜的高温短时力学性能

代号	制品及状态	温度/℃	抗拉强度 R_m/MPa	屈服强度 R_{eL}/MPa	断后伸长率 A(%)	断面收缩率 Z(%)	冲击韧度 a_K/(J/cm²)	布氏硬度 HBW
QAl9-2	—	20	412	—	25	—	—	—
		500	177	—	11	—	—	—
		600	88.3	—	17	—	—	—
		650	39.2	—	30	—	—	—
		700	14.7	—	40	—	—	—
		750	9.8	—	55	—	—	—
		800	7.85	—	70	—	—	—
		850	3.92	—	80	—	—	—
QSn4-4-2.5	—	100	319	—	30	—	35.3	59
		200	295	—	32.5	—	32.4	50.4
		300	324	—	37.7	—	21.6	50.4
		500	270	—	24.5	—	5.3	45
QAl10-3-1.5	—	20	490	—	20	24	58.8	120~140
		400	—	—	—	—	51	—
		500	294	—	40	—	43.2	—
		600	235	—	38	56	64.7	26
		700	49	—	23	33	53.9	7.6
		750	26.5	—	20	30	98.1	5.5

（续）

代号	制品及状态	温度/℃	抗拉强度 R_m/MPa	屈服强度 R_{eL}/MPa	断后伸长率 A(%)	断面收缩率 Z(%)	冲击韧度 a_K/(J/cm²)	布氏硬度 HBW
QAl10-3-1.5	—	800	17.7	—	40	50	92.2	4.0
		850	7.85	—	68	90	73.6	2.5
		900	6.87	—	83	99	54.9	1.1
		950	3.73	—	94	99.8	45.1	0.8
QAl11-6-6		100	637	471	1.3	3	7.85	—
		300	539	441	1.4	1.5	7.85	21.4
		500	324	294	4.5	4.5	3.92	20.7
QMn5	—	20	353	157[1]	35	—	—	70
		200	333	142[1]	32	—	—	50
		300	314	128[1]	32	—	—	50
		400	245	103[1]	30	—	—	34.5
		500	177	83.4[1]	40	—	—	—
		600	118	58.8[1]	59	—	—	—
QCr0.5	固溶处理后，冷加工率85%，再在375℃时效1h	室温	483	—	25[3]	—	—	—
		400	295	—	1.0[3]	—	—	—
		500	228	—	3.0[3]	—	—	—
QCd1	冷加工率44%，w(Cd)=1.05%	室温	388	383	16.9	—	—	124
		200	360	345	15	—	—	—
		300	305	270	17	—	—	—
	冷加工率37%，w(Cd)=0.95%	400	224	147[2]	37.5[3]	57.5	—	—
		500	117	44[2]	111.2[3]	95.6	—	—
		600	69.5	29[2]	107.5[3]	78.2	—	—
		700	42.6	28.7[2]	139.5[3]	87.0	—	—

[1] 规定塑性延伸强度 $R_{p0.2}$。
[2] 规定塑性延伸强度 $R_{p0.5}$。
[3] 在 50.8mm 标距上。

表 2-62　加工黄铜的高温短时力学性能

合金代号	化学成分（质量分数,%）	制品及状态	温度/℃	抗拉强度 R_m/MPa	规定塑性延伸强度 $R_{p0.2}$/MPa	冲击韧度 a_K/(J/cm²)	伸长率 A(%)	布氏硬度 HBW
H90	—	—	100	265	—	177	48	53
			200	255	—	157	48	50
			300	255	—	147	50	48
			500	206	—	88.3	—	46
H80	—	—	100	304	—	157	52	53
			200	294	—	147	51	51
			300	275	—	132	47	48
			500	265	—	49	39	44

（续）

合金代号	化学成分（质量分数，%）	制品及状态	温度/℃	抗拉强度 R_m/MPa	规定塑性延伸强度 $R_{p0.2}$/MPa	冲击韧度 a_K/(J/cm²)	伸长率 A(%)	布氏硬度 HBW
H59	—	—	100	353	—	68.7	57	56
			200	314	—	64.7	55	56
			300	206	—	39.2	48	43
			500	15.7	—	29.4	—	23
HNi65-5	—	—	100	392	—	14.7	55	—
			200	363	—	12.8	43	—
			300	294	—	7.85	30	—
			400	216	—	5.88	15	—
HFe59-1-1	—	厚3mm，条材，600℃退火	100	392	—	—	54	—
			200	343	—	—	52	—
			300	235	—	—	48	—
			400	128	—	—	38	—
HPb59-1	—	厚3mm，条材，600℃退火	100	353	—	—	40	—
			200	294	—	—	30	—
			300	196	—	—	17	—
			400	98	—	—	20	—
HAl77-2	—	—	100	314	147[①]	—	55	—
			200	275	128[①]	—	40	—
			300	216	118[①]	—	20	—
			400	177	122.6[①]	—	12	—
HSn70-1	Cu 70.11 Zn 28.71 Sn 1.06	条材，退火	20	402	141	—	55	—
			200	375	137	—	56	—
			300	353	132	—	62.5	—
			400	263	122.6	—	62.5	—
			500	106	58.8	—	62.5	—
HSn62-1	Cu 61.60 Zn 37.13 Sn 1.09	条材，退火	20	397	216	—	41	—
			200	365	201	—	53.5	—
			300	260	122.6	—	51	—
			400	157	69.6	—	54	—
			500	105	26.3	—	52	—
HSn60-1	Cu 59.85 Zn 39.2 Sn 0.75	棒材，退火	21	410	—	—	41.5	—
			149	348	—	—	20.5	—
			232	280	—	—	35	—
			288	214	—	—	45.5	—
			427	78.5	—	—	38.6	—

（续）

合金代号	化学成分 （质量分数，%）	制品及状态	温度 /℃	抗拉强度 R_m/MPa	规定塑性 延伸强度 $R_{p0.2}$/MPa	冲击韧度 a_K/（J/cm²）	伸长率 A（%）	布氏硬度 HBW
HSi80-3	Cu 81.60 Zn 13.95 Si 4.40 Fe 0.05	铸态	27	444	196	—	9	—
			260	385	201	—	9	—
			316	287	182	—	6.6	—
			371	255	>137	—	10.8	—
	—	硬拉棒材	100	490	—	—	30	—
			200	471	—	—	23	—
			300	392	—	—	18.5	—
			400	275	—	—	17	—

① 屈服强度 R_{eL}。

3. 加工铜合金的物理性能（见表 2-63）

表 2-63　加工铜合金的物理性能

合金牌号	上临界点/℃	下临界点/℃	密度 ρ/（g/cm³）	线胀系数（25~300℃）α/10⁻⁶	热导率 λ/［W/（cm·K）］	电阻率 ρ/（10⁻⁶Ω·m）		电阻温度系数 a（20~100℃）
						固态的（20℃）	液态的（在1100℃时）	
H96	1070	1050	8.85	18.1	242.8	0.031	0.24	0.0027
H90	1045	1020	8.8	18.2	167.5	0.039	0.27	0.0018
H85	1025	990	8.75	18.7	150.7	0.047	0.29	0.0016
H80	1000	965	8.65	19.1	142.4	0.054	0.33	0.0015
H75	980	—	8.63	19.6	—	—	—	—
H70	955	915	8.53	19.9	121.4	0.062	0.39	0.0014
H68	938	909	8.5	19.9	117.2	0.068	—	0.0015
H65	935	905	8.47	20.1	117.9	0.069	—	—
H62	905	898	8.43	20.6	108.9	0.071	—	0.0017
H59	895	885	8.4	21	75.4	0.063	—	0.0025
HPb74-3	965	—	8.7	19.8	121.4	0.078	—	—
HPb64-2	910	885	8.5	20.3	117.2	0.066	—	—
HPb63-3	905	885	8.5	20.5	117.2	0.066	—	—
HPb60-1	900	885	8.5	20.8	117.2	0.064	—	—
HPb59-1	900	885	8.5	20.6	104.7	0.065	—	—
HSn90-1	1015	995	8.8	18.4	125.6	0.054	—	—
HSn70-1	935	900	8.54	20.2	108.9	0.072	—	—
HSn62-1	906	885	8.45	21.4	108.9	0.072	—	—
HSn60-1	900	885	8.45	21	117.2	0.070	—	—
HAl66-6-3-2		—	8.5		49.82	—	—	—
HAl77-2	975	935	8.5	18.5	100.5	0.077	—	—
HAl60-1-1	904	—	8.2	21.6	—	—	—	—

（续）

合金牌号	上临界点/℃	下临界点/℃	密度ρ/(g/cm³)	线胀系数(25~300℃)α/10⁻⁶	热导率λ/[W/(cm·K)]	电阻率ρ/(10⁻⁶Ω·m) 固态的(20℃)	电阻率ρ/(10⁻⁶Ω·m) 液态的(在1100℃时)	电阻温度系数a (20~100℃)
HAl59-3-2	956	892	8.4	19.1	83.7	0.078	—	—
HMn58-2	880	865	8.5	21.2	70.3	0.108	—	—
HMn57-3-1	—	—	—	—	—	—	—	—
HFe59-1-1	900	885	8.5	22	100.5	0.093	—	—
HFe58-1-1	—	—	—	—	—	—	—	—
HNi65-5	960	—	8.65	18.2	58.6	0.140	—	—
HSi80-3	890	—	8.6	17.1	41.9	0.20	—	—

合金牌号	上临界点温度/℃	密度ρ/(g/cm³)	线胀系数(20℃)α/10⁻⁶	热导率λ/[W/(m·K)]	比热容c/[J/(kg·℃)]	20℃时电阻率ρ/(10⁻⁶Ω·m)	电导率/[m/(Ω·mm²)]	电阻温度系数a (20~100℃)
QSn4-3	1045	8.8	18.0	83.7	—	0.087	—	—
QSn4-4-2.5	1018	9.0	18.2	83.7	—	0.087	—	—
QSn4-4-4	1018	9.0	18.2	83.7	—	0.087	—	—
QSn6.5-0.4	995	8.8	19.1	50.2	—	0.176	—	—
QSn6.5-0.1	995	8.8	17.2	58.6	—	0.128	—	—
QSn7-0.2		8.8	17.5	75.4	—	0.123	—	—
QSn4-0.3	1060	8.9	17.6	83.7	—	0.091	—	—
QAl5	1060	8.2	18.0	104.7	—	0.10	—	0.0016
QAl7	1040	7.8	17.8	79.5	—	0.11	—	0.001
QAl9-2	1060	7.6	17.0	71.2	436.7	0.11	—	—
QAl9-4	1040	7.5	16.2	58.6	—	0.12	6.58	—
QAl10-3-1.5	1045	7.5	16.1	58.6	435.4	0.189	6.4	—
QAl10-4-4	1034	7.46	17.1	75.4	—	0.193	5.15	—
QAl11-6-6		8.1	14.9	63.6	—	—	—	—
QBe2	955	8.23	16.6	83.7~104.7	—	0.068~0.1	—	—
QSi1-3	1084	8.85	18.0	—	—	0.046	—	—
QSi3-1	1025	8.4	15.8	46.1	376.8	0.15	—	—
QMn5	1047	8.6	20.4	108.9	—	0.197	—	0.0003
QMn1.5						≤0.087	—	≤0.9×10⁻³
QCd1	1076	8.9	17.6	343.3	—	0.0270	—	0.0031
QCr0.5	1080	8.9	17.6	343.9	—	0.019	—	0.0033
B0.6	1085	8.96		27.21	—	0.031	—	0.003147 (20℃)
B5	1121	8.7	16.4	129.8	—	0.07	—	0.0015

（续）

合金牌号	上临界点温度/℃	密度ρ/(g/cm³)	线胀系数(20℃)α/10⁻⁶	热导率λ/[W/(m·K)]	比热容c/[J/(kg·℃)]	20℃时电阻率ρ/(10⁻⁶Ω·m)	电导率/[m/(Ω·mm²)]	电阻温度系数a(20~100℃)
B19	1192	8.9	16	38.5	0.377	0.287	—	0.00029（100℃）
BFe30-1-1	1232	8.9	16（25~300℃）	37.3	—	0.42	—	0.0012
BMn3-12	1011	8.4	16（100℃）	21.8	0.408	0.435	—	0.00003
BMn40-1.5	1262	8.9	14.4	20.9	0.409	0.48	—	0.00002
BMn43-0.5	1292	8.9	14	24.3	—	0.49~0.50	—	0.00014
BZn15-20	1081	8.7	16.6（20~100℃）	25.1~35.9	0.348	0.26	—	0.0002

4. 加工铜及铜合金的耐蚀性能（见表2-64~表2-67）

表 2-64　纯铜的耐蚀性能

介质	耐蚀程度	介质	耐蚀程度	介质	耐蚀程度
工业气氛	◎	草酸	◎	硫酸铜	◎
大陆气氛	◎	油酸	○	硫酸镁	◎
海洋气氛	◎	酒石酸	◎	硫酸铁	×
天然气	◎	甲酸	○	硫酸亚铁	◎
氧	◎	柠檬酸	◎	硫酸钠	◎
氢	◎	乳酸	◎	硫酸钾	◎
乙炔 C_2H_2	×	苯甲酸	◎	硝酸钠	○
硝酸	×	乙酸	◎	硝酸铜	△
盐酸	△	氢氧化钠	○	碳酸钾	◎
≤40%的硫酸	○	氢氧化钾	○	碳酸钙	×
40%~80%的硫酸	△	氢氧化铝	◎	碳酸钠	◎
80%~95%的硫酸	○	氢氧化铵	×	氰化钠、氰化钾	×
亚硫酸 H_2SO_3	○	氢氧化钡	◎	重铬酸钠	×
无水氢氟酸	○	氢氧化钙	◎	次氯酸钠	○
含水氢氟酸	△	氢氧化镁	◎	潮湿的漂白粉	×
硼酸	◎	氯化钠	○	生石灰 CaO	◎
苯酚	△	氯化钾	○	潮湿的氨	×
氯乙酸	○	氯化铵	×	干燥的氨	◎
铬酸	×	氯化钡	○	乙醇、乙醚	◎
磷酸	○	氯化钙	○	乙酸乙酯	◎
苦味酸、黄色炸药	×	硫酸铝	○	酮、丙酮	◎
硬脂酸	◎	硫酸铵	△	汽油、苯、甲苯	◎

（续）

介质	耐蚀程度	介质	耐蚀程度	介质	耐蚀程度
轻油	◎	肥皂溶液	◎	海水	○
重油	◎	盐水	○	饮用水	◎
松节油	◎	污水	◎	水蒸气	◎
棉籽油	◎	冷凝水	◎	水煤气	○
亚麻油	○	酸性矿井水	△		

注：1. ◎表示耐蚀，好用；○表示轻度腐蚀，可用；△表示腐蚀较重，尚可用；×表示剧烈腐蚀，不可用。

2. 表中的百分数为体积分数。

表 2-65　加工黄铜的耐蚀性能

代号	腐蚀介质	腐蚀条件			腐蚀速度 /(mm/a)
		介质含量 （质量分数，%）	温度 /℃	腐蚀时间 /h	
H90、H85、 H80、H65、 H62、H59、 HPb59-1、 HSn70-1、 HSn59-1-1、 HAl77-2、 HMn58-2	农村大气	—	—	—	0.0001～0.00073
	城市和海滨大气	—	—	—	0.0013～0.0038
	低速、干燥、纯净蒸汽	—	—	—	<0.0025
	常温纯净淡水	—	—	—	0.0025～0.025
	常温海水	—	—	—	0.0075～0.1
	苦味酸	—	250	—	4.3
	脂肪酸	—	—	—	0.25～1.3
	静置乙酸	—	20	—	0.025～0.75
	硅氟氢酸	6.5	40	—	轻微
	纯磷酸溶液	—	—	—	0.5
	氢氧化钠溶液	—	—	—	0.5
	含空气或较高温的氢氧化钠溶液	—	—	—	1.8
	甲醇、乙醇、乙二醇	—	—	—	0.0005～0.006
	NaBrO₃ 溶液	1	20	240	+0.01（增重）
		2～3	20	240	+0.04（增重）
H80	含水四氯化碳	—	20	—	0.007
		—	67	—	2.84
H68	硫酸	≈0.01	50	336	0.05
		≈0.05	20	840	0.20
		≈5	20	600	0.03
		10	20	576	0.05
H65	CaCl₂ 溶液	0.035	18	—	0.003
		≈0.175	18	—	0.005
	NaCl 溶液	0.006～0.19	15	—	0.008～0.05
		≈0.007	200	—	0.005

（续）

代号	腐蚀介质	腐蚀条件			腐蚀速度 /（mm/a）
		介质含量（质量分数,%）	温度/℃	腐蚀时间/h	
H62	硫酸	0.01~0.05	20	336~840	0.01~0.2
		≈5	20	600	0.04
		0.5	190	100	0.76
		25	190	100	28.3
	$MgCl_2$ 溶液	0.07~0.19	15	—	0.002~0.005
		0.09	200	—	0.014
		0.19	200	—	0.005
	混合盐：$CaCl_2$，400g/L KClO₃，160g/L KCl，25g/L	80	500	—	1.43
	乙炔	—	20	—	<0.1
HFe59-1-1	硫酸	0.5	190	100	0.14
		25	190	100	62.8
HPb59-1		50	20	—	0.02
HSn70-1		浓的	20~40	720	0.6~1.0（增速）
HSn60-1	硫酸	0.5	190	100	0.12（增速）
		25	190	100	0.55（增速）
		2	80	500	0.36
HAl77-2	氧饱和的海水	—	24	3840	0.25

表 2-66　加工青铜的耐蚀性能

代号	腐蚀介质	含量（质量分数,%）	试验温度/℃	试验持续时间/h	腐蚀速度	
					g/（m²·h）	mm/a
QSn4-3	硫酸	浓的	20~40	—	0.05~0.37	0.05~0.37
	盐酸	10	20	—	2.68	2.63
		10	40	—	15.61	15.3
	（锻件）乙酸	30	20	—	0.04	0.04
		30	40	—	0.08	0.08
	硫酸铵	10	20	—	0.47	0.47
		10	40	—	0.67	0.65
	氯化铵	10	20	—	1.41	1.37
		10	40	—	4.63	4.53
QSn4-4-2.5	硫酸	10	20	—	0.242	—
	盐酸	10	20	—	7.34	7.19
		10	40	—	不可用	不可用

（续）

代号	腐蚀介质	含量（质量分数，%）	试验温度/℃	试验持续时间/h	腐蚀速度 g/(m² · h)	腐蚀速度 mm/a
QSn4-4-2.5	（锻件）乙酸	30	20	—	0.03	0.03
		30	40	—	0.2	0.19
	硫酸铵	10	20	—	0.56	0.54
		10	40	—	0.76	0.75
	氯化铵	10	20	—	2.10	2.06
		10	40	—	5.58	5.47
QSn6.5-0.1	硫酸	0.5	190(12~14atm[③])	—	0.17	0.19
		12.5（发烟硫酸）		—	0.58	0.55
		浓的	20	—	0.06	0.06
			40	—	0.13	0.13
	硝酸铵	结晶	—	—	有爆炸危险	
	氟化铵	溶液	—	—	不可用	
	乙炔	潮湿的	480	—	不可用	
	苯胺	纯的	—	—	不可用	
	硫	熔体	—	—	不可用	
	甲醇、丁醇		—	—	可用	
	乙醇	96	—	—	可用	
	苯	纯苯	—	—	可用	
	砷酸	溶液	—	—	可用	
QSn6.5-0.4	硫酸	10	20	—	0.213	—
		10	80	—	0.746	—
		55	20	—	0.040	—
		55	80	—	0.217	—
QAl5	硫酸	10	20	—	0.236	0.243
		10	40	—	0.514	0.539
		10	80	—	1.258	1.31
		35	20	—	0.15	0.16
		35	40	—	0.355	0.37
		35	80	—	1.43	1.49
		50	20	—	0.101	0.10
		50	40	—	0.218	0.23
		50	80	—	0.469	0.49
	盐酸	10	20	360	>10.0	>10.0
	乙酸	1	40	720	0.214	0.219
		5	40	720	0.12	0.12
		10	40	720	0.31	0.315
		30	40	720	0.24	0.25

（续）

代号	腐蚀介质	含量（质量分数,%)	试验温度/℃	试验持续时间/h	腐蚀速度 g/(m²·h)	mm/a
QAl5	冰乙酸	—	40	720	0.37	0.39
	动物胶	溶液	20	—	0.003	0.003
	甲醇	12~15+2 蚁酸	135	648	0.018	0.018
		20+10~15 丙酮+0.1 蚁酸	135	1704	0.013	0.013
QAl7	硫酸	10~25	40~60	1000	4.5~5.0	4.6~5.2
		40	60	1000	2.18	2.42
		10	100	—	6.22	6.9
		50	100	—	1.35	1.5
		80	100	—	4.2~4.8	4.7~5.3
		浓硫酸	30	—	0.12	0.13
	盐酸	3	30	—	0.65	0.72
			100	—	>10.0	>10.0
		10	20	360	>10.0	>10.0
			30	—	1.23	1.36
		3~10	100	—	>10.0	>10.0
		20	20	—	0.6	0.7
			40	—	3.1	3.5
		30	20	—	2.25	2.5
			40	—	4.5	5.0
		50(体积百分比)	30	—	1.32	1.47
			100	—	3.24	3.60
	乙酸	50	20	—	0.066	0.07
		50	100	—	0.11	0.12
		浓乙酸	20	—	0.14	0.16
		浓乙酸	100	—	0.8	0.9
	甲酸	≈40	30	—	0.07	0.08
			100	—	1.16	1.29
		浓甲酸	30	—	0.13	0.15
			100	—	0.31	0.35
	磷酸	40~浓磷酸	20	—	0~0.009	0~0.01
		40	沸腾	—	0.009	0.01
		80	沸腾	—	0.21	0.23
		浓磷酸	沸腾	—	0.9	1.0
	硫酸铵	饱和溶液+2 硫酸	180	—	0.07	0.08

（续）

代号	腐蚀介质	含量（质量分数,%）	试验温度/℃	试验持续时间/h	腐蚀速度 g/(m²·h)	腐蚀速度 mm/a
QAl9-2	浓硫酸	—	20	720	0.06	0.07
			40	720	0.31	0.36
	盐酸	10	20	720	1.31	1.50
			40	720	6.28	7.16
	乙酸	30	20	720	0.03	0.03
			40	720	0.24	0.24
	硫酸铵	20	20	720	0.03	0.03
		40	40	720	0.05	0.054
QAl9-4	硫酸	10	20	720	0.147	0.166
			40	720	0.205	0.229
			80	720	0.166	0.185
		35	20	720	0.053	0.059
			40	720	0.069	0.077
			80	720	0.099	0.111
		55	20	720	0.025	0.028
			40	720	0.042	0.046
			80	720	0.970	1.086
	盐酸	10	20	720	3.44	3.92
	浓磷酸	—	20	—	0.002~0.003	0.002~0.003
			90	—	0.026~0.05	0.026~0.05
	硫酸铵	10	20	720	0.06	0.07
			40	720	0.06	0.07
QAl10-3-1.5	盐酸	10	20	720	1.35	1.53
			40	720	10.22	11.66
	乙酸	30	20	720	0.03	0.03
			40	720	0.104	0.12
	硫酸	10	20~80	720	<0.20	<0.20
		35~55	20~40	720	<0.10	<0.10
		35	80	720	0.404	0.45
		55	80	720	0.054	0.06
		浓的	20	720	0.03	0.033
			40	720	0.166	0.190
QAl11-6-6	硫酸	35~60	20	—	0.04~0.08	0.04~0.09
QBe2（经淬火和时效后）	海水	—	20	—	2.48①	0.01
	蒸馏水	—	20	—	0.40①	—
	盐酸	10	20	—	—	1.47

（续）

代号	腐蚀介质	含量 （质量分数，%）	试验温度 /℃	试验持续 时间/h	腐蚀速度	
					g/（m² · h）	mm/a
QBe2 （经淬火和 时效后）	硫酸	1	20	—	74. 24①	—
		10	60	—	—	21. 64
	硝酸	1	20	—	386. 20①	—
	大气	—	—	—	1. 09①	—
QSi3-1	硫酸	浓的	20	720	0. 37	0. 39
		浓的	40	720	0. 70	0. 74
		3	25	—	—	0. 069
		10	25	—	—	0. 058
		25	25	—	—	0. 036
		70	25	—	—	0. 018
		3	70	—	—	0. 178
		10	70	—	—	0. 066
		25	70	—	—	0. 094
		70	70	—	—	0. 020
	盐酸	3	25	—	—	0. 099
		10	25	—	—	0. 091
		20	25	—	—	0. 079
		35	25	—	—	0. 0526
		3	70	—	—	0. 780
		10	70	—	—	0. 584
		20	70	—	—	1. 019
		35	70	—	—	6. 863
	乙酸	10	21 ~ 24	—	—	0. 005
		25	21 ~ 24	—	—	0. 041
		50	21 ~ 24	—	—	0. 051
		75	21 ~ 24	—	—	0. 102
		99. 5	21 ~ 24	—	—	0. 325
	混合酸	0. 2H₂SO₄ + 0. 15HNO₃， 其余水	65	—	0. 42	0. 43
	柠檬酸	5	20	—	0. 04	0. 04
	硫酸铵	10	20	720	0. 41	0. 43
			40	720	0. 55	0. 59
	硫酸锌	>100		—	可用	—
	氯化锌	94+0. 2H₂SO₄	20	163	0. 013	0. 013
		≈78+18FeCl₃	沸腾	12	0. 04	0. 04
			浓缩	12	11. 12	11. 79

（续）

代号	腐蚀介质	含量（质量分数,%)	试验温度/℃	试验持续时间/h	腐蚀速度 g/(m²·h)	mm/a
QSi3-1	漂白粉	—	—	—	可用	—
	氢氧化钠	30	60	—		0.048
	水蒸气	—	20	—		0.015
	流动海水	—	50	—		0.05
	静止海水	—	20	—		0.01
	矿井水	—	—	—		0.05~3.32
	空气	—	—	—		0.00025~0.0018
QMn1.5	熔化的硫		130	—	4.9	4.76
		—	400	—	6.6	6.4
QMn5	熔化的硫	—	130~140	—	3.6~4.0	3.5~3.8
			400	—	4.2	4.2
	（软态）硫酸	10	—	—	3[2]	—
	（软态）氢氧化钠	2	—	—	0.03[2]	—

① 单位为 mg/(m²·d)。

② 单位为 g/(m²·d)。

③ 1atm = 1.01MPa。

表 2-67 加工白铜的耐蚀性能

介质名称	含量（质量分数,%)	温度/℃	B19 腐蚀速度/(mm/a)	BFe30-1-1 腐蚀速度/(mm/a)	BMn43-0.5 质量损失/[g/(m²·d)]
工业区大气	—	—	0.0022	0.002	—
海洋大气	—	—	0.001	0.0011	—
农村大气	—	—	0.00035	0.00035	—
淡水	—	—	0.03	0.03	—
海水	—	—	—	0.13~0.03	0.25
蒸汽凝结水	—	—	0.1	0.08	—
水蒸气	—	—	—	0.0025	—
硝酸	50	—	—	6.4(mm/d)	—
盐酸(2g/mol溶液)	25	—	—	2.3~76	—
盐酸	1	20	0.3	—	—
	10	20	0.8	—	—
硫酸	10	20	0.1	0.08	1.0
亚硫酸	饱和溶液	—	2.6	2.5	—
氢氟酸	38	110	0.9	0.9	—
	98	38	0.05	0.05	—

（续）

介质名称	含量 （质量分数,%）	温度 /℃	B19	BFe30-1-1	BMn43-0.5
			腐蚀速度 /（mm/a）		质量损失 /[g/（m²·d）]
氢氟酸（无水）	—	—	0.13	0.008	—
磷酸	8	20	0.58	0.5	—
乙酸	10	20	0.028	0.025	—
柠檬酸	5	20	0.02	—	—
酒石酸	5	20	0.019	—	—
脂肪酸	60	100	0.066	0.06	—
铵水	7	30	0.5	0.25	—
氢氧化钠	10~50	100	0.13	0.005	—
碱	2	—	—	—	0.05

5. 铜合金热处理（见表 2-68）

表 2-68　铜合金的热处理及应用

合金牌号	热处理	应　用	说　明
除铍青铜外所有合金	退火	消除应力及冷作硬化，恢复组织，降低硬度，提高塑性，消除铸造应力，均匀组织和成分，改善加工性	可作为黄铜压力加工件的中间热处理工序，青铜件毛坯或中间热处理工序加热保温后空冷
H62、H68、HPb59-1 等	低温退火	消除内应力，提高黄铜件（特别是薄的冲压件）抗腐蚀破裂（又称季裂）的能力	一般作为冲压件及机加工零件的成品热处理工序
锡黄铜、硅黄铜	致密化退火	消除铸件的显微疏松，提高铸件的致密性	
	淬火	提高塑性，获得过饱和固溶体	采用水冷
铍青铜	淬火时效 （调质处理）	提高铍青铜零件的硬度、强度、弹性极限和屈服强度	淬火温度为 790℃±10℃，需用氢气或分解氨气保护
QAl9-2、QAl9-4、QAl10-3-1.5、QAl10-4-4	淬火+回火	提高青铜铸件和零件的硬度、强度和屈服强度	
QSn6.5-0.1、QSn4-3、QSi3-1、QAl7、BZn15-20	回火	消除应力，恢复和提高弹性极限	一般作为弹性元件的成品热处理工序
HPb59-1		稳定尺寸	可作为成品热处理工序

6. 加工铜及铜合金特性及应用（见表 2-69）

表 2-69　加工铜及铜合金的特性及应用

分类	组别	代号	主　要　特　性	应用举例
加工铜	纯铜	T1	有良好的导电、导热、耐蚀和加工性能，可以焊接和钎焊。含降低导电、导热性的杂质较少，微量的氧对导电、导热和加工等性能影响不大，但易引起"氢病"，不宜在高温（如>370℃）还原性气氛中加工（退火、焊接等）和使用	用于导电、导热、耐蚀器材，如电线、电缆、导电螺钉、爆破用雷管、化工用蒸发器、储藏器及各种管道等
		T2		

（续）

分类	组别	代号	主　要　特　性	应用举例
加工铜	纯铜	T3	有较好的导电、导热、耐蚀和加工性能，可以焊接和钎焊，但含降低导电、导热性的杂质较多，含氧量更高，更易引起"氢病"，不能在高温还原性气氛中加工、使用	用于一般铜材，如电气开关、垫圈、垫片、铆钉、管嘴、油管及其他管道等
	无氧铜	TU1、TU2	纯度高，导电、导热性极好，无"氢病"或极少"氢病"，加工性能和焊接、耐蚀、耐寒性均好	主要用作电真空仪器仪表器件
	磷脱氧铜	TP1	焊接性能和冷弯性能好，一般无"氢病"倾向，可在还原性气氛中加工、使用，但不宜在氧化性气氛中加工、使用。TP1 的残留磷量比 TP2 少，故其导电、导热性较 TP2 高	主要用以管材，也可以板、带或棒、线供应。用作汽油或气体输送管、排水管、冷凝管、水雷用管、冷凝器、蒸发器、热交换器、火车厢零件
		TP2		
	银铜	TAg0.1	铜中加入少量的银，可显著提高软化温度（再结晶温度）和蠕变强度，而很少降低铜的导电、导热性和塑性。实用的银铜，其时效硬化的效果不显著，一般采用冷作硬化来提高强度。它具有很好的耐磨性、电接触性和耐蚀性，如制成电车线时，使用寿命比一般硬铜高 2~4 倍	用于耐热、导电器材，如电机整流子片、发电机转子用导体、点焊电极、通信线、引线、导线、电子管材料等
加工黄铜	普通黄铜	H96	强度比纯铜高（但在普通黄铜中是最低的），导热、导电性好，在大气和淡水中有高的耐蚀性，且有良好的塑性，易于冷、热压力加工，易于焊接、锻造和镀锡，无应力腐蚀破裂倾向	在一般机械制造中用作导管、冷凝管、散热器管、散热片、汽车散热器带以及导电零件等
		H90	性能和 H96 相似，但强度较 H96 稍高，可镀金属及涂敷珐琅	供水及排水管、奖章、艺术品、散热器带以及双金属片
		H85	具有较高的强度，塑性好，能很好地承受冷、热压力加工，焊接和耐蚀性能也都良好	冷凝和散热用管、虹吸管、蛇形管、冷却设备制件
		H80	性能和 H85 近似，但强度较高，塑性也较好，在大气、淡水及海水中有较高的耐蚀性	造纸网、薄壁管、皱纹管及房屋建筑用品
		H70、H68	有极为良好的塑性（是黄铜中最佳者）和较高的强度，可加工性能好，易焊接，对一般腐蚀有非常好的稳定性，但易产生腐蚀开裂。H68 是普通黄铜中应用最为广泛的一个品种	复杂的冲压件和深冲件，如散热器外壳、导管、波纹管、弹壳、垫片、雷管等
		H65	性能介于 H68 和 H62 之间，价格比 H68 便宜，也有较高的强度和塑性，能良好地承受冷、热压力加工，有腐蚀破裂倾向	小五金、日用品、小弹簧、螺钉、铆钉和机器零件
		H63、H62	有良好的力学性能，热态下塑性良好，冷态下塑性也可以，可加工性好，易钎焊和焊接，耐蚀，但易产生腐蚀破裂。此外价格便宜，是应用广泛的一个普通黄铜品种	各种深拉深和弯折制造的受力零件，如销钉、铆钉、垫圈、螺母、导管、气压表弹簧、筛网、散热器零件等
		H59	价格最便宜，强度、硬度高而塑性差，但在热态下仍能很好地承受压力加工，耐蚀性一般，其他性能和 H62 相近	一般机器零件、焊接件、热冲及热轧零件

（续）

分类	组别	代号	主 要 特 性	应用举例
加工黄铜	镍黄铜	HNi65-5、HNi56-3	有高的耐蚀性和减摩性，良好的力学性能，在冷态和热态下压力加工性能极好，对脱锌和"季裂"比较稳定，导热、导电性低，但因镍的价格较贵，故HNi65-5一般用得不多	压力表管、造纸网、船舶用冷凝管等。可作锡磷青铜和德银的代用品
	铁黄铜	HFe59-1-1	具有高的强度、韧性，减摩性能良好，在大气、海水中的耐蚀性高，但有腐蚀破裂倾向，热态下塑性良好	制造在摩擦和受海水腐蚀条件下工作的结构零件
		HFe58-1-1	强度、硬度高，可加工性好，但塑性不好，只能在热态下压力加工，耐蚀性尚好，有腐蚀破裂倾向	适于用热压和切削加工法制作高强度的耐蚀零件
	铅黄铜	HPb63-3	含铅高的铅黄铜，不能热态加工，可加工性极为优良，且有高的减摩性能，其他性能和HPb59-1相似	主要用于要求可加工性极高的钟表结构零件及汽车、拖拉机零件
		HPb63-0.1、HPb62-0.8	可加工性较HPb63-3低，其他性能和HPb63-3相同	用于一般机器结构零件
		HPb61-1	可加工性好，强度较高	用于要求高加工性能的一般结构件
		HPb59-1	应用较广的铅黄铜，它的特点是可加工性好，有良好的力学性能，能承受冷、热压力加工，易钎焊和焊接，对一般腐蚀有良好的稳定性，但有腐蚀破裂倾向	适于以热冲压和切削加工法制作各种结构零件，如螺钉、垫圈、垫片、衬套、螺母、喷嘴等
	铝黄铜	HAl77-2	典型的铝黄铜，有高的强度和硬度，塑性良好，可在热态及冷态下进行压力加工，对海水及盐水有良好的耐蚀性，并耐冲击腐蚀，但有脱锌及腐蚀破裂倾向	船舶和海滨热电站中用作冷凝管以及其他耐蚀零件
		HAl67-2.5	在冷态、热态下能良好地承受压力加工，耐磨性好，对海水的耐蚀性尚可，对腐蚀破裂敏感，钎焊和镀锡性能不好	海船抗蚀零件
		HAl66-6-3-2	为耐磨合金，具有高的强度、硬度和耐磨性，耐蚀性也较好，但有腐蚀破裂倾向，塑性较差。为铸造黄铜的移植品种	重负荷下工作的固定螺钉的螺母及大型蜗杆。可作铝青铜QAl10-4-4的代用品
		HAl60-1-1	具有高的强度，在大气、淡水和海水中耐蚀性好，但对腐蚀破裂敏感，在热态下压力加工性好，冷态下可塑性低	要求耐蚀的结构零件，如齿轮、蜗轮、衬套、轴等
		HAl59-3-2	具有高的强度，耐蚀性是所有黄铜中最好的，腐蚀破裂倾向不大，冷态下塑性低，热态下压力加工性好	发动机和船舶业及其他在常温下工作的高强度耐蚀件
	锰黄铜	HMn58-2	在海水和过热蒸汽、氯化物中有高的耐蚀性，但有腐蚀破裂倾向；力学性能良好，导热、导电性低，易于在热态下进行压力加工，冷态下压力加工性尚可，是应用较广的黄铜品种	腐蚀条件下工作的重要零件和弱电流工业用零件

（续）

分类	组别	代号	主 要 特 性	应 用 举 例
加工黄铜	锰黄铜	HMn57-3-1	强度、硬度高，塑性低，只能在热态下进行压力加工；在大气、海水、过热蒸汽中的耐腐蚀性比一般黄铜好，但有腐蚀破裂倾向	耐腐蚀的结构零件
		HMn55-3-1	性能和HMn57-3-1接近，为铸造黄铜的移植品种	耐腐蚀的结构零件
	锡黄铜	HSn90-1	力学性能和工艺性能极似于H90普通黄铜，但有高的耐蚀性和减摩性。目前只有这种锡黄铜可作为耐磨合金使用	汽车、拖拉机的弹性套管及其他耐蚀减摩零件
		HSn70-1	典型的锡黄铜，在大气、蒸汽、油类和海水中有高的耐蚀性，且有良好的力学性能，可加工性尚可，易焊接和钎焊，在冷、热状态下压力加工性好，有腐蚀破裂倾向	海轮上的耐蚀零件（如冷凝气管），与海水、蒸汽、油类接触的导管，热工设备零件
		HSn62-1	在海水中有高的耐蚀性，有良好的力学性能，冷加工时有冷脆性，只适于热压加工，可加工性好，易焊接和钎焊，但有腐蚀破裂倾向	用作与海水或汽油接触的船舶零件或其他零件
		HSn60-1	性能与HSn62-1相似，主要产品为线材	船舶焊接结构用的焊条
	加砷黄铜	HSn70A[①]	典型的锡黄铜。在大气、蒸汽、油类、海水中有高的耐蚀性。有高的力学性能、可切削性能、冷热加工性能和焊接性能。有应力腐蚀开裂倾向。加微量As可防止脱锌腐蚀	海轮上的耐蚀零件，与海水、蒸汽、油类相接触的导管和零件
		H68A[①]	H68为典型的普通黄铜，为黄铜中塑性最佳者，应用最广。加微量As可防止脱锌腐蚀，进一步提高耐蚀性能	复杂冲压件、深冲件、波导管、波纹管、子弹壳等
	硅黄铜	HSi80-3	有良好的力学性能，耐蚀性高，无腐蚀破裂倾向，耐磨性亦可，在冷态、热态下压力加工性好，易焊接和钎焊，可加工性好，导热、导电性是黄铜中最低的	船舶零件、蒸汽管和水管配件
加工青铜	锡青铜	QSn4-3	为含锌的锡青铜，有高的耐磨性和弹性，抗磁性良好，能很好地承受热态或冷态压力加工；在硬态下，可加工性好，易焊接和钎焊，在大气、淡水和海水中耐蚀性好	制造弹簧（扁弹簧、圆弹簧）及其他弹性元件、化工设备上的耐蚀零件以及耐磨零件（如衬套、圆盘、轴承等）、抗磁零件、造纸工业用的刮刀
		QSn4-4-2.5、QSn4-4-4	为添加锌、铅合金元素的锡青铜，有高的减摩性和良好的可加工性，易于焊接和钎焊，在大气、淡水中具有良好的耐蚀性，只能在冷态下进行压力加工，因含铅，热加工时易引起热脆	制造在摩擦条件下工作的轴承、卷边轴套、衬套、圆盘以及衬套的内垫等。QSn4-4-4使用温度为300℃以下，是一种热强性较好的锡青铜
		QSn6.5-0.1	磷锡青铜，有高的强度、弹性、耐磨性和抗磁性，在热态和冷态下压力加工性良好，对电火花有较高的抗燃性，可焊接和钎焊，可加工性好，在大气和淡水中耐蚀	制造弹簧和导电性好的弹簧接触片、精密仪器中的耐磨零件和抗磁零件，如齿轮、电刷盒、振动片、接触器

（续）

分类	组别	代号	主 要 特 性	应用举例
加工青铜	锡青铜	QSn6.5-0.4	磷锡青铜，性能用途和 QSn6.5-0.1 相似，因含磷量较高，其抗疲劳强度较高，弹性和耐磨性较好，但在热加工时有热脆性，只能接受冷压力加工	除用于弹簧和耐磨零件外，主要用于造纸工业制作耐磨的铜网和单位负荷<981MPa、圆周速度<3m/s 的条件下工作的零件
		QSn7-0.2	磷锡青铜，强度高，弹性和耐磨性好，易焊接和钎焊，在大气、淡水和海水中耐蚀性好，可加工性良好，适于热压加工	制造中等负荷、中等滑动速度下承受摩擦的零件，如抗磨垫圈、轴承、轴套、蜗轮等，还可用作弹簧、簧片等
	铝青铜	QAl5	为不含其他元素的铝青铜，有较高的强度、弹性和耐磨性，在大气、淡水、海水和某些酸中耐蚀性高，可电焊、气焊，不易钎焊，能很好地在冷态或热态下承受压力加工，不能淬火、回火强化	制造弹簧和其他要求耐蚀的弹性元件、齿轮摩擦轮、蜗轮传动机构等。可作为 QSn6.5-0.4、QSn4-3 和 QSn4-4-4 的代用品
		QAl7	性能、用途和 QAl5 相似，因含铝量稍高，其强度较高	
		QAl9-2	含锰的铝青铜，具有高的强度，在大气、淡水和海水中抗蚀性很好，可以电焊和气焊，不易钎焊，在热态和冷态下压力加工性均好	高强度耐蚀零件以及在 250℃ 以下蒸汽介质中工作的管配件和海轮上零件
		QAl9-4	为含铁的铝青铜，有高的强度和减摩性、良好的耐蚀性，热态下压力加工性良好，可电焊和气焊，但钎焊性不好。可用作高锡耐磨青铜的代用品	制作在高负荷下工作的抗磨、耐蚀零件，如轴承、轴套、齿轮、蜗轮、阀座等，也用于制作双金属耐磨零件
		QAl9-5-1-1、QAl10-5-5	含有铁、镍元素的铝青铜，属于高强度耐热青铜，高温(400℃)下力学性能稳定，有良好的减摩性，在大气、淡水和海水中耐蚀性良好，热态下压力加工性良好，可热处理强化，可焊接，不易钎焊，可加工性尚好 因镍含量增加，强度、硬度、高温强度、耐蚀性均有所提高	高强度的耐磨零件和 400~500℃ 工作的零件，如轴衬、轴套、齿轮、球形座、螺母、法兰盘、滑座、坦克用蜗杆等以及其他各种重要的耐蚀耐磨零件
		QAl10-3-1.5	为含有铁、锰元素的铝青铜，有高的强度和耐磨性，经淬火、回火后可提高硬度，有较好的高温耐蚀性和抗氧化性，在大气、淡水和海水中抗蚀性很好，可加工性尚可，可焊接，不易钎焊，热态下压力加工性良好	制造高温条件下工作的耐磨零件和各种标准件，如齿轮、轴承、衬套、圆盘、导向摇臂、飞轮、固定螺母等。可代替高锡青铜制作重要机件
		QAl10-4-4	为含有铁、镍元素的铝青铜，属于高强度耐热青铜，高温(400℃)下力学性能稳定，有良好的减摩性，在大气、淡水和海水中抗蚀性很好，热态下压力加工性良好，可热处理强化，可焊接，不易钎焊，可加工性尚好	高强度的耐磨零件和高温下(400℃)工作的零件，如轴衬、轴套、齿轮、球形座、螺母、法兰盘、滑座等以及其他各种重要的耐蚀耐磨零件
		QAl11-6-6	成分、性能和 QAl10-4-4 相近	高强度耐磨零件和 500℃ 下工作的高温抗蚀耐磨零件

（续）

分类	组别	代号	主 要 特 性	应 用 举 例
加工青铜	铍青铜	QBe2	为含有少量镍的铍青铜，是力学、物理、化学综合性能良好的一种合金。经淬火调质后，具有高的强度、硬度、弹性、耐磨性、疲劳极限和耐热性，同时还具有高的导电性、导热性和耐寒性，无磁性，磁击时无火花，易于焊接和钎焊，在大气、淡水和海水中抗蚀性极好	制造各种精密仪表、仪器中的弹簧和弹性元件，各种耐磨零件以及在高速、高压和高温下工作的轴承、衬套，矿山和炼油厂用的冲击不产生火花的工具以及各种深冲零件
		QBe1.7、QBe1.9	为含有少量镍、钛的铍青铜，具有和 QBe2 相近的特性，其优点是：弹性迟滞小，疲劳强度高，温度变化时弹性稳定，性能对时效温度变化的敏感性小，价格较低廉，而强度和硬度比 QBe2 降低甚少	制造各种重要用途的弹簧、精密仪表的弹性元件、敏感元件以及承受高变向载荷的弹性元件。可代替 QBe2 牌号的铍青铜
		QBe1.9-0.1	为加有少量 Mg 的铍青铜，性能同 QBe1.9，但因加入微量 Mg，能细化晶粒，并提高强化相（γ_2 相）的弥散度和分布均匀性，故而大大提高了合金的力学性能，并且提高了合金时效后的弹性极限和力学性能的稳定性	制造各种重要用途的弹簧、精密仪表的弹性元件。敏感元件以及承受高变向载荷的弹性元件。可代替 QBe2 牌号的铍青铜
	硅青铜	QSi3-1	为加有锰的硅青铜，有高的强度、弹性和耐磨性，塑性好，低温下仍不变脆；能良好地与青铜、钢和其他合金焊接，特别是钎焊性好；在大气、淡水和海水中的耐蚀性高，对于苛性钠及氯化物的作用也非常稳定；能很好地承受冷、热压力加工，不能热处理强化，通常在退火和加工硬化状态下使用，此时有高的屈服极限和弹性	用于制造在腐蚀介质中工作的各种零件、弹簧和弹簧零件，以及蜗轮、蜗杆、齿轮、轴套、制动销和杆类耐磨零件，也用于制作焊接结构中的零件。可代替锡青铜，甚至铍青铜
		QSi1-3	为含有锰、镍元素的硅青铜，具有高的强度、相当好的耐磨性，能热处理强化，淬火、回火后强度和硬度大大提高，在大气、淡水和海水中有较高的耐蚀性，焊接性和可加工性良好	用于制造在 300℃ 以下、润滑不良、单位压力不大工作条件下的摩擦零件（如发动机排气和进气门的导向套）以及在腐蚀介质中工作的结构零件
		QSi3.5-3-1.5	为含有锌、锰、铁等元素的硅青铜，性能同 QSi3-1，但耐热性较好，棒材、线材存放时自行开裂的倾向性较小	主要用作在高温工作的轴套材料
	锰青铜	QMn1.5、QMn2	含锰量较 QMn5 低，与 QMn5 比较，强度、硬度较低，但塑性较高，其他性能相似，QMn2 的力学性能稍高于 QMn1.5	用于电子仪表零件，也可作为蒸气锅炉管配件和接头等
		QMn5	为含锰量较高的锰青铜，有较高的强度、硬度和良好的塑性，能很好地在热态及冷态下承受压力加工，有好的耐蚀性，并有高的热强性，400℃ 下还能保持其力学性能	用于制作蒸汽机零件和锅炉的各种管接头、蒸汽阀门等高温耐蚀零件
	锆青铜	QZr0.2[①]	有高的电导率，能冷、热态压力加工，时效后有高的硬度、强度和耐热性	用作电阻焊接材料及高导电、高强度电极材料，如工作温度350℃ 以下的电机整流子片、开关零件、导线、点焊电极等
		QZr0.4[①]	强度及耐热性比 QZr0.2 更高，但导电率则比 QZr0.2 稍低	

（续）

分类	组别	代号	主 要 特 性	应用举例
加工青铜	铬青铜	QCr0.5[①]	在常温及较高温度下（<400℃）具有较高的强度和硬度，导电性和导热性好，耐磨性和减摩性也很好，经时效硬化处理后强度、硬度、导电性和导热性均显著提高，易于焊接和钎焊，在大气和淡水中具有良好的抗蚀性，高温抗氧化性好，能很好地在冷态和热态下承受压力加工；其缺点是对缺口的敏感性较强，在缺口和尖角处造成应力集中，容易引起机械损伤	用于制作工作温度350℃以下的电焊机电极、电机整流子片以及其他各种在高温下工作的、要求有高的强度、硬度、导电性和导热性的零件，还可以双金属的形式用于制作刹车盘和圆盘
		QCr0.5-0.2-0.1[①]	为加有少量镁、铝的铬青铜，与QCr0.5相比，不仅进一步提高了耐热性和耐蚀性，而且可改善缺口敏感性，其他性能和QCr0.5相似	用于制作点焊、滚焊机上的电极等
		QCr0.6-0.4-0.05[①]	为加有少量锆、镁的铬青铜，与QCr0.5相比，可进一步提高合金的强度、硬度和耐热性，同时还有好的导电性	同QCr0.5
	镉青铜	QCd1.0[①]	具有高的导电性和导热性、良好的耐磨性和减摩性，抗蚀性好，压力加工性能良好，镉青铜的时效硬化效果不显著，一般采用冷作硬化来提高强度	用于工作温度250℃下的电机整流子片、电车触线和电话用软线以及电焊机的电极
	镁青铜	QMg0.8[①]	这是含镁量 $w_{(Mg)}$ = 0.7%~0.85%的铜合金。微量Mg降低铜的导电性较少，但对铜有脱氧作用，还能提高铜的高温抗氧化性。实际应用的铜镁合金一般Mg含量 $w_{(Mg)}$ 小于1%，过高则压力加工性能急剧变坏。这类合金只能加工硬化，不能热处理强化	主要用作电缆线芯及其他导线材料
加工白铜	普通白铜	B0.6	为电工铜镍合金，其特性是温差电动势小。最大工作温度为100℃	用于制造特殊温差电偶（铂-铂铑热电偶）的补偿导线
		B5	为结构白铜，它的强度和耐蚀性都比铜高，无腐蚀破裂倾向	用作船舶耐蚀零件
		B19	为结构铜镍合金，有高的耐蚀性和良好的力学性能，在热态及冷态下压力加工性良好，在高温和低温下仍能保持高的强度和塑性，可加工性不好	用于在蒸汽、淡水和海水中工作的精密仪表零件、金属网、抗化学腐蚀的化工机械零件以及医疗器具、钱币
		B25	为结构铜镍合金，具有高的力学性能和抗蚀性，在热态及冷态下压力加工性良好，由于其含镍量较高，故其力学性能和耐蚀性均较B5、B19高	用于在蒸汽、海水中工作的抗蚀零件以及在高温高压下工作的金属管和冷凝管等
	铁白铜	BFe10-1-1	为含镍较少的结构铁白铜，和BFe30-1-1相比，其强度、硬度较低，但塑性较高，耐蚀性相似	主要用于船舶业代替BFe30-1-1制作冷凝器及其他抗蚀零件
		BFe30-1-1	为结构铜镍合金，有良好的力学性能，在海水、淡水和蒸汽中具有高的耐蚀性，但可加工性较差	用于海船制造业中制作高温、高压和高速条件下工作的冷凝器和恒温器的管材

（续）

分类	组别	代号	主　要　特　性	应用举例
加工白铜	锰白铜	BMn3-12	为电工铜镍合金，俗称锰铜，特点是有高的电阻率和低的电阻温度系数，电阻长期稳定性高，对铜的热电动势小	广泛用于制造工作温度在100℃以下的电阻仪器以及精密电工测量仪器
		BMn40-1.5	为电工铜镍合金，通常称为康铜，具有几乎不随温度而改变的高电阻率和高的热电动势，耐热性和抗蚀性好，且有高的力学性能和变形能力	制造热电偶（900℃以下）的良好材料、工作温度在500℃以下的加热器（电炉的电阻丝）和变阻器
		BMn43-0.5	为电工铜镍合金，通常称为考铜，它的特点是在电工铜镍合金中具有最大的温差电动势，并有高的电阻率和很低的电阻温度系数，耐热性和抗蚀性也比BMn40-1.5好，同时具有高的力学性能和变形能力	在高温测量中，广泛采用考铜制作补偿导线和热电偶的负极以及工作温度不超过600℃的电热仪器
	锌白铜	BZn15-20	为结构铜镍合金，因其外表具有美丽的银白色，俗称德银（本来是中国银）。这种合金具有高的强度和耐蚀性，可塑性好，在热态及冷态下均能很好地承受压力加工，可加工性不好，焊接性差，弹性优于QSn6.5-0.1	用于潮湿条件下和强腐蚀介质中工作的仪表零件以及医疗器械、工业器皿、艺术品、电信工业零件、蒸汽配件和水道配件、日用品、弹簧管和簧片等
		BZn15-21-1.8、BZn15-24-1.5	为加有铅的铜锌结构合金，性能和BZn15-20相似，但它的可加工性较好，而且只能在冷态下进行压力加工	用于手表工业制作精细零件
	铝白铜	BAl13-3	为结构铜镍合金，可以热处理，其特性是：除具有高的强度（是白铜中强度最高的）和耐蚀性外，还具有高的弹性和抗寒性，在低温（90K）下力学性能不但不降低，反而有些提高，这是其他铜合金所没有的性能	用于制作高强度耐蚀零件
		BAl6-1.5	为结构铜镍合金，可以热处理强化，有较高的强度和良好的弹性	制作重要用途的扁弹簧

注：本表牌号的化学成分应符合 GB/T 5231—2012 中的规定（参见表 2-51～表 2-55）。
① 为 GB/T 5231—2001 中的牌号，在 GB/T 5231—2012 中被删除。

2.3.2　加工铜及铜合金产品

1. 铜及铜合金状态表示方法（见表 2-70）

表 2-70　铜及铜合金状态表示方法（摘自 GB/T 29094—2012）

1. 三级表示方法的基本规定

GB/T 29094—2012《铜及铜合金状态表示方法》引用美国 ASTM B601—2009《加工和铸造铜及铜合金状态表示方法》制定，适用于铜及铜合金产品状态的表示方法

铜及铜合金状态表示方法分为三级。一级状态用一个大写的英文字母表示，代表产品的基本生产方式；在一级状态后加1位阿拉伯数字或一个大写英文字母表示二级状态，代表产品功能或具体生产工艺；在二级状态后加1～3位阿拉伯数字表示三级状态，代表产品的最终成形方式

2. 一级状态表示方法

制造状态代号为 M，冷加工状态代号为 H，退火状态代号为 O，热处理状态代号为 T，焊接管状态代号为 W

3. 二、三级状态表示方法

（1）制造状态（M）的二、三级表示方法

二级状态代号	状态名称	三级状态代号	状态名称	备注
M0	铸造态	M01	砂型铸造	以制造状态供货的主要是铸件和热加工产品，一般不需要进一步的热处理 M后的第一个数字是随材料变形程度的加大而递增的
		M02	离心铸造	
		M03	石膏型铸造	
		M04	压力铸造	
		M05	金属型铸造（永久型铸造）	
		M06	熔型铸造	
		M07	连续铸造	
		M08	低压铸造	
M1	热锻	M10	热锻-空冷	
		M11	热锻-淬火	
M2	热轧	M20	热轧	
		M25	热轧+再轧	
M3	热挤压	M30	热挤压	
M4	热穿孔	M40	热穿孔	
		M45	热穿孔+再轧	

（2）以冷变形量满足标准要求为基础的冷加工二、三级状态表示方法

二级状态代号	状态名称	三级状态代号	状态名称	备注
H0	硬、弹	H00	1/8 硬	该类状态适用于板、带、棒、线材等产品类型
		H01	1/4 硬	
		H02	1/2 硬	
		H03	3/4 硬	
		H04	硬	
		H06	特硬	
		H08	弹性	
H1	高弹	H10	高弹性	
		H12	特殊弹性	
		H13	更高弹性	
		H14	超高弹性	

（续）

（3）以适应特殊产品满足标准要求为基础的冷加工二、三级状态表示方法

二级状态代号	状态名称	三级状态代号	状态名称	备注
H5	拉拔	H50	热挤压+拉拔	以此状态供货的产品，一般不需要进一步的热处理 H后的第一个数字是随材料变形程度的加大而递增的
H5	拉拔	H52	热穿孔+拉拔	
H5	拉拔	H55	轻拉，轻冷加工	
H5	拉拔	H58	常规拉拔	
H6	冷成型	H60	冷锻	
H6	冷成型	H63	铆接	
H6	冷成型	H64	旋压	
H6	冷成型	H66	冲压	
H7	冷弯	H70	冷弯	
H8	硬态拉拔	H80	拉拔(硬)	
H8	硬态拉拔	H85	拉拔电线(1/2硬)	
H8	硬态拉拔	H86	拉拔电线(硬)	
H9	异型冷加工	H90	翅片成形	

（4）冷加工后进行热处理的二、三级状态表示方法

二级状态代号	状态名称	三级状态代号	状态名称
HR	冷加工+消除应力	HR01	1/4硬+应力消除
HR	冷加工+消除应力	HR02	半硬+应力消除
HR	冷加工+消除应力	HR04	硬+和应力消除
HR	冷加工+消除应力	HR06	特硬+和应力消除
HR	冷加工+消除应力	HR08	弹性+和应力消除
HR	冷加工+消除应力	HR10	高弹性+和应力消除
HR	冷加工+消除应力	HR12	特殊弹性+和应力消除
HR	冷加工+消除应力	HR50	拉拔+应力消除
HR	冷加工+消除应力	HR90	翅片成形+应力消除
HT	冷加工+有序强化	HT04	硬+有序强化
HT	冷加工+有序强化	HT08	弹性+有序强化
HE	冷加工+端部退火	HE80	硬态拉拔+端部退火

（5）为满足公称平均晶粒尺寸的退火二、三级状态表示方法

二级状态代号	状态名称	三级状态代号	公称平均晶粒尺寸/mm
OS	有晶粒尺寸要求的退火	OS005	0.005
OS	有晶粒尺寸要求的退火	OS010	0.010
OS	有晶粒尺寸要求的退火	OS015	0.015
OS	有晶粒尺寸要求的退火	OS025	0.025
OS	有晶粒尺寸要求的退火	OS030	0.030
OS	有晶粒尺寸要求的退火	OS035	0.035
OS	有晶粒尺寸要求的退火	OS045	0.045
OS	有晶粒尺寸要求的退火	OS050	0.050

（续）

二级状态代号	状态名称	三级状态代号	公称平均晶粒尺寸/mm
OS	有晶粒尺寸 要求的退火	OS060	0.060
		OS065	0.065
		OS070	0.070
		OS100	0.100
		OS120	0.120
		OS150	0.150
		OS200	0.200

（6）为满足力学性能的退火二、三级状态表示方法

二级状态代号	状态名称	三级状态代号	状态名称
O1	铸造态+热处理	O10	铸造+退火（均匀化）
		O11	铸造+沉淀热处理
O2	热锻轧+热处理	O20	热锻+退火
		O25	热轧+退火
O3	热挤压+热处理	O30	热挤压+退火
		O31	热挤压+沉淀热处理
O4	热穿孔+热处理	O40	热穿孔+退火
O5	调质退火	O50	轻退火
O6	退火	O60	软化退火
		O61	退火
		O65	拉伸退火
		O68	深拉退火
O7	完全软化退火	O70	完全软化退火
O8	退火到特定性能	O80	退火到1/8硬
		O81	退火到1/4硬
		O82	退火到1/2硬

（7）热处理状态（T）的二、三级状态表示方法

二级状态代号	状态名称	三级状态代号	状态名称
TQ	淬火硬化	TQ00	淬火硬化
		TQ30	淬火硬化+退火
		TQ50	淬火硬化+调质退火
		TQ55	淬火硬化+调质退火+冷拉+应力消除
		TQ75	中间淬火
TB	固溶热处理	TB00	固溶热处理
TF	固溶热处理+沉淀 热处理	TF00	固溶热处理+沉淀热处理
		TF01	沉淀热处理板—低硬化
		TF02	沉淀热处理板—高硬化
TX	固溶热处理+亚稳 分析热处理	TX00	亚稳分解硬化

（续）

二级状态代号	状态名称	三级状态代号	状态名称
TD	固溶热处理+冷加工	TD00	固溶热处理+冷加工(1/8 硬)
		TD01	固溶热处理+冷加工(1/4 硬)
		TD02	固溶热处理+冷加工(1/2 硬)
		TD03	固溶热处理+冷加工(3/4 硬)
		TD04	固溶热处理+冷加工(硬)
		TD08	固溶热处理+冷加工(弹性)
TH	固溶热处理+冷加工+沉淀热处理	TH01	固溶热处理+冷加工(1/4 硬)+沉淀热处理
		TH02	固溶热处理+冷加工(1/2 硬)+沉淀热处理
		TH03	固溶热处理+冷加工(3/4 硬)+沉淀热处理
		TH04	固溶热处理+冷加工(硬)+沉淀热处理
		TH08	固溶热处理+冷加工(弹性)+沉淀热处理
TS	冷加工+亚稳分解热处理	TS00	冷加工(1/8 硬)+亚稳分解硬化
		TS01	冷加工(1/4 硬)+亚稳分解硬化
		TS02	冷加工(1/2 硬)+亚稳分解硬化
		TS03	冷加工(3/4 硬)+亚稳分解硬化
		TS04	冷加工(硬)+亚稳分解硬化
		TS06	冷加工(特硬)+亚稳分解硬化
		TS08	冷加工(弹性)+亚稳分解硬化
		TS10	冷加工(高弹性)+亚稳分解硬化
		TS12	冷加工(特殊弹性)+亚稳分解硬化
		TS13	冷加工(更高弹性)+亚稳分解硬化
		TS14	冷加工(超高弹性)+亚稳分解硬化
TL	沉淀热处理或亚稳分解热处理+冷加工	TL00	沉淀热处理或亚稳分解热处理+冷加工(1/8 硬)
		TL01	沉淀热处理或亚稳分解热处理+冷加工(1/4 硬)
		TL02	沉淀热处理或亚稳分解热处理+冷加工(1/2 硬)
		TL04	沉淀热处理或亚稳分解热处理+冷加工(硬)
		TL08	沉淀热处理或亚稳分解热处理+冷加工(弹性)
		TL10	沉淀热处理或亚稳分解热处理+冷加工(高弹性)
TR	沉淀热处理或亚稳分解热处理+冷加工+应力消除	TR01	沉淀热处理或亚稳分解热处理+冷加工(1/4 硬)+应力消除
		TR02	沉淀热处理或亚稳分解热处理+冷加工(1/2 硬)+应力消除
		TR04	沉淀热处理或亚稳分解热处理+冷加工(硬)+应力消除
TM	加工余热淬火硬化	TM00	加工余热淬火+冷加工(1/8 硬)
		TM01	加工余热淬火+冷加工(1/4 硬)
		TM02	加工余热淬火+冷加工(1/2 硬)
		TM03	加工余热淬火+冷加工(3/4 硬)
		TM04	加工余热淬火+冷加工(硬)
		TM06	加工余热淬火+冷加工(特硬)
		TM08	加工余热淬火+冷加工(弹性)

（续）

（8）焊接管状态(W)的具体状态表示方法

二级状态代号	状态名称	三级状态代号	状态名称	备注
WM	焊接状态	WM50	由退火带材焊接	一般焊接管状态(W)的二、三级状态表示方法应符合本表的规定。其中焊接后进行精制加工(再次退火、再次冷加工)处理后，焊接区已变成加工结构，并可采用一般的状态代号。此类状态表示方法根据精整后的具体情况分别以 O、OS、H 为代号
		WM00	由 1/8 硬带材焊接	
		WM01	由 1/4 硬带材焊接	
		WM02	由 1/2 硬带材焊接	
		WM03	由 3/4 硬带材焊接	
		WM04	由硬带材焊接	
		WM06	由特硬带材焊接	
		WM08	由弹性带材焊接	
		WM10	由高弹性带材焊接	
		WM15	由退火带材焊接+消除应力	
		WM20	由 1/8 硬带焊接+消除应力	
		WM21	由 1/4 硬带焊接+消除应力	
		WM22	由 1/2 硬带焊接+消除应力	
		WM24	由 3/4 硬带焊接+消除应力	
WO	焊接后退火状态	WO50	焊接+轻退火	
		WO060	焊接+软退火	
		WO061	焊接+退火	
WC	焊接后轻冷加工	WC55	焊接+轻冷加工	
WH	焊接后冷拉状态	WH00	焊接+拉拔(1/8 硬)	
		WH01	焊接+拉拔(1/4 硬)	
		WH02	焊接+拉拔(1/2 硬)	
		WH03	焊接+拉拔(3/4 硬)	
		WH04	焊接+拉拔(硬)	
		WH06	焊接+拉拔(特硬)	
		WH55	焊接+冷轧或轻拉	
		WH58	焊接+冷轧或常规拉拔	
		WH80	焊接+冷轧或硬拉	
WR	焊接管+冷拉+应力消除	WR00	由 1/8 硬带焊接+拉拔+应力消除	
		WR01	由 1/4 硬带焊接+拉拔+应力消除	
		WR02	由 1/2 硬带焊接+拉拔+应力消除	
		WR03	由 3/4 硬带焊接+拉拔+应力消除	
		WR04	由硬带焊接+拉拔+应力消除	
		WR06	由特硬带焊接+拉拔+应力消除	

（续）

4. 铜及铜合金状态新、旧代号对照

旧代号	旧状态名称	新代号	新状态名称
R	热加工	TY	弹硬
M	退火（焖火）	M1~M4	热加工
M_2	轻软	O60	软化退火
C	淬火	O50	轻软退火
CY	淬火后冷轧（冷作硬化）	TQ00	淬火硬化
CZ	淬火（自然时效）	TQ55	淬火硬化与调质退火、冷拉与应力消除
CS	淬火（人工时效）	TF00	沉淀热处理
CYS	淬火后冷轧、人工时效	TH04	固溶热处理+冷加工（硬）+沉淀热处理
CY_2S	淬火后冷轧（1/2硬）、人工时效	TH02	固溶热处理+冷加工（1/2硬）+沉淀硬化
CY_4S	淬火后冷轧（1/4硬）、人工时效	TH01	固溶热处理+冷加工（1/4硬）+沉淀硬化
CSY	淬火、人工时效、冷作硬化	TL00~TL10	沉淀热处理或亚稳分解热处理+冷加工
CZY	淬火、自然时效、冷作硬化	H04、H80	硬、拉拔（硬）
Y	硬	H03	3/4硬
Y_1	3/4硬	H02、H55	1/2硬
Y_2	1/2硬	H01	1/4硬
Y_4	1/4硬	H06	特硬
T	特硬	H08	弹性

2. 铜及铜合金拉制棒（见表2-71~表2-73）

表2-71　铜及铜合金拉制棒的牌号、状态和规格（摘自GB/T 4423—2007）

牌号	状态	直径（或对边距离）/mm	
		圆形棒、方形棒、六角形棒	矩形棒
T2、T3、TP2、H96、TU1、TU2	Y（硬） M（软）	3~80	3~80
H90	Y（硬）	3~40	—
H80、H65	Y（硬） M（软）	3~40	—
H68	Y_2（半硬） M（软）	3~80 13~35	—
H62	Y_2（半硬）	3~80	3~80
HPb59-1	Y_2（半硬）	3~80	3~80
H63、HPb63-0.1	Y_2（半硬）	3~40	—
HPb63-3	Y（硬） Y_2（半硬）	3~30 3~60	3~80
HPb61-1	Y_2（半硬）	3~20	—
HFe59-1-1、HFe58-1-1、HSn62-1、HMn58-2	Y（硬）	4~60	—
QSn6.5-0.1、QSn6.5-0.4、QSn4.3、QSn4-0.3、QSi3-1、QAl9-2、QAl9-4、QAl10-3-1.5、QZr0.2、QZr0.4	Y（硬）	4~40	—

（续）

牌 号	状态	直径（或对边距离）/mm	
		圆形棒、方形棒、六角形棒	矩形棒
QSn7-0.2	Y（硬） T（特硬）	4~40	—
QCd1	Y（硬） M（软）	4~60	—
QCr0.5	Y（硬） M（软）	4~40	—
QSi1.8	Y（硬）	4~15	—
BZn15-20	Y（硬） M（软）	4~40	—
BZn15-24-1.5	T（特硬） Y（硬） M（软）	3~18	—
BFe30-1-1	Y（硬） M（软）	16~50	—
BMn40-1.5	Y（硬）	7~40	—

注：1. 经供需双方协商，可供其他规格棒材，具体要求应在合同中注明。

2. 矩形棒截面宽高比：高度≤10mm、>10~20mm、>20mm，宽高比（不大于）分别为 2.0、3.0、3.5。

3. 棒材牌号的化学成分应符合 GB/T 5231 的相应规定。

表 2-72　铜及铜合金拉制棒尺寸及极限偏差（摘自 GB/T 4423—2007）

	直径 （或对边距）	圆形棒				方形棒或六角形棒			
		紫黄铜类		青白铜类		紫黄铜类		青白铜类	
		高精级	普通级	高精级	普通级	高精级	普通级	高精级	普通级
圆形棒、方形棒、六角形棒尺寸及极限偏差/mm	≥3~6	±0.02	±0.04	±0.03	±0.06	±0.04	±0.07	±0.06	±0.10
	>6~10	±0.03	±0.05	±0.04	±0.06	±0.04	±0.08	±0.08	±0.11
	>10~18	±0.03	±0.06	±0.05	±0.08	±0.05	±0.10	±0.10	±0.13
	>18~30	±0.04	±0.07	±0.06	±0.10	±0.06	±0.10	±0.10	±0.15
	>30~50	±0.08	±0.10	±0.09	±0.10	±0.12	±0.13	±0.13	±0.16
	>50~80	±0.10	±0.12	±0.12	±0.15	±0.15	±0.24	±0.24	±0.30

	宽度或高度	紫黄铜类		青铜类	
		高精级	普通级	高精级	普通级
矩形棒尺寸及极限偏差/mm	3	±0.08	±0.10	±0.12	±0.15
	>3~6	±0.08	±0.10	±0.12	±0.15
	>6~10	±0.08	±0.10	±0.12	±0.15
	>10~18	±0.11	±0.14	±0.15	±0.18
	>18~30	±0.18	±0.21	±0.20	±0.24
	>30~50	±0.25	±0.30	±0.30	±0.38
	>50~80	±0.30	±0.35	±0.40	±0.50

（续）

长度	圆形棒				方形棒、六角形棒、矩形棒	
棒材直度 /mm	<3~20		>20~80			
	全长直度	每米直度	全长直度	每米直度	全长直度	每米直度
<1000	≤2	—	≤1.5	—	≤5	—
≥1000~2000	≤3	—	≤2	—	≤8	—
≥2000~3000	≤6	≤3	≤4	≤3	≤12	≤5
≥3000	≤12	≤3	≤8	≤3	≤15	≤5

注：1. 单向偏差为表中数值的2倍。

2. 棒材尺寸极限偏差等级应在合同中注明，未注明者按普通级精度供货。

3. 圆形棒材圆度不得超过其直径极限偏差之半。

4. 棒材的不定尺长度规定如下：

　　直径（或对边距离）为3~50mm，供应长度为1000~5000mm。

　　直径（或对边距离）为50~80mm，供应长度为500~5000mm。

　　经供需双方协商，直径（或对边距离）不大于10mm的棒材可成盘（卷）供货，其长度不小于4000mm。

　　定尺或倍尺长度应在不定尺范围内，并在合同中注明，否则按不定尺长度供货。

5. GB/T 4423—2007没有列出棒材尺寸的优先尺寸。GB/T 4423—1992给出的棒材尺寸的优先尺寸为：5~10（0.5分级）、11~30（1分级）、32、34、35、36、38、40、42、44、45、46、48、50、52、54、55、56、58、60、65、70、75、80（单位均为mm）。

6. 标记示例：

　　产品标记按产品名称、牌号、状态、精度、规格和标准编号的顺序表示，圆形棒直径以"ϕ"表示，矩形棒的宽度、高度分别以"a""b"表示，方形棒的边长以"a"表示，六角形棒的对边距以"S"表示。

　　1）用H62制造的、供应状态为Y_2、高精级、外径20mm、长度为2000mm的圆形棒标记为：

　　　　圆形棒 H62Y_2高　20×2000　GB/T 4423—2007

　　2）用T2制造的、供应状态为M、高精级、外径20mm、长度为2000mm的方形棒标记为：

　　　　方形棒 T2 M 高　20×2000　GB/T 4423—2007

　　3）用HPb59-1制造的、供应状态为Y、普通级、高度为25mm、宽度为40mm、长度为2000mm的矩形棒标记为：

　　　　矩形棒 HPb59-1Y　25×40×2000　GB/T 4423—2007

　　4）用H68制造的、供应状态为Y_2、高精级、对边距为30mm、长度为2000mm的六角形棒标记为：

　　　　六角形棒 H68 Y_2高　30×2000　GB/T 4423—2007

表 2-73　铜及铜合金拉制棒的力学性能（摘自 GB/T 4423—2007）

	牌　号	状态	直径、对边距 /mm	抗拉强度 R_m/MPa	断后伸长率 A(%)	布氏硬度 HBW	备注
				≥			
圆形、方形、六角形拉制棒力学性能	T2、T3	Y	3~40	275	10	—	直径或对边距离小于10mm的棒材不做硬度试验
			40~60	245	12	—	
			60~80	210	16	—	
		M	3~80	200	40	—	
	TU1、TU2、TP2	Y	3~80	—	—	—	
	H96	Y	3~40	275	8	—	
			40~60	245	10	—	
			60~80	205	14	—	
		M	3~80	200	40	—	
	H90	Y	3~40	330			

（续）

牌　号	状态	直径、对边距 /mm	抗拉强度 R_m/MPa	断后伸长率 $A(\%)$	布氏硬度 HBW	备注
			≥			
H80	Y	3~40	390	—	—	
	M	3~40	275	50	—	
H68	Y_2	3~12	370	18	—	
		12~40	315	30	—	
		40~80	295	34	—	
	M	13~35	295	50	—	
H65	Y	3~40	390	—	—	
	M	3~40	295	44	—	
H62	Y_2	3~40	370	18	—	
		40~80	335	24	—	
HPb61-1	Y_2	3~20	390	11	—	
HPb59-1	Y_2	3~20	420	12	—	
		20~40	390	14	—	
		40~80	370	19	—	
HPb63-0.1、 H63	Y_2	3~20	370	18	—	
		20~40	340	21	—	
HPb63-3	Y	3~15	490	4	—	
		15~20	450	9	—	
		20~30	410	12	—	
	Y_2	3~20	390	12	—	
		20~60	360	16	—	
HSn62-1	Y	4~40	390	17	—	
		40~60	360	23	—	
HMn58-2	Y	4~12	440	24	—	
		12~40	410	24	—	
		40~60	390	29	—	
HFe58-1-1	Y	4~40	440	11	—	
		40~60	390	13	—	
HFe59-1-1	Y	4~12	490	17	—	
		12~40	440	19	—	
		40~60	410	22	—	
QAl9-2	Y	4~40	540	16	—	
QAl9-4	Y	4~40	580	13	—	
QAl10-3-1.5	Y	4~40	630	8	—	
QSi3-1	Y	4~12	490	13	—	
		12~40	470	19	—	

圆形、方形、六角形拉制棒力学性能

直径或对边距离小于 10mm 的棒材不做硬度试验

（续）

牌　　号	状态	直径、对边距 /mm	抗拉强度 R_m/MPa	断后伸长率 $A(\%)$	布氏硬度 HBW	备注
			≥			
QSi1.8	Y	3~15	500	15	—	
QSn6.5-0.1、 QSn6.5-0.4	Y	3~12	470	13	—	
		12~25	440	15	—	
		25~40	410	18	—	
QSn7-0.2	Y	4~40	440	19	130~200	
	T	4~40	—	—	≥180	
QSn4-0.3	Y	4~12	410	10	—	
		12~25	390	13	—	
		25~40	355	15	—	
QSn4-3	Y	4~12	430	14	—	
		12~25	370	21	—	
		25~35	335	23	—	
		35~40	315	23	—	
QCd1	Y	4~60	370	5	≥100	
	M	4~60	215	36	≤75	
QCr0.5	Y	4~40	390	6	—	
	M	4~40	230	40	—	
QZr0.2、QZr0.4	Y	3~40	294	6	130[①]	
BZn15-20	Y	4~12	440	6	—	
		12~25	390	8	—	
		25~40	345	13	—	
	M	3~40	295	33	—	
BZn15-24-1.5	T	3~18	590	3	—	
	Y	3~18	440	5	—	
	M	3~18	295	30	—	
BFe30-1-1	Y	16~50	490	—	—	
	M	16~50	345	25	—	
BMn40-1.5	Y	7~20	540	6	—	
		20~30	490	8	—	
		30~40	440	11	—	

（第一列合并单元格左侧：圆形、方形、六角形拉制棒力学性能）

（备注列合并单元格：直径或对边距离小于10mm的棒材不做硬度试验）

牌号	状态	高度/mm	抗拉强度 R_m/MPa	断后伸长率 $A(\%)$
			≥	
T2	M	3~80	196	36
	Y	3~80	245	9
H62	Y_2	3~20	335	17
		20~80	335	23
HPb59-1	Y_2	5~20	390	12
		20~80	375	18
HPb63-3	Y_2	3~20	380	14
		20~80	365	19

（第一列合并单元格左侧：矩形拉制棒力学性能）

① 此硬度值为经淬火处理及冷加工时效后的性能参考值

3. 耐磨黄铜棒（见表 2-74~表 2-77）

表 2-74　耐磨黄铜棒的牌号、代号及尺寸规格（摘自 GB/T 36161—2018）

棒材分类	棒材分为圆形、正方形、矩形、正六角形截面的连续铸造、热挤压和拉拔状的耐磨黄铜棒					
	分类	牌号	代号	状态	直径（或对边距）/mm	长度/mm
棒材的牌号、代号、状态及尺寸规格	锰黄铜	HMn57-2-2-1	T67422	拉拔+应力消除（HR50）	5~80	500~6000
				热挤压（M30）	5~150	
		HMn57-3-1	T67410	拉拔+应力消除（HR50）	5~50	
				热挤压（M30）	5~150	
		HMn58-2-1-0.5	T67401	连续铸造（M07）	12~150	
				拉拔+应力消除（HR50）	5~80	
				热挤压（M30）	5~150	
		HMn58-3-1-1	C67400	拉拔+应力消除（HR50）	5~50	
				热挤压（M30）	5~80	
		HMn58-2-2-0.5	T67402	连续铸造（M07）	12~150	
				拉拔+应力消除（HR50）	5~60	
				热挤压（M30）	5~80	
		HMn58-3-2-0.8	T67403	拉拔+应力消除（HR50）	5~80	
				热挤压（M30）	5~150	
		HMn60-3-1.7-1	C67300	拉拔+应力消除（HR50）	5~50	
				热挤压（M30）	5~150	
		HMn61-2-1-0.5	T67210	连续铸造（M07）	12~150	
				拉拔+应力消除（HR50）	5~50	
				热挤压（M30）	5~150	
		HMn61-2-1-1	T67211	拉拔+应力消除（HR50）	5~50	
				热挤压（M30）	50~80	
		HMn62-3-3-1	T67300	拉拔+应力消除（HR50）	12~50	1500~6000
				热挤压（M30）	12~120	
	铝黄铜	HAl61-4-3-1	T69230	拉拔+应力消除（HR50）	5~50	500~6000
				热挤压（M30）	5~150	
		HAl66-6-3-2	T69200	连续铸造（M07）	12~150	
	硅黄铜	HSi68-1.5	T68341	拉拔+应力消除（HR50）	5~80	
				热挤压（M30）	5~150	
		HSi75-3	T68320	拉拔+应力消除（HR50）	5~50	
				热挤压（M30）	5~150	

M07（连续铸造）状态棒材直径及极限偏差/mm	直径（或对边距）[2]	圆形棒材直径（或对边距）允许偏差[1]		正方形、矩形、正六角形棒材直径（或对边距）允许偏差[1]	
		高精级	普通级	高精级	普通级
	12~18	±0.10	±0.15	±0.10	±0.15
	>18~30	±0.15	±0.20	±0.20	±0.25
	>30~50	±0.30	±0.40	±0.40	±0.50
	>50~80	±0.40	±0.50	±0.50	±0.70
	>80~150	±0.80	±1.00	±1.00	±1.20

（续）

	直径（或对边距）	圆形棒材直径（或对边距）允许偏差③		正方形、矩形、正六角形棒材直径（或对边距）允许偏差③	
HR50（应力消除）状态棒材直径及极限偏差/mm		高精级	普通级	高精级	普通级
	5~12	±0.03	±0.05	±0.04	±0.08
	>12~18	±0.04	±0.06	±0.06	±0.10
	>18~30	±0.04	±0.07	±0.06	±0.10
	>30~50	±0.08	±0.10	±0.10	±0.13
	>50~80	±0.10	±0.12	±0.15	±0.24
	直径（或对边距）	圆形棒材直径（或对边距）允许偏差④		正方形、矩形、正六角形棒材直径（或对边距）允许偏差④	
M30（热挤压）状态棒材直径及极限偏差		高精级	普通级	高精级	普通级
	5~18	±0.25	±0.30	±0.35	±0.40
	>18~30	±0.30	±0.40	±0.40	±0.50
	>30~50	±0.50	±0.60	±0.60	±0.70
	>50~80	±0.60	±0.70	±0.70	±0.80
	>80~150	±0.80	±1.0	±1.0	±1.20

	直径（或对边距）	定尺或倍尺长度允许偏差	允许短尺比例⑤	备注
棒材长度/mm	5~30	+5	—	经供需双方协商，可供应其他定尺或倍尺长度极限偏差的棒材
	>30~90	+15	5%	
	>90~150	+25	10%	

	GB/T 36161—2018 牌号		对应国外牌号	
GB/T 36161 牌号与国外相应牌号对照	牌号	代号	国别	牌（代）号
	HMn58-2-1-0.5	T67401	日本 JIS	C6782
	HMn58-3-1-1	C67400	美国 ASTM	C67400
	HMn58-2-2-0.5	T67402	欧盟 EN	CW713R
	HMn60-3-1.7-1	C67300	美国 ASTM	C67300

注：棒材截面形状为圆形（直径ϕ）、正方形（边长a）、矩形（高度a、宽度b）、正六角形（对边距S），产品标记按产品名称、标准编号、牌号、状态、精度等级和尺寸规格的顺序表示，标记示例如下：

示例 1　用 HMn58-3-1-1（C67400）制造的状态为 M30、高精级、直径为 50mm、长度为 2000mm 的圆形棒标记为：
圆棒 GB/T 36161—HMn58-3-1-1 M30 高-50×2000 或圆棒 GB/T 36161—C67400 M30 高-50×2000

示例 2　用 HMn60-3-1.7-1（C67300）制造的状态为 HR50、高精级、边长为 20mm、长度为 2000mm 的方形棒标记为：
正方形棒 GB/T 36161—HMn60-3-1.7-1HR50 高-a20×2000 或　正方形棒 GB/T 36161—C67300 HR50 高-a20×2000

示例 3　用 HAl66-6-3-2（T69200）制造的状态为 M07、高精级、对边距为 10mm、长度为 2000mm 的正六角棒标记为：
正六角棒 GB/T 36161—HAl66-6-3-2M07 高-S10×2000 或　正六角棒 GB/T 36161—T69200 M07 高-S10×2000

示例 4　用 HSi75-3（T68320）制造的状态为 HR50、普通级、高度为 20mm、宽度为 40mm、长度为 2000mm 的矩形棒标记为：
矩形棒 GB/T 36161—HSi75-3 HR50-40×20×2000 或　矩形棒 GB/T 36161—T68320 HR50-40×20×2000

① 当要求极限偏差全为（+）或全为（-）单项偏差时，其值为表中数值的 2 倍

② M07（连续铸造）状态，直径范围在 12~80mm 范围的棒材后续需进行扒皮精整

③ 当要求极限偏差全为（+）或全为（-）单项偏差时，其值为表中数值的 2 倍

④ 当要求极限偏差全为（+）或全为（-）单项偏差时，其值为表中数值的 2 倍

⑤ 短尺产品的长度不应小于定尺或倍尺长度的 70%

表 2-75 耐磨黄铜棒材的牌号和化学成分(摘自 GB/T 36161—2018)

牌号	化学成分(质量分数,%)											
	Cu	Pb	Al	Fe	Mn	Ni	Si	Sn	As	P	Zn	杂质总和
HMn57-2-2-1	56.0~58.0	0.2~0.8	0.5	0.5	1.0~2.5	1.5~3.0	0.5~1.5	0.25	—	—	余量①	1.0
HMn58-2-1-0.5	56.0~60.5	0.5	0.2~2.0	0.10~1.0	0.5~2.5	—	—	—	—	—	余量①	—
HMn58-3-1-1	57.0~60.0②③	0.5	0.5~2.0	0.35	2.0~3.5	0.25④	0.5~1.5	0.3	—	—	余量⑤	—
HMn58-2-2-0.5	57.0~59.0	0.2~0.8	1.3~2.3	1.0	1.5~3.0	1.0	0.5~1.3	0.4	—	—	余量⑤	0.3⑥
HMn58-3-2-0.8	57.0~60.0	0.3~0.6	1.5~2.0	0.25	2.0~4.0	—	0.6~0.9	—	—	—	余量①	0.4
HMn60-3-1.7-1	58.0~63.0②③	0.4~3.0	0.25	0.5	2.0~3.5	0.25④	0.5~1.5	0.3	—	—	余量⑤	—
HMn61-2-1-0.5	60.0~62.0	0.1	0.5~1.5	0.35	1.0~2.5	0.2	0.3~1.0	—	—	—	余量①	0.8
HMn61-2-1-1	60.0~63.0	0.2~0.8	0.1	0.3	1.5~3.0	0.1~1.0	0.5~1.5	0.2	—	—	余量①	0.6
HSi68-1.5	66.0~70.0	0.1	Bi:0.01	0.15	—	0.3	1.0~2.0	0.6	0.1	0.05~0.40	余量①	0.3

注：1. 元素含量为上下限者为基体元素和合金元素，元素含量为单个数值者为杂质元素，单个数值表示最高限量。

2. 杂质总和指主成分以外的所有杂质元素之和，主要为 As、Bi、Cd、Co、Cr、Fe、Mn、Ni、P、Pb、Si、Sn、Zn 等元素。

3. 需方对化学成分有特殊要求时，由供需双方协商确定。

4. 牌号 HMn57-3-1、HMn62-3-3-1、HAl61-4-3-1、HAl66-6-3-2、HSi75-3 的化学成分应符合 GB/T 5231 的规定。

① 该"余量"表示的元素含量为 100%减去表中所列元素实测值所得。

② Cu 含量包含 Ag。

③ Cu+所列元素之和≥99.5%。

④ Ni 含量包含 Co。

⑤ 该"余量"表示该元素含量为实测所得。

⑥ 指其他杂质总和，为表中所列元素以外的所有杂质之和，含量为 100%减去表中所列元素实测值所得。

表 2-76 耐磨黄铜棒材的力学性能(摘自 GB/T 36161—2018)

牌号	状态	直径(或对边距)/mm	硬度试验 布氏硬度 HBW ≥	室温拉伸试验 抗拉强度 R_m/MPa ≥	断后伸长率 A (%) ≥	牌号	状态	直径(或对边距)/mm	硬度试验 布氏硬度 HBW ≥	室温拉伸试验 抗拉强度 R_m/MPa ≥	断后伸长率 A (%) ≥
HMn57-2-2-1	HR50	5~25	135	510	15	HMn58-2-1-0.5	M07	12~50	125	460	20
		>25~50	130	490	15			>50~150	120	460	20
		>50~80	130	470	12		HR50	5~50	135	490	5
	M30	5~25	130	470	10			>50~80	130	490	15
		>25~50	125	450	12		M30	5~50	125	460	20
		>50~80	125	450	20			>50~150	110	410	20
		>80~150	125	实测值		HMn58-3-1-1	HR50	5~25	180	620	6
HMn57-3-1	HR50	5~25	170	570	8			>25~50	175	600	8
		>25~50	160	550	12		M30	5~25	165	540	10
	M30	5~25	130	450	20			>25~50	155	520	12
		>25~50	130	450	20			>50~80	150	500	15
		>50~80	130	430	20	HMn58-2-2-0.5	M07	12~25	140	540	6
		>80~150	125	实测值				>25~80	130	520	8

（续）

牌号	状态	直径（或对边距）/mm	硬度试验 布氏硬度 HBW ≥	室温拉伸试验 抗拉强度 R_m/MPa ≥	断后伸长率 A（%）≥	牌号	状态	直径（或对边距）/mm	硬度试验 布氏硬度 HBW ≥	室温拉伸试验 抗拉强度 R_m/MPa ≥	断后伸长率 A（%）≥
HMn58-2-2-0.5	M07	>80~150	130	实测值		HMn61-2-1-1	HR50	5~25	150	560	10
	HR50	5~15	160	620	8			>25~50	140	520	12
		>15~60	160	590	12		M30	50~80	120	460	15
	M30	5~15	160	550	15	HMn62-3-3-1	HR50	12~25	165	590	8
		>15~60	150	530	15			>25~50	160	570	9
		>60~80	140	510	15		M30	12~80	160	530	12
HMn58-3-2-0.8	HR50	5~25	180	620	6			>80~120	160	实测值	
		>25~50	175	600	8	HAl61-4-3-1	HR50	5~25	185	630	2
		>50~80	170	580	8			>25~50	180	600	3
	M30	5~25	165	540	10		M30	5~25	180	600	2
		>25~50	155	520	12			>25~80	180	580	3
		>50~80	150	500	15			>80~150	170	实测值	
		>80~150	140	实测值		HAl66-6-3-2	M07	12~25	180	630	5
HMn60-3-1.7-1	HR50	5~25	120	485	15			>25~80	170	590	6
		>25~50	110	440	15			>80~150	160	实测值	
	M30	5~25	95	400	18	HSi68-1.5	HR50	5~25	120	500	6
		>25~80	95	380	20			>25~50	115	450	8
		>80~150	95	实测值				>50~80	110	420	10
HMn61-2-1-0.5	M07	12~25	130	510	12		M30	5~25	100	400	12
		>25~80	125	480	15			>25~80	95	360	15
		>80~150	120	实测值				>80~150	90	实测值	
	HR50	5~25	160	590	10	HSi75-3	HR50	5~25	140	480	12
		>25~50	150	560	12			>25~50	130	450	15
	M30	5~25	120	480	15		M30	5~25	110	380	13
		>25~80	110	450	20			>25~80	100	360	20
		>80~150	110	实测值				>80~150	90	实测值	

表 2-77　耐磨黄铜棒材的显微组织特征（摘自 GB/T 36161—2018）

牌号	状态	显微组织特征	
		横截面	纵截面
HMn58-2-1-0.5	M07	基体 β 相+Fe-Mn 强化相+少量 α 相，α 相呈条状和颗粒状，Fe-Mn 强化相呈颗粒状	
HMn58-2-2-0.5		基体 β 相+Mn-Si 强化相+少量 α 相+Pb 相，α 相呈针状、条状和颗粒状，Mn-Si 强化相呈颗粒状、条状，Pb 相呈颗粒状	
HMn61-2-1-0.5		基体 β 相+Mn-Si-Fe 强化相+α 相，α 相呈针条状、线状，Mn-Si-Fe 强化相呈条状、颗粒状、质点状	
HAl66-6-3-2		基体 β 相+γ 相+富 Fe 相，γ 相呈星花状，富 Fe 相呈质点状	

（续）

牌号	状态	显微组织特征	
		横截面	纵截面
HMn57-2-2-1	HR50 M30	基体(α+β)相+Mn-Si-Ni 强化相+Pb 相，Mn-Si-Ni 强化相呈颗粒状、质点状，Pb 相呈颗粒状	基体(α+β)相+Mn-Si-Ni 强化相+Pb 相，Mn-Si-Ni 强化相沿加工方向呈条状、颗粒状，Pb 相呈颗粒状
HMn57-3-1		基体(β+α)相+Fe-Mn 强化相，α 相呈条状，Fe-Mn 强化相呈颗粒状	基体(β+α)相+Fe-Mn 强化相，α 相呈条状，Fe-Mn 强化相沿加工方向呈颗粒状
HMn58-2-1-0.5		基体(β+α)相+Fe-Mn 强化相，α 相呈不规则状和颗粒状，Fe-Mn 强化相呈颗粒状、质点状	基体(β+α)相+Fe-Mn 强化相，α 相沿加工方向呈条状和颗粒状，Fe-Mn 强化相呈颗粒状、质点状
HMn58-3-1-1		基体 β 相+Mn-Si 强化相+少量 α 相，α 相呈针状和颗粒状，Mn-Si 强化相呈颗粒状	基体 β 相+Mn-Si 强化相+少量 α 相，α 相呈针状和颗粒状，Mn-Si 强化相沿加工方向呈条状、颗粒状
HMn58-2-2-0.5		基体 β 相+Mn-Si 强化相+少量 α 相+Pb 相，α 相呈针状和颗粒状，Mn-Si 强化相呈颗粒状，Pb 相呈颗粒状	基体 β 相+Mn-Si 强化相+少量 α 相+Pb 相，α 相呈针状和颗粒状，Mn-Si 强化相沿加工方向呈条状、颗粒状，Pb 相呈颗粒状
HMn58-3-2-0.8		基体 β 相+Mn-Si 强化相+少量 α 相+Pb 相，α 相呈针状和颗粒状，Mn-Si 强化相呈颗粒状，Pb 相呈颗粒状	基体 β 相+Mn-Si 强化相+少量 α 相+Pb 相，α 相呈针状和颗粒状，Mn-Si 强化相沿加工方向呈条状、颗粒状，Pb 相呈颗粒状
HMn60-3-1.7-1		基体 α 相+Mn-Si 强化相+少量 β 相+Pb 相，β 相呈块状，Mn-Si 强化相呈颗粒状，Pb 相呈颗粒状	基体 α 相+Mn-Si 强化相+少量 β 相+Pb 相，β 相呈块状，Mn-Si 强化相沿加工方向呈条状、颗粒状，Pb 相呈颗粒状
HMn61-2-1-0.5	HR50 M30	基体(α+β)相+Mn-Si 强化相，Mn-Si 强化相呈颗粒状、质点状	基体(α+β)相+Mn-Si 强化相，Mn-Si 强化相沿加工方向呈条状、颗粒状
HMn61-2-1-1		基体 α 相+Mn-Si 强化相+少量 β 相+Pb 相，β 相呈块状，Mn-Si 强化相呈颗粒状，Pb 相呈颗粒状	基体 α 相+Mn-Si 强化相+少量 β 相+Pb 相，β 相呈块状，Mn-Si 强化相沿加工方向呈条状、颗粒状，Pb 相呈颗粒状
HMn62-3-3-1		基体 α 相+Mn-Si 强化相+少量 β 相+富 Cr 相，β 相呈块状，Mn-Si 强化相呈颗粒状，富 Cr 相呈颗粒状	基体 α 相+Mn-Si 强化相+少量 β 相+富 Cr 相，β 相呈块状，Mn-Si 强化相沿加工方向呈条状，富 Cr 相呈颗粒状
HAl61-4-3-1		基体 β 相+Co-Ni-Fe-Si 强化相+少量 α 相，α 相呈不规则状，Co-Ni-Fe-Si 强化相呈颗粒状	基体 β 相+Co-Ni-Fe-Si 强化相+少量 α 相，α 相呈不规则状，Co-Ni-Fe-Si 强化相呈颗粒状
HSi68-1.5		基体 α 相+Cu-Si-P 强化相+少量 β 相，β 相呈块状，Cu-Si-P 强化相呈质点状	基体 α 相+Cu-Si-P 强化相+少量 β 相，β 相沿加工方向呈条状，Cu-Si-P 强化相呈质点状
HSi75-3		基体 α 相+Cu-Si-P 强化相+少量 β 相，β 相呈块状，Cu-Si-P 强化相呈质点状	基体 α 相+Cu-Si-P 强化相+少量 β 相，β 相沿加工方向呈条状，Cu-Si-P 强化相呈质点状

4. 易切削铜合金棒(见表 2-78～表 2-80)

表 2-78　易切削铜合金棒的牌号、状态及规格(摘自 GB/T 26306—2010)

	牌　号	状态	直径(或对边距)/mm	长度/mm
牌号及规格	HPb57-4、HPb58-2、HPb58-3、HPb59-1、HPb59-2、HPb59-3、HPb60-2、HPb60-3、HPb62-3、HPb63-3	半硬(Y_2)、硬(Y)	3～80	500～6000
	HBi59-1、HBi60-1.3、HBi60-2、HMg60-1、HSi75-3、HSi80-3	半硬(Y_2)	3～80	500～6000
	HSb60-0.9、HSb61-0.8-0.5	半硬(Y_2)、硬(Y)	4～80	500～6000
	HBi60-0.5-0.01、HBi60-0.8-0.01、HBi60-1.1-0.01	半硬(Y_2)	5～60	500～5000
	QTe0.3、QTe0.5、QTe0.5-0.008、QS0.4、QSn4-4-4、QPb1	半硬(Y_2)、硬(Y)	4～80	500～5000

	直径(或对边距)	圆形		正方形、矩形、正六角形	
		高精级	普通级	高精级	普通级
直径(或对边距)及极限偏差/mm	3～6	±0.02	±0.04	±0.04	±0.07
	>6～12	±0.03	±0.05	±0.04	±0.08
	>12～18	±0.03	±0.06	±0.05	±0.10
	>18～30	±0.04	±0.07	±0.06	±0.10
	>30～50	±0.08	±0.10	±0.10	±0.13
	>50～80	±0.10	±0.12	±0.15	±0.24

	直径(或对边距)	长度	最大弧深	
		圆形		
棒材直度/mm	<6.35	1000～3000	1.5(在任何 1000mm 长度上)	
		≥3000	12(在任何 3000mm 长度上)	
	≥6.35	1000～3000	2(在任何 1000mm 长度上)	0.40(在总长度的任何 300mm 长度上)
		≥3000	6.35(在任何 3000mm 长度上)	
		正方形、矩形、正六角形		
	<6.35	1000～3000	4(在任何 1000mm 长度上)	
		≥3000	12.7(在任何 3000mm 长度上)	
	≥6.35	1000～3000	3(在任何 1000mm 长度上)	
		≥3000	9.5(在任何 3000mm 长度上)	

注：1. 棒材按定尺或倍尺供货，定尺或倍尺长度的极限偏差为+15mm。

2. 正方形、矩形和正六角形棒的扭拧度按每 300mm 不超过 1°控制(精确到度)，供货最大长度 6000mm 的总扭拧度不应超过 15°。

3. 由供需双方商定，可供其他牌号及规格的棒材，并应在合同中注明。

4. 标记示例：

示例 1　用 HPb59-2 制造的、供应状态 Y_2、高精级、外径为 20mm、长度为 2000mm 的圆形棒标记为：

圆棒 HPb59-2 Y_2 高　20×2000　GB/T 26306—2010

示例 2　用 HBi59-1 制造的、供应状态为 Y、高精级、边长为 20mm、长度为 2000mm 的方形棒标记为：

正方形棒 HBi59-1 Y 高　20×2000　GB/T 26306—2010

示例 3　用 HSi75-3 制造的、供应状态为 Y_2、普通级、高度为 25mm、宽度为 40mm、长度为 2000mm 的矩形棒标记为：

矩形棒 HSi75-3 Y_2　40×25×2000　GB/T 26306—2010

示例 4　用 QTe0.3 制造的、供应状态为 Y、高精级、对边距为 10mm、长度为 1000mm 的正六角形棒标记为：

正六角形棒 QTe0.3 Y 高　10×1000　GB/T 26306—2010

表 2-79　易切削铜合金棒的化学成分(摘自 GB/T 26306—2010)

牌号	化学成分(质量分数,%)														
	Cu	Pb	Fe	Sn	Ni	Bi	Te	P	S	Si	Cd	Sb	As	Zn	杂质总和
HPb57-4	56.0~58.0	3.5~4.5	0.5	0.5	—	—	—	—	—	—	—	—	—	余量	1.2
HPb58-2	57.0~59.0	1.5~2.5	0.5	0.5	—	—	—	—	—	—	—	—	—	余量	1.0
HPb58-3	57.0~59.0	2.5~3.5	0.5	0.5	—	—	—	—	—	—	—	—	—	余量	1.0
HPb59-2	57.0~60.0	1.5~2.5	0.5	0.5	1.0	—	—	—	—	—	—	—	—	余量	1.0
HPb60-3	58.0~61.0	2.5~3.5	0.3	0.3	—	—	—	—	—	—	—	—	—	余量	0.8
HBi59-1	58.0~60.0	0.1	0.2	0.2	0.3	0.8~2.0	—	—	—	—	0.01	—	—	余量	0.3
HBi60-1.3 [①]	59.0~62.0	0.2	0.1	—	—	0.3~2.3	—	—	—	—	0.01	—	—	余量	0.5
HBi60-2	59.0~62.0	0.1	0.2	0.3	0.3	2.0~3.5	—	—	—	—	0.01	—	—	余量	0.5
HBi60-0.5-0.01	58.5~61.5	0.1	—	—	—	0.45~0.65	0.010~0.015	—	—	—	0.01	—	0.01	余量	0.5
HBi60-0.8-0.01	58.5~61.5	0.1	—	—	—	0.70~0.95	0.010~0.015	—	—	—	0.01	—	0.01	余量	0.5
HBi60-1.1-0.01	58.5~61.5	0.1	—	—	—	1.00~1.25	0.010~0.015	—	—	—	0.01	—	—	余量	0.5
HMg60-1	59.0~61.0	0.1	0.2	0.3	0.3	0.3~0.8	Mg0.5~2.0	—	—	—	0.01	—	—	余量	0.5
HSi75-3	73.0~77.0	0.1	0.1	0.2	0.1	—	Mn<0.1	0.04~0.15	—	2.7~3.4	0.01	—	—	余量	0.5
HSi80-3	79.0~81.0	0.1	0.6	—	0.5	—	—	—	—	2.5~4.0	0.01	—	—	余量	1.5
HSb60-0.9	58.0~62.0	0.2	0.05~0.9 [②]	—	—	—	—	—	—	—	0.01	0.3~1.5	—	余量	0.2
HSb61-0.8-0.5	59.0~63.0	0.2	—	—	—	—	—	—	—	0.3~1.0	0.01	0.4~1.2	—	余量	0.2
QPb1	≥99.5 [③]	0.8~1.5	—	—	—	—	—	—	—	—	—	—	—	—	—
QS0.4	≥99.90 [④]	—	—	—	—	—	—	0.002~0.005	0.20~0.50	—	—	—	—	—	—
QTe0.3 [⑤]	余量	0.01	0.008	0.001	0.002	0.001	0.20~0.35	0.001	0.0025	—	0.01	0.0015	0.002	0.005	0.1
QTe0.5-0.008 [⑥]	余量	0.01	0.008	0.01	0.005	0.001	0.4~0.6	0.004~0.012	0.003	—	0.01	0.003	0.002	0.008	0.2

注: 1. 含量有上下限者为合金元素, 含量为单个数值的为杂质元素, 单个数值表示最高限量。

2. 杂质总和为表中所列杂质元素实测值总和。

3. 棒材牌号为 HPb59-1、HPb59-3、HPb60-2、HPb62-3、HPb63-3、QTe0.5、QSn4-4-4 的化学成分应符合 GB/T 5231 中相应牌号的规定, 其他牌号的化学成分应符合本表的规定。

① 此牌号 0.05%<Sb+B+Ni+Sn 含量<1.2%。

② 此值为 Ni+Fe+B 量。

③ 此值包含 Pb。

④ 此值包含 S 和 P。

⑤ 此牌号 Te+Cu+Ag 含量≥99.9%。

⑥ 此牌号 Te+P+Cu+Ag 含量≥99.8%。

表 2-80　易切削铜合金棒的室温纵向力学性能(摘自 GB/T 26306—2010)

牌号	状态	直径(或对边距)/mm	抗拉强度 R_m/MPa ≥	伸长率 $A(\%)$ ≥	牌号	状态	直径(或对边距)/mm	抗拉强度 R_m/MPa ≥	伸长率 $A(\%)$ ≥
HPb57-4、HPb58-2、HPb58-3	Y_2	3~20	350	10	HBi59-1、HBi60-2、HBi60-1.3、HMg60-1、HSi75-3	Y_2	3~20	350	10
		>20~40	330	15			>20~40	330	12
		>40~80	315	20			>40~80	320	15
	Y	3~20	380	8	HBi60-0.5-0.01、HBi60-0.8-0.01、HBi60-1.1-0.01	Y_2	5~20	400	20
		>20~40	350	12			>20~40	390	22
		>40~80	320	15			>40~60	380	25
HPb59-1、HPb59-2、HPb60-2	Y_2	3~20	420	12	HSb60-0.9、HSb61-0.8-0.5	Y_2	4~12	390	8
		>20~40	390	14			>12~25	370	10
		>40~80	370	19			>25~80	300	18
	Y	3~20	480	5		Y	4~12	480	4
		>20~40	460	7			>12~25	450	6
		>40~80	440	10			>25~40	420	10
HPb59-3、HPb60-3、HPb62-3、HPb63-3	Y_2	3~20	390	12	QSn4-4-4	Y_2	4~12	430	12
		>20~40	360	15			>12~20	400	15
		>40~80	330	20		Y	4~12	450	5
	Y	3~20	490	6			>12~20	420	7
		>20~40	450	9	HSi80-3	Y_2	4~80	295	28
		>40~80	410	12	QTe0.3、QTe0.5、QTe0.5-0.008、QS0.4、QPb1	Y_2	4~80	260	8
						Y	4~80	330	4

注:矩形棒按短边长分档。

5. 铜碲合金棒(见表 2-81)

表 2-81　铜碲合金棒的牌号、代号、状态、尺寸规格及力学性能(摘自 YS/T 648—2019)

	牌号	代号	产品截面形状	状态	直径或对边距/mm	长度/mm
牌号、截面形状和尺寸规格范围	TTe0.3	T14440	圆形、方(矩)形、正多边形	1/8 硬(H00)、1/2 硬(H02)、硬(H04)	2~90	500~5000
	TTe0.5-0.008	T14450				
	TMg0.6-0.2	T18665	圆形、方(矩)形、正多边形	硬(H04)	2~90	500~5000
	TMg0.3-0.2	T18695		1/2 硬(H02)、硬(H04)		
	HBi60-0.5-0.01	T49310	圆形、方(矩)形、正多边形	硬(H04)	2~90	500~5000
	HBi60-0.8-0.01	T49320				
	HBi60-1.1-0.01	T49330				

	直径或对边距/mm	圆形棒直径极限偏差[①]/mm		方(矩)形棒、正多边形棒对边距极限偏差[①]/mm	
棒材直径或对边距尺寸的极限偏差		高精级	普通级	高精级	普通级
	2~6	±0.02	±0.04	±0.04	±0.07
	>6~10	±0.03	±0.05	±0.04	±0.08
	>10~18	±0.03	±0.06	±0.05	±0.10

（续）

棒材直径或对边距尺寸的极限偏差 直径或对边距/mm	圆形棒直径极限偏差①/mm 高精级	普通级	方(矩)形棒、正多边形棒对边距极限偏差①/mm 高精级	普通级
>18~30	±0.04	±0.07	±0.06	±0.10
>30~50	±0.08	±0.10	±0.10	±0.13
>50~90	±0.10	±0.12	±0.15	±0.24

化学成分

牌号	Cu+Ag	Bi	Te	P	Zn	Mg	Pb	Cd	As	Bi	Fe	Zn	Sb	Sn	Ni	S	杂质总和	备注
TTe0.3	余量	—	0.2~0.35	0.001			0.01	0.01	0.002	0.001	0.008	0.005	0.0015	0.001	0.002	0.0025	0.1	1. 元素含量是上下限者或余量为基体元素和合金元素，元素含量为单个数值者为杂质元素，单个数值表示最高限量 2. 杂质总和为表中所列杂质元素实测值的总和
TTe0.5-0.008	余量	—	0.4~0.6	0.004~0.012			0.01	0.01	0.002	0.001	0.008	0.005	0.003	0.01	0.005	0.003	0.2	
TMg0.6-0.2	余量	—	0.15~0.20	0.0005		0.5~0.7	0.005			0.001	0.002	0.0016	0.001		0.002		0.1	
TMg0.3-0.2	余量	—	0.15~0.20	0.0005		0.2~0.4	0.005			0.001	0.002	0.0016	0.001		0.002		0.1	
HBi60-0.5-0.01	58.5~61.5	0.45~0.65	0.010~0.015	—	余量②		0.1	0.01	0.01	—	—	—	—	—	—	—	0.5	
HBi60-0.8-0.01	58.5~61.5	0.70~0.95	0.010~0.015	—	余量②		0.1	0.01	0.01	—	—	—	—	—	—	—	0.5	
HBi60-1.1-0.01	58.5~61.5	1.00~1.25	0.010~0.015	—	余量②		0.1	0.01	0.01	—	—	—	—	—	—	—	0.5	

力学性能、电学性能及切削性能

牌号	状态	直径或对边距/mm	力学性能 抗拉强度 R_m/MPa	断后伸长率 A(%)	硬度 HRB	电学性能 导电率(%IACS)	抗弧性能 起晕电压/kV	击穿电压/kV	切削性能 切削率(%)
TTe0.3	H00	全规格	220~260	≥30	<32	≥97	≥17	≥19	—
	H02	2~6.5	>260	≥8	—	≥97	≥17	≥19	—
		>6.5~90	>260	≥12	32~43	≥98	≥17	≥19	—
	H04	2~6.5	>330	≥4	—	≥97	≥17	≥19	—
		>6.5~32	>305	≥8	>43	≥97	≥17	≥19	—
		>32~90	>275	≥8	>43	≥97	≥17	≥19	—
TTe0.5-0.008	H00	全规格	220~260	≥20	<32	≥85	—	—	≥85
	H02	2~6.5	>260	≥8	32~45	≥85	—	—	≥85
		>6.5~90	>260	≥12	32~45	≥85	—	—	≥85
	H04	2~6.5	>330	≥4	—	≥85	—	—	≥85
		>6.5~32	>305	≥8	>45	≥85	—	—	≥85
		>32~90	>275	>8	>45	≥85	—	—	≥85

（续）

	牌号	状态	直径或对边距/mm	力学性能			电学性能			切削性能
				抗拉强度 R_m/MPa	断后伸长率 A（%）	硬度 HRB	导电率（%IACS）	抗弧性能		切削率（%）
								起晕电压/kV	击穿电压/kV	
力学性能、电学性能及切削性能	TMg0.6-0.2	H04	全规格	≥480	≥3	≥75	≥65	—	—	—
	TMg0.3-0.2	H02	全规格	430~460	≥8	60~70	≥75	—	—	—
		H04	全规格	≥460	≥3	≥70	≥75	—	—	—
	HBi60-0.5-0.01	H04	全规格	≥380	≥25	50~65	—	—	—	≥80
	HBi60-0.8-0.01	H04	全规格	≥390	≥22	53~68	—	—	—	≥85
	HBi60-1.1-0.01	H04	全规格	≥400	≥20	55~70	—	—	—	≥90

	直径或对边距/mm	棒材的直度/mm				备注
		圆形棒		方（矩）形棒、正多边形棒		
		每米直度	全长总直度	每米直度	全长总直度	
棒材形状公差	2~18	≤2	≤5	≤3	≤6	1. 圆形棒材的圆度不得超过直径极限偏差之半 2. 对边距≥12mm 的方（矩）形棒和正多边形棒材的扭拧度，每 300mm 应不大于 1°（精确到度），最大长度 5000mm 总扭拧度应不大于 15°，对边距<12mm 的产品扭拧度由供需双方协商确定
	>18~40	≤1	≤3			
	>40~90	≤0.6	≤2			

注：产品标记按产品名称、标准编号、牌号、状态和规格的顺序表示。圆形棒直径以"ϕ"表示，方形棒的对边距以"a"表示，矩形棒的长、短对边距分别以"a""b"表示，正多边形棒的对边距以"S"表示。

示例 1 用 TTe0.3（T14440）制造、1/2 硬态（H02）、直径为 10mm、长度为 5000mm 的铜碲合金圆棒标记为：

　　　圆棒　YS/T 648-TTe0.3 H02-ϕ10×5000

　　或　圆棒　YS/T 648-T14440 H02-ϕ10×5000

示例 2 用 TTe0.5-0.008（T14450）制造、硬态（H04）、长对边距为 40mm、短对边距为 25mm、长度为 5000mm 的铜碲合金矩形棒标记为：

　　　矩形棒 YS/T 648-TTe0.5-0.008 H04-40×25×5000

　　或　矩形棒 YS/T 648-T14450 H04-40×25×5000

示例 3 用 TMg0.3-0.2（T18695）制造、1/2 硬态（H02）、对边距为 20mm、长度为 5000mm 的铜碲合金正多边形棒标记为：

　　　正多边形棒 YS/T 648-TMg0.3-0.2 H02-S20×5000

　　或　正多边形棒 YS/T 648-TMg0.3-0-2 H02-S20×5000

① 当要求极限偏差全为正（+）或全为负（-）单向偏差时，其值为表中相应数值的 2 倍。

② "余量"为该元素含量的实测值。

6. 铜及铜合金无缝管材规格（见表 2-82）

表 2-82　铜及铜合金无缝圆管尺寸规格（摘自 GB/T 16866—2006）

	公称外径/mm	3、4	5、6、7	8~15	16~20	21~30	31~40	42~50	52~60	62~70	72~80	82~100	105~150	155~200	210~250	260~360
拉制无缝管尺寸规格	公称壁厚/mm	0.2~1.25	0.2~1.5	0.2~3.0	0.3~4.5	0.4~5.0	0.4~5.0	0.75~6.0	0.75~8.0	1.0~11.0	2.0~13.0	2.0~15.0	2.0~15.0	3.0~15.0	3.0~15.0	4.0~5.0
	公称外径尺寸系列/mm	3~40（1 进级）、42、44、45、46、48、49、50、52、54、55、58、60、62、64、65、66、68、70、72、74、75、76、78、80、82、84、85、86、88、90、92、94、96、100~200（5 进级）、210~360（10 进级）														
	公称壁厚尺寸系列/mm	0.2~0.6（0.1 进级）、0.75~1.5（0.25 进级）、2.0~5.0（0.5 进级）、6.0~15.0（1 进级）														
	外径不大于 100mm 的拉制管，长度为 1000~7000mm，其他圆管长度一般为 500~6000mm															

（续）

挤制无缝管尺寸规格	公称外径/mm	20、21、22	23、24、25、26	27、28、29	30、32	34、35、36	38、40、42、44	45、46、48	50、52、54、55	56、58、60	62、64、65、68、70	72、74、75、78、80	85、90	95、100	105、110	115、120	125、130	135、140
	公称壁厚/mm	1.5~3、4	1.5~4	2.5~6.0	2.5~6.0	2.5~6.0	2.5~10.0	2.5~10.0	2.5~17.5	4.0~17.5	4.0~20.0	4.0~25.0	7.5、10.0~30	7.5、10.0~30	10.0~30	10.0~37.5	10.0~35	10.0~37.5
	公称外径/mm	145、150	155、160	165、170	175、180	185、190、195、200	210、220	230、240、250	260、280	290、300	公称壁厚尺寸系列/mm		1.5~5.0（0.5进级）、6.0、7.5、9.0、10.0 12.5~45.0（2.5进级）、50					
	公称壁厚/mm	10.0~35.0	10.0~42.5	10.0~42.5	10.0~42.5	10.0~45.0	10.0~45.0	10.0~15.0 20.0 25.0~50	10.0~15.0 20.0 25.0、30.0	20.0、25.0、30.0								

通常供应长度为500~6000mm

7. 铜及铜合金拉制管（见表2-83和表2-84）

表2-83　铜及铜合金拉制管的牌号、状态及尺寸规格（摘自GB/T 1527—2017）

分类	牌号	代号	状态	规格/mm 圆形 外径	壁厚	矩（方）形 对边距	壁厚
纯铜	T2、T3	T11050、T11090	软化退火（O60）、轻退火（O50）、硬（H04）、特硬（H06）	3~360	0.3~20	3~100	1~10
	TU1、TU2	T10150、T10180					
	TP1、TP2	C12000、C12200	1/2硬（H02）	3~100			
高铜	TCr1	C18200	固溶热处理+冷加工（硬）+沉淀热处理（TH04）	40~105	4~12	—	—
管材的牌号、外径和壁厚	H95、H90	C21000、C22000	软化退火（O60）轻退火（O50）退火到1/2硬（O82）、硬+应力消除（HR04）	3~200	0.2~10	3~100	0.2~7
	H85、H80	C23000、C24000					
	HAs85-0.05	T23030					
	H70、H68	T26100、T26300		3~100			
	H59、HPb59-1	T28200、T38100					
	HSn62-1、HSn70-1	T46300、T45000					
	HAs70-0.05	C26130					
	HAs68-0.04	T26330					
	H65、H63	C27000、T27300					
	H62、HPb66-0.5	T27600、C33000		3~200			
	HAs65-0.04	—					
	HPb63-0.1	T34900	退火到1/2硬（O82）	18~31	6.5~13	—	—
白铜	BZn15-20	T74600	软化退火（O60）、退火到1/2硬（O82）、硬+应力消除硬（HR04）	4~40	0.5~8	—	—
	BFe10-1-1	T70590	软化退火（O60）、退火到1/2硬（O82）、硬（H80）	8~160			
	BFe30-1-1	T71510	软化退火（O60）、退火到1/2硬（O82）	8~80			

（续）

管材形状		管材外径/mm	管材壁厚/mm	管材长度/mm
管材的长度	直管	圆形	≤100	≤20	≤16000
			>100	≤20	≤8000
		矩（方）形	3~100	≤10	≤16000
	盘管	圆形	≤30	<3	≥6000
		矩（方）形	周长与壁厚之比≤15		≥6000

注：1. 管材各牌号的化学成分应符合 GB/T 5231 中相应牌号的规定。

2. 管材的尺寸及其极限偏差应符合 GB/T 16866 的规定。

3. 管材作为各工业部门一般用途使用。

4. 标记示例：产品标记按产品名称、标准编号、牌号、状态、规格的顺序表示。标记示例如下。

示例 1　用 T2(T11050) 制造的、O60(软化退火) 态、外径为 20mm、壁厚为 0.5mm 的圆形管材标记为：

圆形铜管　GB/T 1527-T2 O60-φ20×0.5

或　圆形铜管　GB/T 1527-T11050 O60-φ20×0.5

示例 2　用 H62(T27600) 制造的、O82(退火到 1/2 硬) 状态、长边为 20mm、短边为 15mm、壁厚为 0.5mm 的矩形管材标记为：

矩形铜管　GB/T 1527-H62 O82-20×15×0.5

或　矩形铜管　GB/T 1527-T27600 O82-20×15×0.5

表 2-84　铜及铜合金拉制管材的力学性能（摘自 GB/T 1527—2017）

牌号	状态	壁厚/mm	拉伸试验		硬度试验	
			抗拉强度 R_m/MPa ≥	断后伸长率 A(%) ≥	维氏硬度 HV[2]	布氏硬度 HBW[3]
纯铜和高铜圆形管材的力学性能	T2、T3、TU1、TU2、TP1、TP2	O60	所有	200	41	40~65	35~60
		O50	所有	220	40	45~75	40~70
		H02[1]	≤15	250	20	70~100	65~95
		H04[1]	≤6	290	—	95~130	90~125
			>6~10	265	—	75~110	70~105
			>10~15	250	—	70~100	65~95
		H06[1]	≤3mm	360	—	≥110	≥105
	TCr1	TH04	5~12	375	11	—	—

牌号	状态	拉伸试验		硬度试验	
		抗拉强度 R_m/MPa ≥	断后伸长率 A (%) ≥	维氏硬度 HV[4]	布氏硬度 HBW[5]
黄铜和白铜管材的力学性能	H95	O60	205	42	45~70	40~65
		O50	220	35	50~75	45~70
		O82	260	18	75~105	70~100
		HR04	320	—	≥95	≥90
	H90	O60	220	42	45~75	40~70
		O50	240	35	50~80	45~75
		O82	300	18	75~105	70~100
		HR04	360	—	≥100	≥95

（续）

牌号	状态	拉伸试验		硬度试验	
		抗拉强度 R_m/MPa ≥	断后伸长率 A （%） ≥	维氏硬度[④] HV	布氏硬度[⑤] HBW
H85、HAs85-0.05	O60	240	43	45~75	40~70
	O50	260	35	50~80	45~75
	O82	310	18	80~110	75~105
	HR04	370	—	≥105	≥100
H80	O60	240	43	45~75	40~70
	O50	260	40	55~85	50~80
	O82	320	25	85~120	80~115
	HR04	390	—	≥115	≥110
H70、H68、HAs70-0.05、HAs68-0.04	O60	280	43	55~85	50~80
	O50	350	25	85~120	80~115
	O82	370	18	95~135	90~130
	HR04	420	—	≥115	≥110
H65、HPb66-0.5、HAs65-0.04	O60	290	43	55~85	50~80
	O50	360	25	80~115	75~110
	O82	370	18	90~135	85~130
	HR04	430	—	≥110	≥105
H63、H62	O60	300	43	60~90	55~85
	O50	360	25	75~110	70~105
	O82	370	18	85~135	80~130
	HR04	440	—	≥115	≥110
H59、HPb59-1	O60	340	35	75~105	70~100
	O50	370	20	85~115	80~110
	O82	410	15	100~130	95~125
	HR04	470	—	≥125	≥120
HSn70-1	O60	295	40	60~90	55~85
	O50	320	35	70~100	65~95
	O82	370	20	85~135	80~130
	HR04	455	—	≥110	≥105
HSn62-1	O60	295	35	60~90	55~85
	O50	335	30	75~105	70~100
	O82	370	20	85~110	80~105
	HR04	455	—	≥110	≥105
HPb63-0.1	O82	353	20	—	110~165
BZn15-20	O60	295	35	—	—
	O82	390	20	—	—

黄铜和白铜管材的力学性能

（续）

牌号	状态	拉伸试验		硬度试验	
		抗拉强度 R_m/MPa ≥	断后伸长率 A （%） ≥	维氏硬度④ HV	布氏硬度⑤ HBW
BZn15-20	HR04	490	8	—	—
BFe10-1-1	O60	290	30	75~110	70~105
	O82	310	12	≥105	≥100
	H80	480	8	≥150	≥145
BFe30-1-1	O60	370	35	85~120	80~115
	O82	480	12	≥135	≥130

注：1. 本表为管材的纵向室温力学性能。

2. 管材进行压扁试验时，压扁后的内壁间距应等于壁厚，试验后的管材不应有肉眼可见的裂纹和裂口。铜及铜合金管材（纯铜、黄铜及白铜管材）表面质量要求：内外表面应光滑、清洁，不应有分层、针孔、裂纹、起皮、气泡、粗拉道及夹杂等影响使用的缺陷，但管材表面允许有轻微的、局部的、不使管材外径和壁厚超出允许偏差的细小划纹、凹坑、压入物及斑点等缺陷，轻微的矫直和车削痕迹、环状痕迹、氧化色、发暗、水迹、油迹不作为报废依据。如对管材表面质量有酸洗、除油等特殊要求，由供需双方协商确定，并在合同中注明。

3. 矩（方）形管材力学性能由供需双方商定。

① H02、H04 状态壁厚>15mm 的管材、H06 状态壁厚>3mm 的管材，其性能由供需双方协商确定。

② 维氏硬度试验负荷由供需双方协商确定。软化退火（O60）状态的维氏硬度试验适用于壁厚≥1mm 的管材。

③ 布氏硬度试验仅适用于壁厚≥5mm 的管材，壁厚<5mm 的管材布氏硬度试验由供需双方协商确定。

④ 维氏硬度试验负荷由供需双方协商确定，软化退火（O60）状态的维氏硬度试验仅适用于壁厚≥0.5mm 的管材。

⑤ 布氏硬度试验仅适用于壁厚≥3mm 的管材，壁厚<3mm 的管材布氏硬度试验供需双方协商确定。

8. 铍青铜无缝管（见表 2-85 ~ 表 2-87）

表 2-85　铍青铜无缝管牌号、规格及化学成分（摘自 GB/T 26313—2010）

牌号	供应状态	外径 /mm	壁厚/mm													长度 /mm
			0.3	0.4	0.6	0.8	1.0	1.5	2.0	2.5	3.0	4.0	5.0	6.0	8.0	10.0	
QBe2、C17200	热加工态（R）	>30~50	○	○	○	—	—	—	—	—	—	—	—	—	—	—	≤6000
		>50~75	—	○	○	○	○	○	○	—	—	—	—	—	—	—	
		>75~90	—	—	—	—	○	○	○	○	○	—	—	—	—	—	
	软态或固溶退火态（M）、硬态（Y）、固溶时效或软时效态（TF00）、硬时效（TH04）	3~5	○	○	○	—	—	—	—	—	—	—	—	—	—	—	
		>5~15	—	○	○	○	○	○	○	—	—	—	—	—	—	—	
		>15~30	—	—	—	—	○	○	○	○	○	—	—	—	—	—	
		>30~50	—	—	—	—	—	○	○	○	○	○	—	—	—	—	
		>50~75	—	—	—	—	—	—	—	○	○	○	○	—	—	—	
		>75~90	—	—	—	—	—	—	—	—	—	—	○	○	○	○	

（续）

化学成分	牌号	主要成分（质量分数，%）			杂质（质量分数，%） ≤		
		Be	Ni+Co	Co+Ni+Fe	Cu	Al	Si
	C17200	1.80~2.00	≥0.2	≤0.6	余量	0.20	0.20
用途	产品适用于石油、煤炭、电子和仪表等行业						

注：1. "○"表示可供规格。

2. 和 ASTM B643—2000 供应状态代号对照：

M—TB00、Y—TD04、TF00—TF00、TH04—TH04

3. Cu 含量可用 100%与所有被分析元素含量总和的差值求得。

4. 当表中所有元素都测定时，其总量应不小于 99.5%。

5. 需方有特殊要求时，由供需双方协商确定。

6. QBe2 的化学成分应符合 GB/T 5231 的规定。

7. 管材标记按管材名称、牌号、状态、规格和标准编号的顺序表示。标记示例如下：

示例 1 用 QBe2 制造的、固溶时效状态、外径为 15mm、壁厚为 0.6mm、长度为 3000mm 的管材标记为：

管 QBe2 TF00 ϕ15×0.6×3000 GB/T 26313—2010

示例 2 用 C17200 制造的、热加工态、外径为 50mm、壁厚为 4mm、长度为 5000mm 的管材标记为：

管 C17200 R ϕ50×4×5000 GB/T 26313—2010

表 2-86 铍青铜无缝管尺寸及其极限偏差（摘自 GB/T 26313—2010） （单位：mm）

	壁厚	外 径			备注
		3~15	>15~50	>50	
厚度极限偏差	0.3~1.0	±0.07	—	—	当规定为单向偏差时，其值应为表中数值的 2 倍 以 R 态供货的壁厚极限偏差为壁厚的±10%
	>1.0~2.0	±0.12	±0.12	—	
	>2.0~3.0	—	±0.15	±0.20	
	>3.0~4.0	—	±0.20	±0.25	
	>4.0~6.0	—	±0.25	±0.30	
	>6.0~8.0	—	—	±0.40	
	>8.0	—	—	壁厚的±6%	
	长度	外径≤30		外径>30	备注
长度极限偏差	≤2000	+3.0 0		+5.0 0	对定尺长度偏差另有要求的，由供需双方协商确定。定尺或倍尺长度应≤6000mm
	>2000~4000	+6.0 0		+8.0 0	
	>4000~6000	+12.0 0		+12.0 0	
	外径	极限偏差			备注
		状态（Y）	状态（M/TF00/TH04）	状态（R）	
外径极限偏差	3~5	±0.05	±0.10	—	当规定为单向偏差时，其值应为表中数值的 2 倍
	>5~15	±0.08	±0.15	—	
	>15~30	±0.15	±0.20	—	
	>30~50	±0.20	±0.25	±0.75	
	>50~75	±0.25	±0.35	±1.0	
	>75~90	±0.30	±0.50	±1.25	

注：管材长度（单位为 mm）为≤1000、>1000~2000、>2000~3000，直度（单位为 mm）分别为≤1、≤3、≤5。长度大于 3000mm 的管材，全长中任意部位每 3000mm 的直度不大于 5mm。

表 2-87 铍青铜无缝管室温力学性能(摘自 GB/T 26313—2010)

R、Y、M 状态室温力学性能	牌号	状态	硬度试验 (HRB)	拉伸试验		备注
				抗拉强度 R_m/MPa	断后伸长率 A(%)	一般情况下,抗拉强度的上限值仅作为设计参考,不作为材料最终验收标准
	QBe2、C17200	R	≥50	≥450	≥15	
		M	45~90	410~570	≥30	
		Y	≥90	≥590	≥10	

标准时效热处理后的力学性能	牌号	状态	外径 /mm	硬度试验 (HRC)	拉伸试验		
					抗拉强度 R_m/MPa	规定塑性延伸强度 $R_{p0.2}$/MPa	断后伸长率 A(%)
	QBe2、C17200	TF00	所有尺寸	≥35	≥1100	≥860	≥3
		TH04	≤25	≥36	≥1200	≥1030	≥2
			>25~50	≥36	≥1170	≥1000	≥2
			>50~90	≥36	≥1170	≥930	≥2

管材标准时效热处理制度	牌号	状态		规格	时效工艺
		时效前	时效后		
	QBe2、C17200	M	TF00	所有尺寸	315~355℃×3~4h,空冷
		Y	TH04	所有尺寸	315~355℃×2~3h,空冷

注：1. 国标规定一般情况下,硬度试验作为所有状态产品验收依据。当用户要求时,可进行拉伸试验。

2. 当用户要求时,可进行断口试验、涡流探伤试验等,其方法应符合 GB/T 26313 的规定。

3. 管材按本表所列标准时效热处理制度热处理后的室温力学性能应符合本表的规定。

9. 红色黄铜无缝管(见表 2-88 和表 2-89)

表 2-88 红色黄铜无缝管牌号、规格及力学性能(摘自 GB/T 26290—2010)

牌号	状态	规格/mm(in)				室温力学性能		
			壁厚		长度 ≤	抗拉强度 R_m/MPa ≥	规定塑性延伸强度 $R_{p0.5}$/MPa ≥	伸长率 A_{50mm}(%) ≥
		外径	A 型 (普通强度)	B 型 (高强度)				
H85	软态 (M)	10.3(0.405)~324(12.750)	1.57(0.062)~9.52(0.375)	2.54(0.100)~12.7(0.500)	7000 (276.432)	276	83	35
	半硬态 (Y_2)	10.3(0.405)~324(12.750)	1.57(0.062)~9.52(0.375)	2.54(0.100)~12.7(0.500)	7000 (276.432)	303	124	—

注：1. 管材牌号 H85 的化学成分应符合 GB/T 5231 中的规定。

2. GB/T 26290—2010 引用美国 ASTM B43—1998(2004)《标准规格的红色黄铜无缝管》。该标准规定的产品适用于多种管道工程、锅炉连接管道、建筑装饰及其他类似工程。

3. 经供需双方商定,可提供其他规格的管材。

4. 标记示例:

产品标记按产品名称、牌号、状态、精度等级、规格和标准编号的顺序表示。例如:

1) 用 H85 制造的、软状态、普通精度、外径为 21.3mm、壁厚为 2.72mm、定尺长度为 3000mm 的圆管标记为:

管 H85M ϕ21.3×2.72×3000 GB/T 26290—2010

2) 用 H85 制造的、半硬状态、高精度、外径为 42.2mm、壁厚为 4.93mm 的圆管标记为:

管 H85Y_2高 ϕ42.2×4.93 GB/T 26290—2010

表 2-89　红色黄铜无缝管外径、壁厚及其极限偏差与理论质量（摘自 GB/T 26290—2010）

公称尺寸 DN	外径/mm（in）		壁厚/mm（in）			理论质量/（kg/m）（lb/ft）	壁厚/mm（in）			理论质量/（kg/m）（lb/ft）
	公称外径	平均外径极限偏差	公称壁厚	极限偏差			公称壁厚	极限偏差		
				普通精度	高精度			普通精度	高精度	
			A 型（普通强度）				B 型（高强度）			
1/8	10.3（0.405）	-0.10（0.004）	1.57（0.062）	±0.10（0.004）		0.376（0.253）	2.54（0.100）	±0.15（0.006）		0.540（0.363）
1/4	13.7（0.540）	-0.10（0.004）	2.08（0.082）	±0.13（0.005）		0.665（0.447）	3.12（0.123）	±0.18（0.007）		0.909（0.611）
3/8	17.1（0.675）	-0.13（0.005）	2.29（0.090）	±0.13（0.005）		0.933（0.627）	3.23（0.127）	±0.18（0.007）		1.23（0.829）
1/2	21.3（0.840）	-0.13（0.005）	2.72（0.107）	±0.15（0.006）		1.39（0.934）	3.78（0.149）	±0.20（0.008）		1.83（1.23）
3/4	26.7（1.050）	-0.15（0.006）	2.90（0.114）	±0.15（0.006）		1.89（1.27）	3.99（0.157）	±0.23（0.009）		2.48（1.67）
1	33.4（1.315）	-0.15（0.006）	3.20（0.126）	±0.18（0.007）		2.65（1.78）	4.62（0.182）	±0.25（0.010）		3.66（2.46）
1¼	42.2（1.660）	-0.15（0.006）	3.71（0.146）	±0.20（0.008）		3.91（2.63）	4.93（0.194）	±0.25（0.010）		5.04（3.39）
1½	48.3（1.900）	-0.15（0.006）	3.81（0.150）	±0.20（0.008）		4.66（3.13）	5.16（0.203）	±0.28（0.011）		6.10（4.10）
2	60.3（2.375）	-0.20（0.008）	3.96（0.156）	±0.23（0.009）		6.13（4.12）	5.61（0.221）	±0.30（0.012）		8.44（5.67）
2½	73.0（2.875）	-0.20（0.008）	4.75（0.187）	±0.25（0.010）		8.91（5.99）	7.11（0.280）	±0.38（0.015）		12.9（8.66）
3	88.9（3.500）	-0.25（0.010）	5.56（0.219）	±0.30（0.012）		12.7（8.56）	7.72（0.304）	±0.41（0.016）		17.3（11.6）
3½	102（4.000）	-0.25（0.010）	6.35（0.250）	±0.33（0.013）		16.7（11.2）	8.15（0.321）	±0.43（0.017）		21.0（14.1）
4	114（4.500）	-0.30（0.012）	6.35（0.250）	±0.36（0.014）		18.9（12.7）	8.66（0.341）	±0.46（0.018）		25.1（16.9）
5	141（5.562）	-0.36（0.014）	6.35（0.250）	±0.36（0.014）		23.5（15.8）	9.52（0.375）	±0.48（0.019）		34.5（23.2）
6	168（6.625）	-0.41（0.016）	6.35（0.250）	±0.36（0.014）		28.3（19.0）	11.1（0.437）	±0.69（0.027）		47.9（32.2）
8	219（8.625）	-0.51（0.020）	7.92（0.312）	±0.56（0.022）		46.0（30.9）	12.7（0.500）	±0.89（0.035）		72.0（48.4）
10	273（10.750）	-0.56（0.0220）	9.27（0.365）	±0.76（0.030）		67.3（45.2）	12.7（0.500）	±1.0（0.040）		90.9（61.1）
12	324（12.750）	-0.61（0.024）	9.52（0.375）	±0.76（0.030）		82.3（55.3）	—			—

注（A 型公称壁厚极限偏差）：1¼～3½ 为公称壁厚的 ±8%；4～12 为公称壁厚的 ±10%。
注（B 型公称壁厚极限偏差）：1/8～3½ 为公称壁厚的 ±8%；4～10 为公称壁厚的 ±10%。

注：1. 管材长度及其极限偏差［单位为 mm（in）］：长度≤4000（157.555），极限偏差 $^{+13(0.512)}_{0}$；

长度>4000（157.555）～7000（275.721），极限偏差 $^{+15(0.591)}_{0}$。

　　2. 半硬态管材的直度，每 3m 不大于 13mm。软态管材不做规定。如需方要求，可由供需双方协商确定。

　　3. 管材的圆度、切斜度、扩口试验、压扁试验、水压试验、气压试验等要求均应符合 GB/T 26290—2010 的规定。

　　4. 平均外径极限偏差一栏中，表列数值为下极限偏差和上极限偏差均为 0（表中没有列出）。

10. 热交换器用铜合金无缝管（见表 2-90）

表 2-90　热交换器用铜合金无缝管的牌号、尺寸规格及力学性能（摘自 GB/T 8890—2015）

	牌号	代号	供应状态	种类	规格/mm			备注
					外径	壁厚	长度	
牌号和尺寸规格	BFe10-1-1 BFe10-1.4-1[①]	T70590 C70600	软化退火（O60） 硬（H80）	盘管	3~20	0.3~0.5	—	牌号的化学成分应符合 GB/T 5231 中相应的规定 ① 化学成分应符合 GB/T 8890—2015 的规定
	BFe10-1-1	T70590	软化退火（O60）	直管	4~160	0.5~4.5	<6000	
			退火至1/2硬（O82）、硬（H80）	直管	6~76	0.5~4.5	<18000	
	BFe30-0.7 BFe30-1-1	C71500 T71510	软化退火（O60） 退火至1/2硬（O82）	直管	6~76	0.5~4.5	<18000	
	HAl77-2 HSn72-1 HSn70-1 HSn70-1-0.01 HSn70-1-0.01-0.04 HAs68-0.04 HAs70-0.05 HAs85-0.05	C68700 C44300 T45000 T45010 T45020 T26330 C26130 T23030	软化退火（O60） 退火至1/2硬（O82）	直管	6~76	0.5~4.5	<18000	

	外径及外径极限偏差			长度及长度极限偏差			
尺寸及极限偏差	外径/mm	外径极限偏差/mm		长度/mm	长度极限偏差/mm		
		普通级	高精级		外径≤25	外径>25~100	外径>100~160
	3~15	0 -0.12	0 -0.10	≤600	+2 0	+3 0	+4 0
	>15~25	0 -0.20	0 -0.16	>600~2000	+4 0	+4 0	+6 0
	>25~50	0 -0.30	0 -0.20	>2000~4000	+6 0	+6 0	+6 0
	>50~75	0 -0.35	0 -0.25	>4000	+10 0	+10 0	+12 0

外径/mm	壁厚及壁厚极限偏差		备注
	壁厚极限偏差[②]		
	普通级	高精级	
3~160	公称壁厚的±10%	公称壁厚的±8%	② 当要求壁厚允许偏差全为（+）或全为（-）单向偏差时，其值为表中数值的2部

（外径极限偏差续表）

外径/mm	普通级	高精级
>75~100	0 / -0.40	0 / -0.30
>100~130	0 / -0.50	0 / -0.35
>130~160	0 / -0.80	0 / -0.50

	牌号	状态	抗拉强度 R_m/MPa	断后伸长率 A（%）
管材室温力学性能			≥	≥
	BFe30-1-1、BFe30-0.7	O60	370	30
		O82	490	10
	BFe10-1-1、BFe10-1.4-1	O60	290	30
		O82	345	10
		H80	480	—

（续）

牌号	状态	抗拉强度 R_m/MPa	断后伸长率 A（%）
		≥	
HAL77-2	O60	345	50
	O82	370	45
HSn72-1、HSn70-1、HSn70-1-0.01、HSn70-1-0.01-0.04	O60	295	42
	O82	320	38
HAs68-0.04、HAs70-0.05	O60	295	42
	O82	320	38
HAs85-0.05	O60	245	28
	O82	295	22

管材室温力学性能（左侧合并单元格）

注: 1. 管材适用于火力发电、舰艇船舶、海上石油、机械、化工等工业部门制造热交换器及冷凝器等。

2. 产品标记按产品名称、标准编号、牌号、状态和规格的顺序表示。标记示例如下:

示例1 用 BFe10-1-1（T70590）制造的、软化退火（O60）、外径为 19.05mm、壁厚为 0.89mm 的盘管标记为:

盘管 GB/T 8890-BFe10-1-1 O60-φ19.05×0.89

或 盘管 GB/T 8890-T70590 O60-φ19.05×0.89

示例2 用 HSn70-1-0.01-0.04（T45020）制造的、退火至1/2硬（O82）、外径为 10mm、壁厚为 1.0mm、长度为 3000mm 的直管标记为:

直管 GB/T 8890-HSn70-1-0.01-0.04 O82-φ10×1×3000

或 直管 GB/T 8890-T45020 O82-φ10×1×3000

11. 铜及铜合金挤制管（见表 2-91）

表 2-91 铜及铜合金挤制管的牌号、尺寸规格及力学性能（摘自 YS/T 662—2018）

分类	牌号	代号	状态	规格/mm		
				外径	壁厚	长度
无氧铜	TU0、TU1	T10130、T10150	挤制（M30）	30~300	5~65	300~6000
	TU2、TU3	T10180、C10200				
纯铜	T2、T3	T11050、T11090				
磷脱氧铜	TP1、TP2	C12000、C12200				
铬铜	TCr0.5	T18140		100~255	15~37.5	500~3000
黄铜	H96、H62	T20800、T27600		20~300	1.5~42.5	300~6000
	HPb59-1、HFe59-1-1	T38100、T67600				
	H80、H68、H65	C24000、T26300、C27000		60~220	7.5~30	
	HSn62-1、HSi80-3	T46300、T68310				
	HMn58-2、HMn57-3-1	T67400、T67410				
青铜	QAl9-2、QAl9-4	T61700、T61720		20~250	3~50	500~6000
	QAl10-3-1.5、QAl10-4-4	T61760、T61780				
	QSi3.5-3-1.5	T64740		75~200	7.5~30	
白铜	BFe10-1-1	T70590		70~260	10~40	300~3000
	BFe30-1-1	T71500		80~120	10~25	

管材分类、牌号、尺寸规格的范围（左侧合并单元格）

（续）

牌号及化学成分规定	H96 牌号管材化学成分应符合 YS/T 662—2018 的规定，其他牌号管材的化学成分应符合 GB/T 5231 中相应牌号的规定
尺寸及极限偏差	管材的外形尺寸及其极限偏差应符合 GB/T 16866 中的相关规定

	牌号	壁厚/mm	拉伸试验		硬度试验
			抗拉强度 R_m/MPa	断后伸长率 A（%）	布氏硬度 HBW
管材室温力学性能	TU0、TU1、TU2、TU3、T2、T3、TP1、TP2	≤65	≥185	≥42	—
	TCr0.5	≤37.5	≥220	≥35	—
	H96	≤42.5	≥185	≥42	—
	H80	≤30	≥275	≥40	—
	H68	≤30	≥295	≥45	—
	H65、H62	≤42.5	≥295	≥43	—
	HPb59-1	≤42.5	≥390	≥24	—
	HFe59-1-1	≤42.5	≥430	≥31	—
	HSn62-1	≤30	≥320	≥25	—
	HSi80-3	≤30	≥295	≥28	—
	HMn58-2	≤30	≥395	≥29	—
	HMn57-3-1	≤30	≥490	≥16	—
	QAl9-2	≤50	≥470	≥16	—
	QAl9-4	≤50	≥450	≥17	—
	QAl10-3-1.5	<16	≥590	≥14	140~200
		≥16	≥540	≥15	135~200
	QAl10-4-4	≤50	≥635	≥6	170~230
	QSi3.5-3-1.5	≤30	≥360	≥35	—
	BFe10-1-1	≤25	≥280	≥28	—
	BFe30-1-1	≤25	≥345	≥25	—

注：1. YS/T 662—2018 规定的铜及铜合金挤制管材适于工业技术各部门中一般工作条件下的各种用途。

2. 管材的力学性能应符合本表规定。若需方要求，超出本表规格的管材力学性能供方应提供实测值或由供需双方协商确定。

3. 标记示例：产品标记按产品名称、标准编号、牌号（或代号）、状态、规格的顺序表示。用 T2（T11050）制造的、M30（热挤压）态、外径为 80mm、壁厚为 10mm、长度为 2000mm 的圆形管材标记为：

　　　　圆形管 YS/T 662-T2 M30—ϕ80×10×2000

　　或　圆形管 YS/T 662-T11050 M30—ϕ80×10×2000

12. 无缝铜水管和铜气管（见表 2-92）

表 2-92　无缝铜水管和铜气管牌号、尺寸规格、力学性能及应用（摘自 GB/T 18033—2017）

牌号、状态及尺寸规格

牌号	代号	状态	种类	规格/mm 外径	规格/mm 壁厚	规格/mm 长度
TP1	C12000	拉拔（硬）（H80）、拉拔（H58）	直管	6~325	0.6~8	≤6000
TP2	C12200	轻拉（H55）		6~159		
TU1	T10150	软化退火（O60）、轻退火（O50）		6~108		
TU2	T10180	轻化退火（O60）	盘管	≤28		—
TU3	C10200					

外形尺寸及其允许偏差

公称通径 DN/mm	公称外径/mm	平均外径允许偏差 普通级/mm	平均外径允许偏差 高精级/mm	任意外径允许偏差 H80/mm	任意外径允许偏差 H55/H58/mm	A型壁厚/mm	A型允差/mm	B型壁厚/mm	B型允差/mm	C型壁厚/mm	C型允差/mm
4	6	±0.04	±0.03	±0.04	±0.09	1.0	±0.10	0.8	±0.08	0.6	±0.06
6	8	±0.04	±0.03	±0.04	±0.09	1.0	±0.10	0.8	±0.08	0.6	±0.06
8	10	±0.04	±0.03	±0.04	±0.09	1.0	±0.10	0.8	±0.08	0.6	±0.06
10	12	±0.04	±0.03	±0.04	±0.09	1.2	±0.12	0.8	±0.08	0.6	±0.06
15	15	±0.04	±0.03	±0.04	±0.09	1.2	±0.12	1.0	±0.10	0.7	±0.07
15	18	±0.04	±0.03	±0.04	±0.09	1.5	±0.15	1.0	±0.10	0.8	±0.08
20	22	±0.05	±0.04	±0.06	±0.10	1.5	±0.15	1.2	±0.12	0.9	±0.09
25	28	±0.05	±0.04	±0.06	±0.10	2.0	±0.20	1.2	±0.12	0.9	±0.09
32	35	±0.06	±0.05	±0.07	±0.11	2.5	±0.25	1.5	±0.15	1.2	±0.12
40	42	±0.06	±0.05	±0.07	±0.11	2.5	±0.25	2.0	±0.20	1.2	±0.12
50	54	±0.06	±0.05	±0.07	±0.11	2.5	±0.25	2.0	±0.20	1.2	±0.12
65	67	±0.07	±0.06	±0.10	±0.15	2.5	±0.25	2.0	±0.20	1.5	±0.15
80	76	±0.07	±0.06	±0.10	±0.15	3.5	±0.35	2.5	±0.25	1.5	±0.15
80	89	±0.07	±0.06	±0.15	±0.30	3.5	±0.35	2.5	±0.25	1.5	±0.20
100	108	±0.07	±0.06	±0.20	±0.30	4.0	±0.48	3.5	±0.35	1.5	±0.20
125	133	±0.20	±0.10	±0.50	±0.40	6.0	±0.72	5.0	±0.60	2.0	±0.35
150	159	±0.20	±0.18	±0.50	±0.40	7.0	±0.84	5.5	±0.66	4.0	±0.48
200	219	±0.40	±0.25	±1.0	—	7.5	±0.90	5.8	±0.70	4.5	±0.54
250	267	±0.60	±0.25	±1.0	—	8.0	±0.96	6.5	±0.78	5.0	±0.60
250	273	±0.60	±0.25	±1.0	—	—	—	—	—	5.5	±0.66
300	325	±0.60	±0.25	±1.0	—	—	—	—	—	—	—

理论重量及最大工作压力

公称外径/mm	理论重量 A型/(kg/m)	理论重量 B型/(kg/m)	理论重量 C型/(kg/m)	最大工作压力 H80 A型/MPa	H80 B型	H80 C型	H55/H58 A型	H55/H58 B型	H55/H58 C型	O A型	O60 B型	O50 C型
6	1.140	0.117	0.091	24.00	18.8	13.70	19.23	14.9	10.9	15.8	12.3	8.95
8	0.197	0.162	0.125	17.50	13.70	10.00	13.89	10.9	7.98	11.4	8.95	6.57
10	0.253	0.207	0.158	13.70	10.70	2.94	10.87	8.55	6.30	8.95	7.04	5.19
12	0.364	0.252	0.192	13.67	8.87	6.65	10.87	7.04	5.21	8.96	5.80	4.29
15	0.465	0.393	0.281	10.79	8.87	6.11	8.55	5.81	4.85	7.04	5.80	3.99
18	0.566	0.477	0.386	8.87	7.31	5.81	7.04	5.70	4.61	5.80	4.79	3.80
22	0.864	0.701	0.535	9.08	7.19	5.32	7.21	4.44	4.22	5.18	4.70	3.48
28	1.116	0.903	0.685	7.05	5.59	4.62	5.60	4.44	3.30	4.61	3.65	2.72
35	1.854	1.411	1.140	7.64	5.54	4.44	5.98	3.68	3.52	4.93	3.65	2.90
42	2.247	1.706	1.375	6.23	4.63	3.68	4.95	3.77	2.92	4.08	3.03	2.41
54	3.616	2.921	1.780	6.06	4.81	2.85	4.81	3.06	2.26	3.96	3.14	1.85
67	4.529	3.652	2.759	4.85	3.85	2.87	3.85	2.69	2.27	3.17	3.05	1.88
76	5.161	4.157	3.140	4.26	3.38	2.52	3.38	2.29	2.00	2.80	2.68	1.65
89	6.074	4.887	3.696	3.62	2.88	2.15	2.87	2.36	1.71	2.35	2.23	1.41
108	10.274	7.408	4.487	4.19	2.97	1.77	3.33	1.91	1.40	2.74	1.94	1.16
133	12.731	9.164	5.54	3.38	2.40	1.43	2.68	1.14	1.14	—	1.16	—
159	17.415	15.287	8.820	3.23	2.82	1.60	—	—	—	—	—	—
219	35.898	30.055	24.156	3.53	2.93	2.33	—	—	—	—	—	—
267	51.122	40.399	33.180	3.37	2.64	2.15	—	—	—	—	—	—
273	55.932	43.531	37.640	3.54	2.16	1.53	—	—	—	—	—	—
325	71.234	58.151	49.359	3.16	2.56	2.16	—	—	—	—	—	—

（续）

牌号	状态	公称外径/mm	抗拉强度/MPa	断后伸长率 A (%) 不小于	维氏硬度 HV5
室温纵向力学性能 TP1、 TP2、 TU1、 TU2、 TU3	H80	≤100	315	3	>100
		>100~200	295		
		>200	255		
	H58	—	250	—	>80
	H55	≤67	250	30	>75
		>67~159	250	20	75~100
	O60 O50	≤108	205	40	40~75
用途	主要用于输送饮用水、生活冷热供水、民用天然气、煤气及对铜无腐蚀作用的其他介质用的管路，也适合供热系统用管材。铜管一般采用焊接、扩口或压接等方式与管件相连接。				

注：
1. 管材的化学成分应符合 GB/T 5231 中相应牌号的规定。
2. 加工铜的密度值取 8.94g/cm³ 作为计算每米铜管重量的依据。
3. 计算最大工作压力 p 是指工作条件为65℃时，拉拔（硬）（H80）允许应力为63MPa，轻拉（H55）、拉拔（H58）允许应力为50MPa，软化退火（O60），轻退火（O50）允许应力为41.2MPa。
4. 管材的外形尺寸及其允许偏差应符合本表的规定。
5. 直管的长度允许偏差为+300mm，直管长度为定尺长度，倍尺长度时，应加入锯切分段时的锯切量，每一锯切量为5mm。盘管的长度允许偏差为±10mm。
6. 外径不大于 φ108mm 的拉拔（硬）（H80）（H55）和轻拉（H55）或拉拔（H58）态直管的直度应符合 GB/T 18033—2017 的规定，外径大于 φ108mm 管材的直度由供需双方协商确定。
7. 维氏硬度仅供选择性试验。
8. 管材的扩口（压扁）试验、弯曲试验应符合 GB/T 18033—2017 的规定。
9. 每根管材应满足水压试验或气压试验或涡流探伤检验（三选其一）的要求。管材进行水压试验时，试验压力 $p_1 = np$，其中 p 为管材最大工作压力（见本表），系数 n 推荐值为 1~1.5。在 p_1 压力下，持续 10~15s 后，管材应无渗漏和永久变形。管材进行气压试验时，其空气压力为 0.4MPa，管材完全浸入水中至少 10s 应无气泡出现。
10. 标记示例：产品标记按产品名称、标准编号、牌号（或代号）、状态（硬代号）、外径×壁厚的顺序表示。标记示例如下：
示例1 用 TP2（C12200）制造、供应状态为拉拔（硬）态（H80）、外径为108mm、壁厚为1.5mm、长度为5800mm 的圆形铜管标记为：
铜管 GB/T 18033-TP2 H80-φ108×1.5×5800
或 铜管 GB/T 18033-C12200 H80-φ108×1.5×5800
示例2 用 TU2（T10180）制造、供应状态为软化退火态（O60）、外径为22mm、壁厚为0.9mm 的圆形铜盘管标记为：
铜盘管 GB/T 18033-TU2 O60-φ22×0.9
或 铜盘管 GB/T 18033-T10180 O60-φ22×0.9

13. 铜及铜合金毛细管（见表 2-93）

表 2-93　铜及铜合金毛细管牌号、尺寸及力学性能（摘自 GB/T 1531—2009）

牌号、状态和规格	牌号		供应状态	规格（外径×内径）/mm	长度/mm	
					盘管	直管
	T2、TP1、TP2、H85、H80、H70、H68、H65、H63、H62		硬（Y）、半硬（Y₂）、软（M）	(φ0.5～φ6.10) × (φ0.3～φ4.45)	≥3000	50～6000
	H96、H90、QSn4-0.3、QSn6.5-0.1		硬（Y）、软（M）			

尺寸极限偏差/mm	分级	外径		内径	
	高精级管内、外径极限偏差	公称尺寸	极限公差	公称尺寸	极限公差
		<1.60	±0.02	<0.60	±0.015
		≥1.60	±0.03	≥0.60	±0.02
	普通级管内、外径极限偏差	公称尺寸	极限偏差	极限偏差	
		≤3.0	±0.03	±0.05	
		>3.0	±0.05		

	直管长度极限偏差	长度	50～150	>150～500	>500～1000	>1000～2000	>2000～6000
		极限偏差	±1.0	±2.0	±3.0	±5.0	±7.0

室温纵向力学性能	牌号	状态	拉伸试验		硬度试验
			抗拉强度 R_m/MPa	断后伸长率 A（%）	维氏硬度 HV
	TP2、T2、TP1	M	≥205	≥40	—
		Y₂	245～370	—	—
		Y	≥345	—	—
	H96	M	≥205	≥42	45～70
		Y	≥320	—	≥90
	H90	M	≥220	≥42	40～70
		Y	≥360	—	≥95
	H85	M	≥240	≥43	40～70
		Y₂	≥310	≥18	75～105
		Y	≥370	—	≥100
	H80	M	≥240	≥43	40～70
		Y₂	≥320	≥25	80～115
		Y	≥390	—	≥110
	H70、H68	M	≥280	≥43	50～80
		Y₂	≥370	≥18	90～120
		Y	≥420	—	≥110
	H65	M	≥290	≥43	50～80
		Y₂	≥370	≥18	85～115
		Y	≥430	—	≥105
	H63、H62	M	≥300	≥43	55～85
		Y₂	≥370	≥18	70～105
		Y	≥440	—	≥110
	QSn4-0.3、QSn6.5-0.1	M	≥325	≥30	≥90
		Y	≥490	—	≥120

注：1. 外径与内径之差小于 0.30mm 的毛细管不做拉伸试验。有特殊要求时，由供需双方协商解决。

　　2. 毛细管的工艺性能（通气性、气密性、压力差试验或流量试验、卷边试验）以及表面质量、残余应力试验等均应符合 GB/T 1531—2009 的规定。

　　3. 高精级毛细管用于高精度仪表、高精密医疗仪器、空调、电冰箱等，普通级毛细管用于一般的仪器、仪表和电子器件等。

　　4. 需方要求并在合同中注明，可选择维氏硬度试验，当选择维氏硬度试验时，拉伸试验结果仅供参考。

　　5. 毛细管材的牌号、化学成分应符合 GB/T 5231 的规定。

　　6. 标记示例：

　　产品标记按产品名称、牌号、状态、精度、规格和标准编号的顺序表示。标记示例如下：

　　示例 1　用 T2 制造的、硬状态、高精级、外径为 2.00mm、内径为 0.70mm 的毛细管标记为：

　　管 T2Y 高　2.00×0.70　GB/T 1531—2009

　　示例 2　用 H68 制造的、半硬状态、普通级、外径为 1.50mm、内径为 0.80mm 的毛细管标记为：

　　管 H68Y₂　1.50×0.80　GB/T 1531—2009

14. 加工铜及铜合金板、带材尺寸规格（见表2-94~表2-103）

表2-94 加工铜及铜合金板材牌号和规格（摘自 GB/T 17793—2010）

牌 号	状态	规格/mm		
		厚度	宽度	长度
T2、T3、TP1、TP2、TU1、TU2、H96、H90、H85、H80、H70、H68、H65、H63、H62、H59、HPb59-1、HPb60-2、HSn62-1、HMn58-2	热轧	4.0~60.0	≤3000	≤6000
	冷轧	0.20~12.00		
HMn55-3-1、HMn57-3-1、HAl60-1-1、HAl67-2.5、HAl66-6-3-2、HNi65-5	热轧	4.0~40.0	≤1000	≤2000
QSn6.5-0.1、QSn6.5-0.4、QSn4-3、QSn4-0.3、QSn7-0.2、QSn8-0.3	热轧	9.0~50.0	≤600	≤2000
	冷轧	0.20~12.00		
QAl5、QAl7、QAl9-2、QAl9-4	冷轧	0.40~12.00	≤1000	≤2000
QCd1	冷轧	0.50~10.00	200~300	800~1500
QCr0.5、QCr0.5-0.2-0.1	冷轧	0.50~15.00	100~600	≥300
QMn1.5、QMn5	冷轧	0.50~5.00	100~600	≤1500
QSi3-1	冷轧	0.50~10.00	100~1000	≥500
QSn4-4-2.5、QSn4-4-4	冷轧	0.80~5.00	200~600	800~2000
B5、B19、BFe10-1-1、BFe30-1-1、BZn15-20、BZn18-17	热轧	7.0~60.0	≤2000	≤4000
	冷轧	0.50~10.00	≤600	≤1500
BAl6-1.5、BAl13-3	冷轧	0.50~12.00	≤600	≤1500
BMn3-12、BMn40-1.5	冷轧	0.50~10.00	100~600	800~1500

表2-95 加工铜及铜合金带材牌号和规格（摘自 GB/T 17793—2010）

牌 号	厚度/mm	宽度/mm
T2、T3、TU1、TU2、TP1、TP2、H96、H90、H85、H80、H70、H68、H65、H63、H62、H59	>0.15~<0.5	≤600
	0.5~3	≤1200
HPb59-1、HSn62-1、HMn58-2	>0.15~0.2	≤300
	>0.2~2	≤550
QAl5、QAl7、QAl9-2、QAl9-4	>0.15~1.2	≤300
QSn7-0.2、QSn6.5-0.4、QSn6.5-0.1、QSn4-3、QSn4-0.3	>0.15~2	≤610
QSn8-0.3	>0.15~2.6	≤610
QSn4-4-4、QSn4-4-2.5	0.8~1.2	≤200
QCd1、QMn1.5、QMn5、QSi3-1	>0.15~1.2	≤300
BZn18-17	>0.15~1.2	≤610
B5、B19、BZn15-20、BFe10-1-1、BFe30-1-1、BMn40-1.5、BMn3-12、BAl13-3、BAl6-1.5	>0.15~1.2	≤400

表2-96 加工铜及铜合金热轧板厚度极限偏差（摘自 GB/T 17793—2010）（单位：mm）

厚度	宽度					
	≤500	>500~1000	>1000~1500	>1500~2000	>2000~2500	>2500~3000
	厚度极限偏差					
4.0~6.0	—	±0.22	±0.28	±0.40	—	—
>6.0~8.0	—	±0.25	±0.35	±0.45	—	—
>8.0~12.0	—	±0.35	±0.45	±0.60	±1.00	±1.30
>12.0~16.0	±0.35	±0.45	±0.55	±0.70	±1.10	±1.40
>16.0~20.0	±0.40	±0.50	±0.70	±0.80	±1.20	±1.50
>20.0~25.0	±0.45	±0.55	±0.80	±1.00	±1.30	±1.80
>25.0~30.0	±0.55	±0.65	±1.00	±1.10	±1.60	±2.00
>30.0~40.0	±0.70	±0.85	±1.25	±1.30	±2.00	±2.70
>40.0~50.0	±0.90	±1.10	±1.50	±1.60	±2.50	±3.50
>50.0~60.0	—	±1.30	±2.00	±2.20	±3.00	±4.30

注：当要求单向极限偏差时，其值为表中数值的2倍。

表 2-97　纯铜和黄铜冷轧板厚度极限偏差（摘自 GB/T 17793—2010）　（单位：mm）

厚度	宽度 ≤400		>400~700		>700~1000		>1000~1250		>1250~1500		>1500~1750		>1750~2000		>2000~2500		>2500~3000	
	厚度极限偏差																	
	普通级	高级	普通级	高级	普通级	高级	普通级	高级	普通级	高级	普通级	高级	普通级	高级	普通级	高级	普通级	高级
0.20~0.35	±0.025	±0.020	±0.030	±0.025	±0.060	±0.050	—	—										
>0.35~0.50	±0.030	±0.025	±0.040	±0.030	±0.070	±0.060	±0.080	±0.070	—	—								
>0.50~0.80	±0.040	±0.030	±0.055	±0.040	±0.080	±0.070	±0.100	±0.080	±0.150	±0.130	—	—						
>0.80~1.20	±0.050	±0.040	±0.070	±0.055	±0.100	±0.080	±0.120	±0.100	±0.160	±0.150	—	—						
>1.20~2.00	±0.060	±0.050	±0.100	±0.075	±0.120	±0.100	±0.150	±0.120	±0.180	±0.160	±0.280	±0.250	±0.350	±0.300	—			
>2.00~3.20	±0.080	±0.060	±0.120	±0.100	±0.150	±0.120	±0.180	±0.150	±0.220	±0.200	±0.330	±0.300	±0.400	±0.350	±0.500	±0.400		
>3.20~5.00	±0.100	±0.080	±0.150	±0.120	±0.180	±0.150	±0.220	±0.200	±0.280	±0.250	±0.400	±0.350	±0.450	±0.400	±0.600	±0.500	±0.700	±0.600
>5.00~8.00	±0.130	±0.100	±0.180	±0.150	±0.230	±0.180	±0.260	±0.230	±0.340	±0.300	±0.450	±0.400	±0.550	±0.450	±0.800	±0.700	±1.000	±0.800
>8.00~12.00	±0.180	±0.140	±0.230	±0.180	±0.250	±0.230	±0.300	±0.250	±0.400	±0.350	±0.600	±0.500	±0.700	±0.600	±1.000	±0.800	±1.300	±1.000

注：当要求单向极限偏差时，其值为表中数值的 2 倍。

表 2-98　青铜、白铜冷轧板厚度极限偏差（摘自 GB/T 17793—2010）　（单位：mm）

厚度	宽度 ≤400			>400~700			>700~1000		
	厚度极限偏差								
	普通级	较高级	高级	普通级	较高级	高级	普通级	较高级	高级
0.20~0.30	±0.030	±0.025	±0.010	—					
>0.30~0.40	±0.035	±0.030	±0.020	—					
>0.40~0.50	±0.040	±0.035	±0.025	±0.060	±0.050	±0.045	—		
>0.50~0.80	±0.050	±0.040	±0.030	±0.070	±0.060	±0.050	—		
>0.80~1.20	±0.060	±0.050	±0.040	±0.080	±0.070	±0.060	±0.150	±0.120	±0.080
>1.20~2.00	±0.090	±0.070	±0.050	±0.110	±0.090	±0.080	±0.200	±0.150	±0.100
>2.00~3.20	±0.110	±0.090	±0.060	±0.140	±0.120	±0.100	±0.250	±0.200	±0.150
>3.20~5.00	±0.130	±0.110	±0.080	±0.180	±0.150	±0.120	±0.300	±0.250	±0.200
>5.00~8.00	±0.150	±0.130	±0.100	±0.200	±0.180	±0.150	±0.350	±0.300	±0.250
>8.00~12.00	±0.180	±0.150	±0.110	±0.230	±0.220	±0.180	±0.450	±0.400	±0.300
>12.00~15.00	±0.200	±0.180	±0.150	±0.250	±0.230	±0.200	—		

注：当要求单向极限偏差时，其值为表中数值的 2 倍。

表 2-99　纯铜、黄铜带材厚度极限偏差（摘自 GB/T 17793—2010）　（单位：mm）

厚度	宽度 ≤200		>200~300		>300~400		>400~700		>700~1200	
	厚度极限偏差									
	普通级	高级	普通级	高级	普通级	高级	普通级	高级	普通级	高级
>0.15~0.25	±0.015	±0.010	±0.020	±0.015	±0.020	±0.015	±0.030	±0.025	—	—
>0.25~0.35	±0.020	±0.015	±0.025	±0.020	±0.030	±0.025	±0.040	±0.030	—	—
>0.35~0.50	±0.025	±0.020	±0.030	±0.025	±0.035	±0.030	±0.050	±0.040	±0.060	±0.050
>0.50~0.80	±0.030	±0.025	±0.040	±0.030	±0.040	±0.035	±0.060	±0.050	±0.070	±0.060
>0.80~1.20	±0.040	±0.030	±0.050	±0.040	±0.050	±0.040	±0.070	±0.060	±0.080	±0.070
>1.20~2.00	±0.050	±0.040	±0.060	±0.050	±0.060	±0.050	±0.080	±0.070	±0.100	±0.080
>2.00~3.00	±0.060	±0.050	±0.070	±0.060	±0.080	±0.070	±0.100	±0.080	±0.120	±0.100

注：当要求单向极限偏差时，其值为表中数值的 2 倍。

表 2-100 青铜、白铜带材厚度极限偏差（摘自 GB/T 17793—2010） （单位：mm）

厚度	宽 度			
	≤400		>400~610	
	厚度极限偏差			
	普通级	高级	普通级	高级
>0.15~0.25	±0.020	±0.013	±0.030	±0.020
>0.25~0.40	±0.025	±0.018	±0.040	±0.030
>0.40~0.55	±0.030	±0.020	±0.050	±0.045
>0.55~0.70	±0.035	±0.025	±0.060	±0.050
>0.70~0.90	±0.045	±0.030	±0.070	±0.060
>0.90~1.20	±0.050	±0.035	±0.080	±0.070
>1.20~1.50	±0.065	±0.045	±0.090	±0.080
>1.50~2.00	±0.080	±0.050	±0.100	±0.090
>2.00~2.60	±0.090	±0.060	±0.120	±0.100

注：当要求单向极限偏差时，其值为表中数值的 2 倍。

表 2-101 板材宽度极限偏差（摘自 GB/T 17793—2010） （单位：mm）

厚度	宽 度							
	≤300	>300~700	≤1000	>1000~2000	>2000~3000	≤1000	>1000~2000	>2000~3000
	卷纵剪极限偏差		剪切极限偏差			锯切极限偏差		
0.20~0.35	±0.3	±0.6	+3 0	—				
>0.35~0.80	±0.4	±0.7	+3 0	+5 0			—	—
>0.80~3.00	±0.5	±0.8	+5 0	+10 0				
>3.00~8.00			+10 0	+15 0				
>8.00~15.00	—	—	+10 0	+15 0	+1.2%厚度 0	±2	±3	±5
>15.00~25.00			+10 0	+15 0	+1.2%厚度 0			
>25.00~60.00			—	—				

注：1. 当要求单向极限偏差时，其值为表中数值的 2 倍。

2. 厚度>15mm 的热轧板可不切边交货。

表 2-102 板材长度极限偏差（摘自 GB/T 17793—2010） （单位：mm）

厚度	冷轧板（长度）				热轧板
	≤2000	>2000~3500	>3500~5000	>5000~7000	
	长度极限偏差				
≤0.80	+10 0	+10 0	—	—	—
>0.80~3.0	+10 0	+15 0	—	—	—
>3.00~12.00	+15 0	+15 0	+20 0	+25 0	+25 0
>12.00~60.00	—				+30 0

注：1. 厚度>15mm 的热轧板可不切头交货。

2. 板材的长度分定尺、倍尺和不定尺三种。定尺或倍尺应在不定尺范围内，其极限偏差应符合本表规定。按倍尺供应的板材，应留有截断时的切口量，每一切口量为+5mm。

表 2-103 加工铜及铜合金板、带材平整度及侧边弯曲度（摘自 GB/T 17793—2010）

宽度/mm	带材侧边弯曲度/（mm/m） ≤			板材平整度	
	普通级		高级	厚度/mm	平整度/（mm/m）
	厚度>0.15~0.60	厚度>0.60~3.0	所有厚度		
6~9	9	12	5	≤1.5	≤15
>9~13	6	10	4		
>13~25	4	7	3	>1.5~50	≤10
>25~50	3	5	3		
>50~100	2.5	4	2	>50	≤8
>100~1200	2	3	1.5		

15. 铜及铜合金板材（见表 2-104 和表 2-105）

表 2-104 铜及铜合金板材牌号、状态及尺寸规格（摘自 GB/T 2040—2017）

分类	牌号	代号	状态	规格/mm		
				厚度	宽度	长度
无氧铜 纯铜 磷脱氧铜	TU1、TU2	T10150、T10180	热轧（M20）	4~80	≤3000	≤6000
	T2、T3	T11050、T11090	软化退火（O60）、1/4 硬（H01）、1/2 硬（H02）、硬（H04）、特硬（H06）	0.2~12	≤3000	≤6000
	TP1、TP2	C12000、C12200				
铁铜	TFe0.1	C19210	软化退火（O60）、1/4 硬（H01）、1/2 硬（H02）、硬（H04）	0.2~5	≤610	≤2000
	TFe2.5	C19400	软化退火（O60）、1/2 硬（H02）、硬（H04）、特硬（H06）	0.2~5	≤610	≤2000
镉铜	TCd1	C16200	硬（H04）	0.5~10	200~300	800~1500
铬铜	TCr0.5	T18140	硬（H04）	0.5~15	≤1000	≤2000
	TCr0.5-0.2-0.1	T18142	硬（H04）	0.5~15	100~600	≥300
普通黄铜	H95	C21000	软化退火（O60）、硬（H04）	0.2~10	≤3000	≤6000
	H80	C24000	软化退火（O60）、硬（H04）			
	H90、H85	C22000、C23000	软化退火（O60）、1/2 硬（H02）、硬（H04）			
	H70、H68	T26100、T26300	热轧（M20）	4~60		
			软化退火（O60）、1/4 硬（H01）、1/2 硬（H02）、硬（H04）、特硬（H06）、弹性（H08）	0.2~10		
	H66、H65	C26800、C27000	软化退火（O60）、1/4 硬（H01）、1/2 硬（H02）、硬（H04）、特硬（H06）、弹性（H08）	0.2~10		
	H63、H62	T27300、T27600	热轧（M20）	4~60		
			软化退火（O60）、1/2 硬（H02）、硬（H04）、特硬（H06）	0.2~10		
	H59	T28200	热轧（M20）	4~60		
			软化退火（O60）、硬（H04）	0.2~10		

（续）

分类	牌号	代号	状态	规格/mm		
				厚度	宽度	长度
铅黄铜	HPb59-1	T38100	热轧（M20）	4～60	≤3000	≤6000
			软化退火（O60）、1/2硬（H02）、硬（H04）	0.2～10		
	HPb60-2	C37700	硬（H04）、特硬（H06）	0.5～10		
锰黄铜	HMn58-2	T67400	软化退火（O60）、1/2硬（H02）、硬（H04）	0.2～10		
锡黄铜	HSn62-1	T46300	热轧（M20）	4～60		
			软化退火（O60）、1/2硬（H02）、硬（H04）	0.2～10		
	HSn88-1	C42200	1/2硬（H02）	0.4～2	≤610	≤2000
锰黄铜	HMn55-3-1	T67320	热轧（M20）	4～40	≤1000	≤2000
	HMn57-3-1	T67410				
铝黄铜	HAl60-1-1	T69240				
	HAl67-2.5	T68900				
	HAl66-6-3-2	T69200				
镍黄铜	HNi65-5	T69900				
锡青铜	QSn6.5-0.1	T51510	热轧（M20）	9～50	≤610	≤2000
			软化退火（O60）、1/4硬（H01）、1/2硬（H02）、硬（H04）、特硬（H06）、弹性（H08）	0.2～12		
	QSn6.5-0.4、Sn4-3、Sn4-0.3、QSn7-0.2	T51520、T50800、C51100、T51530	软化退火（O60）、硬（H04）、特硬（H06）	0.2～12	≤600	≤2000
	QSn8-0.3	C52100	软化退火（O60）、1/4硬（H01）、1/2硬（H02）、硬（H04）、特硬（H06）	0.2～5	≤600	≤2000
	QSn4-4-2.5、QSn4-4-4	T53300、T53500	软化退火（O60）、1/2硬（H02）、1/4硬（H01）、硬（H04）	0.8～5	200～600	800～2000
锰青铜	QMn1.5	T56100	软化退火（O60）	0.5～5	100～600	≤1500
	QMn5	T56300	软化退火（O60）、硬（H04）			
铝青铜	QAl5	T60700	软化退火（O60）、硬（H04）	0.4～12	≤1000	≤2000
	QAl7	C61000	1/2硬（H02）、硬（H04）			
	QAl9-2	T61700	软化退火（O60）、硬（H04）			
	QAl9-4	T61720	硬（H04）			
硅青铜	QSi3-1	T64730	软化退火（O60）、硬（H04）、特硬（H06）	0.5～10	100～1000	≥500
普通白铜、铁白铜	B5、B19、BFe10-1-1、BFe30-1-1	T70380、T71050、T70590、T71510	热轧（M20）	7～60	≤2000	≤4000
			软化退火（O60）硬（H04）	0.5～10	≤600	≤1500

（续）

分类	牌号	代号	状态	规格/mm		
				厚度	宽度	长度
锰白铜	BMn3-12	T71620	软化退火（O60）	0.5~10	100~600	800~1500
	BMn40-1.5	T71660	软化退火（O60）、硬（H04）			
铝白铜	BAl6-1.5	T72400	硬（H04）	0.5~12	≤600	≤1500
	BAl13-3	T72600	固溶热处理+冷加工（硬）+沉淀热处理（TH04）			
锌白铜	BZn15-20	T74600	软化退火（O60）、1/2硬（H02）、硬（H04）、特硬（H06）	0.5~10	≤600	≤1500
	BZn18-17	T75210	软化退火（O60）、1/2硬（H02）、硬（H04）	0.5~5	≤600	≤1500
	BZn18-26	C77000	1/2硬（H02）、硬（H04）	0.25~2.5	≤610	≤1500

注：1. 经供需双方协商，可以供应其他规格的板材。

2. HSn88-1板材化学成分符合 GB/T 2040—2017 的规定，其余牌号板材化学成分应符合 GB/T 5231 中相应牌号的规定。

3. 板材的外形尺寸及其允许偏差应符合 GB/T 17793 中相应的规定，超出 GB/T 17793 范围的外形尺寸及其允许偏差由供需双方协商确定。

4. 标记示例：产品标记按产品名称、标准编号、牌号（或代号）、状态和规格的顺序表示。标记示例如下：

示例 1　用 H62（T27600）制造的、供应状态为 H02、尺寸精度为普通级、厚度为 0.8mm、宽度为 600mm、长度为 1500mm 的定尺板材标记为：

　　　　铜板 GB/T 2040-H62H02-0.8×600×1500

　　或　铜板 GB/T 2040-T27600H02-0.8×600×1500

示例 2　用 H62（T27600）制造的、供应状态为 H02、尺寸精度为高级、厚度为 0.8mm、宽度为 600mm、长度为 1500mm 的定尺板材标记为：

　　　　铜板 GB/T 2040-H62H02 高-0.8×600×1500

　　或　铜板 GB/T 2040-T27600H02 高-0.8×600×1500

5. 板材供各工业部门一般用途使用。纯铜板、黄铜板在各工业部门广泛应用，复杂黄铜板主要用于制作热加工零件；铝青铜板主要用于制作机器及仪表弹簧零件，锡青铜板主要用于制造机器和仪表工业弹性元件；普通白铜板主要用于制作精密机器、化学和医疗器械各种零件，铝白铜板适于制作高强度的各种零件和重要用途的弹簧，锌白铜板适于制作仪器、仪表、弹性元件等。

表 2-105　铜及铜合金板材的室温力学性能（摘自 GB/T 2040—2017）

牌号	状态	拉伸试验			硬度试验	
		厚度/mm	抗拉强度 R_m/MPa	断后伸长率 $A_{11.3}$（%）	厚度/mm	维氏硬度 HV
T2、T3、TP1、TP2、TU1、TU2	M20	4~14	≥195	≥30	—	—
	O60	0.3~10	≥205	≥30	≥0.3	≤70
	H01		215~295	≥25		60~95
	H02		245~345	≥8		80~110
	H04		295~395	—		90~120
	H06		≥350	—		≥110
TFe0.1	O60	0.3~5	255~345	≥30	≥0.3	≤100
	H01		275~375	≥15		90~120
	H02		295~430	≥4		100~130
	H04		335~470	≥4		110~150

（续）

牌号	状态	拉伸试验			硬度试验	
		厚度/ mm	抗拉强度 R_m/MPa	断后伸长率 $A_{11.3}$（％）	厚度/ mm	维氏硬度 HV
TFe2. 5	O60 H02 H04 H06	0. 3 ~ 5	≥310 365 ~ 450 415 ~ 500 460 ~ 515	≥20 ≥5 ≥2 —	≥0. 3	≤120 115 ~ 140 125 ~ 150 135 ~ 155
TCd1	H04	0. 5 ~ 10	≥390	—	—	—
TQCr0. 5、 TCr0. 5-0. 2-0. 1	H04	—	—	—	0. 5 ~ 15	≥100
H95	O60 H04	0. 3 ~ 10	≥215 ≥320	≥30 ≥3	—	—
H90	O60 H02 H04	0. 3 ~ 10	≥245 330 ~ 440 ≥390	≥35 ≥5 ≥3	—	—
H85	O60 H02 H04	0. 3 ~ 10	≥260 305 ~ 380 ≥350	≥35 ≥15 ≥3	≥0. 3	≤85 80 ~ 115 ≥105
H80	O60 H04	0. 3 ~ 10	≥265 ≥390	≥50 ≥3	—	—
H70、H68	M20	4 ~ 14	≥290	≥40	—	—
H70、 H68、 H66、 H65	O60 H01 H02 H04 H06 H08	0. 3 ~ 10	≥290 325 ~ 410 355 ~ 440 410 ~ 540 520 ~ 620 ≥570	≥40 ≥35 ≥25 ≥10 ≥3 —	≥0. 3	≤90 85 ~ 115 100 ~ 130 120 ~ 160 150 ~ 190 ≥180
H63、 H62	M20	4 ~ 14	≥290	≥30	—	—
	O60 H02 H04 H06	0. 3 ~ 10	≥290 350 ~ 470 410 ~ 630 ≥585	≥35 ≥20 ≥10 ≥2. 5	≥0. 3	≤95 90 ~ 130 125 ~ 165 ≥155
H59	M20	4 ~ 14	≥290	≥25	—	—
	O60 H04	0. 3 ~ 10	≥290 ≥410	≥10 ≥5	≥0. 3	≥130
HPb59-1	M20	4 ~ 14	≥370	≥18	—	—
	O60 H02 H04	0. 3 ~ 10	≥340 390 ~ 490 ≥440	≥25 ≥12 ≥5	—	—
HPb60-2	H04	—	—	—	0. 5 ~ 2. 5	165 ~ 190
					2. 6 ~ 10	—
	H06	—	—	—	0. 5 ~ 1. 0	≥180
HMn58-2	O60 H02 H04	0. 3 ~ 10	≥380 440 ~ 610 ≥585	≥30 ≥25 ≥3	—	—

（续）

牌号	状态	拉伸试验			硬度试验	
		厚度/ mm	抗拉强度 R_m/MPa	断后伸长率 $A_{11.3}$（%）	厚度/ mm	维氏硬度 HV
HSn62-1	M20	4~14	≥340	≥20	—	—
	O60		≥295	≥35		
	H02	0.3~10	350~400	≥15	—	—
	H04		≥390	≥5		
HSn88-1	H02	0.4~2	370~450	≥14	0.4~2	110~115
HMn55-3-1	M20	4~5	≥490	≥15	—	—
HMn57-3-1	M20	4~8	≥440	≥10	—	—
HAl60-1-1	M20	4~15	≥440	≥15	—	—
HAl67-2.5	M20	4~15	≥390	≥15	—	—
HAl66-6-3-2	M20	4~8	≥685	≥3	—	—
HNi65-5	M20	4~15	≥290	≥35	—	—
QSn6.5-0.1	M20	9~14	≥290	≥38		
	O60	0.2~12	≥315	≥40		≤120
	H01	0.2~12	390~510	≥35		110~155
	H02	0.2~12	490~610	≥8		150~190
	H04	0.2~3	590~690	≥5	≥0.2	180~230
		>3~12	540~690	≥5		180~230
	H06	0.2~5	635~720	≥1		200~240
	H08	0.2~5	≥690	—		≥210
QSn6.5-0.4、 QSn7-0.2	O60		≥295	≥40		
	H04	0.2~12	540~690	≥8	—	—
	H06		≥665	≥2		
QSn4-3 QSn4-0.3	O60		≥290	≥40		
	H04	0.2~12	540~690	≥3		
	H06		≥635	≥2		
QSn8-0.3	O60		≥345	≥40		≤120
	H01		390~510	≥35		100~160
	H02	0.2~5	490~610	≥20	≥0.2	150~205
	H04		590~705	≥5		180~235
	H06		≥685	—		≥210
QSn4-4-2.5、 QSn4-4-4	O60		≥290	≥35		
	H01	0.8~5	390~490	≥10	≥0.8	—
	H02		420~510	≥9		
	H04		≥635	≥5		
QMn1.5	O60	0.5~5	≥205	≥30	—	—
QMn5	O60	0.5~5	≥290	≥30	—	—
	H04		≥440	≥3		

（续）

牌号	状态	拉伸试验			硬度试验	
		厚度/mm	抗拉强度 R_m/MPa	断后伸长率 $A_{11.3}$（%）	厚度/mm	维氏硬度 HV
QAl5	O60	0.4~12	≥275	≥33	—	—
	H04		≥585	≥2.5		
QAl7	H02	0.4~12	585~740	≥10	—	—
	H04		≥635	≥5		
QAl9-2	O60	0.4~12	≥440	≥18	—	—
	H04		≥585	≥5		
QAl9-4	H04	0.4~12	≥585	—	—	—
QSi3-1	O60	0.5~10	≥340	≥40	—	—
	H04		585~735	≥3		
	H06		≥685	≥1		
B5	M20	7~14	≥215	≥20	—	—
	O60	0.5~10	≥215	≥30	—	—
	H04		≥370	≥10		
B19	M20	7~14	≥295	≥20	—	—
	O60	0.5~10	≥290	≥25	—	—
	H04		≥390	≥3		
BFe10-1-1	M20	7~14	≥275	≥20	—	—
	O60	0.5~10	≥275	≥25	—	—
	H04		≥370	≥3		
BFe30-1-1	M20	7~14	≥345	≥15	—	—
	O60	0.5~10	≥370	≥20	—	—
	H04		≥530	≥3		
BMn3-12	O60	0.5~10	≥350	≥25	—	—
BMn40-1.5	O60	0.5~10	390~590	—	—	—
	H04		≥590			
BAl6-1.5	H04	0.5~12	≥535	≥3	—	—
BAl13-3	TH04	0.5~12	≥635	≥5	—	—
BZn15-20	O60	0.5~10	≥340	≥35		—
	H02		440~570	≥5		
	H04		540~690	≥1.5		
	H06		≥640	≥1		
BZn18-17	O60	0.5~5	≥375	≥20	≥0.5	—
	H02		440~570	≥5		120~180
	H04		≥540	≥3		≥150
BZn18-26	H02	0.25~2.5	540~650	≥13	0.5~2.5	145~195
	H04		645~750	≥5		190~240

注：1. 超出表中规定厚度范围的板材，其性能指标由供需双方协商。

2. 表中的"—"表示没有统计数据，如果需方要求该性能，其性能指标由供需双方协商。

3. 维氏硬度试验力由供需双方协商。

16. 铜及铜合金带材（见表 2-106 和表 2-107）

表 2-106　铜及铜合金带材牌号、状态及尺寸规格（摘自 GB/T 2059—2017）

分类	牌号	代号	状态	厚度/mm	宽度/mm
无氧铜	TU1、TU2	T10150、T10180	软化退火态(O60)、1/4 硬(H01)、1/2 硬(H02)、硬(H04)、特硬(H06)	>0.15~0.50	≤610
纯铜	T2、T3	T10150、T11090			
磷脱氧铜	TP1、TP2	C12000、C12200		≥0.50~5.00	≤1200
镉铜	TCd1	C16200	硬(H04)	>0.15~1.20	≤300
普通黄铜	H95、H80、H59	C21000、C24000、T28200	软化退火态(O60)、硬(H04)	>0.15~0.50	≤610
				≥0.50~3.00	≤1200
	H85、H90	C23000、C22000	软化退火态(O60)、1/2 硬(H02)、硬(H04)	>0.15~0.50	≤610
				≥0.50~3.00	≤1200
	H70、H68、H66、H65	T26100、T26300、C26800、C27000	软化退火态(O60)、1/4 硬(H01)、1/2 硬(H02)、硬(H04)、特硬(H06)、弹硬(H08)	>0.15~0.50	≤610
				≥0.50~3.50	≤1200
	H63、H62	T27300、T27600	软化退火态(O60)、1/2 硬(H02)、硬(H04)、特硬(H06)	>0.15~0.50	≤610
				≥0.50~3.00	≤1200
锰黄铜	HMn58-2	T67400	软化退火态(O60)、1/2 硬(H02)、硬(H04)	>0.15~0.20	≤300
铅黄铜	HPb59-1	T38100		>0.20~2.00	≤550
	HPb59-1	T38100	特硬(H06)	0.32~1.50	≤200
锡黄铜	HSn62-1	T46300	硬(H04)	>0.15~0.20	≤300
				>0.20~2.00	≤550
铝青铜	QAl5	T60700	软化退火态(O60)、硬(H04)	>0.15~1.20	≤300
	QAl7	C61000	1/2 硬(H02)、硬(H04)		
	QAl9-2	T61700	软化退火态(O60)、硬(H04)、特硬(H06)		
	QAl9-4	T61720	硬(H04)		
锡青铜	QSn6.5-0.1	T51510	软化退火态(O60)、1/4 硬(H01)、1/2 硬(H02)、硬(H04)、特硬(H06)、弹硬(H08)	>0.15~2.00	≤610
	QSn7-0.2、Sn6.5-0.4、QSn4-3、QSn4-0.3	T51530、T51520、T50800、C51100	软化退火态(O60)、硬(H04)、特硬(H06)	>0.15~2.00	≤610
	QSn8-0.3	C52100	软化退火态(O60)、1/4 硬(H01)、1/2 硬(H02)、硬(H04)、特硬(H06)、弹硬(H08)	>0.15~2.60	≤610
	QSn4-4-2.5、QSn4-4-4	T53300、T53500	软化退火态(O60)、1/4 硬(H01)、1/2 硬(H02)、硬(H04)	0.80~1.20	≤200

（续）

分类	牌号	代号	状态	厚度/mm	宽度/mm
锰青铜	QMn1.5	T56100	软化退火（O60）	>0.15~1.20	≤300
	QMn5	T56300	软化退火（O60）、硬（H04）		
硅青铜	QSi3-1	T64730	软化退火态（O60）、硬（H04）、特硬（H06）	>0.15~1.20	≤300
普通白铜	B5、B19	T70380、T71050	软化退火态（O60）、硬（H04）	>0.15~1.20	≤400
铁白铜	BFe10-1-1、BFe30-1-1	T70590、T71510			
锰白铜	BMn40-1.5	T71660			
锰白铜	BMn3-12	T71620	软化退火态（O60）	>0.15~1.20	≤400
铝白铜	BAl6-1.5	T72400	硬（H04）	>0.15~1.20	≤300
	BAl13-3	T72600	固溶热处理+冷加工（硬）+沉淀热处理（TH04）		
锌白铜	BZn15-20	T74600	软化退火态（O60）、1/2硬（H02）、硬（H04）、特硬（H06）	>0.15~1.20	≤610
	BZn18-18	C75200	软化退火态（O60）、1/4硬（H01）、1/2硬（H02）、硬（H04）	>0.15~1.00	≤400
	BZn18-17	T75210	软化退火态（O60）、1/2硬（H02）、硬（H04）	>0.15~1.20	≤610
	BZn18-26	C77000	1/4硬（H01）、1/2硬（H02）、硬（H04）	>0.15~2.00	≤610

注：1. 经供需双方协商，也可供应其他规格的带材。

2. 带材的化学成分应符合 GB/T 5231 的相关规定。

3. 带材的外形尺寸及其尺寸允许偏差应符合 GB/T 17793 的相应规定，超出 GB/T 17793 范围的外形尺寸及其尺寸允许偏差由供需双方协商确定。

4. 标记示例：产品标记按产品名称、标准编号、牌号（或代号）、状态和规格的顺序表示。标记示例如下：

示例1 用 H62（T27600）制造的、1/2 硬（H02）状态、尺寸精度为普通级、厚度为 0.8mm、宽度为 200 mm 的带材标记为：

带 GB/T 2059-H62 H02-0.8×200

或 带 GB/T 2059-T27600 H02-0.8×200

示例2 用 H62（T27600）制造的、1/2 硬（H02）状态、尺寸精度为高级、厚度为 0.8mm、宽度为 200 mm 的带材标记为：

带 GB/T 2059-H62 H02 高-0.8×200

或 带 GB/T 2059-T27600 H02 高-0.8×200

表 2-107　铜及铜合金带材的力学性能（摘自 GB/T 2059—2017）

牌号	状态	拉伸试验			硬度试验
		厚度/ mm	抗拉强度 R_m/MPa	断后伸长率 $A_{11.3}$（%）	维氏硬度 HV
TU1、TU2 T2、T3 TP1、TP2	O060	>0.15	≥195	≥30	≤70
	H01		215～295	≥25	60～95
	H02		245～345	≥8	80～110
	H04		295～395	≥3	90～120
	H06		≥350	—	≥110
TCd1	H04	≥0.2	≥390	—	—
H95	O060	≥0.2	≥215	≥30	
	H04		≥320	≥3	
H90	O060	≥0.2	≥245	≥35	
	H02		330～440	≥5	
	H04		≥390	≥3	
H85	O060	≥0.2	≥260	≥40	≤85
	H02		305～380	≥15	80～115
	H04		≥350	—	≥105
H80	O060	≥0.2	≥265	≥50	
	H04		≥390	≥3	
H70、H68、 H66、H65	O060	≥0.2	≥290	≥40	≤90
	H01		325～410	≥35	85～115
	H02		355～460	≥25	100～130
	H04		410～540	≥13	120～160
	H06		520～620	≥4	150～190
	H08		≥570	—	≥180
H63、H62	O060	≥0.2	≥290	≥35	≤95
	H02		350～470	≥20	90～130
	H04		410～630	≥10	125～165
	H06		≥585	≥2.5	≥155
H59	O060	≥0.2	≥290	≥10	—
	H04		≥410	≥5	≥130
HPb59-1	O060	≥0.2	≥340	≥25	
	H02		390～490	≥12	
	H04		≥440	≥5	—
	H06	≥0.32	≥590	≥3	
HMn58-2	O060	≥0.2	≥380	≥30	
	H02		440～610	≥25	—
	H04		≥585	≥3	

（续）

牌号	状态	拉伸试验			硬度试验
		厚度/ mm	抗拉强度 R_m/MPa	断后伸长率 $A_{11.3}$（%）	维氏硬度 HV
HSn62-1	H04	≥0.2	390	≥5	—
QAl5	O60	≥0.2	≥275	≥33	—
	H04		≥585	≥2.5	
QAl7	H02	≥0.2	585~740	≥10	—
	H04		≥635	≥5	
QAl9-2	O60	≥0.2	≥440	≥18	—
	H04		≥585	≥5	
	H06		≥880	—	
QAl9-4	H04	≥0.2	≥635	—	
QSn4-3、 QSn4-0.3	O60	>0.15	≥290	≥40	
	H04		540~690	≥3	
	H06		≥635	≥2	
QSn6.5-0.1	O60	>0.15	≥315	≥40	≤120
	H01		390~510	≥35	110~155
	H02		490~610	≥10	150~190
	H04		590~690	≥8	180~230
	H06		635~720	≥5	200~240
	H08		≥690	—	≥210
QSn7-0.2、 QSn6.5-0.4	O60	>0.15	≥295	≥40	—
	H04		540~690	≥8	
	H06		≥665	≥2	
QSn8-0.3	O60	>0.15	≥345	≥45	≤120
	H01		390~510	≥40	100~160
	H02		490~610	≥30	150~205
	H04		590~705	≥12	180~235
	H06		685~785	≥5	210~250
	H08		≥735	—	≥230
QSn4-4-2.5、 QSn4-4-4	O60	≥0.8	≥290	≥35	—
	H01		390~490	≥10	—
	H02		420~510	≥9	—
	H04		≥490	≥5	—
QMn1.5	O60	≥0.2	≥205	≥30	—
QMn5	O60	≥0.2	≥290	≥30	—
	H04		≥440	≥3	

（续）

牌号	状态	厚度/mm	拉伸试验 抗拉强度 R_m/MPa	断后伸长率 $A_{11.3}$（%）	硬度试验 维氏硬度 HV
QSi3-1	O060	>0.15	≥370	≥45	—
	H04		635~785	≥5	
	H06		735	≥2	
B5	O060	≥0.2	≥215	≥32	—
	H04		≥370	≥10	
B19	O060	≥0.2	≥290	≥25	—
	H04		≥390	≥3	
BFe10-1-1	O060	≥0.2	≥275	≥25	—
	H04		≥370	≥3	
BFe30-1-1	O060	≥0.2	≥370	≥23	—
	H04		≥540	≥3	
BMn3-12	O060	≥0.2	≥350	≥25	—
BMn40-1.5	O060	≥0.2	390~590	—	—
	H04		≥635	—	
BAl6-1.5	H04	≥0.2	≥600	≥5	—
BAl13-3	TH04	≥0.2	实测值		—
BZn15-20	O060	>0.15	≥340	≥35	—
	H02		440~570	≥5	
	H04		540~690	≥1.5	
	H06		≥640	≥1	
BZn18-18	O060	≥0.2	≥385	≥35	≤105
	H01		400~500	≥20	100~145
	H02		460~580	≥11	130~180
	H04		≥545	≥3	≥165
BZn18-17	O060	≥0.2	≥375	≥20	—
	H02		440~570	≥5	120~180
	H04		≥540	≥3	≥150
BZn18-26	H01	≥0.2	≥475	≥25	≤165
	H02		540~650	≥11	140~195
	H04		≥645	≥4	≥190

注：1. 超出表中规定厚度范围的带材，其性能指标由供需双方协商。

2. 表中的"—"表示没有统计数据，如果需方要求该性能，其性能指标由供需双方协商。

3. 维氏硬度的试验力由供需双方协商。

17. 铜及铜合金箔材（见表 2-108）

表 2-108　铜及铜合金箔材牌号、状态、尺寸规格及力学性能（摘自 GB/T 5187—2008）

牌号	状态	抗拉强度 R_m/MPa	伸长率 $A_{11.3}$（%）	维氏硬度 HV	尺寸规格（厚度×宽度）/mm
T1、T2、T3、TU1、TU2	软（M）	≥205	≥30	≤70	
	1/4 硬（Y_4）	215~275	≥25	60~90	
	半硬（Y_2）	245~345	≥8	80~110	
	硬（Y）	≥295	—	≥90	
H68、H65、H62	软（M）	≥290	≥40	≤90	
	1/4 硬（Y_4）	325~410	≥35	85~115	
	半硬（Y_2）	340~460	≥25	100~130	
	硬（Y）	400~530	≥13	120~160	
	特硬（T）	450~600	—	150~190	
	弹硬（TY）	≥500	—	≥180	
QSn6.5-0.1、QSn7-0.2	硬（Y）	540~690	≥6	170~200	（0.012~<0.025）×≤300 （0.025~<0.15）×≤600
	特硬（T）	≥650	—	≥190	
QSn8-0.3	特硬（T）	700~780	≥11	210~240	
	弹硬（TY）	735~835	—	230~270	
QSi3-1	硬（Y）	≥635	≥5	—	
BZn15-20	软（M）	≥340	≥35		
	半硬（Y_2）	440~570	≥5	—	
	硬（Y）	≥540	≥1.5		
BZn18-18、BZn18-26	半硬（Y_2）	≥525	≥8	180~210	
	硬（Y）	610~720	≥4	190~220	
	特硬（T）	≥700	—	210~240	
BMn40-1.5	软（M）	390~590	—	—	
	硬（Y）	≥635			

注：1. 各牌号的化学成分应符合 GB/T 5231 中相应牌号的规定。

2. 箔材在仪表、电子等工业部门应用。

3. 箔材的维氏硬度试验和拉伸试验任选其一，在合同中未做特别注明时按维氏硬度试验进行测定。

4. 标记示例：产品标记按产品名称、牌号、状态、规格和标准编号的顺序表示。标记示例如下：

用 T2 制造的、软（M）状态、厚度为 0.05mm、宽度为 600mm 的箔材标记为：

铜箔 T2M　0.05×600　GB/T 5187—2008

18. 铝锡 20 铜-钢双金属板（见表 2-109）

表 2-109　铝锡 20 铜-钢双金属板尺寸规格及性能（摘自 YS/T 289—2012）

	总厚度		>2.0~2.4	>2.4~3.0	>3.0~3.9	>3.9~6.0	>6.0~8.9	>8.9~11.0
尺寸规格 /mm	铝合金厚度 ≤		0.8	0.9	1.0	1.1	1.2	1.3
	总厚度极限偏差		+0.17 0	+0.17 0	+0.18 0	+0.18 0	+0.20 0	+0.25 0
	钢背厚度 允许偏差	普通级	±0.10	+0.13 -0.10	+0.20 +0.10	+0.25 -0.10	±0.20	+0.25 -0.20
		较高级	+0.10 -0.07	±0.10	+0.16 -0.10	+0.20 -0.13	+0.20 -0.16	±0.20
	宽度		25~130			长度	70~400	

	硬　　度				剥离性能		
性能	材料	布氏硬度 HBW		铝合金厚度 /mm	剥离长度/mm ≤		
		普通级	较高级		普通级	较高级	
	铝锡 20-铜合金	25~35	30~40	≥0.5~1.0	8	5	
	钢背	160~220	160~200	>1.0~1.5	15	12	

注：1. 经供需双方商议可供应其他规格及极限偏差的板材。

2. 板材长度可按需方名义尺寸倍尺供料。

3. 产品由第一层（钢板）、第二层（纯铝）、第三层（铝锡 20 铜合金）和第四层（纯铝）组成。适于中负荷、中速的汽油机、柴油机及内燃机车的轴瓦用双金属板。

19. 塑料-青铜-钢背三层复合自润滑板材

（1）减摩层为改性聚四氟乙烯（PTFE）的板材（见表 2-110）

表 2-110　减摩层为 PTFE 板材的结构、材料组成及性能（摘自 GB/T 27553.1—2011）

板材结构	板材由表面塑料层、中间烧结层、钢背层三层复合而成					
组成层 材料要求	表面塑料层为聚四氟乙烯和填充材料混合物，其厚度为 0.01~0.05mm					
	中间烧结层材料为 CuSn10 或 QFQSn8-3，其厚度为 0.2~0.4mm 化学成分(质量分数) 　　　　　CuSn10：Sn(9~11)%，P≤0.3%，Cu 余量 　　　　　QFQSn8-3：Sn(7~9)%，Zn(2~4)%，Cu 余量					
	钢背层材料为优质碳素结构钢，碳含量通常<0.25%(质量分数)，钢背层硬度为 80~140HBW					
板材厚度 极限偏差 及力学 性能	板厚度 t：0.75mm≤t≤1.5mm 时，t±0.012mm；1.5mm<t≤2.5mm 时，t±0.015mm					
	板材试样尺寸 10mm×10mm×2mm，压缩应力为 280MPa，其压缩永久变形量≤0.03mm					
	表面塑料层与中间层之间的结合强度要求大于 2MPa					
	中间层和钢背层的结合，弯曲 5 次允许有裂纹，不允许有分层及剥落(按原标准规定试验方法)					
板材摩擦 磨损性能	试验形式	润滑条件	摩擦因数	磨损量/mm	磨痕宽度/mm	备注
	端面试验	干摩擦	≤0.20	≤0.03	—	由于两种试验 方法不一样，所 以板材摩擦磨损 性能可任选一种
		油润滑	≤0.08	≤0.02	—	
	圆环试验	干摩擦	≤0.20	—	≤5.0	
		油润滑(初始润滑)	≤0.08	—	≤4.0	
用途	产品用于制作卷制轴套、止推垫片、滑块、导轨等					

注：塑料-青铜-钢背三层复合材料自润滑板材按塑料层材料不同分为两种板材：带改性聚四氟乙烯（PTFE）减摩层的板材（GB/T 27553.1—2011）、带改性聚甲醛（POM）减摩层的板材（GB/T 27553.2—2011）。

（2）减摩层为改性聚甲醛（POM）的板材（见表2-111）

表2-111 减摩层为POM板材的结构、材料组成及性能（摘自GB/T 27553.2—2011）

板材结构	板材结构和GB/T 27553.1—2011相同，只是减摩层（表面塑料层）为改性聚甲醛（POM）					
组成层材料要求	表面塑料层（减摩层）为聚甲醛和填充材料混合物，其厚度为0.2~0.5mm，塑料层上轧有润滑油穴，润滑油穴形式按GB/T 12613.3中滑动轴承卷制轴套的N1B形式					
	中间烧结层材料和GB/T 27553.1中的板材中间层相同，见表2-110					
	钢背层材料和GB/T 27553.1中的板材钢背层相同，见表2-110，硬度为60~120HBW					
板材厚度极限偏差及力学性能	板厚度 t：1.0mm≤t≤1.5mm，t±0.02；1.5mm<t≤2.0mm，t±0.025mm；2.0mm<t≤2.5mm，t±0.03mm					
	板材试样尺寸 10mm×10mm×2.0mm，压缩应力 140N/mm²，板材永久变形量≤0.05mm					
	层结合强度：弯曲5次允许有裂纹，不允许分层及剥落（按原标准规定试验方法）					
板材摩擦磨损性能	试验形式	润滑条件	摩擦因数	磨损量/mm	磨痕宽度/mm	备注
	端面试验	油脂润滑	≤0.1	≤0.02	—	由于两种试验方法不一样，所以板材摩擦磨损性能可任选一种
	圆环试验	油脂润滑	≤0.1	—	≤4.0	
特性及用途	塑料-金属基多层复合材料是以钢板为基体、多孔青铜为中间层、塑料为表层而构成。此类多层复合材料既具有金属的力学性能，又具有塑料表面的优良耐磨性能。钢背与塑料之间以多孔性青铜为媒介，从而使界面结合可靠，结合强度高于喷涂和胶接 塑料-青铜-钢背三层复合自润滑板材可作为无油润滑、边界润滑及水润滑条件下的卷制轴承、轴瓦、止推垫片、滑块、机床导轨、闸门滑道、球座及关节轴承垫层等滑动摩擦副之用					

20. 铜钢复合板（见表2-112）

表2-112 铜钢复合板尺寸规格、性能及应用（摘自GB/T 13238—1991）

尺寸规格/mm	总厚度		复层厚度		长度		宽度	
	公称尺寸	极限偏差	公称尺寸	极限偏差	公称尺寸	极限偏差	公称尺寸	极限偏差
	8~30	+12% -8%	2~6	±10%	≥1000	+25 -10	≥1000	+20 -10

复层、基层材料要求及应用	复层材料		基层材料		抗拉强度 R_m 计算公式	应用
	牌号	化学成分规定	牌号	化学成分规定		
	Tu1 T2 B30	GB/T 5231	Q235 20g、16Mng 20R、16MnR 20	GB/T 700 GB 713 GB/T 699	$$R_m = \frac{t_1\sigma_1 + t_2\sigma_2}{t_1 + t_2}$$ σ_1、σ_2——基材、复材抗拉强度下限值（MPa） t_1、t_2——基材、复材厚度（mm）	适用于化工、石油、制药、制盐等工业制造耐腐蚀的压力容器及真空设备

注：1. 复合板的长度和宽度按50mm的倍数进级，定尺板尺寸由供需双方协商。

2. 复层厚度应在合同中注明，经需方同意，复层厚度超过正偏差亦可交货。

3. 复合板的平面度每米不大于12mm。

4. 复合板伸长率 A_5（%）应不小于基材标准的规定值。

5. 复合板的抗剪强度 τ_b 不小于100MPa。

6. 复层和基层材料牌号应在合同中注明。

21. 镍-钢复合板（见表 2-113）

表 2-113 镍-钢复合板牌号、规格、性能及应用（摘自 YB/T 108—1997）

复层材料		基层材料		总厚度		复层厚度		应用
典型牌号	标准号	典型牌号	标准号	公称尺寸 /mm	极限偏差	公称尺寸 /mm	极限偏差	
N6 N8	GB/T 5235	Q235A Q235B	GB/T 700	6~10	±9%	≤2	双方协议	适用于石油、化工、制药、制盐等行业制造耐腐蚀的压力容器，原子反应堆，储藏槽及其他制品
		20g、16Mng	GB 713					
		20R、16MnR	GB 713	>10~15	±8%	>2~3	±12%	
		20	GB/T 699	>15~20	±7%	>3	±10%	

剪切试验	拉伸试验		弯曲试验 $\alpha = 180°$		结合度试验 $\alpha = 180°$
抗剪强度 τ_b/MPa ≥	抗拉强度 R_m /MPa ≥	伸长率 A_5 (%)	外弯曲	内弯曲	分离率 c (%)
196	计算式 见注4	大于基材和复材标准值中较低的数值	弯曲部位的外侧不得有裂纹		三个结合度试样中的两个试样 c 值不大于 50

注：1. 长度和宽度按 50mm 的倍数进级。长度尺寸偏差按基材标准要求。

　2. 复合板平面度 t：总厚度不大于 10mm，$t \leq 12mm/m$；总厚度大于 10mm，$t < 10mm/m$。

　3. 复合板按理论重量计算，钢密度为 $7.85g/cm^3$，镍及镍合金密度为 $8.85g/cm^3$。

　4. 复合板抗拉强度 R_m 计算式：$R_m = \dfrac{t_1 R_{m1} + t_2 R_{m2}}{t_1 + t_2}$。式中，$R_{m1}$、$R_{m2}$ 分别为基材、复材抗拉强度标准下限值（MPa）；t_1、t_2 分别为试样基材、复材的厚度（mm）。

　5. 复合板应按 GB/T 7734 规定进行超声波探伤。

22. 铜及铜合金线材（见表 2-114 和表 2-115）

表 2-114 铜及铜合金线材牌号、状态及规格（摘自 GB/T 21652—2017）

分类	牌号	代号	状态	直径（对边距）/mm
无氧铜	TU0	T10130	软（O60），硬（H04）	0.05~8.0
	TU1	T10150		
	TU2	T10180		
纯铜	T2	T11050	软（O60），1/2 硬（H02），硬（H04）	0.05~8.0
	T3	T11090		
镉铜	TCd1	C16200	软（O60），硬（H04）	0.1~6.0
镁铜	TMg0.2	T18658	硬（H04）	1.5~3.0
	TMg0.5	T18664	硬（H04）	1.5~7.0

（续）

分类	牌号	代号	状态	直径（对边距）/mm
普通黄铜	H95	C21000	软（O60），1/2 硬（H02），硬（H04）	0.05~12.0
	H90	C22000		
	H85	C23000		
	H80	C24000		
	H70	T26100	软（O60），1/8 硬（H00），1/4 硬（H01），1/2 硬（H02），3/4 硬（H03），硬（H04），特硬（H06）	0.05~8.5、特硬规格 0.1~6.0、软态规格 0.05~18.0
	H68	T26300		
	H66	C26800		
	H65	C27000	软（O60），1/8 硬（H00），1/4 硬（H01），1/2 硬（H02），3/4 硬（H03），硬（H04），特硬（H06）	0.05~13、特硬规格 0.05~4.0
	H63	T27300		
	H62	T27600		
铅黄铜	HPb63-3	T34700	软（O60），1/2 硬（H02），硬（H04）	0.5~6.0
	HPb62-0.8	T35100	1/2 硬（H02），硬（H04）	0.5~6.0
	HPb61-1	C37100	1/2 硬（H02），硬（H04）	0.5~8.5
	HPb59-1	T38100	软（O60），1/2 硬（H02），硬（H04）	0.5~6.0
	HPb59-3	T38300	1/2 硬（H02），硬（H04）	1.0~10.0
硼黄铜	HB90-0.1	T22130	硬（H04）	1.0~12.0
锡黄铜	HSn62-1	T46300	软（O60），硬（H04）	0.5~6.0
	HSn60-1	T46410		
锰黄铜	HMn62-13	T67310	软（O60），1/4 硬（H01），1/2 硬（H02），3/4 硬（H03），硬（H04）	0.5~6.0
锡青铜	QSn4-3	T50800	软（O60），1/4 硬（H01），1/2 硬（H02），3/4 硬（H03）	0.1~8.5
			硬（H04）	0.1~6.0
	QSn5-0.2	C51000	软（O60），1/4 硬（H01），1/2 硬（H02），3/4 硬（H03），硬（H04）	0.1~8.5
	QSn4-0.3	C51100		
	QSn6.5-0.1	T51510		
	QSn6.5-0.4	T51520		
	QSn7-0.2	T51530		
	QSn8-0.3	C52100		
	QSn15-1-1	T52500	软（O60），1/4 硬（H01），1/2 硬（H02），3/4 硬（H03），硬（H04）	0.5~6.0
	QSn4-4-4	T53500	1/2 硬（H02），硬（H04）	0.1~8.5
铬青铜	QCr4.5-2.5-0.6	T55600	软（O60），固溶热处理+沉淀热处理（TF00）固溶热处理+冷加工（硬）+沉淀热处理（TH04）	0.5~6.0
铝青铜	QAl7	C61000	1/2 硬（H02），硬（H04）	1.0~6.0
	QAl9-2	T61700	硬（H04）	0.6~6.0

（续）

分类	牌号	代号	状态	直径（对边距）/mm
硅青铜	QSi3-1	T64730	1/2 硬（H02），3/4 硬（H03），硬（H04）	0.1~8.5
			软（O60），1/4 硬（H01）	0.1~18.0
普通白铜	B19	T71050	软（O60），硬（H04）	0.1~6.0
铁白铜	BFe10-1-1	T70590	软（O60），硬（H04）	0.1~6.0
	BFe30-1-1	T71510		
锰白铜	BMn3-12	T71620	软（O60），硬（H04）	0.05~6.0
	BMn40-1.5	T71660		
锌白铜	BZn9-29	T76100	软（O60），1/8 硬（H00），1/4 硬（H01），1/2 硬（H02），3/4 硬（H03），硬（H04），特硬（H06）	0.1~8.0，特硬规格 0.5~4.0
	BZn12-24	T76200		
	BZn12-26	T76210		
	BZn15-20	T74600	软（O60），1/8 硬（H00），1/4 硬（H01），1/2 硬（H02），3/4 硬（H03），硬（H04），特硬（H06）	0.1~8.0，特硬规格 0.5~4.0、软态规格 0.1~18.0
	BZn18-20	T76300		
	BZn22-16	T76400	软（O60），1/8 硬（H00），1/4 硬（H01）、1/2 硬（H02），3/4 硬（H03），硬（H04），特硬（H06）	0.1~8.0、特硬规格 0.1~4.0
	BZn25-18	T76500		
	BZn40-20	T77500	软（O60），1/4 硬（H01），1/2 硬（H02），3/4 硬（H03），硬（H04）	1.0~6.0
	BZn12-37-1.5	C79860	1/2 硬（H02），硬（H04）	0.5~9.0

注：1. 经供需双方协商，可供应其他牌号、规格、状态的线材。

2. 线材各牌号的化学成分应符合 GB/T 5231 的规定。

3. 线材直径（或对边距）及其允许偏差应符合 GB/T 21652-2017 的规定。

4. 正方形、正六角形线材横截面的棱角处应有圆角，圆角半径 r 应符合 GB/T 21652—2017 的规定。

5. 圆形线材的圆度应不大于直径允许偏差之半。

6. 标记示例：产品标记按产品名称、标准编号、牌号（代号）、状态、精度和规格的顺序表示，标记示例如下：

示例 1　用 H65（C27000）制造的、状态为 H01、高精级、直径为 3.0mm 的圆线材标记为：

　　　　　　圆形线 GB/T 21652-H65H01 高-ϕ3.0

　　　　或　圆形线 GB/T 21652-C27000H01 高-ϕ3.0

示例 2　用 BZn12-26（T76210）制造的、状态为 H02、普通级、对边距为 4.5mm 的正方形线材标记为：

　　　　　　正方形线 GB/T 21652-BZn12-26H02-α4.5

　　　　或　正方形线 GB/T 21652-T76210H02-α4.5

示例 3　用 QSn6.5-0.1（T51510）制造的、状态为 H04、高精级、对边距为 5.0mm 的正六角形线材标记为：

　　　　　　正六角形线 GB/T 21652-QSn6.5-0.1H04 高-s5.0

　　　　或　正六角形线 GB/T 21652-T51510H04 高-s5.0

表 2-115 铜及铜合金线材室温抗拉强度和断后伸长率(摘自 GB/T 21652—2017)

牌号	状态	直径(或对边距)/ mm	抗拉强度 R_m/ MPa	断后伸长率(%) A_{100mm}	断后伸长率(%) A
TU0、 TU1、 TU2、	O60	0.05~8.0	195~255	≥25	—
	H04	0.05~4.0	≥345	—	—
		>4.0~8.0	≥310	≥10	—
T2、T3	O60	0.05~0.3	≥195	≥15	—
		>0.3~1.0	≥195	≥20	—
		>1.0~2.5	≥205	≥25	—
		>2.5~8.0	≥205	≥30	—
	H02	0.05~8.0	255~365	—	—
	H04	0.05~2.5	≥380	—	—
		>2.5~8.0	≥365	—	—
TCd1	O60	0.1~6.0	≥275	≥20	—
	H04	0.1~0.5	590~880	—	—
		>0.5~4.0	490~735	—	—
		>4.0~6.0	470~685	—	—
TMg0.2	H04	1.5~3.0	≥530	—	—
TMg0.5	H04	1.5~3.0	≥620	—	—
		>3.0~7.0	≥530	—	—
H95	O60	0.05~12.0	≥220	≥20	—
	H02	0.05~12.0	≥340	—	—
	H04	0.05~12.0	≥420	—	—
H90	O60	0.05~12.0	≥240	≥20	—
	H02	0.05~12.0	≥385	—	—
	H04	0.05~12.0	≥485	—	—
H85	O60	0.05~12.0	≥280	≥20	—
	H02	0.05~12.0	≥455	—	—
	H04	0.05~12.0	≥570	—	—
H80	O60	0.05~12.0	≥320	≥20	—
	H02	0.05~12.0	≥540	—	—
	H04	0.05~12.0	≥690	—	—
H70、 H68、 H66	O60	0.05~0.25	≥375	≥18	—
		>0.25~1.0	≥355	≥25	—
		>1.0~2.0	≥335	≥30	—
		>2.0~4.0	≥315	≥35	—
		>4.0~6.0	≥295	≥40	—
		>6.0~13.0	≥275	≥45	—
		>13.0~18.0	≥275	—	≥50

（续）

牌号	状态	直径(或对边距)/ mm	抗拉强度 R_m/ MPa	断后伸长率(%)	
				A_{100mm}	A
H70、 H68、 H66	H00	0.05~0.25	≥385	≥18	—
		>0.25~1.0	≥365	≥20	—
		>1.0~2.0	≥350	≥24	—
		>2.0~4.0	≥340	≥28	—
		>4.0~6.0	≥330	≥33	—
		>6.0~8.5	≥320	≥35	—
	H01	0.05~0.25	≥400	≥10	—
		>0.25~1.0	≥380	≥15	—
		>1.0~2.0	≥370	≥20	—
		>2.0~4.0	≥350	≥25	—
		>4.0~6.0	≥340	≥30	—
		>6.0~8.5	≥330	≥32	—
	H02	0.05~0.25	≥410	—	—
		>0.25~1.0	≥390	≥5	—
		>1.0~2.0	≥375	≥10	—
		>2.0~4.0	≥355	≥12	—
		>4.0~6.0	≥345	≥14	—
		>6.0~8.5	≥340	≥16	—
	H03	0.05~0.25	540~735	—	—
		>0.25~1.0	490~685	—	—
		>1.0~2.0	440~635	—	—
		>2.0~4.0	390~590	—	—
		>4.0~6.0	345~540	—	—
		>6.0~8.5	340~520	—	—
	H04	0.05~0.25	735~930	—	—
		>0.25~1.0	685~885	—	—
		>1.0~2.0	635~835	—	—
		>2.0~4.0	590~785	—	—
		>4.0~6.0	540~735	—	—
		>6.0~8.5	490~685	—	—
	H06	0.1~0.25	≥800	—	—
		>0.25~1.0	≥780	—	—
		>1.0~2.0	≥750	—	—
		>2.0~4.0	≥720	—	—
		>4.0~6.0	≥690	—	—

（续）

牌号	状态	直径(或对边距)/mm	抗拉强度 R_m/MPa	断后伸长率(%)	
				A_{100mm}	A
H65	O60	0.05~0.25	≥335	≥18	—
		>0.25~1.0	≥325	≥24	—
		>1.0~2.0	≥315	≥28	—
		>2.0~4.0	≥305	≥32	—
		>4.0~6.0	≥295	≥35	—
		>6.0~13.0	≥285	≥40	—
	H00	0.05~0.25	≥350	≥10	—
		>0.25~1.0	≥340	≥15	—
		>1.0~2.0	≥330	≥20	—
		>2.0~4.0	≥320	≥25	—
		>4.0~6.0	≥310	≥28	—
		>6.0~13.0	≥300	≥32	—
	H01	0.05~0.25	≥370	≥6	—
		>0.25~1.0	≥360	≥10	—
		>1.0~2.0	≥350	≥12	—
		>2.0~4.0	≥340	≥18	—
		>4.0~6.0	≥330	≥22	—
		>6.0~13.0	≥320	≥28	—
	H02	0.05~0.25	≥410	—	—
		>0.25~1.0	≥400	≥4	—
		>1.0~2.0	≥390	≥7	—
		>2.0~4.0	≥380	≥10	—
		>4.0~6.0	≥375	≥13	—
		>6.0~13.0	≥360	≥15	—
	H03	0.05~0.25	540~735	—	—
		>0.25~1.0	490~685	—	—
		>1.0~2.0	440~635	—	—
		>2.0~4.0	390~590	—	—
		>4.0~6.0	375~570	—	—
		>6.0~13.0	370~550	—	—
	H04	0.05~0.25	685~885	—	—
		>0.25~1.0	635~835	—	—
		>1.0~2.0	590~785	—	—
		>2.0~4.0	540~735	—	—
		>4.0~6.0	490~685	—	—
		>6.0~13.0	440~635	—	—

（续）

牌号	状态	直径(或对边距)/ mm	抗拉强度 R_m/ MPa	断后伸长率(%)	
				A_{100mm}	A
H65	H06	0.05~0.25	≥830	—	—
		>0.25~1.0	≥810	—	—
		>1.0~2.0	≥800	—	—
		>2.0~4.0	≥780	—	—
H63、 H62	O60	0.05~0.25	≥345	≥18	
		>0.25~1.0	≥335	≥22	
		>1.0~2.0	≥325	≥26	
		>2.0~4.0	≥315	≥30	
		>4.0~6.0	≥315	≥34	
		>6.0~13.0	≥305	≥36	
	H00	0.05~0.25	≥360	≥8	—
		>0.25~1.0	≥350	≥12	—
		>1.0~2.0	≥340	≥18	—
		>2.0~4.0	≥330	≥22	—
		>4.0~6.0	≥320	≥26	—
		>6.0~13.0	≥310	≥30	—
	H01	0.05~0.25	≥380	≥5	—
		>0.25~1.0	≥370	≥8	—
		>1.0~2.0	≥360	≥10	—
		>2.0~4.0	≥350	≥15	—
		>4.0~6.0	≥340	≥20	—
		>6.0~13.0	≥330	≥25	—
	H02	0.05~0.25	≥430	—	—
		>0.25~1.0	≥410	≥4	—
		>1.0~2.0	≥390	≥7	—
		>2.0~4.0	≥375	≥10	—
		>4.0~6.0	≥355	≥12	—
		>6.0~13.0	≥350	≥14	—
	H03	0.05~0.25	590~785	—	—
		>0.25~1.0	540~735	—	—
		>1.0~2.0	490~685	—	—
		>2.0~4.0	440~635	—	—
		>4.0~6.0	390~590	—	—
		>6.0~13.0	360~560	—	—

（续）

牌号	状态	直径（或对边距）/ mm	抗拉强度 R_m/ MPa	断后伸长率（%）	
				A_{100mm}	A
H63、H62	H04	0.05~0.25	785~980	—	—
		>0.25~1.0	685~885	—	—
		>1.0~2.0	635~835	—	—
		>2.0~4.0	590~785	—	—
		>4.0~6.0	540~735	—	—
		>6.0~13.0	490~685	—	—
	H06	0.05~0.25	≥850	—	—
		>0.25~1.0	≥830	—	—
		>1.0~2.0	≥800	—	—
		>2.0~4.0	≥770	—	—
HB90-0.1	H04	1.0~12.0	≥500	—	—
HPb63-3	O60	0.5~2.0	≥305	≥32	—
		>2.0~4.0	≥295	≥35	—
		>4.0~6.0	≥285	≥35	—
	H02	0.5~2.0	390~610	≥3	—
		>2.0~4.0	390~600	≥4	—
		>4.0~6.0	390~590	≥4	—
	H04	0.5~6.0	570~735	—	—
HPb62-0.8	H02	0.5~6.0	410~540	≥12	—
	H04	0.5~6.0	450~560	—	—
HPb59-1	O60	0.5~2.0	≥345	≥25	—
		>2.0~4.0	≥335	≥28	—
		>4.0~6.0	≥325	≥30	—
	H02	0.5~2.0	390~590	—	—
		>2.0~4.0	390~590	—	—
		>4.0~6.0	375~570	—	—
	H04	0.5~2.0	490~735	—	—
		>2.0~4.0	490~685	—	—
		>4.0~6.0	440~635	—	—
HPb61-1	H02	0.5~2.0	≥390	≥8	—
		>2.0~4.0	≥380	≥10	—
		>4.0~6.0	≥375	≥15	—
		>6.0~8.5	≥365	≥15	—
	H04	0.5~2.0	≥520	—	—
		>2.0~4.0	≥490	—	—
		>4.0~6.0	≥465	—	—
		>6.0~8.5	≥440	—	—

（续）

牌号	状态	直径(或对边距)/ mm	抗拉强度 R_m/ MPa	断后伸长率(%)	
				A_{100mm}	A
HPb59-3	H02	1.0~2.0	≥385	—	—
		>2.0~4.0	≥380	—	—
		>4.0~6.0	≥370	—	—
		>6.0~10.0	≥360	—	—
	H04	1.0~2.0	≥480	—	—
		>2.0~4.0	≥460	—	—
		>4.0~6.0	≥435	—	—
		>6.0~10.0	≥430	—	—
HSn60-1、 HSn62-1	O60	0.5~2.0	≥315	≥15	—
		>2.0~4.0	≥305	≥20	—
		>4.0~6.0	≥295	≥25	—
	H04	0.5~2.0	590~835	—	—
		>2.0~4.0	540~785	—	—
		>4.0~6.0	490~735	—	—
HMn62-13	O60	0.5~6.0	400~550	≥25	—
	H01	0.5~6.0	450~600	≥18	—
	H02	0.5~6.0	500~650	≥12	—
	H03	0.5~6.0	550~700	—	—
	H04	0.5~6.0	≥650	—	—
QSn4-3	O60	0.1~1.0	≥350	≥35	—
		>1.0~8.5		≥45	—
	H01	0.1~1.0	460~580	≥5	—
		>1.0~2.0	420~540	≥10	—
		>2.0~4.0	400~520	≥20	—
		>4.0~6.0	380~480	≥25	—
		>6.0~8.5	360~450	≥25	—
	H02	0.1~1.0	500~700	—	—
		>1.0~2.0	480~680	—	—
		>2.0~4.0	450~650	—	—
		>4.0~6.0	430~630	—	—
		>6.0~8.5	410~610	—	—
	H03	0.1~1.0	620~820	—	—
		>1.0~2.0	600~800	—	—
		>2.0~4.0	560~760	—	—
		>4.0~6.0	540~740	—	—
		>6.0~8.5	520~720	—	—
	H04	0.1~1.0	880~1130	—	—
		>1.0~2.0	860~1060	—	—
		>2.0~4.0	860~1030	—	—
		>4.0~6.0	780~980	—	—

（续）

牌号	状态	直径（或对边距）/ mm	抗拉强度 R_m/ MPa	断后伸长率（%）	
				A_{100mm}	A
QSn5-0.2、 QSn4-0.3、 QSn6.5-0.1、 QSn6.5-0.4、 QSn7-0.2、 QSi3-1	O60	0.1~1.0	≥350	≥35	—
		>1.0~8.5	≥350	≥45	—
	H01	0.1~1.0	480~680	—	—
		>1.0~2.0	450~650	≥10	—
		>2.0~4.0	420~620	≥15	—
		>4.0~6.0	400~600	≥20	—
		>6.0~8.5	380~580	≥22	—
	H02	0.1~1.0	540~740	—	—
		>1.0~2.0	520~720	—	—
		>2.0~4.0	500~700	≥4	—
		>4.0~6.0	480~680	≥8	—
		>6.0~8.5	460~660	≥10	—
	H03	0.1~1.0	750~950	—	—
		>1.0~2.0	730~920	—	—
		>2.0~4.0	710~900	—	—
		>4.0~6.0	690~880	—	—
		>6.0~8.5	640~860	—	—
	H04	0.1~1.0	880~1130	—	—
		>1.0~2.0	860~1060	—	—
		>2.0~4.0	830~1030	—	—
		>4.0~6.0	780~980	—	—
		>6.0~8.5	690~950	—	—
QSn8-0.3	O60	0.1~8.5	365~470	≥30	—
	H01	0.1~8.5	510~625	≥8	—
	H02	0.1~8.5	655~795	—	—
	H03	0.1~8.5	780~930	—	—
	H04	0.1~8.5	860~1035	—	—
QSi3-1	O60	>8.5~13.0	≥350	≥45	—
		>13.0~18.0		—	≥50
	H01	>8.5~13.0	380~580	≥22	—
		>13.0~18.0		—	≥26
QSn15-1-1	O60	0.5~1.0	≥365	≥28	—
		>1.0~2.0	≥360	≥32	—
		>2.0~4.0	≥350	≥35	—
		>4.0~6.0	≥345	≥36	—

（续）

牌号	状态	直径(或对边距)/mm	抗拉强度 R_m/MPa	断后伸长率(%) A_{100mm}	A
QSn15-1-1	H01	0.5~1.0	630~780	≥25	—
		>1.0~2.0	600~750	≥30	—
		>2.0~4.0	580~730	≥32	—
		>4.0~6.0	550~700	≥35	—
	H02	0.5~1.0	770~910	≥3	—
		>1.0~2.0	740~880	≥6	—
		>2.0~4.0	720~850	≥8	—
		>4.0~6.0	680~810	≥10	—
	H03	0.5~1.0	800~930	≥1	—
		>1.0~2.0	780~910	≥2	—
		>2.0~4.0	750~880	≥2	—
		>4.0~6.0	720~850	≥3	—
	H04	0.5~1.0	850~1080	—	—
		>1.0~2.0	840~980	—	—
		>2.0~4.0	830~960	—	—
		>4.0~6.0	820~950	—	—
QSn4-4-4	H02	0.1~6.0	≥360	≥8	—
		>6.0~8.5		≥12	—
	H04	0.1~6.0	≥420	—	—
		>6.0~8.5		≥10	—
QCr4.5-2.5-0.6	O60	0.5~6.0	400~600	≥25	—
	TH04、TF00	0.5~6.0	550~850	—	—
QAl7	H02	1.0~6.0	≥550	≥8	—
	H04	1.0~6.0	≥600	≥4	—
QAl9-2	H04	0.6~1.0	≥580	—	—
		>1.0~2.0		≥1	—
		>2.0~5.0		≥2	—
		>5.0~6.0	≥530	≥3	—
B19	O60	0.1~0.5	≥295	≥20	—
		>0.5~6.0		≥25	—
	H04	0.1~0.5	590~880	—	—
		>0.5~6.0	490~785	—	—
BFe10-1-1	O60	0.1~1.0	≥450	≥15	—
		>1.0~6.0	≥400	≥18	—
	H04	0.1~1.0	≥780	—	—
		>1.0~6.0	≥650	—	—
BFe30-1-1	O60	0.1~0.5	≥345	≥20	—
		>0.5~6.0		≥25	—
	H04	0.1~0.5	685~980	—	—
		>0.5~6.0	590~880	—	—

（续）

牌号	状态	直径（或对边距）/mm	抗拉强度 R_{m}/MPa	断后伸长率（%） A_{100mm}	断后伸长率（%） A
BMn3-12	O60	0.05~1.0	≥440	≥12	—
		>1.0~6.0	≥390	≥20	—
	H04	0.05~1.0	≥785	—	—
		>1.0~6.0	≥685	—	—
BMn40-1.5	O60	0.05~0.20	≥390	≥15	—
		>0.20~0.50		≥20	—
		>0.50~6.0		≥25	—
	H04	0.05~0.20	685~980	—	—
		>0.20~0.50	685~880	—	—
		>0.50~6.0	635~835	—	—
BZn9-29、BZn12-24、BZn12-26	O60	0.1~0.2	≥320	≥15	—
		>0.2~0.5		≥20	—
		>0.5~2.0		≥25	—
		>2.0~8.0		≥30	—
	H00	0.1~0.2	400~570	≥12	—
		>0.2~0.5	380~550	≥16	—
		>0.5~2.0	360~540	≥22	—
		>2.0~8.0	340~520	≥25	—
	H01	0.1~0.2	420~620	≥6	—
		>0.2~0.5	400~600	≥8	—
		>0.5~2.0	380~590	≥12	—
		>2.0~8.0	360~570	≥18	—
	H02	0.1~0.2	480~680	—	—
		>0.2~0.5	460~640	≥6	—
		>0.5~2.0	440~630	≥9	—
		>2.0~8.0	420~600	≥12	—
	H03	0.1~0.2	550~800	—	—
		>0.2~0.5	530~750	—	—
		>0.5~2.0	510~730	—	—
		>2.0~8.0	490~630	—	—
	H04	0.1~0.2	680~880	—	—
		>0.2~0.5	630~820	—	—
		>0.5~2.0	600~800	—	—
		>2.0~8.0	580~700	—	—
	H06	0.5~4.0	≥720	—	—
BZn15-20、BZn18-20	O60	0.1~0.2	≥345	≥15	—
		>0.2~0.5		≥20	—
		>0.5~2.0		≥25	—
		>2.0~8.0		≥30	—
		>8.0~13.0		≥35	—
		>13.0~18.0		—	≥40

（续）

牌号	状态	直径(或对边距)/mm	抗拉强度 R_m/MPa	断后伸长率(%)	
				A_{100mm}	A
BZn15-20、BZn18-20	H00	0.1~0.2	450~600	≥12	—
		>0.2~0.5	435~570	≥15	—
		>0.5~2.0	420~550	≥20	—
		>2.0~8.0	410~520	≥24	—
	H01	0.1~0.2	470~660	≥10	—
		>0.2~0.5	460~620	≥12	—
		>0.5~2.0	440~600	≥14	—
		>2.0~8.0	420~570	≥16	—
	H02	0.1~0.2	510~780	—	—
		>0.2~0.5	490~735	—	—
		>0.5~2.0	440~685	—	—
		>2.0~8.0	440~635	—	—
	H03	0.1~0.2	620~860	—	—
		>0.2~0.5	610~810	—	—
		>0.5~2.0	595~760	—	—
		>2.0~8.0	580~700	—	—
	H04	0.1~0.2	735~980	—	—
		>0.2~0.5	735~930	—	—
		>0.5~2.0	635~880	—	—
		>2.0~8.0	540~785	—	—
	H06	0.5~1.0	≥750	—	—
		>1.0~2.0	≥740	—	—
		>2.0~4.0	≥730	—	—
BZn22-16、BZn25-18	O60	0.1~0.2	≥440	≥12	—
		>0.2~0.5		≥16	—
		>0.5~2.0		≥23	—
		>2.0~8.0		≥28	—
	H00	0.1~0.2	500~680	≥10	—
		>0.2~0.5	490~650	≥12	—
		>0.5~2.0	470~630	≥15	—
		>2.0~8.0	460~600	≥18	—
	H01	0.1~0.2	540~720	—	—
		>0.2~0.5	520~690	≥6	—
		>0.5~2.0	500~670	≥8	—
		>2.0~8.0	480~650	≥10	—
	H02	0.1~0.2	640~830	—	—
		>0.2~0.5	620~800	—	—
		>0.5~2.0	600~780	—	—
		>2.0~8.0	580~760	—	—

（续）

牌号	状态	直径（或对边距）/mm	抗拉强度 R_m/MPa	断后伸长率（%） A_{100mm}	断后伸长率（%） A
BZn22-16、BZn25-18	H03	0.1~0.2	660~880	—	—
		>0.2~0.5	640~850	—	—
		>0.5~2.0	620~830	—	—
		>2.0~8.0	600~810	—	—
	H04	0.1~0.2	750~990	—	—
		>0.2~0.5	740~950	—	—
		>0.5~2.0	650~900	—	—
		>2.0~8.0	630~860	—	—
	H06	0.1~1.0	≥820	—	—
		>1.0~2.0	≥810	—	—
		>2.0~4.0	≥800	—	—
BZn40-20	O60	1.0~6.0	500~650	≥20	—
	H01	1.0~6.0	550~700	≥8	—
	H02	1.0~6.0	600~850	—	—
	H03	1.0~6.0	750~900	—	—
	H04	1.0~6.0	800~1000	—	—
BZn12-37-1.5	H02	0.5~9.0	600~700	—	—
	H04	0.5~9.0	650~750	—	—

注：1. 表中的"—"表示没有统计数据，如果需方要求该性能，其性能指标由供需双方协商。

2. 硬度、反复弯曲试验、扭转试验等要求应符合 GB/T 21652—2017 的规定。

23. 易切削铜合金线材（见表2-116~表2-120）

表2-116　易切削铜合金线材牌号及规格（摘自 GB/T 26048—2010）

牌号	状态	直径（对边距）/mm	截面形状	用途
HPb59-1、HPb59-3、HPb60-2、HPb62-3、HPb63-3	半硬（Y_2）、硬（Y）	0.5~12	正方形（边长 a）、矩形（边长 a、b）、正六角形（对边距 s）、圆（直径 ϕ）	适于切削加工的各种小型机械零件
HSb60-0.9、HSb61-0.8-0.5、HBi60-1.3、HSi61-0.6	半硬（Y_2）、硬（Y）	0.5~12		
QPb1、QSn4-4-4、QTe0.5、QTe0.5-0.02	半硬（Y_2）、硬（Y）	0.5~12		

标记示例：产品标记按产品名称、牌号、状态、规格和标准编号的顺序表示。标记示例如下：

示列1　用 HPb59-1 制造的、硬态、对边距为3mm的方形线标为：

　　易切削铜合金方形线 HPb59-1Y　3×3　GB/T 26048—2010

示例2　用 HPb63-3 制造的、半硬态、短边为2mm、长边为4mm的矩形线标为：

　　易切削铜合金矩形线 HPb63-3Y_2　2×4　GB/T 26048—2010

示例3　用 HSb59-0.9 制造的、半硬态、对边距为3mm的正六角形线标为：

　　易切削铜合金正六角形线 HSb59-0.9Y_2　3　GB/T 26048—2010

示例4　用 QSn4-4-4 制造的、硬态、直径为1.5mm的圆线标为：

　　易切削铜合金圆线 QSn4-4-4Y　ϕ1.5　GB/T 26048—2010

表 2-117　易切削铜合金线材直径（对边距）及其极限偏差（摘自 GB/T 26048—2010）

（单位：mm）

牌号	直径（对边距）	极限偏差（±）	
		圆形	正六角形、正方形和矩形
HPb59-1、HPb59-3、HPb60-2、HPb62-3、HPb63-3、HSb60-0.9、HSb61-0.8-0.5、HBi60-1.3、HSi61-0.6、QTe0.5-0.02、QPb1、QSn4-4-4、QTe0.5	≥0.5~0.75	0.008	—
	>0.75~1.0	0.010	0.020
	>1.0~1.2	0.013	0.025
	>1.2~1.5	0.015	0.030
	>1.5~2.0	0.020	0.040
	>2.0~3.8	0.025	0.050
	>3.8~12	0.040	0.075

注：当需方要求单向偏差时，其值为表中数值的 2 倍。

表 2-118　易切削铜合金线材化学成分（摘自 GB/T 26048—2010）

合金牌号	化学成分（质量分数,%）										
	主要成分							杂质成分			
	Cu	Sb	B、Ni、Fe、Sn 等	Si	Bi	P	Zn	Fe	Pb	Cd	杂质总和
HSb60-0.9	58~62	0.3~1.5	0.05<Ni+Fe+B<0.9	—	—	—	余量	—	0.2	0.01	0.2
HSb61-0.8-0.5	59~63	0.4~1.2	0.05<Ni+Sn+B<1.2	0.3~1.0	—	—	余量	0.2	0.2	0.01	0.3
HBi60-1.3	58~62		0.05<Sb+B+Ni+Sn<1.2	—	0.3~2.3	—	余量	0.1	0.2	0.01	0.3
HSi61-0.6	59~63		0.05<Sb+B+Ni+Sn<1.0	0.4~1.0	—	0.03~0.12	余量	0.15	0.2	0.01	0.3
QTe0.5-0.02	≥99.85（Cu+Ag，并包含 Te）			Te0.30~0.70	—	0.010~0.030	—	—	≤0.05	—	—
QPb1	≥99.50（Cu+Ag，并包含 Pb）			—	—	—	—	—	0.8~1.5	—	—

注：1. 本表未列牌号的化学成分应符合 GB/T 5231 的规定。

　　2. 元素含量为上下限者为合金元素，元素含量为单个数值者为杂质元素，单个数值表示最高限量。

　　3. 杂质总和为表中所列杂质元素实测值总和。

　　4. 表中用"余量"表示的元素含量为 100% 减去表中所列元素实测值所得。

表2-119 易切削铜线材室温纵向力学性能（摘自 GB/T 26048—2010）

牌号	状态	直径（对边距）/mm	抗拉强度 R_m/MPa	断后伸长率 A_{100mm}（%）
			不小于	
HPb59-1、HPb60-2	Y_2	≥0.5~2.0	450	8
		>2.0~4.0	430	8
		>4.0~12.0	420	10
	Y	≥0.5~2.0	530	—
		>2.0~4.0	520	—
		>4.0~12.0	500	—
HPb59-3	Y_2	≥0.5~2.0	385	8
		>2.0~4.0	380	8
		>4.0~6.0	370	8
		>6.0~12.0	360	10
	Y	≥0.5~2.0	480	—
		>2.0~4.0	460	—
		>4.0~6.0	435	—
		>6.0~12.0	430	—
HPb63-3、HPb62-3	Y_2	≥0.5~2.0	420	3
		>2.0~4.0	410	4
		>4.0~12.0	400	4
	Y	≥0.5~12.0	430	—
HSb60-0.9	Y_2	≥0.5~12.0	330	10
	Y	≥0.5~12.0	380	5
HSb61-0.8-0.5	Y_2	≥0.5~12.0	380	8
	Y	≥0.5~12.0	400	5
HBi60-1.3、HSi61-0.6	Y_2	≥0.5~12.0	350	8
	Y	≥0.5~12.0	400	5
QSn4-4-4	Y_2	≥0.5~2.0	480	4
		>2.0~4.0	450	6
		>4.0~12.0	430	8
	Y	≥0.5~2.0	520	—
		>2.0~4.0	500	—
		>4.0~12.0	450	—
QTe0.5-0.02、QPb1、QTe0.5	Y_2	≥0.5~12	260	6
	Y	≥0.5~12	330	4

注：1. 伸长率指标均指拉伸试样中间断裂值。
2. 经供需双方协议可供应其他状态和性能的线材，具体要求应在合同中注明。

表 2-120　QTe0.5 和 QPb1 牌号线材电导率（摘自 GB/T 26048—2010）

牌号	试验温度/℃（°F）	电导率/（%IACS）
QTe0.5	20（68）	≥85.0
QPb1		≥90.0

注：1. 电导率试验应该使用经过 600℃ 退火 1h 处理的试样来进行（电导率由测电阻系数而换算）。
　　2. GB/T 26048—2010 中的其他铜合金通常不应用在电气工业中，因此没有规定电性能要求。

24. 铜及铜合金扁线（见表 2-121 和表 2-122）

表 2-121　铜及铜合金扁线牌号及尺寸规格（摘自 GB/T 3114—2010）

	牌　　号	状态	规格（厚度×宽度）/mm	备注
牌号和尺寸规格	T2、TU1、TP2	软（M），硬（Y）	（0.5~6.0）×（0.5~15.0）	扁线的厚度与宽度之比应在 1：1~1：7 范围内，其他范围的扁线由供需双方协商确定
	H62、H65、H68、H70、H80、H85、H90B	软（M），半硬（Y₂），硬（Y）	（0.5~6.0）×（0.5~15.0）	
	HPb59-3、HPb62-3	半硬（Y₂）	（0.5~6.0）×（0.5~15.0）	
	HBi60-1.3、HSb60-0.9、HSb61-0.8-0.5	半硬（Y₂）	（0.5~6.0）×（0.5~12.0）	
	QSn6.5-0.1、QSn6.5-0.4、QSn7-0.2、QSn5-0.2	软（M），半硬（Y₂），硬（Y）	（0.5~6.0）×（0.5~12.0）	
	QSn4-3、QSi3-1	硬（Y）	（0.5~6.0）×（0.5~12.0）	
	BZn15-20、BZn18-20、BZn22-16	软（M），半硬（Y₂）	（0.5~6.0）×（0.5~15.0）	
	QCr1-0.18、QCr1	固溶+冷加工+时效（CYS）、固溶+时效+冷加工（CSY）	（0.5~6.0）×（0.5~15.0）	

H90B 化学成分（其他牌号化学成分按 GB/T 5231、GB/T 21652 规定）	合金牌号	化学成分（质量分数，%）							杂质总和为表中所列杂质元素实测值总和 表中用"余量"表示的元素含量为 100% 减去表中所列元素实测值所得
		主要成分			杂质成分　　≤				
		Cu	B	Zn	Ni	Fe	Si	Pb	杂质总和
	H90B	89~91	0.05~0.3	余量	0.5	0.02	0.5	0.02	0.5

对边距及极限偏差/mm	牌　　号	对边距	极限偏差（±）		1. 经供需双方协商，可供应其他规格和极限偏差的扁线，具体要求应在合同中注明
			普通级	高级	
	T2、TU1、TP2、H62、H65、H68、H70、H80、H85、H90B、HPb59-3、HPb62-3、HBi60-1.3、HSb60-0.9、HSb61-0.8-0.5	0.5~1.0	0.02	0.01	
		>1.0~3.0	0.03	0.015	
		>3.0~6.0	0.03	0.02	
		>6.0~10.0	0.05	0.03	
		>10.0	0.10	0.07	

（续）

牌　号	对边距	极限偏差(±)		备注
		普通级	高级	
对边距及极限偏差/mm QSn6.5-0.1、QSn6.5-0.4、QSn4-3、QSi3-1、QSn7-0.2、QSn5-0.2、BZn15-20、BZn18-20、BZn22-16、QCr1-0.18、QCr1	0.5~1.0	0.03	0.02	2. 扁线偏差等级须在订货合同中注明，否则按普通级供货 3. 当用户要求扁线单向偏差时，厚度偏差为本表中数值的规定，宽度偏差为本表中数值的2倍
	>1.0~3.0	0.06	0.03	
	>3.0~6.0	0.08	0.05	
	>6.0~10.0	0.10	0.07	
	>10.0	0.18	0.10	

注：1. 产品适于在各工业部门一般用途。

2. 扁线截面对边通常带有方角，如果需方有要求，可按边棱形状供货，边棱形状有圆角、圆边、全圆边等三种形状，有关形状及圆角半径等的规格应符合 GB/T 3114—2010 的规定，并应在合同中注明。

3. 产品标记：产品标记按产品名称、牌号、状态、规格和标准编号的顺序表示。标记示例如下：

示例1　用 T2 制造的、软状态、高精度、厚度为 1.0mm、宽度为 4.0mm 的扁线标记为：

扁线 T2M 高　1.0×4.0　GB/T 3114—2010

示例2　用 H65 制造的、硬状态、普通精度、厚度为 2.0mm、宽度为 6.0mm 的扁线标记为：

扁线 H65Y　2.0×6.0　GB/T 3114—2010

表 2-122　铜及铜合金扁线室温纵向力学性能（摘自 GB/T 3114—2010）

牌号	状态	对边距/mm	抗拉强度 R_m/MPa	伸长率 A_{100mm}（%）	牌号	状态	对边距/mm	抗拉强度 R_m/MPa	伸长率 A_{100mm}（%）
			不小于					不小于	
T2、TU1、TP2	M	0.5~15.0	175	25	HPb59-3	Y_2	0.5~15.0	380	15
	Y	0.5~15.0	325	—	HPb62-3	Y_2	0.5~15.0	420	15
H62	M	0.5~15.0	295	25	HSb60-0.9	Y_2	0.5~12.0	330	10
	Y_2	0.5~15.0	345	10	HSb61-0.8-0.5	Y_2	0.5~12.0	380	8
	Y	0.5~15.0	460	—	HBi60-1.3	Y_2	0.5~12.0	350	8
H68、H65	M	0.5~15.0	245	28	QSn6.5-0.1、QSn6.5-0.4、QSn7-0.2、QSn5-0.2	M	0.5~12.0	370	30
	Y_2	0.5~15.0	340	10		Y_2	0.5~12.0	390	10
	Y	0.5~15.0	440	—		Y	0.5~12.0	540	—
H70	M	0.5~15.0	275	32	QSn4-3、QSi3-1	Y	0.5~12.0	735	—
	Y_2	0.5~15.0	340	15	BZn15-20、BZn18-20、BZn22-18	M	0.5~15.0	345	25
H80、H85、H90B	M	0.5~15.0	240	28		Y_2	0.5~15.0	550	—
	Y_2	0.5~15.0	330	6	QCr1-0.18、QCr1	CYS CSY	0.5~15.0	400	10
	Y	0.5~15.0	485	—					

注：经供需双方商定，可供应其他力学性能的扁线。

25. 铍青铜圆形线材（见表 2-123）

表 2-123　铍青铜圆形线材牌号、尺寸规格及力学性能（摘自 YS/T 571—2009）

牌号		状态	直径/mm	备注
牌号、状态和规格	(1) QBe2 (2) QBe1.9 (3) C17200 (4) C17300	软态或固溶退火态(M)、1/4 硬态(Y₄)、半硬态(Y₂)、3/4 硬态(Y₁)	0.5~6.00	1. 牌号(1)、(2)的化学成分应符合 GB/T 5231 的规定、牌号(3)、(4)的化学成分应符合 YS/T 571 的规定
		硬态(Y)	0.03~6.00	
		软时效态(TF00)	0.5~6.00	2. 3/4 硬(Y₁)状态和 3/4 硬时效(TH03)状态的产品一般只供应直径小于或等于 φ2.0mm 的线材
		1/4 硬时效态(TH01)		
		1/2 硬时效态(TH02)	0.1~6.00	
		3/4 硬时效态(TH03)		
		硬时效态(TH04)		

	尺寸及极限偏差/mm		线卷质量		尺寸及极限偏差/mm		线卷质量	
	直径	极限偏差	直径/mm	卷质量/kg	直径	极限偏差	直径/mm	卷质量/kg
尺寸规格	0.03~0.04	0 −0.004	0.03~0.05	0.050	>0.75~1.10	0 −0.030	>0.60~0.80	0.800
	>0.04~0.06	0 −0.006	>0.05~0.10	0.100	>1.10~1.80	0 −0.040	>0.80~2.00	1.00
	>0.06~0.09	0 −0.008	>0.10~0.20	0.200	>1.80~2.50	0 −0.050	>2.0~4.0	2.00
	>0.09~0.25	0 −0.010	>0.20~0.30	0.300	>2.50~4.20	0 −0.055	>4.0~6.0	5.00
	>0.25~0.50	0 −0.016	>0.03~0.40	0.500	>4.20~6.00	0 −0.060		
	>0.50~0.75	0 −0.020	>0.40~0.60	0.600				

线材时效处理前室温力学性能	状态	M	Y₄	Y₂	Y₁	Y	直径 ≤1.0mm 的线材供方可不进行拉伸试验，但必须保证指标
	抗拉强度 R_m/MPa	400~580	570~795	710~930	840~1070	915~1140	

线材时效热处理后的力学性能	状态		TF00	TH01	TH02	TH03	TH04	直径 ≤1.0mm 的线材，供方可不进行拉伸试验，但必须保证指标 供方可不做时效后的拉伸试验，但必须保证指标
	抗拉强度 R_m/MPa		1050~1380	1150~1450	1200~1480	1250~1585	1300~1585	
	时效热处理工艺	温度/℃	350±5					
		时间/min	180	120	90	60	60	
		冷却方法	空冷					

（续）

YS/T—2009	ASTM 标准 以前的	ASTM 标准 标准的	说明	冷加工率（%）
M	A	TB00	软（或固溶退火）	0
Y_4	1/4H	TD01	1/4 硬	11
Y_2	1/2H	TD02	半硬	21
Y_1	3/4H	TD03	3/4 硬	29
Y	H	TD04	全硬	37
TF00	AT	TF00	固溶热处理+时效热处理（或沉淀强化热处理）	—
TH01	1/4HT	TH01	固溶热处理+11%冷加工+时效热处理（或沉淀强化热处理）	—
TH02	1/2HT	TH02	固溶热处理+21%冷加工+时效热处理（或沉淀强化热处理）	—
TH03	3/4HT	TH03	固溶热处理+29%冷加工+时效热处理（或沉淀强化热处理）	—
TH04	HT	TH04	固溶热处理+37%冷加工+时效热处理（或沉淀强化热处理）	—

（左侧栏标题）YS/T 571—2009 标准与美国 ASTM 标准对应的状态及表示方法的对照

注：1. 线材弯曲试验要求，直径 $\phi1.0\sim\phi6.0$mm 线材弯曲 $90°$，弯曲半径等于线材直径、弯曲 5 次，线材表面不裂纹，不分层。

2. 线材电阻系数由供需双方商定，并在合同中注明。

3. 线材用于制造精密弹簧、仪表元件及其他弹性元件。

4. 标记示例：产品标记按产品名称、牌号、状态、规格和标准编号的顺序表示。示例如下：

示例 1　用 Be2 制造的硬态的直径为 1.2mm 铍青铜线

标记为：线 QBe2　$Y\phi1.20$　YS/T 571—2009

示例 2　用 C17300 制造的软时效态的直径为 1.6mm 铍青铜线

标记为：线 C17300　TF00　$\phi1.60$　YS/T 571—2009

26. 铜及铜合金锻件（见表 2-124 ~ 表 2-136）

表 2-124　铜锻件材料标识及化学成分（摘自 GB/T 20078—2006）

材料标识 符号	材料标识 代号	化学成分（质量分数,%） 元素	Cu[1]	Bi	O	P	Pb	其他元素[5] 合计	其他元素[5] 不含	密度[2] /(g/cm³) ≈
Cu-ETP	CW004A	min	99.90	—	—	—	—	—	Ag, O	8.9
		max	—	0.0005	0.040[3]	—	0.005	0.03		
Cu-OF	CW008A	min	99.95	—	—	—	—	—	Ag	8.9
		max	—	0.0005	—[4]	—	0.005	0.03		
Cu-HCP	CW021A	min	99.95	—	—	0.002	—	—	Ag, P	8.9
		max	—	0.0005		0.007	0.005	0.03		
Cu-DHP	CW024A	min	99.90	—	—	0.015	—	—		8.9
		max	—			0.040				

① 包括银，最高含量为 0.015%。

② 仅供参考。

③ 氧含量允许达到最高 0.060%，由用户和供应商协商决定。

④ 氧含量应按照 EN1976 规定的材料氢脆要求确定。

⑤ 其他元素总量（除铜外）规定为 Ag、As、Bi、Cd、Co、Cr、Fe、Mn、Ni、O、P、Pb、S、Sb、Se、Si、Sn、Te 和 Zn 的总量，但不含指出的个别元素。

表 2-125　低合金化铜合金锻件材料标识及化学成分（摘自 GB/T 20078—2006）

| 材料标识 | | | 化学成分（质量分数,%） | | | | | | | | | | | 密度[1] /(g/cm³) ≈ |
符号	代号	元素	Cu	Be	Co	Cr	Fe	Mn	Ni	Pb	Si	Zr	其他合计	
CuBe2	CW101C	min	余量	1.8	—	—	—	—	—	—	—	—	—	8.3
		max	—	2.1	0.3	—	0.2	—	0.3	—	—	—	0.5	
CuCo1Ni1Be	CW103C	min	余量	0.4	0.8	—	—	—	0.8	—	—	—	—	8.8
		max	—	0.7	1.3	—	0.2	—	1.3	—	—	—	0.5	
CuCo2Be	CW104C	min	余量	0.4	2.0	—	—	—	—	—	—	—	—	8.8
		max	—	0.7	2.8	—	0.2	—	0.3	—	—	—	0.5	
CuCr1	CW105C	min	余量	—	—	0.5	—	—	—	—	—	—	—	8.9
		max	—	—	—	1.2	0.08	—	—	—	0.1	—	0.2	
CuCr1Zr	CW106C	min	余量	—	—	0.5	—	—	—	—	—	0.03	—	8.9
		max	—	—	—	1.2	0.08	—	—	—	0.1	0.3	0.2	
CuNi1Si	CW109C	min	余量	—	—	—	—	—	1.0	—	0.4	—	—	8.8
		max	—	—	—	—	0.2	0.1	1.6	0.02	0.7	—	0.3	
CuNi2Be	CW110C	min	余量	0.2	—	—	—	—	1.4	—	—	—	—	8.8
		max	—	0.6	0.3	—	0.2	—	2.4	—	—	—	0.5	
CuNi2Si	CW111C	min	余量	—	—	—	—	—	1.6	—	0.4	—	—	8.8
		max	—	—	—	—	0.2	0.1	2.5	0.02	0.8	—	0.3	
CuNi3Si1	CW112C	min	余量	—	—	—	—	—	2.6	—	0.8	—	—	0.8
		max	—	—	—	—	0.2	0.1	4.5	0.02	1.3	—	0.5	
CuZr	CW120C	min	余量	—	—	—	—	—	—	—	—	0.1	—	8.9
		max	—	—	—	—	—	—	—	—	—	0.2	0.1	

[1]　仅供参考。

表 2-126　铜-铝合金锻件材料标识及化学成分（摘自 GB/T 20078—2006）

| 材料标识 | | | 化学成分（质量分数,%） | | | | | | | | | | 密度[1] /(g/cm³) ≈ |
符号	代号	元素	Cu	Al	Fe	Mn	Ni	Pb	Si	Sn	Zn	其他合计	
CuAl6Si2Fe	CW301G	min	余量	6.0	0.5	—	—	—	2.0	—	—	—	7.7
		max	—	6.4	0.7	0.1	0.1	0.05	2.4	0.1	0.4	0.2	
CuAl7Si2	CW302G	min	余量	6.3	—	—	—	—	1.5	—	—	—	7.7
		max	—	7.6	0.3	0.2	0.2	0.05	2.2	0.2	0.5	0.2	
CuAl8Fe3	CW303G	min	余量	6.5	1.5	—	—	—	—	—	—	—	7.7
		max	—	8.5	3.5	1.0	1.0	0.05	0.2	0.1	0.5	0.2	
CuAl9Ni3Fe2	CW304G	min	余量	8.0	1.0	—	2.0	—	—	—	—	—	7.4
		max	—	9.5	3.0	2.5	4.0	0.05	0.1	0.1	0.2	0.3	
CuAl10Fe1	CW305G	min	余量	9.0	0.5	—	—	—	—	—	—	—	7.6
		max	—	10.0	1.5	0.5	1.0	0.02	0.2	0.1	0.5	0.2	

（续）

材料标识		化学成分（质量分数，%）										密度[①]
符号	代号	元素	Cu	Al	Fe	Mn	Ni	Pb	Si	Sn	Zn	其他合计	/(g/cm³) ≈
CuAl10Fe3Mn2	CW306G	min	余量	9.0	2.0	1.5	—	—	—	—	—	—	7.6
		max	—	11.0	4.0	3.5	1.0	0.05	0.2	0.1	0.5	0.2	
CuAl10Ni5Fe4	CW307G	min	余量	8.5	3.0	—	4.0	—	—	—	—	—	7.6
		max	—	11.0	5.0	1.0	6.0	0.05	0.2	0.1	0.4	0.2	
CuAl11Fe6Ni6	CW308G	min	余量	10.5	5.0	—	5.0	—	—	—	—	—	7.4
		max	—	12.5	7.0	1.5	7.0	0.05	0.2	0.1	0.5	0.2	

① 仅供参考。

表 2-127 铜-镍合金锻件材料标识及化学成分（摘自 GB/T 20078—2006）

材料标识		化学成分（质量分数，%）											密度[①]
符号	代号	元素	Cu	C	Co	Fe	Mn	Ni	P	Pb	S	Sn	Zn	其他合计	/(g/cm³) ≈
CuNi10Fe1Mn	CW352H	min	余量	—	—	1.0	0.5	9.0	—	—	—	—	—	—	8.9
		max	—	0.05	0.1[②]	2.0	1.0	11.0	0.02	0.02	0.05	0.03	0.5	0.2	
CuNi30Mn1Fe	CW354H	min	余量	—	—	0.4	0.5	30.0	—	—	—	—	—	—	8.9
		max	—	0.05	0.1[②]	1.0	1.5	32.0	0.02	0.02	0.05	0.05	0.5	0.2	

① 仅供参考。
② 将最大值 0.1% 的 Co 看作是 Ni。

表 2-128 铜-镍-锌合金锻件材料标识及化学成分（摘自 GB/T 20078—2006）

材料标识		化学成分（质量分数，%）								密度[①]
符号	代号	元素	Cu	Fe	Mn	Ni	Pb	Sn	Zn	其他合计	/(g/cm³) ≈
CuNi7Zn39Pb3Mn2	CW400J	min	47.0	—	1.5	6.0	2.3	—	余量	—	8.5
		max	50.0	0.3	3.0	8.0	3.3	0.2	—	0.2	
CuNi10Zn42Pb2	CW402J	min	45.0	—	—	9.0	1.0	—	余量	—	8.4
		max	48.0	0.3	0.5	11.0	2.5	0.2	—	0.2	

① 仅供参考。

表 2-129 铜-锌合金锻件材料标识及化学成分（摘自 GB/T 20078—2006）

材料标识		化学成分（质量分数，%）								密度[①]
符号	代号	元素	Cu	Al	Fe	Ni	Pb	Sn	Zn	其他合计	/(g/cm³) ≈
CuZn37	CW508L	min	62.0	—	—	—	—	—	余量	—	8.4
		max	64.0	0.05	0.1	0.3	0.1	0.1	—	0.1	
CuZn40	CW509L	min	59.5	—	—	—	—	—	余量	—	8.4
		max	61.5	0.05	0.2	0.3	0.3	0.2	—	0.2	

① 仅供参考。

表 2-130　铜-锌-铅合金锻件材料标识及化学成分（摘自 GB/T 20078—2006）

符号	代号	元素	Cu	Al	As	Fe	Mn	Ni	Pb	Sn	Zn	其他合计	密度[1]/(g/cm³) ≈
CuZn36Pb2As	CW602N	min	61.0	—	0.02	—	—	—	1.7	—	余量	—	8.4
		max	63.0	0.05	0.15	0.1	0.1	0.3	2.8	0.1	—	0.2	
CuZn38Pb2	CW608N	min	60.0	—	—	—	—	—	1.6	—	余量	—	8.4
		max	61.0	0.05	—	0.2	—	0.3	2.5	0.2	—	0.2	
CuZn39Pb0.5	CW610N	min	59.0	—	—	—	—	—	0.2	—	余量	—	8.4
		max	60.5	0.05	—	0.2	—	0.3	0.8	0.2	—	0.2	
CuZn39Pb1	CW611N	min	59.0	—	—	—	—	—	0.8	—	余量	—	8.4
		max	60.0	0.05	—	0.2	—	0.3	1.6	0.2	—	0.2	
CuZn39Pb2	CW612N	min	59.0	—	—	—	—	—	1.6	—	余量	—	8.4
		max	60.0	0.05	—	0.3	—	0.3	2.5	0.3	—	0.2	
CuZn39Pb2Sn	CW613N	min	59.0	—	—	—	—	—	1.6	0.2	余量	—	8.4
		max	60.0	0.1	—	0.4	—	0.3	2.5	0.5	—	0.2	
CuZn39Pb3	CW614N	min	57.0	—	—	—	—	—	2.5	—	余量	—	8.4
		max	59.0	0.05	—	0.3	—	0.3	3.5	0.3	—	0.2	
CuZn39Pb3Sn	CW615N	min	57.0	—	—	—	—	—	2.5	0.2	余量	—	8.4
		max	59.0	0.1	—	0.4	—	0.3	3.5	0.5	—	0.2	
CuZn40Pb1A1	CW616N	min	57.0	0.05	—	—	—	—	1.0	—	余量	—	8.3
		max	59.0	0.30	—	0.2	—	0.2	2.0	—	—	0.2	
CuZn40Pb2	CW617N	min	57.0	—	—	—	—	—	1.6	—	余量	—	8.4
		max	59.0	0.05	—	0.3	—	0.3	2.5	0.3	—	0.2	
CuZn40Pb2Sn	CW619N	min	57.0	—	—	—	—	—	1.6	0.2	余量	—	8.4
		max	59.0	0.1	—	0.4	—	0.3	2.5	0.5	—	0.2	

① 仅供参考。

表 2-131　复杂铜-锌合金锻件材料标识及化学成分（摘自 GB/T 20078—2006）

符号	代号	元素	Cu	Al	Fe	Mn	Ni	Pb	Si	Sn	Zn	其他合计	密度[1]/(g/cm³) ≈
CuZn23Al6Mn4Fe3Pb	CW704R	min	63.0	5.0	2.0	3.5	—	0.2	—	—	余量	—	8.2
		max	65.0	6.0	3.5	5.0	0.5	0.8	0.2	0.2	—	0.2	
CuZn25Al5Fe2Mn2Pb	CW705R	min	65.0	4.0	0.5	0.5	—	0.2	—	—	余量	—	8.2
		max	68.0	5.0	3.0	3.0	1.0	0.8	—	0.2	—	0.3	
CuZn35Ni3Mn2AlPb	CW710R	min	58.0	0.3	—	1.5	2.0	0.2	—	—	余量	—	8.3
		max	60.0	1.3	0.5	2.5	3.0	0.8	0.1	0.5	—	0.3	
CuZn36Sn1Pb	CW712R	min	61.0	—	—	—	—	0.2	—	1.0	余量	—	8.3
		max	63.0	—	0.1	—	0.2	0.6	—	1.5	—	0.2	

（续）

材料标识			化学成分（质量分数,%）										密度①/(g/cm³) ≈
符号	代号	元素	Cu	Al	Fe	Mn	Ni	Pb	Si	Sn	Zn	其他合计	
CuZn37Mn3Al2PbSi	CW713R	min	57.0	1.3	—	1.5	—	0.2	0.3	—	余量	—	8.1
		max	59.0	2.3	1.0	3.0	1.0	0.8	1.3	0.4	—	0.3	
CuZn37Pb1Sn1	CW714R	min	59.0	—	—	—	—	0.4	—	0.5	余量	—	8.4
		max	61.0	—	0.1	—	0.3	1.0	—	1.0	—	0.2	
CuZn39Mn1AlPbSi	CW718R	min	57.0	0.3	—	0.8	—	0.2	0.2	—	余量	—	8.2
		max	59.0	1.3	0.5	1.8	0.5	0.8	0.8	0.5	—	0.3	
CuZn39Sn1	CW719R	min	59.0	—	—	—	—	—	—	0.5	余量	—	8.4
		max	61.0	—	0.1	—	0.2	0.2	—	1.0	—	0.2	
CuZn40Mn1Pb1	CW720R	min	57.0	—	—	0.5	—	1.0	—	—	余量	—	8.3
		max	59.0	0.2	0.3	1.5	0.6	2.0	0.1	0.3	—	0.3	
CuZn40Mn1Pb1AlFeSn	CW721R	min	57.0	0.3	0.2	0.8	—	0.8	—	0.2	余量	—	8.3
		max	59.0	1.3	1.2	1.8	0.3	1.6	—	1.0	—	0.3	
CuZn40Mn1Pb1FeSn	CW722R	min	56.5	—	0.2	0.8	—	0.8	—	0.2	余量	—	8.3
		max	58.5	0.1	1.2	1.8	0.3	1.6	—	1.0	—	0.3	
CuZn40Mn2Fe1	CW723R	min	56.5	—	0.5	1.0	—	—	—	—	余量	—	8.3
		max	58.5	0.1	1.5	2.0	0.6	0.5	0.1	0.3	—	0.4	

① 仅供参考。

表 2-132　铜和铜合金锻件材料组和分类（摘自 GB/T 20078—2006）

材料组	A 类材料标识		B 类①材料标识	
	符号	代号	符号	代号
I	CuZn40	CW509L	CuZn37	CW508L
	CuZn36Pb2As	CW602N	CuZn39Pb0.5	CW610N
	CuZn38Pb2	CW608N	CuZn39Pb1	CW611N
	CuZn39Pb2	CW612N	CuZn23Al6Mn4Fe3Pb	CW704R
	CuZn39Pb2Sn	CW613N	CuZn25Al5Fe2Mn2Pb	CW705R
	CuZn39Pb3	CW614N	CuZn35Ni3Mn2AlPb	CW710R
	CuZn39Pb3Sn	CW615N	CuZn36Sn1Pb	CW712R
	CuZn40Pb1Al	CW616N	CuZn37Pb1Sn1	CW714R
	CuZn40Pb2	CW617N	CuZn39Sn1	CW719R
	CuZn40Pb2Sn	CW619N	CuZn40Mn1Pb1	CW720R
	CuZn37Mn3Al2PbSi	CW713R	CuZn40Mn2Fe1	CW723R
	CuZn39Mn1AlPbSi	CW718R	—	—
	CuZn40Mn1Pb1AlFeSn	CW723R	—	—
	CuZn40Mn1Pb1FeSn	CW722R	—	—

（续）

材料组	A 类材料标识		B 类[1]材料标识	
	符号	代号	符号	代号
II	Cu-ETP	CW004A	Cu-HCP	CW021A
	Cu-OF	CW008A	Cu-DHP	CW-024A
	CuAl8Fe3	CW303G	CuAl6Si2Fe	CW301G
	CuAl10Fe3Mn2	CW306G	CuAl7Si2	CW302G
	CuAl10Ni5Fe4	CW307G	CuAl9Ni3Fe2	CW304G
	CuAl11Fe6Ni6	CW308G	CuAl10Fe1	CW305G
III	CuCo1Ni1Be	CW103C	CuBe2	CW101C
	CuCo2Be	CW104C	CuCr1	CW105C
	CuCr1Zr	CW106C	CuNi1Si	CW109C
	CuNi2Si	CW111C	CuNi2Be	CW110C
	CuNi10Fe1Mn	CW352H	CuNi3Si1	CW112C
	CuNi30Mn1Fe	CW354H	CuZr	CW120C
	—	—	CuNi7Zn39Pb3Mn2	CW400J
	—	—	CuNi10Zn42Pb2	CW402J

注：因为 GB/T 20078—2006 标准所规定的材料在变形抗力、锻造温度以及在模具中形成的应力方面变化相当大，因此
将它们分成三个都具有相似热加工特性的组。此外，再将各组划分成两类来反映它们的可用性，A 类材料通常比 B
类材料具有更高的可用性。

① 对此类材料不做力学性能规定。

表 2-133　材料组 I 中 A 类锻件的力学性能（摘自 GB/T 20078—2006）

标　识		锻造方向厚度		硬度		抗拉性能（仅供参考）		
材　料		材料状态	小于或等于 80mm 的模锻件和自由锻件	大于 80mm 的自由锻件	布氏硬度 HBW min	维氏硬度 HV min	抗拉强度 R_m/MPa min	规定塑性延伸强度 $R_{p0.2}$/MPa min	伸长率 A（%）min
符号	代号								
CuZn40	CW509L	M	X	X	根据生产确定，没有指定的力学性能				
		H075	X	X	75	80	340	100	25
CuZn36Pb2As	CW602N	M	X	X	根据生产确定，没有指定的力学性能				
		H070	X	X	70	75	280	90	30
CuZn38Pb2	CW608N	M	X	X	根据生产确定，没有指定的力学性能				
CuZn39Pb2	CW612N								
CuZn39Pb2Sn	CW613N								
CuZn39Pb3	CW614N	H075	—	X	75	80	340	110	20
CuZn39Pb3Sn	CW615N								
CuZn40Pb1Al	CW616N								
CuZn40Pb2	CW617N	H080	—	—	80	85	360	120	20
CuZn40Pb2Sn	CW619N								

（续）

标　　识		材料状态	锻造方向厚度		硬度		抗拉性能（仅供参考）		
材　料			小于或等于80mm的模锻件和自由锻件	大于80mm的自由锻件	布氏硬度 HBW min	维氏硬度 HV min	抗拉强度 R_m/MPa min	规定塑性延伸强度 $R_{p0.2}$/MPa min	伸长率 A（%）min
符号	代号								
CuZn37Mn3Al2PbSi	CW713R	M	X	X	根据生产确定，没有指定的力学性能				
		H125	—	X	125	130	470	180	16
		H140	X	—	140	150	510	230	12
CuZn39Mn1AlPbSi	CW718R	M	X	X	根据生产确定，没有指定的力学性能				
		H090	—	X	90	95	410	150	15
		H110	X	—	110	115	440	180	15
CuZn40Mn1Pb1AlFeSn	CW721R	M	X	X	根据生产确定，没有指定的力学性能				
		H100	X	X	100	105	440	180	15
CuZn40Mn1Pb1FeSn	CW722R	M	X	X	根据生产确定，没有指定的力学性能				
		H085	X	X	85	90	390	150	20

注：X 表示对应的厚度具有右侧所列的性能。

表 2-134　材料组 II 中 A 类锻件的力学性能（摘自 GB/T 20078—2006）

标　　识		材料状态	锻造方向厚度		硬度		抗拉性能（仅供参考）		
材　料			小于或等于80mm的模锻件和自由锻件	大于80mm的自由锻件	布氏硬度 HBW min	维氏硬度 HV min	抗拉强度 R_m/MPa min	规定塑性延伸强度 $R_{p0.2}$/MPa min	伸长率 A（%）min
符号	代号								
Cu-ETP	CW004A	M	X	X	根据生产确定，没有指定的力学性能				
Cu-OF	CW008A	H045	X	X	45	45	200	40	35
CuAl8Fe3	CW303G	M	X	X	根据生产确定，没有指定的力学性能				
		H110	X	X	110	115	460	180	30
CuAl10Fe3Mn2	CW306G	M	X	X	根据生产确定，没有指定的力学性能				
		H120	—	X	120	125	560	200	12
		H125	X	—	125	130	590	250	10
CuAl10Ni5Fe4	CW307G	M	X	X	根据生产确定，没有指定的力学性能				
		H170	—	X	170	185	700	330	15
		H175	X	—	175	190	720	360	12
CuAl11Fe6Ni6	CW308G	M	X	X	根据生产确定，没有指定的力学性能				
		H200	X	X	200	210	740	410	4

注：X 的含义同表 2-133。

表 2-135　材料组Ⅲ中 A 类锻件的力学性能（摘自 GB/T 20078—2006）

标　识			锻造方向厚度		硬度		抗拉性能（仅供参考）		
材　料		材料状态	小于或等于 80mm 的模锻件和自由锻件	大于 80mm 的自由锻件	布氏硬度 HBW min	维氏硬度 HV min	抗拉强度 R_m/MPa min	规定塑性延伸强度 $R_{p0.2}$/MPa min	伸长率 A（%）min
符号	代号								
CuCo1Ni1BeCuCo2Be	CW103C	M	X	X	根据生产确定，没有指定的力学性能				
	CW104C	H210[①]	X	X	210	220	650	500	8
CuCr1Zr	CW106C	M	X	X	根据生产确定，没有指定的力学性能				
		H110[①]	X	X	110	115	360	270	15
CuNi2Si	CW111C	M	X	X	根据生产确定，没有指定的力学性能				
		H140[①]	—	X	140	150	470	320	12
		H150[①]	X	—	150	160	490	340	12
CuNi10Fe1Mn	CW352H	M	X	X	根据生产确定，没有指定的力学性能				
		H070	X	X	70	75	280	100	25
CuNi30Mn1Fe	CW354H	M	X	X	根据生产确定，没有指定的力学性能				
		H090	X	X	90	95	340	120	25

注：X 的含义同表 2-133。

① 固溶热处理和沉淀硬化。

表 2-136　铜和铜合金锻件电性能（摘自 GB/T 20078—2006）

材料标识		20℃时的电性能			
		传导率		容积电阻率 /$10^{-6}\Omega \cdot m$ max	质量电阻率[②] /（$\Omega \cdot g/m^2$）max
符号	代号	m/（$\Omega \cdot mm^2$）min	%IACS[①] min		
Cu-ETP	CW004A	58.0	100.0	(0.01724)	(0.1533)
Cu-OF	CW008A	58.0	100.0	(0.01724)	(0.1533)
CuCo1Ni1Be CuCo2Be	CW103C CW104C	25.0[③]	43.1[③]	(0.0400)[③]	(0.3520)[③]
CuCr1Zr	CW106C	43.0[④]	74.1[④]	(0.02326)[④]	(0.2067)[④]
CuNi2Si	CW111C	17.0[⑤]	29.3[⑤]	(0.05882)[⑤]	(0.5176)[⑤]

注：1. %IACS 值按照退火高传导铜的标准值的百分比计算，由国际电工技术委员会制定。20℃时具有 0.01724Ω·mm²/m 容积电阻率的铜被定义为具有相当于 100%的传导性。

2. 1MS/m＝1m/（Ω·mm²）。

3. 括号内的数据不是 GB/T 20078—2006 中的数据，仅供参考。

① IACS＝退火铜国际标准。

② 在计算铜和 CuCr1Zr（CW106C）的质量电阻率时其密度用 8.89g/cm³，其他铜合金采用 8.8g/cm³。

③ 仅适用于 H210 的材料状态。

④ 仅适用于 H110 的材料状态。

⑤ 仅适用于 H150 和 H140 的材料状态。

2.4 铝及铝合金

2.4.1 铝及铝合金牌号、特性、应用

1. 变形铝及铝合金牌号、化学成分（见表2-137～表2-139）

表2-137 变形铝及铝合金国际四位数字牌号及化学成分（摘自GB/T 3190—2020）

化学成分（质量分数，%）

序号	牌号	Si	Fe	Cu	Mn	Mg	Cr	Ni	Zn	Ti	Ag	B	Bi	Ga	Li	Pb	Sn	V	Zr	其他元素	其他单个	其他合计	Al
1	1035	0.35	0.60	0.10	0.05	0.05	—	—	0.10	0.03	—	—	—	—	—	—	—	0.05	—	—	0.03	—	99.35
2	1050	0.25	0.40	0.05	0.05	0.05	—	—	0.05	0.03	—	—	—	—	—	—	—	0.05	—	—	0.03	—	99.50
3	1050A	0.25	0.40	0.05	0.05	0.05	—	—	0.07	0.05	—	—	—	—	—	—	—	—	—	—	0.03	—	99.50
4	1060	0.25	0.35	0.05	0.03	0.03	—	—	0.05	0.03	—	—	—	—	—	—	—	0.05	—	—	0.03	—	99.60
5	1065	0.25	0.30	0.05	0.03	0.03	—	—	0.05	0.03	—	—	—	—	—	—	—	0.05	—	—	0.03	—	99.65
6	1070	0.20	0.25	0.04	0.03	0.03	—	—	0.04	0.03	—	—	—	—	—	—	—	0.05	—	①	0.03	—	99.70
7	1070A	0.20	0.25	0.03	0.03	0.03	—	—	0.07	0.03	—	—	—	—	—	—	—	—	—	—	0.03	—	99.70
8	1080	0.15	0.15	0.03	0.02	0.02	—	—	0.03	0.03	—	—	—	0.03	—	—	—	0.05	—	—	0.02	—	99.80
9	1080A	0.15	0.15	0.03	0.02	0.02	—	—	0.06	0.02	—	—	—	0.03	—	—	—	—	—	①	0.02	—	99.80
10	1085	0.10	0.12	0.03	0.02	0.02	—	—	0.03	0.02	—	—	—	0.03	—	—	—	0.05	—	—	0.01	—	99.85
11	1090	0.07	0.07	0.02	0.01	0.01	—	—	0.03	0.01	—	—	—	0.03	—	—	—	0.05	—	—	0.01	—	99.90
12	1100	—①	①	0.05~0.20	0.05	—	—	—	0.10	—	—	—	—	—	—	—	—	—	—	Si+Fe: 0.95①	0.05	0.15	99.00
13	1200	—①	①	0.05	0.05	—	—	—	0.10	0.05	—	—	—	—	—	—	—	—	—	Si+Fe: 1.00①	0.05	0.15	99.00
14	1200A	—①	0.80	0.10	0.30	0.30	0.10	—	0.10	—	—	—	—	—	—	—	—	—	—	Si+Fe: 1.00	0.05	0.15	99.00
15	1110	0.30	0.80	0.04	0.01	0.25	0.01	—	—	—①	—	0.02	—	—	—	—	—	—①	—	V+Ti: 0.03	0.03	—	99.10
16	1120	0.10	0.40	0.05~0.35	0.01	0.20	0.01	—	0.05	—①	—	0.05	—	0.03	—	—	—	—①	—	V+Ti: 0.02	0.03	0.10	99.20

（续）

化学成分（质量分数，%）

序号	牌号	Si	Fe	Cu	Mn	Mg	Cr	Ni	Zn	Ti	Ag	B	Bi	Ga	Li	Pb	Sn	V	Zr	其他（备注）	其他 单个	其他 合计	Al
17	1230②	①	①	0.10	0.05	0.05	—	—	0.10	0.03	—	—	—	—	—	—	—	0.05	—	Si+Fe: 0.70	0.03	—	99.30
18	1235	①	①	0.05	0.05	0.05	—	—	0.10	0.06	—	—	—	—	—	—	—	0.05	—	Si+Fe: 0.65	0.03	—	99.35
19	1435	0.15	0.30~0.50	0.02	0.05	0.05	—	—	0.10	0.03	—	—	—	—	—	—	—	0.05	—	—	0.03	—	99.35
20	1145	①	①	0.05	0.05	0.05	—	—	0.05	0.03	—	—	—	—	—	—	—	0.05	—	Si+Fe: 0.55	0.03	—	99.45
21	1345	0.30	0.40	0.10	0.05	0.05	—	—	0.05	0.03	—	—	—	—	—	—	—	0.05	—	—	0.03	—	99.45
22	1350	0.10	0.40	0.05	0.01	—	0.01	—	0.05	①	—	0.05	—	0.03	—	—	—	①	—	V+Ti: 0.02	0.03	0.10	99.50
23	1450	0.25	0.40	0.05	0.05	0.05	—	—	0.07	0.10~0.20	—	—	—	—	—	—	—	—	—	—	0.03	—	99.50
24	1370	0.10	0.25	0.02	0.01	0.02	0.01	—	0.04	①	—	0.02	—	0.03	—	—	—	①	—	V+Ti: 0.02	0.02	0.10	99.70
25	1275	0.08	0.12	0.05~0.10	0.02	0.02	—	—	0.03	0.02	—	—	—	0.03	—	—	—	0.03	—	—	0.10	—	99.75
26	1185	①	①	0.01	0.02	0.02	—	—	0.03	0.02	—	—	—	0.03	—	—	—	0.05	—	Si+Fe: 0.15	0.01	—	99.85
27	1285	0.08	0.08	0.02	0.01	0.01	—	—	0.03	0.02	—	—	—	0.03	—	—	—	0.05	—	Si+Fe: 0.14	0.01	—	99.85
28	1385	0.05	0.12	0.02	0.01	0.02	—	—	0.03	①	—	0.02	—	0.03	—	—	—	①	—	V+Ti: 0.03	0.01	—	99.85
29	1188	0.06	0.06	0.005	0.01	0.01	0.01	—	0.03	0.01	—	—	—	0.03	—	—	—	0.05	—	—	0.01	—	99.88
30	2004	0.20	0.20	5.5~6.5	0.10	0.50	0.10	—	0.10	0.05	—	—	—	—	—	—	—	—	0.30~0.50	—	0.05	0.15	余量
31	2007	0.8	0.8	3.3~4.6	0.50~1.0	0.40~1.8	0.10	0.20	0.8	0.20	—	—	0.20	—	—	0.8~1.5	0.20	—	—	—	0.10	0.30	余量
32	2008	0.50~0.8	0.40	0.7~1.1	0.30	0.25~0.50	0.10	—	0.25	0.10	—	—	—	—	—	—	—	0.05	—	—	0.05	0.15	余量
33	2010	0.50	0.50	0.7~1.3	0.10~0.40	0.40~1.0	0.15	—	0.30	—	—	—	—	—	—	—	—	—	—	—	0.05	0.15	余量
34	2011	0.40	0.7	5.0~6.0	—	—	—	—	0.30	—	—	—	0.20~0.6	—	—	0.20~0.6	—	—	—	—	0.05	0.15	余量

（续）

序号	牌号	化学成分（质量分数，%）																			其他		Al
		Si	Fe	Cu	Mn	Mg	Cr	Ni	Zn	Ti	Ag	B	Bi	Ga	Li	Pb	Sn	V	Zr		单个	合计	
35	2014	0.50~1.2	0.7	3.9~5.0	0.40~1.2	0.20~0.8	0.10	—	0.25	0.15	—	—	—	—	—	—	—	—	—	—③	0.05	0.15	余量
36	2014A	0.50~0.9	0.50	3.9~5.0	0.40~1.2	0.20~0.8	0.10	0.10	0.25	0.15	—	—	—	—	—	—	—	—	⑦	Zr+Ti: 0.20	0.05	0.15	余量
37	2214	0.50~1.2	0.30	3.9~5.0	0.40~1.2	0.20~0.8	0.10	—	0.25	0.15	—	—	—	—	—	—	—	—	—	—③	0.05	0.15	余量
38	2017	0.20~0.8	0.7	3.5~4.5	0.40~1.0	0.40~0.8	0.10	—	0.25	0.15	—	—	—	—	—	—	—	—	—	—③	0.05	0.15	余量
39	2017A	0.20~0.8	0.7	3.5~4.5	0.40~1.0	0.40~1.0	0.10	—	0.25	⑦	—	—	—	—	—	—	—	—	⑦	Zr+Ti: 0.25	0.05	0.15	余量
40	2117	0.8	0.7	2.2~3.0	0.20	0.20~0.50	0.10	—	0.25	—	—	—	—	—	—	—	—	—	—	—	0.05	0.15	余量
41	2018	0.9	1.0	3.5~4.5	0.20	0.45~0.9	0.10	1.7~2.3	0.25	—	—	—	—	—	—	—	—	—	—	—	0.05	0.15	余量
42	2218	0.9	1.0	3.5~4.5	0.20	1.2~1.8	0.10	1.7~2.3	0.25	—	—	—	—	—	—	—	—	—	—	—	0.05	0.15	余量
43	2618	0.10~0.25	0.9~1.3	1.9~2.7	—	1.3~1.8	—	0.9~1.2	0.10	0.04~0.10	—	—	—	—	—	—	—	—	—	—	0.05	0.15	余量
44	2618A	0.15~0.25	0.9~1.4	1.8~2.7	0.25	1.2~1.8	—	0.8~1.4	0.15	0.20	—	—	—	—	—	—	—	—	⑦	Zr+Ti: 0.25	0.05	0.15	余量
45	2219	0.20	0.30	5.8~6.8	0.20~0.40	0.02	—	—	0.10	0.02~0.10	—	—	—	—	—	—	—	0.05~0.15	0.10~0.25	—	0.05	0.15	余量
46	2519	0.25	0.30	5.3~6.4	0.10~0.50	0.05~0.40	—	—	0.10	0.02~0.10	—	—	—	—	—	—	—	0.05~0.15	0.10~0.25	Si+Fe: 0.40	0.05	0.15	余量
47	2024	0.50	0.50	3.8~4.9	0.30~0.9	1.2~1.8	0.10	—	0.25	0.15	—	—	—	—	—	—	—	—	—	—③	0.05	0.15	余量
48	2024A	0.15	0.20	3.7~4.5	0.15~0.8	1.2~1.5	0.10	—	0.25	0.15	—	—	—	—	—	—	—	—	—	—	0.05	0.15	余量

（续）

化学成分（质量分数，%）

序号	牌号	Si	Fe	Cu	Mn	Mg	Cr	Ni	Zn	Ti	Ag	B	Bi	Ga	Li	Pb	Sn	V	Zr		其他 单个	其他 合计	Al
49	2124	0.20	0.30	3.8~4.9	0.30~0.9	1.2~1.8	0.10	—	0.25	0.15	—	—	—	—	—	—	—	—	—	—③	0.05	0.15	余量
50	2324	0.10	0.12	3.8~4.4	0.30~0.9	1.2~1.8	0.10	—	0.25	0.15	—	—	—	—	—	—	—	—	—	—	0.05	0.15	余量
51	2524	0.06	0.12	4.0~4.5	0.45~0.7	1.2~1.6	0.05	—	0.15	0.10	—	—	—	—	—	—	—	—	—	—	0.05	0.15	余量
52	2624	0.08	0.08	3.8~4.3	0.45~0.7	1.2~1.6	0.05	—	0.15	0.10	—	—	—	—	—	—	—	—	—	—	0.05	0.15	余量
53	2025	0.50~1.2	1.0	3.9~5.0	0.40~1.2	0.05	0.10	—	0.25	0.15	—	—	—	—	—	—	—	—	—	—	0.05	0.15	余量
54	2026	0.05	0.07	3.6~4.3	0.30~0.8	1.0~1.6	—	—	0.10	0.06	—	—	—	—	—	—	—	—	0.05~0.25	—	0.05	0.15	余量
55	2036	0.50	0.50	2.2~3.0	0.10~0.40	0.30~0.6	0.10	—	0.25	0.15	—	—	—	—	—	—	—	—	—	—	0.05	0.15	余量
56	2040	0.08	0.10	4.8~5.4	0.45~0.8	0.7~1.1	—	—	0.25	0.06	0.40~0.7	—	—	—	—	—	—	—	0.08~0.15	Be: 0.0001	0.05	0.15	余量
57	2050	0.08	0.10	3.2~3.9	0.20~0.50	0.20~0.6	0.05	—	0.25	0.10	0.20~0.7	—	—	0.05	0.7~1.3	—	—	0.05	0.06~0.14	—	0.05	0.15	余量
58	2055	0.07	0.10	3.2~4.2	0.10~0.50	0.20~0.6	—	—	0.30~0.7	0.10	0.20~0.7	—	—	—	1.0~1.3	—	—	—	0.05~0.15	—	0.05	0.15	余量
59	2060	0.07	0.07	3.4~4.5	0.10~0.50	0.6~1.1	—	0.05	0.30~0.50	0.10	0.05~0.50	—	—	—	0.6~0.9	—	—	—	0.05~0.15	—	0.05	0.15	余量
60	2195	0.12	0.15	3.7~4.3	0.25	0.25~0.8	—	—	0.25	0.10	0.25~0.6	—	—	—	0.8~1.2	—	—	—	0.08~0.16	—	0.05	0.15	余量
61	2196	0.12	0.15	2.5~3.3	0.35	0.25~0.8	—	—	0.35	0.10	0.25~0.6	—	—	—	1.4~2.1	—	—	—	0.04~0.18	—	0.05	0.15	余量
62	2297	0.10	0.10	2.5~3.1	0.10~0.50	0.25	—	—	0.05	0.12	—	—	—	—	1.1~1.7	—	—	—	0.08~0.15	—	0.05	0.15	余量

（续）

化学成分（质量分数，%）

序号	牌号	Si	Fe	Cu	Mn	Mg	Cr	Ni	Zn	Ti	Ag	B	Bi	Ga	Li	Pb	Sn	V	Zr	其他	其他单个	其他合计	Al
63	2099	0.05	0.07	2.4~3.0	0.10~0.50	0.10~0.50	—	—	0.40~1.0	0.10	—	—	—	—	1.6~2.0	—	—	—	0.05~0.12	Be: 0.0001	0.05	0.15	余量
64	3002	0.08	0.10	0.15	0.05~0.25	0.05~0.20	—	—	0.05	0.03	—	—	—	—	—	—	—	0.05	—	—	0.03	0.10	余量
65	3102	0.40	0.7	0.10	0.05~0.40	—	—	—	0.30	0.10	—	—	—	—	—	—	—	—	—	—	0.05	0.15	余量
66	3003	0.6	0.7	0.05~0.20	1.0~1.5	—	—	—	0.10	—	—	—	—	—	—	—	—	—	—	—	0.05	0.15	余量
67	3103	0.50	0.7	0.10	0.9~1.5	0.30	0.10	—	0.20	—⑦	—	—	—	—	—	—	—	—	⑦	Zr+Ti: 0.10①	0.05	0.15	余量
68	3103A	0.50	0.7	0.10	0.7~1.4	0.30	0.10	—	0.20	—⑦	—	—	—	—	—	—	—	—	⑦	Zr+Ti: 0.10	0.05	0.15	余量
69	3203	0.6	0.7	0.05	1.0~1.5	—	—	—	0.10	—	—	—	—	0.05	—	—	—	—	—	①	0.05	0.15	余量
70	3004	0.30	0.7	0.25	1.0~1.5	0.8~1.3	—	—	0.25	—	—	—	—	—	—	—	—	—	—	—	0.05	0.15	余量
71	3004A	0.40	0.7	0.25	0.8~1.5	0.8~1.5	0.10	—	0.25	0.05	—	—	—	—	—	0.03	—	—	—	—	0.05	0.15	余量
72	3104	0.6	0.8	0.05~0.25	0.8~1.4	0.8~1.3	—	—	0.25	0.10	—	—	—	0.05	—	—	—	0.05	—	—	0.05	0.15	余量
73	3204	0.30	0.7	0.10~0.25	0.8~1.5	0.8~1.5	—	—	0.25	—	—	—	—	—	—	—	—	—	—	—	0.05	0.15	余量
74	3005	0.6	0.7	0.30	1.0~1.5	0.20~0.6	0.10	—	0.25	0.10	—	—	—	—	—	—	—	—	—	—	0.05	0.15	余量
75	3105	0.6	0.7	0.30	0.30~0.8	0.20~0.8	0.20	—	0.40	0.10	—	—	—	—	—	—	—	—	—	—	0.05	0.15	余量
76	3105A	0.6	0.7	0.30	0.30~0.8	0.20~0.8	0.20	—	0.25	0.10	—	—	—	—	—	—	—	—	—	—	0.05	0.15	余量

（续）

化学成分（质量分数，%）

序号	牌号	Si	Fe	Cu	Mn	Mg	Cr	Ni	Zn	Ti	Ag	B	Bi	Ga	Li	Pb	Sn	V	Zr	其他	其他 单个	其他 合计	Al
77	3007	0.50	0.7	0.05~0.30	0.30~0.8	0.6	0.20	—	0.40	0.10	—	—	—	—	—	—	—	—	—	—	0.05	0.15	余量
78	3107	0.6	0.7	0.05~0.15	0.40~0.9	—	—	—	0.20	0.10	—	—	—	—	—	—	—	—	—	—	0.05	0.15	余量
79	3207	0.30	0.45	0.10	0.40~0.8	0.10	—	—	0.10	—	—	—	—	—	—	—	—	—	—	—	0.05	0.10	余量
80	3207A	0.35	0.6	0.25	0.30~0.8	0.40	0.20	—	0.25	—	—	—	—	—	—	—	—	—	—	—	0.05	0.15	余量
81	3307	0.6	0.8	0.30	0.50~0.9	0.30	0.20	—	0.40	0.10	—	—	—	—	—	—	—	—	—	—	0.05	0.15	余量
82	3026	0.25	0.10~0.40	0.05	0.40~0.9	0.10	0.50	—	0.05~0.30	0.05~0.30	—	—	—	—	—	—	—	—	—	—	0.05	0.15	余量
83	4004②	9.0~10.5	0.8	0.25	0.10	1.0~2.0	—	—	0.20	—	—	—	—	—	—	—	—	—	—	—	0.05	0.15	余量
84	4104	9.0~10.5	0.8	0.25	0.10	1.0~2.0	—	—	0.20	—	—	—	0.02~0.20	—	—	—	—	—	—	—	0.05	0.15	余量
85	4006	0.8~1.2	0.50~0.8	0.10	0.05	0.01	0.20	—	0.05	—	—	—	—	—	—	—	—	—	—	Co: 0.05	0.05	0.15	余量
86	4007	1.0~1.7	0.40~1.0	0.20	0.8~1.5	0.20	0.05~0.25	0.15~0.7	0.10	0.10	—	—	—	—	—	—	—	—	—	—	0.05	0.15	余量
87	4015	1.4~2.2	0.7	0.20	0.6~1.2	0.10~0.50	—	—	0.20	—	—	—	—	—	—	—	—	—	—	—	0.05	0.15	余量
88	4032	11.0~13.5	1.0	0.50~1.3	—	0.8~1.3	0.10	0.50~1.3	0.25	—	—	—	—	—	—	—	—	—	—	—	0.05	0.15	余量
89	4043	4.5~6.0	0.8	0.30	0.05	0.05	—	—	0.10	0.20	—	—	—	—	—	—	—	—	—	①	0.05	0.15	余量
90	4043A	4.5~6.0	0.6	0.30	0.15	0.20	—	—	0.10	0.15	—	—	—	—	—	—	—	—	—	①	0.05	0.15	余量

（续）

化学成分（质量分数,%）

序号	牌号	Si	Fe	Cu	Mn	Mg	Cr	Ni	Zn	Ti	Ag	B	Bi	Ga	Li	Pb	Sn	V	Zr		其他		Al
																					单个	合计	
91	4343	6.8~8.2	0.8	0.25	0.10	—	—	—	0.20	—	—	—	—	—	—	—	—	—	—	—	0.05	0.15	余量
92	4045	9.0~11.0	0.8	0.30	0.05	0.05	—	—	0.10	0.20	—	—	—	—	—	—	—	—	—	—	0.05	0.15	余量
93	4145	9.3~10.7	0.8	3.3~4.7	0.15	0.15	0.15	—	0.20	—	—	—	—	—	—	—	—	—	—	—①	0.05	0.15	余量
94	4047	11.0~13.0	0.8	0.30	0.15	0.10	—	—	0.20	—	—	—	—	—	—	—	—	—	—	—①	0.05	0.15	余量
95	4047A	11.0~13.0	0.6	0.30	0.15	0.10	—	—	0.20	0.15	—	—	—	—	—	—	—	—	—	—①	0.05	0.15	余量
96	5005	0.30	0.7	0.20	0.20	0.50~1.1	0.10	—	0.25	—	—	—	—	—	—	—	—	—	—	—	0.05	0.15	余量
97	5005A	0.30	0.45	0.05	0.15	0.7~1.1	0.10	—	0.20	—	—	—	—	—	—	—	—	—	—	—	0.05	0.15	余量
98	5205	0.15	0.7	0.03~0.10	0.10	0.6~1.0	0.10	—	0.05	—	—	—	—	—	—	—	—	—	—	—	0.05	0.15	余量
99	5006	0.40	0.8	0.10	0.40~0.8	0.8~1.3	0.10	—	0.25	0.10	—	—	—	—	—	—	—	—	—	—	0.05	0.15	余量
100	5010	0.40	0.7	0.25	0.10~0.30	0.20~0.6	0.15	—	0.30	0.10	—	—	—	—	—	—	—	—	—	—	0.05	0.15	余量
101	5019	0.40	0.50	0.10	0.10~0.6	4.5~5.6	0.20	—	0.20	0.20	—	—	—	—	—	—	—	—	—	Mn+Cr: 0.10~0.6	0.05	0.15	余量
102	5040	0.30	0.7	0.25	0.9~1.4	1.0~1.5	0.10~0.30	—	0.25	—	—	—	—	—	—	—	—	—	—	—	0.05	0.15	余量
103	5042	0.20	0.35	0.15	0.20~0.50	3.0~4.0	0.10	—	0.25	0.10	—	—	—	—	—	—	—	—	—	—	0.05	0.15	余量
104	5049	0.40	0.50	0.10	0.50~1.1	1.6~2.5	0.30	—	0.20	0.10	—	—	—	—	—	—	—	—	—	—	0.05	0.15	余量

（续）

化学成分（质量分数，%）

序号	牌号	Si	Fe	Cu	Mn	Mg	Cr	Ni	Zn	Ti	Ag	B	Bi	Ga	Li	Pb	Sn	V	Zr		其他单个	其他合计	Al
105	5449	0.40	0.7	0.30	0.6~1.1	1.6~2.6	0.30	—	0.30	0.10	—	—	—	—	—	—	—	—	—	—	0.05	0.15	余量
106	5050	0.40	0.7	0.20	0.10	1.1~1.8	0.10	—	0.25	—	—	—	—	—	—	—	—	—	—	—	0.05	0.15	余量
107	5050A	0.40	0.7	0.20	0.30	1.1~1.8	0.10	—	0.25	—	—	—	—	—	—	—	—	—	—	—	0.05	0.15	余量
108	5150	0.08	0.10	0.10	0.03	1.3~1.7	—	—	0.10	0.06	—	—	—	—	—	—	—	—	—	—	0.03	0.10	余量
109	5051	0.40	0.7	0.25	0.20	1.7~2.2	0.10	—	0.25	0.10	—	—	—	—	—	—	—	—	—	—	0.05	0.15	余量
110	5051A	0.30	0.45	0.05	0.25	1.4~2.1	0.30	—	0.20	0.10	—	—	—	—	—	—	—	—	—	—	0.05	0.15	余量
111	5251	0.40	0.50	0.15	0.10~0.50	1.7~2.4	0.15	—	0.15	0.15	—	—	—	—	—	—	—	—	—	—	0.05	0.15	余量
112	5052	0.25	0.40	0.10	0.10	2.2~2.8	0.15~0.35	—	0.10	—	—	—	—	—	—	—	—	—	—	—	0.05	0.15	余量
113	5252	0.08	0.10	0.10	0.10	2.2~2.8	—	—	0.05	—	—	—	—	—	—	—	—	0.05	—	—	0.03	0.10	余量
114	5154	0.25	0.40	0.10	0.10	3.1~3.9	0.15~0.35	—	0.20	0.20	—	—	—	—	—	—	—	—	—	—①	0.05	0.15	余量
115	5154A	0.50	0.50	0.10	0.50	3.1~3.9	0.25	—	0.20	0.20	—	—	—	—	—	—	—	—	—	Mn+Cr：0.10~0.50①	0.05	0.15	余量
116	51154C	0.20	0.30	0.10	0.50~0.25	3.2~3.7	0.01	—	0.01	0.01	—	—	—	—	—	—	—	—	—	—	0.05	0.15	余量
117	5454	0.25	0.40	0.10	0.50~1.0	2.4~3.0	0.05~0.20	—	0.25	0.20	—	—	—	—	—	—	—	—	—	—	0.05	0.15	余量
118	5554	0.25	0.40	0.10	0.50~1.0	2.4~3.0	0.05~0.20	—	0.25	0.05~0.20	—	—	—	—	—	—	—	—	—	—①	0.05	0.15	余量

（续）

序号	牌号	化学成分（质量分数,%）																			其他		Al
		Si	Fe	Cu	Mn	Mg	Cr	Ni	Zn	Ti	Ag	B	Bi	Ga	Li	Pb	Sn	V	Zr	Mn+Cr:0.10~0.6①	单个	合计	
119	5754	0.40	0.40	0.10	0.50	2.6~3.6	0.30	—	0.20	0.15	—		—		—	—	—	—	—	0.10~0.6①	0.05	0.15	余量
120	5056	0.30	0.40	0.10	0.05~0.20	4.5~5.6	0.05~0.20	—	0.10	—	—		—		—	—	—	—	—	—	0.05	0.15	余量
121	5356	0.25	0.40	0.10	0.05~0.20	4.5~5.5	0.05~0.20	—	0.10	0.06~0.20	—		—		—	—	—	—	—	—	0.05	0.15	余量
122	5356A	0.25	0.40	0.10	0.05~0.20	4.5~5.5	0.05~0.20	—	0.10	0.06~0.20	—		—		—	—	—	—	—	④	0.05	0.15	余量
123	5456	0.25	0.40	0.10	0.50~1.0	4.7~5.5	0.05~0.20	—	0.25	0.20	—		—		—	—	—	—	—	—	0.05	0.15	余量
124	5556	0.25	0.40	0.10	0.50~1.0	4.7~5.5	0.05~0.20	—	0.25	0.05~0.20	—		—		—	—	—	—	—	①	0.05	0.15	余量
125	5457	0.08	0.10	0.20	0.15~0.45	0.8~1.2	—	—	0.05	—	—		—		—	—	—	0.05	—	—	0.03	0.10	余量
126	5657	0.08	0.10	0.10	0.03	0.6~1.0	—	—	0.05	—	—		—	0.03	—	—	—	0.05	—	—	0.02	0.05	余量
127	5059	0.45	0.50	0.25	0.6~1.2	5.0~6.0	0.25	—	0.40~0.9	0.20	—		—		—	—	—	—	0.05~0.25	—	0.05	0.15	余量
128	5082	0.20	0.35	0.15	0.15	4.0~5.0	0.15	—	0.25	0.10	—		—		—	—	—	—	—	—	0.05	0.15	余量
129	5182	0.20	0.35	0.15	0.20~0.50	4.0~5.0	0.10	—	0.25	0.10	—		—		—	—	—	—	—	—	0.05	0.15	余量
130	5083	0.40	0.40	0.10	0.40~1.0	4.0~4.9	0.05~0.25	—	0.25	0.15	—		—		—	—	—	—	—	—	0.05	0.15	余量
131	5183	0.40	0.40	0.10	0.50~1.0	4.3~5.2	0.05~0.25	—	0.25	0.15	—		—		—	—	—	—	—	①	0.05	0.15	余量
132	5183A	0.40	0.40	0.10	0.50~1.0	4.3~5.2	0.05~0.25	—	0.25	0.15	—		—		—	—	—	—	—	④	0.05	0.15	余量

（续）

序号	牌号	Si	Fe	Cu	Mn	Mg	Cr	Ni	Zn	Ti	Ag	B	Bi	Ga	Li	Pb	Sn	V	Zr	—	其他 单个	其他 合计	Al
133	5383	0.25	0.25	0.20	0.7~1.0	4.0~5.2	0.25	—	0.40	0.15	—	—	—	—	—	—	—	—	0.20	—	0.05	0.15	余量
134	5086	0.40	0.50	0.10	0.20~0.7	3.5~4.5	0.05~0.25	—	0.25	0.15	—	—	—	—	—	—	—	—	—	—	0.05	0.15	余量
135	5186	0.40	0.45	0.25	0.20~0.50	3.8~4.8	0.15	—	0.40	0.15	—	—	—	—	—	—	—	—	0.05	—	0.05	0.15	余量
136	5087	0.25	0.40	0.05	0.7~1.1	4.5~5.2	0.05~0.25	—	0.25	0.15	—	—	—	—	—	—	—	—	0.10~0.20	—①	0.05	0.15	余量
137	5088	0.20	0.10~0.35	0.25	0.20~0.50	4.7~5.5	0.15	—	0.20~0.40	—	—	0.06	—	—	—	—	—	—	0.15	—	0.05	0.15	余量
138	6101	0.30~0.7	0.50	0.10	0.03	0.35~0.8	0.03	—	0.10	—	—	—	—	—	—	—	—	—	—	—	0.03	0.10	余量
139	6101A	0.30~0.7	0.40	0.05	—	0.40~0.9	—	—	—	—	—	—	—	—	—	—	—	—	—	—	0.03	0.10	余量
140	6101B	0.30~0.6	0.10~0.30	0.05	0.05	0.35~0.6	—	—	0.10	—	—	0.06	—	—	—	—	—	—	—	—	0.03	0.10	余量
141	6201	0.50~0.9	0.50	0.10	0.03	0.6~0.9	0.03	—	0.10	—	—	—	—	—	—	—	—	—	—	—	0.03	0.10	余量
142	6005	0.6~0.9	0.35	0.10	0.10	0.40~0.6	0.10	—	0.10	0.10	—	—	—	—	—	—	—	—	—	—	0.05	0.15	余量
143	6005A	0.50~0.9	0.35	0.30	0.50	0.40~0.7	0.30	—	0.20	0.10	—	—	—	—	—	—	—	—	—	Mn+Cr: 0.12~0.50	0.05	0.15	余量
144	6105	0.6~1.0	0.35	0.10	0.15	0.45~0.8	0.10	—	0.10	0.10	—	—	—	—	—	—	—	—	—	—	0.05	0.15	余量
145	6106	0.30~0.6	0.35	0.25	0.05~0.20	0.40~0.8	0.20	—	0.10	—	—	—	—	—	—	—	—	0.05~0.20	—	—	0.05	0.10	余量
146	6008	0.50~0.9	0.35	0.30	0.30	0.40~0.7	0.30	—	0.20	0.10	—	—	—	—	—	—	—	—	—	—	0.05	0.15	余量

化学成分（质量分数，%）

（续）

化学成分（质量分数，%）

序号	牌号	Si	Fe	Cu	Mn	Mg	Cr	Ni	Zn	Ti	Ag	B	Bi	Ga	Li	Pb	Sn	V	Zr	其他	单个	合计	Al
147	6009	0.6~1.0	0.50	0.15~0.6	0.20~0.8	0.40~0.8	0.10	—	0.25	0.10	—	—	—	—	—	—	—	—	—	—	0.05	0.15	余量
148	6010	0.8~1.2	0.50	0.15~0.6	0.20~0.8	0.6~1.0	0.10	—	0.25	0.10	—	—	—	—	—	—	—	—	—	—	0.05	0.15	余量
149	6110A	0.7~1.1	0.50	0.30~0.8	0.30~0.9	0.7~1.1	0.05~0.25	—	0.20	—⑦	—	—	—	—	—	—	—	—	—⑦	Zr+Ti: 0.20	0.05	0.15	余量
150	6011	0.6~1.2	1.0	0.40~0.9	0.8	0.6~1.2	0.30	0.20	1.5	0.20	—	—	—	—	—	—	—	—	—	—	0.05	0.15	余量
151	6111	0.6~1.1	0.40	0.50~0.9	0.10~0.45	0.50~1.0	0.10	—	0.15	0.10	—	—	—	—	—	—	—	—	—	—	0.05	0.15	余量
152	6013	0.6~1.0	0.50	0.60~1.1	0.20~0.8	0.8~1.2	0.10	—	0.25	0.10	—	—	—	—	—	—	—	—	—	—	0.05	0.15	余量
153	6014	0.30~0.6	0.35	0.25	0.05~0.20	0.40~0.8	0.20	—	0.10	0.10	—	—	—	—	—	—	—	0.05~0.20	—	—	0.05	0.15	余量
154	6016	1.0~1.5	0.50	0.20	0.20	0.25~0.6	0.10	—	0.20	0.15	—	—	—	—	—	—	—	—	—	—	0.05	0.15	余量
155	6022	0.8~1.5	0.05~0.20	0.01~0.11	0.02~0.10	0.45~0.7	0.10	—	0.20	0.15	—	—	—	—	—	—	—	—	—	—	0.05	0.15	余量
156	6023	0.6~1.4	0.50	0.20~0.50	0.20~0.6	0.40~0.9	—	—	—	—	—	—	0.30~0.8	—	—	—	0.6~1.2	—	—	—	0.05	0.15	余量
157	6026	0.6~1.4	0.7	0.20~0.50	0.20~1.0	0.6~1.2	0.30	—	0.30	0.20	—	—	0.50~1.5	—	—	0.40	0.05	—	—	—	0.05	0.15	余量
158	6027	0.55~0.8	0.30	0.15	0.10~0.30	0.8~1.1	0.10	—	0.10~0.30	0.15	—	—	—	—	—	—	—	—	—	—	0.05	0.15	余量
159	6041	0.50~0.9	0.7	0.15~0.6	0.05~0.20	0.8~1.2	0.05~0.15	—	0.25	0.15	—	—	0.30~0.9	—	—	—	0.35~1.2	—	—	—	0.15	0.15	余量
160	6042	0.50~1.2	0.7	0.20~0.6	0.40	0.7~1.2	0.04~0.35	—	0.25	0.15	—	—	0.20~0.8	—	—	0.15~0.40	—	—	—	—	0.05	0.15	余量

（续）

序号	牌号	化学成分（质量分数，%）																				其他		Al
		Si	Fe	Cu	Mn	Mg	Cr	Ni	Zn	Ti	Ag	B	Bi	Ga	Li	Pb	Sn	V	Zr		单个	合计	
161	6043	0.40~0.9	0.50	0.30~0.9	0.35	0.6~1.2	0.15	—	0.20	0.15	—	—	0.40~0.7	—	—	—	0.20~0.40	—	—	—	0.05	0.15	余量
162	6151	0.6~1.2	1.0	0.35	0.20	0.45~0.8	0.15~0.35	—	0.25	0.15	—	—	—	—	—	—	—	—	—	—	0.05	0.15	余量
163	6351	0.7~1.3	0.50	0.10	0.40~0.8	0.40~0.8	—	—	0.20	0.20	—	—	—	—	—	—	—	—	—	—	0.05	0.15	余量
164	6951	0.20~0.50	0.80	0.15~0.40	0.10	0.40~0.8	—	—	0.20	—	—	—	—	—	—	—	—	—	—	—	0.05	0.15	余量
165	6053	—⑤	0.35	0.10	—	1.1~1.4	0.15~0.35	—	0.10	—	—	—	—	—	—	—	—	—	—	—	0.05	0.15	余量
166	6060	0.30~0.6	0.10~0.30	0.10	0.10	0.35~0.6	0.05	—	0.15	0.10	—	—	—	—	—	—	—	—	—	—	0.05	0.15	余量
167	6160	0.30~0.6	0.15	0.20	0.05	0.35~0.6	0.05	—	0.05	—	—	—	—	—	—	—	—	—	—	—	0.05	0.15	余量
168	6360	0.35~0.8	0.10~0.30	0.15	0.02~0.15	0.25~0.45	0.05	—	0.10	0.10	—	—	—	—	—	—	—	—	—	—	0.05	0.15	余量
169	6061	0.40~0.8	0.7	0.15~0.40	0.15	0.8~1.2	0.04~0.35	—	0.25	0.15	—	—	—	—	—	—	—	—	—	—	0.05	0.15	余量
170	6061A	0.40~0.8	0.7	0.15~0.40	0.15	0.8~1.2	0.04~0.35	—	0.25	0.15	—	—	—	—	—	0.003	—	—	—	—	0.05	0.15	余量
171	6261	0.40~0.7	0.40	0.15~0.40	0.20~0.35	0.7~1.0	0.10	—	0.20	0.10	—	—	—	—	—	—	—	—	—	—	0.05	0.15	余量
172	6162	0.40~0.8	0.50	0.20	0.10	0.7~1.1	0.10	—	0.25	0.10	—	—	—	—	—	—	—	—	—	—	0.05	0.15	余量
173	6262	0.40~0.8	0.7	0.15~0.40	0.15	0.8~1.2	0.04~0.14	—	0.25	0.15	—	—	0.40~0.7	—	—	0.40~0.7	—	—	—	—	0.05	0.15	余量
174	6262A	0.40~0.8	0.7	0.15~0.40	0.15	0.8~1.2	0.04~0.14	—	0.25	0.10	—	—	0.40~0.9	—	—	—	0.40~1.0	—	—	—	0.05	0.15	余量

（续）

化学成分（质量分数，%）

序号	牌号	Si	Fe	Cu	Mn	Mg	Cr	Ni	Zn	Ti	Ag	B	Bi	Ga	Li	Pb	Sn	V	Zr	其他		Al
																				单个	合计	
175	6063	0.20~0.6	0.35	0.10	0.10	0.45~0.9	0.10	—	0.10	0.10	—	—	—	—	—	—	—	—	—	0.05	0.15	余量
176	6063A	0.30~0.6	0.15~0.35	0.10	0.15	0.6~0.9	0.05	—	0.15	0.10	—	—	—	—	—	—	—	—	—	0.05	0.15	余量
177	6463	0.20~0.6	0.15	0.20	0.05	0.45~0.9	—	—	0.05	—	—	—	—	—	—	—	—	—	—	0.05	0.15	余量
178	6463A	0.20~0.6	0.15	0.25	0.05	0.30~0.9	—	—	0.05	—	—	—	—	—	—	—	—	—	—	0.05	0.15	余量
179	6064	0.40~0.8	0.7	0.15~0.40	0.15	0.8~1.2	0.05~0.14	—	0.25	0.15	—	—	0.50~0.7	—	—	0.20~0.40	—	—	—	0.05	0.15	余量
180	6065	0.40~0.8	0.7	0.15~0.40	0.15	0.8~1.2	0.15	—	0.25	0.10	—	—	0.50~1.5	—	—	0.05	—	—	0.15	0.05	0.15	余量
181	6066	0.9~1.8	0.50	0.7~1.2	0.6~1.1	0.8~1.4	0.40	—	0.25	0.20	—	—	—	—	—	—	—	—	—	0.05	0.15	余量
182	6070	1.0~1.7	0.50	0.15~0.40	0.40~1.0	0.50~1.2	0.10	—	0.25	0.15	—	—	—	—	—	—	—	—	—	0.05	0.15	余量
183	6081	0.7~1.1	0.50	0.10	0.10~0.45	0.6~1.0	0.10	—	0.20	0.15	—	—	—	—	—	—	—	—	—	0.05	0.15	余量
184	6181	0.8~1.2	0.45	0.10	0.15	0.6~1.0	0.10	—	0.20	0.10	—	—	—	—	—	—	—	—	—	0.05	0.15	余量
185	6181A	0.7~1.1	0.15~0.50	0.25	0.40	0.6~1.0	0.15	—	0.30	0.25	—	—	—	—	—	—	—	0.10	—	0.05	0.15	余量
186	6082	0.7~1.3	0.50	0.10	0.40~1.0	0.6~1.2	0.25	—	0.20	0.10	—	—	—	—	—	—	—	—	—	0.05	0.15	余量
187	6082A	0.7~1.3	0.50	0.10	0.40~1.0	0.6~1.2	0.25	—	0.20	0.10	—	—	—	—	—	0.003	—	—	—	0.05	0.15	余量
188	6182	0.9~1.3	0.50	0.10	0.50~1.0	0.7~1.2	0.25	—	0.20	0.10	—	—	—	—	—	—	—	—	0.05~0.20	0.05	0.15	余量

（续）

化学成分（质量分数，%）

序号	牌号	Si	Fe	Cu	Mn	Mg	Cr	Ni	Zn	Ti	Ag	B	Bi	Ga	Li	Pb	Sn	V	Zr	其他	单个	合计	Al
189	7001	0.35	0.40	1.6~2.6	0.20	2.6~3.4	0.18~0.35	—	6.8~8.0	0.20	—	—	—	—	—	—	—	—	—	—	0.05	0.15	余量
190	7003	0.30	0.35	0.20	0.30	0.50~1.0	0.20	—	5.0~6.5	0.20	—	—	—	—	—	—	—	—	0.05~0.25	—	0.05	0.15	余量
191	7004	0.25	0.35	0.05	0.20~0.7	1.0~2.0	0.05	—	3.8~4.6	0.05	—	—	—	—	—	—	—	—	0.10~0.20	—	0.05	0.15	余量
192	7005	0.35	0.40	0.10	0.20~0.7	1.0~1.8	0.06~0.20	—	4.0~5.0	0.01~0.06	—	—	—	—	—	—	—	—	0.08~0.20	—	0.05	0.15	余量
193	7108	0.10	0.10	0.05	0.05	0.7~1.4	—	—	4.5~5.5	0.05	—	—	—	—	—	—	—	—	0.12~0.25	—	0.05	0.15	余量
194	7108A	0.20	0.30	0.05	0.05	0.7~1.5	0.04	—	4.8~5.8	0.03	—	—	—	0.03	—	—	—	—	0.15~0.25	—	0.05	0.15	余量
195	7020	0.35	0.40	0.20	0.05~0.50	1.0~1.4	0.10~0.35	—	4.0~5.0	—①	—	—	—	—	—	—	—	—	0.08~0.20	Zr+Ti: 0.08~0.25	0.05	0.15	余量
196	7021	0.25	0.40	0.25	0.10	1.2~1.8	0.05	—	5.0~6.0	0.10	—	—	—	—	—	—	—	—	0.08~0.18	—	0.05	0.15	余量
197	7022	0.50	0.50	0.50~1.0	0.10~0.40	2.6~3.7	0.10~0.30	—	4.3~5.2	—①	—	—	—	—	—	—	—	—	①	Zr+Ti: 0.20	0.05	0.15	余量
198	7129	0.15	0.30	0.50~0.9	0.10	1.3~2.0	0.10	—	4.2~5.2	0.05	—	—	—	0.03	—	—	—	0.05	—	—	0.05	0.15	余量
199	7034	0.10	0.12	0.8~1.2	0.25	2.0~3.0	0.20	—	11.0~12.0	—	—	—	—	—	—	—	—	—	0.08~0.30	—	0.05	0.15	余量
200	7039	0.30	0.40	0.10	0.10~0.40	2.3~3.3	0.15~0.25	—	3.5~4.5	0.10	—	—	—	—	—	—	—	—	—	—	0.05	0.15	余量
201	7049	0.25	0.35	1.2~1.9	0.20	2.0~2.9	0.10~0.22	—	7.2~8.2	0.10	—	—	—	—	—	—	—	—	—	—	0.05	0.15	余量
202	7049A	0.40	0.50	1.2~1.9	0.50	2.1~3.1	0.05~0.25	—	7.2~8.4	—①	—	—	—	—	—	—	—	—	①	Zr+Ti: 0.25	0.05	0.15	余量

（续）

序号	牌号	化学成分（质量分数，%）																			其他		Al
		Si	Fe	Cu	Mn	Mg	Cr	Ni	Zn	Ti	Ag	B	Bi	Ga	Li	Pb	Sn	V	Zr		单个	合计	
203	7050	0.12	0.15	2.0~2.6	0.10	1.9~2.6	0.04	—	5.7~6.7	0.06	—	—	—	—	—	—	—	—	0.08~0.15	—	0.05	0.15	余量
204	7150	0.12	0.15	1.9~2.5	0.10	2.0~2.7	0.04	—	5.9~6.9	0.06	—	—	—	—	—	—	—	—	0.08~0.15	—	0.05	0.15	余量
205	7055	0.10	0.15	2.0~2.6	0.05	1.8~2.3	0.04	—	7.6~8.4	0.06	—	—	—	—	—	—	—	—	0.08~0.25	—	0.05	0.15	余量
206	7255	0.06	0.09	2.0~2.6	0.05	1.8~2.3	0.04	—	7.6~8.4	0.06	—	—	—	—	—	—	—	—	0.08~0.15	—	0.05	0.15	余量
207	7065	0.06	0.08	1.9~2.3	0.04	1.5~1.8	0.04	—	7.1~8.3	0.06	—	—	—	—	—	—	—	—	0.05~0.15	—	0.05	0.15	余量
208	7072②	—⑦	—⑦	0.10	0.10	0.10	—	—	0.8~1.3	—	—	—	—	—	—	—	—	—	—	Si+Fe: 0.7	0.05	0.15	余量
209	7075	0.40	0.50	1.2~2.0	0.30	2.1~2.9	0.18~0.28	—	5.1~6.1	0.20	—	—	—	—	—	—	—	—	—	—⑥	0.05	0.15	余量
210	7175	0.15	0.20	1.2~2.0	0.10	2.1~2.9	0.18~0.28	—	5.1~6.1	0.10	—	—	—	—	—	—	—	—	—	—	0.05	0.15	余量
211	7475	0.10	0.12	1.2~1.9	0.06	1.9~2.6	0.18~0.25	—	5.2~6.2	0.06	—	—	—	—	—	—	—	—	—	—	0.05	0.15	余量
212	7076	0.40	0.6	0.30~1.0	0.03~0.8	1.2~2.0	—	—	7.0~8.0	0.20	—	—	—	—	—	—	—	—	—	—	0.05	0.15	余量
213	7178	0.40	0.50	1.6~2.4	0.30	2.4~3.1	0.18~0.28	—	6.3~7.3	0.20	—	—	—	—	—	—	—	—	—	—	0.05	0.15	余量
214	7085	0.06	0.08	1.3~2.0	0.04	1.2~1.8	0.04	—	7.0~8.0	0.06	—	—	—	—	—	—	—	—	0.08~0.15	—	0.05	0.15	余量
215	8006	0.40	1.2~2.0	0.30	0.30~1.0	0.10	—	—	0.10	—	—	—	—	—	—	—	—	—	—	—	0.05	0.15	余量

（续）

化学成分（质量分数，%）

序号	牌号	Si	Fe	Cu	Mn	Mg	Cr	Ni	Zn	Ti	Ag	B	Bi	Ga	Li	Pb	Sn	V	Zr		其他		Al
																					单个	合计	
216	8011	0.50~0.9	0.6~1.0	0.10	0.20	0.05	0.05	—	0.10	0.08	—	—	—	—	—	—	—	—	—	—	0.05	0.15	余量
217	8011A	0.40~0.8	0.50~1.0	0.10	0.10	0.10	0.10	—	0.10	0.05	—	—	—	—	—	—	—	—	—	—	0.05	0.15	余量
218	8111	0.30~1.1	0.40~1.0	0.10	0.10	0.05	0.05	—	0.10	0.08	—	—	—	—	—	—	—	—	—	—	0.05	0.15	余量
219	8014	0.30	1.2~1.6	0.20	0.20~0.6	0.10	—	—	0.10	0.10	—	—	—	—	—	—	—	—	—	—	0.05	0.15	余量
220	8017	0.10	0.55~0.8	0.10~0.20	—	0.01~0.05	—	—	0.05	—	—	0.04	—	—	0.003	—	—	—	—	—	0.03	0.10	余量
221	8021	0.15	1.2~1.7	0.05	—	—	—	—	—	—	—	—	—	—	—	—	—	—	—	—	0.05	0.15	余量
222	8021B	0.40	1.1~1.7	0.05	0.03	0.01	0.03	—	0.05	0.05	—	—	—	—	—	—	—	—	—	—	0.03	0.10	余量
223	8025	0.05~0.15	0.06~0.25	0.20	0.03~0.10	0.05	0.18	—	0.50	0.005~0.02	—	0.001~0.04	—	—	—	—	—	—	0.02~0.20	—	0.05	0.15	余量
224	8030	0.10	0.30~0.8	0.15~0.30	—	0.05	—	—	0.05	—	—	—	—	—	—	—	—	—	—	—	0.03	0.10	余量
225	8130	0.15	0.40~1.0	0.05~0.15	—	—	—	—	0.10	—	—	—	—	—	—	—	—	—	—	Si+Fe: 1.0	0.03	0.10	余量

（续）

序号	牌号	化学成分（质量分数，%）																		其他		Al
		Si	Fe	Cu	Mn	Mg	Cr	Ni	Zn	Ti	Ag	B	Bi	Ga	Li	Pb	Sn	V	Zr	单个	合计	
226	8050	0.15~0.30	1.1~1.2	0.05	0.45~0.55	0.05	0.05	—	0.10	—	—	—	—	—	—	—	—	—	—	0.05	0.15	余量
227	8150	0.30	0.9~1.3	—	0.20~0.7	—	—	—	—	—	0.05	—	—	—	—	—	—	—	—	0.05	0.15	余量
228	8076	0.10	0.6~0.9	0.04	—	0.08~0.22	—	—	0.05	—	—	0.04	—	—	—	—	—	—	—	0.03	0.10	余量
229	8176	0.03~0.15	0.40~1.0	—	—	—	—	—	0.10	—	—	—	—	0.03	—	—	—	—	—	0.05	0.15	余量
230	8177	0.10	0.25~0.45	0.04	—	0.04~0.12	—	—	0.05	—	—	0.04	—	—	—	—	—	—	—	0.03	0.10	余量
231	8079	0.05~0.30	0.7~1.3	0.05	—	—	—	—	0.10	—	—	—	—	—	—	—	—	—	—	0.05	0.15	余量
232	8090	0.20	0.30	1.0~1.6	0.10	0.6~1.3	0.10	—	0.25	0.10	—	—	—	—	2.2~2.7	—	—	—	0.04~0.16	0.05	0.15	余量

注：1. 表中元素含量为单个数值时，"Al"元素含量为最低限，其他元素含量为最高限。

2. 元素栏中"—"表示该位置不规定极限数值，对应元素为非常规分析元素，"其他"栏中"—"表示无极限数值要求。

3. "其他"表示表中未规定极限数值的"其他"金属元素。

4. "合计"表示小于0.010%的"其他"金属元素之和。

① 焊接电极及填料焊丝的 w（Be）≤0.0003%。

② 主要用作包覆材料。

③ 经供需双方协商并同意，挤压产品与锻件的 w（Zr+Ti）最大可达0.20%。

④ 焊接电极及填料焊丝的 w（Be）≤0.0005%。

⑤ 硅质量分数为镁质量分数的45%~65%。

⑥ 经供需双方协商并同意，挤压产品与锻件的 w（Zr+Ti）最大可达0.25%。

⑦ 见相应空白栏中要求。

表 2-138　变形铝及铝合金国内四位字符牌号及化学成分（摘自 GB/T 3190—2020）

化学成分（质量分数,%）

序号	牌号	Si	Fe	Cu	Mn	Mg	Cr	Ni	Zn	Ti	Ag	B	Bi	Ga	Li	Pb	Sn	V	Zr		其他		Al	备注
---	---	---	---	---	---	---	---	---	---	---	---	---	---	---	---	---	---	---	---	---	单个	合计		
1	1A99	0.003	0.003	0.005	—	—	—	—	0.001	0.002	—	—	—	—	—	—	—	—	—	—	0.002	—	99.99	LG5
2	1B99	0.0013	0.0015	0.0030	—	—	—	—	0.001	0.001	—	—	—	—	—	—	—	—	—	—	0.001	—	99.993	—
3	1C99	0.0010	0.0010	0.0015	—	—	—	—	0.001	0.001	—	—	—	—	—	—	—	—	—	—	0.001	—	99.995	—
4	1A97	0.015	0.015	0.005	—	—	—	—	0.001	0.002	—	—	—	—	—	—	—	—	—	—	0.005	—	99.97	LG4
5	1B97	0.015	0.030	0.005	—	—	—	—	0.001	0.005	—	—	—	—	—	—	—	—	—	—	0.005	—	99.97	—
6	1A95	0.030	0.030	0.010	—	—	—	—	0.003	0.008	—	—	—	—	—	—	—	—	—	—	0.005	—	99.95	—
7	1B95	0.030	0.040	0.010	—	—	—	—	0.003	0.008	—	—	—	—	—	—	—	—	—	—	0.005	—	99.95	—
8	1A93	0.040	0.040	0.010	—	—	—	—	0.005	0.010	—	—	—	—	—	—	—	—	—	—	0.007	—	99.93	LG3
9	1B93	0.040	0.050	0.010	—	—	—	—	0.005	0.010	—	—	—	—	—	—	—	—	—	—	0.007	—	99.93	—
10	1A90	0.060	0.060	0.010	—	—	—	—	0.008	0.015	—	—	—	0.03	—	—	—	—	—	—	0.01	—	99.90	LG2
11	1B90	0.060	0.060	0.010	—	—	—	—	0.008	0.010	—	—	—	0.03	—	—	—	—	—	—	0.01	—	99.90	—
12	1A85	0.08	0.10	0.01	—	—	—	—	0.01	0.01	—	0.01	—	—	—	—	—	—	—	—	0.01	—	99.85	LG1
13	1B85	0.07	0.20	0.01	—	—	—	—	0.01	0.02	—	—	—	—	—	—	—	—	—	—	0.01	—	99.85	—
14	1A80	0.15	0.15	0.03	0.02	0.02	—	—	0.03	0.03	—	—	—	0.03	—	—	—	0.05	—	—	0.02	—	99.80	—
15	1A80A	0.15	0.15	0.03	0.02	0.02	—	—	0.06	0.02	—	—	—	0.03	—	—	—	—	—	—	0.02	—	99.80	—
16	1A60	0.11	0.25	0.01	—③	—	—③	—	—	—③	—	—	—	—	—	—	—	—③	—	V+Ti+Mn+Cr:0.02	0.03	—	99.60	—
17	1R60	0.12	0.30	0.01	—	0.01	—	—	0.01	—	—	0.01	—	—	—	—	—	—	0.01~0.20	RE:0.03~0.30	0.03	—	99.60	—
18	1A50	0.30	0.30	0.01	0.05	0.05	—	—	0.03	—	—	—	—	—	—	—	—	—	—	Fe+Si:0.45	0.03	—	99.50	LB2
19	1R50	0.11	0.25	0.01	—③	—	—③	—	—	—③	—	—	—	—	—	—	—	—③	—	RE:0.03~0.30, V+Ti+Mn+Cr:0.02	0.03	—	99.50	—

（续）

化学成分（质量分数，%）

序号	牌号	Si	Fe	Cu	Mn	Mg	Cr	Ni	Zn	Ti	Ag	B	Bi	Ga	Li	Pb	Sn	V	Zr		其他 单个	其他 合计	Al	备注
20	1R35	0.25	0.35	0.05	0.03	0.03	—	—	0.05	0.03	—	—	—	—	—	—	—	0.05	—	RE:0.10~0.25	0.03	—	99.35	—
21	1A30	0.10~0.20	0.15~0.30	0.05	0.01	0.01	—	0.01	0.02	0.02	—	—	—	—	—	—	—	—	—	—	0.03	—	99.30	L4-1
22	1B30	0.05~0.15	0.20~0.30	0.03	0.12~0.18	0.02~0.03	—	—	0.03	0.02~0.05	—	—	—	—	—	—	—	—	—	—	0.03	—	99.30	—
23	2A01	0.50	0.50	2.2~3.0	0.20	0.20~0.50	—	—	0.10	0.15	—	—	—	—	—	—	—	—	—	—	0.05	0.10	余量	LY1
24	2A02	0.30	0.30	2.6~3.2	0.45~0.7	2.0~2.4	—	—	0.10	0.15	—	—	—	—	—	—	—	—	—	—	0.05	0.10	余量	LY2
25	2A04	0.30	0.30	3.2~3.7	0.50~0.8	2.1~2.6	—	—	0.10	0.05~0.40	—	—	—	—	—	—	—	—	—	Be①:0.001~0.01	0.05	0.10	余量	LY4
26	2A06	0.50	0.50	3.8~4.3	0.50~1.0	1.7~2.3	—	—	0.10	0.03~0.15	—	—	—	—	—	—	—	—	—	Be①:0.001~0.005	0.05	0.10	余量	LY6
27	2B06	0.20	0.30	3.8~4.3	0.40~0.9	1.7~2.3	—	—	0.10	0.10	—	—	—	—	—	—	—	—	—	Be:0.0002~0.005	0.05	0.10	余量	—
28	2A10	0.25	0.20	3.9~4.5	0.30~0.50	0.15~0.30	—	—	0.10	0.15	—	—	—	—	—	—	—	—	—	—	0.05	0.10	余量	LY10
29	2A11	0.7	0.7	3.8~4.8	0.40~0.8	0.40~0.8	—	0.10	0.30	0.15	—	—	—	—	—	—	—	—	—	Fe+Ni:0.7	0.05	0.10	余量	LY11

（续）

序号	牌号	化学成分（质量分数，%）																			其他		Al	备注
		Si	Fe	Cu	Mn	Mg	Cr	Ni	Zn	Ti	Ag	B	Bi	Ga	Li	Pb	Sn	V	Zr		单个	合计		
30	2B11	0.50	0.50	3.8~4.5	0.40~0.8	0.40~0.8	—	—	0.10	0.15	—	—	—	—	—	—	—	—	—	—	0.05	0.10	余量	LY8
31	2A12	0.50	0.50	3.8~4.9	0.30~0.9	1.2~1.8	—	0.10	0.30	0.15	—	—	—	—	—	—	—	—	—	Fe+Ni:0.50	0.05	0.10	余量	LY12
32	2B12	0.50	0.50	3.8~4.5	0.30~0.7	1.2~1.6	—	—	0.10	0.15	—	—	—	—	—	—	—	—	—	—	0.05	0.10	余量	LY9
33	2D12	0.20	0.30	3.8~4.9	0.30~0.9	1.2~1.8	—	0.05	0.10	0.10	—	—	—	—	—	—	—	—	—	—	0.05	0.10	余量	—
34	2E12	0.06	0.12	4.0~4.6	0.40~0.7	1.2~1.8	—	—	0.15	0.10	—	—	—	—	—	—	—	—	—	Be:0.0002~0.005	0.10	0.15	余量	—
35	2A13	0.7	0.6	4.0~5.0	—	0.30~0.50	—	—	0.6	0.15	—	—	—	—	—	—	—	—	—	—	0.05	0.10	余量	LY13
36	2A14	0.6~1.2	0.7	3.9~4.8	0.40~1.0	0.40~0.8	—	0.10	0.30	0.15	—	—	—	—	—	—	—	—	—	—	0.05	0.10	余量	LD10
37	2A16	0.30	0.30	6.0~7.0	0.40~0.8	0.05	—	—	0.10	0.10~0.20	—	—	—	—	—	—	—	—	0.20	—	0.05	0.10	余量	LY16
38	2B16	0.25	0.30	5.8~6.8	0.20~0.40	0.05	—	—	—	0.08~0.20	—	—	—	—	—	—	—	0.05~0.15	0.10~0.25	—	0.05	0.10	余量	LY16-1
39	2A17	0.30	0.30	6.0~7.0	0.40~0.8	0.25~0.45	—	—	0.10	0.10~0.20	—	—	—	—	—	—	—	—	—	—	0.05	0.10	余量	LY17

（续）

化学成分（质量分数，%）

序号	牌号	Si	Fe	Cu	Mn	Mg	Cr	Ni	Zn	Ti	Ag	B	Bi	Ga	Li	Pb	Sn	V	Zr		其他		Al	备注
																					单个	合计		
40	2A20	0.20	0.30	5.8~6.8	—	0.02	—	—	0.10	0.07~0.16	—	0.001~0.01	—	—	—	—	—	0.05~0.15	0.10~0.25	—	0.05	0.15	余量	LY20
41	2A21	0.20	0.20~0.6	3.0~4.0	0.05	0.8~1.2	—	1.8~2.3	0.20	0.05	—	—	—	—	—	—	—	—	—	—	0.05	0.15	余量	—
42	2A23	0.05	0.06	1.8~2.8	0.20~0.6	0.6~1.2	—	—	0.15	0.15	—	—	—	—	0.30~0.9	—	—	—	0.06~0.16	—	0.10	0.15	余量	—
43	2A24	0.20	0.30	3.8~4.8	0.6~0.9	1.2~1.8	0.10	—	0.25	—③	—	—	—	—	—	—	—	—	0.08~0.12	Zr+Ti:0.20	0.05	0.15	余量	—
44	2A25	0.06	0.06	3.6~4.2	0.50~0.7	1.0~1.5	—	0.06	0.10	—	—	—	—	—	—	—	—	—	—	—	0.05	0.10	余量	—
45	2B25	0.05	0.15	3.1~4.0	0.20~0.8	1.2~1.8	—	0.15	0.10	0.03~0.07	—	—	—	—	—	—	—	—	0.08~0.25	Be:0.0003~0.0008	0.05	0.10	余量	—
46	2A39	0.05	0.06	3.4~5.0	0.30~0.8	0.30~0.8	—	—	0.30	0.15	0.30~0.6	—	—	—	—	—	—	—	0.10~0.25	—	0.10	0.15	余量	—
47	2A40	0.25	0.35	4.5~5.2	0.40~0.6	0.50~1.0	0.10~0.20	—	—	0.04~0.12	—	—	—	—	—	—	—	—	0.10~0.20	—	0.05	0.15	余量	—
48	2A42	0.25	0.25	4.5~6.5	0.05~1.0	—	0.001~0.02	—	—	0.01~0.25	—	0.001~0.03④	—	—	—	—	—	—	0.1~0.25	RE:0.05~0.25, Cd:0.10~0.25, Be:0.001~0.01	0.03	0.10	余量	—
49	2A49	0.25	0.8~1.2	3.2~3.8	0.30~0.6	1.8~2.2	—	0.8~1.2	—	0.08~0.12	—	—	—	—	—	—	—	—	—	—	0.05	0.15	余量	—

（续）

序号	牌号	化学成分（质量分数，%） Si	Fe	Cu	Mn	Mg	Cr	Ni	Zn	Ti	Ag	B	Bi	Ga	Li	Pb	Sn	V	Zr		其他 单个	其他 合计	Al	备注
50	2A50	0.7~1.2	0.7	1.8~2.6	0.40~0.8	0.40~0.8	—	0.10	0.30	0.15	—	—	—	—	—	—	—	—	—	Fe+Ni:0.7	0.05	0.10	余量	LD5
51	2B50	0.7~1.2	0.7	1.8~2.6	0.40~0.8	0.40~0.8	0.01~0.20	0.10	0.30	0.02~0.10	—	—	—	—	—	—	—	—	—	Fe+Ni:0.7	0.05	0.10	余量	LD6
52	2A70	0.35	0.9~1.5	1.9~2.5	0.20	1.4~1.8	—	0.9~1.5	0.30	0.02~0.10	—	—	—	—	—	—	—	—	—	—	0.05	0.10	余量	LD7
53	2B70	0.25	0.9~1.4	1.8~2.7	0.20	1.2~1.8	—	0.8~1.4	0.15	0.10	—	—	—	—	—	0.05	0.05	—	③	Zr+Ti:0.20	0.05	0.15	余量	—
54	2D70	0.10~0.25	0.9~1.4	2.0~2.6	0.10	1.2~1.8	0.10	0.9~1.4	0.10	0.05~0.10	—	—	—	—	—	—	—	—	—	—	0.05	0.10	余量	—
55	2A80	0.50~1.2	1.0~1.6	1.9~2.5	0.20	1.4~1.8	—	0.9~1.5	0.30	0.15	—	—	—	—	—	—	—	—	—	—	0.05	0.10	余量	LD8
56	2A87	0.10	0.15	3.5~4.1	0.20~0.6	0.20~0.6	—	—	0.20~0.8	0.10	—	—	—	—	1.3~1.8	—	—	—	0.08~0.16	—	0.05	0.15	余量	—
57	2A90	0.50~1.0	0.50~1.0	3.5~4.5	0.20	0.40~0.8	—	1.8~2.3	0.30	0.15	—	—	—	—	—	—	—	—	—	—	0.05	0.10	余量	LD9
58	3A11	0.6	0.7	0.05~0.20	1.0~1.5	—	—	—	0.50~1.5	0.15	—	—	—	—	—	—	—	—	—	—	0.05	0.15	余量	—
59	3A21	0.6	0.7	0.20	1.0~1.6	0.05	—	—	0.10②	0.15	—	—	—	—	—	—	—	—	—	—	0.05	0.10	余量	LF21

（续）

化学成分（质量分数，%）

序号	牌号	Si	Fe	Cu	Mn	Mg	Cr	Ni	Zn	Ti	Ag	B	Bi	Ga	Li	Pb	Sn	V	Zr	其他	其他 单个	其他 合计	Al	备注
60	4A01	4.5~6.0	0.6	0.20	—	—	—	—	③	0.15	—	—	—	—	—	—	—	—	—	Zn+Sn:0.10	0.05	0.15	余量	LT1
61	4A11	11.5~13.5	1.0	0.50~1.3	0.20	0.8~1.3	0.10	0.50~1.3	0.25	0.15	—	—	—	—	—	—	—	—	—	—	0.05	0.15	余量	LD11
62	4A13	6.8~8.2	0.50	③	0.50	0.05	—	—	③	0.15	—	—	—	—	—	—	—	—	—	Cu+Zn:0.15, Ca:0.10	0.05	0.15	余量	LT13
63	4A17	11.0~12.5	0.50	③	0.50	0.05	—	—	③	0.15	—	—	—	—	—	—	—	—	—	Cu+Zn:0.15, Ca:0.10	0.05	0.15	余量	LT17
64	4A47	10.7~12.3	0.05	—	—	—	—	—	—	—	—	—	—	—	—	—	—	—	—	Sr:0.01~0.10, La:0.01~0.10	—	0.20	余量	—
65	4A54	7.0~9.0	—	—	0.30~0.7	6.0~7.0	0.10~0.20	—	1.5~2.1	0.10~0.20	0.35~0.55	—	—	—	—	—	—	—	—	—	—	0.20	余量	—
66	4A60	0.8~1.0	0.20~0.35	0.05	0.03	0.03	—	—	0.05	0.03	—	—	—	—	—	—	—	—	—	—	0.05	0.15	余量	—
67	4A91	1.0~4.0	0.7	0.7	1.2	1.0	0.20	0.20	1.2	0.20	—	—	—	—	—	—	—	—	—	—	0.05	0.15	余量	—
68	5A01	—	—	0.10	—	—	—	—	0.25	0.15	—	—	—	—	—	—	—	—	0.10~0.20	Si+Fe:0.40	0.05	0.15	余量	LF15
69	5A02	0.40	0.40	0.10	0.15~0.40	2.0~2.8	—	—	—	0.15	—	—	—	—	—	—	—	—	—	Si+Fe:0.6	0.05	0.15	余量	LF2

（续）

化学成分（质量分数，%）

序号	牌号	Si	Fe	Cu	Mn	Mg	Cr	Ni	Zn	Ti	Ag	B	Bi	Ga	Li	Pb	Sn	V	Zr	其他		其他	Al	备注
																				单个	合计			
70	5B02	0.40	0.40	0.10	0.20~0.6	1.8~2.6	0.05	—	0.20	0.10	—	—	—	—	—	—	—	—	—	—	0.05	0.10	余量	—
71	5A03	0.50~0.8	0.50	0.10	0.30~0.6	3.2~3.8	—	—	0.20	0.15	—	—	—	—	—	—	—	—	—	—	0.05	0.10	余量	LF3
72	5A05	0.50	0.50	0.10	0.30~0.6	4.8~5.5	—	—	0.20	—	—	—	—	—	—	—	—	—	—	—	0.05	0.10	余量	LF5
73	5B05	0.40	0.40	0.20	0.20~0.6	4.7~5.7	—	—	—	0.15	—	—	—	—	—	—	—	—	—	Si+Fe:0.6	0.05	0.10	余量	LF10
74	5A06	0.40	0.40	0.10	0.50~0.8	5.8~6.8	—	—	0.20	0.02~0.10	—	—	—	—	—	—	—	—	—	$Be^{①}$:0.0001~0.005	0.05	0.10	余量	LF6
75	5B06	0.40	0.40	0.10	0.50~0.8	5.8~6.8	—	—	0.20	0.10~0.30	—	—	—	—	—	—	—	—	—	$Be^{①}$:0.0001~0.005	0.05	0.10	余量	LF14
76	5E06	0.30	0.40	0.10	0.30~0.8	5.8~6.8	—	0.10	0.25	0.10	—	—	—	—	—	—	—	—	0.10~0.15	Er:0.20~0.40, Be:0.0005~0.005	0.05	0.10	余量	—
77	5A12	0.30	0.30	0.05	0.40~0.8	8.3~9.6	—	0.10	0.20	0.05~0.15	—	—	—	—	—	—	—	—	—	Be:0.005, Sb:0.004~0.05	0.05	0.10	余量	LF12
78	5A13	0.30	0.30	0.05	0.40~0.8	9.2~10.5	—	0.10	0.20	0.05~0.15	—	—	—	—	—	—	—	—	—	Be:0.005, Sb:0.004~0.05	0.05	0.10	余量	LF13

（续）

化学成分（质量分数，%）

序号	牌号	Si	Fe	Cu	Mn	Mg	Cr	Ni	Zn	Ti	Ag	B	Bi	Ga	Li	Pb	Sn	V	Zr	其他	其他 单个	其他 合计	Al	备注
79	5A25	0.20	0.30	—	0.05~0.50	5.0~6.3	—	—	—	0.10	—	—	—	—	—	—	—	—	0.06~0.20	Be:0.0002~0.002, Sc:0.10~0.40	0.10	0.15	余量	—
80	5A30	—③	③	0.10	0.50~1.0	4.7~5.5	0.05~0.20	—	0.25	0.03~0.15	—	—	—	—	—	—	—	—	—	Si+Fe:0.40	0.05	0.10	余量	LF16
81	5A33	0.35	0.35	0.10	0.10	6.0~7.5	—	—	0.50~1.5	0.05~0.15	—	—	—	—	—	—	—	—	0.10~0.30	Be①:0.0005~0.005	0.05	0.10	余量	LF33
82	5A41	0.40	0.40	0.10	0.30~0.6	6.0~7.0	—	—	0.20	0.02~0.10	—	—	—	—	—	—	—	—	—	—	0.05	0.10	余量	LT41
83	5A43	0.40	0.40	0.10	0.15~0.40	0.6~1.4	—	—	—	0.15	—	—	—	—	—	—	—	—	—	—	0.05	0.15	余量	LF43
84	5A56	0.15	0.20	0.10	0.30~0.40	5.5~6.5	0.10~0.20	—	0.50~1.0	0.10~0.18	—	—	—	—	—	—	—	—	—	—	0.05	0.15	余量	—
85	5E61	0.25	0.25	0.10	0.7~1.1	5.5~6.5	—	—	0.20	—	—	—	—	—	—	—	—	—	0.02~0.12	Er:0.10~0.30	0.05	0.15	余量	—
86	5A66	0.005	0.01	0.005	—	1.5~2.0	—	—	0.05	—	—	—	—	—	—	—	—	—	—	—	0.005	0.01	余量	LT66
87	5A70	0.15	0.25	0.05	0.30~0.7	5.5~6.3	—	—	0.05	0.02~0.05	—	—	—	—	—	—	—	—	0.05~0.15	Sc:0.15~0.30, Be:0.0005~0.005	0.05	0.15	余量	—

（续）

化学成分（质量分数，%）

序号	牌号	Si	Fe	Cu	Mn	Mg	Cr	Ni	Zn	Ti	Ag	B	Bi	Ga	Li	Pb	Sn	V	Zr	其他元素	其他 单个	其他 合计	Al	备注
88	5B70	0.10	0.20	0.05	0.15~0.40	5.5~6.5	—	—	0.05	0.02~0.05	—	—	—	—	—	—	—	—	0.10~0.20	Sc:0.20~0.40, Be:0.0005~0.005	0.05	0.15	余量	—
89	5A71	0.20	0.30	0.05	0.30~0.7	5.8~6.8	0.10~0.20	—	0.05	0.05~0.15	—	—	—	—	—	—	—	—	0.05~0.15	Sc:0.20~0.35, Be:0.0005~0.005	0.05	0.15	余量	—
90	5B71	0.20	0.30	0.10	0.30	5.8~6.8	0.30	—	0.30	0.02~0.05	—	0.003	—	—	—	—	—	—	0.08~0.15	Sc:0.30~0.50, Be:0.0005~0.005	0.05	0.15	余量	—
91	5A83	0.25	0.25	0.10	0.30~1.1	4.0~5.0	0.05~0.30	—	0.10	0.02~0.05	—	0.01~0.02[5]	—	—	—	—	—	—	0.05	RE:0.01~0.10, Na:0.0001, Ca:0.0002	0.03	0.15	余量	—
92	5E83	0.25	0.25	0.10	0.4~1.0	4.0~4.9	—	—	—	—	—	—	—	—	—	—	—	—	0.10~0.30	Er:0.10~0.30	0.05	0.15	余量	—
93	5A90	0.15	0.20	0.05	—	4.5~6.0	—	—	—	0.10	—	—	—	—	1.9~2.3	—	—	—	0.08~0.15	Na:0.005	0.05	0.15	余量	—
94	6A01	0.40~0.9	0.35	0.35	0.50	0.40~0.8	0.30	—	0.25	—	—	—	—	—	—	—	—	—	—	Mn+Cr:0.50	0.05	0.10	余量	6N01
95	6A02	0.50~1.2	0.50	0.20~0.6	0.15~0.35	0.45~0.9	—	—	0.20	0.15	—	—	—	—	—	—	—	—	—	—	0.05	0.10	余量	LD2

（续）

化学成分（质量分数，%）

序号	牌号	Si	Fe	Cu	Mn	Mg	Cr	Ni	Zn	Ti	Ag	B	Bi	Ga	Li	Pb	Sn	V	Zr		其他 单个	其他 合计	Al	备注
96	6B02	0.7~1.1	0.40	0.10~0.40	0.10~0.30	0.40~0.8	—	—	0.15	0.01~0.04	—	—	—	—	—	—	—	—	—	—	0.05	0.10	余量	LD2-1
97	6R05	0.40~0.9	0.30~0.50	0.15~0.25	0.10	0.20~0.6	0.10	—	—	0.10	—	—	—	—	—	—	—	—	—	RE:0.10~0.20	0.05	0.15	余量	—
98	6A10	0.7~1.1	0.50	0.30~0.8	0.30~0.9	0.7~1.1	0.05~0.25	—	0.20	0.02~0.10	—	—	—	—	—	—	—	—	0.04~0.20	—	0.05	0.15	余量	—
99	6A16	0.6~1.2	0.40	0.02~0.20	0.01~0.25	0.7~1.3	0.10	—	0.25~0.8	0.15	—	—	—	—	—	—	—	—	0.01~0.20	—	0.05	0.15	余量	—
100	6A51	0.50~0.7	0.50	0.15~0.35	—	0.45~0.6	—	—	0.25	0.01~0.04	—	—	—	—	—	—	0.15~0.35	—	—	—	0.05	0.15	余量	—
101	6A60	0.7~1.1	0.30	0.6~0.8	0.50~0.7	0.7~1.0	—	—	0.10	0.04~0.12	0.30~0.50	—	—	—	—	—	—	—	0.10~0.20	—	0.05	0.15	余量	—
102	6A61	0.55~0.7	0.50	0.25~0.45	0.10	0.8~1.4	0.30	—	0.03	0.07	—	—	—	—	—	—	—	—	—	—	0.05	0.15	余量	—
103	6R63	0.30~0.7	0.20	0.10	0.25	0.50~0.7	0.25	—	0.25	0.10	—	—	—	—	—	—	—	—	—	RE:0.10~0.25	0.05	0.15	余量	—
104	7A01	0.30	0.30	0.01	—	—	—	—	0.9~1.3	—	—	—	—	—	—	—	—	—	—	Si+Fe:0.45	0.03	—	余量	LB1
105	7A02	0.6	0.35	0.10~0.25	—	0.55~0.8	—	—	0.7~2.0	0.05~0.10	—	—	—	—	—	—	—	0.10~0.40	0.04~0.10	—	0.03	0.10	余量	—

（续）

化学成分（质量分数，%）

序号	牌号	Si	Fe	Cu	Mn	Mg	Cr	Ni	Zn	Ti	Ag	B	Bi	Ga	Li	Pb	Sn	V	Zr		其他 单个	其他 合计	Al	备注
106	7A03	0.20	0.20	1.8~2.4	0.10	1.2~1.6	0.05	—	6.0~6.7	0.02~0.08	—	—	—	—	—	—	—	—	—	—	0.05	0.10	余量	LC3
107	7A04	0.50	0.50	1.4~2.0	0.20~0.6	1.8~2.8	0.10~0.25	—	5.0~7.0	0.10	—	—	—	—	—	—	—	—	—	—	0.05	0.10	余量	LC4
108	7B04	0.10	0.05~0.25	1.4~2.0	0.20~0.6	1.8~2.8	0.10~0.25	0.10	5.0~6.5	0.05	—	—	—	—	—	—	—	—	—	—	0.05	0.10	余量	—
109	7C04	0.30	0.30	1.4~2.0	0.30~0.50	2.0~2.6	0.10~0.25	—	5.5~6.5	—	—	—	—	—	—	—	—	—	—	—	0.05	0.10	余量	—
110	7D04	0.10	0.15	1.4~2.2	0.10	2.0~2.6	0.05	—	5.5~6.7	0.10	—	—	—	—	—	—	—	—	0.08~0.16	Be:0.02~0.07	0.05	0.10	余量	—
111	7A05	0.25	0.25	0.20	0.15~0.40	1.1~1.7	0.05~0.15	—	4.4~5.0	0.02~0.06	—	—	—	—	—	—	—	—	0.10~0.25	—	0.05	0.15	余量	—
112	7B05	0.30	0.35	0.20	0.20~0.7	1.0~2.0	0.30	—	4.0~5.0	0.20	—	—	—	—	—	—	—	0.10	0.25	—	0.05	0.10	余量	7N01
113	7A09	0.50	0.50	1.2~2.0	0.15	2.0~3.0	0.16~0.30	—	5.1~6.1	0.10	—	—	—	—	—	—	—	—	—	—	0.05	0.10	余量	LC9
114	7A10	0.30	0.30	0.50~1.0	0.20~0.35	3.0~4.0	0.10~0.20	—	3.2~4.2	0.10	—	—	—	—	—	—	—	—	—	—	0.05	0.10	余量	LC10
115	7A11	0.6	0.7	0.05~0.20	1.0~1.5	—		—	1.0~2.0	—	—	—	—	—	—	—	—	—	—	—	0.05	0.15	余量	—

（续）

化学成分（质量分数，%）

序号	牌号	Si	Fe	Cu	Mn	Mg	Cr	Ni	Zn	Ti	Ag	B	Bi	Ga	Li	Pb	Sn	V	Zr		其他		Al	备注
																					单个	合计		
116	7A12	0.10	0.06~0.15	0.8~1.2	0.10	1.6~2.2	0.05	—	6.3~7.2	0.03~0.06	—	—	—	—	—	—	—	—	0.10~0.18	Be:0.0001~0.02	0.05	0.10	余量	—
117	7A15	0.50	0.50	0.50~1.0	0.10~0.40	2.4~3.0	0.10~0.30	—	4.4~5.4	0.05~0.15	—	—	—	—	—	—	—	—	—	Be:0.005~0.01	0.05	0.15	余量	LC15
118	7A19	0.30	0.40	0.08~0.30	0.30~0.50	1.3~1.9	0.10~0.20	—	4.5~5.3	—	—	—	—	—	—	—	—	—	0.08~0.20	Be[①]:0.0001~0.004	0.05	0.15	余量	LC19
119	7A31	0.30	0.6	0.10~0.40	0.20~0.40	2.5~3.3	0.10~0.20	—	3.6~4.5	0.02~0.10	—	—	—	—	—	—	—	—	0.08~0.25	Be[①]:0.0001~0.001	0.05	0.15	余量	—
120	7A33	0.25	0.30	0.25~0.55	0.05	2.2~2.7	0.10~0.20	—	4.6~5.4	0.05	—	—	—	—	—	—	—	—	—	—	0.05	0.10	余量	—
121	7A36	0.12	0.15	1.7~2.5	0.05	1.6~2.6	0.05	—	8.5~9.7	0.10	—	—	—	—	—	—	—	—	0.08~0.20	—	0.05	0.15	余量	—
122	7A46	0.12	0.30	0.10~0.40	0.10	0.9~1.7	0.06	—	6.0~7.0	0.08	—	—	—	—	—	—	—	—	—	—	0.05	0.15	余量	—
123	7A48	0.10	0.20	0.25~0.45	0.20~0.40	1.2~2.2	—	—	5.2~7.2	0.02~0.06	—	—	—	—	—	—	—	—	0.07~0.15	Sc:0.10~0.35	0.05	0.15	余量	—
124	7E49	0.20	0.20	0.40~0.8	0.20~0.50	2.0~3.0	—	—	7.2~8.2	—	—	—	—	—	—	—	—	—	0.10~0.15	Er:0.10~0.15	0.05	0.15	余量	—
125	7B50	0.12	0.15	1.8~2.6	0.10	2.0~2.8	0.04	—	6.0~7.0	0.10	—	—	—	—	—	—	—	—	0.08~0.16	Be:0.0002~0.002	0.10	0.15	余量	—

（续）

序号	牌号	Si	Fe	Cu	Mn	Mg	Cr	Ni	Zn	Ti	Ag	B	Bi	Ga	Li	Pb	Sn	V	Zr		其他 单个	其他 合计	Al	备注
126	7A52	0.25	0.30	0.05~0.20	0.20~0.50	2.0~2.8	0.15~0.25	—	4.0~4.8	0.05~0.18	—	—	—	—	—	—	—	—	0.05~0.15	—	0.05	0.15	余量	LC52
127	7A55	0.10	0.10	1.8~2.5	0.05	1.8~2.8	0.04	—	7.5~8.5	0.01~0.05	—	—	—	—	—	—	—	—	0.08~0.20	—	0.10	0.15	余量	—
128	7A56	0.12	0.15	1.3~2.1	0.05	1.6~2.4	0.05	—	8.6~9.8	0.10	—	—	—	—	—	—	—	—	0.06~0.18	—	0.05	0.15	余量	—
129	7A62	0.12	0.15	0.05~0.50	0.20~0.6	2.5~3.2	0.10~0.20	—	6.7~7.4	0.03~0.10	—	—	—	—	—	—	—	—	0.05~0.15	Be:0.0001~0.003	0.05	0.15	余量	—
130	7A68	0.15	0.35	2.0~2.6	0.05	1.6~2.5	0.10~0.20	—	6.5~7.2	0.05~0.20	—	—	—	—	—	—	—	—	0.05~0.20	Be:0.005	0.05	0.15	余量	—
131	7B68	0.05	0.05	2.0~2.6	0.05	1.8~2.8	0.04	—	7.8~9.0	0.01~0.05	—	—	—	—	—	—	—	—	0.08~0.25	—	0.10	0.15	余量	—
132	7D68	0.12	0.25	2.0~2.6	0.10	2.3~3.0	0.05	—	8.0~9.0	0.03	—	—	—	—	—	—	—	—	0.10~0.20	Be:0.0002~0.002	0.05	0.10	余量	7A60
133	7E75	0.10	0.15	1.0~1.6	0.08~0.40	1.8~2.6	—	—	5.6~6.6	—	—	—	—	—	—	—	—	—	0.06~0.12	Er:0.08~0.12	0.05	0.15	余量	—
134	7A85	0.05	0.08	1.2~2.0	0.10	1.2~2.0	0.05	—	7.0~8.2	0.05	—	—	—	—	—	—	—	—	0.08~0.16	—	0.05	0.15	余量	—
135	7B85	0.06	0.08	1.1~1.7	0.03	1.4~2.2	—	—	7.4~8.4	0.05	—	—	—	—	—	—	—	—	0.12~0.25	—	0.05	0.15	余量	—

化学成分（质量分数，%）

（续）

化学成分（质量分数,%）

序号	牌号	Si	Fe	Cu	Mn	Mg	Cr	Ni	Zn	Ti	Ag	B	Bi	Ga	Li	Pb	Sn	V	Zr		其他 单个	其他 合计	Al	备注
136	7A88	0.50	0.75	1.0~2.0	0.20~0.6	1.5~2.8	0.05~0.20	0.20	4.5~6.0	0.10	—	—	—	—	—	—	—	—	—	—	0.10	0.20	余量	—
137	7A93	0.12	0.15	1.6~2.2	—	2.0~2.6	—	0.08	9.8~11.0	—	—	—	—	—	—	—	—	—	0.15~0.30	—	0.05	0.15	余量	—
138	7A99	0.10	0.20	1.4~2.0	—	1.7~2.5	—	—	7.6~8.6	0.05	—	—	—	—	—	—	—	—	0.10~0.20	—	0.05	0.15	余量	—
139	8A01	0.05~0.30	0.18~0.40	0.15~0.35	0.08~0.35	—	—	0.005	—	0.01~0.03	—	—	—	—	—	—	—	—	—	—	0.05	0.15	余量	—
140	8C05	0.05	0.04	0.05	0.03~0.05	0.03~0.10	—	—	0.10	—	—	—	—	—	—	—	—	—	—	C:0.10~0.50, O:0.05	0.03	0.10	余量	—
141	8A06	0.55	0.50	0.10	0.10	0.10	—	—	0.10	—	—	—	—	—	—	—	—	—	—	Si+Fe:1.0	0.05	0.15	余量	L6
142	8C12	0.05	0.04	0.05	0.03~0.05	0.03~0.10	—	0.005	0.10	—	—	—	—	—	—	—	—	—	—	C:0.6~1.2, O:0.05	0.03	0.10	余量	—

注:1. 表中元素含量为单个数值时,"Al"元素含量为最低限,其他元素含量为最高限。

2. 元素栏中"—"表示该位置不规定极限数值,对应元素为非常规分析元素,"其他"栏中"—"表示无极限数值要求。

3. "其他"表示表中未规定数值的元素和未列出的金属元素。

4. "合计"表示不小于0.010%的"其他"金属元素之和。

5. 表中"备注"栏中的字符号是曾用牌号。

① "Be"元素均按规定加入,其含量可不做分析。

② 铆钉线材的 $w(Zn)$≤0.03%。

③ 见相应空白栏中要求。

④ 以"C"替代"B"时,"C"元素含量应为0.0001%~0.05%。

⑤ 以"C"替代"B"时,"C"元素含量应为0.0001%~0.002%。

表2-139 变形铝及铝合金的不活跃合金牌号及化学成分（摘自 GB/T 3190—2020）

化学成分（质量分数,%）

序号	牌号	Si	Fe	Cu	Mn	Mg	Cr	Ni	Zn	Ti	Ag	B	Bi	Ga	Li	Pb	Sn	V	Zr	其他	单个	合计	Al
1	1040	0.30	0.50	0.10	0.05	0.05	—	—	0.10	0.03	—	—	—	—	—	—	—	0.05	—	—	0.03	—	99.40
2	1045	0.30	0.45	0.10	0.05	0.05	—	—	0.05	0.03	—	—	—	—	—	—	—	0.05	—	—	0.03	—	99.45
3	1260	—④	—④	0.04	0.01	0.03	—	—	0.05	0.03	—	—	—	—	—	—	—	0.05	—	Si+Fe:0.40①	0.03	0.15	99.60
4	3006	0.50	0.7	0.10~0.30	0.50~0.8	0.30~0.6	0.20	—	0.15~0.40	0.10	—	—	—	—	—	—	—	—	—	—	0.05	0.15	余量
5	5250	0.08	0.10	0.10	—	1.3~1.8	—	—	0.05	—	—	—	—	0.03	—	—	—	0.05	—	—	0.03	0.10	余量
6	8001	0.17	0.45~0.7	0.01~0.03	—	—	—	0.9~1.3	0.05	—	—	0.001	—	—	0.08	—	—	—	—	Cd:0.003, Co:0.001	0.05	0.15	余量
7	1A70	0.10	0.20	0.10	0.03	0.01	—	—	0.01	0.03	—	—	—	—	—	—	—	—	—	—	0.03	—	99.70
8	1A72	0.06	0.15	0.08	0.02	0.01	—	—	0.01	0.03	—	—	—	—	—	—	—	—	—	—	0.03	0.05	99.72
9	2A97	0.15	0.15	2.0~3.2	0.20~0.6	0.25~0.50	—	—	0.17~1.0	0.001~0.10	—	—	—	—	0.8~2.3	—	—	—	0.08~0.20	Be:0.001~0.10	0.05	0.15	余量
10	3B11	0.30	0.6	0.6~1.0	1.0~1.5	—	—	0.05	0.10	0.04	—	—	—	—	—	—	—	—	—	—	0.05	0.15	余量
11	4A12	8.5~9.5	0.30	1.5~1.7	0.20~0.25	0.45~0.6	0.05	—	0.20	0.18~0.25	—	—	—	—	—	—	—	—	—	—	0.05	0.15	余量
12	4A32	10.0~12.0	0.30	2.5~3.5	0.35~0.6	0.40~0.8	0.10	—	0.25	—	—	—	—	—	—	—	—	—	—	Sb:0.20	0.05	0.15	余量
13	4A33	10.0~12.0	0.30	0.7~1.3	0.10	—	—	0.10	—	0.10	—	—	—	—	—	—	0.20	—	—	—	0.05	0.15	余量
14	4A43	6.8~8.2	0.8	0.25	0.10	—	—	—	0.50~1.5	—	—	—	—	—	—	—	—	—	—	—	0.05	0.15	余量
15	4A45	9.0~10.0	0.8	0.30	0.05	0.05	—	—	0.50~1.5	0.20	—	—	—	—	—	—	—	—	—	—	0.05	0.15	余量

（续）

化学成分（质量分数，%）

序号	牌号	Si	Fe	Cu	Mn	Mg	Cr	Ni	Zn	Ti	Ag	B	Bi	Ga	Li	Pb	Sn	V	Zr	其他元素	其他 单个	其他 合计	Al
16	6R03	0.40~0.8	0.35	0.15~0.30	0.40~0.8	1.2~1.5	0.30	—	0.20	0.10	—	—	—	—	—	—	—	—	—	La:0.10~0.50, Ce:0.20~0.9	0.05	0.15	余量
17	6R66	0.9~1.4	0.35	0.8~1.2	0.40~0.8	1.0~1.4	0.30	—	0.20	0.10	—	—	—	—	—	—	—	—	—	La:0.10~0.50, Ce:0.20~0.9	0.05	0.15	余量
18	7A16	1.0~2.0	0.6	0.8~1.2	0.30	0.6	—	0.20	4.4~5.5	0.20	—	—	—	—	—	0.7~1.3	0.20	—	—	—	0.05	0.15	余量
19	8A02	0.15	0.10	0.005	0.005	0.03	—	—	0.01	—	—	—	0.10~0.50	—	—	—	0.10~0.25	—	—	—	0.10	0.20	余量
20	8B02	0.10	0.10	0.005	0.005	0.03	—	—	0.005	—	—	0.03~0.10	0.10~0.50	0.01~0.10	—	—	0.10~0.25	—	—	—	0.03	0.10	余量
21	8A07	0.15	0.45	—	—	—	—	—	—	—	—	—	—	—	—	—	—	—	0.01~0.50	—	0.03	0.10	余量
22	8A60	0.7	0.7	0.7~1.3	0.7	—	—	1.3	—	0.20	—	—	—	—	—	—	5.5~7.0	—	—	Si+Fe+Mn:1.0	0.05	0.15	余量
23	8A61	—	1.8~3.5	0.40~1.3	0.35	—	—	0.10	0.10	0.10	—	—	—	—	—	1.0~2.5	10.0~14.0	—	—	—	0.05	0.15	余量
24	8A62	0.7	0.7	0.7~1.3	0.7	—	—	0.10	0.10	0.20	—	—	—	—	—	—	17.5~22.5	—	—	Si+Fe+Mn:1.0	0.05	0.15	余量
25	8E76	0.08	0.30~1.5	0.005~0.30	—	—	—	—	—	—	—	—	—	—	—	—	—	—	—	RE②:0.10~0.8, Be:0.001~0.30	0.03	0.15	余量
26	8R76	0.10	0.40~1.2	—	—	—	—	—	—	—	—	—	—	—	—	—	—	—	—	RE③:0.01~0.30	0.03	0.30	余量

注：1. 表中元素含量为单个数值时，"Al"元素含量为最低限，其他元素含量为最高限。

2. 元素栏中"—"表示该位置不规定极限数值，对应元素为非常规分析元素，"其他"栏中"—"表示无极限数值要求。

3. "其他"表示本表中未规定极限数值的元素和未列出的金属元素。

4. "合计"表示不小于0.010%的"其他"元素之和。

① 焊接电极及填料焊丝的 $w(Be) \leqslant 0.0003\%$。

② RE 表示以 Ce、La、Y 为主的混合稀土元素。

③ RE 表示以 Ce、La 为主的混合稀土元素。

④ 见相应空白栏中要求。

2. 变形铝及铝合金低温和高温力学性能（见表2-140）

表2-140　变形铝及铝合金的低温和高温力学性能

组别	牌号 新	牌号 旧	产品种类及状态	力学性能	试验温度										
					-253℃	-196℃	-70℃	20℃	100℃	150℃	175℃	200℃	250℃	300℃	350℃
纯铝	1035	L4	HX8	R_m/MPa	—	—	—	120	—	90	—	65	25	20	—
				$R_{p0.2}$/MPa	—	—	—	100	—	70	—	45	15	10	—
				A(%)	—	—	—	20	—	22	—	25	85	90	—
	8A06	L6	O	R_m/MPa	—	175	105	80	—	55	—	40	25	20	—
				$R_{p0.2}$/MPa	—	—	—	35	—	25	—	20	15	10	—
				A(%)	—	51	43	36	—	65	—	70	85	90	—
防锈铝	5A02	LF2	O	R_m/MPa	—	310	200	190	170	160	—	130	110	70	50
				$R_{p0.2}$/MPa	—	160	90	80	80	70	—	60	—	—	45
				A(%)	—	50	38	23	26	35	—	51	62	75	—
			HX4	R_m/MPa	500	380	280	260	260	220	—	160	80	50	—
				$R_{p0.2}$/MPa	280	260	220	210	210	190	—	100	50	35	—
				A(%)	40	30	21	14	16	25	—	40	80	100	—
			HX8	R_m/MPa	630	440	330	290	—	250	—	160	90	50	—
				$R_{p0.2}$/MPa	380	330	280	260	—	210	—	100	70	30	—
				A(%)	32	25	11	8	—	24	—	40	60	100	—
	5A03	LF3	O	R_m/MPa	450	350	250	235	230	195	—	140	80	65	40
				$R_{p0.2}$/MPa	125	120	105	100	100	100	—	90	70	60	35
				A(%)	41	42	35	22	22.5	40	—	52	73	89	102
			HX4	R_m/MPa	610	430	330	290	—	240	—	175	110	70	—
				$R_{p0.2}$/MPa	300	280	250	230	—	195	—	110	60	40	—
				A(%)	35	23	21	13	—	25	—	35	70	100	—
	5A05	LF5	板材 O	R_m/MPa	—	420	300①	315	295	—	—	165	—	80	25②
				$R_{p0.2}$/MPa	—	170	150①	150	135	—	—	120	—	75	20②
				A(%)	—	41.5	27①	27.5	42.5	—	—	62.5	—	106.5	99②

（续）

组别	牌号 新	牌号 旧	产品种类及状态	力学性能	试验温度										
					-253℃	-196℃	-70℃	20℃	100℃	150℃	175℃	200℃	250℃	300℃	350℃
防锈铝	5A06	LF6	O	R_{m}/MPa	545	470	350	320	300	250	—	190	160	130	—
				$R_{p0.2}$/MPa	195	185	175	170	150	130	—	120	100	80	—
				A(%)	24.5	26	25	24	31	37	—	43	45	48	—
	5A12	LF12	板材 O	R_{m}/MPa	—	—	—	420	350	—	—	210	140	66	—
				$R_{p0.2}$/MPa	—	—	—	—	—	—	—	—	—	—	—
				A(%)	—	—	—	22	37	—	—	37	39	62	—
	3A21	LF21	O	R_{m}/MPa	390	230	—	130	95	85	—	70	55	45	—
				$R_{p0.2}$/MPa	70	60	—	50	38	35	—	31	25	18	—
				A(%)	46	40	—	23~30	36	39	—	41	43	45	—
			HX4	R_{m}/MPa	—	253	187	170	160	145	—	100	60	30	—
				$R_{p0.2}$/MPa	—	165	140	130	115	100	—	65	30	18	—
				A(%)	—	24	16	10	10	12	—	20	60	70	—
			HX8	R_{m}/MPa	—	300	230	220	200	180	—	110	60	70	—
				$R_{p0.2}$/MPa	—	225	196	180	150	120	—	65	30	18	—
				A(%)	—	25	10	8	8	11	—	18	60	70	—
硬铝	2A01	LY1	线材	抗剪强度 τ_{b}/MPa	—	—	—	200	180	170	—	140	110	60	—
	2A04	LY4			—	—	—	290	280	270	260	200	—	—	—
	2B12	LY9			—	—	—	310	295	270	260	—	—	—	—
	2A10	LY10			—	—	—	260	250	220	200	190	135	90	—
	2A02	LY2	带材热处理的	R_{m}/MPa	—	—	—	501	456	436	—	380	240	174	110
				$R_{p0.2}$/MPa	—	—	—	331	391	294	—	270	170	114	60
				A(%)	—	—	—	13	15.6	16	—	16	16.9	21.5	27.6
			挤压型材 T6	R_{m}/MPa	—	—	520	500	470	430	—	370	250	170	110
				$R_{p0.2}$/MPa	—	—	—	330	305	290	—	260	175	110	60
				A(%)	—	—	12	14	15	15.5	—	16.5	17.5	21	27

（续）

组别	牌号 新	牌号 旧	产品种类及状态	力学性能	-253℃	-196℃	-70℃	20℃	100℃	150℃	175℃	200℃	250℃	300℃	350℃
硬铝	2A06	LY6	板材 T4	R_m/MPa	—	—	—	440	420	400	375	360	290	190	—
				$R_{p0.2}$/MPa	—	—	—	300	280	270	260	245	240	160	—
				A(%)	—	—	—	20	16	16	16	16	10	13	—
	2A11	LY11	锻件 （淬火时效）	R_m/MPa	—	550	450	410	—	280	—	150	90	50	—
				$R_{p0.2}$/MPa	—	360	280	250	—	210	—	110	65	35	—
				A(%)	—	21	19	15	—	16	—	28	45	95	—
	2A12	LY12	轧制板材 T4	R_m/MPa	700	550	470	440	410	380	350	330	220	150	—
				$R_{p0.2}$/MPa	520	420	320	290	275	265	245	255	195	115	—
				A(%)	18	24	21	19	16	19	18	11	13	13	—
			挤压棒材 T4	R_m/MPa	—	710	540	520	490	440	—	420	290	190	—
				$R_{p0.2}$/MPa	—	570	390	380	380	340	—	300	220	140	—
				A(%)	—	17	18	16	12	14	—	9	10	12	—
	2A16	LY16	挤压半成品 T6	R_m/MPa	—	—	410	400	—	345	—	330	240	180	120
				$R_{p0.2}$/MPa	—	—	—	250	—	220	—	210	160	130	90
				A(%)	—	—	12	12	—	11	—	12	11	14	19
			锻件 T6	R_m/MPa	—	—	—	430	—	370	330	290	210	185③	—
				$R_{p0.2}$/MPa	—	—	—	—	—	—	—	—	—	—	—
				A(%)	—	—	—	17.5	—	24	24	21	25	28③	—
	2A17	LY17	锻件 T6	R_m/MPa	—	—	—	430	—	390	360	330	190	160③	—
				$R_{p0.2}$/MPa	—	—	—	350	—	330	300	280	160	130③	—
				A(%)	—	—	—	9	—	6	7	6	8	9③	—
超硬铝	7A04	LC4	板材 T4	R_m/MPa	—	—	—	520	480	410	370	280	150	85	—
				$R_{p0.2}$/MPa	—	—	—	440	410	350	320	240	120	70	—
				A(%)	—	—	—	14	14	15	16	11	16	31	—

（续）

组别	牌号 新	牌号 旧	产品种类及状态	力学性能	试验温度 -253℃	-196℃	-70℃	20℃	100℃	150℃	175℃	200℃	250℃	300℃	350℃
超硬铝	7A04	LC4	锻件 T6	R_m/MPa	750	640	560	520	480	410	—	280	150	—	—
				$R_{p0.2}$/MPa	630	520	470	440	410	350	—	240	120	—	—
				A(%)	7	9	12	14	14	15	—	11	16	—	—
			挤压产品 T6	R_m/MPa	810	750	620	600	530	430	—	330	160	100	—
				$R_{p0.2}$/MPa	730	640	560	550	500	400	—	310	150	80	—
				A(%)	5	7	8	8	8	7	—	14	16	23	—
锻铝	2A50	LD5	模锻件 T6	R_m/MPa	—	—	—	—	390	330	—	290	—	—	—
				$R_{p0.2}$/MPa	—	—	—	—	—	—	—	—	—	—	—
				A(%)	—	—	—	—	14	19	—	13	—	—	—
	2A70	LD7	轧制板材 T6	R_m/MPa	—	510	430	400	—	350	—	310	240	—	—
				$R_{p0.2}$/MPa	—	400	360	350	—	330	—	260	190	—	—
				A(%)	—	11	10	8	—	9	—	14	19	—	—
			挤压产品 T6	R_m/MPa	—	500	440	420	—	360	—	320	250	—	—
				$R_{p0.2}$/MPa	—	440	400	360	—	330	—	290	230	—	—
				A(%)	—	12	9	7	—	7	—	10	11	—	—
	2A80	LD8	挤压带材 T4	R_m/MPa	—	—	—	390	380	355	—	325	280	165	—
				$R_{p0.2}$/MPa	—	—	—	320	310	305	—	290	250	145	—
				A(%)	—	—	—	9.5	9	9.5	—	8	8	10.5	—
	2A14	LD10	轧制板材 T6	R_m/MPa	640	540	470	440	—	330	—	310	200	70	—
				$R_{p0.2}$/MPa	520	440	410	380	—	280	—	250	170	—	—
				A(%)	17	14	11	9	—	10	—	12	12	30	—
			挤压产品 T6	R_m/MPa	730	610	510	490	—	410	—	340	230	—	—
				$R_{p0.2}$/MPa	590	530	460	450	—	370	—	310	220	—	—
				A(%)	14	10	8	7	—	14	—	13	14	—	—

注：本表为参考资料。

① 温度为-80℃。

② 温度为400℃。

③ 温度为275℃。

3. 变形铝及铝合金的物理性能（见表 2-141）

表 2-141　变形铝及铝合金的物理性能

牌号		材料状态	密度 ρ /(g/cm³)	临界温度/℃		平均线胀系数① α₁/(10⁻⁶/K)	比热容② c/[J/(kg·K)]	热导率③ λ/[W/(m·K)]	电导率 k（设 Cu 电导率为 100%）(%)	20℃时电阻率 ρ/10⁻⁶Ω·m
新	旧			上限	下限					
1035	L4	退火的	2.71	657	643	24.0	946	226.1	59	0.0292
8A06	L6	冷作硬化的						217.7	57	(0℃)
5A02	LF2	退火的 半冷作硬化的 冷作硬化的	2.68	652	627	23.8	963	154.9	40	0.0476
5A03	LF3	退火的 半冷作硬化的	2.67	640	610	23.5	979	146.5	35	0.0496
5A05	LF5	退火的 半冷作硬化的	2.65	620	580	23.9	921	121.4	29 27	0.0640
5A06	LF6	退火的	2.64	—	—	23.7	921	117.2	26	0.0710
5B05	LF10	退火的	2.65	638	568	23.9	921	117.2	29	—
5A12	LF12		2.61	—	—	—	—	—	—	0.0770
2A21	LF21	退火的 半冷作硬化的 冷作硬化的	2.74	654	643	23.2	1089	180.0 163.3 154.9	50 41 40	— 0.034
2A01	LY1	退火的 淬火和自然时效	2.76	648	510	23.4	921	163.3 154.9	40	0.039
2A02	LY2	淬火和人工时效	2.75	—	—	23.6	837	134.0	—	0.055
2A06	LY6	淬火和自然时效	2.76	—	—	—	879	—	—	0.061
2B11	LY8	淬火和自然时效	2.80	639	535	2.29	921	117.2 171.7	30 45	0.054
2A11	LY11	退火的								
2A12	LY12	淬火和自然时效 退火的	2.78	638	502	22.7	921	117.2 188.4	30 50	0.073 0.044

（续）

牌号 新	牌号 旧	材料状态	密度ρ /(g/cm³)	临界温度/℃ 上限	临界温度/℃ 下限	平均线胀系数① α_l/(10⁻⁶/K)	比热容② c/[J/(kg·K)]	热导率③ λ/[W/(m·K)]	电导率k(设Cu电导率为100%)(%)	20℃时电阻率 ρ/10⁻⁶ Ω·m
2A10	LY10	淬火和自然时效	2.80	—	—	—	963	146.5	—	0.0504
2A16	LY16	淬火和人工时效	2.84	—	—	22.6	—	138.2	—	0.0610
2A17	LY17	淬火和人工时效	2.84	—	—	19	795	129.8	—	0.0540
6A02	LD2	淬火和人工时效 退火的	2.70	652	593	23.5	795	154.9 175.8	45 55	0.055 0.048
2A50	LD5	淬火和人工时效	2.75	—	—	21.4	837	175.8	—	0.041
2B50	LD6	淬火和人工时效	2.75	—	—	21.4	837	163.3	—	0.043
2A70	LD7	淬火和人工时效	2.80	—	—	22	795	142.4	—	0.055
2A80	LD8	退火的 淬火和人工时效	2.77	—	—	21.8	837	180.0 146.5	50 40	0.050
2A90	LD9	退火的 淬火和人工时效	2.80	638	509	22.3	754	188.4 154.9	50 40	0.047
2A14	LD10	退火的 淬火和人工时效	2.80	638	510	22.5	837	196.8 159.1	50 40	—
7A03	LC3	淬火和人工时效	2.85	—	—	21.9	712	154.9	—	0.044
7A04	LC4	淬火和人工时效 退火的	2.85	638	477	23.1	—	125.6 154.9	30	0.042④
4A01	LT1	冷作硬化的	2.66	—	—	22	—	142.4	37	—

注：本表数据仅供参考。
① 为 20~100℃数据。
② 为 100℃数据。
③ 为 25℃数据。
④ 淬火及自然时效状态。

4. 变形铝合金热处理(见表 2-142 和表 2-143)

表 2-142 变形铝合金常用牌号热处理工艺及应用

牌号	热处理	有效厚度/mm	退火温度/℃	保温时间/min	冷却方式	应用及说明
热处理不强化的铝合金						
1070A、1060、1050A、1035、1200、8A06、3A21	高温退火	≤6	350~500	热透为止	空冷	降低硬度,提高塑性,可达到最充分的软化,完全消除冷作硬化 需要特别注意退火温度和保温时间的选择,以免发生再结晶过程而使晶粒长大
5A02、5A03		>6	350~420	30		
5A05、5A06			310~335			
1070A、1060、1035、8A06、3A21		0.3~3	350~420(井式炉)	50~55		
		>3~6		60~65		
		>6~10		80~86		
1070A、1060、1050A、1035、1200、8A06、3A21	低温退火	—	150~250	120~180	空冷	既提高塑性,又部分地保留由于冷作变形而获得的强度,消除应力,稳定尺寸 退火温度与杂质含量有关,随杂质含量的增加而升高
5A02		—	150~180	60~120		
5A03		—	270~300	60~120		
3A21		—	250~280	60~150		
热处理强化的铝合金						
2A06	完全退火		380~430	10~60	30℃/h 炉冷至 260℃,然后空冷	提高塑性,并完全消除由于淬火及时效而获得的强度,同时可以消除内应力和冷作硬化 完全退火后,半成品可以进行高变形程度的冷压加工 淬火后或淬火及时效后用冷变形强化的 2A11、2A12、7A04 合金板材不宜进行退火,因冷作硬化程度不超过 10%,即在临界变形程度范围内缓慢退火加热可引起晶粒粗大
2A11、2A12、2A16、2A17		—	390~450			
LT42(旧牌号)			400~450			
LC6(旧牌号)			390~430			
7A04		0.3~2	390~430(井式炉)	40~45	30℃/h 炉冷至 150℃,然后空冷	
		>2~4		50~55		
		>4~6		60~65		
2A11	快速退火	0.3~4	350~370(井式炉)	40~45	空冷	提高经淬火与时效而强化的变形铝合金的半成品及零件的塑性和软化程度 部分消除内应力 缩短退火时间 7A04、LC6(旧牌号)合金在个别情况下,可按 2A12 合金规范进行快速退火,但可能产生强化,所以退火与变形加工之间的放置时间不应超过 240h
2A12		>4~6		60~65		
6A02		>6~10		90~95		
2A06、2A16、2A17		—	350~370	120~240	空冷或水冷	
7A04			290~320			
6A02			380~420			
2A50			350~400			
2A14			390~410			
2A06 2A11 2A12	瞬时退火	—	350~380(硝盐槽)	60~120	水冷	为消除其半成品的加工冷作硬化,以获得继续加工的可能性

（续）

牌号	热处理	半成品种类	淬火最低温度/℃	最佳温度/℃	发生过烧危险温度/℃	应用及说明
6A02	淬火		510	515~530	—	淬火是将零件加热到接近共晶熔点或为保证细的晶粒和某种特殊性能而足以使强化相充分溶解的温度，并保温一定时间，然后强冷至室温，以得到稳定的过饱和固溶体的工艺 淬火后强度增高，但塑性仍然足够高，可进行冷变形 自然时效的铝合金淬火后只能短时间保持良好的塑性，这个时间是：2A12 为 1.5h；2A11、6A02、2A50、2A70、2A80、2A14、2A02、2A06 等为 2~3h；7A04、LC6（旧牌号）、7A09 为 6h。因此变形工艺过程必须在上述时间内完成
2A50、2B50			500	510~540	545	
2A70		棒材、锻件	520	525~540	545	
2A80			510	515~535	545	
2A90			510	510~530	—	
2A14		板材、管材	490	500~510	517	
		棒材、锻件		495~505	515	
2A02		棒材、锻件	490	495~508	512	
2A11、2A13			480	485~510	525	
2A06			495	500~510	515	
2A11		板材、管材	485	490~510	520	
2A12			490	495~503	505	
		棒材、锻件	485	490~503		
2A16		板材、管材	525	530~542	545	
		棒材、锻件	520	530~542		
7A04		板材、管材	450	455~480	520~530	
7A09			450	455~480	525	
LC6（旧牌号）		棒材、锻件	450	455~473	—	
6A02		板材、管材	510	515~540	565	

牌号	热处理	半成品种类	时效温度/℃	时效时间/h	应用及说明
2A06、2A11、2A12、6A02、2A50、2A14	自然时效	各种半成品	室温	48~144（>96）	时效的目的是将淬火所得到的过饱和固溶体在低温（人工时效）或室温（自然时效）的条件下，保持一定的时间，使强化相从固溶体中呈弥散质点析出，从而使合金异常强化，获得很高的力学性能 2A06、2A11、2A12 合金如低于150℃使用时，则进行自然时效；高于150℃使用时，则进行人工时效 6A02、2A50、2B50、2A70、2A80、2A90、2A14、2A02、2A16、2A17 合金零件在高温（≥150℃）使用时需人工时效，但6A02、2A50、2A14 合金零件也可采用自然时效
6A02、2A50、2B50、2A14	人工时效	各种半成品	150~165	6~15	
2A70			180~195	8~12	
2A80			165~180	8~14	
2A90		挤压半成品	135~150	2~4	
2A02		各种半成品	165~175	10~16	
2A11		—	160±5	6~10	
2A12		板材、挤压半成品	185~195	6~12	
2A16		各种半成品	规范1：160~175	10~16	
			规范2：200~220	8~12	
2A17			180~195	12~16	
7A04、7A09	分级时效	板材挤压半成品	120~140	12~24	
	一级		120±5	8	
	二级		160±5	8	
LC5（旧牌号）、LC6（旧牌号）	一级	模锻件、其他各种锻件	115~125	2~4	
	二级		160~170	3~5	

表 2-143 变形铝及铝合金的典型固溶处理和时效处理规范[①]

合金牌号	产品名称	固溶处理[②]		时 效 处 理		
		金属温度[③]/℃	状态	金属温度[③]/℃	保温时间[④]/h	状态
2011	轧制或冷精拉棒材	505~530	T3[⑤]	155~165	14	T8[⑤]
			T4			
			T51[⑥]			
2014[⑦]	薄平板	495~505	T3[③]	155~165	18	T6
			T42	155~165	18	T62
	带卷	495~505	T4	155~165	18	T6
			T42	155~165	18	T62
	厚板	495~505	T42	155~165	18	T62
			T451[⑥]	155~165	18	T657[⑦]
	轧制或冷精拉线材、棒材	495~505	T4	155~165[⑧]	18	T6
			T42	155~165[⑧]	18	T62
			T451[⑥]	155~165[⑧]	18	T651[⑥]
	挤压管材、棒材、型材	495~505	T4	155~165[⑧]	18	T6
			T42			T62
			T4510[⑧]			T6510[⑧]
			T4511[⑧]			T6511[⑧]
	拉伸管	495~505	T4	155~165	18	T6
			T42			T62
	模锻件	495~505[⑨]	T4	165~175	10	T6
	自由锻件与轧制环	495~505[⑨]	T4	165~175	10	T6
			T452[⑩]			T652[⑩]
2017	轧制或冷精拉棒材、线材	495~510	T4	—	—	—
			T42	—	—	—
	拉伸管	485~498	T35[⑤]			
			T42			
2117	轧制或冷精拉棒材、线材	495~510	T4			
			T42			
2218	模锻件	505~515[⑪]	T4	165~175	10	T61
		505~515[⑫]	T41	230~240	6	T72

（续）

合金牌号	产品名称	固溶处理[2]		时 效 处 理		
		金属温度[3]/℃	状态	金属温度[3]/℃	保温时间[4]/h	状态
2219[7]	薄平板	530~540	T31[5]	170~180	18	T81[5]
			T37[5]	160~170	24	T87[5]
			T42	185~195	36	T62
	厚板	530~540	T31[5]	170~180	18	T81[5]
			T37[5]	170~180	18	T87[5]
			T351[6]	170~180	18	T851[6]
			T42	185~195	36	T62
	轧制或冷精拉棒材、线材	530~540	T351[6]	185~195	18	T851[6]
	挤压管材、棒材、型材	530~540	T31[5]	185~195	18	T81[5]
			T3510[6]		18	T8510[6]
			T3511[6]		18	T8511[6]
			T451[8]		—	—
			T42		36	T62
	模锻件与轧制环	530~540	T4	185~195	26	T6
	自由锻件	530~540	T4	185~195	26	T6
			T352[10]	170~180	18	T852[10]
2618	锻件与轧制环	520~535[11]	T4	195~205	20	T61
2024[7]	薄平板	485~498	T3[5]	185~195	12	T81[8]
			T361[5]		8	T861[5]
		485~498	T42	185~195	9	T62
			—		16	T72
	带卷	485~498	T4	—	—	—
			T42	185~195	9	T62
			—	185~195	16	T72
	厚板	485~498	T351[6]	185~195	12	T851[6]
			T361[5]		8	T861[6]
			T42		9	T62

（续）

合金牌号	产品名称	固溶处理[2]		时 效 处 理		
		金属温度[3]/℃	状态	金属温度[3]/℃	保温时间[4]/h	状态
2024[7]	轧制或冷精拉棒材、线材	485~498	T4	185~195	12	T6
			T351[6]		12	T851[6]
			T36[5]		8	T86[5]
			T42		16	T62
	挤压的管材、棒材、型材、线材	485~498	T3	185~195	12	T81
			T3510[6]		12	T8510[6]
			T3511[6]		12	T8511[6]
			T42		16	T62
	拉伸管	—	T35[5]	—	—	—
			T42		—	—
4032	模锻件	505~520[9]	T4	165~175	10	T6
6005	挤压管材、棒材、型材	525~535[15]	T1	170~180	8	T5
6061[7]	薄板	515~505	T4	155~165	18	T6
			T4			T62
	厚板	515~550	T4[21]	155~165	18	T6[21]
			T42			T62
			T451[6]			T651[6]
	轧制或冷精拉棒材、线材	515~550	—	155~165[13]	18	T6
			—			T89[5]
			—			T93[14]
			T4			T913[14]
			—			T94[14]
			T42			T62
			T451[6]			T651[6]
	挤压管材、棒材、型材	515~550[15]	T4	170~180	8	T6
			T4510[6]			T6510[6]
			T4511[6]			T6511[6]
		515~550	T2	170~180	8	T62
	拉伸管	515~550	T4	155~165[13]	18	T6
			T42			T62
	锻件	515~550	T4	170~180	8	T6
	轧制环	515~550	T4	170~180	8	T6
			T452[10]			T652[10]

（续）

合金牌号	产品名称	固溶处理②		时 效 处 理		
		金属温度③/℃	状态	金属温度③/℃	保温时间④/h	状态
6061⑦	挤压管材、棒材、型材	⑮	T1	175~185⑯	3	T5
		515~525⑮	T4	170~180⑰	8	T6
		515~525	T42	170~180⑰	8	T62
	拉伸管	515~525	T4	170~180	8	T6
			—			T83⑤⑮
			—			T831⑤⑮
			—			T832⑤⑮
			T42			T62
6070	挤压管材、棒材、型材	540~550⑮	T4	T42	155~165	18
7005	挤压棒材、型材	—	—	—	—	T53㉒
7075⑦	薄板	460~475㉓	W	115~125⑱	24	T6、T62
				㉖	㉖	T76㉕
				⑳㉔	⑳㉔	T73㉕
	厚板	460~475㉓	W	115~125⑱	24	T62
			W51⑥	⑳㉔	⑳㉔	T7351⑥㉕
			—	115~125⑱	24	T651⑥
			—	⑳㉔	⑳㉔	T7351⑥㉕
	轧制或冷拉、精拉线材和棒材	460~475㉓	W	115~125	24	T6、T62
			—	⑳㉔	⑳㉔	T73㉕
			W51⑥	115~125⑱	24	T651⑥
			—	⑳㉔	⑳㉔	T7351⑥㉕
	挤压管材、棒材、型材	460~470	—	115~125⑲	24	T6、T62
			W	⑳㉔	⑳㉔	T73㉕
			—	㉖	㉖	T76㉕
			—	115~125⑲	24	T6510⑥
			W510⑥	⑳㉔	⑳㉔	T3510⑥㉕
			—	㉖	㉖	T76510㉕
			—	115~125⑲	24	T6511⑥
			W511⑥	⑳㉔	⑳㉔	T73511⑥㉕
			—	㉖	㉖	T76511㉕
	拉伸管	460~470	W	115~125	24	T6、T62
				⑳㉔	⑳㉔	T73㉕
	模锻件	460~475	W	115~125	24	T
			—	⑳	⑳	T73㉕
			W52⑩	⑳	⑳	T7352⑩㉕

（续）

合金牌号	产品名称	固溶处理[2]		时 效 处 理		
		金属温度[3]/℃	状态	金属温度[3]/℃	保温时间[4]/h	状态
7075[7]	自由锻件	460~475[9]	W	115~125	24	T6
				[20]	[20]	T73[25]
			W52[10]	115~125	24	T652[10]
				[20]	[20]	T7352[10][25]
	轧制环	460~475	W	115~125	24	T6

① 所列的时间与温度是各种类型、不同规格与不同加工工艺生产的产品的典型时间与温度,不完全是某一具体产品的最佳处理规范。

② 应尽量缩短产品转移时间,以便尽快从固溶处理温度淬火。除另有说明外,淬火冷却介质为室温的水。在淬火过程中,槽中的水应保持一定的流速,并使水温不超过35℃。对于某些产品,可采用大容量高速喷水淬火。

③ 尽快缩短升温时间。

④ 保温时间从金属达到所列的最低温度时算起。

⑤ 在固溶处理与时效处理之间应进行一定量的冷加工。

⑥ 在固溶处理与时效处理之间,为消除残余应力,施加了一定量的拉伸永久变形。

⑦ 也适用于包铝的薄板与厚板。

⑧ 也可在170~180℃保温8h。

⑨ 在60~80℃的热水中淬火。

⑩ 在固溶处理与时效处理之间进行1%~5%的冷压缩变形,以消除残余应力。

⑪ 在100℃的沸水中淬火。

⑫ 室温吹风淬火。

⑬ 也可在165~175℃保温8h。

⑭ 在时效处理后进行一定量永久变形的冷加工。

⑮ 适当控制挤压出模温度,可在挤压机上直接淬火。对于某些产品,可进行室温风冷淬火。

⑯ 也可在200~210℃保温1~2h。

⑰ 也可在175~185℃保温6h。

⑱ 也可采用双级时效:90~105℃,4h;155~165℃,8h。

⑲ 也可进行三级时效处理:90~105℃,5h;115~125℃,4h;145~155℃,4h。

⑳ 进行双级时效处理,即先在100~110℃处理6~8h,然后对不同产品进行如下的第二次处理:

   a）薄板与厚板:160~170℃,24~30h。

   b）轧制与冷精拉棒材:170~180℃,6~8h。

   c）挤压件与管材:170~180℃,8~10h。

   d）锻件(T73):170~180℃,8~10h。

   锻件(T7352):170~180℃,6~8h。

㉑ 仅适用于花纹板。

㉒ 不进行固溶处理,在室温下搁置72h后进行加压淬火,然后进行双级时效:100~110℃,8h;145~155℃,16h。

㉓ 为了获得最佳均匀性,有时温度可高达498℃。

㉔ 对于板材、管材与挤压产品,也可采用双级时效:100~110℃,6~8h;随后以15℃/h的升温速度升至165~175℃,保温14~18h。对于轧制与冷精拉的棒材,也可在170~180℃处理10h。

㉕ 合金由任何状态时效到T73(仅适用7075合金或T76状态系列时,应严格控制保温时间、温度与加热速度)。此外,在将T6状态系列材料时效到T73或T76状态系列时,T6状态的处理条件非常重要,而且对T73与T76状态材料的性能有影响。

㉖ 时效处理规范随着产品种类、规格、炉型及性能、装料方式、炉温控制方式等不同而不同。只有在具体条件下,对具体产品先进行试处理,才能确定最佳的处理规范。挤压产品的典型时效规范为双级时效:115~125℃,3~5h;160~170℃,15~18h。也可采用95~105℃,8h;160~170℃,24~18h。

5. 变形铝及铝合金的耐蚀性能（见表 2-144）

表 2-144　变形铝及铝合金的耐蚀性能

牌号	耐蚀性能说明
1070A、1060、1050A、1035、1200、8A06	纯铝易与空气中的氧作用形成一层致密的氧化膜，在大气中具有较好的耐蚀性。当水温低于 50℃，且水质和铝纯度较高时，铝的耐蚀性能较高 铝在石油类、乙醇、丙酮、乙醛、苯、甲苯、二甲苯、煤油中耐蚀性良好 铝在海水、有机酸中耐蚀性较弱；在氟、氯、溴、碘、盐酸、氢氟酸、稀乙酸、碱、氨水、石灰水中耐蚀性不好；在氨和硫气体、硫酸、磷酸、亚硫酸、浓硝酸、浓乙酸中耐蚀性良好
3A21	铝-锰系合金（防锈铝）有优良的耐蚀性，在大气和海水中的耐蚀性与纯铝相当，在稀盐酸溶液（1∶5）中的耐蚀能力比纯铝高而比铝-镁合金低。这类合金在冷变形状态下有剥落腐蚀倾向，此倾向随着冷变形程度的增加而增大
5A02、5A03、5A05、5A06、5B05、5A12、5A13、5B06	铝-镁系合金（防锈铝）耐蚀性良好，在工业地区和海洋气氛中均有较高的耐蚀性，在中性或近于中性的淡水、海水、有机酸、乙醇、汽油以及浓硝酸中的耐蚀性也很好。合金的耐蚀性与 β（Mg_2Al_3）相的析出和分布有关，因为 β 相的标准电势为 -1.24V，相对于 α（Al）固溶体是阴极区，在电解质中它首先被溶解。含镁量较低的 5A02、5A03 合金基本上是单相固溶体或析出少量分散的 β 相，故合金的耐蚀性很高。若镁的质量分数超过 5%，当 β 相沿晶界析出形成网膜时，则合金的耐蚀性（如晶间腐蚀和应力腐蚀）严重恶化
2A01、2A02、2A04、2A06、2B11、2B12、2A10、2A11、2A12、2A13	铝-铜-镁系合金（硬铝）的耐蚀性能比纯铝及防锈铝合金低，腐蚀类型以晶间腐蚀为主。一般情况下，硬铝在淬火自然时效状态下耐蚀性较好，在 170℃ 左右进行人工时效时材料的晶间腐蚀倾向增加。若在人工时效前给以预先变形，则能改善其耐蚀性能 为了提高硬铝在海洋和潮湿大气中的耐蚀性，可用包上一层纯铝的方法进行人工保护，包铝的纯度要大于 99.5%。对薄板材，其包铝层的厚度每边不应小于板厚的 4%
2A16、2A17	铝-铜-锰系合金（硬铝）的含铜量较高，其耐蚀性低于铝-铜-镁系硬铝合金。为了提高其板材的耐蚀性，可进行表面包铝，但由于基体含铜量较高，易于铜扩散，故其耐蚀性仍低于 2A12 合金的包铝板材。2A16 合金挤压制品耐蚀性不高，在 160～170℃ 进行 10～16h 人工时效时具有应力腐蚀倾向，且其焊缝和过渡区间腐蚀倾向较高，应采用阳极氧化和涂漆保护。2A17 合金人工时效状态应力腐蚀稳定性合格，用阳极化保护可提高耐蚀性
6A02、6B02、6070、2A50、2B50、2A14	铝-镁-硅系合金（6A02、6B02、6070）的耐蚀性能良好，无应力腐蚀破裂倾向，在淬火人工时效状态下合金有晶间腐蚀倾向，合金含铜量越多，这种倾向越大 铝-铜-镁-硅系合金（2A50、2B50、2A14）由于含铜量增加，合金的耐蚀性低。2A14 比 2A50、2B50 合金的晶间腐蚀倾向较大（因其含铜高），尤其经过 350℃ 以上的高温退火后，其晶间腐蚀倾向加大。但在淬火人工时效状态下，合金的一般耐蚀性能较好，因此不妨碍合金的使用
2A70、2A80、2A90	铝-铜-镁-铁-镍系合金（锻铝）有应力腐蚀倾向，制品用阳极氧化和重铬酸钾填充是防止腐蚀的一种可靠方法
7A03、7A04、7A09、7A10	铝-锌-镁-铜系合金是一种超硬铝合金，就一般化学耐蚀性而言，超硬铝合金比硬铝合金高，但比铝-锰、铝-镁、铝-镁-硅系合金低。带有包铝层的超硬铝板材，其耐蚀性能大为提高 对于不进行包铝的挤压材料和锻件，可用阳极氧化或涂装等方法进行表面保护 超硬铝合金在淬火自然时效状态下的耐应力腐蚀较差，但在淬火人工时效状态下，其耐蚀性反而增高。近年来的研究证明，采用分级时效工艺能够减少其应力腐蚀敏感性

6. 变形铝及铝合金特性、应用(见表 2-145)

表 2-145　变形铝及铝合金的特性、应用

类别	新牌号	旧牌号	特　性	应用举例
工业用高纯铝	1A85、1A90、1A93、1A97、1A99	LG1、LG2、LG3、LG4、LG5	工业高纯铝	主要用于生产各种电解电容器用箔材、抗酸容器等,产品有板、带、箔、管等
工业用纯铝	1060、1050A、1035、8A06	L2、L3、L4、L6	工业纯铝都具有塑性高、耐蚀性、导电性和导热性好的特点,但强度低,不能通过热处理强化,切削性不好,可接受接触焊、气焊	可利用其优点制造一些具有特定性能的结构件,如铝箔制成垫片及电容器、电子管隔离网、电线、电缆的防护套、网、线芯及飞机通风系统零件、装饰件
	1A30	L4-1	特性与1060、8A06等类似,但其 Fe 和 Si 杂质含量控制严格,工艺及热处理条件特殊	主要用作航天工业和兵器工业纯铝膜片等板材
	1100	L5-1	强度较低,但延展性、成形性、焊接性和耐蚀性优良	主要生产板材、带材,适于制作各种深冲压制品
包覆铝	7A01、1A50	LB1、LB2	是硬铝合金和超硬铝合金的包铝板合金	7A01用于超硬铝合金板材包覆,1A50用于硬铝合金板材包覆
防锈铝	5A02	LF2	为铝-镁系防锈铝,强度、塑性、耐蚀性高,具有较高的抗疲劳强度,热处理不可强化,可用接触焊氢原子焊良好焊接,冷作硬化态下可切削加工,退火态下切削性不良,可抛光	油介质中工作的结构件及导管、中等载荷的零件装饰件、焊条、铆钉等
	5A03	LF3	为铝-镁系防锈铝,性能与5A02相似,但焊接性优于5A02,可气焊、氩弧焊、点焊、滚焊	液体介质中工作的中等负载零件、焊件、冲压件
	5A05、5B05	LF5、LF10	为铝-镁系防锈铝,抗腐蚀性高,强度与5A03类似,不能热处理强化,退火状态塑性好,半冷作硬化状态可进行切削加工,可进行氢原子焊、点焊、气焊、氩弧焊	5A05多用于在液体环境中工作的零件,如管道、容器等;5B05多用连接铝合金、镁合金的铆钉,铆钉应退火并进行阳极化处理
	5A06	LF6	为铝-镁系防锈铝,强度较高,耐蚀性较高,退火及挤压状态下塑性良好,可切削性良好,可氩弧焊、气焊、点焊	焊接容器、受力零件、航空工业的骨架及零件、飞机蒙皮
	5A12	LF12	镁含量高,强度较好,挤压状态塑性尚可	多用作航天工业及无线电工业用各种板材、棒材及型材
	5B06、5A13、5A33	LF14、LF13、LF33	镁含量高,且加入适量的 Ti、Be、Zr 等元素使合金焊接性较高	多用于制造各种焊条的合金
	5A43	LF43	系铝-镁-锰合金,成本低,塑性好	多用于民用制品,如铝制餐具、用具
	3A21	LF21	为铝-锰系合金,强度低,退火状态塑性高,冷作硬化状态塑性低,耐蚀性好,焊接性较好,不可热处理强化,是一种应用最为广泛的防锈铝	用于制作在液体或气体介质中工作的低载荷零件,如油箱、导管及各种异形容器

（续）

类别	新牌号	旧牌号	特　性	应用举例
防锈铝	5083、5056	LF4、LF5-1	为铝-镁系高镁合金,由美国 5083 和 5056 合金成形引进,在不可热处理合金中强度、耐蚀性、切削性良好,阳极化处理外观美丽,且电焊性好	广泛用于船舶、汽车、飞机、导弹等方面,民用多用于生产自行车、挡泥板,5056 也可制成管件制车架等结构件
硬铝	2A01	LY1	强度低,塑性高,耐蚀性低,点焊焊接性良好,切削性尚可,工艺性能良好,在制作铆钉时应先进行阳极氧化处理	是主要的铆接材料,可用来制造工作温度小于 100℃ 的中等强度的结构用铆钉
	2A02	LY2	具有高强度及较高的热强性,可热处理强化,耐蚀性尚可,有应力腐蚀破坏倾向,切削性较好,多在人工时效状态下使用	是一种主要承载结构材料,可用来制造高温(200~300℃)工作条件下的叶轮
	2A04	LY4	剪切强度和耐热性较高,在退火及刚淬火(4~6h 内)状态下塑性良好,淬火及冷作硬化后切削性尚好,耐蚀性不良,需进行阳极氧化	是一种主要铆钉合金,可用于制造 125~250℃ 工作条件下的铆钉
	2B11、2B12	LY8、LY9	剪切强度中等,退火及刚淬火状态下塑性尚好,可热处理强化,剪切强度较高	制作中等强度铆钉,但必须在淬火后 2h 内使用;制作高强度铆钉,但必须在淬火后 20min 内使用
	2A10	LY10	剪切强度较高,焊接性一般,气焊、氩弧焊有裂纹倾向,但点焊焊接性良好,耐蚀性与 2A01、2A11 相似,用作铆钉不受热处理后的时间限制是其优越之处,但需要阳极氧化处理,并用重铬酸钾填充	制作工作温度低于 100℃、要求较高强度的铆钉,可替代 2A01、2B12、2A11、2A12 等合金
	2A11	LY11	一般称为标准硬铝,中等强度,点焊焊接性良好,以其作焊料进行气焊及氩弧焊时有裂纹倾向,可热处理强化,在淬火和自然时效状态下使用,耐蚀性不高,多采用包铝、阳极化和涂漆以作表面防护,退火态切削性不好,淬火后切削性尚好	制作中等强度的零件、空气螺旋桨叶片、螺栓、铆钉等。用作铆钉时应在淬火后 2h 内使用
	2A12	LY12	高强度硬铝,点焊焊接性良好,氩弧焊及气焊有裂纹倾向,退火状态切削性尚可,可热处理强化,耐蚀性差,常用包铝、阳极氧化及涂漆提高耐蚀性	用来制造高负荷零件,如工作温度在 150℃ 以下的飞机骨架、框隔、翼梁、翼肋、蒙皮等
	2A06	LY6	高强度硬铝,点焊焊接性与 2A12 相似,氩弧焊时较 2A12 好,耐蚀性也与 2A12 相同,加热至 250℃ 以下时晶间腐蚀倾向较 2A12 小,可进行淬火和时效处理,压力加工、切削性与 2A12 相同	可作为 150~250℃ 工作条件下的结构板材,但对于淬火自然时效后冷作硬化的板材不宜在高温长期加热条件下使用

(续)

类别	新牌号	旧牌号	特　性	应用举例
硬铝	2A16	LY16	属耐热硬铝,即在高温下有较高的蠕变强度,合金在热态下有较高的塑性,无挤压效应,切削性良好,可热处理强化,焊接性能良好,可进行点焊、滚焊和氩弧焊,但焊缝腐蚀稳定性较差。为了防腐,应采用阳极氧化处理	用于制作在高温下(250~350℃)工作的零件,如压缩机叶片圆盘、焊接件、容器
	2A17	LY17	成分、性能和2A16相近,但2A17在常温和225℃下的持久强度超过2A16,但在225~300℃时低于2A16,且2A17不可焊接	用于工作在20~300℃、要求有高强度的锻件和冲压件
锻铝	6A02	LD2	具有中等强度,退火和热态下有高的可塑性,淬火自然时效后塑性尚好,且这种状态下的耐蚀性可与5A02、3A21相比,人工时效态合金具有晶间腐蚀倾向,可切削性淬火尚好,退火后不好,合金可点焊、氢原子焊、气焊	制造承受中等载荷、要求有高塑性和高耐蚀性,且形状复杂的锻件和模锻件,如发动机曲轴箱、直升机桨叶
	6B02	LD2-1	系Al-Mg-Si系合金,与6A02相比,其晶间腐蚀倾向要小	多用于电子工业装箱板及各种壳体等
	6070	LD2-2	系Al-Mg-Si系合金、由美国的6070合金转化而来,耐蚀性很好,焊接性能良好	可用于制造大型焊接结构件及高级跳水板等
	2A50	LD5	热态下塑性较高,易于锻造、冲压。强度较高,在淬火及人工时效时与硬铝相近,工艺性能较好,但有挤压效应,因此纵、横向性能差别较大。耐蚀性较好,但有晶间腐蚀倾向。切削性良好,接触焊、滚焊良好,但电弧焊、气焊性能不佳	用于制造要求中等强度,且形状复杂的锻件和冲压件
	2B50	LD6	性能、成分与2A50相近,可互换通用,但热态下其塑性优于2A50	制造形状复杂的锻件
	2A70	LD7	热态下具有高的可塑性,无挤压效应,可热处理强化,成分与2A50相近,但组织较2A80要细,热强性及工艺性能比2A80稍好,属耐热锻铝,其耐蚀性、可切削性尚好,接触焊、滚焊性能良好,电弧焊及气焊性能不佳	用于制造高温环境下工作的锻件(如内燃机活塞)及一些复杂件(如叶轮),板材可用于制造高温下的焊接冲压结构件
	2A80	LD8	热态下塑性较低,可进行热处理强化,高温强度高,属耐热锻铝,无挤压效应,焊接性与2A70相同,耐蚀性、可切削性尚好,有应力腐蚀倾向	用途与2A70相近
	2A90	LD9	有较好的热强性,热态下塑性尚好,可热处理强化,耐蚀性、焊接性和切削性与2A70相近,最一种应用较早的耐热锻铝	用途与2A70、2A80相近,且逐渐被2A70、2A80所代替

（续）

类别	新牌号	旧牌号	特 性	应用举例
锻铝	2A14	LD10	与 2A50 相比含铜量较高,因此强度较高,热强性较好,热态下塑性尚好,可切削性良好,接触焊、滚焊性能良好,电弧焊和气焊性能不佳,耐蚀性不高,人工时效状态时有晶间腐蚀倾向,可热处理强化,有挤压效应,因此纵、横向性能有所差别	用于制造承受高负荷和形状简单的锻件
	4A11	LD11	属 Al-Cu-Mg-Si 系合金,由苏联 AK9 合金转化而来,可锻,可铸,热强性好,热膨胀系数小,抗磨性能好	主要用于制造蒸汽机活塞及气缸材料
	6061、6063	LD30、LD31	属 Al-Mg-Si 系合金,相当于美国的 6061 和 6063 合金,具有中等的强度,焊接性优良,耐蚀性及冷加工性好,是一种使用范围广、很有前途的合金	广泛应用于建筑业门窗、台架等结构件及医疗办公、车辆、船舶、机械等方面
超硬铝	7A03	LC3	铆钉合金,淬火人工时效状态下可以铆接,可热处理强化,抗剪强度较高,耐蚀性和可切削性能尚好,铆钉铆接时不受热处理后时间限制	用作承力结构铆钉,工作温度在 125℃ 以下。可作 2A10 铆钉合金代用品
	7A04	LC4	系高强度合金,在刚淬火及退火状态下塑性尚可,可热处理强化,通常在淬火人工时效状态下使用,这时得到的强度较一般硬铝高很多,但塑性较低。合金点焊焊接性良好,气焊不良,热处理后可切削性良好,但退火后的可切削性不佳	用于制造主要承力结构件,如飞机上的大梁、桁条、加强框、蒙皮、翼肋、接头、起落架等
	7A09	LC9	属高强度铝合金,在退火和刚淬火状态下的塑性稍低于同样状态的 2A12,稍优于 7A04,板材的缺口敏感,应力腐蚀性能优于 7A04	制造飞机蒙皮等结构件和主要受力零件
	7A10	LC10	是 Al-Cu-Mg-Zn 系合金	主要生产板材、管材和锻件等,用于纺织工业及作为防弹材料
	7003	LC12	属于 Al-Cu-Mn-Zn 系合金,由日本的 7003 合金转化而来,综合力学性能较好,耐蚀性好	主要用来制作型材,生产自行车的车圈
特殊铝	4A01	LT1	属铝硅合金,耐蚀性高,压力加工性良好,但机械强度差	多用于制作焊条、焊棒
	4A13、4A17	LT13、LT17	是 Al-Si 系合金	主要用于钎接板、带材的包覆板,或直接生产板、带、箔和焊线等
	5A41	LT41	特殊的高镁合金,抗冲击性强	多用于制作飞机座舱防弹板
	5A66	LT66	为高纯铝镁合金,相当于 5A02,其杂质含量要求严格控制	多用于生产高级饰品,如笔套、标牌等

2.4.2 铝及铝合金产品

1. 变形铝及铝合金状态代号(见表 2-146)

表 2-146 变形铝及铝合金产品基础状态、H 与 T 细分状态代号及新、旧代号对照(GB/T 16475—2008)

分类	代号	名 称	说 明
基础状态代号	F	自由加工状态	适用于在成形过程中对于加工硬化和热处理条件无特殊要求的产品。该状态产品的力学性能不做规定
	O	退火状态	适用于经完全退火获得最低强度的加工产品
	H	加工硬化状态	适用于通过加工硬化提高强度的产品 H 后面应有 2 位或 3 位阿拉伯数字
	W	固溶处理状态	一种不稳定状态,仅适用于经固熔热处理后室温下自然时效的合金。该状态代号仅表示产品处于自然时效阶段
	T	热处理状态(不同于 F、O、H 状态)	适用于热处理后经过(或不经过)加工硬化达到稳定状态的产品,T 代号后面必须跟一位或多位阿拉伯数字
H 状态的细分状态代号	H1×	单纯加工硬化状态	适用于未经附加热处理,只经加工硬化即可获得所需强度的状态
	H2×	加工硬化后不完全退火状态	适用于加工硬化程度超过成品规定要求后,经不完全退火使强度降低到规定指标的产品
	H3×	加工硬化后稳定化处理状态	适用于加工硬化后经低温热处理或由于加工过程中的受热作用致使其力学性能达到稳定的产品。H3×状态仅适用于在室温下时效(除非经稳定化处理)的合金
	H4×	加工硬化后涂漆(层)处理的状态	适用于加工硬化后,经涂漆(层)处理导致了不完全退火的产品

1)H 后面的第 1 位数字表示获得该状态的基本工艺,用数字 1~4 表示

2)H 后面的第 2 位数字表示产品的最终加工硬化程度,用数字 1~9 表示。数字 8 表示硬状态,H×8 状态的最小抗拉强度值可按 O 状态的最小抗拉强度与标准规定的强度差值之和来确定

数字 9 为超硬状态,用 H×9 表示。H×9 状态的最小抗拉强度极限值超过 H×8 状态至少 10MPa 以上

数字 1~7 即细分状态代号,H×1、H×2、H×3、H×4、H×5、H×6、H×7 按标准规定分别表示不同的最终抗拉强度极限值

3)H 后面的第 3 位数字或字母表示影响产品特性,但产品特性仍接近其两位数字状态(H112,H116,H320 状态除外)的特殊处理,如 H×11 代号适用于最终退火后又进行了适量的加工强化,但加工硬化程度又不及 H11 状态的产品

分类	代号	说 明
T 状态的细分状态代号	T1	高温成形+自然时效 适用于高温成形后冷却,自然时效,不再进行冷加工(或影响力学性能极限的矫平、矫直)的产品
	T2	高温成形+冷加工+自然时效 适用于高温成形后冷却,进行冷加工(或影响力学性能极限的矫平、矫直)以提高强度,然后自然时效的产品

（续）

分类	代号	说　明
T 状态的细分状态代号	T3	固溶热处理+冷加工+自然时效 适用于固溶热处理后进行冷加工（或影响力学性能极限的矫平、矫直）以提高强度，然后自然时效的产品
	T4	固溶热处理+自然时效 适用于固溶热处理后不再进行冷加工（或影响力学性能极限的矫直、矫平），然后自然时效的产品
	T5	高温成形+人工时效 适用于高温成形后冷却，不经冷加工（或影响力学性能极限的矫直、矫平），然后进行人工时效的产品
	T6	固溶热处理+人工时效 适用于固溶热处理后不再进行冷加工（或影响力学性能极限的矫直、矫平），然后人工时效的产品
	T7	固溶热处理+过时效 适用于固溶热处理后进行过时效至稳定化状态，为获取除力学性能外的其他某些重要特性，在人工时效时强度在时效曲线上越过了最高峰点的产品
	T8	固溶热处理+冷加工+人工时效 适用于固溶热处理后经冷加工（或影响力学性能极限的矫直、矫平）以提高强度，然后人工时效的产品
	T9	固溶热处理+人工时效+冷加工 适用于固溶热处理后人工时效，然后进行冷加工（或影响力学性能极限的矫直、矫平）以提高强度的产品
	T10	高温成形+冷加工+人工时效 适用于高温成形后冷却，经冷加工（或影响力学性能极限的矫直、矫平）以提高强度，然后进行人工时效的产品

某些 6×××系或 7×××系的合金，无论是炉内固溶热处理，还是高温成形后急冷以保留可溶性组分在固溶体中，均能达到相同的固溶热处理效果，这些合金的 T3、T4、T6、T7、T8 和 T9 状态可采用上述两种处理方法的任一种，但应保证产品的力学性能和其他性能（如耐蚀性能）

分类	旧代号	新代号	旧代号	新代号
新旧状态代号对照	M	O	CYS	T51、T52 等
	R	热处理不可强化合金:H112 或 F 热处理可强化合金:T1 或 F	CZY	T2
	Y	HX8	CSY	T9
	Y1	HX6	MCS	T62
	Y2	HX4	MCZ	T42
	Y4	HX2	CGS1	T73
	T	HX9	CGS2	T76
	CZ	T4	CGS3	T74
	CS	T6	RCS	T5

注:1. 原以 R 状态交货的提供 CZ、CS 试样性能的产品，其状态分别对应新代号 T42、T62。

　　2. 本表中的旧代号指 GB/T 340—1976《有色金属及合金产品牌号表示方法》中有关变形铝及铝合金产品的状态代号部分。

　　3. GB/T 16475—2008 适用于轧制、挤压、拉伸、铸造方法生产的变形铝及铝合金产品的状态代号。

2. 铝及铝合金挤压棒材(见表 2-147~表 2-149)

表 2-147　铝及铝合金挤压棒材的牌号、供应状态及尺寸规格(摘自 GB/T 3191—2019)

牌号		供应状态[③]	尺寸规格/mm			备注
I 类[①]	II 类[②]		圆棒的直径	方棒或六角棒的厚度	长度	
1035、1060、1050A	—	O、H112				
1070A、1200、1350	—	H112				
—	2A02、2A06、2A50、2A70、2A80、2A90	T1、T6				
—	2A11、2A12、2A13	T1、T4				
2A14、2A16		T1、T6、T6511				
—	2017A	T4、T4510、T4511				
—	2017	T4				
—	2014、2014A	O、T4、T4510、T4511、T6、T6510、T6511				棒材牌号的化学成分应符合 GB/T 3190—2020 的规定
—	2024	O、T3、T3510、T3511、T8、T8510、T8511				① I 类为 1×××系、3×××系、4×××系、6×××、8××× 系合金及镁含量平均值小于 4% 的 5×××系合金棒
—	2219	O、T3、T3510、T1、T6				
—	2618	T1、T6、T6511、T8、T8511				
3A21、3003、3103	—	O、H112				
3102	—	H112				
4A11、4032	—	T1	5~350	5~200	1000~6000	② II 类为 2×××系、7×××系合金及镁含量平均值大于或等于 4% 的 5×××系合金棒材
5A02、5052、5005、5005A、5251、5154A、5454、5754	5019、5083、5086	O、H112				
5A03、5049	5A05、5A06、5A12	H112				③ 可热处理强化合金的挤压状态, 按 GB/T 16475—2008 的规定由原 H112 状态修改为 T1 状态
6A02	—	T1、T6				
6101A、6101B、6082	—	T6				
6005、6005A、6110A	—	T5、T6				
6351	—	T4、T6				
6060、6463、6063A	—	T4、T5、T6				
6061	—	T4、T4510、T4511、T6、T6510、T6511				
6063	—	O、T4、T5、T6				
—	7A04、7A09、7A15	T1、T6				
—	7003	T5、T6				

左侧合并单元格：棒材的牌号、供应状态及尺寸规格

(续)

	牌号		供应状态③	尺寸规格/mm			备注
	Ⅰ类①	Ⅱ类②		圆棒的直径	方棒或六角棒的厚度	长度	
棒材的牌号、供应状态及尺寸规格	—	7005、7020、7021、7022	T6	5～350	5～200	1000～6000	
	—	7049A	T6、T6510、T6511				
	—	7075	O、T1、T6、T6510、T6511、T73、T73510、T73511				
	8A06	—	O、H112				

	圆棒的直径、方棒或六角棒的厚度	A 级	B 级	C 级	D 级	E 级		备注
						Ⅰ类	Ⅱ类	
棒材截面的极限偏差/mm	5.00～6.00	−0.30	−0.48	—	—	—	—	棒材截面尺寸极限偏差规定采用 D 级,要求其他级别或有特殊要求时,应在合同中注明
	>6.00～10.00	−0.36	−0.58	—	—	±0.20	±0.25	
	>10.00～18.00	−0.43	−0.70	−1.10	−1.30	±0.22	±0.30	
	>18.00～25.00	−0.50	−0.80	−1.20	−1.45	±0.25	±0.35	
	>25.00～28.00	−0.52	−0.84	−1.30	−1.50	±0.28	±0.38	
	>28.00～40.00	−0.60	−0.95	−1.50	−1.80	±0.30	±0.40	
	>40.00～50.00	−0.62	−1.00	−1.60	−2.00	±0.35	±0.45	
	>50.00～65.00	−0.70	−1.15	−1.80	−2.40	±0.40	±0.50	
	>65.00～80.00	−0.74	−1.20	−1.90	−2.50	±0.45	±0.70	
	>80.00～100.00	−0.95	−1.35	−2.10	−3.10	±0.55	±0.90	
	>100.00～120.00	−1.00	−1.40	−2.20	−3.20	±0.65	±1.00	
	>120.00～150.00	−1.25	−1.55	−2.40	−3.70	±0.80	±1.20	
	>150.00～180.00	−1.30	−1.60	−2.50	−3.80	±1.00	±1.40	
	>180.00～220.00	—	−1.85	−2.80	−4.40	±1.15	±1.70	
	>220.00～250.00	—	−1.90	−2.90	−4.50	±1.25	±1.95	
	>250.00～270.00	—	−2.15	−3.20	−5.40	±1.3	±2.0	
	>270.00～300.00	—	−2.20	−3.30	−5.50	±1.5	±2.4	
	>300.00～320.00	—	—	−4.00	−7.00	±1.6	±2.5	
	>320.00～350.00	—	—	−4.20	−7.20	—	—	

(续)

圆棒的直径、方棒或六角棒的厚度④	棒材弯曲度						备注
	普通级		高精级		超高精级		
	每米长度上	全长 L 米上	每米长度上	全长 L 米上	每米长度上	全长 L 米上	

棒材的弯曲度 /mm

圆棒的直径、方棒或六角棒的厚度④	每米长度上	全长 L 米上	每米长度上	全长 L 米上	每米长度上	全长 L 米上	备注
>10.00~80.00	≤3.0	≤3.0×L	≤2.5	≤2.5×L	≤2.0	≤2.0×L	除O状态外,其他状态棒材的纵向弯曲度应符合表中普通级的规定,需要高精级或超高精级时,应在订货单(或合同)中注明。O状态棒材有纵向弯曲度要求时,应供需双方协商并在订货单(或合同)中注明 ④ 当圆棒的直径、方棒或六角棒的厚度不大于10mm时,棒材允许有用手轻压即可消除的纵向弯曲
>80.00~120.00	≤6.0	≤6.0×L	≤3.0	≤3.0×L	≤2.0	≤2.0×L	
>120.00~150.00	≤10.0	≤10.0×L	≤3.5	≤3.5×L	≤3.0	≤3.0×L	
>150.00~200.00	≤14.0	≤14.0×L	≤4.0	≤4.0×L	≤3.0	≤3.0×L	
>200.00~350.00	≤20.0	≤20.0×L	≤15.0	≤15.0×L	≤6.0	≤6.0×L	

方棒的扭拧度 /mm

方棒的厚度	方棒的扭拧度						方棒的扭拧度应符合表中普通级的规定,需要高精级或超高精级时,应在订货单(或合同)中注明,未注明时按普通级供货
	普通级		高精级		超高精级		
	每米长度上	全长 L 米上	每米长度上	全长 L 米上	每米长度上	全长 L 米上	
≤30.00	≤4.0	≤4.0×L	≤2.0	≤6.0	≤1.0	≤3.0	
>30.00~50.00	≤6.0	≤6.0×L	≤3.0	≤8.0	≤1.5	≤4.0	
>50.00~120.00	≤10.0	≤10.0×L	≤4.0	≤10.0	≤2.0	≤5.0	
>120.00~150.00	≤13.0	≤13.0×L	≤6.0	≤12.0	≤3.0	≤6.0	
>150.00~200.00	≤15.0	≤15.0×L	≤7.0	≤14.0	≤3.0	≤6.0	

六角棒的扭拧度 /mm

六角棒的厚度	六角棒的扭拧度						六角棒的扭拧度应符合表中普通级的规定。需高精级、超高精级或有特殊要求时,应在订货单(或合同)中注明,未注明时按普通级供货
	普通级		高精级		超高精级		
	每米长度上	全长 L 米上	每米长度上	全长 L 米上	每米长度上	全长 L 米上	
≤14.00	≤4.0	≤4.0×L	≤3.0	≤3.0×L	≤2.0	≤2.0×L	
>14.00~38.00	≤11.0	≤11.0×L	≤8.0	≤8.0×L	≤5.0	≤5.0×L	
>38.00~100.00	≤18.0	≤18.0×L	≤12.0	≤12.0×L	≤9.0	≤9.0×L	
>100.00~150.00	≤25.0	≤25.0×L	—	—	—	—	

注:产品标记按产品名称、本标准编号、牌号、状态、尺寸规格的顺序表示。标记示例如下:

示例1　7075 牌号、T6 状态、直径为 100.00mm、长度为 4000mm 的挤压圆棒标记为:
　　　　圆棒 GB/T 3191-7075T6-φ100×4000

示例2　7075 牌号、T6 状态、直径为 50.00mm、长度不定尺的挤压圆棒标记为:
　　　　圆棒 GB/T 3191-7075T6-φ50

示例3　7075 牌号、T6 状态、边长为 100.00mm、长度为 4000mm 的挤压方棒标记为:
　　　　方棒 GB/T 3191-7075T6-100×4000

示例4　7075 牌号、T6 状态、边长为 80.00mm、长度为 4000mm 的挤压六角棒标记为:
　　　　六角棒 GB/T 3191-7075T6-80×4000

示例5　7075 牌号、T6 状态、边长为 80.00mm、长度为 4000mm 的挤压高强六角棒标记为:
　　　　高强六角棒 GB/T 3191-7075T6-80×4000

表 2-148　铝及铝合金挤压棒材的室温力学性能（摘自 GB/T 3191—2019）

牌号	供应状态[2]	试样状态	圆棒直径 /mm	方棒或六角棒 厚度/mm	室温拉伸试验结果 抗拉强度 R_m MPa	规定塑性 延伸强度 $R_{p0.2}$ MPa	断后伸 长率[1] A %	A_{50mm} %	布氏硬 度参考 值[3] HBW
1035	O	O	≤150.00	≤150.00	60~120	—	≥25	—	—
	H112	H112	≤150.00	≤150.00	≥60	—	≥25	—	—
1060	O	O	≤150.00	≤150.00	60~95	≥15	≥22	—	—
	H112	H112	≤150.00	≤150.00	≥60	≥15	≥22	—	—
1050A	O	O	≤150.00	≤150.00	60~95	≥20	≥25	≥23	20
	H112	H112	≤150.00	≤150.00	≥60	≥20	≥25	≥23	20
1070A	H112	H112	≤150.00	≤150.00	≥60	≥23	≥25	≥23	18
1200	H112	H112	≤150.00	≤150.00	≥75	≥25	≥20	≥18	23
1350	H112	H112	≤150.00	≤150.00	≥60	—	≥25	≥23	20
2A02	T1、T6	T62、T6	≤150.00	≤150.00	≥430	≥275	≥10	—	—
2A06	T1、T6	T62、T6	≤22.00	≤22.00	≥430	≥285	≥10	—	—
			>22.00~100.00	>22.00~100.00	≥440	≥295	≥9	—	—
			>100.00~150.00	>100.00~150.00	≥430	≥285	≥10	—	—
2A11	T1、T4	T42、T4	≤150.00	≤150.00	≥370	≥215	≥12	—	—
2A12	T1、T4	T42、T4	≤22.00	≤22.00	≥390	≥255	≥12	—	—
			>22.00~150.00	>22.00~150.00	≥420	≥275	≥10	—	—
	T1	T42	>150.00~250.00	>150.00~200.00	≥380	≥260	≥6	—	—
2A13	T1、T4	T42、T4	≤22.00	≤22.00	≥315	—	≥4	—	—
			>22.00~150.00	>22.00~150.00	≥345	—	≥4	—	—
2A14	T1、T6、 T6511	T62、T6、 T6511	≤22.00	≤22.00	≥440	—	≥10	—	—
			>22.00~150.00	>22.00~150.00	≥450	—	≥10	—	—
2A16	T1、T6、 T6511	T62、T6、 T6511	≤150.00	≤150.00	≥355	≥235	≥8	—	—
2A50	T1、T6	T62、T6	≤150.00	≤150.00	≥355	—	≥12	—	—
2A70、 2A80、 2A90	T1、T6	T62、T6	≤150.00	≤150.00	≥355	—	≥8	—	—
2014、 2014A	O	O	≤200.00	≤200.00	≤205	≤135	≥12	≥10	45
	T4、 T4510、 T4511	T4、 T4510、 T4511	≤25.00	≤25.00	≥370	≥230	≥13	≥11	110
			>25.00~75.00	>25.00~75.00	≥410	≥270	≥12	—	110
			>75.00~150.00	>75.00~150.00	≥390	≥250	≥10	—	110
			>150.00~200.00	>150.00~200.00	≥350	≥230	≥8	—	110

（续）

牌号	供应状态[2]	试样状态	圆棒直径 /mm	方棒或六角棒 厚度/mm	室温拉伸试验结果				布氏硬 度参考 值[3] HBW
					抗拉强度 R_m	规定塑性 延伸强度 $R_{p0.2}$	断后伸 长率[1]		
							A	A_{50mm}	
					MPa		%		
2014、 2014A	T6、 T6510、 T6511	T6、 T6510、 T6511	≤25.00	≤25.00	≥415	≥370	≥6	≥5	140
			>25.00~75.00	>25.00~75.00	≥460	≥415	≥7	—	140
			>75.00~150.00	>75.00~150.00	≥465	≥420	≥7	—	140
			>150.00~200.00	>150.00~200.00	≥430	≥350	≥6	—	140
			>200.00~250.00		≥420	≥320	≥5	—	140
2017	T4	T4	≤120.00	≤120.00	≥345	≥215	≥12	—	—
2017A	T4、 T4510、 T4511	T4、 T4510、 T4511	≤25.00	≤25.00	≥380	≥260	≥12	≥10	105
			>25.00~75.00	>25.00~75.00	≥400	≥270	≥10	—	105
			>75.00~150.00	>75.00~150.00	≥390	≥260	≥9	—	105
			>150.00~200.00	>150.00~200.00	≥370	≥240	≥8	—	105
			>200.00~250.00	—	≥360	≥220	≥7	—	105
2024	O	O	≤200.00	≤150.00	≤250	≤150	≥12	≥10	47
	T3、 T3510、 T3511	T3、 T3510、 T3511	≤50.00	≤50.00	≥450	≥310	≥8	≥6	120
			>50.00~100.00	>50.00~100.00	≥440	≥300	≥8	—	120
			>100.00~200.00	>100.00~200.00	≥420	≥280	≥8	—	120
			>200.00~250.00	—	≥400	≥270	≥8	—	120
	T8、 T8510、 T8511	T8、 T8510、 T8511	≤150.00	≤150.00	≥455	≥380	≥5	≥4	130
			>150.00~250.00	>150.00~200.00	≥425	≥360	≥5	—	130
2219	O	O	≤150.00	≤150.00	≤220	≤125	≥12	≥12	—
	T3、 T3510	T3、 T3510	≤12.50	≤12.50	≥290	≥180	≥12	≥12	—
			>12.50~80.00	>12.50~80.00	≥310	≥185	≥12	≥12	—
	T1、T6	T62、T6	≤150.00	≤150.00	≥370	≥250	≥6	≥6	—
2618	T1、T6、 T6511	T62、T6、 T6511	≤150.00	≤150.00	≥375	≥315	≥6		—
	T1	T62	>150.00~250.00	>150.00~250.00	≥365	≥305	≥5		—
	T8、T8511	T8、T8511	≤150.00	≤150.00	≥385	≥325	≥5	—	—
3A21	O	O	≤150.00	≤150.00	≤165	—	≥20	≥20	—
	H112	H112	≤150.00	≤150.00	≥90	—	≥20	—	—
3003	O	O	≤250.00	≤200.00	95~135	≥35	≥25	≥20	30
	H112	H112	≤250.00	≤200.00	≥95	≥35	≥25	≥20	30
3102	H112	H112	≤250.00	≤200.00	≥80	≥30	≥25	≥23	23

（续）

牌号	供应状态[②]	试样状态	圆棒直径 /mm	方棒或六角棒 厚度/mm	室温拉伸试验结果				布氏硬度参考值[③] HBW
					抗拉强度 R_m	规定塑性延伸强度 $R_{p0.2}$	断后伸长率[①]		
							A	A_{50mm}	
					MPa		%		
3103	O	O	≤250.00	≤200.00	95~135	≥35	≥25	≥20	28
	H112	H112	≤250.00	≤200.00	≥95	≥35	≥25	≥20	28
4A11、4032	T1	T62	≤100.00	≤100.00	≥350	≥290	≥6.0	—	—
			>100.00~200.00	>100.00~200.00	≥340	≥280	≥2.5	—	—
5A02	O	O	≤150.00	≤150.00	≤225	—	≥10	—	—
	H112	H112	≤150.00	≤150.00	≥170	≥70	—	—	—
5A03			≤150.00	≤150.00	≥175	≥80	≥13	≥13	—
5A05	H112、O	H112、O	≤150.00	≤150.00	≥265	≥120	≥15	≥15	—
5A06			≤150.00	≤150.00	≥315	≥155	≥15	≥15	—
5A12			≤150.00	≤150.00	≥370	≥185	≥15	≥15	—
5052	O	O	≤250.00	≤200.00	170~230	70	≥17	≥15	45
	H112	H112	≤250.00	≤200.00	≥170	≥70	≥15	≥13	47
5005、5005A	O	O	≤60.00	≤60.00	100~150	≥40	≥18	≥16	30
	H112	H112	≤200.00	≤100.00	≥100	≥40	≥18	≥16	30
5019	O	O	≤200.00	≤200.00	250~320	≥110	≥15	≥13	65
	H112	H112	≤200.00	≤200.00	≥250	≥110	≥14	≥12	65
5049	H112	H112	≤250.00	≤200.00	≥180	≥80	≥15	≥13	50
5251	O	O	≤250.00	≤200.00	160~220	≥60	≥17	≥15	45
	H112	H112	≤250.00	≤200.00	≥160	≥60	≥16	≥14	45
5154A	O	O	≤200.00	≤200.00	200~275	≥85	≥18	≥16	55
	H112	H112	≤200.00	≤200.00	≥200	≥85	≥16	≥14	55
5454	O	O	≤200.00	≤200.00	200~275	≥85	≥18	≥16	60
	H112	H112	≤200.00	≤200.00	≥200	≥85	≥16	≥14	60
5754	O	O	≤150.00	≤150.00	180~250	≥80	≥17	≥15	45
	H112	H112	≤150.00	≤150.00	≥180	≥80	≥14	≥12	47
			>150.00~250.00	>150.00~200.00	≥180	≥70	≥13	—	47
5083	O	O	≤200.00	≤200.00	270~350	≥110	≥12	≥10	70
	H112	H112	≤200.00	≤200.00	≥270	≥125	≥12	≥10	70
5086	O	O	≤200.00	≤200.00	240~320	≥95	≥18	≥15	65
	H112	H112	≤200.00	≤200.00	≥240	≥95	≥12	≥10	65
6A02	T1、T6	T62、T6	≤150.00	≤150.00	≥295	—	≥12	≥12	—

（续）

牌号	供应状态[②]	试样状态	圆棒直径 /mm	方棒或六角棒 厚度/mm	室温拉伸试验结果				布氏硬度参考值[③] HBW
					抗拉强度 R_m	规定塑性延伸强度 $R_{p0.2}$	断后伸长率[①]		
							A	A_{50mm}	
					MPa		%		
6005、6005A	T5	T5	≤25.00	≤25.00	≥260	≥215	≥8	—	—
	T6	T6	≤25.00	≤25.00	≥270	≥225	≥10	≥8	90
			>25.00~50.00	>25.00~50.00	≥270	≥225	≥8	—	90
			>50.00~100.00	>50.00~100.00	≥260	≥215	≥8	—	85
6101A	T6	T6	≤150.00	≤150.00	≥200	≥170	≥10	≥8	70
6101B	T6	T6	—	≤15.00	≥215	≥160	≥8	≥6	70
6110A	T5	T5	≤120.00	≤120.00	≥380	≥360	≥10	≥8	115
	T6	T6	≤120.00	≤120.00	≥410	≥380	≥10	≥8	120
6351	T4	T4	≤150.00	≤150.00	≥205	≥110	≥14	≥12	67
	T6	T6	≤20.00	≤20.00	≥295	≥250	≥8	≥6	95
			>20.00~75.00	>20.00~75.00	≥300	≥255	≥8	—	95
			>75.00~150.00	>75.00~150.00	≥310	≥260	≥8	—	95
			>150.00~200.00	>150.00~200.00	≥280	≥240	≥6	—	95
			>200.00~250.00	—	≥270	≥200	≥6	—	95
6060	T4	T4	≤150.00	≤150.00	≥120	≥60	≥16	≥14	50
	T5	T5	≤150.00	≤150.00	≥160	≥120	≥8	≥6	60
	T6	T6	≤150.00	≤150.00	≥190	≥150	≥8	≥6	70
6061	T6、T6510、T6511	T6、T6510、T6511	≤150.00	≤150.00	≥260	≥240	≥8	≥6	95
	T4、T4510、T4511	T4、T4510、T4511	≤150.00	≤150.00	≥180	≥110	≥15	≥13	65
6063	O	O	≤150.00	≤150.00	≥130	—	≥18	≥16	25
	T4	T4	≤150.00	≤150.00	≥130	≥65	≥14	≥12	50
			>150.00~200.00	>150.00~200.00	≥120	≥65	≥12	—	50
	T5	T5	≤200.00	≤200.00	≥175	≥130	≥8	≥6	65
	T6	T6	≤150.00	≤150.00	≥215	≥170	≥10	≥8	75
			>150.00~200.00	>150.00~200.00	≥195	≥160	≥10		75
6063A	T4	T4	≤150.00	≤150.00	≥150	≥90	≥12	≥10	50
			>150.00~200.00	>150.00~200.00	≥140	≥90	≥10	—	50
	T5	T5	≤200.00	≤200.00	≥200	≥160	≥7	≥5	75
	T6	T6	≤150.00	≤150.00	≥230	≥190	≥7	≥5	80
			>150.00~200.00	>150.00~200.00	≥220	≥160	≥7	—	80
6463	T4	T4	≤150.00	≤150.00	≥125	≥75	≥14	≥12	46
	T5	T5	≤150.00	≤150.00	≥150	≥110	≥8	≥6	60
	T6	T6	≤150.00	≤150.00	≥195	≥160	≥10	≥8	74

（续）

牌号	供应状态[②]	试样状态	圆棒直径/mm	方棒或六角棒厚度/mm	室温拉伸试验结果					布氏硬度参考值[③] HBW
					抗拉强度 R_m	规定塑性延伸强度 $R_{p0.2}$	断后伸长率[①]			
							A	A_{50mm}		
					MPa		%			
6082	T6	T6	≤20.00	≤20.00	≥295	≥250	≥8	≥6	95
			>20.00~150.00	>20.00~150.00	≥310	≥260	≥8	—	95
			>150.00~200.00	>150.00~200.00	≥280	≥240	≥6	—	95
			>200.00~250.00	—	≥270	≥200	≥6	—	95
7A15	T1、T6	T62、T6	≤150.00	≤150.00	≥490	≥420	≥6	—	—
7A04、7A09	T1、T6	T62、T6	≤22.00	≤22.00	≥490	≥370	≥7	—	—
			>22.00~150.00	>22.00~150.00	≥530	≥400	≥6	—	—
7003	T5	T5	≤250.00	≤200.00	≥310	≥260	≥10	≥8	—
	T6	T6	≤50.00	≤50.00	≥350	≥290	≥10	≥8	110
			>50.00~150.00	>50.00~150.00	≥340	≥280	≥10	≥8	110
7005	T6	T6	≤50.00	≤50.00	≥350	≥290	≥10	≥8	110
			>50.00~150.00	>50.00~150.00	≥340	≥270	≥10	—	110
7020	T6	T6	≤50.00	≤50.00	≥350	≥290	≥10	≥8	110
			>50.00~150.00	>50.00~150.00	≥340	≥275	≥10	—	110
7021	T6	T6	≤40.00	≤40.00	≥410	≥350	≥10	≥8	120
7022	T6	T6	≤80.00	≤80.00	≥490	≥420	≥7	≥5	133
			>80.00~200.00	>80.00~200.00	≥470	≥400	≥7	—	133
7049A	T6、T6510、T6511	T6、T6510、T6511	≤100.00	≤100.00	≥610	≥530	≥5	≥4	170
			>100.00~125.00	>100.00~125.00	≥560	≥500	≥5	—	170
			>125.00~150.00	>125.00~150.00	≥520	≥430	≥5	—	170
			>150.00~180.00	>150.00~180.00	≥450	≥400	≥3	—	170
7075	O	O	≤200.00	≤200.00	≤275	≤165	≥10	≥8	60
	T1、T6、T6510、T6511	T62、T6、T6510、T6511	≤25.00	≤25.00	≥540	≥480	≥7	≥5	150
			>25.00~100.00	>25.00~100.00	≥560	≥500	≥7	—	150
			>100.00~150.00	>100.00~150.00	≥550	≥440	≥5	—	150
			>150.00~200.00	>150.00~200.00	≥440	≥400	≥5	—	150
	T73、T73510、T73511	T73、T73510、T73511	≤25.00	≤25.00	≥485	≥420	≥7	≥5	135
			>25.00~75.00	>25.00~75.00	≥475	≥405	≥7	—	135
			>75.00~100.00	>75.00~100.00	≥470	≥390	≥6	—	135
			>100.00~150.00	>100.00~150.00	≥440	≥360	≥6	—	135

（续）

牌号	供应状态[2]	试样状态	圆棒直径/mm	方棒或六角棒厚度/mm	抗拉强度 R_m	规定塑性延伸强度 $R_{p0.2}$	断后伸长率[1] A	断后伸长率[1] A_{50mm}	布氏硬度参考值[3] HBW
					室温拉伸试验结果				
					MPa		%		
8A06	O	O	≤150.00	≤150.00	60~120	—	≥25	—	—
	H112	H112	≤150.00	≤150.00	≥60	—	≥25	—	—

① 2A11、2A12、2A13 合金 T1 状态供货的棒材取 T4 状态的试样检测力学性能，合格者交货，其他合金 T1 状态供货的棒材取 T6 状态的试样检测力学性能，合格者交货。

② 5A03、5A05、5A06、5A12 合金 O 状态供货的棒材，当取 H112 状态的性能合格时，可按 O 状态力学性能合格的棒材交货。

③ 表中硬度值仅供参考（不适用于 T1 状态），实测值可能与表中数据差别较大。

表 2-149　铝及铝合金挤压棒材的高强度棒材力学性能及高温持久纵向拉伸力学性能

（摘自 GB/T 3191—2019）

	牌号	供应状态	试样状态	棒材直径、方棒或六角棒的厚度/mm	抗拉强度 R_m	规定塑性延伸强度 $R_{p0.2}$	断后伸长率 A（%）	备注
					室温拉伸试验结果			
					MPa			
高强度棒材室温纵向力学性能	2A11	T1、T4	T42、T4	20.00~120.00	≥390	≥245	≥8	当需方对 2A11、2A12、2A14、2A50、6A02、7A04、7A09 铝合金挤压棒材的抗拉强度有更高要求时，应在订货单（或合同）中加注"高强"字样，其产品的室温纵向拉伸力学性能应符合表中的规定
	2A12	T1、T4	T42、T4	20.00~120.00	≥440	≥305	≥8	
	2A14	T1、T6	T62、T6	20.00~120.00	≥460		≥8	
	2A50	T1、T6	T62、T6	20.00~120.00	≥380		≥10	
	6A02	T1、T6	T62、T6	20.00~120.00	≥305		≥8	
	7A04、7A09	T1、T6	T62、T6	20.00~100.00	≥550	≥450	≥6	
				>100.00~120.00	≥530	≥430	≥6	

	牌号	温度/℃	试验应力/MPa	试验时间/h	备注
高温持久纵向拉伸力学性能	2A02	270	64	100	2A02、2A16 合金棒材有高温持久拉伸力学性能要求时，应由供需双方协商并在订货单（或合同）中注明。棒材按表中规定的参数进行纵向高温持久拉伸力学性能试验时，试样不应出现断裂。 2A02 合金棒材采用 78MPa 的试验应力、保温 50h 的试验结果不合格时，可以进行 64MPa 的试验应力、保温 100h 的试验，并以试验结果作为最终判定依据
			78	50	
	2A16	300	59	100	

注：对于铝及铝合金挤压棒材的超声波探伤性能、低倍组织和显微组织等的检验及要求应符合 GB/T 3191—2019 的规定。

3. 铝及铝合金挤压扁棒及板（见表 2-150 和表 2-151）

表 2-150 铝及铝合金挤压扁棒矩形截面尺寸、极限偏差（摘自 YS/T 439—2012）

宽度及极限偏差/mm		下列各厚度范围内的厚度极限偏差（±）/mm															
宽度范围	极限偏差（±）	2~6		>6~10		>10~18		>18~30		>30~50		>50~80		>80~120		>120~150	
		普通级	高精级	普通级	高精级	普通级	高精级	普通级	高精级	普通级	高精级	普通级	高精级	普通级	高精级	普通级	高精级
10~18	0.35	0.25				0.35	0.25	—	—	—		—		—		—	
>18~30	0.40	0.30	0.25	0.20	0.30	0.25	0.40	0.30	0.40	0.30	—		—		—		
>30~50	0.50	0.40					0.40	0.30	0.50	0.35	0.50	0.40	—		—		
>50~80	0.70	0.60	0.30	0.25	0.35	0.30	0.45	0.35	0.60	0.40	0.70	0.50	0.70	0.60	—		
>80~120	1.00	0.80	0.35	0.30	0.40	0.35	0.50	0.40		0.45	0.60	0.80	0.70	1.00	0.80		
>120~180	1.30	1.10	0.40	0.35	0.45	0.40	0.55	0.45	0.70	0.50	0.80	1.00		1.10	0.90	1.30	1.00
>180~240	1.60	1.40			0.50	0.45	0.60				0.90	0.70	1.10	0.80	1.30	1.00	1.50	1.20
>240~300	2.00	1.70					0.65	0.50	0.80	0.60		1.20		1.40	1.10	1.60	1.30
>300~400	2.50	2.00	—	—			0.70	0.60	0.90	0.70	1.00	0.80		1.60	1.20	1.80	1.40
>400~500	3.00	2.50			—	—			1.10	0.90	1.30	1.00	1.80	1.30	2.00	1.70	
>500~600	3.50	3.00							1.20		1.40			1.40	—		

注：1. 扁棒的截面尺寸及极限偏差应符合普通级规定，有要求时可双方协商选择高精级，并在订单或合同中注明。

2. 对于含镁量平均值不小于 3% 的高镁合金扁棒，其普通级和高精级的偏差数值为表中对应数值的 2 倍。对于其他合金扁棒，其普通级和高精级应符合表中的规定。

3. 扁棒横截面为矩形，尺寸规格为厚度 2~150mm、宽度 10~600mm。定尺和倍尺的扁棒材，其长度极限偏差为 $^{+20}_{0}$mm，不定尺扁棒的供应长度为 1000~6000mm。

4. 扁棒外形要求（如圆角半径、切斜度、平面间隙、扭拧度、弯曲度等）应符合 YS/T 439—2012 的有关规定。

5. 扁棒用于各工业部门需要的横截面为矩形的棒料。

表 2-151 铝及铝合金挤压扁棒牌号、状态及室温纵向力学性能（摘自 YS/T 439—2012）

合金牌号	供应状态	试样状态	厚度/mm	截面积/cm²	抗拉强度 R_m/MPa	规定塑性延伸强度 $R_{p0.2}$/MPa	断后伸长率 A（%）
					≥		
1070A、1070	H112	H112	≤120	≤200	55	15	—
1060					60		22
1050A、1050					65	20	
1035					70		—
1100、1200					75		
2A11	H112、T4	T4			370	215	12
2A12					390	255	
2A50	H112、T6	T6		≤170	355		8
2A70、2A80、2A90							
2A14					430		
2017	T4	T4		≤200	345	215	12
2024			≤6	≤12	390	295	
			>6~19	≤76	410	305	
			>19~38	≤130	450	315	10

（续）

合金牌号	供应状态	试样状态	厚度 /mm	截面积 /cm²	抗拉强度 R_m/MPa	规定塑性延伸强度 $R_{p0.2}$/MPa	断后伸长率 A（%）
					≥		
3A21					≤165	—	20
3003					90	30	22
5052					175	70	—
5A02	H112	H112	≤120	≤170	≤225	—	10
5A03					175	80	13
5A05					265	120	
5A06					315	155	15
5A12					370	185	
6A02					295	—	12
6061	H112、T6				260	240	9
6063			≤25	≤100	205	170	
6101	T6		≤12.5	≤38	200	172	—
7A04		T6	≤22	≤100	490	370	7
7A09	H112、T6		>22～120	≤200	530	400	
7075			≤6.3	≤12	540	485	6
			>6.3～12.5	≤30	560	505	
			>12.5～50	≤130		495	
8A06	H112	H112	≤150	≤200	70	—	10

注：1. 扁棒的牌号、化学成分应符合 GB/T 3190—2008 的规定。
   2. 尺寸超出本表规定值时，扁棒的力学性能需附实测结果或由供需双方协商确定。

4. 铝及铝合金拉制圆线材（见表 2-152）

表 2-152　铝及铝合金拉制圆线材（导体用、铆钉用）牌号、规格、性能（摘自 GB/T 3195—2016）

	牌　号	供应状态	直径/mm
导体用线材牌号、供应状态及直径	1350	O	9.50～25.00
		H12、H22	
		H14、H24	
		H16、H26	
		H19	1.20～6.50
	1A50	O、H19	0.80～20.00
	8017、8030、8076、8130、8176、8177	O、H19	0.20～17.00
	8C05、8C12	O	0.30～2.50
		H14、H18	0.30～2.50
铆钉用线材牌号、供应状态及直径	1035	H18	1.60～3.00
		H14	3.00～20.00
	1100	O	1.60～25.00
	2A01、2A04、2B11、2B12、2A10	H14、T4	1.60～20.00
	2B16	T6	1.60～10.00
	2017、2024、2117、2219	O、H13	1.60～25.00
	3003	O、H14	

（续）

牌　号		供应状态	直径/mm
3A21		H14	1.60~20.00
5A02			
5A05		H18	0.80~7.00
		O、H14	1.60~20.00
5B05、5A06		H12	
5005、5052、5056		O	1.60~25.00
6061		H18、T6	1.60~20.00
7A03		H14、T6	
7050		O、H13、T7	1.60~25.00

铆钉用线材牌号、供应状态及直径

直径/mm	直径极限偏差/mm				线材分类及材料牌号
	铆钉用线材		导体用线材		
	普通级	高精级	普通级	高精级	
≤1.00	—	—	±0.03	±0.02	线材按用途分为：导体用线材、铆钉用线材、焊接用线材、线缆编织用线材、蒸发料用线材、线材采用的牌号化学成分应符合 GB/T 3195—2016 和 GB/T 3190 的规定。本表只选用了导体用和铆钉用线材的相关资料
>1.00~3.00	0 −0.05	0 −0.04	±0.04	±0.03	
>3.00~6.00	0 −0.08	0 −0.05	±0.05	±0.04	
>6.00~10.00	0 −0.12	0 −0.06	±0.07	±0.05	
>10.00~15.00	0 −0.16	0 −0.08	±0.09	±0.07	
>15.00~20.00	0 −0.20	0 −0.12	±0.13	±0.11	
>20.00~25.00	0 −0.24	0 −0.16	±0.17	±0.15	

导体用和铆钉用线材直径极限偏差

牌号	试样状态	直径/mm	力　学　性　能		
			抗拉强度 R_m/MPa	规定塑性延伸强度 $R_{p0.2}$/MPa	断后伸长率（%）
					A_{200mm} | A
1350	O	9.50~12.70	60~100	—	— | —
	H12、H22		80~120	—	— | —
	H14、H24		100~140	—	— | —
	H16、H26		115~155	—	— | —
	H19	1.20~2.00	≥160	—	≥1.2 | —
		>2.00~2.50	≥175	—	≥1.5 | —
		>2.50~3.50	≥160	—	| —
		>3.50~5.30	≥160	—	≥1.8 | —
		>5.30~6.50	≥155	—	≥2.2 | —
1100	O	1.60~25.00	≤110	—	— | —
	H14		110~145	—	— | —

导体用和铆钉用线材室温力学性能

（续）

牌号	试样状态	直径/mm	力学性能			
			抗拉强度 R_m/MPa	规定塑性延伸强度 $R_{p0.2}$/MPa	断后伸长率（%）	
					A_{200mm}	A
1A50	O	0.80~1.00	≥75	—	≥10.0	—
		>1.00~2.00		—	≥12.0	—
		>2.00~3.00		—	≥15.0	—
		>3.00~5.00		—	≥18.0	—
	H19	0.80~1.00	≥160	—	≥1.0	—
		>1.00~1.50	≥155	—	≥1.2	—
		>1.50~3.00		—	≥1.5	—
		>3.00~4.00	≥135	—		—
		>4.00~5.00		—	≥2.0	—
2017	O	1.60~25.00	≤240	—	—	—
	H13		205~275	—	—	—
	T4		≥380	≥220	—	≥10
2024	O	1.60~25.00	≤240	—	—	—
	H13		220~290	—	—	—
	T42	1.60~3.20	≥425	—	—	—
		>3.20~25.00	≥425	≥275	—	≥9
2117	O	1.60~25.00	≤175	—	—	—
	H15		190~240	—	—	—
	H13		170~220	—	—	—
	T4		≥260	≥125	—	≥16
2219	O	1.60~25.00	≤220	—	—	—
	H13		190~260	—	—	—
	T4		≥380	≥240	—	≥5
3003	O	1.60~25.00	≤130	—	—	—
	H14		140~180	—	—	—
5052	O		≤220	—	—	—
5056	O		≤320	—	—	A
5154 5154A 5154C	O	0.10~0.50	≤220	—	≥6	—
	H38	>0.10~0.16	≥290	—	≥3	—
		>0.16~0.50	≥310	—	≥3	—
6061	O	1.60~25.00	≤155	—	—	—
	H13		150~210	—	—	—
	T6		≥290	≥240	—	≥9
7050	O	1.60~25.00	≤275	—	—	—
	H13		235~305	—	—	—
	T7		≥485	≥400	—	≥9

导体用和铆钉用线材室温力学性能

（续）

牌号	试样状态	直径/mm	力学性能 抗拉强度 R_m/MPa	规定塑性延伸强度 $R_{p0.2}$/MPa	断后伸长率（%）A_{200mm}	A
8017	O	0.20~1.00	98~159	—	≥10	—
8030	O	>1.00~3.00	98~159	—	≥12	—
8076	O	>3.00~5.00	98~159	—	≥15	—
8130	H19	0.20~1.00	≥185	—	≥1.0	—
8176	H19	>1.00~3.00	≥185	—	≥1.2	—
8177	H19	>3.00~5.00	≥185	—	≥1.5	—
8C05	O	0.30~2.50	170~190	—		—
8C05	H14	0.30~2.50	191~219	—		—
8C05	H18	0.30~2.50	220~249	—		—
8C12	O	0.30~2.50	250~259	—	≥3.0	—
8C12	H14	0.30~2.50	260~269	—		—
8C12	H18	0.30~2.50	270~289	—		—

导体用和铆钉用线材室温力学性能

牌号	试样状态	20℃时的电阻率 ρ/$10^{-6}\Omega\cdot m$ ≤
1350	O	0.027899
1350	H12、H22	0.028035
1350	H14、H24	0.028080
1350	H16、H26	0.028126
1350	H19	0.028265
1A50	H19	0.028200
5154、5154A、5154C	O	0.052000
5154、5154A、5154C	H38	0.052000
8017、8030、8076 8130、8176、8177	O	0.028264
8017、8030、8076 8130、8176、8177	H19	0.028976
8C05	O、H14、H18	0.028500
8C12	O、H14、H18	0.030500

导体用线材电阻率

牌号	试样状态	直径/mm	抗剪强度 τ/MPa 不小于	铆接性能 试样突出高度与直径之比	铆接试验时间
1035	H14	3.00~20.00	60	—	
2A01	T4	1.60~4.50	185	1.5	淬火96h以后
2A01	T4	>4.50~10.00	185	1.4	淬火96h以后
2A01	T4	>10.00~20.00	185	—	—
2A04	H14	1.60~5.50	—	1.5	—
2A04	H14	>5.50~10.00	—	1.4	—

铆钉用线材的抗剪强度及铆接性能

（续）

牌号	试样状态	直径/mm	抗剪强度 τ/MPa 不小于	铆接性能	
				试样突出高度与直径之比	铆接试验时间
2A04	T4	1.60~5.00	275	1.3	淬火后 6h 以内
		>5.00~6.00			淬火后 4h 以内
		>6.00~8.00	265	1.2	淬火后 2h 以内
		>8.00~20.00		—	—
2A10	T4	1.60~4.50	245	1.5	淬火及时效后
		>4.50~8.00		1.4	
		>8.00~10.00	235	1.3	
		>8.00~20.00		—	
2017	T4	1.60~25.00	225	—	—
2024	T42		255	—	—
2117	T4	1.60~25.00	180	—	—
2219	T6		205	—	—
2B11[①]	T4	1.60~4.50	235	1.5	淬火后 1h 以内
		>4.50~10.00		1.4	
		>10.00~20.00		—	—
2B12[①]	T4	1.60~4.50	265	1.4	淬火后 20min 以内
		>4.50~8.00		1.3	
		>8.00~10.00		1.2	
		>10.00~20.00		—	—
2B16	T6	1.60~4.50	270	1.4	淬火及时效后
		4.50~8.00		1.3	
		8.00~10.00		1.2	
3A21	H14	1.60~10.00	80	1.5	—
		>10.00~20.00	—	—	
5A02		1.60~10.00	115	1.5	
		>10.00~20.00	—	—	—
5A05	H18	0.80~7.00	165	1.5	—
5B05	H12	1.60~10.00	155	1.5	—
		>10.00~20.00	—	—	
5A06	H12	1.60~10.00	165	1.5	—
		>10.00~20.00	—	—	
6061	T6	1.60~20.00	170	—	—
7A03	H14	1.60~8.00		1.4	—
		>8.00~10.00	—	1.3	
		>10.00~20.00		—	—

（表左侧纵向标题）铆钉用线材的抗剪强度及铆接性能

（续）

铆钉用线材的抗剪强度及铆接性能	牌号	试样状态	直径/mm	抗剪强度 τ/MPa 不小于	铆接性能	
					试样突出高度与直径之比	铆接试验时间
	7A03	T6	1.60~4.50	285	1.4	—
			>4.50~8.00		1.3	—
			>8.00~10.00		1.2	—
			>10.00~20.00		—	—
	7050	T7	1.60~25.00	270		

注：1. 线材采用标准规定之外的牌号时，应经供需双方商定，并在合同中注明。

2. 牌号标记示例：

1350 牌号、H14 状态、ϕ10.0mm 的导体用线材标记为：

导体用线材　GB/T 3195—1350 H14—ϕ10.0

5A02 牌号、H14 状态、ϕ10.0mm 的铆钉用线材标记为：

铆钉用线材　GB/T 3195—5A02 H14—ϕ10.0

① 因为 2B11、2B12 合金铆钉在变形时会破坏其时效过程，所以设计使用时，2B11 抗剪强度指标按 215MPa 计算；2B12 按 245MPa 计算。

5. 铝及铝合金管材尺寸规格（见表 2-153）

表 2-153　铝及铝合金管材截面典型规格（摘自 GB/T 4436—2012）　（单位：mm）

挤压无缝圆管	外径	25	28	30、32	34、36、38	40、42	45、48、50、52、55、58	60、62	65、70	75、80	85、90	95	100	105、110、115	120、125、130	135、140、145	150、155	160~200（5 进位）	205~250（5 进位）260~450（10 进位）
	壁厚	5.0		5.0~6.0	5.0~8.0	5.0~10.0	5.0~12.5	5.0~15.0	5.0~17.5	5.0~20.0	5.0~22.5	5.0~25.0	5.0~27.5	5.0~30.0	5.0~32.5	7.5~32.5	10.0~32.5	10.0~40.0	15.0~50.0
	壁厚尺寸系列	5.0、6.0、7.0、7.5、8.0、9.0、10.0、12.5~50.0（2.5 进位）																	
冷拉轧有缝和无缝圆管	外径	6	8	10	12、14、15	16、18	20	22、24、25	26、28、30	32、34、35	36、38、40	42、45、48	50、52、55	58、60	65、70、75	80、85、90、95	100、105、110	115	120
	壁厚	0.5~1.0	0.5~2.0	0.5~2.5	0.5~3.0	0.5~3.5	0.5~4.0	0.5~5.0	0.75~5.0						1.5~5.0	2.0~5.0	2.5~5.0	3.0~5.0	3.5~5.0
	壁厚尺寸系列	0.5、0.75、1.0~5.0（0.5 进级）																	
冷拉有缝和无缝正方形管	公称边长	10、12		14、16		18、20		22、25		28、32、36、40		42、45、50、55、60、65、70							
	壁厚	1.0、1.5		1.0、1.5、2.0		1.0、1.5、2.0、2.5		1.5、2.0、2.5、3.0		1.5、2.0、2.5、3.0、4.5		1.5、2.0、2.5、3.0、4.5、5.0							

（续）

冷拉有缝和无缝矩形管	公称边长（长×宽）	14×10、16×12、18×10	18×14、20×12、22×14	25×15、28×16	28×22、32×18	32×25、36×20、36×28	40×25、40×30、45×30、50×30、55×40	60×40、70×50
	壁厚	1.0、1.5、2.0	1.0、1.5、2.0、2.5	1.0、1.5、2.0、2.5、3.0	1.0、1.5、2.0、2.5、3.0、4.0	1.0、1.5、2.0、2.5、3.0、4.0、5.0	1.5、2.0、2.5、3.0、4.0、5.0	2.0、2.5、3.0、4.0、5.0

冷拉有缝和无缝椭圆形管	长轴 a	27.0	33.5	40.5	40.5	47.0	47.0	54.0	54.0	60.5	60.5	67.5	67.5	74.0	74.0	81.0	81.0	87.5	87.5	94.5	101.0	108.0	114.5
	短轴 b	11.5	14.5	17.0	17.0	20.0	20.0	23.0	23.0	25.5	25.5	28.5	28.5	31.5	31.5	34.0	34.0	37.0	40.0	40.0	43.0	45.5	48.5
	壁厚	1.0	1.0	1.0	1.5	1.0	1.5	1.5	2.0	1.5	2.0	1.5	2.0	1.5	2.0	2.0	2.5	2.0	2.5	2.5	2.5	2.5	2.5

注：1. 矩形管、正方形管和椭圆形管公称尺寸均指外表面的尺寸。

2. 管材尺寸长度、截面尺寸及壁厚极限偏差等应符合 GB/T 4436—2012 中的相关规定。

3. 管材的弯曲度、扭拧度等形状公差要求应符合 GB/T 4436—2012 中的相关规定。

4. GB/T 4436—2012《铝及铝合金管材外形尺寸及允许偏差》规定了铝及铝合金圆管、矩形管、正方形管、正六边形管、正八边形管和椭圆形管尺寸及允许偏差。挤压有缝圆管、矩形管、正方形管、正六边形管、正八边形管截面规格由供需双方商定，其他管的截面典型规格应按本表规定。

5. GB/T 4436—2012 将挤压无缝圆管的最大壁厚由 GB/T 4436—1995 的 50mm 扩大至 100mm，但没有规定扩大的壁厚 50~100mm 与之对应的外径尺寸规格，因此本表尚无此尺寸段的实用资料。

6. 铝及铝合金拉（轧）制无缝管（见表 2-154）

表 2-154 铝及铝合金拉（轧）制无缝管尺寸规格及力学性能（摘自 GB/T 6893—2010）

1. 一般规定

管材的尺寸规格应符合 GB/T 4436 普通级的规定，有高精度要求时应在合同中注明。管材的牌号化学成分应符合 GB/T 3190 的规定。管材适于一般工业部门使用

2. 管材的牌号、状态及力学性能

牌号	状态	壁厚 /mm	室温纵向拉伸力学性能				
			抗拉强度 R_m/MPa	规定塑性延伸强度 $R_{p0.2}$/MPa	断后伸长率（%）		
					全截面试样 A_{50mm}	其他试样 A_{50mm}	A[①]
			不　小　于				
1035、1050A、1050	O	所有	60~95	—		22	25
	H14	所有	100~135	70		5	6
1060、1070A、1070	O	所有	60~95	—			
	H14	所有	85	70			
1100、1200	O	所有	70~105			16	20
	H14	所有	110~145	80		4	5
2A11	O	所有	≤245	—	10		
	T4	外径 ≤22 ≤1.5	375	195	13		
		>1.5~2.0			14		
		>2.0~5.0			—		

（续）

牌号	状态	壁厚 /mm		室温纵向拉伸力学性能				
				抗拉强度 R_m/MPa	规定塑性延伸强度 $R_{p0.2}$/MPa	断后伸长率（%）		
						全截面试样	其他试样	
						A_{50mm}	A_{50mm}	A[①]
				不 小 于				
2A11	T4	外径 >22~50	≤1.5	390	225	12		
			>1.5~5.0			13		
	—	>50	所有	390	225	11		
2017	O	所有		≤245	≤125	17	16	16
	T4	所有		375	215	13	12	12
2A12	O	所有		≤245	—	10		
	T4	外径 ≤22	≤2.0	410	225	13		
			>2.0~5.0			—		
		外径 >22~50	所有	420	275	12		
		>50	所有	420	275	10		
2A14	T4	外径 ≤22	1.0~2.0	360	205	10		
			>2.0~5.0	360	205	—		
		外径 >22	所有	360	205	10		
2024	O	所有		≤240	≤140	—	10	12
	T4	0.63~1.2		440	290	12	10	—
		>1.2~5.0		440	290	14	10	—
3003	O	所有		95~130	35	—	20	25
	H14	所有		130~165	110	—	4	6
3A21	O	所有		≤135	—	—		
	H14	所有		135	—	—		
	H18	外径<60，壁厚0.5~5.0		185	—	—		
		外径≥60，壁厚2.0~5.0		175	—	—		
	H24	外径<60，壁厚0.5~5.0		145	—	8		
		外径≥60，壁厚2.0~5.0		135	—	8		
5A02	O	所有		≤225	—	—		
	H14	外径≤55，壁厚≤2.5		225	—	—		
		其他所有		195	—	—		
5A03	O	所有		175	80	15		
	H34	所有		215	125	8		

（续）

牌号	状态	壁厚 /mm	室温纵向拉伸力学性能				
			抗拉强度 R_m/MPa	规定塑性延伸强度 $R_{p0.2}$/MPa	断后伸长率（%）		
					全截面试样	其他试样	
					A_{50mm}	A_{50mm}	$A^{①}$
				不　小　于			
5A05	O	所有	215	90	15		
	H32	所有	245	145	8		
5A06	O	所有	315	145	15		
5052	O	所有	170~230	65	—	17	20
	H14	所有	230~270	180		4	5
5056	O	所有	≤315	100	16		
	H32	所有	305	—	—		
5083	O	所有	270~350	110	—	14	16
	H32	所有	280	200	—	4	6
5754	O	所有	180~250	80	—	14	16
6A02	O	所有	≤155		14		
	T4	所有	205		14		
	T6	所有	305		8		
6061	O	所有	≤150	≤110	—	14	16
	T4	所有	205	110	—	14	16
	T6	所有	290	240	—	8	10
6063	O	所有	≤130	—	—	15	20
	T6	所有	220	190	—	8	10
7A04	O	所有	≤265		8		
7020	T6	所有	350	280	—	8	10
8A06	O	所有	≤120	—	20		
	H14	所有	100		5		

注：管材的标记按产品名称、牌号、状态、规格和标准编号的顺序表示。标记示例如下：

示例1　3003牌号、O状态、外径为10.00mm、壁厚为2.00mm、长度为1500mm的定尺圆形管材标记为：

管 3003-O φ10×2.0×1500　GB/T 6893—2010

示例2　2024牌号、T4状态、边长为45.00mm、宽度为45.00mm、壁厚为3.00mm、长度为不定尺的矩形管材标记为：

矩形管 2024-T4 45×45×3.0　GB/T 6893—2010

① A 表示原始标距（L_0）为 $5.65\sqrt{S_0}$ 的断后伸长率。

7. 铝及铝合金热挤压无缝圆管(见表2-155)

表2-155　铝及铝合金热挤压无缝圆管尺寸规格、牌号、力学性能(摘自 GB/T 4437.1—2015)

1. 一般规定

(1) 圆管材的尺寸规格及极限偏差应符合 GB/T 4436 中普通级的规定，要求高精级、超高精级时应在合同中注明。尺寸规格参见表2-153

(2) 管材牌号的化学成分应符合 GB/T 3190 的规定，但是牌号 5010、6041、6042、6162、6064、6066、7178 的化学成分应符合本表的规定

(3) 管材适于一般工业部门的各种用途

2. 管材用 5051A、6041、6042、6162、6064、6066 和 7178 牌号的化学成分(其他牌号化学成分按 GB/T 3190 规定)

| 牌号 | 化学成分(质量分数,%) | | | | | | | | | 其他杂质[①] | | Al[②] |
	Si	Fe	Cu	Mn	Mg	Cr	Zn	—	Ti	单个	合计	
5051A	≤0.30	≤0.45	≤0.05	≤0.25	1.4~2.1	≤0.30	≤0.20	—	≤0.10	≤0.05	≤0.15	余量
6041	0.50~0.9	0.15~0.7	0.15~0.6	0.05~0.20	0.8~1.2	0.05~0.15	≤0.25	0.30~0.9Bi 0.35~1.2Sn	≤0.15	≤0.05	≤0.15	余量
6042	0.5~1.2	≤0.7	0.20~0.6	≤0.40	0.7~1.2	0.04~0.35	≤0.25	0.20~0.8Bi 0.15~0.40Pb	≤0.15	≤0.05	≤0.15	余量
6162	0.40~0.8	≤0.50	≤0.20	≤0.10	0.7~1.1	≤0.10	≤0.25	—	≤0.10	≤0.05	≤0.15	余量
6064	0.40~0.8	≤0.7	0.15~0.40	≤0.15	0.8~1.2	0.05~0.14	≤0.25	0.50~0.7Bi 0.20~0.40Pb	≤0.15	≤0.05	≤0.15	余量
6066	0.9~1.8	≤0.50	0.7~1.2	0.6~1.1	0.8~1.4	≤0.40	≤0.25	—	≤0.20	≤0.05	0.15	余量
7178	≤0.40	≤0.50	1.6~2.4	≤0.30	2.4~3.1	0.18~0.28	6.3~7.3	—	≤0.20	≤0.05	≤0.15	余量

3. 管材牌号、供应状态及室温力学性能

牌号	供应状态	试样状态	壁厚/mm	室温拉伸试验结果			
				抗拉强度 R_m/MPa	规定塑性延伸强度 $R_{p0.2}$/MPa	断后伸长率(%)	
						A_{50mm}	A
				不小于			
1100、1200	O	O	所有	75~105	20	25	22
	H112	H112	所有	75	25	25	22
	F	—	所有	—	—	—	—
1035	O	O	所有	60~100	—	25	23
1050A	O、H111	O、H111	所有	60~100	20	25	23
	H112	H112	所有	60	20	25	23
	F	—	所有	—	—	—	—
1060	O	O	所有	60~95	15	25	22
	H112	H112	所有	60		25	22

（续）

牌号	供应状态	试样状态	壁厚/mm	室温拉伸试验结果				
				抗拉强度 R_m/MPa	规定塑性延伸强度 $R_{p0.2}$/MPa	断后伸长率（%）		
						A_{50mm}	A	
				不小于				
1070A	O	O	所有	60~95	—	25	22	
	H112	H112	所有	60	20	25	22	
2014	O	O	所有	≤205	≤125	12	10	
	T4、T4510、T4511	T4、T4510、T4511	所有	345	240	12	10	
	T1[③]		所有	345	240	12	10	
		T42	所有	345	200	12	10	
		T62	≤18.00	415	365	7	6	
			>18	415	365	—	6	
	T6、T6510、T6511	T6、T6510、T6511	≤12.50	415	365	7	6	
			12.50~18.00	440	400	—	6	
			>18.00	470	400	—	6	
2017	O	O	所有	≤245	≤125	16	16	
	T4	T4	所有	345	215	12	12	
	T1	T42	所有	335	195	12	—	
2024	O	O	全部	≤240	≤130	12	10	
	T3、T3510、T3511	T3、T3510、T3511	≤6.30	395	290	10	—	
			>6.30~18.00	415	305	10	9	
			>18.00~35.00	450	315	—	9	
			>35.00	470	330	—	7	
	T4	T4	≤18.00	395	260	12	10	
			>18.00	395	260	—	9	
	T1	T42	≤18.00	395	260	12	10	
			>18.00~35.00	395	260	—	9	
			>35.00	395	260	—	7	
	T81、T8510、T8511	T81、T8510、T8511	>1.20~6.30	440	385	4	—	
			>6.30~35.00	455	400	5	4	
			>35.00	455	400	—	4	
2219	O	O	所有	≤220	≤125	12	10	
	T31、T3510、T3511	T31、T3510、T3511	≤12.50	290	180	14	12	
			>12.50~80.00	310	185	—	12	
	T1	T62	≤25.00	370	250	6	5	
			>25.00	370	250	—	5	
	T81、T8510、T8511	T81、T8510、T8511	≤80.00	440	290	6	5	
2A11	O	O	所有	≤245	—	—	10	
	T1	T1	所有	350	195	—	10	
2A12	O	O	所有	≤245	—	—	10	
	T1	T42	所有	390	255	—	10	
	T4	T4	所有	390	255	—	10	

（续）

牌号	供应状态	试样状态	壁厚/mm	室温拉伸试验结果			
				抗拉强度 R_m/MPa	规定塑性延伸强度 $R_{p0.2}$/MPa	断后伸长率（%）	
						A_{50mm}	A
				不小于			
2A14	T6	T6	所有	430	350	6	—
2A50	T6	T6	所有	380	250	—	10
3003	O	O	所有	95~130	35	25	22
	H112	H112	≤1.60	95	35	—	—
			>1.60	95	35	25	22
	F	F	所有	—	—	—	—
6005A	T1	T1	≤6.30	170	100	15	—
	T5	T5	≤6.30	260	215	7	—
			6.30~25.00	260	215	9	8
	T61	T61	≤6.30	260	240	8	—
			6.30~25.00	260	240	10	9
6105	T1	T1	≤12.50	170	105	16	14
	T5	T5	≤12.50	260	240	8	7
6041	T5、T6511	T5、T6511	10.00~50.00	310	275	10	9
6042	T5、T5511	T5、T5511	10.00~12.50	260	240	10	—
			12.50~50.00	290	240	—	9
6061	O	O	所有	≤150	≤110	16	14
	T1[④]	T1	≤16.00	180	95	16	14
		T42	所有	180	85	16	14
		T62	≤6.30	260	240	8	—
			>6.30	260	240	10	9
	T4、T4510、T4511	T4、T4510、T4511	所有	180	110	16	14
	T51	T51	≤16.00	240	205	8	7
	T6、T6510、T6511	T6、T6510、T6511	≤6.30	260	240	8	—
			>6.30	260	240	10	9
	F	—	所有	—	—	—	—
6351	O、H111	O、H111	≤25.00	≤160	≤110	12	14
	T4	T4	≤19.00	220	130	16	14
	T6	T6	≤3.20	290	255	8	—
			>3.20~25.00	290	255	10	9
6162	T5、T5510、T5511	T5、T5510、T5511	≤25.00	255	235	7	6
	T6、T6510、T6511	T6、T6510、T6511	≤6.30	260	240	8	—
			>6.30~12.50	260	240	10	9
6262	T6、T6511	T6、T6511	所有	260	240	10	9
6063	O	O	所有	≤130	—	18	16
	T1[⑤]	T1	≤12.50	115	60	12	10
			>12.50~25.00	110	55	—	10

（续）

牌号	供应状态	试样状态	壁厚/mm	室温拉伸试验结果			
				抗拉强度 R_m /MPa	规定塑性延伸强度 $R_{p0.2}$ /MPa	断后伸长率（%）	
						A_{50mm}	A
				不小于			
6063	T1[5]	T42	≤12.50	130	70	14	12
			>12.50~25.00	125	60	—	12
	T4	T4	≤12.50	130	70	14	12
			>12.50~25.00	125	60	—	12
	T5	T5	≤25.00	175	130	6	8
	T52	T52	≤25.00	150~205	110~170	8	7
	T6	T6	所有	205	170	10	9
	T66	T66	≤25.00	245	200	8	10
	F	—	所有	—	—	—	—
6064	T6、T6511	T6、T6511	10.00~50.00	260	240	10	9
6066	O	O	所有	≤200	≤125	16	14
	T4、T4510、T4511	T4、T4510、T4511	所有	275	170	14	12
	T1[3]	T42	所有	275	165	14	12
		T62	所有	345	290	8	7
	T6、T6510、T6511	T6、T6510、T6511	所有	345	310	8	7
6082	O、H111	O、H111	≤25.00	≤160	≤110	12	14
	T4	T4	≤25.00	205	110	12	14
	T6	T6	≤5.00	290	250	6	8
			>5.00~25.00	310	260	8	10
6A02	O	O	所有	≤145	—	—	17
	T4	T4	所有	205	—	—	14
	T1	T62	所有	295	—	—	8
	T6	T6	所有	295	—	—	8
7050	T76510	T76510	所有	545	475	7	—
	T73511	T73511	所有	485	415	8	7
	T74511	T74511	所有	505	435	7	—
7075	O、H111	O、H111	≤10.00	≤275	≤165	10	10
	T1	T62	≤6.30	540	485	7	—
			>6.30~12.50	560	505	7	6
			>12.50~70.00	560	495	—	6

（续）

牌号	供应状态	试样状态	壁厚/mm	室温拉伸试验结果			
				抗拉强度 R_m/MPa	规定塑性延伸强度 $R_{p0.2}$/MPa	断后伸长率（%）	
						A_{50mm}	A
				不小于			
7075	T6、T6510、T6511	T6、T6510、T6511	≤6.30	540	485	7	—
			>6.30~12.50	560	505	7	6
			>12.50~70.00	560	495	—	6
	T73、T73510、T73511	T73、T73510、T73511	1.60~6.30	470	400	5	7
			>6.30~35.00	485	420	6	8
			>35.00~70.00	475	405	—	8
7178	O	O	所有	≤275	≤165	10	9
	T6、T6510、T6511	T6、T6510、T6511	≤1.60	565	525	—	—
			>1.60~6.30	580	525	5	—
			>6.30~35.00	600	540	5	4
			>35.00~60.00	580	515	—	4
			>60.00~80.00	565	490	—	4
	T1	T62	≤1.60	545	505	—	—
			>1.60~6.30	565	510	5	—
			>6.30~35.00	595	530	5	4
			>35.00~60.00	580	515	—	4
			>60.00~80.00	565	490	—	4
7A04、7A09	T1	T62	≤80	530	400	—	5
	T6	T6	≤80	530	400	—	5
7B05	O	O	≤12.00	245	145	12	—
	T4	T4	≤12.00	305	195	11	—
	T6	T6	≤6.00	325	235	10	—
			>6.00~12.00	335	225	10	—
7A15	T1	T62	≤80	470	420	—	6
	T6	T6	≤80	470	420	—	6
8A06	H112	H112	所有	≤120	—	—	20

4. 管材硬度参考值

牌号	供应状态	壁厚/mm	硬度 ≥		
			韦氏硬度 HW	布氏硬度 HBW	洛氏硬度 HRE
6005	T5	>1.25	15	76	89
6005A	T61	>1.25	15	76	89

（续）

牌号	供应状态	壁厚/mm	硬度 ≥		
			韦氏硬度 HW	布氏硬度 HBW	洛氏硬度 HRE
6105	T5	>1.25	15	76	89
6041	T6	>1.25	15	76	89
6042	T5、T5511	>1.25	15	76	89
6351	T6	1.25~19.00	16	95	—
6061	T4	>1.25	—	65	
	T6	1.25~1.50	15	76	89
		1.50~12.50	15	76	89
		12.50~25.00	15	76	—
6262	T6	>1.25	15	76	89
6063	T1	1.25~12.50	—	50	—
	T4	1.25~12.50	—	60	—
	T5	1.25~12.50	—	65	—
	T6	1.25~25.00	12	72	75
6064	T6	>1.25	15	76	89
6082	T6	>1.25	16	80	92

5. 电导率要求

牌号	供应状态	电导率指标/(MS/m)	力学性能	合格判定
7075	T73、T73510、T73511	<22.0	任何值	不合格
		22.0~23.1	符合本部分规定，且 $R_{p0.2}$>502MPa	不合格
			符合本部分规定，且 $R_{p0.2}$ 为 420~502MPa	合格
		>23.1	符合本部分规定	合格

注：1. 电导率指标 22.0MS/m 对应于 38.0%IACS，23.1MS/m 对应于 39.9%IACS。

2. 对于 7075 合金 T73、T73510、T73511 状态供货的管材有电导率要求时，应供需双方协商并在订货单（或合同）中注明，其电导率应符合本表规定；对其他合金的管材有电导率要求时，由供需双方协商确定，并在订货单（或合同）中注明。

3. 管材的标记按产品名称、标准编号、牌号、供应状态、尺寸规格的顺序表示。标记示例如下：

2A12 牌号、供应状态为 O、外径为 40.00mm、壁厚为 6.00mm、长度为 4000mm 的定尺热挤压圆管标记为：

管 GB/T 4437.1-2A12 O-40×6×4000

① 其他杂质指表中未列出或未规定数值的元素。

② 铝的质量分数为 100.00% 与所有质量分数不小于 0.010% 的元素质量分数总和的差值，求和前各元素数值要表示到 0.0X%。

③ T1 状态供货的管材，由供需双方商定提供 T42 或 T62 试样状态的性能，并在订货单（或合同）中注明，未注明时提供 T42 试样状态的性能。

④ T1 状态供货的管材，由供需双方商定提供 T1 或 T42、T62 试样状态的性能，并在订货单（或合同）中注明，未注明时提供 T1 试样状态的性能。

⑤ T1 状态供货的管材，由供需双方商定提供 T1 或 T42 试样状态的性能，并在订货单（或合同）中注明，未注明时提供 T1 试样状态的性能。

8. 铝及铝合金大规格拉制无缝管（见表 2-156~表 2-158）

表 2-156　铝及铝合金大规格拉制无缝管的分类、牌号、尺寸规格（摘自 GB/T 26027—2010）

（单位：mm）

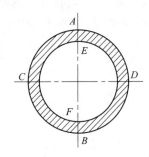

1）圆管

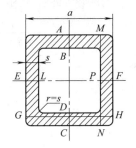

2）正方形管

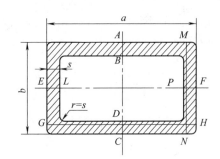

3）矩形管

圆管外径及壁厚		方管（正方形截面）		矩形管	
外径	壁厚	公称边长	壁厚	公称边长 $a \times b$	壁厚
125、130、135	3.0~6.0	70、75	2.0~5.0	70×50、75×50	2.0~5.0
140	3.0~7.0	80、85	2.5~5.0	80×60、85×60	2.5~5.0
145、150	3.5~7.0	90、95	3.0~6.0	90×70、95×70	2.5~6.0
160	4.0~8.0	100、110、120	3.5~7.0	100×80、105×80	3.0~6.0
170、180、190	5.0~8.0	—	—	110×90、115×90、120×100	3.5~7.0
200、210、220	5.0~10.0	—	—	—	—
管材壁厚尺寸系列	2.0、2.5、3.0、3.5、4.0、5.0、6.0、7.0、8.0、9.0、10.0				
管材长度	供货长度 1000~5500mm，定尺长度极限偏差 $^{+15}_{0}$ mm				
牌号及化学成分	管材牌号及化学成分应符合 GB/T 3190 的规定				

注：产品标记按产品名称、牌号、供货状态、规格及标准编号的顺序表示。标记示例如下：

示例 1　用 2024 合金制造的、供货状态为 T4、直径为 150.00mm、壁厚为 4.00mm、定尺长度为 3000mm 的管材标记为：

　　管　2024-T4　φ150×4.0×3000　GB/T 26027—2010

示例 2　用 6061 合金制造的、供货状态为 O、边长为 90.00mm、壁厚为 4.00mm 的方管标记为：

　　方管　6061-O　90×90×4.0　GB/T 26027—2010

表 2-157　铝及铝合金大规格拉制无缝管尺寸极限偏差（摘自 GB/T 26027—2010）

（单位：mm）

圆管外径极限偏差	公称外径	普通级（±）				高精级（±）			
		任一外径[①]与公称外径的极限偏差			平均外径[②]与公称外径的极限偏差	任一外径[①]与公称外径的极限偏差			平均外径[②]与公称外径的极限偏差
		退火管	5083[③]	淬火	其他	所有管	退火管	淬火管	其他	所有管
	>120.00~150.00	2.28	0.63	0.77	0.38	0.38	1.50	0.50	0.25	0.25
	>150.00~180.00	3.44	0.95	1.14	0.57	0.57	2.25	0.76	0.38	0.38
	>180.00~220.00	4.58	1.25	1.53	0.77	0.77	3.00	1.00	0.50	0.50

方管、矩形管宽度或高度极限偏差	公称宽度或高度	普通级（±）		高精级（±）		超高精级（±）	
		边缘处宽或高与公称宽或高的极限偏差	非边缘处宽或高与公称宽或高的极限偏差	边缘处宽或高与公称宽或高的极限偏差	非边缘处宽或高与公称宽或高的极限偏差	边缘处宽或高与公称宽或高的极限偏差	非边缘处宽或高与公称宽或高的极限偏差
	>70.00~80.00	0.70	1.40	0.50	1.00	0.20	0.40
	>80.00~90.00	0.80	1.60	0.60	1.20	0.20	0.40
	>90.00~100.00	0.80	1.60	0.65	1.30	0.20	0.40
	>100.00~110.00	0.85	1.70	0.70	1.40	0.20	0.40
	>110.00~120.00	0.95	1.90	0.70	1.40	0.20	0.40

圆管、方管、矩形管壁厚极限偏差	级别	公称壁厚	平均壁厚与公称壁厚的极限偏差（±）	任一壁厚与公称壁厚的极限偏差（±）	
				不淬火管	淬火管
	普通级	2.00~3.00	0.23	0.30	不超过公称壁厚的15%
		>3.00~4.00	0.30	0.40	
		>4.00~5.00	0.40	0.50	
		>5.00~8.00	0.50	0.60	
		>8.00~10.00	0.70	0.80	
	高精级	2.00~3.00	0.13	0.15	不超过公称壁厚的10%
		>3.00~4.00	0.15	0.20	
		>4.00~5.00	0.15	0.20	
		>5.00~8.00	0.20	0.30	
		>8.00~10.00	0.38	0.50	

弯曲度	公称外径及宽度	普通级[④]		高精级[④]	
		每米长上	全长（L 米）上	每米长上	全长（L 米）上
	≤150.00	≤2	≤2×L	≤1	≤1×L
	>150.00~220.00	≤2.5	≤2.5×L	≤1.5	≤1.5×L

① 任一外径是指在管材断面上任一点测得的外径。

② 平均外径是指在管材断面上测量任意两个互为直角的外径所得的平均值。

③ 5083 合金管材为退火管时，偏差按退火管执行。

④ 不适用于退火管，对退火管的弯曲度有要求时应在合同中注明。

表 2-158　铝及铝合金大规格拉制无缝管室温纵向力学性能(摘自 GB/T 26027—2010)

牌号	供货状态	试样状态	壁厚或厚度/mm	室温纵向拉伸力学性能			
				抗拉强度 R_m/MPa	规定塑性延伸强度 $R_{p0.2}$/MPa	断后伸长率(%)	
						A	A_{50mm}
1050A	0	0	≤10.00	60~95	—	≥25	≥22
	H14	H14	≤10.00	100~135	≥70	≥6	≥5
1200	0	0	≤10.00	70~105	—	≥20	≥16
	H14	H14	≤10.00	110~145	≥80	≥5	≥4
2014	0	0	≤10.00	≤240	≤125	≥12	≥10
	T3511	T3511	≤10.00	≥380	≥290	≥6	≥4
	T4511	T4511	≤10.00	≥380	≥240	≥10	≥8
	T6511	T6511	≤10.00	≥450	≥380	≥6	≥4
2024	0	0	≤10.00	≤240	≤140	≥12	≥10
	T3511	T3511	≤10.00	≥420	≥290	≥8	≥6
3003	0	0	≤10.00	95~130	≥35	≥25	≥20
	H14	H14	≤10.00	130~165	≥110	≥6	≥4
5052	0	0	≤10.00	170~230	≥65	≥20	≥17
	H14	H14	≤5.00	230~270	≥180	≥5	≥4
	H18	H18	≤5.00	≥270	≥220	≥2	≥2
5083	0	0	≤10.00	270~350	≥110	≥16	≥14
	H12	H12	≤10.00	≥280	≥200	≥6	≥4
	H14	H14	≤5.00	≥300	≥235	≥4	≥3
6061	0	0	≤10.00	≤150	≤110	≥16	≥14
	T4	T4	≤10.00	≥205	≥110	≥16	≥14
	T6	T6	≤10.00	≥290	≥240	≥10	≥8
6063	0	0	≤10.00	≤155	—	≥20	≥15
	T4	T4	≤5.00	≥150	≥75	≥12	≥10
			>5.00	≥150	≥75	≥15	≥13
	T6	T6	≤10.00	≥220	≥190	≥10	≥8
6082	0	0	≤10.00	≤160	≤110	≥15	≥13
	T4	T4	≤10.00	≥205	≥110	≥14	≥12
	T6	T6	≤5.00	≥310	≥255	≥8	≥7
			>5.00	≥310	≥240	≥10	≥9

注：GB/T 26027—2010 规定的大规格管材采用挤压法生产，不适用于有缝管材及导电行业用管材。

9. 铝管搭接焊式铝塑管(见表2-159)

表2-159 铝管搭接焊式铝塑管的分类、尺寸规格及技术性能(摘自 GB/T 18997.1—2003)

分类及代号		流体类别	用途代号	铝塑管代号	长期工作温度 T_0/℃	允许工作压力 P_0/MPa
	水	冷水	L	PAP	40	1.25
		冷热水	R	PAP	60	1.00
					75[①]	0.82
					82[①]	0.69
				XPAP	75	1.00
					82	0.86
	燃气[②]	天然气	Q	PAP	35	0.40
		液化石油气				0.40
		人工煤气[③]				0.20
		特种流体[④]	T		40	0.50

尺寸规格/mm	公称外径 d_n	公称外径偏差	参考内径 d_i	圆度		管壁厚 e_m		内层塑料最小壁厚 e_n	外层塑料最小壁厚 e_w	铝管层最小壁厚 e_a
				盘管	直管	最小值	偏差			
	12	+0.3 / 0	8.3	≤0.8	≤0.4	1.6	+0.5 / 0	0.7	0.4	0.18
	16		12.1	≤1.0	≤0.5	1.7		0.9		
	20		15.7	≤1.2	≤0.6	1.9		1.0		0.23
	25		19.9	≤1.5	≤0.8	2.3		1.1		
	32		25.7	≤2.0	≤1.0	2.9		1.2		0.28
	40		31.6	≤2.4	≤1.2	3.9	+0.6 / 0	1.7		0.33
	50		40.5	≤3.0	≤1.5	4.4	+0.7 / 0	1.7		0.47
	63	+0.4 / 0	50.5	≤3.8	≤1.9	5.8	+0.9 / 0	2.1		0.57
	75	+0.6 / 0	59.3	≤4.5	≤2.3	7.3	+1.1 / 0	2.8		0.67

管的技术性能	管环径向拉力和复合强度	公称外径 d_n/mm	管环径向拉力/N ≥		爆破压力/MPa	管环最小平均剥离力/N
			MDPE	HDPE、PEX		
		12	2000	2100	7.0	25
		16	2100	2300	6.0	25
		20	2400	2500	5.0	28
		25	2400	2500	4.0	30
		32	2500	2650		35
		40	3200	3500		40
		50	3500	3700		50
		63	5200	5500	3.8	60
		75	6000	6000		70

（续）

	公称外径 d_n/mm	用途代号				试验时间/h	要求
		L、Q、T		R			
		试验压力/MPa	试验温度/℃	试验压力/MPa	试验温度/℃		
静液压强度试验	12	2.72	60	2.72	82	10	应无破裂、局部球型膨胀、渗漏
	16						
	20						
	25						
	32						
	40	2.10		2.00	2.10①		
	50						
	63						
	75						

	公称外径 d_n/mm	短期拉拔性能		持久拉拔性能		要求
		拉拔力/N	试验时间/h	拉拔力/N	试验时间/h	
耐拉拔性能试验	12	1100	1	700	800	冷热水用管材与管件连接处应无任何泄漏、相对轴向移动
	16	1500		1000		
	20	2400		1400		
	25	3100		2100		
	32	4300		2800		
	40	5800		3900		
	50	7900		5300		
	63					
	75					

	项目	要求	测试方法⑤	材料类别
管材用聚乙烯树脂技术性能	密度/（g/cm³）	0.926~0.940	GB/T 1033—1986 中 B 法	MDPE
		0.941~0.959		HDPE
	熔体质量流动速率(190℃、2.16kg)/（g/10min）	0.1~10	GB/T 3682—2000	MDPE、HDPE
	拉伸强度/MPa	≥15	GB/T 1040—1992	MDPE
		≥21		HDPE
	长期静液压强度/MPa	80℃、50年，预测概率97.5% ≥3.5	GB/T 18252—2000	MDPE(乙烯与辛烯的共聚物)
		20℃、50年，预测概率97.5% ≥8.0		MDPE、HDPE
		≥6.3		
		≥8.0		

（续）

项目		要求	测试方法⑤	材料类别
管材用聚乙烯树脂技术性能	热应力开裂（设计应力 5MPa、80℃、持久 100h）	不开裂	ISO 1167	MDPE、HDPE
	耐慢性裂纹增长（165h）	不破坏	GB/T 18476—2001	MDPE、HDPE
	热稳定性（200℃）	氧化诱导时间不小于 20min	GB/T 17391—1998	Q 类管材用 PE
	耐气体组分（80℃、环应力 2MPa）/h	≥30	GB 15558.1—1995	

注：1. 在输送易在管内产生相变的流体时，在管道系统中因相变产生的膨胀力不应超过最大允许工作压力或者在管道系统中采取防止相变的措施。

2. 铝塑管按复合组分材料分类，其形式如下：

1）聚乙烯/铝合金/聚乙烯（PAP）。

2）交联聚乙烯/铝合金/交联聚乙烯（XPAP）。

3. 标记示例：

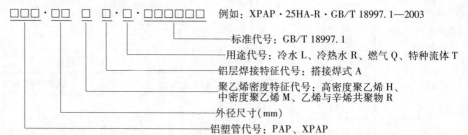

例如：XPAP·25HA-R·GB/T 18997.1—2003

标准代号：GB/T 18997.1

用途代号：冷水 L、冷热水 R、燃气 Q、特种流体 T

铝层焊接特征代号：搭接焊式 A

聚乙烯密度特征代号：高密度聚乙烯 H、中密度聚乙烯 M、乙烯与辛烯共聚物 R

外径尺寸（mm）

铝塑管代号：PAP、XPAP

4. 铝管搭接焊式铝塑管是 GB/T 18997《铝塑复合压力管》的一种，采用搭接焊式铝塑管作为嵌入金属层增强，通过共挤热熔黏合剂与内外层聚乙烯塑料复合而成。

5. 产品适于输送一定工作压力的流体，如冷水和冷热水的饮用水输配系统和给水输配系统、采暖系统、地下灌溉系统、工业特种流体（酸、碱、盐）、压缩空气、燃气等。

6. 产品以盘卷式或直管式供货，其长度按生产厂家规定值。

7. 在铝管搭接焊缝处的塑料外层厚度至少应为本表数值的二分之一。

8. 产品外层采用不同颜色表示不同用途，冷水用铝塑管为黑色、蓝色或白色；冷热水用管为橙红色；燃气用管为黄色；室外用管外层采用黑色，但管道上应标有表示用途颜色的色标。

9. 特种流体用铝塑管耐化学性能；化学介质为 10%氯化钠溶液、30%硫酸、40%硝酸、40%氢氧化钠溶液（以上为质量分数）、体积分数为 95%的乙醇，其质量变化平均值（mg/cm²）分别为±0.2、±0.1、±0.3、±0.1、±1.1；试验结果要求试样内层无龟裂、变黏等现象。

10. 燃气用铝塑管耐气体组分试验：试验介质为矿物油、叔丁基硫醇、防冻剂（甲醇或乙烯甘醇）、甲苯，其最大平均质量变化率（%）分别为+0.5、+0.5、+1.0、+1.0；最大平均管环向拉伸力的变化率均为±12%。

11. 产品的扩径试验、卫生性能、冷热水用管应将管材与管件连接成管道系统进行耐冷热水循环性能、循环压力冲击性能、真空性能和耐拉拔性能四项系统适用性试验等，均应符合 GB/T 18997.1—2003 的规定（耐拉拔性能试验列入本表）。

12. 产品按本表给出的爆破压力值进行爆破试验时，管材不应发生破裂。

13. 外层聚乙烯塑料应该加有足量的防紫外线老化剂、抗氧化剂和产品需要的着色剂。对于使用于室外的铝塑管外层塑料，应添加按 GB/T 13021—1991 中的方法检测不少于 2%的炭黑，内层塑料应添加抗氧化剂，不宜有着色剂。

14. 内外层塑料宜采用混配料，亦可采用基料添加母料法生产。

15. 铝塑管用铝材按 GB/T 228.1 进行测试，其断裂伸长率应不小于 20%，抗拉强度应不小于 100MPa。

16. 热熔胶黏剂应是乙烯共聚物，按 GB/T 1033—1986 中 B 法测试，其密度应大于 0.910g/cm³；按 GB/T 3682—2000 测试，其熔体流动速率应小于 10g/10min（190℃、2.16kg）。按 GB/T 4608—1984 方法测试冷热水用铝塑管的热熔胶黏剂，其熔点应不低于 120℃；冷水或其他流体用铝塑管的热熔胶黏剂，其熔点应不低于 100℃。

17. 材料类别：MDPE—中密度聚乙烯树脂；HDPE—高密度聚乙烯树脂；PE—聚乙烯。

① 系指采用中密度聚乙烯（乙烯与辛烯共聚物）材料生产的复合管。

② 输送燃气时应符合燃气安装的安全规定。

③ 在输送人工煤气时应注意到冷凝剂中芳香烃对管材的不利影响，工程中应考虑这一因素。

④ 系指和 HDPE 的抗化学药品性能相一致的特种流体。

⑤ "测试方法"中采用的部分标准已有更新，但在 GB/T 18997.1—2003 引用时原标准尚未作废，故这里不做修改。

10. 铝管对接焊式铝塑管（见表 2-160）

表 2-160 铝管对接焊式铝塑管的分类及尺寸规格（摘自 GB/T 18997.2—2003）

分类及代号		流体类别	用途代号	铝塑管代号	长期工作温度 T_0/℃	允许工作压力 p_0/MPa
分类及代号	水	冷水	L	PAP3、PAP4	40	1.40
				XPAP1、XPAP2		2.00
		冷热水	R	PAP3、PAP4	60	1.00
				XPAP1、XPAP2	75	1.50
				XPAP1、XPAP2	95	1.25
	燃气[①]	天然气	Q	PAP4	35	0.40
		液化石油气				0.40
		人工煤气[②]				0.20
	特种流体[③]		T	PAP3	40	1.00

尺寸规格/mm	公称外径 d_n	公称外径偏差	参考内径 d_i	圆度		管壁厚 e_m		内层塑料壁厚 e_n		外层塑料最小壁厚 e_w	铝管层壁厚 e_a	
				盘管	直管	公称值	偏差	公称值	偏差		公称值	偏差
尺寸规格/mm	16	+0.3 / 0	10.9	≤1.0	≤0.5	2.3	+0.5 / 0	1.4	±0.1	0.3	0.28	±0.04
	20		14.5	≤1.2	≤0.6	2.5		1.5			0.36	
	25 (26)		18.5 (19.5)	≤1.5	≤0.8	3.0		1.7			0.44	
	32		25.2	≤2.0	≤1.0			1.6			0.60	
	40	+0.4 / 0	32.4	≤2.4	≤1.2	3.5	+0.6 / 0	1.9		0.4	0.75	
	50	+0.5 / 0	41.4	≤3.0	≤1.5	4.0		2.0			1.00	

注：1. 铝塑管按复合组分材料分类。其形式如下：

1）聚乙烯/铝合金/交联聚乙烯（XPAP1）：一型铝塑管，适于较高工作温度和较高流体压力条件应用。

2）交联聚乙烯/铝合金/交联聚乙烯（XPAP2）：二型铝塑管，适于较高工作温度和流体压力条件，抗外部恶劣环境优于 XPAP1。

3）聚乙烯/铝/聚乙烯（PAP3）：三型铝塑管，适于较低工作温度和流体压力下应用。

4）聚乙烯/铝合金/聚乙烯（PAP4）：四型铝塑管，适于较低工作温度和流体压力下应用，可用于输送燃气等气体。

2. 铝塑管按外径（单位为 mm）分类，其规格为 16、20、25(26)、32、40、50。

3. 铝层焊接特征代号：铝管对接焊式代号为 D，产品标记方法参见表 2-159 的注 3。

4. 铝管对接焊式铝塑管的各种性能均优于铝管搭接焊式铝塑管，详见 GB/T 18997.2—2003 有关规定。

① 输送燃气时应符合燃气安装的安全规定。

② 在输送人工煤气时应注意到冷凝剂中芳香烃对管材的不利影响，工程中应考虑这一因素。

③ 系指和 HDPE 的抗化学药品性能相一致的特种流体。

11. 一般工业用铝及铝合金板、带材(见表2-161~表2-165)

表2-161　一般工业用铝及铝合金板、带材尺寸规格(摘自 GB/T 3880.1—2012)

(单位:mm)

板、带材厚度	板材的宽度和长度		带材的宽度和内径	
	板材的宽度	板材的长度	带材的宽度	带材的内径
>0.20~0.50	500.0~1660.0	500~4000	≤1800.0	75、150、200、300、405、505、605、650、750
>0.50~0.80	500.0~2000.0	500~10000	≤2400.0	
>0.80~1.20	500.0~2400.0①	1000~10000	≤2400.0	
>1.20~3.00	500.0~2400.0	1000~10000	≤2400.0	
>3.00~8.00	500.0~2400.0	1000~15000	≤2400.0	
>8.00~15.00	500.0~2500.0	1000~15000	—	
>15.00~250.00	500.0~3500.0	1000~20000	—	—

注:1. GB/T 3880.1—2012 规定的一般工业用铝及铝合金、带材,其铝及铝合金分为 A 类和 B 类,参见 GB/T 3880.1—2012 中的相关规定。产品牌号及分类可参见表 2-16 "铝或铝合金类别"的规定。4006、4007、4015、5040、5449 五个牌号应符合 GB/T 3880.1—2012 的规定,其他牌号产品的化学成分应符合 GB/T 3190 的规定。

2. 带材是否采用套筒及套筒材质,均由供需双方商定。

3. 产品标记:

产品标记按产品名称、标准编号、牌号、供应状态及尺寸的顺序表示。标记示例如下:

示例1　3003 牌号、H22 状态、厚度为 2.00mm、宽度为 1200.0mm、长度为 2000mm 的板材标记为:板 GB/T 3880.1—3003H22-2.00×1200×2000

示例2　5052 牌号、O 状态、厚度为 1.00mm、宽度为 1050.0mm 的带材标记为:带 GB/T 3880.1-5052O-1.00×1050

① A 类合金的产品最大宽度为 2000mm。

表2-162　一般工业用铝及铝合金板、带材的类别、状态及宽度(摘自 GB/T 3880.1—2012)

牌号	铝或铝合金类别	状态	板材厚度 /mm	带材厚度 /mm
1A97、1A93、1A90、1A85	A	F	>4.50~150.00	—
		H112	>4.50~80.00	—
1080A	A	O、H111	>0.20~12.50	—
		H12、H22、H14、H24	>0.20~6.00	—
		H16、H26	>0.20~4.00	>0.20~4.00
		H18	>0.20~3.00	>0.20~3.00
		H112	>6.00~25.00	—
		F	>2.50~6.00	—
1070	A	O	>0.20~50.00	>0.20~6.00
		H12、H22、H14、H24	>0.20~6.00	>0.20~6.00
		H16、H26	>0.20~4.00	>0.20~4.00
		H18	>0.20~3.00	>0.20~3.00
		H112	>4.50~75.00	—
		F	>4.50~150.00	>2.50~8.00

（续）

牌号	铝或铝合金类别	状　态	板材厚度/mm	带材厚度/mm
1070A	A	O、H111	>0.20~25.00	—
		H12、H22、H14、H24	>0.20~6.00	—
		H16、H26	>0.20~4.00	—
		H18	>0.20~3.00	—
		H112	>6.00~25.00	—
		F	>4.50~150.00	>2.50~8.00
1060	A	O	>0.20~80.00	>0.20~6.00
		H12、H22	>0.50~6.00	>0.50~6.00
		H14、H24	>0.20~6.00	>0.20~6.00
		H16、H26	>0.20~4.00	>0.20~4.00
		H18	>0.20~3.00	>0.20~3.00
		H112	>4.50~80.00	—
		F	>4.50~150.00	>2.50~8.00
1050	A	O	>0.20~50.00	>0.20~6.00
		H12、H22、H14、H24	>0.20~6.00	>0.20~6.00
		H16、H26	>0.20~4.00	>0.20~4.00
		H18	>0.20~3.00	>0.20~3.00
		H112	>4.50~75.00	—
		F	>4.50~150.00	>2.50~8.00
1050A	A	O	>0.20~80.00	>0.20~6.00
		H111	>0.20~80.00	—
		H12、H22、H14、H24	>0.20~6.00	>0.20~6.00
		H16、H26	>0.20~4.00	>0.20~4.00
		H18、H28、H19	>0.20~3.00	>0.20~3.00
		H112	>6.00~80.00	—
		F	>4.50~150.00	>2.50~8.00
1145	A	O	>0.20~10.00	>0.20~6.00
		H12、H22、H14、H24、H16、H26、H18	>0.20~4.50	>0.20~4.50
		H112	>4.50~25.00	—
		F	>4.50~150.00	>2.50~8.00
1235	A	O	>0.20~1.00	>0.20~1.00
		H12、H22	>0.20~4.50	>0.20~4.50
		H14、H24	>0.20~3.00	>0.20~3.00
		H16、H26	>0.20~4.00	>0.20~4.00
		H18	>0.20~3.00	>0.20~3.00

（续）

牌号	铝或铝合金类别	状　态	板材厚度/mm	带材厚度/mm
1100	A	O	>0.20~80.00	>0.20~6.00
		H12、H22、H14、H24	>0.20~6.00	>0.20~6.00
		H16、H26	>0.20~4.00	>0.20~4.00
		H18、H28	>0.20~3.20	>0.20~3.20
		H112	>6.00~80.00	—
		F	>4.50~150.00	>2.50~8.00
1200	A	O	>0.20~80.00	>0.20~6.00
		H111	>0.20~80.00	—
		H12、H22、H14、H24	>0.20~6.00	>0.20~6.00
		H16、H26	>0.20~4.00	>0.20~4.00
		H18、H19	>0.20~3.00	>0.20~3.00
		H112	>6.00~80.00	—
		F	>4.50~150.00	>2.50~8.00
2A11、包铝2A11	B	O	>0.50~10.00	>0.50~6.00
		T1	>4.50~80.00	—
		T3、T4	>0.50~10.00	—
		F	>4.50~150.00	—
2A12、包铝2A12	B	O	>0.50~10.00	—
		T1	>4.50~80.00	—
		T3、T4	>0.50~10.00	—
		F	>4.50~150.00	—
2A14	B	O	0.50~10.00	—
		T1	>4.50~40.00	—
		T6	0.50~10.00	—
		F	>4.50~150.00	—
2E12、包铝2E12	B	T3	0.80~6.00	—
2014	B	O	>0.40~25.00	—
		T3	>0.40~6.00	—
		T4	>0.40~100.00	—
		T6	>0.40~160.00	—
		F	>4.50~150.00	—
包铝2014	B	O	>0.50~25.00	—
		T3	>0.50~6.30	—
		T4	>0.50~6.30	—
		T6	>0.50~6.30	—
		F	>4.50~150.00	—

（续）

牌号	铝或铝合金类别	状　态	板材厚度/mm	带材厚度/mm
2014A、包铝2014A	B	O	>0.20~6.00	—
		T4	>0.20~80.00	—
		T6	>0.20~140.00	—
2024	B	O	>0.40~25.00	>0.50~6.00
		T3	>0.40~150.00	—
		T4	>0.40~6.00	—
		T8	>0.40~40.00	—
		F	>4.50~80.00	—
包铝2024	B	O	>0.20~45.50	—
		T3	>0.20~6.00	—
		T4	>0.20~3.20	—
		F	>4.50~80.00	—
2017、包铝2017	B	O	>0.40~25.00	>0.50~6.00
		T3、T4	>0.40~6.00	—
		F	>4.50~150.00	—
2017A、包铝2017A	B	O	0.40~25.00	—
		T4	0.40~200.00	—
2219、包铝2219	B	O	>0.50~50.00	
		T81	>0.50~6.30	—
		T87	>1.00~12.50	—
3A21	A	O	>0.20~10.00	
		H14	>0.80~4.50	
		H24、H18	>0.20~4.50	
		H112	>4.50~80.00	
		F	>4.50~150.00	
3102	A	H18	>0.20~3.00	>0.20~3.00
3003	A	O	>0.20~50.00	>0.20~6.00
		H111	>0.20~50.00	—
		H12、H22、H14、H24	>0.20~6.00	>0.20~6.00
		H16、H26	>0.20~4.00	>0.20~4.00
		H18、H28、H19	>0.20~3.00	>0.20~3.00
		H112	>4.50~80.00	—
		F	>4.50~150.00	>2.50~8.00
3103	A	O、H111	>0.20~50.00	—
		H12、H22、H14、H24、H16	>0.20~6.00	—
		H26	>0.20~4.00	—

（续）

牌号	铝或铝合金类别	状　态	板材厚度/mm	带材厚度/mm
3103	A	H18、H28、H19	>0.20~3.00	—
		H112	>4.50~80.00	—
		F	>20.00~80.00	—
3004	B	O	>0.20~50.00	>0.20~6.00
		H111	>0.20~50.00	—
		H12、H22、H32、H14	>0.20~6.00	>0.20~6.00
		H24、H34、H26、H36、H18	>0.20~3.00	>0.20~3.00
		H16	>0.20~4.00	>0.20~4.00
		H28、H38、H19	>0.20~1.50	>0.20~1.50
		H112	>4.50~80.00	—
		F	>6.00~80.00	>2.50~8.00
3104	B	O	>0.20~3.00	>0.20~3.00
		H111	>0.20~3.00	—
		H12、H22、H32	>0.50~3.00	>0.50~3.00
		H14、H24、H34、H16、H26、H36	>0.20~3.00	>0.20~3.00
		H18、H28、H38、H19、H29、H39	>0.20~0.50	>0.20~0.50
		F	>6.00~80.00	>2.50~8.00
3005	A	O	>0.20~6.00	>0.20~6.00
		H111	>0.20~6.00	—
		H12、H22、H14	>0.20~6.00	>0.20~6.00
		H24	>0.20~3.00	>0.20~3.00
		H16	>0.20~4.00	>0.20~4.00
		H26、H18、H28	>0.20~3.00	>0.20~3.00
		H19	>0.20~1.50	>0.20~1.50
		F	>6.00~80.00	>2.50~8.00
3105	A	O、H12、H22、H14、H24、H16、H26、H18	>0.20~3.00	>0.20~3.00
		H111	>0.20~3.00	—
		H28、H19	>0.20~1.50	>0.20~1.50
		F	>6.00~80.00	>2.50~8.00
4006	A	O	>0.20~6.00	—
		H12、H14	>0.20~3.00	—
		F	2.50~6.00	—

（续）

牌号	铝或铝合金类别	状　态	板材厚度/mm	带材厚度/mm
4007	A	O、H111	>0.20~12.50	—
		H12	>0.20~3.00	—
		F	2.50~6.00	—
4015	B	O、H111	>0.20~3.00	—
		H12、H14、H16、H18	>0.20~3.00	—
5A02	B	O	>0.50~10.00	—
		H14、H24、H34、H18	>0.50~4.50	—
		H112	>4.50~80.00	—
		F	>4.50~150.00	—
5A03	B	O、H14、H24、H34	>0.50~4.50	>0.50~4.50
		H112	>4.50~50.00	—
		F	>4.50~150.00	—
5A05	B	O	>0.50~4.50	>0.50~4.50
		H112	>4.50~50.00	—
		F	>4.50~150.00	—
5A06	B	O	0.50~4.50	>0.50~4.50
		H112	>4.50~50.00	—
		F	>4.50~150.00	—
5005、5005A	A	O	>0.20~50.00	>0.20~6.00
		H111	>0.20~50.00	—
		H12、H22、H32、H14、H24、H34	>0.20~6.00	>0.20~6.00
		H16、H26、H36	>0.20~4.00	>0.20~4.00
		H18、H28、H38、H19	>0.20~3.00	>0.20~3.00
		H112	>6.00~80.00	—
		F	4.50~150.00	>2.50~8.00
5040	B	H24、H34	0.80~1.80	—
		H26、H36	1.00~2.00	—
5049	B	O、H111	>0.20~100.00	—
		H12、H22、H32、H14、H24、H34、H16、H26、H36	>0.20~6.00	—
		H18、H28、H38	>0.20~3.00	—
		H112	6.00~80.00	—
5449	B	O、H111、H22、H24、H26、H28	>0.50~3.00	—

（续）

牌号	铝或铝合金类别	状 态	板材厚度/mm	带材厚度/mm
5050	A	O、H111	>0.20~50.00	—
		H12	>0.20~3.00	—
		H22、H32、H14、H24、H34	>0.20~6.00	—
		H16、H26、H36	>0.20~4.00	—
		H18、H28、H38	>0.20~3.00	—
		H112	6.00~80.00	—
		F	2.50~80.00	—
5251	B	O、H111	>0.20~50.00	—
		H12、H22、H32、H14、H24、H34	>0.20~6.00	
		H16、H26、H36	>0.20~4.00	—
		H18、H28、H38	>0.20~3.00	—
		F	2.50~80.00	—
5052	B	O	>0.20~80.00	>0.20~6.00
		H111	>0.20~80.00	—
		H12、H22、H32、H14、H24、H34、H16、H26、H36	>0.20~6.00	>0.20~6.00
		H18、H28、H38	>0.20~3.00	>0.20~3.00
		H112	>6.00~80.00	—
		F	>2.50~150.00	>2.50~8.00
5154A	B	O、H111	>0.20~50.00	—
		H12、H22、H32、H14、H24、H34、H26、H36	>0.20~6.00	>0.20~6.00
		H18、H28、H38	>0.20~3.00	>0.20~3.00
		H19	>0.20~1.50	>0.20~1.50
		H112	6.00~80.00	—
		F	>2.50~80.00	—
5454	B	O、H111	>0.20~80.00	—
		H12、H22、H32、H14、H24、H34、H26、H36	>0.20~6.00	—
		H28、H38	>0.20~3.00	—
		H112	6.00~120.00	—
		F	>4.50~150.00	—
5754	B	O、H111	>0.20~100.00	—
		H12、H22、H32、H14、H24、H34、H16、H26、H36	>0.20~6.00	—
		H18、H28、H38	>0.20~3.00	—
		H112	6.00~80.00	—
		F	>4.50~150.00	—

（续）

牌号	铝或铝合金类别	状　态	板材厚度/mm	带材厚度/mm
5082	B	H18、H38、H19、H39	>0.20~0.50	>0.20~0.50
		F	>4.50~150.00	—
5182	B	O	>0.20~3.00	>0.20~3.00
		H111	>0.20~3.00	—
		H19	>0.20~1.50	>0.20~1.50
5083	B	O	>0.20~200.00	>0.20~4.00
		H111	0.20~200.00	—
		H12、H22、H32、H14、H24、H34	>0.20~6.00	>0.20~6.00
		H16、H26、H36	>0.20~4.00	—
		H116、H321	>1.50~80.00	—
		H112	>6.00~120.00	—
		F	>4.50~150.00	—
5383	B	O、H111	>0.20~150.00	—
		H22、H32、H24、H34	>0.20~6.00	—
		H116、H321	>1.50~80.00	—
		H112	>6.00~80.00	—
5086	B	O、H111	>0.20~150.00	—
		H12、H22、H32、H14、H24、H34	>0.20~6.00	—
		H16、H26、H36	>0.20~4.00	—
		H18	>0.20~3.00	—
		H116、H321	>1.50~50.00	—
		H112	>6.00~80.00	—
		F	>4.50~150.00	—
6A02	B	O、T4、T6	>0.50~10.00	—
		T1	>4.50~80.00	—
		F	>4.50~150.00	—
6061	B	O	0.40~25.00	0.40~6.00
		T4	0.40~80.00	—
		T6	0.40~100.00	—
		F	>4.50~150.00	>2.50~8.00
6016	B	T4、T6	0.40~3.00	—
6063	B	O	0.50~20.00	—
		T4、T6	0.50~10.00	—

（续）

牌号	铝或铝合金类别	状　态	板材厚度/mm	带材厚度/mm
6082	B	O	0.40~25.00	—
		T4	0.40~80.00	—
		T6	0.40~12.50	—
		F	>4.50~150.00	—
7A04、包铝7A04 7A09、包铝7A09	B	O、T6	>0.50~10.00	—
		T1	>4.50~40.00	—
		F	>4.50~150.00	—
7020	B	O、T4	0.40~12.50	—
		T6	0.40~200.00	—
7021	B	T6	1.50~6.00	—
7022	B	T6	3.00~200.00	—
7075	B	O	>0.40~75.00	—
		T6	>0.40~60.00	—
		T76	>1.50~12.50	—
		T73	>1.50~100.00	—
		F	>6.00~50.00	—
包铝7075	B	O	>0.39~50.00	—
		T6	>0.39~6.30	—
		T76	>3.10~6.30	—
		F	>6.00~100.00	—
7475	B	T6	>0.35~6.00	
		T76、T761	1.00~6.50	—
包铝7475	B	O、T761	1.00~6.50	
8A06	A	O	>0.20~10.00	
		H14、H24、H18	>0.20~4.50	—
		H112	>4.50~80.00	—
		F	>4.50~150.00	>2.50~8.00
8011	—	H14、H24、H16、H26	>0.20~0.50	>0.20~0.50
		H18	0.20~0.50	0.20~0.50
8011A	A	O	>0.20~12.50	>0.20~6.00
		H111	>0.20~12.50	—
		H22	>0.20~3.00	>0.20~3.00
		H14、H24	>0.20~6.00	>0.20~6.00
		H16、H26	>0.20~4.00	>0.20~4.00
		H18	>0.20~3.00	>0.20~3.00
8079	A	H14	>0.20~0.50	>0.20~0.50

表2-163　一般工业用铝及铝合金板、带材厚度极限偏差（摘自 GB/T 3880.3—2012）

（单位：mm）

厚度	下列宽度上的厚度极限偏差①										
	≤1000.0		>1000.0~1250.0		>1250.0~1600.0		>1600.0~2000.0		>2000.0~2500.0	>2500.0~3000.0	>3000.0~3500.0
	A类	B类	A类	B类	A类	B类	A类	B类	所有	所有	所有
冷轧板、带材厚度极限偏差（普通级）											
>0.20~0.40	±0.03	±0.05	±0.05	±0.06	±0.06	±0.06	—	—	—	—	—
>0.40~0.50	±0.05	±0.05	±0.06	±0.08	±0.07	±0.08	±0.08	±0.09	±0.12	—	—
>0.50~0.60	±0.05	±0.05	±0.07	±0.08	±0.07	±0.08	±0.08	±0.09	±0.12	—	—
>0.60~0.80	±0.05	±0.06	±0.07	±0.08	±0.07	±0.08	±0.09	±0.10	±0.13	—	—
>0.80~1.00	±0.07	±0.08	±0.08	±0.09	±0.08	±0.09	±0.10	±0.11	±0.15	—	—
>1.00~1.20	±0.07	±0.08	±0.09	±0.10	±0.09	±0.10	±0.11	±0.12	±0.15	—	—
>1.20~1.50	±0.09	±0.10	±0.12	±0.13	±0.12	±0.13	±0.13	±0.14	±0.15	—	—
>1.50~1.80	±0.09	±0.10	±0.12	±0.13	±0.12	±0.13	±0.14	±0.15	±0.15	—	—
>1.80~2.00	±0.09	±0.10	±0.12	±0.13	±0.12	±0.13	±0.14	±0.15	±0.15	—	—
>2.00~2.50	±0.12	±0.13	±0.14	±0.15	±0.14	±0.15	±0.15	±0.16	±0.16	—	—
>2.50~3.00	±0.13	±0.15	±0.16	±0.17	±0.16	±0.17	±0.17	±0.18	±0.18	—	—
>3.00~3.50	±0.14	±0.15	±0.17	±0.18	±0.17	±0.18	±0.22	±0.23	±0.19	—	—
>3.50~4.00	±0.15		±0.18		±0.18		±0.23		±0.24	±0.51	±0.57
>4.00~5.00	±0.23		±0.24		±0.24		±0.26		±0.28	±0.54	±0.63
>5.00~6.00	±0.25		±0.26		±0.26		±0.26		±0.28	±0.60	±0.69
冷轧板、带材厚度极限偏差（高精级）											
>0.20~0.40	±0.02	±0.03	±0.04	±0.05	±0.05	±0.06	—	—	—	—	—
>0.40~0.50	±0.03	±0.03	±0.04	±0.05	±0.05	±0.06	±0.06	±0.07	±0.10	—	—
>0.50~0.60	±0.03	±0.04	±0.05	±0.06	±0.06	±0.07	±0.07	±0.08	±0.11	—	—
>0.60~0.80	±0.03	±0.04	±0.06	±0.07	±0.07	±0.08	±0.08	±0.09	±0.12	—	—
>0.80~1.00	±0.04	±0.05	±0.06	±0.08	±0.08	±0.09	±0.09	±0.10	±0.13	—	—
>1.00~1.20	±0.04	±0.05	±0.07	±0.09	±0.09	±0.10	±0.10	±0.12	±0.14	—	—
>1.20~1.50	±0.05	±0.07	±0.09	±0.11	±0.10	±0.12	±0.11	±0.14	±0.16	—	—
>1.50~1.80	±0.06	±0.08	±0.10	±0.12	±0.11	±0.13	±0.12	±0.15	±0.17	—	—
>1.80~2.00	±0.06	±0.09	±0.11	±0.13	±0.12	±0.14	±0.14	±0.15	±0.19	—	—
>2.00~2.50	±0.07	±0.10	±0.12	±0.14	±0.13	±0.15	±0.15	±0.16	±0.20	—	—
>2.50~3.00	±0.08	±0.11	±0.13	±0.15	±0.15	±0.17	±0.17	±0.18	±0.23	—	—
>3.00~3.50	±0.10	±0.12	±0.15	±0.17	±0.17	±0.19	±0.18	±0.20	±0.24	—	—
>3.50~4.00	±0.15		±0.18		±0.18		±0.23		±0.24	±0.34	±0.38
>4.00~5.00	±0.18		±0.22		±0.24		±0.25		±0.28	±0.36	±0.42
>5.00~6.00	±0.20		±0.24		±0.25		±0.26		±0.28	±0.40	±0.46

（续）

	厚度	下列宽度上的厚度极限偏差				
		≤1250.0	>1250.0~1600.0	>1600.0~2000.0	>2000.0~2500.0	>2500.0~3500.0
热轧板、带材厚度极限偏差	2.50~4.00	±0.28	±0.28	±0.32	±0.35	±0.40
	>4.00~5.00	±0.30	±0.30	±0.35	±0.40	±0.45
	>5.00~6.00	±0.32	±0.32	±0.40	±0.45	±0.50
	>6.00~8.00	±0.35	±0.40	±0.40	±0.50	±0.55
	>8.00~10.00	±0.45	±0.50	±0.50	±0.55	±0.60
	>10.00~15.00	±0.50	±0.60	±0.65	±0.65	±0.80
	>15.00~20.00	±0.60	±0.70	±0.75	±0.80	±0.90
	>20.00~30.00	±0.65	±0.75	±0.85	±0.90	±1.00
	>30.00~40.00	±0.75	±0.85	±1.00	±1.10	±1.20
	>40.00~50.00	±0.90	±1.00	±1.10	±1.20	±1.50
	>50.00~60.00	±1.10	±1.20	±1.40	±1.50	±1.70
	>60.00~80.00	±1.40	±1.50	±1.70	±1.90	±2.00
	>80.00~100.00	±1.70	±1.80	±1.90	±2.10	±2.20
	>100.00~150.00	±2.10	±2.20	±2.50	±2.60	—
	>150.00~220.00	±2.50	±2.60	±2.90	±3.00	—
	>220.00~250.00	±2.80	±2.90	±3.20	±3.30	—

注：1. 冷轧板、带材厚度偏差等级分为普通级和高精级，要求高精级时应在合同中注明，未注明时按普通级供货。

2. 板、带材的宽度偏差、长度偏差、平面度、对角线等技术要求均应符合 GB/T 3880.3—2012 的相关规定。

① 厚度大于或等于 4.00mm、平均镁含量大于 3% 的高镁合金板、带材，其厚度偏差为公称厚度的 ±5%，当该值小于表中对应数值时，以表中规定为准。

表 2-164　一般工业用铝及铝合金板、带材的力学性能（摘自 GB/T 3880.2—2012）

牌号	包铝分类	供应状态	试样状态	厚度/mm	室温拉伸试验结果					
					抗拉强度 R_m/MPa	规定塑性延伸强度 $R_{p0.2}$/MPa	断后伸长率[①] (%)		弯曲半径[②]	
							A_{50mm}	A	90°	180°
					不小于					
1A97、1A93	—	H112	H112	>4.50~80.00	附实测值				—	—
		F	—	>4.50~150.00	—				—	—
1A90、1A85	—	H112	H112	>4.50~12.50	60		21	—	—	—
				>12.50~20.00			—	19		
				>20.00~80.00	附实测值					
		F	—	>4.50~150.00	—				—	—
1080A	—	O、H111	O、H111	>0.20~0.50	60~90	15	26	—	0t	0t
				>0.50~1.50			28	—	0t	0t
				>1.50~3.00			31	—	0t	0t
				>3.00~6.00			35	—	0.5t	0.5t
				>6.00~12.50			35	—	0.5t	0.5t

（续）

牌号	包铝分类	供应状态	试样状态	厚度/mm	抗拉强度 R_m/MPa	规定塑性延伸强度 $R_{p0.2}$/MPa	断后伸长率[①] (%) A_{50mm}	A	弯曲半径[②] 90°	180°
						不小于				
1080A	—	H12	H12	>0.20~0.50	8~120	55	5	—	0t	0.5t
				>0.50~1.50			6	—	0t	0.5t
				>1.50~3.00			7	—	0.5t	0.5t
				>3.00~6.00			9	—	1.0t	—
		H22	H22	>0.20~0.50	80~120	50	8	—	0t	0.5t
				>0.50~1.50			9	—	0t	0.5t
				>1.50~3.00			11	—	0.5t	0.5t
				>3.00~6.00			13	—	1.0t	—
		H14	H14	>0.20~0.50	100~140	70	4	—	0t	0.5t
				>0.50~1.50			4	—	0.5t	0.5t
				>1.50~3.00			5	—	1.0t	1.0t
				>3.00~6.00			6	—	1.5t	—
		H24	H24	>0.20~0.50	100~140	60	5	—	0t	0.5t
				>0.50~1.50			6	—	0.5t	0.5t
				>1.50~3.00			7	—	1.0t	1.0t
				>3.00~6.00			9	—	1.5t	—
		H16	H16	>0.20~0.50	110~150	90	2	—	0.5t	1.0t
				>0.50~1.50			2	—	1.0t	1.0t
				>1.50~4.00			3	—	1.0t	1.0t
		H26	H26	>0.20~0.50	110~150	80	3	—	0.5t	—
				>0.50~1.50			3	—	1.0t	—
				>1.50~4.00			4	—	1.0t	—
		H18	H18	>0.20~0.50	125	105	2	—	1.0t	—
				>0.50~1.50			2	—	2.0t	—
				>1.50~3.00			2	—	2.5t	—
		H112	H112	>6.00~12.50	70		20	—	—	—
				>12.50~25.00			—	20	—	—
		F	—	2.50~25.00	—	—	—	—	—	—
1070	—	O	O	>0.20~0.30	55~95	—	15	—	0t	—
				>0.30~0.50			20	—	0t	—
				>0.50~0.80			25	—	0t	—
				>0.80~1.50			30	—	0t	—
				>1.50~6.00		15	35	—	0t	—
				>6.00~12.50			35	—	—	—
				>12.50~50.00			—	30	—	—

（续）

牌号	包铝分类	供应状态	试样状态	厚度/mm	室温拉伸试验结果				弯曲半径[2]	
					抗拉强度 R_m/MPa	规定塑性延伸强度 $R_{p0.2}$/MPa	断后伸长率[1] （%）			
							A_{50mm}	A	90°	180°
					不小于					
1070	—	H12	H12	>0.20~0.30	70~100		2	—	0t	—
				>0.30~0.50		—	3	—	0t	—
				>0.50~0.80			4	—	0t	—
				>0.80~1.50			6	—	0t	—
				>1.50~3.00		55	8	—	0t	—
				>3.00~6.00			9	—	0t	—
		H22	H22	>0.20~0.30	70		2	—	0t	—
				>0.30~0.50		—	3	—	0t	—
				>0.50~0.80			4	—	0t	—
				>0.80~1.50			6	—	0t	—
				>1.50~3.00		55	8	—	0t	—
				>3.00~6.00			9	—	0t	—
		H14	H14	>0.20~0.30	85~120		1	—	0.5t	—
				>0.30~0.50		—	2	—	0.5t	—
				>0.50~0.80			3	—	0.5t	—
				>0.80~1.50			4	—	1.0t	—
				>1.50~3.00		65	5	—	1.0t	—
				>3.00~6.00			6	—	1.0t	—
		H24	H24	>0.20~0.30	85		1	—	0.5t	—
				>0.30~0.50		—	2	—	0.5t	—
				>0.50~0.80			3	—	0.5t	—
				>0.80~1.50			4	—	1.0t	—
				>1.50~3.00		65	5	—	1.0t	—
				>3.00~6.00			6	—	1.0t	—
		H16	H16	>0.20~0.50	100~135		1	—	1.0t	—
				>0.50~0.80		—	2	—	1.0t	—
				>0.80~1.50			3	—	1.5t	—
				>1.50~4.00		75	4	—	1.5t	—
		H26	H26	>0.20~0.50	100		1	—	1.0t	—
				>0.50~0.80		—	2	—	1.0t	—

（续）

牌号	包铝分类	供应状态	试样状态	厚度/mm	室温拉伸试验结果					
					抗拉强度 R_m/MPa	规定塑性延伸强度 $R_{p0.2}$/MPa	断后伸长率[①]（%）		弯曲半径[②]	
							A_{50mm}	A	90°	180°
					不小于					
1070	—	H26	H26	>0.80~1.50	100	75	3	—	1.5t	—
				>1.50~4.00			4	—	1.5t	—
		H18	H18	>0.20~0.50	120	—	1	—	—	—
				>0.50~0.80			2	—	—	—
				>0.80~1.50			3	—	—	—
				>1.50~3.00			4	—	—	—
		H112	H112	>4.50~6.00	75	35	13	—	—	—
				>6.00~12.50	70	35	15	—	—	—
				>12.50~25.00	60	25	—	20	—	—
				>25.00~75.00	55	15	—	25	—	—
		F	—	>2.50~150.00	—				—	—
1070A	—	O、H111	O、H111	>0.20~0.50	60~90	15	23	—	0t	0t
				>0.50~1.50			25	—	0t	0t
				>1.50~3.00			29	—	0t	0t
				>3.00~6.00			32	—	0.5t	0.5t
				>6.00~12.50			35	—	0.5t	0.5t
				>12.50~25.00			—	32	—	—
		H12	H12	>0.20~0.50	80~120	55	5	—	0t	0.5t
				>0.50~1.50			6	—	0t	0.5t
				>1.50~3.00			7	—	0.5t	0.5t
				>3.00~6.00			9	—	1.0t	—
		H22	H22	>0.20~0.50	80~120	50	7	—	0t	0.5t
				>0.50~1.50			8	—	0t	0.5t
				>1.50~3.00			10	—	0.5t	0.5t
				>3.00~6.00			12	—	1.0t	—
		H14	H14	>0.20~0.50	100~140	70	4	—	0t	0.5t
				>0.50~1.50			4	—	0.5t	0.5t
				>1.50~3.00			5	—	1.0t	1.0t
				>3.00~6.00			6	—	1.5t	—
		H24	H24	>0.20~0.50	100~140	60	5	—	0t	0.5t

（续）

牌号	包铝分类	供应状态	试样状态	厚度/mm	室温拉伸试验结果					弯曲半径[2]	
					抗拉强度 R_m/MPa	规定塑性延伸强度 $R_{p0.2}$/MPa	断后伸长率[1]（%）				
							A_{50mm}	A	90°	180°
					不小于						
1070A	—	H24	H24	>0.50~1.50	100~140	60	6	—	0.5t	0.5t
				>1.50~3.00			7	—	1.0t	1.0t
				>3.00~6.00			9	—	1.5t	—
		H16	H16	>0.20~0.50	110~150	90	2	—	0.5t	1.0t
				>0.50~1.50			2	—	1.0t	1.0t
				>1.50~4.00			3	—	1.0t	1.0t
		H26	H26	>0.20~0.50	110~150	80	3	—	0.5t	—
				>0.50~1.50			3	—	1.0t	—
				>1.50~4.00			4	—	1.0t	—
		H18	H18	>0.20~0.50	125	105	2	—	1.0t	—
				>0.50~1.50			2	—	2.0t	—
				>1.50~3.00			2	—	2.5t	—
		H112	H112	>6.00~12.50	70	20	20	—	—	—
				>12.50~25.00		—	—	20	—	—
		F	—	2.50~150.00	—				—	—
1060	—	O	O	>0.20~0.30	60~100	15	15	—	—	—
				>0.30~0.50			18	—	—	—
				>0.50~1.50			23	—	—	—
				>1.50~6.00			25	—	—	—
				>6.00~80.00			25	22	—	—
		H12	H12	>0.50~1.50	80~120	60	6	—	—	—
				>1.50~6.00			12	—	—	—
		H22	H22	>0.50~1.50	80	60	6	—	—	—
				>1.50~6.00			12	—	—	—
		H14	H14	>0.20~0.30	95~135	70	1	—	—	—
				>0.30~0.50			2	—	—	—
				>0.50~0.80			2	—	—	—
				>0.80~1.50			4	—	—	—
				>1.50~3.00			6	—	—	—
				>3.00~6.00			10	—	—	—

（续）

牌号	包铝分类	供应状态	试样状态	厚度/mm	室温拉伸试验结果					
					抗拉强度 R_m/MPa	规定塑性延伸强度 $R_{p0.2}$/MPa	断后伸长率[①]（%）		弯曲半径[②]	
							A_{50mm}	A	90°	180°
					不小于					
1060	—	H24	H24	>0.20~0.30	95	70	1	—	—	—
				>0.30~0.50			2	—	—	—
				>0.50~0.80			2	—	—	—
				>0.80~1.50			4	—	—	—
				>1.50~3.00			6	—	—	—
				>3.00~6.00			10	—	—	—
		H16	H16	>0.20~0.30	110~155	75	1	—	—	—
				>0.30~0.50			2	—	—	—
				>0.50~0.80			2	—	—	—
				>0.80~1.50			3	—	—	—
				>1.50~4.00			5	—	—	—
		H26	H26	>0.20~0.30	110	75	1	—	—	—
				>0.30~0.50			2	—	—	—
				>0.50~0.80			2	—	—	—
				>0.80~1.50			3	—	—	—
				>1.50~4.00			5	—	—	—
		H18	H18	>0.20~0.30	125	85	1	—	—	—
				>0.30~0.50			2	—	—	—
				>0.50~1.50			3	—	—	—
				>1.50~3.00			4	—	—	—
		H112	H112	>4.50~6.00	75	—	10	—	—	—
				>6.00~12.50	75		10	—	—	—
				>12.50~40.00	70		—	18	—	—
				>40.00~80.00	60		—	22	—	—
		F	—	>2.50~150.00	—					
1050	—	O	O	>0.20~0.50	60~100	—	15	—	0t	—
				>0.50~0.80			20	—	0t	—
				>0.80~1.50		20	25	—	0t	—
				>1.50~6.00			30	—	0t	—
				>6.00~50.00			28	28	—	—

（续）

牌号	包铝分类	供应状态	试样状态	厚度/mm	室温拉伸试验结果				弯曲半径[2]	
					抗拉强度 R_m/MPa	规定塑性延伸强度 $R_{p0.2}$/MPa	断后伸长率[1]（%）			
							A_{50mm}	A	90°	180°
					不小于					
1050	—	H12	H12	>0.20~0.30	80~120	—	2	—	0t	—
				>0.30~0.50			3	—	0t	—
				>0.50~0.80			4	—	0t	—
				>0.80~1.50		65	6	—	0.5t	—
				>1.50~3.00			8	—	0.5t	—
				>3.00~6.00			9	—	0.5t	—
		H22	H22	>0.20~0.30	80	—	2	—	0t	—
				>0.30~0.50			3	—	0t	—
				>0.50~0.80			4	—	0t	—
				>0.80~1.50		65	6	—	0.5t	—
				>1.50~3.00			8	—	0.5t	—
				>3.00~6.00			9	—	0.5t	—
		H14	H14	>0.20~0.30	95~130	—	1	—	0.5t	—
				>0.30~0.50			2	—	0.5t	—
				>0.50~0.80			3	—	0.5t	—
				>0.80~1.50		75	4	—	1.0t	—
				>1.50~3.00			5	—	1.0t	—
				>3.00~6.00			6	—	1.0t	—
		H24	H24	>0.20~0.30	95	—	1	—	0.5t	—
				>0.30~0.50			2	—	0.5t	—
				>0.50~0.80			3	—	0.5t	—
				>0.80~1.50		75	4	—	1.0t	—
				>1.50~3.00			5	—	1.0t	—
				>3.00~6.00			6	—	1.0t	—
		H16	H16	>0.20~0.50	120~150	—	1	—	2.0t	—
				>0.50~0.80		85	2	—	2.0t	—
				>0.80~1.50			3	—	2.0t	—
				>1.50~4.00			4	—	2.0t	—
		H26	H26	>0.20~0.50	120	—	1	—	2.0t	—
				>0.50~0.80		85	2	—	2.0t	—

（续）

牌号	包铝分类	供应状态	试样状态	厚度/mm	室温拉伸试验结果				弯曲半径[2]	
					抗拉强度 R_m/MPa	规定塑性延伸强度 $R_{p0.2}$/MPa	断后伸长率[1]（%）			
							A_{50mm}	A	90°	180°
					不小于					
1050	—	H26	H26	>0.80~1.50	120	85	3	—	2.0t	—
				>1.50~4.00			4	—	2.0t	—
		H18	H18	>0.20~0.50	130	—	1	—	—	—
				>0.50~0.80			2	—	—	—
				>0.80~1.50			3	—	—	—
				>1.50~3.00			4	—	—	—
		H112	H112	>4.50~6.00	85	45	10	—	—	—
				>6.00~12.50	80	45	10	—	—	—
				>12.50~25.00	70	35	—	16	—	—
				>25.00~50.00	65	30	—	22	—	—
				>50.00~75.00	65	30	—	22	—	—
		F	—	>2.50~150.00	—				—	—
1050A	—	O、H111	O、H111	>0.20~0.50	>65~95	20	20	—	0t	0t
				>0.50~1.50			22	—	0t	0t
				>1.50~3.00			26	—	0t	0t
				>3.00~6.00			29	—	0.5t	0.5t
				>6.00~12.50			35	—	1.0t	1.0t
				>12.50~80.00			—	32	—	—
		H12	H12	>0.20~0.50	>85~125	65	2	—	0t	0.5t
				>0.50~1.50			4	—	0t	0.5t
				>1.50~3.00			5	—	0.5t	0.5t
				>3.00~6.00			7	—	1.0t	1.0t
		H22	H22	>0.20~0.50	>85~125	55	4	—	0t	0.5t
				>0.50~1.50			5	—	0t	0.5t
				>1.50~3.00			6	—	0.5t	0.5t
				>3.00~6.00			11	—	1.0t	1.0t
		H14	H14	>0.20~0.50	>105~145	85	2	—	0t	1.0t
				>0.50~1.50			2	—	0.5t	1.0t
				>1.50~3.00			4	—	1.0t	1.0t
				>3.00~6.00			5	—	1.5t	—

（续）

牌号	包铝分类	供应状态	试样状态	厚度/mm	室温拉伸试验结果				弯曲半径②	
					抗拉强度 R_m/MPa	规定塑性延伸强度 $R_{p0.2}$/MPa	断后伸长率① （%）		90°	180°
							A_{50mm}	A		
					不小于					
1050A	—	H24	H24	>0.20~0.50	>105~145	75	3	—	0t	1.0t
				>0.50~1.50			4	—	0.5t	1.0t
				>1.50~3.00			5	—	1.0t	1.0t
				>3.00~6.00			8	—	1.5t	1.5t
		H16	H16	>0.20~0.50	>120~160	100	1	—	0.5t	—
				>0.50~1.50			2	—	1.0t	—
				>1.50~4.00			3	—	1.5t	
		H26	H26	>0.20~0.50	>120~160	90	2	—	0.5t	—
				>0.50~1.50			3	—	1.0t	—
				>1.50~4.00			4	—	1.5t	
		H18	H18	>0.20~0.50	135	120	1	—	1.0t	
				>0.50~1.50	140		2	—	2.0t	—
				>1.50~3.00			2	—	3.0t	
		H28	H28	>0.20~0.50	140	110	2	—	1.0t	
				>0.50~1.50			2	—	2.0t	—
				>1.50~3.00			3	—	3.0t	
		H19	H19	>0.20~0.50	155	140	1	—	—	—
				>0.50~1.50	150	130				
				>1.50~3.00						
		H112	H112	>6.00~12.50	75	30	20	—	—	—
				>12.50~80.00	70	25	—	20	—	—
		F	—	2.50~150.00	—				—	—
1145	—	O	O	>0.20~0.50	60~100	—	15	—	—	—
				>0.50~0.80			20	—	—	—
				>0.80~1.50		20	25	—	—	—
				>1.50~6.00			30	—	—	—
				>6.00~10.00			28	—	—	—
		H12	H12	>0.20~0.30	80~120	—	2	—	—	—
				>0.30~0.50			3	—	—	—
				>0.50~0.80			4	—	—	—

（续）

牌号	包铝分类	供应状态	试样状态	厚度/mm	室温拉伸试验结果 抗拉强度 R_m/MPa	规定塑性延伸强度 $R_{p0.2}$/MPa	断后伸长率[①] (%) A_{50mm}	断后伸长率[①] (%) A	弯曲半径[②] 90°	弯曲半径[②] 180°
					不小于					
1145	—	H12	H12	>0.80~1.50	80~120	65	6	—	—	—
				>1.50~3.00			8	—	—	—
				>3.00~4.50			9	—	—	—
		H22	H22	>0.20~0.30	80	—	2	—	—	—
				>0.30~0.50			3	—	—	—
				>0.50~0.80			4	—	—	—
				>0.80~1.50			6	—	—	—
				>1.50~3.00			8	—	—	—
				>3.00~4.50			9	—	—	—
		H14	H14	>0.20~0.30	95~125	—	1	—	—	—
				>0.30~0.50			2	—	—	—
				>0.50~0.80			3	—	—	—
				>0.80~1.50			4	—	—	—
				>1.50~3.00		75	5	—	—	—
				>3.00~4.50			6	—	—	—
		H24	H24	>0.20~0.30	95	—	1	—	—	—
				>0.30~0.50			2	—	—	—
				>0.50~0.80			3	—	—	—
				>0.80~1.50			4	—	—	—
				>1.50~3.00			5	—	—	—
				>3.00~4.50			6	—	—	—
		H16	H16	>0.20~0.50	120~145	—	1	—	—	—
				>0.50~0.80			2	—	—	—
				>0.80~1.50		85	3	—	—	—
				>1.50~4.50			4	—	—	—
		H26	H26	>0.20~0.50	120	—	1	—	—	—
				>0.50~0.80			2	—	—	—
				>0.80~1.50			3	—	—	—
				>1.50~4.50			4	—	—	—
		H18	H18	>0.20~0.50	125	—	1	—	—	—

（续）

牌号	包铝分类	供应状态	试样状态	厚度/mm	室温拉伸试验结果				弯曲半径[2]	
					抗拉强度 R_m/MPa	规定塑性延伸强度 $R_{p0.2}$/MPa	断后伸长率[1] （%）			
							A_{50mm}	A	90°	180°
					不小于					
1145	—	H18	H18	>0.50~0.80	125	—	2	—	—	—
				>0.80~1.50			3			
				>1.50~4.50			4			
		H112	H112	>4.50~6.50	85	45	10	—	—	—
				>6.50~12.50	80	45	10	—	—	—
				>12.50~25.00	70	35	—	16	—	—
		F	—	>2.50~150.00						
1235	—	O	O	>0.20~1.00	65~105	—	15	—	—	—
		H12	H12	>0.20~0.30	95~130	—	2	—	—	—
				>0.30~0.50			3			
				>0.50~1.50			6			
				>1.50~3.00			8			
				>3.00~4.50			9			
		H22	H22	>0.20~0.30	95	—	2	—	—	—
				>0.30~0.50			3			
				>0.50~1.50			6			
				>1.50~3.00			8			
				>3.00~4.50			9			
		H14	H14	>0.20~0.30	115~150	—	1	—	—	—
				>0.30~0.50			2			
				>0.50~1.50			3			
				>1.50~3.00			4			
		H24	H24	>0.20~0.30	115	—	1	—	—	—
				>0.30~0.50			2			
				>0.50~1.50			3			
				>1.50~3.00			4			
		H16	H16	>0.20~0.50	130~165	—	1	—	—	—
				>0.50~1.50			2			
				>1.50~4.00			3			
		H26	H26	>0.20~0.50	130	—	1	—	—	—

（续）

牌号	包铝分类	供应状态	试样状态	厚度/mm	室温拉伸试验结果				弯曲半径[2]	
					抗拉强度 R_m/MPa	规定塑性延伸强度 $R_{p0.2}$/MPa	断后伸长率[1]（%）			
							A_{50mm}	A	90°	180°
					不小于					
1235	—	H26	H26	>0.50~1.50	130	—	2	—	—	—
				>1.50~4.00			3	—	—	—
		H18	H18	>0.20~0.50	145	—	1	—	—	—
				>0.50~1.50			2	—	—	—
				>1.50~3.00			3	—	—	—
1200	—	O、H111	O、H111	>0.20~0.50	75~105	25	19	—	0t	0t
				>0.50~1.50			21	—	0t	0t
				>1.50~3.00			24	—	0t	0t
				>3.00~6.00			28	—	0.5t	0.5t
				>6.00~12.50			33	—	1.0t	1.0t
				>12.50~80.00			—	30	—	—
		H12	H12	>0.20~0.50	95~135	75	2	—	0t	0.5t
				>0.50~1.50			4	—	0t	0.5t
				>1.50~3.00			5	—	0.5t	0.5t
				>3.00~6.00			6	—	1.0t	1.0t
		H22	H22	>0.20~0.50	95~135	65	4	—	0t	0.5t
				>0.50~1.50			5	—	0t	0.5t
				>1.50~3.00			6	—	0.5t	0.5t
				>3.00~6.00			10	—	1.0t	1.0t
		H14	H14	>0.20~0.50	105~155	95	1	—	0t	1.0t
				>0.50~1.50	115~155		3	—	0.5t	1.0t
				>1.50~3.00			4	—	1.0t	1.0t
				>3.00~6.00			5	—	1.5t	1.5t
		H24	H24	>0.20~0.50	115~155	90	3	—	0t	1.0t
				>0.50~1.50			4	—	0.5t	1.0t
				>1.50~3.00			5	—	1.0t	1.0t
				>3.00~6.00			7	—	1.5t	—
		H16	H16	>0.20~0.50	120~170	110	1	—	0.5t	—
				>0.50~1.50	130~170	115	2	—	1.0t	—
				>1.50~4.00			3	—	1.5t	—

（续）

牌号	包铝分类	供应状态	试样状态	厚度/mm	室温拉伸试验结果				弯曲半径[2]	
					抗拉强度 R_m/MPa	规定塑性延伸强度 $R_{p0.2}$/MPa	断后伸长率[1]（%）			
							A_{50mm}	A	90°	180°
					不小于					
1200	—	H26	H26	>0.20~0.50	130~170	105	2	—	0.5t	—
				>0.50~1.50			3	—	1.0t	—
				>1.50~4.00			4	—	1.5t	—
		H18	H18	>0.20~0.50	150	130	1	—	1.0t	—
				>0.50~1.50			2	—	2.0t	—
				>1.50~3.00			2	—	3.0t	—
		H19	H19	>0.20~0.50	160	140	1	—	—	—
				>0.50~1.50			1	—	—	—
				>1.50~3.00			1	—	—	—
		H112	H112	>6.00~12.50	85	35	16	—	—	—
				>12.50~80.00	80	30	—	16	—	—
		F	—	>2.50~150.00	—				—	—
包铝 2A11、2A11	正常包铝或工艺包铝	O	O	>0.50~3.00	≤225		12	—	—	—
				>3.00~10.00	≤235		12	—	—	—
			T42[3]	>0.50~3.00	350	185	15	—	—	—
				>3.00~10.00	355	195	15	—	—	—
		T1	T42	>4.50~10.00	355	195	15	—	—	—
				>10.00~12.50	370	215	11	—	—	—
				>12.50~25.00	370	215	—	11	—	—
				>25.00~40.00	330	195	—	8	—	—
				>40.00~70.00	310	195	—	6	—	—
				>70.00~80.00	285	195	—	4	—	—
		T3	T3	>0.50~1.50	375	215	15	—	—	—
				>1.50~3.00			17	—	—	—
				>3.00~10.00			15	—	—	—
		T4	T4	>0.50~3.00	360	185	15	—	—	—
				>3.00~10.00	370	195	15	—	—	—
		F	—	>4.50~150.00	—				—	—

（续）

牌号	包铝分类	供应状态	试样状态	厚度/mm	室温拉伸试验结果				弯曲半径②	
					抗拉强度 R_m/MPa	规定塑性延伸强度 $R_{p0.2}$/MPa	断后伸长率① （%）			
							A_{50mm}	A	90°	180°
					不小于					
包铝 2A12、2A12	正常包铝 或 工艺包铝	O	O	>0.50~4.50	≤215	—	14	—	—	—
				>4.50~10.00	≤235	—	12	—	—	—
			T42③	>0.50~3.00	390	245	15	—	—	—
				>3.00~10.00	410	265	12	—	—	—
		T1	T42	>4.50~10.00	410	265	12	—	—	—
				>10.00~12.50	420	275	7	—	—	—
				>12.50~25.00	420	275	—	7	—	—
				>25.00~40.00	390	255	—	5	—	—
				>40.00~70.00	370	245	—	4	—	—
				>70.00~80.00	345	245	—	3	—	—
		T3	T3	>0.50~1.60	405	270	15	—	—	—
				>1.60~10.00	420	275	15	—	—	—
		T4	T4	>0.50~3.00	405	270	13	—	—	—
				>3.00~4.50	425	275	12	—	—	—
				>4.50~10.00	425	275	12	—	—	—
		F	—	>4.50~150.00	—				—	—
2A14	工艺包铝	O	O	0.50~10.00	≤245	—	10	—	—	—
		T6	T6	0.50~10.00	430	340	5	—	—	—
		T1	T62	>4.50~12.50	430	340	5	—	—	—
				>12.50~40.00	430	340	—	5	—	—
		F	—	>4.50~150.00	—				—	—
包铝 2E12、2E12	正常包铝 或 工艺包铝	T3	T3	0.80~1.50	405	270	—	15	—	5.0t
				>1.50~3.00	≥420	275	—	15	—	5.0t
				>3.00~6.00	425	275	—	15	—	8.0t
2014	工艺包铝 或不包铝	O	O	>0.40~1.50	≤220	≤140	12	—	0t	0.5t
				>1.50~3.00			13	—	1.0t	1.0t
				>3.00~6.00			16	—	1.5t	—
				>6.00~9.00			16	—	2.5t	—
				>9.00~12.50			16	—	4.0t	—
				>12.50~25.00			—	10	—	—

（续）

牌号	包铝分类	供应状态	试样状态	厚度/mm	室温拉伸试验结果				弯曲半径②	
					抗拉强度 R_m/MPa	规定塑性延伸强度 $R_{p0.2}$/MPa	断后伸长率① （%）		90°	180°
							A_{50mm}	A		
					不小于					
2014	工艺包铝或不包铝	T3	T3	>0.40~1.50	395	245	14	—	—	—
				>1.50~6.00	400	245	14	—	—	—
		T4	T4	>0.40~1.50	395	240	14	—	3.0t	3.0t
				>1.50~6.00	395	240	14	—	5.0t	5.0t
				>6.00~12.50	400	250	14	—	8.0t	—
				>12.50~40.00	400	250		10		
				>40.00~100.00	395	250		7		
		T6	T6	>0.40~1.50	440	390	6	—	—	—
				>1.50~6.00	440	390	7	—	—	—
				>6.00~12.50	450	395	7	—	—	—
				>12.50~40.00	460	400		6	5.0t	
				>40.00~60.00	450	390		5	7.0t	
				>60.00~80.00	435	380		4	10.0t	
				>80.00~100.00	420	360		4		
				>100.00~125.00	410	350		4		
				>125.00~160.00	390	340		2		
		F	—	>4.50~150.00	—				—	—
包铝 2014	正常包铝	O	O	>0.50~0.63	≤205	≤95	16		—	—
				>0.63~1.00	≤220				—	—
				>1.00~2.50	≤205				—	—
				>2.50~12.50	≤205			9	—	—
				>12.50~25.00	≤220④	—	—	5	—	—
		T3	T3	>0.50~0.63	370	230	14	—	—	—
				>0.63~1.00	380	235	14	—	—	—
				>1.00~2.50	395	240	15	—	—	—
				>2.50~6.30	395	240	15	—	—	—
		T4	T4	>0.50~0.63	370	215	14	—	—	—
				>0.63~1.00	380	220	14	—	—	—
				>1.00~2.50	395	235	15	—	—	—
				>2.50~6.30	395	235	15	—	—	—

（续）

牌号	包铝分类	供应状态	试样状态	厚度/mm	室温拉伸试验结果				弯曲半径[2]	
					抗拉强度 R_m/MPa	规定塑性延伸强度 $R_{p0.2}$/MPa	断后伸长率[1]（%）		90°	180°
							A_{50mm}	A		
					不小于					
包铝 2014	正常包铝	T6	T6	>0.50~0.63	425	370	7	—	—	—
				>0.63~1.00	435	380	7	—	—	—
				>1.00~2.50	440	395	8	—	—	—
				>2.50~6.30	440	395	8	—	—	—
		F	—	>4.50~150.00	—				—	—
包铝 2014A、2014A	正常包铝、工艺包铝或不包铝	O	O	>0.20~0.50	≤235	≤110	—	—	1.0t	
				>0.50~1.50			14		2.0t	
				>1.50~3.00			16		2.0t	
				>3.00~6.00			16		2.0t	
		T4	T4	>0.20~0.50	400	225	—	—	3.0t	
				>0.50~1.50			13		3.0t	
				>1.50~6.00			14		5.0t	
				>6.00~12.50			14			
				>12.50~25.00		250	—	12		
				>25.00~40.00			—	10		
				>40.00~80.00	395			7		
		T6	T6	>0.20~0.50	440	380	—	—	5.0t	
				>0.50~1.50			6	—	5.0t	
				>1.50~3.00			7	—	6.0t	
				>3.00~6.00			8	—	5.0t	
				>6.00~12.50	460	410	8	—	—	—
				>12.50~25.00	460	410	—	6	—	—
				>25.00~40.00	450	400	—	5	—	—
				>40.00~60.00	430	390	—	5	—	—
				>60.00~90.00	430	390	—	4	—	—
				>90.00~115.00	420	370	—	4	—	—
				>115.00~140.00	410	350	—	4	—	—

（续）

牌号	包铝分类	供应状态	试样状态	厚度/mm	室温拉伸试验结果				弯曲半径[2]	
					抗拉强度 R_m/MPa	规定塑性延伸强度 $R_{p0.2}$/MPa	断后伸长率[1]（%）		90°	180°
							A_{50mm}	A		
					不小于					
2024	工艺包铝或不包铝	O	O	>0.40~1.50	≤220	≤140	12	—	0t	0.5t
				>1.50~3.00					1.0t	2.0t
				>3.00~6.00			13		1.5t	3.0t
				>6.00~9.00					2.5t	—
				>9.00~12.50					4.0t	—
				>12.50~25.00		—	—	11	—	—
		T3	T3	>0.40~1.50	435	290	12	11	4.0t	4.0t
				>1.50~3.00	435	290	14		4.0t	4.0t
				>3.00~6.00	440	290	14	—	5.0t	5.0t
				>6.00~12.50	440	290	13		8.0t	—
				>12.50~40.00	430	290		11	—	—
				>40.00~80.00	420	290		8	—	—
				>80.00~100.00	400	285		7	—	—
				>100.00~120.00	380	270		5	—	—
				>120.00~150.00	360	250		5	—	—
		T4	T4	>0.40~1.50	425	275	12	—	—	4.0t
				>1.50~6.00	425	275	14	—	—	5.0t
		T8	T8	>0.40~1.50	460	400	5		—	—
				>1.50~6.00	460	400	6		—	—
				>6.00~12.50	460	400	5	—	—	—
				>12.50~25.00	455	400	—	4	—	—
				>25.00~40.00	455	395	—	4	—	—
		F	—	>4.50~80.00						
包铝2024	正常包铝	O	O	>0.20~0.25	≤205	≤95	10	—	—	—
				>0.25~1.60	≤205	≤95	12		—	—
				>1.60~12.50	≤220	≤95	12	—	—	—
				>12.50~45.50	≤220[4]	—	—	10	—	—
		T3	T3	>0.20~0.25	400	270	10		—	—
				>0.25~0.50	405	270	12		—	—
				>0.50~1.60	405	270	15		—	—

（续）

牌号	包铝分类	供应状态	试样状态	厚度/mm	室温拉伸试验结果				弯曲半径[2]	
					抗拉强度 R_m/MPa	规定塑性延伸强度 $R_{p0.2}$/MPa	断后伸长率[1]（%）			
							A_{50mm}	A	90°	180°
					不小于					
包铝2024	正常包铝	T3	T3	>1.60~3.20	420	275	15	—	—	—
				>3.20~6.00	420	275	15	—	—	—
		T4	T4	>0.20~0.50	400	245	12	—	—	—
				>0.50~1.60	400	245	15	—	—	—
				>1.60~3.20	420	260	15	—	—	—
		F	—	>4.50~80.00	—				—	—
包铝2017、2017	正常包铝、工艺包铝或不包铝	O	O	>0.40~1.60	≤215	≤110	12	—	0.5t	
				>1.60~2.90					1.0t	
				>2.90~6.00					1.5t	
				>6.00~25.00					—	
			T42[3]	>0.40~0.50	355	195	12	—	—	—
				>0.50~1.60			15	—	—	—
				>1.60~2.90			17	—	—	—
				>2.90~6.50			15	—	—	—
				>6.50~25.00		185	12	—	—	—
		T3	T3	>0.40~0.50	375	215	12	—	1.5t	—
				>0.50~1.60			15	—	2.5t	—
				>1.60~2.90			17	—	3t	—
				>2.90~6.00			15	—	3.5t	—
		T4	T4	>0.40~0.50	355	195	12	—	1.5t	—
				>0.50~1.60			15	—	2.5t	—
				>1.60~2.90			17	—	3t	—
				>2.90~6.00			15	—	3.5t	—
		F	—	>4.50~150.00	—				—	—
包铝2017A2017A	正常包铝、工艺包铝或不包铝	O	O	0.40~1.50	≤225	≤145	12	—	5t	0.5t
				>1.50~3.00			14		1.0t	1.0t
				>3.00~6.00				—	1.5t	—
				>6.00~9.00			13		2.5t	—
				>9.00~12.50					4.0t	—
				>12.50~25.00			—	12	—	—

（续）

牌号	包铝分类	供应状态	试样状态	厚度/mm	室温拉伸试验结果				弯曲半径[2]	
					抗拉强度 R_m/MPa	规定塑性延伸强度 $R_{p0.2}$/MPa	断后伸长率[1]（%）		90°	180°
							A_{50mm}	A		
					不小于					
包铝2017A、2017A	包铝正常包铝、工艺包铝或不包铝	T4	T4	0.40~1.50	390	245	14	—	3.0t	3.0t
				>1.50~6.00		245	15	—	5.0t	5.0t
				>6.00~12.50		260	13	—	8.0t	—
				>12.50~40.00		250	—	12	—	—
				>40.00~60.00	385	245	—	12	—	—
				>60.00~80.00	370	—	—	7	—	—
				>80.00~120.00	360	240	—	6	—	—
				>120.00~150.00	350		—	4	—	—
				>150.00~180.00	330	220	—	2	—	—
				>180.00~200.00	300	200	—	2	—	—
包铝2219、2219	包铝正常包铝、工艺包铝或不包铝	O	O	>0.50~12.50	≤220	≤110	12	—	—	—
				>12.50~50.00	≤220[4]	≤110[4]	—	10	—	—
		T81	T81	>0.50~1.00	340	255	6	—	—	—
				>1.00~2.50	380	285	7	—	—	—
				>2.50~6.30	400	295	7	—	—	—
		T87	T87	>1.00~2.50	395	315	6	—	—	—
				>2.50~6.30	415	330	6	—	—	—
				>6.30~12.50	415	330	7	—	—	—
3A21	—	O	O	>0.20~0.80	100~150	—	19	—	—	—
				>0.80~4.50			23	—	—	—
				>4.50~10.00			21	—	—	—
		H14	H14	>0.80~1.30	145~215	—	6	—	—	—
				>1.30~4.50			6	—	—	—
		H24	H24	>0.20~1.30	145	—	6	—	—	—
				>1.30~4.50			6	—	—	—
		H18	H18	>0.20~0.50	185	—	1	—	—	—
				>0.50~0.80			2	—	—	—
				>0.80~1.30			3	—	—	—
				>1.30~4.50			4	—	—	—
		H112	H112	>4.50~10.00	110	—	16	—	—	—

（续）

牌号	包铝分类	供应状态	试样状态	厚度/mm	室温拉伸试验结果					
					抗拉强度 R_m/MPa	规定塑性延伸强度 $R_{p0.2}$/MPa	断后伸长率[①] (%)		弯曲半径[②]	
							A_{50mm}	A	90°	180°
					不小于					
3A21	—	H112	H112	>10.00~12.50	120	—	16	—	—	—
				>12.50~25.00	120		—	16	—	—
				>25.00~80.00	110		—	16	—	—
		F	—	>4.50~150.00	—				—	—
3102	—	H18	H18	>0.20~0.50	160	—	3	—	—	—
				>0.50~3.00			2	—	—	—
3003	—	O、H111	O、H111	>0.20~0.50	95~135	35	15	—	0t	0t
				>0.50~1.50			17	—	0t	0t
				>1.50~3.00			20	—	0t	0t
				>3.00~6.00			23	—	1.0t	1.0t
				>6.00~12.50			24	—	1.5t	—
				>12.50~50.00			—	23	—	—
		H12	H12	>0.20~0.50	120~160	90	3	—	0t	1.5t
				>0.50~1.50			4	—	0.5t	1.5t
				>1.50~3.00			5	—	1.0t	1.5t
				>3.00~6.00			6	—	1.0t	—
		H22	H22	>0.20~0.50	120~160	80	6	—	0t	1.0t
				>0.50~1.50			7	—	0.5t	1.0t
				>1.50~3.00			8	—	1.0t	1.0t
				>3.00~6.00			9	—	1.0t	—
		H14	H14	>0.20~0.50	145~195	125	2	—	0.5t	2.0t
				>0.50~1.50			2	—	1.0t	2.0t
				>1.50~3.00			3	—	1.0t	2.0t
				>3.00~6.00			4	—	2.0t	—
		H24	H24	>0.20~0.50	145~195	115	4	—	0.5t	1.5t
				>0.50~1.50			4	—	1.0t	1.5t
				>1.50~3.00			5	—	1.0t	1.5t
				>3.00~6.00			6	—	2.0t	—
		H16	H16	>0.20~0.50	170~210	150	1	—	1.0t	2.5t
				>0.50~1.50			2	—	1.5t	2.5t
				>1.50~4.00			2	—	2.0t	2.5t

（续）

牌号	包铝分类	供应状态	试样状态	厚度/mm	抗拉强度 R_m/MPa	规定塑性延伸强度 $R_{p0.2}$/MPa	断后伸长率[①]（%） A_{50mm}	断后伸长率[①]（%） A	弯曲半径[②] 90°	弯曲半径[②] 180°
						不小于				
3003	—	H26	H26	>0.20~0.50	170~210	140	2	—	1.0t	2.0t
				>0.50~1.50			3	—	1.5t	2.0t
				>1.50~4.00			3	—	2.0t	2.0t
		H18	H18	>0.20~0.50	190	170	1	—	1.5t	—
				>0.50~1.50			2	—	2.5t	—
				>1.50~3.00			2	—	3.0t	—
		H28	H28	>0.20~0.50	190	160	2	—	1.5t	—
				>0.50~1.50			2	—	2.5t	—
				>1.50~3.00			3	—	3.0t	—
		H19	H19	>0.20~0.50	210	180	1	—	—	—
				>0.50~1.50			2	—	—	—
				>1.50~3.00			2	—	—	—
		H112	H112	>4.50~12.50	115	70	10	—	—	—
				>12.50~80.00	100	40	—	18	—	—
		F	—	>2.50~150.00	—				—	—
3103	—	O、H111	O、H111	>0.20~0.50	90~130	35	17	—	0t	0t
				>0.50~1.50			19	—	0t	0t
				>1.50~3.00			21	—	0t	0t
				>3.00~6.00			24	—	1.0t	1.0t
				>6.00~12.50			28	—	1.5t	—
				>12.50~50.00			—	25	—	—
		H12	H12	>0.20~0.50	115~155	85	3	—	0t	1.5t
				>0.50~1.50			4	—	0.5t	1.5t
				>1.50~3.00			5	—	1.0t	1.5t
				>3.00~6.00			6	—	1.0t	—
		H22	H22	>0.20~0.50	115~155	75	6	—	0t	1.0t
				>0.50~1.50			7	—	0.5t	1.0t
				>1.50~3.00			8	—	1.0t	1.0t
				>3.00~6.00			9	—	1.0t	—

（续）

牌号	包铝分类	供应状态	试样状态	厚度/mm	室温拉伸试验结果					弯曲半径[②]	
					抗拉强度 R_m/MPa	规定塑性延伸强度 $R_{p0.2}$/MPa	断后伸长率[①]（%）				
							A_{50mm}	A	90°	180°	
					不小于						
3103	—	H14	H14	>0.20~0.50	140~180	120	2	—	0.5t	2.0t
				>0.50~1.50			2	—	1.0t	2.0t
				>1.50~3.00			3	—	1.0t	2.0t
				>3.00~6.00			4	—	2.0t	—
		H24	H24	>0.20~0.50	140~180	110	4	—	0.5t	1.5t
				>0.50~1.50			4	—	1.0t	1.5t
				>1.50~3.00			5	—	1.0t	1.5t
				>3.00~6.00			6	—	2.0t	—
		H16	H16	>0.20~0.50	160~200	145	1	—	1.0t	2.5t
				>0.50~1.50			2	—	1.5t	2.5t
				>1.50~4.00			2	—	2.0t	2.5t
				>4.00~6.00			2	—	1.5t	2.0t
		H26	H26	>0.20~0.50	160~200	135	2	—	1.0t	2.0t
				>0.50~1.50			3	—	1.5t	2.0t
				>1.50~4.00			3	—	2.0t	2.0t
		H18	H18	>0.20~0.50	185	165	1	—	1.5t	—
				>0.50~1.50			2	—	2.5t	—
				>1.50~3.00			2	—	3.0t	—
		H28	H28	>0.20~0.50	185	155	2	—	1.5t	—
				>0.50~1.50			2	—	2.5t	—
				>1.50~3.00			3	—	3.0t	—
		H19	H19	>0.20~0.50	200	175	1	—	—	—
				>0.50~1.50			2	—	—	—
				>1.50~3.00			2	—	—	—
		H112	H112	>4.50~12.50	110	70	10	—	—	—
				>12.50~80.00	95	40	—	18	—	—
		F	—	>20.00~80.00	—				—	—

（续）

牌号	包铝分类	供应状态	试样状态	厚度/mm	室温拉伸试验结果					弯曲半径[2]	
					抗拉强度 R_m/MPa	规定塑性延伸强度 $R_{p0.2}$/MPa	断后伸长率[1]（%）			弯曲半径[2]	
							A_{50mm}	A	90°	180°	
					不小于						
3004	—	O、H111	O、H111	>0.20~0.50	155~200	60	13	—	0t	0t
				>0.50~1.50			14	—	0t	0t
				>1.50~3.00			15	—	0t	0.5t
				>3.00~6.00			16	—	1.0t	1.0t
				>6.00~12.50			16	—	2.0t	—
				>12.50~50.00			—	14	—	—
		H12	H12	>0.20~0.50	190~240	155	2	—	0t	1.5t
				>0.50~1.50			3	—	0.5t	1.5t
				>1.50~3.00			4	—	1.0t	2.0t
				>3.00~6.00			5	—	1.5t	—
		H22、H32	H22、H32	>0.20~0.50	190~240	145	4	—	0t	1.0t
				>0.50~1.50			5	—	0.5t	1.0t
				>1.50~3.00			6	—	1.0t	1.5t
				>3.00~6.00			7	—	1.5t	—
		H14	H14	>0.20~0.50	220~265	180	1	—	0.5t	2.5t
				>0.50~1.50			2	—	1.0t	2.5t
				>1.50~3.00			2	—	1.5t	2.5t
				>3.00~6.00			3	—	2.0t	—
		H24、H34	H24、H34	>0.20~0.50	220~265	170	3	—	0.5t	2.0t
				>0.50~1.50			4	—	1.0t	2.0t
				>1.50~3.00			4	—	1.5t	2.0t
		H16	H16	>0.20~0.50	240~285	200	1	—	1.0t	3.5t
				>0.50~1.50			1	—	1.5t	3.5t
				>1.50~4.00			2	—	2.5t	—
		H26、H36	H26、H36	>0.20~0.50	240~285	190	3	—	1.0t	3.0t
				>0.50~1.50			3	—	1.5t	3.0t
				>1.50~3.00			3	—	2.5t	—
		H18	H18	>0.20~0.50	260	230	1	—	1.5t	—
				>0.50~1.50			1	—	2.5t	—
				>1.50~3.00			2	—	—	—

（续）

牌号	包铝分类	供应状态	试样状态	厚度/mm	室温拉伸试验结果						
					抗拉强度 R_m/MPa	规定塑性延伸强度 $R_{p0.2}$/MPa	断后伸长率[①]（%）		弯曲半径[②]		
							A_{50mm}	A	90°	180°	
					不小于						
3004	—	H28、H38	H28、H38	>0.20~0.50	260	220	2	—	1.5t	—	
				>0.50~1.50			3	—	2.5t	—	
		H19	H19	>0.20~0.50	270	240	1	—	—	—	
				>0.50~1.50			1	—	—	—	
		H112	H112	>4.50~12.50	160	60	7	—	—	—	
				>12.50~40.00			—	6	—	—	
				>40.00~80.00			—	6	—	—	
		F	—	>2.50~80.00	—						
3104	—	O、H111	O、H111	>0.20~0.50	155~195	—	10	—	0t	0t	
				>0.50~0.80			14	—	0t	0t	
				>0.80~1.30		60	16	—	0.5t	0.5t	
				>1.30~3.00			18	—	0.5t	0.5t	
		H12、H32	H12、H32	>0.50~0.80	195~245	—	3	—	0.5t	0.5t	
				>0.80~1.30		145	4	—	1.0t	1.0t	
				>1.30~3.00			5	—	1.0t	1.0t	
		H22	H22	>0.50~0.80	195	—	3	—	0.5t	0.5t	
				>0.80~1.30			4	—	1.0t	1.0t	
				>1.30~3.00			5	—	1.0t	1.0t	
		H14、H34	H14、H34	>0.20~0.50	225~265	—	1	—	1.0t	1.0t	
				>0.50~0.80			3	—	1.5t	1.5t	
				>0.80~1.30		175	3	—	1.5t	1.5t	
				>1.30~3.00			4	—	1.5t	1.5t	
		H24	H24	>0.20~0.50	225	—	1	—	1.0t	1.0t	
				>0.50~0.80			3	—	1.5t	1.5t	
				>0.80~1.30			3	—	1.5t	1.5t	
				>1.30~3.00			4	—	1.5t	1.5t	
		H16、H36	H16、H36	>0.20~0.50	245~285	—	1	—	2.0t	2.0t	
				>0.50~0.80			2	—	2.0t	2.0t	
				>0.80~1.30		195	3	—	2.5t	2.5t	
				>1.30~3.00			4	—	2.5t	2.5t	

（续）

牌号	包铝分类	供应状态	试样状态	厚度/mm	室温拉伸试验结果				弯曲半径[2]	
					抗拉强度 R_m/MPa	规定塑性延伸强度 $R_{p0.2}$/MPa	断后伸长率[1]（%）		90°	180°
							A_{50mm}	A		
					不小于					
3104	—	H26	H26	>0.20~0.50	245	—	1	—	2.0t	2.0t
				>0.50~0.80			2	—	2.0t	2.0t
				>0.80~1.30			3	—	2.5t	2.5t
				>1.30~3.00			4	—	2.5t	2.5t
		H18、H38	H18、H38	>0.20~0.50	265	215	1	—	—	—
		H28	H28	>0.20~0.50	265		1	—		
		H19、H29、H39	H19、H29、H39	>0.20~0.50	275		1	—		
		F	—	>2.50~80.00		—			—	—
3005	—	O、H111	O、H111	>0.20~0.50	115~165	45	12	—	0t	0t
				>0.50~1.50			14	—	0t	0t
				>1.50~3.00			16	—	0.5t	1.0t
				>3.00~6.00			19	—	1.0t	—
		H12	H12	>0.20~0.50	145~195	125	3	—	0t	1.5t
				>0.50~1.50			4	—	0.5t	1.5t
				>1.50~3.00			4	—	1.0t	2.0t
				>3.00~6.00			5	—	1.5t	—
		H22	H22	>0.20~0.50	145~195	110	5	—	0t	1.0t
				>0.50~1.50			5	—	0.5t	1.0t
				>1.50~3.00			6	—	1.0t	1.5t
				>3.00~6.00			7	—	1.5t	—
		H14	H14	>0.20~0.50	170~215	150	1	—	0.5t	2.5t
				>0.50~1.50			2	—	1.0t	2.5t
				>1.50~3.00			2	—	1.5t	—
				>3.00~6.00			3	—	2.0t	—
		H24	H24	>0.20~0.50	170~215	130	4	—	0.5t	1.5t
				>0.50~1.50			4	—	1.0t	1.5t
				>1.50~3.00			4	—	1.5t	—

（续）

牌号	包铝分类	供应状态	试样状态	厚度/mm	室温拉伸试验结果				弯曲半径[2]	
					抗拉强度 R_m/MPa	规定塑性延伸强度 $R_{p0.2}$/MPa	断后伸长率[1]（%）			
							A_{50mm}	A	90°	180°
					不小于					
3005	—	H16	H16	>0.20~0.50	195~240	175	1	—	1.0t	—
				>0.50~1.50			2	—	1.5t	—
				>1.50~4.00			2	—	2.5t	—
		H26	H26	>0.20~0.50	195~240	160	3	—	1.0t	—
				>0.50~1.50			3	—	1.5t	—
				>1.50~3.00			3	—	2.5t	—
		H18	H18	>0.20~0.50	220	200	1	—	1.5t	—
				>0.50~1.50			2	—	2.5t	—
				>1.50~3.00			2	—	—	—
		H28	H28	>0.20~0.50	220	190	2	—	1.5t	—
				>0.50~1.50			2	—	2.5t	—
				>1.50~3.00			3	—	—	—
		H19	H19	>0.20~0.50	235	210	1	—	—	—
				>0.50~1.50			1	—	—	—
		F	—	>2.50~80.00	—				—	—
4007	—	H12	H12	>0.20~0.50	140~180	110	4	—	—	—
				>0.50~1.50			4	—	—	—
				>1.50~3.00			5	—	—	—
		F	—	2.50~6.00	110	—	—	—	—	—
4015	—	O、H111	O、H111	>0.20~3.00	≤150	45	20	—	—	—
		H12	H12	>0.20~0.50	120~175	90	4	—	—	—
				>0.50~3.00			4	—	—	—
		H14	H14	>0.20~0.50	150~200	120	2	—	—	—
				>0.50~3.00			3	—	—	—
		H16	H16	>0.20~0.50	170~220	150	1	—	—	—
				>0.50~3.00			2	—	—	—
		H18	H18	>0.20~3.00	200~250	180	1	—	—	—

（续）

牌号	包铝分类	供应状态	试样状态	厚度/mm	室温拉伸试验结果				弯曲半径[②]	
					抗拉强度 R_m/MPa	规定塑性延伸强度 $R_{p0.2}$/MPa	断后伸长率[①]（%）			
							A_{50mm}	A	90°	180°
					不小于					
5A02	—	O	O	>0.50~1.00	165~225	—	17	—	—	—
				>1.00~10.00			19	—	—	—
		H14、H24、H34	H14、H24、H34	>0.50~1.00	235	—	4	—	—	—
				>1.00~4.50			6	—	—	—
		H18	H18	>0.50~1.00	265	—	3	—	—	—
				>1.00~4.50			4	—	—	—
		H112	H112	>4.50~12.50	175		7	—	—	—
				>12.50~25.00	175	—	—	7	—	—
				>25.00~80.00	155		—	6	—	—
		F	—	>4.50~150.00					—	—
5A03	—	O	O	>0.50~4.50	195	100	16	—	—	—
		H14、H24、H34	H14、H24、H34	>0.50~4.50	225	195	8	—	—	—
		H112	H112	>4.50~10.00	185	80	16	—	—	—
				>10.00~12.50	175	70	13	—	—	—
				>12.50~25.00	175	70	—	13	—	—
				>25.00~50.00	165	60	—	12	—	—
		F	—	>4.50~150.00					—	—
5A05	—	O	O	0.50~4.50	275	145	16	—	—	—
		H112	H112	>4.50~10.00	275	125	16	—	—	—
				>10.00~12.50	265	115	14	—	—	—
				>12.50~25.00	265	115	—	14	—	—
				>25.00~50.00	255	105	—	13	—	—
		F	—	>4.50~150.00	—				—	—
3105	—	O、H111	O、H111	>0.20~0.50	100~155	40	14	—	—	0t
				>0.50~1.50			15	—	—	0t
				>1.50~3.00			17	—	—	0.5t

（续）

牌号	包铝分类	供应状态	试样状态	厚度/mm	室温拉伸试验结果					弯曲半径②	
					抗拉强度 R_m/MPa	规定塑性延伸强度 $R_{p0.2}$/MPa	断后伸长率① （%）				
							A_{50mm}	A	90°	180°	
					不小于						
3105	—	H12	H12	>0.20~0.50	130~180	105	3	—	—	1.5t
				>0.50~1.50			4	—	—	1.5t
				>1.50~3.00			4	—	—	1.5t
		H22	H22	>0.20~0.50	130~180	105	6	—	—	—
				>0.50~1.50			6	—	—	—
				>1.50~3.00			7	—	—	—
		H14	H14	>0.20~0.50	150~200	130	2	—	—	2.5t
				>0.50~1.50			2	—	—	2.5t
				>1.50~3.00			2	—	—	2.5t
		H24	H24	>0.20~0.50	150~200	120	4	—	—	2.5t
				>0.50~1.50			4	—	—	2.5t
				>1.50~3.00			5	—	—	2.5t
		H16	H16	>0.20~0.50	175~225	160	1	—	—	—
				>0.50~1.50			2	—	—	—
				>1.50~3.00			2	—	—	—
		H26	H26	>0.20~0.50	175~225	150	3	—	—	—
				>0.50~1.50			3	—	—	—
				>1.50~3.00			3	—	—	—
		H18	H18	>0.20~3.00	195	180	1	—	—	—
		H28	H28	>0.20~1.50	195	170	2	—	—	—
		H19	H19	>0.20~1.50	215	190	1	—	—	—
		F	—	>2.50~80.00	—				—	—
4006	—	O	O	>0.20~0.50	95~130	40	17	—	—	0t
				>0.50~1.50			19	—	—	0t
				>1.50~3.00			22	—	—	0t
				>3.00~6.00			25	—	—	1.0t
		H12	H12	>0.20~0.50	120~160	90	4	—	—	1.5t
				>0.50~1.50			4	—	—	1.5t
				>1.50~3.00			5	—	—	1.5t

（续）

牌号	包铝分类	供应状态	试样状态	厚度/mm	室温拉伸试验结果				弯曲半径[2]	
					抗拉强度 R_m/MPa	规定塑性延伸强度 $R_{p0.2}$/MPa	断后伸长率[1]（%）			
							A_{50mm}	A	90°	180°
					不小于					
4006	—	H14	H14	>0.20~0.50	140~180	120	3	—	—	2.0t
				>0.50~1.50			3	—	—	2.0t
				>1.50~3.00			3	—	—	2.0t
		F	—	2.50~6.00	—	—	—	—	—	—
4007	—	O、H111	O、H111	>0.20~0.50	110~150	45	15	—	—	—
				>0.50~1.50			16	—	—	—
				>1.50~3.00			19	—	—	—
				>3.00~6.00			21	—	—	—
				>6.00~12.50			25	—	—	—
5A06	工艺包铝或不包铝	O	O	0.50~4.50	315	155	16	—	—	—
		H112	H112	>4.50~10.00	315	155	16	—	—	—
				>10.00~12.50	305	145	12	—	—	—
				>12.50~25.00	305	145	—	12	—	—
				>25.00~50.00	295	135	—	6	—	—
		F	—	>4.50~150.00	—				—	—
5005、5005A	—	O、H111	O、H111	>0.20~0.50	100~145	35	15	—	0t	0t
				>0.50~1.50			19	—	0t	0t
				>1.50~3.00			20	—	0t	0.5t
				>3.00~6.00			22	—	1.0t	1.0t
				>6.00~12.50			24	—	1.5t	—
				>12.50~50.00			—	20	—	—
		H12	H12	>0.20~0.50	125~165	95	2	—	0t	1.0t
				>0.50~1.50			2	—	0.5t	1.0t
				>1.50~3.00			4	—	1.0t	1.5t
				>3.00~6.00			5	—	1.0t	—
		H22、H32	H22、H32	>0.20~0.50	125~165	80	4	—	0t	1.0t
				>0.50~1.50			5	—	0.5t	1.0t
				>1.50~3.00			6	—	1.0t	1.5t
				>3.00~6.00			8	—	1.0t	—

（续）

牌号	包铝分类	供应状态	试样状态	厚度/mm	室温拉伸试验结果				弯曲半径[2]	
					抗拉强度 R_m/MPa	规定塑性延伸强度 $R_{p0.2}$/MPa	断后伸长率[1]（%）			
							A_{50mm}	A	90°	180°
					不小于					
5005、5005A	—	H14	H14	>0.20~0.50	145~185	120	2	—	0.5t	2.0t
				>0.50~1.50			2	—	1.0t	2.0t
				>1.50~3.00			3	—	1.0t	2.5t
				>3.00~6.00			4	—	2.0t	—
		H24、H34	H24、H34	>0.20~0.50	145~185	110	3	—	0.5t	1.5t
				>0.50~1.50			4	—	1.0t	1.5t
				>1.50~3.00			5	—	1.0t	2.0t
				>3.00~6.00			6	—	2.0t	—
		H16	H16	>0.20~0.50	165~205	145	1	—	1.0t	—
				>0.50~1.50			2	—	1.5t	—
				>1.50~3.00			3	—	2.0t	—
				>3.00~4.00			3	—	2.5t	—
		H26、H36	H26、H36	>0.20~0.50	165~205	135	2	—	1.0t	—
				>0.50~1.50			3	—	1.5t	—
				>1.50~3.00			4	—	2.0t	—
				>3.00~4.00			4	—	2.5t	—
		H18	H18	>0.20~0.50	185	165	1	—	1.5t	—
				>0.50~1.50			2	—	2.5t	—
				>1.50~3.00			2	—	3.0t	—
		H28、H38	H28、H38	>0.20~0.50	185	160	1	—	1.5t	—
				>0.50~1.50			2	—	2.5t	—
				>1.50~3.00			3	—	3.0t	—
		H19	H19	>0.20~0.50	205	185	1	—	—	—
				>0.50~1.50			2	—	—	—
				>1.50~3.00			2	—	—	—
		H112	H112	>6.00~12.50	115	—	8	—	—	—
				>12.50~40.00	105		—	10	—	—
				>40.00~80.00	100		—	16	—	—
		F	—	>2.5~150.00	—					

（续）

牌号	包铝分类	供应状态	试样状态	厚度/mm	抗拉强度 R_m/MPa	规定塑性延伸强度 $R_{p0.2}$/MPa	断后伸长率[①]（%） A_{50mm}	断后伸长率[①]（%） A	弯曲半径[②] 90°	弯曲半径[②] 180°
						不小于				
5040	—	H24、H34	H24、H34	0.80~1.80	220~260	170	6	—	—	—
		H26、H36	H26、H36	1.00~2.00	240~280	205	5	—	—	—
5049	—	O、H111	O、H111	>0.20~0.50	190~240	80	12	—	0t	0.5t
				>0.50~1.50			14	—	0.5t	0.5t
				>1.50~3.00			16	—	1.0t	1.0t
				>3.00~6.00			18	—	1.0t	1.0t
				>6.00~12.50			18	—	2.0t	—
				>12.50~100.00			—	17	—	—
		H12	H12	>0.20~0.50	220~270	170	4	—	—	—
				>0.50~1.50			5	—	—	—
				>1.50~3.00			6	—	—	—
				>3.00~6.00			7	—	—	—
		H22、H32	H22、H32	>0.20~0.50	220~270	130	7	—	0.5t	1.5t
				>0.50~1.50			8	—	1.0t	1.5t
				>1.50~3.00			10	—	1.5t	2.0t
				>3.00~6.00			11	—	1.5t	—
		H14	H14	>0.20~0.50	240~280	190	3	—	—	—
				>0.50~1.50			3	—	—	—
				>1.50~3.00			4	—	—	—
				>3.00~6.00			4	—	—	—
		H24、H34	H24、H34	>0.20~0.50	240~280	160	6	—	1.0t	2.5t
				>0.50~1.50			6	—	1.5t	2.5t
				>1.50~3.00			7	—	2.0t	2.5t
				>3.00~6.00			8	—	2.5t	—
		H16	H16	>0.20~0.50	265~305	220	2	—	—	—
				>0.50~1.50			3	—	—	—
				>1.50~3.00			3	—	—	—
				>3.00~6.00			3	—	—	—

（续）

牌号	包铝分类	供应状态	试样状态	厚度/mm	室温拉伸试验结果				弯曲半径②	
					抗拉强度 R_m/MPa	规定塑性延伸强度 $R_{p0.2}$/MPa	断后伸长率①（%）			
							A_{50mm}	A	90°	180°
					不小于					
5049	—	H26、H36	H26、H36	>0.20~0.50	265~305	190	4	—	1.5t	—
				>0.50~1.50			4	—	2.0t	—
				>1.50~3.00			5	—	3.0t	—
				>3.00~6.00			6	—	3.5t	—
		H18	H18	>0.20~0.50	290	250	1	—	—	—
				>0.50~1.50			2	—	—	—
				>1.50~3.00			2	—	—	—
		H28、H38	H28、H38	>0.20~0.50	290	230	3	—	—	—
				>0.50~1.50			3	—	—	—
				>1.50~3.00			4	—	—	—
		H112	H112	6.00~12.50	210	100	12	—	—	—
				>12.50~25.00	200	90	—	10	—	—
				>25.00~40.00	190	80	—	12	—	—
				>40.00~80.00	190	80	—	14	—	—
5449	—	O、H111	O、H111	>0.50~1.50	190~240	80	14	—	—	—
				>1.50~3.00			16	—	—	—
		H22	H22	>0.50~1.50	220~270	130	8	—	—	—
				>1.50~3.00			10	—	—	—
		H24	H24	>0.50~1.50	240~280	160	6	—	—	—
				>1.50~3.00			7	—	—	—
		H26	H26	>0.50~1.50	265~305	190	4	—	—	—
				>1.50~3.00			5	—	—	—
		H28	H28	>0.50~1.50	290	230	3	—	—	—
				>1.50~3.00			4	—	—	—
5050	—	O、H111	O、H111	>0.20~0.50	130~170	45	16	—	0t	0t
				>0.50~1.50			17	—	0t	0t
				>1.50~3.00			19	—	0t	0.5t
				>3.00~6.00			21	—	1.0t	—
				>6.00~12.50			20	—	2.0t	—
				>12.50~50.00			—	20	—	—

（续）

牌号	包铝分类	供应状态	试样状态	厚度/mm	室温拉伸试验结果				弯曲半径②	
					抗拉强度 R_m/MPa	规定塑性延伸强度 $R_{p0.2}$/MPa	断后伸长率①（%）		90°	180°
							A_{50mm}	A		
					不小于					
5050	—	H12	H12	>0.20~0.50	155~195	130	2	—	0t	—
				>0.50~1.50			2	—	0.5t	—
				>1.50~3.00			4	—	1.0t	—
		H22、H32	H22、H32	>0.20~0.50	155~195	110	4	—	0t	1.0t
				>0.50~1.50			5	—	0.5t	1.0t
				>1.50~3.00			7	—	1.0t	1.5t
				>3.00~6.00			10	—	1.5t	—
		H14	H14	>0.20~0.50	175~215	150	2	—	0.5t	—
				>0.50~1.50			2	—	1.0t	—
				>1.50~3.00			3	—	1.5t	—
				>3.00~6.00			4	—	2.0t	—
		H24、H34	H24、H34	>0.20~0.50	175~215	135	3	—	0.5t	1.5t
				>0.50~1.50			4	—	1.0t	1.5t
				>1.50~3.00			5	—	1.5t	2.0t
				>3.00~6.00			8	—	2.0t	—
		H16	H16	>0.20~0.50	195~235	170	1	—	1.0t	—
				>0.50~1.50			2	—	1.5t	—
				>1.50~3.00			2	—	2.5t	—
				>3.00~4.00			3	—	3.0t	—
		H26、H36	H26、H36	>0.20~0.50	195~235	160	2	—	1.0t	—
				>0.50~1.50			3	—	1.5t	—
				>1.50~3.00			4	—	2.5t	—
				>3.00~4.00			6	—	3.0t	—
		H18	H18	>0.20~0.50	220	190	1	—	1.5t	—
				>0.50~1.50			2	—	2.5t	—
				>1.50~3.00			2	—	—	—
		H28、H38	H28、H38	>0.20~0.50	220	180	1	—	1.5t	—
				>0.50~1.50			2	—	2.5t	—
				>1.50~3.00			3	—	—	—

（续）

牌号	包铝分类	供应状态	试样状态	厚度/mm	室温拉伸试验结果				弯曲半径②	
					抗拉强度 R_m/MPa	规定塑性延伸强度 $R_{p0.2}$/MPa	断后伸长率① （%）			
							A_{50mm}	A	90°	180°
					不小于					
5050	—	H112	H112	6.00~12.50	140	55	12	—	—	—
				>12.50~40.00			—	10	—	—
				>40.00~80.00			—	10	—	—
		F	—	2.50~80.00		—			—	—
5251	—	O、H111	O、H111	>0.20~0.50	160~200	60	13	—	0t	0t
				>0.50~1.50			14	—	0t	0t
				>1.50~3.00			16	—	0.5t	0.5t
				>3.00~6.00			18	—	1.0t	—
				>6.00~12.50			18	—	2.0t	—
				>12.50~50.00			—	18	—	—
		H12	H12	>0.20~0.50	190~230	150	3	—	0t	2.0t
				>0.50~1.50			4	—	1.0t	2.0t
				>1.50~3.00			5	—	1.0t	2.0t
				>3.00~6.00			8	—	1.5t	—
		H22、H32	H22、H32	>0.20~0.50	190~230	120	4	—	0t	1.5t
				>0.50~1.50			6	—	1.0t	1.5t
				>1.50~3.00			8	—	1.0t	1.5t
				>3.00~6.00			10	—	1.5t	—
		H14	H14	>0.20~0.50	210~250	170	2	—	0.5t	2.5t
				>0.50~1.50			2	—	1.5t	2.5t
				>1.50~3.00			3	—	1.5t	2.5t
				>3.00~6.00			4	—	2.5t	—
		H24、H34	H24、H34	>0.20~0.50	210~250	140	3	—	0.5t	2.0t
				>0.50~1.50			5	—	1.5t	2.0t
				>1.50~3.00			6	—	1.5t	2.0t
				>3.00~6.00			8	—	2.5t	—
		H16	H16	>0.20~0.50	230~270	200	1	—	1.0t	3.5t
				>0.50~1.50			2	—	1.5t	3.5t
				>1.50~3.00			3	—	2.0t	3.5t
				>3.00~4.00			3	—	3.0t	

（续）

牌号	包铝分类	供应状态	试样状态	厚度/mm	室温拉伸试验结果				弯曲半径②	
					抗拉强度 R_m/MPa	规定塑性延伸强度 $R_{p0.2}$/MPa	断后伸长率① （%）		90°	180°
							A_{50mm}	A		
					不小于					
5251	—	H26、H36	H26、H36	>0.20~0.50	230~270	170	3	—	1.0t	3.0t
				>0.50~1.50			4		1.5t	3.0t
				>1.50~3.00			5		2.0t	3.0t
				>3.00~4.00			7		3.0t	—
		H18	H18	>0.20~0.50	255	230	1	—	—	—
				>0.50~1.50			2		—	—
				>1.50~3.00			2		—	—
		H28、H38	H28、H38	>0.20~0.50	255	200	2	—	—	—
				>0.50~1.50			3		—	—
				>1.50~3.00			3		—	—
		F	—	2.50~80.00		—			—	—
5052	—	O、H111	O、H111	>0.20~0.50	170~215	65	12	—	0t	0t
				>0.50~1.50			14		0t	0t
				>1.50~3.00			16		0.5t	0.5t
				>3.00~6.00			18		1.0t	—
				>6.00~12.50	165~215		19	—	2.0t	—
				>12.50~80.00			—	18	—	—
		H12	H12	>0.20~0.50	210~260	160	4	—	—	—
				>0.50~1.50			5		—	—
				>1.50~3.00			6		—	—
				>3.00~6.00			8		—	—
		H22、H32	H22、H32	>0.20~0.50	210~260	130	5	—	0.5t	1.5t
				>0.50~1.50			6		1.0t	1.5t
				>1.50~3.00			7		1.5t	1.5t
				>3.00~6.00			10		1.5t	—
		H14	H14	>0.20~0.50	230~280	180	3	—	—	—
				>0.50~1.50			3		—	—
				>1.50~3.00			4		—	—
				>3.00~6.00			4		—	—

（续）

牌号	包铝分类	供应状态	试样状态	厚度/mm	室温拉伸试验结果				弯曲半径[②]	
					抗拉强度 R_m/MPa	规定塑性延伸强度 $R_{p0.2}$/MPa	断后伸长率[①]（%）			
							A_{50mm}	A	90°	180°
					不小于					
5052	—	H24、H34	H24、H34	>0.20~0.50	230~280	150	4	—	0.5t	2.0t
				>0.50~1.50			5	—	1.5t	2.0t
				>1.50~3.00			6	—	2.0t	2.0t
				>3.00~6.00			7	—	2.5t	—
		H16	H16	>0.20~0.50	250~300	210	2	—	—	—
				>0.50~1.50			3	—	—	—
				>1.50~3.00			3	—	—	—
				>3.00~6.00			3	—	—	—
		H26、H36	H26、H36	>0.20~0.50	250~300	180	3	—	1.5t	—
				>0.50~1.50			4	—	2.0t	—
				>1.50~3.00			5	—	3.0t	—
				>3.00~6.00			6	—	3.5t	—
		H18	H18	>0.20~0.50	270	240	1	—	—	—
				>0.50~1.50			2	—	—	—
				>1.50~3.00			2	—	—	—
		H28、H38	H28、H38	>0.20~0.50	270	210	3	—	—	—
				>0.50~1.50			3	—	—	—
				>1.50~3.00			4	—	—	—
		H112	H112	>6.00~12.50	190	80	7	—	—	—
				>12.50~40.00	170	70	—	10	—	—
				>40.00~80.00	170	70	—	14	—	—
		F	—	>2.50~150.00	—				—	—
5154A	—	O、H111	O、H111	>0.20~0.50	215~275	85	12	—	0.5t	0.5t
				>0.50~1.50			13	—	0.5t	0.5t
				>1.50~3.00			15	—	1.0t	1.0t
				>3.00~6.00			17	—	1.5t	—
				>6.00~12.50			18	—	2.5t	—
				>12.50~50.00			—	16	—	—

（续）

牌号	包铝分类	供应状态	试样状态	厚度/mm	室温拉伸试验结果				弯曲半径[2]	
					抗拉强度 R_m/MPa	规定塑性延伸强度 $R_{p0.2}$/MPa	断后伸长率[1]（%）			
							A_{50mm}	A	90°	180°
						不小于				
5154A	—	H12	H12	>0.20~0.50	250~305	190	3	—	—	—
				>0.50~1.50			4	—	—	—
				>1.50~3.00			5	—	—	—
				>3.00~6.00			6	—	—	—
		H22、H32	H22、H32	>0.20~0.50	250~305	180	5	—	0.5t	1.5t
				>0.50~1.50			6	—	1.0t	1.5t
				>1.50~3.00			7	—	2.0t	2.0t
				>3.00~6.00			8	—	2.5t	—
		H14	H14	>0.20~0.50	270~325	220	2	—	—	—
				>0.50~1.50			3	—	—	—
				>1.50~3.00			3	—	—	—
				>3.00~6.00			4	—	—	—
		H24、H34	H24、H34	>0.20~0.50	270~325	200	4	—	1.0t	2.5t
				>0.50~1.50			5	—	2.0t	2.5t
				>1.50~3.00			6	—	2.5t	3.0t
				>3.00~6.00			7	—	3.0t	—
		H26、H36	H26、H36	>0.20~0.50	290~345	230	3	—	—	—
				>0.50~1.50			3	—	—	—
				>1.50~3.00			4	—	—	—
				>3.00~6.00			5	—	—	—
		H18	H18	>0.20~0.50	310	270	1	—	—	—
				>0.50~1.50			1	—	—	—
				>1.50~3.00			1	—	—	—
		H28、H38	H28、H38	>0.20~0.50	310	250	3	—	—	—
				>0.50~1.50			3	—	—	—
				>1.50~3.00			3	—	—	—
		H19	H19	>0.20~0.50	330	285	1	—	—	—
				>0.50~1.50			1	—	—	—
		H112	H112	6.00~12.50	220	125	8	—	—	—
				>12.50~40.00	215	90	—	9	—	—

（续）

牌号	包铝分类	供应状态	试样状态	厚度/mm	抗拉强度 R_m/MPa	规定塑性延伸强度 $R_{p0.2}$/MPa	断后伸长率[①] (%) A_{50mm}	A	弯曲半径[②] 90°	180°
								不小于		
5154A	—	H112	H112	>40.00~80.00	215	90	—	13	—	—
		F	—	2.50~80.00			—		—	—
5454	—	O、H111	O、H111	>0.20~0.50	215~275	85	12	—	0.5t	0.5t
				>0.50~1.50			13	—	0.5t	0.5t
				>1.50~3.00			15	—	1.0t	1.0t
				>3.00~6.00			17	—	1.5t	—
				>6.00~12.50			18	—	2.5t	—
				>12.50~80.00			—	16	—	—
		H12	H12	>0.20~0.50	250~305	190	3	—	—	—
				>0.50~1.50			4	—	—	—
				>1.50~3.00			5	—	—	—
				>3.00~6.00			6	—	—	—
		H22、H32	H22、H32	>0.20~0.50	250~305	180	5	—	0.5t	1.5t
				>0.50~1.50			6	—	1.0t	1.5t
				>1.50~3.00			7	—	2.0t	2.0t
				>3.00~6.00			8	—	2.5t	—
		H14	H14	>0.20~0.50	270~325	220	2	—	—	—
				>0.50~1.50			3	—	—	—
				>1.50~3.00			3	—	—	—
				>3.00~6.00			4	—	—	—
		H24、H34	H24、H34	>0.20~0.50	270~325	200	4	—	1.0t	2.5t
				>0.50~1.50			5	—	2.0t	2.5t
				>1.50~3.00			6	—	2.5t	3.0t
				>3.00~6.00			7	—	3.0t	—
		H26、H36	H26、H36	>0.20~1.50	290~345	230	3	—	—	—
				>1.50~3.00			4	—	—	—
				>3.00~6.00			5	—	—	—
		H28、H38	H28、H38	>0.20~3.00	310	250	3	—	—	—

（续）

牌号	包铝分类	供应状态	试样状态	厚度/mm	室温拉伸试验结果				弯曲半径[2]	
					抗拉强度 R_m/MPa	规定塑性延伸强度 $R_{p0.2}$/MPa	断后伸长率[1]（%）		90°	180°
							A_{50mm}	A		
					不小于					
5454	—	H112	H112	6.00~12.50	220	125	8	—	—	—
				>12.50~40.00	215	90	—	9	—	—
				>40.00~120.00			—	13	—	—
		F	—	>4.50~150.00	—					
5754	—	O、H111	O、H111	>0.20~0.50	190~240	80	12	—	0t	0.5t
				>0.50~1.50			14	—	0.5t	0.5t
				>1.50~3.00			16	—	1.0t	1.0t
				>3.00~6.00			18	—	1.0t	1.0t
				>6.00~12.50			18	—	2.0t	—
				>12.50~100.00			—	17	—	—
		H12	H12	>0.20~0.50	220~270	170	4	—	—	—
				>0.50~1.50			5	—	—	—
				>1.50~3.00			6	—	—	—
				>3.00~6.00			7	—	—	—
		H22、H32	H22、H32	>0.20~0.50	220~270	130	7	—	0.5t	1.5t
				>0.50~1.50			8	—	1.0t	1.5t
				>1.50~3.00			10	—	1.5t	2.0t
				>3.00~6.00			11	—	1.5t	—
		H14	H14	>0.20~0.50	240~280	190	3	—	—	—
				>0.50~1.50			3	—	—	—
				>1.50~3.00			4	—	—	—
				>3.00~6.00			4	—	—	—
		H24、H34	H24、H34	>0.20~0.50	240~280	160	6	—	1.0t	2.5t
				>0.50~1.50			6	—	1.5t	2.5t
				>1.50~3.00			7	—	2.0t	2.5t
				>3.00~6.00			8	—	2.5t	—
		H16	H16	>0.20~0.50	265~305	220	2	—	—	—
				>0.50~1.50			3	—	—	—
				>1.50~3.00			3	—	—	—
				>3.00~6.00			3	—	—	—

（续）

牌号	包铝分类	供应状态	试样状态	厚度/mm	室温拉伸试验结果				弯曲半径[②]	
					抗拉强度 R_m/MPa	规定塑性延伸强度 $R_{p0.2}$/MPa	断后伸长率[①]（%）			
							A_{50mm}	A	90°	180°
					不小于					
5754	—	H26、H36	H26、H36	>0.20~0.50	265~305	190	4	—	1.5t	—
				>0.50~1.50			4	—	2.0t	—
				>1.50~3.00			5	—	3.0t	—
				>3.00~6.00			6	—	3.5t	—
		H18	H18	>0.20~0.50	290	250	1	—	—	—
				>0.50~1.50			2	—	—	—
				>1.50~3.00			2	—	—	—
		H28、H38	H28、H38	>0.20~0.50	290	230	3	—	—	—
				>0.50~1.50			3	—	—	—
				>1.50~3.00			4	—	—	—
		H112	H112	6.00~12.50	190	100	12	—	—	—
				>12.50~25.00		90	—	10	—	—
				>25.00~40.00		80	—	12	—	—
				>40.00~80.00			—	14	—	—
		F	—	>4.50~150.00	—					
5082	—	H18、H38	H18、H38	>0.20~0.50	335	—	1	—	—	—
		H19、H39	H19、H39	>0.20~0.50	355	—	1	—	—	—
		F	—	>4.50~150.00	—				—	—
5182	—	O、H111	O、H111	>0.2~0.50	255~315	110	11	—	—	1.0t
				>0.50~1.50			12	—	—	1.0t
				>1.50~3.00			13	—	—	1.0t
		H19	H19	>0.20~1.50	380	320	1	—	—	—
5083	—	O、H111	O、H111	>0.20~0.50	275~350	125	11	—	0.5t	1.0t
				>0.50~1.50			12	—	1.0t	1.0t
				>1.50~3.00			13	—	1.0t	1.5t
				>3.00~6.30			15	—	1.5t	—

（续）

牌号	包铝分类	供应状态	试样状态	厚度/mm	室温拉伸试验结果				弯曲半径[2]	
					抗拉强度 R_m/MPa	规定塑性延伸强度 $R_{p0.2}$/MPa	断后伸长率[1]（%）		90°	180°
							A_{50mm}	A		
					不小于					
5083	—	O、H111	O、H111	>6.30~12.50	270~345	115	16	—	2.5t	—
				>12.50~50.00			—	15	—	—
				>50.00~80.00			—	14	—	—
				>80.00~120.00	260	110	12		—	—
				>120.00~200.00	255	105	12		—	—
		H12	H12	>0.20~0.50	315~375	250	3	—	—	—
				>0.50~1.50			4	—	—	—
				>1.50~3.00			5	—	—	—
				>3.00~6.00			6	—	—	—
		H22、H32	H22、H32	>0.20~0.50	305~380	215	5	—	0.5t	2.0t
				>0.50~1.50			6	—	1.5t	2.0t
				>1.50~3.00			7	—	2.0t	3.0t
				>3.00~6.00			8	—	2.5t	—
		H14	H14	>0.20~0.50	340~400	280	2	—	—	—
				>0.50~1.50			3	—	—	—
				>1.50~3.00			3	—	—	—
				>3.00~6.00			3	—	—	—
		H24、H34	H24、H34	>0.20~0.50	340~400	250	4	—	1.0t	—
				>0.50~1.50			5	—	2.0t	—
				>1.50~3.00			6	—	2.5t	—
				>3.00~6.00			7	—	3.5t	—
		H16	H16	>0.20~0.50	360~420	300	1	—	—	—
				>0.50~1.50			2	—	—	—
				>1.50~3.00			2	—	—	—
				>3.00~4.00			2	—	—	—
		H26、H36	H26、H36	>0.20~0.50	360~420	280	2	—	—	—
				>0.50~1.50			3	—	—	—
				>1.50~3.00			3	—	—	—
				>3.00~4.00			3	—	—	—

（续）

牌号	包铝分类	供应状态	试样状态	厚度/mm	室温拉伸试验结果				弯曲半径②	
					抗拉强度 R_m/MPa	规定塑性延伸强度 $R_{p0.2}$/MPa	断后伸长率①（%）			
							A_{50mm}	A	90°	180°
					不小于					
5083	—	H116、H321	H116、H321	1.50~3.00	305	215	8	—	2.0t	—
				>3.00~6.00			10	—	2.5t	—
				>6.00~12.50			12	—	4.0t	—
				>12.50~40.00			—	10	—	—
				>40.00~80.00	285	200	—	10	—	—
		H112	H112	>6.00~12.50	275	125	12	—		
				>12.50~40.00	275	125	—	10		
				>40.00~80.00	270	115	—	10		
				>40.00~120.00	260	110	—	10		
		F	—	>4.50~150.00	—					
5383	—	O、H111	O、H111	>0.20~0.50	290~360	145	11	—	0.5t	1.0t
				>0.50~1.50			12	—	1.0t	1.0t
				>1.50~3.00			13	—	1.0t	1.5t
				>3.00~6.00			15	—	1.5t	—
				>6.00~12.50			16	—	2.5t	—
				>12.50~50.00			—	15	—	—
				>50.00~80.00	285~355	135	—	14	—	—
				>80.00~120.00	275	130	—	12	—	—
				>120.00~150.00	270	125	—	12	—	—
		H22、H32	H22、H32	>0.20~0.50	305~380	220	5	—	0.5t	2.0t
				>0.50~1.50			6	—	1.5t	2.0t
				>1.50~3.00			7	—	2.0t	3.0t
				>3.00~6.00			8	—	2.5t	—
		H24、H34	H24、H34	>0.20~0.50	340~400	270	4	—	1.0t	—
				>0.50~1.50			5	—	2.0t	—
				>1.50~3.00			6	—	2.5t	—
				>3.00~6.00			7	—	3.5t	—

（续）

牌号	包铝分类	供应状态	试样状态	厚度/mm	室温拉伸试验结果				弯曲半径[②]	
					抗拉强度 R_m/MPa	规定塑性延伸强度 $R_{p0.2}$/MPa	断后伸长率[①]（%）			
							A_{50mm}	A	90°	180°
					不小于					
5383	—	H116、H321	H116、H321	1.50~3.00	305	220	8	—	2.0t	3.0t
				>3.00~6.00			10	—	2.5t	—
				>6.00~12.50			12	—	4.0t	—
				>12.50~40.00			—	10	—	—
				>40.00~80.00	285	205	—	10	—	—
		H112	H112	6.00~12.50	290	145	12	—	—	—
				>12.50~40.00			—	10	—	—
				>40.00~80.00	285	135	—	10	—	—
5086	—	O、H111	O、H111	>0.20~0.50	240~310	100	11	—	0.5t	1.0t
				>0.50~1.50			12	—	1.0t	1.0t
				>1.50~3.00			13	—	1.0t	1.0t
				>3.00~6.00			15	—	1.5t	1.5t
				>6.00~12.50			17	—	2.5t	—
				>12.50~150.00			—	16	—	—
		H12	H12	>0.20~0.50	275~335	200	3	—	—	—
				>0.50~1.50			4	—	—	—
				>1.50~3.00			5	—	—	—
				>3.00~6.00			6	—	—	—
		H22、H32	H22、H32	>0.20~0.50	275~335	185	5	—	0.5t	2.0t
				>0.50~1.50			6	—	1.5t	2.0t
				>1.50~3.00			7	—	2.0t	2.0t
				>3.00~6.00			8	—	2.5t	—
		H14	H14	>0.20~0.50	300~360	240	2	—	—	—
				>0.50~1.50			3	—	—	—
				>1.50~3.00			3	—	—	—
				>3.00~6.00			3	—	—	—
		H24、H34	H24、H34	>0.20~0.50	300~360	220	4	—	1.0t	2.5t
				>0.50~1.50			5	—	2.0t	2.5t
				>1.50~3.00			6	—	2.5t	2.5t
				>3.00~6.00			7	—	3.5t	—

（续）

牌号	包铝分类	供应状态	试样状态	厚度/mm	室温拉伸试验结果					
					抗拉强度 R_m/MPa	规定塑性延伸强度 $R_{p0.2}$/MPa	断后伸长率[①]（%）		弯曲半径[②]	
							A_{50mm}	A	90°	180°
					不小于					
5086	—	H16	H16	>0.20~0.50	325~385	270	1	—	—	—
				>0.50~1.50			2	—	—	—
				>1.50~3.00			2	—	—	—
				>3.00~4.00			2	—	—	—
		H26、H36	H26、H36	>0.20~0.50	325~385	250	2	—	—	—
				>0.50~1.50			3	—	—	—
				>1.50~3.00			3	—	—	—
				>3.00~4.00			3	—	—	—
		H18	H18	>0.20~0.50	345	290	1	—	—	—
				>0.50~1.50			1	—	—	—
				>1.50~3.00			1	—	—	—
		H116、H321	H116、H321	1.50~3.00	275	195	8	—	2.0t	2.0t
				>3.00~6.00			9	—	2.5t	—
				>6.00~12.50			10	—	3.5t	—
				>12.50~50.00			—	9	—	—
		H112	H112	>6.00~12.50	250	105	8	—	—	—
				>12.50~40.00	240	105	—	9	—	—
				>40.00~80.00	240	100	—	12	—	—
		F	—	>4.50~150.00	—	—	—	—	—	—
6A02	—	O	O	>0.50~4.50	≤145	—	21	—	—	—
				>4.50~10.00			16	—	—	—
			T62[⑤]	>0.50~4.50	295	—	11	—	—	—
				>4.50~10.00			8	—	—	—
		T4	T4	>0.50~0.80	195	—	19	—	—	—
				>0.80~2.90			21	—	—	—
				>2.90~4.50			19	—	—	—
				>4.50~10.00	175		17	—	—	—
		T6	T6	>0.50~4.50	295	—	11	—	—	—
				>4.50~10.00			8	—	—	—

（续）

牌号	包铝分类	供应状态	试样状态	厚度/mm	室温拉伸试验结果					
					抗拉强度 R_m/MPa	规定塑性延伸强度 $R_{p0.2}$/MPa	断后伸长率① （%）		弯曲半径②	
							A_{50mm}	A	90°	180°
					不小于					
6A02	—	T1	T62⑥	>4.50~12.50	295	—	8	—	—	—
				>12.50~25.00			—	7	—	—
				>25.00~40.00	285		—	6	—	—
				>40.00~80.00	275		—	6	—	—
			T42⑥	>4.50~12.50	175	—	17	—	—	—
				>12.50~25.00			—	14	—	—
				>25.00~40.00	165		—	12	—	—
				>40.00~80.00			—	10	—	—
		F	—	>4.50~150.00	—	—	—	—	—	—
6061	—	O	O	0.40~1.50	≤150	≤85	14	—	0.5t	1.0t
				>1.50~3.00			16	—	1.0t	1.0t
				>3.00~6.00			19	—	1.0t	—
				>6.00~12.50			16	—	2.0t	—
				>12.50~25.00			—	16	—	—
		T4	T4	0.40~1.50	205	110	12	—	1.0t	1.5t
				>1.50~3.00			14	—	1.5t	2.0t
				>3.00~6.00			16	—	3.0t	—
				>6.00~12.50			18	—	4.0t	—
				>12.50~40.00			—	15	—	—
				>40.00~80.00			—	14	—	—
		T6	T6	0.40~1.50	290	240	6	—	2.5t	—
				>1.50~3.00			7	—	3.5t	—
				>3.00~6.00			10	—	4.0t	—
				>6.00~12.50			9	—	5.0t	—
				>12.50~40.00			—	8	—	—
				>40.00~80.00			—	6	—	—
				>80.00~100.00			—	5	—	—
		F	—	>2.50~150.00	—				—	—
6016	—	T4	T4	0.40~3.00	170~250	80~140	24	—	0.5t	0.5t
		T6	T6	0.40~3.00	260~300	180~260	10	—	—	—

（续）

牌号	包铝分类	供应状态	试样状态	厚度/mm	室温拉伸试验结果				弯曲半径[2]	
					抗拉强度 R_m/MPa	规定塑性延伸强度 $R_{p0.2}$/MPa	断后伸长率[1]（%）		90°	180°
							A_{50mm}	A		
					不小于					
6063	—	O	O	0.50~5.00	≤130	—	20	—	—	—
				>5.00~12.50			15	—	—	—
				>12.50~20.00			—	15	—	—
			T62[5]	0.50~5.00	230	180	—	8	—	—
				>5.00~12.50	220	170	—	6	—	—
				>12.50~20.00	220	170	6	—	—	—
		T4	T4	0.50~5.00	150	—	10	—	—	—
				5.00~10.00	130		10	—	—	—
		T6	T6	0.50~5.00	240	190	8	—	—	—
				>5.00~10.00	230	180	8	—	—	—
6082	—	O	O	0.40~1.50	≤150	≤85	14	—	0.5t	1.0t
				>1.50~3.00			16	—	1.0t	1.0t
				>3.00~6.00			18	—	1.5t	—
				>6.00~12.50			17	—	2.5t	—
				>12.50~25.00	≤155	—	—	16	—	—
		T4	T4	0.40~1.50	205	110	12	—	1.5t	3.0t
				>1.50~3.00			14	—	2.0t	3.0t
				>3.00~6.00			15	—	3.0t	—
				>6.00~12.50			14	—	4.0t	—
				>12.50~40.00			—	13	—	—
				>40.00~80.00			—	12	—	—
		T6	T6	0.40~1.50	310	260	6	—	2.5t	—
				>1.50~3.00			7	—	3.5t	—
				>3.00~6.00			10	—	4.5t	—
				>6.00~12.50	300	255	9	—	6.0t	—
		F	—	>4.50~150.00	—				—	—

（续）

牌号	包铝分类	供应状态	试样状态	厚度/mm	室温拉伸试验结果				弯曲半径[2]	
					抗拉强度 R_m/MPa	规定塑性延伸强度 $R_{p0.2}$/MPa	断后伸长率[1]（%）		90°	180°
							A_{50mm}	A		
					不小于					
包铝7A04、包铝7A09、7A04、7A09	正常包铝或工艺包铝	O	O	0.50~10.00	≤245	—	11	—	—	—
			T62[5]	0.50~2.90	470	390	7	—	—	—
				>2.90~10.00	490	410		—	—	—
		T6	T6	0.50~2.90	480	400		—	—	—
				>2.90~10.00	490	410		—	—	—
		T1	T62	>4.50~10.00	490	410	4	—	—	—
				>10.00~12.50				—	—	—
				>12.50~25.00				—	—	—
				>25.50~40.00			3	—	—	—
		F	—	>4.50~150.00	—			—	—	—
7020	—	O	O	0.40~1.50	≤220	≤140	12	—	2.0t	—
				>1.50~3.00			13	—	2.5t	—
				>3.00~6.00			15	—	3.5t	—
				>6.00~12.50			12	—	5.0t	—
		T4[7]	T4[7]	0.40~1.50	320	210	11	—	—	—
				>1.50~3.00			12	—	—	—
				>3.00~6.00			13	—	—	—
				>6.00~12.50			14	—	—	—
		T6	T6	0.40~1.50	350	280	7	—	3.5t	—
				>1.50~3.00			8	—	4.0t	—
				>3.00~6.00			10	—	5.5t	—
				>6.00~12.50			10	—	8.0t	—
				>12.50~40.00			—	9	—	—
				>40.00~100.00	340	270	—	8	—	—
				>100.00~150.00			—	7	—	—
				>150.00~175.00	330	260	—	6	—	—
				>175.00~200.00			—	5	—	—
7021	—	T6	T6	1.50~3.00	400	350	7	—	—	—
				>3.00~6.00			6	—	—	—

（续）

牌号	包铝分类	供应状态	试样状态	厚度/mm	室温拉伸试验结果					
					抗拉强度 R_m/MPa	规定塑性延伸强度 $R_{p0.2}$/MPa	断后伸长率[①]（%）		弯曲半径[②]	
							A_{50mm}	A	90°	180°
					不小于					
7022	—	T6	T6	3.00~12.50	450	370	8	—	—	—
				>12.50~25.00			—	8	—	—
				>25.00~50.00			—	7	—	—
				>50.00~100.00	430	350	—	5	—	—
				>100.00~200.00	410	330	—	3	—	—
7075	工艺包铝或不包铝	O	O	0.40~0.80	≤275	≤145	10	—	0.5t	1.0t
				>0.80~1.50				—	1.0t	2.0t
				>1.50~3.00				—	1.0t	3.0t
				>3.00~6.00				—	2.5t	—
				>6.00~12.50				—	4.0t	—
				>12.50~75.00		—	—	9	—	—
		O	T62[⑤]	0.40~0.80	525	460	6	—	—	—
				>0.80~1.50	540	460	6	—	—	—
				>1.50~3.00	540	470	7	—	—	—
				>3.00~6.00	545	475	8	—	—	—
				>6.00~12.50	540	460	8	—	—	—
				>12.50~25.00	540	470	—	6	—	—
				>25.00~50.00	530	460	—	5	—	—
				>50.00~60.00	525	440	—	4	—	—
				>60.00~75.00	495	420	—	4	—	—
		T6	T6	0.40~0.80	525	460	6	—	4.5t	—
				>0.80~1.50	540	460	6	—	5.5t	—
				>1.50~3.00	540	470	7	—	6.5t	—
				>3.00~6.00	545	475	8	—	8.0t	—
				>6.00~12.50	540	460	8	—	12.0t	—
				>12.50~25.00	540	470	—	6	—	—
				>25.00~50.00	530	460	—	5	—	—
				>50.00~60.00	525	440	—	4	—	—

（续）

牌号	包铝分类	供应状态	试样状态	厚度/mm	室温拉伸试验结果				弯曲半径[②]	
					抗拉强度 R_m/MPa	规定塑性延伸强度 $R_{p0.2}$/MPa	断后伸长率[①]（%）		90°	180°
							A_{50mm}	A		
					不小于					
7075	工艺包铝或不包铝	T76	T76	>1.50~3.00	500	425	7	—	—	—
				>3.00~6.00	500	425	8	—	—	—
				>6.00~12.50	490	415	7	—	—	—
		T73	T73	>1.50~3.00	460	385	7	—	—	—
				>3.00~6.00	460	385	8	—	—	—
				>6.00~12.50	475	390	7	—	—	—
				>12.50~25.00	475	390	—	6	—	—
				>25.00~50.00	475	390	—	5	—	—
				>50.00~60.00	455	360	—	5	—	—
				>60.00~80.00	440	340	—	5	—	—
				>80.00~100.00	430	340	—	5	—	—
		F	—	>6.00~50.00	—				—	—
包铝7075	正常包铝	O	O	>0.39~1.60	≤275	≤145	10		—	—
				>1.60~4.00					—	—
				>4.00~12.50					—	—
				>12.50~50.00	—		—	9	—	—
		O	T62[⑤]	>0.39~1.00	505	435	7	—	—	—
				>1.00~1.60	515	445	8	—	—	—
				>1.60~3.20	515	445	8	—	—	—
				>3.20~4.00	515	445	8	—	—	—
				>4.00~6.30	525	455	8	—	—	—
				>6.30~12.50	525	455	9	—	—	—
				>12.50~25.00	540	470	—	6	—	—
				>25.00~50.00	530	460	—	5	—	—
				>50.00~60.00	525	440	—	4	—	—
		T6	T6	>0.39~1.00	505	435	7	—	—	—
				>1.00~1.60	515	445	8	—	—	—
				>1.60~3.20	515	445	8	—	—	—
				>3.20~4.00	515	445	8	—	—	—
				>4.00~6.30	525	455	8	—	—	—

(续)

牌号	包铝分类	供应状态	试样状态	厚度/mm		室温拉伸试验结果				弯曲半径②	
						抗拉强度 R_m/MPa	规定塑性延伸强度 $R_{p0.2}$/MPa	断后伸长率① (%)		90°	180°
								A_{50mm}	A		
						不小于					
包铝7075	正常包铝	T76	T76	>3.10~4.00		470	390	8	—	—	—
				>4.00~6.30		485	405	8	—	—	—
		F	—	>6.00~100.00		—					
包铝7475	正常包铝	O	O	1.00~1.60		≤250	≤140	10	—	—	2.0t
				>1.60~3.20		≤260	≤140	10	—	—	3.0t
				>3.20~4.80		≤260	≤140	10	—	—	4.0t
				>4.80~6.50		≤270	≤145	10	—	—	4.0t
		T761⑧	T761⑧	1.00~1.60		455	379	9	—	—	6.0t
				>1.60~2.30		469	393	9	—	—	7.0t
				>2.30~3.20		469	393	9	—	—	8.0t
				>3.20~4.80		469	393	9	—	—	9.0t
				>4.80~6.50		483	414	9	—	—	9.0t
7475	工艺包铝或不包铝	T6	T6	>0.35~6.00		515	440	9	—	—	—
		T76、T761⑧	T76、T761⑧	1.00~1.60	纵向	490	420	9		—	6.0t
					横向	490	415	9			
				>1.60~2.30	纵向	490	420	9		—	7.0t
					横向	490	415	9			
				>2.30~3.20	纵向	490	420	9		—	8.0t
					横向	490	415	9			
				>3.20~4.80	纵向	490	420	9		—	9.0t
					横向	490	415	9			
				>4.80~6.50	纵向	490	420	9		—	9.0t
					横向	490	415	9			
8A06	—	O	O	>0.20~0.30		≤110	—	16	—	—	—
				>0.30~0.50				21	—	—	—
				>0.50~0.80				26	—	—	—
				>0.80~10.00				30	—	—	—

（续）

牌号	包铝分类	供应状态	试样状态	厚度/mm	室温拉伸试验结果 抗拉强度 R_m/MPa	规定塑性延伸强度 $R_{p0.2}$/MPa	断后伸长率[①] (%) A_{50mm}	断后伸长率[①] (%) A	弯曲半径[②] 90°	弯曲半径[②] 180°
					不小于					
8A06	—	H14、H24	H14、H24	>0.20~0.30	100	—	1	—	—	—
				>0.30~0.50			3	—	—	—
				>0.50~0.80			4	—	—	—
				>0.80~1.00			5	—	—	—
				>1.00~4.50			6	—	—	—
		H18	H18	>0.20~0.30	135	—	1	—	—	—
				>0.30~0.80			2	—	—	—
				>0.80~4.50			3	—	—	—
		H112	H112	>4.50~10.00	70	—	19	—	—	—
				>10.00~12.50	80		19	—	—	—
				>12.50~25.00	80		—	19	—	—
				>25.00~80.00	65		—	16	—	—
		F	—	>2.50~150	—	—	—	—	—	—
8011	—	H14	H14	>0.20~0.50	125~165	—	2	—	—	—
		H24	H24	>0.20~0.50	125~165	—	3	—	—	—
		H16	H16	>0.20~0.50	130~185	—	1	—	—	—
		H26	H26	>0.20~0.50	130~185	—	2	—	—	—
		H18	H18	0.20~0.50	165	—	1	—	—	—
8011A	—	O、H111	O、H111	>0.20~0.50	85~130	30	19	—	—	—
				>0.50~1.50			21	—	—	—
				>1.50~3.00			24	—	—	—
				>3.00~6.00			25	—	—	—
				>6.00~12.50			30	—	—	—
		H22	H22	>0.20~0.50	105~145	90	4	—	—	—
				>0.50~1.50			5	—	—	—
				>1.50~3.00			6	—	—	—
		H14	H14	>0.20~0.50	120~170	110	1	—	—	—
				>0.50~1.50	125~165		3	—	—	—
				>1.50~3.00			3	—	—	—
				>3.00~6.00			4	—	—	—

（续）

牌号	包铝分类	供应状态	试样状态	厚度/mm	室温拉伸试验结果				弯曲半径[2]	
					抗拉强度 R_m/MPa	规定塑性延伸强度 $R_{p0.2}$/MPa	断后伸长率[1]（%）			
							A_{50mm}	A	90°	180°
					不小于					
8011A	—	H24	H24	>0.20~0.50	125~165	100	3	—	—	—
				>0.50~1.50			4	—	—	—
				>1.50~3.00			5	—	—	—
				>3.00~6.00			6	—	—	—
		H16	H16	>0.20~0.50	140~190	130	1	—	—	—
				>0.50~1.50	145~185		2	—	—	—
				>1.50~4.00			3	—	—	—
		H26	H26	>0.20~0.50	145~185	120	2	—	—	—
				>0.50~1.50			3	—	—	—
				>1.50~4.00			4	—	—	—
		H18	H18	>0.20~0.50	160	145	1	—	—	—
				>0.50~1.50	165		2	—	—	—
				>1.50~3.00			2	—	—	—
8079	—	H14	H14	>0.20~0.50	125~175	—	2	—	—	—

① 当 A_{50mm} 和 A 两栏均有数值时，A_{50mm} 适用于厚度不大于 12.5mm 的板材，A 适用于厚度大于 12.5mm 的板材。

② 弯曲半径中的 t 表示板材的厚度，对表中既有 90°弯曲也有 180°弯曲的产品，当需方未指定采用 90°弯曲或 180°弯曲时，弯曲半径由供方任选一种。

③ 对于 2A11、2A12、2017 合金的 O 状态板材，需要 T42 状态的性能值时，应在订货单（或合同）中注明，未注明时不检测该性能。

④ 厚度>12.50~25.00mm 的 2014、2024、2219 合金 O 状态的板材，其拉伸试样由芯材机加工得到，不得有包铝层。

⑤ 对于 6A02、6063、7A04、7A09 和 7075 合金的 O 状态板材，需要 T62 状态的性能值时，应在订货单（或合同）中注明，未注明时不检测该性能。

⑥ 对于 6A02 合金 T1 状态的板材，当需方未注明需要 T62 或 T42 状态的性能时，由供方任选一种。

⑦ 应尽量避免订购 7020 合金 T4 状态的产品。T4 状态产品的性能是在室温下自然时效 3 个月后才能达到规定的稳定的力学性能，将淬火后的试样在 60~65℃的条件下持续 60h 后也可以得到近似的自然时效性能值。

⑧ T761 状态专用于 7475 合金薄板和带材，与 T76 状态的定义相同，是在固溶热处理后进行人工过时效以获得良好的抗剥落腐蚀性能的状态。

表 2-165　铝及铝合金板材的理论质量

厚度/mm	理论质量/(kg/m²)	厚度/mm	理论质量/(kg/m²)
0.3	0.84	10	28.00
0.4	1.12	12	33.60
0.5	1.40	14	39.20
0.6	1.68	15	42.00
0.7	1.96	16	44.80
0.8	2.24	18	50.40
0.9	2.52	20	56.00
1.0	2.80	22	61.60
1.2	3.36	25	70.0
1.5	4.20	30	84.0
1.8	5.04	35	98.0
2.0	5.60	40	112.0
2.3	6.44	50	140.0
2.5	7.00	60	168.0
2.8	7.84	70	196.0
3.0	8.40	80	224.0
3.5	9.80	90	252.0
4	11.20	100	280.0
5	14.00	110	308.0
6	16.80	120	336.0
7	19.60	130	364.0
8	22.40	140	392.0
9	25.20	150	420.0

注：本表理论质量按 2A11 等代号铝合金的密度（2.8g/cm³）计算，当铝合金密度不等于 2.8g/cm³ 时，此表理论质量乘
质量换算系数即为该合金牌号板材的质量，质量换算系数 = 该合金牌号的密度/2.8。

12. 铝及铝合金花纹板（见表2-166～表2-169）

表2-166　铝及铝合金花纹板代号、花纹名称及图案（摘自 GB/T 3618—2006）

代号	花纹名称及图案	代号	花纹名称及图案	代号	花纹名称及图案
1 号	方格形	4 号	三条形	7 号	四条形
2 号	扁豆形	5 号	指针形	8 号	三条形
3 号	五条形	6 号	菱形	9 号	星月形

表2-167　铝及铝合金花纹板牌号、状态及尺寸规格（摘自 GB/T 3618—2006）

花纹板代号名称	牌　号	状　态	底板厚度	筋高	宽度	长度
			mm			
1 号方格形板	2A12	T4	1.0～3.0	1.0	1000 ～ 1600	2000 ～ 10000
2 号扁豆形板	2A11、5A02、5052	H234	2.0～4.0	1.0		
	3105、3003	H194				
3 号五条形板	1×××、3003	H194	1.5～4.5	1.0		
	5A02、5052、3105、5A43、3003	O、H114				
4 号三条形板	1×××、3003	H194	1.5～4.5	1.0		
	2A11、5A02、5052	H234				
5 号指针形板	1×××	H194	1.5～4.5	1.0	1000 ～ 1600	2000 ～ 10000
	5A02、5052、5A43	O、H114				
6 号菱形板	2A11	H234	3.0～8.0	0.9		
7 号四条形板	6061	O	2.0～4.0	1.0		
	5A02、5052	O、H234				

（续）

花纹板代号名称	牌　号	状　态	底板厚度	筋高	宽度	长度
			mm			
8 号三条形板	1×××	H114、H234、H194	1.0~4.5	0.3	1000 ~ 1600	2000 ~ 10000
	3003	H114、H194				
	5A02、5052	O、H114、H194				
9 号星月形板	1×××	H114、H234、H194	1.0~4.0	0.7		
	2A11	H194				
	2A12	T4	1.0~3.0			
	3003	H114、H234、H194	1.0~4.0			
	5A02、5052	H114、H234、H194				

注：1. 各牌号的化学成分应符合 GB/T 3190—2008 相应牌号的规定。

2. 板材状态含义说明：

状态代号	状态代号含义
T4	花纹板淬火自然时效
O	花纹板成品完全退火
H114	用完全退火（O）状态的平板经过一个道次的冷轧得到的花纹板材
H234	用不完全退火（H22）状态的平板经过一个道次的冷轧得到的花纹板材
H194	用硬状态（H18）的平板经过一个道次的冷轧得到的花纹板材

3. 2A11、2A12 合金花纹板双面可带有 1A50 合金包覆层，其每面包覆层平均厚度不小于底板公称厚度的 4%。

4. 若需方要求其他合金、状态及规格，需经双方商定并在合同中注明。

表 2-168　铝及铝合金花纹板的力学性能（摘自 GB/T 3618—2006）

花纹代号	牌号	状态	抗拉强度 R_m/MPa	规定塑性延伸强度 $R_{p0.2}$/MPa	断后伸长率 A_{50}（%）	弯曲系数
			≥			
1 号、9 号	2A12	T4	405	255	10	—
2 号、4 号、6 号、9 号	2A11	H234、H194	215		3	
4 号、8 号、9 号	3003	H114、H234	120		4	4
		H194	140		3	8
3 号、4 号、5 号、8 号、9 号	1×××	H114	80	—	4	2
		H194	100		3	6
3 号、7 号	5A02、5052	O	≤150		14	3
2 号、3 号	5A02	H114	180		3	3
2 号、4 号、7 号、8 号、9 号	5052	H194	195			8
3 号	5A43	O	≤100	—	15	2
		H114	120		4	4
7 号	6061	O	≤150		12	—

注：1. 1 号花纹板的室温拉伸试验结果应符合表中规定，当需方对其他代号的花纹板的室温拉伸试验性能或任意代号的花纹板的弯曲系数有要求时，供需双方应参考表中的规定具体协商，并在合同中注明。

2. 计算截面积所用的厚度为底板厚度。

表 2-169　铝及铝合金花纹板的理论质量（摘自 GB/T 3618—2006）

底板厚度/mm	2A11 合金花纹板 单位面积的理论质量/(kg/m²) 花纹代号					2A12 合金花纹板 底板厚度/mm	1 号花纹板单位面积的理论质量/(kg/m²)	当花纹板花型不变，只改变牌号时，按该牌号的密度及比密度换算系数，换算该牌号花纹板单位面积的理论质量 牌号	密度/(g/cm³)	比密度换算系数
	2 号	3 号	4 号	6 号	7 号					
1.8	6.340	5.719	5.500	—	5.668	1.0	3.452	2A11	2.80	1.000
2.0	6.900	6.279	6.060	—	6.228	1.2	4.008	纯铝	2.71	0.968
2.5	8.300	7.679	7.460	—	7.628			2A12	2.78	0.993
3.0	9.700	9.079	8.860	—	9.028	1.5	4.842	3A21	2.73	0.975
3.5	11.100	10.479	10.260	—	10.428	1.8	5.676	3105	2.72	0.971
4.0	12.500	11.879	11.660	12.343	11.828			5A02、		
4.5	—	—	—	13.743	—	2.0	6.232	5A43、	2.68	0.957
5.0	—	—	—	15.143	—	2.5	7.622	5052		
6.0	—	—	—	17.943	—					
7.0	—	—	—	20.743	—	3.0	9.012	6061	2.70	0.964

13. 铝及铝合金箔（见表 2-170 和表 2-171）

表 2-170　铝及铝合金箔的牌号、尺寸规格及电性能（摘自 GB/T 3198—2020）

	牌号	状态	尺寸规格/mm 厚度 T	宽度	管芯内径	卷外径
牌号、状态和尺寸规格	1035、1050、1060、1070、1100、1145、1200、1235	O	0.0040~0.2000	50.0~1890.0	75.0、76.2、150.0、152.4、300.0、305.0、400.0、406.0	150~1200
		H22	>0.0045~0.2000			
		H14、H24	0.0045~0.2000			
		H16、H26	0.0045~0.2000			
		H18	0.0045~0.2000			
		H19	>0.0060~0.2000			
	2A11、2024	O、H18	0.0300~0.2000			100~1200
	3003	O	0.0090~0.2000			
		H12、H22	0.0200~0.2000			
		H14、H24	0.0270~0.2000			
		H16、H26	0.1000~0.2000			
		H18	0.0100~0.2000			100~1850
		H19	0.0170~0.1500			
	3004、3005、3104、3105	O、H19	0.0300~0.2000			

（续）

牌号	状态	尺寸规格/mm			
		厚度 T	宽度	管芯内径	卷外径
3102	H18	0.0800~0.2000			
4A13	O、H18	0.0300~0.2000			
5A02	O	0.0300~0.2000			100~1850
	H16、H26	0.1000~0.2000			
	H18	0.0200~0.2000			
5B02	H18	0.0300~0.0400			
5005	O	0.1300~0.1600			
5052	O	0.0300~0.2000			
	H14、H24	0.0500~0.2000			
	H16、H26	0.1000~0.2000		75.0、76.2、	
	H18	0.0500~0.2000		150.0、152.4、	
	H19	>0.1000~0.2000		300.0、305.0、	
5082、5083	O、H18、H38	0.1000~0.2000	50.0~1890.0	400.0、406.0	
8006	O	0.0060~0.2000			
	H22	0.0350~0.2000			
	H24	0.0350~0.2000			
	H26	0.0350~0.2000			
	H18	0.0180~0.2000			
8021、8021B	O	0.0050~0.0900			250~1200
8011、8011A、8079、8111	O	0.0050~0.2000			
	H22	0.0350~0.2000			
	H14、H24	0.0350~0.2000			
	H26	0.0350~0.2000			
	H18	0.0100~0.2000			
	H19	0.0200~0.2000			

（左侧纵向标注：牌号、状态和尺寸规格）

局部厚度偏差	厚度 T/mm	局部厚度极限偏差/mm		备注
		高精级	普通级	
	0.0040~0.0090	±5%T	±6%T	2A11、2024、5A02、5052 合金铝箔的局部厚度极限偏差为±5%T，其他牌号铝箔的局部厚度偏差应符合表中的规定。需要高精级时，应在订货单（或合同）中具体注明，未注明时按普通级供货
	0.0090~0.2000	±4%T	±5%T	

平均厚度偏差	卷批量/t	平均厚度极限偏差/mm
	≤3	±5% T
	>3~10	±4% T
	>10	±3% T

宽度偏差	宽度/mm	宽度极限偏差/mm	
		高精级	普通级
	≤200.0	±0.5	±1.0
	>200.0~1200.0	±1.0	
	>1200.0	±2.0	

（续）

长度或卷外径偏差	卷外径 /mm	长度 L 的极限偏差/m		卷外径极限偏差/mm		备注
		每批中个数不少于 80%的铝卷	每批中个数少于 20%的铝卷	每批中个数不少于 80%的铝卷	每批中个数少于 20%的铝卷	
	≤450	±2% L	±5% L	—		1. 当订货单（或合同）中要求单向偏差时，其极限偏差值应为表中对应数值的 2 倍 2. 非定尺交货的铝箔、长度或卷外径偏差按表中规定 3. 定尺交货铝箔、长度及长度偏差由供需双方商定
	>450	—		±10	±20	

注：1. 化学成分的规定：铝和铝箔各牌号的化学成分应符合 GB/T 3190—2020 的规定，需方对化学成分有特殊要求时，由供需双方协商确定，并在合同中注明。

2. 铝箔的标记按照产品名称、标准编号、牌号、状态、厚度、宽度的顺序表示。标记示例如下：

1235 牌号、O 状态、厚度为 0.0150mm、宽度为 476.0mm 的铝箔标记为：

铝箔 GB/T 3198—1235O-0.015×476

表 2-171　铝及铝合金箔的室温力学性能和直流电阻值（摘自 GB/T 3198—2020）

	牌号	状态	厚度 T /mm	室温拉伸试验结果		
				抗拉强度 R_m/MPa	断后伸长率（%）　　≥	
					A_{50mm}	A_{100mm}
室温拉伸力学性能	1035、1050、1060、1070、1100、1145、1200、1235	O	0.0040~<0.0060	45~95	—	—
			0.0060~0.0090	45~100	—	—
			>0.0090~0.0250	45~105	—	1.5
			>0.0250~0.0400	50~105	—	2.0
			>0.0400~0.0900	55~105	—	2.0
			>0.0900~0.1400	60~115	12	—
			>0.1400~0.2000	60~115	15	—
		H22	>0.0045~0.0250	—	—	—
			>0.0250~0.0400	90~135	—	2
			>0.0400~0.0900	90~135	—	3
			>0.0900~0.1400	90~135	4	—
			>0.1400~0.2000	90~135	6	—
		H14、H24	0.0045~0.0250	—	—	—
			>0.0250~0.0400	110~160	—	2
			>0.0400~0.0900	110~160	—	3
			>0.0900~0.1400	110~160	4	—
			>0.1400~0.2000	110~160	6	—
		H16、H26	0.0045~0.0250	—	—	—
			>0.0250~0.0900	125~180	—	1
			>0.0900~0.2000	125~180	2	—
		H18	>0.0060~0.2000	≥140	—	—
		H19	>0.0060~0.2000	≥150	—	—

（续）

	牌号	状态	厚度 T /mm	室温拉伸试验结果		
				抗拉强度 R_m/MPa	断后伸长率（%） ≥	
					A_{50mm}	A_{100mm}
室温拉伸力学性能	2A11	O	0.0300~0.0490	≤195	1.5	—
			>0.0490~0.2000	≤195	3.0	—
		H18	0.0300~0.0490	≥205	—	—
			>0.0490~0.2000	≥215	—	—
	2024	O	0.0300~0.0490	≤195	1.5	—
			>0.0490~0.2000	≤205	3.0	—
		H18	0.0300~0.0490	≥225	—	—
			>0.0490~0.2000	≥245	—	—
	3003	O	0.0090~0.0120	80~135	—	—
			>0.0180~0.2000	80~140	—	—
		H12	0.1500~0.200	110~160	—	—
		H22	0.0200~0.050	110~160	—	3.0
			>0.0500~0.2000	110~160	10.0	—
		H14	0.0300~0.2000	140~190	—	—
		H24	0.0270~0.2000	140~190	1.0	—
		H16	0.1000~0.2000	≥170	—	—
		H26	0.1000~0.2000	≥170	1.0	—
		H18	0.0100~0.2000	≥190	1.0	—
		H19	0.0170~0.1500	≥200	—	—
	3004、3104	H19	0.1200~0.2000	≥280	—	—
	3005、3105	H19	0.1500~0.2000	≥230	—	—
	3102	H18	0.0800~0.2000	≥200	—	—
	3104	O	0.0300~0.1500	155~195	—	—
	5A02	O	0.0300~0.0490	≤195	—	—
			0.0500~0.2000	≤195	4.0	—
		H16、H26	0.1000~0.2000	≥255	—	—
		H18	0.0200~0.2000	≥265	—	—
	5B02	H18	0.0300~0.0400	≥250	—	—
	5005	O	0.1300~0.1600	100~140	—	—
	5052	O	0.0300~0.2000	175~225	4	—
		H14、H24	0.0500~0.2000	250~300	—	—
		H16、H26	0.1000~0.2000	≥270	—	—
		H18	0.0500~0.2000	≥275	—	—
		H19	>0.1000~0.2000	≥285	1	—

(续)

牌号	状态	厚度 T /mm	室温拉伸试验结果		
			抗拉强度 R_m/MPa	断后伸长率（%）　≥	
				A_{50mm}	A_{100mm}
8006	O	0.0060~0.0090	80~135	—	1
		>0.0090~0.0250	85~140	—	2
		>0.0250~0.0400	85~140	—	3
		>0.040~0.0900	90~140	—	4
		>0.0900~0.1400	110~140	15	—
		>0.1400~0.2000	110~140	20	—
	H22	0.0350~0.0900	120~150	5.0	—
		>0.0900~0.1400	120~150	15	—
		>0.1400~0.2000	120~150	20	—
	H24	0.0350~0.0900	125~150	5.0	—
		>0.0900~0.1400	125~155	15	—
		>0.1400~0.2000	125~155	18	—
	H26	0.0900~0.1400	130~160	10	—
		>0.1400~0.2000	130~160	12	—
	H18	0.0180~0.0250	≥140	—	—
		>0.0250~0.0400	≥150	—	—
		>0.0400~0.0900	≥160	—	1
		>0.0900~0.2000	≥160	0.5	—
8021、8021B	O	0.0050~0.0060	60~110	—	1.5
		>0.0060~0.0090	70~110	—	1.5
		>0.0090~0.0250	75~115	—	—
		>0.0250~0.0900	80~120	—	11
8011、8011A、 8079、8111	O	0.0050~0.0090	50~100	—	0.5
		>0.0090~0.0250	55~110	—	1
		>0.0250~0.0400	55~110	—	4
		>0.0400~0.0900	60~120	—	4
		>0.0900~0.1400	60~120	13	—
		>0.1400~0.2000	60~120	15	—
	H22	0.0350~0.0400	90~150	—	1.0
		>0.0400~0.0900	90~150	—	2.0
		>0.0900~0.1400	90~150	5	—
		>0.1400~0.2000	90~150	6	—
	H14	0.1500~0.2000	120~170	—	—
	H24	0.0350~0.0400	120~170	2	—
		>0.0400~0.0900	120~170	3	—
		>0.0900~0.1400	120~170	4	—
		>0.1400~0.2000	120~170	5	—
	H26	0.0350~0.0090	140~190	1	—
		>0.0900~0.2000	140~190	2	—
	H18	0.0100~0.2000	≥160	—	—
	H19	0.0200~0.2000	≥170	—	—

室温拉伸力学性能

（续）

	厚度/mm	针孔个数　不大于						针孔直径/mm 不大于		
		任意 1m² 内			任意 4mm×4mm 或 1mm×16mm 面积上的针孔个数					
		超高精级	高精级	普通级	超高精级	高精级	普通级	超高精级	高精级	普通级
铝箔的针孔要求	0.0040~<0.0060	供需双方商定			6	7	8	0.1	0.2	0.3
	0.0060	500	1000	1500						
	>0.0060~0.0065	400	600	1000						
	>0.0065~0.0070	150	300	500						
	>0.0070~0.0090	100	150	200						
	>0.0090~0.0120	20	50	100						
	>0.0120~0.0180	10	30	50	3					
	>0.0180~0.0200	3	20	30						
	>0.0200~0.0400	0	5	10						
	>0.0400	0	0	0	0					

	1145、1235 牌号的直流电阻		常见铝及铝合金密度	
	标定厚度/mm	直流电阻/(Ω/mm)（宽度 10.0mm）最大值	牌号	密度/(g/cm³)
直流电阻值和密度	0.0060	0.55	1050、1060、1235	2.705
	0.0065~0.0070	0.51	1070、1145、1200	2.700
	0.0080	0.43	1100、8011、8011A、8111	2.710
	0.0090	0.36	3003、3102、8021	2.730
	0.0100	0.32	5052	2.680
	0.0110	0.28	8006	2.740
	0.0160	0.25	8079、8021B	2.720
	其他牌号铝箔直流电阻在需方有要求时，由供需双方商定，并在合同中注明		5A02	2.660

14. 一般工业用铝及铝合金锻件（见表 2-172~表 2-174）

表 2-172　一般工业用铝及铝合金锻件牌号、供应状态（摘自 YS/T 479—2005）

一般规定	1) 锻件牌号的化学成分应按 YS/T 479—2005 的有关规定 2) 锻件材料电导率性能应按 YS/T 479—2005 的规定 3) 自由锻件的尺寸及偏差应符合双方签订的图样或合同规定 4) 模锻件尺寸及偏差应符合双方签订的图样规定，图样中未规定偏差且可直接测量的尺寸，其偏差应符合 GB/T 8545 的规定

	牌号	供应状态		牌号	供应状态	
		模锻件	自由锻件		模锻件	自由锻件
牌号及状态	1100	H112	—	6061		T6、T652
	2014	T4、T6	T6、T652	6066	T6	—
	2025	T6	—	6151		
	2219		T6、T852	7049	T73	T73、T7352
	3003	H112	—	7050	T74	T7452
	4032	T6		7075	T6、T73、T7352	T6、T652、T73、T7352
	5083	O、H111、H112	O、H111、H112	7175	T74、T7452、T7454	T74、T7452

表 2-173　一般工业用铝及铝合金模锻件的室温力学性能(摘自 YS/T 479—2005)

牌号	供应状态	厚度/mm	顺流线试样的拉伸性能				非流线试样的拉伸性能				布氏硬度
			抗拉强度 R_m/MPa	规定塑性延伸强度 $R_{p0.2}$/MPa	断后伸长率(%) 标距50mm	A_5	抗拉强度 R_m/MPa	规定塑性延伸强度 $R_{p0.2}$/MPa	断后伸长率(%) 标距50mm	A_5	
			≥								
1100	H112	≤100	75	30	18	16	—	—	—	—	20
	T4		380	205	11	9					100
2014	T6	≤25	450	385	6	5	380		3	2	125
		>25~50	450	385	6	5	380		3	2	
		>50~80	450	380	6	5	370		2	1	
		>80~100	435	380	6	5	370		2	1	
2025	T6	≤100	360	230	11	9	—	—	—	—	100
2219	T6	≤100	400	260	8	7	385	250	4	3	100
3003	H112	≤100	95	35	18	16	—	—	—	—	25
4032	T6	≤100	360	290	3	2	—	—	—	—	115
5083	O	≤80	270	110	16	14	270	110	12	10	—
	H111	≤100	290	150	14	12	270	140	12	10	
	H112	≤100	275	125	16	14	270	110	14	12	
6061	T6	≤100	260	240	7	6	260	240	5	4	80
6066	T6	≤100	345	310	8	7	—	—	—	—	100
6151	T6	≤100	305	255	10	9	305	255	6	5	90
7049	T73	≤25	495	425	7	6	490	420	3	2	135
		>25~50	495	425	7	6	485	415	3	2	
		>50~80	490	420	7	6	485	415	3	2	
		>80~100	490	420	7	6	470	400	2	1	
		>100~130	485	415	7	6	470	400	2	1	
7050	T74	≤50	490	425	7	6	490	420	5	4	135
		>50~100	490	420	7	6	460	380	4	3	
		>100~130	485	415	7	6	455	370		2	
		>130~150	485	405	7	6	455	370		3	
7075	T6	≤25	515	440	7	6	490	420	3	2	125
		>25~50	510	435	7	6	490	420	3	2	
		>50~80	510	435	7	6	485	415	3	2	
		>80~100	505	435	7	6	485	415	2	1	
	T73	≤80	455	385	7	6	425	365	3	2	125
		>80~100	440	380	7	6	420	360	2	1	
	T7352	≤80	455	385	7	6	425	350	3	2	
		>80~100	440	365	7	6	420	340	2	1	
7175	T74	≤80	525	455			490	425	4	3	—
	T7452		505	435			470	380	4	3	
	T7454		515	450			485	420	4	3	

注：1. 布氏硬度值仅作为参考，不作为验收依据。

　　2. 厚度超过本表规定的模锻件性能仅提供实测数据。

表 2-174　一般工业用铝及铝合金自由锻件的室温力学性能（摘自 YS/T 479—2005）

牌号	供应状态	厚度/mm	纵向			长横向			短横向（高向）		
			抗拉强度 R_m/MPa	规定塑性延伸强度 $R_{p0.2}$/MPa	断后伸长率 A_5(%)	抗拉强度 R_m/MPa	规定塑性延伸强度 $R_{p0.2}$/MPa	断后伸长率 A_5(%)	抗拉强度 R_m/MPa	规定塑性延伸强度 $R_{p0.2}$/MPa	断后伸长率 A_5(%)
			$\geqslant$								
2014	T6	≤50	450	385	7	450	385	2	—	—	—
		>50~80	440			440	380		425	380	1
		>80~100	435	380		435			420	370	
		>100~130	425	370	6	425	370	1	415	365	—
		>130~150	420	365		420	365		405		
		>150~180	415	360	5	415	360		400	360	
		>180~200	405	350		405	350		395	350	
	T652	≤50	450	385	7	450	385	2	—	—	—
		>50~80	440			440	380		425	360	1
		>80~100	435	380		435			420	350	
		>100~130	425	370	6	425	370	1	415	345	—
		>130~150	420	365		420	365		405		
		>150~180	415	360		415	360		400	340	
		>180~200	405	350	5	405	350		395	330	
2219	T6	≤100	400	275	5	380	255	3	365	240	1
	T852		425	345		425	340		415	315	2
5083	O	≤80	270	110	14	270	110	12	—	—	—
	H111		290	150	12		140	10			
	H112	≤100	275	125	14		110	12			
6061	T6	≤100	260	240	9	260	240	7	255	230	4
	T652	>100~200	255	235	7	255	235	5	240	220	3
7049	T73	>50~80	490	420	8	490	405	3	475	400	2
		>80~100	475	405	7	475	395	2	460	385	1
		>100~130	460	385	6	460	385		455	380	
	T7352	>25~80	490	405	8	490	395	3	475	385	2
		>80~100	475	395	7	475	370	2	460	365	1
		>100~130	460	370	6	460	365		455	350	

（续）

牌号	供应状态	厚度/mm	纵向			长横向			短横向（高向）		
			抗拉强度 R_m/MPa	规定塑性延伸强度 $R_{p0.2}$/MPa	断后伸长率 A_5(%)	抗拉强度 R_m/MPa	规定塑性延伸强度 $R_{p0.2}$/MPa	断后伸长率 A_5(%)	抗拉强度 R_m/MPa	规定塑性延伸强度 $R_{p0.2}$/MPa	断后伸长率 A_5(%)
			≥								
7050	T7452	≤50	495	435	8	490	420	4	—	—	—
		>50~80		425		485	415		460	380	3
		>80~100	490	420			405				
		>100~130	485	415		475	400	3	455	370	2
		>130~150	475	405		470	385	4		365	
		>150~180	470	400		460	370	3	450	350	
		>180~200	460	395		455	360		440	345	
7075	T6	≤50	510	435		505	420	2	—	—	—
		>50~80	505	420		490	405		475	400	2
		>80~100	490	415		485	400		470	395	
		>100~130	475	400	6	470	385		455	385	1
		>130~150	470	385	5	455	380		450	380	
	T652	≤50	510	435	8	505	420	3	—	—	—
		>50~80	505	420		490	405		475	395	1
		>80~100	490	415	7	485	400	2	470	385	
		>100~130	475	400	6	470	385		455	380	—
		>130~150	470	385	5	455	380		450	370	
	T73	≤80	455		6	440	370	3	420	360	2
		>80~100	440	380		435	365	2	415	350	1
		>100~130	425	365		420	350		400	345	
		>130~150	420	350	5	405	340		395	340	
	T7352	≤80	455	370	6	440	360	3	420	345	2
		>80~100	440	365		435	345	2	415	330	1
		>100~130	425	350		420	330		400	315	
		>130~150	420	340	5	405	315		395	305	
7175	T74	≤80	505	435	8	490	415	4	475	415	3
		>80~100	490	420		485	400		470	395	
		>100~130	470	395	7	460	385		455	380	
		>130~150	450	370		440	360		435	360	
	T7452	≤80	490	420	8	475	400		460	370	
		>80~100	470	395		460	380		450	350	
		>100~130	450	370	7	440	360		435	340	
		>130~150	435	350		420	340		415	315	1

注：1. 厚度超出表中规定范围的自由锻件，提供力学性能实测数据。

2. 表中力学性能为截面积≤165000mm² 的自由锻件，截面积>165000mm² 的自由锻件提供力学性能实测数据。

2.5　钛及钛合金

2.5.1　钛合金牌号、特性、应用

1. 钛及钛合金牌号和化学成分（见表2-175）

表2-175　钛及钛合金牌号和化学成分（摘自GB/T 3620.1—2016）

1. 工业纯钛、α型和近α型钛及钛合金牌号和化学成分

合金牌号	名义化学成分	化学成分（质量分数，%）																					
		主要成分															杂质　不大于					其他元素	
		Ti	Al	Si	V	Mn	Fe	Ni	Cu	Zr	Nb	Mo	Ru	Pd	Sn	Ta	Nd	Fe	C	N	H	O	单一	总和
TA0	工业纯钛	余量	—	—	—	—	—	—	—	—	—	—	—	—	—	—	—	0.15	0.10	0.03	0.015	0.15	0.1	0.4
TA1	工业纯钛	余量	—	—	—	—	—	—	—	—	—	—	—	—	—	—	—	0.25	0.10	0.03	0.015	0.20	0.1	0.4
TA2	工业纯钛	余量	—	—	—	—	—	—	—	—	—	—	—	—	—	—	—	0.30	0.10	0.05	0.015	0.25	0.1	0.4
TA3	工业纯钛	余量	—	—	—	—	—	—	—	—	—	—	—	—	—	—	—	0.40	0.10	0.05	0.015	0.30	0.1	0.4
TA1GELI	工业纯钛	余量	—	—	—	—	—	—	—	—	—	—	—	—	—	—	—	0.10	0.03	0.012	0.008	0.10	0.05	0.20
TA1G	工业纯钛	余量	—	—	—	—	—	—	—	—	—	—	—	—	—	—	—	0.20	0.08	0.03	0.015	0.18	0.10	0.40
TA1G-1	工业纯钛	余量	≤0.20	≤0.08	—	—	—	—	—	—	—	—	—	—	—	—	—	0.15	0.05	0.03	0.003	0.12	—	0.10
TA2GELI	工业纯钛	余量	—	—	—	—	—	—	—	—	—	—	—	—	—	—	—	0.20	0.05	0.03	0.008	0.10	0.05	0.20
TA2G	工业纯钛	余量	—	—	—	—	—	—	—	—	—	—	—	—	—	—	—	0.30	0.08	0.03	0.015	0.25	0.10	0.40
TA3GELI	工业纯钛	余量	—	—	—	—	—	—	—	—	—	—	—	—	—	—	—	0.25	0.05	0.04	0.008	0.18	0.05	0.20
TA3G	工业纯钛	余量	—	—	—	—	—	—	—	—	—	—	—	—	—	—	—	0.30	0.08	0.05	0.015	0.35	0.10	0.40
TA4GELI	工业纯钛	余量	—	—	—	—	—	—	—	—	—	—	—	—	—	—	—	0.30	0.05	0.05	0.008	0.25	0.05	0.20
TA4G	工业纯钛	余量	—	—	—	—	—	—	—	—	—	—	—	—	—	—	—	0.50	0.08	0.05	0.015	0.40	0.10	0.40
TA5	Ti-4Al-0.005B	余量	3.3~4.7	—	—	—	—	—	—	—	—	—	B: 0.005	—	—	—	—	0.30	0.08	0.04	0.015	0.15	0.10	0.40

牌号	名义化学成分	Ti	Al	Si	V			Ni	Cu	Zr	Mo		Pd	Sn		Nd	Fe	C	N	H	O	其他 单一	其他 总和
TA6	Ti-5Al	余量	4.0~5.5	—	—	—	—	—	—	—	—	—	—	—	—	—	0.30	0.08	0.05	0.015	0.15	0.10	0.40
TA7	Ti-5Al-2.5Sn	余量	4.0~6.0	—	—	—	—	—	—	—	—	—	—	2.0~3.0	—	—	0.50	0.08	0.05	0.015	0.20	0.10	0.40
TA7ELI①	Ti-5Al-2.5SnELI	余量	4.50~5.75	—	—	—	—	—	—	—	—	—	—	2.0~3.0	—	—	0.25	0.05	0.035	0.0125	0.12	0.05	0.30
TA8	Ti-0.05Pd	余量	—	—	—	—	—	—	—	—	—	—	0.04~0.08	—	—	—	0.30	0.08	0.03	0.015	0.25	0.10	0.40
TA8-1	Ti-0.05Pd	余量	—	—	—	—	—	—	—	—	—	—	0.04~0.08	—	—	—	0.20	0.08	0.03	0.015	0.18	0.10	0.40
TA9	Ti-0.2Pd	余量	—	—	—	—	—	—	—	—	—	—	0.12~0.25	—	—	—	0.30	0.08	0.03	0.015	0.25	0.10	0.40
TA9-1	Ti-0.2Pd	余量	—	—	—	—	—	—	—	—	—	—	0.12~0.25	—	—	—	0.20	0.08	0.03	0.015	0.18	0.10	0.40
TA10	Ti-0.3Mo-0.8Ni	余量	—	—	—	—	—	0.6~0.9	—	—	0.2~0.4	—	—	—	—	—	0.30	0.08	0.03	0.015	0.25	0.10	0.40
TA11	Ti-8Al-1Mo-1V	余量	7.35~8.35	—	0.75~1.25	—	—	—	—	—	0.75~1.25	—	—	—	—	—	0.30	0.08	0.05	0.015	0.12	0.10	0.30
TA12	Ti-5.5Al-4Sn-2Zr-1Mo-1Nd-0.25Si	余量	4.8~6.0	0.2~0.35	—	—	—	—	—	1.5~2.5	0.75~1.25	—	—	3.7~4.7	—	0.6~1.2	0.25	0.08	0.05	0.0125	0.15	0.10	0.40
TA12-1	Ti-5Al-4Sn-2Zr-1Mo-1Nd-0.25Si	余量	4.5~5.5	0.2~0.35	—	—	—	—	—	1.5~2.5	1.0~2.0	—	—	3.7~4.7	—	0.6~1.2	0.25	0.08	0.04	0.0125	0.15	0.10	0.30
TA13	Ti-2.5Cu	余量	—	—	—	—	—	—	2.0~3.0	—	—	—	—	—	—	—	0.20	0.08	0.05	0.010	0.20	0.10	0.30

（续）

合金牌号	名义化学成分	化学成分（质量分数，%）																						
		主要成分															杂质 不大于					其他元素	
		Ti	Al	Si	V	Mn	Fe	Ni	Cu	Zr	Nb	Mo	Ru	Pd	Sn	Ta	Nd	Fe	C	N	H	O	单一	总和
TA14	Ti-2.3Al-11Sn-5Zr-1Mo-0.2Si	余量	2.0~2.5	0.10~0.50	—	—	—	—	—	4.0~6.0	—	0.8~1.2	—	—	10.52~11.50	—	—	0.20	0.08	0.05	0.0125	0.20	0.10	0.30
TA15	Ti-6.5Al-1Mo-1V-2Zr	余量	5.5~7.1	≤0.15	0.8~2.5	—	—	—	—	1.5~2.5	—	0.5~2.0	—	—	—	—	—	0.25	0.08	0.05	0.015	0.15	0.10	0.30
TA15-1	Ti-2.5Al-1Mo-1V-1.5Zr	余量	2.0~3.0	≤0.10	0.5~1.5	—	—	—	—	1.0~2.0	—	0.5~1.5	—	—	—	—	—	0.15	0.05	0.04	0.003	0.12	0.10	0.30
TA15-2	Ti-4Al-1Mo-1V-1.5Zr	余量	3.5~4.5	≤0.10	0.5~1.5	—	—	—	—	1.0~2.0	—	0.5~1.5	—	—	—	—	—	0.15	0.05	0.04	0.003	0.12	0.10	0.30
TA16	Ti-2Al-2.5Zr	余量	1.8~2.5	≤0.12	—	—	—	—	—	2.0~3.0	—	—	—	—	—	—	—	0.25	0.08	0.04	0.006	0.15	0.10	0.30
TA17	Ti-4Al-2V	余量	3.5~4.5	≤0.15	1.5~3.0	—	—	—	—	—	—	—	—	—	—	—	—	0.25	0.08	0.05	0.015	0.15	0.10	0.30
TA18	Ti-3Al-2.5V	余量	2.0~3.5	—	1.5~3.0	—	—	—	—	—	—	—	—	—	—	—	—	0.25	0.08	0.05	0.015	0.12	0.10	0.30
TA19	Ti-6Al-2Sn-4Zr-2Mo-0.08Si	余量	5.5~6.5	0.06~0.10	—	—	—	—	—	3.6~4.4	—	1.8~2.2	—	—	1.8~2.2	—	—	0.25	0.05	0.05	0.0125	0.15	0.10	0.30
TA20	Ti-4Al-3V-1.5Zr	余量	3.5~4.5	≤0.10	2.5~3.5	—	—	—	—	1.0~2.0	—	—	—	—	—	—	—	0.15	0.05	0.04	0.003	0.12	0.10	0.30
TA21	Ti-1Al-1Mn	余量	0.4~1.5	≤0.12	—	0.5~1.3	—	—	—	≤0.30	—	—	—	—	—	—	—	0.30	0.10	0.05	0.012	0.15	0.10	0.30
TA22	Ti-3Al-1Mo-1Ni-1Zr	余量	2.5~3.5	≤0.15	—	—	—	0.3~1.0	—	0.8~2.0	—	0.5~1.5	—	—	—	—	—	0.20	0.10	0.05	0.015	0.15	0.10	0.30

牌号	名义化学成分	Ti																						
TA22-1	Ti-2.5Al-1Mo-1Ni-1Zr	余量	2.0~3.0	≤0.04	—	—	—	0.3~0.8	—	0.5~1.0	—	0.2~0.8	—	—	—	—	—	0.20	0.10	0.04	0.008	0.10	0.10	0.30
TA23	Ti-2.5Al-2Zr-1Fe	余量	2.2~3.0	≤0.15	—	—	0.8~1.2	—	—	1.7~2.3	—	—	—	—	—	—	—	—	0.10	0.04	0.010	0.15	0.10	0.30
TA23-1	Ti-2.5Al-2Zr-1Fe	余量	2.2~3.0	≤0.10	—	—	0.8~1.1	—	—	1.7~2.3	—	—	—	—	—	—	—	—	0.10	0.04	0.008	0.10	0.10	0.30
TA24	Ti-3Al-2Mo-2Zr	余量	2.0~3.8	≤0.15	—	—	—	—	—	1.0~3.0	—	1.0~2.5	—	—	—	—	—	0.30	0.10	0.05	0.015	0.15	0.10	0.30
TA24-1	Ti-3Al-2Mo-2Zr	余量	1.5~2.5	≤0.04	—	—	—	—	—	1.0~3.0	—	1.0~2.0	—	—	—	—	—	0.15	0.10	0.04	0.010	0.10	0.10	0.30
TA25	Ti-3Al-2.5V-0.05Pd	余量	2.5~3.5	—	2.0~3.0	—	—	—	—	—	—	—	—	0.04~0.08	—	—	—	0.25	0.08	0.03	0.015	0.15	0.10	0.40
TA26	Ti-3Al-2.5V-0.10Ru	余量	2.5~3.5	—	2.0~3.0	—	—	—	—	—	—	—	0.08~0.14	—	—	—	—	0.25	0.08	0.03	0.015	0.15	0.10	0.40
TA27	Ti-0.10Ru	余量	—	—	—	—	—	—	—	—	—	—	0.08~0.14	—	—	—	—	0.30	0.08	0.03	0.015	0.25	0.10	0.40
TA27-1	Ti-0.10Ru	余量	—	—	—	—	—	—	—	—	—	—	0.08~0.14	—	—	—	—	0.20	0.08	0.03	0.015	0.18	0.10	0.40
TA28	Ti-3Al	余量	2.0~3.0	—	—	—	—	—	—	—	—	—	—	—	—	—	—	0.30	0.08	0.05	0.015	0.15	0.10	0.40
TA29	Ti-5.8Al-4Sn-4Zr-0.7Nb-1.5Ta-0.4Si-0.06C	余量	5.4~6.1	0.34~0.45	—	—	—	—	0.5~0.9	3.7~4.3	—	—	—	—	3.7~4.3	1.3~1.7	—	0.05	0.04~0.08	0.02	0.010	0.10	0.10	0.20

（续）

合金牌号	名义化学成分	化学成分（质量分数，%）																杂质 不大于					其他元素	
		主要成分																					单一	总和
		Ti	Al	Si	V	Mn	Fe	Ni	Cu	Zr	Nb	Mo	Ru	Pd	Sn	Ta	Nd	Fe	C	N	H	O		
TA30	Ti-5.5Al-3.5Sn-3Zr-1Nb-1Mo-0.3Si	余量	4.7~6.0	0.20~0.35	—	—	—	—	—	2.4~3.5	0.7~1.3	0.7~1.3	—	—	3.0~3.8	—	—	0.15	0.10	0.04	0.012	0.15	0.10	0.30
TA31	Ti-6Al-3Nb-2Zr-1Mo	余量	5.5~6.5	≤0.15	—	—	—	—	—	1.5~2.5	2.5~3.5	0.6~1.5	—	—	—	—	—	0.25	0.10	0.05	0.015	0.15	0.10	0.30
TA32	Ti-5.5Al-3.5Sn-3Zr-1Mo-0.5Nb-0.7Ta-0.3Si	余量	5.0~6.0	0.1~0.5	—	—	—	—	—	2.5~3.5	0.2~0.7	0.3~1.5	—	—	3.0~4.0	0.2~0.7	—	0.25	0.10	0.05	0.012	0.15	0.10	0.30
TA33	Ti-5.8Al-4Sn-3.5Zr-0.7Mo-0.5Nb-1.1Ta-0.4Si-0.06C	余量	5.2~6.5	0.2~0.6	—	—	—	—	—	2.5~4.0	0.2~0.7	0.2~1.0	—	—	3.0~4.5	0.7~1.5	—	0.25	0.04~0.08	0.05	0.012	0.15	0.10	0.30
TA34	Ti-2Al-3.8Zr-1Mo	余量	1.0~3.0	—	—	—	—	—	—	3.0~4.5	—	0.5~1.5	—	—	—	—	—	0.25	0.05	0.035	0.008	0.10	0.10	0.25
TA35	Ti-6Al-2Sn-4Zr-2Nb-1Mo-0.2Si	余量	5.8~7.0	0.05~0.50	—	—	—	—	—	3.5~4.5	1.5~2.5	0.3~1.3	—	—	1.5~2.5	—	—	0.20	0.10	0.05	0.015	0.15	0.10	0.30
TA36	Ti-1Al-Fe	余量	0.7~1.3	—	—	—	1.0~1.4	—	—	—	—	—	—	—	—	—	—		0.10	0.05	0.015	0.15	0.10	0.30

2. β型和近β型钛合金牌号及化学成分

合金牌号	名义化学成分	化学成分（质量分数，%）												杂质 不大于				其他元素	
		主要成分																单一	总和
		Ti	Al	Si	V	Cr	Fe	Zr	Nb	Mo	Pd	Sn	Fe	C	N	H	O		
TB2	Ti-5Mo-5V-8Cr-3Al	余量	2.5~3.5	—	4.7~5.7	7.5~8.5	—	—	—	4.7~5.7	—	—	0.30	0.05	0.04	0.015	0.15	0.10	0.40

牌号	名义化学成分	Ti																
TB3	Ti-3.5Al-10Mo-8V-1Fe	余量	2.7~3.7	—	7.5~8.5	—	0.8~1.2	—	—	9.5~11.0	—	—	—	0.05	0.04	0.015	0.15	0.10	0.40
TB4	Ti-4Al-7Mo-10V-2Fe-1Zr	余量	3.0~4.5	—	9.0~10.5	—	1.5~2.5	0.5~1.5	—	6.0~7.8	—	—	—	0.05	0.04	0.015	0.20	0.10	0.40
TB5	Ti-15V-3Al-3Cr-3Sn	余量	2.5~3.5	—	14.0~16.0	2.5~3.5	—	—	—	—	—	2.5~3.5	0.25	0.05	0.05	0.015	0.15	0.10	0.30
TB6	Ti-10V-2Fe-3Al	余量	2.6~3.4	—	9.0~11.0	—	1.6~2.2	—	—	—	—	—	—	0.05	0.05	0.0125	0.13	0.10	0.30
TB7	Ti-32Mo	余量	—	—	—	—	—	—	—	30.0~34.0	—	—	0.30	0.08	0.05	0.015	0.20	0.10	0.40
TB8	Ti-15Mo-3Al-2.7Nb-0.25Si	余量	2.5~3.5	0.15~0.25	—	—	—	—	2.4~3.2	14.0~16.0	—	—	0.40	0.05	0.05	0.015	0.17	0.10	0.40
TB9	Ti-3Al-8V-6Cr-4Mo-4Zr	余量	3.0~4.0	—	7.5~8.5	5.5~6.5	—	3.5~4.5	—	3.5~4.5	≤0.10	—	0.30	0.05	0.03	0.030	0.14	0.10	0.40
TB10	Ti-5Mo-5V-2Cr-3Al	余量	2.5~3.5	—	4.5~5.5	1.5~2.5	—	—	—	4.5~5.5	—	—	0.30	0.05	0.04	0.015	0.15	0.10	0.40
TB11	Ti-15Mo	余量	—	—	—	—	—	—	—	14.0~16.0	—	—	0.10	0.10	0.05	0.015	0.20	0.10	0.40
TB12	Ti-25V-15Cr-0.3Si	余量	—	0.2~0.5	24.0~28.0	13.0~17.0	—	—	—	—	—	—	0.25	0.10	0.03	0.015	0.15	0.10	0.30
TB13	Ti-4Al-22V	余量	3.0~4.5	—	20.0~23.0	—	—	—	—	—	—	—	0.15	0.05	0.03	0.010	0.18	0.10	0.40

（续）

合金牌号	名义化学成分	主要成分（质量分数，%）											杂质 不大于					其他元素	
		Ti	Al	Si	V	Cr	Fe	Zr	Nb	Mo	Pd	Sn	Fe	C	N	H	O	单一	总和
TB14②	Ti-45Nb	余量	—	≤0.03	—	≤0.02	—	—	42.0~47.0	—	—	—	0.03	0.04	0.03	0.0035	0.16	0.10	0.30
TB15	Ti-4Al-5V-6Cr-5Mo	余量	3.5~4.5	—	4.5~5.5	5.0~6.5	—	—	—	4.5~5.5	—	—	0.30	0.10	0.05	0.015	0.15	0.10	0.30
TB16	Ti-3Al-5V-6Cr-5Mo	余量	2.5~3.5	—	4.5~5.7	5.5~6.5	—	—	—	4.5~5.7	—	—	0.30	0.05	0.04	0.015	0.15	0.10	0.40
TB17	Ti-6.5Mo-2.5Cr-2V-2Nb-1Sn-1Zr-4Al	余量	3.5~5.5	≤0.15	1.0~3.0	2.0~3.5	—	0.5~2.5	1.5~3.0	5.0~7.5	—	0.5~2.5	0.15	0.08	0.05	0.015	0.13	0.10	0.40

3. α-β型钛合金牌号及化学成分

合金牌号	名义化学成分	主要成分（质量分数，%）																杂质 不大于					其他元素	
		Ti	Al	Si	V	Cr	Mn	Fe	Cu	Zr	Nb	Mo	Ru	Pd	Ta	Sn	W	Fe	C	N	H	O	单一	总和
TC1	Ti-2Al-1.5Mn	余量	1.0~2.5	—	—	—	0.7~2.0	—	—	—	—	—	—	—	—	—	—	0.30	0.08	0.05	0.012	0.15	0.10	0.40
TC2	Ti-4Al-1.5Mn	余量	3.5~5.0	—	—	—	0.8~2.0	—	—	—	—	—	—	—	—	—	—	0.30	0.08	0.05	0.012	0.15	0.10	0.40
TC3	Ti-5Al-4V	余量	4.5~6.0	—	3.5~4.5	—	—	—	—	—	—	—	—	—	—	—	—	0.30	0.08	0.05	0.015	0.15	0.10	0.40

牌号	名义化学成分	Ti	Al	Sn	Zr	Mo	V	Cr	Fe	Si	Cu	Nb	Fe(杂质)	C	N	H	O	其他 单个	其他 总和
TC4	Ti-6Al-4V	余量	5.50~6.75	—	—	—	3.5~4.5	—	—	—	—	—	0.30	0.08	0.05	0.015	0.20	0.10	0.40
TC4ELI	Ti-6Al-4VELI	余量	5.5~6.5	—	—	—	3.5~4.5	—	—	—	—	—	0.25	0.08	0.03	0.012	0.13	0.10	0.30
TC6	Ti-6Al-1.5Cr-2.5Mo-0.5Fe-0.3Si	余量	5.5~7.0	—	—	2.0~3.0	—	0.8~2.3	0.2~0.7	0.15~0.40	—	—	—	0.08	0.05	0.015	0.18	0.10	0.40
TC8	Ti-6.5Al-3.5Mo-0.25Si	余量	5.8~6.8	—	—	2.8~3.8	—	—	—	0.20~0.35	—	—	0.40	0.08	0.05	0.015	0.15	0.10	0.40
TC9	Ti-6.5Al-3.5Mo-2.5Sn-0.3Si	余量	5.8~6.8	1.8~2.8	—	2.8~3.8	—	—	—	0.2~0.4	—	—	0.40	0.08	0.05	0.015	0.15	0.10	0.40
TC10	Ti-6Al-6V-2Sn-0.5Cu-0.5Fe	余量	5.5~6.5	1.5~2.5	—	—	5.5~6.5	—	0.35~1.00	—	0.35~1.00	—	—	0.08	0.04	0.015	0.20	0.10	0.40
TC11	Ti-6.5Al-3.5Mo-1.5Zr-0.3Si	余量	5.8~7.0	—	0.8~2.0	2.8~3.8	—	—	—	0.20~0.35	—	—	0.25	0.08	0.05	0.012	0.15	0.10	0.40
TC12	Ti-5Al-4Mo-4Cr-2Zr-2Sn-1Nb	余量	4.5~5.5	2.0~3.0	1.5~3.0	3.5~4.5	—	3.5~4.5	—	—	—	0.5~1.5	0.30	0.08	0.05	0.015	0.20	0.10	0.40
TC15	Ti-5Al-2.5Fe	余量	4.5~5.5	—	—	—	—	—	2.0~3.0	—	—	—	—	0.08	0.05	0.013	0.20	0.10	0.40
TC16	Ti-3Al-5Mo-4.5V	余量	2.2~3.8	—	—	4.5~5.5	4.0~5.0	—	—	≤0.15	—	—	0.25	0.08	0.05	0.012	0.15	0.10	0.30
TC17	Ti-5Al-2Sn-2Zr-4Mo-Cr	余量	4.5~5.5	1.5~2.5	1.5~2.5	3.5~4.5	—	3.5~4.5	—	—	—	—	0.25	0.05	0.05	0.0125	0.08~0.13	0.10	0.30

（续）

化学成分（质量分数，%）

合金牌号	名义化学成分	Ti	主要成分 Al	Si	V	Cr	Mn	Fe	Cu	Zr	Nb	Mo	Ru	Pd	Sn	Ta	W	杂质 不大于 Fe	C	N	H	O	其他元素 单一	总和
TC18	Ti-5Al-4.75Mo-4.75V-1Cr-1Fe	余量	4.4~5.7	≤0.15	4.0~5.5	0.5~1.5	—	0.5~1.5	—	≤0.30	—	4.0~5.5	—	—	—	—	—	—	0.08	0.05	0.015	0.18	0.10	0.30
TC19	Ti-6Al-2Sn-4Zr-6Mo	余量	5.5~6.5	—	—	—	—	—	—	3.5~4.5	—	5.5~6.5	—	—	1.75~2.25	—	—	0.15	0.04	0.04	0.0125	0.15	0.10	0.40
TC20	Ti-6Al-7Nb	余量	5.5~6.5	—	—	—	—	—	—	—	6.5~7.5	—	—	—	—	≤0.5	—	0.25	0.08	0.05	0.009	0.20	0.10	0.40
TC21	Ti-6Al-2Mo-2Nb-2Zr-2Sn-1.5Cr	余量	5.2~6.8	—	—	0.9~2.0	—	—	—	1.6~2.5	1.7~2.3	2.2~3.3	—	—	1.6~2.5	—	—	0.15	0.08	0.05	0.015	0.15	0.10	0.40
TC22	Ti-6Al-4V-0.05Pd	余量	5.50~6.75	—	3.5~4.5	—	—	—	—	—	—	—	—	0.04~0.08	—	—	—	0.40	0.08	0.05	0.015	0.20	0.10	0.40
TC23	Ti-6Al-4V-0.1Ru	余量	5.50~6.75	—	3.5~4.5	—	—	—	—	—	—	—	0.08~0.14	—	—	—	—	0.25	0.08	0.05	0.015	0.13	0.10	0.40
TC24	Ti-4.5Al-3V-2Mo-2Fe	余量	4.0~5.0	—	2.5~3.5	—	—	1.7~2.3	—	—	—	1.8~2.2	—	—	—	—	—	—	0.05	0.05	0.010	0.15	0.10	0.40
TC25	Ti-6.5Al-2Mo-1Zr-1Sn-1W-0.2Si	余量	6.2~7.2	0.10~0.25	—	—	—	—	—	0.8~2.5	—	1.5~2.5	—	—	0.8~2.5	—	0.5~1.5	0.15	0.10	0.04	0.012	0.15	0.10	0.30

序号	牌号	Ti																
TC26	Ti-13Nb-13Zr	余量	—	—	—	—	12.5~14.0	12.5~14.0	—	—	—	0.25	0.08	0.05	0.012	0.15	0.10	0.40
TC27	Ti-5Al-4Mo-6V-2Nb-1Fe	余量	5.0~6.2	—	5.5~6.5	0.5~1.5	1.5~2.5	3.5~4.5	—	—	—	—	0.05	0.05	0.015	0.13	0.10	0.30
TC28	Ti-6.5Al-1Mo-1Fe	余量	5.0~8.0	—	—	0.5~2.0	—	0.2~2.0	—	—	—	—	0.10	—	0.015	0.15	0.10	0.40
TC29	Ti-4.5Al-7Mo-2Fe	余量	3.5~5.5	≤0.5	0.8~3.0	—	6.0~8.0	—	—	—	—	—	0.10	—	0.015	0.15	0.10	0.40
TC30	Ti-5Al-3Mo-1V	余量	3.5~6.3	≤0.15	0.9~1.9	—	≤0.30	2.5~3.8	—	—	—	0.30	0.10	0.05	0.015	0.15	0.10	0.30
TC31	Ti-6.5Al-3Zr-3Nb-3Mo-1W-0.2Si	余量	6.0~7.2	0.1~0.5	—	2.5~3.2	1.0~3.2	1.0~3.2	—	2.5~3.2	0.3~1.2	0.25	0.10	0.05	0.015	0.15	0.10	0.30
TC32	Ti-5Al-3Mo-3Cr-1Zr-0.15Si	余量	4.5~5.5	0.1~0.2	2.5~3.5	—	0.5~1.5	2.5~3.5	—	—	—	0.30	0.08	0.05	0.0125	0.20	0.10	0.40

注:
1. 本表所列牌号适用于钛及钛合金压力加工的各种成品和半成品(包括铸锭)。
2. 硼按名义量加入,并报实测数据,供参考。
3. 表中Si含量仅规定上限值时应作为杂质元素控制。
4. 其他元素是指在钛及钛合金生产过程中固有的微量元素,不是人为添加的元素。其他元素一般包括Al、V、Sn、Mo、Cr、Mn、Zr、Ni、Cu、Si、Y(该牌号中含有的合金元素应除去),Y含量(质量分数)不大于0.005%。
5. 化学成分允许偏差应符合GB/T 3620.2《钛及钛合金加工产品化学成分允许偏差》。
6. TA7ELI牌号的杂质"Fe+O"的总和应不大于0.32%。
① TA0、TA1、TA2和TA3是恢复了GB/T 3620.1—1994中的工业纯钛牌号,化学成分与GB/T 3620.1—1994中的完全相同。
② TB14钛合金Mg的质量分数≤0.01%,Mn的质量分数≤0.01%。

2. 钛及钛合金的力学性能 (见表 2-176)

表 2-176　钛及钛合金的力学性能

代 号	种类和状态	试验温度 /℃	抗拉强度 R_m /MPa	规定塑性延伸强度 $R_{p0.2}$/MPa	断后伸长率 A（%）	冲击韧度 a_K /（J/cm²）	弹性模量 E /GPa
TA2	棒材，退火	20	420	—	35	105	105
TA3	棒材，退火	20	500	—	31	90	105
TA4	棒材，退火	20	600	—	24	80	105
TA28	锻件	20	730	640	22	80	—
		300	370	320	26	180	—
TA5	板材，退火	20	700	650	15	60	126
		500	380	300	15.7	—	98
TA6	板材，退火	20	800	690	5	30~50	105
		500		350	14		
TA7	板、棒，退火	20	750~950	650~850	10	40	105~120
		500	520~450	300~400	20	—	58.5
TA8	棒材，退火	20	1040~1100	980~1000	12	24~32	120
		500	750	620	17	—	90
TB2	棒材，淬火+时效	20	1400	—	7	15	—
TC1	板材，退火	20	600~750	470~650	20~40	60~120	105
		400	310~450	240~390	12~25	—	—
TC2	板材，退火	20	700	—	15	—	—
		500	420			—	—
TC3	棒材，退火	20	1100	1000	13	35~60	118
		500	750	—	14	—	—
TC4	棒材，退火	20	950	860	15	40	113
		400	640	500	17	—	—
TC6	棒材，淬火时效	20	1100	1000	12	40	115
		400	750	600	15	—	—
TC9	棒材，退火	20	1200	1030	11	30	118
		500	870	660	14	—	95
TC10	棒材，退火	20	1100	1050	12	40	108
		450	800	600	19	—	90
TC11	棒材	20	1110	1014	17	30	123
		500	780	600	22	—	99

3. 钛及钛合金的室温及高温物理性能（见表2-177）

表2-177　钛及钛合金的室温及高温物理性能

性能		合金代号														
		TA2、TA3、TA4	TA28	TA5	TA6	TA7	TA8	TB2	TC1	TC2	TC3	TC4	TC6	TC9	TC10	TC11
0℃密度 ρ/(g/cm³)		4.5	—	4.43	4.40	4.46	4.56	4.81	4.55	4.55	4.43	4.45	4.5	4.52	4.53	4.48
熔点/℃		1640~1671	—	—	—	1538~1649	—	—	—	1570~1640	1593~1610	1538~1649	1620~1650	—	—	—
比热容 c/[J/(g·K)]	20℃	0.544	—	—	—	0.540	—	0.540	0.574	—	—	0.678	—	—	0.540	—
	100℃	0.544	—	—	0.586	0.540	0.502	0.540	—	—	—	0.691	—	0.540	0.548	—
	200℃	0.628	—	—	0.670	0.569	0.586	0.553	—	0.565	0.586	0.703	0.502	—	0.565	0.605
	300℃	0.670	—	—	0.712	0.590	0.628	0.569	0.641	0.628	0.628	0.741	0.586	—	0.557	0.654
	400℃	0.712	—	—	0.796	0.620	0.628	0.636	0.699	0.670	0.670	0.754	0.670	—	0.528	0.712
	500℃	0.754	—	—	0.879	0.653	0.670	0.599	0.729①	0.754	0.712	0.879	0.712	—	—	0.786
	600℃	0.837	—	—	0.921	0.691	—	0.862	—	—	—	—	0.796	—	—	—
电阻率 ρ/nΩ·m		470	—	1260	1080	1380	16940	1550	—	—	1420	1600	1360	1620	1870	1710
热导率 λ/[W/(m·K)]	20℃	16.33	10.47	—	7.54	8.79	7.54	—	9.63	9.63	8.37	5.44	7.95	7.54	—	—
	100℃	16.33	12.14	—	8.79	9.63	8.37	12.14②	10.47	—	8.79	6.70	8.79	12.98	—	6.3
	200℃	16.33	—	—	10.05	10.89	9.63	12.56	11.72	11.30	10.05	8.79	10.05	11.30	10.47	7.5
	300℃	16.75	—	—	11.72	12.14	10.89	12.98	12.14	12.14	10.89	10.47	11.30	12.14	12.14	9.2
	400℃	17.17	—	—	13.40	13.40	12.14	16.33	13.40	13.40	12.56	12.56	12.59	12.98	13.40	10.5
	500℃	18.00	—	—	15.07	14.65	—	17.58	14.65	14.65	14.24	14.24	—	13.40⑧	—	12.1
	600℃	—	—	—	16.75	15.91	—	18.84	16.33	—	15.49	15.91	—	14.65	—	13.0
线胀系数/[W/(m·K)]	20~100℃	8.0	8.2	9.28	8.3	9.36	9.02	8.53	8.0	8.0	—	7.89	8.60	7.70	9.45	9.3
	20~200℃	8.6	—	9.53	8.9③	9.4	9.41	9.34	8.6	8.6	—	9.01	—	8.90	9.73	9.3
	20~300℃	9.1	—	9.87	9.5④	9.5	9.72	9.52	9.1	9.1	—	9.30	—	9.27	9.97	9.5
	20~400℃	9.25	—	10.08	10.4⑤	9.54	9.98	9.79	9.6	9.6	—	9.24	11.60⑥	9.64	10.15	9.7
	20~500℃	9.4	—	10.09	10.6⑥	9.68	10.20	9.83	9.6	9.4	—	9.39	—	9.85	10.19	10.0
	20~600℃	9.8	—	10.28	10.8⑦	9.86	10.42	9.99	—	—	—	9.40	—	—	12.21	10.2

注：本表资料供参考。
① 450℃。
② 80℃。
③ 100~200℃。
④ 200~300℃。
⑤ 300~400℃。
⑥ 400~500℃。
⑦ 500~600℃。
⑧ 490℃。

4. 工业纯钛的耐蚀性能(见表 2-178)

表 2-178　工业纯钛的耐蚀性能

腐蚀介质	含量（质量分数，%）	温度/℃	腐蚀速率/（mm/a）	耐蚀等级[①]	腐蚀介质	含量（质量分数，%）	温度/℃	腐蚀速率/（mm/a）	耐蚀等级[①]
醋酸	100	20	0.000	优	硝酸	64	20	0.000	优
		沸腾	0.000	优			沸腾	<0.127	优
蚁酸	50	20	0.000	优		95	20	0.0025	优
草酸	5	20	0.127	良	磷酸	10	20	0.000	优
		沸腾	29.390	差			沸腾	6.400	差
	10	20	0.008	优		30	20	0.000	优
乳酸	10	20	0.000	优			沸腾	17.600	差
		沸腾	0.033	优		50	20	0.097	优
	25	沸腾	0.028	优	铬酸	20	20	<0.127	优
甲酸	10	沸腾	1.270	良			沸腾	<0.127	优
	25	100	2.440	差	硝酸+盐酸	1:3（质量比）	20	0.004	优
	50	100	7.620	差			沸腾	<0.127	优
单宁酸	25	20	<0.127	优		3:1(质量比)	20	<0.127	优
		沸腾	<0.127	优	硝酸+硫酸	7:3(质量比)	20	<0.127	优
柠檬酸	50	20	<0.127	优		4:6(质量比)	20	<0.127	优
		沸腾	<0.127	优	苯（含微量 HCl、NaCl）	蒸气或液体	80	0.005	优
硬脂酸	100	20	<0.127	优	四氯化碳	蒸气或液体	沸腾	0.005	优
		沸腾	<0.127	优	四氯乙烯(稳定)	蒸气或液体	沸腾	0.005	优
盐酸	1	20	0.000	优	四氯乙烯（含 H_2O）	蒸气或液体	沸腾	0.005	优
		沸腾	0.345	良	三氯甲烯烷	蒸气或液体	沸腾	0.0003	优
	5	20	0.000	优	三氯甲烷	蒸气或液体	沸腾	0.127	良
		沸腾	6.530	差	三氯乙烯	蒸气或液体	沸腾	0.00254	优
	10	20	0.175	良	三氯乙烯(稳定)	99	沸腾	0.00254	优
		沸腾	40.870	差	甲醛	37	沸腾	0.127	良
	20	20	1.340	差	甲醛 $w(H_2SO_4)=2.5\%$	50	沸腾	0.305	良
	35	20	6.660	差		10	沸腾	0.020	优
硫酸	5	20	0.000	优		20	20	<0.127	优
		沸腾	13.01	差			沸腾	<0.127	优
	10	20	0.231	良	氢氧化钠	50	20	<0.0025	优
	60	20	0.277	良			沸腾	<0.0508	优
	80	20	32.660	差		73	沸腾	0.127	良
	95	20	1.400	差					
硝酸	37	20	0.000	优					
		沸腾	<0.127	优					

（续）

腐蚀介质	含量 （质量分数，%）	温度 /℃	腐蚀速率 /(mm/a)	耐蚀 等级[①]	腐蚀介质	含量 （质量分数，%）	温度 /℃	腐蚀速率 /(mm/a)	耐蚀 等级[①]
氢氧化钾	10	沸腾	<0.127	优	氯化铝	25	20	<0.127	优
	25	沸腾	0.305	良			沸腾	<0.127	优
	50	30	0.000	优	氯化镁	10	20	<0.127	优
		沸腾	2.743	差			沸腾	<0.127	优
氢氧化铵	28	20	0.0025	优	氯化镍	5~10	20	<0.127	优
碳酸钠	20	20	<0.127	优			沸腾	<0.127	优
		沸腾	<0.127	优	氯化钡	20	20	<0.127	优
氨 $w(NaOH)=2\%$	—	20	0.0708	优			沸腾	<0.127	优
氯化铁	40	20	0.000	优	硫酸铜	20	20	<0.127	优
		95	0.002	优			沸腾	<0.127	优
氯化亚铁	30	20	0.000	优	硫酸铵	20℃饱和	20	<0.127	优
		沸腾	<0.127	优			沸腾	<0.127	优
氯化亚铝	10	20	<0.127	优	硫酸钠		20	<0.127	优
		沸腾	<0.127	优			沸腾	<0.127	优
氯化亚铜	50	20	<0.127	优	硫酸亚铝		20	<0.127	优
		沸腾	<0.127	优			沸腾	<0.127	优
氯化铵	10	20	<0.127	优	硫酸亚铜	10	20	<0.127	优
		沸腾	0.000	优			沸腾	<0.127	优
氯化钙	10	20	<0.127	优		30	20	<0.127	优
		沸腾	0.000	优			沸腾	<0.127	优
					硝酸银	11	20	<0.127	优

注：本表资料供参考用。

① 优—腐蚀速率小于0.127mm/a；

　　良—腐蚀速率0.127~1.27mm/a；

　　差—腐蚀速率大于1.27mm/a。

5. 钛合金热处理（见表2-179）

表2-179　钛合金的热处理种类及应用

工艺名称	作用	应用
去应力退火	部分或基本上消除残留应力，减小变形	机加工件焊接件
普通退火（工业退火）	完全消除内应力，使组织和性能均匀	铸件、锻件棒材、板材、型材
β退火	提高α+β型钛合金抗蠕变性能和断裂韧度，但降低低周疲劳性能和塑性	α+β型钛合金经α+β区变形加工后进行
等温退火	获得稳定组织和性能，提高塑性和热稳定性	β稳定化元素含量较高的α+β型钛合金，如TC6等
双重退火（或三重退火）	同时获得稳定组织和提高强度、塑性及断裂韧度	α+β型钛合金，如TC6、TC9、TC11等

（续）

工艺名称	作用	应用
真空退火	减少气体含量，防止氧化	钛合金中氢含量超过规定值时，或者成品件、薄壁精密件等
固溶+时效	提高强度和塑性，获得良好综合性能	α+β 型钛合金（TC 类）亚稳定 β 型钛合金，如 TB1、TB2
形变热处理	提高强度、塑性、疲劳强度、热强性等，获得良好综合性能	研究和发展方向之一

6. 钛及钛合金特性、应用（见表 2-180）

表 2-180　钛及钛合金的特性、应用

牌号	特性	应用举例
TA1、TA2、TA3、TA4	工业纯钛的杂质含量较化学纯钛要多，因此其强度、硬度也稍高，其力学性能及化学性能与不锈钢相近，与钛合金相比，纯钛强度低，塑性好，且可焊接，可切削加工，耐蚀性较好，在抗氧化性方面优于奥氏体不锈钢，但耐热性较差，TA1、TA2、TA3 依次杂质含量增高，机械强度、硬度依次增强，但塑性、韧性依次下降	主要用于工作温度在 350℃ 以下，受力不大，但要求高塑性的冲压件和耐蚀结构零件，如飞机骨架、蒙皮、船用阀门、管道、海水淡化装置、化工上的泵、冷却器、搅拌器、蒸馏塔、叶轮及压缩机气阀、柴油发动机活塞等。TA1、TA2 由于有良好的低温韧性及低温强度，可作-253℃ 以下低温结构材料
TA28		可用作中等强度的结构材料
TA5、TA6	α 型钛合金不能热处理强化，主要依靠固溶强化提高力学性能。室温下其强度低于 β 型和 α+β 型钛合金，但在 500~600℃ 的高温强度是三类钛合金中最好的。此外，α 型钛合金组织稳定，抗氧化性及焊接性好，耐蚀性及切削加工性尚好，塑性低，但压力加工性较差	400℃ 以下腐蚀性介质中工作的零件及焊接件，如飞机蒙皮、骨架零件、压气机叶片等
TA7		500℃ 以下长期工作的结构件及模锻件，也是一种优良的超低温材料
TA8		500℃ 以下长期工作的零件，可用于制造压气机盘及叶片，但由于组织稳定性较差，使用受到一定限制
TB2	β 型钛合金可以热处理强化，合金强度高，焊接性、压力加工性良好，但性能不稳定，且熔炼工艺复杂	主要用于 350℃ 以下工作的零件，如压气机叶片、轮盘及飞机构件等
TC1、TC2	α+β 型钛合金综合力学性能较好，TC1、TC2 不能热处理强化，其他可热处理强化，可切削加工，压力加工性良好，室温强度高，在 150~500℃ 有较好的耐热性，综合力学性能良好	400℃ 以下工作的冲压件、焊接件及模锻件，也可用作低温材料
TC3、TC4		400℃ 以下长期工作的零件、结构锻件、各种容器、泵、低温部件、坦克履带、舰船耐压壳体。TC4 是 α+β 型钛合金中产量最多、应用最广的一种
TC6		450℃ 以下使用，可作飞机发动机结构材料
TC9		500℃ 以下长期使用的零件，如飞机发动机叶片等
TC10		450℃ 以下长期工作的零件，如飞机结构件、起落支架、导弹发动机外壳、武器结构件等

2.5.2 钛及钛合金产品

1. 钛及钛合金棒材(见表2-181~表2-183)

表2-181 钛及钛合金棒材的牌号、状态、规格及室温力学性能(摘自 GB/T 2965—2007)

牌号		室温力学性能 ≥				棒材供应状态及规格
		抗拉强度 R_m/MPa	规定塑性延伸强度 $R_{p0.2}$/MPa	断后伸长率 A (%)	断面收缩率 Z (%)	
TA1		240	140	24	30	
TA2		400	275	20	30	
TA3		500	380	18	30	
TA4		580	485	15	25	
TA5		685	585	15	40	
TA6		685	585	10	27	
TA7		785	680	10	25	
TA9		370	250	20	25	标准规定棒材的24个牌号的化学成分应符合 GB/T 3620.1 的规定,棒材的直径或矩形截面厚度尺寸范围>7~230mm 棒材供应状态为热加工态(R),其长度为 300~6000mm;冷加工态(Y),其长度为 300~6000mm;退火态(M),其长度为 300~3000mm。TC6 棒材退火态(M)为普通退火态,TC9、TA19、TC11 棒材供应状态为 R 和 Y
TA10		485	345	18	25	
TA13		540	400	16	35	
TA15		885	825	8	20	
TA19		895	825	10	25	
TB2	淬火性能	≤980	820	18	40	
	时效性能	1370	1100	7	10	
TC1		585	460	15	30	
TC2		685	560	12	30	
TC3		800	700	10	25	经供需双方协商,可供超出本表规定规格的棒材
TC4		895	825	10	25	
TC4ELI		830	760	10	15	
TC6		980	840	10	25	
TC9		1060	910	9	25	
TC10		1030	900	12	25	
TC11		1030	900	12	30	
TC12		1150	1000	10	25	

注:1. GB/T 2965—2007 规定了锻造、挤压、轧制和拉拔的钛及钛合金圆棒和矩形棒材。

2. 棒材的力学性能在经热处理后的试样上测试,试样推荐热处理制度参照原标准。棒材横截面积不大于 $64.5cm^2$ 且截面厚度不大于76mm 时,棒材的纵向室温力学性能按本表规定。

3. 标记示例:

示例1 直径50mm、长度3000mm 的 TC4 钛合金热加工态圆棒标记为:

　　TC4 Rϕ50×3000GB/T 2965—2007

示例2 截面厚度均为60mm、长度为2000mm 的 TA15 钛合金退火态方棒标记为:

　　TA15 M60×60×2000 GB/T 2965—2007

表 2-182　钛及钛合金棒材的高温纵向力学性能(摘自 GB/T 2965—2007)

牌号	试验温度/℃	高温力学性能≥			
		抗拉强度 R_m/MPa	持久强度/MPa		
			σ_{100h}	σ_{50h}	σ_{35h}
TA6	350	420	390	—	—
TA7	350	490	440	—	—
TA15	500	570	—	470	—
TA19	480	620	—	—	480
TC1	350	345	325	—	—
TC2	350	420	390	—	—
TC4	400	620	570	—	—
TC6	400	735	665	—	—
TC9	500	785	590	—	—
TC10	400	835	785	—	—
TC11[1]	500	685	—	—	640[1]
TC12	500	700	590	—	—

注：当需方要求，并在合同中注明时，其高温纵向力学性能应按本表规定。

[1] TC11 钛合金棒材持久强度不合格时，允许再按 500℃ 的 100h 持久强度 σ_{100h}≥590MPa 进行检验，检验合格则该批棒材的持久强度合格。

表 2-183　钛及钛合金棒材的直径或截面厚度及其极限偏差(摘自 GB/T 2965—2007)

直径或截面厚度/mm	极限偏差/mm			弯曲度
	热锻造或挤压棒	热轧棒	车(磨)光棒、冷轧或冷拉棒	$t/(\text{mm/m})$　≤
>7~15	±1.0	+0.6 -0.5	±0.3	
>15~25	±1.5	+0.7 -0.5	±0.4	
>25~40	±2.0	+1.2 -0.5	±0.5	
>40~60	±2.5	+1.5 -1.0	±0.6	热加工，直径 d 或截面厚度 B<35mm，弯曲度 t≤6；B≥35mm，t≤10 热加工后经车(磨)光及冷加工圆棒和矩形棒，B<35mm，t≤4；B≥35mm，t≤5
>60~90	±3.0	+2.0 -1.0	±0.8	
>90~120	±3.5	+2.2 -1.2	±1.2	
>120~160	±5.0	—	±1.8	
>160~200	±6.5	—	±2.0	
>200~230	±7.0	—	±2.5	

注：棒材以热加工或冷加工表面交货，也可经车(磨)光后交货。

2. 钛及钛合金丝(见表 2-184 和表 2-185)

表 2-184　钛及钛合金丝牌号、尺寸规格和用途(摘自 GB/T 3623—2007)

牌号	化学成分	状态	直径/mm	用途
TA1、TA1ELI、TA2、TA2ELI、TA3、TA3ELI、TA4、TA4ELI、TA28、TA7、TA9、TA10、TC1、TC2、TC3	结构件丝的化学成分应符合GB/T 3620.1 中相应牌号的规定　焊丝化学成分应按 GB/T 3623—2007 的相应规定	热加工态 R、冷加工态 Y、退火态 M	0.1~7.0	结构件丝主要用作结构件和紧固件圆形丝材　焊丝主要用作电极材料和焊接材料圆形丝材
TA1-1、TC4、TC4ELI			1.0~7.0	

尺寸规格和直径允许偏差	丝材一般按散卷供货,直径小于 3.5mm 焊丝可焊接复绕(盘);直径大于 1.0mm 丝材,当需方要求且在合同中注明时可供直段丝;加工态直丝的不定尺长度为 700~3000mm;退火态直丝不定尺长度:直径大于 2.0mm 时为 500~2000mm,直径在 1.0~2.0mm 时为 500~1000mm。定尺长度应在不定尺长度范围内直丝的弯曲度不得大于 5mm/m

直径/mm	0.1~0.2	>0.2~0.5	>0.5~1.0	>1.0~2.0	>2.0~4.0	>4.0~7.0
允许偏差/mm	0 −0.025	0 −0.04	0 −0.06	0 −0.08	0 −0.10	0 −0.14

注: 1. 丝材的用途和供应状态应在合同中注明,未注明者按加工态(Y 或 R)焊丝供应。
　　2. TA1ELI、TA2ELI、TA3ELI、TA4ELI、TC4ELI 为 GB/T 3620.1—2007 新增加的超低间隙牌号。

表 2-185　钛及钛合金丝(结构件丝)的室温力学性能(摘自 GB/T 3623—2007)

牌号	直径/mm	室温力学性能	
		抗拉强度 R_m/MPa	断后伸长率 A(%)
TA1	4.0~<7.0	≥240	≥24
TA2		≥400	≥20
TA3		≥500	≥18
TA4		≥580	≥15
TA1	0.1~4.0	≥240	≥15
TA2		≥400	≥12
TA3		≥500	≥10
TA4		≥580	≥8
TA1-1	1.0~7.0	295~470	≥30
TC4ELI	1.0~7.0	≥860	≥10
TC4	1.0~2.0	≥925	≥8
	≥2.0~7.0	≥895	≥10

注: 1. 本表为经热处理后结构件丝的室温力学性能。GB/T 3623—2007 规定的热处理制度:TA1、TA2、TA3、TA4、TA1-1 的加热温度均为 600~700℃,保温时间为 1h;TC4、TC4ELI 的加热温度为 700~850℃,保温时间为 1h。
　　2. 直径小于 2.0mm 的丝材断后伸长率不满足要求时可按实测值报告。
　　3. 本表未列牌号结构件丝的力学性能报实测数值。

3. 钛及钛合金饼和环(见表 2-186~表 2-189)

表 2-186 钛及钛合金饼和环的产品牌号、供应状态和尺寸规格(摘自 GB/T 16598—2013)

牌号	供应状态	产品形式	规格/mm			
			外径 D	内径 d	截面高度 H	环材壁厚
TA1、TA2、TA3、 TA4、TA5、TA7、 TA9、TA10、TA13、 TA15、TC1、TC2、 TC4、TC11	热加工态 (R)	饼材	150~500	—	$H<D$	—
			>500~1000		50~300	—
	退火态 (M)	环材	200~500	100~400	25~300	25~150
			>500~900	300~850	110~500	25~250
			>900~1500	400~1450	110~700	25~400

注：1. 产品牌号的化学成分应符合 GB/T 3620.1 的规定。

2. 牌号 TC11 的产品一般按热加工态(R)供货，其退火态(M)仅限壁厚或高度不大于100mm 的产品。

表 2-187 钛及钛合金饼和环材车光产品尺寸及其极限偏差(摘自 GB/T 16598—2013)

(单位：mm)

饼材				环材					
直径	极限 偏差	截面高度	极限 偏差	外径	极限 偏差	内径	极限 偏差	截面高度	极限 偏差
150~300	+3 −1	<50	+2 0	200~400	+3 −1	100~300	+1 −3	25~100	+2 0
>300~600	+3 −2	50~200	+3 −1	>400~600	+3 −2	>300~500	+2 −3	>100~200	+2 −1
>600~1000	+5 −3	>200~500	+4 −2	>600~900	+5 −3	>500~800	+3 −5	>200~350	+4 −1
—		—		>900~1200	+6 −3	>800~1100	+3 −6	>350~500	+4 −2
—		—		>1200~1500	+8 −4	>1100~1450	+4 −8	>500~700	+5 −3

注：产品的倒角半径为 3~10mm。

表 2-188 钛及钛合金饼和环的力学性能(摘自 GB/T 16598—2013)

牌号	推荐热处理制度	室温力学性能 ≥			
		抗拉强度 R_m/MPa	规定塑性延伸 强度 $R_{p0.2}$/MPa	断后伸长率 A（%）	断面收缩率 Z（%）
TA1	600~700℃，1~4h，空冷	240	140	24	30
TA2	600~700℃，1~4h，空冷	400	275	20	30
TA3	600~700℃，1~4h，空冷	500	380	18	30
TA4	600~700℃，1~4h，空冷	580	485	15	25
TA5	700~850℃，1~4h，空冷	685	585	15	40
TA7	750~850℃，1~4h，空冷	785	680	10	25
TA9	600~700℃，1~4h，空冷	370	250	20	25
TA10	600~700℃，1~4h，空冷	485	345	18	25
TA13	780~800℃，0.5~4h，空冷	540	400	16	35

（续）

牌号	推荐热处理制度	室温力学性能 ≥			
		抗拉强度 R_m/MPa	规定塑性延伸强度 $R_{p0.2}$/MPa	断后伸长率 A（%）	断面收缩率 Z（%）
TA15	700~850℃，1~4h，空冷	885	825	8	20
TC1	700~850℃，1~4h，空冷	585	460	15	30
TC2	700~850℃，1~4h，空冷	685	560	12	30
TC4	700~800℃，1~4h，空冷	895	825	10	25
TC11	950℃±10℃，1~3h，空冷	1030	900	10	30

注：1. 纵剖面不大于100cm²的饼材和最大截面积不大于100cm²的环材，室温力学性能按本表规定。

2. 纵剖面大于100cm²的饼材和最大截面积大于100cm²的环材，当需方要求时（合同中注明）可测定产品的力学性能，报实测数值或由供需双方商定指标值。

表2-189　钛及钛合金饼和环的高温力学性能（摘自 GB/T 16598—2013）

牌号	试验温度/℃	高温力学性能　不小于			
		抗拉强度 R_m/MPa	持久强度/MPa		
			σ_{100h}	σ_{50h}	σ_{35h}
TA7	350	490	440	—	—
TA15	500	570	—	470	—
TC1	350	345	325	—	—
TC2	350	420	390	—	—
TC4	400	620	570	—	—
TC11[①]	500	685	—	—	640[①]

注：当需方要求并在合同中注明时，纵剖面不大于100cm²的饼材和最大截面积不大于100cm²的环材，其高温力学性能按本表规定。

① TC11钛合金产品持久强度不合格时，允许按500℃的100h持久强度 σ_{100h}≥590MPa 进行检验，检验合格则该批产品的持久强度合格。

4. 钛及钛合金无缝管（见表2-190）

表2-190　钛及钛合金无缝管的牌号、尺寸规格（摘自 GB/T 3624—2010）

牌号	状态	外径/mm	壁厚/mm														外径极限偏差/mm
			0.2	0.3	0.5	0.6	0.8	1.0	1.25	1.5	2.0	2.5	3.0	3.5	4.0	4.5	5.0	5.5	
TA1 TA2 TA8 TA8-1 TA9 TA9-1 TA10	退火态（M）	3~5	○	○	○	—	—	—	—	—	—	—	—	—	—	—	—	—	±0.15
		>5~10	—	○	○	○	○	○	○	—	—	—	—	—	—	—	—	—	
		>10~15	—	—	○	○	○	○	○	○	—	—	—	—	—	—	—	—	±0.30
		>15~20	—	—	—	○	○	○	○	○	○	—	—	—	—	—	—	—	
		>20~30	—	—	—	—	○	○	○	○	○	○	—	—	—	—	—	—	
		>30~40	—	—	—	—	—	○	○	○	○	○	○	—	—	—	—	—	±0.50
		>40~50	—	—	—	—	—	—	○	○	○	○	○	○	○	—	—	—	
		>50~60	—	—	—	—	—	—	—	○	○	○	○	○	○	○	—	—	±0.65
		>60~80	—	—	—	—	—	—	—	—	○	○	○	○	○	○	○	—	
		>80~100	—	—	—	—	—	—	—	—	—	○	○	○	○	○	○	○	±0.75
		>100	—	—	—	—	—	—	—	—	—	—	○	○	○	○	○	○	±0.85

（续）

牌号	状态	外径/mm	壁厚/mm												外径极限偏差/mm
			0.5	0.6	0.8	1.0	1.25	1.5	2.0	2.5	3.0	3.5	4.0	4.5	
TA3	退火态（M）	>10~15	○	○	○	○	○	○	○	—	—	—	—	—	±30
		>15~20	—	○	○	○	○	○	○	—	—	—	—	—	
		>20~30	—	○	○	○	○	○	○	○	—	—	—	—	
		>30~40	—	—	○	○	○	○	○	○	○	—	—	—	±0.50
		>40~50	—	—	—	○	○	○	○	○	○	○	—	—	
		>50~60	—	—	—	—	○	○	○	○	○	○	○	—	±0.85
		>60~80	—	—	—	—	—	○	○	○	○	○	○	○	

牌号	状态	抗拉强度 R_m/MPa	规定塑性延伸强度 $R_{p0.2}$/MPa	断后伸长率 A_{50mm}（%）
TA1	退火态（M）	≥240	140~310	≥24
TA2		≥400	275~450	≥20
TA3		≥500	380~550	≥18
TA8		≥400	275~450	≥20
TA8-1		≥240	140~310	≥24
TA9		≥400	275~450	≥20
TA9-1		≥240	140~310	≥24
TA10		≥460	≥300	≥18

注：1. 管材的牌号、化学成分应符合 GB/T 3620.1 的规定。

2. 本表中带"○"表示可供产品规格。产品适于一般工业部门使用。

3. 管材壁厚的极限偏差不得超过名义壁厚的±12.5%。

4. 管材外径≤15mm 时，长度为 500~4000mm，外径>15mm，壁厚≤2.0mm，长度为 500~9000mm，壁厚>2.0~
   5.5mm，长度为 500~6000mm。管材定尺或倍尺长度应在其不定尺长度范围内。

5. 标记示例：牌号为 TA2、退火状态、外径为 30mm、壁厚为 1.5mm、长度为 3500mm 的无缝管标记为：
   管 TA2 Mφ30×1.5×3500 GB/T 3624—2010

5. 钛及钛合金挤压管（见表 2-191 和表 2-192）

表 2-191　钛及钛合金挤压管的牌号、状态、规格（摘自 GB/T 26058—2010）

牌号	供应状态	外径/mm	规定外径和壁厚时的允许最大长度/m														
			壁厚/mm														
			4	5	6	7	8	9	10	12	15	18	20	22	25	28	30
TA1、TA2、TA3、TA4、TA8、TA8-1、TA9、TA9-1、TA10、TA18	热挤压状态（R）	25、26	3.0	2.5	—	—	—	—	—	—	—	—	—	—	—	—	—
		28	2.5	2.5	2.5	—	—	—	—	—	—	—	—	—	—	—	—
		30	3.0	2.5	2.0	2.0	—	—	—	—	—	—	—	—	—	—	—
		32	3.0	2.5	2.0	1.5	1.5	—	—	—	—	—	—	—	—	—	—
		34	2.5	2.0	1.5	1.2	1.0	—	—	—	—	—	—	—	—	—	—

（续）

牌号	供应状态	规定外径和壁厚时的允许最大长度/m														
		外径/mm	壁厚/mm													
			4	5	6	7	8	9	10	12	15	18	20	22	25	28	30
TA1、TA2、TA3、TA4、TA8、TA8-1、TA9、TA9-1、TA10、TA18	热挤压状态（R）	35	2.5	2.0	1.5	1.2	1.0	—	—	—	—	—	—	—	—	—	—
		38	2.0	2.0	1.5	1.2	1.0	—	—	—	—	—	—	—	—	—	—
		40	2.0	2.0	1.5	1.5	1.2	—	—	—	—	—	—	—	—	—	—
		42	2.0	1.8	1.5	1.2	1.2	—	—	—	—	—	—	—	—	—	—
		45	1.5	1.5	1.2	1.2	1.0	—	—	—	—	—	—	—	—	—	—
		48	1.5	1.5	1.2	1.2	1.0	—	—	—	—	—	—	—	—	—	—
		50	—	1.5	1.2	1.2	1.0	—	—	—	—	—	—	—	—	—	—
		53	—	1.5	1.2	1.2	1.0	—	—	—	—	—	—	—	—	—	—
		55	—	1.5	1.2	1.2	1.0	—	—	—	—	—	—	—	—	—	—
		60	—	—	—	—	11	10	—	—	—	—	—	—	—	—	—
		63	—	—	—	—	10	9	—	—	—	—	—	—	—	—	—
		65	—	—	—	—	9	8	—	—	—	—	—	—	—	—	—
		70	—	—	10.0	9.0	8.0	7.0	6.5	6.0	—	—	—	—	—	—	—
		75	—	—	10.0	9.0	8.0	7.0	6.0	5.5	—	—	—	—	—	—	—
		80	—	—	8.0	7.0	6.5	6.0	5.5	5.0	4.5	—	—	—	—	—	—
		85	—	—	8.0	7.0	6.5	6.0	5.5	5.0	4.5	—	—	—	—	—	—
		90	—	—	8.0	7.0	6.0	5.5	5.0	4.5	4.5	4.5	4.0	—	—	—	—
		95	—	—	7.0	6.0	5.5	5.0	4.5	5.5	5.0	4.5	4.0	—	—	—	—
		100	—	—	6.0	5.5	5.0	4.5	5.5	5.0	4.5	4.0	3.5	3.0	2.5	—	—
		105	—	—	—	5.0	4.5	4.0	5.0	4.5	4.0	3.5	3.0	2.5	2.0	—	—
		110	—	—	—	5.0	4.5	4.0	5.0	4.5	4.0	3.5	3.0	2.5	2.0	—	—
		115	—	—	—	5.0	4.5	4.0	5.0	4.5	4.0	3.5	3.0	2.5	2.0	1.5	1.2
		120	—	—	—	6.0	5.5	5.0	4.5	4.0	3.5	3.0	2.5	2.0	1.5	1.5	1.2
		130	—	—	—	5.5	5.0	4.5	4.0	3.5	3.0	2.5	2.0	1.5	1.5	1.2	1.0
		140	—	—	—	5.0	4.5	4.0	3.5	3.0	2.5	2.0	1.5	3.5	3.0	2.5	2.0
		150	—	—	—	—	—	—	3.5	3.5	3.5	3.0	2.5	2.5	2.0	1.5
		160	—	—	—	—	—	—	3.5	3.5	3.5	3.0	2.5	2.0	1.5	1.5
		170	—	—	—	—	—	—	3.5	3.0	2.5	2.5	2.0	1.8	1.5	1.2
		180	—	—	—	—	—	—	3.5	3.0	2.5	2.5	2.0	1.8	1.5	1.2
		190	—	—	—	—	—	—	3.0	2.5	2.5	2.0	1.8	1.5	1.2	1.0
		200	—	—	—	—	—	—	—	2.5	2.0	2.0	1.8	1.5	1.2	1.0
		210	—	—	—	—	—	—	—	—	2.0	1.8	1.5	1.2	1.0

（续）

牌号	供应状态	外径/mm	\multicolumn{15}{c}{规定外径和壁厚时的允许最大长度/m 壁厚/mm}

牌号	供应状态	外径/mm	4	5	6	7	8	9	10	12	15	18	20	22	25	28	30
TC1、TC4	热挤压状态（R）	90	—	—	—	—	—	—	—	—	4.5	4.5	4.0	—	—	—	—
		95	—	—	—	—	—	—	—	—	5.0	4.5	4.0	—	—	—	—
		100	—	—	—	—	—	—	—	4.5	4.0	3.5	3.0	2.5	—	—	—
		105	—	—	—	—	—	—	—	—	4.0	3.5	3.0	2.5	2.0	—	—
		110	—	—	—	—	—	—	—	4.5	4.0	3.5	3.0	2.5	2.0	—	—
		115	—	—	—	—	—	—	—	—	—	—	3.0	2.5	2.0	1.5	1.2
		120	—	—	—	—	—	—	—	—	—	—	2.5	2.0	1.5	1.5	1.2
		130	—	—	—	—	—	—	—	—	3.0	2.5	2.0	1.5	1.5	1.2	1.0
		140	—	—	—	—	—	—	—	3.0	2.5	2.0	1.5	3.5	3.0	2.5	2.0
		150	—	—	—	—	—	—	—	3.5	3.5	3.5	3.0	2.5	2.5	2.0	1.5
		160	—	—	—	—	—	—	—	3.5	3.5	3.5	3.0	2.5	2.0	1.5	1.5
		170	—	—	—	—	—	—	—	—	—	—	—	—	—	1.5	1.2
		180	—	—	—	—	—	—	—	—	—	—	2.5	2.0	1.8	1.5	1.2
		190	—	—	—	—	—	—	—	—	2.5	2.5	2.0	1.8	1.5	1.2	1.0
		200	—	—	—	—	—	—	—	—	2.5	2.0	2.0	1.8	1.5	1.2	1.0
		210	—	—	—	—	—	—	—	—	—	—	—	—	—	—	1.0

注：1. 管材最小长度为 0.5m。长度外径和壁厚的极限偏差应符合 GB/T 26058 的规定。

2. 需方要求时，双方商定可提供其他规格的管材。

3. 管材适于工业部门各种用途。产品的化学成分应符合 GB/T 3620.1 中相关牌号的规定。

4. 产品标记按产品名称、牌号、生产方式、状态、规格（外径×壁厚×长度）和标准编号的顺序表示。用 TA2 挤压生产的外径为 30mm、壁厚为 5mm、长度为 2000mm 的热挤压无缝管标记为：

管 TA2 J R φ30×5×2000　GB/T 26058—2010

表 2-192　钛及钛合金挤压管的力学性能（摘自 GB/T 26058—2010）

合金牌号	状态	室温力学性能	
		抗拉强度 R_m/MPa	断后伸长率 A（%）
TA1	热挤压状态（R）	≥240	≥24
TA2		≥400	≥20
TA3		≥450	≥18
TA9		≥400	≥20
TA10		≥485	≥18

注：管材在供货状态下的室温力学性能应符合本表规定。其他牌号管材的力学性能在需方要求并在合同中注明时，提供其实测值或由供需双方商定。

6. 工业流体用钛及钛合金管(见表 2-193 和表 2-194)

表 2-193 工业流体用钛及钛合金管的牌号、状态及规格(摘自 YS/T 576—2006)

（单位：mm）

牌号		TA1、TA2、TA3、TA9、TA10								
状态		退火态(M)								
冷轧加工	外径	>10~15	>15~20	>20~30	>30~35	>35~40	>40~50	>50~60	>60~80	>80~110
	壁厚	0.5~2.0	0.6~2.5	0.6~3.0	1.0~4.0	1.0~5.0	1.25~6.0	1.5~6.0	1.5~7.0	2.0~6.0
焊接法加工	外径	16	19	25、27	31、32、33	38	焊接-轧制法加工	外径	>15~20	>20~30
	壁厚	0.5~1.0	0.5~1.25	0.5~1.5	0.8~2.0	1.5~2.5		壁厚	0.5~1.5	0.5~2.0
壁厚尺寸系列		0.5、0.6、0.8、1.0、1.25、1.5、2.0、2.5、3.0、3.5、4.0、4.5、5.0、5.5、6.0、7.0								

管材长度	种类	无缝管				焊接-轧制管		焊接管		
		外径≤15	外径>15			壁厚		壁厚		
			壁厚≤2.0	壁厚>2.0~4.5	壁厚>4.5	0.5~0.8	>0.8~2.0	0.5~1.25	>1.25~2.0	>0.20~2.5
	长度	500~4000	500~9000	500~6000	500~4000	500~8000	500~5000	500~15000	500~6000	500~4000

外径及壁厚极限偏差	外径	>10~30	>30~50	>50~80	>80~100	>100~110
	外径极限偏差	±0.30	±0.50	±0.65	±0.75	±0.85
	壁厚极限偏差	名义壁厚的±10%				

注：1. 各牌号的化学成分应符合 GB/T 3620.1—2016《钛及钛合金牌号和化学成分》中相应牌号的规定。

2. 管材外径≤30mm，其直线度不大于 3mm/m；外径>30~110mm，其直线度不大于 4mm/m。

3. 管材圆度及壁厚均不得超出外径及壁厚极限偏差。

4. 壁厚极限偏差不适用于焊接管的焊缝处。

表 2-194 工业流体用钛及钛合金管的室温力学性能(摘自 YS/T 576—2006)

合金牌号	状态	室温力学性能			合金牌号	状态	室温力学性能		
		抗拉强度 R_m/MPa	规定塑性延伸强度 $R_{p0.2}$/MPa	伸长率 $A(\%)$			抗拉强度 R_m/MPa	规定塑性延伸强度 $R_{p0.2}$/MPa	伸长率 $A(\%)$
TA1	退火态(M)	280~420	≥170	≥22	TA9	退火态(M)	370~530	≥250	≥18
TA2		370~530	≥250	≥18	TA10		≥440	≥290	
TA3		440~620	≥320						

注：1. 产品规格在表 2-190 范围内时，管材的室温力学性能执行表 2-191 规定的指标，其中 TA10 的规定塑性延伸强度 $R_{p0.2}(\sigma_{r0.2})$≥300MPa。产品规格超出表 2-190 范围时，管材的力学性能按本表规定指标执行。

2. $R_{p0.2}$ 在需方要求并于合同中注明时方可测试。

3. 管材应按 YS/T 576—2006 的规定进行水压或气压试验，由需方选择试验方法并在合同中注明。

4. 需方要求并在合同中注明时，管材方可按 YS/T 576—2006 的规定进行压扁试验。

5. 需方要求并在合同中注明时，对于名义直径不大于 60.33mm 的管材应进行弯管试验(弯曲直径为管名义外径的 12 倍，弯曲角为 90°)，弯曲后试样表面不得有裂纹。

7. 钛及钛合金焊接管（见表 2-195）

表 2-195　钛及钛合金焊接管的牌号、尺寸规格、力学性能（摘自 GB/T 26057—2010）

	牌号	状态	外径/mm	壁厚/mm							
				0.5	0.6	0.7	0.8	1.0	1.25	1.65	2.1
管材牌号及尺寸规格	TA1、TA2、TA3、TA8、TA8-1、TA9、TA9-1、TA10	M（退火状态）	10~15	○	○	○	—	—	—	—	—
			>15~27	○	○	○	○	○	○	○	—
			>27~32	○	○	○	○	○	○	○	○
			>32~38	—	—	○	○	○	○	○	○

	合金牌号	状态	室温力学性能		
			抗拉强度 R_m/MPa	规定塑性延伸强度 $R_{p0.2}$/MPa	断后伸长率 $A_{50\,mm}$（%）
管材力学性能	TA1	M（退火状态）	≥240	140~310	≥24
	TA2		≥400	275~450	≥20
	TA3		≥500	380~550	≥18
	TA8		≥400	275~450	≥20
	TA8-1		≥240	140~310	≥24
	TA9		≥400	275~450	≥20
	TA9-1		≥240	140~310	≥24
	TA10		≥483	≥345	≥18

注：1. 管材牌号的化学成分应符合 GB/T 3620.1《钛及钛合金牌号和化学成分》的规定。

2. 焊管用钛带应符合 YS/T 658 中的规定。

3. 管材应进行压扁试验。压至规定的压板间距 H 时，管材表面不应出现裂纹。H 按下式计算：

$$H = \frac{(1+e)\,t}{e+t/D}$$

式中　H—压板间距，单位为毫米（mm）；

　　　t—管材名义壁厚，单位为毫米（mm）；

　　　D—管材名义外径，单位为毫米（mm）；

　　　e—常数，当管材直径小于等于 25.4mm 时，e 取 0.04，当管材直径大于 25.4mm 时，e 取 0.06。对于 D/t <10 的管材进行压扁试验时，在管材内表面相当于"6 点钟"和"12 点钟"的位置产生的裂纹不作为拒收的依据。

4. 管材应进行气压试验。需方要求并在合同中注明时，管材也可以液压试验代替气压试验。气压试验时，管材内部气压试验的压力为 0.7MPa，并保持 5s，管材应不发生泄漏。进行液压试验时，可以按需方选定的试验压力进行试验，此时需方选定的试验压力应在合同中注明。如果合同中未注明时，试验压力 $p = \dfrac{0.85St}{D/2-0.4t}$，式中，p 为试验压力，单位为 MPa；S 为允许应力，取相应规定塑性延伸强度最小值的 50%，单位为 MPa；D 和 t 为管材的名义外径和名义壁厚，单位均为 mm。液压试验的最大压力值不得大于 17.2MPa，试验时压力保持不少于 5s，管材应不发生畸变或泄漏。

5. 管材外径极限偏差为 ±0.30mm；壁厚极限偏差为名义壁厚的 ±10%，焊缝处壁厚增厚极限偏差为 $^{+0.79}_{0}$ mm。管材的圆度不应超出外径极限偏差。

6. 管材的长度范围为 500~15000mm。管材的定尺或倍尺长度应在其不定尺长度范围内。

7. 管材任意 3m 长度上的弯曲度应不大于 6.35mm。

8. 本表中带"○"的规格为 GB/T 26057—2010 中规格生产的产品规格。产品适于一般工业部门使用。

8. 钛-钢复合管（见表2-196）

表2-196 钛-钢复合管的分类、尺寸规格、材料牌号及复合管的室温纵向力学性能

（摘自 GB/T 37606—2019）

结构	以钛为复层，碳素结构钢、优质碳素结构钢或低合金高强度结构钢为基层的复合管。复层可位于内层或外层。复合管按制造类别分为冶金复合直缝焊管和机械复合管两种

<table>
<tr><td rowspan="9">尺寸
规格</td><td colspan="5">复合管的公称外径(D) 应为16~530mm，复层厚度(S₁) 应不小于0.5mm，其具体规格尺寸的选用应符合 GB/T 17395 或 GB/T 21835 的规定。根据需方要求，经供需双方协商并在合同中注明，可供应 GB/T 17395 或 GB/T 21835 规定以外规格的复合管</td></tr>
</table>

复合管的公称外径(D) 应为16~530mm，复层厚度(S₁) 应不小于0.5mm，其具体规格尺寸的选用应符合 GB/T 17395 或 GB/T 21835 的规定。根据需方要求，经供需双方协商并在合同中注明，可供应 GB/T 17395 或 GB/T 21835 规定以外规格的复合管

复合管管体圆度应不超过外径公差的80%

复合管的弯曲度应不大于2mm/m，全长弯曲度应不大于复合管长度的0.2%

复合管的公称外径和壁厚允许偏差应符合下表中的规定。根据需方要求，经供需双方协商并在合同中注明，可供应表中规定以外允许偏差的复合管。复合管通常长度应为3000~12000mm，定尺长度应在通常长度范围内，定尺长度极限偏差为 $^{+50}_{0}$ mm

公称外径 D/mm	外径极限偏差/mm		壁厚极限偏差[①]/mm		备注
	管体	管端[②]	总壁厚 S	复层厚度 S_1	
16~<20	±0.10	±0.10	±10%S	±10%S_1	① 壁厚上偏差不适用于焊缝 ② 管端指钢管每个端头100 mm 长度范围内的钢管
20~<88.9	±0.75%D	±0.5%D			
88.9~<219	±0.75%D	±0.75%D			
219~≤530	±1%D 或±3.2，两者取较小值				

复层和基层材料	材料	标准号	牌号	备注
	复层	GB/T 3620.1	TA1G、TA2G、TA3G、TA4G、TA8、TA9、TA10、TC4	除结合界面外，复合管复层和基层材料的化学成分（熔炼分析）应符合其相应标准的规定。当需方要求进行成品分析时，应在合同中注明，基层成品分析化学成分的极限偏差符合 GB/T 222 的规定，复层应符合 GB/T 3620.2 的规定
	基层	GB/T 699	20	
		GB/T 700	Q195、Q215A、Q215B、Q235A、Q235B	
		GB/T 1591、GB/T 8163	Q355B/Q345A、Q345B	
		GB/T 9711	L245 或 B、L290 或 X42、L320 或 X46、L360 或 X52	

复合管的力学性能	基层材料	下屈服强度 R_{eL}/MPa	抗拉强度 R_m/MPa	断后伸长率[⑦] A(%)	备注
		不小于			
	Q195	195[③][④]	315	20	复合管应进行室温纵向拉伸试验，其力学性能应符合表中的规定。拉伸试验可采用基层试样或包括复层在内的总壁厚试样。当按基层进行拉伸试验时，应完全去除复层材料 ③ 拉伸试验时，如屈服现象不明显，可测定 $R_{p0.2}$ 代替 R_{eL} ④ Q195 的屈服强度值仅供参考，不作交货条件 ⑤ Q355B 为上屈服强度 R_{eH} ⑥ L245 或 B、L290 或 X42、L320 或 X46、L360 或 X52 测定规定总延伸强度 $R_{t0.5}$ ⑦ 采用总壁厚拉伸试验时，当复层断后伸长率标准值小于基层标准值、复合管断后伸长率小于基层但又不小于复层标准值时，允许剖去复层仅对基层进行拉伸试验，其断后伸长率应不小于基层标准值
	Q215A Q215B	215[③]	335	20	
	Q235A Q235B	235[③]	370	20	
	20	245[③]	410	19	
	Q345A Q345B	345[③]	470	18	
	Q355B	355[③][⑤]	470	18	
	L245 或 B	245[⑥]	415	21	
	L290 或 X42	290[⑥]	415	21	
	L320 或 X46	320[⑥]	435	20	
	L360 或 X52	360[⑥]	460	19	

注：复合管的焊接接头拉伸、结合界面剪切强度或结合强度、机械复合管的剪切强度、焊缝导向弯曲、压扁、液压试验等试验要求应符合 GB/T 37606—2019 的规定。

9. 钛及钛合金板材(见表 2-197~表 2-201)

表 2-197　钛及钛合金板材产品牌号、供应状态、尺寸规格(摘自 GB/T 3621—2007)

牌号	制造方法	供应状态	规 格//mm		
			厚度	宽度	长度
TA1、TA2、TA3、TA4、TA5、TA6、TA7、TA8、TA8-1、TA9、TA9-1、TA10、TA11、TA15、TA17、TA18、TC1、TC2、TC3、TC4、TC4ELI	热轧	热加工状态（R）、退火状态（M）	>4.75~60.0	400~3000	1000~4000
	冷轧	冷加工状态（Y）、退火状态（M）、固溶状态（ST）	0.30~6	400~1000	1000~3000
TB2	热轧	固溶状态（ST）	>4.0~10.0	400~3000	1000~4000
	冷轧	固溶状态（ST）	1.0~4.0	400~1000	1000~3000
TB5、TB6、TB8	冷轧	固溶状态（ST）	0.30~4.75	400~1000	1000~3000

注：1. 工业纯钛板材供货的最小厚度为 0.3mm，其他牌号的最小厚度见表 2-199。如对供货厚度和尺寸规格有特殊要求，可由供需双方协商。

2. 当需方在合同中注明时，可供应消应力状态（M）的板材。

3. 本表牌号的化学成分应符合 GB/T 3620.1—2016 的规定。

4. 标记示例：产品标记按产品名称、牌号、供应状态、规格和标准编号的顺序表示。标记示例如下：

用 TA2 制成的厚度为 3.0mm、宽度 500mm、长度 2000mm 的退火状态板材标记为：

板 TA2　M3.0×500×2000　GB/T 3621—2007

表 2-198　钛及钛合金板材厚度、宽度和长度极限偏差(摘自 GB/T 3621—2007)

（单位：mm）

厚度		宽度		
		400~1000	>1000~2000	>2000
厚度极限偏差	0.3~0.5	±0.05	—	—
	>0.5~0.8	±0.07	—	—
	>0.8~1.1	±0.09	—	—
	>1.1~1.5	±0.11	—	—
	>1.5~2.0	±0.15	—	—
	>2.0~3.0	±0.18	—	—
	>3.0~4.0	±0.22	—	—
	>4.0~6.0	±0.35	±0.40	—
	>6.0~8.0	±0.40	±0.60	±0.80
	>8.0~10.0	±0.50	±0.60	±0.80
	>10.0~15.0	±0.70	±0.80	±1.00
	>15.0~20.0	±0.70	±0.90	±1.10
	>20.0~30.0	±0.90	±1.00	±1.20
	>30.0~40.0	±1.10	±1.20	±1.50
	>40.0~50.0	±1.20	±1.50	±2.00
	>50.0~60.0	±1.60	±2.00	±2.50

（续）

宽度和长度极限偏差	厚度	宽度	宽度极限偏差	长度	长度极限偏差
	0.3~4.0	400~1000	+10 0	1000~3000	+15 0
	>4.0~20.0	400~3000	+15 0	1000~4000	+20 0
	>20.0~60.0	400~3000	+20 0	1000~4000	+25 0

平面度	厚度		≤4	>4~10	>10~20	>20~35	>35~60
	规定宽度的平面度/（mm/m）	≤2000	20	18	15	13	8
		>2000	—	20	18	15	13

注：1. TB6 板材厚度≤5mm 时，其平面度不大于 50mm/m。厚度≤4mm 的 TB5、TB8、TB2 板材，其平面度不大于 30mm/m。超出上述厚度时，其平面度由双方协商确定。

2. 其他牌号板材的平面度按本表规定。

3. GB/T 3621—2007 将尺寸偏差中厚度规格划分为连续式。旧标准 GB/T 3621—1994 厚度尺寸（单位为 mm）为：0.3~1.2(间隔为 0.1)、1.4、(1.5)、1.6、1.8、2.0、2.2、2.5、2.8、3.0、3.5、4.0、4.5、5.0、5.5、6.0、7.0、8.0、9.0、10.0、11.0、12.0、14.0、(15.0)、16.0、18.0、20.0、22.5、25.0、28.0、30.0、32.0、35.0、38.0、40.0、42.0、45.0、48.0、50.0、53.0、56.0、60.0。

表 2-199　钛及钛合金板材的横向室温力学性能（摘自 GB/T 3621—2007）

牌号	状态	板材厚度 /mm	抗拉强度 R_m/MPa	规定塑性延伸强度 $R_{p0.2}$/MPa	断后伸长率[1] A（%）≥
TA1	M	0.3~25.0	≥240	140~310	30
TA2	M	0.3~25.0	≥400	275~450	25
TA3	M	0.3~25.0	≥500	380~550	20
TA4	M	0.3~25.0	≥580	485~655	20
TA5	M	0.5~1.0 >1.0~2.0 >2.0~5.0 >5.0~10.0	≥685	≥585	20 15 12 12
TA6	M	0.8~1.5 >1.5~2.0 >2.0~5.0 >5.0~10.0	≥685	—	20 15 12 12
TA7	M	0.8~1.5 >1.6~2.0 >2.0~5.0 >5.0~10.0	735~930	≥685	20 15 12 12
TA8	M	0.8~10	≥400	275~450	20
TA8-1	M	0.8~10	≥240	140~310	24
TA9	M	0.8~10	≥400	275~450	20
TA9-1	M	0.8~10	≥240	140~310	24

（续）

牌号	状态	板材厚度 /mm	抗拉强度 R_m/MPa	规定塑性延伸强度 $R_{p0.2}$/MPa	断后伸长率[1] A（%）≥
TA10[2] A 类	M	0.8~10.0	≥485	≥345	18
TA10[2] B 类	M	0.8~10.0	≥345	≥275	25
TA11	M	5.0~12.0	≥895	≥825	10
TA13	M	0.5~2.0	540~770	460~570	18
TA15	M	0.8~1.8	930~1130	≥855	12
TA15	M	>1.8~4.0	930~1130	≥855	10
TA15	M	>4.0~10.0	930~1130	≥855	8
TA17	M	0.5~1.0	685~835	—	25
TA17	M	>1.1~2.0	685~835	—	15
TA17	M	>2.1~4.0	685~835	—	12
TA17	M	>4.1~10.0	685~835	—	10
TA18	M	0.5~2.0	590~735	—	25
TA18	M	>2.0~4.0	590~735	—	20
TA18	M	>4.0~10.0	590~735	—	15
TB2	ST	1.0~3.5	≤980	—	20
TB2	STA	1.0~3.5	1320	—	8
TB5	ST	0.8~1.75	705~945	690~835	12
TB5	ST	>1.75~3.18	705~945	690~835	10
TB6	ST	1.0~5.0	≥1000	—	6
TB8	ST	0.3~0.6	825~1000	795~965	6
TB8	ST	>0.6~2.5	825~1000	795~965	8
TC1	M	0.5~1.0	590~735	—	25
TC1	M	>1.0~2.0	590~735	—	25
TC1	M	>2.0~5.0	590~735	—	20
TC1	M	>5.0~10.0	590~735	—	20
TC2	M	0.5~1.0	≥685	—	25
TC2	M	>1.0~2.0	≥685	—	15
TC2	M	>2.0~5.0	≥685	—	12
TC2	M	>5.0~10.0	≥685	—	12
TC3	M	0.8~2.0	≥880		12
TC3	M	>2.0~5.0	≥880		10
TC3	M	>5.0~10.0	≥880		10
TC4	M	0.8~2.0	≥895	≥830	12
TC4	M	>2.0~5.0	≥895	≥830	10
TC4	M	>5.0~10.0	≥895	≥830	10
TC4	M	10.0~25.0	≥895	≥830	8
TC4ELI	M	0.8~25.0	≥860	≥795	10

注：1. 当需方要求并在合同中注明时，可测定板材纵向室温力学性能，应符合本表规定。
　　2. 本表未列出的其他规格板材，以及以 R、Y、M 状态交货之板材，需方要求并在合同中注明时，室温力学性能报实测数据。
① 厚度不大于 0.64mm 的板材，断后伸长率报实测值。
② 正常供货按 A 类，B 类适用于复合板复材，当需方要求并在合同中注明时，按 B 类供货。

表 2-200　钛及钛合金板材的高温力学性能(摘自 GB/T 3621—2007)

合金牌号	板材厚度 /mm	试验温度 /℃	抗拉强度 R_m/MPa ≥	持久强度 σ_{100h}/MPa ≥
TA6	0.8~10	350	420	390
		500	340	195
TA7	0.8~10	350	490	440
		500	440	195
TA11	5.0~12	425	620	—
TA15	0.8~10	500	635	440
		550	570	440
TA17	0.5~10	350	420	390
		400	390	360
TA18	0.5~10	350	340	320
		400	310	280
TC1	0.5~10	350	340	320
		400	310	295
TC2	0.5~10	350	420	390
		400	390	360
TC3、TC4	0.8~10	400	590	540
		500	440	195

注：1. 当需方要求并在合同中注明时，板材的高温性能应符合本表规定，试验温度应在合同中注明。

2. 本表未列出的板材高温力学性能，可按需方要求并在合同中注明报实测数据。

表 2-201　钛及钛合金板材弯曲试验(摘自 GB/T 3621—2007)

牌号	状态	板材厚度/mm	弯芯直径 (T 为板厚度)/mm	弯曲角 α/(°)
TA1	M	<1.8	3T	
		1.8~4.75	4T	
TA2	M	<1.8	4T	
		1.8~4.75	5T	
TA3	M	<1.8	4T	
		1.8~4.75	5T	
TA4	M	<1.8	5T	
		1.8~4.75	6T	105
TA8	M	<1.8	4T	
		1.8~4.75	5T	
TA8-1	M	<1.8	3T	
		1.8~4.75	4T	
TA9	M	<1.8	4T	
		1.8~4.75	5T	
TA9-1	M	<1.8	3T	
		1.8~4.75	4T	

（续）

牌号	状态	板材厚度/mm	弯芯直径 （T 为板厚度）/mm	弯曲角 $\alpha/(°)$
TA10	M	<1.8	4T	
		1.8~4.75	5T	
TC4	M	<1.8	9T	
		1.8~4.75	10T	
TC4ELI	M	<1.8	9T	105
		1.8~4.75	10T	
TB5	M	<1.8	4T	
		1.8~3.18	5T	
TB8	M	<1.8	3T	
		1.8~2.5	3.5T	
TA5	M	0.5~5.0		60
TA6	M	0.8~1.5		50
		>1.5~5.0	3T	40
TA7	M	0.8~2.0		50
		>2.0~5.0		40
TA13	M	0.5~2.0	2T	180
TA15	M	0.8~5.0		30
TA17	M	0.5~1.0		80
		>1.0~2.0		60
		>2.0~5.0		50
TA18	M	0.5~1.0		100
		>1.0~2.0		70
		>2.0~5.0		60
TB2	ST	1.0~3.5		120
TC1	M	0.5~1.0	3T	100
		>1.0~2.0		70
		>2.0~5.0		60
TC2	M	0.5~1.0		80
		>1.0~2.0		60
		>2.0~5.0		50
TC3	M	0.8~2.0		35
		>2.0~5.0		30

注：板材按本表规定的弯芯直径和弯曲角进行弯曲后，试样外表面不应产生开裂。

10. 冷轧钛带卷（见表 2-202 和表 2-203）

表 2-202　冷轧钛带卷的牌号、规格及厚度极限偏差（摘自 GB/T 26723—2011）

牌号和规格	牌号[1]	制造方法	供应状态	规格　厚度×宽度×长度/mm
	TA1、TA2、TA3、TA4、TA8-1、TA9、TA9-1、TA10	冷轧	M（退火状态） Y（冷加工状态）	$(0.3\sim4.75)\times(500\sim1500)\times L$

厚度及厚度极限偏差[2]/mm	公称厚度	厚度极限偏差	
		普通精度	较高精度
	0.3～<0.5	±0.05	±0.04
	0.5～<0.7	±0.06	±0.05
	0.7～<1.0	±0.09	±0.07
	1.0～<1.5	±0.13	±0.08
	1.5～<2.0	±0.16	±0.09
	2.0～<2.5	±0.20	±0.12
	2.5～<4.0	±0.22	±0.14
	4.0～4.75	±0.30	±0.16

注：1. 钛带卷供工业部门各种用途。

2. 标记示例：

用 TA2 制造、退火状态、厚度为 0.6mm、宽度为 1200mm 的钛带卷标记为：

带卷 TA2 M　0.6×1200　GB/T 26723—2011。

[1] 牌号的化学成分应符合 GB/T 3620.1 的规定。

[2] 在规定范围以外的钛带卷，其厚度极限偏差由供需双方协议规定，用户需要较高精度时需在合同中注明。

表 2-203　冷轧钛带卷的室温力学性能（摘自 GB/T 26723—2011）

牌号		状态	带厚/mm	抗拉强度 R_m/MPa	规定塑性延伸强度 $R_{p0.2}$/MPa	断后伸长率 A（%）	弯心直径（t 带厚）/mm	
							带厚 <1.8	带厚 1.8～4.75
TA1		退火状态（M）	0.3～4.75	≥240	138～310	≥24	3t	4t
TA2				≥345	275～450	≥20	4t	5t
TA3				≥450	380～550	≥18	4t	5t
TA4				≥550	485～655	≥15	5t	6t
TA8-1				≥240	138～310	≥24	3t	4t
TA9				≥345	275～450	≥20	4t	5t
TA9-1				≥240	138～310	≥24	3t	4t
TA10	A 类			≥485	≥345	≥18	4t	5t
	B 类			≥345	≥275	≥25	4t	5t

11. 钛-钢复合板(见表 2-204)

表 2-204　钛-钢复合板的分类、代号、性能、尺寸规格及应用(摘自 GB/T 8547—2019)

分类、代号及用途	生产方式	分类	代号	推荐用途
	爆炸复合板	0 类	B0	0 类：高结合强度的复合板，如过渡接头、法兰等
		1 类	B1	1 类：复材作为设计强度部分复合板，如管板
		2 类	B2	2 类：复材不作为设计强度部分复合板，如防腐衬里
	爆炸-轧制复合板	1 类	BR1	
		2 类	BR2	
	轧制复合板	1 类	R1	
		2 类	R2	

复合板材料	复材	基材
	GB/T 3621 中 TA1G、TA2G、TA3G、TA9、TA10	GB/T 700、GB/T 711、GB/T 712、GB/T 713、GB/T 3274、 GB/T 3531、NB/T 47008、NB/T 47009

复合板材料

1. 当复材为 TA1G、TA2G 或 TA3G 时，2 类复合板允许用低强度级别复材代替高强度级别复材，如用 TA1G 代替 TA2G

2. 复材的化学成分应符合 GB/T 3620.1 的规定，基材的化学成分应符合相应基材标准的规定

3. 复材的厚度一般为 0.3～15.0mm。当复材厚度大于 10.0mm 时，经供需双方协商，复材可由多层复合构成

4. 当复合板宽度大于 1100mm 或长度大于 3000mm 时，复材允许拼焊，拼焊复材的宽度或长度应不小于 300mm。拼焊焊缝应进行渗透检测，检测结果应符合 NB/T 47013.5—2015 表 6 中Ⅱ级的规定；当需方要求并在合同中注明时，拼焊焊缝应进行射线检测，检测结果应符合 NB/T 47013.2—2015 表 22 中Ⅱ级的规定

尺寸及精度要求

1. 复合板复材厚度极限偏差应不大于复材名义厚度的 ±10%，但最大不超过 ±1.0mm

2. 复合板基材厚度极限偏差应不大于基材标准允许正负偏差各减 0.5mm

3. 复合板的厚度极限偏差应不大于复材厚度极限偏差与基材厚度允许偏差之和

4. 复合板的宽度(或直径)和长度极限偏差应符合相应基材标准的规定

5. 复合板的平面度应符合表中的规定

复合板分类	规定厚度范围的平面度	
	厚度≤30mm	厚度>30mm
0 类	≤8mm/m	≤6mm/m
1 类	≤8mm/m	≤6mm/m
2 类	≤15mm/m	≤15mm/m

拉伸力学性能

1. 当复材金属不作为设计强度部分时，复合板只做基材拉伸性能试验，试验结果应符合相应基材标准的规定

2. 当复材金属作为设计强度部分时，复合板的拉伸性能 R_m 应大于抗拉强度理论下限值 R_{mj}。R_{mj} 的值按下式计算：

$$R_{mj} = \frac{t_1 R_{m1} + t_2 R_{m2}}{t_1 + t_2}$$

式中　t_1—基材厚度，单位为毫米(mm)

　　　t_2—复材厚度，单位为毫米(mm)

　　R_{m1}—基材抗拉强度标准下限值，单位为兆帕(MPa)

　　R_{m2}—复材抗拉强度标准下限值，单位为兆帕(MPa)

3. 当复材金属作为设计强度部分时，复合板的断后伸长率 A（%）应不小于复材或基材标准中规定的较低断后伸长率

（续）

	复合板分类	剪切强度 τ/MPa	备注
剪切强度和冲击性能	0类	≥196	当相应基材标准规定测试冲击性能时，复合板的基材冲击性能要求应符合相应基材标准的规定
	1类	≥140	
	2类	≥140	

	弯曲类别	弯曲角 α（°）	弯曲直径 D/mm	备注
弯曲性能	内弯曲	180	按基材标准的规定执行，不够2倍时按2倍执行	基材为锻制品或复合板作为管板使用时，不进行弯曲试验
	外弯曲	105	复合板厚度的3倍	

	复合板分类	0类	1类	2类
结合面要求	结合面积	面积结合率为100%，但不包括不大于25mm的起爆点缺陷	面积结合率大于98%；单个不结合区的长度不大于75mm，其面积不大于45cm²	面积结合率大于95%，单个不结合区面积不大于60cm²

注：产品标记按复材牌号/基材牌号、代号、供货状态、规格、标准编号的顺序标识。标记示例如下：

示例1 复材厚度为6mm的TA2G、基材厚度为30mm的Q235B钢生产的宽度为1000mm、长度为3000mm，消除应力状态的1类爆炸复合板标记为：

TA2G/Q235B B1m 6/30×1000×3000 GB/T 8547—2019

示例2 复材厚度为2mm的TA1G、基材厚度为10mm的Q235B钢生产的宽度为1100mm、长度为3500mm、2类爆炸-轧制复合板标记为：

TA1G/Q235B BR2 2/10×1100×3500 GB/T 8547-2019

12. 钛-不锈钢复合板（见表2-205和表2-206）

表2-205 钛-不锈钢复合板分类、代号、用途及材料（摘自 GB/T 8546—2017）

类别	代号			推荐用途	复材	基材
	爆炸（B）	爆炸-退火（BM）	爆炸-轧制（BR）			
0类	B0	BM0	BR0	过渡接头、法兰等	GB/T 3621 中的 TA1G、TA2G、TA9、TA10	GB/T 24511—2009 中的 S30408、S30403、S31603 GB/T 4238 中的 12Cr18Ni9、06Cr19Ni10、20Cr25Ni20 NB/T 47010 中的 S31608
1类	B1	BM1	BR1	管板等		
2类	B2	BM2	BR2	筒体板等		

注：1. 复材可在基材的一面或两面包覆，形成单面或双面复合板。复合板的形状由供需双方商定。

2. 复合板可以爆炸（B）、爆炸-退火（BM）或爆炸-轧制（BR）状态交货，也可以经校平、剪切（或切割）、去除复材表面氧化皮后交货，由供需双方商定并在合同中注明。

3. 标记应包含复合板基、复层的材质，交货状态，产品规格及执行标准等相关信息。

示例1 复材为厚度6mm的TA1G板，基材为厚度36mm的06Cr19Ni10板，宽度为1000mm，长度为3000mm的1类爆炸或爆炸-轧制复合板标记为：

TAG1/06Cr19Ni10 B1 或 BR1 6/36×1000×3000 GB/T 8546—2017

示例2 一侧复材为厚度4mm的TA2G板，另一侧复材为厚度2mm的TA1G板，基材为厚度12mm的06Cr19Ni10板，宽度为1100mm，长度为3500mm，经热处理的2类爆炸复合板标记为：

TA2G/06Cr19Ni10/TA1G BM2 4/12/2×1100×3500 GB/T 8546—2017

表 2-206　钛-不锈钢复合板尺寸、极限偏差及力学性能(摘自 GB/T 8546—2017)

	复合板厚度	复合板厚度极限偏差	复合板宽度（或直径）极限偏差			备注
			宽度≤1100	宽度>1100~1600	宽度>1600	
复合板厚度、宽度（或直径）允许偏差/mm	4~6	±0.6	+15 0	+15 0	+20 0	经供需双方协商，也可提供其他规格和尺寸偏差有特殊要求的复合板
	>6~18	±0.8	+15 0	+20 0	+30 0	
	>18~28	±1.0	+20 0	+30 0	+40 0	
	>28~46	±1.2	+30 0	+40 0	+40 0	
	>46~60	±1.5	+40 0	+40 0	+50 0	
	>60	±2.0	+40 0	+50 0	+50 0	

	复合板厚度	复合板的长度极限偏差				备注
		长度≤1100	长度>1100~1600	长度>1600~2800	长度>2800	
复合板长度允许偏差/mm	4~6	+20 0	+20 0	+30 0	+40 0	基材为锻制品时，复合板的平面度可由供需双方商定
	>6~18	+30 0	+30 0	+40 0	+40 0	
	>18~60	+40 0	+40 0	+40 0	+40 0	
	>60	+40 0	+40 0	+40 0	+40 0	

	复合板类别	0类、1类		2类
复合板平面度/(mm/m)		厚度≤30mm	厚度>30mm	
	平面度	≤4	≤3	≤6

	抗拉强度 R_m/MPa	伸长率 A(%)	剪切强度 τ/MPa		分离强度 σ_f/MPa	
			0类复合板	其他类复合板	0类复合板	其他类复合板
力学性能	>R_{mj}	≥基材或复材标准中较低一方的规定值	≥196	≥140	≥274	—

注：1. 复材厚度≤1.5mm 时做抗剪性能试验。

2. 复合板做成管使用或基材为锻制品时，可不做拉伸性能试验。

3. 复合板的抗拉强度理论下限标准值 R_{mj} 按下式计算：$R_{mj} = \dfrac{t_1 R_{m1} + t_2 R_{m2}}{t_1 + t_2}$

　　式中　R_{m1}—基材抗拉强度下限标准值(MPa)；

　　　　　R_{m2}—复材抗拉强度下限标准值(MPa)；

　　　　　t_1—基材厚度(mm)；

　　　　　t_2—复材厚度(mm)。

4. 复合板的内弯曲性能，弯曲直径为复合板厚度的 2 倍，弯曲角为 180°，试样弯曲部分的外表面不得有裂纹。外弯曲性能，弯曲直径为复合板厚度的 3 倍，弯曲角按复材标准规定，在试样弯曲部分的外表面不得有裂纹，复合界面不得有分层。

5. 0类复合板面积结合率为100%，1类板面积结合率≥98%，2类板面积结合率≥95%。

2.6 镁及镁合金

2.6.1 镁合金牌号、特性、应用

1. 变形镁及镁合金牌号和化学成分（见表2-207）

表2-207 变形镁及镁合金的牌号和化学成分（摘自 GB/T 5153—2016）

化学成分（质量分数，%）

合金组别	牌号	对应ISO 3116:2007的数字牌号	Mg	Al	Zn	Mn	RE	Gd	Y	Zr	Li		Si	Fe	Cu	Ni	其他元素① 单个	其他元素① 总计
MgAl	AZ30M	—	余量	2.2~3.2	0.20~0.50	0.20~0.40	0.05~0.08Ce	—	—	—	—	—	0.01	0.005	0.0015	0.0005	0.01	0.15
	AZ31B	—	余量	2.5~3.5	0.6~1.4	0.20~1.0	—	—	—	—	—	—	0.08	0.003	0.01	0.001	0.05	0.30
	AZ31C	—	余量	2.4~3.6	0.50~1.5	0.15~1.0②	—	—	—	—	—	0.04Ca	0.10	—	0.10	0.03	—	0.30
	AZ31N	—	余量	2.5~3.5	0.50~1.5	0.20~0.40	—	—	—	—	—	—	0.05	0.0008	—	—	0.02	0.15
	AZ31S	ISO-WD21150	余量	2.4~3.6	0.50~1.5	0.15~0.40	—	—	—	—	—	—	0.10	0.005	0.05	0.005	0.05	0.30
	AZ31T	ISO-WD21151	余量	2.4~3.6	0.50~1.5	0.05~0.40	—	—	—	—	—	—	0.10	0.05	0.05	0.005	0.05	0.30
	AZ33M	—	余量	2.6~4.2	2.2~3.8	—	—	—	—	—	—	—	0.10	0.008	0.005	—	0.01	0.30
	AZ40M	—	余量	3.0~4.0	0.20~0.8	0.15~0.50	—	—	—	—	—	0.01Be	0.10	0.05	0.05	0.005	0.01	0.30
	AZ41M	—	余量	3.7~4.7	0.8~1.4	0.30~0.6	—	—	—	—	—	0.01Be	0.10	0.05	0.05	0.005	0.01	0.30
	AZ61A	—	余量	5.8~7.2	0.40~1.5	0.15~0.50	—	—	—	—	—	—	0.10	0.005	0.05	0.005	—	0.30
	AZ61M	—	余量	5.5~7.0	0.50~1.5	0.15~0.50	—	—	—	—	—	0.01Be	0.10	0.05	0.05	0.005	0.01	0.30

（续）

合金组别	牌号	对应ISO 3116:2007的数字牌号	Mg	Al	Zn	Mn	RE	Gd	Y	Zr	Li		Si	Fe	Cu	Ni	其他元素① 单个	其他元素① 总计
	AZ61S	ISO-WD21160	余量	5.5~6.5	0.50~1.5	0.15~0.40	—	—	—	—	—	—	0.10	0.005	0.05	0.005	0.05	0.30
	AZ62M	—	余量	5.0~7.0	2.0~3.0	0.20~0.50	—	—	—	—	—	0.01Be	0.10	0.05	0.05	0.005	0.01	0.30
	AZ63B	—	余量	5.3~6.7	2.5~3.5	0.15~0.6	—	—	—	—	—	—	0.08	0.003	0.01	0.001	—	0.30
	AZ80A	—	余量	7.8~9.2	0.20~0.8	0.12~0.50	—	—	—	—	—	—	0.10	0.005	0.05	0.005	—	0.30
	AZ80M	—	余量	7.8~9.2	0.20~0.8	0.15~0.50	—	—	—	—	—	0.01Be	0.10	0.05	0.05	0.005	0.01	0.30
	AZ80S	ISO-WD21170	余量	7.8~9.2	0.20~0.8	0.12~0.40	—	—	—	—	—	—	0.10	0.005	0.05	0.005	0.05	0.30
	AZ91D	—	余量	8.5~9.5	0.45~0.9	0.17~0.40	—	—	—	—	—	0.0005~0.003Be	0.08	0.04	0.02	0.001	0.01	—
	AM41M	—	余量	3.0~5.0	—	0.50~1.5	—	—	—	—	—	—	0.01	0.005	0.10	0.004	—	0.30
	AM81M	—	余量	7.5~9.0	0.20~0.50	0.50~2.0	—	—	—	—	—	—	0.01	0.005	0.10	0.004	—	0.30
	AE90M	—	余量	8.0~9.5	0.30~0.9	—	0.20~1.2③	—	—	—	1.0~3.0	—	0.01	0.005	0.10	0.004	—	0.20
	AW90M	—	余量	8.0~9.5	0.30~0.9	—	—	—	0.20~1.2	—	—	—	0.01		0.10	0.004	—	0.20
MgAl	AQ80M	—	余量	7.5~8.5	0.35~0.55	0.15~0.35	0.01~0.10	—	—	—	—	0.02~0.8Ag；0.001~0.02Ca	0.05	0.02	0.02	0.001	0.01	0.30
	AL33M	—	余量	2.5~3.5	0.50~0.8	0.20~0.40	—	—	—	—	—	—	0.01	0.005	0.0015	0.0005	0.02	0.15
	AJ31M	—	余量	2.5~3.5	0.20	0.6~0.8	—	—	—	—	—	0.9~1.5Sr	0.10	0.02	0.05	0.005	0.05	0.15

组别	牌号																
	AT11M	—	0.50~1.2	—	0.10~0.30	—	—	—	—	—	0.6~1.2Sn	0.01	0.004	—	—	0.01	0.15
	AT51M	—	4.5~5.5	—	0.20~0.50	—	—	—	—	—	0.8~1.3Sn	0.02	0.005	—	—	0.05	0.15
	AT61M	—	6.0~6.8	—	0.20~0.40	—	—	—	—	—	0.7~1.3Sn	0.02	0.005	—	—	0.05	0.15
	ZA73M	—	2.5~3.5	6.5~7.5	0.01	0.30~0.9Er	—	—	—	—	—	0.0005	0.01	0.001	0.0001	—	0.30
	ZM21M	—	—	1.0~2.5	0.50~1.5	—	—	—	—	—	—	0.01	0.005	0.10	0.004	—	0.30
	ZM21N	—	0.02	1.3~2.4	0.30~0.9	0.10~0.6Ce	—	—	—	—	—	0.01	0.008	0.006	0.004	0.01	0.20
	ZM51M	—	—	4.5~6.0	0.50~2.0	—	—	—	—	—	—	0.01	0.005	0.10	0.004	—	0.30
	ZE10A	—	—	1.0~1.5	—	0.12~0.22	—	—	—	—	—	—	—	—	—	—	0.30
MgZn	ZE20M	—	0.02	1.8~2.4	0.50~0.9	0.10~0.6Ce	—	—	—	—	—	0.01	0.008	0.006	0.004	0.01	0.20
	ZM90M	—	0.0001	8.5~9.0	0.01	0.45~0.50Er	—	—	0.30~0.50	—	—	0.0005	0.0001	0.001	0.0001	0.01	0.15
	ZW62M	—	0.01	5.0~6.5	0.20~0.8	0.12~0.25Ce	—	1.0~2.5	0.50~0.9	—	0.20~1.6Ag 0.10~0.6Cd	0.05	0.005	0.05	0.005	0.05	0.30
	ZW62N	—	0.20	5.5~6.5	0.6~0.8	—	—	1.6~2.4	—	—	—	0.10	0.02	0.05	0.005	0.05	0.15
	ZK40A	—	—	3.5~4.5	—	—	—	—	≥0.45	—	—	—	—	—	—	—	0.30
	ZK60A	—	—	4.8~6.2	—	—	—	—	≥0.45	—	—	—	—	—	—	—	0.30

（续）

合金组别	牌号	对应ISO 3116：2007的数字牌号	化学成分（质量分数，%）														其他元素[1]	
			Mg	Al	Zn	Mn	RE	Gd	Y	Zr	Li		Si	Fe	Cu	Ni	单个	总计
MgZn	ZK61M	—	余量	0.05	5.0~6.0	0.10	—	—	—	0.30~0.9	—	0.01Be	0.05	0.05	0.05	0.005	0.01	0.30
	ZK61S	ISO-WD32260	余量	—	4.8~6.2	—	—	—	—	0.45~0.8	—	—	—	—	—	—	0.05	0.30
	ZC20M	—	余量	—	1.5~2.5	—	0.20~0.6Ce	—	—	—	—	—	0.02	0.02	0.30~0.6	0.01	0.01	0.05
MgMn	M1A	—	余量	—	—	1.2~2.0	—	—	—	—	—	0.30Ca	0.10	—	0.05	0.01	—	0.30
	M1C	—	余量	0.01	—	0.50~1.3	—	—	—	—	—	—	0.05	0.01	0.01	0.001	0.05	0.30
	M2M	—	余量	0.20	0.30	1.3~2.5	—	—	—	—	—	0.01Be	0.10	0.05	0.05	0.007	0.01	0.20
	M2S	ISO-WD43150	余量	—	—	1.2~2.0	—	—	—	—	—	—	0.10	—	0.05	0.01	0.05	0.30
	ME20M	—	余量	0.20	0.30	1.3~2.2	0.15~0.35Ce	—	—	—	—	0.01Be	0.10	0.05	0.05	0.007	0.01	0.30
MgRE	EZ22M	—	余量	0.001	1.2~2.0	0.01	2.0~3.0Er	—	—	0.1~0.50	—	—	0.0005	0.001	0.001	0.0001	0.01	0.15
	VE82M	—	余量	—	—	—	0.50~2.5[3]	7.5~9.5	—	0.40~1.0	—	0.20~1.0Ag 0.002~0.02Ca	0.01	0.05	—	0.004	—	0.30
MgGd	VW64M	—	余量	—	0.30~1.0	—	—	5.5~6.5	3.0~4.5	0.30~0.7	—	—	0.05	0.02	0.02	0.001	0.01	0.30
	VW75M	—	余量	0.01	—	0.10	0.9~1.5Nd	6.5~7.5	4.6~5.7	0.40~1.0	—	—	0.01	—	0.10	0.004	—	0.30

牌号																	
VW83M	—	余量	0.02	0.10	0.05	—	8.0~9.0	2.8~3.5	0.40~0.6	—	—	0.05	0.01	0.02	0.005	0.01	0.15
VW84M	—	余量	—	1.0~2.0	0.6~1.0	—	7.5~9.0	3.5~5.0	—	—	—	0.05	0.01	0.02	0.005	0.01	0.15
VK41M	—	余量	—	—	—	—	3.8~4.2	—	0.8~1.2	—	—	0.02	0.01	—	—	0.03	0.30
WZ52M	—	余量	—	1.5~2.5	0.35~0.55	—	—	4.0~6.0	0.50~1.5	—	0.15~0.50Cd	0.05	0.01	0.04	0.005	—	0.30
WE43B	—	余量	—	0.20 (Zn+Ag)	0.03	2.0~2.5 其他≤1.9[4]	—	3.7~4.3	0.40~1.0	0.20	—	—	0.01	0.02	0.005	0.01	—
WE43C	—	余量	—	0.06	0.03	2.0~2.5Nd, 其他 0.30~1.0[5]	—	3.7~4.3	0.20~1.0	0.05	—	—	0.005	0.02	0.002	0.01	
WE54A	—	余量	—	0.20	0.03	1.5~2.0Nd, 其他≤2.0[4]	—	4.8~5.5	0.40~1.0	0.20	—	0.01	—	0.03	0.005	0.20	
WE71M	—	余量	—	—	—	0.7~2.5[3]	—	6.7~8.5	0.40~1.0	—	—	0.01	0.05	—	0.004	—	0.30
WE83M	—	余量	0.01	—	0.10	2.4~3.4Nd	—	7.4~8.5	0.40~1.0	—	—	0.01	—	0.10	0.004	—	0.30
WE91M	—	余量	0.10	—	—	0.7~1.9[3]	—	8.2~9.5	0.40~1.0	—	—	0.01	—	—	0.004	—	0.30
WE93M	—	余量	0.10	—	—	2.5~3.7[3]	—	8.2~9.5	0.40~1.0	—	—	0.01	—	—	0.004	—	0.30

（组别：MgY）

（续）

合金组别	牌号	对应ISO 3116：2007的数字牌号	化学成分（质量分数，%）															其他元素①	
			Mg	Al	Zn	Mn	RE	Gd	Y	Zr	Li		Si	Fe	Cu	Ni	单个	总计
MgLi	LA43M	—	余量	2.5~3.5	2.5~3.5	—	—	—	—	—	3.5~4.5	—	0.50	0.05	0.05	—	0.05	0.30
	LA86M	—	余量	5.5~6.5	0.50~1.5	—	—	—	0.50~1.2	—	7.0~9.0	2.0~4.0Cd 0.50~1.5Ag 0.005K 0.005Na	0.10~0.40	0.01	0.04	0.00	—	0.30
	LA103M	—	余量	2.5~3.5	0.8~1.8	—	—	—	—	—	9.5~10.5	—	0.50	0.05	0.05	—	0.05	0.30
	LA103Z	—	余量	2.5~3.5	2.5~3.5	—	—	—	—	—	9.5~10.5	—	0.50	0.05	0.05	—	0.05	0.30

注：1. GB/T 5153—2016《变形镁及镁合金牌号和化学成分》规定的变形镁及镁合金牌号适用于变形镁及镁合金各种加工产品。

2. 牌号表示方法及示例：纯镁牌号以Mg加数字的形式表示，Mg之后的数字表示Mg的质量分数。

镁合金牌号以英文字母加数字再加英文字母的形式表示。前面的英文字母是最主要最主要的合金组成元素代号，其后的数字表示其最主要的合金组成元素的大致含量，最后面的英文字母为标识代号，用以标识各具体组成元素相同或微小差别或元素含量有微小差别的不同合金。镁合金组成元素代号参见表2-2。

示例1：

A	Z	4	1	M

M — 标识代号
1 — 表示Zn的含量（质量分数）大致为1%
4 — 表示Al的含量（质量分数）大致为4%
Z — 代表名义含量（质量分数）次高的合金元素"Zn"
A — 代表名义含量（质量分数）最高的合金元素"Al"

示例2：

- 标识代号
- 表示Zr的含量（质量分数）小于1%
- 表示Zn的含量（质量分数）大致为4%
- 代表名义含量次高的合金元素 "Zr"
- 代表名义含量最高的合金元素 "Zn"

3. 本表中牌号对应 ISO3116：2007 的数字牌号的结构含义如下：

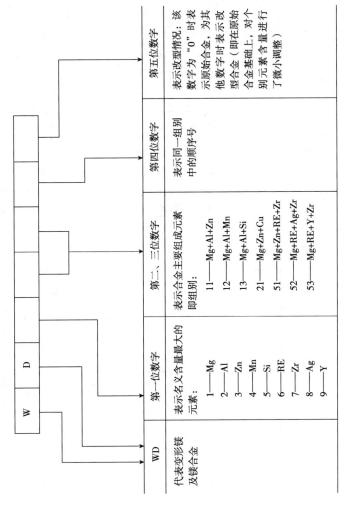

WD				
	W			D
	第一位数字	第二、三位数字	第四位数字	第五位数字
代表变形镁及镁合金	表示名义含量最大的元素： 1——Mg 2——Al 3——Zn 4——Mn 5——Si 6——RE 7——Zr 8——Ag 9——Y	表示合金主要组成元素即组别： 11——Mg+Al+Zn 12——Mg+Al+Mn 13——Mg+Al+Si 21——Mg+Zn+Cu 51——Mg+Zn+RE+Zr 52——Mg+RE+Ag+Zr 53——Mg+RE+Y+Zr	表示同一组别中的顺序号	表示改型情况：该数字为"0"时表示原始合金，为其他数字时表示改型合金（即在原始合金基础上，对个别元素含量进行了微小调整）

① 其他元素省略在本表表头中列出了元素符号，但在本表中却未规定极限数值含量的元素。

② Fe元素含量不大于0.005%时，不必限制Mn元素的最小极限值。

③ 稀土为富铈混合稀土，其中，Ce: 50%; La: 30%; Nd: 15%; Pr: 5%。

④ 其他稀土为中重稀土，如钆、镝、铒、镱。其他稀土源生自钇，典型为80%钇，20%的重稀土。

⑤ 其他稀土为中重稀土，如钆、镝、铒、镱、钐和镥。钆+镝+铒的但含量为0.3%~1.0%。钐的含量不大于0.04%，镥的含量不大于0.02%。

2. 变形镁合金力学性能（见表 2-208 和表 2-209）

表 2-208 变形镁合金的室温力学性能

合金代号	材料品种及状态	抗拉强度 R_m /MPa	规定塑性延伸强度 $R_{p0.2}$ /MPa	伸长率 A_{10} (%)	断面收缩率 Z (%)	弯曲疲劳强度 σ_{-1}/MPa 光滑试样	弯曲疲劳强度 σ_{-1}/MPa 带缺口试样	弹性模量 E /GPa	泊松比 μ	抗剪强度 σ_r /MPa	剪切模量 G /GPa	扭转强度 τ_b /MPa	扭转屈服强度 $\tau_{0.3}$ /MPa	扭转角 φ /(°)	抗压强度 σ_y /MPa	抗压屈服强度 $\sigma_{-0.2}$ /MPa	冲击韧度 a_k /(J/cm²)	布氏硬度 HBW
M2M	挤压棒材	260	180	4.5	6	—	75	40	0.34	130	16	190	—	—	330	120	6	40
	退火板材(300℃退火)	210	120	8	—	—	75	—	—	—	—	—	—	—	—	—	5	45
	模锻件、锻件	245	150	6	—	—	—	—	—	—	—	—	—	—	—	—	—	45
	带材	255	185	9	—	—	6	—	—	—	—	—	—	—	—	—	—	40
	管材	235	150	7	—	—	—	—	—	—	—	—	—	—	—	—	—	40
	型材	180	165	10	—	—	—	—	—	—	—	—	—	—	—	—	—	45
AZ61M	棒材(R)	290	200	16	23	115	95	43.4	0.34	140	16	190	70	309	420	150	7	64
	锻件(M)	280	180	10	13	105	—	43	—	140	—	—	—	—	—	—	7	55
	带材(R)	300	210	13	18	115	—	43	—	145	—	—	—	—	—	—	10	55
	棒材(R)	325	210	14.5	23	120	—	44.6	0.39	150	16	240	105	305	465	—	9.2	76
	锻件(R)	310	215	8	—	129	—	—	—	—	—	—	—	—	—	—	—	70
	(M)	330	220	6	—	110	—	—	—	—	—	—	—	—	—	—	—	70
AZ62M	(C)	350	240	5	—	—	—	45	—	—	—	—	—	—	—	—	—	80
	棒材(R)	330	225	12	—	120	—	—	—	—	—	—	—	—	—	—	—	65
	(M)	340	240	7	—	—	—	—	—	—	—	—	—	—	—	—	—	80
	(C)	350	260	7	—	130	—	—	—	—	—	—	—	—	—	—	—	80
AZ80M	棒材(C)	340	240	15	20	140	110	43	0.34	180	16	210	65	370	470	140	—	64
	锻件(C)	310	220	12	—	—	—	—	—	—	—	212	—	—	—	—	—	—
AZ40M	棒材(R)	270	180	15	—	—	—	43	—	—	—	—	—	—	—	—	—	60
	板材(M)	250	145	20	—	—	—	43	—	—	—	—	—	—	—	—	—	50
AZ41M	棒材(Y1)	310~330	220~240	10~12	—	—	—	40	—	—	—	—	—	—	—	—	—	42
	板材(M)	280~290	180~200	18~20	—	—	—	40	—	—	—	—	—	—	—	—	—	42
AZ61M	棒材(R)	290	200	16	—	—	—	43	—	—	—	—	—	—	—	—	—	64
	锻件(M)	280	180	10	—	—	—	43	—	—	—	—	—	—	—	—	—	55
ME20M	棒材(R)	200~260	150~170	7~10	—	—	—	41	—	—	—	—	—	—	—	—	—	—
	板材(M)	240~270	140~200	11~20	—	—	—	41	—	—	—	—	—	—	—	—	—	55
ZK61M	棒材(R)	335	280	9	—	—	—	43	—	—	—	—	—	—	—	—	—	—
	棒材(C)	310	250	12	—	—	—	43	—	—	—	—	—	—	—	—	—	—

注：本表为参考数据。

表 2-209　变形镁合金的高温力学性能

牌号	材料品种及状态	力学性能	试验温度/℃				
			100	150	200	250	300
AZ40M	挤压棒材	抗拉强度 R_m/MPa	215	190	120	115	75
		规定塑性延伸强度 $R_{p0.2}$/MPa	140	100	70	40	22
		伸长率 A（%）	33	50	65	75	90
	模锻件	抗拉强度 R_m/MPa	210	155	105	80	45
		规定塑性延伸强度 $R_{p0.2}$/MPa	150	90	60	35	25
		伸长率 A（%）	30	45	55	75	125
AZ41M	热轧板 （12~30mm 厚）	抗拉强度 R_m/MPa	238	182	—	—	—
		规定塑性延伸强度 $R_{p0.2}$/MPa	—	—	—	—	—
		伸长率 A（%）	21	46.3	—	—	—
AZ61M	带材 （M）	抗拉强度 R_m/MPa	265	190	150	115	
		规定塑性延伸强度 $R_{p0.2}$/MPa	160	105	80	45	
		伸长率 A（%）	21	28	28	225	—
AZ62M	锻件 （C）	抗拉强度 R_m/MPa	280	200	140	95	70
		规定塑性延伸强度 $R_{p0.2}$/MPa	200	140	90	55	50
		伸长率 A（%）	21	40	50	80	120
	棒材 （C）	抗拉强度 R_m/MPa	240	170	100	90	65
		规定塑性延伸强度 $R_{p0.2}$/MPa	170	120	80	55	—
		伸长率 A（%）	30	45	60	100	145
AZ80M	挤压棒材	抗拉强度 R_m/MPa	220	170	125	85	70
		规定塑性延伸强度 $R_{p0.2}$/MPa	130	100	70	55	35
		伸长率 A（%）	22	30	35	45	85
	棒材 （C）	抗拉强度 R_m/MPa	320	230	150	100	65
		规定塑性延伸强度 $R_{p0.2}$/MPa	220	150	100	60	35
		伸长率 A（%）	20	41	49	83	120
ME20M	挤压棒材 （ϕ18mm 未退火）	持久强度 σ_{100}/MPa	140	120	75	35	—
		蠕变强度 $\sigma_{0.1/100}$/MPa	—	57	30	—	—
	板材（厚 1.5mm， 350℃ 退火 30min）	持久强度 σ_{100}/MPa	130	110	50	20	—
		蠕变强度 $\sigma_{0.1/100}$/MPa	—	50	—	—	—
ZK61M	挤压棒材 （人工时效状态）	抗拉强度 R_m/MPa	260	210	150	105	70
		伸长率 A_{10}（%）	20	28	55	59	62
	挤压带材 （人工时效状态）	抗拉强度 R_m/MPa	260	210	140	—	—
		伸长率 A_{10}（%）	20	28	50	—	—

注：本表数据仅供参考。

3. 变形镁及镁合金的物理性能(见表 2-210)

表 2-210 变形镁及镁合金的物理性能

性　能		合　金　代　号							
		M2M	AZ40M	AZ41M	AZ61M	MZ62M	AZ80M	ME20M	ZK61M
密度 ρ (20℃) / (g/cm³)		1.76	1.78	1.79	1.80	1.84	1.82	1.78	1.80
电阻率 ρ (20℃) /$\mu\Omega \cdot m$		0.0513	0.093	0.120	0.153	0.196	0.162	0.0612	0.0565
比热容 c /[J/(kg·K)]	100℃	1010	1130	1090	1130	—	1130	—	—
	200℃	1050	1170	1130	1210	—	1210	—	—
	300℃	1130	1210	1210	1260	—	1260	—	—
	350℃	1170②	1260	1260	1300	—	1300	—	—
	20~100℃	1050	1050	1050	1050	1050	1050	1050	1030
线胀系数 α_1 /$10^{-6}K^{-1}$	20~100℃	22.29	26.0	26.1	24.4	23.4	26.3	23.61	20.9
	20~200℃	24.19	27.0	—	26.5	25.43	27.1	25.64	22.6
	20~300℃	32.01	27.9	—	31.2	30.18	27.6	30.58	—
热导率 λ /[W/(m·K)]	30℃	125.60	96.3①	96.3	69.08	—	58.62	133.98	117.23①
	100℃	125.60	100.48	—	73.27	—	—	133.98	121.42
	200℃	138.68	104.67	—	79.55	—	—	133.98	125.60
	300℃	133.98	108.86	—	79.55	67.41	75.36	—	125.60

注:本表数据仅供参考。

① 温度为25℃。

② 温度为400℃。

4. 变形镁合金热处理(见表 2-211)

表 2-211 变形镁合金的热处理工艺

合金代号	浇注温度/℃	均匀化退化			热加工温度/℃	退火			淬火			时效		
		温度/℃	保温时间/h	冷却方式		温度/℃	保温时间/h	冷却方式	温度/℃	保温时间/h	冷却方式	温度/℃	保温时间/h	冷却方式
M2M	720~750	410~425	12	空冷	260~450	320~350	0.5	空冷	—	—	—	—	—	—
AZ40M	700~745	390~410	10	空冷	275~450	280~350	3~5	空冷	—	—	—	—	—	—
AZ41M	710~745	380~420	6~8	空冷	250~450	250~280	0.5	空冷	—	—	—	—	—	—
AZ61M	710~730	390~405	10	空冷	250~340	320~350	0.5~4	空冷	—	—	—	—	—	—
AZ62M	710~730	—			280~350	320~350	4~6	空冷	分级加热(1)335±5(2)380±5	2~3 4~10	热水	—	—	—
AZ80M	710~730	390~405	10	空冷	300~400	350~380	3~6	空冷	410~425 410~425 —	2~6 2~6 —	空冷或热水 空冷或热水 —	175~200 — 175~200	8~16 — 8~16	空冷 — 空冷
ME20M	720~750	410~425	12	空冷	280~450	250~350	1	空冷	—	—	—	—	—	—
ZK61M	690~750	360~390	10	空冷	340~420	—	—	—	— 505~515	— 24	— 空冷	170~180 160~170	10~24 24	空冷 空冷

5. 变形镁合金特性及用途(见表 2-212)

表 2-212　变形镁合金的特性及用途

牌号 新	牌号 旧	产品种类	主要特性	用途举例
M2M	MB1	板材、棒材、型材、管材、带材、锻件及模锻件	这类合金属镁-锰系镁合金，其主要特性是： 1) 强度较低，但有良好的耐蚀性；在镁合金中，它的耐蚀性能最好，在中性介质中，无应力腐蚀破裂倾向 2) 室温塑性较低，高温塑性高，可进行轧制、挤压和锻造	用于制造承受外力不大，但要求焊接性和耐蚀性好的零件，如汽油和滑油系统的附件等
ME20M	MB8	板材、棒材、带材、型材、管材、锻件及模锻件	3) 不能热处理强化 4) 焊接性能良好，易于用气焊、氩弧焊、定位焊等方法焊接 5) 同纯镁一样，镁-锰系合金有良好的可加工性，和 M2M 合金比较，ME20M 合金的强度较高，且有较好的高温性能	强度较 M2M 高，常用来代替 M2M 合金使用，其板材可制飞机蒙皮、壁板及内部零件，型材和管材可制造汽油和滑油系统的耐蚀零件，模锻件可制外形复杂的零件
AZ40M	MB2	板材、棒材、型材、锻件及模锻件	这类合金属镁-铝-锌系镁合金，其主要特性是： 1) 强度高，可热处理强化 2) 铸造性能良好 3) 耐蚀性较差，AZ40M 和 AZ41M 合金的应力腐蚀破裂倾向较小，AZ61M、AZ62M、AZ80M 合金的应力腐蚀破裂倾向较大 4) 可加工性良好 5) 热塑性以 AZ40M、AZ41M 合金为佳，可加工成板材、棒材、锻件等各种镁材；AZ62M、AZ80M 合金热塑性较低，主要用作挤压件和锻材 6) AZ40M、AZ41M 合金焊接性较好，可气焊和氩弧焊；AZ61M 合金的焊接性能差；AZ80M 合金焊接性尚好，但需进行消除应力退火	用于制造形状复杂的锻件、模锻件及中等载荷的机械零件
AZ41M	MB3	板材		用作飞机内部组件、壁板
AZ61M	MB5	板材、带材、锻件及模锻件		主要用于制造承受较大载荷的零件
AZ62M	MB6	棒材、型材及锻件		主要用于制造承受较大载荷的零件
AZ80M	MB7	棒材、锻件及模锻件		可代替 AZ62M 使用，用作承受高载荷的各种结构零件
ZK61M	MB15	棒材、型材、带材、锻件及模锻件	为镁-锌-锆系镁合金，具有较高的强度和良好的塑性及耐蚀性，是目前应用最多的变形镁合金之一。无应力腐蚀破裂倾向，热处理工艺简单，可加工性良好，能制造形状复杂的大型锻件，但焊接性能不合格	用作室温下承受高载荷和高屈服强度的零件，如机翼长桁、翼肋等，零件的使用温度不能超过 150℃

注：旧牌号是指 GB/T 5153—1985 中的牌号。

2.6.2 镁及镁合金产品

1. 镁合金热挤压矩形棒材（见表 2-213）

表 2-213 镁合金热挤压矩形棒材牌号、状态及室温纵向力学性能（摘自 YS/T 588—2006）

牌号	供应状态	公称厚度/mm	横截面积/mm²	抗拉强度 R_m/MPa	规定塑性延伸强度 $R_{p0.2}$/MPa	断后伸长率 A（%）	牌号	供应状态	公称厚度/mm	横截面积/mm²	抗拉强度 R_m/MPa	规定塑性延伸强度 $R_{p0.2}$/MPa	断后伸长率 A（%）
				≥							≥		
AZ31B				240		7	M1A	H112	≤6.3	所有	205	—	2
AZ61A	H112	≤6.3	所有	260	145	8	ZK40A	T5			275	255	4
AZ80A				295	195	9	ZK60A	H112	所有	≤3200	295	215	5
	T5			325	205	4		T5			310	250	4

注：1. 本表中牌号的化学成分应符合 GB/T 5153—2016 中的规定。

2. 标准规定矩形棒材的尺寸规格按需方要求由供需双方商定。矩形棒材截面圆角半径、长度偏差、切斜度、扭拧度、弯曲度、横截面的尺寸偏差均在标准 YS/T 588—2006 中做出规定。横截面的宽度范围 10～600mm，厚度范围 2～150mm，其宽和厚度的尺寸偏差分为普通级和高精度级两种，需方要求高精度级时，应在合同中注明，否则按普通级供货，其偏差数值参见原标准。

3. 需方若要求其他牌号的棒材，其力学性能等要求应由供需双方商定，并在合同中注明。

2. 镁合金热挤压棒材（见表 2-214 和表 2-215）

表 2-214 镁合金热挤压棒材的尺寸规格（摘自 GB/T 5155—2013）

棒材直径（方棒、六角棒为内切圆直径）/mm	直径极限偏差/mm			备注
	A 级	B 级	C 级	
5～6	−0.30	−0.48	—	
>6～10	−0.36	−0.58	—	
>10～18	−0.43	−0.70	−1.10	外径要求（±）偏差时，其偏差为本表对应数值绝对值的一半。表中数值为下极限偏差，其上极限偏差为"0"
>18～30	−0.52	−0.84	−1.30	
>30～50	−0.62	−1.00	−1.60	
>50～80	−0.74	−1.20	−1.90	
>80～120	—	−1.40	−2.20	
>120～180	—	—	−2.50	
>180～250	—	—	−2.90	
>250～300	—	—	−3.30	

（棒材直径及极限偏差）

（续）

	直径/mm	弯曲度/mm 不大于						备注
		普通级		高精级		超高精级		
		每米长度上 h_s	全长 $L(m)$ 上 h_t	每米长度上 h_s	全长 $L(m)$ 上 h_t	每米长度上 h_s	全长 $L(m)$ 上 h_t	
棒材弯曲度	>10~100	3.0	3.0×L	2.0	2.0×L			长度不足 1m 的棒材弯曲度按 1m 计算。直径大于 130mm 的棒材弯曲度检查由供需双方协商，并在订货单（或合同）中注明
	>100~120	7.0	7.0×L	5.0	5.0×L	1.05	1.05×L	
	>120~130	10.0	10.0×L	7.0	7.0×L			
棒材长度	直径≤50mm，长度为 1000~6000mm 直径>50mm，长度为 500~6000mm							可按定尺或倍尺交货，长度极限偏差为 $^{+20}_{-0}$（单位为 mm）

注：1. 棒材扭拧度应符合 GB/T 5155—2013 中的规定。

2. 产品标记：棒材的标记按照产品名称、标准编号、合金牌号、状态、规格的顺序表示。标记示例如下：

示例 1　ME20M 合金牌号、H112 状态、直径为 60mm、定尺长度为 4000mm 的棒材标记为：

棒材　GB/T 5155—2013　ME20M-H112　ϕ60×4000

示例 2　ZK61M 合金牌号、T5 状态、直径为 120mm、A 级精度的非定尺六角棒标记为：

棒材　GB/T 5155—2013　ZK61M-T5　六 120　A 级

表 2-215　镁合金热挤压棒材牌号及室温纵向力学性能（摘自 GB/T 5155—2013）

合金牌号	状态	棒材直径（方棒、六角棒内切圆直径）/mm	抗拉强度 R_m/MPa	规定塑性延伸强度 $R_{p0.2}$/MPa	断后伸长率 A（%）
			不小于		
AZ31B	H112	≤130	220	140	7.0
AZ40M	H112	≤100	245	—	6.0
		>100~130	245	—	5.0
AZ41M	H112	≤130	250	—	5.0
AZ61A	H112	≤130	260	160	6.0
AZ61M	H112	≤130	265	—	8.0
AZ80A	H112	≤60	295	195	6.0
		>60~130	290	180	4.0
	T5	≤60	325	205	4.0
		>60~130	310	205	2.0
ME20M	H112	≤50	215	—	4.0
		>50~100	205	—	3.0
		>100~130	195	—	2.0
ZK61M	T5	≤100	315	245	6.0
		>100~130	305	235	6.0
ZK61S	T5	≤130	310	230	5.0

注：1. 棒材各牌号的化学成分应符合 GB/T 5153 的规定。

2. 直径大于 130mm 的棒材的力学性能附实测结果。

3. 镁合金热挤压型材(见表 2-216)

表 2-216　镁合金热挤压型材的牌号和力学性能(摘自 GB/T 5156—2013)

合金牌号	供货状态	产品类型	抗拉强度 R_m/MPa	规定塑性延伸强度 $R_{p0.2}$/MPa	断后伸长率 A（%）	硬度 HBW
			不小于			
AZ31B	H112	实心型材	220	140	7.0	—
		空心型材	220	110	5.0	—
AZ40M	H112	型材	240	—	5.0	—
AZ41M	H112	型材	250	—	5.0	45
AZ61A	H112	实心型材	260	160	6.0	—
		空心型材	250	110	7.0	—
AZ61M	H112	型材	265	—	8.0	50
AZ80A	H112	型材	295	195	4.0	—
	T5	型材	310	215	4.0	—
ME20M	H112	型材	225	—	10.0	40
ZK61M	T5	型材	310	245	7.0	60
ZK61S	T5	型材	310	230	5.0	—

注：1. AZ31B、AZ61A、AZ80A 的力学性能仅供参考。

　　2. 截面积大于 $140cm^2$ 的型材力学性能附实测结果。

　　3. 型材的室温纵向力学性能应符合表中的规定，一般情况下，只测力学性能，当无法取力学性能试样时，可做布氏硬度。

　　4. 型材长度为定尺时，允许偏差为+20mm。以倍尺交货的型材，长度偏差为+20mm，每个倍尺留 5mm 锯口。不要求定尺交货的型材，交货长度为 1000mm~6000mm。对以上尺寸偏差有特殊要求时，须在合同中注明。

4. 镁合金热挤压管材(见表 2-217)

表 2-217　镁合金热挤压管材的牌号、状态、力学性能及尺寸规格(摘自 YS/T 495—2005)

牌号、状态及室温纵向力学性能	牌号	状态	管材壁厚/mm	抗拉强度 R_m/MPa	规定塑性延伸强度 $R_{p0.2}$/MPa	断后伸长率 A（%）	牌号	状态	管材壁厚/mm	抗拉强度 R_m/MPa	规定塑性延伸强度 $R_{p0.2}$/MPa	断后伸长率 A（%）
				≥						≥		
	AZ31B	H112	0.7~6.3	220	140	8	ZK61S	H112	0.7~20	275	195	5
			>6.3~20			4		T5	0.7~6.3	315	260	4
	AZ61A		0.7~20	250	110	7			2.5~30	305	230	
	M2S			195	—	2						

尺寸规格	圆管	直径（外径或内径）≤12.5~200mm，其直径极限偏差应符合 YS/T 495 的规定
		公称壁厚≤1.2~100mm，其壁厚极限偏差应符合 YS/T 495 的规定
	正方形管、矩形管、正六角形管和正八角形管	公称宽度或高度>12.5~180mm，其宽度或高度极限偏差应符合 YS/T 495 的规定
		公称壁厚<1.2~50mm，其壁厚极限偏差应符合 YS/T 495 的规定

注：壁厚<1.6mm 的管材不要求规定塑性延伸强度。

5. 镁合金板材和带材(见表 2-218)

表 2-218 镁合金板材和带材的牌号、尺寸规格及力学性能(摘自 GB/T 5154—2010)

	牌号 (旧牌号)	状态	规格/mm		
			厚度	宽度	长度
产品牌号、状态及尺寸规格	Mg99.00(Mg2)	H18	0.20	3.0~6.0	≥100.0
	M2M(MB1)	O	0.80~10.00	400~1200	1000~3500
	AZ40M(MB2)	H112、F	>8.00~70.00	400~1200	1000~3500
	AZ41M(MB3)	H18、O	0.40~2.00	≤1000	≤2000
		O	>2.00~10.00	400~1200	1000~3500
		H112、F	>8.00~70.00	400~1200	1000~2000
	AZ31B	H24	>0.40~2.00	≤600	≤2000
			>2.00~4.00	≤1000	≤2000
			>8.00~32.00	400~1200	1000~3500
			>32.00~70.00	400~1200	1000~2000
		H26	6.30~50.00	400~1200	1000~2000
		O	>0.40~1.00	≤600	≤2000
			>1.00~8.00	≤1000	≤2000
			>8.00~70.00	400~1200	1000~2000
		H112、F	>8.00~70.00	400~1200	1000~2000
	ME20M(MB8)	H18、O	0.40~0.80	≤1000	≤2000
		H24、O	>0.80~10.00	400~1200	1000~3500
		H112、F	>8.00~32.00	400~1200	1000~3500
			>32.00~70.00	400~1200	1000~2000

	牌号 (旧牌号)	状态代号 (旧代号)	板材厚度/mm	抗拉强度 R_m/MPa	规定塑性延伸强度 $R_{p0.2}$/MPa	规定塑性压缩强度 $R_{pc0.2}$/MPa	断后伸长率(%)	
							$A_{5.65}$	A_{50mm}
				≥				
板材室温力学性能	M2M (MB1)	O (M)	0.80~3.00	190	110	—	—	6.0
			>3.00~5.00	180	100	—	—	5.0
			>5.00~10.00	170	90	—	—	5.0
		H112 (R)	8.00~12.50	200	90	—	—	4.0
			>12.50~20.00	190	100	—	4.0	—
			>20.00~70.00	180	110	—	4.0	—
	AZ40M (MB2)	O (M)	0.80~3.00	240	130	—	—	12.0
			>3.00~10.00	230	120	—	—	12.0
		H112 (R)	8.00~12.50	230	140	—	—	10.0
			>12.50~20.00	230	140	—	8.0	—
			>20.00~70.00	230	140	70	8.0	—
	AZ41M (MB3)	H18(Y)	0.40~0.80	290	—	—	—	2.0
		O (M)	0.40~3.00	250	150	—	—	12.0
			>3.00~5.00	240	140	—	—	12.0
			>5.00~10.00	240	140	—	—	10.0
		H112 (R)	8.00~12.50	240	140	—	—	10.0
			>12.50~20.00	250	150	—	6.0	—
			>20.00~70.00	250	140	80	10.0	—

（续）

牌号（旧牌号）	状态代号（旧代号）	板材厚度/mm	抗拉强度 R_m/MPa	规定塑性延伸强度 $R_{p0.2}$/MPa	规定塑性压缩强度 $R_{pc0.2}$/MPa	断后伸长率(%) $A_{5.65}$	断后伸长率(%) A_{50mm}
					≥		
AZ31B	O（M）	0.40~3.00	225	150	—	—	12.0
		>3.00~12.50	225	140	—	—	12.0
		>12.50~70.00	225	140	—	10.0	—
	H24（Y₂）	0.40~8.00	270	200	—	—	6.0
		>8.00~12.50	255	165	—	—	8.0
		>12.50~20.00	250	150	—	8.0	—
		>20.00~70.00	235	125	—	8.0	—
	H26（Y₃）	6.30~10.00	270	186	—	—	6.0
		>10.00~12.50	265	180	—	—	6.0
		>12.50~25.00	255	160	—	6.0	—
		>25.00~50.00	240	150	—	5.0	—
	H112（R）	8.00~12.50	230	140	—	—	10.0
		>12.50~20.00	230	140	—	8.0	—
		>20.00~32.00	230	140	70	8.0	—
		>32.00~70.00	230	130	60	8.0	—
ME20M（MB8）	H18(Y)	0.40~0.80	260	—	—	—	2.0
	H24（Y₂）	>0.80~3.00	250	160	—	—	8.0
		>3.00~5.00	240	140	—	—	7.0
		>5.00~10.00	240	140	—	—	6.0
	O（M）	0.40~3.00	230	120	—	—	12.0
		>3.0~10.00	220	110	—	—	10.0
	H112（R）	8.0~12.50	220	110	—	—	10.0
		>12.5~20.0	210	110	—	10.0	—
		>20.0~32.0	210	110	70	7.0	—
		>32.0~70.0	200	90	50	6.0	—

板材室温力学性能

注：1. 产品各牌号的化学成分应符合 GB/T 5153 的规定。

2. 产品厚度、宽度、长度尺寸的极限偏差应符合 GB/T 5154—2010 的规定。

3. 板材的平面度应符合 GB/T 5154—2010 的规定。

4. 本表中牌号及状态对应的旧牌号及旧状态代号系根据 GB/T 5154—2010 的资料参考性附录对照表。

5. 产品的化学成分和室温力学性能应符合本表规定。

6. 标记示例：产品标记按产品名称、牌号、状态、规格和标准编号的顺序表示，标记示例如下：

示例 1　AZ41M 牌号、H112 状态、厚度为 30mm、宽度为 1000mm、长度 2500mm 的板材标记为：

镁板　AZ41M-H112　30×1000×2500　GB/T 5154—2010

示例 2　Mg99.00 牌号、O 状态、厚度为 0.20mm、宽度为 5mm 的带材标记为：

镁带　Mg99.00-O　0.20×5　GB/T 5154—2010

6. 镁合金锻件（见表 2-219～表 2-221）

表 2-219　镁合金锻件的牌号及化学成分（摘自 GB/T 26637—2011）

元素	化学成分(质量分数,%)			
	合金 AZ31B（UNS No. M11311）	合金 AZ61A（UNS No. M11610）	合金 AZ80A（UNS No. M11800）	合金 ZK60A（UNS No. M16600）
Mg	余量	余量	余量	余量
Al	2.5~3.5	5.8~7.2	7.8~9.2	—
Mn	0.20~1.0	0.15~0.5	0.12~0.5	—
Zn	0.6~1.4	0.40~1.5	0.20~0.8	4.8~6.2
Zr	—	—	—	≤0.45

（续）

元素	化学成分（质量分数,%）			
	合金 AZ31B （UNS No. M11311）	合金 AZ61A （UNS No. M11610）	合金 AZ80A （UNS No. M11800）	合金 ZK60A （UNS No. M16600）
Si	≤0.10	≤0.10	≤0.10	—
Cu	≤0.05	≤0.05	≤0.05	—
Ni	≤0.005	≤0.005	≤0.005	—
Fe	≤0.005	≤0.005	≤0.005	—
Ca	≤0.04	—	—	—
其他杂质	≤0.30	≤0.30	≤0.30	≤0.30

注：1. 本表合金牌号与 ASTM B951《非合金化镁和镁合金铸件及锻件规范》一致。

2. 供方可采用熔炼分析、半成品、成品分析的方法进行化学成分分析。化学成分应符合本表规定。若供方在生产过程中确认了合金的化学成分，可以不进行成品的抽样检查。

3. 应对本表中列出的元素进行常规分析。当怀疑或显示存在其他元素含量超出表中范围时，应进行进一步分析以确定这些元素是否超出极限。

4. 为便于接收或退货，宜将测量值或分析后计算值修正至最接近于本表中所列数值范围修正至小数点最后一位。

表 2-220　镁合金锻件的力学性能（摘自 GB/T 26637—2011）

合金牌号	状态	R_m 不小于		$R_{p0.2}^{①}$ 不小于		伸长率(%) 不小于
		MPa	(kis)	MPa	(kis)	δ_4
AZ31B	F	234	(34.0)	131	(19.0)	6
AZ61A	F	262	(38.0)	152	(22.0)	6
AZ80A	F	290	(42.0)	179	(26.0)	5
AZ80A	T5	290	(42.0)	193	(28.0)	2
ZK60A 模锻件[②]	T5	290	(42.0)	179	(26.0)	7
ZK60A 模锻件[②]	T6	296	(43.0)	221	(32.0)	4

注：为保证与 GB/T 26637 标准的一致性，每一抗拉强度值和屈服强度值均应修正至 0.7MPa(0.1kis)，每一伸长率值均应修正至最接近 0.5%，且应按照 ASTME29 中的圆整方法进行修正。

① 镁基合金的屈服强度定义为应力-应变曲线偏移模数线 0.2% 的应力。它可由试验方法 ASTMB557 所描述的偏距法或引伸计法（后者常指"无应力-应变图的近似法"）测定。

② 只适用于厚度不大于 76mm(3in.) 的模锻件。自由锻件的抗拉强度要求可以降低，但应由供需双方商定。

表 2-221　镁合金锻件单位变形值[①]（摘自 GB/T 26637—2011）

合金牌号	热处理状态	$R_{p0.2}$(偏移量 0.2%)/MPa(kis) ≥	标尺长度的单位变形量/ (mm/mm)(in./in.)
AZ31B	F	131(19.0)	0.0049
AZ61A	F	152(22.0)	0.0054
AZ80A	F	179(26.0)	0.0060
AZ80A	T5	193(28.0)	0.0063
ZK60A 模锻件	T5	179(26.0)	0.0060

注：1. 每个尺寸范围的标准力学性能限值是以完全加工过的生产性材料的数据分析为基础，并建立在一个水平上，在该水平上，由来自本尺寸范围内的所有完全加工过的材料得到的所有数值中至少有99%的部分达到确定值。"完全加工"的概念是指在锻造期间，材料通过充分加工以得到最大性能，加工量较小的材料将有相应较低的性能。

2. 合金 AZ31B 的比重约为 1.77，与其他合金相比，该合金具有较好的锻压特性，可在锤和机械压力机上加工。

3. 合金 AZ61A 的比重约为 1.81，可锻性和力学性能在合金 AZ31B 和 AZ80A 之间。

4. 合金 AZ80A 的比重约为 1.83，用于生产设计相对简单且要求最大力学性能的热压锻件。

5. 合金 ZK60A 的比重约为 1.83，具有非常好的锻压特性，且锻造镁合金的强度与韧性都达到最好。

6. 镁基合金的屈服强度定义为应力-应变曲线偏移模数线 0.2% 的应力。它可由试验方法 ASTM B 557 所描述的偏距法或引伸计法（后者常指"无应力-应变图的近似法"）测定。

7. 铬酸处理增强了装运和贮藏期间表面的抗生锈和抗腐蚀能力。处理后，锻件颜色从暗淡的青铜色变为亮黄色。颜色随合金和时效的改变而变化。

① 表中给出的单位变形量在弹性模量 $E = 4.48GPa$（6500000psi）时采用引伸计法。

2.7 镍及镍合金

2.7.1 镍及镍合金牌号、特性、应用

1. 加工镍及镍合金牌号、特性、应用（见表2-222）

表2-222 加工镍及镍合金的牌号、化学成分（摘自 GB/T 5235—2007）

组别	名称	牌号	元素	化学成分（质量分数，%）											产品形状
				Ni+Co	Cu	Si	Mn	C	Mg	S	P	Fe	其他元素（最大值）	杂质总和	
纯镍	二号镍	N2	最小值	99.98	—	—	—	—	—	—	—	—	Pb、Bi、Sb、Cd 各为 0.0003，Zn 为 0.002，As、Sn 为 0.001	—	板、带、箔
			最大值	—	0.001	0.003	0.002	0.005	0.003	0.001	0.001	0.007		0.02	
	四号镍	N4	最小值	99.9	—	—	—	—	—	—	—	—	Pb、Bi、As、Sb、Cd、Sn 各为 0.005，Zn 为 0.005	—	板、带、箔
			最大值	—	0.015	0.03	0.002	0.01	0.01	0.001	0.001	0.04		0.1	
	五号镍	N5（NW2201）（N02201）	最小值	99.0	—	—	—	—	—	—	—	—	Cr 为 0.2	—	板、带、箔
			最大值	—	0.25	0.30	0.35	0.02	—	0.01	—	0.40		—	
	六号镍	N6	最小值	99.5	—	—	—	—	—	—	—	—	Pb、Bi、Sb、Cd、Sn 各为 0.002，Zn 为 0.007	—	板、带、箔、管、棒、线
			最大值	—	0.10	0.10	0.05	0.10	0.10	0.005	0.002	0.10		0.5	
	七号镍	N7（NW2200）（N02200）	最小值	99.0	—	—	—	—	—	—	—	—	Cr 为 0.2	—	板、带、箔
			最大值	—	0.25	0.30	0.35	0.15	—	0.01	—	0.40		—	
	八号镍	N8	最小值	99.0	—	—	—	—	—	—	—	—	—	—	板、带、棒、线
			最大值	—	0.15	0.15	0.20	0.20	0.10	0.015	—	0.30		1.0	
	九号镍	N9	最小值	98.63	—	—	—	—	—	—	—	—	Pb、Bi、As、Sb、Cd、Sn 各为 0.002，Zn 为 0.007	—	板、带、箔
			最大值	—	0.25	0.35	0.35	0.02	0.10	0.005	0.002	0.4		0.5	
镍铜合金	40-2-1 镍铜合金	NCu40-2-1	最小值	余量	38.0	—	1.25	—	—	—	—	0.2	Pb 0.006	—	板、带、管、线、棒
			最大值		42.0	0.15	2.25	0.30	—	0.02	0.005	1.0			
	28-1-1 镍铜合金	NCu28-1-1	最小值	余量	28	—	1.0	—	—	—	—	1.0	—	—	板、带
			最大值		32	—	1.4	—	—	—	—	1.4			
	28-2.5-1.5 镍铜合金	NCu28-2.5-1.5	最小值	余量	27.0	—	1.2	—	—	—	—	2.0	Bi、Sb 各为 0.002，Pb 为 0.003，As 为 0.010	—	板、带、管、棒、线
			最大值		29.0	0.1	1.8	0.20	0.10	0.02	0.005	3.0			

注：GB/T 5235—2007 共有 30 个牌号，本表只摘录了部分牌号及化学成分，其他牌号及化学成分参见标准原件。

2. 加工镍及镍合金的力学性能（见表 2-223~表 2-225）

表 2-223　加工镍及镍合金的室温力学性能

性能		N2、N4、N6、N8	NMn3	NMn5	NCr10	NCu28-2.5-1.5（蒙乃尔合金）
性能		合金代号				
弹性模量 E/GPa		210~230	210	210	—	182
切变模量 G/GPa		73	—	—	—	—
抗拉强度 R_m/MPa	软材	300~600	500	550~600[①]	600~700	450~500
	硬材	500~900	1000	—	1100	600~850
规定塑性延伸强度 $R_{p0.2}$/MPa	软材	120	165~220[①]	180~240[①]	—	240
	硬材	700	—	—	—	630~800
断后伸长率 A（%）	软材	10~30	40	40~45[①]	35~45	25~40
	硬材	2~20	2	—	3	2~3
布氏硬度 HBW	软材	90~120	140[①]	147[①]	150~200	135
	硬材	120~240	—	—	300	210

注：本表为参考资料。

① 热轧状态下所测数据。

表 2-224　NCu28-2.5-1.5 合金的高温力学性能

温度/℃	室温	93	149	204	260	316	371	427	483	538
规定塑性延伸强度 $R_{p0.2}$/MPa	227	210	191	181	179	177	179	181	132	162
抗拉强度 R_m/MPa	586	557	539	536	540	558	525	490	431	378
断后伸长率 A（%）	45	43.5	43	42	44	45.5	47.5	49	42	41
弹性模量 E/GPa	182	180.6	179.9	178.5	175	170.8	164.5	156.2	143.5	112

注：本表为参考资料。

表 2-225　NCu28-2.5-1.5 合金的低温力学性能

温度/℃	$R_{p0.2}$/MPa	R_m/MPa	A（%）	温度/℃	$R_{p0.2}$/MPa	R_m/MPa	A（%）
20	150	500	41	−80	190	600	40
−10	180	540	48	−120	200	640	41
−40	180	560	47	−180	210	790	51

注：1. 表中数据为合金软状态下所测数据。

2. 本表为参考资料。

3. 加工镍及镍合金的物理性能（见表 2-226）

表 2-226　加工镍及镍合金的物理性能

性能	N2	N4	N6	N8	NMn3	NMn5	NCr10	NCu28-2.5-1.5（蒙乃尔合金）
性能	合金代号							
密度 ρ/（g/cm^3）	8.91	8.90	8.89	8.90	8.90	8.76	8.70	8.80
熔点/℃	1455	—	1435~1446	—	1442	1412	1437	1350

（续）

性能		合金代号							
		N2	N4	N6	N8	NMn3	NMn5	NCr10	NCu28-2.5-1.5 （蒙乃尔合金）
比热容 c/[J/(kg·K)](20℃)		461	440	456	459	—	—		532[④]
热导率 λ/[W/(m·K)]		82.90	59.45	67.41	59.45	53.17	48.15	—	25.12[⑤]
电阻率 ρ/10⁻⁶Ω·m		7.16[①]	6.84[①]	9.50[①]	8.2~ 9.2[①]	0.140	0.195	0.6~ 0.7	0.482
电阻温度系数 α_P/℃⁻¹	20~100℃	0.0038[②]	0.0069	0.0027[②]	0.0052~ 0.0069	0.0042	0.036	0.00048	0.0019
	20~1000℃	—	—	—	—		0.0024		
线胀系数 α_l/10⁻⁶K⁻¹	0~100℃	—	—	—	13.7	13.4	13.7	12.8	—
	25~100℃	—	13.3	—					14
	25~300℃	16.7[③]	14.4	15.3[③]					15
居里点/℃		353	360	360					27~95

注：本表为参考资料。
① 计量单位为 μΩ·cm。
② 计量单位为 10⁻²μΩ·m/℉。
③ 20~540℃时的热胀系数。
④ 200~400℃时的比热容。
⑤ 0~100℃时的热导率。

4. 镍及镍合金的耐蚀性能（见表 2-227 和表 2-228）

表 2-227　镍的耐蚀性能

腐蚀介质名称	含量 （质量分数,%）	温度/℃	腐蚀速度 /(mm/a)	备　注
硫酸	5	30	0.06	当搅动溶液和溶液被空气饱和时，腐蚀速度显著增加
	5	60	0.24	
	5	102	0.84	
	10	20	0.043	
	10	77	0.3	
	10	103	3	
	20	20	0.1	
	20	105	2.82	
	95	20	1.8	
盐酸	10	30	0.3	—
	20	30	1	
	30	30	2	
	0.5	100	7.72	
	1	100	17.2	
	5	100	146	

（续）

腐蚀介质名称	含量 （质量分数，%）	温度/℃	腐蚀速度 /（mm/a）	备　注
磷酸	稀释的	20	0.3	纯的
	85	95	14	—
	稀释的	80	20	不干净的
亚硫酸	1（SO$_2$）	20	1.4	
氢氟酸	6	76	8.94	
	10	10~20	0.0025	
	48	80	0.558	
乙酸	6	30	0.1	吹风时腐蚀速度显著增加
	50	20	0.25	
	5	沸腾	0.28	
	50	沸腾	0.48	
	99.9	沸腾	0.364	
脂肪酸	—	227	0.1	油酸和硬脂酸
苯酚	—	53	0.0018	—
中性和碱性盐溶液	—	加热	0.013	硫酸盐、盐酸盐、硝酸盐、乙酸盐、碳酸盐等
氯化钠	饱和溶液	95	0.53	中性溶液
氯化铝	28~40	102	0.21	由水解产生的酸性溶液
硫化氢溶液	饱和溶液	25	0.048	—
硫酸铝	57	115	1.5	由水解产生的酸性溶液
硫酸锌	—	105	0.64	
四氯化碳	带有水分	25	0.0005	若无水分，则在沸腾时耐蚀性还相当高
三氯乙烯	带有水分	25	0.01	—

注：本表为参考资料。

表 2-228　NCu28-2.5-1.5 镍铜合金的耐蚀性能

腐蚀介质名称	含量（质量分数，%）	温度/℃	腐蚀速度/（mm/a）	备注
工业区大气	—	—	0.003~0.0015	—
海洋大气	—	—	0.0002~0.0008	—
天然淡水	—	—	<0.003	—
天然海水	—	—	0.025~0.008	—
酸性地下水	—	—	0.36~2.8	—
蒸汽凝结水	—	—	<0.003	无空气和二氧化碳
	—	—	1.52	有空气和二氧化碳

（续）

腐蚀介质名称	含量(质量分数,%)	温度/℃	腐蚀速度/(mm/a)	备注
硫酸	5	30	1.246	被空气饱和的
	5	101	0.066	—
	10	102	0.061	—
	20	104	0.19	—
	50	123	13.16	—
	75	182	43	—
	96	295	83.3	—
盐酸	10	30	2.2	—
	20	30	3	—
	30	30	8	—
	0.5	沸腾	0.74	—
	1.0	沸腾	1.07	—
	5.0	沸腾	6.2	—
氢氟酸	6	76	0.02	—
	25	30	0.005	—
	25	80	0.061	—
	50	80	0.015	—
	100	50	0.013	—
乙酸	50	20	0.3~0.6	最大腐蚀
	5	沸腾	0.033	未被空气饱和
	50	沸腾	0.053	未被空气饱和
	98	沸腾	0.048	未被空气饱和
	99.9	沸腾	0.157	未被空气饱和
脂肪酸		260	0.1	带水层的油酸和硬脂酸
氢氧化钠	5~50	20~100	0.001~0.015	—
	70	90~115	0.028	沸腾时
	60~75	150~175	0.12	沸腾时
	60~98	150~260	0.34	沸腾时
	60~98	400	1.25	沸腾时
氯化钠	饱和溶液	95	0.066	溶液水解成碱性
氯化铵	30~40	102	0.3	溶液水解成碱性
硝酸钠	27	50	0.05	—
硫酸锌	35	105	0.51	—
四氯化碳		30	0.003	—
三氯甲烷		30	0.0005	—
三氯乙烯		30	0.018	—

注：本表为参考资料。

5. 加工镍及镍合金性能特点及应用（见表 2-229）

表 2-229　加工镍及镍合金的性能特点及应用

组别	牌号	代号	性能特点及应用
纯镍	二号镍 四号镍 六号镍 八号镍	N2 N4 N6 N8	纯镍力学性能好，熔点为 1455℃，具有良好的冷加工和热加工性能，耐蚀性优良，是耐热浓碱溶液的最佳材料，耐中性和微酸性溶液以及有机溶剂，在大气、淡水和海水中具有良好的化学稳定性，无毒，能耐果酸，但不耐氧化性酸和高温含硫气体的腐蚀。用于制作机械工业中耐蚀结构件、化工设备中耐蚀结构件、医疗器械、食品餐具器皿、电子管及无线电设备零件等。
镍铜合金	28-2.5-1.5 镍铜合金 （蒙乃尔合金）	NCu28-2.5-1.5	力学性能高于纯镍，具有良好的加工性能，耐高温性能好，在 750℃ 以下的大气中具有良好的稳定性，在 500℃ 高温时具有足够的强度，耐蚀性能与纯镍、铜相近，通常还优于镍和铜，特别是耐氢氟酸性能很高。用于制作要求高耐蚀性和高强度的零件、高压充油电缆、供油槽、加热设备和医疗器械零件等。
	40-2-1 镍铜合金	NCu40-2-1	耐蚀性能优良，无磁性。用于制作抗磁零件

2.7.2　镍及镍合金产品

1. 镍及镍合金棒（见表 2-230~表 2-233）

表 2-230　镍及镍合金棒的牌号、状态、尺寸规格（摘自 GB/T 4435—2010）

牌号	状态	直径/mm	长度/mm
N4、N5、N6、N7、N8、 NCu28-2.5-1.5、 NCu30-3-0.5、 NCu40-2-1、 NMn5、NCu30、 NCu35-1.5-1.5	Y（硬） Y$_2$（半硬） M（软）	3~65	300~6000
	R（热加工）	6~254	

注：各牌号的化学成分应符合 GB/T 5235 的规定。

表 2-231　镍及镍合金冷加工棒材的直径、极限偏差（摘自 GB/T 4435—2010）　（单位:mm）

直　　径	极限偏差	
	高精级（±）	普通级（±）
3~6	0.03	0.05
>6~10	0.04	0.06
>10~18	0.05	0.08
>18~30	0.06	0.10
>30~50	0.09	0.13
>50~65	0.12	0.16

注：1. 冷加工棒材的供货长度参见表 2-232 注 1 的规定。

　　2. 冷加工棒材的标记示例参见表 2-232 注 2 的规定。

表 2-232　镍及镍合金热加工棒材的直径、极限偏差(摘自 GB/T 4435—2010)　　　（单位：mm）

直径	极限偏差				锻造
	挤压		热轧		
	高精级（±）	普通级（±）	+	−	
6~15	0.60	0.80	0.60	0.50	±1.00
>15~30	0.75	1.00	0.70	0.50	±1.50
>30~50	1.00	1.20	1.50	1.00	±2.00
>50~80	1.20	1.55	2.00	1.00	±3.00
>80~120	1.55	2.00	2.20	1.20	±3.50
>120~160	—	—	—	—	±5.00
>120~200	—	—	—	—	±6.50
>200~254	—	—	—	—	±7.00

注：1. 棒材直径为 3~30mm 时供货长度为 1000~6000mm，直径为 30~254mm 时供货长度为 300~6000mm，长度极限偏差为 $^{+15mm}_{0}$。倍尺长度应加入锯切分段时的锯切量，每一锯切量为+5mm；定尺或倍尺长度应在不定尺范围内，并在合同中注明，否则按不定尺长度供货。

2. GB/T 4435 镍及镍合金冷、热加工棒材的标记示例如下：

示例 1　用 N6 制造的、供应状态为 R、普通级、直径为 40mm、长度为 2000mm 的圆形棒材标记为：

棒 N6 R　ϕ40×2000　GB/T 4435—2010

示例 2　用 NCu40-2-1 制造的、供应状态为 Y、高精级、直径为 15mm 的圆形棒材标记为：

棒 NCu40-2-1 Y 高　ϕ15×L　GB/T 4435—2010

表 2-233　镍及镍合金棒材的力学性能(摘自 GB/T 4435—2010)

牌号	状态	直径/mm	抗拉强度 R_m/MPa	伸长率 A（%）
			≥	
N4、N5、N6、N7、N8	Y	3~20	590	5
		>20~30	540	6
		>30~65	510	9
	M	3~30	380	34
		>30~65	345	34
	R	32~60	345	25
		>60~254	345	20
NCu28-2.5-1.5	Y	3~15	665	4
		>15~30	635	6
		>30~65	590	8
	Y_2	3~20	590	10
		>20~30	540	12
	M	3~30	440	20
		>30~65	440	20
	R	6~254	390	25

（续）

牌号	状态	直径/mm	抗拉强度 R_m/MPa	伸长率 A（%）
			≥	≥
NCu30-3-0.5	Y	3~20	1000	15
		>20~40	965	17
		>40~65	930	20
	R	6~254	实测	实测
	M	3~65	895	20
NCu40-2-1	Y	3~20	635	4
		>20~40	590	5
	M	3~40	390	25
	R	6~254	实测	实测
NMn5	M	3~65	345	40
	R	32~254	345	40
NCu30	R	76~152	550	30
		>152~254	515	30
	M	3~65	480	35
	Y	3~15	700	8
	Y_2	3~15	580	10
		>15~30	600	20
		>30~65	580	20
NCu35-1.5-1.5	R	6~254	实测	实测

注：棒材适于化工、电子等行业使用。

2. 镍及镍合金线和拉制线坯（见表 2-234~表 2-236）

表 2-234　镍及镍合金线和拉制线坯的牌号、规格及圆线直径允许偏差（摘自 GB/T 21653—2008）

	牌 号	状 态	直径（对边距）/mm	牌 号	状 态	直径（对边距）/mm
牌号、状态及规格	NCu28-2.5-1.5、NMn3、NCu40-2-1、NMn5、NCu30（NW4400）	Y（硬）、M（软）	0.05~10.0	NCu30-3-0.5（NW5500）	CYS（淬火、冷加工、时效）	0.5~7.0
	N4、N6、N8、N5（NW2201）、N7（NW2200）	Y（硬）、Y_2（半硬）、M（软）	0.03~10.0	NMg0.1、NSi0.19、NSi3、DN	Y（硬）、Y_2（半硬）、M（软）	0.03~10.0
圆线直径及极限偏差	直径/mm	直径极限偏差/mm		直径/mm	直径极限偏差/mm	
	0.03	±0.0025		>1.2~2.0	±0.03	
	>0.03~0.10	±0.005		>2.0~3.2	±0.04	
	>0.10~0.40	±0.006		>3.2~4.8	±0.05	
	>0.40~0.80	±0.013		>4.8~8.0	±0.06	
	>0.80~1.2	±0.02		>8.0~10.0	±0.07	

注：1. 线材截面分为圆形、方形和六角形三种。
2. 经供需双方协商，可供其他牌号和规格线材，具体要求应在合同中注明。
3. 镍及镍合金线材和拉制线坯的化学成分应符合 GB/T 5235 的规定。
4. 经供需双方协商，可供其他规格和允许偏差的线材。
5. 当需方要求单向偏差时，其数值为表中数值的 2 倍。
6. 圆形拉制线坯的直径允许偏差不应超过规定直径的±0.4mm。
7. 圆线的圆度不得超过其直径允许偏差之半。
8. 方形和六角形线材的尺寸偏差应由供需双方商定。

表 2-235　镍及镍合金线和拉制线坯的力学性能（摘自 GB/T 21653—2008）

牌　号	状态	直径（对边距）/mm	抗拉强度 R_m/MPa	伸长率 A_{100mm}（%）≥	牌　号	状态	直径（对边距）/mm	抗拉强度 R_m/MPa	伸长率 A_{100mm}（%）≥
N4	Y	0.03~0.09	780~1275	—	NCu28-2.5-1.5、NCu30(NW4400)	Y	0.05~3.20	≥770	—
		>0.09~0.50	735~980	—			>3.20~10.0	≥690	—
		>0.50~1.00	685~880	—		M	0.05~0.45	≥480	20
		>1.00~6.00	535~835	—			>0.45~10.0	≥480	25
		>6.00~10.00	490~785	—	NCu40-2-1	Y	0.1~10.0	≥635	—
	Y_2	0.10~0.50	685~885	—		M	0.1~1.0	≥440	10
		>0.50~1.00	580~785	—			>1.0~5.0	≥440	15
		>1.00~10.00	490~640	—			>5.0~10.00	≥390	25
	M	0.03~0.20	≥370	15	NMn3[①]	Y	0.5~6.0	≥685	—
		>0.20~0.50	≥340	20		M		≤640	20
		>0.50~1.00	≥310	20	NMn5[①]	Y	0.5~6.0	≥735	—
		>1.00~10.00	≥290	25		M		≤735	18
N6、N8	Y	0.03~0.09	880~1325	—	NCu30-3-0.5（NW5500）	CYS[②]	0.5~7.0	≥900	—
		>0.09~0.50	830~1080	—	NMg0.1、NSi0.19、NSi3、DN	Y	0.03~0.09	880~1325	—
		>0.50~1.00	735~980	—			>0.09~0.50	830~1080	—
		>1.00~6.00	640~885	—			>0.50~1.00	735~980	—
		>6.00~10.00	585~835	—			>1.00~6.00	640~885	—
	Y_2	0.10~0.50	780~980	—			>6.00~10.00	585~835	—
		>0.50~1.00	685~835	—		Y_2	0.10~0.50	780~980	—
		>1.00~10.00	540~685	—			>0.50~1.00	685~835	—
	M	0.03~0.20	≥420	15			>1.00~10.00	540~685	—
		>0.20~0.50	≥390	20		M	0.03~0.20	≥420	15
		>0.50~1.00	≥370	20			>0.20~0.50	≥390	20
		>1.00~10.00	≥340	25			>0.50~1.00	≥370	20
N5（NW2201）	M	>0.03~0.45	≥340	20			>1.00~10.00	≥340	25
		>0.45~10.0	≥340	25					
N7（NW2200）	Y	>0.03~3.20	≥540	—					
		>3.20~10.0	≥460	—					
	M	>0.03~0.45	≥380	20					
		>0.45~10.0	≥380	25					

注：经供需双方协商可供其他状态和性能的线材。

① 用于火花塞的镍锰合金线材的抗拉强度应在 735~935MPa 之间。

② 推荐的固溶处理为最低温度 980℃，水淬火。稳定化和沉淀热处理为 590~610℃，8~16h，冷却速率在 8℃/h 和 15℃/h 之间炉冷至 480℃，空冷。另一种方法是，炉冷至 535℃，在 535℃保温 6h，炉冷至 480℃，保温 8h，空冷。

表 2-236　镍合金线材的弯曲性能和物理性能（摘自 GB/T 21653—2008）

	直径(对边距)/mm	弯曲角度	弯曲次数	要求
镍锰合金硬状态线材的反复弯曲试验	0.5~1.5	90°	5	在弯曲处不出现裂纹和分层
	>1.5~6.0	90°	3	
	牌　　号	状态	电阻系数/$10^{-6}\Omega\cdot m$	
镍合金线材在20℃时的电阻系数	NCu28-2.5-1.5	M	≤0.4	
		Y	≤0.42	
	NMn3	Y、M	0.13~0.17	
	NMn5		0.17~0.22	

注：1. 用于火花塞的镍合金线材不做此两项试验。

　　2. NCu28-2.5-1.5 的电阻系数要求仅在用户要求，并在合同中注明时进行检测。

3. 镍及镍合金管（见表 2-237~表 2-240）

表 2-237　镍及镍合金管的牌号、状态及规格（摘自 GB/T 2882—2013）

牌号	状态	规格/mm		
		外径	壁厚	长度
N2、N4、DN	软态（M）、硬态（Y）	0.35~18	0.05~0.90	100~15000
N6	软态（M）、半硬态（Y_2）、硬态（Y）、消除应力状态（Y_0）	0.35~110	0.05~8.00	
N5（N02201）、N7（N02200）、N8	软态（M）、消除应力状态（Y_0）	5~110	1.00~8.00	
NCr15-8（N06600）	软态（M）	12~80	1.00~3.00	
NCu30（N04400）	软态（M）、消除应力状态（Y_0）	10~110	1.00~8.00	
NCu28-2.5-1.5	软态（M）、硬态（Y）	0.35~110	0.05~5.00	
	半硬态（Y_2）	0.35~18	0.05~0.90	
NCu40-2-1	软态（M）、硬态（Y）	0.35~110	0.05~6.00	
	半硬态（Y_2）	0.35~18	0.05~0.90	
NSi0.19、NMg0.1	软态（M）、硬态（Y）、半硬态（Y_2）	0.35~18	0.05~0.90	

注：1. 本表管材牌号 NCr15-8（N06600）化学成分应符合 GB/T 2882—2013 的规定，其他牌号应符合 GB/T 5235 的规定。

　　2. 管材适于仪表、化工、电信、电子、电力等工业部门制造耐蚀或其他重要零部件。

　　3. 标记示例：产品标记按标准编号、产品名称、牌号、状态和规格的顺序表示。标记示例如下：

　　　　用 N6 制造的、供应状态为 Y、外径 10mm、壁厚 1.00mm、长度为 2000mm 定尺的管材标记为：

　　　　管 GB/T 2882-N6 Y-ϕ10×1.00×2000

表2-238 镍及镍合金管材的尺寸规格（摘自 GB/T 2882—2013）

（单位：mm）

外径	壁厚																					长度
	0.05~0.06	>0.06~0.09	>0.09~0.12	>0.12~0.15	>0.15~0.20	>0.20~0.25	>0.25~0.30	>0.30~0.40	>0.40~0.50	>0.50~0.60	>0.60~0.70	>0.70~0.90	>0.90~1.00	>1.00~1.25	>1.25~1.80	>1.80~3.00	>3.00~4.00	>4.00~5.00	>5.00~6.00	>6.00~7.00	>7.00~8.00	
0.35~0.40	○	—	—	—	—	—	—	—	—	—	—	—	—	—	—	—	—	—	—	—	—	≤3000
>0.40~0.50	○	○	—	—	—	—	—	—	—	—	—	—	—	—	—	—	—	—	—	—	—	≤3000
>0.50~0.60	○	○	○	—	—	—	—	—	—	—	—	—	—	—	—	—	—	—	—	—	—	≤3000
>0.60~0.70	○	○	○	○	—	—	—	—	—	—	—	—	—	—	—	—	—	—	—	—	—	≤3000
>0.70~0.80	○	○	○	○	○	—	—	—	—	—	—	—	—	—	—	—	—	—	—	—	—	≤3000
>0.80~0.90	○	○	○	○	○	○	—	—	—	—	—	—	—	—	—	—	—	—	—	—	—	≤3000
>0.90~1.50	○	○	○	○	○	○	○	—	—	—	—	—	—	—	—	—	—	—	—	—	—	≤3000
>1.50~1.75	○	○	○	○	○	○	○	○	—	—	—	—	—	—	—	—	—	—	—	—	—	≤3000
>1.75~2.00	—	○	○	○	○	○	○	○	○	—	—	—	—	—	—	—	—	—	—	—	—	≤3000
>2.00~2.25	—	—	○	○	○	○	○	○	○	○	—	—	—	—	—	—	—	—	—	—	—	≤3000
>2.25~2.50	—	—	—	○	○	○	○	○	○	○	○	—	—	—	—	—	—	—	—	—	—	≤3000
>2.50~3.50	—	—	—	—	○	○	○	○	○	○	○	○	—	—	—	—	—	—	—	—	—	≤3000
>3.50~4.20	—	—	—	—	—	○	○	○	○	○	○	○	○	—	—	—	—	—	—	—	—	≤3000
>4.20~6.00	—	—	—	—	—	—	○	○	○	○	○	○	○	○	—	—	—	—	—	—	—	≤3000
>6.00~8.50	—	—	—	—	—	—	—	○	○	○	○	○	○	○	○	—	—	—	—	—	—	≤15000
>8.50~10	—	—	—	—	—	—	—	—	○	○	○	○	○	○	○	○	—	—	—	—	—	≤15000
>10~12	—	—	—	—	—	—	—	—	—	○	○	○	○	○	○	○	○	—	—	—	—	≤15000
>12~14	—	—	—	—	—	—	—	—	—	—	○	○	○	○	○	○	○	—	—	—	—	≤15000
>14~15	—	—	—	—	—	—	—	—	—	—	—	○	○	○	○	○	○	—	—	—	—	≤15000
>15~18	—	—	—	—	—	—	—	—	—	—	—	—	○	○	○	○	○	—	—	—	—	≤15000
>18~20	—	—	—	—	—	—	—	—	—	—	—	—	—	○	○	○	○	—	—	—	—	≤15000
>20~30	—	—	—	—	—	—	—	—	—	—	—	—	—	—	○	○	○	—	—	—	—	≤15000
>30~35	—	—	—	—	—	—	—	—	—	—	—	—	—	—	—	○	○	○	—	—	—	≤15000
>35~40	—	—	—	—	—	—	—	—	—	—	—	—	—	—	—	○	○	○	○	—	—	≤15000
>40~60	—	—	—	—	—	—	—	—	—	—	—	—	—	—	—	—	○	○	○	○	—	≤15000
>60~90	—	—	—	—	—	—	—	—	—	—	—	—	—	—	—	—	○	○	○	○	○	≤15000
>90~110	—	—	—	—	—	—	—	—	—	—	—	—	—	—	—	—	○	○	○	○	○	≤15000

注："○" 表示可供规格，"—" 表示不推荐采用规格，其他规格的产品应由供需双方商定。

表 2-239　镍及镍合金管外径和壁厚的极限偏差（摘自 GB/T 2882—2013）（单位：mm）

外径	外径	极限偏差	
		普通级	较高级
外径极限偏差	0.35~0.90	±0.007	±0.005
	>0.90~2.00	±0.010	±0.007
	>2.00~3.00	±0.012	±0.010
	>3.00~4.00	±0.018	±0.015
	>4.00~5.00	±0.022	±0.020
	>5.00~6.00	±0.030	±0.025
	>6.00~9.00	±0.040	±0.030
	>9.00~12	±0.045	±0.040
	>12~15	±0.080	±0.050
	>15~18	±0.100	±0.060
	>18~20	±0.120	±0.080
	>20~30	±0.150	±0.110
	>30~40	±0.170	±0.150
	>40~50	±0.250	±0.200
	>50~60	±0.350	±0.250
	>60~90	±0.450	±0.300
	>90~110	±0.550	±0.400
壁厚	壁厚	极限偏差	
		普通级	较高级
壁厚极限偏差	0.05~0.06	±0.010	±0.006
	>0.06~0.09	±0.010	±0.007
	>0.09~0.12	±0.015	±0.010
	>0.12~0.15	±0.020	±0.015
	>0.15~0.20	±0.025	±0.020
	>0.20~0.25	±0.030	±0.025
	>0.25~0.30	±0.035	±0.030
	>0.30~0.40	±0.040	±0.035
	>0.40~0.50	±0.045	±0.040
	>0.50~0.60	±0.055	±0.050
	>0.60~0.70	±0.070	±0.060
	>0.70~0.90	±0.080	±0.070
	>0.90~3.00	公称壁厚的 10%	
	>3.00~5.00	公称壁厚的 12.5%	公称壁厚的 10%
	>5.00~8.00	公称壁厚的 12.5%	

注：1. 极限偏差精度等级应在合同中注明，未注明时按普通级供货。

2. 硬态和半硬态管材的圆度不得超出其外径极限偏差。

表 2-240　镍及镍合金管的室温力学性能（摘自 GB/T 2882—2013）

牌号	壁厚/mm	状态	抗拉强度 R_m/MPa ≥	规定塑性延伸强度 $R_{p0.2}$/MPa	断后伸长率（%）　≥	
					A	A_{50mm}
N4、N2、DN	所有规格	M	390	—	35	—
		Y	540	—	—	—
N6	<0.90	M	390	—	—	35
		Y	540	—	—	—
	≥0.90	M	370	—	35	—
		Y_2	450	—	—	12
		Y	520	—	6	—
		Y_0	460	—	—	—
N7（N02200）、N8	所有规格	M	380	105	—	35
		Y_0	450	275	—	15
N5（N02201）	所有规格	M	345	80	—	35
		Y_0	415	205	—	15
NCu30（N04400）	所有规格	M	480	195	—	35
		Y_0	585	380	—	15
NCu28-2.5-1.5、NCu40-2-1、NSi0.19、NMg0.1	所有规格	M	440	—	—	20
		Y_2	540	—	6	—
		Y	585	—	3	—
NCr15-8（N06600）	所有规格	M	550	240	—	30

注：1. 外径小于 18mm、壁厚小于 0.90mm 的硬（Y）态镍及镍合金管材的断后伸长率值仅供参考。

　　2. 供农用飞机作喷头用的 NCu28-2.5-1.5 合金硬状态管材，其抗拉强度不小于 645MPa，断后伸长率不小于 2%。

　　3. 若需方要求并在合同中注明，N5、N7、NCu30 管材可进行扩口试验和水压试验，其试验方法及指标要求应符合 GB/T 2882—2013 的规定。

4. 镍及镍合金板（见表 2-241 和表 2-242）

表 2-241　镍及镍合金板材的牌号及尺寸规格（摘自 GB/T 2054—2013）

牌号		制造方法	状态	规格/mm	
				矩形板材（厚度×宽度×长度）	圆形板材（厚度×直径）
板材牌号及尺寸规格	N4、N5（NW2201，N02201）、N6、N7（NW2200，N02200）、NSi0.19、NMg0.1、NW4-0.15、NW4-0.1、NW4-0.07、DN、NCu28-2.5-1.5、NCu30（NW4400，N04400）、NS1101（N08800）、NS1102（N08810）、NS1402（N08825）、NS3304（N10276）、NS3102（NW6600，N06600）、NS3306（N06625）	热轧	热加工态（R）、软态（M）、固溶退火态（ST）[①]	(4.1~100.0)×(50~3000)×(500~4500)	(4.1~100.0)×(50~3000)
		冷轧	冷加工态（Y）、半硬状态（Y_2）、软态（M）、固溶退火态（ST）[①]	(0.1~4.0)×(50~1500)×(500~4000)	(0.5~4.0)×(50~1500)

（续）

厚度	规定宽度范围的厚度极限偏差		宽度极限偏差		长度极限偏差	
	50～1000	>1000～3000	50～1000	>1000～3000	≤3000	>3000～4500
4.1～6.0	±0.35	±0.40	±4	+7 -5	±5	-10 -5
>6.0～8.0	±0.40	±0.50				
>8.0～10.0	±0.50	±0.60	±6	-10 -5	-10 -5	-15 -5
>10.0～15.0	±0.60	±0.70				
>15.0～20.0	±0.70	±0.90				
>20.0～30.0	±0.90	±1.10	±8	-13 -5	-15 -5	-20 -5
>30.0～40.0	±1.10	±1.30				
>40.0～50.0	±1.20	±1.50				
>50.0～80.0	±1.40	±1.70				
>80.0～100.0	±1.60	±1.90				

热轧板尺寸及极限偏差 /mm（左侧标注）

厚度	规定宽度范围的厚度极限偏差		宽度极限偏差	长度极限偏差
	50～600	>600～1500		
0.1～0.3	±0.03		±5	+10 -5
>0.3～0.5	±0.04	±0.05		
>0.5～0.7	±0.05	±0.07		
>0.7～1.0	±0.07	±0.09		
>1.0～1.5	±0.09	±0.11		
>1.5～2.5	±0.11	±0.13		
>2.5～4.0	±0.13	±0.15		

冷轧板尺寸及极限偏差 /mm（左侧标注）

用途	适于仪表、电子通信、各种压力容器、耐蚀装置及其他工业部门制作各种零部件

① 固溶退火态仅适用于 NS3304（N10276）和 NS3306（N06625）。

表 2-242　镍及镍合金板材的力学性能（摘自 GB/T 2054—2013）

牌号	状态	厚度 /mm	室温力学性能　≥			硬度	
			抗拉强度 R_m /MPa	规定塑性延伸强度[①] $R_{p0.2}$/MPa	断后伸长率 A_{50mm} (%)	HV	HRB
N4、N5、 NW4-0.15、 NW4-0.1、 NW4-0.07	M	≤1.5[②]	345	80	35	—	—
		>1.5	345	80	40	—	—
	R[③]	>4	345	80	30	—	—
	Y	≤2.5	490	—	2	—	—
N6、N7、 DN[⑤]、NSi0.19、 NMg0.1	M	≤1.5[②]	380	100	35	—	—
		>1.5	380	100	40	—	—
	R	>4	380	135	30	—	—
	Y[④]	>1.5	620	480	2	188～215	90～95
		≤1.5	540	—	2	—	—
	Y_2[④]	>1.5	490	290	20	147～170	79～85

（续）

牌号	状态	厚度/mm	室温力学性能 ≥			硬度	
			抗拉强度 R_m/MPa	规定塑性延伸强度[①] $R_{p0.2}$/MPa	断后伸长率 A_{50mm}（%）	HV	HRB
NCu28-2.5-1.5	M	—	440	160	35	—	—
	R[③]	>4	440	—	25	—	—
	Y₂[④]	—	570	—	6.5	157~188	82~90
NCu30（N04400）	M	—	485	195	35	—	—
	R[③]	>4	515	260	25	—	—
	Y₂[④]	—	550	300	25	157~188	82~90
NS1101（N08800）	R	所有规格	550	240	25	—	—
	M		520	205	30	—	—
NS1102（N08810）	M	所有规格	450	170	30	—	—
NS1402（N08825）	M	所有规格	586	241	30	—	—
NS3102（NW6600、N06600）	M	0.1~100	550	240	30	—	≤88[⑥]
	Y	<6.4	860	620	2	—	—
	Y₂	<6.4	—	—	—	—	93~98
NS3304（N10276）	ST	所有规格	690	283	40	—	≤100
NS3306（N06625）	ST	所有规格	690	276	30	—	—

① 厚度≤0.5mm 板材的规定塑性延伸强度不做考核。

② 厚度<1.0mm 用于成形换热器的 N4 和 N6 薄板力学性能报实测数据。

③ 热轧板材可在最终热轧前做一次热处理。

④ 硬态及半硬态供货的板材性能以硬度作为验收依据，需方要求时，可提供拉伸性能。提供拉伸性能时，不再进行硬度测试。

⑤ 仅适用于电真空器件用板。

⑥ 仅适用于薄板和带材，且用于深冲成型时的产品要求。当用户要求并在合同中注明时需进行检测。

5. 镍及镍合金带材（见表 2-243）

表 2-243 镍及镍合金带材的牌号、状态、规格及力学性能（摘自 GB/T 2072—2007）

牌　号	状态	规格/mm			用途
		厚度	宽度	长度	
N4、N5、N7、NMg0.1、DN、NSi0.19、NCu40-2-1、NCu28-2.5-1.5、NW4-0.15、NW4-0.1、NW4-0.07、NCu30	软态（M）、半硬态（Y₂）、硬态（Y）	0.05~0.15	20~250	≥5000	适用于仪表、电信及电子工业部门
		>0.15~0.55		≥3000	
		>0.55~1.2		≥2000	

（续）

牌　号	产品厚度/mm	状态	抗拉强度 R_m/MPa	规定塑性延伸强度 $R_{p0.2}$/MPa	断后伸长率（%）	
					$A_{11.3}$	A_{50mm}
N4、NW4-0.15、NW4-0.1、NW4-0.07	0.25~1.2	软态（M）	≥345	—	≥30	—
NW4-0.1、NW4-0.07	0.25~1.2	硬态（Y）	≥490	—	≥2	—
N5		软态（M）	≥350	≥85[①]	—	≥35
N7	0.25~1.2	软态（M）	≥380	≥105[①]	—	≥35
		硬态（Y）	≥620	≥480[①]	—	≥2
N6、DN、NMg0.1、NSi0.19	0.25~1.2	软态（M）	≥392	—	≥30	—
		硬态（Y）	≥539	—	≥2	—
NCu28-2.5-1.5	0.5~1.2	软态（M）	≥441	—	≥25	—
		半硬态（Y₂）	≥568	—	≥6.5	—
NCu30	0.25~1.2	软态（M）	≥480	≥195[①]	≥25	—
		半硬态（Y₂）	≥550	≥300[①]	≥25	—
		硬态（Y）	≥680	≥620[①]	≥2	—
NCu40-2-1	0.25~1.2	软态（M）半硬态（Y₂）硬态（Y）	报实测	—	报实测	—

注：用 NMg0.1 制造的、软态的、厚度为 2.0mm、宽度为 150mm 的普通级镍及镍合金带材标记为：

镍带 NMg0.1M2.0×150 GB/T 2072—2007

① 规定塑性延伸强度不适于厚度小于 0.5mm 的带材。

6. 镍箔（见表 2-244）

表 2-244　镍箔牌号、状态、规格、力学性能及用途（摘自 YS/T 522—2010）

牌　号	状态	规格/mm			维氏硬度 HV	用途
		厚度	宽度	长度		
N2、N4、N5、N6、N7、N8	硬（Y）	0.01~0.02	≤200	标准未做规定	≥150	适用于仪表、电子等工业领域
		0.02~0.15	≤300			
	软（M）	0.02~0.15	≤300		≤120	

注：1. 镍箔牌号的化学成分应符合 GB/T 5235 相应牌号化学成分的规定（见表 2-222）。

2. 箔材的厚度（单位为 mm）为：0.01~<0.03、0.03~0.05、>0.05~0.07、>0.07~0.15。厚度的允许偏差（单位为 mm）普通级分别为：±0.003、±0.005、±0.007、±0.01；高精级分别为：±0.002、±0.003、±0.005、±0.007。合同中如果没有注明精度等级，按普通级供货。宽度≤300mm 的箔材，宽度允许偏差为±0.15mm。

3. 经供需双方协议，可供应本表规定之外的其他规格和允许偏差的箔材。

4. 标记示例：

用 N6 制造的、硬态、高精级、厚度为 0.03mm、宽度为 100mm 的镍箔标记为：

镍箔 N6 Y 高 0.03×100 YS/T 522—2010

7. 镍及镍合金锻件（见表 2-245～表 2-250）

表 2-245　镍及镍合金锻件的牌号及化学成分（摘自 GB/T 26030—2010）

化学成分（质量分数，%）①

牌号 ISO 数字牌号	元素符号牌号	Ni	Fe	Al	B	C	Co②	Cr	Cu	Mn	Mo	P	S	Si	Ti	W	其他元素
NW2200	Ni99.0（ASTM N02200）	99.0	0.4	—	—	0.15	—	—	0.2	0.3	—	—	0.010	0.3	—	—	—
NW2201	Ni99.0-LC（ASTM N02201）	99.0	0.4	—	—	0.02	—	—	0.2	0.3	—	—	0.010	0.3	—	—	—
NW3021	NiCo20Cr15Mo-5Al4Ti	余量	0.1	4.5~4.9	0.003~0.010	0.12~0.17	18.0~22.0	14.0~15.7	0.2	1.0	4.5~5.5	—	0.015	1.0	0.9~1.5	—	Ag: 0.0005 Bi: 0.0001 Pb: 0.0015
NW7263	NiCo20Cr20-Mo5Ti2Al	余量	0.7	0.3~0.6	0.005	0.04~0.08	19.0~21.0	19.0~21.0	0.2	0.6	5.6~6.1	—	0.007	0.4	1.9~2.4	—	Ag: 0.0005 Bi: 0.0001 Pb: 0.0020 Ti+Al: 2.4~2.8
NW7001	NiCr20Co13-Mo4Ti3Al	余量	2.0	1.2~1.6	0.003~0.010	0.02~0.10	12.0~15.0	18.0~21.0	0.10	1.0	3.5~5.0	0.015	0.015	0.1	2.8~3.3	—	Ag: 0.0005 Bi: 0.0001 Pb: 0.0010 Zr: 0.02~0.08
NW7090	NiCr20Co18Ti3	余量	1.5	1.0~2.0	0.020	0.13	15.0~21.0	18.0~21.0	0.2	1.0	—	—	0.015	1.0	2.0~3.0	—	Zr: 0.15
NW7750	NiCr15Fe7Ti2Al	70.0	5.0~9.0	0.4~1.0	—	0.08	—	14.0~17.0	0.5	1.0	—	—	0.015	0.5	2.2~2.8	—	Nb+Ta: 0.7~1.2
NE6600	NiCr15Fe8（ASTM N06600）	72.0	6.0~10.0	—	—	0.15	—	14.0~17.0	0.5	1.0	—	—	0.015	0.5	—	—	—

牌号	名称																
NW6602	NiCr15Fe8-LC	72.0	6.0~10.0	—	—	0.02	—	14.0~17.0	0.5	1.0	—	—	0.015	0.5	—	—	—
NW7718	NiCr19Fe19Nb5Mo3	50.0~55.0	余量	0.2~0.8	0.006	0.08	—	17.0~21.0	0.3	0.4	2.8~3.3	0.015	0.015	0.4	0.6~1.2	—	Nb+Ta: 4.7~5.5
NW6002	NiCr21Fe18Mo9	余量	17.0~20.0		0.010	0.05~0.15	0.5~2.5	20.5~23.0	—	1.0	8.0~10.0	0.040	0.030	1.0	—	0.2~1.0	—
NW6601	NiCr23Fe15Al	58.0~63.0	余量	1.0~1.7	—	0.10	—	21.0~25.0	1.0	1.0	—	—	0.015	0.5	—	—	—
NW6455	NiCr16Mo16Ti	余量	3.0		—	0.015	2.0	14.0~18.0	—	1.0	14.0~17.0	0.040	0.030	0.08	0.7	—	—
NW6625	NiCr22Mo9Nb (ASTM N06625)	58.0	5.0	0.40	—	0.10	1.0	20.0~23.0	0.5	0.50	8.0~10.0	0.015	0.015	0.50	0.40	—	Nb+Ta: 3.15~4.15
NW6621	NiCr20Ti	余量	5.0	—	—	0.08~0.15	5.0	18.0~21.0	0.5	1.0	—	—	0.020	1.0	0.20~0.60	—	Pb: 0.0050
NW7080	NiCr20Ti2Al	余量	1.5	1.0~1.8	0.008	0.04~0.10	2.0	18.0~21.0	0.2	1.0	—	—	0.015	1.0	1.8~2.7	—	Ag: 0.0005 / Bi: 0.0001 / Pb: 0.0020
NW4400	NiCu30 (ASTM N04400)	63.0	2.5	—	—	0.30	—	—	28.0~34.0	2.0	—	—	0.025	0.5	—	—	—
NW4402	NiCu30-LC	63.0	2.5	—	—	0.04	—	—	28.0~34.0	2.0	—	—	0.025	0.5	—	—	—
NW5500	NiCu30Al3Ti	余量	2.0	2.2~3.2	0.020	0.25	—	—	27.0~34.0	1.5	—	0.020	0.015	0.5	0.35~0.85	—	—
NW8825	NiFe30CrMo3 (ASTM N08825)	38.0~46.0	余量	0.2	—	0.05	—	19.5~23.5	1.5~3.0	1.0	2.5~3.5	—	0.015	0.5	0.6~1.2	—	—

（续）

ISO数字牌号	元素符号牌号	Ni	Fe	Al	B	C	Co②	Cr	Cu	Mn	Mo	P	S	Si	Ti	W	其他元素
								化学成分（质量分数，%）①									
NW9911	NiFe36Cr12Mo6T3	40.0 ~ 45.0	余量	0.35	0.010 ~ 0.020	0.02 ~ 0.06	—	11.0 ~ 14.0	0.2	0.5	5.0 ~ 6.5	0.020	0.020	0.4	2.8 ~ 3.1	—	—
NW0276	NiMo16Cr15Fe6W4（ASTM N010276）	余量	4.0 ~ 7.0	—	—	0.010	2.5	14.5 ~ 16.5	—	1.0	15.0 ~ 17.0	0.040	0.030	0.08	—	3.0 ~ 4.5	—
NW0665	NiMo28（ASTM N10665）	余量	2.0	—	—	0.02	1.0	1.0	—	1.0	26.0 ~ 30.0	0.040	0.030	0.1	—	—	—
NW0001	NiMo30Fe5	余量	4.0 ~ 6.0	—	—	0.05	2.5	1.0	—	1.0	26.0 ~ 30.1	0.040	0.030	1.0	—	—	V: 0.2~0.4
NW8800	FeNi32Cr21AlTi（ASTM N08800）	30.0 ~ 35.0	余量	0.15 ~ 0.60	—	0.10	—	19.0 ~ 23.0	0.7	1.5	—	—	0.015	1.0	0.15 ~ 0.60	—	—
NW8810	FeNi32Cr21AlTi-LC（ASTM N08810）	30.0 ~ 35.0	余量	0.15 ~ 0.60	—	0.05 ~ 0.10	—	19.0 ~ 23.0	0.7	1.5	—	—	0.015	1.0	0.15 ~ 0.60	—	—
NW8811	FeNi32Cr21AlTi-HT（ASTM N08811）	30.0 ~ 35.0	余量	0.25 ~ 0.60	—	0.06 ~ 0.10	—	19.0 ~ 23.0	0.5	1.5	—	—	0.015	1.0	0.25 ~ 0.60	—	Al+Ti: 0.85~1.2
NW8801	FeNi32Cr21Ti	30.0 ~ 34.0	余量	—	—	0.10	—	19.0 ~ 22.0	0.5	1.5	—	—	0.015	1.0	0.7 ~ 1.5	—	—
NW8020	FeNi35Cr20Cu4Mo2	32.0 ~ 38.0	余量	—	—	0.07	—	19.0 ~ 21.0	3.0 ~ 4.0	2.0	2.0 ~ 3.0	0.040	0.030	1.0	—	—	Nb+Ta: 8×C~1.0

注：本表中未列出的牌号，其化学成分应符合 GB/T 5235 的规定。

① 除镍单个值为最小含量外，凡为范围单个值者均为主成分元素，所有其他元素含量的单个值均为杂质元素，其值为最大含量。

② 没有规定钴含量时，允许钴含量最大值为 1.5%，并计为镍含量。

表 2-246　镍及镍合金锻件的外形尺寸及极限偏差（摘自 GB/T 26030—2010）

外形尺寸/mm	极限偏差/mm
≤30	+2 0
>30~50	+5 0
>50~100	+8 0
>100~300	+15 0
>300	+20 0

注：1. 锻件的具体外形尺寸及极限偏差应在订货单或图样上规定。
　　2. 标记示例：产品标记按产品名称、牌号、状态、规格和标准编号的顺序表示。标记示例如下：
　　　用 NW4-0.1 合金制造的、供应状态为热加工、厚度为 70mm、宽度为 500mm、长度为 800mm 锻件标记为：
　　　锻件 NW4-0.1R 70×500×800　GB/T 26030—2010。

表 2-247　可热处理强化镍合金的热处理制度（摘自 GB/T 26030—2010）

合金牌号	固溶[①]	时效
NiCo20Cr15Mo5Al4Ti	(1150±10)℃，4h，空冷	1050℃，16h，空冷至+850℃，16h，空冷
NiCo20Cr20Mo5Ti2Al	1150℃，空冷或快冷	800℃，8h，空冷
NiCr20Co13Mo4Ti3Al	995~1040℃，4h，油冷或水冷	845℃，4h，空冷至+760℃，16h，空冷或炉冷
NiCr20Co18Ti3	1050~1100℃，8h，空冷或快冷	700℃，16h，空冷
NiCr15Fe7Ti2Al	980~1100℃，空冷或快冷	730℃，8h，以 55℃/h 冷却速率冷却至 620℃，在 620℃保温 8h，空冷。另一种方法是，以任意冷却速率冷却至 620℃，在 620℃保温，保温时间为整个沉淀处理时间，18h
NiCr19Fe19Nb5Mo3	940~1060℃，16h，空冷或快冷	720℃，8h，以 55℃/h 冷却速率冷却至 620℃，在 620℃保温 8h，空冷。另一种方法是，以任意冷却速率冷却至 620℃，在 620℃保温，保温时间为整个沉淀处理时间，18h
NiCr20Ti2Al	1050~1100℃，8h，空冷或快冷	700℃，16h，空冷
NiCu30Al3Ti	最低 980℃，水冷	590~610℃，8~16h，在 8~15℃/h 冷却速率之间炉冷至 480℃，空冷。另一种方法是，炉冷至 535℃，在 535℃保温 6h，炉冷至 480℃，保温 8h，空冷
NiFe36Cr12Mo6Ti3	1090℃，空冷	770℃，2~4h+700~720℃，24h，空冷

① 温度偏差应为±15℃。

表 2-248 镍及镍合金锻件的室温力学性能(摘自 GB/T 26030—2010)

ISO 数字牌号	合金牌号	状态	外形尺寸/mm	抗拉强度 R_m/MPa ≥	规定塑性延伸强度 $R_{p0.2}$/MPa ≥	伸长率 A（%）≥
NW2200	Ni99.0	热加工（R）	所有	410	105	35
		退火（M）	所有	380	105	35
NW2201	Ni99.0-LC	热加工（R）	所有	340	65	35
		退火（M）	所有	340	65	35
NW3021	NiCo20Cr15Mo5Al4Ti[①]	固溶、稳定化和时效（CS）	所有	—	—	—
NW7001	NiCr20Co13Mo4Ti3Al[①]	固溶和时效（CS）	所有	1100	755	15
NW7090	NiCr20Co18Ti3[①]	固溶和时效（CS）	所有			
NW7750	NiCr15Fe7Ti2Al[①]	固溶和时效（CS）	≤65	1170	790	18
			>65~100	1170	790	15
NW6600	NiCr15Fe8	热加工（R）	所有	590	240	27
		退火（M）	所有	550	240	30
NW6602	NiCr15Fe8-LC	退火（M）	所有	550	180	30
NW7718	NiCr19Fe19Nb5Mo3[①]	固溶和时效（CS）	≤100	1280	1030	12
NW6002	NiCr21Fe18Mo9	退火（M）	所有	660	240	30
NW6601	NiCr23Fe15Al	退火（M）	所有	550	205	30
NW6455	NiCr16Mo16Ti	固溶（C）	所有	690	275	35
NW6625	NiCr22Mo9Nb	退火（M）	≤100	830	415	30
			>100~250	760	345	25
		固溶（C）	所有	690	275	30
NW6621	NiCr20Ti	退火（M）	所有	640	230	30
NW7080	NiCr20Ti2Al[①]	固溶和时效（CS）	所有	—	—	—
NW4400	NiCu30	热加工和消除应力（R）	>100~300	550	275	27
			>300	520	275	27
		退火（M）	所有	480	170	35
NW4402	NiCu30-LC	退火（M）	所有	430	160	35
NW5500	NiCu30Al3Ti[①]	热加工和时效（RS）	≤100	970	690	15
			>100	830	550	15
		固溶和时效（CS）	≤25	900	620	20
			>25~100	900	585	20
			>100~300	830	500	15
NW8825	NiFe30CrMo3	退火（M）	所有	590	240	30
NW0276	NiMo16Cr15Fe6W4	退火（M）	所有	690	280	35
NW0665	NiMo28	固溶（C）	>7~90	760	350	35
NW0001	NiMo30Fe5	固溶（C）	>7~40	790	315	30
			>40~90	690	315	27

（续）

ISO 数字牌号	合金牌号	状态	外形尺寸/mm	抗拉强度 R_m/MPa ≥	规定塑性延伸强度 $R_{p0.2}$/MPa ≥	伸长率 A（%）≥
NW8800	FeNi32Cr21AlTi	热加工（R）	所有	550	240	25
		退火（M）	所有	520	205	30
NW8810	FeNi32Cr21AlTi-LC	退火（M）	所有	450	170	30
NW8811	FeNi32Cr21AlTi-HT	退火（M）	所有	450	170	30
NW8801	FeNi32Cr21Ti	退火（M）	所有	450	170	30
NW8020	FeNi35Cr20Cu4Mo2	退火（M）	所有	550	240	27
—	NW4-0.07	热加工（R）、退火（M）	所有	用户要求时，报实测		
—	N6、NSi0.19、NMg0.1、NCu28-2.5-1.5、NCu40-2-1、DN、NW4-0.1、NW4-0.15、NW4-0.07	热加工（R）、退火（M）	所有	用户要求时，报实测		
—	NY1、NY2、NY3	热加工（R）、退火（M）	所有	用户要求时，报实测		

注：若需方要求，并在合同中注明，可供应其他牌号及性能的产品。

① 可热处理强化合金锻件以固溶状态交货时，供方应以试验证实，试样按 GB/T 26030 规定的时效处理后能够满足完全热处理的性能要求。

表 2-249　锻件的高温力学性能（摘自 GB/T 26030—2010）

ISO 数字牌号	合金牌号	状态	外形尺寸/mm	抗拉强度 R_m/MPa ≥	规定塑性延伸强度 $R_{p0.2}$/MPa ≥	伸长率 A（%）≥	拉伸试验温度/℃
NW7263	NiCo20Cr20Mo5Ti2Al	固溶和时效（CS）	所有	540	400	12	780
NW9911	NiFe36Cr12Mo6Ti3	固溶、稳定化和时效（CS）	所有	960	690	8	575

注：表中两产品以固溶状态交货时，供方应以试验证实，试样按 GB/T 26030 规定的时效处理后能够满足完全热处理的性能要求。

表 2-250　锻件的蠕变和应力断裂性能（摘自 GB/T 26030—2010）

ISO 数字牌号	合金牌号	外形尺寸/mm	温度/℃	最小应力/MPa	最少断裂时间/h	断裂时延伸率（%）	持久时间/h	塑性变形总量（%）
NW3021	NiCo20Cr15Mo5Al4Ti	所有	815	≥380①	30	—	—	—
NW7263	NiCo20Cr20Mo5Ti2Al	所有	780	≥120	—	—	≥50	≤0.10
NW7001	NiCr20Co13Mo4Ti3Al	所有	730	≥550①	23	≤5	—	—
NW7090	NiCr20Co18Ti3	所有	870	≥140①	30	—	—	—
NW7718	NiCr19Fe19Nb5Mo3	≤100	650	≥690①	23	≤5	—	—
NW7080	NiCr20Ti2Al	所有	750	≥340①	30	—	—	—
NW9911	NiFe36Cr12Mo6Ti3	所有	575	≥590	—	—	≥100	≤0.10

① 初始应力可采用较高的应力，但在试验过程中不能改变，必须满足规定断裂时间和延伸率的要求，另一种方法是，在规定应力达到最少断裂时间后，可增加应力。

2.8　铅及铅合金

2.8.1　铅锭和高纯铅牌号、化学成分（见表 2-251 和表 2-252）

表 2-251　铅锭的牌号及化学成分（摘自 GB/T 469—2013）

牌号	化学成分（质量分数,%）											
	Pb ≥	杂质 ≤										
		Ag	Cu	Bi	As	Sb	Sn	Zn	Fe	Cd	Ni	总和
Pb99.994	99.994	0.0008	0.001	0.004	0.0005	0.0007	0.0005	0.0004	0.0005	0.0002	0.0002	0.006
Pb99.990	99.990	0.0015	0.001	0.010	0.0005	0.0008	0.0005	0.0004	0.0010	0.0002	0.0002	0.010
Pb99.985	99.985	0.0025	0.001	0.015	0.0005	0.0008	0.0005	0.0004	0.0010	0.0002	0.0005	0.015
Pb99.970	99.970	0.0050	0.003	0.030	0.0010	0.0010	0.0010	0.0005	0.0020	0.0010	0.0010	0.030
Pb99.940	99.940	0.0080	0.005	0.060	0.0010	0.0010	0.0010	0.0005	0.0020	0.0020	0.0020	0.060

注：1. Pb 含量为 100% 减去表中所列杂质实测总和的余量。

　　2. 小铅锭单件质量为：48kg±3kg、42kg±2kg、40kg±2kg、24kg±1kg。大铅锭单件质量为：950kg±50kg、500kg±25kg。

表 2-252　高纯铅牌号和化学成分（摘自 YS/T 265—2012）

牌号	化学成分（质量分数）												
	Pb(%) ≥	杂质含量×10^{-6}　≤											
		As	Fe	Cu	Bi	Sn	Sb	Ag	Mg	Al	Cd	Zn	Ni
Pb-05	99.999	0.5	0.5	0.8	1.0	0.5	0.5	0.5	0.5	0.5	0.5	1.0	0.5
Pb-06	99.9999	0.2	0.05	0.05	0.1	0.05	—	0.05	0.1	0.1	—	—	—

注：1. 产品用于化合物半导体、制冷元件、红外光电转换器件、高效温差元件及焊料等。

　　2. 产品以长方形锭状供货，每锭重量为 1kg±0.1kg。

　　3. 高纯铅用于制造合金时，杂质元素作为合金组分的，经供需双方协商，其杂质含量应提供实测数据。

2.8.2　铅及铅合金产品

1. 铅及铅锑合金棒和线材（见表 2-253）

表 2-253　铅及铅锑合金棒和线材的牌号、规格及用途（摘自 YS/T 636—2007）

牌号	化学成分	产品种类及状态	尺寸规格/mm		用途
			直径	长度	
Pb1、Pb2、PbSb0.5、PbSb2、PbSb4、PbSb6	按 YS/T 636—2007 的规定	挤制（R）	盘线　0.5~6.0	—	适用于工业部门的各种耐酸耐蚀材料
			盘棒　>6.0~<20	≥2500	
			直棒　20~180	≥1000	

注：产品直径极限偏差分为普通级和较高级，在合同未注明时，按普通级供货。极限偏差数值参见 YS/T 636—2007 的规定。

2. 铅及铅锑合金管（见表 2-254～表 2-256）

表 2-254　铅及铅锑合金管的牌号、尺寸规格及用途（摘自 GB/T 1472—2014）

<table>
<tr><th rowspan="4">牌号及尺寸规格</th><th colspan="3">铅　管</th><th colspan="3">铅锑合金管</th></tr>
<tr><th rowspan="2">牌　号</th><th colspan="2">常用尺寸规格/mm</th><th rowspan="2">牌　号</th><th colspan="2">常用尺寸规格/mm</th></tr>
<tr><th>公称内径</th><th>公称壁厚</th><th>公称内径</th><th>公称壁厚</th></tr>
<tr><td rowspan="6">Pb1、
Pb2</td><td>5、6、8、10、13、16、20</td><td>2～12</td><td rowspan="6">PbSb0.5、
PbSb2、
PbSb4、
PbSb6、
PbSb8</td><td>10、15、17、20、25、30、35、40、45、50</td><td>3～14</td></tr>
<tr><td>25、30、35、38、40、45、50</td><td>3～12</td><td>55、60、65、70</td><td>4～14</td></tr>
<tr><td>55、60、65、70、75、80、90、100</td><td>4～12</td><td>75、80、90、100</td><td>5～14</td></tr>
<tr><td>110</td><td>5～12</td><td>110</td><td>6～14</td></tr>
<tr><td>125、150</td><td>6～12</td><td>125、150</td><td>7～14</td></tr>
<tr><td>180、200、230</td><td>8～12</td><td>180、200</td><td>9～14</td></tr>
<tr><td colspan="6">管材长度：直管≤4000mm，盘状管≥2500mm
公称壁厚尺寸（单位为 mm）系列：2、3、4、5、6、7、8、9、10、12、14</td></tr>
<tr><td>气压试验</td><td colspan="6">管材进行气压试验后应无裂、漏现象发生</td></tr>
<tr><td>用途</td><td colspan="6">化工、制药及其他工业部门用作耐蚀材料</td></tr>
</table>

注：产品标记按产品名称、标准编号、牌号、状态、规格的顺序表示。标记示例如下：

示例 1　用 Pb2 制造的、挤制状态、内径为 50mm、壁厚为 6mm、长度为 3000mm 的铅管标记为：

直管 GB/T 1472-Pb2 R-ϕ50×6×3000

示例 2　用 PbSb0.5 制造的、挤制状态、内径为 50mm、壁厚为 6mm 的高精级盘状管标记为：

盘管状 GB/T 1472-PbSb0.5 R 高-ϕ50×6

表 2-255　铅及铅锑合金管的化学成分（摘自 GB/T 1472—2014）

<table>
<tr><th rowspan="2">牌号</th><th colspan="2">主要成分（质量分数,%）</th><th colspan="9">杂质含量（质量分数,%）　≤</th></tr>
<tr><th>Pb</th><th>Sb</th><th>Ag</th><th>Cu</th><th>Sb</th><th>As</th><th>Bi</th><th>Sn</th><th>Zn</th><th>Fe</th><th>杂质总和</th></tr>
<tr><td>Pb1</td><td>≥99.992</td><td>—</td><td>0.0005</td><td>0.001</td><td>0.001</td><td>0.0005</td><td>0.004</td><td>0.001</td><td>0.0005</td><td>0.0005</td><td>0.008</td></tr>
<tr><td>Pb2</td><td>≥99.90</td><td>—</td><td>0.002</td><td>0.01</td><td>0.05</td><td>0.01</td><td>0.03</td><td>0.005</td><td>0.002</td><td>0.002</td><td>0.10</td></tr>
<tr><td>PbSb0.5</td><td rowspan="5">余量</td><td>0.3～0.8</td><td colspan="9" rowspan="5">杂质总和≤0.3</td></tr>
<tr><td>PbSb2</td><td>1.5～2.5</td></tr>
<tr><td>PbSb4</td><td>3.5～4.5</td></tr>
<tr><td>PbSb6</td><td>5.5～6.5</td></tr>
<tr><td>PbSb8</td><td>7.5～8.5</td></tr>
</table>

注：铅含量按 100% 减去所列元素含量的总和计算，所得结果不再进行修约。

表 2-256　铅及铅锑合金管的理论质量和质量换算系数(摘自 GB/T 1472—2014)

内径/mm	壁　厚/mm										内径/mm	壁　厚/mm									
	2	3	4	5	6	7	8	9	10	12		2	3	4	5	6	7	8	9	10	12
	理论质量/（kg/m）（密度 11.34g/cm³）											理论质量/（kg/m）（密度 11.34g/cm³）									
5	0.5	0.9	1.3	1.8	2.3	3.0	3.7	4.7	5.3	7.3	55		8.4	10.7	13.1	15.5	18.0	20.5	23.1	28.6	
6	0.6	1.0	1.4	1.9	2.6	3.2	4.1	4.8	5.7	7.7	60		9.1	11.6	14.1	16.7	19.4	22.1	24.9	30.8	
8	0.7	1.2	1.7	2.3	3.0	3.7	5.4	6.4	6.4	8.5	65		9.8	12.4	15.2	18.8	20.8	24.6	26.9	32.9	
10	0.8	1.4	2.0	2.7	3.4	4.2	5.1	6.3	7.1	9.4	70		10.5	13.3	16.2	19.1	22.2	25.3	28.5	35.0	
13	1.1	1.7	2.3	3.0	4.1	5.0	6.0	8.2	8.2	10.7	75		11.3	14.2	17.3	23.6	27.1	30.3	37.2		
16	1.3	2.0	2.8	3.7	4.7	5.7	6.8	8.0	9.3	12.0	80		12.0	15.1	18.3	21.7	26.0	28.5	32.0	39.3	
20	1.6	2.5	3.4	4.4	5.5	6.7	8.0	9.3	10.7	13.7	90		13.4	16.9	20.5	24.0	27.9	31.8	35.6	43.6	
25		3.0	4.1	5.4	6.6	8.0	9.4	10.9	12.5	15.8	100		14.8	18.7	22.6	26.7	30.8	35.0	39.2	47.9	
30		3.5	4.9	6.2	7.7	9.2	10.8	12.5	14.2	17.9	110			20.5	24.8	29.2	33.6	38.2	42.7	52.1	
35		4.1	5.6	7.1	8.8	10.5	12.3	14.1	16.0	20.1	125			28.0	32.9	37.9	42.9	48.1	58.6		
38	—	4.1	7.6	9.4	11.2	13.1	15.1	17.1	21.4		150			33.3	39.1	45.0	50.9	57.1	69.3		
40		4.6	6.3	8.0	9.8	11.7	13.7	15.7	17.8	22.2	180					53.6	60.5	67.7	82.2		
45		5.1	7.0	8.9	10.9	13.0	15.1	17.3	19.6	24.3	200						59.3	67.0	74.8	90.7	
50		5.7	7.7	9.8	12.0	14.2	16.5	18.9	21.4	26.5	230						67.8	76.5	85.5	103.5	

质量换算	牌　号	Pb1、Pb2		PbSb0.5		PbSb2		PbSb4		PbSb6		PbSb8	
	密度/（g/cm³）	11.34		11.32		11.25		11.15		11.06		10.97	
	换算系数	1.0000		0.99982		0.9921		0.9850		0.9753		0.9674	

3. 铅及铅锑合金板(见表 2-257 和表 2-258)

表 2-257　铅及铅锑合金板的牌号、尺寸规格及应用(摘自 GB/T 1470—2014)

牌　号	规格/mm			用　途
	厚度	宽度	长度	
Pb1、Pb2	0.3~120.0			
PbSb0.5、 PbSb1、 PbSb2、 PbSb4、 PbSb6、 PbSb8、 PbSb1-0.1-0.05、 PbSb2-0.1-0.05、 PbSb3-0.1-0.05、 PbSb4-0.1-0.05、 PbSb5-0.1-0.05、 PbSb6-0.1-0.05、 PbSb7-0.1-0.05、 PbSb8-0.1-0.05、 PbSb4-0.2-0.5、 PbSb6-0.2-0.5、 PbSb8-0.2-0.5	1.0~120.0	≤2500	≥1000	作为医疗、核工业放射性防护和工业耐腐蚀用材料

注：1. GB/T 1470—2014 规定的铅锑合金板的硬度 HV：PbSb2≥6.6，PbSb4≥7.2，PbSb6≥8.1，PbSb8≥9.5。

2. 板材表面应光洁，不允许有影响使用的缺陷。

3. 产品标记按产品名称、标准编号、牌号和规格的顺序表示。标记示例如下：

示例 1　用 PbSb0.5 制造的、厚度为 3.0mm、宽度为 2500mm、长度为 5000mm 的普通级板材标记为：

板 GB/T 1470-PbSb0.5-3.0×2500×5000

示例 2　用 PbSb0.5 制造的、厚度为 3.0mm、宽度为 2500mm、长度为 5000mm 的高精级的板材标记为：

板 GB/T 1470-PbSb0.5 高-3.0×2500×5000

表 2-258　铅及铅锑合金板的化学成分(摘自 GB/T 1470—2014)

组别	牌号	主要成分						杂质含量 ≤										
		Pb①	Ag	Sb	Cu	Sn	Te	Sb	Cu	As	Sn	Bi	Fe	Zn	Mg+Ca	Se	Ag	杂质总和
纯铅	Pb1	≥99.992	—	—	—	—	—	0.001	0.001	0.0005	0.001	0.004	0.0005	0.0005	—	—	0.0005	0.008
	Pb2	≥99.90	—	—	—	—	—	0.05	0.01	0.01	0.005	0.03	0.002	0.002	—	—	0.002	0.10
铅锑合金	PbSb0.5	余量	—	0.3~0.8				杂质总和≤0.3										
	PbSb1		—	0.8~1.3														
	PbSb2		—	1.5~2.5														
	PbSb4		—	3.5~4.5														
	PbSb6		—	5.5~6.5														
	PbSb8		—	7.5~8.5														
硬铅锑合金	PbSb4-0.2-0.5		—	3.5~4.5	0.05~0.2	0.05~0.5												
	PbSb6-0.2-0.5		—	5.5~6.5	0.05~0.2	0.05~0.5												
	PbSb8-0.2-0.5		—	7.5~8.5	0.05~0.2	0.05~0.5												
特硬铅锑合金	PbSb1-0.1-0.05		0.01~0.5	0.5~1.5	0.05~0.2		0.04~0.1											
	PbSb2-0.1-0.05		0.01~0.5	1.6~2.5	0.05~0.2		0.04~0.1											
	PbSb3-0.1-0.05		0.01~0.5	2.6~3.5	0.05~0.2		0.04~0.1											
	PbSb4-0.1-0.05		0.01~0.5	3.6~4.5	0.05~0.2		0.04~0.1											
	PbSb5-0.1-0.05		0.01~0.5	4.6~5.5	0.05~0.2		0.04~0.1											
	PbSb6-0.1-0.05		0.01~0.5	5.6~6.5	0.05~0.2		0.04~0.1											
	PbSb7-0.1-0.05		0.01~0.5	6.6~7.5	0.05~0.2		0.04~0.1											
	PbSb8-0.1-0.05		0.01~0.5	7.6~8.5	0.05~0.2		0.04~0.1											

注：杂质总和为表中所列杂质之和。

① 铅含量按 100% 减去所列杂质含量的总和计算，所得结果不再进行修约。

4. 锡、铅及其合金箔和锌箔（见表 2-259 和表 2-260）

表 2-259 锡、铅及其合金箔和锌箔的牌号、状态及规格（摘自 YS/T 523—2011）

牌 号	供应状态	规格/mm		
		厚度	宽度	长度
Sn－1、Sn－2、Sn－3、SnSb1.5、SnSb2.5、SnPb12-1.5、SnPb13.5-2.5、Pb－2、Pb－3、Pb－4、Pb－5、PbSb3-1、PbSb6-5、PbSn45、PbSb3.5、PbSn2-2、PbSn4.5-2.5、PbSn6.5、Zn2、Zn3	轧制	0.010~0.100	≤350	≥5000

注：1. 箔材的化学成分应符合 YS/T 523—2011 的规定。

2. 箔材用于电气、仪表、医疗器械等工业部门制造零件。

表 2-260 锡、铅及其合金箔和锌箔的尺寸及极限偏差（摘自 YS/T 523—2011）

牌 号	厚度/mm	厚度极限偏差/mm		宽度/mm	宽度极限偏差/mm
		普通精度	较高精度		
Sn1、Sn2、Sn3、SnSb1.5、SnSb2.5、SnSb12-1.5、SnSb13.5-2.5、Pb2、Pb3、Pb4、Pb5、PbSb3-1、PbSb6-5、PbSn45、PbSb3.5、PbSn2-2、PbSn4.5-2.5、PbSn6.5	0.010~0.030	±0.002	—	≤200	±1
	>0.030~0.100	±0.004	±0.002	>200~≤350	
	>0.030~0.100	±0.005	±0.004		
Zn2、Zn3	0.010~0.030	±0.003	±0.002	≤200	
	>0.030~0.100	±0.004	±0.003		
	>0.030~0.100	±0.005	±0.004	>200~≤350	

注：1. 经供需双方协议，可供应其他规格和极限偏差的箔材。

2. 合同中未注明精度等级时，按普通精度供应。

5. 铅合金产品力学性能（见表 2-261 和表 2-262）

表 2-261 铅合金产品的力学性能现场实测数据

代号	合金元素（质量分数,%）	材料状态	抗拉强度 R_m/MPa	规定塑性延伸强度 $R_{p0.2}$/MPa	伸长率 A（%）	布氏硬度 HBW	蠕变性能		
							温度/℃	蠕变应力/MPa	最小蠕变速度/（10^{-7}/h）
PbSb0.5	Sb0.42	冷轧	22.3	10.2	49	7.2	60	2.61	49.9
PbSb4	Sb3.58	冷轧	29.4	21.8	49	6.6	22	3.64	53.7
PbSb2	Sb1.08	冷轧	22.9	11.7	47	6.6	60	2.81	6.06
PbAg1	Ag0.96	冷轧	29.4	25.1	22	8.0	20	4.4	—
PbCa0.03	Ca0.026	冷轧	28.9	26.8	11.8	7.5	60	2.6	7.8

注：本表为生产现场实测数据，仅供参考。

表 2-262 铅合金产品的室温和高温力学性能

性 能		制品种类	合金代号		
			PbSb4	PbSb6	PbSb8
室温力学性能	抗拉强度 R_m/MPa	铸造品	38.64	46.88	51.00
		轧制品	27.56	28.93	31.67
		挤制品	21.38	22.75	22.75
	伸长率 A（%）	铸造品	22	24	19
		轧制品	50	50	30
		挤制品	58	65	75
	布氏硬度 HBW	铸造品	10	12	13
		轧制品	8	9	9
		挤制品	9	11	12
	疲劳强度 σ_N/MPa	轧制品	10.35	10.35	12.06
		挤制品	—	8.24	—

高温力学性能	代 号	状态	抗拉强度 R_m/MPa			布氏硬度 HBW		
			室温	100℃	200℃	室温	100℃	200℃
	PbSb6	铸态	48.1	24.1	5.88	13	6.8	2.0
		冷轧态	28.8	12.8	4.12	—	3.9	1.6

注：本表为生产现场实测数据，仅供参考。

2.9 常用机械零件有色金属材料的选用(见表2-263)

表 2-263 常用机械零件有色金属材料的选用

分类	要求	零件实例	推荐材料
	强度高,耐蚀性好	耐蚀齿轮、蜗轮	HAl60-1-1
	强度高,耐磨性好,耐蚀性好	大型蜗轮	HAl66-6-3-2
	有很高的力学性能,铸造性能良好,耐蚀性较好,有应力腐蚀开裂倾向,可以焊接	蜗轮	ZCuZn25Al6Fe3Mn3
	有好的铸造性能和耐磨性,可加工性好,耐蚀性较好,在海水中有应力腐蚀倾向	齿轮	ZCuZn40Pb2
	有较高的力学性能和耐蚀性,耐磨性较好,可加工性较好	蜗轮	ZCuZn38Mn2Pb2
	强度高,耐磨性好,压力加工及可加工性好	精密仪器齿轮	QSn6.5-0.1
	强度高,耐磨性好	蜗轮	QSn7-0.2
	耐磨性和耐蚀性好,减摩性好,能承受冲击载荷,易加工,铸造性能和气密性较好	较高负荷、中等滑动速度条件下工作的蜗轮	ZCuSn5Pb5Zn5
	硬度高,耐磨性极好,有较好的铸造性能和可加工性,在大气和淡水中有良好的耐蚀性	高负荷、受冲击和高滑动速度(8m/s)条件下工作的齿轮、蜗轮	ZCuSn10Pb1
	耐蚀性、耐磨性和可加工性好,铸造性能好,铸件气密性较好	中等及较多负荷、小滑动速度的齿轮、蜗轮	ZCuSn10Zn2
	较高的强度、耐磨性及耐蚀性	耐蚀齿轮、蜗轮	QAl5
	强度高,较高的耐磨性及耐蚀性	高强、耐蚀的齿轮、蜗轮	QAl7
齿轮及蜗轮	高强度,高减摩性和耐蚀性	高负荷齿轮、蜗轮	QAl9-4
	高的强度和耐磨性,可热处理强化,高温抗氧化性、耐蚀性好	高温下使用的齿轮	QAl10-3-1.5
	高温(400℃)力学性能稳定,减摩性好	高温下使用的齿轮	QAl10-4-4
	高的力学性能,在大气、淡水和海水中耐蚀性好,耐磨性好,铸造性能好,组织紧密,可以焊接,不易钎焊	耐蚀、耐磨的齿轮、蜗轮	ZCuAl9Mn2
	高的力学性能,耐磨性和耐蚀性好,可以焊接,不易钎焊,大型铸件自700℃空冷可以防止变脆	高负荷大型齿轮、蜗轮	ZCuAl10Fe3
	高的力学性能和耐磨性,可热处理,高温下耐蚀性和抗氧化性好,在大气、淡水和海水中耐蚀性好,可焊接,不易钎焊,大型铸件自700℃空冷可以防止变脆	高温、高负荷、耐蚀的齿轮、蜗轮	ZCuAl10Fe3Mn2
	很高的力学性能,耐蚀性好,应力腐蚀疲劳强度高,铸造性能好,合金组织致密,气密性好,可以焊接,不易钎焊	高强、耐腐蚀的重要齿轮、蜗轮	ZCuAl8Mn13Fe3Ni2
	很高的力学性能,耐蚀性好,应力腐蚀疲劳强度高,耐磨性良好,在400℃以下具有耐热性,可热处理,焊接性能好,不易钎焊,铸造性能尚好	要求高强度、耐蚀性好及400℃以下工作的重要齿轮、蜗轮	ZCuAl9Fe4Ni4Mn2

（续）

分类	要求	零件实例	推荐材料
机架	要求重量比较轻，且要求有足够的强度，通常铸造铝合金和压铸铝合金是机架主要采用的有色金属材料	抽水机壳体、船用柴油机机体	ZAlSi7Mg、ZAlSi7MgA
		仪表壳体、机器盖	ZAlSi12
		中小型高速柴油机的机体	ZAlSi9Mg
		高速柴油机机体、油泵泵体	ZAlSi5Cu1Mg、ZAlSi5Cu1MgA
		发动机气缸头、泵体	ZAlSi8Cu1Mg
		曲轴箱、飞轮盖、支架	ZAlCu4
带轮	高速度、小功率、大批量的带轮可采用压铸铝合金、压铸镁合金和压铸铜合金	各种小功率且高速（线速度 $v>35m/s$）的带轮	YZAlSi2、YZAlSi10Mg、YZAlSi12Cu2、YZAlSi9Cu4、YZAlSi11Cu3、YZAlSi7Cu5Mg、YZAlMg5Si、YZMgAl9Zn、YZCuZn40Pb、YZCuZn16Si4
弹簧	对弹簧有耐蚀、耐磨及防磁性能要求，可采用铜合金材料制作	各种机械及仪器仪表中的有耐蚀、耐磨、防磁工况要求的弹簧	QSi3-1、QSn4-3、QSn6.5-0.1、QSn6.5-0.4、QSn7-0.2、QBe2、QBe1.7、QBe1.9、BZn15-20、BAl6-1.5
活塞	载荷变化、耐磨性能好，抗疲劳、抗冲击性能好，能够在高温条件下工作。活塞重量轻，可降低能量消耗，可选用铸造铝合金	汽车、拖拉机、内燃机车等气缸用活塞	ZAlSi12Cu2Mg1、ZAlSi5Cu6Mg、ZAlSi12Cu1Mg1Ni1、ZAlZn6Mg
阀门主要零件	公称压力小于4MPa、温度范围为-30~350℃的水、蒸汽、空气及油类介质的铸铁制的各种阀门用阀杆及轴	灰铸铁制阀门、可锻铸铁制阀门、球墨铸铁制阀门的阀杆及轴	QAl9-2、QAl9-4、HMn58-2
		阀杆螺母	ZCuAl9Mn2、ZCuAl9Fe4Ni4Mn2、ZCuZn38Mn2Pb2、ZCuZn25Al6Fe3Mn3
	公称压力小于或等于2.5MPa的水、海水、氧气、空气、油类等介质，以及温度为-40~250℃的铜合金制阀门	阀体、阀盖、启闭件	ZCuSn3Zn11Pb4、ZCuSn5Pb5Zn5、ZCuSn10Zn2、ZCuZn16Si4、ZCuAl9Mn2、ZCuAl9Fe4Ni4Mn2、ZCuZn31Al2、H62、HPb59-1、QAl9-2、QAl9-4
		阀杆	QAl9-2、QAl9-4
滑动轴承	要求具有足够的强度、塑性、耐磨性，减摩性好，并且具有一定的耐蚀性能	各种滑动轴承的轴瓦和轴衬、中等载荷发动机的主轴承、高转速机床主轴的轴瓦和轴衬、内燃机和涡轮机的高速重载轴承、汽车和拖拉机发动机的曲轴轴承及连杆轴承、矿山泵轴承、空压机和通风机轴承等	铸造轴承合金
			锡基：ZSnSb12Pb10Cu4、ZSnSb12Cu6Cd1、ZSnSb11Cu6、ZSnSb8Cu4、ZSnSb4Cu4
			铅基：ZPbSb16Sn16Cu2、ZPbSb15Sn5Cu3Cd2、ZPbSb15Sn10、ZPbSb15Sn5、ZPbSb10Sn6

（续）

分类	要求	零件实例	推荐材料	
滑动轴承	要求具有足够的强度、塑性、耐磨性，减摩性好，并且具有一定的耐蚀性能	各种滑动轴承的轴瓦和轴衬、中等载荷发动机的主轴承、高转速机床主轴的轴瓦和轴衬、内燃机和涡轮机的高速重载轴承、汽车和拖拉机发动机的曲轴轴承及连杆轴承、矿山泵轴承、空压机和通风机轴承等	铜基	ZCuSn5Pb5Zn5、ZCuSn10Pb1、ZCuPb10Sn10、ZCuPb15Sn8、ZCuPb20Sn5、ZCuPb30、ZCuAl10Fe3
			铝基	ZAlSn6Cu1Ni1
			锡青铜 QSn4-3、QSn4-4-2.5、QSn4-4-4、QSn6.5-0.4、QSn7-0.2 铝青铜 QAl5、QAl9-4、QAl10-3-1.5、QAl10-4-4、QAl11-6-6、QAl9-5-1-1、QAl10-5-5 铍青铜 QBe2、QBe1.9、QBe1.9-0.1 黄铜 HSi80-3、HMn58-2、HMn57-3-1、HMn55-3-1 铸造铜合金 ZCuSn5Pb5Zn5、ZCuSn10Pb1、ZCuSn10Pb5、ZCuPb10Sn10、ZCuPb15Sn8、ZCuPb17Sn4Zn4、ZCuPb20Sn5、ZCuPb30、ZCuAl8Mn13Fe3、ZCuAl9Fe4Ni4Mn2、ZCuAl10Fe3、ZCuAl10Fe3Mn2、ZCuZn38Mn2Pb2、ZCuZn40Mn2、ZCuZn25Al6Fe3Mn3、ZCuZn16Si4	

2.10 国内外有色金属材料牌号对照

2.10.1 国内外铸造铜合金牌号对照（见表 2-264）

表 2-264 国内外铸造铜合金牌号对照

中国 GB/T 1176—2013	欧洲 EN 1982：1998	日本 JIS H5120：2006	美国 ASTM B584：2006
ZCuSn3Zn8Pb6Ni1 3-8-6-1 锡青铜	CuSn3Zn8Pb5-C CC490K	CAC401	C83800

（续）

中国 GB/T 1176—2013	欧洲 EN 1982：1998	日本 JIS H5120：2006	美国 ASTM B584：2006
ZCuSn5Zn5Pb5 5-5-5 锡青铜	CuSn5Zn5Pb5-C CC491K	CAC406	C83600
ZCuSn10Pb5 10-5 锡青铜	CuSn11Pb2-C CC482K	CAC602	—
ZCuSn10Zn2 10-2 锡青铜	CuSn10-C CC480K	CAC403	C90500
ZCuPb10Sn10 10-10 铅青铜	—	CAC603	C93700
ZCuPb15Sn8 15-8 铅青铜	CuSn7Pb15-C CC496K	CAC604	C93800
ZCuPb20Sn5 20-5 铅青铜	CuSn5Pb20-C CC497K	CAC605	—
ZCuAl9Fe4Ni4Mn2 9-4-4-2 铝青铜	CuAl10Fe5Ni5-C CC333G	CAC703	—
ZCuAl10Fe3 10-3 铝青铜	CuAl10Fe2-C CC331C	CAC701	—
ZCuAl10Fe3Mn2 10-3-2 铝青铜	CuAl10Fe2-C CC331G	CAC702	—
ZCuZn38 38 黄铜	CuZn38Al-C CC767S	CAC301	C85700
ZCuZn25Al6Fe3Mn3 25-6-3-3 铝黄铜	CuZn25Al5Mn4Fe3-C CC762s	CAC304	C86300
ZCuZn26Al4Fe3Mn3 26-4-3-3 铝黄铜	CuZn25Al5Mn4Fe3-C CC762S	CAC303	C86300
ZCuZn31Al2 31-2 铝黄铜	CuZn37Al-C CC766S	—	C86700
ZCuZn35Al2Mn2Fe1 35-2-2-1 铝黄铜	CuZn35Mn2AlFel-C CC765S	CAC302	—
ZCuZn40Mn3Fe1 40-3-1 锰黄铜	CuZn34Mn3Al2Fel-C CC744C	—	C86500
ZCuZn33Pb2 33-2 铅黄铜	CuZn33Pb2-C CC750S	—	C85400
ZCuZn40Pb2 40-2 铅黄铜	CuZn39Pb1Al-C CC754S	CAC202	C85400
ZCuZn16Si4 16-4 硅黄铜	CuZn16Si4 CC761S	CAC802	C87400

2.10.2 国内外加工铜及铜合金牌号对照(见表 2-265)

表 2-265 国内外加工铜及铜合金牌号对照

分类	中国 GB/T 5231—2012 代号及名称	国际 ISO 1337（E）：1980	欧洲 EN 1652：1997	日本 JIS H3100：2006	美国 ASTM B152/B152M：2006
加工铜	TU3	Cu-OF	Cu-OF CW008A	C1020	C10200
	TP1	Cu-DLP	Cu-DLP CW023A	C1201	C12000
	TP2	Cu-DHP	Cu-DHP CW024A	C1220	C12200

分类	中国 GB/T 5231—2012 代号及名称	国际 ISO 426-1：1983 （ISO 426-2：1983）	欧洲 EN 1652：1997	日本 JIS H3100：2006 （JIS H3110：2006）	美国 ASTM B36/B36M：2008
加工黄铜	H95	CuZn5	CuZn5 CW500L	C2100	C21000
	H90	CuZn10	CuZn10 CW501L	C2200	C22000
	H85	CuZn15	CuZn15 CW502L	C2300	C23000
	H80	CuZn20	CuZn20 CW503L	C2400	C24000
	H70	CuZn30	CuZn30 CW505L	C2600	C26000
	H68	CuZn30	CuZn33 CW506L	C2680	C26800
	H65	CuZn35	CuZn36 CW507L	C2720	C27200
	H63	CuZn37	CuZn37 CW508L	C2720 （JIS H3250：2006）	C27200
	H62	CuZn37	CuZn37 CW508L	C2720 （JIS H3250：2006）	C27200
	H59	CuZn40	CuZn40 CW509L	C2800 （JIS H3250：2006）	C28000
	HPb66-0.5	（CuZn32Pb1）	—	—	C33000 （ASTM B135：2002）
	HPb63-3	（CuZn34Pb2）	CuZn35Pb1 CW600N	C3560	C35600 （ASTM B453 /B453M：2005）
	HPb63-0.1	（CuZn37Pb1）	CuZn37Pb0.5 CW604N	C4620 （JIS H3250：2006）	—
	HPb62-0.8	（CuZn37Pb1）	CuZn37Pb0.5 CW604N	C3710	C37100

（续）

分类	中国 GB/T 5231—2012 代号及名称	国际 ISO 426-1：1983 （ISO 426-2：1983）	欧洲 EN 1652：1997	日本 JIS H3100：2006 （JIS H3110：2006）	美国 ASTM B36/B36M： 2008
加工黄铜	HPb62-3	（CuZn36Pb3）	CuZn38Pb2 CW608N	C3601 （JIS H3250：2006）	C36000 （ASTM B16 /B16M：2005）
	HPb62-2	（CuZn37Pb2）	CuZn38Pb2 CW608N	C3713	—
	HPb61-1	（CuZn39Pb1）	CuZn39Pb0.5 CW610N	C3710	C37100
	HPb60-2	（CuZn38Pb2）	CuZn39Pb2 CW612N	C3771 （JIS H3250：2006）	C37700 （ASTM A283：2006）
	HPb59-3	（CuZn39Pb3）	CuZn39Pb2 CW612N	C3561	—
	HPb59-1	（CuZn39Pb1）	—	C3710	C37000 （ASTM B135：2002）
	HAl77-2	CuZn20Al2	CuZn20Al2As CW702R	—	C68700 （ASTM B111 /B111M：2004）
	HSn70-1	CuZn28Si1	—	C4430	C44300 （ASTMB111 /B111：2004）
	HSn62-1	CuZn38Si1	CuZn38Sn1As CW715R （EN 1653：1997+ Al：2000）	C4621	C46200 （ASTMB21/ B21：2006）
	HSn60-1	—	CuZn39Sn1 CW719R EN 1653：1997 +Al：2000	C4640	C46400 （ASTM B124 /B124M：2006）
分类	中国 GB/T 5231—2012 代号及名称	国际 ISO 427：1983 （ISO 428：1983）	欧洲 EN 1652：1997	日本 JIS H3100：2006 （JIS H3110：2006）	美国 ASTM B139 /B139M：2006
加工青铜	QSn1.5-0.2	CuSn2	—	—	C50500 （ASTM B508： 1997（2003））
	QSn4-0.3	CuSn4	CuSn4 CW450K	—	C51000
	QSn4-3	CuSn4Zn2	CuSn4 CW450K	—	—
	QSn4-4-2.5	CuSn4Pb4Zn3	—	C5441 （JIS H3270：2006）	—

（续）

分类	中国 GB/T 5231—2012 代号及名称	国际 ISO 427：1983 （ISO 428：1983）	欧洲 EN 1652：1997	日本 JIS H3100：2006 （JIS H3110：2006）	美国 ASTM B139 /B139M：2006
加工青铜	QSn4-4-4	CuSn4Pb4Zn3	—	C5441 （JIS H3270：2006）	—
	QSn6.5-0.1	CuSn6	CuSn6 CW452K	（C5191）	—
	QSn6.5-0.4	CuSn6	CuSn6 CW452K	（C5191）	—
	QSn7-0.2	CuSn8	CuSn8 CW453K	C5210 （JIS H3130：2006）	—
	QSn8-0.3	CuSn8	CuSn8 CW453K	（C5212）	C52100
	QAl5	（CuAl5）	—	（C5102）	C60800 （ASTM B111 /B111M：2004）
	QAl9-4	（CuAl10Fe3）	CuAl8Fe3 CW303G	C6161	C61900 （ASTM B283：2006）
	QAl9-5-1-1	（CuAl10Ni5Fe4）	CuAl10Ni5Fe4 CW307G （EN 1653：1997+ Al：2000）	C6280	C63010 （ASTM B283：2006）
	QAl10-3-1.5	（CuAl10Fe3）	—	C6161	C62300 （ASTM B283：2006）
	QAl10-4-4	（CuAl9Fe4Ni4）	CuAl10Ni5Fe4 CW307G （EN 1653：1997+ Al：2000）	C6301	C63000 （ASTM B283：2006）
	QAl10-5-5	（CuAl9Fe4Ni4）		C6301	—
	QAl11-6-6	（CuAl10Ni5Si4）	—	C6301	C63020 （ASTM B150/ B150M：2003）
加工白铜	B25	CuNi25	CuNi25 CW350H	—	—
	B30	CuNi30Mn1Fe	CuNi30Mn1Fe CW354H	C7150	C71500
	BFe10-1-1	CuNi10Fe1Mn	CuNi10Fe1Mn CW352H	C7060	C70600
	BFe30-1-1	CuFe30Mn1Fe	CuNi30Mn1Fe CW354H	C7150	C71500
	BZn18-18	（CuNi18Zn20）	CuNi18Zn20 CW409J	（C7521）	C75200
	BZn18-26	（CuNi18Zn27）	CuNi18Zn27 CW410J	C7701 （JIS H3130：2006）	C77000
	BZn15-20	（CuNi15Zn21）	CuNi12Zn24 CW403J	（C7451）	—
	BZn15-21-1.8	（CuNi18Zn19Pb1）	—	C7941 （JIS G 3270：2006）	—
	BZn15-24-1.5	（CuNi10Zn28Pb1）	CuNi12Zn25Pb1 CW404J	—	C79200 （ASTM B151/ B151M：2005）

2. 10. 3　国内外铸造锌合金牌号对照(见表2-266)

表 2-266　国内外铸造锌合金牌号对照

中国 GB/T 1175—2018	国际 ISO 301：2006（E）	欧洲 EN 1774：1997	日本 JIS H2201：1999	美国 ASTM B240：2004
ZZnAl4Cu1Mg	ZnAl4Cu1 ZL0410	ZnAl4Cu1	1 级	Z35530 （AC41A）
ZZnAl4Cu3Mg	ZnAl4Cu3 ZL0430	ZnAl4Cu3	—	Z35540 （AC43A）
ZZnAl8Cu1Mg	ZnAl8Cu1 ZL0810	ZnAl8Cu1	—	Z35635 （ZA-8）
ZZnAl9Cu2Mg	ZnAl8Cu1 ZL0810	ZnAl8Cu1	—	—
ZZnAl11Cu1Mg	ZnAl11Cu1 ZL1110	ZnAl11Cu1	—	Z35630 （ZA-12）
ZZnAl27Cu2Mg	ZnAl27Cu2 ZL2720	ZnAl27Cu2	—	Z35840 （ZA-27）

2. 10. 4　国内外铸造铝合金牌号对照(见表2-267和表2-268)

表 2-267　国内外铸造铝合金牌号对照

中国 GB/T 1173—2013	国际 ISO 3522：2007（E）	欧洲 EN 1706：1998	日本 JIS H5202：1999	美国 ASTM B108：2006
ZAlSi7Mg	AlSi7Mg	EN AC-AlSi7Mg EN AC-42000	AC4C	356. 0 A03560
ZAlSi7MgA	AlSi7Mg	EN AC-AlSi7Mg EN AC-42000	AC4C	356. 0 A03560
ZAlSi12	AlSi12	EN AC-AlSi12（a） EN AC-44200	AC3A	—
ZAlSi9Mg	AlSi10Mg	EN AC-AlSi10Mg（a） EN AC-43000	AC4A	359. 0 A03590
ZAlSi5Cu1Mg	AlSi5Cu	EN AC-AlSi5Cu1Mg EN AC-45300	AC4D	355. 0 A03550
ZAlSi5Cu1MgA	AlSi5Cu	EN AC-AlSi5Cu1Mg EN AC-45300	AC4D	355. 0 A03550
ZAlSi8Cu1Mg	AlSi9Cu	EN AC-AlSi9Cu1Mg EN AC-46400	AC4B	—
ZAlSi12Cu2Mg1	AlSi12Cu	EN AC-AlSi12Cu EN AC-47000	AC3A	336. 0 A03360
ZAlSi12Cu1Mg1Ni1	—	—	AC3A	336. 0 A03360
ZAlSi5Cu6Mg	AlCu	—	—	308. 0 A03080
ZAlSi9Cu2Mg	AlSi9Cu2	—	AC4B	—
ZAlSi7Mg1A	AlSi7Mg	—	AC4C	357. 0 A03570
ZAlCu4	AlCu	—	AClA. 1	—
ZAlMg10	AlMg10	EN AC-AlMg9 EN AC-51200	—	—
ZAlMg5Si	AlMg5（Si）	EN AC-AlMg5（Si） EN AC-51400	—	—
ZAlZn6Mg	AlZnMg	EN AC-AlZn5Mg EN AC-71000	—	—

表 2-268　国内外铸造铝合金锭牌号对照

中国 GB/T 8733—2016	国际 ISO 3522：2007（E）	欧洲 EN 1706：1998	日本 JIS H2211：1992	美国 ASTM B179：2006
201Z. 1 （ZLD201）	AlCu	EN AC-AlCu4Ti EN AC-21100	AC1B1	—
Z01Z. 2 （ZLD201A）	AlCu	—	—	A201. 1
210Z. 1 （ZLD110）	AlCu	—	AC2A-1	—
295Z. 1 （ZLD203）	AlCu	—	—	295. 2
304Z. 1	AgSiMgTi	EN AC-AlSi2MgTi EN AC4100D	—	—
312Z. 1 （ZLD108）	AlSi2Cu	EN AC-AlSi12（Cu） EN AC-47000	—	—
319Z. 1	AlSiCu	—	—	319. 1
319Z. 2	AlSiCu	EN AC-AlSi6Cu4 EN AC-45000	—	—
328Z. 1 （ZLD106）	AlSi9Cu	—	—	328. 1
333Z. 1	AlSi9Cu	EN AC-AlSi9Cu3（Fe） EN AC-46000	AC4B. 1	333. 1
336Z. 1 （ZLD109）	AlSiCuNiMg	—	—	336. 2
336Z. 2	AlSiCuNiMg	—	—	336. 1
354Z. 1 （ZLD111）	AlSi9Cu	—	—	354. 1
355Z. 1 （ZLD105）	AlSi5Cu	—	—	355. 1
355Z. 2 （ZLD105A）	AlSi5Cu	—	AC4D. 2	355. 2
356Z. 1 （ZLD101）	AlSi7Mg	—	—	356. 1
356Z. 2 （ZLD101A）	AlSi7Mg	—	—	356. 2
356Z. 3	AlSi7Mg	—	—	A356. 1
356Z. 5	AlSi7Mg	EN AC-AlSi7Mg EN AC-42000	—	A356. 2
356. 7 （ZLD114A）	AlSi7Mg	—	AC4CH. 1	—
360Z. 1	AlSi10Mg	—	AC4A. 1	—
360Z. 4	AlSi10Mg	EN AC-AlSi10Mg（Fe） EN AC-43400	—	A360. 2
360Z. 5	AlSi10Mg	EN AC-AlSi9Mg EN AC-43300	—	—

（续）

中国 GB/T 8733—2016	国际 ISO 3522：2007（E）	欧洲 EN 1706：1998	日本 JIS H2211：1992	美国 ASTM B179：2006
360Z. 6 （ZLD104）	AlSi10Mg	EN AC-AlSi10Mg（b） EN AC-43100	—	—
380A. 1	AlSi9Cu	—	AC8C. 1	A380. 1
380A. 2	AlSi9Cu	—	AC8B. 2	A380. 2
380Y. 1 （YLD112）	AlSi9Cu	—	—	C380. 1
380Y. 2	AlSi9Cu	—	AC8B. 1	D380. 1
383Z. 1	AlSi9Cu	EN AC-AlSi9Cu3（Fe） EN AC-46000		383. 1
383Z. 2	AlSi9Cu	EN AC-AlSi11Cu2（Fe） EN AC-46100		383. 2
383Y. 1	AlSi9Cu	—	—	A383. 1
398Z. 1 （ZLD118）	AlSi20Cu	—	AC9B. 1	—
411Z. 1	AlSi11	EN AC-AlSi11 EN AC-44000	—	—
413Z. 1 （ZLD102）	AlSi12		AC3A. 1	—
413Z. 2	AlSi12	EN AC-AlSi12（b） EN AC-44100	—	B413. 1
413Z. 3	AlSi12	EN AC-AlSi12（a） EN AC-44200	—	—
413Z. 4	AlSi12	EN AC-AlSi12（Fe） EN AC-44300	—	—
413A. 1	AlSi12	—	—	A413. 1
413A. 2	AlSi12	—	—	A413. 2
443Z. 1	AlSi（5）	—	—	443. 1
443Z. 2	AlSi（5）	—	—	443. 2
502Z. 1 （ZLD303）	AlMg5（Si）	EN AC-AlMg5（Si） EN AC-51400	—	—
515Y. 1 （YLD306）	AlMg	EN AC-AlMg3（b） EN AC-51000	—	515. 2
712Z. 1 （ZLD402）	AlZnMg	EN AC-AlZn5Mg EN AC-71000	—	712. 2

注：1. 中国标准一栏内加括号者为 GB/T 8733—2000 中的牌号。

2. 国际标准一栏内加括号者为合金类型。

2.10.5 国内外变形铝及铝合金牌号对照(见表2-269和表2-270)

表2-269 国内外变形铝及铝合金牌号对照(一)

中国 GB/T 3190—2020	国际牌号	ISO 牌号	欧洲 EN(ENAW-)		日本 JIS	俄罗斯 ГОСТ[①]
			数字型	化学元素符号型		
1A99	1199		1199	Al99.99	1N99	AB000
1A90	1090		1090	Al99.90	1N90	AB1
1080 1080A	1080 1080A	Al99.8 Al99.8(A)	1080A	Al99.8(A)	A1080	
1070 1070A 1370	1070 1070A 1370	Al99.7 E-Al99.7	1070A 1370	Al99.7 EAl99.7	A1070	AB00
1060、1A60	1060	Al99.6	1060	Al99.6	A1060	
1050、1A50 1050A 1350	1050 1050A 1350	Al99.5 E-Al99.5	1050A 1350	Al99.5 EAl99.5	A1050	1011 (АД0) (АД0Е)
1145	1145					
1035 1235	1035 1235		1235	Al99.35		
1A30	1230					1013(АД1)
1200 1100	1200 1100	Al99.0 Al99.0Cu	1200 1100	Al99.0 Al99.0Cu	A1200 A1100	A2
2004	2004					
2A50、2B50	2050					
2011	2011	AlCu6BiPb	2011	AlCu6BiPb	A2011	
2014、2A14 2014A 2214	2014 2014A 2214	AlCu4SiMg AlCu4SiMg(A)	2014 2014A 2214	AlCu4SiMg AlCu4SiMg(A) AlCu4SiMg(B)	A2014	1380(AK8)
2017、2A11、2B11 2017A 2117、2A01	2017 2017A 2117	AlCu4MgSi AlCu4MgSi(A) AlCu2.5Mg	2017A 2117	AlCu4MgSi(A) AlCu2.5MgA	A2017 A2117	1100(Д1) 1111(Д1П)
2A21、2A90 2218 2618、2A70、2B70	2018 2218 2618	AlCu2MgNi	2618A	AlCu2Mg1.5Ni	A2018 A2218 A2618	1140(AK4)
2219 2A16、2B16、2A20	2219 2319	AlCu6Mn	2219 2319	AlCu6Mn AlCu6Mn(A)	A2219	
2024、2A12 2B12、2A06 2124 2A25	2024 2124 2524	AlCu4Mg1	2024 2124	AlCu4Mg1 AlCu4Mg1(A)	A2024	1160(Д16) (Д16П)

（续）

中国 GB/T 3190—2020	国际牌号	ISO 牌号	欧洲 EN（ENAW-）		日本 JIS	俄罗斯 ГОСТ[1]
			数字型	化学元素符号型		
3003、3A21	3003	AlMn1Cu	3003	AlMn1Cu	A3003	1400（АМц）
3103	3103	AlMn1	3103	AlMn1		
3004	3004	AlMn1Mg1	3004	AlMn1Mg1	A3004	
3104	3104	AlMn1Mg1Cu	3104	AlMn1Mg1Cu		
3005	3005	AlMn1Mg0.5	3005	AlMn1Mg0.5	A3005	
3105	3105	AlMn0.5Mg0.5	3105	AlMn0.5Mg0.5	A3105	
4032、4A11	4032		4032	AlSi12.5MgCuNi	A4032	
4043、4A01	4043	AlSi5	4043A	AlSi5（A）	A4043	
4A13	4343		4343	AlSi7.5		
4047、4A17	4047	AlSi12	4047A		A4047	
4047A	4047A	AlSi12（A）		AlSi12（A）		
5005	5005	AlMg1（B）	5005	AlMg1（B）	A5005	（АМr1）
5019	5019	AlMg5	5019	AlMg5		1551（АМr5П）
5050	5050	AlMg1.5（C）	5050	AlMg1.5（C）		
5A66	5051A		5051A	AlMg2（B）		
5251	5251	AlMg2	5251	AlMg2		1520（АМr2）
5052、5A02	5052	AlMg2.5	5052	AlMg2.5	A5052	
5154、5A03	5154	AlMg3.5			A5154	1530（АМr3）
5154A	5154A	AlMg3.5（A）	5154A	AlMg3.5（A）		
5454	5454	AlMg3Mn	5454	AlMg3Mn	A5454	
5554	5554	AlMg3Mn（A）	5554	AlMg3Mn（A）		
5754	5754	AlMg3	5754	AlMg3		
5056	5056	AlMg5Cr	5056A	AlMg5	A5056	
5456、5A05、5B05	5456	AlMg5Mn1	5456A	AMg5Mn1（A）		1550（АМr5）
5A30	5556		5556A	AlMg5Mn		
5A43	5357					
5082	5082		5082	AlMg4.5	A5082	
5182	5182		5182	AlMg4.5Mn0.4	A5182	
5083	5083	AlMg4.5Mn0.7	5083	AlMg4.5Mn0.7	A5083	
5183	5183	AlMg4.5Mn0.7（A）	5183	AlMg4.5Mn0.7（A）		1540（АМг4.5）
5086	5086	AlMg4	5086	AlMg4	A5086	
6101	6101	E-AlMgSi	6101	EAlMgSi		
6101A	6101A	E-AlMgSi（A）	6101A	EAlMgSi（A）		
6005	6005	AlSiMg	6005	AlSiMg		
6005A	6005A	AlSiMg（A）	6005A	AlSiMg（A）		
6A10	6110A					

（续）

中国 GB/T 3190—2020	国际牌号	ISO 牌号	欧洲 EN（ENAW-）		日本 JIS	俄罗斯 ГОСТ[①]
			数字型	化学元素符号型		
6A02、6B02	6151				A6151	1340（AB）
6351	6351	AlSiMg0.5Mn	6351	AiSiMg0.5Mn		
6060	6060	AlMgSi	6060	AlMgSi		
6061	6061	AlMg1SiCu	6061	AlMgSiCu	A6061	1330（АД33）
6063	6063	AlMg0.7Si	6063	AlMg0.7Si	A6063	1310（АД31）
6063A	6063A	AlMg0.7Si（A）	6063A	AlMg0.7Si（A）		
6070	6070					
6181	6181	AlSi1Mg0.8	6181	AlSi1Mg0.8		
6082	6082	AlSi1MgMn	6082	AlSi1MgMn		（АД35）
7003	7003		7003	AlZn6Mg0.8Zr		
7005、7A05	7005	AlZn4.5Mg1.5Mn	7005	AlZn4.5Mg1.5Mn		
7A04	7010		7010	AlZn6MgCu		
7A52	7017					
7020	7020	AlZn4.5Mg1	7020	AlZn4.5Mg1		1925C
7022	7022		7022	AlZn5Mg3Cu		
7A15	7023					
7A19	7028					
7A31	7039		7039	AlZn4Mg3		
7050	7050	AlZn6CuMgZr	7050	AlZn6CuMgZr	7050	
7A01	7072		7072	AlZn1	7072	
7075、7A09	7075	AlZn5.5MgCu	7075	AlZn5.5MgCu	7075	1950（B95）
7475	7475	AlZn5.5MgCu（A）	7475	AlZn5.5MgCu（A）		
8011	8011		8011A	AlFeSi（A）		
8090	8090		8090	AlLi2.5Cu1.5Mg		

① 本列括号内为旧牌号。

表 2-270　国内外变形铝及铝合金牌号对照（二）

中国 GB/T 3190—2020	国际 ISO 209：2007（E）	欧洲 EN 573-3：2003	日本 JIS H4040：2006（JIS H4001：2006）	美国 ASTM B221M：2006（ASTM B209M：2006）
1060	—	EN AW-1060 EN AW-Al99.6	1060 （JIS H4180：1990）	1060
1070A	AW-1070A AW-Al99.7	EN AW-1070A EN AW-Al99.7	—	—
1080	—	—	1080 （JIS H4000：1990）	1080 （2006年前注册国际牌号）
1080A	AW-1080A AW-Al99.8	EN AW-1080A EN AW-Al99.8（A）	—	—

（续）

中国 GB/T 3190—2020	国际 ISO 209：2007（E）	欧洲 EN 573-3：2003	日本 JIS H4040：2006 （JIS H4001：2006）	美国 ASTM B221M：2006 （ASTM B209M：2006）
1085	—	EN AW-1085 EN AW-Al99.85	1085 （JIS H4160：1994）	1085 （2006 年前注册国际牌号）
1100	AW-1100 AW-Al99.0Cu	EN AW-1100 EN AW-Al99.0Cu	（1100）	1100
1200	AW-1200 AW-Al99.0	EN AW-1200 EN AW-Al99.0	1200	1200 （2006 年前注册国际牌号）
1350	AW-1350 AW-EAl99.5	EN AW-1350 EN AW-Al99.5	—	1350 （2006 年前注册国际牌号）
1370	AW-1370 AW-EAl99.7	EN AW-1370 EN AW-EAl99.7	—	—
2011	AW-2011 AW-AlCu6BiPb	EN AW-2011 EN AW-AlCu6BiPb	2011	2011 （ASTM B210M：2003）
2014	AW-2014 AW-AlCu4SiMg	EN AW-2014 EN AW-AlCu4SiMg	2014	2014
5356	AW-5356 AW-AlMg5Cr	EN AW-5356 EN AW-AlMg5Cr（A）	—	5356 （2006 年前注册国际牌号）
5456	AW-5456 AW-AlMg5Cu1	—	—	5456
5082	AW-5082 AW-AlMg4.5	EN AW-5082 EN AW-AlMg4.5	5082 （JIS H4000：1999）	5082 （2006 年前注册国际牌号）
5182	AW-5182 AW-AlMg4.5-Mn0.4	EN AW-5182 EN AW-AlMg4.5Mn0.4	5182 （JIS H4000：1999）	5182 （2006 年前注册国际牌号）
5083	AW-5083 AW-AlMg4.5-Mn0.7	EN AW-5083 EN AW-AlMg4.5Mn0.7	5083	5083
5183	AW-5183 AW-AlMg4.5-Mn0.7	EN AW-5183 EN AW-AlMg4.5-Mn0.7（A）	—	5183 （2006 年前注册国际牌号）
5086	AW-5086 AW-AlMg4	EN AW-5086 EN AW-AlMg4	5086 （JIS H4100：2006）	5086
6101	AW-6101 AW-EAlMgSi	EN AW-6101 EN AW-EAlMgSi	6101 （JIS H4180：1990）	6101 （2006 年前注册国际牌号）
6101A	AW-6101A AW-EAlMgSi	EN AW-6101A EN AW-EAlMgSi（A）	—	—
6005	AW-6005 AW-AlSiMg	EN AW-6005 EN AW-AlSiMg	—	6005
6005A	—	EN AW-6005A EN AW-AlSiMg（A）	—	6005A
6060	AW-6060 AW-AlMgSi	EN AW-6060 EN AW-AlMgSi	—	6060
6061	AW-6061 AW-AlMg1SiCu	EN AW-6061 EN AW-AlMg1SiCu	6061	6061

（续）

中国 GB/T 3190— 2020	国际 ISO 209： 2007（E）	欧洲 EN 573-3：2003	日本 JIS H4040：2006 （JIS H4001：2006）	美国 ASTM B221M：2006 （ASTM B209M：2006）
6262	AW-6262 AW-AlMg1SiPb	EN AW-6262 EN AW-AlMg1SiPb	—	6262
6063	AW-6063 AW-AlMg0.7Si	EN AW-6063 EN AW-AlMg0.7Si	6063	6063
6463	—	EN AW-6463 EN AW-AlMg0.7Si（B）	—	6463
6181	AW-6181 AW-AlSiMg0.8	EN AW-6181 EN AW-AlSiMg0.8	—	—
6082	AW-6082 AW-AlSiMgMn	EN AW-6082 EN AW-AlSi1MgMn	—	—
7003	—	EN AW-7003 EN AW-AlZn6Mg0.8Zr	7003	—
7005	—	EN AW-7005 EN AW-AlZn4.5-Mg1.5Mn	—	7005
7020	AW-7020 AW-AlZn4.5Mg1	EN AW-7020 EN AW-AlZn4.5Mg1	—	—
7021	—	EN AW-7021 EN AW-AlZn4.5Mg1.5	—	7021 （2006年前注册国际牌号）
7039	—	EN AW-7039 EN AW-AlZn4Mg3	—	7039 （2006年前注册国际牌号）
7049A	AW-7049A AW-AlZn8MgCu	EN AW-7049A EN AW-AlZn8MgCu	—	—
7050	AW-7050 AW-AlZn6CuMgZr	EN AW-7050 EN AW-AlZn6CuMgZr	7050 （JIS H4140：1988）	7050 （2006年前注册国际牌号）
7150	—	EN AW-7150 EN AW-AlZn6Cu-MgZr（A）	—	7150 （2006年前注册国际牌号）
7072	—	EN AW-7072 EN AW-AlZn1	7072 （JIS H4000：1999）	7072
7075	AW-7075 AW-AlZn5.5MgCu	EN AW-7075 EN AW-AlZn5.5MgCu	7075	7075
7175	—	EN AW-7175 EN AW-AlZn5.5-MgCu（B）	—	7175 （2006年前注册国际牌号）
7475	AW-7475 AW-AlZn5.5- MgCu（A）	EN AW-7475 EN AW-AlZn5.5- MgCu（A）	—	—
8006	—	EN AW-8006 EN AW-AlFe1.5Mn	—	8006 （2006年前注册国际牌号）
8014	—	EN AW-8014 EN AW-AlFe1.5Mn0.4	—	8014 （2006年前注册国际牌号）
8079	—	EN AW-8079 EN AW-AlFe1Si	8079 （JIS H4160：1994）	8079 （2006年前注册国际牌号）

注：1. 美国变形铝及铝合金于2006年前注册了国际牌号238个，已纳入产品标准中的牌号按产品标准号予以列出，简写为 ASTM B221M：2006 等。

2. ISO 209：2007（E）一列中下方牌号为旧牌号。

3. EN 573-3：2003 一列中，上方为数字型牌号，下方为化学元素符号型牌号。

4. 本表中的中国牌号为适用于国际数字牌号系统的牌号。

2.10.6　国内外铸造镁合金锭牌号对照(见表 2-271)

表 2-271　国内外铸造镁合金锭牌号对照

中国 GB/T 19078—2016	国际 ISO 16220：2005	欧洲 EN 1753：1997	日本 JIS H2221：2000	美国 ASTM B93M：2006
AZ81S	—	MBMgAl8Zn1 MB21110	MD11A	—
AZ91D	MgAl9Zn1（A） ISO MB21120	MBMgAl9Zn1（A） MB21120	MC12A	AZ91D M11917
AZ91S	MgAl9Zn1（B） ISO MB21121	MBMgAl9Zn1（B） MB21121		
AM20S	MgAl2Mn ISO MB21210	MBMgAl2Mn MB21210	—	—
AM50A	MgAl5Mn ISO MB21220	MBMgAl5Mn MB21220	—	AM50A M10501
AM60B	MgAl6Mn ISO MB21230	MBMgAl6Mn MB21230	MD12B	AM60B M10603
AS21S	MgAl2Si ISO MB21310	MBMgAl2Si MB21310	—	—
AS41S	MgAl4Si ISO MB21320	MBMgAl4Si MB21320	MD13A	—
ZC63A	MgZn6Cu3Mn ISO MB32110	MBZn6Cu3Mn MB32110	—	—
ZE41A	MgZn4RE1Zr ISO MB35110	MBMgZn4RE1Zr MB35110	MC110	ZE41A M16411
EZ33A	MgRE3Zn2Zr ISO MB65120	MBRE3Zn2Zr MB65120	MC18	EZ33A M12331
QE22S	MgAg2RE2Zr ISO MB65210	MBMgRE2Ag2Zr MB65210	MC19	—
EQ21S	MgRE2Ag1Zr ISO MB65220	MBMgRE2Ag1Zr MB65220	—	—
WE54A	MgY5RE4Zr ISO MB95310	MBMgY5RE4Zr MB95310	—	WE54A M18410
WE43A	MgY4RE3Zr ISO MB95320	MBMgY4RE3Zr MB95320	—	WE43A M18430

2.10.7　国内外压铸镁合金牌号对照(见表 2-272)

表 2-272　国内外压铸镁合金牌号对照(摘自 GB/T 25748—2010)

合金系列	GB/T 25748	ISO 16220：2006	ASTM B93/B93M-07	JIS H 5303：2006	EN 1753—1997
MgAlSi	YM102	MgAl2Si	AS21A	MDC6	MB21310
	YM103	MgAl2Si(B)	AS21B	—	—
	YM104	MgAl4Si(A)	AS41A	—	—
	YM105	MgAl4Si	AS41B	MDC3B	MB21320
	YM106	MgAl4Si(S)	—	—	
MgAlMn	YM202	MgAl2Mn	—	MDC5	MB21210
	YM203	MgAl5Mn	AM50A	MDC4	MB21220
	YM204	MgAl6Mn(A)	AM60A	—	—
	YM205	MgAl6Mn	AM60B	MDC2B	MB21230

(续)

合金系列	GB/T 25748	ISO 16220：2006	ASTM B93/B93M-07	JIS H 5303：2006	EN 1753—1997
MgAlZn	YM302	MgAl8Zn1	—	—	MB21110
	YM303	MgAl9Zn1（A）	AZ91A	—	MB21120
	YM304	MgAl9Zn1（B）	AZ91B	MDC1B	MB21121
	YM305	MgAl9Zn1（D）	AZ91D	MDC1D	—

2.10.8　国内外铸造镁合金牌号对照（见表2-273）

表 2-273　国内外铸造镁合金牌号对照

中国 GB/T 1177—2018	国际 ISO 16220：2005	欧洲 EN 1753：1997	日本 JIS H5203：2000	美国 ASTM B93M：2006
ZMgZn4RE1Zr	MgZn4RE1Zr ISO MC35110	MCZn4RE1Zr MC35110	MC5	ZE41A M16411
ZMgRE3Zn3Zr	MgRE3Zn2Zr ISO MC65120	MCMgRE3Zn2Zr MC65120	MC8	E233A M12331
ZMgAl8Zn	—	MCMgAl8Zn1 MC21110	MC2	—
ZMgAl10Zn	MgAl9Zn1（A） ISO MC21120	MCMgAl9Zn1（A） MC21120	MC5	AZ91D M1191T

2.10.9　国内外变形镁及镁合金牌号对照（见表2-274）

表 2-274　国内外变形镁及镁合金牌号对照

中国 GB/T 5153—2016	国际 ISO 3116：2001	日本 JIS H4203：2005	美国 ASTMB107/B107M：2006
AZ31B	—	MB1	AZ31B M11311
AZ31S	WD21150	MB1	AZ31C M11312
AZ31T	WD21150	MB1	AZ31C M11312
AZ61A	—	MB2	AZ61A M11610
AZ61M	—	MB2	AZ61A M11610
AZ61S	WD21160	MB2	AZ61A M11610
AZ80A	—	MB3	AZ80A M11800
AZ80M	WD21170	MB3	AZ80A M11800
AZ80S	—	MB3	AZ80A M11800
AZ91D	—	MB3	AZ91D （ASTM B90/B90M：1998）
M2S	WD43150	—	M1A M15100
ZK61M	—	MB6	ZK60A M16600
ZK61S	WD32260	MB6	ZK60A M16600

3.1　粉末冶金材料分类和牌号表示方法（见表 3-1）

表 3-1　粉末冶金材料的分类、牌号表示方法及举例（摘自 GB/T 4309—2009）

<table>
<tr><td colspan="2">分类</td><td colspan="4">牌号表示方法</td><td rowspan="2">牌号举例</td></tr>
<tr><td>类别</td><td>符号</td><td colspan="4"></td></tr>
<tr>
<td rowspan="2">结构材料类</td>
<td rowspan="2">0</td>
<td>F</td><td>0</td><td>×</td><td>××</td>
<td rowspan="2">"F00××"表示铁基合金结构材料
"F02××"表示合金结构钢
"F06××"表示铜及铜合金结构材料</td>
</tr>
<tr>
<td>粉末冶金材料</td><td>结构材料</td>
<td>0—铁及铁基合金
1—碳素结构钢
2—合金结构钢
3—（空位）
4—（空位）
5—（空位）
6—铜及铜合金
7—铝合金
8—（空位）
9—（空位）</td>
<td>顺序号（00~99）</td>
</tr>
<tr>
<td rowspan="2">摩擦材料类
和减摩材料类</td>
<td rowspan="2">1</td>
<td>F</td><td>1</td><td>×</td><td>××</td>
<td rowspan="2">"F10××"表示铁基摩擦材料
"F11××"表示铜基摩擦材料
"F16××"表示铜基减摩材料</td>
</tr>
<tr>
<td>粉末冶金材料</td><td>摩擦材料和减摩材料</td>
<td>0—铁基摩擦材料
1—铜基摩擦材料
2—镍基摩擦材料
3—钨基摩擦材料
4—（空位）
5—铁基减摩材料
6—铜基减摩材料
7—铝基减摩材料
8—（空位）
9—（空位）</td>
<td>顺序号（00~99）</td>
</tr>
<tr>
<td rowspan="2">多孔材料类</td>
<td rowspan="2">2</td>
<td>F</td><td>2</td><td>×</td><td>××</td>
<td rowspan="2">"F21××"表示不锈钢多孔材料
"F23××"表示钛及钛合金多孔材料
"F24××"表示镍及镍合金多孔材料</td>
</tr>
<tr>
<td>粉末冶金材料</td><td>多孔材料</td>
<td>0—铁及铁基合金
1—不锈钢
2—铜及铜基合金
3—钛及钛合金
4—镍及镍合金
5—钨及钨合金
6—难熔化合物多孔材料
7—（空位）
8—（空位）
9—（空位）</td>
<td>顺序号（00~99）</td>
</tr>
</table>

（续）

分类		牌号表示方法				牌号举例
类别	符号					
工具材料类	3	F	3	×	××	"F30××"表示钢结硬质合金 "F36××"表示金属陶瓷和陶瓷工具材料 "F37××"表示工具钢材料
		粉末冶金材料	工具材料	0—钢结硬质合金 1—（空位） 2—（空位） 3—（空位） 4—（空位） 5—（空位） 6—金属陶瓷和陶瓷 7—工具钢 8—（空位） 9—（空位）	顺序号(00~99)	
难熔材料类	4	F	4	×	××	"F40××"表示钨及钨合金
		粉末冶金材料	难熔材料	0—钨及钨合金 1—（空位） 2—钼及钼合金 3—（空位） 4—钽及其合金 5—铌及其合金 6—锆及其合金 7—铪及其合金 8—（空位） 9—（空位）	顺序号(00~99)	
耐蚀材料类和耐热材料类	5	F	5	×	××	"F50××"表示不锈钢或耐热钢 "F52××"表示粉末高温合金材料 "F58××"表示粉末金属陶瓷材料
		粉末冶金材料	耐蚀材料和耐热材料	0—不锈钢和耐热钢 1—（空位） 2—高温合金 3—（空位） 4—（空位） 5—钛及钛合金 6—（空位） 7—（空位） 8—金属陶瓷 9—（空位）	顺序号(00~99)	
电工材料类	6	F	6	×	××	"F60××"表示钨基电触头材料 "F63××"表示银基电触头材料 "F65××"表示集电器材料
		粉末冶金材料	电工材料	0—钨基电触头材料 1—钼基电触头材料 2—铜基电触头材料 3—银基电触头材料 4—（空位） 5—集电器材料 6—（空位） 7—（空位） 8—电真空材料 9—（空位）	顺序号(00~99)	

（续）

分类		牌号表示方法				牌号举例
类别	符号					
		F	7	×	××	
磁性材料类	7	粉末冶金材料	磁性材料	0—软磁性铁氧体 1—硬磁性铁氧体 2—特殊磁性铁氧体 3—（空位） 4—软磁性金属和合金 5—硬磁性金属和合金 6—（空位） 7—特殊磁性合金 8—（空位） 9—（空位）	顺序号（00~99）	"F70××"表示软磁性铁氧体 "F75××"表示硬磁性金属和合金
		F	8	×	××	
其他材料	8	粉末冶金材料	其他材料	0—铍材料 1—（空位） 2—储氢材料 3—（空位） 4—（空位） 5—功能材料 6—（空位） 7—复合材料 8—（空位） 9—（空位）	顺序号（00~99）	"F80××"表示铍材料

注：粉末冶金材料牌号表示方法采用由汉语拼音字母和阿拉伯数字组成的五位符号体系表示粉末冶金材料的牌号。其通式及各符号的含义如下：

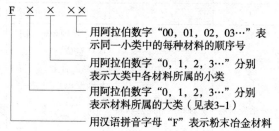

F × × ××

用阿拉伯数字"00，01，02，03…"表示同一小类中的每种材料的顺序号

用阿拉伯数字"0，1，2，3…"分别表示大类中各材料所属的小类

用阿拉伯数字"0，1，2，3…"分别表示材料所属的大类（见表3-1）

用汉语拼音字母"F"表示粉末冶金材料

3.2 粉末冶金用粉末

3.2.1 铁粉（见表 3-2~表 3-4）

表3-2 粉末冶金用还原铁粉的牌号、化学成分及性能（摘自 YB/T 5308—2011）

牌号及化学成分	牌号	级别	化学成分（质量分数,%）								备注
			总铁不小于	不大于							
				Mn	Si	C	S	P	盐酸不溶物	氢损	
	FHY80·240	—	98.00	0.50	0.15	0.07	0.030	0.030	0.40	0.50	1. 用铁精矿所制还原铁粉的盐
	FHY80·255	I	98.50	0.45	0.15	0.05	0.025	0.025	0.40	0.45	
		II	98.00	0.50	0.15	0.07	0.030	0.030	0.40	0.50	

（续）

牌号	级别	化学成分（质量分数,%）								备注
		总铁 不小于	不大于							
			Mn	Si	C	S	P	盐酸不溶物	氢损	
FHY80·270	I	98.50	0.40	0.15	0.05	0.025	0.030	0.40	0.45	酸不溶物含量可由供需双方商定 2. 表中的"—"表示该牌号还原铁粉无级别要求
	II	98.00	0.45	0.15	0.07	0.030	0.030	0.40	0.50	
FHY100·240	—	98.00	0.50	0.15	0.07	0.030	0.030	0.40	0.50	
FHY100·255	I	98.50	0.40	0.12	0.05	0.020	0.020	0.35	0.35	
	II	98.00	0.45	0.15	0.07	0.025	0.025	0.40	0.40	
FHY100·270	I	98.50	0.35	0.10	0.05	0.020	0.020	0.30	0.25	
	II	98.00	0.40	0.12	0.07	0.020	0.020	0.35	0.25	
FHY200	—	98.00	0.45	0.15	0.10	0.030	0.030	0.50	0.50	

物理工艺性能

牌号	级别	松装密度/ (g/cm³)	流动性/ (s/50g) 不大于	压缩性/ (g/cm³) 不小于	粒度分布（质量分数,%）					备注
					>250μm	>180μm	>150μm	>75μm	<45μm	
FHY80·240	—	2.30~2.50	38	6.40	0	≤3	—	—	10~25	1. 表中的"—"表示该牌号无级别要求或某些指标不做具体要求 2. 除FHY 200牌号外,其余牌号还原铁粉小于75μm(-200目)的粉末应为40%~60%
FHY80·255	I	2.45~2.65	35	6.55		≤3	—		10~25	
	II	2.45~2.65	36	6.45		≤4	—		10~25	
FHY80·270	I	2.60~2.80	35	6.55		≤3	—		10~25	
	II	2.60~2.80	36	6.45		≤4	—		10~25	
FHY100·240	—	2.30~2.50	36	6.50		0	≤3		10~25	
FHY100·255	I	2.45~2.65	35	6.60		0	≤3		10~30	
	II	2.45~2.65	36	6.55		0	≤3		10~30	
FHY100·270	I	2.60~2.80	30	6.70		0	≤3		10~30	
	II	2.60~2.80	32	6.65		0	≤3		10~30	
FHY200	—	2.40~2.80	—	—		—	—	≤5	≥35	

表3-3　瑞典还原铁粉的牌号、工艺性能及用途

牌号	粒度范围 /μm	松装密度/ (g/cm³)	流动性 /(s/50g)	O总 (%)	C (%)	(1%H蜡)生坯强度 /MPa		(1%H蜡)压缩性 /(g/cm³)		用途
						成形压力 420MPa	成形压力 600MPa	成形压力 420MPa	成形压力 600MPa	
MH80.23	40~200	2.30	33	0.30	0.08	20	29	6.35	6.75	含油轴承
NC100.24	20~180	2.45	29	0.20	<0.01	15	21	6.65	6.98	结构零件
SC100.26	20~180	2.65	28	0.12	<0.01	11	15	6.82	7.10	高密度零件
MH100.28	20~180	2.85	27	0.20	0.01	7	11	6.70	7.01	细长零件
MH65.17	40~200	1.8	45	0.35	0.01	25	33	6.46	6.84	摩擦材料
MH300.25	5~50	2.8	—	0.25	0.02	8	12	6.53	6.90	表面粗糙度低的零件

注：本表中的牌号为瑞典 Höganäs 粉末公司产品牌号。

表 3-4　纳米铁粉的牌号、化学成分及物理性能（摘自 GB/T 30448—2013）

牌号及化学成分	牌号	化学成分（质量分数，%）			
		$O^{①}$	C	杂质[②]	Fe
	NF-Fe-50	≤15	≤1.0	≤0.50	余量
	NF-Fe-100	≤9	≤0.8	≤0.55	余量
	NF-Fe-150	≤6	≤0.5	≤0.60	余量
物理性能	牌号	中值粒径范围 d_{50}/nm		比表面积/(m^2/g)	
	NF-Fe-50	<50		>20	
	NF-Fe-100	≥50~100		>13	
	NF-Fe-150	≥100~150		>8	

注：1. 样品中颗粒的累计粒度分布百分数达到 50% 时所对应的粒径称为中值粒径（d_{50}）。d_{50} 的物理意义是粒径大于它的颗粒占 50%，小于它的颗粒也占 50%，也称中位径。

　　2. 需方对纳米铁粉的光学、电学、磁学、催化、吸附和化学反应性等性质有特殊要求时，可经双方协商确定，并在合同中注明。

　　3. 牌号表示方法：

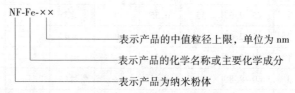

NF-Fe-××
　　　——表示产品的中值粒径上限，单位为 nm
　——表示产品的化学名称或主要化学成分
——表示产品为纳米粉体

　　　示例　纳米铁粉产品的中值粒径小于 50nm 时，牌号表示为 NF-Fe-50

① 该氧含量值为经钝化处理后的氧含量要求。未经钝化的或用溶剂保存的铁粉中的氧含量应远低于该值要求，具体要求可由供需双方协商确定。

② 牌号中的杂质一般是指 Ni、Co、B、P 等元素，有特殊要求时，杂质还包括 Pb、Cd、As、Hg、Cr 等一系列元素，这些元素的测量方法由供需双方协商确定。

3.2.2　水雾化铁粉和合金钢粉（见表 3-5~表 3-15）

表 3-5　粉末冶金用水雾化纯铁粉、合金钢粉的牌号和化学成分（摘自 GB/T 19743—2018）

分类	牌号	化学成分（质量分数，%）												
		C	Si	Mn	P	S	酸不溶物	Cr	Ni	Mo	Co	Cu	氢损	全铁
水雾化纯铁粉	FSW 100·30	≤0.01	≤0.05	≤0.15	≤0.015	≤0.015	≤0.15	—	—	—	—	—	≤0.20	≥99
	FSW 100·30H	≤0.01	≤0.04	≤0.12	≤0.012	≤0.012	≤0.15	—	—	—	—	—	≤0.12	余量
水雾化预合金钢粉	FYH 100·30A₁	≤0.01	≤0.05	≤0.15	≤0.020	≤0.015	≤0.15	—	1.70~2.00	0.40~0.60	—	—	≤0.20	余量
	FYH 100·30A₂	≤0.01	≤0.05	≤0.15	≤0.020	≤0.015	≤0.15	—	3.80~4.20	0.40~0.60	—	—	—	余量
	FYH 100·30A₃	≤0.01	≤0.05	0.20~0.50	≤0.020	≤0.015	≤0.15	0.10~0.30	0.50~0.90	0.35~0.65	0.30~0.50	0.30~0.50	≤0.25	余量
	FYH 100·30M₁	≤0.01	≤0.05	≤0.15	≤0.020	≤0.015	≤0.15	—	—	0.50~0.70	—	—	—	余量

（续）

分类	牌号	化学成分（质量分数，%）												
		C	Si	Mn	P	S	酸不溶物	Cr	Ni	Mo	Co	Cu	氢损	全铁
水雾化预合金钢粉	FYH 100·30M₂	≤0.01	≤0.05	≤0.15	≤0.020	≤0.015	≤0.15	—	—	0.80~1.00	—	—	—	余量
	FYH 100·30M₃	≤0.01	≤0.05	≤0.15	≤0.020	≤0.015	≤0.15	—	—	1.40~1.60	—	—	—	余量
水雾化扩散型合金钢粉	FKH 100·32D₁	≤0.01	≤0.05	≤0.15	≤0.015	≤0.015	≤0.15	—	1.70~2.10	0.50~0.70	—	1.40~1.60	≤0.15	余量
	FKH 100·32D₂	≤0.01	≤0.05	≤0.15	≤0.015	≤0.015	≤0.15	—	3.80~4.20	0.50~0.70	—	1.40~1.60	≤0.15	余量
易切削钢粉	FQH 100·30S₁	≤0.02	≤0.05	0.10~0.30	≤0.020	0.30~0.40	≤0.15	—	—	—	—	—	氧O≤0.25	≥99
	FQH 100·30S₂	≤0.02	≤0.05	0.10~0.30	≤0.020	0.20~0.30	≤0.15	—	—	—	—	—	氧O≤0.25	≥99

注：牌号表示方法示例

示例 1

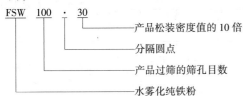

示例 2

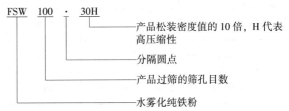

示例 3

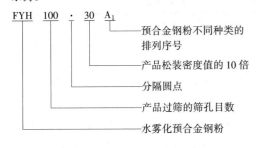

示例 4

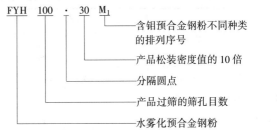

示例 5

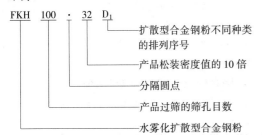

示例 6

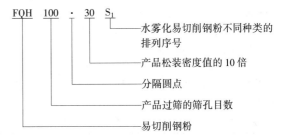

表 3-6　粉末冶金用水雾化纯铁粉、合金钢粉的物理、

工艺性能和用途（摘自 GB/T 19743—2018）

分类	牌号	松装密度/(g/cm³)	流动性/(s/50g) ≤	压缩性(600MPa)/(g/cm³) ≥	粒度组成(质量分数,%)				主要用途
					180~<200μm	100~<180μm	45~<100μm	<45μm	
水雾化纯铁粉	FSW 100·30	2.90~3.10	28	7.08	≤1	≤10	余量	15~30	密度在 6.8g/cm³ 以上粉末冶金结构零件、锻造零件
	FSW 100·30H	2.90~3.10	28	7.15	≤1	≤10	余量	15~30	
水雾化预合金钢粉	FYH 100·30A₁	2.90~3.15	28	6.90	≤1	≤10	余量	10~30	高强度烧结零件、粉末冶金锻造零件
	FYH 100·30A₂	2.90~3.15	28	6.75	≤1	≤10	余量	10~30	高强度烧结零件、粉末冶金锻造零件
	FYH 100·30A₃	2.90~3.15	28	6.85	≤1	≤10	余量	10~30	高强度烧结零件、耐磨烧结零件
	FYH 100·30M₁	2.90~3.15	28	7.00	≤1	≤10	余量	10~30	
	FYH 100·30M₂	2.90~3.15	28	7.00	≤1	≤10	余量	10~30	高淬透性、热处理性能要求较高的烧结零件
	FYH 100·30M₃	2.90~3.15	28	7.00	—	≤10	余量	10~30	
水雾化扩散型合金钢粉	FKH 100·32D₁	3.00~3.30	28	7.08	≤1	≤10	余量	10~30	高压缩性、高强度的烧结零件
	FKH 100·32D₂	3.00~3.30	28	7.08	≤1	≤10	余量	10~30	
易切削钢粉	FQH 100·30S₁	2.90~3.10	30	6.70(490 MPa)	≤1	≤10	余量	15~30	高强度、高密度易切削加工性能零部件
	FQH 100·30S₂	2.90~3.10	30	6.70(490 MPa)	≤1	≤10	余量	15~30	

表 3-7　瑞典预合金化粉的牌号、化学组成及用途

牌号	基体铁粉	合金元素(质量分数,%)			用　　途
		Cu	Ni	Mo	
Distaloy AE	ASC100.29	1.5	4	0.5	一次压制与烧结后，抗拉强度为 750MPa，淬透性好
Distaloy AF	ASC100.29	2	5	1	一次压制与烧结后，抗拉强度为 850MPa
Distaloy AG	ASC100.29	—	8	1	一次压制与在 1150℃下烧结后，抗拉强度可达 1050MPa
Distaloy AB	ASC100.29	1.5	1.75	0.5	一次压制密度可达 7.2g/cm³，添加石墨后，烧结件抗拉强度为 650MPa，热处理后，抗拉强度可达 1000MPa
Distaloy SA	SC100.26	1.5	1.75	0.5	一次压制密度可达 6.9g/cm³，添加石墨后烧结件的抗拉强度达 600MPa，可热处理
Distaloy SE	SC100.26	1.5	4	0.5	一次压制与烧结后，抗拉强度约为 700MPa，特别适用于需热处理的大型零件
Distaloy Cu	NC100.24	10	—	—	用于制备含 Cu 量不高于 5%的预混合粉
Distaloy ACu	ASC100.29	10	—	—	用于制备制造高密度、高精度烧结零件的预混合粉
Distaloy MH	MH80.23	25	—	—	用于制造含 Cu 量高的含油轴承

注：本表中的牌号为瑞典 Högänäs 粉末公司产品牌号。

表 3-8　瑞典预合金化铁基粉末的牌号与性能

牌号	大致的粒度范围 /μm	松装密度 /(g/cm³)	流速 /(s/50g)	氢损 (%)	C(%)	生坯强度 (0.8%硬脂酸锌)/MPa		压缩性(0.8%硬脂酸锌)/(g/cm³)	
						成形压力 420MPa	成形压力 600MPa	成形压力 420MPa	成形压力 600MPa
Distaloy AE		3.0	26	0.10	<0.01	9	14	6.83	7.15
Distaloy AF	20~180	3.0	26	0.18	0.01	9	14	6.78	7.12
Distaloy AG		3.05	27	0.10	0.01	8	12	6.88	7.16
Distaloy AB		3.0	26	0.10	0.01	8	12	6.84	7.16
Distaloy SA	20~150	2.75	29	0.12	0.02	9	13	6.73	7.05
Distaloy SE		2.75	28	0.12	0.01	10	15	6.70	7.03
Distaloy Cu	20~180	2.8	25	0.20	0.01	12	17	6.65	7.02
Distaloy ACu		3.4	22	0.20	0.01	9	11	6.90	7.23
Distaloy MH	40~200	2.85	27	0.50	0.02	12	16	6.64	7.01

注：本表中的牌号为瑞典 Höganäs 粉末公司产品牌号。

表 3-9　瑞典水雾化铁粉的牌号与工艺性能

牌号	粒度范围 /μm	松装密度 /(g/cm³)	流速 /(s/50g)	O总 (%)	C (%)	生坯强度 (1%H蜡)/MPa		压缩性 (1%H蜡)/(g/cm³)		用途
						成形压力 420MPa	成形压力 600MPa	成形压力 420MPa	成形压力 600MPa	
AHC100.29	20~180	2.95	25	0.15	0.01	7	11	6.79	7.13	高密度零件
ASC100.29	20~180	2.95	25	0.10	<0.01	11	15	6.86	7.18	高密度零件与磁性材料
ABC100.30	30~200	3.0	24	0.05	<0.01	8	10	6.96	7.25	高密度零件与磁性材料

注：本表中的牌号为瑞典 Höganäs 粉末公司产品牌号。

表 3-10　日本水雾化铁粉的牌号与工艺性能

牌号	C	[O]	松装密度 /(g/cm³)	流速 /(s/50g)	压缩性[1] /(g/cm³)	磨损性[2] (%)	特　点
	%						
300M	<0.02	<0.25	2.85~3.05		>6.85	<1.0	
300MH	<0.01	<0.20	2.85~3.05		>6.95	<1.0	高纯度、高松装 高密度、高压缩性
500M	<0.02	<0.25	2.85~3.10		>6.80	<1.2	
270MA	<0.02	<0.25	2.60~2.80	<30	>6.75	<0.80	高压缩性、高成形性
250M	<0.02	<0.25	2.40~2.60		>6.70	<0.6	高成形性
290PC	<0.01	<0.20	2.40~2.80		>6.90	—	高纯度、高压缩性 高频磁性特性良好
290PC-2	<0.01	<0.20	2.40~2.75		>6.95	—	

注：本表中的牌号为日本神户制钢株式会社产品牌号。

[1] 成形压力 490.3MPa。

[2] 即拉托拉试验的磨损值，粉末中加入了 0.75%硬脂酸锌。

表3-11 日本水雾化低合金钢粉与易切削钢粉的牌号、化学成分、性能及用途

种类	牌号	化学成分(质量分数,%)										松装密度/(g/cm³)	流速/(s/50g)	压坯密度①/(g/cm³)	磨损值②(%)	特性	用途
		C	Si	Mn	P	S	Cu	Ni	Cr	Mo	[O]						
易切削钢粉	400MS	<0.02	<0.05	0.10~0.30	<0.020	0.015~0.260	—		—	—	<0.25	2.75~3.05	<30	>6.75	<1.0	硫化物分布均匀,切削性能良好	粉末冶金机械零件
	600MS	<0.02	<0.05	0.10~0.30	<0.020	0.260~0.400	—		—	—	<0.25	2.75~3.05	<30	>6.70	<1.0	硫化物分布均匀,切削性能良好,烧结时脱硫少	
	400MSA	<0.02	<0.05	0.10~0.30	0.250~0.45	0.300~0.350	—		—	—	<0.25	2.80~3.10	<30	>6.65	<1.0	硫化物分布均匀,切削性能良好,烧结时脱硫少	
低合金钢粉	4800DFA	<0.02	<0.05	<0.10	<0.010	<0.010	1.30~1.70	3.60~4.40	—	—	<0.20	2.75~3.05		>6.90	<1.0	高压缩性、高强度	高密度、高强度的粉末冶金机械零件
	4800DFB	<0.02	<0.05	<0.10	<0.010	<0.010	1.30~1.70	3.60~4.40	—	—	<0.20			>6.55	<1.0	高强度、稳定的热处理特性	
—	4600	<0.02	<0.05	0.10~0.30	<0.035	<0.035	—	1.70~2.20	—	0.40~0.60	<0.20	2.85~3.10		>6.70	<2.0	高压缩性、高强度、稳定的热处理特性	粉末锻造、高强度粉末冶金件
	4600H	<0.02	<0.02	0.10~0.30	<0.035	<0.035	—	1.70~2.20	—	0.40~0.60	<0.025	2.85~3.10		>6.50	<2.0	高强度、稳定的热处理特性	
	4600-60	<0.02	<0.05	0.10~0.30	<0.035	<0.035	—	0.40~0.60	—	0.45~0.65	<0.25	2.85~3.10	<30	>6.70	<1.5	高压缩性、高强度、稳定的热处理特性	
	46F2	<0.02	<0.10	0.50~0.80	<0.020	<0.020	—	0.40~0.60	—	0.45~0.65	<0.25	2.85~3.10	<30	>6.80	<1.5	高强度、稳定的热处理特性	
	46F2H	<0.02	<0.10	0.50~0.80	<0.020	<0.020	—	0.40~0.60	—	0.45~0.65	<0.20	2.85~3.10	<30	>6.40	<1.5	高压缩性、高强度、稳定的热处理特性	
	4100	<0.02	<0.10	0.50~0.80	<0.035	<0.035	—	—	0.90~1.20	0.15~0.30	0.40~0.70	3.00~3.40		>6.75	<2.0	高压缩性、高强度、稳定的热处理特性	
	4100H	<0.01	<0.05	0.10~0.30	<0.035	<0.035	—	—	0.90~1.20	0.15~0.30	<0.20	2.55~2.85		>6.50	<1.0	高强度、耐热耐磨性良好	耐磨粉末冶金件
	30CRMH	<0.01	<0.05	0.10~0.30	<0.035	<0.035	—	(V)0.20~0.40	2.60~3.40	0.20~0.40	<0.20	2.45~2.75		>6.50	<1.0	高强度、耐热耐磨性良好	

注:本表中的牌号为日本神户制钢株式会社产品牌号。
① 成形压力490.3MPa。
② 即拉托拉试验的磨损值,添加硬脂酸锌0.75%。

表 3-12　瑞典耐磨高合金钢粉的牌号、化学成分、性能及用途

<table>
<tr><th rowspan="2"></th><th rowspan="2">牌号</th><th colspan="10">化学成分(质量分数,%)</th><th rowspan="2">用　途</th></tr>
<tr><th>Cr</th><th>Ni</th><th>Mo</th><th>W</th><th>V</th><th>Co</th><th>Si</th><th>P</th><th>Cu</th><th>C</th></tr>
<tr><td rowspan="6">牌号、化学成分及用途</td><td>M2</td><td>4</td><td>—</td><td>5</td><td>6</td><td>2</td><td>—</td><td>—</td><td>—</td><td>—</td><td>1</td><td>余量</td><td>耐磨高速钢,价格最便宜,可用于阀座圈</td></tr>
<tr><td>M3Ⅱ</td><td>—</td><td>—</td><td>—</td><td>—</td><td>3</td><td>—</td><td>—</td><td>—</td><td>—</td><td>1.25</td><td>余量</td><td>耐磨性较好</td></tr>
<tr><td>M35</td><td>4</td><td>—</td><td>5</td><td>6</td><td>2</td><td>5</td><td>—</td><td>—</td><td>—</td><td>1</td><td>余量</td><td>热硬性高,耐磨性好</td></tr>
<tr><td>T42</td><td>4</td><td>—</td><td>3</td><td>9</td><td>3</td><td>10</td><td>—</td><td>—</td><td>—</td><td>1.35</td><td>余量</td><td>高速钢牌号中耐磨性最好</td></tr>
<tr><td>Cold10</td><td>9</td><td>—</td><td>30</td><td>—</td><td>—</td><td>—</td><td>2.5</td><td>—</td><td>—</td><td>—</td><td>余量</td><td>Laves 相合金。用作母合金,以改进零件的耐磨性</td></tr>
<tr><td>AstaloyE</td><td>5</td><td>—</td><td>1</td><td>—</td><td>—</td><td>—</td><td>1</td><td>0.5</td><td>2</td><td>—</td><td>余量</td><td>用于耐磨零件,如凸轮片</td></tr>
</table>

<table>
<tr><th rowspan="2"></th><th rowspan="2">牌号</th><th rowspan="2">粒度范围
/μm</th><th rowspan="2">松装密度
/(g/cm³)</th><th rowspan="2">流速
/(s/50g)</th><th rowspan="2">O_总(%)</th><th rowspan="2">C(%)</th><th colspan="2">生坯强度(1%H 蜡)
/MPa</th><th colspan="2">压缩性(1%H 蜡)
/(g/cm³)</th></tr>
<tr><th>成形压力
420MPa</th><th>成形压力
600MPa</th><th>成形压力
420MPa</th><th>成形压力
600MPa</th></tr>
<tr><td rowspan="6">技术性能</td><td>M2</td><td rowspan="6">10~150</td><td>2.4</td><td>29</td><td>0.1</td><td>0.90</td><td>9</td><td>17</td><td>5.90</td><td>6.40</td></tr>
<tr><td>M3Ⅱ</td><td>2.35</td><td>29</td><td>0.1</td><td>1.25</td><td>9</td><td>17</td><td>5.70</td><td>6.20</td></tr>
<tr><td>M35</td><td>2.4</td><td>29</td><td>0.1</td><td>0.95</td><td>7</td><td>13</td><td>5.70</td><td>6.20</td></tr>
<tr><td>T42</td><td>2.4</td><td>29</td><td>0.1</td><td>1.35</td><td>6</td><td>13</td><td>5.65</td><td>6.15</td></tr>
<tr><td>Cold10</td><td>3.0</td><td>27</td><td>0.13</td><td>0.05</td><td>—</td><td>—</td><td>—</td><td>—</td></tr>
<tr><td>AstaloyE</td><td>3.0</td><td>28</td><td>0.15</td><td>0.1</td><td>3</td><td>6</td><td>5.95</td><td>6.35</td></tr>
</table>

注：本表中的牌号为瑞典 Höganäs 粉末公司产品牌号。

表 3-13　瑞典不锈钢粉的牌号、化学成分、性能及用途

<table>
<tr><th rowspan="2"></th><th rowspan="2">牌号</th><th colspan="4">化学成分(质量分数,%)</th><th rowspan="2">用　途</th></tr>
<tr><th>Cr</th><th>Ni</th><th>Mo</th><th>Fe</th></tr>
<tr><td rowspan="6">牌号、化学成分及用途</td><td>304L</td><td>18</td><td>12</td><td>—</td><td>余量</td><td>奥氏体不锈钢,无磁性,耐蚀性与压缩性最好</td></tr>
<tr><td>316L</td><td>18</td><td>12</td><td>2.5</td><td>余量</td><td>奥氏体不锈钢,常用牌号</td></tr>
<tr><td>316LFC</td><td>18</td><td>12</td><td>2.5</td><td>余量</td><td>广泛用于生产过滤器</td></tr>
<tr><td>410</td><td>12</td><td>—</td><td>—</td><td>余量</td><td>马氏体不锈钢,用于耐磨零件、铁磁性零件</td></tr>
<tr><td>430L</td><td>18</td><td>—</td><td>—</td><td>余量</td><td>铁素体不锈钢,主要用于高物理性能零件</td></tr>
<tr><td>434L</td><td>18</td><td>—</td><td>1</td><td>余量</td><td>铁素体不锈钢,400 系列中耐蚀性最好的粉末</td></tr>
</table>

<table>
<tr><th rowspan="2"></th><th rowspan="2">牌号</th><th rowspan="2">大致的粒度范围
/μm</th><th rowspan="2">松装密度
/(g/cm³)</th><th rowspan="2">流速
/(s/50g)</th><th rowspan="2">O_总(%)</th><th rowspan="2">C(%)</th><th colspan="2">生坯强度(1%H 蜡)
/MPa</th><th colspan="2">压缩性(1%H 蜡)
/(g/cm³)</th></tr>
<tr><th>成形压力
420MPa</th><th>成形压力
600MPa</th><th>成形压力
420MPa</th><th>成形压力
600MPa</th></tr>
<tr><td rowspan="6">技术性能</td><td>304L</td><td>10~150</td><td>2.7~3.0</td><td>29~28</td><td>0.2</td><td rowspan="6">0.02</td><td>4~3</td><td>7~5</td><td>6.20~6.25</td><td>6.55~6.65</td></tr>
<tr><td>316L</td><td>10~150</td><td>2.7~3.0</td><td>29~28</td><td>0.2</td><td>4~3</td><td>7~5</td><td>6.25~6.30</td><td>6.60~6.70</td></tr>
<tr><td>316LFC</td><td>100~200</td><td>2.2</td><td>48</td><td>0.13</td><td>—</td><td>—</td><td>—</td><td>—</td></tr>
<tr><td>410L</td><td>10~150</td><td>3.0</td><td>27</td><td>0.17</td><td>6</td><td>11</td><td>6.20</td><td>6.60</td></tr>
<tr><td>430L</td><td>10~150</td><td>2.9</td><td>27</td><td>0.22</td><td>6</td><td>11</td><td>6.05</td><td>6.45</td></tr>
<tr><td>434L</td><td>10~150</td><td>2.9</td><td>27</td><td>0.25</td><td>4</td><td>8</td><td>6.0</td><td>6.40</td></tr>
</table>

注：本表中的牌号为瑞典 Höganäs 粉末公司产品牌号。

表3-14 美国不锈钢粉的牌号、化学成分、性能、特点及用途

牌号	化学成分（质量分数，%）										松装密度 /(g/cm³)	流速 /(s/50g)	筛分分析（%）					特点与用途
	Cr	Ni	S	St	Mn	C	Mo	Cu	Sn	Fn			>149μm	105~149μm	74~105μm	44~74μm	<44μm	
303-L	17.5	12.5	0.2	0.7	0.2	0.02	—	—	—	余	3.1	26		6	14	32	47	奥氏体不锈钢，无磁性，切削性好
304-L	18.8	11.5	—	0.8	0.2	0.02	—	—	—	余	2.8	28	1	10	19	31	39	奥氏体不锈钢，无磁性，可热处理，可制造较大的粉末冶金件
316-L	16.7	13.5	—	0.7	0.2	0.02	2.1	—	—	余	2.8	27	1	10	18	29	42	奥氏体不锈钢，无磁性，力学性能与耐蚀性好
303-LSC	17.50	12.50	—	0.75	0.15	—	—	2.00	1.00	余								奥氏体不锈钢，LSC牌号用于耐蚀性要求较高，而普通粉的粉末冶金牌号又不适用的场合
304-LSC	18.50	11.50	—	0.90	0.15	—	—	2.00	0.95	余	2.8~3.0	26~30	1~3	10~15	20~25	20~30	30~40	
316-LSC	16.50	13.50	—	0.75	0.15	—	2.10	2.00	1.00	余								
410-L	12.0	—	—	0.80	0.5	0.02	—	—	—	余	2.9	27	2	12	18	29	39	马氏体不锈钢，铁磁性材料，用于制造硬度较高、耐磨且耐腐蚀的粉末冶金件，可热处理
430-L	17.0	—	—	0.80	0.2	0.02	1.0	—	—	余	2.8~3.0	27~30	1~3	9~13	15~20	20~30	40~50	铁素体不锈钢，铁磁性材料，广泛用于制造粉末冶金汽车零件
434-L	17.0	—	—	0.80	0.2	0.02	—	—	—	余								

注：本表中的牌号为美国SCM金属制品公司产品牌号。

表 3-15　日本不锈钢粉的牌号、化学成分、性能及用途

牌号	化学成分（质量分数，%）						松装密度 /(g/cm³)	流速 /(s/50g)	压坯密度① /(g/cm³)	磨损性② /(%)	特点与用途
	C	Ni	Cr	Mo	Cu	其他					
303L		10.5	19.0	—	—	S 0.2	2.70	23	6.50	1.8	切削性优异
304L						—	2.60	24	6.65	1.4	一般粉末冶金件
304L-U					4.0	Sn 0.7			6.70	1.3	切削性与耐蚀性优异
308L		13.0	20.0			—			6.55	1.4	烧结后焊接的零件
309L			23.0						6.65	1.4	烧结后焊接的零件
310L		20.5	25.0				2.55	25	6.75	1.0	耐热粉末冶金件
316L		13.0	17.0				2.60	24	6.75	1.4	一般粉末冶金件
316L-S	0.02			2.5		S 0.2	2.70	23	6.60	1.6	切削性优异
316L-U				2.0	2.0	Sn 0.7	2.60	24	6.80	1.3	切削性与耐蚀性优异
329J1		6.0	25.0	2.0		—			6.35	1.2	高强度粉末冶金件
410L			12.5				2.70	23	6.65	0.8	一般粉末冶金件
420J2		—	13.0				2.60	24	6.45	2.0	高强度粉末冶金件
430L			16.5						6.55	0.8	一般粉末冶金件
630		4.0	17.0		4.0				6.35	1.4	高强度粉末冶金件
18Cr-2Mo		—	17.5	2.0	—				6.40	0.8	强化耐蚀性的 Cr 系不锈钢

注：本表中的牌号为日本大同特殊钢（株）的产品牌号。
① 成型压力：686.4MPa。
② 添加了 1% 硬脂酸锌。

3.2.3 铜粉(见表 3-16 和表 3-17)

表 3-16 电解铜粉的牌号、化学成分及物理性能(摘自 GB/T 5246—2007)

	产品牌号	化学成分(质量分数,%)									
牌号和化学成分		Cu 不小于	杂质含量 不大于								
			Fe	Pb	As	Sb	O	Bi	Ni	Sn	Zn
	FTD1	99.8	0.01	0.04	0.004	0.005	0.10	0.002	0.003	0.004	0.004
	FTD2	99.8	0.01	0.04	0.004	0.005	0.10	0.002	0.003	0.004	0.004
	FTD3	99.7	0.01	0.04	0.004	0.005	0.15	—	—	—	—
	FTD4	99.6	0.01	0.04	0.004	—	0.20	—	—	—	—
	FTD5	99.6	0.01	0.05	0.004	—	0.25	—	—	—	—

产品牌号	化学成分(质量分数,%)				
	杂质含量 不大于				
	S	Cl⁻	H₂O	硝酸处理后灼烧残渣	杂质总和
FTD1	0.004	0.004	0.04	0.05	0.2
FTD2	0.004	0.004	0.04	0.05	0.2
FTD3	0.004	—	0.04	0.05	0.3
FTD4	0.004	—	0.04	0.05	0.4
FTD5	0.004	—	0.04	0.05	0.4

	产品牌号	粒度		松装密度 /(g/cm³)
物理性能		粒度分布	质量分数(%)	
	FTD1	≤74μm(−200 目)	≥95	1.2~2.3
	FTD2	≤43μm(−300 目)	≥95	0.8~1.9
	FTD3	≤74μm(−200 目)	≥95	1.2~2.3
	FTD4	≤175~74μm (−80~−200 目)	70~80	0.8~2.5
		≤74μm(−200 目)	30~20	
	FTD5	≤43μm(−300 目)	≥95	1.2~1.9

注:1. 本表中的电解铜粉采用硫酸铜溶液电解法制得。产品用于粉末冶金零件、金刚石制品、电碳制品、电子材料等。

2. FTD3 也可以供应粒度≤43μm(质量分数≥95%)、松装密度为 0.8~1.9g/cm³ 的电解铜粉。

3. 需方如对产品粒度有其他特殊要求,由供需双方商定。

表 3-17 水雾化 CuSn10 青铜粉的牌号、化学成分及性能(摘自 JB/T 7380—2010)

	产品牌号	化学成分(质量分数,%)						
牌号和化学成分		Cu	Sn	Cu+Sn	O	Pb	P	其他
	FSWCuSn10-Ⅰ	89.0~91.0	9.0~11.0	>99.6	<0.15	<0.03	<0.1	<0.1
	FSWCuSn10-Ⅱ			>99.6	<0.20			
	FSWCuSn10-Ⅲ			>99.6	<0.30			

（续）

物理工艺性能	产品牌号	松装密度/（g/cm³）	流动性/（s/50g）	压缩性/（g/cm³）	粒度组成（%）					
					>150μm	150~105μm	105~75μm	75~63μm	63~45μm	<45μm
	FSWCuSn10-Ⅰ	3.5~4.4	<35	>7.1	<1	<15	15~25	5~20	15~25	40~50
	FSWCuSn10-Ⅱ	3.2~3.9	<38		—	2~5	3~8	5~10	10~20	40~70
	FSWCuSn10-Ⅲ	2.7~3.4	<42	>7.0	—	—	<1	<5	5~15	75~90

3.2.4 铝粉（见表 3-18~表 3-20）

表 3-18 氮气雾化铝粉的牌号、化学成分及性能（摘自 GB/T 2085.4—2014）

	牌号	中位径 X_{50}/μm	粒度集中系数 S
牌号及粒度分布	FLPN320.0	≥32	—
	FLPN291.1	29±3	<1.1
	FLPN291.6		<1.6
	FLPN290.0		≥1.6
	FLPN251.1	25±1	<1.1
	FLPN251.6		<1.6
	FLPN250.0		≥1.6
	FLPN221.1	22±1	<1.1
	FLPN221.6		<1.6
	FLPN220.0		≥1.6
	FLPN201.1	20±1	<1.1
	FLPN201.5		<1.5
	FLPN200.0		≥1.5
	FLPN181.1	18±1	<1.1
	FLPN181.5		<1.5
	FLPN180.0		≥1.5
	FLPN161.1	16±1	<1.1
	FLPN161.5		<1.5
	FLPN160.0		≥1.5
	FLPN141.4	14±1	<1.4
	FLPN141.7		<1.7
	FLPN140.0		≥1.7
	FLPN101.4	10±1	<1.4
	FLPN101.7		<1.7
	FLPN100.0		≥1.7
	FLPN81.5	8±1	<1.5
	FLPN81.7		<1.7
	FLPN80.0		≥1.7

（续）

牌号及粒度分布	牌号	中位径 $X_{50}/\mu m$	粒度集中系数 S
	FLPN61.7		<1.7
	FLPN61.8	6 ± 1	<1.8
	FLPN60.0		≥1.8
	FLPN41.7		<1.7
	FLPN41.8	4.5 ± 0.5	<1.8
	FLPN40.0		≥1.8
	FLPN31.7		<1.7
	FLPN30.0	3.5 ± 0.5	≥1.7
	FLPN21.7		<1.7
	FLPN20.0	2 ± 1.0	≥1.7

化学成分	牌号	活性铝(%) 不小于	杂质含量(质量分数,%) 不大于										
			Fe	Cu	Si	Sb	As	Ba	Cd	Cr	Pb	Hg	Se
	FLPN21.7、FLPN20.0	97.0	0.12	0.0150	0.10	0.0010	0.0010	0.0250	0.0015	0.0025	0.0025	0.0010	0.0050
	其他	98.0											

用途	氮气雾化法生产的铝粉适于晶体硅太阳能电池背场铝浆、铝颜料、耐火材料、复合钢管和氮化铝陶瓷材料之用

注: 1. 铝粉按中位径和粒度集中系数划分为38个牌号、牌号采用"FLPN"之后第1组数字为中位径 X_{50} 的数值, 第2组数字为粒度集中系数 S 的上限数值("0.0"表示 S 值无上限要求), 如FLPN251.6, FLPN 为氮气雾化铝粉标识代号, 25 为中位径(25±1)μm, 1.6 为粒度集中系数 $S<1.6$。

2. 粒度集中系数是粉体粒度分布特性指标, 粒度集中系数越小表示粉体颗粒大小越均匀, 粒度集中系数越大表示粉体颗粒大小相差越大。此系数值由试验检测和计算得到, 其方法参见 GB/T 2085.4—2014。

表 3-19　球磨铝粉的牌号、化学成分及用途(摘自 GB/T 2085.2—2019)

牌号	曾用牌号对照	质量分数(%)									用途
		活性铝	杂质 ≤							Al_2O_3	
			Si	Fe	Cu	Mn	H_2O	油脂	Cu+Zn		
FLQ1600	QW1600	≤89.9	—	0.7	—	—	0.1	0.3	—	9.0~11.0	烧结铝粉
FLQ850	QW850	≤87.8	—	0.7	—	—	0.1	0.4	—	11.0~14.0	
FLQ355A	FLX₁	≥94	0.5	0.7	—	—	0.08	0.7	0.05	—	农药、化工、火药和炸药等
FLQ355B	—	≥94	0.5	0.7	—	—	0.08	0.7	1.0	—	农药等
FLQ250	FLX₂	≥94	0.5	0.7	—	—	0.08	0.8	0.05	—	农药、化工、火药和炸药等
FLQ224	FLX₃	≥92	0.7	0.8	—	—	0.08	0.9	0.05	—	
FLQ160	FLX₄	≥90	0.8	1.0	—	—	0.08	1.0	0.05	—	
FLQ80A	FLU₁	≥82	0.6	0.6	0.10	0.01	0.10	3.55	—	—	防腐涂层、化工催化剂和日用装饰等
FLQ80B	—	≥90	—	—	—	—	—	3.5	—	—	加气混凝土发气剂等

（续）

牌号	曾用牌号对照	质量分数(%)									用途
		活性铝	杂质≤							Al$_2$O$_3$	
			Si	Fe	Cu	Mn	H$_2$O	油脂	Cu+Zn		
FLQ80C	—	≥80	—	—	—	—	—	3.5	—	—	烟花爆竹等
FLQ80D	FLQ$_1$	≥85	—	—	—	—	—	2.8	—	—	加气混凝土发气剂等
FLQ80E	FLQ$_2$	≥85	—	—	—	—	—	2.8	—	—	
FLQ80F	FLQ$_3$	≥85	—	—	—	—	—	3.0	—	—	
FLQ63A	—	≥88	—	—	—	—	—	3.5	—	—	
FLQ63B	—	≥80	—	—	—	—	—	3.5	—	—	烟花爆竹
FLQ56	FLU$_2$	≥82	0.6	0.6	0.1	0.01	0.1	3.55	—	—	防腐涂层、化工催化剂和日用装饰等
FLQ45		≥80	0.6	0.6	0.1	0.01	0.1	3.55	—	—	

注：1. 铝粉牌号采用"FLQ"加二至四位数字(或数字后再加一位英文字母)的形式表示，其中"FLQ"为球磨铝粉的标识代号，牌号中的数字代表铝粉筛分检测选择的筛网最大孔径。

2. 牌号中的字母标识筛分检测所选筛网最大孔径相同的粉末中，粒度分布不同和(或)盖水面积等物理性能有差异的不同粉末。

表 3-20 球磨铝粉的技术性能(摘自 GB/T 2085.2—2019)

牌号	粒度分布		松装密度/(g/cm^3)	附着率(%)≥	盖水面积/(m^2/g)≥
	筛网孔径/μm≥	质量分数(%)≤			
FLQ1600	1600	0.5	>1.0	—	—
FLQ850	850	3.0	>1.0	—	—
FLQ355A	355	0.3	≥0.3	—	—
	160	8			
FLQ355B	355	5	≥0.3	—	—
	160	30			
	160	30			
FLQ250	250	0.3	≥0.4	—	—
	100	8			
FLQ224	224	0.3	≥0.5	—	—
	80	10			
FLQ160	160	0.3	≥0.5	—	—
	63	12			
FLQ80A	80	1.0	—	80	0.6
FLQ80B	80	1.5	≤0.25	—	—
FLQ80C	80	1.0	≤0.22	—	—
FLQ80D	80	1.0	—	—	0.42
FLQ80E	80	1.0	—	—	0.60
FLQ80F	80	0.5	—	—	0.60

(续)

牌号	粒度分布		松装密度/(g/cm³)	附着率(%)≥	盖水面积/(m²/g)≥
	筛网孔径/μm≥	质量分数(%)≤			
FLQ63A	63	0.3	≤0.25	—	—
FLQ63B	63	1.0		—	—
FLQ56	56	0.3	≤0.22	80	0.7
	45	0.5			
FLQ45	45	0.1		80	0.9

3.2.5 镍粉(见表 3-21 和表 3-22)

表 3-21 羰基镍粉的牌号及化学成分(摘自 GB/T 7160—2017)

牌 号	化学成分(质量分数,%)					Ni
	Fe	Co	C	O	S	
	不大于					
FNiT04、FNiT06、FNiT09、FNiT11、FNiT24、FNiT35	0.001 5	0.001	0.15	0.15	0.001 5	余量

表 3-22 羰基镍粉的技术性能(摘自 GB/T 7160—2017)

牌 号	松装密度/(g/cm³)	费氏粒度/μm	过筛粒度/μm	用 途
FNiT04	0.30~0.50	1.2~1.8	180	催化剂、电池等
FNiT06	0.50~0.65	2.1~2.8	180	电池、粉末冶金等
FNiT09	0.75~1.00	2.0~3.0	180	粉末冶金等
FNiT11	1.0~1.5	2.5~3.5	180	粉末冶金等
FNiT24	1.8~2.7	3.0~6.0	150	粉末冶金、多孔过滤等
FNiT35	3.0~4.0	6.0~12.0	150	粉末冶金等

3.2.6 钼粉(见表 3-23~表 3-25)

表 3-23 钼粉的牌号及化学成分(摘自 GB/T 3461—2016)

产品牌号		FMo-1	FMo-2	产品牌号		FMo-1	FMo-2
主含量(质量分数,%) 不小于		99.95	99.90	主含量(质量分数,%) 不小于		99.95	99.90
杂质含量（质量分数,%）不大于	Pb	0.000 5	0.000 5	杂质含量（质量分数,%）不大于	Cu	0.001 0	0.001 0
	Bi	0.000 5	0.000 5		Ca	0.001 5	0.004 0
	Sn	0.000 5	0.000 5		P	0.001 0	0.005 0
	Sb	0.001 0	0.001 0		C	0.005 0	0.010 0
	Cd	0.001 0	0.001 0		N	0.015 0	0.020 0
	Fe	0.005 0	0.030 0		O	①	0.250 0
	Al	0.001 5	0.005 0		Ti	0.001 0	—
	Si	0.002 0	0.010 0		Mn	0.001 0	—
	Mg	0.002 0	0.005 0		Cr	0.003 0	—
	Ni	0.003 0	0.005 0		W	0.020 0	—

注：主含量按杂质减量法计算(气体元素除外)。

① FMo-1 的氧含量应符合 GB/T 3461—2016 中表 2(见表 3-24)的规定。

表 3-24 **FMo-1 钼粉的费氏粒度范围、氧含量及用途**(摘自 GB/T 3461—2016)

牌号 FMo-1 的 费氏粒度范围及 氧含量	费氏粒度/μm	氧含量(%)不大于
	≤2.0	0.20
	>2.0~8.0	0.15
	>8.0	0.10
用途	FMo-1 主要用于制备钼制品的原料,FMo-2 主要用于制备合金添加剂。粒度分布和松装密度由供需双方协商确定 产品外观呈深灰色,颜色均匀一致,无结块,无目视可见的夹杂物	

表 3-25 **球形钼粉的牌号、化学成分及其他技术要求**(摘自 GB/T 38384—2019)

产品牌号及 化学成分	产品牌号		PMo-1
	Mo 含量(质量分数,%) 不小于		99.95
	杂质含量(质量分数,%)不大于	Fe	0.0050
		Ni	0.0020
		Si	0.0020
		W	0.020
		C	0.0080
		O	0.0800
其他 技术 要求	PMo-1 钼粉分为Ⅰ类、Ⅱ类。其粒度范围为:Ⅰ类粒度范围为 20~45μm,Ⅱ类粒度范围为>45~150μm。超出规定粒度范围的产品总量不大于批重的 5% 产品松装密度为 4.0~6.0g/cm³ 产品的流动性为 10~20s/50g 产品的球形率为不小于 85% 产品呈深灰色粉末,松散无结块,无肉眼可见的杂质		

注:Mo 含量按杂质减量法计算(C、O 等气体元素除外)。

3.2.7 钨粉(见表 3-26~表 3-29)

表 3-26 **钨粉牌号及杂质含量**(摘自 GB/T 3458—2006)

产品牌号		FW-1	FW-2	FWP-1
杂质质量分数(%) 不大于	Fe	粒度小于 10μm:0.0050	0.030	0.030
		粒度大于等于 10μm:0.010		
	Al	0.0010	0.0040	0.0050
	Si	0.0020	0.0050	0.010
	Mg	0.0010	0.0040	0.0040
	Mn	0.0010	0.0020	0.0040
	Ni	0.0030	0.0040	0.0050
	As	0.0015	0.0020	0.0020
	Pb	0.0001	0.0005	0.0007
	Bi	0.0001	0.0005	0.0007
	Sn	0.0003	0.0005	0.0007
	Sb	0.0010	0.0010	0.0010
	Cu	0.0007	0.0010	0.0020
	Ca	0.0020	0.0040	0.0040
	Mo	0.0050	0.010	0.010
	K+Na	0.0030	0.0030	0.0030
	P	0.0010	0.0040	0.0040
	C	0.0050	0.010	0.010
	O	见 GB/T 3458—2006 中的表 2		0.20

表 3-27 超细钨粉的化学成分（摘自 GB/T 26726—2019）

化学成分		含量（质量分数，%）	化学成分		含量（质量分数，%）
主元素 不小于	W	99.95	主元素 不小于	W	99.95
杂质元素 不大于	Al	0.0010	杂质元素 不大于	Mo	0.0040
	As	0.0015		Na	0.0010
	Bi	0.0001		Ni	0.0020
	Ca	0.0010		P	0.0010
	Cd	0.0005		Pb	0.0001
	Co	0.0010		S	0.0010
	Cr	0.0010		Sb	0.0010
	Cu	0.0007		Si	0.0010
	Fe	0.0050		Sn	0.0003
	K	0.0010		Ti	0.0010
	Mg	0.0010		V	0.0010
	Mn	0.0010			

注：主元素含量为 100% 减去表中所列杂质元素实测含量的总和。

表 3-28 超细钨粉的牌号及性能（摘自 GB/T 26726—2019）

牌号	氧含量（质量分数，%）	碳含量（质量分数，%）	比表面积/（m²/g）	平均粒径/nm
FWN15	≤1.20	≤0.015	>15.6~20.7	15~<20
FWN20	≤1.20	≤0.015	>10.4~15.6	20~<30
FWN30	≤1.00	≤0.010	>7.8~10.4	30~<40
FWN40	≤0.90	≤0.010	>6.2~7.8	40~<50
FWN50	≤0.80	≤0.0075	>4.5~6.2	50~<70
FWN70	≤0.70	≤0.0075	>3.1~4.5	70~<100

表 3-29 碳化钨粉牌号、化学成分及技术要求（摘自 GB/T 4295—2019）

化学成分	WC（质量分数，%）	主要杂质含量（质量分数，%）≤									
		Al	Ca	Fe	K	Mg	Mo	Na	S	Si	Cr
	≥99.8	0.002	0.001	0.02	0.0015	0.0015	0.005	0.0015	0.0015	0.002	0.020

牌号及技术要求	牌号	平均粒度/μm	比表面积/（m²/g）	总碳含量（%）	游离碳含量（%）不大于	化合碳含量（%）不小于	氧含量（%）不大于
	FWC06-07	≥0.60~0.70	1.50~2.00	6.08~6.18	0.08	6.08	0.25
	FWC07-08	>0.70~0.80	1.20~1.60	6.08~6.18	0.08	6.08	0.20
	FWC08-10	>0.80~1.00	1.00~1.40	6.08~6.18	0.08	6.08	0.18
	FWC10-15	>1.00~1.50	—	6.08~6.18	0.06	6.08	0.15
	FWC15-20	>1.50~2.00	—	6.08~6.18	0.06	6.08	0.14
	FWC20-25	>2.00~2.50	—	6.08~6.18	0.06	6.08	0.12

（续）

牌号	平均粒度/μm	比表面积/(m²/g)	总碳含量（%）	游离碳含量（%）不大于	化合碳含量（%）不小于	氧含量（%）不大于
FWC25-30	>2.50~3.00	—	6.08~6.18	0.06	6.08	0.10
FWC30-40	>3.00~4.00	—	6.08~6.18	0.06	6.08	0.08
FWC40-50	>4.00~5.00	—	6.08~6.18	0.06	6.08	0.08
FWC50-60	>5.00~6.00	—	6.08~6.18	0.06	6.08	0.08
FWC60-80	>6.00~8.00	—	6.08~6.18	0.06	6.08	0.05
FWC80-100	>8.00~10.00	—	6.08~6.18	0.06	6.08	0.05
FWC100-150	>10.00~15.00	—	6.08~6.18	0.06	6.08	0.05
FWC150-200	>15.00~20.00	—	6.08~6.18	0.06	6.08	0.05
FWC200-250	>20.00~25.00	—	6.08~6.18	0.06	6.08	0.05
FWC250-300	>25.00~30.00	—	6.08~6.18	0.06	6.08	0.05
FWC300-350	>30.00~35.00	—	6.08~6.18	0.06	6.08	0.05
FWC350-450	>35.00~45.00	—	6.08~6.18	0.06	6.08	0.05

（牌号及技术要求）

注：1. 此表面积仅供参考，不作验收判定。

2. 产品主要供生产硬质合金等粉末冶金制品之用。

3. 碳化钨粉应过筛，过筛要求如下：

1）平均粒度小于2μm的粉末，筛网孔径应不大于150μm。

2）平均粒度2.0~10μm的粉末，筛网孔径应不大于75μm。

3）平均粒度大于10μm的粉末，筛网孔径应不大于180μm。

4. 牌号标记示例：

FWC 50-60
平均粒度范围为
5.00 ~ 6.00μm
表示碳化钨粉

3.2.8 石墨（见表 3-30）

表 3-30 常用石墨的技术要求及用途

指标名称		牌号与技术要求					
		F-00	F-0	F-1	2	F-2	F-3
颗粒度（%）	≤1.5μm	90	—	—	—	—	—
	≤2.3μm	—	90	—	—	—	—

（续）

指标名称		牌号与技术要求					
		F-00	F-0	F-1	2	F-2	F-3
颗粒度（%）	≤4.0μm	—	—	90	—	—	—
	≤10.0μm	—	—	—	90	—	—
	≤15.0μm	—	—	—	—	90	—
	≤30.0μm	—	—	—	—	—	90
石墨灰分（%） ≤		1.0	1.0	1.0	1.5	1.5	1.5
水分含量（%） ≤		0.5	0.5	0.5	0.5	0.5	0.5
pH 值		6~7	6~7	6~7	6~7	6~7	6~7
含碳量（质量分数,%）		99	99	99	98.5	98.5	98.5
用途		适用于制作特殊要求（如军工用）的产品	适用于制作中等及高强度机械结构零件		适用于制作含油轴衬及气门导管类产品	适用于制作含油轴衬、气门导管类产品	用作填料

3.3 粉末冶金结构材料

3.3.1 结构零件用烧结金属材料

GB/T 19076—2003《烧结金属材料规范》等同采用 ISO 5755：2001《烧结金属材料规范》。该标准规定了用于制造轴承和结构零件的烧结金属材料的化学成分和物理力学性能，并规定了表示烧结金属材料牌号的标识系统。

烧结金属材料标识系统包括：①材料专用代码；②识别代码，在材料专用代码之前加上国标号码 GB/T 19076；③描述代码，将代表粉末冶金材料的字母 P 置于材料代码之前，即字母 P 置于识别代码 GB/T 19076 之前。

材料专用代码由三个部分组成，各部分之间用短横线分开，其通用组成形式及有关说明见下面的"材料专用代码组成"。

GB/T 19076—2003《烧结金属材料规范》中规定了各种烧结金属材料的力学性能，见表 3-31～表 3-39，表中所列数值是由具有平均化学成分的材料用压制和烧结的试样测得，可以作为材料选用的指南。这些力学性能表格中，各种烧结金属材料只采用了材料专用代码，没有使用描述代码和识别代码，此两种代码仅用于采购合同及有关技术文件中。

材料专用代码组成如下：

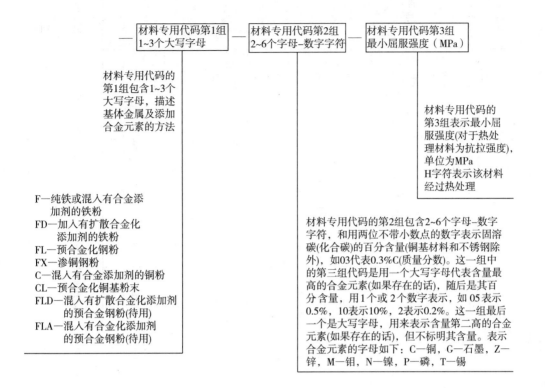

材料专用代码第1组 1~3个大写字母

材料专用代码第2组 2~6个字母–数字字符

材料专用代码第3组 最小屈服强度（MPa）

材料专用代码的第1组包含1~3个大写字母，描述基体金属及添加合金元素的方法

材料专用代码的第3组表示最小屈服强度(对于热处理材料为抗拉强度)，单位为MPa H字符表示该材料经过热处理

F—纯铁或混入有合金添加剂的铁粉
FD—加入有扩散合金化添加剂的铁粉
FL—预合金化钢粉
FX—渗铜钢粉
C—混入有合金添加剂的铜粉
CL—预合金化铜基粉末
FLD—混入有扩散合金化添加剂的预合金钢粉(待用)
FLA—混入有合金化添加剂的预合金钢粉(待用)

材料专用代码的第2组包含2~6个字母–数字字符，和用两位不带小数点的数字表示固溶碳(化合碳)的百分含量(铜基材料和不锈钢除外)，如03代表0.3%C(质量分数)。这一组中的第三组代码是用一个大写字母代表含量最高的合金元素(如果存在的话)，随后是其百分含量，用1个或2个数字表示，如05表示0.5%，10表示10%，2表示0.2%。这一组最后一个是大写字母，用来表示含量第二高的合金元素(如果存在的话)，但不标明其含量。表示合金元素的字母如下：C—铜，G—石墨，Z—锌，M—钼，N—镍，P—磷，T—锡

烧结金属材料标识系统的举例如下：

例1，-C-T10-K110 是铜基合金，添加有 10% 的锡(质量分数)，径向压溃强度 K 为 110MPa。

例2，-F-08C2-620H 是铁基材料，含碳 0.8%(质量分数)，含铜 2%(质量分数)，在热处理状态下最小抗拉强度 620MPa。

例3，-FD-05N4C-240 是含 0.5% 碳(质量分数)的铁基合金，加入有扩散合金化添加剂镍 4%(质量分数)和铜，最小屈服强度 240MPa。

例4，-FL-05N2M-860H 是预合金化镍(2%,质量分数)钼钢，含碳 0.5%(质量分数)，在热处理状态下，最小抗拉强度 860MPa。

例5，-FX-08C20-410 是渗铜铁基材料，最小屈服强度 410MPa。

例6，-FL-304-260N 是在含氮气氛中烧结的 304 不锈钢，最小屈服强度 260MPa。

例7，GB/T 19076-F-05C2-620H 是用国际标准的识别代码与材料专用代码连在一起列入一个采购合同的例子。

如果采用描述代码，只要将代表粉末冶金的字母 P 置于以上举例代码的前面即可。

表3-31 结构零件用铁基材料：铁与碳钢（摘自 GB/T 19076—2003）

参 数	符号	单位	铁（牌号）			碳钢（牌号）								数值说明
			F-00-100	F-00-120	F-00-140	F-05-140	F-05-170	F-05-340H①	F-05-480H①	F-08-210	F-08-240	F-08-450H②	F-08-550H②	
化学成分（质量分数） C(化合)		%	<0.3	<0.3	<0.3	0.3~0.6	0.3~0.6	0.3~0.6	0.3~0.6	0.6~0.9	0.6~0.9	0.6~0.9	0.6~0.9	标准值
Cu		%	—	—	—	—	—	—	—	—	—	—	—	
Fe		%	余量	余量	余量	余量	余量	余量	余量	余量	余量	余量	余量	
其他元素总和 max		%	2	2	2	2	2	2	2	2	2	2	2	
拉伸屈服强度 min	$R_{p0.2}$	MPa	100	120	140	140	170	—	—	210	240	—	—	
极限拉伸强度 min	R_m	MPa	—	—	—	—	—	340	480	—	—	450	550	
表观硬度		HV5	62	75	85	90	120	280HV10	300HV10	120	140	320HV10	360HV10	
		洛氏	60HRF	70HRF	80HRF	40HRB	60HRB	20HRC	25HRC	60HRB	70HRB	28HRC	33HRC	
密度	ρ	g/cm³	6.7	7.0	7.3	6.6	7.0	6.6	7.0	6.6	7.0	6.6	7.0	参考值
拉伸强度	R_m	MPa	170	210	260	220	275	410	550	290	390	520	620	
拉伸屈服强度	$R_{p0.2}$	MPa	120	150	170	160	200	①	①	240	260	③	③	
伸长率	A_{25}	%	3	4	7	1	2	nm④	nm④	1	1	nm④	nm④	
弹性模量		GPa	120	140	160	115	140	115	140	115	140	115	140	
泊松比			0.25	0.27	0.28	0.25	0.25	0.25	0.27	0.25	0.27	0.25	0.27	
无凹口锤式冲击能		J	8	24	47	5	8	4	5	5	7	5	7	
压缩屈服强度 (0.1%)		MPa	120	125	130	210	225	300	420	290	290	400	550	
横向断裂强度		MPa	340	500	660	440	550	720	970	510	690	790	950	
疲劳极限 90%存活率⑤		MPa	65	80	100	80	105	160	220	120	170	210	260	

注：1. 本表中的材料可通过添加添加剂提高可切削性能，表中所列性能不变。
2. 烧结材料组织中的碳含量可从金相组织中的珠光体质量分数来估计，100%的珠光体近似于含碳量（质量分数）为0.8%，碳能快速溶于铁中，因此在1040℃烧结5min后就很难观察到非化合碳了。

① 在850℃，于0.5%的碳势保护气氛中加热30min进行奥氏体化后油淬火，再在180℃回火1h。
② 在850℃，于0.8%的碳势保护气氛中加热30min进行奥氏体化后油淬火，再在180℃回火1h。
③ 经过热处理的材料，拉伸强度和极限拉伸强度近似相等。
④ nm＝没有测量。
⑤ 由旋转弯曲试验测得存活率为90%的疲劳寿命。按GB/T 4337（ISO 3928）切削加工试样。

表3-32 结构零件用铁基材料：铜钢和铜-碳钢（摘自 GB/T 19076—2003）

参数	符号	单位	铜钢						铜-碳钢				数值说明
			牌号						牌号				
			-F-00C2-140	-F-00C2-175	-F-05C2-270	-F-05C2-300	-F-05C2-500H①	-F-05C2-620H①	-F-08C2-350	-F-08C2-390	-F-08C2-500H②	-F-05C2-620H②	
化学成分（质量分数）													
$C_{化合}$		%	<0.3	<0.3	0.3~0.6	0.3~0.6	0.3~0.6	0.3~0.6	0.6~0.9	0.6~0.9	0.6~0.9	0.6~0.9	标准值
Cu		%	1.5~2.5	1.5~2.5	1.5~2.5	1.5~2.5	1.5~2.5	1.5~2.5	1.5~2.5	1.5~2.5	1.5~2.5	1.5~2.5	
Fe		%	余量	余量	余量	余量	余量	余量	余量	余量	余量	余量	
其他元素总和 max		%	2	2	2	2	2	2	2	2	2	2	
拉伸屈服强度 min	$R_{p0.2}$	MPa	140	175	270	300	③	③	350	390	③	③	
极限拉伸强度 min	R_m	MPa	—	—	—	—	500	620	—	—	500	620	
表观硬度		HV5	70	90	115	150	310HV10	390HV10	140	165	360HV10	430HV10	
		洛氏	26HRB	39HRB	57HRB	68HRB	27HRC	36HRC	70HRB	78HRB	33HRC	40HRC	
密度	ρ	g/cm³	6.6	7.0	6.6	7.0	6.6	7.0	6.6	7.0	6.6	7.0	参考值
拉伸强度	R_m	MPa	210	235	325	390	580	690	390	480	570	690	
拉伸屈服强度	$R_{p0.2}$	MPa	180	205	300	330	③	③	360	420	③	③	
伸长率	A_{25}	%	2	3	nm④	1	nm④	nm④	nm④	nm④	nm④	nm④	
弹性模量		GPa	115	140	115	140	115	140	115	140	115	140	
泊松比			0.25	0.27	0.25	0.27	0.25	0.27	0.25	0.27	0.25	0.27	
无凹口锤式冲击能		J	7	8	7	10	5	7	7	8	6	6	
压缩屈服强度	(0.1%)	MPa	160	185	380	400	560	660	450	480	560	690	
横向断裂强度		MPa	390	445	620	760	800	930	800	980	830	1000	
疲劳极限 90%存活率⑤		MPa	80	89	130	200	220	260	150	200	230	270	
疲劳极限 50%存活率⑥		MPa	110	110	160	—	220	260	120	150	270	—	

注：1. 本表中的材料可通过添加剂提高可切削性能，但表中所列性能不变。

2. 添加的铜粉大约在1080℃熔解，然后溶入铁粉的颗粒之间和小孔隙中，有助于烧结。一般情况下，含铜量或超过非溶解铜，当铜的含量较高时，可以看到析出的铜相。铜熔于铁水中，但不能溶入到较大颗粒的心部，当铜熔化时，发生扩散或迁移，在其后留下相当大的孔隙，这在显微组织中很容易观察到。化合碳含量可用表3-27注2的方法根据显微组织进行金相估计。

① 在850℃，于0.5%的碳势保护气氛中加热30min进行奥氏体化后油淬火，再在180℃回火1h。
② 在850℃，于0.8%的碳势保护气氛中加热30min进行奥氏体化后油淬火，再在180℃回火1h。
③ 经过热处理的材料，拉伸强度和极限拉伸强度近似相等。
④ nm=没有测量。
⑤ 由旋转弯曲试验测存活率为90%的疲劳寿命，试样是按 GB/T 4337（ISO 3928）切削加工的。
⑥ 根据四点平面弯曲试验测存活率为50%的疲劳寿命，试样按 GB/T 4337（ISO 3928）制造，非切削加工试样。

表 3-33　结构零件用铁基材料：磷钢（摘自 GB/T 19076—2003）

参数	符号	单位	磷钢①		磷-碳钢		铜-磷钢		铜-磷-碳钢		数值说明
			牌号		牌号		牌号		牌号		
			-F-00P05-180	-F-00P05-210	-F-05P05-270	-F-05P05-320	-F-00C2P-260	-F-00C2P-300	-F-05C2P-320	-F-05C2P-380	
化学成分（质量分数）											
C化合		%	<0.1	<0.1	0.3~0.6	0.3~0.6	<0.3	<0.3	0.3~0.6	0.3~0.6	标准值
Cu		%	—	—	—	—	1.5~2.5	1.5~2.5	1.5~2.5	1.5~2.5	
P		%	0.40~0.50	0.40~0.50	0.40~0.50	0.40~0.50	0.40~0.50	0.40~0.50	0.40~0.50	0.40~0.50	
Fe		%	余量	余量	余量	余量	余量	余量	余量	余量	
其他元素总和 max		%	2	2	2	2	2	2	2	2	
拉伸屈服强度 min	$R_{p0.2}$	MPa	180	210	270	320	260	300	320	380	
表观硬度		HV5	70	120	130	150	120	140	140	160	
		洛氏	40HRB	60HRB	65HRB	72HRB	60HRB	69HRB	69HRB	74HRB	
密度	ρ	g/cm³	6.6	7.0	6.6	7.0	6.6	7.0	6.6	7.0	
拉伸强度	R_m	MPa	300	400	400	480	400	500	450	550	参考值
拉伸屈服强度	$R_{p0.2}$	MPa	210	240	305	365	300	340	360	400	
伸长率	A_{25}	%	4	9	3	5	3	6	2	3	
弹性模量		GPa	115	140	115	140	115	140	115	140	
泊松比			0.25	0.27	0.25	0.27	0.25	0.27	0.25	0.27	
无凹口锤式冲击能		J	18	30	9	15	—	—	—	—	
横向断裂强度		MPa	600	900	700	1000	—	—	820	1120	
疲劳极限 50%存活率②		MPa	110	140	140	175	130	160	150	180	

注：含碳量（质量分数）小于 0.1% 的磷钢的显微组织主要是显铁素体。当用 4% 的硝酸乙醇腐蚀液浸蚀时，能识别出高磷区和低磷区。随着碳含量的增加，能观察到灰色或深色的细小片状珠光体和浅色的铁素体的富铜区。磷钢还有一个显著特点是孔隙圆化。
① 当这些材料用于磁性方面时，事先应向供应商咨询。一些粉末冶金软磁材料在 IEC 60404-8-9 中已标准化。
② 根据四点平面弯曲试验测存活率为 50% 的疲劳寿命，试样按 GB/T 4337（ISO 3928）制造，非切削加工试样。

表3-34 结构零件用铁基材料：镍钢（摘自 GB/T 19076—2003）

参数	符号	单位	-F-05N2-140	-F-05N2-180	-F-05N2-550H①	-F-05N2-800H①	-F-08N2-260	-F-08N2-600H②	-F-80N2-900H②	-F-05N4-180	-F-05N4-240	-F-05N4-600H①	-F-05N4-900H①	数值说明
							牌号							
化学成分（质量分数）														
C 化合		%	0.3~0.6	0.3~0.6	0.3~0.6	0.3~0.6	0.6~0.9	0.6~0.9	0.6~0.9	0.3~0.6	0.3~0.6	0.3~0.6	0.3~0.6	标准值
Ni		%	1.5~2.5	1.5~2.5	1.5~2.5	1.5~2.5	1.5~2.5	1.5~2.5	1.5~2.5	3.5~4.5	3.5~4.5	3.5~4.5	3.5~4.5	
Fe		%	余量	余量	余量	余量	余量	余量	余量	余量	余量	余量	余量	
其他元素总和 max		%	2	2	2	2	2	2	2	2	2	2	2	
拉伸屈服强度 min	$R_{p0.2}$	MPa	140	180	③	③	260	③	③	180	240	③	③	
极限拉伸强度 min	R_m	MPa	—	—	550	800	—	600	900	—	—	600	900	
表观硬度		HV5	80	140	330HV10	350HV10	160	350HV10	380HV10	107	145	270HV10	350HV10	参考值
		洛氏	44HRB	62HRB	23HRC	31HRC	74HRB	26HRC	35HRC	53HRB	71HRB	21HRC	31HRC	
密度	ρ	g/cm³	6.6	7.0	6.6	7.0	7.0	6.7	7.0	6.6	7.0	6.6	7.0	
拉伸强度	R_m	MPa	280	360	620	900	430	620	1000	285	410	610	930	
拉伸屈服强度	$R_{p0.2}$	MPa	170	220	③	③	300	③	③	220	280	③	③	
伸长率	A_{25}	%	1.5	2.5	nm④	nm④	1.5	nm④	nm④	1.0	3.0	nm④	nm④	
弹性模量		GPa	115	140	115	140	140	120	140	115	140	115	140	
泊松比			0.25	0.27	0.25	0.27	0.27	0.25	0.27	0.25	0.27	0.25	0.27	
无凹口锤式冲击功		J	8	20	5	7	15	5	7	8	20	6	9	
压缩屈服强度	(0.1%)	MPa	230	270	530	650	350	680	940	240	280	510	710	
横向断裂强度		MPa	450	740	830	1200	800	830	1280	500	830	860	1380	
疲劳寿命 90%存活率⑤		MPa	100	130	180	260	150	200	320	120	150	190	290	

注：
1. 本表中的材料可通过添加剂提高可切削性能，但表中所列性能不变。
2. 在常规烧结中，与铁和石墨混合的细镍粉不能充分分散。烧结态镍钢的显微组织为浅色的奥氏体富镍区及其边缘的针状马氏体或贝氏体。在高于1150℃的温度下烧结时，富镍区的体积分数降低。在热处理状态下，富镍区呈浅色，任其心部为奥氏体，边缘为针状马氏体，基体为马氏体。这种多相组织是正常的，基体马氏体（在×1000下观察）。细珠光体的含量（质量分数）为0~35%。

① 在850℃，于0.5%的碳势保护气氛中加热30min进行奥氏体化后油淬火，再在260℃回火1h。
② 在850℃，于0.8%的碳势保护气氛中加热30min进行奥氏体化后油淬火，再在260℃回火1h。
③ 经过热处理的材料拉伸强度和极限拉伸强度近似相等。
④ nm＝没有测量。
⑤ 由旋转弯曲试验测得存活率为90%的疲劳寿命，试样是按 GB/T 4337（ISO 3928）切削加工的。

表 3-35 结构零件用铁基材料：扩散合金化镍-铜-钼钢（摘自 GB/T 19076—2003）[1]

参数	符号	单位	镍-铜-钼钢					镍-铜-钼钢					数值说明
			-FD-05N2C-360	-FD-05N2C-400	-FD-05N2C-440	-FD-05N2C-950H[2]	-FD-05N2C-1100H[2]	-FD-05N4C-400	-FD-05N4C-420	-FD-05N4C-450	-FD-05N4C-930H[2]	-FD-05N4C-1100H[2]	
化学成分（质量分数）													
C化合		%	0.3~0.6	0.3~0.6	0.3~0.6	0.3~0.6	0.3~0.6	0.3~0.6	0.3~0.6	0.3~0.6	0.3~0.6	0.3~0.6	标准值
Ni		%	1.5~2.0	1.5~2.0	1.5~2.0	1.5~2.0	1.5~2.0	3.5~4.5	3.5~4.5	3.5~4.5	3.5~4.5	3.5~4.5	
Cu		%	1.0~2.0	1.0~2.0	1.0~2.0	1.0~2.0	1.0~2.0	1.0~2.0	1.0~2.0	1.0~2.0	1.0~2.0	1.0~2.0	
Mo		%	0.4~0.6	0.4~0.6	0.4~0.6	0.4~0.6	0.4~0.6	0.4~0.6	0.4~0.6	0.4~0.6	0.4~0.6	0.4~0.6	
Fe		%	余量	余量	余量	余量	余量	余量	余量	余量	余量	余量	
其他元素总和 max		%	2	2	2	2	2	2	2	2	2	2	
拉伸屈服强度 min	$R_{p0.2}$	MPa	360	400	440	③	③	400	420	450	③	③	
极限拉伸强度 min	R_m	MPa	—	—	—	950	1100	—	—	450	930	1100	
表观硬度		HV5	155	180	210	400HV10	480HV10	170	200	230HV10	390HV10	460HV10	参考值
		洛氏	73HRB	80HRB	86HRB	37HRC	45HRC	82HRB	86HRB	92HRB	36HRC	43HRC	
密度	ρ	g/cm³	6.9	7.1	7.4	7.1	7.4	6.9	7.1	7.4	7.1	7.4	
拉伸强度④	R_m	MPa	540	590	680	1020	1170	650	750	875	1000	1170	
拉伸屈服强度④	$R_{p0.2}$	MPa	390	420	460	nm⑤	nm⑤	440	460	485	nm⑤	nm⑤	
伸长率	A_{25}	%	2	3	4	nm⑤	nm⑤	1	2	3	nm⑤	nm⑤	
弹性模量		GPa	135	150	170	150	170	135	150	170	150	170	
泊松比			0.27	0.27	0.28	0.27	0.28	0.27	0.27	0.28	0.27	0.28	
无凹口锤式冲击能		J	14	22	38	11	15	21	28	39	10	15	
压缩屈服强度	(0.1%)	MPa	350	380	430	1170	1380	410	440	510	1060	1240	
横向断裂强度		MPa	1040	1200	1450	1420	1650	1220	1380	1630	1420	1650	
疲劳极限 90%存活率⑥		MPa	190	220	260	400	490	200	240	290	350	410	
疲劳极限 50%存活率⑦		MPa	170	200	240	380	—	190	220	260	—	—	

注：本表中的材料都是用添加有石墨粉的扩散合金化合金粉末制成的，具有多相显微组织。烧结态扩散合金化钢的显微组织类似于表 3-30 中的镍钢，但含有较大比例的贝氏体和马氏体。

① 这些材料是由扩散合金化粉末与石墨粉制成的。经热处理后，显微组织类似于石墨粉末似于回火处理后的镍钢。

② 在 850℃，于 0.5%的碳势保护气氛加热 30min 进行奥氏体化后油淬火，再在 180℃回火 1h。

③ 经过热处理的材料拉伸屈服强度和极限拉伸强度值大致相等。

④ 数据是按 GB/T 7963（ISO 2740）制得的试样和极限拉伸强度值经压制、烧结、热处理后（不进行切削加工）测得的。

⑤ nm＝没有测量。

⑥ 由旋转弯曲试验测得存活率为 90%的疲劳寿命，试样是按 GB/T 4337（ISO 3928）切削加工的。

⑦ 根据四点平面弯曲试验测存活率为 50%的疲劳寿命，试样按 GB/T 4337（ISO 3928）制得，非切削加工试样。

表 3-36 结构零件用铁基材料：预合金化镍-钼-锰钢(摘自 GB/T 19076—2003)

参 数		符号	单位	镍-钼-锰钢[①]						数值说明
				牌号						
				-FL-05M07N-620H[②③]	-FL-05M07N-830H[②③]	-FL-05M1-940H[③②]	-FL-05M1-1120H[③④]	-FL-05N2M-650H[③⑤]	-FL-05N2M-860H[③⑤]	
化学成分(质量分数)	C化合		%	0.4~0.7	0.4~0.7	0.4~0.7	0.4~0.7	0.4~0.7	0.4~0.7	标准值
	Ni		%	0.4~0.5	0.4~0.5	—	—	1.75~1.79	1.75~1.79	
	Mo		%	0.55~0.85	0.55~0.85	0.75~0.95	0.75~0.95	0.50~0.85	0.50~0.85	
	Mn		%	0.2~0.5	0.2~0.5	0.10~0.25	0.10~0.25	0.1~0.6	0.1~0.6	
	Fe		%	余量	余量	余量	余量	余量	余量	
	其他元素总和 max		%	2	2	2	2	2	2	
抗拉屈服强度 min		$R_{p0.2}$	MPa	[⑥]	[⑥]	[⑥]	[⑥]	[⑥]	[⑥]	
极限抗拉强度 min		R_m	MPa	620	830	940	1120	650	860	
表观硬度			HV10	340	380	350	380	320	380	参考值
			洛氏	30HRC	36HRC	32HRC	36HRC	28HRC	35HRC	
密度		ρ	g/cm³	6.7	7.0	7.0	7.2	6.7	7.0	
抗拉强度[⑦]		R_m	MPa	690	900	1020	1190	720	930	
伸长率[⑦]		A_{25}	%	nm[⑧]	nm[⑧]	nm[⑧]	nm[⑧]	nm[⑧]	nm[⑧]	
弹性模量			GPa	120	140	140	155	120	140	
泊松比				0.25	0.27	0.27	0.27	0.25	0.27	
无缺口夏比冲击吸收能量			J	8	11	10	15	7	12	
压缩屈服强度		(0.1%)	MPa	650	970	1140	1270	750	1000	
横向断裂强度			MPa	1020	1280	1480	1750	1100	1390	
疲劳极限 90%存活率[⑨]			MPa	240	300	310	360	250	330	

注：本表中的材料均由添加有石墨粉的预合金钢粉制造。热处理后，预合金化钢具有均匀的回火马氏体组织。

① 这些材料是由预合金化粉末与石墨粉的混合粉制成的。

② 预合金基粉末的名义成分(质量分数)是 0.45%Ni、0.7%Mo、0.35%Mn、余量 Fe。

③ 在 850℃，于 0.6%的碳势保护气氛中加热 30min 奥氏体化后油淬火，再在 180℃ 回火 1h。

④ 预合金基粉末的名义成分(质量分数)是 0.85%Mo、0.2%Mn、余量 Fe。

⑤ 预合金基粉末的名义成分(质量分数)是 1.8%Ni、0.7%Mo、0.3%Mn、余量 Fe。

⑥ 经热处理材料的抗拉屈服强度和极限抗拉强度值近似相等。

⑦ 热处理态的拉伸性能是由按 GB/T 7963(ISO 2740)切削加工的试样测定的。

⑧ nm=没有测量。

⑨ 由旋转弯曲试验测定的存活率为 90%的疲劳耐久极限，试样是按 GB/T 4337(ISO 3928)切削加工制造的。

表 3-37　结构零件用铁基材料：铜或铜合金熔渗钢（摘自 GB/T 19076—2003）

参　数		符号	单位	渗铜钢				数值说明
				牌号				
				-FX-08C10-340	-FX-08C10-760H[①]	-FX-08C20-410	-FX-08C20-620H[①]	
化学成分（质量分数）	C[②]化合	%	%	0.6~0.9	0.6~0.9	0.6~0.9	0.6~0.9	标准值
	Cu	%	%	8~15	8~15	15~25	15~25	
	Fe	%	%	余量	余量	余量	余量	
	其他元素总和 max	%	%	2	2	2	2	
抗拉屈服强度 min		$R_{p0.2}$	MPa	340	③	410	③	
极限抗拉强度 min		R_m	MPa		760		620	
表观硬度		HV5		210	460HV10	210	390HV10	
		洛氏		89HRB	43HRC	90HRB	36HRC	
密度		ρ	g/cm³	8.3	7.3	7.3	7.3	参考值
抗拉强度		R_m	MPa	600	830	550	690	
抗拉屈服强度		$R_{p0.2}$	MPa	410	③	480	③	
伸长率		A_{25}	%	3	nm[④]	1	nm[④]	
弹性模量[⑤]			GPa	160	160	145	145	
泊松比[⑤]				0.28	0.28	0.24	0.24	
无缺口夏比冲击吸收能量			J	14	9	9	7	
压缩屈服强度		(0.1%)	MPa	490	790	480	510	
横向断裂强度			MPa	1140	1300	1080	1100	
疲劳极限 90%存活率[⑥]			MPa	230	280	160	190	

注：1. 在×100~×1000 下能清楚地观察到富铜相。如果存在溶渗区，则可在指明的熔渗区测定整个零件的铜相分布。尽管铜不能充填所有的孔隙，但它会借助至细作用首先充填相互连通的较小的孔隙。化合碳的含量仅与铁相有关。

　　2. 本表数值都是基于一步熔渗处理。

① 在 850℃，于 0.5%的碳势保护气氛中加热 30min 奥氏体化后油淬火，再在 180℃回火 1h。

② 仅基于铁相的。

③ 经过热处理的材料抗拉屈服强度和极限抗拉强度值近似相等。

④ nm＝没有测量。

⑤ 其值来源于超声谐振测量。

⑥ 由旋转弯曲试验测定的存活率为 90%的疲劳寿命耐久极限，试样是按 GB/T 4337(ISO 3928)切削加工制作的。

表3-38　结构零件用铁基材料：奥氏体、马氏体和铁素体不锈钢（摘自 GB/T 19076—2003）

参数	符号	单位	奥氏体不锈钢 303 -FL303-170N①	303 -FL303-260N②	304 -FL304-210N②	304 -FL304-260N	316 -FL316-170N①	316 -FL316-260N②	316L -FL316-150③	马氏体不锈钢 410 -FL410-620H④	铁素体不锈钢 410L -FL410-140⑤	430L -FL430-170⑤	434L -FL434-170⑤	数值说明
化学成分（质量分数） Cr		%	17~19	17~19	18~20	18~20	16~18	16~18	16~18	11.5~13.5	11.5~13.5	16~18	16~18	标准值
Ni		%	8~13	8~13	8~12	8~12	10~14	10~14	10~14	—	—	—	—	
Mo		%	—	—	—	—	2~3	2~3	2~3	—	—	—	0.75~1.25	
S		%	0.15~0.30	0.15~0.30	—	—	—	—	—	<0.03	<0.03	<0.03	<0.03	
C		%	<0.15	<0.15	<0.08	<0.08	<0.08	<0.08	<0.03	0.10~0.25	<0.03	<0.03	<0.03	
N		%	0.2~0.6	0.2~0.6	0.2~0.6	0.2~0.6	0.2~0.6	0.2~0.6	0.2~0.6	0.2~0.6	<0.03	<0.03	<0.03	
Fe		%	余量	余量	余量	余量	余量	余量	余量	余量	余量	余量	余量	
其他元素总和 max		%	3	3	3	3	3	3	3	3	3	3	3	
拉伸屈服强度 min	$R_{p0.2}$	MPa	170	260	210	260	170	260	150	620④	140	170	170	
极限拉伸强度 min	R_m	MPa	—	—	—	—	—	—	—	⑥	—	—	—	
表观硬度		HV5 洛氏	62HRB	70HRB	61HRB	68HRB	59HRB	65HRB	45HRB	300HV10④ 23HRC④	45HRB	45HRB	50HRB	参考值
密度	ρ	g/cm³	6.4	6.9	6.4	6.9	6.4	6.9	6.9	6.5	6.9	7.1	7.0	
拉伸强度	R_m	MPa	270	470	300	480	280	480	390	720	330	340	340	
拉伸屈服强度	$R_{p0.2}$	MPa	220	310	260	310	230	310	210	⑥	180	210	210	
伸长率	A_{25}	%	nm⑦	10	nm⑦	8	nm⑦	13	21	nm⑦	16	20	15	
弹性模量		GPa	105	140	105	140	105	140	140	125	165	170	165	
泊松比			0.25	0.27	0.25	0.27	0.25	0.27	0.27	0.25	0.27	0.27	0.27	
无凹口锤式冲击能		J	5	47	5	34	7	65	88	3	68	108	88	
压缩屈服强度	(0.1%)	MPa	260	320	260	320	250	320	220	640	190	230	230	
横向断裂强度		MPa	590	nm⑦	nm⑦	nm⑦	nm⑦	nm⑦	nm⑦	780	nm⑦	nm⑦	nm⑦	
疲劳极限 90%存活率⑧		MPa	90	145	105	160	75	130	115	240	125	170	150	

注：
1. 烧结不锈钢的耐蚀性不必与熔锻不锈钢相同，一般地，奥氏体不锈钢以316L最佳，其次是304和303，其中尤其是304和303，而这些又都比马氏体钢和铁素体钢要好，在后者当中又以434最佳。
2. 烧结会影响耐蚀性，因此-FL316-150 材料的耐蚀性比其他含氮气氛中烧结的要好。
3. 建议在用烧结气氛烧结不锈钢之前，在预防环境中进行腐蚀试验。
4. -FL303、-FL304、-FL316 牌号不锈钢在烧结状态都具有奥氏体组织，且有生成孪晶的迹象。在316L 牌号不锈钢中，仅有很少或没有原始颗粒，氧化物或碳化物的迹象，但在显微组织中存在微量的残留碳或氮。-FL410 热处理、氮化物、氮处理牌号由烧结得到奥氏体组织，没有单独进行硬化，也可单独进行奥氏体试验。也可以以快冷硬化，然后在真空中烧结的。

① -FL303-170N、-FL304-210N、-FL316-170N 都是于1150℃在含氮气氛（如分解氨）中烧结的。
② -FL303-260N、-FL304-260N、-FL316-260N 都是于1290℃在含氮气氛（如分解氨）中烧结的。
③ -FL316-150 是于1290℃在无氮气氛（如真空气，或氢气）中烧结的。
④ -FL410-620H 是于1290℃在含氮气氛（如分解氨）中烧结，通过快冷硬化，然后在180℃回火1h。
⑤ -FL410-140、-FL430-170、-FL434-170 都是于1290℃在无氮气氛（如真空气，或氢气）中烧结的。
⑥ 经过热处理后的材料拉伸屈服强度和极限拉伸强度近似相等。
⑦ nm=没有测量。
⑧ 由旋转弯曲试验测得存活率为90%的疲劳寿命，试样是按GB/T 4337（ISO 3928）切削加工的。

表 3-39　结构零件用有色金属材料：铜基合金（摘自 GB/T 19076—2003）

参数	符号	单位	黄铜				青铜	锌白铜	数值说明
		牌号	-CL-Z20-75	-CL-Z20-80	-CL-Z30-100	-CL-Z30-110	-C-T10-90R①	-CL-N18Z-120	
化学成分（质量分数）									
Sn		%	—	—	—	—	8.5~11.0	—	标准值
Zn		%	余量	余量	余量	余量	—	余量	
Ni		%	—	—	—	—	—	16~20	
Cu		%	77~80	77~80	68~72	68~72	余量	62~66	
其他元素总和 max		%	2	2	2	2	2	2	
拉伸屈服强度 min	$R_{p0.2}$	MPa	75	80	100	110	90	120	
表观硬度		HV5	50	68	72	84	68	82	
表观硬度		洛氏	73HRH	82HRH	84HRH	92HRH	82HRH	90HRH	
密度	ρ	g/cm³	7.6	8.0	7.6	8.0	7.2	7.9	参考值
拉伸强度	R_m	MPa	160	240	190	230	150	230	
拉伸屈服强度	$R_{p0.2}$	MPa	90	120	110	130	110	140	
伸长率	A_{25}	%	9	18	14	17	4	11	
弹性模量		GPa	85	100	80	90	60	95	
压缩泊松比			0.31	0.31	0.31	0.31	0.31	0.31	
无凹口锤式冲击能		J	37	61	31	52	5	33	
压缩屈服强度	(0.1%)	MPa	80	100	120	130	140	170	
横向断裂强度		MPa	360	480	430	590	310	500	

注：黄铜、青铜和锌白铜都应烧结到很难观察到原始颗粒界。在烧结良好的青铜合金中，α 青铜晶粒都是从原始细晶晶粒簇开始生成长大，并且没有明显青灰色的金属间化合物的迹象。

① 字母 R 表示材料经过了复压。

3.3.2 美国 MPIF 标准粉末冶金结构零件材料

1. 美国 MPIF 标准粉末冶金结构零件材料牌号的表示方法

美国 MPIF(金属粉末工业联合会)的标准《MPIF 标准 35 粉末冶金结构零件材料》是美国和其他许多国家广泛采用的标准。该标准自 1965 年发布,经过多次修订。本节内容参照 2009 年修订版编写。MPIF 标准 35 还包括《粉末冶金自润滑轴承材料标准》《金属注射成形零件材料标准》和《P/F 钢零件材料标准》3 项标准,共 4 项标准。

根据 MPIF 35 的规定,粉末冶金结构零件材料牌号的表示方法应包括表示材料的化学成分(元素组元及组元的含量分数)和最小强度(单位为 10^3psi,1psi≈6.89kPa)等内容,牌号的基本形式由前缀、中部和后缀三部分组成,中间用短横线相连。相关说明以及牌号示例如下:

1) 牌号的基本形式及各部分结构相应含义的说明如下:

前缀	中部	后缀
若干字母符号	一组数字	数字或加字母代号

前缀由字母组成,字母表示材料组成的类别,例如:

A	铝
C	铜
CT	青铜
CNZ	锌白铜
CZ	黄铜
F	铁
FC	铁-铜或铜钢
FD	扩散合金钢
FF	软磁铁
FL	预合金铁基材料(不包括不锈钢)
FN	铁-镍或镍钢
FS	铁硅
FX	铜熔渗铁或钢
FY	铁磷
G	游离石墨
M	锰
N	镍
P	铅
S	硅
SS	不锈钢(预合金化的)
T	锡
U	硫
Y	磷
Z	锌

数字表示材料化学组成,对于非铁金属材料,此处的前两位数字表示主要合金组元的质量分数,后两位数字表示次要合金组元的质量分数

对于铁基材料,主要合金元素(除化合碳外)都包括在前缀字母代号中,其他元素都不包括在牌号中,而是在相应标准中查具体的化学成分。主要合金元素的百分含量用数字的前两位数字表示。铁基材料的化合碳含量用后两位数字表示。当非铁合金材料中添加第三种合金元素铅时,铅在前缀中以字母"P"表示,铅或任何其他次要合金元素的质量分数均不在数字中表示,应在相应的标准中查找其化学成分

后缀以两位或三位数字表示最小强度值,单位为 10^3psi。对于烧结态材料,其强度值为拉伸屈服强度值;对于热处理态材料,其强度为极限抗拉强度值

在后缀数字后用符号"HT"表示该材料是经过淬火硬化与回火处理的,其强度是以 10^3psi 表示的极限抗拉强度

对于软磁合金,后缀是最大矫顽磁场(Oe 值的 10 倍),如纯铁材料 F-0000-23W,其最小密度为 6.99g/cm³,矫顽力为 2~3Oe(1Oe≈79.6A/m)

2) 粉末冶金镍钢牌号示例及含义如下:

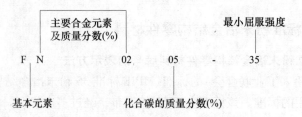

3）粉末冶金锌白铜牌号示例及含义如下：

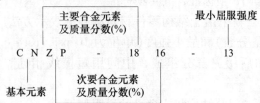

2. 铁与碳钢粉末冶金材料（见表 3-40 和表 3-41）

表 3-40　铁与碳钢粉末冶金材料的牌号及化学组成（质量分数，%）（摘自 MPIF 标准 35，2009 版）

材料牌号	Fe	C
F-0000	余量	0.0~0.3
F-0005	余量	0.3~0.6
F-0008	余量	0.6~0.9

注：1. 化学组成中的其他元素包括为了特殊目的而添加的其他微量元素，总量的最大量值为 2.0%。

  2. 采用水蒸气处理可以提高烧结碳钢的压缩屈服强度、表观硬度和耐磨性，增加产品的工作时间。但水蒸气处理会明显降低材料的抗拉强度。

  3. 各牌号材料的用途：F-0000 牌号的材料适用于制作需求自润滑及轻载、承重小的各种结构零件，这种材料含碳量低，使用的烧结铁结构零件常常不含碳，当材料密度较高时，选用材料时偏重于材料的软磁性能。F-0005 具有适当的表观硬度和中等强度，适于中等强度和要求表观硬度性能的结构零件，且要求切削加工性较好。F-0008 含碳量较高，具有较高的强度（高于 F-0005），但切削加工性较差，切削加工成本会提高。采用热处理方法可以改善 F-0005 和 F-0008 的性能，提高抗拉强度和耐磨性，增大表观硬度。

表 3-41　铁与碳钢粉末冶金材料的物理、力学性能（摘自 MPIF 标准 35，2009 版）

材料牌号[1][4]	最小值		标准值[2]										
	屈服强度 /MPa	极限抗拉强度 /MPa	拉伸性能			弹性常数		无凹口夏比冲击吸收能量/J	横向断裂强度 /MPa	压缩屈服强度(0.1%) /MPa	硬度		疲劳极限(90%存活率) /MPa	密度 /(g/cm³)
			极限抗拉强度 /MPa	屈服强度(0.2%) /MPa	伸长率(在25.4mm内)(%)	弹性模量 /GPa	泊松比				宏观(表观)	微小压痕(换算的)		
											洛氏			
F-0000-10	70		120	90	1	105	0.25	4	250	110	40HRF		46	6.1
-15	100		170	120	2	120	0.25	8	340	120	60HRF	N/D[5]	65	6.7
-20	140		260	170	7	160	0.28	47	660	130	80HRF		99	7.3
F-0005-15	100		170	120	<1	105	0.25		330	125	25HRB		60	6.1
-20	140		220	160	1	115	0.25	5	440	160	40HRB	N/D[5]	80	6.6
-25	170		260	190	1	135	0.27	7	520	190	55HRB		100	6.9
F-0005-50HT		340	410		<1	115	0.25	4	720	300	20HRC	58HRC	160	6.6
-60HT		410	480	[3]	<1	130	0.27	5	830	360	22HRC	58HRC	190	6.8
-70HT		480	550		<1	140	0.27	5	970	420	25HRC	58HRC	220	7.0

（续）

材料牌号[①④]	最小值		标准值[②]										
	屈服强度/MPa	极限抗拉强度/MPa	拉伸性能			弹性常数		无凹口夏比冲击吸收能量/J	横向断裂强度/MPa	压缩屈服强度(0.1%)/MPa	硬度		疲劳极限(90%存活率)/MPa	密度/(g/cm³)
			极限抗拉强度/MPa	屈服强度(0.2%)/MPa	伸长率(在25.4mm内)(%)	弹性模量/GPa	泊松比				宏观(表观)	微小压痕(换算的)		
											洛氏			
F-0008-20	140		200	170	<1	85	0.25	3	350	190	35HRB		80	5.8
-25	170		240	210	<1	110	0.25	4	420	210	50HRB	N/D[⑤]	100	6.2
-30	210		290	240	<1	115	0.25	5	510	210	60HRB		120	6.6
-35	240		390	260	1	140	0.27	7	690	250	70HRB		170	7.0
F-0008-55HT		380	450		<1	115	0.25	4	690	480	22HRC	60HRC	180	6.3
-65HT		450	520	[③]	<1	115	0.25	5	790	550	28HRC	60HRC	210	6.6
-75HT		520	590		<1	135	0.27	6	900	620	32HRC	60HRC	240	6.9
-85HT		590	660		<1	150	0.27	7	1000	690	35HRC	60HRC	280	7.1

① 后缀数字代表最小强度值(psi)，烧结态为屈服强度，热处理态为极限抗拉强度。

② 力学性能数据来源于实验室制备的在工业生产条件下烧结的试样。

③ 对于热处理的材料，屈服强度和极限抗拉强度大体上相等。

④ 热处理(HT)材料的回火温度为177℃。

⑤ N/D：没有测定。

3. 铁-铜合金和铜钢粉末冶金材料（见表3-42和表3-43）

表3-42 铁-铜合金和铜钢粉末冶金材料的牌号及化学组成（质量分数,%）

（摘自 MPIF 标准 35,2009 版）

材料牌号	Fe	Cu	C
FC-0200	余量	1.5~3.9	0.00~0.3
FC-0205	余量	1.5~3.9	0.3~0.6
FC-0208	余量	1.5~3.9	0.6~0.9
FC-0505	余量	4.0~6.0	0.3~0.6
FC-0508	余量	4.0~6.0	0.6~0.9
FC-0808	余量	7.0~9.0	0.6~0.9
FC-1000	余量	9.5~11.0	0.0~0.3

注：1. 化学组成中的其他元素包括为了特殊目的而添加的其他微量元素，总量的最大值为2.0%。

2. 铁基粉末冶金材料中添加铜可以提高表观硬度、耐磨性及强度，粉末冶金铜钢可采用热处理方法实现提高其性能的目的，如获得良好的耐磨性、高的强度和表观硬度。FC-0205 和 FC-0208 两种牌号的材料应用于中等负载条件下各种中等强度要求的结构零件。烧结态铜钢的显微组织为铁素体/珠光体，采用热处理后显微组织为马氏体。不宜进行热处理时，可以添加较高含量的铜以提高其耐磨性能。

表3-43 铁-铜合金和铜钢粉末冶金材料的物理、力学性能（摘自 MPIF 标准 35,2009 版）

材料牌号[①④]	最小值		标准值[②]										
	屈服强度/MPa	极限抗拉强度/MPa	拉伸性能			弹性常数		无凹口夏比冲击吸收能量/J	横向断裂强度/MPa	压缩屈服强度(0.1%)/MPa	硬度		疲劳极限(90%存活率)/MPa	密度/(g/cm³)
			极限抗拉强度/MPa	屈服强度(0.2%)/MPa	伸长率(在25.4mm内)(%)	弹性模量/GPa	泊松比				宏观(表观)	微小压痕(换算的)		
											洛氏			
FC-0200-15	100		170	140	1	95	0.25	6	310	120	60HRF		70	6.0
-18	120		190	160	1	115	0.25	7	350	140	65HRF	N/D[⑤]	72	6.3
-21	140		210	180	1	115	0.25	7	390	160	26HRB		80	6.6
-24	170		230	200	2	135	0.27	8	430	180	36HRB		87	6.9

（续）

材料牌号①④	最小值 屈服强度/MPa	最小值 极限抗拉强度/MPa	极限抗拉强度/MPa	屈服强度(0.2%)/MPa	伸长率(在25.4mm内)(%)	弹性模量/GPa	泊松比	无凹口夏比冲击吸收能量/J	横向断裂强度/MPa	压缩屈服强度(0.1%)/MPa	硬度 宏观(表观) 洛氏	硬度 微小压痕(换算的) 洛氏	疲劳极限(90%存活率)/MPa	密度/(g/cm³)
FC-0205-30	210		240	240	<1	95	0.25	<3	410	240	37HRB		90	6.0
-35	240		280	280	<1	115	0.25	4	520	280	48HRB	N/D⑤	100	6.3
-40	280		340	310	<1	120	0.25	7	660	310	60HRB		140	6.7
-45	310		410	340	<1	150	0.27	10	790	340	72HRB		210	7.1
FC-0205-60HT		410	480		<1	110	0.25	3	660	390	99HRB	58HRC	190	6.2
-70HT		480	550	③	<1	105	0.25	5	760	490	25HRC	58	210	6.5
-80HT		550	620		<1	130	0.27	6	830	590	31HRC	58	230	6.8
-90HT		620	690		<1	140	0.27	7	930	660	36HRC	58	260	7.0
FC-0208-30	210		240	240	<1	85	0.25	<3	410	280	50HRB		90	5.8
-40	280		340	310	<1	115	0.25	3	620	310	61HRB	N/D⑤	120	6.3
-50	340		410	380	<1	120	0.25	7	860	340	73HRB		160	6.7
-60	410		520	450	<1	155	0.25	9	1070	380	84HRB		230	7.2
FC-0208-50HT		340	450		<1	105	0.25	3	660	400	20HRC	60HRC	170	6.1
-65HT		450	520	③	<1	120	0.27	5	760	500	27HRC	60HRC	210	6.4
-80HT		550	620		<1	130	0.27	6	900	630	35HRC	60HRC	240	6.8
-95HT		660	720		<1	150	0.27	7	1030	720	43HRC	60HRC	280	7.1
FC-0505-30	210		300	250	<1	85	0.25	4	530	340	51HRB		114	5.8
-40	280		400	320	<1	115	0.25	6	700	370	62HRB	N/D⑤	152	6.3
-50	340		490	390	<1	120	0.25	7	850	400	72HRB		186	6.7
FC-0508-40	280		400	340	<1	90	0.25	4	690	400	60HRB		152	5.9
-50	340		470	410	<1	115	0.25	5	830	430	68HRB	N/D⑤	179	6.3
-60	410		570	480	<1	130	0.27	6	1000	470	80HRB		217	6.8
FC-0808-45	310		380	340	<1	95	0.27	4	590	430	65HRB	N/D⑤	144	6.0
FC-1000-20	140		210	180	<1	95	0.27	5	370	230	60HRF	N/D⑤	80	6.0

① 后缀数字代表最小强度值(psi)，烧结态为屈服强度，热处理态为极限抗拉强度。

② 力学性能数据来源于实验室制备的在工业生产条件下烧结的试样。

③ 对于热处理的材料，屈服强度和极限抗拉强度大体上相等。

④ 热处理(HT)材料的回火温度为177℃。

⑤ N/D：没有测定。

4. 铁-镍合金和镍钢粉末冶金材料（见表3-44和表3-45）

表3-44　铁-镍合金和镍钢粉末冶金材料的牌号及化学组成（质量分数,%）

（摘自 MPIF 标准 35,2009 版）

材料牌号	Fe	Ni	Cu	C
FN-0200	余量	1.0~3.0	0.0~2.5	0.0~0.3
FN-0205	余量	1.0~3.0	0.0~2.5	0.3~0.6
FN-0208	余量	1.0~3.0	0.0~2.5	0.6~0.9

（续）

材料牌号	Fe	Ni	Cu	C
FN-0405	余量	3.0~5.5	0.0~2.0	0.3~0.6
FN-0408	余量	3.0~5.5	0.0~2.0	0.6~0.9

注：1. 化学组成中的其他元素包括为了特殊目的而添加的其他微量元素，总量最大值为20%。

2. 本表所列各牌号的烧结铁-镍合金与烧结镍钢是由纯铁粉、纯镍粉与石墨粉的混合粉制造的。镍的添加量一般为1%~4%（质量分数）。不含碳者称为烧结铁-镍合金。

石墨粉和（或）镍粉的添加量取决于所要求的强度水平和材料是于烧结态还是热处理态使用。还可添加其他合金元素（如钼），但添加量必须在规定的其他元素添加总和的范围内。

在常规工业烧结条件下，和碳不同，镍不可能完全扩散到铁基体中，形成的多相冶金组织含有富镍相，可以显著改善材料的韧性，拉伸性能及淬透性。当要求材料的最终密度为7.0g/cm³或更高时，可用压制-预烧结-复压-烧结工艺制造。

添加于铁粉与石墨粉混合粉中的细镍粉在正常烧结时不可能充分扩散。烧结状态镍钢的金相组织形成浅色富镍奥氏体区，针状马氏体或贝氏体围绕该区的边缘。在高于1149℃的高温下烧结时，富镍奥氏体区的体积分数将减小。在热处理状态富镍区为浅色，其心部为奥氏体，其周围为针状马氏体。这种多相组织是正常的。基体是马氏体，这取决于淬火速率。细珠光体含量为0~35%（体积分数）。

3. 烧结镍钢主要用于制造可进行热处理且要求具有高强度、高耐磨性及良好冲击韧性等综合性能优良的各种结构零件。

表3-45　铁-镍合金和镍钢粉末冶金材料的物理、力学性能（摘自 MPIF 标准 35,2009 版）

材料牌号[①④]	最小值		标准值[②]											
	屈服强度/MPa	极限抗拉强度/MPa	拉伸性能			弹性常数		无凹口夏比冲击吸收能量/J	横向断裂强度/MPa	压缩屈服强度(0.1%)/MPa	硬度		疲劳极限(90%存活率)/MPa	密度/(g/cm³)
			极限抗拉强度/MPa	屈服强度(0.2%)/MPa	伸长率（在25.4mm内）(%)	弹性模量/GPa	泊松比				宏观（表观）	微小压痕（换算的）		
											洛氏			
FN-0200-15	100		170	120	3	115	0.25	14	340	110	55HRF		70	6.6
-20	140		240	170	5	140	0.27	27	550	120	75HRF	N/D[⑤]	91	7.0
-25	170		280	210	10	160	0.28	68	720	140	80HRF		103	7.3
FN-0205-20	140		280	170	1	115	0.25	8	450	170	44HRB		100	6.6
-25	170		340	210	2	135	0.27	16	690	210	59HRB	N/D[⑤]	120	6.9
-30	210		410	240	4	155	0.28	28	860	240	69HRB		150	7.2
-35	240		480	280	5	170	0.28	46	1030	280	78HRB		180	7.4
FN-0205-80HT		550	620		<1	115	0.25	5	830	410	23HRC	55HRC	180	6.6
-105HT		720	830		<1	135	0.27	6	1110	550	29HRC	55HRC	240	6.9
-130HT		900	1000	[③]	<1	150	0.27	8	1310	690	33HRC	55HRC	290	7.1
-155HT		1070	1100		<1	155	0.28	9	1480	830	36HRC	55HRC	320	7.2
-180HT		1240	1280		<1	170	0.28	13	1720	970	40HRC	55HRC	370	7.4
FN-0208-30	210		310	240	1	120	0.25	7	590	240	63HRB		110	6.7
-35	240		380	280	1	135	0.27	11	720	280	71HRB		140	6.9
-40	280		480	310	2	150	0.27	15	900	310	77HRB	N/D[⑤]	170	7.1
-45	310		550	340	2	160	0.28	22	1070	340	83HRB		190	7.3
-50	340		620	380	3	170	0.28	28	1170	380	88HRB		220	7.4
FN-0208-80HT		550	620		<1	120	0.25	5	830	680	26HRC	57HRC	200	6.7
-105HT		720	830		<1	135	0.27	6	1030	850	31HRC	57HRC	260	6.9
-130HT		900	1000	[③]	<1	140	0.27	7	1280	940	35HRC	57HRC	320	7.0
-155HT		1070	1170		<1	155	0.28	9	1520	1120	39HRC	57HRC	370	7.2
-180HT		1240	1340		<1	170	0.28	11	1720	1300	42HRC	57HRC	430	7.4

（续）

材料牌号①④	最小值		标准值②											
	屈服强度/MPa	极限抗拉强度/MPa	拉伸性能			弹性常数		无凹口夏比冲击吸收能量/J	横向断裂强度/MPa	压缩屈服强度(0.1%)/MPa	硬度		疲劳极限(90%存活率)/MPa	密度/(g/cm³)
			极限抗拉强度/MPa	屈服强度(0.2%)/MPa	伸长率(在25.4mm内)(%)	弹性模量/GPa	泊松比				宏观(表观)洛氏	微小压痕(换算的)洛氏		
FN-0405-25	170		280	210	<1	105	0.25	6	450	230	49HRB		100	6.5
-35	240		410	280	3	140	0.27	20	830	280	71HRB	N/D⑤	150	7.0
-45	310		620	340	4	170	0.28	45	1210	310	84HRB		220	7.4
FN-0405-80HT		550	590		<1	105	0.25	5	790	460	99HRB	55HRC	180	6.5
-105HT		720	760		<1	130	0.27	7	1000	610	25HRC	55HRC	230	6.8
-130HT		900	930	③	<1	140	0.27	9	1380	710	31HRC	55HRC	290	7.0
-155HT		1070	1100		<1	160	0.28	13	1690	850	37HRC	55HRC	340	7.3
-180HT		1240	1280		<1	170	0.28	18	1930	910	40HRC	55HRC	390	7.4
FN-0408-35	240		310	280	1	105	0.25	5	520	260	67HRB		110	6.5
-45	310		450	340	1	135	0.27	10	790	340	78HRB	N/D⑤	160	6.9
-55	380		550	410	1	155	0.28	15	1030	410	87HRB		190	7.2

① 后缀数字代表最小强度值(psi)，烧结态为屈服强度，热处理态为极限抗拉强度。

② 力学性能数据来源于实验室制备的在工业生产条件下烧结的试样。

③ 对于热处理的材料，屈服强度和极限抗拉强度大体上相等。

④ 热处理(HT)材料的回火温度为260℃。

⑤ N/D：没有测定。

5. 预合金化钢粉末冶金材料（见表3-46和表3-47）

表 3-46 预合金化钢粉末冶金材料的牌号及化学组成（质量分数，%）（摘自 MPIF 标准 35，2009 版）

材料牌号	Fe	C	Ni	Mo	Mn	Cr
FL-4005	余量	0.4~0.7	—	0.40~0.60	0.05~0.30	—
FL-4205	余量	0.4~0.7	0.35~0.55	0.50~0.85	0.20~0.40	—
FL-4400	余量	0.0~0.3	—	0.75~0.95	0.05~0.30	—
FL-4405	余量	0.4~0.7	—	0.75~0.95	0.05~0.30	—
FL-4605	余量	0.4~0.7	1.70~2.00	0.45~0.60	0.05~0.30	—
FL-4805	余量	0.4~0.7	1.20~1.60	1.10~1.40	0.30~0.50	—
FL-48105	余量	0.4~0.7	1.65~2.05	0.85~1.15	0.30~0.55	—
FL-4905	余量	0.4~0.7	—	1.30~1.70	0.05~0.30	—
FL-5208	余量	0.6~0.8	—	0.15~0.30	—	1.3~1.7
FL-5305	余量	0.4~0.6	—	0.40~0.60	0.05~0.30	2.7~3.3

注：1. 化学组成中的其他元素包括为了特殊目的而添加的其他微量元素，总量最大值为2.0%。

2. 预合金化钢即以前标准中的低合金钢。需要进行热处理的烧结钢零件通常都是由预合金化粉末生产的。由预合金化粉末生产的烧结钢的淬硬性决定于合金元素的种类与数量。

由预合金化粉末生产的烧结钢零件具有均一的显微组织和均匀的表观硬度。它们在烧结态形成的碳化实质上不是层状的。可根据烧结状态显微组织中碳化物的特有形态来鉴别由预合金化粉末生产的烧结钢。由预合金化粉末生产的烧结钢，其热处理后具有均一的回火马氏体显微组织。预合金化钢粉末一般用于制造中等至高密度粉末冶金结构零件。这类材料的淬透性高于烧结铜钢或烧结镍钢。当要求最终密度为7.0g/cm³或更高时，可以采用压制、预烧结、复压和烧结工艺制造。

表 3-47　预合金化钢粉末冶金材料的物理、力学性能(摘自 MPIF 标准 35,2009 版)

材料牌号[①④⑤]	最小值		标准值[②]											
	屈服强度/MPa	极限抗拉强度/MPa	拉伸性能			弹性常数		无凹口夏比冲击吸收能量/J	横向断裂强度/MPa	压缩屈服强度(0.1%)/MPa	硬度		疲劳极限(90%存活率)/MPa	密度/(g/cm³)
			极限抗拉强度/MPa	屈服强度(0.2%)/MPa	伸长率(在25.4mm内)(%)	弹性模量/GPa	泊松比				宏观(表观)	微小压痕(换算的)		
											洛氏			
FN-4205-35	240		360	290	1	130	0.27	8	600	290	60HRB		140	6.80
-40	280		400	320	1	140	0.27	12	790	320	66HRB	N/D[⑥]	190	6.95
-45	310		460	360	1	150	0.27	16	860	360	70HRB		220	7.10
-50	340		500	400	2	160	0.28	23	1030	390	75HRB		280	7.30
FL-4205-80HT		550	620		<1	115	0.25	7	930	550	28HRC	60HRC	210	6.60
-100HT		690	760	③	<1	130	0.27	9	1100	760	32HRC	60HRC	260	6.80
-120HT		830	900		<1	140	0.27	11	1280	970	36HRC	60HRC	300	7.00
-140HT		970	1030		<1	155	0.28	16	1480	1170	39HRC	60HRC	340	7.20
FN-4405-35	240		360	290	1	120	0.25	8	690	270	60HRB		140	6.70
-40	280		400	320	1	135	0.27	15	860	310	67HRB	N/D[⑥]	190	6.90
-45	310		460	360	1	150	0.27	22	970	360	73HRB		220	7.10
-50	340		500	400	2	160	0.28	30	1140	390	80HRB		280	7.30
FL-4405-100HT		690	760		<1	120	0.25	7	1100	930	24HRC	60HRC	230	6.70
-125HT		860	930	③	<1	135	0.27	9	1380	1070	29HRC	60HRC	290	6.90
-150HT		1030	1100		<1	150	0.27	12	1590	1210	34HRC	60HRC	330	7.10
-175HT		1210	1280		<1	160	0.28	19	1930	1340	38HRC	60HRC	400	7.30
FL-4605-35	240		360	290	1	125	0.25	8	690	290	60HRB		140	6.75
-40	280		400	320	1	140	0.27	15	830	310	65HRB	N/D[⑥]	190	6.95
-45	310		460	360	1	150	0.28	22	970	360	71HRB		220	7.15
-50	340		500	400	2	165	0.28	30	1140	390	77HRB		280	7.35
FL-4605-80HT		550	590		<1	110	0.25	6	900	630	24HRC	60HRC	200	6.55
-100HT		690	760	③	<1	125	0.27	8	1140	790	29HRC	60HRC	260	6.75
-120HT		830	900		<1	140	0.27	11	1340	960	34HRC	60HRC	310	6.95
-140HT		970	1070		<1	155	0.28	16	1590	1170	39HRC	60HRC	370	7.20
FL-5208-65	450		620	480	1	120	0.25	12	1100	410	83HRB		190	6.70
-75	520		760	550	1	135	0.27	16	1310	520	88HRB	N/D[⑥]	220	6.90
-80	550		830	600	2	150	0.27	20	1520	590	93HRB		250	7.10
-85	590		930	660	3	160	0.28	24	1760	660	98HRB		280	7.30
FL-5305-75	520		760	590	<1	120	0.25	11	1280	520	90HRB		190	6.70
-90	620		860	690	<1	135	0.27	14	1450	600	20HRC	N/D[⑥]	220	6.90
-105	720		970	790	<1	150	0.27	15	1590	690	26HRC		260	7.10
-120	830		1100	900	<1	160	0.28	18	1720	790	33HRC		290	7.30

① 后缀数字代表最小强度值(psi),烧结态为屈服强度,热处理态为极限抗拉强度。

② 力学性能数据来源于实验室制备的工业生产条件下烧结的试样。

③ 对于热处理的材料,屈服强度和极限抗拉强度大体上相等。

④ 热处理(HT)材料的回火温度为 177℃。

⑤ 对于 FL-5305 材料,回火温度为 204℃。

⑥ N/D:没有测定。

6. 混合低合金钢粉末冶金材料(见表 3-48 和表 3-49)

表 3-48　混合低合金钢粉末冶金材料的牌号及化学组成(质量分数,%)(摘自 MPIF 标准 35,2009 版)

材　料　牌　号	Fe	C	Ni	Mo	Mn	Cu
FLN2C-4005	余量	0.4~0.7	1.55~1.95	0.40~0.60	0.05~0.30	1.3~1.7
FLN4C-4005	余量	0.4~0.7	3.60~4.40	0.40~0.60	0.05~0.30	1.3~1.7

（续）

材料牌号	Fe	C	Ni	Mo	Mn	Cu
FLN-4205（以前的低合金钢）	余量	0.4~0.7	1.35~2.50[①]	0.49~0.85	0.20~0.40	—
FLN2-4400	余量	0.0~0.3	1.00~3.00	0.65~0.95	0.05~0.30	—
FLN2-4405（以前的低合金钢）	余量	0.4~0.7	1.00~3.00	0.65~0.95	0.05~0.30	—
FLN4-4400	余量	0.0~0.3	3.00~5.00	0.65~0.95	0.05~0.30	—
FLN4-4405（以前的低合金钢）	余量	0.4~0.7	3.00~5.00	0.65~0.95	0.05~0.30	—
FLN6-4405（以前的低合金钢）	余量	0.4~0.7	5.00~7.00	0.65~0.95	0.05~0.30	—
FLNC-4405（以前的低合金钢）	余量	0.4~0.7	1.00~3.00	0.65~0.95	0.05~0.30	1.0~3.0

注：化学组成中的其他元素包括为了特殊目的而添加的其他微量元素，总量最大值为 2.0%。

① 至少 1% 的镍是以元素粉状混入的。

表 3-49　混合低合金钢粉末冶金材料的物理、力学性能（摘自 MPIF 标准 35，2009 版）

材料牌号[①④⑥⑦]	最小值		标准值[②]												
	屈服强度/MPa	极限抗拉强度/MPa	拉伸性能			弹性常数		无凹口夏比冲击吸收能量/J	横向断裂强度/MPa	压缩屈服强度(0.1%)/MPa	硬度		疲劳极限(90%存活率)/MPa	密度/(g/cm³)
			极限抗拉强度/MPa	屈服强度(0.2%)/MPa	伸长率(在25.4mm内)(%)	弹性模量/GPa	泊松比				宏观(表观)	微小压痕(换算的)		
											洛氏			
FLN2C-4005-60	410		480	450	<1	120	0.25	9	1000	380	81HRB		170[⑨]	6.70
-65	450		620	480	1	135	0.27	15	1210	410	84	N/D[⑩]	210[⑨]	6.90
-70	480		720	520	2	150	0.27	22	1380	450	88		260[⑨]	7.10
-75	520		900	570	4	170	0.28	29	1650	520	93		320[⑨]	7.40
FLN2C-4005-105HT		720	790	[③]	<1	120	0.25	7	1280	690	25HRC	58HRC	210[⑨]	6.70
-140HT		970	1030	[③]	<1	135	0.27	12	1620	900	29	58	310[⑨]	6.90
-170HT		1170	1280	[③]	<1	150	0.27	18	2000	1070	34	58	410[⑨]	7.10
-220HT		1520	1650	1240	<1	170	0.28	26	2550	1380	40	58	540[⑨]	7.40
FLN4C-4005-70	480		590	540	<1	120	0.25	14	1170	430	85HRB		165[⑨]	6.70
-75	520		690	570	<1	135	0.27	20	1380	470	88	N/D[⑩]	230[⑨]	6.90
-80	550		790	590	<1	150	0.27	33	1620	500	94		290[⑨]	7.10
-85	590		970	620	1	170	0.28	62	1930	550	100		370[⑨]	7.4
FLN4C-4405-115HT		790	870	700	<1	120	0.25	11	1240	670	22HRC	55HRC	250[⑨]	6.70
-135HT		930	1000	900	<1	135	0.27	15	1570	820	25	55	330[⑨]	6.90
-170HT		1170	1270	1000	<1	150	0.27	22	1900	940	30	55	415[⑨]	7.10
-210HT		1450	1550	1270	<1	170	0.28	39	2380	1150	36	55	530[⑨]	7.40
FLN-4205-40	280		400	320	1	115	0.25	8	720	310	64HRB		140	6.60
-45	310		460	360	1	130	0.27	11	860	340	70	N/D[⑩]	190	6.80
-50　　　[⑧]	340		500	400	1	145	0.27	18	1030	390	77		220	7.05
-55	380		600	430	2	160	0.28	30	1210	410	83		280	7.30
FLN-4205-80HT		550	620		<1	115	0.25	7	900	860	24HRC	60HRC	190	6.60
-105HT		720	79		<1	130	0.27	9	1170	1000	30	60	250	6.80
-140HT [⑧]		970	1030	[③]	<1	145	0.27	12	1590	1170	36	60	320	7.05
-175HT		1210	1280		1	160	0.28	19	2000	1380	42	60	400	7.30

（续）

材料牌号①④⑥⑦	最小值		标准值②											
	屈服强度/MPa	极限抗拉强度/MPa	拉伸性能			弹性常数		无凹口夏比冲击吸收能量/J	横向断裂强度/MPa	压缩屈服强度(0.1%)/MPa	硬度		疲劳极限(90%存活率)/MPa	密度/(g/cm³)
			极限抗拉强度/MPa	屈服强度(0.2%)/MPa	伸长率(在25.4mm内)(%)	弹性模量/GPa	泊松比				宏观(表观)	微小压痕(换算的)		
											洛氏			
FLN2-4405-45	310		410	360	<1	115	0.25	7	860	340	75HRB		130	6.60
-50	340		450	400	1	130	0.27	9	1070	380	80	N/D⑩	170	6.80
-55 ⑧	380		550	440	1	145	0.27	16	1310	430	85		220	7.05
-60	410		690	480	2	160	0.28	30	1520	480	90		280	7.30
FLN2-4405-90HT		620	690	③	<1	115	0.25	5	1070	690	28HRC	60HRC	220	6.60
-120HT		830	900	860	<1	130	0.27	8	1450	860	32	60	280	6.80
-160HT ⑧		1100	1170	1000	<1	145	0.27	14	1800	1100	38	60	340	7.05
-190HT		1310	1450	1310	<1	160	0.28	18	2210	1310	· 44	60	410	7.30
FLN4-4405-55	380		470	440	<1	115	0.25	7	690	340	78HRB		150	6.60
-70	480		570	530	<1	130	0.27	11	970	380	83	N/D⑩	190	6.80
-85	590		710	650	<1	145	0.27	16	1310	410	90		220	7.05
-100	690		860	780	<1	160	0.28	35	1650	480	98		280	7.30
FLN4-4405-90HT		620	690		<1	115	0.25	8	880	550	20HRC	60HRC	180	6.60
-120HT		830	900	③	<1	130	0.27	11	1260	720	25	60	260	6.80
-165HT		1140	1210		<1	145	0.27	16	1700	930	32	60	340	7.05
-195HT		1340	1480		<1	160	0.28	24	2180	1140	39	60	430	7.30
FLN4-4405(HTS)-70	480		550	520	<1	115	0.25	7	1140	450	81HRB			6.60
-80	550		660	590	<1	130	0.27	11	1340	480	85	N/D⑩	⑤	6.80
-85	590		790	660	2	145	0.27	19	1590	550	89			7.05
-90	620		930	720	4	160	0.28	35	1830	590	94			7.30
FLN4-4405(HTS)-75HT		520	590	③	<1	115	0.25	7	1030	690	20HRC	55HRC		6.60
-120HT		830	900	830	<1	130	0.27	11	1550	830	24	55	⑤	6.80
-160HT		1100	1170	970	<1	145	0.27	19	2100	1000	31	55		7.05
-200HT		1380	1520	1100	1	160	0.28	31	2620	1210	37	55		7.30

① 后缀数字代表最小强度值(psi)，烧结态为屈服强度，热处理态为极限抗拉强度。

② 力学性能数据来源于实验室制备的在工业生产条件下烧结的试样。

③ 对于热处理的材料，屈服强度和极限抗拉强度大体上相等。

④ 热处理(HT)材料的回火温度为177℃。

⑤ 正在准备补充数据，将在本标准以后的版本中公布。

⑥ 对于热处理的FLN2C与FLN4C材料、回火温度为204℃。

⑦ 高温烧结条件：1260℃，于氮基气氛中。

⑧ 以前的低合金钢。

⑨ 从轴向疲劳试验结果换算的数值。

⑩ N/D：没有测定。

7. 烧结硬化钢粉末冶金材料（见表 3-50 和表 3-51）

表 3-50　烧结硬化钢粉末冶金材料的牌号及化学组成（质量分数,%）

（摘自 MPIF 标准 35,2009 版）[2]

材料牌号	Fe	C	Ni	Mo	Cu	Mn	Cr
FLN2-4408	余量	0.6~0.9	1.0~3.0	0.65~0.95	—	0.05~0.30	
FLN4-4408	余量	0.6~0.9	3.0~5.0	0.65~0.95		0.05~0.30	
FLN6-4408	余量	0.6~0.9	5.0~7.0	0.65~0.95		0.05~0.30	
FLNC-4408	余量	0.6~0.9	1.0~3.0	0.65~0.95	1.0~3.0	0.05~0.30	
FLC-4608	余量	0.6~0.9	1.6~2.0	0.43~0.60	1.0~3.0	0.05~0.30	
FLC-4805	余量	0.5~0.7	1.2~1.6	1.1~1.4	0.75~1.35	0.30~0.50	
FLC2-4808	余量	0.6~0.9	1.2~1.6	1.1~1.4	1.0~3.0	0.30~0.50	
FLC-48108	余量	0.6~0.9	1.6~2.0	0.80~1.1	1.0~3.0	0.30~0.50	
FLN-48108（以前的 FLN4608）	余量	0.6~0.9	3.6~5.0[①]	0.80~1.1		0.30~0.50	
FLC-4908	余量	0.6~0.9	—	1.3~1.7	1.0~3.0	0.30~0.50	
FLC2-5208	余量	0.6~0.8		1.5~3.0	1.0~3.0	0.05~0.30	1.3~1.7
FL-5305	余量	0.4~0.6		0.4~0.6	—	0.05~0.30	2.7~3.3

注：1. 化学组成的其他元素包括为了特殊目的而添加的其他微量元素，总量最大值为 2.0%。

2. 烧结硬化钢是由以 Ni、Mo 及 Mn 作为主要合金元素的预合金化低合金钢粉和元素铜粉，及在一些场合与元素镍粉的混合合金化粉生产的材料。为了使最终烧结硬化钢中具有所需的碳含量，还混入有适量的石墨粉，烧结硬化钢的化学组成应符合本表规定。烧结硬化钢一般用于制造中等至高密度粉末冶金结构零件。这些材料的淬硬性都相当高，因此在烧结后冷却期间能够淬硬。当要求最终密度为 7.0g/cm³ 或更高时，可采用压制-预烧结-复压-烧结工艺生产。

混合合金化粉末的压缩性决定于其组成的基体粉末。虽然许多由混合合金粉末制造的材料都适于在常规烧结温度（1120℃）下进行烧结，但往往采用高温烧结（>1150℃）来提高材料的力学性能。

烧结硬化钢具有马氏体显微组织。通常发现有细珠光体，贝氏体及残留奥氏体。当混合合金化粉中混入镍时，在烧结硬化钢的显微组织中还可能有富镍区。

烧结硬化钢一般用于需要高的强度与耐磨性的场合。采用烧结硬化工艺的好处在于可控制尺寸，清洁及减少生产工序。烧结硬化材料难以切削加工。

① 至少以元素粉状混入 2%镍。

表 3-51　烧结硬化钢粉末冶金材料的物理、力学性能（摘自 MPIF 标准 35,2009 版）

材料牌号[①][④][⑥]	最小值		标准值[②]										
	屈服强度/MPa	极限抗拉强度/MPa	拉伸性能			弹性常数		无凹口夏比冲击吸收能量/J	横向断裂强度/MPa	压缩屈服强度(0.1%)/MPa	硬度		疲劳极限(90%存活率)/MPa	密度/(g/cm³)
			极限抗拉强度(0.2%)/MPa	屈服强度/MPa	伸长率（在25.4mm内）(%)	弹性模量/GPa	泊松比				宏观（表观）洛氏	微小压痕（换算的）[⑤]		
FLNC-4408-60HT	410	480	[③]	<1		115	0.25	5	1100	520	98HRB	55HRC	120	6.60
-85HT	590	660		<1		130	0.27	9	1310	590	21HRC	55HRC	180	6.80
-105HT	720	790		<1		140	0.27	16	1520	660	25HRC	55HRC	230	7.00
-130HT	900	970		1		155	0.28	22	1720	720	30HRC	55HRC	290	7.20
FLC-4608-60HT	410	480	[③]	<1		115	0.25	9	900	660	28HRC	55HRC	120	6.60
-75HT	520	590		<1		130	0.27	11	1070	720	32HRC	55HRC	180	6.80
-95HT	660	720		<1		140	0.27	15	1240	790	36HRC	55HRC	230	7.00
-115HT	790	860		<1		155	0.28	18	1450	860	39HRC	55HRC	290	7.20

（续）

材料牌号①④⑥	最小值		标准值②										
	屈服强度/MPa	极限抗拉强度/MPa	拉伸性能			弹性常数		无凹口夏比冲击吸收能量/J	横向断裂强度/MPa	压缩屈服强度（0.1%）/MPa	硬度		疲劳极限（90%存活率）/MPa	密度/（g/cm³）
			极限抗拉强度/MPa	屈服强度（0.2%）/MPa	伸长率（在25.4mm内）（%）	弹性模量/GPa	泊松比				宏观（表观）	微小压痕（换算的）⑤		
											洛氏	洛氏		
FLC-4805-70HT	480	520	③		<1	115	0.25	7	1100	690	24HRC	57HRC	150⑦	6.60
-100HT	690	760			<1	130	0.27	90	1380	900	29HRC	57HRC	230⑦	6.80
-140HT	970	1030			<1	140	0.27	14	1650	1100	34HRC	57HRC	300⑦	7.00
-175HT	1210	1280			<1	155	0.28	20	1970	1280	39HRC	57HRC	390⑦	7.20
FLC2-4808-70HT	480	520	③		<1	115	0.25	9	930	620	25HRC	55HRC	180⑦	6.60
-85HT	590	620			<1	130	0.27	15	1240	790	30HRC	55HRC	240⑦	6.80
-110HT	760	830			<1	140	0.27	19	1590	930	35HRC	55HRC	295⑦	7.00
-145HT	1000	1070			<1	155	0.28	23	1860	1100	40HRC	55HRC	350⑦	7.20
FLC-48108-50HT	340	410	③		<1	115	0.25	7	830		20HRC	55HRC	110	6.60
-70HT	480	550			<1	130	0.27	9	1030		26HRC	55HRC	160	6.80
-90HT	620	690			<1	140	0.27	12	1310		31HRC	55HRC	230	7.00
-110HT	760	830			<1	155	0.28	19	1590		37HRC	55HRC	290	7.20
FLC2-5208-85HT	590	660	590		<1	115	0.25	9	1410	690	23HRC	55HRC	190	6.60
-95HT	660	720	620		<1	130	0.27	12	1590	760	27HRC	55HRC	260	6.80
-110HT	760	830	690		<1	140	0.27	15	1760	830	30HRC	55HRC	320	7.00
-120HT	830	900	760		<1	155	0.28	18	1930	900	33HRC	55HRC	380	7.20
FL-5305-105HT	720	790	③		<1	115	0.25	9	1210	790	25HRC	55HRC	160	6.60
-120HT	830	900			<1	130	0.27	12	1520	930	30HRC	55HRC	230	6.80
-135HT	930	1000			<1	140	0.27	14	1830	1030	35HRC	55HRC	280	7.00
-150HT	1030	1100			<1	155	0.28	16	2140	1170	40HRC	55HRC	340	7.20

① 后缀数字代表最小强度值（psi），烧结态为屈服强度，热处理态为极限抗拉强度。

② 力学性能数据来源于实验室制备的在工业生产条件下烧结的试样。

③ 对于热处理的材料，屈服强度和极限抗拉强度大体上相等。

④ 热处理（HT）材料的回火温度为177℃。

⑤ 微小压痕硬度值和马氏体有关。倘若珠光体或贝氏体存在的话，这些相的硬度一般为25~45HRC。

⑥ FLC-4805、FLC2-4808、FLC2-5208及FL-5305材料的回火温度为205℃。

⑦ 从轴向疲劳试验结果换算的数值。

8. 扩散合金化钢粉末冶金材料（见表3-52和表3-53）

表3-52 扩散合金化钢粉末冶金材料的牌号及化学组成（质量分数，%）（摘自MPIF标准35,2009版）

材料牌号	Fe	C	Ni	Mo	Mn	Cu
FD-0200	余量	0.0~0.3	1.55~1.95	0.04~0.60	0.05~0.30	1.3~1.7
FD-0205	余量	0.3~0.6	1.55~1.95	0.04~0.60	0.05~0.30	1.3~1.7
FD-0208	余量	0.6~0.9	1.55~1.95	0.04~0.60	0.05~0.30	1.3~1.7
FD-0400	余量	0.0~0.3	3.60~4.40	0.04~0.60	0.05~0.30	1.3~1.7
FD-0405	余量	0.3~0.6	3.60~4.40	0.04~0.60	0.05~0.30	1.3~1.7
FD-0408	余量	0.6~0.9	3.60~4.40	0.04~0.60	0.05~0.30	1.3~1.7

（续）

材料牌号	Fe	C	Ni	Mo	Mn	Cu
FLDN2-4908	余量	0.6~0.9	1.85~2.25	1.3~1.7①	0.05~0.30	—
FLDN4C2-4905	余量	0.3~0.6	3.60~4.40	1.3~1.7①	0.05~0.30	1.6~2.4

注：1. 化学组成的其他元素包括为了特殊目的而添加的其他微量元素，总量的最大值为2.0%。

2. 用扩散合金化粉末生产的铁基烧结材料所采用的粉末都是以高压缩性铁粉为基体，将合金添加剂加入其中，经扩散合金化而制成的。通过扩散合金化可减小混合粉的扬尘与合金添加剂的偏聚倾向，同时，为使烧结时获得所要求的化合碳含量和在压制时减小摩擦，通常在部分合金化粉末中都要添加适量的石墨粉与润滑剂。这些添加剂对扬尘与偏聚都很敏感，因此用黏结剂处理可改进部分合金化粉末混合粉的扬尘与偏聚性状。这些材料的复杂显微组织使之兼具高的抗拉强度，韧性及刚度。由扩散合金化粉末生产的铁基烧结材料可进行热处理，以增高强度，表观硬度及耐磨性。

① 基粉为预合金化。

表 3-53　扩散合金化钢粉末冶金材料的物理、力学性能（摘自 MPIF 标准 35，2009 版）

材料牌号①④	最小值		标准值②											
			拉伸性能			弹性常数		无凹口夏比冲击吸收能量/J	横向断裂强度/MPa	压缩屈服强度(0.1%)/MPa	硬度		疲劳极限(90%存活率)/MPa	密度/(g/cm³)
	屈服强度/MPa	极限抗拉强度/MPa	极限抗拉强度/MPa	屈服强度(0.2%)/MPa	伸长率(在25.4mm内)(%)	弹性模量/GPa	泊松比				宏观(表观)	微小压痕(换算的)		
											洛氏			
FD-0205-45	310		470	360	1	125	0.27	11	900	320	72HRB		170	6.75
-50	340		540	390	1	140	0.27	16	1070	360	76	N/D⑤	200	6.95
-55	380		610	420	2	150	0.28	24	1240	390	80		220	7.15
-60	410		690	460	2	170	0.28	38	1450	430	86		260	7.40
FD-0205-95HT		660	720	③	<1	125	0.27	7	1100	900	28HRC	55HRC	290	6.75
-120HT		830	900		<1	140	0.27	9	1210	1070	33	55	360	6.95
-140HT		970	1030	③	<1	150	0.28	12	1450	1210	38	55	450	7.15
-160HT		1100	1170		<1	170	0.28	15	1650	1380	45	55	520	7.40
FD-0208-50	340		480	400	<1	125	0.27	9	930	400	80HRB		170	6.75
-55	380		540	430	<1	135	0.27	12	1070	430	83	N/D⑤	230	6.90
-60	410		630	470	1	150	0.27	16	1240	460	87		260	7.10
-65	450		710	500	1	160	0.28	23	1340	500	90		320	7.25
FD-0405-55	380		590	430	1	125	0.27	15	1100	390	80HRB		170	6.75
-60	410		710	460	1	145	0.27	27	1340	430	85	N/D⑤	200	7.05
-65	450		850	480	2	165	0.28	37	1590	500	91		280	7.35
FD-0405-100HT		690	760	③	<1	125	0.27	7	1100	860	30HRC	55HRC	180	6.75
-130HT		900	970		<1	145	0.27	9	1380	1030	35	55	340	7.05
-155HT		1070	1140		<1	165	0.28	14	1620	1210	42	55	400	7.35
FD-0408-50	340		490	390	<1	120	0.25	12	900	430	85HRB		150	6.75
-55	380		620	430	1	140	0.27	18	1140	470	89	N/D⑤	190	6.95
-60	410		760	460	1	155	0.28	24	1380	500	93		260	7.20
-65	450		860	490	2	170	0.28	30	1590	550	95		330	7.40
FLDN2-4908-70	480		570	540	<1	125	0.27	9	1100	410	91HRB		190	6.75
-80	550		660	610	<1	140	0.27	12	1310	460	94	N/D⑤	220	6.95
-90	620		810	690	1	150	0.28	18	1590	530	98		250	7.15
-100	690		880	740	1	160	0.28	27	1760	570	100		280	7.30

（续）

材料牌号[①④]	最小值		标准值[②]											
	屈服强度/MPa	极限抗拉强度/MPa	拉伸性能			弹性常数		无凹口夏比冲击吸收能量/J	横向断裂强度/MPa	压缩屈服强度(0.1%)/MPa	硬度		疲劳极限(90%存活率)/MPa	密度/(g/cm³)
			极限抗拉强度/MPa	屈服强度(0.2%)/MPa	伸长率(在25.4mm内)(%)	弹性模量/GPa	泊松比				宏观(表观)	微小压痕(换算的)		
											洛氏			
FLDN4C2-4905-50	340		590	400	1	125	0.27	14	1100	340	85HRB		130	6.75
-60	410		720	460	1	140	0.27	15	1340	410	90	N/D[⑤]	190	6.95
-70	480		860	530	1	150	0.28	24	1620	450	95		250	7.15
-80	550		970	590	1	165	0.28	50	1860	520	25HRC		310	7.35

① 后缀数字代表最小强度值(psi)，烧结态为屈服强度，热处理态为极限抗拉强度。

② 力学性能数据来源于实验室制备的在工业生产条件下烧结的试样。

③ 对于热处理的材料，屈服强度和极限抗拉强度大体上相等。

④ 热处理(HT)材料的回火温度为177℃。

⑤ N/D：没有测定。

9. 渗铜铁和渗铜钢粉末冶金材料（见表 3-54 和表 3-55）

表 3-54　渗铜铁和渗铜钢粉末冶金材料的牌号及化学组成（质量分数，%）

（摘自 MPIF 标准 35，2009 版）

材料牌号	Fe	Cu	C[①]
FX-1000	余量	8.0~14.9	0.0~0.3
FX-1005	余量	8.0~14.9	0.3~0.6
FX-1008	余量	8.0~14.9	0.6~0.9
FX-2000	余量	15.0~25.0	0.0~0.3
FX-2005	余量	15.0~25.0	0.3~0.6
FX-2008	余量	15.0~25.0	0.6~0.9

注：1. 化学组成中的其他元素包括为了特殊目的而添加的其他微量元素，总量最大值为 2.0%。

2. 本表所列牌号的烧结渗铜铁和烧结渗铜钢是由铁粉和(或)铁合金粉与石墨(碳)粉的混合粉经成形后，烧结时大部分孔隙用熔渗的铜基合金充填制成的。

可以采用一步或两步熔渗工艺。和烧结态的烧结铁或烧结碳钢相比，熔渗铜可改进材料的抗拉强度、伸长率、硬度及冲击性能。

烧结渗铜钢零件可于熔渗状态或热处理状态使用。由于钢显微组织中的孔隙为铜封闭，可避免镀液被截留于孔隙中，故而可改进材料的电镀特性。由于同样原因，对于需要考虑压力密封的中等压力的液压件也可用烧结渗铜钢制造。对于切削加工，由于减少了断续切削，使材料的切削性得到了改善。

用分别压制零件，组装，然后通过熔渗工艺进行连接，可将几个粉末冶金零件组合为一个部件。用铜焊可连接经过熔渗的和经过锻轧的金属零件。由于钢钎焊合金存留在被钎焊表面的界面处(不会渗入到烧结态烧结渗铜钢孔隙中)将烧结熔渗钢的表面孔隙充填，故于空气中进行高频感应淬火或火焰淬火时，钢基体内部不会发生过分氧化。材料密度高时，低碳烧结熔渗钢渗碳或碳氮共渗后，表面有一清晰可见的渗碳层，使材料表面硬且耐磨，而心部仍具有韧性。

① 只可根据铁相来估计化合碳。

表 3-55　渗铜铁和渗铜钢粉末冶金材料的物理、力学性能（摘自 MPIF 标准 35,2009 版）

材料牌号[①④]	最小值					标准值[②]										
	屈服强度/MPa	极限抗拉强度/MPa	拉伸性能			弹性常数		无凹口夏比冲击吸收能量/J	横向断裂强度/MPa	压缩屈服强度(0.1%)/MPa	硬度		疲劳极限(90%存活率)/MPa	密度/(g/cm³)
			极限抗拉强度/MPa	屈服强度(0.2%)/MPa	伸长率(在25.4mm内)(%)	弹性模量/GPa	泊松比				宏观(表观)	微小压痕(换算的)		
											洛氏			
FX-1000-25	170		350	220	7	160	0.28	34	910	230	65HRB	N/D[⑤]	133	7.3
FX-1005-40	280		530	340	4	160	0.28	18	1090	370	82HRB	N/D[⑤]	200	7.3
FX-1005-110HT		760	830	③	<1	160	0.28	9	1450	760	38HRC	55HRC	230	7.3
FX-1008-50	340		600	410	3	160	0.28	14	1140	490	89HRB	N/D[⑤]	230	7.3
FX-1008-110HT		760	830	③	<1	160	0.28	9	1300	790	43HRC	58HRC	280	7.3
FX-2000-25	170		320	260	③	145	0.24	20	990	280	66KRB	N/D[⑤]	122	7.3
FX-2005-45	310	620	520	410	1	145	0.24	11	1020	410	85HRB	N/D[⑤]	140	7.3
FX-2005-90HT	410		690	③	<1	145	0.24	9	1180	490	36HRC	55HRC	160	7.3
FX-2008-60			550	480	1	145	0.24	9	1080	480	90HRB	N/D[⑤]	160	7.3
FX-2008-90HT		620	690	③	<1	145	0.24	1	1100	510	36HRC	58HRC	190	7.3

① 后缀数字代表最小强度值(psi)，烧结态为屈服强度，热处理态为极限抗拉强度。

② 力学性能数据来源于实验室制备的在工业生产条件下烧结的试样。

③ 对于热处理的材料，屈服强度和极限抗拉强度大体上相等。

④ 热处理(HT)材料的回火温度为180℃。

⑤ N/D：没有测定。

10. 不锈钢-300 系列合金粉末冶金材料（见表 3-56 和表 3-57）

表 3-56　不锈钢-300 系列合金粉末冶金材料的牌号及化学组成（质量分数,%）

（摘自 MDIF 标准 35,2009 版）

材料牌号	Fe	Cr	Ni	Mn	Si	S	C	P	Mo	N
SS-303N1,N2	余量	17.0~19.0	8.0~13.0	0.0~2.0	0.0~1.0	0.15~0.30	0.00~0.15	0.00~0.20	—	0.20~0.60
SS-303L	余量	17.0~19.0	8.0~13.0	0.0~2.0	0.0~1.0	0.15~0.30	0.00~0.03	0.00~0.20	—	0.00~0.30
SS-304N1,N2	余量	18.0~20.0	8.0~12.0	0.0~2.0	0.0~1.0	0.00~0.03	0.00~0.08	0.00~0.04	—	0.20~0.60
SS-304H,L	余量	18.0~20.0	8.0~12.0	0.0~2.0	0.0~1.0	0.00~0.03	0.00~0.03	0.00~0.04	—	0.00~0.03
SS-316N1,N2	余量	16.0~18.0	10.0~14.0	0.0~2.0	0.0~1.0	0.00~0.03	0.00~0.08	0.00~0.04	2.0~3.0	0.20~0.60
SS-316H,L	余量	16.0~18.0	10.0~14.0	0.0~2.0	0.0~1.0	0.00~0.03	0.00~0.03	0.00~0.04	2.0~3.0	0.00~0.03

注：化学组成中的其他元素包括为了特殊目的而添加的其他微量元素，总量最大值为 2.0%。

表 3-57　不锈钢-300 系列合金粉末冶金材料的物理、力学性能（摘自 MPIF 标准 35,2009 版）

材料牌号[①]	最小值						标准值[②]								
	屈服强度/MPa	极限抗拉强度/MPa	最小伸长率(在25.4m内)(%)	拉伸性能			弹性常数		无凹口夏比冲击吸收能量/J	横向断裂强度/MPa	压缩屈服强度(0.1%)/MPa	硬度		疲劳极限(90%存活率)/MPa	密度/(g/cm³)
				极限抗拉强度/MPa	屈服强度(0.2%)/MPa	伸长率(在25.4mm内)(%)	弹性模量/GPa	泊松比				宏观(表观)	微小压痕(换算的)		
												洛氏			
SS-303N1-25	170		0	270	220	<1	105	0.25	5	590	260	62HRB	N/D[③]	90	6.4

（续）

材料牌号[1]	最小值			标准值[2]										
	屈服强度/MPa	极限抗拉强度/MPa	最小伸长率(在25.4m内)(%)	拉伸性能			弹性常数		无凹口夏比冲击吸收能量/J	横向断裂强度/MPa	压缩屈服强度(0.1%)/MPa	硬度		疲劳极限(90%存活率)/MPa	密度/(g/cm³)
				极限抗拉强度/MPa	屈服强度(0.2%)/MPa	伸长率(在25.4mm内)(%)	弹性模量/GPa	泊松比				宏观(表观)洛氏	微小压痕(换算的)		
SS-303N2-35	240		3	380	290	5	115	0.25	26	680	320	63HRB	N/D[3]	110	6.5
SS-303N2-38	260		6	470	310	10	140	0.27	47	N/D[3]	320	70HRB	N/D[3]	145	6.9
SS-303L-12	80		12	270	120	17	120	0.25	54	570	140	21HRB	N/D[3]	105	6.6
SS-303L-15	100		15	330	170	20	140	0.27	75	N/D[3]	200	35HRB	N/D[3]	130	6.9
SS-304N1-30	210		0	300	260	0	105	0.25	5	770	260	61HRB	N/D[3]	105	6.4
SS-304N2-33	230		5	390	280	10	115	0.25	34	880	320	62HRB	N/D[3]	125	6.5
SS-304N2-38	260		8	480	310	13	140	0.27	75	N/D[3]	320	68HRB	N/D[3]	160	6.9
SS-304H-20	140		7	280	170	10	120	0.25	27	590	170	35HRB	N/D[3]	110	6.6
SS-304L-13	90		15	300	120	23	120	0.25	61	N/D[3]	150	30HRB	N/D[3]	115	6.6
SS-304L-18	120		18	390	180	26	140	0.27	108	N/D[3]	190	45HRB	N/D[3]	145	6.9
SS-316N1-25	170		0	280	230	<1	105	0.25	7	740	250	59HRB	N/D[3]	75	6.4
SS-316N2-33	230		5	410	270	10	115	0.25	38	860	300	62HRB	N/D[3]	95	6.5
SS-316N2-38	260		8	480	310	13	140	0.27	65	N/D[3]	320	65HRB	N/D[3]	130	6.9
SS-316H-20	140		5	240	170	7	120	0.25	27	590	170	33HRB	N/D[3]	105	6.6
SS-316L-15	100		12	280	140	18	120	0.25	47	550	150	20HRB	N/D[3]	90	6.6
SS-316L-22	150		15	390	210	21	140	0.27	88	N/D[3]	200	45HRB	N/D[3]	115	6.9

① 后缀数字代表最小强度值(psi)，烧结态为屈服强度，热处理态为极限抗拉强度。

② 力学性能数据来源于实验室制备的在工业生产条件下烧结的试样。

N1：氮合金化的，强度好，伸长率小(于1150℃在分解氨中烧结的)。

N2：氮合金化的，强度高，伸长率中等(于1290℃在分解氨中烧结的)。

H：低碳，强度较低，伸长率高(于1150℃在100%H_2中烧结的)。

L：低碳，强度较低，伸长率最高(于1290℃在部分真空中烧结的,冷却时要避免吸收氮)。

( )中是为得到这些数据而使用的生产工艺参数，可使用其他条件。

③ N/D：没有测定。

11. 烧结不锈钢-400 系列合金粉末冶金材料(见表3-58和表3-59)

表 3-58　烧结不锈钢-400 系列合金粉末冶金材料的牌号及化学组成(质量分数,%)

(摘自 MPIF 标准 35,2009 版)

材料牌号	Fe	Cr	Ni	Mn	Si	S	C	P	Mo	N	Cb(Nb)
SS-409L	余量	10.50~11.75	—	0.0~1.0	0.0~1.0	0.00~0.03	0.00~0.03	0.00~0.04	—	0.00~0.03	8×C%~0.8
SS-409LE	余量	11.50~13.50	0.0~0.5	0.0~1.0	0.0~1.0	0.00~0.03	0.00~0.03	0.00~0.04	—	0.00~0.03	8×C%~0.8

（续）

材料牌号	Fe	Cr	Ni	Mn	Si	S	C	P	Mo	N	Cb（Nb）
SS-410	余量	11.50~13.50	—	0.0~1.0	0.0~1.0	0.00~0.03	0.00~0.25	0.00~0.04	—	0.00~0.60	—
SS-410L	余量	11.50~13.50	—	0.0~1.0	0.0~1.0	0.00~0.03	0.00~0.03	0.00~0.04	—	0.00~0.03	—
SS-430N2	余量	16.00~18.00	—	0.0~1.0	0.0~1.0	0.00~0.03	0.00~0.08	0.00~0.04	—	0.20~0.60	—
SS-430L	余量	16.00~18.00	—	0.0~1.0	0.0~1.0	0.00~0.03	0.00~0.03	0.00~0.04	—	0.00~0.03	—
SS-434N2	余量	16.00~18.00	—	0.0~1.0	0.0~1.0	0.00~0.03	0.00~0.08	0.00~0.04	0.75~1.25	0.20~0.60	—
SS-434L	余量	16.00~18.00	—	0.0~1.0	0.0~1.0	0.00~0.03	0.00~0.03	0.00~0.04	0.75~1.25	0.00~0.03	—
SS-434LCb	余量	16.00~18.00	—	0.0~1.0	0.0~1.0	0.00~0.03	0.00~0.03	0.00~0.04	0.75~1.25	0.00~0.03	0.4~0.6

注：化学组成的其他元素包括为了特殊目的而添加的其他微量元素，总量最大值为2.0%。

表 3-59　烧结不锈钢-400 系列合金粉末冶金材料的物理、力学性能（摘自 MPIF 标准 35，2009 版）

材料牌号[1][4]	最小值			标准值[2]										
	屈服强度/MPa	极限抗拉强度/MPa	最小伸长率（在25.4m内）（%）	拉伸性能			弹性常数		无凹口夏比冲击吸收能量/J	横向断裂强度/MPa	压缩屈服强度（0.1%）/MPa	硬度		疲劳极限（90%存活率）/MPa	密度/(g/cm³)
				极限抗拉强度/MPa	屈服强度（0.2%）/MPa	伸长率（在25.4mm内）（%）	弹性模量/GPa	泊松比				宏观（表观）洛氏	微小压痕（换算的）洛氏		
SS-410-90HT		620	0	720	③	<1	125	0.25	3	780	640	23HRB	55HRC	240	6.5
SS-410L-20	140		10	330	180	16	165	0.27	68	N/D[5]	190	45HRB	N/D[5]	125	6.9
SS-430N2-28	190		3	410	240	5	170	0.27	34	N/D[5]	230	70HRB	N/D[5]	170	7.1
SS-430L-24	170		14	340	210	20	170	0.27	108	N/D[5]	230	45HRB	N/D[5]	170	7.1
SS-434N2-28	190		4	410	240	8	165	0.27	20	N/D[5]	230	65HRB	N/D[5]	150	7.0
SS-434L-24	170		10	340	210	15	165	0.27	88	N/D[5]	230	50HRB	N/D[5]	150	7.0

① 后级数字代表最小强度值（psi），烧结态为屈服强度，热处理态为极限抗拉强度。

② 力学性能数据来源于实验室制备的在工业生产条件下烧结的试样。

③ 对于热处理的材料，屈服强度和极限抗拉强度大体上相等。

④ 热处理（HT）材料的回火温度为180℃。

　N2：氮合金化的，强度高，伸长率中等（于1290℃在分解氮中烧结的）。

　L：低碳，强度较低，伸长率最高（于1290℃在部分真空中烧结的，避免冷却时吸收氮）。

　HT：马氏体，热处理的，强度最高（于1150℃在分解氮中烧结硬化的）。

　（）中为用于产生这些数据的制造工艺参数，可改用其他工艺条件。

⑤ N/D：没有测定。

12. 铜和铜合金粉末冶金材料（见表 3-60 和表 3-61）

表 3-60　铜和铜合金粉末冶金材料的牌号及化学组成（质量分数,%）

（摘自 MPIF 标准 35,2009 版）

材料牌号	Cu	Zn	Pb	Sn	Ni
C-0000	99.8~100.0	—	—	—	—
CZ-1000	88.0~91.0	余量	—	—	—
CZP-1002	88.0~91.0	余量	1.0~2.0	—	—
CZ-2000	77.0~80.0	余量	—	—	—
CZP-2002	77.0~80.0	余量	1.0~2.0	—	—
CZ-3000	68.5~71.5	余量	—	—	—
CZP-3002	68.5~71.5	余量	1.0~2.0	—	—
CNZ-1818	62.5~65.5	余量	—	—	16.5~19.5
CNZP-1816	62.5~65.5	余量	1.0~2.0	—	16.5~19.5
CT-1000	87.5~90.5	—	—	9.5~10.5	–

注：化学组成中的其他元素对于 C-0000 材料最大为 0.2%，对于所有其他铜基材料最大为 2.0%。

表 3-61　铜和铜合金粉末冶金材料的物理、力学性能（摘自 MPIF 标准 35,2009 版）

材料牌号[①]	最小值 屈服强度/MPa	标准值[②] 拉伸性能 极限抗拉强度/MPa	拉伸性能 屈服强度(0.2%)/MPa	拉伸性能 伸长率(在25.4mm内)(%)	弹性常数 弹性模量/GPa	弹性常数 泊松比	无凹口夏比冲击吸收能量/J	横向断裂强度/MPa	压缩屈服强度(0.1%)/MPa	硬度 宏观(表观) 洛氏	硬度 微小压痕(换算的) 洛氏	密度/(g/cm³)
C-0000-5	35	160	40	20	85	0.31	34	N/D[③]	50	25HRH	N/D[③]	8.0
C-0000-7	50	190	60	25	90	0.31	61	N/D[③]	70	30HRH	N/D[③]	8.3
CZ-1000-9	60	120	70	9	80	0.31	20	270	80	65HRH	N/D[③]	7.6
-10	70	140	80	10	90	0.31	33	320	80	72HRH	N/D[③]	7.9
-11	80	160	80	12	100	0.31	42	360	80	80HRH	N/D[③]	8.1
CZP-1002-7	50	140	60	10	90	0.31	33	310	70	66HRH	N/D[③]	7.9
CZP-2000-11	80	160	90	9	85	0.31	37	360	80	73HRH	N/D[③]	7.6
-12	80	240	120	18	100	0.31	61	480	100	82HRH	N/D[③]	8.0
CZP-2002-11	80	160	90	9	85	0.31	37	360	80	73HRH	N/D[③]	7.6
-12	80	240	120	18	100	0.31	61	480	100	82HRH	N/D[③]	8.0
CZP-3000-14	100	190	110	14	80	0.31	31	430	120	84HRH	N/D[③]	7.6
-16	110	230	130	17	90	0.31	52	590	130	92HRH	N/D[③]	8.0
CZP-3002-13	90	190	100	14	80	0.31	16	390	80	80HRH	N/D[③]	7.6
-14	100	220	110	16	90	0.31	34	490	100	88HRH	N/D[③]	8.0
CNZ-1818-17	120	230	140	11	95	0.31	33	500	170	90HRH	N/D[③]	7.9
CNZP-1816-13	90	180	100	10	95	0.31	30	340	120	86HRH	N/D[③]	7.9
CT-1000-13(复压的)	90	150	110	4	60	0.31	5	310	140	82HRH	N/D[③]	7.2

① 后缀数字代表最小强度值（psi），烧结态为屈服强度，热处理态为极限抗拉强度。

② 力学性能数据来源于实验室制备的在工业生产条件下烧结的试样。

③ N/D：没有测定。

13. 软磁合金粉末冶金材料（见表 3-62 和表 3-63）

表 3-62　软磁合金粉末冶金材料的牌号及化学组成（质量分数，%）（摘自 MPTF 标准 35，2009 版）

材料牌号	Fe	Fe	Si	P	C	O	N
FF-0000	余量	—	—	—	0.00~0.03	0.00~0.10	0.00~0.01
FY-4500	余量	—	—	0.40~0.50	0.00~0.03	0.00~0.10	0.00~0.01
FY-8000	余量	—	—	0.75~0.85	0.00~0.03	0.00~0.10	0.00~0.01
FS-0300	余量	—	2.7~3.3	—	0.00~0.03	0.00~0.10	0.00~0.01
FN-5000	余量	46.0~51.0	—	—	0.00~0.02	0.00~0.10	0.00~0.01

注：化学组成中的其他元素包括为了特殊目的而添加的其他微量元素，总量的最大值为 0.5%。

表 3-63　软磁合金粉末冶金材料的物理、力学性能（摘自 MPIF 标准 35，2009 版）

材料牌号[1]	指令值		标准值[2]													
	最小密度 /(g/cm³)	最大矫顽力场强度 /(A/m)	磁性 1200A/m				拉伸性能			弹性常数		无凹口冲击吸能量/J	压缩屈服强度(0.1%) /MPa	宏观硬度（表观）洛氏	疲劳极限(90%存活率) /MPa	密度 /(g/cm³)
			B_m /T	B_r /T	H_e /(A/m)	μ_{max}	极限抗拉强度 /MPa	屈服强度(0.2%) /MPa	伸长率（在25.4mm内）(%)	弹性模量 /GPa	泊松比					
FF-0000-23U	6.5	185	0.90	0.78	165	1700	125	75	6	115	0.25	12	N/D[4]	40HRF	N/D[4]	6.6
-20U	6.5	160	0.95	0.82	145	1800	130	75	8	115	0.25	16	N/D[4]	40HRF	N/D[4]	6.6
FF-0000-23W	6.9	185	1.05	0.90	165	2100	190	115	11	140	0.27	34	N/D[4]	50HRF	N/D[4]	7.0
-20W	6.9	160	1.05	0.97	145	2300	195	115	12	140	0.27	43	N/D[4]	50HRF	N/D[4]	7.0
FF-0000-23X	7.1	185	1.20	1.05	165	2700	255	155	16	155	0.28	68	N/D[4]	55HRF	N/D[4]	7.2
-20X	7.1	160	1.20	1.10	145	2900	255	155	17	155	0.28	75	N/D[4]	55HRF	N/D[4]	7.2
FY-4500-20V	6.7	160	1.05	0.85	145	2300	275	205	5	130	0.27	34	210	40HRB	[3]	6.8
FY-4500-20W	6.9	160	1.15	0.90	145	2600	310	220	7	140	0.27	37	250	45HRB	[3]	7.0
-17W	6.9	135	1.15	0.90	120	3000	310	220	10	140	0.27	41	200	45HRB	N/D[4]	7.0
FY-4500-20X	7.1	160	1.25	1.00	145	2700	345	240	7	155	0.28	64	280	55HRB	[3]	7.2
-17X	7.1	135	1.25	1.00	120	3200	380	270	12	155	0.28	65	220	55HRB	N/D[4]	7.2
FY-4500-20Y	7.3	160	1.30	1.15	145	3200	380	260	9	170	0.28	136	310	65HRB	[3]	7.4
-17Y	7.3	135	1.35	1.10	120	3600	415	280	15	170	0.28	149	240	65HRB	N/D[4]	7.4
FY-8000-17V	6.7	135	1.10	1.00	120	3500	330	275	2	130	0.27	4	N/D[4]	55HRB	N/D[4]	6.8
FY-8000-17W	6.9	135	1.15	1.00	120	4000	345	310	3	140	0.27	5	N/D[4]	65HRB	N/D[4]	7.0
-15W	6.9	120	1.20	1.05	105	4000	365	310	4	140	0.27	4	N/D[4]	65HRB	N/D[4]	7.0
FY-8000-17X	7.1	135	1.30	1.10	120	4500	380	345	3	155	0.28		N/D[4]	70HRB	N/D[4]	7.2
-15X	7.1	120	1.30	1.15	105	4500	390	330	4	155	0.28	16		70HRB	N/D[4]	7.2
FY-8000-15Y	7.3	120	1.35	1.30	105	5000	430	365	4	170	0.28	19	N/D[4]	75HRB	N/D[4]	7.4
FS-0300-14V	6.7	110	1.10	0.90	95	3000	310	205	8	130	0.27	26	N/D[4]	65HRB	N/D[4]	6.8
FS-0300-14W	6.9	110	1.20	1.00	95	4000	345	240	10	140	0.27	33	N/D[4]	70HRB	N/D[4]	7.0
FS-0300-12X	7.1	95	1.30	1.10	80	5000	380	275	15	155	0.28	61	N/D[4]	75HRB	N/D[4]	7.2
FS-0300-11Y	7.3	90	1.40	1.20	70	6000	415	310	20	170	0.28	115	N/D[4]	80HRB	N/D[4]	7.4
FN-5000-5W	6.9	40	0.90	0.75	25	8000	240	140	9	85	0.32	45	N/D[4]	28HRB	N/D[4]	7.0
FN-5000-5Z	7.4	40	1.20	0.90	25	10000	275	170	15	110	0.34	92	N/D[4]	40HRB	N/D[4]	7.5

① 后级数字代表最大矫顽磁场值(Oe×10)，字母代号表示密度的最小值。

② 力学性能数据来源于实验室制备的在工业生产条件下烧结的试样。

③ 在准备数据，将在以后的版本中补充。

④ N/D：没有测定。

14. 粉末冶金结构零件材料的淬透性能（见表3-64）

表3-64 粉末冶金结构零件材料的淬透性数据（到65HRA处深度）

材料系统	材料牌号	密度/(g/cm³)	深度 J_{65}（以1.6mm为单位）
铁与碳钢	F-0005	6.65	<1
		6.87	1
		7.03	1
	F-0008	6.78	1
		6.91	2
		7.06	2
铁铜合金与铜钢	FC-0205	6.50	<1
		6.82	1
		6.96	1
	FC-0208	6.40	1
		6.81	2
		7.15	2
铁镍合金与镍钢	FN-0205	6.90	1
		7.10	1
		7.38	2
	FN-0208	6.88	2
		6.97	2
		7.37	3
预合金化钢 （以前的低合金钢）	FL-4205	6.75	2
		7.00	3
		7.20	3
	FL-4405	6.64	2
		6.94	3
		7.20	4
	FL4605	6.76	2
		6.99	5
		7.12	7
	FL-5208	6.70	3
		6.85	4
		7.27	5
	FL-5305	6.70	15
		6.86	17
		7.32	44
混合低合金钢	FLN2C-4005	6.73	<1
		6.88	5
		7.27	10
	FLN4C-4005	6.73	5
		6.97	8
		7.28	40
	FLN-4205[①]	6.68	2
		7.00	5
		7.29	6
	FLN2-4405[①]	6.71	7
		7.11	10
		7.22	10
	FLN4-4405[①]	6.72	8
		7.10	14
		7.23	17
	FLN6-4405[①]	6.79	13
		7.15	18
		7.30	26

（续）

材料系统	材料牌号	密度/(g/cm³)	深度 J_{65}（以 1.6mm 为单位）
烧结硬化钢	FLNC-4408	6.65 7.06 7.22	9 11 15
	FLC-4608	6.63 6.92 7.24	26 32 >56
	FLC-4805	6.73 6.87 7.25	22 33 35
	FLC2-4808	6.75 7.00 7.34	36 52 >56
	FLC-48108	6.63 6.86 7.06 7.30	26 48 >56 >56
	FLN-48108 （以前的 FLN-4608）	6.82 6.92 7.26 7.36	22 28 46 >56
	FLC-4908	6.72 7.08 7.16	8 9 10
	FLC2-5208	6.72 6.90 7.34	10 16 26
	FL-5305	6.70 6.86 7.32	15 17 44
扩散合金化钢	FD-0205	6.98 7.24 7.32	2 2 4
	FD-0208	6.78 6.97 7.29	4 9 12
	FD-0405	6.70 7.13 7.26	2 4 10
	FD-0408	6.70 7.08 7.21	3 8 15
	FLDN2-4908	6.72 6.97 7.32	8 8 9
	FLDN4C2-4905	6.72 6.99 7.29	5 10 >56
渗铜铁与钢	FX-1005	7.40	2
	FX-1008	7.39	2
	FX-2005	7.38	<1

注：对于粉末冶金碳钢和合金钢结构零件。当其材料的 $w(C) \geqslant 0.3\%$ 时，烧结之后均可采用热处理的方法来改善其性能，提高材料的强度、硬度和耐磨性。淬硬性是表征铁基粉末冶金结构零件材料淬硬深度的尺寸指标。淬硬性数值越大，表示材料淬火后的硬度越高。本表为 MPIF 标准 35《粉末冶金结构零件材料标准》（2009 版）提供的工程技术资料，这种资料不属于标准本身的规范数据，但对于产品设计和生产均有指导意义，因为这些资料是在 MPIF 标准委员会指导下，采用可靠的实验手段完成的。工程技术资料包括淬透性、轴向疲劳、滚动接触疲劳、切削性、线胀系数、断裂韧度、耐蚀性和水蒸气氧化等，限于篇幅本手册只列出了淬透性数据，有关其他资料可参阅 MPIF 产品设计手册。

3.4　粉末冶金摩擦材料

3.4.1　铁基粉末冶金摩擦材料（见表3-65和表3-66）

表3-65　铁基干式摩擦材料的牌号、化学成分、性能及应用（摘自 JB/T 3063—2011）

牌号	化学成分（质量分数，%）											平均动摩擦因数 μ_d	静摩擦因数 μ_s	磨损率 /(cm³/J)	密度 /(g/cm³)	表现硬度 HBW	横向断裂强度[①] /MPa	特性及应用
	铁	铜	锡	铝	石墨	二氧化硅	三氧化二铝	二硫化钼	碳化硅	铸石	其他							
F1001G	65~75	2~5	—	2~10	10~15	0.5~3	—	2~4	—	—	0~3	>0.25	>0.45	<5.0× 10⁻⁷	4.2~5.3	30~60	>50	具有较高的热稳定性、高温下性能变化小、抗磨性好、恶劣工况下磨损小、衰减性良好。对偶材料为铸铁或钢时，具有亲和性，易发生胶合，摩擦因数波动较大。适于制造离合器和制动器的摩擦部件等
F1002G	73	10	—	8	6	3	3	—	—	—	—				5.0~5.6	40~70		
F1003G	69	1.5	1	8	16	1	—	—	—	—	3.5				4.8~5.5	35~55		
F1004G	65~70	—	3~5	2~4	13~17	—	—	3~5	3~4	3~5	—	>0.35			4.7~5.2	60~90		
F1005G	65~70	1~5	2~4	2~4	4~6	—	—	—	—	—	—				5.0~5.0	40~60		

载重汽车和矿山重型车辆的制动带；拖拉机、工程机械等干式离合器片和刹车片；工程机械干式离合器，如挖掘机、吊车等；合金钢为对偶的飞机制动片；重型淬火吊车、缆索起重吊车等

注：牌号标记示例：

F 1 0 01 G

G——材料应用场合，G表示干式（S表示竖式）
01——顺序号（01~99）
0——材料分类，0表示铁基（1表示铜基）
——摩擦材料
——粉末冶金材料

① JB/T 3063—2011《烧结金属摩擦材料技术条件》与 JB/T 3063—1996 相比，新、旧标准的主要技术内容无变化，但是"横向断裂强度"指标没有列入新标准。考虑目前的生产实际状况，本表保留此项目及数据，供参考。

表 3-66　俄罗斯铁基粉末冶金摩擦材料的牌号、化学成分、性能及应用

	材料牌号	化学成分(质量分数,%)						
		Fe	Cu	Mn	C(石墨)	SiO_2	石棉	其他成分
材料的牌号及化学成分	ΦMK-11	64	15	—	9	3	3	$BaSO_4$ 6
	MKB-50A	64	10	—	8		3	$FeSO_4$ 5;SiC 5;B_4C 5
	CMK	基体	9~25	6.5~10.0	—		—	BN 6~12;B_4C 8~15;SiC 1~6;MoS_2 2.0~5.0
	CMK-80	48	23	6.5	—		—	BN 6.5;B_4C 10.0;SiC 3.5;MoS_2 2.5
	CMK-83	54	20	7.0	—		—	BN 6.5;B_4C 9.5;SiC 1.0;MoS_2 2.0

	指　标	ΦMK-8	ΦMK-11	MKB-50A	CMK-80
材料的物理、力学性能	密度/(g/cm³)	6.0	6.0	5.0	5.7
	抗拉强度/MPa	90~100	50~70	30~40	
	抗压强度/MPa	450~500	300~350	150~210	200~250
	剪切强度/MPa	70~90	80~100	67~85	65~80
	硬度 HB/MPa	600~900	800~100	800~1000	800~1000
	热导率/[W/(m·K)]	37.68	46.05~19.26	27.21~18.84	29.31~20.93
	线胀系数 α(20~900℃)/℃$^{-1}$	—	—	$12.67×10^{-6}$	
	比热容(100~800℃)/[J/(g·K)]	—	—	0.50~0.83	
	摩擦因数	0.21~0.22	—	—	—
	平均制动力矩/最大制动力矩	0.54~0.55	—	—	—
	一次制动磨损/μm	5~8	—	—	—
	对偶材料-ЧHMX 铸铁	1~2	—	—	—

	指标名称	20℃	300℃	600℃
MKB-50A 材料不同温度下的力学性能	抗弯强度/MPa	100~140	90~130	80~100
	抗压强度/MPa	155~210	150~200	125~155
	抗拉强度/MPa	30~40	27~45	20~30
	剪切强度/MPa	67~85	55~80	50~60
	冲击韧性/(J/mm²)	0.8~1.2	—	—
	硬度 HBW	800~1200	650~850	450~550

	材料牌号	压力/MPa	平均单位功率/(W/cm²)	平均摩擦因数	摩擦因数稳定度 $\dfrac{f_{平均}}{f_{最大}}$	一次制动线磨损/μm		体积温度/℃
						摩擦材料	对偶材料(ЧHMX 铸铁)	
材料的摩擦性能	ΦMK-11	—	245	0.27	0.90	16.0	2.0	430
			313.6	0.26	0.80	28.0	1.0	510
			411.6	0.25	0.80	36.0	0.5	520
			509.6	0.21	0.70	44.0	0	590
	MKB-50A	—	25	0.37	0.90	6	5.5	500
			32	0.34	0.85	8	5.0	550
			42	0.30	0.80	10	4.5	580
			52	0.28	0.70	13	4.0	610
	CMK-80	0.47	—	0.39	0.73	1.25	4.0	560

摩　擦　偶	起始滑动速度/(m/s)	压力/MPa	单位制动功/(J/cm²)	平均摩擦因数	摩擦因数稳定度 $\dfrac{f_{平均}}{f_{最大}}$	一次制动磨损/μm	
						摩擦材料	对偶材料
CMK-80-38XC 钢(50HRC)	20	1.22	1600	0.36	0.73	5.0	1.0
ΦMK-11-38XC 钢	20	1.22	1600	0.21	0.70	30.0	测不出
MKB-50A-38XC 钢	20	1.22	1600	0.29	0.74	7.0	1.5
CMK-80-CЧ21-40 铸铁	20	0.20	125	0.36	0.80	0.04	0.07
CMK-83-CЧ21-40 铸铁	12	0.41	450	0.37	0.80	0.3	0.20
ΦMK-11-CЧ21-40 铸铁	12	0.41	450	0.31	0.85	0.4	0.30
MKB-50A-CЧ21-40 铸铁	12	0.41	450	0.35	0.80	0.6	0.50

应用	本表中的牌号是俄罗斯生产的铁基粉末冶金摩擦材料,长期在生产中广泛应用。材料 ΦMK-8 适用于重负荷的盘式制动器中。ΦMK-11 材料摩擦因数数值及稳定性均优于 ΦMK-8,但耐磨性稍差。材料 MKB-50A 用于重负荷盘式制动器,在 600℃高温时,力学性能良好,摩擦性能及耐磨性能均优于 ΦMK-8 和 ΦMK-11。CMK 型铁基摩擦材料具有好的摩擦性能,且稳定性很高,用于重负荷的闭式多片式制动器、重叠系数达 0.2 的开式盘式制动器及重负荷的带式和屐式等制动装置中

3.4.2　铜基粉末冶金摩擦材料（见表3-67~表3-69）

表3-67　铜基粉末冶金摩擦材料的牌号、成分、性能及应用（摘自 JB/T 3063—2011）

分类	牌号	化学成分（质量分数，%）								平均动摩擦因数 μ_d	静摩擦因数 μ_s	磨损率 /(cm³/J)	能量负荷许用值 /cm	密度 /(g/cm³)	表现硬度 HBW	横向断裂强度 /MPa	特性及应用
		铜	铁	锡	锌	铝	石墨	二氧化硅	其他								
铜基湿式冶金摩擦材料	F1111S	69	6	8	—	8	6	3	—	0.04~0.05		<2.0×10⁻⁸	8500	5.8~6.4	20~50	>60	船用齿轮箱系列离合器、拖拉机主离合器、载重汽车及工程机械等湿式离合器
	F1112S	75	8	3	—	5	5	4	—					5.5~6.4	30~60	>50	中等负荷（载重汽车、工程机械）的液力变速箱离合器
	F1113S	73	8	8.5	—	4	4	2.5	—					5.8~6.4	20~50	>80	飞溅离合器
	F1114S	72~76	3~6	7~10	—	5~7	6~8	1~2	—	0.03~0.05				≥6.7	≥40		转向离合器
	F1115S	67~71	7~9	7~9	—	9~11	5~7	—	—		0.12~0.17	<2.5×10⁻⁸		5.0~6.2	20~50	>60	喷撒工艺，用于调速离合器
	F1116S	63~67	9~10	7~9	—	3~5	7~9	2~5	3	0.05~0.08							喷撒工艺，用于船用齿轮箱系列离合器、拖拉机主离合器、载重汽车及工程机械等湿式离合离合器
	F1117S	70~75	4~7	3~5	—	2~5	5~8	2~3	—				32000	5.5~6.5	40~60	>30	重负荷液力机械变速箱合器
	F1118S	68~74	—	2~4	4.5~7.5	2~4	13.5~16.5	2~4	—					4.7~5.1	14~20		工程机械高负荷传动件，如主离合器、动力换挡离合器等
铜基干式冶金摩擦材料	F1106G	68	8	5	—	—	10	4	5（硫酸）	>0.15				5.5~6.5	25~50	>40	干式离合器及制动器
	F1107G	64	8	7	—	8	8	5	—		>0.45			5.5~6.2	20~50		拖拉机、冲压及工程机械等干式离合器
	F1108G	72	5	10	—	3	2	8	—	>0.20		<3.0×10⁻⁷		5.5~6.2	25~55		DLM₂型、DLM₄型等系列离合器床电磁动力头的干式电磁离合器和制动器
	F1109G	63~67	9~10	7~9	—	3~5	7~9	2~5	3					5.5~6.5	20~50	>60	喷撒工艺，应用于DLMK型系列床动力头的干式电磁离合器和制动器
	F1110G	70~80	—	6~8	3.5~5	2~3	3~4	3~5	2	>0.25	>0.40			6.0~6.8	35~65		锻压机床、剪切机、工程机械等干式离合器

铜基摩擦材料有多种合金元素成分组成，采用合理的工艺，可使其具有较好的力学性能和摩擦、热稳定性性能，添加金属氧化物、金属碳化物、金属氮化物，可使其摩擦因数得到提高；金属添加石墨、金属硫化物等润滑组元，可保护对偶件，可保证铜基摩擦材料的热稳定性，铜基干式摩擦材料。铜基干式摩擦材使用在干湿式摩擦材料要复杂，配合也复杂，以协调合璧，保证摩擦材料良好保证性能

表 3-68　国外铜基干式摩擦材料的配方及化学成分

类别	序号	化学成分(质量分数,%)								
		Cu	Sn	Pb	Fe	C(石墨)	石棉	SiO$_2$	Al$_2$O$_3$	其他成分
美国铜基干式摩擦材料配方	1	50~80	—	<10	<20	5~15	—	<5	—	MoS$_2$ 20 以下;Ti2~10
	2	60	—	—	—	—	—	5	—	莫来石20;铋15
	3	67.5	—	—	—	7.5	—	15	—	铋10
	4	67.5	—	—	—	7.5	—		15	铋10;可用 15% MgO 代替 Al$_2$O$_3$
	5	61~62	6	—	7~8	6	—	—	—	ZN 12;莫来石7
	6	70.9	6.3	10.9	—	7.4	—	4.5	—	
	7	73	7.0	14.0	—	6.0	—	—	—	
	8	62	12	7	8	7	—	4	—	
	9	67.26	5.31	9.3	6.62	7.08	—	4.43	—	
俄罗斯铜基干式摩擦材料配方	10	62~86	5~10	5~15	<2	4~8	<3	<3	—	Ni 2 以下
	11	67	6	9	7	—	—	4	—	
	12	72	5	9	4	7	—	—	—	SiC 3
	13	86	10	—	<4	—	—	—	—	Zn 2 以下
	14	75	8	5	4	1~20	—	—	—	Si 0.75;Zn6
	15	基体	6~10	<10	<5	1~8	—	—	—	Ti、V、Si、As 2~10;MoS$_2$ 0~6
	16	67~80	5~12	7~11	<8	6~7	—	<4.5	—	
		68~76	8~10	7~9	3~5	6~8	—	—	—	
日本铜基干式摩擦材料配方	17	62~67	6~10	6~12	4~6	5~9	—	4.5~8	—	
	18	62~72	6~10	6~12	4~6	5~9	—	4.5~8	—	
	19	62~71	6~10	6~12	45~8	5~9	—	—	—	Si 4.0~6.0
	20	60~90	<10	<10	<18	<10	—	2	—	

注:本表所列的材料在国外经过生产实际应用,效果可靠。干式摩擦工况条件各异,对于材料性能要求较高,因此各种配方的化学组成需要研究分析,以满足各种技术要求。总体而言,本表中锡青铜为基体的摩擦材料具有良好的耐磨性能,摩擦因数高,在降低对偶(铸铁或钢)的磨损方面明显优于铁基摩擦材料。本表所列的一些锡青铜基材料,其组元包含强化金属基本的锡(5%~10%)、固体润滑剂的铅和石墨、明显提高摩擦因数的铁和二氧化硅或硅,能够承受重载荷,具有良好的综合性能,适于制作制动器的制动屐或制动盘。

表 3-69 国外铜基湿式摩擦材料的配方及化学成分

类别		化学成分(质量分数,%)						
		Cu	Sn	P	C(石墨)	SiO₂	Fe	其他添加剂
俄罗斯铜基湿式摩擦材料配方	基体	12	7	4	1.5	0.5		硅铁 0.5;石棉 2;镍 1
		73	9	4	4		6	皂土 2;石棉 2
		72	9	7	5		4	石棉 3
		73.5	9	8	4		4	莫来石 1.5
		68~76	8~10	7~9	6~8		3~5	—
	基体	3~9	6~7	6~7				滑石 7~8
	基体	5~9	5~15	0.5~10	0.5~8			滑石 1~16;石棉 0.5~8
美国铜基湿式摩擦材料配方		68	8	7	6	4	7	
		62	7	12	7	4	8	
		50~80	—	0~10	5~15	0~5	0~20	Ti, V, Si, As 2~10;MoS₂ 0~6
	青铜	75	—	—		12	10	碳化硅 3
	青铜	73.8		3.5	9.7		10	碳化硅 3
日本铜基湿式摩擦材料配方		62~72	6~10	2~6	5~9		4.5~8	硅 4~6
		62~72	6~10	6~12	5~9	4.5~8	4~6	
		60~75	1~15	5~10	1~10		3~15	二硫化钼 1~10

注:在矿物油(或合成油)润滑条件下工作的摩擦装置中,采用铜合金基(最初主要是青铜基)的粉末冶金材料,现在已经研究出其他成分的材料,如铜-锌基体粉末冶金材料。铜-锌材料基体强度高,孔隙度更高,可存留更多润滑油。与铜-锡材料相比,孔隙度较高的铜-锌材料具有较高的摩擦因数和较大的能量吸收能力。青铜和黄铜混合基材料兼有两种基体的特性,目前应用很广泛。由于各生产公司力图避开现有专利,因此各国制造的材料在摩擦添加剂的种类和含量方面具有各自的特点,材料组分上也名目繁多。本表资料供参考。

3.4.3 铁-铜基粉末冶金摩擦材料(见表 3-70)

表 3-70 日本铁-铜基摩擦材料的配方及化学成分

序号	组成(质量分数,%)									用途
	金属成分			摩擦剂			固体润滑剂			
	Cu	Fe	Sn	Fe	Mo	SiO₂	富铝红柱石	C	Pb	其他	
1	其余	—	5~10	3~6		3~6		5~10	5~10	—	日本新干线子弹列车摩擦片
2	其余	—	3~6	—		3~6		4~6	—	—	日本新干线子弹列车摩擦片
3	其余	—	5~10	3~5		3~6		10~15	10~15	—	干式离合器片
4	30~40	30~40	3~6	3~5		3~6		4~6	—	—	干式离合器片
5	其余	—	3~6	3~6		3~6		5~10	—	Bi 5~10	干式离合器片
6	3~5	60~70	—	—		1~3		15~25	3~5	Bi 5~10	一般火车用摩擦片

注:铁的熔点高,并且它的强度、硬度及耐热性能都可以用不同的合金元素加以调节,所以重负荷干式工况一般采用铁基摩擦材料。由于铁基摩擦材料与铁质对偶相溶性大,摩擦时容易发生粘着,拉伤对偶表面,在其表面形成沟槽,因此摩擦因数变化大,导致制动不稳或失效。铜及铜合金导热性能比铁与钢优良,抗氧化性能亦比铁好,与铁质对偶相溶性小,故铜基摩擦副接合平稳,耐磨性好。铜基摩擦材料在高负荷条件下摩擦因数不够稳定,没有铁基摩擦材料抗高温,且铜的价格比铁高。为了综合以上两种材料的优点,研制了铁-铜基摩擦材料。该材料在较宽的能量负荷范围内摩擦因数基本稳定,而且它比铜基摩擦材料价格低 30%左右。

3.5 粉末冶金减摩材料

3.5.1 粉末冶金含油轴承材料种类、特性及用途（见表 3-71）

表 3-71 粉末冶金含油轴承材料的种类、特性及用途

种类	特性及用途
Cu 基	铜基材料以烧结锡青铜应用最广泛，适用于要求耐蚀场合及低负荷、高速工况条件。烧结锡青铜材料具有良好的耐蚀性能和较高的强度，能承受一定的冲击和振动负荷，适用于制造和轴承一体化的零件，如用在办公机械、农具、计算机、机床及分功率电动机中，并且效果好。为了强化润滑，可添加石墨、MoS_2 及 Pb 等固体润滑剂。对于重负荷、振动、间歇转动及高温条件的工况，应选用添加石墨的青铜烧结轴承材料。铜基轴承材料应用广泛，最常用的合金系有 Cu-Sn、Cu-Sn-C、Cu-Sn-Pb-C、Cu-Sn-Pb-Zn-C 等。国内应用最广泛的是 6-6-3 青铜轴承材料
Fe 与 Fe-C	Fe 基含油轴承材料强度高，可承受高负荷，其硬度高于 Cu 基材料，对轴的磨合性较差，耐蚀性不好，但其价格较低。密度为 $5.5 \sim 6.0/cm^3$ 的纯 Fe 轴承材料可制作中等负荷轴承。用与 Fe 化合的 C 材料制成的轴承，其强度比纯 Fe 材料高，径向压溃强度较高，耐磨性较好，抗压强度较高。对化合 C 含量大于 0.3% 的 Fe-C 轴承材料进行热处理可以进一步提高轴承力学性能
Fe-Cu	Fe-Cu 基材料由于将 Cu 混合于 Fe 中，改进了力学性能，提高了强度和硬度。一般 Cu 的加入量为 2%、10% 和 20%。加入 Cu20% 的 Fe-Cu 合金比 90-10 青铜的强度和硬度均高，并且有好的振动负荷能力。Fe-Cu 基材料更适于需要结构要求和轴承特性的应用场合
Fe-Cu-C	C 的添加量为 0.3%~0.9% 时，可明显强化 Fe-Cu 合金轴承材料。添加 C 还可用热处理进一步改进力学性能。Fe-Cu-C 材料具有优良的耐磨性及高的抗压强度，适用于要求较高的工况场合，如运输机械用轴承、齿轮传动电动机轴承以及垫圈和隔片等
Fe-青铜	Fe-青铜轴承材料耐磨性近于 Fe 基材料，较 Cu 基轴承材料优越，在高 pv 值条件下使用，耐磨性优于青铜基轴承材料，轴承的寿命较长。Fe-青铜材料一般含有 0.5%~1.3% 的石墨，自润滑性能好，适合在轻~中等负荷和中等~高速条件下应用，如分功率电动机和器械中的轴承以及汽车、家电、音响机器、事务机器中的轴承等。可作为青铜轴承材料的经济替代品
Fe-石墨	将石墨与 Fe 粉混合，烧结到低的化合 C 含量，从而使大部分石墨可作润滑剂。为改进自润滑性能，还可将轴承浸以润滑油。这种 Fe-石墨轴承具有优异的阻尼特性，且运转平稳，如日本烧结金属含油轴承 SBF3118、SBF4118 的 C 均为化合 C，且含量都较低。Fe-石墨材料是性能优良的含油轴承材料 石墨含量为 4%~5%（质量分数）的 Fe-石墨材料称为烧结金属石墨材料

注：粉末冶金减摩材料摩擦因数小，耐磨性好，不易损伤对偶件，具有较高的承载能力和较高的强度，导热性好，耐高温性能较好，自润滑性能优良，可以制成多种制品，如滑动轴承、球头滑座、垫圈、密封圈等，在工业部门广泛应用。按润滑状况，粉末冶金减摩材料可以分为无油润滑类、金属塑料材料及固体润滑轴承材料。这类滑动轴承材料有标准化产品，也有各生产企业按市场需要生产的产品供选择。

3.5.2 轴承用国产粉末冶金材料

1. 轴承用铁、铁-铜、铁-青铜、铁-碳-石墨粉末冶金材料

表3-72 轴承用铁、铁-铜、铁-青铜、铁-碳-石墨粉末冶金材料（摘自 GB/T 19076—2003）

参　数	符号	单位	铁 牌号②		铁-铜 牌号②		铁-青铜① 牌号②				铁-碳-石墨① 牌号②		数值
			F-00-K170	F-00-K220	F-002C2-K200	F-00C2-K250	F-03X36T-K90	F-03C36T-K120	F-03C45T-K70	F-03C45T-K100	F-03G3-K70	F-03G3-K80	
化学成分（质量分数）													
$C_{化合}$		%	<0.3	<0.3	<0.3	<0.3	<0.5	<0.5	<0.5	<0.5	<0.5	<0.5	标准值
Cu		%	—	—	1~4	1~4	34~38	34~38	43~47	43~47	—	—	
Fe		%	余量	余量	余量	余量	余量	余量	余量	余量	余量	余量	
Sn		%	—	—	—	—	3.5~4.5	3.5~4.5	4.5~5.5	4.5~5.5	—	—	
石墨		%	—	—	—	—	0.3~1.0	0.3~1.0	<1.0	<1.0	2.0~3.5	2.0~3.5	
其他元素总和 max			2	2	2	2	2	2	2	2	2	2	
开孔孔隙度	P	%	22	17	22	17	24	19	24	19	20	13	
径向压溃强度 min	K	MPa	170	220	200	250	90~265	120~345	70~245	100~310	70~175	80~120	
密度（干态）	ρ	g/cm³	5.8	6.2	5.8	6.2	5.8	6.2	5.6	6.0	5.6	6.0	参考值
线胀系数④		$10^{-6}K^{-1}$	12	12	12	12	14	14	14	14	12	12	

注：1. 在铁-铜轴承中，铜应熔化并渗入周围的小孔中，对于含铜量高于2%者，可观察到一些游离铜。若含铜量等于或小于2%时，则一般不会出现游离铜，轴承中应有一个最低程度的原始颗粒界。

2. 依据制造工艺，铁-石墨材料在径向压溃强度值的范围内应有含游离石墨或游离碳的混合物，铁-青铜材料的显微组织兼有铁和青铜组织外观。

① 所给出径向压溃强度值的范围表明化合碳石墨与游离石墨和游离碳之间须保持平衡。

② 所有材料可浸渍润滑剂。

③ 仅只铁相的。

④ 参考值。

2. 轴承用青铜、青铜-石墨粉末冶金材料(见表 3-73)

表 3-73　轴承用青铜、青铜-石墨粉末冶金材料（摘自 GB/T 19076—2003）

参　　数	符号	单位	青铜 牌号[①]			青铜-石墨 牌号[①]			数值说明
			-C-T10-K110	-C-T10-K140	-C-T10-K180	-C-T10G-K90	-C-T10G-K120	-C-T10G-160	
化学成分(质量分数) Cu Sn 石墨 其他元素总和　max	 	% % % %	余量 8.5~11.0 — 2	余量 8.5~11.0 — 2	余量 8.5~11.0 — 2	余量 8.5~11.0 0.5~2.0 2	余量 8.5~11.0 0.5~2.0 2	余量 8.5~11.0 0.5~2.0 2	标准值
开孔孔隙度　min	P	%	27	22	15	27	22	17	
径向压溃强度　min	K	MPa	110	140	180	90	120	160	
密度(干态)	ρ	g/cm³	6.1	6.6	7.0	5.9	6.4	6,8	参考值
线胀系数[②]		$10^{-6}\mathrm{K}^{-1}$	18	18	18	18	18	18	

① 所有材料都能浸渍润滑剂。

② 参考值。

3. 轴承用粉末冶金铁基和铜基材料(见表 3-74)

表 3-74　轴承用粉末冶金铁基和铜基材料的牌号、化学成分及性能（摘自 GB/T 2688—2012）

牌号标记	基体分类	基类号	合金分类	分类号	化学成分(质量分数,%)								物理、力学性能		含油密度/(g/cm³)
					Fe	C化合	C总	Cu	Sn	Zn	Pb	其他	含油率(%)	径向压溃强度/MPa	
FZ11060	铁基	1	铁	1	余量	0~0.25	0~0.5	—	—	—	—	<2	18	200	5.7~6.2
FZ11065					余量	0~0.25	0~0.5	—	—	—	—	<2	12	250	6.2~6.6
FZ12058			铁-石墨	2	余量	0~0.5	2.0~3.5	—	—	—	—	<2	18	170	5.6~6.0
FZ12062					余量	0~0.5	2.0~3.5	—	—	—	—	<2	12	240	6.0~6.4
FZ12158					余量	0.5~1.0	2.0~3.5	—	—	—	—	<2	18	310	5.6~6.0
FZ12162					余量	0.5~1.0	2.0~3.5	—	—	—	—	<2	12	380	6.0~6.4
FZ13058			铁-碳-铜	3	余量	0~0.3	0~0.3	0~1.5	—	—	—	<2	21	100	5.6~6.0
FZ13062					余量	0~0.3	0~0.3	0~1.5	—	—	—	<2	17	160	6.0~6.4
FZ13158					余量	0.3~0.6	0.3~0.6	0~1.5	—	—	—	<2	21	140	5.6~6.0
FZ13162					余量	0.3~0.6	0.3~0.6	0~1.5	—	—	—	<2	17	190	6.0~6.4
FZ13258					余量	0.6~0.9	0.6~0.9	1.5~3.9	—	—	—	<2	21	140	5.6~6.0
FZ13262					余量	0.6~0.9	0.6~0.9	1.5~3.9	—	—	—	<2	17	220	6.0~6.4
FZ13358					余量	0.3~0.6	0.3~0.6	1.5~3.9	—	—	—	<2	22	140	5.6~6.0
FZ13362					余量	0.3~0.6	0.3~0.6	1.5~3.9	—	—	—	<2	17	240	6.0~6.4
FZ13458					余量	0.6~0.9	0.6~0.9	1.5~3.9	—	—	—	<2	22	170	5.6~6.0
FZ13462					余量	0.6~0.9	0.6~0.9	1.5~3.9	—	—	—	<2	17	280	6.0~6.4

（续）

牌号标记	基体分类	基类号	合金分类	分类号	Fe	C化合	C总	Cu	Sn	Zn	Pb	其他	含油率(%)	径向压溃强度/MPa	含油密度/(g/cm³)
FZ13558			铁-碳-铜	3	余量	0~0.9	0.6~0.9	4~6	—	—	—	<2	22	300	5.6~6.0
FZ13562					余量	0~0.9	0.6~0.9	4~6	—	—	—	<2	12	320	6.0~6.4
FZ13658			铁-碳-铜	3	余量	0.6~0.9	0.6~0.9	4~6	—	—	—	<2	22	140~230	5.6~6.0
FZ13662					余量	0.6~0.9	0.6~0.9	4~6	—	—	—	<2	17	320	6.0~6.4
FZ14058		1			余量	0~0.3	0~0.3	1.5~3.9	—	—	—	<2	22	140	5.6~6.0
FZ14062					余量	0~0.3	0~0.3	1.5~3.9	—	—	—	<2	17	230	6.0~6.4
FZ14158			铁-铜	4	余量	0~0.3	0~0.3	9~11	—	—	—	<2	22	140	5.6~6.0
FZ14160					余量	0~0.3	0~0.3	9~11	—	—	—	<2	19	210	5.8~6.2
FZ14162					余量	0~0.3	0~0.3	9~11	—	—	—	<2	17	280	6.0~6.4
FZ14258					余量	0~0.3	0~0.3	18~22	—	—	—	<2	22	170	5.6~6.0
FZ14260					余量	0~0.3	0~0.3	18~22	—	—	—	<2	19	200	5.8~6.2
FZ14262					余量	0~0.3	0~0.3	18~22	—	—	—	<2	17	280	6.0~6.4
FZ21070	铜基		铜-锡-锌-铅	1	<0.5	—	0.3~2.0	余量	5~7	5~7	2~4	<1.5	18	150	6.6~7.2
FZ21075					<0.5	—	0.3~2.0	余量	5~7	5~7	2~4	<1.5	12	200	7.2~7.8
FZ22062					—	—	0~0.3	余量	9.5~10.5	—	—	<2	24	130	6.0~6.4
FZ22066					—	—	0~0.3	余量	9.5~10.5	—	—	<2	19	180	6.4~6.8
FZ22070		2			—	—	0~0.3	余量	9.5~10.5	—	—	<2	12	260	6.8~7.2
FZ22074					—	—	0~0.3	余量	9.5~10.5	—	—	<2	9	280	7.2~7.6
FZ22162			铜-锡	2	—	—	0.5~1.8	余量	9.5~10.5	—	—	<2	22	120	6.0~6.4
FZ22166					—	—	0.5~1.8	余量	9.5~10.5	—	—	<2	17	160	6.4~6.8
FZ22170					—	—	0.5~1.8	余量	9.5~10.5	—	—	<2	9	210	6.8~7.2
FZ22174					—	—	0.5~1.8	余量	9.5~10.5	—	—	<2	7	230	7.2~7.6
FZ22260					—	—	2.5~5	余量	9.2~10.2	—	—	<2	11	70	5.8~6.2
FZ22264					—	—	2.5~5	余量	9.2~10.2	—	—	<2	—	100	7.2~7.6
FZ23065			铜-锡-铅	3	<0.5	—	0.5~2.0	余量	6~10	<1	3~5	<1	18	150	6.3~6.9
FZ24058					54.2~62	—	0.5~1.3	34~38	3.5~4.5	—	—	<2	22	110~250	5.6~6.0
FZ24062					54.2~62	—	0.5~1.3	34~38	3.5~4.5	—	—	<2	17	150~340	6.0~6.4
FZ24158			铜-锡-铁-碳	4	50.2~58	—	0.5~1.3	36~40	5.5~6.5	—	—	<2	22	100~240	5.6~6.0
FZ24162					50.2~58	—	0.5~1.3	36~40	5.5~6.5	—	—	<2	17	150~340	6.0~6.4
FZ24258					余量	—	0~0.1	17~19	1.5~2.5	—	—	<1	24	150	5.6~6.0
FZ24262					余量	—	0~0.1	17~19	1.5~2.5	—	—	<1	19	215	6.0~6.4
FZ24266					余量	—	0~0.1	17~19	1.5~2.5	—	—	<1	13	270	6.4~6.8

注：1. 铁基各类轴承材料的化学成分中允许有<1%的硫。

2. 化合碳含量允许采用金相法评定。

3. 铜基各类轴承材料的化学成分中的总碳($C_总$)是指游离石墨。

4. FZ24258、FZ24262/FZ24266系采用铁—青铜扩散合金化粉末的原料制作。

5. 材料牌号标记：

铁基1类铁铜碳含油轴承为5.6~6.0g/cm³的粉末冶金轴承材料标记为：

4. 自润滑轴承用双金属材料(见表3-75)

表 3-75　国产自润滑轴承用双金属材料的型号、性能及应用

性　　能		COB070		COB072	COB074	COB075	COB077
最大承载力	静载/MPa	73.5		200	200	200	
	动载/MPa	24.5(干摩擦)	49(定期润滑)	80	80	80	50
摩擦因数	干摩擦	—		0.13~0.18	0.13~0.18	0.11~0.16	0.1~0.2
	水润滑			0.11~0.16	0.11~0.16	0.10~0.13	0.1~0.2
最大线速度/(m/s)		0.5(干摩擦)		0.25	0.25	0.5	0.1
		1.0(定期润滑)					
最高 pv 值/(MPa·m/s)		1.63(干摩擦)		0.8	0.8	1.0	1.05
		2.45(定期润滑)					
工作温度/℃		−40~120		−150~280	−150~280	−150~200	250
密度/(g/cm³)		6.3		6.3	7.1	6.6	6.4
硬度 HBW		≥55		≥40	≥40	≥40	≥50HRC
对偶件硬度 HBW		≥35HRC		≥180	≥180	≥35	≥35HRC
对偶件表面粗糙度/μm		0.2~0.8		0.2~0.8	0.2~0.8	0.2~0.8	0.2~0.8
抗压强度/MPa		—		320	300	300	343
线胀系数/K⁻¹				17.5×10^{-6}	19.5×10^{-6}	13×10^{-6}	18×10^{-6}
特性及应用		以低碳钢为基体,表面为烧结铜铁合金层,此层内有固体润滑剂,具有较低摩擦因数,良好的自润滑性、耐磨损、抗咬合性能。适于较高负载及无法加油、润滑的工况条件		以不锈钢为基体,表层为烧结铅青铜合金,层内有固体润滑剂,合金层外可涂一层固体润滑膜。具有较小的摩擦因数,良好的自润滑、耐磨损和抗咬合性能。适于高负荷污染环境及水或其他液体中应用	以青铜板为基体,表面为烧结铅青铜合金层,层内有固体润滑剂,层外面可涂固体润滑膜,产品性能和应用与COB072相同	以低碳钢为基体,表面烧结青铜合金层外可涂固体润滑膜,性能与COB074相同。适用于高负载场合	产品结构与性能和COB074相同,但合金层内为大颗粒固体润滑剂。适用于高负荷、高温及无油润滑场合

注:本表中的系嘉兴中达自润滑工业有限公司的产品牌号。

3.5.3　烧结铜铅合金-钢双金属带材(见表3-76)

表 3-76　烧结铜铅合金-钢双金属带材的化学成分、性能及应用

材料代号			名义化学组成(质量分数,%)	性　能	应　用
SAE[①]	ISO[②]	中国嘉兴中达自润滑工业公司			
792	CuPb10Sn10	COB031	80.0Cu,10.0Sn,10.0Pb	高的物理性能,优异的耐冲击性和抗振性,高的负荷能力,好的耐磨性	活塞销、履带支重轮、缸体、摇臂轴、轴的衬套、耐磨板、高冲击止推垫圈(用于硬轴的)

（续）

材料代号			名义化学组成（质量分数,%）	性　能	应　用
SAE[①]	ISO[②]	中国嘉兴中达自润滑工业公司			
798			84.0 Cu, 4.0 Sn, 8.0 Pb, 4.09（最大）Zn	抗振性、负荷能力及耐蚀性好，物理强度稍低于 SAE792	一般用于弹簧眼、摇臂、通用衬套（用于硬轴）
799	CuPb24Sn4	COB032	72.0 Cu, 3.5 Sn, 23.0 Pb, 3.0（最大）Zn	兼有好的摩擦性能、嵌入性、相容性及中等负荷能力，可承受较高的表面速度和负荷	重负荷凸轮轴、电动机、自动变速箱、液压泵、齿轮变速器的轴承
480			65.0 Cu, 35.0 Pb	好的摩擦性能、润滑性、顺应性，比巴氏合金耐疲劳	泵、小型电动机、非腐蚀环境的轴承
482			65.0 Cu, 28.0 Pb, 7.0 Sn	好的疲劳性能、顺应性及耐蚀性	中等负荷发动机、泵的轴承
49[③④]	CuPb24Sn	COB033	74.5 Cu, 24.5 Pb, 1.0 Sn	很高的疲劳性能和很好的耐蚀性	重负载发动机、泵、压缩机的软轴与硬轴用轴承
H-116[③④]	CuPb24Sn4	COB032	73.0 Cu, 23.75 Pb, 3.25 Sn	较高的疲劳性能和很好的耐蚀性	主要用于要求最高负荷和耐久性的重负载发动机（硬轴）的轴承
H-14[④]			83.0 Cu, 14.0 Pb, 3.0 Sn	疲劳性能最高，耐蚀性较好	柴油机的最高负荷能力（硬轴）处的轴承
48	CuPb30[⑤]	COB035	（63.7~70.7）Cu,（26~33）Cu, 0.1P, 0.5Sn, 0.5Zn, 0.7Fe, Ni, Sb, 其他元素各 0.5	疲劳强度中等，合金层硬度为 30~45HBW	表面有镀层时可以与软轴相配，轴硬度>270HBW，如无表面镀层时，则适于和硬轴相配

注：烧结铜铅合金-钢复合减摩材料是将铜铅合金或铅青铜合金与带钢背烧结制成的双金属带材。此种具有钢背的复合减摩材料承载能力高，减摩性能优良，负荷能力明显高于铝基合金和巴氏合金，是一种很好的轴承材料，在机械、农机、汽车、飞机工业及其他工程技术中应用比较广泛。

① SAE 是美国汽车工程协会的缩写。

② ISO 是国际标准组织的缩写。

③ 是 Federal Mogul 的材料代号。

④ SAE49、H-116、H-14 都是具有表面镀层的铜铅合金材料。

⑤ CuPb30 的化学组成摘自 ISO4383：2000(E)《滑动轴承—薄壁滑动轴承用的多层材料》。

3.5.4 自润滑轴承用美国 MPIF 标准粉末冶金材料

1. 自润滑轴承用粉末冶金青铜材料（见表 3-77）

表 3-77 自润滑轴承用粉末冶金青铜材料的牌号、化学组成和物理、力学性能

（摘自 MPIF 标准 35,2009 版）

材　料	材料牌号	化学组成（质量分数,%）			径向压溃强度 K		含油量 $P_1^{④}$（体积分数,%）	密度 $D_{湿}^{①②}$ /(g/cm^3)	
					10^3 psi	MPa			
		元素	最小	最大	最小值[①]			最小	最大
青铜（低石墨）	CT-1000-K19	铜锡石墨其他[⑤]	余量 9.5 0 0	余量 10.5 0.3 2.0	19	130	24[⑥]	6.0	6.4
	CT-1000-K26	铜锡石墨其他[⑤]	余量 9.5 0 0	余量 10.5 0.3 2.0	26	180	19	6.4	6.8
	CT-1000-K37	铜锡石墨其他[⑤]	余量 9.5 0 0	余量 10.5 0.3 2.0	37	260	12	6.8	7.2
	CT-1000-K40	铜锡石墨其他[⑤]	余量 9.5 0 0	余量 10.5 0.3 2.0	40	280	9	7.2	7.6
青铜（中等石墨）	CTG-1001-K17	铜锡石墨其他[⑤]	余量 9.5 0.5 0	余量 10.5 1.8 2.0	17	120	22[⑦]	6.0	6.4
	CTG-1001-K23	铜锡石墨其他[⑤]	余量 9.5 0.5 0	余量 10.5 1.8 2.0	23	160	17	6.4	6.8
	CTG-1001-K30	铜锡石墨其他[⑤]	余量 9.5 0.5 0	余量 10.5 1.8 2.0	30	210	9	6.8	7.2
	CTG-1001-K34	铜锡石墨其他[⑤]	余量 9.5 0.5 0	余量 10.5 1.8 2.0	34	230	7	7.2	7.6
青铜（高石墨）	CTG-1004-K10	铜锡石墨其他[⑤]	余量 9.2 2.5 0	余量 10.2 5.0 2.0	10	70	11[⑧]	5.8	6.2

（续）

材　料	材料牌号	化学组成(质量分数,%)			径向压溃强度 K		含油量 $P_1^{④}$（体积分数,%）	密度 $D_{湿}^{①②}$ $/(g/cm^3)$	
					10^3psi	MPa			
		元素	最小	最大	最小值①			最小	最大
青铜（高石墨）	CTG-1004-K15	铜 锡 石墨 其他⑤	余量 9.2 2.5 0	余量 10.2 5.0 2.0	15	100	③	6.2	6.6

注：1. 美国金属粉末工业联合会 MPIF 标准 35《粉末冶金自润滑轴承材料标准》是美国和世界许多国家均采用的粉末冶金轴承标准。

2. 青铜（低石墨）轴承具有良好的耐蚀性，此种材料密度为 6.4g/cm³ F 时可保证有一定的韧性，能够承受振动负载。此种材料可用于打桩，也可用于办公机械分功率电动机、农具，机床及一般设备的轴承。密度较高(6.8g/cm³)的材料具有更高的韧性，可支承较高的负载。但密度提高时轴承的含油量较少，因此此种材料适于速度较低的工作条件。由于具有较高的强度，此种材料常可用于结构零件和轴承的复合件。石墨含量为中等含量(0.5%～1.8%)时，轴承具有好的性能，适用于重负载，高速度和一般磨蚀条件工况。当石墨含量大于3%时，轴承运转平稳性非常好，适合现场工作时较少补加油以及较高温度下使用，常用于摆动或间歇转动工况条件下的轴承。

3. 粉末冶金自润滑轴承材料牌号按 MPIF 标准 35 的规定，由前缀（表示材料化学元素组元的字母符号，参见 3.3.2 小节中的第 1 部分）、中部（4 位数字表示材料组成的质量分数）和后缀（两位数字表示强度 K 的最小值，K 以 10^3Psi 表示，需方可根据粉末冶金材料的化学成分预计 K 值，字符 K 表示轴承的材料牌号）。

在非铁材料中 4 位数字系列前 2 位数字表示主要合金化组分的质量分数。4 位数字系列 2 位数字表示次要合金化组分的质量分数。牌号中虽未包括其他次要元素，但它们都已在每一种标准材料的"化学组成"中给出。粉末冶金非铁材料牌号举例如下：

在铁基材料中，主要合金化元素（除化合碳外）都包括在前缀符字牌号中。牌号中虽不包括其他元素，但在每一种标准材料的"化学组成"中都将它们列了出来。4 位数字牌号的前 2 位数字表示主要合金化组分的质量分数。4 位数字系列中最后 2 位数字表示铁基材料的化和碳含量。在牌号系统中，冶金化合碳的范围表示如下：

化合碳范围	牌号表示法
0.0%～0.3%	00
0.3%～0.6%	05
0.6%～0.9%	08

铁-石墨轴承的碳含量范围	牌号表示方法
0.0%～0.5%	03
0.5%～1.0%	08

粉末冶金铁基材料牌号举例如下：

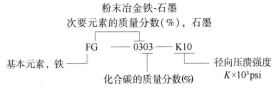

① 这些数据都是基于制成品的材料。
② 含油的。假定油的密度为 0.875g/cm³。
③ 在石墨含量为 5% 与密度最高 6.6g/cm³ 的条件下，这种材料中仅含有微量油。在石墨含量为 3% 与 6.2～6.6g/cm³ 密度下，其含油量可能为 8%（体积分数）。
④ 随着密度增高，最小含油量将减小。表中所示之值在给出的密度上限都是有效的。
⑤ 铁含量的最大值为 1%。
⑥ 最小含油量为 27% 时，密度范围为 5.8～6.2g/cm³，K 的最小值为 105MPa。
⑦ 最小含油量为 25% 时，密度范围为 5.8～6.2g/cm³，K 的最小值为 90MPa。
⑧ 石墨含量为 3% 时，最小含油量为 14%。

2. 自润滑轴承用粉末冶金扩散合金化铁-青铜材料(见表 3-78)

表 3-78　自润滑轴承用粉末冶金扩散合金化铁-青铜材料的牌号、

化学组成和物理、力学性能(摘自 MPIF 标准 35,2009 版)

材　　料	材料牌号	化学组成[3](质量分数,%)			径向压溃强度 K		含油量 P_1	密度 $D_{湿}^{①②}$	
					10^3psi	MPa	(体积分数,%)	/(g/cm³)	
		元素	最小	最大	最小值①			最小	最大
扩散合金化铁-青铜	FDCT-1802-K18	铁	余量	余量	22	150	24	5.6	6.0
		铜	17.0	19.0					
		锡	1.5	2.5					
		石墨	0	0.1					
		其他	0	1.0					
	FDCT-1802-K28	铁	余量	余量	31	215	19	6.0	6.4
		铜	17.0	19.0					
		锡	1.5	2.5					
		石墨	0	0.1					
		其他	0	1.0					
	FDCT-1802-K38	铁	余量	余量	39	270	13	6.4	6.8
		铜	17.0	19.0					
		锡	1.5	2.5					
		石墨	0	0.1					
		其他	0	1.0					

注：扩散合金化铁-青铜自润滑轴承材料中的铁含量比一般的预混合铁-青铜轴承材料高。和一般的预混合青铜(90-10 青铜)轴承材料相比,扩散合金化铁-青铜自润滑轴承材料成本较少,价格较低,径向压溃强度较高。

① 这些数据都是基于制成品材料。

② 含油的。假定油的密度为 0.875g/cm³。

③ 这些化学组成中添加的石墨量很少。允许石墨以微量杂质元素存在,最小量为 0,最大量不得大于 0.1%。

3. 自润滑轴承用粉末冶金铁-青铜材料（见表 3-79）

表 3-79　自润滑轴承用粉末冶金铁-青铜材料的牌号、
化学组成和物理、力学性能（摘自 MPIF 标准 35,2009 版）

材　料	材料牌号	化学组成（质量分数,%）			径向压溃强度[1] K				含油量最小值 $P_1^{[1]}$（体积分数,%）	密度 $D_湿^{[1][2]}$ /（g/cm³）	
		元素	最小	最大	10³ psi		MPa			最小	最大
					最小	最大	最小	最大			
铁-青铜	FCTG-3604-K16	铁 铜 锡 总碳[3] 其他	余量 34.0 3.5 0.5 0	余量 38.0 4.5 1.3 2.0	16	36	110	250	22	5.6	6.0
	FCTG-3604-K22	铁 铜 锡 总碳[3] 其他	余量 34.0 3.5 0.5 0	余量 38.0 4.5 1.3 2.0	22	50	150	340	17	6.0	6.4
	CFTG-3806-K14	铁 铜 锡 总碳[3] 其他	余量 36.0 5.5 0.5 0	余量 40.0 6.5 1.3 2.0	14	35	100	240	22	5.6	6.0
	CFTG-3806-K22	铁 铜 锡 总碳[3] 其他	余量 36.0 5.5 0.5 0	余量 40.0 6.5 1.3 2.0	22	50	150	340	17	6.0	6.4

注：为了降低原材料成本，可用 40%~60%（质量分数）铁稀释青铜。为了自润滑，这些轴承通常都含有 0.5%~1.3%（质量分数）石墨。轴承的烧结要将化合碳含量减少到最低限度。这类轴承可用于轻~中等负载和中等~高速条件下。往往用它们替代分功率电动机与器具中的青铜轴承。化合碳含量超过最大值时，可能形成有噪声的、硬的轴承。"总碳"的定义是冶金化合碳与游离石墨之和。

[1] 这些数据都是基于制成品的材料。

[2] 含油的。假定油的密度为 0.875g/cm³。

[3] 冶金化合碳的最高含量为 0.5%。

4. 自润滑轴承用粉末冶金铁与铁-碳材料（见表 3-80）

表 3-80　自润滑轴承用粉末冶金铁与铁-碳材料的牌号、化学组成和物理、力学性能
（摘自 MPIF 标准 35,2009 版）

材　料	材料牌号	化学组成（质量分数,%）			径向压溃强度 K		含油量 P_1（体积分数,%）	密度 $D_湿^{[1][2]}$ /（g/cm³）	
		元素	最小	最大	10³ psi	MPa		最小	最大
					最小值[1]				
铁	F-0000-K15	铁 碳 铜 其他	余量 0 0 0	余量 0.3 1.5 2.0	15	100	21	5.6	6.0
	F-0000-K23	铁 碳 铜 其他	余量 0 0 0	余量 0.3 1.5 2.0	23	160	17	6.0	6.4

（续）

材料	材料牌号	化学组成(质量分数,%)			径向压溃强度 K		含油量 P_1(体积分数,%)	密度 $D_{湿}^{①②}$/(g/cm³)	
		元素	最小	最大	10^3psi	MPa		最小	最大
					最小值①		最小值①		
铁-碳	F-0005-K20	铁 碳③ 铜 其他	余量 0.3 0 0	余量 0.6 1.5 2.0	20	140	21	5.6	6.0
	F-0005-K28	铁 碳③ 铜 其他	余量 0.3 0 0	余量 0.6 1.5 2.0	28	190	17	6.0	6.4
	F-0008-K20	铁 碳③ 铜 其他	余量 0.6 0 0	余量 0.9 1.5 2.0	20	140	21	5.6	6.0
	F-0008-K32	铁 碳③ 铜 其他	余量 0.6 0 0	余量 0.9 1.5 2.0	32	220	17	6.0	6.4

注：密度为 5.6~6.0g/cm³ 的普通铁可用作中等负载的轴承材料，此类材料一般比 90-10 青铜的硬度与强度高一些。碳与铁化合形成了钢轴承，其强度比纯铁高，同时径向压溃强度较大，耐磨性与抗压强度较高。化合碳含量大于 0.3%的轴承可以通过热处理来全面改善力学性能。

① 这些数据都是基于制成品的材料。

② 含油的。假定油的密度为 0.875g/cm³。

③ 冶金化合碳。

5. 自润滑轴承用粉末冶金铁-铜材料(见表 3-81)

表 3-81 自润滑轴承用粉末冶金铁-铜材料的牌号、化学组成和物理、力学性能

(摘自 MPIF 标准 35，2009 版)

材料	材料牌号	化学组成(质量分数,%)			径向压溃强度 K		含油量 P_1(体积分数,%)	密度 $D_{湿}^{①②}$/(g/cm³)	
		元素	最小	最大	10^3psi	MPa		最小	最大
					最小值①		最小值①		
铁-铜	FC-0200-K20	铁 铜 碳 其他	余量 1.5 0 0	余量 3.9 0.3 2.0	20	140	22	5.6	6.0
	FC-0200-K34	铁 铜 碳 其他	余量 1.5 0 0	余量 3.9 0.3 2.0	34	230	17	6.0	6.4
	FC-1000-K20	铁 铜 碳 其他	余量 9.0 0 0	余量 11.0 0.3 2.0	20	140	22	5.6	6.0

(续)

材　料	材料牌号	化学组成(质量分数,%)			径向压溃强度 K		含油量 P_1 (体积分数,%)	密度 $D_湿^{①②}$ /(g/cm³)	
		元素	最小	最大	10^3 psi	MPa	最小值①	最小	最大
铁-铜	FC-1000-K30	铁铜碳其他	余量 9.0 0 0	余量 11.0 0.3 2.0	30	210	19	5.8	6.2
	FC-1000-K40	铁铜碳其他	余量 9.0 0 0	余量 11.0 0.3 2.0	40	280	17	6.0	6.4
	FC-2000-K25	铁铜碳其他	余量 18.0 0 0	余量 22.0 0.3 2.0	25	170	22	5.6	6.0
	FC-2000-K30	铁铜碳其他	余量 18.0 0 0	余量 22.0 0.3 2.0	30	210	19	5.8	6.2
	FC-2000-K40	铁铜碳其他	余量 18.0 0 0	余量 22.0 0.3 2.0	40	280	17	6.0	6.4

注：为了改进烧结材料的强度与硬度，可在铁中添加铜，一般铜的添加量(质量分数)为2%、10%或20%。添加20%铜时，轴承材料的硬度与强度都比90-10青铜高，另外还具有好的振动负载能力。这类材料往往用于需要极好地兼具好的结构性能与轴承特性的场合。

① 这些数据都是基于制成品的材料。

② 含油的。假定油的密度为0.875g/cm³。

6. 自润滑轴承用粉末冶金铁-铜-碳材料(见表3-82)

表3-82　自润滑轴承用粉末冶金铁-铜-碳材料的牌号，化学组成和物理、力学性能

(摘自 MPIF 标准 35，2009 版)

材　料	材料牌号	化学组成(质量分数,%)			径向压溃强度 K		含油量 P_1 (体积分数,%)	密度 $D_湿^{①②}$ /(g/cm³)	
		元素	最小	最大	10^3 psi	MPa	最小值①	最小	最大
铁-铜-碳	FC-0205-K20	铁铜碳③其他	余量 1.5 0.3 0	余量 3.9 0.6 2.0	20	140	22	5.6	6.0
	FC-0205-K35	铁铜碳③其他	余量 1.5 0.3 0	余量 3.9 0.6 2.0	35	240	17	6.0	6.4
	FC-0208-K25	铁铜碳③其他	余量 1.5 0.6 0	余量 3.9 0.9 2.0	25	170	22	5.6	6.0

（续）

材　　料	材料牌号	化学组成(质量分数,%)			径向压溃强度 K		含油量 P_1 (体积分数,%)	密度 $D_{湿}^{①②}$ /(g/cm³)	
		元素	最小	最大	10^3psi	MPa	最小值①	最小	最大
铁-铜-碳	FC-0208-K40	铁 铜 碳③ 其他	余量 1.5 0.6 0	余量 3.9 0.9 2.0	40	280	17	6.0	6.4
	FC-0508-K35	铁 铜 碳③ 其他	余量 4.0 0.6 0	余量 6.0 0.9 2.0	35	240	22	5.6	6.0
	FC-0508-K46	铁 铜 碳③ 其他	余量 4.0 0.6 0	余量 6.0 0.9 2.0	46	320	17	6.0	6.4
	FC-2008-K44	铁 铜 碳③ 其他	余量 18.0 0.6 0	余量 22.0 0.9 2.0	44	300	22	5.6	6.0
	FC-2008-K46	铁 铜 碳③ 其他	余量 18.0 0.6 0	余量 22.0 0.9 2.0	46	320	17	6.0	6.4

注：在铁-铜材料中添加0.3%~0.9%(质量分数)碳可大大增强材料强度。另外，这些材料还可用热处理硬化。这些材料具有高的耐磨性与抗压强度。

① 这些数据都是基于制成品的材料。

② 含油的。假定油的密度为0.875g/cm³。

③ 冶金化合碳是根据铁含量确定的。

7. 自润滑轴承用粉末冶金铁-石墨材料(见表3-83)

表3-83　自润滑轴承用粉末冶金铁-石墨材料的牌号、化学组成和物理、力学性能

(摘自 MPIF 标准35，2009版)

材　　料	材料牌号	化学组成 (质量分数,%)			径向压溃强度① K				含油量最小值 $P_1$① (体积分数,%)	密度 $D_{湿}^{①②}$ /(g/cm³)	
					10^3psi		MPa				
		元素	最小	最大	最小	最大	最小	最大		最小	最大
铁-石墨	FG-0303-K10	铁 石墨③ 碳④ 其他	余量 2.0 0 0	余量 3.0 0.5 2.0	10	25	70	170	18	5.6	6.0
	FG-0303-K12	铁 石墨③ 碳④ 其他	余量 2.0 0 0	余量 3.0 0.5 2.0	12	35	80	240	12	6.0	6.4

（续）

材　料	材料牌号	化学组成（质量分数，%）			径向压溃强度① K				含油量最小值 $P_1$①（体积分数，%）	密度 $D_湿$①② /(g/cm³)	
		元素	最小	最大	10^3 psi		MPa			最小	最大
					最小	最大	最小	最大			
铁-石墨	FG-0308-K16	铁 石墨③ 碳④ 其他	余量 1.5 0.5 0	余量 2.5 1.0 2.0	16	45	110	310	18	5.6	6.0
	FG-0308-K22	铁 石墨③ 碳④ 其他	余量 1.5 0.5 0	余量 2.5 1.0 2.0	22	55	150	380	12	6.0	6.4

注：在铁中可混合石墨并烧结到含有化合碳，从而使大部分石墨可用于进行辅助润滑。这些材料具有优异的阻尼特性，可制成平静运转的轴承。为了自润滑，所有材料都可含浸润滑油。化合碳含量超过最大值时，可能形成有噪声的、硬的轴承。

这种材料制造的含油轴承广泛用于内燃机车（百叶窗的衬套）、农机（联合收割机、拖拉机）、缝纫机；用于煤炭输送机、磁带录音机、窄胶片电影放映机、汽车前悬挂杆和其他组件；用于 2000 与 BK-2 轧钢机横向输送机。板材轧机的整理机构、耐油橡胶扩孔轧机；用于电气列车车辆的制动传动、电锯机架关节及其他用途。

使用烧结铁-石墨含油轴承时，必须连续或经常地从外部供给润滑油，不得有剧烈的冲击负荷，要采用淬硬的钢轴。

① 这些数据都是基于制成品的材料。

② 含油的。假定油的密度为 0.875g/cm³。

③ 石墨碳也称为游离碳。

④ 冶金化合碳。

8. 粉末冶金自润滑轴承标准荷载（见表3-84）

表 3-84　粉末冶金自润滑轴承标准荷载

轴的速度 /(m/min)	荷载/MPa									
	CT-1000①	CT-1000 CTG-1001 CTG-1004	F-0000	F-0005	FC-0200	FC-1000	FC-2000	FCTG-3604	FC-0303	FG-0308
静止	45	60	69	105	84	105	105	60	77	105
慢与间歇	22	28	25	25	25	35	35	28	25	25
7~15	14	14	12	12	12	18	18	14	12	12
15~30	3.5	3.5	2.8	3.1	3.1	4.8	4.8	2.8	3.1	3.1
30~45	2.2	2.5	1.6	2.1	2.1	2.8	2.8	2.1	2.1	2.1
45~60	1.7	1.9	1.2	1.6	1.6	2.1	2.1	1.4	1.6	1.6
60~150	$p=\dfrac{105}{v}$	$p=\dfrac{105}{v}$						$p=\dfrac{85}{v}$		
>60			$p=\dfrac{75}{v}$	$p=\dfrac{105}{v}$	$p=\dfrac{105}{v}$	$p=\dfrac{105}{v}$	$p=\dfrac{105}{v}$		$p=\dfrac{105}{v}$	$p=\dfrac{105}{v}$
150~300		$p=\dfrac{127}{v}$								

注：p 为轴承投影面积（轴承长度与内径乘积）的荷载，单位为 MPa；v 为轴的速度，单位为 m/min。轴承荷载 p 用力（N）除以轴承投影面积（mm²）计算所得。极限 pv 值高的轴承和极限 pv 值低的轴承相比较，pv 值高者可承受较大的荷载或适于在较高的转速下工作。粉末冶金轴承的性能与多种因素有关。本表数据来源于 MPIF 标准35《粉末冶金自润滑轴承材料标准》（2009 版）的工程技术资料，实践证明这些数据是可靠的（但没有列入标准规范），设计和应用时可供选用。

① 此牌号材料的密度为 5.8~6.2g/cm³。

3.5.5 日本烧结金属含油轴承材料(见表 3-85 和表 3-86)

表 3-85　日本烧结金属含油轴承材料的品种、化学成分及性能

种类		种类符号	含油量(体积分数,%)	化学成分(质量分数,%)							压溃强度/MPa	表面多孔性
				Fe	C①	Cu	Sn	Pb	Zn	其他		
SBF1 种	1 号	SBF1118	≥18	余	—	—	—	—	—	≤3	≥170	加热时油要均匀地从滑动面渗出
SBF2 种	1 号	SBF2118	≥18	余	—	≤5	—	—	—	≤3	≤200	
	2 号	SBF2218				18~25					≤280	
SBF3 种	1 号	SBF3118	≥18	余	0.2~0.5	—	—	—	—	≤3	≥200	
SBF4 种	1 号	SBF4118	≥18	余	0.2~0.9	≤5	—	—	—	≤3	≥280	
SBF5 种	1 号	SBF5110	≥10	余	—	≤5	—	≥3 <10	—	≤3	≥150	
SBK1 种	1 号	SBK1112	≥12 <18	≤1	≤2	余	8~11	—	—	≤0.5	≥200	
	2 号	SBK1218									≤150	
SBK2 种	1 号	SBK2118	≥18	≤1	≤2	余	6~10	≤5	≤1	≤0.5	≤150	

注: 本表资料摘自 JIS B 1581。

① 化合碳。

表 3-86　日本粉末冶金轴承合金系的种类、化学成分、性能及应用举例

合金系(主要成分)	相应的JIS 标准	化学成分(质量分数,%)						性能				应用举例
		Cu	Fe	Sn	Pb	C	其他	密度/(g/cm³)	含油量(体积分数,%)	压溃强度/MPa	极限 pv 值/(MPa·m/min)	
Cu-Sn	SBK1218	余	—	8~11	—	—	<1	6.4~7.2	>18	>150	100	微电动机、步进电动机
Su-Sn-Pb-C	SBK2118	余	—	8~11	<3	<3	<1	6.4~7.2	>18	>150	100	换气扇、办公机械、运输机械
Cu-Sn-C	SBK1218	余	—	8~11	—	<3	<1	6.4~7.2	>18	>150	100	音响电动机、办公机械
Cu-Sn-Pb	SBK2118	余	—	3~5	4~7	—	<1	6.4~7.2	>18	>150	20	磁带录音机输带辊轴承
Cu-Sn-Pb-C	—	余	MoS₂ 1.5~5.5, Ni<3	7~11	<1.5	<1.5	<1	6.4~7.2	>12	>150	300	起动机、电动工具、VTR 用的各种轴承
Cu-Sn-Pb	—	余	MoS₂ 1.5~2.5	7~11	<1.5	—	<1	6.4~7.2	>12	>150	100	D、D 输带辊电动机和 FDD 主轴电动机用的轴承
Fe-Cu-C	SBF4118	<5	余	—	—	0.2~1.8	<1	5.6~6.4	>18	>150	200	垫圈、隔片、齿轮传动电动机
Fe-Cu-Pb	SBF2118	<3	余	—	<2	—	<1	5.6~6.4	>18	>200	150	小型通用电动机、缝纫机轴承
Fe-Cu-Pb-C①	SBF5110	<5	余	—	3~10	0.2~1.8	<3	5.7~7.2	>15	>200	200	家用电器电动机轴承

（续）

合金系 （主要成分）	相应的 JIS 标准	化学成分（质量分数,%）						性能				应用举例
		Cu	Fe	Sn	Pb	C	其他	密度 /(g/cm³)	含油量 （体积分数, %）	压溃 强度 /MPa	极限 pv 值 /(MPa·m/ min)	
Fe-Cu-Sn	—	48~52	余	1~3	—	—	<3	6.2~7.0	>18	>200	150	办公机械、家用 电器轴承
Fe-Cu-C	—	14~20	余	—	—	1~4	<1	5.6~6.4	>18	>160	150	运输机械轴承
Fe-Cu-Zn①	—	18~22	余	1~3	—	Zn 2~7	—	5.6~6.4	>13	>150	100	各种微型电动机、 输带辊轴承

注：化学成分与密度各生产厂略有不同。

① 可替代铜基轴承。

3.5.6 日本烧结 Fe-Cu 减摩材料（见表 3-87）

表 3-87 日本烧结 Fe-Cu 减摩材料的牌号、化学成分、性能及特点

材料牌号	化学成分（质量分数,%）					性　　能		
	Fe	Cu	Pb	C化合	其他	密度（含油） /(g/cm³)	含油率 （体积分数,%）	压溃强度 /MPa
EQ	余量	1~3	<2	—	<1	5.9	>18	>200
EF	余量	1~3	—	—	<0.5	5.9	>18	>200
EPC	余量	1~3	—	0.2~0.6	<0.5	5.9	>18	>250
EA	余量	14~20	—	1~4	<0.5	5.9	>15	>150
EB	余量	2~5	—	1~4	<0.5	5.9	>15	>150
ED	余量	1~5	<20	—	<1.0	6.3	>18	>150

材料牌号	使　用　特　性														适用举例
	极限 pv 值/ (MPa·m/s)	轴转速				负荷			音响	高温	切削 加工 性	铆 接 性	防锈 能力	尺寸 精度	价格	
		高速	低速	断续	摆动	高	低	冲击								
EQ	2.5	良	良	可	可	可	良	不可	可	可	良	良	良	良	便宜	小型电动机、缝纫 机、电动洗衣机
EF	2.5	良	可	可	可	可	良	不可	可	优	优	不可	良	良	便宜	速度表、洗衣机、放 映机
EPC	3.3	可	良	良	良	优	良	优	不可	不可	不可	可	良	良	便宜	转向衬套、齿轮传动 电动机、衬圈
EA	2.5	可	可	良	良	不可	良	良	良	不可	不可	不可	不可	不可	稍便宜	发动机起动机
EB	2.5	可	可	良	良	不可	可	良	良	不可	不可	不可	不可	不可	稍便宜	织机、发动机起动机
ED	1.7	可	可	良	良	不可	可	良	良	不可	良	不可	不可	不可	标准	发动机起动机、分 电器

材料牌号	特　　点	JIS 的相应标准
EQ	一般轴承用标准铁基材料，应用范围广	相当 SPF 2118
EF	切削性好，作为一般轴承用材，用于许多方面	SBF 2118
EPC	烧结钢质轴承，强度高，可用于冲击负荷条件下	SBF 4118
EA	添加有石墨，抗烧结性好，可用于环境温度高的条件下	相当 SBF 2218
EB	含油率高，适用于急剧起动与继续运转的条件。另外，抗烧结性好，可用于 一般用途	相当 SBF 2218
ED	含 Pb 量高，在铁基材料中磨合性最好，运转平滑	SBF 5118

注：本表中的牌号为日本日立粉末冶金公司的产品牌号。

3.5.7 烧结 Fe-石墨-S 轴承材料(见表 3-88)

表 3-88 烧结 Fe-石墨-S 轴承材料的化学成分、性能及应用

材料	化学成分(质量分数,%)					润滑状况	极限容许值		应用
	Fe	C	Cu	S	P		负荷 /MPa	速度 /(m/s)	
烧结 Fe-C-S	余量	1.0	—	0.8~1.0	—	有限润滑	50~250	2.0~4.0	用于制造拖拉机中变速器的衬套、调速器盘和盖的衬套、润滑机齿轮的衬套。这些衬套过去都是用青铜制造的
烧结 Fe-Cu-C-S	余量	1.5	2.5~3.0	0.4~0.8	—	有限润滑	50~80	2.0~8.0	温度达 200℃ 时的汽车用气门导管、铁路车辆杠杆-制动传动装置的衬套、棉花耕耘机与播种机的衬套、精-粗梳毛机和棉纺织机的衬套、饲料分发器输送机的衬套等
烧结 Fe-Cu-C-S	余量	1.3~2.0	3.0~10.0	0.4	—		150~190	0.1	货车绞车衬套、货车铰链、转动凸轮的枢纽与关节的衬垫、在较高温度(达 500℃)下工作的汽车气门导管
烧结 Fe-C-S-P	余量	1.5	—	0.7~1.0	0.5~0.7	有限润滑	—	—	丝杠车床的零件

注:在 Fe-石墨材料中添加 S,对于提高材料的性能有很多好处,生产中在含油轴承中一般均添加一定量的硫(0.4%~0.6%,质量分数),使材料在抗拉强度,冲击韧性、硬度等方面具有良好的综合性能。金相组织为珠光体-铁素体。当含硫量超过 0.8%后,对材料性能的影响呈相反的作用,有实验资料表明,某组元材料 S 添加量为1%时抗拉强度为336MPa,S 添加量为2%时抗拉强度降至115MPa。本表为烧结 Fe-石墨-S 轴承材料在生产中行之有效的 4 个组方,供参考。

3.5.8 烧结金属含油轴承无铅合金材料(见表 3-89)

表 3-89 烧结金属含油轴承无铅合金的品种、化学成分、性能及应用

合金系 (主要成分)	化学成分(质量分数,%)							密度 /(g/cm³)	含油量 (体积分数,%)	压溃强度 /MPa	pv 值 /(MPa· m/min)	特 点
	Cu	Fe	Sn	Zn	P	C	其他					
Cu-Sn	余	—	2~7				<2	6.7~7.8	>12	>100	50(最大)	用于便携式录音机等,摩擦系数小,省电
Cu-Sn-P-C	余	—	8~11		<0.3	<3	<1	7.0~7.6	>6	>180	150(最大)	适用于低速、高荷载场合,在摇动条件下仍可使用。可替代电动机中的滚动轴承
Cu-Fe-Sn-Zn-C	余	24~68	0.2~7	3~28			<2	5.8~6.6	>18	>160	100(最大)	耐蚀性优良,耐磨性好,在低 pv 值下性能与青铜材质同。可替代青铜轴承,价格便宜。广泛用于家电、音响设备等
Fe-Cu-Sn-C	余	40~48	3~6	—		0~3	<1	5.8~6.6	>18	>200	120(最大)	耐磨性近于 Fe 基材料,在高 pv 值下耐磨性比青铜轴承好。广泛用于汽车、音响设备
Fe-Cu-Sn-C	余	50~65	2~7			0~3	<2	根据使用条件	根据使用条件	>150	120(最大)	适用于高转速的含油轴承

注:为了满足环保的要求,世界工业国家在粉末冶金轴承材料中不允许使用铅方面基本上达成共识,如在欧盟 RCHS 标准《关于在电子、电器设备中禁止使用某些有害物质指令》中强调禁用铅。本表列出的为近期研制开发的无铅粉末冶金轴承材料。这些材料经实际应用,效果良好。

3.5.9　烧结金属石墨材料(见表 3-90~表 3-92)

表 3-90　烧结金属石墨材料的成分、特性及应用

材料序号	石墨含量(质量分数,%)	添加剂(质量分数,%)	特性	应用
		铁基		
1	2~20	达 15Cu	石墨含量为 10%~15%(体积分数)或 4%~5%(质量分数)的烧结金属材料一般称为金属石墨材料,可以作为各种金属石墨轴承材料。金属石墨轴承有较多的特点,工作温度范围为-200~+700℃,可在粉末、污染严重的气氛中或海水,水及其他液体中,强腐蚀条件下及真空条件下使用,在干摩擦或油润滑条件下,可承受高负荷的工作:不会损伤偶合面,不会烧轴,可制成特殊的形状:由于是热及电的良导体,在运转时,轴承中不会积蓄热能,无静电现象。金属石墨材料的组成、结构可以按技术要求进行调整和变换,从而得到不同的性能,以满足多种需求,因此,此种材料应用较为广泛,可用于制造各种机器设备(如各种转动装置、汽车、输送器、发动机等)中的轴承 本表所列的 23 种材料配方是在生产中已有实用效果的品种,选用时可供参考	不润滑下工作
2	10~30	—		适于在严重摩擦条件下、不润滑时工作(在水、气体、水汽中,于温度-200~600℃下;在 900℃温度与 45m/s 的速度下)
3	6~25	—		
4	6~8	—		
5	17~30	—		
6	4~14	—		
7	4~17	—		
8	10~15	(1.5~3.5)Bi、As、Sb		在 $p=0.2~1MPa$ 和 $v=4.35~35.8m/s$ 下,于 50~370℃ 范围内工作
9	达 10	(0.2~10)Ni 或 Mn、Cr、Mo、P、Si、V、Ta、W、Nb		—
10	达 10	2~40 一种或几种 Ti、Ta、Zr、W、Nb、Cr、Mo、Si、B 或 V 的碳化物		—
11	<8	5TiH₂		不润滑下工作
12	4~25	18Ni		于高负荷、较高粉尘及不润滑、摩擦严重的工作条件下
13	3~7 或 5~15	(0~20)Pb、(0~25)Cu、(1~15)Ni		滑块
		铜基		
14	4~20	Pb、Al、P、Sn、Zn		滑动、密封、轴承
15	15~16	(10~20)Pb、(9~10)Sn		在不润滑下工作
铜与铜合金基(Cu-Al、Cu-Sn、Cu-Sn-Al、Cu-Sn-P、Cu-Sn-Zn、Cu-Sn-Pb)				
16	12~20	(4~15)Ti、Mn、Co、Ni、Fe		在不润滑下工作
		青铜基或黄铜基		
17	4~25	—		在温度-200~350℃下,于水蒸气、水、气体中工作的轴承
		Cr-Co 合金基		
18	40%~60%(体积分数)	—		在热水中工作
		铝基		
19	30	—		这是一种热导率与耐磨性高的材料,可用于制造触头、电机电刷
20	4~17	—		
21	16~10	(2.5~5)Mg		
		银基		
22	10			同铝基
		镍-铁合金基		
23	10	2.0Mn、2.5ZnS		用于在高滑动速度下,于自润滑下或在水中工作

表 3-91　德国 Deva Werke 的烧结金属石墨轴承材料的种类、性能及特点

		材料代号	金属基体组成	石墨含量(质量分数,%)	密度/(g/cm³)	硬度 HBW	抗压强度/MPa	最高使用温度/℃	线胀系数/10⁻⁶℃⁻¹	偶合面硬度 HBW	适用范围
D 类 材 料	物理、力学性能	BL2/6	Cu-Sn-Pb	6	7.1	500~700	310	200	18	>2000	一般用于水中,中等负荷及中等速度
		BL2/8	Cu-Sn-Pb	8	6.7	450~650	230				
		B1/6	Cu-Sn	6	7.0	550~750	330				食品、饮料、人体等忌避铅的场合
		B1/8	Cu-Sn	8	6.8	500~700	250				

		合金基体	材料代号	负荷/MPa	容许的滑动速度/(m/s)		磨损量(每摩擦 1km)
	减摩性能	铅青铜基	BL2/6	10~30	10MPa 时,0.07	30MPa 时,0.016	7μm(2MPa·0.05m/s)
			BL2/8	1~10	1MPa 时,1.2	10MPa 时,0.15	5μm(2MPa·0.05m/s)
		青铜基	B1/6	10~30	10MPa 时,0.07	30MPa 时,0.016	9μm(2MPa·0.05m/s)
			B1/8	1~10	1MPa 时,1.2	10MPa 时,0.15	6μm(2MPa·0.05m/s)

	特点	D 类材料的代表性材料为铅青铜基与青铜基材料,适用于中等负荷与中等速度、低速的轴承。金属石墨轴承的负荷与容许滑动速度的关系取决于轴承运转时发热与散热的平衡。负荷、滑动速度、对偶轴的粗糙度均影响金属石墨轴承的磨损量

		合金基体	石墨含量(质量分数,%) 粉状	石墨含量(质量分数,%) 粒状	使用温度/℃	最高负荷/MPa	最高滑动速度/(m/s)	适用范围
T 类 材 料	性能	铅青铜基	6	8	−50~+200	50	0.02	含 Pb 青铜,可作为水中、空气中一般用材料
			8	12		30	0.5	
			12			5	1.0	
		青铜基	6	8		50	0.02	无铅青铜,可用于食品机械,也可用于清水中
			8	12		30	0.5	
			12			5	1.0	
		特殊青铜基	6	8	−180~+350	40	0.02	在铜合金中尺寸稳定性优异
			8	12		20	0.5	
			12			3	1.0	
		Ni-Fe-Cu 基	8		约+450	20	0.04	耐蚀性好,特别是在海水中耐蚀性良好
			12			5	0.5	
		Fe 基	8		约+600	20	0.04	轴承无氧化问题的场合
		Ni 基	8		约+600	20	0.04	用于放射线,原子能设备中的轴承,耐蚀性非常好,可在液体中使用
			12			5	0.3	
		Fe-Ne 基	10	10	约+700	40	0.02	高温特性好,强度优异

	特点	适用于轻负荷~高负荷、低速~高速的金属石墨轴承,使用温度范围较大,加入的石墨有粉状和粒状之分,加入 8%粉状和12%粒状石墨的材料强度基本相同,承受的最高负荷也基本相同。无杂质侵入时,使用粉状石墨较好,有砂、Fe 粉侵入时,使用粉状石墨较好

（续）

	BB 类材料是在冷轧钢板上，烧结以 B 类材料（BL2/8、B1/6、B1/8 中之一）层制成的复合材料，适用于中负荷~高负荷、低速金属石墨轴承。BB 类材料的标准尺寸如下：				
BB 类材料	代号	厚度/mm	合金层厚度/mm	宽度$^{+2.0}_{0}$/mm	长度$^{+5.0}_{0}$/mm
	P1.5	1.5±0.05	0.4	70	
	P2	2.0±0.05	0.6	70	
	P2.5	2.5±0.05	0.9	120	500
	P3	3±0.05	1.0	120	
	P8	8.0±0.075	1.3	110	

表 3-92　德国 Deva Werke 的 Deva 塑料石墨减摩材料的种类、性能及应用

	Deva 塑料材料是以耐热性高的塑料取代金属，将石墨与其他润滑剂加入其中制成的，其特点是：具有优异的耐磨性；摩擦因数小，在运转中无变化，在高温条件下（约250℃）亦可用于干摩擦；热膨胀系数小，对腐蚀性气体与液体的抗力强；在低黏性流体条件下，边界润滑也是有效的；密度小，可减轻重量；模压成型性良好，易于制造特殊形状的零件。Deva 塑料三种材料的物理、力学性能及最佳设计值如下：				
Deva 塑料材料	性能		PIA	PIC	PIF
	物理、力学性能	抗压强度/MPa	5.8	9.5	4.2
		硬度 HBW	250	300	—
		抗拉强度/MPa	1.4	1.5	0.6
		密度/(g/cm^3)	1.5	1.8	1.75
		线胀系数/℃$^{-1}$	22×10^{-6}	21×10^{-6}	23×10^{-6}
	最佳设计值	容许负荷/MPa	3（最小）	5（最大）	1（最小）
		使用温度极限/℃	200	250	200
		滑动速度/(m/s)	0.8	0.6	1.0
	Deva 塑料材料的摩擦因数比金属石墨材料小。完全干摩擦时的摩擦因数，起动时的静摩擦因数为 0.13~0.18，运转中的动摩擦因数为 0.1~0.15				

3.5.10　其他烧结金属含油轴承材料（见表 3-93）

表 3-93　其他烧结金属含油轴承材料

合金系（主要成分）	化学成分（质量分数，%）							密度/(g/cm^3)	含油率（体积分数，%）	压溃强度/MPa	pv 值（最大）/(MPa·m/min)	特点
	Cu	Fe	Sn	Zn	P	C	其他					
Cu-Sn	余量	—	2~7				<2	6.7~7.8	>12	>100	50	用于便携式录音机等，摩擦因数小，省电
Cu-Sn-P-C	余量	—	8~11	—	<0.3	<3	<1	7.0~7.6	>6	>180	150	适用于低速、高荷载，在摇动条件下仍可使用。可用来替代电动机中的滚动轴承
Cu-Fe-Sn-Zn-C	余量	24~68	0.2~7	3~28	—		<2	5.8~6.6	>18	>160	100	耐蚀性优良，耐磨性好、在低 pv 值下性能与青铜材质相同，可替代青铜轴承，价格便宜广泛用于家电、音响设备等
Fe-Cu-Sn-C	余量	40~48	3~6	—	—	0~3	<1	5.8~6.6	>18	>200	120	耐磨性近于 Fe 基材料，在高 pv 值下耐磨性比青铜轴承好，广泛用于汽车、音响设备

（续）

合金系 （主要成分）	化学成分（质量分数，%）							密度 /(g/cm³)	含油率 （体积分 数，%）	压溃 强度 /MPa	pv值（最大） /(MPa·m/ min)	特点
	Cu	Fe	Sn	Zn	P	C	其他					
Fe-Cu-Sn-C	余量	50~65	2~7	—	—	0~3	<2	根据使 用条件	根据使 用条件	>150	120	适用于高转速的含油 轴承

注：本表所列烧结含油轴承材料是近期开发的新品种，在含油轴承设计中已经作为烧结金属含油轴承材料使用，效果好。

3.6 粉末冶金多孔材料

3.6.1 烧结不锈钢过滤元件（见表 3-94～表 3-99）

表 3-94　烧结不锈钢过滤元件的牌号及技术性能（摘自 GB/T 6886——2017）

牌号	液体中阻挡的颗粒尺寸值/μm≤		最大孔径/μm≤	透气度 /[m³/(h·kPa·m²)]≥	耐压强度/MPa≥
	过滤效率（98%）	过滤效率（99.9%）			
SG001	1	5	5	8	3.0
SG005	5	7	10	18	3.0
SG007	7	10	15	45	3.0
SG010	10	15	30	90	3.0
SG015	15	20	45	180	3.0
SG022	22	30	55	380	3.0
SG030	30	45	65	580	2.5
SG045	45	65	80	750	2.5
SG065	65	85	120	1200	2.5

注：1. 烧结不锈钢过滤元件材质的牌号规定为 12Cr18Ni9、06Cr19Ni10、022Cr19Ni10、06Cr17Ni12Mo2、022Cr17Ni12Mo2 等，其化学成分应符合 GB/T1220 的规定。
2. 过滤效率是在给定固体粒子浓度和流量的流体通过过滤元件时过滤元件对于超过某给定尺寸固体颗粒的滤除百分率。
3. 透气度是表示可渗透烧结金属材料（多孔材料）在气体透过时，在单位压差下通过单位面积试样的气体流量。
4. 管状元件耐压强度系指外压试验值。
5. 产品适用于各种生产部门气体和液体净化与分离，如过滤器、分离膜、流体流量控制器、分布器和自润滑轴承等。

表 3-95　烧结不锈钢过滤元件（A1 型）尺寸规格（摘自 GB/T 6886—2017）　（单位：mm）

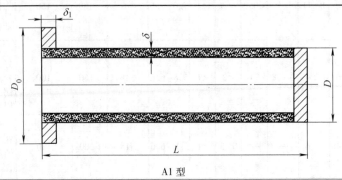

A1 型

（续）

直径 D		长度 L		壁厚 δ		法兰直径 D_0		法兰厚度
公称尺寸	极限偏差	公称尺寸	极限偏差	公称尺寸	极限偏差	公称尺寸	极限偏差	δ_1
20	±1.0	200	±2	2.0	±0.5	30	±0.2	3~4
30	±1.0	300	±2	2.0	±0.5	40	±0.2	3~4
40	±1.0	200	±2	1.0	±0.1	50	±0.3	3~5
				1.5	±0.2			
				2.5	±0.5			
		300	±2	1.0	±0.1			
				1.5	±0.2			
				2.5	±0.5			
		400	±3	1.0	±0.1			
				1.5	±0.2			
				2.5	±0.5			
50	±1.5	300	±2	1.0	±0.1	62	±0.3	4~6
				1.5	±0.2			
				2.5	±0.5			
		400	±3	1.5	±0.2			
				2.0	±0.3			
				2.5	±0.5			
		500	±3	1.0	±0.1			
				1.5	±0.2			
				2.5	±0.5			
60	±1.5	300	±2	1.0	±0.1	72	±0.3	4~6
				1.5	±0.2			
				3.0	±0.5			
		400	±3	1.0	±0.1			
				1.5	±0.2			
				3.0	±0.5			
		500	±3	1.0	±0.1			
				1.5	±0.2			
				2.5	±0.5			
		600	±3	2.5	±0.5			
		700	±4	2.5	±0.5			
		750	±4	2.5	±0.5			
90	±2.0	800	±5	3.5	±0.6	110	±0.5	5~12
100	±2.0	1000	±5	4.0	±0.6	120	±0.5	5~12

注：1. 壁厚公称尺寸为 1.0mm 和 1.5mm 的管状元件由轧制板材卷焊而成。

2. GB/T 6886—2017 规定的各型产品标记示例：

示例 1 过滤效率为 98%时阻挡颗粒尺寸值为 10μm，外径为 20mm、长度为 20mm 的 A1 型焊接烧结不锈钢过滤元件，标记为：SG010-A1-20-200H（尾部"H"表示元件焊接成形）。相同条件的无缝不锈钢过滤元件标记为：SG010-A1-20-200

示例 2 过滤效率为 98%时的阻挡颗粒尺寸值为 15μm，直径为 30mm、厚度为 3mm 的片状烧结不锈钢过滤元件标记为：SG015-30-3

表 3-96　烧结不锈钢过滤元件(A2 型)尺寸规格(摘自 GB/T 6886—2017)　(单位:mm)

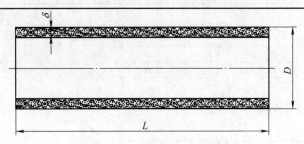

A2 型

直径 D		长度 L		壁厚 δ	
公称尺寸	极限偏差	公称尺寸	极限偏差	公称尺寸	极限偏差
20	±1.0	200	±1	2.0	±0.5
30	±1.0	200	±1	2.0	±0.5
		300	±1	2.5	±0.5
40	±1.0	200	±1	1.0	±0.1
				1.5	±0.2
				2.5	±0.5
		300	±1	1.0	±0.1
				1.5	±0.2
				2.5	±0.5
		400	±1	1.0	±0.1
				1.5	±0.2
				2.5	±0.5
50	±1.5	300	±1	1.0	±0.1
				1.5	±0.2
				2.5	±0.5
		400	±1	1.5	±0.2
				2.0	±0.3
				2.5	±0.5
		500	±1	1.0	±0.1
				1.5	±0.2
				2.5	±0.5
60	±1.5	300	±1	1.0	±0.1
				1.5	±0.2
				2.5	±0.5
		400	±1	1.0	±0.1
				1.5	±0.2
				2.5	±0.5
		500	±1	1.0	±0.1
				1.5	±0.2
				2.5	±0.5
		600	±2	2.5	±0.5
		700	±2	2.5	±0.5
90	±2.0	800	±2	3.5	±0.6
100	±2.5	1000	±2	4.0	±0.6

注:壁厚公称尺寸为 1.0mm、1.5mm 的管状元件由轧制板材卷焊而成。

表 3-97 烧结不锈钢过滤元件(A3 型)尺寸规格(摘自 GB/T 6886——2017)(单位:mm)

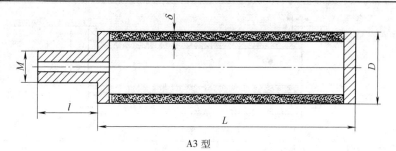

A3 型

直径 D		长度 L		壁厚 δ	管接头	
公称尺寸	极限偏差	公称尺寸	极限偏差	公称尺寸±极限偏差	螺纹尺寸	长度 l
20	±1.0	200	±2	2.0±0.5	M12×1.0	28
30	±1.0	200	±2	2.0±0.5		
		300	±2			
40	±1.0	200	±2	1.0±0.1 1.5±0.2 2.0±0.5		
		300	±2			
		400	±2			
50	±1.5	300	±2		M20×1.5	
		400	±2			
		500	±2			
60	±1.5	300	±2	1.0±0.1 1.5±0.2 2.5±0.5	M30×2.0	40
		400	±2			
		500	±2			
		600	±2		M36×2.0	100
		700	±3			
		750	±3			
		1000	±4			
		1200	±4			
		1500	±5			
		2000	±5			
70	±1.5	500	±2		M36×2.0	40
		600	±3			
		800	±3			100
		1000	±4			
90	±2.0	600	±2	3.5±0.6	M36×2.0	40
		800	±4		M48×2.0	140
		1000	±4			
100	±2.0	1000	±4	4.0±0.6	M48×2.0	180

注:壁厚公称尺寸为 1.0mm、1.5mm 的管状元件由轧制板料卷焊而成。

表 3-98 烧结不锈钢过滤元件(A4 型)尺寸规格(摘自 GB/T 6886—2017) （单位:mm）

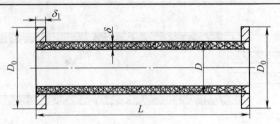

A4 型

直径 D		长度 L		壁厚 δ		法兰直径 D_0		法兰厚度 δ_1
公称尺寸	极限偏差	公称尺寸	极限偏差	公称尺寸	极限偏差	公称尺寸	极限偏差	
20	±0.5	200	±1			30	±0.2	3~4
30	±1.0	200	±1			40	±0.2	3~4
		300	±1					
40	±1.0	200	±1	2.3		52	±0.3	3~5
		300	±1					
		400	±1		±0.4			
50	±1.5	300	±1			62	±0.3	4~6
		400	±1					
		500	±1					
60	±1.5	300	±1	2.5		72	±0.3	4~6
		400	±1					
		500	±1					
		600	±2					
		700	±2					
		750	±2					
90	±2.0	800	±2	3.5	±0.6	110	±1.0	5~12
100	±2.0	1000	±2	4.0	±0.6	130	±1.0	5~12

表 3-99 烧结不锈钢过滤元件(片状)尺寸规格(摘自 GB/T 6886—2017) （单位:mm）

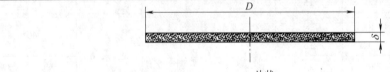

片状

直径 D		厚度 δ	
公称尺寸	极限偏差	公称尺寸	极限偏差
10	±0.2	1.5、2.0、2.5、3.0	±0.1
30	±0.2	1.5、2.0、2.5、3.0	±0.1
50	±0.5	1.5、2.0、2.5、3.0	±0.1
80	±0.5	2.5、3.0、3.5、4.0、5.0	±0.2

（续）

直径 D		厚度 δ	
公称尺寸	极限偏差	公称尺寸	极限偏差
100	±1.0	2.5、3.0、3.5、4.0、5.0	±0.2
200	±1.5	3.0、3.5、4.0、5.0	±0.3
300	±2.0	3.0、3.5、4.0、5.0	±0.3
400	±2.5	3.0、3.5、4.0、5.0	±0.3

3.6.2 烧结金属过滤元件（见表3-100～表3-106）

表3-100　烧结钛过滤元件的牌号及性能（摘自GB/T 6887—2019）

牌号	液体中阻挡的颗粒尺寸值/μm≤		气泡试验孔径/μm≤	透气度/[m³/(h·kPa·m²)]≥	耐压破坏强度/MPa≥
	过滤效率（98%）	过滤效率（99.9%）			
TG001	1	5	5	6	2.5
TG003	3	5	10	8	2.5
TG006	6	10	15	30	2.0
TG010	10	14	30	80	2.0
TG020	20	32	30	200	1.5
TG035	35	52	100	400	1.5
TG060	60	85	150	600	1.0

注：1. 轧制成形的过滤元件，其耐压破坏强度不小于0.3MPa。管状元件需进行耐外压试验。

2. 本表中过滤元件的化学成分应符合YS/T654的规定。

3. 产品用于气体和液体的净化和分离，适用于过滤介质为亚硝酸酐、醋酸、硫酸、盐酸、硝酸、主水、甲酸和柠檬酸等。

4. 过滤元件按照牌号、型号、尺寸和加工方法进行标记。

　　示例1　过滤效率为98%时的阻挡颗粒尺寸值为10μm，直径为20mm、长度为200mm的A1型焊接烧结过滤元件标记为：TG010-A1-20-200H。相同条件的无缝钛过滤元件标记为：TG010-A1-20-200

　　示例2　过滤效率为98%时的阻挡颗粒尺寸值为12μm，直径为30mm、厚度为3mm的B1型片状烧结镍及镍合金过滤元件标记为：NG012-B1-30-3

表3-101　烧结镍及镍合金过滤元件的牌号及性能（摘自GB/T 6887—2019）

牌号	液体中阻挡的颗粒尺寸值/μm≤		气泡试验孔径/μm≤	透气度/[m³/(h·kPa·m²)]≥	耐压破坏强度/MPa≥
	过滤效率（98%）	过滤效率（99.9%）			
NG001	1	5	5	8	3.0
NG003	3	7	10	10	3.0
NG006	6	10	15	45	3.0
NG012	12	18	30	100	3.0
NG022	22	36	50	260	2.5
NG035	35	50	100	600	2.5

注：1. 管状元件的耐压破坏强度为外压试验值。

2. 本表产品用于气体和液体的净化和分离，适用于过滤介质为液态钠和钾、水、氢氧化钠、氢氟酸、氟化物等。

3. 各牌号烧结镍及镍合金过滤元件的化学成分应符合GB/T 8647、YS/T 325的规定。

表 3-102 烧结金属过滤元件(A1 型)尺寸规格(摘自 GB/T 6887—2019) (单位:mm)

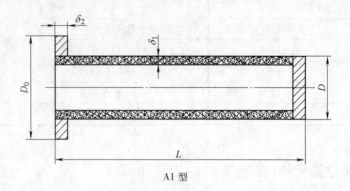

A1 型

直径 D		长度 L		壁厚 δ_1		法兰直径 D_0		法兰厚度
公称尺寸	极限偏差	公称尺寸	极限偏差	公称尺寸	极限偏差	公称尺寸	极限偏差	δ_2
20	±1.0	200		2.5	±0.4	30	±0.2	3~4
30		200				40	±0.2	3~4
		300						
40	±1.0	200	±2	1.0	±0.1	52	±0.3	3~5
				1.5	±0.2			
				2.5	±0.5			
		300		1.0	±0.1			
				1.5	±0.2			
				2.5	±0.4			
		400		1.0	±0.1			
				1.5	±0.2			
				2.5	±0.4			
50	±1.5	300	±2	1.0	±0.1	62	±0.3	4~6
				1.5	±0.2			
				2.5	±0.4			
		400		1.5	±0.2			
				2.0	±0.3			
				2.5	±0.4			
		500		1.0	±0.1			
				1.5	±0.2			
				2.5	±0.4			
60	±1.5	300		1.0	±0.1	72	±0.3	4~6
				1.5	±0.2			
				3.0	±0.4			
		400		1.0	±0.1			
				1.5	±0.2			
				3.0	±0.4			
		500		1.0	±0.1			
				1.5	±0.2			
				3.0	±0.4			
		600	±3	3.0	±0.5			
		700						
90	±2.0	800		5.0	±0.6	110	±0.5	5~12
100	±2.0	1000		5.0		120		5~12

注:壁厚公称尺寸为 1.0mm、1.5mm 的管状过滤元件由轧制板材卷焊而成。

表 3-103　烧结金属过滤元件(A2 型)尺寸规格(摘自 GB/T 6887—2019)　　(单位:mm)

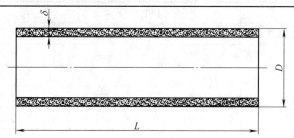

A2 型

直径 D		长度 L		壁厚 δ	
公称尺寸	极限偏差	公称尺寸	极限偏差	公称尺寸	极限偏差
20	±1.0	200	±2	2.5	±0.4
30	±1.0	200	±2	2.5	±0.4
30	±1.0	300	±2	2.5	±0.4
40	±1.0	200	±2	1.0	±0.1
				1.5	±0.2
				2.5	±0.4
40	±1.0	300	±2	1.0	±0.1
				1.5	±0.2
				2.5	±0.4
40	±1.0	400	±2	1.0	±0.1
				1.5	±0.2
				2.5	±0.4
50	±1.5	300	±2	1.0	±0.1
				1.5	±0.2
				2.5	±0.4
50	±1.5	400	±3	1.5	±0.2
				2.0	±0.3
				2.5	±0.4
50	±1.5	500	±2	1.0	±0.1
				1.5	±0.2
				2.5	±0.4
60	±1.5	300	±2	1.0	±0.1
				1.5	±0.2
				3.0	±0.4
60	±1.5	400	±2	1.0	±0.1
				1.5	±0.2
				3.0	±0.4
60	±1.5	500	±3	1.0	±0.1
				1.5	±0.2
				3.0	±0.4

（续）

直径 D		长度 L		壁厚 δ	
公称尺寸	极限偏差	公称尺寸	极限偏差	公称尺寸	极限偏差
60	±1.5	600	±3	3.0	±0.5
60	±1.5	700	±3	3.0	±0.5
90	±2.0	800	±3	5.0	±0.6
100	±2.0	1000	±3	5.0	±0.6

注：壁厚公称尺寸 1.0mm、1.5mm 的管状过滤元件由轧制板材卷焊而成。

表 3-104　烧结金属过滤元件（A3 型）尺寸规格（摘自 GB/T 6887—2019）　（单位：mm）

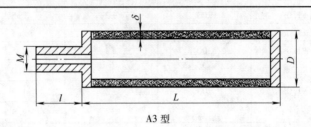

A3 型

直径 D		长度 L		壁厚 δ		管接头	
公称尺寸	极限偏差	公称尺寸	极限偏差	公称尺寸	极限偏差	螺纹尺寸	长度 l
20	±1.0	200	±2	2.5	±0.4		
30	±1.0	200	±2	2.5	±0.4		
30	±1.0	300	±2	2.5	±0.4		
40	±1.0	200	±2	1.0	±0.1		
				1.5	±0.2		
				2.5	±0.4		
40	±1.0	300	±2	1.0	±0.1	M12×1.0	28
				1.5	±0.2		
				2.5	±0.4		
40	±1.0	400	±3	1.0	±0.1		
				1.5	±0.2		
				2.5	±0.4		
50	±1.5	300	±2	1.0	±0.1		
				1.5	±0.2		
				2.5	±0.4		
50	±1.5	400	±3	1.5	±0.2	M20×1.5	40
				2.0	±0.3		
				2.5	±0.4		
50	±1.5	500	±3	1.0	±0.1		
				1.5	±0.2		
				2.5	±0.4		

（续）

直径 D		长度 L		壁厚 δ		管接头	
公称尺寸	极限偏差	公称尺寸	极限偏差	公称尺寸	极限偏差	螺纹尺寸	长度 l
60	±1.5	300	±2	1.0	±0.1	M30×2.0	50
				1.5	±0.2		
				3.0	±0.5		
60	±1.5	400	±3	1.0	±0.1		
				1.5	±0.2		
				3.0	±0.5		
60	±1.5	500	±3	1.0	±0.1		
				1.5	±0.2		
				3.0	±0.5		
60	±1.5	600	±3	3.0	±0.5		
60	±1.5	700	±3	3.0	±0.5		60
90	±2	800	±3	5.0	±0.6		100
100	±2	1000	±3	5.0	±0.6		100

注：壁厚公称尺寸为 1.0mm、1.5mm 的管状过滤元件由轧制板材卷焊而成。

表 3-105　烧结金属过滤元件（A4 型）尺寸规格（摘自 GB/T 6887—2019）　（单位:mm）

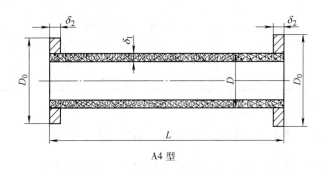

A4 型

直径 D		长度 L		壁厚 δ₁		法兰直径 D₀		法兰厚度 δ₂
公称尺寸	极限偏差	公称尺寸	极限偏差	公称尺寸	极限偏差	公称尺寸	极限偏差	
20	±0.5	200	±2	2.3	±0.4	30	±0.2	3~4
30	±1.0	200	±2			40	±0.2	3~4
30	±1.0	300	±2					
40	±1.0	200	±2			52	±0.3	3~5
40	±1.0	300	±2					
40	±1.0	400	±2					
50	±1.5	300	±2			62	±0.2	3~4
50	±1.5	400	±2					

(续)

直径 D		长度 L		壁厚 δ_1		法兰直径 D_0		法兰厚度 δ_2
公称尺寸	极限偏差	公称尺寸	极限偏差	公称尺寸	极限偏差	公称尺寸	极限偏差	
50	±1.5	500	±2	2.3		62		
60	±1.5	300	±2					
60	±1.5	400	±2					
60	±1.5	500	±2	2.5	±0.4	72	±0.3	4~6
60	±1.5	600	±3					
60	±1.5	700	±3					
60	±1.5	750	±3					
90	±2.5	800	±4	3.5	±0.5	110	±1.0	5~12

表 3-106　烧结金属过滤元件(片状 B1 型)尺寸规格(摘自 GB/T 6887—2019)(单位:mm)

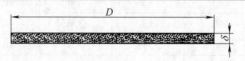

片状 B1 型

直径 D		厚度 δ	
公称尺寸	极限偏差	公称尺寸	极限偏差
10	±0.2	1.0、1.5、2.0、2.5、3.0	±0.1
30	±0.2	1.0、1.5、2.0、2.5、3.0	±0.1
50	±0.5	1.0、1.5、2.0、2.5、3.0	±0.1
80	±0.5	1.0、2.5、3.0、3.5、4.0、5.0	±0.2
100	±1.0	1.0、2.5、3.0、3.5、4.0、5.0	±0.2
200	±1.5	2.5、3.0、3.5、4.0、5.0	±0.3
300	±2.0	3.0、3.5、4.0、5.0	±0.3
400	±2.5	3.0、3.5、4.0、5.0	±0.3

3.6.3　烧结金属膜过滤材料及元件(见表 3-107~表 3-115)

表 3-107　烧结金属膜过滤材料及元件的性能(摘自 GB/T 34646—2017)

级别	最大孔径/μm≤	透气度 /$[m^3/(h\cdot kPa\cdot m^2)]$≥	级别	最大孔径/μm≤	透气度 /$[m^3/(h\cdot kPa\cdot m^2)]$≥
MG0005	1	5	MG05	15	40
MG001	2	9	MG10	25	50
MG005	4	15	MG15	35	100
MG01	6	20	MG20	50	200
MG03	10	30	MG30	60	400

注：1. GB/T 34646—2017 规定的烧结金属膜过滤材料和元件是在基体为粉末冶金方法生产的烧结金属多孔材料上涂覆一层金属膜或陶瓷膜制备而成的新型烧结过滤材料和元件。

2. 烧结金属膜材料和元件按最大孔径划分为 10 个级别。本表"级别"中的"M"代表膜材料"G"代表过滤。

3. 烧结金属膜过滤材料及元件按级别、型号、尺寸进行标记。

示例 1　最大孔径为 10μm，外径为 20mm、长度为 200mm 的 A1 型底部为焊接的烧结金属膜过滤材料及元件标记为：MG03-A1-20-200H，相同条件的整体成形烧结金属膜过滤材料及元件标记为：MG03-A1-20-200

示例 2　最大孔径为 2μm，直径为 30mm、厚度为 3mm 的片状烧结金属膜过滤材料及元件标记为：MG001-30-3

表 3-108 烧结金属膜 A1 型过滤元件的尺寸规格(摘自 GB/T 34646—2017)（单位:mm）

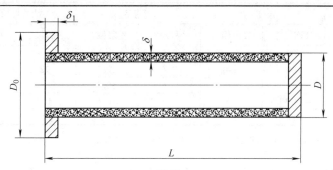

A1 型

直径 D		长度 L		壁厚 δ		法兰直径 D_0		法兰厚度 $δ_1$
公称尺寸	极限偏差	公称尺寸	极限偏差	公称尺寸	极限偏差	公称尺寸	极限偏差	
20	±1.0	200	±2	2.0	±0.5	30	±0.2	3~4
30	±1.0	300	±2	2.0	±0.5	40	±0.2	3~4
40	±1.0	200	±2	1.0	±0.1	50	±0.3	3~5
		300	±2	1.5	±0.2			
				2.5	±0.5			
				1.0	±0.1			
				1.5	±0.2			
		400	±3	2.5	±0.5			
				1.0	±0.1			
				1.5	±0.2			
				2.5	±0.5			
50	±1.5	300	±2	1.0	±0.1	62	±0.3	4~6
				1.5	±0.2			
				2.5	±0.5			
		400	±3	1.5	±0.2			
				2.0	±0.3			
				2.5	±0.5			
		500	±3	1.0	±0.1			
				1.5	±0.2			
				2.5	±0.5			
60	±1.5	300	±2	1.0	±0.1	72	±0.3	4~6
				1.5	±0.2			
				3.0	±0.5			
		400	±3	1.0	±0.1			
				1.5	±0.2			
				3.0	±0.5			
		500	±3	1.0	±0.1			
				1.5	±0.2			
				2.5	±0.5			

（续）

直径 D		长度 L		壁厚 δ		法兰直径 D₀		法兰厚度 δ₁
公称尺寸	极限偏差	公称尺寸	极限偏差	公称尺寸	极限偏差	公称尺寸	极限偏差	
60	±1.5	600	±3	2.5	±0.5	72	±0.3	4~6
		700	±4	2.5	±0.5			
		750	±4	2.5	±0.5			
90	±2.0	800	±5	3.5	±0.6	110	±0.5	5~12
100	±2.0	1000	±5	4.0	±0.6	120	±0.5	5~12

注：壁厚公称尺寸为 1.0mm、1.5mm 的管状过滤元件由轧制板材卷焊而成。

表 3-109　烧结金属膜 **A2** 型过滤元件的尺寸规格（摘自 GB/T 34646—2017）（单位:mm）

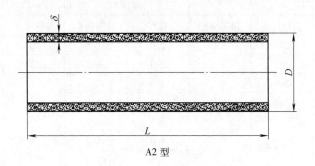

A2 型

直径 D		长度 L		壁厚 δ	
公称尺寸	极限偏差	公称尺寸	极限偏差	公称尺寸	极限偏差
20	±1.0	200	±1	2.0	±0.5
30	±1.0	200	±1	2.0	±0.5
		300	±1	2.5	±0.5
40	±1.0	200	±1	1.0	±0.1
				1.5	±0.2
				2.5	±0.5
		300	±1	1.0	±0.1
				1.5	±0.2
				2.5	±0.5
		400	±1	1.0	±0.1
				1.5	±0.2
				2.5	±0.5
50	±1.5	300	±1	1.0	±0.1
				1.5	±0.2
				2.5	±0.5
		400	±1	1.5	±0.2
				2.0	±0.3
				2.5	±0.5
		500	±1	1.0	±0.1
				1.5	±0.2
				2.5	±0.5

(续)

直径 D		长度 L		壁厚 δ	
公称尺寸	极限偏差	公称尺寸	极限偏差	公称尺寸	极限偏差
60	±1.5	300	±1	1.0	±0.1
				1.5	±0.2
				2.5	±0.5
		400	±1	1.0	±0.1
				1.5	±0.2
				2.5	±0.5
		500	±1	1.0	±0.1
				1.5	±0.2
				2.5	±0.5
		600	±2	2.5	±0.5
		700	±2	2.5	±0.5
90	±2.0	800	±2	3.5	±0.6
100	±2.0	1000	±2	4.0	±0.6

注：壁厚公称尺寸为 1.0mm、1.5mm 的管状过滤元件由轧制板材卷焊而成。

表 3-110　烧结金属膜 A3 型过滤元件的尺寸规格(摘自 GB/T 34646—2017)

(单位：mm)

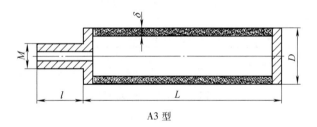

A3 型

直径 D		长度 L		壁厚 δ	管接头	
公称尺寸	极限偏差	公称尺寸	极限偏差	公称尺寸±极限偏差	螺纹尺寸	长度 l
20	±1.0	200	±2	2.0±0.5	M12×1.0	28
30	±1.0	200	±2	2.0±0.5		
		300	±2			
40	±1.0	200	±2	1.0±0.1 1.5±0.2 2.0±0.5		
		300	±2			
		400	±2			
50	±1.5	300	±2		M20×1.5	
		400	±2			
		500	±2			

（续）

直径 D		长度 L		壁厚 δ	管接头	
公称尺寸	极限偏差	公称尺寸	极限偏差	公称尺寸±极限偏差	螺纹尺寸	长度 l
60	±1.5	300	±2	1.0±0.1 1.5±0.2 2.5±0.5	M30×2.0	40
		400	±2			
		500	±2			
		600	±2		M36×2.0	100
		700	±3			
		750	±3			
		1000	±4			
		1200	±4			
		1500	±5			
		2000	±5			
70	±1.5	500	±2		M36×2.0	40
		600	±3			
		800	±3			100
		1000	±4			
90	±2.0	600	±2	3.5±0.6	M36×2.0	40
		800	±4		M48×2.0	140
		1000	±4			
100	±2.0	1000	±4	4.0±0.6	M48×2.0	180

注：壁厚公称尺寸为 1.0mm、1.5mm 的管状过滤元件由轧制板材卷焊而成。

表 3-111　烧结金属膜 A4 型过滤元件的尺寸规格（摘自 GB/T 34646—2017）（单位：mm）

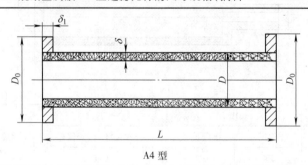

A4 型

直径 D		长度 L		壁厚 δ		法兰直径 D_0		法兰厚度 δ_1
公称尺寸	极限偏差	公称尺寸	极限偏差	公称尺寸	极限偏差	公称尺寸	极限偏差	
20	±0.5	200	±1	2.3	±0.4	30	±0.2	3~4
30	±1.0	200	±1			40	±0.2	3~4
		300	±1					
40	±1.0	200	±1			52	±0.3	3~5
		300	±1					
		400	±1					

(续)

直径 D		长度 L		壁厚 δ		法兰直径 D_0		法兰厚度 δ_1
公称尺寸	极限偏差	公称尺寸	极限偏差	公称尺寸	极限偏差	公称尺寸	极限偏差	
50	±1.5	300	±1	2.3		62	±0.3	4~6
		400	±1					
		500	±1					
60	±1.5	300	±1	2.5	±0.4	72	±0.3	4~6
		400	±1					
		500	±1					
		600	±2					
		700	±2					
		750	±2					
90	±2.0	800	±2	3.5	±0.6	110	±1.0	5~12
100	±2.0	1000	±2	4.0	±0.6	130	±1.0	5~12

表 3-112　烧结金属膜片状过滤元件的尺寸规格（摘自 GB/T 34646—2017）　（单位：mm）

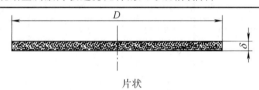

片状

直径 D		厚度 δ	
公称尺寸	极限偏差	公称尺寸	极限偏差
10	±0.2	1.5、2.0、2.5、3.0	±0.1
30	±0.2	1.5、2.0、2.5、3.0	±0.1
50	±0.5	1.5、2.0、2.5、3.0	±0.1
80	±0.5	2.5、3.0、3.5、4.0、5.0	±0.2
100	±1.0	2.5、3.0、3.5、4.0、5.0	±0.2
200	±1.5	3.0、3.5、4.0、5.0	±0.3
300	±2.0	3.0、3.5、4.0、5.0	±0.3
400	±2.5	3.0、3.5、4.0、5.0	±0.3

表 3-113　国内典型的烧结不锈钢过滤元件及材料性能

	型号	液体中阻挡的颗粒尺寸值/μm		透气度 /[m³/(h·kPa·m²)]	耐压强度 /MPa
		过滤效率（98%）	过滤效率（99.9%）		
等静压成形不锈钢过滤元件	FSD01	1	3	≥5	≥3.0
	FSD03	3	5	≥18	≥3.0
	FSD05	5	9	≥45	≥3.0
	FSD10	10	15	≥100	≥3.0
	FSD15	15	24	≥200	≥3.0
	FSD20	25	35	≥400	≥3.0
	FSD35	35	55	≥580	≥2.5
	FSD50	50	80	≥750	≥2.5
	FSD80	80	120	≥1200	≥2.5

（续）

	型号	透气度 /[m³/(h·kPa·m²)]	耐压强度 /MPa	型号	透气度 /[m³/(h·kPa·m²)]	耐压强度 /MPa
轧制、模压成形不锈钢多孔元件	FS05	≥5	≥1.0	FS50	≥380	≥1.0
	FS10	≥18	≥1.0	FS100	≥800	≥0.5
	FS15	≥45	≥1.0	FS150	≥1200	≥0.5
	FS30	≥150	≥1.0			

注：1. 本表为目前国内常用的未列入国标的烧结不锈钢过滤元件的性能资料，常用的不锈钢材质牌号有12Cr18Ni9、06Cr19Ni10、022Cr19Ni10、06Cr17Ni12Mo2、022Cr17Ni12Mo2等。这类材料具有优异的耐蚀性、抗氧化性、耐磨性和力学性能，广泛应用于冶金、化工、医药、食品等行业的过滤、分离、流量控制、消音、毛细芯体等，产品形状有块状、管状、圆片状以及其他异型等。国内各生产企业可满足用户要求。

2. 透气度只适合3mm以下厚度的元件，大于3mm厚度的元件透气度仅作参考。

表 3-114 德国 CKN 公司制作的冷静压不锈钢多孔滤芯的性能

规 格	孔隙度 (%)	透气系数 α/m^2	透气系数 β/m	过滤效率 $X(T=98\%)/\mu m$	气泡压强 /Pa	环拉强度 /(N/mm²)
SIKA-R 0.5/S	17	0.05×10^{-12}	0.01×10^{-7}	3.2	13000	180
SIKA-R 1/S	20	0.15×10^{-12}	0.06×10^{-7}	4.3	10000	140
SIKA-R 3/S	31	0.55×10^{-12}	0.56×10^{-7}	5.1	5800	110
SIKA-R 5/S	30	0.80×10^{-12}	0.90×10^{-7}	6.5	4700	100
SIKA-R 8/S	30	1.20×10^{-12}	1.20×10^{-7}	8.7	4100	90
SIKA-R 10/S	32	1.80×10^{-12}	1.70×10^{-7}	12.6	3000	80
SIKA-R 15/S	36	4×10^{-12}	11×10^{-7}	18.4	1900	60
SIKA-R 20/S	45	10×10^{-12}	30×10^{-7}	23.9	1700	55
SIKA-R 30/S	44	17×10^{-12}	25×10^{-7}	38	1100	50
SIKA-R 50/S	44	25×10^{-12}	32×10^{-7}	45	800	35
SIKA-R 80/S	48	40×10^{-12}	50×10^{-7}	78	700	17
SIKA-R 100/S	45	65×10^{-12}	93×10^{-7}	92	550	15
SIKA-R 150/S	44	150×10^{-12}	110×10^{-7}	132	400	10
SIKA-R 200/S	54	258×10^{-12}	137×10^{-7}	173	350	5

表 3-115 德国 GKN 公司制作的压制成形不锈钢多孔滤芯的性能

规 格	孔隙度 (%)	透气系数 α/m^2	透气系数 β/m	过滤效率 $X(T=98\%)/\mu m$	气泡压强 /Pa	环拉强度 /(N/mm²)
SIKA-R 0.5/AX	21	0.1×10^{-12}	0.03×10^{-7}	3.5	8300	350
SIKA-R1/AX	21	0.2×10^{-12}	0.05×10^{-7}	3.9	8000	355
SIKA-R3/AX	31	0.6×10^{-12}	0.4×10^{-7}	7.4	5300	311
SIKA-R5/AX	31	1.1×10^{-12}	1.2×10^{-7}	9.2	3600	278
SIKA-R8/AX	43	3.8×10^{-12}	13×10^{-7}	11	2400	160

（续）

规　格	孔隙度（%）	透气系数 α/m^2	透气系数 β/m	过滤效率 $X(T=98\%)/\mu m$	气泡压强 /Pa	环拉强度 /(N/mm²)
SIKA-R10/AX	40	4.2×10^{-12}	17×10^{-7}	17	1600	200
SIKA-R15/AX	43	7.2×10^{-12}	22×10^{-7}	20	1500	138
SIKA-R20/AX	43	14×10^{-12}	29×10^{-7}	35	1100	144
SIKA-R30/AX	46	25×10^{-12}	36×10^{-7}	44	950	135
SIKA-R50/AX	47	36×10^{-12}	44×10^{-7}	54	600	121
SIKA-R80/AX	50	43×10^{-12}	47×10^{-7}	61	500	98
SIKA-R100/AX	52	58×10^{-12}	57×10^{-7}	67	450	85
SIKA-R150/AX	47	62×10^{-12}	63×10^{-7}	90	350	110
SIKA-R200/AX	51	78×10^{-12}	87×10^{-7}	107	300	95

3.6.4　烧结锡青铜过滤元件（见表 3-116 和表 3-117）

表 3-116　烧结锡青铜过滤元件的牌号及性能（摘自 JB/T 8395—2011）

牌号	允许值 密度 /(g/cm³)	允许值 绝对过滤精度 /μm	允许值 最大孔径 /μm	允许值 渗透系数 /10⁻¹²m²	允许值 抗剪强度 /MPa	允许值 耐压抗压强度/MPa	推荐值 渗透系数 /10⁻¹²m²	推荐值 抗剪强度 /MPa
FQG200	5.0~6.5	200	≤571	≥210	≥20	≥2.0	≥250	≥30
FQG150	5.0~6.5	150	≤428	≥160	≥30	≥2.0	≥200	≥40
FQG100	5.0~6.5	100	≤285	≥110	≥40	≥2.0	≥140	≥60
FQG080	5.0~6.5	80	≤228	≥70	≥55	≥2.0	≥90	≥80
FQG060	5.0~6.5	60	≤171	≥45	≥65	≥2.5	≥60	≥90
FQG045	5.0~6.5	45	≤128	≥25	≥75	≥2.5	≥40	≥90
FQG020	5.0~6.5	20	≤57	≥6	≥85	≥3.0	≥10	≥110
FQG008	5.0~6.5	8	≤22	≥1.2	≥95	≥3.0	≥2	≥130

注：1. 烧结粉末铜合金多孔材料主要包括青铜、黄铜、镍黄铜多孔材料等。这类材料过滤具有精度高、透气性好、强度高等优点，广泛用于化工、环保、气动元件等行业中的压缩空气除油净化、原油除沙、过滤、氮氢气（无硫）过滤、纯氧过滤、气泡发生器，流化床气体分布等。烧结粉末青铜多孔材料的使用温度在油中接近 400℃，低温可以达到-200℃，在空气中可达 200℃。青铜过滤材料比有机滤材优越，青铜滤材在空气过滤和油过滤中比陶瓷滤材应用得广泛，因为陶瓷滤材存在效率低，阻力大及易破损等缺点。本表为烧结锡青铜过滤元件的性能，产品为锡青铜球形粉末见表 3-117 松装烧结制造的过滤元件及消音元件。

2. 元件的几何尺寸及精度按图样要求。

3. 表中推荐值不作为法定保证值。

4. 标记示例：　FQG　　150　　JB/T 8395—2011
　　　　　　　　　　　　　　└── 过滤精度为150μm
　　　　　　　　　　└── 烧结锡青铜过滤元件

表 3-117　烧结锡青铜过滤元件用材料（锡青铜球形粉末）**的牌号及化学成分**（摘自 JB/T 8395—2011）

产品牌号	化学成分（质量分数，%）					
	Cu	Sn	Zn	P	O	其他
QFQWCuSn-Ⅰ	87.5~90.0	10.0~11.5	—	0.2~0.40	≤0.10	≤0.60
QFQWCuSn-Ⅱ	88.5~91.0	9.0~11.0	—	0.05~0.30	≤0.10	≤0.60
QFQWCuSn-Ⅲ	85.5~90.0	7.3~8.7	2.3~3.7	0.05~0.30	≤0.10	≤0.60

注：产品牌号按 JB/T 6649—2010 的规定。

3.6.5　烧结镍过滤元件（见表 3-118）

表 3-118　烧结镍过滤元件及材料性能

	型号	液体中阻挡的颗料尺寸值/μm		透气度 /[m³/(h·kPa·m²)]	耐压强度 /MPa
		过滤效率（98%）	过滤效率（99.9%）		
等静压成形镍过滤元件	FND03	3	5	≥8	≥3.0
	FND05	5	10	≥30	≥3.0
	FND12	12	18	≥80	≥3.0
	FND22	22	34	≥240	≥3.0
	FND35	35	56	≥600	2.5

	型号	最大孔径/μm	相对透气系数/[m³/(h·kPa·m²)]	耐压破坏强度/MPa
模压成形镍过滤元件	FN05	5	≥5	≥1.0
	FN10	10	≥8	≥1.0
	FN15	15	≥30	≥1.0
	FN30	30	≥80	≥1.0
	FN50	50	≥240	≥1.0
	FN100	100	≥650	≥0.5
	FN150	150	≥800	≥0.5

	型号	液体中阻挡的颗粒尺度值/μm		渗透性		耐压强度 /MPa
		过滤效率		渗透系数/m²	渗透度 /[m³/(h·m²·kPa)]	
		98%	99.9%			
蒙乃尔合金多孔材料性能	NG004	4	6	≥0.18×10⁻¹²	≥18	3.0
	NG007	7	9	≥0.40×10⁻¹²	≥40	3.0
	NG010	10	14	≥0.80×10⁻¹²	≥80	3.0
	NG016	16	20	≥1.61×10⁻¹²	≥160	2.5
	NG025	25	33	≥3.22×10⁻¹²	≥320	2.5
	NG045	45	78	≥6.03×10⁻¹²	≥600	2.5
	NG080	80	100	≥9.05×10⁻¹²	≥900	2.5

注：1. 烧结粉末镍基多孔材料具有耐蚀、耐磨、热膨胀、电导性和磁导性好，高、低温强度高等优点。在石油化工、核能工业等行业适于制作高温精密过滤及充电电池的电极等。过滤元件能够过滤强腐蚀性溶液。烧结粉末镍合金多孔材料在工业上得到了广泛的应用。蒙乃尔合金是一种用途非常广泛、综合性能极佳的镍基耐蚀合金，此合金在氢氟酸和氟气介质中具有优异的耐蚀性，对热浓碱液也有优良的耐蚀性，还耐中性溶液、水、海水、大气、有机化合物等的腐蚀，采用蒙乃尔合金制作的多孔元件在上述环境和介质中具有高的耐蚀性，且在海水中比铜基合金更具耐蚀性，在空气中连续工作的最高温度一般在 600℃ 左右，在高温蒸汽中腐蚀速度小于 0.026mm/a。因此，蒙乃尔合金多孔材料可以在苛刻的腐蚀环境中实现稳定、高效的过滤作用，可用于制作动力工厂中的无缝输水管和蒸汽管中的过滤元件、海水交换器和蒸发器等的过滤器件、硫酸和盐酸环境过滤元件、原油蒸馏过滤元件、在海水中使用的过滤设备等，核工业上用于制造铀提炼和同位素分离的过滤设备等，还可用于制造生产盐酸设备中的过滤元件、用于炼油厂烷基化装置氢氟酸系统低温区域的过滤元件。

2. 本表相对透气系数仅适用于 3mm 以下厚度的等静压及模压成形镍过滤元件，大于 3mm 厚度的元件的透气度仅作参考。

3. 本表为未列入国际的国内目前常应用的烧结镍过滤材料的性能资料。

3.6.6　烧结钛过滤元件(见表 3-119)

表 3-119　烧结钛过滤元件及材料性能

型号	液体中阻挡的颗粒尺寸值/μm		透气度 /[m³/(h·kPa·m²)]	耐压强度 /MPa
	过滤效率(98%)	过滤效率(99.9%)		
等静压成型钛过滤元件				
FTD01	1	3	≥5	≥3.0
FTD03	3	5	≥8	≥3.0
FTD05	5	10	≥30	≥3.0
FTD10	10	14	≥80	≥3.0
FTD15	15	20	≥150	≥3.0
FTD20	20	32	≥200	≥2.5
FTD35	35	52	≥400	≥2.5
FTD60	60	85	≥600	≥2.5

型号	最大孔径/μm	透气度/[m³/(h·kPa·m²)]	耐压强度/MPa
轧制、模压成型钛过滤元件			
FT05	5	≥5	≥0.5
FT10	10	≥10	≥0.5
FT15	15	≥30	≥0.5
FT30	30	≥80	≥0.5
FT50	50	≥180	≥0.5
FT100	100	≥400	≥0.3
FT150	150	≥600	≥0.3

注: 1. 本表列出了国内常用的未列入国标的烧结钛过滤元件及材料的性能。钛及钛合金烧结多孔材料不但具有普通金属多孔材料的特性,而且具有密度小、比强度高、耐蚀性好、良好的生物相容性等优异性能,广泛用于冶金、化工、轻工、环保能源、食品饮料、医药以及航空、航天等军工部门的精密过滤、布气、脱碳处理、电解制气及制作生物植入体。

　　2. 本表相对透气系数只适用于 3mm 以下厚度的元件,大于 3mm 厚度的元件以最大孔径验收,透气度仅作参考。

3.6.7　烧结金属纤维毡过滤材料(见表 3-120)

表 3-120　BZ 系列不锈钢多层纤维毡型号及性能

型号	平均过滤精度/μm	平均气泡点压力/Pa	渗透系数/m²	厚度/mm	孔隙度(%)
BZ5D	5.3	7322	$1.9×10^{-12}$	0.46	74.5
BZ7D	7.1	5524	$4.2×10^{-12}$	0.48	68.5
BZ10D	10.1	3775	$11.1×10^{-12}$	0.52	78.4
BZ15D	14	2856	$12.6×10^{-12}$	0.613	75.2
BZ20D	21.5	1893	$25.6×10^{-12}$	0.636	77.1
BZ25D	23.9	1722	$33.4×10^{-12}$	0.711	80.3
BZ40D	42.2	1030	$78.1×10^{-12}$	0.714	79.6
BZ60D	65.2	725	$129.2×10^{-12}$	0.755	86.2

注: 烧结金属纤维毡是一种高效优质新型过滤材料,由直径为微米级的金属纤维经无纺铺制、叠配及高温烧结而成。多层金属纤维毡由不同孔径层形成孔径梯度,可获得极高的过滤精度,其纳污容量远超过单层毡。金属纤维毡制品具有强度高、耐高温、可折叠、可再生、渗透性能优、耐蚀性好、孔径分布均匀、寿命长的特点,是一种适合于高温、高压及腐蚀条件下应用的新一代金属过滤材料,广泛应用于高分子聚合物、食品、饮料、气体、水、油墨、药品、化工产品及黏胶过滤,也用于高温气体除尘、炼油过程的过滤、超滤器的预过滤、真空泵保护过滤器、滤膜支撑体、催化剂载体、汽车安全气囊、飞行器燃油过滤、液压系统过滤等。近年来,国内外不锈钢纤维毡生产主要向高精度、高强度、高纳污量、多品种、系列化方向发展。我国金属纤维毡在化工、石油、冶金、机械、纺织、制药、气体分离与净化等方面得到广泛应用。西北有色金属研究院已建成了不锈钢纤维、镍纤维生产线和金属纤维毡生产线。本表为西北有色金属研究院 BZ 系列不锈钢多层纤维毡产品的资料。

第4章 4 工程用塑料及塑料制品

4.1 工程用塑料品种、性能及应用

4.1.1 工程常用塑料品种、特性及应用（见表4-1）

表4-1 工程常用塑料的品种、特性及应用

名　称	特　性	应　用
硬质聚氯乙烯（UPVC）	强度较高，化学稳定性及介电性能优良，耐油性和耐老化性也较好，易熔接及粘合，价格较低。缺点是使用温度低（在60℃以下），线胀系数大，成型加工性不良	制品有管、棒、板、塑料焊条及管件，主要用作耐磨蚀的结构材料或设备衬里材料（代替有色合金、不锈钢和橡胶）及电气绝缘材料
软质聚氯乙烯（SPVC）	拉伸强度、弯曲强度及冲击强度均较硬质聚氯乙烯低（但断后伸长率较高），质柔软，耐摩擦、曲挠，弹性良好，像橡胶，吸水性低，易加工成型，有良好的耐寒性和电气性能，化学稳定性强，能制各种鲜艳而透明的制品。缺点是使用温度低（-15~55℃）	通常制成管、棒、薄板、薄膜、耐寒管、耐酸碱软管等半成品，用作绝缘包皮、套管、耐腐蚀材料、包装材料和制作日常生活用品
聚乙烯（PE）	具有优良的介电性能，耐冲击，耐水性好，化学稳定性高，使用温度可达80~100℃，摩擦性能和耐寒性好。缺点是强度不高，质较软，成型收缩率大	用作一般电缆的包皮，耐腐蚀的管道、阀、泵的结构零件，亦可喷涂于金属表面，作为耐磨、减摩及耐腐蚀涂层
有机玻璃（聚甲基丙烯酸甲酯）（PMMA）	有极好的透光性，可透过92%以上的太阳光，紫外光透过可达73.5%；力学性能较高，有一定耐热耐寒性，耐腐蚀、绝缘性能良好，尺寸稳定，易于成型，但质较脆，易溶于有机溶剂中，表面硬度不高，易擦毛	可制作要求有一定强度的透明结构零件，如油杯、车灯、仪表零件，以及光学镜片、装饰件、光学纤维等
聚丙烯（PP）	最轻的塑料之一，其弯曲、拉伸、压缩强度和硬度均优于低压聚乙烯，有很突出的刚性。高温（90℃）抗应力松弛性能良好，耐热性能较好，可在100℃以上使用，如无外力150℃也不变形。除浓硫酸、浓硝酸外，在许多介质中很稳定，但低相对分子质量的脂肪烃、芳香烃、氯化烃对它有软化和溶胀作用。几乎不吸水，高频电性能不好，成型容易，但收缩率大，低温呈脆性，耐磨性不高	用于成型一般结构零件，制作耐腐蚀化工设备和受热的电气绝缘零件，如泵叶轮、汽车零件、化工容器、管道、涂层、蓄电池匣
聚苯乙烯（PS）	有较高的韧性和冲击强度，耐酸、耐碱性能好，不耐有机溶剂，电气性能优良，透光性好，着色性佳，并易成型	用于成型一般结构零件和透明结构零件以及仪表零件、油浸式多点切换开关、电池外壳、透明零件

（续）

名 称		特 性	应 用
聚酰胺（尼龙）（PA）[①]	尼龙66	疲劳强度和刚性较高，耐热性较好，摩擦因数低，耐磨性好，但吸湿性大，尺寸稳定性不高	用于成型中等载荷、使用温度≤100℃、无润滑或少润滑条件下工作的耐磨受力传动零件
	尼龙6	疲劳强度、刚性、耐热性较尼龙66稍低，但弹性好，有较好的消振、降低噪声能力。其余同尼龙66	用于成型在轻负荷、中等温度（最高100℃）、无润滑或少润滑、要求噪声低的条件下工作的耐磨受力传动零件
	尼龙610	强度、刚性、耐热性略低于尼龙66，但吸湿性较小，耐磨性好	同尼龙6，用于成型要求比较精密的齿轮、在湿度波动较大的条件下工作的零件
	尼龙1010	强度、刚性、耐热性均与尼龙6和尼龙610相似，吸湿性低于尼龙610，成型工艺性较好，耐磨性亦好	用于成型轻载荷、温度不高、湿度变化较大且无润滑或少润滑情况下工作的零件
	单体浇铸尼龙（MC尼龙）	强度、耐疲劳性、耐热性、刚性均优于尼龙6及尼龙66，吸湿性低于尼龙6及尼龙66，耐磨性好，能直接在模型中聚合成型，宜浇铸大型零件	用于成型在较高载荷、较高的使用温度（最高使用温度小于120℃）、无润滑或少润滑条件下工作的零件
	尼龙46	尼龙46具有很高的综合性能，是尼龙中耐热性能最好的品种，高温蠕变性能明显优于大多数的工程塑料，力学性能优良，刚度高，韧性和耐磨性均优，耐油性和耐化学性能也很好，是一种广泛应用的新型工程塑料材料	用于汽车工业、机械工业、电子电器工业中制各种耐热、耐磨、高强度、高抗冲击的结构件、摩擦件、传动件等
	尼龙12	尼龙12具有优异的耐低温冲击性能、耐疲劳性、耐磨性和耐水分解性，耐碱性、耐油性、耐油脂性均优良，耐无机稀酸中等，不耐浓无机酸，吸水性低，制品尺寸稳定性好，耐沸水性好，不导电，无振动，低温可耐-40℃	在仪表、电子通信、汽车、金属涂层等行业广泛应用
聚甲基丙烯酸甲酯（有机玻璃）（PMMA）		PMMA（有机玻璃）透光率高（92%），比无机玻璃高10%，光学性能优良；无色，着色性好，光泽度高；常温下具有良好的力学性能，有一定的强度；耐强酸、强碱、无机盐、油脂类、脂肪族碳氢化合物的腐蚀，耐候性好，耐老化；电性能良好，宜于制作室外电器用具；耐电弧性和抗漏电性良好，表面电阻大，电绝缘性高。PMMA抗冲击性较差，线胀系数较大，因而受温度变化的影响，尺寸变化大。本体聚合法通常用于制造PMMA的板、棒、管等浇铸制品，产品的力学性能高，热性能好，但流动性差，不能挤、射成形；悬浮聚合法制成的PMMA为模塑粉，相对分子质量较低，可采用挤、射方法制作比较精密的制品 通过改性工艺，可以获得多种性能优于PMMA的改性品种，以满足各种工作需求	适于制作多种透明件，如油杯、窥镜、管道、车灯、仪表零件、光学镜片、绝缘零件及装饰件等。改性PMMA适于制作要求较高的零件。珠光有机玻璃是一种高级装饰材料，可作为机械、仪表、轻化、建筑、文教宣传等方面的高档装饰材料；PMMA/PC共混珠光体塑料因无毒性，可制作食品和化妆品容器、汽车内装饰、家用电器装饰；甲基丙烯酸甲酯与α-甲基苯乙烯共聚物（MMA/α-MS）用于制作有一定透明度、耐热和强度要求的零件，如透明管、光学镜片、仪表零件、汽车车灯、油杯等；甲基丙烯酸甲酯与苯乙烯共聚物（MMA/S）适于制作钟表，汽车、飞机、轮船的仪器仪表零件和作为医药、文教制品的装饰材料等

（续）

名　　称	特　　性	应　　用
丙烯腈-丁二烯-苯乙烯（ABS）	ABS 是丙烯腈、丁二烯和苯乙烯的三元共聚物，丙烯腈使 ABS 具有一定的刚性和硬度、良好的化学稳定性及耐油性；丁二烯使其具有优良的韧性和抗冲击性，低温性能较好；苯乙烯使 ABS 具有良好的加工性，介电性能较好。因此，ABS 具有较高的强度和硬度，优良的抗冲击性能，低温(-40℃)下仍具有较高的力学性能、耐化学腐蚀性(耐水、无机盐、碱和酸类，不溶于大部分醇类和烃类溶剂)及电气性能优良，加工尺寸稳定，且表面光泽，涂装和着色工艺性好，是一种具有优良综合性能的热塑性工程塑料 　　ABS 摩擦因数较低，但磨损量较高，即耐磨损性不高；耐热性不好，一般条件时，ABS 的最高使用温度不超过 100℃(最低温度可至-40℃)。对 ABS 进行改性，可明显提高其耐热性、阻燃性较低等不足。各种改性 ABS 已广泛应用	ABS 是一种产量大、应用广泛的热塑性工程塑料，在汽车、机械、轻工、家电、电子电气、纺织和建筑等行业广泛应用，如车内、外的各种组件、仪表面板、控制板、各种装饰件、空调管道、加热器，电视机、收录机、洗衣机、计算机、空调等家电的外壳及各种零部件，仪表壳、仪表盘(箱)和照相机、纺织机械、自行车、办公用品的各种零部件，农机具、建筑物的排水和排气管道、门窗框架、百叶窗、安全帽，机械工业中的齿轮、轴承、叶片、把手等
聚甲醛（POM）	聚甲醛分为均聚甲醛和共聚甲醛两种，是抗疲劳性最好的热塑性塑料，具有很高的强度、刚度和硬度，长期蠕变小，耐摩擦磨损性优良，热变形温度较高(均聚甲醛为 120~135℃，共聚甲醛为 85~120℃)；耐化学腐蚀性好，常温下不被溶剂腐蚀，耐有机溶剂和油脂性能更佳，但耐强酸性能差；耐候性能不高；电绝缘性能良好，介电常数受温度和湿度的影响甚微。聚甲醛的改性品种应用较多。经过填充增强改性、增韧改性、有关功能化的改性，可以提高 POM 的力学性能和热变形温度、尺寸稳定性及抗冲击性均可得到明显提高，还可降低摩擦因数及磨损率等	适于制作汽车仪表板、外壳、罩、盖、箱体、化工容器、风扇、泵叶轮、阀门、齿轮、凸轮、轴承、配电盘等。填充增强聚甲醛主要用于制作机械结构较复杂、薄形精密零件及工程制品；增韧聚甲醛主要制作耐冲击零件或低温下工作的零部件；润滑聚甲醛很适合制作机械、电子电器行业中的传动件，如齿轮、滚轴、凸轮、连杆等；耐候聚甲醛用于制作室外工程构件制品；抗静电聚甲醛用于制作电子产品中的零部件
聚碳酸酯（PC）	可由双酚 A(4,4-二羟基二苯基丙烷)与碳酸二烷酯或光气反应聚合而成 　　力学性能良好，在宽广的温度范围内冲击强度优异和延展性突出；尺寸稳定性高；吸水性低；耐热性高于 PA 和 POM，耐燃，抗蠕变性也较好，透明性和着色性好，对紫外线敏感，长期暴露会发黄，电性能优良，在很宽的温度、湿度和频率范围内变化很小，不耐电弧；减摩、耐磨和耐疲劳性能较差；不耐碱、酮、胺、芳香烃等侵蚀，有应力开裂倾向	轴承、齿轮、蜗轮、齿条、凸轮、滑轮、泵叶轮、透镜、视孔、灯罩、罩壳、接线板、线圈筒等电器零件，其他如润滑油管、冷冻装置零件、酸性蓄电池槽和磁盘、光学储存盘、计算机零部件等

（续）

名　称	特　性	应　用
聚对苯二甲酸乙二醇酯（PET）	聚对苯二甲酸乙二醇酯（PET）又称线性聚酯，为无味、无嗅、无毒的乳白色固体颗粒，具有良好的力学性能（抗蠕变性能、刚性、硬度、耐磨损、耐摩擦），吸水性低，尺寸稳定性高，长期工作温度可达120℃，不溶于一般有机物，能溶于热间甲酚、热硝基苯，不耐酸。PET的韧性在热塑性塑料中居首，抗冲击强度很高，耐低温性能良好，在-40℃时仍有一定的韧性，力学性能随温度的变化很小；电绝缘性优良；化学性能良好，耐酸性好，在较高温度下仍能耐高浓度的乙酸、乙二醇、氢氟酸、磷酸，但盐酸、硫酸、硝酸、强碱对PET有一定的腐蚀作用。PET的改性品种具有更佳的性能，在生产中广泛应用	PET薄膜抗拉强度与铝膜相近，薄膜主要用于电子电器行业，广泛用于包装容器。增强PET用于各种电器、汽车、机械设备的零部件，如齿轮、凸轮、叶片、泵体、离心泵、带轮、电动机框架、钟表零件、阀门、排气零件、变压器外壳、继电器、汽车结构零件、精密仪表仪器零部件等。PET聚酯瓶广泛用于食品饮料、化妆品、药品的包装容器。纤维增强PET可以用于要求高强度、高冲击性能的汽车、机械、电气行业中的结构零部件
聚对苯二甲酸丁二醇酯（PBT）	PBT的力学性能并不高于其他通用工程塑料，但经过玻璃纤维增强或无机填料改性的PBT能够获得优良的性能，因此，改性PBT在生产中应用较多。PBT具有优良的电性能，在高温和恶劣环境中，其电性能均能保持很好的水平，明显优于尼龙级其他增强塑料，是一种具有优良电性能的电子电气工业的常用材料。PBT的热性能不高，其本身不具备难燃性。PBT具有很高的耐磨性能，其磨损量较小，摩擦因数很小，吸水性低，尺寸稳定，适于制造精密零件。PBT不耐强酸、强碱及苯酚类化学药品。在温水（50℃以下）中PBT性能稳定，基本不受影响，但当水温度超过50℃时，其力学性能将会下降。PBT的耐候性能优良，长期置于高温条件下，其物理性能变化极小。PBT的改性品种具有更佳的性能，因此在生产中应用较广	PBT可用于制造机械设备、电子电器、汽车、精密仪器仪表的零部件，并可部分代替铜、锌、铝及铸铁等金属材料，如制作汽车内装饰零部件、内镜撑条、真空控制阀、调节阀、混合器控制阀、进口温度控制阀和真空转换阀、汽车点火线圈管和继电器连接器、机械设备的零部件。玻璃纤维增强PBT可用于制作录音机带式传动轴、电子计算机罩、烘烤机零件及各种齿轮、凸轮、按钮等
氟塑料[②] 聚四氟乙烯（PTFE）	PTFE具有非常优异的性能，明显优于各种工程塑料。PTFE化学稳定性优异、工作温度范围很宽、耐大气老化和自润滑性能很好。PTFE的拉伸强度中等，硬度不高；摩擦因数很小，润滑性优异，且摩擦因数可不受其他因素影响而保持稳定。PTFE的热性能非常优异，热稳定性在工程塑料中最佳，如在200℃下加热PTFE一个月，其分解量小于百万分之一，400℃以上每小时失重约0.01%，在低温下可保持良好的性能，在-250℃时不发脆，可保持一定的挠曲性。PTFE能够在-250～260℃范围内长期工作，且具有很优异的介电性能，其体积电阻率和表面电阻率在工程塑料中最高，电绝缘性和耐电弧性良好。PTFE耐蚀性极为优异，浓盐酸、氢氟酸、硫酸、硝酸、氯气、三氧化硫、氢氧化钠和有机酸等对PTFE均不起作用，俗称塑料之王。PTFE的阻燃性很好，高居各种工程塑料之首。PTFE采用模压、挤出、涂覆、压延工艺成型	PTFE在机械、电子电器、化工设备、医疗器械、建筑行业应用广泛，可制作机械中的轴承、薄层轴承、多孔青铜复合轴承、球轴承架、活塞环、机床滑动导轨、密封元件，电子电器工业中的绝缘同轴射频电缆、绝缘低噪声电缆、电池电极、接线柱、电容器等，化工设备的衬里、管道、阀门、泵、热交换器等，各种医疗器具、过滤器、注射针等，建筑行业中的桥梁、隧道、钢结构屋架、高速公路和大型储槽等的支承滑块。还可制造汽车动力转向器的密封环、防腐过滤袋网等

(续)

名　称	特　性	应　用
乙烯-四氟乙烯共聚物（E/TFE）	E/TFE 的综合性能优异，其抗冲击、拉伸强度和抗蠕变性能均优于 PTFE，特别是耐低温冲击强度是氟塑料中最高的。耐热性略低于 PTFE，长期工作温度为-60~180℃；电绝缘性能极好；化学稳定性很高，强酸（如硝酸）、有机碱在高浓度且临近沸点时，E/TFE 才受其影响；耐候性优良，在沸水中浸渍 3000h，其伸长率和抗拉强度变化极微。可用一般热塑性塑料的成型方法加工，主要有模压、挤出、注射和涂覆等	用于制作机械中的齿轮等零件，化工行业中的耐腐蚀设备、管道、泵、阀、容器等的防腐涂层、垫圈、滤布、器皿，核反应堆中电气设备的零部件，汽车用电气设备零件、燃料输送管、电缆护套、电线覆层，药品包装材料，板材，棒料，薄膜等
聚三氟氯乙烯（PCTFE）	聚三氟氯乙烯（PCTFE）具有优异的耐磨性、透明性，尺寸稳定性良好，成型工艺性优良，强度、耐冷流性均优于 PTFE，抗渗透能力极强；可在-200~200℃温度范围内长期服役，在液态氧（-183℃）和液态氮（-196℃）中浸渍仍有一定的抗冲击强度和柔软性；抗强酸、强碱、强氧化剂的能力高；不渗透任何气体，阻燃性优异；优良的耐辐射、耐大气老化性能，具有良好的自身熔接或焊接性，与金属的粘接性能很好。可模压、挤出、注射、涂覆成型加工	用作机械中的结构材料，制作尺寸精度高的精密零部件、阀门座、自锁螺旋、自润滑齿轮、轴承、滑轮、密封圈、制动器、透明配管、水准仪等，低温下的零部件，制作 PTFE 难以制造的形状复杂的零件，化工设备中的耐腐蚀零件、导道、衬里、阀、泵、涂层，各种电子电器的零部件，医疗器械中的滤血器、注射器，精密零件的护膜等
氟塑料② 四氟乙烯-全氟烷基乙烯基醚共聚物（PFA）	PFA 是一种和 PTFE 性能同样优异的材料，在高温条件下的力学性能比 PTFE 要好，阻燃性能优异，化学性能非常稳定，PFA 仅在熔融碱金属和高温氟气中产生分解，其他化学品对其不产生作用。热塑性良好，可以注射、挤出、吹塑成型，其成型工艺性优于 PTFE	PFA 用于制造机械、纺织、造纸、宇航等工业中各种耐高温、耐油、耐腐蚀、阻燃等有高性能要求的零件，电子电器工业中的导线绝缘层、高频及超高频绝缘子、各种电器绝缘零件及电线包覆，化工行业中的管件、阀门、管道、泵等的耐蚀衬里、塔器、热交换器及储槽衬里等
四氟乙烯-六氟丙烯共聚物（F-64,FED）	F-64 是 PTFE 的改性品种，其力学性能、化学稳定性、电性能、耐候性及阻燃性均很好，其优异程度与 PTFE 基本相同，但最高长期使用温度为 204℃（PTFE 为 260℃）。F-64 的耐热性低于 PTFE。F-64 的成型工艺性好，优于 PTFE，可以挤出、注射、热压、传递模塑成型，常用的为挤出成型和注射成型 F-46 不但能够制作 PTFE 可以制作的各种制品，并且优于 PTFE，制作各种形状复杂，加工困难，而 PTFE 无法完成的零部件	F-46 以其优异的性能应用很广，如制作机械中的滑动轴承、活塞环、滑动导轨、密封元件、各种仪器仪表零部件，化工设备中的衬里、管道、泵、阀门、容器、烧杯、器皿，原子能工业中的防腐材料、电线电缆包覆层、各种电器元件、接插件、电子计算机零部件。防腐涂层、浸渍石棉布和绳、玻璃布用以制作各种防腐蚀制品
聚苯醚（PPO）和改性聚苯醚（MPPO）	聚苯醚（PPO）的熔融流动性差，加工困难，因此，单纯的聚苯醚（PPO）在生产中应用不多。但对 PPO 经过改性（一般采用聚苯乙烯改性，改性聚苯醚称为 MPPO），加工性能可得到明显改善，在生产中应用较广。改性聚苯醚的综合性能优良，强度、刚度、抗冲击性和抗蠕变性均较高；耐热性和阻燃性优良，可在 120℃蒸汽中使用，可在-127~121℃下长期使用，无载荷条件下间断使用可达 204℃；电性能优越，在宽阔的温度和频率范围内性能稳定；尺寸稳定性好；苯乙烯改性 PPO 力学性能均衡，强度高，成型加工性好，只屈服强度和耐热性略低；耐酸，耐碱，但溶于芳香烃和氯化烃溶剂中	较高温度下的减摩、耐磨和传动零件、泵和鼓风机叶片、化工阀门、紧固件、机壳、高频印制板、精密仪器零部件、壳件、汽车零件、无线电通信设备

（续）

名　称		特　性	应　用
聚酰亚胺(PI)[③]	均苯型 PI	耐热性优越，在 -269~400℃ 范围内能保持较高的力学性能，可在 -240~260℃ 的空气或氮气中长期使用；抗辐射性能突出；在高温和高真空条件下摩擦因数低，自润滑性能良好，不易挥发；加工性差，低温硬度和尺寸稳定性均良好；耐电晕；耐稀酸但不耐碱、强氧化剂和高压蒸汽	特殊工作条件下的精密零件，如高温、高真空的自润滑轴承，压缩机的活塞环、密封圈，鼓风机叶轮；高温工作中的电气设备零件
	醚酐型 PI	物理力学性能与均苯型 PI 相仿，耐热性较低，但可在 -180~230℃ 下长期使用；成型加工性优于均苯型 PI；电性能、抗辐射性和耐磨性均较优；价格较低	轴承、齿轮、密封件、活塞环、刹车片、电子、电器零件、耐辐射零件、胶黏剂薄膜、多层印制板
	聚醚型 PI（PEI）	保留 PI 各种优异性能；抗拉、抗弯和抗蠕变性优异；高温、高频介电性能良好；耐热性较低，但可在 170℃ 下长期使用；能透微波和红外线	高温、高强度机械零件，热交换器元件、轴承，断路器支架，印制板
	聚酰胺型 PI（PAI）	与均苯型 PI 相比，长期使用温度略低，为 220℃，柔韧性、耐磨性、耐碱性、加工性和黏结性相当或较优；尺寸稳定性好，蠕变小；成本低	模塑料、浇铸料、F 级和 H 级绝缘件，耐烧蚀器件，轴承、齿轮等
聚砜(PSU)[④]	双酚 A 型聚砜(PSF)	可由双酚 A 与 4，4-二氯二苯基砜反应缩聚而成 强度高、冲击强度大；耐热性好，可在 -65~150℃ 下长期使用；电性能优良，在水、湿气或较高温度下仍能保持；耐化学腐蚀性能好，即使在较高温度下也不受酮类、芳香烃和氯化烃溶剂的侵蚀	耐热、高强度和抗蠕变的结构件，汽车零件，电表上的齿轮、线圈骨架，示波器振子接触器，凸轮，计算机零件，印制板，薄膜，板材，管道等，电绝缘件，耐腐蚀零部件 电器、电子元件，如微型收音机、照相机中的印制板；微型电容器；食品工业阀、管；医疗器具
	聚芳砜（PAS）	可由二氯磺酸二苯醚、联苯和氯磺酸联苯等反应缩聚而成 耐热性优越，能在 260℃ 下长期使用，强度和模量保持不变；电性能优良，在 -240~260℃ 仍不变；低温性能好，在 -196℃ 下仍有一定韧性；能耐酸、碱、燃料油、润滑油和多数溶剂，但不耐酯类、酮类和氯化烃类；耐应力开裂性好；耐燃性较好	
	聚醚砜（PES）（聚苯醚砜、聚苯砜醚）	可由 4，4′-双磺酰氯二苯醚与二苯醚反应缩聚而成，或由二苯醚单磺酰氯反应缩聚而成 耐热性好，可在 180℃ 下长期使用，电性能优良，电容从温度 20℃ 升到 200℃ 时变化只有 1%；抗蠕变性好；冲击强度高，与尼龙相似，而且缺口敏感性低，有嵌件时无应力开裂现象；能耐电焊不变形	
聚苯硫醚（PPS）		可由二氯化苯与硫，或以卤代硫酚金属盐缩聚而成 耐热性优越，可在 250℃ 下长期使用，经 600℃ 左右热处理或化学交联后可提高到 290℃ 使用；耐化学腐蚀性能优越，在 190~204℃ 无溶剂可溶，除氧化酸外，对其他酸、碱均很稳定；与不锈钢、铝、镀铬表面和玻璃等胶接强度突出(金属需做特殊处理)；电性能优越；阻燃性好	高温结构件、耐腐蚀件，H 级绝缘材料，高温胶黏剂

（续）

名　称	特　性	应　用
聚酮类塑料[5] ——聚醚醚酮（PEEK）	PEEK 对氧稳定性高，与聚砜相似；耐疲劳性优越，韧性极好，难以切断，耐热性高，能耐 315℃ 高温，长期使用温度可达 243℃，在 260℃ 过热水中性能长期良好；耐蚀性优良，在 600g/L 硫酸到 400g/L 氢氧化钠宽广 pH 值范围内高温下仍耐浸蚀，但受某些浓酸侵蚀；抗辐射性优良，在 11MGy 照射下无明显降解；难燃烧，低烟，低毒	PEEK 用于制造汽车制动系统零件、发动机零件、变速箱高温垫片、复印机分离爪和轴套等办公用品高温部件、特种机械齿轮、无油润滑轴承、压缩机阀片、活塞环、阀门部件、高温传感器探头、微波炉耐热零件等
聚酮类塑料[5] ——聚醚酮（PEK）	PEK 许多特性与 PEEK 相似，热变形温度比 PEEK 高，电绝缘性优越，除浓硫酸外几乎能耐所有化学试剂	PEK 用于制造机械、化工、电气、电子设备中的各种部件，汽车发动机、排气阀、弹簧盘等
聚芳酯，又称 U-聚合物（PAR）1. 对苯二甲酸双酚 A 型 2. 间苯二甲酸双酚 A 型	可由双酚 A 与苯二甲酰氯反应缩聚而成，有对位和间位苯二甲酸双酚 A 型聚芳酯两种 无定形，透明；耐热性优良，热变形温度（1.82MPa 应力下）可达 175℃；耐摩擦磨损；线胀系数比一般塑料低；尺寸稳定性好；电性能优良；阻燃性优良；低烟，低毒；耐油性、耐溶剂性、耐候性好；强度高，韧性好	耐热、耐燃烧和尺寸稳定性高的电气零件，如电极板、线圈架、继电器外壳、热敏电阻器、齿轮、轴套、保持架，照明零件，包装材料，印制板，飞机内饰件，汽车车身板
液晶聚合物（LCP）	是一种在熔体和固体状态都呈现高度有序结构的聚合物。在固体中有分散均匀、类似木材结构的纤维样聚集体。是一种自增强聚合物 单向强度和弹性模量极高；线胀系数小，尤其是在熔体流动方向上；耐化学腐蚀性优良，耐候，耐辐射，耐燃烧；尺寸稳定性很高；耐热性优越，可在 200~240℃ 下长期使用	光导纤维包覆材料，集成电路灌封材料，化工设备中填充物和零部件，精密机械零件，泵、阀零件，印制板

① 尼龙可由氨基酸脱水缩聚而成，或由二元胺与二元酸反应聚合而成。有尼龙 6、尼龙 66、尼龙 1010、铸型尼龙和耐高温的芳香尼龙等品种。

② 聚合物结构中含有氟原子的高聚物产品总称为氟塑料。国外商品化产品较多，国内产品有四川晨光化工研究院、阜新化工集团有限公司阜新有机氟化学厂等多家企业生产。本表只选用 5 种介绍其特性及应用。

③ 主链上含有酰亚胺基团的聚合物总称。可由四元酸二酐与二元伯胺反应缩聚而成，有均苯型、醚酐型、聚醚型和聚酰胺型几种。

④ 是主链上含有砜基和芳核的聚合物总称，主要有双酚 A 型聚砜、聚芳砜、聚醚砜等品种。

⑤ 聚酮类塑料包括聚醚醚酮（PEEK）、聚醚酮（PEK）、聚芳醚酮（PAEK）、聚醚酮酮（PEKK）等。聚酮塑料具有超高温性能、优异的耐化学品性能、好的电性能、一定的刚性和强度、优异的耐水解性、耐辐射等。

4.1.2 工程常用塑料的技术性能（见表4-2）

表4-2 工程常用塑料的技术性能

塑料名称	密度/(g/cm³)	吸水率(%)	成品收缩率(%)	马丁耐热/℃	连续耐热/℃	维卡耐热/℃	热变形温度/℃		脆化温度/℃	燃烧性	线胀系数/10⁻⁵℃⁻¹	拉伸强度/MPa	弯曲强度/MPa
							1.86MPa	0.46MPa					
硬聚氯乙烯（UPVC）	1.35~1.45	0.4~0.6	0.6~0.8	50~65	49~71		56~73	75~82	−15	自熄	5~8	45~50	70~112
软聚氯乙烯	1.16~1.35	0.15~0.75	2~4	40~70	55~80				−30~−35	缓慢至自熄	7~25		
低压（高密度）聚乙烯（HDPE）	0.94~0.965	<0.01	1.5~3.6		121	121~127	48	60~82	−70	很慢	12.6~16	屈服 22~29 断裂 15~16	25~40
改性有机玻璃(372)(PMMA)	1.18	<0.2	0.5	≥60		≥110	85~100			自熄	5~6	≥50	≥100
聚丙烯(PP)	0.9~0.91	0.03~0.04	1.0~1.2	44	121		56~67	100~116	−35	自熄	10.8~11.2	30~39	42~56
改性聚苯乙烯(204)(PS)	1.07	0.17	0.4~0.7	75	60~96		175~205			自熄	5~5.5	≥50	≥72
聚砜(PSU)	1.24	0.12~0.22	0.8	156	150~174		174	181	−100	自熄	5.0~5.2	72~85	108~127
ABS 超高冲击型	1.05	0.3	0.5				87	96		缓慢	10.0	35	62
ABS 高强度中冲击型	1.07	0.3	0.4				89	98			7.0	63	97
ABS 低温冲击型	1.02	0.2					78~85	98		厚>1.27mm，0.55mm/s	8.6~9.9	21~28	25~46
ABS 耐热型	1.06~1.08	0.2					96~110	104~116			6.8~8.2	53~56	84
尼龙1010 未增强	1.04~1.06	0.39	1.0~2.5	45	80~120	123~190	66~68	182~185	−60	自熄	10.5	52~55	89
尼龙1010 玻璃纤维增强	1.23	0.05	1.5	180					−60	自熄	3.1	180	237
尼龙610 干态	1.07~1.09	0.4~0.5	1.0~1.5	51~56		195~205	55~58	180		自熄	9~12	60	100
尼龙610 含水 1.5%												47	
尼龙66 干态	1.14~1.15	1.5	1.5	50~60	82~140				−25~−30	自熄	9~10	83	100~110
尼龙66 含水 2.3%												56.5	
尼龙6 干态	1.13~1.15	1.9	0.8~1.5	40~50	79~121	>160			−20~−30	自熄	7.9~8.7	74~78	100
尼龙6 含水 3.5%												52~54	
尼龙11	1.04	0.4		(38)		173~178				自熄	11.4~12.4	47~58	76
尼龙9	1.05	1.2		42~48							8~12	58~65	80~85
MC尼龙（单体浇铸尼龙）	1.16		1.5~2.5	55			94	205		自熄	8.3	90~97	152~171

（续）

塑料名称		压缩强度 /MPa	疲劳强度 (10⁷次) /MPa	冲击强度 /(J/cm²) 缺口	冲击强度 /(J/cm²) 无缺口	拉伸弹性模量 /10³MPa	弯曲弹性模量 /10³MPa	断裂伸长率 (%)	硬度 洛氏 HRR	硬度 洛氏 HRM	硬度 邵氏	硬度 布氏 HBW	介电常数 /10⁶Hz	介质损耗因数 /10⁶Hz	体积电阻率 /Ω·cm	击穿强度 /(kV/mm)	耐电弧性 /s
硬聚氯乙烯 (UPVC)		56.2~91.4		1.09~2.18	0.3~0.4			20~40			邵尔 D 70~90		14~17		$10^{12}\sim10^{16}$	17~52	60~80
软聚氯乙烯		6.2~11.8			0.39~1.18			200~450			邵尔 D 20~30		5~9	0.08~0.015	$10^{11}\sim10^{18}$	12~40	
低压(高密度)聚乙烯 (HDPE)		22.5	11	7~8		0.84~0.95	1.1~1.4	60~150			邵尔 D 60~70		2.3~2.35	<0.005	10^{16}	20	150
改性有机玻璃(372)(PMMA)					≥0.12							≥10			表面 4.5×10^{15}	20	
聚丙烯 (PP)		39~56	11~22	≥1.6	不断	1.1~1.6	1.2~1.6	>200	95~105				2.0~2.6	0.001	$>10^{16}$	30	125~185
改性聚苯乙烯(204)(PS)		≥90		0.22~0.5	0.12~0.26			1.0~3.7		68~98			3.12		10^{16}	25	
聚砜 (PSU)		89~97		0.7~0.81	1.72~3.7	2.5~2.8	2.8	20~100	120			10.8	2.9~3.1	0.001~0.006	10^{16}	16.1~2.0	122
ABS	超高冲击型			5.3		1.8	1.8		100				2.4~5.0	0.003~0.008	10^{16}		50~85
ABS	高强度中冲击型	157		0.6	100	2.9	3.0	85	121			12.4	2.4~5.0	0.003~0.008	10^{16}		50~85
ABS	低温冲击型	18~39		2.7~4.9		0.7~1.8	1.2~2.0		62~88				3.7	0.011~0.073	10^{13}	15.1~15.7	70~80
ABS	耐热型	70		1.6~3.2		2.5	2.5~2.6		108~116				2.7~3.5	0.034	10^{13}	14.2~15.7	70~80
聚酰胺 (PA)	尼龙 1010 未增强	79	23~25	0.4~0.5	不断	1.6	1.3	100~250				7.1	2.5~3.6	0.020~0.026	$>10^{14}$	>20	
聚酰胺 (PA)	尼龙 1010 玻璃纤维增强	157		0.85	100	8.8	5.9					12.4		0.027	10^{15}	29	
聚酰胺 (PA)	尼龙 610 干态	90	12~19	0.035~0.55		2.3		85	111~113				3.9	0.04	10^{14}	28.5	130~140
聚酰胺 (PA)	尼龙 610 含水 1.5%	70		0.98		1.2		220~240	90								
聚酰胺 (PA)	尼龙 66 干态	120		0.39		3.2~3.3	2.9~3.0	60	118				40	0.014	10^{14}	15~19	
聚酰胺 (PA)	尼龙 66 含水 2.3%	90		1.38		1.4	1.2	200	100								
聚酰胺 (PA)	尼龙 6 干态	90		0.31		2.6	2.4~2.6	150	114				4.1	0.01	$10^{14}\sim10^{15}$	22	
聚酰胺 (PA)	尼龙 6 含水 3.5%	60		>5.5		0.83	0.53	250	85								
尼龙 11		80~110		0.35~0.48	3.8	1.2	1.1	60~230				7.5	3.7	0.06	10^{15}	29.5	
尼龙 9				2.5~3.0	5.0	1.0~1.2		100~113					3.7	0.019	5.5×10^{14}		
MC 尼龙 (单体浇铸尼龙)		107~130	约20	>5.0		3.6	4.2	20~30				14~21	3.7	0.02		>15	

（续）

塑料名称		密度/(g/cm³)	吸水率/(%)	成品收缩率/(%)	马丁耐热/℃	连续耐热/℃	维卡耐热/℃	热变形温度/℃ 1.86MPa	热变形温度/℃ 0.46MPa	脆化温度/℃	燃烧性	线胀系数/10⁻⁵℃⁻¹	拉伸强度/MPa	弯曲强度/MPa
聚甲醛(POM)	共聚	1.41~1.43	0.22~0.25	2.0~3.0	57~62	104		110	168	-40	缓慢	11.0	屈服 62~68	91~92
	均聚	1.42~1.43	0.25	2.0~2.5	60~64	85		124	170		缓慢	10.0	70	98
聚碳酸酯(PC)	未增强	1.20	0.13	0.5~0.8	110~130	121		132~138		-100	自熄	6~7	67	98~106
	增强	1.4	0.07~0.09	0.1~0.5	150~152	140~141		147~149			不燃	1.6~2.7	110~140	160~190
氯化聚醚(CPE)		1.4	0.01	0.4~0.8	72	120~143		100	141	-40	自熄	12	42.3	70~77
聚酚氧(苯氧树脂)		1.18	0.13	0.3~0.4		77		86	92	-60		5.8~6.8	63~70	90~110
线性聚酯(PET)	未增强	1.37~1.38	0.26	1.8				85	115			6.0	80	117
	增强	1.63~1.70		0.2~1.0	130~140			240			缓慢	2.5~3.4	120	145~175
聚苯醚(PPO)	未改性	1.06~1.07	0.07	0.7~1.0	144~160	200		190		-127	缓慢/自熄	5.0~5.6	屈服 86.5~89.5 断裂 66.5	98~137
	改性	1.06	0.066	0.7		100	190	95		-45	自熄	6.7	67	95
氟塑料	F-4(聚四氟乙烯)(PTFE)	2.1~2.2	0.001~0.005	模压 1~5		260		55	121	-180~-195	自熄	10~12	14~25	11~14
	F-3(聚三氟氯乙烯)(PCTFE)	2.1~2.2	<0.005	1~2.5	70	120~190		75	130	-180~-195	自熄	4.5~7.0	32~40	55~70
	F-2	1.76	0.04	2.0		150		91	149	-62	自熄	8.5~15.3	46~49.2	
	F-46(聚全氟乙丙烯)	2.1~2.2	<0.01	2~5		204		51	70	-200	自熄	8.3~10.5	20~25	
	F-23	2.02				170~180							25~30	35
聚酰亚胺(PI)	均苯型	1.4~1.6	0.2~0.3			260	>300	360		-180	自熄	5.5~6.3	94.5	>100
	可溶性型	10.34~1.40	0.2~0.3	0.5~1.0		200~250	250~270			-180	自熄		120	200~210
酚醛塑料(PF)		1.6~2.0	≤0.05		≥150			135				1.5~2.5	≥25	≥60
聚苯硫醚(PPS)	未增强型	1.3~1.5			105							2.8	6.5	9.6
	增强型	1.6~1.65	0.02					260					14.2~17.9	1.96

（续）

塑料名称		压缩强度/MPa	疲劳强度(10⁷次)/MPa	冲击强度 缺口/(J/cm²)	冲击强度 无缺口/(J/cm²)	拉伸弹性模量/10³MPa	弯曲弹性模量/10³MPa	断裂伸长率/(%)	硬度 洛氏 HRR	硬度 洛氏 HRM	硬度 布氏 HBW	介电常数/10⁶Hz	介质损耗因数/10⁶Hz	体积电阻率/Ω·cm	击穿电压/(kV/mm)	耐电弧性/s
聚甲醛(POM)	共聚	113	25~27	0.65~0.76	0.90~1.1	2.8	2.6	60~75	120	94		3.8	0.005	10^{14}	18.6	240
	均聚	122	30~35	0.65	1.08	2.9	2.9	15~25		80		3.7	0.004	10^{14}		129
聚碳酸酯(PC)	未增强	83~88	7~10	6.4~7.5	不断	2.2~2.4	2.0~3.0	60~100		75	9.7~10.4	3.0	0.006~0.007	10^{16}	17~22	120
	增强	120~135			0.65	6.6~11.9	4.8~7.5	1~5			12.8	3.2~3.5	0.003~0.005	10^{15}	15.8	5~120
氯化聚醚(CPE)		63~87		0.21	>0.50	1.1	0.9	60~160	100			3.1~3.3	0.011	$6×10^{14}$	15.8	
聚酚氧(苯氧树脂)		84		0.134	不断	2.7	2.9	60~100	121	72		3.8~4.1	0.0012	10^{15}		
线性聚酯(PET)	未增强	130~161		0.040		2.9		200				3.4	0.021	10^{14}		
	增强			0.085		8.3~9.0	6.2	15		95~100	14.5	3.78	0.016	10^{16}	18~35	90~120
聚苯醚(PPO)	未改性	91~112	14	0.083~0.102	0.53~0.64	2.6~2.8	2.0~2.1	30~80	118~123	78		2.58	0.001	$10^{16\sim17}$	15.8~20.5	
	改性	115	−20	0.70		2.5	2.5	20	119	78		2.64	0.0004	10^{17}		
氟塑料	F-4(聚四氟乙烯)(PTFE)	12		0.164		0.4		250~350	58	邵尔D 50~65		2.0~2.2	0.0002	10^{18}	25~40	>200
	F-3(聚三氟氯乙烯)(PCTFE)			0.130~0.170		1.1~1.3	1.3~1.8	50~190		邵尔D 74~78	10~13	2.3~2.7	0.0017	$1.2×10^{16}$	19.7	360
	F-2	70		0.203	0.160	0.84	1.4	30~300		邵尔D 80		8.4	0.018	$2×10^{14}$	10.2	50~70
	F-46(聚全氟乙丙烯)			不断	不断	0.35		250~370	25			2.1	0.0007	$2×10^{18}$	40	>160
	F-23						1.0~1.2	150~250				3.0	0.012	$10^{16\sim17}$	23~25	
聚酰亚胺(PI)	均苯型	>170	26	0.38	0.54	3.2	3.2	6~8			7.8~8.0	3~4	0.003	10^{17}	>40	230
	可溶性型	>230		1.20	不断	3.3	3.3	6~10				3.1~3.5	0.001~0.005	$10^{15\sim16}$	>30	
酚醛塑料(PF)		≥100	抗剪强度 ≥25	≥0.35							≥30					
聚苯硫醚(PPS)	未增强型			0.78~0.98		3.8	3.8	3	117			3.4~3.8			20	
	增强型			2.9~3.9		10.7	10.7	3	123	428		3.8~4.2	0.002~0.006		17.1~18.4	160

注：本表为参考资料。各种工程用塑料的品种和牌号的具体技术性能应参见本手册4.2节或相关产品资料。

4.2 工程常用塑料的品种、牌号及性能

4.2.1 聚乙烯(PE)(见表 4-3)

表 4-3 聚乙烯的品种和性能

性　　能		测试标准	低密度	中密度	高　　密　　度	
					熔体流动速率 >1g/10min	熔体流动 速率=0
密度/(g/cm^3)		ASTM-D792	0.910~0.925	0.926~0.940	0.941~0.965	0.945
平均相对分子质量			≈3×10^5	≈2×10^5	≈1.25×10^5	(1.5~2.5)×10^6
折射率(%)			1.51	1.52	1.54	
透气速率(相对值)			1	1 1/3	1/3	
断裂伸长率(%)		ASTM-D638	90~800	50~600	15~100	
邵尔硬度(D)		ASTM-D785	41~50	50~60	60~70	55(洛氏 R)
冲击强度(悬臂梁式,缺口)/(J/m)		ASTM-D256	>853.4	>853.4	80~1067	>1067
拉伸强度/MPa		ASTM-D638	6.9~15.9	8.3~24.1	21.4~37.9	37.2
拉伸强性模量/MPa		ASTM-D638	117.2~241.3	172.3~379.2	413.7~1034	689.5
连续耐热温度/℃			82~100	104~121	121	
热变形温度(0.46MPa)/℃		ASTM-D648	38~49	49~74	60~82	73
比热容/[J/(kg·K)]			2302.7		2302.7	
结晶熔点/℃			108~126	126~135	126~136	135
脆化温度/℃		ASTM-D746	−80~−55		<−140~−100	<−137
熔体流动速率/(g/10min)		ASTM-D1238	0.2~30	0.1~4.0	0.1~4.0	0.00
线胀系数/K^{-1}			(16~18)×10^{-5}	(14~16)×10^{-5}	(11~13)×10^{-5}	7.2×10^{-5}
热导率/[W/(m·K)]			0.35		0.46~0.52	
耐电弧性/s		ASTM-D495	135~160	200~235		
相对介电常数	60~100Hz	ASTM-D150	2.25~2.35	2.25~2.35	2.30~2.35	2.34
	1MHz		2.25~2.35	2.25~2.35	2.30~2.35	2.30
介质损耗因数	60~100Hz	ASTM-D150	<5×10^{-4}	<5×10^{-4}	<5×10^{-4}	<3×10^{-4}
	1MHz		<5×10^{-4}	<5×10^{-4}	<5×10^{-4}	<2×10^{-4}
体积电阻率(RH50%,23℃)/Ω·cm		ASTM-D257	>10^{16}	>10^{16}	>10^{16}	>10^{16}
介电强度 /(kV/mm)	短时	ASTM-D149	18.4~28.0	20~28	18~20	28.4
	步级		16.8~28.0	20~28	17.6~24	27.2

4.2.2 聚氯乙烯(PVC)(见表4-4和表4-5)

表4-4　悬浮法通用型聚氯乙烯树脂的型号及物化性能(摘自 GB/T 5761—2018)

序号	项　目		型号											
			SG1			SG2			SG3			SG4		
			优等品	一等品	合格品	优等品	一等品	合格品	优等品	一等品	合格品	优等品	一等品	合格品
1	黏数/(mL/g) (或 K 值) [或平均聚合度]		156~144 (77~75) [1785~1536]			143~136 (74~73) [1535~1371]			135~127 (72~71) [1370~1251]			126~119 (70~69) [1250~1136]		
2	杂质粒子数/个	≤	16	30	60	16	30	60	16	30	60	16	30	60
3	挥发物(包括水)含量(%)	≤	0.30	0.40	0.50	0.30	0.40	0.50	0.30	0.40	0.50	0.30	0.40	0.50
4	表观密度/(g/mL)	≥	0.45	0.42	0.40	0.45	0.42	0.40	0.45	0.42	0.40	0.47	0.45	0.42
5	筛余物(%) 250μm 筛孔	≤	1.6	2.0	8.0	1.6	2.0	8.0	1.6	2.0	8.0	1.6	2.0	8.0
	筛余物(%) 63μm 筛孔	≥	97	90	85	97	90	85	97	90	85	97	90	85
6	"鱼眼"数/(个/400cm²)	≤	20	30	60	20	30	60	20	30	60	20	30	60
7	100g 树脂增塑剂吸收量/g	≥	27	25	23	27	25	23	26	25	23	23	22	20
8	白度(160℃,10min)(%)	≥	78	75	70	78	75	70	78	75	70	78	75	70
9	水萃取物电导率/[μS/(cm·g)]	≤	5	5	—	5	5	—	5	5	—	5	5	—
10	残留氯乙烯单体含量/(μg/g)	≤	5	5	10	5	5	10	5	5	10	5	5	10
11	干流性/min		—①											

序号	项　目		型号											
			SG5			SG6			SG7			SG8		
			优等品	一等品	合格品	优等品	一等品	合格品	优等品	一等品	合格品	优等品	一等品	合格品
1	黏数/(mL/g) (或 K 值) [或平均聚合度]		118~107 (68~66) [1135~981]			106~96 (65~63) [980~846]			95~87 (62~60) [845~741]			86~73 (59~55) [740~650]		
2	杂质粒子数/个	≤	16	30	60	16	30	60	20	40	60	20	40	60
3	挥发物(包括水)含量(%)	≤	0.40	0.40	0.50	0.40	0.40	0.50	0.40	0.40	0.50	0.40	0.40	0.50
4	表观密度/(g/mL)	≥	0.48	0.45	0.42	0.50	0.45	0.42	0.52	0.45	0.42	0.52	0.45	0.42
5	筛余物(%) 250μm 筛孔	≤	1.6	2.0	8.0	1.6	2.0	8.0	1.6	2.0	8.0	1.6	2.0	8.0
	筛余物(%) 63μm 筛孔	≥	97	90	85	97	90	85	97	90	85	97	90	85
6	"鱼眼"数/(个/400cm²)	≤	20	30	60	20	30	60	30	30	60	30	30	60
7	100g 树脂增塑剂吸收量/g	≥	19	17	—	15	15	—	12	—	—	12	—	—
8	白度(160℃,10min)(%)	≥	78	75	70	78	75	70	75	70	70	75	70	70
9	水萃取物电导率/[μS/(cm·g)]	≤	—											
10	残留氯乙烯单体含量/(μg/g)	≤	5	5	10	5	5	10	5	5	10	5	5	10
11	干流性/min		—①											

①生产企业与用户协商项目。

表 4-5　氯化聚氯乙烯(CPVC)的性能

项目名称		性能	项目名称		性能
密度/(g/cm³)		1.48~1.58	冲击强度/(kJ/m²)	20℃	>40
吸水率(%)		0.05		-20℃	25~60
外观		白色粉末或颗粒	邵尔硬度(D)		95
拉伸强度/MPa	20℃	60~70	热变形温度(1.82MPa)/℃		100~120
	100℃	18.6~19.0	线胀系数/K⁻¹		$7×10^{-5}~8×10^{-5}$
弯曲强度/MPa		116~125	热导率/[W/(m·K)]		0.105~0.138
弯曲弹性模量/MPa		2620	维卡软化温度/℃		90~125
断裂伸长率(%)		50	比热容/[kJ/(kg·K)]		1.47
			长期使用温度/℃		100

注：氯化聚氯乙烯为改性聚氯乙烯，也称过氯乙烯。热变形温度为 90~120℃，明显高于普通 PVC，阻燃性、耐化学腐蚀性、力学性能均优良，热导率低，电绝缘性能好。适用于制作耐热管、绝缘制品、电气阻火片等。

4.2.3　聚苯乙烯(PS)(见表 4-6 和表 4-7)

表 4-6　聚苯乙烯树脂的牌号及性能(摘自 GB/T 12671—2008)

项　目			产　品　牌　号										
			PS-GN，085-03			PS-GN，085-06			PS-GN，095-03			PS-GN，095-06		
			级别			级别			级别			级别		
			优级	一级	合格	优级	一级	合格	优级	一级	合格	优级	一级	合格
清洁度/(颗/100g)	杂质	≤	1	3	6	1	3	6	1	3	6	1	3	6
	色粒	≤	1	3	6	1	3	6	1	3	6	1	3	6
维卡软化点/℃		≥	97.0	94.0	91.0	96.0	93.0	90.0	85.0	85.0	82.0	85.0	82.0	79.0
弯曲强度/MPa		≥	88.0	86.0	84.0	86.0	84.0	82.0	83.0	80.0	78.0	82.0	80.0	78.0
悬臂梁冲击强度/(J/m)		≥	10						13					
熔体流动速率/(g/10min)			1.5~4.0			4.0~7.0			1.5~4.0			4.0~7.0		
透光率(%)		≥	85						87					
介电常数(10⁶Hz)		≤	2.6						2.6					
介质损耗因数(10⁶Hz)		≤	$4.5×10^{-4}$			$5.0×10^{-4}$			$4.0×10^{-4}$			$4.5×10^{-4}$		

注：表中前 5 项为每批出厂检验项目，后 3 项为形式检查项目。

表 4-7　高抗冲聚苯乙烯(HIPS)的牌号、性能及应用

项　目		测试标准	牌　号				
			412B	420D	479	486	492J
牌号及性能	高顺式聚丁二烯(%)		4.5	4.9	7	6	7
	矿物油(%)			1.4	4	1.5	0.4
	硬脂酸锌(%)		0.23	0.23			0.2
	抗氧剂 1076(%)		0.08	0.14	0.14	0.14	0.15
	熔体流动速率/(g/10min)	ASTM D1238	15	2.7	7.5	2.6	2.8
	维卡软化点/℃	ASTM D1525	91	102	94.5	102	103

（续）

牌号及性能	项　目	测试标准	牌　号				
			412B	420D	479	486	492J
	拉伸屈服强度/MPa	ASTM D638	15.9	25.2	18.6	17.9	24.2
	拉伸断裂强度/MPa	ASTM D638	13.1	20.4	13.8	18.6	20.7
	伸长率(%)	ASTM D638	25	20	30	35	25
	悬臂梁冲击强度/(J/m)	ASTM D256	56.1	80.1	88.1	74.8	93.5
	凝胶率(%)	SP8	16	12	20.5	21	24
	溶胀指数(%)	SP8	14	12.3	12.5	12.5	12.5
特性及应用	高抗冲聚苯乙烯(HIPS)通常是以丁苯橡胶或顺丁橡胶与苯乙烯进行本体-悬浮接枝共聚而得，也可以是聚苯乙烯用橡胶共混接枝改性而成。其抗冲韧性视共聚物中丁二烯含量而定，当含量为2%~4%时为一般抗冲型聚苯乙烯，含量为5%~10%者为高抗冲型，含量大于10%者为超高抗冲型 高抗冲聚苯乙烯为乳白色不透明的非结晶聚合物，其拉伸强度、硬度、耐光性和热稳定性不如通用级聚苯乙烯，但韧性和冲击强度较通用级聚苯乙烯高7倍以上，且着色性、电绝缘性、化学稳定性好 可以用于制作各种仪器、仪表零件，电器、电视机、收音机、电话机及小型设备罩壳，冰箱内衬，洗衣机桶体，家具及文教用品等						

注：本表为北京燕山石油化工公司化工一厂和化工二厂产品的资料。

4.2.4　聚甲基丙烯酸甲酯(有机玻璃)(PMMA)(见表4-8)

表4-8　PMMA(有机玻璃)的性能

项目	无色板材	有色板材	管材	PMMA(通用产品)	益阳化工厂产品	阜新化工厂产品	南通丽阳公司产品	湖州红蕾有机厂产品	佛山合成材料厂产品
密度/(g/cm³)				1.18		1.17~1.19	1.19	1.18	1.18
吸水率(%)				1.0			0.3		
雾度(%)				—			0.3		
熔体流动速率/(g/10min)				0.8			1.4		
无缺口冲击强度/(kJ/m²)	16	14		18.0	19	12~14	20	19.5③	17.5
拉伸强度/MPa	63	55	55	75	65	55~77	69	55~77	67.5
断裂伸长率(%)				5~7			5		
弯曲强度/MPa				80			114		
布氏硬度	180	140		166	200	180~240	92(洛氏)	210	191
折射率(%)				—			1.49		
透光率(%)	91		90	90	92	92	93	89	92
马丁耐热/℃	78①			90①	78①	65①	84②	85.5①	78①
维卡耐热/℃				95			88		
热导率/[W/(m·K)]				—			0.2		
表面电阻率/Ω				1×10¹⁴			>1×10¹⁶		
体积电阻率/Ω·cm				10¹⁵~10¹⁷			>10¹⁵		
介电常数(60Hz)				3.2~3.5		3.5~4.5	3.7	3.5~4.5	
介质损耗因数(60Hz)				0.03~0.05			0.05		

① 为热变形温度(1.82MPa)。

② 载荷弯曲温度。

③ 有缺口冲击强度。

4.2.5 丙烯腈-丁二烯-苯乙烯（ABS）（见表4-9～表4-15）

表4-9 ABS的品种和性能

性能		测试标准	阻燃级，模塑级，注射与挤出				ABS/PC 注射与挤出	注射级					EM1屏蔽（导电）		
			挤出级	ABS	ABS/PVC	ABS/PC		耐热	中等冲击强度	高冲击强度	电镀级	20%玻璃纤维增强	20%PAN碳纤维	20%石墨纤维	40%铝粉
力学性能	悬臂梁冲击强度（3.18mm厚有缺口）/（J/m）	ASTMD256A	96.3~642	160.0~640.0	348.0~562.0	219.0~562.0	342.0~562.0	107.0~348.0	160.0~321.0	321.0~482.0	268.0~283.0	64.0~75.0	53.5	70.0	107.0
	洛氏硬度（R）	ASTMD785	R75~115	R100~120	R100~106	R117~119	R111~120	R100~115	R107~115	R85~106	R103~109	M35			R107
	收缩率（cm/cm）	ASTMD955		0.004~0.008	0.003~0.005	0.005~0.007	0.005~0.008	0.004~0.009	0.004~0.009	0.004~0.009	0.005~0.008	0.002	0.0005~0.003	0.001	0.001
	拉伸断裂强度/MPa	ASTMD638	17.5~56	35~56	40	47~65	50~52	35~52	39~52	31~44	42~45	77	112	106~110	29
	断裂伸长率（%）	ASTMD638	20~100	5~25	40	50	50~65	3~30	5~25	5~70	3	3	1.0	2.0~2.2	5
	拉伸屈服强度/MPa	ASTMD638	30~45	28~52	40	59~63	25~60	30~49	35~46	18~40					
	压缩强度（断裂或屈服）/MPa	ASTMD695	36~70	46~53		78~80		51~70	13~87.5	32~56		98	175	112~119	46
	弯曲强度（断裂或屈服）/MPa	ASTMD790	28~98	63~98	64~67	84~95	84~95	67~95	50~95	38~77	74~80	98~109		161	55
	拉伸弹性模量/GPa	ASTMD638	0.19~2.8	2.2~2.8	2.28~2.3	2.6~3.2	2.5~2.7	2.1~2.5	2.1~2.8	1.5~2.31	2.31~2.7	5.2			
	压缩弹性模量/GPa	ASTMD695	1.05~2.7	0.91~2.2		1.61		1.3~3.0	1.4~3.1	0.98~2.1					
热性能	线胀系数/K⁻¹	ASTMD696	(60~130)×10⁻⁶	(65~95)×10⁻⁶	46×10⁻⁶	67×10⁻⁶	(62~72)×10⁻⁶	(60~93)×10⁻⁶	(80~100)×10⁻⁶	(95~110)×10⁻⁶	(47~53)×10⁻⁶	21×10⁻⁶		20×10⁻⁶	40×10⁻⁶
	热变形温度/℃（1.82MPa）	ASTMD648	170~220（退火）	195~225（退火）	180	211~220	232~240	220~240（退火）	200~220	205~215（退火）	204~215（退火）	210	215	216	212
	热变形温度/℃（0.45MPa）	ASTMD648	170~235（退火）	210~245（退火）		225~244	225~250	230~245（退火）	215~225（退火）	210~225（退火）	215~222（退火）	220		240	220
物理性能	密度/（g/cm³）	ASTMD792	1.02~1.06	1.16~1.21	1.20~1.21	1.20~1.23	1.07~1.12	1.05~1.08	1.03~1.06	1.01~1.05	1.06~1.07	1.22	1.14	1.17	1.61
	吸水率（3.18mm厚,24h）（%）	ASTMD570	0.20~0.45	0.2~0.6		0.24	0.21~0.24	0.20~0.45	0.20~0.45	0.20~0.45				0.15	0.23
	介电强度（3.18mm厚,短时间）/（kV/mm）	ASTMD149	14~20	14~20	20	18	17	14~20	14~20	14~20	17~22	18			

表 4-10 兰州化工公司 ABS 树脂的牌号和性能

牌号	性能						
	缺口冲击强度(23℃)/(J/m)	熔体流动速率/(g/10min)	维卡软化点/℃	洛氏硬度HRR	拉伸强度/MPa	弯曲强度/MPa	可燃性
通用型 701	310	1~1.4	94	100	35	59	
301	200	1.3~2.3	94	102	40	67	94HB
101	110	1.5~3	94	105	45	70	94HB
102	60	2~2.5	97	109	48	75	94HB
高流动型 F-3	140	3.3~4.5	90	100	36	59	94HB
挤出型 E-7	300	0.8~1.2	95	98	35	52	
E-3	180	0.5~1.5	94	100	39	59	
E-1	90	0.5~1.8	94	108	45	69	
耐热型 T-5	90	0.05~0.4	105	103	40	66	
T-332	130	0.2~0.5	102	103	41	66	94HB
T-2	120	0.9~1.3	98	102	40	64	
耐寒型 G-8	330	0.5~1.5	90	87	30	50	
H-08	330	0.5	90		33	50	
电镀型 301M	220	1.3~2.3	94	103	36	63	94HB
阻燃型 V-1	90	9~12	77	94	34	54	V-0
V-1M	70	8~15	76	100	34	54	V-2

表 4-11 ABS 树脂的分级、牌号及技术指标(摘自 Q/CNPC 99—2004)

项 目	牌号及技术指标							
	板材级	高抗冲级	普通级			阻燃级		
	770	740A	750A	750	750SW	HFA-70	HFA-72	HFA-75
悬臂梁冲击强度/(J/m) ≥	260	280	167	167	167	98	120	155
拉伸强度/MPa ≥	50	40	42	45	40	38	40	40
洛氏硬度 HRR ≥	98	95	100	98	95	95	95	95
熔体流动速率/(g/10min)	12~20	15~27	25~36	36~50	45~60	130~170	40~60	35~55
热变形温度/℃ ≥	85	80	78	80	80	68	75	75
阻燃性/级	—	—	—	—	—	FV-0	FV-0	FV-0
弯曲强度/MPa ≥	65	63	60	60	60	55	55	55
弯曲弹性模量/MPa ≥	2200	2000	1900	1900	1900	1800	1900	1900

表 4-12 大庆石油化工总厂 ABS 树脂的品级和性能

品级	拉伸强度/MPa	冲击强度/(kJ/m)	熔体流动速率/(g/10min)	热变形温度/℃	弯曲强度/MPa	洛氏硬度 HRR
	试验方法					
	ASTM-D638	ASTM-D256	ASTM-D1238	ASTM-D648	ASTM-D790	ASTM-D785
高抗冲	35.3	0.25	2.5	82	44.1	85
中抗冲	41.2	0.20	50	85	53.9	100
电镀级	39.2	0.18	30	83	53.9	95

（续）

品级	拉伸强度/MPa	冲击强度/(kJ/m)	熔体流动速率/(g/10min)	热变形温度/℃	弯曲强度/MPa	洛氏硬度 HRR
	试验方法					
	ASTM-D638	ASTM-D256	ASTM-D1238	ASTM-D648	ASTM-D790	ASTM-D785
高流动	41.2	0.18	70	83	53.9	100
阻燃级	36.3~38.2	0.08~0.10	25~35	80~85	44.1	95~100
挤出级	41.2~44.1	0.18~0.22	10~22	87	63.7	102
耐热级	42.2	0.16	8.0	83	58.8	105
高耐热级	41.2~44.1	0.12~0.15	15~20	105~107	54~58.8	105~107
超耐热级	41.2~44.1	0.12~0.15	15~20	105~107	54~58.8	105~107
高刚性	52	0.15	25	85	63.7	110
抗静电级	53.9	0.14	60	87	71.6	115
油漆级	36.3	0.28	20	83	58.8	100

表 4-13　上海高桥化工公司 ABS 的牌号、性能及应用

牌号	弯曲强度/MPa	悬臂梁缺口冲击强度/(kJ/m²)	热变形温度(未退火)/℃	特　性	应　用
R-101	≥70	≥7	≥70	通用级、低抗冲击性、可注射	录音磁带盒、文教用品、无线电零件
R-102	≥60	≥15	≥68	通用级、中抗冲击性、注射级	录音机、洗衣机、电视机、打字机、计算机等的壳体及机件
R-103	≥55	≥25	≥65	通用级、高抗冲击性、注射级	汽车零部件、家具、水表壳、仪表壳
R-104	≥50	≥32	≥62	通用级、超高抗冲击性、注射级	安全帽、照明器材、泵叶轮、交通设备、电器
IH-100	41.4	320J/m (22.7℃)	81.1	通用级、注射级、高抗冲击性、力学性能优、加工性优	汽车零部件、家庭用具
IMT-100	49.6	213.4J/m	83.9	通用级、注射级、中等抗冲击性、拉伸强度高、加工性优、耐化学性好、尺寸稳定性好	家庭用具、游泳池附件、汽车部件
PIH-100	43.4	302J/m	90.6	注射级、电镀级、流动性好、力学性能好	汽车格栅、耐热器具
ISH-100	34.5	346.7J/m	85	注射级、通用级、超高抗冲击性、韧性好、成型性好	管件、头盔、各种家庭及车用器材
EHL-100	34.5	346.7J/m	85	挤出级、高抗冲击性、光泽性好、物性好、低温韧性好、耐化学性好、耐污染	冰箱衬里、手提式冷却器、浴盆
EM-100	44.8	266.7J/m	90.6	挤出级、中抗冲击性、韧性好、光泽性好、易流动	板材、浴室冷却器
EH-100	44.8	400J/m	88.9	挤出级、高抗冲击性、力学性能好、抗污染、尺寸稳定性好、延伸性好	行李提箱、滑雪车体

表 4-14 台湾奇美公司 ABS 的牌号和性能

牌号		牌号说明	拉伸强度/MPa	伸长率(%)	弯曲强度/MPa	洛氏硬度 HRR	Izod 缺口冲击强度/(J/m)	软化点/℃	热变形温度/℃	熔体流动速率/(g/10min)	燃烧性 UL-94
通用级	PA-707	高刚、高光泽	52	15	72	110	140	104	85	8.3	HB
	PA-757	高刚、高光泽	50	20	70	109	200	104	84	7.5	HB
	PA-727	电镀	48	25	69	106	240	104	83	7.0	HB
	PA-747	超高强、注塑	41	30	56	98	280	102	83	3.0	HB
	PA-709	超高冲、挤管	42	40	58	102	430	85	105		HB
高流动	PA-756	高流动、高刚	49	20	66	107	170	104	82	9.5	HB
	PA-746	高流动、高冲	42	30	57	102	280	103	80	8.0	HB
挤出级	PA-747A	高冲、挤出	41	60	58	98	400	102	83	2.9	HB
	PA-747F	高冲、挤出	47	60	67	109	290	104	88	1.7	HB
	PA-749	高刚、高光泽	47	60	68	108	260	103	89	2.2	HB
	PA-747S	超高强、挤出	44	35	59	101	380	102	84	1.8	HB
阻燃级	PA-769	难燃	43	25	54	98	210	98	78	5.0	V-0
	PA-766	难燃	37	30	54	95	230	101	79	2.6	V-0
	PA-764	难燃、耐热	36	15	50	96	200	98	79	7.1	V-0
耐热级	PA-777B	耐热	44	25	52	110	230	115	95	3.5	HB
	PA-777D	超耐热	44	15	59	112	170	125	105	3.0	HB
	PA-777E	超高耐热	44	10	59	110	120	129	108	2.3	HB

表 4-15 美国和欧洲 ABS 的牌号和性能

厂家与商品名	牌号	拉伸强度/MPa	弯曲强度/MPa	悬臂梁缺口冲击强度/(kJ/m)	热变形温度/℃	熔体流动速率/(g/10min)
GE 公司	Gycolac ABS T	41	73	14	94	4.4
	Gycolac ABS X-15	46	79	9.1	118	0.8
	Gycolac ABS Z-86	46	74	9.5	97	
	Gycolac ABS EP	44	81	11	100	2.7
	Gycolac ABS CTB	43	73	5.3	88	2.7
	Gycolac ABS Z-36	45	75	8.4	110	
	Gycolac ABS C-15	44	77	11.9	98	
	Gycolac ABS LS	34	57	17.2	98	0.7
	Gycolac ABS CGA	29	54	14.6	102	0.04
	Gycolac ABS KCS	42	68	12.6	89	
道化学公司	Magnum ABS 213	30	66.5	4.0	93	5.5
	Magnum ABS 300	52	90.5	6.2	96	2.7
	Magnum ABS 350	44.5	90.5	6.7	96	3.0
	Magnum ABS 500	43.5	76	8.3	92	3.2
	Magnum ABS 2020	42		7.8	99	1.8
	Magnum ABS 2002	38		6.1	98	3.2
	Magnum ABS 9010	41		5.0	106	8.0
	Magnum ABS 9020	39		5.4	102	5.0

（续）

厂家与商品名	牌号	拉伸强度/MPa	弯曲强度/MPa	悬臂梁缺口冲击强度/(kJ/m)	热变形温度/℃	熔体流动速率/(g/10min)
孟山都公司	Lustran ABS 248	47.0	74.0	8.0	86	4.2
拜耳公司	Novodur PL-AT	51	75.6	3.5	81	
	Novodur PLT-AT	47	71.4	3.9	83	
	Novodur PM 3C	41.8	63.9	5.5	80	
	Novodur PM 5C	56.1	82.6	3.5	99	
		45.9	66.3	4.7	89	

4.2.6　聚酰胺（尼龙）（PA）（见表4-16~表4-37）

表4-16　聚酰胺（PA）的品种、性能及应用

性能	PA-6		PA-66		PA-610		PA-612		PA-11	PA-12		PA-1010
	标准品	30%玻璃纤维	标准品	GF增强	标准品	30%玻璃纤维	标准品	30%玻璃纤维	标准品	标准品	30%玻璃纤维	标准品
相对密度	1.14	1.36	1.14	1.37	1.09	1.32	1.07	1.30	1.04	1.04	1.23	1.03~1.05
熔点/℃	220	220	260	260	213	213	210	210	187	178	178	200~210
成型收缩率（%）	0.6~1.6	0.4	0.8~1.5	0.5	1.2	0.4	1.1	0.3	1.2	0.3~1.5	0.3	—
拉伸强度/MPa	74	160	80	170	60	140	62	145	55	50	122	52~55
拉伸弹性模量/MPa	2.5×10^3	7×10^3	2.9×10^3	7.5×10^3	2.0×10^3	7×10^3	2.0×10^3	7×10^3	1.3×10^3	1.3×10^3	5×10^3	—
伸长率(%)	200	5	60	5	200	5	200	5	300	300	5	100~250
弯曲弹性模量/MPa	2.5×10^3	7.5×10^3	3×10^3	8×10^3	2.2×10^3	7×10^3	2×10^3	7×10^3	1×10^3	1.4×10^3	6×10^3	—
1.82MPa热变形温度/℃	63	190	70	210	57	190	60	190	55	55	168	50
连续使用最高温度/℃	105	115	105	125	—	—	—	—	90	90		-40~80（使用温度范围）
吸水率(%)	1.8	1.2	1.3	1.0	0.5	0.3	0.4	0.3	0.3	0.25	0.17	1.5
应用举例	用于制作轴承、齿轮、凸轮、滚子、滑轮、辊轴、螺栓、螺母、垫片、油管、储油容器、耐蚀零部件、高强度和耐磨结构件、耐冲击零部件等		制作汽车用齿轮、衬垫、滑轮等精密零部件、仪表盘、传送带、输油管、储油容器等		制作精密机械零部件、电线电缆绝缘层、工具架、弹药箱等		制作输送汽油硬管、软管、电缆护套、食品包装膜、静电喷涂等		制作轴承、齿轮、精密零部件、电子部件、油管、软管、电线电缆护套等	制作带式运输机托辊、轴承保持架、纺织轴承尼龙保持架		

表 4-17　南京立汉化工公司 PA-6 产品的牌号、性能及应用

牌号	拉伸强度/MPa	缺口冲击强度/(J/m)	1.82MPa 下热变形温度/℃	成型收缩率(%)	特　性	应　用
B102F	80	45	55~75	1.0	通用级, 自润滑性好, 注射级	机械、汽车零配件, 溜冰鞋等
B103S	80	45	55~75	1.0	通用级, 韧性好, 注射级	电子、电器零部件, 线圈骨架等
B601TL	65	130	65	0.9	通用级, 高冲击, 高润滑, 注射挤出级	轴承支架、铁路零部件等
B801E	50	>800	60	0.6	通用级, 高冲击, 流动性优, 注射挤出级	一般结构件、装饰件、受冲击件(如铁路器材)等
B705GL	170	100	210	0.2	含25%玻璃纤维, 强度、刚性高, 注射级, 易脱模	汽车、机械、电动工具、线圈骨架、发动机罩盖等耐热高强度件
B706GL	180	140	210	0.15	含30%玻璃纤维, 强度、刚性高, 注射级, 脱模性好	高强度耐热、耐磨机械零部件
B707GL	195	175	215	0.13	含30%玻璃纤维, 强度、刚性高, 注射级, 易脱模	
B709GL	210	105~300	215	0.18	含30%玻璃纤维, 注射级	
B260M	85	60	120	0.75	含30%矿物填充, 阻燃性好, 注射级	电器端子、电子电气元器具等
B253MG	120	50	200	0.4	含15%玻璃纤维, 25%矿物填充, 耐热优, 刚性好, 注射级	水表、水泵、汽车外部零部件等
B9206	158	80	190		含30%玻璃纤维, 阻燃, 注射级	电器端子、电器元件等
B9260	90	20	150	0.75	含30%玻璃纤维, 阻燃, 注射级	

表 4-18　南京聚隆化学实业公司尼龙 6 的性能

项　目	测试标准	状态	BNOF	BG61	BG9	BG6	BHO	BRO
拉伸断裂强度/MPa	ISO 527	干态/湿态	75/40	150/105	175/130	160/110	45/40	80/50
断裂伸长率(%)	ISO527	干态/湿态	80/200	4/5	2/4	3/4	40/>50	4/20
屈服弯曲强度/MPa	ISO178	干态/湿态	100/45	214/—	250/180	230/190	55/—	110/—
弯曲弹性模量/MPa	ISO178	干态/湿态	2550/850		10300/8500	7500/5000	1450/685	
悬臂梁缺口冲击强度/(J/m)	ISO180	干态/湿态	60/110	130/150	150/—	120/200	850/NB	40/100
洛氏硬度 HRR	ISO2039/2	干态/湿态	118/—	118/—	120/R15	120/110	100/—	120/R12
熔点/℃	ISO3416		220	259	220	220	215	215
热变形温度/℃								
0.45MPa	ISO75		170	230	220	215	120	130
1.8MPa	ISO75		75	75	210	200	70	70
燃烧性	UL94		V2	HB	HB	HB	HB	V0
表面电阻率/Ω	ISO167	干态/湿态	$10^{13}/10^{10}$	$10^{12}/10^{10}$	$10^{13}/10^{10}$	$10^{12}/10^{10}$	$10^{13}/10^{10}$	$10^{12}/10^{10}$
介电强度/(kV/mm)	IEC243	干态/湿态	20/—	19/—	20/—	20/—		18/—
密度/(g/cm³)	ISO1183		1.13	1.34	1.48	1.37	1.08	1.20
饱和吸水率(%)	ISO62		9.5	6.2	5.5	6.2	8.5	8.5
线性收缩率/(mm/mm)			0.01~0.012	0.0015~0.005	0.001~0.003	0.0015~0.005	0.006~0.01	0.01~0.012
特性与应用	BG6、BG9、BG61 分别为 30%、45%、30%玻璃纤维增强品级, 强度高, 耐高温, 电性能好, 可用于制作机械零部件、电动工具外壳、线圈架、汽车配件、电器配件、旱冰鞋支架等。BHO 为抗冲击品级, 可用于接插件、各类配件、机器的制作。BRO 为阻燃品级, 主要用于电子元器件、电器端子、熔丝盖。BNOF 为通用品级, 可用于制作机械零部件、线圈支架等							

表 4-19　北京泛威工程塑料公司尼龙 6 的性能

项　目	测试标准	增　强　型				阻燃增强型			
		201G0	201G10	201G20	201G30	301G0	301G10	301G20	301
拉伸强度/MPa	ASTM D638	62	89	115	135	64	80	101	1
弯曲强度/MPa	ASTM D790	88	150	175	200	101	140	155	1
冲击强度(缺口)/(kJ/m²)	ASTM D256	10	8	11	18	7.4	8.5	9.5	1
冲击强度(无缺口)/(kJ/m²)	ASTM D256	>100	36	44	78	51	44	48	
弯曲弹性模量/MPa	ASTM D790	2.00×10^3	—	—	—	1.82×10^3	2.30×10^3	2.64×10^3	3.00
热变形温度/℃	ASTM D64	65	170	180	190	68	150	168	195
燃烧性	UL-94	—	—	—	—	V-0	V-0	V-0	V-0
玻璃纤维含量(%)		—	10	20	30	—	10	20	30
成型收缩率(%)	ASTM D955	1.5~2.0	0.8~1	0.4~0.8	0.2~0.6	1.0~1.5	0.6~0.8	0.4~0.6	0.2~0.4
体积电阻率/Ω·cm	ASTM D257	1×10^{14}	3.1×10^{15}	1.2×10^{15}	2.2×10^{15}	4.1×10^{15}	1.8×10^{15}	1.2×10^{15}	1.6×10^{15}
表面电阻率/Ω	ASTM D257	—	1.2×10^{14}	1.4×10^{14}	1.6×10^{14}	1.8×10^{14}	2.5×10^{14}	1.4×10^{14}	1.6×10^{14}
介电常数	ASTM D150	3.1	—	—	—	3.10	3.00	3.19	3.26
介质损耗因数		—	—	—	—	0.028	0.030	0.029	0.023
密度/(g/cm³)	ASTM D792	1.12	1.20	1.27	1.35	1.25	1.30	1.34	1.38
摩擦因数		—	—	—	—	—	—	—	—
介电强度/(kV/mm)	ASTM D149	21	23	23	23	21	25	25	25

项　目	测试标准	增韧型		尼龙合金(防翘曲)			耐磨型	阻燃防静电型	增强防静电型	
		401	402	501G0	501	502	601G0	701G0	801	802
拉伸强度/MPa	ASTM D638	48	36	60	110	130	59	51	56	51
弯曲强度/MPa	ASTM D790	105	82	110	150	174	85	69	75	147
冲击强度(缺口)/(kJ/m²)	ASTM D256	20	30	6	8	10	8.5	5.2	7	9
冲击强度(无缺口)/(kJ/m²)	ASTM D256	>100	>210	—	—	43	41	—	—	
弯曲弹性模量/MPa	ASTM D790	1.98×10^3	1.05×10^3	1.29×10^3	2.10×10^3	2.50×10^3	1.80×10^3	—	—	
热变形温度/℃	ASTM D64	55	47	70	205	215	70	65	65	178
燃烧性	UL-94	—	—	—	—	—	—	V-0	—	
玻璃纤维含量(%)		—	—	—	20	30	—	—	—	20
成型收缩率(%)	ASTM D955	1.5~2.0	1.5~2.0	0.8	0.5	0.2~0.4	—	0.5	1.0	0.5
体积电阻率/Ω·cm	ASTM D257	3.2×10^{15}	5.3×10^{15}	2.1×10^{15}	1.3×10^{15}	1.3×10^{15}	—	1.2×10^5	1.5×10^5	1.1×10^5
表面电阻率/Ω	ASTM D257	5×10^{14}	1.40×10^{15}	1.2×10^{15}	1.7×10^{15}	1.7×10^{15}	—	1.1×10^8	1.4×10^8	1.5×10^8
介电常数	ASTM D150	2.88	2.70	2.80	3.10	2.90	—	—	—	—
介质损耗因数		0.029	0.028	0.030	0.030	0.030	—	—	—	—
密度/(g/cm³)	ASTM D792	1.10	1.10	1.37	1.45	1.53	1.20	1.17	1.11	1.20
摩擦因数		—	—	—	—	—	0.1	—	—	—
介电强度/(kV/mm)	ASTM D149	22	25	25	25	25	—	—	—	—

表 4-20　南京聚隆化学实业有限公司尼龙 66 的性能

项　　目	测试标准	状态	ANOF	AG6	AG41	AG61	AM3	AHO	ARO	AROG5
拉伸断裂强度/MPa	ISO 527	干态/湿态	85/85	180/130	145/100	170/100	75/40	48/42	75/50	125/100
断裂伸长率(%)	ISO 527	干态/湿态	25/>50	3/5	4/5	3/6	16/50	40/>50	4/20	2/3
弯曲屈服强度/MPa	ISO 178	干态/湿态	105/60	255/195	205/—	220/—	105/—	60/20	110/45	220/—
弯曲弹性模量/MPa	ISO 178	干态/湿态	2700/1200	8200/5800	—/—	—/—	—/—	1500/850	2900/—	—
悬臂梁缺口冲击强度/(J/m)	ISO 180	干态/湿态	40/100	105/170	55/110	110/160	70/—	1800/1000	35/90	45/100
洛氏硬度 HRR	ISO 2039/2	干态/湿态	120/104	120/115	118/—	118/—	118/—	110/110	120/114	120/117
熔点/℃	ISO 3416		258	259	259	256	259	256	258	259
热变形温度/℃　0.45MPa	ISO 75		200	259	255	255	230	128	200	250
1.8MPa	ISO 75		75	255	250	235	75	65	70	240
燃烧性	UL-94		V2	HB	HB	HB	HB	HB	V0	V0
表面电阻率/Ω	ISO 167	干态/湿态	$10^{13}/10^{10}$	$10^{12}/10^{10}$	$10^{12}/10^{10}$	$10^{12}/10^{10}$	$10^{13}/10^{10}$	$10^{13}/10^{12}$	$10^{13}/10^{12}$	$10^{13}/10^{10}$
介电强度/(kV/mm)	IEC 243	干态/湿态	20/—	20/—	—	—	20/—	—	17/—	21/—
密度/(g/cm³)	ISO 1183		1.13	1.37	1.29	1.34	1.24	1.08	1.24	1.42
饱和吸水率(%)	ISO 62		8.5	5.5	6.5	6.5	7.0	6.7	7.5	6
成型线性收缩率/(mm/mm)			0.013	0.002~0.006	0.003~0.007	0.003~0.007	0.012~0.015	0.016~0.018	0.012	0.003

表 4-21　国产尼龙 66(PA-66)的牌号、性能及用途

牌号	密度 /(g/cm³)	相对黏度	拉伸强度 /MPa	弯曲强度 /MPa	缺口冲击强度 /(kJ/m²)	热变形温度 (1.82MPa) /℃	阻燃性 (UL94)	特性和主要用途
O 型	1.10~1.15	2.2~2.39	58.8	88.2	5.88	60		电绝缘好，化学稳定，耐磨，自润滑，脆化温度低。用于制造机械、电子、纺织、化工设备的耐磨件、高强度和电气绝缘件
Ⅰ 型	1.10~1.15	2.4~3.0	63.7	98	7.84	61		
Ⅱ 型	1.10~1.15	73.0	68.6	98	9.8	62		
增强级	1.39		151	196	9.8	220		
阻燃级			59	98	5.5	74	V-0	
阻燃增强级			118	176	8.0	210	V-0	

注：本表为黑龙江尼龙厂产品资料。

表 4-22　国产尼龙 610(PA-610)的型号、性能及应用

项　目		Ⅰ 型		Ⅱ 型		增强级
		一级	二级	一级	二级	
外观		白色~微黄色	淡黄色	白色~微黄色	淡黄色	淡黄色
粒度(粒/g)	>	40		40		—
水分(%)	≤	0.3		0.3		—
密度/(g/cm³)		1.08~1.10		1.10~1.13		1.13
熔点/℃		≥215(熔程7℃)		≥215(熔程7℃)		
比黏度		2.40~3.00		>3.00		
拉伸强度/MPa	≥	45		50		118
弯曲强度/MPa	≥	600(只弯不断)		700(只弯不断)		162
冲击强度(缺口)/(kJ/m²)	≥	3.5		3.2		9.8
介电强度/(kV/mm)	≥	15		15		
体积电阻率/Ω·cm	≥	10^{13}		10^{13}		10^{15}
介质损耗因数(1MHz)	≤	$3.5×10^{-2}$		$3.5×10^{-2}$		
带黑点树脂含量(黑点直径0.2~0.7mm)(%)	≤	1.0	1.5	1.0	1.5	—
热变形温度(1.8MPa)/℃		55		55		184
成型收缩率(%)		1.5~2.0		1.5~2		0.2
特性与应用		半透明微黄颗粒，除强度高、耐磨、耐油、抗冲击外，还具有吸水性低、尺寸稳定和电绝缘好等性能。宜制作齿轮、密封件、油管、绝缘件		强度和抗冲击性优于Ⅰ型，其他性能与Ⅰ型相近		性能明显优于Ⅰ型和Ⅱ型。适于制作要求更高的零件及绝缘件

注：本表为黑龙江尼龙厂产品资料。

表 4-23　尼龙 610 的性能指标

项　目	基础树脂	玻璃纤维增强级	碳纤维增强级
密度/(g/cm³)	1.07	1.39	1.26
成型线性收缩率/(cm/cm)	0.013	0.0028	0.0017
熔体流动速率/(g/10min)	50		
吸水率(%)	1.5	0.22	0.18

（续）

项　目	基础树脂	玻璃纤维增强级	碳纤维增强级
平衡吸湿率(%)	1.4		
洛氏硬度(R)	110	110	120
拉伸屈服强度/MPa	55	170	
极限拉伸强度/MPa	64.3	140	200
断裂伸长率(%)	80	3.1	2.6
弹性模量/GPa	2	9.2	20.7
弯曲模量/GPa	2	7.9	15.7
弯曲屈服强度/MPa	88	210	300
悬臂梁缺口冲击强度/(J/cm)	0.7	1.4	1.4
悬臂梁无缺口冲击强度/(J/cm)	6.4	9.7	9.6
压缩屈服强度/MPa	69	150	
1000h 拉伸蠕变模量/MPa	400		
剪切强度/MPa		75.5	
K 因子(耐磨性)		18	
摩擦因数		0.31	
线胀系数(20℃)/10^{-6}K^{-1}	110	40.3	15.3
热变形温度(0.46MPa)/℃	170	220	230
热变形温度(1.82MPa)/℃	72.2	210	220
熔点/℃	220	220	
空气中最高使用温度/℃	72.2	210	220
比热容/[J/(g·K)]	1.6	1.6	
热导率/[W/(m·K)]	0.21	0.43	
氧指数	24		
阻燃性(UL94)	V-2	V-0(最高)	HB
加工温度/℃	260	270	280
成型温度/℃		93.2	96.3
干燥温度/℃		80.8	87.7
体积电阻率/Ω·cm	4.3×10^{14}	3.1×10^{14}	310
表面电阻率/Ω	5.1×10^{11}		1000
介电常数	3.5	3.8	
低频介电常数	3.7	4.2	
介电强度/(kV/mm)	17.9	19.5	
介质损耗因数	0.079	0.016	
抗电弧性/s	120	130	
漏电起痕指数/V	600		

注：尼龙610的用途类似于尼龙6和尼龙66，有着巨大的潜在市场。尼龙610在机械行业、交通运输行业可用于制作套圈、套筒及轴承保持架等，在汽车制造业可用于制作方向盘、法兰、操作杆等汽车零部件(但与尼龙6和尼龙66相比，更适合制造尺寸稳定性要求高的制品，如齿轮、轴承、衬垫、滑轮及要求耐磨的纺织机械的精密零部件，也可用于输油管道、贮油容器、绳索、传送带、单丝、鬃丝及降落伞布等)，在电子电器行业可用于制造计算机外壳、工业生产电绝缘产品、仪表外壳、电线电缆包覆料等。另外，尼龙610的耐低温性能、拉伸强度、冲击强度等都优于尼龙1010，且成本低于后者，随着家用电器向轻量化、安全性方向发展，耐燃、增强及增韧尼龙610在家电行业及粉末涂料中的应用可望迅速增加。

表 4-24　尼龙 1010 的性能及应用

项　目		参数	项　目			参数
性能指标	密度/(g/cm³)	1.04	长期使用温度/℃			80 以下
	相对黏度	1.320	冲击强度/(kJ/m²)	缺口	23℃	9.10
	相对分子质量(黏度法)	13100			-40℃	5.67
	结晶度(%)	56.4		无缺口	23℃	458.5
	结晶温度/℃	180			-40℃	308.3
	熔点/℃	204	定负荷变形(14.66MPa,24h)(%)			3.71
	分解温度(DSC 法)/℃	328	热变形温度(1.82MPa)/℃			54.5
	熔融体流动速率/(g/10min)	5.89	马丁耐热/℃			43.7
	吸水率(%)	23℃,50%RH	1.1±0.2	维卡软化点〔49N,(12±1.0)℃/6min〕/℃		159
		水中(23℃)	1.8±0.2	线胀系数/10⁻⁵K⁻¹		12.8
	布氏硬度	107	表面电阻率/Ω			4.73×10¹³
	洛氏硬度(R)	55.8	体积电阻率/Ω·cm			5.9×10¹⁵
	球压痕硬度/MPa	83	相对介电常数(10⁶Hz)			3.66
	拉伸断裂强度/MPa	70	介质损耗因数(10⁶Hz)			0.072
	伸长率(%)	340	介电强度/(kV/mm)			21.6
	拉伸弹性模量/MPa	700	耐电弧性/s			70
	弯曲强度/MPa	131	Taber 磨耗量/(mg/1000 次)			2.92
	弯曲弹性模量/MPa	2200	脆化温度/℃			-60
	变形 5%压缩强度/MPa	1067				

特性及应用	尼龙 1010 具有半透明性,无毒,对光和霉菌的作用均有很好的稳定性;具有优良的延展性能,并且具有不可逆的拉伸能力,在拉力的作用下,可拉伸至原长的 3~4 倍,同时还具有优良的冲击性能和很高的拉伸强度,-60℃下不脆;自润滑性和耐磨性优良,其抗磨性是铜的 8 倍,优于尼龙 6、尼龙 66;耐化学腐蚀性能非常好,对大多数非极性溶剂(如烃、酯、低级醇类等)稳定,但易溶于苯酚、甲酚、浓硫酸等强极性溶剂。在高于 100℃下,长期与氧接触会逐渐变黄,力学性能会下降,特别是在熔融状态下易热氧化降解尼龙 1010 用途较广,可代替金属制作各种机械、电机、纺织器材、电器仪表、医疗器械等的零部件,如注射产品有齿轮、轴承、轴套、活塞环、叶轮、叶片、密封圈等,挤出产品有管材、棒材和型材,吹塑产品有容器、中空制品及薄膜;还可抽丝用于编织渔网、绳索及刷子等

表 4-25　国产尼龙 1010(PA-1010)的牌号、性能及应用

牌号	密度/(g/cm³)	熔点/℃	缺口冲击强度/(kJ/m²)	热变形温度(1.82MPa)/℃	特　性	应　用
A1	1.04	195	24	40	相对黏度为 1.9~2.0,易加工,可注射成型	适用于制备工程制品
A2	1.04	204	22	40	相对黏度为 2.1~2.3,可注射成型	适用于制备轴承、轴套、挤出阻燃管材等
A3	1.04	210	18	40	相对黏度>2.3,可挤出或注射成型	适用于制备管、棒材和高强度零部件

（续）

牌号	密度 /(g/cm³)	熔点 /℃	缺口冲击 强度 /(kJ/m²)	热变形温度 (1.82MPa) /℃	特　性	应　用
A1H	1.04	190~200	22	40	黏度与熔点低，柔软，老化性好	适用于制备电线、电缆护套
B	1.04	190~200			相对黏度<1.75，白色透明料，防老化	可用于制备一般户外制品
FR10V2	1.04	204	11.0	64	阻燃品级，可注射成型	适用于制备电子、电器制品
FR10VOFR10	1.04	204	10.8	64	高阻燃品级（V-0），可注射成型	适用于制备电子、电器制品和电缆护套
G30		≥204	20	185	30%长玻璃纤维增强高强耐磨品级	适用于制备泵叶轮、打字机凸轮等
G35		≥204	15	195	30%玻璃纤维增强品级，可注射成型	适用于制备叶轮、打字机凸轮等
MR40			12	190	40%矿物填充品级，尺寸稳定性好	适用于制备机械壳体等
NT200		≥200			粉末（80目）料，与金属黏结力高	可用作黏合剂或涂料
SG30		≥204	20	185	30%玻璃纤维增强品级，强度高	适用于制备高载荷零部件
炭黑尼龙	1.06~1.10	200			填充炭黑品级，可注射成型	适用于制备齿轮、轴瓦等制品
耐磨级	1.06~1.10	200	32~38		填充 MoS_2 灰色料，耐磨性好	适用于制备耐磨制品

注：本表为上海赛璐珞厂产品资料。

表 4-26　聚酰胺 1010 树脂的型号及理化性能指标（摘自 HG/T 2349—1992）

项　目		09 型			11 型			12 型		
		优等品	一等品	合格品	优等品	一等品	合格品	优等品	一等品	合格品
颗粒度/(个/g)		35~45	30~50	30~50	35~45	30~50	30~50	35~45	30~50	30~50
带黑点颗粒含量(%)	≤	0.8	1.5	2.0	0.8	1.5	2.0	0.8	1.5	2.0
干燥失重(%)	≤	0.6	1.0	1.5	0.6	1.0	1.5	0.6	1.0	1.5
黏数/(mL/g)		80~98			99~116			>116		
熔点/℃		198~210			198~210			198~210		
密度/(g/cm³)		1.03~1.05			1.03~1.05			1.03~1.05		
拉伸强度(屈服)/MPa	≥	44	40	40	44	40	40	44	40	40
断裂伸长率(%)	≥	105			200			200		
弯曲强度/MPa	≥	70			70			70		
冲击强度(缺口)/(kJ/m²)		17			19			19		

表 4-27　聚酰胺 PA46 的品级及技术性能

性　　能	未增强级 TS300、TW300、 TE300	玻璃纤维增强级 TS200F6、 TW200F6	阻燃级 TS350、 TE350	玻璃纤维增强阻燃级 TS250F4、 TE250F4
密度/(g/cm^3)	1.18	1.41	1.37	1.63
熔点 T_m/℃	295	295	290	290
玻璃化温度/℃	78			
热导率/[W/(m·K)]	0.348~0.395			
吸水率(23℃,65%RH,平衡)(%)(质量)	3~4	1~2		
吸水率(23℃,100%RH,平衡)(%)(质量)	8~12	5~9		
热变形温度/℃				
1.86MPa	220	285	200	260
0.46MPa	285	285	280	285
线胀系数/K^{-1}	8×10^{-5}	3×10^{-5}	7×10^{-5}	3×10^{-5}
维卡软件温度/℃	280	290	277	283
介电强度/(kV/mm)	24　24　24	24　25　27	24　24	25　25
体积电阻率/Ω·cm	10^{15}	10^{15}	10^{15}	10^{15}
表面电阻率/Ω	10^{16}	10^{16}	10^{16}	10^{16}
相对介电常数(23℃,10^{3}Hz)	4.0　—	4.4　—　3.8	3.8　—	4.0
耐电弧性/s	121　—	100　—　85	85	85
阻燃性 UL94(0.8mm)	V—2	HB	V—0	V—0
缺口冲击强度/(J/m)				
23℃	90~400	110~170	40~100	70~110
-40℃	40~50	80~90	30	40~50
拉伸屈服强度/MPa	70~102	140~200	50~103	105~138
拉伸断裂伸长率(%)	50~200	15~20	30~200	10~15
弯曲强度/MPa	50~146	225~310	145~75	190~230
弯曲弹性模量/MPa	1200~3200	6500~8700	2200~3400	7800~8200
压缩屈服强度/MPa	40~94	85~200	60~96	80~86
剪切强度(3.0mm)/MPa	70~75	79~95	69~73	80~86
洛氏硬度 HRR	102~121	115~123	108~122	117~123
Taber 磨耗量(1000g,S-17)/mg	4	24	9	36

注：1. 本表为日本合成橡胶公司测定数值，不是保证值。

2. 品级中代号含义：TS—标准级；TW—高耐热级；TE—电气用高耐热级；F6—玻璃纤维含量为30%；F4—玻璃纤维含量为20%。

3. 介质损耗因数干态时均为0.01。

4. 除标明外，力学性能均为23℃时测定值。

5. 除标明外，测定方法均按 ASTM 执行。

6. PA46 具有优良的综合性能，耐热性能是 PA 中最好的，高温蠕变性能优于大多数工程塑料和耐热材料，力学性能好(刚度高、韧性、耐磨性均优良)，耐油、耐化学品性能佳。用于汽车工业、机械工业、电子电器工业制作各种耐热、耐磨、高强度、高抗冲击的结构件、摩擦件、传动件等，是一种广泛应用的新型工程塑料。

表4-28 玻璃纤维增强尼龙的品种、性能及应用

尼龙6

性　能	模塑和挤出复合物	30%~35%玻璃纤维增强	30%长玻璃纤维增强	40%长玻璃纤维增强	增韧 非增强	增韧 33%玻璃纤维增强	阻燃级 30%玻璃纤维增强	40%矿物和玻璃纤维增强
断裂抗张强度/MPa	41.3~165.4	165.4	179.2	209.6	44.8	122.7	137.9	199.9
断裂伸长率(%)	130~300	2.2~3.6	2.5	2.2	65.0	4.0	3.0	2~3
抗张屈服强度/MPa	80.6	—	—	—	—	—	—	—
压缩强度(断裂或屈服)/MPa	89.6~110.3	131.0~165.4	165.4	233.0	—	—	158.5	96.5~124.1
弯曲强度(断裂或屈服)/MPa	108.2	241.3	275.8	315.1	62.7	177.8	199.9	158.5~160.0
Izod缺口冲击强度/(J/m)	32.0~117.3	117.3~181.3	224.0	341.3	874.7	186.6	80.0	32.0~224.0
洛氏硬度	119HRR	93~96HRM	93~96HRM	93HRM	—	—	—	118~120HRR
线胀系数/10^{-6}℃$^{-1}$	80~83	16~80	22	—	—	—	—	11~41
1.82MPa负荷下的热变形温度/℃	68.3~85	200~215.5	215.5	207.2	57.2	204.4	204.4	207.2~215.5
热导率[3]/[10^{-4} cal/(s·cm·℃)]	5.8	5.8~11.4	—	—	—	—	—	—
密度/(g/cm^3)	1.12~1.14	1.35~1.42	1.4	1.45	1.07	1.33	1.62	1.45~1.50
吸水率(24h)(%)	1.3~1.9	0.9~1.2	1.3	1.3	—	0.86	0.5	0.6~0.9
介电强度(短时间)[2]/(V/mil)	400	400~450	400	—	—	—	—	490~550

（续）

性能	尼龙66								
	模塑复合物	高冲橡胶改性复合物	30~33%玻璃纤维增强	30%长玻璃纤维增强	40%长玻璃纤维增强	增韧 增强 非增强	增韧 增强 33%玻璃纤维增强	非增强	阻燃级 20%玻璃纤维增强
断裂抗张强度/MPa	94.4	51.7	193.0	193.0	226.1	48.2	124.1~139.9	58.6~62.0	86.1
断裂伸长率（%）	15~80	4~90	2.0~3.4	2.5	2.5	125	4~6	4~10	2~3
抗张屈服强度/MPa	55.1	—	172.3	—	—	—	—	—	—
压缩强度（断裂或屈服）/MPa	86.1~103.4	—	165.4~275.8	193.0	262.0	—	103.4~137.9	172.3	—
弯曲强度（断裂或屈服）/MPa	123.4~123.7	—	275.8	275.8	338.5	58.6	189.6~206.1	96.5~103.4	158.5
Izod 缺口冲击强度/（J/m）	29.3~53.3	160.0~不断	85.3~240.0	213.3	368.0	906.7	218.6~240.0	26.6~32.0	58.6
洛氏硬度 HRR	120	114~115	101~119	60HRE	—	100	107	82HRM	—
线胀系数/10^{-6}℃$^{-1}$	80	—	15~54	23.4	—	—	—	—	—
1.82MPa 负荷下的热变形温度/℃	75~87.7	70~71.1	122.2~271.1	257.2	—	65.5	243.3	79.4~93.3	211.1
热导率[3]/[10^{-4} cal/（s·cm·℃）]	5.8	—	5.1~11.7	—	—	—	—	—	—
密度/（g/cm³）	1.13~1.15	1.08~1.10	1.15~1.40	1.4	1.45	1.08	1.34	1.36~1.42	1.51
吸水率（24h）（%）	1.0~2.8	—	0.7~1.1	0.9	—	1.0	0.7	0.9	0.7
介电强度（短时间）[2]/（V/mil）	600	—	360~500	500	—	—	—	520	430

（续）

性能	尼龙610 模塑复合物	尼龙610 30%~35%玻璃纤维增强	尼龙610 35%~45%长玻璃纤维增强	尼龙612 增韧 非增强	尼龙612 33%玻璃纤维增强	尼龙612 阻燃级 30%玻璃纤维增强	尼龙1010 非增强	尼龙1010 30%长琉璃纤维增强	玻璃纤维增强尼龙复合材料的特性及应用
断裂拉伸强度/MPa	44.8~60.6	151.6	179.2~199.9	37.9	124.1	124.1~131.0	53.0	150.0	玻璃纤维增强尼龙的性能比一般尼龙要优越很多，力学性能、热性能、尺寸稳定性有明显提高，弯曲强度和压缩强度成倍增长，耐磨性优，热变形温度明显提高，是一种机械加工程中优良的材料，其用途除油、耐油之外，还适用于制作更高要求的耐磨、耐油、高绝缘的机械、仪表、电器等的零部件。尼龙6和尼龙66用于制作轴承、齿轮、凸轮、滚子、滑轮、辊轴、油管，尼龙610用于制作输油器、传送带、汽车中的齿轮、衬垫、滑轮等精密零部件，尼龙612用于制作精密机械零部件、电线电缆绝缘层、工具箱架，尼龙1010用于制作机械零部件、油箱衬里、工业滤布、轴套、毛刷、电线电缆护套等筛网等
断裂伸长率（%）	4.5①	—	2.9~3.2	40	5	2.0~3.5	—	2~3	
抗张屈服强度/MPa	39.9~57.9	—	—	—	—	—	—	—	
压缩强度（断裂或屈服）/MPa	—	151.6	158.5	—	—	103.4~144.7	—	—	
弯曲强度（断裂或屈服）/MPa	75.8	220.6~241.3	268.9~303.3	44.8	186.1	193.0	89.0	250.0	
Izod缺口冲击强度/（J/m）	53.3~101.3 74.6~不断①	96.0~138.6	224.0~336.0	666.7	240.0	53.3~80.0	—	—	
洛氏硬度HRM	78, 34①	93	40HRE	—	—	89	—	—	
线胀系数/$10^{-6}℃^{-1}$	—	—	21.6~25.2	—	—	—	—	—	
1.82MPa负荷下的热变形温度/℃	57.7~82.2	198.8~218.3	210~212.7	57.2	196.1	196.1~198.8	45	180	
热导率③/[10^{-4}cal/（s·cm·℃）]	5.2	10.2	—	—	—	—	—	—	
密度/（g/cm³）	1.05~1.10	1.30~1.38	1.34~1.45	1.03	1.28	1.55~1.60	1.06	1.23	
吸水率（24h）（%）	0.4~1.0	0.2	0.2	0.3	0.2	0.16	—	—	
介电强度（短时间）②/（V/mil）	400	520	—	—	—	450	—	—	

① 在相对湿度为50%的平衡状态下测得。
② 1mil=25.4μm。
③ 1cal/（s·cm·℃）=418.68W/（m·℃）。

表 4-29　国产改性尼龙的牌号、性能及应用

牌号		拉伸强度 /MPa	冲击强度（缺口） /(J/m)	热变形温度 (1.82MPa) /℃	成型收缩率 (%)	特　性	应　用
耐磨尼龙/弹性体合金	AF₃	75	50	70	1.0~1.8	20%弹性体增韧尼龙66，耐磨性好，摩擦因数降低50%，pv 值高，噪声小，可注射成型	可用于制造齿轮、轴套、滑块和活塞等部件
	AF₃G₅	140	120	243	0.3~0.7	20%弹性体增韧、25%玻璃纤维增强尼龙66品级，耐高温、耐磨、抗冲击、强度比 AF₃ 高，可注射成型	可用于制备工程结构部件和耐高温部件
	BF₃	70	55	60	1.0~1.8	20%弹性体增韧尼龙6，耐磨耗，摩擦因数小，pv 值高，可注射成型	可用于制备齿轮、轴套等耐磨制品
	BF₃G₅	135	130	210	0.3~0.7	20%弹性体增韧、25%玻璃纤维增强尼龙6品级，耐热、耐磨、抗冲击、强度比 BF₃ 高，可注射成型	可用于制造齿轮、轴承等耐磨制品
超韧性尼龙	BST320	40~50	420~600	130 (0.46MPa)	0.6~1.6	20%弹性体增韧尼龙6，韧性比普通尼龙6高5~15倍，可注射成型	可用于制备耐热抗冲击制品
	BST520	42~55	600~800	130 (0.46MPa)	0.6~1.6	20%弹性体增韧的高黏度尼龙6，韧性比普通尼龙6高5~15倍，不受温度、缺口、应力作用的影响，可注射或挤出成型	可用于制备电动工具壳体、运动器材和带有嵌件的零部件
	ST320	42~48	800~900	>180 (0.46MPa)	0.6~1.6	20%弹性体增韧尼龙66，性能不受温度、缺口、应力因素的影响，可注射成型	可用于制备运动器具、纺织器材和带有嵌件的零部件

注：本表为上海日之升新技术发展公司的产品资料。

表 4-30　国产 MC 尼龙的技术性能

项　目		中科院化学所	黑龙江省尼龙厂	兵器部五三所
密度/(g/cm³)		1.15~1.16	1.15~1.16	1.13~1.14
平均相对分子质量		(5~10)×10⁴	(5~10)×10⁴	
吸水率(%)	24h	0.7~1.2	0.7~1.2	0.56~0.79
	饱和	5.5~6.5	5.5~6.5	
熔点/℃		223~225	223~225	
线胀系数/K⁻¹		(4~7)×10⁻⁵	(4~7)×10⁻⁵	0.968×10⁻⁵
热导率/[W/(m·K)]		0.32~0.34	0.32~0.34	
热变形温度(1.82MPa)/℃		150~190	150~190	54~60
马丁耐热/℃		49.5~55	67~74	
洛氏硬度 HRR		110~120	100~120	80~120
拉伸强度/MPa		75~100	75~100	40~57
拉伸弹性模量/GPa		3.5~4.5	4.0	

（续）

项　　目		中科院化学所	黑龙江省尼龙厂	兵器部五三所
断裂伸长率(%)		10~30	10~30	110~270
压缩强度/MPa		100~140	100~140	51~67
弯曲强度/MPa		140~170	140~170	35~37
弯曲弹性模量/GPa		4.0	4.0	
剪切强度/MPa		74~81	74~81	
冲击强度 /(kJ/m²)	无缺口	200~630	200~630	45~85
	缺口	5~9	2.7~4.5	

注：1. MC尼龙在常压下浇注成型，适于零件形状较复杂，特别是适于大件、多品种和小批量制品的生产，其产品成本远低于钢材制品，重量轻80%，能生产各种铸件。MC尼龙具有优良的耐磨、自润滑、耐油、耐腐蚀的综合性能，在工业各部门广泛应用，是机械工业中传动部件和滑动部件的重要材料，可以替代金属材料。MC尼龙适于制作注射成型较难的各种形状大型零件，如大型齿轮、蜗轮、叉车轴、轴套、轴承、导轨、挡板、螺旋推进器、高压泵的各种阀及滑块、纺织梭子等，可供应各种管材、棒材、板材等。

2. MC尼龙的生产在国内具有相当高的发展水平，国内生产企业众多，具有较高水平的代表性生产企业有沈阳重型机器厂、黑龙江尼龙厂、青岛工程塑料厂、郑州尼龙厂、上海塑料制品十八厂、中科院化学所、北京玻璃钢研究所、四川晨光化工研究院、武汉塑料五厂、武钢机械总厂、北京塑料二十厂等。

表 4-31　尼龙 46 的性能及应用

	性　　能		未增强级	玻璃纤维增强级	阻燃级	玻璃纤维增强阻燃级
性能指标	密度/(g/cm³)		1.18	1.41	1.37	1.63
	熔点(T_m)/℃		295	295	290	290
	玻璃化温度/℃		78			
	热导率/[W/(m·K)]		0.348~0.395			
	吸水率(%)	23℃，65%RH，平衡	3~4	1~2		
		23℃，100%RH，平衡	8~12	5~9		
	热变形温度 /℃	1.86MPa	220	285	200	260
		0.46MPa	285	285	280	285
	线胀系数/K⁻¹		$8×10^{-5}$	$3×10^{-5}$	$7×10^{-5}$	$3×10^{-5}$
	维卡软件温度/℃		280	290	277	283
	介电强度/(kV/mm)		24	24~27	24	25
	体积电阻率/Ω·cm		10^{15}	10^{15}	10^{15}	10^{15}
	表面电阻率/Ω		10^{16}	10^{16}	10^{16}	10^{16}
	相对介电常数(23℃,10³Hz)		4	3.8~4.4	3.8	4.0
	耐电弧性/s		121	85~100	85	85
	阻燃性UL94(0.8mm)		V-2	HB	V-0	V-0
	缺口冲击强度 /(J/m)	23℃	90~400	110~170	40~100	70~110
		-40℃	40~50	80~90	30	40~50
	拉伸屈服强度/MPa		70~102	140~200	50~103	105~138
	拉伸断裂伸长率(%)		50~200	15~20	30~200	10~15
	弯曲强度/MPa		50~146	225~310	75~145	190~230

（续）

性　能	未增强级	玻璃纤维增强级	阻燃级	玻璃纤维增强阻燃级
弯曲弹性模量/MPa	1200~3200	6500~8700	2200~3400	7800~8200
压缩屈服强度/MPa	40~94	85~200	60~96	80~86
剪切强度（3.0mm）/MPa	70~75	79~95	69~73	80~86
洛氏硬度 HRR	102~121	115~123	108~122	117~123
Taber 磨耗量（1000g,S-17）/（mg/1000 次）	4	24	9	36

（性能指标为左侧纵向标题）

特性及应用　尼龙 46 是一种具有耐热性好、耐磨性优良、强度高、抗冲击性高等综合性能的优质新型工程材料，在机械工业、汽车工业、电子工业、电器工业等得到了广泛的应用。尼龙 46 在各种尼龙中耐热性最好，增强尼龙 46（30%玻璃纤维增强）耐高温可达 290℃；尼龙 46 高温蠕变性小，高温下具有良好的刚度，抗蠕变能力高。玻璃纤维增强尼龙 46 的力学性能更好，可以替代金属制作齿轮、轴承、带轮以及大型的结构件，传动件和摩擦件，是具有耐磨、耐热、抗冲击、高强度的工程塑料，国内已形成推广之势

注：1. 力学性能除标明外，均为在 23℃时测定值。
　　2. 本表性能值均为日本合成橡胶公司测定，不是保证值。
　　3. 测定方法除标明外，均按 ASTM 标准测定。

表 4-32　尼龙 11 的性能及应用

项　目		指标	项　目		指标
密度/（g/cm³）		1.03~1.05	断裂伸长率（%）		300
吸水率（%）	23℃，水中，24h	0.3	拉伸弹性模量/MPa		1300
	20℃，65%RH 平衡	1.05	弯曲强度（干燥）/MPa		69
熔点（T_m）/℃		186	弯曲弹性模量/MPa		1400
玻璃化温度（T_g）/℃		42	成型收缩率（%）		1.2
瞬间使用温度/℃		100~130	冲击强度（缺口）/（J/m）	20℃	43
最高连续使用温度/℃		60		-40℃	37
马丁耐热/℃		50~55	洛氏硬度 HRR		108
维卡耐热/℃		160~165	相对介电常数（1kHz）		3.2~3.7
热变形温度/℃	1.86MPa	56	介质损耗因数（20℃,1kHz）		0.05
	0.46MPa	155	介电强度/（kV/mm）		16.7
线胀系数/10^{-5}K		15	体积电阻率/Ω·cm		$6×10^{13}$
比热容/［kJ/（kg·K）］		2.42	Taber 磨耗量/（mg/1000 次）		5
熔解热/（kJ/kg）		83.7	可燃性		自熄
拉伸强度/MPa		55			

（性能指标为左侧纵向标题）

特性及应用　尼龙 11 为白色半透明固体，其分子中亚甲基数目与酰氨基数目之比较高，故其相对密度为 1.03~1.05，吸水性低，熔点低，加工温度宽，尺寸稳定性好；电气性能稳定可靠；低温性能优良，可在-40~120℃保持良好的柔性；耐磨性和耐油性优良；耐碱、醇、酮、芳烃、润滑油、汽油、柴油、去污剂性优良；耐稀无机酸和氯代烃的性能中等，不耐浓无机酸，50%盐酸对它有很大腐蚀，苯酚对它也有较大腐蚀；耐候性中等，加入紫外光吸收剂可大大提高耐候性

表 4-33　尼龙 12 的性能

性　能		数值	性　能		数值
密度/(g/cm³)		1.02	伸长率(干态)(%)		350
吸水率(%)	23℃,水中,24h	0.25	拉伸强性模量/MPa		1300
	20℃,65%RH 平衡	0.95	弯曲强度(干态)/MPa		74
熔点(T_m)/℃		178~180	弯曲弹性模量/MPa		1400
玻璃化温度(T_g)/℃		41	缺口冲击强度/(J/m)	干态,0℃	90
热分解温度/℃		>350		干态,-28℃	80
耐寒温度/℃		-70		干态,-40℃	70
长期最高使用温度/℃	空气中	80~90	洛氏硬度 HRR		105
	水中	70	相对介电常数	60Hz	4.2
	惰性气体中	110		10³Hz	3.8
	油中	100		10⁶Hz	3.1
线胀系数/K⁻¹		10.4×10⁻⁵	体积电阻率/Ω·cm		2.5×10¹⁵
热变形温度/℃	1.86MPa	55	介质损耗因数	60Hz	0.04
	0.46MPa	150		10³Hz	0.05
可燃性		自熄		10⁶Hz	0.03
成型收缩率(%)		0.3~1.5	介电强度(3.2mm)/(kV/mm)		18.1
Taber 磨耗量/(mg/1000 次)		5	耐电弧性/s		109
拉伸强度(干态)/MPa		50			

特性及应用

尼龙 12 耐碱性好,耐去污剂和耐油性优良,耐醇、无机稀酸、耐芳烃中等,不耐浓无机酸、氯代烃,可溶于苯酚。尼龙 12 的密度在尼龙树脂中最小,吸水性低,故制品尺寸变化小,易成型加工,特别容易注射成型和挤出成型,具有优异的耐低温冲击性能、耐屈服疲劳性、耐磨性、耐水分解性,加增塑剂可赋予其柔软性,可有效地利用尼龙 12 的耐油性、耐磨性和耐沸水性广泛用于管材和软管制造。尼龙 12 作为车用管材,寿命比钢材高 7 倍,耐磨性高于橡胶管 10 倍,使用温度可达-40℃,具有不导电、无振动等特点,在仪器、仪表、电子通信、汽车、金属涂层中得到广泛应用。国内已有江苏靖江工程尼龙厂、淮阳大众塑料厂进行商品化生产

表 4-34　上海龙马工程塑料有限公司尼龙 6/尼龙 66 共聚物的性能与应用

牌号	拉伸强度/MPa	冲击强度(缺口)/(J/m)	热变形温度(1.82MPa)/℃	特　性	应　用
B216、B217、B218		45	67	通用品级,可注射或挤出成型	用于制备通用制品
B216 V20	140		230	20%玻璃纤维增强高强度耐高温品级,可注射成型	用于制备高强度耐高温工程制品
B216 V30、B216 V40	160	100	230	30%和40%玻璃纤维增强,高刚性,高冲击强度,耐高温品级,可注射成型	用于制备刚韧兼备的耐高温工程承力制品
B218 M×30、B218 M×25V5、B250MT16	86		180	矿物改性品级,性能均衡,可注射成型	可用于制备工程制品
B230	50	60	65	超韧性品级,可注射成型	用于制备工程承力零部件

表 4-35 国产尼龙合金的牌号、性能及应用

公司名称	牌号	拉伸强度 /MPa	冲击强度 （缺口） /(J/m)	热变形温度 (1.82MPa) /℃	特 性	应 用
上海杰事达材料新技术公司（尼龙合金）	HTPA	64	≥100	80	PA/PP 合金，冲击强度高，可代替尼龙 1010，可注射成型	可用于制备抗冲击制品，如汽车零件、电动工具外壳体、轴承保持架、齿轮、阀体、旱冰鞋滚轮、冰鞋刀座等
	55	55	≥800	71	PA/EPDM 合金，超韧性品级，与美国杜邦公司的 ST-801 相媲美，可注射成型	
北京燕山石化公司树脂应用研究所（PA6/聚烯烃合金）	N50	45	≥950	>120 (0.46MPa)	超韧性品级，耐磨，成型前不用干燥，可注射成型	可用于制备工程耐磨制品
	N100	48	950	147 (0.46MPa)	超韧性品级，耐磨，成型前不用干燥，可注射成型	可用于制备工程耐磨结构制品
	N200	50	>950	150 (0.46MPa)	超韧性品级，耐磨，成型前不用干燥，可注射成型	
	N300	51	>950	153 (0.46MPa)	超韧性品级，耐热、耐磨性好，吸水性低，可注射成型	可用于制备工程耐热、耐磨制品
	N400	54	260	165 (0.46MPa)	耐热抗冲击品级，吸水性低，可注射成型	可用于制备工程制品、一般耐磨、自润滑制品等
上海合成树脂研究所（超韧性尼龙）	PA66	45.5	60 (kJ/m²)	≥55	增韧改性品级，耐磨性好，可注射成型	可用于制备抗冲击制品
	PA6	45	60 (kJ/m²)	≥55	增韧改性品级，耐磨性低，可注射成型	可用于制备耐磨、抗冲击制品
上海龙马工程塑料有限公司（超韧性尼龙）	A148MT30	65	10	68	增韧改性尼龙 66，可注射成型	可用于制备工程制品
	A230	70	60	70	增韧改性尼龙 66，抗冲击，可注射成型	可用于制备工程结构制品
	A240	47	600	65	增韧改性尼龙 66，超高韧性品级，可注射成型	可用于制备承力件和各种抗冲击制品
	A250	60	60	65	增韧改性尼龙 6，可注射成型	可用于制备各种抗冲击制品
海尔科化工程塑料国家工程中心（尼龙合金）	KHPA6-E122	60	120	165 (0.46MPa)	增韧尼龙 6 品级，抗冲击强度高，耐磨，耐油，可注射成型	可用于制备冷库用零部件、冬季体育用品、接插件、齿轮、轴承、电动工具外壳体、汽车发动机罩、阀门、管、泵等
	KHPA6-E261	50	500	160 (0.46MPa)	超韧性尼龙 6 品级，耐磨，承力，耐油，可注射成型	

表 4-36 美国透明尼龙的牌号、特性及应用

牌号	公司名称	特 性	应用
Zytel ST901L 无定形透明尼龙	美国杜邦公司	透明性好，抗冲击强度高，可以采用注射、挤出、吹塑成型	可以制作各种透明工程制品，如计算机零件、光学仪器零件、工业用监视窗、特种灯具外罩、X 射线仪的窥窗、静电复印机显影剂存储器、食具及食用容器、电器用接线柱、电插头、插座、油过滤器等
Nydur C38F 透明尼龙	美国英贝尔公司 (Mobay Co. ,Ltd.)	密度 1. 10g/cm³，拉伸屈服强度 69MPa，可注射或挤出成型	
Grilamid TR55LX 透明尼龙	美国埃姆化学公司 (Emser Chemicals Co.)	透光率(厚 3.2mm)85%，在热水中浸泡 1 年透明性基本无变化，使用温度 -40～122℃，坚韧，尺寸稳定，耐化学药品，可注射或挤出成型	
Capron C100 透明尼龙	美国阿尔迪公司 (Allied Co.)	结晶型尼龙 6，透明性好，耐化学药品	
Gelon A100 透明尼龙	美国通用电气型塑料公司 (GE Plastics Co. ,Ltd.)	密度 1. 16g/cm³，弯曲弹性模量 315.3MPa，悬臂梁缺口冲击强度 37.4J/m，热变形温度 101℃	
Bacp 9/6 透明尼龙	美国菲利浦公司 (Phillips Petroleum)	透明性好，具有较好的力学性能和耐化学药品性，可注射或挤出成型	

表 4-37 美国改性尼龙的牌号、性能及应用

	牌号	拉伸(屈服)强度 /MPa	冲击强度(缺口) /(kJ/m)	热变形温度(1.82MPa) /℃	特性	应用
美国阿谢力聚合物公司 Ashley 超韧性尼龙	527LD	51	1.01	68	增韧改性尼龙 66 品级，抗冲击，耐油，耐磨，可注射成型	可用于制备工程结构制品或抗冲击制品
	527D	47	1.01	68	增韧改性尼龙 66 品级，抗冲击，耐油，耐磨，可注射成型	可用于制备工程抗冲击制品
	734D	56	0.533	56	增韧改性尼龙 6 品级，相对密度为 1.07，伸长率 30%，耐油性好，可注射成型	可用于制备抗冲击制品
	737	55	0.533	55	增韧改性尼龙 6 品级，相对密度 1.10，伸长率 10%，耐磨，耐油，可挤出成型	可用于制备一般抗冲击制品
	738D	59	0.75	63	增韧改性尼龙 6 品级，相对密度 1.08，伸长率 10%，耐磨，耐油，可注射成型	可用于制备工程制品和抗冲击制品

（续）

牌号	拉伸(屈服)强度/MPa	冲击强度(缺口)/(J/m)	热变形温度(0.46MPa)/℃	特性	应用
美国切索公司(Chisso Inc.)Enprite PA/PP合金					
H200K	132	127	160	25%玻璃纤维增强，矿物填充品级，强度高，抗冲击，耐热，吸水性低，可注射或挤出成型	可用于制备工程制品
H200B	159	176	160	35%玻璃纤维增强，矿物质填充品级，强度、抗冲击性、耐热性均高于H200K，可注射或挤出成型	可用于制备高强度结构制品
H200R	168	176	160	45%玻璃纤维增强，矿物质填充品级，刚性高，耐热性好，尺寸稳定性强，可注射或挤出成型	可用于制备高强度、耐热结构制品
W100B	169	203	201	35%玻璃纤维增强，矿物质填充品级，刚性、耐热性好，抗冲击强度高于H200R，可注射或挤出成型	可用于制备高强度、耐高温结构制品

4.2.7　聚甲醛(POM)(见表4-38~表4-42)

表 4-38　共聚甲醛树脂的型号及技术指标(摘自 HG/T 2233—1991)[①]

项　目		M10			M25			M60			M90		
		优等品	一等品	合格品	优等品	一等品	合格品	优等品	一等品	合格品	优等品	一等品	合格品
密度/(g/cm³)		1.37~1.41											
熔体流动速率/(g/10min)		>0.5~2.0			>2.0~4.0			>4.0~7.5			>7.5~10.5		
熔点/℃	≥	162											
热变形温度(1.82MPa)/℃	≥	105											
拉伸屈服强度/MPa	≥	59	55	53	57	55	53	57	55	53	57	55	53
断裂伸长率(%)	≥	40	30	20	40	30	20	40	30	20	40	30	20
简支梁(无缺口)冲击强度/(kJ/m²)	≥	100	80	60	100	80	60	100	80	60	90	70	50
悬臂梁(缺口)冲击强度/(J/m)	≥	48			48			48			48		
弯曲弹性模量/10³MPa		2.0											

项　目		M120			M160			M200			M270		
		优等品	一等品	合格品	优等品	一等品	合格品	优等品	一等品	合格品	优等品	一等品	合格品
密度/(g/cm³)		1.37~1.41											
熔体流动速率/(g/10min)		>10.5~14.0			>14.0~18.0			>18.0~23.0			>23.0~32.0		
熔点/℃	≥	162											
热变形温度(1.82MPa)/℃	≥	105											
拉伸屈服强度/MPa	≥	57	55	53	57	55	53	57	55	53	57	55	53
断裂伸长率(%)	≥	35	30	20	35	30	20	25	20	10	25	20	10
简支梁(无缺口)冲击强度/(kJ/m²)	≥	80	70	50	80	70	50	70	60	50	60	50	40
悬臂梁(缺口)冲击强度/(J/m)	≥	46			44			42			40		
弯曲弹性模量/10³MPa		2.0											

①　HG/T 2233—1991 已废止，表中数据仅供参考。

表 4-39 国产聚甲醛(POM)的牌号、性能及应用

企业名称	牌号	拉伸强度 /MPa	Izod 缺口冲击强度 /(J/cm)	马丁耐热温度 /℃	特性	应用
上海溶剂厂	M250	55	1.5	55	韧性高,抗冲击强度好,熔体流动性好,注射和挤出级	型材、机械零部件
	M900	55	1.5	55	熔体流动速率为 4～14g/10min,抗冲击性好,注射级	齿轮、轴线、线圈、水暖零配件、喷雾器等
	M1700	55	1.5	55	MI = 14～33g/10min,抗冲击性好,注射级	小型薄壁制品、POM 拉链
吉林石井沟联合化工厂	M25	60	1.5	53	韧性好,注射和挤出级	型材、板材、电子电器和机械零件
	M60	60	1.5	53	MI = 3.5～7.5g/10min,韧性好,注射和挤出级	型材、板材、电子电器和机械零件
	M90	60	1.5	53	MI = 7.5～10.5g/min,加工性好,注射级	一般通用制品
	M120	60	1.5	53	MI = 10.5～14g/10min,易成形,注射级	一般通用制品
成都有机硅研究中心 POM 改性产品	高润滑级	40～60	6～10	>90	改性 POM 比未改性 POM 润滑性提高 3 倍,摩擦因数低 1 倍,强度不变,注射级	滑块、轴套、齿轮、导轨等
	玻璃纤维增强级	≥80	—	150	强度高,尺寸稳定性好,耐热耐蚀性好,成形收缩率低,注射级	汽车和电子电器零件
	轿车衬管专用料	>60	—	—	衬管表面有光泽,管内外光滑、柔韧适中,钢丝磨破管子次数达 1.7 万次,注射级	轿车衬管

表 4-40 美国聚甲醛(POM)的型号及性能

	型号	特性	填充物/增强	密度 /(g/cm³)	拉伸强度 /MPa	屈服伸长率 (%)	弯曲模量 /MPa	热变形温度/℃ 0.46MPa	热变形温度/℃ 1.82MPa
美国 RTP 公司	800-GB10	耐磨性	10%玻璃微珠	1.48	48	10	2480	160	110
	800-GB20	耐磨性	20%玻璃微珠	1.55	41	10	2900	163	116
	800-GB30	耐磨性	30%玻璃微珠	1.62	36	10	3790	163	118
	800-GB40	耐磨性	40%玻璃微珠	1.71	28	10	4000	166	121
	800-TFE20	耐磨性	20%PTFE	1.51	41	8	2070	149	102
	801	耐水解	10%短切玻璃纤维	1.48	68	4	4340	160	146
	803	耐水解	20%短切玻璃纤维	1.55	83	2	6200	166	163
	805	尺寸稳定	30%短切玻璃纤维	1.63	86	2	7580	166	163
	805-TFE15	耐磨性	45%玻璃纤维/PTFE	1.76	83	1	6900	166	163
	807	刚性	40%短切玻璃纤维	1.74	90	2	8960	167	164
	800 SI 2HB	耐磨性		1.42	61	10	2620	152	99

（续）

	型号	特性	填充物/增强	密度/(g/cm³)	拉伸强度/MPa	屈服伸长率(%)	弯曲模量/MPa	热变形温度/℃ 0.46MPa	热变形温度/℃ 1.82MPa
美国 Thermofil 公司	G-9900-0214	润滑		1.47	46		2210	154	93
	G-9900-0215	润滑		1.51	44		2140	154	93
	G-9900-0223	润滑	—	1.53	41	—	2210	154	130
	G1-9900-0215	润滑		1.54	52		2330	154	93
	G1-07SS-Y486			1.50	64		3310	154	121

表 4-41　德国 BASF 公司 UltraformPOM 的型号及性能

性　能		测试标准	H2200G5	H2320	N2320	S2320	W2320
拉伸强度/MPa		DIN 53455	140	70	70	68	68
屈服伸长率(%)		DIN 53455		8~10	8	8	8
断裂伸长率(%)		DIN 53455	2~4	40	25	20	15~20
弹性模量/MPa		DIN 53457	9100	3200	3200	3100	3100
悬臂梁冲击强度/(kJ/m²)	23℃	DIN 53453	30	NB	NB	NB	NB
	0℃	DIN 53453	NB	NB	NB	NB	NB
	-20℃	DIN 53453	NB	NB	NB	NB	NB
	-40℃	DIN 53453	25	80~NB	80~NB	80~100	80~100
缺口冲击强度/(kJ/m²)		DIN 53453		8~9	6~7	5~6	4~6
球压痕硬度/MPa		DIN 53456	185	155	160	160	160
熔点/℃			164~168	164~168	164~168	164~168	164~168
线胀系数/10⁻⁵K⁻¹			3~4	11	11	11	11
热变形温度/℃		DIN 53461	164	160	160	160	160
抗电弧径迹性		53480VDE0303	KB600	KB600	KB600	KB600	KB600
介电强度/(kV/mm)		DIN 53481	50	>55	>55	>55	>55
体积电阻率/Ω·cm		DIN 53482	10¹⁴	10¹⁵	10¹⁵	10¹⁵	10¹⁵
介电常数		DIN 53483	4	3.8	3.8	3.8	3.8
熔体流动速率/(g/10min)		DIN 53735	5	2.5	9	13	23
密度/(g/cm³)		DIN 53479	1.58	1.41	1.41	1.41	1.41
吸水率(%)	23℃	DIN 53495	1	0.8	0.8	0.8	0.8

（注：体积电阻率及体积电阻率数值中上标以 LaTeX 表示：10^{14}、10^{15}；线胀系数单位 10^{-5}K^{-1}）

表 4-42　玻璃纤维增强聚甲醛的品种、性能及应用

性　能	均聚物	共聚物	冲击改性均聚物	冲击改性共聚物	20%玻璃纤维增强均聚物	25%玻璃纤维偶联共聚物
抗张断裂强度/MPa	66.8	—	44.8~57.9	—	58.6~62.0	110.3~127.5
断裂伸长率(%)	25~75	40~75	60~200	60~150	6~7	2~3
抗张屈服强度/MPa	65.5~82.7	60.6~71.7	—	20.6~55.1	—	—
压缩强度(断裂或屈服)/MPa	107.5~124.1 (含10%玻璃纤维)	110.3 (含10%玻璃纤维)	—	—	124.1 (含10%玻璃纤维)	117.2 (含10%玻璃纤维)

（续）

性　能	均聚物	共聚物	冲击改性均聚物	冲击改性共聚物	20%玻璃纤维增强均聚物	25%玻璃纤维偶联共聚物
弯曲强度(断裂或屈服)/MPa	93.1~96.5	89.6	—	—	103.4~110.3	124.1~193.0
Izod 缺口冲击强度/(J/m)	64.0~122.6	42.6~80.0	112.0~906.7	90.6~149.3	42.6~53.3	53.3~96.0
洛氏硬度 HRM	92~94	78~90	58~79	40~70	90	79, 110HRR
线胀系数/$10^{-6}℃^{-1}$	100	61~85	110~122	—	36~81	20~44
1.82MPa 负荷下的热变形温度/℃	123.8~126.6	85~121.1	90~100	55.5~90.5	157.2	160~162.7
热导率[1]/[10^{-4}cal/(s·cm·℃)]	5.5	5.5	—	—	—	—
密度/(g/cm³)	1.42	1.41	1.34~1.39	1.29~1.39	1.54~1.56	1.58~1.61
吸水率(24h)(%)	0.25~0.40	0.20~0.22	—	0.31~0.41	0.25	0.22~0.29
介电强度(短时间)[2]/(V/mil)	500	500	400~480	—	490	480~580
特性及应用举例	聚甲醛强度高，刚度和硬度均好，耐蠕变性优良，耐疲劳、耐磨性好，吸水率低，尺寸稳定性好。玻璃纤维增强聚甲醛性能明显提高，耐疲劳性提高2倍，高温耐蠕变性更好，性能可与锌、铝相似。电绝缘性优良。 可替代铝、锌、铜等制作各种机械零件，如汽车工业、电器工业和机械工业中的轴承、支架、齿轮、齿条、凸轮等，农药机械、化工机械中的各种零件，各种化工管道零件，电机和电器工业中的各种零件，录音机的齿轮、轴承及精密零件等					

① 1cal/(s·cm·℃) = 418.68W/(m·℃)。

② 1mil = 25.4μm。

4.2.8　聚对苯二甲酸丁二醇酯(PBT)(见表4-43~表4-48)

表4-43　PBT 的技术性能

项　目		测试标准	增强型牌号		非增强型牌号	
			3300	3310	2002	2012
难燃性		(UL94)	HB	V-0	HB	V-0
玻璃纤维含量(%)			30	30	0	0
密度(23℃)/(g/cm³)		ASTM D792	1.52	1.67	1.31	1.41
吸水率(%)浸渍，24h 平衡		ASTM D570	0.07 0.25	0.07 0.25	0.09 0.27	0.09 0.27
拉伸强度(断裂)/MPa		ASTM D638	132.4	132.4	52	59.8
相对伸长率(%)		ASTM D638	2.5	1.5	>200	25
抗弯强度(最大)/MPa		ASTM D790	210.8	210.8	93.2	98.1
弯曲模量/GPa		ASTM D790	9.12	11.77	25.5	27.46
抗弯断裂强度/MPa		ASTM D732	55.9	61.3	42.2	48.1
悬臂梁抗冲击强度/(J/m)	缺口	ASTM D256	93	78	34	29
	无缺口		539	451	1790	539
洛氏硬度 HRM		ASTM D785	90	90	75	80
磨耗(负荷1.00g,cs-17)/(mg/L)(1000次)		ASTM D1044	40	40	10	21
动摩擦系数	对钢	ASTM D1894	0.14	0.14	0.14	0.14
	对树脂		0.25~0.32		0.20~0.30	

（续）

项　目		测试标准	增强型牌号		非增强型牌号	
			3300	3310	2002	2012
熔点/℃		ASTM D1525	228	228	228	228
热变形温度/℃	0.45MPa	ASTM D648	228	228	154	179
	1.82MPa		213	213	78	85
软化点/℃		ASTM D1525	218	218	214	216
线胀系数（常温）/$10^{-5}K^{-1}$	流动方向	ASTM D596	2		10	9
	垂直方向		7			
介电常数（试片厚3.2mm）	10^2Hz	ASTM D150	3.7	3.9	3.3	3.2
	10^6Hz		3.6	3.7	3.3	3.1
介质损耗因数（试片厚3.2mm）	10^2Hz	ASTM D150	0.002	0.006	0.002	0.002
	10^6Hz		0.020	0.014	0.020	0.020
体积电阻率（试片厚3.0mm)/（Ω·cm）		ASTM D257	5×1016	5×1015	5×1015	1×1015
绝缘破坏强度（试片厚3.2mm）/（kV/mm）	短时间法	ASTM D149	23	16	14	14
	阶段升压法		18	17	13	12
耐电弧性（试片厚2.0mm)/s		ASTM D495	125	123	173	117

表 4-44　北京泛威工程塑料公司 PBT 的产品牌号、性能及应用

牌号	拉伸强度/MPa	缺口冲击强度/（kJ/m²）	1.82MPa下热变形温度/℃	成型收缩率（%）	玻璃纤维含量（%）	特性	应用
201G0	—	—	—	—	0	注射级，耐热性、伸长性能好	电子电器元件、汽车零部件、机械零件
201G10	100	9	190	0.6~1.0	10		
201G20	120	10	200	0.4~0.8	20		
201G30	135	10	200	0.2~0.7	30		
211G0	—	—	—	—	0	中等黏度，韧性好，强度高，阻燃性（VL-94）V-0级，注射级	电子电器元件、汽车零部件、机械零件
211G10	100	9	190	0.6~1.0	10		
211G20	120	10	208	0.4~0.8	20		
211G30	135	10	210	0.2~0.7	30		
301G	54	4	195	1.4~2.0	0	阻燃，耐热，力学性能好，注射级	有阻燃要求的电子电器元件、汽车零部件
301G10	76	7	200	0.6~1.1	10		
301G20	92	8	200	0.5~0.9	20		
301G30	120	10	205	0.4~0.8	30		
302G0	45	4	80	1.4~2.0	0	注射级，阻燃V-0级，力学性能和热性能好	有阻燃要求的电子电器元件、汽车零部件
302G10	100	7	190	0.5~1.5	10		
302G20	110	7	200	0.4~0.9	20		
302G30	110	7	200	0.5~0.7	30		
304G20	110	9	200	0.5~1.0	20	注射级，阻燃，抗紫外线	野外阻燃工程件
304G30	120	10	210	0.4~0.7	30		

（续）

牌号	拉伸强度 /MPa	缺口冲击强度 /(kJ/m²)	1.82MPa 下热 变形温度/℃	成型收缩率 （%）	玻璃纤维 含量(%)	特性	应用
305G30E	125	10	210	0.4~0.8	30	含矿物质，阻燃，耐电压，注射级	电器工程件
311G0	60	7	70	1.6~2.0	0	注射级，阻燃 V-0级，强韧性	强度高、阻燃的汽车零件、电器件
311G10	100	9	190	0.6~1.0	10		
311G20	120	10	200	0.4~0.9	20		
311G30	135	11	208	0.2~0.8	30		
311CG20	125	10	202	0.4~0.8	20		
311CG30	140	11	210	0.2~0.5	30		
312G0	60	7	70	1.5~2.0	0	注射级，阻燃 V-0级，强度高，韧性好	高强度、阻燃持久的汽车、机械、电器零件
312G10	100	9	190	0.6~1.0	10		
312G20	115	10	200	0.4~0.9	20		
312G30	135	11	208	0.4~0.8	30		
312CG30	140	11	208	0.2~0.6	30		
401MT20	—	—	—	—	20	注射级，阻燃 V-0级，耐热，光泽好，加工性好	尺寸精度高、耐高温的工程件
401MT30	—	—	—	—	30		
431MT30S	90	10	200	0.3~0.5	30		
501G0	—	—	—	—	0	注射级，阻燃 V-0级，耐热，光泽好，加工性好	汽车零件、电子电器零件、医疗器械等
501G10	—	—	—	—	10		
501G20	—	—	—	—	20		
501G30	—	—	—	—	30		
541G20	—	—	—	—	20		
541G30	—	—	—	—	30		
551GT10S	76	5	155	0.4~0.7	10		
551GT30S	80	7	170	0.3~0.5	30		
701G0	—	—	—	—	0	注射级，阻燃 V-0级，电性能好	阻燃、电性能好的工程件
701G10	—	—	—	—	10		
701G20	—	—	—	—	20		
701G30	—	—	—	—	30		
801	60	7	70	1.5~2.0	—	高黏度挤出级，尺寸稳定性、力学性能好	光纤护套，耐腐管材、板材飞机、轮船零件
802G0	50	4.5	70	1.5~2.0	0	注射级，阻燃 V-0级，阻燃时不析出	电器工程件
802G10	90	8	190	0.6~1.0	10		
802G20	105	9	200	0.4~0.9	20		
802G30	120	10	205	0.2~0.8	30		
802CG30	120	10	208	0.2~0.6	30		
853GT0S	—	—	—	—	—	高黏度，挤出级，尺寸稳定	光纤护套，板材

表4-45 上海涤纶厂PBT产品SD型树脂的性能

性　能	SD-2000	SD-2100	性　能	SD-2000	SD-2100
密度/(g/cm³)	1.32	1.48	摩擦因数	0.326	0.302
模塑收缩率(%)	1.2~2.2	1.2~2.0	马丁耐热/℃	49	52
布氏硬度	151	132	热变形温度(1.86MPa)/℃	64	63
拉伸强度/MPa	55	51	阻燃性(UL-94)		V-0
弯曲强度/MPa	110	99	介电常数(1MHz)	2.84	2.4~3.3
压缩强度/MPa	11.9	95	体积电阻率/Ω·cm	2.6×10^{16}	3×10^{16}
冲击强度/(kJ/m²) （缺口）	60.4	5.5	介质损耗因数	2.4×10^{-2}	2×10^{-2}
冲击强度/(kJ/m²) （无缺口）	31.8	17.6			

表4-46 北京化工研究院PBT产品的牌号及性能

性　能	301-G0	301-G10	301-G20	301-G30	201-G30
密度/(g/cm³)	1.45~1.55	1.45~1.6	1.5~1.65	1.58~1.69	1.50~1.60
吸水率(%)	0.06~0.1	0.05~0.09	0.04~0.09	0.03~0.08	0.03~0.09
成型收缩率(%)	1.5~2.2	0.7~1.5	0.3~1.0	0.2~0.8	0.2~1.0
拉伸强度/MPa	51~63	70~90	90~100	110~130	110~130
冲击强度/(kJ/m²) （无缺口）	19	19	24	34	34
冲击强度/(kJ/m²) （缺口）	6	6	7	10	10
弯曲强度/MPa	83~100	110~130	150~170	170~200	170~200
体积电阻率/Ω·cm	5×10^{16}	5×10^{16}	5×10^{16}	5×10^{16}	5×10^{16}
表面电阻率/Ω	累计数据	累计数据	累计数据	累计数据	累计数据
介质损耗因数≤	0.02	0.02	0.02	0.02	0.02
介电常数(10^6Hz)	3~4	3.2~4	204~4	≤4.2	≤4.2
击穿电压/(kV/mm)	18~24	19~25	19~27	20~30	20~30
热变形温度/℃	55~70	180~200	200~210	205~218	205~218
玻璃纤维含量(%)	0	10	20	30	20
阻燃性(UL94)	V-0	V-0	V-0	V-0	V-0
水分(%) ≤	0.3	0.3	0.3	0.3	0.3

表4-47 上海涤纶厂PBT的型号、性能及用途

型号	玻璃纤维含量(%)	性　能　及　用　途
D-101	20~25	注射成型，增强级，阻燃级别(UL94)V-0，良好的物理力学性能。用于电气设备、汽车的配件、部件及制品
SD-102	20~25	注射成型，增强级，阻燃级别(UL94)V-0，良好的物理力学性能。用于电气设备、纺织设备、汽车的配件、部件及制品
SD-103	20~25	注射成型，增强级，阻燃级别(UL94)V-0，良好的物理力学性能。用于电气设备、纺织设备、汽车的配件、部件及制品
SD-200	—	注射成型，非增强。用于一般工业机械的配件、部件及制品

型号	玻璃纤维含量(%)	性 能 及 用 途
SD-201	7.5	注射成型，增强级，阻燃级别(UL94)V-0，良好的物理力学性能。用于电气设备、机械、纺织设备、汽车的配件和部件、家用电器及其他工程制品
SD-202	20	注射成型，增强级，良好的物理力学强度，阻燃。用于电气设备、机械、纺织设备、汽车的配件、部件及工程制品
SD-203	30	注射成型，增强级，良好的物理力学强度，阻燃。用于电气设备、机械、纺织设备、汽车的配件、部件及工程制品
SD-210GO	20~25	注射成型，增强级，阻燃级别(UL94)V-0，良好的物理力学性能。用于电气设备、纺织设备、汽车的配件、部件及制品
SD-211	7.5	注射成型，增强级，阻燃级别(UL94)V-0，良好的物理力学性能。用于电气设备、纺织设备、汽车的配件、部件及制品
SD-212	20	注射成型，增强级，阻燃级别(UL94)V-0，良好的物理力学性能。用于电气设备、纺织设备、汽车的配件、部件及制品
SD-213	30	注射成型，增强级，阻燃级别(UL94)V-0，良好的物理力学性能。用于电气设备、纺织设备、汽车的配件、部件及制品
SD-213W1	20~25	注射成型，增强级，阻燃级别(UL94)V-0，是SD-213的改性产品，良好的焊接性和物理力学性能。用于电气设备、纺织设备、汽车的配件、部件及高强度工程制品
SD-311	20~25	注射成型，增强级，阻燃级别(UL94)V-0，良好的物理力学性能。用于电气设备、纺织设备、汽车的配件、部件及制品
SD-312	20~25	注射成型，增强级，阻燃级别(UL94)V-0，良好的物理力学性能。用于电气设备、纺织设备、汽车的配件、部件及制品
SD-313	20~25	注射成型，增强级，阻燃级别(UL94)V-0，良好的物理力学性能。用于电气设备、纺织设备、轻工设备、汽车的配件、部件及制品
FR-PBT-I	20~30	注射成型，增强级，阻燃级别(UL94)V-0，良好的物理力学性能，耐电弧，尺寸稳定。用于工业机械的配件和部件、汽车零件、涂装及工程制品
FR-PBT-II	20~30	注射成型，增强级，阻燃级别(UL94)V-0，良好的物理力学性能，耐冲击，抗蠕变，尺寸稳定。用于工业机械的配件和部件、汽车零件、涂装及工程制品
SD-2000	—	注射成型或挤塑成型，阻燃级别(UL94)V-0
SD-2100	—	注射或挤塑成型，阻燃级别(UL94)V-0
SD-2000G-X	20	注射或挤塑成型，含玻璃纤维增强
SD-2100G-X	20	注射或挤塑成型，含玻璃纤维增强，阻燃级别(UL94)V-0

表 4-48　美国通用电器公司(General Electric Plastic Co)**Valox PBT** 的型号、性能及用途

型号	玻璃纤维含量(%)	性 能 及 用 途
300 系列	—	注射成型，非增强，具有结晶性树脂的润滑性、机械性。用于小齿轮、惰轮、凸轮等零件及低负荷耐热结构，具有优异的性能

（续）

型号	玻璃纤维含量(%)	性 能 及 用 途
310	—	注射成型，标准级，良好的成型性，具有结晶性树脂的润滑性、机械性。用于小齿轮、惰轮、凸轮等零件及低负荷耐热结构，具有优异的性能
325	—	注射成型，标准级，良好的成型性，具有结晶性树脂的润滑性、机械性。用于小齿轮、惰轮、凸轮等零件及低负荷耐热结构，具有优异的性能
310SEO	—	注射成型，阻燃性等级(UL-94)V-0，具有结晶性树脂的润滑性、机械性。用于小齿轮、惰轮、凸轮等零件及低负荷耐热结构，具有优异的性能
357	—	注射成型，阻燃性等级(UL-94)V-0，良好的抗冲击强度，具有结晶性树脂的润滑性、机械性。用于小齿轮、惰轮、凸轮等零件及低负荷耐热结构，具有优异的性能
340	—	注射成型或挤出成型，阻燃性等级(UL-94)V-0，具有结晶性树脂的润滑性、机械性。用于小齿轮、惰轮、凸轮等零件及低负荷耐热结构
344	—	注射成型，阻燃性等级(UL-94)V-0，具有结晶性树脂的润滑性、机械性。用于小齿轮、惰轮、凸轮等零件及低负荷耐热结构，具有优异的性能
400 系列	增强型	注射成型，玻璃纤维填充可增强其机械特性、热特性、电气特性等。广泛用于200℃以上耐热型的高压电子产品
DR-51	15	注射成型，增强级，燃烧等级(UL-94)HB，良好的机械特性、热特性、电气特性等。广泛用于200℃以上耐热型的高压电子产品、电器产品
404	30	注射成型，增强级，燃烧等级(UL-94)HB，良好的机械特性、热特性、电气特性等。广泛用于200℃以上耐热型的高压电子产品、电器部件及制品
DR-48	15	注射成型，增强级，燃烧等级(UL-94)HB，增强其机械特性、热特性、电气特性等。广泛用于200℃以上耐热型的高压电子产品、电器部件及制品
414	40	注射成型，增强级，燃烧等级(UL-94)HB，良好的机械特性、热特性、电气特性等。广泛用于200℃以上耐热型的高压电子产品、电器部件及制品
420	30	注射成型，增强级，燃烧等级(UL-94)HB，良好的机械特性、热特性、电气特性等。广泛用于200℃以上耐热型的高压电子产品、电器部件及制品
420-SEO	30	注射成型，增强级，燃烧等级(UL-94)V-0，良好的机械特性、热特性、电气特性等。广泛用于200℃以上耐热型的高压电子产品、电器部件及制品
457	7.5	注射成型，增强级，燃烧等级(UL-94)V-0，良好的机械特性、热特性、电气特性等。广泛用于200℃以上耐热型的高压电子产品、电器部件及制品
500 系列	增强型	注射成型，增强级，低翘曲，耐热，良好的成型性。用于大型、形状复杂的薄壁制品
507	30	注射成型，增强级，燃烧等级(UL-94)HB，低翘曲，耐热，良好的成型性。用于非对称、形状复杂的工业部件、薄壁零件及工业制品
553	30	注射成型，增强级，燃烧等级(UL-94)V-0，低翘曲，耐热，良好的成型性。用于非对称、形状复杂的工业部件、薄壁零件及工业制品
591		注射成型，抗静电级，阻燃等级(UL-94)V-0。用于电子电器、电信设备的部件、零件及其工业制品
700 系列	—	注射成型，用于电子零件，高频率、高压、耐燃性与电器特性要求高的部件、零件及制品

（续）

型号	玻璃纤维含量(%)	性 能 及 用 途
735	—	注射成型，耐热级，低翘曲。用于电子零件，高频率、高压、耐燃性与电器特性要求高的部件、零件及制品
745	—	注射成型，低翘曲，良好的抗冲击强度。用于电子零件，高频率、高压、耐燃性与电器特性要求高的部件、零件及其制品
750	—	注射成型，低翘曲，阻燃级别(UL-94)V-0，耐电弧性能极佳。用于电子零件，高频率、高压、耐燃性与电器特性要求高的部件、零件及制品
760	—	注射成型，低翘曲，阻燃级别(UL-94)V-0，耐电弧性能极佳。用于电子零件，高频率、高压、耐燃性与电器特性要求高的部件、零件及制品
780	—	注射成型，阻燃级别(UL-94)V-0，耐电弧性能极佳。用于电子零件，高频率、高压、耐燃性与电器特性要求高的部件、零件及制品
800 系列	增强型	注射成型，可替代热固性树脂、金属、铸件。用于电化制品
815	15	注射成型，增强级，高光泽，高强度，低翘曲，可替代热固性树脂、金属、铸件。用于电化制品，效果最佳
830	30	注射成型，增强级，高光泽，高强度，低翘曲，可替代热固性树脂、金属、铸件。用于电化制品，效果最佳
855	15	注射成型，增强级，阻燃级别(UL-94)V-0，高光泽，高强度，低翘曲，可替代热固性树脂、金属、铸件。用于电化制品，效果最佳
865	30	注射成型，增强级，阻燃级别(UL-94)V-0，高光泽，高强度，低翘曲，可替代热固性树脂、金属、铸件。用于电化制品，效果极佳
VC-108	8(碳纤维)	注射成型，8%碳纤维增强，阻燃级别(UL-94)V-0，抗静电级，增强其强度与耐热温度。用于电子、电气零件及各种通信机器零件
VC-122	12(碳纤维)	注射成型，12%碳纤维增强，阻燃级别(UL-94)V-0，抗静电级，增强其强度与耐热温度。用于电子、电气零件级各种通信机器零件
VC-120V	20(碳纤维)	注射成型，20%碳纤维增强，阻燃级别(UL-94)V-0，抗静电级，增强其强度与耐热温度。用于电子、电气零件及各种通信机器零件
VC-130	30(碳纤维)	注射成型，30%碳纤维增强，阻燃级别(UL-94)V-0，抗静电级，增强其强度与耐热温度。用于电子、电气零件及各种通信机器零件
VIC-4101	15	注射成型，增强级，标准等级，良好的综合物理性能。用于一般通用工业机械的配件、部件及工程制品
VIC-4111	15	注射成型，增强级，标准高流动性能。用于大型工业机械的配件、部件及薄壁制品
VIC-4301	30	注射成型，增强级。用于大型工业机械的配件、部件及薄壁制品
VID-4311	30	注射成型，增强级，标准高流动性能。用于大型工业机械的配件、部件及薄壁制品
VF-600	30	注射成型，增强发泡级，高刚性。用于阻燃发泡制品
VF-608	30	注射成型，增强发泡级，高刚性。用于通用发泡制品
FV-699	10	注射成型，增强发泡级。用于阻燃发泡制品
9230	30	注射成型，增强级，燃烧等级(UL-94)V-0，良好的物理力学性能。用于工业机械的配件、部件及制品

（续）

型号	玻璃纤维含量(%)	性 能 及 用 途
9530	30	注射成型，增强级，燃烧等级(UL-94)V-0，良好的物理力学性能。用于工业机械的配件、部件及工程制品
9730	30	注射成型，增强级，燃烧等级(UL-94)V-0，良好的物理力学性能。用于工业机械的配件、部件及工程制品
DR-4908		注射成型，阻燃级别(UL-94)V-0
DR-4910	—	注塑成型，特殊级
DR-4911	—	注射成型，特殊级
DR-4909	—	注射成型，特殊级
2300 系列	—	注射成型，PC/PBT 复合材料，具有高尺寸稳定性和机械特性，耐冲击，耐高温。用于汽车、通信器材、电子电器的零件，以及室外设备、运动器材、医疗设备的零件
5220 系列 6000 系列		注射成型，PC/PBT 复合材料，具有高尺寸稳定性和机械特性，耐冲击，耐高温。用于汽车、通信器材、电子电器的零件，以及室外设备、运动器材、医疗设备的零件

4.2.9 聚对苯二甲酸乙二醇酯(PET)(见表 4-49~表 4-52)

表 4-49 PET 的典型技术性能

项 目		数值	项 目		数值
密度/(g/cm^3)		1.34~1.38	冲击强度(缺口)/(kJ/m^2)		4
吸水率(%)	23℃，相对湿度 23%	0.26	热变形温度/℃	0.46MPa 压力下	115
	23℃浸在水中	0.60		1.86MPa 压力下	85
成型收缩率(%)		1.8	线胀系数/10^{-5}K^{-1}		6
拉伸强度(屈服)/MPa		80	介电常数(10^{6}Hz)		3.37
伸长率(断裂)(%)		200	介质损耗因数(10^{6}Hz)		0.0280
拉伸弹性模数/GPa		2.9	表面电阻/Ω		超过 1015
挠曲强度(屈服)/MPa		117	体积电阻/Ω·cm		超过 1014

注：PET 或称 PETP，俗称涤纶树脂，用于纺丝和薄膜，改性 PET 多用于工程塑料，力学性能好，强度高，热变形温度高，具有优良的抗蠕变性能、耐磨性和尺寸稳定性，硬度高，电性能良好，耐热性优良，可在 120℃长期使用。玻璃纤维增强 PET 适于制作汽车、电子电器、变压器、录音机的零部件及外壳，也可用于制作机械、焊接件的壳体或骨架等。

表 4-50 国产 PET 产品的牌号及性能

项 目	BNN3030	FR-PET-1	FR-PET-2	SD101	SD103	SD311	SD313
外观	颗粒	颗粒	颗粒	颗粒	颗粒	颗粒	颗粒
拉伸强度/MPa	125	80~120	60~80	80	120	60	80
伸长率(%)	—	5	4	5	5	4	4
弯曲强度/MPa	180	150~200	100~150	150	200	100	150
弯曲弹性模量/GPa	9.1	—	—	—	—	—	—
压缩强度/MPa	159	110~140	90~130	110	140	90	130

（续）

项　目		BNN3030	FR-PET-1	FR-PET-2	SD101	SD103	SD311	SD313
冲击强度/(kJ/m²)	缺口	5.3	3~9	3~7	40	100	40	80
	非缺口	7.3	33~58	23~38				
布氏硬度		170	180	150				
马丁耐热温度/℃		178	160~190	140~160	140	140	140	140
热变形温度/℃		240	220	200	230	230	230	230
线胀系数/10^{-5}K^{-1}		2.5	—	—				
表面电阻率/$10^{16}\Omega$		2.3	—	—				
体积电阻率/$10^{16}\Omega\cdot\text{cm}$		3.67	1.0	1.0				
介电强度/(kV/mm)		>24	20	20				
介电常数(10Hz)		3.7	3.2	3.2				
介电损耗因数(10^6Hz)		1.33×10^{-3}	—	—				

表 4-51　上海涤纶厂 PET 产品的型号、特性、用途及技术性能

	型号	类型	特性及用途
型号、特性及用途	ET-1	非增强	挤塑成型，未增强，特性黏度 0.65，良好的拉伸强度，薄膜级。用于电影胶片、磁带基材和真空镀铝基材等
	PET-2	非增强	挤塑成型，未增强，特性黏度 0.62，良好的拉伸强度，薄膜级。用于电影胶片、磁带基材和真空镀铝基材等
	FR-PET-1	含 10% 玻璃纤维	注射成型，增强级，良好的强度。用于电气电子设备和汽车等的结构件、绝缘材料、化工设备材料及工程制品
	FR-PET-2	含 20% 玻璃纤维	注射成型，增强级，良好的强度。用于电气电子设备和汽车等的插接件、线圈骨架、齿轮、轴承等，也可用于电信工业
	C-3030	高强度	高强度绝缘材料，用于耐腐蚀、高速、需润滑的化工设备
	CNN-3030		特别适用于电子仪器焊接部件
	W-3030	高强度	挤塑成型，纤维级
	B-3030	标准型	挤塑成型，纤维级
	C-3030	标准型	挤塑成型，纤维级
	BNN-3030	光洁型	挤塑成型，纤维级
	WNN-3030	阻燃型	挤塑成型，纤维级
	PET-S-63SD	半消光	挤出成型，纤维级，特性黏度 0.63，半消光。用于熔融纺丝、合成纤维
	PET-S-65-SD	半消光	挤出成型，纤维级，特性黏度 0.65，半消光。用于熔融纺丝、合成纤维
	PET-S-67-SD	半消光	挤出成型，纤维级，特性黏度 0.67，半消光。用于熔融纺丝、合成纤维

	型号	拉伸强度/MPa	相对伸长率(%)	静弯曲强度/MPa	压缩强度/MPa	冲击强度(J/cm²)		布氏硬度	马丁耐热/℃	热变形温度/℃	介电强度/(kV/mm)	体积电阻率/$\Omega\cdot$cm	介质损耗因数(10^6Hz)
						缺口	无缺口						
技术性能	FR-PET-1	80~120	5	150~200	110~140	3~9	33~58	18	160~190	220	20	1016	3.2
	FR-PET-2	60~80	4	100~150	90~130	3~7	23~38	15	140~160	200	20	1016	3.2

表 4-52　美国杜邦公司 PET 的型号、性能及用途

型号	玻璃纤维含量(%)	性 能 及 用 途
451-HP	15	注射成型,增强级,良好的强度。用于一般工业机械的部件及工程制品
430	30	注射成型,增强级,良好的强度,低翘曲,高韧性。用于一般工业机械的部件、配件及日用制品
530	30	注射成型,增强级,良好的强度,低翘曲,高韧性,电器绝缘性优秀。用于电子电器、电信器材部件及制品
FR-530	30	注射成型,增强级,阻燃级(UL-94)V-0,良好的强度,优异的电器绝缘性能。用于电子电器、电信器材部件、零件及阻燃、绝缘制品
FR-543	43	注射成型,增强级,阻燃级(UL-94)V-0,良好的强度,优异的电器绝缘性能。用于电子电器、电信器材部件、零件及阻燃、绝缘制品
545	45	注射成型,增强级,良好的强度,耐热,耐水,耐磨耗。用于一般高强度工业机械的配件及精密制品
555	55	注射成型,增强级,良好的强度,低翘曲,尺寸稳定。用于精密工业机械的配件及高强度制品
935	35(其中云母20)	注射成型,增强级,良好的强度,低翘曲。用于精密工业机械的部件及高强度制品
940	40(云母20)	注射成型,增强级,良好的强度,低翘曲。用于精密工业机械的部件及高强度制品
940FB	43(或云母43)	低翘曲发泡成型或注射成型,良好的刚性。用于低发泡工程制品
FR-943	45(或云母35)	注射成型,增强级,良好的强度,低翘曲。用于精密工业机械的部件及高强度制品
FR-945	—	注射成型,增强级,良好的强度,低翘曲。用于精密工业机械的部件及高强度制品
SST-435	—	注射成型,增强级,良好的强度,低翘曲。用于一般工业机械的部件及高强度制品
PT-2251	—	注射或中空吹塑成型,良好的强度。用于工业机械的部件、包装容器、瓶类
PT-2268	—	注射或中空吹塑成型,良好的强度。用于工业机械的部件、包装容器、瓶类
PT-5271	—	注射或中空吹塑成型,良好的强度。用于工业机械的部件、包装容器、瓶类
PT-5270	40	注射或中空吹塑成型,良好的强度。用于工业机械的部件、包装容器、瓶类
PT-4368	35(或云母35)	抗塑成型,良好的抗拉强度。用于包装容器和薄膜制品
PT-5271	55	抗塑成型,良好的抗拉强度。用于包装容器和薄膜制品
RE-4005		注射成型,增强级,良好的强度。用途一般工业机械的部件及耐冲击制品
RE-5060	50	注射成型,增强级,良好的强度。用途一般工业机械的部件及耐冲击制品
RE-5069		注射成型,增强级,良好的强度。用途一般工业机械的部件及耐冲击制品
RE-5073	50	泡沫级,改性增强,用于增强发泡成型工程制品
RE-5075	—	注射成型,增强级,良好的强度。用于电子电器、机械、汽车等的部件及工程制品
RE-9005	43	注射成型,增强级,阻燃级(UL-94)V-0,良好的强度,高强度,低翘曲。用于电子电器、机械、汽车等的部件及阻燃制品
SST-35		注射或挤塑成型,良好的冲击性能、刚性、阻燃级
FR-540		注射或挤塑成型,温度指数155℃,热变形温度224℃,高强度,低翘曲,阻燃级(UL-94)V-0。用于电子电器等的部件

4.2.10 聚苯醚(PPO)(见表4-53~表4-55)

表4-53 聚苯醚的技术性能

品种	密度/(g/cm³)	热变形温度/℃(45N/cm²)	线胀系数10⁻⁵℃⁻¹	屈服强度/MPa	拉伸强度/MPa	断裂伸长率(%)	拉伸弹性模量/GPa	弯曲强度/MPa	弯曲弹性模量/GPa	压缩强度/MPa	冲击强度(无缺口)/(kJ/m²)	布氏硬度HBW
PPO	1.06~1.07	180~204	5.2~6.6	87	69	14	2.5	140	2.0	103	100	13.3(洛氏118~123HRR)
改性PPO(与聚丙乙烯共混)	1.06	190	6.7	82	67	55	2.1	130	1.7	93	310	13.5(洛氏119HRR)

表4-54 北京化工研究院改性PPO的牌号、特性及技术指标

项 目	测试标准	M104	M104N	M105	M105N	M106	M106N	M107	M109~G20	M109~G20N	M109~G30
特点		流动性好,阻燃	流动性好,高阻燃	耐热,阻燃	耐热高阻燃	高阻燃	高耐热,高阻燃	高耐热,高阻燃	玻璃纤维增强	玻璃纤维增强,阻燃	玻璃纤维增强
密度/(g/cm³)	ASTM D792	1.07	1.07	1.08	1.08	1.06	1.07	1.07	1.20	1.25	1.25
吸水率(%)	ASTM D570	0.1	0.1	0.1	0.1	0.1	0.1	0.01	0.08	0.08	0.08
玻璃纤维含量(%)		—	—	—	—	—	—	—	20	30	30
拉伸强度/MPa	ASTM D638	41.2	41.2	49	49	59	59.9	59.9	98	98	112.7
断裂伸长率(%)	ASTM D638	40	30	30	30	30	30	30	4~6	4~6	4~6
弯曲强度/MPa	ASTM D790	63.7	63.7	78.4	78.4	88.2	88.2	88.2	127.2	122.5	137.2
弯曲模量/MPa	ASTM D790	2160	2160	2350	2350	2350	2350	2350	4410	3920	4900
Izod缺口冲击强度/(kJ/m²)	ASTM D256	14.7	2160	113	14.7	14.7	14.7	14.7	9.8	9.8	9.8
洛氏硬度HRR	ASTM D785	110	14.7	100	115	116	115	115	120	120	120
热变形温度/℃	ASTM D648	90	110		102	120	120	125	135	140	140
线胀系数/10⁻⁵K⁻¹	ASTM D696	7	90	7	7	7	7	7	4	4	4
阻燃性	UL-94	V-1	V-0	V-1	V-0	V-1	V-0	V-0	HB	V-1	HB
介电常数(10⁶Hz)	ASTM D150	2.7	V-0	2.7	2.7	2.7	2.8	2.8	2.9	3.0	2.9
介质损耗因数(10⁶Hz)/10⁻⁴	ASTM D150	50	2.7	30	70	30	70	70	30	30	30
体积电阻率/Ω·cm	ASTM D257	10⁶	10⁶	10¹⁶	10¹⁶	10¹⁶	10¹⁶	10¹⁶	10¹⁶	10¹⁶	10¹⁶
介电强度/(kV/mm)	ASTM D149	22	20	22	20	20	20	20	20	22	22
成型收缩率(%)	ASTM D955	0.5~0.7	0.5~0.7	0.5~0.7	0.5~0.7	0.5~0.7	0.5~0.7	0.5~0.7	0.2~0.4	0.2~0.4	0.2~0.3

表4-55　美国GE公司改性聚苯醚（MPPO）Nory1系列的牌号及技术性能

项目	测试标准	一般						阻燃 V-0/5V						GF（玻璃纤维增强）			
牌号		115	731	SE90	SE100	SE-1	PPO534	N85	N190	P_X2801	N225	P_X9406	N300	GFN1	GFN2	GFN3	SE_1GFN_2
密度（23℃）/（g/cm³）	ASTM D792	1.06	1.06	1.08	1.10	1.10	1.06	1.08	1.08	1.08	1.09	1.09	1.06	1.21	1.21	1.27	1.16
吸水率（23℃，24h）（%）	ASTM D570	0.07	0.07	0.07	0.07	0.07	0.03	0.07	0.07	0.07	0.07	0.07	0.06	0.07	0.06	0.06	0.07
拉伸屈服强度（23℃）/MPa	ASTM D632	49.0	61.8	44.1	49.0	61.8	76.5	44.1	44.1	53.9	59.8	66.6	69.6	88.3	100	117.7	88.3
断裂伸长率（23℃）（%）	ASTM D638	50	60	60	60	60	60	60	60	50	60	60	60	4~6	4~6	4~6	4~6
弯曲强度（23℃）/MPa	ASTM D790	68.6	86.3	63.7	73.5	86.3	113.8	49.0	68.6	68.6	83.4	88.2	103.0	107.9	132.4	147.1	107.9
弯曲弹性模量（23℃）/GPa	ASTM D790	2.2	2.5	2.3	2.5	2.5	2.5	2.2	2.3	2.4	2.5	2.5	2.4	3.3	4.7	6.7	3.3
悬臂梁冲击强度（23℃，带缺口）/（J/m）	ASTM D256	177	177	196	196	196	127	177	196	196	196	225		98	98	98	98
洛氏硬度 HRR	ASTM D785		179	115	119				114	114	118		119	126	124	121	126
泰伯磨耗 /mg	ASTM D1044	30	30	30	30	30	30		30		30			35	35	35	35
热变形温度/℃　0.455MPa	ASTM D648	138	138	110	133	133	177	92	92		117	125	157		142	151	
热变形温度/℃　1.82MPa	ASTM D648	115	128	100	125	125	172	90	90	100	115	150	150	131	140	142	132
线胀系数（-30~30℃）/$10^{-5}K^{-1}$	TMA法	6.5	6	7	7	6	5.2	7	7	7	7	7	7	3.5~5.2	2.8~4.5	2.0~4.3	3.6~5.0
燃烧性	UL-94	HB	HB	V-1	V-1	V-1	V-1	V-1	V-0 5VA	V-0 5VA	V-0 5VA	V-0 5VA	V-0	HB	HB	HB	V-1 V-0 51VA
氧指数（%）	ASTM D2863	22	24	30	30	31	31		35		36		36	26	26	26	31
维卡软化温度/℃（0.1mm针）	ASTM D1525	140	140	100	110	140	175	100	100		120	160	160	135	140	150	140
UL长期使用温度/℃			90	80	80	105		80	80	80	80	105	105	90	90	90	105
介电强度（3.18mm）/（kV/mm）	ASTM D149	20	22	16	16	16	20	16	16	26	16	20	20	20	17	22	20
体积电阻率/Ω·cm	ASTM D256	10^{14}	10^{15}	10^{14}	10^{15}	10^{15}	10^{15}		10^{15}	10^{14}	10^{14}	10^{14}	10^{17}	10^{17}	10^{17}	10^{17}	10^{17}
相对介电常数（23℃，60Hz）	ASTM D150	2.7	2.64	2.69	2.65	2.69	2.58		2.78	2.80	2.78	2.80	2.69		2.86	2.93	3.0
介质损耗因数（23℃，60Hz）	ASTM D150	0.0004	0.0004	0.0007	0.0007	0.0007	0.00035		0.0046	0.0030	0.0030	0.0050	0.0030		0.0008	0.0009	0.0016
耐电弧性/V	ASTM D495	75	75	75	75	75	75	70	70	75	75	75	75	70	70	100	70

4.2.11 均苯型聚酰亚胺(PI)(见表 4-56~表 4-58)

表 4-56 杜邦公司均苯型聚酰亚胺(PI)模塑料 Vespel 的性能

性　能		SP-1	SP-21	SP-22	SP-211	SP-3
		增强物含量				
		纯树脂	15%石墨	40%石墨	15%石墨+10%聚四氟乙烯	15%二硫化钼
拉伸强度/MPa	23℃	86.2	65.5	51.7	44.8	58.5
	260℃	41.4	37.9	23.4	24.1	
断裂伸长率（%）	23℃	7.5	4.5	3.0	3.5	4.0
	260℃	7.0	3.0	2.0	3.0	
弯曲强度/MPa	23℃	110.3	110.3	89.6	68.9	75.8
	260℃	62.1	62.0	44.8	34.5	39.9
弯曲弹性模量/GPa	23℃	3.1	3.8	4.8	3.1	3.3
	260℃	1.7	2.6	2.8	1.4	1.9
压缩应力/MPa	1%应变	24.8	29.0	31.7	20.7	34.5
	10%应变	133.1	133.1	112.4	102.0	127.6
抗压弹性模量(23℃)/GPa		2.4	2.9	3.3	2.1	2.4
Izod 冲击强度/(J/m)	缺口	42.7	42.7	—	—	21.3
	无缺口	747	320	—	—	112
泊松比		0.41	0.41			
线胀系数/$10^{-5}\mathrm{K}^{-1}$	23~300℃	54	49	38	54	52
	−62~23℃	45	34			
热变形温度(1.86MPa)/℃		360	360	—	—	—
相对介电常数(10^4Hz)		3.64	13.28	—	—	—
介质损耗因数(10^4Hz)		0.0036	0.0067	—	—	—
介电强度(2mm 厚)/(kV/mm)		22.0	9.8	—	—	—
体积电阻率/Ω·cm		10^{14}~10^{16}	10^{12}~10^{13}	—	—	—
表面电阻率/Ω		10^{15}~10^{16}	—	—	—	—
吸水率（24h）（%）		0.24	0.19	0.14	0.21	0.23
密度/(g/cm³)		1.43	1.51	1.65	1.55	1.60
洛氏硬度 HRE		45~48	32~44	15~40	5~25	40~55
氧指数(%)		53	49	—	—	—

注：1. 聚酰亚胺有热固性、热塑性及改性聚酰亚胺三类。工程实用的聚酰亚胺品种较多，这里仅选用了均苯型聚酰亚胺(PI)、聚酰胺-酰亚胺(PAI)和聚醚酰亚胺(PEI)的典型牌号。

2. 均苯型聚酰亚胺（PI）综合性能优良，但成本高。在−269~400℃温度范围内保持较高力学性能的前提下降低成本是重要的发展途径。均苯型聚酰亚胺可制备薄膜、漆布、模压塑料、层压板、增强塑料、泡沫塑料、纤维等。薄膜用作电动机和电器的耐热绝缘衬里、电缆和半导体的包封材料、高温电容器介质、柔性印制电路等。塑料可制作耐高温、高真空的自润滑轴承、压缩机活塞环、密封圈、垫圈、鼓风机叶轮、电气设备零件以及耐低温零部件和耐辐射制品等。

表 4-57　上海合成树脂研究所 PI 及其共聚物的牌号、性能及应用

牌号	拉伸强度 /MPa	冲击强度 /(kJ/m²)	热变形温度 (1.82MPa) /℃	熔体流动速率 /(g/10min)	特　性	应　用
PEI-P	106~131	140	200	0.1~3.0	聚醚酰亚胺，耐高温，高强度，低翘曲，可注射、挤出或吹塑成型	可用于制备汽车热交换器、轴承、电绝缘件和兵器工业中的火箭引信风帽、防弹衣等
EPEI-P-20G	168	27.8	206.5	1.42	可熔体聚醚酰亚胺，玻璃纤维含量(质量分数)10%，耐高温，可注射或挤出成型	可用于制造耐高温结构部件
YB10	500				NA 基封端型，深红棕色，耐高温，高强度，绝缘性好，可层压成型	可用于制造耐高温、高强度构件
YS12	130		280		单醚酐型，棕色模塑料，低蠕变，高耐磨性，疲劳强度高，抗辐射，透明性好，可模压成型	可用于制造轴承、轴套、叶片
YS12S	120	20	280		单醚酐型，石墨含量(质量分数)15%，黑色模塑料，耐磨，抗疲劳，抗辐射，可模压成型	可用于制造轴承、轴套、阀座、电子零件
YS20	180	100			单醚酐型，浅黄色粉末模塑料，可模压或层压成型	可用于制造薄膜、压缩机叶片、活塞环、密封圈、自润滑轴承、轴套

表 4-58　聚酰胺-酰亚胺模塑料的技术性能

性　能	数值	性　能	数值
密度/(g/cm³)	1.41	吸水率(%)	0.28
拉伸强度/MPa		洛氏硬度 HRE	104
23℃	92	热变形温度(1.82MPa)/℃	296
260℃	61	相对介电常数(0.1MHz)	3.7
弯曲强度/MPa		介质损耗因数(0.1MHz)	1×10^{-3}
23℃	161	体积电阻率/Ω·cm	7×10^{14}
260℃	98	表面电阻率/Ω	$>10^{13}$
压缩强度/MPa	240	介电强度/(kV/mm)	17.2

4.2.12 聚醚酰亚胺（PEI）（见表4-59）

表4-59 美国通用电气塑料公司 PEI 的牌号、性能及特点

加工级别	牌号	密度/(g/cm³)	抗张屈服强度/MPa	屈服伸长率(%)	缺口冲击强度/(J/m)	0.46MPa下热变形温度/℃	特点
挤出和注射模塑级	Ultem 9076	—	94.4	—	106.6	190.5*	耐化学性好、低烟度、宇航级
	Ultem 9065	1.32	—	—	160.0	—	耐化学性好、高抗冲击性、低烟度、航空级
	Ultem AR9100	1.32	119.9	5	53.3	208.8*	阻燃、低烟、航空级、含10%玻璃纤维
	Ultem 1010	1.27	104.8	7	32.0	207.2	通用级、高流动、阻燃V-0级
	Ultem CRS 5111	1.36	113.7	—	37.3	217.2*	耐酸、耐化学性好、通用级、含10%玻璃纤维、阻燃V-0/5V级
	Ultem 1000	1.27	104.8	7	53.3	210	通用级、耐热、阻燃V-0/5V级
	Ultem CRS 5101	1.35	113.7	—	58.6	217.7*	耐酸、耐化学性好、通用级、含10%玻璃纤维、阻燃V-0/5V级
	Ultem 8015	1.29	—	—	48.0	190*	耐化学性好、低烟、航空级
	Ultem CRS 5001	1.28	99.9	—	53.3	208.8*	耐酸、耐化学性好、医用级、阻燃V-0级
	Ultem CRS 5311	1.52	165.4	—	80.0	217.7*	耐酸、耐化学性好、通用级、含30%玻璃纤维、阻燃V-0/5V级
	Ultem CRS 5201	1.42	137.9	—	85.3	221.1*	耐酸、耐化学性好、通用级、含20%玻璃纤维、阻燃V-0/5V级
	Ultem CRS 5301	1.51	165.4	—	90.6	221.1*	耐酸、耐化学性好、通用级、含30%玻璃纤维、阻燃V-0/5V级
	Ultem CRS 5011	1.28	99.9	—	32.0	204.4*	耐酸、耐化学性好、医用级、高流动、阻燃V-0级
挤出、管材级	Ultem 8601	1.31	101.3	—	53.3	200*	冲击改性、低烟、含掺混物、阻燃V-0/5V级
注射模塑级	Ultem 3254	1.42	—	—	32.0	205*	尺寸稳定、低翘曲、电器级、含20%矿物、阻燃V-0级
	Ultem 7201	1.34	—	—	53.3	212.2*	通用级、含20%碳纤维
	Ultem 7801	1.37	172.3	2	53.3	210*	通用级、导电、含25%碳纤维
	Ultem AR9400	1.59	168.9	2	80.0	210*	阻燃、低烟、航空级、含40%玻璃纤维
	Ultem CRS5312	1.51	—	—	37.3	217.2*	耐酸、耐化学性好、通用级、耐热、含30%研磨玻璃
	Ultem CRS5212	1.42	—	—	42.6	210*	耐化学性好、尺寸稳定、通用级、含20%研磨玻璃
	Ultem 2110	1.74	114.4	5	53.3	210	通用级、含10%玻璃纤维、阻燃V-0级
	Ultem AR9300	1.49	155.1	3	80.0	210*	阻燃、低烟、航空级、含30%玻璃纤维
	Ultem 2300	1.51	168.9	—	106.6	212.2	尺寸稳定、通用级、可模塑、含30%玻璃纤维、阻燃V-0级

（续）

加工级别	牌号	密度 /(g/cm³)	抗张屈服强度 /MPa	屈服伸长率 (%)	缺口冲击强度 /(J/m)	0.46MPa 下热变形温度/℃	特点
注射模塑级	Ultem 2200	1.42	138.5	—	85.3	210	医用级、可模塑、刚性/韧性大、含 20%玻璃纤维、阻燃 V-0 级
	Ultem 3451	1.66	106.8	—	53.3	210*	尺寸稳定、通用级、低翘曲、含 45%矿物、阻燃 V-0 级
	Ultem 3452	1.66	128.2	—	48.0	213.8*	尺寸稳定、通用级、低翘曲、含 45%矿物、含玻璃纤维、阻燃 V-0 级
	Ultem 2100	1.34	114.4	5	58.6	210	尺寸稳定、通用级、可模塑、刚性/韧性大、含 10%玻璃纤维、阻燃 V-0 级
	Ultem 2212	1.43	79.2	—	48.0	207.7*	尺寸稳定、通用级、低翘曲、电器级、含 20%玻璃纤维、阻燃 V-0 级
	Ultem AR9200	1.4	144.7	3	80.0	215.5*	阻燃、低烟、航空级、含 20%玻璃纤维
	Ultem 4001	1.33	—		64.0	195*	低摩擦因数、通用级、润滑、耐磨损、阻燃 V-0/5V 级
	Ultem HP700	1.27	104.8	—	53.3	200*	耐化学性好、清洁、可着色、医用级、阻燃 V-0/5V 级
	Ultem 6200	1.43	144.7	—	85.3	225	耐化学性好、通用级、热稳定、含 20%玻璃纤维、阻燃 V-0 级
	Ultem 9075	—	93.0		85.3	190.5*	耐化学性好、低烟、航空级
	Ultem 2410	1.61	186.1	—	112.0	215.5	通用级、含 40%玻璃纤维、阻燃 V-0 级
	Ultem 6000	1.29	103.4	7.5	42.6	221.1	耐化学性好、通用级、热稳定、电器级、阻燃 V-0 级
	Ultem 9070	1.27	96.5	—	53.3	185*	耐化学性好、冲击改性、阻燃、低烟
	Ultem 4000	1.7	—		69.3	211.1*	低摩擦因数、通用级、热稳定、耐磨损、含玻璃纤维、阻燃 V-0 级
	Ultem 2210	1.42	139.9	—	85.3	210	通用级、含 20%玻璃纤维、阻燃 V-0 级
	Ultem 6202	1.42	96.5	—	42.6	215.5*	耐化学性好、含玻璃纤维、热稳定、含 20%矿物
	Ultem 2312	1.51	75.8	—	32.0	205	尺寸稳定、通用级、低翘曲、电器级、含 30%玻璃纤维、阻燃 V-0 级
	Ultem 2400	1.61	186.1	—	112.0	215.5	尺寸稳定、通用级、刚性/韧性大、含 40%玻璃纤维、阻燃 V-0 级
	Ultem 7700	1.33	144.7	3	53.3	210*	通用级、导电、含 15%碳纤维

注：1. 带"＊"者为 1.82MPa 负荷下的热变形温度。

2. 聚醚酰亚胺(PEI)由中国科学院长春应用化学研究所首先研制成功，牌号为 YHPI 热塑性 PEI(20 世纪 60 年代)。20 世纪 70 年代，上海合成树脂研究所和美国通用电气塑料公司研制出热固性 PEI，牌号分别为 YS 和 Ulten。中国为 PI 树脂改性之领先者。

4.2.13 聚酰胺酰亚胺（PAI）（见表4-60~表4-67）

表4-60 聚酰胺酰亚胺（PAI）的品种、性能及应用

	性　能	数值	性　能	数值
PAI模塑料性能	密度/（g/cm³）	1.41	吸水率（%）	0.28
	拉伸强度/MPa		洛氏硬度 HRE	104
	23℃	92	热变形温度(1.82MPa)/℃	296
	260℃	61	相对介电常数(0.1MHz)	3.7
	弯曲强度/MPa		介质损耗因数(0.1MHz)	$1×10^{-3}$
	23℃	161	体积电阻率/Ω·cm	$7×10^{14}$
	260℃	98	表面电阻率/Ω	$>10^{13}$
	压缩强度/MPa	240	介电强度/（kV/mm）	17.2
环氧改性PAI性能	外观	棕黄色透明	常态	$4.8×10^{15}$
	密度/（g/cm³）	约1.34	受潮	$4.8×10^{14}$
	拉伸强度/MPa	100~120	介电强度/（kV/mm）	
	断裂伸长率（%）	10~12	常态	96~109
	吸水率（%）	≤1.3	受潮	95~99
	体积电阻率/Ω·cm		高温	100
	常态	$2.5×10^{15}$~$3.8×10^{15}$	耐沸水(100℃,24h)	不变
	受潮	$5.3×10^{14}$	耐油性(变压器,150℃,24h)	不变
	高温	$2.4×10^{16}$	耐溶剂(酸、碱、苯、醇)	良好
	表面电阻率/Ω			
应用	聚酰胺酰亚胺具有优良的耐磨性、柔韧性、耐碱性，长期使用温度可达到220℃，改性产品可高达250℃，且具有良好的加工性。制品有层压板、薄膜、模塑料、浇注料、玻璃纤维增强塑料、漆、涂料和黏合剂等。用于制作F和H耐热级别的电绝缘制品、耐蚀器件、车用发动机部件、机械轴承、高性能要求的齿轮等			

表4-61 聚酰胺酰亚胺（PAI）的典型品级及技术性能

项　目	Torlon 4203L(通用级,非增强)	Torlon 9040(40%玻璃纤维增强)
密度/（g/cm³）	1.42	1.68
吸水率(23℃,24h)（%）	0.33	0.21
拉伸强度/MPa	191.1	219.5
伸长率(%)	15	7
拉伸弹性模量/GPa	4.8	14.8
弯曲强度/MPa	240.1	358.7
弯曲弹性模量/GPa	5.0	14.5
冲击强度(3.2mm)/（J/m)		
缺口	144	80
无缺口	1068	960

（续）

项　目	Torlon 4203L(通用级,非增强)	Torlon 9040(40%玻璃纤维增强)
洛氏硬度 HRE	86	107
热变形温度(1.82MPa)/℃	278	280
线胀系数/$10^{-5}K^{-1}$	3.1	1.3
阻燃性(U-L)	V-0	V-0
氧指数(%)	45	47
介电常数(10^3Hz)	4.2	4.3
介质损耗因数(10^3Hz)	0.026	0.040
体积电阻率/Ω·cm	2×10^{17}	5×10^{16}
表面电阻率/Ω	5×10^{18}	9×10^{17}
介电强度(1.02mm)/(kV/mm)	23.6	19.5

注：上海合成树脂研究所、天津大新漆包线厂、上海涂料染料研究均有产品提供。

表 4-62　美国 Amocoperf 公司 PAI 产品的牌号、性能及特点

加工级别	牌号	密度/(g/cm³)	抗张屈服强度/MPa	屈服伸长率(%)	缺口冲击强度/(J/m)	1.82MPa下热变形温度/℃	特点
挤出和注射模塑级	Torlon 7130	1.48	202.7	6	48.0	282.2	耐化学性好、导电、耐高温、阻燃(UL94)V-0级
	Torlon 4203L	1.42	151.6	7.6	144.0	277.7	含5%织物、阻燃
	Torlon 4301	1.46	112.3	7	64.0	278.8	耐候、自润滑、含20%矿物、阻燃 V-0级
注射模塑级	Torlon 4275	1.51	151.6	7	85.3	280	耐候、自润滑、含20%矿物、阻燃 V-0级
	Torlon 4347	1.5	122.7	9	69.3	277.7	耐候、自润滑、含12%矿物、阻燃
	Torlon 5030	1.61	204.7	7	80.0	281.6	耐化学性好、耐蠕变、汽车级、含30%切断玻璃纤维、阻燃 V-0级
	Torlon 7330	1.5	179.2	6	53.3	278.8	导电、耐蠕变、耐磨损、自润滑、阻燃 V-0级
	Torlon 2000	1.87	131.0	15	453.3	268.3	可模塑、高流动、快速固化

表 4-63　聚酰胺酰亚胺层压板的性能

性　能	PAI-T	AI-10	CⅡ95
树脂含量(质量分数,%)	32	28~32	
密度/(g/cm³)	1.88		
吸水率(%)	0.11~0.14	0.5	
拉伸强度/MPa	340	400	
弯曲强度/MPa			
老化前	280~380	450~530	535
老化后	390(280℃、316h)	330(360℃、1000h)	260~435(300℃、250h)

（续）

性　　能	PAI-T	AI-10	C II 95
弯曲弹性模量/GPa		22~24	
冲击强度/(kJ/m²)	210~330		
马丁耐热/℃	272		
燃烧性	不燃	不燃	不燃

表 4-64　聚酰胺酰亚胺及改性、复合薄膜的性能

性　　能	聚酰胺酰亚胺薄膜	环氧改性聚酰胺酰亚胺薄膜	环氧改性聚酰胺酰亚胺与聚酯复合薄膜
厚度/mm	0.05	0.04	0.085~0.090
密度/(g/cm³)	1.38	1.34	1.36
吸水率(%)	3.81		
拉伸强度/MPa	100~128	100~120	129~143
断裂伸长率(%)	10~47	10~12	17~75
玻璃化温度/℃	280~310		
脆化温度/℃	-196		
分解温度/℃	410~450		
零点强度温度/℃			254
体积电阻率/Ω·cm			
室温	$1×10^{17}~2×10^{17}$	$3.8×10^{15}~7.5×10^{15}$	$10^{16}~10^{17}$
180℃	$4×10^{12}$	$2.4×10^{14}$	
155℃			$10^{15}~10^{16}$
相对介电常数(1MHz)	3~4		
介质损耗因数			
工频	$1.8×10^{-2}$		
高频	$5×10^{-3}~9×10^{-3}$		
介电强度/(kV/mm)	50~175	90~99	73~133

表 4-65　TorLon PAI 的性能、特点及应用

性　　能	4203L[①]	4347[②]	5030[③]	7130[④]
密度/(g/cm³)	1.42	1.50	1.61	1.50
拉伸强度/MPa				
-160℃	221.8	—	207.7	160.6
23℃	195.8	125.3	209.2	207.0
175℃	119.0	106.3	162.1	160.6
238℃	66.9	54.9	114.8	110.6
伸长率(%)				
-160℃	6	—	4	3
23℃	15	9	7	6

（续）

性　　能	4203L[①]	4347[②]	5030[③]	7130[④]
175℃	21	21	15	14
238℃	22	15	12	11
拉伸弹性模量（23℃）/GPa	4.93	6.13	11.0	22.68
弯曲强度/MPa				
－160℃	288.7	—	383.0	316.9
23℃	245.7	190.1	340.1	357.0
175℃	174.6	144.4	252.8	264.8
238℃	120.4	100.7	184.5	177.5
弯曲弹性模量/GPa				
－160℃	8.03	—	14.37	25.14
23℃	5.14	6.41	11.97	20.28
175℃	3.94	4.51	10.92	19.15
238℃	3.66	4.37	10.07	16.06
悬臂梁冲击强度/（J/cm）				
缺口	1.43	0.69	0.80	0.48
无缺口	10.6		5.04	3.39
泊松比				0.39
热变形温度（1.86MPa）/℃	278	278	392	392
线胀系数/$10^{-6}K^{-1}$	30.6	27.0	16.2	9
热导率/[W/（m·K）]	0.26		0.36	0.52
氧指数（%）	45	46	51	52
相对介电常数				
10^3Hz	4.2	6.8	4.4	
10^6Hz	3.9	6.0	4.2	
介质损耗因数				
10^3Hz	0.026	0.037	0.022	
10^6Hz	0.031	0.071	0.050	
介电强度/（kV/mm）	22.8		33.1	
吸水率（%）	0.33	0.17	0.24	0.26
特点及应用	Torlon PAI 材料具有优质的综合性能，在高温下具有非常稳定的耐热性能，空气环境中可在 250° 下长期工作，且具有良好的尺寸稳定性、很好的耐磨性及优良的摩擦特性，可燃性低、抗紫外线性能高，注塑成型良好。适于制作高性能要求的零件			

① 3%TiO_2+0.5%氟聚合物。

② 12%石墨+8%氟聚合物。

③ 30%玻璃纤维+1%氟聚合物。

④ 30%石墨纤维+1%氟聚合物。

表 4-66 Amocoperf 公司 PAI 的牌号、性能及特点

加工级别	牌号	密度/(g/cm³)	抗张屈服强度/MPa	屈服伸长率(%)	缺口冲击强度/(J/m)	1.82MPa下热变形温度/℃	特点
挤出和注射模塑级	Torlon 7130	1.48	202.7	6	48.0	282.2	耐化学性好、导电、耐高温、阻燃(UL94)V-0级
	Torlon 4203L	1.42	151.6	7.6	144.0	277.7	含5%织物、阻燃
	Torlon 4301	1.46	112.3	7	64.0	278.8	耐候、自润滑、含20%矿物、V-0级
注射模塑级	Torlon 4275	1.51	151.6	7	85.3	280	耐候、自润滑、含20%矿物、阻燃V-0级
	Torlon 4347	1.5	122.7	9	69.3	277.7	耐候、自润滑、含12%矿物、阻燃
	Torlon 5030	1.61	204.7	7	80.0	281.6	耐化学性好、耐蠕变、汽车级、含30%切断玻璃纤维、阻燃V-0级
	Torlon 7330	1.5	179.2	6	53.3	278.8	导电、耐蠕变、耐磨损、自润滑、阻燃V-0级
	Torlon 2000	1.87	131.0	15	453.3	268.3	可模塑、高流动、快速固化

表 4-67 聚酰胺酰亚胺薄膜和层压板的品种及技术性能

性能	聚酰胺-酰亚胺薄膜	环氧改性聚酰胺-酰亚胺薄膜	环氧改性聚酰胺-酰亚胺与聚酯复合薄膜
厚度/mm	0.05	0.04	0.085~0.090
密度/(g/cm³)	1.38	1.34	1.36
吸水率(%)	3.81		
拉伸强度/MPa	100~128	100~120	129~143
断裂伸长率(%)	10~47	10~12	17~75
玻璃化温度/℃	280~310		
脆化温度/℃	−196		
分解温度/℃	410~450		
零点强度温度/℃			254
体积电阻率/Ω·cm			
室温	1×10^{17}~2×10^{17}	3.8×10^{15}~7.5×10^{15}	10^{16}~10^{17}
180℃	4×10^{12}	2.4×10^{14}	
155℃			10^{15}~10^{16}
相对介电常数(1MHz)	3~4		
介质损耗因数			
工频	1.8×10^{-2}		
高频	5×10^{-3}~9×10^{-3}		
介电强度/(kV/mm)	50~175	90~99	73~133

4.2.14 聚碳酸酯(PC)(见表 4-68~表 4-75)

表 4-68 聚碳酸酯(PC)树脂的品种、技术性能及应用

项 目		光 气 法				酯交换法
		JTG-1	JTG-2	JTG-3	JTG-4	
品种和技术性能	外观	微黄	透明	颗粒	—	无色或微黄颗粒
	平均相对分子质量(10^4)	2.6 ± 0.2	3 ± 0.2	3.5 ± 0.3	3.8 以上	—
	透光率(%)	50~70	50~70	50~70	50~70	—
	热降解率(%)	10~15	10~15	13~18	13~18	10~20
	拉伸强度/MPa	60.8	60.8	60.8	60.8	60
	断裂伸长率(%)	80	80	80	80	70
	弯曲强度/MPa	88.3	88.3	88.3	88.3	95
	lzod 缺口冲击强度/(kJ/m^2)	44.1	44.1	54	54	44.1
	马丁耐热/℃	110	110	115	115	126
	体积电阻率/Ω·cm	1×10^{13}	1×10^{13}	1×10^{13}	1×10^{13}	5×10^{13}
	介电强度/(kV/mm)	—	—	—	—	16
	介电常数(1MHz)	—	—	—	—	2.7~3.0
	介质损耗因数(1MHz)	1.0×10^{-2}	1.0×10^{-2}	1.0×10^{-2}	1.0×10^{-2}	1.0×10^{-2}
特性及应用	聚碳酸酯综合性能优良,已得到广泛应用。长期以来聚碳酸酯主要用于高透明性及高冲击强度的领域,作为光学材料光盘用材是聚碳酸酯的主要用途之一 在电子电器产品方面,聚碳酸酯及其合金可用于制造家用电器、通用通信设备、照明设备等的零部件,可用于制造吸尘器、洗衣机、淋浴器等,也可用于制造各种元件、大型线圈轴架、电动制品、电气开关、电动工具外壳等 聚碳酸酯可用于制备要求冲击强度高的机械零件,如防护罩、齿轮、螺杆等。玻璃纤维增强聚碳酸酯的特性似金属,可代替铜、锌、铝等压铸件。还可制作电子电器的绝缘件、电动工具外壳、精密仪表零件、高频头。与聚烯烃共混,可制作安全帽、纬纱管、餐具;与 ABS 共混,适合制作高刚性、高冲击韧性的制件,如泵叶轮、汽车部件等。也有含有发泡剂的树脂,这种用低发泡注射成型所得的制品可代替木材					

表 4-69 国产玻璃纤维增强聚碳酸酯的品种及性能

项 目	T-1230	T-1260	T-1290	TX-1005
密度/(g/cm^3)	1.2	1.2	1.2	1.2
吸水率(%)	0.2~0.3	0.2~0.3	0.2~0.3	0.2~0.3
拉伸屈服强度/MPa	60	60	60	58
断裂拉伸强度/MPa	58	58	58	50
伸长率(%)	70~120	70~120	70~120	60~120
弯曲强度/MPa	91	91	91	90
拉伸弹性模量/GPa	2.2	2.2	2.2	2.1

（续）

项　目	T-1230	T-1260	T-1290	TX-1005
弯曲弹性模量/GPa	1.6	1.7	1.7	
压缩强度/MPa	70~80	70~80	70~80	60~75
剪切强度/MPa	50	50	50	50
简支梁冲击强度/(kJ/m²)				
无缺口	不断	不断	不断	
缺口	45	50	50	60
布氏硬度 HBW	95	95	95	90
泰伯磨耗/mg·(1000r)⁻¹	10~13	10~13	10~13	
热变形温度/℃	126~135	126~135	126~135	115~125
马丁耐热/℃	115	115	105	
模塑收缩率(%)	0.5~0.8	0.5~0.8	0.5~0.8	0.5~0.8
长期使用温度/℃	−60~120	−60~120	−60~120	
脆化温度/℃	−100	−100	−100	
熔点/℃	220~230	220~230		
玻璃化温度/℃	145~150	145~150	145~150	
热导率/[W/(m·K)]	0.142	0.142	0.142	
比热容/[kJ/(kg·K)]	1.09~1.26	1.09~1.26	1.09~1.26	
线胀系数/10⁻⁵K⁻¹	5~7	5~7	5~7	5~7
光线透过率(%)	85~90	85~90	85~90	
折射率	1.5872	1.5872	1.5872	
耐辐射(7.74×10⁴Ci/kg)	变棕红	变棕红	变棕红	
耐电弧性/s	10~120	1.0~120	10~120	10~120
介电强度/(kV/mm)	18~22	18~22	18~22	18~22
体积电阻率/Ω·cm	5×10¹⁶	5×10¹⁶	5×10¹⁶	5×10¹⁶
介电常数(1MHz)	2.8~3.1	2.8~3.1	2.8~3.1	2.8~3.1
介质损耗因数(1MHz)	1×10⁻²	1×10⁻²	1×10⁻²	1×10⁻²
自熄性	自熄	自熄	自熄	自熄

注：本表为上海化工集团有限责任公司上海染料化工二厂产品资料。

表 4-70　国产纤维增强聚碳酸酯(酯交换法 PC)的品种和性能

项目		T1230	T1260	T1290	TE 型	TG2610
拉伸断裂强度/MPa		58	58	58	≥57	80
伸长率(%)		70~120	70~120	70~120	70	—
弯曲强度/MPa		91	91	91		100
弯曲弹性模量/GPa		1.6	1.7	1.7		3.5
冲击强度/(kJ/m²)	缺口	45	50	50		7~10
	无缺口	不断	不断	不断	≥50	40
布氏硬度 HBW		95	95	95		100
热变形温度/℃		126~135	126~135	126~135	≥120	129~138
模塑收缩率(%)		0.5~0.8	0.5~0.8	0.5~0.8		0.3~0.5
长期使用温度/℃		−60~120	−60~120	−60~120		220~230
线胀系数/10⁻⁵K⁻¹		5~7	5~7	5~7		4~5

（续）

项目	T1230	T1260	T1290	TE 型	TG2610
耐电弧/s	10~120	10~120	10~120		10~120
介电强度/(kV/mm)	18~22	18~22	18~22		18~22
体积电阻率/Ω·cm	$5×10^{16}$	$5×10^{16}$	$5×10^{16}$		$5×10^{16}$
介电常数(1MHz)	2.8~3.1	2.8~3.1	2.8~3.1		3.0~3.3
介质损耗因数(1MHz)	$1×10^{-2}$	$1×10^{-2}$	$1×10^{-2}$		$1×10^{-2}$

项目		TG2620	TG2630	TG2620S 型	TX1005
拉伸断裂强度/MPa		100	110	≥100	50
伸长率(%)		—	—		60~120
弯曲强度/MPa		130	150		90
弯曲弹性模量/GPa		4.0	5.0		—
冲击强度/(kJ/m²)	缺口	10~17	10~17		60
	无缺口	50	50	≥10	不断
布氏硬度 HBW		110	110		90
热变形温度/℃		135~145	135~150	≥138	115~125
模塑收缩率(%)		0.2~0.4	0.1~0.3		0.5~0.8
长期使用温度/℃		220~230	220~230		—
线胀系数/$10^{-5}K^{-1}$		3~4	2~3		5~7
耐电弧/s		10~120	10~120		10~120
介电强度/(kV/mm)		18~22	18~22		18~22
体积电阻率/Ω·cm		$5×10^{16}$	$5×10^{16}$	≥$5×10^{15}$	$5×10^{16}$
介电常数(1MHz)		3.0~3.3	3.0~3.3	3.2~3.6	2.8~3.1
介质损耗因数(1MHz)		$1×10^{-2}$	$1×10^{-2}$	≤$1.2×10^{-2}$	$1×10^{-2}$

注：1. 本表为上海化工集团有限责任公司上海中联化工厂产品资料。

    2. T1230 牌号适于制作薄壁及结构复杂的工程件；TE 型由聚乙烯改性而成，有良好的力学性能，适于制作纺纱管等零件；T1260、T1290 等牌号适于制作各种工程零部件。

表 4-71 聚碳酸酯(PC)的技术性能（摘自 HG/T 2503—1993）

项 目		熔融法聚碳酸酯			溶剂法聚碳酸酯		
		优等品	一等品	合格品	优等品	一等品	合格品
含有杂质的颗粒含量(%)		≤1	>1~5	>5~10	≤2	>2~5	>5~10
溶液色差		≤3	>3~5	>5~8	≤4	>4~7	>7~10
热降解率(%)		≤7	>7~12	>12~20	≤7	>7~12	>12~20
简支梁缺口冲击强度/(kJ/m²)	≥	50	45	45	55	50	50
拉伸强度/MPa	≥	60	55	55	65	60	60
断裂伸长率(%)	≥	85	70	70	90	80	80
屈服弯曲强度/MPa	≥	95					
热变形温度/℃	≥	130					
体积电阻系数/Ω·cm		$1.5×10^{15}$					
介电常数		2.7~3.0					
介质损耗因数	≤	$1.5×10^{-2}$					
介电强度/(MV/m)	≥	16					

表 4-72　国产聚碳酸酯(PC)的牌号、性能及应用

项　目		JTG-1		JTG-2		JTG-3		JTG-4	
		一级品	二级品	一级品	二级品	一级品	二级品	一级品	二级品
外观		微黄透明颗粒							
透光率(%)	≥	70	50	70	50	70	50	70	50
热降解率(%)	≤	10	15	10	15	13	18	13	18
马丁耐热/℃	≥	110	110	110	110	115	115	115	115
悬臂梁缺口冲击强度/(kJ/m)	≥	0.45	0.45	0.45	0.45	0.55	0.55	0.55	0.55
拉伸强度/MPa	≥	62	62	62	62	62	62	62	62
断裂伸长率(%)	≤	80	80	80	80	80	80	80	80
弯曲强度/MPa	≥	90	90	90	90	90	90	90	90
体积电阻率/$10^{15}\Omega\cdot cm$	>	1.0	1.0	1.0	1.0	1.0	1.0	1.0	1.0
介质损耗因数(1MHz)	≤	1×10^{-2}	1×10^{-2}	1×10^{-2}	1×10^{-2}	1×10^{-2}	1×10^{-2}	1×10^{-2}	1×10^{-2}

注：本表为天津化工有限责任公司天津有机化工厂产品资料。

表 4-73　玻璃纤维增强聚碳酸酯的品种、性能及应用

性　能	测试标准	长纤维粒料纤维含量			短纤维粒料纤维含量		
		20%	30%	40%	20%	30%	40%
密度/(g/cm³)	ASTM D792	1.33	1.42	1.51	1.33	1.42	1.52
拉伸强度/MPa	ASTM D638	100~125	130~150	140~160	90~100	110~130	120~140
伸长率(%)	ASTM D638	<5	<5	<5	<5	<5	<5
弯曲强度/MPa	ASTM D790	140~180	180~220	200~240	130~160	150~190	190~210
落球冲击强度(厚3mm)/MPa		40	40	50		50	50
抗弯疲劳强度(10^3次)/MPa		26.0	34.0	42.0	23.0	30.0	40.0
洛氏硬度	ASTM D789	124HRR	124HRR	122HRR	124HRR	122HRR	122HRR
		98HRM	98HRM	98HRM	98HRM	98HRM	98HRM
热变形温度(1.85MPa)/℃	ASTM D648	142~150	142~150	142~150	142~150	142~150	142~150
热收缩率(120℃,50h)(%)		0.01~0.05	0.01~0.05	0.01~0.05	0.01~0.05	0.01~0.05	0.01~0.05
成型收缩率(%)		0.10~0.20	0.05~0.15	0.02~0.08	0.10~0.40	0.05~0.30	0.02~0.28
击穿电压(厚3mm)/(kV/mm)		23.5	24.6	24.2	24.2	22.8	24.0
耐电弧性/s	JIS K6911	111	115	115	110	112	113
特性及应用举例	聚碳酸酯(PC)具有良好的耐冲击性、耐热性、透明性、耐蠕变性、尺寸稳定性及自熄等特点,但耐开裂性和耐蚀性较差。玻璃纤维增强聚碳酸酯明显地提高了耐开裂性,其拉伸强度、弯曲强度、疲劳强度等力学性能也得到很大的提高,耐热性大幅度提高,成型收缩率有所降低,冲击强度稍有下降,制品的透明性低。玻璃纤维增强聚碳酸酯的性能明显优于纯聚碳酸酯,广泛用于机械、仪表、电子、电气等行业,可用于代替铜、锌、铝等压铸负荷铸件及嵌入金属制品,如制作小模数齿轮、凸轮、齿条、机械设备外壳及护罩、水泵叶轮、水泵泵体、纺织机轴瓦、电动工具外壳,以及家用电器、电子计算机、电视机、电话机、高压开关等的零部件						

表 4-74　美国通用电器塑料公司 Lexan PC 的性能

系列	牌号	密度 /(g/cm³)	吸水率 (%)	成型收缩率 (%)	透光率 (%)	热变形温度/℃		线胀系数 /10⁻⁵K⁻¹	燃烧性 (UL-94)	拉伸屈服 强度/MPa
						0.45MPa	1.84MPa			
超低黏度	HF1110 HF1130	1.2	0.15	5~7	86	138	133	7	V-2	63
一般规格	1×× 2××	1.2	0.15	5~7	87	139	135	7	V-2	63
玻璃纤维 增强	3412	1.35	0.16	2~3	—	149	146	2.3~5.3	V-1	110
	3413	1.43	0.14	1.5~2.5	—	151	146	2.2~5.0	V-1	130
	3414	1.52	0.12	1~2	—	154	146	1.8~4.0	V-1	160
阻燃	920 系列 940 系列 950 系列	1.21	0.15	5~7	85	138	132	7	V-0	63
玻璃纤维 增强阻燃	500 系列	1.25	0.12	3~4	—	146	142	4.5	V-0	67
	LGN1500	1.30	0.14	2.5~3.5	—	149	146	3.5	V-0	89
	LGN2000	1.35	0.16	2~3	—	149	146	3.0	V-0	110
	LGN3000	1.40	0.18	1.5~2.5	—	151	146	2.5	V-0	130
高刚性 阻燃	LGK3020	1.43	0.13	1.5~2.5	—		146	3.5	V-0	120
	LGK4000	1.52	0.12	2.5~3.0	—		142	3.0	V-0	72
	LGK4030	1.52	0.12	1.5~2.0	—		146	2.7	V-0	140
耐候	LS₁ LS₂ L	1.2	0.15	5~7	89	138	132	7	—	63
耐蒸汽	SR1000 SR1000R SR1400 SR1400R	1.2	0.15	5~7	86	139	135	7	V-2	63
导电、 阻燃	LC108	1.23	—	2.0~4.0	—		141	3~5	V-0	95
	LC112	1.24	—	2.0~3.0	—		141	2~4	V-0	110
	LC120	1.28	—	1.5~2.5	—		141	1~3	V-0	150
	LCG2007	1.32	0.12	2.0~2.5	—		146	1~3	V-0	150
耐磨阻燃	LF1000	1.26	0.15	5~7	—		138	7	V-0	63
	LF1010	1.33	0.12	3~4	—		142	4	V-0	67
	LF1030	1.52	0.14	1.5~2.5	—		146	2.5	V-0	120
	LF1510	1.36	0.12	3~4	—		142	4	V-0	67
	LF1520	1.46	0.16	2~3	—		146	3	V-0	100
	LF1530	1.55	0.12	1.5~2.5	—		146	2.5	V-0	120
中空成型	EBL9001	—	—	—	—		132	—	—	63
	EBL2061	—	—	—	—		132	—	V-2	60
耐高温	PPC4501	1.2	0.16	7~8	85	160	152	9.2	V-2	66
	PPC4701	1.2	0.19	8~10	85	174	163	8.1	HB	66
CD 光盘用	OQ1020L	1.2	—	5~7	90		120	—	—	64
	OQ1010	1.2	—	5~7	90		132	—	V-2	63
	OQ2220	1.2	—	5~7	89		129	—	V-2	62
	OQ2320	1.2	—	5~7	89		132	—	V-2	62
	OQ2720	1.2	—	5~7	89		132	—	V-2	62
计算机、 办公用	BE1130	1.2	—	6~8	—		110	—	V-0	62
	EB2130	1.2	—	6~8	—		110	—	V-0	55

（续）

系列	牌号	伸长率(%)		弯曲强度 /MPa	弯曲弹性模量 /GPa	Izod 缺口冲击强度 /(J/m)	介电常数		介质损耗因数 (10⁻³)		体积电阻率 /Ω·cm
		屈服	断裂				60Hz	1MHz	60Hz	1MHz	
超低黏度	HF110 FH1130	6~8	110	94	2.4	750	3.2	3.0	0.9	10	10^{16}
玻璃纤维增强	3412	—	4~6	130	5.6	110	3.2	3.1	0.9	1.1	10^{16}
	3413	—	3~5	160	7.7	110	3.3	3.3	1.1	0.7	10^{16}
	3414	—	3~4	180	9.8	140	3.5	3.4	1.3	0.67	10^{16}
阻燃	920 系列 940 系列 950 系列	6~8	90	92	2.3	650	3.0	3.0	0.9	10	10^{16}
玻璃纤维增强阻燃	500 系列	8~9	10~20	105	3.5	110	3.1	3.1	0.8	7.5	10^{16}
	LGN1500	—	4~6	118	4.6	110	3.2	3.1	0.9	7.3	10^{16}
	LGN2000	—	4~6	130	5.6	110	3.2	3.1	0.9	7.3	10^{16}
	LGN3000	—	3~5	160	7.7	110	3.3	3.3	1.1	7.0	10^{16}
高刚性阻燃	LGK3020	—	3~5	150	6.7	110	3.3	—	1.1	—	10^{16}
	LGK4000	—	8	120	7.3	50	—	—	—	—	—
	LGK4030	—	3~5	170	8.6	110	3.5	—	1.3	—	10^{16}
耐候	LS₁ LS₂ L	6~8	100	95	2.4	870	3.2	3.0	0.9	10	10^{16}
耐蒸汽	SR1000 SR1000R SR1400 SR1400R	6~8	110	94	2.4	650~870	3.2	3.0	0.9	10	10^{16}
导电、阻燃	LC108	—	—	140	5.5	80	—	—	—	—	$10^{4~6}$
	LC112	—	—	165	7.0	80	—	—	—	—	$10^{1~2}$
	LC120	—	3~5	220	10	80	—	—	—	—	$10^{1~2}$
	LCG2007	—	5~7	180	12	80	—	—	—	—	$10^{1~3}$
耐磨阻燃	LF1000	—	90	94	2~4	200	—	—	—	—	10^{16}
	LF1010	—	10~20	105	3.5	150	—	—	—	—	10^{16}
	LF1030	—	3~5	160	7.7	110	—	—	—	—	10^{16}
	LF1510	—	10~20	105	3.5	150	—	—	—	—	10^{16}
	LF1520	—	4~6	130	5.6	110	—	—	—	—	10^{16}
	LF1530	—	3~5	160	7.7	110	—	—	—	—	10^{16}
中空成型	EBL9001	—	—	—	2.4	650	—	—	—	—	—
	EBL2061	—	—	—	2.4	840	—	—	—	—	—
耐高温	PPC4501	—	122	96	2.0	540	—	—	1.2	24	—
	PPC4701	—	78	97	2.3	540	—	—	1.6	26	—
CD 光盘用 光学用	OQ1020L	—	40	—	2.1	210	—	—	—	—	—
	OQ1010	—	40~80	98	2.2	—	—	—	—	—	—
	OQ2220	—	125	98	—	—	—	—	—	—	—
	OQ2320	—	130	98	2.4	—	—	—	—	—	—
	OQ2720	—	135	98	2.4	—	—	—	—	—	—
计算机、办公用	BE1130	—	—	93	2.2	640	—	—	—	—	—
	EB2130	—	—	93	2.2	270	—	—	—	—	—

表 4-75　德国拜耳公司聚碳酸酯的牌号及性能

项　目	测试标准	3100 3200	8020	8030	8320	8344	9310	9410
玻璃纤维含量(%)			20	30	20	35	10	10
拉伸强度/MPa	DIN 53455	>65	55	70	100	100	70	70
伸长率(%)	DIN 53455	>110	7	3.5	3.8	3.8	8	7
压缩强度/MPa	DIN 53454	>80	100	110	125	125	105	105
弯曲强度/MPa	DIN 53452		120	130	160	160	130	130
拉伸弹性模量/GPa	DIN 53457	2.3	3.9	5.5	6.0	9.5	3.5	3.5
拉伸蠕变强度/MPa	DIN 53444	>40						
拉伸蠕变弹性模量/GPa	DIN 53444	1.6						
冲击强度(缺口)/(kJ/m^2)	DIN 53453	>35	7	6	15	6	15	15
球压痕硬度/MPa	DIN 53456	110	140	145	140	155	125	125
线胀系数(−50~90℃)/10^{-5}K^{-1}	DIN 53752	65	45	27	27	20	32	32
热导率/[W/(m·K)]	DIN 52612	0.21	0.23	0.24	0.23	0.25	0.23	0.23
比热容/[kJ/(kg·K)]		1.17	1.13	1.09	1.13	1.09	1.13	1.13
维卡软化温度/℃	DIN 53460	150			150		153	150
热变形温度/℃	DIN 53461							
1.81MPa		138			147		150	147
0.45MPa		142			153		155	153
燃烧性	ASTM D635							
燃烧时间/s		5			5		<5	
燃烧距离/mm		15			15		10	
氧指数(%)	ASTM D2863		30	32	34	34	34	36
密度/(g/cm^3)	DIN 53479		1.35	1.44	1.35	1.51	1.27	1.27
吸水率(%)	DIN 53495	0.36	0.29	0.29	0.29	0.27	0.32	0.32
介电强度(50Hz)/(kV/mm)	DIN 53481	>30						
表面电阻率/Ω	DIN 53482	>10^{15}			>10^{14}			
体积电阻率/Ω·cm	DIN 53482	>10^{16}			>10^{16}			
介电常数	DIN 53483							
50Hz		3.0	3.2	3.3	3.2	3.8	3.1	3.2
1kHz		3.0	3.2	3.3	3.2	3.8	3.1	3.2
1MHz		2.9	3.2	3.3	3.2	3.6	3.0	3.0
介质损耗因数	DIN 53483							
50Hz		9×10^{-4}	9×10^{-4}	10×10^{-4}	9×10^{-4}	9×10^{-4}	10×10^{-4}	9×10^{-4}
1kHz		10×10^{-4}	10×10^{-4}	10×10^{-4}	11×10^{-4}	10×10^{-4}	10×10^{-4}	10×10^{-4}
1MHz		11×10^{-3}	11×10^{-3}	12×10^{-3}	9×10^{-3}	9×10^{-3}	7×10^{-3}	8×10^{-3}

4.2.15 聚丙烯(PP)(见表4-76~表4-84)

表4-76 聚丙烯(PP)的品种及性能

性能		技术指标								
		材 料 等 级								
		均聚物①	共聚物②	共聚物③	GF增强④	填充型PP⑤	填充型PP⑥	填充型PP⑦	耐高冲击型⑧	无机增强型⑨
拉伸强度/MPa	≥	30	25	23	60	20	22	22	23℃ 11 −30℃ 30	25
断裂伸长率(%)	≥	200	250	100	3	60	3	3	23℃ 300 −30℃ 200	3
弯曲弹性模量/MPa		1000	900	800	3000	2000~3300	2300	1300	23℃ 800 80℃ 200	3500
热变形温度/℃										
1.85MPa		55	50	50	120	73	75	55		90
0.46MPa		100	95	95	—	115	120	100	85	130
冲击强度/(kJ/m)	≥									
23℃		2	4	3	10	20	3	3	25	0.6
−30℃		—	—	—		5	—	—	5	3.5

注:本表数据采用DIS M5514-1试验方法测得。

① 丙烯均聚物,一般成型用。

② 乙烯、丙烯共聚物,适于低温耐冲击制品。

③ 用于耐热且刚性好的零件。

④ 用20%玻璃纤维增强改性。

⑤ 用20%~30%滑石粉等和1%~10%乙丙橡胶均匀改性,适用于高冲击性零部件。

⑥ 用20%~30%滑石粉、云母、碳酸钙、硫酸钡等改性,适用于耐热性零部件。

⑦ 用5%~19%滑石粉、云母、碳酸钙、硫酸钡等改性,适用于一般零部件。

⑧ 用乙丙橡胶、滑石粉等添加剂改性的适用于耐高冲击性零部件。

⑨ 用玻璃纤维增强并添加40%±5%滑石粉。

表4-77 玻璃纤维增强聚丙烯复合材料的性能及应用

性 能	测试标准	FR-PP	FR-PP	FR-PP
玻璃纤维含量(%)		10	20	30
密度/(g/cm³)	ASTM D702	0.96	1.03	1.12
吸水率(23℃)(%)	ASTM D570	0.02	0.02	0.02
23℃平衡吸水率(%)	ASTM D570	0.10	0.10	0.10
拉伸强度(23℃)/MPa	ASTM D638	54	78	90
断裂伸长率(%)	ASTM D638	4	3	2
弯曲强度(23℃)/MPa	ASTM D790	75	100	1200
弯曲强度(100℃)/MPa	ASTM D790	30	45	58
弯曲弹性模量(23℃)/MPa	ASTM D790	2600	4000	5500
弯曲弹性模量(100℃)/MPa	ASTM D790	1200	2000	3000
缺口冲击强度(23℃)/(kJ/m²)	ASTM D256	4	7	9

（续）

性　能	测试标准	FR-PP	FR-PP	FR-PP
洛氏硬度 HRR	ASTM D785	105	107	107
退拔磨耗/(mg/1000 次)	ASTM D1044	34	45	50
维卡软化点/℃	ASTM D1525	156	161	161
热变形温度(18.6kg/cm^2)/℃	ASTM D648	135	150	153
线胀系数/℃$^{-1}$	ASTM D696	6.5×10^{-5}	4.8×10^{-5}	3.7×10^{-5}
成型收缩率(3mm 板)/(mm/mm)	ASTM D955	0.006	0.004	0.003
介电常数(10^6Hz)	ASTM D150	2.2	2.2	2.2
介电损耗(10^6Hz)	ASTM D150	2×10^{-4}	2×10^{-4}	2×10^{-4}
体积电阻/Ω·cm	ASTM D257	10^{16}	10^{16}	10^{16}
击穿电压(3mm 板)/(kV/mm)	ASTM D149	30	30	20
特性及应用举例	具有耐热、高强度、刚性好、重量轻、耐蠕变等优异性能，已广泛应用于各种工程领域，如制作轻型机械零件(染色用绕丝筒、农用喷雾器筒身和气室、农用船螺旋桨)和各种防腐蚀零配件(防腐泵壳体、阀门、管件、油泵叶轮、化工容器)，用于家电工业(风扇、洗碟机、洗衣机壳体、电冰箱外壳和内衬、空调机壳体和叶片、电视机壳体、电话机齿轮)和汽车工业(轻型汽车、轿车的前后保险杠、仪表盘、导流板、挡泥板、灯具罩壳)			

表 4-78　玻璃纤维聚丙烯复合材料的耐蚀性能

腐蚀介质名称	含量(%)	温度/℃	拉伸强度	质量	腐蚀介质名称	含量(%)	温度/℃	拉伸强度	质量
硫酸	98	23	6	0.07	酒精	90	50	-2	0.56
	10	80	-7	0.53	乙二醇	100	80	5	0.05
	50	80	-9	0.70	乙酸乙烯	100	80	-9	4.24
盐酸	98	80	-66	2.50	苯酚	100	23	7	0.11
	10	80	-4	0.25		100	80	-5	0.24
	36	50	-9	0.64	甲醛	37	60	-19	0.52
硝酸	60	23	5	0.02	刹车油	100	80	0	1.14
	10	80	-6	0.22	汽油	100	23	-25	6.20
	50	80	-95	6.22		100	50	-30	8.12
磷酸	50	80	6	0.05	润滑油	100	80	-4	2.42
醋酸	20	23	4	0.03	机械油	100	23	-7	0.20
	20	80	-14	0.56		100	80	-25	4.72
氨水	35	23	8	0.07	洗涤剂	50	80	-7	0.32
	16	80	-45	0.70	三氯甲烷	100	23	—	13.25
氢氧化钠	50	23	14	-0.02	氯乙烯	100	23	—	6.73
	10	80	-32	2.80	四氯化碳	100	23	—	17.49
	50	80	-18	-0.13					
碳酸钠	5	80	-23	0.22					
	20	80	-7	0.04					
	饱和	80	-5	0.08					

注：本表为浸渍 30 天的试验数据。

表4-79　改性聚丙烯（MPP）的牌号和性能

牌号	PP1	PP2	PP3	PP4	PP5	PP6	PP7	PP8	PP9	PP10
材料品种	均聚物			共聚物				均聚物或共聚物		
	耐热	耐高热	耐热、耐光	耐热、耐溶剂、流动性好	耐热	耐高热、充填滑石粉20%	耐热、充填滑石粉30%	耐高热、玻璃纤维粉增强20%	耐高热、玻璃纤维粉增强20%	耐高热、用化学连接的玻璃纤维增强30%
应用	在90℃以下的内部零件	短时间在140℃以下的内部零件	不受冲击的外部零件	流动路线长、韧性要求高的形状复杂零件	外部受冲击零件（发泡）	形状稳定性、韧性要求高、短时间负荷140℃以下的零件	刚性、韧性要求高的零件	同PP6，但用于不受冲击零件	同PP6，有翘曲倾向	耐热负荷高及对强度要求高的零件
密度/(g/cm³)					0.91±0.1	1.05±0.02	1.12±0.02	1.22±0.02	1.05±0.02	1.15±0.03
熔融温度/℃	≥158	—	—	—	—					≥158
燃烧残余（按DIN EN60）(%)	—	—	—	—	—	22±2	30±3	38±3	20±2	30±3
球压压痕（测量50s）	≥65	≥65	≥65	≥48	≥45	≥80	≥60	≥85	≥75	≥110
屈服极限/MPa	≥30	≥30	≥30	≥24	≥22	≥30	≥24	—	≥27	
拉伸强度/MPa	—	—	—	—	—	—	—	≥30	—	≥30
弯曲强度/MPa	—	—	—	—	—	≥40	≥40	≥45	≥30	≥70
冲击强度/(kJ/m²)	不碎	—	—	—	不碎	≥20	≥30	≥10	≥25	≥15
缺口冲击强度/(kJ/m²)	≥3.5	≥3.0	≥3.5	≥6	≥16	≥2.5	≥10			—
抗老化性 [(150±2)℃]/h	≥350	≥1000	≥200	≥400	≥500	≥700	≥500	≥700	≥1000	≥1000

表 4-80　上海日之升新技术发展有限公司玻璃纤维增强 PP 的技术指标

项　　目	PHH00-G6	PPH11G6	PPR11G4	PPR11MG6
密度/(g/cm^3)	1.15	1.15	1.05	1.15
拉伸强度/MPa	45	85	70	60
弯曲强度/MPa	60	110	90	80
弯曲弹性模量/MPa	4000	5000	3500	4500
简支梁无缺口冲击强度/(kJ/m^2)	15	20	30	25
简支梁缺口冲击强度/(kJ/m^2)	3	10	20	10
热变形温度/℃	158	162	155	160
成型收缩率(%)	0.3~0.5	0.3~0.5	0.4~0.7	0.3~0.5
备注	30%普通玻璃纤维增强	30%玻璃纤维增强,高强度,高耐热	20%玻璃纤维增强,耐冲击	30%玻璃纤维矿物复合增强

表 4-81　山东道恩化学有限公司玻璃纤维增强 PP 的技术指标

项　　目	GRPP-130[①]	GRPP-230	GRPP-330	GRPP-530
密度/(g/cm^3)	30±2	30±2	30±2	30±2
拉伸强度/MPa	≥75	≥65	≥60	≥75
弯曲强度/MPa	≥95	≥95	≥80	≥95
弯曲弹性模量/MPa	≥4.0	≥4.0	≥3.4	≥4.0
简支梁缺口冲击强度/(kJ/m^2)	≥12	≥10	≥20	≥12
热变形温度/℃	≥140	≥140	≥138	≥140
维卡软化点/℃	≥161		≥160	≥161
体积电阻率/Ω·cm	≥10^{15}	≥10^{15}	≥10^{15}	≥10^{15}
成型收缩率(%)	0.6~1.0	0.5~0.9	0.6~1.0	0.6~1.0
阻燃性(UL-94)		V-0		
备注	马来酰亚胺为改性剂,基料为均聚 PP	马来酰亚胺为改性剂,基料为均聚 PP,阻燃品级	马来酰亚胺为改性剂,基料为共聚 PP	接枝 PP 为改性剂,基料为均聚 PP

① GRPP-100 系列是马来酰亚胺为改性剂,基料为均聚 PP;GRPP-200 系列是阻燃品级;GRPP-300 系列是基料为共聚 PP 的增强系列,冲击性能较好;GRPP-500 系列是以接枝 PP 为改性剂的增强系列,外观颜色均匀。

表 4-82　日本三井石油化学公司玻璃纤维增强 PP 的技术指标

项　　目		牌　　号		
		K1700	V7100(高流动性)	E7000
玻璃纤维含量(%)		10	20	30
拉伸强度/MPa		52.92	76.44	88.2
伸长率(%)		4	3	2
弯曲强度/MPa		73.5	98	117.6
弯曲弹性模量 /GPa	23℃	2.55	3.92	5.39
	100℃	1.18	1.96	4.90
简支梁缺口冲击强度(23℃)/(kJ/m^2)		3.9	6.9	8.8
洛氏硬度 HRD		105	107	110

（续）

项　目		牌　　号		
		K1700	V7100（高流动性）	E7000
热变形温度 /℃	0.45MPa	155	160	162
	1.82MPa	135	150	153
线胀系数/$10^{-5}K^{-1}$		6.5	4.8	3.7
成型收缩（3mm 厚板）/mm		0.006	0.001	0.003
吸水率（%）	23℃，24h	0.02	0.02	0.02
	100℃，24h	0.08	0.13	0.20

表 4-83　国产玻璃纤维增强聚丙烯的性能

项　　目		特　殊　型		自　熄　型
		FRPP-T20	FRPP-T30	
玻璃纤维含量（%）		20.5	31.6	22~27
拉伸强度/MPa		80~95	85~100	55~65
弯曲强度/MPa		100~115	110~130	60~75
冲击强度 /（kJ/m^2）	缺口	9~11	10~25	7~8
	无缺口	25~30	25~32	
布氏硬度		166.7~196.1	186.3~215.7	
马丁耐热温度/℃		100~105	100~110	130~145（负荷变形温度，0.46MPa）
相对介电常数（60Hz）		2.5~2.7	2.5~2.7	3.85~3.96
介质损耗因数（60Hz）		$3×10^{-3}~5×10^{-3}$	$3×10^{-3}~5×10^{-3}$	$1.7×10^{-2}~3.35×10^{-2}$
体积电阻率/Ω·cm		$10^{15}~10^{16}$	$10^{15}~10^{16}$	$1.5×10^{14}~2.4×10^{14}$
表面电阻/Ω		$10^{12}~10^{13}$	$10^{12}~10^{13}$	$7×10^{13}~3.6×10^{14}$
介电强度/（kV/mm）				7.5~15.8
燃烧性（UL-94）				V-0~V-1

表 4-84　中国石油化工股份有限公司北京化工研究院玻璃纤维增强 PP 的技术指标

项　目		牌　　号					
		GB-220	GB-230	GB-120	GB-230	GO-110	GO-210S
玻璃纤维含量（%）		20±2	30±2	20±2	30±2	10±1	10±1
色泽		棕黄	棕黄	棕黄	棕黄	白色	白色
拉伸强度/MPa		>60	>65	>65	>80	>35	>35
弯曲强度/MPa		>80	>90	>90	>110	>55	>56
弯曲弹性模量/GPa		>2.7	>3.0	>4.0	>4.4		
冲击强度（缺口） /（kJ/m^2）	室温	>15	>17	>10	>12	>5	>5
	-20℃	>10	>12	>6	>8	>3	>3
维卡软化点/℃		160~166	160~166	160~166	161~167	>120	>120
备注		共聚 PP 改性	共聚 PP 改性	均聚 PP 改性	均聚 PP 改性	均聚 PP 为主，含少量乙烯-丙烯共聚物	低泡型鲍尔环专用料

4.2.16 氟塑料(见表4-85~表4-98)

表4-85 氟塑料的品种及技术性能

性　　能		PTFE	PTFE+25%GF	PCTFE	FEP	PVDF	ETFE
密度/(g/cm³)		2.1~2.2	2.22~2.25	2.1~2.15	2.14~2.17	1.75~1.78	1.70
吸水率(%)		<0.01	<0.01	<0.01	<0.01	<0.03	<0.01
氧指数(%)		>95	—	>95	>95	43	31
邵氏硬度		50~65	55~70	70~80	45	70~80	50
摩擦因数		0.06	0.12	—	—	0.14~0.17	0.4
抗张屈服强度/MPa		19.6~21	16.8~20.3	24.5~25.9	14.7	29.4~31.5	28
抗压强度/MPa		4.9~12.6	8.4~10.5	14	11.2	9.1~9.8	—
极限伸长率(%)		250~400	250~300	125~175	160	40~100	100~400
缺口冲击强度/(J/m)		133.35~213.36	117.3	186.6~192	不断	202.6	不断
热变形温度 /℃	0.46MPa	121	—	91.1~143.9	70	148.0	104.4
	1.85MPa	54.4	—	66.1~81.1	51.1	54.4~90.5	71.0
线胀系数/K⁻¹		$5\times10^{-5}\sim10\times10^{-5}$	$4\times10^{-5}\sim8\times10^{-5}$	4×10^{-5}	$8\times10^{-5}\sim11\times10^{-5}$	$8\times10^{-5}\sim9\times10^{-5}$	$7\times10^{-5}\sim10\times10^{-5}$
低温脆化温度/℃		−150	—	−150	−115	−115	−150
最高使用温度/℃		287.8	287.8	198.9	204.4	148.9	182.2
击穿电压/(V/25.4μm)		500~550	330	530~600	550~600	260	400
体积电阻率/Ω·cm		10^{18}	10^{15}	10^{18}	2×10^{18}	$2\times10^{14}\sim5\times10^{15}$	10^{16}
耐辐射		差	差	稍差	差	优	优
耐候性		优	优	优	优	优	优
耐弱酸		优	优	优	优	优	优
耐强酸		优	优	优	优	优~稍差	优
耐弱碱		优	优	优	优	优	优
耐强碱		优	优	优	优	优	优
耐溶剂		优	优	优	优	优~稍差	优
耐汽油		优	优	优	优	优	优
耐润滑脂		优	优	优	优	优	优

注：1. 氟塑料品料分为：PTFE—聚四氟乙烯，我国称为F-4；PCTFE—聚三氟氯乙烯，我国称为F-3；FEP—四氟乙烯和六氟丙烯共聚物，我国称为F-46；PVDF—聚偏氟乙烯；ETFE—乙烯和四氟乙烯共聚物，我国称为F-40。

2. 氟塑料综合性能优异，具有很好的耐热性和耐寒性，高低温使用范围大，且具有优良的化学稳定性、电绝缘性、润滑性、自润滑性和耐大气老化性。力学性能较高，不燃性良好。聚四氟乙烯的耐化学腐蚀性最好，因而在防腐材料上用得最多，应用面很广；电性能优异，因而在电子电器工业中用作绝缘材料；摩擦因数小，耐磨性好，故在机械工业中用来制作耐磨材质的滑动部件和密封件等，PTFE普遍使用在桥梁、建筑物上，作为承重支承座。另外根据PTFE薄膜处理后具有选择透过性，可用作分离材料，有选择地透过气体或液体。其多孔膜可用于气液分离、气气分离及液液分离，还可用于过滤腐蚀性液体。除此以外，PTFE在医学、电子、建筑等行业也有广泛的应用，如PTFE膜可用作人体器官，像人造血管、心脏瓣膜等。

表 4-86　采用悬浮法生产的 PTFE 树脂的基本性能

性　　能	指标	性　　能	指标
拉伸强度(23℃)/MPa	7~28	吸水率(%)	<0.01
断裂伸长率(23℃)(%)	100~200	燃烧性	不燃
弯曲强度(23℃)	无断裂	静摩擦因数	0.05~0.08
弯曲弹性模量(23℃)/MPa	350~630	介电强度(短时,2mm)/(V/mm)	23600
冲击强度(24℃)/(J/m)	160	耐电弧性/s	>300
洛氏硬度 HRD	50~60	体积电阻率/$\Omega \cdot cm$	>10^{18}
压应力(变形1%,23℃)/MPa	4.2	表面电阻率/Ω	>10^{16}
线胀系数(23~60℃)/$10^{-5}K^{-1}$	12	介电常数($60~2×10^9$Hz)	2.1
热导率(4.6mm)/[W/(m·K)]	0.24	介质损耗因数($60~2×10^9$Hz)	0.003
负荷下变形(26℃,13.72MPa,24h)(%)	15		

表 4-87　国产乳液法生产的 PTFE 树脂的性能

性　　能		SFF-1-1	SFF-1-2
树脂外观		白色粉状	白色粉状
试板外观纯度		板面洁净,颜色均匀,不允许夹带砂和金属杂质,大于 0.5mm 的机械杂质和大于 2mm 的有机杂质各不超过 1 个	板面颜色均匀,不允许有砂和金属杂质,允许有 0.5mm 的机械杂质
拉伸强度(不淬火)/MPa	≥	16	14
断裂伸长率(不淬火)(%)		350~500	≥350
热失重(%)	≤	0.8	0.8
体积电阻率/$\Omega \cdot cm$	≥	$1×10^{16}$	
相对介电常数(1MHz)		1.8~2.2	
介质损耗因数(1MHz)	≤	$2.5×10^{-4}$	
使用温度/℃		-250~260	-250~260
用途		电绝缘材料	一般电绝缘材料及其他制品

表 4-88　国产分散法生产的 PTFE 树脂的性能

性　　能		氟树脂 201	氟树脂 202A
类别		高压缩比树脂	中压缩比树脂
平均粒度/μm		500±150	500±150
表观密度/(g/L)		475±100	450±100
最大压缩比		1600	500
拉伸强度/MPa	≥	20	20
断裂伸长率(%)		约 400	约 400

表 4-89　模塑用聚四氟乙烯树脂(PTFE SM031)的技术指标(摘自 HG/T 2902—1997)

项　　目	一　等　品	合　格　品
清洁度	表面洁白,质地均匀,不允许夹带任何杂质,直径 57mm 棒横截面无明显色差	表面洁净,质地均匀,不允许夹带金属杂质,小于或等于 1mm 的杂质不得超过 2 个

（续）

项　目		一　等　品	合　格　品
拉伸强度/MPa	≥	25.5	22.5
断裂伸长率(%)	≥	250	
体积密度/(g/L)		500±100	
平均粒径/μm		180±80	
含水量(%)	≤	0.04	
熔点/℃		327±5	
标准相对密度		2.13~2.18	
热不稳定性指数	≤	50	
电气强度/(MV/m)	≥	60	—

表 4-90　模塑用细粒聚四氟乙烯树脂的型号及技术性能（摘自 HG/T 2903—1997）

项　目		PTFE SM021(E)（电气料）		PTFE SM021(F)（填充料）	
		一等品	合格品	一等品	合格品
清洁度		板面洁白，质地均匀，不允许夹带任何杂质		板面质地均匀，杂质和斑点总数不超过 6 个，其中 0.5~2mm 杂质不超过 1 个，2~3mm 斑点不超过 1 个	
拉伸强度/MPa	≥	27.4	25.5	27.4	25.5
断裂伸长率(%)	≥	300	280	300	280
体积密度/(g/L)		300~450			
粒度(65μm 筛上保留数)(%)	≤	15			
含水量(%)	≤	0.04			
熔点/℃		327±5			
标准相对密度		2.13~2.19			
热不稳定性指数	≤	50			
电气强度/(MV/m)	≥	100	80	—	—

表 4-91　糊状挤出用聚四氟乙烯树脂的型号、分级及技术性能（摘自 HG/T 3028—1999）

项　目		PTFE DE141		PTFE DE241	
		优等品	一等品、合格品	优等品	一等品合格品
成型性	挤出压力/MPa	9.7±4.2	—	27.5±13.5	—
	挤出物外观	连续、平直、光滑	—	连续、平直、光滑	—
体积密度/(g/L)		475±100		475±100	
平均粒径/μm		425±150		425±150	
含水率(%) ≤		0.04		0.04	
熔点/℃		324±10		324±10	

表 4-92　糊状挤出用聚四氟乙烯树脂模塑试样的性能(摘自 HG/T 3028—1999)

项　目		PTFE SM021(E)			PTFE SM021(F)		
		优等品	一等品	合格品	优等品	一等品	合格品
拉伸强度/MPa	≥	20.7	18.6	16.0	20.7	18.6	16.0
断裂伸长率(%)	≥	300	250	200	300	250	200
标准相对密度		2.17~2.23	2.17~2.25	2.17~2.25	2.17~2.23	2.17~2.25	2.17~2.25
热不稳定性指数	≤	30	50	50	30	50	50
介电常数	≤	2.1			2.1		
介质损耗因数	≤	3×10^{-1}			3×10^{-4}		

表 4-93　四川晨光化工研究院二分厂 PTFE 的性能与应用

牌号	类型	拉伸强度/MPa	摩擦因数	特　性	应　用
FBGFG-421	填充	11.4	0.17	耐磨性好,导热效率高,低翘曲,可注射成型	可用于制备活塞、球体等
FG20	填充	15.0	0.16	耐磨性优良,可模压或烧结成型	可用于制备密封制品
FG40	填充	11.3	0.16	导热效率高,柔软,摩擦因数小,可模压或烧结成型	可用于制备工程结构制品
FGF40	填充	14.0	0.18	耐磨性好,强度高,可烧结成型	可用于制备活塞环
FGFBN-402	填充	11.7	0.20	耐磨性和耐蠕变性优良,可烧结成型	可用于制备活塞环、垫圈等
FGFG205	填充	16.0	0.21	耐磨性优良,强度高,可烧结成型	可用于制备轴承和密封件
SFF-N-1	分散液	22.0		渗透性好,可用于浸渍石棉、石墨、玻璃纤维等	可用于制备盘根、耐磨制品、薄膜、涂层等
SFF-N-2	分散液	22.0		组织性能好,为纺丝专用品级	可用于纺丝制成纤维或织物
SFN-1	分散液			浸渍性和渗透性好	可用于浸渍增强材料或涂层
SFZ-B	悬浮法	35		耐热,耐化学药品性能优良,断裂伸长率300%	可用于制备电容器薄膜
SmoZ$_1$-H	悬浮法	32		熔点(327±5)℃,强度高,可模压成型	可用于制备工程结构制品

表 4-94　济南化工厂 PTFE 的性能与应用

牌号	类型	表观密度/(g/L)	伸长率(%)	拉伸强度/MPa	熔点/℃	特　性	应　用
SFX-1	悬浮(粗粒)	500±100	250	26	327	耐候性好,不吸水,阻燃,可于-250~260℃长期使用,耐磨,耐电弧,介电性能好,可模压或烧结成型	可用于制备一般构件、耐腐蚀制品等
SFX-2	悬浮(细粒)	250	300	25	327		

（续）

牌号	类型	表观密度/(g/L)	伸长率(%)	拉伸强度/MPa	熔点/℃	特　性	应　用
SFX-3	悬浮					耐蚀性突出，耐高低温，电性能好，可模压或烧结成型	可用于制备密封件、结构制品
PTFE 试验组方品种（分散法细粒）		400~500	35	16	327	性能与 SFX-1 相似，压缩比低，可挤压成型	可用于制备工程结构件

表 4-95　晨光化工研究院 PTFE 的牌号、性能及应用

牌号	类型	拉伸强度/MPa	摩擦因数	特　性	应　用
FBGFG-421	填充	11.4	0.17	耐磨，导热，低翘曲，注射成型	活塞、球体等
FG20	填充	15.0	0.16	耐磨，可模压或烧结成型	密封制品
FG40	填充	11.3	0.16	导热，柔软，可模压或烧结成型	工程结构件
FGF40	填充	14.0	0.18	耐磨性好，强度高，可烧结成型	活塞环
FGFBN-402	填充	11.7	0.20	耐磨，耐蠕变性优，可烧结成型	活塞环、垫圈等
FGFG205	填充	16.0	0.21	耐磨，强度高，可烧结成型	轴承、密封件
SFF-N-1	分散液	22.0	—	渗透性好，用于浸渍石棉、石墨、玻璃纤维	盘根、耐磨制品、薄膜、涂层等
SFF-N-2	分散液	22.0	—	为纺丝专用品级	用于纺丝制纤维或织物
SFN-1	分散液	—	—	浸渍性、渗透性优	用于浸渍增强材料
SFZ-B	悬浮法	35	—	耐热、耐化学性优良，断裂伸长率达300%	生产电容器薄膜
SMOZ$_1$-H	悬浮法	32	—	熔点(327±5)℃，强度高，可模压成型	工程结构件

表 4-96　聚三氟氯乙烯(PCTFE)树脂的分级及技术性能指标(摘自 HG 2167—1991)

项　　目	优等品	一等品	合格品
外观	白色均匀粉末，无明显机械杂质		
薄板表面颜色	浅黄色，不得含有机械杂质		
筛余物(筛子孔径 500μm)(%)	≤1.0		
表观密度/(g/cm³)	≥0.5		
含水量(%)	≤0.02	≤0.05	≤0.05
热稳定性(%)	≤0.12	≤0.12	≤0.2
失强温度/℃	265~320	240~320	240~320
拉伸屈服强度/MPa	≥37.0	≥35.0	≥29.0
断裂伸长率(%)	≥75	≥55	≥35
介质损耗因数(10⁶Hz)	≤0.01	≤0.01	≤0.01
介电常数	2.3~2.8	2.3~2.8	2.3~2.8
体积电阻率/Ω·cm	≥1×10¹⁴	≥1×10¹⁴	≥1×10¹⁴
介电强度/(kV/mm)	≥15	≥15	≥15

表 4-97　美国奥西玛塔公司（Ausimont Inc.）Halon PTFE 的特性与应用

牌号	密度 /(g/cm³)	拉伸屈服强度 /MPa	弯曲弹性模量 /GPa	悬臂梁缺口冲击强度 /(J/m)	热变形温度（1.82MPa）/℃	特　性	应　用
G80	—	41	123	—	120	未改性品级，电性能好，阻燃 V-0 级，可模压成型	可用于制备电子、电器零部件
G83	—	35	160	—	120	未改性品级，表面光泽性优良，阻燃 V-0 级，可模压成型	可用于制备表面装饰或阻燃制品
G700	—	35	160	—	120	未改性品级，抗蠕变性优良，阻燃 V-0 级，可模压成型	可用于制备一般工程制品
1005	2.17	28	1.1	160		50%玻璃纤维，耐化学药品，阻燃 V-0 级	可模压或挤出工程制品和阻燃制品
1005pellet	2.17	18.6	0.79	149		5%玻璃纤维，耐化学药品，阻燃 V-0 级	可用于模压或挤出化工防腐制品或阻燃制品
1012	2.21	21	1.17	133			
1015	2.22	23	1.45	133			
1018	2.21	22	1.14	139		18%玻璃纤维，耐化学药品	可用于模压或挤出成型一般工程制品、耐腐蚀制品或阻燃制品等
1018pellet	2.21	19.3	1.10	133		18%玻璃纤维，耐化学药品	
1020pellet	2.21	19.3	1.14	128		20%玻璃纤维，耐化学药品	
1025	2.22	20.0	1.45	117		25%玻璃纤维，耐化学药品	
1025pellet	2.22	17.9	1.38	112		25%玻璃纤维，耐化学药品	
1030	2.24	17.9	1.55	107		30%玻璃纤维，耐化学药品	
1030pellet	2.24	14.5	1.45	101		30%玻璃纤维，耐化学药品	
1035	2.25	15.8	1.62	91		35%玻璃纤维，耐化学药品	
1035pellet	2.25	15.8	1.62	91		35%玻璃纤维，耐化学药品	
1205	2.21	23	1.1	123		21%玻璃纤维，耐化学药品	
1230	2.31	16.6	1.69	107		5%碳纤维，耐化学药品	可用于模压或挤出成型耐腐蚀工程制品
1230pellet	2.31	13.8	1.66	101		20%玻璃纤维，耐化学药品	可用于制备一般耐磨制品
1230pellet	2.31	13.8	1.66	101		5%二硫化钼，耐磨	
1230pellet	2.31	13.8	1.66	101		5%碳纤维，耐化学药品	可用于制备耐化学药品和工程制品
1240	2.7	14.5	1.79	101		20%玻璃纤维，耐化学药品	
1240	2.7	14.5	1.79	101		20%二硫化钼，耐磨	可用于制备工程耐磨制品
1240pellet	2.7	11	1.73	96		20%玻璃纤维，耐化学药品	可用于制备耐化学药品
1240pellet	2.7	11	1.73	96		20%二硫化钼，耐磨	可用于制备工程耐磨制品
1410	2.17	21	1.1	117		10%玻璃纤维，耐化学药品	可用于模压或挤出成型耐化学药品、耐腐蚀制品或用作化工设备耐腐蚀衬里等
1410	2.17	21	1.1	96		10%碳纤维，耐化学药品	
1410pellet	2.17	19.3	1.03	112		10%玻璃纤维，耐化学药品	
1410pellet	2.17	19.3	1.03	112		10%碳纤维，耐化学药品	
1416	2.16	23	1.24	112		5%玻璃纤维，耐化学药品	
1416	2.16	23	1.24	112		10%碳纤维，耐化学药品	

（续）

牌号	密度/(g/cm³)	拉伸屈服强度/MPa	弯曲弹性模量/GPa	悬臂梁缺口冲击强度/(J/m)	热变形温度(1.82MPa)/℃	特性	应用
1416pellet	2.16	22	0.97	107	—	5%玻璃纤维，耐化学药品	可用于模压或挤出成型耐化学药品、耐腐蚀制品或用作化工设备耐腐蚀衬里等
1416pellet	2.16	22	0.97	107	—	10%碳纤维，耐化学药品	
2010	2.13	17.9	1.0	155	—	10%碳纤维，耐化学药品	
2010pellet	2.13	17.9	0.93	149	—	10%碳纤维，耐化学药品	
2015	2.12	22	1.31	149	—	15%碳纤维，耐化学药品	
2015pellet	2.12	13.8	1.24	149	—	15%碳纤维，耐化学药品	
2021	2.27	31	1.10	3.0	—	5%二硫化钼，耐磨	可用于模压或挤出成型耐磨制品、轴承配件等
2021pellet	2.27	27.6	1.03	149	—	5%二硫化钼，耐磨	
3040	3.3	23	1.45	133	—	40%青铜，耐磨	
3040pellet	3.3	21	1.38	117	—	40%青铜，耐磨	
3050	3.55	21	1.73	128	—	50%青铜，耐磨	
3050pellet	3.55	20	1.66	112	—	50%青铜，耐磨	
3060	3.97	20	1.93	123	—	60%青铜，耐磨	
3060pellet	3.80	18.6	1.93	107	—	60%青铜，耐磨	
3205	3.75	14.5	1.86	123	—	55%青铜，耐磨	
4010	2.13	29	0.91	155	—	10%碳纤维，耐化学药品	可用于模压或挤出成型耐化学药品或耐磨制品等
4010pellet	2.13	27	0.82	149	—	10%碳纤维，耐化学药品	
4015	2.11	27.6	1.03	144	—	15%碳纤维，耐化学药品	
4015pellet	2.11	26	0.97	139	—	15%碳纤维，耐化学药品	
4022	2.09	152	1.27	112	—	22%碳纤维，耐化学药品	
4022pellet	2.09	13.1	1.65	101	—	22%碳纤维，耐化学药品	
4025	2.09	13.8	1.85	112	—	25%碳纤维，耐化学药品	
4025pellet	2.09	12.4	1.10	101	—	25%碳纤维，耐化学药品	

表 4-98　美国和法国聚四氟乙烯产品的性能

性　能	测试标准	美国联合化学公司 Halon TFE G80-G83	美国杜邦公司 Teflon TFE	法国于吉内居尔芒公司 Soreflon
模塑收缩率(%)	ASTM D955		3~7	3~4
熔融温度/℃		331	327	
密度/(g/cm³)	ASTM D792	2.14~2.20	2.14~2.20	2.15~2.18
吸水率(%)	ASTM D570			
方法 A			<0.01	<0.01
折射率	ASTM D542	1.35	1.35	1.375
拉伸屈服强度/MPa	ASTM D638	2.76~44.8	13.8~34.5	17.2~20.7
屈服伸长率(%)	ASTM D638	300~450	200~400	200~300

（续）

性　能	测试标准	美国联合化学公司 Halon TFE G80-G83	美国杜邦公司 Teflon TFE	法国于吉内居尔芒公司 Soreflon
拉伸弹性模量/MPa	ASTM D638	400	400	400
弯曲弹性模量/MPa	ASTM D790	483	345	483
压缩屈服强度/MPa	ASTM D695	11.7	11.7	11.7
压缩弹性模量/MPa	ASTM D695		414~621	
洛氏硬度 HRD		50~65	50~55	50~60
悬臂梁冲击强度/(J/m)	ASTM D256			
缺口 3.2mm		107~160	160	160
荷重形变(%)				
13.8MPa，50℃		9~11		9~11
热变形温度/℃	ASTM D648			
0.46MPa		121	121	121
1.82MPa		48.9	55.6	48.9
最高使用温度/℃				
间断		260	288	299
连续		232	260	249
线胀系数/$10^{-5}K^{-1}$	ASTM D696	9.9	9.9	9.9
热导率/[W/(m·K)]	ASTM D177	0.27	0.25	0.25
燃烧性(氧指数)(%)	ASTM D2863		>95	>95
相对介电常数	ASTM D150			
60Hz		2.1	2.1	2.0~2.1
1MHz		2.1	2.1	2.0~2.1
介质损耗因数				
60Hz		$<3\times10^{-4}$	$<2\times10^{-4}$	$<3\times10^{-4}$
1MHz		$<3\times10^{-4}$	$<2\times10^{-4}$	$<3\times10^{-4}$
体积电阻率/Ω·cm	ASTM D257	10^{17}	$>10^{18}$	$>10^{18}$
耐电弧性/s	ASTM D495	不耐电弧	>300	>1420

4.2.17　聚苯硫醚(PPS)（见表4-99~表4-108）

表 4-99　聚苯硫醚(PPS)的技术性能及应用

项　目	纯树脂	压塑试样		注射试样
		石墨填充	玻璃纤维填充	玻璃纤维填充
密度/(g/cm³)	1.34		1.65	
拉伸强度/MPa	56	40	190	182
弯曲强度/MPa	82	62	312	290
压缩强度/MPa	183	127	187	
冲击强度/(kJ/m²)				
缺口	4.70	5.15	81.80	8.40
无缺口	7.30	6.00	98.50	25.4

（续）

项　目	纯树脂	压塑试样		注射试样
		石墨填充	玻璃纤维填充	玻璃纤维填充
吸水率（%）	0.05		0.02	
马丁耐热/℃	102	122	250	
体积电阻率/Ω·cm	2.8×10^{16}		3.8×10^{16}	
介电强度/（kV/mm）	26.6		16.8	
摩擦因数（AMS/E 机）	0.34	0.26	0.26	
痕迹宽度/mm	8.75	0.22	8.5	
特性及应用	PPS 具有强度高、抗蠕变性高、硬度高且韧性好的优点，无冷流变性，力学性能随温度升高而降低；具有很好的热稳定性，交联型可耐 600℃高温，长期使用温度可高达 350℃；有相当于金属材料的力学强度及稳定的刚性；耐磨性好，阻燃性优良，电绝缘性好，耐稀酸和碱，在 204℃以下耐任何溶剂 　　适于制作要求较高的各种机械的结构零部件，电气设备及电子部件，汽车零部件，石油、化工、制药行业耐热防腐设备的零部件以及航空航天工业的某些零件			

表 4-100　各种 PPS 的技术性能

项　目		超薄壁用	玻璃纤维增强	低毛边	高冲击下玻璃纤维增强		玻璃纤维增强通用品
					1 型	2 型	
密度/（g/cm³）		1.55	1.70	1.67	1.56	1.52	1.67
成型下限压力/MPa		<1.3	2.8	3	4	3	4
拉伸强度/MPa		160	160	205	155	166	205
拉伸伸长率（%）		1.6	1.6	2.3	2.9	3.0	2.3
弯曲强度/MPa		200	210	260	225	230	265
弯曲弹性模量/MPa		10000	10000	13500	10000	10000	13000
悬臂梁冲击强度/（kJ/m²）	带缺口	9	10	13	22	16	13
	无缺口	40	30	50	85	70	55
热变形温度/℃		260	260	260			260
燃烧性		V-0	V-0	V-0			V-0
焊接强度/MPa				70	50	75	80
成型收缩率（FD）（%）		0.25	0.20	0.20			0.20
体积电阻率/Ω·cm				1×10^{16}			1×10^{16}

表 4-101　国产聚苯硫醚（PPS）的牌号、性能及应用

序号	牌号	拉伸强度/MPa	缺口冲击强度/（kJ/m²）	热变形温度/℃	成型收缩率（%）	特　性	应　用
1	1R	60	7.1	106	1.0	纯树脂，可注射、压制成型	可进行改性，制备工程结构制品
2	4R	120	10	>260	0.25	40%玻璃纤维增强品级，力学性能优越，可注射成型	可用于制备工程结构部件、绝缘件

（续）

序号	牌号	拉伸强度 /MPa	缺口冲击强度 /(kJ/m²)	热变形温度 /℃	成型收缩率 (%)	特性	应用
3	8R、10R	120	10	>260	0.25	玻璃纤维增强，填料填充级，抗电弧性好，可注射或模压成型	可用于制备工程结构件和电绝缘件
4	M2	135	8	260	0.25	玻璃纤维增强品级，加工流动性好，可注射成型	可用于制备工程结构件和受力件等
5	M3	145	10	260	0.25	玻璃纤维增强品级，力学性能好，可注射成型	可用于制备工程结构制品
6	M4	150	11	260	0.25	玻璃纤维增强品级，力学性能好，可注射成型	可用于制备工程结构制品
7	M5	170	11	260	0.25	玻璃纤维增强，综合强度高，可注射或压制成型	可用于制备工程制品
8	M6	60	7.1	106	1.0	纯树脂品级，耐热性好，强度高，可注射或模压成型	可用于制备工程制品
9	M7	100	6.7	260	2.0	无机填料填充品级，刚性、韧性平衡，可注射或模压成型	可用于制备工程制品
10	M8	115	6	260	0.15	无机填料填充品级，刚性、韧性平衡，可注射或模压成型	可用于制备工程耐热制品
11	M10	120	6.5	260	0.20	无机填料填充品级，综合性能良好，可注射或模压成型	可用于制备工程耐热制品
12	MF20	120	8	260	0.25	PPS/PTFE 合金品级，综合性能良好，可注射成型	可用于制备工程结构件、耐磨制品
13	MF30	130	8.5	260	2.5	PPS/PTFE 合金品级，综合性能良好，可注射成型	可用于制备工程结构件和耐磨件
14	MF-C1	150	5.5	260	1.5	碳纤维增强品级，综合性能良好，可注射或模压成型	可用于制备工程结构件、功能构件
15	MF-C2	115	13	240	1.5	碳纤维增强 PPS/PTFE 合金品级，综合性能良好，可注射成型	可用于制备工程结构件、耐磨构件
16	MN-1 MN-2	155	13	245	0.3	PPS/PA 合金品级，综合性能良好，可注射成型	可用于制备一般工程制品
17	PPS 着色料	—	—	260	0.2	有红、黄、蓝、黑专用料	主要用于制造电子电器制品
18	S104	140	10	260	0.25	玻璃纤维增强品级，强度与刚性高，流动性好，使用温度高(220~240℃)，阻燃 V-0 级，耐化学性、尺寸稳定性、电性能好，可注射成型	可用于制备工程结构制品或耐热阻燃制品
19	S114	150	10	260	0.25		
20	S124	120	7	260	0.25	玻璃纤维增强品级，综合性能优良，且耐磨性好，可注射成型	可用于制备工程耐磨制品

（续）

序号	牌号	拉伸强度/MPa	缺口冲击强度/(kJ/m²)	热变形温度/℃	成型收缩率(%)	特 性	应 用
21	S206	100	6.5	260	0.02	无机填料填充品级，成本低，尺寸稳定性好，阻燃 V-0 级，电性能、耐蚀性好，耐高温，可注射成型	可用于制备一般工程结构件或耐热阻燃制品
22	S216	100	6	260	0.2	无机填料填充品级，综合性能良好，成本低，耐磨性好，可注射成型	可用于制备一般工程制品和耐磨件
23	SN-01	140	12	245	0.3	玻璃纤维增强 PPS/PA 合金品级，强度高，耐高温，阻燃 V-0 级，可注射成型	可用于制造通用制品、阻燃制品
24	SN-02	130	10	250	0.2	玻璃纤维增强 PPS/PA 合金品级，强度高，耐高温，不阻燃，可注射成型	可用于制备耐热制品
25	SN-01	120	10	255	0.2	玻璃纤维增强 PPS/PPO 合金品级，耐热，阻燃 V-0 级，电性能良好，强度高，可注射成型	可用于制备工程制品或阻燃制品

注：序号 1~17 为四川绵阳能达利化工厂产品，序号 18~25 为北京市化工研究院产品。

表 4-102　玻璃纤维增强聚苯硫醚的品种、性能及应用

性 能	非填充	10%~20%玻璃纤维增强	40%玻璃纤维增强	40%长玻璃纤维增强	矿物和玻璃填充
断裂抗张强度/MPa	65.5	51.7~96.5	120.6~190.9	158.5	89.6~159.2
断裂伸长率(%)	1~2	1.0~1.5	0.9~4	1.1	<1.4
抗张屈服强度/MPa	—	—	—	—	75.8
压缩强度(断裂或屈服)/MPa	110.3	117.2~137.9	144.7~215.1	220.6	75.8~222.7
弯曲强度(断裂或屈服)/MPa	96.5	65.5~137.9	156.5~274.4	244.7	120.6~233.7
Izod 缺口冲击强度/(J/m)	<26.6	37.3~64.0	58.6~100.8	256.0	26.6~73.0
洛氏硬度 HRR	123	121	123	—	121
线胀系数/$10^{-6}℃^{-1}$	49	16~20	12.1~22	500	12.9~20
1.82MPa 负荷下的热变形温度/℃	135	226.6~248.8	251.6~265	—	260~265.5
热导率[1]/$[10^{-4}cal/(s \cdot cm \cdot ℃)]$	6.9	—	6.9~10.7	—	—
密度/(g/cm³)	1.3	1.39~1.47	1.60~1.67	1.62	1.78~2.03
吸水率(24h)(%)	<0.02	0.05	<0.01~0.05	—	0.02~0.07
介电强度(短时间)[2]/(V/mil)	380	—	360~450	—	328~450
特性及应用举例	聚苯硫醚(PPS)耐高温、阻燃、耐蚀性好，伸长率小，坚硬较脆，玻璃纤维增强后性能得到很大提高，耐高温力学性能优良，可在-50~250℃温度下工作，耐蚀性很好，耐酸、碱、盐侵蚀，在 93℃时对 160 种化学药品具有耐蚀性，刚度高，可替代铜、锌、不锈钢制作各种制品，如仪器仪表中的齿轮、轴承、轴套、轴承支架、防腐泵泵体、叶轮、化工机械密封零件、阀门、管件、电器中的骨架、支座、电机零件、托架、空压机活塞，汽车转向拉杆、衬套等				

[1]　1 cal/(s·cm·℃) = 418.68W/(m·℃)。

[2]　1mil = 25.4μm。

表 4-103　碳纤维增强聚苯硫醚的品种、性能及应用

注射模塑试样的性能		试验标准	基体树脂	品　　种		
				RTP 1383	RTP 1385	RTP 1387
碳纤维体积分数(%)			0	20	30	40
收缩率(%)	0.32cm 断面	ASTM D955	1	0.15	0.1	0.05
	0.64cm 断面		0.9	0.2	0.1	0.08
密度/(g/cm^3)		ASTM D792	1.3	1.38	1.42	1.46
吸水率(%)		ASTM D570				
23℃，24h			0.02	0.02	0.02	0.02
拉伸强度/MPa		ASTM D638	65.5	151.7	172.3	182.7
拉伸弹性模量/GPa		ASTM D638	4.3	17.2	25.5	31.0
伸长率(%)		ASTM D638	1.6	0.75	0.5	0.5
弯曲强度/MPa		ASTM D790	96.5	186.2	213.7	234.4
弯曲弹性模量/GPa		ASTM D790	3.79	14.5	17.2	24.1
压缩强度/MPa		ASTM D695	110.3	165.5	179.3	186.2
悬臂梁冲击强度 /(J/m)	缺口	ASTM D256	21.3	42.6	64	64
	非缺口		96	160	213	213
体积电阻率/Ω·cm		ASTM D257	10^{16}	75	40	30
热变形温度 /℃	1.82MPa	ASTM D648	135	260	260	260
	0.46MPa		148.9	260$^+$	260$^+$	260$^+$
燃烧性(UL-94)			VE-0	VE-0	VE-0	VE-0
线胀系数/10^{-5}K^{-1}		ASTM D696	4.86	1.98	1.60	1.40
热导率/[W/(m·K)]		ASTM C177	0.288	0.303	0.36	0.48
特性及应用举例		碳纤维增强聚苯硫醚密度小，导电性能良好，耐蚀性优，耐溶液、耐高温性能好，易加工成型，具有优良的综合性能 　用于制作板状加热器，作为电磁屏蔽材料、防静电材料，制作化工生产的泵、管、阀和其他零部件以及汽车传感器、小型开关等				

注：本表中的材料为黑色，注射压力为 0.103~138MPa，注射筒温度为 302~340℃，模具温度为 38~175℃。

表 4-104　日本东丽公司聚苯硫醚(PPS)的技术性能

项　　目	试验方法 (ASTM)	超薄壁用 A503X03	玻璃纤维 增强 A504	低毛边 A504X95	高冲击下玻璃纤维增强		玻璃纤维 增强通用品
					开发品 1	开发品 2	
密度/(g/cm^3)	D792	1.55	1.70	1.67	1.56	1.52	1.67
成型下限压力/MPa	东丽法	<1.3	2.8	3	4	3	4
拉伸强度/MPa	D638	160	160	205	155	166	205
断裂伸长率(%)	D638	1.6	1.6	2.3	2.9	3.0	2.3
弯曲强度/MPa	D790	200	210	260	225	230	265
弯曲弹性模量/MPa	D790	10000	10000	13500	10000	10000	13000
Izod 冲击强度(带缺口)/(kJ/m^2)	D256	9	10	13	22	16	13
(无缺口)/(kJ/m^2)	D256	40	30	50	85	70	55
热变形温度/℃	D648	260	260	260			260

（续）

项　目	试验方法（ASTM）	超薄壁用A503X03	玻璃纤维增强A504	低毛边A504X95	高冲击下玻璃纤维增强		玻璃纤维增强通用品
					开发品1	开发品2	
燃烧性	UL-94	V-0	V-0	V-0			V-0
焊接强度/MPa	东丽法			70	50	75	80
成型收缩率（FD）（%）	东丽法	0.25	0.20	0.20			0.20
体积电阻率/Ω·cm	D257			1×10^{16}			1×10^{16}

表 4-105　日本东洋纺织公司 PPS 的牌号、性能及应用

牌号	拉伸强度/MPa	缺口冲击强度/（J/m）	热变形温度（1.82MPa）/℃	成型收缩率（∥/⊥）（%）	特　性	应　用
TS101	127	0.599	260	0.13/0.25	玻璃纤维与无机增强填料改性品级，耐高温，收缩率低，强度高，阻燃V-0级，可注射成型	可用于制备工程结构部件
TS201	170	0.677	260	0.15/0.45	玻璃纤维与填料改性品级，强度高，耐高温，阻燃V-0级，可注射成型	可用于制备工程结构件
TS201HS	197	0.765	260	0.15/0.45	玻璃纤维与填料改性品级，强度与韧性高，耐高温，阻燃V-0级，可注射成型	可用于制备耐高温结构制品
TS401	184	0.843	260	0.25/0.90	标准品级，强度高，耐高温，阻燃品级，可注射成型	可用于制备工程结构部件、耐高温部件等
TS401HS	197	0.912	260	0.23/0.9	韧性高，加工流动性高，耐高温，阻燃V-0级，可注射成型	可用于制备工程结构件、耐高温制品

表 4-106　美国通用电气塑料公司 Supee PPS 的牌号、性能及应用

牌号	拉伸强度/MPa	缺口冲击强度/（J/m）	热变形温度（1.82MPa）/℃	燃烧性（UL-94）	特　性	应　用
Supec G304		60	260	V-0	30%玻璃纤维增强品级，冲击强度、强度高，可注射成型	可用于制备电子管部件、接插件等
Supec G323		60	260	V-0	30%玻璃纤维增强并填充填料品级，高模量，可注射成型	可用于制备工程阻燃制品
Supec G401	169	80	260	V-0	40%玻璃纤维增强品级，冲击强度高，耐热，刚性高，可注射成型	可用于制备工程阻燃制品
Supec G402	152	80	260	V-0	40%玻璃纤维增强品级，流动性好，刚性高，可注射成型	可用于制备耐高温阻燃制品
Noryl APS4400	59		270		40%玻璃纤维增强合金料，耐高温，强度高，尺寸稳定性强，可注射成型	可用于制备工程结构件
Noryl APS4300	59		270		30%玻璃纤维增强品级，耐高温，刚性高，强度高，可注射成型	可用于制备工程结构制品

表 4-107　PPS 的耐蚀性能

化学品名称 （93℃或沸点温度）	拉伸强度保持率（%）		化学品名称 （93℃或沸点温度）	拉伸强度保持率（%）	
	24h	90 天		24h	90 天
37%HCl	72	34	四氯化碳	100	48
10%HNO$_3$	91	0	氯仿	81	77
30%H$_2$SO$_4$	94	89	乙酸乙酯	100	88
85%H$_3$PO$_4$	100	99	丁醚	100	89
30%NaOH	100	89	二氧六环	100	96
5%NaOCl	94	97	汽油	100	99
n-C$_4$H$_9$OH	100	100	甲苯	100	70
丁胺	96	46	苯腈	100	79
2-丁酮	100	100	硝基苯	100	92
苯甲醛	97	47	N-甲基吡咯烷酮	100	92
苯胺	100	86	苯酚	100	92
环己醇	100	100			

表 4-108　PPS 树脂与其他工程塑料在各种介质中的拉伸强度保持率

介　　质	拉伸强度保持率（%）				
	PPS	PA66	PC	PSF	MPPO
37%盐酸	100	0	0	100	100
10%硝酸	96	0	100	100	100
30%硫酸	100	0	100	100	100
85%磷酸	100	0	100	100	100
30%氢氧化钠	100	89	7	100	100
28%氢氧化铵	100	85	0	100	100
水	100	66	100	100	100
三氯化铁	100	13	100	100	100
次氯酸钠	84	44	100	100	100
溴水	64	8	48	92	87
丁醇	100	87	94	100	84
苯酚	100	0	0	0	0
丁胺	50	90	0	0	0
苯胺	96	85	0	0	0
丁酮	100	87	0	0	0
苯甲醛	84	98	0	0	0
氯苯	100	73	0	0	0
氯仿	100	57	0	0	0
醋酸丁酯	100	89	0	0	0
邻苯二甲酸二丁酯	100	90	46	63	19
二噁烷	88	96	0	0	0

（续）

介　质	拉伸强度保持率（%）				
	PPS	PA66	PC	PSF	MPPO
丁醚	100	100	61	100	0
柴油	100	86	99	100	0
煤油	100	87	100	100	36
甲苯	98	76	0	0	0
苯基腈	100	88	0	0	0
硝基苯	100	100	0	0	0

注：1. 本表数据表明，PPS 树脂耐化学药品性能优异。在众多的塑料中，PPS 对普通化学药品的抵抗能力仅次于聚四氟乙烯。在 200℃ 以下，PPS 几乎不溶于所有有机溶剂；除氧化剂外，PPS 几乎耐所有酸、碱、盐，是一种耐蚀性优异的材料。

　　2. 本表资料为浸泡 93℃、24h 所得。

4.2.18　聚砜

1. 双酚 A 型聚砜（见表 4-109～表 4-111）

表 4-109　上海曙光化工厂双酚 A 型聚砜（PSF）的牌号、性能及应用

牌号	拉伸强度 /MPa	冲击强度 /(kJ/m²)	热变形温度 /℃	成型收缩率 （%）	特　性	应　用
S100	50	370	150	0.6～0.8	本色粒子，耐寒、耐热，柔韧性好，强度高，耐蠕变性、耐化学品性和尺寸稳定性优良，电绝缘性、自熄性突出，可注射或挤出成型	可用于制备电子设备、电器、仪表、化工设备、机械等高强度制品、绝缘制品
S110、S101	50	500	150	0.6～0.8	瓷白粒料或有色粒子，强度高，耐热，耐寒，低翘曲，尺寸稳定性好，电性能优异，可注射或挤出成型	可用于制备汽车、机械零件和电子绝缘件，制作板材和管材等
S140	50	200	150	0.6～0.8	天蓝粒料，耐氧化、耐候性和耐化学药品性突出，其他性能与 S101 相同	可用于制备汽车零件、电子设备和机械制品
S170	50	200	150	0.6～0.8	灰色粒料，耐热老化性、耐化学药品性突出，其他性能与 S101 相同	可用于制备工程结构制品
S180	50	20	150	0.6～0.8	黑色粒料，性能与 S101 相同	可用于制备工程结构制品
S215	80	70	160	0.3～0.5	15% 玻璃纤维增强品级，强度与刚性优异，耐热、耐寒、耐氧老化性、耐化学药品性优良，低翘曲，抗蠕变，可注射或挤出成型	可用于制备工程结构制品
S310、S340、S370、S380	5	160	150	0.6～0.8	磁白粒料，阻燃 V-0 级，低毒，低烟，强度高，电性能好。其中 S340 为蓝色粒子，阻燃级；S370 为无色粒子；S380 为黑色粒子	可用于电子、航天、航空零部件的制备

（续）

牌号	拉伸强度 /MPa	冲击强度 /（kJ/m²）	热变形温度 /℃	成型收缩率 （%）	特 性	应 用
S315	80	55	170	0.3~0.5	本色粒料，阻燃品级，强度高，尺寸稳定性优良	可用于航天、航空和电子零部件的制备
S410	50	80		0.6~0.8	填充 PTFE 品级，耐磨性、润滑性突出，耐热，强度高，抗蠕变，尺寸稳定性、耐化学性优良，可注射成型	可用于制备工程耐磨制品
S510、S540、S580	49	49~50	165	0.3~0.4	瓷白粒料，内含碳改钙，刚性高，冲击强度偏低。其中 S540 为海蓝粒料，S580 为黑色粒料	可用于制备工程件
SF415					填充 PTFE 品级，耐热、耐磨、抗蠕变性突出，低翘曲，电性能优异	可用于制备工程结构件

表 4-110　美国阿莫科化学公司 Udel PSF 的牌号、性能及应用

牌号	拉伸屈服强度 /MPa	冲击强度 （缺口） /（J/m）	热变形温度 （1.82MPa） /℃	成型收缩率 （%）	特 性	应 用
GF110	78	64	179	0.4	10% 玻璃纤维增强品级，阻燃 V-0 级，可注射成型	可用于制备工程制品
GF120	96.6	69	180	0.3	20% 玻璃纤维增强品级，阻燃 V-0 级，可注射成型	可用于制备工程结构制品
G130	107.6	74.7	182	0.2	30% 短切玻璃纤维增强品级，阻燃 V-0 级，可注射成型	可用于制备一般工程制品
B360	121.4	64.0	160	—	强度和刚性突出，阻燃 V-1 级，可注射成型	可用于制备工程结构件
B390	72.5	58.7	169	—	熔体流动速率为 8~9g/10min，强度、刚性优良，可注射成型	可用于制备高强度构件
GF205	75.9	53.3	176	—	玻璃纤维增强品级，阻燃 V-0 级，熔体流动速率为 5g/10min，可注射成型	可用于制备工程结构件
GF210	73.26	53.3	178	—	玻璃纤维增强品级，阻燃 V-0 级，熔体流动速率为 6g/10min，可注射成型	可用于制备高性能构件
M800	65.6	34.7	179	0.4	强度高，刚性优良，阻燃 V-0 级，熔体流动速率为 8.5g/10min，可注射成型	可用于制备工程构件
M825	67.6	53.3	179		强度高，耐热，熔体流动速率为 7g/10min，阻燃 V-0 级，可注射成型	可用于制备工程阻燃制品
S1000	65.7	85.3	149	0.2	相对密度为 1.23，阻燃 V-0 级，可注射成型	可用于制备工程结构制品

表4-111　美国联合碳化物公司 Udel 聚砜（PSF）的牌号及性能

物　理　项　目	测试标准		P-1700	P-1710	P-1720	P-1800	P-3500	P-3703	GF-110	GF-120	GF-130	GF-205	GF-210
物理特性													
密度/(g/cm³)	ASTM D-1505	DIN 53179	1.24	1.24	1.24	1.24	1.24	1.24	1.33	1.40	1.49	1.28	1.36
吸水率(%)	ASTM D-570	DIN 53459	0.3	0.3	0.3	0.3	0.3	0.3	0.62	0.55	0.49	0.63	0.61
力学特性													
拉伸强度/MPa	ASTM D-638	DIN 53155	7.2	7.2	7.0	7.2	7.2	7.2	8.0	9.8	0.110	7.7	8.0
拉伸弹性模量/MPa	ASTM D-630	DIN 53157	2.53	2.53	2.53	2.53	2.53	2.53	3.73	5.27	7.5	3.55	4.24
断裂伸长率(破断点)(%)	—	—	50~100	50~100	50~100	50~100	50~100	50~100	4	3	2	6.5	3.2
弯曲强度(降伏点)/MPa	ASTM D-790	—	0.11	0.11	0.11	0.11	0.11	0.11	0.13	0.15	0.16	0.12	0.13
弯曲弹性模量/MPa	ASTM D-79	—	2.74	2.74	2.74	2.74	2.74	2.74	3.87	5.62	7.73	3.31	4.28
悬臂梁冲击强度(1/8)/(kJ/m²)	ASTM D-256	缺口	7.1	7.1	7.1	7.1	7.1	7.1	6.5	8.7	7.6	5.4	5.4
拉伸冲击强度/(kJ/m²)	ASTM D-1822	—	430	430	430	430	430	400	100	120	110	80	42
洛氏硬度 HRM	ASTM D-785	—	69	69	69	69	69	69	72	78	85	70	72
洛氏硬度 HRR	ASTM D-785	—	120	120	120	120	120	120					
静摩擦因数(对铁)	—	—	0.45	0.45	0.45	0.45	0.45	0.45					
热特性													
热变形温度(2MPa)/℃	ASTM D-648	DIN 53461	174	174	174	174	174	174	179	180	181	176	178
UL连续使用温度/℃	UL-7468		160	160	160	160	160						
耐漏电电压/V		IEC 112	150	150	150	150			150	150	175		
线胀系数/10⁻⁵K⁻¹	ASTM D-696	—	5.6	5.6	5.6	5.6	5.6	5.6	3.6	2.6	1.9	4.5	3.6
热传导率/[W/(m·K)]	—	—	0.26	0.26	0.26	0.26	0.26	0.26	0.27	0.29	0.32		0.27
电气特性													
绝缘强度/(kV/mm)	ASTM D-149	—	17	17	17	17	17	17	19	19	19	19	21
相对介电常数(60Hz)	ASTM D-150	DIN 53483	3.15	3.15		3.15	3.15	3.15	3.30	3.40	3.50	3.35	3.45
kHz	ASTM D-150	DIN 53483	3.14	3.14	3.19	3.14	3.14	3.14	3.40	3.50	3.70	3.35	3.45
MHz	ASTM D-150	DIN 53483	3.10	3.10	3.21	3.10	3.10	3.10	3.40	3.50	3.70		
介质损耗因数(60Hz)	ASTM D-150	DIN 53483	0.0011	0.0011	0.0008	0.0011	0.0011	0.0011	0.001	0.001	0.001	0.0017	0.0004
kHz	ASTM D-150	DIN 53483	0.0013	0.0013	0.0050	0.0013	0.0013	0.0013	0.005	0.005	0.004	0.0060	0.0053
MHz	ASTM D-150	DIN 53483	0.0050	0.0050		0.0050	0.0050	0.0050					

2. 聚醚砜(PES)(见表 4-112~表 4-115)

表 4-112　武汉化工原料厂聚醚砜(PES)的产品技术指标

项　目	数值	项　目	数值
密度/(g/cm^3)	≤1.35	布氏硬度	117.6~137.2
拉伸强度/MPa	≥83.4	马丁耐热/℃	≥170
相对伸长率(%)	≥10.0	体积电阻率/Ω·cm	≥1×10^{16}
弯曲强度/MPa	≥127.0	介电强度/(kV/mm)	≥15
压缩强度/MPa	≥96.1	介电常数(10^{6}Hz)	≤3.1
冲击强度/(kJ/m^2)		介质损耗因数(10^{6}Hz)	≤3×10^{-3}
无缺口	≥118.0	成型收缩率(%)	0.6~0.8
缺口	≥12.7		

表 4-113　聚醚砜(PES)的牌号及性能

性　能	Ultrason E3010 纯料	Ultrason E1010G6 30%玻璃纤维	Ultrason KR4101 30%无机填料
密度/(g/cm^3)	1.37	1.6	1.62
平衡吸水率(23℃)(%)	2.1	1.5	1.5
拉伸强度/MPa	92	155	92
断裂伸长率(%)	15~40	2.1	4.1
拉伸弹性模量/GPa	2.9	10.9	4.8
弯曲强度/MPa	130	201	148
弯曲弹性模量/GPa	2.6	9.2	4.9
悬臂梁冲击强度/(J/m)			
缺口	78	90	21
无缺口	不断	432	411
洛氏硬度 HRM	85	97	84
玻璃化温度/℃	220	—	—
热变形温度(1.84MPa)/℃	195	215	206
线胀系数/10^{-5}K^{-1}	3.1	1.2	1.7
氧指数(%)	38	46	44
体积电阻率/Ω·cm	>10^{16}	>10^{16}	>10^{16}
表面电阻率/Ω	>10^{14}	>10^{14}	>10^{14}
相对介电常数(1MHz)	3.5	4.1	4.0
介质损耗因数	0.011	0.01	0.01

表 4-114　美国塞莫菲尔公司 Thermofil PES 的性能与应用

牌号	拉伸屈服强度/MPa	冲击强度(缺口)/(J/m)	热变形温度(1.82MPa)/℃	特　性	应　用
K10FG-0100	114	69	207	10%玻璃纤维增强品级，抗冲击，阻燃 V-0 级，可注射成型	可用于制备工程制品
K15NF-0941	117	67	221	15%碳纤维增强品级，耐热，抗静电，可注射成型	可用于制备工程结构件
K20FG-0100	134	67	210	20%玻璃纤维增强品级，耐热，高强度，可注射成型	可用于制备工程结构制品

（续）

牌号	拉伸屈服强度/MPa	冲击强度（缺口）/(J/m)	热变形温度（1.82MPa）/℃	特　性	应　用
K20NF-0100	152	59	227	20%玻璃纤维增强品级，耐热，阻燃V-0级，抗静电，可注射成型	可用于制备工程结构件
K30FG-0100	159	64	213	30%玻璃纤维增强品级，耐热，阻燃V-0级，润滑性好，可注射成型	可用于制备工程结构件
K30NF-0100	152	53	229	30%碳纤维增强品级，耐热，阻燃V-0级，导电，可注射成型	可用于制备高性能制品
K40FG-0100	179	43	238	40%玻璃纤维增强品级，耐热，阻燃V-0级，刚性高，可注射成型	可用于制备高强度工程制品

表 4-115　美国复合技术公司（Compounding Technology Inc.）PES 的性能与应用

牌号	密度/(g/cm³)	弯曲弹性模量/GPa	热变形温度（0.45MPa）/℃	燃烧性（UL-94）	特　性	应　用
ES30CF/000	1.51	5.86	204	V-0	含30%碳纤维，耐热，导电，可注射成型	可用于制备高性能结构件
ES20GF/000	1.48	8.41	213	V-0	含20%玻璃纤维，耐热，抗冲击，强度高，可注射成型	可用于制备工程结构件
ES30GF/000	1.60	11.0	215	V-0	含30%玻璃纤维，耐热，刚性较高，抗蠕变，可注射成型	可用于制备工程结构件
ES40GF/000	1.72	14.1	216	V-0	含40%玻璃纤维，耐热，刚性高，抗蠕变，可注射成型	可用于制备高强度结构件

3. 聚芳砜（PASF）（见表 4-116～表 4-118）

表 4-116　国产聚芳砜（PASF）的牌号、技术性能及应用

项　目	吉林大学化学研究所产品 PAS360	苏州树脂厂增强聚芳砜产品 GF PAS360	项　目	吉林大学化学研究所产品 PAS360	苏州树脂厂增强聚芳砜产品 GF PAS360
拉伸强度（室温）/MPa	94	190.8	马丁耐热/℃	242	>250
（260℃，900h）	71.4	—	热变形温度/℃	300	—
冲击强度/(kJ/m²)	>100	126.3	热失重温度/℃	450	—
热分解温度/℃	460	—	相对介电常数（1MHz）	4.77	2.68
表面电阻率/Ω	5.7×10^{15}	1.57×10^{15}	介电强度/(kV/mm)	84.6	27（90℃测定）
体积电阻率/Ω·cm	3.4×10^{16}	2.82×10^{15}	介质损耗因数（1MHz）	6.5×10^{-3}	5×10^{-2}
压缩强度/MPa	150	367.2	燃烧性	自熄	—
弯曲强度/MPa	>140	346	红外透光率（%）	1.5～4	—
伸长率（%）	7～10	—			
应用	耐高温，抗老化，力学性能优，韧性好，抗冲击性能高，电性能优良，可用于制作耐高温的机械零件。GF PAS360 牌号可以注射或模塑成型				

表 4-117　美国 3M 公司聚芳砜（PASF）的技术性能及应用

项　目	Astrel 360	项　目	Astrel 360
密度/（g/cm³）	1.36	洛氏硬度 HRM	110
吸水率（%）	1.8	泰伯磨耗/（mg/1000r）	40
模塑收缩率（%）	0.8	玻璃化温度/℃	288
色泽	透明	热变形温度/℃	
拉伸强度/MPa		1.82MPa	274
23℃	91	连续使用温度/℃	200
260℃	29.8	线胀系数/10⁻⁵K⁻¹	4.68
压缩强度/MPa		可燃性	自熄
23℃	126	相对介电常数	
260℃	52.8	60Hz	3.94
弯曲强度/MPa		8.5GHz	3.24
23℃	121	介质损耗因数	
260℃	62.7	60Hz	3×10^{-3}
拉伸弹性模量/GPa	2.6	8.5GHz	10×10^{-3}
压缩弹性模量/GPa	2.4	体积电阻率/Ω·cm	3.2×10^{16}
弯曲弹性模量/GPa		表面电阻率/Ω	6.2×10^{15}
23℃	2.78	介电强度/（kV/mm）	6.3
260℃	1.77	耐电弧/s	67
断裂伸长率（%）		酸、碱、烃、硅油、F-14	耐
23℃	13	喷气燃料、丙酮、三氯乙烯	溶胀
260℃	7	二甲基甲酰胺、二甲亚砜	溶解
冲击强度（缺口）/（kJ/m）	0.163		
应用	透明性好，耐热，耐氧化，耐高温，高强度，可以注射成型，高温强韧性和低温冲击性均好，刚性和耐磨性优，化学稳定性好。适于制作各种工程结构制品及机械零件		

表 4-118　美国阿莫科化学公司 Radel PASF 的牌号、性能及应用

牌号	拉伸弯曲强度/MPa	冲击强度（缺口）/（J/m）	热变形温度（1.82MPa）/℃	成型收缩率（%）	特　性	应　用
A100	82.4	85	204	0.6	透明，耐高温，阻燃 V-0 级，可注射成型	可用于制备工程耐高温制品
A200	82.4	85	204	0.6	透明，阻燃 V-0 级，耐高温，加工流动性好，可注射成型	可用于制备工程结构件
AG210	86.3	48	209	0.5	10%玻璃纤维增强品级，强度高，耐高温，尺寸稳定，阻燃 V-0 级，可注射成型	可用于制备工程结构制品
A220	105	59	213	0.4	20%玻璃纤维增强品级，强度高，耐高温，尺寸稳定，阻燃 V-0 级	可注射成型工程耐高温结构件
AG230	127	75	213	0.3	30%玻璃纤维增强品级，刚性高，耐高温，阻燃 V-0 级，可注射成型	可用于制备耐高温工程制品
AG360	120	85.6	201		36%玻璃纤维增强品级，强度高，刚性好，耐高温，阻燃 V-0 级	可用于注射成型耐高温结构件

4.2.19 聚酮类塑料(见表4-119~表4-121)

表4-119 聚酮品种及性能

项 目	PEKK[①]	PEK[②]	PEEK[③]
密度/(g/cm³)	1.3	1.3	1.3
熔点/℃	338	373	334
T_g(DSC)/℃	156	165	143
热变形温度/℃		186	160
加工温度/℃	360~380	385~410	370~380
拉伸强度/MPa	102	105	103
拉伸弹性模量/GPa	4.5	4.0	3.8
断裂伸长率(%)	4	5	11
燃烧性 UL-94	V-0	V-0	V-0
极限氧指数	40	40	35
结晶度(%)	26		33

注: 1. 本表为未填充聚酮树脂的性能数据。

2. 聚酮类塑料主要包括: 聚醚醚酮(PEEK)、聚醚酮(PEK)、聚醚酮酮(PEKK)、聚芳醚酮(PAEK)、聚醚砜酮、脂肪族聚酮等。本表只列出 PEKK、PEK、PEEK 三种的性能数值。

① 间苯二酸酯与对苯二酸酯共聚物,组分未定。

② ICI VICTREX PEK 220G。

③ ICI VICTREX PEEK 450G。

ICI 公司 APC(HTX)Advanced Polymer Composite 的母体热塑性塑料,假定为聚芳醚酮。

表4-120 英国帝国化工公司聚醚醚酮(PEEK)的技术性能

项 目	数值	项 目	数值
熔点/℃	334	介电强度/(kV/mm)	
玻璃化温度/℃	143	薄膜(厚度50μm)	16~21
结晶度(最大)(%)	48	被覆电线(20℃,水中)	19
密度(完全结晶)/(g/cm³)	1.32	相对介电常数(1MHz)	
吸水率(%)	0.15	10~50GHz,0~150℃	3.2~3.3
熔体黏度/Pa·s		50Hz,200℃	4.5
400℃	450~550	体积电阻率(被覆电线,25℃,水中)/Ω·cm	1×10¹³
熔融热稳定性(黏度变化)(%)		极限指数(O₂)(%)	ASTM
400℃,1h	<10		D2863
拉伸强度/MPa	100	0.4mm 厚	24
断裂伸长率(%)	150	3.2mm 厚	35
拉伸弹性模量/MPa		涂敷电线	40.5
150℃	1000	燃烧性	UL-94
180℃	400	0.3mm 厚	V-1
弯曲弹性模量/GPa	3.5	1.6mm 厚	V-0
冲击强度(缺口,摆锤式,25℃,2.03mm)/(kJ/m)	1.387	3.2mm 厚	5-V
拉伸强度/MPa		烟散发	
缺口0.254mm	33.8	3.2mm 厚燃烧	10
缺口0.508mm	33.8	3.2mm 厚不燃烧	1.5
缺口1.016mm	33.8	产品燃烧的毒性指数	0.17
缺口2.032mm	33.8		

表 4-121　国产聚醚酮 PEK-C(模压级、注塑级)的技术性能

性　能	长春应用化学研究所产品		性　能	长春应用化学研究所产品	
	模压级	注塑级		模压级	注塑级
熔体流动速率(330℃)/(g/10min)	—	1~5	熔点 T_m/℃	—	—
拉伸强度/MPa	102	105	玻璃化温度 T_g/℃	231	219
拉伸弹性模量/GPa	2.43	1.76	线胀系数/K^{-1}	$6.56×10^{-5}$	—
弯曲强度/MPa	132	169	热变形温度(1.84MPa)/℃	208	
弯曲弹性模量/GPa	2.74	3.10	密度/(g/cm³)	1.31	1.31
断裂伸长率(%)	6	40	吸水率(24h)(%)	0.41	0.41
简支梁冲击强度/(kJ/m²)		147	泊松比	0.367	—
Izod 冲击强度/(J/m)	46	60	阻燃性(UL-94)	V-0	V-0
硬度 HRM	90	88			

4.2.20　聚芳酯(PAR)(见表 4-122~表 4-128)

表 4-122　国产聚芳酯(PAR)的性能及应用

	项　　目	数　　值	项　　目	数　　值
晨光化工研究院产品性能	外观	白色粉末或浅黄色粒料	马丁耐热/℃	152~155
	密度/(g/cm³)	1.20	热变形温度/℃	
	拉伸强度/MPa	>65	1.86MPa	170
	断裂伸长率(%)	15~40	线胀系数/$10^{-5}K^{-1}$	6
	冲击强度/(kJ/m²)		体积电阻率/Ω·cm	10^{16}
	缺口	>20	介电强度/(kV/mm)	20
	无缺口	不断	相对介电常数(50Hz)	3.4
	弯曲强度/MPa	110	介质损耗因数(50Hz)	$2.3×10^{-3}$
	压缩强度/MPa	97		
应用	聚芳酯在汽车业中用于前灯灯罩、灯座、制动车灯、反射镜、外装件、透镜罩盖、窗框、门把手。由于 PAR 耐紫外光性能好,故不需涂漆,其注射制品表面光泽性好,尺寸稳定性好,耐热性好 　　PAR 在安全设备方面用作安全防火头盔、防火器材。PAR 有良好耐热耐寒性,高的冲击强度、阻燃性、易着色性及透明性,可用于机械、仪器、设备的机罩壳,还可用于矿灯罩壳、交通信号灯的透镜 　　PAR 在电气电子业中可用于熔体丝盒、开关盒、连接器、继电器、线圈骨架等 　　利用 PAR 的强度和耐紫外光辐射性,可制作建筑、交通工具的外部装饰件 　　耐磨性好,可用于制造要求耐磨性高的衬套、齿轮、轴承架等 　　PAR 的力学性能和 PC 相近,但成本数倍于 PC,因此国内尚未广泛应用。但国外应用 PAR 及改性 PAR 产品相当多。随着生产的发展,PAR 在国内将得到广泛应用			

表 4-123　日本聚芳酯(U-聚合物)的性能

项　目	U-100	U-1060	U-4015	U-8000
密度/(g/cm³)	1.21	1.21	1.24	1.26
拉伸强度/MPa	72	75	83	73
断裂伸长率(%)	50	62	63	95
弯曲强度/MPa	97	95	115	113
弯曲弹性模量/GPa	1.88	1.88	2.01	1.90
压缩强度/MPa	96	96	98	98
悬臂梁冲击强度(缺口3.175mm)/(kJ/m)	0.30	0.38	0.35	0.32
拉伸蠕变形速率(10.5MPa,100℃,24h)(%)		1.7	1.8	1.9
泰伯磨耗/(mg/1000r)	6	6		
洛氏硬度 HRR	125	125	124	125
热变形温度(1.86MPa)/℃	175	164	132	110
阻燃性	自熄	自熄	自熄	自熄
体积电阻率/Ω·cm	2×10^{16}	2×10^{16}	2×10^{16}	2×10^{16}
耐电弧性/s	129	129	120	123
相对介电常数(1MHz)	3	3	3	3
介质损耗因数(60Hz)	1.5×10^{-2}	1.5×10^{-2}	1.5×10^{-2}	1.5×10^{-2}
模塑收缩率(%)	0.8	0.8	0.8	1.0

表 4-124　聚芳酯 PAR 合金的技术性能

性　能	ASTM	U-100	P-1001	P-3001	P-5001	U-8000	AX-1500
密度/(g/cm³)	D792	1.21	1.21	1.21	1.21	1.24	1.17
吸水率(%)	D570	0.26	0.26	0.25	0.25	0.15	0.75
透光率(%)	D1003	87	87	88	88	87	Opaque
拉伸强度/MPa	D638	69	69	69	65	71	72
伸长率(%)		60	65	70	80	105	53
弯曲强度/MPa	D790	84	82	83	86	103	91
弯曲弹性模量/GPa		2.1	2.1	2.1	2.2	2.7	2.3
Izod 冲击强度/(J/m)	D256	225	255	353	451	108	78
载荷挠曲温度(1.8MPa)/℃	D648	175	175	160	150	110	150
洛氏硬度 HRR	785HRD	125	123	122	120	125	104
介电强度/(MV/m)	D149	39	31	30	30	44	25[①]
体积电阻率/Ω·cm	D257	2×10^{14}	2×10^{14}	2×10^{14}	2×10^{14}	2×10^{14}	2×10^{14}
介电常数/(PF/m)	D150	27	27	27	27	27	32[①]
介质损耗因数		0.015	0.01	0.01	0.01	0.015	0.04[①]
抗电弧性/s	D495	130	127	125	125	120	84[①]

　①　检测条件为:23℃,相对湿度50%,平衡。

表 4-125 玻璃纤维增强 PAR（UG 和 AX 系列）的技术性能

项　　目	UG-100-30	UG-1060-30	UG-4015-30	UG-8000-30	AX-1500-20	AXNG-1502-20	AXNG-1500-20
密度/(g/cm^3)	1.44	1.44	1.45	1.46	1.31	1.33	1.51
吸水率(%)	0.24	0.23	0.18	0.13	0.65	0.65	0.60
拉伸强度/MPa	135	138	140	144	130	125	125
断裂伸长率(%)	2.5	2.5	2.4	2.3	9	7	7
弯曲强度/MPa	136	138	150	156	150	140	140
弯曲弹性模量/GPa	5.8	5.9	6.5	7.5	5.8	6.2	7.3
悬臂梁冲击强度（缺口）/(kJ/m)	100	110	110	130	60	50	50
热变形温度/℃	180	169	141	121	175	170	165
体积电阻率/$\Omega \cdot cm$	4.6×10^{16}	4.6×10^{16}	4.0×10^{16}	2.8×10^{16}	10^{14}	10^{14}	10^{14}
相对介电常数(1MHz)	3.0	3.0	3.0	3.0	3.6	3.6	3.6
介质损耗因数(1MHz)	1.5×10^{-2}	1.5×10^{-2}	1.5×10^{-2}	1.5×10^{-2}	4×10^{-2}	4×10^{-2}	4×10^{-2}
介电强度/(kV/mm)	35	41	32	40	30	25	25
阻燃性	V-0	V-0	V-2	V-2	HB	V-2	V-0
模塑收缩率(%)	0.3	0.3	0.3	0.3	0.4	0.4	0.4
线胀系数/$10^{-5}K^{-1}$	3.5	3.5	3.5	3.5	5.0	5.0	5.0

表 4-126 聚芳酯的屏蔽性能

项　　目	U-8060	U-8100	U-8200	U-8400
可见光透光率(%)	90	90	91	91
气体透过常数				
O_2	0.03	0.03	0.04	0.09
N_2	0.03	0.03	0.03	0.04
CO_2	0.20	0.20	0.30	0.70
水蒸气透过率(24h)/(g/m^2)	46	46	47	53

表 4-127 聚芳酯的耐磨性

材料	速度/(cm/s)	临界 pv 值/(MPa·cm/s)	平均临界 pv 值/(MPa·cm/s)	材料	速度/(cm/s)	临界 pv 值/(MPa·cm/s)	平均临界 pv 值/(MPa·cm/s)
U-100	35	47.8	510	AX-1500	35	29.8	343
	61	55.3			61	29.9	
	81	54.3			81	39.2	
	103	46.8			103	38.1	
$3\%MoS_2+$ U-100	35	47.8	538	UF-100	35	158.1	954
	61	55.3			61	89.8	
	81	53.3			81	63.3	
	103	58.5			103	70.2	

表 4-128　高反射遮光级聚芳酯的性能

项　目	AX-1500W	AXN-1500N	项　目	AX-1500W	AXN-1500N
密度/(g/cm^3)	1.37	1.51	阻燃性	HB	V-0
拉伸强度/MPa	81	75	反射率(%)	90	88~89
断裂伸长率(%)	14	11	体积电阻率/Ω·cm	10^{14}	10^{14}
弯曲强度/MPa	80	88	介电强度/(kV/mm)	25	25
弯曲弹性模量/GPa	2.8	3.0	耐电弧性/s	80	80
冲击强度/(kJ/m^2)	50	30			

4.2.21　液晶聚合物(LCP)(见表 4-129)

表 4-129　LCP 的牌号、性能及应用

加工级别	厂家	牌号	性能、用途	密度/(g/cm^3)	抗张屈服强度/MPa	伸长率(%)	缺口冲击强度/(J/m)	0.46MPa 下热变形温度/℃
挤出级	Hoechst Celanese 公司	Vectra B950	通用级，阻燃(VL-94)V-0 级	1.4	186.1	—	426.7	200*
挤出、薄膜和纤维级	Hoechst Celanese 公司	Vectra A950	通用级，阻燃 V-0 级	1.4	—	—	533.4	222.2
注射模塑级	Amoco Pert. 公司	Xydar SRT-500	高流动，阻燃 V-0 级	1.35	109.6	1.1	245.3	332.2*
		Xydar MG-450	耐化学性好，耐辐射，电器级，含 50% 矿物玻璃纤维，阻燃 V-0 级	1.79	111.6	2	85.3	325.5
		Xydar MG-350	耐候，电器级，耐高温，含 50% 矿物玻璃纤维，阻燃 V-0 级	1.78	97.9	2.3	101.3	291.1
		Xydar G-445	耐化学性好，电器级，耐高温，含 45% 玻璃纤维，阻燃 V-0 级	1.75	125.4	2.1	106.6	300*
		Xydar M-450	耐候，电器级，耐高温，含 50% 矿物，阻燃 V-0 级	1.84	91.7	1.7	69.3	283.3*
		Xydar FC-110	低烟，无毒，硬度高，含 40% 切断玻璃纤维，阻燃 V-0 级	1.7	93.7	—	85.3	318.8*
		Xydar G-640	耐辐射，耐候，高流动，电器级，含 40% 玻璃纤维	1.7	137.9	1.1	—	241.1*
		Xydar FC-120	中硬度，含 50% 玻璃纤维、矿物，阻燃 V-0 级	1.79	96.5	—	74.6	316.6*
		Xydar RC-210	长纤维，硬度高，含 30% 切断玻璃纤维，阻燃 V-0 级	1.6	137.9	1.7	106.6	346.1*
		Xydar RC-220	黑色、本色，电器级、航天级，含 10% 玻璃纤维、矿物，阻燃 V-0 级	1.81	102.7	1.5	69.3	330*

（续）

加工级别	厂家	牌号	性能、用途	密度/(g/cm³)	抗张屈服强度/MPa	伸长率(%)	缺口冲击强度/(J/m)	0.46MPa下热变形温度/℃
注射模塑级	Amoco Pert. 公司	Xydar G-540	耐辐射，耐候，高流动，电器级，含40%玻璃纤维	1.7	146.4	1.5	—	241.1*
		Xydar FC-130	尺寸稳定，光泽性中等，低翘曲，低硬度，含50%矿物，阻燃V-0级	1.86	71.7	—	42.6	290*
		Xydar G-430	耐候，电器级，耐高温，含30%玻璃纤维，阻燃V-0级	1.64	136.5	1.7	133.3	325
		Xydar G-345	耐化学性好，电器级，耐高温，含45%玻璃纤维，阻燃V-0级	1.76	113.7	2.8	122.6	287.7
		Xydar G-330	耐候，电器级，耐高温，含30%玻璃纤维，阻燃V-0级	1.62	116.5	2.6	160.0	251.6*
		Xydar M-350	耐候，电器级，耐高温，含50%矿物，阻燃V-0级	1.84	86.8	2.6	80.0	273.8
		Xydar SRT-300	中流动，阻燃V-0级	1.35	109.6	1.3	165.3	346.6*
	Du Pont 公司	HX-1130	电器级、汽车级、航天级，含30%切断玻璃纤维，阻燃V-0级	1.5	156.5	—	69.3	179.4*
		HX-4100	耐化学性好，尺寸稳定，绝缘，电器级、汽车级，含30%切断玻璃纤维，阻燃V-0级	1.51	158.5	—	58.6	290.5*
		HX-7130	电器级、汽车级，含30%切断玻璃纤维，阻燃V-0级	1.61	144.7	—	138.6	279.4*
		HX-6130	抗冲击性高，高流动，电器级、汽车级，含30%切断玻璃纤维，阻燃V-0级	1.61	144.7	—	138.6	250*
		HX-2300	通用级，含30%矿物，阻燃V-0级	1.5	96.5	0.8	16.0	180*

注：带"＊"的表示1.82MPa负荷下的热变形温度。

4.3 塑料管材

4.3.1 丙烯腈-丁二烯-苯乙烯（ABS）压力管道系统用管材及管件（见表4-130~表4-136）

表4-130　ABS管材的分类、尺寸规格和应用（摘自 GB/T 20207.1—2006）

管材分类及应用	管材按尺寸分为 S20、S16、S12.5、S10、S8、S6.3、S5、S4，共 8 个系列的产品。管材部分（GB/T 20207.1—2006）与管件（GB/T 20207.2—2006）配套使用
	按管材的耐化学性及卫生性能的要求，产品适用于给水排水输送，以及水处理、石油、化工、电力电子、冶金、采矿、电镀、造纸、食品饮料、空调、医药及建筑行业粉体、液体、气体等流体的输送。当用于易燃易爆介质时，应符合有关防火、防爆的规定

（续）

公称外径 d_n/mm	公称壁厚 e_n 和壁厚公差 c/mm															
	管系列 S 和标准尺寸比 SDR															
	S20 SDR 41		S16 SDR 33		S12.5 SDR 26		S10 SDR 21		S8 SDR 17		S6.3 SDR 13.6		S5 SDR 11		S4 SDR 9	
	e_{min}	c	e_{min}	c	e_{min}	c	e_{min}	c	e_{min}	c	e_{min}	c	e_{min}	c	e_{min}	c
12	—	—	—	—	—	—	—	—	—	—	—	—	1.8	+0.4	1.8	+0.4
16	—	—	—	—	—	—	—	—	—	—	1.8	+0.4	1.8	+0.4	1.8	+0.4
20	—	—	—	—	—	—	—	—	—	—	1.8	+0.4	1.9	+0.4	2.3	+0.5
25	—	—	—	—	—	—	—	—	1.8	+0.4	1.9	+0.4	2.3	+0.5	2.8	+0.5
32	—	—	—	—	—	—	1.8	+0.4	1.9	+0.4	2.4	+0.5	2.9	+0.5	3.6	+0.6
40	—	—	—	—	1.8	+0.4	1.9	+0.4	2.4	+0.5	3.0	+0.5	3.7	+0.6	4.5	+0.7
50	—	—	1.8	+0.4	2.0	+0.4	2.4	+0.5	3.0	+0.5	3.7	+0.6	4.6	+0.7	5.6	+0.8
63	1.8	+0.4	2.0	+0.4	2.5	+0.5	3.0	+0.5	3.8	+0.6	4.7	+0.7	5.8	+0.8	7.1	+1.0
75	1.9	+0.4	2.3	+0.5	2.9	+0.5	3.6	+0.6	4.5	+0.7	5.6	+0.8	6.8	+0.9	8.4	+1.1
90	2.2	+0.5	2.8	+0.5	3.5	+0.6	4.3	+0.7	5.4	+0.8	6.7	+0.9	8.2	+1.1	10.1	+1.3
110	2.7	+0.5	3.4	+0.6	4.2	+0.7	5.3	+0.8	6.6	+0.9	8.1	+1.1	10.0	+1.2	12.3	+1.5
125	3.1	+0.6	3.9	+0.6	4.8	+0.7	6.0	+0.8	7.4	+1.0	9.2	+1.2	11.4	+1.4	14.0	+1.6
140	3.5	+0.6	4.3	+0.7	5.4	+0.8	6.7	+0.9	8.3	+1.1	10.3	+1.3	12.7	+1.5	15.7	+1.8
160	4.0	+0.6	4.9	+0.7	6.2	+0.9	7.7	+1.0	9.5	+1.2	11.8	+1.4	14.6	+1.7	17.9	+2.0
180	4.4	+0.7	5.5	+0.8	6.9	+0.9	8.6	+1.1	10.7	+1.3	13.3	+1.6	16.4	+1.9	20.1	+2.3
200	4.9	+0.7	6.2	+0.9	7.7	+1.0	9.6	+1.2	11.9	+1.4	14.7	+1.7	18.2	+2.1	22.4	+2.5
225	5.5	+0.8	6.9	+0.9	8.6	+1.1	10.8	+1.3	13.4	+1.6	16.6	+1.9	20.5	+2.3	25.2	+2.8
250	6.2	+0.9	7.7	+1.0	9.6	+1.2	11.9	+1.4	14.8	+1.7	18.4	+2.1	22.7	+2.5	27.9	+3.0
280	6.9	+0.9	8.6	+1.1	10.7	+1.3	13.4	+1.6	16.6	+1.9	20.6	+2.3	25.4	+2.8	31.3	+3.4
315	7.7	+1.0	9.7	+1.2	12.1	+1.5	15.0	+1.7	18.7	+2.1	23.2	+2.6	28.6	+3.1	35.2	+3.8
355	8.7	+1.1	10.9	+1.3	13.6	+1.6	16.9	+1.9	21.1	+2.4	26.1	+2.9	32.2	+3.5	39.7	+4.2
400	9.8	+1.2	12.3	+1.5	15.3	+1.8	19.1	+2.2	23.7	+2.6	29.4	+3.2	36.3	+3.9	44.7	+4.7

注：为保证安全，最小壁厚不小于 1.8mm，公称壁厚 $e_n = e_{min}$。

表 4-131　管材的平均外径及其公差和圆度（摘自 GB/T 20207.1—2006）

公称外径 d_n/mm	平均外径 d_{em}/mm ⩾	平均外径上极限偏差 /mm	圆度 /mm ⩽	公称外径 d_n/mm	平均外径 d_{em}/mm ⩾	平均外径上极限偏差 /mm	圆度 /mm ⩽
12	12.0	+0.2	0.5	50	50.0	+0.2	0.6
16	16.0	+0.2	0.5	63	63.0	+0.3	0.8
20	20.0	+0.2	0.5	75	75.0	+0.3	0.9
25	25.0	+0.2	0.5	90	90.0	+0.3	1.1
32	32.0	+0.2	0.5	110	110.0	+0.4	1.4
40	40.0	+0.2	0.5	125	125.0	+0.4	1.5

（续）

公称外径 d_n/mm	平均外径 d_{em}/mm ≥	平均外径上极限偏差 /mm	圆度 /mm ≤	公称外径 d_n/mm	平均外径 d_{em}/mm ≥	平均外径上极限偏差 /mm	圆度 /mm ≤
140	140.0	+0.5	1.7	250	250.0	+0.8	3.0
160	160.0	+0.5	2.0	280	280.0	+0.9	3.4
180	180.0	+0.6	2.2	315	315.0	+1.0	3.8
200	200.0	+0.3	2.4	355	355.0	+1.1	4.3
225	225.0	+0.7	2.7	400	400.0	+1.2	4.8

注：1. 管材的有效长度一般为 4m 或 6m，其他长度由供需双方商定。长度允许偏差值为长度的 $\binom{+0.4\%}{0}$。

2. 管材平均外径的下极限偏差为 "0"。

表 4-132 ABS 管材和管件的技术性能（摘自 GB/T 20207.1—2006）

项 目				指 标	
物理性能	密度/(kg/m³)			1000～1070	
	维卡软化温度/℃ ≥			90	
	纵向回缩率(%) ≤			5	
项目		试 验 参 数			要求
		温度/℃	静液压应力 σ/MPa	时间/h ≥	
力学性能	静液压试验	20	25.0	1	无破裂，无渗漏
		20	20.6	100	
		60	7.0	1000	
	落锤冲击试验(0℃)				TIR≤10%
系统适用性试验	液压试验	温度/℃	静液压应力 σ/MPa	时间/h ≥	无破裂，无渗漏
		20	15.6	1000	

表 4-133 ABS 法兰连接型管件的平承尺寸（摘自 GB/T 20207.2—2006）

管材公称外径 d_n/mm	承口底部外径 d_1/mm	法兰接头外径 d_2/mm	承口底部倒角 r/mm	管材公称外径 d_n/mm	承口底部外径 d_1/mm	法兰接头外径 d_2/mm	承口底部倒角 r/mm
16	22	29	1	140	165	188	4
20	27	34	1	160	188	213	4
25	33	41	1.5	180	201	247	4
32	41	50	1.5	200	224	250	4
40	50	61	2	225	248	274	4
50	61	73	2	250	274	303	4
63	76	90	2.5	280	308	329	4
75	90	106	2.5	315	346	379	4
90	108	125	3	355	384	430	5
110	131	150	3	400	438	482	5
125	148	170	3				

注：ABS 压力管道系统管件(GB/T 20207.2—2006)和管材(GB/T 20207.1—2006)配套使用。管件按尺寸分为 S20、S16、S12.5、S10、S8、S6.3、S5、S4 共 8 个系列，按连接方式分为法兰连接型和溶剂粘接型管件。

表 4-134　ABS 法兰连接型管件法兰盘的尺寸（摘自 GB/T 20207.2—2006）

管材公称外径 d_n/mm	法兰公称尺寸 DN/mm	法兰盘内径 d_1/mm	螺栓孔节圆直径 d_2/mm	法兰盘外径 d_{2min}/mm	螺栓孔直径 d_4/mm	倒角 r /mm	螺栓孔数 n/个
16	10	23	60	90	14	1	4
20	15	28	65	95	14	1	4
25	20	34	75	105	14	1.5	4
32	25	42	85	115	14	1.5	4
40	32	51	100	140	18	2	4
50	40	62	110	150	18	2	4
63	50	78	125	165	18	2.5	4
75	65	92	145	185	18	2.5	4
90	80	110	160	200	18	3	8
110	100	133	180	220	18	3	8
125	125	150	210	250	18	3	8
140	125	167	210	250	18	4	8
160	150	190	240	285	22	4	8
180	175	203	240	315	22	4	8
200	200	226	295	340	22	4	8
225	200	250	295	340	22	4	8
250	250	277	325	370	22	4	8
280	250	310	350	395	22	4	12
315	300	348	400	445	22	4	12
355	350	388	460	505	22	5	16
400	400	442	505	565	22	5	16

表 4-135　ABS 法兰连接型管件呆法兰的尺寸（摘自 GB/T 20207.2—2006）

公称外径 d_n/mm	外 形 尺 寸					
	D/mm	d/mm	Z_{min}/mm	D_1/mm	ϕ_e/mm	螺纹孔数 n/个
16	90	19	13.0	60	14	4
20	95	20	15.0	65	14	4
25	105	25	17.5	75	14	4
32	115	32	21.0	85	14	4
40	140	40	25.0	100	18	4
50	150	50	30.0	110	18	4
63	165	63	36.5	125	18	4
75	185	75	42.5	145	18	4
90	200	90	50.0	160	18	8
110	220	110	60.0	180	18	8
125	250	125	67.5	210	18	8
140	250	140	75.0	210	18	8

（续）

公称外径	外 形 尺 寸					
d_n/mm	D/mm	d/mm	Z_{min}/mm	D_1/mm	ϕ_e/mm	螺纹孔数 n/个
160	285	160	85.0	240	22	8
180	315	180	95.0	270	22	8
200	340	200	105.5	295	22	8
225	340	225	117.5	295	22	8
250	370	250	130.0	325	22	8
280	395	280	145.0	350	22	12
315	445	315	162.5	400	22	12
355	505	355	182.5	460	22	16
400	565	400	205.0	515	25	16

注：呆法兰的结构图形及外形尺寸 D、d、Z、D_1、ϕ_e 参见表 4-145 中的图形。

表 4-136　ABS 溶剂粘接型管件的承口尺寸（摘自 GB/T 20207.2—2006）

管材公称外径 d_n/mm	承口中部平均内径 d_{sm}/mm		圆度/mm 最大	承口深度 L_{min}/mm	管材公称外径 d_n/mm	承口中部平均内径 d_{sm}/mm		圆度/mm 最大	承口深度 L_{min}/mm
	最小	最大				最小	最大		
12	12.1	12.3	0.25	11.0	125	125.1	125.3	0.8	67.5
16	16.1	16.3	0.25	13.0	140	140.2	140.5	0.9	75.0
20	20.1	20.3	0.25	15.0	160	160.2	160.5	1.0	85.0
25	25.1	25.3	0.25	17.5	180	180.2	180.6	1.1	95.0
32	32.1	32.3	0.25	21.0	200	200.2	200.6	1.2	105.0
40	40.1	40.3	0.25	25.0	225	225.3	225.7	1.4	117.5
50	50.1	50.3	0.3	30.0	250	250.3	250.8	1.5	130.0
63	63.1	63.3	0.4	36.5	280	280.3	280.8	1.7	145.0
75	75.1	75.3	0.5	42.5	315	315.4	316.0	1.9	162.5
90	90.1	90.3	0.6	50.0	355	355.5	356.0	2.2	182.5
110	110.1	110.3	0.7	60.0	400	400.5	401.3	2.4	205.0

注：1. 圆度偏差≤0.007d_n。如果 0.007d_n<0.2mm，则圆度偏差≤0.2mm。

2. 承口最小长度等于（0.5d_n+5）mm。

3. 管件尺寸 d_n≤63mm，锥度<0°40′；管件尺寸 d_n≥75mm，锥度<0°30′。

4.3.2　工业用硬聚氯乙烯（PVC-U）管道系统用管材

GB/T 4219.1—2008《工业用硬聚氯乙烯（PVC-U）管道系统　第 1 部分：管材》应于 ISO 15493：2003《工业用塑料管道系统　丙烯腈-丁二烯-苯乙烯（ABS）、硬聚氯乙烯（PVC-U）和氯化聚氯乙烯（PVC-C）成分和系统规范　米制系列》中的硬聚氯乙烯管材部分。

GB/T 4219.1—2008 规定的管材是以聚氯乙烯（PVC）树脂为主要原料、经挤出成型的工业用硬聚氯乙烯(PVC-U)压力管材。这种管材适用于工业部门各种硬聚氯乙烯管道系统，也适用于给水排水输送以及水处理、石油、化工、电力电子、冶金、电镀、造纸、食品饮料、医药、中央空调、建筑等领域的粉体、液体的输送。

设计时应考虑输送介质随温度变化对管材的影响，应考虑管材的低温脆性和高温蠕变性，标准建议使用温度为-5~45℃。当输送易燃易爆介质或输送饮用水、食品饮料、医药时，应符合防火、防爆或卫生方面的有关规定。

有关术语及定义：

1) 20℃、50 年置信下限(σ_{LCL})：σ_{LCL}是一个用于评价材料性能的应力值，指该材料制造的管材在 20℃、50 年的内水压下，置信度为 97.5% 时预测的长期强度的置信下限。单位为 MPa。

2) 最小要求强度(MRS)：将 20℃、50 年置信下限 σ_{LCL} 的值按 R10 或 R20 系列的下圆整到最接近的一个优先数得到的应力值，单位为 MPa。当 σ_{LCL} 小于 10MPa 时，按 R10 系列圆整；当 σ_{LCL} 大于等于 10MPa 时，按 R20 系列圆整。

3) 总体使用(设计)系数(C)：C 是一个大于 1 的系数，它的大小考虑了使用条件和管路其他附件的特性对管系的影响，是在置信下限所包含因素之外考虑的管系的安全裕度。

4) 设计应力(σ_s)：σ_s 是规定条件下的允许应力，其值等于最小要求强度(单位 MPa)除以总体使用(设计)系数。

5) 公称压力(PN)：PN 是一个与管道系统部件耐压能力有关的参考数值，为了便于使用，通常取 R10 系列的优先数。

制造管材的材料以聚氯乙烯(PVC)树脂为主，并加入必要的混配料。制成的管材按 GB/T 18252 对管材长期静压强度测定，最小要求强度(MRS)不小于 5MPa，此数据应由混配料供应部门提供，总体使用(设计)系数 C 最小值为 2.0。管材的尺寸规格及极限偏差、S 和 SDR 及 PN 的对照、管材技术性能等见表 4-137~表 4-140。

表 4-137 工业用 PVC-U 管材的尺寸规格、壁厚及偏差(摘自 GB/T 4219.1—2008)

公称外径 d_n /mm	壁厚 e 及其偏差/mm														管材长度及壁厚规格的说明
	管系列 S 和标准尺寸比 SDR														
	S20 SDR41		S16 SDR33		S12.5 SDR26		S10 SDR21		S8 SDR17		S6.3 SDR13.6		S5 SDR11		
	e_{min}	上极限偏差	e_{min}	上极限偏差	e_{min}	上极限偏差	e_{min}	上极限偏差	e_{min}	上极限偏差	e_{min}	上极限偏差	e_{min}	上极限偏差	
16	—	—	—	—	—	—	—	—	—	—	—	—	2.0	+0.4	管材一般长度为 4m、6m 或 8m，也可由供需双方商定，长度不允许有负偏差
20	—	—	—	—	—	—	—	—	—	—	—	—	2.0	+0.4	
25	—	—	—	—	—	—	—	—	—	—	2.0	+0.4	2.3	+0.5	
32	—	—	—	—	—	—	—	—	2.0	+0.4	2.4	+0.5	2.9	+0.5	
40	—	—	—	—	—	—	2.0	+0.4	2.4	+0.5	3.0	+0.5	3.7	+0.6	壁厚最小值不小于 2.0mm，本表中壁厚为上极限偏差，下极限偏差为"0"
50	—	—	—	—	2.0	+0.4	2.4	+0.5	3.0	+0.5	3.7	+0.6	4.6	+0.7	
63	—	—	2.0	+0.4	2.5	+0.5	3.0	+0.5	3.8	+0.6	4.7	+0.7	5.8	+0.8	
75	—	—	2.3	+0.5	2.9	+0.5	3.6	+0.6	4.5	+0.7	5.6	+0.8	6.8	+0.9	

（续）

公称外径 d_n /mm	壁厚 e 及其偏差/mm														管材长度及壁厚规格的说明
	管系列 S 和标准尺寸比 SDR														
	S20 SDR41		S16 SDR33		S12.5 SDR26		S10 SDR21		S8 SDR17		S6.3 SDR13.6		S5 SDR11		
	e_{min}	上极限偏差	e_{min}	上极限偏差	e_{min}	上极限偏差	e_{min}	上极限偏差	e_{min}	上极限偏差	e_{min}	上极限偏差	e_{min}	上极限偏差	
90	—	—	2.8	+0.5	3.5	+0.6	4.3	+0.7	5.4	+0.8	6.7	+0.9	8.2	+1.1	
110	—	—	3.4	+0.6	4.2	+0.7	5.3	+0.8	6.6	+0.9	8.1	+1.1	10.0	+1.2	管材一般长度为 4m、6m 或 8m，也 可由供需双方商 定，长度不允许有 负偏差
125	—	—	3.9	+0.6	4.8	+0.7	6.0	+0.8	7.4	+1.0	9.2	+1.2	11.4	+1.4	
140	—	—	4.3	+0.7	5.4	+0.8	6.7	+0.9	8.3	+1.1	10.3	+1.3	12.7	+1.5	
160	4.0	+0.6	4.9	+0.7	6.2	+0.9	7.7	+1.0	9.5	+1.2	11.8	+1.4	14.6	+1.7	
180	4.4	+0.7	5.5	+0.8	6.9	+0.9	8.6	+1.1	10.7	+1.3	13.3	+1.6	16.4	+1.9	
200	4.9	+0.7	6.2	+0.9	7.7	+1.0	9.6	+1.2	11.9	+1.4	14.7	+1.7	18.2	+2.1	
225	5.5	+0.8	6.9	+0.9	8.6	+1.1	10.8	+1.3	13.4	+1.6	16.6	+1.9	—	—	壁厚最小值不小 于 2.0mm，本表中 壁厚为上极限偏 差，下极限偏差为 "0"
250	62	+0.9	7.7	+1.0	9.6	+1.2	11.9	+1.4	14.8	+1.7	18.4	+2.1	—	—	
280	6.9	+0.9	8.6	+1.1	10.7	+1.3	13.4	+1.6	16.6	+1.9	20.6	+2.3	—	—	
315	7.7	+1.0	9.7	+1.2	12.1	+1.5	15.0	+1.7	18.7	+2.1	23.2	+2.6	—	—	
355	8.7	+1.1	10.9	+1.3	13.6	+1.6	16.9	+1.9	21.1	+2.4	26.1	+2.9	—	—	
400	9.8	+1.2	12.3	+1.5	15.3	+1.8	19.1	+2.2	23.7	+2.6	29.4	+3.2	—	—	

表 4-138　工业用 PVC-U 管材的平均外径及极限偏差和圆度（摘自 GB/T 4219.1—2008）

（单位：mm）

公称外径 d_n	平均外径 $d_{em,min}$	平均外径 上极限偏差	圆度 max （S20~S16）	圆度 max （S12.5~S5）	承口最小深度 L_{min}
16	16.0	+0.2	—	0.5	13.0
20	20.0	+0.2	—	0.5	15.0
25	25.0	+0.2	—	0.5	17.5
32	32.0	+0.2	—	0.5	21.0
40	40.0	+0.2	1.4	0.5	25.0
50	50.0	+0.2	1.4	0.6	30.0
63	63.0	+0.3	1.5	0.8	36.5
75	75.0	+0.3	1.6	0.9	42.5
90	90.0	+0.3	1.8	1.1	50.0
110	110.0	+0.4	2.2	1.4	60.0
125	125.0	+0.4	2.5	1.5	67.5
140	140.0	+0.5	2.8	1.7	75.0
160	160.0	+0.5	3.2	2.0	85.0
180	180.0	+0.6	3.6	2.2	95.0
200	200.0	+0.6	4.0	2.4	105.0
225	225.0	+0.7	4.5	2.7	117.5

（续）

公称外径 d_n	平均外径 $d_{em,min}$	平均外径 上极限偏差	圆度 max（S20~S16）	圆度 max（S12.5~S5）	承口最小深度 L_{min}
250	250.0	+0.8	5.0	3.0	130.0
280	280.0	+0.9	6.8	3.4	145.0
315	315.0	+1.0	7.6	3.8	162.5
355	355.0	+1.1	8.6	4.3	182.5
400	400.0	+1.2	9.6	4.8	205.0

注：本表平均外径的下极限偏差为"0"。

表4-139　管系列 S、标准尺寸比 SDR 与公称压力 PN 对照（摘自 GB/T 4219.1—2008）

总体使用（设计）系数 C	管系列 S 和标准尺寸比 SDR						
	S20 SDR41	S16 SDR33	S12.5 SDR26	S10 SDR21	S8 SDR17	S6.3 SDR13.6	S5 SDR11
2.0	PN0.63	PN0.8	PN1.0	PN1.25	PN1.6	PN2.0	PN2.5
2.5	PN0.5	PN0.63	PN0.8	PN1.0	PN1.25	PN1.6	PN2.0

注：1. 本表数据基于最小要求强度（MRS）值为25MPa。

　　2. 公称压力（PN）系管材输送20℃水的最大工作压力。当输水温度 t 不同时，应用温度折减系数 f_t 乘以公称压力即为最大允许工作压力，当0℃$<t\leqslant$25℃、25℃$<t\leqslant$35℃、35℃$<t\leqslant$45℃时，折减系数 f_t 分别为1、0.8、0.63。

表4-140　工业用 PVC-U 管材的技术性能（摘自 GB/T 4219.1—2008）

物理性能	项　目	要　求	管材长度	长度一般为 4m、6m、8m，也可由供需双方商定，承口最小深度应符合标准规定，长度不允许有负偏差
	密度 ρ/(kg/m³)	1330~1460		
	维卡软化温度（VST）/℃	≥80		
	纵向回缩率（%）	≤5		
	二氯甲烷浸渍试验	试样表面无破坏		

力学性能	项　目	试　验　参　数			要　求
		温度/℃	环应力/MPa	时间/h	
	静液压试验	20	40.0	1	无破裂、无渗漏
		20	34.0	100	
		20	30.0	1000	
		60	10.0	1000	
	落锤冲击性能	0℃（-5℃）			TIR≤10%

系统适用性试验	项　目	试　验　参　数			要　求
		温度/℃	环应力/MPa	时间/h	
	系统液压试验	20	16.8	1000	无破裂、无渗漏
		60	5.8	1000	

4.3.3　工业用氯化聚氯乙烯(PVC-C)管材及管件(见表 4-141~表 4-147)

表 4-141　工业用 PVC-C 管材的尺寸规格(摘自 GB/T 18998.2—2003)　(单位:mm)

公称外径 d_n	公称壁厚 e_n				壁厚极限偏差	
	管系列 S					
	S10	S6.3	S5	S4	公称壁厚 e_n	极限偏差
	标准尺寸比 SDR				2.0	+0.4 / 0
	SDR21	SDR13.6	SDR11	SDR9	>2.0~3.0	+0.5 / 0
20	2.0(0.96)*	2.0(1.5)*	2.0(1.9)*	2.3	>3.0~4.0	+0.6 / 0
25	2.0(1.2)*	2.0(1.9)*	2.3	2.8	>4.0~5.0	+0.7 / 0
32	2.0(1.6)*	2.4	2.9	3.6	>5.0~6.0	+0.8 / 0
40	2.0(1.9)*	3.0	3.7	4.5	>6.0~7.0	+0.9 / 0
50	2.4	3.7	4.6	5.6	>7.0~8.0	+1.0 / 0
63	3.0	4.7	5.8	7.1	>8.0~9.0	+1.1 / 0
75	3.6	5.6	6.8	8.4	>9.0~10.0	+1.2 / 0
90	4.3	6.7	8.2	10.1	>10.0~11.0	+1.3 / 0
110	5.3	8.1	10.0	12.3	>11.0~12.0	+1.4 / 0
125	6.0	9.2	11.4	14.0	>12.0~13.0	+1.5 / 0
140	6.7	10.3	12.7	15.7	>13.0~14.0	+1.6 / 0
160	7.7	11.8	14.6	17.9	>14.0~15.0	+1.7 / 0
180	8.6	13.3	—	—	>15.0~16.0	+1.8 / 0
200	9.6	14.7	—	—	>16.0~17.0	+1.9 / 0
225	10.8	16.6	—	—	>17.0~18.0	+2.0 / 0

注:1. 管材按尺寸分为 S10、S6.3、S5、S4,共 4 个系列。管材规格用管系列代号 S×、公称外径 d_n×公称壁厚 e_n 表示,如 S5 d_n50×e_n4.6。

　　2. 管系列(S)是一个与公称外径和公称壁厚有关的无量纲数值,其计算公式为管系列 $S=(d_n-e_n)/2(e_n)$。d_n 为公称外径,单位 mm;e_n 为公称壁厚,单位 mm。

　　3. 标准尺寸比 $SDR=d_n/e_n$。

　　4. 管材的长度一般为 4m 或 6m,也可按用户要求,由供需双方商定。长度允许偏差为长度的$\left(^{+0.4\%}_{\quad 0}\right)$。

　　5. 考虑刚度的要求,带"*"规格的管材壁厚增加到 2.0mm,进行液压试验时用括号内的壁厚计算试验压力。

　　6. GB/T 18998.2—2003 规定,依据 ISO 4433-1:1997 热塑性塑料管材—耐液体化学物质—分类和 ISO 4433-3:1997 热塑性塑料管材—耐液体化学物质—分类(PVC-U、PVC-HI、PVC-C)的试验方法将耐化学性分为"耐化学性 S 级""耐化学性 L 级""耐化学性 NS 级"。可根据管材所输送的化学介质及应用条件,参照 GB/T 18998.2—2003 附录 A 从本表中合理选择管系列。

　　7. 管材适于在压力下输送适宜的工业用固体、液体及气体等化学物质的管道系统,应用于石油、化工水处理、电力电子、冶金、采矿、电镀、造纸、食品饮料、医药等工业部门。当用于输送易燃易爆介质时,应符合防火、防爆的有关规定。

　　8. 管材以氯化聚氯乙烯(PVC-C)树脂为主要原料,经挤出成型。制造管材所用的原材料应符合 GB/T 18998.1—2003 的规定。

表 4-142　工业用 PVC-C 溶剂粘接型管件的尺寸规格（摘自 GB/T 18998.3—2003）

（单位:mm）

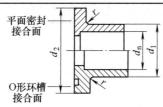

圆柱形承口

公称外径 d_n	承口的平均内径 $d_{sm}^{①}$ min	承口的平均内径 $d_{sm}^{①}$ max	圆度^{②} max	承口长度 $L_{min}^{③}$
20	20.1	20.3	0.25	16.0
25	25.1	25.3	0.25	18.5
32	32.1	32.3	0.25	22.0
40	40.1	40.3	0.25	26.0
50	50.1	50.3	0.3	31.0
63	63.1	63.3	0.4	37.5
75	75.1	75.3	0.5	43.5
90	90.1	90.3	0.6	51.0
110	110.1	110.4	0.7	61.0
125	125.1	125.4	0.8	68.5
140	140.2	140.5	0.9	76.0
160	160.2	160.5	1.0	86.0
180	180.2	180.6	1.1	96.0
200	200.3	200.6	1.2	106.0
225	225.3	225.7	1.4	118.5

圆锥形承口

公称外径 d_n	接头内径 承口口部 d_{s1} min	承口口部 d_{s1} max	承口底部 d_{s2} min	承口底部 d_{s2} max	圆度^{②} max	承口长度 L_{min}
20	20.25	20.45	19.9	20.1	0.25	20.0
25	25.25	25.45	24.9	25.1	0.25	25.0
32	32.25	32.45	31.9	32.1	0.25	30.0
40	40.25	40.25	39.8	40.1	0.25	35.0
50	50.25	50.45	49.8	50.1	0.3	41.0
63	63.25	63.45	62.8	63.1	0.4	50.0
75	75.3	75.6	74.75	75.1	0.5	60.0
90	90.3	90.6	89.75	90.1	0.6	72.0
110	110.3	110.6	109.75	110.1	0.7	88.0

注: 1. 管件按对应的管系列 S 分为四类：S10、S6.3、S5、S4。管件的连接形式分为溶剂粘接型和法兰连接型两种。溶剂粘接型管件分为圆柱形和圆锥形承口两种。

　　2. 管件最小壁厚不得小于同等规格管材的壁厚。

① 承口的平均内径 d_{sm} 应在承口中部测量，承口部分最大夹角应不超过 0°30′；d_{sm} 与管材公称外径 d_n 相对应。

② 圆度偏差小于等于 $0.007d_n$。若 $0.007d_n < 0.2mm$，则圆度偏差小于等于 0.2mm。

③ 承口最小长度等于 $0.5d_n + 6mm$，最短为 12mm。

表 4-143　工业用 PVC-C 法兰连接型管件法兰平承的尺寸规格（摘自 GB/T 18998.3—2003）　（单位:mm）

对应管材的公称外径 d_n	承口底部的外径 d_1	法兰接头的外径 d_2	承口底部的倒角 r	对应管材的公称外径 d_n	承口底部的外径 d_1	法兰接头的外径 d_2	承口底部的倒角 r
20	27	34	1	110	131	150	3
25	33	41	1.5	125	148	170	3
32	41	50	1.5	140	165	188	4
40	50	61	2	160	188	213	4
50	61	73	2	180	201	247	4
63	76	90	2.5	200	224	250	4
75	90	106	1.5	225	248	274	4
90	108	125	3				

注: 管件最小壁厚不得小于同规格的管材壁厚。

表 4-144 工业用 PVC-C 法兰连接型管件法兰盘的尺寸规格(摘自 GB/T 18998.3—2003) （单位:mm）

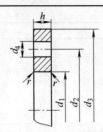

对应管材的公称外径 d_n	法兰盘内径 d_1	螺栓孔节圆直径 d_2	法兰盘外径 d_3 min	螺栓孔直径 d_4	倒角 r	螺栓孔数 n	法兰盘最小厚度 h
20	28	65	95	14	1	4	13
25	34	75	105	14	1.5	4	17
32	42	85	115	14	1.5	4	18
40	51	100	140	18	2	4	20
50	62	110	150	18	2	4	20
63	78	125	165	18	2.5	4	25
75	92	145	185	18	2.5	4	25
90	110	160	200	18	3	8	26
110	133	180	220	18	3	8	26
125	150	210	250	18	3	8	28
140	167	210	250	18	4	8	28
160	190	240	285	22	4	8	30
180	203	270	315	22	4	8	30
200	226	295	340	22	4	8	32
225	250	295	340	22	4	8	32

表 4-145 工业用 PVC-C 法兰连接型管件呆法兰的尺寸规格(摘自 GB/T 18998.3—2003) （单位:mm）

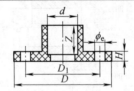

公称外径 d_n	外 形 尺 寸					
	D	d	Z_{min}	D_1	ϕ_e	螺栓孔数 n/个
20	95	20	16.0	65	14	4
25	105	25	18.5	75	14	4
32	115	32	22.0	85	14	4
40	140	40	26.0	100	18	4
50	150	50	31.0	110	18	4
63	165	63	37.5	125	18	4

（续）

公称外径	外 形 尺 寸					
d_n	D	d	Z_{min}	D_1	ϕ_e	螺栓孔数 n/个
75	185	75	43.5	145	18	4
90	200	90	51.0	160	18	8
110	220	110	61.0	180	18	8
125	250	125	68.5	210	18	8
140	250	140	76.0	210	18	8
160	285	160	86.0	240	22	8
180	315	180	96.0	270	22	8
200	340	200	106.0	295	22	8
225	340	225	118.5	295	22	8

注：1. 管件最小壁厚不得小于同规格管材壁厚。

2. 呆法兰的 H 厚度按不同的使用级别要求由供需双方确定。

表 4-146 工业用 PVC-C 管材的性能（摘自 GB/T 18998.2—2003）

力 学 性 能					物 理 性 能	
项　目	试验参数			要求	项目	要求
	温度/℃	静液压应力/MPa	时间/h ≥			
静液压试验	20	43	1	无破裂，无渗漏	密度/（kg/m³）	1450~1650
	95	5.6	165		维卡软化温度/℃	≥110
	95	4.6	1000		纵向回缩率（%）	≤5
静液压状态下热稳定性试验	95	3.6	8760	无破裂，无渗漏	氯含量（质量分数,%）	≥60
落锤冲击试验	按 GB/T 14152 规定，0℃条件下，锤头半径 25mm，落锤质量和高度按 GB/T 18998.2—2003 规定			真实冲击率 TIR≤10%		

表 4-147 工业用 PVC-C 管件的性能（摘自 GB/T 18998.3—2003）

	项目	试 验 参 数			要求
		温度/℃	静液压应力/MPa	时间/h	
力学性能	静液压试验	20	28.5	≥1000	无破裂，无渗漏
		60	21.1	≥1	
		80	6.9	≥1000	
	静液压状态下热稳定性试验	90	2.85	≥17520	无破裂，无渗漏
	管材和管件连接后系统液压试验	20	17	≥1000	无破裂，无渗漏
		80	4.8	≥1000	
物理性能	项目	要求	项目	要求	
	密度/（kg/m³）	1450~1650	氯含量（质量分数,%）	≥60	
	维卡软化温度/℃	≥103	烘箱试验	无任何破裂、分层、起泡或熔接痕裂开的现象	

4.3.4 冷热水用氯化聚氯乙烯(PVC-C)管材及管件

1. 冷热水用 PVC-C 管材

GB/T 18993.2—2003 规定的冷热水用 PVC-C 管材是以氯化聚氯乙烯树脂(PVC-C)为主要原料，采用挤出成型方法生产而成的，适用于工业及民用冷热水管道的管材。生产管材所采用的原材料应符合 GB/T 18993.1—2003《冷热水用氯化聚氯乙烯(PVC-C)管道系统 第1部分：总则》的规定。

管材按尺寸分为 S6.3、S5、S4 三个管系列，管的公称外径 d_n 范围为 20～160mm，其管材系列和尺寸规格见表 4-142。

管材用于输送饮用水时，其卫生性能应符合 GB/T 17219—1998《生活饮用水输配水设备及防护材料的安全性评价标准》的规定。

管道系统的使用条件级别、管系列 S 的选择及管材性能见表 4-148～表 4-150。

表 4-148　冷热水用 PVC-C 管道系统的使用条件级别(摘自 GB/T 18993.1—2003)

应用等级	$T_D/℃$	在 T_D 下的时间/年	$T_{max}/℃$	在 T_{max} 下的时间/年	$T_{mal}/℃$	在 T_{mal} 下的时间/年	典型的应用范围
级别 1	60	49	80	1	95	100	供给热水(60℃)
级别 2	70	49	80	1	95	100	供给热水(70℃)

注：1. 每个级别对应一个特定的应用范围及 50 年使用寿命，在实际应用时，还应考虑 0.6MPa、0.8MPa、1.0MPa 不同的使用压力。

2. 每个级别的管道系统应同时满足在 20℃、1.0MPa 条件下输送冷水 50 年的使用寿命的要求。

3. T_{max}—设计温度；T_{max}—最高设计温度；T_{mal}—故障温度，系统超出控制极限时的最高温度。

表 4-149　冷热水用 PVC-C 管材系列 S 的选择(摘自 GB/T 18993.2—2003)

设计压力 p_D/MPa	管系列 S	
	级别 1，σ_D = 4.38MPa	级别 2，σ_D = 4.16MPa
0.6	6.3	6.3
0.8	5	5
1.0	4	4

注：1. 管材按不同的使用条件级别及设计压力选择对应的管系列 S 值。

2. 设计压力 p_D—管道系统压力的最大设计值(MPa)；设计应力 σ_D—对于给定的使用条件所允许的应力(MPa)，对塑料管材材料为 σ_{DP}，对塑料管件材料为 σ_{DF}。

3. 标记示例：

管材的管系列为 S5、公称外径为 32mm、公称壁厚为 2.9mm，标记为：S5 32×2.9。

表 4-150　冷热水用 PVC-C 管材的性能(摘自 GB/T 18993.2—2003)

项目	力学性能				物理性能	
	试验参数			要求	项目	要求
	试验温度/℃	试验时间/h	静液压应力/MPa			
静液压试验	20	1	43.0	无破裂，无泄漏	密度/(kg/m³)	1450～1650
	95	165	5.6			
	95	1000	4.6			
静液压状态下的热稳定性试验	95	8760	3.6	无破裂，无泄漏	维卡软化温度/℃	≥110

（续）

力学性能					物理性能	
项目	试验参数			要求	项目	要求
	试验温度/℃	试验时间/h	静液压应力/MPa			
落锤冲击试验(0℃)	真实冲击率 TIR≤10%				纵向回缩率(%)	≤5
拉伸屈服强度/MPa	≥50					

系统内压试验	管系列	试验温度/℃	试验时间/h	试验压力/MPa	要求	系统热循环试验	试验压力：设计压力 p_D 最高试验温度：90℃ 最低试验温度：20℃ 循环次数：5000 一次循环时间为 30^{+2}_{0} min，包括 15^{+1}_{0} min 最高试验温度和 15^{+1}_{0} min 最低试验温度。 要求无破裂，无渗漏
	S6.3	80	3000	1.2	无破裂，无渗漏		
	S5	80	3000	1.59			
	S4	80	3000	1.99			

注：1. 管材与符合 GB/T 18993.3—2003 规定的管件连接后应按本表规定通过系统内压试验和系统热循环试验。
　　2. 落锤冲击试验的落锤高度、锤重量应符合 GB/T 18993.2—2003 的规定。

2. 冷热水用 PVC-C 管件

冷热水用 PVC-C 管件(GB/T 18993.3—2003)按对应的管系列 S 分为 S6.3、S5、S4 三类，管件按连接形式分为溶剂粘接型管件、法兰连接型管件及螺纹连接型管件。溶剂粘接型管件承口为圆柱形，公称外径 d_n 范围为 20～160mm，其尺寸规格见表 4-141；法兰尺寸及结构见表 4-151；用于螺纹连接型管件的连接螺纹部分应符合 GB/T 7306.1—2000 和 GB/T 7306.2—2000 55°密封管螺纹的规定；管件体的最小壁厚见表 4-152；管件用的原材料应符合 GB/T 18993.1—2003 的规定，管件的技术性能见表 4-153 和表 4-154。

用于输送饮用水的管件的卫生性能要求应符合 GB/T 17219—1998《生活饮用水输配水设备及防护材料的安全性评价标准》的规定。

表 4-151　冷热水用 PVC-C 管件活套法兰变接头尺寸(摘自 GB/T 18993.3—2003)

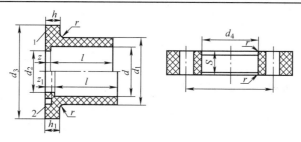

（法兰变接头）

1—平面垫圈接合面

2—密封圈槽接合面　　　　　　　　　　　　　　　　（活套法兰）

承口公称直径 d/mm	法兰变接头尺寸/mm									活套法兰尺寸/mm		
	d_1	d_2	d_3	l	r 最大	h	z	h_1	z_1	d_4	r 最小	S
20	27±0.15	16	34	16	1	6	3	9	6	$28^{0}_{-0.5}$	1	根据材质而定
25	33±0.15	21	41	19	1.5	7	3	10	6	$34^{0}_{-0.5}$	1.5	
32	41±0.2	28	50	22	1.5	7	3	10	6	$42^{0}_{-0.5}$	1.5	
40	50±0.2	36	61	26	2	8	3	13	8	$51^{0}_{-0.5}$	2	

（续）

承口公称	法兰变接头尺寸/mm									活套法兰尺寸/mm		
直径 d/mm	d_1	d_2	d_3	l	r 最大	h	z	h_1	z_1	d_4	r 最小	S
50	61±0.2	45	73	31	2	8	3	13	8	$62_{-0.5}^{0}$	2	
63	76±0.3	57	90	38	2.5	9	3	14	8	78_{-1}^{0}	2.5	
75	90±0.3	69	106	44	2.5	10	3	15	8	92_{-1}^{0}	2.5	
90	108±0.3	82	125	51	3	11	5	16	10	110_{-1}^{0}	3	根据材质
110	131±0.3	102	150	61	3	12	5	18	11	133_{-1}^{0}	3	而定
125	148±0.4	117	170	69	3	13	5	19	11	150_{-1}^{0}	3	
140	165±0.4	132	188	76	4	14	5	20	11	167_{-1}^{0}	4	
160	188±0.4	152	213	86	4	16	5	22	11	190_{-1}^{0}	4	

注：活套法兰的法兰外径、螺栓孔尺寸及孔数按 GB/T 9112 的规定，GB/T 9112 已被 GB/T 9124.1—2019、GB/T 9124.2—2019 代替，可参照新国标选用。

表 4-152　冷热水用 PVC-C 管件体的最小壁厚（摘自 GB/T 18993.3—2003）（单位：mm）

公称外径 d_n	S6.3	S5	S4	公称外径 d_n	S6.3	S5	S4
	管件体最小壁厚 e_{min}				管件体最小壁厚 e_{min}		
20	2.1	2.6	3.2	75	7.6	9.2	11.4
25	2.6	3.2	3.8	90	9.1	11.1	13.7
32	3.3	4.0	4.9	110	11.0	13.5	16.7
40	4.1	5.0	6.1	125	12.5	15.4	18.9
50	5.0	6.3	7.6	140	14.0	17.2	21.2
63	6.4	7.9	9.6	160	16.0	19.8	24.2

表 4-153　冷热水用 PVC-C 管件的性能（摘自 GB/T 18993.3—2003）

力学性能						物理性能	
项目	试验温度/℃	管系列	试验压力/MPa	试验时间/h	要求	项目	要求
静液压试验	20	S6.3	6.56	1	无破裂、无渗漏	密度 /(kg/m³)	1450~1650
		S5	8.76				
		S4	10.94				
	60	S6.3	4.10	1	无破裂、无渗漏	维卡软化 温度/℃	≥103
		S5	5.47				
		S4	6.84				
	80	S6.3	1.20	3000	无破裂、无渗漏	烘箱试验	无严重起泡、分 层或熔接线裂开
		S5	1.59				
		S4	1.99				

表 4-154　冷热水用 PVC-C 管件的热稳定性及系统适用性试验（摘自 GB/T 18993.3—2003）

热稳定性		项目	试验参数			要求
			试验温度/℃	试验时间/h	静液压应力/MPa	
		静液压状态下 热稳定性试验[1]	90	17520	2.85	无破裂、无渗漏
系统 适用性	内压试验	管系列	试验温度/℃	试验压力/MPa	试验时间/h	要求
		S6.3	80	1.20	3000	无破裂、无渗漏
		S5	80	1.59	3000	
		S4	80	1.99	3000	
	热循环 试验	最高试验温度/℃	最低试验温度/℃	试验压力/MPa	循环次数[2]	指标
		90	20	$p_D^{[3]}$	5000	无破裂、无渗漏

[1] 制成相同管系列的管材形状后进行试验，按相同的管系列计算试验压力。

[2] 一次循环的时间为 30_{0}^{+2} min，包括 15_{0}^{+1} min 最高试验温度和 15_{0}^{+1} min 最低试验温度。

[3] p_D 值按 GB/T 18993.2—2003 的规定（见表 4-150）。

4.3.5 尼龙管材(见表4-155)

表4-155 尼龙1010管材的尺寸规格及应用(摘自 JB/ZQ 4196—2006)

外径×壁厚/mm	极限偏差/mm		长度	外径×壁厚/mm	极限偏差/mm		长度
	外径	壁厚			外径	壁厚	
4×1				12×1	±0.10	±0.10	
6×1	±0.10	±0.10		12×2			
8×1				14×2			
8×2			协议	16×2	±0.15	±0.15	协议
9×2	±0.5	±0.15		18×2			
10×1	±0.10	±0.10		20×2			
应用说明	主要用作机床输油管(代替铜管),也可输送弱酸、弱碱及一般腐蚀性介质;但不宜与酚类、强酸、强碱及低分子有机酸接触。可用管件连接,也可用黏合剂粘接。弯曲可用弯卡弯成90°,也可用热空气或热油加热至120℃弯成任意弧度。使用温度为-60~80℃,使用压力为9.8~14.7MPa						

注:1. 尼龙管材的性能参见表4-157,生产企业有天津第六塑料厂等。

2. 标记示例:

外径为20mm、壁厚为2mm、长度为1000mm的尼龙1010管材标记为:

管 φ20×2×1000 JB/ZQ 4196—2006

材质:尼龙1010

4.4 塑料棒材

4.4.1 聚酰胺(尼龙)棒材(见表4-156和表4-157)

表4-156 尼龙1010棒材[①]的直径及极限偏差(摘自 JB/ZQ 4196—2006) (单位:mm)

棒材公称直径	极限偏差	棒材公称直径	极限偏差	棒材公称直径	极限偏差
10	+1.0 0	40	+3.0 0	100	+4.0 0
12	+1.5 0	50		120	+5.0 0
15		60		140	
20	+2.0 0	70		160	
25		80	+4.0 0		
30	+3.0 0	90			

① 直径为50mm、长度为1000mm的尼龙1010棒材标记为:

材质:尼龙1010棒 50×1000 JB/ZQ 4196—2006

表4-157 尼龙1010棒材及尼龙66、尼龙6的力学性能

指标项目		品　种		
		尼龙1010棒材	尼龙66树脂	玻璃纤维增强尼龙6树脂
密度/(g/cm³)		1.04~1.05	1.10~1.14	1.30~1.40
拉伸强度/MPa	≥	49~59	59~79	118
断裂强度/MPa	≥	41~49	—	—
相对伸长率(%)	≥	160~320	—	—
弹性模量/MPa	≥	$0.18×10^4 ~ 0.22×10^4$	—	—
拉伸抗弯强度/MPa	≥	67~80	98~118	196

（续）

指标项目		品　　种		
		尼龙1010棒材	尼龙66树脂	玻璃纤维增强尼龙6树脂
弯曲弹性模量/MPa	≥	$0.11×10^4 \sim 0.14×10^4$	$0.2×10^4 \sim 0.3×10^4$	—
抗压强度/MPa	≥	470~570	79	137
剪切强度/MPa	≥	400~420	—	—
冲击强度/(J/cm^2)≥	缺口	1.47~2.45	0.88	1.47
	无缺口	不断	4.9~9.8	4.9~7.9
特性及应用		尼龙1010是我国独创的一种新型聚酰胺品种，它具有优良的减摩、耐磨和自润滑性，且抗霉、抗菌、无毒、半透明，吸水性较其他尼龙品种低，有较好的刚性、力学强度和介电稳定性，耐寒性也很好，可在-60~80℃下长期使用；做成的零件有良好的消音性，运转时噪声小；耐油性优良，能耐弱酸、弱碱及醇、酯、酮类溶剂，但不耐苯酚、浓硫酸及低分子有机酸的腐蚀。尼龙1010棒材主要用于切削加工制作成螺母、轴套、垫圈、齿轮、密封圈等机械零件，以代替铜和其他金属制件		

4.4.2　聚四氟乙烯棒材（见表4-158）

表4-158　聚四氟乙烯棒材的型号、规格、性能及应用（摘自 QB/T 4041—2010）

型号	Ⅰ型-T：聚四氟乙烯树脂（不含再生聚四氟乙烯树脂）加工的通用型棒材
	Ⅰ型-D：聚四氟乙烯树脂（不含再生聚四氟乙烯树脂）加工的电气型棒材
	Ⅱ型：聚四氟乙烯树脂（含再生聚四氟乙烯树脂）加工的棒材

尺寸规格 /mm	公称直径	直径极限偏差	长度	长度极限偏差	应　用
	3、4、5、6	+0.4　0	≥100	+5.0　0	用于加工在各种腐蚀性介质中工作的衬垫、密封件和在各种频率下工作的电绝缘零件等
	7~18（1分级）	+0.6　0			
	20、22、25	+1.0　0			
	30、35、40、45、50	+1.5　0			
	55、60、75~95（5分级）	+4.0　0			
	100~140（10分级）	+5.0　0			
	150~200（10分级）	+6.0　0			

技术性能	项目	Ⅰ型-T	Ⅰ型-D	Ⅱ型
	拉伸强度/MPa	≥15.0	≥15.0	≥10.0
	断裂标称应变（%）	≥160	≥160	≥130
	密度/(g/cm^3)	2.10~2.30	2.10~2.30	2.10~2.30
	介电强度/(kV/mm)	≥18.0	≥25.0	≥10.0

注：1. 棒材长度由供需双方商定。
　　2. 直径小于10mm的棒材不考核介电强度指标。

4.4.3 热固性树脂工业硬质圆形层压模制棒(见表 4-159)

表 4-159 树脂工业硬质圆形层压模制棒的分类、技术性能及应用(摘自 GB/T 5132.5—2009)

树脂	补强物	系列号	适用范围及识别特征
EP (环氧)	CC (编制 棉布)	41	机械、电气、电子用，耐漏电起痕好，细布
	GC (编制 玻璃布)	41	机械、电气用，中等温度下强度高，暴露于高湿时电气稳定性好
		42	类似于 EPGC41，高温下强度高
		43	类似于 EPGC41，有更好的阻燃性
PF (酚醛)	CC (编制 棉布)	41	机械、电气用，细布(通常越细的布制成的材料的机械性能越佳)
		42	机械、电气用，粗布
		43	机械、电气用，特粗布
	CP (纤维素纸)	41	机械、电气用，暴露于高温时电气稳定性好
		42	类似于 PFCP41，机械、电气性能较低
		43	机械及低压电气用
SI (有机硅)	GC (编织 玻璃布)	41	机械、电气、电子用，高温下电气稳定性好

性能	单位	最大或最小	要求										
			EP CC 41	EP GC 41	EP GC 42	EP GC 43	PF CC 41	PF CC 42	PF CC 43	PF CP 41	PF CP 42	PF CP 43	SI GC 41
垂直层向弯曲强度	MPa	最小	125	220	220	220	125	90	90	120	110	100	180
轴向压缩强度	MPa	最小	80	175	175	175	90	80	80	80	80	80	40
90℃油中平行层向击穿电压	kV	最小	30	40	40	40	5	5	1	13	10	10	30
浸水后绝缘电阻	MΩ	最小	50	1000	150	1000	5.0	1.0	0.1	75	30	0.1	150
长期耐热性 TI	—	最小	130	130	155	130	120	120	120	120	120	120	180
吸水率	mg/cm²	最大	2	3	5	3	5	8	8	3	5	8	2
密度	g/cm³	范围	1.2~1.4	1.7~1.9	1.7~1.9	1.7~1.9	1.2~1.4	1.2~1.4	1.2~1.4	1.2~1.4	1.2~1.4	1.2~1.4	1.6~1.8
燃烧性	级		—	—	—	—	V-0	—	—	—	—	—	V-0

注：1. EP GC 42 型"垂直层向弯曲强度"经过 1h、150℃±3℃ 处理后在 150℃±3℃ 下测得的弯曲强度应不小于规定值的 50%。

2. 90℃油中平行层向击穿电压的 20s 逐级升压试验和 1min 耐压试验的要求可任选其中一个。

3. 燃烧性试验主要是用来监控层压板生产的一致性，如此测得的结果不应被看作是全面表示这些层压板在实际应用条件下的潜在着火危险性。

4. 棒材尺寸按需方要求，由供需双方商定，其直径极限偏差应符合 GB/T 5132.5—2009 的规定。

5. 标记示例：

 ——产品说明：模制棒；

 ——国家标准编号：GB/T 5132.5；

 ——各型号名称；

 ——尺寸(mm)：内径×外径×长度；

 ——表示模制棒外径修整程度的字母："A"表示"下线"状态的管，"B"表示经磨削或车削状态的管。

 例如：模制棒 GB/T 5132.5-EPGC41-25×1000-A

4.5 塑料薄膜和板材

4.5.1 双向拉伸聚酰胺(尼龙)薄膜(见表4-160和表4-161)

表4-160 双向拉伸聚酰胺(尼龙6)薄膜的尺寸规格及外观要求(摘自GB/T 20218—2006)

尺寸规格	宽度极限偏差/mm	厚度极限偏差(%)	平均厚度偏差(%)		接头数目/(个/卷)	每段长度/m
	$+4$ 0	±10.0	±6.0		<2	>1000
外观要求	项目	要求		项目		要求
	皱纹	膜卷表面允许有轻微软皱纹		污点、杂质		不允许
	膜卷卷芯	不允许有凹陷或缺口		端面不整齐度/mm		≤5
	暴筋	不允许		同卷膜端面颜色		允许有轻微差异

表4-161 双向拉伸聚酰胺(尼龙6)薄膜的技术性能(摘自GB/T 20218—2006)

项 目		指标	项 目		指标
拉伸强度/MPa≥	纵、横向	180	断裂伸长率(%)≤	纵、横向	180
热收缩率(%)≤	纵、横向	3.0	耐撕裂力/mN≥	纵、横向	60
雾度(%)≤		7.0	润湿张力(处理面)/(mN/m)≥		50
摩擦系数(动)非处理面/非处理面≤		0.6	氧气透过量/[$cm^3/(m^2 \cdot d \cdot Pa)$]≤		5.0×10^{-4}

注：薄膜以聚酰胺6(PA6)树脂为主要原料,以平膜法径双向拉伸加工而成。

4.5.2 丙烯腈-丁二烯-苯乙烯(ABS)塑料挤出板材(见表4-162和表4-163)

表4-162 ABS塑料挤出板材的尺寸规格(摘自GB/T 10009—1988)

长度和宽度L/mm	极限偏差(%)	对角线最大差值/mm≤	厚度h/mm	极限偏差/mm
L≤500	±0.5	5	1<h≤10	$\pm(0.05+0.03h)$
L>500	±0.3			

注：板材长度和宽度尺寸由供需双方协商确定,厚度尺寸在>1~10mm范围内。

表4-163 ABS塑料挤出板材的分类、性能及应用(摘自GB/T 10009—1988)

板材分级及用途	分级	主要用途
	通用级	用于真空成型加工的容器、外壳、家具、冰箱用板等
	高冲级	用于加工高冲击性能的汽车零件、路灯标、冰箱用板、机械零件等
	耐热级	用于加工有耐热性要求的电机零件、浴室器件等

（续）

技术性能	项　目	指　标		
		通用级	高冲级	耐热级
	拉伸屈服强度（纵、横向）/MPa　≥	32.0	35.0	39.0
	冲击强度（IZOD）（纵、横向）/（J/m）　≥	88.0	118.0	59.0
	球压痕硬度/（N/mm²）　≥	65.0	63.0	70.0
	维卡软化温度/℃　≥	80.0	80.0	90.0
	尺寸变化率（纵、横向）（%）	−20～+5.00		

4.5.3　软聚氯乙烯压延薄膜和片材（见表 4-164）

表 4-164　软聚氯乙烯压延薄膜和片材的尺寸规格、分类及技术性能（摘自 GB/T 3830—2008）

分类及尺寸规格	产品由悬浮法聚氯乙烯树脂加入增塑剂、稳定剂及其他助剂压延成型，表面为光面或浅花纹面
	产品分为雨衣膜、民杂膜、民杂片、印花膜、玩具膜、农业膜、工业膜、特软膜、高透膜共 9 种
	产品的厚度、宽度尺寸系列国标没有规定，由生产企业自行确定
	厚度的极限偏差不超过公称尺寸的±10%
	宽度公称尺寸小于 1000mm 时，其极限偏差为±10mm；宽度公称尺寸大于或等于 1000mm 时，极限偏差为±25mm

项目		指标								
		雨衣膜	民杂膜	民杂片	印花膜	玩具膜	农业膜	工业膜	特软膜	高透膜
拉伸强度/MPa	纵向	≥13.0	≥13.0	≥15.0	≥11.0	≥16.0	≥16.0	≥16.0	≥9.0	≥15.0
	横向									
断裂伸长率（%）	纵向	≥150	≥150	≥180	≥130	≥220	≥210	≥200	≥140	≥180
	横向									
低温伸长率（%）	纵向	≥20	≥10		≥8	≥20	≥22	≥10	≥30	≥10
	横向									
直角撕裂强度/（kN/m）	纵向	≥30	≥40	≥45	≥30	≥45	≥40	≥40	≥20	≥50
	横向									
尺寸变化率（%）	纵向	≤7	≤7	≤5	≤7	≤6	—	—	≤8	≤7
	横向									
加热损失率（%）		≤5.0	≤5.0	≤5.0	≤5.0	—	≤5.0	≤5.0	≤5.0	≤5.0
低温冲击性（%）		—	≤20	≤20	—	—	—	—	—	—
水抽出率（%）		—	—	—	—	—	—	≤1.0	—	—
耐油性		—	—	—	—	—	—	不破裂	—	雾度≤2.0%

4.5.4　硬质聚氯乙烯板材（见表 4-165 和表 4-166）

表 4-165　硬质聚氯乙烯板材的尺寸规格（摘自 GB/T 22789.1—2008）　（单位：mm）

公称尺寸		长度和宽度的极限偏差					一般用途（T₁）板厚度 d 的极限偏差			特殊用途（T₂）板厚度 d 的极限偏差	
		≤500	>500～1000	>1000～1500	>1500～2000	>2000～4000	≥1~5	>5~20	>20	层压板	挤出板
极限偏差	层压板	+4　0					±15%d	±10%d	±7%d	±(0.1+0.05d)	±(0.1+0.03d)
	挤出板	+3　0	+4　0	+5　0	+6　0	+7　0	±13%d	±10%d	±7%d		

注：板材长和宽尺寸推荐不大于 4m，推荐幅面尺寸（长×宽，单位为 mm）为：1800×910、2000×1000、2400×1220、3000×1500、4000×2500。

表 4-166　硬质聚氯乙烯板材的分类及技术性能（摘自 GB/T 22789.1—2008）

性　能	试验标准	层压板材					挤出板材				
		第1类 一般 用途级	第2类 透明级	第3类 高模 量级	第4类 高抗 冲级	第5类 耐热级	第1类 一般 用途级	第2类 透明级	第3类 高模 量级	第4类 高抗 冲级	第5类 耐热级
拉伸屈服应力/MPa	GB/T 1040.2 I B 型	≥50	≥45	≥60	≥45	≥50	≥50	≥45	≥60	≥45	≥50
拉伸断裂伸长率(%)	GB/T 1040.2 I B 型	≥5	≥5	≥8	≥10	≥8	≥8	≥5	≥3	≥8	≥10
拉伸弹性模量/MPa	GB/T 1040.2 I B 型	≥2500	≥2500	≥3000	≥2000	≥2500	≥2500	≥2000	≥3200	≥2300	≥2500
缺口冲击强度(厚度小于4mm 的板材不做缺口冲击强度)/(kJ/m²)	GB/T 1043.1 1epA 型	≥2	≥1	≥2	≥10	≥2	≥2	≥1	≥2	≥5	≥2
维卡软化温度/℃	ISO306：2004 方法 B50	≥75	≥65	≥78	≥70	≥90	≥70	≥60	≥70	≥70	≥85
加热尺寸变化率(%)	GB/T 22789.1	−3～+3					厚度：$1.0mm \leqslant d \leqslant 2.0mm$： 　　　　　　−10～+10 $2.0mm < d \leqslant 5.0mm$： 　　　　　　−5～+5 $5.0mm < d \leqslant 10.0mm$： 　　　　　　−4～+4 $d > 10.0mm$；−4～+4				
层积性(层间剥离力)	GB/T 22789.1	无气泡、破裂或剥落(分层剥离)					—				
总透光率(只适于第2类透明级)(%)	ISO13468-1	厚度：$d \leqslant 2mm$，总透光率≥82%；$2mm < d \leqslant 6mm$，总透光率≥78%$6mm < d \leqslant 10mm$，总透光率≥75%；$d > 10mm$，总透光率不做规定									

左侧竖排：分类及性能

4.5.5　聚四氟乙烯(PTFE)板材（见表 4-167 和表 4-168）

表 4-167　聚四氟乙烯 PTFE 板材的物理力学性能（摘自 QB/T 5257—2018）

项目		指标		
		I 型	II 型	III 型
密度/(g/cm³)		2.14～2.20	2.13～2.20	2.13～2.20
尺寸变化率(%)		±0.5	±0.30	—
拉伸强度/MPa　≥		28.0	21.0	15.0
断裂拉伸应变(%)　≥		300	230	150
电气强度①/(kV/mm)	厚度 $t < 1.5mm$	$\geqslant 37 \sqrt{0.5/t}$	$\geqslant 30 \sqrt{0.5/t}$	—
	厚度 $t \geqslant 1.5mm$	≥21.5	≥17.0	—

① I 型和 II 型非电气绝缘用板材不进行电气强度测试。

表 4-168　聚四氟乙烯(PTFE)板材的尺寸规格(摘自 QB/T 5257—2018)

厚度/mm	极限偏差/mm		厚度/mm	极限偏差/mm	
	模压板材	车削板材		模压板材	车削板材
0.50	—	±0.05	10.00	+1.00 -0.50	—
1.00	—	±0.10	15.00	+1.50 -0.75	—
1.50	—	±0.15	15.00	+1.50 -0.75	—
2.00	+0.50 -0.12	±0.20	20.00	+2.00 -1.00	—
3.00	+0.40 -0.20	±0.30	25.00	+2.00 -1.00	—
4.00	+0.45 -0.22	+0.40 -0.20	30.00	+2.50 -1.25	—
5.00	+0.60 -0.30	+0.50 -0.25	40.00	+2.50 -2.00	—
6.00	+0.70 -0.35	+0.60 -0.30	50.00	±2.50	—
7.00	+0.80 -0.40	—	60.00	±3.00	—
8.00	+0.90 -0.45	—	70.00	±3.50	—
8.00	+0.90 -0.45	—	80.00	±4.00	—
9.00	+0.90 -0.45	—	90.00	±4.50	—
9.00	+0.90 -0.45	—	100.00	±5.00	—

注：1. 模压板材长度和宽度偏差为长度和宽度的 $^{+3\%}_{0}$。

2. 车削板材宽度偏差为宽度的 $^{+3\%}_{0}$，最大不超过 30mm；长度偏差为长度的 $^{+2\%}_{0}$。

3. 板材按如下方式进行标记：

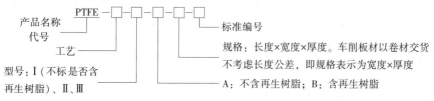

示例 1　长度为 1000mm、宽度为 1000mm、厚度为 5.0mm 的 I 型模压板材标记为：
　　　　PTFE—模压板—I—1000×1000×5.0—QB/T 5257

示例 2　由不含再生树脂生产的宽度为 1000mm、厚度为 3.0mm 的 II 型车削板材标记为：
　　　　PTFE—车削板—II—A—1000×3.0—QB/T 5257

示例 3　由含再生树脂生产的长度为 1200mm、宽度为 1200mm、厚度为 2.0mm 的 III 型车削板材标记为：
　　　　PTFE—车削板—III—B—1200×1200×2.0—QB/T 5257

4.5.6 聚乙烯板材(见表 4-169)

表 4-169 聚乙烯挤出板材的尺寸规格及技术性能(摘自 QB/T 2490—2000)[①]

<table>
<tr><td rowspan="5">板材规格和技术性能</td><td colspan="3">板材规格/mm</td><td colspan="3">技 术 性 能</td></tr>
<tr><td>项目</td><td>尺寸</td><td>极限偏差</td><td>项目</td><td colspan="2">指标</td></tr>
<tr><td>厚度</td><td>2~8</td><td>±(0.08+0.03S)</td><td>密度/(g/cm³)</td><td>0.919~0.925</td><td>0.940~0.960</td></tr>
<tr><td>宽度</td><td>≥1000</td><td>±5</td><td>拉伸屈服强度(纵、横向)/MPa</td><td>≥7.0</td><td>≥22.0</td></tr>
<tr><td>长度</td><td>≥2000</td><td>±10</td><td>简支梁缺口冲击试验(纵、横向)</td><td>无破裂</td><td>无破裂</td></tr>
<tr><td>对角线最大差值</td><td>每1000边长</td><td>≤5</td><td>断裂伸长率(纵、横向)(%)</td><td>≥200</td><td>≥500</td></tr>
</table>

<table>
<tr><td rowspan="3">挤出板材纵向尺寸变化率</td><td colspan="2">项目</td><td colspan="7">指标值</td></tr>
<tr><td colspan="2">板材厚度/mm</td><td>2</td><td>3</td><td>4</td><td>5</td><td>6</td><td>7</td><td>8</td></tr>
<tr><td colspan="2">纵向尺寸变化率(%) ≤</td><td>60</td><td>55[②]</td><td>50</td><td>45[②]</td><td>40</td><td>37.5[②]</td><td>35</td></tr>
</table>

① QB/T 2490—2000 已废止,本表仅供参考。

② 纵向尺寸变化率指标呈线性关系,板厚 3mm、5mm 和 7mm 的纵向尺寸变化率指标 55%、45% 和 37.5%,是在标准给定值上取中间值,并非标准直接给出的数值。

4.5.7 浇铸型工业有机玻璃板材(见表 4-170)

表 4-170 浇铸型工业有机玻璃板材的尺寸规格、性能及应用(摘自 GB/T 7134—2008)

<table>
<tr><td rowspan="3">尺寸规格/mm</td><td colspan="3">厚度:1.5~50;厚度尺寸系列:1.5、2.0、2.5、2.8、3.0~5.0(0.5进级)、6.0、8.0~13(1进级)、15、16、18、20~50(5进级)</td></tr>
<tr><td colspan="3">宽度和长度尺寸由供需双方商定</td></tr>
<tr><td colspan="3">长、宽、厚尺寸的极限偏差应符合 GB/T 7134—2008 的相关规定</td></tr>
<tr><td rowspan="10">性能</td><td rowspan="2">项 目</td><td colspan="2">指 标</td></tr>
<tr><td>无色</td><td>有色</td></tr>
<tr><td>抗拉强度/MPa</td><td>≥70</td><td>≥65</td></tr>
<tr><td>拉伸断裂应变(%)</td><td>≥3</td><td>—</td></tr>
<tr><td>拉伸弹性模量/MPa</td><td>≥3000</td><td>—</td></tr>
<tr><td>简支梁无缺口冲击强度/(kJ/m²)</td><td>≥17</td><td>≥15</td></tr>
<tr><td>维卡软化温度/℃</td><td>≥100</td><td>—</td></tr>
<tr><td>加热时尺寸变化(收缩)(%)</td><td>≤2.5</td><td>—</td></tr>
<tr><td>总透光率(%)</td><td>≥91</td><td>—</td></tr>
<tr><td rowspan="2">420nm 透光率(厚度 3mm)(%)</td><td>氙弧灯照射之前 ≥90</td><td>—</td></tr>
<tr><td>氙弧灯照射1000h之后 ≥88</td><td>—</td></tr>
<tr><td>应用</td><td colspan="3">以甲基丙烯酸甲酯为原料,在特定的模具内进行本体聚合而成的无色和有色的透明、半透明或不透明的工业用有机玻璃(PMMA)板材,有良好的耐候性,优良的透明性,表面硬度较高,综合性能优良,主要用于要求透明的各种制品,耐热性不高,长期使用温度为 80℃。浇铸型 PMMA 板材制品无内应力,各向同性,宜作为光学透明材料制作汽车、飞机、轮船等交通工具的窗玻璃和一般机器中的观察孔板等</td></tr>
</table>

4.5.8 双向拉伸聚丙乙烯(BOPS)片材(见表4-171和表4-172)

表4-171 BOPS片材的尺寸规格及技术性能(摘自 GB/T 16719—2008)

	公称厚度/mm	厚度极限偏差(%)	宽度极限偏差/mm	备注
尺寸规格	0.100~0.250	±7	+2 0	片材的厚度为0.100~0.700mm 片材的长度和宽度尺寸由生产厂决定,特殊尺寸规格的片材由供需双方确定
	0.251~0.400	±6		
	0.401~0.700	±5		

	项目	指标	项目	指标
技术性能	拉伸强度(纵、横)/MPa ≥	55.0	防雾性(级) ≥	3
	断裂伸长率(纵、横向)(%) ≥	3.0	透光率(%) ≥	90.0
	润湿张力/(mN/m) ≥	40.0	雾度(%) ≤	40.0

表4-172 BOPS片材的外观质量要求(摘自 GB/T 16719—2008)

项 目		要求	项 目	要求
裂纹、折痕、划痕、穿孔		不允许	卷筒表观	表面光滑
气泡/[个/(30cm×30cm)] ≤	直径≤1mm	3	卷筒管芯端部	不允许有影响使用的缺陷
	直径>1mm	不允许	条纹、暴筋、变形	轻微,不影响使用
异点/[个/(30cm×30cm)] ≤	直径≤1mm	3	端面平整度	在±5mm内,且平缓过渡
	直径>1mm	不允许	每卷接头数	允许1个,每段长度>50mm,每批有接头的卷数≤10%

4.5.9 环氧树脂工业硬质层压板(见表4-173~表4-175)

表4-173 环氧树脂工业硬质层压板的型号及用途(摘自 GB/T 1303.4—2009)

层压板型号			用途与特性
树脂	增强材料	系列号	
EP (环氧)	CC (纺织棉布)	301	机械和电气用。耐电痕化、耐磨、耐化学品性能好
	CP (纤维素纸)	201	电气用。高湿下电气性能稳定性好,燃烧性低
	GC (纺织玻璃布)	201	机械、电气及电子用。中温下强度极高,高温下电气性能稳定性好
		202	类似于 EP GC 201 型。低燃烧性
		203	类似于 EP GC 201 型。高温下强度高
		204	类似于 EP GC 203 型。低燃烧性
		205	类似于 EP GC 203 型。但采用粗布
		306	类似于 EP GC 203 型,但改进了电痕化指数
		307	类似于 EP GC 205 型,但改进了电痕化指数
		308	类似于 EP GC 203 型,但改进了耐热性

（续）

层压板型号			用途与特性
树脂	增强材料	系列号	
EP（环氧）	GM（玻璃毡）	201	机械和电气用。中温下强度极高，高湿下电气性能稳定性好
		202	类似于 EP GM 201 型。低燃烧性
		203	类似于 EP GM 201 型。高温下强度高
		204	类似于 EP GM 203 型。低燃烧性
		305	类似于 EP GM 203 型。但改进了热稳定性
		306	类似于 EP GM 305 型，但改进了电痕化指数
	PC（纺织聚酯纤维布）	301	电气和机械用。耐 SF_6 性能好

表 4-174　环氧树脂工业硬质层压板的尺寸规格（摘自 GB/T 1303.4—2009）

	标称厚度	极限偏差（所有型号）/mm					
		EP CC 301	EP CP 201	EP GC 201、202 203、204 306、308	EP GC 205、307	EP GM 201、202 203、204 305、306	EP PC 301
层压板标称厚度及极限偏差	0.4	—	±0.07	±0.10	—	—	—
	0.5	—	±0.08	±0.12	—	—	—
	0.6	—	±0.09	±0.13	—	—	—
	0.8	±0.16	±0.10	±0.16	—	—	—
	1.0	±0.18	±0.12	±0.18	—	—	—
	1.2	±0.19	±0.14	±0.20	—	—	±0.21
	1.5	±0.19	±0.16	±0.24	—	±0.30	±0.24
	2.0	±0.22	±0.19	±0.28	—	±0.35	±0.28
	2.5	±0.24	±0.22	±0.33	—	±0.40	±0.33
	3.0	±0.30	±0.25	±0.37	±0.50	±0.45	±0.37
	4.0	±0.34	±0.30	±0.45	±0.60	±0.50	±0.45
	5.0	±0.39	±0.34	±0.52	±0.70	±0.55	±0.52
	6.0	±0.44	±0.37	±0.60	+1.60 0	±0.60	±0.60
	8.0	±0.52	±0.47	±0.72	+1.90 0	±0.70	±0.72
	10.0	±0.60	—	±0.82	+2.20 0	±0.80	±0.82

（续）

标称厚度	极限偏差（所有型号）/mm					
	EP CC 301	EP CP 201	EP GC 201、202 203、204 306、308	EP GC 205、307	EP GM 201、202 203、204 305、306	EP PC 301
12.0 14.0 16.0	±0.68 ±0.74 ±0.80	— — —	±0.94 ±1.02 ±1.12	+2.40 0 +2.60 0 +2.80 0	±0.90 ±1.00 ±1.10	±0.94 ±1.02 ±1.12
20.0 25.0 30.0	±0.93 ±1.08 ±1.22	— — —	±1.30 ±1.50 ±1.70	+3.00 0 +3.50 0 +4.00 0	±1.30 ±1.40 ±1.45	±1.30 ±1.50 ±1.70
35.0 40.0 45.0	±1.34 ±1.47 ±1.60	— — —	±1.95 ±2.10 ±2.30	+4.40 0 +4.80 0 +5.10 0	±1.50 ±1.55 ±1.65	±1.95 ±2.10 ±2.30
50.0 60.0 70.0	±1.74 ±2.02 ±2.32	— — —	±2.45 — —	+5.40 0 +5.80 0 +6.20 0	±1.75 ±1.90 ±2.00	±2.45 — —
80.0 90.0 100.0	±2.62 ±2.92 ±3.22	— — —	— — —	+6.60 0 +6.80 0 +7.00 0	±2.20 ±2.35 ±2.50	— — —

第一列分组说明：

层压板标称厚度及极限偏差

层压板长、宽尺寸：　板材的幅面尺寸由供需双方商定。宽度和长度为 450～1000mm，极限偏差为 ±15mm；宽度和长度 >1000～2600mm，极限偏差为 ±25mm

表 4-175　环氧树脂工业硬质层压板的技术性能（摘自 GB/T 1303.4—2009）

性能		EP CC 301	EP CP 201	EP GC 201	EP GC 202	EP GC 203	EP GC 204	EP GC 205	EP GC 306
垂直层向弯曲强度/MPa	常态下	≥135	≥110	≥340	≥340	≥340	≥340	≥340	≥340
	150℃±3℃	—	—	—	—	—	≥170	≥170	≥170
表观弯曲弹性模量/MPa		—	—	≥24000	—	—	—	—	—
垂直层向压缩强度/MPa		—	—	≥350	—	—	—	—	—
平行层向冲击强度（简支梁法）/（kJ/m²）		≥3.5	—	≥33	≥33	≥33	≥33	≥50	≥33
平行层向冲击强度（悬臂梁法）/（kJ/m²）		≥6.5	—	≥34	≥34	≥34	≥34	≥54	≥35
平行层向剪切强度/MPa		—	—	≥30	—	—	—	—	—
拉伸强度/MPa		—	—	≥300	—	—	—	—	—
平行层向击穿电压（90℃油中）/kV		≥35	≥20	≥35	≥35	≥35	≥35	≥35	≥35
介电常数（50Hz）		—	—	≤5.5	—	—	—	—	—
介电常数（1MHz）		—	—	≤5.5	—	—	—	—	—
介质损耗因数（50Hz）		—	—	≤0.04	—	—	—	—	—
介质损耗因数（1MHz）		—	—	≤0.04	—	—	—	—	—
浸水后绝缘电阻/MΩ		≥1×10³	≥1×10⁴	≥5×10⁴	≥5×10⁴	≥5×10⁴	≥5×10⁴	≥1×10⁴	≥5×10⁴
耐电痕化指数（PTI）		—	—	≥200	—	—	—	—	—
长期耐热性		—	—	≥130	—	—	—	—	—
密度/（g/cm³）		—	—	1.7~1.9	—	—	—	—	—
燃烧性/级		—	V-0	—	V-0	—	—	—	—

性能		EP GC 307	EP GC 308	EP GM 201	EP GM 202	EP GM 203	EP GM 204	EP GM 305	EP GM 306	EP PC 301
弯曲强度/MPa	常态下	≥340	≥340	≥320	≥320	≥320	≥320	≥320	≥320	≥110
	150℃±3℃	≥170	≥170	—	—	≥160	≥160	≥160	≥160	—

（续）

性　能	要　求 型　号										
	EP GC 307	EP GC 308	EP GM 201	EP GM 202	EP GM 203	EP GM 204	EP GM 305	EP GM 306	EP PC 301
平行层向简支梁冲击强度（kJ/m²）	≥50	≥33	≥50	≥50	≥50	≥50	≥50	≥50	≥130
平行层向悬臂梁冲击强度（kJ/m²）	≥55	≥35	≥55	≥55	≥55	≥55	≥55	≥55	≥145
平行层向击穿电压（90℃油中）/kV	≥35	≥20	≥35	≥35	≥35	≥35	≥35	≥35	≥55
浸水后绝缘电阻/MΩ	1×10^4	5×10^4	5×10^3	5×10^3	5×10^3	5×10^3	5×10^3	5×10^3	1×10^2
耐电痕化指数	500	—	—	—	—	—	—	500	—
长期耐热性	—	180	—	—	—	—	180	180	—
燃烧性/级	—	—	—	V-0	—	V-0	—	—	—

注：1. "表观弯曲弹性模量" "垂直层向压缩强度" "平行层向剪切强度" "拉伸强度" "工频介质损耗因数" "1MHz 下介质损耗因数" "1MHz 下介电常数" "工频介电常数" "密度" 为特殊性能要求，由供需双方商定。

2. 垂直层向弯曲强度（150℃±3℃）在 150℃±3℃，1h 处理后在 150℃±3℃测定。

3. 平行层向冲击强度（简支梁法）和平行层向冲击强度（悬臂梁法）任选一项达到要求即可。

4. 介电常数（50Hz）和介电常数（1MHz）任选一项达到要求即可。

5. 介质损耗因数（50Hz）和介质损耗因数（1MHz）任选一项达到要求即可。

4.6 工程用塑料的选用(见表4-176~表4-192)

表4-176 按零件工况要求选用塑料品种

选用塑料的一般注意事项	塑料是国民经济中重要的工业材料。在工程中选用塑料时,应充分了解和掌握塑料的力学性能、物理和化学性能、加工工艺性能,对材料资源、材料成本等多种因素进行综合分析。经验和类比方法仍然是目前生产中常用的选材方法。一般情况下,当要求零件重量轻、比强度高、结构形状复杂、耐蚀性能高、自润滑性好、有一定的力学性能、可承受轻负荷或中载荷、防振、隔热、隔音时,综合分析后均可考虑采用塑料。本表及表4-127~表4-176可供选材时参考。 一般工程塑料目前尚难满足零件或制品强度很高、耐热温度高(300℃以上)、尺寸精度高、高绝缘、高导电、高磁性等要求,此时应考虑选用其他高性能的材料

分类	工况要求	零件实例	材料性能	可选材料品种
一般结构零件	不承受或只承受很小的载荷,工作环境温度不高	壳体、盖板、外罩、支架、手柄、手轮、导管、管接头、方向盘、一般紧固件等	只要求较低的强度和耐热性能,但因用量较大,还要求成型工艺性好,成本低廉	低压聚乙烯、聚苯乙烯、改性聚苯乙烯、聚丙烯、聚氯乙烯、尼龙、ABS等。稍大壳体零件要求有较好的刚性时可选用聚碳酸酯
透明结构零件	不承受或只承受很小的载荷,工作环境温度不高	仪表壳、灯罩、风窗玻璃、液面计、油标、设备标牌等	要求透光性好,并要求一定的耐热性、耐候性和耐磨性	有机玻璃、聚苯乙烯、聚碳酸酯、聚砜、透明芳香尼龙、ABS的改性品种MBS
普通传动零件	承受交变应力及冲击载荷,表面受磨损,工作条件较为苛刻	齿轮、齿条、凸轮、蜗轮、蜗杆、滚子、联轴器等	要求有较高的强度、刚度、韧性、耐磨性、耐疲劳性、耐热性和尺寸稳定性	尼龙、MC尼龙、聚甲醛、F-4填充的聚甲醛、聚碳酸酯、氯化聚醚、夹布酚醛、增强聚丙烯、增强热塑性聚酯
	在中等或较低载荷、中等温度(80℃以下)和少或无润滑条件下工作		有较高的疲劳强度与耐振性,但吸湿性大	尼龙6、尼龙66
	同上条件,可在湿度波动较大的情况下工作		强度与耐热性略差,但吸湿性较小,尺寸稳定性较好	尼龙610、尼龙1010、尼龙9
	适宜铸造大型齿轮及蜗轮等		强度、刚性均较高,耐磨性也较好	铸型尼龙(MC尼龙)
	在高载荷、高温下使用,传动效率好,速度较高时应用油润滑		强度、刚度、耐热性均优于未增强者,尺寸稳定性亦显著提高	玻璃纤维增强尼龙
	在高载荷、温度下使用精密齿轮,速度较高时用油润滑		强度、刚度、耐热性可与增强尼龙媲美,尺寸稳定性超过增强尼龙,但耐磨性较差	玻璃纤维增强聚碳酸酯
	适用于在高温水或蒸汽中工作的精密齿轮		较上述不增强者均优,成型精度亦高,耐蒸汽,但有应力开裂倾向	聚苯硫醚(PPO)
	在260℃以下长期工作的齿轮		强度、耐热性最高,成本也最高	聚酰亚胺
	在中等及轻载荷、中等温度(100℃以下)、无润滑或少润滑下工作		耐疲劳,刚性高于尼龙,吸湿性很小,耐磨性亦佳,但成型收缩率特大	聚甲醛
	大量生产,一次加工。当速度高时,应用油润滑		成型收缩率特小,因此精度高,但耐疲劳强度较差,并有应力开裂的倾向	聚碳酸酯

（续）

分类	工况要求	零件实例			材料性能	可选材料品种
高强度、高模量结构件	负荷大，运转速度高，有的承受强大的离心力和热应力，有的受介质腐蚀	燃气轮机压气机叶片、高速风扇叶片、泵叶轮、船用螺旋桨、发电机护环、压力容器、高速离心转筒、船艇壳体、汽车车身等			要求有高强度、高的弹性模量（刚度）、耐冲击、耐疲劳、耐腐蚀以及较高的热变形温度	玻璃纤维增强的热塑性塑料（其中以尼龙的增强效果最好，其次为聚碳酸酯、线型聚酯、聚苯乙烯等）及环氧玻璃钢、聚酯玻璃钢、碳纤维增强的环氧塑料等
摩擦零件	受力不大，但运动速度较高，有的是在无油或少油润滑条件下运转	轴承、轴套、滑动导轨、活塞环，机械动密封圈、填料函等			对强度要求不高，但要求有良好的自润滑性、较低的摩擦因数、一定的耐油性和较高的热变形温度	低压聚乙烯、尼龙、MC尼龙、氯化聚醚、聚四氟乙烯及填充聚四氟乙烯、F-4填充的聚甲醛 对于工作条件苛刻的轴承可采用塑料-金属三层复合材料
耐腐蚀零件	在常温或高温下，长期受酸、碱或其他腐蚀性介质的侵蚀	化工容器、管道、泵、阀、塔器、搅拌器、反应釜、热交换器、冷凝器、分离和排气净化设备			主要要求有抵抗各种强酸、强碱、强氧化剂和有机溶剂等化学介质腐蚀的能力，以保证正常操作，安全生产	可供选用的品种有：硬聚氯乙烯、聚乙烯、聚丙烯、氟塑料、氯化聚醚、聚苯硫醚、酚醛玻璃钢、环氧玻璃钢、呋喃玻璃钢、聚酯玻璃钢等
		全塑结构件			耐蚀性好，抗热变形性能优良，力学性能较高	聚丙烯、硬聚氯乙烯及其填充增强塑料、填充聚四氟乙烯、氯化聚醚、聚苯硫醚
		衬里结构件			耐蚀性好，负荷由基材承受	环氧树脂及其玻璃钢，工作温度不高可用聚氯乙烯、聚乙烯、聚丙烯、氯化聚醚，温度高时用氟塑料
		加强复合结构件			力学性能和耐蚀性均要求高	玻璃钢加强的硬聚氯乙烯或聚丙烯
		涂层结构件			涂层薄，只作防大气腐蚀之用	环氧、氯化聚醚、聚乙烯、聚三氟氯乙烯、聚苯硫醚
电气绝缘零件	在工频交流或直流电压为1kV及以下的低压电场中工作	低压电机电器绝缘件及电缆电线绝缘层	耐热等级	Y级（≤90℃）	这类电气绝缘层的破坏主要是热老化，故选材时首先是按绝缘材料的耐热级别来选择，其次才考虑环境适应性，如耐潮、耐湿热、耐油、耐溶剂及耐户外气候性，有时还要考虑强度、刚性、耐弧性和耐燃性	聚氯乙烯、聚丙烯、聚苯乙烯、聚甲醛、尼龙、有机玻璃以及加入有机填料的酚醛、氨基塑料等
				A级（≤105℃）		聚氯乙烯、聚丙烯、尼龙及以木粉、石粉或高岭土、棉纤维填充的酚醛、脲醛压塑料

（续）

分类	工况要求	零件实例		材料性能	可选材料品种
电气绝缘零件	在工频交流或直流电压为1kV及以下的低压电场中工作	低压电机电器绝缘件及电缆电线绝缘层	耐热等级	E级（≤120℃）	这类电气绝缘层的破坏主要是热老化，故选材时首先是按绝缘材料的耐热级别来选择，其次才考虑环境适应性，如耐潮、耐湿热、耐油、耐溶剂及耐户外气候性，有时还要考虑强度、刚性、耐弧性和耐燃性	聚碳酸酯、聚苯醚、氯化聚醚以及有机填料（纸、布）填充改性的酚醛层压塑料制品
				B级（≤130℃）		加入无机填料（石棉、玻璃纤维）的酚醛、环氧、聚酯、三聚氰胺层压塑料制品和模压塑料
				F级（≤155℃）		聚砜、芳香尼龙、F-46以及加入无机填料（石棉、玻璃纤维）的环氧、有机硅、DAP层压或模压塑料
				H级（≤180℃）		F-4、聚苯硫醚、聚芳砜以及加入无机填料（石棉、玻璃纤维）的有机硅、二苯醚、DAIP压塑料
				C级（180℃以上）		F-4、聚酰亚胺、聚芳砜、聚苯硫醚、聚苯并咪唑
	在中压或高压（6kV以上）的电场条件下工作	高压电气绝缘件		高压电缆绝缘层	除应具备低压电工材料的某些性能外，还要求耐电压强度高、介电常数与介质损耗因数小、抗电晕及优良的耐候性	交联聚乙烯。在较低电压下可用聚碳酸酯、聚烯烃及F-4等
				高压电机、电器绝缘件		通常采用双酚A型环氧、脂环族环氧和线型酚醛型环氧等塑料品种，但需进行合适的防电晕处理
	在高频率电场条件下工作	高频设备（如高频干燥、热处理、焊接等）及普通无线电电子设备上的绝缘件			在高频设备中，电磁感应、涡流、容抗和介电损耗等问题比较突出，一般应选用介电常数小而稳定及tanδ值小的材料	常用的有聚烯烃、F-4和F-46塑料以及某些纯碳氢的热固性塑料，也可选用聚酰亚胺、有机硅、聚苯醚、聚苯乙烯和聚丙烯。在高频高压工况下，则宜选用交联聚乙烯
		电容器介质材料			应具有适当高的介电常数、高的耐压强度和尽可能小的tanδ值，质地要均匀密实，介电性能不应有大的温度和频率依赖性	聚酯薄膜、聚苯乙烯薄膜、聚丙烯薄膜、聚四氟乙烯薄膜、聚酰亚胺薄膜以及酯交换法生产的聚碳酸酯塑料

表 4-177 按性能要求选用塑料品种

性能要求	可选的材料品种
成本与质量比低	脲醛、酚醛、聚苯乙烯、聚乙烯、聚丙烯、PVC
成本与体积比低	PE、PP、脲醛、酚醛、PS、PVC
弹性模量低	PE、PC、氟塑料
弹性模量高	三聚氰胺、脲醛、酚醛
断裂伸长率高	PE、PP、有机硅、乙烯醋酸乙酯
断裂伸长率低	PES、玻璃纤维增强 PC、玻璃纤维增强尼龙、玻璃纤维增强 PP、热塑性聚酯、聚醚酰亚胺、乙烯酯、聚醚醚酮、环氧、聚酰亚胺
弯曲模量(刚性)高	PPS、环氧、玻璃纤维增强酚醛、玻璃纤维增强尼龙、聚酰亚胺、对苯二甲酸二烯丙酯、聚对苯二醛胺、热塑性聚酯
弯曲屈服强度高	玻璃纤维增强聚氨酯、环氧、碳纤维增强尼龙、玻璃纤维增强 PPS、聚对苯二甲酰胺、PEI、PEEK、碳纤维增强 PC 等
低摩擦因数	氟塑料、尼龙、聚甲醛
高硬度	三聚氰胺、玻璃纤维或纤维素增强酚醛、聚酰亚胺、环氧
高冲击强度	酚醛、环氧、PC、ABS
高耐湿性	PE、PP、氟塑料、PPS、聚烯烃、热塑性聚酯、聚苯醚、PS、PC(玻璃纤维或碳纤维增强 PC)
软化性能好	PE、有机硅、PVC、热塑性弹性体、聚氨酯、乙烯醋酸乙酯
高断裂抗拉强度	环氧、玻璃纤维或碳纤维增强尼龙、聚氨酯、玻璃纤维增强热塑性聚酯、聚对苯二甲酰胺、PEEK、碳纤维增强 PC、PEI、PES
高拉伸屈服强度	玻璃纤维或碳纤维增强尼龙、聚氨酯、玻璃纤维热塑性聚酯、PEEK、PEI、聚对苯二甲酰胺、玻璃纤维或碳纤维增强 PPS
抗压强度高	聚对苯二甲酰胺、玻璃纤维增强酚醛、环氧、三聚氰胺、尼龙、玻璃纤维增强热塑性聚酯、聚酰亚胺
电阻性高	PS、氟塑料、PP
介电常数高	酚醛、PVC、氟塑料、三聚氰胺、烯丙基塑料、尼龙、聚对苯二甲酰胺、环氧
介电强度高	PVC、氟塑料、PP、聚苯醚、酚醛、热塑性聚酯、玻璃纤维增强尼龙、聚烯烃、PE
介质损耗因数高	PVC、氟塑料、酚醛、热塑性聚酯、尼龙、环氧、对苯二甲酸烯丙酯、聚氨酯
承载耐变形性好	热固性层压制品
低热导率	PP、PVC、ABS、PPO、聚丁烯、丙烯酸、PC、热塑性聚酯、尼龙
低线胀系数	碳纤维或玻璃纤维增强 PC、玻璃纤维增强酚醛、碳纤维或玻璃纤维增强尼龙、玻璃纤维增强热塑性聚酯、玻璃纤维或碳纤维增强 PPS、PEI、PEEK,聚对苯二甲酰胺、烯丙基塑料、三聚氰胺
永久性高透明度	丙烯酸、PC
重量轻	PP、PE、聚丁烯、乙烯醋酸乙酯、甲基丙烯酸乙酯
白度保持程度高	三聚氰胺、脲醛
耐热等级	70℃	聚苯乙烯、改性聚苯乙烯、聚氯乙烯、ABS、低温环氧复合材料、有机玻璃
	90℃(Y级)	低密度聚乙烯、聚甲醛、尼龙 1010、改性聚氯乙烯、改性有机玻璃
	105℃(A级)	高密度聚乙烯、氯化聚醚、聚丙烯、耐热有机玻璃、MC 尼龙
	120℃(E级)	木粉填料酚醛塑料粉、增强尼龙、聚碳酸酯、增强聚丙烯、聚苯醚、聚三氟氯乙烯、氨基塑料
	130℃(B级)	矿物填料酚醛塑料粉、增强聚碳酸酯、芳香尼龙
	155℃(F级)	聚砜、改性聚苯醚、DAP 塑料、三聚氰胺玻璃纤维压塑料、硅酮塑料
	180℃(H级)	有机硅树脂、聚酯料团、增强涤纶
	180℃以上(C级)	聚四氟乙烯、聚苯砜醚、聚酰亚胺、酚醛玻璃纤维模压塑料、聚芳砜、聚全氟乙丙烯、增强聚苯硫醚

表 4-178 热固性树脂的最高使用温度

树脂名称	符号	种类	填充材料	最高使用温度/℃
三聚氰胺树脂	MF	层压板	玻璃纤维	75(100)[1]
		成型材料	纤维素	120
			无机填料	140
酚醛树脂	PF	层压板	棉布	115(85)[2]
			纸	120(70)[3]
			尼龙布	75
			无机填料	140
		成型材料	无机填料以外的填料	140(150)[1]
			无机填料	150(160)[4]
三聚氰胺/酚醛树脂		成型材料	相对密度<1.55	130
尿素树脂	UF	成型材料	纤维素	90
不饱和聚酯树脂	UF	浇注料		120
		层压板	无机填料	140
		成型材料	无机物以外的填料	120
			无机粉末	140
			玻璃纤维	155
环氧树脂	EP	浇注料		120
		层压板	无机物以外的填料	110(90)[3]
			无机物	130(140)[4]
		成型材料		130
苯二甲酸二烯丙酯树脂	PDAP	层压板	无机物	140
		成型材料	无机物以外的填料	130
			无机物粉末	150
			玻璃纤维	155
二甲苯树脂		浇注用	—	140
聚酰胺酰亚胺树脂		薄膜	—	180
有机硅树脂	Si	层压板	无机填料	180(220)[3]
		成型材料		180(240)[4]
聚酰亚胺树脂		薄膜	—	210
		层压板	—	190
聚丁二烯		浇注用	无机填料	120
		成型材料		130
聚苯醚		层压板	无机填料	180
聚氨酯		成型材料	软质	—
			硬质	—

① 该值适用于热绝缘制品。

② 该值适用于厚度<0.8mm 的制品。

③ 该值适用于难燃制品和厚度<0.8mm 的制品。

④ 该值适用于热绝缘和被覆线引出密封用制品。

表4-179 常用塑料的耐热性能

塑料品种	热变形温度/℃	维卡软化点/℃	马丁耐热温度/℃	塑料品种	热变形温度/℃	维卡软化点/℃	马丁耐热温度/℃
HDPE	80	120	—	PC	134	153	112
LDPE	50	95	—	PA6	58	180	48
EVA	—	64	—	PA66	60	217	50
PP	102	110	—	PA1010	55	159	44
PS	85	105	—	PET	70	—	80
PMMA	100	120	—	PBT	66	177	49
PTFE	260	110	—	PPS	240	—	102
ABS	86	160	75	PPO	172	—	110
PSF	185	180	150	PI(不熔)	360	300	—
POM	98	141	55	LCP	315	—	—
PAR	280	—	—	PEEK	230	—	—
POB	260~300	—	—	PI(可熔)	270~280	—	—
EP	230	—	—	PF	200	—	—
F4	260	—	—	PBI	435	—	—
PES	180	—	—	PBP	450	—	—

表4-180 塑料的燃烧性能

塑料类别	燃烧性	试样的外形变形	分解出气体的酸碱性	火焰的外表	分解出气体的气味	其他
有机硅	不燃烧	无变化				烈火中生成白色 SiO₂
聚四氟乙烯			强酸性		在烈火中分解出刺鼻的氟化氢	
聚三氟氯乙烯		变软	强酸性		在烈火中分解出刺鼻的氟化氢和氯化氢	
酚醛树脂	火焰中很难燃烧，离开火焰后自灭	保持原形，然后开裂和分解	中性	发亮，冒烟	酚与甲醛味	焦化
尿醛、三聚氰胺树脂			碱性	淡黄，边缘发白	氨、胺（鱼腥）、甲醛味	
聚氯乙烯		首先变软，然后分解；样品变为褐色或黑色	强碱性	黄橙，边缘发绿	氯化氢味	
聚偏氯乙烯						
氯化聚醚	火焰中能燃烧，不容易点燃，离开火焰后自灭	变软，不淌滴	中性	绿，起炱（冒黑烟）		
氯乙烯/丙烯腈共聚物		收缩，变软，熔化	酸性	黄橙，边缘发绿	氯化氢味	
氯乙烯/乙酸乙烯酯共聚物		变软	酸性	黄，边缘发绿	氯化氢味	
聚碳酸酯		熔化，分解，焦化	中性，开始为弱酸性	明亮，起炱	无特殊味	
聚酰胺	火焰中能燃烧，不太容易点燃，离开火焰后自灭	熔化，淌滴，然后分解	碱性	黄橙，边缘蓝色	烧头发、羊毛味	

（续）

塑料类别	燃烧性	试样的外形变形	分解出气体的酸碱性	火焰的外表	分解出气体的气味	其他
三醋酸纤维素	火焰中能燃烧，容易点燃，离开火焰后自灭	熔化，成滴	酸性	暗黄，起炱	醋酸味	
苯胺-甲醛树脂		胀大，变软分解	中性	黄，冒烟	苯胺、甲醛味	
层压酚醛塑料	火焰中能燃烧，离开火焰后慢慢自灭	通常会焦化	中性	黄	苯酚、焚纸味	
苄基纤维素		熔化，焦化	中性	明亮，冒烟	苯甲醛（苦杏仁）味	
聚乙烯醇		熔化，变软变褐色，分解	中性	明亮	刺激味	
聚对苯二甲酸乙二醇酯	火焰中能燃烧，不容易点燃，离火后能继续燃烧	变软，熔化淌滴		黄橙，起炱	甜香，芳香味	
醇酸树脂		熔化，分解	中性	明亮	刺激味（丙烯醛）	
聚乙烯醇缩丁醛			酸性	蓝，边缘发黄	油酚味	不像聚乙烯醇缩丁醛那样会淌滴
聚乙烯醇缩乙醛			酸性	边缘发紫	醋酸味	
聚乙烯醇缩甲醛			酸性	黄-白	稍有甜味	
聚乙烯		熔化，缩成滴	中性	明亮（中间发蓝）	石蜡（蜡烛吹熄）味	滴下小滴继续燃烧
聚丙烯			中性			
聚酯（玻璃粉填料）			中性	黄，明亮，起炱	辛辣味	
聚苯乙烯	火焰中能燃烧，很容易点燃，离开火焰后继续燃烧	变软	中性	明亮，起炱	甜味（苯乙烯）	
聚乙酸乙烯酯			酸性	深黄，明亮，稍起炱	醋酸味	
聚甲基丙烯酸甲酯		变软，稍有焦化	中性	黄，边缘发蓝，明亮，稍起炱，有破裂声	水果甜味（甲基丙烯酸甲酯）	
聚丙烯酸酯			中性	明亮，起炱	刺鼻味	
聚甲醛		熔化与分解	中性	蓝	甲醛味	
聚异丁烯			中性	明亮	与焚纸味有些相似	

表 4-181　塑料的氧指数

塑料名称	氧指数	塑料名称	氧指数
聚甲醛	14.9	AS 树脂	19.1
聚氧化乙烯（聚环氧乙烷）	15.0	丁酸纤维素（2.8%水分）	19.9
聚甲醛（玻璃纤维 30%）	15.6	Arylon（聚砜-ABS 掺混料）	20.6
乙酸纤维素（0.1%水分）	16.8	ABS 树脂（玻璃纤维 20%）	21.6
聚甲基丙烯酸甲酯	17.3	纸基酚醛层压板	21.7

（续）

塑料名称	氧指数	塑料名称	氧指数
聚丙烯	17.4	聚酯	18~19
聚苯乙烯	17.8	阻燃聚酯	23~30
阻燃聚苯乙烯	24~30	聚丙烯（阻燃）	23.7
乙酸纤维素（4.9%水分）	18.1	Noryl（聚苯醚）	24.3
聚丙烯（玻璃纤维30%）	18.5	尼龙66	24.3
ABS树脂	18.8	环氧玻璃钢（层压）	24.9
丁酸纤维素（0.06%水分）	18.8	ABS树脂（阻燃）	25.2
聚乙烯	19.0	Noryl（阻燃）SE-100	27.4
阻燃聚乙烯	24~30	PVC Geon 101	45.0
聚丙烯（阻燃）Avisun2356	29.2	环氧玻璃钢 GE11635 FR-4	49.0
聚碳酸酯	24.8	云母填充酚醛 Plenco343-B817	52
聚碳酸酯（玻璃纤维20%）	29.8	聚偏氯乙烯	60
尼龙66（水分8%）	30.1	聚四氟乙烯	95.0
聚砜 P1700	30.4	一般聚氯乙烯	24~25
PVC	31.5	硬质聚氯乙烯	35~38
PVF	43.7		

注：氧指数为表征塑料的耐燃烧性参数，一般氧指数为18~21属可燃性，22~25为自熄性，26以上为难燃性塑料。

表 4-182　塑料的耐蚀性能

化学品名	塑料名称			
	聚氯乙烯	聚偏氯乙烯	高压聚乙烯	聚丙烯
硫酸	10%、70℃、C；30%、室温，A；98%、室温，C	98%，变色硬化	褪色	2%~10%、100℃，A；100%，D
硝酸	A	65%，B，变色硬化	浓硝酸，开裂	发烟硝酸，D；50%、60℃，A
盐酸	<35%，A	35%，B，暗褐色脆化	色稍褪	30%、60℃，10%、100℃，D
氢氟酸	50%、22℃，A；60℃，D	48%，B，变色硬化	A	38%~40%、20℃，A
氯气	A	饱和，A	色稍褪	干气，C；湿气，C；液体，D
二氧化硫	干气，A；湿气，B	干气，A	A	气体、100℃，A
氢氧化钠	A	50%，B，变色硬化	色稍褪	A
氨	干气，A；湿气，D	D	稍膨润	30%、20%，A
硝酸铵	A	饱和，稍硬化	A	A
过氧化氢	A	A	A	30%、20℃，A；30%、49℃，D
铬酸	10%、室温，A；50%，D	A	50%，A	1%、60℃，A；10%、60℃，B
重铬酸钾	A	A	A	—
乙酸	10%~80%、室温，A；冰醋酸，22℃，A；60℃，D	冰醋酸，A（稍脆）	极微膨润	100%、<20℃，A；10%、<60℃，A
乙酐	D	软化	极微膨润	B

（续）

化学品名	塑料名称			
	聚氯乙烯	聚偏氯乙烯	高压聚乙烯	聚丙烯
甲酸	22℃，A；60℃，D	B，硬化、脆化	A	100%，A；10%、60℃，A
顺酐	—	A	A	—
脂肪酸	A	A，变暗褐色	A	—
烃	D	软化	膨润、开裂	苯，A；甲苯，D
醇	<96%、60℃，A	稍软	A	A
酯	D	软化	稍膨润	醋酸丁酯，D
乙酸乙酯	D	软化，D	稍膨润	膨润，C
二氯乙烷	D	室温，D	稍膨润	室温，D
酮	D	软化	稍膨润	丙酮，A
尿素	A	A	A	—
氯代溶剂	CCl_4，D	稍软化	膨润	CCl_4，D
乙醛	D	A	B	C

化学品名	塑料名称			
	丙烯腈-丁二烯-苯乙烯共聚物 ABS	丙烯腈-苯乙烯树脂 AS	聚丙烯酸酯	聚三氟氯乙烯	聚四氟乙烯
硫酸	10%，A	30%，A	6%，B；强酸，D	A	30%、12 个月、71℃，质量不变
硝酸	10%，稍受侵蚀	—	10%，C；10%、70℃，D；30%、70℃，D	A	10%、24℃，不变；71℃，增重 0.1%A
盐酸	10%，A	10%，A	38%，B	A	10%~20%，A
氢氟酸	10%，A；浓，D	10%，A	30%，B；强酸，D	A	≤60%、20~100℃，A
氯气	液氯，D	A	干气，B；湿气，D	A	干、湿液，A
二氧化硫	干、湿气，稍受蚀	—	干气，B；湿气，D	A	A
氢氧化钠	10%，A	10%，A	A	A	A
氨	NH_4OH，A；气体或液体，D	—	水溶液，B	A	全浓度、沸点，A
硝酸铵	A	—	A	A	全浓度、沸点，A
过氧化氢	A	A	<50%，A	A	A
铬酸	6%，稍受蚀	6%，A	D	A	A
重铬酸钾	A	A	A	A	全浓度、室温~沸点，A
乙酸	5%，A	5%，A	15%，C；强酸，D	A	全浓度、室温~沸点，A
乙酐	C	—	D	A	沸点，A
甲酸	10%，A	10%，A	30%，B；强酸，D	A	A
顺酐	—	—	—	A	—

（续）

化学品名	塑料名称				
	丙烯腈-丁二烯-苯乙烯共聚物 ABS	丙烯腈-苯乙烯树脂 AS	聚丙烯酸酯	聚三氟氯乙烯	聚四氟乙烯
脂肪酸	A	A	A	A	室温~200℃，A
烃	甲苯，溶解	甲苯，D	D	A	苯、24℃、12个月，增重0.3%，A
醇	甲醇、75%乙醇，稍受蚀	甲醇、95%乙醇，B	乙醇50%，B；甲醇60%，D	A	95%乙醇、49℃、12个月，A
酯	D	D	D	B	A
乙酸乙酯	D	D	D	B	24℃、12个月，增重0.5%
二氯乙烷	D	—	D	A	室温~沸点，A
酮	溶解	D	D	A	丙酮、沸点，A
尿素	—	—	—	A	
氯代溶剂	受蚀	C	D	B	CCl₄、24℃、12个月，增重0.6%
乙醛	D	—	D	A	全浓度、室温~100℃，A

化学品名	塑料名称				
	聚偏氟乙烯	氯化聚醚	聚甲醛	聚碳酸酯	尼龙	酚醛树脂
硫酸	B	A	D	75%，A		30%，0.98，A
硝酸	B	A	D	75%，A	D	10%，1.97，B
盐酸	B	50%，A	D	20%，A		10%，1.49，B
氢氟酸	B	30%，A	D	25%，A(稍蚀)	D	≤60%、室温~100℃，A(碳纤维增强)
氯气	B	<120℃，A	D	湿润态，D	A	干、湿气，室温~80℃，A(碳纤维或石棉增强)
二氧化硫	A	D	干气，B；湿气，A	A	B	室温、72h不变，A
氢氧化钠	B	70%、<120℃，A	C~D	—	B	1%，0.85；10%，2.78
氨	B	气、液、<105℃，A	D	D	B	A(石棉增强)
硝酸铵	B	<120℃，A	C	A	B	A
过氧化氢	A	90%、<65℃，A；35%、<100℃，A	D	A	C	3%，1.04
铬酸	B	呈现复杂的结果	D	A	D	D
重铬酸钾	A	<120℃，A	D	A	D	90%、室温，C
乙酸	B	A	C	50%，A	D	5%，0.98
乙酐	B	<105℃，A	B	D	D	105℃，B(石棉增强)
甲酸	A	A	D	A	D	25%、室温，A；50%~90%，A
顺酐	B	<120℃，A	B	—		
脂肪酸	A	A	B	A	A	—
烃	A	<65℃，A	A	苯、甲苯，D	A	甲苯，0.016
醇	A	A	A	甲醇，C；乙醇，A	B(尺寸变化)	95%乙醇，0.041

(续)

化学品名	塑料名称					
	聚偏氟乙烯	氯化聚醚	聚甲醛	聚碳酸酯	尼龙	酚醛树脂
酯	A	<105℃，A	—	A	A	醋酸甲酯和丁酯，A
乙酸乙酯	B	醋酸丁酯、60℃，A；甲酯，A	A	D	A	0.8
二氯乙烷	B	<65℃，A	A	D	A	室温~沸点，A(填石棉)
酮	丙酮下缓慢分解	<65℃，A	A	丙酮，D（结晶化）	A	丙酮，0.086
尿素	B	<120℃，A	A	A	—	
氯代溶剂	A	<105℃，CCl$_4$，A	A	CCl$_4$，应力开裂	A	CCl$_4$，0.006
乙醛	B	<65℃，A	A	A	A	40%、60℃，A

化学品名	塑料名称			
	聚酯(玻璃纤维增强)	环氧(玻璃纤维增强)	聚邻苯二甲酸二烯丙酯(DAP 树脂)	呋喃树脂(涂层)
硫酸	50%，C~B	10%、低温，A；高温，B。70%、低温，A；高温，D	30%，+0.48[①]	50%，A
硝酸	20%，C	5%、低温，C；高温，D。20%、高或低温，D	10%，+1.29	10%，A；52%，D
盐酸	C	低温，B；高温，C	20%、80℃，D	A
氢氟酸	D	—	—	—
氯气	C	B	—	D
二氧化硫	C	B	—	A
氢氧化钠	D	≤50%、室温~80℃，A	A	A
氨	NH$_4$OH，B	NH$_4$OH，A	1.2%水溶液，A	A
硝酸铵	B	A	—	—
过氧化氢	≤30%，71℃，D	D	—	A
铬酸	C~D	低温，A；高温，C	71℃，+12	D
重铬酸钾	B	10%、室温，C	—	A
乙酸	75%、71℃，B	10%、低温，A；高温，C。75%、低温，C；高温，D	A	10%，A；99.5%，B
乙酐	D	D	—	—
甲酸	C	50%、低温，B	—	A
顺酐	—	—	—	A
脂肪酸	B	低温，A；高温，B	—	A
烃	B	低温，B；高温，C	A，+0.025	A
醇	B	低温，A；高温，C	A，+0.2	A
酯	C	醋酸，D；甲酯，C	A	—
乙酸乙酯	C	C	A	A
二氯乙烷	D	D	—	—
酮	C	低温，A；高温，C	稍膨润，C	甲乙酮，A
尿素	—	—	—	A
氯代溶剂	C	CCl$_4$，B	B~C	CCl$_4$，A
乙醛	D	B	—	—

注：1. A 表示优，质量变化<2%；B 表示良，质量变化 2%~14%或−3%~−2%；C 表示可用，质量变化 14%~19%或−4%~−3%；D 表示不可使用。

2. 质量变化以被腐蚀塑料的质量变化状况，用百分数表示，或用数字表示，如质量变化 2%~14%可表示为+2~+14。

① 示例说明：30%表示，化学药品的浓度(或相关条件如温度等)，+0.48 表示塑料的质量变化为 0.48%，属于 A 级别。

表 4-183　常用塑料在制作通用结构件方面的应用

塑料品种	特性	适用范围与应用实例
高密度聚乙烯（低压聚乙烯）	良好的韧性、化学稳定性、耐水性和自润滑性等，但耐热性较差，在沸水中变软，有冷流性及应力开裂倾向性	在常温下或在水及酸、碱等腐蚀性介质中工作的结构件，如机床导轨、滚子框、底阀、衬套等
超高分子聚乙烯	相对分子质量在 100 万左右，力学性能优于高密度聚乙烯（如冲击韧性与耐疲劳性），且有良好的耐应力开裂性 缺点是成型工艺性差，不能用注射法成型	代替某些木材、皮革、硬橡胶和青铜等制作的零件，如纺织机上的皮结、齿轮和垫圈等
氯乙烯-乙酸乙烯共聚体	改进了聚氯乙烯的热塑流动性及柔韧性等，成型精度高，对模型的轮廓可以高度传真，尺寸稳定性好	能制作各种盖板、罩壳、管道以及小型风扇叶轮等，如水表壳体、水轮、密纹唱片、计算尺和印刷版等
改性聚苯乙烯	丁苯改性的可以克服聚苯乙烯的脆性 有机玻璃改性的聚苯乙烯有良好的透明度，耐油、耐水性均较好 丙烯腈改性苯乙烯（简称 SAN），有良好的冲击性能、刚性、耐蚀性和耐油性	能制作各种仪表外壳、纺织用纱管和电信零件等，可制造透明罩壳（如汽车用各类灯罩和电气零件等） 广泛用于耐油、耐化学药品的机械零件，如仪表面盖、仪表框架、罩壳以及电池盒等
苯乙烯-丁二烯-丙烯腈三元共聚体（ABS）	冲击韧性与刚性都较好，吸水性低，是热塑性塑料中最容易在表面镀饰金属的一种。变换组成的配比可以得到不同的韧性和耐热性，但耐老化性差	小型泵叶轮、化工贮槽衬里、蓄电池槽、仪表罩壳、水表外壳、汽车挡泥板和热空气调节管等。泡沫塑料夹层板可做小轿车车身
苯乙烯-氯化聚乙烯-丙烯腈三元共聚体（ACS）	与 ABS 的性能很近，但比 ABS 耐老化性能好	特别适宜制作在室外使用的零部件
聚丙烯	比高密度聚乙烯的耐热性、强度与刚度高，有优良的耐蚀性、耐油性，几乎不吸水	可制作机械零件，如法兰、管道、接头、泵叶轮和鼓风机叶轮等。由于其具有优越的耐疲劳性，可以代替金属铰链，如连盖的聚丙烯仪表盒子可以一次注射成型
聚 4-甲基戊烯	是塑料中最轻的一种（相对密度 0.83），有优越的透明性，比有机玻璃和聚苯乙烯的耐热性高，长期使用温度为 125℃，抗蠕变性不及聚丙烯，耐老化性较差	由于成本较低，故有发展前途，可代替有机玻璃用于工作温度较高的场合，并可用于医疗器械、交通运输及电气工业的零件，如印刷电路和同心连接器等
乙丙塑料	具有聚乙烯和聚丙烯综合的优良性能，比聚乙烯的耐热性和硬度高，比聚丙烯的冲击强度和疲劳强度高	可应用于聚丙烯不能满足要求的场合
酚醛玻璃纤维压塑料	具有耐热性、刚性、绝缘性能好，耐水性强，不发霉，但成型较慢	电气零件，如自动空气断路器手柄、直接接触器绝缘基座等
三聚氰胺甲醛玻璃纤维压塑料	耐热性、刚性均好，成本较低，色彩鲜艳，半透明，耐电弧性好，对霉菌作用较稳定，但耐水性稍差	适用于制作耐电弧的电工绝缘结构件、防爆电器设备配件和电动工具的绝缘部件等

表 4-184 塑料在制作一般齿轮时的应用

齿轮材料	性能特点	适用范围
PA6、PA66	有较高的疲劳强度和耐震性，但吸湿性较大	适用于中等或较低载荷、80℃以下温度、少润滑或无润滑条件下
PA9、PA610 及 PA1010	强度及耐热性较 PA6 略差，吸湿性小，尺寸稳定性好	同 PA6 和 PA66，并可在湿度波动较大的情况下工作
MC$_5$	强度及刚性较前两类尼龙好，耐磨性也更好	适于大型齿轮的制造
GFPA 类	强度、刚性及耐热性均好，属增强尼龙，尺寸稳定性也高	适于高载荷、高温场合下使用，传动效率高。高速运转时应加润滑油
POM	耐疲劳性及刚性高于尼龙，吸湿性小，耐磨性好，但尺寸精度低	适用于中等或较低载荷、100℃以下温度、少润滑或无润滑条件下
PC	成型收缩率小，产品精度高，但耐疲劳强度小，有应力开裂倾向	高速运转时需加润滑油
GFPC	强度、刚性及耐热性均与 GFPA 相当，尺寸稳定更好，但耐磨性稍差	适合在较高载荷和温度下使用，可用于制造精密齿轮。运行速度较高时需用油润滑
MPPO	强度及耐热性都好，尺寸精度高，耐蒸汽性好，但有应力开裂倾向	适用于制造在高温水或蒸汽中工作的精密齿轮
PI	强度及耐热性最高，但成本高	适于制造在 260℃ 温度下长期工作的齿轮
GFPET 及 GFPBT	强度、耐热性及韧性均好，但无自润滑性	适用于高等或中低载荷、150℃ 以下温度、油润滑条件下
UHMWPE	耐磨性、摩擦系数小，自润滑性好	适于制造在中低载荷、无润滑条件下工作的齿轮
PPS	强度高且均衡，耐热性好，尺寸稳定性高	适于制造在中高载荷、240℃温度以下油润滑的齿轮
布基酚醛	耐磨性、自润滑性、吸震及消音性好，但加工困难	适于制造低载荷齿轮

表 4-185 聚丙烯(PP)和 ABS 在汽车构件上的应用

零、部件名称	材料类别	$E_u \times a_k$ /[10^3MPa× (10J/m)]	热变形温度/℃ (0.45MPa)	-30℃悬臂梁缺口冲击强度/ (10J/m)	特殊物性要求	备注
前、后保险杠，保险杠端帽，货车挡泥板和挡泥延伸板	高弹 PP 中弹 PP 高韧 ABS	0.95×64 1.05×46 H(1.55×39)	110 110 99	10~18 6~10 28	耐候、耐热老化 耐候、耐热老化 耐候、极高低温冲击韧性	也可做轴承防尘密封件
导流板、整流板	低弹 PP AAS	1.1×33 2×11	105 106	4.5	耐老化、耐候 光泽或乌光	耐热 ABS 也可
加速器踏板贴面	低弹 PP	1.1×33	105	4.5	耐磨、难燃、耐油	
翼子板内衬挡泥罩	耐冷 PP	1.05×22	105	3	低温韧性、抗冲刷、耐盐	
硬塑方向盘	耐冷 PP	1.05×22	105	3	耐光、光泽、收缩率小、耐温度变化	
仪表板物品箱、工具箱、地毯防磨垫	耐寒 PP 共聚 PP	1.2×13 1.2×7.14×7	110 115	2.5 2	阻燃、防静电、弯曲疲劳强度高 阻燃、防静电、耐弯折、无毒无臭	箱体含塑料合页

（续）

零、部件名称	材料类别	$E_u \times a_k$ /[10^3MPa× (10J/m)]	热变形温度/℃ (0.45MPa)	-30℃悬臂梁缺口冲击强度/ (10J/m)	特殊物性要求	备注
前柱、中柱下部内装饰板，车门槛装饰板，灯维修孔盖	耐寒PP	1.2×13	110	2.5	防静电、难燃、耐磨、熔流良好	受重冲击内饰板、受一般冲击的内饰板
	共聚PP	1.2×7	115	2	防静电、阻燃、熔流良好	
	共聚PP	1×7	110	1.5	防静电、阻燃、熔流良好	
转向器扩罩	共聚PP	1.2×7	115	2	耐光、阻燃、光泽	耐热ABS也可可喷涂型PP(2×8)
	低填充PP	2×8	115		耐光、阻燃、尺寸稳定、光泽或乌光	
车内、外后视镜壳体，天线零件，后视镜支座，镜片支架	共聚PP	1.2×7	115	2	耐候、光泽、线胀温度系数不宜太大	加热嵌合镜片
	低填充PP	2×8	115	9	耐候、高光泽、尺寸稳定	
	耐热ABS	XB(2.3×20)	110	9.8	耐候、尺寸稳定、可粘性好	粘接镜片
	可镀ABS	PB(2.5×23)	100		耐候、尺寸准确、可镀、可粘接	
散热器吹风扇	低填充PP	2×8	115		拉伸强度高、阻燃、耐候、光泽度好	在散热器上风处不受发动机烘烤
	共聚PP	1.4×7	120	2.3	耐热刚性、阻燃、耐候、光泽	
散热器护栅、车前外护栅、散热器罩	可镀ABS	PA(2.4×35)	100	9~10	耐候、尺寸准确、电镀或真空蒸镀	AAS、AES、耐寒PP(1.2×13)也可
	耐热ABS	XB(2.45×18)	110	5	耐候、尺寸稳定、光泽	
	低填充PP	2×8	115		耐候、尺寸较稳定、刚性好	
前柱、中柱、后柱上部内装饰板	低填充PP	2×8	115		耐光、缓燃、抗静电、尺寸稳定、光泽	材料流动性高，制品壁薄
	中填充PP	2.5×5	135		耐光、缓燃、防静电、尺寸较准确	
前大灯壳体、组合灯壳、牌照灯壳体	高填充PP	3.4×2	135		难燃、尺寸稳定、熔流良好、光泽	
	耐高温ABS	XC(2.2×24.5)	120		阻燃、尺寸准确、光泽或遮光	
通气格栅、遮阳板、车轮装饰罩盖	耐热ABS	PA(2.4×35)	100	12	耐候、尺寸稳定、可电镀	AES也可
	合金ABS/PC	HC(2.1×4.1)	106	13.5	耐候、耐翘曲、尺寸稳定	
暖风机壳体、空调蒸发器壳体	低复合PP	2.9×8	130	5	难燃、尺寸稳定、流动性好	
	通过ABS	AR(2.3×30)	100	11.5	难燃、尺寸准确、光泽	
台式仪表盘、仪表装饰罩、防溅罐罩	中复合PP	2.8×18	130	2	耐光、阻燃、耐冲击、尺寸准确	光泽中填充PP(2.5×5)也可
	耐热ABS	XB(2.2×19.5)	110	10	耐光、阻燃、光泽	
整体全塑仪表板主体、仪表板组装件、通风口叶片	高复合PP	2.6×27	130		耐光、阻燃、尺寸准确、熔流良好	接枝复合强化PP可喷涂粘接
	耐冲ABS	T(2.15×31)	98	13	耐光、阻燃、成型性好、光泽	
	中复合PP	2.8×18	125	2	耐光、阻燃、尺寸准确、熔流良好	
电瓶托架、护板支架	高增强PP	4.9×2	150		阻燃、高强度（长玻璃纤维层压结构）	中强度PP(4.4×4)

表 4-186 制作壳体类零件的塑料及其技术性能

材料	拉伸强度/MPa		冲击强度(缺口)/(kJ/m)		弯曲弹性模量/GPa		线胀系数/10^{-5} K^{-1}	连续耐热温度/℃	可燃性	成型性	吸水率(24h)(%)	耐酸性	耐碱性	耐溶剂性	耐油性	备注
	范围	代表值	范围	代表值	范围	代表值										
ABS	17.5~63	35	0.016~0.66	0.33	1.68~2.59	1.68	5.76~10.3	60~122	慢	良	0.1~0.3	良	优	可	良	制品具有极好的光泽，表面硬而光滑
高冲击聚苯乙烯	17.5~22	30	0.026~0.19	0.055	1.61~3.5	1.61	3.96~10.1	69~82	慢	良	0.03~0.2	良	优	差	可	成型温度低
聚丙烯	25.5~39.9	38.5	0.016~0.16	0.055	1.05~1.89	1.26	6.14~11.2	100~160	慢	良	0.01~0.03	优	优	良	优	可耐消毒的温度，具有较高的弯曲强度，耐应力开裂，质量轻（仅次于聚甲基戊烯）
高密度聚乙烯	20~48.3	29.4	0.022~0.77	0.66	0.91~1.54	1.4	11.7~30.1	78~124	慢	优	<0.01	优	优	良	良	相对密度小，耐磨性高
乙酸丁酸纤维素	18.2~48.3	38.5	0.044~0.35	0.115	0.42~2.6	0.91	10.8~18	60~110	慢	优	0.9~2.8	差	差	差	良	透明
聚甲基丙烯酸甲酯或改性聚丙烯酰酮塑料	35~63	38.5	0.026~0.16	0.11	1.96~2.52	1.96	5.4~10.8	60~91	慢	优	0.2~0.4	良	优	优	可	耐紫外线和耐污染
聚丙烯酸酯和聚氯乙烯复合物		46		0.83		2.8	6.3	74	不燃	优	0.06	优	优	优	优	坚韧、耐候，具有良好的热成型性
不饱和聚酯玻璃钢	56~386	116	0.39~0.99	0.83	7~26.1	10.5	1.8~2.52	93~288	慢~不燃	良	0.1~2	良	可	良	优	对非金属粘接性优良，容易修理
环氧玻璃钢	329~700	252	0.55~1.37	0.68	14~35	17.5	0.56~1.08	122~205	慢~不燃	良	0.02~0.08	良	优	优	优	坚韧，对许多材料能粘接而且粘接力强
聚4-甲基戊烯		28		0.043			11.7	200	慢	良	0.01	优	优	优	优	透明，相对密度最小（0.83），耐药品，耐消毒高温，但抗紫外线老化差，不宜户外使用
丙烯腈-丙烯酸酯共聚物		66.8	0.053~0.18		2.9~45	3.43	6.65			良		可	良	可	良	

注：本表中的材料适用于制作承载荷不大、无冲击或较小冲击负载的外壳、盖、容器、管道、管件等。

表 4-187 制造重应力传动零件的塑料及其技术性能

材料	拉伸强度/MPa	冲击强度(缺口)/(10^-2 kJ/m)	耐磨性磨耗/(10^-3 mg/周)	疲劳极限/MPa	弯曲弹性模量/10^2 MPa	热变形温度/℃ 载荷0.46MPa	热变形温度/℃ 载荷1.85MPa	耐酸性	耐碱性	耐溶剂性	耐油性	机械加工性	备注
尼龙	49.7~88.2	3.3~22	6~8	21	1.05~28	172~186	62~74	可	优	优	优	优	强度高，耐冲击，耐磨，耐疲劳，低摩擦，但吸水率高，影响尺寸稳定性
MC尼龙	77~98	4.3~17.6	—	—	30.5	204~218	93~218	可	优	优	优	优	强度高，摩擦，磨耗性能优于其他尼龙，可浇注成型，适于成型大型制品
聚甲醛	61.6~70	6.6~7.7	6~20	35	22~29	157~170	110~125	差	优	优	优	优	耐疲劳和蠕变，有优良的低温强度，摩擦因数低，吸湿性小，尺寸成型收缩率大
填充PTFE纤维的聚甲醛	48.3	4.7	—	—	29	166	100	差	差	优	优	优	自润滑，摩擦因数低，耐蠕变，优良的磨耗寿命
聚碳酸酯	63~73.5	66~88	7~24	14	23~27	140~145	133~138	优	良	良	可	优	极好的耐蠕变性和冲击韧性，尺寸稳定性好，成型精度高，透明，脆化温度-100℃，吸水性低，但有应力开裂
聚酚氧	63	—	—	—	29	—	87	可	优	良	优	优	与聚碳酸酯相似，有较高的冲击韧性和极高的成型精度，不易开裂，但耐热性低
聚苯醚	54.6~67.2	25	—	—	25~28	110~138	100~129	优	优	良	优	优	耐蠕变强度高，耐酸、碱和水，尺寸稳定性好、高，低温性能好，一般用聚苯乙烯改性
填充织物的酚醛	63~112	5.5~13.7	—	—	56~99	>162	162	可	可	优	优	可~优	坚硬，耐腐蚀，耐热，能在150℃下长期使用，吸水率低，摩擦因数低，尺寸稳定性好，但冲击强度不及聚碳酸酯
增强PETP (玻璃纤维30%，体积分数)	110~133	8.2~27.2	—	—	77~84	240	213	良	良	良	优	优	强度高，耐腐蚀，耐酸，耐热，应力开裂，但冲击强度低，尺寸稳定性好，玻璃纤维增强PBTP与其性能相当

注：重应力传动零件指负荷大工况下工作的零部件，如齿轮、凸轮、齿条、联轴器、辊子等。

表 4-188　制作一般摩擦零件的塑料及其技术性能

材料	耐磨性磨耗 /(10⁻³ mg/周)	弯曲弹性模量 /10² MPa	pv 值干态连续 /(10² MPa·m/s)	热变形温度 (0.46MPa) /℃	热导率 /[W/(m·K)]	线胀系数 /10⁻⁵ K⁻¹	24h 吸水率 (%)	是否溶黏	摩擦因数 无油	摩擦因数 油润滑	备注
聚四氟乙烯 (PTFE)	7	—	0.4~1	122	0.245	9.9	0	否	0.04	0.04	可在−195~250℃使用，对黏性材料不粘，不磨损摩擦，能吸损蚀粒子，化学惰性，不能用注射、挤压成型，表面未经处理，不能粘接
全氟乙丙烯共聚物	13.2	6.65	0.24~0.36	<122	0.202	8.3	<0.01	否	0.08	0.08	易注射成型和挤压成型加工，与黏性材料不粘，化学惰性
聚四氟乙烯织物	—	—	2~20	—	0.245	14.4	0	否	0.02~0.25	0.02~0.25	低速下能承受高载荷，但不能处于重的静载荷下，要求配合间隙小，运转速度不能超过 6096cm/min，也很少用干超过 1524cm/min
尼龙 6、尼龙 66	6~8	1.0~28	0.8~1.2	172~183	0.202~0.288	8.3~12.8	0.4~3.3	是	0.15~0.40	0.06	能吸收和存储磨蚀粒子，不擦伤，可成型大型制件
含填料（玻璃增强）PTFE	8~26	8.4~14	2~14	>122	0.245~0.288	5.4~17.5	0	否	0.16~0.28	0.06	耐高载荷，适于低速运转使用
浇注尼龙（MC）	—	30.5	—	204~218	—	8.3	0.6~1.2	—	0.15~0.45	—	强度和耐磨，减摩性比一般尼龙高，可浇注成型
聚甲醛	6~20	22~29	0.8~1.2	157~170	0.231~0.274	8.1~10.1	0.12~0.14	否	0.15~0.35	0.1	耐疲劳，耐蠕变，耐磨性比尼龙更好，摩擦因数低而稳定，是无填料热塑性塑料中最坚硬的
氯化聚醚	—	11.3	0.72	141	—	8.0	0.01	—	—	—	耐腐蚀，耐磨性与聚甲醛相当，但强度稍差

（续）

材料	耐磨性磨耗 /(10⁻³ mg/周)	弯曲弹性模量 /10²MPa	pv值干态连续 /(10²MPa·m/s)	热变形温度 (0.46MPa) /℃	热导率 /[W/(m·K)]	线胀系数 /10⁻⁵K⁻¹	24h吸水率 (%)	是否滑黏	摩擦因数 无油	摩擦因数 油润滑	备注
自润滑聚甲醛	5~12	—	7.2	150	—	—	—	否	0.10	0.05	高pv值，低摩擦因数，内润滑，可注射模塑成型
填充PTFE的聚甲醛	—	29	3.0	165	0.245	8.3	0.6	否	0.12	0.07	耐蠕变性好，耐磨性优良，低速运转下应用
低压聚乙烯	6	9.1~15.4	—	60~82	0.49	11.7~30.1	<0.01	是	0.21	0.1	强度、刚性和耐热性比尼龙、聚甲醛料差，但在常温和低温下有较低的摩擦因数，不擦伤。适于做小载荷、低速度和低温下工作的摩擦零件
聚苯醚	—	27	—	193	—	5.7~5.9	0.06~0.13	—	0.18~0.23	—	强度高，耐热，收缩率小，但有应力开裂倾向
聚酰亚胺	—	31.5	—	360	—	5.5~6.3	0.1~0.2	—	0.17	—	能在260℃下长期工作，间歇使用温度达480℃，强度和耐磨性好，高温、高真空下稳定，加入PTFE粉或其纤维可使摩擦性能更好
石墨纤维聚酰亚胺（含碳纤维质量分数45%）	—		—	>360	—	—	—	—	0.08~0.13	—	用于耐温达340℃的球形轴承（载荷35MPa）
超高相对分子质量聚乙烯	8	压缩弹性模量7.7	—	80	—	7.2	<0.01	—	0.11	—	强度和耐热性比低压聚乙烯好

注：一般摩擦零件指低摩擦工况下工作的零部件，如轴承、轴衬、滑杆、导杆、阀衬及其他易磨损面等。

表4-189 制作化工设备零件的塑料及其技术性能

材料	拉伸强度/MPa	冲击强度/(10⁻² kJ/m)	脆化温度/℃	弯曲强度/MPa	耐热性/℃ 范围	耐热性/℃ 连续	热变形温度(0.46MPa)/℃ 范围	热变形温度(0.46MPa)/℃ 连续	可燃性	耐强酸	耐强碱	耐溶剂性	备注
氟塑料(聚四氟乙烯和聚全氟乙丙烯)	10.5~31.5	13.7~38	-250	11~14	205~288	—	72~127	122	不燃	优	优	优	在宽广温度范围内力学性能良好,摩擦因数低,不吸湿,耐腐蚀。聚全氟乙丙烯可用注射成型
聚三氟氯乙烯	32.2~37.5	17~40	-240	52~65.1	—	205	93~200	130	不燃	优	优	优	透明,可注射成型,不吸湿,耐辐射和耐蠕变
氯化聚醚	42	2.2	-29~-13	35	—	143	—	148	自熄	优	优	良	耐腐蚀,耐磨蚀性良好,可用火焰喷涂法涂在金属表面上
聚二氟乙烯	49	—	<-62	—	—	149	—	148	自熄无滴落	优	优	良	可注射模塑和挤压成型,耐酸、碱
硬聚氯乙烯	35~63	2.2~11	—	70~112	50~70	—	55~75	—	自熄	优	优	良	耐腐蚀,可用各种方法成型,但耐热性比上列品种差,适于普通温度下使用,价格低廉
聚丙烯(或掺和物)	23.5~39.9	1.6~17	-12	42~56	110~160	135	102~116	99	慢	优	优	良	是次于聚甲基戊烯的最轻质塑料,耐蠕变和耐应力开裂
高密度聚乙烯	20~38.5	2.2~77	-130~-60	25~40	78~124	120	61~83	80	慢	良	优	良	耐腐蚀和耐磨蚀性良好,常温下摩擦因数低,比水轻,但强度、刚度较差
聚酰亚胺	73.5	4.9	—	>100	262~482	263	—	>243	不燃	侵蚀	侵蚀	优	在宽广温度范围内力学性能和物理性能优良,耐辐射性优良,能在260℃下长期工作
聚苯醚	81.2	7.2	—	98~132	—	122	—	180	自熄无滴落	优	优	优	强度高,耐蠕变,成型收缩率低,耐热性好,甚至在较高温度能也良好,一般用聚苯乙烯改性,纤维增强。具有优良的综合性能
聚砜	71	6.5	—	108.2~127	149~174	155	—	181	自熄	优	优	稍差	热变形温度较高,高温下耐蠕变,能在155℃下长期使用,用10%(体积分数)玻璃纤维增强能改善耐环境应力开裂
聚芳砜	91.4	6~10	—	120	—	260	—	274	自熄	优	优	差	耐热性优良,能在260℃下长期使用,高低温性能良好,绝缘性好,耐辐射
环氧玻璃钢	238.2~700	55~137	—	70~420	122~205	133	149~288	188	慢~不燃	良	优	优	易于制造大型制件,耐溶剂性能好,粘接性能好,能与其他材料牢固粘接,易于修补
酚醛塑料,呋喃塑料	21~56	11~19.8	—	70~420	—	149	(1.85MPa)149~260	—	不燃	良,遇氧化性酸易分解	侵蚀	良	有各种配方和增强塑料以适应各种特定的应用要求

表4-190 制作透明类零件的塑料及其技术性能

材料	拉伸强度/MPa	冲击强度(缺口)/(10⁻²kJ/m)	弯曲弹性模量/10²MPa	连续耐热温度/℃	晕浊度(%) 范围	晕浊度(%) 代表值	透光性(%) 范围	透光性(%) 代表值	紫外线影响	成型性	耐酸性	耐碱性	耐溶剂性	耐油性	备注
丙烯酸酯塑料	38.5~73.5	2.2~2.8	24.5~35	66~110	1~3	1	91~93	92	无	良~优	良	可	可	可	较高折射率、透光性好，低温性能优良
聚苯乙烯	35~63	1.4~2.2	28~35	66~80	>3	—	75~93	—	轻微~开裂	差	良	优	差	可	折射率高、低温性能优良，脆性、力学性能差、应力开裂大
中等抗冲击聚苯乙烯	22~47.6	3.3~16	21~53	69~82	—	—	10~55	30	轻微	良	良	优	良	良	半透明
乙酸纤维素	13.5~77	6.6~32	7.7~28	83~93	2~15	9	75~95	83	轻微	良	差	差	可	良	二次加工容易
乙酸丁酸纤维素	18~47.5	4.4~35	4.2~13	61~105	1~4	3	80~92	88	无~轻微	差	差	差	良	优	可深延成型
硬质聚氯乙烯	38.5~63	1.4~6.6	27~38	66~105	3~4	4	—	89	轻微	良~优	良	优	良	良	耐蚀性良好、介电性优良、耐电压优良、印刷性良好
聚碳酸酯	63~73.5	66~88	23~27	122~133	>10	—	75~85	80	变色	优	优	良	良	可	耐蠕变性好，尺寸稳定性良好
离子聚合物	35	27~28	2.8	72	—	3	—	95	—	—	良	优	良	优	坚硬、透明性优良
烯丙基二甘醇碳酸酯树脂	38~48	1~2	17~23	100				92			优			优	透明性、耐磨性、抗冲击性、耐化学性好，采用浇注成型，但价格高，可用于透镜

注：本表中的材料适于制造各种透光零件，透明板及质量要求较高的模型等。

表 4-191 制作电气结构件的塑料及其技术性能

材料	冲击强度（缺口）/(10⁻²kJ/m)		弯曲强度/MPa		介电强度/(kV/mm)		体积电阻率/Ω·cm		介质损耗因数(60Hz)		连续耐热温度/℃		备注
	范围	代表值	范围	代表值	范围	代表值	范围	代表值	范围	代表值	范围	代表值	
醇酸树脂	8.3~66	14	49~119	70~105	11.8~13.8	13.8	10^8~10^{16}	10^{14}	0.003~0.06	0.017	135~147	—	具有优良的尺寸精度和均一性，固化收缩率低
氨基树脂	8.3~66	39	70~161	98	12.6~16.9	14.2	10^{11}~10^{13}	—	0.033~0.32	0.08	77~205	—	表面坚硬，不易刮损，无色
环氧树脂	2.2~165	44~82	84~420	140~182	13.8~21.7	14.8	10^{14}~9×10^{15}	9×10^{15}	0.01~0.08	—	205~262	—	对金属或非金属粘接牢固，耐化学性良好，封嵌包胶时收缩率低
酚醛树脂	1.7~149	18.7	70~3150	—	11.8~16.7	11.8	10^{11}~10^{13}	5×10^{11}	0.005~0.5	0.18	148~288	205	成型方便，可注塑或模塑，耐热性好
聚碳酸酯	66~88	77	77~91	84	15.7~17.3	17.3	$(0.9~2.1)\times10^{16}$	2×10^{16}	0.0007~0.001	0.0009	122~132	127	透明
不饱和聚酯	8.3~132	—	42~175	91~140	13.6~16.5	—	10^{12}~10^{15}	—	0.008~0.041	—	122~177	—	可采用刚性或软质，易着色，能透过雷达高频率（中波~超短波）的无线电波
聚苯醚	8.3~10.5	—	98~105	—	15.7~19.7	—	—	10^{14}	—	0.35	—	194	在宽广温度和频率范围下电性能保持稳定，耐化学性良好
有机硅树脂	1.7~55	36	49~126	84	13.8~15.7	13.8	$(3.4~10)\times10^{13}$	—	0.006~0.03	0.022	150~372	246	耐热性优良，长时间受热后其强度和电性能变小

注：本表资料仅供参考。

表 4-192　塑料的疲劳强度

塑料名称		10^7 的疲劳强度/MPa	疲劳强度/拉伸强度	疲劳强度/弯曲强度
热塑性塑料	聚氯乙烯树脂	17	0.29	0.15
	苯乙烯树脂	10.2	0.41	0.20
	纤维素衍生物树脂	11.3	0.24	0.19
	尼龙6	12.0	0.22	0.24
	聚乙烯	11.2	0.50	0.40
	聚碳酸酯	10.0	0.15	0.09
	聚丙烯	11.2	0.34	0.23
	甲基丙烯酸树脂	28.3	0.35	0.22
	聚甲醛树脂	27.4	0.37	0.25
	ABS 树脂	12	0.30	—
不饱和聚酯	缎纹玻璃布	90	0.22	—
	平纹玻璃布	70	0.23	—
	玻璃毡	30	0.47	—
	无	16	0.4	—
热固性塑料	酚醛聚酯 缎纹玻璃布	120	0.31	—
	粗布	25	0.33	—
	纸	25	0.29	—
环氧树脂	缎纹玻璃布	150	0.37	—
	无纺布	250	0.44	—
	浇注件	16	0.27	—

注：本表资料仅供参考。

4.7　塑料符号和缩略语（见表 4-193）

表 4-193　塑料符号和缩略语（摘自 GB/T 1844.1—2008）

缩略语	材料术语	缩略语	材料术语
AB	丙烯腈-丁二烯塑料	CAP	乙酸丙酸纤维素
ABAK	丙烯腈-丁二烯-丙烯酸酯塑料。曾推荐使用 ABA	CEF	甲醛纤维素
		CF	甲酚-甲醛树脂
ABS	丙烯腈-丁二烯-苯乙烯塑料	CMC	羧甲基纤维素
ACS	丙烯腈-氯化聚乙烯-苯乙烯塑料。曾推荐使用 ACPES	CN	硝酸纤维素
		COC	环烯烃共聚物
AEPDS	丙烯腈-(乙烯-丙烯-二烯)-苯乙烯塑料。曾推荐使用 AEPDMS	CP	丙酸纤维素
		CTA	三乙酸纤维素
AMMA	丙烯腈-甲基丙烯酸甲酯塑料	EAA	乙烯-丙烯酸塑料
ASA	丙烯腈-苯乙烯-丙烯酸酯塑料	EBAK	乙烯-丙烯酸丁酯塑料。曾推荐使用 EBA
CA	乙酸纤维素	EC	乙基纤维素
CAB	乙酸丁酸纤维素	EEAK	乙烯-丙烯酸乙酯塑料。曾推荐使用 EEA

（续）

缩略语	材料术语	缩略语	材料术语
EMA	乙烯-甲基丙烯酸塑料	PE-HD	高密度聚乙烯。曾推荐使用 HDPE
EP	环氧、环氧树脂或环氧塑料	PE-LD	低密度聚乙烯。曾推荐使用 LDPE
E/P	乙烯-丙烯塑料。曾推荐使用 EPM	PE-LLD	线型低密度聚乙烯。曾推荐使用 LLDPE
ETFE	乙烯-四氟乙烯塑料	PE-MD	中密度聚乙烯。曾推荐使用 MDPE
EVAC	乙烯-乙酸乙烯酯塑料。曾推荐使用 EVA	PE-UHMW	超高分子量聚乙烯。曾推荐使用 UHMWPE
EVOH	乙烯-乙烯醇塑料	PE-VLD	极低密度聚乙烯。曾推荐使用 VLDPE
FEP	全氟（乙烯-丙烯）塑料。曾推荐使用 PFEP	PEC	聚酯碳酸酯
FF	呋喃-甲醛树脂	PEEK	聚醚醚酮
LCP	液晶聚合物	PEEST	聚醚酯
MABS	甲基丙烯酸甲酯-丙烯腈-丁二烯-苯乙烯塑料	PEI	聚醚（酰）亚胺
MBS	甲基丙烯酸甲酯-丁二烯-苯乙烯塑料	PEK	聚醚酮
MC	甲基纤维素	PEN	聚萘二甲酸乙二酯
MF	三聚氰胺-甲醛树脂	PEOX	聚氧化乙烯
MP	三聚氰胺-酚醛树脂	PESTUR	聚酯型聚氨酯
MSAN	α-甲基苯乙烯-丙烯腈塑料	PESU	聚醚砜
PA	聚酰胺	PET	聚对苯二甲酸乙二酯
PAA	聚丙烯酸	PEUR	聚醚型聚氨酯
PAEK	聚芳醚酮	PF	酚醛树脂
PAI	聚酰胺（酰）亚胺	PFA	全氟烷氧基烷树脂
PAK	聚丙烯酸酯	PI	聚酰亚胺
PAN	聚丙烯腈	PIB	聚异丁烯
PAR	聚芳酯	PIR	聚异氰脲酸酯
PARA	聚芳酰胺	PK	聚酮
PB	聚丁烯	PMI	聚甲基丙烯酰亚胺
PBAK	聚丙烯酸丁酯	PMMA	聚甲基丙烯酸甲酯
PBD	1，2-聚丁二烯	PMMI	聚 N-甲基甲基丙烯酰亚胺
PBN	聚萘二甲酸丁二酯	PMP	聚-4-甲基-1-戊烯
PBT	聚对苯二甲酸丁二酯	PMS	聚-α-甲基苯乙烯
PC	聚碳酸酯	POM	聚氧亚甲基、聚甲醛、聚缩醛
PCCE	聚亚环己基-二亚甲基-环己基二羧酸酯	PP	聚丙烯
PCL	聚己内酯	PP-E	可发性聚丙烯。曾推荐使用 EPP
PCT	聚对苯二甲酸亚环己基-二亚甲酯	PP-HI	高抗冲聚丙烯。曾推荐使用 HIPP
PCTFE	聚三氟氯乙烯	PPE	聚苯醚
PDAP	聚邻苯二甲酸二烯丙酯	PPOX	聚氧化丙烯
PDCPD	聚二环戊二烯	PPS	聚苯硫醚
PE	聚乙烯	PPSU	聚苯砜
PE-C	氯化聚乙烯。曾推荐使用 CPE	PS	聚苯乙烯

（续）

缩略语	材料术语	缩略语	材料术语
PS-E	可发聚苯乙烯。曾推荐使用 EPS	SAN	苯乙烯-丙烯腈塑料
PS-HI	高抗冲聚苯乙烯。曾推荐使用 HIPS	SB	苯乙烯-丁二烯塑料
PSU	聚砜	SI	有机硅塑料
PTFE	聚四氟乙烯	SMAH	苯乙烯-顺丁烯二酸酐塑料。曾推荐使用S/MA或 SMA
PTT	聚对苯二甲酸丙二酯		
PUR	聚氨酯	SMS	苯乙烯-α-甲基苯乙烯塑料
PVAC	聚乙酸乙烯酯	UF	脲-甲醛树脂
PVAL	聚乙烯醇；曾推荐使用 PVOH	UP	不饱和聚酯树脂
PVB	聚乙烯醇缩丁醛	VCE	氯乙烯-乙烯塑料
PVC	聚氯乙烯	VCEMAK	氯乙烯-乙烯-丙烯酸甲酯塑料。曾推荐使用 VCEMA
PVC-C	氯化聚氯乙烯。曾推荐使用 CPVC		
PVC-U	未增塑聚氯乙烯。曾推荐使用 UPVC	VCEVAC	氯乙烯-乙烯-丙烯酸乙酯塑料
PVDC	聚偏二氯乙烯	VCMAK	氯乙烯-丙烯酸甲酯塑料。曾推荐使用 VCMA
PVDF	聚偏二氟乙烯	VCMMA	氯乙烯-甲基丙烯酸甲酯塑料
PVF	聚氟乙烯	VCOAK	氯乙烯-丙烯酸辛酯塑料。曾推荐使用 VCOA
PVFM	聚乙烯醇缩甲醛	VCVAC	氯乙烯-乙酸乙烯酯塑料
PVK	聚-N-乙烯基咔唑	VCVDC	氯乙烯-偏二氯乙烯塑料
PVP	聚-N-乙烯基吡咯烷酮	VE	乙烯基酯树脂

注：本表系均聚物、共聚物和天然聚合物材料的缩略术语。

5 橡胶及橡胶制品

5.1 工业常用橡胶种类、特性及应用(见表 5-1)

表 5-1 常用橡胶的种类、特性及应用举例

种类(代号)	化学组成	特 性	应 用 举 例
天然橡胶(NR)	以橡胶烃(聚异戊二烯)为主,另含少量蛋白质、水分、树脂酸、糖类和无机盐	弹性大,定伸强度高,抗撕裂性和电绝缘性优良,耐磨、耐寒性好,加工性佳,易与其他材料粘合,综合性能优于多数合成橡胶。缺点是耐氧及臭氧性差,容易老化,耐油、耐溶剂性不好,抵抗酸碱腐蚀的能力低,耐热性不高	制作轮胎、胶鞋、胶管、胶带、电线电缆的绝缘层和护套以及其他通用橡胶制品
顺式 1,4-聚异戊二烯橡胶(异戊橡胶)(IR)	以异戊二烯为单体聚合而成,组成和结构均与天然橡胶相似	又称合成天然橡胶,具有天然橡胶的大部分优点,吸水性低,电绝缘性好,耐老化性优于天然橡胶。但弹性和加工性能比天然橡胶差,成本较高	可代替天然橡胶制作轮胎、胶鞋、胶管、胶带以及其他通用橡胶制品
丁苯橡胶(SBR)	丁二烯和苯乙烯的共聚物	耐磨性突出,耐老化和耐热性超过天然橡胶,其他性能与天然橡胶接近。缺点是弹性和加工性能较天然橡胶差,特别是自粘性差,生胶强度低	代替天然橡胶制作轮胎、胶板、胶管、胶鞋及其他通用制品
顺式聚丁二烯橡胶(顺丁橡胶)(BR)	由丁二烯聚合而成的顺式结构橡胶	结构与天然橡胶基本一致。它突出的优点是弹性与耐磨性优良,耐老化性佳,耐低温性优越,在动负荷下发热量小,易与金属粘合;但强力较低,抗撕裂性差,加工性能与自粘性差,产量次于丁苯橡胶	一般和天然或丁苯橡胶混用,主要用作轮胎胎面、运输带和特殊耐寒制品
氯丁橡胶(CR)	由氯丁二烯作单体,乳液聚合而成的聚合物	有优良的抗氧、抗臭氧及耐候性,不易燃,着火后能自熄,耐油、耐溶剂、耐酸碱性、气密性等较好。主要缺点是耐寒性较差,密度较大,相对成本高,电绝缘性不好,加工时易粘辊,易焦烧及易粘膜。此外,生胶稳定性差,不易保存。产量仅次于丁苯橡胶、顺丁橡胶,在合成橡胶中居第三位	主要用于制作要求抗臭氧及耐老化性高的重型电缆护套、耐油及耐化学腐蚀的胶管胶带和化工设备衬里、耐燃的地下采矿用制品、汽车门窗嵌条和密封圈等

（续）

种类（代号）	化学组成	特　　性	应　用　举　例
丁基橡胶（IIR）	异丁烯和少量异戊二烯的共聚物，又称异丁橡胶	耐老化性及气密性、耐热性优于一般通用橡胶，吸振及阻尼特性良好，耐酸碱，耐一般无机介质及动植物油脂，电绝缘性亦佳。但弹性不好，加工性能差，如硫化慢，难粘，动态生热大	主要用作内胎、水胎、气球、电线电缆绝缘层、化工设备衬里及防振制品、耐热运输带、耐热耐老化胶布制品
丁腈橡胶（NBR）	丁二烯与丙烯腈的共聚物	耐油性仅次于聚硫、丙烯酸酯及氟橡胶而优于其他通用橡胶，耐热性较好（可达150℃），气密性和耐水性良好，黏结力强，但耐寒、耐臭氧性较差，强力及弹性较低，电绝缘性不好，耐酸及耐极性溶剂性能较差	主要用于制作各种耐油制品，如耐油的胶管、密封圈、储油槽衬里等，也可用作耐热运输带
乙丙橡胶（EPM、EPDM，二元、三元）	乙烯和丙烯的共聚物。一般分二元乙丙橡胶和三元乙丙橡胶（乙烯、丙烯和二烯类三元共聚）两类	为密度最小、颜色最浅、成本较低的新品种。耐化学稳定性很好（仅不耐浓硝酸），耐臭氧及耐候性优异，电绝缘性突出，耐热可达150℃，耐极性溶剂但不耐脂肪烃及芳香烃。其他综合物理力学性能仅略次于天然橡胶而优于丁苯橡胶。缺点是硫化缓慢，黏着性差	主要用作化工设备衬里、电线电缆绝缘层、蒸汽胶管、耐热运输带、汽车配件（散热管及发动机部位的橡胶零件）及其他工业制品
氯磺化聚乙烯橡胶（CSM）	用氯和二氧化硫处理（即氯磺化）聚乙烯后再经硫化而成	耐臭氧及耐日光老化性优良，耐候性高于其他橡胶，不易燃，耐热、耐酸碱及耐溶剂性能也较好，电绝缘性尚佳，耐磨性良好。缺点是抗撕裂性不太好，加工性能差，价格较贵	臭氧发生器上的密封材料、耐油垫圈、电线电缆包皮及绝缘层、耐腐蚀件、化工设备衬里等
丙烯酸酯橡胶（ACM）	烷基丙烯酸酯与不饱和单体（如丙烯腈）的共聚物	最大特点是兼有耐油、耐热性能，可在180℃以下热油中使用，还耐日光老化，耐氧与臭氧，耐紫外线，气密性也较好。缺点是耐低温性较差，不耐水及热蒸汽，强度、弹性及耐磨性均较差，在苯及丙酮溶剂中膨胀较大，加工性能不好	可用作一切需要耐油、耐热、耐老化的制品，如耐热油软管、油封等
聚氨酯橡胶（PU）	由聚酯或聚醚与二异氰酸酯类化合物聚合而成	耐磨性高于其他橡胶，强度高，耐油性优良，耐臭氧、耐氧、耐日光老化、气密性等均很好。缺点是耐热、耐水、耐酸碱性能差	用作轮胎，制作耐油及耐苯零件、垫圈、防震制品以及其他要求耐磨、高强度零件
硅橡胶（SR）	主链为硅氧原子组成的、带有机基团的缩聚物	耐高温（可达300℃）及低温（最低-100℃）性能突出，电绝缘性优良，对热氧化和臭氧的稳定性高。缺点是强度较低，耐油、耐酸碱、耐溶剂性较差，价格较贵	耐高、低温制品（如胶管、密封件）及耐高温电绝缘制品

（续）

种类（代号）	化学组成	特　性	应用举例
氟橡胶（FPM）	由含氟单体共聚而得	耐高温（可达300℃），耐介质腐蚀性高于其他橡胶（耐酸碱、耐油性是橡胶中最好的），抗辐射及高真空性优良。此外，强度、电绝缘性、耐老化性能都很好，是性能全面的特种合成橡胶。缺点是加工性差，价格贵	用于耐化学腐蚀制品，如化工设备衬里、垫圈、高级密封件、高真空橡胶件
聚硫橡胶（PSR）	三氯乙烷和多硫化钠的缩聚物。为分子主链中含有硫原子的特种橡胶	耐油及耐各种化学介质腐蚀性能特别高，在这方面仅次于氟橡胶，能耐臭氧、日光、各种氧化剂，气密性良好。缺点是强度极差，变形大，耐热、耐寒、耐磨、耐屈挠性均差，黏着性小，冷流现象严重	由于综合性能较差以及易燃烧、有催泪性气味，故工业上很少采用，仅用作密封腻子或油库覆盖层
氯化聚乙烯橡胶	乙烯、氯乙烯与二氯乙烯的三元共聚物	耐候、耐臭氧性卓越，电绝缘性尚可，耐酸碱、耐油性良好、耐水、耐燃、耐磨性优异，但弹性差，压缩变形较大，性能与氯磺化聚乙烯橡胶近似	用作电线电缆护套、胶带、胶管、胶辊、化工设备衬里

5.2　工业常用橡胶技术性能（见表5-2）

表5-2　工业常用橡胶的技术性能

性能		品种						
		天然橡胶	异戊橡胶	丁苯橡胶	顺丁橡胶	氯丁橡胶	丁基橡胶	丁腈橡胶
生胶密度/（g/cm³）		0.90~0.95	0.92~0.94	0.92~0.94	0.91~0.94	1.15~1.30	0.91~0.93	0.96~1.20
拉伸强度/MPa	未补强硫化胶	17~29	20~30	2~3	1~10	15~20	14~21	2~4
	补强硫化胶	25~35	20~30	15~20	18~25	25~27	17~21	15~30
伸长率（%）	未补强硫化胶	650~900	800~1200	500~800	200~900	800~1000	650~850	300~800
	补强硫化胶	650~900	600~900	500~800	450~800	800~1000	650~800	300~800
200%定伸24h后永久变形（%）	未补强硫化胶	3~5	—	5~10	—	18	2	6.5
	补强硫化胶	8~12	—	10~15	—	7.5	11	6
回弹率（%）		70~95	70~90	60~80	70~95	50~80	20~50	5~65
永久压缩变形（100℃×70h）（%）		+10~+50	+10~+50	+2~+20	+2~+10	+2~+40	+10~+40	+7~+20
硬度　（邵尔A）		20~100	10~100	35~100	10~100	20~95	15~75	10~100
热导率/[W/（m·K）]		0.17	—	0.29	—	0.21	0.27	0.25
最高使用温度/℃		100	100	120	120	150	170	170
长期工作温度/℃		−55~+70	−55~+70	−45~+100	−70~+100	−40~+120	−40~+130	−10~+120
脆化温度/℃		−70~−55	−70~−55	−60~−30	−73	−42~−35	−55~−30	−20~−10
体积电阻率/Ω·cm		10^{15}~10^{17}	10^{10}~10^{15}	10^{14}~10^{16}	10^{14}~10^{15}	10^{11}~10^{12}	10^{14}~10^{16}	10^{12}~10^{15}
表面电阻率/Ω		10^{14}~10^{15}	—	10^{13}~10^{14}	10^{14}~10^{15}	10^{11}~10^{12}	10^{13}~10^{14}	10^{12}~10^{15}
相对介电常数/10^3Hz		2.3~3.0	2.37	2.9	—	7.5~9.0	2.1~2.4	13.0

（续）

性能		品种						
		天然橡胶	异戊橡胶	丁苯橡胶	顺丁橡胶	氯丁橡胶	丁基橡胶	丁腈橡胶
瞬时击穿强度/(kV/mm)		>20	—	>20		10~20	25~30	15~20
介质损耗因数(10^3Hz)		0.0023~0.0030	—	0.0032		0.03	0.003	0.055
耐溶剂性膨胀率（体积分数,%)	汽油	+80~+300	+80~+300	+75~+200	+75~+200	+10~+45	+150~+400	−5~+5
	苯	+200~+500	+200~+500	+150~+400	+150~+500	+100~+300	+30~+350	+50~+100
	丙酮	0~+10	0~+10	+10~+30	+10~+30	+15~+50	0~+10	+100~+300
	乙醇	−5~+5	−5~+5	−5~+10	−5~+10	+5~+20	−5~+5	+2~+12

性能		品种						
		乙丙橡胶	氯磺化聚乙烯橡胶	丙烯酸酯橡胶	聚氨酯橡胶	硅橡胶	氟橡胶	聚硫橡胶	氯化聚乙烯橡胶
生胶密度/(g/cm³)		0.86~0.87	1.11~1.13	1.09~1.10	1.09~1.30	0.95~1.40	1.80~1.82	1.35~1.41	1.16~1.32
拉伸强度/MPa	未补强硫化胶	3~6	8.5~24.5	—	—	2~5	10~20	0.7~1.4	—
	补强硫化胶	15~25	7~20	7~12	20~35	4~10	20~22	9~15	>15
伸长率（%)	未补强硫化胶	—	—	—	—	40~300	500~700	300~700	400~500
	补强硫化胶	400~800	100~500	400~600	300~800	50~500	100~500	100~700	
200%定伸24h后永久变形(%)	未补强硫化胶	—	—	—	—				
	补强硫化胶	—							
回弹率(%)		50~80	30~60	30~40	40~90	50~85	20~40	20~40	
永久压缩变形（100℃×70h)(%)		—	+20~+80	+25~+90	+50~+100		+5~+30		
硬度　邵尔A		30~90	40~95	30~95	40~100	30~80	50~60	40~95	
热导率/[W/(m·K)]		0.36	0.11	—	0.067	0.25			
最高使用温度/℃		150	150	180	80	315	315	180	—
长期工作温度/℃		−50~+130	−30~+130	−10~+180	−30~+70	−100~+250	−10~+280	−10~+70	+90~+105
脆化温度/℃		−60~−40	−60~−20	~30~0	−60~−30	−120~−70	−50~−10	−40~−10	
体积电阻率/Ω·cm		10^{12}~10^{15}	10^{13}~10^{15}	10^{11}	10^{10}	10^{16}~10^{17}	10^{13}	10^{11}~10^{12}	10^{12}~10^{13}
表面电阻率/Ω		—	10^{14}		10^{11}	10^{13}			
相对介电常数/10^3Hz		3.0~3.5	7.0~10	4.0	—	3.0~3.5	2.0~2.5		7.0~10
瞬时击穿强度/(kV/mm)		30~40	15~20	—	—	20~30	20~25	—	15~20
介质损耗因数(10^3Hz)		0.004（60Hz)	0.03~0.07	—	—	0.001~0.01	0.3~0.4	—	0.01~0.03
耐溶剂性膨胀率（体积分数,%)	汽油	+100~+300	+50~+150	+5~+15	−1~+15	+90~+175	+1~+3	−2~+3	—
	苯	+200~+600	+250~+350	+350~+450	+30~+60	+100~+400	+10~+25	−2~+50	
	丙酮	—	+10~+30	+250~+350	约+40	−2~+15	+150~+300	−2~+25	—
	乙醇	—	−1~+2	−1~+1	−5~+20	−1~+1	−1~+2	−2~+20	

注：本表为经过硫化的软橡胶的技术性能数据。

5.3 橡胶板

5.3.1 工业用橡胶板(见表5-3)

表5-3 工业用橡胶板的分类、尺寸规格、性能及应用(摘自 GB/T 5574—2008)

橡胶板组成	工业用橡胶板[①]由天然橡胶或合成橡胶为主体材料制成(包括矩形截面胶条及其制品)						
耐油性能分类	A 类	不耐油					
	B 类	中等耐油。3 号标准油，100℃×72h，体积变化率 ΔV 为 40%~90%					
	C 类	耐油。3 号标准油，100℃×72h，体积变化率 ΔV 为-5%~40%					
尺寸规格 /mm	厚度	0.5、1.0、1.5、2.0、3.0、4.0、5.0、6.0~22(2 进级)、25、30、40、50					
	宽度	500~2000					
	长度	按供需双方商定					
力学性能	拉伸强度/MPa	≥3	≥4	≥5	≥7	≥10	≥14	≥17
	代号	03	04	05	07	10	14	17
	拉断伸长率(%)	≥100	≥150	≥200	≥250	≥300	≥350	≥400	≥500	≥600
	代号	1	1.5	2	2.5	3	3.5	4	5	6
	公称橡胶国际硬度 或邵尔 A 硬度	30	40	50	60	70	80	90
	代号	H3	H4	H5	H6	H7	H8	H9
热空气老化性能(A_r) (B 类和 C 类胶板应按 代号 A_r2 的规定)	A_r1	热空气老化 70℃×72h	拉伸强度降低率≤30%				
			拉断伸长率降低率≤40%				
	A_r2	热空气老化 100℃×72h	拉伸强度降低率≤20%				
			拉断伸长率降低率≤50%				
附加性能的 规定及说明	GB/T 5574-2008 中列出了工业用橡胶板的附加性能，附加性能包括： 耐低温性能(代号 T_b)，试验温度：T_b1 为-20℃，T_b2 为-40℃ 耐热性能(H_r)，试验条件：H_r1 为(100±1)℃×96h；H_r2 为(125±2)℃×96h； 　　　　　　　　H_r3 为(150±2)℃×168h；H_r4 为(180±2)℃×168h 耐臭氧性能(Q_r)，试验条件：拉伸20%，臭氧浓度为(50±5)×10^{-8}、(200±20)×10^{-8}， 　　　　　　　　温度为(40±2)℃，时间为72h、96h、168h 压缩永久变形性能(C_s)，试验条件：(70±1)℃×24h、(100±1)℃×72h、(150±2)℃×72h 抗撕裂性能(T_s)、阻燃性能(FR)试验分别按 GB/T 529、GB 8624 的规定进行 耐化学腐蚀性能、导电和抗静电橡胶板、电绝缘橡胶板分别按 GB/T 18241.1、HG 2793 和 HG 2949 的规定执行 上述未列的性能，由供需双方商定。上述性能国标未规定指标数值的由双方商定						
用途	A 类橡胶板的工作介质为水和空气，工作温度范围一般为-30~50℃，用于制作机器衬垫、 各种密封或缓冲用胶垫、胶圈以及室内外、轮船、火车、飞机等铺地面材料。耐油橡胶板(B、 C 类)工作介质为汽油、煤油、机油、柴油及其他矿物油类，工作温度范围为-30~50℃，用 于制作机器衬垫，各种密封或缓冲用胶圈、衬垫等						

① 拉伸强度为5MPa、拉断伸长率为400%、公称硬度为60 IRHD、抗撕裂的不耐油橡胶板标记为：

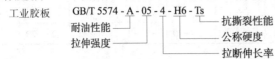

工业胶板　GB/T 5574 - A - 05 - 4 - H6 - Ts

耐油性能　　抗撕裂性能
拉伸强度　　公称硬度
　　　　　　拉断伸长率

5.3.2 设备防腐橡胶衬里(见表5-4)

表5-4 设备防腐橡胶衬里的分类、规格、性能及应用(摘自 GB/T 18241.1—2014)

<table>
<tr><td rowspan="6">分类及代号</td><td colspan="5">加热硫化橡胶衬里—J</td></tr>
<tr><td colspan="5">非加热硫化橡胶衬里:预硫化橡胶衬里—Y</td></tr>
<tr><td colspan="5">自硫化橡胶衬里—Z</td></tr>
<tr><td colspan="5">衬里用橡胶板完成硫化后的硬度分为:硬胶—Y;软胶—R</td></tr>
<tr><td colspan="5">橡胶衬里的分类:加热硫化硬胶(JY);加热硫化软胶(JR);</td></tr>
<tr><td colspan="5">预硫化软胶(YR);自硫化软胶(ZR)</td></tr>
<tr><td rowspan="3">尺寸规格</td><td colspan="3">厚度</td><td colspan="2" rowspan="2">宽度极限偏差/mm</td></tr>
<tr><td>公称尺寸 t/mm</td><td colspan="2">极限偏差</td></tr>
<tr><td>2、2.5、3、4、5、6</td><td colspan="2">$t(-10\% \sim +15\%)$</td><td colspan="2">$-10 \sim +15$</td></tr>
<tr><td rowspan="8">衬里橡胶物理
及力学性能</td><td colspan="2">项 目</td><td colspan="2">JY</td><td>JR、YR、ZR</td></tr>
<tr><td rowspan="2">硬度</td><td>邵尔 A</td><td colspan="2">—</td><td>$40 \sim 80$</td></tr>
<tr><td>邵尔 D</td><td colspan="2">$40 \sim 85$</td><td>—</td></tr>
<tr><td colspan="2">拉伸强度/MPa ≥</td><td colspan="2">10</td><td>4</td></tr>
<tr><td colspan="2">拉断伸长率(%) ≥</td><td colspan="2">—</td><td>250</td></tr>
<tr><td colspan="2">冲击强度/(J/m³) ≥</td><td colspan="2">200×10^3</td><td>—</td></tr>
<tr><td colspan="2">硬胶与金属的粘合强度/MPa ≥</td><td colspan="2">6.0</td><td>—</td></tr>
<tr><td colspan="2">软胶与金属的粘合强度/(kN/m) ≥</td><td colspan="2">—</td><td>3.5</td></tr>
<tr><td rowspan="9">衬里胶板耐化学介质性能</td><td colspan="2">耐温等级</td><td>1</td><td>2</td><td>3</td><td>4</td></tr>
<tr><td colspan="2">使用温度范围</td><td>常温 T</td><td>$T \leqslant 70℃$</td><td>$70℃ < T \leqslant 85℃$</td><td>$T > 85℃$</td></tr>
<tr><td colspan="2">试验温度</td><td>$(23 \pm 2)℃$</td><td>70℃</td><td>85℃</td><td>标记温度</td></tr>
<tr><td colspan="2">试验条件</td><td colspan="4">质量变化率 Δm(%)</td></tr>
<tr><td colspan="2">40% $H_2SO_4 \times 168h$</td><td>$-2 \sim +1$</td><td>$-2 \sim +3$</td><td>$-3 \sim +5$</td><td>$-3 \sim +5$</td></tr>
<tr><td colspan="2">70% $H_3PO_4 \times 168h$</td><td>$-2 \sim +1$</td><td>$-2 \sim +3$</td><td>$-3 \sim +5$</td><td>$-3 \sim +5$</td></tr>
<tr><td colspan="2">20% $HCl \times 168h$</td><td>$-2 \sim +3$</td><td>$-2 \sim +8$</td><td>$-3 \sim +10$</td><td>—</td></tr>
<tr><td colspan="2">40% $NaOH \times 168h$</td><td>$-2 \sim +1$</td><td>$-2 \sim +3$</td><td>$-3 \sim +5$</td><td>$-3 \sim +5$</td></tr>
</table>

注:1. 其他介质和浓度的试验和判定由供需双方协商,选择合适的试验条件进行试验。

2. 按供需双方商定,可供其他尺寸规格的衬里胶板。

3. 橡胶衬里是采用未经硫化的橡胶板或预先加热硫化过的橡胶板贴合于受衬设备上,防止设备受介质腐蚀的一种技术。GB/T 18241 规定的橡胶衬里分为设备防腐衬里、磨机衬里、浮选机衬里、烟气脱硫设备衬里、耐高温防腐衬里。国家标准号分别为 GB/T 18241.1~GB/T 18241.5。

4. 橡胶防腐衬里有一定的力学性能,能耐多种酸碱介质,耐热和耐寒性能优良,软质胶底层再衬以半硬胶层时,设备外表面还可以承受冲击力。适用于化工防腐及防机械磨损材料,如化工设备、矿山冶金用泥浆泵、浮选机、磨机、建材水泥磨机等的衬里。

5. 产品标记方法:产品按产品名称、类别、胶种、耐温等级、标准号顺序标记,并可根据需要增加标记内容。

标记示例:

使用温度范围为 $70℃ < T \leqslant 85℃$ 的加热硫化硬质天然橡胶衬里标记为:

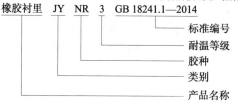

橡胶衬里 JY NR 3 GB 18241.1—2014

- 标准编号
- 耐温等级
- 胶种
- 类别
- 产品名称

5.3.3 电绝缘橡胶板(见表 5-5 和表 5-6)

表 5-5 电绝缘橡胶板的尺寸规格及技术性能(摘自 HG 2949—1999)

用途	产品适于制作电气设备辅助安全用具				
尺寸规格	厚度/mm		宽度/mm		长度
	公称尺寸	极限偏差	公称尺寸	极限偏差	
	4	+0.6 -0.4	1000、1200	±20	胶板长度及其极限偏差由供需双方确定
	6				
	8	+1.0 -0.6			
	10				
	12				
电性能	厚度/mm	试验电压/kV(有效值)	最小击穿电压/kV(有效值)	安全性	
	4	10	15	胶板使用时,应按有关规定在试验电压和最大使用电压间有一定裕度,以保证人身安全	
	6	20	30		
	8	25	35		
	10	30	40		
	12	35	45		
物理力学性能	项　目			指　标	
	硬度(邵尔 A)			55~70	
	拉伸强度/MPa		≥	5.0	
	拉断伸长率(%)		≥	250	
	定伸(150%)永久变形(%)		≤	25	
	拉伸强度降低率[热空气老化(70℃×72h)后](%)		≤	30	
	吸水率(23℃蒸馏水×24h)(%)		≤	1.5	
外观质量要求	缺陷名称	质量要求			
	明疤或凹凸不平	深度或高度不得超过胶板厚度的极限偏差,每 $5m^2$ 内面积小于 $100mm^2$ 的明疤不超过两处			
	气泡	每平方米内,面积小于 $100mm^2$ 的气泡不超过 5 个,任意两个气泡间距离不小于 40mm			
	杂质	深度及长度不超过胶板厚度的 1/10			
	海绵状	不允许有	胶板的颜色由供需双方协商确定		
	裂纹	不允许有			

表 5-6 特种电绝缘橡胶板的分类、特性及技术性能(摘自 HG 2949—1999)

按性能分类	HG 2949—1999 适用于作为电器设备辅助安全用具的电绝缘橡胶板。其中具有某种特殊性能(如耐臭氧、耐油、难燃等一种性能或多种性能)的电绝缘橡胶板称为特种电绝缘橡胶板,分为三种型号: TA 型电绝缘橡胶板　耐臭氧 TB 型电绝缘橡胶板　难燃 TC 型电绝缘橡胶板　耐油

（续）

	项　　目	指　　标
技术性能指标	硬度（邵尔 A）	55～70
	拉伸强度/MPa　≥	5.0
	拉断伸长率（%）　≥	250
	定伸（150%）永久变形（%）　≤	25
	拉伸强度降低率［热空气老化（70℃×72h）后］（%）　≤	30
	吸水率（%）　≤	3
	耐臭氧性能［40℃×3h，臭氧浓度为（50±5）$\times10^{-8}$，使用20%的伸长率］	无可见裂纹
	难燃性能	12.7mm，30s 后
	耐油性能（2号标准油，23℃×24h）：体积变化率（%）　≤	4

5.3.4　工业用导电和抗静电橡胶板（见表 5-7）

表 5-7　工业用导电和抗静电橡胶板的分类、尺寸规格、技术性能指标（摘自 HG 2793—1996）

<table>
<tr><td>分类及用途</td><td colspan="4">胶板按用途分为两类：导电橡胶板，$R_s\leqslant5\times10^4\Omega$；抗静电橡胶板，$R_s$ 为 $5\times10^4\sim10^8\Omega$
颜色：胶板可以制成各种颜色，同一批产品的颜色应保持一致
表面质量：胶板表面应光滑平整，不允许有裂纹和杂质，并且无喷霜，对其他不影响使用性能的缺陷，$1m^2$ 内不应超过两处，每处缺陷面积不超过 $1cm^2$
工业用导电和抗静电橡胶板（HG 2793—1996）适用于需要采取预防措施来防止静电积累的场所，对人员和物体放电起到安全防护作用</td></tr>
<tr><td rowspan="8">尺寸规格</td><td colspan="2">厚度/mm</td><td colspan="2">宽度/mm</td></tr>
<tr><td>公称尺寸</td><td>极限偏差</td><td>公称尺寸</td><td>极限偏差</td></tr>
<tr><td>2.5</td><td rowspan="3">±0.30</td><td rowspan="6">500～2000</td><td rowspan="6">±20</td></tr>
<tr><td>3.0</td></tr>
<tr><td>4.0</td></tr>
<tr><td>5.0</td><td rowspan="3">±0.50</td></tr>
<tr><td>6.0</td></tr>
<tr><td>8.0</td></tr>
<tr><td rowspan="9">技术性能指标</td><td colspan="2" rowspan="2">项　　目</td><td colspan="2">指　　标</td></tr>
<tr><td>导电橡胶板</td><td>抗静电橡胶板</td></tr>
<tr><td colspan="2">硬度（邵尔 A）</td><td>60～75</td><td>60～75</td></tr>
<tr><td colspan="2">硬度公差（邵尔 A）</td><td>±4</td><td>±4</td></tr>
<tr><td colspan="2">拉伸强度/MPa　≥</td><td>5.0</td><td>5.0</td></tr>
<tr><td colspan="2">拉伸强度降低率［热空气老化（70℃×72h）后］（%）　≤</td><td>25</td><td>25</td></tr>
<tr><td colspan="2">压缩永久变形（%）（25%压缩率，23℃×24h）　≤</td><td>25</td><td>25</td></tr>
<tr><td colspan="2">吸水量/（mg/cm^2）（23℃×168h）　≤</td><td>4.0</td><td>4.0</td></tr>
<tr><td colspan="2">电阻/Ω</td><td>$\leqslant5\times10^4$</td><td>$5\times(10^4\sim10^8)$</td></tr>
</table>

5.4 橡胶管

5.4.1 工业通用橡胶和塑料软管的规格尺寸(见表 5-8)

表 5-8 橡胶和塑料软管的规格尺寸(摘自 GB/T 9575—2013)

公称内径及其极限偏差	公称内径/mm	极限偏差/mm		
		硬芯成型软管	软芯成型软管	无芯成型软管
	3.2	±0.30	+0.50 -0.30	±0.60
	4.0	±0.40	+0.60 -0.40	
	5.0			
	6.3			
	8.0			
	10.0			
	12.5	±0.60	+0.70 -0.50	±0.80
	16.0			
	19.0			
	20.0		+0.90 -0.70	
	25.0	±0.80		±1.20
	31.5	±1.00	+1.20 -0.80	±1.60
	38.0			
	40.0			
	50.0	±1.20	+1.50 -1.00	
	51.0			
	63.0			
	76.0	±1.40		
	80.0			
	100.0	±1.60		
	125.0			
	150.0	±2.00		
	200.0	±2.50		
	250.0	±3.00		
	315.0			

切割长度及其极限偏差	长度/mm	极限偏差/mm
	≤300	±3.0
	>300~600	±4.5
	>600~900	±6.0
	>900~1200	±9.0
	>1200~1800	±12.0
	>1800	±1%

注:本表适用于未列出特定直径的制品,但不适用于液压和汽车用橡胶和塑料软管。

5.4.2 通用输水橡胶软管(见表5-9)

表5-9 通用输水橡胶软管[①]的型号、规格及应用(摘自 HG/T 2184—2008)

型号		工作压力/MPa≤	内径/mm	用　途	内径及允许偏差/mm		胶层厚度/mm≥	
					公称尺寸	允许偏差	内胶层	外胶层
1型低压型	a级	0.3	≤100	适用于输送60℃以下的生活用水、工业用水的橡胶软管,不适用于输送饮用水	10	±0.75	1.8	1.0
					12.5			
	b级	0.5			16			
					20	±1.25	2.0	1.0
	c级	0.7			25			
2型中压型	d级	1.0	≤50		31.5			
					40	±1.50	2.3	1.2
					50			
3型高压型	e级	≤2.5	≤25		63			
					80	±2.00	2.5	1.5
					100			

① 胶管内径为40mm、长度为1000mm、低压型、工作压力≤0.5MPa的输水胶管标记为:

胶管　1-b-40×1000　HG/T 2184—2008

5.4.3 焊接、切割和类似作业用橡胶软管(见表5-10)

表5-10 焊接、切割和类似作业用橡胶软管的尺寸规格和性能(摘自 GB/T 2550—2016)

分类	中型橡胶软管:最大工作压力为 2MPa 轻型橡胶软管:最大工作压力为 1MPa,公称内径≤6.3mm 乙炔软管:最大工作压力为 0.3MPa													
应用范围	软管工作温度范围:−20~60℃ 用途:气体焊接和切割;在惰性或活性气体保护下的电弧焊接;类似焊接和切割的作业,特别是加热铜焊和金属喷镀 不适于热塑性管和高压(高于0.3MPa)乙炔软管													
性能	分类	最大工作压力/MPa	验证压力/MPa	最小爆破压力/MPa	内胶层厚度/mm		外胶层厚度/mm							
	轻型(内径≤6.3mm)	1	2	3	1.5		1.0							
	中型(所有尺寸)	2	4	6	1.5		1.0							
	乙炔管(所有尺寸)	0.3	0.6	0.9	1.5		1.0							
管材内径尺寸规格及精度	公称内径	4	4.8	5	6.3	7.1	8	9.5	10	12.5	16	20	25	32	40	50
	内径/mm	4	4.8	5	6.3	7.1	8	9.5	10	12.5	16	20	25	32	40	50
	极限偏差/mm	±0.4					±0.5				±0.6			±1.0	±1.25
	同心度(最大)/mm	1.0										1.25		1.5

注:1. 管材尺寸规格在中间尺寸时,数字从 R20 优先数系中选取(参见 GB/T 321)。极限偏差按本表所列的相邻较大内径规格的数值。

2. 管材切割长度按 GB/T 9575—2013 的规定。

3. 标记示例:管材标志包括标准号、"焊剂"(仅适用焊剂燃气软管)、最大工作压力、公称内径、制造商(如XYZ)和制造年份,中间用短横线隔开。例如:

GB/T 2550-2MPa-10-XYZ-14　　　GB/T 2550-焊剂 2MPa-6.3-XYZ-14

5.4.4 压缩空气用织物增强橡胶软管(见表 5-11 和表 5-12)

表 5-11 压缩空气用织物增强橡胶软管的型号、分类及尺寸规格(摘自 GB/T 1186—2016)

管结构及材料		管由橡胶内衬层、采用任何适当技术铺放的一层或多层天然纤维或合成纤维织物、橡胶外覆层组成			
型号、工作压力		型号	1 型(低压)	2 型(中压)	3 型(高压)
		最大工作压力/MPa	1.0	1.6	2.5
分类	按耐油性能分类	A 级：非耐油性能	按工作温度分类	N-T 类(常温)：-25~+70℃	
		B 级：正常耐油性能		L-T 类(低温)：-40~+70℃	
		C 级：良好耐油性能			
尺寸规格	公称内径/mm	4、5、6.3、8、10、12.5、16、19、20、25、31.5、38、40、51、63、76、80、100、102			
	长度	软管长度及长度公差应符合 GB/T 9575—2013 中的规定			
	内衬层及外覆层最小厚度/mm	内衬层	1.0	1.5	2.0
		外覆层	1.5	2.0	2.5

表 5-12 压缩空气用织物增强橡胶软管的技术性能(摘自 GB/T 1186—2016)

胶层物理性能	最小拉伸强度/MPa	内衬层	7.0		
		外覆层	7.0		
	最小拉断伸长率(%)	内衬层	250		
		外覆层	250		
	层间黏合强度/(kN/m)		2.0(最小)		
	耐液体性能	3 号油中浸泡 72h	A 级：不做试验		
			B 级：内衬层体积增大不超过 115%，不允许收缩		
			C 级：内衬层、外覆层试样不允许收缩；内衬层试样体积增大不超过 30%，外覆层试样体积增大不超过 75%		
软管物理性能	静液压要求/MPa		1 型	2 型	3 型
		工作压力	1.0	1.6	2.5
		试验压力	2.0	3.2	5.0
		最小爆破压力	4.0	6.4	10.0
		尺寸变化	在试验压力下，长度变化各型号为±5%，直径变化各型号为±5%		
	加速老化 100℃老化 72h 后		内衬层和外覆层拉伸强度变化不超过±25%，拉断伸长率变化不超过原始值的±50%		

注：管材标记示例

$$\underset{\text{制造厂名称}}{\times\times\times} \Big/ \underset{\text{标准号}}{\text{GB/T 1186—2016}} \Big/ \underset{\text{型号和级别}}{\text{2B}} \Big/ \underset{\text{类别}}{\text{L-T}} \Big/ \underset{\text{内径}}{25\text{mm}} \Big/ \underset{\text{最大工作压力}}{1.6\text{MPa}} \Big/ \underset{\text{制造日期}}{\times\times\times\times}$$

5.4.5 蒸汽橡胶软管及组件(见表 5-13)

表 5-13 蒸汽橡胶软管及组件的规格、性能及应用(摘自 HG/T 3036—2009)

类型及应用	软管由内胶层、增强层和外胶层组成,适用于输送饱和蒸汽和冷凝水,但不适于食品工业加工(如蒸、煮等)或某些特殊用途(如打桩机等)、工作压力、输送蒸汽的温度均应按本表的规定 1 型: 低压蒸汽软管, 最大工作压力为 0.6MPa, 对应温度为 164℃ 2 型: 高压蒸汽软管, 最大工作压力为 1.8MPa, 对应温度为 210℃ 每个型别的软管分为: A 级, 外覆层不耐油; B 级, 外覆层耐油 型别和等级都可以为: 电连接的, 标注为 "M"; 导电性的, 标注为 "Ω"														

软管内径及胶层厚度

内径 /mm	公称尺寸	9.5	13	16	19	25	32	38	45	50	51	63	75	76	100	102
	极限偏差	±0.5							±0.7			±0.8				
胶层厚度 /mm	内胶层	2.0	≥2.5													
	外胶层	≥1.5														

胶料性能

性能	要求		试验方法
	内衬层	外覆层	
拉伸强度(最小)/MPa	8	8	GB/T 528(哑铃试片)
拉断伸长率(最小)(%)	200	200	GB/T 528(哑铃试片)

老化后性能变化率(%)
  拉伸强度变化(最大)
  拉断伸长率变化(最大)
	
	50
	50
		
		50
		50
			GB/T 3512(1 型:125℃ 下 7d;2 型:150℃ 下 7d,空气烘箱方法)

耐磨耗性能/mm³
  炭黑填充胶料(最大)
  非炭黑填充胶料(最大,着色)
	
	—
	—
		
		200
		400
			GB/T 9867—2008 方法 A

体积变化(最大,仅限 B 级)(%)	—	100	GB/T 1690, 3 号油, 100℃ 下 72h

软管性能

性能	要求	试验方法
爆破压力(最小)/MPa	10 倍最大工作压力	GB/T 5563
验证压力/MPa	在 5 倍最大工作压力下无泄漏或扭曲	GB/T 5563
层间黏合强度(最小)/(kN/m)	2.4	GB/T 14905
弯曲试验(无压力下,最小)/T/D	0.8	ISO 1746
验证压力下长度变化(%)	−3~+8	GB/T 5563
验证压力下扭转(最大)/[(°)/m]	10	GB/T 5563
外覆层耐臭氧性能	放大 2 倍时无可视龟裂	GB/T 24134—2009 中方法 3,相对湿度(55±10)%, 臭氧浓度(50±5)×10⁻⁹, 伸长率 20%, 温度 40℃

软管组合件性能

性能	要求	试验方法
验证压力/MPa	在 5 倍最大工作压力下无泄漏或扭曲	GB/T 5563
电阻/Ω	≤10²(M 型组合件) ≤10⁶(组合件) ≤10⁹(Ω 型内衬层与外覆层间电阻)	GB/T 9572—2001[①]方法 4 GB/T 9572—2001[①]方法 3.4、3.5 或 3.6

① GB/T 9572—2001 虽已被 GB/T9572—2013 代替, 但考虑到 HG/T 3036—2009 中的数据是根据 GB/T 9572—2001 测得, 故此处不做修改。

5.4.6 自浮式排泥橡胶软管及软管组合件(见表5-14和表5-15)

表5-14 自浮式排泥橡胶软管分类、结构、尺寸规格及用途(摘自 GB/T 37221—2018)

结构及组成	全漂浮排泥橡胶软管:当内腔充满介质时,管体全部(不含端部接头)带有浮力材料,且浮体部分的外径一致的排泥橡胶软管 半漂浮排泥橡胶软管:当内腔充满介质时,管体局部带有浮力材料,且浮体部分的长度为管体长度的一半的排泥橡胶软管 锥形漂浮排泥橡胶软管:当内腔充满介质时,管体局部带有浮力材料,且一端向另一端浮体部分外径逐渐增大的排泥橡胶软管 自浮式排泥橡胶软管及软管组合件由内衬层、增强层、浮体层、外覆层和装配在软管两端的软管接头构成。内衬层可有镶嵌的耐磨环;软管接头通常用金属法兰式装配连接,在法兰背后应留有一定空间,以利于插入和紧固连接螺栓,连接接头应符合设计要求
型别	自浮式排泥橡胶软管及软管组合件分为全漂浮排泥橡胶软管及软管组合件和部分漂浮排泥橡胶软管及软管组合件,其中部分漂浮排泥橡胶软管及软管组合件又分为半漂浮排泥橡胶软管及软管组合件和锥形漂浮排泥橡胶软管及软管组合件
用途	产品适用于环境温度为-20~+45℃、输送介质密度为 1.0~2.3g/cm³ 的淡水、海水、淤泥、黏土、砂的混合物及砾石等物料

类别及最大工作压力	产品依据其最大工作压力分为 Ⅰ、Ⅱ、Ⅲ、Ⅳ、Ⅴ、Ⅵ6 个类别						
	公称内径/mm	最大工作压力/MPa					备注
		Ⅰ	Ⅱ	Ⅲ	Ⅳ	Ⅴ	Ⅵ	
	200	1.0	1.5	2.0	—	—	—	
	250	1.0	1.5	2.0	—	—	—	
	300	1.0	1.5	2.0	—	—	—	
	350	1.0	1.5	2.0	—	—	—	
	400	1.0	1.5	2.0	—	—	—	
	450	1.0	1.5	2.0	—	—	—	1. "—" 不适用
	500	1.0	1.5	2.0	2.5	—	—	
	600	1.0	1.5	2.0	2.5	—	—	2. 特殊要求的工作压力由客户提出
	650	1.0	1.5	2.0	2.5	—	—	
	700	1.0	1.5	2.0	2.5	—	—	
	750	—	1.5	2.0	2.5	—	—	
	800	—	1.5	2.0	2.5	3.0	—	
	850	—	1.5	2.0	2.5	3.0	4.0	
	900	—	—	2.0	2.5	3.0	4.0	
	1000	—	—	2.0	2.5	3.0	4.0	
	1100			2.0	2.5	3.0	4.0	

（续）

公称内径	内径/mm	极限偏差/mm	备注
200	200	±3	
250	250	±3	
300	300	±3	1. 除另有规定外，软管长度极限偏差应为±1%
350	350	±4	
400	400	±4	
450	450	±4	
500	500	±5	2. 软管接头法兰尺寸精度应符合 GB/T 9124 的规定
600	600	±5	
650	650	±5	
700	700	±5	3. 耐磨环内、外圆直径尺寸极限偏差应为±4mm，厚度极限偏差应为±1mm
750	750	±5	
800	800	±6	
850	850	±6	
900	900	±6	
1000	1000	±7	
1100	1100	±7	

软管内径及极限偏差

项目	指标		试验方法
	内衬层	外覆层	
拉伸强度/MPa	≥16	≥10	GB/T 528 试样 I 型
拉断伸长率（%）	≥350	≥300	
撕裂强度/（kN/m）	≥40	—	GB/T 529 试样直角形有割口
旋转辊筒磨耗量/mm³	≤120	—	GB/T 9867
热空气老化（70℃、72h） 拉伸强度变化率（%）	−25～25	−25～25	GB/T 3512
拉断伸长率变化率（%）	−30～+10	−30～+10	
耐臭氧老化 ［臭氧浓度(50±5)×10⁻³，伸长率20%，40℃，72h]	—	2 倍放大镜下无龟裂	GB/T 7762

软管混炼胶性能

项目	指标	试验方法	备注
拉伸强度/kPa	≥200	GB/T 6344	耐磨环表面和内芯硬度不小于350HBW（按GB/T 231.1试验方法）
断裂伸长率（%）	≥100	GB/T 6344	
吸水量/（g/100cm²）	≤6	GB/T 33382—2016 附录 A	
压缩永久变形（压缩率25%，23℃,72h）（%）	≤35	GB/T 6669—2008 方法 C	
压缩强度/kPa	≥40	GB/T 8813	

浮体材料（柔软闭孔发泡材料）性能

表 5-15　自浮式排泥橡胶软管及软管组合中的技术性能（摘自 GB/T 37221—2018）

静液压性能	按 GB/T 5563 进行试验时，在最大工作压力和 1.5 倍最大工作压力下试验应无渗漏、局部脱层等异常现象。试验压力为最大工作压力时，软管长度变化率为 −2%~5%；1.5 倍最大工作压力时，其长度变化率为 −2%~10% 按 GB/T 5563 进行试验时，上浮式软管最小爆破压力应不低于最大工作压力的 3 倍
弯曲性能	当按照 GB/T 5565.1—2017 方法 C1 进行试验时，工作压力下最小弯曲半径为 12 倍的公称内径。自浮式软管不应出现脱层、损坏或打折
储备浮力	当内腔充满密度为 2.3g/cm³ 介质时，全漂浮排泥橡胶软管最小储备浮力应不低于 5%，部分漂浮排泥橡胶软管最小储备浮力应不低于 2% 储存浮力 B_r(%) 按下式计算。选取储备浮力数值时，应考虑在使用过程中可能出现的质量变化和体积变化带来的储存浮力损失 $$B_r = \frac{m_D - (m_H + m_W)}{m_H + m_W} \times 100$$ 式中　B_r—自浮式软管储存浮力(%) 　　　m_D—自浮式软管完全浸入水中时排出水的质量的数值，包括内腔的水的质量，单位为千克(kg) 　　　m_H—自浮式软管在空气中的质量的数值(kg) 　　　m_W—自浮式软管内腔输送介质的质量的数值(kg)
黏合强度	1. 当按照 GB/T 14905 方法进行试验时，自浮式软管从内衬层（含内衬层）到增强材料层之间各层黏合强度应不小于 4kN/m，从浮体材料层到外覆层（含外覆层）之间各层黏合强度应不小于 3kN/m。其中不考核浮体材料层与胶层间的黏合强度。试验应在与自浮式软管同样工艺结构、同一工艺条件下的试样上进行，其硫化状态应与制造的自浮式软管相同 2. 当按照 GB/T 15254 方法进行试验时，自浮式软管连接接头金属与胶层之间的黏合强度应不小于 8kN/m。按 GB/T 15254 试验方法制备试样时，连接接头试样材质应与实际使用材质一致，试样混炼胶应与实际使用一致 3. 当按照 GB/T 15254 方法进行试验时，耐磨环与内衬层间的黏合强度应不小于 8kN/m。按 GB/T 15254 试验方法制备试样时，耐磨环试样材质应与实际使用材质一致，试样混炼胶应与实际使用一致
外观	1. 自浮式软管外表面应平整，外覆层应无起泡、脱层等可见的缺陷，标志正确 2. 自浮式软管内衬层表面应平滑、壁厚应均匀。气疱、搭接缝及其他凹陷等缺陷深度应小于 3mm

5.4.7 耐稀酸碱橡胶软管(见表 5-16 和表 5-17)

表 5-16 耐稀酸碱橡胶软管的规格、性能及应用(摘自 HG/T 2183—2014)

	公称内径		内径及极限偏差/mm		内衬层厚度/mm ≥	外覆层厚度/mm ≥
	A 型	B 型及 C 型	内径	极限偏差		
软管、公称内径、内径及内外层厚度	12.5	—	13.0	±0.5	2.2	1.2
	16	—	16			
	19	—	19			
	22	—	22			
	25		25	±1.0	2.2	1.2
	31.5	31.5	32.0	±1.0	2.5	1.5
	38	38	38	±1.3	2.5	1.5
	45	45	45			
	51	51	51			
	63.5	63.5	64			
	76	76	76			
	89	89	89	±1.3	2.8	2.0
	102	102	102			
	127	127	127	±1.5	3.5	2.0
	152	152	152			

软管结构及用途	A 型	有增强层,不含钢丝螺旋线,用于输送酸碱液体	适于 −20~45℃ 环境中输送浓度不高于 40% 的硫酸溶液和浓度不高于 15% 的氢氧化钠溶液,以及与上述浓度相当的酸碱溶液(硝酸除外)
	B 型	有增强层,含钢丝螺旋线,用于吸引酸碱液体	
	C 型	有增强层,含钢丝螺旋线,用于排吸酸碱液体	

	性能项目		指标	
			内衬层	外覆层
软管内衬层和外覆层力学和物理性能	拉伸强度/MPa ≥		7.0	
	拉断伸长率(%) ≥		250	
	热空气老化(70℃,72h)	拉伸强度变化率(%)	−25~+25	
		拉断伸长率变化率(%)	−30~+10	
	长度变化率(%)	最大工作压力(15min)	−1.5~+1.5	
	外径变化率(%)	最大工作压力(15min)	−0.5~+0.5	

软管静压要求(按 GB/T 5563 进行试验)	最大工作压力/MPa	验证压力/MPa	最小爆破压力/MPa
	0.3	0.6	1.2
	0.5	1.0	2.0
	0.7	1.4	2.8
	1.0	2.0	4.0

表 5-17 耐稀酸碱橡胶管的耐硫酸、盐酸和氢氧化钠性能

项 目			指标	
			内胶层	外胶层
硫酸(40%)，室温×72h	拉伸强度变化率(%)	≥	−15	—
	拉断伸长率变化度(%)	≥	−20	—
盐酸(30%)，室温×72h	拉伸强度变化率(%)	≥	−15	—
	拉断伸长率变化率(%)	≥	−20	—
氢氧化钠(15%)，室温×72h	拉伸强度变化率(%)	≥	−15	—
	拉断伸长率变化率(%)	≥	−20	—

5.4.8　输送液态或气态液化石油气(LPG)和天然气的橡胶软管(见表 5-18)

表 5-18　输送液态或气态液化石油气(LPG)和
天然气橡胶软管的分类、尺寸规格及性能(摘自 GB/T 10546—2013)

分类及代号	D 型：排放软管 D-LT 型：低温排放软管 SD 型：螺旋线增强的排吸软管 SD-LTR 型：低温(粗糙内壁)螺旋线增强的排吸软管 SD-LTS 型：低温(光滑内壁)螺旋线增强的排吸软管 上述型别软管可为：电连线式，用符号 M 标示和标志；导电式，借助导电橡胶层，用符号 Ω 标示和标志；非导电式，仅在软管组合件的一个管接头上安装有金属连接线
材料和结构	一层耐正戊烷的橡胶内衬层 多层机织、编织或缠绕纺织材料或者编织或缠绕钢丝增强层 一层埋置的螺旋线增强层(仅 SD、SD-LTR 和 SD-LTS 型) 两根或多根低电阻电连接线(仅标示 M 的软管) 耐磨和耐室外暴露的橡胶外覆层，外覆层刺孔以便于气体渗透 管内非埋置的螺旋钢丝，适于在−50℃下使用(仅 SD-LTR 型) 组合件应由装配厂将金属管接头装配到软管上 在与不锈钢材料接触时不应使用氯化材料
使用范围	用于输送液态或气态液化石油气(LPG)和天然气，并且设计用于工作压力介于真空与最大 2.5MPa 之间，温度为−30~70℃或者低温软管(−LT)为−50~70℃的橡胶软管和组合件 GB/T 10546—2013 警告使用人员应遵守相关安全法规

（续）

公称内径	内径 /mm	内径极限偏差 /mm	外径 /mm	外径极限偏差 /mm	最小弯曲半径/mm	
					D、D-LT 型	SD、SD-LT 型
12	12.7	±0.5	22.7	±1.0	100	90
15	15	±0.5	25	±1.0	120	95
16	15.9	±0.5	25.9	±1.0	125	95
19	19	±0.5	31	±1.0	160	100
25	25	±0.5	38	±1.0	200	150
32	32	±0.5	45	±1.0	250	200
38	38	±0.5	52	±1.0	320	280
50	50	±0.6	66	±1.2	400	350
51	51	±0.6	67	±1.2	400	350
63	63	±0.6	81	±1.2	550	480
75	75	±0.6	93	±1.2	650	550
76	76	±0.6	94	±1.2	650	550
80	80	±0.6	98	±1.2	725	680
100	100	±1.6	120	±1.6	800	720
150	150	±2.0	174	±2.0	1200	1000
200	200	±2.0	224	±2.0	1600	1400
250[1]	254	±2.0	—	—	2000	1750
300[1]	305	±2.0	—	—	2500	2100

软管尺寸规格[2]（D、D-LT、SD、SD-LT）

软管性能

项目	要求	
验证压力（最小）/MPa	3.75（无泄漏或其他缺陷）	
验证压力下长度变化（最大）（%）	D 型和 D-LT 型	+5
	SD、SD-LTR 和 SD-LTS 型	+10
验证压力下扭转变化（最大）/(°)/m	8	
耐真空 0.08MPa 下 10min（仅 SD、SD-LTS 及 SD-LTR 型）	无结构破坏，无塌陷	
爆破压力（最小）/MPa	10	
层间黏合强度（最小）(kN/m)	2.4	
外覆层耐臭氧(40℃)	72h 后在两倍放大镜下观察无龟裂	
低温弯曲性能： −30℃下（D 和 SD 型） −50℃下（D-LT、SD-LTR 和 SD-LTS 型）	无永久变形或可见的结构缺陷，电阻无增长及电连续性无损害	
电阻性能	软管的电性能应满足软管组合件的要求	
燃烧性能	立即熄灭或在 2min 后无可见的发光	
在最小弯曲半径下软管外径的变形系数（最大）（内压 0.07MPa，D 和 D-LT 型）	$T/D \geqslant 0.9$	

（续）

	项目	要求	
软管组合件性能	验证压力(最小)/MPa	3.75(无泄漏或其他缺陷)	
	验证压力下长度变化(最大)(%)	D 型和 D-LT 型：+5 SD、SD-LTR 和 SD-LTS 型：+10	
	验证压力下扭转变化(最大)/[(°)/m]	8	
	耐负压 0.08MPa 下 10min(仅 SD、SD-LTS 及 SD-LTR 型)	无结构破坏，无塌陷	
	电阻性能/(Ω/根)	M 式：最大 10^2；Ω 式：最大 10^6；非导电式：最小 $2.5×10^4$	

	项目	要求	
		内衬层	外覆层
胶料性能	拉伸强度(最小)/MPa	10	10
	拉断伸长率(最小)(%)	250	250
	耐磨耗(最大)/mm³	—	170
	老化性能 硬度变化(最大)/IRHD 拉伸强度变化(最大)(%) 拉断伸长率变化(最大)(%)	+10 ±30 −35	+10 ±30 −35
	耐液体性能 质量增加(最大)(%) 硬度变化(最大)/IRHD 质量减少(最大)(%) (-LT 型)	+10 +10/−3 −5 −10	— —
	胶层最小厚度/mm	1.6	1.6

注：每根软管在外覆层上应标志下列各项内容

MAN – GB/T 10546—2013 D 型 – 38 – 10 – M – 3Q-02

制造厂名称或标识　标准编号　软管型别　公称内径　最大工作压力(MPa)　导电性符号　制造的季度和年份

① 公称内径 250 和 300 仅应用于内接式连接管。

② 对于不带内装式管接头的软管，当按照 GB/T 9573—2003 方法 A 进行测量时，软管内径和外径尺寸及其公差依据型别应符合本表的规定。对于带有内装式管接头的软管，其外径不适合本表的数值。

5.4.9　计量分配燃油用橡胶和塑料软管及软管组合件(见表 5-19 和表 5-20)

表 5-19　公称内径、内径、公差及最小弯曲半径(摘自 HG/T 3037—2019)　(单位：mm)

公称内径	内径	公差	最小弯曲半径
12	12.5		60
16	16.0	±0.8	80
19	19.0		100

（续）

公称内径	内径	公差	最小弯曲半径
22	22.0		130
25	25.0		150
32	32.0		175
38	38.0	±1.25	225
40	40.0		225
45	50.0		275

注：1. 内衬层和外覆层的最小厚度：当按照 GB/T 9573 测量时，内衬层厚度不小于 1.6mm，外覆层厚度不小于 1.0mm。
2. 同心度：按照 GB/T 9573 测量时，软管管壁最大厚度与最小厚度之差即同心度，应不超过 1.0mm。
3. 切割长度公差：切割长度公差应符合 GB/T 9575 的规定，软管组合件的长度应从接头端部的密封处到另一接头端部的密封处测量，公差为公称长度的±1%。

表 5-20　物理性能

	项目	要求		试样①	试验方法
		橡胶	TPE		
混炼胶	内衬层和外覆层的拉伸强度（最小）/MPa	9	12	从软管上切取或从试片上裁取试样	GB/T 528
	内衬层和外覆层的拉断伸长率（最小）（%）	250	350		
	加速老化　内衬层和外覆层的拉伸强度变化（最大）（%）	20	10		GB/T 3512（空气烘箱法）在(70±1)℃下 14d
	加速老化　内衬层和外覆层的拉断伸长率变化（最大）（%）	-35	-20		
	耐液体性能　内衬层溶胀（最大）（%）	+70			GB/T 1690 在 40℃的 3 型氧化燃油中 70h
	耐液体性能　内衬层溶胀（最大）（%）	+25			GB/T 1690 在 100℃的 3 号油中 70h
	耐液体性能　内衬层溶剂抽出物（%）常温级（最大）　低温级（最小）	+10　+15			GB/T 1690 在 40℃的 3 型氧化燃油中 70h，然后在 100℃干燥 24h
	耐液体性能　外覆层溶胀（最大）（%）	+100			GB/T 1690 在 23℃的液体 B 中 70h
	内衬层和外覆层的耐低温性能，-30℃（如有要求-40℃）	10 倍放大无龟裂			HG/T 3037—2019 附录 A
	外覆层的耐磨性能（最大）/mm³	500		从外覆层混炼胶模压的试片上裁取试样	GB/T 9867

（续）

	项目		要求		试样	试验方法
			橡胶	热塑性塑料、热塑性弹性体		
镶衬层材料	拉伸强度（最小）/MPa		8	20	从试片上裁取试样	GB/T 528
	拉断伸长率（最小）(%)		200	300		GB/T 528
耐液体性能	质量变化率(%)		0~25	0~5		GB/T 169 在23℃的3型氧化燃油中168h；GB/T 528
	拉伸强度（最小）/MPa		5	18		
	拉断伸长率（最小）(%)		150	200		

	项目		要求	试样	试验方法
软管	验证压力试验(2.4MPa)		无渗漏及其他缺陷	整根软管	GB/T 5563 验证压力试验
	爆破压力（最小）/MPa		4.8	从软管上切割下一段软管	GB/T 5563 爆破压力试验
	容积膨胀率（最大）(%)	1型和2型	2	从软管上切割下1m软管	GB/T 7129 试验压力0.3MPa
		3型	1		
	层间黏合强度/(kN/m)	初始值（最小）	2.4	从软管上切割下一段软管，4型软管浸液后的试样从完成18900次重复弯曲试验及渗漏试验的软管试样上切取	GB/T 14905 附录B
		浸液后（最小）	1.8		
	室温弯曲性能		$\dfrac{T}{D} \geqslant 0.8$	从软管下切割下一段软管	GB/T 5565.1 $C = 10 \times$ 公称内径
	低温曲挠性能		无裂纹或断裂，最大弯曲力180N	附录C，推荐公称内径为16、19或22的软管	HG/T 3037—2019 附录C
	验证压力下的长度变化率(%)		0~5	整根软管	GB/T 5563
	外覆层耐臭氧性能		2倍放大无龟裂	从软管上切割下一段软管	GB/T 24134 体积分数为 50×10^{-8} 臭氧浓度，在40℃±2℃下，72h
	燃油渗透性能（最大）	常温级(1型、2型、3型)/[mL/(m·d)]	12	从软管上切割上2m软管，推荐公称内径16、19或22的软管	HG/T 3037—2019 附录D
		低温级(1型、2型、3型)/[mL/(m·d)]	18		
		4型/[g/(m²·d)]	10	3.35m软管	
		4A型 4B型	10~40		

（续）

项目		要求	试样	试验方法
导电性能（最大）/Ω	Ω类	1×10^6	整根软管	GB/T 9572—2013 中方法 4.5、4.6 或 4.7
	M类	1×10^2		GB/T 9572—2013
可燃性		a）移开本生灯后，明火燃烧 20s 停止 b）移开本生灯后，2min 内无明显的无焰燃烧 c）软管无渗漏	从软管上切取合适的长度	HG/T 3037—2019 附录 E

（软管）

项目		要求	试样	试验方法
抗拔脱性能		接头无松动	短根组合件	HG/T 3037—2019 附录 F
验证压力试验（2.4MPa）		无渗漏及其他缺陷		GB/T 5563
导电性能（最大）/Ω	M类	1×10^2		GB/T 9572—2013
	Ω类	1×10^6		GB/T 9572—2013 中方法 4.8
气密性		无渗漏		HG/T 3037—2019 附录 H
扭摆疲劳性能		扭摆 18000 次，软管组合件应无缺陷显露 扭摆 50000 次，软管组合件应无渗漏 电阻应满足以上给出的要求	整根软管组合件	HG/T 3037—2019 附录 G

（软管组合件）

① 试验报告中应注明试样来源

5.4.10 喷砂用橡胶软管（见表 5-21）

表 5-21 喷砂用橡胶软管的分类、尺寸规格、技术性能及应用（摘自 HG/T 2192—2008）

分类	依据电性能、软管分为 M 级、Ω 级和 A 级。电连接的，标志为"M"级；具有导电橡胶层的，标志为"Ω"级；不导电的普通型，标志为"A"级
用途	最大工作压力为 0.63MPa 工作温度范围为 −25~70℃ 适用于金属表面喷砂除锈、打麻、工程施工中湿喷砂和干喷砂

（续）

内径/mm	极限偏差/mm	备注
12.5	±0.75	按 GB/T 9573 进行测定时：
16	±0.75	1）内层和外覆层外表面之间，同心度不应大于 1.0mm
19	±0.75	
20	±0.75	2）内衬层最小厚度为 5mm，外覆层最小厚度为 1.0mm
25	±1.25	
31.5	±1.25	3）管长度极限偏差按 GB/T 9575 的规定。例如，长度 ≤ 300mm、>1800mm 的极限偏差分别为±3mm、±1%（长度）
38	±1.50	
40	±1.50	
45	±1.50	
50	±1.50	
51	±1.50	

尺寸规格（左侧纵标）

项目	指标	试验方法
验证压力	1.25MPa	GB/T 5563
验证压力下的长度变化	±8%	GB/T 5563
验证压力下的直径变化	±10%	GB/T 5563
验证压力下的扭转	20°/m（最大）	GB/T 5563
最小爆破压力	2.5MPa	GB/T 5563
层间黏合强度	2.0kN/m（最小）	ISO 8033
耐臭氧性能	2 倍放大镜下未见龟裂	HG/T 2869—1997[①]内径≤25mm，方法 1；其他规格，方法 2 或方法 3
23℃曲挠性	T/D 不小于 0.8	GB/T 5565—2006[①]
低温曲挠性	不应检测出龟裂，软管应通过上面规定的验证试验	GB/T 5564—2006[①]（−25±2）℃
电阻（最大）	"M" 级：$10^2\Omega$/根 "Ω 级"：$10^6\Omega$/根	GB/T 9572

成品软管性能（右侧纵标）

项目	指标		试验方法
	内衬层	外覆层	
拉伸强度（最小）/MPa	14.0	10.0	GB/T 528
拉断伸长率（最小）（%）	400	300	GB/T 528
耐老化性能 拉伸强度变化率(最大)(%) 拉断伸长率变化率(最大)(%)	±25 +10~ −30	±25 +10~ −30	ISO 188：1998 [(70 ± 1)℃ × 3 天]，热空气烘箱法；GB/T 528
耐磨性能（最大损失）/mm³	140	—	ISO 4649：2002，方法 A

胶料性能（左侧纵标）

① 这几个标准均已废止或被新标准代替，但考虑到在 HG/T 2192—2008 中用其检测性能，故此处不做修改。

5.4.11 织物增强液压型橡胶软管（见表 5-22）

表 5-22 织物增强液压型橡胶软管的类型、性能、尺寸规格及用途（GB/T 15329.1—2003）

类型与结构	软管由耐油、耐水的合成橡胶内胶层、一层或多层纤维线增强层和耐油、耐天候的外胶层构成。1 型，带有一层织物增强层的软管；2 型，带有一层或多层织物增强层的软管；3 型，带有一层或多层强物增强层的软管（较高工作压力）；R3 型，带有两层织物增强层的软管；R6 型，带有一层织物增强层的软管

（续）

公称内径			5	6.3	8	10	12.5	16	19	25	31.5	38	51	60	80	100
规格/mm	内径	各型 min	4.4	5.9	7.4	9.0	12.1	15.3	18.2	24.6	30.8	37.1	49.8	58.8	78.8	98.6
		各型 max	5.2	6.9	8.4	10.0	13.3	16.5	19.8	26.2	32.8	39.1	51.8	61.2	81.2	101.4
	外径	1型 min	10.0	11.6	13.1	14.7	17.7	21.9								
		1型 max	11.6	13.2	14.7	16.3	19.7	23.9								
		2型 min	11.0	12.6	14.1	15.7	18.7	22.9	26.0	32.9						
		2型 max	12.6	14.2	15.7	17.3	20.7	24.9	28.0	35.9						
		3型 min	12.0	13.6	16.1	17.7	20.7	24.9	26.9	34.4	40.8	47.6	60.3	70.0	91.5	113.5
		3型 max	13.5	15.2	17.7	19.3	22.7	26.9	30.0	37.4	43.8	51.6	64.3	74.0	96.5	118.5
		R3型 min	11.9	13.5	16.7	18.3	23.0	26.2	31.0	36.9	42.9					
		R3型 max	13.5	15.1	18.3	19.8	24.6	27.8	32.5	39.3	46.0					
		R6型 min	10.3	11.9	13.5	15.1	19.0	22.2	25.4							
		R6型 max	11.9	13.5	15.1	16.7	20.6	23.8	27.8							
最大工作压力 /MPa		1型	2.5	2.5	2.0	2.0	1.6	1.6								
		2型	8.0	7.5	6.8	6.3	5.8	5.0	4.5	4.0						
		3型	16.0	14.5	13.0	11.0	9.3	8.0	7.0	5.5	4.5	4.0	3.3	2.5	1.8	1.0
		R3型	10.5	8.8	8.2	7.9	7.0	6.1	5.2	3.9	2.6					
		R6型	3.5	3.0	3.0	3.0	3.0	2.6	2.2							
用途			产品适合在-40~100℃的温度下输送普通液压流体，液压流体为 GB/T 7631.2 规定的液压系统用油，如 HH 液压油、HL 抗氧防锈液压油、HM 抗磨液压油、HV 低温液压油、HR 液压油等，也可用于油水乳浊液、乙二醇水溶液及水等，不适用于蓖麻油和酯基流体。当工作温度超过93℃时，会明显降低软管工作寿命														

注：1. 软管长度按用户要求，但最小长度为1m。

2. 1型、公称内径为19mm的织物液压胶管标记为：

织物液压胶管 1 型/19　GB/T 15329.1—2003

5.4.12　钢丝缠绕增强外覆橡胶软管和软管组合件（见表 5-23）

表 5-23　钢丝缠绕增强外覆橡胶软管的尺寸规格（摘自 GB/T 10544—2013）

	公称内径 /mm	内径/mm									
		4SP 型		4SH 型		R12 型		R13 型		R15 型	
		最小	最大	最小	最大	最小	最大	最小	最大	最小	最大
软管内径	6.3	6.2	7.0	—	—	—	—	—	—	—	—
	10	9.3	10.1	—	—	9.3	10.1	—	—	9.3	10.1
	12.5	12.3	13.5	—	—	12.3	13.5	—	—	12.3	13.5
	16	15.5	16.7	—	—	15.5	16.7	—	—	—	—
	19	18.6	19.8	18.6	19.8	18.6	19.8	18.6	19.8	18.6	19.8
	25	25.0	26.4	25.0	26.4	25.0	26.4	25.0	26.4	25.0	26.4
	31.5	31.4	33.0	31.4	33.0	31.4	33.0	31.4	33.0	31.4	33.0
	38	37.7	39.3	37.7	39.3	37.7	39.3	37.7	39.3	37.7	39.3
	51	50.4	52.0	50.4	52.0	50.4	52.0	50.4	52.0	—	—

	公称内径 /mm	4SP 型				4SH 型				R12 型				R13 型				R15 型			
		增强层外径/mm		软管外径/mm		增强层外径/mm		软管外径/mm		增强层外径/mm		软管外径/mm		增强层外径/mm		软管外径/mm		增强层外径/mm		软管外径/mm	
		最小	最大	最小	最大	最小	最大	最小	最大	最小	最大	最小	最大	最小	最大	最小	最大	最小	最大	最小	最大
软管增强层外径和软管外径	6.3	14.1	15.3	17.1	18.7	—	—	—	—	—	—	—	—	—	—	—	—	—	—	—	—
	10	16.9	18.1	20.6	22.2	—	—	—	—	16.6	17.8	19.5	21.0	—	—	—	—	20.3		23.3	
	12.5	19.4	21.0	23.8	25.4	—	—	—	—	19.9	21.5	23.0	24.6	—	—	—	—	24.0		26.8	
	16	23.0	24.6	27.4	29.0	—	—	—	—	23.8	25.4	26.6	28.2	—	—	—	—	—		—	
	19	27.4	29.0	31.4	33.0	27.6	29.2	31.4	33.0	26.9	28.4	29.9	31.5	28.2	29.8	31.0	33.2	32.9		36.1	
	25	34.5	36.1	38.5	40.9	34.4	36.0	37.5	39.9	34.1	35.7	36.9	39.2	34.9	36.4	37.6	39.8	38.9		42.9	
	31.5	45.0	47.0	49.2	52.4	40.9	42.9	43.9	47.1	42.7	45.1	45.4	48.6	45.6	48.0	48.3	51.3	48.4		51.5	
	38	51.4	53.4	55.6	58.8	47.8	49.8	51.9	55.1	49.2	51.6	51.9	55.0	53.1	55.5	55.8	58.8	56.3		59.6	
	51	64.3	66.3	68.2	71.4	62.2	64.2	66.5	69.7	62.5	64.8	65.1	68.3	66.9	69.3	69.5	72.7	—		—	

（续）

<table>
<tr><td rowspan="22">技术性能</td><td rowspan="2">公称内径
/mm</td><td colspan="5">最大工作压力/MPa</td><td colspan="5">验证压力/MPa</td></tr>
<tr><td>4SP</td><td>4SH</td><td>R12</td><td>R13</td><td>R15</td><td>4SP</td><td>4SH</td><td>R12</td><td>R13</td><td>R15</td></tr>
<tr><td>6.3</td><td>45.0</td><td>—</td><td>—</td><td>—</td><td>—</td><td>90.0</td><td>—</td><td>—</td><td>—</td><td>—</td></tr>
<tr><td>10</td><td>44.5</td><td>—</td><td>28.0</td><td>—</td><td>42.0</td><td>89.0</td><td>—</td><td>56.0</td><td>—</td><td>84.0</td></tr>
<tr><td>12.5</td><td>41.5</td><td>—</td><td>28.0</td><td>—</td><td>42.0</td><td>83.0</td><td>—</td><td>56.0</td><td>—</td><td>84.0</td></tr>
<tr><td>16</td><td>35.0</td><td>—</td><td>28.0</td><td>—</td><td>42.0</td><td>70.0</td><td>—</td><td>56.0</td><td>—</td><td>84.0</td></tr>
<tr><td>19</td><td>35.0</td><td>42.0</td><td>28.0</td><td>35.0</td><td>42.0</td><td>70.0</td><td>84.0</td><td>56.0</td><td>70.0</td><td>84.0</td></tr>
<tr><td>25</td><td>28.0</td><td>38.0</td><td>28.0</td><td>35.0</td><td>42.0</td><td>56.0</td><td>76.0</td><td>56.0</td><td>70.0</td><td>84.0</td></tr>
<tr><td>31.5</td><td>21.0</td><td>32.5</td><td>21.0</td><td>35.0</td><td>42.0</td><td>42.0</td><td>65.0</td><td>42.0</td><td>70.0</td><td>84.0</td></tr>
<tr><td>38</td><td>18.5</td><td>29.0</td><td>17.5</td><td>35.0</td><td>42.0</td><td>37.0</td><td>58.0</td><td>35.0</td><td>70.0</td><td>84.0</td></tr>
<tr><td>51</td><td>16.5</td><td>25.0</td><td>17.5</td><td>35.0</td><td>42.0</td><td>33.0</td><td>50.0</td><td>35.0</td><td>70.0</td><td>—</td></tr>
<tr><td rowspan="2">公称内径
/mm</td><td colspan="5">最小爆破压力/MPa</td><td colspan="5">最小弯曲半径/mm</td></tr>
<tr><td colspan="5"></td><td colspan="5"></td></tr>
<tr><td>6.3</td><td>180.0</td><td>—</td><td>—</td><td>—</td><td>—</td><td>150</td><td>—</td><td>—</td><td>—</td><td>150</td></tr>
<tr><td>10</td><td>178.0</td><td>—</td><td>112.0</td><td>—</td><td>168.0</td><td>180</td><td>—</td><td>130</td><td>—</td><td>150</td></tr>
<tr><td>12.5</td><td>160.0</td><td>—</td><td>112.0</td><td>—</td><td>168.0</td><td>230</td><td>—</td><td>180</td><td>—</td><td>200</td></tr>
<tr><td>16</td><td>140.0</td><td>—</td><td>112.0</td><td>—</td><td>—</td><td>250</td><td>—</td><td>200</td><td>—</td><td>—</td></tr>
<tr><td>19</td><td>140.0</td><td>168.0</td><td>112.0</td><td>140.0</td><td>168.0</td><td>300</td><td>280</td><td>240</td><td>240</td><td>265</td></tr>
<tr><td>25</td><td>112.0</td><td>152.0</td><td>112.0</td><td>140.0</td><td>168.0</td><td>340</td><td>340</td><td>300</td><td>300</td><td>330</td></tr>
<tr><td>31.5</td><td>84.0</td><td>130.0</td><td>84.0</td><td>140.0</td><td>168.0</td><td>460</td><td>460</td><td>420</td><td>420</td><td>445</td></tr>
<tr><td>38</td><td>74.0</td><td>116.0</td><td>70.0</td><td>140.0</td><td>168.0</td><td>560</td><td>560</td><td>500</td><td>500</td><td>530</td></tr>
<tr><td>51</td><td>66.0</td><td>100.0</td><td>70.0</td><td>140.0</td><td>—</td><td>660</td><td>700</td><td>630</td><td>630</td><td>—</td></tr>
</table>

注：1. 软管由一层耐液压流体的橡胶内衬层、以交替方向缠绕的钢丝增强层和一层耐油和耐天候的橡胶外覆层构成，每层缠绕钢丝层由橡胶隔离。软管适用于符合 GB/T 7631.2 液压油分类中的 HH(无抗氧剂的精制矿油)、HL(精制矿油，并改善其防锈性和防氧性)、HM(HL 油，改善其抗磨性)、HR(HL 油，改善其黏温性)、HV(HM 油，改善其黏温性)液压流体。4SH 型软管适用温度为-40~+100℃，R12、R13 和 R15 型适用温度为-40~+120℃。

2. 软管按其结构、工作压力和耐油性能分为 5 种型别：

4SP 型：4 层钢丝缠绕的中压软管；

4SH 型：4 层钢丝缠绕的高压软管；

R12 型：4 层钢丝缠绕苛刻条件下的高温中压软管；

R13 型：多层钢丝缠绕苛刻条件下的高温高压软管；

R15 型：多层钢丝缠绕苛刻条件下的高温超高压软管。

3. 软管和软管组合件的供货长度由供需双方商定，通常以需方要求的长度供应，长度的偏差为全长的±2%。软管组合件应遵循制造厂的软管组合件装备及装配说明书。

4. 耐油基流体脉冲：

脉冲试验应按 ISO 6803 或 ISO 6605 进行。对于试验流体的温度，4SP 和 4SH 型应为 100℃，R12、R13 和 R15 型应为 120℃。

对于 4SP 和 4SH 型软管，当在最大工作压力 133%的脉冲压力下试验时，软管应能承受至少 400000 次脉冲。

对于 R12 型软管，当在最大工作压力 133%的脉冲压力下试验时，软管应能承受至少 500000 次脉冲。

对于 R13 和 R15 型软管，当在最大工作压力 120%的脉冲压力下试验时，软管应能承受至少 500000 次脉冲。

在达到规定的脉冲次数之前，软管应无泄漏或其他损坏现象。

本试验应视为破坏性试验，试验后试样应报废。

5. 耐水基流体脉冲：

脉冲试验应按 ISO 6803 或 ISO 6605 进行。试验流体的温度应为 60℃，试验流体应使用 ISO 6743-4 规定的 HFC、HFAE、HFAS 或 HFB。

对于 4SP 和 4SH 型软管，当在最大工作压力 133%的压力下试验时，软管应能承受至少 400000 次脉冲。

对于 R12 型软管，当在最大工作压力 133%的脉冲压力下试验时，软管应能承受至少 500000 次脉冲。

对于 R13 和 R15 型软管，当在最大工作压力 120%的脉冲压力下试验时，软管应能承受至少 50 万次脉冲。

在达到规定脉冲次数之前，软管应无泄漏或其他损坏现象。

6. 软管的泄漏试验、低温曲挠性能、层间黏合强度、耐油性能、耐水性能、耐臭氧试验等应按 GB/T 10544—2013 的规定。

7. 标记示例：

公称内径为 10mm、4SP 型、最大工作压力为 44.5MPa 的 GB/T 10544—2013 软管标记为：

MAN(制造厂名称或标识)/GB/T 10544—2013/4SP/10/44.5MPa/12/09(生产日期 2012 年 9 月)

5.5 橡胶带

5.5.1 织物芯输送带的规格尺寸（见表 5-24）

表 5-24 织物芯输送带的尺寸规格（摘自 GB/T 4490—2009）

输送带宽度/mm	极限偏差/mm	输送带宽度/mm	极限偏差/mm
300	±5mm	1600	±16
400		1800	±18
500		2000	±20
600	±6	2200	±22
650	±6.5	2400	±24
800	±8	2600	±26
1000	±10	2800	±28
1200	±12	3000	±30
1400	±14	3200	±32

宽度及极限偏差（表左侧合并标注）

输送带类型	输送带长度/m	极限偏差
环形带	≤15	±50mm
	>15~20	±75mm
	>20	±0.5%
有端带	由一段组成	+2.5% 0
	由若干段组成 每单根长度或每段长度	±5%
	各段长度之和	+2.5% 0

长度及极限偏差（表左侧合并标注）

上、下覆盖层厚度公称值/mm	极限偏差	两点总厚度测定值平均值/mm	任意两点总厚度差值
≤4	上极限偏差：不规定 下极限偏差：0.2mm	≤10	不大于1mm
>4	上极限偏差：不规定 下极限偏差：公称尺寸的5%	>10	不大于总厚度平均值的10%

覆盖层厚度 t 及极限偏差（不包括 t<1mm）（表左侧合并标注）

注：输送带覆盖层厚度公称值由供需双方商定。

5.5.2 普通用途织物芯输送带（见表 5-25）

表 5-25 普通用途织物芯输送带结构、类型代码、尺寸规格及性能（摘自 GB/T 7984—2013）

结构	普通输送带的带芯由一层或双层或多层织物构成或由整体带芯织物构成，带芯材料应经橡胶或塑料浸渍或压延挂胶 带芯层外应有覆盖层，如果在带芯层与覆盖层之间或覆盖层内部加设贴胶网眼布、帘布或线绳层作为缓冲层，缓冲层厚度应计入覆盖层厚度，而不应计入带芯层厚度 如果在带芯层的一面或两面有与带芯编织在一起的织物层，则其厚度应计入带芯层厚度 输送带的外表面一般应由具有规定厚度和性能的弹性体材料构成，但其一面或两面也可根据用途和运输负荷情况由挂胶或不挂胶的织物构成

（续）

纱线类型及代码	标记代码	纱线	用途	普通用途织物芯输送带不适用耐热、耐寒、耐油、难燃、耐酸碱和食品输送等特殊用途的输送带，也不适于 ISO 21183—1 规定的轻型输送带，只适于普通用途的物料输送
	B	棉线		
	Z	人造棉		
	R	人造丝		
	P	聚酰胺纤维（锦纶）		
	E	聚对苯二甲酸乙二酯（涤纶）		
	D	芳香族聚酰胺纤维（芳纶）		
	G	玻璃		
	如果织物包含次承载线，其标记字母应加括号			

尺寸规格

1. 带的长度极限偏差应符合 GB/T 4490 的规定，长度由供需双方协商确定
2. 带的宽度及极限偏差应符合 GB/T 4490 的规定
3. 带的总厚度及极限偏差由供需双方协商确定。如果按 ISO 583 规定的试验方法测量出的带总厚度的平均值不大于10mm 时，带的最大厚度与最小厚度之间的差值应不大于1mm，对于整体织物芯带二者的最大差值应不大于1.5mm。如果测量出的带总厚度的平均值大于10mm，带的最大厚度与最小厚度之间的差值应不大于平均值的10%，对于整体织物芯带二者的最大差值应小于平均值的15%
4. 上、下覆盖层厚度公称值≤4mm 时，其上极限偏差不规定，下极限偏差为+0.2mm；上、下覆盖层厚度公称值>4mm 时，其上极限偏差不规定，下极限偏差为公称尺寸的+5%
5. 带的直线度要求：

带宽及带长	直线度
带宽不大于500mm 或带长不大于20m	5m 带长内不大于25mm
带宽大于500mm 且带长大于20m	7m 带长内不大于25mm

技术性能

覆盖层老化前物理性能

性能类型	拉伸强度/MPa ≥	拉断伸长率(%) ≥	磨耗量/mm³ ≤
H	24	450	120
D	18	400	100
L	15	350	200

1. H 用于输送对带子有强烈损害的尖利磨损性物料，D 用于输送高磨损性物料，L 用于输送中度磨损物料
2. 覆盖层在70℃老化箱中按 GB/T 3512 进行7天加速老化后，其拉伸强度和拉断伸长率的中值应不低于老化前相应值的75%
3. 输送带纵向全厚度拉伸强度的最小值（按指定带型的最小全厚度拉伸强度值，单位为 N/mm）为160、200、250、315、400、500、630、800、1000、1250、1600、2000、2500、3150
4. 带的全厚度纵向参考力伸长率不大于带长的4%（按 GB/T 7984 规定方法测定）
5. 输送带层间粘合强度成槽性的要求应符合 GB/T 7984—2013 的规定

注：1. 输送带的标记应包括下列内容：
1）参照本标准，即 GB/T 7984—2013。
2）要求的长度，单位为米(m)。
3）要求的宽度，单位为毫米(mm)。
4）带芯经线和纬线的纤维类型，如涤纶(E)(经线)锦纶(P)(纬线)，(EP)。

5）全厚度拉伸强度，单位为牛顿每毫米（N/mm）。

6）输送带的层数或型号。

7）上覆盖层的厚度，单位为毫米（mm）。

8）下覆盖层的厚度，单位为毫米（mm）。

9）合适的覆盖层类别。

2. 订货用输送带的标记：

示例 1　多层芯带

一条长 400m、宽 1200mm 的带，纵向织物材质为涤纶（E），横向织物材质为锦纶（P），最小全厚度拉伸强度为 1000N/mm，具有 5 层带芯织物，上覆盖层厚度为 4mm，下覆盖层厚度为 2mm，覆盖层级别为 H 类。

示例 1　标记

GB/T	长度/m	宽度 /mm	织物材料		拉伸强度 /(N/mm)	层数	覆盖层厚度/mm		覆盖层 等级
			经线	纬线			上	下	
7984	400	1200	E	P	1000	5	4	2	H

示例 2　双层芯带

一条长 200m、宽 1000mm 的带，纵向织物材质为涤棉（EB），横向织物材质为锦棉（PB），最小全厚度拉伸强度为 800N/mm，具有 2 层带芯织物，上、下覆盖层厚度均为 1.5mm。

示例 2　标记

GB/T	长度/m	宽度 /mm	织物材料		拉伸强度 /(N/mm)	层数	覆盖层厚度/mm		覆盖层 等级
			经线	纬线			上	下	
7984	200	1000	EB	PB	800	2	1.5	1.5	N/A

示例 3　单层芯带

一条长 150m、宽 1200mm 的单层芯带，经线材质为涤纶（E），纬线材质为锦纶（P），全厚度拉伸强度为 630N/mm，上覆盖层厚度为 6mm，下覆盖层厚度为 2mm，覆盖层级别为 D 类。

示例 3　标记

GB/T	长度/m	宽度 /mm	织物材料		拉伸强度 /(N/mm)	层数	覆盖层厚度/mm		覆盖层 等级
			经线	纬线			上	下	
7984	150	1200	E	P	630	1	6	2	D

示例 4　整体织物芯带

一条长 300m、宽 1600mm 的整体织物芯带，由材质为涤纶与锦纶混纺（EP）的经线，材质为锦棉（PB）的纬线和材质为整体编织棉（B）的经线层构成，最小拉伸强度为 1250N/mm，上、下覆盖层厚度均为 1.5mm。

示例 4　标记

GB/T	长度/m	宽度 /mm	织物材料		拉伸强度 /(N/mm)	层数	覆盖层厚度/mm		覆盖层 等级
			经线	纬线			上	下	
7984	300	1600	EP（B）	PB	1250	SW（1）①	1.5	1.5	N/A

① SW（1）为整体织物芯带的缩写。

5.5.3 一般用途织物芯阻燃输送带(见表 5-26 和表 5-27)

表 5-26　一般用途织物芯阻燃输送带的结构、用途及标记(摘自 GB/T 10822—2014)

输送带结构及用途	输送带由织物芯、橡胶覆盖层组成,具有一定的阻燃性能,适用于化工、煤炭、冶金和电力等行业输送高磨损物料和中度磨损物料,工作环境温度为-20~45℃;不适用于煤矿井下,也不适用于金属骨架的阻燃输送带

<table>
<tr><td rowspan="2">输送带标记</td><td>输送带的标记应包括如下内容:
1) 参照 GB/T 10822 的相关规定
2) 要求的长度,单位为米(m)
3) 要求的宽度,单位为毫米(mm)
4) 带芯经线和纬线的纤维类型,如涤纶(E)(经线)锦纶(P)(纬线),(EP)
5) 全厚度拉伸强度,单位为牛顿每毫米(N/mm)
6) 输送带的层数或型号
7) 上覆盖层的厚度,单位为毫米(mm)
8) 下覆盖层的厚度,单位为毫米(mm)
9) 合适的覆盖层类别(D 或 L)

订货用标记:

示例　多层芯带
　一条长 400m、宽 1200mm 的带,纵向织物材质为涤纶(E),横向织物材质为锦纶(P),最小全厚度拉伸强度为 1000N/mm,具有 5 层带芯织物,上覆盖层厚度为 4mm,下覆盖层厚度为 2mm,覆盖层类型为 D 类</td></tr>
</table>

GB/T	长度/m	宽度/mm	织物材料		拉伸强度/(N/mm)	层数	覆盖层厚度/mm		覆盖层类型
			经线	纬线			上	下	
10822	400	1200	E	P	1000	5	4	2	D

表 5-27　一般用途织物芯阻燃输送带的尺寸规格及技术性能(摘自 GB/T 10822—2014)

尺寸及极限偏差	1. 带的长度极限偏差应符合 GB/T 4490 的规定,长度由供需双方协商确定 2. 带的宽度及极限偏差应符合 GB/T 4490 的规定 3. 带的总厚度及极限偏差由供需双方协商确定。如果按 ISO 583 规定的试验方法测量出的带总厚度的平均值不大于 10mm 时,带的最大厚度与最小厚度之间的差值应不大于 1mm,如果测量出的带总厚度的平均值大于 10mm,带的最大厚度与最小厚度之间的差值应不大于平均值的 10% 4. 带的覆盖层厚度极限偏差:

上、下覆盖层厚度公称值/mm	极限偏差	
≤4	上极限偏差	不规定
	下极限偏差	0.2mm
>4	上极限偏差	不规定
	下极限偏差	公称尺寸的 5%

（续）

<table>
<tr><td rowspan="5">覆盖层
技术性能
（老化前）</td><td>性能类型</td><td>拉伸强度/MPa≥</td><td>拉断伸长率（%）≥</td><td colspan="2">磨耗量/mm³≤</td></tr>
<tr><td>D</td><td>17</td><td>450</td><td colspan="2">175</td></tr>
<tr><td>L</td><td>14</td><td>400</td><td colspan="2">200</td></tr>
<tr><td colspan="5">1. 类型 D 用于输送高磨损性物料，类型 L 用于输送中度磨损物料
2. 当覆盖层厚度为 0.8～1.6mm 时，试样厚度可以是切出的最大厚度，此时，拉伸强度和拉断伸长率允许比表中值低 15% 以内
3. 覆盖层在 70℃ 老化箱中按 GB/T 3512 进行 7 天加速老化后，其拉伸强度和拉断伸长率的中值应不低于老化前相应值的 75%</td></tr>
</table>

<table>
<tr><td rowspan="3">全厚度
拉伸强
度/（N/mm）</td><td colspan="5">160，200，250，315，400，500，630，800，1000，1250，1600，2000，2500，3150</td></tr>
<tr><td colspan="5">1. 带的纵向全厚度拉伸强度值作为型号，应不小于强度等级在表中所示的值，最小纵向全厚度拉伸强度等于指定带的型号数值</td></tr>
<tr><td colspan="5">2. 带的全厚度纵向参考力伸长率不大于 4%（参考力等于带的公称全厚度纵向拉伸强度的 10% 乘以试样中部宽度基本值所得的力）</td></tr>
</table>

<table>
<tr><td rowspan="4">合成纤维
带芯的输
送带层间
黏合强度</td><td rowspan="2">项目</td><td rowspan="2">布层间</td><td colspan="2">覆盖层与带芯之间</td><td rowspan="2">备注</td></tr>
<tr><td>覆盖层厚度
0.8～1.5mm</td><td>覆盖层厚度
>1.5mm</td></tr>
<tr><td>全部试样平均值/（N/mm） ≥</td><td>4.5</td><td>3.2</td><td>3.5</td><td rowspan="2">所有试样最
高峰值不应超
过 20N/mm</td></tr>
<tr><td>全部试样最低峰值/（N/mm） ≥</td><td>3.9</td><td>2.4</td><td>2.9</td></tr>
</table>

<table>
<tr><td rowspan="4">天然纤维
带芯的输
送带层间
黏合强度</td><td rowspan="2">项目</td><td rowspan="2">布层间</td><td colspan="2">覆盖层与带芯之间</td><td rowspan="2">备注</td></tr>
<tr><td>覆盖层厚度
0.8～1.5mm</td><td>覆盖层厚度
>1.5mm</td></tr>
<tr><td>全部试样平均值/（N/mm） ≥</td><td>3.2</td><td>2.1</td><td>2.7</td><td rowspan="2">所有试样最
高峰值不应超
过 20N/mm</td></tr>
<tr><td>全部试样最低峰值/（N/mm） ≥</td><td>2.7</td><td>1.6</td><td>2.2</td></tr>
</table>

<table>
<tr><td rowspan="11">成槽性
指标 F/L
最小值</td><td>侧托辊槽形角/（°）</td><td colspan="3">F/L 最小值</td><td>备注</td></tr>
<tr><td>≤20</td><td colspan="3">0.08</td><td rowspan="10">F 为根据带
厚度进行修正
后的试样垂直
挠度，以毫米
为单位
L 为试样平
放时的长度，
等于输送带的
安装宽度，以
毫米为单位</td></tr>
<tr><td>25</td><td colspan="3">0.10</td></tr>
<tr><td>30</td><td colspan="3">0.12</td></tr>
<tr><td>35</td><td colspan="3">0.14</td></tr>
<tr><td>40</td><td colspan="3">0.16</td></tr>
<tr><td>45</td><td colspan="3">0.18</td></tr>
<tr><td>50</td><td colspan="3">0.20</td></tr>
<tr><td>55</td><td colspan="3">0.23</td></tr>
<tr><td>60</td><td colspan="3">0.26</td></tr>
</table>

<table>
<tr><td rowspan="3">带的直线度</td><td>带宽及带长</td><td colspan="4">直线度</td></tr>
<tr><td>带宽不大于 500mm 或带长不大于 20m</td><td colspan="4">5m 带长内不大于 25mm</td></tr>
<tr><td>带宽大于 500mm 且带长大于 20m</td><td colspan="4">7m 带长内不大于 25mm</td></tr>
</table>

（续）

项目		阻燃性能等级		
		K_1	K_2	K_3
带的安全性要求	火焰持续时间	3个有覆盖层试样和3个无覆盖层试样火焰持续时间合计不得大于45s，有覆盖层单个值不得大于15s，无覆盖层单个值不得大于20s	6个有覆盖层试样火焰持续时间合计不得大于45s，任何单个值不得大于15s	3个有覆盖层试样火焰持续时间的平均值不得大于60s
	导静电性能	不大于$3×10^8\Omega$		
	再燃性	任何一个试样上应不重新出现火焰		

5.5.4 普通用途钢丝绳芯输送带（见表 5-28～表 5-31）

表 5-28　普通用途钢丝绳芯输送带的结构和尺寸规格（摘自 GB/T 9770—2013）

结构	1. 输送带由上覆盖层、下覆盖层，钢丝绳芯和黏合层组成，工作环境温度为-20～40℃ 2. 带芯的左捻钢丝绳和右捻钢丝绳应交替配置 3. 有接头钢丝绳的配置：两边部各1根钢丝绳不得有接头；有接头的钢丝绳根数不得多于总根数的5%；1根钢丝绳的接头不得多于一处，且应距带端10m以上；任意两根钢丝绳的接头在长度方向上的距离不得小于10m

尺寸规格	1. 带宽 B 及极限偏差：

宽度	B/mm														
上极限偏差 下极限偏差	$500 ^{+10}_{-5}$	$650 ^{+10}_{-7}$	$800 ^{+10}_{-8}$	1000 ±10	1200 ±10	1400 ±12	1600 ±12	1800 ±14	2000 ±14	2200 ±15	2400 ±15	2600 ±15	2800 ±15	3000 ±15	3200 ±15

2. 覆盖层厚度，下极限偏差为+0.5mm

3. 带厚度的均匀性，即带厚度的最大测定值与最小测定值之差不大于平均厚度的10%

4. 带芯钢丝绳在带厚度方向的偏心值不得大于1.5mm，偏心值大于1.0mm但不大于1.5mm的钢丝绳根数不超过钢丝绳总根数的5%

5. 钢丝绳平均间距极限偏差应为±1.5mm，单个钢丝绳间距大于±1.5mm的钢丝绳根数不得大于钢丝绳总根数的5%

6. 带的边胶宽度应不小于15mm

7. 带长度的极限偏差应符合以下要求：

带的交货条件	带的供货长度与订货长度之间的最大容许差值
提供的带是整根带	+2.5% 0
提供的带是几段带	每段带的长度极限偏差为±5%，各段带长度之和的总极限偏差为 $^{+2.5\%}_{0}$

8. 用户提供的订货长度应包括制作带接头及外部试验所需要的长度

注：钢丝绳芯输送带的标记包含订货长度、执行标准、宽度、纵向拉伸强度、上覆盖层厚度、下覆盖层厚度和覆盖层性能。

在标记中以符号 ST 表示纵向抗拉体材料——钢丝绳。在该符号之后以牛顿每毫米（N/mm）为单位表示出带的标称拉断强度。

示例：一条钢丝绳芯输送带（ST），长 1400m，宽 2200mm，最小拉断强度 3500N/mm，上覆盖层厚度 10mm，下覆盖层厚度 7mm，覆盖层橡胶性能类型代号 H，其标记如下：

1400m 钢丝绳芯输送带，GB/T 9770—2200 ST 3500/10+7 H

表 5-29　普通用途钢丝绳芯输送带带型系列(摘自 GB/T 9770—2013)

带型号		500	630	800	1000	1250	1400	1600	1800	2000	2250	2500	2800	3150	3500	4000	4500	5000	5400	6300	7000	7500
最小拉断强度 K_{Nmin} (N/mm)		500	630	800	1000	1250	1400	1600	1800	2000	2250	2500	2800	3150	3500	4000	4500	5000	5400	6300	7000	7500
钢丝绳最大直径 d_{max}/mm		3.0	3.0	3.5	4.0	4.5	5.0	5.0	5.6	6.0	5.6	7.2	7.2	8.1	8.6	8.9	9.7	10.9	11.3	12.8	13.5	15.0
钢丝绳最小拉力 F_{bamin}/kN		7.6	7.0	8.9	12.9	16.1	20.6	20.6	25.5	25.6	26.2	40.0	39.6	50.5	56.0	63.5	76.3	91.0	98.2	130.4	142.4	166.7
钢丝绳间距 t/mm		14.0	10.0	10.0	12.0	12.0	14.0	12.0	13.5	12.0	11.0	15.0	13.5	15.0	15.0	15.0	16.0	17.0	17.0	19.5	19.5	21.0
覆盖层最小厚度 s_{min}/mm		4.0	4.0	4.0	4.0	4.0	4.0	4.0	4.0	4.0	4.0	5.0	5.0	5.5	6.0	6.5	7.0	7.5	8.0	10.0	10.0	10.0
带宽 B/mm	极限偏差/mm	钢丝绳根数 n																				
500	+10 −5	33	45	45	39	39	34	39	N/A	N/A	N/A	N/A	N/A	N/A	N/A	N/A	N/A	N/A	N/A	N/A	N/A	N/A
650	+10 −7	44	60	60	51	51	45	51	46	52	56	41	46	41	41	41	39	36	N/A	N/A	N/A	N/A
800	+10 −8	54	75	75	63	63	55	63	57	63	69	50	57	50	50	51	48	45	45	N/A	N/A	N/A
1000	±10	68	95	95	79	79	68	79	71	79	86	64	71	64	64	64	59	55	55	N/A	N/A	N/A
1200	±10	83	113	113	94	94	82	94	85	94	104	76	85	76	77	77	71	66	66	58	59	54
1400	±12	96	133	133	111	111	97	111	100	111	122	89	99	89	90	90	84	78	78	68	69	64
1600	±12	111	151	151	126	126	111	114	114	126	140	101	114	101	104	104	96	90	90	78	80	73
1800	±14	125	171	171	143	143	125	143	129	143	159	114	128	114	117	117	109	102	102	89	90	83
2000	±14	139	191	191	159	159	139	159	144	159	177	128	143	128	130	130	121	113	113	99	100	92
2200	±15	153	211	211	176	176	154	176	159	176	195	141	158	141	144	144	134	125	125	109	110	102
2400	±15	167	231	231	193	193	168	193	174	193	213	155	173	155	157	157	146	137	137	119	119	110
2600	±15	191	251	251	209	209	182	209	189	209	231	168	188	168	170	170	159	149	149	129	129	120
2800	±15	196	271	271	226	226	197	226	203	226	249	181	202	181	183	183	171	161	161	139	139	129
3000	±15	210	291	291	243	243	211	243	243	218	243	268	195	217	195	195	183	172	172	149	149	139
3200	±15	224	311	311	260	260	225	260	233	260	286	208	232	208	208	208	196	184	184	160	160	149

注：N/A 表示由于成槽性的缘故而不适用。

表 5-30 普通用途钢丝绳芯输送带覆盖层的性能(摘自 GB/T 9770—2013)

<table>
<tr><td rowspan="5">覆盖层
(老化前)
的物理
性能要
求及应用</td><td>性能
类型</td><td>拉伸强度/MPa
≥</td><td>拉断伸长率(%)
≥</td><td>磨耗量/mm³
≤</td><td>应用</td></tr>
<tr><td>H</td><td>24</td><td>450</td><td>120</td><td>用于输送对输送带有强烈
损害的尖利磨损性物料</td></tr>
<tr><td>D</td><td>18</td><td>400</td><td>100</td><td>用于输送高磨损性物料</td></tr>
<tr><td>L</td><td>15</td><td>350</td><td>200</td><td>用于输送中等磨损物料</td></tr>
<tr><td colspan="4">覆盖层在 70℃ 老化箱中按 GB/T 3512 进行 7 天加速老化后,其拉伸强度和拉断伸长率的中值应不低于老
化前相应值的 75%
覆盖层与带芯层间的黏合强度应不小于 12N/mm(按 GB/T 17044 进行试验)</td></tr>
</table>

<table>
<tr><td rowspan="4">钢丝绳的
黏合强度
/(N/mm)</td><td colspan="21">钢丝绳黏合强度按 GB/T 5755 的规定检验,其指标应符合以下规定:</td></tr>
<tr><td>带型号</td><td>500</td><td>630</td><td>800</td><td>1000</td><td>1250</td><td>1400</td><td>1600</td><td>1800</td><td>2000</td><td>2250</td><td>2500</td><td>2800</td><td>3150</td><td>3500</td><td>4000</td><td>4500</td><td>5000</td><td>5400</td><td>6300</td><td>7000</td><td>7500</td></tr>
<tr><td>老化前≥</td><td>60</td><td>60</td><td>67.5</td><td>75</td><td>82.5</td><td>90</td><td>90</td><td>99</td><td>105</td><td>99</td><td>123</td><td>123</td><td>136.5</td><td>144</td><td>148.5</td><td>160.5</td><td>178.5</td><td>184.5</td><td>207</td><td>217.5</td><td>240</td></tr>
<tr><td>老化后≥</td><td>50</td><td>50</td><td>57.5</td><td>65</td><td>72.5</td><td>80</td><td>80</td><td>89</td><td>95</td><td>89</td><td>113</td><td>113</td><td>126.5</td><td>134</td><td>138.5</td><td>150.5</td><td>168.5</td><td>174.5</td><td>197</td><td>207.5</td><td>230</td></tr>
</table>

表 5-31 普通用途钢丝绳芯输送带成槽性(F/L)指标(摘自 GB/T 9770—2013)

侧托辊槽 形角/(°)	20	25	30	35	40	45	50	55	60
F/L	0.08	0.10	0.12	0.14	0.16	0.18	0.20	0.23	0.26

注:1. 成槽性的指标是试验中输送带的挠度 F 与带宽 L 之比(F/L)。
    2. 本表为 GB/T 9770—2013 规定的三等长托辊输送机上使用的输送带的 F/L 最小值。

5.5.5 普通 V 带和窄 V 带(基准宽度制)(见表 5-32~表 5-37)

表 5-32 基准宽度制普通 V 带和窄 V 带截面类型及截面尺寸(摘自 GB/T 11544—2012)

<table>
<tr><td rowspan="8">V 带型号</td><td>普通 V 带型号及适用槽型</td><td>窄 V 带型号及适用槽型</td></tr>
<tr><td>Y 型(用于基准宽度 5.3mm 的槽型)</td><td rowspan="2">SPZ 型(用于基准宽度 8.5mm 的槽型)</td></tr>
<tr><td>Z 型(用于基准宽度 8.5mm 的槽型)</td></tr>
<tr><td>A 型(用于基准宽度 11mm 的槽型)</td><td rowspan="2">SPA 型(用于基准宽度 11mm 的槽型)</td></tr>
<tr><td>B 型(用于基准宽度 14mm 的槽型)</td></tr>
<tr><td>C 型(用于基准宽度 19mm 的槽型)</td><td>SPB 型(用于基准宽度 14mm 的槽型)</td></tr>
<tr><td>D 型(用于基准宽度 27mm 的槽型)</td><td rowspan="2">SPC 型(用于基准宽度 19mm 的槽型)</td></tr>
<tr><td>E 型(用于基准宽度 32mm 的槽型)</td></tr>
</table>

（续）

型号	节宽 b_p/mm	顶宽 b/mm	高度 h/mm	楔角 α/(°)
Y	5.3	6	4	40
Z	8.5	10	6	40
A	11.0	13	8	40
B	14.0	17	11	40
C	19.0	22	14	40
D	27.0	32	19	40
E	32.0	38	23	40
SPZ	8.5	10	8	40
SPA	11.0	13	10	40
SPB	14.0	17	14	40
SPC	19.0	22	18	40

普通V带　　　窄V带

截面尺寸

露出高度

型号	露出高度 f/mm	
	最大	最小
Y/YX	+0.8	-0.8
Z/ZX	+1.6	-1.6
A/AX	+1.6	-1.6
B/BX	+1.6	-1.6
C/CX	+1.5	-2.0
D/DX	+1.6	-3.2
E/EX	+1.6	-3.2
SPZ/XPZ	+1.1	-0.4
SPA/XPA	+1.3	-0.6
SPB/XPB	+1.4	-0.7
SPC/XPC	+1.5	-1.0

注：1. V带型号中有"X"符号的表示底边带齿的V带。

2. 为保证V带截面的形状尺寸及两侧面的夹角的精度要求，标准规定采用专用的测量方法测量露出高度 f， f 值满足本表要求才能保证带截面形状尺寸合格。

表 5-33　普通 V 带基准长度（摘自 GB/T 11544—2012）

型号	截面型号						
	Y	Z	A	B	C	D	E
基准长度 L_d 数值/mm	200	406	630	930	1565	2740	4660
	224	475	700	1000	1760	3100	5040
	250	530	790	1100	1950	3330	5420
	280	625	890	1210	2195	3730	6100
	315	700	990	1370	2420	4080	6850
	355	780	1100	1560	2715	4620	7650
	400	920	1250	1760	2880	5400	9150
	450	1080	1430	1950	3080	6100	12230
	500	1330	1550	2180	3520	6840	13750
		1420	1640	2300	4060	7620	15280
		1540	1750	2500	4600	9140	16800

型号	截面型号						
	Y	Z	A	B	C	D	E
基准长度 L_d 数值/mm			1940 2050 2200 2300 2480 2700	2700 2870 3200 3600 4060 4430 4820 5370 6070	5380 6100 6815 7600 9100 10700	10700 12200 13700 15200	

表 5-34　窄 V 带基准长度（摘自 GB/T 11544—2012）

L_d/mm	不同型号的分布范围			
	SPZ	SPA	SPB	SPC
630	+			
710	+			
800	+	+		
900	+	+		
1000	+	+		
1120	+	+		
1250	+	+	+	
1400	+	+	+	
1600	+	+	+	
1800	+	+	+	
2000	+	+	+	+
2240	+	+	+	+
2500	+	+	+	+
2800	+	+	+	+
3150	+	+	+	+
3550	+	+	+	+
4000		+	+	+
4500		+	+	+
5000			+	+
5600			+	+
6300		+	+	+
7100		+	+	+
8000			+	+
9000				+
10000				+
11200				+
12500				+

注："+" 表示其型号具有对应的长度 L_d。

表 5-35　普通 V 带和窄 V 带基准长度的极限偏差（摘自 GB/T 11544—2012）

基准长度 L_d/mm	极限偏差/mm		基准长度 L_d/mm	极限偏差/mm	
	Y、YX、Z、ZX、A、AX、B、BX、C、CX、D、DX、E、EX	SPZ、XPZ、SPA、XPA、SPB、XPB、SPC、XPC		Y、YX、Z、ZX、A、AX、B、BX、C、CX、D、DX、E、EX	SPZ、XPZ、SPA、XPA、SPB、XPB、SPC、XPC
$L_d \leqslant 250$	+8 −4	—	$2000 < L_d \leqslant 2500$	+31 −16	±25
$250 < L_d \leqslant 315$	+9 −4	—	$2150 < L_d \leqslant 3150$	+37 −18	±32
$315 < L_d \leqslant 400$	+10 −5	—	$3150 < L_d \leqslant 4000$	+44 −22	±40
$400 < L_d \leqslant 500$	+11 −6	—	$4000 < L_d \leqslant 5000$	+52 −26	±50
$500 < L_d \leqslant 630$	+13 −6	±6	$5000 < L_d \leqslant 6300$	+63 −32	±63
$630 < L_d \leqslant 800$	+15 −7	±8	$6300 < L_d \leqslant 8000$	+77 −38	±80
$800 < L_d \leqslant 1000$	+17 −8	±10	$8000 < L_d \leqslant 10000$	+93 −46	±100
$1000 < L_d \leqslant 1250$	+19 −10	±13	$10000 < L_d \leqslant 12500$	+112 −66	±125
$1250 < L_d \leqslant 1600$	+23 −11	±16	$12500 < L_d \leqslant 16000$	+140 −70	—
$1600 < L_d \leqslant 2000$	+27 −13	±20	$16000 < L_d \leqslant 20000$	+170 −85	—

注：普通 V 带中 Y、Z、A、B、C、D、E 型 V 带的极限偏差约为 +1.2p 和 −0.6p，其中 p 由下式一定的近似度计算。

$$p = 0.8\sqrt[3]{L} + 0.006L$$

式中　L—R10 系列优先数（见 GB/T 321），其值等于或略大于用 mm 值表示的基准长度。

表 5-36　V 带的配组差（摘自 GB/T 11544—2012）

基准长度 L_d/mm	配组差/mm	
	Y、YX、Z、ZX、A、AX、B、BX、C、CX、D、DX、E、EX	SPZ、XPZ、SPA、XPA、SPB、XPB、SPC、XPC
$L_d \leqslant 1250$	2	2
$1250 < L_d \leqslant 2000$	4	2
$2000 < L_d \leqslant 3150$	8	4
$3150 < L_d \leqslant 5000$	12	6
$5000 < L_d \leqslant 8000$	20	10
$8000 < L_d \leqslant 12500$	32	16
$12500 < L_d \leqslant 20000$	48	—

注：多带成组传动时同组 V 带长度的最大允许差值（即配组差）应符合本表的规定。

表 5-37　中心距变化量(摘自 GB/T 11544—2012)

带长 L_d/mm	顶宽/mm	
	≤25	>25
$L_d < 1000$	≤1.2	≤1.8
$1000 < L_d \leqslant 2000$	≤1.6	≤3.2
$2000 < L_d \leqslant 5000$	≤2	≤3.4
$L_d > 5000$	≤2.5	≤3.4

5.5.6　一般传动用普通 V 带(见表 5-38)

表 5-38　一般传动用普通 V 带型号、尺寸及技术性能(摘自 GB/T 1171—2017)

结构及尺寸规定	1. L 带根据其结构分为包边 V 带、切边 V 带(普通切边 V 带、有齿切边 V 带和底胶夹布切边 V 带)两种 2. V 带由胶帆布(顶布)、顶胶、缓冲胶、抗拉体、底胶、底布(底胶夹布)等组成 3. V 带的基准长度、截面尺寸、极限偏差、露出高度、中心距离变化量、配组差应符合 GB/T 11544 的规定
型号及标记	1. V 带应具有对称的梯形横截面,高与节宽之比约为 0.7,其型号分为 Y、Z、A、B、C、D、E 七种 2. 对切边带在型号后加符号"X"表示 3. V 带型号的选择参见 GB/T 1171—2017 附录 A 4. V 带的标记示例,以符合 GB/T 1171、A 型号、基准长度为 1430mm 的 V 带为例,其标记为 　　标记中各要素的含义如下: A1430　GB/T 1171 A—型号为 A 型 1430—带基准长度为 1430mm

	项目				
型号	拉伸强度/kN ≥	参考力伸长率(%) ≤		布与顶胶间粘合强度/(kN/m)	疲劳性能
		包边 V 带	切边 V 带		
Y	1.2	7.0	5.0	—	A 型和 B 型 V 带无扭矩疲劳寿命小于 1.0×10^7 次,24h 中心距变化率不大于 2.0%
Z	2.0				
A	3.0				
B	5.0			2.0	
C	9.0				
D	15.0		—		
E	20.0				

（表左侧标注：普通 V 带技术性能）

5.5.7　一般传动用窄 V 带(见表 5-39 ~ 表 5-42)

表 5-39　一般传动用窄 V 带的结构、尺寸及型号(摘自 GB/T 12730—2018)

结构	1. 窄 V 带按结构分为包边式窄 V 带和切边式窄 V 带两类。其中,切边式窄 V 带分为普通切边窄 V 带、有齿切边窄 V 带和底胶夹布切边窄 V 带三种 2. 窄 V 带由包布、顶布、顶胶、缓冲胶、抗拉体、底胶、底胶夹布、底布等组成

（续）

尺寸	基准宽度制　窄 V 带的基准长度极限偏差、露出高度、中心距变化量、配组差应符合 GB/T 11544 的规定 有效宽度制　窄 V 带 的有效长度极限偏差、露出高度、中心距变化量、配组差应符合 GB/T 12730 "有效宽度制窄 V 带尺寸" 的规定
型号	窄 V 带型号分为 SPZ、SPA、SPB、SPC、9N、15N、25N 七种，有齿窄 V 带以 XPZ、XPA、XPB、XPC、9NX、15NX、25NX 表示

注：1. GB/T 12730—2018《一般传动用窄 V 带》适用于高速及大动力的机械传动用带，也适用于一般的动力传递用带。

2. 标记：

（1）窄 V 带基准制的标记示例。以符合 GB/T 12730、SPA 型、基准长度为 1250mm 的窄 V 带为例，其标记为：

SPA1250 GB/T 12730

标记中各要素的含义如下：

SPA——窄 V 带型号为 SPA 型；1250——窄 V 带基准长度为 1250mm。

（2）窄 V 带有效制的标记示例。以符合 GB/T 12730、15N 型、有效长度为 4013mm 的窄 V 带为例，其标记为：

15N4013 GB/T 12730

标记中各要素的含义如下：

15N——窄 V 带型号为 15N 型；4013——窄 V 带有效长度为 4013mm。

表 5-40　一般传动用窄 V 带的技术性能（摘自 GB/T 12730—2018）

型号	拉伸强度/kN　≥	参考力伸长率（%）　≤		布与顶胶间粘合强度/（kN/m）　≥
		包边窄 V 带	切边窄 V 带	
SPZ、XPZ、9N	2.3	4.0	3.0	—
SPA、XPA	3.0			
SPB、XPB、15N	5.4			
SPC、XPC	9.8	5.0	4.0	2.0
25N	12.7			

注：1. 疲劳性能的规定：型号为 SPZ19N、SPA 窄 V 带的疲劳寿命分别不得小于 80h、100h；其他型号窄 V 带的疲劳性能由供需双方协商确定。

2. 窄 V 带的全截面拉伸强度和参考力伸长率按 GB/T 3686 进行试验，参考力应符合以下规定：

截型	SPZ、XPZ、9N	SPA、XPA	SPB、XPB、15N	SPC、XPC	25N
参考力/kN	0.8	1.1	2.0	3.9	5.0

3. 窄 V 带的布与顶胶间的粘合强度按 HG/T 3864 的规定进行试验。

表 5-41　有效宽度制窄 V 带型号及截面尺寸（摘自 GB/T 12730—2018）

型号	顶宽 b/mm	高度 h/mm
9N	9.5	8.0
15N	16.0	13.5
25N	25.5	23.0

注：1. GB/T 12730—2018 在规范性附录中规定了 "有效宽度制窄 V 带尺寸"，和基准宽度制比较，有效宽度制的优点在于，当用直尺或卷尺测量带与带轮尺寸时，能够在带承受张紧力的情况下较精确地测定带与带轮的几何尺寸。机加工的带轮外径与有效直径几乎相等，用卷尺所测的窄 V 带外周长度接近于有效长度。

2. 本表截面顶宽 b 和高度 h 示意图参见表 5-32。

3. 本表截面各尺寸不规定极限偏差和检测方法，截面尺寸的合格通过在测长机上按 GB/T 12730—2018 表 A3 所列的测量力测量窄 V 带在轮槽中的露出高度来判断。

表 5-42　一般传动用窄 V 带公称有效长度、极限偏差及配组差(摘自 GB/T 12730—2018)

型号			极限偏差/mm	配组差/mm
9N	15N	25N		
公称有效长度/mm				
630	—	—	±8	4
670	—	—	±8	4
710	—	—	±8	4
760	—	—	±8	4
800	—	—	±8	4
850	—	—	±8	4
900	—	—	±8	4
950	—	—	±8	4
1015	—	—	±8	4
1080	—	—	±8	4
1145	—	—	±8	4
1205	—	—	±8	4
1270	1270	—	±8	4
1345	1345	—	±10	4
1420	1420	—	±10	6
1525	1525	—	±10	6
1600	1600	—	±10	6
1700	1700	—	±10	6
1800	1800	—	±10	6
1900	1900	—	±10	6
2030	2030	—	±10	6
2160	2160	—	±13	6
2290	2290	—	±13	6
2410	2410	—	±13	6
2540	2540	2540	±13	6
2690	2690	2690	±15	6
2840	2840	2840	±15	10
3000	3000	3000	±15	10
3180	3180	3180	±15	10
3350	3350	3350	±15	10
3550	3550	3550	±15	10
—	3810	3810	±20	10
—	4060	4060	±20	10
—	4320	4320	±20	10
—	4570	4570	±20	10
—	4830	4830	±20	10
—	5080	5080	±20	10
—	5380	5380	±20	10
—	5690	5690	±20	10
—	6000	6000	±20	10
—	6350	6350	±20	16
—	6730	6730	±20	16
—	7100	7100	±20	16
—	7620	7620	±20	16
—	8000	8000	±25	16

（续）

型号			极限偏差/mm	配组差/mm
9N	15N	25N		
公称有效长度/mm				
—	8500	8500	±25	16
—	9000	9000	±25	16
—	—	9500	±25	16
—	—	10160	±25	16
—	—	10800	±30	16
—	—	11430	±30	16
—	—	12060	±30	24
—	—	12700	±30	24

注：1. 本表有效长度应按 GB/T 11544 的测量方法进行检测。窄 V 带的有效长度、长度极限偏差及多带成组传动时同组窄 V 带长度的最大允许差值(即配组差)应符合本表的规定。

2. 窄 V 带的中心距变化量应符合 GB/T 11544 的规定(见表 5-37)。

5.5.8 工业用变速宽 V 带(见表 5-43 ~ 表 5-45)

表 5-43　工业用变速宽 V 带的型号及截面尺寸(摘自 GB/T 15327—2018)　（单位:mm）

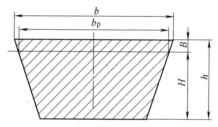

宽 V 带截面尺寸

型号	W16	W20	W25	W31.5	W40	W50	W63	W80	W100
节宽 b_p	16	20	25	31.5	40	50	63	80	100
顶宽(公称值)b	17	21	26	33	42	52	65	83	104
高度(公称值)h	6	7	8	10	13	16	20	26	32
节线以上高度(公称值)B	1.5	1.75	2	2.5	3.2	4	5	6.5	8
节线以下高度(公称值)H	4.5	5.25	6	7.5	9.8	12	15	19.5	24

注：1. GB/T 15327—2018《工业用变速宽 V 带》适用于一般工业机械的变速装置中传动用的宽 V 带，不适用于机动车和农业机械上使用的 V 带。宽 V 带按结构分为包布式宽 V 带和切边式宽 V 带两种。宽 V 带由包布、顶布、顶胶、缓冲胶、抗拉体、底胶、底胶夹布、底布等组成。

2. 宽 V 带的标记示例。以符合 GB/T 15327、W25 型、基准长度为 710mm 的宽 V 带为例，其标记为：

$$W25\ 710\qquad GB/T\ 15327$$

标记中各要素的含义如下：

W——宽 V 带标记；

25——节宽为 25mm；

710——宽 V 带基准长度为 710mm。

表 5-44　工业变速宽 V 带的基准长度及其极限偏差（摘自 GB/T 15327—2018）

基准长度/mm		不同型号的基准长度系列								
公称值	极限偏差	W16	W20	W25	W31.5	W40	W50	W63	W80	W100
450	±10	+								
500	±10	+								
560	±12	+	+							
630	±12	+	+							
710	±14	+	+	+						
800	±16	+	+	+						
900	±18	+	+	+	+					
1000	±20	+	+	+	+					
1120	±22		+	+	+	+				
1250	±24		+	+	+	+				
1400	±28			+	+	+				
1600	±32			+	+	+	+			
1800	±36				+	+	+	+		
2000	±40				+	+	+	+		
2240	±44					+	+	+	+	
2500	±50					+	+	+	+	
2800	±56						+	+	+	+
3150	±62						+	+	+	+
3550	±70							+	+	+
4000	±80							+	+	+
4500	±90								+	+
5000	±100								+	+
5600	±110									+
6300	±120									+

注：1. 表中带"+"符号的尺寸表示适用该型号。

　　2. 如果本表所列基准长度不能满足需要，可做如下补充：

　　1）在所列范围以外，根据 GB/T 321 中 R20 优先数系中的其他数进行补充。

　　2）在表中两个相邻长度之间，根据 GB/T 321 中 R40 优先数系中的数进行补充。这种补充主要是为了适应箱式变速器用带的需要。

表 5-45　工业用变速宽 V 带的技术性能（摘自 GB/T 15327—2018）

型号	拉伸强度/kN　≥	参考力伸长率		橡胶与线绳粘合强度/(kN/m)　≥
		参考力/kN	伸长率(%)　≤	
W16	4.0	3.2		15.0
W20	7.0	5.6		15.0
W25	10.0	8.0		20.0
W31.5	13.0	10.4		20.0
W40	20.0	16.0	8.0	23.0
W50	28.0	22.4		23.0
W63	33.0	26.4		23.0
W80	40.0	32.0		23.0
W100	50.0	40.0		23.0

注：1. 线绳粘合强度以聚酯线绳为准，其他材料供需双方协商。

2. 宽 V 带应进行疲劳寿命和伸长率试验，其要求为：

1）宽 V 带无扭矩疲劳寿命不低于 200h。

2）达到规定寿命时宽 V 带的伸长率不得大于 2%。

3. 参考力伸长率试验和测量参见 GB/T 3686—2014《带传动 V 带和多楔带 拉伸强度和伸长率试验方法》。

5.5.9　基准宽度制普通 V 带和窄 V 带（见表 5-46 ~ 表 5-48）

表 5-46　基准宽度制普通 V 带和窄 V 带截面基本尺寸（摘自 GB/T 13575.1—2008）

（单位:mm）

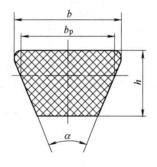

V带截面

带型	节宽 b_p	顶宽 b	高度 h	楔角 $\alpha/(°)$
Y	5.3	6.0	4.0	
Z	8.5	10.0	6.0	
A	11	13.0	8.0	
B	14	17.0	11.0	40
C	19	22.0	14.0	
D	27	32.0	19.0	
E	32	38.0	23.0	

（续）

带型	节宽 b_p	顶宽 b	高度 h	楔角 $\alpha/(°)$
SPZ	8.5	10.0	8.0	
SPA	11	13.0	10.0	40
SPB	14	17.0	14.0	
SPC	19	22.0	18.0	

注：1. GB/T 13575.1—2008《普通和窄 V 带传动 第 1 部分：基准宽度制》按基准宽度制规定了基准宽度制普通 V 带和窄 V 带的尺寸，适于一般工业用 V 带传动。

2. 普通 V 带的技术要求应符合 GB/T 1171 的规定。

3. 窄 V 带的技术要求应符合 GB/T 12730 的规定。

表 5-47　普通 V 带基准长度（摘自 GB/T 13575.1—2008）　　　　（单位：mm）

			型　号			
Y	Z	A	B	C	D	E
200	405	630	930	1565	2740	4660
224	475	700	1000	1760	3100	5040
250	530	790	1100	1950	3330	5420
280	625	890	1210	2195	3730	6100
315	700	990	1370	2420	4080	6850
355	780	1100	1560	2715	4620	7650
400	920	1250	1760	2880	5400	9150
450	1080	1430	1950	3080	6100	12230
500	1330	1550	2180	3520	6840	13750
	1420	1640	2300	4060	7620	15280
	1540	1750	2500	4600	9140	16800
		1940	2700	5380	10700	
		2050	2870	6100	12200	
		2200	3200	6815	13700	
		2300	3600	7600	15200	
		2480	4060	9100		
		2700	4430	10700		
			4820			
			5370			
			6070			

表 5-48 窄 V 带基准长度(摘自 GB/T 13575. 1—2008)

基准长度/mm	不同型号的分布范围			
	SPZ	SPA	SPB	SPC
630	+			
710	+			
800	+	+		
900	+	+		
1000	+	+		
1120	+	+		
1250	+	+	+	
1400	+	+	+	
1600	+	+	+	
1800	+	+	+	
2000	+	+	+	+
2240	+	+	+	+
2500	+	+	+	+
2800	+	+	+	+
3150	+	+	+	+
3550	+	+	+	+
4000		+	+	+
4500		+	+	+
5000			+	+
5600			+	+
6300			+	+
7100			+	+
8000			+	+
9000				+
10000				+
11200				+
12500				+

5.5.10 阻燃V带(见表5-49~表5-54)

表5-49 阻燃V带的结构、型号及标记(摘自 GB/T 12731—2014)

结构、 尺寸规定 及用途	1. 阻燃V带按其截面形状分为阻燃普通V带、阻燃窄V带;按结构分为包边式阻燃V带和切边式阻燃V带。其中,切边式阻燃V带分为普通切边阻燃V带、有齿切边阻燃V带和底胶夹布切边阻燃V带 2. 阻燃V带由包布、顶布、顶胶、缓冲胶、抗拉体、底胶夹布、底布等组成 3. 阻燃普通V带和阻燃窄V带的基准长度极限偏差、露出高度、中心距变化量、配组差按 GB/T 11544 的规定,阻燃汽车V带的有效长度极限偏差、露出高度、中心距变化量按 GB/T 13352 的规定 4. 阻燃V带适用于矿井等要求阻燃和抗静电场合下的传动
型号和 标记	阻燃普通V带型号分为 Z、A、B、C、D、E 六种,有齿阻燃普通V带以 ZX、AX、BX、CX、DX、EX 表示 阻燃窄V带型号分为 SPZ、SPA、SPB、SPC、9N、15N、25N 七种,有齿阻燃窄V带以 XPZ、XPA、XPB、XPC、9NX、15NX、25NX 表示 阻燃汽车V带型号分为 AV10、AV13、AV15、AV17、AV22 五种,有齿阻燃汽车V带以 AVX10、AVX13、AVX15、AVX17、AVX22 表示 阻燃V带的标记示例。以符合 GB 12731、阻燃、A 型、基准长度为 1400mm 的阻燃普通V带为例,其标记为: GB 12731-FR-A1400 标记中各要素的含义如下: FR —阻燃V带标志 A —型号 1400 —基准长度为 1400mm

表5-50 阻燃V带外观质量要求(摘自 GB/T 12731—2014)

类型		缺陷名称	要求
阻燃普通V带	阻燃包边 普通V带	带角包布破损	外包布每边累计长度不应超过带长的30%(内包布不应有)
		鼓包	不应有
		包布搭缝脱开	
		带身压扁	
		海绵状	
		飞边	顶面单侧飞边不应超过 0.5mm
	阻燃切边 普通V带	鼓包	不应有
		带偏、开裂	
		海绵状	

（续）

类型		缺陷名称	要求
阻燃窄 V 带	阻燃包边窄 V 带	工作面凸起	SPZ、9N 型不应有，SPA、SPB、15N 型此缺陷高度不应超过 0.5mm，SPC、25N 型应高度不应超过 1mm
		包布破损	SPZ、9N 型不应有，SPA、SPB、15N、SPC、25N 型外包布破损总长度不应超过带长的 25%，内包布不应有
		包布搭缝脱开	SPZ、9N 型不应有，SPA、SPB、15N、SPC、25N 型此缺陷只允许有一处不应超过 30mm 长和 3mm 宽
		海面状	不应有
		飞边	顶面单侧飞边不应超过 0.5mm
	阻燃切边窄 V 带	鼓包	不应有
		带偏、开裂	
		角度不对称	
		海绵状	
阻燃汽车 V 带		飞边	包边 V 带顶面单侧飞边不应超过 0.5mm
		鼓包	不应有
		扭曲	
		开裂	
		切边 V 带两侧面及顶面切割重边、分层，顶布接缝脱开，线绳明显弯曲	不应有

表 5-51　阻燃 V 带的技术性能（摘自 GB/T 12731—2014）

类型	型号	拉伸强度 /kN ≥	参考力伸长率 (%) ≤		线绳粘合强度 /(kN/m) ≥		布与顶胶间粘合强度 /(kN/m) ≥
			包边 V 带	切边 V 带	包边 V 带	切边 V 带	
阻燃普通 V 带	Z、ZX	2.0	7.0	5.0	13.0	25.0	—
	A、AX	3.0			17.0	28.0	
	B、BX	5.0			21.0	28.0	2.0
	C、CX	9.0			27.0	35.0	
	D、DX	15.0		—	31.0	—	
	E、EX	20.0			31.0		
阻燃窄 V 带	SPZ、XPZ 9N、9NX	2.3	4.0	3.0	13.0	20.0	—
	SPA、XPA	3.0			17.0	25.0	
	SPB、XPB 15N、15NX	5.4			21.0	28.0	2.0
	SPC、XPC	9.8	5.0	4.0	27.0	35.0	
	25N、25NX	12.7			31.0	—	

（续）

类型	型号	拉伸强度 /kN ≥	参考力伸长率 （%） ≤		线绳粘合强度 /(kN/m) ≥		布与顶胶间粘合强度 /(kN/m) ≥
			包边 V 带	切边 V 带	包边 V 带	切边 V 带	
阻燃汽车 V 带	AV10、AVX10	2.26	4.0		—	—	—
	AV13、AVX13	3.14	4.0		—	—	—
	AV15、AVX15	3.7	4.0		—	—	—
	AV17、AVX17	4.42	6.0		—	—	—
	AV22、AVX22	7.06	6.0		—	—	—

表 5-52　阻燃带的疲劳性能（摘自 GB/T 12731—2014）

	类型	型号	疲劳寿命/次 ≥
阻燃普通 V 带、阻燃窄 V 带的疲劳寿命	阻燃普通 V 带	Z、ZX	$1×10^5$
		A、AX	$3×10^5$
		B、BX	$4×10^5$
	阻燃窄 V 带	SPZ、XPZ、SPA、XPA、SPB、XPB	$1×10^6$

1. 阻燃普通 V 带的 C、CX，D、DX，E、EX 型号中某一型号在其同种材质的 A 或 B 型号疲劳试验结果达到标准合格要求，它的各项性能指标又达到本标准合格规定要求时，则同期该批产品亦可视为合格

2. 阻燃窄 V 带的 SPC、XPC，9N、9NX，15N、15NX，25N、25NX 型号中某一型号在其同种材质的 SPZ、SPA、SPB 中任一型号疲劳试验结果达到标准合格要求，它的各项性能指标又达到本标准合格规定要求时，则同期该批产品亦可视为合格

3. 阻燃普通 V 带和阻燃窄 V 带的疲劳寿命用屈挠次数表示，按下式计算：

$$R = 60\frac{Nd_\mathrm{d}t}{L_\mathrm{d}}$$

式中　R—屈挠次数

　　　N—主动轮平均转速(r/min)

　　　d_d—主动轮基准直径(mm)

　　　t—V 带终止试验前所经历的时间（h）

　　　L_d—V 带基准长度(mm)

	类型	型号	疲劳寿命/b　≥
阻燃汽车 V 带疲劳寿命	阻燃汽车 V 带 包边 V 带	AV10、AV13、AV15、AV17、AV22	55
	切边 V 带	AV10、AVX10、AV13、AVX13、AV15、AVX15、AV17、AVX17、AV22、AVX22	80

表 5-53　阻燃 V 带试样的熄灭时间（摘自 GB/T 12731—2014）

型号			6 个试样的平均熄灭时间/s ≤		每个试样的熄灭时间/s ≤	
阻燃普通 V 带	阻燃窄 V 带	阻燃汽车 V 带	明焰	无焰燃烧	明焰	无焰燃烧
Z、ZX	SPZ、XPZ、9N、9NX	AV10、AVX10	5	5	10	12

（续）

型号			6 个试样的平均熄灭时间/s ≤		每个试样的熄灭时间/s ≤	
阻燃普通 V 带	阻燃窄 V 带	阻燃汽车 V 带	明焰	无焰燃烧	明焰	无焰燃烧
A、AX	SPA、XPA	AV13、AVX13	5	5	10	12
B、BX	SPB、XPB、15N、15NX	AV15、AVX15 AV17、AVX17	5	5	10	12
C、CX	SPC、XPC	AV22、AVX22	5	7	10	15
D、DX	25N、25NX	—	5	7	10	15
E、EX	—	—	5	7	10	15

表 5-54　单根 V 带传动表面的最大电阻（摘自 GB/T 12731—2014）

型号			最大电阻值/MΩ
阻燃普通 V 带	阻燃窄 V 带	阻燃汽车 V 带	
Z、ZX	—	—	4.48
A、AX	SPZ、XPZ，9N、9NX	AV10、AVX10	3.6
—	SPA、XPA	AV13、AVX13	2.8
B、BX	—	AV15、AVX15、AV17、AVX17	2.5
C、CX	SPB、XPB、15N、15NX	AV22、AVX22	2
—	SPC、XPC	—	1.6
D、DX	—	—	1.42
E、EX	25N、25NX	—	1.12

注：阻燃 V 带的抗静电性用阻燃 V 带电阻测量值表示。阻燃 V 带试验中每一个电阻测量单值均不得大于本表的规定值。

5.6　橡胶性能的比较及选用（见表 5-55～表 5-57）

表 5-55　按工作要求可选用的橡胶种类

工作要求	天然橡胶	丁苯橡胶	异戊橡胶	顺丁橡胶	丁基橡胶	氯丁橡胶	丁腈橡胶	乙丙橡胶	聚氨酯橡胶	丙烯酸酯橡胶	氯醇橡胶	聚硫橡胶	硅橡胶	氟橡胶	氯磺化聚乙烯橡胶	氯化聚乙烯橡胶
高强度	1	5	2	5	3	3	5	5	1						3	3
耐磨	3	2	3	2	5	3	3	3	1	5			5	3	2	3
防振	1	3	2	1		3		3	2				3			
气密	3	3	3		1	3	3	3	3	3	3	2	5	2	3	
耐热		5			3	3	3		2	3			1	1	3	5
耐寒	3	5	3	2	5	5		3			3		1		5	
耐燃						2							5	1	3	3
耐臭氧				1		2	1	2	1	1	1	1	1	1	1	1
电绝缘	1	2						3					1		3	5
磁性	1				1											

（续）

工作要求	天然橡胶	丁苯橡胶	异戊橡胶	顺丁橡胶	丁基橡胶	氯丁橡胶	丁腈橡胶	乙丙橡胶	聚氨酯橡胶	丙烯酸酯橡胶	氯醇橡胶	聚硫橡胶	硅橡胶	氟橡胶	氯磺化聚乙烯橡胶	氯化聚乙烯橡胶
耐水	1	3	1	1	3	1	1	1	5		1	5	3	1	3	3
耐油						5	3		3	2	3	1②		1②	5	5
耐酸碱					2	3	5	2			3	4		1	5	3
高真空				1			3①							3		

注：数字 1、2、3、4、5 为可选材料的顺序，"1"表示优先选用，以此类推。"5"表示可以选用，但效果不佳。

① 含高丙烯腈成分的丁腈橡胶。

② 氟橡胶的耐油性很好，但其价格很高，综合而言，耐油制品一般不选用氟橡胶，多选用丁腈橡胶。

表 5-56　常用橡胶性能的比较

性能	品种						
	天然橡胶	异戊橡胶	丁苯橡胶	顺丁橡胶	氯丁橡胶	丁基橡胶	丁腈橡胶
抗撕裂性	优	良~优	良	可~良	良~优	良	良
耐磨性	优	优	优	优	良~优	可~良	优
耐屈挠性	优	优	良	优	良~优	优	良
耐冲击性能	优	优	优	良	良	良	可
耐矿物油	劣	劣	劣	劣	良	劣	可~优
耐动植物油	次	次	可~良	次	良	优	优
耐碱性	可~良	可~良	可~良	可~良	良	优	可~良
耐强酸性	次	次	次	劣	可~良	良	可~良
耐弱酸性	可~良	可~良	可~良	次~劣	优	优	良
耐水性	优	优	良~优	优	优	良~优	优
耐日光性	良	良	良	良	优	优	可~良
耐氧老化	劣	劣	劣~可	劣	良	良	可
耐臭氧老化	劣	劣	劣	次~可	优	优	劣
耐燃性	劣	劣	劣	劣	良~优	劣	劣~可
气密性	良	良	良	劣	良~优	优	良~优
耐辐射性	可~良	可~良	良	劣	可~良	劣	可~良
抗蒸汽性	良	良	良	良	劣	优	良

性能	品种						
	乙丙橡胶	氯磺化聚乙烯橡胶	丙烯酸酯橡胶	聚氨酯橡胶	硅橡胶	氟橡胶	聚硫橡胶	氯化聚乙烯橡胶
抗撕裂性	良~优	可~良	可	良	劣~可	良	劣~可	优
耐磨性	良~优	优	可~良	优	可~良	优	劣~可	优
耐屈挠性	良	良	良	优	劣~良	良	劣	—
耐冲击性能	良	可~良	劣	优	劣~可	劣~可	劣	—
耐矿物油	劣	良	良	劣	优	优	良

（续）

性能	品种							
	乙丙橡胶	氯磺化聚乙烯橡胶	丙烯酸酯橡胶	聚氨酯橡胶	硅橡胶	氟橡胶	聚硫橡胶	氯化聚乙烯橡胶
耐动植物油	良~优	良	优	优	良	优	优	良
耐碱性	优	可~良	可	可	次~良	优	优	良
耐强酸性	良	可~良	可~次	劣	次	优	可~良	良
耐弱酸性	优	良	可	劣	次	优	可~良	优
耐水性	优	良	劣~可	可	良	优	可	良
耐日光优	优	优	优	良~优	优	优	优	优
耐氧老化	优	优	优	良	优	优	优	优
耐臭气老化	优	优	优	优	优	优	优	优
耐燃性	劣	良	劣~可	劣~可	可~良	优	劣	良
气密性	良~优	良	良	良	可	优	优	—
耐辐射性	劣	可~良	劣~良	良	可~优	可~良	可~良	—
抗蒸汽性	优	优	劣	劣	良	优	—	—

注：1. 性能等级分为优、良、可、次、劣五个等级，从优至劣依次降低。

2. 表列性能系指经过硫化的软橡胶而言。

表 5-57　常用橡胶在各种介质中的耐蚀性

介质	丁苯橡胶	丁腈橡胶	丁基橡胶	氯丁橡胶	乙丙橡胶	乙丙酸酯橡胶	聚氨酯橡胶	硅橡胶	氟橡胶	聚硫橡胶
发烟硝酸	6	6	6	6	5	5	6	6	3	6
浓硝酸	6	6	6	6	5	5	6	6	3	6
浓硫酸	6	6	6	6	5	5	6	6	2	6
浓盐酸	6	6	3	3	5	5	5	3	3	6
浓磷酸	2	6	2	3	5	5	5	2	3	6
浓醋酸	3	6	2	6	5	5	5	2	6	6
浓氢氧化钠	2	2	3	2	1	5	5	2	3	5
无水氨	3	3	2	3	1	5	5	2	3	5
稀硝酸	6	6	6	6	5	5	5	3	2	6
稀硫酸	3	6	2	3	5	5	5	3	3	6
稀盐酸	6	6	3	2	5	5	5	3	3	3
稀醋酸	3	6	2	6	5	5	5	3	3	6
氨水	3	3	2	3	5	5	5	2	6	6
苯	6	6	4	6	4	6	6	6	2	2
汽油	6	2	6	2	6	2	2	6	2	2
石油	4	3	6	4	5	5	5	2	2	2

（续）

介质	丁苯橡胶	丁腈橡胶	丁基橡胶	氯丁橡胶	乙丙橡胶	乙丙酸酯橡胶	聚氨酯橡胶	硅橡胶	氟橡胶	聚硫橡胶
四氯化碳	6	2	6	6	5	5	5	6	2	2
二硫化碳	6	2	6	6	5	5	5	5	5	5
乙醇	2	2	2	2	2	6	6	2	2	2
丙酮	3	6	3	4	5	5	5	4	6	3
甲酚	2	6	2	3	5	5	5	3	3	5
乙醛	6	4	2	6	5	5	5	5	5	5
乙苯	6	6	6	6	6	6	6	5	5	2
丙烯腈	6	6	4	3	5	5	5	5	6	3
丁醇	1	1	1	1	1	1	4	1	1	1
丁二烯	6	5	5	5	5	5	5	5	5	5
苯乙烯	6	6	6	6	5	5	5	5	5	3
醋酸乙酯	6	6	2	6	2	6	3	4	6	3
醚	6	6	3	6	3	6	6	6	6	6

注：1 表示在任何浓度中均可用；2 表示可用，寿命较长；3 表示可用，寿命一般；4 表示可作为代用材料，寿命较短；5 表示使用效果不理想，不推荐；6 表示不能使用。

第6章

陶瓷材料

6.1 化工陶瓷

6.1.1 化工陶瓷品种、性能及应用（见表6-1和表6-2）

表6-1 化工陶瓷的品种、性能及应用

种类		主要制品名称	应用举例	最高使用温度
品种及应用	耐酸陶、耐酸耐温陶	砖、板	砌制耐酸池、电解电镀槽、造纸蒸煮锅、防酸地面、防酸台面和防酸墙壁等	耐酸陶：90℃。耐酸碱、耐酸耐温陶：150℃，耐酸，耐碱，耐温度急变
		管	用于输送腐蚀性流体和含有固体颗粒的腐蚀性材料	
		塔、塔填料	用于对腐蚀性气体进行干燥、净化、吸收、冷却、反应和回收废气	
		容器	用于酸洗槽、电解电镀槽、计量槽	
		过滤器	用于两相分离或两相结合、渗透、渗析、离子交换	
	硬质瓷	阀、旋塞	用于腐蚀性流体的流量调节	150℃，耐酸，耐碱
		泵、风机	用于输送腐蚀性流体	
	莫来石瓷	阀、旋塞、泵、风机	性能比硬质瓷好。用途与硬质瓷相同	150℃，耐酸，耐碱，耐温度急变，负荷较大
	75%氧化铝瓷（质量分数）（含铬）		性能比硬质瓷好。用途与硬质瓷相同	
	97%氧化铝瓷（质量分数）		性能明显优于硬质瓷。用途与硬质瓷相同	
	氟化钙瓷		力学性能优于硬质瓷，耐蚀性高于纯氧化铝瓷20倍以上。制作耐氢氟酸的零件	—

	性能项目	种类						
		耐酸陶	耐酸耐温陶	硬质瓷	莫来石瓷	75%氧化铝瓷（质量分数）（含铬）	97%氧化铝瓷（质量分数）	氟化钙瓷
物理力学性能	体积密度/（g/cm³）	2.2~2.3	2.1~2.2	2.3~2.4	2.79~2.88	3.05~3.21	3.74	3.04
	气孔率（%）　<	5	12	3	—	1	—	—
	吸水率（%）　<	3	6	0.5	0.2	0.5	0.1	0
	抗弯强度/MPa	39.2~58.8	29.4~49.0	63.7~83.4	128~147	147~177	206~226	34.3
	抗拉强度/MPa	7.85~11.8	6.87~7.85	19.6~35.3	58.8~78.5	—	118~137	—
	抗压强度/MPa	78.5~118	118~137	451~647	687~883	824~932	1471~1569	—

（续）

	性能项目	种类						
		耐酸陶	耐酸耐温陶	硬质瓷	莫来石瓷	75%氧化铝瓷(质量分数)(含铬)	97%氧化铝瓷(质量分数)	氟化钙瓷
物理力学性能	冲击韧度/(J/cm²)	0.098~0.147	—	0.147~0.294	0.245~0.343	—	0.687~0.785	—
	弹性模量/10⁶MPa	441~588	108~137	—	0.128~0.142	0.197	0.286~0.288	—
	硬度 HRA	—	—	7(莫氏)	75~80	72~74	85~86	3.5~4(莫氏)
	热导率/[W/(m·C)]	0.92~1.05		1.05~1.298		2.72~2.89		4.19~8.37
	线胀系数/10⁻⁶℃⁻¹	4.5~6		3~6	3.18~3.68	7.4		24.3
	耐热震性(200℃急降到20℃水中)/次 >	2	2①	2	10		10	

① 由450℃急降至20℃水中的耐热震性次数。

表6-2 化工陶瓷的耐蚀性能

	介质	质量分数(%)	温度/℃	耐蚀性评价	介质	质量分数(%)	温度/℃	耐蚀性评价
耐酸陶、耐酸耐温陶及硬质瓷耐蚀性	硫酸	18~20	30~70	良	氢氧化钾	浓溶液	沸腾	良
	硝酸	任何	<沸腾	良	氢氧化钠	20	60~70	可
	盐酸	浓溶液	100	良	氨	任何	沸腾	良
	磷酸	稀溶液	20	可	碳酸钠	稀溶液	20	可
	氢氟酸	40	沸腾	差	氯	任何	<沸腾	良
	氟硅酸		高温	差	丙酮	<100	沸腾	良
	草酸	任何	<沸腾	良	苯	任何	沸腾	良

	介质	质量分数(%)	温度/℃	莫来石瓷		97%氧化铝瓷	
				失重(%)	腐蚀深度/(mm/a)	失重(%)	腐蚀深度/(mm/a)
莫来石瓷和氧化铝瓷耐蚀性	硫酸	40	沸腾	0.05	0.04	0.13	0.09
		95~98	沸腾	0.16	0.12	0.01	0.01
	硝酸	65~68	沸腾	0.03	0.03	0.01	0.01
	盐酸	10	沸腾	0.04	0.04	0.02	0.01
		36~38	沸腾	0.05	0.04	0.02	0.01
	氢氟酸	40		不耐		0.47	0.34
	醋酸	99	沸腾	0.01	0.00	0.01	0.00
	氢氧化钠	20	沸腾	0.21	0.16	0.02	0.01
		50	沸腾	2.03	0.63	0.07	0.05
	氨	25~28	常温	0.01	0.00	0.01	0.00

注：75%氧化铝瓷(质量分数)(含铬)对95%~98%沸腾硫酸(质量分数)的失重为1%，对50%沸腾氢氧化钠的失重为0.8%。

6.1.2 化工陶瓷管(见表 6-3~表 6-5)

表 6-3 化工陶瓷直管、弯管的规格(摘自 JC 705—1998)　　　　　(单位:mm)

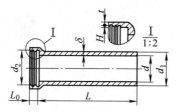

标记示例:

公称直径为100mm、长为1000mm 直管标记为: 直管 D_g100×1000 JC 705—1998

直管

D_g(内径 d)	50	75	100	150	200	250	300	400	500	600
有效长度 L	300、500		500、600、700、800、1000							
管身壁厚 δ	14		17	18	20	22	24	30	35	40
承口壁厚 t	≥10		≥13		≥16		≥20	≥24	≥28	≥32
承口深度 L_0	≥40		≥50	≥55	≥60		≥70	≥75	≥80	
承插口间隙 $(d_2-d_1)/2$	≥10				≥12		≥15		≥20	≥25
承口倾斜 H	约4			约5			约6		约7	

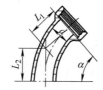

标记示例:

公称直径为100mm 的90°弯管标记为: 弯管 D_g100×90°JC 705—1998

弯管

D_g(内径 d)		50	75	100	150	200	250	300	400
$\alpha=30°$	L_1	120	130		140	150	160	180	200
	L_2	140	150		160	180	200	220	250
$\alpha=45°$	L_1	150				200	220	240	300
	L_2	150	220			260	280	300	400
$\alpha=60°$	L_1	150	200		220	300	330		350
	L_2	150	200		220	300	330		350
$\alpha=90°$	L_1	150	220			330	350	380	400
	L_2	150	220			330	350	380	400

表6-4　化工陶瓷三通管、四通管及异径管的规格(摘自JC 705—1998)　（单位：mm）

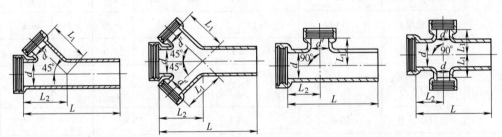

Y形三通管和异径管规格

Y形三通管

D_g	d	L	L_1
50	50	200	110
75	75		140
100	100		160
150	150		230
200	200	400	380

标记示例：
公称直径为 100mm 的 Y 形三通管标记为：
Y 形三通管 D_g100 JC 705—1998

异径管

D_g	d	d'	L
100×50	100	50	300
100×75	100	75	
150×75	150	75	
150×100	150	100	
200×100	200	100	
200×150	200	150	
250×150	250	150	
250×200	250	200	
300×200	300	200	
300×250	300	250	

标记示例：
公称直径从 100mm 至 50mm 的异径管标记为：异径管 D_g100×50 JC 705—1998

标记示例：主管内径为 100mm、支管内径为 50mm 的 45° 四通管标记为：四通管 D_g100×50×45°

45°三通管、四通管、90°三通管和四通管规格

D_g	主管 d	支管 d'	45° 三通和四通 L	L_1	L_2	90° 三通和四通 L	L_1	L_2
50×50	50	50	400	150	180	400	75	250
75×50	75	50		165	190		85	
75×75	75	75		180	210		90	
100×50	100	50	500	200	220	500	100	300
100×75	100	75			230		105	
100×100	100	100					110	
150×50	150	50		220	250		120	
150×75	150	75		235	270			
150×100	150	100		250	290		130	
150×150	150	150		280	320			
200×50	200	50		280	290		170	
200×75	200	75		300	310			
200×100	200	100		320	340			
200×150	200	150		340	375		180	
200×200	200	200		410	440			
250×75	250	75	500	280	290	600	170	300
250×100	250	100		300	310			
250×150	250	150		320	340		180	
250×200	250	200		340	375			
250×250	250	250		410	440			
300×75	300	75		360	370		220	
300×100	300	100		390	410			
300×150	300	150		410	430			
300×200	300	200		480	500		230	
300×300	300	300		520	570		240	
400×75	400	75	800	420	420	800	250	
400×100	400	100		450	450			
400×200	400	200		480	480		260	
400×300	400	300		530	550		270	
400×400	400	400		580	620		290	

表 6-5　化工陶瓷管的技术性能（摘自 JC 705—1998）

D_g/mm	50	75	100	150	200	250	300	400	≥500	D_g/mm	100	150	吸水率≤8%，耐酸度≥98%，耐水压 0.275MPa 保持 5min 不漏
抗外压强度 /（kN/m）	17.7	17.7	19.6	19.6	21.6	23.5	26.5	29.4	协议	弯曲强度 /MPa	7.8	9.8	

注：1. 表中 D_g 表示管的公称直径。

　　2. 除陶管及配件的承插口连接部位及承口底部、插口端面不施釉外，其余部分均应施釉。施用盐釉的制品不受此限。

6.1.3　耐酸砖（见表 6-6 和表 6-7）

表 6-6　耐酸砖的尺寸规格（摘自 GB/T 8488—2008）　　　　（单位：mm）

砖的形状及名称	规　格			
	长（a）	宽（b）	厚（h）	厚（h_1）
标型砖	230	113	65 40 30	
端面楔型砖	230	113	65 65 55 65	55 45 45 35
侧面楔型砖	230	113	65 65 55 65	55 45 45 35
平板型砖	300 200 150 150 100 100 125	300 200 150 75 100 50 125	15~30 15~30 15~30 15~30 10~20 10~20 15	

注：产品标记由产品名称、牌号、规格和标准代号组成。

　　标记示例：长 230mm、宽 113mm、厚 65mm/55mm、牌号为 Z-1 的侧面楔形耐酸砖标记为：

　　耐酸砖侧楔 Z-1　230×113×65/55　GB/T 8488—2008

　　长 150mm、宽 75mm、厚 30mm 牌号、为 Z-3 的釉面平板型砖标记为：

　　耐酸砖　釉板　Z-3　150×75×30　GB/T 8488—2008

表 6-7　耐酸砖的技术性能及外观质量要求(摘自 GB/T 8488—2008)

项目		要求			
		Z-1	Z-2	Z-3	Z-4
物理化学性能	吸水率(%)	≤0.2	≤0.5	≤2.0	≤4.0
	弯曲强度/MPa	≥58.8	≥39.2	≥29.4	≥19.6
	耐酸度(%)	≥99.8	≥99.8	≥99.8	≥99.7
	耐急冷急热性/℃	温差 100	温差 100	温差 130	温差 150
		试验一次后,试样不得有裂纹、剥落等破损现象			

缺陷类别		要求	
		优等品	合格品
外观质量要求	裂纹	工作面:不允许 非工作面:宽不大于 0.25mm、长 5~15mm 允许 2 条	工作面:宽不大于 0.25mm、长 5~15mm 允许 1 条 非工作面:宽不大于 0.5mm、长 5~20mm 允许 2 条
	开裂	不允许	不允许
	磕碰损伤	工作面:深入工作面 1~2mm;砖厚小于 20mm 时,深不大于 3mm;砖厚 20~30mm 时,深不大于 5mm;砖厚大于 30mm 时,深不大于 10mm 的磕碰 2 处;总长不大于 35mm 非工作面:深 2~4mm、长不大于 35mm 允许 3 处	工作面:深入工作面 1~4mm;砖厚小于 20mm 时,深不大于 5mm;砖厚 20~30mm 时,深不大于 8mm;砖厚大于 30mm 时,深不大于 10mm 的磕碰 2 处;总长不大于 40mm 非工作面:深 2~5mm、长不大于 40mm 允许 4 处
	疵点	工作面:最大尺寸 1~2mm,允许 3 个 非工作面:最大尺寸 1~3mm,每个面允许 3 个	工作面:最大尺寸 2~4mm,允许 3 个 非工作面:最大尺寸 3~6mm,每个面允许 4 个
	釉裂	不允许	不允许
	缺釉	总面积不大于 100mm^2,每处不大于 30mm^2	总面积不大于 200mm^2,每处不大于 50mm^2
	橘釉	不允许	不超过釉面面积的 1/4
	干釉	不允许	不影响使用

6.1.4　耐酸陶瓷容器

　　耐酸陶瓷容器分为贮槽、计量贮槽、四口计量反应罐和真空过滤器四种,适用于化学工业及其他工业耐酸工作条件的容器,其结构型式及结构尺寸见图 6-1 ~图 6-4 和表 6-8 ~表 6-11,其性能要求及尺寸精度应符合 HG/T 3117 的规定。需方的其他要求可经供需双方协商,并在合同中注明。

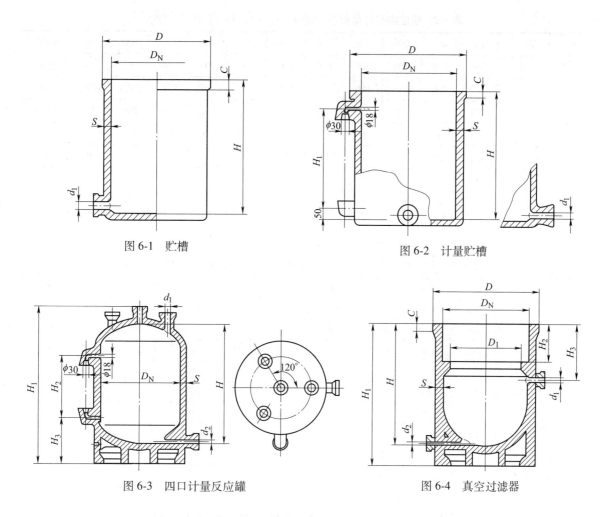

图 6-1　贮槽

图 6-2　计量贮槽

图 6-3　四口计量反应罐

图 6-4　真空过滤器

表 6-8　耐酸陶瓷贮槽的规格尺寸（摘自 HG/T 3117—1998）

容积/L		50	75	100	150	200	250	300	400	500	600	800	1000	1500
尺寸/mm	D_N	350	400	450	500	600	600	700	700	800	900	900	1000	1100
	D	420	480	550	600	700	700	800	800	920	1020	1020	1120	1240
	H	530	600	630	770	720	900	800	1050	1000	950	1260	1300	1600
	d_1	25	25	25	25	25	25	25	25	25	40	40	40	40
	S	20	20	25	25	25	25	25	25	30	30	30	30	35
	C	30	30	40	40	40	40	40	40	45	45	45	45	50

注：1. HG/T 3117—1998 规定的耐酸陶瓷容器分为贮槽、计量贮槽、四口计量反应罐和真空过滤器 4 类，适用于化学工业和其他工业用的耐酸条件下的容器。

2. 贮槽的结构及尺寸参见图 6-1。

表 6-9　耐酸陶瓷计量贮槽的规格尺寸(摘自 HG/T 3117—1998)

容积/L		50	75	100	150	200	250	300	400	500	600	800	1000
尺寸/mm	D_N	350	400	450	500	600	600	700	700	800	900	900	1000
	D	430	480	550	600	700	700	800	800	920	1020	1020	1120
	H	530	600	630	770	720	900	800	1050	1000	950	1260	1300
	H_1	370	440	460	600	550	730	630	880	820	770	1080	1120
	d_1	25	25	25	25	25	25	25	25	25	40	40	40
	S	20	20	25	25	25	25	25	25	30	30	30	30
	C	30	30	40	40	40	40	40	40	45	45	45	45

注：计量贮槽的结构及尺寸参见图 6-2。

表 6-10　耐酸陶瓷四口计量反应罐的规格尺寸(摘自 HG/T 3117—1998)

容积/L		100	150	200	300	400	500	600	700	800	1000
尺寸/mm	D_N	500	600	600	700	800	800	900	1000	1000	1000
	H	680	680	680	1080	1020	1170	1220	1220	1350	1520
	H_1	900	900	1105	1255	1260	1410	1460	1470	1600	1750
	H_2	350	340	540	600	540	710	655	600	730	900
	H_3	275	280	310	325	360	360	400	425	425	425
	d_1	40	40	50	80	100	100	100	150	150	150
	d_2	25	25	25	40	50	50	50	80	80	80
	S	25	25	25	25	30	30	30	30	30	30

注：四口计量反应罐的结构及尺寸参见图 6-3。

表 6-11　耐酸陶瓷真空过滤器的规格尺寸(摘自 HG/T 3117—1998)

容积/L		100	170	275	375	550
尺寸/mm	D_N	400	500	600	700	800
	D	480	600	700	800	920
	H	840	1000	1100	1100	1230
	H_1	950	1120	1230	1230	1360
	H_2	350	365	425	450	545
	H_3	445	470	535	565	665
	D_1	340	430	530	620	720
	d_1	25	25	40	40	40
	d_2	25	25	40	40	40
	S	20	25	25	25	30
	C	30	40	40	40	45

注：真空过滤器的结构及尺寸参见图 6-4。

6.2 过滤陶瓷

6.2.1 过滤陶瓷种类、性能及应用（见表6-12）

表6-12 过滤陶瓷的种类、性能及应用

	种类	适用条件	特性	应用举例
种类及应用	石英质过滤陶瓷	适于酸性、中性气体和液体过滤，无温度急变状况	过滤陶瓷是一种用于过滤和透气的多孔陶瓷，含有大量一定孔径的开口气孔，其开气孔率通常为30%~40%，需要时可高达60%~70%，气孔半径一般在0.2~200μm范围内。过滤陶瓷还具耐蚀、耐高温、强度高、寿命长、易清洗等特点。可制作的产品有厚度0.1mm以下的薄膜、圆板（φ700mm）、大管（φ150mm×φ250mm×1000mm）和薄壁长管（φ10mm×2mm×1000mm）等，产品采用石英砂、河砂、矾土熟料、碳化硅或刚玉砂等原料为骨架，添加结合剂和增孔剂，经成形、烧结而成	用于农药生产中氯化氢气体分布、液态氧和干冰分离、污水处理、高压气体过滤、味精发酵液电渗析预滤等
	刚玉质过滤陶瓷	适于冷热酸性、中性、碱性气体和液体过滤，有温度急变状况		用于过氧化氢电解隔膜，电解电镀槽液过滤、高温烟气过滤、热碱液过滤、气动仪表执行机构液体过滤等
	硅藻土质过滤陶瓷	适于酸性、中性气体和液体过滤，无温度急变状况		用于尘埃分离、细菌过滤、酸性电解质过滤等
	矾土质过滤陶瓷	适于酸性、中性、弱碱性气体和液体过滤，有温度急变状况		用于汽油和柴油过滤、汽车废气处理等
	氧化铝质过滤陶瓷	适于冷热酸性、中性、碱性气体和液体过滤，有温度急变状况		用于银锌电池隔膜、油水分离、压缩空气油雾分离、土壤张力计测头等
	碳化硅质过滤陶瓷			用于酸中SO_2热气体过滤、潜水泵呼吸器、气体分析过滤器、熔融铝过滤等
	素烧陶土质过滤陶瓷	适于无腐蚀性气体和液体过滤，无温度急变状况		用于饮用水过滤、药物生产过滤等

		种类						
	性能项目	石英质过滤陶瓷	刚玉质过滤陶瓷	硅藻土质过滤陶瓷	矾土质过滤陶瓷	氧化铝质过滤陶瓷	碳化硅质过滤陶瓷	素烧陶土质过滤陶瓷
物理力学性能	孔半径/μm	1.4~190	0.22~200	0.5~8	25~55	0.2~0.8	40~100	1.1~8
	气孔率(%)	30~50	30~50	40~65	—	25~55	32~37	最高达70
	透气度/[(m^3·cm)/(m^2·h·10Pa)]	0.08~40	0.0001~58	0.001~0.33	7~10	0.022~0.36	2.3~20	—
	体积密度/(g/cm^3)	1.5~1.8	1.7~2.4	—	—	—	1.9~2.1	0.70~0.85
	抗弯强度/MPa	4.9~14.70	19.6~43.2	4.9~30.9	—	39.2~118	—	1.96~4.9
	抗压强度/MPa	17.7~39.2	39.2~88.3	—	—	—	39.2~58.8	6.87~12.75
	酸蚀失重(%)	<2	<1	—	—	2	—	—
	碱蚀失重(%)	—	<5	—	—	—	—	—
	允许使用温度/℃	300以下	1000,短时1400	300以下	900	1000	900	300
	耐热震性[①]	差	好	差	好	好	好	—

① 差—700℃⇌室温水中急冷1~2次即裂；

好—700℃⇌室温水中急冷80次才破裂。

6.2.2　管式陶瓷微孔滤膜件(见表6-13)

表6-13　管式陶瓷微孔滤膜件的规格及技术性能(摘自 HY/T 063—2002)

	规格	通道数/个	外径/mm	通道内径/mm	弯曲强度/N
规格及弯曲强度	A	1	12	8	200
	B	7	30	6	5000
	C	19	30	4	4500
	D	37	30	3	4000

	规格	CMU4	CMU20	CMU50	CMM200	CMM500	CMM800
微孔滤膜性能	平均孔径/nm	4	20	50	200	500	800
	最大孔径/nm ≤	40	200	500	1000	2500	4000
	孔隙率(%) ≥	30					
	纯水通量/$[m^3/(m^2 \cdot h)]$ ≥	50	300	500	1000	1500	2000

	耐酸腐蚀性能		耐酸腐蚀性能	
耐蚀性能	弯曲强度损失率(%)	质量损失率(%)	弯曲强度损失率(%)	质量损失率(%)
	10	0.5	10	0.5

注：1. 管式陶瓷微孔滤膜按通道数不同可划分为单管和多通道两种形式，按其平均孔径大小可分为陶瓷微滤膜和陶瓷超滤膜。

2. 陶瓷微滤膜的平均孔径为 $50 \sim 10^4$ nm，常用孔径规格主要有 5000nm、1000nm、800nm、500nm、200nm、100nm 等几种。

3. 陶瓷超滤膜的平均孔径为 $2 \sim 50$ nm，常用的孔径规格主要有 50nm、20nm、4nm 等几种。

4. 陶瓷微孔滤膜件外径公差为 0.2mm，长度尺寸按供需双方商定，长度公差为 2mm，通道内径公差不大于标准通道内径的 5%。

5. 陶瓷微孔滤膜外观要求色质均匀，肉眼观测无裂纹，无剥落现象，端面平整。

6. 型号表示方法：

陶瓷微孔滤膜件的型号由代号和阿拉伯数字按下列规则组成：

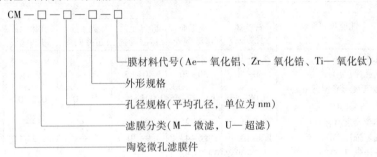

$$CM - \square - \square - \square - \square$$

膜材料代号(Ae— 氧化铝、Zr— 氧化锆、Ti— 氧化钛)
外形规格
孔径规格(平均孔径，单位为 nm)
滤膜分类(M— 微滤，U— 超滤)
陶瓷微孔滤膜件

6.2.3　泡沫陶瓷过滤器(见表6-14)

表6-14　泡沫陶瓷过滤器的类别、规格及技术性能(摘自 JC/T 895—2001)

	类别代号	孔密度(孔数/25.4mm)	类别代号	孔密度(孔数/25.4mm)
类别代号及孔密度	10p	7~15	30p	26~35
	20p	16~25	40p	36~45

（续）

规格	规格尺寸（长×宽×厚）/（mm×mm×mm）		178×178×50、229×229×50、305×305×50、281×281×50、432×432×50、508×508×50、584×584×50		
尺寸精度	项目		极限偏差	项目	极限偏差
	尺寸极限偏差/mm	尺寸≥400	±3.0	变形/mm 对角线差	+3.0 / 0
		400>尺寸≥200	±2.0	最大弯曲度	+3.0 / 0
		尺寸≤200	±1.5	—	—
	斜角	（°）	±2	—	—
性能	项目		性能指标	项目	性能指标
	孔密度（r）/（孔数/25.4mm）		$u_1 \leqslant r \leqslant u_2$	常温弯曲强度/MPa	≥0.30
	通孔率（%）		≥80	常温压缩强度/MPa	≥0.50

注：1. 产品适于铝及铝合金熔体过滤。
   2. 按用户要求，经双方商定，可供应本表规定之外的其他规格产品。
   3. 孔密度指标中的 u_1 和 u_2 为不同类别孔密度的下限值和上限值。

6.2.4 蜂窝陶瓷（见表 6-15）

表 6-15 蜂窝陶瓷的型号、尺寸规格、技术性能及应用（摘自 GB/T 25994—2010）

型号	系列顺序号		产品形状	横截面最大尺寸/mm	最大高度/mm	产品标记
	代号	孔密度/（孔/cm²）				
型号及标记						
FW-1	1	62	圆柱形，截面为圆形，代号为Y	150（圆形为直径、椭圆形为短轴和长轴、跑道形为两端半圆半径和两半圆中心距之和）	150	FW-1-Y，ϕ118×152.4 FW-2-T，81×145×152.4 FW-3-P，118×79×152.4 上述标记中，FW—"蜂窝"汉语拼音首位字母 1、2、3—孔密度系列代号 Y、T、P—产品形状代号 最后的数字为截面形状尺寸及柱状最高尺寸
FW-2	2	93	椭圆柱形，截面为椭圆形，代号为T			
FW-3	3	140				
FW-4	4	186	跑道柱形，截面为跑道形，代号为P			

尺寸规格	项目		极限偏差
	孔密度≥62 孔/cm²		±3 孔/cm²
	壁厚≤0.16mm		+0.02mm / 0
	外径范围	D≤50mm	±1.0mm
		50mm<D≤100mm	±1.5mm
		100mm<D≤150mm	±2.0mm
	高度范围	10mm<L≤50mm	±1.0mm
		50mm<L≤100mm	±1.5mm
		100mm<L≤150mm	±2.0mm
	端面平面度		≤1.5mm
	产品直度		≤产品高度的2%
	轴向垂直度		≤产品高度的2%

（续）

	项目	指标
技术性能	抗压强度/MPa	A 轴方向≥10.0，B 轴方向≥1.4，C 轴方向≥0.2
	容重/(g/cm^3)	≤0.5
	总孔容/(cm^3/g)	0.18~0.30
	吸水率(%)	≥17，同组偏差<4
	线胀系数 （室温~800℃)/K^{-1}	≤1.2×10^{-6}
	等静压强度/MPa	≥1
	抗热震性 （室温~650℃）	三次循环后不开裂
应用	蜂窝陶瓷产品主要适用于汽车尾气净化器催化剂用载体，其他用途(如工业有机废气净化)也可以参照使用。如果需方要求标准规定之外的产品，供需双方也可协商供货。JC/T 686—1998《蜂窝陶瓷》作为行标可参照执行	

6.2.5 碳化硅质高温陶瓷过滤元件(见表6-16)

表 6-16 碳化硅质高温陶瓷过滤元件的分类、规格、性能及应用(摘自 GB/T 32978—2016)

<table>
<tr><td rowspan="10">长管式碳化硅质高温陶瓷过滤元件的结构及规格尺寸</td><td colspan="5">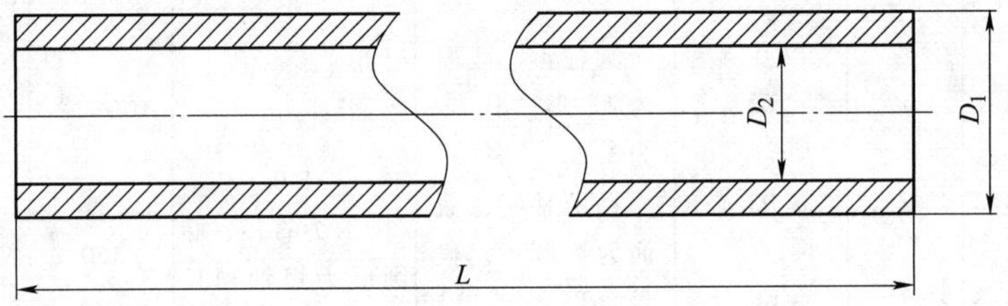
</td></tr>
<tr><td>产品代号</td><td>元件总长度 L/mm</td><td>元件外径 D_1/mm</td><td>元件内径 D_2/mm</td><td>膜面积/m^2</td></tr>
<tr><td>T60-1000</td><td>1000</td><td>60</td><td>40</td><td>0.18</td></tr>
<tr><td>T60-1500</td><td>1520</td><td>60</td><td>40</td><td>0.28</td></tr>
<tr><td>T60-2000</td><td>2050</td><td>60</td><td>40</td><td>0.37</td></tr>
<tr><td>T60-2400</td><td>2460</td><td>60</td><td>40</td><td>0.45</td></tr>
<tr><td>T70-1000</td><td>1000</td><td>70</td><td>44</td><td>0.22</td></tr>
<tr><td>T70-1500</td><td>1520</td><td>70</td><td>44</td><td>0.33</td></tr>
<tr><td>T70-2000</td><td>2050</td><td>70</td><td>44</td><td>0.44</td></tr>
<tr><td>T70-2400</td><td>2460</td><td>70</td><td>44</td><td>0.53</td></tr>
</table>

（续）

烛式碳化硅质高温陶瓷过滤元件的结构及规格尺寸	产品代号	元件总长度 L_1 /mm	盲端底长 L_2 /mm	盲端孔深 L_3 /mm	元件外径 D_1 /mm	元件内径 D_2 /mm	盲端孔内径 D_3 /mm	法兰尺寸 F_1 /mm	法兰尺寸 F_2 /mm	法兰尺寸 F_3 /mm	膜面积 /m²
	T60-1000F	1000	45	30	60	40	20	74	15	12	0.17
	T60-1500F	1520	45	30	60	40	20	74	15	12	0.27
	T60-2000F	2020	45	30	60	40	20	74	15	12	0.36
	T60-2500F	2520	45	30	60	40	20	74	15	12	0.46
	T70-1000F	1000	45	30	70	44	20	74	15	12	0.20
	T70-1500F	1520	45	30	70	44	20	74	15	12	0.32
	T70-2000F	2020	45	30	70	44	20	74	15	12	0.42
	T70-2500F	2520	45	30	70	44	20	74	15	12	0.54

理化性能要求	项目	质量要求	项目	质量要求
	支撑体开口气孔率(%)	≥34	热胀系数(室温~1000℃)/K⁻¹	≤5.6×10⁻⁶
	分离膜开口气孔率(%)	≥40	高温抗折强度(1000℃)/MPa	≥11
	弯曲强度/MPa	≥18	抗热震性能(1000℃~室温,10次)	不开裂
	抗外压强度/(kN/m)	≥45	耐酸碱腐蚀性能(%)	≥99
	环向拉伸强度/MPa	≥6	分离膜厚度/μm	150~300

过滤性能要求	项目	分离膜类别及代号			
		M5	M10	M15	M20
	孔道直径/μm	5~8	10~13	15~18	20~25
	过滤压降/Pa	≤1500	≤800	≤500	≤350
	渗透率/m³	≥2.2×10⁻¹¹	≥4.5×10⁻¹¹	≥7×10⁻¹¹	≥15×10⁻¹¹

注：1. GB/T 32978—2016《碳化硅质高温陶瓷过滤元件》规定的过滤元件适用于高温气体净化、粉煤气化净化以及新能源等领域高温高压气体净化。

2. 高温陶瓷过滤元件是由支撑体和分离膜层构成的一种耐高温高压的多孔陶瓷过滤元件，分离膜附着在支撑体外表面，具有微细孔道，表面具有过滤功能。渗透率为在一定压力下，流体透过陶瓷过滤元件的能力(单位为m²)；过滤风速为流体经过陶瓷过滤元件的面速度(单位为m/min)；过滤压降为在标准状况下，以洁净空气作为过滤介质，过滤风速为1m/min条件下，气体通过过滤元件的压力降(单位为Pa)。

3. 标记示例：

碳化硅质高温陶瓷过滤元件代号为：T××-××××-M××

其中：

T××——表示碳化硅质高温陶瓷过滤元件和元件外径；

××××——表示过滤元件长度和类别；

M××——表示分离膜和分离膜孔道直径。

例如：T60-1 500F-M10 表示碳化硅质高温陶瓷过滤元件，外径 60mm，总长度 1520mm，烛式，分离膜孔道孔径 10μm~13μm。

6.3　结构陶瓷

6.3.1　氧化铝陶瓷（见表6-17～表6-25）

表6-17　氧化铝陶瓷的配方、特性及应用

原料成分（质量分数,%）	GB-1	Ⅲ-3	CP-1	CP-2	75料	A组料	A5	A4	1	2	3	4	92瓷	95瓷(Ⅰ)	95瓷(Ⅱ)	97瓷	99瓷(Ⅰ)	99瓷(Ⅱ)	99瓷(Ⅲ)	99瓷(Ⅳ)
1420℃烧氧化铝	35.2	36	67	68	65	65	65	70	65	65	70	70	91.5	93.78	93.5	97	99	99	99	99
高岭土	24.8	24	24	20	25.5	20														
黏土							24	10	23	24	10	10		1.67	1.95	1				0.75
方解石	28	24					3	3	3	3	3	3								
碳酸钡	2	3	2	3	3	3	4	5	4	4	5	5								
碳酸锶	8	10	4	5	4											0.3				
膨润土	2						2	7	3	2	7	7								
萤石		3	2	2		2														
菱镁矿			3	2		2														
生滑石					2.5	3	2	5	2	2	5	5								
氧化镁																			0.4	
菱镁矿								10		1.12	1									
烧石英														1.29	1.28					0.13
碳酸钙													3	3.26	3.25					
氧化镧													0.5				0.5	0.1		
氧化钇																		0.25	0.3	
氧化铌																		0.25	0.3	
烧滑石													5		1.2	0.4				
CaO·MgO																				0.13
MgO·Al₂O₃																			1	
烧成温度/℃	1350±20	1350±20	1420±10	1420±10	1410±10	1410±20							1650	1680		1700	1710	1710		1816

（表左侧标注：氧化铝的配方代号及原料成分）

特性	应用
具有耐高温、高强度、耐磨、耐蚀性能，有良好的抗氧化性、电绝缘性、真空气密性及透微波特性，一般随 Al_2O_3 含量的增加，其耐高温、力学性能、耐蚀性能均相应提高。氧化铝瓷硬度很高(低于金刚石、碳化硼、立方氮化硼、碳化硅，居第五位)。耐酸碱和其他腐蚀介质，高温下抗氧化性好，脆性大，不能承受冲击负荷，抗热震性差。微晶刚玉瓷和氧化铝金属瓷是新型氧化铝瓷，其性能比氧化铝瓷有明显提高。在下列情况下适用的最高温度为：空气-1980℃，真空-1800℃，还原气氛-1925℃	制作高温器皿、电绝缘和电真空器件、磨料、高速切削工具，如熔融金属液坩埚、高温容器、测温热电偶的绝缘套管、内燃机火花塞、电子管外壳、电子管内的绝缘零件、微波功率输出窗口等。微晶刚玉瓷和氧化铝金属瓷可制作金属切削工具、耐磨性能高的零件，如金属拉丝模、石油化工用泵及农用泵的密封环、纺织机高速导纱、油田抽油泵泵套、阀芯以及制粉生产设备的磨球、内衬钢管输送煤粉弯管、灰粉弯管等

（表左侧标注：氧化铝的特性及应用）

表6-18 氧化铝陶瓷的技术性能

性能	配方代号																			
	GB-1	CP-1	CP-2	75料	A组料	A₅	A₄	1	3	95瓷(Ⅰ)	95瓷(Ⅱ)	92瓷	97瓷	99瓷(Ⅰ)	99瓷(Ⅱ)	99瓷(Ⅲ)	99瓷(Ⅳ)
在(1±0.5)MHz下的相对介电常数 ε 20℃±5℃	6.8~7.4	8~8.2	8~8.5	8.3~9	9~11	7.8~8.2	7.8~8.7	8~8.4	<9	9.4~9.8	8~10	8.8~9.3	9.3~9.7	9.2~11	9.2~11	8.5~10.5	9.5
80℃±5℃	14~18	8~10	3~5	5~10	3~5	3~5	3.4~4.1	5.6~6	<10	2~3.1	1.5~2.8	1.1~1.2	0.6~1	0.1~0.3	0.1~0.3	0.2~1.5	8
在(1±0.2)MHz的介质损耗因数/10⁻⁴	20~24	12~15	4~8	—	—	4~4.7	4.6~5.8	5.8~6.1	<12	2.3~2.9	1.6~2.8	2	0.5~0.6	0.1~0.3	0.1~0.3	—	—
潮后	—	—	—	—	—	—	3.6~4.2	7.4~7.7	<12	2.8~3.8	1.8~3.5	1.5	1.5~1.9	0.3~1.7	0.3~1.5	—	—
直流击穿强度/(kV/mm)	30~35	20~25	25~30	—	—	27~41	34~37	>20	—	17.6~20	15~35	—	16~24	15~16	13~16	>30	—
在100℃±5℃下比体积电阻/Ω·cm	10¹³~10¹⁴	10¹²~10¹⁴	10¹²~10¹⁴	10¹²~10¹³	10¹²~10¹³	10¹³~10¹⁴	10¹²	10¹³~10¹⁴	>10¹²	10¹⁵	10¹⁴	—	10¹⁴	—	—	10¹³~10¹⁴	—
静态抗弯强度/MPa	160~200	200~250	250~300	200~280	—	201.2~261.5	159.8~303.5	216.2~292	>200	274~305	250~408.8	280~314	290~388	300~363	300~363	350	—
线胀系数/10⁻⁶℃⁻¹	4~4.5	5~5.5	5~5.5	—	—	4.6~4.9	5.7~5.9	—	<6	6.26	6.5~8.5	6.8~7.1	—	—	—	—	—
在(1±0.5)MHz下的电容率的温度系数/10⁻⁶℃⁻¹	+(110±30)	+(110±30)	+(110±30)	122~147	90~110	—	—	—	—	—	—	—	—	—	—	—	—

表 6-19　氧化铝陶瓷的组分、晶粒尺寸、热处理、硬度与磨损性能

试样	Al$_2$O$_3$ 质量分数(%)	晶粒尺寸[①]	晶界玻璃相	热处理	晶界玻璃相析晶程度	维氏硬度/GPa	断裂韧度/MPa·m$^{1/2}$	磨损系数/(μm/m)
蓝宝石	100	—	—	—	—	19.3(±0.3)	2.1(±0.2)	48.8(±3.3)
99.997-F	99.997	细	无	未	—	17.2(±0.3)	3.4(±0.3)	38.9(±0.6)
99.997-M	99.997	中	无	未	—	17.1(±0.8)	3.2(±0.3)	54.5(±3.3)
99.997-C	99.997	粗	无	未	—	15.0(±1.6)	2.6(±0.3)	89.3(±6.7)
99.8	99.8	细	无	未	—	19.3(±0.5)	3.4(±0.5)	18.0(±0.4)
99.5-F	99.5	细	铝硅酸钙	未	很小	15.2(±0.7)	3.3(±0.7)	49.7(±7.2)
99.5-M	99.5	中	铝硅酸钙	未	很小	14.1(±0.8)	3.3(±0.3)	62.7(±3.5)
99.0	99.0	中	未知[②]	未	未知[②]	14.2(±0.6)	3.5(±0.2)	72.1(±6.5)
96-1(AS)	96	中	铝硅酸钙	未	很小	13.4(±0.5)	3.2(±0.1)	39.2[③]
96-1(HT)	96	中	铝硅酸钙	1100℃	很大(>95%)	13.4(±0.5)	3.3(±0.2)	50.3[③]
96-2(AS)	96	粗	铝硅酸镁	未	很小	13.2(±0.8)	3.3(±0.2)	57.9[③]
96-2(HT)	96	粗	铝硅酸镁	1100℃	很大(>75%)	13.0(±0.4)	3.4(±0.1)	72.8[③]
96-3(AS)	96	细	铝硅酸镁钙	未	很大(>75%)	13.1(±0.2)	3.4(±0.1)	29.1[③]
96-3(HT)	96	细	铝硅酸镁钙	1100℃	很大(>95%)	13.1(±0.6)	3.2(±0.3)	31.6[③]
96-4(AS)	96	中	铝硅酸镁	未	很小	13.1(±0.6)	3.3(±0.3)	40.2[③]
96-4(HT)	96	中	铝硅酸镁	1100℃	较小(<25%)	12.6(±0.9)	3.3(±0.2)	46.6[③]
94-F(AS)	94	细	铝硅酸镁	未	很小	12.6(±0.8)	3.2(±0.3)	38.8(±0.1)
94-M(AS)	94	中	铝硅酸镁	未	很小	12.4(±0.7)	3.2(±0.3)	58.6(±0.2)
94-C(AS)	94	粗	铝硅酸镁	未	很小	14.0(±5.9)	3.3(±0.2)	79.0(±1.0)
94-F(PR)	94	细	铝硅酸镁	1300℃	较小(<25%)	12.5(±0.6)	3.3(±0.1)	45.3(±0.2)
94-M(PR)	94	中	铝硅酸镁	1300℃	较小(<25%)	12.3(±1.1)	3.3(±0.3)	73.2(±0.4)
94-C(PR)	94	粗	铝硅酸镁	1300℃	较小(<25%)	12.6(±2.5)	3.2(±0.2)	87.8(±0.6)
94-F(FR)	94	细	氧化硅	1100℃	很大(>75%)	12.6(±0.8)	3.3(±0.2)	51.2(±2.6)
94-M(FR)	94	中	氧化硅	1100℃	很大(>75%)	12.7(±1.4)	3.1(±0.3)	84.9(±0.3)
94-C(FR)	94	粗	氧化硅	1100℃	很大(>75%)	12.8(±1.7)	3.2(±0.1)	93.9(±1.3)
85(AS)	85	中	铝硅酸镁钙	未	较小(<25%)	10.5(±1.0)	3.2(±0.2)	61.6(±2.9)
85(HT)	85	中	铝硅酸镁钙	1100℃	很大(>75%)	10.7(±0.6)	3.2(±0.2)	67.5[③]

注：本表为氧化铝陶瓷在以 SiC 砂布为磨料的销鼓两体磨损试验资料。

① 晶粒尺寸：细≤5μm；中 5～20μm；粗≥20μm。

② 此组织未经 TEM 分析，因此未知。

③ 进行磨损试验的试样数量不足。

表 6-20　复相氧化铝陶瓷的性能

主要性能	冷压烧结 Al_2O_3	热压 Al_2O_3-Me	热压 Al_2O_3-TiC	热压 Al_2O_3-ZrO_2	热压 Al_2O_3-SiC_w
密度/(g/cm^3)	3.4~3.99	5.0	4.6	4.5	3.75
熔点/℃	2050	—	—	—	—
抗弯强度/MPa	280~420	900	800	850	900
硬度 HRA	91	91	94	93	94.5
热导率/$[10^2W/(m \cdot ℃)]$	0.04~0.045	0.33	0.17	0.21	0.33
平均晶粒尺寸/μm	3.0	3.0	1.5	1.5	3.0

注：1. 在氧化铝陶瓷中添加有关化合物或金属元素，形成复相氧化铝陶瓷，可提高其韧性和抗热震性能。通常添加剂有氧化物（如 MgO、SiO_2、TiO_2、Cr_2O_3、Y_2O_3 等），碳化物（如 WC、TiC、TaC、NbC、Cr_3O_2 等）以及金属元素（如 Cr、Co、Mo、W、Ti 等）。

　　2. Al_2O_3-Me 中的 Me 表示添加剂为金属元素。

表 6-21　氧化铝陶瓷的耐磨性能

材料	主晶相（质量分数）	添加物（质量分数）	晶粒尺寸 /μm	密度 /(g/cm^3)	硬度 HV	硬度 HK	磨损率/$(10^{-17}m^3/s)$ 水	磨损率/$(10^{-17}m^3/s)$ 浆料
HX	70%Al_2O_3	20%玻璃	近似并小于5	3.2	1374	716	17.2	
RG	75%Al_2O_3	15%玻璃	<5	3.45	1388	590	12.2	
FW	85%Al_2O_3	8%玻璃	≈15	3.7	2234	580	1.88	
TE	90%Al_2O_3	<5%玻璃	1.5	4.1	1086	815	9.09	270
XA	Al_2O_3	单相	1.2	3.57	1419	730	6.99	
XB	Al_2O_3	单相	10.0	3.61	1628	730	4.61	
XC	Al_2O_3	单相	18.0	3.77	1826	779	3.22	
XD	Al_2O_3	单相	21.0	3.79	1873	782	2.62	
XE	Al_2O_3	单相	35.0	3.85	2183	853	2.46	
Al_2O_3	Al_2O_3(1012)	单晶			2177	2904	2.60	8.33

表 6-22　氧化铝陶瓷的组分、性能及三体磨损试验的磨损性能

编号	Al_2O_3质量分数（%）	烧成温度/℃	晶粒尺寸/μm	相组成	抗弯强度/MPa	断裂韧度/$MPa \cdot m^{1/2}$	硬度 HV	密度/(g/cm^3)	球磨磨损率（%）水自磨	球磨磨损率（%）锆英砂	柱盘磨损量 ΔW/g	柱盘磨损量 ΔV/cm^3
A91	91	1500	5.6	刚玉、玻璃相、少量尖晶石	290	3.8	1920	3.45	0.82	0.36	0.12	0.035
A96	96	1630	23	刚玉、少量玻璃相	321	4.1	2100	3.64	3.2	1.27	0.25	0.069
A96X	96	1450	4.2	刚玉、少量玻璃相	356	4.3	2050	3.76	0.73	0.32	0.088	0.023
ZA	80	1600	3	刚玉、T-ZrO_2、少量 m-ZrO_2	529	6.5	1860	4.21	0.65	0.19	0.074	0.018

注：1. 氧化铝陶瓷在三体磨损时，晶粒尺寸越小，其耐磨性能越好；当晶粒尺寸相近时，断裂韧度越高越好。有研究文献表明，为了防止氧化铝在烧结过程中晶粒增大，可添加透石灰作为助熔剂，降低烧结温度，使氧化铝瓷球具有均匀细小的晶粒，从而使之强化和增韧，提高氧化铝瓷球在球磨罐中的三体磨损的耐磨性能。

　　2. 球磨磨损：在行星式球磨机中进行，水自磨时，球：水 = 1：0.2（质量比）；锆英砂磨损时，球：锆英砂：水 = 1：0.3：0.2（质量比）。

　　3. 柱盘磨损：盘为刚玉砂轮片，浸于粒度 0.224mm 的 SiC 浆料中，接触应力为 0.8MPa，线速度为 0.36/s。

表 6-23 氧化铝陶瓷浆料罐旋转冲蚀磨损的磨损率

性　　能			50 瓷	60 瓷	75 瓷	95 瓷
Al_2O_3 质量分数(%)			52.7	63.0	78.5	95.0
密度/(g/cm³)			2.51	2.93	3.22	3.49
抗弯强度/MPa			76	93	104	160
冲击韧度/(J/cm²)			0.31	0.39	0.45	0.61
维氏硬度 HV			596	691	834	1237
冲蚀磨损率	磨料：粒度 0.100~0.400mm, 水洗石英砂(圆粒)	水砂比 1:1, 转速 490r/min 每小时失重率(%)	0.00237	0.00129	0.00142	0.000867
		失重倍率	2.739	1.489	1.642	1
		水砂比 1:1, 转速 1000r/min 每小时失重率(%)	0.128	0.0738	0.0781	0.0673
		失重倍率	1.897	1.094	1.097	1
		水砂比 1:2, 转速 1000r/min 每小时失重率(%)	0.161	0.0924	0.0754	0.0564
		失重倍率	2.828	1.638	1.336	1
	磨料：粒度 0.800~2.50mm, 尖角石英砂	水砂比 1:1, 转速 1000r/min 每小时失重率(%)	5.951	3.437	2.205	3.017
		失重倍率	1.972	1.139	0.839	1

注：氧化铝含量对氧化铝陶瓷的冲蚀磨损率有影响。本表为根据试验列出的冲击速度、浆料浓度、粒子形状、浆料中粒子尺寸等因素，对氧化铝陶瓷冲蚀磨损率的影响的参考性资料。

表 6-24 氧化铝陶瓷的组分及其冲蚀磨损率

材　　料	Al_2O_3 质量分数(%)	密度/(g/cm³)	抗弯强度/MPa	硬度 HRA	磨损率/(mg/g) 30°	60°	90°
92%Al_2O_3 陶瓷	92.3	3.62	212	84~85	0.072	0.096	0.103
95%Al_2O_3 陶瓷	95	3.65~3.75	280~300	85	0.051	0.078	0.214
99%Al_2O_3 陶瓷	99	3.82~3.85	300~350	86~88	0.036	0.057	0.185

注：冲蚀磨损是固体粒子或含固体粒子的液体介质冲击到材料表面形成材料的磨损。这种冲蚀磨损在冶金、石油化工、电力、航道疏通等工程中广为存在。在冲蚀磨损条件下，材料耐磨性能的主要影响因素是材料的硬度。陶瓷材料（包括改性技术处理的陶瓷品种）具有很高的硬度。影响冲蚀磨损率的因素较多，如冲击速度、冲击角度、浆料浓度，粒子形态及尺寸等。

表 6-25 氧化铝陶瓷(不同晶粒尺寸)在不同冲击角度下的冲蚀磨损率

晶粒尺寸	制备工艺	冲蚀介质状态	冲击角度/(°)	冲蚀面积/10⁻⁵m²	失重量/10⁻³g	冲蚀磨损率/(10⁻⁹m/s)	单粒子冲蚀磨损率/(10⁻¹⁷m³/单粒子)
细晶粒 1.2μm	1300℃ 热压烧结	冲蚀介质为8L水加入1.5kg的780μm SiC 粒子，冲击速度为(2.4±1.5)m/s，粒子流量为 8.6×10⁷ 个粒子/(s·m²)	45	3.70	0.15±0.02	0.33±0.02	0.53±0.02
			60	3.46	0.31±0.1	0.64±0.1	0.87±0.1
			75	3.38	0.67±0.2	1.41±0.4	1.69±0.4
			90	3.32	0.84±0.4	1.83±0.3	2.12±0.3
中等晶粒 3.8μm	1450℃ 无压烧结		45	3.70	0.81±0.1	1.58±0.3	2.60±0.2
			60	3.46	2.17±0.8	4.58±0.7	6.14±0.8
			75	3.38	3.49±0.9	7.18±0.9	8.63±0.9
			90	3.32	3.93±0.5	8.36±0.8	9.72±0.8
粗晶粒 14.1μm	1600℃ 无压烧结		45	3.70	1.13±0.3	2.21±0.3	3.60±0.4
			60	3.46	3.01±0.7	6.31±0.6	8.48±0.6
			75	3.38	4.56±0.9	9.64±0.6	11.51±0.7
			90	3.32	5.16±0.5	11.3±0.6	13.14±0.4

6.3.2 氧化锆陶瓷（见表6-26～表6-30）

表6-26 氧化锆陶瓷的技术性能及应用

	晶型	立方晶	四方晶	单斜晶	备注
单晶氧化锆的物理性能	熔点/℃	2500~2600	2677	—	氧化锆有立方、四方和单斜三种晶型。单斜相加热到1000℃以上就转变为四方相，加热到2370℃则转变为立方相，氧化锆相变可得到增韧、提高性能的效果
	密度/(g/cm³)	5.68~5.91	6.10	5.56	
	硬度 HV	700~1700	1200~1300	660~730	
	线胀系数(0~1000℃)/$10^{-6}K^{-1}$	7.5~13	8~10(a轴) 10.5~13(c轴)	6.8~8.4(a轴) 1.1~3.0(b轴) 12~14(c轴)	
	热导率/[W/(m·K)]	1.675(100℃) 2.094(1300℃)			
	折射率	2.15~2.18			

	材料	四方氧化锆(TZP)		部分稳定氧化锆(PSZ)			
		Y-TZP (Y为Y_2O_3)	Ce-TZP (Ce为CeO)	Mg-PSZ (加入2.8%MgO)	Ca-PSZ (加入4%CaO)	Y-PSZ (加入5%Y_2O_3)	Ca/Mg-PSZ (加入CaO,MgO)
氧化锆陶瓷的技术性能	稳定剂摩尔分数(%)	2~3	12~15	2.5~3.5	3~4.5	5~12.5	3
	维氏硬度 HV	1000~1200	700~1000	14.400	17.100	13.600	1500
	断裂韧度(室温)K_{IC}/MPa·$m^{1/2}$	6~15	6~30	7~15	6~9	6	4.6
	弹性模量E/GPa	140~200	140~200	200	200~217	210~238	—
	抗弯强度/MPa	800~1300	500~800	430~720	400~690	650~1400	
	线胀系数(200~1000℃)/$10^{-6}K^{-1}$	9.6~10.4		9.2	9.2	10.2	—
	热导率(室温)/[W/(m·K)]	2~3.3		1~2	1~2	1~2	1~2

	材料	3Y-TZP		3Y-TZP/Al_2O_3系列(热等静压)		
		常压烧结	热等静压	3Y-TZP/20A	3Y-TZP/40A	3Y-TZP/60A
以氧化钇(Y_2O_3)作稳定剂的单相四方多晶氧化锆陶瓷(Y-TZP)的技术性能	室温抗弯强度σ_{bb}/MPa	1200	1700	2400	2100	2000
	800℃抗弯强度σ_{bb}/MPa	350	350	800	1000	900
	断裂韧度K_{IC}/MPa·$m^{1/2}$	8	8	6		
	维氏硬度 HV	1280	1330	1470	1570	1650
	弹性模量E/GPa	205	205	260	280	
	线胀系数α/$10^{-6}℃^{-1}$	10	10	9.4	8.5	
	抗热震性ΔT/℃	250	250	470	475	

（续）

材料	陶瓷基体		ZrO_2-陶瓷基体复合材料	
	断裂韧度 $K_{IC}/MPa \cdot m^{1/2}$	抗弯强度/MPa	断裂韧度 $K_{IC}/MPa \cdot m^{1/2}$	抗弯强度/MPa
立方 ZrO_2	2.4	180	2~3	200~300
部分稳定 ZrO_2			6~8	600~800
TZP			7~12	1000~2500
Al_2O_3	4	500	5~8	500~1300
$\beta''\text{-}Al_2O_3$	2.2	220	3.4	330~400
莫来石	1.8	150	4~5	400~500
尖晶石	2	180	4~5	350~500
董青石	1.4	120	3	300
烧结氮化硅	5	600	6~7	700~900

左侧标注：ZrO_2 增韧的各种陶瓷材料的性能

特性及应用

　　氧化锆陶瓷是一种综合性能优良的重要结构陶瓷材料，某些性能（如断裂韧度）甚至优于氧化铝陶瓷，在不同温度下，氧化锆存在三种同质异形体，即立方晶型、单斜晶型和四方晶型。在氧化锆陶瓷的生产中，为防止 ZrO_2 在晶体转变中因体积变化而产生开裂，应当在组方中添加金属氧化物（如 CaO、MgO、Y_2O_3、Ce 等）作为稳定剂，加入量按不同情况为百分之几到百分之十几（质量分数），以保持高温的立方相，此时形成的立方固溶体 ZrO_2 称为全部稳定化的 ZrO_2(TZP)，添加剂加入量低于某一数值的称为部分稳定化的 ZrO_2(PSZ)。氧化锆陶瓷密度大，硬度较高，抗弯强度和断裂韧度高，优于其他陶瓷

　　氧化锆陶瓷在生产中广泛用于制作耐磨、耐蚀零部件，如化工用泥浆泵密封件、叶片及泵体、矿业用轴承、拉管模和拉丝模模具、刀具、喷嘴、隔热件、火箭和喷气发动机的耐磨耐蚀件、原子反应堆的高温结构材料。在绝热内燃机中，相变增韧氧化锆陶瓷用于制作轴承、进排气阀座、活塞顶、气缸内衬、气门导管、挺杆、凸轮、活塞环等。喷涂于高温合金涡轮叶片，可提高工作温度 20~-5℃，完全稳定的氧化锆可用于制作绝热件，如绝热纤维及毛毡等

　　氧化锆增强陶瓷基复合材料是一种氧化锆相变增韧陶瓷，利用马氏体相变原理研制的各种性能优异的氧化锆增韧系列陶瓷复合材料在工程技术中得到广泛的应用

　　氧化锆增韧陶瓷热导率小、线胀系数小、强度高、韧性好，适合绝热发动机对陶瓷材料的要求。在绝热发动机中，氧化锆增韧陶瓷可制作缸盖底板、活塞顶、活塞环、叶轮壳罩、气门导管、进气和排气阀座、轴承、凸轮等零件

　　Mg-PSZ 可制作水平连续铸钢用分离环、切削工具、模具、喷砂嘴、轴承，超细粉碎用砂磨机、研磨粉料用磨球，纺织工业用瓷件、摩擦片等，还可制作日常生活用的菜刀、剪刀、槌子等

　　添加 CeO_2 和 Ta_2O_5 的氧化锆可用作磁流体发电热壁通道的电极材料。CaO 稳定的氧化锆可以和低温导电性较好的铬酸钙镧制成复合式电极

　　氧化锆增韧氮化硅陶瓷主要用于要求韧性和强度较高，但使用温度不十分高的场合，如制造切削刀具等可提高刀具的抗冲击性、耐磨性和使用寿命

表 6-27　氧化锆（ZrO_2）增韧陶瓷的组方及技术性能

材料组成	工艺方法	弯曲强度/MPa		断裂韧度（室温）/MPa · m^{1/2}	硬度 HRA
		室温	加热温度		
3Y-ZrO_2	PLS	1040	—	10.7	89.4
3Y-ZrO_2	H.P	1570	480（600℃）212（1000℃）	15.3	90.2

（续）

材料组成	工艺方法	弯曲强度/MPa		断裂韧度（室温）/MPa·m$^{1/2}$	硬度 HRA
		室温	加热温度		
15%（体积分数）SiC$_w$（Al$_2$O$_3$ Coating）/15%（体积分数）莫来石颗粒+TZP	H. P	>1100	470（1000℃）	>12	—
14%~17%（摩尔分数）CeO$_2$/TZP	H. P	>600	—	>12	—
15SiC$_p$/Y-TZP	H. P	1120	850（500℃）650（800℃）	—	92
20Y-TZP/30SiC$_p$/莫来石	H. P	611	620（800℃）610（1000℃）443（1200℃）	7.1	91
ZrO$_2$/SiC$_p$/莫来石	H. P	704	480（1200℃）	9.8	—
10%（体积分数）SiC$_w$/ZrO$_2$	H. P	1400	—	10	—
（Y,Mg）PSZ	PLS	680~700		15	—
5%（体积分数）Si/30%Al$_2$O$_3$/65%TZP	1350℃ PLS	640		7.2	—
1%（摩尔分数）Y$_2$O$_3$/Mg-PSZ	PLS	507		11.5	—
2%（摩尔分数）Y$_2$O$_3$/Mg-PSZ	PLS	618		7.6	—
5%（体积分数）SiC$_p$/10%（体积分数）ZrO$_2$/Al$_2$O$_3$	PLS+H. P	931		4.12	—
25%（体积分数）β-SiC$_p$/20%（体积分数）（2Y）ZrO$_2$/Al$_2$O$_3$	H. P	945		7.3	—
（Y,Mg）-PSZ/MgAl$_2$O$_4$	PLS	900		15	—
30%（体积分数）SiC$_w$/20%（体积分数）3Y-TZP/ZrSiO$_4$	H. P	580	480（1000℃）	7.0	—
4%（质量分数）Al$_2$O$_3$/30% 3Y-ZrO$_2$/Si$_3$N$_4$	PLS	573	339（1000℃）	5.27.9（1000℃）	—

注：工艺方法 H. P—热压烧结；PLS—反应热压烧结。

表 6-28　氧化锆陶瓷与 SiC 摩擦副的摩擦因数和磨损率

材料（摩尔分数）	晶粒尺寸/μm	相对理论密度（%）	摩擦因数		磨损率/[10^{-6}mm^3/（N·m）]
			氮气中干摩擦	水润滑	
ZY5（5%Y$_2$O$_3$）	0.18	95~96	0.56~0.51	0.29~0.24	2.3
ZY5（5%Y$_2$O$_3$）	0.50	98	0.50~0.47	0.21~0.16	2.5
ZY4Ce4（4%Y$_2$O$_3$-4%CeO）	0.19	95~96	0.46~0.40	0.27~0.13	0.9
ZY4Ce4（4%Y$_2$O$_3$-4%CeO）	0.50	98	0.37~0.38	0.30~0.15	1.7

注：1. 本表氧化锆陶瓷与 SiC 球摩擦副在氮气中干摩擦和水润滑的磨损性能试验资料，供参考用。

2. 试验载荷为 8N，滑动距离为 4.6~5.8km。

表 6-29　氧化锆陶瓷材料的磨损性能

材料	主晶相	添加剂（质量分数）	晶粒尺寸/μm	密度（g/cm³）	相体积分数(%) 立方	四方	单斜	硬度 HV	硬度 HK	磨损率/(10⁻¹⁷m³/s)
CPSZ0	ZrO₂	8% CaO	36	5.71	32	59	8	2143	1121	11.0
CPSZ64	ZrO₂	8% CaO	40	5.54	38	43	18	1523	1683	4.18
CPSZ100	ZrO₂	8% CaO	40	5.54	46	10	44	1483	1150	10.0
MPSZ	ZrO₂	5% MgO	40	5.54	22	54	25	1626	1192	52.7
YPSZ	ZrO₂	2.8% Y₂O₃	42	5.83	8	82	—	1243	2210	2.05

注：本表为不同添加剂的 ZrO_2 陶瓷与含 1.5%（质量分数）、粒度 0.5μm 锐钛矿粉的聚对苯二甲酸乙二醇酯盘以水润滑销盘方式摩擦时的磨损性能数据，供参考。

表 6-30　氧化锆不同组分材料的性能及磨损率

材料编号及组成（摩尔分数,%）	烧成	晶粒尺寸/μm	物相	抗弯强度/MPa	断裂韧度/MPa·m^{1/2}	硬度HV	密度(g/cm³)	球磨磨损率(%) 水自磨	锆英砂	销-盘磨损量 ΔW/g	ΔV/cm³
CZ 94%ZrO₂ 4.8%CeO 1.2%Y₂O₃	1450℃×4h	0.7	T-ZrO₂，微量 m 相	612	14.2	1150	6.10	0.11	0.07	0.062	0.010
MZ 89%ZrO₂ 11%MgO	1750℃×4h，1420℃×2h，热处理	60	C-ZrO₂，F-ZrO₂	820	11.8	1220	5.77	2.8	0.93	0.10	0.017
MZA 87%ZrO₂ 18%MgO 5Al₂O₃	1550℃×4h	4	C-ZrO₂，m-ZrO₂，尖晶石	230	3.2	1250	5.48	0.57	0.17	0.094	0.017

注：1. 本表为氧化锆陶瓷材料磨料磨损的试验资料。

　　2. 球磨磨损：在行星式球磨机中进行，水自磨时，球：水＝1：0.2（质量比）；锆英砂磨损时，球：锆英砂：水＝1：0.3：0.2（质量比）。

　　3. 销-盘磨损：盘为刚玉砂轮片，浸入粒度 0.224mmSiC 浆料中，接触压力 0.8MPa，线速度 0.36m/s。

6.3.3　透明氧化铝陶瓷（见表 6-31）

表 6-31　透明氧化铝陶瓷的配方、技术性能及应用

分类	原料组成或项目名称		配方代号 Lucalox(美国)	1	2	3
配方	Al₂O₃	质量分数（%）	100	99	100	100
	MgO		少量	0.9	0.75	0.4
	La₂O₃		—	—	0.125	—
	杂质		—	微量	—	—

（续）

分类	原料组成或项目名称	配方代号			
		Lucalox（美国）	1	2	3
技术性能	密度/（g/cm³）	3.98	3.98	3.98	—
	气孔率（体积分数,%）	0			
	平均粒径/μm		近似并小于20	15~20	
	总透光率（%）	90	—	92~95	
	抗弯强度/MPa	381.20~386.60	350.00	—	350.00
	线胀系数/10⁻⁶℃⁻¹	6.5	8.8		7.7
	热导率/[W/（m·K）]	37.7	33.5		21.0
	比体积电阻（500℃时）/Ω·cm	—	10^{12}		10^{12}
	击穿强度/（kV/mm）	64	60		—
	介电常数 ε（1GHz）/（F/m）	9.9	—		9.9
	使用温度/℃		1700~1900		
	在 H₂ 中的烧结温度/℃	1650~1950	—	1680	
特性及应用	透明氧化铝陶瓷的主要成分为 α-Al₂O₃，具有高致密度、小而且均匀的晶相，表面光洁，对可见光和红外光有优良的透过性，并且耐热性好，高温强度大，耐蚀性好，比体积电阻大，光学性能和力学性能均优良 透明氧化铝陶瓷用于制作红外检测窗，制造高压钠灯管，制作熔制玻璃的坩埚，并可制作铂金坩埚，还用于制作电子工业中的集成电路基片，用作高频绝缘材料以及有关结构材料等				

6.3.4 莫来石陶瓷（见表 6-32）

表 6-32 莫来石陶瓷的技术性能及应用

莫来石瓷 （3Al₂O₃·2SiO₂）	熔点/℃	热胀系数 /10⁻⁶℃⁻¹	热导率 /[W/（m·K）]	弹性模量 /GPa	泊松比	介电常数 ε	绝缘电阻率 /Ω·cm	硬度 （莫氏）
	1830	4.4~5.6	3.89~6.07	220	0.28	6.4~7.3	$>10^{13}$	7.5

莫来石基陶瓷复合材料不同温度的力学性能	材料	$K_{IC}/MPa·m^{1/2}$					σ_{bb}/MPa			
		室温	400℃	500℃	600℃	800℃	室温	400℃	500℃	600℃
	莫来石	2.5		2.3		3.1	223		261	
	SiC_w-莫来石	5.1		4.8		4.9	461	336		409
	ZTM	4.3	3.8		4.3	4.5	401		388	
	SiC_w-ZTM	7.5		7.2		7.4	559		454	

不同条件下热压莫来石陶瓷复合材料力学性能	材料组成	热压条件		σ_{bb}/MPa			$K_{IC}/$ MPa·m^{1/2}
	莫来石 （体积分数） 40% ZrO₂ （体积分数） 25% SiC_p （体积分数） 35%	温度 T/℃	时间 t/min	室温	1000℃	1200℃	
		1525	80	599			5.9
		1550	60	686	653	490	5.5
		1575	40	730			5.7
		1600	25	689			5.2
		1600	60	720	657	485	6.0

特性及应用	莫来石是一种稳定的化合物，其组成为 3Al₂O₃·2SiO₂，具有良好的抗蠕变性、低热导率，高温强度高，高纯莫来石瓷韧性差，不宜作高温结构材料，但氧化锆增韧莫来石（ZTM），或引入 SiC 颗粒、晶须构成复相陶瓷，其强度和韧性可明显提高，是一种近年来新发展的高温结构陶瓷 高纯莫来石正被开发应用于夹具或辊道窑中辊棒材料以及高温（>1000℃）氧化气氛中长的喷嘴、炉管或热电偶保护管。ZTM 具有高的强度和韧性，可制作刀具、绝缘发动机的零部件、电绝缘管、高温炉衬、高压开关、碳膜电阻的基体等

6.3.5 硼化物陶瓷(见表6-33)

表6-33 各种硼化物陶瓷的技术性能及应用

	物质	晶质	熔点 /℃	硬度 莫氏	硬度 维氏硬度 HV	密度 /(g/cm³)	热导率/[W/(m·K)] 23℃	热导率 200℃	热导率 500℃	电阻率 /10⁻⁶Ω·cm	线胀系数 /10⁻⁶℃⁻¹
技术性能	TiB_2	六方	2980	—	3400	4.52	24.28	—	41.87	12~28.4	8.1(25~2000℃)
	ZrB_2	六方	3040	—	2200	6.09	—	23.02	—	9.2~38.8	5.5(20~1000℃)
	HfB_2	六方	3060	—		11.2	10.84	~25.12	—	100~104	5.3(20~1000℃)
	TaB_2	六方	3000	—	1700	12.6				68~86.5	
	MoB_2	六方	2100	—	1280	7.8	(25℃)	13.75		22.5~45	
	CrB_2	六方	2760	—	1700	5.6	20.62			21	4.6
	NbB_2	六方	—	—		—	16.75	19.68~25.12		28.4~65.5	
	MoB	正方	2180	8	1570	8.8	—	—		40~50	
	NbB	斜方	>2900	8		7.2	—			32	
	UB_2	六方	2100	8~9	1600	5.1	—			35	
	WB	正方	2860			16					
	Mo_2B	正方	2000	8~9	1600	9.3	—			40	
	ThB_2	立方	>2100			8.5					
特性及应用	硼化物陶瓷的熔点高,难挥发,硬度高,导电性及导热性均优良,线胀系数大,高温耐蚀性、抗氧化性较差,但硼化钛和硼化铬在这方面的性能较好。硼化物在真空中稳定,在高温下也不易与碳、氮发生反应,Mg、Cu、Zn、Al、Fe 等的熔体对 TiB_2、ZrB_2、CrB_2 等是不润湿的。Cr-B 系陶瓷材料对强酸有良好的耐蚀性 利用硼化物陶瓷硬度高、熔点高的性质,可制作高温轴承、耐磨件及工具。利用 TiB_2 和 CrB_2 等的高温耐蚀性、抗氧化性优良的特性,可制作熔融非铁系金属的器具、内燃机喷嘴、高温器件及电触点材料。利用在真空中的高温稳定性,可制作高温真空器件。电子放射系数大的硼化物陶瓷可用于制作高温电极。硼化锆陶瓷是硼化物陶瓷中常用的品种,多用于制作高温热电偶保护套管、发热元件、冶炼金属的坩埚和铸模,还可利用其在1250℃可长时间抗氧化的性能制作高温电极

6.3.6 硅化物陶瓷(见表6-34)

表6-34 各类硅化物陶瓷的技术性能及应用

	化合物	密度 /(g/cm³)	熔点 /℃	线胀系数 (20~1000℃) /10⁻⁶℃⁻¹	热导率(20℃) /[W/(m·K)]	比电阻 /10⁻⁶Ω·cm	电阻温度系数 /10³℃⁻¹	维氏硬度 HV	弹性模量 /10⁴GPa	抗压强度 /MPa
技术性能	$TiSi_2$	4.35	1540	—	—	16.9	6.3	890	264	
	$ZrSi_2$	4.88	1700	—	—	75.8	1.30	1060	268	
	$HfSi_2$	7.2	1750	—	—			930		
	VSi_2	4.42	1660	—	—	66.5	3.52	960		
	$NbSi_2$	5.45	2150	—	—	50.4		1050		
	$TaSi_2$	8.83	2200	—	—	46.1	3.32	1400		
	$CrSi_2$	4.40	1500	—	6.28	9.4	2.93	1130		
	$MoSi_2$	6.30	2030	5.1	29.31	21.6	6.38	1200	430	1139
特性及应用	常用的硅化物陶瓷有二硅化钼($MoSi_2$)和硅化硼(B_4Si)陶瓷。二硅化钼,陶瓷熔点高,有较高的导热系数,高温抗氧化性能优良(温度在1700℃以下),熔于硝酸与氢氟酸的混合液中及熔融的碱中。硅化硼的硬度高,抗氧化性良好 $MoSi_2$ 用于制作高温发热元件及高温热电偶,冶炼金属钠、锂、铅、铋、锡的坩埚,原子反应堆装置的热交换器,超高速飞机、火箭、导弹上的某些高温抗氧化零部件。B_4Si 用作原子反应堆的减速材料及石墨涂层等

6.3.7 碳化物陶瓷(见表6-35~表6-39)

表6-35 各类碳化物陶瓷的技术性能

化合物	晶体结构	点阵常数 /10^{-10} m	密度 /(g/cm³)	摩尔热容 (20℃) /[J/(mol·K)]	熔点 /℃	线胀系数 (20~1000℃) /10^{-6}℃$^{-1}$	热导率 (20℃)/[W/(m·K)]	比电阻 /μΩ·cm	电阻温度 系数($+\alpha_p$) /10^3℃$^{-1}$	维氏 硬度 HV	弹性 模量 /GPa	抗压 强度 /MPa
TiC	面心立方 NaCl型	4.320	4.93	33.66	3147	7.74	24.28	52.5	1.16	3000	46.0	138.0
ZrC	同上	4.685	6.9	61.13	3530	6.74	20.52	50.0	0.95	2930	35.5	167.0
HfC	同上	4.64	12.6	—	3890	5.60	6.28	45.0	1.42	2910	35.9	
VC	同上	4.160	5.36	33.37	2810	4.2	24.7	65	—	2090	43.0	62
NbC	同上	4.461	7.56	37.35	3480	6.5	14.24	51.1	0.86	1960	34.5	
TaC	同上	4.455	14.3	36.80	3880	8.3	22.19	42.1	1.07	1600	29.1	
Cr₃C₂	菱面体	—	6.68	99.98	1895	11.77	19.26	75.0	2.33	1350	38.8	
Mo₂C₂	六方	—	9.18	—	2410	7.8	6.7	71.0	3.78	1500	54.4	
WC	六方	—	15.55	35.71	2720	3.84	29.31	19.2	0.495	1780	71.0	56
B₄C	斜方六面体	—	2.51	2.51	2450	4.5	8.37~29.3	—	—	5000	—	196
SiC	α,六方	—	3.21	0.95	2600 (分解)	4.7	—	—	—	—	—	
	β,立方	—	—	—		4.35	41.9	—	—	3340	—	225

注:碳化物陶瓷是能耐高温和具有超硬度的材料,种类很多,作为工业用的碳化物高温结构陶瓷主要有SiC、B₄C、TiC、WC、ZrC、Cr₃C₂以及其复合材料。各种碳化物均具有很高的熔点,如TiC的熔点为3147℃(有资料记载为3460℃),WC为2720℃,ZrC为3530℃,TaC为3880℃。碳化物中有很多种具有很高的硬度,如碳化硼的硬度仅次于金刚石和立方氮化硼。碳化物陶瓷具有优良的导热性和导电性,化学稳定性很好,大多数碳化物陶瓷在常温下不与酸反应,最稳定的碳化物陶瓷几乎不被硝酸与氢氟酸混合酸腐蚀。因此,碳化物陶瓷作为耐高温材料、超硬材料、耐磨材料、耐腐蚀材料,在很多领域中得到广泛应用。

表6-36 碳化硅的基本性能及应用

	性能	指标	性能	指标
基本性能	摩尔质量/(g/mol) 颜色 密度/(g/cm³) 熔点	40.097 化学纯的碳化硅是无色的,工业用的碳化硅则为浅绿色或蓝黑色 α-SiC(6H)3.211 2545℃,在10.2kPa下分解 2830℃,在354.7kPa下分解,分解成Si、Si₂C和SiC₃	德拜温度	α-SiC 1200K β-SiC 1430K
			能隙/eV	α-SiC(6H) 2.86 β-SiC 2.60
	摩尔热容/[J/(mol·K)]	α-SiC 27.69 β-SiC 28.63	受激能隙/(4.2K/eV)	α-SiC(4H) 3.265 α-SiC(6H) 3.023 β-SiC 2.39
	生成热(-ΔH)(在298.15K)/[kJ/(mol·K)]	α-SiC 25.73±0.63 β-SiC 28.03±2.00	超导转变温度/K	5
	热导率/[W/(m·K)]	α-SiC 40.0 β-SiC 25.5	弹性模量/GPa	293K下为475 1773K下为441
	线胀系数/10^{-6}℃$^{-1}$	α-SiC 5.12 β-SiC 3.80	剪切模量/GPa 体积模量/GPa 泊松比ν 弯曲强度/MPa	192 96.6 0.142 350~600
	300K下的介电常数	α-SiC(6H) 9.66~10.03 β-SiC 9.72	抗氧化性	由于表面形成SiO₂层,抗氧化性极好
	电阻率/Ω·m	α-SiC 0.0015~10³ β-SiC 10⁻²~10⁶	耐蚀性	在室温几乎是惰性

（续）

特性及应用	碳化硅(SiC)是一种典型的共价键结合的化合物，又称金刚砂或碳硅石，目前自然界尚未发现有自然形成的，全部为工业制品。碳化硅主要有两种结晶形态，即立方晶系 β-SiC 和六方晶系 α-SiC。纯 SiC 无色透明，工业品 SiC 由于含杂质呈浅绿色或黑色。SiC 以其超硬性能，作为砂轮、砂布及各种磨料，在机械加工行业得到广泛应用。用不同的制备工艺及不同的添加剂制成的碳化硅陶瓷以其优异的性能(耐高温、高硬度、耐酸碱腐蚀、低线胀系数、抗热震性好)，在很多领域中得到广泛应用

表 6-37　不同烧结碳化硅陶瓷及复相碳化硅陶瓷的技术性能及应用

	厂家	游离硅（质量分数，%）	密度/(g/cm³)	抗弯强度/MPa	弹性模量/GPa	线胀系数/10⁻⁶℃⁻¹
反应烧结碳化硅陶瓷	奉化飞固机械密封件厂	12	>3.00	350	420	4.3
	奉化凯恒机械密封件有限公司	10~12	3.00~3.10	400	420	4.3
	温州东新机械密封件厂	>12	2.96~3.05	300~350	420	4.3
	华美精细技术陶瓷有限公司	8	>3.02	250	330	4.5
	中国科学院上海硅酸盐研究所	8	3.09	530	360~380	4.0~4.5

	碳化硅	性能				
		密度/(g/cm³)	抗弯强度/MPa	断裂韧度/MPa·m^{1/2}	硬度 HRA	烧结温度/℃
不同添加剂无压烧结碳化硅陶瓷	SiC-B-C	3.05~3.15	350~450	3.5~4.0	91~92	2100
	SiC-Al-C	3.09	469	—	91~92	2100
	SiC-AlN	3.10~3.18	350~400	3.0~4.5	91~92	2100
	SiC-YAG	3.20	600	8	91~93	1950~2000
	SiC-YAG-Al₂O₃	3.27	707	10	91~93	1950~2000
	SiC-AlB₂-C	3.16	400~440	3.6~4.3	92~93	1850~1900
	SiC-Al₄C₃-B₄C-C	3.19	—	3.5~4.3	92~93	1850~1900

	性能	NC-203	SC-501	SC-502	SiC-Al₂O₃	SiC-AlN	SiC-YAG	SiC-BeO
热压碳化硅陶瓷	密度/(g/cm³)	3.32	3.20	3.20	3.22		3.27	3.20
	相对理论密度(%)	93	>98	>98	98	99	99	99
	抗弯强度/MPa	700	750	1100	710	1100	750	440
	硬度 HRA				93	93	93~94	92
	线胀系数/10⁻⁶℃⁻¹	4.8	4.0	4.0	402	4.0	4.3	3.7
	电阻率/Ω·cm							10¹¹~10¹³

	组成(质量分数)	性能	
		抗弯强度/MPa	断裂韧度/MPa·m^{1/2}
复相碳化硅陶瓷	SiC-25%TiC	580	6.5
	SiC-TiB₂		6.0
	SiC-TiB₂-Al₂O₃	560	6.5
	SiC-Si₃N₄	930	7.0
	SiC-AlN	1100	8.0
	SiC-YAG	700	10.0
	33%SiC-33%TiC-33%TiB₂	970	5.9

（续）

特性及应用	强度高，硬度高，导电性能优良，热稳定性和抗氧化性能均优，具有很好的高温强度，热传导性能良好，耐磨，耐蚀，抗蠕变性能好，适用最高温度：空气中，1400~1500℃，短时1600℃；不活泼气中，2300℃；NH_3中，小于1400℃。碳化硅在高温时强度几乎不下降，甚至有所升高。其硬度仅次于金刚石、立方BN和B_4C。耐酸及耐混合酸的性能优异，沸点酸对碳化硅也不发生反应，但熔融碱在空气中800℃左右即可使碳化硅开始氧化，1350℃显著氧化。碳化硅作为一种高性能的结构材料，在工业各领域中应用相当广泛，如用于制作高温强度高的零件(火箭尾喷嘴、浇注金属用喉嘴、热电锅套管炉管等)、热传导能力高的零件(高温下的热交换器零件、核燃料的包封材料等)、耐磨耐蚀良好的零件(各种泵的密封圈、陶瓷轴承)、金属材料的切削工具等，同时也是国内外应用较多的基本密封材料

表 6-38　碳化钛陶瓷的技术性能及应用

	基本特性	指标	基本特性	指标
技术性能	晶体结构	立方密堆积($Fcc. B_1.NaCl$)	超导转变温度/K	1.15
	晶格常数/nm	0.4328	霍尔常数/10^{-4}cm·A·S	-15.0
	空间群	Fm3m	磁化率/(10^{-6}emu/mol)	+6.7
	化学组成	$TiC_{0.47~0.99}$	硬度 HV	2800~3500
	摩尔质量/(g/mol)	59.91	弹性模量/GPa	410~510
	颜色	银灰色	剪切模量/GPa	186
	密度/(g/cm³)	4.91	体积模量/GPa	240~390
	熔点/℃	3067	摩擦系数	0.25
	摩尔热容/[J/(mol·K)]	33.8	抗氧化性	空气中800℃缓慢氧化
	热导率/[W/(m·K)]	21	化学稳定性	耐大多数的酸腐蚀，但HNO_3与HF和卤素对它有腐蚀，在空气中加热到熔点无分解
	线胀系数/10^{-6}℃$^{-1}$	7.4		
	电阻率/μΩ·cm	50±10		

特性及应用	强度和硬度高，导热性较好，熔点高，抗热震性好，化学稳定性好，不水解，高温抗氧化性能仅低于碳化硅，常温下不与酸起反应，但在硝酸和氢氟酸的混合酸中溶解，在1000℃的氮气氛中能形成氮化物，在氧化气氛中的使用温度可达1400℃ 是硬质合金的重要原料，用于制作磨料、切削刀具、机械零件等，还可制作熔炼锡、铅、镉、锌等金属的坩埚，透明碳化钛陶瓷是优良的光学材料。用作涡轮机叶片材料可在1400℃高温下使用

表 6-39　碳化硼陶瓷的技术性能及应用

技术性能	晶体结构	密度/(g/cm³)	熔点/℃	线胀系数(20℃~1000℃)/10^{-6}℃$^{-1}$	热导率(20℃)/[W/(m·K)]	维氏硬度 HV	抗压强度/MPa
	斜方六面体	2.51	2450	4.5	8.37~29.3	5000	198

特性及应用	碳化硼陶瓷具有高硬度和高强度，硬度仅低于金刚石；研磨效率可达到金刚石的60%~70%，大于SiC的50%，是刚玉研磨能力的1~2倍，耐酸耐碱性能高，线胀系数小，能吸收热中子，但抗冲击性能差。高温强度大，在1000℃高温时急剧氧化 用于制作磨料、切削刀具、耐磨零件、喷嘴、轴承、车轴等，还用于制造高温热交换器、核反应堆的控制剂、化学器皿以及熔融金属的坩埚等

6.3.8 氮化物陶瓷(见表6-40~表6-49)

表6-40 各种氮化物陶瓷的基本性能及应用

	材料	熔点/℃	密度/(g/cm³)	比电阻/Ω·m	热导率/[W/(m·K)]	线胀系数/10⁻⁶℃⁻¹	莫氏硬度
基本性能	HfN	3310	14.0	—	21.65	—	8~9
	TaN	3100	14.1	$1.35×10^{-8}$	—	—	8
	ZrN	2980	7.32	$1.36×10^{-7}$	13.82	6~7	8~9
	TiN	2950	5.43	$2.17×10^{-7}$	29.3	9.3	8~9
	ScN	2650	4.21	—	—	—	—
	UN	2650	13.52	—	—	—	—
	ThN	2630	11.5	—	—	—	—
	Th_3N_4	2360	—	—	—	—	—
	NbN	2050(分解)	7.3	$2.00×10^{-6}$	3.77	—	8
	VN	2030	6.04	$8.59×10^{-7}$	11.3	—	9
	CrN	1500(分解)	6.1	—	8.79	—	—
	BN	3000(升华分解)	2.27	10^{11}	15.07~28.89	0.59~10.51	2
	AlN	2450(升华分解)	3.26	$2×10^9$	20.10~30.14	4.03~6.09	7~8
	Be_3N_2	2200	—	—	—	—	—
	Si_3N_4	1900(升华分解)	3.44	10^{11}	1.67~2.09	2.5	9
特性及应用	氮化物陶瓷是氮与非金属或金属元素制成的陶瓷,其种类很多,均不是天然产物,属人工合成制品。氮化物陶瓷具有高熔点、高硬度、高的热稳定性和优良的力学性能,并具有优良的抗氧化性和抗腐蚀性,其优良的性能超过氧化物陶瓷,是一种在各领域中应用较广的工程陶瓷材料。本表列出了15种氮化物陶瓷的基本性能。目前工业上应用较广的主要品种有氮化硅(Si_3N_4)、氮化硼(BN)、氮化铝(AlN)、氮化钛(TiN)及Sialon(赛隆)陶瓷等						

表6-41 氮化硼(BN)陶瓷的技术性能及应用

	类型	Ⅰ型	Ⅱ型	Ⅲ型
技术性能	BN含量(质量分数,%)	95	92	75
	主要结合剂	$CaO·B_2O_3$	B_2O_3	SiO_2
	密度/(g/cm³)	>1.7	>1.9	>1.8
	耐压强度/10⁵Pa	330~570	1380~1700	1070~4120
	抗弯强度/10⁵Pa	240~420	400~820	180~690
	热导率/[W/(cm·K)]	0.57	0.17	0.08
	线胀系数(室温~1000℃)/10⁻⁶℃⁻¹	0.2~2.9	4.0~7.0	3.7~8.0
	体积电阻率/Ω·cm	>10¹⁴	>10¹⁴	>10¹⁴
	介电常数(1MHz)	4.01	3.57	4.64
	介电损耗因数(1MHz)	$8.1×10^{-4}$	$3×10^{-4}$	$2.3×10^{-4}$
特性及应用	氮化硼陶瓷导热性良好,高压下合成的立方晶系具有与金刚石相同的硬度,具有较好的耐高温性能和绝缘性,性能稳定,加工性良好 用于高温润滑剂、高温电绝缘材料、雷达的传递窗、核反应堆的结构材料、高温金属冶炼坩埚、耐热材料;用作散热片和导热材料,在中性或还原气氛中的使用温度可达2800℃;制作发动机部件、钢坯连铸结晶器的分离环等			

表 6-42　氮化硅陶瓷的材料品种、性能及应用

	性能	反应烧结氮化硅	热压氮化硅	常压烧结氮化硅	重烧结氮化硅
不同制备工艺氮化硅陶瓷的技术性能	体积密度/(g/cm³)	2.55~2.73	3.17~3.40	3.20	3.20~3.26
	显气孔率/%	10~20	<0.1	0.01	<0.2
	抗弯强度/MPa	250~340	750~1200	828	600~670
	抗拉强度/MPa	120	—	400	225
	抗压强度/MPa	1200	3600	>3500	2400
	冲击韧度/(J/cm²)	1.5~2.0	0.40~5.24	—	0.61~0.65
	硬度 HRA	80~85	91~93	91~92	90~92
	弹性模量/GPa	160	300	300	271~286
	断裂韧度/MPa·m^{1/2}	2.85	5.5~6.0	5	7.4
	专伯尔系数	12~16	13	15	28
	线胀系数/10⁻⁶℃⁻¹	2.7 (0~1400℃)	2.95~3.5 (0~1400℃)	3.2 (0~1000℃)	3.55~3.6 (0~1400℃)
	热导率/[W/(m·K)]	8~12	25	—	

	结合剂	碳纤维	热压温度/℃	抗折强度/MPa		断裂韧度/MPa·m^{1/2}	
				室温	1200℃	室温	1200℃
碳纤维增强氮化硅复合材料的技术性能	PSS	PAN	1600	297	214	22.4	16.6
	PSS	PAN	1700	287	410	12.2	6.6
	PSS	Pitch	1600	351	294	11.7	14.5
	PSS	Pitch	1700	482	443	11.3	16.3
	PSZ	PAN	1600	677	522	28.1	41.8
	PSZ	PAN	1700	190	834	5.8	15.3
	PSZ	Pitch	1600	405	438	21.8	32.6
	PSZ	Pitch	1700	584	464	28.8	22.5
	PSS—聚硅苯乙烯，PSZ—聚硅氮烷，PAN—聚丙烯腈碳纤维，Pitch—沥青碳纤维						
特性及应用	氮化硅陶瓷具有良好的耐磨性及自润滑性，硬度高，耐腐蚀，耐高温，抗热震性和耐热疲劳性能均优良，耐各种无机酸（甚至沸腾的盐酸、硝酸、硫酸、磷酸、王水，但不包括氢氟酸）、30%的烧碱液及其他碱液的腐蚀，能抗熔融铝、铅、锌、金银、黄铜、镍等金属的侵蚀，有良好的电绝缘性和耐辐照性能。不同工艺制备的氮化硅陶瓷性能不同 反应烧结氮化硅适于制作形状复杂、尺寸精确的零件，如农用潜水泵、船用泵、盐酸泵、氯气压缩泵中的端面密封环、炼铝测温用的热电偶套管、铁锌熔体的流量计零件、化工用球阀的阀芯、炼油厂提升装置中的滑阀；热压烧结氮化硅性能优于反应烧结氮化硅，但只能制造形状简单的制品，如转子发动机中的刮片、高温轴承、金属切削刀具等						

表 6-43　氮化硅陶瓷的力学性能及磨损量

摩擦副	试样材料	晶粒尺寸/μm	密度/(g/cm³)	硬度 HRA	断裂韧度/MPa·m^{1/2}	体积磨损量/mm³
Si₃N₄/Si₃N₄ (SS)	Si₃N₄	1.0~2.0	3.23	90.5	7.0	3.7
	Si₃N₄	1.0~2.0	3.23	90.5	7.0	3.7
Si₃N₄/Al₂O₃ (SA)	Si₃N₄	1.0~2.0	3.23	90.5	7.0	4.1
	Al₂O₃	8~10	3.83	83.0	3.6	138.3
Si₃N₄/SiC (SC)	Si₃N₄	1.0~2.0	3.23	90.5	7.0	18.2
	SiC	1.0~1.5	3.16	93.0	3.8	103.4

注：本表为氮化硅陶瓷与其他材料配副干摩擦时的磨损性能试验参考资料。

表 6-44　氮化硅陶瓷的相结构、力学性能和磨损性能

最大晶粒尺寸 /μm	主晶相	晶界相体积分数(%)	晶界相种类	密度/ (g/cm³)	维氏硬度 HV	断裂韧度 MPa·m^{1/2}	体积磨损量 /10⁻⁴mm³		磨损率/[10⁻³ mm³/(N·m)]	
							a[①]	b[①]	a[①]	b[①]
0.8	$\beta\text{-}Si_3N_4$	10	非晶 Y，Al 硅酸盐+晶态 $Y_3AlSi_2O_7N_2$	3.26	1500	5.2	2.0	8.3	3.0	12.4
1.0	$\beta\text{-}Si_3N_4$	10	晶态 Y_2SiAlO_5N，$Y_3AlSi_2O_7N_2$，$\beta\text{-}Y_2Si_2O_7$ +非晶 Y，Al 硅酸盐	3.26	1480	4.7	1.9	8.9	2.8	13.4
双值分布 1 和 5	$\beta\text{-}Si_3N_4$	8	晶态 $Y_5Si_3O_{12}$ N，$\beta\text{-}Y_2Si_2O_7$	3.14	1700	5.0	4.2	18.2	6.3	27.3
0.3	$\beta\text{-}Si_3N_4$	15	晶态 $Y_2Si_3N_4O_3$，$\beta\text{-}Y_2Si_2O_7$	3.29	1560	4.7	1.6	6.0	2.5	9.1
双值分布 0.5 和 2.5	$\beta\text{-}Si_3N_4$	8	非晶 Y，Al，Ca 硅酸盐	3.21	1570	4.3	2.3	9.2	3.5	13.7
1.0	$\alpha\text{-}Si_3N_4$ $+\beta\text{-}Si_3N_4$	30	残余 Si+气孔	2.72	290	3.1	45.6	151.8	68.3	228

注：在磨料磨损过程中，氮化硅陶瓷的磨损性能受到氮化硅的相组成、力学性能和试验条件的影响。本表为销鼓两体磨料磨损(磨料为 SiC)的试验数据。试验表明氮化硅陶瓷的耐磨性能主要取决于其晶粒大小和致密性，晶粒为大尺寸时，失重较大，耐磨性能降低。

① a 表示 37μm SiC 磨料，b 表示 100μm SiC 磨料。磨料磨损载荷为 66.7N，滑动距离为 16m。

表 6-45　氮化硅的力学性能和磨损率

代号	材料及磨料	制备	相	晶粒尺寸 /μm	力学性能	温度 /K	磨损率 /(10⁻⁵g/g)
C	材料为 Si_3N_4，磨料为 SiC，粒子尺寸为 130μm，冲击角度为 90°	Si_3N_4 粉末 + Si_3N_4 晶须，2173K 烧结 4h	$\beta\text{-}Si_3N_4$	2.51	$R_m = (664\pm87)$ MPa　HV = 1420±30　$K_{IC} = (4.9\pm0.2)$ MPa·m^{1/2}	298	6.7±0.1
						573	8.3±0.3
						773	13.5±0.9
						973	13.4±0.3
FC		SiC 粉末在甲苯中强磨，在 2023K 热压 4h	$\beta\text{-}Si_3N_4$	0.63	$R_m = (1108\pm88)$ MPa　HV = 1530±10　$K_{IC} = (4.3\pm0.1)$ MPa·m^{1/2}	298	4±0.1
						573	6.4±0.2
						773	8.2±0.1
						973	11.3±1.0
FW		SiC 粉末在水中强磨，在 2023K 热压 4h	$\beta\text{-}Si_3N_4$ + Si_2N_2O	0.51	$R_m = (1085\pm61)$ MPa　HV = 1530±10　$K_{IC} = (4.6\pm0.1)$ MPa·m^{1/2}	298	2.5±0.2
						573	5.2±0.6
						773	7.5±1.4
						973	8.4±0.5

注：本表为试验资料。可以看出，对于固体冲蚀磨损，当温度升高的，由于氮化硅陶瓷表面发生氧化和软化，因此其冲蚀磨损率增大。

表 6-46 氮化硅陶瓷在固体粒子冲蚀时的磨损率

材料	制备工艺	密度/(g/cm³)	气孔率(%)	相组成	断裂韧度/MPa·m^{1/2}	磨料	磨损率/(10^{-1} g/g)					
							30m/s		50m/s		90m/s	
							30°	90°	30°	90°	30°	90°
Si₃N₄	反应	2.41	26	α+β	2.895	SiO₂	1.32	1.85	2.50	3.39	3.24	7.68
	反应	2.34	28	α+β	2.457		1.71	2.76	3.80	7.39	4.86	14.88
	反应	2.28	30	α+β	2.341		1.44	2.90	3.96	7.46	5.37	20.43
	热压	3.20	<1	α+β	7.256	SiO₂	≈0	≈0	≈0	≈0	≈0	0.15
						SiC	0.35	1.48	0.63	1.88	1.48	2.96

注：1. 本表为试验资料。可以看出，氮化硅陶瓷在承受固体粒子冲蚀时，随固体粒子的冲蚀速度、冲击角度、磨料硬度和反应烧结 Si₃N₄ 陶瓷气孔率增加，其冲蚀磨损率也增大。

2. 试验条件：Si₃N₄ 试样旋转与自由下落的磨料冲击，冲击速度分别为 30m/s、50m/s 和 90m/s，冲击角度分别为 30° 和 90°，磨料为粒子尺寸 150~200μm 的 SiO₂ 和 SiC。

表 6-47 Si₃N₄ 陶瓷和 Si₃N₄/TiN 复合陶瓷的喷射冲蚀磨损率

材料	密度/(g/cm³)	维氏硬度	磨料	磨损率/(10^{-6} cm³/g)	
				20°	90°
Si₃N₄	3.3	1520	Al₂O₃ (70μm)	47.58	84.55
Si₃N₄/TiN	3.6	1370		36.11	111.39

表 6-48 SiN₄/MoSi₂ 复合材料的力学性能及磨损性能

MoSi₂体积分数(%)	Si₃N₄+3μm MoSi₂ 粒子						Si₃N₄+10μm MoSi₂ 粒子					
	密度		维氏硬度HV	断裂韧度/MPa·m^{1/2}	失重量/mg	磨损因数(10^{-5})	密度		维氏硬度HV	断裂韧度/MPa·m^{1/2}	失重量/mg	磨损因数(10^{-5})
	g/cm³	相对理论密度(%)					g/cm³	相对理论密度(%)				
0	3.08	96.8	1750	4.6	11.0	1.79	3.08	96.8	1750	4.6	11.0	1.79
10	3.35	95.9	1640	5.3	11.0	1.67	3.31	94.7	1640	5.5	10.0	1.49
20	3.64	96.1	1590	5.5	12.4	1.74	3.56	93.8	1620	5.9	13.1	1.80
30	3.94	96.1	1620	5.8	14.4	1.85	3.89	94.9	1580	6.8	17.7	2.25
40	4.20	95.5	1530	5.7	19.8	2.39	4.14	94.1	1520	8.3	22.0	2.62
50	4.49	95.2	1570	5.5	23.6	2.69	4.39	93.2	1350	7.9	26.3	2.93
100	5.93	94.9	820	3.0	94.5	7.97	5.93	94.9	820	3.0	94.5	7.97

注：1. 本表为 SiN₄/MoSi₂ 复合材料的销鼓两体磨料磨损(SiC 磨料)试验数据。试验资料表明，MoSi₂ 体积分数超过 20% 以后，其耐磨性降低；随 MoSi₂ 晶粒尺寸增大，该复合材料的耐磨性也下降。

2. 试验条件：试验载荷为 54N，磨料为 58μm 的 SiC 粒子，维氏硬度为 23.1，磨损距离为 8m。

3. 磨损因数=失重量/(密度×磨损距离×磨损面积)。

表 6-49　氮化铝陶瓷的技术性能及应用

	特性	普通烧结		热压烧结	
		AlN	AlN-Y_2O_3	AlN	AlN-Y_2O_2
不同制备工艺的 AlN 陶瓷性能	密度/(g/cm^3)	2.61~2.93	3.26~3.50	约3.20	3.26~3.50
	气孔率(%)	10~20	约0	2	约0
	颜色	灰白色	黑色	黑灰色	黑色
	抗折强度/MPa	100~300	450~650	300~400	500~900
	弹性模量/GPa	—	310	351	279
	线胀系数(25~1000℃)/$10^{-6}℃^{-1}$	5.70	—	5.64	4.90
	热导率/[W/(m·K)]				
	200℃			29.31	
	800℃			20.93	
	机械加工性	良	良	良	良
	抗氧化性	劣	优	良	优
特性及应用	氮化铝(AlN)是一种难烧结的物质,具有导热性高、无毒、密度较低、比强度高的优点,可在2200~2250℃分解。氮化铝粉末呈白色或灰白色,制品的密度与烧结添加剂的种类和数量有关 氮化铝适用于换向组件基板,如在各种工作机械、机器人遥控机械中使用的大功率、大电流换向组件,超高频功率增幅器基板,点火器基板,大规模集成电路包封用材料及热绝缘板材料;作为耐热材料,制作坩埚、保护管及烧结用的器具,高温热机中耐蚀部件,非氧化气氛下的耐火材料骨料,还可用作赛隆陶瓷、碳化硅陶瓷烧结用添加物,红外与雷达透过材料,以及AlN-BN系统可机加工陶瓷等。此外,氮化铝在信息材料领域也得到较好的应用				

6.3.9　赛隆(Sialon)陶瓷(见表6-50)

表 6-50　Sialon 陶瓷的技术性能及应用

	性能项目	指标	性能项目	指标
物理力学性能	理论密度/(g/cm^3)	3.05~3.13	破裂表面能/[J/(m^2·℃)]	40.6
	体积密度/(g/cm^3)	2.9	弹性模量/GPa	200~280
	显气孔率(%)	<5	泊松比(20℃)	2.288
	抗弯强度/MPa	400~450(四点抗弯)	线胀系数(20~1000℃)/$10^{-6}℃^{-1}$	2.4~3.2
	显微硬度/GPa	13~15	热扩散系数(300℃)/(cm^2/s)	0.0195

	材料	α与β比值	维氏硬度 HV	断裂韧度 MPa·$m^{1/2}$	对磨材料	摩擦因数				
						20N	40N	60N	80N	100N
摩擦磨损性能	β-Sialon	100	1640	4.6	轴承钢	0.31	0.22	0.26	0.37	0.42
					Si_3N_4	0.15	0.19	0.22	0.29	0.30
	α-β-Sialon	15:85	1720	5.1	轴承钢	0.15	0.25	0.27	0.27	0.27
					Si_3N_4	0.18	0.23	0.20	0.21	0.21
	α-β-Sialon	70:30	2030	4.9	轴承钢	0.16	0.16	0.17	0.20	0.21
					Si_3N_4	0.14	0.15	0.15	0.17	0.16
	试验条件为轴承钢或Si_3N_4球与Sialon盘对磨,滑动速度为0.1m/s,不同载荷									

（续）

特性及应用	sialon 陶瓷属于氮化硅固溶体，一般分为 β-sialon、α-sialon、o-sialon 和 sialon 多型体四种类型，前三种可依次简写为 β′、α′和 o′。β′是 β-Si₃N₄ 形成的固溶体，具有较高的强度，添加氧化钇的无压烧结 β-sialon（牌号为 SYALON），室温强度为 1000MPa，1300℃高温时强度仍可保持在 700MPa。α′的特点是硬度较高，抗热震性较好，抗氧化性和 β′相当，o′的抗氧化性能优良，sialon 多型体具有优良的韧性和高强度，β′+α′、β′+o′、α′为主的 α′+β′等复相陶瓷的性能可满足不同的要求 应用于金属材料的切削刀具，多用于铸铁和镍基合金的机加工。用于冷态或热态金属挤压模的内衬；可制作汽车零部件，如针形阀、挺柱的填片；制作车辆底盘上的定位销，日操作 5×10⁶ 次，使用一年基本不磨损；可与许多金属材料配对，组成摩擦副

6.3.10 金属陶瓷（见表 6-51~表 6-53）

表 6-51 金属陶瓷的牌号、成分、性能及应用

系列	中国牌号	相当于 ISO 牌号	化学组成（质量分数，%）				物理、力学性能		
			WC	TiC	TaC (NbC)	Co	密度 /（g/cm³）	硬度 HRA	抗弯强度 /MPa
WC-Co	YG3	K01	97			3	14.9~15.3	91.0	1050
	YG4C	—	97			4	14.9~15.0	88.5	1300
	YG6	K10	94			6	14.6~15.0	89.5	1450
	YG6X	K10	94			6	14.6~15.0	91.0	1350
	YG8	K30	92			8	14.4~14.8	89	1500
	YG15	—	85			15	13.9~14.1	87	1900
TiC-WC-Co	YT5	P30	85	6		9	12.5~13.2	89.5	1300
	YT14	P20	78	14		8	11.2~11.7	90.5	1200
	YT15	P10	79	15		6	11.0~11.7	91.0	1150
	YT30	P01	66	30		4	9.4~9.8	92.8	900
WC-TaC (NbC)-Co	YG6A	K10	91				14.6~15.0	91.5	1400
	YG8A	K30	91				14.5~14.9	89.5	1500
WC-TiC-TaC (NbC)-Co	YW1	M10	84	6		6	12.8~13.3	91.5	1200
	YW2	M20	82	6		8	12.6~13.0	90.5	1350
	YW3						12.7~13.0	92.0	1400
	813		88	1		8		92.0	1800~1900
TiC 基合金	YN05			79		7Ni	5.56	93.9	800~9500
	YN10			62	1	14Mo	6.3	92	1100
超细合金 WC-Co	YH1						14.2~14.4	93	1800~2200
	YH3						13.9~14.2	93	1700~2100

特性及应用	金属陶瓷是由 1~2 种陶瓷相和金属或合金组成的复合材料，陶瓷相体积比例为 15%~85%，在制造温度下，金属相和陶瓷相之间溶解度较小。它具有陶瓷的耐高温、耐磨性高、硬度高、抗氧化、化学稳定性高等优异性能，又兼有金属的韧性和可塑性优点，是一种综合性能很好的高温材料和高硬质的工具材料 金属陶瓷包括氧化物/金属、碳化物/金属、氮化物/金属、硼化物/金属等多种结构组成的材料，能够按性能要求设计不同的材料组成和结构，以满足生产技术更高的要求，如压 TiN-Ni 金属陶瓷中，合理的控制 Ni 含量，就能够在系统中形成金属间的化合物 TiNi，得到的 TiNi 基瓷具有更高的强度和韧性。金属陶瓷可作为高温材料，如 Cr₃C 金属陶瓷可用于高温轴承、青铜挤压模、喷嘴等，ZrO₂/TiC 系金属陶瓷可用于熔化 Ti、Cr、Zr、V、Nb 等金属的坩埚等。金属陶瓷作为超硬高强度材料，可用于制作各种岩石钻头、各种拉伸或挤压模具、各种切削工具等。氮碳化钛（TiCN）基金属陶瓷材料的性能见表 6-52

表 6-52　TiCN 基金属陶瓷的技术性能

| 材料体系 | 抗弯强度/MPa | | | K_{IC} /MPa·m$^{1/2}$ | 硬度 HRA |
	室温	900℃	1000℃		
技术性能					
$(Nb_{0.064}Ti_{0.957})C_{0.729}$-Ni 合金	1400~1500			>18	
TiCN-Ni	1417	845		18.8	
Ti(CN)$_x$-Ni	1171		350~450	19.0	86.2
Ti(CN)$_x$-(NiMo)	1417		570~690	18.8	87.1
Ti(CN)$_x$-Ni-Y$_2$O$_3$	1430		600~640	18.1	86.5
TiC-Ni(日本东北大学)	1980~2570			6.0~9.5	
TiC-Ni(J. Wambold)		980			

特性及应用	TiCN 是一种优异的高硬材料,具有硬质合金和陶瓷的优点,如硬度高、熔点高、抗氧化性好、对熔融金属稳定、能抗切削熔着和扩散、摩擦因数小等,并且其高温性能超过硬质合金,是拔丝模具和切削工具的理想材料

表 6-53　金属陶瓷的应用举例

材料体系	材料特性	应用举例
WC-Co	高强、高硬、耐磨、抗冲击、化学稳定性好	轴承、喷嘴、轧辊、衬套、耐磨导轨、球座、顶尖、化工用密封环、阀、泵的零件 塞规、量块、千分尺等
WC-Co 系低 Co 刀具(Co<10%) 低 Co 粗晶粒合金刀具	高硬耐磨	各类铸铁、渗碳钢及淬火钢、有色金属及非金属材料、各种耐热合金、钛合金、不锈钢的切削加工 地质石油钻探旋转钻进钻头和截煤齿、软质岩石冲击回转钻进钻头
WC-Co 系中钴工具(Co10%~15%)	韧性、硬度居中	矿山工具、中硬和硬质岩冲击回转钻进钻头、引深模、拉丝模、金属及合金挤压加工模具
WC-Co 系高 Co 工具	高韧、高强	冷锻模、冲压模、挤压模、镦模
钢质硬质合金		加工有色金属和合金的刀具 冷镦、冲压、冷挤、引深、拉拔、剪裁、落料、成形、打印、热镦、热冲、热铸等
WC-Ni 系	耐蚀性好,无磁性	各种密封环、阀门、圆珠笔尖、热轧辊等 铁氧体成型模具、磁带导向板
WC-(Ni+Fe)系	高强、耐磨	冲压模具、冲压凿岩钻头
WC-NbC-Co 系刀具		切削高锰钢、合金钢
WC-TiC-Co,WC-TiC-TaC-Co 系	不与钢产生月牙洼磨损,抗氧化性好	碳钢的切削加工
Cr$_3$C$_2$	抗氧化,耐腐蚀	金属热挤模、油井阀球和量具等
W-Cr-Al$_2$O$_3$	良好的耐热性,优良的抗冲刷性	制造火箭喷嘴等
Cr-Al$_2$O$_3$	耐热性能高	制造喷气发动机喷嘴、熔融铜的注入管和流量调节阀、炉膛、合金铸造的芯子等
Cr$_3$C	抗氧化性佳	制作高温轴承、青铜挤压模、喷嘴等
ZrO$_2$-TiC	耐热性和抗氧化性好	制作熔化 Ti、Cr、Zr、V、Nb 等金属的坩埚等

6.3.11 氧化铍陶瓷(见表6-54)

表6-54 氧化铍(BeO)陶瓷的技术性能及应用

性能		材料组成(%)		
		99.5	99	96
技术性能	晶相	α-BeO	α-BeO	α-BeO
	晶体结构	六方	六方	六方
	密度/(g/cm³)	3.008	2.90	2.85
	吸水率(%)	0	0	0
	晶粒尺寸/μm	10~40		15~400
	颜色	白		蓝
	弹性模量 E/GPa	386	351	303
	刚性模量/GPa	148	138	117
	泊松比 ν	0.34	0.26	0.30
	弯曲强度/MPa			
	25℃	275	262	172
	1000℃			62
	抗压强度(25℃)/MPa	2136	2067	1550
	拉伸强度(25℃)/MPa	138	96	
	硬度 HR45N	9.4		9.2
	热导率/[W/(m·K)]		170~180	170~180
	线胀系数(20~200℃)/10⁻⁶℃⁻¹		6.43~6.50	6.43~6.97
	100℃下比体积电阻/Ω·cm	>	10^{15}	10^{12}
	介电常数		6.0~6.4	6.9~7.3
	介质损耗因数(1MHz)×10⁴			
	20℃		1.2~7.6	0.8~1.3
	85℃		1.1~1.3	1~1.6
	受潮		1.2~1.7	1.4~5.8
	直流击穿强度/(kV/mm)		24~30	11~14
特性及应用	氧化铍为无色晶体,有 α 晶相和 β 晶相,熔化温度范围为2530~2570℃。氧化铍陶瓷的热导率和金属铝相近,其导热性良好,高温绝缘性好,高温蒸气压和蒸发速度较低,在真空或惰性气体中长期使用温度可达1800℃,在氧化气氛中1800℃时有明显的蒸发,当有水蒸气存在时,在1500℃挥发很快。还有良好的防核性能且耐碱性高。但强度较低,高温时强度降低较慢,1000℃时为248.5MPa 适用于制作散热器,冶炼稀有金属高纯金属铍、铂、钒的坩埚,用作高温绝缘材料以及原子反应堆中的中子减速剂和防辐射材料			

6.3.12 二氧化硅陶瓷(见表6-55)

表6-55 二氧化硅陶瓷的技术性能及应用

	玻璃种类(代号)	线胀系数(0~300℃)/10⁻⁶℃⁻¹	密度/(g/cm³)	弹性模量/GPa	泊松比	体积固有阻抗(25℃)/Ω·cm	介电常数(1MHz,20℃)	介质损耗因数	折射率
技术性能	石英玻璃(7940)	0.55	2.20	740	0.16	$1×10^{17}$	3.8	$3.8×10^{-3}$	1.459
	含氧化钛石英玻璃(7971)	0.05	2.21	690	0.17	$1×10^{20}$	4.0	$<8×10^{-2}$	1.484
	高硅氧玻璃(7913)	0.75	2.18	691	0.19	$1×10^{17}$	3.8	$1.5×10^{-2}$	1.458

（续）

<table>
<tr><td rowspan="3">特性及应用</td><td colspan="2">　　二氧化硅陶瓷包括沸石、水晶、二氧化硅玻璃、光通信玻璃纤维等品种。二氧化硅玻璃具有优异的化学稳定性，线胀系数极小，热震性优良，透明性很好，紫外线和红外线的透过率高，电绝缘性好，使用温度较高。水晶的纯度高，化学稳定性好，几乎不溶于除氢氟酸以外的其他酸，压电性和光学性能优良
　　二氧化硅玻璃在许多工业部门中获得应用，如熔融石英用作窑具匣钵材料，水晶用作光学材料和装饰材料，制作振荡电路的振荡元件，在电视机、计算机、录像机中也广泛应用</td></tr>
</table>

6.3.13 陶瓷纤维（或颗粒）增强陶瓷（见表 6-56 和表 6-57）

表 6-56　陶瓷纤维增强陶瓷基复合材料的品种、特性及应用

材料品种		工艺	抗弯强度/MPa	断裂韧度/MPa·m$^{1/2}$
SiC 晶须-陶瓷基复合材料	SiC_w/Si_3N_4	反应烧结	900	20
	SiC_w/Si_3N_4	压滤或冷等静压+热压或热等静压	650~950	6.5~8.0
	SiC_w/Si_3N_4	热压（1800℃）	680	7~9
	SiC_w/Si_3N_4	气氛压力烧结（1700~1900℃）	950	9.8
	SiC_w/Si_3N_4	热压（1700℃）		10.5
	C 涂层 SiC_w/Si_3N_4	泥浆压滤+热等静压		4.8（2.2μm），5.2（3.8μm）
	$20\%SiC_w/Al_2O_3$	热压	800	8.7
	$30\%SiC_w/Al_2O_3$	热压	700	9.5
	$40\%SiC_w/Al_2O_3$	热压（1850℃）	1110	6.0
	SiC_w/Al_2O_3	烧结	414	4.3
	$SiC_w/Y\text{-}TZP$	热压	1329±13	14.8±0.7
	$SiC_w/$莫来石		452	4.4
	$SiC_w/ZrO_2/$莫来石	热压	1100~1400	6~8
SiC 纤维-陶瓷基复合材料	$SiC_f/$玻璃陶瓷		850	17
	SiC_f/SiC	浸渍+反应烧结	800	
	SiC_f/SiC	前驱陶瓷聚合物浸渍+热解	约 300（1000℃），约 250（1300℃）	
	SiC_f/SiC 泡沫	纤维缠绕泡沫	4.8	
	$SiC_f/$锆英石	1610℃热压	700	
	$SiC_f/SiC_w/$锆英石	热压	647±17	
	SiC_f/ZrO_2		200	25.0
	BNi 涂层 $SiC_f/ZrTiO_4$	热压	950（室温）	20
			700（800℃）	18.5
			400（1200℃）	7.5
	SiC_f/Al_2O_3	金属直接氧化法	461（室温）	27.8（室温）
			488（1200℃）	23.3（1200℃）
	SiC_f/Si_3N_4	浸渍+反应烧结	75	

（续）

材料品种		工艺	抗弯强度/MPa	断裂韧度/MPa·m$^{1/2}$
陶瓷纤维（晶须）-陶瓷基复合材料	C_f/Si_3N_4		690（室温），532（1200℃）	28.1（室温），41.8（1200℃）
	SiC 涂层 $C_f/Si_3N_4(Si)$	金属直接氧化	392	18.5
	C_f/SiO_2	定向缠绕+热压	152GPa（室温），103GPa（800℃）	
	$C_f/莫来石$		610（室温），882（1200℃）	18（室温），18.2（1200℃）
	$C_f/SiC_w/Si-N$	浸渍+无压烧结	500~700	
	C_f/SiC	浸渍+热解	400	15
	$C_f/硼硅酸盐玻璃$	溶胶凝胶浸渍+热压	115~376	2.2~10.4
	$BN_f/赛隆陶瓷$	热压（1700℃）	600	5.5~6
	5%BN_f/MgO	热压	130	
	15%BN_f/MgO	热压	190	
	Al_2O_{3w}/TZP	热压（1500℃）	250GPa（弹性模量）	8.7~10
	B_4C_w/Al_2O_3	热压		9.5
	B_4C_w/SiC			3.8
特性及应用		纤维增强陶瓷基复合材料的性能明显优于陶瓷材料，其最重要的特点是在高温下长期工作不产生蠕变，在温度经常变化下也具有很好的耐冲击性能，高温强度高，工作温度范围扩大。连续纤维增强陶瓷基复合材料的强度和断裂韧度高，是目前断裂韧度最好的一种材料，且强度均匀性好，温度变化对于性能的影响很小，高温力学性能和常温力学性能保持相近，抗静态和动态疲劳性能高。不连续纤维（短纤维、晶须）增强陶瓷基复合材料具有较高的耐磨性和耐蚀性，耐高温蠕变性优异，断裂韧度良好，晶须增强陶瓷基复合材料的性能优于短纤维增强陶瓷基复合材料。这类陶瓷复合材料目前主要在国防工业、航空航天以及精密机械制造等方面应用。由于复合材料的设计和工艺的技术发展很快，这类材料的应用范围特别是在民用机械工业中的应用会越来越广泛		

表 6-57　颗粒增强陶瓷基复合材料的品种、性能及应用

材料品种（复合材料增强剂/基体）	抗弯强度/MPa		室温断裂韧度 $K_{IC}/MPa·m^{1/2}$	耐疲劳	抗氧化性
	室温	高温			
非氧化物/非氧化物					
$BN_p/AlN-SiC$		28（1530℃）	未知	未知	较好（至1600℃）
SiC/SiC	350~750	未知	18	未知	<10μm^2/h，1600℃
SiC_p/HfB_2	380	28（1600℃）	未知	未知	12μm，2000℃/h
SiC_p/HfB_2-SiC	1000	未知	未知	未知	5%质量增加，1600℃/h
$SiC/MoSi_2$	310	20（1400℃）	约8	未知	<10μm^2/h，1600℃
$ZrB_{2(pl)}/ZrC(Zr)$	1800~1900	未知	18	未知	未知
20%（体积分数）SiC/Si_3N_4	500	未知	12		好（至1600℃）
10%（质量分数）SiC_w/Si_3N_4[②]	1026	657（1300℃）	8.9		
10%（质量分数）SiC_w/Si_3N_4[③]	1068	386（1300℃）	9.4		
氧化物/氧化物					
Al_2O_{3w}/A_3S_2	约180		未知	未知	分解反应
Al_2O_3/ZrO_2	500~900		未知	未知	稳定

（续）

材料品种 （复合材料增强剂/基体）	抗弯强度/MPa		室温断裂韧度 K_{IC}/MPa·m$^{1/2}$	耐疲劳	抗氧化性
	室温	高温			
YAG/Al$_2$O$_3$	373	198（1650℃）	4	未知	稳定
非氧化物/氧化物 SiC/ZrB$_2$-Y$_2$O$_3$	未知	16（1530℃）	未知	未知	差
TiB$_2$/ZrO$_2$	未知		未知	未知	差
SiC/Al$_2$O$_3$	600~800	未知	5~9	未知	差（>1200℃）
30%（体积分数）SiC/ZrO$_2$	650	400（1000℃）	12	①	差（>1000℃）
SiC$_{Nicalon}$/Al$_2$O$_3$	450	350（1200℃）	21 （18,1200℃）		
特性及应用	颗粒增强陶瓷基复合材料由球状颗粒复合相增强，其增强效果比纤维增强要差，但是由于制造工艺较简单，易于制作形状复杂的制品，因此生产中有较多的应用。颗粒增强陶瓷基复合材料的性能低于纳米复合陶瓷				

① 在 42MPa 压强下经受 50000 次循环后出现 0.22μm 裂纹。

② 加入 1.2%（质量分数）Al$_2$O$_3$。

③ 加入 5.5%（质量分数）Y$_2$O$_3$/MgO。

第7章 其他机械工程用材料

7.1 玻璃

7.1.1 平板玻璃(见表 7-1~表 7-5)

表 7-1 平板玻璃的分类和尺寸规格(摘自 GB 11614—2009)

分类及说明	按颜色属性分为无色透明平板玻璃和本体着色平板玻璃 按外观质量分为合格品、一等品和优等品,幅面应切裁成矩形 GB 11614—2009《平板玻璃》适用于各种工艺生产的钠钙硅平板玻璃,不适用于压花玻璃和夹丝玻璃											
尺寸规格 /mm	公称厚度	2	3	4	5	6	8	10	12	15	19	22	25
	厚度极限偏差	±0.2					±0.3			±0.5	±0.7	±1.0	
	厚薄差	0.2					0.3			0.5	0.7	1.0	
	长、宽尺寸 ≤3000mm 的极限偏差	±2					$\begin{array}{c}+2\\-3\end{array}$			±3		±5	
	长、宽尺寸 >3000mm 的 极限偏差	±3					$\begin{array}{c}+3\\-4\end{array}$			±4		±5	
	对角线差	长、宽尺寸由供需双方商定。对角线差不大于其平均长度的 0.2%											
无色透明平板玻璃可见光透射比 最小值(%)		89	88	87	86	85	83	81	79	76	72	69	67

表 7-2 平板玻璃合格品外观的质量要求(摘自 GB 11614—2009)

缺陷种类	质 量 要 求	
	尺寸(L)/mm	允许个数限度
点状缺陷	$0.5 \leqslant L \leqslant 1.0$	$2 \times S$
	$1.0 < L \leqslant 2.0$	$1 \times S$
	$2.0 < L \leqslant 3.0$	$0.5 \times S$
	$L > 3.0$	0
点状缺陷密集度	尺寸≥0.5mm 的点状缺陷最小间距不小于 300mm,直径为 100mm、圆内尺寸≥0.3mm 的点状缺陷不超过 3 个	

（续）

缺 陷 种 类	质 量 要 求		
线道	不允许		
裂纹	不允许		
划伤	允许范围		允许条数限度
	宽≤0.5mm，长≤60mm		3×S
光学变形	公称厚度	无色透明平板玻璃	本体着色平板玻璃
	2mm	≥40°	≥40°
	3mm	≥45°	≥40°
	≥4mm	≥50°	≥45°
断面缺陷	公称厚度不超过8mm时，不超过玻璃板的厚度；8mm以上时，不超过8mm		

注：1. S 是以平方米为单位的玻璃板面积数值，按 GB/T 8170 修约，保留小数点后两位。

2. 点状缺陷—气泡、夹杂物、斑点等缺陷的统称。

3. 光学变形—在一定角度透过玻璃观察物体时出现变形的缺陷。其变形程度用入射角（俗称斑马角）来表示。

4. 断面缺陷—玻璃板断面凸出或凹进的部分，包括爆边、边部凹凸、缺角、斜边等缺陷。

表 7-3　平板玻璃一等品外观的质量要求（摘自 GB 11614—2009）

缺 陷 种 类	质 量 要 求		
点状缺陷[1]	尺寸(L)/mm		允许个数限度
	0.3≤L≤0.5		2×S[2]
	0.5<L≤1.0		0.5×S
	1.0<L≤1.5		0.2×S
	L>1.5		0
点状缺陷密集度	尺寸≥0.3mm 的点状缺陷最小间距不小于300mm，直径为100mm、圆内尺寸≥0.2mm 的点状缺陷不超过3个		
线道	不允许		
裂纹	不允许		
划伤	允许范围		允许条数限度
	宽≤0.2mm，长≤40mm		2×S
光学变形	公称厚度/mm	无色透明平板玻璃≥	本体着色平板玻璃≥
	2	50°	45°
	3	55°	50°
	4~12	60°	55°
	≥15	55°	50°
断面缺陷	公称厚度不超过8mm时，不超过玻璃板的厚度；8mm以上时，不超过8mm		

[1] 光畸变点视为 0.5~1.0mm 的点状缺陷。

[2] S 是以平方米为单位的玻璃板面积数值，按 GB/T 8170—2008《数值修约规则与极限数值的表示和判定》修约，保留小数点后两位。点状缺陷的允许个数限度及划伤的允许条数限度为各系数与 S 相乘所得的数值，按 GB/T 8170 修约至整数。

表 7-4　平板玻璃优等品外观的质量要求(摘自 GB 11614—2009)

缺 陷 种 类	质 量 要 求		
点状缺陷[1]	尺寸(L)/mm		允许个数限度
	$0.3 \leqslant L \leqslant 0.5$		$1 \times S$[2]
	$0.5 < L \leqslant 1.0$		$0.2 \times S$
	$L > 1.0$		0
点状缺陷密集度	尺寸≥0.3mm 的点状缺陷最小间距不小于 300mm，直径为 100mm、圆内尺寸≥0.1mm 的点状缺陷不超过 3 个		
线道	不允许		
裂纹	不允许		
划伤	允许范围		允许条数限度
	宽≤0.1mm，长≤30mm		$2 \times S$
光学变形	公称厚度/mm	无色透明平板玻璃≥	本体着色平板玻璃≥
	2	50°	50°
	3	55°	50°
	4~12	60°	55°
	≥15	55°	50°
断面缺陷	公称厚度不超过 8mm 时，不超过玻璃板的厚度；8mm 以上时，不超过 8mm		

① 光畸变点视为 0.5~1.0mm 的点状缺陷。

② S 是以平方米为单位的玻璃板面积数值，按 GB/T 8170—2008《数值修约规则与极限数值的表示和判定》修约，保留小数点后两位。点状缺陷的允许个数限度及划伤的允许条数限度为各系数与 S 相乘所得的数值，按 GB/T 8170 修约至整数。

表 7-5　国产平板玻璃产品的规格 　　　　　　　　（单位:mm）

厂家	厚度										特 殊 规 格
	2		3		4		5		6		
	长度	宽度	长度	宽度	长度	宽度	长度	宽度	长度	宽度	
秦皇岛耀华玻璃公司	400~1200	300~900	400~1200	300~900	—	—	600~1800	400~1500	600~1800	400~1500	
大连玻璃厂	600~1450	300~900	600~1500	300~1000	600~1500	400~1200	600~2750	400~1200	600~2650	400~1250	8、10、12 厚，2900×1250
沈阳玻璃厂	400~1350	300~900	400~1600	300~900	300~1600	300~900	600~2700	400~1350	600~2700	400~1350	8 厚
太原平板玻璃厂	—	—	600~1350	400~900	—	—	600~2200	400~1000	—	—	
洛阳玻璃厂	400~1200	300~900	400~1200	300~900	—	—	500~1600	400~1200	—	—	8、10 厚
株洲玻璃厂	400~1250	300~600	400~1250	300~900	—	—	1000~2400	400~1000	—	—	7~20 厚，2400×1500
蚌埠平板玻璃厂	400~1100	300~750	400~1100	300~1100	—	—	600~2200	400~1200	600~2200	400~1200	8 厚，2200×2000
上海耀华玻璃厂	—	—	400~1250	300~1000	—	—	600~2000	400~1000	600~2000	400~1000	8、9、10 厚，1800×1600，1900×1700

注：1. 目前国内企业可以加工订货的厚度有 8mm、10mm、12mm、15mm、20mm 五种。

2. 目前国产最大规格为 2000mm×2500mm×5mm（6mm、8mm、10mm），特大尺寸规格 3000mm×3000mm×5mm（6mm、8mm、10mm、12mm、15mm、20mm）有些企业也可协商供货。

3. 由于 GB 11614—2009《平板玻璃》的发布和实施，大规格平板玻璃的产品按市场需求将会有企业进行生产。

7.1.2 钢化玻璃(见表 7-6 和表 7-7)

表 7-6 钢化玻璃的规格(摘自 GB 15763.2—2005)

玻璃厚度/mm	平面钢化玻璃长度允许偏差 A 和对角线差 B/mm								平面和曲面钢化玻璃厚度允许偏差/mm
	边的长度 L/mm								
	L≤1000		1000<L≤2000		2000<L≤3000		L>3000		
	A	B	A	B	A	B	A	B	
3 4 5 6	+1 −2	±3	±3	±3	±4	±4	±5	±5	±0.2
8 10	+2 −3	±4	±4	±4	±5	±5	±6	±6	±0.3
12									±0.4
15	±4	±5	±4	±5	±6	±6	±7	±7	±0.5
19	±5	±5	±5	±5	±6	±6	±7	±7	±1.0
>19	由供需双方商定								

注：1. GB 15763.2—2005《建筑用安全玻璃 第 2 部分:钢化玻璃》适用于建筑用钢化玻璃,也适用于工业装备及家具等用的钢化玻璃。钢化玻璃具有普通平板玻璃的透明度,并具有很高的热稳定性、耐冲击性和高强度。适于制作长期承受振动冲击的汽车、火车、船舶等的门窗玻璃及挡风玻璃,也可用于建筑及工业部门的观察玻璃及保护玻璃等。

2. 平面钢化玻璃的长度、宽度尺寸由供需双方商定。当边长大于 3000mm 时或为异型制品时,其尺寸偏差由供需双方商定。曲面钢化玻璃的形状和边长的允许偏差、吻合度均由双方商定。钢化玻璃开孔的孔径一般不小于玻璃的厚度,孔径 4~50mm,允许偏差为±1.0mm;孔径 51~100mm,允许偏差±2.0mm;孔径>100mm,允许偏差双方商定。

3. 钢化玻璃的外观质量要求应符合 GB 15763.2 的相关规定。

表 7-7 钢化玻璃性能(摘自 GB 15763.2—2005)

弯曲度	平面钢化玻璃的弯曲度,弓形时应不超过 0.3%,波形时应不超过 0.2%
抗冲击性能	取 6 块钢化玻璃进行试验,试样破坏数不超过 1 块为合格,多于或等于 3 块为不合格。破坏数为 2 块时,再另取 6 块进行试验,试样必须全部不被破坏为合格
碎片状态	取 4 块玻璃试样进行试验,每块试样在任何 50mm×50mm 区域内的最少碎片数必须满足下表的要求,且允许有少量长条形碎片,其长度不超过 75mm 表格见下

玻璃品种	公称厚度/mm	最少碎片数/片
平面钢化玻璃	3	30
	4~12	40
	≥15	30
曲面钢化玻璃	≥4	30

霰弹袋冲击性能	取 4 块平面玻璃试样进行试验,应符合下列任意一条的规定: 1) 玻璃破碎时,每块试样的最大 10 块碎片质量的总和不得超过相当于试样 65cm^2 面积的质量,保留在框内的任何无贯穿裂纹的玻璃碎片的长度不能超过 120mm 2) 弹袋下落高度为 1200mm 时,试样不破坏
表面应力	钢化玻璃的表面应力不应小于 90MPa,以制品为试样,取 3 块试样进行试验,全部符合规定为合格,2 块试样不符合则为不合格,当 2 块试样符合时,再追加 3 块试样,如果 3 块全部符合规定则为合格
耐热冲击性能	钢化玻璃应耐 200℃温差不破坏 取 4 块试样进行试验,当 4 块试样全部符合规定时认为该项性能合格。当有 2 块以上不符合时,则认为不合格。当有 1 块不符合时,重新追加 1 块试样,如果它符合规定,则认为该项性能合格。当有 2 块不符合时,则重新追加 4 块试样,全部符合规定时则为合格

7.1.3 均质钢化玻璃(见表7-8)

表7-8 均质钢化玻璃的技术要求及弯曲强度(摘自 GB 15763.4—2009)

规定通则	1)均质钢化玻璃是经过特定工艺处理的钙硅钢化玻璃,又称热浸钢化玻璃,简称 HST 2)生产 HST 所采用的玻璃的质量应符合相应的产品标准的规定。有特殊性能要求时,用于生产均质钢化玻璃的玻璃的质量要求由供需双方确定 3)均质钢化玻璃的尺寸规格及其极限偏差应符合 GB 15763.2 的相关规定 4)均质钢化玻璃的外观质量应符合 GB 15763.2 的相关规定 5)均质钢化玻璃的弯曲度、抗冲击性、碎片状态、霰弹袋冲击性能、表面张力及耐热冲击性能应符合 GB 15763.2 的相关规定	
弯曲强度	以95%的置信区间,5%的破损概率,均质钢化玻璃的弯曲强度应符合下表的规定	
	均质钢化玻璃	弯曲强度/MPa
	以浮法玻璃为原片的均质钢化玻璃 镀膜均质钢化玻璃	120
	釉面均质钢化玻璃(釉面为加载面)	75
	压花均质钢化玻璃	90

7.1.4 化学钢化玻璃(见表7-9和表7-10)

表7-9 化学钢化玻璃的分类、尺寸规格及用途(摘自 JC/T 977—2005)

分类及用途	化学钢化玻璃是通过离子交换,玻璃表层碱金属离子被熔盐中的其他碱金属离子置换,从而使强度提高的一种性能优良的玻璃 1)化学钢化玻璃按用途可分为: 建筑用化学钢化玻璃:建筑物或室内作隔断使用的化学钢化玻璃,标记为 CSB 建筑以外用化学钢化玻璃:仪表、光学仪器、复印机、家电面板等用化学钢化玻璃,标记为 CSOB 2)化学钢化玻璃按表面应力值可分为Ⅰ类、Ⅱ类及Ⅲ类 3)化学钢化玻璃按压应力层厚度可分为 A 类、B 类及 C 类				

边长极限偏差/mm	厚度	边长 L			
		$L<1000$	$1000<L\leq2000$	$2000<L\leq3000$	$L>3000$
	<8	+1.0 -2.0	±3.0	±3.0	±4.0
	≥8	+2.0 -3.0			
	建筑用矩形化学钢化玻璃、其长度、宽度尺寸极限偏差按上表规定;建筑以外用的化学钢化玻璃,其尺寸极限偏差由供需双方商定				

厚度极限偏差/mm	厚度	厚度极限偏差			
	2、3、4、5、6	±0.2			
	8、10	±0.3			
	12	0.4			
	厚度小于2mm 及大于12mm 的化学钢化玻璃的厚度及厚度偏差由供需双方商定				

对角线差/mm	玻璃公称厚度	边长 L			
		$L<2000$	$2000<L\leq3000$	$L>3000$	
	3、4、5、6	3.0	4.0	5.0	
	8、10、12	4.0	5.0	6.0	
	厚度不大于2mm 及大于12mm 的矩形化学钢化玻璃对角线差由供需双方商定				

表 7-10 化学钢化玻璃的性能及外观质量要求(摘自 JC/T 977—2005)

表面应力	分类	表面应力 P/MPa
	Ⅰ类	$300 < P \leqslant 400$
	Ⅱ类	$400 < P \leqslant 600$
	Ⅲ类	$P > 600$

压应力层厚度	分类	压应力层厚度 $d/\mu m$
	A 类	$12 < d \leqslant 25$
	B 类	$25 < d \leqslant 50$
	C 类	$d > 50$

抗冲击性	玻璃厚度 d/mm	冲击高度/m	冲击后状态
	$d < 2$	1.0	试样不得破坏
	$d > 2$	2.0	

耐热冲击性	应耐热 120℃温差不破坏

弯曲强度	以 95%的置信区间，5%的破损概率，化学钢化玻璃的弯曲强度不应低于 150MPa。本条款只适用于 2mm 以上建筑用化学钢化玻璃

弯曲度	玻璃厚度 d/mm	弯曲度
	$d \geqslant 2$	0.3%
	厚度小于 2mm 的化学钢化玻璃弯曲度由供需双方商定	

外观质量要求	缺陷名称	说明	允许缺陷数
	爆边	每片玻璃每米边长上允许有长度不超过 10mm、自玻璃边部向玻璃板表面延伸深度不超过 2mm、自板面向玻璃厚度延伸深度不超过厚度 1/3 的爆边个数	1 处
	划伤	宽度在 0.1mm 以下的轻微划伤，每平方米面积内允许存在条数	长度≤60mm 时，4 条
	裂纹、缺角	不允许存在	
	渍迹、污雾	化学钢化玻璃表面不应有明显渍迹及污雾	

注：1. 建筑用化学钢化玻璃的制品孔的有关要求参见 JC/T 977—2005 的规定。建筑以外用化学钢化玻璃制品孔的要求由供需双方商定。
  2. 标记：
    示例 1 表面应力为Ⅱ类、压应力层为 B 类的建筑用化学钢化玻璃应标记为：
        CSB-Ⅱ-B
    示例 2 压应力层为 A 类的建筑以外用化学钢化玻璃应标记为：
        CSOB-A

7.1.5 防火玻璃(见表 7-11~表 7-13)

表 7-11 防火玻璃的分类、尺寸规格及应用(摘自 GB 15763.1—2009)

用途	GB 15763.1—2009《建筑用安全玻璃 第 1 部分:防火玻璃》适用于建筑用的要求隔热或非隔热有防火要求的场所
分类	按结构分为：复合防火玻璃(FFB)：由两层或两层以上玻璃复合而成，或由一层玻璃和一层有机材料复合而成 单片防火玻璃(DFB)：由单层玻璃构成 按耐火性能分为： 隔热型防火玻璃(A 类) 非隔热型防火玻璃(C 类)

（续）

原片玻璃要求	选用普通平板玻璃、浮法玻璃、钢化玻璃等作为原片，复合防火玻璃也可选用单片防火玻璃作为原片，原片玻璃应分别符合 GB 11614—2009、GB 15763.2—2005 相应标准和本标准相应条款的规定			

复合玻璃尺寸厚度/mm	玻璃的总厚度 d	长度或宽度(L)极限偏差		厚度极限偏差
		$L \leq 1200$	$1200 < L \leq 2400$	
	$5 \leq d < 11$	±2	±3	±1.0
	$11 \leq d < 17$	±3	±4	±1.0
	$17 \leq d \leq 24$	±4	±5	±1.3
	$24 \leq d < 35$	±5	±6	±1.5
	$d \geq 35$	±5	±6	±2.0

单片玻璃尺寸厚度/mm	玻璃厚度	长度或宽度(L)极限偏差			厚度极限偏差
		$L \leq 1000$	$1000 < L \leq 2000$	$L > 2000$	
	5	+1 −2	±3	±4	±0.2
	6				
	8	+2 −3			±0.3
	10				
	12				±0.4
	15	±4	±4		±0.6
	19	±5	±5	±6	±1.0

注：1. 标记：

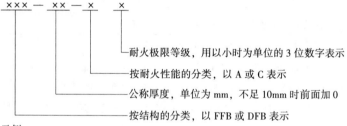

- 耐火极限等级，用以小时为单位的 3 位数字表示
- 按耐火性能的分类，以 A 或 C 表示
- 公称厚度，单位为 mm，不足 10mm 时前面加 0
- 按结构的分类，以 FFB 或 DFB 表示

2. 示例：

1）一块公称厚度为 25mm、耐火性能为隔热类（A 类）、耐火等级为 1.50h 的复合防火玻璃标记为：
FFB-25-A1.50

2）一块公称厚度为 12mm、耐火性能为非隔热类（C 类）、耐火等级为 1.00h 的单片防火玻璃标记为：
DFB-12-C1.00

表 7-12　防火玻璃的技术性能（摘自 GB 15763.1—2009）

	分类名称	耐火极限等级	耐火性能要求
耐火性能	隔热型防火玻璃（A 类）	3.00h	耐火隔热性时间≥3.00h，且耐火完整性时间≥3.00h
		2.00h	耐火隔热性时间≥2.00h，且耐火完整性时间≥2.00h
		1.50h	耐火隔热性时间≥1.50h，且耐火完整性时间≥1.50h
		1.00h	耐火隔热性时间≥1.00h，且耐火完整性时间≥1.00h
		0.50h	耐火隔热性时间≥0.50h，且耐火完整性时间≥0.50h
	非隔热型防火玻璃（C 类）	3.00h	耐火完整性时间≥3.00h，耐火隔热性无要求
		2.00h	耐火完整性时间≥2.00h，耐火隔热性无要求
		1.50h	耐火完整性时间≥1.50h，耐火隔热性无要求
		1.00h	耐火完整性时间≥1.00h，耐火隔热性无要求
		0.50h	耐火完整性时间≥0.50h，耐火隔热性无要求

（续）

弯曲度	弓形弯曲度不超过 0.3%，波形弯曲度不超过 0.2%
可见光透射比	极限偏差（明示标称值）：±3% 上极限偏差（未明示标称值）：≤5%
耐热、耐寒性能	按标准规定试验耐热、耐寒性能后，复合防火玻璃的外观质量应符合 GB 15763.1——2009 的要求
耐紫外线 辐照性能	当复合防火玻璃使用在建筑采光要求的场合时，应进行耐紫外线辐照性能测试 复合防火玻璃试样试验后试样不应产生显著变化、气泡及浑浊现象，且试验前后可见光透射比相对变化率应不大于 10%
抗冲击性能	试样试验破坏数应符合有关测试的规定 单片防火玻璃不破坏是指试验后不破碎，复合防火玻璃不破坏是指试验后玻璃满足下述条件之一： 1）玻璃不破碎 2）玻璃破碎但钢球未穿透试样
碎片状态	每块试验样品在 50mm×50mm 区域内的碎片数不低于 40 块。允许有少量长条碎片存在，但其长度不得超过 75mm，且端部不得刀刃状；延伸至玻璃边长的长条形碎片与玻璃边缘形成的夹角不得大于 45°

表 7-13　防火玻璃外观的质量要求（摘自 GB 15763.1—2009）

分类	缺陷名称	要求
复合防火玻璃	气泡	直径 300mm 圆内允许长 0.5~1.0mm 的气泡 1 个
	胶合层杂质	直径 500mm 圆内允许长 2.0mm 以下的杂质 2 个
	划伤	宽度≤0.1mm、长度≤50mm 的轻微划伤，每平方米面积内不超过 4 条 0.1mm<宽度<0.5mm、长度≤50mm 的轻微划伤，每平方米面积内不超过 1 条
	爆边	每米边长允许有长度不超过 20mm、自边部向玻璃表面延伸深度不超过厚度一半的爆边 4 个
	叠差、裂纹、脱胶	脱胶、裂纹不允许存在，总叠差不应大于 3mm
	复合防火玻璃周边 15mm 范围内的气泡、胶合层杂质不做要求	
单片防火玻璃	爆边	不允许存在
	划伤	宽度≤0.1mm、长度≤50mm 的轻微划伤，每平方米面积内不超过 2 条 0.1mm<宽度<0.5mm、长度≤50mm 的轻微划伤，每平方米面积内不超过 1 条
	结石、裂纹、缺角	不允许存在

7.1.6　夹层玻璃（见表 7-14）

表 7-14　夹层玻璃的分类、材料、尺寸规格及性能（摘自 GB 15763.3—2009）

	按形状分类	按霰弹袋冲击性能分类
分类	平面夹层玻璃 曲面夹层玻璃	Ⅰ类夹层玻璃 Ⅱ类夹层玻璃 Ⅱ-2 类夹层玻璃 Ⅲ类夹层玻璃

（续）

结构及夹层材料的选用	夹层玻璃由玻璃、塑料以及中间层材料组合构成。所采用的材料均应满足相应的国家标准、行业标准、相关技术条件或订货文件要求 玻璃可选用：浮法玻璃、普通平板玻璃、压花玻璃、抛光夹丝玻璃、夹丝压花玻璃等 可以是：无色的、本体着色或镀膜的；透明的、半透明的或不透明的；退火的、热增强的或钢化的；表面处理的，如喷砂或酸腐蚀的等 塑料可选用：聚碳酸酯、聚氨酯和聚丙烯酸酯等 可以是：无色的、着色的、镀膜的；透明的、半透明的 中间层可选用：材料种类和成分、力学和光学性能等不同的材料，如离子性中间层、PVB中间层、EVA中间层等 可以是：无色的、着色的、镀膜的；透明的、半透明的

夹层玻璃最终产品长度和宽度极限偏差 /mm	公称尺寸边长 (L)	极限偏差		
		公称厚度≤8	公称厚度>8	
			每块玻璃公称厚度<10	至少一块玻璃公称厚度≥10
	$L \le 1100$	+2.0 -2.0	+2.5 -2.0	+3.5 -2.5
	$1100 < L \le 1500$	+3.0 -2.0	+3.5 -2.0	+4.5 -3.0
	$1500 < L \le 2000$	+3.0 -2.0	+3.5 -2.0	+5.0 -3.5
	$2000 < L \le 2500$	+4.5 -2.5	+5.0 -3.0	+6.0 -4.0
	$L > 2500$	+5.0 -3.0	+5.5 -3.5	+6.5 -4.5

最大允许叠差/mm	长度或宽度 L	最大允许偏差
	$L \le 1000$	2.0
	$1000 < L \le 2000$	3.0
	$2000 < L \le 4000$	4.0
	$L > 4000$	6.0

厚度极限偏差	对于3层原片以上（含3层）制品、原片材料总厚度超过24mm及使用钢化玻璃作为原片时，其厚度允许偏差由供需双方商定
	干法夹层玻璃厚度偏差不能超过构成夹层玻璃的原片允许偏差和中间层材料厚度允许偏差总和。中间层的总厚度<2mm时，不考虑中间层的厚度偏差；中间层的总厚度≥2mm时，其厚度允许偏差为±0.2mm
	湿法夹层玻璃厚度偏差不能超过构成夹层玻璃的原片允许偏差和中间层材料厚度允许偏差总和。湿法中间层厚度允许偏差应符合下表的规定

湿法中间层厚度 d/mm	极限偏差/mm
$d < 1$	±0.4
$1 \le d < 2$	±0.5
$2 \le d < 3$	±0.6
$d \ge 3$	±0.7

对角线差	矩形夹层玻璃制品，长边长度不大于2400mm时，对角线差不得大于4mm；长边长度不大于2400mm时，对角线差由供需双方商定

（续）

霰弹袋冲击性能	按有关规定进行检验，在每一冲击高度试验后试样均应未破坏和（或）安全破坏 破坏时试样同时符合下列要求为安全破坏： 　1）破坏时允许出现裂缝或开口，但是不允许出现使直径为76mm的球在25N力作用下通过的裂缝或开口 　2）冲击后试样出现碎片剥离时，称量冲击后3min内从试样上剥离下的碎片。碎片总质量不得超过相当于100cm² 试样的质量，最大剥离碎片质量应小于44cm² 面积试样的质量 　Ⅱ-1类夹层玻璃：3组试样在冲击高度分别为300mm、750mm和1200mm时冲击后，全部试样未破坏和（或）安全破坏 　Ⅱ-2类夹层玻璃：2组试样在冲击高度分别为300mm和750mm时冲击后，试样未破坏和（或）安全破坏，但另一组试样冲击高度为1200mm时，任何试样非安全破坏 　Ⅲ类夹层玻璃：1组试样在冲击高度为300mm时冲击后，试样未破坏和（或）安全破坏，但另一组试样在冲击高度为750mm时，任何试样非安全破坏 　Ⅰ类夹层玻璃：对霰弹袋冲击性能不做要求

注：夹层玻璃的弯曲度、可见光透射比、抗风压性、耐热性以及外观质量等要求应符合 GB 15763.3—2009 的有关规定。

7.1.7　中空玻璃（见表7-15）

表7-15　中空玻璃的尺寸规格（摘自 GB/T 11944—2012）　　　　（单位：mm）

玻璃厚度	间隔厚度	长边最大尺寸	短边最大尺寸（正方形除外）	最大面积/m²	正方形边长最大尺寸	长（宽）度 L 极限偏差	对角线差
3	6	2110	1270	2.4	1270		
	9～12	2110	1270	2.4	1270		
4	6	2420	1300	2.86	1300		
	9～10	2440	1300	3.17	1300		
	12～20	2440	1300	3.17	1300		
5	6	3000	1750	4.00	1750	$L<1000$、$1000 \leqslant L < 2000$、$L \geqslant 2000$ 时的极限偏差分别为：± 2、$^{+2}_{-3}$、± 3	正方形和矩形两对角线之差不大于对角线平均长度的0.2%
	9～10	3000	1750	4.80	2100		
	12～20	3000	1815	5.10	2100		
6	6	4550	1980	5.88	2000		
	9～10	4550	2280	8.54	2440		
	12～20	4550	2440	9.00	2440		
10	6	4270	2000	8.54	2440		
	9～10	5000	3000	15.00	3000		
	12～20	5000	3180	15.90	3250		
12	12～20	5000	3180	15.90	3250		

注：1. 中空玻璃为两片或多片玻璃以有效支撑均匀隔开并周边粘接密封、玻璃层间形成有干燥气体空间的制品。适用于建筑、冷藏等。

　　2. 中空玻璃采用的玻璃为平板玻璃（应符合 GB 11614—2009 的规定）、夹层玻璃（应符合 GB 15763.3—2009 的规定）、钢化玻璃（应符合 GB 15763.2—2005 的规定）和半钢化玻璃（应符合 GB/T 17841——2008 的规定），也可采用其他品种的玻璃。

　　3. 中空玻璃的公称厚度为玻璃原片的公称厚度与间隔层厚度之和。公称厚度 $t<17$mm，允许偏差 Δ 为±1.0mm；17mm$\leqslant t<22$mm，Δ 为±1.5mm；$t \geqslant 22$mm，Δ 为±2.0mm。

　　4. 20块试样露点均低于或等于−40℃。密封性能详见 GB/T 11944—2012 的规定。

7.1.8 汽车安全玻璃(见表 7-16)

表 7-16 汽车安全玻璃的种类及规格(摘自 GB 9656—2003)

分类方法		分类名称
分类	1. 按加工工艺分	1) 夹层玻璃 2) 区域钢化玻璃 3) 钢化玻璃 4) 中空安全玻璃 5) 塑玻复合材料
	2. 按应用部位分	(1) 风窗玻璃(前风窗玻璃) 1) 夹层玻璃—适用于所有机动车 2) 区域钢化玻璃—适用于不以载人为目的的载货汽车(N 类汽车),不适用于以载人为目的的轿车及客车等 3) 塑玻复合材料—适用于所有机动车 4) 钢化玻璃—适用于设计时速低于 40km/h 的机动车
		(2) 风窗以外玻璃(前风窗以外玻璃,包括车门、角窗、侧窗、后窗、顶窗等) 1) 夹层玻璃—适用于所有机动车 2) 钢化玻璃—适用于所有机动车 3) 中空安全玻璃—适用于所有机动车 4) 塑玻复合材料—适用于所有机动车

	种类	公称厚度 t/mm	厚度及极限偏差/mm
厚度及极限偏差	夹层玻璃	原片玻璃与中间层的总厚度	$t\pm0.2n$ [①]
	塑玻复合材料	原片玻璃、塑料材料及中间层的总厚度	$t\pm0.2n$ [①]
	区域钢化玻璃、钢化玻璃	t	$t\pm0.2$
	中空安全玻璃	构成中空安全玻璃的安全玻璃与间隔层的总厚度	构成中空安全玻璃的安全玻璃的厚度及偏差应符合上述要求

注:1. 生产汽车安全玻璃的原片应符合 GB 11614—2009 中的相关要求。
　　2. 汽车安全玻璃的尺寸、形状及外观要求应符合 GB/T 17340—1998 的规定。
　　3. 汽车安全玻璃的技术性能及试验要求应符合 GB 9656—2003 的相关规定。
① n 为构成夹层玻璃或塑玻复合材料的原片玻璃层数。

7.1.9 汽车后窗电热玻璃(见表 7-17)

表 7-17 汽车后窗电热玻璃的规格及技术性能(摘自 JC/T 672—1997)

项目名称	指标要求	项目名称	指标要求
厚度	制品的厚度应符合 GB 9656 中 5.1 的规定	碎片状态	电热玻璃的碎片状态应符合 GB 9656 中 5.13.2 的规定
透射比	电热玻璃的透射比应符合 GB 9656 中 5.2.2 的规定	不透明率	电热玻璃的不透明率应不大于 3%,或符合相应产品技术条件的要求。取 3 块制品进行试验,3 块制品均符合上述要求为合格,否则为不合格
抗冲击性	电热玻璃的抗冲击性应符合 GB 9656 中 5.12.2(b)的规定		

（续）

项目名称	指标要求	项目名称	指标要求
电插片焊接强度	电插片在方向与玻璃表面垂直、大于或等于 80N 的拉力作用 2s 后，不应从制品上脱落 取 3 块制品进行试验，3 块制品均符合上述要求为合格，否则为不合格	功率	电热玻璃的功率应为 4.0~4. W/dm² (电压为 DC12V) 或符合相应产品技术条件要求 取 3 块制品进行试验，3 块制品均符合上述要求为合格，否则为不合格
电插片抗弯曲性	制品上的电插片经 3 次试验后不应损坏 取 3 个电插片进行试验，3 个电插片均符合上述要求为合格，否则为不合格	除霜效率	电热玻璃在 -18℃±2℃ 温度下，通电 20min 后，加热区中间部位至少应有 80% 的可透视区 (或符合相应产品条件要求) 取 3 块制品进行试验，3 块制品均符合上述要求为合格，否则为不合格
耐清洗剂性	用清洗剂对电热玻璃进行清洗后，不得引起电热玻璃的功能障碍，如电热线脱落、电热元件失灵等 取 3 块制品进行试验，3 块制品均符合上述要求为合格，否则为不合格		

注：汽车后窗电热玻璃的其他性能及检查要求均应符合 JC/T 672—1997 的相关规定。

7.1.10 石英玻璃

1. 不透明石英玻璃制品（见表 7-18）

表 7-18 不透明石英玻璃制品的品种及尺寸规格（摘自 JC/T 182—2011）

	外径	外径极限偏差	壁厚范围	壁厚极限偏差	同一横截面壁厚公差	弯管
直管	75~99	±1.0	2.5~10	±1.0	1.0	弯管分为大弯管和小弯管两种形式，其结构及尺寸如下图所示，其各部分尺寸按需方要求供货 小弯管直径 d_1、d_2、d_3 极限偏差为 ±1.5mm，长度 L_1 极限偏差为 ±3mm，L_2 和 L_3 的极限偏差为 ±5mm，壁厚 t 极限偏差为 ±1.5mm
	100~149	±1.5	5~25	±1.0	1.0	
	150~199	±2.0	5~25	±2.0	2.0	
	200~249	±2.5	10~25	±3.0	3.0	
	250~299	±3.0	10~25	±3.0	3.0	
	300~349	±3.0	10~25	±3.0	3.0	
	350~399	±3.5	25~50	±4.0	4.0	
	400~424	±3.5	25~50	±4.0	4.0	
	425~459	±4.0	25~50	±5.0	5.0	
	460~500	±5.0	25~50	±5.0	5.0	
锥形管	锥形管的大径、小径高度和壁厚尺寸按需方要求供货。大径和外径尺寸的极限偏差为 ±3mm，高度和壁厚的极限偏差为 ±5mm					小弯管
板材	板材分为圆板和矩形板，其尺寸按需方要求供货。圆板直径极限偏差为 ±5mm，厚度极限偏差为 ±3mm 矩形板长、宽和厚尺寸按需方要求供货。长和宽尺寸极限偏差均为 ±5mm，厚度极限偏差为 ±3mm					大弯管直径 d_1、d_2，壁厚 t 和长度 L 的极限偏差均为 ±1.5mm 大弯管

（续）

特性及应用	不透明石英玻璃具有优良的耐电压、耐高温、耐强酸和热稳定性能。不透明石英制品包括直管、锥形管、弯管、板材、砖和坩埚等品种，适于在高温、高压、强酸条件下工作，如化工、冶金、电力、建材、玻璃熔窑池壁及熔窑用砖等

注：1. 石英玻璃砖和坩埚的资料没有收入本表。

2. 产品的技术性能应满足 JC/T 182—2011 的规定。

2. 液位计用透明石英玻璃管（见表 7-19）

表 7-19　液位计用透明石英玻璃管的尺寸规格及应用（摘自 JC/T 225—2012）

（单位：mm）

等腰直角三角形　　正方形　　直角扇形　　圆形

未注圆角为 $R1\sim R2$

产品类型	名称	内孔形状	外径 D 及极限偏差	内孔尺寸	长度	椭圆度	偏壁度	适用范围
低压型	单色液位管	圆形	$\phi20^{-0.2}_{-0.4}$	$\phi8\sim\phi10(d)$	260~1700	≤0.1	≤0.3	工作压力<2.5MPa，工作温度-40~450℃
		圆形	$\phi40^{-0.2}_{-0.4}$	$\phi27\sim\phi30(d)$	260~1700	≤0.1	≤0.3	
	多色液位管	等腰直角三角形	$\phi29^{-0.2}_{-0.4}$	7.5~9.2（直角边长）	260~1700	≤0.1	—	
中、高压型	单色液位管	圆形	$\phi24^{-0.2}_{-0.4}$	$\phi8\sim\phi10(d)$	260~1000	≤0.1	≤0.3	工作压力 2.5MPa，工作温度-40~450℃
	多色液位管	正方形	$\phi24^{-0.2}_{-0.4}$	8~9（边长 a）	260~1700	≤0.1	—	
		直角扇形	$\phi24^{-0.2}_{-0.4}$	8~9（边长 a）	260~1700	≤0.1	—	
		等腰直角三角形	$\phi29^{-0.2}_{-0.4}$	6.3~7.8（直角边长 a）	260~1300	≤0.1	—	工作压力<2.5~6.4MPa，工作温度-40~450℃
		正方形	$\phi29^{-0.2}_{-0.4}$	8~10（边长 a）	260~1300	≤0.1	—	
		直角扇形	$\phi29^{-0.2}_{-0.4}$	8~10（边长 a）	260~1300	≤0.1	—	

注：1. 单色液位管的内孔为圆形，只能显示液位；多色液位管的内孔为异型，利用边、角成像，气液界面显示清楚。

2. 表中所规定的外径偏差及椭圆度是指管子两端长度为 100mm 以内的密封端，管子其他部位的外径上极限偏差为 -0.2mm，下极限偏差为 -0.7mm，椭圆度为 ≤0.3mm。

3. 管弯曲度不得超过管长的 1/1000。

4. JC/T 225—2012《液位计用透明石英玻璃管》适用于工作压力不大于 6.4MPa 且工作温度为 -40~450℃ 的低、中、高压锅炉单色、多色水位表用透明石英玻璃管，也适用于石化行业相同工作条件的各种油品和非碱性物质贮液罐单色、多色液位计用透明石英玻璃管。

3. 石英玻璃技术性能(见表7-20和表7-21)

表7-20 石英玻璃的技术性能指标

项 目	温度/℃	指标	
		透明石英玻璃	不透明石英玻璃
密度/(g/cm³)		2.2~2.21	2.18~2.20
软化点/℃		1730	1580
最高安全使用温度/℃	连续	1000~1100	900~1000
	短时间	1300~1400	1100~1200
耐热急变温度/℃		800~1100	800
平均线胀系数/K⁻¹	0~1000	5.4×10⁻⁷	5.5×10⁻⁷
热导率/[W/(m·K)]	20	0.0033×418.68	0.0026×418.68
	100	0.0035×418.68	0.0033×418.68
平均比热容/[J/(kg·K)]	100	0.1845×4186.8	0.1845×4186.8
	500	0.2302×4186.8	0.2302×4186.8
	900	0.2512×4186.8	0.2512×4186.8
热辐射率	250	0.93	0.93
	850	0.47	0.68
弹性模量/GPa	20	76.7	71.2
	500	80.9	74.6
	900	83.4	77
刚性系数/MPa	20	33400	30400
	500	35100	33600
	900	36300	34600
泊松比	20	0.17	0.17
莫氏硬度		7	7
抗拉强度/MPa	20	48.1	34.4
	500	114	184
	900	156	158
	1100	128	113
抗压强度/MPa	20	785~1150	392~491
抗折强度/MPa	20	36.5~59.2	22.5~32.3
冲击韧度×981/(J/m²)	20	1060	834
扭转刚度/MPa	20	46.5	15.4
电导率/(S/m)	20	10⁻¹⁷~10⁻¹⁶	10⁻¹⁴~3.2×10⁻¹³
介电常数(0~10⁶Hz)	常温	3.7	3.5
介电损失因数 (10³Hz)		<5×10⁻⁴	(6~20)×10⁻⁴
(10⁷Hz)		(约1.5×10⁻⁴)	
(10⁸Hz)		<1×10⁻⁴	(4~12)×10⁻⁴
(10⁹Hz)		<1×10⁻⁴	(4~12)×10⁻⁴
(10¹⁰Hz)		<1×10⁻⁴	(4~12)×10⁻⁴
		4×10⁻⁴	—
击穿电压/(10⁶V/m)	20	43.0	32.0
	100	37.0	26.0
	200	32.0	21.0
	300	28.0	16.0
	400	17.0	12.0
	500	10.0	7.0
	600	5.2	3.2

注:石英玻璃的二氧化硅含量可达到99%~99.999%。以脉石英、石英砂为原料的称为不透明石英玻璃,以水晶为原料的称为透明石英玻璃,以硅化物(四氯化硅、三氯化硅)为原料的称为合成透明石英玻璃。石英玻璃具有耐高温,强度高,抗热震,线胀系数很小,化学稳定性好,介电强度高,折射率低,在紫外光、可见光和红外光区透过性优良,绝缘性好,易加工等优点,可以制成管材、棒材、板材等通用制品,也可以制成坩埚、器皿、基片等制品,广泛用于光学仪器、实验室仪器、电子设备、化工设备、冶金设备、光纤通信设备、激光技术设备、电光源、半导体及国防工业等。

表 7-21　石英玻璃的耐蚀性能

介　质	浓度（质量分数，%）	处理时间/h	处理温度/℃	质量损失/(g/m²)	
				透明石英玻璃	不透明石英玻璃
硫酸	100	24	205	0.06	0.13
	100	240	20	0.016	0.046
硝酸	68	24	115	0.11	0.15
	68	240	20	0.06	0.092
盐酸	40	24	66	0.14	0.33
	40	240	20	0.18	0.33
氢氧化钠	1	2	101	1.66	15.20
氢氧化钾	1	2	98	0.68	4.63
氢氧化铵	25	2	65	0.09	0.33
氯化钠	10	2	102	0.14	0.34
氯化钙	20	2	103	0.06	0.40
碳酸钠	10	2	102	1.20	4.99
硫酸铜	10	24	102	0.29	0.70

7.2　碳、石墨材料

7.2.1　炭素材料分类、特点及用途（见表 7-22~表 7-26）

表 7-22　炭素材料的分类、特点及用途（摘自 GB/T 1426—2008）

名　称	代　号	特点与用途
炭素材料原料	Y	各类炭素材料的生产原料，主要包括各种人造的和天然的碳质固体，有机烃类液体和气体以及炭素生产的返回料
冶金用石墨制品类	S	用于钢铁冶金和有色冶金各种石墨质炭素产品
冶金用炭制品类	T	用于钢铁冶金和有色冶金各种碳质炭素产品
冶金用炭糊类	TH	用于钢铁冶金和有色冶金各种碳质炭糊产品
电工机械用炭材料类	D	用于电工和机械行业各种炭素产品
化工用炭材料类	H	用于化工行业各种炭素产品
独特石墨制品类	TS	用非传统工艺制取的具有特殊的微观组织和晶体结构，呈现某种特殊性能和用途的石墨炭素材料。用于电子、军工、航空航天、生物医学等行业
特种炭制品类	TT	用非传统工艺制取的具有特殊的微观组织和晶体结构，呈现某种特殊性能和用途的碳质炭素材料。用于电子、军工、航空航天、生物医学等行业
炭纤维及其复合材料类	TX	以炭纤维（包括石墨纤维）为主要结构材料和功能材料的各种产品和复合材料
纳米炭材料类	N	至少有一维尺度为纳米级的各种炭素材料

表 7-23　电工机械用炭素材料（D 类）的种类、代号、特点及用途（摘自 GB/T 1426—2008）

名　称	英文名称	代号	特点与用途
电刷	EB	DS	又称"炭刷"，用在电机的换向器或集电环上，作为导入或导出电流的滑动接触体的统称
电化石墨电刷	EGB	DSD	以天然石墨、焦炭、炭黑或木炭为主要原料，经 2500℃ 高温处理后制成的电刷。电阻较高，适用于高速、换向困难的电机
炭石墨电刷	CGB	DST	由非石墨质炭和石墨的混合物制成的电刷
树脂黏合石墨电刷	RBGB	DSSN	以天然石墨、焦炭、炭黑为骨料，合成树脂为黏结剂制成的石墨电刷，电阻高。适用于换向特别困难的交流换向器电机
石墨电刷	GB	DSS	以天然石墨、焦炭、炭黑为主要骨料，采用沥青或树脂作为黏结剂制成，经焙烧或在约 1000℃ 的高温烧结制成的电刷，润滑性能好。适用于一般速度、换向困难的电机
金属石墨电刷	MGB	DSJ	由银、铜及少量的锡铅等金属粉末掺入石墨混合制成的电刷，电阻较小。适用于要求低电压、大电流密度的电机，如电解、电镀用直流电机
石墨触点	GC	DCS	采用粉末冶金熔渗法等工艺制成，具有良好的导电性能、耐磨不熔化、不粘连等特性，在电气装置中作为切断、开启的导电接触点
炭石墨触点	CGC	DCT	以炭质材料或石墨材料为基质制造的，将电流由一个部件导向另一个部件的滑动或滚动炭素材料
炭滑块	CC	DTH	用于无轨电车、铁路和矿山电力机车滑动受电的炭素材料器件
电弧炭棒	ARCC	DHP	放电电弧（弧光）用炭棒的总称，用多种炭素原料制成，通电时能够稳定燃烧，产生弧光。用于电影放映、摄影、照相制版、人工阳光老化仪、炭弧
电火花加工用电极	EEDM	DDD	专用于电火花加工用的电极，通过其放电能使加工物熔融并进行加工
炭电阻片柱	CRP	DDZ	采用炭素粉末经压制成型、焙烧、加工和叠装制成，用于自动电压调整器随着炭柱两端压力变化而相应改变电阻的炭素材料器件
炭棒	CR	DP	以炭黑、石油焦和石墨同煤沥青在一定的温度下混捏、挤压成型，焙烧而成。制作各种电器设备中产生热能或光能的元器件
石墨机械	GM	DJS	与腐蚀性介质接触的零部件用石墨材料制作或表面贴附石墨材料的机械设备，具有耐蚀性强、传热效率高、使用寿命长等优点

表 7-24　化工用炭素材料（H 类）的种类、代号、特点及用途（摘自 GB/T 1426—2008）

名　称	英文名称	代号	特点与用途
不透性石墨	IG	HSB	对气体、蒸汽、液体等流体介质具有不透性的石墨制品，包括浸渍石墨、压制石墨、浇铸石墨和增强材料与石墨基材的复合材料等
浸渍不透石墨	HG	HSJ	又称"浸渍石墨"，以石墨材料为坯料，经机械加工后再用热固性树脂进行浸渍、固化而制成的不透性石墨
压型不透石墨	CIG	HSY	以石墨为原料、以树脂为黏结剂，按一定配比进行混捏、成型和固化而制成的不透性石墨

（续）

名　称	英文名称	代号	特点与用途
浇铸不透石墨	PIG	HSJ	将石墨粉与树脂进行混合（混合物具有良好流动性），于常温（或加热）常压（或加压）下浇铸、固化而制成的不透性石墨
石墨设备	GE	HSS	以石墨材料为基材制造的设备，包括石墨热交换器、石墨降膜吸收器、石墨合成炉、石墨硫酸稀释冷却器、石墨塔、石墨泵、石墨管道和石墨机械等
石墨热交换器	GHE	HSJ	以不透性石墨材料为基材制造的热交换设备，按结构型式可分为列管式、块孔式、喷淋式、沉浸式等，按工艺作用又可分为蒸发器、加热器、冷却器和冷凝器等
块孔式石墨热交换器	BHGHE	HSRK	由石墨热交换器块叠装而成，两端有导流腐蚀介质的石墨封头，一般配有金属外壳（圆块孔式）或两侧平板
石墨降膜吸收器	GFFA	HXS	以不透性石墨为主体的降模式气体吸收设备。主要用于 HCl 气体吸收-制取盐霜，也可以用于 NH_3、SO_3、H_2S 等腐蚀性气体的吸收与分离
石墨合成炉	GSF	HHS	以石墨材料为基材制造的化学合成或焚烧设备，主要有石墨 HCl 合成炉和石墨盐酸合成炉
石墨硫酸	GSADC	HLS	以不透性石墨为基材制造的主要用于稀释、冷却硫酸的设备，也可用于其他液体物质的稀释
石墨塔	GC	HTS	以石墨材料为基材制造的用于气-液或液-液间传质的塔设备
石墨泵	GP	HBS	与腐蚀性介质接触的零部件用石墨制作的泵类设备，按结构及作用有油离心泵、轴流泵和喷射泵等
石墨管道	GP	HGS	不透性石墨管和管件的组合。石墨管分压型管和浸渍管两类。石墨型管由石墨粉与一定比例的树脂混捏后挤压成型而得，又称为石墨塑料管
炭分子筛	CMS	HFT	是一种具有较均一微孔结构的新型炭质吸附剂，其微孔孔径与吸附质分子的临界尺寸相当。与活性炭相比，炭分子筛的吸附容量较小，微孔孔径分布较窄
炭素烧结管	SCT	HGT	以多种炭素原材料加工而成的管状产品，具有导热好、强度高、耐腐蚀、重量轻等特点。主要用于真空炉中发热体和各种管道、保护管，经树脂浸渍固化适用于高性能列管式换热器的换热管和输送腐蚀性液体流管

表 7-25　特种石墨（TS 类）的种类、代号、特点及用途（摘自 GB/T 1426—2008）

名　称	英文名称	代号	特点与用途
核石墨	NG	TSH	采用优质低灰原料，经高温石墨化和除灰处理后制成，具有很高的纯度和较高的强度。用于原子能反应堆
宇航石墨	SNG	TSY	用于制造导弹和航天器部件的特种石墨材料
光谱石墨	SG	TSG	此种石墨总灰分含量要求在 20×10^{-6} 以下。主要用于光谱分析
多孔石墨	PG	TSD	由天然鳞片石墨经过插层、膨化、压缩制备而成，总气孔率大于 45%，体积密度小于 $1.20 \mathrm{g/cm^3}$ 的石墨质碳素制品。可用于吸附剂、医用敷料等

（续）

名　称	英文名称	代号	特点与用途
分析用石墨	GA	TSF	具有纯度高、颗粒细、强度高、结构致密等特点。适用于制作国产或进口各种型号的分光光度计石墨炉锥体、石墨管（杯）和热解石墨涂层管（杯），以及其他分析用石墨制品
炭薄膜	CF	TTBM	气相生长的金刚石薄膜、热解炭薄膜、从有机先驱体出发得到的炭和石墨薄膜等各种炭质薄膜
多孔炭膜	PCM	TTMD	高分子膜经过炭化活化制成的有空炭膜，即使仅进行炭化，在空气分离、CO_2 分离等方面，也呈现出优良的特性，通过活化可以制得比表面积超过 $1000m^2/g$ 的活性炭膜
氟化炭膜	CFF	TTMF	由三氟化氯乙烯树脂之类氟树脂的溅射或氟化沥青升华制得的薄膜。可用于润滑性薄膜或疏松水性薄膜
中间相炭微球	MCMB	TTWQ	以中温煤沥青、煤焦油催化裂化渣油等稠环芳烃化合物为原料，制备出具有向列液晶结构的中间相小球体，经过分离、洗涤、干燥、炭化和石墨化等工艺制成的碳原子成层片堆砌、颗粒外形为小球形的炭素材料。用于制备高强炭材料、超高比表面活性炭、锂离子电池负极材料、高效液相色谱填料、催化剂载体等
锂离子电池负极材料	NEMLB	TTFL	用于锂离子电池负极材料。二次锂电池负极材料经历了第 1 代的金属锂、第 2 代的炭素材料，即石墨嵌入化合物，目前研究的焦点是锂合金负极材料

表 7-26　炭纤维及其复合材料（TX）类种类、代号、特点及用途（摘自 GB/T 1426—2008）

名　称	英文名称	代号	特点与用途
炭纤维	CF	TX	有机纤维在 2000℃ 以下炭化而制得的、碳含量不低于 93% 的纤维状炭素材料，具有高比强度、高比模量、低比重、耐腐蚀、耐磨损、热导率高、线胀系数小、耐高温和耐化学腐蚀等优异性能。已广泛应用于航天航空、石油化工、能源交通等各个领域
沥青基炭纤维	PCF	TXL	由煤沥青、石油燃料系沥青或合成系沥青原料为前驱体，经调制、成纤、炭化处理而制得的炭纤维。主要用于民用工业中
黏胶质炭纤维	RCF	TXN	以胶质纤维为原料，在低温热处理后，再在非氧化性气氛中经 800℃ 上的高温处理而制得的炭纤维，具有密度小、韧性好、易深加工、碱和碱土金属含量低、抗氧化性和热稳定性好、耐烧蚀、生物相容性好等特性。主要用于战略武器、隔热保温材料、各类加热器、医用生物材料等方面
聚丙烯腈碳纤维	PANCF	TXJ	以共聚（或均聚）聚丙烯腈为首驱纤维，经热处理而制得的炭纤维，是当前世界首选高性能纤维，具有高比强度、高比模量、耐高温、耐腐蚀、导热、导电、质轻、阻尼及线胀系数小等综合优异性能。用于文体休闲、机械电子、建筑材料、石化、交通、医疗等多个领域
活性炭纤维	ACF	TXH	以纤维为先驱，经高温炭化、活化后形成的一种新型高吸附材料，具有较高的技术含量和较高的产品附加值特征。广泛用于溶剂回收、空气净化方面

（续）

名　称	英文名称	代号	特点与用途
气象生长炭纤维	VGCF	TXQ	低碳烃类或氧化碳等在催化剂作用下经高温热解而生成的炭纤维
带形炭纤维	RCF	TXD	截面形状在一个方向上伸长，具有带状形态的炭纤维。带状炭纤维是由带状横截面的聚合物纤维或沥青纤维炭化制成的
超高强度炭纤维	USCF	TXCQ	拉伸强度比炭纤维更高的炭纤维。一般拉伸强度在 6GPa 以上的炭纤维称为超高强度炭纤维
超高模量炭纤维	UMCF	TXCM	比炭纤维有更高模量的炭纤维，属惯用的区分法，并无定量边界值的定义，一般多指模量在 500GPa 以上的炭纤维
短切炭纤维	SCF	TXDQ	相对于连续纤维的短切炭纤维。由高性能或通用级炭纤维切割制造，但也有在熔融纺丝切断，经后炭化过程制造的
氟化炭纤维	FCF	TXF	在 300~600℃ 经氟化处理制得的炭纤维
石墨纤维	GF	TXS	纤维经过 2000~3000℃ 的热处理而制得，具有质轻、强度高、模量高、热变形小的优点。广泛用在航天、航空及体育器材领域
炭纤维多向编织物	CFMM	TXBD	以炭纤维为原料，通过特殊的编织技术在三维空间所需的方向结构编织成块状体、圆筒体、截锥体等各种形状的编织物。这类编织物可通过调节纤维的方向，所要求的方向上的体积分数、纤维间距、织物密度、丝束填充效率等来获取所需要的产品性能
炭布	CC	TXB	用炭纤维作经纬纱的织物
炭毡	GF	TXZ	由炭纤维组成的毡状炭质材料。随所用原料不同分为聚丙烯腈基炭毡和黏胶基炭毡两种
石墨毡	GF	TXSZ	炭毡在真空或惰性气体下经 2000℃ 以上高温处理后制成，含碳量比炭毡高，达 99% 以上
炭纤维复合材料	CFC	TXF	具有质轻、比强度和比模量高、耐腐蚀等特点。在航天、航空、汽车、医疗、运动器械等方面有着广泛的用途
炭纤维增强树脂复合材料	CFRR	TXFZS	由高强度、高模量炭纤维和树脂基质组成，具有高的比热容、熔融热和汽化热，是一种良好的耐烧蚀材料
炭纤维增强热固性树脂复合材料	CFRTRC1	TXFZG	由炭纤维作为增强体，热固性树脂作为基质的一类复合材料，是目前使用最广泛的树脂基复合材料
炭纤维增强热塑性树脂复合材料	CFRTRC2	TXFZR	以炭纤维或石墨纤维为增强体、热塑性树脂为基质的复合材料
炭纤维增强炭基复合材料	CFRC	TXFZT	用炭纤维来增强各种基质炭的复合材料，具有较高的力学性能。目前，已被广泛应用于火箭喷管、航天飞机机体结构、发动机高温构件、飞机刹车盘以及医学、文体用品等领域
炭纤维增强金属复合材料	CFRM	TXFZJ	以高性能炭（石墨）纤维为增强体，Al、Mg、Cu、Pb 等金属为基质组成的先进复合材料，如炭纤维增强 Al 复合材料、炭纤维增强 Mg 复合材料、炭纤维增强 Cu 复合材料和炭纤维增强 Pb 复合材料等

（续）

名　　　称	英文名称	代号	特点与用途
炭纤维增强陶瓷复合材料	CFEC	TXFZTC	以炭纤维为增强体所构成的陶瓷基复合材料
炭纤维增强水泥复合材料	CFRC	TXFZSN	以炭纤维作为增强材料，水泥灰浆、沙浆或混凝土等为基质的复合材料
炭纤维增强橡胶复合材料	CFRR	TXFZX	以炭纤维为增强材料、橡胶为基质，经复合工艺而制得的复合材料
炭纤维人工肌腱	CFMT	TXR	炭纤维人工肌腱是由聚丙烯腈长丝编织后，经预氧化和在张力下进行炭化（炭化温度在1000℃以上）后制成的复合材料
炭纤维纸	CFP	TXZ	以炭纤维为增强剂的功能增强材料、天然纸浆或合成纸浆为基质，辅以黏合剂和填料，经抄纸工艺而制得的纸状复合材料

7.2.2　高纯石墨（见表 7-27）

表 7-27　高纯石墨的型号及技术性能（摘自 JB/T 2750—2006）

型号	质量分数（%）			技术性能				
	灰分	硫含量	钙含量	体积密度 /(g/cm³)	真密度 /(g/cm³)	抗压强度 /MPa	抗折强度 /MPa	电阻率 /μΩ·m
	≤			≥				≤
G2	0.010	0.050	—	1.65	2.20	40	20	15
G3	0.025	0.050	0.006	1.55	2.15	25	14	—
G4	0.100	0.050	0.030	1.55	2.15	25	17	—

注：高纯石墨纯度高，杂质少，强度高，抗热震性好，耐高温、耐磨蚀、耐摩擦，切削性好，广泛应用于机械、冶金、化工、轻工、纺织、电子、航空、原子能及各种新技术部门。

7.2.3　柔性石墨填料环（见表 7-28）

表 7-28　柔性石墨填料环的外观、尺寸极限偏差及技术性能（摘自 JB/T 6617—2016）

外观	1. 填料环表面不应有明显划伤、飞边等缺陷 2. 填料环根据安装需要可以经45°（需要时也可60°）切开成单开口或双开口，如图 a 和图 b 所示。切口应平整，不应出现散圈

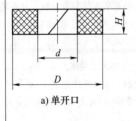

a) 单开口

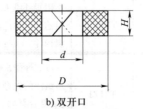

b) 双开口

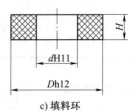

c) 填料环

（续）

尺寸极限偏差	1. 填料环的内径、外径极限偏差应符合 GB/T 1800.2 和 GB/T 1801 的规定，如图 c 所示 2. 填料环的高度极限偏差按 JB/T 6617—2016 中表 1 的规定		

	项目		指标	
			单一柔性石墨类	金属复合类
填料环技术性能	密度/(g/cm³)		1.4~1.7	≥1.7
	压缩率(%)		10~25	7~20
	回弹率(%)		≥35	≥35
	热失重①(%)	450℃	≤0.8	—
		600℃	≤8.0	≤6.0
	摩擦因数		≤0.14	≤0.14
材料要求	填料环用柔性石墨的硫含量、氯含量、灰分应符合 JB/T 7758.2 的规定，金属材料按照相关标准规定。用户对材料有特殊要求的，按双方协定			

① 对于金属复合类，当金属熔点低于试验温度时，不宜做该温度试验。

7.2.4 机械密封用碳石墨密封环（见表 7-29～表 7-31）

表 7-29 机械密封用碳石墨密封环的分类、代号及物理力学性能（摘自 JB/T 8872—2016）

分类名称、代号	系列名称、代号	浸渍物（代号）	肖氏硬度 HS	抗折强度 /MPa	抗压强度 /MPa	体积密度 /(g/cm³)	开口气孔率 （%）
机械用碳类 M	碳-石墨 M1	基体材料	≥50	≥30	≥65	≥1.50	≤15
		环氧树脂（H）	≥70	≥49	≥176	≥1.75	≤2.0
		呋喃树脂（K）	≥70	≥50	≥180	≥1.75	≤2.5
		酚醛树脂（F）	≥70	≥48	≥176	≥1.78	≤2.5
		巴氏合金（B）	≥75	≥70	≥218	≥2.50	≤3.5
		铝合金（A）	≥75	≥70	≥220	≥2.00	≤2.0
		铜合金（P）	≥70	≥70	≥230	≥2.50	≤3.0
		锑（D）	≥75	≥70	≥220	≥2.20	≤3.0
		银（G）	≥70	≥70	≥200	≥2.90	≤2.5
		玻璃（R）	≥90	≥57	≥170	≥1.78	≤2.0
	电化石墨 M2	基体材料	≥30	≥20	≥30	≥1.50	≤20
		环氧树脂（H）	≥40	≥35	≥75	≥1.80	≤2.0
		呋喃树脂（K）	≥40	≥40	≥80	≥1.78	≤3.0
		酚醛树脂（F）	≥40	≥40	≥75	≥1.80	≤2.5
		巴氏合金（B）	≥40	≥45	≥80	≥2.40	≤3.5
		铝合金（A）	≥40	≥60	≥130	≥2.00	≤2.0
		铜合金（P）	≥40	≥50	≥100	≥2.60	≤4.0
		锑（D）	≥40	≥50	≥110	≥2.30	≤3.0
		银（G）	≥68	≥68	≥195	≥2.90	≤2.5
		玻璃（R）	≥60	≥45	≥100	≥1.80	≤2.0
	树脂碳石墨 M3	无	≥55	≥54	≥147	≥1.72	≤1.5

（续）

分类名称、代号	系列名称、代号	浸渍物（代号）	肖氏硬度 HS	抗折强度 /MPa	抗压强度 /MPa	体积密度 /(g/cm³)	开口气孔率 (%)
特种石墨类 T	硅化石墨 T10	硅	≥100 （洛氏）	≥45	≥150	≥1.79	≤2.0

注：1. 碳石墨密封环材料具体型号的物理力学性能应符合 JB/T 2934 的规定。

2. 平面密封环密封端面的表面粗糙度值不大于 $Ra0.4\mu m$，球面密封环密封表面的表面粗糙度值不大于 $Ra0.8\mu m$。

3. 平面密封环密封端面的平面度误差应符合 JB/T 8872—2016 的规定，球面密封环密封面圆度误差应不大于 0.02mm。

4. 平面密封环密封端面对辅助密封圈接触的端面的平行度公差按 GB/T 1184—1996 中的 7 级公差。

5. 平面密封环与辅助密封圈接触面的表面粗糙度值不大于 $Ra3.2\mu m$。

6. 平面密封环的静止环和旋转环与辅助密封圈接触的外圆和内孔尺寸公差为 h8 或 H8。

7. 平面密封环的静止环和旋转环密封端面与辅助密封圈接触的外圆和内孔垂直度公差按 GB/T 1184—1996 中的 7 级公差。

8. 碳石墨密封环应做水压（内压）试验。非平衡式和平衡式机械密封的密封环试验压力分别为 0.8MPa 和 1.6MPa，持续 10min，密封环不得渗漏；有特殊要求的，按图样的规定进行。

9. 碳石墨密封环不允许有裂纹、氧化、分层、贯穿性麻点、气孔、浸渍不透等。

10. 碳石墨密封环的抗化学腐蚀性能、摩擦系数、推荐的配对材料和热性能参数分别参见 JB/T 8872—2016 附录 A、附录 B 和附录 C。

表 7-30　碳石墨密封环的摩擦因数和推荐配对材料（摘自 JB/T 8872—2016）

系列代号	浸渍物		摩擦因数	推荐的配对材料	最高使用温度/℃
M1	树脂		≤0.15	硬质合金、镀铬钢、陶瓷、氮化硅、碳化硅、高硅铸铁、马氏体不锈钢（如 95Cr18、90Cr18MoV）、司太利特合金	200
	低熔点金属	巴氏合金	≤0.15		200
		铝合金			300
	高熔点金属	锑			500①
		铜合金			400①
		银			900①
	非金属	玻璃	≤0.25		610①
M2	树脂		≤0.25	陶瓷、硬质合金、青铜、不锈钢、镀铬钢、氮化硅、碳化硅、高硅铸铁、司太利特合金	200
	低熔点金属	巴氏合金	≤0.25		200
		铝合金			300
	高熔点金属	锑	≤0.25		500①
		铜合金			400①
		银	≤0.15		900①
	非金属	玻璃	≤0.13		610①
M3	无		≤0.15	不锈钢、黄铜、陶瓷、氮化硅、硬质合金	200
T10	硅		≤0.15	石墨、硬质合金、硅化石墨、铸铁、陶瓷	500

注：摩擦因数系碳石墨配对 95Cr18 在 MM-200 型摩擦磨损试验机上进行干摩擦的测定值。

①在无氧条件下。

表 7-31　碳石墨密封环材料的抗化学腐蚀性能（摘自 JB/T 8872—2016）

介质	浓度(质量分数,%)	碳石墨和电化石墨	浸渍树脂			浸渍金属、非金属						树脂碳石墨	硅化石墨
			酚醛	环氧	呋喃	巴氏合金	铝合金	铜合金	锑	银	玻璃		
盐酸	36	+	0	0	+	−	−	−	−	−	+	0	+
硫酸	50	+	0	−	+	−	−	−	−	−	+	0	+
硫酸	98	0	0	−	0	−	−	−	−	−	0	0	+
硝酸	50	0	0	−	0	−	−	−	−	−	0	0	+
硝酸	65	−	−	−	−	−	−	−	−	−	−	−	+
氢氟酸	40	+	0	−	+	−	−	−	−	−	−	−	+
磷酸	85	+	+	+	+	−	−	−	−	−	+	+	+
铬酸	10	+	0	0	0	−	−	−	−	−	+	0	+
醋酸	36	+	+	0	+	−	−	−	−	0	+	+	+
氢氧化钠	50	+	−	+	+	−	−	−	−	−	0	−	0
氢氧化钾	50	+	−	+	+	−	−	−	−	−	0	−	0
海水	—	+	0	+	+	+	−	+	+	+	+	0	+
苯	100	+	+	0	+	+	+	−	+	+	+	+	+
氨水	10	+	+	0	+	+	+	−	+	+	+	+	+
丙酮	100	+	+	0	+	0	+	+	+	+	+	0	+
尿素	—	+	+	+	+	0	+	+	+	+	+	+	+
四氟化碳	—	+	+	+	+	+	+	+	+	+	+	+	+
润滑油	—	+	+	+	+	+	+	+	+	+	+	+	+
汽油	—	+	+	+	+	+	+	+	+	+	+	+	+

注：试验温度为 20℃，"＋"为稳定，"－"为不稳定，"0"为尚稳定。

7.2.5　柔性石墨板（见表 7-32）

表 7-32　柔性石墨板的尺寸规格及技术性能（摘自 JB/T 7758.2—2005）

项目		指标		
密度偏差/(g/cm³)	H≥0.4mm	±0.07	尺寸规格	石墨板的长、宽、厚尺寸由用户和生产厂双方商定 厚度 H 的极限偏差 T： 　H≤0.4mm, T 为±10%H 　0.4mm<H≤1.0mm, T 为±7%H 　H>1.0mm, T 为±5%H 宽度极限偏差为±3mm
	H<0.4mm	±0.1		
抗拉强度/MPa		≥4.0		
压缩率(%)		35~55		
回弹率(%)		≥9		
应力松弛率(%)		≤10		
灰分(%)		≤2.0		
热失重(%)	450℃	≤1.0		
	600℃	≤20		
硫含量/(μg/g)		≤1200		
氯含量/(μg/g)		≤80		

注：1. 密度为 1.0~1.1g/cm³。

　　2. 柔性石墨板的表面应平滑，无明显气泡、裂纹、皱折、划痕、杂质等缺陷。

　　3. 本表也适用于柔性石墨带。

7.2.6 柔性石墨金属缠绕垫片(见表 7-33)

表 7-33 柔性石墨金属缠绕垫片的尺寸规格及垫片用材料的技术性能(摘自 JB/T 6369—2005)

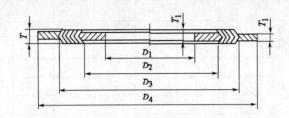

	公称通径	垫片本体		内外环	
		D_2	D_3	D_1	D_4
本体及内、外环公称通径及极限偏差/mm	≤200	+0.5 0	0 -0.8	+0.5 0	0 -0.8
	250~600	+0.8 0	0 -1.3	+0.8 0	0 -1.3
	650~1200	+1.8 0	0 -1.8	+1.5 0	0 -1.8
	1300~3000	+2.0 0	0 -2.5	+2.0 0	0 -2.5

	垫片主体		加强环	
	厚度 T	极限偏差	厚度 T_1	极限偏差
主体及加强环厚度及极限偏差/mm	2.2~3.2	+2.0 0	2	±0.2
	4.5~6.5	+0.4 0	3~5	±0.3

垫片技术指标	压缩率为 18%~30%;回弹率≥17%;应力松弛率≤15%;泄漏率≤1.0×10⁻³ cm³/s

实际为:泄漏率≤$1.0×10^{-3}$ cm³/s

	项目	指标
垫片用金属带材	厚度	0.15~0.25mm
	材质	06Cr19Ni10 冷轧钢带,也可选用 06Cr13、12Cr13、06Cr17Ni12Mo2Ti 或其他金属带材
	技术要求	1) 材料的化学成分和尺寸偏差应符合 GB/T 4239 的规定或用户要求 2) 不锈钢带硬度为 140~160HBW 或按用户要求 3) 金属带表面应光滑、洁净,不允许有粗糙不平、裂纹、划伤和锈斑等缺陷

	项目		指标
垫片用柔性石墨板	拉伸强度/MPa		≥4
	硫含量/(μg/g)		≤1200
	氯含量/(μg/g)		≤80
	热失量(%)	450℃	≤1.0
		600℃	≤20.0

注:1. 垫片本体表面不应有伤痕、凹凸不平、空隙、锈斑等缺陷。主体缠绕完成后,其密封面不允许再进行预压处理或其他加工。

2. 垫片本体表面柔性石墨带应均匀突出金属带,且光洁平整。

3. 垫片由 V 形金属带和柔性石墨带相互重叠连续缠绕而成,金属带与柔性石墨带应紧密贴合,层次均匀,不应有皱折、空隙等缺陷。

4. 缠绕时,初绕和终绕一般各应有不少于 3 圈的金属带,其间不填入柔性石墨带。

7.2.7　柔性石墨复合增强(板)垫(见表 7-34)

表 7-34　柔性石墨复合增强(板)垫分类、标记、剖面结构、规格及物理力学性能(摘自 JB/T 6628—2016)

分类、标记及剖面结构	产品分类	产品标记	剖面简图	产品分类	产品标记	剖面简图
	柔性石墨、金属齿板复合增强(板)垫	RSB 1222	柔性石墨／金属齿板	柔性石墨、金属平板复合增强(板)垫	RSB 1232	柔性石墨／金属平板

尺寸规格/mm	规格	厚度	厚度极限偏差	同张厚度差	规格	厚度	厚度极限偏差	同张厚度差
	≤500	0.5~1.0	±0.10	≤0.10	>500	0.5~1.0	±0.10	≤0.15
		>1.0~2.0	±0.15	≤0.15		>1.0~2.0	±0.15	≤0.20
		>2.0	±0.20	≤0.20		>2.0	±0.20	≤0.25

物理力学性能	性能		指标	
			RSB 1222	RSB 1232
	压缩率(%)		15~35	35~55
	回弹率(%)≥		20	10
	抽失量(%)≤	450℃	1.0	1.0
		600℃	10	10
	吸油率(%)≤	0 号柴油	20	20
		20 号机械润滑油	20	20

7.2.8　柔性石墨编织填料(见表 7-35)

表 7-35　柔性石墨编织填料的规格及技术性能(摘自 JB/T 7370—2014)

分类	1) 非金属纤维增强柔性石墨编织填料,代号为 RBT 2) 内部非金属和金属增强型柔性石墨编织填料,代号为 RBTN 3) 外部金属增强型柔性石墨编织填料,代号为 RBTW 4) 柔性石墨编织填料模压环,代号为 RBTH			

模压环尺寸及极限偏差/mm	外径 D	内径极限偏差	外径极限偏差	厚度极限偏差
	D≤25	+0.25 / 0	0 / −0.25	±0.50
	25<D≤100	+0.38 / 0	0 / −0.38	±0.75
	100<D≤200	+0.60 / 0	0 / −0.60	±1.0
	D>200	+1.0 / 0	0 / −1.0	±1.2

截面尺寸及极限偏差/mm	横截面边长	<6.0	6.0~15.0	>15.0~25.0	>25.0
	极限偏差	±0.4	±0.8	±1.2	±1.6

填料性能	性能项目	RBT	RBTN	RBTW	RBTH
	表观密度/(g/cm³)	0.8~1.5	0.9~1.6	1.1~1.8	1.2~2.2
	硫含量/(μg/g)	≤1500	≤1500	≤1500	—
	热失重(%)	≤17(450℃)	≤20(600℃)	≤20(600℃)	—

（续）

填料性能	性能项目	RBT	RBTN	RBTW	RBTH
	压缩率(%)	≥25	≥20	≥20	≥10
	回弹率(%)	≥10	≥12	≥15	≥20

注：1. 柔性石墨编织填料用材料应符合相关标准的规定，填料中加入缓蚀剂、浸渍剂、润滑剂时应注明其类型。
    2. 测定硫含量时，应将增强材料去掉后再进行测试。

7.2.9 机械用炭材料及制品（见表7-36～表7-40）

表7-36 机械用炭材料及制品的系列代号、分类及型号（摘自 JB/T 2934—2006）

系列代号	分类	型号	特性及应用
M1	炭-石墨类	M103、M126、M134、M161、M164	强度高、耐磨性好。用于机械密封、轴承、刮片等
	浸渍炭-石墨类	M113A、M120B、M161B、M169D、M170D、M103F、M135F、M140F、M161F、M106H、M112H、M120H、M126H、M161H、M103K、M106K、M120K、M126K、M158K、M161K、M120P、M120R	
M2	电化石墨类	M201、M202、M204、M205、M216、M218、M233、M238、M276、M252	强度较高，润滑性和耐冲击性均好。用于机械密封、轴承等
	浸渍电化石墨类	M262A、M201B、M202B、M205B、M216B、M254B、M218C、M201F、M202F、M205F、M216F、M218F、M201H、M202H、M204H、M205H、M216H、M233H、M238H、M252H、M254H、M255H、M201K、M202K、M204K、M205K、M216K、M218K、M252K、M254K、M262P、M262R	
M3	树脂炭复合类	M301、M304、M312、M353、M356、M357、M369	强度高，耐磨性好。用于机械密封、轴承等

注：1. JB/T 2934—2006 适用于机械、化工、轻工业部门使用的炭石墨密封环、轴承和旋片。
    2. 浸渍物的名称及代号如下：

名称	铝合金	巴氏合金	铜	锑	油脂	酚醛树脂	银	环氧树脂
代号	A	B	C	D	E	F	G	H

名称	聚四氟乙烯	呋喃树脂	磷酸铝	半干性油	脂肪酸	铝青铜	石蜡	玻璃	干性油
代号	J	K	L	M	N	P	S	R	Y

3. 型号示例：

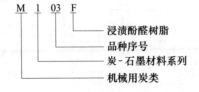

表 **7-37** 机械用炭材料的技术性能(摘自 JB/T 2934—2006)

系列代号	型号	肖氏硬度 HS ≥	抗压强度 /MPa ≥	抗折强度 /MPa ≥	开口气孔率 (%) ≤	体积密度 /(g/cm³) ≥
M1	M103	58	59	24	30	1.41
	M126	50	60	25	20	1.60
	M134	50	69	30	23	1.46
	M161	40	58	24	25	1.50
	M164	70	70	30	16	1.50
	M113A	60	250	98	2.0	1.9
	M120B	50	130	50	10	2.3
	M161B	50	102	36	6.0	2.6
	M169D	80	200	60	3.0	2.10
	M170D	70	120	40	5.0	2.20
	M103F	75	176	45	2.5	1.60
	M135F	60	100	49	3.0	1.70
	M140F	70	180	54	2.5	1.68
	M161F	50	80	36	2.5	1.75
	M106H	65	148	50	2.0	1.60
	M112H	55	170	52	2.0	1.62
	M120H	65	150	46	2.0	1.65
	M126H	70	137	44	1.5	1.70
	M161H	65	122	56	2.5	1.80
	M103K	75	170	45	2.5	1.60
	M106K	70	161	54	3.0	1.60
	M120K	70	165	50	3.0	1.65
	M126K	70	137	39	3.0	1.65
	M158K	75	147	54	2.0	1.62
	M161K	65	122	56	2.5	1.75
	M120P	70	200	70	3.0	2.40
	M120R	90	180	57	3.0	1.80
M2	M201	23	37	15	28	1.54
	M202	30	26	18	28	1.57
	M204	40	74	30	18	1.60
	M205	27	40	15	27	1.48
	M216	26	34	15	27	1.60
	M218	60	100	40	18	1.70

（续）

系列代号	型号	肖氏硬度 HS ≥	抗压强度 /MPa ≥	抗折强度 /MPa ≥	开口气孔率 （%） ≤	体积密度 /（g/cm³） ≥
	M233	55	98	39	10	1.80
	M238	35	60	30	20	1.70
	M252	32	39	20	25	1.55
	M276	40	59	25	20	1.60
	M262A	35	147	74	2.0	2.0
	M201B	28	75	34	5.0	2.5
	M202B	30	75	28	5.0	2.5
	M205B	55	115	31	5.0	2.5
	M216B	40	91	26	5.0	2.5
	M254B	30	60	30	1.0	2.3
	M218C	85	185	85	3.0	2.50
	M201F	40	78	34	2.5	1.80
	M202F	45	93	39	2.5	1.82
	M205F	40	75	38	2.5	1.80
	M216F	40	98	44	2.5	1.83
	M218F	70	160	55	1.0	1.85
M2	M254F	45	78	39	3.0	1.80
	M201H	48	88	41	2.5	1.82
	M202H	50	98	46	2.5	1.83
	M204H	62	127	50	1.0	1.85
	M205H	62	75	38	2.5	1.82
	M216H	48	97	46	2.5	1.83
	M233H	70	156	54	2.0	1.80
	M238H	40	78	39	2.0	1.85
	M252H	48	88	42	2.0	1.75
	M254H	42	74	35	2.0	1.75
	M255H	40	78	34	2.0	1.75
	M201K	42	88	35	2.5	1.82
	M202K	48	102	40	2.5	1.83
	M204K	60	137	39	3.0	1.85
	M205K	65	137	49	2.5	1.80
	M216K	40	87	30	2.5	1.80
	M218K	75	165	65	1.0	1.85

（续）

系列代号	型号	肖氏硬度 HS ≥	抗压强度 /MPa ≥	抗折强度 /MPa ≥	开口气孔率 （%） ≤	体积密度 /（g/cm³） ≥
M2	M252K	50	88	34	3.0	1.80
	M262P	40	80	40	5.0	2.60
	M262R	64	100	48	2.0	1.80
M3	M301	50	—	55	—	1.75
	M304	47		42		1.60
	M353	45	120	45	1.0	1.75
	M356	50	140	50	1.0	1.72
	M357	40	80	40	1.0	1.75
	M369	30	80	—	1.0	1.80
	M312	50	100	35	1.0	1.68

注：1. 浸渍类材料在制作非密封制品时，表中开口气孔率数字可不做考核。

2. 如用户对浸渍制品有抗渗漏要求，可按供需双方拟定条件进行耐压试验。进行耐压试验的制品，不再做开口气孔率试验。

3. 机械用炭材料不允许有开裂、起层、氧化、夹料、浸渍不透和影响成品加工尺寸的表观缺陷。

4. M301 和 M304 型号200℃线胀系数分别为 $22\times10^{-6}K^{-1}$ 和 $15\times10^{-6}K^{-1}$。

表 7-38　机械用炭制品的技术要求（摘自 JB/T 2934—2006）

制品名称	技术要求
密封环	1）静止环和旋转环的密封端面的平面度公差为 0.0009mm。表面粗糙度 Ra 值为 0.4μm 2）静止环和旋转环的密封端面对与辅助密封圈接触的端面的平行度按 GB/T 1184—1996 的 7 级公差 3）静止环和旋转环与辅助密封圈接触部位的表面粗糙度 Ra 值为 3.2μm 4）静止环和旋转环与辅助密封圈接触部位的圆周表面的尺寸公差带分别为 h8、H8 5）静止环和旋转环的密封端面对与辅助密封圈接触部位的圆周表面的垂直度均按 GB/T 1184—1996 的 7 级公差 6）活塞分瓣环的外圆周面的尺寸公差带不低于 h8，表面粗糙度 Ra 值为 3.2μm，与端面垂直度不低于 GB/T 1184—1996 的 9 级公差；两端面平行度不低于 GB/T 1184—1996 的 8 级公差，表面粗糙度 Ra 值为 3.2μm，端面间尺寸极限偏差不低于 GB/T 1800.3—1998 的 $\pm\dfrac{IT8}{2}$ 7）轴封分瓣环的内圆周面的尺寸公差带不低于 H8、表面粗糙度 Ra 值为 3.2μm，对端面的垂直度不低于 GB/T 1184—1996 的 9 级公差；两端面的平行度不低于 GB/T 1184—1996 的 8 级，表面粗糙度 Ra 值为 3.2μm，端面间尺寸极限偏差不低于 GB/T 1800.3—1998 的 $\pm\dfrac{IT8}{2}$
轴承	1）导向轴承内圆周面的尺寸公差带不低于 H8，表面粗糙度 Ra 值为 3.2μm；外圆周面的尺寸公差带不低于 h8，表面粗糙度 Ra 值为 3.2μm；内外圆的同轴度不低于 GB/T 1184—1996 的 8 级公差 2）推力轴承的工作面与外圆周表面的垂直不低于 GB/T 1184—1996 的 9 级公差；外圆周面的尺寸公差带为 h8
旋片	两短工作面间和两大面间的尺寸极限偏差不低于 GB/T 1800.3—1998 的 $\pm\dfrac{IT8}{2}$，长工作面与短工作面间的垂直度不低于 GB/T 1184—1996 的 8 级公差，工作面与两大面表面粗糙度 Ra 值均为 3.2μm

表 7-39　国产机械用碳、石墨材料的型号及技术性能

类别	型号	抗压强度/MPa ≥	抗弯强度/MPa ≥	抗压模量/GPa	肖氏硬度HS ≥	体积密度/(g/cm³) ≥	线胀系数/10⁻⁶K⁻¹	热导率/[W/(m·K)]	特性及应用
炭质石墨	M103	100	35	10	62	1.55	4.0	5.0	应用炭、石墨零部件的机械装备类型主要有：气体压缩机、泵、阀及各种机械密封。具体设备如下：在压缩机特别是需要清洁干燥空气的不注油压缩机中，活塞或压缩机的活塞环、导向环、活塞杆的密封环，旋转式、摆动式压缩机的叶片；泵阀的滑动轴承、密封环、密封填料；机械密封的静止环；汽轮机和水轮机中的密封件、输送装备的轴承等；热电站、石油化工、化工企业中大量管道接头的密封，内燃机缸体的密封等大量静密封用的垫片等；车辆、船舶、飞机使用的刹车块、刹车片也越来越多采用炭材料，炭质制动材料摩擦因数小，所以制动时需施加较大压力，但其磨损小，耐高温且摩擦因数与温度无关，所以制动性能稳定，使用寿命长，特别适用于高温高速刹车材料
	M161	80	32	10	50	1.56	4.0	5.0	
石墨质（电化石墨）	M202	60	25	7	40	1.60	3.0	108.9	
	M203	60	25	7	40	1.65	3.0	108.9	
	M205	80	28	7	55	1.60	3.0	108.9	
	M216	50	25	7	38	1.60	3.0	108.9	
	M224	70	30	7	40	1.70	3.0	108.9	
浸渍酚醛树脂	M161F	135	55	12	65	1.80	7.0	4.6	
	M201F	85	38	10	45	1.82	6.5	96.3	
	M202F	100	45	10	48	1.82	6.5	96.3	
	M216F	100	45	10	50	1.82	6.5	96.3	
	M205F	140	55	10	70	1.80	6.5	96.3	
	M214F	200	70	10	72	1.75	6.5	96.3	
	M218F	160	60	10	80	1.80	6.5	96.3	用于轴承、制动密封的炭材料一般应具有较高的强度和良好的耐磨性，用传统工艺制备的耐磨炭、石墨材料通常为细结构炭、石墨材料。通常使用的炭、石墨材料有如下几种：
浸渍呋喃树脂	M103K	190	65	12	85	1.75	6.5	4.2	
	M161K	140	56	10	65	1.80	6.0	83.7	
	M202K	102	45	10	48	1.83	6.0	83.7	
	M203K	105	49	10	51	1.85	6.0	83.7	
	M205K	152	55	10	76	1.80	6.0	83.7	1) 炭质耐磨材料。即经过煅烧后有石墨化的细结构炭、石墨材料，硬质，在流体润滑时的耐磨损性能好，在大气中的耐热温度约为300℃（开始氧化温度）。经过石墨化处理，质软，自润滑性好，大气中的耐热温度约为450℃
	M214K	210	72	10	75	1.78	6.0	83.7	
	M218K	170	62	10	85	1.80	6.0	83.7	
浸渍环氧树脂	M103H	185	66	12	82	1.75	4.8	4.6	
	M161H	140	56	12	65	1.80	4.8	4.6	
	M203H	100	50	10	50	1.85	4.5	88.0	2) 树脂浸渍炭、石墨材料。上述炭、石墨材料浸渍不同树脂并固化处理的材料，密度、强度、气密性及耐磨性得到提高，大气中的耐热温度根据树脂种类不同为170~300℃
	M205H	145	55	10	76	1.82	4.5	88.0	
浸渍巴氏合金	M103B	225	75	14	75	2.40	5.5	10.5	
	M201B	80	35	11	40	2.50	5.0	104.7	
	M202B	90	40	11	45	2.50	5.0	104.7	
	M203B	100	45	11	45	2.50	5.0	104.7	
	M205B	160	60	11	65	2.50	5.0	104.7	3) 浸渍金属炭、石墨材料。浸渍不同金属后，强度、耐压性、耐磨性、气密性、导电性提高，大气中耐热性根据浸渍金属的不同为200~450℃
浸渍铝合金	M202A	150	52	11	55	2.10	5.0	104.7	
	M205A	260	85	11	75	2.00	5.0	104.7	
浸渍铜合金	M202C	120	50	10	56	2.60	7.0	110.0	
	M205C	170	56	10	70	2.50	7.0	110.0	
	M218C	185	65	10	85	2.50	7.0	110.0	
浸渍锑合金	M103D	230	75	20	80	2.20	5.5	21.0	4) 炭复合材料、柔性石墨材料以及金刚石、类金刚石薄膜等。这些材料性能优异，可以满足不同的技术要求，如柔性石墨密封件可满足工作温度高达600℃的要求
	M203D	102	40	10	50	2.30	5.0	105.0	
	M205D	170	60	10	70	2.20	5.0	105.0	
浸渍无机盐	M224W	90	35	—	50	1.86	—	—	
	M205W	115	32	—	62	1.85	—	—	
树脂炭	M301	—	55	12	50	1.75	20.0	6.7	
	M369	80	—	12	30	1.80	20.0	6.7	

注：本表为哈尔滨哈碳机械密封制造有限责任公司的产品技术资料。

表 7-40　一般机械用炭、石墨材料的选用

工作状况			应用零件实例	推荐型号	适用摩擦副材料
使用条件	工作介质				
使用温度：400℃ 介质压力：3MPa	空气、蒸汽、油类		压缩机、制氧机汽轮机、水轮机用密封环、活塞环和导向环	M216 M202 M203 M205 M224 M103	不锈钢、镀铬钢、铸铁
使用温度：180℃ 介质压力：3MPa 转速：3600r/min pv 值：8MPa·m/s	水、海水、油类、有机溶剂、盐	酸	潜水电机、屏蔽电机用轴承、离心泵、反应釜用机械密封环，压缩机活塞环	M201F M202F M216F	硬质合金、陶瓷、镀铬钢、不锈钢、表面堆焊硬质合金
		酸、碱		M202K M203K	
		强碱		M203H	
使用温度：180℃ 介质压力：8MPa 转速：1000r/min pv 值：12MPa·m/s	油类、水、丙烷、液氮、氟利昂、有机溶剂、盐、悬浮液	酸	流量仪表、潜水电机、屏蔽电机用轴承，泵、釜、制冷机、旋转接头用密封环、导向环和轴封环	M205H M214 M218F	硬质合金、碳化硅、氮化硅、不锈钢、合金钢
		酸、碱		M205K M214K M218K M103K	
		强碱		M205H M103H	
使用温度：180℃ 转速：4000r/min	空气、汽油、真空油		转子发动机、真空泵、印刷机、汽油机用旋片	M161F M161K M161H M301	铸铁、铝镀铬、镀铬钢
使用温度：200℃ 转速：4000r/min pv 值：15MPa·m/s	油类、水、海水		潜水电机用轴承、机械密封环	M201B M202B M203B M205B M103B	硬质合金、不锈钢
使用温度：400℃ 转速：2000r/min	油类、甲胺、液氨		压缩机用活塞环、导向环和垫片、高温流量仪表轴承、增压器用浮动密封环	M202A M205A	不锈钢、镀铬钢
使用温度：400℃ 高载、低速	干摩擦、油类、高温水、水蒸气		高温油泵用机械密封环、蒸汽流量计轴承、干摩擦条件下的摩擦环	M202C M205C M218C	硬质合金、不锈钢、合金钢、镀铬钢
使用温度：400℃ 介质压力：10MPa 转速：6000r/min	空气、油类、水、水蒸气、天然气、硫化氢		热水循环泵、蒸汽干燥器、旋转接头用密封环，大负载潜水电机用轴承，压缩机填料环和导向环	M103D M203D M205D	硬质合金、碳化硅、氮化硅、不锈钢、镀铬钢

（续）

工作状况		应用零件实例	推荐型号	适用摩擦副材料
使用条件	工作介质			
使用温度：500℃	空气、油类、有机溶剂	热油泵、高温阀门用密封件，耐高温零部件	M224W M205W	不锈钢
使用温度：200℃ 介质压力：2MPa 转速：3000r/min	水、酸、弱碱、盐	纺织印染机轴承，轻型机械密封环	M369	不锈钢、铸铁、黄铜

7.2.10 碳（化）纤维浸渍聚四氟乙烯编织填料（见表 7-41）

表 7-41 碳（化）纤维浸渍聚四氟乙烯编织填料的分类、尺寸规格及技术性能（摘自 JB/T 6627—2008）

分类及尺寸规格	分类	类型	最高使用温度/℃	适用介质		类型	最高使用温度/℃	适用介质			
		T1101	≤345	溶剂、酸、碱，pH：1～14		T2102	≤300	溶剂、酸、碱，pH：1～14			
		T1102	≤345	溶剂、酸、碱，pH：1～14		T3101	≤260	溶剂、弱酸、弱碱，pH：2～12			
		T2101	≤300	溶剂、酸、碱，pH：1～14		T3102	≤260	溶剂、弱酸、弱碱，pH：2～12			
	压模成形环规格/mm	内径	4～100		101～200		外径	10～150		151～250	高度	3～25
		极限偏差	+0.3 0		+0.5 0	极限偏差		0 -0.5		0 -0.7		
	正方形截面填料规格尺寸/mm	规格	3.0	4.0	5.0	6.0	8.0	10.0	12.0	14.0	16.0	18.0	20.0	22.0	24.0	25.0
		极限偏差	±0.2			±0.3			±0.5		±0.7		±1.0			

技术性能	项目		指标					
			T1101	T1102	T2101	T2102	T3101	T3102
	体积密度/(g/cm³)		≥1.2	≥1.5	≥1.2	≥1.4	≥1.1	≥1.3
	耐温失量(%)	(345±10)℃	≤6	≤5	—	—	—	—
		(300±10)℃	—	—	≤6	≤5	—	—
		(260±10)℃	—	—	—	—	≤6	≤5
	摩擦因数		≤0.15					
	磨耗量(g)		<0.1	<0.07	<0.1	<0.07	<0.1	<0.1
	压缩率(%)		20～45	10～25	25～45	10～25	25～45	10～25
	回弹率(%)		≥30	≥30	≥30	≥30	≥25	≥30
	酸失量(5%硫酸)(%)		<3	<3	<3	<3	<5	<5
	碱失量(%)	25%NaOH	<3	<3	<3	<3	—	—
		5%NaOH	—	—	—	—	<8	<8

注：1. JB/T 6627—2008 适用于碳纤维、碳化纤维 I 型、碳化纤维 II 型浸渍聚四氟乙烯或浸润滑油类编织及模压成型填料。

2. 产品的型号由大写汉语拼音字母和阿拉伯数字组成，表示方法如下：

$$T\ \square\ \square\ \square\ \square$$

填料形式：1 为编织填料；2 为模压成型填料环

填充材料代号：0 为不含填充材料；1 为聚四氟乙烯纤维；2 为柔性石墨

浸渍材料代号：0 为不含浸渍材料；1 为聚四氟乙烯乳液；2 为润滑油；3 石墨；4 为二硫化钼

碳纤维及碳化纤维代号：1 为碳纤维；2 为碳化纤维 I 型；3 为碳化纤维 II 型

碳（化）纤维编织填料的基本代号

7.2.11 玻璃态炭材料(见表7-42)

表7-42 玻璃态炭材料的尺寸规格、技术性能及应用(摘自JC/T 425—1991)

<table>
<tr><td rowspan="9">产品种类及尺寸规格/mm</td><td rowspan="2">品种</td><td colspan="2">长度</td><td colspan="2">宽度</td><td colspan="2">厚度</td><td colspan="2">直径</td></tr>
<tr><td>公称尺寸</td><td>极限偏差</td><td>公称尺寸</td><td>极限偏差</td><td>公称尺寸</td><td>极限偏差</td><td>公称尺寸</td><td>极限偏差</td></tr>
<tr><td rowspan="3">长方板材</td><td>230</td><td rowspan="3">±0.5</td><td>90</td><td rowspan="3">±0.3</td><td>6</td><td rowspan="3">±0.3</td><td>—</td><td>—</td></tr>
<tr><td>200</td><td>80</td><td>7</td><td>—</td><td>—</td></tr>
<tr><td>180</td><td>60</td><td>7</td><td>—</td><td>—</td></tr>
<tr><td>圆板材</td><td>—</td><td>—</td><td>—</td><td>—</td><td>5</td><td></td><td>160</td><td>0
-0.5</td></tr>
<tr><td rowspan="3">棒材</td><td>100</td><td rowspan="3">±0.5</td><td>—</td><td>—</td><td>—</td><td>—</td><td>10、9、8</td><td rowspan="2">±0.3</td></tr>
<tr><td>80~130</td><td>—</td><td>—</td><td>—</td><td>—</td><td>7、6、5、4</td></tr>
<tr><td>50~80</td><td>—</td><td>—</td><td>—</td><td>—</td><td>3.5、3、2.5</td><td>±0.2</td></tr>
</table>

<table>
<tr><td rowspan="5">技术性能</td><td>项目</td><td>指标</td><td rowspan="5">产品外观要求</td><td rowspan="5">产品外观呈墨色、镜面、表面平滑、无裂纹、无明显弯曲</td></tr>
<tr><td>密度/(g/cm^3)</td><td>1.51~1.52</td></tr>
<tr><td>肖氏硬度 HS</td><td>120~128</td></tr>
<tr><td>体积电阻率/10^{-4}Ω·cm</td><td>48~55</td></tr>
<tr><td>平均线胀系数(室温~500℃)/10^{-6}K^{-1}</td><td>2.3~2.4</td></tr>
</table>

<table>
<tr><td>技术性能</td><td>透气率/(10^{-8}Pa·L/s) ≤</td><td>1</td></tr>
<tr><td>特性及应用</td><td colspan="2">以热固性树脂经特殊工艺处理制成,是各向同性的不透性材料。质脆,兼有石墨和玻璃性质,强度和电阻率比一般石墨材料高数倍,线胀系数近似,热导率低于一般石墨而高于玻璃,硬度高、耐高温、耐蚀和抗氧化性均好。可用于旋转密封的辅助面、冶炼金属坩埚、舟皿及激光技术中的电极材料</td></tr>
</table>

7.2.12 不透性石墨(见表7-43~表7-48)

表7-43 不透性石墨管的尺寸规格及技术性能(摘自HG/T 2059—2014)

<table>
<tr><td rowspan="14">技术性能</td><td colspan="2" rowspan="2">性能</td><td colspan="2">压型酚醛石墨管</td><td colspan="2">浸渍树脂石墨管</td></tr>
<tr><td>YFSG1</td><td>YFSG2</td><td>JSSG1</td><td>JSSG2</td></tr>
<tr><td colspan="2">体积密度/(kg/m^3) ≥</td><td>1.8×10^3</td><td>1.8×10^3</td><td>1.9×10^3</td><td>1.74×10^3</td></tr>
<tr><td colspan="2">热导率/[W/(m·K)]</td><td>31.4~40.7</td><td>31.4~40.7</td><td>104.6~116.0</td><td>116.0~120.0</td></tr>
<tr><td colspan="2">线胀系数/℃$^{-1}$</td><td>24.7×10^{-6}(129℃)</td><td>8.2×10^{-6}(129℃)</td><td>2.4×10^{-6}(129℃)</td><td>—</td></tr>
<tr><td colspan="2">抗拉强度/MPa ≥</td><td>19.6</td><td>16.7</td><td>15.7</td><td>30.0</td></tr>
<tr><td colspan="2">抗压强度/MPa ≥</td><td>88.2</td><td>73.5</td><td>75.0</td><td>90.0</td></tr>
<tr><td colspan="2" rowspan="3">抗弯强度/MPa</td><td colspan="2">55.0(φ32mm/φ22mm)</td><td colspan="2">50.0(φ32mm/φ22mm)</td></tr>
<tr><td colspan="4">45.0(φ38mm/φ25mm)</td></tr>
<tr><td colspan="4">35.0(φ50mm/φ36mm)</td></tr>
<tr><td colspan="2" rowspan="2">水压爆破强度/MPa</td><td colspan="2" rowspan="2">7(φ32mm/φ22mm×300mm)、
6(φ50mm/φ36mm×300mm)</td><td colspan="2">6~10</td></tr>
<tr><td colspan="2">(根据直径)</td></tr>
<tr><td colspan="2">水压试验</td><td colspan="4">不透性石墨管每根均以1.5倍的设计压力进行水压试验,保持30min不渗漏</td></tr>
</table>

<table>
<tr><td rowspan="4">尺寸规格</td><td>公称直径</td><td>22</td><td>25</td><td>30</td><td>36</td><td>40</td><td>50</td><td>65</td><td>75</td><td>102</td><td>127</td><td>152</td><td>203</td><td>254</td></tr>
<tr><td>内径/mm</td><td>22</td><td>25</td><td>30</td><td>36</td><td>40</td><td>50</td><td>65</td><td>75</td><td>102</td><td>127</td><td>152</td><td>203</td><td>254</td></tr>
<tr><td>外径/mm</td><td>32</td><td>38</td><td>43</td><td>50</td><td>55</td><td>67</td><td>85</td><td>100</td><td>133</td><td>159</td><td>190</td><td>254</td><td>330</td></tr>
<tr><td>设计压力/MPa</td><td colspan="6">≤0.3</td><td colspan="7">≤0.2</td></tr>
</table>

表 7-44 不透性石墨的品种及技术性能

品　　种	人造石墨	酚醛树脂压型石墨		浸渍石墨			浇注石墨（常温常压）
				浸酚醛		浸呋喃	
		压型管	碳化管	管材	块材		
体积密度/(g/cm³)	1.5~1.6	1.87	1.79	1.90	1.80~1.90	1.80	1.20
抗压强度/MPa	20~24	66	69	83	60~70	42~59	49
抗弯强度/MPa	8.5~10.0	43.0	39.0	30.7	24.0~28.0	14.0~20.0	21.1
抗拉强度/MPa	2.5~3.5	16.0	14.1	19.5~23.2	8.0~10.0	—	7.7
线胀系数/10⁻⁶K⁻¹	2.25	24.75 (129℃)	8.45 (151℃)	2.4	5.5		30
热导率/[W/(m·K)]	172~130	33 (56℃)		105~117	117~126		
马丁耐热温度/℃	—	≤170	300	≤170	≤170	180~200	≤106
透气性	—	10MPa 水压不透	8MPa 水压不透		6MPa 水压不透	5MPa 水压不透	
热稳定性次数(150℃急冷至20℃)	>20	>20	>20	>20	>20	>20	>20

注：不透性石墨以一般人造石墨制品为基体，浸渍树脂填充基体中孔隙而成，或以石墨粉加树脂为黏结剂，压制或浇注成型，俗称塑料石墨。具有优良的耐蚀性，导热性好，耐热冲击性强。用于化工设备中的块、管式和径向式石墨热交换器、降膜式石墨吸收器、浓硫酸石墨稀释器、石墨盐酸合成炉及耐腐蚀管道、管件和床板、石墨防爆片等。

表 7-45 国产不透性石墨挤压管的种类及技术性能

性能	石墨/酚醛		石墨/呋喃		石墨/酚醛环氧树脂	石墨/聚氯乙烯		石墨/聚丙烯	
	固化温度					石墨量		石墨量	
	130℃	300℃	石墨/糠醇	石墨/糠酮		24%	31%	40%	50%
密度/(g/cm³)	1.8~1.93	1.79	1.84	1.80~1.81	1.80	1.51	1.53	1.26	1.35
抗拉强度/MPa	86.2~120	69	71~89.9	91	98.2	49	45	23.3	20.9
冲击韧度/(J/m²)	2842~3579	—	2459	2450	3234	—	—	—	—
水爆压力/MPa	7~9	7	6	6~7	6				
线胀系数/10⁻⁶K⁻¹	24.75(196℃)	8.45(1.51℃)	—	—		30.6	30	57.2	56.5
热导率/[W/(m·K)]	31.4~40.7		38.4	37.8	37.2	3.72	5	1.65	3.02
抗渗压力/MPa	0.8	0.8	0.8	0.8	0.8				
使用温度/℃	≤170	200	180~190	180~190	≤180	65	65	≤110	≤110

注：碳、石墨材料具有优良的耐蚀性能和导热性能。石墨化工设备是一种重要的碳、石墨材料制品，不透性石墨管是石墨化工设备中用量很大的功能元件。

表 7-46 浇注成型类不透性石墨的种类及技术性能

性能	石墨/酚醛		石墨/糠酮	石墨/糠醛	石墨/酚醛-糠酮	石墨/酚醛-环氧	特性及应用
	常温浇注	60~80℃浇注					
密度/(g/cm³)	1.2	1.4	1.45	1.53	1.3	1.5	以30%~50%石墨粉与热固性树脂混合浇注成型，经固化制得。通常用于导热性要求不高、形状复杂的构件，如石墨泵泵体、叶轮、泵盖等零件
抗压强度/MPa	48.7	74.1	79.9	121.3	64.6	82	
抗拉强度/MPa	7.1	13.8	9.0	25.6	9.7	16.5	
抗弯强度/MPa	21.1	32.9	23.4	66.6	29.3	35	
热导率/[W/(m·K)]	—	9.3	9.3	9.3	9.3	9.3	
线胀系数/10⁻⁶K⁻¹	3	2.0	3.9	3.0	3.2	2.8	
耐热度/℃	106	116	119	114	158	—	

表 7-47 酚醛浸渍石墨的耐蚀性能

介质名称		质量浓度/(10g/L)	温度/℃	耐蚀性能	介质名称		质量浓度/(10g/L)	温度/℃	耐蚀性能
酸类	盐酸	任意	沸点以下	A	有机介质	甲-戊醇	100	沸点以下	A
	硫酸	<80	沸点以下	A		甲-戊酮	100	沸点以下	A
	亚硫酸	任意	沸点以下	A		甲-戊醛	100	沸点以下	A
	磷酸	<85	沸点以下	A		氯代甲-戊醛	任意	沸点以下	A
	硝酸	<15	<50	A		氯代甲-戊烷	任意	沸点以下	A
	亚硝酸	任意	沸点以下	A		氯代甲-戊烯	任意	沸点以下	A
	硝酸	30	<20	A		苯、氯苯、苯胺	100	沸点以下	A
	氢氟酸	48	沸点以下	A		苯乙烯、乙苯	100	80	A
	氮溴酸	任意	沸点以下	A		二甲苯	100	100	A
	铬酸	10	20	A		双二氯苯	100	125	A
	甲-丁酸	任意	沸点以下	A		硝基苯	100	135	A
	顺丁烯乙酸	45	90	A		二硫化碳	100	沸点以下	A
	谷氨酸	20	<140	A		苯酚	98	80	A
	苯磺酸	10	120	A		汽油	100	沸点以下	A
	其他有机酸	任意	沸点以下	A		植、动物油	—	<170	A
碱类	氢氧化钠	2.5	20	C		煤油	—	<170	A
	氢氧化钾	2.5	20	C		甘油	95	沸点以下	A
	氢氧化氰	28	50	A		石蜡	—	60	A
盐类溶液	硫酸盐	任意	沸点以下	A	盐类溶液	高锰酸钾	20	80	C
	硫代硫酸盐	任意	沸点以下	A		高锰酸钾	20	60	B
	钾钠碳酸盐	任意	80	B		重铬酸钾	40	60	B
	其他碳酸盐	任意	沸点以下	A	其他介质	氟气	100	常温	C
	磷酸盐	任意	沸点以下	A		干氯气	100	常温	A
	次氯酸盐	<12.5	沸点以下	A		溴	100	20	C
	金属氯化物	任意	沸点以下	A		溴水	饱和	50	C
	金属硫化物	任意	沸点以下	A		碘	饱和	100	C
	硫氢酸盐	任意	沸点以下	A		拉开粉	20	100	C
	硫酸锰	15	95	A		发泡粉	20	100	C

注：A—完全耐蚀，B—实用耐蚀，C—耐蚀性差。

表 7-48 浸呋喃树脂石墨的耐蚀性能

介质	质量浓度/(10g/L)	温度/℃	耐蚀性
硫酸	90	50	A
铬酸	10	50	A
氢氧化钠	<50	沸点	A
氢氧化钾	20	40	A
次氯酸钙	20	60	A
高锰酸钾	20	60	A
重铬酸钾	20	60	A

注：A—完全耐蚀。

7.2.13 碳石墨耐磨材料(见表7-49)

表7-49 碳石墨耐磨材料的种类、技术性能及应用

类别	体积密度/(g/cm³)	肖氏硬度 HS	气孔率(体积分数)/(%)	抗压强度/MPa	抗折强度/MPa	线胀系数/10⁻⁶K⁻¹	耐热温度/℃
碳石墨	1.50~1.70	50~85	10~20	80~180	25~55	—	350
电化石墨	1.60~1.80	40~55	10~20	35~75	20~40	3	400
碳石墨基体；浸酚醛	1.65	90	5	260	65	14	170
浸环氧	1.62~1.68	65~92	2	100~270	45~75	11.5	—
浸呋喃	1.70	70~90	2	170~270	60	6.5	—
浸四氟乙烯	1.60~1.90	80~100	<8	140~180	40~60	—	—
浸巴氏合金	2.40	60	2	200	65	—	—
浸青铜	2.40	90	4	320	80	6	500
电化石墨基体；浸酚醛	1.80	45~72	2~3	90~140	35~50	14	170
浸环氧	1.80~1.90	40~90	1	70~150	30~80	11.5	—
浸呋喃	1.85~1.90	50~80	1	120~150	45~50	6.5	170
浸四氟乙烯	1.70	65	—	60	30	5.2	250
浸巴氏合金	2.40	42~60	2	100~200	40~70	5.5	200
浸青铜	2.45	45~60	2~3	120~150	60~70	6	500
浸铝合金	2.10~2.20	45	1	200	100	6	400
浸磷酸盐	1.60	65	—	50	30	5.2	500

应用 碳石墨材料在润滑介质和腐蚀介质中均能自润滑地长期工作，浸渍石墨（树脂、青铜、巴氏合金）适用于制作油泵、水泵、汽轮机、搅拌机以及各种酸碱化工泵的密封环（静环）、防爆片、管道、管件等；碳质浸渍石墨（树脂、金属）适用于造纸、木材加工、纺织、食品等机器上忌油脂场所的轴承；电化石墨、浸渍石墨（金属）适于化工用气体压缩机的活塞环等；浸渍石墨（金属）适于制作计量泵、真空泵、分配泵的刮片等

7.3 石棉及石棉制品

7.3.1 温石棉和青石棉性能及应用(见表7-50和表7-51)

表7-50 温石棉和青石棉的性能及应用

性能	温石棉	青石棉	性能及应用
密度/(g/cm³)	2.2~2.4	3.2~3.3	
硬度(莫氏)	2.5~4.0	4.0	
纤维外形	白色有光泽	深青色光泽小	
柔顺性	柔软	柔软	温石棉质软，有弹性，熔化温度高，耐热性好，耐酸性能较差。主要用于纺织和保温制品、隔音材料和复合材料。温石棉分为手选温石棉和机选温石棉两种
强韧性	强	稍强	
热导率/[W/(m·K)]	0.2512	—	
熔点/℃	1200~1600	900~1150	
使用温度/℃	400	200	
最高使用温度/℃	600~800	—	
灼烧减量(800℃)(%)	13~15	3~4	青石棉质硬，强度高，耐酸性能优，能防辐射，熔化温度低。主要用于水泥石棉管道、防辐射及过滤材料
吸湿率(%)	1~3	1~3	
耐酸性	弱	强	
耐碱性	强	弱	
抗拉强度/MPa	3000	3300	
作为绝缘材料	适宜	较差	

表 7-51　机选温石棉的分级、产品代号及质量指标（摘自 GB/T 8071—2008）

级别	产品代号	干式分级(质量分数,%) +12.5mm ≥	+4.75mm ≥	+1.4mm ≥	-1.40mm ≤	松解棉含量(质量分数,%) ≥	+1.18mm纤维含量(质量分数,%) ≥	-0.075mm细粉量(质量分数,%) ≤	纤维系数 ≥	砂粒含量(质量分数,%) ≤	夹杂物含量(质量分数,%) ≤
1	1-70	70	93	97	3	—	50	40	—	0.3	0.04
	1-60	60	88	96	4		47	44			
	1-50	50	85	95	5		43	46			
2	2-40	40	82	94	6	—	37	50	—		
	2-30	30	82	93	7		32	54			
	2-20	20	75	91	9		28	58			
3	3-80	—	80	93	7	50	10	38	1.3	0.3	0.04
	3-70		70	91	9			40	1.2		
	3-60		60	89	11			42	1.1		
	3-50		50	87	13		9	43	1.0		
	3-40		40	84	16			44	0.9		
4	4-30	—	30	83	17	45	8	46	0.7	0.4	0.03
	4-20		20	82	18		7	49	0.6		
	4-15		15	80	20		6	52	0.5		
	4-10		10	80	20		6	52	0.5		
5	5-80	—	—	80	20	40	4	54	0.40	0.5	0.02
	5-70			70	30		3	56	0.35		
	5-60			60	40		1.5	58	0.30		
	5-50			50	50		1	60	0.25		
6	6-40	—	—	40	60	35	—	66	—	2.0	
	6-30			30	70			68			
	6-20			20	80			70			

产品代号	松散密度/(kg/m³) ≤	-0.045mm细粉含量(质量分数,%) ≤	砂粒含量(质量分数,%) ≤
7 / 7-250	250	50	0.05
7-350	350	50	0.1
7-450	450	60	0.3
7-550	550	70	0.5

注：1. 温石棉是一种纤维状含水硅酸镁矿物，矿物学上称其为纤维蛇纹石，分子式为 $3MgO \cdot 2SiO \cdot 2H_2O$；温石棉纤维是具有一定长径比、最大横向尺寸小于 0.1mm 的温石棉集合体；机选温石棉是用机械方法从矿石中选出来的各等级温石棉纤维；细粉是按规定试验方法，对温石棉纤维进行长度分级所得到的最细粒度，通常是指按 GB/T 6646—2008 规定的湿式分级中通过 0.075mm 筛孔的物料；松解棉是经过松解、具有高度纤维化的温石棉；主体纤维含量是机选温石棉经干式分级后留存在所规定筛网上的累积筛余量，1、2 级温石棉规定筛孔为 12.5mm，3、4 级筛孔为 4.75mm，5、6 级筛孔为 1.4mm。纤维系数是表示温石棉纤维长度和数量的综合特征量，由 GB/T 6646—2008 快速湿式分级方法测定的数据计算得出。

2. 产品代号和标记：

1~6 级机选温石棉的产品代号由级别识别数字（一位数字）和主体纤维含量识别数字（两位数字）组成。7 级机选温石棉的产品代号由数字 7 和松散密度数值组成。

机选温石棉的标记由产品代号后缀本标准号组成。

示例如下：

5 级温石棉、主体纤维含量（质量分数）为 60%，其标记为：5-60-GB/T 8071—2008；

7 级温石棉、松散密度为 350kg/m³，其标记为：7-350-GB/T 8071—2008。

7.3.2 石棉橡胶板(见表 7-52)

表 7-52 石棉橡胶板的等级牌号、性能及应用(摘自 GB/T 3985—2008)

	等级牌号	对应 GB/T 20671.1 的编码	表面颜色	推荐使用范围	应用
等级牌号及应用	XB510	F119000-B7M7TZ	墨绿色	温度 510℃ 以下、压力 7MPa 以下的非油、非酸介质	板材以温石棉为增强纤维,以橡胶为黏结剂,经辊压形成用于制造耐热耐压密封垫片及其他要求的密封垫片
	XB450	F119000-B7M6TZ	紫色	温度 450℃ 以下、压力 6MPa 以下的非油、非酸介质	
	XB400	F119000-B7M6TZ	紫色	温度 400℃ 以下、压力 5MPa 以下的非油、非酸介质	
	XB350	F119000-B7M5TZ	红色	温度 350℃ 以下、压力 4MPa 以下的非油、非酸介质	
	XB300	F119000-B7M4TZ	红色	温度 300℃ 以下、压力 3MPa 以下的非油、非酸介质	
	XB200	F119000-B7M3TZ	灰色	温度 200℃ 以下、压力 1.5MPa 以下的非油、非酸介质	
	XB150	F119000-B7M3TZ	灰色	温度 150℃ 以下、压力 0.8MPa 以下的非油、非酸介质	

	项目	XB510	XB450	XB400	XB350	XB300	XB200	XB150
物理力学性能	横向拉伸强度/MPa ≥	21.0	18.0	15.0	12.0	9.0	6.0	5.0
	老化系数 ≥	0.9						
	烧失量(%) ≤	28.0			30.0			
	压缩率(%)	7~17						
	回弹率(%) ≥	45			40		35	
	蠕变松弛率(%) ≤	50						
	密度/(g/cm³)	1.6~2.0						
	常温柔软性	在直径为试样公称厚度 12 倍的圆棒上弯曲 180°,试样不得出现裂纹等破坏迹象						
	氮气泄漏率 /[mL/(h·mm)] ≤	500						
耐热耐压性	温度/℃	500~510	440~450	390~400	340~350	290~300	190~200	140~150
	蒸汽压力/MPa	13~14	11~12	8~9	7~8	4~5	2~3	1.5~2
	要求	保持 30min,不被击穿						

注:1. GB/T 3985—2008 没有规定板材厚度、长度和宽度的具体尺寸,可按用户要求提供,长、宽、厚尺寸的允许偏差应按标准规定的要求执行。旧标准 GB/T 3985—1995 规定的厚度(mm)为 0.5、0.6、0.8、1.0~3.0 以上(0.5mm进级),宽度(mm)为 500、620、1200、1260、1500,长度(mm)为 500、620、1000、1260、1350、1500、4000,供参考。

2. 标记示例:

1) 按产品等级牌号和标号编号标记,等级牌号为 XB350 的石棉橡胶板标记为:XB350-GB/T 3985。

2) 根据产品型号类别和物理力学性能按 GB/T 20671.1 规定方法标记,等级牌号为 XB350 的石棉橡胶板标记为:GB/T 20671-ASTM F104(F119000-B7M5TZ)。

上述两种标记方法任选其一即可。

7.3.3 耐油石棉橡胶板(见表7-53)

表 7-53 耐油石棉橡胶板的分类、等级牌号、性能及应用(摘自 GB/T 539—2008)

分类		等级牌号	对应 GB/T 20671.1 的编码	表面颜色	推荐使用范围	应用
分类等级牌号及用途	一般工业用耐油石棉橡胶板	NY510	F119040-A9B7 E04M6TZ	草绿色	温度 510℃ 以下、压力 5MPa 以下的油类介质	以温石棉为增强纤维，以耐油橡胶为黏结剂，经辊压形成。用于制造耐油密封垫片及其他要求的密封垫片
		NY400	F119040-A9B7 E04M6TZ	灰褐色	温度 400℃ 以下、压力 4MPa 以下的油类介质	
		NY300	F119040-A9 BTE04M5TZ	蓝色	温度 300℃ 以下、压力 3MPa 以下的油类介质	
		NY250	F119040-A9 B7E04M5TZ	绿色	温度 250℃ 以下、压力 2.5MPa 以下的油类介质	
		NY150	F119040-A9 M4TZ	暗红色	温度 150℃ 以下、压力 1.5MPa 以下的油类介质	
	航空工业用耐油石棉橡胶板	HNY300	F119040-A9 B7E04M5TZ	蓝色	温度 300℃ 以下的航空燃油、石油基润滑油及冷气系统的密封垫片	

项　目			NY510	NY400	NY300	NY250	NY150	HNY300
横向拉伸强度/MPa		≥	18.0	15.0	12.7	11.0	9.0	12.7
压缩率(%)			7~17					
回弹率(%)		≥	50		45	35	50	
蠕变松弛率(%)		≤	45			—	45	
密度/(g/cm³)			1.6~2.0					
常温柔软性			在直径为试样公称厚度12倍的圆棒上弯曲180°，试样不得出现裂纹等破坏迹象					
浸渍 IRM903 油后性能(149℃,5h)	横向拉伸强度/MPa	≥	15.0	12.0	9.0	7.0	5.0	9.0
	增重率(%)	≤	30					
	外观变化		—					无起泡
浸渍 ASTM 燃料油 B 后性能(21~30℃,5h)	增厚率(%)		0~20			—	0~20	
	浸油后柔软性		—					同常温柔软性要求
对金属材料的腐蚀性			—					无腐蚀
常温油密封性	介质压力/MPa		18	16	15	10	8	15
	密封要求		保持 30min，无渗漏					
氮气泄漏率/[mL/(h·mm)]		≤	300					

注：1. GB/T 539—2008 没有规定板材厚、宽、长的具体尺寸，可按用户要求提供，但长、宽、厚的尺寸允许偏差应按此标准规定的要求执行。旧标准 GB/T 539—1995 规定的厚度(mm)为 0.4、0.5、0.6、0.8、0.9、1.2、1.5、2.0、2.5、3.0，宽度(mm)为 550、620、1200、1260、1500，长度(mm)为 550、620、1000、1260、1350、1500，供参考。

2. 厚度大于 3mm 的板材不做拉伸强度试验。

3. 标记示例：下述两种方法任选一种标记均可。

　1) 按等级牌号和本标准编号顺序标记。

　　标记示例：

　　等级牌号为 NY250 的一般工业用耐油石棉橡胶板标记为：NY250-GB/T 539。

　2) 根据其产品的型号类别和物理力学性能按 GB/T 20671.1 规定的方法进行标记。

　　标记示例：

　　等级牌号为 NY250 的一般工业用耐油石棉橡胶板标记为：GB/T 20671-ASTM F104(F119040-A9B7E04M5TZ)

7.3.4 耐酸石棉橡胶板（见表 7-54）

表 7-54 耐酸石棉橡胶板的尺寸规格及技术性能（摘自 JC/T 555—2010）

	厚度	厚度极限偏差	同一张上相距 500mm 任意两点的厚度差	长度	宽度	长、宽度极限偏差（%）
尺寸规格 /mm	≤0.41	+0.13 -0.05	≤0.08	按需方要求 （推荐范围 500~1500）		±5
	>0.41~1.57	±0.13	≤0.10			
	>1.57~3.00	±0.20	≤0.20			
	>3.00	±0.25	≤0.25			

	指 标 名 称		技术指标
物理力 学性能	横向拉伸强度/MPa	≥	10.0
	密度/（g/cm³）		1.7~2.1
	压缩率（%）		12±5
	回弹率（%）	≥	40
	柔软性		无裂纹[1]
耐酸性能	硫酸 $c(H_2SO_4) = 18mol/L$，室温，48h	外观	不起泡、无裂纹
		增重率（%） ≤	50
	盐酸 $c(HCl) = 12mol/L$，室温，48h	外观	不起泡、无裂纹
		增重率（%） ≤	45
	硝酸 $c(HNO_3) = 1.67mol/L$，室温，48h	外观	不起泡、无裂纹
		增重率（%） ≤	40

注：1. 厚度大于 3.0mm 者不做抗拉强度试验。

　　2. 厚度大于等于 2.5mm 者不做柔软性试验。

　　3. 其他性能要求可由供需双方商定。

　　4. 耐酸石棉橡胶板产品代号为 "NS"，适用于温度 200℃、压力 2.5MPa 以下的酸类介质的设备及管道密封衬垫。

① 在直径为试样，公称厚度 12 倍的圆棒上弯曲 180°，试样不出现裂纹等破坏现象。

7.3.5 工农业机械用摩擦片（见表 7-55 和表 7-56）

表 7-55 工农业机械用摩擦片的分类、规格及用途（摘自 GB/T 11834—2011）

	类别	代号	材料及工艺	用途
分类、代号及用途	1 类	ZP1	普通软质编织制品	制动片
		ZD1		制动带
	2 类	ZP2	软质辊压或软质模压制品	制动片
		ZD2		制动带
		LP2		离合器片
	3 类	ZD3	特殊加工编织制品	制动带
		ZP3	编织或模压制品	制动片
		LP3	缠绕式	离合器片

（续）

公称尺寸			极限偏差	
			ZP1、ZD1、ZP2、ZD2、ZD3	ZP3
制动片(带)尺寸及 极限偏差/mm	宽度	≤30	±1.0	±0.5
		>30~60	±1.0	±0.6
		>60~100	±1.5	±0.8
		>100~200	±2.0	±1.0
		>200	±2.5	±1.2
	厚度	≤6.5	±0.3	±0.2
		>6.5~10.0	±0.5	±0.2
		>10.0	±0.6	±0.3

	外径公称尺寸	外径极限偏差	内径极限偏差
离合器片尺寸及 极限偏差/mm	≤100	0 -0.8	+0.8 0
	>100~250	0 -1.0	+1.0 0
	>250~400	0 -1.5	+1.5 0
	>400	0 -2.0	+2.0 0
	厚度公称尺寸	厚度极限偏差	每片厚薄差
	≤6.5	±0.15	≤0.15
	>6.5~10.0	±0.20	≤0.20
	>10.0	±0.25	≤0.25

注：摩擦片产品标记由产品用途、本标准代号和顺序号、分类代号及产品尺寸数字组成。标记示例如下：
1) 宽 100mm、厚 4mm 的 2 类制动带标记为：制动带 GB/T 11834 ZD2-100×4。
2) 外径 380mm、内径 202mm、厚 10mm 的 3 类离合器片标记为：离合器片 GB/T 11834 LP3-380×202×10。

表 7-56　工农业机械用摩擦片的技术性能(摘自 GB/T 11834—2011)

	分类	试验机圆盘摩擦面温度/℃			
		100	150	200	250
摩擦因数 μ	1类	0.30~0.60	0.25~0.60	—	—
	2类	0.30~0.60	0.25~0.60	0.20~0.60	—
	3类	0.30~0.60	0.30~0.60	0.25~0.60	0.20~0.60
	分类	试验机圆盘摩擦面温度/℃			
		100	150	200	250
指定摩擦因数的 允许偏差 $\Delta\mu$	1类	±0.10	±0.12	—	—
	2类	±0.10	±0.12	±0.14	—
	3类	±0.08	±0.10	±0.12	±0.14
	分类	试验机圆盘摩擦面温度/℃			
		100	150	200	250
磨损率 V /[$10^{-7}cm^3/(N \cdot m)$]	1类	0~1.00	0~2.00	—	—
	2类	0~0.50	0~0.75	0~1.00	—
	3类	0~0.50	0~0.75	0~1.00	0~1.50

注：1. 产品为干式摩擦片。表面不加工的摩擦片和异形摩擦片尺寸及极限偏差由供需双方商定。
2. 摩擦因数范围包含 $\Delta\mu$ 在内。
3. 指定摩擦因数由供需双方商定。

7.3.6 石棉布、带(见表7-57和表7-58)

表7-57 石棉布、带的种类、尺寸规格及质量要求(摘自JC/T 210—2009)

种类	宽度/mm		厚度/mm		经纬密度/(根/100mm)		单位面积质量	织纹结构
	公称尺寸	极限偏差	公称尺寸	极限偏差	经线≥	纬线≥	/(kg/m²)≤	
SB	1000、1200、1500	±20	0.8	±0.1	80	40	0.60	平纹
			1.0		75	38	0.75	
			1.5	±0.2	72	36	1.10	
			2.0		64	32	1.50	
			2.5		60	30	1.90	
			3.0		52	26	2.30	
			3.0		84	60	2.40	平斜纹
WSB	800、1000、1200、1500	±20	0.6	±0.05	140	70	0.45	平纹
			0.8	±0.1	124	62	0.55	
			1.0		108	54	0.75	
			1.5	±0.2	72	36	1.00	
			2.0		64	32	1.20	
			2.5		60	30	1.40	
			3.0		48	24	1.70	

分类与代号	分类	原料组成	分类代号
	1类	未夹有增强物的石棉纱、线织成的布、带	SB1、WSB1,SD1、WSD1
	2类	夹有金属丝(铜、铅、镍锌或其他金属及合金丝)的石棉纱、线织成的布、带	SB2、WSB2,SD2、WSD2(Cu、Pb、Zn…)
	3类	夹有有机增强丝(棉、尼龙、人造丝)的石棉纱、线织成的布、带	SB3、WSB3,SD3、WSD3(M、N、R)
	4类	夹有非金属无机增强丝(玻璃丝、陶瓷纤维等)的石棉纱、线织成的布、带	SB4、WSB4,SD4、WSD4(B、T…)
	5类	用两种或两种以上增强丝复合而成的石棉纱、线织成的布、带	SB5、WSB5,SD5、WSD5

注: 1. 石棉布、带分为干法工艺生产的石棉布(SB)、带(SD)和湿法工艺生产的石棉布(WSB)、带(WSD)。
2. 石棉带的规格、经纬密度及单位长度质量由需方确定,其允许偏差应符合JC/T 210的规定。
3. 产品标记:
 1) 石棉布的产品标记由分类代号、分级代号、厚度和标准号组成。
 a. 规格为2mm、烧失量为16.1%~19.0%的干法石棉铜丝布标记为:

 b. 规格为2mm、烧失量为19.1%~24.0%的湿法石棉玻璃丝布标记为:

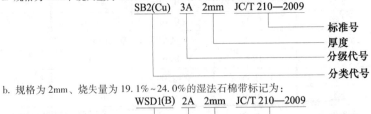

 2) 石棉带的产品标记由分类代号、分级代号、厚度和标准号组成。
 a. 规格为2mm、烧失量为16.1%~19.0%的干法石棉铜丝带标记为:

 b. 规格为2mm、烧失量为19.1%~24.0%的湿法石棉带标记为:

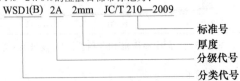

表 7-58　石棉布、带分级和石棉布断裂强力（摘自 JC/T 210—2009）

石棉布、带按烧失量分级	分级代号		4A	3A	2A	A	B	S
	烧失量(%)		≤16.0	16.1~19.0	19.1~24.0	24.1~28.0	28.1~32.0	32.1~35.0
	烧失量要求(%) ≤		16.0	19.0	24.0	28.0	32.0	35.0

			断裂强力 N/50mm　≥											
1类石棉布的断裂强力要求	种类	厚度 /mm	4A 和 3A				2A 和 A				B 和 S				织纹结构
			常温		加热后		常温		加热后		常温		加热后		
			经向	纬向	经向	纬向	经向	纬向	经向	纬向	经向	纬向	经向	纬向	
	SB	0.8	294	147	147	78	245	137	137	68	196	98	98	59	平纹
		1.0	392	196	196	98	412	176	147	68	294	147	137	59	
		1.5	490	245	245	127	441	196	157	68	411	196	137	59	
		2.0	588	294	294	147	461	216	167	78	461	216	137	69	
		2.5	686	343	343	176	490	245	176	88	490	225	147	78	
		3.0	784	392	392	196	588	294	206	108	588	294	176	88	
		3.0	882	441	441	245	680	340	274	157	784	392	235	137	平斜纹
	WSB	0.6	294	147	147	74	295	147	147	75	—	—	—	—	平纹
		0.8	392	196	196	98	350	175	175	87	—	—	—	—	
		1.0	490	245	245	123	452	226	226	98	—	—	—	—	
		1.5	590	295	295	147	490	245	245	100	—	—	—	—	
		2.0	690	345	345	172	580	255	255	105	—	—	—	—	
		2.5	785	392	392	196	685	275	275	110	—	—	—	—	
		3.0	850	425	425	213	750	295	295	115	—	—	—	—	

注：1. 1 类石棉布的断裂强力应符合本表的规定，含其他金属丝或增强纤维石棉布的断裂强力由供需双方商定。

2. 石棉布、带的水分应不大于 3.5%，如果超过 3.5%，允许扣除超过部分计算交货量，但水分最高不得超过 5.5%。

3. 石棉带的断裂强力由供需双方商定。

7.3.7　石棉纸板（见表 7-59）

表 7-59　石棉纸板的分类、厚度及其极限偏差、性能及用途（摘自 JC/T 69—2009）

分类代号及用途	代号 A-1，用于隔热、保温类石棉纸板 代号 A-2，用于包覆式密封垫片内衬材料的石棉纸板			
厚度及其极限偏差	厚度·t/mm	厚度极限偏差/mm		备注
		A-1	A-2	
	0.2<t≤0.5	±0.05	±0.05	石棉纸板长度×宽度为 1000mm× 1000mm，长或宽的极限偏差为 ±5mm 按需方要求可供应其他长、宽、厚尺寸的石棉纸板
	0.5<t≤1.00	±0.10	±0.07	
	1.00<t≤1.50	±0.15	±0.08	
	1.50<t≤2.00	±0.20	±0.09	
	2.00<t≤5.00	±0.30	±0.10	
	t>5.00	±0.50	—	

（续）

项目		性能要求		备注
		A-1	A-2	
性能	水分(%) ≤	3.0		厚度大于3mm者不做横向拉伸强度试验
	烧失量(%) ≤	24.0		
	密度/(g/cm³) ≤	1.5		
	横向拉伸强度/MPa ≥	0.8	2.0	

注：产品的工作温度不超过500℃。

7.3.8 电绝缘石棉纸（见表7-60）

表7-60 电绝缘石棉纸的规格和性能（摘自 JC/T 41—2009）

牌号	规格/mm	密度/(g/cm³) ≤	抗张强度/(kg/cm²) 纵向 ≥	横向 ≥	水分(%) ≥	烧失量(%) ≥	击穿电压/V	个别点最低击穿电压/V	三氧化二铁含量(%)
Ⅰ号	0.2	1.1	2.0	0.6	3.5	25	1200	900	4
	0.3	1.1	2.5	0.8	3.5	25	1400	1100	4
	0.4	1.1	2.8	1.2	3.5	25	1700	1300	4
	0.5	1.1	3.2	1.4	3.5	25	2000	1500	4
Ⅱ号	0.2	1.1	1.6	0.4	3.5	23	500	—	—
	0.3	1.1	2	0.6	3.5	23	500	—	—
	0.4	1.1	2.2	0.8	3.5	23	1000	—	—
	0.5	1.1	2.5	1.0	3.5	23	1000	—	—

注：1. 卷状产品宽度为(500±20)mm，单张产品为1000mm×(1000mm±20)mm。单张产品特殊规格要求由供需双方协商确定。
2. Ⅰ号能承受较高电压，用于大型电机磁极线圈匝间电绝缘材料。Ⅱ号能承受一般的电压，作为电器开关、仪表等隔弧绝缘材料。

7.3.9 石棉绳（见表7-61）

表7-61 石棉绳产品的分类、代号及尺寸规格（摘自 JC/T 222—2009）

分类及分级		分类	制造方法	代号
	按制造方法分类	石棉扭绳	用石棉纱、线扭合而成	SN
		石棉圆绳	用石棉纱、线编结成圆形的绳	SY
		石棉方绳	用石棉纱、线编结成方形的绳	SF
		石棉松绳	用石棉绒作芯，用石棉砂、线编结成菱形网状外皮的松软的圆形绳	SC
	按烧失量分级	分级	烧失量(%)	代号
		AAAA级	≤16.0	4A
		AAA级	16.1~19.0	3A
		AA级	19.1~24.0	2A
		A级	24.1~28.0	A
		B级	28.1~32.0	B
		S级	32.1~35.0	S

（续）

尺寸规格	石棉扭绳	规格（直径）/mm	极限偏差/mm	密度/(g/cm³) ≤
		3.0	±0.3	1.00
		5.0		
		6.0	±0.5	
		8.0		
		10.0		
		>10.0	±1.0	

	石棉圆绳	规格（直径）/mm	极限偏差/mm	编结层数	密度/(g/cm³) ≤
		6.0	±0.3	一层以上	1.00
		8.0			
		10.0			
		13.0	±1.0		
		16.0			
		19.0		二层以上	
		22.0	±1.5		
		25.0			
		28.0			
		32.0		三层以上	
		35.0			
		38.0			
		42.0	±2.0	四层以上	
		45.0			
		50.0			

	石棉方绳	规格（边长）/mm	极限偏差/mm	密度/(g/cm³) ≥	规格（边长）/mm	极限偏差/mm	密度/(g/cm³) ≥
		4.0	±0.4	0.80	22.0	±1.5	0.80
		5.0			25.0		
		6.0	±0.5		28.0		
		8.0			32.0		
		10.0			35.0		
		13.0			38.0		
		16.0	±1.0		42.0	±2.0	
		19.0			45.0		
					50.0		

（续）

尺寸规格	石棉松绳	规格（直径）/mm	极限偏差/mm	密度/(g/cm³) ≤
		13.0	±1.0	0.55
		16.0		
		19.0		
		22.0	±1.5	0.45
		25.0		
		32.0		
		38.0	±2.0	0.35
		45.0		
		50.0		

注：石棉绳的产品标记由名称代号、分级代号、规格和本标准号组成。标记示例：

示例1　规格为3mm、烧失量不大于16%的石棉扭绳标记为：

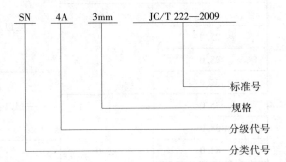

示例2　规格为10mm、烧失量为24.1%~28.0%的石棉方绳标记为：

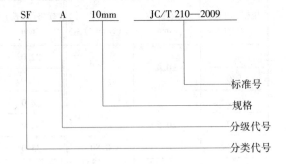

7.4 隔热材料

7.4.1 绝热用玻璃棉及其制品(见表7-62)

表7-62　绝热用玻璃棉及其制品的分类、尺寸规格及性能(摘自GB/T 13350—2017)

分类	1. 按用途分为玻璃棉散棉、普通玻璃棉制品、高温玻璃棉制品、硬质玻璃棉制品					
	2. 普通玻璃棉制品按形态分为普通玻璃棉板、普通玻璃棉毡、普通玻璃棉毯和普通玻璃棉管壳,简称为玻璃棉板、玻璃棉毡、玻璃棉毯和玻璃棉管壳					
	3. 高温玻璃棉制品按形态分为高温玻璃棉板、高温玻璃棉毡和高温玻璃棉管壳					
	4. 硬质玻璃棉制品按形态分为硬质玻璃棉板、硬质玻璃棉条,其中硬质玻璃棉条简称为玻璃棉条					

制品性能的通用要求	1. 制品除外观外,其他性能指标均只要求玻璃棉基材
	2. 渣球含量应不大于0.3%
	3. 定型剂固化后的制品含水率应不大于1.0%
	4. 玻璃棉散棉纤维平均直径应不大于7.0μm,有机物含量指标和含水量由供需双方商定
	5. 表面平整,不得有妨碍使用的伤痕、污迹、破损,树脂分布基本均匀

玻璃棉板	尺寸和密度极限偏差	项目			允许偏差		
		长度/mm			+10 −3		
		宽度/mm			+5 −3		
		厚度/mm	标称密度 ρ(kg/m³)	$\rho<32$	+5 0		
				$32\leqslant\rho\leqslant64$	+3 −2		
				$\rho>64$	±2		
		密度			+10% −5%		
	热导率	标称密度 ρ(kg/m³)			$24\leqslant\rho\leqslant32$	$32\leqslant\rho\leqslant40$	$\rho>40$
		热导率[平均温度(25±1)℃] /[W/(m·K)]			≤0.038	≤0.036	≤0.034
		热导率[平均温度(70±1)℃] /[W/(m·K)]			≤0.044	≤0.042	≤0.040
	1. 玻璃棉板标称密度不低于24kg/m³						
	2. 热荷重收缩温度不低于250℃						
	3. 燃烧性能等级应达到GB 8624—2012的规定等级,且不低于A(A2)级						

（续）

玻璃棉毡

1. 标称厚度小于60mm的，标称密度应不低于$12kg/m^3$，厚度大于等于60mm的，标称密度应不低于$10kg/m^3$。厚度尺寸及密度偏差应符合以下规定：

项目	允许偏差
长度/mm	+10 不允许负偏差
宽度/mm	+10 -3
厚度/mm	不允许负偏差
密度	+20% -10%

2. 玻璃棉毡的密度及热导率要求

标称密度ρ/(kg/m^3)	$\rho\leqslant12$	$12<\rho\leqslant16$	$16<\rho\leqslant24$	$24<\rho\leqslant32$	$32<\rho\leqslant40$	$\rho>40$
热导率[平均温度(25±1)℃]/[W/(m·K)]	≤0.050	≤0.045	≤0.041	≤0.038	≤0.036	≤0.034
热导率[平均温度(70±1)℃]/[W/(m·K)]	≤0.058	≤0.053	≤0.048	≤0.044	≤0.042	≤0.040

3. 热荷重收缩温度不低于250℃
4. 燃烧性能等级应达到标称的GB 8624—2012规定的等级，且不低于A(A2)级

玻璃棉毯

1. 玻璃棉毯的尺寸及密度允许偏差

项目	极限偏差
长度	不允许负偏差
宽度	
厚度	
密度	+15% -10%

2. 热荷重收缩温度不低于35℃
3. 燃烧性能等级应达到GB 8624—2012规定的A(A1)级
4. 玻璃棉毯的密度及热导率要求

标称密度ρ/(kg/m^3)	≤40	>40
热导率[平均温度(70±1)℃]/[W/(m·K)]	≤0.044	≤0.042

玻璃棉管壳

1. 玻璃棉管壳的尺寸及密度允许偏差

项目	极限偏差	项目	极限偏差
长度	+10 -3	厚度	+5 -2
内径	+3 -1	密度	+15% 不允许负偏差

2. 平均温度(70±1)℃的热导率不大于0.042W/(m·K)
3. 热荷重收缩温度不低于250℃
4. 燃烧性能等级应达到GB 8624—2012规定的等级，且不低于A(A2)级

（续）

高温玻璃棉制品	1. 高温玻璃棉板、高温玻璃棉毡表面应平整，不得有妨碍使用的伤痕、污迹、破损，树脂分布基本均匀。高温玻璃棉管壳表面应平整，纤维分布均匀，不得有妨碍使用的伤痕、污迹、破损，轴向无翘曲且与端面垂直，若存在外覆层，外覆层与基材的粘结应平整牢固 2. 尺寸及密度允许偏差：标称密度应不低于 38kg/m³。高温玻璃棉板的尺寸及密度偏差与玻璃棉板的尺寸及密度偏差的规定相同，高温玻璃棉毡的尺寸及密度偏差与玻璃棉毡的规定相同，高温玻璃棉管的尺寸及密度允许偏差与玻璃棉管壳的规定相同 3. 平均温度为 (70 ± 1)℃ 的热导率应不大于 0.039W$(m \cdot K)$ 4. 热荷重收缩温度应不小于 350℃ 5. 燃烧性能等级应达到 GB 8624—2012 规定的 A(A1)级 6. 最高使用温度：高温玻璃棉制品应进行高于使用温度至少 100℃ 的最高使用温度的评估，且该温度不低于 350℃。试验中试样内部温度不应超过热面平衡温度 100℃，且试验后应无熔融、烧结、降解等现象，除颜色外外观应无显著变化，试样总厚度变化应不大于 5.0%

硬质玻璃棉板	1. 表面应平整，不得有妨碍使用的伤痕、污迹、破损，树脂分布基本均匀，若存在外覆层时，外覆层与基材的粘结应平整牢固 2. 纤维平均直径应不大于 10.0μm 3. 燃烧性能等级应达到标称的 GB 8624—2012 规定的等级，且不低于 A(A2)级 4. 弯曲破坏载荷应不小于 40N(按 GB/T 13350—2017 弯曲破坏载荷试验方法进行) 5. 平均温度为 (25 ± 1)℃ 的热导率应不大于 0.035W$(m \cdot K)$ 6. 标称密度应不低于 48kg/m³，硬质玻璃棉板的尺寸及密度极限偏差应符合以下规定：

项目			极限偏差
长度/mm			+5 −3
宽度/mm			+5 −3
厚度/mm	标称密度 ρ /(kg/m³)	$48 \leqslant \rho \leqslant 64$	+3 −2
		$\rho > 64$	±2
密度			+10% −5%

硬质玻璃棉条	1. 表面应平整，不得有妨碍使用的伤痕、污迹、破损，树脂分布基本均匀，若存在外覆层，外覆层与基材的粘结应平整牢固 2. 纤维平均直径应不大于 10.0μm 3. 平均温度为 (25 ± 1)℃ 的热导率应不大于 0.048W$(m \cdot K)$ 4. 燃烧性能等级应达到标称的 GB 8624—2012 规定的等级，且不低于 A(A2)级 5. 压缩强度应不小于 10kPa 6. 标称密度应不低于 32kg/m³。硬质玻璃棉条的尺寸及密度极限偏差应符合以下规定：

（续）

	项目	极限偏差
硬质玻璃棉条	长度/mm	±10
	宽度/mm	+3 −2
	厚度/mm	+4 −2
	密度	±10%

注：1. 憎水玻璃棉制品质量吸湿率应不大于 5.0%，憎水率应不小于 98.0%。短期吸水量由供需双方商定。

2. 无甲醛玻璃棉制品不应检出甲醛，其他制品在有要求时甲醛释放量应不大于 0.08mg/m³。

3. 产品标记由两部分组成：产品技术特性、本标准编号。

产品技术特性由以下几部分组成：

1）产品名称。如名称中包含"无甲醛""憎水"字样的，则分别认为是无甲醛玻璃棉制品、憎水玻璃棉制品。

2）表示制品标称密度的数字，单位为 kg/m³，后接"−"。

3）高温玻璃棉制品应在括号中增加最高使用温度评估温度，如无此标记，则认为最高使用温度评估温度为 350℃。

4）表示制品尺寸的数字，板、毡、毯、带以"长度×宽度×厚度"表示，管壳以"内径×长度×厚度"表示，单位为 mm。

5）燃烧性能等级。

6）制造商标记，如贴面等，彼此用逗号分开，放于圆括号内。

示例1 标称密度为12kg/m³、长度×宽度×厚度为20000mm×600mm×75mm、外覆铝箔的普通玻璃棉毡，标称燃烧性能等级为A(A1)，标记为：玻璃棉毡 12-20000×600×75A(A1)(铝箔)GB/T 13350—2017

示例2 标称密度为32kg/m³、长度×宽度×厚度为1200mm×600mm×50mm的普通憎水玻璃棉板，标称燃烧性能等级为A(A2)，标记为：憎水玻璃棉板 32-1200×600×50A(A2) GB/T 13350—2017

示例3 标称密度为48kg/m³、最高使用温度评估温度为400℃、长度×宽度×厚度为1200mm×600mm×50mm的高温玻璃棉毡，标记为：高温玻璃棉毡 48-(400℃)1200×600×50A(A1) GB/T 13350—2017

示例4 标称密度为64kg/m³、长度×宽度×厚度为1200mm×600mm×25mm的硬质玻璃棉板，标称燃烧性能等级为A(A2)，标记为：硬质玻璃棉板 64-1200×600×25A(A2) GB/T 13350—2017

7.4.2 膨胀珍珠岩绝热制品（见表 7-63）

表 7-63 膨胀珍珠岩绝热制品的分类、规格及性能（摘自 GB/T 10303—2015）

产品分类	按产品密度分为 200 号和 250 号，按产品有无憎水性分为普通型和憎水型(用 Z 表示) 按用途分为建筑物用膨胀珍珠岩绝热制品(J)及设备、工业窑炉用膨胀绝热制品(S) 按形状分为平板(P)、弧形板(H)和管壳(G)		

	项目		指标	
			平板	弧形板、管壳
产品外观质量、尺寸极限偏差	产品外观质量	垂直度偏差/mm	≤2	≤5
		合缝间隙/mm	—	≤2
		弯曲/mm	≤3	≤3
		裂纹	不允许	
		缺棱掉角	不允许有三个方向投影尺寸的最小值大于 3mm 的棱损伤和最小值大于 4mm 的角损伤	
		长度/mm	±3	±3
	尺寸极限偏差	宽度/mm	±3	—
		内径/mm	—	+3 +1
		厚度/mm	+3 −1	+3 −1

（续）

项目			指标	
			200 号	250 号
物理性能要求	密度/（kg/m³）		≤200	≤250
	热导率/[W/（m·K）]	A 25℃±2℃	≤0.065	≤0.070
		B 350℃±5℃	≤0.11	≤0.12
	抗压强度/MPa		≥0.35	≥0.45
	抗折强度/MPa		≥0.20	≥0.25
	质量含水率（%）		≤4	

注：1. 憎水型制品（Z）是在产品中添加憎水剂，降低其亲水性能的制品。憎水型产品的憎水率不小于98%。

2. 热导率 B 项指标只限于 S 类产品要求此项指标。

3. S 类产品 650℃时匀温灼烧或收缩率不大于 2%，且灼烧后无裂纹。

4. 产品燃烧性能应达到 GB 8624—2012 中 A（A1）级的要求。

5. 产品标记：标记中的顺序为产品名称、密度、形状、产品的用途、憎水性、长度×宽度（内径）×厚度、本标准号。

示例 长为600mm、宽为300mm、厚为50mm、密度为200号的建筑物用憎水型平板标记为：

膨胀珍珠岩绝热制品 200PJZ 600×300×50 GB/T 10303—2015

7.4.3 膨胀蛭石及其制品（见表7-64）

表 7-64 膨胀蛭石及其制品的分类、尺寸规格及性能（摘自 JC/T 441—2009、JC/T 442—2009）

		类别	筛孔直径/mm						
			9.5mm	4.75mm	2.36mm	1.18mm	600μm	300μm	150μm
			各方孔筛累计筛余（%）						
膨胀蛭石的分类及技术性能（JC/T 441—2009）	按颗粒级配分类	1 号	30~80	—	80~100	—	—	—	—
		2 号	0~10	—	—	90~100	—	—	—
		3 号	—	0~10	45~90	—	95~100	—	—
		4 号	—	—	0~10	—	90~100	—	—
		5 号	—	—	—	0~5	—	60~98	90~100
	技术性能	项 目	产品等级						
			优等品		一等品		合格品		
		体积密度/（kg/m³） ≤	100		200		300		
		热导率（平均温度25℃±5℃）/[W/（m·K）] ≤	0.062		0.078		0.095		
		含水率（%） ≤	3		3		3		

	制品名称及代号	尺寸规格/mm	尺寸极限偏差
膨胀蛭石制品种类及尺寸规格（JC/T 442—2009）	砖（P）	230×113×65；240×115×53	产品分为优等品、一等品和合格品。板、砖的长、宽、厚的极限偏差，优等品均为：±3mm；一等品均为：±4mm；合格品均为：±5mm。管壳优等品、一等品、合格品的长度极限偏差分别为：±3mm、±5mm、±5mm；厚度极限偏差分别为：±3mm、±4mm、±5mm；内径极限偏差分别为：$^{+3}_{0}$mm、$^{+4}_{0}$mm、$^{+5}_{0}$mm
	板（P）	长 200，250，300，500 宽 200，250，300，400 厚 40，50，60，65，70，80，100，120，150，200	
	管壳（G）	长 150，300，350 厚 50，60，70，80，100，120，200 内径 25，28，32，38，42，45，48，57，73，76，83，89，103，108，114，121，133，140，146，159，168，194，219，245，273，325，356，377，419，426，480	

（续）

水泥膨胀蛭石制品的技术性能（JC/T 442—2009）	项　目		产品等级		
			优等品	一等品	合格品
	抗压强度/MPa	≥	0.4	0.4	0.4
	体积密度/(kg/m³)	≤	350	480	550
	含水率(%)	≤	4	5	6
	热导率(平均温度25℃±5℃)/[W/(m·K)]	≤	0.090	0.112	0.142

注：1. 膨胀蛭石的使用温度为−30~900℃。

2. 按黏结剂不同，膨胀蛭石制品分为：水泥膨胀蛭石制品，用于中低温管道绝热，冷库不宜用；水玻璃膨胀蛭石制品，用于非潮湿环境中；沥青膨胀蛭石制品，用于建筑防水层及冷库等。

3. 水玻璃膨胀蛭石制品、沥青膨胀蛭石制品的各项物理性能指标由供需双方协议确定。

4. 水泥膨胀蛭石制品使用温度为−40~800℃。

7.4.4　泡沫石棉（见表7-65）

表 7-65　泡沫石棉绝热制品的尺寸规格及性能（摘自 JC/T 812—2009）

尺寸规格/mm	项目		公称尺寸	允许偏差
	长度		800	±5
			1000	±10
			1500	±15
	宽度		500	±5
	厚度		25, 30, 35, 40, 45, 50, 55, 60	+4.5 0

性能及外观	体积密度/(kg/m³) ≤	热导率(平均温度343K±5K, 冷热板温差28K±2K)/[W/(m·K)] ≤	压缩回弹率(%) ≥	含水率(%) ≤	外观和断面结构	
					外观	断面结构
	40	0.053	50	3.0	无明显隆起或凹陷，手感细腻	泡孔均匀、细密，最大泡孔直径不大于5mm

注：泡沫石棉是以温石棉为主要原料，经化学开棉、发泡、成型、干燥等工艺制成的泡沫状制品。

7.5　涂料

7.5.1　涂料产品分类、名称及代号（见表7-66）

表 7-66　涂料产品的分类、名称及代号（摘自 GB/T 2705—2003）

涂料类别代号	代号	涂料名称	代号	涂料名称	代号	涂料名称	代号	涂料名称	代号	涂料名称	代号	涂料名称
	Y	油脂漆类	L	沥青漆类	Q	硝基漆类	X	烯树脂漆类	H	环氧漆类	J	橡胶漆类
	T	天然树脂漆类	C	醇酸漆类	M	纤维素漆类	B	丙烯酸漆类	S	聚氨酯漆类	E	其他漆类
	F	酚醛漆类	A	氨基漆类	G	过氯乙烯漆类	Z	聚酯漆类	W	元素有机漆类		

（续）

分类	代号	基本名称	分类	代号	基本名称	分类	代号	基本名称	分类	代号	基本名称	分类	代号	基本名称	分类	代号	基本名称
基本名称代号	00	清油	美术漆	14	透明漆	绝缘漆	30	（浸渍）绝缘漆	绝缘漆	37	电阻漆、电位器漆	防腐漆	50	耐酸漆	特种漆	65	感光涂料
	01	清漆		15	斑纹漆					38	半导体漆		52	防腐漆		67	隔热涂料
	02	厚漆		16	锤纹漆		31	（覆盖）绝缘漆					53	防锈漆		70	机床漆
	03	调和漆		17	皱纹漆								54	耐油漆		71	工程机械漆
	04	磁漆		18	金属效应漆		32	互感器漆		40	防污漆		55	防火漆		72	农机用漆
	05	粉末涂料		19	闪光漆		33	（黏合）绝缘漆	船舶漆	41	水线漆					80	地板漆
	06	底漆					34	漆包线漆		42	甲板漆、甲板防滑漆	特种漆	61	耐热漆	备用	82	锅炉漆
	07	腻子	轻工用漆	20	铅笔漆		35	硅钢片漆		43	船壳漆		62	示温漆		83	烟囱漆
	09	大漆		22	木器漆		36	电容器漆		44	船底漆		63	涂布漆		84	黑板漆
	11	电泳漆		23	罐头漆								64	可剥漆		86	标志漆
	12	乳胶漆														98	胶液
	13	水溶性漆														99	其他

产品序号	涂料品种	序号		涂料品种		序号		涂料品种		序号	
		自干	烘干			自干	烘干			自干	烘干
	清漆、底漆、腻子	1~29	30以上	磁漆	有光	1~49	50~59	专用漆	清漆	1~9	10~29
					半光	60~69	70~79		有光磁漆	30~49	50~59
					无光	80~89	90~99		半光磁漆	60~64	65~69
									无光磁漆	70~74	75~79
									底漆	80~89	90~99

注：涂料型号标记示例：

```
□  □□-□□
          └── 产品序号，区别同类同名称漆的不同品种
        └──── 基本名称代号
   └───────── 涂料类别代号
```

例如：Q01-17 硝基清漆。

7.5.2 常用涂料的性能特点及应用（见表 7-67）

表 7-67 各类涂料的类别、代号、性能特点及应用举例

类别（代号）	主要成膜物质	性能特点	应用举例
油脂漆类（Y）	天然动植物油、鱼油、合成油、松浆油（溶油）	耐大气性、涂刷性、渗透性好，价廉；干燥较慢，膜软，力学性能差，水膨胀性大，不耐碱，不能打磨抛光	用于质量要求不高的建筑工程或其他制品的涂饰
天然树脂漆类（T）	松香及其衍生物、虫胶、动物胶、乳酪素、大漆及其衍生物	涂膜干燥较油脂漆快，坚硬耐磨，光泽好，短油度的涂膜坚硬好打光，长油度的漆膜柔韧，耐大气性较好；力学性能差，短油度的耐大气性差，长油度的不能打磨抛光，天然大漆毒性较大	短油度的适宜作室内物件的涂层，长油度的适宜室外使用
酚醛树脂漆类（F）	酚醛树脂、改性酚醛树脂、二甲苯树脂	涂膜坚硬，耐水性良好，耐化学腐蚀性良好，有一定的绝缘强度，附着力好；涂膜较脆，颜色易变深，易粉化，不能制白漆或浅色漆	广泛应用于木器、建筑、船舶、机械、电气及防化学腐蚀等方面

（续）

类别(代号)	主要成膜物质	性能特点	应用举例
沥青漆类(L)	天然沥青、煤焦沥青、石油沥青、硬脂酸沥青	耐潮，耐水性良好，价廉，耐化学腐蚀性较好，有一定的绝缘强度，黑度好；对日光不稳定，不能制白漆或浅色漆，有渗透性，干燥性不好	广泛用于缝纫机、自行车及五金零件，还可用于浸渍、覆盖及制造绝缘制品
醇酸漆类(C)	甘油醇酸树脂、季戊四醇醇酸树脂、改性醇酸树脂	光泽较亮，耐气候性优良，施工性好，可刷、烘、喷，附着力较好；涂膜较软，耐水、耐碱性差，干燥较慢不能打磨	适用于大型机床、农业机械、工程机械、门窗、室内木结构的涂装
氨基漆类(A)	脲醛树脂、三聚氰胺甲醛树脂、聚酰亚胺树脂	涂膜坚硬、丰满、光泽亮，可以打磨抛光，色浅，不易泛黄，附着力较好，有一定的耐热性、耐水性、耐气候性较好；须高温烘烤才能固化，若烘烤过度漆膜变脆	广泛用于五金零件、仪器仪表、电机电器设备的涂装
硝基漆类(Q)	硝酸纤维素酯	干燥迅速，涂膜耐油、坚韧，可以打磨抛光；易燃，清漆不耐紫外线，不能在60℃以上使用，固体分低	适合金属、木材、皮革、织物等的涂饰
纤维素漆类(M)	乙基纤维、苄基纤维、羟甲基纤维、乙酸纤维、乙酸丁酸纤维、其他纤维酯及醚类	耐大气性和保色性好，可打磨抛光，个别品种耐热、耐碱，绝缘性也较好；附着力和耐潮性较差，价格高	用于金属、木材、皮革、纺织品、塑料、混凝土等的涂覆
过氯乙烯漆类(G)	过氯乙烯树脂	耐候性和耐化学腐蚀性优良，耐水、耐油、防延燃性及三防性能好；附着力较差，打磨抛光性差，不能在70C以上使用，固体分低	用于化工厂的厂房建筑、机械设备的防护及木材、水泥表面的涂饰
乙烯树脂漆类(X)	聚二乙烯乙炔树脂、氯乙烯共聚树脂、聚醋酸乙烯及其共聚物、聚乙烯醇缩醛树脂、含氟树脂	有一定的柔韧性，色淡，耐化学腐蚀性较好，耐水性好；耐溶剂性差，固体分低，高温时碳化，清漆不耐紫外线	用于织物防水、化工设备防腐及玻璃、纸张、电缆、船底防锈、防污、防延烧用的涂层
丙烯酸漆类(B)	丙烯酸酯树脂、丙烯酸共聚物及其改性树脂	色浅，保光性良好，耐候性优良，耐热性较好，有一定的耐化学腐蚀性；耐溶剂性差，固体分低	用于汽车、医疗器械、仪表、表盘、轻工产品、高级木器、湿热带地区的机械设备等的涂饰
聚酯漆类(Z)	饱和聚酯树脂、不饱和聚酯树脂	固体分高，能耐一定的温度，耐磨，能抛光，绝缘性较好；施工较复杂，干燥性不易掌握，对金属附着力差	用于木器、防化学腐蚀设备以及金属、砖石、水泥、电气绝缘件的涂装
环氧漆类(H)	环氧树脂、改性环氧树脂	涂膜坚韧，耐碱，耐溶剂，绝缘性良好，附着力强；保光性差，色泽较深，外观较差，室外暴晒易粉化	适于作底漆和内用防腐蚀涂料

（续）

类别（代号）	主要成膜物质	性能特点	应用举例
聚氨酯漆类（S）	聚氨基甲酸酯	耐潮、耐水、耐热、耐溶剂性好，耐化学和石油腐蚀，耐磨性好，附着力强，绝缘性良好；涂膜易粉化泛黄，对酸碱盐、水等物敏感，施工要求高，有一定毒性	广泛用于石油、化工设备、海洋船舶、机电设备等作为金属防腐蚀漆，也适用于木器、水泥、皮革、塑料、橡胶、织物等非金属材料的涂装
有机硅漆类（W）	有机硅、有机钛、有机铝	耐候性极好，耐高温，耐水性、耐潮性好，绝缘性能良好；耐汽油性差，涂膜坚硬较脆，需要烘烤干燥，附着力较差	主要用于涂装耐高温机械设备
橡胶漆类（J）	天然橡胶及其衍生物、合成橡胶及其衍生物	耐磨，耐化学腐蚀性良好，耐水性好；易变色，个别品种施工复杂，清漆不耐紫外线，耐溶剂性差	主要用于涂装化工设备、橡胶制品、水泥、砖石、船壳及水线部位、道路标志、耐大气暴晒机械设备等

7.5.3 常用涂料型号、名称、成分及选用（见表7-68～表7-85）

表7-68 常用涂料的型号、名称、成分及应用

品种	型号及名称	组成成分	特性及应用
清油	Y00-1 清油、Y00-2 清油、Y00-3 清油	干性植物油或干性植物油加部分半干性植物油经熬炼并加入催干剂而成。Y00-1 以亚麻油为主，Y00-2 以梓油为主，Y00-3 以各种混合植物油制成	清油比植物油（未熬炼）干燥性能好、易干、易涂刷；漆膜软，易发黏。清油主要用于调和厚漆和红丹防锈漆，也可单独用于防水、防锈、防腐
	Y00-7 清油	以桐油为主成分，加入其他干性油，经熬炼聚合，加入催化剂	光泽度高，干燥快，耐磨，耐水，漆膜坚韧。可用作调薄厚漆和填泥，也可用于金属防锈防蚀、织物防水。不适于与碱性颜料混用或调制红丹漆
	Y00-8 聚合清油	由精炼干性油加热聚合后，以溶剂稀释并加入催干剂配制而成	颜色浅，酸价低，漆膜可长期保持柔韧性。适于调稀厚漆和油性调和漆，单独用于金属表面、织物及木材表面的保护
	Y00-10 清油	以大麻油为主，加入催干剂	漆膜柔软易发黏。主要用于厚漆和红丹防锈漆的调制，单独用于防腐要求不高的物面保护
清漆	A01-1、A01-2 氨基烘干清漆	氨基清漆由氨基树脂、醇酸树脂溶于有机溶剂而成	漆膜光亮、坚硬，色泽淡，具有优良的附着力，耐水，耐油及耐摩擦。A01-1 为通用漆，丰满度好，柔韧性佳；A01-2 为罩光漆，色泽浅，硬度高，光泽好，可调配色漆作罩光用

（续）

品种	型号及名称	组成成分	特性及应用
清漆	T01-1 酯胶清漆	用干性植物油和多元醇松香熬炼后，加入催干剂，并以 200 号溶剂汽油或松节油作溶剂调配而成	漆膜光亮，耐水性较好，次于酚醛清漆。适用于木制家具、门窗、板壁等的涂覆及金属表面的罩光
	F01-1 酚醛清漆	用干性植物油和松香改性酚醛树脂熬炼后，加入催干剂，以 200 号溶剂汽油或松节油作溶剂调配而成	该漆耐水性比酯胶清漆好，漆膜光亮，但容易泛黄。主要用于涂饰木家具，可显示出木器的底色及花纹
	L01-6 沥青烘干清漆	用石油沥青（软化点 90~120℃）、芳烃溶剂调制而成	有良好的耐水、防潮、耐蚀性能，但力学性能差，耐候性不好。可涂于各种容器与金属机械等内表面，作防潮、耐水、防腐蚀用；不能涂于太阳光直接照射的物体表面
	G52-2 过氯乙烯防腐清漆	是过氯乙烯树脂及增韧剂溶于有机混合溶剂（苯类、酯类及酮类）中的溶液	漆膜具有优良的防腐性能，可耐无机酸、碱类、盐类、煤油等的侵蚀。可涂于化工设备、运输管道作防腐涂层，还可喷涂或浸渍木质，防火、防霉、防腐蚀性良好
	B01-34 丙烯酸烘干清漆	由甲基丙烯酸酯、甲基丙烯酸共聚树脂及氨基树脂溶解在酯类、醇类、苯类的混合溶剂中，加增韧剂制成	有良好的耐气候性和附着力，在 120℃ 干燥 1.5~2h，可提高漆膜的耐油性、耐水性和硬度，在 180℃ 使用，除颜色发黄外，其他性能良好。适于喷涂经阳极化处理的硬铝板或其他金属表面
	B01-6 丙烯酸清漆	甲基丙烯酸酯和甲基丙烯酰胺共聚树脂中加入氨基树脂，溶解在酯类、醇类、苯类混合溶剂中，加增韧剂而成	具有耐候、耐水、耐高温（180℃ 以下）性能，硬度高，对轻金属有良好附着力，能常温干燥。适于涂覆经阳极化处理的硬铝板和其他金属制件表面
	C01-7 醇酸清漆	用干性油改性季戊四醇醇酸树脂，加入催干剂和有机溶剂调制而成的长油度醇酸清漆	能常温干燥，漆膜具有较好的柔韧性和耐候性。可用作各种涂有底漆、磁漆的钢铁及铝合金表面罩光涂层，也可用作户外木器上的罩光涂层
底漆	Q06-4 各色硝基底漆	由硝化棉、油改性醇酸树脂、松香甘油酯、颜料、体质颜料、增韧剂和混合溶剂调制而成	漆膜干得快，易打磨。适于涂覆铸件、车辆表面，供各种硝基磁漆作配套底漆用
	X06-1 乙烯磷化底漆（分装）	由聚乙烯醇缩丁醛树脂、防锈颜料、乙醇、丁醇的混合溶剂调制而成，与组分磷化液配合使用	主要作为有色及黑色金属底层的防锈涂料，能起到一定的磷化作用，增加有机涂层和金属表面的附着力，防止锈蚀，延长有机涂层的使用寿命，不能代替一般采用的底漆，适于涂覆船舶、桥梁、浮筒及其他各种金属结构器材表面
	B06-2 锶黄丙烯酸底漆	由甲基丙烯酸甲酯和甲基丙烯酸共聚树脂溶于酯类、醇类、苯类溶剂中，加铬酸锶、增韧剂及体质颜料而成	有良好防霉、防腐、耐热、耐久性能，能室温干燥。适用于不能高温干燥的金属设备及轻金属零件的打底
	H06-2 铁红、锌黄、铁黑环氧酯底漆	用环氧树脂和植物油酸酯化后，与氧化铁红、氧化铁黑或锌铬黄等颜料及体质颜料研磨，加入催干剂，再以有机溶剂调配而成	漆膜坚韧耐久，附着力很好，若其与磷化底漆配套使用时，可提高漆膜的防潮、防盐雾及防锈性能。用于涂覆沿海地区及湿热带气候的金属材料，铁红、铁黑底漆适用于黑色金属表面打底，锌黄底漆适用于有色金属表面打底

（续）

品种	型号及名称	组成成分	特性及应用
底漆	H06-33 铁红、锌黄环氧烘干底漆	由环氧树脂、三聚氰胺甲醛树脂、醇酸树脂与铁红、锌黄、氧化锌和体质颜料研磨后，以二甲苯与丁醇的混合溶剂调配而成	具有良好的耐化学药品性能及耐水性，并有优越的附着力。适用于能烘烤的各种金属表面作底漆（铁红色用于钢铁表面，锌黄色用于轻金属表面）
	C06-1 铁红醇酸底漆	用干性植物油改性醇酸树脂（中油度或长油度），与氧化铁红、铅铬黄、体质颜料等研磨后，加入催干剂，并以200号溶剂油及二甲苯调配而成	有良好的附着力和一定的防锈能力，与硝基磁漆、醇酸磁漆等多种面漆的层间结合力好，在一般气候条件下耐久性也不错，但在湿热带、海洋性气候和潮湿地区条件下，耐久性不太好。用于黑色金属表面打底防锈
	C06-10 醇酸二道底漆	用油改性醇酸树脂、颜料及体质颜料研磨后，加入催干剂，并以200号溶剂油或松节油与二甲苯的混合溶剂调配而成	可常温干燥，也可烘干，容易打磨，对腻子层及面漆的附着力好。适用于涂在打磨平滑的腻子层上，以填平腻子层的砂孔、纹道
	T06-5 铁红、灰酯胶底漆	用松香钙酯和多元醇松香酯与干性植物油熬炼后，以氧化铁红等颜料及体质颜料研磨，并加入催干剂，以200号溶剂油或松节油作溶剂调配而成	漆膜坚硬，容易打磨，附着力强。主要用于要求不高的钢铁、木质表面打底
	F06-8 锌黄、铁红灰酚醛底漆	用松香改性酚醛树脂、聚合植物油炼成漆基，与颜料和体质颜料研磨后，加入催干剂，并以200号油漆溶剂油及二甲苯作溶剂调配而成	有良好的附着力和防锈性能。锌黄酚醛底漆用于铝合金表面，铁红灰酚醛底漆用于钢铁表面
	F06-9 锌黄、铁红纯酚醛底漆	用纯酚醛树脂与干性油炼成的漆基同锌黄、铁红颜料及体质颜料研磨后，加入催干剂，以二甲苯或松节油作溶剂调配而成	有一定防锈能力，耐水性好。锌黄纯酚醛底漆用于涂饰铝合金表面，铁红纯酚醛底漆用于钢铁表面
	L06-33 沥青烘干底漆	用石油沥青、干性植物油与松香改性树脂熬炼后，用200号溶剂油及苯类溶剂稀释再与黑色颜料（炭黑、铁黑）体质颜料等研磨而成	附着力好，有良好的柔韧性及防潮、耐湿热、耐油性能。主要用于汽车、发动机，也可用于缝纫机、自行车以及其他金属表面打底
	G06-4 锌黄、铁红、过氯乙烯底漆	过氯乙烯树脂、油改性醇酸树脂、增韧剂、颜料及体质颜料等经研磨后，溶于有机混合溶剂（苯、酯及酮类）制成	有一定的防锈性及耐化学性，但附着力不太好。在60~65℃烘烤2h后，可增强附着力及其他各种性能。铁红底漆主要用于车辆、机床及各种工业品的钢铁或木材表面打底，锌黄底漆用于轻金属表面打底
厚漆和调和漆	Y02-1 各色厚漆	用颜料与干性或半干性植物油混合研磨而成的软膏状物	价格低，施工方便，漆膜软，干燥慢，耐久性差。用于要求不高的建筑物或水管接头处的涂覆，也可作木质表面打底用
	Y02-2 锌白厚漆	由干性油与氧化锌混合研磨而成	有良好的耐候性能，遮盖力强。主要用于造船工业，也可用于刻度盘上画线
	Y02-13 白厚漆	由精炼干油、多量白颜料、体质颜料研磨而成	漆膜较软，遮盖力差。主要用于管子接头时涂敷螺纹

（续）

品种	型号及名称	组成成分	特性及应用
厚漆和调和漆	Y03-1 各色油性调和漆	将干性植物油同各色颜料、体质颜料研磨后，加入催干剂，并用 200 号溶剂油或松节油与 200 号溶剂油的混合溶剂调制而成	耐候性比酯胶调和漆好，但干燥时间较长，漆膜较软。适用于涂刷室内外一般金属、木质物件及建筑物的表面，作保护和装饰用
	Y03-3 白色油性调和漆	由熬炼后的干性植物油与颜料碾磨并加催干剂、200 号油漆溶油或松节油调制而成	用于室内外金属物件、木质物件和船舱等的涂装
	T03-1 各色酯胶调和漆	用干性植物油和多元醇松香酯炼制后，与颜料和体质颜料研磨，加入催干剂，以 200 号油漆溶剂油或松节油调制而成	干燥性能比油性调和漆好，漆膜较硬、有一定的耐水性。用于室内外一般金属、木质物件及建筑物表面的涂覆，作保护和装饰用
	C03-1 各色醇酸调和漆	由醇酸树脂、颜料、体质颜料、催干剂及有机溶剂调制而成	质量比酯胶调和漆稍好。适用于涂覆一般金属、木质物件及建筑物表面，起保护和装饰作用
腻子	T07-31 各色酯胶烘干腻子	用酯胶清漆与颜料、体质颜料、催干剂、200 号溶剂油、二甲苯研磨后而成	涂刮性和打磨性较好。可用来填平钢铁、木质表面的凹坑、针孔及缝隙等处
	H07-5 各色环氧酯腻子	将环氧树脂和植物油酸经酯化后，与颜料、体质颜料、二甲苯、催干剂、丁醇等研磨配制而成	腻子膜坚硬、耐潮性好，与底漆有良好的附着力，经打磨表面光洁。可供各种预先涂有底漆的金属表面不平处作填嵌用
	C07-5 各色醇酸腻子	用醇酸树脂、颜料、体质颜料、催干剂及溶剂（200 号溶剂油、二甲苯）研磨而成	涂层坚硬，附着力好，易于涂刷。可用来填嵌金属及木器制品表面的凹坑和缝隙处
	Q07-5 各色硝基腻子	各色硝基腻子的成膜物质由硝化棉、醇酸树脂、增韧剂、各色颜料、体质颜料和混合溶剂组成	干得快，附着力好，容易打磨。可供涂有底漆的金属及木质物面作填平细孔、缝隙用
	G07-3 各色过氯乙烯腻子	用过氯乙烯树脂、增韧剂、颜料、体质颜料和酯、酮、苯类等混合溶剂经调和研磨而成	干燥快。主要用于填平已涂有醇酸底漆或过氯乙烯底漆的各种车辆、机床及各种工业品的钢铁或木材表面
磁漆	04-42 各色醇酸磁漆	用干性植物油改的季戊四醇醇酸树脂与颜料研磨后，加入催干剂，以松节油、200 号溶剂汽油与二甲苯调配而成	具有良好的耐候性及附着力，强度较好，能自然干燥，也可低温烘干。适用于涂饰户外的钢铁表面
	C04-83 各色醇酸无光磁漆	用中油度醇酸树脂与颜料及体质颜料混合研磨后，加入催干剂，以 200 号溶剂汽油和二甲苯作溶剂调配而成	漆膜平整无光，常温或 100C 以下干燥时，耐久性比酚醛无光磁漆好，比有光的醇酸磁漆差。若烘干耐水性更好。用于涂装车箱、船舱的内壁及特种车辆外表面、仪表盘
	G04-60 各色过氯乙烯半光磁漆	由过氯乙烯树脂、干性油改性醇酸树脂、增韧剂、颜料及体质颜料经调和研磨后，以有机混合溶剂苯类、酯类及酮类调配而成	有较好的户外耐久性及强度，耐海洋性气候和湿热带气候的性能好，耐油性和耐水好，但干燥时间较长，故附着力差一些。主要喷涂于金属或木质物件上

（续）

品种	型号及名称	组成成分	特性及应用
磁漆	G04-9 各色过氯乙烯外用磁漆	用过氯乙烯树脂、干性油改性醇酸树脂、颜料与增韧剂等研磨后，以有机混合剂苯类、酯类及酮类调配而成	干燥较快，漆膜光亮、色泽鲜艳，能打磨，耐候性和抗老化性比硝基外用磁漆好。适用于亚热带和潮湿地区使用，用于涂饰车辆、机床、电工器材、医疗器械、农业机械配件等
	B04-6 白丙烯酸磁漆	将甲基丙烯酸酯、甲基丙烯酰胺共聚树脂与氨基树脂溶解在酯类、醇类、苯类混合溶剂中，并加钛白粉、增韧剂调制而成	具有耐光性与耐久性，能室温干燥，不泛黄，对湿热带气候具有良好的稳定性。用于涂覆各种金属表面及经阳极化处理后涂有底漆的硬铝表面
	B04-87 黑丙烯酸无光磁漆	由甲基丙烯酸酯和甲基丙烯酰胺共聚树脂溶于酯类、酮类、苯类混合溶剂中，加炭黑、消光剂、增韧剂而成	有良好的附着力，柔韧性较差。专供涂覆光学仪器上要求不反光的部位及涂覆不在弯曲条件下使用的硬铝黄铜、透明塑料零件
	H04-2 各色环氧硝基磁漆	将环氧树脂、醇酸树脂与颜料研磨后，以苯二甲酸二丁酯作增韧剂，以乙酸丁酯、乙酸乙酯、丁醇、甲苯、二甲苯等混合溶液作溶剂，与硝化棉溶液混合而成	漆膜坚硬，较一般硝基外用磁漆的耐气候性好，在潮湿的海洋性和湿热带气候的条件下更能显出其优越性。耐油性也很好。用于涂覆已涂有环氧底漆的金属制品表面，作为防大气腐蚀的涂层
	F04-11 各色纯酚醛磁漆	纯酚醛树脂和干性植物油熬炼后与各色颜料研磨，加入催干剂，以二甲苯及200号溶剂油作溶剂调配而成	漆膜坚硬，其耐水性、耐候性、耐化学药品性能均比酚醛磁漆好。主要涂于机械设备、建筑物、交通运输工具及其他要求耐潮湿或需经干湿交替的金属、木材表面上
	F04-60 各色酚醛半光磁漆	用松香改性酚醛树脂、季戊四醇松香酯与聚合干性植物油炼成漆基，与颜料和体质颜料研磨后加入催干剂，以200号溶剂汽油或松节油作溶剂调配而成	附着力强，漆膜坚硬，但耐候性比醇酸半光磁漆差。主要用来涂覆要求半光的木材、钢铁表面
	F04-89 各色酚醛无光磁漆	用松香改性酚醛树脂、季戊四醇松香脂与聚合干性植物油炼制后，与颜料和体质颜料研磨，加入催干剂，以200号溶剂汽油或松节油作溶剂调配而成	附着力强，漆膜坚硬，但耐候性比醇酸无光磁漆差。主要用于涂覆要求无光的钢铁、木材表面
	F04-1 各色酚醛磁漆	用干性植物油和松香改性酚醛树脂熬炼后，与颜料及体质颜料研磨，加入催干剂，以200号溶剂汽油或松节油作溶剂调配而成	附着力强，光泽好，漆膜坚硬，但耐候性比醇酸磁漆差。主要用于建筑、交通工具、机械设备以及室内外一切木材、金属表面上
	Q04-2 各色硝基外用磁漆	由硝化棉、油改性醇酸树脂、氨基树脂、各色颜料与增韧剂组成。挥发部分由酯类、酮类、苯类、醇类等溶剂组成	漆膜干得快、外观平整光亮，耐候性较好，能用砂蜡打磨。通常涂于各种交通车辆、机床、机器设备及工具上，作保护装饰
	Q04-62 各色硝基半光磁漆	由硝化棉、醇酸树脂、各色颜料、增韧剂及体质颜料组成。挥发部分由酯、酮、醇、苯类等溶剂组成	漆膜反光性能不大，在阳光下对人的眼睛刺激性较小。加有大量体质颜料，故漆膜易粉化，耐久性比硝基外用磁漆差。用于仪表设备及要求半光的金属表面作装饰保护用

（续）

品种	型号及名称	组成成分	特性及应用
磁漆	Q04-17 各色硝基醇酸磁漆	由硝化棉、季戊四醇醇酸树脂、各色颜料、增韧剂组成。挥发部分由酯、酮、醇、苯类等溶剂组成	漆膜具有良好的光泽与耐大气性能，但磨光性较差，故不宜打磨。适于涂装车辆或机器设备
	C04-2 各色醇酸磁漆	以中油度醇酸树脂与颜料研磨后，加入适量催干剂，并以有机溶剂调配而成	具有较好的光泽和力学强度，能常温干燥，耐候性比调和漆及酚醛漆好，适合户外使用。耐水性较差，但在 60~70℃ 下烘烤后，耐水性可显著提高。最宜于涂装金属表面，木材表面也可使用
	A04-84 各色氨基无光烘干磁漆	用氨基树脂、醇酸树脂与各色颜料、体质颜料研磨后，以有机溶剂调配而成	漆膜色彩柔和，细度较细。用于光学仪器、仪表及要求无光的物件上
	A04-81 各色氨基无光烘干磁漆	用氨基树脂、醇酸树脂与各色颜料、体质颜料研磨后，以有机溶剂调配而成	漆膜色彩柔和，平整无光，无刺目态，并有良好的物理性能。用于涂装仪器仪表、计算机、打字机、表牌等不反光的各种金属表面
	H04-94 各色环氧酯无光烘干磁漆	用环氧树脂和植物油酸酯化后，加颜料、体质颜料研磨，再加入氨基树脂及二甲苯、丁醇等混合溶剂配制而成	漆膜坚硬，耐磨性好，附着力强，并有良好的耐水性。用于电机、电器、仪表等外壳的涂覆
	L04-1 沥青磁漆	由植物油与天然沥青或石油沥青、松香改性酚醛树脂、催干剂、200 号油漆溶剂油及芳烃溶剂调制而成	漆膜黑亮平滑，耐水性较好。用于涂覆汽车底盘、散热器及其他金属零件表面
	T04-1 各色酯胶磁漆	由甘油松香酯与干性植物油熬炼成漆料，再与各种颜料、填料研磨后加入催干剂及 200 号油漆溶剂油调制而成	漆膜光亮鲜艳，但耐候性较差。用于室内一般金属、木质物件以及五金零件等表面作装饰保护用
防腐、防锈漆	T50-32 各色酯胶耐酸漆	用多元醇松香酯与干性植物油炼制后，以 200 号溶剂油或松节油稀释，加入颜料、体质颜料研磨并加催干剂而成	用于一般化工厂中需要防止酸性气体腐蚀的金属和木质结构表面的涂覆，也可用于耐酸要求不高的工程结构物上，但不宜涂覆于长期浸渍在酸液内的物体上，也不宜涂覆于要求耐碱的物体上
	L50-1 沥青耐酸漆	用干性植物油与石油沥青或天然沥青熬炼后，加入催干剂，并以 200 号溶剂油和二甲苯混合溶剂调配而成	具有耐硫酸腐蚀的性能，并有良好的附着力。主要涂覆于需要防止硫酸侵蚀的金属表面
	C50-31 白醇酸耐酸漆	用醇酸树脂与钛白粉等耐酸颜料混合研磨，加入催干剂，以有机溶剂调配而成	有一定的耐酸性，但不宜长期浸泡在硫酸溶液中。适用于在酸性气氛环境中的金属与木材表面的防护涂装
	G52-31 各色过氯乙烯防腐漆	用过氯乙烯树脂、醇酸树脂、增韧剂及颜料研磨后，再以有机溶剂调配而成	具有优良的防腐蚀性和防潮性。主要用于各种化工机械、管道、建筑等金属或木质表面上防酸、碱及其他化学药品的侵蚀
	X52-2 乙烯防腐漆	氯乙烯-醋酸乙烯-顺丁烯二酸单丁酯三元光聚树脂用酮、苯类溶剂溶解，加入少量稳定剂和增韧剂调制而成	有良好的耐候、耐酸碱、耐海水及耐化学腐蚀性，并耐石油烃和醇类溶剂。可用于大型化工机械设备、储槽、化工仪器仪表、机电产品或其他金属构件耐化学腐蚀涂装，可供钢铁桥梁、舰艇、船底、船壳及船上建筑物防腐涂装之用

（续）

品种	型号及名称	组成成分	特性及应用
防腐、防锈漆	C61-51 铝粉醇酸烘干耐热漆（分装）	是醇酸清漆与铝粉分别包装的一种油漆。使用前按 70% 清漆与 30% 铝粉混合搅拌均匀。该漆中的醇酸清漆是用半干性油改性醇酸树脂热溶于 200 号溶剂油或松节油与二甲苯的混合溶剂中，加入催干剂而成	对钢铁或铝制品表面有较强的附着力，漆膜受热后不易起泡，耐水性好。主要用于各种金属制品表面作耐热防腐涂层
	W61-34 草绿有机硅耐热漆	用有机硅树脂、乙基纤维、颜料（氧化铬绿等）及体质颜料研磨后，加有机溶剂稀释而成	具有良好的耐热（耐 400℃）耐油、耐盐水性。用于涂覆各种耐高温又要求常温干燥的钢铁金属设备与零件
	W61-55 铝粉有机硅耐热烘漆（分装）	由清漆和铝粉组成。清漆是聚酯和有机硅树脂用甲苯稀释后制得的胶体溶液。清漆和铝粉分装，使用时清漆与铝粉以 10∶1 混合均匀	可以在 150℃ 烘干，能耐 500℃ 高温。主要用于涂覆高温设备的钢铁零件，如发动机外壳、烟囱、排气管、烘箱、火炉、暖气管道等，作防腐蚀用
	Y53-32 铁红油性防锈漆	由干性植物油炼制后与氧化锌、氧化铁红和体质颜料、催干剂、200 号油漆溶剂油或松节油调制而成	附着力较强，防锈性能较好，但次于红丹油性防锈漆，漆膜较软。主要用于室内外一般要求的钢铁结构表面作防锈打底用
	C53-31 红丹醇酸防锈漆	由醇酸树脂、红丹粉、体质颜料、催干剂与溶剂调制而成	防锈性能好，干燥快，附着力强。用于钢铁结构表面作防锈打底用
	F53-34 锌黄酚醛防锈漆	由松香改性酚醛树脂、多元醇松香酯、干性植物油、锌黄、氧化锌、体质颜料、催干剂及油漆溶剂油等制成	具有良好的防锈性能。用于轻金属表面作防锈打底用
	F53-31 红丹酚醛防锈漆	由松青改性酚醛树脂、多元醇松香酯、干性植物油、红丹、体质颜料、催干剂、200 号油漆溶剂油等调制而成	具有良好的防锈性能。适用于钢铁表面的涂覆，作防锈打底用
	F53-39 硼钡酚醛防锈漆	由松青改性酚醛树脂、多元醇松香酯、干性植物油、防锈颜料偏硼酸钡和其他颜料、催干剂、200 号溶剂油等调制而成的长油度防锈漆	在大气环境中具有良好的防锈性能。适用于桥梁、火车车辆、船壳、大型建筑钢铁构件以及其他钢铁器材表面作防锈打底用
	F53-41 各色硼钡酚醛防锈漆	由松香改性酚醛树脂、聚合植物油、防锈颜料偏硼酸钡和其他颜料、催干剂、200 号油漆溶剂油等调制而成的中短油度防锈漆	在大气环境中具有良好的防锈性能。主要用于火车车辆、工程机械、通用机床等钢铁器材表面作防锈打底用
	F53-40 云铁酚醛防锈漆	由酚醛漆料与云母氧化铁等防锈颜料研磨后，加入催干剂及混合溶剂等调制而成	防锈性好，干燥快，遮盖力及附着力强，无铅毒。用于桥梁、铁塔、车辆、船舶等户外钢铁结构上作防锈打底用
	Y53-31 红丹油性防锈漆	用干性植物油熬炼后，加入催干剂，用 200 号溶剂油或松节油作为溶剂，再与红丹粉、体质颜料研磨而成	防锈性能好，但干燥较慢。主要用于涂刷大型钢铁结构表面，作防锈打底用
	F53-33 铁红酚醛防锈漆	用松香改性酚醛树脂、多元醇松香酯与干性植物油炼制后，再与氧化铁红和适当的防锈颜料、体质颜料研磨，加入催干剂，并以 200 号溶剂油或松节油作溶剂调配而成	附着力强，但漆膜较软。主要涂覆防锈要求不高的钢铁结构表面，作打底用

（续）

品种	型号及名称	组成成分	特性及应用
防腐、防锈漆	F53-32 灰酚醛防锈漆	用松香改性酚醛树脂、多元醇松香酯与干性植物油经炼制后，与氧化锌等颜料研磨，溶于200号溶剂油或松节油等有机溶剂中，并加入催干剂调制而成	防锈性能好。适于涂刷钢铁表面
带锈涂料	环氧酯稳定型带锈涂料、醇酸稳定型带锈涂料	带锈涂料是近年来发展起来的一种新型涂料，其特点是可以在经简单清理过的带锈钢铁表面上施工，以代替喷砂、酸洗、去锈等复杂而繁重的表面处理工艺，同时又能起到底漆作用。带锈涂料的使用对提高生产效率、节约施工费用、改善劳动条件、保障工人身体健康等都具有重要意义 环氧酯稳定型带锈涂料的防锈性能良好，醇酸稳定型带锈涂料的防锈性能比环氧酯型稍差。两种带锈涂料均可在带锈钢铁表面上使用 两种涂料的组成成分参见生产厂家的企业标准。生产厂家有天津油漆总厂、武汉造漆总厂、无锡造漆厂、杭州油墨油漆厂等 有关施工方法及注意事项如下： 1）涂料可以涂刷，也可喷涂。施工时以涂两道、每道涂层40~50μm为宜 2）涂前切莫忽视必要的去锈工序。凡被涂物件表面的松散锈层、松动老皮以及泥土灰尘、焊皮、水分等均须清除干净，如有油污，须用溶剂擦洗干净，使用本涂料时，带锈涂层厚度在60μm以下效果最好 3）使用时须将涂料充分搅匀，太稠时，环氧酯稳定型带锈涂料可用X-7环氧漆稀料或X-4氨基稀料调稀，醇酸稳定型带锈涂料可用二甲苯或X-6醇酸漆稀料调稀 4）带锈涂料在漆膜干透后，应以醇酸漆、过氯乙烯漆、氨基漆、环氧漆或聚氨酯漆罩面 5）带锈涂料存放和使用时须保持通风、干燥，防止日光暴晒和雨淋，并须远离热源，严禁明火	
绝缘漆	F30-13 酚醛烘干绝缘漆	用酚醛树脂与干性植物油熬炼，加入催干剂及200号溶剂油制成	耐水性、防潮性能较好，力学强度较差。它是A级绝缘材料，适用于浸渍和喷涂要求耐水、防潮和绝缘性能的塑料及金属表面
	L30-19、L30-20 沥青烘干绝缘漆	用天然沥青、石油沥青和干性植物油熬炼后，加入催干剂并溶于200号溶剂汽油而制成	防潮湿性能和耐温度性能较好。L30-19因加入适量的三聚氰胺甲醛树脂，干燥后漆膜不发黏，能达到厚层干透性的要求。它是A级绝缘材料，用于浸渍电机转子、定子线圈及不要求耐油的电器零部件
	L31-3 沥青绝缘漆	用石油沥青（或天然沥青）和植物油熬炼，加入催干剂及有机溶剂而成	干燥快，常温即可干燥，但耐变压器油性和硬度较差。用来覆盖要求常温干燥的电机、电器绕组，作A级绝缘用
	C30-11 醇酸烘干绝缘漆	用植物油改性醇酸树脂，加入催干剂并以二甲苯作为溶剂稀释制成	有较好的耐油性和耐电弧性。它是B级绝缘材料，用于浸渍电机设备、变压器的绕组，也可作为覆盖漆
	A30-11 氨基烘干绝缘漆	用油改性醇酸树脂和三聚氰胺甲醛树脂、二甲苯、丁醇调制而成	有较好的干透性、耐油性、耐电弧性及附着力，漆膜平整光泽。它是B级绝缘材料，用于浸渍各种电机、电器绕组

（续）

品种	型号及名称	组成成分	特性及应用
绝缘漆	Z30-11 聚酯烘干绝缘漆	用不饱和丙烯酸聚酯和蓖麻油改性聚酯混合后，补加催干剂、引发剂制成	为无溶剂漆，浸渍性高，干燥快，漆膜浸水或受潮后绝缘电阻变化小。它是 B 级绝缘材料，用于浸渍电机线圈
	H30-12 环氧酯烘干绝缘漆	用环氧树脂、植物油酸经过酯化后，加适当氨基树脂，用苯类溶剂及丁醇稀释制成	有优良的耐热性和附着力，耐油性和柔韧性也较好，可耐强烈的化学气体。适合湿热带及化工防腐蚀电机电器的使用要求。它是 B 级绝缘材料，用于浸渍电机、变压器及一般电机绕组和电信器材，也适用于金属层压制品表面处理
	H30-13 环氧聚酯酚醛烘干绝缘漆	用环氧树脂及改性酚醛树脂经酯化聚合后，加入二甲苯、丁醇、环己酮稀释制成	漆膜坚韧，具有耐热、耐化学腐蚀、防潮、防霉和防盐雾性能。它是 B 级绝缘材料，用于浸渍及覆盖电机、电器绕组等
	H31-54 灰环氧酯烘干绝缘漆	用环氧树脂、植物油酸经过酯化后，以二甲苯、丁醇混合溶剂稀释，加入适量三聚氰胺树脂及防毒剂与颜料研磨后制成	除有防霉性能外，还具有较好的耐油、防潮及力学性能与很好的附着力，可耐强烈的化学性气体。它是 B 级绝缘材料，用于涂覆湿热带的电机、电器、精密仪表绕组外层，也可涂覆机器零件
	Q32-31 粉红硝基绝缘漆	用硝化棉与醇酸树脂溶解于酯、酮、醇、苯等混合溶剂中，再加入颜料制成	较其他类型绝缘漆干得快，能室温干燥，漆膜坚硬有光。它是 A 级绝缘材料，适用于涂覆电机设备的绝缘部件
	W30-11 有机硅烘干绝缘漆	用聚甲基苯基硅氧烷加二甲苯配制而成	是烘干型漆，漆膜具有较高的耐热性和较好的绝缘防潮性能。它是 H 级绝缘材料，用于浸渍短期 250～300℃ 工作的电机、电器线圈，也可用来浸渍长期在 180～200℃ 运转的电机、电器线圈
	W32-53 粉红有机硅烘干绝缘漆	用有机硅耐热清漆与无机颜料研磨后，以二甲苯、丁醇稀释制成	有较高的耐热性和硬度，较好的耐油性、介电性和热带气候稳定性。适用于涂刷和修理长期在 180℃ 或高温条件下运转的 H 级绝缘电机线圈端部，也可用于涂饰需在 120～125℃ 下进行热处理的电机及电器零件
电阻漆	C37-51 各色醇酸烘干电阻漆	由油改性季戊四醇醇酸树脂、适量氨基树脂、酚醛树脂和颜料研磨后，用二甲苯和松节油作溶剂稀释而成	产品分为灰、红、绿三种颜色，具有良好的绝缘性和防潮性，附着力和机械强较高。适于涂覆非线绕电阻，也可喷涂于其他金属表面作防潮用
	W37-51 红有机硅烘干电阻漆	用油改性醇酸树脂、有机硅树脂及少量氨基树脂和颜料、体质颜料等研磨后，以二甲苯稀释而成	附着力好，并具有良好的耐热、防潮及耐温变性。主要用于涂覆非绕线电阻以及其他金属零件表面

表7-69　常用涂料性能的比较

性能		涂料类型								
		油脂漆	天然树脂漆	酚醛树脂漆	沥青漆	醇酸树脂漆	氨基漆	硝基纤维漆	醋酸丁酸纤维漆	乙基纤维漆
抗化学介质性能	户外耐久性	良	可	中	可	优	优	良	优	优
	耐盐雾	良	可	良	优	良	良	良	优	优
	耐醇类溶剂	劣	可	优	劣	可	中	中	中	劣
	耐石油溶剂	中	中	良	劣	中	优	中	中	劣
	耐烃类溶剂	可	良	优	劣	中	优	可	可	可
	耐酯、酮类溶剂	劣	可	可	劣	劣	可	劣	劣	劣
	耐氯化溶剂	劣	劣	可	劣	劣	劣	劣	劣	劣
	耐盐类	可	可	优	中	良	优	中	良	中
	耐氨	劣	可	劣	—	劣	劣	劣	劣	中
	耐碱	劣	可	劣、劣	优	可、劣	良、劣	劣、劣	劣、劣	中、中
	耐无机酸(矿物酸)	可	可	中、可、劣	中、—、—	可、劣、劣	中、可、劣	优、中、可	中、可、劣	中、可、劣
	耐氧化性酸	劣	劣	劣、劣、劣	—	劣、劣、劣	劣、劣、劣	劣、劣、劣	劣、劣、劣	劣、劣、劣
	耐有机酸(醋酸、甲酸)	可	可	优、—、—	劣、劣、劣	劣、劣、劣	劣、劣、劣	劣、劣、劣	劣、劣、劣	中、—、劣
	耐有机酸(油酸、硬脂酸)	中		优	劣	可	中	可	可	—
	耐磷酸	可	可	可	优	劣	劣	劣	劣	—
	耐淡水、盐水	可	可	优	优	可	中	中	优	优
物理性能	硬度	劣	优	优	中	中	优	优	中	中
	柔韧性	优	中	中	优	优	良	优	优	优
	耐磨性/周	—	—	>5000	—	3500	>5000	2500	2500	—
	最高使用温度/℃	80	93	170	93	93	120	82	82	150
	毒性	无	无	无	—	无	无	无	无	无
	冲击强度	—	中	中	优	良	优	优	优	优
	介电性能	中	可	优	中	中	良	可	中	中
	附着力 铁基金属上	良	良	优	优	优	优	良	良	劣
	附着力 非铁基金属上	—	—	优	优	可	—	中	中	中
	附着力 旧漆层上	—	—	中	—	良	—	劣	劣	劣
装饰性	颜色选择性	任选	任选	有限	有限	任选	任选	任选	任选	任选
	保色性	中	中	劣	—	良	良	良	良	良
	原始光泽	可	良	良	良	优	优	良	良	良
	保光性	可	良	可	—	优	良	良	良	良

性能		涂料类型						
		过氯乙烯漆	乙烯漆	丙烯酸漆	聚酯漆	环氧树脂漆类		
						环氧胺固化漆	环氧酯漆	环氧酚醛漆
抗化学介质性能	户外耐久性	优	优	优	优	中	优	优
	耐盐雾	优	优	优	优	良	良	优
	耐醇类溶剂	优	可	劣	中	中	可	优

（续）

性能		涂料类型						
		过氯乙烯漆	乙烯漆	丙烯酸漆	聚酯漆	环氧树脂漆类		
						环氧胺固化漆	环氧酯漆	环氧酚醛漆
抗化学介质性能	耐石油溶剂	优	中	中	优	优	优	优
	耐烃类溶剂	可	劣	可	优	优	中	优
	耐酯、酮类溶剂	劣	劣	劣	劣	良	可	优
	耐氯化溶剂	劣	劣	劣	劣	中	劣	优
	耐盐类	优	优	良	中	优	优	优
	耐氨	优	优	劣	劣	中	劣	可
	耐碱	优	优、优	中、可	劣	优、优	中、可	优、优
	耐无机酸（矿物酸）	良	优、优、中	中、可、劣	优	优、良、中	中、可、劣	优、优、优
	耐氧化性酸	良	优、良、中	可、劣、劣	劣	中、劣、劣	可、劣、劣	优、良、劣
	耐有机酸（醋酸、甲酸）	优	优、劣、劣	劣、劣、劣	劣	可、可、劣	可、劣、劣	优、优、良
	耐有机酸（油酸、硬脂酸）	优	优	可	可	优	可	优
	耐磷酸	优	优	劣	可	中	劣	优
	耐淡水、盐水	优	优	优	中	优	中	优
物理性能	硬度	中	中	良	良	良	良	优
	柔韧性	优	优	优	中	中	优	良
	耐磨性/周	—	>5000	2500	3500	>5000	>5000	>5000
	最高使用温度/℃	65	65	180	93	200	150	200
	毒性	无	无	无	无	无	无	无
	冲击强度	优	优	优	可	中	优	良
	介电性能	中	优	良	中	良	良	良
	附着力 铁基金属上	中	中	良	可	优	优	优
	附着力 非铁基金属上	—	良	良	可、劣	优	优	优
	附着力 旧漆层上	—	—	劣	劣	中	良	劣
装饰性	颜色选择性	任选	任选	任选	任选	任选	任选	有限
	保色性	中	优	优	优	可	中	劣
	原始光泽	中	中	优	优	中	中	中
	保光性	中	优	优	中	可	中	可

性能		涂料类型					
		聚氨酯漆	有机硅漆	氯化聚醚漆	橡胶漆类		
					氯化橡胶漆	氯丁橡胶漆	氯磺化聚乙烯漆
抗化学介质性能	户外耐久性	可	优	优	优	优	优
	耐盐雾	优	优	优	优	优	优
	耐醇类溶剂	良	可	优	优	优	—
	耐石油溶剂	中~优	可	优	中	中	中
	耐烃类溶剂	中~优	良	优	劣	劣	可~劣
	耐酯、酮类溶剂	可	劣	优	劣	劣	劣

（续）

性能		涂料类型					
		聚氨酯漆	有机硅漆	氯化聚醚漆	橡胶漆类		
					氯化橡胶漆	氯丁橡胶漆	氯磺化聚乙烯漆
抗化学介质性能	耐氯化溶剂	可	劣	优	劣	劣	劣
	耐盐类	优	中	优	优	优	优
	耐氨	劣	劣	优	中	中	中
	耐碱	良、可	优、可	优	优、优	优、优	优、优
	耐无机酸（矿物酸）	中、可、劣	中、中、劣	优、优、优	优、优、优	优、中、中	优、优、中
	耐氧化性酸	中、可、劣	劣、劣、劣	优、中、可	优、优、可	可、劣、劣	中、中、中
	耐有机酸（醋酸、甲酸）	中、可、劣	劣、劣、劣	优、优、优	中、劣、劣	中、可、可	中、可、可
	耐有机酸（油酸、硬脂酸）	中	中	优	可	中	中
	耐磷酸	中	可	优	中	良	中
	耐淡水、盐水	良	优	优	优	优	优
物理性能	硬度	优	中	优	中	可	
	柔韧性	优	可	可	良	优	优
	耐磨性/周	>5000	2500	>5000	>5000	5000	5000
	最高使用温度/℃	150	280	150	93	93	120
	毒性	微	无	无	微	无	—
	冲击强度	优	可	可	中	优	优
	介电性能	优	优	优	优	中	良
	附着力 铁基金属上	优	可	良	可	良	良
	附着力 非铁基金属上	优	优	中	良	良	良
	附着力 旧漆层上	—	优	劣	—	—	—
装饰性	颜色选择性	任选	任选	有限	任选	有限	任选
	保色性	可	优	优	中	中	优
	原始光泽	良	中	优	良	劣	劣
	保光性	可	良	可	中	可	可

注：1. 此表仅作为每大类油漆性能比较的参考，不代表每一品种性能。

2. 质量优劣分五等，其次序是：优→良→中→可→劣。

3. 化学性能中有两个等级时，第一个代表稀溶液（20%）、第二个代表浓溶液时的性能等级；有三个等级时，第一个代表10%稀溶液、第二个代表10%~30%中等溶液、第三个代表浓溶液时的性能等级。

表 7-70　按涂层特性选用涂料品种

涂层特性	涂 料 种 类
耐酸	聚氨酯漆、氯丁橡胶漆、氯化橡胶漆、环氧树脂漆、沥青漆、过氯乙烯漆、乙烯漆、酚醛树脂漆
耐碱	过氯乙烯漆、乙烯漆、沥青漆、氯化橡胶漆、氯丁橡胶漆、环氧树脂漆、聚氨酯漆等
耐油	醇酸漆、氨基漆、硝基漆、缩丁醛漆、过氯乙烯漆、醇溶酚醛漆、环氧树脂漆
耐热	醇酸漆、沥青漆、氨基漆、有机硅漆、丙烯酸漆

（续）

涂层特性	涂 料 种 类
耐水	氯化橡胶漆、氯丁橡胶漆、聚氨酯漆、过氯乙烯漆、乙烯漆、环氧树脂漆、酚醛漆、沥青漆、氨基漆、有机硅漆
防潮	乙烯漆、过氯乙烯漆、氯化橡胶漆、氯丁橡胶漆、聚氨酯漆、沥青漆、酚醛树脂漆、有机硅漆、环氧树脂漆等
耐磨	聚氨酯漆、氯丁橡胶漆、环氧树脂漆、乙烯漆、酚醛树脂漆等
保色	丙烯酸漆、氨基漆、有机硅漆、醇酸树脂漆、硝基漆、乙烯漆
保光	醇酸漆、丙烯酸漆、有机硅漆、乙烯漆、硝基漆、乙酸丁酸纤维漆
耐大气	天然树脂漆、油性漆、醇酸漆、氨基漆、硝基漆、过氯乙烯漆、丙烯酸漆、有机硅漆、酚醛树脂漆、氯丁橡胶漆等
耐溶剂	聚氨酯漆、乙烯漆、环氧树脂漆
绝缘	油性绝缘漆、酚醛绝缘漆、醇酸绝缘漆、环氧绝缘漆、氨基漆、聚氨酯漆、有机硅漆、沥青绝缘漆等

表 7-71　各种金属表面推荐选用的底漆品种

金属表面种类	推荐选用的底漆品种
黑色金属（铸铁、钢）	铁红醇酸底漆、铁红纯酚醛底漆、铁红酚醛底漆、铁红酯胶底漆、铁红过氯乙烯底漆、沥青底漆、磷化底漆、各种树脂的红丹防锈漆、铁红环氧底漆、铁红硝基底漆、富锌底漆、氨基底漆、铁红油性防锈漆、铁红缩醛底漆
铜及其合金	氨基底漆、磷化底漆、铁红环氧底漆或醇酸底漆
铝及铝镁合金	锌黄酚醛底漆、锶黄丙烯酸底漆、锌黄环氧底漆、锌黄过氯乙烯底漆
镁及其合金	锌黄或锶黄纯酚醛底漆或丙烯酸底漆或环氧底漆、锌黄过氯乙烯底漆
钛及钛合金	锶黄氯醋-氯化橡胶底漆
镉铜合金	铁红纯酚醛底漆或酚醛底漆、铁红环氧底漆、磷化底漆
锌金属	锌黄纯酚醛底漆、磷化底漆、锌黄环氧底漆、环氧富锌底漆
镉金属	锌黄纯酚醛或环氧底漆
铬金属	铁红环氧底漆或醇酸底漆
铅金属	铁红环氧底漆或醇酸底漆
锡金属	铁红醇酸底漆或环氧底漆、磷化底漆

表 7-72　常用涂料的应用实例

涂料类别	应用实例											
	金属切削机床	载货汽车、火车	轿车、摩托车	起重机、拖拉机、柴油机	仪器仪表	船壳、甲板、桅杆、船舱	船底、防锈防污	木壁、门窗、地板、楼梯	钢架、铁柱、水管、水塔	泥墙、砖墙、水泥墙	漆包线、浸渍绕组、覆盖电绝缘用	电线、电缆绝缘用
油脂漆				▽		▽		▽	▽	▽		
酯胶漆				▽				▽		▽		
酚醛漆	▽			▽	▽	▽	▽	▽	▽	▽	▽	
沥青漆						▽			▽		▽	▽

（续）

涂料类别	应用实例											
	金属切削机床	载货汽车、火车	轿车、摩托车	起重机、拖拉机、柴油机	仪器仪表	船壳、甲板、桅杆、船舱	船底、防锈、防污	木壁、门窗、地板、楼梯	钢架、铁柱、水管、水塔	泥墙、砖墙、水泥墙	漆包线、浸渍绕组、盖电绝缘用	电线、电缆绝缘用
醇酸漆	▽	▽		▽	▽			▽	▽		▽	
氨基漆	▽	▽	▽		▽						▽	
硝基漆	▽	▽			▽							▽
过氯乙烯漆	▽	▽	▽	▽	▽				▽	▽		
乙烯漆							▽					
丙烯酸漆			▽									
环氧漆	▽			▽		▽	▽				▽	▽
虫胶漆								▽				
有机硅漆											▽	
聚醋酸乙烯漆						▽				▽		
聚氨酯漆	▽							▽			▽	▽
氯乙烯醋酸乙烯漆												
聚酰胺漆												
橡胶漆（氯丁橡胶）												
乙基纤维漆												
苄基纤维漆												▽
氯化橡胶漆							▽			▽		
氯磺化聚乙烯漆												
聚酯漆								▽			▽	
聚乙烯醇缩醛漆											▽	

涂料类别	应用实例										
	大型化工设备及建筑物防腐蚀	小型管道、蓄电池、仪表耐腐蚀	木质墙壁及易燃物防火	烟囱锅炉、管道高温防火	自行车、缝纫机	洗衣机、冰箱	收音机、乐器、高级家具	罐头内外壁	玩具	橡胶、塑料、皮革	油布、油毡
油脂漆											▽
酯胶漆											
酚醛漆		▽	▽	▽					▽	▽	
沥青漆	▽	▽		▽	▽						▽
醇酸漆			▽								
氨基漆		▽				▽	▽	▽	▽		
硝基漆						▽	▽			▽	▽
过氯乙烯漆	▽		▽								
乙烯漆	▽										
丙烯酸漆										▽	

（续）

涂料类别	应用实例										
	大型化工设备及建筑物防腐蚀	小型管道、蓄电池、仪表耐腐蚀	木质墙壁及易燃物防火	烟囱锅炉、管道高温防火	自行车、缝纫机	洗衣机、冰箱	收音机、乐器、高级家具	罐头内、外壁	玩具	橡胶、塑料、皮革	油布、油毡
环氧漆	▽	▽			▽	▽		▽			
虫胶漆							▽				
有机硅漆		▽		▽							
聚醋酸乙烯漆											
聚氨酯漆	▽							▽		▽	
氯乙烯醋酸乙烯漆	▽										
聚酰胺漆								▽			
橡胶漆（氯丁橡胶）											
乙基纤维漆	▽										
苄基纤维漆										▽	
氯化橡胶漆	▽										
氯磺化聚乙烯漆	▽										
聚酯漆							▽				
聚乙烯醇缩醛漆								▽			

注："▽"表示可选用。

表 7-73 按耐腐蚀条件推荐选用的涂料型号及名称

使用条件	推荐选用的涂料型号及名称			
	自干型		烘干型	
	常用型号及名称	也可用型号及名称	常用型号及名称	也可用型号及名称
耐酸用漆	L50-1 沥青耐酸漆，G01-5 过氯乙烯清漆，G52-2、G52-31、G52-33、G52-37、G52-38 过氯乙烯防腐漆，H01-1 环氧清漆，H04-4 环氧磁漆，H52-33 环氧防腐漆，聚氨酯沥青漆、大漆	T09-11 漆酚清漆，T09-17 漆酚环氧防腐漆，F50-31 酚醛耐酸漆，X52-31 或 X52-2、X52-83 乙烯防腐漆，S01-2 聚氨酯清漆，S04-4 聚氨酯磁漆，S06-2 聚氨酯底漆，氯化橡胶漆，环氧聚氨酯漆	H01-32 环氧酚醛清烘漆，H52-11、H52-56 环氧酚醛烘干防腐漆，H52-55 环氧酯烘干防腐漆，F01-36 酚醛烘干清漆，F52-11、F52-52 酚醛环氧酯烘干防腐漆	T09-17 漆酚环氧防腐漆
耐碱用漆	L01-13、L01-17 沥青清漆，G01-5 过氯乙烯清漆，G51-31 过氯乙烯耐氨漆，G52-2、G52-31、G52-33、G52-37、G52-38 过氯乙烯防腐漆，X51-31 乙烯耐氨漆，H01-1 环氧清漆，H01-4 环氧沥青清漆，H04-1 环氧磁漆，H04-3 环氧沥青磁漆，H52-33 环氧防腐漆	X52-2、X52-31、X52-4、X52-35、X52-83 乙烯防腐漆，S01-1 聚氨酯清漆，S04-4 聚氨酯磁漆，S06-2 聚氨酯底漆，氯化橡胶漆，环氧聚氨酯漆	H52-11、H52-12、H52-56 环氧酚醛烘干防腐漆，F52-11、F52-52 酚醛环氧酯烘干防腐漆	T09-17 漆酚环氧防腐漆

（续）

使用条件	推荐选用的涂料型号及名称			
	自干型		烘干型	
	常用型号及名称	也可用型号及名称	常用型号及名称	也可用型号及名称
耐溶剂用漆	H01-1 环氧清漆，H04-1 环氧磁漆，H06-4 环氧富锌底漆，E06-1 无机富锌底漆，S54-33 白聚氨酯漆	T09-11 漆酚清漆，H52-33 环氧防腐漆，S01-3 聚氨酯清漆，S04-1、S04-5 聚氨酯磁漆，S06-l、S06-3、S06-4、S06-5 聚氨酯底漆，S54-31 白聚氨酯耐油漆，S54-32 各色聚氨酯耐油漆，S54-84 各色聚氨酯耐油底漆	H01-32 环氧酚醛烘干清漆，H52-11、H52-56 环氧酚醛烘干防腐漆	H52-54 灰环氧氨基烘干防腐漆，H52-55 草绿环氧酯烘干防腐漆
耐盐类用漆	L01-13、L01-17 沥青清漆，L40-32 沥青防污漆，G52-2、G52-31、G52-33、G52-37、G52-38 过氯乙烯防腐漆，H01-1 环氧清漆，H01-4 环氧沥青清漆，H04-1 环氧磁漆，H04-3 棕环氧沥青磁漆，H52-33 环氧防腐漆	T09-1 油基大漆，X52-2、X52-31 乙烯防腐漆，X52-83 乙烯防腐底漆，J41-31 氯化橡胶水线漆，J06-1 铝粉氯化橡胶底漆	H52-56 环氧酚醛烘干防腐漆，F52-11、F52-52 酚醛环氧酯烘干防腐漆	H52-55 草绿环氧酯烘干防腐漆，T09-17 漆酚环氧防腐漆
耐水用漆	L01-13、L01-17 沥青清漆，L40-32 沥青防污漆，L44-81、L44-82、L44-83 沥青船底漆，X55-31、X55-33 铝粉乙烯耐水漆，X06-4 铝粉乙烯底漆，H01-4 环氧沥青清漆，H04-3 环氧沥青磁漆，H06-4 环氧富锌底漆，H06-10 环氧酯富锌底漆，F06-1 酚醛底漆，J06-1 铝粉氯化橡胶底漆，J41-31、J41-32 氯化橡胶水线漆	T09-11 漆酚清漆，X52-2、X52-31、X52-83 乙烯防腐漆，聚氨酯沥青漆，S55-30 聚氨酯环氧耐水漆	H55-11 环氧聚氨酯烘干耐水漆	T09-17 漆酚环氧防腐漆
耐油用漆	H04-5 白环氧磁漆，H06-4 环氧富锌底漆，H06-10 环氧酯富锌底漆，E06-1 无机富锌底漆，S04-1、S04-5、S04-7 聚氨酯磁漆，S06-1、S06-5、S06-4 聚氨酯底漆，S54-33 白聚氨酯耐油漆，环氧无溶剂漆	S54-1 聚氨酯耐油清漆，S54-31 白聚氨酯耐油漆，S54-32 各色聚氨酯耐油漆，S54-84 聚氨酯耐油底漆	H54-31 棕环氧沥青耐油漆，H54-82 铝粉环氧沥青耐油底漆	H52-12 环氧酚醛烘干防腐漆

表 7-74　不同材质上涂料的适应性选择

材质	涂料品种															
	油脂漆	醇酸树脂漆	氨基树脂漆	硝基漆	酚醛漆	环氧树脂漆	氯化橡胶漆	丙烯酸酯漆	氯醋共聚漆	偏氯乙烯漆	有机硅漆	聚氨酯树脂漆	呋喃树脂漆	聚醋酸乙烯漆	醋丁纤维漆	乙基纤维漆
钢铁金属	5	5	5	5	5	5	5	5	5	5	5	5	5	4	4	4
轻金属	4	4	4	4	5	5	3	5	4	4	5	5	3	3	4	4

（续）

材质	油脂漆	醇酸树脂漆	氨基树脂漆	硝基漆	酚醛漆	环氧树脂漆	氯化橡胶漆	丙烯酸酯漆	氯醋共聚漆	偏氯乙烯漆	有机硅漆	聚氨酯漆	呋喃树脂漆	聚醋酸乙烯漆	醋丁纤维漆	乙基纤维漆
									涂料品种							
金属丝	4	4	5		4	5	4	2	5	4	5	5	2		4	5
纸张	3	4	4	5	4	4	4	4	5	5	5	5	5	5	4	5
织物纤维	3	5	4	5	4		4	4	5	5	5	5	5	5	3	5
塑料	3	4	4	4	4	3	4	4	5	4	5	5	5	5	4	5
木材	4	4	4	5	4		4	4	5		5	5	5	5		
皮革	3	5	2	5	2		4	4	5	5	5	4	3	4	1	5
砖石、泥灰	2	3	3		5	5	4	4		4	5	5	5	5	1	4
混凝土	3	2		1	2	5	5	4	4		5	5	5	5	2	4
玻璃	2	4	4	4	4	5	1	1	4		5	5	3	4	2	3

注：1=差，2=较差，3=中等，4=良好，5=优秀。

表 7-75　不同使用环境和要求下涂料的适应性选择

涂料品种	使用环境及要求					
	在一般大气条件下使用，对防腐蚀和装饰性要求不高	在一般大气条件下使用，要求耐候性和装饰性好	在一般大气条件下使用，要求防潮，耐水性好	在湿热条件下使用，有三防要求（防湿热、防盐雾、防霉）	在化工大气条件下使用，要求耐化学腐蚀性好	在高温条件下使用，要求耐热性好
油性漆	▽	▽				
酯胶漆	▽					
沥青漆			▽		▽	
酚醛漆	▽		▽		▽	
醇酸树脂漆		▽				
氨基树脂漆				▽		
环氧树脂漆			▽	▽	▽	
有机硅树脂漆						▽
过氯乙烯树脂漆				▽	▽	
丙烯酸树脂漆		▽		▽		
聚氨酯漆				▽		
硝基漆		▽				

注："▽"表示可选用。

表 7-76　各种海洋环境中涂料的适应性选择

类别	区域	主要腐蚀介质	腐蚀情况	涂料种类
大气带	海浪达不到的地方	盐雾、潮气	钢铁腐蚀速度比陆地快2倍	有机或无机富锌底漆（防锈）、环氧树脂漆（耐水） 聚氨酯、丙烯酸酯、乙烯共聚树脂漆（耐候，涂层厚度100~300μm） 装置内部可用环氧或聚氨酯沥青涂料，具有防潮防腐蚀性

（续）

类别	区域	主要腐蚀介质	腐蚀情况	涂料种类
飞溅带	满潮线以上 2~3m	紫外线、海浪、海上漂浮物，施工作业的冲击	腐蚀条件酷烈，比陆地上快 10 倍	无机富锌底漆、环氧或聚氨酯沥青涂料(用于电化学腐蚀为主的合金钢)
潮湿带	涨潮线与落潮线之间	微生物，机械冲击交叉，干湿交叉	腐蚀条件比较温和	涂料防腐蚀与飞溅带接近，但有时要增加防污毒料，如铜汞化合物
水下带	落潮线以下的海面	海水微生物	海水成分、温度、流速、深浅对腐蚀的影响	涂料防腐蚀与飞溅带接近，但有时要增加防污毒料(如铜汞化合物)，有时配以阴极保护
土下带	海底土中	与陆地、地下基本相似，但条件更苛刻	与陆地、地下腐蚀大致相同，但条件更苛刻	涂料防腐蚀与飞溅带接近，但有时要增加防污毒料(如铜汞化合物)，有时配以阴极保护

表 7-77 仪表涂漆的常用品种

类别	品名	用途与特点
底漆	X06-1 乙烯磷化底漆	可供有色或黑色金属的打底处理，以代替磷化及钝化处理。能增强漆膜与金属表面的附着力，还可延长漆膜的使用年限，但不能代替一般底漆
	C06-32 铁红醇酸底漆	可作为金属表面打底用漆，与硝基、醇酸等多种面漆的层间结合力良好，在一般的使用条件下耐久性能好
	H06-2 铁红锌黄环氧酯底漆	其中的铁红环氧酯底漆适用于黑色金属表面的打底与防锈，锌黄环氧酯底漆则适用于铝及铝合金等轻金属表面的打底。防锈性、耐水性比一般油基底漆优越。漆膜可自干，也可烘干，经烘干后的漆膜性能更加优良。漆膜附着力好，坚韧耐久，如与磷化底漆配套涂用，可提高涂层的"三防"性能
	H11-95 铁红环氧酯烘干电泳底漆	可用作钢铁、铝、铝镁合金工件电泳用漆，但只能作为一次涂用，涂过电泳底漆之后必须改变涂漆方式。这种底漆除耐盐水性外，其他性能均与溶剂型环氧酯底漆相似
腻子和二道底漆	T07-31 各色酯胶烘干腻子及 T07-2 各色酯胶腻子	可用于填平金属表面的凹坑、钉孔、裂纹、疤痕等
	T07-34 各色环氧酯烘干腻子和 H07-5 各色环氧酯腻子	适用于各种涂有底漆的金属表面需要填嵌的部分。腻子层坚硬光滑，耐潮性及对底漆的附着力均好，经打磨呈现光洁表面，质量优于其他腻子
	C07-5 各色醇酸腻子	附着力好，质量优于酯胶腻子，但不如环氧酯烘干腻子好
	C06-10 醇酸二道底漆	可用于喷涂在底漆与经过打磨的腻子层的平滑表面上，以填平砂眼、划纹等缺陷
面漆	A04-9 各色氨基烘漆、A04-60 各色氨基半光烘漆	适于热带海洋性气候条件下使用，可用于仪表外壳及零件涂饰
	A04-21 白氨基无光烘漆	涂膜纯白，不易泛黄，可应用于表度盘、表牌等部件涂用
	A01-2 氨基清烘漆	色浅，光泽好，可作表面罩光用漆
	A14-51 各色氨基透明烘漆	色彩鲜艳夺目，宜用于金属表壳的涂饰
	各色氨基烘干锤纹漆、铝粉酚醛磁漆、各色环氧酯无光烘漆	具有各种特性，均可满足仪表及其他零部件的涂装

表 7-78　汽车常用涂料

品种	名　　称	用　　途
底漆	C06-1　铁红醇酸底漆	车身、底盘及农业机械等黑色金属表面打底
	C06-17　铁红醇酸底漆	汽车或农业机械打底
	C06-11　铁红醇酸底漆	汽车、拖拉机打底
	F06-1　铁红酚醛底漆	汽车或农业机械打底
	F06-9　铁红、锌黄纯酚醛底漆	汽车或农业机械打底防锈
	F11-51　铁红纯酚醛烘干电泳底漆	汽车或农业机械打底防锈
	H06-2　铁红、锌黄环氧酯底漆	汽车车身、底盘及农业机械打底防锈
	环氧磁性铁汽车专用底漆（分装）	用于汽车涂装打底
	H11-95　铁红环氧酯烘干电泳底漆	汽车车身、车架或农业机械打底
	L06-39　沥青烘干底漆	汽车车轮、冲压小件、挡泥板等打底
	Q06-4　各色硝基底漆	汽车铸件、发动机等打底防锈
	G06-4　铁红、锌黄过氯乙烯底漆	汽车车身及拖拉机打底
二道底漆	C06-10　醇酸二道底漆、G06-5　过氯乙烯二道底漆	填平底漆或打磨后仍留在腻子层上的砂眼、砂痕等小缺陷
面漆	C04-2　醇酸磁漆	用于载重汽车车身、底盘及拖拉机面层
	C04-42　醇酸磁漆	载重汽车等面层涂装
	Q04-2　硝基外用磁漆	汽车车身和流水线生产的汽车底盘等不能烘烤部件的面层涂装
	Q04-31　硝基磁漆	高级轿车车身的面层涂装
	Q04-34　硝基磁漆	高级轿车车身的面层涂装
	各色氨基供干金属闪光漆	轿车车身的装饰性涂装
	TM-01　各色氨基烘干汽车面漆	可用作货车、轿车、旅游车等的面漆
	G04-9　过氯乙烯外用磁漆	可作寒冷地区行驶的汽车面漆，也可作底盘的面漆
	A04-9　氨基烘漆	小型客车、中级轿车、货车等的面漆，也可作湿热带行驶的汽车面漆
	A04-81　氨基无光烘漆	可用作越野车车身的面漆
	A04-15　氨基烘漆	可用作轿车及小客车车身的面漆
	B04-54　丙烯酸烘漆	可用作各种轿车车身的面漆
	L04-1　沥青磁漆	可供汽车车架、散热器、制动系统打底及罩面
	高固体丙烯酸烘干汽车面漆	可用作小轿车、越野车、大轿车、货车的面漆

（续）

品种	名　称	用　途
罩光漆	L01-44　沥青清烘漆	可作 L06-39 的罩光用漆
	A01-2　氨基清烘漆	可作 A04-9 的罩光用漆
	B01-30　丙烯酸清漆	可作 B04-54 的罩光用漆
	A01-10 氨基清烘漆	可作氨基烘漆、L01-32 沥青烘漆、H04-56 环氧烘漆的罩光用漆
	B01-30　丙烯酸烘干清漆	可供客车、小轿车等外表面的罩光
	B01-35 丙烯酸烘干清漆	可供客车、小轿车等外表面的罩光

表 7-79　汽车用漆配套实例一

车型	底漆	中间涂层		面漆
		腻子	二道底漆	
高级轿车	X06-1 乙烯磷化底漆和 H06-2 环氧酯底漆	H07-5 环氧酯腻子和 Q07-5 硝基腻子	Q06-5 硝基二道底漆	Q04-34 硝基磁漆
		H07-4 环氧酯烘干腻子和 T07-2 酯胶腻子	Q06-4 硝基底漆	Q04-31 硝基磁漆或 Q04-34 硝基磁漆
中级轿车	X06-1 乙烯磷化底漆和 H06-2 环氧酯底漆	H07-5 环氧酯腻子	H06-2 环氧酯底漆	B04-54 丙烯酸烘漆和 B05-4 丙烯酸烘漆：B01-30 丙烯酸清烘漆=3：7 或 2：8
客车	C06-1 醇酸底漆	桐油调石膏	C06-10 醇酸二道底漆	Q04-2 硝基外用磁漆
轿车	C06-1 醇酸底漆	T07-2 酯胶腻子	C06-10 醇酸二道底漆	Q04-2 硝基外用磁漆
	F06-1 酚醛底漆	桐油调石膏	T06-6 酯胶二道底漆	Q04-2 硝基外用磁漆

表 7-80　汽车用漆配套实例二

车型	底漆	中间涂层		面漆
		腻子	二道底漆	
摩托车	G06-4 过氯乙烯底漆	C07-5 醇酸腻子	G06-4 过氯乙烯底漆	G04-9 过氯乙烯外用磁漆
客车	G06-4 过氯乙烯底漆	G07-3 过氯乙烯腻子	G06-4 过氯乙烯底漆：G06-5 过氯乙烯二道底漆 =3：7 或 1：3	
	C06-17 醇酸底漆	C06-17 调熟石膏粉	腻子：C06-17=3：7[1]	
	C06-1 醇酸底漆		C06-10 醇酸二道底漆	
		桐油+熟石膏粉	C06-1 醇酸底漆	
	F06-1 酚醛底漆		F06-1 酚醛底漆	

[1] C06-17 醇酸底漆调熟石膏粉成腻子。

表 7-81 自行车涂装常用的涂料品种

用途	涂料品种
底漆	L06-34 沥青烘干底漆、F11-12 铁黑纯酚醛烘干电泳底漆、C06-12 铁黑醇酸烘干底漆、H06-2 铁黑环氧酯底漆、H11-95 铁红环氧酯烘干电泳底漆
中间涂层涂料	一般将底漆与配套面漆按一定比例混合，或在底漆里加部分树脂作中间层涂料，例如，30%~50% 的 L06-39 沥青烘干底漆与 70%~80% 的 L01-34 沥青清烘漆混合
面漆	以前常用 L01-39 沥青清烘漆、L01-34 沥青清烘漆，近年来在沥青漆中加 15%~20% 的苯代三聚氰胺树脂，使烘烤温度下降 20~50℃ 而大幅度提高了沥青漆的保光、保色性。目前大多用 A04-9 各色氨基烘漆及 A14-51、A14-53 各色氨基烘干透明漆等
贴花清漆	常用 75% 的 T01-1 和 25% 的 T01-35 酯胶清漆的混合漆液
罩光用漆	常用 A01-2、A01-8、A01-9 氨基清烘漆和 A01-12 氨基静电清烘漆等

表 7-82 防腐漆层用漆配套选用实例

配套品种	用途					
	室内耐化学涂层	室外耐化学涂层	室外耐大气腐蚀涂层	木材表面耐化学涂层	混凝土表面耐化学涂层	铸铁表面耐化学涂层
	层次					
磷化底漆	1	1	1	—	—	1
铁红醇酸底漆	—	—	1	—	—	—
铁红醇酸底漆：铁红过氯乙烯底漆 1：1	1	1	1	—	—	1
铁红过氯乙烯底漆：过氯乙烯防腐蚀磁漆 1：1	1	1	—	—	—	—
过氯乙烯防腐蚀磁漆	2~3	4	3~4	—	—	—
过氯乙烯防腐蚀清漆	2	—	—	1	1	—
过氯乙烯防腐蚀腻子	—	—	—	1~2	1~2	2
过氯乙烯防腐蚀底漆	—	—	—	1	1	1
过氯乙烯防腐蚀底漆：过氯乙烯防腐蚀磁漆 1：1	—	—	—	1	—	3~4
过氯乙烯防腐蚀磁漆	—	—	—	3~4	3~4	—

表 7-83 出口机床涂装用涂料及其稀释剂

类别	序号	涂料名称	稀释剂
底漆	1	X06-1 乙烯磷化底漆	乙醇 3 份、丁醇 1 份
	2	H06-2 铁红环氧酯底漆	二甲苯
	3	G06-4 铁红、锌黄过氯乙烯底漆	X-3 过氯乙烯漆稀释剂
	4	G06-5 各色过氯乙烯二道底漆	X-3 过氯乙烯漆稀释剂
腻子	1	G07-3 各色聚氯乙烯腻子触变形不饱和聚脂腻子	X-3 过氯乙烯漆稀释剂
	2	G07-5 各色过氯乙烯腻子触变型不饱和聚酯腻子	
面漆	1	聚氨酯改性过氯乙烯磁漆（单组分或双组分）	X-3 过氯乙烯漆稀释剂
	2	各类改性过氯乙烯磁漆	X-3 过氯乙烯漆稀释剂
	3	G04-9 各色过氯乙烯外用磁漆	X-3 过氯乙烯漆稀释剂
	4	S04-10 各色聚氨酯磁漆（分装）	X-11 聚氨酯漆稀释剂
	5	G04-12 过氯乙烯机床磁漆	X-3 过氯乙烯漆稀释剂
	6	G16-32 各色过氯乙烯锤纹漆（分装）	X-25 过氯乙烯锤纹漆稀释剂

（续）

类别	序号	涂料名称	稀释剂
内腔漆	1	C54-31 各色醇酸耐机油防锈漆	甲苯或二甲苯
	2	G04-9 各色过氯乙烯外用磁漆	X-3 过氯乙烯漆稀释剂
防潮剂		F-2 过氯乙烯漆防潮剂	

表7-84 机床用漆配套选用实例

项目		配套品种的选择				备注
		底漆	腻子	二道底漆	面漆	
涂料类型	甲组	Q06-4 各色硝基底漆	Q07-5 各色硝基腻子或桐油石膏腻子	Q06-4 各色硝基底漆	Q04-2 各色硝基外用磁漆	使用面最广，可以满足通用机床的需要，但三防性能差
	乙组	G06-4 铁红过氯乙烯底漆	G07-3 各色过氯乙烯腻子（或聚酯型）	G06-5 各色过氯乙烯二道底漆	G04-12 过氯乙烯机床磁漆或 G04-9 各色过氯乙烯外用磁漆，G16-31、G16-32 各色过氯乙烯锤纹漆	使用面最广，可以满足通用机床的需要，但三防性能差，也可用于湿热带地区，但需酌加少量有机防霉剂
	丙组	G06-4 铁红过氯乙烯底漆或环氧酯底漆（自干）	G07-3 各色过氯乙烯腻子（或聚酯型）	G06-5 各色过氯乙烯二道底漆（或聚氨酯型）	S04-10 各色聚氨酯磁漆	适用于要求装饰性较高的机床，可用于湿热地区
	丁组	环氧酯型（自干）	聚酯型	聚氨酯型	乙烯型	适用于大型机床

注：1. 甲组已逐步被乙组取代。

2. 近年来，为了减少腻子的收缩性，机床用漆大多改用无溶剂腻（如不饱和聚酯型腻子、环氧腻子），以代替油性或石膏腻子，这种腻子的填坑性好，腻子层可涂刮得很厚，施工也比较方便。

3. 由铸铁件、铸钢件及钢板件构成的各种工业机器均可参考机床用漆的选用实例。

表7-85 涂料适用的施工方法比较

涂料类别	施工方法									
	刷涂	浸涂	滚涂	浇涂	喷涂	热喷涂	高压无气喷涂	静电（湿）	静电（干）	电泳
油性调和漆	优	差	差	差	中	差	中	差	劣	劣
醇酸调和漆	优	中	中	中	良	中	良	良	劣	劣
酯胶漆	优	中	良	中	良	中	良	差	劣	劣
酚醛漆	优	良	中	中	良	中	良	差	劣	劣
沥青漆	良	中	中	优	良	良	良	劣	劣	劣
醇酸漆	良	良	良	良	优	良	优	良	劣	劣
氨基漆	差	良	良	优	优	优	优	优	优	劣
硝基漆	差	中	劣	差	优	优	优	中	劣	劣
过氯乙烯漆	差	中	劣	差	优	优	优	中	劣	劣
氯乙烯醋酸乙烯漆	良	中	差	差	良	差	优	劣	劣	劣
乙烯乳胶漆	优	中	中	差	良	劣	良	劣	劣	劣
环氧漆	中	中	中	差	良	良	良	良	劣	劣
丙烯酸漆	差	中	中	差	优	优	优	优	良	劣
水溶性烘漆	中	中	中	中	良	差	良	劣	劣	优

（续）

涂料类别	施工方法									
	刷涂	浸涂	滚涂	浇涂	喷涂	热喷涂	高压无气喷涂	静电（湿）	静电（干）	电泳
聚酯漆	良	优	良	差	良	差	良	良	劣	劣
聚氨酯漆	中	中	中	差	优	差	优	中	劣	劣
粉末涂料	劣	劣	劣	劣	劣	劣	劣	劣	优	劣

注：施工方法的适应次序为优、良、中、劣，适应性依次降低。

7.6 木材

7.6.1 工业用木材品种及其物理力学性能（见表 7-86）

表 7-86　工业用木材的品种及其物理力学性能

树种		地区	气干密度/（g/cm³）	体积干缩系数（%）	顺纹抗压强度/MPa	横纹抗压强度（弦向）/MPa		顺纹抗拉强度/MPa	抗弯强度（弦向）/MPa	抗弯模量（弦向）/GPa	冲击韧度（弦向）/N·m	顺纹抗剪强度（弦面）/MPa	硬度（端面）/MPa
						局部受压	全部受压						
阔叶树材	槭木	东北长白山	0.709	0.510	47.8	8.4	6.2	—	13.1	13.1	8.3	14.0	66
	山合欢	江西武宁	0.577	0.390	45.9	6.7	4.2	88.3	11.9	11.9	6.9	12.4	58
	拟赤杨	福建南靖	0.431	0.399	29.9	2.7	2.0	—	8.0	8.0	3.3	7.8	34
	西南桤木	云南广通	0.503	0.441	39.1	3.7	2.9	80.4	74.6	9.6	4.126	9.4	38
	西南蕈树	云南屏边	0.768	0.627	66.5	7.1	4.9	—	121.6	12.7	7.330	14.5	89
	光皮桦	安徽岳西	0.723	0.557	58.2	9.4	6.5	148.0	127.8	14.3	8.614	19.0	81
	红桦	四川岷江、黑水	0.597	0.474	44.4	4.6	3.4	147.7	90.6	10.6	6.899	11.4	53
	白桦	甘肃洮河	0.615	0.466	41.7	4.7	3.4	101.4	85.6	9.0	7.820	11.6	38
	蚬木	广西龙津县	1.130	0.806	75.1	17.8	12.5	—	158.2	20.7	17.856	20.7	140
	亮叶鹅耳枥	海南尖峰岭	0.651	0.518	44.1	7.8	5.1	—	71.3	11.2	5.037	10.5	75
	米槠	广东乳沅	0.548	0.465	37.9	4.1	2.6	108.3	81.4	10.7	6.478	9.2	38
	甜槠	安徽歙县	0.552	0.400	37.7	4.5	3.4	71.8	73.5	9.1	4.420	9.9	43
	栲树	福建建瓯	0.610	0.446	43.0	5.1	3.5	—	85.4	11.0	6.997	9.4	39
	苦槠	福建	0.595	0.392	41.7	4.9	3.3	75.7	82.7	8.8	4.498	8.7	47
	山枣	江西武宁	0.569	0.463	43.3	5.9	3.6	—	96.5	12.1	6.880	10.7	41
	香樟	湖南郴县	0.580	0.412	40.8	7.1	—	—	73.6	9.0	3.861	9.1	40
	青冈	安徽黟县	0.892	0.598	64.2	12.9	8.4	—	141.7	16.3	11.113	20.7	111
	细叶青冈	安徽黟县	0.893	0.635	63.6	11.9	7.9	139.7	139.2	16.6	9.643	20.9	110
	黄檀	江西武宁	0.897	0.579	—	12.3	8.0	—	156.6	18.0	12.956	20.5	124
	黄杞	福建南靖	0.569	0.411	44.2	5.5	4.3	113.2	89.4	9.9	4.253	9.8	55
	柠檬桉	广西宜山	0.968	0.732	63.5	14.4	7.7	148.1	142.3	18.6	15.670	15.5	85
	水青冈	云南金平	0.793	0.617	51.5	6.8	4.7	139.6	113.2	13.4	13.289	14.0	62
	水曲柳	东北长白山	0.686	0.577	51.5	10.5	—	135.9	116.2	14.3	6.978	10.3	63
	毛坡垒	云南屏边	0.965	0.787	72.8	8.2	5.6	—	152.7	20.3	12.417	15.3	112
	核桃楸	东北长白山	0.526	0.465	36.0	4.5	—	125.0	26.3	11.8	5.174	9.8	34

（续）

树种		地区	气干密度/(g/cm³)	体积干缩系数（%）	顺纹抗压强度/MPa	横纹抗压强度（弦向）/MPa		顺纹抗拉强度/MPa	抗弯强度（弦向）/MPa	抗弯模量（弦向）/GPa	冲击韧度（弦向）/N·m	顺纹抗剪强度（弦面）/MPa	硬度（端面）/MPa
						局部受压	全部受压						
阔叶树材	枫香	湖南郴县	0.608	0.468	41.8	5.4	—	106.5	80.8	9.6	5.145	7.0	62
	石栎	浙江昌化	0.665	0.480	49.5	11.0	—	108.1	94.5	11.3	4.312	11.9	62
	红楠	广东乳沅	0.560	0.468	37.5	5.5	3.8	100.2	79.7	10.1	6.546	9.0	35
	花榈木	江西武宁	0.588	0.448	40.8	6.0	3.5	—	91.6	8.9	8.506	13.4	59
	黄枝椤	东北长白山	0.449	0.368	33.0	4.6	3.8	—	74，6	8.8	4.194	9.0	32
	山杨	黑龙江带岭	0.364	—	30.7	2.3	—	—	54.8	5.9	7.683	6.6	20
	毛白杨	北京	0.525	0.458	38.2	3.4	2.7	91.6	77.0	10.2	7.850	9.4	38
	麻栎	安徽肥西	0.930	0.616	51.1	9.9	6.4	152.3	126.0	16.5	11.985	17.6	80
	柞木	东北长白山	0.766	0.590	54.5	8.6	—	152.3	121.5	15.2	11.074	12.6	74
	刺槐	北京	0.792	0.548	52.8	10.2	7.3	—	124.3	12.7	17.042	12.8	67
	檫木	湖南郴县	0.584	0.469	40.5	7.1	—	108.6	91.2	11.3	6.194	7.8	41
	荷木	湖南郴县	0.611	0.473	43.8	4.7	—	121.0	91.0	12.7	6.811	10.0	52
	槐树	山东	0.702	0.511	45.0	8.1	6.5	—	103.3	10.2	12.642	13.6	65
	柚木	云南景东	0.601	0.413	49.5	7.3	5.0	79.4	103.2	10.0	4.567	4.7	49
	紫椴	东北长白山	0.493	0.470	28.4	2.7	—	105.8	59.2	11.0	4.792	7.7	21
	裂叶榆	黑龙江带岭	0.548	0.517	31.8	4.2	2.9	114.6	79.3	11.6	5.635	8.3	38
	榉树	安徽滁县	0.791	0.591	47.7	8.6	6.9	149.6	127.5	12.3	15.053	15.0	82
针叶树材	云杉	四川平武、理县	0.459	0.521	37.8	4.4	2.8	92.1	74.4	10.1	3.8	5.8	24
	红皮云杉	东北小兴安岭	0.417	0.484	34.5	4.3	—	94.8	68.5	10.9	3.2	6.1	21
	紫果云杉	四川平武	0.481	0.521	42.1	4.9	2.8	111.5	81.1	11.4	4.1	6.1	34
	华山松	贵州威宁	0.476	0.449	35.3	4.3	2.6	85.5	63.3	8.5	3.6	7.5	25
	红松	小兴安岭、长白山	0.440	0.459	32.7	3.7	—	96.1	64.0	9.8	3.4	6.8	21
	广东松	湖南莽山	0.501	0.409	31.4	—	6.1	96.2	89.9	9.9	3.9	7.8	34
	黄山松	安徽霍山	0.571	0.589	46.6	6.6	4.5	—	89.4	12.8	5.4	8.7	31
	马尾松	湖南郴县、会同	0.519	0.470	43.5	6.5	3.0	102.8	89.2	12.1	3.8	6.6	29
	樟子松	黑龙江图里河	0.477	—	36.1	3.4	—	112.8	69.9	9.8	4.1	7.7	25
	油松	湖北秭归	0.537	0.476	41.6	5.4	3.5	118.2	86.2	11.3	4.2	6.2	28
	云南松	云南广通	0.588	0.612	44.6	4.6	3.1	118.1	93.4	12.6	5.5	7.6	38
	铁杉	四川青衣江	0.511	0.439	45.4	6.0	3.5	115.4	89.7	11.1	3.9	8.2	40
	冷杉	四川大渡河、青衣江	0.433	0.537	34.8	4.3	3.2	95.4	68.6	9.8	3.8	5.4	31
	杉松冷杉	东北长白山	0.390	0.437	31.9	3.5	2.4	72.1	65.1	9.1	3.0	6.4	25
	臭冷杉	东北小兴安岭	0.384	0.472	38.8	3.3	2.3	77.2	63.8	9.4	3.1	6.2	22
	杉木	湖南江华	0.371	0.420	37.0	3.2	1.4	75.7	62.5	9.4	2.5	4.8	25
	柏木	湖北崇阳	0.600	0.320	53.2	9.4	6.6	114.8	98.5	10.0	4.5	10.9	58
	银杏	安徽歙县	0.532	0.417	40.2	5.2	3.1	80.4	76.2	9.1	3.3	10.8	111
	油杉	福建永泰	0.552	6.510	43.7	7.1	4.5	107.8	89.3	12.3	5.6	6.9	43
	落叶松	东北小兴安岭	0.641	0.588	56.4	8.2	—	127.3	111.0	14.2	4.8	6.7	37
	黄花落叶松	东北长白山	0.594	0.554	51.3	7.6	—	120.1	97.3	12.4	4.8	6.9	33
	红杉	四川平武	0.452	0.416	34.3	6.2	4.3	76.0	68.8	8.6	2.8	5.1	31

注：本表数据除体积干缩系数、冲击韧度及针叶树材顺纹抗拉强度外，均为含水率15%的数值。

7.6.2 针叶树锯材和阔叶树锯材（见表7-87~表7-89）

表7-87 针叶树锯材和阔叶树锯材尺寸规格（摘自 GB/T 153—2019、GB/T 4817—2019）

类别	主要树种	针叶树和阔叶树锯材尺寸规格				
		分类	长度/m	厚度/mm	宽度/mm	
					尺寸范围	进级
针叶树锯材 GB/T 153—2019	GB/T 16734、GB/T 18513 规定的所有针叶树种	薄板	1~8（针叶树）1~6（阔叶树）	12、15、18、21	30~300	10
		中板		25、30、35		
阔叶树锯材 GB/T 4817—2019	GB/T 16734、GB/T 18513 规定的所有阔叶树种	厚板		40、45、50、60		
		方材① （厚度×宽度）	25×20、25×25、30×30、40×30、60×40、60×50、100×55、100×60			

注：长度进级，自2m以上按0.2m进级，不足2m者按0.1m进级。

① 方材厚度和宽度的单位为mm。

表7-88 锯材的等级及材质指标（摘自 GB/T 153—2019、GB/T 4817—2019）

缺陷名称	检量与计算方法	针叶树锯材				阔叶树锯材			
		特等	一等	二等	三等	特等	一等	二等	三等
死节	最大尺寸与板宽的百分比	≤15%	≤30%	≤40%	不限	≤15%	≤30%	≤40%	不限
	任意1mm范围内的个数	≤4	≤8	≤12		≤3	≤6	≤8	不限
腐朽	面积与所在材面面积的百分比	不允许	≤2%	≤10%	≤30%	不允许	≤2%	≤10%	≤30%
裂纹、夹皮	长度与检尺长的百分比	≤5%	≤10%	≤30%	不限	≤5%	≤10%	≤30%	不限
虫眼	任意材长1m范围内的个数	≤1	≤4	≤15	不限	≤1	≤2	≤8	不限
钝棱	最严重缺角尺寸与材宽的百分比	≤5%	≤10%	≤30%	≤40%	≤5%	≤10%	≤30%	≤40%
翘曲	横弯最大拱高与内曲水平长的百分比	≤0.3%	≤0.5%	≤2%	≤3%	≤0.5%	≤0.1%	≤2%	≤3%
	顺弯最大拱高与内曲水平长的百分比	≤1%	≤2%	≤3%	不限	≤1%	≤2%	≤3%	不限
斜纹	倾斜高度与该水平长度的百分比	≤5%	≤10%	≤20%	不限	≤5%	≤10%	≤20%	不限

表7-89 工业用木材品种的选用

用途			技术要求	主要适用木材	用途	技术要求	主要适用木材
木质机械			容重、强度和冲击强度大，不劈裂，易加工	柏木、硬木松类、铁杉属、落叶松属、山毛榉、水曲柳、栲、槐、械属、桉属	锻锤垫木	横纹全部抗压强度和横纹抗压模量较高	落叶松属、云杉属、红松、华山松、马尾松、樟子松、云南松、油松、铁杉、云南铁杉、柞栎、麻栎、小叶栎、青冈、红锥、海南锥、荷木、红桦、水曲柳、桉属
农业机具	机械零部件		强度、硬度和冲击强度较高，不易翘曲和变形，易加工	硬木松类、红松、云杉属、铁杉属、柏木、苦槠、桦属、山毛榉属、锥栗属、栎属、青冈属、椆属、水曲柳、栲、色木械、槐树、黄檀、榉属			
	农具		强度中等，有一定弹性和韧性，变形小	硬木松类、云杉属、铁杉属、落叶松属、柏木、旱柳、槐树、荷木、桑树、榆属、桦属、朴属、青冈属、栎属、椆属、锥栗属	木模	以胀缩性小为主，强度较高，易加工	松属、云杉属、铁杉属、柏木属、梓树属、黄桐、杨属、柳属、椴属、黄杞、苦楝、臭椿、桦属、锥栗属、朴属、荷木、械属

（续）

用途	技术要求	主要适用木材	用途	技术要求	主要适用木材
车辆 车架	强度高	铁杉属、落叶松属、云杉属、松属、桦属、榆属、锥栗属、刺槐、银荷木、荷木、西南荷木、云南双翅龙脑香	蓄电池隔板	纹理直，结构均匀，耐酸	松属、罗汉松属、黄杉属、椴属、拟赤杨
内墙板（侧板）	外貌美观易加工	冷杉属、云杉属、铁杉属、桦属、槭属、柞栎、锥栗属、椆属、山毛榉属、水曲柳、梣属、桉属、荷木、银荷木、西南荷木、楝科、榆科等	包装 箱、桶	有适当的强度，钉着性较好，变形小	冷杉属、云杉属、铁杉属、松属、柳杉、杉木、杨属、柳属、杨桐属、桦属、苦楝、拟赤杨、枫杨、青钱柳、锥栗属、榆属、桤属、臭椿、朴属、旱莲、山枣、白颜树、兰果树、悬铃木、荷木、银荷木、西南荷木
地板（底板）	木材耐磨，有装饰价值	栎属、鹅耳枥属、梣属、桉属、桦属、榆属、椆属、刺槐、槐树、云南双翅龙脑香等	包装 重型机械	强度较大	落叶松属、硬木松类、铁杉属、桦属、榆属、锥栗属、栎属、杜英属、马蹄荷、粘木、灰木属等
车梁		栎属、鹅耳枥属、梣属、桉属、桦属、榆属、椆属、刺槐、槐树、云南双翅龙脑香等			

7.6.3 细木工板（见表7-90）

表7-90 细木工板分类、规格及性能（摘自 GB/T 5849—2016）

分类	按板芯拼接状况分为：胶拼细木工板、不胶拼细木工板 按表面加工状况分为：单面砂光细木工板、双面砂光细木工板、不砂光细木工板 按层数分为：三层细工板、五层细工板及多层细木工板 产品命名：以面板主要树种和板芯进行命名，如板芯为杉木、面板为水曲柳的细木工板称为杉木芯水曲柳细木工板					

尺寸规格/mm	宽度	长度				长度和宽度的极限偏差
	915	915	—	1830	2135	—	+5 0
	1220	—	1220	1830	2135	2440	
	公称厚度	不砂光		砂光（单面或双面）		
		每张板内厚度公差	厚度极限偏差	每张板内厚度公差	厚度极限偏差	
	≤16	1.0	±0.6	0.6	±0.4	
	>16	1.2	±0.8	0.8	±0.6	

技术性能	检验项目	指标值
	含水率（%）	6.0~14.0
	横向静曲强度/MPa≥	15.0
	浸渍剥离性能/mm	试件每个胶层上的每一边剥离和分层总长度均不超过25mm
	表面胶合强度[①]/MPa≥	0.60

（续）

树种名称（木材名称、商品材名称）	指标值≥
椴木、杨木、拟赤杨、泡桐、橡胶木、柳安、杉木、奥克榄、白梧桐、异翅香、海棠木	0.70
水曲柳、荷木、枫香、槭木、榆木、柞木、阿必东、克隆、山樟	0.80
桦木	1.00
马尾松、云南松、落叶松、云杉、辐射松	0.80

左侧表头：不同树种的胶合强度值 /MPa

注：1. 甲醛释放量应符合 GB 18580 的规定。

　　2. 经供需双方协议，可生产协议要求的外观质量、规格尺寸、力学性能及板芯组成的细木工板。

① 当表板厚度≥0.55mm 时，细木工板不做表面胶合强度检测。

7.6.4　普通胶合板（见表 7-91）

表 7-91　胶合板分类、规格及性能（摘自 GB/T 9846—2015）

分类	按使用环境分为：Ⅰ类胶合板，供室外条件下使用；Ⅱ类胶合板，供潮湿条件下使用；Ⅲ类胶合板，供干燥条件下使用　　按表面加工状况分为：未砂光板、砂光板				

尺寸规格 /mm	宽度	长度				
	915	915	1220	1830	2135	—
	1220	—	1220	1830	2135	2440

尺寸规格 /mm	公称厚度 t	未砂光板		砂光板（面板砂光）	
		板内厚度公差	公称厚度极限偏差	板内厚度公差	公称厚度极限偏差
	t≤3	0.5	+0.4 −0.2	0.3	±0.2
	3<t≤7	0.7	+0.5 −0.3	0.5	±0.3
	7≤t≤12	1.0	+(0.8+0.03t) −(0.4+0.3t)	0.6	+(0.2+0.03t) −(0.4+0.03t)
	12<t≤25				
	t>25	1.5		0.8	+(0.2+0.03t) −(0.3+0.03t)

胶合强度 /MPa	树种名称（木材名称、国外商品材名称）	类别	
		Ⅰ、Ⅱ类≥	Ⅲ类≥
	椴木、杨木、拟赤杨、泡桐、橡胶木、柳安、奥克榄、白梧桐、异翅香、海棠木、桉木	0.70	0.70
	水曲柳、荷木、枫香、槭木、榆木、柞木、阿必东、克隆、山樟	0.80	
	桦木	1.00	
	马尾松、云南松、落叶松、云杉、辐射松	0.80	

注：甲醛释放量按 GB 18580 的规定执行。

7.7 水泥

7.7.1 通用硅酸盐水泥(见表7-92)

表7-92 通用硅酸盐水泥的品种、性能及应用(摘自 GB 175—2007)

	品种	代号	组分(质量分数,%)					备注
			熟料+石膏	粒化高炉矿渣	火山灰质混合材料	粉煤灰	石灰石	
品种、代号及组分	硅酸盐水泥	P·Ⅰ	100	—	—	—	—	各种组分材料应符合 GB 175—2007 有关资料的规定及检测方法要求
		P·Ⅱ	≥95	≤5	—	—	—	
			≥95	—	—	—	≤5	
	普通硅酸盐水泥	P·O	80~<95	>5~20				
	矿渣硅酸盐水泥	P·S·A	50~<80	>20~50	—	—	—	
		P·S·B	30~<50	>50~70	—	—	—	
	火山灰质硅酸盐水泥	P·P	60~<80	—	>20~40	—	—	
	粉煤灰硅酸盐水泥	P·F	60~<80	—	—	>20~40	—	
	复合硅酸盐水泥	P·C	50~<80	>20~50				

	品种	代号	不溶物(质量分数,%)	烧失量(质量分数,%)	三氧化硫(质量分数,%)	氧化镁(质量分数,%)	氯离子(质量分数,%)
化学指标	硅酸盐水泥	P·Ⅰ	≤0.75	≤3.0	≤3.5	≤5.0①	≤0.06③
		P·Ⅱ	≤1.50	≤3.5			
	普通硅酸盐水泥	P·O	—	≤5.0			
	矿渣硅酸盐水泥	P·S·A	—	—	≤4.0	≤6.0②	
		P·S·B	—	—		—	
	火山灰质硅酸盐水泥	P·P					
	粉煤灰硅酸盐水泥	P·F			≤3.5	≤6.0②	
	复合硅酸盐水泥	P·C					

	品种	强度等级	抗压强度/MPa≥		抗折强度/MPa≥	
			3d	28d	3d	28d
强度等级及强度指标	硅酸盐水泥	42.5	17.0	42.5	3.5	6.5
		42.5R	22.0		4.0	
		52.5	23.0	52.5	4.0	7.0
		52.5R	27.0		5.0	
		62.5	28.0	62.5	5.0	8.0
		62.5R	32.0		5.5	

续

品种	强度等级	抗压强度/MPa≥		抗折强度/MPa≥	
		3d	28d	3d	28d
普通硅酸盐水泥	42.5	17.0	42.5	3.5	6.5
	42.5R	22.0		4.0	
	52.5	23.0	52.5	4.0	7.0
	52.5R	27.0		5.0	
矿渣硅酸盐水泥 火山灰硅酸盐水泥 粉煤灰硅酸盐水泥 复合硅酸盐水泥	32.5	10.0	32.5	2.5	5.5
	32.5R	15.0		3.5	
	42.5	15.0	42.5	3.5	6.5
	42.5R	19.0		4.0	
	52.5	21.0	52.5	4.0	7.0
	52.5R	23.0		4.5	

（表左侧合并单元格：强度等级及强度指标）

凝结时间及安定性要求

1. 凝结时间：
   1）硅酸盐水泥初凝不小于45min，终凝不大于390min
   2）普通硅酸盐水泥、矿渣硅酸盐水泥、火山灰质硅酸盐水泥、粉煤灰硅酸盐水泥和复合硅酸盐水泥初凝不小于45min，终凝不大于600min
2. 安定性：采用沸煮法合格
3. 碱含量（选择性指标）：水泥中碱含量按 $Na_2O+0.658K_2O$ 计算值表示。若使用活性骨料，用户要求提供低碱水泥时，水泥中的碱含量应不大于0.60%或由买卖双方协商确定
4. 细度（选择性指标）：硅酸盐水泥和普通硅酸盐水泥以比表面积表示，不小于 $300m^2/kg$；矿渣硅酸盐水泥、火山灰质硅酸盐水泥、粉煤灰硅酸盐水泥和复合硅酸盐水泥以筛余表示，$80\mu m$ 方孔筛筛余不大于10%或 $45\mu m$ 方孔筛筛余不大于30%

应用

硅酸盐水泥、普通硅酸盐水泥	具有快硬、早强、标号高、抗冻性和耐磨性优良、不透水性高等特点，适用于土木和建筑工程、道路及低温下施工，用于制作水泥制品、预制构件、预应力混凝土及砂浆等。不适用于大体积混凝土和地下工程
矿渣硅酸盐水泥	主要用于有地下水、海水或经常受高水压的工程，以及受热工程。早期强度低，抗冻性差，不适于要求早强、受冻融循环、干湿交替的工程
火山灰硅酸盐水泥	用途与矿渣硅酸盐水泥相近。早期强度不高，抗冻性较差，突出的缺点是干缩性大
粉煤灰硅酸盐水泥	用途与矿渣硅酸盐水泥、火山灰硅酸盐水泥基本相同，但具有干缩性小、抗裂性好的优点，用于地下施工和潮湿环境更佳
复合硅酸盐水泥	强度等级与矿渣硅酸盐水泥、火山灰硅酸盐水泥、粉煤灰硅酸盐水泥相同，用途相近。初凝强度稍低，终凝时间较长、强度性能较高，组分材料以活性混合材料（粒化高炉矿渣、粒化高炉矿渣粉、粉煤灰，火山灰混合材料）为主要组元，水热化较低，抗渗性能较好

①如果水泥压蒸试验合格，则水泥中氧化镁的含量（质量分数）允许放宽至6.0%
②当水泥中氧化镁的含量（质量分数）大于6.0%时，需进行水泥压蒸安定性试验并合格
③当有更低要求时，该指标由买卖双方协商确定

7.7.2 特快硬调凝铝酸盐水泥(见表7-93)

表7-93 特快硬调凝铝酸盐水泥的性能及应用[摘自 JC/T 736—1985(1996)]

组成	以铝酸钙为主要成分的水泥熟料，加入适量硬石膏和促硬剂，经磨细制成的凝结时间可调节、小时强度增长迅速、以硫铝酸钙盐为主要水化物的水硬性胶凝材料						
应用	用于抢建、抢修、堵漏以及喷射、负温施工等工程						
质量指标	化学成分	三氧化硫	熟料中三氧化硫(质量分数)不低于7%，不超过11%				
	技术性能	比表面积	不得低于5000cm²/g				
		凝结时间	初凝不早于2min，终凝不迟于10min；加入水泥质量(质量分数)的0.2%酒石酸钠缓凝剂，初凝不早于15min，终凝不迟于40min				
		标号	抗压强度/MPa ≥			抗折强度/MPa ≥		
			2h	1d	28d	2h	1d	28d
		225	22.06	34.31	53.92	3.43	5.39	7.35

使用中注意事项	该水泥不得与其他品种水泥混合使用。可以与已硬化的硅酸盐水泥混凝土接触使用
	不得使用于温度长期处于50℃以上的环境中
	应用该水泥施工时，必须随拌和随使用，防止结硬
	采用机械拌和混凝土时，除必须将设备清洗洁净外，应先加水和石子，转几转后再加砂和水泥
	用于钢筋混凝土工程时，钢筋的保护层厚度不得小于3cm，预应力混凝土工程暂不使用
	根据施工条件和强度要求，采用酒石酸钠、氟硅酸钠等调节凝结时间
	浇注和修补用的混凝土配比根据设计强度而定，水灰的比不应大于0.42，水泥用量应大于400kg/m³
	浇注和修补的混凝土或砂浆施工后，应根据硬化情况及时浇水养护
	该水泥水化热集中在前2h释放，在浇注较大体积混凝土工程时，应根据环境温度情况，采取适当的降温措施
	混凝土标号的设计以2h或1d的强度指标为准

7.7.3 铝酸盐水泥(见表7-94)

表7-94 铝酸盐水泥性能及用途(摘自 GB/T 201—2015)

组成及代号	以钙质和铝质材料为主要原料，按适当比例配制成生料，煅烧至完全或部分熔融，并经冷却所得的以铝酸钙为主要矿物组成的产物称为铝酸盐水泥熟料。由铝酸盐水泥熟料磨细制成的水硬性胶凝材料称为铝酸盐水泥，代号为CA						
分类	按水泥中Al₂O₃含量(质量分数)分为 CA50、CA60、CA70 和 CA80 四个品种，各品种作如下规定： 1) CA50：50%≤ω(Al₂O₃)<60%，该品种根据强度分为 CA50-Ⅰ、CA50-Ⅱ、CA50-Ⅲ 和 CA50-Ⅳ 2) CA60：60%≤ω(Al₂O₃)<68%，该品种根据主要矿物组成分为 CA60-Ⅰ(以铝酸一钙为主)和 CA60-Ⅱ(以铝酸二钙为主) 3) CA70：68%≤ω(Al₂O₃)<77% 4) CA80：ω(Al₂O₃)≥77%						

化学成分(质量分数,%)	类型	$\omega(Al_2O_3)$	$\omega(SiO_2)$	$\omega(Fe_2O_3)$	碱含量 $[\omega(Na_2O)+0.658\omega(K_2O)]$	$\omega(S)$	$\omega(Cl^-)$
	CA50	50<60	≤9.0	≤3.0	≤0.50	≤0.2	
	CA60	60<68	≤5.0	≤2.0	≤0.40	≤0.1	≤0.06
	CA70	68<77	≤1.0	≤0.7			
	CA80	≥77	≤0.5	≤0.5			

（续）

技术性能	类型		抗压强度/MPa≥				抗折强度/MPa≥				初凝时间 min≥	终凝时间 min≤
			6h	1d	3d	28d	6h	1d	3d	28d		
	CA50	CA50-Ⅰ	≥20①	40	50	—	≥3①	5.5	6.5	—	30	360
		CA50-Ⅱ		50	60	—		6.5	7.5	—		
		CA50-Ⅲ		60	70	—		7.5	8.5	—		
		CA50-Ⅳ		70	80	—		8.5	9.5	—		
	CA60	CA60-Ⅰ	—	65	85	—	—	7.0	10.0	—	30	360
		CA60-Ⅱ	—	20	45	≥35	—	2.5	5.0	≥10.0	60	1080
	CA70		—	30	40	—	—	5.0	6.0	—	30	360
	CA80		—	25	30	—	—	4.0	5.0	—		

用途	主要用于配制不定形的耐火材料、石膏矾土膨胀水泥、自应力水泥等特殊用途的水泥，以及用于抢建、抢修、抗硫酸盐侵蚀和冬季施工等

① 用户要求时，生产厂家应提供试验结果。

7.7.4 抗硫酸盐硅酸盐水泥（见表7-95）

表7-95 抗硫酸盐硅酸盐水泥的性能及应用（摘自 GB 748—2005）

定义与代号	中抗硫酸盐硅酸盐水泥	以适当成分的硅酸盐水泥熟料，加入适量石膏，磨细制成的具有抵抗中等浓度硫酸根离子侵蚀的水硬性胶凝材料，简称中抗硫水泥。代号为 P·MSR
	高抗硫酸盐硅酸盐水泥	以适当成分的硅酸盐水泥熟料，加入适量石膏，磨细制成的具有抵抗较高浓度硫酸根离子侵蚀的水硬性胶凝材料，简称高抗硫水泥。代号为 P·HSR
用途	主要用于受硫酸盐侵蚀的海港、水利、地下、隧道、引水、道路和桥梁基础等工程。中抗硫酸盐硅酸盐水泥一般用于硫酸根离子浓度不超过 2500mg/L 的纯硫酸盐的腐蚀。高抗硫酸盐硅酸盐水泥一般用于硫酸根离子浓度不超过 8000mg/L 的纯硫酸盐的腐蚀	

质量指标	化学指标	水泥中硅酸三钙和铝酸三钙含量（质量分数）		
		水泥名称	$3CaO \cdot SiO_2$	$3CaO \cdot Al_2O_3$
		中抗硫水泥	<55.0%	<5.0%
		高抗硫水泥	<50.0%	<3.0%
		烧失量	水泥中烧失量<3.0%	
		氧化镁	水泥中含量应小于5.0%，如果水泥经过压蒸安定性试验合格，则允许放宽到6.0%	
		碱含量	水泥中含量按 $w(Na_2O)+0.658w(K_2O)$ 计算值来表示，其含量应小于0.60%或由供需双方商定	
		三氧化硫	水泥中含量应小于2.5%	
		不溶物	水泥中含量应小于1.5%	
	技术性能	比表面积	水泥比表面积不得小于 $280m^2/kg$	
		凝结时间	初凝不得早于45min，终凝不得迟于10h	
		安定性	用沸煮法检验必须合格	

强度等级	中抗硫、高抗硫水泥			
	抗压强度/MPa ≥		抗折强度/MPa ≥	
	3d	28d	3d	28d
32.5	10.0	32.5	2.5	6.0
42.5	15.0	42.5	3.0	6.5

7.8 工业用毛毡(见表 7-96~表 7-101)

表 7-96 平面毡、匹毡及毡制品零件的化学和物理指标及评等规定(摘自 FZ/T 25001—2012)

分类	品号	单位体积质量/(g/cm³)		项目 断裂强度/(N/cm²) ≥		断裂伸长率(%) ≤		剥离力/N ≥		游离硫酸含量(%) ≤	
		一等品	二等品	一等品	二等品	一等品	二等品	一等品	二等品	一等品	二等品
细毛	T112-65	—	$0.05^{+0.07}_{-0.05}$	—	一向 588, 另一向 392	—	一向 110, 另一向 120	—	—	—	0.5
细毛	T112-32~44	$0.32^{+0.03}_{-0.02}\sim0.44^{+0.03}_{-0.02}$	$0.32^{+0.03}_{-0.02}\sim0.44^{+0.05}_{-0.04}$	490[1]	392	90	108	—	—	0.3	0.6
细毛				460[2]	374	105	126	—	—		
细毛				441[3]	353	110	132	—	—		
细毛				342[4]	274	115	138	—	—		
细毛				245[5]	196	120	144	—	—		
细毛	T112-25~31	$0.25\pm0.02\sim0.3\pm0.02$	$0.25\pm0.02\sim0.3\pm0.04$	—	—	—	—	—	—	0.15	0.3
细毛	112-32~44	$0.32^{+0.03}_{-0.02}\sim0.44^{+0.03}_{-0.02}$	$0.32^{+0.03}_{-0.02}\sim0.44^{+0.05}_{-0.04}$	—	—	—	—	—	—	0.3	0.6
细毛	112-25~31	$0.25\pm0.02\sim0.3\pm0.02$	$0.25\pm0.02\sim0.3\pm0.04$	—	—	—	—	—	—	0.3	0.6
细毛	112-09~24	$0.09\pm0.02\sim0.24\pm0.02$	$0.09\pm0.02\sim0.2\pm0.04$	—	—	—	—	—	—	—	—
细毛	111-32	$0.32^{+0.04}_{-0.01}$	$0.32^{+0.04}_{-0.04}$	—	—	—	—	59	59	—	—
半粗毛	T122-30~38	$0.30^{+0.03}_{-0.02}\sim0.38^{+0.03}_{-0.02}$	$0.30^{+0.03}_{-0.02}\sim0.38^{+0.05}_{-0.04}$	392[6]	314	95	114	—	—	0.4	0.7
半粗毛				294[7]	235	110	132	—	—		
半粗毛				245[8]	196	110	132	—	—		
半粗毛				245[9]	196	125	150	—	—		
半粗毛	T122-24~29	$0.24\pm0.02\sim0.29\pm0.02$	$0.24\pm0.02\sim0.29\pm0.04$	—	—	—	—	—	—	0.15	0.3
半粗毛	122-30~38	$0.24^{+0.03}_{-0.02}\sim0.29^{+0.03}_{-0.02}$	$0.30^{+0.03}_{-0.02}\sim0.29^{+0.05}_{-0.04}$	—	—	—	—	—	—	0.4	0.7
半粗毛	122-24~29	$0.24\pm0.02\sim0.29\pm0.02$	$0.24\pm0.02\sim0.29\pm0.04$	—	—	—	—	—	—	0.3	0.6
半粗毛	222-34~36	$0.34^{+0.03}_{-0.02}\sim0.36^{+0.03}_{-0.02}$	$0.34^{+0.05}_{-0.04}\sim0.36^{+0.05}_{-0.04}$	—	—	—	—	—	—	0.3	0.4

（续）

项目

分类	品号	单位体积质量/(g/cm³)		断裂强度/(N/cm²) ≥		断裂伸长率/(%) ≤		剥离力/N ≥		游离硫酸含量/(%) ≤	
		一等品	二等品	一等品	二等品	一等品	二等品	一等品	二等品	一等品	二等品
粗毛	T132-32~36	$0.32^{+0.03}_{-0.02}\sim 0.36^{+0.03}_{-0.02}$	$0.32^{+0.03}_{-0.02}\sim 0.36^{+0.05}_{-0.04}$	249[10]	235	110	132	—	—	0.4	0.7
	T132-24~31	$0.24\pm0.02\sim 0.31\pm0.02$	$0.24\pm0.02\sim 0.29\pm0.04$	245[11]	196	130	156	—	—	0.15	0.3
	T132-23	0.23 ± 0.02	0.23 ± 0.04	245	196	110	132	—	—	0.2	0.4
	132-32~36	$0.32^{+0.03}_{-0.02}\sim 0.36^{+0.03}_{-0.02}$	$0.32^{+0.03}_{-0.02}\sim 0.36^{+0.05}_{-0.04}$	—	—	—	—	—	—	0.4	0.7
	132-23~31	$0.23\pm0.02\sim 0.31\pm0.02$	$0.24\pm0.02\sim 0.31\pm0.04$	—	—	—	—	—	—	0.3	0.6
	232-36	$0.36^{+0.03}_{-0.02}$	$0.36^{+0.05}_{-0.04}$	—	—	—	—	—	—	0.4	0.7

项目

分类	品号	pH		植物性杂质（包括矿物性杂质）含量/(%) ≤		矿物性杂质（包括植物性杂质的灰分）含量/(%) ≤		总灰分/(%) ≤		油脂含量/(%) ≤		毛细管作用（毛毡厚度超过10mm时剖到10mm）/(mm) ≥					
												5min		10min		20min	
		一等品	二等品	一等品	二等品	一等品	二等品	一等品	二等品	一等品	二等品	一等品	二等品	一等品	二等品	一等品	二等品
细毛	T112-65	—	—	—	—	—	—	1	—	—	—	—	—	—	—	—	—
	T112-32~44	—	—	0.35	0.75	0.12	0.17	—	—	—	—	—	—	—	—	—	—
	T112-25~31	—	—	0.35	0.75	0.12	0.17	—	—	—	—	35	25	40	30	45	35
	112-32~44	—	—	0.35	0.75	0.12	0.17	—	—	—	—	—	—	—	—	—	—
	112-25~31	—	—	0.35	0.75	0.12	0.17	—	—	—	—	—	—	—	—	—	—
	112-09~24	—	—	0.50	0.90	—	—	—	—	—	—	—	—	—	—	—	—
半粗毛	111-32	7±0.5	7±0.5	—	—	—	—	—	—	—	—	—	—	—	—	—	—
	T122-30~38	—	—	0.60	1.00	0.15	0.20	—	—	—	—	—	—	—	—	—	—
	T122-24~29	—	—	0.50	0.90	0.15	0.20	—	—	—	—	25	15	35	25	45	35
	122-30~38	—	—	0.60	1.00	0.15	0.20	—	—	—	—	—	—	—	—	—	—
	122-24~29	—	—	0.50	0.90	0.12	0.17	—	—	—	—	—	—	—	—	—	—
	222-34~36	—	—	—	—	—	—	—	—	—	—	—	—	—	—	—	—

（续）

分类	品号	pH 一等品	pH 二等品	植物性杂质（包括矿物性杂质）含量（%）≤ 一等品	二等品	矿物性杂质（包括植物性杂质的灰分）含量（%）≤ 一等品	二等品	总灰分（%）≤ 一等品	二等品	油脂含量（%）≤ 一等品	二等品	毛细管作用（毛毡厚度超过10mm时剖到10mm）≥ 5min 一等品	5min 二等品	10min 一等品	10min 二等品	20min 一等品	20min 二等品
粗毛	T132-32~36	—	—	0.70	1.10	0.20	0.25	—	—	—	—	—	—	—	—	—	—
	T132-24~31	—	—	0.50	0.90	0.20	0.25	—	—	—	—	25	15	35	25	45	35
	T132-23	—	—	0.50	0.90	0.20	0.25	1.50	1.70	1.50	1.75	—	—	—	—	—	—
	132-32~36	—	—	0.70	1.10	0.20	0.25	—	—	—	—	—	—	—	—	—	—
	132-23~31	—	—	0.50	0.90	0.20	0.25	—	—	—	—	—	—	—	—	—	—
	232-36	—	—	—	—	—	—	—	—	—	—	—	—	—	—	—	—
杂毛	T152-23	—	—	1.00	1.40	—	—	1.50	1.70	1.50	1.75	—	—	—	—	—	—
	152-20~29	—	—	1.00	1.40	—	—	—	—	—	—	—	—	—	—	—	—

注：1. 毛毡是工业上常用的材料，可以冲切制造成为各种形状的零件，如各圆环形零件、条块形零件等；可作为隔热保温材料、过滤材料、抛磨光材料、防震材料、密封材料、衬垫材料及弹性钢丝针布底毡材料。

2. 112-65即112-60/70。

3. 断裂强度中上角有1）、2）、3）、4）、5）的分别为0.44g/cm³、0.41g/cm³、0.39g/cm³、0.36g/cm³、0.32g/cm³，上角有6）、7）、8）、9）的分别为0.38g/cm³、0.36g/cm³、0.34g/cm³、0.32g/cm³半粗毛特品，上角有10）、11）的分别为0.36g/cm³、0.32g/cm³粗毛特品。

4. 毛毡品号的含义：

T 1 1 2－32－44

特品色

单位体积质量为0.32~0.44g/cm³

品种规格：1—匹毡，2—块毡，3—毡轮，4—毡筒，5—环形零件（油封），6—缝接环形零件（缝接油封），7—块形零件，8—圆片零件，9—条形零件，0—滤芯

原料：1—细毛，2—半粗毛，3—粗毛，4—杂毛，5—兽毛，6—纯化纤，7—其他

颜色代号：1—白色羊毛本色，2—灰色，3—天然杂色，4—彩色人工染色或人工加白，5—各种杂色

表 7-97 平面毡厚度的极限偏差及评定规定(摘自 FZ/T 25001—2012)

项目	品种	等级	单位体积质量/(g/cm³)				备注
			>0.30g/cm³	≤0.30	0.60 0.70 细毛毡	0.32 钢丝针布毡	
平面毡	厚度范围 /mm	1.5~2.5 一等品	±20%	±25%	±0.2%	—	每块厚度测量点中每个测量点不允许超过测量误差
		1.5~2.5 二等品	±22%	±30%	—	—	
		2.6~5 一等品	±14%	±18%	±0.2%	—	
		2.6~5 二等品	±17%	±25%	—	—	
		5.1~13 一等品	±12%	±15%	—	—	
		5.1~13 二等品	±15%	±20%	—	—	
		>13.1 一等品	±11%	±11%	—	—	
		>13.1 二等品	±15%	±15%	—	—	

表 7-98 匹毡(钢丝针布毡)、块毡的长度和宽度极限偏差及评定规定(摘自 FZ/T 25001—2012)

项目	等级	长度极限偏差		宽度极限偏差	
匹毡(钢丝针布毡)尺寸/ m	一等品	$124^{+0.1}_{-1}$	$114^{+0.1}_{-1}$	$1.07^{+0.01}$	$1.07^{+0.01}$
	二等品	$124^{+0.1}_{-1}$	$114^{+0.1}_{-1}$	$1.07^{+0.01}$	$1.07^{+0.01}$
块毡/ mm	一等品	$^{+10}_{-5}$	±10	±10	±10
	二等品	$^{+10}_{-5}$	±10	$^{+10}_{-5}$	±10

注：匹毡(钢丝针布毡)厚度按规定取样测试 10 个测量点，求平均值。4.5mm 规格，厚度极差应在 3.8mm(含)以上和 5mm(含)以下；3mm 规格，厚度极差应在 2.5mm(含)以上和 3.3mm(含)以下。

表 7-99　毡制品零件尺寸的极限偏差（摘自 FZ/T 25001—2012）

名义尺寸/mm，极限偏差

分类	零件形状	尺寸名称	≤10 油封	≤10 衬垫	≤10 滤芯、毡筒	>10~25 油封	>10~25 衬垫	>10~25 滤芯、毡筒	25.1~100 油封	25.1~100 衬垫	25.1~100 滤芯、毡筒	100.1~200 油封	100.1~200 衬垫	100.1~200 滤芯、毡筒	200.1~300 油封	200.1~300 衬垫	200.1~300 滤芯、毡筒	300.1~400 油封	300.1~400 衬垫	300.1~400 滤芯、毡筒
细毛	圆环形零件	外径	±0.5	±0.5	±0.8	±0.5	±0.5	±1.0	±0.7	±0.7	±1.2	±1.0	±1.0	±1.3	±1.0	±1.0	±1.8	—	—	—
细毛	圆环形零件	内径	±0.5	±0.5	±0.8	±0.5	±0.5	±1.0	±0.7	±0.7	±1.2	±1.0	±1.0	±1.3	±1.0	±1.0	±1.8	—	—	—
细毛	条块形零件	长度	±0.8	±0.8	±1.0	±1.0	±1.0	±1.5	±1.5	±1.5	±2.0	±1.8	±1.8	±3.0	±2.5	±2.5	±3.5	±3.5	±4.0	±5.0
细毛	条块形零件	宽度	±0.5	±0.5	±0.8	±0.8	±0.8	±1.3	±1.3	±1.3	±2.0	±1.8	±1.8	±2.8	±2.5	±2.5	±3.8	±3.5	±4.0	±5.0
半粗毛及粗毛	圆环形零件	外径	—	—	—	±0.7	±1.0	±1.0	±0.9	±1.2	±1.2	±1.2	±1.4	±1.5	±1.3	±1.5	±1.8	—	—	—
半粗毛及粗毛	圆环形零件	内径	—	—	—	±0.7	±1.0	±1.0	±0.9	±1.2	±1.2	±1.2	±1.4	±1.5	±1.3	±1.5	±1.8	—	—	—
半粗毛及粗毛	条块形零件	长度	—	—	—	±1.0	±1.5	±2.0	±1.5	±2.5	±2.5	±3.5	±2.5	±3.0	±4.0	±4.0	±4.0	±4.0	±4.0	±6.0
半粗毛及粗毛	条块形零件	宽度	—	—	—	±1.0	±1.5	±2.0	±1.5	±2.0	±2.5	±2.5	±3.0	±3.0	±2.5	±3.0	±4.0	±4.0	±4.0	±6.0

厚度（尺寸名义范围及极限偏差）：

分类	尺寸名称	1.5~3.9 油封	1.5~3.9 衬垫	1.5~3.9 滤芯、毡筒	4~10 油封	4~10 衬垫	4~10 滤芯、毡筒	10.1~25 油封	10.1~25 衬垫	10.1~25 滤芯、毡筒
细毛	厚度	±0.3	±0.3	±0.5	±0.5	±0.5	±0.7	±1.0	±1.1	±1.5
半粗毛及粗毛	厚度	±0.3	±0.3	±0.5	±0.5	±0.5	±0.7	±1.0	±1.0	±1.5

注：1. 特品毡厚度小于 2mm 的产品，其强力、伸长指标做参考。

　　2. 毡制品零件的物理及化学指标，凡表中没有的项目均按表 7-96 的规定。

　　3. 毡制品零件厚度按取样数所测量点的算术平均值计算。

表 7-100　毡轮的物理和化学指标允许偏差及评等规定（摘自 FZ/T 25001—2012）

分类	单位体积质量/(g/m³) 一等品	单位体积质量/(g/m³) 二等品	游离硫酸含量（%）≤	油脂含量（%）≤	总灰分含量（%）≤	植物性杂质（包括矿物性杂质）含量（%）≤	矿物性杂质（包括植物性杂质灰分）含量（%）≤
细毛	$0.30^{+0.03}_{-0.02} \sim 0.40^{+0.03}_{-0.02}$ $0.44\pm0.03 \sim 0.46\pm0.03$ 0.5 以上 ±0.04	$0.30^{+0.03}_{-0.02} \sim 0.40^{+0.05}_{-0.04}$ $0.44\pm0.03 \sim 0.46\pm0.05$ 0.5 以上 ±0.06	0.50	—	0.50	0.40	0.15
半细毛	0.5 以上 ±0.04	0.5 以上 ±0.06	0.50	—	0.50	0.40	0.15
粗毛（包括兽毛）	0.5 以上 ±0.04	0.5 以上 ±0.06	0.60	1.50	0.60	0.40	0.20

注：毡轮、毡制品零件二等品的化学指标应符合一等品要求。

表 7-101　毡轮外径、厚度的极限偏差及评等规定（摘自 FZ/T 25001—2012）

项　目		极 限 偏 差												
外径/ mm		<10		10~50		51~99		100~200		201~300		301~400		>400	
		一等品	二等品	一等品	二等品	一等品	二等品	一等品	二等品	一等品	二等品	一等品	二等品	一等品	二等品
		±0.6	±1.0	±1.0	±2.0	±1.5	±3.0	±2.0	±4.0	±2.5	±6.0	±3.0	±8.0	±4.0	±10
厚度/ mm	单位体积 质量 ≥0.46g/m³	6~9			10~20			21~40			40 以上				
		一等品		二等品	一等品		二等品	一等品		二等品	一等品		二等品		
		±0.5		±1.0	±1.0		±2.0	±1.50		±3.0	±2.0		±4.0		
	单位体积 质量 <0.46g/m³	±0.6		±1.5	±3.0		±2.0	±5.0		±3.0	±7.0		±4.0		
均匀度		厚度在偏差范围内的同只产品，其厚度偏差不大于 1.5mm													

注：1. 长度及宽度大于 400mm 的条块形毡制品零件的名义尺寸技术要求，规定其长度和宽度每增加 100mm 时增加
±1.0mm。

条与块的含义：长大于宽的 4 倍者为条，长小于宽的 3 倍者为块。

2. 用于条料缝成的毛毡圆环应符合下列要求：

1）圆环的外径小于 300mm（包括 300mm）时允许有一处接缝，圆环的外径大于 300mm 时允许有两处接缝；

2）接缝处的剪割角（α）应在 20°~25° 范围内。

3）根据圆环的边缘，用公制支数为 $9.5^3/3$、$14.5^3/4$ 的苎麻线（或化学纤维线）来缝合，至少要缝两行，当边缘
的宽度为 10mm 或大于 10mm 时，最靠边缘的内边线行与内边的距离至少为 3mm；当边缘的宽度小于 100mm
时，线行之间的距离与两边的距离应相等。

4）用厚度在 10mm 以下的毛毡条来缝制圆环时，其针距应不大于 6mm；毛毡条的厚度大于 10mm 时，针距应该
大于 10mm。

参 考 文 献

[1]　机械工程手册编辑委员会．机械工程手册：工程材料卷[M]．2 版．北京：机械工业出版社，1996.

[2]　干勇，田志凌，董瀚，等．中国材料工程大典：第 2 卷　钢铁材料工程　上册[M]．北京：化学工业出版社，2006.

[3]　干勇，田志凌，董瀚，等．中国材料工程大典：第 3 卷　钢铁材料工程　下册[M]．北京：化学工业出版社，2006.

[4]　黄伯云，李成功，石力开，等．中国材料工程大典：第 4 卷　有色金属材料工程　上册[M]．北京：化学工业出版社，2006.

[5]　黄伯云，李成功，石力开，等．中国材料工程大典：第 5 卷　有色金属材料工程　下册[M]．北京：化学工业出版社，2006.

[6]　马之庚，任陵柏．现代工程材料手册[M]．北京：国防工业出版社，2005.

[7]　机械工程材料性能数据手册编委会．机械工程材料性能数据手册[M]．北京：机械工业出版社，1995.

[8]　曾正明．机械工程材料手册：金属材料[M]．7 版．北京：机械工业出版社，2010.

[9]　方昆凡．机械工程材料实用手册[M]．沈阳：东北大学出版社，1995.

[10]　娄延春．铸造标准应用手册[M]．北京：机械工业出版社，2012.

[11]　董瀚，等．先进钢铁材料[M]．北京：科学出版社，2008.

[12]　方昆凡．工程材料手册：黑色金属材料卷[M]．北京：北京出版社，2002.

[13]　周瑞发，韩雅芳，李树索．高温结构材料[M]．北京：国防工业出版社，2006.

[14]　莫畏．钛[M]．北京：冶金工业出版社，2008.

[15]　王桂生．钛的应用技术[M]．长沙：中南大学出版社，2007.

[16]　丁文江，等．镁合金科学与技术[M]．北京：科学出版社，2007.

[17]　方昆凡．工程材料手册：有色金属材料卷[M]．北京：北京出版社，2002.

[18]　朱中平．中外钢号对照手册[M]．北京：化学工业出版社，2011.

[19]　孙智，倪宏昕，彭竹琴．现代钢铁材料及其工程应用[M]．北京：机械工业出版社，2007.

[20]　王忠诚，乔宝森，李扬．典型零件热处理技术[M]．北京：化学工业出版社，2010.

[21]　孙玉福．新编有色金属材料手册[M]．北京：机械工业出版社，2010.

[22]　杨瑞成，钱小红，谢剑炜．工程设计中的材料选择与应用[M]．北京：化学工业出版社，2004.

[23]　张津，章宗和等．镁合金及应用[M]．北京：化学工业出版社，2004.

[24]　韩凤麟，贾成厂．烧结金属含油轴承——原理、设计、制造及应用[M]．北京：化学工业出版社，2004.

[25]　周作平，申小平．粉末冶金机械零件实用技术[M]．北京：化学工业出版社，2006.

[26]　曲在纲，黄月初．粉末冶金摩擦材料[M]．北京：冶金工业出版社，2005.

[27]　张华诚．粉末冶金实用工艺学[M]．北京：冶金工业出版社，2004.

[28]　奚正平，汤慧萍等．烧结金属多孔材料[M]．北京：冶金工业出版社，2009.

[29]　王文广，田雁晨，吕通建．塑料材料的选用[M]．2 版．北京：化学工业出版社，2007.

[30]　张玉龙，石磊．塑料品种与选用[M]．北京：化学工业出版社，2012.

[31]　张玉龙，张文栋，严晓峰．实用工程塑料手册[M]．北京：机械工业出版社，2012.

[32]　张晓明，刘雄亚．纤维增强热塑性复合材料及其应用[M]．北京：化学工业出版社，2007.

[33]　郑水林．非金属矿物材料[M]．北京：化学工业出版社，2007.

[34]　周祥兴．工程塑料牌号及生产配方[M]．北京：中国纺织出版社，2008.

[35] 马之庚，陈开来．工程塑料手册[M]．北京：机械工业出版社，2004.

[36] 张玉龙，孙敏．橡胶品种与性能手册[M]．北京：化学工作出版社，2007.

[37] 方昆凡．工程材料手册：非金属材料卷[M]．北京：北京出版社，2002.

[38] 曾正明．机械工程材料手册：非金属材料[M].7版．北京：机械工业出版社，2010.

[39] 赵渠森．先进复合材料手册[M]．北京：机械工业出版社，2003.

[40] 钦征骑．新型陶瓷材料手册[M]．南京：江苏科学技术出版社，1996.

[41] 肖汉宁，高朋召．高性能结构陶瓷及其应用[M]．北京：化学工业出版社，2006.

[42] 殷声．现代陶瓷及其应用[M]．北京：北京科学技术出版社，1990.

[43] 贾德昌，宋桂明．无机非金属材料性能[M]．北京：科学出版社，2008.

[44] 方昆凡．现代机械设计手册：第4卷 机械工程材料[M]．北京：化学工业出版社，2011.

[45] 中国机械工程学会热处理学会．热处理手册：第1卷 工艺基础[M].3版．北京：机械工业出版社，2003.

[46] 中国机械工程学会热处理学会．热处理手册：第2卷 典型零件热处理[M].3版．北京：机械工业出版社，2003.

[47] 方昆凡．机械设计手册：第2篇 机械工程材料[M].5版．北京：机械工业出版社，2010.

[48] 中国机械工程学会铸造分会．铸造手册：第1卷 铸铁[M].2版．北京：机械工业出版社，2003.

[49] 中国机械工程学会铸造分会．铸造手册：第2卷 铸钢[M].2版．北京：机械工业出版社，2003.

[50] 方昆凡．中国机械设计大典：第14篇 机械工程材料[M]．南昌：江西科学技术出版社，2004.

[51] 于思远，林彬．工程陶瓷材料的加工技术及其应用[M]．北京：机械工业出版社，2008.

[52] 曲远方．现代陶瓷材料及技术[M]．上海：华东理工大学出版社，2008.

[53] 樊新民，车剑飞．工程塑料及其应用[M]．北京：机械工业出版社，2006.

[54] 车剑飞，黄洁雯，杨娟．复合材料及其工程应用[M]．北京：机械工业出版社，2006.

[55] 方昆凡．新编机械设计手册[M]．北京：学苑出版社．1992.

[56] 手册编写组．机械工业材料选用手册[M]．北京：机械工业出版社，2009.

[57] 方昆凡．机械设计手册：第3篇 机械工程材料[M].6版．北京：机械工业出版社，2017.

[58] 曾正明．实用钢铁材料手册[M]．北京：机械工业出版社，2015.

[59] 曾正明．实用金属材料选用手册[M]．北京：机械工业出版社，2012.

[60] 韩凤麟．粉末冶金手册[M]．北京：冶金工业出版社．2014.

[61] 韩凤麟．铁基粉末冶金结构零件制造、设计及应用[M]．北京：化学工业出版社．2015.

[62] 方昆凡．常用机械工程材料[M]．北京：化学工业出版社，2013.

[63] 方昆凡．机械工程材料[M]．北京：机械工业出版社，2015.

[64] 蔡春源，方昆凡．新编机械设计手册[M]．北京：学苑出版社，1995.

[65] 方昆凡．现代机械设计手册 第4篇：机械工程材料[M].2版．北京：化学工业出版社，2019.